BEILSTEINS HANDBUCH DER ORGANISCHEN CHEMIE

BEILSTEINS HANDBUCH
DER ORGANISCHEN CHEMIE

VIERTE AUFLAGE

DRITTES ERGÄNZUNGSWERK

DIE LITERATUR VON 1930 BIS 1949 UMFASSEND

HERAUSGEGEBEN VOM
BEILSTEIN-INSTITUT FÜR LITERATUR DER ORGANISCHEN CHEMIE

BEARBEITET VON

HANS-G. BOIT

UNTER MITWIRKUNG VON

OSKAR WEISSBACH

MARIE-ELISABETH FERNHOLZ · VOLKER GUTH · HANS HÄRTER
IRMGARD HAGEL · URSULA JACOBSHAGEN · ROTRAUD KAYSER
MARIA KOBEL · KLAUS KOULEN · BRUNO LANGHAMMER
DIETER LIEBEGOTT · RICHARD MEISTER · ANNEROSE NAUMANN
WILMA NICKEL · BURKHARD POLENSKI · ANNEMARIE REICHARD
ELEONORE SCHIEBER · EBERHARD SCHWARZ · ILSE SÖLKEN
ACHIM TREDE

ZWÖLFTER BAND
FÜNFTER TEIL

SPRINGER-VERLAG
BERLIN · HEIDELBERG · NEW YORK
1973

ISBN 3-540-06107-X Springer-Verlag, Berlin · Heidelberg · New York
ISBN 0-387-06107-X Springer-Verlag, New York · Heidelberg · Berlin

Library of Congress Catalog Card Number: 22—79
Printed in Germany.

Druck der Universitätsdruckerei H. Stürtz AG, Würzburg

ZWEITE ABTEILUNG

ISOCYCLISCHE VERBINDUNGEN

(Fortsetzung)

Transliteration von russischen Autorennamen

Russisches Schrift-zeichen		Deutsches Äquivalent (BEILSTEIN)	Englisches Äquivalent (Chemical Abstracts)
А	а	a	a
Б	б	b	b
В	в	w	v
Г	г	g	g
Д	д	d	d
Е	е	e	e
Ж	ж	sh	zh
З	з	s	z
И	и	i	i
Й	й	ĭ	ĭ
К	к	k	k
Л	л	l	l
М	м	m	m
Н	н	n	n
О	о	o	o
П	п	p	p
Р	р	r	r
С	с	s̄	s
Т	т	t	t
У	у	u	u
Ф	ф	f	f
Х	х	ch	kh
Ц	ц	z	ts
Ч	ч	tsch	ch
Ш	ш	sch	sh
Щ	щ	schtsch	shch
Ы	ы	y	y
	ь	’	’
Э	э	ė	e
Ю	ю	ju	yu
Я	я	ja	ya

Abkürzungen

A.	Äthanol
Acn.	Aceton
Ae.	Diäthyläther
Anm.	Anmerkung
B.	Bildung, Bildungsweise(n)
Bd.	Band
ber.	berechnet
Bzl.	Benzol
Bzn.	Benzin
bzw.	beziehungsweise
C. I.	Coulour Index, 2. Aufl.
D:	Dichte (z. B. D_4^{20}: Dichte bei 20°, bezogen auf Wasser von 4°)
Diss.	Dissertation
E	BEILSTEIN-Ergänzungswerk
E.	Äthylacetat (Essigsäure-äthylester)
E:	Erstarrungspunkt
Eg.	Essigsäure, Eisessig
F:	Schmelzpunkt
Gew.-%	Gewichtsprozent
h	Stunde(n)
H	BEILSTEIN-Hauptwerk
konz.	konzentriert
korr.	korrigiert
Kp:	Siedepunkt (z. B. Kp_{760}: Siedepunkt bei 760 Torr)
Me.	Methanol
n:	Brechungsindex (z. B. $n_{656,1}^{20}$: Brechungsindex für Licht der Wellenlänge 656,1 mμ bei 20°)
PAe.	Petroläther
Py.	Pyridin
RRI	The Ring Index, 2. Aufl. [1960]
RIS	The Ring Index, Supplement
s.	siehe
S.	Seite
s. a.	siehe auch
s. o.	siehe oben
sog.	sogenannt
Spl.	Supplement
stdg.	stündig
s. u.	siehe unten
Syst. Nr.	BEILSTEIN-System-Nummer
Tl.	Teil
unkorr.	unkorrigiert
unverd.	unverdünnt
verd.	verdünnt
vgl.	vergleiche
W.	Wasser
wss.	wässrig
z. B.	zum Beispiel
Zers.	Zersetzung
ε	Dielektrizitätskonstante

In den Seitenüberschriften sind die Seiten des Beilstein-Hauptwerks angegeben, zu denen der auf der betreffenden Seite des Dritten Ergänzungswerks befindliche Text gehört.

(αH, βH, $\alpha_F H$ bzw. $\beta_F H$) — unmittelbar vor dem Namensstamm einer Verbindung mit halbrationalem Namen angeordnet, so kennzeichnen sie entweder die Orientierung einer angularen exocyclischen Bindung, deren Lage durch den Namen nicht festgelegt ist, oder sie zeigen an, dass die Orientierung des betreffenden exocyclischen Liganden oder Wasserstoff-Atoms (das — wie durch Suffix oder Präfix ausgedrückt — auch substituiert sein kann) in der angegebenen Weise von der mit dem Namensstamm festgelegten Orientierung abweicht.

Beispiele:
5-Chlor-5α-cholestan [E III **5** 1135]
5β.14β.17β*H*-Pregnan [E III **5** 1120]
18α.19β*H*-Ursen-(20(30)) [E III **5** 1444]
(13*R*)-8β*H*-Labden-(14)-diol-(8.13) [E III **6** 4186]
5α.20β_F*H*.24β_F*H*-Ergostanol-(3β) [E III **6** 2161]

d) Das Präfix *ent* vor dem Namen einer Verbindung mit mehreren Chiralitätszentren, deren Konfiguration mit dem Namen festgelegt ist, dient zur Kennzeichnung des Enantiomeren der betreffenden Verbindung. Das Präfix *rac* wird zur Kennzeichnung des einer solchen Verbindung entsprechenden Racemats verwendet.

Beispiele:
ent-7β*H*-Eudesmen-(4)-on-(3) [E III **7** 692]
rac-Östrapentaen-(1.3.5.7.9) [E III **5** 2043]

§11. a) Das Symbol ξ tritt an die Stelle von *seqcis*, *seqtrans*, *c*, *t*, c_F, t_F, cat_F, *endo*, *exo*, *syn*, *anti*, α, β, α_F oder β_F, wenn die Konfiguration an der betreffenden Doppelbindung bzw. an dem betreffenden Chiralitätszentrum ungewiss ist.

Beispiele:
(Ξ)-3.6-Dimethyl-1-[(1Ξ)-2.2.6*c*-trimethyl-cyclohexyl-(*r*)]-octen-(6ξ)-in-(4)-ol-(3) [E III **6** 2097]
10*t*-Methyl-(8ξ*H*.10aξ*H*)-1.2.3.4.5.6.7.8.8a.9.10.10a-dodecahydro-phenanthren-carbonsäure-(9*r*) [E III **9** 2626]
D_r-1ξ-Phenyl-1ξ-*p*-tolyl-hexanpentol-(2r_F.3t_F.4c_F.5c_F.6) [E III **6** 6904]
(1*S*)-1.2ξ.3.3-Tetramethyl-norbornanol-(2ξ) [E III **6** 331]
3ξ-Acetoxy-5ξ.17ξ-pregnen-(20) [E III **6** 2592]
28-Nor-17ξ-oleanen-(12) [E III **5** 1438]
5.6β.22ξ.23ξ-Tetrabrom-3β-acetoxy-24β_F-äthyl-5α-cholestan [E III **6** 2179]

b) Das Symbol Ξ tritt an die Stelle von D oder L, wenn die Konfiguration des betreffenden Chiralitätszentrums ungewiss ist.

Beispiel:
N-{-*N*-[*N*-(Toluol-sulfonyl-(4))-glycyl]-Ξ-seryl-}-L-glutaminsäure [E III **11** 280]

§ 9. a) Die Symbole *syn* bzw. *anti* hinter der Stellungsziffer eines Substituenten an einem Atom der Brücke [6]) eines Bicycloalkan-Systems oder einer Brücke über einem ortho- oder ortho/peri-anellierten Ringsystem geben an, dass der Substituent demjenigen Hauptzweig [6]) zugewandt (*syn*) bzw. abgewandt (*anti*) ist, der das niedrigstbezifferte aller in den Hauptzweigen enthaltenen Ringatome aufweist.

Beispiele:

1.7*syn*-Dimethyl-norbornanol-(2*endo*) [E III **6** 236]
(3a*S*)-3*c*.9*anti*-Dihydroxy-1*c*.5.5.8a*c*-tetramethyl-(3a*rH*)-decahydro-1*t*.4*t*-methano-azulen [E III **6** 4183]
(3a*R*)-2*c*.8*t*.11*c*.11a*c*.12*anti*-Pentahydroxy-1.1.8*c*-trimethyl-4-methylen-(3a*rH*.4a*cH*)-tetradecahydro-7*t*.9a*t*-methano-cyclopenta[*b*]heptalen [E III **6** 6892]

b) In Verbindung mit einem stickstoffhaltigen Funktionsabwandlungssuffix an einem auf „-aldehyd" oder „-al" endenden Namen kennzeichnen *syn* bzw. *anti* die cis-Orientierung bzw. trans-Orientierung des Wasserstoff-Atoms der Aldehyd-Gruppe zum Substituenten X der abwandelnden Gruppe =N-X, bezogen auf die durch die doppeltgebundenen Atome verlaufende Gerade.

Beispiel:

Perillaaldehyd-*anti*-oxim [E III **7** 567]

§10. a) Die Symbole α bzw. β hinter der Stellungsziffer eines ringständigen Substituenten im halbrationalen Namen einer Verbindung mit einer dem Cholestan [E III **5** 1132] entsprechenden Bezifferung und Projektionslage geben an, dass sich der Substituent auf der dem Betrachter abgewandten (α) bzw. zugewandten (β) Seite der Fläche des Ringgerüstes befindet.

Beispiele:

3β-Chlor-7α-brom-cholesten-(5) [E III **5** 1328]
Phyllocladandiol-(15α.16α) [E III **6** 4770]
Lupanol-(1β) [E III **6** 2730]
Onocerandiol-(3β.21α) [E III **6** 4829]

b) Die Symbole α_F bzw. β_F hinter der Stellungsziffer eines an der Seitenkette befindlichen Substituenten im halbrationalen Namen einer Verbindung der unter a) erläuterten Art geben an, dass sich der Substituent auf der rechten (α_F) bzw. linken (β_F) Seite der in „aufwärtsbezifferter vertikaler Fischer-Projektion" [7]) dargestellten Seitenkette befindet.

Beispiele:

3β-Chlor-24α_F-äthyl-cholestadien-(5.22*t*) [E III **5** 1436]
24β_F-Äthyl-cholesten-(5) [E III **5** 1336]

c) Sind die Symbole α, β, α_F oder β_F nicht mit der Stellungsziffer eines Substituenten kombiniert, sondern zusammen mit der Stellungsziffer eines angularen Chiralitätszentrums oder eines Wasserstoff-Atoms — in diesem Fall mit dem Atomsymbol *H* versehen

---

[7]) Eine „aufwärts-bezifferte vertikale Fischer-Projektion" ist eine vertikal orientierte „gerade Fischer-Projektion" (s. Anm. 4), bei der sich das niedrigstbezifferte Atom am unteren Ende der Kette befindet.

c) Kombinationen der Präfixe D-*glycero* oder L-*glycero* mit einem der in § 5c aufgeführten, jeweils mit einem Fischer-Symbol versehenen Kohlenhydrat-Präfixe für Bezifferungseinheiten mit vier Chiralitätszentren dienen zur Kennzeichnung der Konfiguration von Molekülen mit fünf in einer Kette angeordneten Chiralitätszentren (deren mittleres auch „Pseudoasymmetriezentrum" sein kann). Dabei bezieht sich das Kohlenhydrat-Präfix auf die vier niedrigstbezifferten Chiralitätszentren nach der in § 5c und § 6b gegebenen Definition, das Präfix D-*glycero* oder L-*glycero* auf das höchstbezifferte (d. h. in der Abbildung am weitesten unten erscheinende) Chiralitätszentrum.

Beispiel:
Hepta-*O*-benzoyl-D-*glycero*-L-*gulo*-heptit [E III **9** 715]

§ 7. a) Die Symbole c_F bzw. t_F hinter der Stellungsziffer eines Substituenten an einer mehrere Chiralitätszentren aufweisenden unverzweigten acyclischen Bezifferungseinheit [1]) geben an, dass sich dieser Substituent und der Bezugssubstituent, der seinerseits durch das Symbol r_F gekennzeichnet wird, auf der gleichen Seite (c_F) bzw. auf den entgegengesetzten Seiten (t_F) der wie in § 5a definierten Bezugsgeraden befinden. Ist eines der endständigen Atome der Bezifferungseinheit Chiralitätszentrum, so wird der Stellungsziffer des „catenoiden" Substituenten (d. h. des Substituenten, der in der Fischer-Projektion als Verlängerung der Kette erscheint) das Symbol cat_F beigefügt.

b) Die Symbole D_r bzw. L_r am Anfang eines mit dem Kennzeichen r_F ausgestatteten Namens geben an, dass sich der Bezugssubstituent auf der rechten Seite (D_r) bzw. auf der linken Seite (L_r) der in „abwärtsbezifferter vertikaler Fischer-Projektion" wiedergegebenen Kette der Bezifferungseinheit befindet.

Beispiele:
1.7-Bis-triphenylmethoxy-heptanpentol-($2r_F.3c_F.4t_F.5c_F.6c_F$) [E III **6** 3666]
D_r-1cat_F.2cat_F-Diphenyl-1r_F-[4-methoxy-phenyl]-äthandiol-(1.2c_F) [E III **6** 6589]

§ 8. Die Symbole *exo* bzw. *endo* hinter der Stellungsziffer eines Substituenten an einem dem Hauptring [6]) angehörenden Atom eines Bicycloalkan-Systems geben an, dass der Substituent der Brücke [6]) zugewandt (*exo*) bzw. abgewandt (*endo*) ist.

Beispiele:
2*endo*-Phenyl-norbornen-(5) [E III **5** 1666]
(±)-1.2*endo*.3*exo*-Trimethyl-norbornandiol-(2*exo*.3*endo*) [E III **6** 4146]
Bicyclo[2.2.2]octen-(5)-dicarbonsäure-(2*exo*.3*exo*) [E III **9** 4054]

---

[6]) Ein Brücken-System besteht aus drei „Zweigen", die zwei „Brückenkopf-Atome" miteinander verbinden; von den drei Zweigen bilden die beiden „Hauptzweige" den „Hauptring", während der dritte Zweig als „Brücke" bezeichnet wird. Als Hauptzweige gelten

1. die Zweige, die einem ortho- oder ortho/peri-anellierten Ringsystem angehören (und zwar a) dem Ringsystem mit der grössten Anzahl von Ringen, b) dem Ringsystem mit der grössten Anzahl von Ringgliedern),
2. die gliedreichsten Zweige (z. B. bei Bicycloalkan-Systemen),
3. die Zweige, denen auf Grund vorhandener Substituenten oder Mehrfachbindungen Bezifferungsvorrang einzuräumen ist.

bezifferter vertikaler Fischer-Projektion" [5]) wiedergegebenen Kohlenstoffkette an.

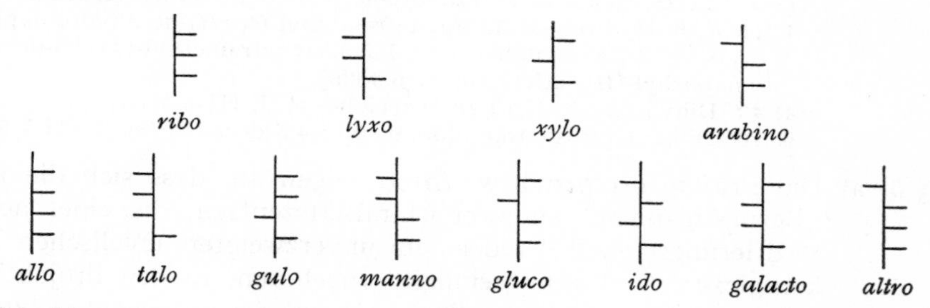

Beispiele:

1.5-Bis-triphenylmethoxy-*ribo*-pentantriol-(2.3.4) [E III **6** 3662]
galacto-2.5-Dibenzyloxy-hexantetrol-(1.3.4.6) [E III **6** 1474]

§ 6. a) Die „Fischer-Symbole" D bzw. L im Namen einer Verbindung mit einem Chiralitätszentrum geben an, dass sich der Bezugsligand (der von Wasserstoff verschiedene extracatenale Ligand; vgl. § 5a) am Chiralitätszentrum in der „abwärts-bezifferten vertikalen Fischer-Projektion" [5]) der betreffenden Bezifferungseinheit [1]) auf der rechten Seite (D) bzw. auf der linken Seite (L) der das Chiralitätszentrum enthaltenden Kette befindet.

Beispiele:

L-4-Hydroxy-valeriansäure [E III **3** 612]
D-Pantoinsäure [E III **3** 866]

b) In Kombination mit dem Präfix *erythro* geben die Symbole D und L an, dass sich die beiden Bezugsliganden (s. § 5a) auf der rechten Seite (D) bzw. auf der linken Seite (L) der Bezugsgeraden in der „abwärts-bezifferten vertikalen Fischer-Projektion" der betreffenden Bezifferungseinheit befinden. Die mit dem Präfix *threo* kombinierten Symbole D_g und D_s geben an, dass sich der höherbezifferte (D_g) bzw. der niedrigerbezifferte (D_s) Bezugsligand auf der rechten Seite der „abwärts-bezifferten vertikalen Fischer-Projektion" befindet; linksseitige Position des jeweiligen Bezugsliganden wird entsprechend durch die Symbole L_g bzw. L_s angezeigt.

In Kombination mit den in § 5c aufgeführten konfigurationsbestimmenden Präfixen werden die Symbole D und L ohne Index verwendet; sie beziehen sich dabei jeweils auf die Orientierung des höchstbezifferten (d. h. des in der Abbildung am weitesten unten erscheinenden) Bezugsliganden (die in § 5c abgebildeten „Leiter-Muster" repräsentieren jeweils das D-Enantiomere).

Beispiele:

D-*erythro*-2-Phenyl-butanol-(3) [E III **6** 1855]
D_s-*threo*-2.3-Diamino-bernsteinsäure [E III **4** 1528]
L_g-*threo*-3-Phenyl-hexanol-(4) [E III **6** 2000]
1-Triphenylmethoxy-L-*manno*-hexantetrol-(2.3.4.5) [E III **6** 3664]
1.1-Diphenyl-D-*xylo*-pentantetrol-(2.3.4.5) [E III **6** 6729]

[5]) Eine „abwärts-bezifferte vertikale Fischer-Projektion" ist eine vertikal orientierte „gerade Fischer-Projektion" (s. Anm. 4), bei der sich das niedrigstbezifferte Atom am oberen Ende der Kette befindet.

Beispiele:

2t-Chlor-(4a*rH*.8a*tH*)-decalin [E III **5** 250]
(3a*rH*.7a*cH*)-3a.4.7.7a-Tetrahydro-4*c*.7*c*-methano-inden [E III **5** 1232]
1-[(4a*R*)-6*t*-Hydroxy-2*c*.5.5.8a*t*-tetramethyl-(4a*rH*)-decahydro-naphthyl-(1*t*)]-2-[(4a*R*)-6*t*-hydroxy-2*t*.5.5.8a*t*-tetramethyl-(4a*rH*)-decahydro-naphthyl-(1*t*)]-äthan [E III **6** 4829]
4*c*.4'*t*'-Dihydroxy-(1*rH*.1'*r*'*H*)-bicyclohexyl [E III **6** 4153]
6*c*.10*c*-Dimethyl-2-isopropyl-(5*rC*[1])-spiro[4.5]decanon-(8) [E III **7** 514]

§ 5. a) Die Präfixe ***erythro*** bzw. ***threo*** zeigen an, dass sich die jeweiligen „Bezugsliganden" an zwei Chiralitätszentren, die einer acyclischen Bezifferungseinheit [1]) (oder dem unverzweigten acyclischen Teil einer komplexen Bezifferungseinheit) angehören, in der Projektionsebene auf der gleichen Seite (*erythro*) bzw. auf den entgegengesetzten Seiten (*threo*) der „Bezugsgeraden" befinden. Bezugsgerade ist dabei die in „gerader Fischer-Projektion" [4]) wiedergegebene Kohlenstoffkette der Bezifferungseinheit, der die beiden Chiralitätszentren angehören. Als Bezugsliganden dienen jeweils die von Wasserstoff verschiedenen extracatenalen (d. h. nicht der Kette der Bezifferungseinheit angehörenden) Liganden [2]) der in den Chiralitätszentren befindlichen Atome.

Beispiele:

threo-Pentandiol-(2.3) [E III **1** 2194]
threo-2-Amino-3-methyl-pentansäure-(1) [E III **4** 1463]
threo-3-Methyl-asparaginsäure [E III **4** 1554]
erythro-2.4'.α.α'-Tetrabrom-bibenzyl [E III **5** 1819]

b) Das Präfix ***meso*** gibt an, dass ein mit 2n Chiralitätszentren (n = 1, 2, 3 usw.) ausgestattetes Molekül eine Symmetrieebene aufweist. Das Präfix ***racem.*** kennzeichnet ein Gemisch gleicher Mengen von Enantiomeren, die zwei identische Chiralitätszentren oder zwei identische Sätze von Chiralitätszentren enthalten.

Beispiele:

meso-1.2-Dibrom-1.2-diphenyl-äthan [E III **5** 1817]
racem.-1.2-Dicyclohexyl-äthandiol-(1.2) [E III **6** 4156]
racem.-(1*rH*.1'*r*'*H*)-Bicyclohexyl-dicarbonsäure-(2*c*.2'*c*') [E III **9** 4020]

c) Die „Kohlenhydrat-Präfixe" ***ribo, lyxo, xylo*** und ***arabino*** bzw. ***allo, talo, gulo, manno, gluco, ido, galacto*** und ***altro*** kennzeichnen die relative Konfiguration von Molekülen mit drei Chiralitätszentren (deren mittleres ein „Pseudoasymmetriezentrum" sein kann) bzw. vier Chiralitätszentren, die sich jeweils in einer unverzweigten acyclischen Bezifferungseinheit [1]) befinden. In den nachstehend abgebildeten „Leiter-Mustern" geben die horizontalen Striche die Orientierung der wie unter a) definierten Bezugsliganden an der jeweils in „abwärts

---

[4]) Bei „gerader Fischer-Projektion" erscheint eine Kohlenstoffkette als vertikale oder horizontale Gerade; in dem der Projektion zugrunde liegenden räumlichen Modell des Moleküls sind an jedem Chiralitätszentrum (sowie an einem Zentrum der Pseudoasymmetrie) die catenalen (d. h. der Kette angehörenden) Bindungen nach der dem Betrachter abgewandten Seite der Projektionsebene, die extracatenalen (d. h. nicht der Kette angehörenden) Bindungen nach der dem Betrachter zugewandten Seite der Projektionsebene hin gerichtet.

Beispiele:
1*c*.2-Diphenyl-propen-(1) [E III **5** 1995]
1*t*.6*t*-Diphenyl-hexatrien-(1.3*t*.5) [E III **5** 2243]

c) Die Symbole ***c*** bzw. ***t*** hinter der Stellungsziffer 2 eines Substituenten am Äthylen-System (Äthylen oder Vinyl) geben die cis-Stellung (*c*) bzw. die trans-Stellung (*t*) (vgl. § 2) dieses Substituenten zu dem durch das Symbol ***r*** gekennzeichneten Bezugsliganden an dem mit 1 bezifferten Kohlenstoff-Atom an.

Beispiele:
1.2*t*-Diphenyl-1*r*-[4-chlor-phenyl]-äthylen [E III **5** 2399]
4-[2*t*-Nitro-vinyl-(*r*)]-benzoesäure-methylester [E III **9** 2756]

d) Die mit der Stellungsziffer eines Substituenten oder den Stellungsziffern einer im Namen durch ein Präfix bezeichneten Brücke eines Ringsystems kombinierten Symbole ***c*** bzw. ***t*** geben an, dass sich der Substituent oder die mit dem Stamm-Ringsystem verknüpften Brückenatome auf der gleichen Seite (*c*) bzw. der entgegengesetzten Seite (*t*) der „Bezugsfläche" befinden wie der Bezugsligand [2]) (der auch aus einem Brückenzweig bestehen kann), der seinerseits durch Hinzufügen des Symbols ***r*** zu seiner Stellungsziffer kenntlich gemacht ist. Die „Bezugsfläche" ist durch die Atome desjenigen Ringes (oder Systems von ortho/peri-anellierten Ringen) bestimmt, an dem alle Liganden gebunden sind, deren Stellungsziffern die Symbole *r*, *c* oder *t* aufweisen. Bei einer aus mehreren isolierten Ringen oder Ringsystemen bestehenden Verbindung kann jeder Ring bzw. jedes Ringsystem als gesonderte Bezugsfläche für Konfigurationskennzeichen fungieren; die zusammengehörigen (d. h. auf die gleichen Bezugsflächen bezogenen) Sätze von Konfigurationssymbolen *r*, *c* und *t* sind dann im Namen der Verbindung durch Klammerung voneinandergetrennt oder durch Strichelung unterschieden (s. Beispiele 3 und 4 unter Abschnitt e).

Beispiele:
1*r*.2*t*.3*c*.4*t*-Tetrabrom-cyclohexan [E III **5** 51]
1*r*-Äthyl-cyclopentanol-(2*c*) [E III **6** 79]
1*r*.2*c*-Dimethyl-cyclopentanol-(1) [E III **6** 80]

e) Die mit einem (gegebenenfalls mit hochgestellter Stellungsziffer ausgestatteten) Atomsymbol kombinierten Symbole ***r***, ***c*** oder ***t*** beziehen sich auf die räumliche Orientierung des indizierten Atoms (das sich in diesem Fall in einem weder durch Präfix noch durch Suffix benannten Teil des Moleküls befindet). Die Bezugsfläche ist dabei durch die Atome desjenigen Ringsystems bestimmt, an das alle indizierten Atome und gegebenenfalls alle weiteren Liganden gebunden sind, deren Stellungsziffern die Symbole *r*, *c* oder *t* aufweisen. Gehört ein indiziertes Atom dem gleichen Ringsystem an wie das Ringatom, zu dessen konfigurativer Kennzeichnung es dient (wie z. B. bei Spiro-Atomen), so umfasst die Bezugsfläche nur denjenigen Teil des Ringsystems [3]), dem das indizierte Atom nicht angehört.

[3]) Bei Spiran-Systemen erfolgt die Unterteilung des Ringsystems in getrennte Bezugssysteme jeweils am Spiro-Atom.

3) bei Verbindungen mit konfigurativ relevanten peripheren Ringatomen die von Wasserstoff verschiedenen Liganden an diesen Atomen.

Beispiele:
β-Brom-*cis*-zimtsäure [E III **9** 2732]
trans-β-Nitro-4-methoxy-styrol [E III **6** 2388]
5-Oxo-*cis*-decahydro-azulen [E III **7** 360]
cis-Bicyclohexyl-carbonsäure-(4) [E III **9** 261]

§ 3. Die Bezeichnungen ***seqcis*** bzw. ***seqtrans***, die der Stellungsziffer einer Doppelbindung, der Präfix-Bezeichnung eines doppelt-gebundenen Substituenten oder einem zweiwertigen Funktionsabwandlungssuffix (z. B. -oxim) beigegeben sind, kennzeichnen die cis-Orientierung bzw. trans-Orientierung der zu beiden Seiten der jeweils betroffenen Doppelbindung befindlichen Bezugsliganden [2]), die in diesem Fall mit Hilfe der Sequenz-Regel und ihrer Anwendungsvorschriften (s. § 1) ermittelt werden.

Beispiele:
(3*S*)-9.10-Seco-cholestadien-(5(10).7*seqtrans*)-ol-(3) [E III **6** 2602]
Methyl-[4-chlor-benzyliden-(*seqcis*)]-aminoxyd [E III **7** 873]
1.1.3-Trimethyl-cyclohexen-(3)-on-(5)-*seqcis*-oxim [E III **7** 285]

§ 4. a) Die Symbole ***c*** bzw. ***t*** hinter der Stellungsziffer einer C,C-Doppelbindung sowie die der Bezeichnung eines doppelt-gebundenen Radikals (z. B. der Endung „yliden") nachgestellten Symbole -(***c***) bzw. -(***t***) geben an, dass die jeweiligen „Bezugsliganden" [2]) an den beiden doppelt-gebundenen Kohlenstoff-Atomen cis-ständig (*c*) bzw. trans-ständig (*t*) sind (vgl. § 2). Als Bezugsligand gilt auf jeder der beiden Seiten der Doppelbindung derjenige Ligand, der der gleichen Bezifferungseinheit [1]) angehört wie das mit ihm verknüpfte doppelt-gebundene Atom; gehören beide Liganden eines der doppelt-gebundenen Atome der gleichen Bezifferungseinheit an, so gilt der niedrigerbezifferte als Bezugsligand.

Beispiele:
3-Methyl-1-[2.2.6-trimethyl-cyclohexen-(6)-yl]-hexen-(2*t*)-ol-(4) [E III **6** 426]
(1*S*:9*R*)-6.10.10-Trimethyl-2-methylen-bicyclo[7.2.0]undecen-(5*t*) [E III **5** 1083]
5α-Ergostadien-(7.22*t*) [E III **5** 1435]
5α-Pregnen-(17(20)*t*)-ol-(3β) [E III **6** 2591]
(3*S*)-9.10-Seco-ergostatrien-(5*t*.7*c*.10(19))-ol-(3) [E III **6** 2832]
1-[2-Cyclohexyliden-äthyliden-(*t*)]-cyclohexanon-(2) [E III **7** 1231]

b) Die Symbole ***c*** bzw. ***t*** hinter der Stellungsziffer eines Substituenten an einem doppelt-gebundenen endständigen Kohlenstoff-Atom eines acyclischen Gerüstes (oder Teilgerüstes) geben an, dass dieser Substituent cis-ständig (*c*) bzw. trans-ständig (*t*) (vgl. § 2) zum „Bezugsliganden" ist. Als Bezugsligand gilt derjenige Ligand [2]) an der nicht-endständigen Seite der Doppelbindung, der der gleichen Bezifferungseinheit angehört wie die doppelt-gebundenen Atome; liegt eine an der Doppelbindung verzweigte Bezifferungseinheit vor, so gilt der niedriger bezifferte Ligand des nicht-endständigen doppelt-gebundenen Atoms als Bezugsligand.

bestehende Racemat spezifiziert wird (vgl. *Cahn, Ingold, Prelog*, Ang. Ch. **78** 435; Ang. Ch. internat. Ed. **5** 404).

Beispiele:

(*S*)-3-Benzyloxy-1.2-dibutyryloxy-propan [E III **6** 1473]
(1*R*:2*S*:3*S*)-Pinanol-(3) [E III **6** 281]
(3a*R*:4*S*:8*R*:8a*S*:9*s*)-9-Hydroxy-2.2.4.8-tetramethyl-decahydro-4.8-methano-azulen [E III **6** 425]
(1*RS*:2*SR*)-1-Phenyl-butandiol-(1.2) [E III **6** 4663]

b) Die Symbole (R_a) und (S_a) bzw. (R_p) und (S_p) werden in Anlehnung an den Vorschlag von *Cahn, Ingold* und *Prelog* (Ang. Ch. **78** 437; Ang. Ch. internat. Ed. **5** 406) zur Kennzeichnung der Konfiguration von Elementen der axialen bzw. planaren Chiralität verwendet.

Beispiele:

(R_a)-5.5'-Dimethoxy-6'-acetoxy-2-äthyl-2'-phenäthyl-biphenyl [E III **6** 6597]
(R_a:S_a)-3.3'.6'.3''-Tetrabrom-2'.5'-bis-[((1*R*)-menthyloxy)-acetoxy]-2.4.6.2''.4''.6''-hexamethyl-*p*-terphenyl [E III **6** 5820]
(R_p)-Cyclohexanhexol-(1*r*.2*c*.3*t*.4*c*.5*t*.6*t*) [E III **6** 6925]

c) Die Symbole (Ξ), (Ξ_a) und (Ξ_p) zeigen unbekannte Konfiguration von Elementen der zentralen, axialen bzw. planaren Chiralität an; das Symbol (ξ) kennzeichnet unbekannte Konfiguration eines Pseudoasymmetriezentrums.

Beispiele:

(Ξ)-1-Acetoxy-2-methyl-5-[(*R*)-2.3-dimethyl-2.6-cyclo-norbornyl-(3)]-pentanol-(2) [E III **6** 4183]
(14Ξ:18Ξ)-Ambranol-(8) [E III **6** 431]
(Ξ_a)-3β.3'β-Dihydroxy-(7ξ*H*.7'ξ*H*)-[7.7']bi[ergostatrien-(5.8.22*t*)-yl] [E III **6** 5897]
(3ξ)-5-Methyl-spiro[2.5]octan-dicarbonsäure-(1*r*.2*c*) [E III **9** 4002]

§ 2. Die Präfixe *cis* und *trans* geben an, dass sich in (oder an) der Bezifferungseinheit [1]), deren Namen diese Präfixe vorangestellt sind, die beiden Bezugsliganden [2]) auf der gleichen Seite (*cis*) bzw. auf den entgegengesetzten Seiten (*trans*) der (durch die beiden doppeltgebundenen Atome verlaufenden) Bezugsgeraden (bei Spezifizierung der Konfiguration an einer Doppelbindung) oder der (durch die Ringatome festgelegten) Bezugsfläche (bei Spezifizierung der Konfiguration an einem Ring oder einem Ringsystem) befinden. Bezugsliganden sind

1) bei Verbindungen mit konfigurativ relevanten Doppelbindungen die von Wasserstoff verschiedenen Liganden an den doppelt-gebundenen Atomen,
2) bei Verbindungen mit konfigurativ relevanten angularen Ringatomen die exocyclischen Liganden an diesen Atomen,

---

[1]) Eine Bezifferungseinheit ist ein durch die Wahl des Namens abgegrenztes cyclisches, acyclisches oder cyclisch-acyclisches Gerüst (von endständigen Heteroatomen oder Heteroatom-Gruppen befreites Molekül oder Molekül-Bruchstück), in dem jedes Atom eine andere Stellungsziffer erhält; z. B. liegt im Namen Stilben nur eine Bezifferungseinheit vor, während der Name 3-Phenyl-penten-(2) aus zwei, der Name [1-Äthyl-propenyl]-benzol aus drei Bezifferungseinheiten besteht.

[2]) Als „Ligand" wird hier ein einfach kovalent gebundenes Atom oder eine einfach kovalent gebundene Atomgruppe verstanden.

Stereochemische Bezeichnungsweisen

Übersicht

Präfix	Definition in §	Symbol	Definition in §
anti	9	*c*	4
allo	5c, 6c	c_F	7a
altro	5c, 6c	D	6
arabino	5c	D_g	6b
cat_F	7a	D_r	7b
cis	2	D_s	6b
endo	8	L	6
ent	10d	L_g	6b
erythro	5a	L_r	7b
exo	8	L_s	6b
galacto	5c, 6c	*r*	4c, d, e
gluco	5c, 6c	(*r*)	1a
glycero	6c	(*R*)	1a
gulo	5c, 6c	(R_a)	1b
ido	5c, 6c	(R_p)	1b
lyxo	5c	(*s*)	1a
manno	5c, 6c	(*S*)	1a
meso	5b	(S_a)	1b
rac	10d	(S_p)	1b
racem.	5b	*t*	4
ribo	5c	t_F	7a
seqcis	3	α	10a, c
seqtrans	3	α_F	10b, c
syn	9	β	10a, c
talo	5c, 6c	β_F	10b, c
threo	5a	ξ	11a
trans	2	(Ξ)	1c
xylo	5c	(Ξ_a)	1c
		(Ξ_p)	1c
		Ξ	11b

§ 1. a) Die Symbole (*R*) und (*S*) bzw. (*r*) und (*s*) kennzeichnen die absolute Konfiguration an Chiralitätszentren (Asymmetriezentren) bzw. „Pseudoasymmetriezentren" gemäss der „Sequenzregel" und ihren Anwendungsvorschriften (*Cahn, Ingold, Prelog,* Experientia **12** [1956] 81; Ang. Ch. **78** [1966] 413, 419; Ang. Ch. internat. Ed. **5** [1966] 385, 390; *Cahn, Ingold,* Soc. **1951** 612; s. a. *Cahn,* J. chem. Educ. **41** [1964] 116, 508). Zur Kennzeichnung der Konfiguration von Racematen aus Verbindungen mit mehreren Chiralitätszentren dienen die Buchstabenpaare (*RS*) und (*SR*), wobei z. B. durch das Symbol (1*RS*:2*SR*) das aus dem (1*R*:2*S*)-Enantiomeren und dem (1*S*:2*R*)-Enantiomeren

Verzeichnis der Kürzungen für die Literaturquellen s. E III **12**, 1. Teil, S. XIX–LX

Inhalt

Zweite Abteilung

Isocyclische Verbindungen

(Fortsetzung)

IX. Amine

A. Monoamine

Das Gesamtregister für die Bände XII bis XIV
befindet sich
im letzten Teilband des Bandes XIV

Mitarbeiter der Redaktion

Erich Bayer
Elise Blazek
Kurt Bohg
Kurt Bohle
Reinhard Bollwan
Jörg Bräutigam
Ruth Brandt
Eberhard Breither
Liselotte Cauer
Edgar Deuring
Ingeborg Deuring
Walter Eggersglüss
Irene Eigen
Adolf Fahrmeir
Hellmut Fiedler
Franz Heinz Flock
Ingeborg Geibler
Friedo Giese
Libuse Goebels
Gerhard Grimm
Karl Grimm
Friedhelm Gundlach
Maria Haag
Alfred Haltmeier
Franz-Josef Heinen
Erika Henseleit
Karl-Heinz Herbst
Heidrun Hinse
Ruth Hintz-Kowalski
Guido Höffer
Eva Hoffmann
Werner Hoffmann
Brigitte Hornischer
Hans Hummel
Gerhard Jooss
Ludwig Klenk
Heinz Klute
Ernst Heinrich Koetter
Irene Kowol
Christine Krasa
Gisela Lange
Lothar Mähler
Gerhard Maleck
Kurt Michels
Ingeborg Mischon
Klaus-Diether Möhle
Gerhard Mühle
Heinz-Harald Müller
Ulrich Müller
Peter Otto
Hella Rabien
Peter Raig
Walter Reinhard
Gerhard Richter
Hans Richter
Evemarie Ritter
Lutz Rogge
Günter Roth
Heide Lore Saiko
Liselotte Sauer
Joachim Schmidt
Gerhard Schmitt
Peter Schomann
Wolfgang Schütt
Wolfgang Schurek
Wolfgang Staehle
Hans Tarrach
Elisabeth Tauchert
Otto Unger
Mathilde Urban
Paul Vincke
Rüdiger Walentowski
Hartmut Wehrt
Hedi Weissmann
Frank Wente
Ulrich Winckler
Günter Winkmann
Renate Wittrock

Monoamine $C_nH_{2n-5}N$

(Schluss)

Amine $C_9H_{13}N$

3-[Cyclohexen-(1)-yl]-propin-(2)-ylamin $C_9H_{13}N$.

3-Diäthylamino-1-[cyclohexen-(1)-yl]-propin-(1), Diäthyl-[3-(cyclohexen-(1)-yl)-propin-(2)-yl]-amin, *3-(cyclohex-1-en-1-yl)-N,N-diethylprop-2-ynylamine* $C_{13}H_{21}N$, Formel I.

B. Beim Erhitzen von 1-Äthinyl-cyclohexen-(1) mit Diäthylamin und Paraformaldehyd in Dioxan (*Marszak, Marszak-Fleury*, Mém. Services chim. **34** [1948] 419, 421; C. r. **226** [1948] 1289).

Kp_1: 97°. $n_D^{18,5}$: 1,4997.

2-Propyl-anilin, *o-propylaniline* $C_9H_{13}N$, Formel II (R = X = H) (H 1142; E I 491; E II 620).

B. Aus 2-Nitro-1-propyl-benzol bei der Hydrierung an Raney-Nickel in Äthanol (*Haddow et al.*, Phil. Trans. [A] **241** [1948] 147, 188) sowie bei der Behandlung mit Zinn und wss. Salzsäure (*Baddeley, Kenner*, Soc. **1935** 303, 307).

Kp_{16}: 109—111° (*Ha. et al.*).

Beim Erwärmen mit einem zuvor mit Chlorwasserstoff gesättigten Gemisch von Pentanon-(3) und Paraldehyd in wss. Salzsäure ist 2.3-Dimethyl-4-äthyl-8-propyl-chinolin erhalten worden (*Schenck, Bailey*, Am. Soc. **63** [1941] 1365).

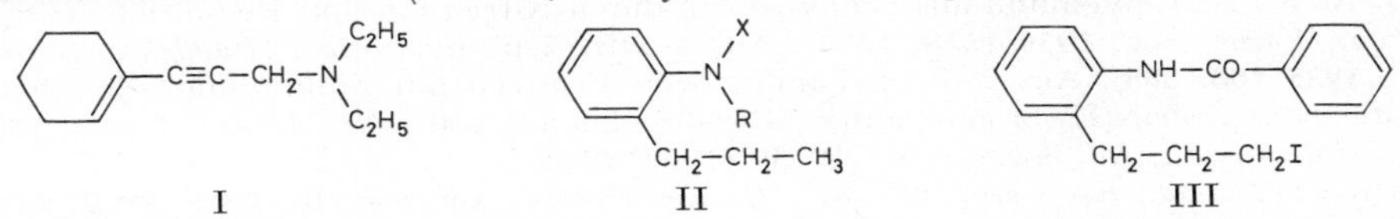

***N.N*-Dimethyl-2-propyl-anilin,** *N,N-dimethyl-o-propylaniline* $C_{11}H_{17}N$, Formel II (R = X = CH_3) (E I 491).

Pikrat $C_{11}H_{17}N \cdot C_6H_3N_3O_7$ (E I 491). Krystalle (aus A.); F: 176—178° (*Booth, King, Parrick*, Soc. **1958** 2302, 2306).

Essigsäure-[2-propyl-anilid], *2'-propylacetanilide* $C_{11}H_{15}NO$, Formel II (R = CO-CH_3, X = H) (H 1142).

Krystalle (aus PAe.); F: 93° (*Baddeley, Kenner*, Soc. **1935** 303, 307).

2-Benzamino-1-[3-jod-propyl]-benzol, Benzoesäure-[2-(3-jod-propyl)-anilid], *2'-(3-iodopropyl)benzanilide* $C_{16}H_{16}INO$, Formel III (H 1143; E I 492).

F: 122—124° [korr.] (*English et al.*, Am. Soc. **67** [1945] 295, 298).

6-Nitro-2-propyl-anilin, *2-nitro-6-propylaniline* $C_9H_{12}N_2O_2$, Formel IV (R = H).

B. Neben 4-Nitro-2-propyl-anilin beim Behandeln von Essigsäure-[2-propyl-anilid] mit Salpetersäure und Essigsäure und Erhitzen des Reaktionsprodukts mit wss. Salzsäure (*Baddeley, Kenner*, Soc. **1935** 303, 307, 308).

Gelbe Krystalle; F: 60°.

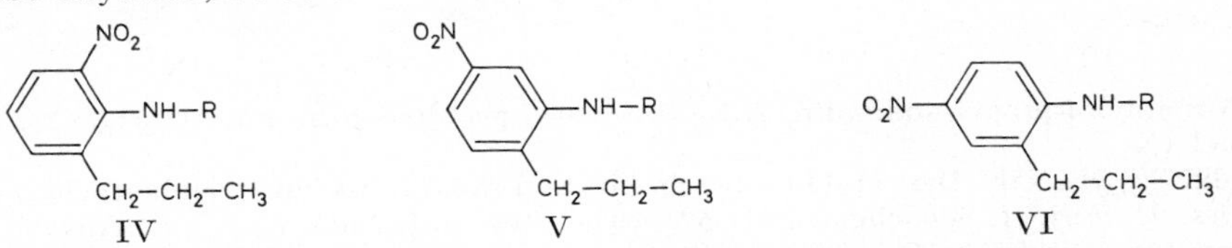

Essigsäure-[6-nitro-2-propyl-anilid], *2'-nitro-6'-propylacetanilide* $C_{11}H_{14}N_2O_3$, Formel IV (R = CO-CH_3).

B. Aus 6-Nitro-2-propyl-anilin (*Baddeley, Kenner*, Soc. **1935** 303, 308).

Krystalle; F: 140°.

5-Nitro-2-propyl-anilin, *5-nitro-2-propylaniline* $C_9H_{12}N_2O_2$, Formel V (R = H) (E I 492).

B. Aus 2.4-Dinitro-1-propyl-benzol beim Erwärmen mit Zinn(II)-chlorid und Chlorwasserstoff in Äthanol (*Brady, Cunningham*, Soc. **1934** 121, 122).

Gelbe Krystalle (aus wss. A.); F: 73° (*Br., Cu.*). In 100 g Wasser lösen sich bei Raumtemperatur 9 mg (*Blanksma*, R. **68** [1949] 696).

Essigsäure-[5-nitro-2-propyl-anilid], *5'-nitro-2'-propylacetanilide* $C_{11}H_{14}N_2O_3$, Formel V (R = CO-CH_3).

B. Aus 5-Nitro-2-propyl-anilin und Acetanhydrid (*Blanksma*, R. **68** [1949] 696).

Krystalle; F: 138°.

4-Nitro-2-propyl-anilin, *4-nitro-2-propylaniline* $C_9H_{12}N_2O_2$, Formel VI (R = H).

B. s. S. 2657 im Artikel 6-Nitro-2-propyl-anilin.

Gelbe Krystalle; F: 97° (*Baddeley, Kenner*, Soc. **1935** 303, 307, 308).

Essigsäure-[4-nitro-2-propyl-anilid], *4'-nitro-2'-propylacetanilide* $C_{11}H_{14}N_2O_3$, Formel VI (R = CO-CH_3).

B. Aus 4-Nitro-2-propyl-anilin (*Baddeley, Kenner*, Soc. **1935** 303, 308).

Krystalle; F: 159°.

3-Propyl-anilin, m-*propylaniline* $C_9H_{13}N$, Formel VII (R = H).

B. Aus 3-Nitro-1-propyl-benzol (*Baddeley, Kenner*, Soc. **1935** 303, 308).

Kp_{760}: 230°; Kp_{20}: 112°.

Essigsäure-[3-propyl-anilid], *3'-propylacetanilide* $C_{11}H_{15}NO$, Formel VII (R = CO-CH_3).

B. Aus 3-Propyl-anilin (*Baddeley, Kenner*, Soc. **1935** 303, 308).

F: 53°.

4-Propyl-anilin, p-*propylaniline* $C_9H_{13}N$, Formel VIII (R = X = H) (H 1143).

B. Neben 2-Propyl-anilin aus Propylbenzol durch Nitrierung und Reduktion (*Hickinbottom, Waine*, Soc. **1930** 1558, 1563). Aus 4-Nitro-1-propyl-benzol (*Baddeley, Kenner*, Soc. **1935** 303, 308). Aus *N*-Propyl-anilin beim Erhitzen mit Zinkbromid, Kobalt(II)-chlorid oder Kobalt(II)-bromid unter Stickstoff bis auf 240° (*Hi., Waine*, l. c. S. 1562; s. a. *Molera et al.*, An. Soc. españ. [B] **59** [1963] 379).

Kp_{20}: 112° (*Ba., Ke.*); Kp_4: 86—87° (*Huang-Minlon*, Am. Soc. **70** [1948] 2802, 2805).

Verbindung mit Zinkchlorid $2C_9H_{13}N \cdot ZnCl_2$. Krystalle (aus A.); in Wasser und Äther schwer löslich (*Hi., Wa.*).

Verbindung mit Kobalt(II)-bromid $2C_9H_{13}N \cdot CoBr_2$. Blaue Krystalle [aus E.] (*Hi., Wa.*).

***N.N*-Dimethyl-4-propyl-anilin,** N,N-*dimethyl*-p-*propylaniline* $C_{11}H_{17}N$, Formel VIII (R = X = CH_3) (H 1143; E I 492).

Das H 1143 beschriebene Präparat ist nicht einheitlich gewesen (*Davies, Hulbert*, J. Soc. chem. Ind. **57** [1938] 349, 351 Anm. b).

B. Aus 4-Propyl-anilin und Dimethylsulfat (*Da., Hu.*).

Kp_{16}: 116—118° (*Da., Hu.*). Dissoziation des *N.N*-Dimethyl-4-propyl-anilinium-Ions in wss. Äthanol: *Davies*, Soc. **1938** 1865, 1866.

Geschwindigkeit der Reaktion mit Methyljodid in wss. Aceton bei 35°, 45° und 55°: *Da.*, l. c. S. 1867.

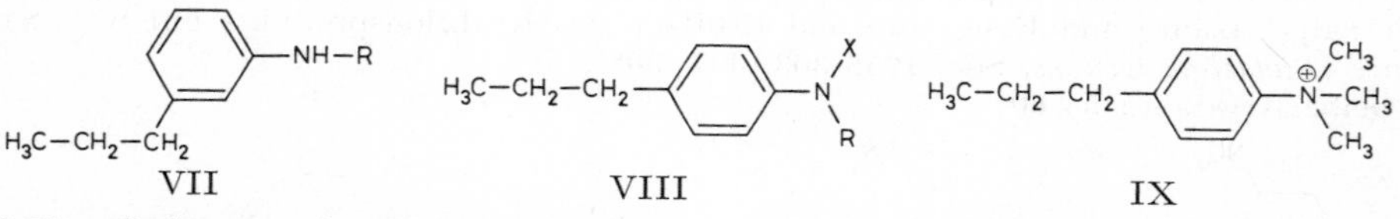

VII VIII IX

Tri-*N*-methyl-4-propyl-anilinium, N,N,N-*trimethyl*-p-*propylanilinium* $[C_{12}H_{20}N]^{\oplus}$, Formel IX.

Jodid $[C_{12}H_{20}N]I$. Das H 1143 beschriebene Präparat ist nicht einheitlich gewesen (*Davies, Hulbert*, J. Soc. chem. Ind. **57** [1938] 349, 351 Anm. b). — *B.* Aus *N.N*-Dimethyl-4-propyl-anilin (*Da., Hu.*). — Krystalle (aus A. + Ae.); F: 195,5° [korr.].

4-Propyl-*N*-[4-octyloxy-benzyliden]-anilin, 4-Octyloxy-benzaldehyd-[4-propyl-phenylimin], N-[*4-(octyloxy)benzylidene*]-p-*propylaniline* $C_{24}H_{33}NO$, Formel X (R = $[CH_2]_7$-CH_3).

Krystalle (aus A. oder PAe.); F: 54,5° (*Weygand*, Z. physik. Chem. [B] **53** [1943] 75, 76). Über krystallin-flüssige Phasen s. *Wey.*

4-Propyl-*N*-[4-nonyloxy-benzyliden]-anilin, 4-Nonyloxy-benzaldehyd-[4-propyl-phenyl-imin], N-[*4-(nonyloxy)benzylidene*]-p-*propylaniline* $C_{25}H_{35}NO$, Formel X ($R = [CH_2]_8\text{-}CH_3$).

B. Aus 4-Propyl-anilin und 4-Nonyloxy-benzaldehyd in Äthanol (*Weygand, Gabler*, J. pr. [2] **155** [1940] 332, 340).

Krystalle; F: 51° (*Wey., Ga.*, J. pr. [2] **155** 340). Über krystallin-flüssige Phasen s. *Weygand, Gabler*, Naturwiss. **27** [1939] 28.

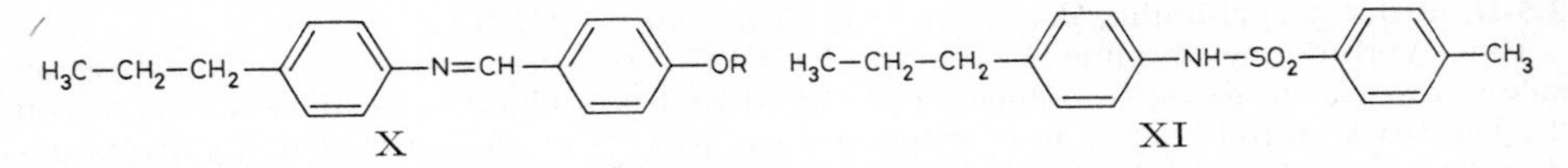

Essigsäure-[4-propyl-anilid], *4'-propylacetanilide* $C_{11}H_{15}NO$, Formel VIII ($R = CO\text{-}CH_3$, $X = H$) (H 1144).

Krystalle; F: 96—96,5° (*Hickinbottom, Waine*, Soc. **1930** 1558, 1563), 96° [aus W. oder wss. A.] (*Ipatieff, Schmerling*, Am. Soc. **59** [1937] 1056, 1057, 1058), 95—96° (*Huang-Minlon*, Am. Soc. **70** [1948] 2802, 2805).

Benzoesäure-[4-propyl-anilid], *4'-propylbenzanilide* $C_{16}H_{17}NO$, Formel VIII ($R = CO\text{-}C_6H_5$, $X = H$) (H 1144).

F: 116—117° (*Hickinbottom, Waine*, Soc. **1930** 1558, 1563).

***N*-Phenyl-*N'*-[4-propyl-phenyl]-thioharnstoff,** *1-phenyl-3-*(p-*propylphenyl*)*thiourea* $C_{16}H_{18}N_2S$, Formel VIII ($R = CS\text{-}NH\text{-}C_6H_5$, $X = H$).

B. Aus 4-Propyl-anilin und Phenylisothiocyanat in Petroläther (*Hickinbottom, Waine*, Soc. **1930** 1558, 1563).

Krystalle (aus A.); F: 119,1—119,2° (*Hurd, Jenkins*, J. org. Chem. **22** [1957] 1418, 1420, 1422).

Toluol-sulfonsäure-(4)-[4-propyl-anilid], *4'-propyl-*p-*toluenesulfonanilide* $C_{16}H_{19}NO_2S$, Formel XI.

Krystalle (aus A.); F: 113—114° (*Hickinbottom, Waine*, Soc. **1930** 1558, 1563, 2900).

3-Nitro-4-propyl-anilin, *3-nitro-4-propylaniline* $C_9H_{12}N_2O_2$, Formel XII ($R = H$).

B. Aus 2.4-Dinitro-1-propyl-benzol beim Erhitzen mit wss.-äthanol. Ammoniumsulfid-Lösung (*Brady, Cunningham*, Soc. **1934** 121, 122; *Arnold, McCool, Schultz*, Am. Soc. **64** [1942] 1023).

Orangefarbene Krystalle; F: 59—59,5° (*Ar., McC., Sch.*), 59° [aus PAe.] (*Br., Cu.*).

Essigsäure-[3-nitro-4-propyl-anilid], *3'-nitro-4'-propylacetanilide* $C_{11}H_{14}N_2O_3$, Formel XII ($R = CO\text{-}CH_3$).

B. Aus 3-Nitro-4-propyl-anilin und Acetanhydrid (*Brady, Cunningham*, Soc. **1934** 121, 122; *Blanksma*, R. **68** [1949] 696).

Gelbe Krystalle (aus PAe.); F: 90° (*Br., Cu.*; *Bl.*).

2-Nitro-4-propyl-anilin, *2-nitro-4-propylaniline* $C_9H_{12}N_2O_2$, Formel XIII ($R = H$).

B. Aus Essigsäure-[2-nitro-4-propyl-anilid] beim Erwärmen mit wss. Schwefelsäure (*Baddeley, Kenner*, Soc. **1935** 303, 308).

Orangefarbene Krystalle (aus PAe.); F: 36°.

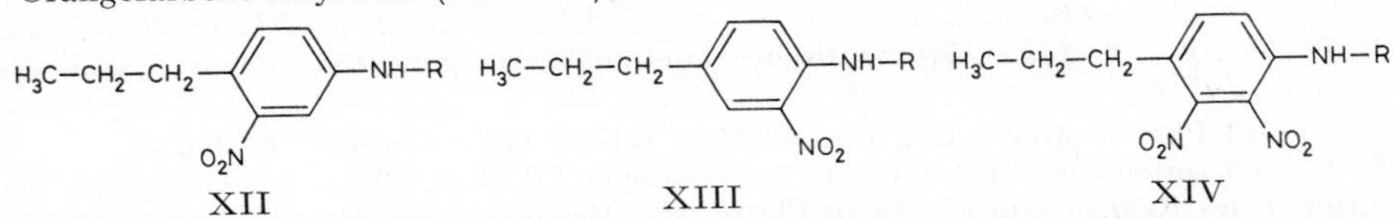

Essigsäure-[2-nitro-4-propyl-anilid], *2'-nitro-4'-propylacetanilide* $C_{11}H_{14}N_2O_3$, Formel XIII ($R = CO\text{-}CH_3$).

B. Aus Essigsäure-[4-propyl-anilid] beim Behandeln mit wss. Salpetersäure und Schwefelsäure (*Baddeley, Kenner*, Soc. **1935** 303, 308).

Gelbe Krystalle; F: 77°.

2.3-Dinitro-4-propyl-anilin, *2,3-dinitro-4-propylaniline* $C_9H_{11}N_3O_4$, Formel XIV (R = H).

B. Aus Essigsäure-[2.3-dinitro-4-propyl-anilid] beim Erwärmen mit wss. Schwefelsäure (*Brady, Cunningham,* Soc. **1934** 121, 123).

Orangefarbene Krystalle (aus A.); F: 124°.

Essigsäure-[2.3-dinitro-4-propyl-anilid], *2',3'-dinitro-4'-propylacetanilide* $C_{11}H_{13}N_3O_5$, Formel XIV (R = $CO-CH_3$).

B. Aus Essigsäure-[3-nitro-4-propyl-anilid] beim Behandeln mit Schwefelsäure und Salpetersäure (*Brady, Cunningham,* Soc. **1934** 121, 123).

Gelbe Krystalle (aus A.); F: 130°.

3.5-Dinitro-4-propyl-anilin, *3,5-dinitro-4-propylaniline* $C_9H_{11}N_3O_4$, Formel I.

Eine Verbindung (braune Krystalle; F: 162°), der vermutlich diese Konstitution zukommt, ist in geringer Menge neben 3-Nitro-4-propyl-anilin beim Erwärmen von 2.4-Dinitro-1-propyl-benzol mit Salpetersäure und Schwefelsäure und Erhitzen des Reaktionsprodukts mit wss.-äthanol. Ammoniumsulfid-Lösung erhalten worden (*Brady, Cunningham,* Soc. **1934** 121, 124).

1-Phenyl-propylamin, *α-ethylbenzylamine* $C_9H_{13}N$.

Über die Konfiguration der Enantiomeren s. *Levene, Rothen, Kuna,* J. biol. Chem. **120** [1937] 777; *Brewster,* Am. Soc. **81** [1959] 5475, 5482.

a) **(*R*)-1-Phenyl-propylamin,** Formel II (E II 620).

B. Aus (*S*)-1-Brom-1-phenyl-propan bei 4-tägigem Behandeln mit methanol. Ammoniak (*Levene, Rothen, Kuna,* J. biol. Chem. **120** [1937] 777, 793, 794). Aus (*R*)-1-Azido-1-phenyl-propan bei der Hydrierung an Platin in Methanol (*Le., Ro., Kuna*).

Gewinnung aus dem unter c) beschriebenen Racemat über das (in Äthanol schwer lösliche) L-Hydrogenmalat (s. u.): *Little, M'Lean, Wilson,* Soc. **1940** 336; über das (in Äthanol leicht lösliche) L_g-Hydrogentartrat (s. u.): *Jaeger, Froentjes,* Pr. Akad. Amsterdam **44** [1941] 140, 141.

Kp: 204—206° (*Li., M'Lean, Wi.*); Kp_{16}: 88—90°; Kp_{10}: 81° (*Le., Ro., Kuna*); Kp_4: 64° (*Ja., Fr.*). $[\alpha]_D^{17}$: +20,2° [unverd.] (*Li., M'Lean, Wi.*); $[\alpha]_D$: +14,8° [unverd.] (*Ja., Fr.*, l. c. S. 142). Optisches Drehungsvermögen (495—673 mμ): *Ja., Fr.*

Sulfat $2C_9H_{13}N \cdot H_2SO_4$. F: 200—223° [Zers.]; $[\alpha]_D$: —13,5° [W.; c = 2] (*Ja., Fr.*, l. c. S. 143). Optisches Drehungsvermögen (479—673 mμ) von wss. Lösungen: *Ja., Fr.*

L-Hydrogenmalat $C_9H_{13}N \cdot C_4H_6O_5$. Krystalle (aus A.); F: 169°; $[\alpha]_D^{13,5}$: —11,7° [W.; c = 7] (*Li., M'Lean, Wi.*).

L_g-Hydrogentartrat (vgl. E II 620). F: 123°; $[\alpha]_D$: +7,0° [W.; c = 2] (*Ja., Fr.*). Optisches Drehungsvermögen (495—673 mμ) von wss. Lösungen: *Ja., Fr.*

b) **(*S*)-1-Phenyl-propylamin,** Formel III (E II 620).

Gewinnung aus dem unter c) beschriebenen Racemat über das (in Äthanol schwer lösliche) L_g-Hydrogentartrat (s. u.): *Jaeger, Froentjes,* Pr. Akad. Amsterdam **44** [1941] 140, 141; über das (in Äthanol leicht lösliche) L-Hydrogenmalat und das L_g-Hydrogentartrat: *Little, M'Lean, Wilson,* Soc. **1940** 336.

Kp: 204—206° (*Li., M'Lean, Wi.*); Kp_5: 67° (*Ja., Fr.*). $[\alpha]_D^{17}$: —19,9° [unverd.] (*Li., M'Lean, Wi.*); $[\alpha]_D$: —15,1° [unverd.] (*Ja., Fr.*, l. c. S. 142). Optisches Drehungsvermögen (448—698 mμ): *Ja., Fr.*

Sulfat $2C_9H_{13}N \cdot H_2SO_4$. F: 200—223° [Zers.]; $[\alpha]_D$: +13,2° [W.; c = 2] (*Ja., Fr.*, l. c. S. 143). Optisches Drehungsvermögen (479—673 mμ) von wss. Lösungen: *Ja., Fr.*

L_g-Hydrogentartrat $C_9H_{13}N \cdot C_4H_6O_6$ (vgl. E II 620). Krystalle (aus A.); F: 179° (*Li., M'Lean, Wi.*), 176° (*Ja., Fr.*). $[\alpha]_D^{14}$: +22,7° [W.; c = 5] (*Li., M'Lean, Wi.*); $[\alpha]_D$: +22,5° [W.; c = 2] (*Ja., Fr.*). Optisches Drehungsvermögen (454—698 mμ) von wss. Lösungen: *Ja., Fr.*

c) **(±)-1-Phenyl-propylamin,** Formel II + III (H 1144; E I 493; E II 620).

B. Beim Erhitzen von 1-Äthoxy-1-phenyl-propen-(1) (Kp_{13}: 96°) mit Ammoniak und Hydrieren des Reaktionsprodukts an Platin oder Behandeln des Reaktionsprodukts mit aktiviertem Aluminium in Äthanol und Äther (*Shiho,* J. chem. Soc. Japan **68** [1947] 22; C. A. **1949** 7921). Beim Erhitzen von Propiophenon mit Ameisensäure und wss. Ammoniak auf 160° und anschliessenden Erhitzen mit wss. Salzsäure (*Crossley, Moore,* J. org. Chem. **9** [1944] 529, 533). Bei der Hydrierung von Propiophenon im Gemisch mit wss.-methanol. Ammoniak unter Zusatz von Ammoniumchlorid an Platin (*Alexander,*

Misegades, Am. Soc. **70** [1948] 1315; vgl. E II 620). Aus Propiophenon-oxim bei der Hydrierung an Palladium/Kohle in Chlorwasserstoff enthaltendem Äthanol (*Hartung, Munch*, Am. Soc. **53** [1931] 1875, 1878) sowie bei der Behandlung mit Natrium-Amalgam und Essigsäure (*Jacobsen et al.*, Skand. Arch. Physiol. **79** [1938] 258, 278).

Kp_{35}: 100—105° (*Ha., Mu.*); Kp_{14}: 88° (*Sh.*); Kp_{3}: 62—63° (*Jaeger, van Dijk*, Proc. Akad. Amsterdam **44** [1941] 26, 30).

Hydrochlorid. F: 192—194° (*Sh.*), 189,5° [korr.] (*Ha., Mu.*), 188—188,5° [unkorr.] (*Ja. et al.*).

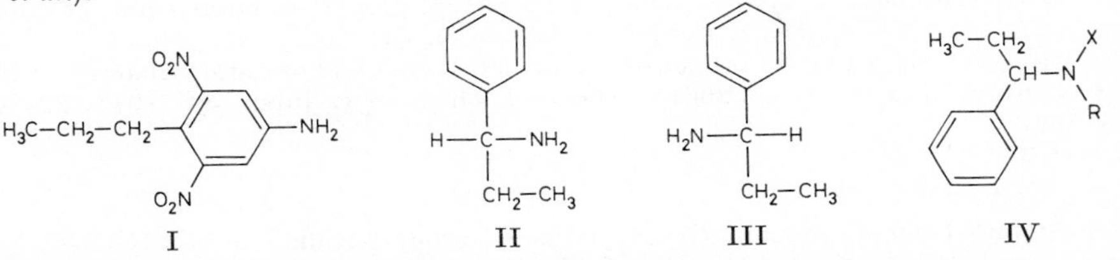

(±)-1-Methylamino-1-phenyl-propan, (±)-Methyl-[1-phenyl-propyl]-amin, (±)-*α-ethyl-N-methylbenzylamine* $C_{10}H_{15}N$, Formel IV (R = CH_3, X = H) (H 1145).

B. Beim Erhitzen von 1-Äthoxy-1-phenyl-propen-(1) (Kp_{13}: 96°) mit Methylamin und Hydrieren des Reaktionsprodukts an Platin oder Behandeln des Reaktionsprodukts mit aktiviertem Aluminium in Äthanol und Äther (*Shiho*, J. chem. Soc. Japan **68** [1947] 22; C. A. **1949** 7921).

Kp_{14}: 88—90°.

Pikrat. F: 161°.

(±)-1-Dimethylamino-1-phenyl-propan, (±)-Dimethyl-[1-phenyl-propyl]-amin, (±)-*α-ethyl-N,N-dimethylbenzylamine* $C_{11}H_{17}N$, Formel IV (R = X = CH_3).

B. Aus 1-Äthoxy-1-phenyl-propen-(1) (Kp_{13}: 96°) und Dimethylamin analog (±)-Methyl-[1-phenyl-propyl]-amin [s. o.] (*Shiho*, J. chem. Soc. Japan **68** [1947] 22; C. A. **1949** 7921). Aus (±)-Dimethylamino-phenyl-acetonitril und Äthylmagnesiumbromid (*Dunn, Stevens*, Soc. **1934** 279, 281).

Kp_{22}: 100—105° (*Dunn, St.*); Kp_{13}: 91° (*Sh.*).

Pikrat $C_{11}H_{17}N \cdot C_6H_3N_3O_7$. Gelbe Krystalle; F: 167° (*Sh.*), 161—164° [aus Acn. + Bzn.] (*Dunn, St.*).

(±)-1-Äthylamino-1-phenyl-propan, (±)-Äthyl-[1-phenyl-propyl]-amin, (±)-*α,N-diethylbenzylamine* $C_{11}H_{17}N$, Formel IV (R = C_2H_5, X = H) (H 1145).

B. Aus 1-Äthoxy-1-phenyl-propen-(1) (Kp_{13}: 96°) und Äthylamin analog (±)-Methyl-[1-phenyl-propyl]-amin [s. o.] (*Shiho*, J. chem. Soc. Japan **68** [1947] 22; C. A. **1949** 7921). Beim Erwärmen von Äthyl-benzyliden-amin mit Äthylmagnesiumbromid in Äther (*Campbell et al.*, Am. Soc. **70** [1948] 3868; vgl. H 1145).

Kp_{17}: 98—100° (*Ca. et al.*); Kp_{14}: 90—91° (*Sh.*). D_4^{20}: 0,9024; n_D^{20}: 1,4996 (*Ca. et al.*).

Pikrat. F: 176° (*Sh.*).

(±)-1-Diäthylamino-1-phenyl-propan, (±)-Diäthyl-[1-phenyl-propyl]-amin, (±)-*α,N,N-triethylbenzylamine* $C_{13}H_{21}N$, Formel IV (R = X = C_2H_5).

B. Aus 1-Äthoxy-1-phenyl-propen-(1) (Kp_{13}: 96°) und Diäthylamin analog (±)-Methyl-[1-phenyl-propyl]-amin [s. o.] (*Shiho*, J. chem. Soc. Japan **68** [1947] 22; C. A. **1949** 7921).

Kp_{12}: 94°.

Pikrat. F: 175°.

(±)-1-Propylamino-1-phenyl-propan, (±)-Propyl-[1-phenyl-propyl]-amin, (±)-*α-ethyl-N-propylbenzylamine* $C_{12}H_{19}N$, Formel IV (R = CH_2-CH_2-CH_3, X = H).

B. Beim Erwärmen von Propyl-benzyliden-amin mit Äthylmagnesiumbromid in Äther (*Campbell et al.*, Am. Soc. **70** [1948] 3868).

Kp_{15}: 108—109°. D_4^{20}: 0,8948. n_D^{20}: 1,5013.

Hydrochlorid $C_{12}H_{19}N \cdot HCl$. Krystalle (aus A. + Ae.); F: 184° [Zers.].

(±)-1-Butylamino-1-phenyl-propan, (±)-[1-Phenyl-propyl]-butyl-amin, (±)-*N-butyl-α-ethylbenzylamine* $C_{13}H_{21}N$, Formel IV (R = $[CH_2]_3$-CH_3, X = H).

B. Aus 1-Äthoxy-1-phenyl-propen-(1) (Kp_{13}: 96°) und Butylamin analog (±)-Methyl-[1-phenyl-propyl]-amin [S. 2661] (*Shiho*, J. chem. Soc. Japan **68** [1947] 22; C. A. **1949** 7921). Beim Erwärmen von Butyl-benzyliden-amin mit Äthylmagnesiumbromid in Äther (*Campbell et al.*, Am. Soc. **70** [1948] 3868).

Kp_{28}: 137—139° (*Ca. et al.*); Kp_{13}: 88—89° (*Sh.*). D_4^{20}: 0,8926; n_D^{20}: 1,4944 (*Ca. et al.*).

Hydrochlorid $C_{13}H_{21}N \cdot HCl$. Krystalle (aus A. + Ae.); F: 198—199° [Zers.] (*Ca. et al.*).

Pikrat. F: 177—178° (*Sh.*).

(±)-1-Isobutylamino-1-phenyl-propan, (±)-[1-Phenyl-propyl]-isobutyl-amin, (±)-*α-ethyl-N-isobutylbenzylamine* $C_{13}H_{21}N$, Formel IV (R = CH_2-$CH(CH_3)_2$, X = H).

B. Aus 1-Äthoxy-1-phenyl-propen-(1) (Kp_{13}: 96°) und Isobutylamin analog (±)-Methyl-[1-phenyl-propyl]-amin [S. 2661] (*Shiho*, J. chem. Soc. Japan **68** [1947] 22; C. A. **1949** 7921).

Kp_{14}: 92°.

Pikrat. F: 175°.

(±)-1-Anilino-1-phenyl-propan, (±)-*N*-[1-Phenyl-propyl]-anilin, (±)-*α-ethyl-N-phenylbenzylamine* $C_{15}H_{17}N$, Formel IV (R = C_6H_5, X = H) (H 1145).

B. Aus Benzylidenanilin und Äthylmagnesiumbromid in Äther (*Rosser, Ritter*, Am. Soc. **59** [1937] 2179; vgl. H 1145).

Kp_9: 172°.

(±)-1-Benzylamino-1-phenyl-propan, (±)-[1-Phenyl-propyl]-benzyl-amin, (±)-*α-ethyldibenzylamine* $C_{16}H_{19}N$, Formel IV (R = CH_2-C_6H_5, X = H).

B. Aus 1-Äthoxy-1-phenyl-propen-(1) (Kp_{13}: 96°) und Benzylamin analog (±)-Methyl-[1-phenyl-propyl]-amin [S. 2661] (*Shiho*, J. chem. Soc. Japan **68** [1947] 22; C. A. **1949** 7921). Beim Erwärmen von Benzyl-benzyliden-amin mit Äthylmagnesiumbromid in Äther (*Campbell et al.*, Am. Soc. **70** [1948] 3868; vgl. *Grammaticakis*, C. r. **207** [1938] 1224).

Kp_6: 153—154° (*Ca. et al.*); Kp_1: 134—135° (*Sh.*). D_4^{20}: 0,9918; n_D^{20}: 1,5531 (*Ca. et al.*).

Hydrochlorid $C_{16}H_{19}N \cdot HCl$. Krystalle; F: 172—173° [aus A. + Ae.] (*Ca. et al.*), 168° [Zers.] (*Gr.*).

Nitrat $C_{16}H_{19}N \cdot HNO_3$. F: 146° (*Gr.*).

Sulfat $2C_{16}H_{19}N \cdot H_2SO_4$. F: 188° (*Gr.*).

Bis-[1-phenyl-propyl]-amin, *α,α'-diethyldibenzylamine* $C_{18}H_{23}N$, Formel V (vgl. H 1145; E I 493).

Ein opt.-inakt. Amin (Kp_{17}: 180—181°; n_D^{20}: 1,5493) dieser Konstitution ist aus [1-Phenyl-propenyl]-[1-phenyl-propyliden]-amin (E I 508) bei der Hydrierung an Nickel in Äthanol erhalten worden (*Mignonac*, A. ch. [11] **2** [1934] 225, 263).

Hydrochlorid. Krystalle (aus wss. A.); F: 257°.

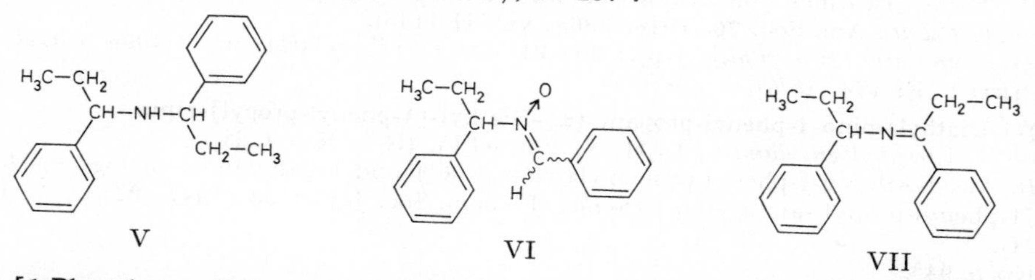

(±)-[1-Phenyl-propyl]-benzyliden-aminoxid, (±)-*N*-[1-Phenyl-propyl]-*C*-phenyl-nitron, (±)-Benzaldehyd-[*N*-(1-phenyl-propyl)-oxim], (±)-*N-benzylidene-α-ethylbenzylamine N-oxide* $C_{16}H_{17}NO$, Formel VI.

B. Aus (±)-*N*-[1-Phenyl-propyl]-*N*-benzyl-hydroxylamin beim Behandeln mit Quecksilber(II)-oxid in Chloroform (*Grammaticakis*, Bl. [5] **8** [1941] 101, 113).

Krystalle (aus $CHCl_3$ + Ae.); F: 116°. UV-Spektrum (A.; 220—375 mμ): *Gr.*, l. c. S. 105.

(±)-[1-Phenyl-propyl]-[1-phenyl-propyliden]-amin, (±)-Propiophenon-[1-phenyl-propylimin], (±)-*α-ethyl-N-(α-ethylbenzylidene)benzylamine* $C_{18}H_{21}N$, Formel VII (E II 620).

B. Neben Propiophenon-imin bei der Hydrierung von Propiophenon-oxim an Nickel

in Äthanol (*Mignonac*, A. ch. [11] **2** [1934] 225, 256; vgl. E II 620).
Kp_9: 170—171°.

(±)-*N*-[1-Phenyl-propyl]-acetamid, (±)-N-(*α-ethylbenzyl)acetamide* $C_{11}H_{15}NO$, Formel VIII (R = CO-CH_3, X = H).
B. Aus (±)-1-Phenyl-propylamin (*Grammaticakis*, C. r. **202** [1936] 1289).
F: 80°.

(±)-*N*-[1-Phenyl-propyl]-benzamid, (±)-N-(*α-ethylbenzyl)benzamide* $C_{16}H_{17}NO$, Formel VIII (R = CO-C_6H_5, X = H) (H 1145).
B. Beim Behandeln von (±)-1-Phenyl-propylamin mit Benzoylchlorid und wss. Natron= lauge (*Leonard, Nommensen*, Am. Soc. **71** [1949] 2808, 2810).
F: 115—116° [korr.] (*Hartung, Munch*, Am. Soc. **53** [1931] 1875, 1878), 105—106° (*Le., No.*, l. c. S. 2811).
Beim Erhitzen mit Phosphor(V)-bromid unter 30 Torr bis auf 120° sind 1-Phenyl-propylbromid und geringere Mengen 1.2-Dibrom-1-phenyl-propan (F: 65—66°) erhalten worden (*Le., No.*, l. c. S. 2811, 2812).

(±)-*N'*-[1-Phenyl-propyl]-*N*-phenyl-harnstoff, (±)-*1-(α-ethylbenzyl)-3-phenylurea* $C_{16}H_{18}N_2O$, Formel VIII (R = CO-NH-C_6H_5, X = H).
B. Aus (±)-1-Phenyl-propylamin und Phenylisocyanat in Petroläther (*Grammaticakis*, Bl. **1947** 664, 673).
Krystalle (aus wss. A. oder aus Bzl. + PAe.); F: 150°. UV-Spektrum (A.): *Gr.*

4-[1-Phenyl-propyl]-semicarbazid, *4-(α-ethylbenzyl)semicarbazide* $C_{10}H_{15}N_3O$, Formel VIII (R = CO-NH-NH_2, X = H).

a) **Opt.-akt. 4-[1-Phenyl-propyl]-semicarbazid,** dessen Hydrochlorid rechtsdrehend ist.
Hydrochlorid $C_{10}H_{15}N_3O \cdot HCl$. *B.* Beim Erhitzen von (*R*)-1-Phenyl-propylamin mit Aceton-semicarbazon und Erhitzen des erhaltenen opt.-akt. Aceton-[4-(1-phenyl-propyl)-semicarbazons] $C_{13}H_{19}N_3O$ (Krystalle [aus A.]; F: 92°) mit wss. Salzsäure (*Little, M'Lean, Wilson*, Soc. **1940** 336). — Krystalle (aus A.); F: 165°. $[\alpha]_D^{13}$: +67,5° [W.; c = 4].

b) **Opt.-akt. 4-[1-Phenyl-propyl]-semicarbazid,** dessen Hydrochlorid linksdrehend ist.
Hydrochlorid $C_{10}H_{15}N_3O \cdot HCl$. *B.* Beim Erhitzen von (*S*)-1-Phenyl-propylamin mit Aceton-semicarbazon und Erhitzen des erhaltenen opt.-akt. Aceton-[4-(1-phenyl-propyl)-semicarbazons] $C_{13}H_{19}N_3O$ (F: 92°) mit wss. Salzsäure (*Little, M'Lean, Wilson*, Soc. **1940** 336). — Krystalle (aus A.); F: 165°. $[\alpha]_D^{13}$: −67,3° [W.; c = 4].

c) **(±)-4-[1-Phenyl-propyl]-semicarbazid.**
Hydrochlorid $C_{10}H_{15}N_3O \cdot HCl$. *B.* Beim Erhitzen von (±)-1-Phenyl-propylamin mit Aceton-semicarbazon und Erhitzen des erhaltenen (±)-Aceton-[4-(1-phenyl-propyl)-semicarbazons] $C_{13}H_{19}N_3O$ (Krystalle [aus A.]; F: 110°) mit wss. Salzsäure (*Little, M'Lean, Wilson*, Soc. **1940** 336). — Krystalle (aus A. + Ae.); F: 135°.

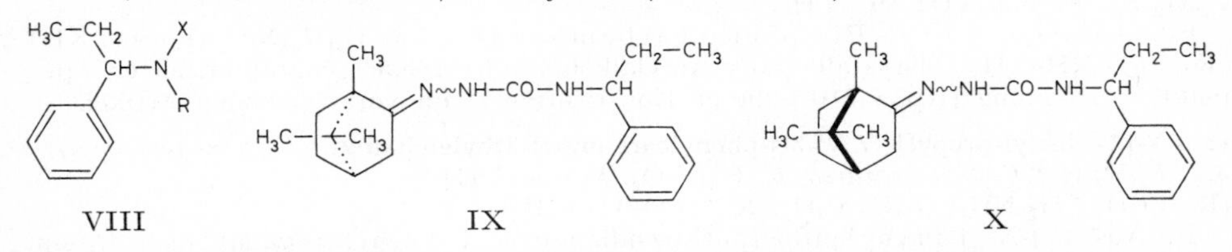

VIII IX X

Bornanon-(2)-[4-(1-phenyl-propyl)-semicarbazon], Campher-[4-(1-phenyl-propyl)-semi= carbazon], *bornan-2-one 4-(α-ethylbenzyl)semicarbazone* $C_{20}H_{29}N_3O$.

a) **(1*R*)-Bornanon-(2)-[4-((*Ξ*)-1-phenyl-propyl)-semicarbazon],** Formel IX.
B. Beim Behandeln von (1*R*)-Campher mit (+)-4-[1-Phenyl-propyl]-semicarbazid-hydrochlorid (s. o.) und Pyridin (*Little, M'Lean, Wilson*, Soc. **1940** 336).
Krystalle (aus wss. A.); F: 118°. $[\alpha]_D^{14}$: −93,6° [A.; c = 1].

b) **(1*S*)-Bornanon-(2)-[4-((*Ξ*)-1-phenyl-propyl)-semicarbazon],** Formel X.
B. Beim Behandeln von (1*S*)-Campher mit (+)-4-[1-Phenyl-propyl]-semicarbazid-

hydrochlorid (S. 2663) und Pyridin (*Little, M'Lean, Wilson,* Soc. **1940** 336).
F: 120°. $[\alpha]_D^{14,5}$: −38,8° [A.; c = 1].

Benzoin-[4-(1-phenyl-propyl)-semicarbazon], *benzoin 4-(α-ethylbenzyl)semicarbazone* $C_{24}H_{25}N_3O_2$.

a) **(*R*)-Benzoin-[4-((Ξ)-1-phenyl-propyl)-semicarbazon],** Formel XI.

B. Beim Behandeln von (±)-Benzoin mit (−)-4-[1-Phenyl-propyl]-semicarbazid-hydrochlorid (S. 2663) und Pyridin (*Little, M'Lean, Wilson,* Soc. **1940** 336).

Krystalle (aus A.); F: 166°. $[\alpha]_D^{12,5}$: +127,1° [A.; c = 0,5].

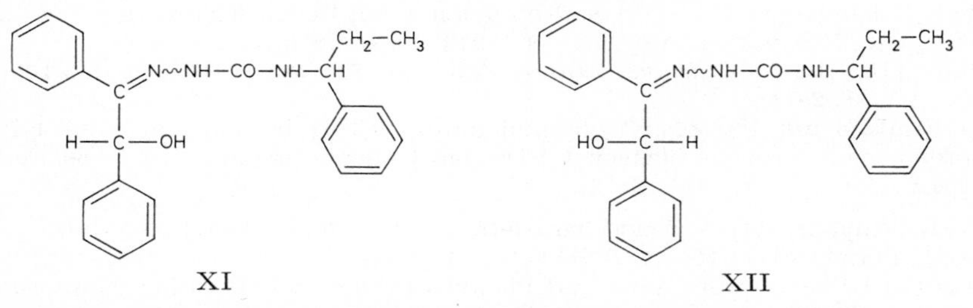

XI XII

b) **(*S*)-Benzoin-[4-((Ξ)-1-phenyl-propyl)-semicarbazon],** Formel XII.

B. Beim Behandeln von (±)-Benzoin mit (+)-4-[1-Phenyl-propyl]-semicarbazid-hydrochlorid (S. 2663) und Pyridin (*Little, M'Lean, Wilson,* Soc. **1940** 336).

Krystalle (aus A.); F: 166°. $[\alpha]_D^{12,5}$: −126° [A.; c = 0,5].

(±)-*N'*-[1-Phenyl-propyl]-*N*-phenyl-*N'*-benzyl-harnstoff, *(±)-1-benzyl-1-(α-ethylbenzyl)-3-phenylurea* $C_{23}H_{24}N_2O$, Formel VIII (R = CO-NH-C_6H_5, X = CH_2-C_6H_5).

B. Aus (±)-[1-Phenyl-propyl]-benzyl-amin und Phenylisocyanat in Petroläther (*Grammaticakis,* Bl. **1947** 664, 673).

Krystalle (aus wss. A. oder aus Bzl. + PAe.); F: 89°. UV-Spektrum (A.; 214—300 mμ): *Gr.,* l. c. S. 669, 670.

(±)-*N*-[1-Phenyl-propyl]-äthylendiamin, (±)-N-*(α-ethylbenzyl)ethylenediamine* $C_{11}H_{18}N_2$, Formel VIII (R = CH_2-CH_2-NH_2, X = H).

B. Neben der im folgenden Artikel beschriebenen Verbindung beim Behandeln von *N.N'*-Dibenzyliden-äthylendiamin mit Äthylmagnesiumbromid in Äther und anschliessend mit einer ammoniakal. wss. Lösung von Natriumphosphat und wenig Ammoniumchlorid (*van Alphen, Robert,* R. **54** [1935] 361, 364).

Kp_{20}: 139°.

Beim Erhitzen unter 25 Torr auf 210° ist die im folgenden Artikel erhaltene Verbindung erhalten worden (*v. Al., Ro.,* l. c. S. 365).

Charakterisierung als Bis-phenylcarbamoyl-Derivat (F: 200° [s. u.]): *v. Al., Ro.*

***N.N'*-Bis-[1-phenyl-propyl]-äthylendiamin,** N,N'-*bis(α-ethylbenzyl)ethylenediamine* $C_{20}H_{28}N_2$, Formel XIII (R = H).

Bildungsweisen einer als Bis-phenylcarbamoyl-Derivat $C_{34}H_{38}N_4O_2$ (Formel XIII [R = CO-NH-C_6H_5]; Krystalle [aus Amylalkohol]; F: 186,5°) charakterisierten opt.-inakt. Verbindung (Kp_{25}: 210°) dieser Konstitution s. im vorangehenden Artikel.

(±)-*N*-[1-Phenyl-propyl]-*N.N'*-bis-phenylcarbamoyl-äthylendiamin, *(±)-1-(α-ethylbenzyl)-3,3'-diphenyl-1,1'-ethylenediurea* $C_{25}H_{28}N_4O_2$, Formel VIII (R = CH_2-CH_2-NH-CO-NH-C_6H_5, X = CO-NH-C_6H_5).

B. Aus (±)-*N*-[1-Phenyl-propyl]-äthylendiamin und Phenylisocyanat (*van Alphen, Robert,* R. **54** [1935] 361, 365).

Krystalle (aus Amylalkohol); F: 200°.

2-Amino-1-phenyl-propan, 1-Methyl-2-phenyl-äthylamin, Amphetamin, Benzedrin, *α-methylphenethylamine* $C_9H_{13}N$.

Über die Konfiguration der Enantiomeren s. *Karrer, Ehrhardt,* Helv. **34** [1951] 2202; *Schrecker,* J. org. Chem. **22** [1957] 33; *Červinka, Kroupová, Belovský,* Z. Chem. **8** [1968] 24.

a) **(*R*)-2-Amino-1-phenyl-propan,** Formel XIV (R = H).

Gewinnung aus dem unter c) beschriebenen Racemat über das D_g-Hydrogentartrat

(s. u.): *Jaeger, van Dijk,* Pr. Akad. Amsterdam **44** [1941] 26, 35.

Krystalle, F: ca. 27,5° [nach Erweichen]; Kp_{15}: 85°; Kp_{12}: 80°; Kp_{10}: 76°; D^{18}: 0,9346; n_D: 1,545 (*Jae., v. Dijk,* l. c. S. 38). $[\alpha]_D$: −35,7° [unverd.] (*Jae., v. Dijk,* l. c. S. 39). Optisches Drehungsvermögen (448—728 mμ): *Jae., v. Dijk.*

Sulfat. Krystalle; F: 328—329° [Zers.] (*Schrecker,* J. org. Chem. **22** [1957] 33, 35). $[\alpha]_D^{20}$: −24,6° [W.; c = 2]; $[\alpha]_D^{20}$: −22,3° [W.; c = 8] (*Sch.*); $[\alpha]_D$: −26,2° [W.; c = 2] (*Jae., v. Dijk,* l. c. S. 40). Optisches Drehungsvermögen (448—698 mμ) einer Lösung in Wasser: *Jae., v. Dijk.*

D_g-Hydrogentartrat. $[\alpha]_D$: −32,0° [W.; c = 2] (*Jae., v. Dijk*). Optisches Drehungsvermögen (479—673 mμ) einer Lösung in Wasser: *Jae., v. Dijk.*

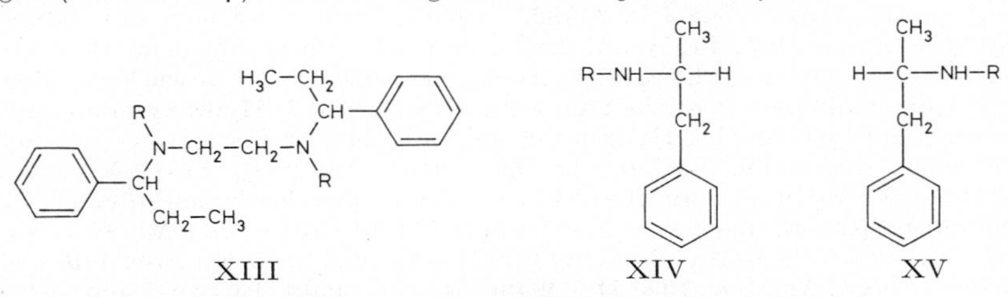

XIII XIV XV

b) **(*S*)-2-Amino-1-phenyl-propan,** Formel XV (R = H) (E II 621).

B. Aus (*S*)-2-Amino-1-[2-chlor-phenyl]-propan bei der Hydrierung an Palladium in Äthanol und Essigsäure (*Johns, Burch,* Am. Soc. **60** [1938] 919). Beim Behandeln einer Lösung von (*S*)-2-Methyl-3-phenyl-propionsäure in Schwefelsäure mit Stickstoffwasserstoffsäure in Chloroform (*v. Braun, Friehmelt,* B. **66** [1933] 684). Aus (*S*)-2-Methyl-3-phenyl-propionamid beim Erhitzen mit Brom und wss. Natronlauge (*Wallis, Nagel,* Am. Soc. **53** [1931] 2787, 2790).

Gewinnung aus dem unter c) beschriebenen Racemat (s. u.) über das L_g-Hydrogentartrat (s. u.): *Leithe,* B. **65** [1932] 660, 664; *Jaeger, van Dijk,* Pr. Akad. Amsterdam **44** [1941] 26, 35; *Magidšon, Garkuscha,* Ž. obšč. Chim. **11** [1941] 339, 342; C. A. **1941** 5868.

Krystalle, F: ca. 27,5° [nach Erweichen]; Kp_{12}: 80°; Kp_8: 70°; Kp_7: 68°; Kp_4: 60° (*Jae., v. Dijk,* l. c. S. 38). D^{18}: 0,9337 (*Jae., v. Dijk*); D_4^{15}: 0,940 (*Lei.*). $[\alpha]_D$: +36,0° [unverd.] (*Jae., v. Dijk*); $[\alpha]_D^{15}$: +35,6° [unverd.]; $[\alpha]_D^{15}$: +35,8° [Cyclohexan; c = 9]; $[\alpha]_D^{15}$: +37,6° [Bzl.; c = 9]; $[\alpha]_D^{15}$: +54,3° [CCl_4; c = 12]; $[\alpha]_D^{15}$: +36,2° [$CHCl_3$; c = 11]; $[\alpha]_D^{15}$: +29,9° [Ae.; c = 11]; $[\alpha]_D^{15}$: +34,5° [A.; c = 11]; $[\alpha]_D^{15}$: +29,4° [Me.; c = 9]; $[\alpha]_{578}^{15}$: +37,7° [unverd.]; $[\alpha]_{546}^{15}$: +43,6° [unverd.]; $[\alpha]_{436}^{15}$: +80,3° [unverd.] (*Lei.*). Optisches Drehungsvermögen (unverd.; 438—728 mμ): *Jae., v. Dijk.*

Hydrochlorid. Krystalle; F: 156° [aus A. + Ae.] (*Lei.*), 146° (*v. Br., Fr.*), 145° (*Wa., Na.*). $[\alpha]_D^{15}$: +24,8° [W.; c = 9] (*Lei.*); $[\alpha]_D^{20}$: +21,3° [W.; c = 3]; $[\alpha]_D^{20}$: +16,8° [W.; c = 5] (*Wa., Na.*); $[\alpha]_D^{20}$: +16,10° [W.; c = 5] (*v. Br., Fr.*).

Sulfat. Krystalle; F: 306—307° (*Novelli, Tainter,* J. Pharmacol. exp. Therap. **77** [1943] 324, 325). Brechungsindices der Krystalle: *Keenan,* J. Am. pharm. Assoc. **37** [1948] 519. $[\alpha]_D$: +24,3° [W.; c = 2] (*Jae., v. Dijk,* l. c. S. 40); $[\alpha]_D^{20}$: +21,8° [W.; c = 5] (*Ma., Ga.*). Optisches Drehungsvermögen (448—698 mμ) einer Lösung in Wasser: *Jae., v. Dijk.*

L_g-Hydrogentartrat. Krystalle; F: 183° [aus wss. A.] (*Jae., v. Dijk*), 182° [aus A.] (*Lei.*), 181—182° [aus A.] (*Ma., Ga.*). Monoklin-sphenoidal; aus dem Röntgen-Diagramm ermittelte Dimensionen der Elementarzelle: a = 12,76 Å; b = 7,17 Å; c = 8,41 Å; β = 87,87°; n = 4 (*Jae., v. Dijk,* l. c. S. 36, 37). Dichte der Krystalle bei 0°: 2,186; bei 17°: 2,169 (*Jae., v. Dijk*). $[\alpha]_D$: +31,8° [W.; c = 2] (*Jae., v. Dijk*); $[\alpha]_D^{15}$: +20,8° [wss. HCl (1n); c = 8] (*Lei.*); $[\alpha]_D^{20}$: +21,6° [wss. HCl (1n); c = 6] (*Ma., Ga.*; vgl. *Potapow, Terent'ew,* Ž. obšč. Chim. **28** [1958] 3323, 3325 Anm.; J. gen. Chem. U.S.S.R. [Übers.] **28** [1958] 3349, 3351 Anm.). Optisches Drehungsvermögen (479—648 mμ) einer Lösung in Wasser: *Jae., v. Dijk.*

c) **(±)-2-Amino-1-phenyl-propan,** Formel XIV + XV (R = H) (H 1145).

B. Aus (±)-2-Chlor-1-phenyl-propan beim Erhitzen mit äthanol. Ammoniak auf 160° (*Patrick, McBee, Hass,* Am. Soc. **68** [1946] 1009). Bei der Hydrierung eines Gemisches von Phenylaceton und Ammoniak in Methanol an Raney-Nickel (*Couturier,* A. ch. [11] **10** [1938] 559, 609). Neben Bis-[1-methyl-2-phenyl-äthyl]-amin (Kp_2: 154°) bei der

Hydrierung von Phenylaceton im Gemisch mit äthanol. Ammoniak an Raney-Nickel (*Haskelberg*, Am. Soc. **70** [1948] 2811) sowie im Gemisch mit methanol. Ammoniak unter Zusatz von Ammoniumchlorid an Platin (*Alexander*, *Misegades*, Am. Soc. **70** [1948] 1315). Aus Phenylaceton beim Behandeln mit wss.-äthanol. Ammoniak und vernickeltem Zink (*Harlay*, C. r. **213** [1941] 304), beim Erhitzen mit Ammoniumformiat bis auf 180° und Erhitzen des Reaktionsprodukts mit wss. Salzsäure (*Bobranškiĭ*, *Drabik*, Ž. prikl. Chim. **14** [1941] 410, 413; C. A. **1942** 2532) sowie beim Erhitzen mit Formamid bis auf 190° und Erhitzen des Reaktionsprodukts mit wss. Schwefelsäure auf 125° (*Magidšon*, *Garkuscha*, Ž. obšč. Chim. **11** [1941] 339, 341, 342; C. A. **1941** 5868). Aus Phenylaceton-oxim bei der Hydrierung an Nickel in wss. Äthanol bei 25°/130 at (*Purdue Research Found.*, U.S.P. 2233823 [1939]), beim Erwärmen mit Äthanol und Natrium (*Jaeger*, *van Dijk*, Pr. Akad. Amsterdam **44** [1941] 26), beim Behandeln mit Natrium-Amalgam und wss. Essigsäure (*Hey*, Soc. **1930** 18, 19) sowie beim Behandeln mit wss. Ammoniak und vernickeltem Zink (*Ha.*). Aus 2-[Hydroxyimino-(*seqtrans*)]-1-phenyl-propanon-(1) bei der Hydrierung an Palladium in Essigsäure und Schwefelsäure (*Kindler*, *Hedemann*, *Schärfe*, A. **560** [1948] 215, 219). Aus 2-Nitro-1-phenyl-propen-(1) bei der Reduktion an Quecksilber- oder Kupfer-Kathoden in einem Gemisch von Äthanol, Essigsäure und wss. Schwefelsäure bei 30—40° (*Alles*, Am. Soc. **54** [1932] 271, 273). Aus (±)-*N*-[1-Methyl-2-phenyl-äthyl]-acetamid beim Erhitzen mit wss. Salzsäure (*Ritter*, *Kalish*, Am. Soc. **70** [1948] 4048). Aus opt.-inakt. 1-Chlor-2-amino-1-phenyl-propan (Hydrochlorid: F: 201°) bei der Hydrierung an Palladium in Äthanol (*Hartung*, *Munch*, Am. Soc. **53** [1931] 1875, 1878). Aus (±)-2-Amino-1-[4-amino-phenyl]-propan beim Behandeln mit Natriumnitrit und Hypophosphorigsäure in Wasser (*Kornblum*, *Iffland*, Am. Soc. **71** [1949] 2137, 2140). Aus (±)-2-Methyl-3-phenyl-propionylchlorid beim Erwärmen mit aktiviertem Natriumazid in Benzol und Pyridin und anschliessend mit wss. Salzsäure (*Vargha*, *Györffy*, Magyar chem. Folyoirat **50** [1944] 6, 8; C. A. **1948** 1219). Aus (±)-2-Methyl-3-phenyl-propionamid beim Behandeln mit alkal. wss. Natriumhypochlorit-Lösung (*Kay-Fries Chem. Inc.* U.S.P. 2413493 [1941]; *Dey*, *Ramanathan*, Pr. nation. Inst. Sci. India **9** [1943] 193, 209).

Kp: 205—206° (*Kay-Fries Chem. Inc.*, U.S.P. 2413493 [1941]), 205° (*Hey*, Soc. **1930** 18, 20; *Jaeger*, *van Dijk*, Pr. Akad. Amsterdam **44** [1941] 26, 27); Kp_{750}: 197—198° (*Kornblum*, *Iffland*, Am. Soc. **71** [1949] 2137, 2138); Kp_{30}: 105° (*Kay-Fries Chem. Inc.*); Kp_{22}: 102—104° (*Woodruff*, *Conger*, Am. Soc. **60** [1938] 465); Kp_{20}: 90° (*Couturier*, A. ch. [11] **10** [1938] 610); Kp_{15}: 91° (*Ko.*, *Iff.*); Kp_{10}: 80° (*Haskelberg*, Am. Soc. **70** [1948] 2811); Kp_7: 63—64° (*Jae.*, *v. Dijk*). D_{18}: 0,9370 (*Jae.*, *v. Dijk*). n_D^{20}: 1,5185 (*Ko.*, *Iff.*).

Hydrochlorid $C_9H_{13}N \cdot HCl$. Krystalle; F: 152° (*Woodruff*, *Conger*, Am. Soc. **60** [1938] 465), 149—150° (*Kindler*, *Hedemann*, *Schärfe*, A. **560** [1948] 215, 219). Hygroskopisch (*Hey*, Soc. **1930** 18, 20).

Sulfat $2C_9H_{13}N \cdot H_2SO_4$. Krystalle; F: 250—255° [Zers.; geschlossene Kapillare] (*Magidšon*, *Garkuscha*, Ž. obšč. Chim. **11** [1941] 341, 343), 248° [aus A.] (*Vignoli*, *Delphaut*, *Sice*, Bl. Soc. Chim. biol. **28** [1946] 768). Optische Untersuchung der Krystalle: *Keenan*, J. Am. pharm. Assoc. **37** [1948] 519.

Hexachloroplatinat(IV) $2C_9H_{13}N \cdot H_2PtCl_6$. Gelbe Krystalle (aus W.), Zers. bei 130—135°; orangerote Krystalle, Zers. bei 135—140° (*Heubner*, Ar. Pth. **204** [1947] 367).

Thiocyanatoplatinat. Rote Krystalle (aus W.); F: 121,5—123,5° (*Hald*, *Gad*, Dansk Tidsskr. Farm. **12** [1938] 97, 103).

Pentan-sulfonat-(1). Krystalle (aus Isopropylalkohol + Ae.); F: 88—89° (*E. Lilly & Co.*, U.S.P. 2215940 [1937]).

Hydrogenoxalat $C_9H_{13}N \cdot C_2H_2O_4$. Krystalle (aus W.) mit 0,5 Mol H_2O; F: 160° (*Bobranškiĭ*, *Drabik*, Ž. prikl. Chim. **14** [1941] 410, 413).

Pikrat $C_9H_{13}N \cdot C_6H_3N_3O_7$. Gelbe Krystalle (aus A.) mit 1 Mol Äthanol; F: 144—145° [korr.] (*Magidšon*, *Garkuscha*, Ž. obšč. Chim. **11** [1941] 339, 342; *Kornblum*, *Iffland*, Am. Soc. **71** [1949] 2137, 2138), 143° (*Hey*, Soc. **1930** 18, 20).

Pikrolonat. Gelbe Krystalle; F: 196° [Kofler-App.] (*L.* u. *A. Kofler*, Thermo-Mikro-Methoden, 3. Aufl. [Weinheim 1954] S. 551), 195—196° [Kofler-App.] (*Dultz*, Z. anal. Chem. **120** [1940] 84, 86).

2-Nitro-indandion-(1.3)-Salz $C_9H_{13}N \cdot C_9H_5NO_4$. Krystalle; F: 193° (*Wanag*, *Dombrowski*, B. **75** [1942] 82, 85).

2-Methylamino-1-phenyl-propan, Methyl-[1-methyl-2-phenyl-äthyl]-amin, Methamphetamin, *α,N-dimethylphenethylamine* $C_{10}H_{15}N$.

a) **(*R*)-2-Methylamino-1-phenyl-propan,** Formel XIV (R = CH_3) auf S. 2665.

Diese Konfiguration kommt dem E II 621 beschriebenen, in saurer Lösung linksdrehenden 2-Methylamino-1-phenyl-propan zu.

b) **(*S*)-2-Methylamino-1-phenyl-propan,** Formel XV (R = CH_3) auf S. 2665 (E I 493; E II 621; dort als „in saurer Lösung rechtsdrehendes Methyl-[β-phenyl-isopropyl]-amin" bezeichnet).

B. Beim Erwärmen von (*S*)-2-Amino-1-phenyl-propan mit Methyljodid und Kaliumhydroxid in Äther (*Leithe*, B. **65** [1932] 660, 666). Aus (+)-Chlorpseudoephedrin ((1*S*:2*S*)-1-Chlor-2-methylamino-1-phenyl-propan) oder aus (−)-Chlorephedrin ((1*R*:2*S*)-1-Chlor-2-methylamino-1-phenyl-propan) bei der Hydrierung der Hydrochloride an Platin in Wasser (*Temmler*, D.R.P. 749809 [1938]; D.R.P. Org. Chem. **3** 170; s. a. *Temmler*, D.R.P. 767186 [1937]; D.R.P. Org. Chem. **3** 172). Aus (−)-Ephedrin-hydrochlorid ((1*R*:2*S*)-2-Methylamino-1-phenyl-propanol-(1)-hydrochlorid) bei der Hydrierung an Palladium in Essigsäure in Gegenwart von Schwefelsäure oder Perchlorsäure bei 80° bzw. 60° (*Rosenmund, Karg*, B. **75** [1942] 1850, 1854; *Kindler, Hedemann, Schärfe*, A. **560** [1948] 215, 219).

Kp_{20}: 95° (*Temmler*, D.R.P. 749809); Kp_{12}: 88—89° (*Freudenberg, Nikolai*, A. **510** [1934] 223, 229).

Hydrochlorid $C_{10}H_{15}N \cdot HCl$, Pervitin (E I 493; E II 621). Krystalle; F: 174° bis 175° [unkorr.] (*Adamson*, Soc. **1949** Spl. 144, 155), 173° (*Hauschild*, Ar. Pth. **191** [1938] 465), 172° [aus A. oder aus $CHCl_3$ + E.] (*Temmler*, D.R.P. 767186; *Ro., Karg*), 171—172° [aus A. + Ae.] (*Leithe*, B. **65** [1932] 660, 666). Brechungsindices der Krystalle: *Keenan*, J. Am. pharm. Assoc. **38** [1949] 313. $[\alpha]_D^{15}$: +15,7° [W.; c = 7] (*Lei.*); $[\alpha]_{578}$: +21,6° [W.] (*Freudenberg, Nikolai*, A. **510** [1934] 223, 229).

Tetrachloroaurat(III) (E I 493; E II 621). Gelbe Krystalle (*Kee.*). Brechungsindices der Krystalle: *Kee.*

L_g-Hydrogentartrat $C_{10}H_{15}N \cdot C_4H_6O_6$ (E II 621). Krystalle (aus A.); F: 115—117°; $[\alpha]_D^{16}$: +24,7° [W.; c = 3] (*Walton*, J. Soc. chem. Ind. **64** [1945] 219).

D_g-Hydrogentartrat $C_{10}H_{15}N \cdot C_4H_6O_6$. Krystalle (aus W.); F: 164—165°; $[\alpha]_D^{16}$: −3,2° [W.; c = 0,8] (*Wa.*).

Pikrolonat. Gelbe Krystalle; F: 183° [Kofler-App.] (*Dultz*, Z. anal. Chem. **120** [1940] 84, 86; *L.* u. *A. Kofler*, Thermo-Mikro-Methoden, 3. Aufl. [Weinheim 1954] S. 532).

c) **(±)-2-Methylamino-1-phenyl-propan,** Formel XIV + XV (R = CH_3) auf S. 2665 (E II 621).

B. Beim Behandeln von Acetaldehyd-methylimin mit Benzylmagnesiumchlorid in Äther (*Evdokimoff*, G. **77** [1947] 318, 321). Beim Erhitzen von (±)-2-Chlor-1-phenyl-propan mit Methylamin in Äthanol auf 160° (*Patrick, McBee, Hass*, Am. Soc. **68** [1946] 1009). Beim Behandeln von 2-Äthoxy-1-phenyl-propen-(1) mit Methylamin unter Zusatz von Quecksilber(II)-chlorid und Erwärmen des Reaktionsprodukts in Äthanol und Äther mit aktiviertem Aluminium und Wasser (*Shiho*, J. chem. Soc. Japan **65** [1944] 237; C. A. **1947** 3800). Beim Erhitzen von Phenylaceton mit *N*-Methyl-formamid und Erhitzen des Reaktionsprodukts mit wss. Salzsäure (*Novelli*, An. Asoc. quim. arg. **27** [1939] 169). Beim Erwärmen von (±)-2-Amino-1-phenyl-propan mit Benzaldehyd in Äthanol, Erhitzen des erhaltenen 2-Benzylidenamino-1-phenyl-propans mit Methyljodid und Erwärmen des Reaktionsprodukts mit wss. Methanol (*Woodruff, Lambooy, Burt*, Am. Soc. **62** [1940] 922). Aus opt.-inakt. 2-Amino-1-phenyl-propanol-(1) bei der Behandlung einer äthanol. Lösung mit wss. Formaldehyd und anschliessenden Hydrierung an Nickel unter Druck (*Purdue Research Found.*, U.S.P. 2243295 [1939]). Aus (±)-Ephedrin-hydrochlorid ((1*RS*:2*SR*)-2-Methylamino-1-phenyl-propanol-(1)-hydrochlorid) bei der Hydrierung an Palladium in Essigsäure in Gegenwart von wss. Perchlorsäure bei 80° (*Rosenmund, Karg*, B. **75** [1942] 1850, 1854). Aus 4-Methyl-5-phenyl-thiazol beim Behandeln einer äthanol. Lösung mit Natrium (*Erlenmeyer, Simon*, Helv. **25** [1942] 528; *Asklepia A.G.*, Schweiz. P. 233303 [1942]) sowie beim Behandeln einer Lösung in wss. Salzsäure mit Aluminium (*Asklepia A.G.*).

Kp_{760}: 207° (*Jacobsen et al.*, Skand. Arch. Physiol. **79** [1938] 258, 278); Kp_{20}: 98—100° (*Pa., McBee, Hass*); Kp_{15}: 81,2° (*Purdue Research Found.*); Kp_{13}: 85,5—86,5° (*Shiho*), 84° (*Er., Si.*); Kp_6: 78—80° (*Woo., La., Burt*). Hygroskopisch (*Er., Si.*).

Hydrochlorid $C_{10}H_{15}N \cdot HCl$ (E II 621). Krystalle; F: 135—136° [korr.; aus A. + Ae.] (*Woo., La., Burt*), 134—135° (*Shiho*), 133—135° [unkorr.; aus A. + Ae.] (*No.*). Brechungsindices der Krystalle: *Keenan*, J. Am. pharm. Assoc. **38** [1949] 313.

Tetrachloroaurat(III) $C_{10}H_{15}N \cdot HAuCl_4$ (E II 621). Krystalle; F: 103—104° (*Ja. et al.*). Brechungsindices der Krystalle: *Kee.*

Hexachloroplatinat(IV) $2C_{10}H_{15}N \cdot H_2PtCl_6$ (E II 621). Krystalle; F: 198—199° (*Er., Si.*), 198° (*Asklepia A.G.*).

Pikrat $C_{10}H_{15}N \cdot C_6H_3N_3O_7$ (E II 621). Krystalle (aus W.); F: 126° (*Evdokimoff*, G. **77** [1947] 318, 323).

(±)-2-Dimethylamino-1-phenyl-propan, (±)-Dimethyl-[1-methyl-2-phenyl-äthyl]-amin, (±)-α,N,N-*trimethylphenethylamine* $C_{11}H_{17}N$, Formel I (R = X = CH_3) (E I 493; dort als Dimethyl-[β-phenyl-isopropyl]-amin bezeichnet).

B. Beim Behandeln von *N.N*-Dimethyl-DL-alanin-nitril mit Benzylmagnesiumchlorid in Äther und anschliessend mit Eis und Ammoniumchlorid (*Thomson, Stevens*, Soc. **1932** 2607, 2611). Beim Behandeln von 2-Äthoxy-1-phenyl-propen-(1) mit Dimethylamin unter Zusatz von Quecksilber(II)-chlorid und Erwärmen des Reaktionsprodukts in Äthanol und Äther mit aktiviertem Aluminium und Wasser (*Shiho*, J. chem. Soc. Japan **65** [1944] 237; C. A. **1947** 3800). Bei der Hydrierung eines Gemisches von Phenylaceton und Dimethylamin in Äther an Platin (*Temmler-Werke*, F.P. 844226 [1938]). Beim Erhitzen von Phenylaceton mit Dimethylformamid und Erhitzen des Reaktionsprodukts mit wss. Salzsäure (*Novelli*, An. Asoc. quim. arg. **27** [1939] 169). Bei der Hydrierung eines Gemisches von (±)-2-Amino-1-phenyl-propan und Formaldehyd in wss.-äthanol. Lösung an Raney-Nickel in Gegenwart von Natriumacetat (*Woodruff, Lambooy, Burt*, Am. Soc. **62** [1940] 922). Beim Erhitzen von (±)-2-Amino-1-phenyl-propan-sulfat mit wss. Formaldehyd auf 125° (*Jacobsen et al.*, Skand. Arch. Physiol. **79** [1938] 258, 279).

Kp_{100}: 148—150° (*Th., St.*); Kp_{20}: 103—104° (*Sh.*); Kp_{18}: 82° (*Temmler-Werke*); Kp_{12}: 100° (*Woo., La., Burt*).

Hydrochlorid $C_{11}H_{17}N \cdot HCl$. Krystalle; F: 159—161° [korr.; aus Ae. + A.] (*Woo., La., Burt*), 157—158° (*Sh.*), 156—158° [unkorr.; aus A. + Ae.] (*No.*), 157° (*Ja. et al.*).

Pikrat. Gelbe Krystalle (aus Me.); F: 135—139° (*Dunn, Stevens*, Soc. **1934** 279, 281).

Trimethyl-[1-methyl-2-phenyl-äthyl]-ammonium, *trimethyl(α-methylphenethyl)ammonium* $[C_{12}H_{20}N]^{\oplus}$.

a) **(*R*)-Trimethyl-[1-methyl-2-phenyl-äthyl]-ammonium,** Formel II.

Jodid $[C_{12}H_{20}N]I$. *B.* Beim Hydrieren von (*R*)-2-Dimethylamino-1-phenyl-propan-on-(1) an Platin in wss. Salzsäure, Behandeln des Reaktionsprodukts mit Phosphor(V)-bromid, Behandeln der wasserlöslichen Anteile des danach isolierten Reaktionsprodukts mit verkupfertem Zink und wss. Salzsäure und Erwärmen des erhaltenen Öls (Kp_{14}: 86°) mit Methyljodid in Äther (*Freudenberg, Nikolai*, A. **510** [1934] 223, 228, 229). — Krystalle (aus A. + E.); F: 198—199°. $[\alpha]_{578}$: +39,7° [W.; c = 2].

b) **(*S*)-Trimethyl-[1-methyl-2-phenyl-äthyl]-ammonium,** Formel III.

Jodid $[C_{12}H_{20}N]I$. Ein partiell racemisches Präparat (Krystalle [aus A.]; F: 204—205°; $[\alpha]_{578}$: −32,9° [W.]) ist aus (*S*)-2-Methylamino-1-phenyl-propan-hydrochlorid bei aufeinanderfolgendem Behandeln mit Methyljodid in Äthanol, mit Thallium(I)-äthylat und mit Methyljodid erhalten worden (*Freudenberg, Nikolai*, A. **510** [1934] 223, 229).

c) **(±)-Trimethyl-[1-methyl-2-phenyl-äthyl]-ammonium,** Formel II + III.

Jodid $[C_{12}H_{20}N]I$ (E I 493). Krystalle (aus A.); F: 227—228° (*Thomson, Stevens*, Soc. **1932** 2607, 2611).

Pikrat $[C_{12}H_{20}N]C_6H_2N_3O_7$. Gelbe Krystalle (aus wss. A.); F: 103—105° (*Th., St.*).

(±)-2-Äthylamino-1-phenyl-propan, (±)-Äthyl-[1-methyl-2-phenyl-äthyl]-amin, (±)-N-*ethyl-α-methylphenethylamine* $C_{11}H_{17}N$, Formel I (R = C_2H_5, X = H).

B. Beim Behandeln von 2-Äthoxy-1-phenyl-propen-(1) mit Äthylamin unter Zusatz von Quecksilber(II)-chlorid und Erwärmen des Reaktionsprodukts in Äthanol und Äther mit aktiviertem Aluminium und Wasser (*Shiho*, J. chem. Soc. Japan **65** [1944] 237; C. A. **1947** 3800). Beim Behandeln von Phenylaceton mit Äthylamin und Erwärmen des Reaktionsprodukts mit Äthanol und Natrium (*Jacobsen et al.*, Skand. Arch. Physiol. **79** [1938] 258, 279). Bei der Hydrierung eines Gemisches von Phenylaceton und Äthylamin in Äther an Platin (*Temmler*, D.R.P. 767263 [1937]; D.R.P. Org. Chem. **3** 169). Beim

Erhitzen von Phenylaceton mit *N*-Äthyl-formamid und Erhitzen des Reaktionsprodukts mit wss. Salzsäure (*Novelli*, An. Asoc. quim. arg. **27** [1939] 169).

Kp_{25}: 103° (*Te.*); Kp_{20}: 98—99° (*Shiho*).

Hydrochlorid $C_{11}H_{17}N \cdot HCl$. Krystalle; F: 145—146° [unkorr.; aus A. + Ae.] (*No.*; *Ja. et al.*; *Shiho*).

(±)-2-Diäthylamino-1-phenyl-propan, (±)-Diäthyl-[1-methyl-2-phenyl-äthyl]-amin, (±)-N,N-*diethyl-α-methylphenethylamine* $C_{13}H_{21}N$, Formel I (R = X = C_2H_5).

B. Beim Behandeln von 2-Äthoxy-1-phenyl-propen-(1) mit Diäthylamin unter Zusatz von Quecksilber(II)-chlorid und Erwärmen des Reaktionsprodukts in Äthanol und Äther mit aktiviertem Aluminium und Wasser (*Shiho*, J. chem. Soc. Japan **65** [1944] 237; C. A. **1947** 3800). Beim Erhitzen von Phenylaceton mit Diäthylformamid und Erhitzen des Reaktionsprodukts mit wss. Salzsäure (*Novelli*, An. Asoc. quim. arg. **27** [1939] 169).

Kp_{20}: 104—105° (*Shiho*).

Hydrochlorid $C_{13}H_{21}N \cdot HCl$. Krystalle; F: 161° (*Shiho*), 160—161° [aus A. + Ae.] (*No.*), 159,5—160,5° (*Jacobsen et al.*, Skand. Arch. Physiol. **79** [1938] 258, 279).

(±)-2-Propylamino-1-phenyl-propan, (±)-[1-Methyl-2-phenyl-äthyl]-propyl-amin, (±)-*α-methyl-*N-*propylphenethylamine* $C_{12}H_{19}N$, Formel I (R = CH_2-CH_2-CH_3, X = H).

B. Beim Behandeln von Phenylaceton mit Propylamin und Erwärmen des Reaktionsprodukts mit Äthanol und Natrium (*Jacobsen et al.*, Skand. Arch. Physiol. **79** [1938] 258, 279). Bei der Hydrierung eines Gemisches von Phenylaceton und Propylamin in Äther an Platin (*Temmler*, D.R.P. 767263 [1937]; D.R.P. Org. Chem. **3** 169). Aus (±)-2-Amino-1-phenyl-propan und Propyljodid in Benzol (*Kanao*, J. pharm. Soc. Japan **50** [1930] 338, 344; dtsch. Ref. S. 43, 47; C. A. **1930** 3832).

Kp_{50}: 153—154° (*Te.*).

Hydrochlorid $C_{12}H_{19}N \cdot HCl$. Krystalle; F: 155° (*Ja. et al.*), 144—146° [aus A. + Ae.] (*Ka.*).

Hexachloroplatinat(IV) $2C_{12}H_{19}N \cdot H_2PtCl_6$. Gelbe Krystalle; F: 170° [nach Sintern von 163° an] (*Ka.*).

(±)-2-Isopropylamino-1-phenyl-propan, (±)-[1-Methyl-2-phenyl-äthyl]-isopropyl-amin, (±)-N-*isopropyl-α-methylphenethylamine* $C_{12}H_{19}N$, Formel I (R = $CH(CH_3)_2$, X = H).

B. Beim Behandeln von Phenylaceton mit Isopropylamin und Erwärmen des Reaktionsprodukts mit Äthanol und Natrium (*Jacobsen et al.*, Skand. Arch. Physiol. **79** [1938] 258, 279).

Hydrochlorid. Krystalle; F: 153—154°.

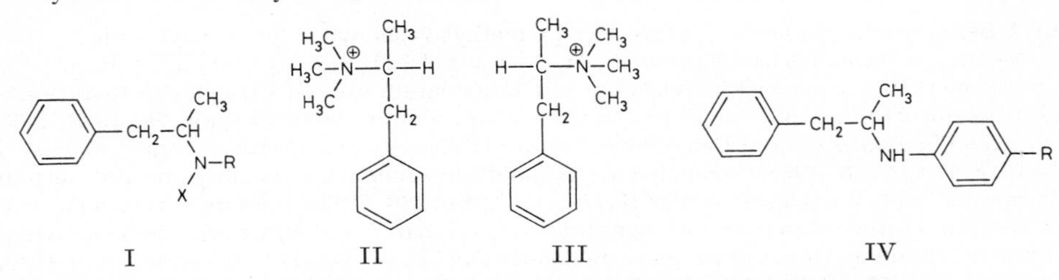

(±)-2-Butylamino-1-phenyl-propan, (±)-[1-Methyl-2-phenyl-äthyl]-butyl-amin, (±)-N-*butyl-α-methylphenethylamine* $C_{13}H_{21}N$, Formel I (R = $[CH_2]_3$-CH_3, X = H).

B. Beim Erwärmen von 2-Äthoxy-1-phenyl-propen-(1) mit Butylamin unter Zusatz von Quecksilber(II)-chlorid und Erwärmen des Reaktionsprodukts in Äthanol und Äther mit aktiviertem Aluminium und Wasser (*Shiho*, J. chem. Soc. Japan **65** [1944] 237; C. A. **1947** 3800). Beim Erhitzen von Phenylaceton mit Butylformamid und Erhitzen des Reaktionsprodukts mit wss. Salzsäure (*Novelli*, An. Asoc. quim. arg. **27** [1939] 169). Aus opt.-inakt. 1-Brom-2-butylamino-1-phenyl-propan-hydrobromid (nicht näher beschrieben) bei der Hydrierung an Platin in Äthanol (*Temmler*, D.R.P. 767186 [1937]; D.R.P. Org. Chem. **3** 172).

Kp_{20}: 102—104° (*Shiho*).

Hydrochlorid $C_{13}H_{21}N \cdot HCl$. Krystalle; F: 168—169° [unkorr.; aus A. + Ae.] (*No.*; *Shiho*), 163—165° (*Te.*).

(±)-2-Isobutylamino-1-phenyl-propan, (±)-[1-Methyl-2-phenyl-äthyl]-isobutyl-amin, (±)-N-*isobutyl-α-methylphenethylamine* $C_{13}H_{21}N$, Formel I ($R = CH_2\text{-}CH(CH_3)_2$, X = H).

B. Aus opt.-inakt. 1-Chlor-2-isobutylamino-1-phenyl-propan-hydrochlorid (nicht näher beschrieben) bei der Hydrierung an Platin in Wasser (*Temmler*, D.R.P. **749809** [1938]; D.R.P. Org. Chem. **3** 170).

Kp_{12}: 108—110°.

Hydrochlorid. Krystalle; F: 123—124°.

(±)-2-Pentylamino-1-phenyl-propan, (±)-[1-Methyl-2-phenyl-äthyl]-pentyl-amin, (±)-*α-methyl*-N-*pentylphenethylamine* $C_{14}H_{23}N$, Formel I ($R = [CH_2]_4\text{-}CH_3$, X = H).

B. Beim Erhitzen von Phenylaceton mit *N*-Pentyl-formamid (aus Pentylamin und Ameisensäure hergestellt) und Erhitzen des Reaktionsprodukts mit wss. Salzsäure (*Novelli*, An. Asoc. quim. arg. **27** [1939] 169).

Hydrochlorid $C_{14}H_{23}N \cdot HCl$. Krystalle (aus A. + Ae.); F: 186—187° [unkorr.].

(±)-2-Cyclohexylamino-1-phenyl-propan, (±)-[1-Methyl-2-phenyl-äthyl]-cyclohexyl-amin, (±)-N-*cyclohexyl-α-methylphenethylamine* $C_{15}H_{23}N$, Formel I ($R = C_6H_{11}$, X = H).

B. Aus opt.-inakt. 1-Chlor-2-cyclohexylamino-1-phenyl-propan-hydrochlorid (nicht näher beschrieben) bei der Hydrierung an Platin in Äthanol (*Temmler*, D.R.P. **767186** [1937]; D.R.P. Org. Chem. **3** 172).

Hydrochlorid. Krystalle (aus W.); F: 229°.

(±)-2-Anilino-1-phenyl-propan, (±)-*N*-[1-Methyl-2-phenyl-äthyl]-anilin, (±)-*α-methyl*-N-*phenylphenethylamine* $C_{15}H_{17}N$, Formel IV (R = H).

B. Aus opt.-inakt. 1-Chlor-2-anilino-1-phenyl-propan-hydrochlorid (nicht näher beschrieben) bei der Hydrierung an Platin in Äthanol (*Temmler*, D.R.P. **767186** [1937]; D.R.P. Org. Chem. **3** 172).

Sulfat. Krystalle (aus W.); F: 172°. In kaltem Wasser leichter löslich als in heissem Wasser.

2-*p*-Toluidino-1-phenyl-propan, *N*-[1-Methyl-2-phenyl-äthyl]-*p*-toluidin, *α-methyl*-N-p-*tolylphenethylamine* $C_{16}H_{19}N$, Formel IV ($R = CH_3$).

(−)-2-*p*-Toluidino-1-phenyl-propan.

Ein partiell racemisches Präparat (Kp_{11}: 183—184°; D_4^{19}: 1,013; n_D^{22}: 1,5709; $[\alpha]_D^{19}$: −12,6° [unverd.]; $[\alpha]_D^{22}$: −12,8° [Eg.]; $[\alpha]_D^{19}$: −33,1° [A.]; $[\alpha]_{436}^{19}$: −41,0° [unverd.]; $[\alpha]_{436}^{22}$: −25,2° [Eg.]; $[\alpha]_{436}^{19}$: −93,1° [A.]) ist beim Erhitzen von (*S*)-2-[Toluol-sulfonyl-(4)-oxy]-1-phenyl-propan (E III **11** 209) mit *p*-Toluidin erhalten worden (*Kenyon, Phillips, Pittman*, Soc. **1935** 1072, 1083).

(±)-2-Benzylamino-1-phenyl-propan, (±)-[1-Methyl-2-phenyl-äthyl]-benzyl-amin, (±)-N-*benzyl-α-methylphenethylamine* $C_{16}H_{19}N$, Formel I ($R = CH_2\text{-}C_6H_5$, X = H).

B. Beim Behandeln von Phenylaceton mit Benzylamin und Erwärmen des Reaktionsprodukts mit Äthanol und Natrium (*Jacobsen et al.*, Skand. Arch. Physiol. **79** [1938] 258, 279). Aus Phenylaceton und Benzylamin bei der Hydrierung an Platin in Äther (*Temmler-Werke*, F.P. 844226 [1938]) sowie bei der Behandlung einer äther. Lösung mit aktiviertem Aluminium und Wasser (*Temmler-Werke*, F.P. 844228 [1938]). Beim Erwärmen von (±)-2-Amino-1-phenyl-propan mit Benzaldehyd in Äthanol und Hydrieren des erhaltenen 2-Benzylidenamino-1-phenyl-propans an Raney-Nickel in Äthanol (*Woodruff, Lambooy, Burt*, Am. Soc. **62** [1940] 922). Aus 2-Benzylamino-1-phenyl-propen-(1) (S. 2244) bei der Hydrierung an Platin in Äthanol (*Shiho*, J. chem. Soc. Japan **65** [1944] 237; C. A. **1947** 3800).

Kp_{13}: 178° (*Woo., La., Burt*); Kp_{10}: 172—173° (*Shiho*), 170—172° (*Temmler-Werke*, F.P. 844228 [1938]).

Hydrochlorid $C_{16}H_{19}N \cdot HCl$. Krystalle; F: 199° (*Ja. et al.*), 198—199° [korr.] (*Woo., La., Burt*).

Sulfat. Krystalle; F: 164—165° (*Shiho*), 137—138° (*Temmler-Werke*, F.P. 844228 [1938]).

(±)-2-Phenäthylamino-1-phenyl-propan, (±)-[1-Methyl-2-phenyl-äthyl]-phenäthyl-amin, (±)-*α-methyldiphenethylamine* $C_{17}H_{21}N$, Formel I ($R = CH_2\text{-}CH_2\text{-}C_6H_5$, X = H).

B. Beim Behandeln von Phenylaceton mit Phenäthylamin und Erwärmen des Reaktionsprodukts mit Äthanol und Natrium (*Jacobsen et al.*, Skand. Arch. Physiol. **79** [1938]

258, 279). Bei der Hydrierung eines Gemisches von Phenylaceton und Phenäthylamin in Methanol oder Äthanol an Palladium (*Buth, Külz, Rosenmund*, B. **72** [1939] 19, 26).

Hydrochlorid $C_{17}H_{21}N \cdot HCl$. Krystalle; F: 160° [aus E. + Ae.] (*Buth, Külz, Ro.*), 149° (*Ja. et al.*).

Methyl-[1-methyl-2-phenyl-äthyl]-phenäthyl-amin, α,N-*dimethyldiphenethylamine* $C_{18}H_{23}N$.

a) **Methyl-[(*S*)-1-methyl-2-phenyl-äthyl]-phenäthyl-amin**, Formel V (R = CH_2-CH_2-C_6H_5, X = CH_3).

Hydrochlorid $C_{18}H_{23}N \cdot HCl$. *B.* Bei kurzem Erhitzen von (*S*)-2-Methylamino-1-phenyl-propan mit Phenäthylchlorid auf 160° (*Warnat*, Festschr. E. Barell [Basel 1936] S. 255, 264). — Krystalle; F: 171°; $[\alpha]_D^{20}$: +30,4° [W.].

b) **(±)-Methyl-[1-methyl-2-phenyl-äthyl]-phenäthyl-amin** $C_{18}H_{23}N$, Formel V (R = CH_2-CH_2-C_6H_5, X = CH_3) + Spiegelbild.

Hydrochlorid. *B.* Beim Erhitzen von (±)-2-Phenäthylamino-1-phenyl-propan-hydrochlorid mit wss. Formaldehyd auf 140° (*Rosenmund, Külz*, U.S.P. 2006114 [1933]). — Krystalle (aus E. + Ae.); F: 124°.

Bis-[1-methyl-2-phenyl-äthyl]-amin, α,α'-*dimethyldiphenethylamine* $C_{18}H_{23}N$.

a) ***meso*-Bis-[1-methyl-2-phenyl-äthyl]-amin**, Formel VI.

B. Neben dem unter d) beschriebenen Racemat beim Erwärmen von (±)-2-Amino-1-phenyl-propan mit Phenylaceton unter vermindertem Druck und Hydrieren des Reaktionsprodukts an Palladium in Methanol (*Buth, Külz, Rosenmund*, B. **72** [1939] 19, 27).

Hydrochlorid $C_{18}H_{23}N \cdot HCl$. Krystalle (aus wss. Acn.); F: 254°.

b) **(+)-Bis-[1-methyl-2-phenyl-äthyl]-amin**, Formel VII oder Spiegelbild.

Gewinnung aus dem unter d) beschriebenen Racemat mit Hilfe von (1*R*)-2-Oxo-bornan-sulfonsäure-(10): *Buth, Külz, Rosenmund*, B. **72** [1939] 19, 27.

$[\alpha]_D^{20}$: +8° [A.; c = 11].

(1*R*)-2-Oxo-bornan-sulfonat-(10). Krystalle (aus W.); F: 196°.

c) **(−)-Bis-[1-methyl-2-phenyl-äthyl]-amin**, Formel VII oder Spiegelbild.

Gewinnung aus dem unter d) beschriebenen Racemat mit Hilfe von (1*S*)-2-Oxo-bornan-sulfonsäure-(10): *Buth, Külz, Rosenmund*, B. **72** [1939] 19, 27.

$[\alpha]_D^{20}$: −9° [A.; c = 8].

(1*S*)-2-Oxo-bornan-sulfonat-(10). Krystalle (aus W.); F: 198°.

d) ***racem.*-Bis-[1-methyl-2-phenyl-äthyl]-amin** $C_{18}H_{23}N$, Formel VII + Spiegelbild.

B. s. bei dem unter a) beschriebenen Stereoisomeren.

Kp_{13}: 185−186° (*Buth, Külz, Rosenmund*, B. **72** [1939] 19, 27).

Hydrochlorid $C_{18}H_{23}N \cdot HCl$. Krystalle (aus wss. Acn.); F: 197°.

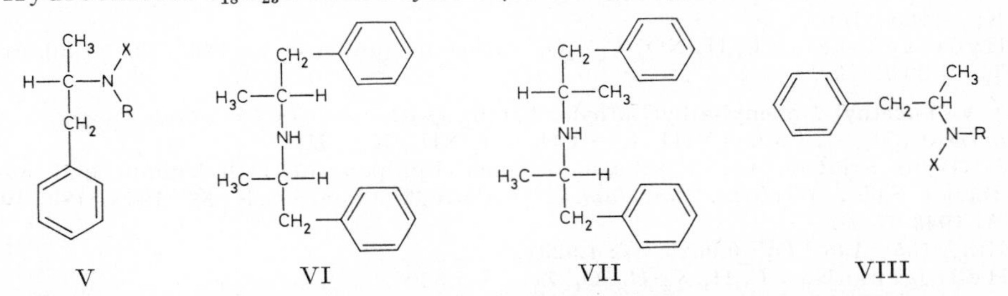

V VI VII VIII

(±)-2-Acetamino-1-phenyl-propan, (±)-*N*-[1-Methyl-2-phenyl-äthyl]-acetamid, (±)-N-(α-*methylphenethyl*)*acetamide* $C_{11}H_{15}NO$, Formel VIII (R = CO-CH_3, X = H).

B. Beim Behandeln von Allylbenzol mit Acetonitril und Schwefelsäure und Eintragen des Reaktionsgemisches in wss. Natronlauge (*Ritter, Kalish*, Am. Soc. **70** [1948] 4048). Aus (±)-2-Amino-1-phenyl-propan und Acetanhydrid (*Blicke, Lilienfeld*, Am. Soc. **65** [1943] 2377). Aus (±)-2-Methyl-1-phenyl-butanon-(3) beim Behandeln mit Stickstoffwasserstoffsäure in Chloroform unter Zusatz von Schwefelsäure (*Briggs, De Ath, Ellis*, Soc. **1942** 61).

Krystalle; F: 93° [aus wss. A.; getrocknetes Präparat] (*Hey*, Soc. **1939** 18, 20), 88−91° (*Bl., Li.*), 88−89° [aus Hexan] (*Ri., Ka.*). Kp_2: 144−145° (*Bl., Li.*).

Beim Erhitzen mit Phosphor(V)-oxid in Toluol ist 1.3-Dimethyl-3.4-dihydro-isochinolin erhalten worden (*Hey*).

2-Benzamino-1-phenyl-propan, *N*-[1-Methyl-2-phenyl-äthyl]-benzamid, N-(*α-methylphenethyl)benzamide* $C_{16}H_{17}NO$.

a) ***N*-[(*S*)-1-Methyl-2-phenyl-äthyl]-benzamid,** Formel V (R = CO-C_6H_5, X = H).

B. Beim Behandeln von (*S*)-2-Amino-1-phenyl-propan (S. 2665) mit Benzoylchlorid und wss. Kalilauge (*Leithe*, B. **65** [1932] 660, 665; *Johns, Burch*, Am. Soc. **60** [1938] 919).

Krystalle (aus A.); F: 160° (*Jo., Bu.*), 159—160° (*Lei.*). $[\alpha]_D^{15}$: —17° [Bzl.; c = 0,4]; $[\alpha]_D^{15}$: —14,8° [$CHCl_3$; c = 4] (*Lei.*); $[\alpha]_D^{22}$: —13,7° [$CHCl_3$; c = 3] (*Jo., Bu.*); $[\alpha]_D^{15}$: +67° [A.; c = 1] (*Lei.*); $[\alpha]_D^{22}$: +69° [A.; c = 2] (*Jo., Bu.*); $[\alpha]_D^{15}$: +72° [Me.; c = 1] (*Lei.*).

b) **(±)-*N*-[1-Methyl-2-phenyl-äthyl]-benzamid,** Formel V (R = CO-C_6H_5, X = H) + Spiegelbild.

B. Beim Behandeln von (±)-2-Amino-1-phenyl-propan mit Benzoylchlorid und wss. Natronlauge (*Hald, Gad*, Dansk Tidsskr. Farm. **12** [1938] 97, 103; *Couturier*, A. ch. [11] **10** [1938] 559, 610).

Krystalle; F: 134—135° [aus wss. A.] (*Hald, Gad*; *Ritter, Kalish*, Am. Soc. **70** [1948] 4048, 4050), 128° [aus A.] (*Cou.*).

Beim Erwärmen mit Phosphor(V)-bromid unter vermindertem Druck ist 2-Brom-1-phenyl-propan erhalten worden (*Leonard, Nommensen*, Am. Soc. **71** [1949] 2808, 2812).

(±)-*N*-[1-Methyl-2-phenyl-äthyl]-*C*-phenyl-acetamid, (±)-N-(*α-methylphenethyl*)-*2-phenylacetamide* $C_{17}H_{19}NO$, Formel VIII (R = CO-CH_2-C_6H_5, X = H).

B. Beim Behandeln von (±)-2-Amino-1-phenyl-propan mit Phenylacetylchlorid und wss. Natronlauge (*Dey, Ramanathan*, Pr. nation. Inst. Sci. India **9** [1943] 193, 211).

Krystalle (aus A.); F: 114°.

(±)-*N*-Methyl-*N*-[1-methyl-2-phenyl-äthyl]-*N'*-phenyl-thioharnstoff, (±)-*1-methyl-1-(α-methylphenethyl)-3-phenylthiourea* $C_{17}H_{20}N_2S$, Formel VIII (R = CS-NH-C_6H_5, X = CH_3).

B. Aus (±)-2-Methylamino-1-phenyl-propan und Phenylisothiocyanat (*Erlenmeyer, Simon*, Helv. **25** [1942] 528).

Krystalle (aus A.); F: 134°.

***N*-Methyl-*N*-[1-methyl-2-phenyl-äthyl]-*β*-alanin-äthylester,** N-*methyl*-N-(*α-methylphenethyl)-β-alanine ethyl ester* $C_{15}H_{23}NO_2$.

***N*-Methyl-*N*-[(*S*)-1-methyl-2-phenyl-äthyl]-*β*-alanin-äthylester,** Formel V (R = CH_2-CH_2-CO-OC_2H_5, X = CH_3).

B. Beim Erhitzen von (*S*)-2-Methylamino-1-phenyl-propan mit Acrylsäure-äthylester (*Adamson*, Soc. **1949** Spl. 144, 146).

Kp_{12}: 165—166°.

Hydrogenoxalat $C_{15}H_{23}NO_2 \cdot C_2H_2O_4$. Krystalle (aus A.); F: 125—126° [unkorr.]. $[\alpha]_{546}^{20}$: +20,2° [A.; c = 1].

(±)-*N*-[1-Methyl-2-phenyl-äthyl]-äthylendiamin, (±)-N-(*α-methylphenethyl)ethylenediamine* $C_{11}H_{18}N_2$, Formel VIII (R = CH_2-CH_2-NH_2, X = H).

B. Beim Erhitzen von (±)-2-Amino-1-phenyl-propan mit Äthylenimin und wss.-methanol. Salzsäure (*Bras, Škorodumow*, Doklady Akad. S.S.S.R. **59** [1948] 489, 490; C. A. **1948** 6747).

Kp_{10}: 135—136°. D_4^{20}: 0,9626. n_D^{20}: 1,5231.

Hydrogensulfat $C_{11}H_{18}N_2 \cdot H_2SO_4$. Zers. bei 320°.

(±)-[1-Methyl-2-phenyl-äthylamino]-triäthyl-silan, (±)-Triäthylsilyl-[1-methyl-2-phenyl-äthyl]-amin, (±)-*α-methyl*-N-(*triethylsilyl)phenethylamine* $C_{15}H_{27}NSi$, Formel VIII (R = H, X = Si(C_2H_5)$_3$).

B. Beim Erhitzen von Äthylamino-triäthyl-silan mit (±)-2-Amino-1-phenyl-propan (*Larsson*, Svensk kem. Tidskr. **61** [1949] 59).

Kp_{13}: 146°.

(±)-2-Amino-1-[4-fluor-phenyl]-propan, (±)-1-Methyl-2-[4-fluor-phenyl]-äthylamin, (±)-*4-fluoro-α-methylphenethylamine* $C_9H_{12}FN$, Formel IX (R = H).

B. Beim Erhitzen von (±)-2-Chlor-1-[4-fluor-phenyl]-propan mit äthanol. Ammoniak auf 160° (*Patrick, McBee, Hass*, Am. Soc. **68** [1946] 1009). Beim Erhitzen von [4-Fluor-phenyl]-aceton mit Formamid und anschliessend mit wss. Natronlauge (*Suter, Weston*, Am. Soc. **63** [1941] 602, 604).

Kp_{17}: 95—96° (*Su., We.*); Kp_{15}: 90° (*Pa., McBee, Hass*). D_4^{20}: 1,028; n_D^{20}: 1,4979 (*Su., We.*).

Hydrochlorid $C_9H_{12}FN \cdot HCl$. Krystalle; F: 156—157° [korr.; aus Acn.] (*Su., We.*), 152—154° (*Pa., McBee, Hass*).

(±)-2-Methylamino-1-[4-fluor-phenyl]-propan, (±)-Methyl-[1-methyl-2-(4-fluor-phenyl)-äthyl]-amin, (±)-*4-fluoro-α*,N-*dimethylphenethylamine* $C_{10}H_{14}FN$, Formel IX (R = CH_3).

B. Beim Erhitzen von (±)-2-Chlor-1-[4-fluor-phenyl]-propan mit Methylamin in Äthanol auf 160° (*Patrick, McBee, Hass*, Am. Soc. **68** [1946] 1009).

Kp_{10}: 87—89°. D_{20}^{20}: 0,9984. n_D^{20}: 1,4922.

Pikrat $C_{10}H_{14}FN \cdot C_6H_3N_3O_7$. Krystalle; F: 125°.

(±)-3.3.3-Trifluor-2-amino-1-phenyl-propan, (±)-1-Trifluormethyl-2-phenyl-äthylamin, (±)-*α-(trifluoromethyl)phenethylamine* $C_9H_{10}F_3N$, Formel X.

Eine von *Jones* (Am. Soc. **70** [1948] 143) unter dieser Konstitution beschriebene Verbindung (Kp_{739}: 189—191°; n_D^{25}: 1,4470; Hydrochlorid: F: 231—233°) ist als (±)-2.2.2-Tri=fluor-1-*o*-tolyl-äthylamin zu formulieren (*Nes, Burger*, Am. Soc. **72** [1950] 5409, 5410).

Über authentisches (±)-3.3.3-Trifluor-2-amino-1-phenyl-propan (Kp_2: 65—66°; Hydro=chlorid: F: 203—206° [korr.; geschlossene Kapillare; nach Sublimation bei 125°/2 Torr]) s. *Nes, Bu.*, l. c. S. 5412.

2-Amino-1-[2-chlor-phenyl]-propan, 1-Methyl-2-[2-chlor-phenyl]-äthylamin, *2-chloro-α-methylphenethylamine* $C_9H_{12}ClN$.

a) **(*S*)-2-Amino-1-[2-chlor-phenyl]-propan,** Formel XI (R = H).

Gewinnung aus dem unter b) beschriebenen Racemat über das L_g-Hydrogentartrat (s. u.): *Johns, Burch*, Am. Soc. **60** [1938] 919.

Kp_6: 75—77°. D_4^{25}: 1,0789. $[\alpha]_D^{25}$: +13,8° [unverd.]; $[\alpha]_D^{25}$: +12,7° [Hexan; c = 13]; $[\alpha]_D^{25}$: + 11,4° [Me.; c = 10].

Hydrierung an Palladium in Äthanol und Essigsäure unter Bildung von (*S*)-2-Amino-1-phenyl-propan (S. 2665): *Jo., Bu.*

Hydrochlorid. Krystalle; F: 175—176°. $[\alpha]_D^{25}$: +4,1° [Me.; c = 9]; $[\alpha]_D^{25}$: +9,0° [W.; c = 4].

L_g-Hydrogentartrat $C_9H_{12}ClN \cdot C_4H_6O_6$. Krystalle (aus wss. A.); F: 175°. $[\alpha]_D^{24}$: + 21,1° [W.; c = 3].

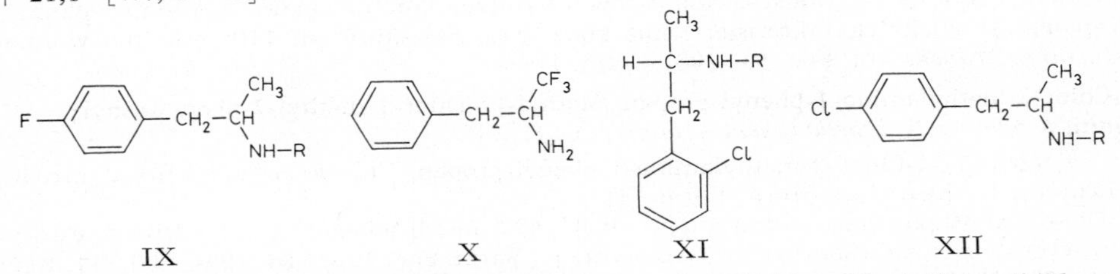

b) **(±)-2-Amino-1-[2-chlor-phenyl]-propan,** Formel XI (R = H) + Spiegelbild.

B. Aus (±)-2-Chlor-1-[2-chlor-phenyl]-propan beim Erhitzen mit äthanol. Ammoniak auf 160° (*Patrick, McBee, Hass*, Am. Soc. **68** [1946] 1009). Beim Erhitzen von [2-Chlor-phenyl]-aceton mit Formamid und anschliessend mit wss. Natronlauge (*Johns, Burch*, Am. Soc. **60** [1938] 919).

Kp_{10}: 103—105° (*Pa., McBee, Hass*); Kp_8: 75—80° (*Jo., Bu.*). D_4^{25}: 1,0789; n_D^{25}: 1,5418 (*Jo., Bu.*).

Hydrochlorid $C_9H_{12}ClN \cdot HCl$. Krystalle; F: 180° (*Pa., McBee, Hass*), 175—176° (*Jo., Bu.*).

(±)-2-Methylamino-1-[2-chlor-phenyl]-propan, (±)-Methyl-[1-methyl-2-(2-chlor-phenyl)-äthyl]-amin, (±)-*2-chloro-α*,N-*dimethylphenethylamine* $C_{10}H_{14}ClN$, Formel XI (R = CH_3) + Spiegelbild.

B. Beim Erhitzen von (±)-2-Chlor-1-[2-chlor-phenyl]-propan mit Methylamin in

Äthanol auf 160° (*Patrick, McBee, Hass*, Am. Soc. **68** [1946] 1009).

Kp_{10}: 110°. D_{20}^{20}: 1,0536. n_D^{20}: 1,5288.

Pikrat $C_{10}H_{14}ClN \cdot C_6H_3N_3O_7$. Krystalle; F: 156°.

2-Benzamino-1-[2-chlor-phenyl]-propan, *N*-[1-Methyl-2-(2-chlor-phenyl)-äthyl]-benzamid, N-(*2-chloro-α-methylphenethyl*)*benzamide* $C_{16}H_{16}ClNO$.

a) **(*S*)-2-Benzamino-1-[2-chlor-phenyl]-propan,** Formel XI (R = $CO\text{-}C_6H_5$).

B. Beim Behandeln von (*S*)-2-Amino-1-[2-chlor-phenyl]-propan mit Benzoylchlorid und wss. Kalilauge (*Johns, Burch*, Am. Soc. **60** [1938] 919).

Krystalle (aus A.); F: 166°. $[\alpha]_D^{28}$: +97,6° [A.; c = 1].

b) **(±)-2-Benzamino-1-[2-chlor-phenyl]-propan,** Formel XI (R = $CO\text{-}C_6H_5$) + Spiegelbild.

B. Beim Behandeln von (±)-2-Amino-1-[2-chlor-phenyl]-propan mit Benzoylchlorid und wss. Kalilauge (*Johns, Burch*, Am. Soc. **60** [1938] 919).

Krystalle (aus A.); F: 135—136°.

(±)-2-Amino-1-[4-chlor-phenyl]-propan, (±)-1-Methyl-2-[4-chlor-phenyl]-äthylamin, (±)-*4-chloro-α-methylphenethylamine* $C_9H_{12}ClN$, Formel XII (R = H).

B. Aus (±)-2-Chlor-1-[4-chlor-phenyl]-propan beim Erhitzen mit äthanol. Ammoniak auf 160° (*Patrick, McBee, Hass*, Am. Soc. **68** [1946] 1009). Beim Erhitzen von [4-Chlor-phenyl]-aceton mit Formamid bis auf 180° und Erhitzen des Reaktionsprodukts mit wss. Salzsäure (*Patrick, McBee, Hass*, Am. Soc. **68** [1946] 1135). Beim Behandeln einer Lösung des aus [4-Chlor-phenyl]-aceton hergestellten Oxims in Essigsäure mit Natrium-Amalgam (*Pa., McBee, Hass*, l. c. S. 1135).

Kp_5: 93—94°; D_{20}^{20}: 1,0762; n_D^{20}: 1,5343 (*Pa., McBee, Hass*).

Hydrochlorid. Krystalle; F: 164—165° (*Pa., McBee, Hass*, l. c. S. 1010).

(±)-2-Methylamino-1-[4-chlor-phenyl]-propan, (±)-Methyl-[1-methyl-2-(4-chlor-phenyl)-äthyl]-amin, (±)-*4-chloro-α,*N-*dimethylphenethylamine* $C_{10}H_{14}ClN$, Formel XII (R = CH_3).

B. Beim Erhitzen von (±)-2-Chlor-1-[4-chlor-phenyl]-propan mit Methylamin in Äthanol auf 160° (*Patrick, McBee, Hass*, Am. Soc. **68** [1946] 1009).

Kp_{10}: 114—115°. D_{20}^{20}: 1,0442. n_D^{20}: 1,5259.

Pikrat $C_{10}H_{14}ClN \cdot C_6H_3N_3O_7$. Krystalle; F: 103°.

1-Chlor-2-amino-1-phenyl-propan, 2-Chlor-1-methyl-2-phenyl-äthylamin, *β-chloro-α-methylphenethylamine* $C_9H_{12}ClN$, Formel I (R = X = H).

Eine als Hydrochlorid $C_9H_{12}ClN \cdot HCl$ (Krystalle [aus A.]; F: 201° [korr.]) isolierte opt.-inakt. Base dieser Konstitution ist beim Erhitzen von opt.-inakt. 2-Amino-1-phenyl-propanol-(1) (nicht charakterisiert) mit konz. wss. Salzsäure auf 110° erhalten worden (*Hartung, Munch*, Am. Soc. **53** [1931] 1875, 1878).

1-Chlor-2-methylamino-1-phenyl-propan, Methyl-[2-chlor-1-methyl-2-phenyl-äthyl]-amin, *β-chloro-α,*N-*dimethylphenethylamine* $C_{10}H_{14}ClN$.

a) **(1*S*:2*S*)-1-Chlor-2-methylamino-1-phenyl-propan,** L_g-*threo*-1-Chlor-2-methylamino-1-phenyl-propan, Formel II.

Diese Konfiguration kommt dem E II 622 beschriebenen „(+)-Chlorpseudoephedrin" zu (s. diesbezüglich *Nishimura*, J. pharm. Soc. Japan **84** [1964] 806, 811, 817; C. A. **62** [1965] 1587; s. a. *Tanaka*, J. pharm. Soc. Japan **70** [1950] 216; C. A. **1950** 7273).

b) **(1*R*:2*S*)-1-Chlor-2-methylamino-1-phenyl-propan,** L-*erythro*-1-Chlor-2-methylamino-1-phenyl-propan, Formel III.

Diese Konfiguration kommt dem E II 622 beschriebenen „(−)-Chlorephedrin" zu (s. diesbezüglich *Nishimura*, J. pharm. Soc. Japan **84** [1964] 806, 811, 817; C. A. **62** [1965] 1587; s. a. *Tanaka*, J. pharm. Soc. Japan **70** [1950] 216; C. A. **1950** 7273).

1-Chlor-2-benzamine-1-phenyl-propan, *N*-[2-Chlor-1-methyl-2-phenyl-äthyl]-benzamid, N-(*β-chloro-α-methylphenethyl*)*benzamide* $C_{16}H_{16}ClNO$, Formel I (R = $CO\text{-}C_6H_5$, X = H).

Eine opt.-inakt. Verbindung (Krystalle [aus Bzl. + Bzn.]; F: 125° [korr.]) dieser Konstitution ist beim Behandeln von opt.-inakt. 1-Chlor-2-amino-1-phenyl-propan-hydrochlorid (F: 201°) mit Benzoylchlorid in Äther unter Zusatz von wss. Natronlauge erhalten und durch Erhitzen mit wasserhaltigem (±)-Butanol-(2) in (1*RS*:2*SR*)-2-Amino-

1-benzoyloxy-1-phenyl-propan-hydrochlorid übergeführt worden (*Hartung, Munch, Kester*, Am. Soc. **54** [1932] 1526, 1529).

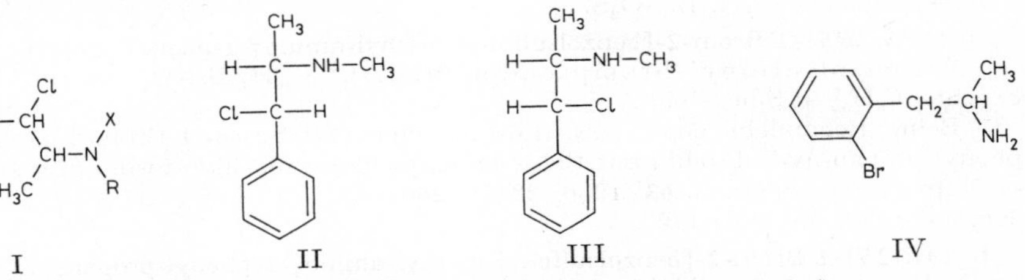

[2-Chlor-1-methyl-2-phenyl-äthyl]-harnstoff, *(β-chloro-α-methylphenethyl)urea* $C_{10}H_{13}ClN_2O$, Formel I (R = CO-NH_2, X = H).

Eine opt.-inakt. Verbindung (Krystalle [aus Acn.]; F: 135°), der wahrscheinlich diese Konstitution zukommt, ist neben 1.2-Dichlor-1-phenyl-propan (Hauptprodukt) und 1-Chlor-1-phenyl-propanol-(2) (?) beim Behandeln von Propenylbenzol (nicht charakterisiert) mit Chlorharnstoff in wenig Wasser erhalten worden (*Ribas, Tapia, Caño*, An. Soc. españ. **34** [1936] 501, 506).

1-Chlor-2-benzolsulfonylamino-1-phenyl-propan, *N*-[2-Chlor-1-methyl-2-phenyl-äthyl]-benzolsulfonamid, N-*(β-chloro-α-methylphenethyl)benzenesulfonamide* $C_{15}H_{16}ClNO_2S$, Formel I (R = H, X = SO_2-C_6H_5).

Eine opt.-inakt. Verbindung (Krystalle [aus A.]; F: ca. 123°) dieser Konstitution ist beim Behandeln von Propenylbenzol (nicht charakterisiert) mit *N*-Chlor-benzolsulfon=amid in Essigsäure erhalten worden (*Földi*, B. **63** [1930] 2257, 2268).

(±)-2-Amino-1-[2-brom-phenyl]-propan, (±)-1-Methyl-2-[2-brom-phenyl]-äthylamin, *(±)-2-bromo-α-methylphenethylamine* $C_9H_{12}BrN$, Formel IV.

B. Aus (±)-2-Chlor-1-[2-brom-phenyl]-propan beim Erhitzen mit äthanol. Ammoniak auf 160° (*Patrick, McBee, Hass*, Am. Soc. **68** [1946] 1009).

Kp_{10}: 118°. D_{20}^{20}: 1,2984. n_D^{20}: 1,5582.

Hydrochlorid $C_9H_{12}BrN \cdot HCl$. Krystalle; F: 200—201°.

(±)-2-Amino-1-[4-brom-phenyl]-propan, (±)-1-Methyl-2-[4-brom-phenyl]-äthylamin, *(±)-4-bromo-α-methylphenethylamine* $C_9H_{12}BrN$, Formel V.

B. Aus (±)-2-Chlor-1-[4-brom-phenyl]-propan beim Erhitzen mit äthanol. Ammoniak auf 160° (*Patrick, McBee, Hass*, Am. Soc. **68** [1946] 1009).

Kp_{10}: 123—124°. D_{20}^{20}: 1,3080. n_D^{20}: 1,5569.

Hydrochlorid $C_9H_{12}BrN \cdot HCl$. Krystalle; F: 204—206°.

1-Brom-2-methylamino-1-phenyl-propan, Methyl-[2-brom-1-methyl-2-phenyl-äthyl]-amin, *β-bromo-α,*N*-dimethylphenethylamine* $C_{10}H_{14}BrN$ (vgl. E I 493; E II 622).

a) **(1*RS*:2*RS*)-1-Brom-2-methylamino-1-phenyl-propan,** „(±)-Brompseudo=ephedrin", Formel VI (X = H) + Spiegelbild.

Hydrobromid $C_{10}H_{14}BrN \cdot HBr$. *B.* Beim Erwärmen von (±)-Pseudoephedrin ((1*RS*:2*RS*)-2-Methylamino-1-phenyl-propanol-(1)) mit Bromwasserstoff in Essigsäure unter Zusatz von Acetanhydrid (*Földi*, B. **63** [1930] 2257, 2267). Neben geringen Mengen „(±)-Bromephedrin-hydrobromid" (s. u.) beim Erwärmen von (±)-Ephedrin-hydro=chlorid ((1*RS*:2*SR*)-2-Methylamino-1-phenyl-propanol-(1)-hydrochlorid) mit Phos=phor(V)-bromid (*Fö.*). — Krystalle (aus A.); F: 158—159°.

b) **(1*S*:2*R*)-1-Brom-2-methylamino-1-phenyl-propan,** D-*erythro*-1-Brom-2-methylamino-1-phenyl-propan, „(+)-Bromephedrin", Formel VII (X = H).

Hydrobromid. *B.* Beim Behandeln von (−)-Pseudoephedrin ((1*R*:2*R*)-2-Methyl=amino-1-phenyl-propanol-(1)) mit Phosphor(V)-bromid in Chloroform (*Földi*, B. **63** [1930] 2257, 2267). — Krystalle (aus A.); F: 174,5°.

c) **(1*RS*:2*SR*)-1-Brom-2-methylamino-1-phenyl-propan,** „(±)-Bromephedrin", Formel VII + VIII (X = H).

Hydrobromid. *B.* Aus (1*RS*:2*SR*)-1-Brom-2-[benzolsulfonyl-methyl-amino]-1-phen=yl-propan (S. 2676) beim Erwärmen mit Bromwasserstoff in Essigsäure (*Földi*, B. **63** [1930] 2257, 2263). — Krystalle (aus A. + Ae.); F: 149—151°.

1-Brom-2-[benzolsulfonyl-methyl-amino]-1-phenyl-propan, *N*-Methyl-*N*-[2-brom-1-methyl-2-phenyl-äthyl]-benzolsulfonamid, N-(*β-bromo-α-methylphenethyl*)-N-*methyl=benzenesulfonamide* $C_{16}H_{18}BrNO_2S$.

a) **(1*RS*:2*RS*)-1-Brom-2-[benzolsulfonyl-methyl-amino]-1-phenyl-propan,** „(±)-*N*-Benzolsulfonyl-brompseudoephedrin" $C_{16}H_{18}BrNO_2S$, Formel VI (X = SO_2-C_6H_5) + Spiegelbild.

B. Beim Behandeln einer wss. Lösung von (1*RS*:2*RS*)-1-Brom-2-methylamino-1-phenyl-propan-hydrobromid mit Benzolsulfonylchlorid in Chloroform unter Zusatz von wss. Natronlauge (*Földi*, B. **63** [1930] 2257, 2266).

Krystalle (aus Me.); F: 120°.

b) **(1*R*:2*S*)-1-Brom-2-[benzolsulfonyl-methyl-amino]-1-phenyl-propan,** „(−)-*N*-Benzolsulfonyl-bromephedrin" $C_{16}H_{18}BrNO_2S$, Formel VIII (X = SO_2-C_6H_5).

B. Aus (−)-*N*-Benzolsulfonyl-ephedrin ((1*R*:2*S*)-2-[Benzolsulfonyl-methyl-amino]-1-phenyl-propanol-(1)) beim Behandeln mit Phosphor(V)-bromid (*Földi*, B. **63** [1930] 2257, 2266).

Krystalle; F: 88°. $[\alpha]_D^{21,5}$: −111° [A.; c = 3].

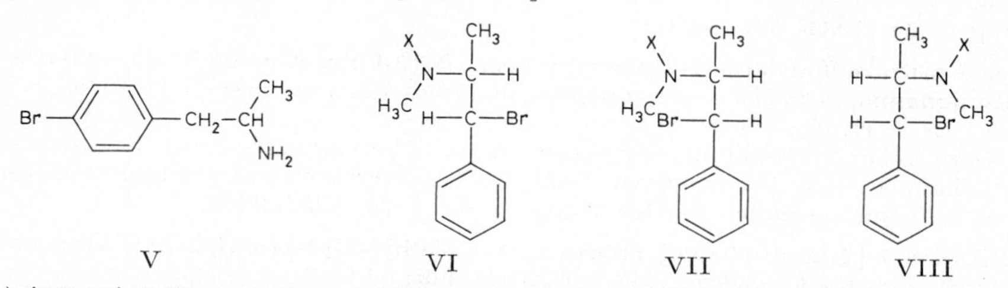

c) **(1*S*:2*R*)-1-Brom-2-[benzolsulfonyl-methyl-amino]-1-phenyl-propan,** „(+)-*N*-Benzolsulfonyl-bromephedrin" $C_{16}H_{18}BrNO_2S$, Formel VII (X = SO_2-C_6H_5).

B. Beim Behandeln einer wss. Lösung von (1*S*:2*R*)-1-Brom-2-methylamino-1-phenyl-propan-hydrobromid mit Benzolsulfonylchlorid in Chloroform unter Zusatz von wss. Natriumcarbonat-Lösung (*Földi*, B. **63** [1930] 2257, 2266). Aus (−)-*N*-Benzolsulfonyl-pseudoephedrin ((1*R*:2*R*)-2-[Benzolsulfonyl-methyl-amino]-1-phenyl-propanol-(1)) beim Behandeln mit Phosphor(V)-bromid (*Fö.*).

Krystalle (aus Me.); F: 88°. $[\alpha]_D^{22,5}$: +109,6° [A.; c = 4].

d) **(1*RS*:2*SR*)-1-Brom-2-[benzolsulfonyl-methyl-amino]-1-phenyl-propan,** „(±)-*N*-Benzolsulfonyl-bromephedrin" $C_{16}H_{18}BrNO_2S$, Formel VII + VIII (X = SO_2-C_6H_5).

B. Neben geringen Mengen des unter a) beschriebenen Stereoisomeren beim Behandeln von Propenylbenzol (nicht charakterisiert) mit *N*-Brom-*N*-methyl-benzolsulfonamid (*Földi*, B. **63** [1930] 2257, 2263). Aus (±)-*N*-Benzolsulfonyl-ephedrin ((1*RS*:2*SR*)-2-[Benzolsulfonyl-methyl-amino]-1-phenyl-propanol-(1)) oder aus (±)-*N*-Benzolsulfonyl-pseudoephedrin ((1*RS*:2*RS*)-2-[Benzolsulfonyl-methyl-amino]-1-phenyl-propanol-(1)) beim Behandeln mit Phosphor(V)-bromid, im zweiten Fall neben geringen Mengen des unter a) beschriebenen Stereoisomeren (*Fö.*, l. c. S. 2265). — Herstellung aus gleichen Mengen der unter b) und c) beschriebenen Stereoisomeren in Äthanol: *Fö.*, l. c. S. 2267.

Krystalle (aus A. oder aus Bzl. + PAe.); F: 106°.

[2-Jod-1-methyl-2-phenyl-äthyl]-harnstoff, (*β-iodo-α-methylphenethyl*)*urea* $C_{10}H_{13}IN_2O$, Formel IX, und **[2-Jod-1-phenyl-propyl]-harnstoff,** [α-(*1-iodoethyl*)*benzyl*]*urea* $C_{10}H_{13}IN_2O$, Formel X.

Eine opt.-inakt. Verbindung (Krystalle [aus wss. Me.]; F: 105°), für die diese beiden Konstitutionsformeln in Betracht kommen, ist beim Behandeln von Propenylbenzol (nicht charakterisiert) mit Jodisocyanat in Äther bei −40° und Einleiten von Ammoniak in eine äther. Lösung des Reaktionsprodukts erhalten und durch Erwärmen mit Wasser in 2-Amino-4(oder 5)-methyl-5(oder 4)-phenyl-Δ^2-oxazolin (F: 159°) übergeführt worden (*Birckenbach, Linhard*, B. **64** [1931] 961, 968, 1076, 1086).

(±)-2-Amino-1-[4-nitro-phenyl]-propan, (±)-1-Methyl-2-[4-nitro-phenyl]-äthylamin, (±)-*α-methyl-4-nitrophenethylamine* $C_9H_{12}N_2O_2$, Formel XI.

B. Aus (±)-2-Amino-1-phenyl-propan beim Behandeln mit Salpetersäure (D: 1,5) bei −15° (*Patrick, McBee, Hass*, Am. Soc. **68** [1946] 1153).

Gelbe Flüssigkeit; Kp_1: 115−116°. D_{20}^{20}: 1,1342. n_D^{20}: 1,5570.

Hydrochlorid $C_9H_{12}N_2O_2 \cdot HCl$. Krystalle (aus A. + Ae.); F: 202°.

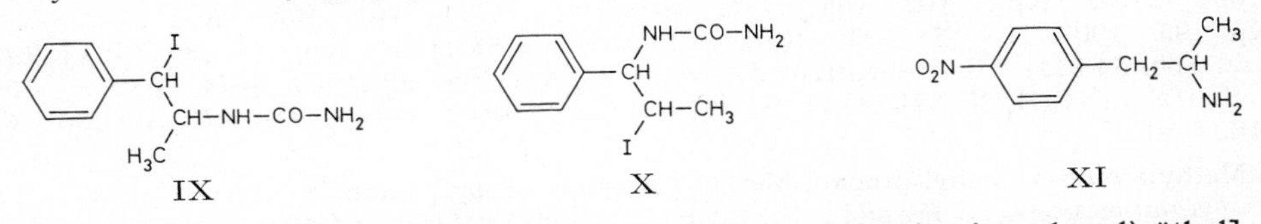

2-Methylamino-1-[4-nitro-phenyl]-propan, Methyl-[1-methyl-2-(4-nitro-phenyl)-äthyl]-amin, *α,N-dimethyl-4-nitrophenethylamine* $C_{10}H_{14}N_2O_2$.

a) **(*S*)-2-Methylamino-1-[4-nitro-phenyl]-propan,** Formel XII.

B. Aus (*S*)-2-Methylamino-1-phenyl-propan (S. 2667) beim Behandeln mit Salpeter=säure und Schwefelsäure (*Knoll A. G.*, D.R.P. 767161 [1938]; D.R.P. Org. Chem. **3** 192).

Hydrochlorid. Krystalle (aus A.); F: 219°. $[\alpha]_D^{18}$: +8,0° [W.; c = 4].

b) **(±)-2-Methylamino-1-[4-nitro-phenyl]-propan,** Formel XII + Spiegelbild.

B. Aus (±)-2-Methylamino-1-phenyl-propan beim Behandeln mit Salpetersäure (D: 1,5) bei −15° (*Patrick, McBee, Hass*, Am. Soc. **68** [1946] 1153).

$Kp_{1,5}$: 117−118°. D_{20}^{20}: 1,1036. n_D^{20}: 1,5462.

Hydrochlorid $C_{10}H_{14}N_2O_2 \cdot HCl$. Krystalle; F: 186−187°.

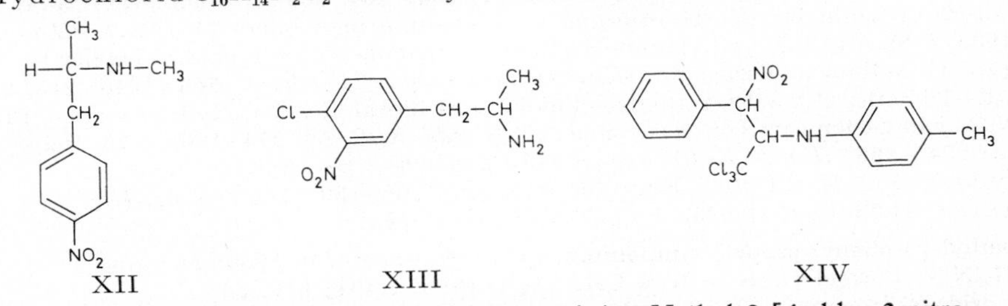

(±)-2-Amino-1-[4-chlor-3-nitro-phenyl]-propan, (±)-1-Methyl-2-[4-chlor-3-nitro-phenyl]-äthylamin, (±)-*4-chloro-α-methyl-3-nitrophenethylamine* $C_9H_{11}ClN_2O_2$, Formel XIII.

B. Aus (±)-2-Amino-1-[4-chlor-phenyl]-propan beim Behandeln mit Salpetersäure (D: 1,5) bei −15° (*Patrick, McBee, Hass*, Am. Soc. **68** [1946] 1153).

Hydrochlorid $C_9H_{11}ClN_2O_2 \cdot HCl$. Krystalle; F: 196°.

3.3.3-Trichlor-1-nitro-2-*p*-toluidino-1-phenyl-propan, *N*-[2-Nitro-1-trichlormethyl-2-phenyl-äthyl]-*p*-toluidin, *β-nitro-*N-p-*tolyl-α-(trichloromethyl)phenethylamine* $C_{16}H_{15}Cl_3N_2O_2$, Formel XIV.

Eine opt.-inakt. Verbindung (gelbe Krystalle [aus Me.]; F: 121−122°) dieser Konstitution ist aus opt.-inakt. 3.3.3-Trichlor-1-nitro-2-acetoxy-1-phenyl-propan (F: 98°) und *p*-Toluidin in Äthanol erhalten worden (*Chattaway, Drewitt, Parkes*, Soc. **1936** 1530).

3-Phenyl-propylamin, *3-phenylpropylamine* $C_9H_{13}N$, Formel I (R = X = H) auf S. 2678 (H 1145; E I 494; E II 623).

B. Bei der Hydrierung von *trans*-Zimtaldehyd im Gemisch mit Ammoniak an Nickel bei 150° (*I. G. Farbenind.*, D.R.P. 527619 [1929]; Frdl. **18** 345). Neben Bis-[3-phenyl-propyl]-amin bei der Hydrierung von 3-Phenyl-propionaldehyd-oxim oder von *trans*-Zimtaldehyd-oxim an Nickel in Äther, Äthanol oder Methylcyclohexan bei 100° unter Druck (*Winans, Adkins*, Am. Soc. **55** [1933] 2051, 2056, 2057; s. a. *Winans, Adkins*, Am. Soc. **54** [1932] 306, 310, 311). Aus *trans*-Zimtaldehyd-oxim bei der Hydrierung an Palladium in Chlorwasserstoff enthaltendem Äthanol (*Hartung, Munch*, Am. Soc. **53** [1931] 1875, 1878). Bei der Hydrierung von 3-Phenyl-propionitril an Platin in Acetanhydrid und Behandlung des Reaktionsprodukts mit wss. Salzsäure (*Cope, McElvain*, Am. Soc. **53** [1931] 1587, 1588; vgl. *Carothers, Jones*, Am. Soc. **47** [1925] 3051). Aus 3-Oxo-3-phenyl-propionitril bei der Hydrierung an Palladium in Essigsäure in Gegenwart von Schwefelsäure oder von Perchlorsäure (*Kindler, Hedemann, Schärfe*, A. **560** [1948] 215, 220).

Kp: 216—220° [unkorr.] (*Ha., Mu.*); Kp_{30-35}: 121—124° (*Braun, Randall*, Am. Soc. **56** [1934] 2134); Kp_{18}: 102—104° (*I. G. Farbenind.*); Kp_{16}: 101—103° (*Ki., He., Sch.*); Kp_8: 95—100°; Kp_2: 78—83° (*Wi., Ad.*, Am. Soc. **55** 2056); Kp_1: 75—80° (*Wi., Ad.*, Am. Soc. **54** 311). IR-Absorption: *Liddel, Wulf*, Am. Soc. **55** [1933] 3574, 3582.

Sulfamat $C_9H_{13}N \cdot NH_2SO_3H$. F: 104—105° [unkorr.] (*Butler, Audrieth*, Am. Soc. **61** [1939] 914).

3-Methylamino-1-phenyl-propan, Methyl-[3-phenyl-propyl]-amin, *N-methyl-3-phenylpropylamine* $C_{10}H_{15}N$, Formel I (R = CH_3, X = H) (H 1146; E I 494).

B. Aus *N*-Methyl-*N*-[3-phenyl-propyl]-toluolsulfonamid-(4) beim Erhitzen mit wss. Salzsäure auf 180° (*Cope, McElvain*, Am. Soc. **53** [1931] 1587, 1588; vgl. *Carothers, Bickford, Hurwitz*, Am. Soc. **49** [1927] 2908).

Kp_5: 85,5—86,1°; D_{25}^{25}: 0,9205; n_D^{25}: 1,5088 (*Cope, McE.*). Dissoziationsexponent pK_a des Methyl-[3-phenyl-propyl]-ammonium-Ions (Wasser) bei 25°: 10,58 (*Hall, Sprinkle*, Am. Soc. **54** [1932] 3469, 3473, 3480).

Hydrochlorid $C_{10}H_{15}N \cdot HCl$. F: 145,6—146,1° [korr.] (*Cope, McE.*).

3-Dimethylamino-1-phenyl-propan, Dimethyl-[3-phenyl-propyl]-amin, *N,N-dimethyl-3-phenylpropylamine* $C_{11}H_{17}N$, Formel I (R = X = CH_3) (H 1146; E I 494; E II 623).

B. Aus 3-Phenyl-propylamin mit Hilfe von Formaldehyd und Ameisensäure (*Dunn, Stevens*, Soc. **1934** 279, 281). Aus Dimethyl-[3*t*-phenyl-allyl]-amin-hydrochlorid bei der Hydrierung an Palladium (*King, Holmes*, Soc. **1947** 164, 168). Aus Dimethyl-[3-phenyl-propin-(2)-yl]-amin bei der Hydrierung an Palladium in Äthanol (*Mannich, Chang*, B. **66** [1933] 418). Aus 3-Dimethylamino-1-phenyl-propanon-(1)-hydrochlorid bei der Hydrierung an Palladium in Essigsäure (*Kindler, Hedemann, Schärfe*, A. **560** [1948] 215, 220). Aus 1.1-Dimethyl-1.2.3.4-tetrahydro-chinolinium-chlorid bei der Hydrierung an Platin in Wasser in Gegenwart von Natriumacetat (*Emde, Kull*, Ar. **274** [1936] 173, 182).

Kp: 224—225° (*Emde, Kull*); Kp_{713}: 215—218° (*Ki., He., Sch.*).

Hydrochlorid (E I 494). Krystalle (aus Acn.); F: 139—146° (*King, Ho.*).

Pikrat (H 1146; E II 623). F: 107° (*Ki., He., Sch.*).

Trimethyl-[3-phenyl-propyl]-ammonium, *trimethyl(3-phenylpropyl)ammonium* $[C_{12}H_{20}N]^{\oplus}$, Formel II (R = X = CH_3) (H 1146; E I 494; E II 623).

Chlorid. *B.* In geringer Menge neben Propylbenzol und Trimethylamin bei der Hydrierung von Trimethyl-cinnamyl-ammonium-chlorid an Platin oder Palladium in Essigsäure oder Wasser, jeweils in Gegenwart von Natriumacetat (*Emde, Kull*, Ar. **274** [1936] 173, 177).

Jodid $[C_{12}H_{20}N]I$ (H 1146; E I 494). F: 176° (*Mannich, Chang*, B. **66** [1933] 418).

Tetrachloroaurat(III) $[C_{12}H_{20}N]AuCl_4$ (E I 494). F: 180—181° (*Achmatowicz, Lindenfels*, Roczniki Chem. **18** [1938] 75, 82; C. **1939** II 627).

(±)-Trimethyl-[3-deuterio-3-phenyl-propyl]-ammonium, *(±)-(3-deuterio-3-phenylpropyl)trimethylammonium* $[C_{12}H_{19}DN]^{\oplus}$, Formel III (R = CH_3, X = D).

Bromid. *B.* Beim Behandeln von (±)-1-Deuterio-1-phenyl-propanol-(3) mit wss. Bromwasserstoffsäure und Erwärmen des Reaktionsprodukts mit Trimethylamin in Äthanol (*Hochstein, Brown*, Am. Soc. **70** [1948] 3484). — Krystalle; F: 150,5—152° [Rohprodukt].

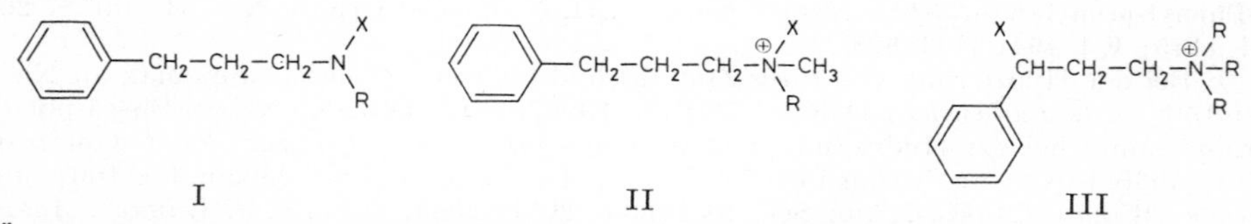

I II III

3-Äthylamino-1-phenyl-propan, Äthyl-[3-phenyl-propyl]-amin, *N-ethyl-3-phenylpropylamine* $C_{11}H_{17}N$, Formel I (R = C_2H_5, X = H) (H 1146; E I 494; E II 623).

B. Neben Äthyl-bis-[3-phenyl-propyl]-amin beim Erhitzen von 3-Phenyl-propylchlorid

mit Äthylamin und wss. Kalilauge auf 120° (*Külz et al.*, B. **72** [1939] 2161, 2165).
Kp_{16}: 115—116°.
Hydrochlorid (E II 623). F: 152°.

3-Diäthylamino-1-phenyl-propan, Diäthyl-[3-phenyl-propyl]-amin, N,N-*diethyl-3-phenylpropylamine* $C_{13}H_{21}N$, Formel I (R = X = C_2H_5) (E I 494).

B. Beim Behandeln von Diäthyl-[2-chlor-äthyl]-amin mit Benzylmagnesiumchlorid in Äther (*I.G. Farbenind.*, D.R.P. 501607 [1928]; Frdl. **17** 2521). Aus 3-Phenyl-propylchlorid und Diäthylamin in Chloroform (*Hazard, Corteggiani, Renard*, C. r. **227** [1948] 95). Aus Diäthyl-[3-phenyl-propin-(2)-yl]-amin bei der Hydrierung an Palladium in Äthanol (*Mannich, Chang*, B. **66** [1933] 418).
Kp: 229° (*Ha., Co., Re.*); Kp_{10}: 117° (*I.G. Farbenind.*).
Hydrochlorid. Hygroskopische Krystalle (aus E.); F: 119—120° (*Ma., Ch.*).
Hydrobromid $C_{13}H_{21}N \cdot HBr$. Krystalle (aus E.); F: 142—143° (*Mannich*, Ar. **273** [1935] 275, 281).

Methyl-diäthyl-[3-phenyl-propyl]-ammonium, *diethylmethyl(3-phenylpropyl)ammonium* $[C_{14}H_{24}N]^{\oplus}$, Formel II (R = X = C_2H_5).
Jodid. F: 115° (*Hazard, Corteggiani, Renard*, C. r. **227** [1948] 1180).

Triäthyl-[3-phenyl-propyl]-ammonium, *triethyl(3-phenylpropyl)ammonium* $[C_{15}H_{26}N]^{\oplus}$, Formel III (R = C_2H_5, X = H).
Jodid $[C_{15}H_{26}N]I$. F: 98,5° (*Funke et al.*, C. r. **228** [1949] 716).

3-Cyclohexylamino-1-phenyl-propan, [3-Phenyl-propyl]-cyclohexyl-amin, N-*cyclohexyl-3-phenylpropylamine* $C_{15}H_{23}N$, Formel I (R = C_6H_{11}, X = H) (E II 623).
Hydrochlorid (E II 623). Krystalle (aus W.); F: 223° (*Skita, Pfeil*, A. **485** [1931] 152, 166).

3-Anilino-1-phenyl-propan, *N*-[3-Phenyl-propyl]-anilin, *3,*N-*diphenylpropylamine* $C_{15}H_{17}N$, Formel I (R = C_6H_5, X = H) (E II 623).

B. Aus *trans*-Zimtaldehyd-phenylimin beim Behandeln mit Magnesium und Methanol (*Zechmeister, Truka*, B. **63** [1930] 2883).

***N*-Äthyl-*N*-[3-phenyl-propyl]-anilin,** N-*ethyl-3,*N-*diphenylpropylamine* $C_{17}H_{21}N$, Formel I (R = C_6H_5, X = C_2H_5).

B. Aus 3-Phenyl-propyljodid und *N*-Äthyl-anilin (*Meisenheimer, Link*, A. **479** [1930] 211, 253). Neben geringen Mengen *N*-Äthyl-anilin aus *N*-Äthyl-*N*-cinnamyl-anilin bei der Hydrierung an Platin in Äther sowie beim Behandeln mit Äthanol und Natrium (*Mei., Link*).
$Kp_{0,5-1}$: 140—145°.

Methyl-äthyl-[3-phenyl-propyl]-anilinium, *ethylmethylphenyl(3-phenylpropyl)ammonium* $[C_{18}H_{24}N]^{\oplus}$, Formel II (R = C_6H_5, X = C_2H_5).
Pikrat. *B.* Beim Erwärmen von *N*-Äthyl-*N*-[3-phenyl-propyl]-anilin mit Dimethylsulfat und Behandeln des Reaktionsprodukts mit wss. Natriumpikrat-Lösung (*Meisenheimer, Link*, A. **479** [1930] 211, 253). — Krystalle (aus A.); F: 111—112°.

3-Benzylamino-1-phenyl-propan, [3-Phenyl-propyl]-benzyl-amin, N-*benzyl-3-phenylpropylamine* $C_{16}H_{19}N$, Formel I (R = CH_2-C_6H_5, X = H) (E II 623).

B. Bei der katalytischen Hydrierung eines Gemisches von 3-Phenyl-propionaldehyd und Benzylamin (*Külz et al.*, B. **72** [1939] 2161, 2166).
Hydrochlorid (E II 623). Krystalle (aus A.); F: 187—188°.

Methyl-[3-phenyl-propyl]-benzyl-amin, N-*benzyl-*N-*methyl-3-phenylpropylamine* $C_{17}H_{21}N$, Formel I (R = CH_2-C_6H_5, X = CH_3).

B. Beim Erhitzen von Methyl-benzyl-amin mit 3-Phenyl-propylchlorid und Natriumcarbonat in wss. Äthanol auf 120° (*Rosenmund, Külz*, U.S.P. 2006114 [1933]).
Hydrochlorid. Krystalle; F: 146°.

Äthyl-[3-phenyl-propyl]-benzyl-amin, N-*benzyl-*N-*ethyl-3-phenylpropylamine* $C_{18}H_{23}N$, Formel I (R = CH_2-C_6H_5, X = C_2H_5).

B. Aus Äthyl-[3-phenyl-propyl]-amin und Benzylchlorid (*Külz et al.*, B. **72** [1939] 2161, 2166).
Kp_{11}: 183°.

Bis-[3-phenyl-propyl]-amin, *3,3'-diphenyldipropylamine* $C_{18}H_{23}N$, Formel IV (R = H) (E II 623).

B. Neben 3-Phenyl-propylamin bei der Hydrierung von 3-Phenyl-propionaldehyd-oxim oder von *trans*-Zimtaldehyd-oxim an Nickel in Äther, Äthanol oder Methylcyclohexan bei 100° unter Druck (*Winans, Adkins*, Am. Soc. **55** [1933] 2051, 2056, 2057). Beim Erwärmen von 3-Phenyl-propylamin mit 3-Phenyl-propionaldehyd in Äthanol und Hydrieren des Reaktionsprodukts in Äthanol (*Külz et al.*, B. **72** [1939] 2161, 2164, 2165).

Kp_{12}: 215° (*Külz et al.*); Kp_8: 200–210°; Kp_2: 170–180° (*Wi., Ad.*).

Hydrochlorid $C_{18}H_{23}N \cdot HCl$. F: 214,5–215,5° [aus W.] (*Casey, Marvel*, J. org. Chem. **24** [1959] 1022), 200–201° [aus W.] (*Külz et al.*).

Methyl-bis-[3-phenyl-propyl]-amin, N-*methyl-3,3'-diphenyldipropylamine* $C_{19}H_{25}N$, Formel IV (R = CH_3).

B. Beim Behandeln von 3-Phenyl-propylbromid mit Methylamin in Äthanol unter Zusatz von Natriumcarbonat (*Blicke, Zienty*, Am. Soc. **61** [1939] 774).

Kp_6: 182–184°.

Tetrachloroaurat(III) $C_{19}H_{25}N \cdot HAuCl_4$. Krystalle (aus wss. A.); F: 127–128°.

Äthyl-bis-[3-phenyl-propyl]-amin, N-*ethyl-3,3'-diphenyldipropylamine* $C_{20}H_{27}N$, Formel IV (R = C_2H_5).

B. Neben Äthyl-[3-phenyl-propyl]-amin beim Erhitzen von 3-Phenyl-propylchlorid mit Äthylamin und wss. Kalilauge auf 120° (*Külz et al.*, B. **72** [1939] 2161, 2165). Beim Erhitzen von Bis-[3-phenyl-propyl]-amin mit Äthylbromid und Natriumcarbonat in wss. Äthanol auf 120° (*Rosenmund, Külz*, U.S.P. 2006114 [1933]).

$Kp_{0,3}$: 165–168° (*Külz et al.*).

Perchlorat. F: 70° (*Külz et al.*).

Reineckat. F: 155–156° (*Külz et al.*).

2-[3-Phenyl-propylamino]-äthanol-(1), *2-(3-phenylpropylamino)ethanol* $C_{11}H_{17}NO$, Formel V (R = CH_2-CH_2OH, X = H).

B. Aus 3-Phenyl-propylchlorid und 2-Amino-äthanol-(1) (*Barbière*, Bl. [5] **11** [1944] 470, 478).

Kp_1: 143–145°.

Beim Behandeln mit wasserfreier Salpetersäure bei −5° sind 2-[3-(4-Nitro-phenyl)-propylamino]-1-nitryloxy-äthan und 2-[3-(x.x-Dinitro-phenyl)-propylamino]-1-nitryloxy-äthan (Nitrat $C_{11}H_{14}N_4O_7 \cdot HNO_3$: Krystalle [aus wss. A.]; F: 132°) erhalten worden.

2-[Methyl-(3-phenyl-propyl)-amino]-äthanol-(1), *2-[methyl(3-phenylpropyl)amino]ethanol* $C_{12}H_{19}NO$, Formel V (R = CH_2-CH_2OH, X = CH_3).

B. Beim Erhitzen von Methyl-[3-phenyl-propyl]-amin mit 2-Chlor-äthanol-(1) (*Cope, McElvain*, Am. Soc. **53** [1931] 1587, 1590, 1591).

Kp_5: 132,6–133,0° [korr.]. D_{25}^{25}: 0,9883. n_D^{25}: 1,5172.

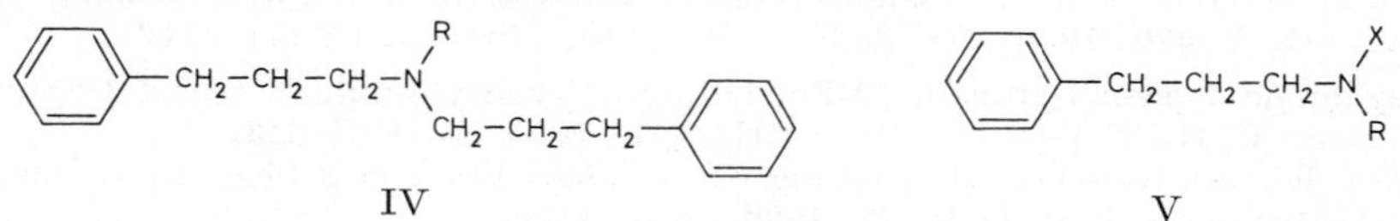

IV V

2-[Methyl-(3-phenyl-propyl)-amino]-1-benzoyloxy-äthan, *1-(benzoyloxy)-2-[methyl(3-phenylpropyl)amino]ethane* $C_{19}H_{23}NO_2$, Formel VI (X = H).

B. Beim Erhitzen von Methyl-[3-phenyl-propyl]-amin mit Benzoesäure-[2-chlor-äthylester] (*Cope, McElvain*, Am. Soc. **53** [1931] 1587, 1589).

Hydrochlorid $C_{19}H_{23}NO_2 \cdot HCl$. Krystalle (aus Ae. + Butanol-(1)); F: 106,3° bis 107,1° [korr.].

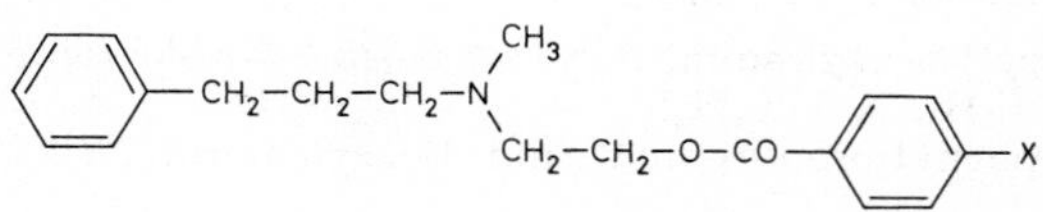

VI

2-[Methyl-(3-phenyl-propyl)-amino]-1-[4-nitro-benzoyloxy]-äthan, *1-[methyl(3-phenyl=propyl)amino]-2-(4-nitrobenzoyloxy)ethane* $C_{19}H_{22}N_2O_4$, Formel VI (X = NO_2).

B. Aus 2-[Methyl-(3-phenyl-propyl)-amino]-äthanol-(1) und 4-Nitro-benzoylchlorid (*Cope, McElvain,* Am. Soc. **53** [1931] 1587, 1590).

Hydrochlorid $C_{19}H_{22}N_2O_4 \cdot HCl$. Krystalle (aus Butanol-(1) + Ae.); F: 122,6° bis 123,6° [korr.].

3-[Methyl-(3-phenyl-propyl)-amino]-propanol-(1), *3-[methyl(3-phenylpropyl)amino]=propan-1-ol* $C_{13}H_{21}NO$, Formel V (R = CH_2-CH_2-CH_2OH, X = CH_3).

B. Beim Erhitzen von Methyl-[3-phenyl-propyl]-amin mit 3-Chlor-propanol-(1) (*Cope, McElvain,* Am. Soc. **53** [1931] 1587, 1591).

Kp_5: 147,3—147,9° [korr.]. D_{25}^{25}: 0,9785. n_D^{25}: 1,5134.

3-[Methyl-(3-phenyl-propyl)-amino]-1-benzoyloxy-propan, *1-(benzoyloxy)-3-[methyl=(3-phenylpropyl)amino]propane* $C_{20}H_{25}NO_2$, Formel VII (X = H).

B. Beim Erhitzen von Methyl-[3-phenyl-propyl]-amin mit Benzoesäure-[3-chlor-propylester] (*Cope, McElvain,* Am. Soc. **53** [1931] 1587, 1589).

Hydrochlorid $C_{20}H_{25}NO_2 \cdot HCl$. Krystalle (aus Ae. + Butanol-(1)); F: 117,5—118,5° [korr.].

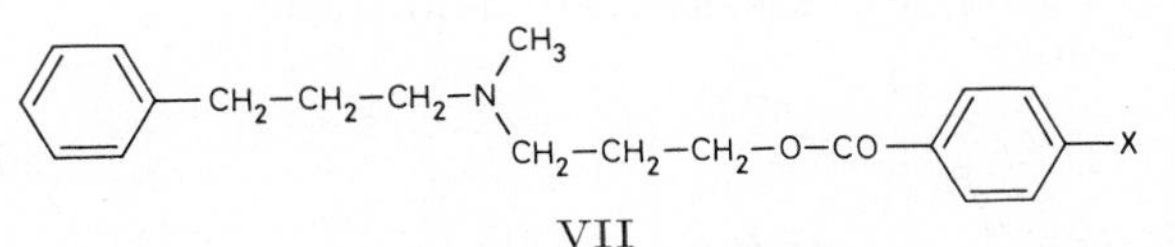

VII

3-[Methyl-(3-phenyl-propyl)-amino]-1-[4-nitro-benzoyloxy]-propan, *1-[methyl(3-phenyl=propyl)amino]-3-(4-nitrobenzoyloxy)propane* $C_{20}H_{24}N_2O_4$, Formel VII (X = NO_2).

B. Aus 3-[Methyl-(3-phenyl-propyl)-amino]-propanol-(1) und 4-Nitro-benzoylchlorid (*Cope, McElvain,* Am. Soc. **53** [1931] 1587, 1590).

Hydrochlorid $C_{20}H_{24}N_2O_4 \cdot HCl$. Krystalle (aus Acn.); F: 99,5—100,3°.

[3-Phenyl-propyl]-[1-propyl-butyliden]-amin, Heptanon-(4)-[3-phenyl-propylimin], *3-phenyl-*N*-(1-propylbutylidene)propylamine* $C_{16}H_{25}N$, Formel VIII.

B. Aus 3-Phenyl-propylamin und 4.4-Diäthoxy-heptan (E II **1** 755) bei 200° (*Hoch,* C. r. **199** [1934] 1428).

Kp_{17}: 168—170°.

Gegen Wasser nicht beständig.

***N*-[3-Phenyl-propyl]-benzamid,** N-*(3-phenylpropyl)benzamide* $C_{16}H_{17}NO$, Formel V (R = CO-C_6H_5, X = H) (H 1146; dort als Benzoyl-[γ-phenyl-propylamin] bezeichnet).

F: 60° (*Kindler, Hedemann, Schärfe,* A. **560** [1948] 215, 220).

[3-Phenyl-propyl]-guanidin, *(3-phenylpropyl)guanidine* $C_{10}H_{15}N_3$, Formel V (R = $C(NH_2)$=NH, X = H) und Tautomeres.

Sulfat $2C_{10}H_{15}N_3 \cdot H_2SO_4$. *B.* Beim Erwärmen von 3-Phenyl-propylamin mit *S*-Methyl-isothiuronium-sulfat in Äthanol (*Braun, Randall,* Am. Soc. **56** [1934] 2134). — Krystalle (aus A.); F: 173—174°.

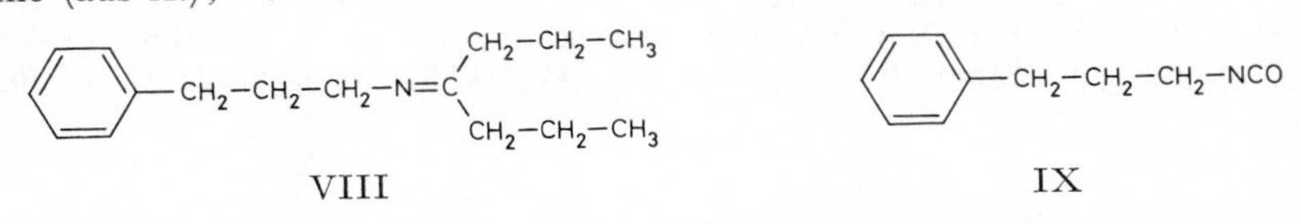

VIII IX

3-Phenyl-propylisocyanat, *isocyanic acid 3-phenylpropyl ester* $C_{10}H_{11}NO$, Formel IX.

B. Aus 3-Phenyl-propylamin und Phosgen (*Siefken,* A. **562** [1949] 75, 80, 115).

Kp_{12}: 115°.

***N.N'*-Bis-[3-phenyl-propyl]-octandiyldiamin,** N,N'*-bis(3-phenylpropyl)octane-1,8-diamine* $C_{26}H_{40}N_2$, Formel X (n = 8).

B. Aus 3-Phenyl-propylamin und 1.8-Dibrom-octan in Äthanol (*Goodson et al.,* Brit. J. Pharmacol. Chemotherapy **3** [1948] 49, 58).

Dihydrobromid $C_{26}H_{40}N_2 \cdot 2HBr$. Krystalle; F: 284° [Zers.].

Dipikrat $C_{26}H_{40}N_2 \cdot 2C_6H_3N_3O_7$. Gelbe Krystalle (aus A.); F: 153°.
Di-DL(?)-lactat $C_{26}H_{40}N_2 \cdot 2C_3H_6O_3$. Krystalle (aus A. + Acn.); F: 147°.

N.N'-Bis-[3-phenyl-propyl]-decandiyldiamin, N,N'-*bis(3-phenylpropyl)decane-1,10-diamine* $C_{28}H_{44}N_2$, Formel X (n = 10).
B. Aus 3-Phenyl-propylamin und 1.10-Dibrom-decan in Äthanol (*Goodson et al.*, Brit. J. Pharmacol. Chemotherapy **3** [1948] 49, 58).
Dihydrobromid $C_{28}H_{44}N_2 \cdot 2HBr$. Krystalle; F: 283°.
Di-DL(?)-lactat $C_{28}H_{44}N_2 \cdot 2C_3H_6O_3$. Krystalle (aus A. + Acn.); F: 119°.

X

N-[3-Phenyl-propyl]-toluolsulfonamid-(4), N-*(3-phenylpropyl)*-p-*toluenesulfonamide* $C_{16}H_{19}NO_2S$, Formel XI (R = H).
B. Neben geringen Mengen Di-[toluol-sulfonyl-(4)]-[3-phenyl-propyl]-amin beim Behandeln einer alkal. wss. Lösung von 3-Phenyl-propylamin mit Toluol-sulfonylchlorid-(4) in Benzol (*Cope, McElvain*, Am. Soc. **53** [1931] 1587, 1589).
F: 65,1–65,7° [korr.].

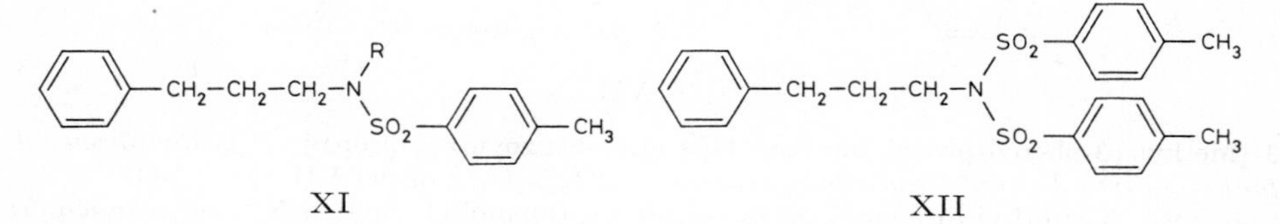

XI XII

N-Methyl-N-[3-phenyl-propyl]-toluolsulfonamid-(4), N-*methyl*-N-*(3-phenylpropyl)*-p-*toluenesulfonamide* $C_{17}H_{21}NO_2S$, Formel XI (R = CH_3).
B. Beim Behandeln von *N*-[3-Phenyl-propyl]-toluolsulfonamid-(4) mit Methyljodid unter Zusatz von wss.-äthanol. Natronlauge (*Cope, McElvain*, Am. Soc. **53** [1931] 1587, 1589).
Krystalle; F: 41,8–42,4°. Kp_3: 234–238° [unkorr.].

Di-[toluol-sulfonyl-(4)]-[3-phenyl-propyl]-amin, N-*(3-phenylpropyl)di*-p-*toluenesulfonamide* $C_{23}H_{25}NO_4S_2$, Formel XII.
B. s. o. im Artikel *N*-[3-Phenyl-propyl]-toluolsulfonamid-(4).
Krystalle; F: 113,3–113,7° [korr.] (*Cope, McElvain*, Am. Soc. **53** [1931] 1587, 1589).

[3-Phenyl-propyl]-amidoschwefelsäure, [3-Phenyl-propyl]-sulfamidsäure, *(3-phenylpropyl)sulfamidic acid* $C_9H_{13}NO_3S$, Formel V (R = H, X = SO_2OH) auf S. 2680.
B. Aus 3-Phenyl-propylamin und Chloroschwefelsäure in Chloroform (*Audrieth, Sveda*, J. org. Chem. **9** [1944] 89, 94).
Krystalle (*Au., Sv.*).
Natrium-Salz $NaC_9H_{12}NO_3S$. Krystalle [aus wss. A.] (*Au., Sv.*).
p-Toluidin-Salz $C_7H_9N \cdot C_9H_{13}NO_3S$. Krystalle (aus A.); F: 138° (*Yamaguchi, Shozo*, J. chem. Soc. Japan Pure Chem. Sect. **89** [1968] 1099, 1103; C. A. **70** [1969] 96 289).

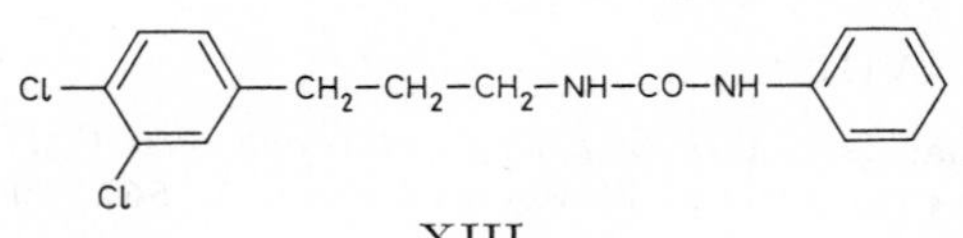

XIII

N'-[3-(3.4-Dichlor-phenyl)-propyl]-N-phenyl-harnstoff, *1-[3-(3,4-dichlorophenyl)propyl]-3-phenylurea* $C_{16}H_{16}Cl_2N_2O$, Formel XIII.
B. Aus 3-[3.4-Dichlor-phenyl]-propylisocyanat und Anilin (*Siefken*, A. **562** [1949] 75, 118).
F: 99°.

3-[3.4-Dichlor-phenyl]-propylisocyanat, *isocyanic acid 3-(3,4-dichlorophenyl)propyl ester* $C_{10}H_9Cl_2NO$, Formel I.

B. Aus 3-[3.4-Dichlor-phenyl]-propylamin (über diese Verbindung s. *McKay et al.*, Canad. J. Chem. **38** [1960] 2042, 2044) und Phosgen (*Siefken*, A. **562** [1949] 75, 80, 118).

Kp_{15}: 176—178° [unkorr.] (*Sie.*).

Dimethyl-[2.3-dibrom-3-phenyl-propyl]-amin, *2,3-dibromo-*N,N*-dimethyl-3-phenylpropyl=amine* $C_{11}H_{15}Br_2N$, Formel II.

Das Hydrobromid $C_{11}H_{15}Br_2N \cdot HBr$ (Krystalle [aus A.]; F: 137°) einer opt.-inakt. Base dieser Konstitution ist aus Dimethyl-*cis*-cinnamyl-amin-hydrobromid und Brom in Chloroform erhalten worden (*Mannich, Chang*, B. **66** [1933] 418).

2-[3-(4-Nitro-phenyl)-propylamino]-1-nitryloxy-äthan, *1-[3-(*p*-nitrophenyl)propyl=amino]-2-(nitryloxy)ethane* $C_{11}H_{15}N_3O_5$, Formel III.

B. Neben 2-[3-(x.x-Dinitro-phenyl)-propylamino]-1-nitryloxy-äthan (S. 2680) beim Behandeln von 2-[3-Phenyl-propylamino]-äthanol-(1) mit wasserfreier Salpetersäure bei −5° (*Barbière*, Bl. [5] **11** [1944] 470, 478).

Hydrochlorid $C_{11}H_{13}N_3O_5 \cdot HCl$. Krystalle (aus A.); F: 175—176°.

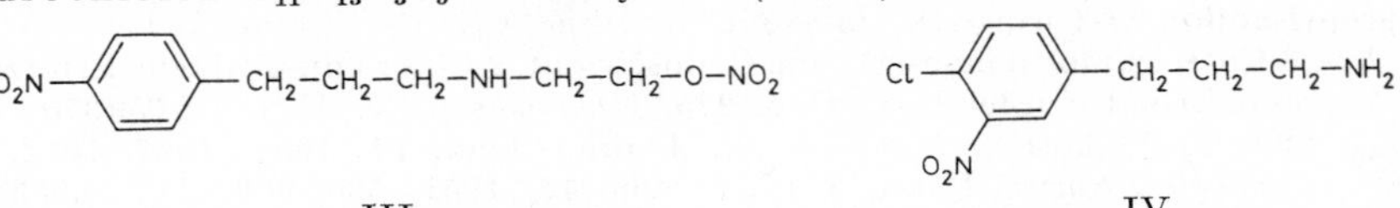

3-[4-Chlor-3-nitro-phenyl]-propylamin, *3-(4-chloro-3-nitrophenyl)propylamine* $C_9H_{11}ClN_2O_2$, Formel IV.

B. Aus 3-[4-Chlor-phenyl]-propylamin (über diese Verbindung s. *Farbw. Hoechst*, D.B.P. 1238920 [1961]) beim Behandeln mit Salpetersäure (D: 1,5) bei −15° (*Patrick, McBee, Hass*, Am. Soc. **68** [1946] 1153).

Hydrochlorid $C_9H_{11}ClN_2O_2 \cdot HCl$. Krystalle (aus A. + Ae.); F: 212,5° (*Pa., McBee., Hass*).

2-Isopropyl-anilin, *o*-Cumidin, o-*isopropylaniline* $C_9H_{13}N$, Formel V (R = X = H) (H 1147; E II 624).

B. Aus 2-Chlor-cumol (eingesetzt im Gemisch mit 3-Chlor-cumol) beim Erhitzen mit wss. Ammoniak unter Zusatz von Kupfer(I)-oxid auf 225° (*Dow Chem. Co.*, U.S.P. 2159370 [1937]). Aus 2-Isopropenyl-anilin oder aus 2-Nitro-cumol bei der Hydrierung an Raney-Nickel in Äthanol (*Grammaticakis*, Bl. **1949** 134, 142). Aus 2-Nitro-cumol bei der Hydrierung an Raney-Nickel bei 70°/180 at (*Schenck, Bailey*, Am. Soc. **63** [1941] 1364) sowie bei der Behandlung mit wss. Salzsäure und Zinn (*Sterling, Bogert*, J. org. Chem. **4** [1939] 20, 25).

Kp_{18}: 112—113°; $n_D^{17,5}$: 1,5510 (*Gr.*). UV-Spektrum (A.; 240—320 mμ): *Gr.*, l. c. S. 139.

Beim Erwärmen mit 3-Methyl-pentandion-(2.4) und Schwefelsäure ist 2.3.4-Trimethyl-8-isopropyl-chinolin erhalten worden (*Sch., Bai.*).

Oxalat (H 1147). Krystalle (aus W.); F: 170° [korr.] (*St., Bo.*).

***N.N*-Dimethyl-2-isopropyl-anilin,** o-*isopropyl-*N,N*-dimethylaniline* $C_{11}H_{17}N$, Formel V (R = X = CH_3) (E I 496).

B. Aus *N.N*-Dimethyl-2-isopropenyl-anilin bei der Hydrierung an Raney-Nickel in Äthanol (*Grammaticakis*, Bl. **1949** 134, 143).

Kp_{18}: 115—116°. n_D^{18}: 1,5492. UV-Spektrum (A.; 235—330 mμ): *Gr.*, l. c. S. 140.

Essigsäure-[2-isopropyl-anilid], *2'-isopropylacetanilide* $C_{11}H_{15}NO$, Formel V (R = CO-CH_3, X = H) (H 1147).

Krystalle (aus wss. Eg. oder aus Ae. + PAe.); F: 84° (*Grammaticakis*, Bl. **1949** 134, 144). UV-Spektrum (A.; 230—290 mμ): *Gr.*, l. c. S. 142.

Benzoesäure-[2-isopropyl-anilid], *2'-isopropylbenzanilide* $C_{16}H_{17}NO$, Formel V ($R = CO\text{-}C_6H_5$, $X = H$).

B. Beim Behandeln von 2-Isopropyl-anilin mit Benzoylchlorid in wss. Äthanol unter Zusatz von Natriumacetat (*Grammaticakis*, Bl. **1949** 134, 144).

Krystalle (aus A.); F: 149°. UV-Spektrum (A.; 230—330 mμ): *Gr.*, l. c. S. 142.

***N*-Phenyl-*N'*-[2-isopropyl-phenyl]-thioharnstoff,** *1-o-cumenyl-3-phenylthiourea* $C_{16}H_{18}N_2S$, Formel V ($R = CS\text{-}NH\text{-}C_6H_5$, $X = H$) (E II 625).

F: 134,5—135,5° (*Ecke et al.*, J. org. Chem. **22** [1957] 639, 640).

3.4.5.6-Tetrabrom-2-isopropyl-anilin, *2,3,4,5-tetrabromo-6-isopropylaniline* $C_9H_9Br_4N$, Formel VI.

B. Aus 3.4.5.6-Tetrabrom-2-nitro-cumol beim Behandeln einer Lösung in Äthanol mit Eisen-Pulver und Schwefelsäure (*Qvist*, Acta Acad. Åbo **17** Nr. 6 [1949] 2, 9).

Krystalle (aus A.); F: 96,5—97,5°.

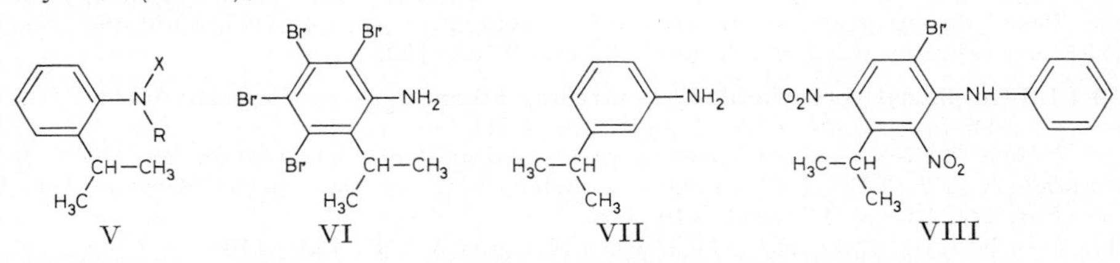

3-Isopropyl-anilin, *m*-Cumidin, m-*isopropylaniline* $C_9H_{13}N$, Formel VII.

B. Aus 3-Chlor-cumol (eingesetzt im Gemisch mit 2-Chlor-cumol) beim Erhitzen mit wss. Ammoniak und Kupfer(I)-oxid auf 225° (*Dow Chem. Co.*, U.S.P. 2159370 [1937]).

Kp_{740}: 222—224° [korr.] (*Gilman et al.*, J. org. Chem. **19** [1954] 1067, 1072); Kp_3: 79—80° (*Carpenter, Easter, Wood*, J. org. Chem. **16** [1951] 586, 606). D_{25}^{25}: 0,9534 (*Ca., Ea., Wood*). n_D^{20}: 1,5445 (*Ca., Ea., Wood*); n_D^{25}: 1,5385 (*Gi. et al.*).

4-Brom-2.6-dinitro-3-anilino-cumol, Phenyl-[6-brom-2.4-dinitro-3-isopropyl-phenyl]-amin, *6-bromo-3-isopropyl-2,4-dinitrodiphenylamine* $C_{15}H_{14}BrN_3O_4$, Formel VIII.

B. Beim Erwärmen von 3.4-Dibrom-2.6-dinitro-cumol mit Anilin in Äthanol (*Qvist*, Acta Acad. Åbo **10** Nr. 5 [1936] 2, 9, 30).

Gelbe Krystalle (aus A.); F: 133,5—134,5°.

4-Isopropyl-anilin, *p*-Cumidin, p-*isopropylaniline* $C_9H_{13}N$, Formel IX ($R = X = H$) (H 1147; E II 625).

B. Aus 4-Nitro-cumol bei der Hydrierung an Raney-Nickel in Isopropylalkohol bei 100°/80 at (*Newton*, Am. Soc. **65** [1943] 2434, 2435, 2437), beim Erwärmen mit Zinn und wss. Salzsäure (*Davies, Hulbert*, J. Soc. chem. Ind. **57** [1938] 349; *Sterling, Bogert*, J. org. Chem. **4** [1939] 20, 25) sowie beim Behandeln mit Eisen-Spänen und wss.-äthanol. Salzsäure (*Haworth, Barker*, Soc. **1939** 1299, 1302). Neben Anilin beim Erhitzen von *N*-Isopropyl-anilin mit Kobalt(II)-chlorid, Zinkbromid oder Cadmiumchlorid bis auf 250° (*Hickinbottom, Waine*, Soc. **1930** 1558, 1563). Neben Anilin aus 2.2-Bis-[4-amino-phenyl]-propan bei der Hydrierung an einem Nickel-Katalysator bei 200°/50 at sowie beim Erhitzen mit Cyclohexanol in Gegenwart eines Nickel-Katalysators auf 200° (*Schering-Kahlbaum A.G.*, D.R.P. 557517 [1929]; Frdl. **19** 688).

Kp: 222—224° (*Da., Hu.*), 222,5° (*St., Bo.*); Kp_{20}: 103—105° (*Ha., Ba.*); $Kp_{0,3}$: 60° bis 61° (*Biel*, Am. Soc. **71** [1949] 1306, 1308). D^{20}: 0,9507 (*Ne.*). n_D^{20}: 1,5415 (*Ne.*).

***N.N*-Dimethyl-4-isopropyl-anilin,** p-*isopropyl*-N,N-*dimethylaniline* $C_{11}H_{17}N$, Formel IX ($R = X = CH_3$) (H 1147; E II 625).

B. Aus 4-Isopropyl-anilin und Dimethylsulfat (*Davies, Hulbert*, J. Soc. chem. Ind. **57** [1938] 349).

Kp_{16}: 111—112° (*Da., Hu.*). Elektrolytische Dissoziation des *N.N*-Dimethyl-4-isopropyl-anilinium-Ions in wss. Äthanol: *Davies*, Soc. **1938** 1865, 1866.

Beim Behandeln einer Lösung in Äthanol und flüssigem Ammoniak mit Natrium und Erhitzen des Reaktionsprodukts mit wss. Schwefelsäure ist 1-Isopropyl-cyclohexen-(1)-on-(4) erhalten worden (*Birch*, Soc. **1946** 593, 597). Geschwindigkeit der Reaktion mit Methyljodid in wss. Aceton bei 35° und 55°: *Da.*, l. c. S. 1867.

Phenyl-[4-isopropyl-phenyl]-amin, *4-isopropyldiphenylamine* $C_{15}H_{17}N$, Formel IX ($R = C_6H_5$, X = H).

B. Neben anderen Verbindungen beim Erhitzen von Anilin mit Aceton und wss. Salzsäure auf 250° (*Craig*, Am. Soc. **60** [1938] 1458, 1463). Beim Erhitzen von 4-Isopropyl-anilin mit 2-Chlor-benzoesäure unter Zusatz von Kaliumcarbonat und Kupfer(I)-jodid (*Cr.*, l. c. S. 1464). Beim Erhitzen von Diphenylamin mit Diisopropyläther und Zinkchlorid bis auf 300° (*Goodrich Co.*, U.S.P. 2225368 [1937]). Aus Phenyl-[4-isopropenyl-phenyl]-amin beim Behandeln mit Äthanol und Natrium (*Cr.*, l. c. S. 1464).

Krystalle; F: 72° (*Goodrich Co.*, U.S.P. 2061779 [1932]), 71—72° [aus Me.] (*Cr.*).

Essigsäure-[4-isopropyl-anilid], *4'-isopropylacetanilide* $C_{11}H_{15}NO$, Formel IX ($R = CO\text{-}CH_3$, X = H) (H 1148; dort als Essigsäure-cumidid bezeichnet).

B. Aus 4-Isopropyl-anilin und Acetanhydrid (*Ipatieff, Schmerling*, Am. Soc. **59** [1937] 1056, 1058; *Haworth, Barker*, Soc. **1939** 1299, 1302).

Krystalle; F: 105,8—106,6° [korr.; aus Isooctan] (*Newton*, Am. Soc. **65** [1943] 2434, 2437), 106° [unkorr.; aus W. oder wss. A.] (*Ip., Sch.*), 105° (*Hickinbottom, Waine*, Soc. **1930** 1558, 1564; *Huston, Kaye*, Am. Soc. **64** [1942] 1576, 1579). UV-Spektrum (A.): *Cooke, Macbeth*, Soc. **1937** 1593, 1594.

Gegen heisse wss. Alkalilaugen beständig (*Cooke, Ma.*). Beim Behandeln mit Salpetersäure und Schwefelsäure ist Essigsäure-[4-nitro-anilid] erhalten worden (*Brown, Reagan*, Am. Soc. **69** [1947] 1032).

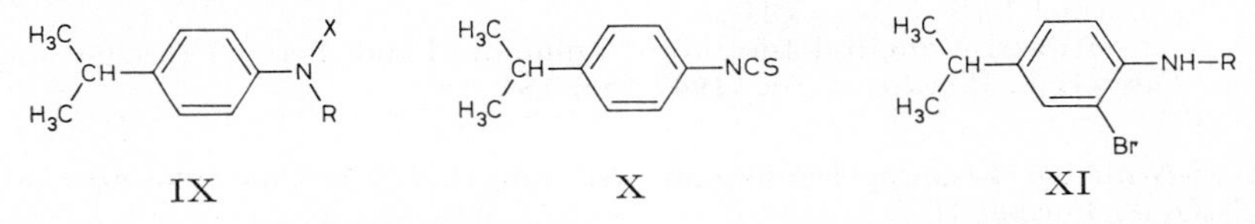

IX X XI

***N*-Phenyl-*N*-[4-isopropyl-phenyl]-acetamid,** N-p-*cumenyl*-N-*phenylacetamide* $C_{17}H_{19}NO$, Formel IX ($R = C_6H_5$, $X = CO\text{-}CH_3$).

B. Aus Phenyl-[4-isopropyl-phenyl]-amin und Acetylchlorid (*Craig*, Am. Soc. **60** [1938] 1458, 1464).

Krystalle (aus Hexan); F: 94—95°.

Benzoesäure-[4-isopropyl-anilid], *4'-isopropylbenzanilide* $C_{16}H_{17}NO$, Formel IX ($R = CO\text{-}C_6H_5$, X = H) (H 1148; dort als Benzoesäure-cumidid bezeichnet).

F: 161,4—162° [korr.; aus Isooctan + Isopropylalkohol] (*Newton*, Am. Soc. **65** [1943] 2434, 2437), 160° [aus A.] (*Cooke, Macbeth*, Soc. **1937** 1593, 1596).

[4-Isopropyl-phenyl]-thioharnstoff, p-*cumenylthiourea* $C_{10}H_{14}N_2S$, Formel IX ($R = CS\text{-}NH_2$, X = H) (E II 625).

B. Aus 4-Isopropyl-phenylisothiocyanat beim Behandeln mit äthanol. Ammoniak (*Browne, Dyson*, Soc. **1931** 3285, 3299).

Krystalle; F: 134°.

4-Isopropyl-phenylisothiocyanat, *isothiocyanic acid* p-*cumenyl ester* $C_{10}H_{11}NS$, Formel X (E II 625).

B. Beim Behandeln einer Lösung von 4-Isopropyl-anilin in Chloroform mit einer Suspension von Thiophosgen in Wasser (*Browne, Dyson*, Soc. **1931** 3285, 3299).

Kp: 252°.

***N.N*-Dimethyl-*N'*-[4-isopropyl-phenyl]-äthylendiamin,** N'-p-*cumenyl*-N,N-*dimethylethylenediamine* $C_{13}H_{22}N_2$, Formel IX ($R = CH_2\text{-}CH_2\text{-}N(CH_3)_2$, X = H).

B. Beim Erhitzen von 4-Isopropyl-anilin mit Dimethyl-[2-chlor-äthyl]-amin-hydrochlorid und Kaliumcarbonat in Toluol (*Biel*, Am. Soc. **71** [1949] 1306, 1309).

$Kp_{0,2}$: 113—115°.

***N.N*-Diäthyl-*N'*-[4-isopropyl-phenyl]-äthylendiamin,** N'-p-*cumenyl*-N,N-*diethylethylenediamine* $C_{15}H_{26}N_2$, Formel IX ($R = CH_2\text{-}CH_2\text{-}N(C_2H_5)_2$, X = H).

B. Beim Erhitzen von 4-Isopropyl-anilin mit Diäthyl-[2-chlor-äthyl]-amin in Benzol auf 140° (*Fourneau, Lestrange*, Bl. **1947** 827, 835, 836).

Kp_{15}: 175—180°.

Hydrochlorid $C_{15}H_{26}N_2\cdot HCl$. F: 125°.

2-Brom-4-isopropyl-anilin, *2-bromo-4-isopropylaniline* $C_9H_{12}BrN$, Formel XI (R = H).

B. Aus Essigsäure-[2-brom-4-isopropyl-anilid] beim Erhitzen mit wss.-äthanol. Salzsäure (*Sterling, Bogert,* J. org. Chem. **4** [1939] 20, 26; *Haworth, Barker,* Soc. **1939** 1299, 1302).

Kp_{20}: 139—141° (*Ha., Ba.*); Kp_{16}: 141—143° (*St., Bo.*).

Hydrochlorid. Krystalle (aus W. oder A.); F: 190—195° [korr.; unter Zersetzung und Sublimation] (*St., Bo.*).

Essigsäure-[2-brom-4-isopropyl-anilid], *2'-bromo-4'-isopropylacetanilide* $C_{11}H_{14}BrNO$, Formel XI (R = CO-CH_3).

B. Aus Essigsäure-[4-isopropyl-anilid] und Brom in Essigsäure (*Sterling, Bogert,* J. org. Chem. **4** [1939] 20, 25; *Haworth, Barker,* Soc. **1939** 1299, 1302).

Krystalle; F: 129—130° [aus Me.] (*Ha., Ba.*), 129° [korr.; aus W.] (*St., Bo.*).

3-Nitro-4-isopropyl-anilin, *4-isopropyl-3-nitroaniline* $C_9H_{12}N_2O_2$, Formel I (R = X = H).

B. Aus 2.4-Dinitro-cumol beim Erwärmen mit Ammoniumsulfid in wss. Äthanol (*Haddow et al.,* Phil. Trans. [A] **241** [1948] 147, 189; s. a. *Haworth, Lamberton, Woodcock,* Soc. **1947** 182, 186).

Krystalle; F: 52—53° [aus Bzl.] (*Haddow et al.*), 51—52° [aus Ae. + Bzn.] (*Haw., La., Woo.*).

3-Nitro-*N.N*-dimethyl-4-isopropyl-anilin, *4-isopropyl-*N,N*-dimethyl-3-nitroaniline* $C_{11}H_{16}N_2O_2$, Formel I (R = X = CH_3).

B. Aus 3-Nitro-tri-*N*-methyl-4-isopropyl-anilinium-jodid beim Erhitzen auf 200° (*Haworth, Lamberton, Woodcock,* Soc. **1947** 182, 186, 187).

Kp_1: 135°.

3-Nitro-tri-*N*-methyl-4-isopropyl-anilinium, *4-isopropyl-*N,N,N*-trimethyl-3-nitroanilinium* $[C_{12}H_{19}N_2O_2]^{\oplus}$, Formel II.

Jodid $[C_{12}H_{19}N_2O_2]I$. *B.* Beim Erwärmen von 3-Nitro-4-isopropyl-anilin mit Methyljodid und Natriumcarbonat in Methanol (*Haworth, Lamberton, Woodcock,* Soc. **1947** 182, 186, 187). — Krystalle; F: 195°.

Essigsäure-[3-nitro-4-isopropyl-anilid], *4'-isopropyl-3'-nitroacetanilide* $C_{11}H_{14}N_2O_3$, Formel I (R = CO-CH_3, X = H).

B. Aus 3-Nitro-4-isopropyl-anilin (*Haddow et al.,* Phil. Trans. [A] **241** [1948] 147, 189).

Krystalle (aus Bzl. + PAe.); F: 117—118° [unkorr.].

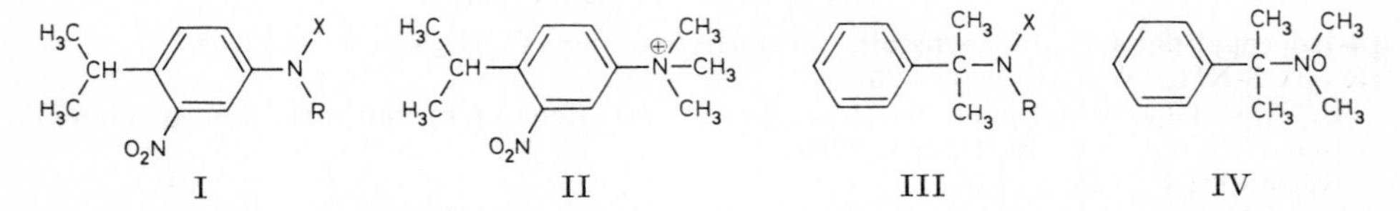

2-Amino-2-phenyl-propan, 1-Methyl-1-phenyl-äthylamin, *α,α-dimethylbenzylamine* $C_9H_{13}N$, Formel III (R = X = H) (E I 496; E II 625).

B. Aus 2-Methyl-2-phenyl-propionamid beim Behandeln mit alkal. wss. Natriumhypobromit-Lösung (*Cope, Foster, Towle,* Am. Soc. **71** [1949] 3929, 3932; vgl. E I 496; E II 625).

Kp_8: 72—73°. n_D^{25}: 1,5175—1,5185.

Hydrochlorid. F: 240—241° [korr.].

2-Dimethylamino-2-phenyl-propan, Dimethyl-[1-methyl-1-phenyl-äthyl]-amin, *α,α,*N,N*-tetramethylbenzylamine* $C_{11}H_{17}N$, Formel III (R = X = CH_3).

B. Beim Erhitzen von 2-Amino-2-phenyl-propan mit wss. Formaldehyd und Ameisensäure (*Cope, Foster, Towle,* Am. Soc. **71** [1949] 3929, 3932). Beim Behandeln von α-Dimethylamino-isobutyronitril mit Phenylmagnesiumbromid in Äther und anschliessend mit wss. Ammoniumchlorid-Lösung (*Dunn, Stevens,* Soc. **1934** 279, 281).

Kp_{11}: 84—87°; D_4^{25}: 0,9176; n_D^{25}: 1,5071 (*Cope, Fo., To.*).

Pikrat $C_{11}H_{17}N \cdot C_6H_3N_3O_7$. Krystalle; F: 210—212° [korr.; Zers.; aus $CHCl_3$ + Ae.] (*Cope, Fo., To.*), 205° [aus A.] (*Dunn, St.*).

Dimethyl-[1-methyl-1-phenyl-äthyl]-aminoxid, *α,α,N,N-tetramethylbenzylamine N-oxide* $C_{11}H_{17}NO$, Formel IV.

B. Aus 2-Dimethylamino-2-phenyl-propan beim Behandeln mit wss. Wasserstoff=peroxid (*Cope, Foster, Towle,* Am. Soc. **71** [1949] 3929, 3932).

Beim Erwärmen unter 3 Torr auf 80° sind *N.N*-Dimethyl-hydroxylamin und Isopropen=ylbenzol erhalten worden.

Pikrat $C_{11}H_{17}NO \cdot C_6H_3N_3O_7$. F: 142—143° [korr.].

2-Acetamino-2-phenyl-propan, *N*-[1-Methyl-1-phenyl-äthyl]-acetamid, *N-(α,α-dimethyl=benzyl)acetamide* $C_{11}H_{15}NO$, Formel III (R = CO-CH_3, X = H).

B. Beim Behandeln von Isopropenylbenzol mit Acetonitril in Essigsäure unter Zusatz von Benzolsulfonsäure (*Ritter, Minieri,* Am. Soc. **70** [1948] 4045, 4047).

F: 96—97°.

[1-Methyl-1-phenyl-äthyl]-harnstoff, *(α,α-dimethylbenzyl)urea* $C_{10}H_{14}N_2O$, Formel III (R = CO-NH_2, X = H) (E I 497; dort als [α-Phenyl-isopropyl]-harnstoff bezeichnet).

B. Aus 1-Methyl-1-phenyl-äthylisocyanat und Ammoniak in Äther (*Lambert, Rose, Weedon,* Soc. **1949** 42, 46).

F: 191° [unkorr.].

***N'*-[1-Methyl-1-phenyl-äthyl]-*N*-phenyl-harnstoff,** *1-(α,α-dimethylbenzyl)-3-phenylurea* $C_{16}H_{18}N_2O$, Formel III (R = CO-NH-C_6H_5, X = H).

B. Aus 1-Methyl-1-phenyl-äthylisocyanat und Anilin in Äther (*Lambert, Rose, Weedon,* Soc. **1949** 42, 46).

Krystalle (aus wss. A.); F: 193—194° [unkorr.].

***N.N'*-Bis-[1-methyl-1-phenyl-äthyl]-harnstoff,** *1,3-bis(α,α-dimethylbenzyl)urea* $C_{19}H_{24}N_2O$, Formel V (R = H).

B. Aus 1-Methyl-1-phenyl-äthylisocyanat beim Erwärmen mit wss. Natriumhydrogen=carbonat-Lösung (*Lambert, Rose, Weedon,* Soc. **1949** 42, 46).

Krystalle (aus A.); F: 226—227° [unkorr.].

***N*-Methyl-*N.N'*-bis-[1-methyl-1-phenyl-äthyl]-harnstoff,** *1,3-bis(α,α-dimethylbenzyl)-1-methylurea* $C_{20}H_{26}N_2O$, Formel V (R = CH_3).

B. Aus 1-Methyl-1-phenyl-äthylisocyanat bei der Hydrierung an Raney-Nickel in Methanol (*Lambert, Rose, Weedon,* Soc. **1949** 42, 46).

Krystalle (aus wss. Me.); F: 171—172° [unkorr.].

1-Methyl-1-phenyl-äthylisocyanat, *isocyanic acid α,α-dimethylbenzyl ester* $C_{10}H_{11}NO$, Formel VI.

B. Aus 2-Methyl-2-phenyl-propionohydroximoylchlorid beim Behandeln mit wss. Natriumhydrogencarbonat-Lösung (*Lambert, Rose, Weedon,* Soc. **1949** 42, 46).

$Kp_{0,16}$: 50—52°. n_D^{22}: 1,5038.

2-Phenyl-propylamin, Isobenzedrin, *β-methylphenethylamine* $C_9H_{13}N$.

Die Konfiguration der Enantiomeren ergibt sich aus der genetischen Beziehung von (*R*)-2-Phenyl-propylamin zu (*R*)-2-Phenyl-propionitril (E III **9** 2421); s. a. *Sugi, Mitsui,* Bl. chem. Soc. Japan **43** [1970] 564.

a) **(*R*)-2-Phenyl-propylamin,** Formel VII (R = H).

Gewinnung aus dem unter c) beschriebenen Racemat mit Hilfe von L-Äpfelsäure: *Brode, Raasch,* Am. Soc. **64** [1942] 1449; mit Hilfe von L_g-Weinsäure: *Br., Raa.,* l. c. S. 1450; mit Hilfe von D-Mandelsäure oder L-Mandelsäure: *Jarowski, Hartung,* J. org. Chem. **8** [1943] 564, 567. — Ein partiell racemisches Präparat ist aus partiell racemischem (*R*)-2-Phenyl-propionitril (E III **9** 2421) bei der Hydrierung an Platin in Essig=säure erhalten worden (*Levene, Mikeska, Passoth,* J. biol. Chem. **88** [1930] 27, 36).

Kp_2: 102° (*Br., Raa.*). $[\alpha]_D^{29}$: +35,4° [A.; c = 2] (*Br., Raa.*); $[\alpha]_D^{30}$: +18,8° [A.; c = 2,5] (*Ja., Ha.*).

L-Malat. Krystalle (aus wss. A.); F: 182—184° [unkorr.]; $[\alpha]_D^{22}$: +21,9° [W.; c = 4] (*Br., Raa.*).

L_g-Hydrogentartrat. Krystalle (aus A.); $[\alpha]_D$: +31,7° [W.; c = 4] (*Br., Raa.*). D-Mandelat. Krystalle; F: 118,5—119°; $[\alpha]_D^{30}$: −47,5° [W.; c = 1,3] (*Ja., Ha.*). — L-Mandelat. Krystalle; F: 127—127,5°; $[\alpha]_D^{30}$: +58,7° [W.; c = 1,6] (*Ja., Ha.*).

b) **(*S*)-2-Phenyl-propylamin,** Formel VIII (R = H).

Gewinnung aus dem unter c) beschriebenen Racemat mit Hilfe von D-Äpfelsäure sowie mit Hilfe von L_g-Weinsäure oder von (1*R*)-*cis*-Camphersäure: *Brode, Raasch*, Am. Soc. **64** [1942] 1449; mit Hilfe von D-Mandelsäure: *Jarowski, Hartung*, J. org. Chem. **8** [1943] 564, 567.

$[\alpha]_D^{30}$: −18,8° [A.; c = 2,5] (*Ja., Ha.*).

Beim Behandeln mit wss. Schwefelsäure und Natriumnitrit und anschliessenden Erwärmen auf 60° sind weitgehend racemisches (*S*)-2-Phenyl-propanol-(1) (E III **6** 1816) und 2-Phenyl-propanol-(2), beim Behandeln mit Nitrosylchlorid in Äther bei −50° sind weitgehend racemisches (*S*)-1-Chlor-2-phenyl-propan (E III **5** 885) und geringe Mengen 2-Chlor-2-phenyl-propan erhalten worden (*Levene, Marker*, J. biol. Chem. **103** [1933] 373, 375−380).

D-Malat. Krystalle (aus A.); F: 182−184° [unkorr.]; $[\alpha]_D^{26}$: −21,9° [W.; c = 4] (*Br., Raa.*).

L_g-Tartrat. Krystalle (aus A.); $[\alpha]_D^{20}$: −6,5° [W.; c = 8] (*Smith, Kline & French Labor.*, U.S.P. 2276508 [1939]).

(1*R*)-*cis*-Hydrogencamphorat. Krystalle (aus A. + E.); $[\alpha]_D$: −12,9° [W.; c = 3] (*Br., Raa.*).

D-Mandelat. Krystalle; F: 127−127,5°; $[\alpha]_D^{25}$: −57,8° [W.; c = 2] (*Ja., Ha.*).

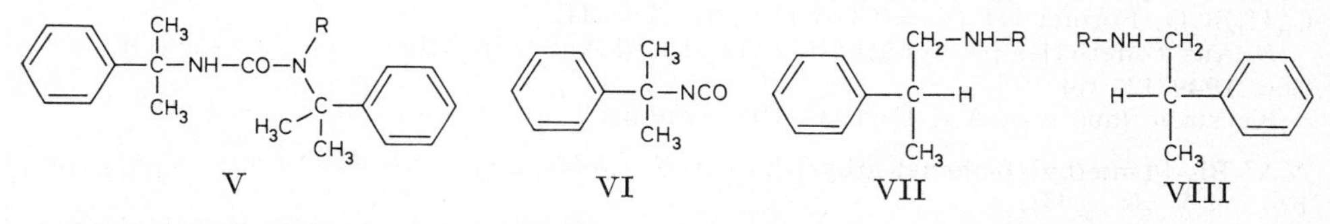

c) **(±)-2-Phenyl-propylamin,** Formel VII + VIII (R = H) (H 1149; E I 497; E II 625).

B. Beim Behandeln von Benzol mit Allylamin und Aluminiumchlorid (*Weston, Ruddy, Suter*, Am. Soc. **65** [1943] 674, 675). Beim Erhitzen von (±)-2-Phenyl-propylchlorid mit äthanol. Ammoniak auf 160° (*Patrick, McBee, Hass*, Am. Soc. **68** [1946] 1009). Neben Isopropenylbenzol beim Erwärmen von (±)-2-Phenyl-propylbromid mit äthanol. Ammoniak (*We., Ru., Su.*, l. c. S. 676). Aus (±)-2-Phenyl-propionitril bei der Hydrierung an Palladium in Chlorwasserstoff enthaltendem Äthanol (*Hartung, Munch*, Am. Soc. **53** [1931] 1875, 1879). Neben Bis-[2-phenyl-propyl]-amin (S. 2690) bei der Hydrierung von Phenylmalonaldehydonitril (E III **10** 3024) an Nickel in Äthanol bei 50−70°/100−150 at (*Keller*, Helv. **20** [1937] 436, 448). Aus (±)-3-Phenyl-butyramid beim Erwärmen mit alkal. wss. Natriumhypobromit-Lösung bzw. Natriumhypochlorit-Lösung (*Woodruff, Pierson*, Am. Soc. **60** [1938] 1075; *Dey, Ramanathan*, Pr. nation. Inst. Sci. India **9** [1943] 193, 206; vgl. E I 497).

Kp_{19}: 97−98° (*We., Ru., Su.*); Kp_{15}: 89−90° (*We., Ru., Su.*); Kp_{13}: 90° (*Ke.*, l. c. S. 448); Kp_{12}: 92° (*Woo., Pie.*); Kp_{10}: 81−83° (*Pa., McBee, Hass*). D_4^{20}: 0,9483 (*We., Ru., Su.*). n_D^{20}: 1,5255 (*We., Ru., Su.*).

Hydrochlorid $C_9H_{13}N \cdot HCl$. Krystalle; F: 146−147° (*Woo., Pie.*), 145° (*Pa., McBee, Hass*), 143−144,5° [aus E.] (*We., Ru., Su.*).

Hydrogenoxalat. Krystalle; F: 137° (*Ke.*).

(±)-1-Methylamino-2-phenyl-propan, Methyl-[2-phenyl-propyl]-amin, *β*,N-*dimethylphenethylamine* $C_{10}H_{15}N$.

a) **(*R*)-Methyl-[2-phenyl-propyl]-amin,** Formel VII (R = CH_3).

Gewinnung aus dem unter c) beschriebenen Racemat über das (1*S*)-2-Oxo-bornan-sulfonat-(10) (Krystalle [aus A. + Ae.], F: 118−119° [unkorr.]; $[\alpha]_D^{25}$: +28,8° [W.; c = 4]): *Brode, Raasch*, Am. Soc. **64** [1942] 1449.

Kp_{21}: 103°; $[\alpha]_D^{23}$: +32,2° [A.; c = 2].

b) **(*S*)-Methyl-[2-phenyl-propyl]-amin,** Formel VIII (R = CH_3).

Gewinnung aus dem unter c) beschriebenen Racemat mit Hilfe von (1*S*)-2-Oxo-bornan-sulfonsäure-(10) und L-Mandelsäure: *Brode, Raasch*, Am. Soc. **64** [1942] 1449.

Kp_{19}: 101−102°; $[\alpha]_D^{22}$: −31,7° [A.; c = 2].

L-Mandelat. Krystalle (aus A. + Ae.); F: 86−87°. $[\alpha]_D^{22}$: +39,8° [W.; c = 7].

c) **(±)-Methyl-[2-phenyl-propyl]-amin,** Formel VII + VIII (R = CH_3).

B. Beim Behandeln von Benzol mit Methyl-allyl-amin und Aluminiumchlorid (*Weston, Ruddy, Suter*, Am. Soc. **65** [1943] 674, 675). Beim Erhitzen von (±)-2-Phenyl-propyl⸗chlorid mit Methylamin in Äthanol auf 160° (*Patrick, McBee, Hass*, Am. Soc. **68** [1946] 1009) oder in Methanol auf 130° (*Merrell Co.*, U.S.P. 2298630 [1940]). Neben Iso⸗propenylbenzol bei 11-tägigem Behandeln von (±)-2-Phenyl-propylbromid mit Methyl⸗amin in Äthanol (*We., Ru., Su.*). Bei der Behandlung einer Lösung von (±)-2-Phenyl-propionaldehyd in Äther mit Methylamin in Äthanol und anschliessenden Hydrierung an Platin (*Temmler*, D.R.P. 767263 [1937]; D.R.P. Org. Chem. **3** 169). Beim Erwärmen von (±)-[2-Phenyl-propyl]-benzyliden-amin mit Methyljodid und Erwärmen des Reaktionsprodukts mit wss. Methanol (*Woodruff, Lambooy, Burt*, Am. Soc. **62** [1940] 922).

Kp: 211° (*Warren et al.*, J. Pharmacol. exp. Therap. **79** [1943] 187); Kp_{19}: 99–100° (*Merrell Co.*); Kp_{18}: 96–98° (*Woo., La., Burt*); Kp_{17}: 94–96° (*We., Ru., Su.*); Kp_{16}: 96–98° (*Te.*); Kp_{15}: 95–96° (*Pa., McBee, Hass*); Kp_{10}: 86–87° (*We., Ru., Su.*). D_4^{20}: 0,9207 (*We., Ru., Su.*); D_{20}^{20}: 0,9178 (*Pa., McBee, Hass*). n_D^{20}: 1,5112 (*We., Ru., Su.*), 1,5102 (*Pa., McBee, Hass*). In 100 g Wasser lösen sich bei 25° 1,2 g (*Wa. et al.*).

Hydrochlorid $C_{10}H_{15}N \cdot HCl$. Krystalle; F: 148–149° [korr.; aus Ae. + A.] (*Woo., La., Burt*), 145–145,5° (*We., Ru., Su.*), 144° (*Wa. et al.*). Brechungsindices der Krystalle: *Keenan*, J. Am. pharm. Assoc. **38** [1949] 313.

Tetrachloroaurat(III). Brechungsindices der Krystalle: *Kee.*

Pikrat. F: 155° (*Pa., McBee, Hass*).

(±)-1-Dimethylamino-2-phenyl-propan, (±)-Dimethyl-[2-phenyl-propyl]-amin, (±)-*β*,N,N-*trimethylphenethylamine* $C_{11}H_{17}N$, Formel IX (R = X = CH_3) (E I 497).

B. Beim Erwärmen von Benzol mit Dimethyl-allyl-amin und Aluminiumchlorid (*Weston, Ruddy, Suter*, Am. Soc. **65** [1943] 674, 675).

Kp_{10}: 79–80°. D_4^{20}: 0,8942. n_D^{20}: 1,4983.

Hydrochlorid $C_{11}H_{17}N \cdot HCl$. Krystalle; F: 221–222,5°.

(±)-1-Äthylamino-2-phenyl-propan, (±)-Äthyl-[2-phenyl-propyl]-amin, (±)-N-*ethyl-β-methylphenethylamine* $C_{11}H_{17}N$, Formel IX (R = C_2H_5, X = H).

B. Beim Behandeln von Benzol mit Äthyl-allyl-amin und Aluminiumchlorid (*Weston, Ruddy, Suter*, Am. Soc. **65** [1943] 674, 675). Bei der Hydrierung eines Gemisches von (±)-2-Phenyl-propylamin und Acetaldehyd in Äthanol an Raney-Nickel unter Zusatz von Natriumacetat (*Woodruff, Lambooy, Burt*, Am. Soc. **62** [1940] 922).

Kp_{30}: 127° (*Woo., La., Burt*); Kp_{10}: 93° (*We., Ru., Su.*). D_4^{20}: 0,9073 (*We., Ru., Su.*). n_D^{20}: 1,5032 (*We., Ru., Su.*).

Hydrochlorid $C_{11}H_{17}N \cdot HCl$. Krystalle (aus Ae. + A.); F: 159–160° [korr.] (*Woo., La., Burt*), 158,5–159,5° (*We., Ru., Su.*, l. c. S. 676).

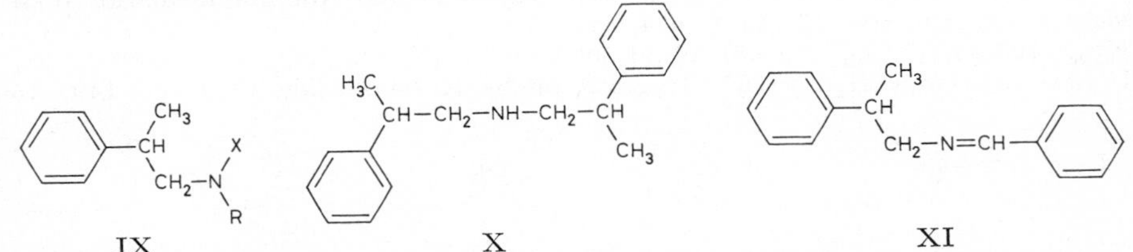

(±)-1-Butylamino-2-phenyl-propan, (±)-[2-Phenyl-propyl]-butyl-amin, (±)-N-*butyl-β-methylphenethylamine* $C_{13}H_{21}N$, Formel IX (R = $[CH_2]_3$-CH_3, X = H).

B. Beim Behandeln von Benzol mit Butyl-allyl-amin und Aluminiumchlorid (*Weston, Ruddy, Suter*, Am. Soc. **65** [1943] 674, 675).

Kp_{12}: 121–123°. D_4^{20}: 0,8950. n_D^{20}: 1,4950.

Hydrochlorid $C_{13}H_{21}N \cdot HCl$. Krystalle (aus Acn. + CCl_4); F: 154–155,5°.

(±)-1-Dibutylamino-2-phenyl-propan, (±)-[2-Phenyl-propyl]-dibutyl-amin, (±)-N,N-*dibutyl-β-methylphenethylamine* $C_{17}H_{29}N$, Formel IX (R = X = $[CH_2]_3$-CH_3).

B. Beim Behandeln von Benzol mit Dibutyl-allyl-amin und Aluminiumchlorid (*Weston, Ruddy, Suter*, Am. Soc. **65** [1943] 674, 675).

Kp_{12}: 148–150°. D_4^{20}: 0,8759. n_D^{20}: 1,4858.

Bis-[2-phenyl-propyl]-amin, *β,β'-dimethyldiphenethylamine* $C_{18}H_{23}N$, Formel X.

Eine als Hydrogenoxalat $C_{18}H_{23}N \cdot C_2H_2O_4$ (F: 216°) charakterisierte opt.-inakt. Base (Kp_{13}: 180°), der wahrscheinlich diese Konstitution zukommt, ist neben 2-Phenyl-propylamin bei der Hydrierung von Phenylmalonaldehydonitril (E III **10** 3024) an Nickel in Äthanol bei 50—70°/100—150 at erhalten worden (*Keller*, Helv. **20** [1937] 436, 448, 449).

(±)-[2-Phenyl-propyl]-benzyliden-amin, (±)-Benzaldehyd-[2-phenyl-propylimin], (±)-N-*benzylidene-β-methylphenethylamine* $C_{16}H_{17}N$, Formel XI.

B. Aus (±)-2-Phenyl-propylamin und Benzaldehyd in Äthanol (*Woodruff, Lambooy, Burt*, Am. Soc. **62** [1940] 922).

Kp_{12}: 174—176°.

Beim Erwärmen mit Methyljodid und Erwärmen des Reaktionsprodukts mit wss. Methanol ist Methyl-[2-phenyl-propyl]-amin erhalten worden.

(±)-*N*-[2-Phenyl-propyl]-formamid, (±)-N-(*β-methylphenethyl)formamide* $C_{10}H_{13}NO$, Formel IX (R = CHO, X = H).

B. Beim Erhitzen von (±)-2-Phenyl-propylamin mit Ameisensäure auf 170° (*Späth, Berger, Kuntara*, B. **63** [1930] 134, 139).

Bei 140—160°/0,35 Torr destillierbar.

Beim Erhitzen mit Phosphor(V)-oxid in Tetralin ist 4-Methyl-3.4-dihydro-isochinolin erhalten worden.

(±)-*N*-[2-Phenyl-propyl]-acetamid, (±)-N-(*β-methylphenethyl)acetamide* $C_{11}H_{15}NO$, Formel IX (R = CO-CH_3, X = H).

B. Beim Erhitzen von (±)-2-Phenyl-propylamin mit Essigsäure auf 160° (*Späth, Berger, Kuntara*, B. **63** [1930] 134, 140).

Bei 160—180°/0,4 Torr destillierbar.

Beim Erhitzen mit Phosphor(V)-oxid in Tetralin ist 1.4-Dimethyl-3.4-dihydro-isochinolin erhalten worden.

(±)-*N*-[2-Phenyl-propyl]-benzamid, (±)-N-(*β-methylphenethyl)benzamide* $C_{16}H_{17}NO$, Formel IX (R = CO-C_6H_5, X = H) (E I 497).

Krystalle; F: 94° [aus Bzl. + PAe., aus PAe. + E. oder aus $CHCl_3$] (*Keller*, Helv. **20** [1937] 436, 448, 449), 85—86° (*Woodruff, Pierson*, Am. Soc. **60** [1938] 1075).

Beim Erhitzen mit Phosphoroxychlorid in Toluol ist 4-Methyl-1-phenyl-3.4-dihydro-isochinolin erhalten worden (*Dey, Ramanathan*, Pr. nation. Inst. Sci. India **9** [1943] 193, 207).

(±)-2-[4-Fluor-phenyl]-propylamin, (±)-*4-fluoro-β-methylphenethylamine* $C_9H_{12}FN$, Formel XII (X = F).

B. Beim Erwärmen von Fluorbenzol mit Allylamin und Aluminiumchlorid (*Weston, Ruddy, Suter*, Am. Soc. **65** [1943] 674, 675).

Kp_{22}: 105—106°. D_4^{20}: 1,0480. n_D^{20}: 1,5066.

Hydrochlorid $C_9H_{12}FN \cdot HCl$. Hygroskopische Krystalle (aus CCl_4); F: 149—150°.

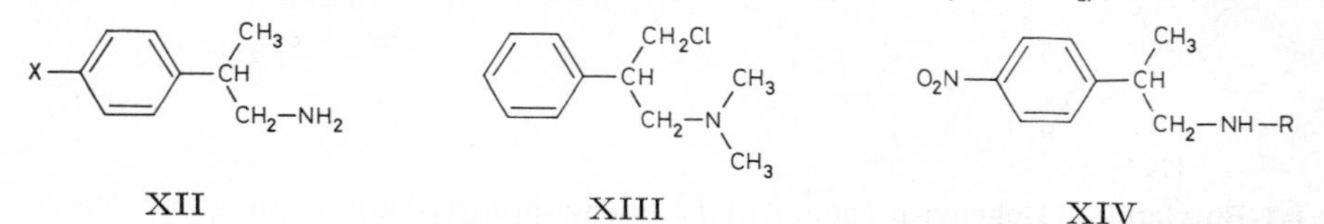

(±)-2-[4-Chlor-phenyl]-propylamin, (±)-*4-chloro-β-methylphenethylamine* $C_9H_{12}ClN$, Formel XII (X = Cl).

B. Beim Erwärmen von Chlorbenzol mit Allylamin und Aluminiumchlorid (*Sharp & Dohme Inc.*, U.S.P. 2441518 [1945]). Aus (±)-1-Chlor-2-[4-chlor-phenyl]-propan beim Erhitzen mit äthanol. Ammoniak auf 160° (*Patrick, McBee, Hass*, Am. Soc. **68** [1946] 1009).

Kp_{22}: 130—132° (*Sharp & Dohme Inc.*); Kp_5: 99—101° (*Pa., McBee, Hass*); Kp_1: 81—82° (*Sharp & Dohme Inc.*). D_{20}^{20}: 1,1043 (*Sharp & Dohme Inc.*), 0,9639 (*Pa., McBee, Hass*). n_D^{20}: 1,5430 (*Sharp & Dohme Inc.*), 1,5398 (*Pa., McBee, Hass*).

Pikrat. F: 205° (*Pa., McBee, Hass*).

(±)-3-Chlor-1-dimethylamino-2-phenyl-propan, (±)-Dimethyl-[3-chlor-2-phenyl-propyl]-amin, (±)-*β-(chloromethyl)-*N,N-*dimethylphenethylamine* $C_{11}H_{16}ClN$, Formel XIII.

B. Aus (±)-3-Dimethylamino-2-phenyl-propanol-(1) und Thionylchlorid in Chloroform (*Benoit, Herzog,* Bl. Sci. pharmacol. **42** [1935] 102, 105).

Hydrochlorid. F: 174°.

(±)-2-[4-Nitro-phenyl]-propylamin, (±)-*β-methyl-4-nitrophenethylamine* $C_9H_{12}N_2O_2$, Formel XIV (R = H).

B. Aus (±)-2-Phenyl-propylamin und Salpetersäure bei −15° (*Patrick, McBee, Hass,* Am. Soc. **68** [1946] 1153).

Kp_2: 128—129°. D_{20}^{20}: 1,1483. n_D^{20}: 1,5618.

Hydrochlorid. Krystalle; F: 198°.

(±)-1-Methylamino-2-[4-nitro-phenyl]-propan, (±)-Methyl-[2-(4-nitro-phenyl)-propyl]-amin, (±)-*β,*N-*dimethyl-4-nitrophenethylamine* $C_{10}H_{14}N_2O_2$, Formel XIV (R = CH_3).

B. Aus (±)-Methyl-[2-phenyl-propyl]-amin und Salpetersäure bei −15° (*Patrick, McBee, Hass,* Am. Soc. **68** [1946] 1153).

Kp_2: 130—131°. D_{20}^{20}: 1,1050. n_D^{20}: 1,5462.

Hydrochlorid. Krystalle; F: 183°. [*Krasa*]

4-Methyl-3-äthyl-anilin, *3-ethyl-*p-*toluidine* $C_9H_{13}N$, Formel I (R = H) (E I 497).

B. Aus 4-Nitro-1-methyl-2-äthyl-benzol beim Behandeln mit Eisen-Spänen und wss. Salzsäure (*Morgan, Pettet,* Soc. **1934** 418, 421).

Kp: 234—235°.

Essigsäure-[4-methyl-3-äthyl-anilid], *3'-ethylaceto-*p-*toluidide* $C_{11}H_{15}NO$, Formel I (R = CO-CH_3).

B. Aus 4-Methyl-3-äthyl-anilin (*Morgan, Pettet,* Soc. **1934** 418, 421).

F: 88°.

3-Methyl-4-äthyl-anilin, *4-ethyl-*m-*toluidine* $C_9H_{13}N$, Formel II (R = H).

B. Beim Erhitzen von *m*-Toluidin mit Äthanol und Zinkchlorid auf 280° (*Morgan, Pettet,* Soc. **1934** 418, 421).

Kp: 236°.

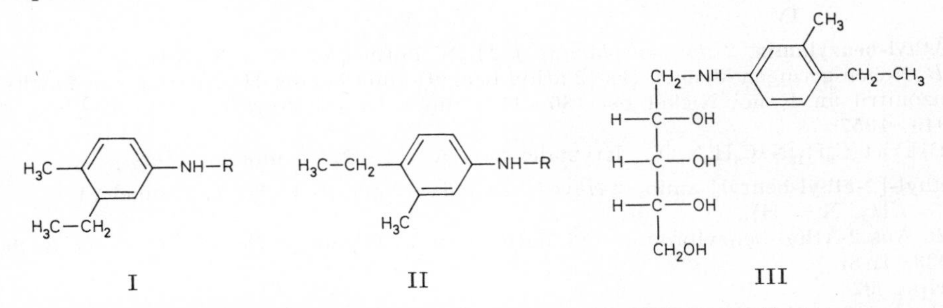

5-[3-Methyl-4-äthyl-anilino]-pentantetrol-(1.2.3.4), *5-(4-ethyl-*m-*toluidino)pentane-1,2,3,4-tetrol* $C_{14}H_{23}NO_4$.

a) **5-[3-Methyl-4-äthyl-anilino]-L-*ribo*-pentantetrol-(1.2.3.4), 1-[3-Methyl-4-äthyl-anilino]-D-1-desoxy-ribit, *N*-[3-Methyl-4-äthyl-phenyl]-D-ribamin,** Formel III.

B. Beim Erwärmen von D-Ribose mit 3-Methyl-4-äthyl-anilin in Methanol und Hydrieren des Reaktionsprodukts an Nickel in Methanol bei 80°/20 at (*Karrer, Quibell,* Helv. **19** [1936] 1034, 1039).

Als Hydrochlorid $C_{14}H_{23}NO_4 \cdot HCl$ (Krystalle) isoliert.

Reaktion mit Benzoldiazonium-Salz unter Bildung von 1-[6-Phenylazo-3-methyl-4-äthyl-anilino]-D-1-desoxy-ribit: *Ka., Qu.*

b) **5-[3-Methyl-4-äthyl-anilino]-L-*lyxo*-pentantetrol-(1.2.3.4), 1-[3-Methyl-4-äthyl-anilino]-1-desoxy-L-arabit, *N*-[3-Methyl-4-äthyl-phenyl]-L-arabinamin,** Formel IV.

B. Beim Erwärmen von L-Arabinose mit 3-Methyl-4-äthyl-anilin in Methanol und Hydrieren des Reaktionsprodukts an Nickel in Methanol bei 95°/20 at (*Karrer, Quibell,* Helv. **19** [1936] 1034, 1038).

Krystalle (aus W.).
Hydrochlorid $C_{14}H_{23}NO_4 \cdot HCl$. Krystalle (aus wss. Salzsäure); F: 198°.

Essigsäure-[3-methyl-4-äthyl-anilid], *4'-ethylaceto-*m*-toluidide* $C_{11}H_{15}NO$, Formel II (R = CO-CH_3).
B. Aus 3-Methyl-4-äthyl-anilin (*Morgan, Pettet,* Soc. **1934** 418, 421).
Krystalle (aus PAe.); F: 90°.
Beim Behandeln mit Salpetersäure und Essigsäure sind Essigsäure-[6-nitro-3-methyl-4-äthyl-anilid] und geringe Mengen einer (isomeren) Nitro-Verbindung $C_{11}H_{14}N_2O_3$ (Krystalle [aus PAe.], F: 109°) erhalten worden.

6-Nitro-3-methyl-4-äthyl-anilin, *4-ethyl-6-nitro-*m*-toluidine* $C_9H_{12}N_2O_2$, Formel V (R = H).
B. Aus Essigsäure-[6-nitro-3-methyl-4-äthyl-anilid] beim Erhitzen mit wss. Salzsäure (*Morgan, Pettet,* Soc. **1934** 418, 421).
Orangefarbene Krystalle (aus CCl_4); F: 90°.

Essigsäure-[6-nitro-3-methyl-4-äthyl-anilid], *4'-ethyl-6'-nitroaceto-*m*-toluidide* $C_{11}H_{14}N_2O_3$, Formel V (R = CO-CH_3).
B. Neben geringen Mengen einer Nitro-Verbindung $C_{11}H_{14}N_2O_3$ vom F: 109° beim Behandeln von Essigsäure-[3-methyl-4-äthyl-anilid] mit Salpetersäure und Essigsäure (*Morgan, Pettet,* Soc. **1934** 418, 421).
Gelbe Krystalle (aus A.); F: 103°.

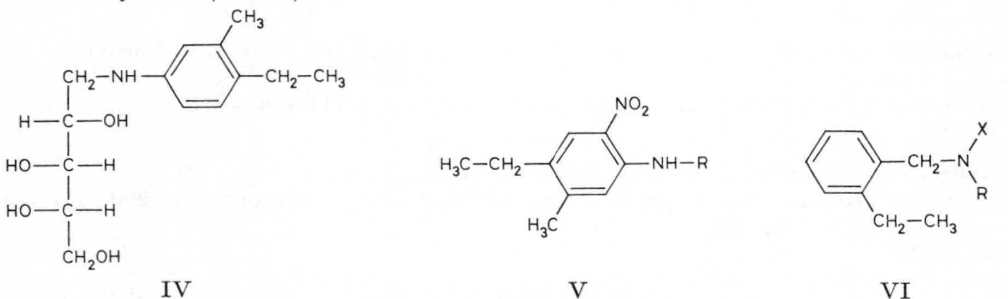

IV V VI

2-Äthyl-benzylamin, *2-ethylbenzylamine* $C_9H_{13}N$, Formel VI (R = X = H).
B. Neben geringen Mengen Bis-[2-äthyl-benzyl]-amin bei der Hydrierung von 2-Äthyl-benzonitril an Raney-Nickel bei 130—175° unter Druck (*Snyder, Poos,* Am. Soc. **71** [1949] 1057).
Pikrat $C_9H_{13}N \cdot C_6H_3N_3O_7$. Krystalle (aus A.); F: 215° [unkorr.; Zers.].

Methyl-[2-äthyl-benzyl]-amin, *2-ethyl-*N*-methylbenzylamine* $C_{10}H_{15}N$, Formel VI (R = CH_3, X = H).
B. Aus 2-Äthyl-benzylbromid und Methylamin in Benzol (*v. Braun, Michaelis,* A. **507** [1933] 1, 8).
Kp_{12}: 92°.
Hydrochlorid. F: 108°. Hygroskopisch.
Pikrat. Krystalle (aus A.); F: 139°.

Dimethyl-[2-äthyl-benzyl]-amin, *2-ethyl-*N,N*-dimethylbenzylamine* $C_{11}H_{17}N$, Formel VI (R = X = CH_3).
B. Aus Dimethyl-[2-vinyl-benzyl]-amin bei der Hydrierung an Platin in Essigsäure (*Emde, Kull,* Ar. **274** [1936] 173, 183).
Tetrachloroaurat(III) $C_{11}H_{17}N \cdot HAuCl_4$. F: 148°.
Hexachloroplatinat(IV). F: 166—167°.
Pikrat. F: 133,5°.

Trimethyl-[2-äthyl-benzyl]-ammonium, *(2-ethylbenzyl)trimethylammonium* $[C_{12}H_{20}N]^{\oplus}$, Formel VII (R = CH_3).
Bromid $[C_{12}H_{20}N]Br$. *B.* Aus 2-Äthyl-benzylbromid und Trimethylamin (*v. Braun, Michaelis,* A. **507** [1933] 1, 9). — F: 220°.
Jodid. F: 226° (*Emde, Kull,* Ar. **274** [1936] 173, 184).
Tetrachloraurat(III). F: 187° (*Emde, Kull*).

Methyl-benzyl-[2-äthyl-benzyl]-amin, *2-ethyl-N-methyldibenzylamine* $C_{17}H_{21}N$, Formel VI ($R = CH_2$-C_6H_5, $X = CH_3$).

B. Aus 2-Äthyl-benzylbromid und Methyl-benzyl-amin (*v. Braun, Michaelis,* A. **507** [1933] 1, 9).

Kp_{13}: 173°.

Hydrochlorid. F: 174°.

Dimethyl-benzyl-[2-äthyl-benzyl]-ammonium, *benzyl(2-ethylbenzyl)dimethylammonium* $[C_{18}H_{24}N]^{\oplus}$, Formel VII ($R = CH_2$-C_6H_5).

Jodid. F: 154° (*v. Braun, Michaelis,* A. **507** [1933] 1, 9).

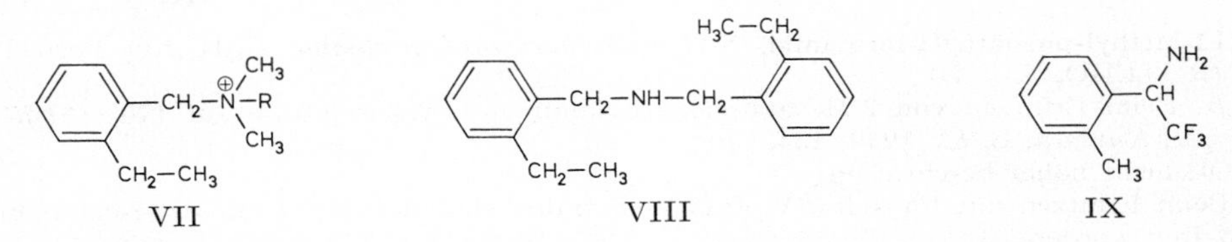

Bis-[2-äthyl-benzyl]-amin, *2,2'-diethyldibenzylamine* $C_{18}H_{23}N$, Formel VIII.

B. In geringer Menge neben 2-Äthyl-benzylamin bei der Hydrierung von 2-Äthyl-benzonitril an Raney-Nickel bei 130—175° unter Druck (*Snyder, Poos,* Am. Soc. **71** [1949] 1057).

Hydrochlorid $C_{18}H_{23}N \cdot HCl$. Hygroskopische Krystalle (aus Bzn. + A.); F: 158,5° bis 159° [unkorr.].

1-*o*-Tolyl-äthylamin $C_9H_{13}N$.

(±)-2.2.2-Trifluor-1-*o*-tolyl-äthylamin, *(±)-2-methyl-α-(trifluoromethyl)benzylamine* $C_9H_{10}F_3N$, Formel IX.

Diese Konstitution kommt der nachstehend beschriebenen, von *Jones* (Am. Soc. **70** [1948] 143) als (±)-3.3.3-Trifluor-2-amino-1-phenyl-propan angesehenen Verbindung zu (*Nes, Burger,* Am. Soc. **72** [1950] 5409, 5410).

B. Aus 2.2.2-Trifluor-1-*o*-tolyl-äthanon-(1)-oxim (E III **7** 1053) bei der Hydrierung an Palladium in Äther bei 150°/100 at (*Jo.*).

Kp_{739}: 189—191°; n_D^{25}: 1,4470 (*Jo.*).

Hydrochlorid. $C_9H_{10}F_3N \cdot HCl$. F: 231—233° (*Jo.*).

2-Methyl-phenäthylamin $C_9H_{13}N$.

Methyl-[2-methyl-phenäthyl]-amin, *2,N-dimethylphenethylamine* $C_{10}H_{15}N$, Formel X ($R = CH_3$, $X = H$).

B. Aus 2-Methyl-phenäthylbromid und Methylamin in Äthanol (*Speer, Hill,* J. org. Chem. **2** [1937] 139, 144, 147).

Kp_{12}: 99°.

Hydrochlorid $C_{10}H_{15}N \cdot HCl$. Krystalle (aus Acn.); F: 167°.

Pikrat $C_{10}H_{15}N \cdot C_6H_3N_3O_7$. Orangegelbe Krystalle (aus W.); F: 114—115°.

Dimethyl-[2-methyl-phenäthyl]-amin, *2,N,N-trimethylphenethylamine* $C_{11}H_{17}N$, Formel X ($R = X = CH_3$).

B. Aus 2.2-Dimethyl-1.2.3.4-tetrahydro-isochinolinium-jodid beim Behandeln mit Natrium in flüssigem Ammoniak (*Clayton,* Soc. **1949** 2016, 2019). Aus 2.2-Dimethyl-1.2.3.4-tetrahydro-isochinolinium-chlorid bei der Hydrierung an Platin in Wasser in Gegenwart von Natriumacetat (*Emde, Kull,* Ar. **274** [1936] 173, 183).

Kp: 223—224° (*Emde, Kull; Cl.*).

Hydrochlorid. F: 221° (*Emde, Kull*).

Tetrachloroaurat(III) $C_{11}H_{17}N \cdot HAuCl_4$. F: 138° (*Emde, Kull; Cl.*).

Hexachloroplatinat(IV). F: 168° (*Emde, Kull*).

Pikrat. F: 136—137° (*Cl.*), 126—127° (*Emde, Kull*).

Diäthyl-[2-methyl-phenäthyl]-amin, *N,N-diethyl-2-methylphenethylamine* $C_{13}H_{21}N$, Formel X ($R = X = C_2H_5$).

B. Aus 2-Methyl-phenäthylbromid und Diäthylamin (*Speer, Hill,* J. org. Chem. **2** [1937] 139, 144, 147).

Kp_{14}: 120,5°.
Hydrochlorid $C_{13}H_{21}N \cdot HCl$. Krystalle (aus Acn. + Ae.); F: 147,5°.
Pikrat $C_{13}H_{21}N \cdot C_6H_3N_3O_7$. Orangegelbe Krystalle (aus W.); F: 110°.

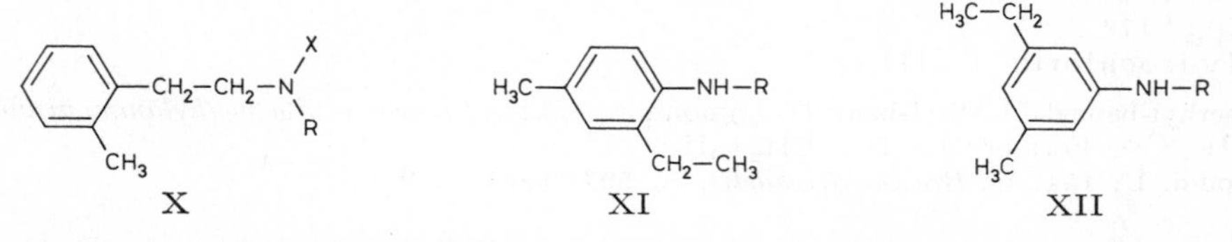

N-[2-Methyl-phenäthyl]-formamid, N-(*2-methylphenethyl)formamide* $C_{10}H_{13}NO$, Formel X (R = CHO, X = H).

B. Beim Erhitzen von 2-Methyl-phenäthylamin mit Ameisensäure auf 170° (*Späth, Berger, Kuntara*, B. **63** [1930] 134, 140).

Öl; nicht näher beschrieben.

Beim Erhitzen mit Phosphor(V)-oxid in Tetralin ist 5-Methyl-3.4-dihydro-isochinolin erhalten worden.

N-[2-Methyl-phenäthyl]-acetamid, N-(*2-methylphenethyl)acetamide* $C_{11}H_{15}NO$, Formel X (R = CO-CH_3, X = H).

B. Beim Erhitzen von 2-Methyl-phenäthylamin mit Essigsäure auf 170° (*Späth, Berger, Kuntara*, B. **63** [1930] 134, 141).

Öl; nicht näher beschrieben.

Beim Erhitzen mit Phosphor(V)-oxid in Tetralin ist 1.5-Dimethyl-3.4-dihydro-iso=chinolin erhalten worden.

4-Methyl-2-äthyl-anilin, *2-ethyl-*p*-toluidine* $C_9H_{13}N$, Formel XI (R = H) (H 1149; E I 498).

B. Aus 4-Nitro-1-methyl-3-äthyl-benzol beim Erwärmen mit Eisen-Spänen und wss. Salzsäure (*Morgan, Pettet*, Soc. **1934** 418, 421).

Kp: 230°.

Essigsäure-[4-methyl-2-äthyl-anilid], *2'-ethylaceto-*p*-toluidide* $C_{11}H_{15}NO$, Formel XI (R = CO-CH_3).

B. Aus 4-Methyl-2-äthyl-anilin (*Morgan, Pettet*, Soc. **1934** 418, 421).

F: 132°.

3-Methyl-5-äthyl-anilin, *5-ethyl-*m*-toluidine* $C_9H_{13}N$, Formel XII (R = H).

B. Aus 5-Nitro-1-methyl-3-äthyl-benzol beim Erwärmen mit Eisen-Spänen und wss. Salzsäure (*Morgan, Pettet*, Soc. **1934** 418, 420). Aus opt.-inakt. 1-Methyl-3-äthyl-cyclo=hexen-(6)-on-(5)-azin (Kp_1: 170—171°) beim Erhitzen mit Palladium/Kohle in Triäthyl=benzol (*Horning, Horning*, Am. Soc. **69** [1947] 1907).

Kp: 233° (*Mo., Pe.*).

Essigsäure-[3-methyl-5-äthyl-anilid], *5'-ethylaceto-*m*-toluidide* $C_{11}H_{15}NO$, Formel XII (R = CO-CH_3).

B. Aus 3-Methyl-5-äthyl-anilin und Acetanhydrid in Gegenwart von wss. Natrium=acetat-Lösung (*Horning, Horning*, Am. Soc. **69** [1947] 1907).

F: 111° (*Morgan, Pettet*, Soc. **1934** 418, 420), 107—109° [korr.; aus Cyclohexan] (*Ho., Ho.*).

2-Methyl-4-äthyl-anilin $C_9H_{13}N$.

Essigsäure-[2-methyl-4-äthyl-anilid], *4'-ethylaceto-*o*-toluidide* $C_{11}H_{15}NO$, Formel I (R = CO-CH_3, X = H) (H 1149; E II 627).

Beim Behandeln mit Salpetersäure und Essigsäure ist Essigsäure-[6-nitro-2-methyl-4-äthyl-anilid], beim Behandeln mit Salpetersäure und Essigsäure unter Zusatz von Schwefelsäure ist hingegen Essigsäure-[5-nitro-2-methyl-4-äthyl-anilid] erhalten worden (*Morgan, Pettet*, Soc. **1934** 418, 420, 421).

5-Nitro-2-methyl-4-äthyl-anilin, *4-ethyl-5-nitro-*o*-toluidine* $C_9H_{12}N_2O_2$, Formel I (R = H, X = NO_2).

B. Aus Essigsäure-[5-nitro-2-methyl-4-äthyl-anilid] (*Morgan, Pettet*, Soc. **1934** 418,

421).

Gelbe Krystalle; F: 74°.

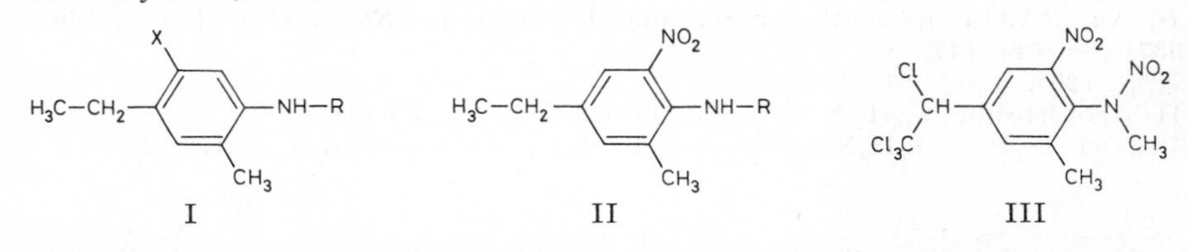

Essigsäure-[5-nitro-2-methyl-4-äthyl-anilid], *4′-ethyl-5′-nitroaceto-*o*-toluidide* $C_{11}H_{14}N_2O_3$, Formel I (R = CO-CH_3, X = NO_2).

B. Aus Essigsäure-[2-methyl-4-äthyl-anilid] beim Behandeln mit Salpetersäure und Essigsäure unter Zusatz von Schwefelsäure (*Morgan, Pettet*, Soc. **1934** 418, 421).

F: 143°.

6-Nitro-2-methyl-4-äthyl-anilin, *4-ethyl-6-nitro-*o*-toluidine* $C_9H_{12}N_2O_2$, Formel II (R = H).

B. Aus Essigsäure-[6-nitro-2-methyl-4-äthyl-anilid] beim Erhitzen mit wss. Salzsäure (*Morgan, Pettet*, Soc. **1934** 418, 420).

Rote Krystalle (aus PAe.); F: 64°.

Essigsäure-[6-nitro-2-methyl-4-äthyl-anilid], *4′-ethyl-6′-nitroaceto-*o*-toluidide* $C_{11}H_{14}N_2O_3$, Formel II (R = CO-CH_3).

B. Aus Essigsäure-[2-methyl-4-äthyl-anilid] beim Behandeln mit Salpetersäure und Essigsäure (*Morgan, Pettet*, Soc. **1934** 418, 420).

Gelbliche Krystalle (aus wss. A.); F: 142°.

(±)-6.*N*-Dinitro-2.*N*-dimethyl-4-[1.2.2.2-tetrachlor-äthyl]-anilin, (±)-N-*methyl-6,*N*-di=nitro-4-(1,2,2,2-tetrachloroethyl)-*o*-toluidine* $C_{10}H_9Cl_4N_3O_4$, Formel III.

B. Aus (±)-2.2.2-Trichlor-1-[5-nitro-4-(nitro-methyl-amino)-3-methyl-phenyl]-äthan=ol-(1) beim Erwärmen mit Thionylchlorid (*Advani*, J. Indian chem. Soc. **10** [1933] 621, 624).

Krystalle (aus A.); F: 199°.

(±)-1-*m*-Tolyl-äthylamin, (±)-*3,α-dimethylbenzylamine* $C_9H_{13}N$, Formel IV (R = H).

B. Beim Erhitzen von 1-*m*-Tolyl-äthanon-(1) mit Ammoniumformiat und Formamid bis auf 180° und Erwärmen des Reaktionsprodukts mit wss. Salzsäure (*Ingersoll et al.*, Am. Soc. **58** [1936] 1808, 1809, 1810).

Kp: 204—205°. D_{20}^{20}: 0,9344. n_D^{25}: 1,4924.

Hydrochlorid $C_9H_{13}N \cdot HCl$. F: 164—165° [unkorr.].

(±)-*N*-[1-*m*-Tolyl-äthyl]-benzamid, (±)-N-(*3,α-dimethylbenzyl)benzamide* $C_{16}H_{17}NO$, Formel IV (R = CO-C_6H_5).

B. Aus (±)-1-*m*-Tolyl-äthylamin (*Ingersoll et al.*, Am. Soc. **58** [1936] 1808, 1810).

F: 113—114° [unkorr.].

3-Methyl-phenäthylamin $C_9H_{13}N$.

Methyl-[3-methyl-phenäthyl]-amin, *3,*N*-dimethylphenethylamine* $C_{10}H_{15}N$, Formel V (R = CH_3, X = H) (E II 627).

B. Aus 3-Methyl-phenäthylbromid und Methylamin in Äthanol (*Speer, Hill*, J. org. Chem. **2** [1937] 139, 144, 147).

Kp_{12}: 98—99°.

Hydrochlorid $C_{10}H_{15}N \cdot HCl$. Krystalle (aus Acn.); F: 143°.

Pikrat $C_{10}H_{15}N \cdot C_6H_3N_3O_7$. Orangegelbe Krystalle (aus W.); F: 127°.

Äthyl-[3-methyl-phenäthyl]-amin, N-*ethyl-3-methylphenethylamine* $C_{11}H_{17}N$, Formel V (R = C_2H_5, X = H).

B. Aus 3-Methyl-phenäthylbromid und Äthylamin in Äthanol (*Speer, Hill*, J. org. Chem. **2** [1937] 139, 144, 147).

Kp_9: 100°.

Hydrochlorid $C_{11}H_{17}N \cdot HCl$. Krystalle (aus Acn. + A.); F: 161—162°.

Pikrat $C_{11}H_{17}N \cdot C_6H_3N_3O_7$. Orangegelbe Krystalle (aus W.); F: 133°.

Diäthyl-[3-methyl-phenäthyl]-amin, N,N-*diethyl-3-methylphenethylamine* $C_{13}H_{21}N$, Formel V ($R = X = C_2H_5$).

B. Aus 3-Methyl-phenäthylbromid und Diäthylamin (*Speer, Hill,* J. org. Chem. **2** [1937] 139, 144, 147).

Kp_{15}: 120°.

Hydrochlorid $C_{13}H_{21}N \cdot HCl$. Krystalle (aus Acn.); F: 148°.

Pikrat $C_{13}H_{21}N \cdot C_6H_3N_3O_7$. Orangegelbe Krystalle (aus Acn. + Ae.); F: 95°.

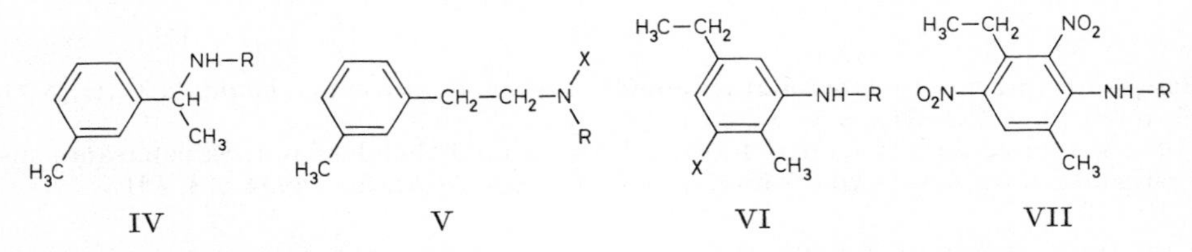

2-Methyl-5-äthyl-anilin, *5-ethyl-*o*-toluidine* $C_9H_{13}N$, Formel VI ($R = X = H$).

B. Aus 2-Nitro-1-methyl-4-äthyl-benzol mit Hilfe von Zinn und Salzsäure (*Brady, Day,* Soc. **1934** 114, 117). Aus 1-[3-Nitro-4-methyl-phenyl]-äthanon-(1) beim Erhitzen mit amalgamiertem Zink und wss. Salzsäure (*Br., Day,* l. c. S. 120). Aus 1-[3-Amino-4-methyl-phenyl]-äthanon-(1) beim Erhitzen mit Hydrazin-hydrat auf 200° (*Rinkes,* R. **64** [1945] 205, 210).

Kp_{768}: 220—228° (*Br., Day*); Kp_{10}: 105—110° (*Ri.*).

Essigsäure-[2-methyl-5-äthyl-anilid], *5'-ethylaceto-*o*-toluidide* $C_{11}H_{15}NO$, Formel VI ($R = CO\text{-}CH_3$, $X = H$).

B. Aus 2-Methyl-5-äthyl-anilin und Acetanhydrid (*Brady, Day,* Soc. **1934** 114, 120).

Krystalle; F: 138° [aus Bzl.] (*Rinkes,* R. **64** [1945] 205, 210), 137° [aus A.] (*Br., Day*).

Beim Behandeln mit Salpetersäure (*Br., Day*) oder mit Salpetersäure und Schwefelsäure (*Ri.*) bei —10° ist Essigsäure-[4.6-dinitro-2-methyl-5-äthyl-anilid] erhalten worden.

Benzoesäure-[2-methyl-5-äthyl-anilid], *5'-ethylbenzo-*o*-toluidide* $C_{16}H_{17}NO$, Formel VI ($R = CO\text{-}C_6H_5$, $X = H$).

B. Aus 2-Methyl-5-äthyl-anilin (*Brady, Day,* Soc. **1934** 114, 120).

Krystalle (aus A.); F: 119°.

3-Nitro-2-methyl-5-äthyl-anilin, *5-ethyl-3-nitro-*o*-toluidine* $C_9H_{12}N_2O_2$, Formel VI ($R = H$, $X = NO_2$).

B. Aus 2.6-Dinitro-1-methyl-4-äthyl-benzol beim Erwärmen mit Ammoniumsulfid in wss. Äthanol (*Brady, Day,* Soc. **1934** 114, 120).

Gelbe Krystalle (aus A.); F: 96°.

Essigsäure-[3-nitro-2-methyl-5-äthyl-anilid], *5'-ethyl-3'-nitroaceto-*o*-toluidide* $C_{11}H_{14}N_2O_3$, Formel VI ($R = CO\text{-}CH_3$, $X = NO_2$).

B. Aus 3-Nitro-2-methyl-5-äthyl-anilin und Acetanhydrid (*Brady, Day,* Soc. **1934** 114, 120).

Krystalle (aus A.); F: 166°.

4.6-Dinitro-2-methyl-5-äthyl-anilin, *5-ethyl-4,6-dinitro-*o*-toluidine* $C_9H_{11}N_3O_4$, Formel VII ($R = H$).

B. Aus Essigsäure-[4.6-dinitro-2-methyl-5-äthyl-anilid] beim Erhitzen mit konz. Schwefelsäure (*Rinkes,* R. **64** [1945] 205, 210) oder mit wss.-äthanol. Schwefelsäure (*Brady, Day,* Soc. **1934** 114, 120).

Gelbbraune Krystalle; F: 186° [aus Bzl.] (*Ri.*), 183° [aus A.] (*Br., Day*).

Essigsäure-[4.6-dinitro-2-methyl-5-äthyl-anilid], *5'-ethyl-4',6'-dinitroaceto-*o*-toluidide* $C_{11}H_{13}N_3O_5$, Formel VII ($R = CO\text{-}CH_3$).

B. Aus Essigsäure-[2-methyl-5-äthyl-anilid] beim Behandeln mit Salpetersäure bei —10° (*Brady, Day,* Soc. **1934** 114, 117, 120) oder mit Salpetersäure und Schwefelsäure (*Rinkes,* R. **64** [1945] 205, 210).

Krystalle; F: 177—178° [aus A.] (*Ri.*), 176° [aus Acetanhydrid] (*Br., Day*).

3-Methyl-6-äthyl-anilin, *6-ethyl-*m*-toluidine* $C_9H_{13}N$, Formel VIII (R = X = H).

B. Aus 3-Nitro-1-methyl-4-äthyl-benzol beim Erwärmen mit Zinn(II)-chlorid in wss.-methanol. Salzsäure (*Rinkes*, R. **64** [1945] 205, 211).

Kp_{10}: 110° (*Ri.*).

Ein Präparat (Kp_{757}: 224—226°; *N*-Benzoyl-Derivat $C_{16}H_{17}NO$: Krystalle [aus wss. A.], F: 131°), in dem wahrscheinlich die gleiche Verbindung vorgelegen hat, ist neben anderen Verbindungen aus 1-Methyl-4-äthyl-benzol durch Nitrierung und Reduktion erhalten worden (*Brady, Day*, Soc. **1934** 114, 117).

Essigsäure-[3-methyl-6-äthyl-anilid], *6'-ethylaceto-*m*-toluidide* $C_{11}H_{15}NO$, Formel VIII (R = CO-CH_3, X = H).

B. Aus 3-Methyl-6-äthyl-anilin (*Rinkes*, R. **64** [1945] 205, 211).

Krystalle (aus Bzl. + PAe.); F: 142°.

Beim Behandeln mit wss. Salpetersäure und Schwefelsäure bei —10° ist Essigsäure-[2.4-dinitro-3-methyl-6-äthyl-anilid] erhalten worden.

2.4-Dinitro-3-methyl-6-äthyl-anilin, *6-ethyl-2,4-dinitro-*m*-toluidine* $C_9H_{11}N_3O_4$, Formel VIII (R = H, X = NO_2).

B. Aus 2.3.6-Trinitro-1-methyl-4-äthyl-benzol beim Erwärmen mit wss.-äthanol. Ammoniak (*Brady, Day*, Soc. **1934** 114, 119). Aus Essigsäure-[2.4-dinitro-3-methyl-6-äthyl-anilid] beim Erhitzen mit Schwefelsäure (*Rinkes*, R. **64** [1945] 205, 212).

Gelbe Krystalle; F: 145° [aus Me.] (*Ri.*), 143° [aus A.] (*Br., Day*).

2.4-Dinitro-3.*N*-dimethyl-6-äthyl-anilin, *6-ethyl-*N*-methyl-2,4-dinitro-*m*-toluidine* $C_{10}H_{13}N_3O_4$, Formel VIII (R = CH_3, X = NO_2).

B. Aus 2.3.6-Trinitro-1-methyl-4-äthyl-benzol beim Erwärmen mit Methylamin in Äthanol (*Brady, Day*, Soc. **1934** 114, 119).

Gelbe Krystalle (aus A.); F: 168°.

Essigsäure-[2.4-dinitro-3-methyl-6-äthyl-anilid], *6'-ethyl-2',4'-dinitroaceto-*m*-toluidide* $C_{11}H_{13}N_3O_5$, Formel VIII (R = CO-CH_3, X = NO_2).

B. Aus Essigsäure-[3-methyl-6-äthyl-anilid] beim Behandeln mit Salpetersäure und Schwefelsäure bei —10° (*Rinkes*, R. **64** [1945] 205, 211).

Krystalle (aus Me.); F: 214°.

4-Äthyl-benzylamin $C_9H_{13}N$.

1-[Diäthylamino-methyl]-4-[2-chlor-äthyl]-benzol, Diäthyl-[4-(2-chlor-äthyl)-benzyl]-amin, *4-(2-chloroethyl)-*N,N*-diethylbenzylamine* $C_{13}H_{20}ClN$, Formel IX.

B. Aus 1-Chlormethyl-4-[2-chlor-äthyl]-benzol und Diäthylamin in Äthanol (*Funke, Rougeaux*, Bl. [5] **12** [1945] 1050, 1054).

Kp_{15}: 160°.

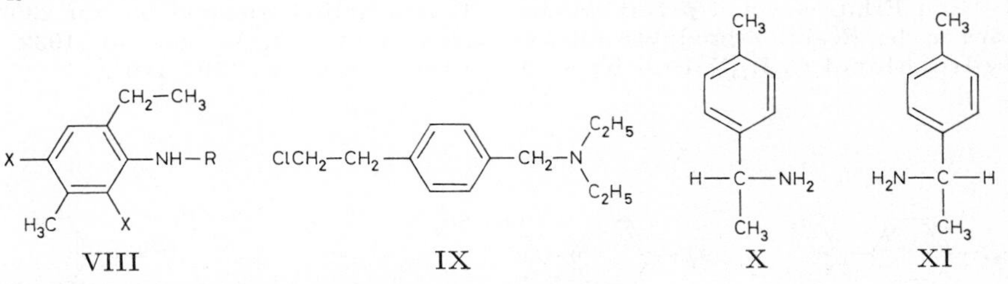

VIII IX X XI

1-*p*-Tolyl-äthylamin, *4,α-dimethylbenzylamine* $C_9H_{13}N$.

Bezüglich der Konfiguration der Enantiomeren s. *Smith, Warren, Ingersoll*, Am. Soc. **84** [1962] 1513.

a) **(*R*)-1-*p*-Tolyl-äthylamin,** Formel X (E I 498; dort als „rechtsdrehendes α-*p*-Tolyl-äthylamin" bezeichnet).

Gewinnung aus dem unter c) beschriebenen Racemat mit Hilfe von (1*R*)-*cis*-Camphersäure: *Ingersoll, Burns*, Am. Soc. **54** [1932] 4712, 4714.

Kp: 205°; D_4^{25}: 0,9185; $[\alpha]_D^{25}$: +34,6° [unverd.] (*In., Bu.*).

(1*R*)-*cis*-Camphorat. Krystalle; F: 187° [korr.]; $[\alpha]_D^{25}$: +23,1° [A.; c = 7] (*In., Bu.*). In 100 g Wasser lösen sich bei 25° 2,49 g (*In., Bu.*).

D-Mandelat. Krystalle; F: 146° [korr.]; $[\alpha]_D^{25}$: —57,5° [W.; c = 6] (*Ingersoll, Bab-*

cock, Burns, Am. Soc. **55** [1933] 411, 414). In 100 g Wasser lösen sich bei 25° 5,18 g (*In., Ba., Bu.*).

L-Mandelat. Krystalle; F: 140° [korr.]; $[\alpha]_D^{25}$: +65,3° [W.; c = 5] (*In., Ba., Bu.*). In 100 g Wasser lösen sich bei 25° 7,12 g (*In., Ba., Bu.*).

(1*R*)-3*endo*-Brom-2-oxo-bornan-sulfonat-(8) $C_9H_{13}N \cdot C_{10}H_{15}BrO_4S$. Krystalle (aus W.) mit 1 Mol H_2O; das wasserfreie Salz schmilzt bei 165° [korr.] (*In., Ba., Bu.,* l. c. S. 416). $[\alpha]_D^{25}$: +62,5° [W.; c = 2] (*In., Ba., Bu.*). In 100 g Wasser lösen sich bei 25° 2,12 g (*In., Ba., Bu.*).

b) **(*S*)-1-*p*-Tolyl-äthylamin,** Formel XI (E I 498; dort als „linksdrehendes α-*p*-Tolyl-äthylamin" bezeichnet).

Gewinnung aus dem unter c) beschriebenen Racemat mit Hilfe von (1*R*)-*cis*-Campher=säure: *Ingersoll, Burns,* Am. Soc. **54** [1932] 4712, 4714.

Kp: 205°; D_4^{25}: 0,9190; $[\alpha]_D^{25}$: −34,3° [unverd.] (*In., Bu.*).

(1*R*)-*cis*-Camphorat $C_9H_{13}N \cdot C_{10}H_{16}O_4$. Krystalle (aus W. oder wss. A.) mit 1 Mol H_2O; die wasserfreie Verbindung schmilzt bei 173° [korr.] (*In., Bu.*). $[\alpha]_D^{25}$: +8,7° [A.; c = 7] (*In., Bu.*). In 100 g Wasser löst sich bei 25° 1 g (*In., Bu.*).

D-Mandelat. F: 140° [korr.]; $[\alpha]_D^{25}$: −65,0° [W.] (*Ingersoll, Babcock, Burns,* Am. Soc. **55** [1933] 411, 414).

(1*R*)-3*endo*-Brom-2-oxo-bornan-sulfonat-(8) $C_9H_{13}N \cdot C_{10}H_{15}BrO_4S$. Krystalle (aus W.) mit 1 Mol H_2O; das wasserfreie Salz schmilzt bei 232° [korr.] (*Ingersoll, Babcock,* Am. Soc. **55** [1933] 341, 344). $[\alpha]_D^{25}$: +59,4° [W.; c = 2] (*In., Ba.*). In 100 g Wasser lösen sich bei 25° 2,96 g (*In., Ba.*). — (1*S*)-3*endo*-Brom-2-oxo-bornan-sulf=onat-(8) $C_9H_{13}N \cdot C_{10}H_{15}BrO_4S$. Krystalle (aus W.) mit 1 Mol H_2O; das wasserfreie Salz schmilzt bei 165° [korr.] (*In., Ba.*). $[\alpha]_D^{25}$: −62,7° [W.; c = 2] (*In., Ba.*). In 100 g Wasser lösen sich bei 25° 2,10 g (*In., Ba.*).

c) **(±)-1-*p*-Tolyl-äthylamin,** Formel X + XI (E I 498; E II 629).

B. Aus 1-*p*-Tolyl-äthanon-(1)-oxim beim Erwärmen mit Äthanol und Natrium (*Ingersoll, Burns,* Am. Soc. **54** [1932] 4712, 4713; vgl. E I 498) sowie bei der Hydrierung an Palladium in Essigsäure und Schwefelsäure (*Kindler, Peschke, Brandt,* B. **68** [1935] 2241, 2243).

Kp: 207° (*Ki., Pe., Br.*), 204—205° (*Ingersoll et al.,* Am. Soc. **58** [1936] 1808, 1810).

Hydrochlorid. F: 167—168° (*Ki., Pe., Br.*).

(±)-3*endo*-Brom-2-oxo-bornan-sulfonat-(8). Krystalle (aus W.); F: 161° [korr.] (*Ingersoll, Babcock, Burns,* Am. Soc. **55** [1933] 411, 416). In 100 g Wasser lösen sich bei 25° 3,38 g (*In., Ba., Bu.*).

(±)-Methyl-[1-*p*-tolyl-äthyl]-amin, (±)-*4,α,N-trimethylbenzylamine* $C_{10}H_{15}N$, Formel XII ($R = CH_3$).

B. Beim Erhitzen von 1-*p*-Tolyl-äthanon-(1) mit Methylformamid bis auf 230° und Erwärmen des Reaktionsprodukts mit wss. Salzsäure (*Novelli,* Am. Soc. **61** [1939] 520).

Hydrochlorid $C_{10}H_{15}N \cdot HCl$. Krystalle (aus A. + Ae.); F: 159—160°.

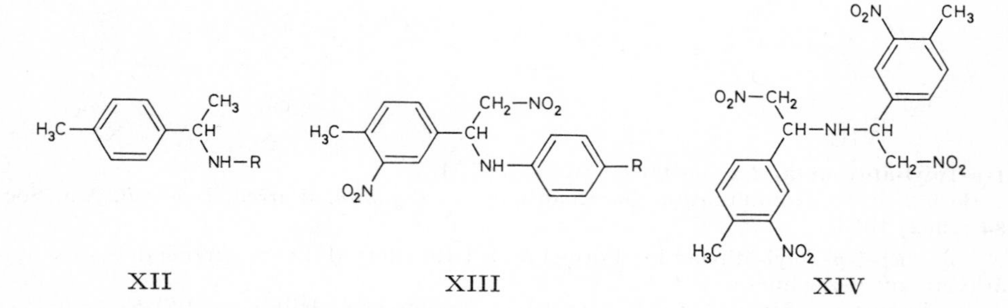

(±)-Äthyl-[1-*p*-tolyl-äthyl]-amin, (±)-*N-ethyl-4,α-dimethylbenzylamine* $C_{11}H_{17}N$, Formel XII ($R = C_2H_5$).

B. Beim Erhitzen von 1-*p*-Tolyl-äthanon-(1) mit Äthylformamid bis auf 230° und Erwärmen des Reaktionsprodukts mit wss. Salzsäure (*Novelli,* Am. Soc. **61** [1939] 520).

Hydrochlorid $C_{11}H_{17}N \cdot HCl$. Krystalle (aus A. + Ae.); F: 217—218°.

(±)-[1-p-Tolyl-äthyl]-butyl-amin, (±)-N-*butyl-4,α-dimethylbenzylamine* $C_{13}H_{21}N$, Formel XII (R = $[CH_2]_3$-CH_3).

B. Beim Erhitzen von 1-*p*-Tolyl-äthanon-(1) mit Butylformamid bis auf 230° und Erwärmen des Reaktionsprodukts mit wss. Salzsäure (*Novelli*, Am. Soc. **61** [1939] 520).

Hydrochlorid $C_{13}H_{21}N \cdot HCl$. Krystalle (aus A. + Ae.); F: 159—160°.

(±)-2-Nitro-1-anilino-1-[3-nitro-4-methyl-phenyl]-äthan, (±)-N-[2-Nitro-1-(3-nitro-4-methyl-phenyl)-äthyl]-anilin, (±)-*4-methyl-3-nitro-α-(nitromethyl)*-N-*phenylbenzylamine* $C_{15}H_{15}N_3O_4$, Formel XIII (R = H).

B. Aus 3.β-Dinitro-4-methyl-styrol [F: 121—122°] und Anilin in Äthanol (*Worrall*, Am. Soc. **60** [1938] 2841, 2842).

Krystalle (aus A.); F: 98—99° [Zers.].

(±)-2-Nitro-1-p-toluidino-1-[3-nitro-4-methyl-phenyl]-äthan, (±)-N-[2-Nitro-1-(3-nitro-4-methyl-phenyl)-äthyl]-p-toluidin, (±)-*4-methyl-3-nitro-α-(nitromethyl)*-N-p-*tolylbenzylamine* $C_{16}H_{17}N_3O_4$, Formel XIII (R = CH_3).

B. Aus 3.β-Dinitro-4-methyl-styrol [F: 121—122°] und *p*-Toluidin in Äthanol (*Worrall*, Am. Soc. **60** [1938] 2841, 2843).

Gelbe Krystalle (aus A.); F: 135—136° [Zers.].

Bis-[2-nitro-1-(3-nitro-4-methyl-phenyl)-äthyl]-amin, *4,4'-dimethyl-3,3'-dinitro-α,α'-bis(nitromethyl)dibenzylamine* $C_{18}H_{19}N_5O_8$, Formel XIV.

Eine opt.-inakt. Verbindung (Krystalle [aus A.]; F: 147° [Zers.]) dieser Konstitution ist aus 3.β-Dinitro-4-methyl-styrol [F: 121—122°] beim Behandeln mit Ammoniak in Benzol erhalten worden (*Worrall*, Am. Soc. **60** [1938] 2841, 2843).

4-Methyl-phenäthylamin, *4-methylphenethylamine* $C_9H_{13}N$, Formel I (R = X = H) (H 1150; E II 629).

B. Aus 4-Methyl-phenäthylbromid bei mehrtägigem Behandeln mit äthanol. Ammoniak (*Speer, Hill*, J. org. Chem. **2** [1937] 139, 144, 145).

Kp_{10}: 91—92°.

Hydrochlorid $C_9H_{13}N \cdot HCl$. Krystalle (aus A.); F: 217—218°.

Methyl-[4-methyl-phenäthyl]-amin, *4,*N-*dimethylphenethylamine* $C_{10}H_{15}N$, Formel I (R = CH_3, X = H) (E II 629).

B. Aus 4-Methyl-phenäthylbromid und Methylamin in Äthanol (*Speer, Hill*, J. org. Chem. **2** [1937] 139, 144, 147).

Kp_{16}: 103—107°.

Hydrochlorid $C_{10}H_{15}N \cdot HCl$. Krystalle (aus Acn.); F: 192°.

Äthyl-[4-methyl-phenäthyl]-amin, N-*ethyl-4-methylphenethylamine* $C_{11}H_{17}N$, Formel I (R = C_2H_5, X = H).

B. Aus 4-Methyl-phenäthylbromid und Äthylamin in Äthanol (*Speer, Hill*, J. org. Chem. **2** [1937] 139, 144, 147).

Kp_{12}: 107°.

Hydrochlorid $C_{11}H_{17}N \cdot HCl$. Krystalle (aus Acn. + A.); F: 203—204°.

Pikrat $C_{11}H_{17}N \cdot C_6H_3N_3O_7$. Orangegelbe Krystalle (aus W.); F: 126°.

Diäthyl-[4-methyl-phenäthyl]-amin, N,N-*diethyl-4-methylphenethylamine* $C_{13}H_{21}N$, Formel I (R = X = C_2H_5).

B. Aus 4-Methyl-phenäthylbromid und Diäthylamin (*Speer, Hill*, J. org. Chem. **2** [1937] 139, 144, 147).

Kp_{14}: 119°.

Hydrochlorid $C_{13}H_{21}N \cdot HCl$. Krystalle (aus Acn. + Ae.); F: 115—116°.

Pikrat $C_{13}H_{21}N \cdot C_6H_3N_3O_7$. Orangegelbe Krystalle (aus W.); F: 132°.

Dibutyl-[4-methyl-phenäthyl]-amin, N,N-*dibutyl-4-methylphenethylamine* $C_{17}H_{29}N$, Formel I (R = X = $[CH_2]_3$-CH_3).

B. Aus 4-Methyl-phenäthylbromid und Dibutylamin (*Speer, Hill*, J. org. Chem. **2** [1937] 139, 144, 147).

$Kp_{2,5}$: 120—122°.

Hydrochlorid $C_{17}H_{29}N \cdot HCl$. Krystalle (aus Acn. + Ae.); F: 93°.

Pikrat $C_{17}H_{29}N \cdot C_6H_3N_3O_7$. Orangegelbe Krystalle (aus A.); F: 62—63°.

Benzyl-[4-methyl-phenäthyl]-amin, *N-benzyl-4-methylphenethylamine* $C_{16}H_{19}N$, Formel I (R = CH_2-C_6H_5, X = H).

B. Aus 4-Methyl-phenäthylbromid und Benzylamin (*Speer, Hill,* J. org. Chem. **2** [1937] 139, 144, 147).

Kp_4: 165—167°.

Hydrochlorid $C_{16}H_{19}N \cdot HCl$. Krystalle (aus A.); F: 232—234°.

Pikrat $C_{16}H_{19}N \cdot C_6H_3N_3O_7$. Orangegelbe Krystalle (aus A.); F: 125°.

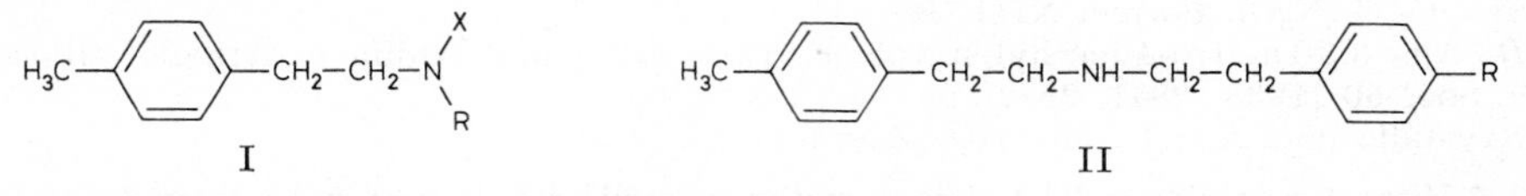

Phenäthyl-[4-methyl-phenäthyl]-amin, *4-methyldiphenethylamine* $C_{17}H_{21}N$, Formel II (R = H).

B. Bei der Hydrierung eines Gemisches von Phenylacetaldehyd und 4-Methyl-phenäthylamin an Palladium in Äthanol (*Külz et al.*, B. **72** [1939] 2161, 2164).

Hydrochlorid $C_{17}H_{21}N \cdot HCl$. Krystalle (aus W.); F: 258°.

Bis-[4-methyl-phenäthyl]-amin, *4,4'-dimethyldiphenethylamine* $C_{18}H_{23}N$, Formel II (R = CH_3).

B. Aus 4-Methyl-phenäthylamin beim Erhitzen mit Palladium im Wasserstoff-Strom auf 180° (*Külz et al.*, B. **72** [1939] 2161, 2164).

Hydrochlorid $C_{18}H_{23}N \cdot HCl$. Krystalle (aus W.); F: 270°.

***N*-[4-Methyl-phenäthyl]-phthalamidsäure,** N-*(4-methylphenethyl)phthalamic acid* $C_{17}H_{17}NO_3$, Formel III.

B. Aus *N*-[4-Methyl-phenäthyl]-phthalimid bei kurzem Erhitzen mit äthanol. Kalilauge (*Speer, Hill,* J. org. Chem. **2** [1937] 139, 146).

Krystalle (aus wss. A.); F: 150°.

***N.N*-Diäthyl-*N'*-[4-methyl-phenäthyl]-äthylendiamin,** N,N-*diethyl*-N'-*(4-methylphenethyl)ethylenediamine* $C_{15}H_{26}N_2$, Formel I (R = CH_2-CH_2-$N(C_2H_5)_2$, X = H).

B. Aus 4-Methyl-phenäthylbromid und *N.N*-Diäthyl-äthylendiamin (*Speer, Hill,* J. org. Chem. **2** [1937] 139, 144, 147).

Kp_3: 131—134°.

Dihydrochlorid $C_{15}H_{26}N_2 \cdot 2HCl$. Krystalle (aus Acn.); F: 124—125°.

2.3.4-Trimethyl-anilin, *2,3,4-trimethylaniline* $C_9H_{13}N$, Formel IV (R = H).

B. Beim Erhitzen von sog. Anhydro-[4-amino-2.3-dimethyl-benzylalkohol] (aus 2.3-Dimethyl-anilin und Formaldehyd hergestellt) mit Calciumhydroxid (*Barclay, Burawoy, Thomson,* Soc. **1944** 109, 111) oder mit Natriumcarbonat (*Calico Printers' Assoc.*, U.S.P. 2367713 [1942]).

F: 24° (*Ba., Bu., Th.*). Kp: 240° (*Calico Printers' Assoc.*), 238—240° (*Ba., Bu., Th.*).

Essigsäure-[2.3.4-trimethyl-anilid], *2',3',4'-trimethylacetanilide* $C_{11}H_{15}NO$, Formel IV (R = CO-CH_3).

B. Aus 2.3.4-Trimethyl-anilin (*Barclay, Burawoy, Thomson,* Soc. **1944** 109, 111).

F: 140°.

2.4.5-Trimethyl-anilin, Pseudocumidin, *2,4,5-trimethylaniline* $C_9H_{13}N$, Formel V (R = H) (H 1150; E I 499; E II 629).

B. Beim Erhitzen von *m*-Toluidin-hydrochlorid mit Methanol bis auf 235° (*Cripps, Hey,* Soc. **1943** 14). Beim Erhitzen von *N.N*-Dimethyl-*m*-toluidin mit Zinkchlorid bis auf 300° (*Du Pont de Nemours & Co.*, U.S.P. 2370339 [1942]).

Krystalle; F: 68 (*Barclay, Burawoy, Thomson,* Soc. **1944** 109, 111), 66° [aus PAe.] (*Marion, Oldfield,* Canad. J. Res. [B] **25** [1947] 1, 12). Kp: 234° (*Ba., Bu., Th.*), 232—236° (*Cr., Hey*); Kp_{11}: 106—110° (*Ma., Ol.*).

Beim Behandeln mit Chloroschwefelsäure in 1.2-Dichlor-benzol, zuletzt bei 170°, ist 5-Amino-1.2.4-trimethyl-benzol-sulfonsäure-(6) erhalten worden (*I. G. Farbenind.*, D.R.P. 541258 [1929]; Frdl. **18** 469). Bildung von 2.4.5.6.8-Pentamethyl-chinolin beim Erhitzen mit Acetylaceton und Schwefelsäure: *Buu-Hoi, Guettier,* R. **65** [1946] 502, 506. Bildung von 4.5.7-Trimethyl-isatin beim Erwärmen des Hydrochlorids mit Oxalylchlorid und

Aluminiumchlorid in Nitrobenzol: *I. G. Farbenind.*, D.R.P. 514595 [1928]; Frdl. **17** 644; *Gen. Aniline Works*, U.S.P. 1856210 [1929].

Verbindung mit Kupfer(II)-azid $C_9H_{13}N \cdot Cu(N_3)_2$. Grünbraun; F: 119°; Zers. bei 120° (*Cīrulis, Straumanis*, J. pr. [2] **162** [1943] 307, 316).

Naphthalin-disulfonat-(1.5) $2C_9H_{13}N \cdot C_{10}H_8O_6S_2$. Krystalle, die sich allmählich gelb färben; F: 216—217° [korr.] (*Forster, Hishiyama*, J. Soc. chem. Ind. **51** [1932] 297 T).

Naphthalin-disulfonat-(1.6) $2C_9H_{13}N \cdot C_{10}H_8O_6S_2$. Krystalle, die sich allmählich gelb färben; F: 294° [korr.] (*Fo., Hi.*).

2-Nitro-indandion-(1.3)-Salz $C_9H_{13}N \cdot C_9H_5NO_4$. F: 162° (*Wanag, Dombrowski*, B. **75** [1942] 82, 85).

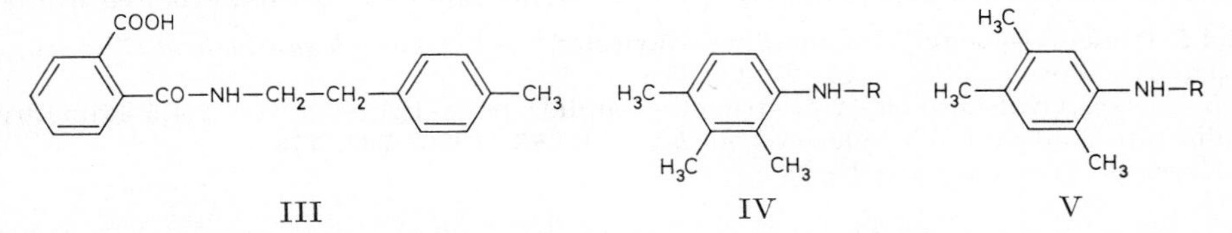

III IV V

Ameisensäure-[2.4.5-trimethyl-anilid], *2',4',5'-trimethylformanilide* $C_{10}H_{13}NO$, Formel V (R = CHO) (H 1153; dort als Ameisensäure-pseudocumidid bezeichnet).

Krystalle (aus A. + Ae.); F: 123,5° [korr.] (*Marion, Oldfield*, Canad. J. Res. [B] **25** [1947] 1, 12).

***N.N'*-Bis-[2.4.5-trimethyl-phenyl]-formamidin**, N,N'*-bis(2,4,5-trimethylphenyl)form=amidine* $C_{19}H_{24}N_2$, Formel VI (H 1153).

B. Beim Erhitzen von 2.4.5-Trimethyl-anilin mit 2.4.5-Trimethyl-anilin-hydrochlorid und mit Natriumformiat (*Whalley*, Soc. **1948** 1014).

Hydrochlorid $C_{19}H_{24}N_2 \cdot HCl$. Krystalle (aus wss. Salzsäure); F: 236° [Zers.].

Essigsäure-[2.4.5-trimethyl-anilid], *2',4',5'-trimethylacetanilide* $C_{11}H_{15}NO$, Formel V (R = CO-CH_3) (H 1153; E I 500; E II 630; dort auch als Acetpseudocumidid bezeichnet).

B. Aus 2.4.5-Trimethyl-anilin und Acetylchlorid in Essigsäure (*Smith*, Am. Soc. **56** [1934] 472).

Krystalle; F: 165° [aus Eg.] (*van Kleef*, R. **55** [1936] 765, 772), 164° [korr.; aus Eg.] (*Marion, Oldfield*, Canad. J. Res. [B] **25** [1947] 1, 12), 162—163° (*Sm.*).

Beim Behandeln mit wss. Salpetersäure (D: 1,42) bei 0° (*v. Kl.*, l. c. S. 773) oder mit Salpetersäure und Schwefelsäure (*Browne, Dyson*, Soc. **1931** 3285, 3304) ist Essigsäure-[6-nitro-2.4.5-trimethyl-anilid], beim Behandeln mit wasserfreier Salpetersäure bei —15° (*v. Kl.*, l. c. S. 773) oder mit Salpetersäure und Schwefelsäure bei —10° (*Sm.*) ist Essig=säure-[3.6-dinitro-2.4.5-trimethyl-anilid] erhalten worden. Bildung von 5-Nitro-1.2.4-tri=methyl-benzol beim Erhitzen mit wss. Wasserstoffperoxid und Essigsäure: *Bigiavi, Albanese*, G. **65** [1935] 249.

(±)-α-Brom-isovaleriansäure-[2.4.5-trimethyl-anilid], (±)*-2-bromo-2',3,4',5'-tetramethyl=butyranilide* $C_{14}H_{20}BrNO$, Formel V (R = CO-CHBr-CH(CH_3)$_2$).

B. Beim Erwärmen von 2.4.5-Trimethyl-anilin mit (±)-α-Brom-isovalerylbromid unter Zusatz von Natriumcarbonat in Benzol (*Covello*, Rend. Accad. Sci. fis. mat. Napoli [4] **2** [1932] 73, 78).

Krystalle (aus A.); F: 169°.

3-Methyl-crotonsäure-[2.4.5-trimethyl-anilid], *2',3,4',5'-tetramethylcrotonanilide* $C_{14}H_{19}NO$, Formel V (R = CO-CH=C(CH_3)$_2$).

B. Aus 2.4.5-Trimethyl-anilid und 3-Methyl-crotonoylchlorid in Benzol (*Smith, Prichard*, Am. Soc. **62** [1940] 778).

Krystalle (aus Bzl. + PAe.); F: 107,5—108°.

Beim Erwärmen mit Aluminiumchlorid ist 2-Oxo-4.4.5.6.8-pentamethyl-1.2.3.4-tetra=hydro-chinolin erhalten worden.

Benzoesäure-[2.4.5-trimethyl-anilid], *2',4',5'-trimethylbenzanilide* $C_{16}H_{17}NO$, Formel V (R = CO-C_6H_5) (H 1154; E II 630; dort auch als Benzpseudocumidid bezeichnet).

B. Aus 2.4.5-Trimethyl-anilin und Benzoylchlorid mit Hilfe von wss. Natronlauge

(*Koch, Milligan, Zuckerman*, Ind. eng. Chem. Anal. **16** [1944] 755).
Krystalle (aus wss. A.); F: 169—170° [unkorr.].

[2.4.5-Trimethyl-phenyl]-oxamidsäure-methylester, *2,4,5-trimethyloxanilic acid methyl ester* $C_{12}H_{15}NO_3$, Formel V (R = CO-CO-OCH_3).
B. Neben Oxalsäure-bis-[2.4.5-trimethyl-anilid] beim Erhitzen von 2.4.5-Trimethylanilin mit Oxalsäure-dimethylester (*van Kleef*, R. **55** [1936] 765, 777).
Krystalle (aus PAe.); F: 75°.
Beim Behandeln mit wss. Salpetersäure (D: 1,42) bei 0° ist [6-Nitro-2.4.5-trimethylphenyl]-oxamidsäure-methylester, beim Behandeln mit wasserfreier Salpetersäure bei —15° ist [3.6-Dinitro-2.4.5-trimethyl-phenyl]-oxamidsäure-methylester erhalten worden.

[2.4.5-Trimethyl-phenyl]-oxamidsäure-äthylester, *2,4,5-trimethyloxanilic acid ethyl ester* $C_{13}H_{17}NO_3$, Formel V (R = CO-CO-OC_2H_5).
B. Neben Oxalsäure-bis-[2.4.5-trimethyl-anilid] beim Erhitzen von 2.4.5-Trimethylanilin mit Oxalsäure-diäthylester (*van Kleef*, R. **55** [1936] 765, 778).
Krystalle (aus wss. A.); F: 78°.

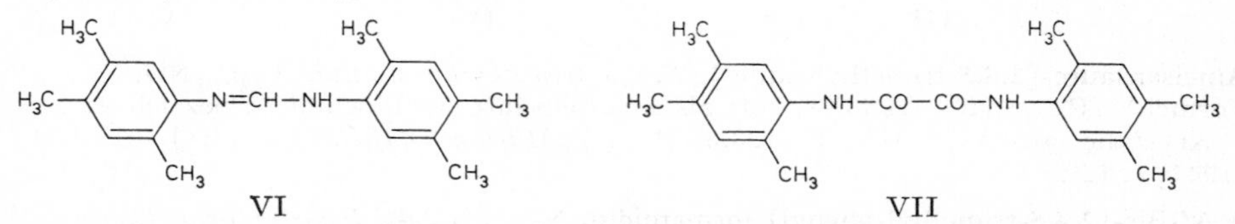

VI VII

Oxalsäure-bis-[2.4.5-trimethyl-anilid], *2,2',4,4',5,5'-hexamethyloxanilide* $C_{20}H_{24}N_2O_2$, Formel VII (H 1154; dort auch als Oxalsäure-dipseudocumidid bezeichnet).
Krystalle (aus A.); F: 237° (*van Kleef*, R. **55** [1936] 765, 779).
Beim Behandeln mit wasserhaltiger Salpetersäure bei 0° ist Oxalsäure-bis-[6-nitro-2.4.5-trimethyl-anilid], beim Behandeln mit wasserfreier Salpetersäure bei —15° ist Oxalsäure-bis-[3.6-dinitro-2.4.5-trimethyl-anilid] erhalten worden.

[2.4.5-Trimethyl-phenyl]-oxamidsäure-hydrazid, *2,4,5-trimethyloxanilic acid hydrazide* $C_{11}H_{15}N_3O_2$, Formel V (R = CO-CO-NH-NH_2).
B. Beim Behandeln von [2.4.5-Trimethyl-phenyl]-oxamidsäure-methylester oder [2.4.5-Trimethyl-phenyl]-oxamidsäure-äthylester mit Hydrazin-hydrat und Äthanol (*van Kleef*, R. **55** [1936] 765, 784).
Krystalle (aus A.); F: 212°.

[2.4.5-Trimethyl-phenyl]-oxamidsäure-methylenhydrazid, Formaldehyd-[(2.4.5-trimethylphenyloxamoyl)-hydrazon], *2,4,5-trimethyloxanilic acid methylenehydrazide* $C_{12}H_{15}N_3O_2$, Formel V (R = CO-CO-NH-N=CH_2).
B. Beim Erwärmen von [2.4.5-Trimethyl-phenyl]-oxamidsäure-hydrazid mit Formaldehyd in wss. Äthanol unter Zusatz von Schwefelsäure (*van Kleef*, R. **55** [1936] 765, 782, 784).

[2.4.5-Trimethyl-phenyl]-oxamidsäure-äthylidenhydrazid, Acetaldehyd-[(2.4.5-trimethylphenyloxamoyl)-hydrazon], *2,4,5-trimethyloxanilic acid ethylidenehydrazide* $C_{13}H_{17}N_3O_2$, Formel V (R = CO-CO-NH-N=CH-CH_3).
B. Aus [2.4.5-Trimethyl-phenyl]-oxamidsäure-hydrazid und Acetaldehyd in wss. Äthanol (*van Kleef*, R. **55** [1936] 765, 782, 784).
Krystalle (aus wss. A.); F: 238°.

[2.4.5-Trimethyl-phenyl]-oxamidsäure-propylidenhydrazid, Propionaldehyd-[(2.4.5-trimethyl-phenyloxamoyl)-hydrazon], *2,4,5-trimethyloxanilic acid propylidenehydrazide* $C_{14}H_{19}N_3O_2$, Formel V (R = CO-CO-NH-N=CH-CH_2-CH_3).
B. Aus [2.4.5-Trimethyl-phenyl]-oxamidsäure-hydrazid und Propionaldehyd in wss. Äthanol (*van Kleef*, R. **55** [1936] 765, 782, 784).
Krystalle (aus wss. A.); F: 214°.

[2.4.5-Trimethyl-phenyl]-oxamidsäure-butylidenhydrazid, Butyraldehyd-[(2.4.5-trimethylphenyloxamoyl)-hydrazon], *2,4,5-trimethyloxanilic acid butylidenehydrazide* $C_{15}H_{21}N_3O_2$, Formel V (R = CO-CO-NH-N=CH-CH_2-CH_2-CH_3).
B. Aus [2.4.5-Trimethyl-phenyl]-oxamidsäure-hydrazid und Butyraldehyd in wss.

Äthanol (*van Kleef*, R. **55** [1936] 765, 782, 784).
Krystalle (aus A.); F: 198°.

[2.4.5-Trimethyl-phenyl]-oxamidsäure-pentylidenhydrazid, Valeraldehyd-[(2.4.5-tri=methyl-phenyloxamoyl)-hydrazon], *2,4,5-trimethyloxanilic acid pentylidenehydrazide* $C_{16}H_{23}N_3O_2$, Formel V (R = CO-CO-NH-N=CH-$[CH_2]_3$-CH_3) auf S. 2701.
B. Aus [2.4.5-Trimethyl-phenyl]-oxamidsäure-hydrazid und Valeraldehyd in wss. Äthanol (*van Kleef*, R. **55** [1936] 765, 782, 784).
Krystalle (aus wss. A.); F: 194°.

[2.4.5-Trimethyl-phenyl]-oxamidsäure-benzylidenhydrazid, Benzaldehyd-[(2.4.5-tri=methyl-phenyloxamoyl)-hydrazon], *2,4,5-trimethyloxanilic acid benzylidenehydrazide* $C_{18}H_{19}N_3O_2$, Formel VIII (R = X = H).
B. Aus [2.4.5-Trimethyl-phenyl]-oxamidsäure-hydrazid und Benzaldehyd in wss. Äthanol (*van Kleef*, R. **55** [1936] 765, 782, 784).
Krystalle (aus A.); F: 224°.

[2.4.5-Trimethyl-phenyl]-oxamidsäure-[2-nitro-benzylidenhydrazid], 2-Nitro-benz=aldehyd-[(2.4.5-trimethyl-phenyloxamoyl)-hydrazon], *2,4,5-trimethyloxanilic acid (2-nitro=benzylidene)hydrazide* $C_{18}H_{18}N_4O_4$, Formel VIII (R = H, X = NO_2).
B. Aus [2.4.5-Trimethyl-phenyl]-oxamidsäure-hydrazid und 2-Nitro-benzaldehyd in wss. Äthanol (*van Kleef*, R. **55** [1936] 765, 783, 784).
Krystalle (aus A.); F: 271°.

[2.4.5-Trimethyl-phenyl]-oxamidsäure-[3-nitro-benzylidenhydrazid], 3-Nitro-benz=aldehyd-[(2.4.5-trimethyl-phenyloxamoyl)-hydrazon], *2,4,5-trimethyloxanilic acid (3-nitrobenzylidene)hydrazide* $C_{18}H_{18}N_4O_4$, Formel VIII (R = NO_2, X = H).
B. Aus [2.4.5-Trimethyl-phenyl]-oxamidsäure-hydrazid und 3-Nitro-benzaldehyd in wss. Äthanol (*van Kleef*, R. **55** [1936] 765, 783, 784).
Krystalle (aus A.); F: 239°.

[2.4.5-Trimethyl-phenyl]-oxamidsäure-[4-nitro-benzylidenhydrazid], 4-Nitro-benz=aldehyd-[(2.4.5-trimethyl-phenyloxamoyl)-hydrazon], *2,4,5-trimethyloxanilic acid (4-nitrobenzylidene)hydrazide* $C_{18}H_{18}N_4O_4$, Formel IX (R = H, X = NO_2).
B. Aus [2.4.5-Trimethyl-phenyl]-oxamidsäure-hydrazid und 4-Nitro-benzaldehyd in wss. Äthanol (*van Kleef*, R. **55** [1936] 765, 783, 784).
Gelbe Krystalle (aus A.); F: 277°.

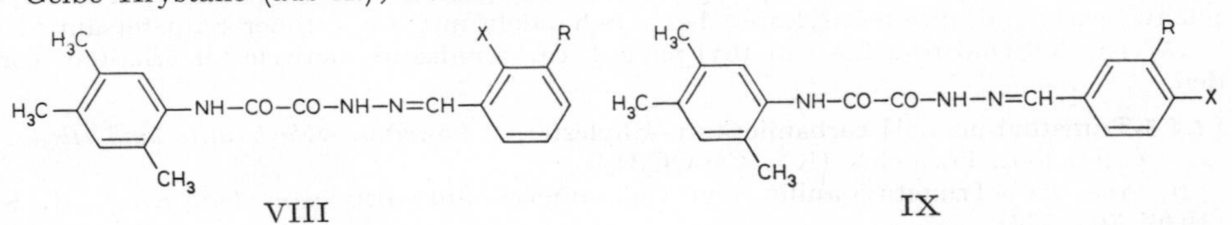

VIII IX

[2.4.5-Trimethyl-phenyl]-oxamidsäure-[4-methyl-benzylidenhydrazid], *p*-Toluylaldehyd-[(2.4.5-trimethyl-phenyloxamoyl)-hydrazon], *2,4,5-trimethyloxanilic acid (4-methylbenz=ylidene)hydrazide* $C_{19}H_{21}N_3O_2$, Formel IX (R = H, X = CH_3).
B. Aus [2.4.5-Trimethyl-phenyl]-oxamidsäure-hydrazid und *p*-Toluylaldehyd in wss. Äthanol (*van Kleef*, R. **55** [1936] 765, 783, 784).
Krystalle (aus A.); F: 245°.

[2.4.5-Trimethyl-phenyl]-oxamidsäure-[4-isopropyl-benzylidenhydrazid], 4-Isopropyl-benzaldehyd-[(2.4.5-trimethyl-phenyloxamoyl)-hydrazon], *2,4,5-trimethyloxanilic acid (4-isopropylbenzylidene)hydrazide* $C_{21}H_{25}N_3O_2$, Formel IX (R = H, X = $CH(CH_3)_2$).
B. Aus [2.4.5-Trimethyl-phenyl]-oxamidsäure-hydrazid und 4-Isopropyl-benzaldehyd in wss. Äthanol (*van Kleef*, R. **55** [1936] 765, 783, 784).
Krystalle (aus A.); F: 205°.

[2.4.5-Trimethyl-phenyl]-oxamidsäure-salicylidenhydrazid, Salicylaldehyd-[(2.4.5-tri=methyl-phenyloxamoyl)-hydrazon], *2,4,5-trimethyloxanilic acid salicylidenehydrazide* $C_{18}H_{19}N_3O_3$, Formel VIII (R = H, X = OH).
B. Aus [2.4.5-Trimethyl-phenyl]-oxamidsäure-hydrazid und Salicylaldehyd in wss.

Äthanol (*van Kleef*, R. **55** [1936] 765, 782, 784).
Krystalle (aus A.); F: 252°.

[2.4.5-Trimethyl-phenyl]-oxamidsäure-[4-hydroxy-benzylidenhydrazid], 4-Hydroxy-benzaldehyd-[(2.4.5-trimethyl-phenyloxamoyl)-hydrazon], *2,4,5-trimethyloxanilic acid (4-hydroxybenzylidene)hydrazide* $C_{18}H_{19}N_3O_3$, Formel IX (R = H, X = OH).
B. Aus [2.4.5-Trimethyl-phenyl]-oxamidsäure-hydrazid und 4-Hydroxy-benzaldehyd in wss. Äthanol (*van Kleef*, R. **55** [1936] 765, 782, 784).
Gelbe Krystalle (aus A.); F: 267°.

[2.4.5-Trimethyl-phenyl]-oxamidsäure-[4-methoxy-benzylidenhydrazid], 4-Methoxy-benzaldehyd-[(2.4.5-trimethyl-phenyloxamoyl)-hydrazon], *2,4,5-trimethyloxanilic acid (4-methoxybenzylidene)hydrazide* $C_{19}H_{21}N_3O_3$, Formel IX (R = H, X = OCH_3).
B. Aus [2.4.5-Trimethyl-phenyl]-oxamidsäure-hydrazid und 4-Methoxy-benzaldehyd in wss. Äthanol (*van Kleef*, R. **55** [1936] 765, 782, 784).
Krystalle (aus A.); F: 245°.

[2.4.5-Trimethyl-phenyl]-oxamidsäure-vanillylidenhydrazid, Vanillin-[(2.4.5-trimethyl-phenyloxamoyl)-hydrazon], *2,4,5-trimethyloxanilic acid vanillylidenehydrazide* $C_{19}H_{21}N_3O_4$, Formel IX (R = OCH_3, X = OH).
B. Aus [2.4.5-Trimethyl-phenyl]-oxamidsäure-hydrazid und Vanillin in wss. Äthanol (*van Kleef*, R. **55** [1936] 765, 782, 784).
Krystalle (aus A.); F: 241°.

3-[2.4.5-Trimethyl-phenylcarbamoyl]-acrylsäure $C_{13}H_{15}NO_3$.

***N*-[2.4.5-Trimethyl-phenyl]-maleinamidsäure,** *2′,4′,5′-trimethylmaleanilic acid* $C_{13}H_{15}NO_3$, Formel X (R = CO-CH$\overset{c}{=}$CH-COOH).
B. Beim Erhitzen von 2-Nitro-benzaldehyd-[2.4.5-trimethyl-phenylimin] mit Malein=säure-anhydrid in Toluol (*Caronna*, G. **78** [1948] 38, 42).
Gelbe Krystalle (aus Bzl. oder Toluol); F: 134—135°.

[2.4.5-Trimethyl-phenyl]-carbamidsäure-methylester, *2,4,5-trimethylcarbanilic acid methyl ester* $C_{11}H_{15}NO_2$, Formel X (R = CO-OCH_3).
B. Aus 2.4.5-Trimethyl-anilin und Chlorameisensäure-methylester (*van Kleef*, R. **55** [1936] 765, 773).
Krystalle (aus Me.); F: 115°.
Beim Behandeln mit wss. Salpetersäure (D: 1,42) bei 0° ist [6-Nitro-2.4.5-trimethyl-phenyl]-carbamidsäure-methylester, beim Behandeln mit wasserfreier Salpetersäure bei —15° ist [3.6-Dinitro-2.4.5-trimethyl-phenyl]-carbamidsäure-methylester erhalten worden.

[2.4.5-Trimethyl-phenyl]-carbamidsäure-äthylester, *2,4,5-trimethylcarbanilic acid ethyl ester* $C_{12}H_{17}NO_2$, Formel X (R = CO-OC_2H_5).
B. Aus 2.4.5-Trimethyl-anilin und Chlorameisensäure-äthylester (*van Kleef*, R. **55** [1936] 765, 774).
Krystalle (aus wss. A.); F: 105°.

***N*-Methyl-*N′*-[2.4.5-trimethyl-phenyl]-harnstoff,** *1-methyl-3-(2,4,5-trimethylphenyl)urea* $C_{11}H_{16}N_2O$, Formel X (R = CO-NH-CH_3).
B. Aus 2.4.5-Trimethyl-anilin und Methylisocyanat in Benzol (*van Kleef*, R. **55** [1936] 765, 775).
Krystalle (aus A.); F: 212°.
Beim Behandeln mit wss. Salpetersäure (D: 1,42) bei 0° ist *N*-Methyl-*N′*-[6-nitro-2.4.5-trimethyl-phenyl]-harnstoff, beim Behandeln mit wasserfreier Salpetersäure bei —15° ist *N*-Nitro-*N*-methyl-*N′*-[3.6-dinitro-2.4.5-trimethyl-phenyl]-harn=stoff $C_{11}H_{13}N_5O_7$ (wenig beständig) erhalten worden.

***N*-Äthyl-*N′*-[2.4.5-trimethyl-phenyl]-harnstoff,** *1-ethyl-3-(2,4,5-trimethylphenyl)urea* $C_{12}H_{18}N_2O$, Formel X (R = CO-NH-C_2H_5).
B. Aus 2.4.5-Trimethyl-anilin und Äthylisocyanat in Benzol (*van Kleef*, R. **55** [1936] 765, 776).
Krystalle (aus wss. A.); F: 213°.
Beim Behandeln mit wasserfreier Salpetersäure bei —15° ist *N*-Nitro-*N*-äthyl-

N'-[3.6-dinitro-2.4.5-trimethyl-phenyl]-harnstoff $C_{12}H_{15}N_5O_7$ (wenig beständig) erhalten worden.

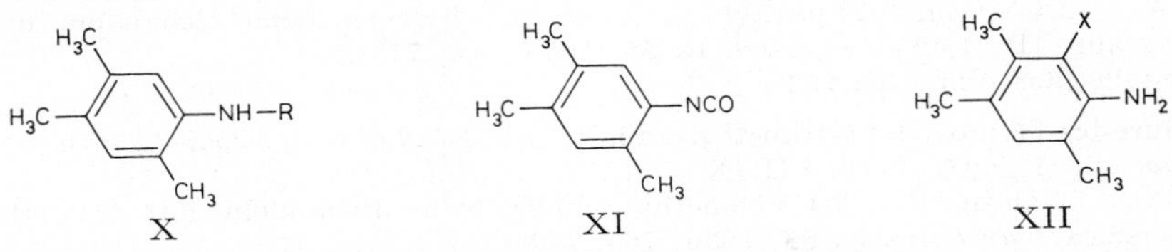

***N*-Methyl-*N'*-[2.4.5-trimethyl-phenyl]-thioharnstoff,** *1-methyl-3-(2,4,5-trimethylphenyl)thiourea* $C_{11}H_{16}N_2S$, Formel X (R = CS-NH-CH_3).

B. Aus 2.4.5-Trimethyl-anilin und Methylisothiocyanat (*Davis, Dains*, Am. Soc. **57** [1935] 2627, 2629).

F: 179°.

***N*-Äthyl-*N'*-[2.4.5-trimethyl-phenyl]-thioharnstoff,** *1-ethyl-3-(2,4,5-trimethylphenyl)thiourea* $C_{12}H_{18}N_2S$, Formel X (R = CS-NH-C_2H_5).

B. Aus 2.4.5-Trimethyl-anilin und Äthylisothiocyanat (*Davis, Dains*, Am. Soc. **57** [1935] 2627, 2629).

F: 138°.

2.4.5-Trimethyl-phenylisocyanat, *isocyanic acid 2,4,5-trimethylphenyl ester* $C_{10}H_{11}NO$, Formel XI (H 1155).

B. Aus 2.4.5-Trimethyl-anilin und Phosgen (*Siefken*, A. **562** [1949] 75, 115; vgl. H 1155).

Kp_{12}: 100—101°.

***N.N*-Diäthyl-glycin-[2.4.5-trimethyl-anilid],** *2-(diethylamino)-2',4',5'-trimethylacetanilide* $C_{15}H_{24}N_2O$, Formel X (R = CO-CH_2-N(C_2H_5)$_2$).

B. Aus Chloressigsäure-[2.4.5-trimethyl-anilid] und Diäthylamin in Benzol (*Löfgren, Lundqvist*, Svensk kem. Tidskr. **58** [1946] 206, 212).

E: 31°; Kp_3: 173—174°.

6-Chlor-2.4.5-trimethyl-anilin, *2-chloro-3,4,6-trimethylaniline* $C_9H_{12}ClN$, Formel XII (X = Cl) (E I 501).

B. Aus 2.4.5-Trimethyl-anilin beim Behandeln mit Chlor in Gegenwart von Jod in Äthanol und Chloroform (*Smith, Moyle*, Am. Soc. **58** [1936] 1, 8).

Krystalle (aus A.); F: 57°.

6-Brom-2.4.5-trimethyl-anilin, *2-bromo-3,4,6-trimethylaniline* $C_9H_{12}BrN$, Formel XII (X = Br) (H 1158; E I 501).

Krystalle (aus A.); F: 69° (*Smith, Moyle*, Am. Soc. **58** [1936] 1, 9).

6-Nitro-2.4.5-trimethyl-anilin, *3,4,6-trimethyl-2-nitroaniline* $C_9H_{12}N_2O_2$, Formel I (R = H) (H 1158).

B. Aus [6-Nitro-2.4.5-trimethyl-phenyl]-carbamidsäure-methylester beim Erhitzen mit Schwefelsäure auf 120° (*van Kleef*, R. **55** [1936] 765, 774).

Orangefarbene Krystalle; F: 49° (*v. Kl.*; *Karrer, Musante*, Helv. **18** [1935] 1134, 1137), 48° (*Marion, Oldfield*, Canad. J. Res. [B] **25** [1947] 1, 12).

Essigsäure-[6-nitro-2.4.5-trimethyl-anilid], *3',4',6'-trimethyl-2'-nitroacetanilide* $C_{11}H_{14}N_2O_3$, Formel I (R = CO-CH_3) (H 1158; E I 501).

B. Aus Essigsäure-[2.4.5-trimethyl-anilid] beim Behandeln mit wss. Salpetersäure [D: 1,42] (*van Kleef*, R. **55** [1936] 765, 773) oder mit Salpetersäure und Schwefelsäure (*Browne, Dyson*, Soc. **1931** 3285, 3304).

Gelbliche Krystalle; F: 201° (*Br., Dy.*), 199° [korr.; aus A.] (*Marion, Oldfield*, Canad. J. Res. [B] **25** [1947] 1, 12), 198° [aus A.] (*v. Kl.*).

[6-Nitro-2.4.5-trimethyl-phenyl]-oxamidsäure-methylester, *3,4,6-trimethyl-2-nitrooxanilic acid methyl ester* $C_{12}H_{14}N_2O_5$, Formel I (R = CO-CO-OCH_3).

B. Aus [2.4.5-Trimethyl-phenyl]-oxamidsäure-methylester beim Behandeln mit wss. Salpetersäure [D: 1,42] (*van Kleef*, R. **55** [1936] 765, 777).

F: 206°.

[6-Nitro-2.4.5-trimethyl-phenyl]-oxamidsäure-äthylester, *3,4,6-trimethyl-2-nitrooxanilic acid ethyl ester* $C_{13}H_{16}N_2O_5$, Formel I (R = CO-CO-OC$_2$H$_5$).

B. Aus [2.4.5-Trimethyl-phenyl]-oxamidsäure-äthylester beim Behandeln mit wss. Salpetersäure [D: 1,42] (*van Kleef*, R. **55** [1936] 765, 778).

Krystalle (aus Acn.); F: 162°.

Oxalsäure-bis-[6-nitro-2.4.5-trimethyl-anilid], *3,3',4,4',6,6'-hexamethyl-2,2'-dinitro-oxanilide* $C_{20}H_{22}N_4O_6$, Formel II (X = H).

B. Aus Oxalsäure-bis-[2.4.5-trimethyl-anilid] beim Behandeln mit wasserhaltiger Salpetersäure (*van Kleef*, R. **55** [1936] 765, 779).

Krystalle (aus Eg.); F: 317° [Block].

[6-Nitro-2.4.5-trimethyl-phenyl]-carbamidsäure-methylester, *3,4,6-trimethyl-2-nitro-carbanilic acid methyl ester* $C_{11}H_{14}N_2O_4$, Formel I (R = CO-OCH$_3$).

B. Aus [2.4.5-Trimethyl-phenyl]-carbamidsäure-methylester beim Behandeln mit wss. Salpetersäure [D: 1,42] (*van Kleef*, R. **55** [1936] 765, 774).

Hellgelbe Krystalle (aus PAe.); F: 155°.

[6-Nitro-2.4.5-trimethyl-phenyl]-carbamidsäure-äthylester, *3,4,6-trimethyl-2-nitrocarb-anilic acid ethyl ester* $C_{12}H_{16}N_2O_4$, Formel I (R = CO-OC$_2$H$_5$).

B. Aus 6-Nitro-2.4.5-trimethyl-anilin und Chlorameisensäure-äthylester (*van Kleef*, R. **55** [1936] 765, 775). Aus [2.4.5-Trimethyl-phenyl]-carbamidsäure-äthylester beim Behandeln mit wss. Salpetersäure [D: 1,42] (*v. Kl.*, l. c. S. 774).

Krystalle (aus wss. A.).

***N*-Methyl-*N'*-[6-nitro-2.4.5-trimethyl-phenyl]-harnstoff,** *1-methyl-3-(3,4,6-trimethyl-2-nitrophenyl)urea* $C_{11}H_{15}N_3O_3$, Formel I (R = CO-NH-CH$_3$).

B. Aus 6-Nitro-2.4.5-trimethyl-anilin und Methylisocyanat in Benzol (*van Kleef*, R. **55** [1936] 765, 776). Aus *N*-Methyl-*N'*-[2.4.5-trimethyl-phenyl]-harnstoff beim Behandeln mit wss. Salpetersäure [D: 1,42] (*v. Kl.*, l. c. S. 775).

Krystalle; F: 268°.

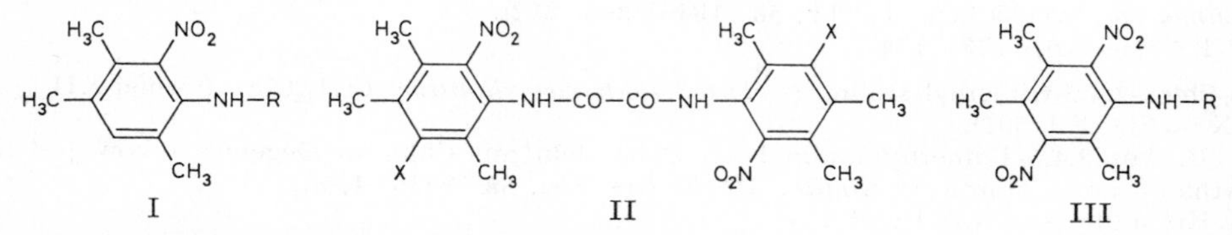

***N*-Äthyl-*N'*-[6-nitro-2.4.5-trimethyl-phenyl]-harnstoff,** *1-ethyl-3-(3,4,6-trimethyl-2-nitro-phenyl)urea* $C_{12}H_{17}N_3O_3$, Formel I (R = CO-NH-C$_2$H$_5$).

B. Aus 6-Nitro-2.4.5-trimethyl-anilin und Äthylisocyanat in Benzol (*van Kleef*, R. **55** [1936] 765, 777). Aus *N*-Äthyl-*N'*-[2.4.5-trimethyl-phenyl]-harnstoff beim Behandeln mit wss. Salpetersäure [D: 1,42] (*v. Kl.*, l. c. S. 776).

Krystalle (aus A.); F: 246°.

3.6-Dinitro-2.4.5-trimethyl-anilin, *2,4,5-trimethyl-3,6-dinitroaniline* $C_9H_{11}N_3O_4$, Formel III (R = H) (H 1158; E I 502).

Krystalle (aus A.); F: 181—182° (*Smith*, Am. Soc. **56** [1934] 472).

Essigsäure-[3.6-dinitro-2.4.5-trimethyl-anilid], *2',4',5'-trimethyl-3',6'-dinitroacetanilide* $C_{11}H_{13}N_3O_5$, Formel III (R = CO-CH$_3$) (H 1158; E I 502).

B. Aus Essigsäure-[2.4.5-trimethyl-anilid] oder aus Essigsäure-[6-nitro-2.4.5-trimethyl-anilid] beim Behandeln mit wasserfreier Salpetersäure bei —15° (*van Kleef*, R. **55** [1936] 765, 773).

Krystalle; F: 290—292° [korr.] (*Smith*, Am. Soc. **56** [1934] 472), 288° (*v. Kl.*).

[3.6-Dinitro-2.4.5-trimethyl-phenyl]-oxamidsäure-methylester, *2,4,5-trimethyl-3,6-dinitro-oxanilic acid methyl ester* $C_{12}H_{13}N_3O_7$, Formel III (R = CO-CO-OCH$_3$).

B. Aus [2.4.5-Trimethyl-phenyl]-oxamidsäure-methylester oder aus [6-Nitro-2.4.5-trimethyl-phenyl]-oxamidsäure-methylester beim Behandeln mit wasserfreier Salpetersäure bei —15° (*van Kleef*, R. **55** [1936] 765, 778).

Krystalle (aus wss. Me.); F: 192°.

[3.6-Dinitro-2.4.5-trimethyl-phenyl]-oxamidsäure-äthylester, *2,4,5-trimethyl-3,6-dinitro-oxanilic acid ethyl ester* $C_{13}H_{15}N_3O_7$, Formel III (R = CO-CO-OC_2H_5).

B. Aus [2.4.5-Trimethyl-phenyl]-oxamidsäure-äthylester oder aus [6-Nitro-2.4.5-trimethyl-phenyl]-oxamidsäure-äthylester beim Behandeln mit wasserfreier Salpetersäure bei —15° (*van Kleef*, R. **55** [1936] 765, 779).

Krystalle (aus A.); F: 171°.

Oxalsäure-bis-[3.6-dinitro-2.4.5-trimethyl-anilid], *2,2',4,4',5,5'-hexamethyl-3,3',6,6'-tetranitrooxanilide* $C_{20}H_{20}N_6O_{10}$, Formel II (X = NO_2).

B. Aus Oxalsäure-bis-[2.4.5-trimethyl-anilid] oder aus Oxalsäure-bis-[6-nitro-2.4.5-trimethyl-anilid] beim Behandeln mit wasserfreier Salpetersäure bei —15° (*van Kleef*, R. **55** [1936] 765, 779).

Krystalle (aus Acn.); F: 340° [Block].

[3.6-Dinitro-2.4.5-trimethyl-phenyl]-carbamidsäure-methylester, *2,4,5-trimethyl-3,6-dinitrocarbanilic acid methyl ester* $C_{11}H_{13}N_3O_6$, Formel III (R = CO-OCH_3).

B. Aus [2.4.5-Trimethyl-phenyl]-carbamidsäure-methylester oder aus [6-Nitro-2.4.5-trimethyl-phenyl]-carbamidsäure-methylester beim Behandeln mit wasserfreier Salpetersäure bei —15° (*van Kleef*, R. **55** [1936] 765, 774).

Krystalle (aus wss. Me.); F: 211°.

[3.6-Dinitro-2.4.5-trimethyl-phenyl]-carbamidsäure-äthylester, *2,4,5-trimethyl-3,6-dinitrocarbanilic acid ethyl ester* $C_{12}H_{15}N_3O_6$, Formel III (R = CO-OC_2H_5).

B. Aus [2.4.5-Trimethyl-phenyl]-carbamidsäure-äthylester oder aus [6-Nitro-2.4.5-trimethyl-phenyl]-carbamidsäure-äthylester beim Behandeln mit wasserfreier Salpetersäure (*van Kleef*, R. **55** [1936] 765, 775).

Krystalle (aus wss. A.); F: 221°.

2.3.5-Trimethyl-anilin, *2,3,5-trimethylaniline* $C_9H_{13}N$, Formel IV (R = X = H) (H 1159; E I 502; E II 631).

F: 39° (*Marion, Oldfield*, Canad. J. Res. [B] **25** [1947] 1, 12).

Ameisensäure-[2.3.5-trimethyl-anilid], *2',3',5'-trimethylformanilide* $C_{10}H_{13}NO$, Formel IV (R = CHO, X = H).

B. Beim Erhitzen von 2.3.5-Trimethyl-anilin mit Ameisensäure (*Marion, Oldfield*, Canad. J. Res. [B] **25** [1947] 1, 12).

Krystalle (aus Bzl.); F: 135,5° [korr.].

4-Chlor-2.3.5-trimethyl-anilin, *4-chloro-2,3,5-trimethylaniline* $C_9H_{12}ClN$, Formel IV (R = H, X = Cl) (E II 631).

B. Aus 2.3.5-Trimethyl-anilin und Chlor (*I.G. Farbenind.*, D.R.P. 531289 [1930]).

Krystalle (aus PAe.); F: 110—111°.

6-Chlor-2.3.5-trimethyl-anilin, *2-chloro-3,5,6-trimethylaniline* $C_9H_{12}ClN$, Formel V.

B. Aus 5-Chlor-6-nitro-1.2.4-trimethyl-benzol beim Behandeln mit Zinn und wss. Salzsäure (*Browne, Dyson*, Soc. **1931** 3285, 3304).

Krystalle; F: 51°.

6-Chlor-2.3.5-trimethyl-phenylisothiocyanat, *isothiocyanic acid 2-chloro-3,5,6-trimethylphenyl ester* $C_{10}H_{10}ClNS$, Formel VI.

B. Aus 6-Chlor-2.3.5-trimethyl-anilin in Chloroform und Thiophosgen in Wasser (*Browne, Dyson*, Soc. **1931** 3285, 3304).

Krystalle (aus PAe.); F: 36°.

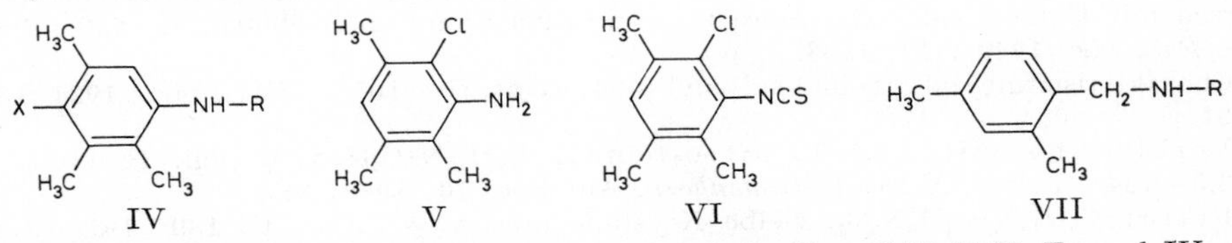

4-Brom-2.3.5-trimethyl-anilin, *4-bromo-2,3,5-trimethylaniline* $C_9H_{12}BrN$, Formel IV (R = H, X = Br).

B. Aus 2.3.5-Trimethyl-anilin und Brom (*I.G. Farbenind.*, D.R.P. 531289 [1930];

Frdl. **18** 934).
Krystalle (aus PAe.); F: 116—117°.

4-Jod-2.3.5-trimethyl-anilin, *4-iodo-2,3,5-trimethylaniline* $C_9H_{12}IN$, Formel IV (R = H, X = I).
B. Aus 2.3.5-Trimethyl-anilin und Jod (*I.G. Farbenind.*, D.R.P. 531289 [1930]; Frdl. **18** 934).
Krystalle (aus A.); F: 132—133°.

2.4-Dimethyl-benzylamin, *2,4-dimethylbenzylamine* $C_9H_{13}N$, Formel VII (R = H) (H 1159; E I 502; E II 631).
B. Aus 2.4-Dimethyl-benzonitril bei der elektrochemischen Reduktion in wss. Schwefelsäure (*Fichter, Schetty*, Helv. **20** [1937] 563).

***N*-[2.4-Dimethyl-benzyl]-acetamid,** N-*(2,4-dimethylbenzyl)acetamide* $C_{11}H_{15}NO$, Formel VII (R = CO-CH_3).
B. Beim Erhitzen von 2.4-Dimethyl-benzylchlorid mit Acetamid bis auf 220° (*Nightingale, Shanholtzer*, J. org. Chem. **7** [1942] 6, 12).
Krystalle (aus PAe.); F: 109°.

***N*-[2.4-Dimethyl-benzyl]-benzamid,** N-*(2,4-dimethylbenzyl)benzamide* $C_{16}H_{17}NO$, Formel VII (R = CO-C_6H_5) (H 1159).
Krystalle (aus E. + PAe.); F: 97,5—98° (*Fichter, Schetty*, Helv. **20** [1937] 563, 564).

2.4.6-Trimethyl-anilin, Mesidin, *2,4,6-trimethylaniline* $C_9H_{13}N$, Formel VIII (R = X = H) (H 1160; E I 503; E II 631).
B. Aus 2-Nitro-mesitylen bei der elektrochemischen Reduktion in wss.-äthanol. Schwefelsäure (*Löfgren*, Ark. Kemi **22** A Nr. 18 [1946] 11), bei der Hydrierung an Raney-Nickel in Äthanol (*Grammaticakis*, Bl. **1949** 134, 142) sowie beim Behandeln mit Eisen-Pulver und wss. Salzsäure (*Adams, Dankert*, Am. Soc. **62** [1940] 2191) oder mit Eisen-Pulver und Essigsäure (*Lö.*, l. c. S. 12). Beim Behandeln von Mesitylmagnesiumbromid mit *O*-Benzyl-hydroxylamin in Äther bei —10° (*Schewerdina, Kotscheschkow*, Izv. Akad. S.S.S.R. Otd. chim. **1941** 75, 76, 78; C. A. **1943** 3067). Aus 2.4.6-Trimethylbenzoesäure-methylester beim Behandeln mit Natriumazid und Schwefelsäure (*Newman, Gildenhorn*, Am. Soc. **70** [1948] 317).
Kp: 232—233° (*Hey*, Soc. **1931** 1581, 1590), 225—226° (*Ad., Da.*); Kp_{18}: 120° (*Gr.*); Kp_{13}: 107—108°; Kp_{12}: 106° (*Lö.*); Kp_2: 80° (*Ne., Gi.*). UV-Spektrum (A.): *Gr.* Dipolmoment (ε; Bzl.) bei 25°: 1,40 D (*Ingham, Hampson*, Soc. **1939** 981, 985).
Bildung von 2.6-Dimethyl-benzochinon-(1.4)-4-mesitylimin beim Behandeln mit Wasserstoffperoxid in essigsaurer wss. Lösung in Gegenwart von Peroxidase-Präparaten: *Chapman, Saunders*, Soc. **1941** 496, 498. Überführung in 2.4.6.2'.4'.6'-Hexamethyl-azobenzol durch Behandlung mit Blei(IV)-oxid in Äther: *Ch., Sau.*, l. c. S. 500. Beim Behandeln mit Äthylen und Quecksilber(II)-acetat und Behandeln des Reaktionsprodukts in Aceton mit Phthalimid und wss.-äthanol. Natronlauge sind 2.4.6-Trimethyl-*N*-[2-phthalimidomercurio-äthyl]-anilin und 2.4.6-Trimethyl-*N.N*-bis-[2-phthalimidomercurio-äthyl]-anilin erhalten worden (*Sachs*, Soc. **1949** 733). Bildung von 2.3.4.6-Tetramethyl-anilin, 2.4.6-Trimethyl-phenol und Hexamethylbenzol beim Erhitzen des Hydrochlorids mit Methanol bis auf 270°: *Hey*, Soc. **1931** 1581, 1592. Beim Behandeln mit 2.6-Dimethylbenzochinon-(1.4) sowie beim Behandeln mit 2.6-Dimethyl-phenol, wss. Natronlauge und Kaliumdichromat ist 2.6-Dimethyl-benzochinon-(1.4)-4-mesitylimin erhalten worden (*Ch., Sau.*, l. c. S. 498). Bildung von Ameisensäure-[2.4.6-trimethyl-anilid] beim Erhitzen mit Kohlenoxid in Gegenwart von wss. Salzsäure unter 3000 at auf 250°: *Buckley, Ray*, Soc. **1949** 1151, 1153.
Charakterisierung als Toluol-sulfonyl-(4)-Derivat (F: 167°): *Hey*, Soc. **1931** 1581, 1591.
Verbindung mit 1.3.5-Trinitro-benzol $C_9H_{13}N \cdot C_6H_3N_3O_6$ (vgl. H 1160). F: 133,5—134° [korr.] (*Newman, Gildenhorn*, Am. Soc. **70** [1948] 317).
Pikrat $C_9H_{13}N \cdot C_6H_3N_3O_7$. Gelbe Krystalle (aus A. + PAe.); F: 189—191° [Zers.] (*Hey*, Soc. **1931** 1581, 1591).
2-Nitro-indandion-(1.3)-Salz $C_9H_{13}N \cdot C_9H_5NO_4$. Krystalle; F: 162° (*Wanag, Dombrowski*, B. **75** [1942] 82, 85).

2.4.6.*N*-Tetramethyl-anilin, *2,4,6,*N*-tetramethylaniline* $C_{10}H_{15}N$, Formel VIII (R = CH_3, X = H) (H 1160; dort als Methylmesidin bezeichnet).

B. Aus *N*-Nitroso-2.4.6.*N*-tetramethyl-anilin beim Behandeln mit Zinn(II)-chlorid und wss. Salzsäure (*Emerson*, Am. Soc. **63** [1941] 2023).

Kp: 220—221° (*Hey*, Soc. **1931** 1581, 1593); Kp_{30}: 107—118° (*Em.*). D_{20}^{20}: 0,951; n_D^{20}: 1,5248 (*Em.*).

Charakterisierung als Toluol-sulfonyl-(4)-Derivat (F: 147—147,5° bzw. 145—146°): *Em.*; *Hey.*

Pikrat $C_{10}H_{15}N \cdot C_6H_3N_3O_7$. Gelbe Krystalle; F: 179° [aus A.] (*Hey*).

2.4.6.*N.N*-Pentamethyl-anilin, *2,4,6,*N,N*-pentamethylaniline* $C_{11}H_{17}N$, Formel VIII (R = X = CH_3) (H 1160; dort als Dimethylmesidin bezeichnet).

B. Beim Erhitzen von 2-Nitro-1.3.5-trimethyl-benzol mit Essigsäure, wss. Formaldehyd und amalgamiertem Zink unter Zusatz von wss. Salzsäure (*Emerson, Neumann, Moundres*, Am. Soc. **63** [1941] 972). Beim Erhitzen von 2.4.6-Trimethyl-anilin mit wss. Formaldehyd und Ameisensäure oder mit Essigsäure, wss. Formaldehyd und amalgamiertem Zink unter Zusatz von wss. Salzsäure (*Em., Neu., Mou.*).

Kp: 214—220° (*Em., Neu., Mou.*); Kp: 213—215° (*Hey*, Soc. **1931** 1581, 1593). D_{20}^{20}: 0,9074 (*Em., Neu., Mou.*). n_D^{20}: 1,5111, 1,5119 [zwei Präparate] (*Em., Neu., Mou.*). Dipolmoment (ε; Bzl.) bei 25°: 1,03 D (*Ingham, Hampson*, Soc. **1939** 981, 985). Elektrolytische Dissoziation des 2.4.6.*N.N*-Pentamethyl-anilinium-Ions in wss. Äthanol: *Davies, Addis*, Soc. **1937** 1622, 1623.

Beim Behandeln mit wss. Salzsäure und Natriumnitrit ist *N*-Nitroso-2.4.6.*N*-tetramethyl-anilin erhalten worden (*Emerson*, Am. Soc. **63** [1941] 2023). Bildung von 2.4.6-Trimethyl-anilin, 2.3.4.6-Tetramethyl-anilin, 2.4.6-Trimethyl-phenol und 2.3.4.5.6-Pentamethyl-phenol beim Erhitzen mit wss.-methanol. Salzsäure auf 250°: *Hey.* Reaktion mit 4-Nitro-benzol-diazonium-(1)-Salz unter Bildung von Dimethyl-[4'-nitro-2.4.6-trimethyl-biphenylyl-(3)]-amin: *Nenitzescu, Vântu*, B. **77/79** [1944/46] 705, 709.

Hydrochlorid $C_{11}H_{17}N \cdot HCl$. F: 155—156° [Zers.] (*Em., Neu., Mou.*).

Pikrat $C_{11}H_{17}N \cdot C_6H_3N_3O_7$. Gelbe Krystalle; F: 182° [Zers.; aus A.] (*Hey*), 181—182° (*Em., Neu., Mou.*).

2.4.6-Trimethyl-*N.N*-diäthyl-anilin, *N,N-diethyl-2,4,6-trimethylaniline* $C_{13}H_{21}N$, Formel VIII (R = X = C_2H_5).

B. Aus 2.4.6-Trimethyl-anilin (*Grammaticakis*, Bl. **1949** 134, 143).

Kp_{25}: 137°. UV-Spektrum (A.): *Gr.*, l. c. S. 140.

2.4.6-Trimethyl-*N*-butyl-anilin, *N-butyl-2,4,6-trimethylaniline* $C_{13}H_{21}N$, Formel VIII (R = $[CH_2]_3$-CH_3, X = H).

B. Aus Butyraldehyd-mesitylimin (nicht näher beschrieben) bei der Hydrierung an Raney-Nickel in Äthanol (*Grammaticakis*, Bl. **1949** 134, 143).

Kp_{40}: 168°; Kp_{20}: 148°. UV-Spektrum (A.): *Gr.*, l. c. S. 139.

Hydrochlorid. F: 137°.

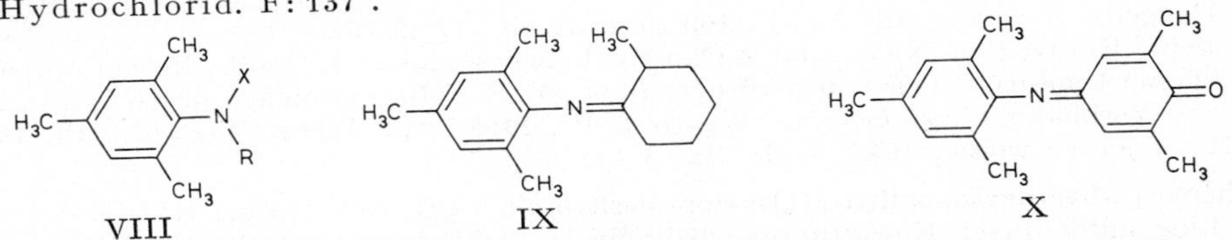

2.4.6.*N*-Tetramethyl-*N*-butyl-anilin, *N-butyl-2,4,6,N-tetramethylaniline* $C_{14}H_{23}N$, Formel VIII (R = $[CH_2]_3$-CH_3, X = CH_3).

B. Aus 2.4.6.*N*-Tetramethyl-anilin sowie aus 2.4.6-Trimethyl-*N*-butyl-anilin (*Grammaticakis*, Bl. **1949** 134, 143).

Kp_{18}: 140°. UV-Spektrum (A.): *Gr.*, l. c. S. 140.

2.4.6-Trimethyl-*N*-isobutyl-anilin, *N-isobutyl-2,4,6-trimethylaniline* $C_{13}H_{21}N$, Formel VIII (R = CH_2-$CH(CH_3)_2$, X = H).

B. Beim Erhitzen von 2.4.6-Trimethyl-anilin mit Isobutyraldehyd, amalgamiertem Zink, Essigsäure und wss. Salzsäure (*Emerson, Neumann, Moundres*, Am. Soc. **63** [1941] 972).

Kp: 267—277°. D_{20}^{20}: 0,8986. n_D^{20}: 1,5070.
Hydrochlorid $C_{13}H_{21}N \cdot HCl$. F: 148—150° [Zers.].

2-Nitro-1-[2.4.6-trimethyl-anilino]-2-methyl-propan, 2.4.6-Trimethyl-*N*-[β-nitro-isobutyl]-anilin, *2,4,6-trimethyl-*N*-(2-methyl-2-nitropropyl)aniline* $C_{13}H_{20}N_2O_2$, Formel VIII (R = CH_2-$C(CH_3)_2$-NO_2, X = H).

B. Bei 3-tägigem Erwärmen von 2.4.6-Trimethyl-anilin mit 2-Nitro-2-methyl-propan-ol-(1) unter Zusatz von wss. Tetrakis-[2-hydroxy-äthyl]-ammonium-hydroxid-Lösung (*Johnson*, Am. Soc. **68** [1946] 14, 16, 17).

Gelbe Krystalle; F: 52,0°.

2.4.6-Trimethyl-*N*-isopentyl-anilin, *N-isopentyl-2,4,6-trimethylaniline* $C_{14}H_{23}N$, Formel VIII (R = CH_2-CH_2-$CH(CH_3)_2$, X = H).

B. Beim Erhitzen von 2.4.6-Trimethyl-anilin oder von 2-Nitro-mesitylen mit Isovaleraldehyd, amalgamiertem Zink, Essigsäure und wss. Salzsäure (*Emerson, Neumann, Moundres*, Am. Soc. **63** [1941] 972).

Kp_{20}: 155—165°. D_{20}^{20}: 0,897. n_D^{20}: 1,5020 und 1,5035 (zwei Präparate).

(±)-Mesityl-[2-methyl-cyclohexyliden]-amin, (±)-1-Methyl-cyclohexanon-(2)-mesitylimin, *(±)-2,4,6-trimethyl-*N*-(2-methylcyclohexylidene)aniline* $C_{16}H_{23}N$, Formel IX.

B. Beim Erhitzen von 2.4.6-Trimethyl-anilin mit (±)-2.2-Diäthoxy-1-methyl-cyclohexan (nicht näher beschrieben) auf 150° (*Grammaticakis*, Bl. **1949** 134, 144).

Kp_{16}: 174—176°. UV-Spektrum von Lösungen in Äthanol und in Hexan: *Gr.*, l. c. S. 141.

2.6-Dimethyl-benzochinon-(1.4)-4-mesitylimin, *4-(mesitylimino)-2,6-dimethylcyclohexa-2,5-dien-1-one* $C_{17}H_{19}NO$, Formel X.

B. Aus 2.4.6-Trimethyl-anilin beim Behandeln mit Wasserstoffperoxid in essigsaurer wss. Lösung (pH 4,7) in Gegenwart von Peroxidase-Präparaten (*Chapman, Saunders*, Soc. **1941** 496, 498) sowie beim Behandeln mit 2.6-Dimethyl-benzochinon-(1.4) (*Ch., Sau.*, l. c. S. 499).

Rote Krystalle (aus wss. A.); F: 97°. Mit Wasserdampf flüchtig.

Beim Erhitzen mit Zink und Acetanhydrid unter Zusatz von Pyridin und Essigsäure ist *N*-[4-Acetoxy-3.5-dimethyl-phenyl]-*N*-mesityl-acetamid erhalten worden.

5-Mesitylimino-1.5-diphenyl-pentin-(1)-on-(3), *5-(mesitylimino)-1,5-diphenylpent-1-yn-3-one* $C_{26}H_{23}NO$, Formel I (R = CH_2-CO-C≡C-C_6H_5, X = C_6H_5), und **5-[2.4.6-Trimethyl-anilino]-1.5-diphenyl-penten-(4)-in-(1)-on-(3),** *1,5-diphenyl-1-(2,4,6-trimethylanilino)-pent-1-en-4-yn-3-one* $C_{26}H_{23}NO$, Formel II (R = $C(C_6H_5)$=CH-CO-C≡C-C_6H_5, X = H).

Die nachstehend beschriebene Verbindung wird als 3-Hydroxy-1.5-diphenyl-penten-(3)-in-(1)-on-(5)-mesitylimin (Formel I [R = CH=C(OH)-C≡C-C_6H_5, X = C_6H_5]) formuliert (*Chauvelier*, A. ch. [12] **3** [1948] 293, 399, 435).

B. Aus 2.4.6-Trimethyl-anilin und 1.5-Diphenyl-pentadiin-(1.4)-on-(3) in Äthanol (*Ch.*, A. ch. [12] **3** 435).

Hellgelbe Krystalle (aus A.); F: 169° (*Ch.*, A. ch. [12] **3** 435).

Beim Erhitzen in Xylol sind 4-Oxo-2.6-diphenyl-1-mesityl-1.4-dihydro-pyridin und 2-Phenyl-1-mesityl-5-benzyliden-Δ^2-pyrrolinon-(4) (F: 170°; bezüglich der Konstitution dieser Verbindung vgl. *Lefèbvre-Soubeyran*, Bl. **1966** 1242, 1266; *Chauvelier*, Bl. **1966** 1721) erhalten worden (*Ch.*, A. ch. [12] **3** 436).

Phenyl-[2-hydroxy-naphthyl-(1)]-keton-mesitylimin $C_{26}H_{23}NO$, Formel III.

Eine unter dieser Konstitution beschriebene Verbindung vom F: 170° (*Chauvelier*, A. ch. [12] **3** [1948] 393, 436) ist wahrscheinlich als 2-Phenyl-1-mesityl-5-benzyliden-Δ^2-pyrrolinon-(4) zu formulieren (*Chauvelier*, Bl. **1966** 1721, s. a. *Lefèbvre-Soubeyran*, Bl. **1966** 1242, 1266).

Ameisensäure-[2.4.6-trimethyl-anilid], *2',4',6'-trimethylformanilide* $C_{10}H_{13}NO$, Formel II (R = CHO, X = H) (H 1161; dort auch als Ameisensäure-mesidid bezeichnet).

B. Beim Erhitzen von 2.4.6-Trimethyl-anilin mit Kohlenoxid in Gegenwart von wss. Salzsäure unter 3000 at auf 250° (*Buckley, Ray*, Soc. **1949** 1151, 1153).

F: 182° [korr.; aus A.] (*Marion, Oldfield*, Canad. J. Res. [B] **25** [1947] 1, 13), 179° [unkorr.; aus wss. Me.] (*Bu., Ray*), 178—179° [aus wss. A.] (*Emerson, Neumann, Moundres*, Am. Soc. **63** [1941] 972).

Ameisensäure-[2.4.6-trimethyl-*N*-butyl-anilid], *N-butyl-2',4',6'-trimethylformanilide* $C_{14}H_{21}NO$, Formel II (R = CHO, X = $[CH_2]_3$-CH_3).

B. Aus 2.4.6-Trimethyl-*N*-butyl-anilin oder aus Ameisensäure-[2.4.6-trimethyl-anilid] (*Grammaticakis*, Bl. **1949** 134, 144, 145).

Kp_{14}: 176–178°. UV-Spektrum (A.): *Gr.*, l. c. S. 142.

Essigsäure-[2.4.6-trimethyl-anilid], *2',4',6'-trimethylacetanilide* $C_{11}H_{15}NO$, Formel II (R = CO-CH_3, X = H) (H 1161; E II 632; dort als Acetmesidid bezeichnet).

F: 219° [unter Sublimation oberhalb 180°] (*Grammaticakis*, Bl. **1949** 134, 144). UV-Spektrum (A.): *Gr.*, l. c. S. 142.

Chloressigsäure-[2.4.6-trimethyl-anilid], *2-chloro-2',4',6'-trimethylacetanilide* $C_{11}H_{14}ClNO$, Formel II (R = CO-CH_2Cl, X = H).

B. Beim Behandeln von 2.4.6-Trimethyl-anilin mit Chloracetylchlorid unter Zusatz von Natriumacetat in wss. Essigsäure (*Löfgren*, Ark. Kemi **22** A Nr. 18 [1946] 12).

Krystalle (aus A. oder Xylol); F: 178–179°.

Essigsäure-[2.4.6-trimethyl-*N*-isopropyl-anilid], *N-isopropyl-2',4',6'-trimethylacetanilide* $C_{14}H_{21}NO$, Formel II (R = CO-CH_3, X = $CH(CH_3)_2$).

B. Beim Erhitzen von 2.4.6-Trimethyl-anilin mit Aceton, amalgamiertem Zink, Essigsäure und wss. Salzsäure und Erhitzen des Reaktionsprodukts mit Acetanhydrid (*Emerson, Neumann, Moundres*, Am. Soc. **63** [1941] 972).

Kp_3: 118–123°.

Essigsäure-[2.4.6-trimethyl-*N*-butyl-anilid], *N-butyl-2',4',6'-trimethylacetanilide* $C_{15}H_{23}NO$, Formel II (R = CO-CH_3, X = $[CH_2]_3$-CH_3).

B. Aus 2.4.6-Trimethyl-*N*-butyl-anilin sowie aus Essigsäure-[2.4.6-trimethyl-anilid] (*Grammaticakis*, Bl. **1949** 134, 144, 145).

Kp_{16}: 175–176°. UV-Spektrum (A.): *Gr.*, l. c. S. 142.

Essigsäure-[2.4.6-trimethyl-*N*-isobutyl-anilid], *N-isobutyl-2',4',6'-trimethylacetanilide* $C_{15}H_{23}NO$, Formel II (R = CO-CH_3, X = CH_2-$CH(CH_3)_2$).

B. Aus 2.4.6-Trimethyl-*N*-isobutyl-anilin (*Emerson, Neumann, Moundres*, Am. Soc. **63** [1941] 972).

Krystalle (aus wss. Me.); F: 71,5–72,5°.

Benzoesäure-[2.4.6-trimethyl-anilid], *2',4',6'-trimethylbenzanilide* $C_{16}H_{17}NO$, Formel II (R = CO-C_6H_5, X = H) (H 1161; dort auch als Benzoesäure-mesidid bezeichnet).

B. Aus 2.4.6-Trimethyl-anilin und Benzoylchlorid (*Grammaticakis*, Bl. **1949** 134, 144).

Krystalle (aus A.); F: 206°. UV-Spektrum (A.): *Gr.*, l. c. S. 142.

Benzoesäure-[2.4.6-trimethyl-*N*-butyl-anilid], *N-butyl-2',4',6'-trimethylbenzanilide* $C_{20}H_{25}NO$, Formel II (R = CO-C_6H_5, X = $[CH_2]_3$-CH_3).

B. Aus 2.4.6-Trimethyl-*N*-butyl-anilin sowie aus Benzoesäure-[2.4.6-trimethyl-anilid] (*Grammaticakis*, Bl. **1949** 134, 144, 145).

Krystalle (aus wss. A.); F: 74°. UV-Spektrum (A.): *Gr.*, l. c. S. 142.

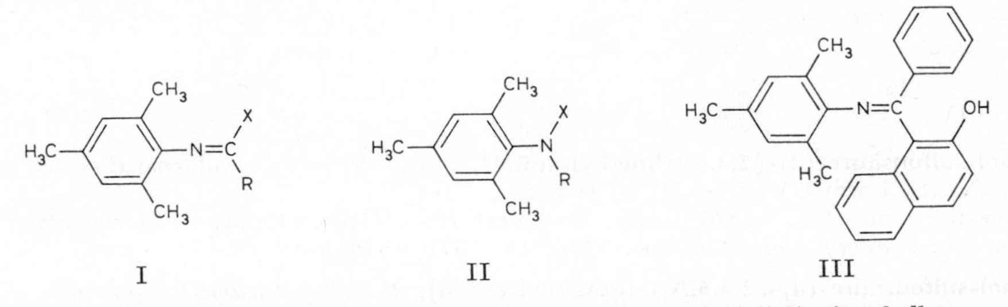

Benzoesäure-[2.4.6-trimethyl-*N*-isopentyl-anilid], *N-isopentyl-2',4',6'-trimethylbenzanilide* $C_{21}H_{27}NO$, Formel II (R = CO-C_6H_5, X = CH_2-CH_2-$CH(CH_3)_2$).

B. Aus 2.4.6-Trimethyl-*N*-isopentyl-anilin (*Emerson, Neumann, Moundres*, Am. Soc. **63** [1941] 972).

Krystalle (aus wss. A.); F: 92–93°.

N-Methyl-N-mesityl-succinamidsäure, *2',4',6',N-tetramethylsuccinanilic acid* $C_{14}H_{19}NO_3$, Formel II (R = $CO-CH_2-CH_2-COOH$, X = CH_3).

B. Beim Erwärmen von 2.4.6.N-Tetramethyl-anilin mit Bernsteinsäure-anhydrid in Benzol unter Zusatz von Schwefelsäure (*Adams, Dankert*, Am. Soc. **62** [1940] 2191).

Krystalle (aus Bzl.); F: 136° [korr.].

N-Phenyl-N'-mesityl-harnstoff, *1-mesityl-3-phenylurea* $C_{16}H_{18}N_2O$, Formel II (R = $CO-NH-C_6H_5$, X = H).

B. Aus 2.4.6-Trimethyl-anilin und Phenylisocyanat (*Grammaticakis*, Bl. **1949** 761, 769).

Krystalle (aus A.); F: 253° [Block]. UV-Spektrum (A.): *Gr.*, l. c. S. 765.

N-Butyl-N'-phenyl-N-mesityl-harnstoff, *1-butyl-1-mesityl-3-phenylurea* $C_{20}H_{26}N_2O$, Formel II (R = $CO-NH-C_6H_5$, X = $[CH_2]_3-CH_3$).

B. Aus 2.4.6-Trimethyl-N-butyl-anilin und Phenylisocyanat (*Grammaticakis*, Bl. **1949** 761, 769).

Krystalle (aus wss. A.); F: 79° [Block]. UV-Spektrum (A.): *Gr.*, l. c. S. 765.

Mesitylisocyanat, *isocyanic acid mesityl ester* $C_{10}H_{11}NO$, Formel IV (H 1162; dort als 2.4.6-Trimethyl-phenylisocyanat bezeichnet).

B. Aus 2.4.6-Trimethyl-anilin und Phosgen (*Siefken*, A. **562** [1949] 75, 115).

F: 48° (*Sekera, Vrba*, Ar. **291** [1958] 122, 124). Kp_{11}: 96—97° (*Sie.*).

N.N-Diäthyl-glycin-[2.4.6-trimethyl-anilid], *2-(diethylamino)-2',4',6'-trimethylacetanilide* $C_{15}H_{24}N_2O$, Formel II (R = $CO-CH_2-N(C_2H_5)_2$, X = H).

B. Aus Chloressigsäure-[2.4.6-trimethyl-anilid] und Diäthylamin in Benzol (*Löfgren*, Ark. Kemi **22** A Nr. 18 [1946] 12).

F: 48—49° (*Lö.*). E: 47° (*Lö.*). $Kp_{0,6}$: 155—156° (*Lö.*). Dissoziationsexponent pK_a der protonierten Verbindung (Wasser): 7,90 (*Ehrenberg*, Acta chem. scand. **2** [1948] 63, 71).

Hydrochlorid $C_{15}H_{24}N_2O \cdot HCl$. Krystalle (aus Acn. oder Dioxan); F: 136—137° (*Lö.*).

Perchlorat $C_{15}H_{24}N_2O \cdot HClO_4$. Krystalle (aus A.); F: 224—225° (*Lö.*).

Pikrat $C_{15}H_{24}N_2O \cdot C_6H_3N_3O_7$. Gelbe Krystalle (aus Dioxan); F: 219—220° [Zers.] (*Lö.*).

2-[2.4.6-Trimethyl-N-acetyl-anilino]-äthylquecksilber-chlorid, Essigsäure-[2.4.6-tri=methyl-N-(2-chloromercurio-äthyl)-anilid], *N-[2-(chloromercurio)ethyl]-2',4',6'-trimethyl=acetanilide* $C_{13}H_{18}ClHgNO$, Formel II (R = $CO-CH_3$, X = CH_2-CH_2-HgCl).

B. Beim Erwärmen von 2.4.6-Trimethyl-N-[2-phthalimidomercurio-äthyl]-anilin mit Acetylchlorid in Äthylacetat (*Sachs*, Soc. **1949** 733).

Krystalle (aus Bzl. + PAe.); F: 161—165°.

Beim Erhitzen mit wss. Salzsäure ist Essigsäure-[2.4.6-trimethyl-anilid] erhalten worden.

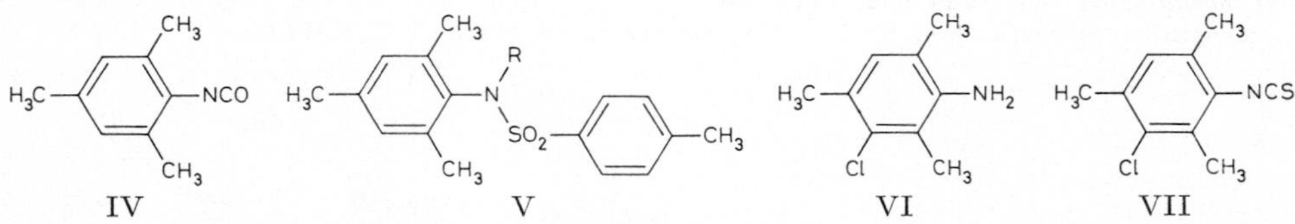

Toluol-sulfonsäure-(4)-[2.4.6-trimethyl-anilid], *2',4',6'-trimethyl-p-toluenesulfonanilide* $C_{16}H_{19}NO_2S$, Formel V (R = H) (E II 632).

Krystalle (aus A.); F: 167° (*Hey*, Soc. **1931** 1581, 1591). Optische Eigenschaften der Krystalle: *Seaman et al.*, Am. Soc. **67** [1945] 1571, 1576 Anm. 15.

Toluol-sulfonsäure-(4)-[2.4.6.N-tetramethyl-anilid], *2',4',6',N-tetramethyl-p-toluene=sulfonanilide* $C_{17}H_{21}NO_2S$, Formel V (R = CH_3).

B. Aus 2.4.6.N-Tetramethyl-anilin und Toluol-sulfonylchlorid-(4) (*Hey*, Soc. **1931** 1581, 1593).

Krystalle; F: 147—147,5° [aus wss. A.] (*Emerson*, Am. Soc. **63** [1941] 2023), 145° bis 146° [aus A.] (*Hey*).

N-Nitroso-2.4.6.N-tetramethyl-anilin, *2,4,6,*N*-tetramethyl-*N*-nitrosoaniline* $C_{10}H_{14}N_2O$, Formel II (R = CH_3, X = NO) auf S. 2711.

B. Aus 2.4.6.*N*.*N*-Pentamethyl-anilin beim Behandeln mit wss. Salzsäure und Natriumnitrit (*Emerson*, Am. Soc. **63** [1941] 2023).

Kp_3: 113—117°. D_{20}^{20}: 1,047. n_D^{20}: 1,5344.

3-Chlor-2.4.6-trimethyl-anilin, *3-chloro-2,4,6-trimethylaniline* $C_9H_{12}ClN$, Formel VI.

B. Aus 4-Chlor-2-nitro-1.3.5-trimethyl-benzol beim Behandeln mit Zinn und wss. Salzsäure (*Browne, Dyson*, Soc. **1931** 3285, 3303).

Krystalle; F: 28°.

3-Chlor-2.4.6-trimethyl-phenylisothiocyanat, *isothiocyanic acid 3-chloromesityl ester* $C_{10}H_{10}ClNS$, Formel VII.

B. Beim Behandeln von 3-Chlor-2.4.6-trimethyl-anilin in Chloroform mit Thiophosgen in Wasser (*Browne, Dyson*, Soc. **1931** 3285, 3303).

Krystalle (aus PAe.); F: 44°.

3-Brom-2.4.6-trimethyl-anilin, *3-bromo-2,4,6-trimethylaniline* $C_9H_{12}BrN$, Formel VIII (R = X = H) (H 1162).

Krystalle (aus PAe.); F: 40° (*Adams, Dankert*, Am. Soc. **62** [1940] 2191). Kp_{17}: 153° bis 155°.

3-Brom-2.4.6.N-tetramethyl-anilin, *3-bromo-2,4,6,*N*-tetramethylaniline* $C_{10}H_{14}BrN$, Formel VIII (R = CH_3, X = H).

B. Aus 3-Brom-2.4.6-trimethyl-anilin und Dimethylsulfat in Gegenwart von Wasser (*Adams, Dankert*, Am. Soc. **62** [1940] 2191). Aus 2.4.6.*N*-Tetramethyl-anilin beim Behandeln mit wss. Salzsäure und Brom (*Ad., Da.*).

Kp_{15}: 145°. D_4^{20}: 1,3127. n_D^{20}: 1,5745.

3-Brom-2.4.6-trimethyl-N-äthyl-anilin, *3-bromo-*N*-ethyl-2,4,6-trimethylaniline* $C_{11}H_{16}BrN$, Formel VIII (R = C_2H_5, X = H).

B. Beim Erwärmen von 3-Brom-2.4.6-trimethyl-anilin mit Diäthylsulfat und Wasser, anschliessenden Behandeln mit wss. Salzsäure und Natriumnitrit und Erwärmen einer Lösung des Reaktionsprodukts in Äther mit Zinn(II)-chlorid und wss. Salzsäure (*Adams, Stewart*, Am. Soc. **63** [1941] 2859, 2860).

Kp_4: 136—137°; $Kp_{2,5}$: 110—111°. D_4^{20}: 1,2746. n_D^{20}: 1,5616.

Essigsäure-[3-brom-2.4.6.N-tetramethyl-anilid], *3'-bromo-2',4',6',*N*-tetramethylacetanilide* $C_{12}H_{16}BrNO$, Formel VIII (R = CO-CH_3, X = CH_3).

B. Beim Erhitzen von 3-Brom-2.4.6.*N*-tetramethyl-anilin mit Acetanhydrid unter Zusatz von Schwefelsäure (*Adams, Dankert*, Am. Soc. **62** [1940] 2191).

Krystalle (aus PAe.); F: 71°.

N-Methyl-N-[3-brom-2.4.6-trimethyl-phenyl]-succinamidsäure, *3'-bromo-2',4',6',*N*-tetramethylsuccinanilic acid* $C_{14}H_{18}BrNO_3$, Formel VIII (R = CO-CH_2-CH_2-COOH, X = CH_3).

a) **(+)-N-Methyl-N-[3-brom-2.4.6-trimethyl-phenyl]-succinamidsäure.**

Gewinnung aus dem unter c) beschriebenen Racemat über das Brucin-Salz: *Adams, Dankert*, Am. Soc. **62** [1940] 2191.

Krystalle (aus Bzn.); F: 132° [korr.]. $[\alpha]_D^{27}$: +27° [A.; c = 0,2].

b) **(−)-N-Methyl-N-[3-brom-2.4.6-trimethyl-phenyl]-succinamidsäure.**

Gewinnung aus dem unter c) beschriebenen Racemat über das Brucin-Salz (s. u.): *Adams, Dankert*, Am. Soc. **62** [1940] 2191.

Krystalle (aus Bzn.); F: 132° [korr.]. $[\alpha]_D^{27}$: −29° [A.; c = 0,2].

Beim Erhitzen in Butanol-(1) erfolgt allmählich Racemisierung.

Brucin-Salz $C_{23}H_{26}N_2O_4 \cdot C_{14}H_{18}BrNO_3$. Krystalle mit 1 Mol Chloroform. $[\alpha]_D^{27}$: −37,5° [A.].

c) **(±)-N-Methyl-N-[3-brom-2.4.6-trimethyl-phenyl]-succinamidsäure.**

B. Beim Erwärmen von 3-Brom-2.4.6.*N*-tetramethyl-anilin mit Bernsteinsäureanhydrid in Benzol unter Zusatz von Schwefelsäure (*Adams, Dankert*, Am. Soc. **62** [1940] 2191). Aus *N*-Methyl-*N*-mesityl-succinamidsäure und Brom in Tetrachlormethan (*Ad., Da.*).

Krystalle (aus Bzl.); F: 136° [korr.].

N-Äthyl-N-[3-brom-2.4.6-trimethyl-phenyl]-succinamidsäure, *3'-bromo-*N*-ethyl-2',4',6'-trimethylsuccinanilic acid* $C_{15}H_{20}BrNO_3$, Formel VIII ($R = CO\text{-}CH_2\text{-}CH_2\text{-}COOH$, $X = C_2H_5$).

a) **(+)-N-Äthyl-N-[3-brom-2.4.6-trimethyl-phenyl]-succinamidsäure.** Gewinnung aus dem unter c) beschriebenen Racemat über das Cinchonidin-Salz (s. u.): *Adams, Stewart,* Am. Soc. **63** [1941] 2859, 2861.

Krystalle (aus CCl_4 + PAe.); F: 104,5° [korr.]. $[\alpha]_D^{30}$: +25° [A.; c = 0,5].

Cinchonidin-Salz. Krystalle (aus E. + Me.); F: 117—118° [korr.]. $[\alpha]_D^{30}$: —41° [A.].

b) **(—)-N-Äthyl-N-[3-brom-2.4.6-trimethyl-phenyl]-succinamidsäure.** Gewinnung aus dem unter c) beschriebenen Racemat über das Cinchonidin-Salz (s. u.): *Adams, Stewart,* Am. Soc. **63** [1941] 2859, 2861.

Krystalle (aus CCl_4 + PAe.); F: 104,5° [korr.]. $[\alpha]_D^{30}$: —25° [A.; c = 0,5].

Beim Erhitzen in Butanol-(1) erfolgt allmählich Racemisierung.

Cinchonidin-Salz. Krystalle (aus E. + Me.); F: 112,5—114,5° [korr.]. $[\alpha]_D^{30}$: —66° [A.].

c) **(±)-N-Äthyl-N-[3-brom-2.4.6-trimethyl-phenyl]-succinamidsäure.** *B.* Beim Erwärmen von 3-Brom-2.4.6-trimethyl-N-äthyl-anilin mit Bernsteinsäure-anhydrid in Benzol unter Zusatz von wss. Phosphorsäure (*Adams, Stewart,* Am. Soc. **63** [1941] 2859, 2860).

Krystalle (aus CCl_4 + PAe.); F: 111,5° [korr.].

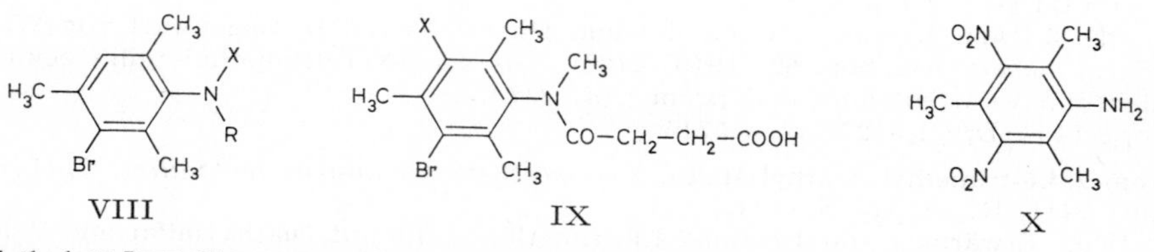

N-Methyl-N-[3.5-dibrom-2.4.6-trimethyl-phenyl]-succinamidsäure, *3',5'-dibromo-2',4',6',*N*-tetramethylsuccinanilic acid* $C_{14}H_{17}Br_2NO_3$, Formel IX (X = Br).

B. Aus (±)-N-Methyl-N-[3-brom-2.4.6-trimethyl-phenyl]-succinamidsäure und Brom (*Adams, Dankert,* Am. Soc. **62** [1940] 2191).

Krystalle (aus A.); F: 171° [korr.].

N-Methyl-N-[5-brom-3-nitro-2.4.6-trimethyl-phenyl]-succinamidsäure, *3'-bromo-2',4',6',*N*-tetramethyl-5'-nitrosuccinanilic acid* $C_{14}H_{17}BrN_2O_5$, Formel IX ($X = NO_2$).

a) **(+)-N-Methyl-N-[5-brom-3-nitro-2.4.6-trimethyl-phenyl]-succinamidsäure.** *B.* Aus (+)-N-Methyl-N-[3-brom-2.4.6-trimethyl-phenyl]-succinamidsäure und Salpetersäure (*Adams, Dankert,* Am. Soc. **62** [1940] 2191).

Krystalle (aus Bzl.); F: 165°. $[\alpha]_D^{27}$: +6,0° [A.; c = 0,7].

b) **(—)-N-Methyl-N-[5-brom-3-nitro-2.4.6-trimethyl-phenyl]-succinamidsäure.** *B.* Aus (—)-N-Methyl-N-[3-brom-2.4.6-trimethyl-phenyl]-succinamidsäure und Salpetersäure (*Adams, Dankert,* Am. Soc. **62** [1940] 2191).

Krystalle (aus Bzl.); F: 165°. $[\alpha]_D^{27}$: —6,3° [A.; c = 0,6].

c) **(±)-N-Methyl-N-[5-brom-3-nitro-2.4.6-trimethyl-phenyl]-succinamidsäure.** *B.* Aus (±)-N-Methyl-N-[3-brom-2.4.6-trimethyl-phenyl]-succinamidsäure und Salpetersäure (*Adams, Dankert,* Am. Soc. **62** [1940] 2191).

Krystalle (aus Bzl.); F: 165° [korr.].

3.5-Dinitro-2.4.6-trimethyl-anilin, *2,4,6-trimethyl-3,5-dinitroaniline* $C_9H_{11}N_3O_4$, Formel X (H 1163).

B. Aus 2.4.6-Trinitro-mesitylen beim Erwärmen mit wss.-äthanol. Natronlauge unter Einleiten von Schwefelwasserstoff (*Adams, Chase,* Am. Soc. **70** [1948] 4202).

Krystalle (aus A.); F: 194—195°.

Amine $C_{10}H_{15}N$

2-Butyl-anilin, *o-butylaniline* $C_{10}H_{15}N$, Formel XI (E II 633).

B. Aus 2-Nitro-1-butyl-benzol bei der Hydrierung an Platin in Essigsäure (*Vavon,*

Guédon, Bl. [4] **47** [1930] 901, 902).

Kp_{15}: 124—126°.

4-Butyl-anilin, p-*butylaniline* $C_{10}H_{15}N$, Formel XII (R = X = H) (E I 503; E II 633).

B. Aus *N*-Butyl-anilin beim Erhitzen unter Zusatz von Kobalt(II)-chlorid bei vermindertem Druck bis auf 250° (*Hickinbottom, Waine*, Soc. **1930** 1558, 1565; vgl. E II 633).

Kp: 248—250° (*Landsteiner, van der Scheer*, J. exp. Med. **59** [1934] 751, 753).

***N.N*-Dimethyl-4-butyl-anilin,** p-*butyl*-N,N-*dimethylaniline* $C_{12}H_{19}N$, Formel XII (R = X = CH_3).

B. Aus 4-Butyl-anilin und Dimethylsulfat (*Davies, Hulbert*, J. Soc. chem. Ind. **57** [1938] 349). Aus *N.N*-Dimethyl-4-[buten-(1)-yl]-anilin bei der Hydrierung an Nickel in wss. Äthanol (*Rupe, Collin, Schmiderer*, Helv. **14** [1931] 1340, 1351).

Kp_{16}: 137° (*Da., Hu.*). Elektrolytische Dissoziation des *N.N*-Dimethyl-4-butyl-anilinium-Ions in wss. Äthanol: *Davies*, Soc. **1938** 1865, 1866.

Geschwindigkeit der Reaktion mit Methyljodid in wss. Aceton bei 35°: *Da.*, l. c. S. 1867.

Perchlorat $C_{12}H_{19}N \cdot HClO_4$. Krystalle; F: 37° (*Rupe, Co., Sch.*).

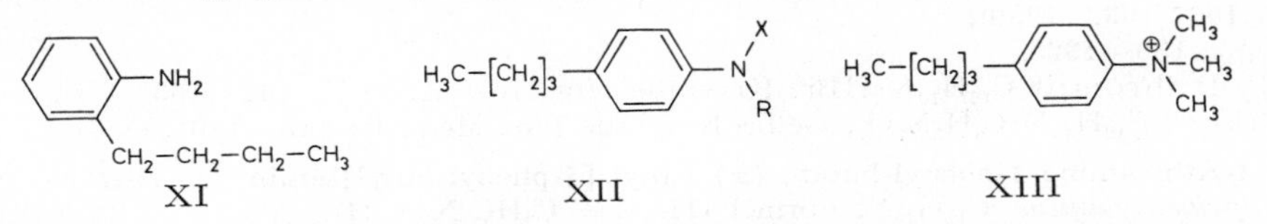

XI XII XIII

Tri-*N*-methyl-4-butyl-anilinium, p-*butyl*-N,N,N-*trimethylanilinium* $[C_{13}H_{22}N]^{\oplus}$, Formel XIII.

Jodid $[C_{13}H_{22}N]I$. *B.* Aus *N.N*-Dimethyl-4-butyl-anilin und Methyljodid (*Davies, Hulbert*, J. Soc. chem. Ind. **57** [1938] 349). — Krystalle (aus A. + Ae.); F: 199,5° [korr.].

Phenyl-[4-butyl-phenyl]-amin, *4-butyldiphenylamine* $C_{16}H_{19}N$, Formel XII (R = C_6H_5, X = H).

B. Aus Phenyl-[4-(buten-(2)-yl)-phenyl]-amin bei der Hydrierung (*Goodrich Co.*, U.S.P. 2419735 [1941]).

F: 18—19°.

Essigsäure-[4-butyl-anilid], *4'-butylacetanilide* $C_{12}H_{17}NO$, Formel XII (R = CO-CH_3, X = H) (E II 634).

B. Aus Essigsäure-[4-(buten-(2)-yl)-anilid] (F: 98—99°) bei der Hydrierung an Palladium in Essigsäure (*Hickinbottom*, Soc. **1934** 1981, 1983).

F: 103—104°.

4-Acetamino-1-[2.3-dibrom-butyl]-benzol, Essigsäure-[4-(2.3-dibrom-butyl)-anilid], *4'-(2,3-dibromobutyl)acetanilide* $C_{12}H_{15}Br_2NO$, Formel I.

Eine opt.-inakt. Verbindung (Krystalle [aus A.]; F: 127—128°) dieser Konstitution ist aus Essigsäure-[4-(buten-(2)-yl)-anilid] (F: 98—99°) und Brom in Chloroform erhalten worden (*Hickinbottom*, Soc. **1934** 1981, 1983).

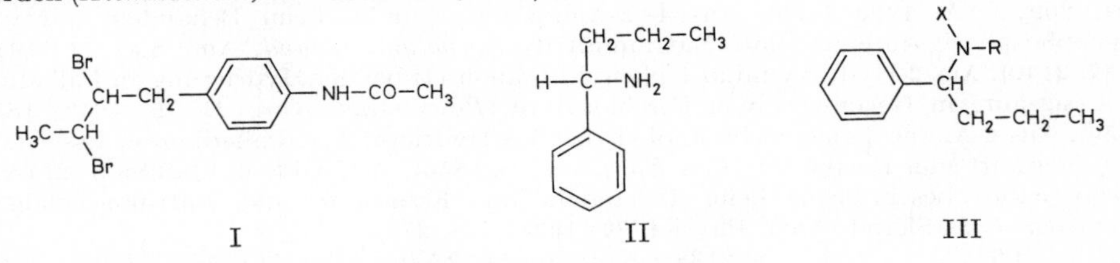

I II III

1-Phenyl-butylamin, α-*propylbenzylamine* $C_{10}H_{15}N$.

a) **(*S*)-1-Phenyl-butylamin,** Formel II.

B. Aus (*S*)-1-Azido-1-phenyl-butan ($[\alpha]_D^{25}$: −13,2° [unverd.]) bei der Hydrierung an Platin in Methanol (*Levene, Rothen, Kuna*, J. biol. Chem. **120** [1937] 777, 796).

Kp_{10}: 105°. D_4^{25}: 0,9197. n_D^{25}: 1,5089. $[\alpha]_D^{25}$: −2,28° [unverd.]; $[\alpha]_D^{25}$: +0,66° [Hydrochlorid in W.; c = 10].

b) **(±)-1-Phenyl-butylamin,** Formel II + Spiegelbild (H 1165; E I 503; E II 634).

Kp_{80}: 151°; D^{27}: 0,923; n_D^{27}: 1,5085 (*Bringi, Phalnikar, Bhide,* J. Univ. Bombay **18**, Tl. 5A [1950] 25).

Hydrochlorid (H 1165; E II 634). F: 282°.

Pikrat $C_{10}H_{15}N \cdot C_6H_3N_3O_7$. Krystalle (aus W.); F: 161°.

(±)-1-Methylamino-1-phenyl-butan, (±)-Methyl-[1-phenyl-butyl]-amin, (±)-N-*methyl-α-propylbenzylamine* $C_{11}H_{17}N$, Formel III (R = CH_3, X = H) (E II 635).

B. Beim Erwärmen von Benzaldehyd-methylimin mit Propylmagnesiumbromid in Äther (*Campbell et al.,* Am. Soc. **70** [1948] 3869).

Kp_{15}: 100—102°. D_4^{20}: 0,9076. n_D^{20}: 1,5030.

Hydrochlorid $C_{11}H_{17}N \cdot HCl$. Krystalle (aus A. + Ae.); F: 150° [Zers.].

(±)-1-Dimethylamino-1-phenyl-butan, (±)-Dimethyl-[1-phenyl-butyl]-amin, (±)-N,N-*dimethyl-α-propylbenzylamine* $C_{12}H_{19}N$, Formel III (R = X = CH_3).

B. Aus (±)-Dimethylamino-phenyl-acetonitril und Propylmagnesiumbromid sowie aus (±)-2-Dimethylamino-valeronitril und Phenylmagnesiumbromid (*Thomson, Stevens,* Soc. **1932** 1932, 1939).

Kp_{40}: 130—132°.

Hydrobromid $C_{12}H_{19}N \cdot HBr$. Krystalle (aus A. + Ae.); F: 162—163°.

Pikrat $C_{12}H_{19}N \cdot C_6H_3N_3O_7$. Gelbe Krystalle (aus Me.); F: 139—140°.

(±)-1-Äthylamino-1-phenyl-butan, (±)-Äthyl-[1-phenyl-butyl]-amin, (±)-N-*ethyl-α-propylbenzylamine* $C_{12}H_{19}N$, Formel III (R = C_2H_5, X = H).

B. Beim Erwärmen von Benzaldehyd-äthylimin mit Propylmagnesiumbromid in Äther (*Campbell et al.,* Am. Soc. **70** [1948] 3869).

Kp_6: 75—76°. D_4^{20}: 0,8894. n_D^{20}: 1,4966.

Hydrochlorid $C_{12}H_{19}N \cdot HCl$. Krystalle (aus A. + Ae.); F: 180° [Zers.].

(±)-*N*-[1-Phenyl-butyl]-acetamid, (±)-N-(*α-propylbenzyl*)*acetamide* $C_{12}H_{17}NO$, Formel III (R = CO-CH_3, X = H).

B. Aus (±)-1-Phenyl-butylamin (*Bringi, Phalnikar, Bhide,* J. Univ. Bombay **18**, Tl. 5A [1950] 25).

Krystalle (aus A.); F: 63°.

(±)-1-[4-Chlor-phenyl]-butylamin, (±)-*4-chloro-α-propylbenzylamine* $C_{10}H_{14}ClN$, Formel IV.

B. Aus 1-[4-Chlor-phenyl]-butanon-(1)-oxim (F: 69°) beim Erwärmen mit Äthanol und Natrium (*Bringi, Phalnikar, Bhide,* J. Univ. Bombay **18**, Tl. 5A [1950] 25).

Kp_{25}: 190°. D^{27}: 1,091. n_D^{27}: 1,5053.

Hydrochlorid. F: 240°.

Pikrat $C_{10}H_{14}ClN \cdot C_6H_3N_3O_7$. Krystalle (aus Bzl.); F: 158°.

(±)-2-Amino-1-phenyl-butan, (±)-1-Benzyl-propylamin, (±)-*α-ethylphenethylamine* $C_{10}H_{15}N$, Formel V (R = X = H).

B. Beim Erhitzen von 1-Phenyl-butanon-(2) mit Formamid auf 220° und Erwärmen des Reaktionsprodukts mit äthanol. Kalilauge (*Niinobe,* J. pharm. Soc. Japan **63** [1943] 204, 209; C. A. **1950** 7490). Aus 4-[2-Amino-butyl]-anilin beim Behandeln mit wss. Hypophosphorigsäure und mit Natriumnitrit (*Kornblum, Iffland,* Am. Soc. **71** [1949] 2137, 2140). Aus 2-Hydroxyimino-1-phenyl-butanon-(1) bei der Hydrierung an Palladium in Essigsäure in Gegenwart von Perchlorsäure (*Rosenmund, Karg,* B. **75** [1942] 1850, 1856). Aus 2-Amino-1-phenyl-butanol-(1) bei der Hydrierung an Palladium in Essigsäure in Gegenwart von Borfluorid (*Ro., Karg,* l. c. S. 1855). Aus 1-Phenyl-butanon-(2)-oxim (nicht näher beschrieben) beim Behandeln mit Essigsäure und Natrium-Amalgam (*Jacobsen et al.,* Skand. Arch. Physiol. **79** [1938] 258, 278).

Kp_{15}: 106° (*Ko., Iff.,* l. c. S. 2138); Kp_6: 86—90° (*Nii.*). n_D^{20}: 1,5142 (*Ko., Iff.*).

Charakterisierung als Benzoyl-Derivat (F: 122—122,5° bzw. 124—125° [S. 2717]): *Ko., Iff.*; *Ghosh, Battacharya,* J. Indian chem. Soc. **37** [1960] 111, 115.

Hydrochlorid $C_{10}H_{15}N \cdot HCl$. Krystalle; F: 146° [aus A. + E.] (*Ro., Karg,* l. c. S. 1855), 143° [aus E. + Ae.] (*Nii.*).

Sulfat. F: 221—227° (*Ja. et al.*).

Hexachloroplatinat(IV) 2 $C_{10}H_{15}N \cdot H_2PtCl_6$. Orangegelbe Krystalle (aus wss. A.); F: 219° [Zers.] (*Nii.*).

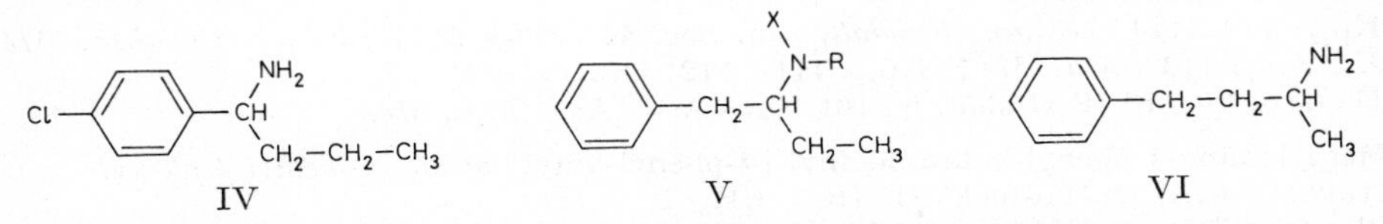

(±)-2-Methylamino-1-phenyl-butan, (±)-Methyl-[1-benzyl-propyl]-amin, (±)-*α-ethyl-N-methylphenethylamine* $C_{11}H_{17}N$, Formel V (R = CH_3, X = H).

B. Beim Erhitzen von 1-Phenyl-butanon-(2) mit *N*-Methyl-formamid in Ameisensäure bis auf 180° und Erwärmen des Reaktionsprodukts mit wss. Schwefelsäure (*Smith, Kline & French Labor.*, U.S.P. 2454746 [1947]). Aus opt.-inakt. 2-Methylamino-1-phenyl-butanol-(1)-hydrochlorid (F: 207°) bei der Hydrierung an Palladium in Essigsäure in Gegenwart von Perchlorsäure bei 80° (*Rosenmund, Karg*, B. **75** [1942] 1850, 1856).

Kp: 226—230° (*Smith, Kline & French Labor.*).

Hydrochlorid $C_{11}H_{17}N \cdot HCl$. Krystalle (aus E.); F: 115° (*Ro., Karg*).

(±)-2-Dimethylamino-1-phenyl-butan, (±)-Dimethyl-[1-benzyl-propyl]-amin, (±)-*α-ethyl-N,N-dimethylphenethylamine* $C_{12}H_{19}N$, Formel V (R = X = CH_3).

B. Aus *N.N*-Dimethyl-DL-phenylalanin-nitril und Äthylmagnesiumjodid (*Thomson, Stevens*, Soc. **1932** 1932, 1940). Aus (±)-Dimethyl-[1-benzyl-allyl]-amin bei der Hydrierung an Palladium in Essigsäure (*Th., St.*, l. c. S. 1939).

Kp_{36}: 133—138°.

Hydrobromid $C_{12}H_{19}N \cdot HBr$. Krystalle (aus A. + Ae.); F: 161—163°.

(±)-2-Phenäthylamino-1-phenyl-butan, (±)-[1-Benzyl-propyl]-phenäthyl-amin, (±)-*α-ethyldiphenethylamine* $C_{18}H_{23}N$, Formel V (R = CH_2-CH_2-C_6H_5, X = H).

B. Beim Erwärmen von Phenäthylamin mit 1-Phenyl-butanon-(2) unter vermindertem Druck und Hydrieren des Reaktionsprodukts an Palladium in Methanol (*Buth, Külz, Rosenmund*, B. **72** [1939] 19, 28).

Kp_{12}: 187—189°.

Hydrochlorid $C_{18}H_{23}N \cdot HCl$. F: 127°.

(±)-2-Benzamino-1-phenyl-butan, (±)-*N*-[1-Benzyl-propyl]-benzamid, (±)-N-(*α-ethylphenethyl)benzamide* $C_{17}H_{19}NO$, Formel V (R = CO-C_6H_5, X = H).

B. Aus (±)-1-Benzyl-propylamin (*Kornblum, Iffland*, Am. Soc. **71** [1949] 2137, 2138).

Krystalle; F: 124—125° [aus wss. A.] (*Ghosh, Battacharya*, J. Indian chem. Soc. **37** [1960] 111, 115), 122—122,5° (*Ko., Iff.*).

(±)-3-Amino-1-phenyl-butan, (±)-1-Methyl-3-phenyl-propylamin, (±)-*1-methyl-3-phenylpropylamine* $C_{10}H_{15}N$, Formel VI (H 1165).

B. Aus 1*t*-Phenyl-buten-(1)-on-(3) (*trans*-Benzylidenaceton) bei der Hydrierung eines Gemisches mit Ammoniak in Äthanol an Raney-Nickel (*Haskelberg*, Am. Soc. **70** [1948] 2811).

Kp_4: 80° (*Ha.*).

Hydrochlorid $C_{10}H_{15}N \cdot HCl$ (H 1165). F: 148° [aus E.] (*Ha.*), 143° [aus A. + Ae.] (*Niinobe*, J. pharm. Soc. Japan **63** [1943] 204, 210; C. A. **1950** 7490).

Sulfat (vgl. H 1166). F: 255,5° (*Jacobsen et al.*, Skand. Arch. Physiol. **79** [1938] 258, 278).

(±)-1-Methyl-3-phenyl-propylisocyanat, (±)-*isocyanic acid 1-methyl-3-phenylpropyl ester* $C_{11}H_{13}NO$, Formel VII.

B. Beim Erhitzen von (±)-1-Methyl-3-phenyl-propylamin-hydrochlorid mit Phosgen in Chlorbenzol (*Siefken*, A. **562** [1949] 75, 100, 112).

Kp_{12}: 117° [unkorr.].

4-Phenyl-butylamin, *4-phenylbutylamine* $C_{10}H_{15}N$, Formel VIII (R = X = H) (E I 504; E II 635).

B. Aus 4-Phenyl-butyronitril bei der Hydrierung an Platin in Acetanhydrid und Behandlung des Reaktionsprodukts mit wss. Salzsäure (*Cope, McElvain*, Am. Soc. **53**

[1931] 1587, 1588; vgl. *Carothers, Jones*, Am. Soc. **47** [1925] 3051, 3055) sowie bei der Hydrierung an Raney-Nickel in äthanol. Alkalilauge unter 45 at (*Mastagli, Métayer*, Bl. **1948** 1091; *Métayer*, A. ch. [12] **4** [1949] 198, 201). Aus 5-Phenyl-valeramid (*Külz et al.*, B. **72** [1939] 2161, 2165).

Kp_{42}: 142—144° (*Braun, Randall*, Am. Soc. **56** [1934] 2134); Kp_{17}: 118° (*Ma., Mé.*; *Mé.*); Kp_{13}: 113° (*Ma., Mé.*); Kp_{12}: 111—112° (*Külz et al.*).

Hydrochlorid (E II 635). F: 161° [aus A. + Ae.] (*Ma., Mé.*).

4-Methylamino-1-phenyl-butan, Methyl-[4-phenyl-butyl]-amin, N-*methyl-4-phenylbutylamine* $C_{11}H_{17}N$, Formel VIII (R = CH_3, X = H).

B. Aus *N*-Methyl-*N*-[4-phenyl-butyl]-toluolsulfonamid-(4) beim Erhitzen mit wss. Salzsäure auf 180° (*Cope, McElvain*, Am. Soc. **53** [1931] 1587, 1588).

Kp_5: 95,0—95,4°; D_{25}^{25}: 0,9126; n_D^{25}: 1,5035 (*Cope, McE.*). Dissoziationsexponent pK_a des Methyl-[4-phenyl-butyl]-ammonium-Ions (Wasser; potentiometrisch ermittelt) bei 25°: 10,76 (*Hall, Sprinkle*, Am. Soc. **54** [1932] 3469, 3473).

Hydrochlorid $C_{11}H_{17}N\cdot HCl$. F: 126,2—126,8° [korr.] (*Cope, McE.*).

Trimethyl-[4-phenyl-butyl]-ammonium, *trimethyl(4-phenylbutyl)ammonium* $[C_{13}H_{22}N]^{\oplus}$, Formel IX (E I 504).

Tetrachloroaurat(III) $[C_{13}H_{22}N]AuCl_4$. *B.* Aus dem Jodid (E I 504) über das Chlorid (*Achmatowicz, Lindenfeld*, Roczniki Chem. **18** [1938] 75, 83; C. **1939** II 627). — Gelbe Krystalle (aus wss. A.); F: 149—150°.

4-Äthylamino-1-phenyl-butan, Äthyl-[4-phenyl-butyl]-amin, N-*ethyl-4-phenylbutylamine* $C_{12}H_{19}N$, Formel VIII (R = C_2H_5, X = H).

B. Neben Äthyl-bis-[4-phenyl-butyl]-amin beim Erhitzen von 4-Phenyl-butylchlorid mit Äthylamin in Äthanol unter Zusatz von wss. Natriumcarbonat-Lösung auf 120° (*Külz et al.*, B. **72** [1939] 2161, 2165).

Kp_{15}: 129—131°.

Hydrochlorid $C_{12}H_{19}N\cdot HCl$. Krystalle (aus E. + A.); F: 147°.

4-Diäthylamino-1-phenyl-butan, Diäthyl-[4-phenyl-butyl]-amin, N,N-*diethyl-4-phenylbutylamine* $C_{14}H_{23}N$, Formel VIII (R = X = C_2H_5).

B. Aus Diäthyl-[2-chlor-äthyl]-amin und Phenäthylmagnesiumbromid (*I. G. Farbenind.*, D.R.P. 501607 [1928]; Frdl. **17** 2521).

Kp_{10}: 132°.

4-Benzylamino-1-phenyl-butan, [4-Phenyl-butyl]-benzyl-amin, N-*benzyl-4-phenylbutylamine* $C_{17}H_{21}N$, Formel VIII (R = CH_2-C_6H_5, X = H).

B. Bei der Umsetzung von 4-Phenyl-butylamin mit Benzaldehyd und anschliessenden Hydrierung (*Külz et al.*, B. **72** [1939] 2161, 2166).

Hydrochlorid $C_{17}H_{21}N\cdot HCl$. Krystalle (aus E. + A.); F: 196°.

Methyl-[4-phenyl-butyl]-benzyl-amin, N-*benzyl*-N-*methyl-4-phenylbutylamine* $C_{18}H_{23}N$, Formel VIII (R = CH_2-C_6H_5, X = CH_3).

B. Beim Erhitzen von Methyl-benzyl-amin mit 4-Phenyl-butylchlorid und Natriumcarbonat in wss. Äthanol auf 120° (*Rosenmund, Külz*, U.S.P. 2006114 [1933]).

Hydrochlorid. Krystalle; F: 113°.

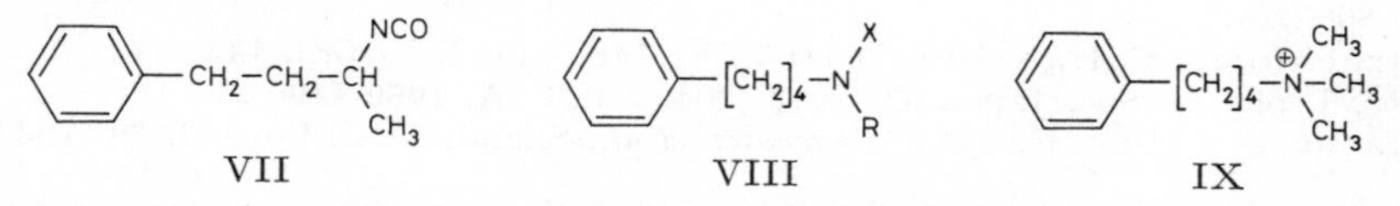

Äthyl-[4-phenyl-butyl]-benzyl-amin, N-*benzyl*-N-*ethyl-4-phenylbutylamine* $C_{19}H_{25}N$, Formel VIII (R = CH_2-C_6H_5, X = C_2H_5).

B. Beim Erhitzen von Äthyl-[4-phenyl-butyl]-amin mit Benzylchlorid und Natriumcarbonat in Äthanol auf 120° (*Külz et al.*, B. **72** [1939] 2161, 2167).

$Kp_{0,6}$: 168°.

Hydrochlorid $C_{19}H_{25}N\cdot HCl$. F: 117°.

4-Phenäthylamino-1-phenyl-butan, [4-Phenyl-butyl]-phenäthyl-amin, N-*phenethyl-4-phenylbutylamine* $C_{18}H_{23}N$, Formel VIII (R = CH_2-CH_2-C_6H_5, X = H).

B. Beim Erhitzen von 4-Phenyl-butylamin mit Phenäthylchlorid und Natriumcarbonat

in Äthanol auf 120° (*Külz et al.*, B. **72** [1939] 2161, 2167).
$Kp_{1,8}$: 198°.
Hydrochlorid $C_{18}H_{23}N \cdot HCl$. F: 193°.

Äthyl-[4-phenyl-butyl]-phenäthyl-amin, N-*ethyl*-N-*phenethyl-4-phenylbutylamine* $C_{20}H_{27}N$, Formel VIII (R = CH_2-CH_2-C_6H_5, X = C_2H_5).
B. Beim Erhitzen von Äthyl-[4-phenyl-butyl]-amin mit Phenäthylchlorid und Natrium≈carbonat in Äthanol auf 120° (*Külz et al.*, B. **72** [1939] 2161, 2167).
Kp_1: 177°.

[3-Phenyl-propyl]-[4-phenyl-butyl]-amin, *4-phenyl*-N-*(3-phenylpropyl)butylamine* $C_{19}H_{25}N$, Formel VIII (R = $[CH_2]_3$-C_6H_5, X = H).
B. Beim Erhitzen von 4-Phenyl-butylamin mit 3-Phenyl-propylchlorid und Natrium≈carbonat in Äthanol auf 120° (*Külz et al.*, B. **72** [1939] 2161, 2167).
$Kp_{0,5}$: 193°.
Hydrochlorid $C_{19}H_{25}N \cdot HCl$. F: 180°.

Äthyl-[3-phenyl-propyl]-[4-phenyl-butyl]-amin, N-*ethyl-4-phenyl*-N-*(3-phenylpropyl)≈butylamine* $C_{21}H_{29}N$, Formel VIII (R = $[CH_2]_3$-C_6H_5, X = C_2H_5).
B. Beim Erhitzen von Äthyl-[4-phenyl-butyl]-amin mit 3-Phenyl-propylchlorid und Natriumcarbonat in Äthanol auf 120° (*Külz et al.*, B. **72** [1939] 2161, 2167).
$Kp_{2,5}$: 195—196°.
Perchlorat. F: 76°.

Bis-[4-phenyl-butyl]-amin, *4,4'-diphenyldibutylamine* $C_{20}H_{27}N$, Formel X (R = H).
B. Beim Erhitzen von 4-Phenyl-butylamin mit 4-Phenyl-butylchlorid und Natrium≈carbonat in Äthanol auf 120° (*Külz et al.*, B. **72** [1939] 2161, 2165).
Kp_6: 221—224°.
Hydrochlorid $C_{20}H_{27}N \cdot HCl$. Krystalle (aus A. + E.); F: 179°.

Methyl-bis-[4-phenyl-butyl]-amin, N-*methyl-4,4'-diphenyldibutylamine* $C_{21}H_{29}N$, Formel X (R = CH_3).
B. Beim Behandeln von 4-Phenyl-butylbromid mit Methylamin und Natriumcarbonat in Äthanol (*Blicke, Zienty*, Am. Soc. **61** [1939] 774; vgl. *Blicke, Monroe*, Am. Soc. **61** [1939] 91).
Kp_6: 193—195° (*Bl., Zie.*).
Tetrachloroaurat(III) $C_{21}H_{29}N \cdot HAuCl_4$. Krystalle (aus wss. A.); F: 113—114° (*Bl., Zie.*).

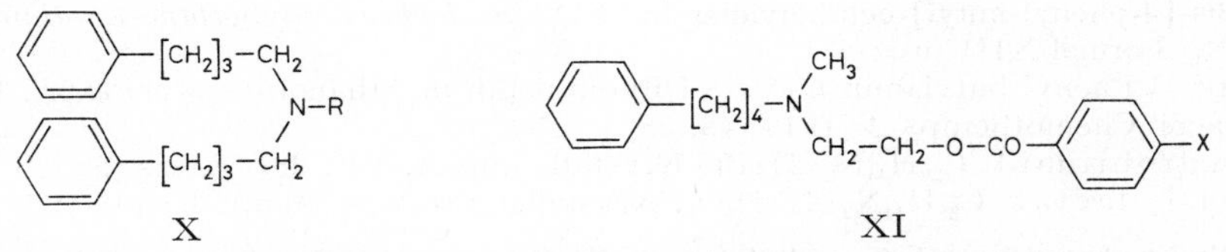

Äthyl-bis-[4-phenyl-butyl]-amin, N-*ethyl-4,4'-diphenyldibutylamine* $C_{22}H_{31}N$, Formel X (R = C_2H_5).
B. Neben Äthyl-[4-phenyl-butyl]-amin beim Erhitzen einer äthanol. Lösung von 4-Phenyl-butylchlorid mit Äthylamin und wss. Natriumcarbonat-Lösung auf 120° (*Külz et al.*, B. **72** [1939] 2161, 2165).
$Kp_{3,5}$: 215—216°.
Perchlorat. Krystalle (aus A. + Ae.); F: 88°.

2-[Methyl-(4-phenyl-butyl)-amino]-1-benzoyloxy-äthan, *1-(benzoyloxy)-2-[methyl≈(4-phenylbutyl)amino]ethane* $C_{20}H_{25}NO_2$, Formel XI (X = H).
B. Beim Erhitzen von Methyl-[4-phenyl-butyl]-amin mit Benzoesäure-[2-chlor-äthylester] (*Cope, McElvain*, Am. Soc. **53** [1931] 1587, 1589).
Hydrochlorid $C_{20}H_{25}NO_2 \cdot HCl$. Krystalle (aus Ae. + Butanol-(1)); F: 106,9° bis 107,5° [korr.].

2-[Methyl-(4-phenyl-butyl)-amino]-1-[4-nitro-benzoyloxy]-äthan, *1-[methyl(4-phenyl≈butyl)amino]-2-(4-nitrobenzoyloxy)ethane* $C_{20}H_{24}N_2O_4$, Formel XI (X = NO_2).
B. Aus Methyl-[4-phenyl-butyl]-amin und 4-Nitro-benzoesäure-[2-chlor-äthylester]

(*Cope, McElvain*, Am. Soc. **53** [1931] 1587, 1590).
Hydrochlorid $C_{20}H_{24}N_2O_4 \cdot HCl$. Krystalle (aus Butanol-(1) + Ae.); F: 120,6° bis 121,6° [korr.].

3-[Methyl-(4-phenyl-butyl)-amino]-1-benzoyloxy-propan, *1-(benzoyloxy)-3-[methyl(4-phenylbutyl)amino]propane* $C_{21}H_{27}NO_2$, Formel XII (X = H).
B. Aus Methyl-[4-phenyl-butyl]-amin und Benzoesäure-[3-chlor-propylester] (*Cope, McElvain*, Am. Soc. **53** [1931] 1587, 1589).
Hydrochlorid $C_{21}H_{27}NO_2 \cdot HCl$. Krystalle (aus Butanol-(1) + Ae.); F: 124,7—125,7° [korr.].

3-[Methyl-(4-phenyl-butyl)-amino]-1-[4-nitro-benzoyloxy]-propan, *1-[methyl(4-phenylbutyl)amino]-3-(4-nitrobenzoyloxy)propane* $C_{21}H_{26}N_2O_4$, Formel XII (X = NO_2).
B. Aus Methyl-[4-phenyl-butyl]-amin und 4-Nitro-benzoesäure-[3-chlor-propylester] (*Cope, McElvain*, Am. Soc. **53** [1931] 1587, 1590).
Hydrochlorid $C_{21}H_{26}N_2O_4 \cdot HCl$. Krystalle (aus Butanol-(1) + Ae.); F: 159,3° bis 160,3° [korr.].

***N*-[4-Phenyl-butyl]-formamid,** N-*(4-phenylbutyl)formamide* $C_{11}H_{15}NO$, Formel VIII (R = CHO, X = H) auf S. 2718.
B. Beim Erhitzen von 4-Phenyl-butylamin mit Ameisensäure (*Mastagli, Métayer*, Bl. **1948** 1091; *Métayer*, A. ch. [12] **4** [1949] 198, 209).
Kp_{18}: 204—205° (*Mé.*); Kp_{10}: 204—205° (*Ma., Mé.*). n_D^{19}: 1,5240 (*Mé.*); n_D^{23}: 1,5250 (*Ma., Mé.*).

[4-Phenyl-butyl]-guanidin, *(4-phenylbutyl)guanidine* $C_{11}H_{17}N_3$, Formel VIII (R = C(NH_2)=NH, X = H) [auf S. 2718] und Tautomeres.
Sulfat $2C_{11}H_{17}N_3 \cdot H_2SO_4$. *B.* Beim Erwärmen von 4-Phenyl-butylamin mit *S*-Methyl-isothiuronium-sulfat in Äthanol (*Braun, Randall*, Am. Soc. **56** [1934] 2134). — Krystalle (aus A. + Acn.); F: 175—176°.

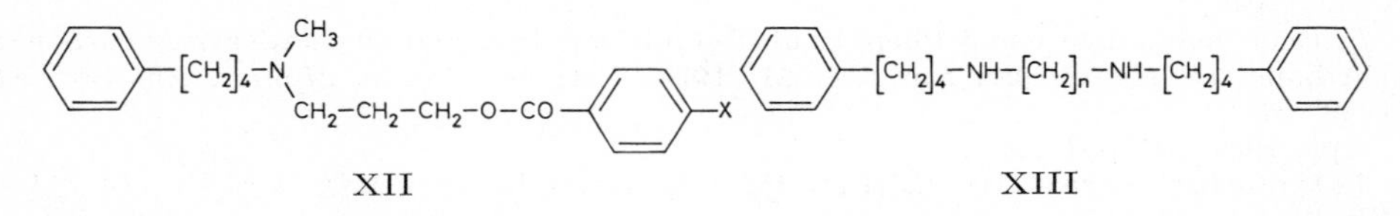

XII XIII

***N.N'*-Bis-[4-phenyl-butyl]-octandiyldiamin,** N,N'*-bis(4-phenylbutyl)octane-1,8-diamine* $C_{28}H_{44}N_2$, Formel XIII (n = 8).
B. Aus 4-Phenyl-butylamin und 1.8-Dibrom-octan in Äthanol (*Goodson et al.*, Brit. J. Pharmacol. Chemotherapy **3** [1948] 49, 58).
Dihydrobromid $C_{28}H_{44}N_2 \cdot 2HBr$. Krystalle (aus A.); F: 281° [Zers.].
Di-DL(?)-lactat $C_{28}H_{44}N_2 \cdot 2C_3H_6O_3$. Krystalle (aus A. + Acn.); F: 149°.

***N.N'*-Bis-[4-phenyl-butyl]-decandiyldiamin,** N,N'*-bis(4-phenylbutyl)decane-1,10-diamine* $C_{30}H_{48}N_2$, Formel XIII (n = 10).
B. Aus 4-Phenyl-butylamin und 1.10-Dibrom-decan in Äthanol (*Goodson et al.*, Brit. J. Pharmacol. Chemotherapy **3** [1948] 49, 58).
Dihydrobromid $C_{30}H_{48}N_2 \cdot 2HBr$. F: 282° [Zers.].
Di-DL(?)-lactat $C_{30}H_{48}N_2 \cdot 2C_3H_6O_3$. Krystalle (aus A.); F: 125°.

***N*-[4-Phenyl-butyl]-toluolsulfonamid-(4),** N-*(4-phenylbutyl)*-p-*toluenesulfonamide* $C_{17}H_{21}NO_2S$, Formel I (R = H).
B. Beim Behandeln von 4-Phenyl-butylamin mit wss. Alkalilauge und mit Toluolsulfonylchlorid-(4) in Benzol (*Cope, McElvain*, Am. Soc. **53** [1931] 1587, 1588).
F: 53,5—53,9°.

***N*-Methyl-*N*-[4-phenyl-butyl]-toluolsulfonamid-(4),** N-*methyl*-N-*(4-phenylbutyl)*-p-*toluenesulfonamide* $C_{18}H_{23}NO_2S$, Formel I (R = CH_3).
B. Beim Behandeln von *N*-[4-Phenyl-butyl]-toluolsulfonamid-(4) mit Methyljodid und wss.-äthanol. Natronlauge (*Cope, McElvain*, Am. Soc. **53** [1931] 1587, 1588).
Krystalle; F: 60,5—61,1°. Kp_2: 241—245°.

(±)-2-*sec*-Butyl-anilin, (±)-o-sec-*butylaniline* $C_{10}H_{15}N$, Formel II.

B. Aus (±)-2-Nitro-*sec*-butyl-benzol beim Behandeln mit Zinn (oder Eisen) und wss. Salzsäure (*Read, Hewitt, Pike,* Am. Soc. **54** [1932] 1194).

Kp_{16}: 120—122°. D_4^{20}: 0,957.

(±)-3-*sec*-Butyl-anilin, (±)-m-sec-*butylaniline* $C_{10}H_{15}N$, Formel III.

B. Aus (±)-3-Nitro-1-*sec*-butyl-benzol beim Behandeln mit Zinn und wss. Salzsäure (*Read, Hewitt, Pike,* Am. Soc. **54** [1932] 1194).

Kp_{18}: 120° [Präparat von ungewisser Einheitlichkeit].

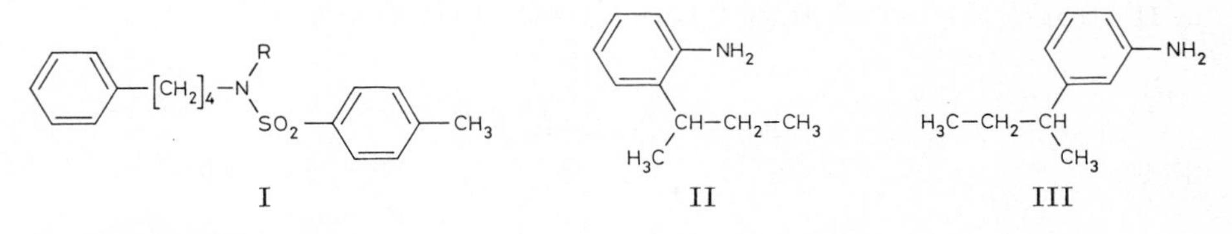

4-*sec*-Butyl-anilin $C_{10}H_{15}N$.

(±)-*N.N*-Dimethyl-4-*sec*-butyl-anilin, (±)-p-sec-*butyl*-N,N-*dimethylaniline* $C_{12}H_{19}N$, Formel IV (R = X = CH_3).

B. Aus (±)-4-*sec*-Butyl-anilin [E II 635] (*Davies, Hulbert,* J. Soc. chem. Ind. **57** [1938] 349).

Kp_{16}: 130—132° (*Da., Hu.*). Dissoziation des (±)-*N.N*-Dimethyl-4-*sec*-butyl-anilinium-Ions in wss. Äthanol: *Davies,* Soc. **1938** 1865, 1866.

Geschwindigkeit der Reaktion mit Methyljodid in wss. Aceton bei 35°: *Da.,* l. c. S. 1867.

(±)-Tri-*N*-methyl-4-*sec*-butyl-anilinium, (±)-p-sec-*butyl*-N,N,N-*trimethylanilinium* $[C_{13}H_{22}N]^{\oplus}$, Formel V.

Jodid $[C_{13}H_{22}N]I$. *B.* Aus (±)-*N.N*-Dimethyl-4-*sec*-butyl-anilin (*Davies, Hulbert,* J. Soc. chem. Ind. **57** [1938] 349). — Krystalle (aus A. + Ae.); F: 167° [korr.].

(±)-Essigsäure-[4-*sec*-butyl-anilid], (±)-*4'*-sec-*butylacetanilide* $C_{12}H_{17}NO$, Formel IV (R = CO-CH_3, X = H) (E II 635).

B. Aus (±)-4-*sec*-Butyl-anilin und Acetanhydrid (*Salesškaja,* Ž. obšč. Chim. **17** [1947] 489, 493; C. A. **1948** 844; s. a. *Ipatieff, Schmerling,* Am. Soc. **59** [1937] 1056, 1058; *Horner,* A. **540** [1939] 73, 82).

Krystalle; F: 126,1° [aus wss. A.] (*Sa.*), 126° [unkorr.; aus W. oder wss. A.] (*Ip., Sch.*), 124—125° [aus A.] (*Ruggli et al.,* Helv. **29** [1946] 95, 101), 124° (*Davies, Hulbert,* J. Soc. chem. Ind. **57** [1938] 349). Schmelzdiagramm des Systems mit Essigsäure-[4-isobutyl-anilid]: *Sa.,* l. c. S. 490.

Beim Behandeln mit Salpetersäure und Essigsäure ist Essigsäure-[4-nitro-anilid] (*Ho.*), beim Behandeln mit Salpetersäure und Schwefelsäure ist 4-Nitro-anilin (*Ho.*; s. dagegen *Read, Hewitt, Pike,* Am. Soc. **54** [1932] 1194) erhalten worden.

(±)-Benzoesäure-[4-*sec*-butyl-anilid], (±)-*4'*-sec-*butylbenzanilide* $C_{17}H_{19}NO$, Formel IV (R = CO-C_6H_5, X = H).

B. Aus (±)-4-*sec*-Butyl-anilin und Benzoylchlorid mit Hilfe von wss. Alkalilauge (*Salesškaja,* Ž. obšč. Chim. **17** [1947] 489, 493; C. A. **1948** 844).

Krystalle (aus wss. A.); F: 131,6—131,8°. Schmelzdiagramm des Systems mit Benzoesäure-[4-isobutyl-anilid] (Eutektikum): *Sa.,* l. c. S. 490.

3-Amino-2-phenyl-butan, 1-Methyl-2-phenyl-propylamin, *α,β-dimethylphenethylamine* $C_{10}H_{15}N$.

Über die Konfiguration der beiden folgenden Stereoisomeren s. *Cram, McCarty,* Am. Soc. **76** [1954] 5740, 5741.

a) **(±)-*erythro*-3-Amino-2-phenyl-butan,** Formel VI (R = H) + Spiegelbild.

B. Aus (±)-*threo*-2-Methyl-3-phenyl-buttersäure beim Behandeln mit Natriumazid, Schwefelsäure und Chloroform (*Haffner, Sommer,* U.S.P. 2356582 [1939]; s. a. *Chem. Fabr. Grünau,* D.R.P. 747866 [1938]; D.R.P. Org. Chem. **3** 175) sowie beim Erwärmen des über das Säurechlorid hergestellten Säureazids in Benzol und anschliessenden Erhitzen mit wss. Salzsäure (*McCoubrey, Mathieson*, Soc. **1949** 696, 699). Aus (±)-*threo*-2-Methyl-3-phenyl-butyramid mit Hilfe von wss. Alkalihypochlorit-Lösung (*Chem. Fabr. Grünau*). Weitere Bildungsweisen s. bei dem unter b) beschriebenen Stereoisomeren.

Kp_{14}: 109—111° (*McC., Ma.*); Kp_8: 72° (*Ha., So.*; *Chem. Fabr. Grünau*). n_D^{25}: 1,5160 (*Cram, McCarty*, Am. Soc. **76** [1954] 5740, 5741).

Hydrochlorid $C_{10}H_{15}N \cdot HCl$. Krystalle; F: 218,1—218,5° [aus Bzl. + $CHCl_3$ + Me.] (*Cram, McC.*), 212—212,5° [aus Me. + Ae.] (*Ratschinskiĭ, Winokurowa*, Ž. obšč. Chim. **24** [1954] 272, 278; C. A. **1955** 4553).

Sulfat $2C_{10}H_{15}N \cdot H_2SO_4$. F: 280° (*Ha., So.*).

L_g-Hydrogentartrat $C_{10}H_{15}N \cdot C_4H_6O_6$. F: 159—165° (*Ha., So.*).

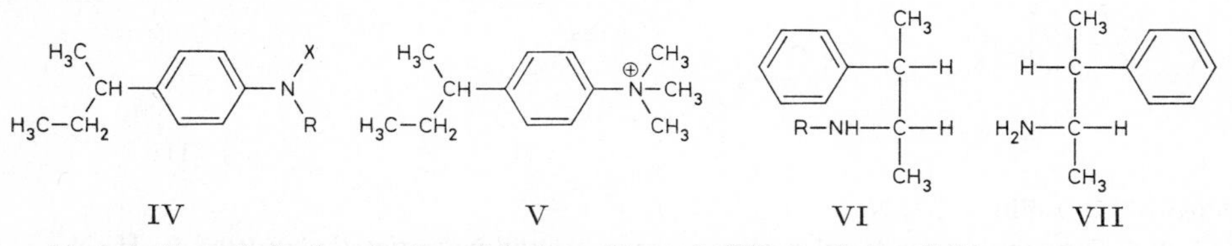

IV V VI VII

b) **(±)-*threo*-3-Amino-2-phenyl-butan**, Formel VII + Spiegelbild.

B. Neben dem unter a) beschriebenen Stereoisomeren beim Erhitzen von (±)-2-Phenyl-butanon-(3) mit Formamid auf 150° und Erwärmen des Reaktionsprodukts mit wss. Salzsäure (*Smith, Kline & French Labor.*, U.S.P. 2394092 [1938]; *Crossley, Moore*, J. org. Chem. **9** [1944] 529, 534, 535; s. a. *Suter, Weston*, Am. Soc. **64** [1942] 533, 535; *Ratschinskiĭ, Winokurowa*, Ž. obšč. Chim. **24** [1954] 272, 278; C. A. **1955** 4553; *Cram, McCarty*, Am. Soc. **76** [1954] 5740, 5742) sowie beim Behandeln von (±)-2-Phenyl-butan-on-(3)-oxim (nicht näher beschrieben) mit Äthanol und Natrium (*Chem. Fabr. Grünau*, D.R.P. 747866 [1938]; D.R.P. Org. Chem. **3** 175).

Flüssigkeit; n_D^{25}: 1,5142 (*Cram, McC.*).

Hydrochlorid $C_{10}H_{15}N \cdot HCl$. Krystalle; F: 137—138° [aus Me. + Ae.] (*Ra., Wi.*), 136—139° [aus Toluol] (*Su., We.*).

Benzoat $C_{10}H_{15}N \cdot C_7H_6O_2$. Krystalle (aus E.); F: 120,3—120,8° (*Cram, McC.*).

3-Methylamino-2-phenyl-butan, Methyl-[1-methyl-2-phenyl-propyl]-amin, *α,β,*N-*trimethylphenethylamine* $C_{11}H_{17}N$.

(±)-*erythro*-3-Methylamino-2-phenyl-butan, Formel VI (R = CH_3) + Spiegelbild.

B. Beim Behandeln von (±)-*erythro*-3-Amino-2-phenyl-butan mit Toluol-sulfonyl-chlorid-(4) und wss. Natronlauge, Behandeln einer äthanol. Lösung des erhaltenen Amids mit Methyljodid und wss. Natronlauge und Erhitzen des Reaktionsprodukts mit wss. Schwefelsäure auf 140° (*Haffner, Sommer*, U.S.P. 2356582 [1939]).

Kp_{15}: 103—104° (*Ha., So.*). Mit Wasserdampf flüchtig (*Ha., So.*).

Ein Präparat (Kp_{24}: 111°; D_4^{20}: 0,9236; n_D^{20}: 1,5091; Hydrochlorid $C_{11}H_{17}N \cdot HCl$: Krystalle [aus Butanon], F: 116—120°), in dem wahrscheinlich ein Gemisch von (±)-*erythro*-3-Methylamino-2-phenyl-butan und (±)-*threo*-3-Methylamino-2-phenyl-butan vorgelegen hat, ist beim Erhitzen von (±)-2-Phenyl-butanon-(3) mit Methylformamid und Erhitzen des Reaktionsprodukts mit wss. Salzsäure erhalten worden (*Suter, Weston*, Am. Soc. **64** [1942] 533, 535, 536).

3-[2.4.6-Trinitro-anilino]-2-phenyl-butan, 2.4.6-Trinitro-*N*-[1-methyl-2-phenyl-propyl]-anilin, *α,β-dimethyl*-N-*picrylphenethylamine* $C_{16}H_{16}N_4O_6$, Formel VIII.

Über eine aus opt.-inakt. 3-Amino-2-phenyl-butan (Kp_{12}: 87°; hergestellt aus nicht einheitlichem opt.-inakt. 3-Nitro-2-phenyl-butan durch Hydrierung) und Pikrylchlorid erhaltene opt.-inakt. Verbindung (gelbe Krystalle [aus A.], F: 119—120° [unkorr.]) dieser Konstitution s. *Buckley, Ellery*, Soc. **1947** 1497, 1499.

3-[4-Nitro-benzamino]-2-phenyl-butan, 4-Nitro-*N*-[1-methyl-2-phenyl-propyl]-benzamid, N-(*α,β-dimethylphenethyl*)-p-*nitrobenzamide* $C_{17}H_{18}N_2O_3$.

(±)-*erythro*-3-[4-Nitro-benzamino]-2-phenyl-butan, Formel VI (R = CO-C_6H_4-NO_2) + Spiegelbild.

B. Beim Behandeln von (±)-*erythro*-3-Amino-2-phenyl-butan mit 4-Nitro-benzoyl-chlorid und Natriumhydroxid in wss. Aceton (*McCoubrey, Mathieson*, Soc. **1949** 696, 699).

Gelbliche Krystalle (aus Bzl.); F: 138—143° [Präparat von ungewisser Einheitlichkeit].

Beim Erhitzen mit Phosphor(V)-oxid in Toluol sind 4-Nitro-benzonitril und 3.4-Dimethyl-1-[4-nitro-phenyl]-3.4-dihydro-isochinolin (Pikrat: F: 175—186°) erhalten worden (*McC.*, *Ma.*, l. c. S. 700).

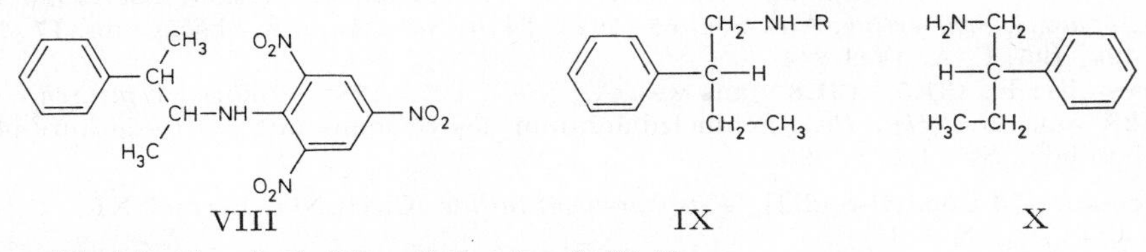

2-Phenyl-butylamin, *β-ethylphenethylamine* $C_{10}H_{15}N$.

a) **(*R*)-2-Phenyl-butylamin, L-2-Phenyl-butylamin,** Formel IX (R = H).

$[\alpha]_D^{24}$: −3,3° [unverd. (?)] (*Levene*, *Marker*, J. biol. Chem. **93** [1931] 749, 767).

b) **(*S*)-2-Phenyl-butylamin, D-2-Phenyl-butylamin,** Formel X.

B. Neben Bis-[(*S*)-2-phenyl-butyl]-amin $C_{20}H_{27}N$ (nicht näher beschrieben) bei der Hydrierung von (*S*)-2-Phenyl-butyronitril an Platin in Essigsäure (*Levene*, *Mikeska*, *Passoth*, J. biol. Chem. **88** [1930] 27, 42).

$Kp_{2,6}$: 74°. $[\alpha]_D^{25}$: +4,6° [unverd.]; $[\alpha]_D^{25}$: −7,7° [A.; c = 15]; $[\alpha]_D^{25}$: +9,7° [Ae.; c = 19].

Hydrobromid $C_{10}H_{15}N \cdot HBr$. $[\alpha]_D^{25}$: −2,1° [W.; c = 3].

c) **(±)-2-Phenyl-butylamin,** Formel IX (R = H) + X (E II 636).

B. Neben einer von *Wojcik*, *Adkins* (Am. Soc. **56** [1934] 247) als Bis-[2-phenyl-butyl]-amin angesehenen Verbindung $C_{20}H_{27}N$ (Kp_{3-4}: 163—167°) bei der Hydrierung von (±)-2-Phenyl-butyramid an Kupferoxid-Chromoxid in Dioxan bei 250°/200—300 at (*Röhm & Haas Co.*, U.S.P. 2143751 [1934]; s. a. *Wojcik*, *Adkins*, Am. Soc. **56** [1934] 2419, 2422).

Kp_3: 105—106° (*Röhm & Haas Co.*).

(±)-1-Methylamino-2-phenyl-butan, (±)-Methyl-[2-phenyl-butyl]-amin, (±)-*β-ethyl-N-methylphenethylamine* $C_{11}H_{17}N$, Formel IX (R = CH_3) + Spiegelbild.

B. Beim Erhitzen von (±)-1-Chlor-2-phenyl-butan mit Methylamin in Methanol auf 130° (*Merrell Co.*, U.S.P. 2410469 [1940]).

Dampfdruck bei 24°: ca. 2,2 Torr, bei 18°: ca. 1 Torr.

4-Isobutyl-anilin, p-*isobutylaniline* $C_{10}H_{15}N$, Formel XI (R = X = H).

B. Aus *N*-Isobutyl-anilin beim Erhitzen mit Kobalt(II)-chlorid unter Stickstoff auf 220° (*Hickinbottom*, *Preston*, Soc. **1930** 1566, 1571). Aus 4-Nitro-1-isobutyl-benzol beim Behandeln mit Zinn und wss. Salzsäure (*Salesskaja*, Ž. obšč. Chim. **17** [1947] 489, 494; C. A. **1948** 844).

Kp_{762}: 235—236° [unkorr.] (*Hi.*, *Pr.*).

Hydrochlorid $C_{10}H_{15}N \cdot HCl$ und Hydrobromid $C_{10}H_{15}N \cdot HBr$: *Hi.*, *Pr.*

***N.N*-Dimethyl-4-isobutyl-anilin,** p-*isobutyl*-N,N-*dimethylaniline* $C_{12}H_{19}N$, Formel XI (R = X = CH_3).

B. Aus 4-Isobutyl-anilin und Dimethylsulfat (*Davies*, *Hulbert*, J. Soc. chem. Ind. **57** [1938] 349).

Kp_{16}: 128—130° (*Da.*, *Hu.*). Dissoziation des *N.N*-Dimethyl-4-isobutyl-anilinium-Ions in wss. Äthanol: *Davies*, Soc. **1938** 1865, 1866.

Kinetik der Reaktion mit Methyljodid in wss. Aceton bei 35° und 55°: *Da.*, l. c. S. 1867.

Tri-*N*-methyl-4-isobutyl-anilinium, p-*isobutyl*-N,N,N-*trimethylanilinium* $[C_{13}H_{22}N]^{\oplus}$, Formel XII.

Jodid $[C_{13}H_{22}N]I$. *B.* Aus *N.N*-Dimethyl-4-isobutyl-anilin und Methyljodid (*Davies*,

Hulbert, J. Soc. chem. Ind. **57** [1938] 349). — Krystalle (aus A. + Ae.); F: 177,5° [korr.].

Essigsäure-[4-isobutyl-anilid], *4'-isobutylacetanilide* $C_{12}H_{17}NO$, Formel XI ($R = CO\text{-}CH_3$, $X = H$).

B. Aus 4-Isobutyl-anilin und Acetanhydrid (*Hickinbottom, Preston*, Soc. **1930** 1566, 1569; *Ipatieff, Schmerling*, Am. Soc. **65** [1943] 2470; *Salesškaja*, Ž. obšč. Chim. **17** [1947] 489, 494, 495; C. A. **1948** 844).

Krystalle; F: 131,5—131,8° [aus wss. A.] (*Sa.*), 127—128° [unkorr.] (*Ip., Sch.*), 127° bis 128° [aus A.] (*Hi., Pr.*). Schmelzdiagramm des Systems mit (±)-Essigsäure-[4-*sec*-butyl-anilid]: *Sa.*, l. c. S. 490.

Benzoesäure-[4-isobutyl-anilid], *4'-isobutylbenzanilide* $C_{17}H_{19}NO$, Formel XI ($R = CO\text{-}C_6H_5$, $X = H$).

B. Aus 4-Isobutyl-anilin und Benzoylchlorid mit Hilfe von wss. Alkalilauge (*Salesškaja*, Ž. obšč. Chim. **17** [1947] 489, 495; C. A. **1948** 844; s. a. *Ipatieff, Schmerling*, Am. Soc. **65** [1943] 2470).

Krystalle; F: 129,4° [aus wss. A.] (*Sa.*), 128—129° [unkorr.; aus Hexan] (*Ip., Sch.*). Schmelzdiagramm des Systems mit (±)-Benzoesäure-[4-*sec*-butyl-anilid] (Eutektikum): *Sa.*, l. c. S. 490.

***N*-Phenyl-*N'*-[4-isobutyl-phenyl]-thioharnstoff**, *1-(p-isobutylphenyl)-3-phenylthiourea* $C_{17}H_{20}N_2S$, Formel XI ($R = CS\text{-}NH\text{-}C_6H_5$, $X = H$).

B. Aus 4-Isobutyl-anilin und Phenylisothiocyanat in Petroläther (*Hickinbottom, Preston*, Soc. **1930** 1566, 1570).

Krystalle (aus A.); F: 130—131°.

Toluol-sulfonsäure-(4)-[4-isobutyl-anilid], *4'-isobutyl-p-toluenesulfonanilide* $C_{17}H_{21}NO_2S$, Formel XI ($R = H$, $X = SO_2\text{-}C_6H_4\text{-}CH_3$).

B. Aus 4-Isobutyl-anilin (*Hickinbottom, Preston*, Soc. **1930** 1566, 1570).

Krystalle (aus A.); F: 136—137°.

(±)-2-Methyl-1-phenyl-propylamin, *(±)-α-isopropylbenzylamine* $C_{10}H_{15}N$, Formel I ($R = H$) (H 1166; E II 636; dort als α-Phenyl-isobutylamin bezeichnet).

B. Beim Erhitzen von Isobutyrophenon mit Ammoniumformiat auf 200° und Erhitzen des Reaktionsprodukts mit wss. Salzsäure (*Norcross, Openshaw*, Soc. **1949** 1174, 1177).

Kp_{20}: 102—104°.

Hydrochlorid $C_{10}H_{15}N \cdot HCl$ (H 1166; E II 636). Krystalle (aus W.); F: 276—277° [korr.].

Oxalat $2C_{10}H_{15}N \cdot C_2H_2O_4$ (vgl. H 1166). Krystalle (aus A.); F: 177—178° [korr.].

(±)-1-Methylamino-2-methyl-1-phenyl-propan, (±)-Methyl-[2-methyl-1-phenyl-propyl]-amin, *(±)-α-isopropyl-N-methylbenzylamine* $C_{11}H_{17}N$, Formel I ($R = CH_3$).

B. Beim Erwärmen von Methyl-benzyliden-amin mit Isopropylmagnesiumhalogenid in Äther (*Campbell et al.*, Am. Soc. **70** [1948] 3868).

Kp_{28}: 108—109°. D_4^{20}: 0,9168. n_D^{20}: 1,5048.

Hydrochlorid $C_{11}H_{17}N \cdot HCl$. Krystalle (aus A. + Ae.); F: 164—165° [Zers.].

(±)-Trimethyl-[2-methyl-1-phenyl-propyl]-ammonium, *(±)-(α-isopropylbenzyl)trimethylammonium* $[C_{13}H_{22}N]^{\oplus}$, Formel II.

Jodid $[C_{13}H_{22}N]I$. *B.* Beim Erwärmen von (±)-2-Methyl-1-phenyl-propylamin mit Methyljodid und wss. Natriumcarbonat-Lösung (*Norcross, Openshaw*, Soc. **1949** 1174, 1177). — Krystalle (aus A. + Ae.); F: 147,5—148,5° [korr.].

2-Amino-2-methyl-1-phenyl-propan, 1.1-Dimethyl-2-phenyl-äthylamin, *α,α-dimethylphenethylamine* $C_{10}H_{15}N$, Formel III ($R = H$).

B. Aus *N*-[1.1-Dimethyl-2-phenyl-äthyl]-formamid beim Erhitzen mit wss. Natronlauge (*Ritter, Kalish*, Am. Soc. **70** [1948] 4048; Org. Synth. **44** [1964] 44, 45). Aus *N.N'*-Bis-[1.1-dimethyl-2-phenyl-äthyl]-harnstoff beim Erhitzen mit Calciumhydroxid und Wasser auf 230° (*Mentzer*, C. r. **213** [1941] 581, 583). Aus (±)-2-Amino-2-methyl-1-phenyl-propanol-(1) beim Erhitzen mit wss. Jodwasserstoffsäure und Phosphor (*Zenitz, Macks, Moore*, Am. Soc. **70** [1948] 955) sowie beim Erwärmen des Hydrochlorids mit Thionylchlorid und Hydrieren des erhaltenen (±)-2-Chlor-1.1-dimethyl-2-phenyl-äthylamin-hydrochlorids ($C_{10}H_{14}ClN \cdot HCl$) an Palladium in Äthanol (*Merrell Co.*, U.S.P. 2408345 [1942]). Aus 2-[β-Amino-isobutyl]-anilin (*Hass, Bender*, Am. Soc. **71** [1949] 3482, 3484) oder aus 4-[β-Amino-isobutyl]-anilin (*Kornblum, Iffland*, Am. Soc. **71** [1949] 2137, 2140) beim Behandeln mit wss. Hypophosphorigsäure und mit Natriumnitrit.

Kp_{760}: 203—205° (*Men.*); Kp_{750}: 205°; Kp_{21}: 100° (*Merrell Co.*); Kp_{15}: 94° (*Ko., Iff.*, l. c. S. 2138); Kp_{10}: 89—90° (*Ze., Ma., Moore*). n_D^{20}: 1,5130 (*Ze., Ma., Moore*), 1,5132 (*Ko., Iff.*).

Hydrochlorid $C_{10}H_{15}N \cdot HCl$. Krystalle; F: 199—200° [aus Isopropylalkohol + Diisopropyläther] (*Ze., Ma., Moore*), 198—198,5° (*Ri., Ka.*), 195—196° [unkorr.; aus A. + Acn.] (*Merrell Co.*).

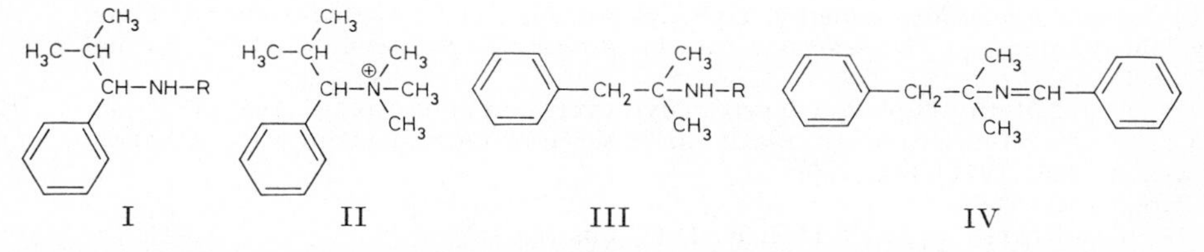

2-Methylamino-2-methyl-1-phenyl-propan, Methyl-[1.1-dimethyl-2-phenyl-äthyl]-amin, α,α,N-*trimethylphenethylamine* $C_{11}H_{17}N$, Formel III (R = CH_3).

B. Beim Erwärmen von [1.1-Dimethyl-2-phenyl-äthyl]-benzyliden-amin mit Methyljodid und anschliessend mit wss. Äthanol (*Zenitz, Macks, Moore*, Am. Soc. **70** [1948] 955).

Kp_9: 94—97°. n_D^{20}: 1,5112.

[1.1-Dimethyl-2-phenyl-äthyl]-benzyliden-amin, Benzaldehyd-[1.1-dimethyl-2-phenyl-äthylimin], N-*benzylidene-α,α-dimethylphenethylamine* $C_{17}H_{19}N$, Formel IV.

B. Aus 1.1-Dimethyl-2-phenyl-äthylamin und Benzaldehyd (*Zenitz, Macks, Moore*, Am. Soc. **70** [1948] 955).

$Kp_{2,6}$: 146—147°. n_D^{20}: 1,5730.

2-Formamino-2-methyl-1-phenyl-propan, *N*-[1.1-Dimethyl-2-phenyl-äthyl]-formamid, N-(*α,α-dimethylphenethyl*)*formamide* $C_{11}H_{15}NO$, Formel III (R = CHO).

B. Aus Methallylbenzol oder [2-Methyl-propenyl]-benzol (*Ritter, Kalish*, Am. Soc. **70** [1948] 4048; Org. Synth. **44** [1964] 44, 45) sowie aus 2-Methyl-1-phenyl-propanol-(2) (*Ri., Ka.*; *Shetty*, J. org. Chem. **26** [1961] 3002) beim Erwärmen mit Natriumcyanid, Essigsäure und Schwefelsäure.

Krystalle (aus Cyclohexan); F: 63—64° (*Sh.*). Kp_{15}: 183—185° (*Ri., Ka.*, Am. Soc. **70** 4050).

2-Benzamino-2-methyl-1-phenyl-propan, *N*-[1.1-Dimethyl-2-phenyl-äthyl]-benzamid, N-(*α,α-dimethylphenethyl*)*benzamide* $C_{17}H_{19}NO$, Formel III (R = CO-C_6H_5).

B. Aus 1.1-Dimethyl-2-phenyl-äthylamin (*Kornblum, Iffland*, Am. Soc. **71** [1949] 2137, 2138; *Hass, Bender*, Am. Soc. **71** [1949] 3482, 3484).

F: 112,5—113° (*Ko., Iff.*), 112—113° (*Hass, Be.*).

***N'*-[1.1-Dimethyl-2-phenyl-äthyl]-*N*-phenyl-harnstoff,** *1-(α,α-dimethylphenethyl)-3-phenylurea* $C_{17}H_{20}N_2O$, Formel III (R = CO-NH-C_6H_5).

B. Aus 1.1-Dimethyl-2-phenyl-äthylamin und Phenylisocyanat in Äther sowie aus 1.1-Dimethyl-2-phenyl-äthylisocyanat und Anilin in Äther (*Mentzer*, C. r. **213** [1941] 581, 583).

Krystalle (aus Bzl. oder A.); F: 150—151°.

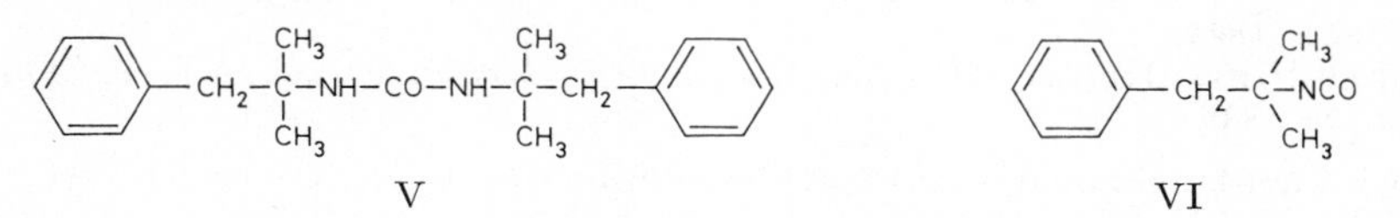

***N.N'*-Bis-[1.1-dimethyl-2-phenyl-äthyl]-harnstoff,** *1,3-bis(α,α-dimethylphenethyl)urea* $C_{21}H_{28}N_2O$, Formel V.

B. Aus 1.1-Dimethyl-2-phenyl-äthylamin und 1.1-Dimethyl-2-phenyl-äthylisocyanat in Äther (*Mentzer*, C. r. **213** [1941] 581, 583). Aus 2.2-Dimethyl-3-phenyl-propionamid beim Erwärmen mit wss. Kaliumhypobromit-Lösung (*Me.*).

Krystalle (aus A.); F: 184—185°. Sublimierbar.

1.1-Dimethyl-2-phenyl-äthylisocyanat, *isocyanic acid α,α-dimethylphenethyl ester* $C_{11}H_{13}NO$, Formel VI.

B. Aus 2.2-Dimethyl-3-phenyl-propionamid beim Behandeln mit wss. Kaliumhypo= bromit-Lösung (*Mentzer*, C. r. **213** [1941] 581, 583).

Kp_{760}: 225°; Kp_{20}: 112—115°.

2-Methyl-3-phenyl-propylamin $C_{10}H_{15}N$.

(±)-3-Cyclohexylamino-2-methyl-1-phenyl-propan, (±)-[2-Methyl-3-phenyl-propyl]-cyclohexyl-amin, (±)-*N-cyclohexyl-2-methyl-3-phenylpropylamine* $C_{16}H_{25}N$, Formel VII (R = H).

B. Aus 2-Methyl-3-phenyl-acrylaldehyd-cyclohexylimin (Kp_{14}: 168—176° [E III **12** 33]) bei der Hydrierung an Platin in Essigsäure enthaltendem wss. Äthanol (*Skita, Pfeil*, A. **485** [1931] 152, 169).

Kp_{15}: 164—168°.

Hydrochlorid $C_{16}H_{25}N \cdot HCl$. F: 184° [aus A.].

(±)-*N'*-[2-Methyl-3-phenyl-propyl]-*N'*-cyclohexyl-*N*-phenyl-harnstoff, (±)-*1-cyclohexyl-1-(2-methyl-3-phenylpropyl)-3-phenylurea* $C_{23}H_{30}N_2O$, Formel VII (R = CO-NH-C_6H_5).

B. Aus (±)-[2-Methyl-3-phenyl-propyl]-cyclohexyl-amin (*Skita, Pfeil*, A. **485** [1931] 152, 169).

F: 116° [aus A.].

2-*tert*-Butyl-anilin, o-tert-*butylaniline* $C_{10}H_{15}N$, Formel VIII (R = X = H) (H 1166; E II 636).

B. Aus 2-Nitro-1-*tert*-butyl-benzol bei der Hydrierung an Raney-Nickel in Äthanol (*Grammaticakis*, Bl. **1949** 134, 142).

Kp_{17}: 123—124°; Kp_{14}: 107° (*Gr.*). UV-Spektrum (A.; 230—320 mμ): *Gr.*, l. c. S. 139.

Beim Erhitzen mit Naphthol-(2) und geringen Mengen wss. Salzsäure ist Phenyl-[naphthyl-(2)]-amin erhalten worden (*Craig*, Am. Soc. **57** [1935] 195, 197).

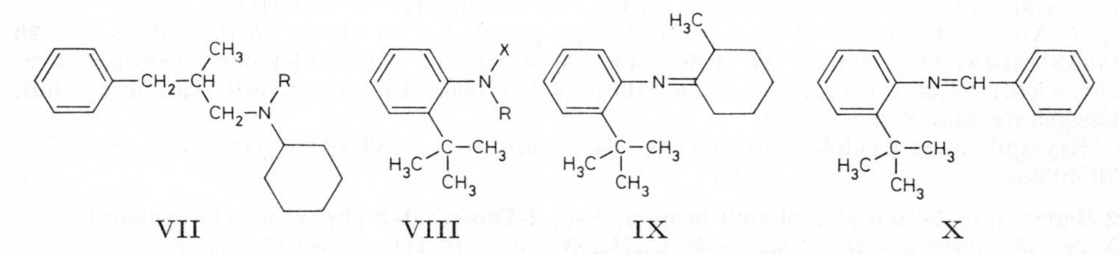

VII VIII IX X

***N.N*-Dimethyl-2-*tert*-butyl-anilin,** o-tert-*butyl-N,N-dimethylaniline* $C_{12}H_{19}N$, Formel VIII (R = X = CH_3).

B. Beim Behandeln von 2-*tert*-Butyl-anilin mit Dimethylsulfat und wss. Natronlauge (*Wepster*, R. **76** [1957] 357, 383). — Ein nicht einheitliches Präparat ist beim Erhitzen von 2-*tert*-Butyl-anilin mit Dimethylsulfat erhalten worden (*Grammaticakis*, Bl. **1949** 134, 143).

Kp_{20}: 104°; D_4^{25}: 0,9015; n_D^{20}: 1,5042; n_D^{25}: 1,5020 (*We.*, R. **76** 383). UV-Spektrum (Isooctan; 210—290 mμ bzw. 230—290 mμ): *Remington*, Am. Soc. **67** [1945] 1838, 1839; *Wepster*, R. **71** [1952] 1159, 1162.

Kinetik der Reaktion mit Methyljodid bei 35° und 45°: *Brown, Fried*, Am. Soc. **65** [1943] 1841, 1844.

Naphthalin-sulfonat-(2) $C_{12}H_{19}N \cdot C_{10}H_8O_3S$. Krystalle (aus A.); F: 175—176° (*We.*, R. **76** 383).

***N*-Propyl-2-*tert*-butyl-anilin,** o-tert-*butyl-N-propylaniline* $C_{13}H_{21}N$, Formel VIII (R = CH_2-CH_2-CH_3, X = H).

B. Aus 2-*tert*-Butyl-*N*-propyliden-anilin (nicht näher beschrieben) bei der Hydrierung an Raney-Nickel in Äthanol (*Grammaticakis*, Bl. **1949** 134, 143).

Kp_{16}: 137—138°. UV-Spektrum (A.; 225—330 mμ): *Gr.*, l. c. S. 139.

Phenyl-[2-*tert*-butyl-phenyl]-amin, *2-*tert*-butyldiphenylamine* $C_{16}H_{19}N$, Formel VIII ($R = C_6H_5$, $X = H$).

B. Neben einer Substanz vom F: 122—124° beim Erwärmen von *N*-Phenyl-anthranil=säure-methylester mit Methylmagnesiumjodid in Äther und Behandeln der in Äther löslichen Anteile des nach der Hydrolyse (wss. Essigsäure) erhaltenen Reaktionsprodukts mit Schwefelsäure (*Craig*, Am. Soc. **57** [1935] 195, 197).

Krystalle (aus A.); F: 71—72°.

(±)-2-*tert*-Butyl-*N*-[2-methyl-cyclohexyliden]-anilin, (±)-1-Methyl-cyclohexanon-(2)-[2-*tert*-butyl-phenylimin], o-*tert*-*butyl*-N-(*2-methylcyclohexylidene*)*aniline* $C_{17}H_{25}N$, Formel IX.

B. Beim Erhitzen von 2-*tert*-Butyl-anilin mit (±)-2.2-Diäthoxy-1-methyl-cyclohexan (nicht näher beschrieben) bis auf 190° (*Grammaticakis*, Bl. **1949** 134, 144).

Kp_{23}: 185—187°. UV-Spektrum (A.; 230—350 mµ): *Gr.*, l. c. S. 141.

2-*tert*-Butyl-*N*-benzyliden-anilin, Benzaldehyd-[2-*tert*-butyl-phenylimin], N-*benzylidene*-o-*tert*-*butylaniline* $C_{17}H_{19}N$, Formel X.

B. Aus 2-*tert*-Butyl-anilin und Benzaldehyd (*Grammaticakis*, Bl. **1949** 134, 144).

Krystalle (aus A.); F: 51°. Kp_{14}: 188—190°. Absorptionsspektrum (Hexan [265 mµ bis 430 mµ] und A. [245—430 mµ]): *Gr.*, l. c. S. 141.

Ameisensäure-[2-*tert*-butyl-anilid], *2'-*tert*-butylformanilide* $C_{11}H_{15}NO$, Formel VIII ($R = CHO$, $X = H$).

B. Aus 2-*tert*-Butyl-anilin bei der Umsetzung mit Ameisensäure (*Grammaticakis*, Bl. **1949** 134, 144).

Krystalle (aus Bzn. + PAe.); F: 78°. Kp_{15}: 190—191°. UV-Spektrum (A.; 235 mµ bis 280 mµ): *Gr.*, l. c. S. 142.

Essigsäure-[2-*tert*-butyl-anilid], *2'-*tert*-butylacetanilide* $C_{12}H_{17}NO$, Formel VIII ($R = CO\text{-}CH_3$, $X = H$) (H 1166; E II 637).

F: 165° [nach Sublimation oberhalb 150°] (*Grammaticakis*, Bl. **1949** 134, 144). UV-Spektrum (A.; 225—280 mµ): *Gr.*, l. c. S. 142.

Essigsäure-[*N*-methyl-2-*tert*-butyl-anilid], *2'-*tert*-butyl*-N-*methylacetanilide* $C_{13}H_{19}NO$, Formel VIII ($R = CO\text{-}CH_3$, $X = CH_3$).

B. Aus Essigsäure-[2-*tert*-butyl-anilid] beim Erhitzen mit Natrium in Xylol und anschliessend mit Methyljodid (*Wepster*, R. **76** [1957] 357, 385; s. a. *Grammaticakis*, Bl. **1949** 134, 144).

Krystalle; F: 34° (*Gr.*), 30—32° (*We.*). Kp_{20}: 162—166° (*We.*); Kp_{12}: 155—156° (*Gr.*). UV-Spektrum (A.; 230—280 mµ): *Gr.*, l. c. S. 142.

Essigsäure-[*N*-propyl-2-*tert*-butyl-anilid], *2'-*tert*-butyl*-N-*propylacetanilide* $C_{15}H_{23}NO$, Formel VIII ($R = CO\text{-}CH_3$, $X = CH_2\text{-}CH_2\text{-}CH_3$).

B. Aus *N*-Propyl-2-*tert*-butyl-anilin und Acetanhydrid (*Grammaticakis*, Bl. **1949** 134, 143).

Krystalle (aus PAe.); F: 60°. Kp_{15}: 174—175° [geringfügige Zers.].

***N*-Phenyl-*N*-[2-*tert*-butyl-phenyl]-acetamid,** N-(o-*tert*-*butylphenyl*)-N-*phenylacetamide* $C_{18}H_{21}NO$, Formel VIII ($R = CO\text{-}CH_3$, $X = C_6H_5$).

B. Aus Phenyl-[2-*tert*-butyl-phenyl]-amin (*Craig*, Am. Soc. **57** [1935] 195, 197).

Krystalle (aus Hexan); F: 88—89°.

Benzoesäure-[2-*tert*-butyl-anilid], *2'-*tert*-butylbenzanilide* $C_{17}H_{19}NO$, Formel XI ($R = H$).

B. Beim Behandeln von 2-*tert*-Butyl-anilin mit Benzoylchlorid in Natriumacetat enthaltendem wss. Äthanol (*Grammaticakis*, Bl. **1949** 134, 144).

Krystalle (aus A.); F: 196°. UV-Spektrum (A.; 235—340 mµ): *Gr.*, l. c. S. 142.

2.4.6-Trimethyl-benzoesäure-[2-*tert*-butyl-anilid], *2'-*tert*-butyl-2,4,6-trimethylbenzanilide* $C_{20}H_{25}NO$, Formel XI ($R = CH_3$).

B. Aus 2-*tert*-Butyl-anilin und 2.4.6-Trimethyl-benzoylchlorid in Benzol (*Kadesch*, Am. Soc. **64** [1942] 726).

Krystalle (aus A. oder wss. A.); F: 150,5—152° [unkorr.].

4-*tert*-Butyl-anilin, p-tert-*butylaniline* $C_{10}H_{15}N$, Formel XII (R = X = H) (H 1166; E I 505; E II 637).

B. Beim Behandeln von Phenylharnstoff mit *tert*-Butylalkohol und Schwefelsäure und Behandeln des Reaktionsprodukts mit wss.-äthanol. Natronlauge (*Vexlearschi*, C. r. **228** [1949] 1655). Aus 4-Nitro-1-*tert*-butyl-benzol bei der Hydrierung an Raney-Nickel (*Marvel et al.*, Am. Soc. **66** [1944] 914, 916) oder an Nickel/Kieselgur in Isopropylalkohol bei 100°/90 at (*Legge*, Am. Soc. **69** [1947] 2087, 2089). Neben Isobutylbromid und Isobutylen beim Erhitzen von *N*-Isobutyl-anilin-hydrobromid bis auf 270° (*Hickinbottom, Ryder*, Soc. **1931** 1281, 1286).

Krystalle (aus PAe.); F: 15—16° (*Craig*, Am. Soc. **57** [1935] 195, 196). Kp_{762}: 228° bis 230° (*Hickinbottom, Preston*, Soc. **1930** 1566, 1568); Kp_3: 90—93° (*Ma. et al.*).

Beim Erwärmen mit Acetylaceton und Behandeln des Reaktionsgemisches mit Schwefelsäure sind 2.4-Dimethyl-chinolin und 2.4-Dimethyl-6-*tert*-butyl-chinolin erhalten worden (*Buu-Hoi, Guettier*, R. **65** [1946] 502, 503, 506).

***N.N*-Dimethyl-4-*tert*-butyl-anilin,** p-tert-*butyl*-N,N-*dimethylaniline* $C_{12}H_{19}N$, Formel XII (R = X = CH_3) (E I 505).

B. Aus 4-*tert*-Butyl-anilin und Dimethylsulfat (*Davies, Hulbert*, J. Soc. chem. Ind. **57** [1938] 349).

Kp_{16}: 124—126° (*Da., Hu.*). Dissoziation des *N.N*-Dimethyl-4-*tert*-butyl-anilinium-Ions in wss. Äthanol: *Davies*, Soc. **1938** 1865, 1866.

Kinetik der Reaktion mit Methyljodid in wss. Aceton bei 35° und 55°: *Da.*, l. c. S. 1867.

Tri-*N*-methyl-4-*tert*-butyl-anilinium, p-tert-*butyl*-N,N,N-*trimethylanilinium* $[C_{13}H_{22}N]^{\oplus}$, Formel XIII.

Jodid $[C_{13}H_{22}N]I$ (E I 505). Krystalle (aus A.); F: 196° [korr.] (*Davies, Hulbert*, J. Soc. chem. Ind. **57** [1938] 349).

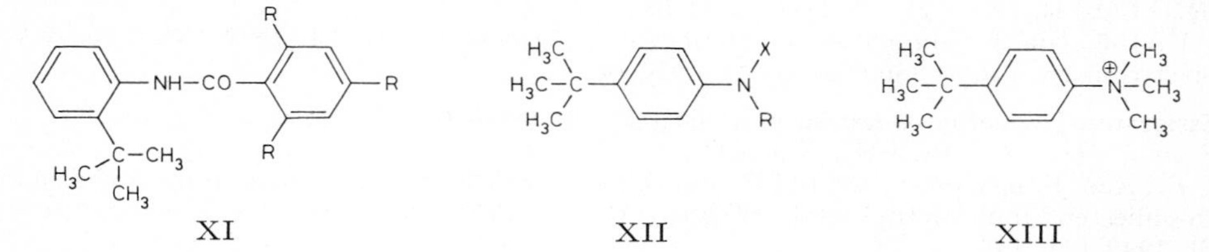

XI XII XIII

Phenyl-[4-*tert*-butyl-phenyl]-amin, *4*-tert-*butyldiphenylamine* $C_{16}H_{19}N$, Formel XIV (R = X = H).

B. In geringer Menge beim Erhitzen von 4-*tert*-Butyl-anilin mit 2-Chlor-benzoesäure sowie beim Behandeln von Diphenylamin mit *tert*-Butylchlorid und Aluminiumchlorid oder mit *tert*-Butylalkohol und Phosphorsäure (*Craig*, Am. Soc. **57** [1935] 195, 197).

Krystalle (aus A.); F: 66—67°. Kp_3: 170—173°.

Bis-[4-*tert*-butyl-phenyl]-amin, *4,4'-di*-tert-*butyldiphenylamine* $C_{20}H_{27}N$, Formel XIV (R = $C(CH_3)_3$, X = H).

Die Identität des H 1167 unter dieser Konstitution beschriebenen Präparats ist ungewiss (*Craig*, Am. Soc. **57** [1935] 195, 197).

B. Beim Erhitzen von 4-*tert*-Butyl-anilin mit 4-*tert*-Butyl-anilin-hydrochlorid (*Cr.*). Beim Erhitzen von Essigsäure-[4-*tert*-butyl-anilid] mit 4-Jod-1-*tert*-butyl-benzol, Kaliumcarbonat und Kupfer-Pulver in Xylol und Erwärmen des Reaktionsgemisches mit äthanol. Kalilauge (*Walter*, U.S. Dep. Comm. Off. Tech. Serv. Rep. 154498 [1960] 1, 10, 11).

Krystalle; F: 110—111° [aus Me.] (*Wa.*), 107—108° [aus A.] (*Cr.*). Kp_3: 190—195° (*Cr.*).

***N.N*-Bis-[2-hydroxy-äthyl]-4-*tert*-butyl-anilin,** *2,2'*-(p-tert-*butylphenylimino*)*diethanol* $C_{14}H_{23}NO_2$, Formel XII (R = X = CH_2-CH_2OH).

B. Beim Erhitzen von 4-*tert*-Butyl-anilin mit Äthylenoxid auf 150° (*Everett, Ross*, Soc. **1949** 1972, 1980).

Krystalle (aus Bzl.); F: 114—115° (*Ev., Ross*, l. c. S. 1974).

Essigsäure-[4-*tert*-butyl-anilid], *4'-*tert-*butylacetanilide* $C_{12}H_{17}NO$, Formel XII ($R = CO\text{-}CH_3$, $X = H$) (H 1167; E I 505).

B. Beim Behandeln von Acetanilid mit *tert*-Butylchlorid und Aluminiumchlorid in Dichlormethan bei —10° (*U.S. Ind. Alcohol Co.*, U.S.P. 2092970 [1935], 2092972 [1936], 2092973 [1937]; s. dagegen *Kolesnikow*, Synthesen organischer Verbindungen, Bd. 1 [Berlin 1959] S. 32), mit Isobutylbromid und Aluminiumchlorid in 1.1.2.2-Tetra=chlor-äthan bei 50—75° (*Kolešnikow, Borišowa*, Ž. obšč. Chim. **17** [1947] 1519; C. A. **1948** 2239; *Ko.*) oder mit Pivaloylchlorid und Aluminiumchlorid in Chloroform (*Rothstein, Saville*, Soc. **1949** 1950, 1953).

Krystalle; F: 174,6—175,2° [aus Bzl. + Isooctan] (*Legge*, Am. Soc. **69** [1947] 2086, 2088), 171—172° [aus wss. A.] (*Ro., Sa.*), 170° [unkorr.; aus W. oder wss. A.] (*Ipatieff, Schmerling*, Am. Soc. **59** [1937] 1056, 1058), 169—170° [aus wss. A.] (*Ko., Bo.*), 168° bis 169° [aus A.] (*Hickinbottom, Preston*, Soc. **1930** 1566, 1569).

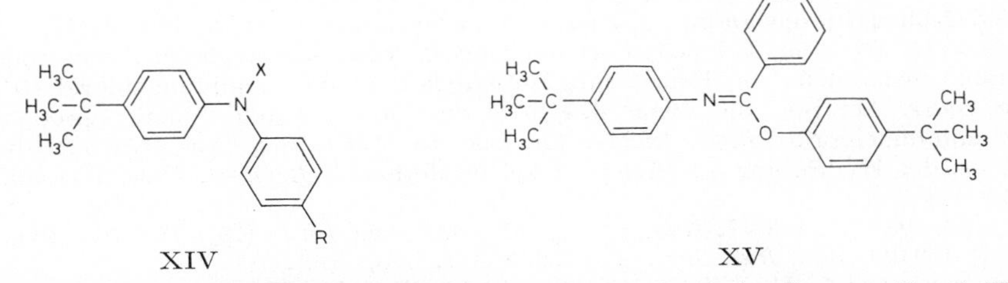

XIV XV

***N.N*-Bis-[4-*tert*-butyl-phenyl]-acetamid**, N,N-*bis*(p-tert-*butylphenyl*)*acetamide* $C_{22}H_{29}NO$, Formel XIV ($R = C(CH_3)_3$, $X = CO\text{-}CH_3$).

Die Identität des H 1167 unter dieser Konstitution beschriebenen Präparats (F: 75°) ist ungewiss (vgl. *Craig*, Am. Soc. **57** [1935] 195, 197).

B. Aus Bis-[4-*tert*-butyl-phenyl]-amin (*Cr.*).

Krystalle (aus Hexan); F: 160—161°.

Benzoesäure-[4-*tert*-butyl-anilid], *4'-*tert-*butylbenzanilide* $C_{17}H_{19}NO$, Formel XII ($R = CO\text{-}C_6H_5$, $X = H$) (E I 505).

Krystalle (aus Bzl. + Isooctan); F: 143,1—143,7° (*Legge*, Am. Soc. **69** [1947] 2087, 2088).

***N.N*-Bis-[4-*tert*-butyl-phenyl]-benzamid**, N,N-*bis*(p-tert-*butylphenyl*)*benzamide* $C_{27}H_{31}NO$, Formel XIV ($R = C(CH_3)_3$, $X = CO\text{-}C_6H_5$).

B. Beim Erhitzen von Bis-[4-*tert*-butyl-phenyl]-amin mit Benzoylchlorid auf 160° (*Craig*, Am. Soc. **57** [1935] 195, 197). Aus *N*-[4-*tert*-Butyl-phenyl]-benzimidsäure-[4-*tert*-butyl-phenylester] beim Erhitzen auf 300° (*Cr.*).

Krystalle (aus Toluol); F: 192—193°.

***N*-[4-*tert*-Butyl-phenyl]-benzimidsäure-[4-*tert*-butyl-phenylester]**, N-(p-tert-*butylphenyl*)=*benzimidic acid* p-tert-*butylphenyl ester* $C_{27}H_{31}NO$, Formel XV.

B. Aus Benzoesäure-[4-*tert*-butyl-anilid] und 4-*tert*-Butyl-phenol mit Hilfe von Phosphor(V)-chlorid (*Craig*, Am. Soc. **57** [1935] 195, 197).

Krystalle (aus A.); F: 134—136°.

Beim Erhitzen auf 300° erfolgt Umwandlung in *N.N*-Bis-[4-*tert*-butyl-phenyl]-benz=amid.

***N*-Phenyl-*N'*-[4-*tert*-butyl-phenyl]-thioharnstoff**, *1-*(p-tert-*butylphenyl*)*-3-phenylthiourea* $C_{17}H_{20}N_2S$, Formel XII ($R = CS\text{-}NH\text{-}C_6H_5$, $X = H$) (H 1168).

Krystalle (aus A.); F: 156—157° (*Hickinbottom, Preston*, Soc. **1930** 1566, 1569).

Toluol-sulfonsäure-(4)-[4-*tert*-butyl-anilid], *4'-*tert-*butyl-*p-*toluenesulfonanilide* $C_{17}H_{21}NO_2S$, Formel I.

B. Aus 4-*tert*-Butyl-anilin (*Hickinbottom, Preston*, Soc. **1930** 1566, 1569).

Krystalle (aus A.); F: 179—180°.

4-Acetamino-1-[chlor-*tert*-butyl]-benzol, Essigsäure-[4-(chlor-*tert*-butyl)-anilid], *4'-(2-chloro-1,1-dimethylethyl)acetanilide* $C_{12}H_{16}ClNO$, Formel II.

B. Aus 4-[Chlor-*tert*-butyl]-anilin (hergestellt aus [Chlor-*tert*-butyl]-benzol [E III **5**

942]) und Acetanhydrid (*Ipatieff, Schmerling*, Am. Soc. **67** [1945] 1624).
Krystalle (aus wss. A.); F: 155—156°.

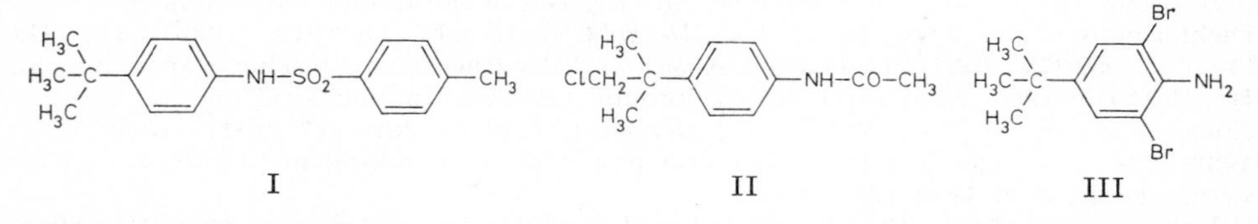

2.6-Dibrom-4-*tert*-butyl-anilin, *2,6-dibromo-4-*tert*-butylaniline* $C_{10}H_{13}Br_2N$, Formel III.
B. Aus 2-Brom-4-*tert*-butyl-anilin und Brom in wasserhaltiger Essigsäure (*Drake et al.*, Am. Soc. **68** [1946] 1603).
Kp_2: 136—140°.

2-Methyl-2-phenyl-propylamin, *β,β-dimethylphenethylamine* $C_{10}H_{15}N$, Formel IV (R = X = H) (H 1169; E I 505; dort auch als β-Phenyl-isobutylamin bezeichnet).
B. Beim Behandeln von Benzol mit Methallylamin und Aluminiumchlorid (*Weston, Ruddy, Suter*, Am. Soc. **65** [1943] 674, 675) oder mit 1-Amino-2-methyl-propanol-(2) und Aluminiumchlorid (*Suter, Ruddy*, Am. Soc. **65** [1943] 762). Aus [Nitro-*tert*-butyl]-benzol bei der Hydrierung an Raney-Nickel in Methanol (*Lambert, Rose, Weedon*, Soc. **1949** 42, 44).
Kp_{14}: 96—98° (*La., Rose, Wee.*); Kp_{10}: 87—89° (*Su., Ru.*); Kp_5: 75—76° (*We., Ru., Su.*). D_4^{20}: 0,9495 (*We., Ru., Su.*). n_D^{20}: 1,5238 (*We., Ru., Su.*).
Hydrochlorid $C_{10}H_{15}N \cdot HCl$. F: 200—201,5° (*We., Ru., Su.*, l. c. S. 676).
Pikrat $C_{10}H_{15}N \cdot C_6H_3N_3O_7$. Gelbe Krystalle (aus wss. Me.); F: 160° (*La., Rose, Wee.*).

1-Methylamino-2-methyl-2-phenyl-propan, Methyl-[2-methyl-2-phenyl-propyl]-amin, *β,β,N-trimethylphenethylamine* $C_{11}H_{17}N$, Formel IV (R = CH_3, X = H).
B. Beim Behandeln von Benzol mit Methyl-methallyl-amin und Aluminiumchlorid (*Weston, Ruddy, Suter*, Am. Soc. **65** [1943] 674, 675) oder mit 1-Methylamino-2-methyl-propanol-(2) und Aluminiumchlorid (*Suter, Ruddy*, Am. Soc. **65** [1943] 762).
Kp_{11}: 92—92,5° (*Su., Ru.*); Kp_9: 84—85° (*We., Ru., Su.*). D_4^{20}: 0,9216 (*We., Ru., Su.*). n_D^{20}: 1,5101 (*We., Ru., Su.*).
Hydrochlorid $C_{11}H_{17}N \cdot HCl$. F: 218,5—219,5° (*We., Ru., Su.*, l. c. S. 676).

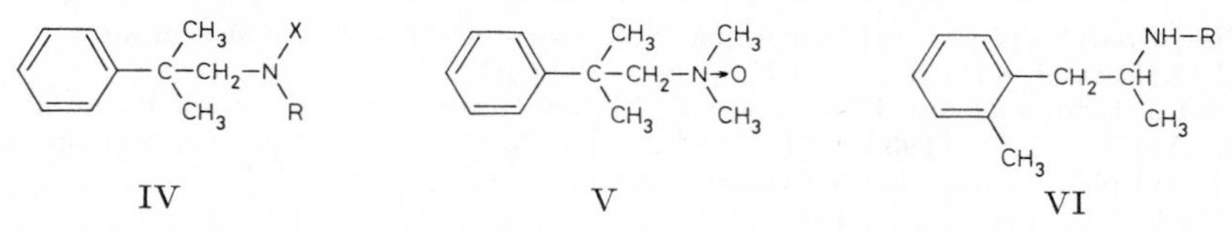

1-Dimethylamino-2-methyl-2-phenyl-propan, Dimethyl-[2-methyl-2-phenyl-propyl]-amin, *β,β,N,N-tetramethylphenethylamine* $C_{12}H_{19}N$, Formel IV (R = X = CH_3).
B. Beim Behandeln von Benzol mit Dimethyl-methallyl-amin und Aluminiumchlorid (*Weston, Ruddy, Suter*, Am. Soc. **65** [1943] 674, 675; *Cope, Foster, Towle*, Am. Soc. **71** [1949] 3929, 3932).
Kp_{10}: 87—88° (*We., Ru., Su.*); Kp_9: 89—90° (*Cope, Fo., To.*). D_4^{20}: 0,8992 (*We., Ru., Su.*). n_D^{20}: 1,4997 (*We., Ru., Su.*).
Hydrochlorid $C_{12}H_{19}N \cdot HCl$. F: 199—200° (*We., Ru., Su.*).
Pikrat $C_{12}H_{19}N \cdot C_6H_3N_3O_7$. Krystalle (aus A.); F: 176—178,5° [korr.] (*Cope, Fo., To.*).

Dimethyl-[2-methyl-2-phenyl-propyl]-aminoxid, *β,β,N,N-tetramethylphenethylamine N-oxide* $C_{12}H_{19}NO$, Formel V.
B. Aus Dimethyl-[2-methyl-2-phenyl-propyl]-amin beim Behandeln mit wss. Wasserstoffperoxid (*Cope, Foster, Towle*, Am. Soc. **71** [1949] 3929, 3933).
Krystalle (aus A. + Ae.) mit 1 Mol H_2O.
Beim Erhitzen unter 3 Torr bis auf 220° sind Dimethyl-[2-methyl-2-phenyl-propyl]-amin, *N.N*-Dimethyl-*O*-[2-methyl-2-phenyl-propyl]-hydroxylamin und 2-Methyl-2-phenyl-propionaldehyd erhalten worden.
Pikrat $C_{12}H_{19}NO \cdot C_6H_3N_3O_7$. Gelbe Krystalle (aus A.); F: 171—172° [korr.].

1-Äthylamino-2-methyl-2-phenyl-propan, Äthyl-[2-methyl-2-phenyl-propyl]-amin, N-*ethyl-β,β-dimethylphenethylamine* $C_{12}H_{19}N$, Formel IV (R = C_2H_5, X = H).

B. Beim Behandeln von Benzol mit 1-Äthylamino-2-methyl-propanol-(2) und Aluminiumchlorid (*Suter, Ruddy*, Am. Soc. **65** [1943] 762).

Kp_{11}: 96—98°.

Hydrochlorid. F: 191,5—192,5°.

[2-Methyl-2-phenyl-propyl]-harnstoff, *(β,β-dimethylphenethyl)urea* $C_{11}H_{16}N_2O$, Formel IV (R = CO-NH_2, X = H) (H 1169).

B. Aus 2-Methyl-2-phenyl-propylamin und Nitroharnstoff (*Lambert, Rose, Weedon*, Soc. **1949** 42, 44).

Krystalle (aus W.); F: 144° [unkorr.].

***N'*-[2-Methyl-2-phenyl-propyl]-*N*-phenyl-thioharnstoff,** *1-(β,β-dimethylphenethyl)-3-phenylthiourea* $C_{17}H_{20}N_2S$, Formel IV (R = CS-NH-C_6H_5, X = H).

B. Aus 2-Methyl-2-phenyl-propylamin (*Suter, Ruddy*, Am. Soc. **65** [1943] 762).

F: 106—106,5°. [*Walentowski*]

(±)-2-Amino-1-*o*-tolyl-propan, (±)-1-Methyl-2-*o*-tolyl-äthylamin, (±)-*2,α-dimethylphenethylamine* $C_{10}H_{15}N$, Formel VI (R = H).

B. Aus *o*-Tolylaceton-oxim beim Behandeln mit Essigsäure und Natrium-Amalgam (*Jacobsen et al.*, Skand. Arch. Physiol. **79** [1938] 258, 279). Beim Erhitzen von *o*-Tolylaceton mit Formamid auf 170° und Erhitzen des Reaktionsprodukts mit wss. Salzsäure oder wss. Schwefelsäure (*Smith, Kline & French Labor.*, U.S.P. 2246529 [1938]).

Kp: 220—223° (*Smith, Kline & French Labor.*).

Hydrochlorid $C_{10}H_{15}N \cdot HCl$. F: 174,5—175,5° [unkorr.] (*Ja. et al.*).

(±)-2-Methylamino-1-*o*-tolyl-propan, (±)-Methyl-[1-methyl-2-*o*-tolyl-äthyl]-amin, (±)-*2,α,*N-*trimethylphenethylamine* $C_{11}H_{17}N$, Formel VI (R = CH_3).

B. Beim Erhitzen von *o*-Tolylaceton mit *N*-Methyl-formamid auf 170° und Erhitzen des Reaktionsprodukts mit wss. Salzsäure oder wss. Schwefelsäure (*Smith, Kline & French Labor.*, U.S.P. 2246529 [1938]).

Kp: 228—230°.

3-Methyl-5-propyl-anilin $C_{10}H_{15}N$.

Essigsäure-[3-methyl-5-propyl-anilid], *5'-propylaceto-*m-*toluidide* $C_{12}H_{17}NO$, Formel VII.

B. Beim Erhitzen von opt.-inakt. Bis-[3-methyl-5-propyl-cyclohexen-(2)-yliden]-hydrazin (Kp_{1-2}: 195—201° [E III **7** 321]) mit Palladium/Kohle in Triäthylbenzol und Behandeln einer Lösung des Reaktionsprodukts in wss. Salzsäure mit Acetanhydrid unter Zusatz von Natriumacetat (*Horning, Horning*, Am. Soc. **69** [1947] 1907).

Krystalle (aus E. + PAe.); F: 75—76°.

(±)-2-Amino-1-*m*-tolyl-propan, (±)-1-Methyl-2-*m*-tolyl-äthylamin, (±)-*3,α-dimethylphenethylamine* $C_{10}H_{15}N$, Formel VIII (R = H).

B. Aus *m*-Tolylaceton-oxim (nicht näher beschrieben) beim Behandeln mit Essigsäure und Natrium-Amalgam (*Jacobsen et al.*, Skand. Arch. Physiol. **79** [1938] 258, 280). Beim Erhitzen von *m*-Tolylaceton mit Formamid auf 170° und Erhitzen des Reaktionsprodukts mit wss. Salzsäure oder wss. Schwefelsäure (*Smith, Kline & French Labor.*, U.S.P. 2246529 [1938]).

Kp: 217—218° (*Smith, Kline & French Labor.*).

Hydrochlorid $C_{10}H_{15}N \cdot HCl$. F: 132,5—133,5° [unkorr.] (*Ja. et al.*).

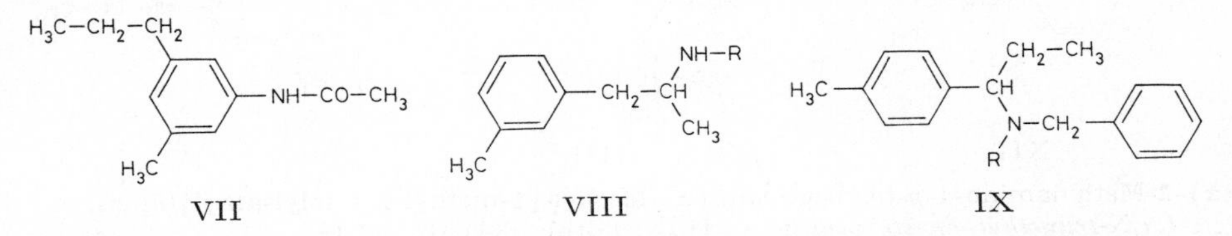

VII VIII IX

(±)-2-Methylamino-1-*m*-tolyl-propan, (±)-Methyl-[1-methyl-2-*m*-tolyl-äthyl]-amin, (±)-*3,α,*N-*trimethylphenethylamine* $C_{11}H_{17}N$, Formel VIII (R = CH_3).

B. Beim Erhitzen von *m*-Tolylaceton mit *N*-Methyl-formamid auf 170° und Erhitzen des Reaktionsprodukts mit wss. Salzsäure oder wss. Schwefelsäure (*Smith, Kline & French Labor.*, U.S.P. 2246529 [1938]).

Kp: 225—228°.

1-*p*-Tolyl-propylamin $C_{10}H_{15}N$.

(±)-1-Benzylamino-1-*p*-tolyl-propan, (±)-[1-*p*-Tolyl-propyl]-benzyl-amin, (±)-*α-ethyl-4-methyldibenzylamine* $C_{17}H_{21}N$, Formel IX (R = H).

B. Aus *p*-Toluylaldehyd-benzylimin und Äthylmagnesiumbromid (*Grammaticakis*, C. r. **207** [1938] 1224).

$Kp_{<1}$: 143°.

Hydrochlorid $C_{17}H_{21}N \cdot HCl$. F: 204° [Zers.].

(±)-[1-*p*-Tolyl-propyl]-benzyliden-aminoxid, (±)-*N*-[1-*p*-Tolyl-propyl]-*C*-phenyl-nitron, (±)-Benzaldehyd-[*N*-(1-*p*-tolyl-propyl)-oxim], (±)-N-*benzylidene-α-ethyl-4-methylbenzylamine* N-*oxide* $C_{17}H_{19}NO$, Formel X.

B. Aus (±)-*N*-[1-*p*-Tolyl-propyl]-*N*-benzyl-hydroxylamin beim Behandeln mit Quecksilber(II)-oxid in Chloroform (*Grammaticakis*, Bl. [5] **8** [1941] 101, 113).

Krystalle (aus $CHCl_3$ + PAe.); F: 112°. UV-Spektrum (A.): *Gr.*, l. c. S. 106.

(±)-*N'*-[1-*p*-Tolyl-propyl]-*N*-phenyl-*N'*-benzyl-harnstoff, (±)-*1-benzyl-1-(α-ethyl-4-methylbenzyl)-3-phenylurea* $C_{24}H_{26}N_2O$, Formel IX (R = CO-NH-C_6H_5).

B. Aus (±)-[1-*p*-Tolyl-propyl]-benzyl-amin und Phenylisocyanat (*Grammaticakis*, Bl. **1947** 664, 673).

Krystalle (aus wss. A. oder aus Ae. + PAe.); F: 100°. UV-Spektrum (A.): *Gr.*

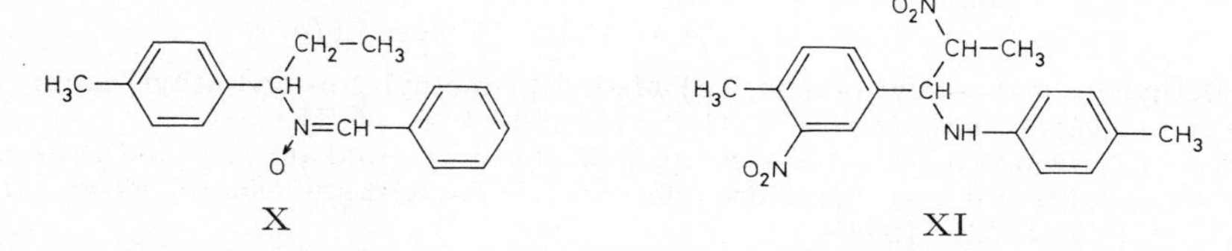

X XI

2-Nitro-1-*p*-toluidino-1-[3-nitro-4-methyl-phenyl]-propan, *N*-[2-Nitro-1-(3-nitro-4-methyl-phenyl)-propyl]-*p*-toluidin, *4-methyl-3-nitro-α-(1-nitroethyl)*-N-p-*tolylbenzylamine* $C_{17}H_{19}N_3O_4$, Formel XI.

Eine opt.-inakt. Verbindung (gelbe Krystalle [aus A.]; F: 109—110°) dieser Konstitution ist aus 2-Nitro-1-methyl-4-[2-nitro-propenyl]-benzol (F: 72—73°) und *p*-Toluidin erhalten worden (*Worrall*, Am. Soc. **60** [1938] 2841, 2843).

(±)-2-Amino-1-*p*-tolyl-propan, (±)-1-Methyl-2-*p*-tolyl-äthylamin, (±)-*4,α-dimethylphenethylamine* $C_{10}H_{15}N$, Formel XII (R = H).

B. Aus *p*-Tolylaceton-oxim beim Behandeln mit Essigsäure und Natrium-Amalgam (*Jacobsen et al.*, Skand. Arch. Physiol. **79** [1938] 258, 280). Beim Erhitzen von *p*-Tolylaceton mit Formamid auf 170° und Erhitzen des Reaktionsprodukts mit wss. Salzsäure oder wss. Schwefelsäure (*Smith, Kline & French Labor.*, U.S.P. 2246529 [1938]).

Kp: 222—224° (*Smith, Kline & French Labor.*).

Hydrochlorid $C_{10}H_{15}N \cdot HCl$. F: 158—159° [unkorr.] (*Ja. et al.*).

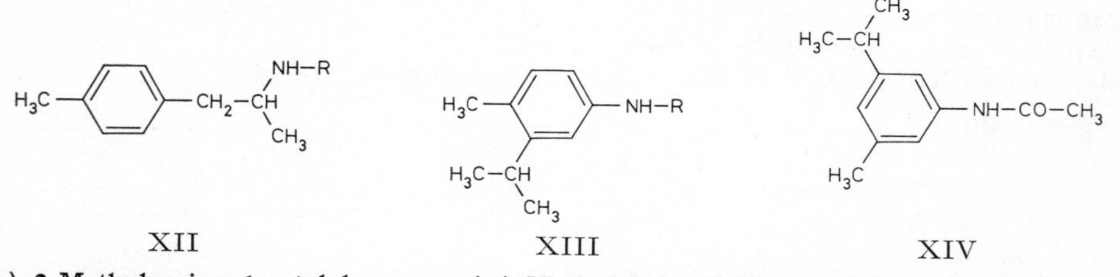

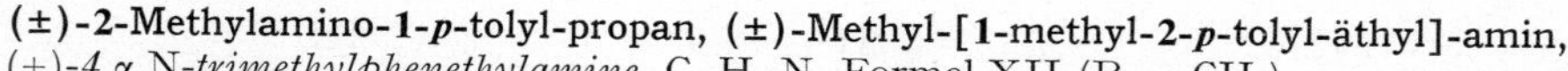
XII XIII XIV

(±)-2-Methylamino-1-*p*-tolyl-propan, (±)-Methyl-[1-methyl-2-*p*-tolyl-äthyl]-amin, (±)-*4,α,*N-*trimethylphenethylamine* $C_{11}H_{17}N$, Formel XII (R = CH_3).

B. Bei der Hydrierung eines Gemisches von *p*-Tolylaceton und Methylamin in Methanol an Raney-Nickel bei 90° (*Hoffmann-La Roche*, Schweiz. P. 220865 [1941]; U.S.P. 2382686 [1942]). Beim Erhitzen von *p*-Tolylaceton mit *N*-Methyl-formamid auf 170° und

Erhitzen des Reaktionsprodukts mit wss. Salzsäure oder wss. Schwefelsäure (*Smith, Kline & French Labor.*, U.S.P. 2246529 [1938]).

Kp: 229—230° (*Smith, Kline & French Labor.*); Kp_{10}: 105—106° (*Hoffmann-La Roche*).

Hydrobromid $C_{11}H_{17}N \cdot HBr$. Krystalle (aus A. oder aus A. + Ae.) mit 0,5 Mol Äthanol; F: 159° (*Hoffmann-La Roche*).

4-Methyl-3-isopropyl-anilin, *3-isopropyl-4-methylaniline* $C_{10}H_{15}N$, Formel XIII (R = H).

B. Aus 4-Nitro-*o*-cymol beim Erwärmen mit Eisen-Pulver und wss. Salzsäure (*Desseigne*, Bl. [5] **2** [1935] 617, 622).

Kp_{15}: 123°. D_4^{20}: 0,9568. n_D^{20}: 1,5505.

Hydrochlorid $C_{10}H_{15}N \cdot HCl$. Krystalle (aus W.); F: 233°.

Essigsäure-[4-methyl-3-isopropyl-anilid], *3'-isopropyl-4'-methylacetanilide* $C_{12}H_{17}NO$, Formel XIII (R = CO-CH_3).

B. Aus 4-Methyl-3-isopropyl-anilin (*Desseigne*, Bl. [5] **2** [1935] 617, 623).

Krystalle (aus A.); F: 103°.

3-Methyl-5-isopropyl-anilin $C_{10}H_{15}N$.

Essigsäure-[3-methyl-5-isopropyl-anilid], *3'-isopropyl-5'-methylacetanilide* $C_{12}H_{17}NO$, Formel XIV.

B. Beim Erhitzen von opt.-inakt. Di-[*m*-menthen-(6)-yliden-(5)]-hydrazin (F: 102° bis 104° [E III **7** 324]) mit Palladium/Kohle in Triäthylbenzol und Behandeln einer Lösung des Reaktionsprodukts in wss. Salzsäure mit Acetanhydrid unter Zusatz von Natrium≈acetat (*Horning, Horning*, Am. Soc. **69** [1947] 1907).

Krystalle (aus E. + PAe.); F: 86—87°.

2-Methyl-5-isopropyl-anilin, Carvacrylamin, *5-isopropyl-2-methylaniline* $C_{10}H_{15}N$, Formel I (R = X = H) auf S. 2735 (H 1171; E I 506; E II 638).

B. Aus 2-Nitro-*p*-cymol mit Hilfe von Eisen-Pulver und wss. Salzsäure (*Doumani, Kobe*, Ind. eng. Chem. **31** [1939] 264; *Kirjakka*, Ann. Acad. Sci. fenn. [A] **57** Nr. 11 [1941] 43; vgl. E II 638).

Kp_{761}: 233—234° (*Le Fèvre*, Soc. **1933** 980, 983); Kp_{760}: 242° (*Dou., Kobe*); Kp_{750}: 239,5—241° (*Ki.*); Kp_{15}: 121° (*Desseigne*, Bl. [5] **2** [1935] 617, 620); Kp_{10}: 110,2° (*Dou., Kobe*). D_4^{20}: 0,9739 (*Inoue, Horiguchi*, J. Soc. chem. Ind. Japan **36** [1933] 541; J. Soc. chem. Ind. Japan Spl. **36** [1933] 189), 0,949 (*De.*); D_4^{22}: 0,9463 (*Kuck, Karabinos*, Am. Soc. **68** [1946] 909). n_D^{20}: 1,5405 (*Dou., Kobe*), 1,5423 (*De.*), 1,5440 (*In., Ho.*); n_D^{22}: 1,5402 (*Kuck, Ka.*).

Reaktion des Hydrochlorids mit Dischwefeldichlorid unter Bildung von 6-Chlor-4-methyl-7-isopropyl-benzo[1.2.3]dithiazolium-chlorid: *Hixson, Cauwenberg*, Am. Soc. **52** [1930] 2118, 2121. Bildung von Bis-[4-amino-3-methyl-6-isopropyl-phenyl]-methan beim Erwärmen mit wss. Formaldehyd und wss. Salzsäure: *Ki.*, l. c. S. 45. Beim Erhitzen mit Benzaldehyd und wss. Salzsäure sind 2-Methyl-5-isopropyl-*N*-[4-amino-3-meth≈yl-6-isopropyl-benzhydryl]-anilin und Phenyl-bis-[4-amino-3-methyl-6-isopropyl-phenyl]-methan erhalten worden (*Ki.*, l. c. S. 55). Bildung von 8-Methyl-5-isopropyl-chinolin beim Erhitzen mit 2-Nitro-*p*-cymol, Glycerin, wss. Essigsäure und Schwefelsäure: *Wheeler, Le Conte*, Am. Soc. **70** [1948] 386.

Hydrochlorid $C_{10}H_{15}N \cdot HCl$ (H 1171). Krystalle; F: 216° [aus W.] (*De.*), 210—212° [aus wss. HCl] (*Le F.*).

Oxalat $2C_{10}H_{15}N \cdot C_2H_2O_4$. Krystalle; F: 150° [aus wss. A.] (*Cooke, Macbeth*, Soc. **1937** 1593, 1596), 149—150° (*Kuck, Ka.*).

2.*N*-Dimethyl-5-isopropyl-anilin, *5-isopropyl-2,*N*-dimethylaniline* $C_{11}H_{17}N$, Formel I (R = CH_3, X = H) auf S. 2735.

B. Beim Erhitzen von 2-Brom-*p*-cymol mit wss. Methylamin unter Zusatz von Kupfer(I)-chlorid bis auf 175° (*Kuck, Karabinos*, Am. Soc. **68** [1946] 909).

Kp: 236°. D_4^{22}: 0,9325. n_D^{22}: 1,5363.

Hydrogenoxalat $C_{11}H_{17}N \cdot C_2H_2O_4 \cdot H_2O$. F: 114—115°.

2.*N.N*-Trimethyl-5-isopropyl-anilin, *5-isopropyl-2,*N,N*-trimethylaniline* $C_{12}H_{19}N$, Formel I (R = X = CH_3) auf S. 2735.

B. Beim Erhitzen von 2-Methyl-5-isopropyl-anilin mit Methanol unter Zusatz von Schwefelsäure auf 250° (*Kirjakka*, Ann. Acad. Sci. fenn. [A] **57** Nr. 11 [1941] 67).

Kp_{745}: 221,5° (*Ki.*); Kp_5: 84° (*Kuck, Karabinos*, Am. Soc. **68** [1946] 909). D_4^{20}: 0,8924 (*Ki.*); D_4^{22}: 0,9028; n_D^{22}: 1,5131 (*Kuck, Ka.*).

Oxalat $2C_{12}H_{19}N \cdot C_2H_2O_4 \cdot H_2O$. F: 132—133° (*Kuck, Ka.*).

2-[2-Methyl-5-isopropyl-phenylimino]-pentanon-(4), *4-(5-isopropyl-2-methylphenylimino)pentan-2-one* $C_{15}H_{21}NO$, Formel II, und **2-[2-Methyl-5-isopropyl-anilino]-penten-(2)-on-(4),** *4-(5-isopropyl-2-methylanilino)pent-3-en-2-one* $C_{15}H_{21}NO$, Formel I (R = $C(CH_3)$=CH-CO-CH_3, X = H); **Acetylaceton-mono-[2-methyl-5-isopropyl-phenylimin].**

B. Beim Erhitzen von 2-Methyl-5-isopropyl-anilin mit Acetylaceton (*Wheeler, Le Conte*, Am. Soc. **70** [1948] 386).

Kp_{22}: 184—185°. $D^{27,5}$: 0,9827.

Beim Behandeln mit Schwefelsäure ist 2.4.8-Trimethyl-5-isopropyl-chinolin erhalten worden.

Hexachloroplatinat(IV) $C_{15}H_{21}NO \cdot H_2PtCl_6$. F: 177° [unkorr.].

Ameisensäure-[2-methyl-5-isopropyl-anilid], *5'-isopropyl-2'-methylformanilide* $C_{11}H_{15}NO$, Formel I (R = CHO, X = H).

B. Beim Erhitzen von 2-Methyl-5-isopropyl-anilin mit wasserhaltiger Ameisensäure (*Doumani, Kobe*, Am. Soc. **62** [1940] 562, 563).

Krystalle (aus A.); F: 108,8—109,4° [korr.].

Beim Behandeln mit Salpetersäure und Schwefelsäure sind Ameisensäure-[6-nitro-2-methyl-5-isopropyl-anilid] und Ameisensäure-[4-nitro-2-methyl-5-isopropyl-anilid] erhalten worden.

Essigsäure-[2-methyl-5-isopropyl-anilid], *5'-isopropyl-2'-methylacetanilide* $C_{12}H_{17}NO$, Formel I (R = CO-CH_3, X = H) (H 1171; E II 639).

B. Aus 2-Methyl-5-isopropyl-anilin (*Le Fèvre*, Soc. **1933** 980, 983).

Krystalle (aus wss. A.); F: 70—71°.

Chloressigsäure-[2-methyl-5-isopropyl-anilid], *2-chloro-5'-isopropyl-2'-methylacetanilide* $C_{12}H_{16}ClNO$, Formel I (R = CO-CH_2Cl, X = H).

B. Beim Behandeln von 2-Methyl-5-isopropyl-anilin mit Chloracetylchlorid in Aceton unter Zusatz von Pyridin (*Davis, Dains*, Am. Soc. **57** [1935] 2627, 2629 Anm. 15).

F: 85°.

Benzoesäure-[2-methyl-5-isopropyl-anilid], *5'-isopropyl-2'-methylbenzanilide* $C_{17}H_{19}NO$, Formel I (R = CO-C_6H_5, X = H) (H 1171; E II 639).

B. Aus 2-Methyl-5-isopropyl-anilin (*Inoue, Horiguchi*, J. Soc. chem. Ind. Japan **36** [1933] 541; J. Soc. chem. Ind. Japan Spl. **36** [1933] 189; *Cooke, Macbeth*, Soc. **1937** 1593, 1596).

Krystalle; F: 100° (*In., Ho.*), 98° [aus PAe.] (*Cooke, Ma.*).

***N'*-Nitro-*N*-[2-methyl-5-isopropyl-phenyl]-guanidin,** N-(*5-isopropyl-2-methylphenyl*)-N'-*nitroguanidine* $C_{11}H_{16}N_4O_2$, Formel I (R = C(=NH)-NH-NO_2, X = H) und Tautomere.

B. Bei 3-tägigem Behandeln von 2-Methyl-5-isopropyl-anilin mit *N*-Nitroso-*N'*-nitro-*N*-methyl-guanidin in wss. Äthanol (*McKay*, Am. Soc. **71** [1949] 1968).

Krystalle (aus A.); F: 125—126° [unkorr.].

[2-Methyl-5-isopropyl-phenyl]-thioharnstoff, *(5-isopropyl-2-methylphenyl)thiourea* $C_{11}H_{16}N_2S$, Formel I (R = CS-NH_2, X = H) (E II 640).

B. Beim Erhitzen von 2-Methyl-5-isopropyl-anilin-hydrochlorid mit wss. Kaliumthiocyanat-Lösung unter Eindampfen (*Davis, Dains*, Am. Soc. **57** [1935] 2627, 2629 Anm. 8).

F: 152°.

***N*-Äthyl-*N'*-[2-methyl-5-isopropyl-phenyl]-thioharnstoff,** *1-ethyl-3-(5-isopropyl-2-methylphenyl)thiourea* $C_{13}H_{20}N_2S$, Formel I (R = CS-NH-C_2H_5, X = H).

B. Aus 2-Methyl-5-isopropyl-phenylisothiocyanat und Äthylamin (*Davis, Dains*, Am. Soc. **57** [1935] 2627, 2629 Anm. 5).

F: 126°.

***N*-Phenyl-*N'*-[2-methyl-5-isopropyl-phenyl]-thioharnstoff,** *1-(5-isopropyl-2-methylphenyl)-3-phenylthiourea* $C_{17}H_{20}N_2S$, Formel I (R = CS-NH-C_6H_5, X = H).

B. Aus 2-Methyl-5-isopropyl-anilin (*Kuck, Karabinos*, Am. Soc. **68** [1946] 909).

F: 117°.

N′-[2-Methyl-5-isopropyl-phenyl]-N-o-tolyl-thioharnstoff, *1-(5-isopropyl-2-methylphenyl)-3-o-tolylthiourea* $C_{18}H_{22}N_2S$, Formel III (R = H).

B. Aus 2-Methyl-5-isopropyl-anilin und *o*-Tolylisothiocyanat in Äthanol (*Le Conte, Chance,* Am. Soc. **71** [1949] 2240).

Krystalle; F: 111—112°.

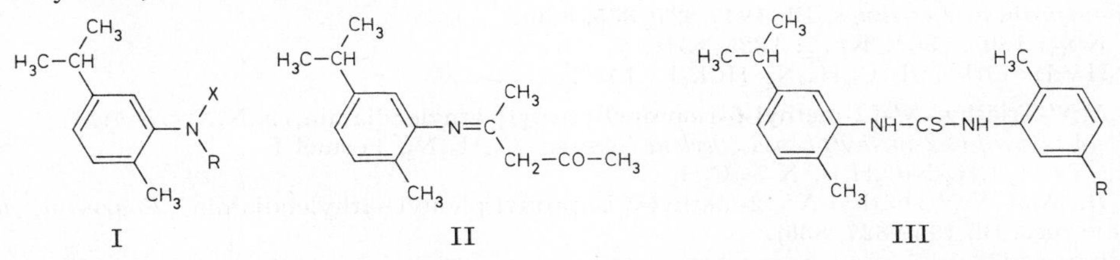

N′-[2-Methyl-5-isopropyl-phenyl]-N-m-tolyl-thioharnstoff, *1-(5-isopropyl-2-methylphenyl)-3-m-tolylthiourea* $C_{18}H_{22}N_2S$, Formel IV (R = H, X = CH_3).

B. Aus 2-Methyl-5-isopropyl-anilin und *m*-Tolylisothiocyanat in Äthanol (*Le Conte, Chance,* Am. Soc. **71** [1949] 2240).

Krystalle; F: 100—101°.

N′-[2-Methyl-5-isopropyl-phenyl]-N-p-tolyl-thioharnstoff, *1-(5-isopropyl-2-methylphenyl)-3-p-tolylthiourea* $C_{18}H_{22}N_2S$, Formel IV (R = CH_3, X = H).

B. Aus 2-Methyl-5-isopropyl-anilin und *p*-Tolylisothiocyanat in Äthanol (*Le Conte, Chance,* Am. Soc. **71** [1949] 2240).

Krystalle; F: 116°.

N.N′-Bis-[2-methyl-5-isopropyl-phenyl]-thioharnstoff, *1,3-bis(5-isopropyl-2-methylphenyl)thiourea* $C_{21}H_{28}N_2S$, Formel III (R = $CH(CH_3)_2$) (E II 640).

B. Beim Erwärmen von 2-Methyl-5-isopropyl-anilin mit Schwefelkohlenstoff und äthanol. Kalilauge (*Le Conte, Chance,* Am. Soc. **71** [1949] 2240).

Krystalle (aus A.); F: 129—130° [unkorr.].

Beim Erhitzen mit wss. Salzsäure sind 2-Methyl-5-isopropyl-phenylisothiocyanat und 2-Methyl-5-isopropyl-anilin-hydrochlorid erhalten worden.

N-Methyl-N′-phenyl-N-[2-methyl-5-isopropyl-phenyl]-thioharnstoff, *1-(5-isopropyl-2-methylphenyl)-1-methyl-3-phenylthiourea* $C_{18}H_{22}N_2S$, Formel I (R = CS-NH-C_6H_5, X = CH_3).

B. Aus 2.*N*-Dimethyl-5-isopropyl-anilin (*Kuck, Karabinos,* Am. Soc. **68** [1946] 909).

F: 95—96°.

2-Methyl-5-isopropyl-phenylisothiocyanat, *isothiocyanic acid 5-isopropyl-2-methylphenyl ester* $C_{11}H_{13}NS$, Formel V.

B. Neben 2-Methyl-5-isopropyl-anilin-hydrochlorid beim Erhitzen von *N.N′*-Bis-[2-methyl-5-isopropyl-phenyl]-thioharnstoff mit wss. Salzsäure (*Le Conte, Chance,* Am. Soc. **71** [1949] 2240).

Kp: 267—268°; Kp_3: 118—122°. n_D^{20}: 1,5973.

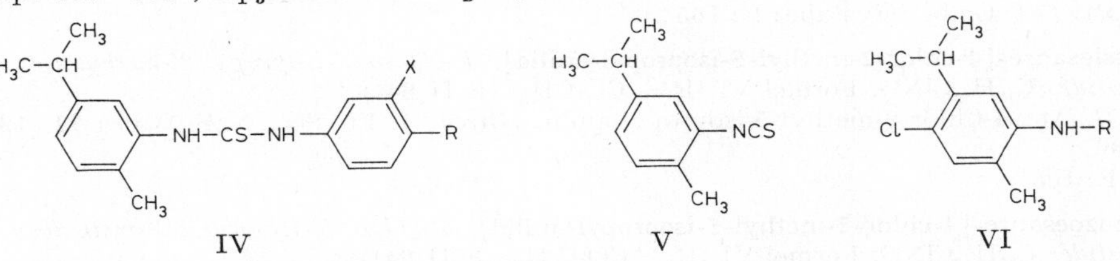

N-[2-Methyl-5-isopropyl-phenyl]-äthylendiamin, N-*(5-isopropyl-2-methylphenyl)ethylenediamine* $C_{12}H_{20}N_2$, Formel I (R = CH_2-CH_2-NH_2, X = H).

B. Aus 2-[2-Methyl-5-isopropyl-anilino]-1-phthalimido-äthan beim Erhitzen mit wss. Salzsäure auf 130° (*Fourneau, de Lestrange,* Bl. **1947** 827, 829, 831).

$Kp_{0,96}$: 122—128°.

Hydrochlorid $C_{12}H_{20}N_2 \cdot HCl$. F: 222°.

N.N-Diäthyl-N'-[2-methyl-5-isopropyl-phenyl]-äthylendiamin, N,N-*diethyl*-N'-(*5-isopropyl-2-methylphenyl)ethylenediamine* $C_{16}H_{28}N_2$, Formel I (R = CH_2-CH_2-$N(C_2H_5)_2$, X = H).

B. Neben 2-Methyl-*N.N*-bis-[2-diäthylamino-äthyl]-5-isopropyl-anilin beim Erhitzen von 2-Methyl-5-isopropyl-anilin mit Diäthyl-[2-chlor-äthyl]-amin in Benzol auf 140° (*Fourneau, de Lestrange*, Bl. **1947** 827, 835, 836).

Kp_{15}: 180—190°; $Kp_{1,1}$: 132—134°.

Hydrochlorid $C_{16}H_{28}N_2 \cdot HCl$. F: 153°.

N.N.N'-Triäthyl-N'-[2-methyl-5-isopropyl-phenyl]-äthylendiamin, N,N,N'-*triethyl*-N'-(*5-isopropyl-2-methylphenyl)ethylenediamine* $C_{18}H_{32}N_2$, Formel I (R = CH_2-CH_2-$N(C_2H_5)_2$, X = C_2H_5).

B. Aus *N.N*-Diäthyl-*N'*-[2-methyl-5-isopropyl-phenyl]-äthylendiamin (*Fourneau, de Lestrange*, Bl. **1947** 827, 836).

Kp_{15}: 167°.

Hydrochlorid $C_{18}H_{32}N_2 \cdot HCl$. F: 106—107°.

N.N-Diäthyl-N'-butyl-N'-[2-methyl-5-isopropyl-phenyl]-äthylendiamin, N-*butyl*-N',N'-*diethyl*-N-(*5-isopropyl-2-methylphenyl)ethylenediamine* $C_{20}H_{36}N_2$, Formel I (R = CH_2-CH_2-$N(C_2H_5)_2$, X = $[CH_2]_3$-CH_3).

B. Aus *N.N*-Diäthyl-*N'*-[2-methyl-5-isopropyl-phenyl]-äthylendiamin (*Fourneau, de Lestrange*, Bl. **1947** 827, 836).

$Kp_{1,1}$: 135—140°.

2-Methyl-N.N-bis-[2-diäthylamino-äthyl]-5-isopropyl-anilin, 1.1.7.7-Tetraäthyl-4-[2-methyl-5-isopropyl-phenyl]-diäthylentriamin, *1,1,7,7-tetraethyl-4-(5-isopropyl-2-methylphenyl)diethylenetriamine* $C_{22}H_{41}N_3$, Formel I (R = X = CH_2-CH_2-$N(C_2H_5)_2$).

B. Neben *N.N*-Diäthyl-*N'*-[2-methyl-5-isopropyl-phenyl]-äthylendiamin beim Erhitzen von 2-Methyl-5-isopropyl-anilin mit Diäthyl-[2-chlor-äthyl]-amin in Benzol auf 140° (*Fourneau, de Lestrange*, Bl. **1947** 827, 835, 836).

Kp_1: 150—155°.

Dihydrochlorid $C_{22}H_{41}N_3 \cdot 2HCl$. F: 173°.

Benzolsulfonsäure-[2-methyl-5-isopropyl-anilid], *5'-isopropyl-2'-methylbenzenesulfonanilide* $C_{16}H_{19}NO_2S$, Formel I (R = H, X = SO_2-C_6H_5).

B. Aus 2-Methyl-5-isopropyl-anilin (*Inoue, Horiguchi*, J. Soc. chem. Ind. Japan **36** [1933] 541; J. Soc. chem. Ind. Japan Spl. **36** [1933] 189).

Krystalle; F: 151°.

4-Chlor-2-methyl-5-isopropyl-anilin, *4-chloro-5-isopropyl-2-methylaniline* $C_{10}H_{14}ClN$, Formel VI (R = H) (E II 641).

B. Aus einer als *N*-[2-Methyl-5-isopropyl-phenyl]-hydroxylamin angesehenen Verbindung (Hydrochlorid: F: 149°) beim Erhitzen mit wss. Salzsäure (*Birch*, J. Pr. Soc. N. S. Wales **72** [1938] 106).

Kp_{25}: 115—120°.

Hydrochlorid. Krystalle (aus wss.-äthanol. Salzsäure); F: 207°.

Pikrat. Gelbe Krystalle; F: 165°.

Essigsäure-[4-chlor-2-methyl-5-isopropyl-anilid], *4'-chloro-5'-isopropyl-2'-methylacetanilide* $C_{12}H_{16}ClNO$, Formel VI (R = CO-CH_3) (E II 641).

B. Aus 4-Chlor-2-methyl-5-isopropyl-anilin (*Birch*, J. Pr. Soc. N. S. Wales **72** [1938] 106).

F: 105°.

Benzoesäure-[4-chlor-2-methyl-5-isopropyl-anilid], *4'-chloro-5'-isopropyl-2'-methylbenzanilide* $C_{17}H_{18}ClNO$, Formel VI (R = CO-C_6H_5) (E II 641).

B. Aus 4-Chlor-2-methyl-5-isopropyl-anilin (*Birch*, J. Pr. Soc. N. S. Wales **72** [1938] 106).

F: 128°.

3-Chlor-2-methyl-5-isopropyl-anilin, *3-chloro-5-isopropyl-2-methylaniline* $C_{10}H_{14}ClN$, Formel VII (R = H).

B. Aus 6-Chlor-2-nitro-*p*-cymol beim Erhitzen mit Zink, Zinn, Äthanol und wss.

Salzsäure (*Bost, Kyker,* Am. Soc. **62** [1940] 913, 915; s. a. *Inoue, Horiguchi,* J. Soc. chem. Ind. Japan **36** [1933] 541; J. Soc. chem. Ind. Japan Spl. **36** [1933] 189).

Kp_{15}: 156—157° (*In., Ho.*); Kp_1: 134—136° (*Bost, Ky.*). D_4^{20}: 1,0977 (*Bost, Ky.*), 1,0866 (*In., Ho.*). n_D^{20}: 1,5093 (*In., Ho.*), 1,5604 (*Bost, Ky.*).

An der Luft und am Licht erfolgt Rotfärbung (*Bost, Ky.*).

Hydrochlorid $C_{10}H_{14}ClN \cdot HCl$. Krystalle (aus wss.-äthanol. Salzsäure; F: 225° bis 226° [Zers.; nach Sintern] (*Bost, Ky.*). Gegen Wasser nicht beständig (*Bost, Ky.*).

Hydrobromid $C_{10}H_{14}ClN \cdot HBr$. Krystalle (aus Ae.); F: 231—232° (*Bost, Ky.*).

Hydrogensulfat $C_{10}H_{14}ClN \cdot H_2SO_4$. Krystalle; F: 166° (*Bost, Ky.*).

Nitrat $C_{10}H_{14}ClN \cdot HNO_3$. Krystalle (aus Ae.); F: 153° (*Bost, Ky.*).

Pikrat $C_{10}H_{14}ClN \cdot C_6H_3N_3O_7$. Gelbe Krystalle (aus wss. A.); F: 151° (*Bost, Ky.*).

Benzolsulfonat $C_{10}H_{14}ClN \cdot C_6H_6O_3S$. Krystalle; F: 184° (*Bost, Ky.*).

Toluol-sulfonat-(4) $C_{10}H_{14}ClN \cdot C_7H_8O_3S$. Krystalle; F: 193—194° (*Bost, Ky.*).

Dichloracetat $C_{10}H_{14}ClN \cdot C_2H_2Cl_2O_2$. Krystalle (aus Bzl. + Heptan); F: 92—93° (*Bost, Ky.*).

Trichloracetat $C_{10}H_{14}ClN \cdot C_2HCl_3O_2$. Krystalle (aus Ae.); F: 157° (*Bost, Ky.*).

Oxalat $2C_{10}H_{14}ClN \cdot C_2H_2O_4$. Krystalle (aus Ae.); F: 155° (*Bost, Ky.*).

3.5-Dinitro-benzoat $C_{10}H_{14}ClN \cdot C_7H_4N_2O_6$. Krystalle (aus wss. A.); F: 133—134° (*Bost, Ky.*).

2.4.6-Trinitro-benzoat $C_{10}H_{14}ClN \cdot C_7H_3N_3O_8$. Gelbliche Krystalle (aus Ae.); F: 161° (*Bost, Ky.*).

Über ein ebenfalls als 3-Chlor-2-methyl-5-isopropyl-anilin angesehenes Präparat (Kp_{27}: 137—138°; D^{20}: 1,0968; Hydrochlorid: F: 206—208° [Zers.]; *N*-Acetyl-Derivat: F: 59—60°), das aus 6-Chlor-2-nitro-*p*-cymol (?) (Kp_{26}: 152—153°; hergestellt aus 2-Nitro-*p*-cymol und Chlor [s. E III **5** 961]) beim Erwärmen mit Zinn und wss.-äthanol. Salzsäure erhalten worden ist, s. *Wheeler, Early, Le Conte,* Am. Soc. **69** [1947] 2563.

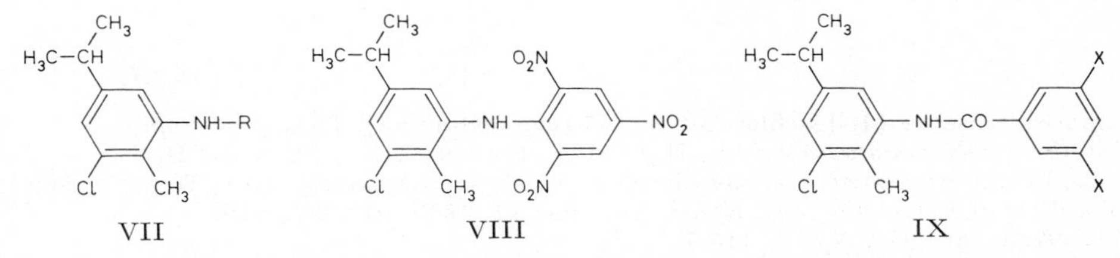

VII VIII IX

[3-Chlor-2-methyl-5-isopropyl-phenyl]-pikryl-amin, *3-chloro-5-isopropyl-2-methyl-2′,4′,6′-trinitrodiphenylamine* $C_{16}H_{15}ClN_4O_6$, Formel VIII.

B. Beim Erhitzen von 3-Chlor-2-methyl-5-isopropyl-anilin mit 2-Chlor-1.3.5-trinitrobenzol (*Bost, Kyker,* Am. Soc. **62** [1940] 913, 915).

Orangerote Krystalle (aus A.); F: 150,5—151,5°.

Essigsäure-[3-chlor-2-methyl-5-isopropyl-anilid], *3′-chloro-5′-isopropyl-2′-methylacetanilide* $C_{12}H_{16}ClNO$, Formel VII (R = $CO-CH_3$).

B. Beim Erwärmen von 3-Chlor-2-methyl-5-isopropyl-anilin mit Acetylchlorid und Pyridin (*Bost, Kyker,* Am. Soc. **62** [1940] 913, 915).

Krystalle (aus Heptan + PAe.); F: 117—118°.

Benzoesäure-[3-chlor-2-methyl-5-isopropyl-anilid], *3′-chloro-5′-isopropyl-2′-methylbenzanilide* $C_{17}H_{18}ClNO$, Formel IX (X = H).

B. Beim Erhitzen von 3-Chlor-2-methyl-5-isopropyl-anilin mit Benzoylchlorid und Pyridin (*Bost, Kyker,* Am. Soc. **62** [1940] 913, 915).

Krystalle; F: 139° [aus wss. A.] (*Bost, Ky.*), 134° (*Inoue, Horiguchi,* J. Soc. chem. Ind. Japan **36** [1933] 541; J. Soc. chem. Ind. Japan Spl. **36** [1933] 189).

3.5-Dinitro-benzoesäure-[3-chlor-2-methyl-5-isopropyl-anilid], *3′-chloro-5′-isopropyl-2′-methyl-3,5-dinitrobenzanilide* $C_{17}H_{16}ClN_3O_5$, Formel IX (X = NO_2).

B. Beim Erhitzen von 3-Chlor-2-methyl-5-isopropyl-anilin mit 3.5-Dinitro-benzoylchlorid und Pyridin (*Bost, Kyker,* Am. Soc. **62** [1940] 913, 915).

Hellgelbe Krystalle (aus wss. A.); F: 197—198°.

[3-Chlor-2-methyl-5-isopropyl-phenyl]-harnstoff, *(3-chloro-5-isopropyl-2-methylphenyl)urea* $C_{11}H_{15}ClN_2O$, Formel VII (R = $CO\text{-}NH_2$).

B. Beim Erwärmen von 3-Chlor-2-methyl-5-isopropyl-anilin mit Kaliumcyanat und wss. Salzsäure (*Bost, Kyker*, Am. Soc. **62** [1940] 913, 916).

Krystalle (aus wss. A.); F: 180—182° [Zers.], 185—187° [Zers.; im vorgeheizten Bad].

Benzolsulfonsäure-[3-chlor-2-methyl-5-isopropyl-anilid], *3'-chloro-5'-isopropyl-2'-methylbenzenesulfonanilide* $C_{16}H_{18}ClNO_2S$, Formel X (R = X = H).

B. Beim Erwärmen von 3-Chlor-2-methyl-5-isopropyl-anilin mit Benzolsulfonylchlorid und Pyridin (*Bost, Kyker*, Am. Soc. **62** [1940] 913, 915, 916).

Krystalle (aus wss. A.); F: 117,5°.

4-Brom-benzol-sulfonsäure-(1)-[3-chlor-2-methyl-5-isopropyl-anilid], *4-bromo-3'-chloro-5'-isopropyl-2'-methylbenzenesulfonanilide* $C_{16}H_{17}BrClNO_2S$, Formel X (R = H, X = Br).

B. Beim Erwärmen von 3-Chlor-2-methyl-5-isopropyl-anilin mit 4-Brom-benzolsulfonylchlorid-(1) und Pyridin (*Bost, Kyker*, Am. Soc. **62** [1940] 913, 915, 916).

Krystalle (aus wss. A.); F: 131,5°.

3-Nitro-benzol-sulfonsäure-(1)-[3-chlor-2-methyl-5-isopropyl-anilid], *3'-chloro-5'-isopropyl-2'-methyl-3-nitrobenzenesulfonanilide* $C_{16}H_{17}ClN_2O_4S$, Formel X (R = NO_2, X = H).

B. Beim Erwärmen von 3-Chlor-2-methyl-5-isopropyl-anilin mit 3-Nitro-benzolsulfonylchlorid-(1) und Pyridin (*Bost, Kyker*, Am. Soc. **62** [1940] 913, 915, 916).

Gelbe Krystalle (aus wss. A.); F: 129,5°.

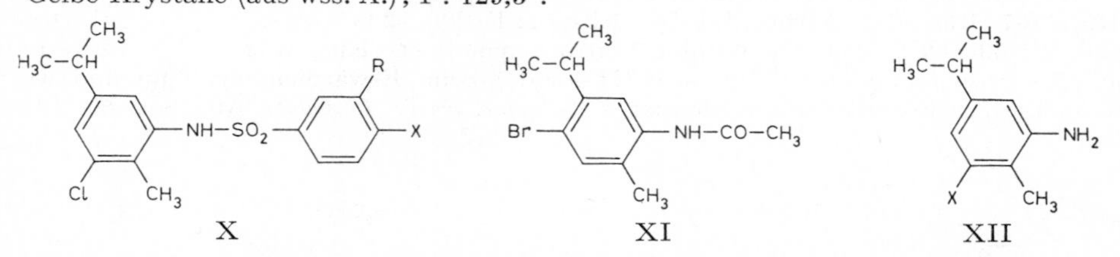

X XI XII

Toluol-sulfonsäure-(4)-[3-chlor-2-methyl-5-isopropyl-anilid], *3'-chloro-5'-isopropyl-2'-methyl-*p-*toluenesulfonanilide* $C_{17}H_{20}ClNO_2S$, Formel X (R = H, X = CH_3).

B. Beim Erwärmen von 3-Chlor-2-methyl-5-isopropyl-anilin mit Toluol-sulfonylchlorid-(4) und Pyridin (*Bost, Kyker*, Am. Soc. **62** [1940] 913, 915, 916).

Krystalle (aus wss. A.); F: 115,5°.

Essigsäure-[4-brom-2-methyl-5-isopropyl-anilid], *4'-bromo-5'-isopropyl-2'-methylacetanilide* $C_{12}H_{16}BrNO$, Formel XI (E II 641).

F: 123° (*Mann, Montonna, Larian*, Trans. electroch. Soc. **69** [1936] 367, 370).

3-Brom-2-methyl-5-isopropyl-anilin, *3-bromo-5-isopropyl-2-methylaniline* $C_{10}H_{14}BrN$, Formel XII (X = Br).

Hydrochlorid $C_{10}H_{14}BrN \cdot HCl$. *B.* Beim Erwärmen einer aus 3-Nitro-2-methyl-5-isopropyl-anilin und wss. Bromwasserstoffsäure bereiteten Diazoniumsalz-Lösung mit Kupfer(I)-bromid und Behandeln des Reaktionsprodukts mit Zinn und wss. Salzsäure (*Bost, Kyker*, Am. Soc. **62** [1940] 913, 916). — Krystalle (aus wss.-äthanol. Salzsäure); F: 213—214° [Zers.].

3-Jod-2-methyl-5-isopropyl-anilin, *3-iodo-5-isopropyl-2-methylaniline* $C_{10}H_{14}IN$, Formel XII (X = I).

Hydrochlorid $C_{10}H_{14}IN \cdot HCl$. *B.* Beim Erwärmen einer aus 3-Nitro-2-methyl-5-isopropyl-anilin und wss. Schwefelsäure bereiteten Diazoniumsalz-Lösung mit Kaliumjodid und Behandeln des Reaktionsprodukts mit Zinn und wss. Salzsäure (*Bost, Kyker*, Am. Soc. **62** [1940] 913, 916). — Krystalle (aus wss.-äthanol. Salzsäure); F: 244—245° [Zers.].

6-Nitro-2-methyl-5-isopropyl-anilin, *3-isopropyl-6-methyl-2-nitroaniline* $C_{10}H_{14}N_2O_2$, Formel I (R = X = H) auf S. 2740.

Diese Konstitution kommt der E II 641 als 4-Nitro-2-methyl-5-isopropyl-anilin (5-Nitro-2-amino-*p*-cymol) beschriebenen Verbindung $C_{10}H_{14}N_2O_2$ zu (*Doumani, Kobe,*

Am. Soc. **62** [1940] 562).

B. Neben 4-Nitro-2-methyl-5-isopropyl-anilin beim Behandeln von Ameisensäure-[2-methyl-5-isopropyl-anilid] mit Salpetersäure und Schwefelsäure und Erhitzen des Reaktionsprodukts mit wss. Natronlauge (*Dou.*, *Kobe*, l. c. S. 563).

Orangerote Flüssigkeit; Kp_{20}: 175,6°; Kp_{10}: 158,8°; Kp_5: 142,9°.

Ameisensäure-[6-nitro-2-methyl-5-isopropyl-anilid], *3'-isopropyl-6'-methyl-2'-nitroform=anilide* $C_{11}H_{14}N_2O_3$, Formel I (R = CHO, X = H).

B. Beim Erhitzen von 6-Nitro-2-methyl-5-isopropyl-anilin mit wasserhaltiger Ameisen=säure (*Doumani*, *Kobe*, Am. Soc. **62** [1940] 562, 563).

Krystalle (aus A.); F: 139,6—140° [korr.; nach Sintern bei 128°].

Essigsäure-[6-nitro-2-methyl-5-isopropyl-anilid], *3'-isopropyl-6'-methyl-2'-nitroacetanilide* $C_{12}H_{16}N_2O_3$, Formel I (R = CO-CH_3, X = H).

Diese Verbindung hat in den E II 641 als Essigsäure-[4-nitro-2-methyl-5-isopropyl-anilid] (5-Nitro-2-acetamino-*p*-cymol) beschriebenen Präparaten vom F: 168° bzw. vom F: 148° vorgelegen (*Doumani*, *Kobe*, Am. Soc. **62** [1940] 562).

B. Beim Erhitzen von 6-Nitro-2-methyl-5-isopropyl-anilin mit Acetanhydrid (*Dou.*, *Kobe*, l. c. S. 563).

Krystalle (aus A. + Ae.); F: 167,6—167,8° [korr.].

Benzoesäure-[6-nitro-2-methyl-5-isopropyl-anilid], *3'-isopropyl-6'-methyl-2'-nitrobenz=anilide* $C_{17}H_{18}N_2O_3$, Formel I (R = CO-C_6H_5, X = H).

B. Bei kurzem Erwärmen von 6-Nitro-2-methyl-5-isopropyl-anilin mit Benzoylchlorid (*Doumani*, *Kobe*, Am. Soc. **62** [1940] 562, 564).

Krystalle (aus A.); F: 193,4—193,8° [korr.].

4-Nitro-2-methyl-5-isopropyl-anilin, *5-isopropyl-2-methyl-4-nitroaniline* $C_{10}H_{14}N_2O_2$, Formel II (R = H).

Die E II 641 unter dieser Konstitution beschriebene, dort als 5-Nitro-2-amino-*p*-cymol bezeichnete Verbindung ist als 6-Nitro-2-methyl-5-isopropyl-anilin zu formulieren (*Doumani*, *Kobe*, Am. Soc. **62** [1940] 562).

B. s. o. im Artikel 6-Nitro-2-methyl-5-isopropyl-anilin.

Gelbe Krystalle (aus A.); F: 66,6—67,6° (*Dou.*, *Kobe*, l. c. S. 564).

Ameisensäure-[4-nitro-2-methyl-5-isopropyl-anilid], *5'-isopropyl-2'-methyl-4'-nitroform=anilide* $C_{11}H_{14}N_2O_3$, Formel II (R = CHO).

B. Beim Erhitzen von 4-Nitro-2-methyl-5-isopropyl-anilin mit wasserhaltiger Ameisen=säure (*Doumani*, *Kobe*, Am. Soc. **62** [1940] 562, 564).

Gelbe Krystalle (aus A.); F: 101,6—102,2° [korr.].

Essigsäure-[4-nitro-2-methyl-5-isopropyl-anilid], *5'-isopropyl-2'-methyl-4'-nitroacetanilide* $C_{12}H_{16}N_2O_3$, Formel II (R = CO-CH_3).

In den E II 641 unter dieser Konstitution beschriebenen, dort als 5-Nitro-2-acetamino-*p*-cymol bezeichneten Präparaten vom F: 168° bzw. vom F: 148° hat Essigsäure-[6-nitro-2-methyl-5-isopropyl-anilid] (s. o.) vorgelegen (*Doumani*, *Kobe*, Am. Soc. **62** [1940] 562).

B. Beim Erhitzen von 4-Nitro-2-methyl-5-isopropyl-anilin mit Acetanhydrid (*Dou.*, *Kobe*, l. c. S. 564).

Krystalle (aus A.); F: 142,8—143,2° [korr.].

Benzoesäure-[4-nitro-2-methyl-5-isopropyl-anilid], *5'-isopropyl-2'-methyl-4'-nitrobenz=anilide* $C_{17}H_{18}N_2O_3$, Formel II (R = CO-C_6H_5).

B. Beim Erwärmen von 4-Nitro-2-methyl-5-isopropyl-anilin mit Benzoylchlorid (*Doumani*, *Kobe*, Am. Soc. **62** [1940] 562).

Gelbliche Krystalle (aus A.); F: 139—139,4° [korr.].

3-Nitro-2-methyl-5-isopropyl-anilin, *5-isopropyl-2-methyl-3-nitroaniline* $C_{10}H_{14}N_2O_2$, Formel III (R = X = H) (E I 506; E II 641).

B. Beim Erhitzen von 2.6-Dinitro-*p*-cymol mit wss.-äthanol. Ammoniak unter Einleiten von Schwefelwasserstoff (*Kyker*, *Bost*, Am. Soc. **61** [1939] 2469; vgl. E II 641).

Gelbe Krystalle (aus wss. A.); F: 52° (*Ky.*, *Bost*).

Beim Behandeln mit wss. Salzsäure und Natriumnitrit und Behandeln der Reaktionslösung mit Kupfer(I)-chlorid sind 6-Chlor-2-nitro-*p*-cymol und geringe Mengen einer Verbindung $C_{20}H_{24}N_4O_5$ vom F: 186—187° (3.4'-Dinitro-2'-hydroxy-2.3'-dimethyl-5.6'-diisopropyl-azobenzol?) erhalten worden (*Bost, Kyker*, Am. Soc. **62** [1940] 913, 914).

Hydrochlorid. Hellgelbe Krystalle; F: 208° [aus wss. Salzsäure] (*Ky., Bost*).

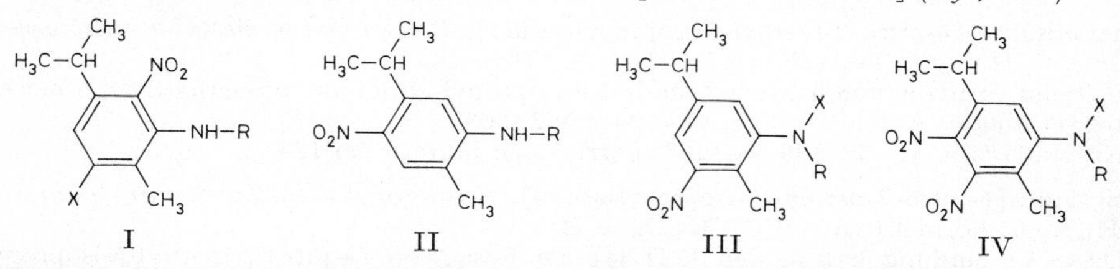

3-Nitro-2.*N*.*N*-trimethyl-5-isopropyl-anilin, *5-isopropyl-2,*N,N*-trimethyl-3-nitroaniline* $C_{12}H_{18}N_2O_2$, Formel III (R = X = CH_3).

B. Beim Erwärmen von 3-Nitro-2-methyl-5-isopropyl-anilin mit Methyljodid und Natriumcarbonat in Methanol (*Haworth, Lamberton, Woodcock*, Soc. **1947** 182, 186, 187).

Gelbes Öl; $Kp_{0,4}$: 117°.

Essigsäure-[3-nitro-2-methyl-5-isopropyl-anilid], *5'-isopropyl-2'-methyl-3'-nitroacetanilide* $C_{12}H_{16}N_2O_3$, Formel III (R = CO-CH_3, X = H) (E I 506; E II 642).

B. Beim Erwärmen von 3-Nitro-2-methyl-5-isopropyl-anilin mit Acetylchlorid und Pyridin (*Kyker, Bost*, Am. Soc. **61** [1939] 2469).

Krystalle (aus wss. A.); F: 114—115°.

3-Chlor-6-nitro-2-methyl-5-isopropyl-anilin, *3-chloro-5-isopropyl-2-methyl-6-nitroaniline* $C_{10}H_{13}ClN_2O_2$, Formel I (R = H, X = Cl).

Bezüglich der Konstitution vgl. *Qvist*, Acta Acad. Åbo **16** Nr. 1 [1948] 4, 6.

B. Aus 6-Chlor-2.3-dinitro-*p*-cymol beim Erhitzen mit äthanol. Ammoniak auf 140° (*Qvist, Kajander*, Acta Acad. Åbo **13** Nr. 10 [1942] 10).

Orangegelbe Krystalle (aus Me.); F: 67,5—68,5° (*Qv., Ka.*).

3-Chlor-6-nitro-2.*N*-dimethyl-5-isopropyl-anilin, *3-chloro-5-isopropyl-2,*N*-dimethyl-6-nitroaniline* $C_{11}H_{15}ClN_2O_2$, Formel I (R = CH_3, X = Cl).

B. Aus 6-Chlor-2.3-dinitro-*p*-cymol beim Erhitzen mit Methylamin in Äthanol auf 120° (*Qvist*, Acta Acad. Åbo **16** Nr. 1 [1948] 7).

Hydrochlorid $C_{11}H_{15}ClN_2O_2 \cdot HCl$. Zers. bei 170°.

3-Brom-6-nitro-2-methyl-5-isopropyl-anilin, *3-bromo-5-isopropyl-2-methyl-6-nitroaniline* $C_{10}H_{13}BrN_2O_2$, Formel I (R = H, X = Br).

Über die Konstitution s. *Qvist*, Acta Acad. Åbo **16** Nr. 1 [1948] 4, 6.

B. Aus 6-Brom-2.3-dinitro-*p*-cymol beim Erhitzen mit äthanol. Ammoniak auf 115° (*Qvist, Kajander*, Acta Acad. Åbo **13** Nr. 10 [1942] 12).

Orangegelbe Krystalle (aus wss. A.); F: 69,5—70,5°.

3-Brom-6-nitro-2.*N*-dimethyl-5-isopropyl-anilin, *3-bromo-5-isopropyl-2,*N*-dimethyl-6-nitroaniline* $C_{11}H_{15}BrN_2O_2$, Formel I (R = CH_3, X = Br).

B. Beim Erhitzen von 6-Brom-2.3-dinitro-*p*-cymol mit Methylamin in Äthanol auf 120° (*Qvist*, Acta Acad. Åbo **16** Nr. 1 [1948] 8).

Hydrochlorid $C_{11}H_{15}BrN_2O_2 \cdot HCl$. Zers. bei 165°.

3-Brom-6-nitro-2-methyl-5-isopropyl-*N*-benzyl-anilin, *N-benzyl-3-bromo-5-isopropyl-2-methyl-6-nitroaniline* $C_{17}H_{19}BrN_2O_2$, Formel I (R = CH_2-C_6H_5, X = Br).

B. Beim Erhitzen von 6-Brom-2.3-dinitro-*p*-cymol mit Benzylamin (*Qvist*, Acta Acad. Åbo **16** Nr. 1 [1948] 9).

Krystalle (aus A.); F: 71—72°.

2-[3-Brom-6-nitro-2-methyl-5-isopropyl-anilino]-äthanol-(1), *2-(3-bromo-5-isopropyl-2-methyl-6-nitroanilino)ethanol* $C_{12}H_{17}BrN_2O_3$, Formel I (R = CH_2-CH_2OH, X = Br).

B. Beim Erwärmen von 6-Brom-2.3-dinitro-*p*-cymol mit 2-Amino-äthanol-(1) in Äthanol (*Qvist*, Acta Acad. Åbo **16** Nr. 1 [1948] 8).

Hydrochlorid (aus Ae. + Salzsäure); F: 141—143° [Zers.]. Wenig beständig.

3.4-Dinitro-2.*N*.*N*-trimethyl-5-isopropyl-anilin, *5-isopropyl-2,*N,N*-trimethyl-3,4-dinitroaniline* $C_{12}H_{17}N_3O_4$, Formel IV (R = X = CH_3).

B. Beim Erhitzen von 6-Brom-2.3-dinitro-*p*-cymol mit Dimethylamin in Äthanol auf 160° (*Qvist*, Acta Acad. Åbo **16** Nr. 1 [1948] 9).

Gelbe Krystalle (aus A.); F: 121,5—122,5°.

Essigsäure-[3.4-dinitro-2-methyl-5-isopropyl-anilid], *5'-isopropyl-2'-methyl-3',4'-dinitroacetanilide* $C_{12}H_{15}N_3O_5$, Formel IV (R = CO-CH_3, X = H).

Krystalle (aus wss. A.); F: 150—151° [korr.] (*Qvist, Kajander*, Acta Acad. Åbo **13** Nr. 10 [1942] 12).

3-Methyl-6-isopropyl-anilin, Thymylamin, *2-isopropyl-5-methylaniline* $C_{10}H_{15}N$, Formel V (R = X = H) (H 1171; E II 642).

B. Aus 3-Nitro-*p*-cymol beim Behandeln mit Eisen-Pulver und wss. Salzsäure (*Doumani, Kobe*, Am. Soc. **62** [1940] 562, 565).

Kp_{760}: 240,2°; Kp_{20}: 122,1°; Kp_{10}: 105,7° (*Dou., Kobe*).

Oxalat $2C_{10}H_{15}N \cdot C_2H_2O_4$. Krystalle (aus wss. A.); F: 169° (*Cooke, Macbeth*, Soc. **1937** 1593, 1596).

Ameisensäure-[3-methyl-6-isopropyl-anilid], *2'-isopropyl-5'-methylformanilide* $C_{11}H_{15}NO$, Formel V (R = CHO, X = H).

B. Beim Erhitzen von 3-Methyl-6-isopropyl-anilin mit wasserhaltiger Ameisensäure (*Doumani, Kobe*, Am. Soc. **62** [1940] 562, 565).

Krystalle (aus A.); F: 106,2—106,6° [korr.].

Essigsäure-[3-methyl-6-isopropyl-anilid], *2'-isopropyl-5'-methylacetanilide* $C_{12}H_{17}NO$, Formel V (R = CO-CH_3, X = H) (H 1172; dort als Essigsäure-thymylamid bezeichnet).

B. Aus 3-Methyl-6-isopropyl-anilin und Acetylchlorid (*Cooke, Macbeth*, Soc. **1937** 1593, 1596).

Krystalle; F: 112—113° [aus A.] (*Kimura*, J. Soc. chem. Ind. Japan **37** [1934] 4, 9; J. Soc. chem. Ind. Japan Spl. **37** [1934] 4), 111° [aus W. oder PAe.] (*Cooke, Ma.*).

4-Brom-3-methyl-6-isopropyl-anilin, *4-bromo-2-isopropyl-5-methylaniline* $C_{10}H_{14}BrN$, Formel V (R = H, X = Br).

B. Aus 6-Brom-3-nitro-*p*-cymol beim Erhitzen mit Zinn und wss. Salzsäure (*Qvist*, Acta Acad. Åbo **16** Nr. 1 [1948] 10).

Hydrochlorid $C_{10}H_{14}BrN \cdot HCl$. Zers. bei 180—182°.

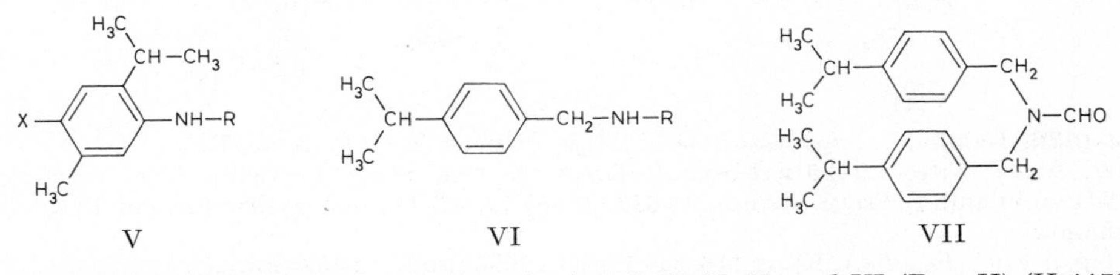

4-Isopropyl-benzylamin, *4-isopropylbenzylamine* $C_{10}H_{15}N$, Formel VI (R = H) (H 1172).

B. Aus *N*-[4-Isopropyl-benzyl]-formamid mit Hilfe von wss. Salzsäure (*Métayer*, A. ch. [12] **4** [1949] 196, 208).

Kp_{12}: 110°. n_D^{17}: 1,5182.

***N*-[4-Isopropyl-benzyl]-formamid,** N-*(4-isopropylbenzyl)formamide* $C_{11}H_{15}NO$, Formel VI (R = CHO).

B. Neben *N.N*-Bis-[4-isopropyl-benzyl]-formamid bei 3-tägigem Erhitzen von 4-Isopropyl-benzaldehyd mit Formamid auf 140° (*Mastagli, Métayer, Bièvre-Gallin*, Bl. **1948** 662, 664; s. a. *Métayer*, A. ch. [12] **4** [1949] 196, 207). Aus 4-Isopropyl-benzylamin beim Erhitzen mit Ameisensäure (*Métayer*, C. r. **226** [1948] 500).

F: 50°; Kp_{15}: 196—197°; n_D^{18}: 1,5325 (*Ma., Mé., Bi.-G.*; *Mé.*, A. ch. [12] **4** 208).

***N.N*-Bis-[4-isopropyl-benzyl]-formamid,** N,N-*bis(4-isopropylbenzyl)formamide* $C_{21}H_{27}NO$, Formel VII.

B. s. im vorangehenden Artikel.

F: 78°; Kp_{17}: 252—257°; n_D^{18}: 1,5525 (*Mastagli, Métayer, Bièvre-Gallin*, Bl. **1948** 662, 664).

[4-Isopropyl-benzyl]-guanidin, *(4-isopropylbenzyl)guanidine* $C_{11}H_{17}N_3$, Formel VI (R = C(=NH)-NH_2) und Tautomeres.

B. Beim Erhitzen von 4-Isopropyl-benzylamin mit *S*-Methyl-isothiuronium-sulfat unter Zusatz von Wasser (*Funke, Kornmann*, Bl. **1947** 1062, 1063).

Nitrat $C_{11}H_{17}N_3 \cdot HNO_3$. Krystalle (aus W.); F: 135°.

1-[4-Isopropyl-benzyl]-biguanid, *1-(4-isopropylbenzyl)biguanide* $C_{12}H_{19}N_5$, Formel VI (R = C(=NH)-NH-C(=NH)-NH_2), und Tautomere.

B. Beim Erhitzen von 4-Isopropyl-benzylamin mit Cyanguanidin unter Zusatz von Kupfer(II)-sulfat und Wasser auf 120° (*Funke, Kornmann*, Bl. **1947** 1062, 1063).

Krystalle.

Dihydrochlorid $C_{12}H_{19}N_5 \cdot 2HCl$. F: ca. 180° [Zers.].

1-Isopropyl-5-[4-isopropyl-benzyl]-biguanid, *1-isopropyl-5-(4-isopropylbenzyl)biguanide* $C_{15}H_{25}N_5$, Formel VI (R = C(=NH)-NH-C(=NH)-NH-CH$(CH_3)_2$), und Tautomere.

Nitrat $C_{15}H_{25}N_5 \cdot HNO_3$. *B.* Beim Erhitzen von [4-Isopropyl-benzyl]-guanidin-nitrat mit Isopropylcarbamonitril auf 130° (*Funke, Kornmann*, Bl. **1947** 1062, 1063). — Krystalle (aus W.); F: 142°.

2-Amino-2-*p*-tolyl-propan $C_{10}H_{15}N$.

2-Acetamino-2-*p*-tolyl-propan, *N*-[1-Methyl-1-*p*-tolyl-äthyl]-acetamid, N-*(4,α,α-trimethylbenzyl)acetamide* $C_{12}H_{17}NO$, Formel VIII.

B. Beim Behandeln von 1-Methyl-4-isopropenyl-benzol mit Acetonitril in Essigsäure unter Zusatz von Benzolsulfonsäure (*Ritter, Minieri*, Am. Soc. **70** [1948] 4045, 4048).

F: 137—138°.

(±)-2-*p*-Tolyl-propylamin, *(±)-4,β-dimethylphenethylamine* $C_{10}H_{15}N$, Formel IX.

B. Beim Erwärmen von Toluol mit Allylamin und Aluminiumchlorid (*Weston, Ruddy, Suter*, Am. Soc. **65** [1943] 674, 675).

Kp_{22}: 116—117°. D_4^{20}: 0,9417. n_D^{20}: 1,5241.

Hydrochlorid $C_{10}H_{15}N \cdot HCl$. F: 174—176°.

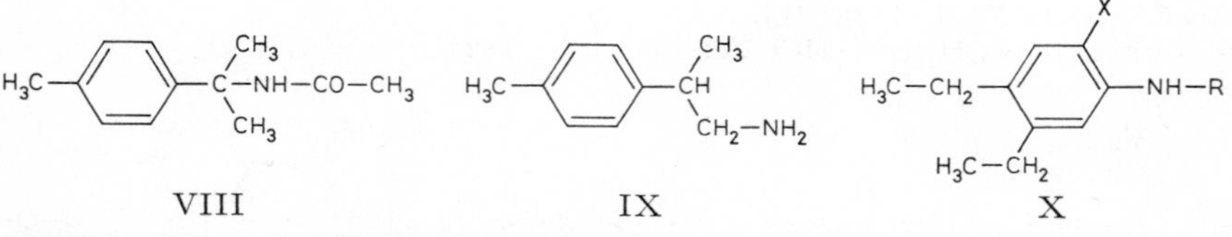

VIII IX X

3.4-Diäthyl-anilin, *3,4-diethylaniline* $C_{10}H_{15}N$, Formel X (R = X = H).

B. Aus 4-Nitro-1.2-diäthyl-benzol (*Lambooy*, Am. Soc. **71** [1949] 3756) oder aus 3.4-Divinyl-anilin (*Fries, Bestian*, A. **533** [1938] 72, 92) bei der Hydrierung an Platin in Äthanol.

Kp_{13}: 146° (*Fr., Be.*). Kp_{10}: 116—117°; D^{28}: 0,952; n_D^{29}: 1,5458 (*La.*).

Hydrochlorid $C_{10}H_{15}N \cdot HCl$. Krystalle (aus $CHCl_3$ + Bzn.); F: 196—197° (*La.*).

Essigsäure-[3.4-diäthyl-anilid], *3',4'-diethylacetanilide* $C_{12}H_{17}NO$, Formel X (R = CO-CH_3, X = H).

B. Aus 3.4-Diäthyl-anilin (*Lambooy*, Am. Soc. **71** [1949] 3756).

Krystalle (aus wss. A.); F: 119°.

Benzoesäure-[3.4-diäthyl-anilid], *3',4'-diethylbenzanilide* $C_{17}H_{19}NO$, Formel X (R = CO-C_6H_5, X = H).

B. Aus 3.4-Diäthyl-anilin (*Lambooy*, Am. Soc. **71** [1949] 3756).

Krystalle (aus wss. A.); F: 116—117°.

6-Nitro-3.4-diäthyl-anilin, *4,5-diethyl-2-nitroaniline* $C_{10}H_{14}N_2O_2$, Formel X (R = H, X = NO_2).

B. Aus [6-Nitro-3.4-diäthyl-phenyl]-carbamidsäure-äthylester beim Erwärmen mit wss.-äthanol. Natronlauge (*Lambooy*, Am. Soc. **71** [1949] 3756).

Orangefarbene Krystalle (aus wss. A.); F: 64—65°.

[6-Nitro-3.4-diäthyl-phenyl]-carbamidsäure-äthylester, *4,5-diethyl-2-nitrocarbanilic acid ethyl ester* $C_{13}H_{18}N_2O_4$, Formel X (R = $CO\text{-}OC_2H_5$, X = NO_2).

B. Beim Behandeln von 3.4-Diäthyl-anilin mit Chlorameisensäure-äthylester in Aceton unter Zusatz von wss. Natronlauge und Behandeln des Reaktionsprodukts mit Salpetersäure und Schwefelsäure (*Lambooy*, Am. Soc. **71** [1949] 3756).

Gelbe Krystalle (aus A.); F: 60°.

2.4-Diäthyl-anilin, *2,4-diethylaniline* $C_{10}H_{15}N$, Formel XI (X = H) (H 1174; E II 642).

B. Aus 4-Nitro-1.3-diäthyl-benzol bei der Hydrierung an Raney-Nickel in Äthanol bei 40—60° unter Druck (*Snyder, Adams, McIntosh*, Am. Soc. **63** [1941] 3280).

Kp_{33}: 142,5°. n_D^{25}: 1,5410.

6-Brom-2.4-diäthyl-anilin, *2-bromo-4,6-diethylaniline* $C_{10}H_{14}BrN$, Formel XI (X = Br).

B. Aus 2.4-Diäthyl-anilin und Brom in Methanol und Essigsäure (*Snyder, Adams, McIntosh*, Am. Soc. **63** [1941] 3280).

$Kp_{1,5}$: 100—105°.

2.5-Diäthyl-anilin, *2,5-diethylaniline* $C_{10}H_{15}N$, Formel XII (R = H) (H 1174; E II 642).

B. Aus 2-Nitro-1.4-diäthyl-benzol beim Erhitzen mit Eisen-Pulver und wss. Essigsäure (*Gaudion, Hook, Plant*, Soc. **1947** 1631, 1633; vgl. H 1174).

Kp_{13}: 122°.

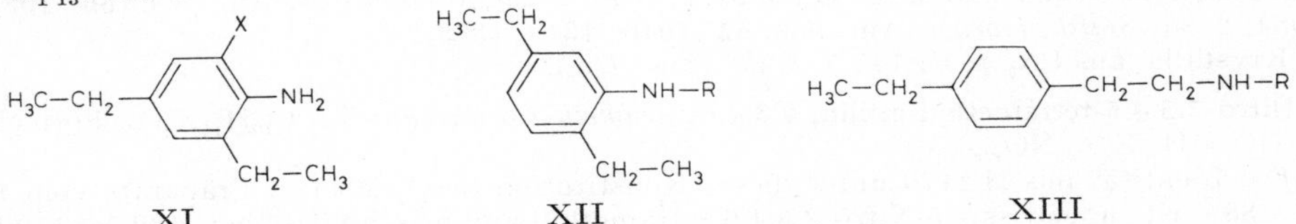

Essigsäure-[2.5-diäthyl-anilid], *2',5'-diethylacetanilide* $C_{12}H_{17}NO$, Formel XII (R = $CO\text{-}CH_3$).

Das H 1174 beschriebene Präparat vom F: 99° ist vermutlich nicht einheitlich gewesen (*Gaudion, Hook, Plant*, Soc. **1947** 1631, 1632).

B. Beim Erhitzen einer Suspension von 2.5-Diäthyl-anilin in Wasser mit Acetanhydrid und Essigsäure (*Gau., Hook, Pl.*, l. c. S. 1633).

Krystalle; F: 154°.

4-Äthyl-phenäthylamin, *4-ethylphenethylamine* $C_{10}H_{15}N$, Formel XIII (R = H).

B. Aus 4-Äthyl-phenäthylbromid bei mehrtägigem Behandeln mit äthanol. Ammoniak (*Speer, Hill*, J. org. Chem. **2** [1937] 139, 144, 145).

Kp_8: 97°.

Hydrochlorid $C_{10}H_{15}N \cdot HCl$. Krystalle (aus A.); F: 208° [nach Sintern bei 200°].

Pikrat $C_{10}H_{15}N \cdot C_6H_3N_3O_7$. Orangegelbe Krystalle (aus W.); F: 168°.

Methyl-[4-äthyl-phenäthyl]-amin, *4-ethyl-N-methylphenethylamine* $C_{11}H_{17}N$, Formel XIII (R = CH_3).

B. Beim Erwärmen von 4-Äthyl-phenäthylbromid mit Methylamin in Äthanol (*Speer, Hill*, J. org. Chem. **2** [1937] 139, 144, 147).

$Kp_{4,5}$: 90—91°.

Hydrochlorid $C_{11}H_{17}N \cdot HCl$. Krystalle (aus Acn. + A.); F: 192—193°.

2.3.4.5-Tetramethyl-anilin, *2,3,4,5-tetramethylaniline* $C_{10}H_{15}N$, Formel I (R = H) (H 1175).

B. Aus 5-Nitroso-1.2.3.4-tetramethyl-benzol beim Behandeln mit Zinn(II)-chlorid und wss.-äthanol. Salzsäure (*Smith, Taylor*, Am. Soc. **57** [1935] 2460, 2462). Aus 6-Brom-5-nitro-1.2.3.4-tetramethyl-benzol beim Erhitzen mit Zinn, wss. Salzsäure und Essigsäure (*Smith, Horner*, Am. Soc. **62** [1940] 1349, 1353).

F: 66—68° [nach Sublimation] (*Sm., Ho.*), 64—65° (*Sm., Tay.*).

Essigsäure-[2.3.4.5-tetramethyl-anilid], *2',3',4',5'-tetramethylacetanilide* $C_{12}H_{17}NO$, Formel I (R = $CO\text{-}CH_3$) (H 1175).

B. Aus 2.3.4.5-Tetramethyl-anilin (*Smith, Taylor*, Am. Soc. **57** [1935] 2460, 2462).

F: 170—171°.

2.3.4.6-Tetramethyl-anilin, *2,3,4,6-tetramethylaniline* $C_{10}H_{15}N$, Formel II (R = X = H) (H 1175; E I 506).

B. Aus 5-Brom-2.3.4.6-tetramethyl-anilin-hydrochlorid beim Erhitzen mit Zink und wss.-äthanol. Kalilauge unter Zusatz von Quecksilber(II)-chlorid (*James, Snell, Weissberger*, Am. Soc. **60** [1938] 2084, 2085).

Kp: 258—259° (*Cripps, Hey*, Soc. **1943** 14); Kp_{16}: 134—136° (*Ja., Sn., Wei.*).

Pikrat $C_{10}H_{15}N \cdot C_6H_3N_3O_7$. Gelbe Krystalle (aus A.); F: 199—200° [Zers.] (*Hey*, Soc. **1931** 1581, 1591).

Essigsäure-[2.3.4.6-tetramethyl-anilid], *2′,3′,4′,6′-tetramethylacetanilide* $C_{12}H_{17}NO$, Formel II (R = CO-CH_3, X = H) (H 1176; E I 506; dort als Essigsäure-isoduridid bezeichnet).

B. Aus 2.3.4.6-Tetramethyl-anilin und Acetanhydrid (*Smith, Paden*, Am. Soc. **56** [1934] 2169).

Krystalle; F: 219—220° [aus A.] (*James, Snell, Weissberger*, Am. Soc. **60** [1938] 2084, 2085), 217,5° [aus A.] (*Hey*, Soc. **1931** 1581, 1591; *Cripps, Hey*, Soc. **1943** 14), 214—215° (*Sm., Pa.*).

5-Brom-2.3.4.6-tetramethyl-anilin, *3-bromo-2,4,5,6-tetramethylaniline* $C_{10}H_{14}BrN$, Formel II (R = H, X = Br).

B. Aus 6-Brom-4-nitro-1.2.3.5-tetramethyl-benzol beim Erhitzen mit Zink und Essigsäure oder mit Zinn und wss. Salzsäure (*James, Snell, Weissberger*, Am. Soc. **60** [1938] 2084, 2085; *Smith, Horner*, Am. Soc. **62** [1940] 1349, 1353).

Krystalle (aus PAe.); F: 145,5—147° (*Sm., Ho.*).

5-Nitro-2.3.4.6-tetramethyl-anilin, *2,3,4,6-tetramethyl-5-nitroaniline* $C_{10}H_{14}N_2O_2$, Formel II (R = H, X = NO_2).

Die Identität des H 1176 unter dieser Konstitution beschriebenen Präparats vom F: 87—88° ist ungewiss; 5-Nitro-2.3.4.6-tetramethyl-anilin schmilzt bei 139,5—140,5° (*Illuminati, Marino*, Am. Soc. **75** [1953] 4593).

2.4.6-Trimethyl-benzylamin, *2,4,6-trimethylbenzylamine* $C_{10}H_{15}N$, Formel III (R = X = H).

B. Aus 2.4.6-Trimethyl-benzonitril bei der Hydrierung an Raney-Nickel in Äthanol bei 150°/150 at (*Fuson, Denton*, Am. Soc. **63** [1941] 654). Beim Erhitzen des aus 2.4.6-Trimethyl-benzylchlorid und Hexamethylentetramin hergestellten *N*-[2.4.6-Trimethyl-benzyl]-hexamethylentetraminium-chlorids mit wss. Salzsäure und Äthanol unter Eindampfen (*Fu., De.*). Aus *N*-[2.4.6-Trimethyl-benzyl]-phthalimid beim Erhitzen mit wss. Bromwasserstoffsäure, Essigsäure und Acetanhydrid (*Fu., De.*).

Hydrochlorid $C_{10}H_{15}N \cdot HCl$. Krystalle (aus W.); F: 315° [Zers.].

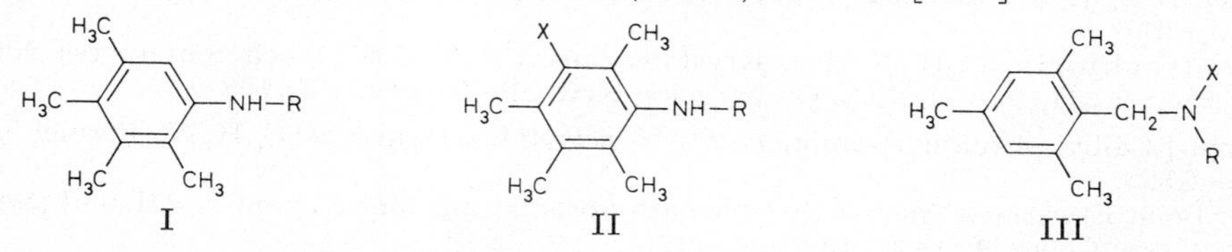

Dimethyl-[2.4.6-trimethyl-benzyl]-amin, *2,4,6,*N,N*-pentamethylbenzylamine* $C_{12}H_{19}N$, Formel III (R = X = CH_3).

B. Beim Erhitzen des aus 2.4.6-Trimethyl-benzylchlorid und Hexamethylentetramin hergestellten *N*-[2.4.6-Trimethyl-benzyl]-hexamethylentetraminium-chlorids mit Hexamethylentetramin und wss. Ameisensäure, zuletzt unter Zusatz von wss. Salzsäure (*Angyal et al.*, Soc. **1949** 2704).

Hydrochlorid $C_{12}H_{19}N \cdot HCl$. Krystalle (aus W.); F: 233—234° [korr.].

Pikrat. Gelbe Krystalle (aus A.); F: 144—145° [korr.].

***N*-[2.4.6-Trimethyl-benzyl]-anilin,** *2,4,6-trimethyl-*N*-phenylbenzylamine* $C_{16}H_{19}N$, Formel III (R = C_6H_5, X = H).

B. Aus 2.4.6-Trimethyl-benzylbromid und Anilin in Aceton (*Lévy, Bolle*, Mém. Services chim. **32** [1946] 62, 65, 66).

Krystalle (aus A.); F: 69,6°.

N-Äthyl-N-[2.4.6-trimethyl-benzyl]-anilin, N-*ethyl-2,4,6-trimethyl*-N-*phenylbenzylamine* $C_{18}H_{23}N$, Formel III (R = C_6H_5, X = C_2H_5).
B. Aus 2.4.6-Trimethyl-benzylbromid und *N*-Äthyl-anilin in Aceton (*Lévy, Bolle*, Mém. Services chim. **32** [1946] 62, 65, 66).
Krystalle (aus A.); F: 65,6°.

N-Isopropyl-N-[2.4.6-trimethyl-benzyl]-anilin, N-*isopropyl-2,4,6-trimethyl*-N-*phenyl*= *benzylamine* $C_{19}H_{25}N$, Formel III (R = C_6H_5, X = $CH(CH_3)_2$).
B. Aus 2.4.6-Trimethyl-benzylbromid und *N*-Isopropyl-anilin in Aceton (*Lévy, Bolle*, Mém. Services chim. **32** [1946] 62, 65, 66).
Krystalle (aus A.); F: 34°.

N-Benzyl-N-[2.4.6-trimethyl-benzyl]-anilin, *2,4,6-trimethyl*-N-*phenyldibenzylamine* $C_{23}H_{25}N$, Formel III (R = CH_2-C_6H_5, X = C_6H_5).
B. Aus 2.4.6-Trimethyl-benzylbromid und *N*-Benzyl-anilin in Aceton (*Lévy, Bolle*, Mém. Services chim. **32** [1946] 62, 65, 66).
Krystalle (aus A.); F: 145,4° [korr.].

N-[2-Phenoxy-äthyl]-N-[2.4.6-trimethyl-benzyl]-anilin, *2,4,6-trimethyl*-N-*(2-phenoxy*= *ethyl)*-N-*phenylbenzylamine* $C_{24}H_{27}NO$, Formel III (R = CH_2-CH_2-O-C_6H_5, X = C_6H_5).
B. Aus 2.4.6-Trimethyl-benzylbromid und *N*-[2-Phenoxy-äthyl]-anilin in Aceton (*Lévy, Bolle*, Mém. Services chim. **32** [1946] 62, 65, 66).
Krystalle (aus A.); F: 83°.

N-[2.4.6-Trimethyl-benzyl]-acetamid, N-*(2,4,6-trimethylbenzyl)acetamide* $C_{12}H_{17}NO$, Formel III (R = CO-CH_3, X = H).
B. Aus 2.4.6-Trimethyl-benzylamin und Acetanhydrid (*Fuson, Denton*, Am. Soc. **63** [1941] 654). Beim Erwärmen des aus 2.4.6-Trimethyl-benzylchlorid und Hexamethylen= tetramin hergestellten *N*-[2.4.6-Trimethyl-benzyl]-hexamethylentetraminium-chlorids mit Wasser und Erwärmen des Reaktionsprodukts (F: 151,5—152°) mit Acetylchlorid (*Fu., De.*).
Krystalle (aus A.); F: 186,5—187°.

N-[2.4.6-Trimethyl-benzyl]-benzamid, N-*(2,4,6-trimethylbenzyl)benzamide* $C_{17}H_{19}NO$, Formel III (R = CO-C_6H_5, X = H).
B. Aus 2.4.6-Trimethyl-benzylamin und Benzoylchlorid (*Fuson, Denton*, Am. Soc. **63** [1941] 654). Beim Erwärmen des aus 2.4.6-Trimethyl-benzylchlorid und Hexamethylen= tetramin hergestellten *N*-[2.4.6-Trimethyl-benzyl]-hexamethylentetraminium-chlorids mit Wasser und Erhitzen des Reaktionsprodukts (F: 151,5—152°) mit Benzoylchlorid (*Fu., De.*).
Krystalle (aus A.); F: 153,5—154°.

N-[2.4.6-Trimethyl-benzyl]-toluolsulfonamid-(4), N-*(2,4,6-trimethylbenzyl)*-p-*toluene*= *sulfonamide* $C_{17}H_{21}NO_2S$, Formel III (R = H, X = SO_2-C_6H_4-CH_3).
B. Aus 2.4.6-Trimethyl-benzylamin und Toluol-sulfonylchlorid-(4) (*Angyal et al.*, Soc. **1949** 2722).
Krystalle (aus A.); F: 138° [korr.].

2.3.5.6-Tetramethyl-anilin, Duridin, *2,3,5,6-tetramethylaniline* $C_{10}H_{15}N$, Formel IV (R = X = H) (H 1177; E II 643).
B. Aus 3-Nitroso-1.2.4.5-tetramethyl-benzol oder aus 3-Nitro-1.2.4.5-tetramethyl-benzol beim Behandeln mit Zinn(II)-chlorid und wss.-äthanol. Salzsäure (*Smith, Taylor*, Am. Soc. **57** [1935] 2460, 2462, 2463). Aus 6-Brom-3-nitro-1.2.4.5-tetramethyl-benzol beim Erhitzen mit Essigsäure, Zinn und wss. Salzsäure (*Smith, Tenenbaum*, Am. Soc. **57** [1935] 1293, 1294; *Birtles, Hampson*, Soc. **1937** 10, 14; *Smith, Horner*, Am. Soc. **62** [1940] 1349, 1353; vgl. H 1177).
Krystalle; F: 75° (*Weizmann*, Am. Soc. **70** [1948] 2342), 72,5—73,5° [durch Sublimation gereinigtes Präparat] (*Sm., Te.*), 72° [aus Bzn.] (*Bi., Ha.*). Dipolmoment (ε; Bzl.): 1,39 D (*Bi., Ha.*).

Essigsäure-[2.3.5.6-tetramethyl-anilid], *2',3',5',6'-tetramethylacetanilide* $C_{12}H_{17}NO$, Formel IV (R = CO-CH_3, X = H) (H 1177).
B. Aus 2.3.5.6-Tetramethyl-anilin und Acetanhydrid (*Smith, Tenenbaum*, Am. Soc.

57 [1935] 1293, 1294; *Weizmann*, Am. Soc. **70** [1948] 2342).

Krystalle; F: 207–208° (*Smith, Taylor*, Am. Soc. **57** [1935] 2460, 2462), 201–203° (*Sm., Te.*).

2.3.5.6-Tetramethyl-*N.N*-diacetyl-anilin, *N*-[2.3.5.6-Tetramethyl-phenyl]-diacetamid, N-(*2,3,5,6-tetramethylphenyl*)*diacetamide* $C_{14}H_{19}NO_2$, Formel IV (R = X = CO-CH_3).

B. Beim Erhitzen von 2.3.5.6-Tetramethyl-anilin mit Acetanhydrid (*Weizmann*, Am. Soc. **70** [1948] 2342).

F: 137°.

[2.3.5.6-Tetramethyl-phenyl]-carbamidsäure-äthylester, *2,3,5,6-tetramethylcarbanilic acid ethyl ester* $C_{13}H_{19}NO_2$, Formel IV (R = CO-OC_2H_5, X = H).

B. Beim Erwärmen von 2.3.5.6-Tetramethyl-anilin mit Chlorameisensäure-äthylester und Natriumcarbonat in Benzol (*Weizmann*, Am. Soc. **70** [1948] 2342).

Krystalle (aus Bzl. oder PAe.); F: 154–155°. Dipolmoment (ε; Bzl. bzw. Dioxan): 3,1 D bzw. 3,2 D.

4-Brom-2.3.5.6-tetramethyl-anilin, *4-bromo-2,3,5,6-tetramethylaniline* $C_{10}H_{14}BrN$, Formel V (R = H, X = Br).

B. Aus 2.3.5.6-Tetramethyl-anilin und Brom in Essigsäure (*Birtles, Hampson*, Soc. **1937** 10, 14).

Krystalle (aus Bzn.); F: 138,5–139,5°. Dipolmoment (ε; Bzl.): 2,75 D.

4-Nitro-2.3.5.6-tetramethyl-anilin, *2,3,5,6-tetramethyl-4-nitroaniline* $C_{10}H_{14}N_2O_2$, Formel V (R = H, X = NO_2) (H 1177).

B. Aus 3.6-Dinitro-1.2.4.5-tetramethyl-benzol beim Behandeln einer warmen äthanol. Lösung mit wss. Natriumdisulfid-Lösung (*Birtles, Hampson*, Soc. **1937** 10, 13; *Ingham, Hampson*, Soc. **1939** 981, 984).

Krystalle (aus A.); F: 161–162° (*Bi., Ha.*). Dipolmoment (ε; Bzl.): 4,98 D (*Bi., Ha.*, l. c. S. 15).

4-Nitro-2.3.5.6.*N.N*-hexamethyl-anilin, *2,3,5,6,*N,N*-hexamethyl-4-nitroaniline* $C_{12}H_{18}N_2O_2$, Formel V (R = CH_3, X = NO_2).

B. Beim Erhitzen von 4-Nitro-2.3.5.6-tetramethyl-anilin mit Methyljodid und methanol. Natronlauge auf 150° (*Ingham, Hampson*, Soc. **1939** 981, 984).

Gelbe Krystalle (aus A. + Bzn.); F: 90°. Dipolmoment (ε; Bzl.): 4,11 D.

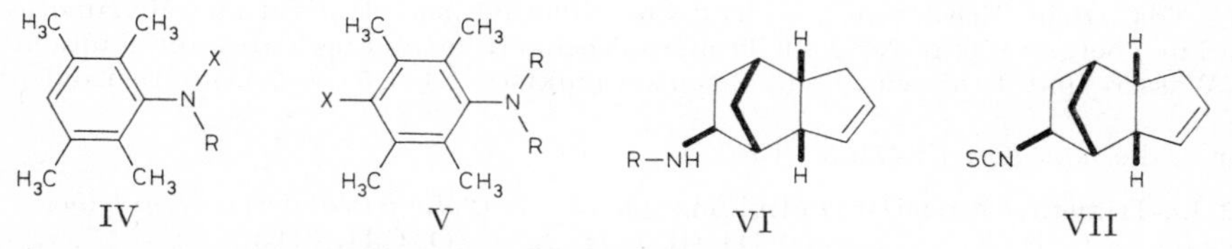

5-Amino-3a.4.5.6.7.7a-hexahydro-4.7-methano-inden $C_{10}H_{15}N$.

5-Acetamino-3a.4.5.6.7.7a-hexahydro-4.7-methano-inden, *N*-[3a.4.5.6.7.7a-Hexahydro-4.7-methano-indenyl-(5)]-acetamid, N-(*3a,4,5,6,7,7a-hexahydro-4,7-methanoinden-5-yl*)=*acetamide* $C_{12}H_{17}NO$.

(±)-5*c*-Acetamino-(3a*rH*.7a*cH*)-3a.4.5.6.7.7a-hexahydro-4*c*.7*c*-methano-inden, Formel VI (R = CO-CH_3) + Spiegelbild.

B. Aus (±)-5*c*-Isothiocyanato-(3a*rH*.7a*cH*)-3a.4.5.6.7.7a-hexahydro-4*c*.7*c*-methano-inden (S. 2747) beim Erhitzen mit Essigsäure (*Bruson, Riener*, Am. Soc. **67** [1945] 1178).

Krystalle (aus PAe.); F: 133–134° [unkorr.] (*Diveley, Buntin, Lohr*, J. org. Chem. **34** [1969] 616, 621), 129–130° [unkorr.] (*Br., Rie.*).

5-Thioureido-3a.4.5.6.7.7a-hexahydro-4.7-methano-inden, [3a.4.5.6.7.7a-Hexahydro-4.7-methano-indenyl-(5)]-thioharnstoff, (*3a,4,5,6,7,7a-hexahydro-4,7-methanoinden-5-yl*)=*thiourea* $C_{11}H_{16}N_2S$.

(±)-5*c*-Thioureido-(3a*rH*.7a*cH*)-3a.4.5.6.7.7a-hexahydro-4*c*.7*c*-methano-inden, Formel VI (R = CS-NH_2) + Spiegelbild.

B. Aus (±)-5*c*-Isothiocyanato-(3a*rH*.7a*cH*)-3a.4.5.6.7.7a-hexahydro-4*c*.7*c*-methano-inden (s. u.) beim Erwärmen mit wss. Ammoniak (*Bruson*, *Riener*, Am. Soc. **67** [1945] 1178).

Krystalle; F: 203—204° [unkorr.; aus A.] (*Br.*, *Rie.*), 203° [unkorr.] (*Diveley*, *Buntin*, *Lohr*, J. org. Chem. **34** [1969] 616, 620).

5-Isothiocyanato-3a.4.5.6.7.7a-hexahydro-4.7-methano-inden, 3a.4.5.6.7.7a-Hexahydro-4.7-methano-indenyl-(5)-isothiocyanat, *isothiocyanic acid 3a,4,5,6,7,7a-hexahydro-4,7-methanoinden-5-yl ester* $C_{11}H_{13}NS$.

(±)-5*c*-Isothiocyanato-(3a*rH*.7a*cH*)-3a.4.5.6.7.7a-hexahydro-4*c*.7*c*-methano-inden, Formel VII + Spiegelbild.

Ein Präparat (Kp_6: 140—142°; D_4^{25}: 1,1318; n_D^{25}: 1,5580), in dem diese Verbindung als Hauptbestandteil vorgelegen hat (s. diesbezüglich *Diveley*, *Buntin*, *Lohr*, J. org. Chem. **34** [1969] 616, 620), ist neben anderen Verbindungen beim Behandeln eines warmen Gemisches von (±)-*endo*-Dicyclopentadien (E III **5** 1232) und wss. Ammoniumthiocyanat-Lösung mit wss. Salzsäure erhalten worden (*Bruson*, *Riener*, Am. Soc. **67** [1945] 1178). [*Vincke*]

Amine $C_{11}H_{17}N$

2-Pentyl-anilin $C_{11}H_{17}N$.

Essigsäure-[2-pentyl-anilid], *2'-pentylacetanilide* $C_{13}H_{19}NO$, Formel VIII (R = $CO\text{-}CH_3$).

B. s. u. im Artikel Essigsäure-[4-pentyl-anilid].

Krystalle (aus wss. A.); F: 79—80° (*Ipatieff*, *Schmerling*, Am. Soc. **60** [1938] 1476, 1477).

Benzoesäure-[2-pentyl-anilid], *2'-pentylbenzanilide* $C_{18}H_{21}NO$, Formel VIII (R = $CO\text{-}C_6H_5$).

B. s. u. im Artikel Benzoesäure-[4-pentyl-anilid].

Krystalle (aus wss. A. oder Hexan); F: 98—99° (*Ipatieff*, *Schmerling*, Am. Soc. **60** [1938] 1476, 1477).

4-Pentyl-anilin, p-*pentylaniline* $C_{11}H_{17}N$, Formel IX (R = H).

B. Neben 4.*N*-Dipentyl-anilin beim Erhitzen von *N*-Pentyl-anilin mit Kobalt(II)-chlorid auf 212° (*Hickinbottom*, Soc. **1937** 1119, 1120).

Kp_{16}: 130°.

4.*N*-Dipentyl-anilin, p,N-*dipentylaniline* $C_{16}H_{27}N$, Formel IX (R = $[CH_2]_4\text{-}CH_3$).

Ein Präparat (Kp_{16}: 180—185°), in dem diese Verbindung als Hauptbestandteil vorgelegen hat, ist neben 4-Pentyl-anilin beim Erhitzen von *N*-Pentyl-anilin mit Kobalt(II)-chlorid auf 212° erhalten worden (*Hickinbottom*, Soc. **1937** 1119, 1120).

Essigsäure-[4-pentyl-anilid], *4'-pentylacetanilide* $C_{13}H_{19}NO$, Formel IX (R = $CO\text{-}CH_3$).

B. Aus 4-Pentyl-anilin (*Hickinbottom*, Soc. **1937** 1119, 1120). Neben Essigsäure-[2-pentyl-anilid] beim Behandeln von Pentylbenzol mit Schwefelsäure und Salpetersäure, Erwärmen des Reaktionsprodukts mit Zinn und wss.-äthanol. Salzsäure und Behandeln des erhaltenen Amin-Gemisches mit Acetanhydrid (*Ipatieff*, *Schmerling*, Am. Soc. **60** [1938] 1476, 1477).

Krystalle (aus wss. A.); F: 101—102° [unkorr.] (*Ip.*, *Sch.*), 101° (*Hi.*).

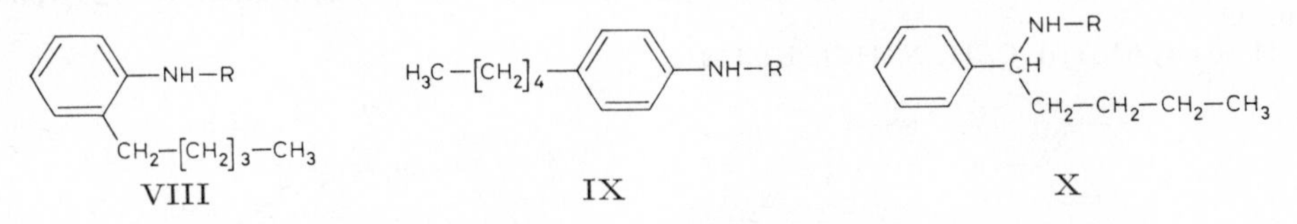

Benzoesäure-[4-pentyl-anilid], *4'-pentylbenzanilide* $C_{18}H_{21}NO$, Formel IX (R = $CO\text{-}C_6H_5$).

B. Neben Benzoesäure-[2-pentyl-anilid] beim Behandeln von Pentylbenzol mit Schwefelsäure und Salpetersäure, Erwärmen des Reaktionsprodukts mit Zinn und wss.-äthanol. Salzsäure und Behandeln des erhaltenen Amin-Gemisches mit Benzoylchlorid und Alkalilauge (*Ipatieff*, *Schmerling*, Am. Soc. **60** [1938] 1476, 1477).

Krystalle (aus wss. A.); F: 128—129° [unkorr.].

Toluol-sulfonsäure-(4)-[4-pentyl-anilid], *4'-pentyl-*p*-toluenesulfonanilide* $C_{18}H_{23}NO_2S$, Formel IX (R = SO_2-C_6H_4-CH_3).

B. Aus 4-Pentyl-anilin und Toluol-sulfonylchlorid-(4) mit Hilfe von Pyridin (*Hickinbottom*, Soc. **1937** 1119, 1120).

Krystalle (aus wss. A.); F: 68—69°.

(±)-1-Phenyl-pentylamin, (±)-*α-butylbenzylamine* $C_{11}H_{17}N$, Formel X (R = H).

B. Aus Valerophenon-oxim beim Erwärmen mit Äthanol und Natrium (*Niinobe*, J. pharm. Soc. Japan **63** [1943] 204, 210; C. A. **1950** 7490).

Kp_4: 92—94°.

Hydrochlorid $C_{11}H_{17}N \cdot HCl$. Krystalle (aus Bzl.); Zers. bei 281°.

Hexachloroplatinat(IV) $2C_{11}H_{17}N \cdot H_2PtCl_6$. Orangefarbene Krystalle (aus wss. A.); F: 190—191°.

(±)-1-Methylamino-1-phenyl-pentan, (±)-Methyl-[1-phenyl-pentyl]-amin, (±)-*α-butyl-N-methylbenzylamine* $C_{12}H_{19}N$, Formel X (R = CH_3).

B. Beim Erhitzen von Methyl-benzyliden-amin mit Butylmagnesiumbromid in Toluol (*Lutz et al.*, J. org. Chem. **12** [1947] 760, 761, 764).

Kp: 242—243°.

Hydrochlorid $C_{12}H_{19}N \cdot HCl$. Krystalle (aus Ae. + A.); F: 144—145° [korr.].

(±)-1-Äthylamino-1-phenyl-pentan, (±)-Äthyl-[1-phenyl-pentyl]-amin, (±)-*α-butyl-N-ethylbenzylamine* $C_{13}H_{21}N$, Formel X (R = C_2H_5).

B. Beim Erwärmen von Äthyl-benzyliden-amin mit Butylmagnesiumbromid in Äther (*Campbell et al.*, Am. Soc. **70** [1948] 3868).

Kp_9: 106—108°. D_4^{20}: 0,8914. n_D^{20}: 1,4940.

Hydrochlorid $C_{13}H_{21}N \cdot HCl$. Krystalle (aus A. + Ae.); F: 170° [Zers.].

(±)-2-Amino-1-phenyl-pentan, (±)-1-Benzyl-butylamin, (±)-*α-propylphenethylamine* $C_{11}H_{17}N$, Formel XI (R = H).

B. Aus 2-Hydroxyimino-1-phenyl-pentanon-(1) bei der Hydrierung an Palladium in mit wss. Perchlorsäure versetzter Essigsäure (*Rosenmund, Karg*, B. **75** [1942] 1850, 1857). Aus (±)-4-[2-Amino-pentyl]-anilin beim Behandeln mit wss. Hypophosphorigsäure und Natriumnitrit (*Kornblum, Iffland*, Am. Soc. **71** [1949] 2137, 2138, 2140).

Kp_{15}: 118°; n_D^{20}: 1,5084 (*Ko., Iff.*).

Hydrochlorid $C_{11}H_{17}N \cdot HCl$. Krystalle (aus E.); F: 131° (*Ro., Karg*).

(±)-2-Methylamino-1-phenyl-pentan, (±)-Methyl-[1-benzyl-butyl]-amin, (±)-N-*methyl-α-propylphenethylamine* $C_{12}H_{19}N$, Formel XI (R = CH_3).

B. Aus (±)-2-Methylamino-1-phenyl-pentanon-(1) bei der Hydrierung an Palladium in mit wss. Perchlorsäure versetzter Essigsäure (*Rosenmund, Karg*, B. **75** [1942] 1850, 1858).

Hydrochlorid $C_{12}H_{19}N \cdot HCl$. Krystalle (aus E.); F: 126°.

(±)-2-Phenäthylamino-1-phenyl-pentan, (±)-[1-Benzyl-butyl]-phenäthyl-amin, (±)-*α-propyldiphenethylamine* $C_{19}H_{25}N$, Formel XI (R = CH_2-CH_2-C_6H_5).

B. Beim Erhitzen von 1-Phenyl-pentanon-(2) mit Phenäthylamin und Hydrieren des Reaktionsprodukts an Palladium in Methanol (*Buth, Külz, Rosenmund*, B. **72** [1939] 19, 28).

Hydrochlorid $C_{19}H_{25}N \cdot HCl$. F: 154°.

(±)-2-Benzamino-1-phenyl-pentan, (±)-*N*-[1-Benzyl-butyl]-benzamid, (±)-N-(*α-propylphenethyl)benzamide* $C_{18}H_{21}NO$, Formel XI (R = CO-C_6H_5).

B. Aus (±)-2-Amino-1-phenyl-pentan (*Kornblum, Iffland*, Am. Soc. **71** [1949] 2137, 2138).

F: 123—123,5°.

(±)-3-Amino-1-phenyl-pentan, (±)-1-Äthyl-3-phenyl-propylamin, (±)-*1-ethyl-3-phenylpropylamine* $C_{11}H_{17}N$, Formel XII (R = H).

B. Aus 1*t*-Phenyl-penten-(1)-on-(3)-oxim (E III **7** 1430) beim Erwärmen mit Äthanol und Natrium (*Niinobe*, J. pharm. Soc. Japan **63** [1943] 204, 210; C. A. **1950** 7490). Aus (±)-*N*-[1-Äthyl-3-phenyl-propyl]-formamid beim Erhitzen mit wss. Salzsäure (*Métayer*, A. ch. [12] **4** [1949] 196, 204, 206).

Kp_{19}: 122—124° (*Mé.*); Kp_4: 92,5—93° (*Ni.*). n_D^{15}: 1,5175 (*Mé.*).

Hydrochlorid $C_{11}H_{17}N \cdot HCl$. Krystalle (aus A. + Ae.); F: 208° (*Ni.*), 184° (*Mé.*).

Hexachloroplatinat(IV) $2C_{11}H_{17}N \cdot H_2PtCl_6$. Orangefarbene Krystalle (aus wss. A.); Zers. bei 202°.

Bis-[1-äthyl-3-phenyl-propyl]-amin, *1,1'-diethyl-3,3'-diphenyldipropylamine* $C_{22}H_{31}N$, Formel XIII.

Eine opt.-inakt. Base (Kp_{15}: 190—195°; Hydrochlorid: F: 204—205° [aus A. + Ae.]) dieser Konstitution ist aus (±)-*N*-[1-Äthyl-3-phenyl-propyl]-formamid beim Behandeln mit wss. Salzsäure erhalten worden (*Métayer*, A. ch. [12] **4** [1949] 196, 206).

(±)-3-Formamino-1-phenyl-pentan, (±)-*N*-[1-Äthyl-3-phenyl-propyl]-formamid, (±)-N-(*1-ethyl-3-phenylpropyl*)*formamide* $C_{12}H_{17}NO$, Formel XII (R = CHO).

B. Beim Erhitzen von 1-Phenyl-pentanon-(3) mit Formamid auf 150° (*Métayer*, A. ch. [12] **4** [1949] 196, 204, 205).

Kp_{15}: 200,5—201°. n_D^{18}: 1,5295.

(±)-3-Acetamino-1-phenyl-pentan, (±)-*N*-[1-Äthyl-3-phenyl-propyl]-acetamid, (±)-N-(*1-ethyl-3-phenylpropyl*)*acetamide* $C_{13}H_{19}NO$, Formel XII (R = $CO\text{-}CH_3$).

B. Aus (±)-1-Äthyl-3-phenyl-propylamin und Acetanhydrid (*Métayer*, A. ch. [12] **4** [1949] 196, 206).

Krystalle (aus A.); F: 76°.

(±)-3-Benzamino-1-phenyl-pentan, (±)-*N*-[1-Äthyl-3-phenyl-propyl]-benzamid, (±)-N-(*1-ethyl-3-phenylpropyl*)*benzamide* $C_{18}H_{21}NO$, Formel XII (R = $CO\text{-}C_6H_5$).

B. Aus (±)-1-Äthyl-3-phenyl-propylamin und Benzoylchlorid mit Hilfe von Natronlauge (*Métayer*, A. ch. [12] **4** [1949] 196, 206).

Krystalle (aus A.); F: 95°.

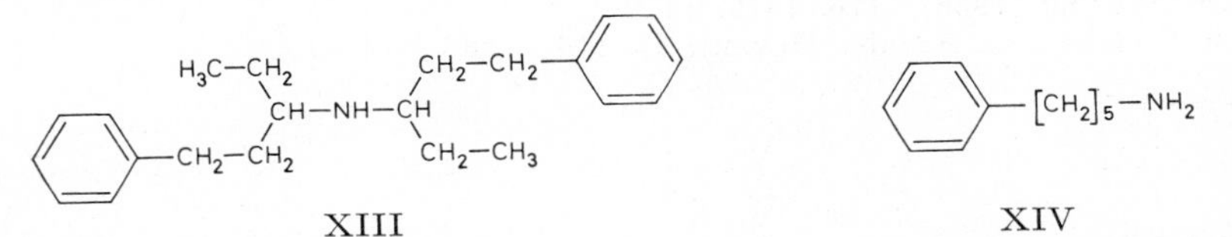

XIII XIV

5-Phenyl-pentylamin, *5-phenylpentylamine* $C_{11}H_{17}N$, Formel XIV (E I 506; E II 643).

B. Aus 4-[5-Amino-pentyl]-anilin beim Behandeln mit wss. Hypophosphorigsäure und Natriumnitrit (*Kornblum*, *Iffland*, Am. Soc. **71** [1949] 2137, 2138, 2140).

Flüssigkeit; n_D^{25}: 1,5130.

Pikrat. Krystalle (aus Bzl.); F: 156—157°.

***N.N'*-Bis-[5-phenyl-pentyl]-octandiyldiamin,** N,N'-*bis*(*5-phenylpentyl*)*octane-1,8-diamine* $C_{30}H_{48}N_2$, Formel I.

B. Aus 5-Phenyl-pentylamin und 1.8-Dibrom-octan (*Goodson et al.*, Brit. J. Pharmacol. Chemotherapy **3** [1948] 49, 58).

Dihydrobromid $C_{30}H_{48}N_2 \cdot 2HBr$. Krystalle (aus A.); F: 258°.

Di-DL(?)-lactat $C_{30}H_{48}N_2 \cdot 2C_3H_6O_3$. Krystalle (aus A. + Acn.); F: 117°.

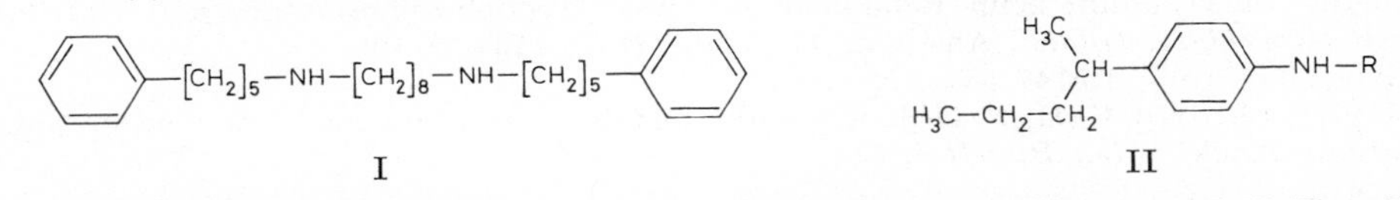

I II

(±)-4-[1-Methyl-butyl]-anilin, (±)-p-(*1-methylbutyl*)*aniline* $C_{11}H_{17}N$, Formel II (R = H).

B. Beim Behandeln von (±)-2-Phenyl-pentan mit Schwefelsäure und Salpetersäure und Erwärmen des Reaktionsprodukts mit Zinn und wss.-äthanol. Salzsäure (*Ipatieff*,

Schmerling, Am. Soc. **60** [1938] 1476, 1479). Aus (±)-4-Nitro-1-[1-methyl-butyl]-benzol (*Huston, Kaye*, Am. Soc. **64** [1942] 1576, 1578).
Kp_2: 101—104° (*Hu., Kaye*).

(±)-4-Acetamino-1-[1-methyl-butyl]-benzol, (±)-Essigsäure-[4-(1-methyl-butyl)-anilid], (±)-*4'-(1-methylbutyl)acetanilide* $C_{13}H_{19}NO$, Formel II (R = $CO-CH_3$).
B. Aus (±)-4-[1-Methyl-butyl]-anilin und Acetanhydrid (*Ipatieff, Schmerling*, Am. Soc. **60** [1938] 1476, 1479).
Krystalle (aus wss. A. oder Hexan); F: 107° [unkorr.].

(±)-4-Benzamino-1-[1-methyl-butyl]-benzol, (±)-Benzoesäure-[4-(1-methyl-butyl)-anilid], (±)-*4'-(1-methylbutyl)benzanilide* $C_{18}H_{21}NO$, Formel II (R = $CO-C_6H_5$).
B. Aus (±)-4-[1-Methyl-butyl]-anilin und Benzoylchlorid mit Hilfe von wss. Alkalilauge (*Ipatieff, Schmerling*, Am. Soc. **60** [1938] 1476, 1479).
Krystalle (aus wss. A. oder Hexan); F: 127—128° [unkorr.].

2-Phenyl-pentylamin, *β-propylphenethylamine* $C_{11}H_{17}N$.

(*S*)-2-Phenyl-pentylamin, Formel III.
B. Aus (*S*)-2-Phenyl-valeramid beim Erwärmen mit Lithiumaluminiumhydrid in Äther (*Petterson*, Ark. Kemi **10** [1956] 297, 302, 320; s. dazu *Levene, Mikeska, Passoth*, J. biol. Chem. **88** [1930] 27, 31).
$[\alpha]_D^{25}$: —4° [unverd.]; $[\alpha]_D^{25}$: —8,8° [A.; c = 3]; $[\alpha]_D^{25}$: —6,9° [wss. A.] (*Pe.*).
Hydrochlorid. Krystalle; F: 208—210°; $[\alpha]_D^{25}$: —6,8° [W.; c = 1] (*Pe.*).
Ein weitgehend racemisches Präparat (Kp_3: 90°; $[\alpha]_D^{25}$: —0,5° [wss. A.]) ist beim Behandeln des aus partiell racemischer (*R*)-3-Phenyl-hexansäure-(1) ($[\alpha]_D^{25}$: —2,32° [unverd.]) über das Säurechlorid hergestellten Säureamids mit Brom und Erhitzen des Reaktionsprodukts mit wss. Kalilauge erhalten worden (*Levene, Marker*, J. biol. Chem. **93** [1931] 749, 773).

4-[2-Methyl-butyl]-anilin $C_{11}H_{17}N$.

(±)-4-Acetamino-1-[2-methyl-butyl]-benzol, (±)-Essigsäure-[4-(2-methyl-butyl)-anilid], (±)-*4'-(2-methylbutyl)acetanilide* $C_{13}H_{19}NO$, Formel IV (R = $CO-CH_3$).
B. Aus (±)-4-[2-Methyl-butyl]-anilin (E II 643) und Acetanhydrid (*Ipatieff, Schmerling*, Am. Soc. **60** [1938] 1476, 1478, 1479).
Krystalle (aus wss. A. oder Hexan); F: 115—116° [unkorr.].

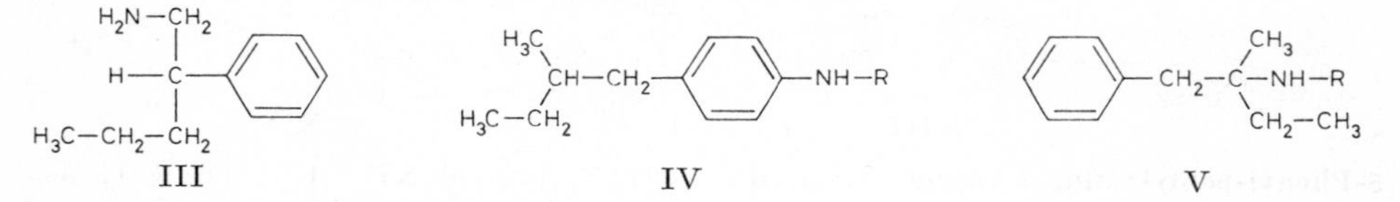

(±)-4-Benzamino-1-[2-methyl-butyl]-benzol, (±)-Benzoesäure-[4-(2-methyl-butyl)-anilid], (±)-*4'-(2-methylbutyl)benzanilide* $C_{18}H_{21}NO$, Formel IV (R = $CO-C_6H_5$) (E II 644).
Krystalle (aus wss. A. oder Hexan); F: 126° [unkorr.] (*Ipatieff, Schmerling*, Am. Soc. **60** [1938] 1476, 1478, 1479).

(±)-2-Amino-2-methyl-1-phenyl-butan, (±)-1-Methyl-1-benzyl-propylamin, (±)-*α-ethyl-α-methylphenethylamine* $C_{11}H_{17}N$, Formel V (R = H).
B. Aus (±)-1-Methyl-1-benzyl-propylisocyanat beim Erhitzen mit wss. Salzsäure (*Mentzer, Buu-Hoi, Cagniant*, Bl. [5] **9** [1942] 813, 817, 818). Aus (±)-4-[2-Amino-2-methyl-butyl]-anilin beim Behandeln mit wss. Hypophosphorigsäure und Natriumnitrit (*Kornblum, Iffland*, Am. Soc. **71** [1949] 2137, 2138, 2140).
Kp_{14}: 111°; n_D^{20}: 1,5147 (*Ko., Iff.*).
Hydrochlorid $C_{11}H_{17}N \cdot HCl$. Krystalle (aus A. + Ae.); F: 200—201° [unter Sublimation; Block] (*Me., Buu-Hoi, Ca.*).

(±)-2-Benzamino-2-methyl-1-phenyl-butan, (±)-*N*-[1-Methyl-1-benzyl-propyl]-benzamid, (±)-N-(*α-ethyl-α-methylphenethyl)benzamide* $C_{18}H_{21}NO$, Formel V (R = $CO-C_6H_5$).
B. Aus (±)-2-Amino-2-methyl-1-phenyl-butan (*Kornblum, Iffland*, Am. Soc. **71** [1949]

2137, 2138).
F: 113,5—114°.

(±)-1-Methyl-1-benzyl-propylisocyanat, *(±)-isocyanic acid α-ethyl-α-methylphenethyl ester* $C_{12}H_{15}NO$, Formel VI.

B. Aus (±)-2-Methyl-2-äthyl-3-phenyl-propionamid beim Behandeln mit alkal. wss. Kaliumhypobromit-Lösung (*Mentzer, Buu-Hoi, Cagniant,* Bl. [5] **9** [1942] 813, 817).

Kp_{16}: 137—138°.

3-Amino-2-methyl-1-phenyl-butan, 1.2-Dimethyl-3-phenyl-propylamin, *1,2-dimethyl-3-phenylpropylamine* $C_{11}H_{17}N$, Formel VII (R = H).

Eine opt.-inakt. Verbindung (Kp_{15}: 122—123°; D_{17}^{17}: 0,9302; n_D^{15}: 1,5170; Hydrochlorid: Krystalle [aus A. + Ae.], F: 180°) dieser Konstitution ist aus opt.-inakt. *N*-[1.2-Dimethyl-3-phenyl-propyl]-formamid (s. u.) beim Erhitzen mit wss. Salzsäure erhalten worden (*Métayer,* A. ch. [12] **4** [1949] 196, 204, 206).

VI VII

Bis-[1.2-dimethyl-3-phenyl-propyl]-amin, *1,2,1′,2′-tetramethyl-3,3′-diphenyldipropylamine* $C_{22}H_{31}N$, Formel VIII.

Eine opt.-inakt. Verbindung (Kp_{15}: 210—215°; n_D^{14}: 1,5330; Hydrochlorid: F: 195° [aus A. + Ae.]) dieser Konstitution ist aus opt.-inakt. *N*-[1.2-Dimethyl-3-phenyl-propyl]-formamid (s. u.) beim Behandeln mit wss. Salzsäure erhalten worden (*Métayer,* A. ch. [12] **4** [1949] 196, 206).

3-Formamino-2-methyl-1-phenyl-butan, *N*-[1.2-Dimethyl-3-phenyl-propyl]-formamid, N-*(1,2-dimethyl-3-phenylpropyl)formamide* $C_{12}H_{17}NO$, Formel VII (R = CHO).

Eine opt.-inakt. Verbindung (Kp_{16}: 201—202°; D_{17}^{17}: 1,0557; n_D^{17}: 1,5326) dieser Konstitution ist beim Erhitzen von (±)-2-Methyl-1-phenyl-butanon-(3) mit Formamid auf 140° erhalten worden (*Métayer,* A. ch. [12] **4** [1949] 196, 204, 205).

3-Acetamino-2-methyl-1-phenyl-butan, *N*-[1.2-Dimethyl-3-phenyl-propyl]-acetamid, N-*(1,2-dimethyl-3-phenylpropyl)acetamide* $C_{13}H_{19}NO$, Formel VII (R = CO-CH_3).

Eine opt.-inakt. Verbindung (Krystalle [aus Eg.]; F: 79°) dieser Konstitution ist aus opt.-inakt. 1.2-Dimethyl-3-phenyl-propylamin (s. o.) und Acetanhydrid erhalten worden (*Métayer,* A. ch. [12] **4** [1949] 196, 206).

3-Benzamino-2-methyl-1-phenyl-butan, *N*-[1.2-Dimethyl-3-phenyl-propyl]-benzamid, N-*(1,2-dimethyl-3-phenylpropyl)benzamide* $C_{18}H_{21}NO$, Formel VII (R = CO-C_6H_5).

Eine opt.-inakt. Verbindung (Krystalle [aus Bzn.]; F: 79°) dieser Konstitution ist aus opt.-inakt. 1.2-Dimethyl-3-phenyl-propylamin (s. o.) und Benzoylchlorid mit Hilfe von wss. Natronlauge erhalten worden (*Métayer,* A. ch. [12] **4** [1949] 196, 206).

4-Isopentyl-anilin, p-*isopentylaniline* $C_{11}H_{17}N$, Formel IX (R = X = H) (H 1178).

B. Aus *N*-Isopentyl-anilin beim Erhitzen mit Cadmiumchlorid auf 212° (*Hickinbottom,* Soc. **1932** 2396, 2398, 2400).

Kp_{756}: 262—264° [korr.].

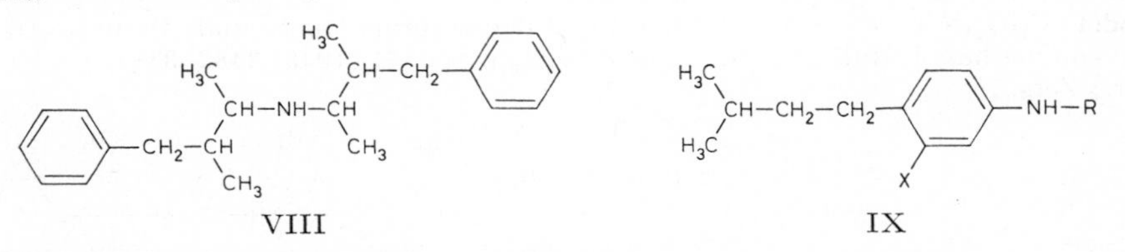

VIII IX

Essigsäure-[4-isopentyl-anilid], *4′-isopentylacetanilide* $C_{13}H_{19}NO$, Formel IX (R = CO-CH_3, X = H).

B. Beim Behandeln von Isopentylbenzol mit Schwefelsäure und Salpetersäure, Schütteln des Reaktionsprodukts mit Zinn und wss.-äthanol. Salzsäure und Behandeln des danach isolierten Monoamins mit Acetanhydrid (*Ipatieff, Schmerling*, Am. Soc. **60** [1938] 1476, 1477, 1479). Aus 4-Isopentyl-anilin (*Hickinbottom*, Soc. **1932** 2396, 2398).

Krystalle; F: 115—115,5° [aus A.] (*Hi.*), 114° [unkorr.; aus wss. A. oder Hexan] (*Ip.*, *Sch.*).

Benzoesäure-[4-isopentyl-anilid], *4'-isopentylbenzanilide* $C_{18}H_{21}NO$, Formel IX ($R = CO\text{-}C_6H_5$, $X = H$) (H 1178).

Krystalle; F: 151—153° [aus Me.] (*Hickinbottom*, Soc. **1932** 2396, 2398), 151° [unkorr.; aus wss. A.] (*Ipatieff, Schmerling*, Am. Soc. **60** [1938] 1476, 1477).

***N*-Phenyl-*N'*-[4-isopentyl-phenyl]-thioharnstoff,** *1-(p-isopentylphenyl)-3-phenylthiourea* $C_{18}H_{22}N_2S$, Formel IX ($R = CS\text{-}NH\text{-}C_6H_5$, $X = H$).

B. Aus 4-Isopentyl-anilin und Phenylisothiocyanat (*Hickinbottom*, Soc. **1932** 2396, 2398).

Krystalle (aus A.); F: 122°.

3-Nitro-benzol-sulfonsäure-(1)-[4-isopentyl-anilid], *4'-isopentyl-3-nitrobenzenesulfon=anilide* $C_{17}H_{20}N_2O_4S$, Formel IX ($R = SO_2\text{-}C_6H_4\text{-}NO_2$, $X = H$).

B. Aus 4-Isopentyl-anilin (*Hickinbottom*, Soc. **1932** 2396, 2398).

F: 99—101°.

3-Nitro-4-isopentyl-anilin, *4-isopentyl-3-nitroaniline* $C_{11}H_{16}N_2O_2$, Formel IX ($R = H$, $X = NO_2$).

B. Aus 4-Isopentyl-anilin beim Behandeln mit Schwefelsäure und Salpetersäure (*Ipatieff, Schmerling*, Am. Soc. **60** [1938] 1476, 1477).

Gelbe Krystalle (aus Hexan); F: 90°.

3-Amino-2-methyl-4-phenyl-butan $C_{11}H_{17}N$.

(±)-3-Methylamino-2-methyl-4-phenyl-butan, (±)-Methyl-[2-methyl-1-benzyl-propyl]-amin, *(±)-α-isopropyl-N-methylphenethylamine* $C_{12}H_{19}N$, Formel X.

B. Bei der Hydrierung eines Gemisches von 2-Methyl-4-phenyl-butanon-(3) und Methyl=amin in Äthanol und Äther an Platin (*Temmler*, D.R.P. 767263 [1937]; D.R.P. Org. Chem. **3** 169).

Kp_{12}: 106—108°.

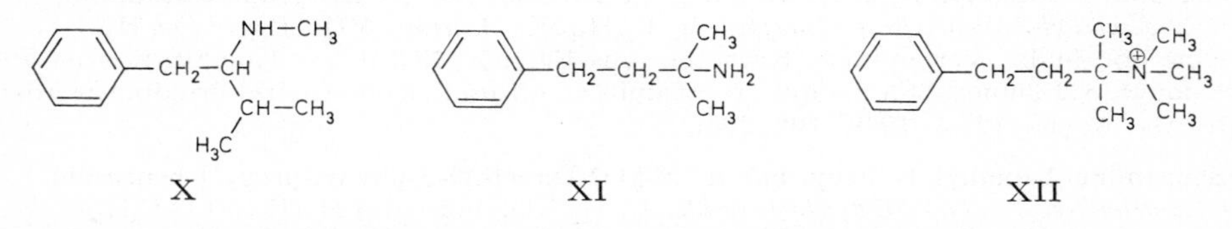

X XI XII

2-Amino-2-methyl-4-phenyl-butan, 1.1-Dimethyl-3-phenyl-propylamin, *1,1-dimethyl-3-phenylpropylamine* $C_{11}H_{17}N$, Formel XI.

B. Aus 4-[3-Amino-3-methyl-butyl]-anilin beim Behandeln mit wss. Hypophosphorig=säure und Natriumnitrit (*Hass, Bender*, Am. Soc. **71** [1949] 3482, 3484).

Kp_{10}: 98—100°. n_D^{20}: 1,5061.

Trimethyl-[1.1-dimethyl-3-phenyl-propyl]-ammonium, *(1,1-dimethyl-3-phenylpropyl)=trimethylammonium* $[C_{14}H_{24}N]^{\oplus}$, Formel XII.

Jodid $[C_{14}H_{24}N]I$. *B.* Aus 1.1-Dimethyl-3-phenyl-propylamin und Methyljodid mit Hilfe von methanol. Kalilauge (*Hass, Bender*, Am. Soc. **71** [1949] 3482, 3484). — F: 202° [korr.; Zers.].

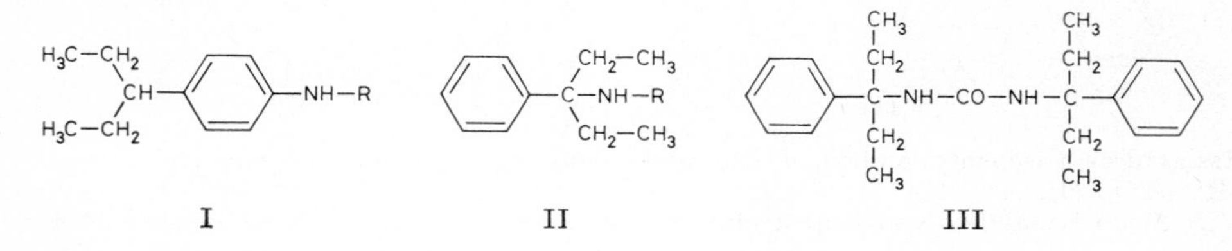

I II III

4-[1-Äthyl-propyl]-anilin, p-*(1-ethylpropyl)aniline* $C_{11}H_{17}N$, Formel I (R = H).

B. Beim Behandeln von 3-Phenyl-pentan mit Schwefelsäure und Salpetersäure und Schütteln des Reaktionsprodukts mit Zinn und wss.-äthanol. Salzsäure (*Ipatieff, Schmerling,* Am. Soc. **60** [1938] 1476, 1479). Aus 4-Nitro-1-[1-äthyl-propyl]-benzol (*Huston, Kaye,* Am. Soc. **64** [1942] 1576, 1578).

Kp_3: 107—116° (*Hu., Kaye*).

4-Acetamino-1-[1-äthyl-propyl]-benzol, Essigsäure-[4-(1-äthyl-propyl)-anilid], *4'-(1-ethylpropyl)acetanilide* $C_{13}H_{19}NO$, Formel I (R = $CO-CH_3$).

B. Aus 4-[1-Äthyl-propyl]-anilin und Acetanhydrid (*Ipatieff, Schmerling,* Am. Soc. **60** [1938] 1476, 1479).

Krystalle (aus wss. A. oder Hexan); F: 145—146° [unkorr.].

4-Benzamino-1-[1-äthyl-propyl]-benzol, Benzoesäure-[4-(1-äthyl-propyl)-anilid], *4'-(1-ethylpropyl)benzanilide* $C_{18}H_{21}NO$, Formel I (R = $CO-C_6H_5$).

B. Aus 4-[1-Äthyl-propyl]-anilin und Benzoylchlorid mit Hilfe von wss. Alkalilauge (*Ipatieff, Schmerling,* Am. Soc. **60** [1938] 1476, 1479).

Krystalle (aus wss. A. oder Hexan); F: 154° [unkorr.].

3-Amino-3-phenyl-pentan, 1-Äthyl-1-phenyl-propylamin, *α,α-diethylbenzylamine* $C_{11}H_{17}N$, Formel II (R = H).

B. Aus 1-Äthyl-1-phenyl-propylisocyanat beim Erhitzen mit wss. Salzsäure (*Montagne, Casteran,* C. r. **191** [1930] 139).

Kp_{17}: 108,5—109°.

Tetrachloroaurat(III). F: 83°.

Pikrat. Krystalle; F: 166—167°.

[1-Äthyl-1-phenyl-propyl]-harnstoff, *(α,α-diethylbenzyl)urea* $C_{12}H_{18}N_2O$, Formel II (R = $CO-NH_2$).

B. Aus 1-Äthyl-1-phenyl-propylisocyanat beim Behandeln mit wss. Ammoniak (*Montagne, Casteran,* C. r. **191** [1930] 139).

F: 136°.

***N'*-[1-Äthyl-1-phenyl-propyl]-*N*-phenyl-harnstoff,** *1-(α,α-diethylbenzyl)-3-phenylurea* $C_{18}H_{22}N_2O$, Formel II (R = $CO-NH-C_6H_5$).

B. Aus 1-Äthyl-1-phenyl-propylisocyanat und Anilin (*Montagne, Casteran,* C. r. **191** [1930] 139).

F: 197°.

***N.N'*-Bis-[1-äthyl-1-phenyl-propyl]-harnstoff,** *1,3-bis(α,α-diethylbenzyl)urea* $C_{23}H_{32}N_2O$, Formel III.

B. Aus 1-Äthyl-1-phenyl-propylisocyanat und 1-Äthyl-1-phenyl-propylamin (*Montagne, Casteran,* C. r. **191** [1930] 139).

F: 203°.

1-Äthyl-1-phenyl-propylisocyanat, *isocyanic acid α,α-diethylbenzyl ester* $C_{12}H_{15}NO$, Formel IV.

B. Aus 2-Äthyl-2-phenyl-butyramid mit Hilfe von alkal. wss. Kaliumhypobromit-Lösung (*Montagne, Casteran,* C. r. **191** [1930] 139).

Kp_{13}: 115°.

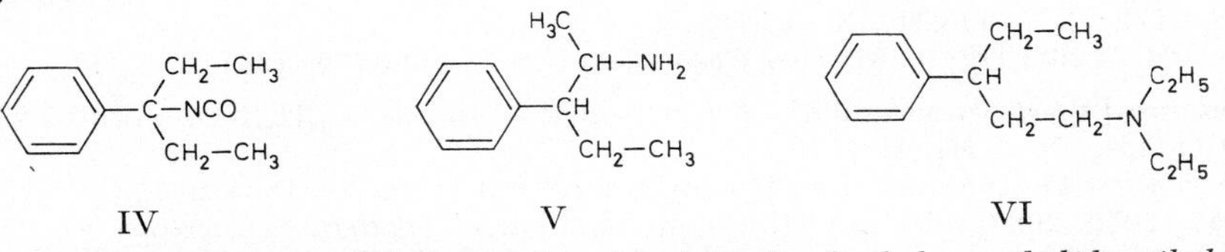

IV V VI

2-Amino-3-phenyl-pentan, 1-Methyl-2-phenyl-butylamin, *β-ethyl-α-methylphenethylamine* $C_{11}H_{17}N$, Formel V.

a) **Opt.-inakt. 1-Methyl-2-phenyl-butylamin,** dessen Hydrochlorid bei 261° schmilzt.

B. Neben dem unter b) beschriebenen Stereoisomeren beim Erhitzen von (±)-3-Phenyl-pentanon-(2) mit Formamid und Erhitzen des Reaktionsprodukts mit wss. Salzsäure

(*Suter, Weston*, Am. Soc. **64** [1942] 533, 535, 536).

Hydrochlorid $C_{11}H_{17}N \cdot HCl$. Krystalle (aus $CHCl_3$ + PAe.); F: 258—261°.

b) **Opt.-inakt. 1-Methyl-2-phenyl-butylamin,** dessen Hydrochlorid bei 172° schmilzt.

B. s. bei dem unter a) beschriebenen Stereoisomeren.

Hydrochlorid $C_{11}H_{17}N \cdot HCl$. Krystalle (aus $CHCl_3$ oder Acn.); F: 171—172° (*Suter, Weston*, Am. Soc. **64** [1942] 533, 535, 536).

3-Phenyl-pentylamin $C_{11}H_{17}N$.

(±)-1-Diäthylamino-3-phenyl-pentan, (±)-Diäthyl-[3-phenyl-pentyl]-amin, (±)-N,N-*di≠ethyl-3-phenylpentylamine* $C_{15}H_{25}N$, Formel VI.

B. Aus (±)-4-Diäthylamino-2-äthyl-2-phenyl-butyronitril beim Erwärmen in Äthanol und Natrium (*Bergel et al.*, Soc. **1944** 261, 265).

Kp_{15}: 134°.

3-*tert*-Pentyl-anilin, m-tert-*pentylaniline* $C_{11}H_{17}N$, Formel VII.

B. Aus 3-Nitro-1-*tert*-pentyl-benzol beim Behandeln mit Zinn und wss. Salzsäure (*Strating, Backer*, R. **62** [1943] 57, 62).

Kp_{12}: 124—126°.

4-*tert*-Pentyl-anilin, p-tert-*pentylaniline* $C_{11}H_{17}N$, Formel VIII (R = X = H) (H 1179).

B. Beim Erhitzen von Anilin mit 2-Methyl-buten-(2) unter Zusatz von Anilin-hydro≠chlorid (oder Anilin-hydrobromid) auf 250° (*Hickinbottom*, Soc. **1935** 1279, 1280) sowie unter Zusatz von Kobalt(II)-bromid oder Kobalt(II)-chlorid auf 180° bzw. 250° (*Hickinbottom*, Soc. **1932** 2396, 2400). Aus *N*-Isopentyl-anilin-hydrobromid beim Erhitzen bis auf 270° (*Hickinbottom, Ryder*, Soc. **1931** 1281, 1287; *Hi.*, Soc. **1932** 2396, 2400). Beim Behandeln von *tert*-Pentyl-benzol mit Schwefelsäure und Salpetersäure und Schütteln des Reaktionsprodukts mit Zinn und wss.-äthanol. Salzsäure (*Ipatieff, Schmerling*, Am. Soc. **60** [1938] 1476, 1479). Aus 4-Nitro-1-*tert*-pentyl-benzol bei der Hydrierung an Nickel in Äthanol bei 100°/80 at (*Legge*, Am. Soc. **69** [1947] 2079, 2083).

Kp_2: 99—103° (*Huston, Kaye*, Am. Soc. **64** [1942] 1576, 1578).

Essigsäure-[4-*tert*-pentyl-anilid], *4'*-tert-*pentylacetanilide* $C_{13}H_{19}NO$, Formel VIII (R = $CO-CH_3$, X = H) (H 1179).

B. Aus 4-*tert*-Pentyl-anilin und Acetanhydrid in Benzol (*Strating, Backer*, R. **62** [1943] 57, 61).

Krystalle; F: 141—142° [unkorr.; aus wss. A. oder Hexan] (*Ipatieff, Schmerling*, Am. Soc. **60** [1938] 1476, 1479), 140—141° (*Hickinbottom*, Soc. **1932** 2396, 2400), 139—141° [aus wss. A.] (*St., Ba.*), 138,5—139,5° [korr.] (*Legge*, Am. Soc. **69** [1947] 2079, 2083).

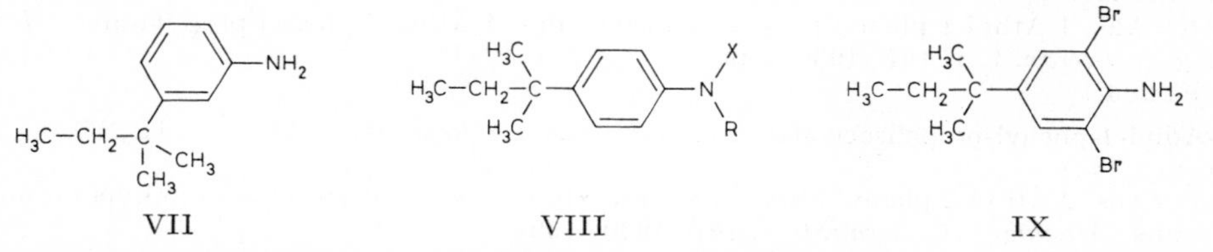

VII VIII IX

Essigsäure-[*N*-methyl-4-*tert*-pentyl-anilid], N-*methyl-4'*-tert-*pentylacetanilide* $C_{14}H_{21}NO$, Formel VIII (R = $CO-CH_3$, X = CH_3).

Kp_1: 124—126°; D_{25}^{25}: 0,987 (*Dow Chem. Co.*, U.S.P. 2386779 [1941]).

Benzoesäure-[4-*tert*-pentyl-anilid], *4'*-tert-*pentylbenzanilide* $C_{18}H_{21}NO$, Formel VIII (R = $CO-C_6H_5$, X = H) (H 1179).

B. Aus 4-*tert*-Pentyl-anilin und Benzoylchlorid mit Hilfe von Pyridin (*Legge*, Am. Soc. **69** [1947] 2079, 2083) oder mit Hilfe von Alkalilauge (*Ipatieff, Schmerling*, Am. Soc. **60** [1938] 1476, 1479).

Krystalle; F: 112—113° [unkorr.; aus wss. A. oder Hexan] (*Ip., Sch.*), 108,1—108,9° [korr.] (*Le.*).

***N'*-Nitro-*N*-[4-*tert*-pentyl-phenyl]-guanidin,** N-*nitro*-N'-(p-tert-*pentylphenyl*)*guanidine* $C_{12}H_{18}N_4O_2$, Formel VIII (R = C(=NH)-NH-NO_2, X = H) und Tautomere.

B. Beim Behandeln von 4-*tert*-Pentyl-anilin mit *N*-Nitroso-*N'*-nitro-*N*-methyl-guanidin

in wss. Äthanol (*McKay*, Am. Soc. **71** [1949] 1968, 1969).
Krystalle (aus A.); F: 174—175° [unkorr.].

2.6-Dibrom-4-*tert*-pentyl-anilin, *2,6-dibromo-4-*tert*-pentylaniline* $C_{11}H_{15}Br_2N$, Formel IX.
B. Aus 4-*tert*-Pentyl-anilin und Brom in wasserhaltiger Essigsäure (*Drake et al.*, Am. Soc. **68** [1946] 1602, 1603).
$Kp_{0,5}$: 138—140°.

2-Nitro-4-*tert*-pentyl-anilin, *2-nitro-4-*tert*-pentylaniline* $C_{11}H_{16}N_2O_2$, Formel X.
B. Beim Behandeln von Essigsäure-[4-*tert*-pentyl-anilid] mit wss. Salpetersäure (D: 1,45) und Erhitzen des Reaktionsprodukts mit wss. Salzsäure (*Strating, Backer*, R. **62** [1943] 57, 61).

(±)-3-Amino-2-methyl-2-phenyl-butan, (±)-1.2-Dimethyl-2-phenyl-propylamin, (±)-*α,β,β-trimethylphenethylamine* $C_{11}H_{17}N$, Formel XI (R = H).
B. Aus Benzol und (±)-3-Amino-2-methyl-butanol-(2) in Gegenwart von Aluminium≈chlorid (*Suter, Ruddy*, Am. Soc. **65** [1943] 762). Beim Erhitzen von 2-Methyl-2-phenyl-butanon-(3) mit Formamid und Erhitzen des Reaktionsgemisches mit wss. Salzsäure (*Suter, Weston*, Am. Soc. **64** [1942] 533, 535).
Kp_{13}: 105—106° (*Su.*, *We.*); Kp_{10}: 100—102° (*Su.*, *Ru.*). D_4^{20}: 0,9430; n_D^{20}: 1,5212 (*Su.*, *We.*).
Hydrochlorid $C_{11}H_{17}N \cdot HCl$. Krystalle (aus Acetanhydrid); F: 213,5—215° (*Su.*, *We.*).

(±)-3-Methylamino-2-methyl-2-phenyl-butan, (±)-Methyl-[1.2-dimethyl-2-phenyl-propyl]-amin, (±)-*α,β,β,*N*-tetramethylphenethylamine* $C_{12}H_{19}N$, Formel XI (R = CH_3).
B. Aus Benzol und (±)-3-Methylamino-2-methyl-butanol-(2) in Gegenwart von Alu≈miniumchlorid (*Suter, Ruddy*, Am. Soc. **65** [1943] 762).
Kp_9: 99—100,5°.
Hydrochlorid $C_{12}H_{19}N \cdot HCl$. F: 230—231°.

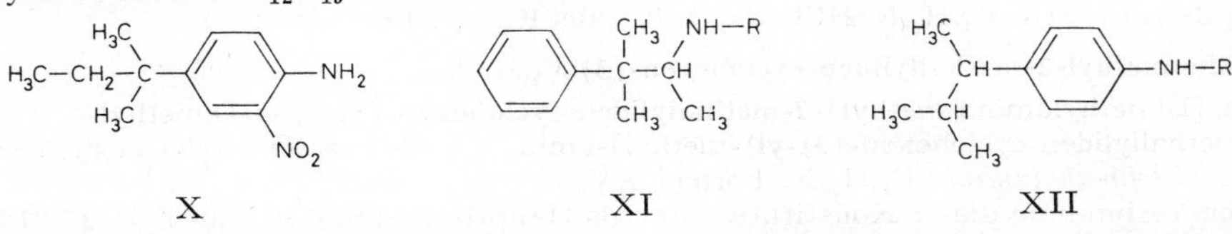

(±)-4-[1.2-Dimethyl-propyl]-anilin, (±)-p-*(1,2-dimethylpropyl)aniline* $C_{11}H_{17}N$, Formel XII (R = H) (E II 645).
B. Beim Behandeln von (±)-[1.2-Dimethyl-propyl]-benzol mit Schwefelsäure und Salpetersäure und Schütteln des Reaktionsprodukts mit Zinn und wss.-äthanol. Salz≈säure (*Ipatieff, Schmerling*, Am. Soc. **60** [1938] 1476, 1479).

(±)-4-Acetamino-1-[1.2-dimethyl-propyl]-benzol, (±)-Essigsäure-[4-(1.2-dimethyl-propyl)-anilid], (±)-*4'-(1,2-dimethylpropyl)acetanilide* $C_{13}H_{19}NO$, Formel XII (R = CO-CH_3).
B. Aus (±)-4-[1.2-Dimethyl-propyl]-anilin und Acetanhydrid (*Ipatieff, Schmerling*, Am. Soc. **60** [1938] 1476, 1479).
Krystalle (aus wss. A. oder Hexan); F: 147—148° [unkorr.].

(±)-4-Benzamino-1-[1.2-dimethyl-propyl]-benzol, (±)-Benzoesäure-[4-(1.2-dimethyl-propyl)-anilid], (±)-*4'-(1,2-dimethylpropyl)benzanilide* $C_{18}H_{21}NO$, Formel XII (R = CO-C_6H_5).
B. Aus (±)-4-[1.2-Dimethyl-propyl]-anilin und Benzoylchlorid mit Hilfe von wss. Alkalilauge (*Ipatieff, Schmerling*, Am. Soc. **60** [1938] 1476, 1479).
Krystalle (aus wss. A. oder Hexan); F: 141—142° [unkorr.].

4-Neopentyl-anilin $C_{11}H_{17}N$.

Essigsäure-[4-neopentyl-anilid], *4'-neopentylacetanilide* $C_{13}H_{19}NO$, Formel XIII (R = CO-CH_3).
B. Beim Behandeln von Neopentylbenzol mit Schwefelsäure und Salpetersäure, Schütteln des Reaktionsprodukts mit Zinn und wss.-äthanol. Salzsäure und Behandeln des danach isolierten 4-Neopentyl-anilins ($C_{11}H_{17}N$) mit Acetanhydrid (*Ipatieff*,

Schmerling, Am. Soc. **60** [1938] 1476, 1479).

Krystalle (aus wss. A. oder Hexan); F: 164° [unkorr.].

Benzoesäure-[4-neopentyl-anilid], *4'-neopentylbenzanilide* $C_{18}H_{21}NO$, Formel XIII ($R = CO\text{-}C_6H_5$).

B. Beim Behandeln von 4-Neopentyl-anilin (s. im vorangehenden Artikel) mit Benzoylchlorid unter Zusatz von wss. Alkalilauge (*Ipatieff*, *Schmerling*, Am. Soc. **60** [1938] 1476, 1479).

Krystalle (aus wss. A. oder Hexan); F: 164—165° [unkorr.].

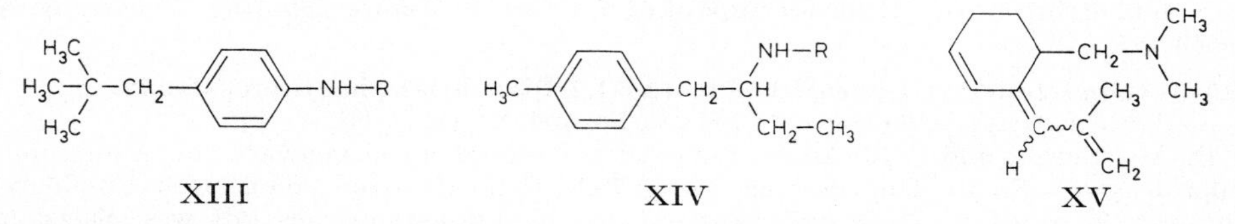

(±)-2-Amino-1-*p*-tolyl-butan, (±)-1-Äthyl-2-*p*-tolyl-äthylamin, (±)-α-*ethyl-4-methylphenethylamine* $C_{11}H_{17}N$, Formel XIV (R = H).

B. Aus opt.-inakt. 2-Amino-1-*p*-tolyl-butanol-(1)-hydrochlorid oder aus 2-Hydroxyimino-1-*p*-tolyl-butanon-(1) bei der Hydrierung an Palladium in mit wss. Perchlorsäure versetzter Essigsäure (*Rosenmund*, *Karg*, B. **75** [1942] 1850, 1855, 1857).

Hydrochlorid $C_{11}H_{17}N \cdot HCl$. Krystalle (aus A. + E.); F: 185°.

(±)-2-Methylamino-1-*p*-tolyl-butan, (±)-Methyl-[1-äthyl-2-*p*-tolyl-äthyl]-amin, (±)-α-*ethyl-4,*N-*dimethylphenethylamine* $C_{12}H_{19}N$, Formel XIV ($R = CH_3$).

B. Aus (±)-2-[Methyl-benzyl-amino]-1-*p*-tolyl-butanon-(1) (nicht näher beschrieben) bei der Hydrierung an Palladium in mit wss. Perchlorsäure versetzter Essigsäure (*Rosenmund*, *Karg*, B. **75** [1942] 1850, 1858).

Hydrochlorid $C_{12}H_{19}N \cdot HCl$. Krystalle (aus E.); F: 159°.

1-Aminomethyl-2-methallyliden-cyclohexen-(3) $C_{11}H_{17}N$.

(−)-1-[Dimethylamino-methyl]-2-methallyliden-cyclohexen-(3), (−)-Dimethyl-[(2-methallyliden-cyclohexen-(3)-yl)-methyl]-amin, (−)-[*2-(2-methylallylidene)cyclohex-3-en-1-yl*]*trimethylamine* $C_{13}H_{21}N$, Formel XV.

Eine Verbindung dieser Konstitution hat als Hauptbestandteil in dem E II **27** 212 beschriebenen *des*-Methyldioscoridin vorgelegen (*Pinder*, Soc. **1953** 1825, 1827, **1956** 1577, 1580; *Page*, *Pinder*, Soc. **1964** 4811, 4813).

3-Methyl-5-isobutyl-anilin $C_{11}H_{17}N$.

Essigsäure-[3-methyl-5-isobutyl-anilid], *5'-isobutylaceto-*m*-toluidide* $C_{13}H_{19}NO$, Formel I.

B. Beim Erhitzen von opt.-inakt. Bis-[3-methyl-5-isobutyl-cyclohexen-(2)-yliden]-hydrazin (F: 96—98° [E III **7** 429]) mit Palladium/Kohle in Triäthylbenzol und Behandeln des Reaktionsprodukts in wss. Salzsäure mit Acetanhydrid unter Zusatz von Natriumacetat (*Horning*, *Horning*, Am. Soc. **69** [1947] 1907).

Krystalle (aus Cyclohexan); F: 92—93°.

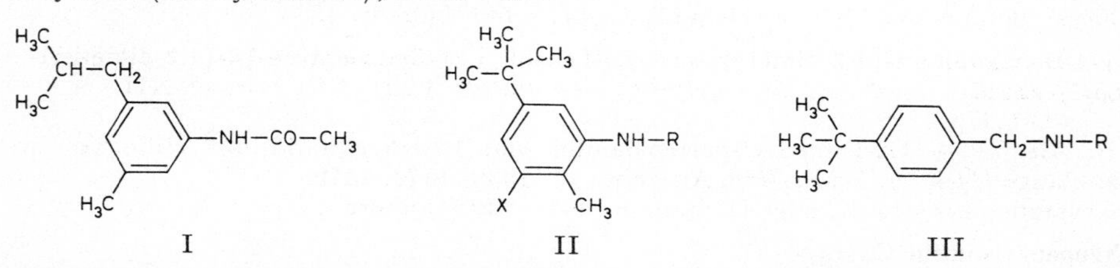

2-Methyl-5-*tert*-butyl-anilin, *5-*tert*-butyl-*o*-toluidine* $C_{11}H_{17}N$, Formel II (R = X = H) (E II 645).

B. Aus 2-Nitro-4-*tert*-butyl-toluol beim Behandeln mit Zinn und wss. Salzsäure (*Brady*, *Lahiri*, Soc. **1934** 1954, 1956; vgl. E II 645).

Kp_{20}: 120°.

3-Nitro-2-methyl-5-*tert*-butyl-anilin, *5-*tert*-butyl-3-nitro-*o*-toluidine* $C_{11}H_{16}N_2O_2$, Formel II (R = H, X = NO_2).

B. Aus 2.6-Dinitro-4-*tert*-butyl-toluol beim Erwärmen einer äthanol. Lösung mit wss. Ammoniumsulfid-Lösung (*Brady, Lahiri*, Soc. **1934** 1954, 1955).

Hydrochlorid $C_{11}H_{16}N_2O_2 \cdot HCl$. Krystalle; F: 210° [Zers.].

Essigsäure-[3-nitro-2-methyl-5-*tert*-butyl-anilid], *5'-*tert*-butyl-3'-nitroaceto-*o*-toluidide* $C_{13}H_{18}N_2O_3$, Formel II (R = CO-CH_3, X = NO_3).

B. Aus 3-Nitro-2-methyl-5-*tert*-butyl-anilin und Acetanhydrid (*Brady, Lahiri*, Soc. **1934** 1954, 1956).

Gelbe Krystalle (aus A.); F: 138—139°.

4-*tert*-Butyl-benzylamin, *4-*tert*-butylbenzylamine* $C_{11}H_{17}N$, Formel III (R = H).

B. Aus *N*-[4-*tert*-Butyl-benzyl]-phthalimid mit Hilfe von Hydrazin-hydrat (*Baker, Nathan, Shoppee*, Soc. **1935** 1847).

Kp_{16}: 124°.

Pikrat $C_{11}H_{17}N \cdot C_6H_3N_3O_7$. Krystalle (aus wss. A.); F: 220° [Zers.].

[4-*tert*-Butyl-benzyl]-benzyliden-amin, Benzaldehyd-[4-*tert*-butyl-benzylimin], *N-benzylidene-4-*tert*-butylbenzylamine* $C_{18}H_{21}N$, Formel IV.

B. Aus 4-*tert*-Butyl-benzylamin und Benzaldehyd (*Baker, Nathan, Shoppee*, Soc. **1935** 1847).

$Kp_{0,4}$: 155—157°.

Geschwindigkeit der Isomerisierung zu 4-*tert*-Butyl-benzaldehyd-benzylimin in Natriumäthylat enthaltendem Äthanol bei 82° sowie Lage des Gleichgewichts: *Ba., Na., Sh.*

[4-*tert*-Butyl-benzyl]-harnstoff, *(4-*tert*-butylbenzyl)urea* $C_{12}H_{18}N_2O$, Formel III (R = CO-NH_2).

B. Aus 4-*tert*-Butyl-benzylamin-hydrochlorid und Kaliumcyanat (*Baker, Nathan, Shoppee*, Soc. **1935** 1847).

Krystalle (aus Ae.); F: 137°.

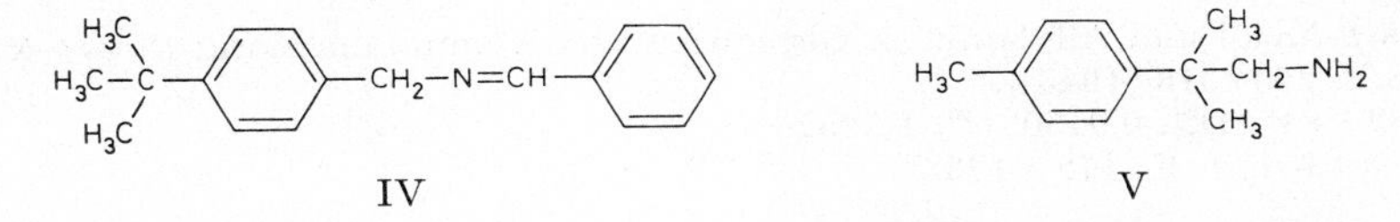

2-Methyl-2-*p*-tolyl-propylamin, *4,β,β-trimethylphenethylamine* $C_{11}H_{17}N$, Formel V.

B. Aus 1-Nitro-2-methyl-2-*p*-tolyl-propan bei der Hydrierung an Raney-Nickel in Methanol (*Lambert, Rose, Weedon*, Soc. **1949** 42, 44).

Kp_{32}: 134°; Kp_{10}: 111,5—115°. n_D^{22}: 1,5231.

Pikrat $C_{11}H_{17}N \cdot C_6H_3N_3O_7$. Krystalle (aus wss. Me.); F: 211—213° [unkorr.].

4-Isopropyl-phenäthylamin, *4-isopropylphenethylamine* $C_{11}H_{17}N$, Formel VI (R = H).

B. In geringer Menge beim Erwärmen von 3-[4-Isopropyl-phenyl]-propionamid mit alkal. wss. Natriumhypochlorit-Lösung (*Slotta, Heller*, B. **63** [1930] 3029, 3038).

Hydrochlorid $C_{11}H_{17}N \cdot HCl$. Krystalle; F: 270°.

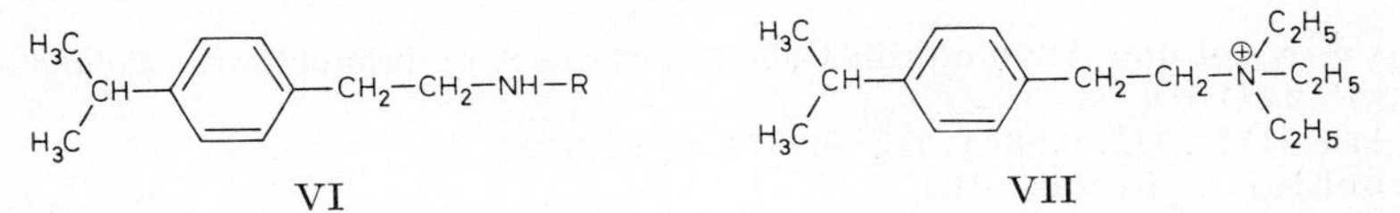

Triäthyl-[4-isopropyl-phenäthyl]-ammonium, *triethyl(4-isopropylphenethyl)ammonium* $[C_{17}H_{30}N]^{\oplus}$, Formel VII.

Jodid $[C_{17}H_{30}N]I$. F: 114° (*Funke et al.*, C. r. **228** [1949] 716).

[4-Isopropyl-phenäthyl]-carbamidsäure, *(4-isopropylphenethyl)carbamic acid* $C_{12}H_{17}NO_2$, Formel VI (R = COOH).

4-Isopropyl-phenäthylamin-Salz $C_{11}H_{17}N \cdot C_{12}H_{17}NO_2$. *B.* Beim Behandeln einer äther. Lösung von 4-Isopropyl-phenäthylamin mit Kohlendioxid (*Wright, Moore*, Am. Soc. **70** [1948] 3865). — F: 79—81°.

(±)-2-[4-Äthyl-phenyl]-propylamin, *(±)-4-ethyl-β-methylphenethylamine* $C_{11}H_{17}N$, Formel VIII.

B. Aus Äthylbenzol und Allylamin in 1.2-Dichlor-benzol in Gegenwart von Aluminiumchlorid (*Sharp & Dohme Inc.*, U.S.P. 2441518 [1945]).

Kp_{20}: 90–100°. n_D^{20}: 1,5209.

(±)-2-Amino-1-[3.4-dimethyl-phenyl]-propan, (±)-1-Methyl-2-[3.4-dimethyl-phenyl]-äthylamin, *(±)-3,4,α-trimethylphenethylamine* $C_{11}H_{17}N$, Formel IX (R = H).

B. Bei der Hydrierung eines Gemisches von [3.4-Dimethyl-phenyl]-aceton (nicht näher beschrieben) und Ammoniak in Methanol an Raney-Nickel bei 70–90°/16 at (*Hoffmann-La Roche*, Schweiz.P. 230368 [1942]; U.S.P. 2384700 [1943]).

Kp_{12}: 116–118°.

Hydrobromid. F: 132–133°.

(±)-2-Methylamino-1-[3.4-dimethyl-phenyl]-propan, (±)-Methyl-[1-methyl-2-(3.4-dimethyl-phenyl)-äthyl]-amin, *(±)-3,4,α,N-tetramethylphenethylamine* $C_{12}H_{19}N$, Formel IX (R = CH_3).

B. Bei der Hydrierung eines Gemisches von [3.4-Dimethyl-phenyl]-aceton (nicht näher beschrieben) und Methylamin in Methanol an Nickel bei 70–90°/16 at (*Hoffmann-La Roche*, U.S.P. 2384700 [1943]).

Kp_{12}: 121–123°.

Hydrobromid. F: 142–143°.

(±)-2-[2.5-Dimethyl-phenyl]-propylamin, *(±)-2,5,β-trimethylphenethylamine* $C_{11}H_{17}N$, Formel X.

B. Aus *p*-Xylol und Allylamin in Gegenwart von Aluminiumchlorid (*Sharp & Dohme Inc.*, U.S.P. 2441518 [1945]).

Kp_2: 82–84°. D_{20}^{20}: 0,9450. n_D^{20}: 1,5252.

Hydrochlorid. F: 172–173°.

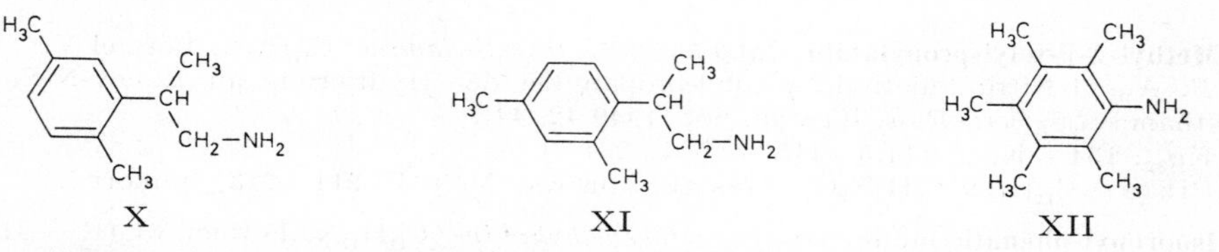

(±)-2-[2.4-Dimethyl-phenyl]-propylamin, *(±)-2,4,β-trimethylphenethylamine* $C_{11}H_{17}N$, Formel XI.

Diese Konstitution wird für die nachstehend beschriebene Verbindung in Betracht gezogen.

B. Aus *m*-Xylol und Allylamin in Gegenwart von Aluminiumchlorid (*Sharp & Dohme Inc.*, U.S.P. 2441518 [1945]).

Kp_{12}: 115–117°. D_4^{20}: 0,9354; D_{20}^{20}: 0,9371. n_D^{20}: 1,5425.

Hydrochlorid. F: 193–194°.

2.3.4.5.6-Pentamethyl-anilin, *2,3,4,5,6-pentamethylaniline* $C_{11}H_{17}N$, Formel XII (H 1182; E I 507; E II 646).

B. Beim Erhitzen von 2.3.5.6-Tetramethyl-anilin-hydrochlorid mit Methanol auf 250° (*Birtles, Hampson*, Soc. **1937** 10, 14). Aus 6-Nitroso-1.2.3.4.5-pentamethyl-benzol beim Behandeln einer Lösung in Äthanol mit Zinn(II)-chlorid und wss. Salzsäure (*Smith, Taylor*, Am. Soc. **57** [1935] 2460, 2462).

Krystalle; F: 152–153° (*Bi., Ha.*), 151–152° [aus wss. A.] (*Smith, Paden*, Am. Soc. **56** [1934] 2169). Dipolmoment (ε; Bzl.): 1,10 D (*Bi., Ha.*).

Beim Behandeln mit Essigsäure, Schwefelsäure und Natriumnitrit und Behandeln des

Reaktionsgemisches mit Pentamethylbenzol ist ein Kohlenwasserstoff $C_{22}H_{30}$ (Krystalle [aus Eg.]; F: 212–213,5°) erhalten worden (*Sm.*, *Pa.*).

Amine $C_{12}H_{19}N$

4-Hexyl-anilin, p-*hexylaniline* $C_{12}H_{19}N$, Formel I (R = H).

B. Beim Behandeln von Hexylbenzol mit Schwefelsäure und Salpetersäure und Erwärmen des Reaktionsprodukts mit Zinn und wss.-äthanol. Salzsäure (*Gilman, Meals*, J. org. Chem. **8** [1943] 126, 142, 143). Beim Erhitzen von Anilin mit Hexanol-(1) und Zinkchlorid auf 280° (*Landsteiner, van der Scheer*, J. exp. Med. **59** [1934] 751, 752). Neben 4.*N*-Dihexyl-anilin und geringen Mengen Anilin beim Erhitzen von *N*-Hexyl-anilin mit Kobalt(II)-chlorid auf 212° (*Hickinbottom*, Soc. **1937** 1119, 1121).

Kp: 279–285° (*La., v. d. Sch.*); Kp_{17}: 146–148° (*Hi.*).

Sulfat $2C_{12}H_{19}N \cdot H_2SO_4$. Krystalle [aus A.] (*La., v. d. Sch.*). In Wasser schwer löslich (*Hi.*).

4.*N*-Dihexyl-anilin, p,N-*dihexylaniline* $C_{18}H_{31}N$, Formel I (R = $[CH_2]_5$-CH_3).

B. Neben 4-Hexyl-anilin und geringen Mengen Anilin beim Erhitzen von *N*-Hexyl-anilin mit Kobalt(II)-chlorid auf 212° (*Hickinbottom*, Soc. **1937** 1119, 1121).

Kp_{18}: 203–204°.

Hydrochlorid $C_{18}H_{31}N \cdot HCl$. Krystalle [aus PAe. + E.].

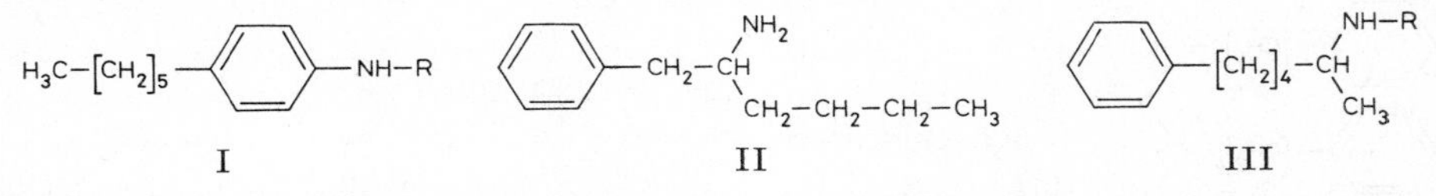

Essigsäure-[4-hexyl-anilid], *4'-hexylacetanilide* $C_{14}H_{21}NO$, Formel I (R = CO-CH_3).

B. Aus 4-Hexyl-anilin (*Hickinbottom*, Soc. **1937** 1119, 1121; *Gilman, Meals*, J. org. Chem. **8** [1943] 126, 142, 143).

Krystalle (aus wss. A.); F: 91° (*Hi.*; *Gi., Me.*).

(±)-2-Amino-1-phenyl-hexan, (±)-1-Benzyl-pentylamin, (±)-α-*butylphenethylamine* $C_{12}H_{19}N$, Formel II.

B. Beim Erwärmen von 1-Phenyl-hexanon-(2) mit Hydroxylamin-hydrochlorid und wss.-äthanol. Natronlauge und Behandeln des erhaltenen Oxims mit Äthanol und Natrium (*Niinobe*, J. pharm. Soc. Japan **63** [1943] 204, 210; C. A. **1950** 7490).

Kp_5: 107–110,5°.

Hydrochlorid $C_{12}H_{19}N \cdot HCl$. Krystalle (aus Bzl. + Bzn.); F: 142,5°.

Hexachloroplatinat(IV) $2C_{12}H_{19}N \cdot H_2PtCl_6$. Orangefarbene Krystalle (aus wss. A.); Zers. bei 192°.

(±)-5-Amino-1-phenyl-hexan, (±)-1-Methyl-5-phenyl-pentylamin, (±)-*1-methyl-5-phenylpentylamine* $C_{12}H_{19}N$, Formel III (R = H).

B. Aus (±)-*N*-[1-Methyl-5-phenyl-pentyl]-formamid beim Erhitzen mit wss. Salzsäure (*Métayer*, A. ch. [12] **4** [1949] 196, 204, 206). Aus 1-Phenyl-hexanon-(5)-oxim beim Erwärmen mit Äthanol und Natrium (*Niinobe*, J. pharm. Soc. Japan **63** [1943] 204, 211; C. A. **1950** 7490).

Kp_{15}: 133–135° (*Mé.*); Kp_5: 114–120° (*Ni.*). n_D^{16}: 1,5090 (*Mé.*).

Hydrochlorid $C_{12}H_{19}N \cdot HCl$. Krystalle; F: 112° [aus A. + Ae.] (*Mé.*), 110° [aus Bzl. + Ae.] (*Ni.*).

Hexachloroplatinat(IV) $2C_{12}H_{19}N \cdot H_2PtCl_6$. Orangefarbene Krystalle (aus wss. A.); Zers. bei 223° (*Ni.*).

Bis-[1-methyl-5-phenyl-pentyl]-amin, *1,1'-dimethyl-5,5'-diphenyldipentylamine* $C_{24}H_{35}N$, Formel IV (R = H).

Eine opt.-inakt. Verbindung (F: 80°; Kp_{15}: 245–246°; n_D^{18}: 1,5397) dieser Konstitution ist aus (±)-*N*-[1-Methyl-5-phenyl-pentyl]-formamid beim Behandeln mit wss. Salzsäure erhalten worden (*Métayer*, A. ch. [12] **4** [1949] 196, 206).

(±)-5-Formamino-1-phenyl-hexan, (±)-*N*-[1-Methyl-5-phenyl-pentyl]-formamid, (±)-N-(*1-methyl-5-phenylpentyl*)*formamide* $C_{13}H_{19}NO$, Formel III (R = CHO).

B. Beim Erhitzen von 1-Phenyl-hexanon-(5) mit Formamid auf 150° (*Métayer*, A. ch.

[12] **4** [1949] 196, 204, 205).

Krystalle; F: 32°. Kp_{14}: 212—215°. n_D^{24}: 1,5211.

(±)-5-Acetamino-1-phenyl-hexan, (±)-*N*-[1-Methyl-5-phenyl-pentyl]-acetamid, (±)-N-*(1-methyl-5-phenylpentyl)acetamide* $C_{14}H_{21}NO$, Formel III (R = CO-CH_3).

B. Aus (±)-1-Methyl-5-phenyl-pentylamin und Acetanhydrid (*Métayer*, A. ch. [12] **4** [1949] 196, 206).

Krystalle (aus Eg.); F: 66°.

(±)-5-Benzamino-1-phenyl-hexan, (±)-*N*-[1-Methyl-5-phenyl-pentyl]-benzamid, (±)-N-*(1-methyl-5-phenylpentyl)benzamide* $C_{19}H_{23}NO$, Formel III (R = CO-C_6H_5).

B. Aus (±)-1-Methyl-5-phenyl-pentylamin und Benzoylchlorid mit Hilfe von Natronlauge (*Métayer*, A. ch. [12] **4** [1949] 196, 206).

Krystalle (aus Eg.); F: 103°.

***N.N*-Bis-[1-methyl-5-phenyl-pentyl]-benzamid,** N,N-*bis(1-methyl-5-phenylpentyl)benzamide* $C_{31}H_{39}NO$, Formel IV (R = CO-C_6H_5).

Eine opt.-inakt. Verbindung (F: 101° [aus A.]) dieser Konstitution ist aus opt.-inakt. Bis-[1-methyl-5-phenyl-pentyl]-amin (S. 2759) erhalten worden (*Métayer*, A. ch. [12] **4** [1949] 196, 207).

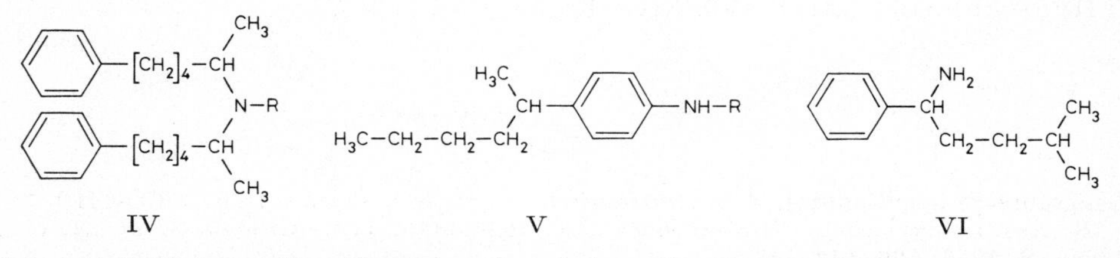

(±)-4-[1-Methyl-pentyl]-anilin, (±)-p-*(1-methylpentyl)aniline* $C_{12}H_{19}N$, Formel V (R = H).

B. Aus (±)-4-Nitro-1-[1-methyl-pentyl]-benzol (*Huston, Kaye*, Am. Soc. **64** [1942] 1576, 1578). Beim Behandeln von (±)-2-Phenyl-hexan mit Schwefelsäure und Salpetersäure und Erwärmen des Reaktionsprodukts mit Zinn und wss.-äthanol. Salzsäure (*Gilman, Meals*, J. org. Chem. **8** [1943] 126, 142).

Kp_2: 112—116° (*Hu., Kaye*).

(±)-4-Acetamino-1-[1-methyl-pentyl]-benzol, (±)-Essigsäure-[4-(1-methyl-pentyl)-anilid], (±)-*4'-(1-methylpentyl)acetanilide* $C_{14}H_{21}NO$, Formel V (R = CO-CH_3).

B. Aus (±)-4-[1-Methyl-pentyl]-anilin und Acetanhydrid (*Gilman, Meals*, J. org. Chem. **8** [1943] 126, 142, 143).

F: 76°.

(±)-4-Methyl-1-phenyl-pentylamin, (±)-*α-isopentylbenzylamine* $C_{12}H_{19}N$, Formel VI.

B. Aus 2-Methyl-5-phenyl-pentanon-(5)-oxim beim Erwärmen mit Äthanol und Natrium (*Niinobe*, J. pharm. Soc. Japan **63** [1943] 204, 210; C. A. **1950** 7490).

$Kp_{4,5}$: 100—102°.

Hydrochlorid $C_{12}H_{19}N \cdot HCl$. Krystalle (aus Bzl.); Zers. bei 286°.

4-Amino-2-methyl-5-phenyl-pentan $C_{12}H_{19}N$.

(±)-4-Phenäthylamino-2-methyl-5-phenyl-pentan, (±)-[3-Methyl-1-benzyl-butyl]-phenäthyl-amin, (±)-*α-isobutyldiphenethylamine* $C_{20}H_{27}N$, Formel VII.

B. Beim Erhitzen von Phenäthylamin und 2-Methyl-5-phenyl-pentanon-(4) auf 120° und Erwärmen des Reaktionsgemisches mit Äthanol und Natrium (*Buth, Külz, Rosenmund*, B. **72** [1939] 19, 28).

Hydrochlorid $C_{20}H_{27}N \cdot HCl$. F: 261°.

2-Amino-2-methyl-5-phenyl-pentan, 1.1-Dimethyl-4-phenyl-butylamin, *1,1-dimethyl-4-phenylbutylamine* $C_{12}H_{19}N$, Formel VIII (R = H).

B. Aus 1.1-Dimethyl-4-phenyl-butylisocyanat mit Hilfe von Säure (*Buu-Hoi, Cagniant*, C. r. **219** [1944] 455).

Kp_{12}: 123—125°.

Hydrochlorid $C_{12}H_{19}N \cdot HCl$. Krystalle (aus A. + Bzl.); F: 183°.

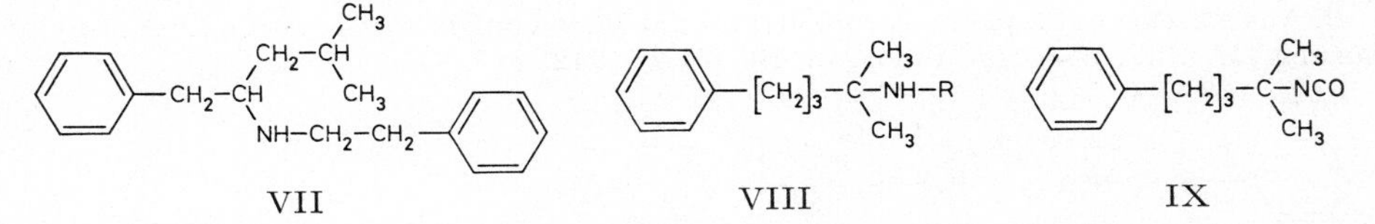

VII VIII IX

4-Nitro-*N*-[1.1-dimethyl-4-phenyl-butyl]-benzamid, N-*(1,1-dimethyl-4-phenylbutyl)*-p-*nitrobenzamide* $C_{19}H_{22}N_2O_3$, Formel VIII (R = $CO\text{-}C_6H_4\text{-}NO_2$).

B. Aus 1.1-Dimethyl-4-phenyl-butylamin (*Buu-Hoi, Cagniant,* C. r. **219** [1944] 455).

Krystalle (aus Bzl. + Bzn.); F: 73°.

1.1-Dimethyl-4-phenyl-butylisocyanat, *isocyanic acid 1,1-dimethyl-4-phenylbutyl ester* $C_{13}H_{17}NO$, Formel IX.

B. Aus 2.2-Dimethyl-5-phenyl-valeramid mit Hilfe von wss. Kaliumhypobromit-Lösung (*Buu-Hoi, Cagniant,* C. r. **219** [1944] 455).

Kp_{12}: 142—143°.

(±)-4-[1-Äthyl-butyl]-anilin, (±)-p-*(1-ethylbutyl)aniline* $C_{12}H_{19}N$, Formel X (R = H).

B. Beim Behandeln von (±)-3-Phenyl-hexan mit Schwefelsäure und Salpetersäure und Erwärmen des Reaktionsprodukts mit Zinn und wss.-äthanol. Salzsäure (*Gilman, Meals,* J. org. Chem. **8** [1943] 126, 142, 143). Aus (±)-4-Nitro-1-[1-äthyl-butyl]-benzol [Kp_2: 122,5—124° (nicht einheitliches Präparat)] (*Huston, Kaye,* Am. Soc. **64** [1942] 1576, 1578).

Kp_3: 121,5—122° [Präparat von ungewisser Einheitlichkeit] (*Hu., Kaye*).

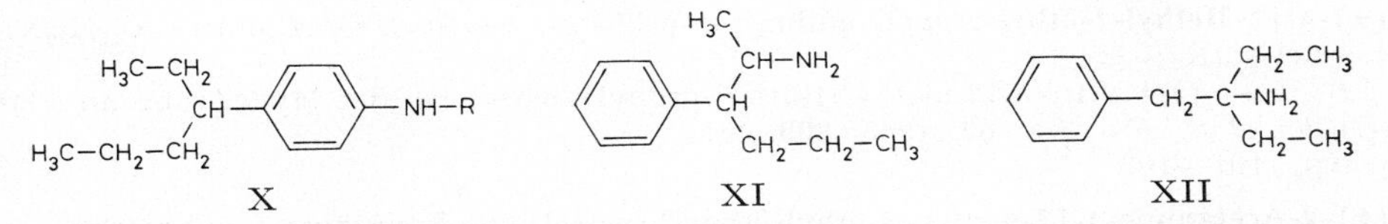

X XI XII

(±)-4-Acetamino-1-[1-äthyl-butyl]-benzol, (±)-Essigsäure-[4-(1-äthyl-butyl)-anilid], (±)-*4'-(1-ethylbutyl)acetanilide* $C_{14}H_{21}NO$, Formel X (R = $CO\text{-}CH_3$).

B. Aus (±)-4-[1-Äthyl-butyl]-anilin und Acetanhydrid (*Gilman, Meals,* J. org. Chem. **8** [1943] 126, 142, 143).

F: 127°.

2-Amino-3-phenyl-hexan, 1-Methyl-2-phenyl-pentylamin, *α-methyl-β-propylphenethyl=amine* $C_{12}H_{19}N$, Formel XI.

a) **Opt.-inakt. 1-Methyl-2-phenyl-pentylamin,** dessen Hydrochlorid bei 253° schmilzt.

B. Neben dem unter b) beschriebenen Stereoisomeren beim Erhitzen von (±)-3-Phenyl-hexanon-(2) mit Formamid und Erhitzen des Reaktionsprodukts mit wss. Salzsäure (*Suter, Weston,* Am. Soc. **64** [1942] 533, 535).

Hydrochlorid $C_{12}H_{19}N \cdot HCl$. Krystalle (aus Bzl. + PAe.); F: 250—253° (*Su., We.,* l. c. S. 536).

b) **Opt.-inakt. 1-Methyl-2-phenyl-pentylamin,** dessen Hydrochlorid bei 123° schmilzt.

B. s. bei dem unter a) beschriebenen Stereoisomeren.

Hydrochlorid $C_{12}H_{19}N \cdot HCl$. Krystalle (aus Bzl.); F: 120—123° (*Suter, Weston,* Am. Soc. **64** [1942] 533, 535, 536).

2-Amino-2-äthyl-1-phenyl-butan, 1-Äthyl-1-benzyl-propylamin, *α,α-diethylphenethyl=amine* $C_{12}H_{19}N$, Formel XII.

B. Aus 1-Äthyl-1-benzyl-propylisocyanat beim Erhitzen mit wss. Salzsäure (*Mentzer, Buu-Hoi, Cagniant,* Bl. [5] **9** [1942] 813, 817, 818).

Hydrochlorid $C_{12}H_{19}N \cdot HCl$. Krystalle (aus A. + Ae.); F: 182—183° [unter Sublimation; Block].

1-Äthyl-1-benzyl-propylisocyanat, *isocyanic acid α,α-diethylphenethyl ester* $C_{13}H_{17}NO$, Formel I.

B. Aus 2.2-Diäthyl-3-phenyl-propionamid mit Hilfe von alkal.-wss. Kaliumhypobromit-Lösung (*Mentzer, Buu-Hoi, Cagniant,* Bl. [5] **9** [1942] 813, 817).

Kp_{18}: 142—145°.

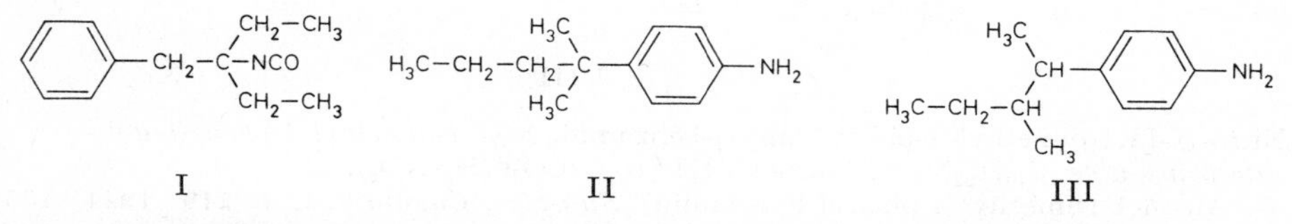

4-[1.1-Dimethyl-butyl]-anilin, p-(*1,1-dimethylbutyl*)*aniline* $C_{12}H_{19}N$, Formel II.

Präparate (Kp_3: 107—109° bzw. Kp_2: 111—113°) von ungewisser Einheitlichkeit sind aus 4-Nitro-1-[1.1-dimethyl-butyl]-benzol (Kp_3: 124—126° bzw. Kp_2: 123,5—127° [E III **5** 1019]) beim Behandeln mit Zinn und wss. Salzsäure erhalten worden (*Huston, Hsieh,* Am. Soc. **58** [1936] 439; *Huston, Kaye,* Am. Soc. **64** [1942] 1576, 1578).

4-[1.2-Dimethyl-butyl]-anilin, p-(*1,2-dimethylbutyl*)*aniline* $C_{12}H_{19}N$, Formel III.

Über ein aus opt.-inakt. 4-Nitro-1-[1.2-dimethyl-butyl]-benzol (Kp_2: 124—127° [Einheitlichkeit zweifelhaft]) erhaltenes opt.-inakt. Präparat (Kp_2: 112—113°) s. *Huston, Kaye,* Am. Soc. **64** [1942] 1576, 1578.

(±)-4-[1.3-Dimethyl-butyl]-anilin, (±)-p-(*1,3-dimethylbutyl*)*aniline* $C_{12}H_{19}N$, Formel IV.

B. Aus (±)-4-Nitro-1-[1.3-dimethyl-butyl]-benzol (*Huston, Kaye,* Am. Soc. **64** [1942] 1576, 1578).

Kp_2: 113—115°.

(±)-4-[2-Methyl-1-äthyl-propyl]-anilin, (±)-p-(*1-ethyl-2-methylpropyl*)*aniline* $C_{12}H_{19}N$, Formel V (R = H).

B. Aus (±)-4-Nitro-1-[2-methyl-1-äthyl-propyl]-benzol bei der Hydrierung an Platin (*Huston et al.,* Am. Soc. **67** [1945] 899, 901).

Kp_3: 101—103°.

(±)-4-Acetamino-1-[2-methyl-1-äthyl-propyl]-benzol, (±)-Essigsäure-[4-(2-methyl-1-äthyl-propyl)-anilid], (±)-*4'-(1-ethyl-2-methylpropyl)acetanilide* $C_{14}H_{21}NO$, Formel V (R = CO-CH_3).

B. Aus (±)-4-[2-Methyl-1-äthyl-propyl]-anilin (*Huston et al.,* Am. Soc. **67** [1945] 899, 901).

F: 134°.

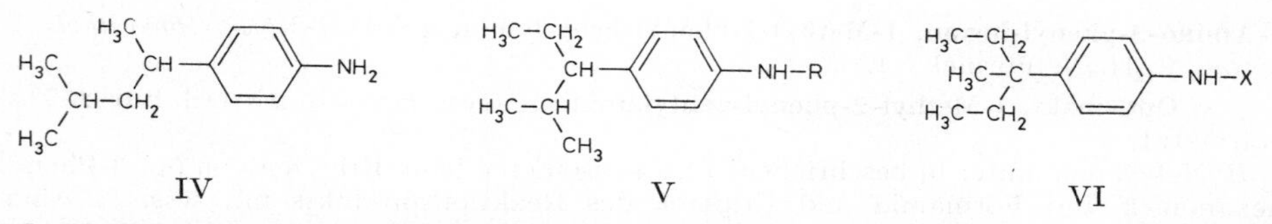

4-[1-Methyl-1-äthyl-propyl]-anilin, p-(*1-ethyl-1-methylpropyl*)*aniline* $C_{12}H_{19}N$, Formel VI (X = H).

B. Aus 4-Nitro-1-[1-methyl-1-äthyl-propyl]-benzol beim Behandeln mit Zinn und wss. Salzsäure (*Huston, Hsieh,* Am. Soc. **58** [1936] 439, 440). Neben geringen Mengen *N*-[1-Methyl-1-äthyl-propyl]-anilin beim Erhitzen von Anilin mit 3-Methyl-penten-(2) (Stereoisomeren-Gemisch) unter Zusatz von Anilin-hydrochlorid auf 250° (*Hickinbottom,* Soc. **1935** 1279, 1281).

Kp_{28}: 135° (*Hi.*); Kp_3: 108—110° (*Hu., Hs.*).

Hydrochlorid $C_{12}H_{19}N \cdot HCl$. Krystalle [aus wss. Salzsäure] (*Hi.*).

Sulfat $2C_{12}H_{19}N \cdot H_2SO_4$. Krystalle (*Hi.*).

4-Acetamino-1-[1-methyl-1-äthyl-propyl]-benzol, Essigsäure-[4-(1-methyl-1-äthyl-propyl)-anilid], *4'-(1-ethyl-1-methylpropyl)acetanilide* $C_{14}H_{21}NO$, Formel VI (X = CO-CH_3).

B. Aus 4-[1-Methyl-1-äthyl-propyl]-anilin (*Hickinbottom,* Soc. **1935** 1279, 1281).

Krystalle (aus wss. A.); F: 102—103°.

4-[Toluol-sulfonyl-(4)-amino]-1-[1-methyl-1-äthyl-propyl]-benzol, Toluol-sulfonsäure-(4)-[4-(1-methyl-1-äthyl-propyl)-anilid], *4'-(1-ethyl-1-methylpropyl)*-p-*toluenesulfonanilide* $C_{19}H_{25}NO_2S$, Formel VI (X = SO_2-C_6H_4-CH_3).

B. Aus 4-[1-Methyl-1-äthyl-propyl]-anilin (*Hickinbottom*, Soc. **1935** 1279, 1281).

Krystalle (aus wss. A.); F: 119—120°.

2-Äthyl-2-phenyl-butylamin $C_{12}H_{19}N$.

***C*-[2-Methoxy-phenoxy]-*N*-[2-äthyl-2-phenyl-butyl]-acetamidin,** N-*(β,β-diethylphenethyl)-2-(*o*-methoxyphenoxy)acetamidine* $C_{21}H_{28}N_2O_2$, Formel VII und Tautomeres.

Hydrochlorid. *B.* aus [2-Methoxy-phenoxy]-acetonitril und 2-Äthyl-2-phenylbutylamin (*CIBA*, D.R.P. 684945 [1936]; D.R.P. Org. Chem. **3** 198, 201; U.S.P. 2148457 [1936]). — F: 180—182°.

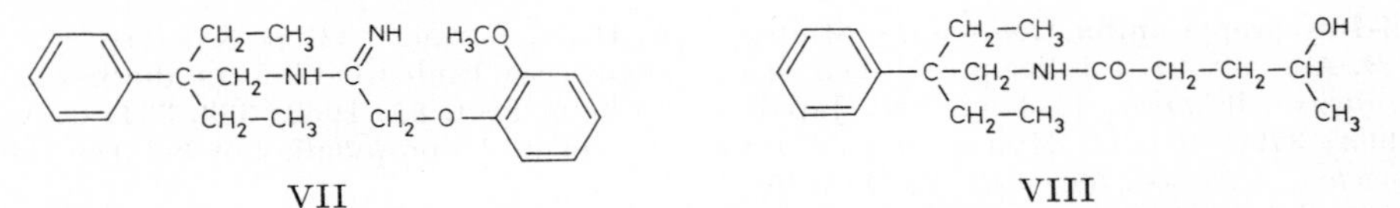

VII VIII

(±)-4-Hydroxy-*N*-[2-äthyl-2-phenyl-butyl]-valeramid, (±)-N-*(β,β-diethylphenethyl)-4-hydroxyvaleramide* $C_{17}H_{27}NO_2$, Formel VIII.

B. Beim Erwärmen von 2-Äthyl-2-phenyl-butylamin mit (±)-4-Hydroxy-valeriansäurelacton (*CIBA*, Schweiz.P. 172625 [1933]).

Krystalle (aus Bzl. oder Toluol); F: 83—84°.

4-[1.1.2-Trimethyl-propyl]-anilin, p-*(1,1,2-trimethylpropyl)aniline* $C_{12}H_{19}N$, Formel IX (R = H).

B. Aus 4-Nitro-1-[1.1.2-trimethyl-propyl]-benzol beim Behandeln mit Zinn und wss. Salzsäure (*Huston, Hsieh*, Am. Soc. **58** [1936] 439, 440). Beim Erhitzen von Anilin mit 2.3-Dimethyl-buten-(2) unter Zusatz von Anilin-hydrochlorid auf 240° (*Hickinbottom*, Soc. **1935** 1279, 1282).

Kp_{23}: 138—139° (*Hi.*); Kp_3: 109—111° (*Hu., Hs.*).

Hydrochlorid $C_{12}H_{19}N \cdot HCl$. Krystalle (*Hi.*).

4-Acetamino-1-[1.1.2-trimethyl-propyl]-benzol, Essigsäure-[4-(1.1.2-trimethyl-propyl)-anilid], *4'-(1,1,2-trimethylpropyl)acetanilide* $C_{14}H_{21}NO$, Formel IX (R = CO-CH_3).

B. Aus 4-[1.1.2-Trimethyl-propyl]-anilin (*Hickinbottom*, Soc. **1935** 1279, 1282).

Krystalle (aus wss. A. oder Eg.); F: 118°.

3-Amino-2.3-dimethyl-2-phenyl-butan, 1.1.2-Trimethyl-2-phenyl-propylamin, *α,α,β,β-tetramethylphenethylamine* $C_{12}H_{19}N$, Formel X.

B. Aus Benzol und 3-Amino-2.3-dimethyl-butanol-(2) in Gegenwart von Aluminiumchlorid (*Suter, Ruddy*, Am. Soc. **65** [1943] 762).

Kp_{14}: 123—126°.

Hydrochlorid $C_{12}H_{19}N \cdot HCl$. F: 207—210°.

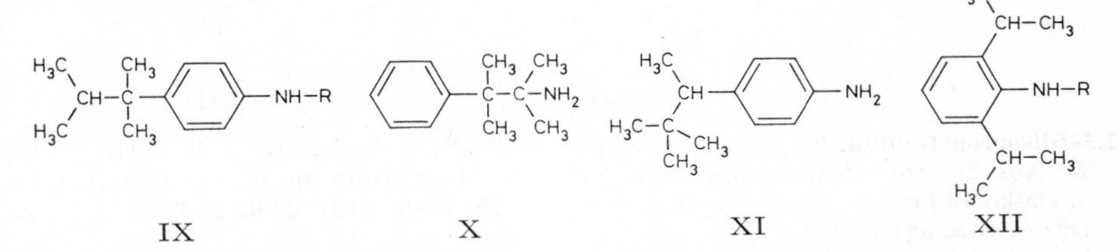

IX X XI XII

(±)-4-[1.2.2-Trimethyl-propyl]-anilin, (±)-p-*(1,2,2-trimethylpropyl)aniline* $C_{12}H_{19}N$, Formel XI.

B. Aus (±)-4-Nitro-1-[1.2.2-trimethyl-propyl]-benzol (*Huston, Kaye*, Am. Soc. **64** [1942] 1576, 1578).

Kp_2: 115—118°.

2.6-Diisopropyl-anilin, *2,6-diisopropylaniline* $C_{12}H_{19}N$, Formel XII (R = H).

B. Als Hauptprodukt beim Behandeln von Anilin mit Propen unter Zusatz von Aluminium-Pulver und Aluminiumchlorid bei 290°/250 at (*Stroh et al.*, Ang. Ch. **69** [1957] 124, 129).

Kp_{10}: 120—122° (*St. et al.*).

Benzoyl-Derivat $C_{19}H_{23}NO$ (Benzoesäure-[2.6-diisopropyl-anilid]; Formel XII [R = CO-C_6H_5]). F: 254—256° (*St. et al.*).

Ein von Newton (Am. Soc. **65** [1943] 2434, 2436) aus 2-Nitro-1.3-diisopropyl-benzol von zweifelhafter Einheitlichkeit (s. diesbezüglich *Kinugasa, Watarai*, J. chem. Soc. Japan Pure Chem. Sect. **83** [1962] 333, 334; C. A. **59** [1963] 3796) bei der Hydrierung an Raney-Nickel in Isopropylalkohol bei 100°/80 at erhaltenes Präparat (D_4^{20}: 0,9367; n_D^{20}: 1,5330; Benzoyl-Derivat: F: 106—106,7°) ist wahrscheinlich nicht einheitlich gewesen (*Ki.*, *Wa.*).

2.4-Diisopropyl-anilin, *2,4-diisopropylaniline* $C_{12}H_{19}N$, Formel I (R = X = H).

B. Aus 4-Nitro-1.3-diisopropyl-benzol von ungewisser Einheitlichkeit (s. diesbezüglich *Kinugasa, Watarai*, J. chem. Soc. Japan Pure Chem. Sect. **83** [1962] 333, 334; C. A. **59** [1963] 3796) bei der Hydrierung an Raney-Nickel in Isopropylalkohol bei 100°/80 at (*Newton*, Am. Soc. **65** [1943] 2434, 2435).

Flüssigkeit; D_4^{20}: 0,9285; n_D^{20}: 1,5275 [Präparat von ungewisser Einheitlichkeit] (*Ne.*).

Essigsäure-[2.4-diisopropyl-anilid], *2',4'-diisopropylacetanilide* $C_{14}H_{21}NO$, Formel I (R = CO-CH_3, X = H).

B. Aus 2.4-Diisopropyl-anilin [s. o.] (*Newton*, Am. Soc. **65** [1943] 2434, 2436).

Krystalle (aus Isooctan); F: 108,3—109° [korr.].

Benzoesäure-[2.4-diisopropyl-anilid], *2',4'-diisopropylbenzanilide* $C_{19}H_{23}NO$, Formel I (R = CO-C_6H_5, X = H).

B. Aus 2.4-Diisopropyl-anilin [s. o.] (*Newton*, Am. Soc. **65** [1943] 2434, 2436).

Krystalle (aus Isooctan + Isopropylalkohol); F: 162,8—163,4° [korr.].

5-Nitro-2.4-diisopropyl-anilin, *2,4-diisopropyl-5-nitroaniline* $C_{12}H_{18}N_2O_2$, Formel I (R = H, X = NO_2).

B. Aus 2.4-Diisopropyl-anilin (s. o.) oder aus 2.4.5-Triisopropyl-anilin beim Behandeln mit Schwefelsäure und Salpetersäure (*Newton*, Am. Soc. **65** [1943] 2434, 2436, 2437).

Orangefarbene Krystalle (aus PAe.); F: 75,8—76,4°.

Essigsäure-[5-nitro-2.4-diisopropyl-anilid], *2',4'-diisopropyl-5'-nitroacetanilide* $C_{14}H_{20}N_2O_3$, Formel I (R = CO-CH_3, X = NO_2).

B. Aus 5-Nitro-2.4-diisopropyl-anilin (*Newton*, Am. Soc. **65** [1943] 2434, 2436).

Hellgelbe Krystalle (aus wss. Eg.); F: 116,2—117° [korr.].

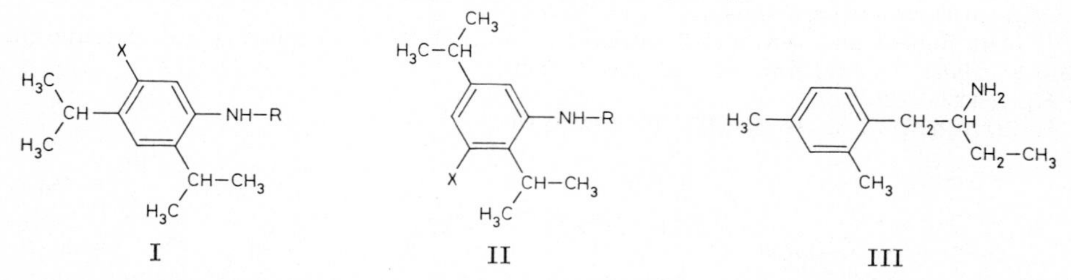

2.5-Diisopropyl-anilin, *2,5-diisopropylaniline* $C_{12}H_{19}N$, Formel II (R = X = H).

B. Aus 2-Nitro-1.4-diisopropyl-benzol bei der Hydrierung an Raney-Nickel in Isopropylalkohol bei 100°/80 at (*Newton*, Am. Soc. **65** [1943] 2434, 2435, 2437).

D_4^{20}: 0,9315. n_D^{20}: 1,5293.

Hydrochlorid $C_{12}H_{19}N \cdot HCl$. Krystalle (aus wss. Salzsäure).

Essigsäure-[2.5-diisopropyl-anilid], *2',5'-diisopropylacetanilide* $C_{14}H_{21}NO$, Formel II (R = CO-CH_3, X = H).

B. Aus 2.5-Diisopropyl-anilin (*Newton*, Am. Soc. **65** [1943] 2434, 2437).

Krystalle (aus Isooctan); F: 80,8—81,5°.

Benzoesäure-[2.5-diisopropyl-anilid], *2',5'-diisopropylbenzanilide* $C_{19}H_{23}NO$, Formel II ($R = CO\text{-}C_6H_5$, $X = H$).

B. Aus 2.5-Diisopropyl-anilin (*Newton*, Am. Soc. **65** [1943] 2434, 2437).

Krystalle (aus Isooctan + Isopropylalkohol); F: 124,6–125° [korr.].

3-Nitro-2.5-diisopropyl-anilin, *2,5-diisopropyl-3-nitroaniline* $C_{12}H_{18}N_2O_2$, Formel II ($R = H$, $X = NO_2$).

B. Aus 2.5-Diisopropyl-anilin beim Behandeln mit Schwefelsäure und Salpetersäure (*Newton*, Am. Soc. **65** [1943] 2434, 2437).

Gelbe Krystalle (aus Bzl. + PAe.); F: 95,2–96,3°.

(±)-2-Amino-1-[2.4-dimethyl-phenyl]-butan, (±)-1-Äthyl-2-[2.4-dimethyl-phenyl]-äthylamin, (±)-*α-ethyl-2,4-dimethylphenethylamine* $C_{12}H_{19}N$, Formel III.

B. Aus 1-[2.4-Dimethyl-phenyl]-butanon-(2)-oxim bei der Hydrierung an Raney-Nickel in Äthanol (*Français*, A. ch. [11] **11** [1939] 212, 234).

Kp_{15}: 126–127°. n_D^{21}: 1,517.

Hydrochlorid $C_{12}H_{19}N \cdot HCl$. Krystalle; F: 170°.

Nitrat. Krystalle; F: 142–143°.

Pikrat. F: 145–146°.

2.6-Dimethyl-4-*tert*-butyl-anilin $C_{12}H_{19}N$.

Essigsäure-[2.6-dimethyl-4-*tert*-butyl-anilid], *4'-*tert*-butylaceto-2',6'-xylidide* $C_{14}H_{21}NO$, Formel IV ($R = CO\text{-}CH_3$, $X = H$).

Die H 1183 unter dieser Konstitution beschriebene Verbindung (F: 81°) ist als 2.6-Dimethyl-4-*tert*-butyl-*N.N*-diacetyl-anilin $C_{16}H_{23}NO_2$ (Formel IV [$R = X = CO\text{-}CH_3$]) zu formulieren (*Burgers et al.*, R. **77** [1958] 491, 514).

B. Aus 2.6-Dimethyl-4-*tert*-butyl-anilin und Acetanhydrid mit Hilfe von wss. Alkalilauge (*Tchitchibabine*, Bl. [4] **51** [1932] 1436, 1443, 1457; *Fuson et al.*, J. org. Chem. **12** [1947] 587, 591). Aus 1-[2.6-Dimethyl-4-*tert*-butyl-phenyl]-äthanon-(1) beim Erhitzen mit Hydroxylamin-hydrochlorid in Methanol auf 160° (*Tch.*).

Krystalle (aus wss. A.); F: 162,5–163° (*Fu. et al.*), 160° (*Tch.*).

Benzoesäure-[2.6-dimethyl-4-*tert*-butyl-anilid], *4'-*tert*-butylbenzo-2',6'-xylidide* $C_{19}H_{23}NO$, Formel IV ($R = CO\text{-}C_6H_5$, $X = H$) (H 1183).

B. Aus 2.6-Dimethyl-4-*tert*-butyl-anilin (*Fuson et al.*, J. org. Chem. **12** [1947] 587, 591).

F: 229–231° [Block; bei schnellem Erhitzen].

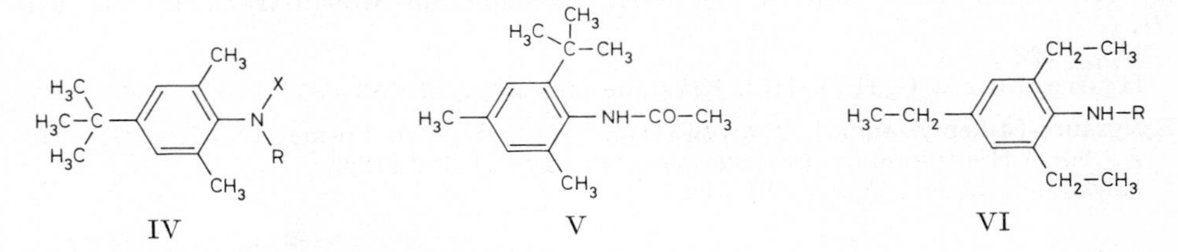

2.4-Dimethyl-6-*tert*-butyl-anilin $C_{12}H_{19}N$.

Essigsäure-[2.4-dimethyl-6-*tert*-butyl-anilid], *6'-*tert*-butylaceto-2',4'-xylidide* $C_{14}H_{21}NO$, Formel V.

B. Aus 2.4-Dimethyl-6-*tert*-butyl-anilin [H 1184] (*Fuson et al.*, J. org. Chem. **12** [1947] 587, 591).

Krystalle (aus wss. A.); F: 188–189°.

2.4.6-Triäthyl-anilin, *2,4,6-triethylaniline* $C_{12}H_{19}N$, Formel VI ($R = H$).

B. Aus 2-Nitro-1.3.5-triäthyl-benzol beim Erwärmen mit Eisen-Spänen und wss. Essigsäure (*Dillingham, Reid*, Am. Soc. **60** [1938] 2606).

Kp_6: 135,5°. D_4^0: 0,9492; D_4^{25}: 0,9280.

Essigsäure-[2.4.6-triäthyl-anilid], *2',4',6'-triethylacetanilide* $C_{14}H_{21}NO$, Formel VI ($R = CO\text{-}CH_3$).

B. Aus 2.4.6-Triäthyl-anilin (*Dillingham, Reid*, Am. Soc. **60** [1938] 2606).

F: 149,5°.

Benzoesäure-[2.4.6-triäthyl-anilid], *2',4',6'-triethylbenzanilide* $C_{19}H_{23}NO$, Formel VI ($R = CO\text{-}C_6H_5$).

B. Aus 2.4.6-Triäthyl-anilin und Benzoylchlorid (*Dillingham*, *Reid*, Am. Soc. **60** [1938] 2606).

F: 181,3°.

***N.N'*-Bis-[2.4.6-triäthyl-phenyl]-thioharnstoff**, *1,3-bis(2,4,6-triethylphenyl)thiourea* $C_{25}H_{36}N_2S$, Formel VII.

B. Beim Behandeln von 2.4.6-Triäthyl-anilin mit Schwefelkohlenstoff und wss. Natronlauge (*Dillingham*, *Reid*, Am. Soc. **60** [1938] 2606).

F: 196,5°.

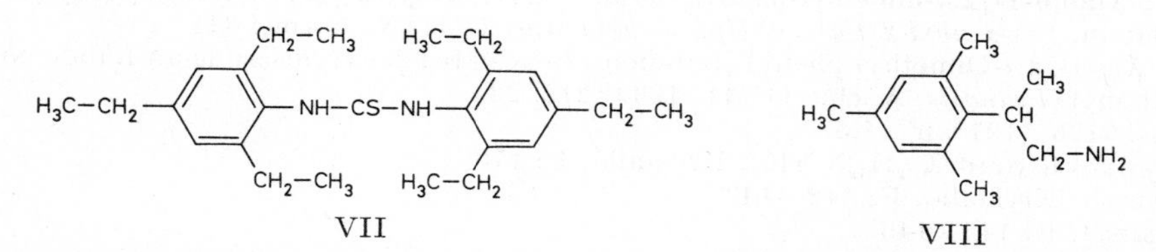

VII VIII

(±)-2-Mesityl-propylamin, (±)-*2,4,6,β-tetramethylphenethylamine* $C_{12}H_{19}N$, Formel VIII.

B. Aus Mesitylen und Allylamin in Gegenwart von Aluminiumchlorid (*Sharp & Dohme Inc.*, U.S.P. 2441518 [1945]).

Hydrochlorid. Krystalle (aus Acn. + W.); F: 233—236°.

Amine $C_{13}H_{21}N$

4-Heptyl-anilin, p-*heptylaniline* $C_{13}H_{21}N$, Formel IX (R = H).

B. Beim Erhitzen von Anilin mit Heptanol-(1) und Zinkchlorid auf 270° (*Rinkes*, R. **62** [1943] 557, 559). Neben 4.*N*-Diheptyl-anilin und geringen Mengen Anilin beim Erhitzen von *N*-Heptyl-anilin mit Kobalt(II)-bromid auf 212° (*Hickinbottom*, Soc. **1937** 1119, 1121, 1122).

F: 4° (*Ri.*). Kp_{18}: 159° (*Hi.*); Kp_{10}: 159—160° (*Ri.*).

4.*N*-Diheptyl-anilin, p,N-*diheptylaniline* $C_{20}H_{35}N$, Formel IX ($R = [CH_2]_6\text{-}CH_3$).

B. Beim Erwärmen von 4-Heptyl-anilin mit Heptylbromid und Natriumcarbonat in Äthanol (*Hickinbottom*, Soc. **1937** 1119, 1121, 1122). Neben 4-Heptyl-anilin und geringen Mengen Anilin beim Erhitzen von *N*-Heptyl-anilin mit Kobalt(II)-chlorid auf 212° (*Hi.*).

Kp_{18}: 223°.

Hydrochlorid $C_{20}H_{35}N \cdot HCl$. Krystalle (aus PAe.); F: 83—85°.

Essigsäure-[4-heptyl-anilid], *4'-heptylacetanilide* $C_{15}H_{23}NO$, Formel IX ($R = CO\text{-}CH_3$).

B. Aus 4-Heptyl-anilin (*Hickinbottom*, Soc. **1937** 1119, 1122).

Krystalle (aus wss. A.); F: 91—92°.

IX X

(±)-1-Phenyl-heptylamin, (±)-*α-hexylbenzylamine* $C_{13}H_{21}N$, Formel X (R = H).

B. Aus 1-Phenyl-heptanon-(1)-oxim beim Erwärmen mit Äthanol und Natrium (*Niinobe*, J. pharm. Soc. Japan **63** [1943] 204, 211; C. A. **1950** 7490; *Bringi*, *Phalnikar*, *Bhide*, J. Univ. Bombay **18**, Tl. 5 A [1950] 25).

Kp_{22}: 155°; D^{27}: 0,7836; n_D^{27}: 1,5149 (*Br.*, *Ph.*, *Bh.*).

Hydrochlorid $C_{13}H_{21}N \cdot HCl$. Krystalle; F: 186—188° [aus Bzl. + Bzn.] (*Ni.*), 183° (*Br.*, *Ph.*, *Bh.*).

Pikrat $C_{13}H_{21}N \cdot C_6H_3N_3O_7$. Krystalle (aus W.); F: 145° (*Br.*, *Ph.*, *Bh.*).

(±)-*N*-[1-Phenyl-heptyl]-acetamid, (±)-N-(*α-hexylbenzyl*)*acetamide* $C_{15}H_{23}NO$, Formel X ($R = CO\text{-}CH_3$).

B. Aus (±)-1-Phenyl-heptylamin (*Bringi*, *Phalnikar*, *Bhide*, J. Univ. Bombay **18**,

Tl. 5A [1950] 25).

Krystalle (aus wss. A.); F: 63°.

(±)-4-[1-Methyl-hexyl]-anilin, (±)-p-*(1-methylhexyl)aniline* $C_{13}H_{21}N$, Formel XI.

Über ein aus (±)-4-Nitro-1-[1-methyl-hexyl]-benzol (Kp_3: 154—156° [Einheitlichkeit zweifelhaft]) erhaltenes Präparat (Kp_2: 124—127°) s. *Huston, Kaye,* Am. Soc. **64** [1942] 1576, 1578.

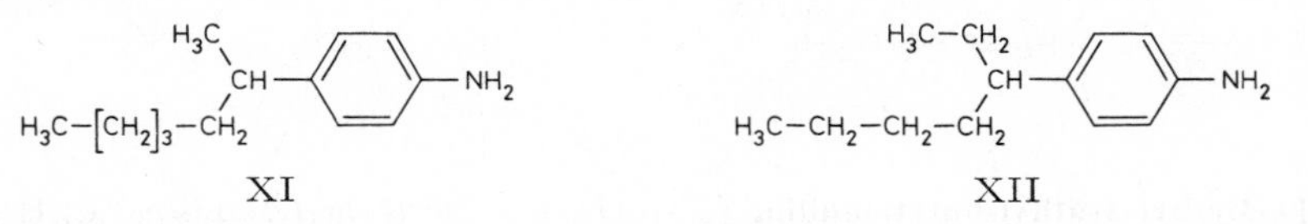

XI XII

(±)-4-[1-Äthyl-pentyl]-anilin, (±)-p-*(1-ethylpentyl)aniline* $C_{13}H_{21}N$, Formel XII.

Über ein aus (±)-4-Nitro-1-[1-äthyl-pentyl]-benzol (Kp_3: 143—149° [Einheitlichkeit zweifelhaft]) erhaltenes Präparat (Kp_2: 124—126°) s. *Huston, Kaye,* Am. Soc. **64** [1942] 1576, 1578.

2-Amino-3-phenyl-heptan, 1-Methyl-2-phenyl-hexylamin, *β-butyl-α-methylphenethylamine* $C_{13}H_{21}N$, Formel I.

Ein opt.-inakt. Amin (Kp_3: 114—115°) dieser Konstitution ist bei der Behandlung von 2-Nitro-1-phenyl-propen-(1) (F: 65—66°) mit Butylmagnesiumbromid in Äther und Dioxan und Hydrierung des Reaktionsprodukts an Raney-Nickel in Methanol erhalten worden (*Buckley, Ellery,* Soc. **1947** 1497, 1499).

I II

4-[1.1-Dimethyl-pentyl]-anilin, p-*(1,1-dimethylpentyl)aniline* $C_{13}H_{21}N$, Formel II.

B. Aus 4-Nitro-1-[1.1-dimethyl-pentyl]-benzol (*Huston, Hedrick,* Am. Soc. **59** [1937] 2001; *Huston, Kaye,* Am. Soc. **64** [1942] 1576, 1578).

Kp_{10}: 145—146° (*Hu., He.*); Kp_2: 127—129° (*Hu., Kaye*).

4-[1.2-Dimethyl-pentyl]-anilin, p-*(1,2-dimethylpentyl)aniline* $C_{13}H_{21}N$, Formel III.

Über ein aus opt.-inakt. 4-Nitro-1-[1.2-dimethyl-pentyl]-benzol (Kp_3: 135—139° [Einheitlichkeit zweifelhaft]) erhaltenes opt.-inakt. Präparat (Kp_2: 120—125°) s. *Huston, Kaye,* Am. Soc. **64** [1942] 1576, 1578.

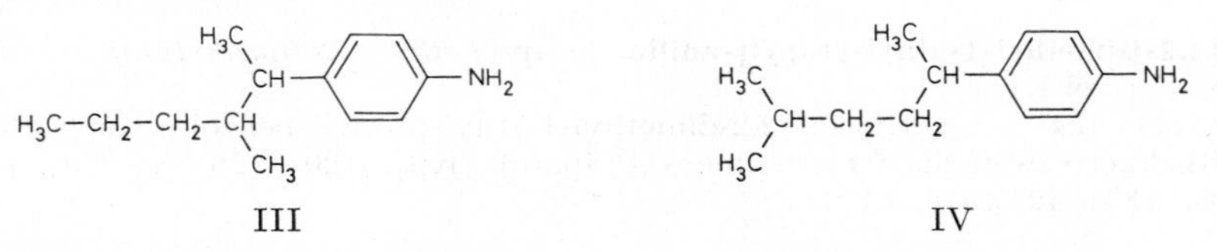

III IV

(±)-4-[1.4-Dimethyl-pentyl]-anilin, (±)-p-*(1,4-dimethylpentyl)aniline* $C_{13}H_{21}N$, Formel IV.

Über ein aus (±)-4-Nitro-1-[1.4-dimethyl-pentyl]-benzol (Kp_3: 139—142° [Einheitlichkeit zweifelhaft]) erhaltenes Präparat (Kp_2: 123—127°) s. *Huston, Kaye,* Am. Soc. **64** [1942] 1576, 1578.

2.2-Dimethyl-5-phenyl-pentylamin $C_{13}H_{21}N$.

(±)-5-Chlor-1-dimethylamino-2.2-dimethyl-5-phenyl-pentan, (±)-Dimethyl-[5-chlor-2.2-dimethyl-5-phenyl-pentyl]-amin, (±)-*5-chloro-2,2,*N,N-*tetramethyl-5-phenylpentylamine* $C_{15}H_{24}ClN$, Formel V.

B. Aus (±)-1-Dimethylamino-2.2-dimethyl-5-phenyl-pentanol-(5) und Thionylchlorid in Chloroform (*Mannich, Lesse,* Ar. **271** [1933] 92, 96).

Die Base wandelt sich leicht in 1.1.3.3-Tetramethyl-6-phenyl-piperidinium-chlorid um.

Hydrochlorid. Krystalle (aus Acn.); F: 150°.

4-[1-Propyl-butyl]-anilin, p-(*1-propylbutyl*)*aniline* $C_{13}H_{21}N$, Formel VI.

B. Aus 4-Nitro-1-[1-propyl-butyl]-benzol (*Huston, Kaye,* Am. Soc. **64** [1942] 1576, 1578).

Kp_2: 128—132°.

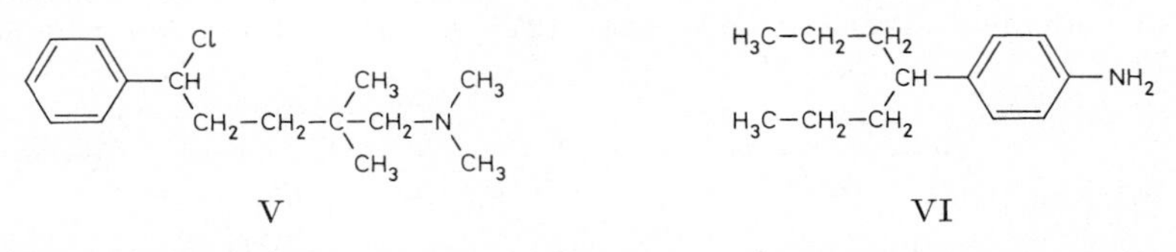

(±)-4-[1-Methyl-1-äthyl-butyl]-anilin, (±)-p-(*1-ethyl-1-methylbutyl*)*aniline* $C_{13}H_{21}N$, Formel VII.

B. Aus (±)-4-Nitro-1-[1-methyl-1-äthyl-butyl]-benzol (*Huston, Hedrick,* Am. Soc. **59** [1937] 2001; *Huston, Kaye,* Am. Soc. **64** [1942] 1576, 1578).

Kp_5: 117—118° (*Hu., He.*); Kp_2: 124—126° (*Hu., Kaye*).

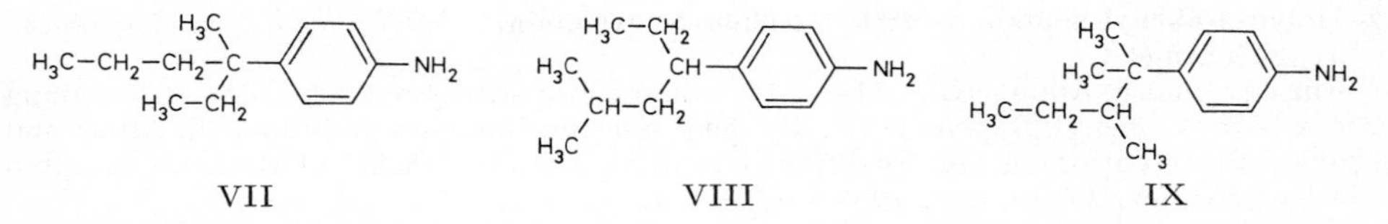

(±)-4-[3-Methyl-1-äthyl-butyl]-anilin, (±)-p-(*1-ethyl-3-methylbutyl*)*aniline* $C_{13}H_{21}N$, Formel VIII.

Über ein aus (±)-4-Nitro-1-[3-methyl-1-äthyl-butyl]-benzol (Kp_3: 136—143° [Einheitlichkeit zweifelhaft]) erhaltenes Präparat (Kp_2: 120—124°) s. *Huston, Kaye,* Am. Soc. **64** [1942] 1576, 1578.

(±)-4-[1.1.2-Trimethyl-butyl]-anilin, (±)-p-(*1,1,2-trimethylbutyl*)*aniline* $C_{13}H_{21}N$, Formel IX.

Über ein aus (±)-4-Nitro-1-[1.1.2-trimethyl-butyl]-benzol (Kp_{741}: 277° [Einheitlichkeit zweifelhaft]) erhaltenes Präparat (Kp_5: 120—121°) s. *Huston, Hedrick,* Am. Soc. **59** [1937] 2001.

4-[1.1.3-Trimethyl-butyl]-anilin, p-(*1,1,3-trimethylbutyl*)*aniline* $C_{13}H_{21}N$, Formel X.

B. Aus 4-Nitro-1-[1.1.3-trimethyl-butyl]-benzol (*Huston, Hedrick,* Am. Soc. **59** [1937] 2001).

Kp_5: 124—125°.

(±)-4-[2.2-Dimethyl-1-äthyl-propyl]-anilin, (±)-p-(*1-ethyl-2,2-dimethylpropyl*)*aniline* $C_{13}H_{21}N$, Formel XI.

Über ein aus (±)-4-Nitro-1-[2.2-dimethyl-1-äthyl-propyl]-benzol (Kp_3: 139—141° [Einheitlichkeit zweifelhaft]) erhaltenes Präparat (Kp_2: 120—126°) s. *Huston, Kaye,* Am. Soc. **64** [1942] 1576, 1578.

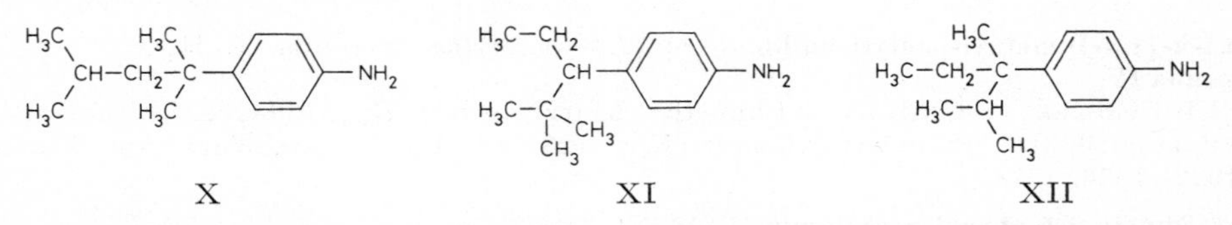

(±)-4-[1.2-Dimethyl-1-äthyl-propyl]-anilin, (±)-p-(*1-ethyl-1,2-dimethylpropyl*)*aniline* $C_{13}H_{21}N$, Formel XII.

Über ein aus (±)-4-Nitro-1-[1.2-dimethyl-1-äthyl-propyl]-benzol (Kp_{741}: 285° [Einheitlichkeit zweifelhaft]) erhaltenes Präparat (Kp_{11}: 146—148°) s. *Huston, Hedrick,* Am. Soc. **59** [1937] 2001.

4-[1.1-Diäthyl-propyl]-anilin, p-(*1,1-diethylpropyl*)*aniline* $C_{13}H_{21}N$, Formel I (R = H).

B. Aus 4-Nitro-1-[1.1-diäthyl-propyl]-benzol (*Huston, Hedrick,* Am. Soc. **59** [1937]

2001). Neben *N*-[1.1-Diäthyl-propyl]-anilin beim Erhitzen von Anilin mit 3-Äthyl-penten-(2) unter Zusatz von Anilin-hydrochlorid bis auf 260° (*Hickinbottom*, Soc. **1935** 1279, 1281).

Krystalle (aus PAe.); F: 56—58° (*Hi.*). Kp_{32}: 144—145° (*Hi.*); Kp_5: 128—131° (*Hu.*, *He.*).

4-Acetamino-1-[1.1-diäthyl-propyl]-benzol, Essigsäure-[4-(1.1-diäthyl-propyl)-anilid], *4'-(1,1-diethylpropyl)acetanilide* $C_{15}H_{23}NO$, Formel I (R = CO-CH_3).

B. Aus 4-[1.1-Diäthyl-propyl]-anilin (*Hickinbottom*, Soc. **1935** 1279, 1281).

Krystalle (aus wss. A.); F: 140—141°.

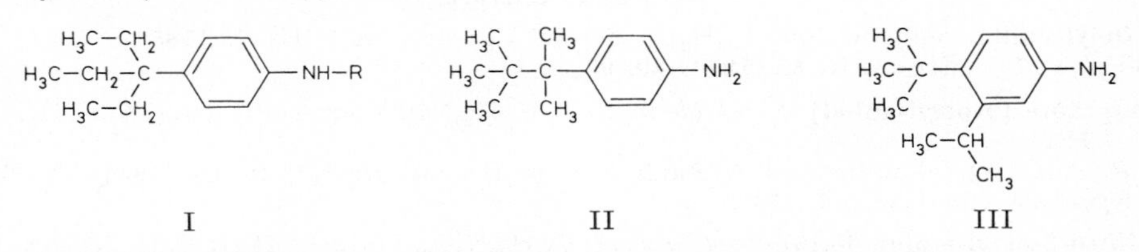

4-[1.1.2.2-Tetramethyl-propyl]-anilin, p-*(1,1,2,2-tetramethylpropyl)aniline* $C_{13}H_{21}N$, Formel II.

B. Aus 4-Nitro-1-[1.1.2.2-tetramethyl-propyl]-benzol (*Huston*, *Hedrick*, Am. Soc. **59** [1937] 2001).

F: 55—56°.

3-Isopropyl-4-*tert*-butyl-anilin, *4-*tert*-butyl-3-isopropylaniline* $C_{13}H_{21}N$, Formel III.

Die Identität einer von *Legge* (Am. Soc. **69** [1947] 2079, 2084) unter dieser Konstitution beschriebenen, aus vermeintlichem 1-Isopropyl-2-*tert*-butyl-benzol (E III **5** 1050) hergestellten Verbindung (*N*-Acetyl-Derivat $C_{15}H_{23}NO$ (?): F: 123,6—123,9° [korr.]; *N*-Benzoyl-Derivat $C_{20}H_{25}NO$(?): F: 167,3—168,2° [korr.]) ist ungewiss.

4-Methyl-3.5-diisopropyl-anilin, *3,5-diisopropyl-*p*-toluidine* $C_{13}H_{21}N$, Formel IV (R = H).

B. Aus 4-Nitro-1-methyl-2.6-diisopropyl-benzol beim Erwärmen mit Essigsäure, wss. Salzsäure und amalgamiertem Zink (*Desseigne*, Bl. [5] **2** [1935] 617, 623).

Kp_{11}: 146°. D_4^{20}: 0,942. n_D^{20}: 1,5412.

Hydrochlorid $C_{13}H_{21}N \cdot HCl$. Krystalle (aus W.); F: 245—247°.

Essigsäure-[4-methyl-3.5-diisopropyl-anilid], *3',5'-diisopropylaceto-*p*-toluidide* $C_{15}H_{23}NO$, Formel IV (R = CO-CH_3).

B. Aus 4-Methyl-3.5-diisopropyl-anilin und Acetanhydrid (*Desseigne*, Bl. [5] **2** [1935] 617, 623).

Krystalle (aus A.); F: 162°.

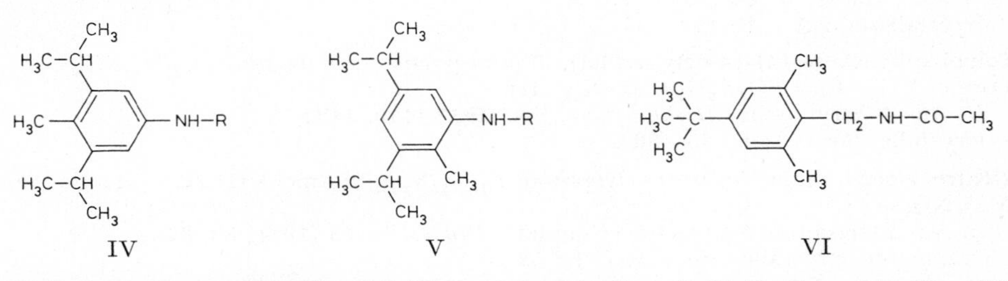

2-Methyl-3.5-diisopropyl-anilin, *3,5-diisopropyl-*o*-toluidine* $C_{13}H_{21}N$, Formel V (R = H).

B. Aus 6-Nitro-1-methyl-2.4-diisopropyl-benzol beim Erwärmen mit Essigsäure, wss. Salzsäure und amalgamiertem Zink (*Desseigne*, Bl. [5] **2** [1935] 617, 621).

Kp_{11}: 141°. D_4^{20}: 0,934. n_D^{20}: 1,5332.

Hydrochlorid $C_{13}H_{21}N \cdot HCl$. Krystalle (aus W.); F: 226—228°.

Essigsäure-[2-methyl-3.5-diisopropyl-anilid], *3',5'-diisopropylaceto-*o*-toluidide* $C_{15}H_{23}NO$, Formel V (R = CO-CH_3).

B. Aus 2-Methyl-3.5-diisopropyl-anilin und Acetanhydrid (*Desseigne*, Bl. [5] **2** [1935]

617, 621).
Krystalle (aus A.); F: 118°.

2.6-Dimethyl-4-*tert*-butyl-benzylamin $C_{13}H_{21}N$.

***N*-[2.6-Dimethyl-4-*tert*-butyl-benzyl]-acetamid,** N-(*4*-tert-*butyl-2,6-dimethylbenzyl)acetamide* $C_{15}H_{23}NO$, Formel VI.

B. Beim Erhitzen von 2.6-Dimethyl-4-*tert*-butyl-benzylchlorid (E III **5** 1054) mit Acetamid auf 210° (*Nightingale, Radford, Shanholtzer,* Am. Soc. **64** [1942] 1662, 1665).

Krystalle (aus $CHCl_3$ + PAe.); F: 197°. [*Schomann*]

Amine $C_{14}H_{23}N$

2-Octyl-anilin, o-*octylaniline* $C_{14}H_{23}N$, Formel VII (R = X = H) (H 1185).
Kp_{13}: 175° (*Rinkes,* R. **63** [1944] 89, 93).

Essigsäure-[2-octyl-anilid], *2'-octylacetanilide* $C_{16}H_{25}NO$, Formel VII (R = CO-CH_3, X = H).

B. Aus 2-Octyl-anilin und Acetanhydrid in Benzol (*Rinkes,* R. **63** [1944] 89, 93).

Krystalle (aus PAe.); F: 78°.

5-Nitro-2-octyl-anilin, *5-nitro-2-octylaniline* $C_{14}H_{22}N_2O_2$, Formel VII (R = H, X = NO_2).

B. Aus 2.4-Dinitro-1-octyl-benzol beim Behandeln mit Zinn(II)-chlorid und wss.-äthanol. Salzsäure (*Rinkes,* R. **63** [1944] 89, 93).

Gelbe Krystalle (aus PAe.); F: 64°.

4-Octyl-anilin, p-*octylaniline* $C_{14}H_{23}N$, Formel VIII (R = X = H) (H 1185).

B. Neben 4.*N*-Dioctyl-anilin (Hauptprodukt) beim Erhitzen von *N*-Octyl-anilin mit Kobalt(II)-chlorid auf 212° (*Hickinbottom,* Soc. **1937** 1119, 1120, 1122).

F: 19–21°. Kp_{17}: 170–172°.

4.*N*-Dioctyl-anilin, p,N-*dioctylaniline* $C_{22}H_{39}N$, Formel VIII (R = $[CH_2]_7$-CH_3, X = H).

B. s. im vorangehenden Artikel.

F: 11–13°; Kp_{14}: 232–235° (*Hickinbottom,* Soc. **1937** 1119, 1122).

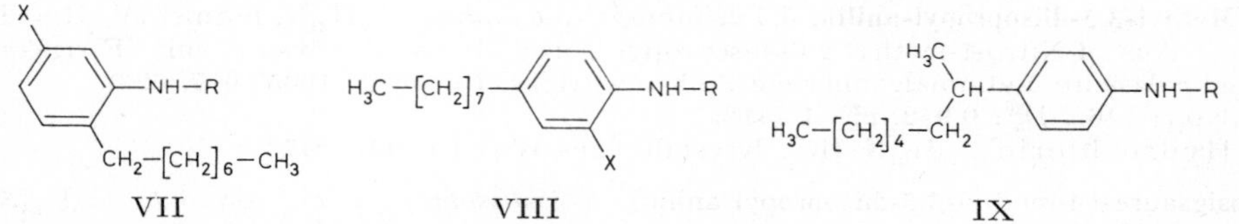

VII VIII IX

Benzoesäure-[4-octyl-anilid], *4'-octylbenzanilide* $C_{21}H_{27}NO$, Formel VIII (R = CO-C_6H_5, X = H) (H 1185).

B. Aus 4-Octyl-benzophenon-*seqtrans*-oxim beim Behandeln mit Phosphor(V)-chlorid in Äther (*Rinkes,* R. **64** [1945] 272).

Krystalle (aus A.); F: 118°.

Toluol-sulfonsäure-(4)-[4-octyl-anilid], *4'-octyl-*p-*toluenesulfonanilide* $C_{21}H_{29}NO_2S$, Formel VIII (R = SO_2-C_6H_4-CH_3, X = H).

B. Aus 4-Octyl-anilin (*Hickinbottom,* Soc. **1937** 1119, 1122).

Krystalle (aus A.); F: 85–86°.

2-Nitro-4-octyl-anilin, *2-nitro-4-octylaniline* $C_{14}H_{22}N_2O_2$, Formel VIII (R = H, X = NO_2).

B. Aus Essigsäure-[2-nitro-4-octyl-anilid] (*Rinkes,* R. **63** [1944] 89, 92).

Orangerote Krystalle (aus PAe.); F: 52°.

Essigsäure-[2-nitro-4-octyl-anilid], *2'-nitro-4'-octylacetanilide* $C_{16}H_{24}N_2O_3$, Formel VIII (R = CO-CH_3, X = NO_2).

B. Aus Essigsäure-[4-octyl-anilid] und Salpetersäure (*Rinkes,* R. **63** [1944] 89, 91).

Gelbe Krystalle (aus A.); F: 60,5°.

4-[1-Methyl-heptyl]-anilin $C_{14}H_{23}N$.

(±)-4-Acetamino-1-[1-methyl-heptyl]-benzol, (±)-Essigsäure-[4-(1-methyl-heptyl)-anilid], (±)-*4'-(1-methylheptyl)acetanilide* $C_{16}H_{25}NO$, Formel IX (R = CO-CH_3).

B. Beim Erhitzen von (±)-*N*-[1-Methyl-heptyl]-anilin mit Kobalt(II)-bromid auf 212°

und Behandeln des Reaktionsprodukts mit Acetanhydrid (*Hickinbottom*, Soc. **1937** 1119, 1122).

Krystalle; F: 84—85°.

4-[1.1-Dimethyl-hexyl]-anilin, p-(*1,1-dimethylhexyl*)*aniline* $C_{14}H_{23}N$, Formel X.

B. Aus 2-Methyl-2-[4-nitro-phenyl]-heptan beim Erwärmen mit Zinn und wss. Salzsäure (*Huston, Guile*, Am. Soc. **61** [1939] 69).

Kp_2: 108—111°.

(±)-2.2-Dimethyl-1-phenyl-hexylamin, (±)-*2,2-dimethyl-1-phenylhexylamine* $C_{14}H_{23}N$, Formel XI (R = H).

B. Aus 2.2-Dimethyl-1-phenyl-hexanon-(1)-oxim beim Behandeln mit Äthanol und Natrium (*Ramart-Lucas, Hoch*, Bl. [5] **5** [1938] 987, 1007) sowie bei der Hydrierung an platiniertem Raney-Nickel in schwach alkalischer Lösung (*Décombe*, C. r. **222** [1946] 92). Aus 2.2-Dimethyl-1-phenyl-hexanon-(1)-[*O*-benzyl-oxim] beim Behandeln mit Äthanol und Natrium (*Ra.-L., Hoch*, l. c. S. 1006).

Kp_{25}: 157—158° (*Dé.*); Kp_{12}: 145—146° (*Ra.-L., Hoch*).

(±)-*N*-[2.2-Dimethyl-1-phenyl-hexyl]-acetamid, (±)-N-(*2,2-dimethyl-1-phenylhexyl*)*acetamide* $C_{16}H_{25}NO$, Formel XI (R = CO-CH_3).

B. Aus (±)-2.2-Dimethyl-1-phenyl-hexylamin (*Décombe*, C. r. **222** [1946] 92).

Krystalle; F: 96—97°.

(±)-*N'*-[2.2-Dimethyl-1-phenyl-hexyl]-*N*-phenyl-harnstoff, (±)-*1-(2,2-dimethyl-1-phenylhexyl)-3-phenylurea* $C_{21}H_{28}N_2O$, Formel XI (R = CO-NH-C_6H_5).

B. Aus (±)-2.2-Dimethyl-1-phenyl-hexylamin und Phenylisocyanat (*Ramart-Lucas, Hoch*, Bl. [5] **5** [1938] 987, 1007).

Krystalle (aus A.); F: 140°.

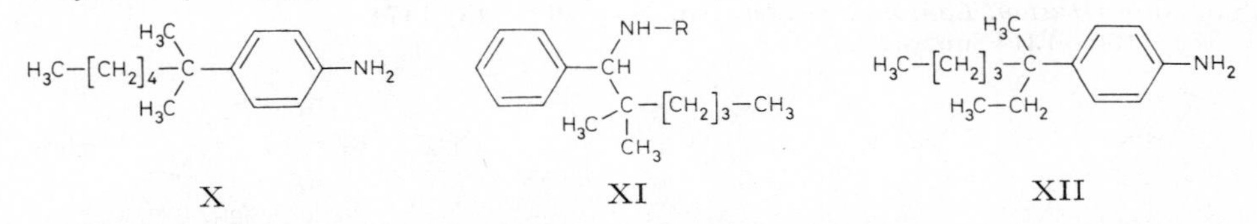

(±)-4-[1-Methyl-1-äthyl-pentyl]-anilin, (±)-p-(*1-ethyl-1-methylpentyl*)*aniline* $C_{14}H_{23}N$, Formel XII.

B. Aus (±)-3-Methyl-3-[4-nitro-phenyl]-heptan beim Behandeln mit Zinn und wss. Salzsäure (*Huston, Langdon, Snyder*, Am. Soc. **70** [1948] 1474).

Kp_3: 129—130° [unkorr.].

(±)-4-[1.1.2-Trimethyl-pentyl]-anilin, (±)-p-(*1,1,2-trimethylpentyl*)*aniline* $C_{14}H_{23}N$, Formel I.

B. Aus (±)-2.3-Dimethyl-2-[4-nitro-phenyl]-hexan beim Behandeln mit Zinn und wss. Salzsäure (*Huston, Guile*, Am. Soc. **61** [1939] 69).

Kp_4: 115—119°.

(±)-4-[1.1.3-Trimethyl-pentyl]-anilin, (±)-p-(*1,1,3-trimethylpentyl*)*aniline* $C_{14}H_{23}N$, Formel II.

B. Aus (±)-2.4-Dimethyl-2-[4-nitro-phenyl]-hexan beim Behandeln mit Zinn und wss. Salzsäure (*Huston, Guile*, Am. Soc. **61** [1939] 69).

Kp_2: 99—101°.

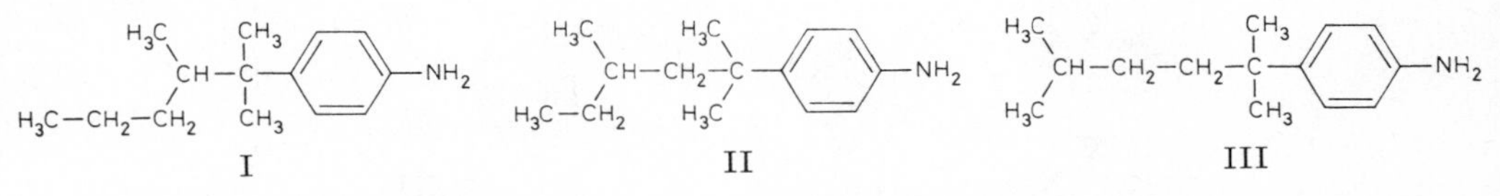

4-[1.1.4-Trimethyl-pentyl]-anilin, p-(*1,1,4-trimethylpentyl*)*aniline* $C_{14}H_{23}N$, Formel III.

B. Aus 2.5-Dimethyl-2-[4-nitro-phenyl]-hexan beim Behandeln mit Zinn und wss. Salzsäure (*Huston, Guile*, Am. Soc. **61** [1939] 69).

Kp_2: 99—102°.

4-[1.1-Diäthyl-butyl]-anilin, p-(*1,1-diethylbutyl*)*aniline* $C_{14}H_{23}N$, Formel IV.

B. Aus 3-Äthyl-3-[4-nitro-phenyl]-hexan beim Behandeln mit Zinn und wss. Salzsäure (*Huston, Langdon, Snyder*, Am. Soc. **70** [1948] 1474).

Kp_3: 120—125° [unkorr.].

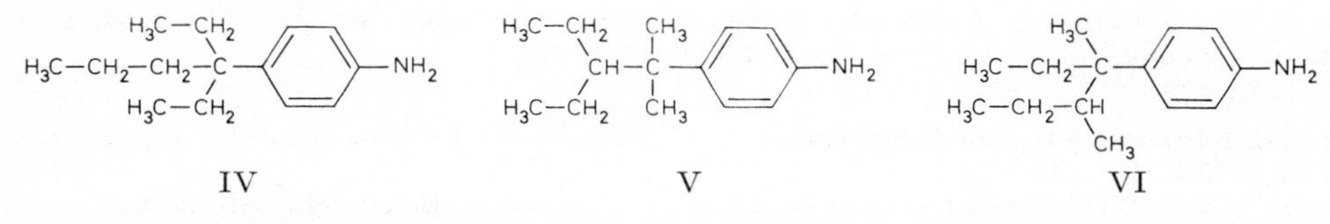

IV V VI

4-[1.1-Dimethyl-2-äthyl-butyl]-anilin, p-(*2-ethyl-1,1-dimethylbutyl*)*aniline* $C_{14}H_{23}N$, Formel V.

B. Aus 2-Methyl-3-äthyl-2-[4-nitro-phenyl]-pentan beim Behandeln mit Zinn und wss. Salzsäure (*Huston, Guile*, Am. Soc. **61** [1939] 69).

Kp_2: 103—106°.

4-[1.2-Dimethyl-1-äthyl-butyl]-anilin, p-(*1-ethyl-1,2-dimethylbutyl*)*aniline* $C_{14}H_{23}N$, Formel VI.

Ein opt.-inakt. Amin (Kp_3: 134—136° [unkorr.]) dieser Konstitution ist aus opt.-inakt. 3.4-Dimethyl-3-[4-nitro-phenyl]-hexan (Kp_4: 159—160°) beim Behandeln mit Zinn und wss. Salzsäure erhalten worden (*Huston, Langdon, Snyder*, Am. Soc. **70** [1948] 1474).

(±)-4-[1.3-Dimethyl-1-äthyl-butyl]-anilin, (±)-p-(*1-ethyl-1,3-dimethylbutyl*)*aniline* $C_{14}H_{23}N$, Formel VII.

B. Aus (±)-2.4-Dimethyl-4-[4-nitro-phenyl]-hexan beim Behandeln mit Zinn und wss. Salzsäure (*Huston, Langdon, Snyder*, Am. Soc. **70** [1948] 1474).

Kp_3: 130—131° [unkorr.].

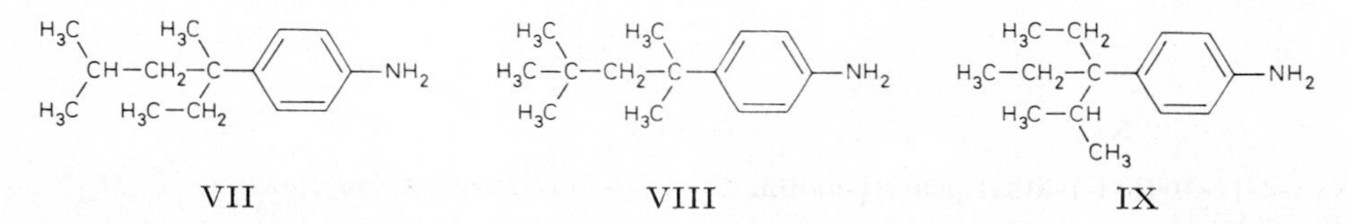

VII VIII IX

4-[1.1.3.3-Tetramethyl-butyl]-anilin, p-(*1,1,3,3-tetramethylbutyl*)*aniline* $C_{14}H_{23}N$, Formel VIII.

B. Aus 2.2.4-Trimethyl-4-[4-nitro-phenyl]-pentan beim Behandeln mit Zinn und wss. Salzsäure (*Huston, Guile*, Am. Soc. **61** [1939] 69).

Kp_5: 112—115°.

4-[2-Methyl-1.1-diäthyl-propyl]-anilin, p-(*1,1-diethyl-2-methylpropyl*)*aniline* $C_{14}H_{23}N$, Formel IX.

B. Aus 2-Methyl-3-äthyl-3-[4-nitro-phenyl]-pentan beim Behandeln mit Zinn und wss. Salzsäure (*Huston, Langdon, Snyder*, Am. Soc. **70** [1948] 1474).

Kp_6: 125—130° [unkorr.].

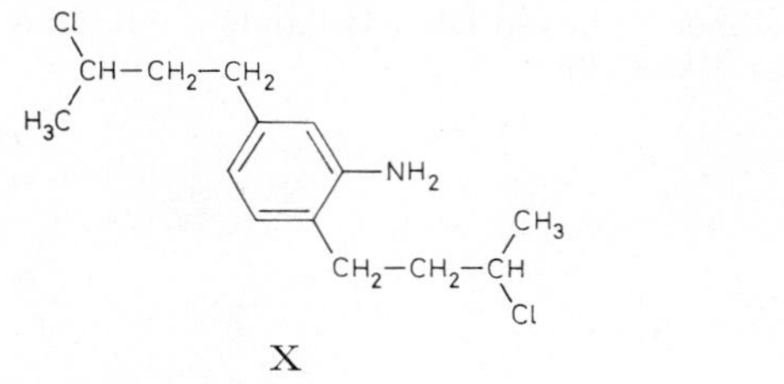

X

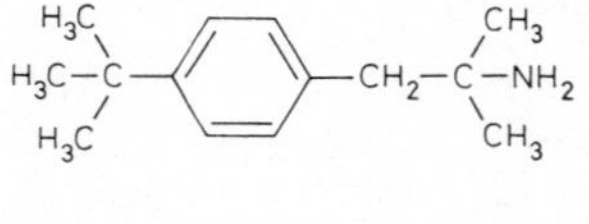

XI

2.5-Dibutyl-anilin $C_{14}H_{23}N$.

2.5-Bis-[3-chlor-butyl]-anilin, *2,5-bis*(*3-chlorobutyl*)*aniline* $C_{14}H_{21}Cl_2N$, Formel X.

Das Hydrochlorid $C_{14}H_{21}Cl_2N \cdot HCl$ (Krystalle; F: 161—165°) einer opt.-inakt. Base dieser Konstitution ist beim Erwärmen von opt.-inakt. 2-Nitro-1.4-bis-[3-acetoxy-butyl]-benzol ($Kp_{0,1}$: 194°) mit Eisen-Pulver und wss.-äthanol. Salzsäure und Behandeln des Reaktionsprodukts mit Chlorwasserstoff in Äthanol erhalten worden (*Ruggli, Girod*, Helv. **27** [1944] 1464, 1472).

2-Amino-2-methyl-1-[4-*tert*-butyl-phenyl]-propan, 1.1-Dimethyl-2-[4-*tert*-butyl-phenyl]-äthylamin, *4-*tert*-butyl-α,α-dimethylphenethylamine* $C_{14}H_{23}N$, Formel XI.

B. Aus 1.1-Dimethyl-2-[4-*tert*-butyl-phenyl]-äthylisocyanat beim Erwärmen mit wss. Salzsäure (*Mentzer, Buu-Hoi, Cagniant*, Bl. [5] **9** [1942] 813, 817).

Hydrochlorid $C_{14}H_{23}N \cdot HCl$. Krystalle (aus A. + Ae.); F: 200° [Zers.; Block].

1.1-Dimethyl-2-[4-*tert*-butyl-phenyl]-äthylisocyanat, *isocyanic acid 4-*tert*-butyl-α,α-dimethylphenethyl ester* $C_{15}H_{21}NO$, Formel XII.

B. Aus 2.2-Dimethyl-3-[4-*tert*-butyl-phenyl]-propionamid beim Behandeln mit wss. Kaliumhypobromit-Lösung (*Mentzer, Buu-Hoi, Cagniant*, Bl. [5] **9** [1942] 813, 817).

Kp_{17}: 160°.

2.4-Di-*tert*-butyl-anilin $C_{14}H_{23}N$.

Essigsäure-[2.4-di-*tert*-butyl-anilid], *2',4'-di-*tert*-butylacetanilide* $C_{16}H_{25}NO$, Formel XIII (R = $CO\text{-}CH_3$).

B. Bei der Hydrierung von 4-Nitro-1.3-di-*tert*-butyl-benzol ($C_{14}H_{21}NO_2$; Krystalle [aus wss. Isopropylalkohol], F: 50,1—51,1°; hergestellt aus 1.3-Di-*tert*-butyl-benzol [über die Konstitution dieser Verbindung s. *Condon, Burgoyne*, Am. Soc. **73** [1951] 4021] und Salpetersäure) an Nickel in Äthanol bei 100°/80 at und Behandlung des Reaktionsprodukts mit Acetanhydrid (*Legge*, Am. Soc. **69** [1947] 2079, 2085).

Krystalle (aus wss. Isopropylalkohol); F: 153,3—153,6° [korr.] (*Le.*).

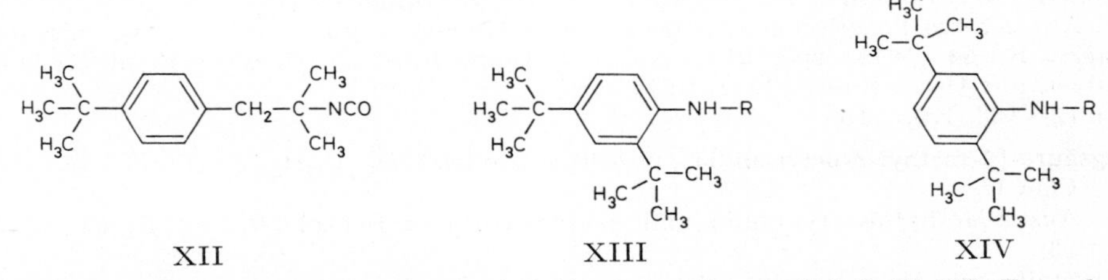

XII XIII XIV

Benzoesäure-[2.4-di-*tert*-butyl-anilid], *2',4'-di-*tert*-butylbenzanilide* $C_{21}H_{27}NO$, Formel XIII (R = $CO\text{-}C_6H_5$).

B. Bei der Hydrierung von 4-Nitro-1.3-di-*tert*-butyl-benzol (über diese Verbindung s. im vorangehenden Artikel) an Nickel in Äthanol bei 100°/80 at und Behandlung des Reaktionsprodukts mit Benzoylchlorid und Pyridin (*Legge*, Am. Soc. **69** [1947] 2079, 2085).

Krystalle (aus Isopropylalkohol + Bzl.); F: 233,9—234,1° [korr.].

2.5-Di-*tert*-butyl-anilin, *2,5-di-*tert*-butylaniline* $C_{14}H_{23}N$, Formel XIV (R = H).

B. Aus 2-Nitro-1.4-di-*tert*-butyl-benzol bei der Hydrierung an Nickel in Isopropylalkohol bei 100°/80 at (*Legge*, Am. Soc. **69** [1947] 2086, 2088).

Krystalle (aus Isopropylalkohol); F: 104,5—104,8°.

Essigsäure-[2.5-di-*tert*-butyl-anilid], *2',5'-di-*tert*-butylacetanilide* $C_{16}H_{25}NO$, Formel XIV (R = $CO\text{-}CH_3$).

B. Aus 2.5-Di-*tert*-butyl-anilin (*Legge*, Am. Soc. **69** [1947] 2086, 2089).

Krystalle (aus wss. Eg.); F: 155,6—156,4°.

Benzoesäure-[2.5-di-*tert*-butyl-anilid], *2',5'-di-*tert*-butylbenzanilide* $C_{21}H_{27}NO$, Formel XIV (R = $CO\text{-}C_6H_5$).

B. Aus 2.5-Di-*tert*-butyl-anilin (*Legge*, Am. Soc. **69** [1947] 2086, 2089).

Krystalle (aus Isopropylalkohol); F: 202,3—203°.

1.3-Dimethyl-x-aminomethyl-4-pentyl-benzol $C_{14}H_{23}N$.

1.3-Dimethyl-x-acetaminomethyl-4-pentyl-benzol, *x-(acetamidomethyl)-2,4-dimethyl-1-pentylbenzene* $C_{16}H_{25}NO$, Formel I (R = $CO\text{-}CH_3$).

Eine Verbindung (Krystalle [aus PAe.]; F: 105°) dieser Konstitution ist beim Erhitzen von 1.3-Dimethyl-x-chlormethyl-4-pentyl-benzol (Kp_3: 125–135° [E III **5** 1051]) mit Acetamid bis auf 220° erhalten worden (*Nightingale, Shanholtzer*, J. org. Chem. **7** [1942] 6, 12).

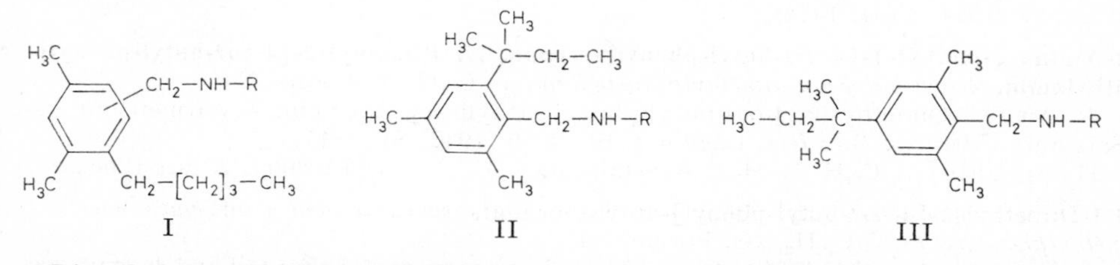

2.4-Dimethyl-6-*tert*-pentyl-benzylamin $C_{14}H_{23}N$ und **2.6-Dimethyl-4-*tert*-pentyl-benzylamin** $C_{14}H_{23}N$.

***N*-[2.4-Dimethyl-6-*tert*-pentyl-benzyl]-acetamid,** N-(*2,4-dimethyl-6-*tert*-pentylbenzyl)acetamide* $C_{16}H_{25}NO$, Formel II (R = $CO\text{-}CH_3$), und ***N*-[2.6-Dimethyl-4-*tert*-pentyl-benzyl]-acetamid,** N-(*2,6-dimethyl-4-*tert*-pentylbenzyl)acetamide* $C_{16}H_{25}NO$, Formel III (R = $CO\text{-}CH_3$).

Eine Verbindung (Krystalle [aus PAe.]; F: 150°), für die diese beiden Formeln in Betracht kommen, ist beim Erhitzen von 2.4(oder 6)-Dimethyl-1-chlormethyl-6(oder 4)-*tert*-pentyl-benzol (Kp_3: 120–128° [E III **5** 1052]) mit Acetamid bis auf 220° erhalten worden (*Nightingale, Shanholtzer*, J. org. Chem. **7** [1942] 6, 12).

Amine $C_{15}H_{25}N$

2-Methyl-5-octyl-anilin, *5-octyl-*o*-toluidine* $C_{15}H_{25}N$, Formel IV (R = H).

B. Aus 2-Nitro-1-methyl-4-octyl-benzol beim Behandeln mit Zinn und wss. Salzsäure (*Rinkes*, R. **64** [1945] 205, 213). Aus 1-[3-Amino-4-methyl-phenyl]-octanon-(1) beim Erhitzen mit Hydrazin-hydrat auf 210° (*Ri.*).

F: 12–13°. Kp_{12}: 185°.

Essigsäure-[2-methyl-5-octyl-anilid], *5'-octylaceto-*o*-toluidide* $C_{17}H_{27}NO$, Formel IV (R = $CO\text{-}CH_3$).

B. Aus 2-Methyl-5-octyl-anilin und Acetanhydrid in Benzol (*Rinkes*, R. **64** [1945] 205, 213).

Krystalle (aus Me.); F: 110°.

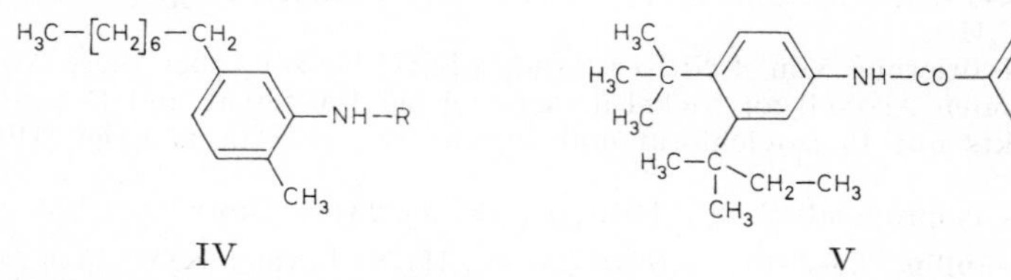

4-*tert*-Butyl-3-*tert*-pentyl-anilin $C_{15}H_{25}N$.

Benzoesäure-[4-*tert*-butyl-3-*tert*-pentyl-anilid], *4'-*tert*-butyl-3'-*tert*-pentylbenzanilide* $C_{22}H_{29}NO$, Formel V.

Eine Verbindung (Krystalle [aus wss. Isopropylalkohol]; F: 208,7–209,9° [korr.]), der diese Konstitution zugeschrieben wird, ist bei der Behandlung eines als 1-*tert*-Butyl-2-*tert*-pentyl-benzol angesehenen Kohlenwasserstoffs (s. E III **5** 1079) mit Salpetersäure, Essigsäure und Acetanhydrid, Hydrierung des Reaktionsprodukts an Nickel in Äthanol bei 100°/80 at und Behandlung des danach isolierten Reaktionsprodukts mit Benzoylchlorid und Pyridin erhalten worden (*Legge*, Am. Soc. **69** [1947] 2079, 2085).

2.4.5-Triisopropyl-anilin, *2,4,5-triisopropylaniline* $C_{15}H_{25}N$, Formel VI (R = H).

B. Aus 5-Nitro-1.2.4-triisopropyl-benzol bei der Hydrierung an Raney-Nickel in Isopropylalkohol bei 100°/80 at (*Newton*, Am. Soc. **65** [1943] 2434, 2437, 2438).

Öl; D_4^{20}: 0,9175; n_D^{20}: 1,5213.

Beim Behandeln mit Schwefelsäure und Salpetersäure ist 5-Nitro-2.4-diisopropyl-anilin erhalten worden.

Essigsäure-[2.4.5-triisopropyl-anilid], *2',4',5'-triisopropylacetanilide* $C_{17}H_{27}NO$, Formel VI ($R = CO\text{-}CH_3$).

B. Aus 2.4.5-Triisopropyl-anilin (*Newton*, Am. Soc. **65** [1943] 2434, 2437). Beim Behandeln von Acetanilid mit Isopropylchlorid und Aluminiumchlorid in 1.2-Dichlor-äthan bei −15° (*U.S.Ind. Alcohol Co.*, U.S.P. 2092972 [1936]).

Krystalle; F: 141,9—142,5° [korr.; aus Isooctan] (*Ne.*), 140,5—141° [aus wss. A.] (*U.S. Ind. Alcohol Co.*).

Benzoesäure-[2.4.5-triisopropyl-anilid], *2',4',5'-triisopropylbenzanilide* $C_{22}H_{29}NO$, Formel VI ($R = CO\text{-}C_6H_5$).

B. Aus 2.4.5-Triisopropyl-anilin (*Newton*, Am. Soc. **65** [1943] 2434, 2437, 2438).

Krystalle (aus Isopropylalkohol); F: 159,5—160,4° [korr.].

2.4.6-Triisopropyl-anilin, *2,4,6-triisopropylaniline* $C_{15}H_{25}N$, Formel VII ($R = H$).

B. Aus 2-Nitro-1.3.5-triisopropyl-benzol bei der Hydrierung an Raney-Nickel in Isopropylalkohol bei 100°/80 at (*Newton*, Am. Soc. **65** [1943] 2434, 2438).

Öl; D_4^{20}: 0,9168; n_D^{20}: 1,5189.

Beim Behandeln mit Schwefelsäure und Salpetersäure ist 3-Nitro-2.4.6-triisopropylanilin erhalten worden.

Hydrochlorid $C_{15}H_{25}N \cdot HCl$. Krystalle (aus wss. Salzsäure). In Benzol leicht löslich, in kaltem Wasser schwer löslich.

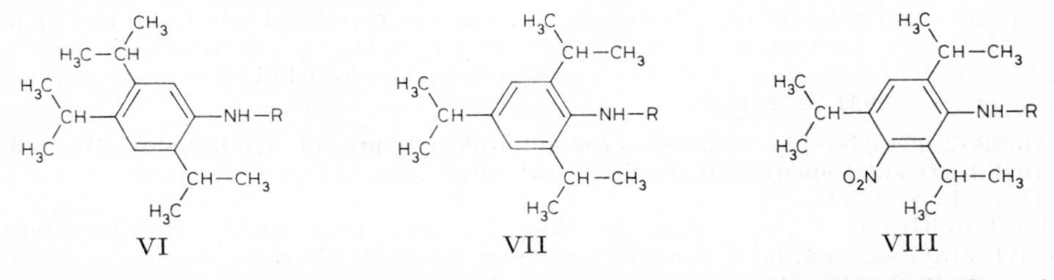

Essigsäure-[2.4.6-triisopropyl-anilid], *2',4',6'-triisopropylacetanilide* $C_{17}H_{27}NO$, Formel VII ($R = CO\text{-}CH_3$).

B. Aus 2.4.6-Triisopropyl-anilin (*Newton*, Am. Soc. **65** [1943] 2434, 2438).

Krystalle (aus Isooctan); F: 177,3—178,1° [korr.].

Benzoesäure-[2.4.6-triisopropyl-anilid], *2',4',6'-triisopropylbenzanilide* $C_{22}H_{29}NO$, Formel VII ($R = CO\text{-}C_6H_5$).

B. Aus 2.4.6-Triisopropyl-anilin (*Newton*, Am. Soc. **65** [1943] 2434, 2438).

Krystalle (aus Isopropylalkohol); F: 286,5—287,2° [unkorr.].

3-Nitro-2.4.6-triisopropyl-anilin, *2,4,6-triisopropyl-3-nitroaniline* $C_{15}H_{24}N_2O_2$, Formel VIII ($R = H$).

B. Aus 2.4.6-Triisopropyl-anilin beim Behandeln mit Schwefelsäure und Salpetersäure (*Newton*, Am. Soc. **65** [1943] 2434, 2438).

Gelbe Krystalle (aus Isopropylalkohol); F: 75,9—76,5°.

Essigsäure-[3-nitro-2.4.6-triisopropyl-anilid], *2',4',6'-triisopropyl-3'-nitroacetanilide* $C_{17}H_{26}N_2O_3$, Formel VIII ($R = CO\text{-}CH_3$).

B. Aus 3-Nitro-2.4.6-triisopropyl-anilin (*Newton*, Am. Soc. **65** [1943] 2434, 2438).

Gelbliche Krystalle (aus Eg.); F: 157,1—157,9° [korr.].

Amine $C_{16}H_{27}N$

4-Decyl-anilin, p-*decylaniline* $C_{16}H_{27}N$, Formel IX ($R = X = H$).

B. Beim Erhitzen von Decanol-(1) mit Anilin, Anilin-hydrochlorid und Zinkchlorid auf 240° (*Imp. Chem. Ind.*, U.S.P. 2118493 [1936]).

E: 17°. Bei 210—220°/12—14 Torr destillierbar.

Essigsäure-[4-decyl-anilid], *4'-decylacetanilide* $C_{18}H_{29}NO$, Formel IX ($R = CO\text{-}CH_3$, $X = H$).

B. Aus 4-Decyl-anilin (*Imp. Chem. Ind.*, U.S.P. 2118493 [1936]).

F: 102°.

2-Nitro-4-decyl-anilin, *4-decyl-2-nitroaniline* $C_{16}H_{26}N_2O_2$, Formel IX (R = H, X = NO_2).

B. Aus Essigsäure-[2-nitro-4-decyl-anilid] beim Erhitzen mit wss. Natronlauge (*Imp. Chem. Ind.*, U.S.P. 2118494 [1937]).

Krystalle (aus A.); F: 66—67°.

Essigsäure-[2-nitro-4-decyl-anilid], *4'-decyl-2'-nitroacetanilide* $C_{18}H_{28}N_2O_3$, Formel IX (R = CO-CH_3, X = NO_2).

B. Aus Essigsäure-[4-decyl-anilid] beim Behandeln mit Essigsäure, Acetanhydrid und Salpetersäure (*Imp. Chem. Ind.*, U.S.P. 2118494 [1937]).

Krystalle (aus A.); F: 68—69°.

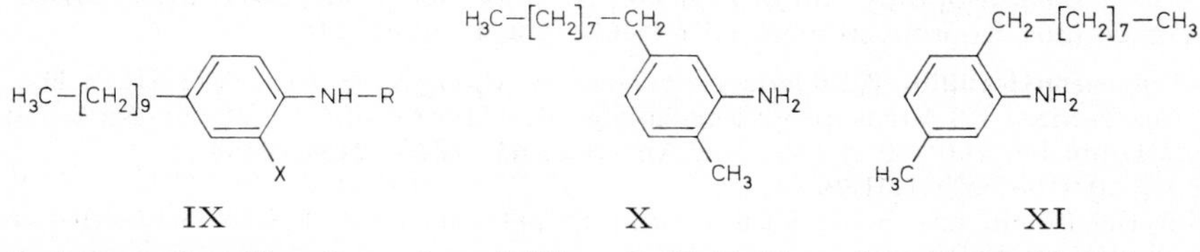

IX X XI

2-Methyl-5-nonyl-anilin, *5-nonyl-*o*-toluidine* $C_{16}H_{27}N$, Formel X, und **3-Methyl-6-nonyl-anilin,** *6-nonyl-*m*-toluidine* $C_{16}H_{27}N$, Formel XI.

Diese beiden Amine sind beim Behandeln von 1-Methyl-4-nonyl-benzol mit Salpetersäure und Schwefelsäure und Erwärmen des Reaktionsprodukts mit Eisen-Pulver und wss. Essigsäure erhalten und als Sulfate $2C_{16}H_{27}N \cdot H_2SO_4$ (a) Krystalle [aus A.], F: 178°; b) Krystalle [aus A.], F: 144°; in Aceton leichter löslich) isoliert worden (*Hasan, Stedman*, Soc. **1931** 2112, 2118).

2-Amino-2-methyl-1-[2.6-dimethyl-4-*tert*-butyl-phenyl]-propan, 1.1-Dimethyl-2-[2.6-dimethyl-4-*tert*-butyl-phenyl]-äthylamin, *4-*tert*-butyl-2,6,α,α-tetramethylphenethylamine* $C_{16}H_{27}N$, Formel XII.

Hydrochlorid $C_{16}H_{27}N \cdot HCl$. *B.* Aus 1.1-Dimethyl-2-[2.6-dimethyl-4-*tert*-butyl-phenyl]-äthylisocyanat beim Erwärmen mit wss. Salzsäure (*Mentzer, Buu-Hoi, Cagniant*, Bl. [5] **9** [1942] 813, 817). — Krystalle (aus A. + Ae.); Zers. oberhalb 200°.

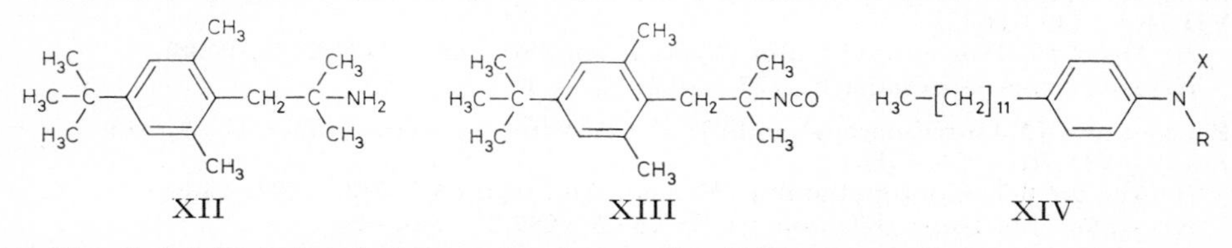

XII XIII XIV

1.1-Dimethyl-2-[2.6-dimethyl-4-*tert*-butyl-phenyl]-äthylisocyanat, *isocyanic acid 4-*tert*-butyl-2,6,α,α-tetramethylphenethyl ester* $C_{17}H_{25}NO$, Formel XIII.

B. Aus 2.2-Dimethyl-3-[2.6-dimethyl-4-*tert*-butyl-phenyl]-propionamid beim Behandeln mit wss. Kaliumhypobromit-Lösung (*Mentzer, Buu-Hoi, Cagniant*, Bl. [5] **9** [1942] 813, 817).

Krystalle; F: 54°.

Amine $C_{18}H_{31}N$

4-Dodecyl-anilin, *p-dodecylaniline* $C_{18}H_{31}N$, Formel XIV (R = X = H).

B. Beim Erhitzen von Dodecanol-(1) mit Anilin, Anilin-hydrochlorid und Zinkchlorid (oder Kobalt(II)-chlorid) auf 240° (*Imp. Chem. Ind.*, U.S.P. 2118493 [1936]). Neben 4.*N*-Didodecyl-anilin beim Erhitzen von *N*-Dodecyl-anilin mit Kobalt(II)-chlorid auf 247° (*Hickinbottom*, Soc. **1937** 1119, 1123). Aus *N*-Dodecyl-anilin beim Erhitzen mit Anilin-hydrochlorid und Zinkchlorid auf 240° (*Imp. Chem. Ind.*).

Krystalle (aus Me.); F: 41—42° (*Hi.*). E: 35°; Kp_{15}: 220—221° (*Imp. Chem. Ind.*).

4.*N*-Didodecyl-anilin, *p,N-didodecylaniline* $C_{30}H_{55}N$, Formel XIV (R = CH_2-$[CH_2]_{10}$-CH_3, X = H).

B. Beim Erwärmen von 4-Dodecyl-anilin mit Dodecyljodid und Natriumcarbonat in Äthanol (*Hickinbottom*, Soc. **1937** 1119, 1123). Weitere Bildungsweise s. im vorangehenden Artikel.

Krystalle (aus Acn.); F: 48—49°.
Hydrochlorid $C_{30}H_{55}N \cdot HCl$. Krystalle (aus E.); F: 84—85°.

Essigsäure-[4-dodecyl-anilid], *4'-dodecylacetanilide* $C_{20}H_{33}NO$, Formel XIV (R = CO-CH_3, X = H).
B. Aus 4-Dodecyl-anilin (*Hickinbottom*, Soc. **1937** 1119, 1123).
Krystalle (aus wss. A.); F: 101—101,5°.

4-Dodecyl-phenylisocyanat, *isocyanic acid* p-*dodecylphenyl ester* $C_{19}H_{29}NO$, Formel I.
B. Beim Einleiten von Phosgen in eine Suspension von 4-Dodecyl-anilin-hydrochlorid in Benzol (*Imp. Chem. Ind.*, U.S.P. 2311046 [1937]).
Kp_{25}: 230°.

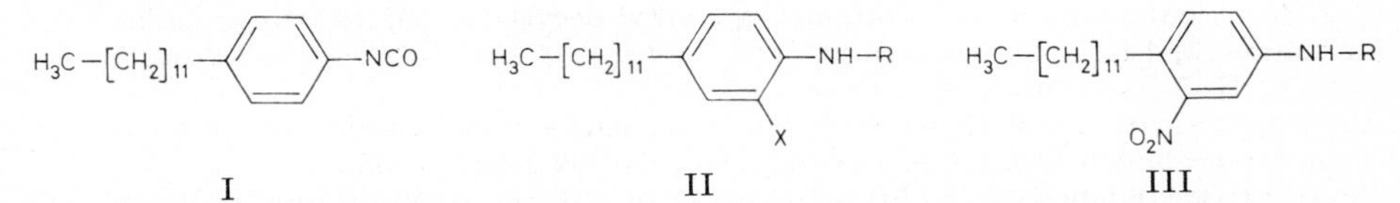

N-Nitroso-4.N-didodecyl-anilin, p,N-*didodecyl*-N-*nitrosoaniline* $C_{30}H_{54}N_2O$, Formel XIV (R = CH_2-$[CH_2]_{10}$-CH_3, X = NO).
B. Aus 4.*N*-Didodecyl-anilin beim Behandeln mit wss. Essigsäure und Natriumnitrit (*Hickinbottom*, Soc. **1937** 1119, 1123).
Krystalle (aus Acn.); F: 40—41°.

2-Chlor-4-dodecyl-anilin, *2-chloro-4-dodecylaniline* $C_{18}H_{30}ClN$, Formel II (R = H, X = Cl).
B. Beim Erhitzen von Dodecanol-(1) mit 2-Chlor-anilin, 2-Chlor-anilin-hydrochlorid und Zinkchlorid bis auf 240° (*Imp. Chem. Ind.*, U.S.P. 2118493 [1936]).
Kp_{12}: 210°.

3-Nitro-4-dodecyl-anilin, *4-dodecyl-3-nitroaniline* $C_{18}H_{30}N_2O_2$, Formel III (R = H).
B. Aus 4-Dodecyl-anilin beim Behandeln mit Salpetersäure und Schwefelsäure (*Imp. Chem. Ind.*, U.S.P. 2118494 [1937]).
Orangerote Krystalle (aus Eg.); F: 68°.

N-Phenyl-N'-[3-nitro-4-dodecyl-phenyl]-harnstoff, *1-(4-dodecyl-3-nitrophenyl)-3-phenyl=urea* $C_{25}H_{35}N_3O_3$, Formel III (R = CO-NH-C_6H_5).
B. Beim Einleiten von Phosgen in eine warme Suspension von 3-Nitro-4-dodecyl-anilin-hydrochlorid in Toluol und Behandeln des Reaktionsprodukts mit Anilin in Benzol (*Imp. Chem. Ind.*, U.S.P. 2311046 [1937]).
Krystalle (aus Bzl. + PAe.); F: 103°.

2-Nitro-4-dodecyl-anilin, *4-dodecyl-2-nitroaniline* $C_{18}H_{30}N_2O_2$, Formel II (R = H, X = NO_2).
B. Aus Essigsäure-[2-nitro-4-dodecyl-anilid] beim Erhitzen mit Essigsäure und wss. Salzsäure (*Imp. Chem. Ind.*, U.S.P. 2118494 [1937]).
Orangerote Krystalle (aus A.); F: 74°.

Essigsäure-[2-nitro-4-dodecyl-anilid], *4'-dodecyl-2'-nitroacetanilide* $C_{20}H_{32}N_2O_3$, Formel II (R = CO-CH_3, X = NO_2).
B. Aus Essigsäure-[4-dodecyl-anilid] beim Erwärmen mit Essigsäure, Acetanhydrid und Salpetersäure (*Imp. Chem. Ind.*, U.S.P. 2118494 [1937]).
Gelbe Krystalle (aus A.); F: 74,5—75°.

N-Phenyl-N'-[2-nitro-4-dodecyl-phenyl]-harnstoff, *1-(4-dodecyl-2-nitrophenyl)-3-phenyl=urea* $C_{25}H_{35}N_3O_3$, Formel II (R = CO-NH-C_6H_5, X = NO_2).
B. Beim Einleiten von Phosgen in eine warme Suspension von 2-Nitro-4-dodecyl-anilin-hydrochlorid in Benzol und Behandeln des Reaktionsprodukts mit Anilin in Petrol=äther (*Imp. Chem. Ind.*, U.S.P. 2311046 [1937]).
Gelbe Krystalle (aus Me.); F: 98°.

(±)-1-Phenyl-dodecylamin, (±)-*1-phenyldodecylamine* $C_{18}H_{31}N$, Formel IV.
B. Beim Erhitzen von Laurophenon mit Ameisensäure und wss. Ammoniak auf 160° und Erhitzen des Reaktionsprodukts mit wss. Salzsäure (*Crossley*, *Moore*, J. org. Chem.

9 [1944] 529, 535).
Kp_{1-2}: 170—172°. n_D^{25}: 1,4903.
Hydrochlorid. F: 118—118,5° [unkorr.].

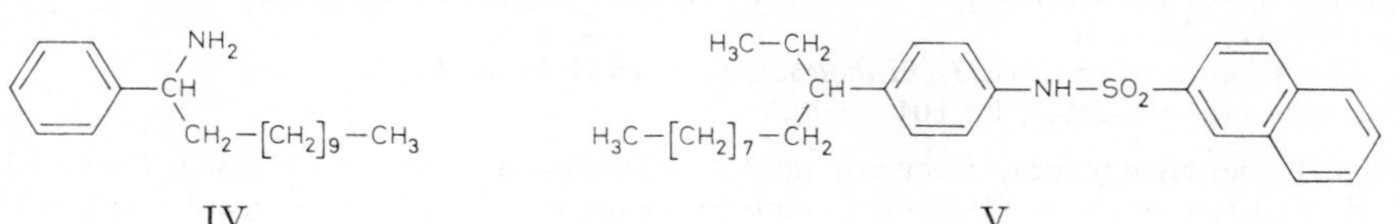

IV V

4-[1-Äthyl-decyl]-anilin $C_{18}H_{31}N$.

(±)-4-[Naphthalin-sulfonyl-(2)-amino]-1-[1-äthyl-decyl]-benzol, (±)-Naphthalin-sulfonsäure-(2)-[4-(1-äthyl-decyl)-anilid], (±)-*4'-(1-ethyldecyl)naphthalene-2-sulfonanilide* $C_{28}H_{37}NO_2S$, Formel V.

Diese Konstitution kommt wahrscheinlich der nachstehend beschriebenen Verbindung zu (vgl. diesbezüglich *Ipatieff, Schmerling*, Am. Soc. **59** [1937] 1056).

B. Beim Behandeln von (±)-3-Phenyl-dodecan mit Schwefelsäure und Salpetersäure, Schütteln des Reaktionsprodukts mit Zinn und wss. Salzsäure unter Zusatz von Äthanol und Behandeln des erhaltenen Amins mit Naphthalin-sulfonylchlorid-(2) in Benzol (*Gilman, Meals*, J. org. Chem. **8** [1943] 126, 142).

Krystalle (aus PAe. oder A.); F: 103° (*Gi., Meals*).

4-[1-Propyl-nonyl]-anilin $C_{18}H_{31}N$.

(±)-4-[Naphthalin-sulfonyl-(2)-amino]-1-[1-propyl-nonyl]-benzol, (±)-Naphthalin-sulfonsäure-(2)-[4-(1-propyl-nonyl)-anilid], (±)-*4'-(1-propylnonyl)naphthalene-2-sulfonanilide* $C_{28}H_{37}NO_2S$, Formel VI.

Diese Konstitution kommt wahrscheinlich der nachstehend beschriebenen Verbindung zu (vgl. diesbezüglich *Ipatieff, Schmerling*, Am. Soc. **59** [1937] 1056).

B. Aus (±)-4-Phenyl-dodecan analog der im vorangehenden Artikel beschriebenen Verbindung (*Gilman, Meals*, J. org. Chem. **8** [1943] 126, 142).

Krystalle (aus PAe. oder A.); F: 112—112,5°.

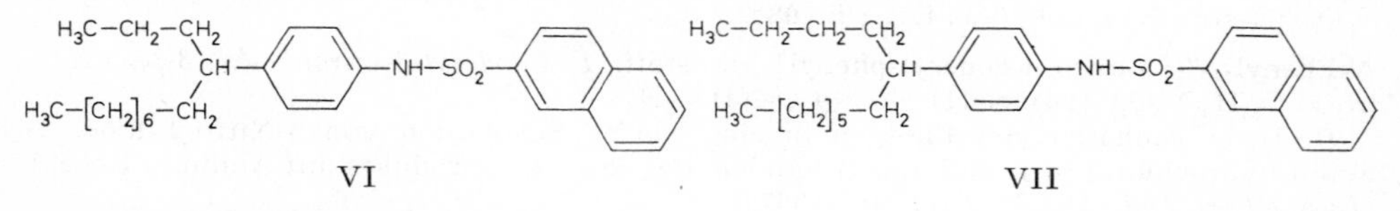

VI VII

4-[1-Butyl-octyl]-anilin $C_{18}H_{31}N$.

(±)-4-[Naphthalin-sulfonyl-(2)-amino]-1-[1-butyl-octyl]-benzol, (±)-Naphthalin-sulfonsäure-(2)-[4-(1-butyl-octyl)-anilid], (±)-*4'-(1-butyloctyl)naphthalene-2-sulfonanilide* $C_{28}H_{37}NO_2S$, Formel VII.

Diese Konstitution kommt wahrscheinlich der nachstehend beschriebenen Verbindung zu (vgl. diesbezüglich *Ipatieff, Schmerling*, Am. Soc. **59** [1937] 1056).

B. Aus (±)-5-Phenyl-dodecan analog (±)-Naphthalin-sulfonsäure-(2)-[4(?)-(1-äthyl-decyl)-anilid] [s. o.] (*Gilman, Meals*, J. org. Chem. **8** [1943] 126, 142).

Krystalle (aus PAe. oder A.); F: 107—107,5°.

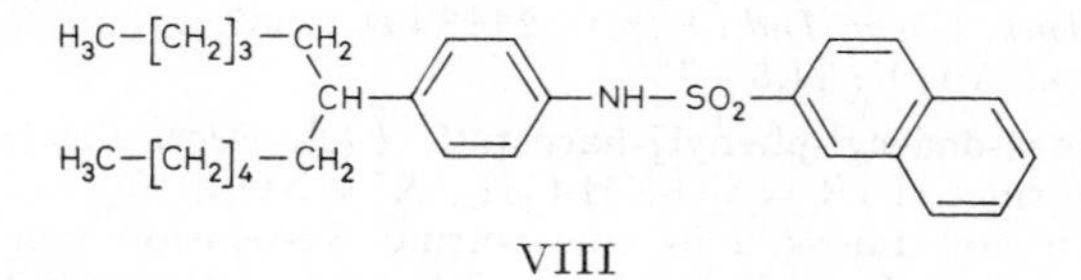

VIII

4-[1-Pentyl-heptyl]-anilin $C_{18}H_{31}N$.

(±)-4-[Naphthalin-sulfonyl-(2)-amino]-1-[1-pentyl-heptyl]-benzol, (±)-Naphthalin-sulfonsäure-(2)-[4-(1-pentyl-heptyl)-anilid], (±)-*4'-(1-pentylheptyl)naphthalene-2-sulfonanilide* $C_{28}H_{37}NO_2S$, Formel VIII.

Diese Konstitution kommt wahrscheinlich der nachstehend beschriebenen Verbindung zu (vgl. diesbezüglich *Ipatieff, Schmerling*, Am. Soc. **59** [1937] 1056).

B. Aus (±)-6-Phenyl-dodecan analog (±)-Naphthalin-sulfonsäure-(2)-[4(?)-(1-äthyl-decyl)-anilid] [S. 2778] (*Gilman, Meals*, J. org. Chem. **8** [1943] 126, 142).

Krystalle (aus PAe. oder A.); F: 128°.

2-Methyl-5-undecyl-anilin, *5-undecyl-*o*-toluidine* $C_{18}H_{31}N$, Formel IX, und **3-Methyl-6-undecyl-anilin,** *6-undecyl-*m*-toluidine* $C_{18}H_{31}N$, Formel X.

Ein als Sulfat $2C_{18}H_{31}N \cdot H_2SO_4$ (Krystalle [aus A.]; F: 177°) isoliertes Amin, für das diese beiden Formeln in Betracht kommen, ist beim Behandeln von 1-Methyl-4-undecyl-benzol mit Salpetersäure und Schwefelsäure und Erwärmen des Reaktionsprodukts mit wss. Essigsäure und Eisen-Pulver erhalten worden (*Hasan, Stedman*, Soc. **1931** 2112, 2120).

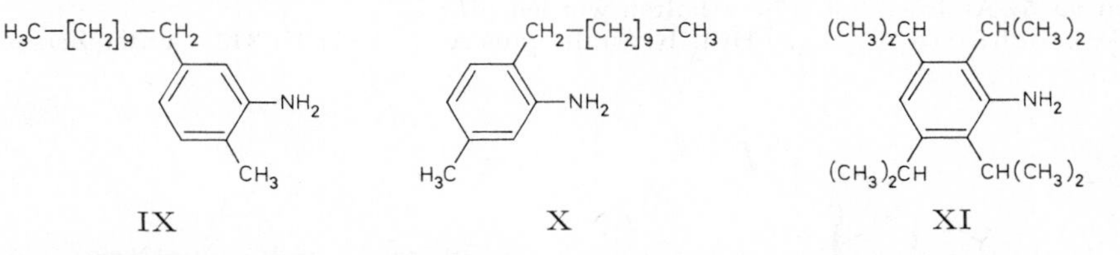

IX X XI

2.3.5.6-Tetraisopropyl-anilin, *2,3,5,6-tetraisopropylaniline* $C_{18}H_{31}N$, Formel XI.

B. Aus 3-Nitro-1.2.4.5-tetraisopropyl-benzol bei der Hydrierung an Raney-Nickel in Isopropylalkohol bei 100°/80 at (*Newton*, Am. Soc. **65** [1943] 2434, 2438).

Krystalle (aus Isopropylalkohol); F: 150,5—151,3° [korr.].

Amine $C_{19}H_{33}N$

4-Methyl-2-dodecyl-anilin, *2-dodecyl-*p*-toluidine* $C_{19}H_{33}N$, Formel XII (R = H).

B. Beim Erhitzen von Dodecanol-(1) mit *p*-Toluidin, *p*-Toluidin-hydrochlorid und Zinkchlorid auf 240° (*Imp. Chem. Ind.*, U.S.P. 2118493 [1936]).

Kp_{12}: 215—218°.

Essigsäure-[4-methyl-2-dodecyl-anilid], *2'-dodecylaceto-*p*-toluidide* $C_{21}H_{35}NO$, Formel XII (R = CO-CH_3).

B. Aus 4-Methyl-2-dodecyl-anilin (*Imp. Chem. Ind.*, U.S.P. 2118493 [1936]).

Krystalle; F: 102—103°.

2-Methyl-4-dodecyl-anilin, *4-dodecyl-*o*-toluidine* $C_{19}H_{33}N$, Formel XIII (R = X = H).

B. Beim Erhitzen von Dodecanol-(1) mit *o*-Toluidin, *o*-Toluidin-hydrochlorid und Zinkchlorid auf 240° (*Imp. Chem. Ind.*, U.S.P. 2118493 [1936]).

E: 38,5°.

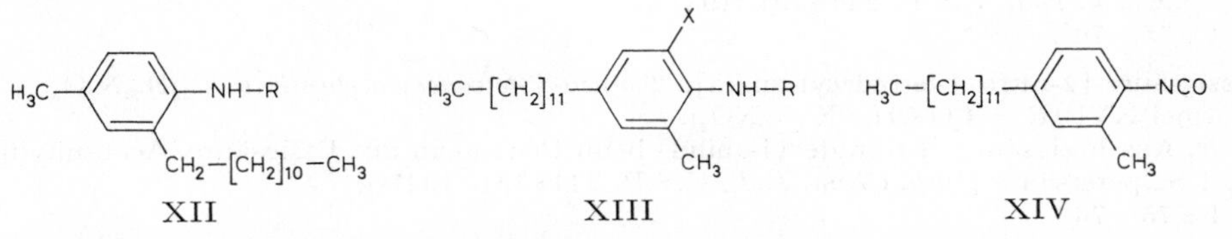

XII XIII XIV

***N*-Phenyl-*N'*-[2-methyl-4-dodecyl-phenyl]-harnstoff,** *1-(4-dodecyl-*o*-tolyl)-3-phenylurea* $C_{26}H_{38}N_2O$, Formel XIII (R = CO-NH-C_6H_5, X = H).

B. Aus 2-Methyl-4-dodecyl-phenylisocyanat und Anilin in Benzol (*Imp. Chem. Ind.*, U.S.P. 2311046 [1937]).

Krystalle (aus Bzl.); F: 135—137°.

2-Methyl-4-dodecyl-phenylisocyanat, *isocyanic acid 4-dodecyl-*o*-tolyl ester* $C_{20}H_{31}NO$, Formel XIV.

B. Beim Einleiten von Phosgen in eine warme Suspension von 2-Methyl-4-dodecyl-anilin-hydrochlorid in Benzol (*Imp. Chem. Ind.*, U.S.P. 2311046 [1937]).

F: 24°. $Kp_{4,5}$: 192—199°.

Essigsäure-[6-nitro-2-methyl-4-dodecyl-anilid], *4'-dodecyl-6'-nitroaceto-*o*-toluidide* $C_{21}H_{34}N_2O_3$, Formel XIII (R = CO-CH_3, X = NO_2).

B. Beim Behandeln von 2-Methyl-4-dodecyl-anilin mit Essigsäure und Acetanhydrid

und anschliessend mit Salpetersäure (*Imp. Chem. Ind.*, U.S.P. 2118494 [1937]).
Krystalle (aus A.); F: 104°.

17-Amino-10.13-dimethyl-hexadecahydro-1*H*-cyclopenta[*a*]phenanthren $C_{19}H_{33}N$.

17β-Amino-5α-androstan, 5α-Androstanyl-(17β)-amin, *5α-androstan-17β-ylamine* $C_{19}H_{33}N$, Formel XV.

Über die Konfiguration am C-Atom 17 s. *Shoppee, Sly*, Soc. **1959** 345, 351.

B. Aus 3β-Chlor-5α-androstanon-(17)-oxim (nicht näher beschrieben) beim Erhitzen mit Pentanol-(1) und Natrium (*Marker*, Am. Soc. **58** [1936] 480).

Bei 110° im Hochvakuum destillierbar (*Ma.*).

Beim Erwärmen mit Schwefelsäure enthaltender wss. Essigsäure und Natriumnitrit ist 5α-Androstanol-(17β) erhalten worden (*Ma.*).

Hydrochlorid $C_{19}H_{33}N \cdot HCl$. Krystalle (aus A. + Ae.); F: 345° [unter Zersetzung] (*Ma.*).

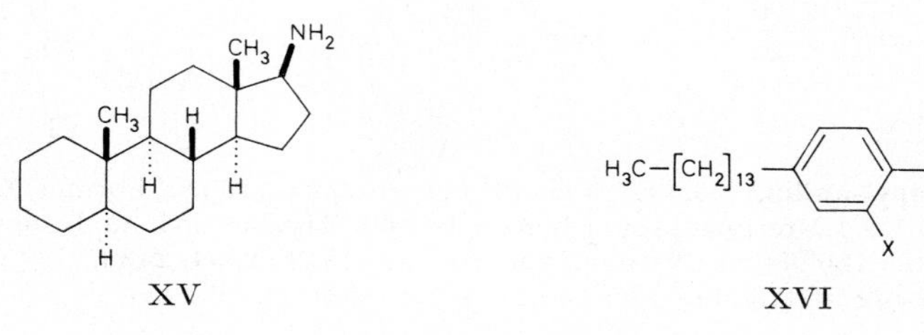

XV XVI

Amine $C_{20}H_{35}N$

4-Tetradecyl-anilin, *p-tetradecylaniline* $C_{20}H_{35}N$, Formel XVI (R = X = H).

B. Beim Erhitzen von Tetradecanol-(1) mit Anilin, Anilin-hydrochlorid und Zinkchlorid auf 240° (*Imp. Chem. Ind.*, U.S.P. 2118493 [1936]).

E: 41,5°.

Essigsäure-[4-tetradecyl-anilid], *4'-tetradecylacetanilide* $C_{22}H_{37}NO$, Formel XVI (R = CO-CH_3, X = H).

B. Aus 4-Tetradecyl-anilin (*Imp. Chem. Ind.*, U.S.P. 2118493 [1936]).

F: 103°.

2-Nitro-4-tetradecyl-anilin, *2-nitro-4-tetradecylaniline* $C_{20}H_{34}N_2O_2$, Formel XVI (R = H, X = NO_2).

B. Aus Essigsäure-[2-nitro-4-tetradecyl-anilid] beim Erhitzen mit wss. Natronlauge (*Imp. Chem. Ind.*, U.S.P. 2118494 [1937]).

F: 75—76°.

Essigsäure-[2-nitro-4-tetradecyl-anilid], *2'-nitro-4'-tetradecylacetanilide* $C_{22}H_{36}N_2O_3$, Formel XVI (R = CO-CH_3, X = NO_2).

B. Aus Essigsäure-[4-tetradecyl-anilid] beim Behandeln mit Essigsäure, Acetanhydrid und Salpetersäure (*Imp. Chem. Ind.*, U.S.P. 2118494 [1937]).

F: 75—76°.

Amine $C_{21}H_{37}N$

10-Methyl-13-aminomethyl-17-äthyl-hexadecahydro-1*H*-cyclopenta[*a*]phenanthren $C_{21}H_{37}N$.

10-Methyl-13-[dimethylamino-methyl]-17-äthyl-hexadecahydro-1*H*-cyclopenta[*a*]phenanthren $C_{23}H_{41}N$.

18-Dimethylamino-5α-pregnan, Dimethyl-[5α-pregnanyl-(18)]-amin, Hexahydroapoconessin, *N,N-dimethyl-5α-pregnan-18-ylamine* $C_{23}H_{41}N$, Formel I.

B. Als Hauptprodukt bei der Hydrierung von Apoconessin (18-Dimethylamino-pregnatrien-(3.5.20)) an Palladium in Essigsäure und Behandlung des Reaktionsprodukts mit wss. Alkalilauge (*Haworth, McKenna, Whitfield*, Soc. **1949** 3127, 3130; vgl. *Späth, Hromatka*, B. **63** [1930] 126, 131).

Krystalle (aus Me.); F: 69—70° (*Sp., Hr.*), 66—67° (*Ha., McK., Wh.*).

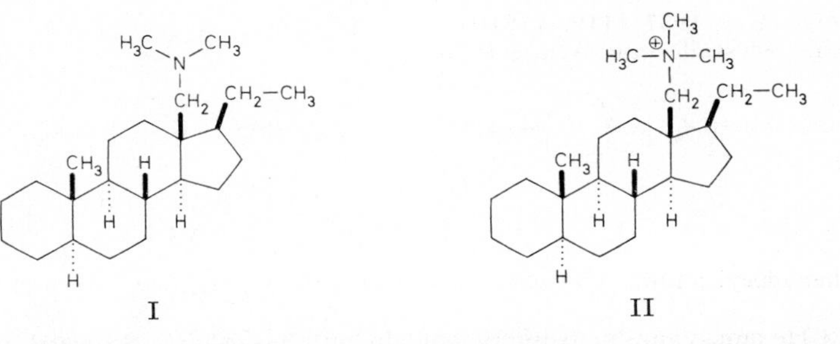

10-Methyl-13-[trimethylammonio-methyl]-17-äthyl-hexadecahydro-1*H*-cyclopenta[*a*]phenanthren $[C_{24}H_{44}N]^{\oplus}$.

18-Trimethylammonio-5α-pregnan, Trimethyl-[5α-pregnanyl-(18)]-ammonium, *trimethyl(5α-pregnan-18-yl)ammonium* $[C_{24}H_{44}N]^{\oplus}$, Formel II.

Chlorid $[C_{24}H_{44}N]Cl$. *B.* Aus dem im vorangehenden Artikel beschriebenen Amin (*Haworth, McKenna, Whitfield*, Soc. **1949** 3127, 3131). — Krystalle (aus Me.); F: 315° bis 318°. — Beim Erwärmen mit Natrium-Amalgam und Wasser unter Einleiten von Kohlendioxid sind 18-Dimethylamino-5α-pregnan und 5α-Pregnan erhalten worden.

Jodid $[C_{24}H_{44}N]I$. *B.* Aus dem im vorangehenden Artikel beschriebenen Amin (*Ha., McK., Wh.*, l. c. S. 3130). — Krystalle (aus Me.); F: 253°.

Amine $C_{22}H_{39}N$

4-Hexadecyl-anilin, p-*hexadecylaniline* $C_{22}H_{39}N$, Formel III (R = X = H) (H 1186; E II 648; dort als x-Cetyl-anilin bezeichnet).

B. Beim Erhitzen von Hexadecanol-(1) mit Anilin, Anilin-hydrochlorid und Zinkchlorid (*Hickinbottom*, Soc. **1937** 1119, 1124). Neben 4.*N*-Dihexadecyl-anilin beim Erhitzen von *N*-Hexadecyl-anilin mit Kobalt(II)-chlorid auf 212° (*Hi.*).

Krystalle (aus Me.); F: 51—52°.

4.*N*-Dihexadecyl-anilin, p,N-*dihexadecylaniline* $C_{38}H_{71}N$, Formel III (R = $[CH_2]_{15}$-CH_3, X = H).

B. Beim Erhitzen von 4-Hexadecyl-anilin mit Hexadecyljodid und Natriumcarbonat in Äthanol (*Hickinbottom*, Soc. **1937** 1119, 1124). Weitere Bildungsweise s. im vorangehenden Artikel.

Krystalle (aus Bzl.); F: 62—63°.

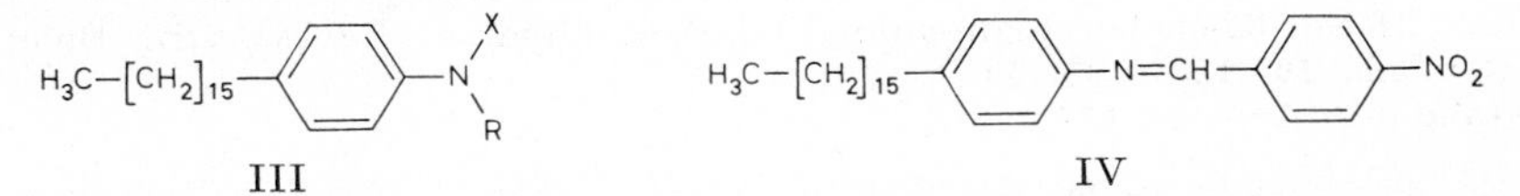

4-Hexadecyl-*N*-[4-nitro-benzyliden]-anilin, 4-Nitro-benzaldehyd-[4-hexadecyl-phenylimin], p-*hexadecyl*-N-(*4-nitrobenzylidene*)*aniline* $C_{29}H_{42}N_2O_2$, Formel IV.

B. Aus 4-Hexadecyl-anilin (*Hickinbottom*, Soc. **1937** 1119, 1124).

Gelbe Krystalle (aus Eg.); F: 71°.

Essigsäure-[4-hexadecyl-anilid], *4'-hexadecylacetanilide* $C_{24}H_{41}NO$, Formel III (R = CO-CH_3, X = H) (H 1186; E II 648; dort als „Acetyl-Derivat des x-Cetyl-anilins" bezeichnet).

Krystalle; F: 102,5—103,5° (*Hickinbottom*, Soc. **1937** 1119, 1124).

4-Hexadecyl-phenylisocyanat, *isocyanic acid* p-*hexadecylphenyl ester* $C_{23}H_{37}NO$, Formel V.

B. Beim Einleiten von Phosgen in eine warme Suspension von 4-Hexadecyl-anilin-hydrochlorid in Benzol (*Imp. Chem. Ind.*, U.S.P. 2311046 [1937]).

Kp_{15}: 260—261°.

***N*-Nitroso-4.*N*-dihexadecyl-anilin,** p,N-*dihexadecyl*-N-*nitrosoaniline* $C_{38}H_{70}N_2O$, Formel III (R = $[CH_2]_{15}$-CH_3, X = NO).

B. Aus 4.*N*-Dihexadecyl-anilin beim Behandeln mit Essigsäure und Salpetrigsäure

(*Hickinbottom*, Soc. **1937** 1119, 1124).
Bräunliche Krystalle (aus Acn.); F: 55°.

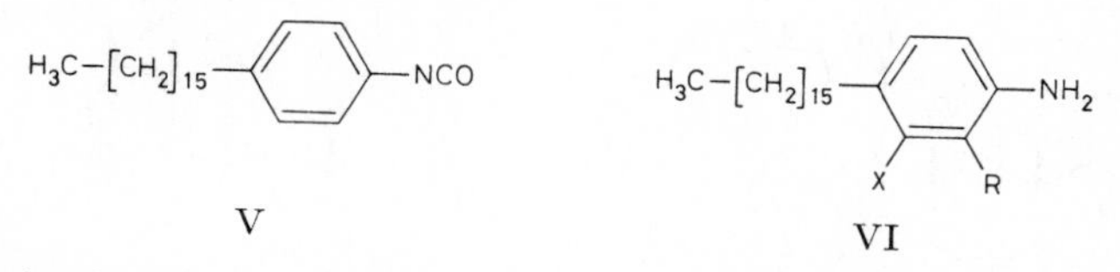

3-Nitro-4-hexadecyl-anilin, *4-hexadecyl-3-nitroaniline* $C_{22}H_{38}N_2O_2$, Formel VI (R = H, X = NO_2).

B. Aus 4-Hexadecyl-anilin beim Behandeln mit Essigsäure, Schwefelsäure und Salpetersäure (*Imp. Chem. Ind.*, U.S.P. 2118494 [1937]).

F: 71°.

2-Nitro-4-hexadecyl-anilin, *4-hexadecyl-2-nitroaniline* $C_{22}H_{38}N_2O_2$, Formel VI (R= NO_2, X = H).

B. Beim Behandeln von Essigsäure-[4-hexadecyl-anilid] mit Essigsäure, Acetanhydrid und Salpetersäure und Erhitzen des Reaktionsprodukts mit wss. Natronlauge (*Imp. Chem. Ind.*, U.S.P. 2118494 [1937]).

F: 79—80°.

Amine $C_{23}H_{41}N$

10.13-Dimethyl-17-[3-amino-1-methyl-propyl]-hexadecahydro-1*H*-cyclopenta[*a*]phenanthren $C_{23}H_{41}N$.

23-Amino-24-nor-5β-cholan, 24-Nor-5β-cholanyl-(23)-amin, *24-nor-5β-cholan-23-ylamine* $C_{23}H_{41}N$, Formel VII (R = H).

B. Aus [24-Nor-5β-cholanyl-(23)]-carbamidsäure-äthylester beim Erhitzen mit Calciumoxid unter vermindertem Druck (*Vanghelovici*, Bulet. Soc. Chim. România **19** [1937] 35, 41).

Krystalle (aus A.); F: 95°.

Hydrochlorid $C_{23}H_{41}N \cdot HCl$. Zers. bei 285°.

10.13-Dimethyl-17-[3-acetamino-1-methyl-propyl]-hexadecahydro-1*H*-cyclopenta[*a*]phenanthren $C_{25}H_{43}NO$.

23-Acetamino-24-nor-5β-cholan, *N*-[24-Nor-5β-cholanyl-(23)]-acetamid, N-*(24-nor-5β-cholan-23-yl)acetamide* $C_{25}H_{43}NO$, Formel VII (R = CO-CH_3).

B. Aus 24-Nor-5β-cholanyl-(23)-amin und Acetanhydrid (*Vanghelovici*, Bulet. Soc. Chim. România **19** [1937] 35, 40).

Krystalle (aus Ae.); F: 177°.

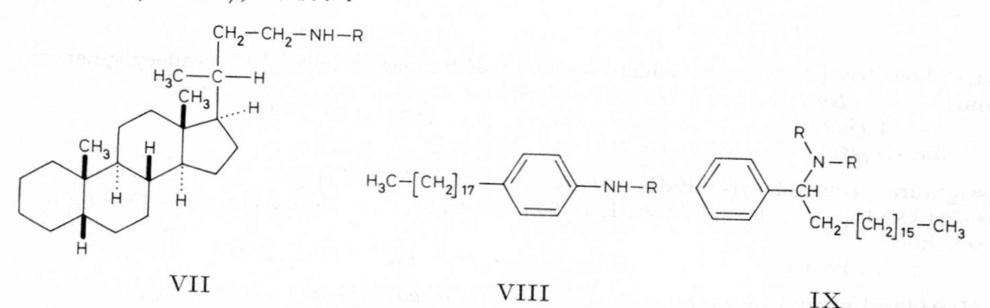

[3-(10.13-Dimethyl-hexadecahydro-1*H*-cyclopenta[*a*]phenanthrenyl-(17))-butyl]-carbamidsäure-äthylester $C_{26}H_{45}NO_2$.

[24-Nor-5β-cholanyl-(23)]-carbamidsäure-äthylester, *(24-nor-5β-cholan-23-yl)carbamic acid ethyl ester* $C_{26}H_{45}NO_2$, Formel VII (R = CO-OC_2H_5).

B. Aus 5β-Cholansäure-(24)-azid beim Erwärmen mit Äthanol (*Vanghelovici*, Bulet. Soc. Chim. România **19** [1937] 35, 40).

Krystalle (aus A.); F: 135°.

Amine $C_{24}H_{43}N$

4-Octadecyl-anilin, p-*octadecylaniline* $C_{24}H_{43}N$, Formel VIII (R = H).

B. Beim Erhitzen von Octadecanol-(1) mit Anilin und Zinkchlorid auf 240° (*Imp. Chem. Ind.*, U.S.P. 2118493 [1936]). Aus 4-Chlor-1-octadecyl-benzol und Ammoniak (*Davis, Degering*, Pr. Indiana Acad. **56** [1946] 116). Aus 4-Nitro-1-octadecyl-benzol beim Behandeln mit Zinn(II)-chlorid und wss. Salzsäure (*v. Braun, Rudolph*, B. **74** [1941] 264, 268).

Kp_1: 245—251° (*Da., De.*); $Kp_{0,4}$: 240—245° (*v. Br., Ru.*).

Benzoesäure-[4-octadecyl-anilid], *4'-octadecylbenzanilide* $C_{31}H_{47}NO$, Formel VIII (R = CO-C_6H_5).

B. Aus 4-Octadecyl-anilin und Benzoylchlorid (*v. Braun, Rudolph*, B. **74** [1941] 264, 268).

Krystalle (aus Bzl.); F: 118°.

Überführung in 5-Phenyl-1-[4-octadecyl-phenyl]-1*H*-tetrazol durch Behandeln mit Phosphor(V)-chlorid in Benzol und Erwärmen des Reaktionsprodukts mit Stickstoffwasserstoffsäure in Chloroform: *v. Br., Ru.*

(±)-1-Phenyl-octadecylamin, (±)-*1-phenyloctadecylamine* $C_{24}H_{43}N$, Formel IX (R = H).

B. Bei der katalytischen Hydrierung eines Gemisches von Stearophenon und Ammoniak in Äthanol bei 80°/110 at (*Geigy A.G.*, Schweiz.P. 211797 [1938]; D.R.P. 741630 [1939]; D.R.P. Org. Chem. **3** 1176).

$Kp_{0,6}$: 210—212°.

(±)-1-Dimethylamino-1-phenyl-octadecan, (±)-Dimethyl-[1-phenyl-octadecyl]-amin, (±)-N,N-*dimethyl-1-phenyloctadecylamine* $C_{26}H_{47}N$, Formel IX (R = CH_3).

B. Beim Erwärmen von (±)-1-Phenyl-octadecylamin mit Dimethylsulfat und Natriumcarbonat in Chlorbenzol (*Geigy A.G.*, Schweiz.P. 211797 [1938]; D.R.P. 741630 [1939]; D.R.P. Org. Chem. **3** 1176).

$Kp_{0,5}$: 223°.

Amine $C_{27}H_{49}N$

3-Amino-10.13-dimethyl-17-[1.5-dimethyl-hexyl]-hexadecahydro-1*H*-cyclopenta[*a*]phenanthren $C_{27}H_{49}N$.

3-Anilino-10.13-dimethyl-17-[1.5-dimethyl-hexyl]-hexadecahydro-1*H*-cyclopenta[*a*]phenanthren $C_{33}H_{53}N$.

3ξ-Anilino-5α-cholestan, Phenyl-[5α-cholestanyl-(3ξ)]-amin, N-*phenyl-5α-cholestan-3ξ-ylamine* $C_{33}H_{53}N$, Formel X (R = H), **vom F: 139°.**

B. Beim Erhitzen von 3α-Chlor-5α-cholestan mit Anilin (*Buu-Hoi, Cagniant*, B. **77/79** [1944/46] 761, 766).

Krystalle (aus A.); F: 139°.

3-*p*-Toluidino-10.13-dimethyl-17-[1.5-dimethyl-hexyl]-hexadecahydro-1*H*-cyclopenta[*a*]phenanthren $C_{34}H_{55}N$.

3ξ-*p*-Toluidino-5α-cholestan, *p*-Tolyl-[5α-cholestanyl-(3ξ)]-amin, N-p-*tolyl-5α-cholestan-3ξ-ylamine* $C_{34}H_{55}N$, Formel X (R = CH_3), **vom F: 151°.**

B. Beim Erhitzen von 3α-Chlor-5α-cholestan mit *p*-Toluidin (*Buu-Hoi, Cagniant*, B. **77/79** [1944/46] 761, 766).

Krystalle (aus Bzl. + A.); F: 151°.

5.6-Dibrom-3-[2.4-dibrom-anilino]-10.13-dimethyl-17-[1.5-dimethyl-hexyl]-hexadecahydro-1*H*-cyclopenta[*a*]phenanthren $C_{33}H_{49}Br_4N$.

5.6β-Dibrom-3β-[2.4-dibrom-anilino]-5α-cholestan, [2.4-Dibrom-phenyl]-[5.6β-dibrom-5α-cholestanyl-(3β)]-amin, *5,6β-dibromo-*N*-(2,4-dibromophenyl)-5α-cholestan-3β-ylamine* $C_{33}H_{49}Br_4N$, Formel XI (R = H, X = Br, X' = H).

B. Aus 3β-Anilino-cholesten-(5) und Brom in Essigsäure (*Lieb, Winkelmann, Köppl*, A. **509** [1934] 214, 224).

Krystalle (aus Bzl. + A.); Zers. bei 147° [unkorr.].

5.6-Dibrom-3-[2.4.6-tribrom-*N*-methyl-anilino]-10.13-dimethyl-17-[1.5-dimethyl-hexyl]-hexadecahydro-1*H*-cyclopenta[*a*]phenanthren $C_{34}H_{50}Br_5N$.

5.6β-Dibrom-3β-[2.4.6-tribrom-*N*-methyl-anilino]-5α-cholestan, Methyl-[2.4.6-tribrom-phenyl]-[5.6β-dibrom-5α-cholestanyl-(3β)]-amin, *5,6β-dibromo-*N*-methyl-*N*-(2,4,6-tribromophenyl)-5α-cholestan-3β-ylamine* $C_{34}H_{50}Br_5N$, Formel XI ($R = CH_3$, $X = X' = Br$).

B. Aus 3β-[*N*-Methyl-anilino]-cholesten-(5) und Brom in Essigsäure und Äthanol (*Lieb, Winkelmann, Köppl*, A. **509** [1934] 214, 225).

Krystalle (aus Bzl. + A.); Zers. bei ca. 150°.

5.6-Dibrom-3-[4.6-dibrom-2-methyl-anilino]-10.13-dimethyl-17-[1.5-dimethyl-hexyl]-hexadecahydro-1*H*-cyclopenta[*a*]phenanthren $C_{34}H_{51}Br_4N$.

5.6β-Dibrom-3β-[4.6-dibrom-2-methyl-anilino]-5α-cholestan, [4.6-Dibrom-2-methyl-phenyl]-[5.6β-dibrom-5α-cholestanyl-(3β)]-amin, *5,6β-dibromo-*N*-(4,6-dibromo-*o*-tolyl)-5α-cholestan-3β-ylamine* $C_{34}H_{51}Br_4N$, Formel XI ($R = H$, $X = Br$, $X' = CH_3$).

B. Aus 3β-*o*-Toluidino-cholesten-(5) und Brom in Essigsäure (*Lieb, Winkelmann, Köppl*, A. **509** [1934] 214, 224).

Krystalle; Zers. bei 154° [unkorr.].

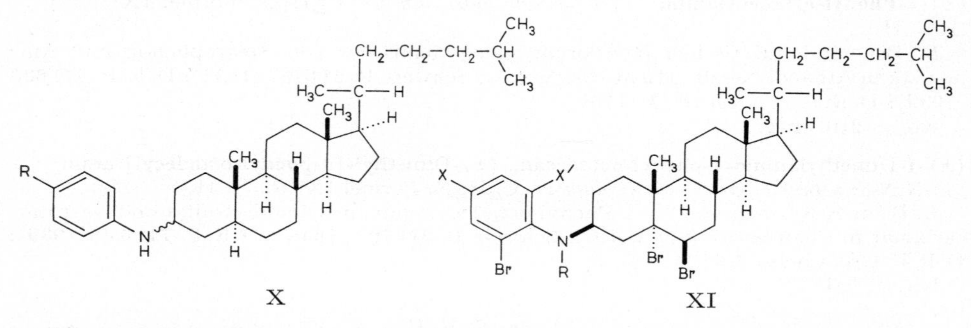

X XI

5.6-Dibrom-3-[2.6-dibrom-4-methyl-anilino]-10.13-dimethyl-17-[1.5-dimethyl-hexyl]-hexadecahydro-1*H*-cyclopenta[*a*]phenanthren $C_{34}H_{51}Br_4N$.

5.6β-Dibrom-3β-[2.6-dibrom-4-methyl-anilino]-5α-cholestan, [2.6-Dibrom-4-methyl-phenyl]-[5.6β-dibrom-5α-cholestanyl-(3β)]-amin, *5,6β-dibromo-*N*-(2,6-dibromo-*p*-tolyl)-5α-cholestan-3β-ylamine* $C_{34}H_{51}Br_4N$, Formel XI ($R = H$, $X = CH_3$, $X' = Br$).

B. Aus 3β-*p*-Toluidino-cholesten-(5) und Brom in Essigsäure (*Lieb, Winkelmann, Köppl*, A. **509** [1934] 214, 224).

Krystalle. Zers. bei 160° [unkorr.].

5.6-Dibrom-3-[6-brom-2.4-dimethyl-anilino]-10.13-dimethyl-17-[1.5-dimethyl-hexyl]-hexadecahydro-1*H*-cyclopenta[*a*]phenanthren $C_{35}H_{54}Br_3N$.

5.6β-Dibrom-3β-[6-brom-2.4-dimethyl-anilino]-5α-cholestan, [6-Brom-2.4-dimethyl-phenyl]-[5.6β-dibrom-5α-cholestanyl-(3β)]-amin, *5,6β-dibromo-*N*-(6-bromo-2,4-xylyl)-5α-cholestan-3β-ylamine* $C_{35}H_{54}Br_3N$, Formel XI ($R = H$, $X = X' = CH_3$).

B. Aus 3β-[2.4-Dimethyl-anilino]-cholesten-(5) und Brom in Essigsäure (*Lieb, Winkelmann, Köppl*, A. **509** [1934] 214, 225).

Krystalle (aus Bzl. + A.); Zers. bei 145—147° [unkorr.].

6-Amino-10.13-dimethyl-17-[1.5-dimethyl-hexyl]-hexadecahydro-1*H*-cyclopenta[*a*]phenanthren $C_{27}H_{49}N$.

6α-Amino-5α-cholestan, 5α-Cholestanyl-(6α)-amin, *5α-cholestan-6α-ylamine* $C_{27}H_{49}N$, Formel XII ($R = H$).

Über die Konfiguration am C-Atom 6 s. *Shoppee, Evans, Summers*, Soc. **1957** 97, 98; *Gent, McKenna*, Soc. **1959** 137, 139.

B. Aus 3β-Chlor-5α-cholestanon-(6)-oxim beim Erwärmen mit Äthanol und Natrium (*Vanghelovici, Vasiliu*, Bulet. Soc. Chim. România **17** [1935] 249, 255).

Krystalle (aus Me.); F: 126° (*Va., Va.*).

Hydrochlorid $C_{27}H_{49}N \cdot HCl$. Krystalle; Zers. bei 270° (*Va., Va.*).

6-Acetamino-10.13-dimethyl-17-[1.5-dimethyl-hexyl]-hexadecahydro-1*H*-cyclopenta[*a*]phenanthren $C_{29}H_{51}NO$.

6α-Acetamino-5α-cholestan, *N*-[5α-Cholestanyl-(6α)]-acetamid, N-(*5α-cholestan-6α-yl)acetamide* $C_{29}H_{51}NO$, Formel XII (R = $CO-CH_3$).

B. Aus 6α-Amino-5α-cholestan und Acetanhydrid in Äther (*Vanghelovici, Vasiliu,* Bulet. Soc. Chim. România **17** [1935] 249, 256).

Krystalle (aus A.); F: 187°.

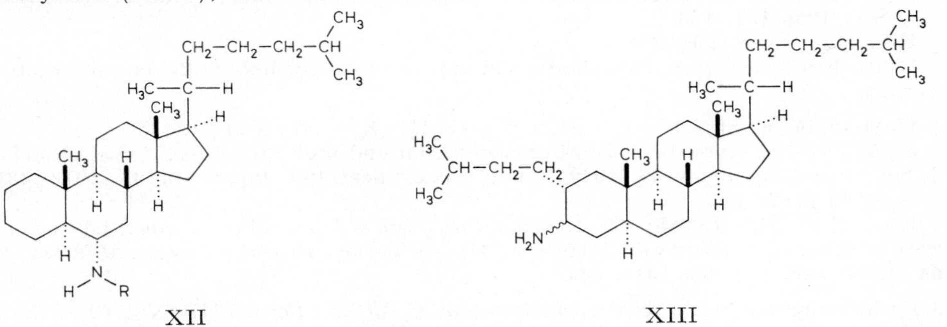

XII XIII

Amine $C_{32}H_{59}N$

3-Amino-10.13-dimethyl-2-isopentyl-17-[1.5-dimethyl-hexyl]-hexadecahydro-1*H*-cyclopenta[*a*]phenanthren $C_{32}H_{59}N$.

3ξ-Amino-2α-isopentyl-5α-cholestan, 2α-Isopentyl-5α-cholestanyl-(3ξ)-amin, *2α-isopentyl-5α-cholestan-3ξ-ylamine* $C_{32}H_{59}N$, Formel XIII.

Ein Präparat (Krystalle [aus E.], F: 110—120°) von ungewisser Einheitlichkeit ist aus 2α-Isopentyl-5α-cholestanon-(3)-oxim beim Erhitzen mit Amylalkohol und Natrium erhalten worden (*Diels, Stamm,* B. **45** [1912] 2228, 2232). [*Lange*]

Monoamine $C_nH_{2n-7}N$

Amine C_8H_9N

2-Vinyl-anilin, *o-vinylaniline* C_8H_9N, Formel I (R = H) (E II 648).

In dem H 1187 unter dieser Konstitution beschriebenen Präparat hat vermutlich eine makromolekulare Substanz vorgelegen (*Sabetay, Bléger, de Lestrange,* Bl. [4] **49** [1931] 3, 7).

Kp_{15}: 104—105° (*Sa., Bl., de L.*); Kp_{12}: 102—104° (*Schorygin, Schorygina,* Ž. obšč. Chim. **9** [1939] 845, 846; C. **1940** I 702). D^{15}: 1,015 (*Sch., Sch.*); D_{20}^{20}: 1,019 (*Sa., Bl., de L.*). n_D^{15}: 1,608 (*Sch., Sch.*); n_D^{20}: 1,6101 (*Sa., Bl., de L.*). UV-Spektrum eines nach dem H 1187 angegebenen Verfahren hergestellten Präparats sowie des Hydrochlorids (F: 144° bis 145°): *Pestemer, Langer, Manchen,* M. **68** [1936] 326, 332, 338, 340, 344.

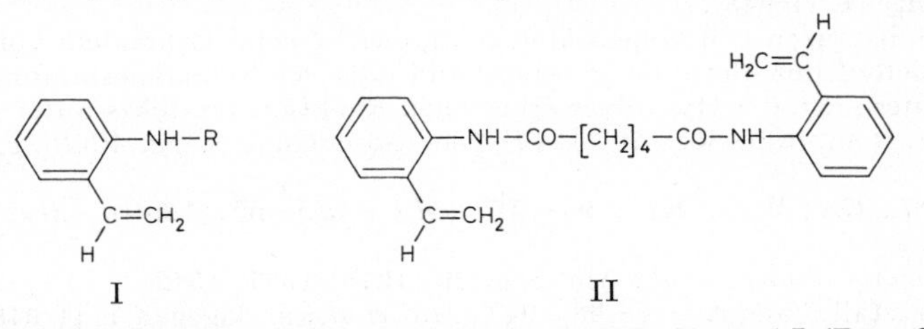

I II

Essigsäure-[2-vinyl-anilid], *2'-vinylacetanilide* $C_{10}H_{11}NO$, Formel I (R = $CO-CH_3$).

Die Identität des H 1187 unter dieser Konstitution beschriebenen Präparats (F: 129°) ist ungewiss (*Sabetay, Bléger, de Lestrange,* Bl. [4] **49** [1931] 3, 7).

B. Aus 2-Vinyl-anilin und Acetanhydrid (*Sa., Bl., de L.*).

Krystalle (aus W. oder aus $CHCl_3$ + PAe.); F: 94,5° [Block] (*Sa., Bl., de L.*).

Beim Erwärmen mit Phosphoroxychlorid ist Chinaldin erhalten worden (*Taylor, Hobson,* Soc. **1936** 181, 183).

Hexansäure-[2-vinyl-anilid], *2'-vinylhexananilide* $C_{14}H_{19}NO$, Formel I ($R = CO\text{-}[CH_2]_4\text{-}CH_3$).

B. Beim Erwärmen von 2-Vinyl-anilin mit Hexanoylchlorid in Aceton unter Zusatz von wss. Kaliumcarbonat-Lösung (*Taylor, Hobson*, Soc. **1936** 181, 183).

Krystalle (aus PAe.); F: 61°.

Adipinsäure-bis-[2-vinyl-anilid], *2',2''-divinyladipanilide* $C_{22}H_{24}N_2O_2$, Formel II.

B. Beim Behandeln von 2-Vinyl-anilin mit Adipoylchlorid und Pyridin (*Taylor, Hobson*, Soc. **1936** 181, 183).

Krystalle (aus A.); F: 202°.

Beim Erwärmen mit Phosphoroxychlorid ist 1.4-Di-[chinolyl-(2)]-butan erhalten worden.

3-Vinyl-anilin, m-*vinylaniline* C_8H_9N, Formel III (X = H) (H 1187).

B. Aus 3-Nitro-styrol beim Erwärmen mit Zinn und wss. Salzsäure (*Matsui, Mandai*, J. Soc. chem. Ind. Japan **45** [1942] 1190; J. Soc. chem. Ind. Japan Spl. **45** [1942] 437; C. A. **1950** 9187).

Kp_8: 93,5°; D_4^{35}: 1,0085; n_D^{35}: 1,6068 (*Mat., Man.*). UV-Spektrum einer Lösung der Base in Äther sowie einer wss. Lösung des Hydrochlorids: *Pestemer, Langer, Manchen*, M. **68** [1936] 326, 332, 338, 340, 344.

3-Trichlorvinyl-anilin, m-*(trichlorovinyl)aniline* $C_8H_6Cl_3N$, Formel III (X = Cl).

B. Neben 3-Pentachloräthyl-anilin bei der Hydrierung von 3-Nitro-1-pentachloräthyl-benzol an Nickel in Benzol in Gegenwart von Hydrochinon bei 100° unter Druck (*Du Pont de Nemours & Co.*, U.S.P. 2351247 [1941]).

$Kp_{0,1}$: ca. 140°.

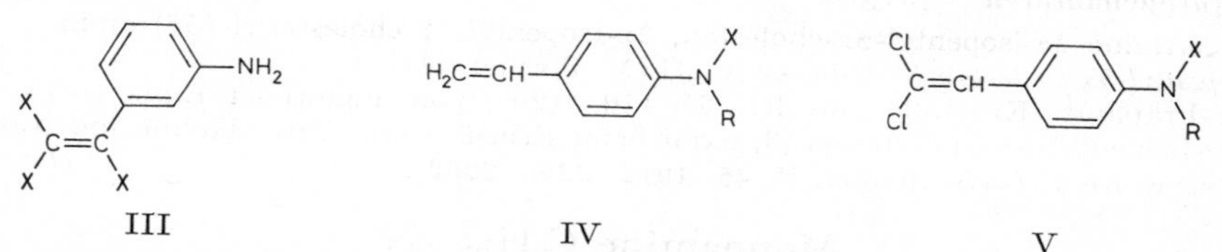

III IV V

4-Vinyl-anilin, p-*vinylaniline* C_8H_9N, Formel IV (R = X = H) (H 1187; E II 648).

B. Aus (±)-1-[4-Amino-phenyl]-äthanol-(1) beim Erhitzen in Gegenwart von Aluminiumoxid unter vermindertem Druck auf 250° (*Mowry, Renoll, Huber*, Am. Soc. **68** [1946] 1105, 1106, 1108).

Kp_{10}: 125—127° (*Schorygin, Schorygina*, Ž. obšč. Chim. **9** [1939] 845, 846; C. **1940** I 702). $Kp_{2,5}$: 76—81° (*Mo., Re., Hu.*). D^{14}: 1,0216 (*Sch., Sch.*). n_D^{14}: 1,619 (*Sch., Sch.*); n_D^{25}: 1,6070 (*Mo., Re., Hu.*). UV-Spektrum einer Lösung der Base in Äther sowie einer wss. Lösung des Hydrochlorids: *Pestemer, Langer, Manchen*, M. **68** [1936] 326, 332, 338, 340, 344.

***N.N*-Dimethyl-4-vinyl-anilin**, N,N-*dimethyl*-p-*vinylaniline* $C_{10}H_{13}N$, Formel IV ($R = X = CH_3$) (E II 648).

B. Neben Substanzen von hohem Molekulargewicht beim Behandeln von 4-Dimethylamino-benzaldehyd mit Methylmagnesiumjodid oder Methylmagnesiumbromid in Äther und Erhitzen des nach der Hydrolyse erhaltenen Reaktionsprodukts unter vermindertem Druck (*Marvel et al.*, Am. Soc. **68** [1946] 736; *Strassburg, Gregg, Walling*, Am. Soc. **69** [1947] 2141).

F: 16,8° (*St., Gr., Wa.*). Kp_3: 90—91° (*Ma. et al.*). n_D^{20}: 1,6010 (*Ma. et al.*), 1,6123 (*St., Gr., Wa.*).

Farbreaktionen: *Walling et al.*, Am. Soc. **70** [1948] 1537, 1542.

Pikrat. Krystalle (aus A.); F: 93—94° (*Ma. et al.*; s. dagegen E II 648).

Essigsäure-[4-vinyl-anilid], *4'-vinylacetanilide* $C_{10}H_{11}NO$, Formel IV ($R = CO\text{-}CH_3$, X = H) (H 1188).

Krystalle; F: 135—136° (*Mowry, Renoll, Huber*, Am. Soc. **68** [1946] 1105, 1106 Tab. I).

***N*-Methyl-4-[2.2-dichlor-vinyl]-anilin**, p-*(2,2-dichlorovinyl)*-N-*methylaniline* $C_9H_9Cl_2N$, Formel V ($R = CH_3$, X = H).

Diese Konstitution kommt wahrscheinlich der auf S. 2383 als *N*-Methyl-4-[2.2-dichlor-äthyl]-anilin beschriebenen Verbindung zu (vgl. die Angaben im Artikel 4-Methoxy-3-[2.2-dichlor-vinyl]-benzoesäure [E III **10** 860]). Entsprechend ist das *N*-Benzoyl-Derivat (S. 2383) als Benzoesäure-[*N*-methyl-4-(2.2-dichlor-vinyl)-anilid] $C_{16}H_{13}Cl_2NO$ (Formel V [R = CH_3, X = CO-C_6H_5]), das *N*-Nitroso-Derivat (S. 2383) als *N*-Nitroso-*N*-methyl-4-[2.2-dichlor-vinyl]-anilin $C_9H_8Cl_2N_2O$ (Formel V [R = CH_3, X = NO]) zu formulieren.

***N.N*-Dimethyl-4-[2.2-dichlor-vinyl]-anilin,** p-*(2,2-dichlorovinyl)*-N,N-*dimethylaniline* $C_{10}H_{11}Cl_2N$, Formel V (R = X = CH_3).

Diese Konstitution kommt wahrscheinlich der auf S. 2383 als *N.N*-Dimethyl-4-[2.2-dichlor-äthyl]-anilin beschriebenen Verbindung zu (vgl. die Angaben im Artikel 4-Methoxy-3-[2.2-dichlor-vinyl]-benzoesäure [E III **10** 860]).

***N*-Äthyl-4-[2.2-dichlor-vinyl]-anilin,** p-*(2,2-dichlorovinyl)*-N-*ethylaniline* $C_{10}H_{11}Cl_2N$, Formel V (R = C_2H_5, X = H).

Diese Konstitution kommt wahrscheinlich der auf S. 2383 als *N*-Äthyl-4-[2.2-dichlor-äthyl]-anilin beschriebenen Verbindung zu (vgl. die Angaben im Artikel 4-Methoxy-3-[2.2-dichlor-vinyl]-benzoesäure [E III **10** 860]). Entsprechend ist das *N*-Benzoyl-Derivat (S. 2383) als Benzoesäure-[*N*-äthyl-4-(2.2-dichlor-vinyl)-anilid] $C_{17}H_{15}Cl_2NO$ (Formel V [R = C_2H_5, X = CO-C_6H_5]), das *N*-Nitroso-Derivat (S. 2383) als *N*-Nitroso-*N*-äthyl-4-[2.2-dichlor-vinyl]-anilin $C_{10}H_{10}Cl_2N_2O$ (Formel V [R = C_2H_5, X = NO]) zu formulieren.

***N.N*-Diäthyl-4-[2.2-dichlor-vinyl]-anilin,** p-*(2,2-dichlorovinyl)*-N,N-*diethylaniline* $C_{12}H_{15}Cl_2N$, Formel V (R = X = C_2H_5).

Diese Konstitution kommt wahrscheinlich der auf S. 2383 als *N.N*-Diäthyl-4-[2.2-dichlor-äthyl]-anilin beschriebenen Verbindung zu (vgl. die Angaben im Artikel 4-Methoxy-3-[2.2-dichlor-vinyl]-benzoesäure [E III **10** 860]).

***N*-Methyl-4-[2.2-dichlor-vinyl]-*N*-benzyl-anilin,** N-*benzyl*-p-*(2,2-dichlorovinyl)*-N-*methylaniline* $C_{16}H_{15}Cl_2N$, Formel V (R = CH_3, X = CH_2-C_6H_5).

Diese Konstitution kommt wahrscheinlich der auf S. 2383 als *N*-Methyl-4-[2.2-dichlor-äthyl]-*N*-benzyl-anilin beschriebenen Verbindung zu (vgl. die Angaben im Artikel 4-Methoxy-3-[2.2-dichlor-vinyl]-benzoesäure [E III **10** 860]).

***β*-Nitro-4-dimethylamino-styrol, *N.N*-Dimethyl-4-[2-nitro-vinyl]-anilin,** N,N-*dimethyl*-p-*(2-nitrovinyl)aniline* $C_{10}H_{12}N_2O_2$.

***N.N*-Dimethyl-4-[*trans*-2-nitro-vinyl]-anilin,** Formel VI.

Konfiguration: *Wasil'ewa, Perekalin, Wasil'ew,* Ž. obšč. Chim. **31** [1961] 2171; J. gen. Chem. U.S.S.R. [Übers.] **31** [1961] 2027; *Skulski, Plenkiewicz,* Roczniki Chem. **37** [1963] 45, 61; C. A. **59** [1963] 8634; *Armarego,* Soc. [C] **1969** 986.

B. Aus 4-Dimethylamino-benzaldehyd beim Erwärmen mit Nitromethan, zuletzt unter Zusatz von Pentylamin (*Worrall, Cohen,* Am. Soc. **66** [1944] 842), sowie bei mehrtägigem Behandeln mit Nitromethan in Methanol unter Zusatz von wss. Methylamin-Lösung (*Drain, Wilson,* Soc. **1949** 767) oder unter Zusatz von Pentylamin in Äthanol (*Hertel, Hoffmann,* Z. physik. Chem. [B] **50** [1941] 382, 402).

Rote Krystalle; F: 181° [aus Nitromethan] (*Dr., Wi.*), 179—180,5° [aus 2-Nitropropan] (*Wo., Co.*), 174° [aus A.] (*He., Ho.*). UV-Spektrum von Lösungen der Base in Äthanol: *Dr., Wi.*; *He., Ho.*, l. c. S. 394; einer wss. Lösung des Hydrochlorids: *Dr., Wi.* Potentiometrische Titration mit Perchlorsäure in Essigsäure: *He., Ho.*, l. c. S. 387. Geschwindigkeit der Reaktion mit Methyljodid in Aceton bei 35°: *He., Ho.*

VI VII

***β*-Brom-*β*-nitro-4-dimethylamino-styrol, *N.N*-Dimethyl-4-[2-brom-2-nitro-vinyl]-anilin,** p-*(2-bromo-2-nitrovinyl)*-N,N-*dimethylaniline* $C_{10}H_{11}BrN_2O_2$, Formel VII.

Diese Konstitution kommt der nachstehend beschriebenen, ursprünglich als *N.N*-Dimethyl-4-[1-brom-2-nitro-vinyl]-anilin ($C_{10}H_{11}BrN_2O_2$) formulierten Verbindung zu (*Šopowa, Bakowa,* Ž. org. Chim. **6** [1970] 1339; J. org. Chem. U.S.S.R. [Übers.] **6** [1970] 1348).

B. Beim Erwärmen von *N.N*-Dimethyl-4-[*trans*-2-nitro-vinyl]-anilin mit Brom in Chloroform, Aufbewahren des Reaktionsgemisches im Sonnenlicht und Erwärmen des Reaktionsprodukts mit Natriumacetat in Äthanol (*Worrall, Cohen,* Am. Soc. **66** [1944] 842).

Rote Krystalle (aus A.); F: 121°.

1-Phenyl-vinylamin C_8H_9N s. Acetophenon-imin (E III **7** 953).

***N*-Methyl-*N*-[1-phenyl-vinyl]-anilin,** N-*methyl-α-methylene-*N-*phenylbenzylamine* $C_{15}H_{15}N$, Formel VIII (R = CH_3, X = H).

B. Beim Erhitzen von Acetophenon-diäthylacetal mit *N*-Methyl-anilin bis auf 240° unter Entfernen des entstehenden Äthanols (*Hoch,* C. r. **200** [1935] 938).

Kp_{13}: 161—162° (*Hoch*). UV-Spektrum (A.): *Ramart-Lucas, Hoch,* Bl. [5] **3** [1936] 918, 920, 925.

***N*-Äthyl-*N*-[1-phenyl-vinyl]-anilin,** N-*ethyl-α-methylene-*N-*phenylbenzylamine* $C_{16}H_{17}N$, Formel VIII (R = C_2H_5, X = H).

B. Beim Erhitzen von Acetophenon-diäthylacetal mit *N*-Äthyl-anilin bis auf 240° unter Entfernen des entstehenden Äthanols (*Hoch,* C. r. **200** [1935] 938).

Kp_{12}: 167° (*Hoch*). UV-Spektrum (Hexan): *Ramart-Lucas, Hoch,* Bl. [5] **3** [1936] 918, 925.

***N*-Methyl-*N*-[1-phenyl-vinyl]-*p*-toluidin,** N-*methyl-α-methylene-*N-p-*tolylbenzylamine* $C_{16}H_{17}N$, Formel VIII (R = X = CH_3).

B. Beim Erhitzen von Acetophenon-diäthylacetal mit *N*-Methyl-*p*-toluidin bis auf 240° unter Entfernen des entstehenden Äthanols (*Hoch,* C. r. **200** [1935] 938).

Kp_{10}: 167°.

1-Phenyl-vinylisocyanat, *isocyanic acid α-methylenebenzyl ester* C_9H_7NO, Formel IX.

B. Aus [1-Phenyl-äthyliden]-carbamidsäure-äthylester (E III **7** 953) beim Leiten des Dampfes über Kieselgur bei 400° unter vermindertem Druck (*Hoch,* C. r. **201** [1935] 733).

Kp_{25}: 99°.

Styrylamin C_8H_9N.

Diäthyl-styryl-amin, N,N-*diethylstyrylamine* $C_{12}H_{17}N$, Formel X (R = X = C_2H_5).

Ein Amin (gelbes Öl; Kp_{16}: 147—150°) dieser Konstitution ist beim Behandeln von Phenylacetaldehyd mit Diäthylamin und Kaliumcarbonat und Erhitzen des danach isolierten 2.2-Bis-diäthylamino-1-phenyl-äthans $C_{16}H_{28}N_2$ (Öl) unter vermindertem Druck erhalten worden (*Mannich, Davidsen,* B. **69** [1936] 2106, 2109). Raman-Spektrum: *Krabbe, Seher, Polzin,* B. **74** [1941] 1892, 1896, 1904.

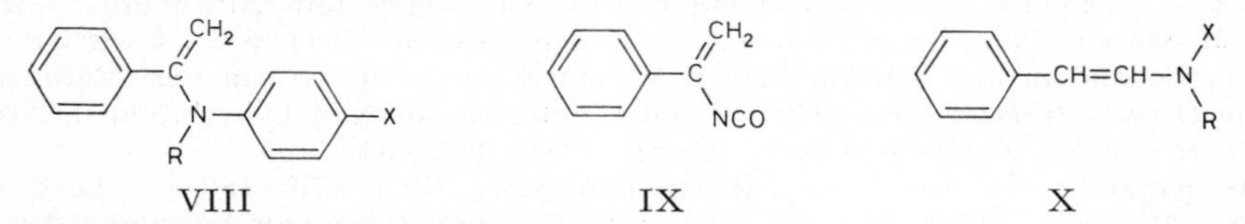

VIII IX X

***N*-Methyl-*N*-styryl-anilin,** N-*methyl-*N-*phenylstyrylamine* $C_{15}H_{15}N$, Formel X (R = C_6H_5, X = CH_3).

Ein Amin (Kp_{16}: 205°) dieser Konstitution ist beim Erhitzen von Phenylacetaldehyd-diäthylacetal mit *N*-Methyl-anilin bis auf 240° unter Entfernen des entstehenden Äthanols erhalten worden (*Hoch,* C. r. **200** [1935] 938). UV-Spektrum (Hexan): *Ramart-Lucas, Hoch,* Bl. [5] **3** [1936] 918, 925.

***N*-Methyl-*N*-styryl-*p*-toluidin,** N-*methyl-*N-p-*tolylstyrylamine* $C_{16}H_{17}N$, Formel XI.

Ein Amin (F: 69°; Kp_{12}: 207—208°) dieser Konstitution ist beim Erhitzen von Phenylacetaldehyd-diäthylacetal mit *N*-Methyl-*p*-toluidin bis auf 240° unter Entfernen des entstehenden Äthanols erhalten worden (*Hoch,* C. r. **200** [1935] 938).

Methyl-benzyl-styryl-amin, N-*benzyl-*N-*methylstyrylamine* $C_{16}H_{17}N$, Formel X (R = CH_2-C_6H_5, X = CH_3).

Ein Amin (gelbes Öl; $Kp_{0,7}$: 171—173°) dieser Konstitution ist beim Behandeln von

Phenylacetaldehyd mit Methyl-benzyl-amin und Kaliumcarbonat und Erhitzen des danach isolierten 2.2-Bis-[*N*-methyl-benzylamino]-1-phenyl-äthans $C_{24}H_{28}N_2$ (Öl) unter vermindertem Druck erhalten worden (*Mannich, Davidsen*, B. **69** [1936] 2106, 2110).

Dibenzyl-styryl-amin, N,N-*dibenzylstyrylamine* $C_{22}H_{21}N$, Formel X (R = X = CH_2-C_6H_5).

Ein Amin (Krystalle [aus A. + Ae.]; F: 120°) dieser Konstitution ist beim Behandeln von Phenylacetaldehyd mit Dibenzylamin und Kaliumcarbonat erhalten worden (*Mannich, Davidsen*, B. **69** [1936] 2106, 2110).

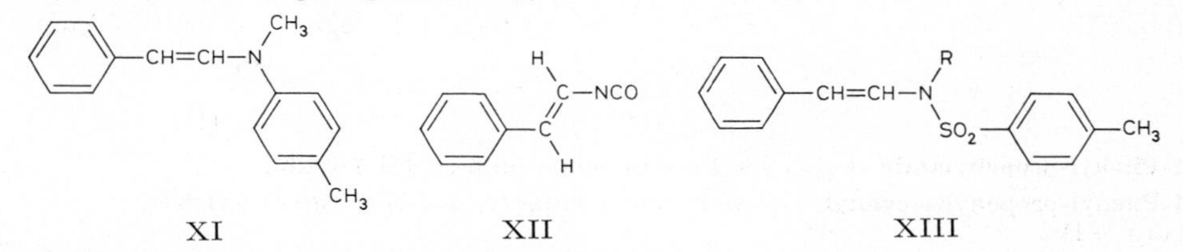

XI XII XIII

Styrylisocyanat, *isocyanic acid styryl ester* C_9H_7NO.

***trans*-Styrylisocyanat,** Formel XII (H 1188; E I 508; E II 649).

B. Aus *trans*-Cinnamoylchlorid mit Hilfe von Natriumazid in Benzol (*Nelles*, B. **65** [1932] 1345; vgl. H 1188).

Kp_{16}: 115—120°.

***N*-Methyl-*N*-styryl-toluolsulfonamid-(4),** N-*methyl*-N-*styryl*-p-*toluenesulfonamide* $C_{16}H_{17}NO_2S$, Formel XIII (R = CH_3).

Eine Verbindung (Krystalle [aus A.]; F: 106—107°) dieser Konstitution ist aus (±)-*N*-Methyl-*N*-[β-brom-phenäthyl]-toluolsulfonamid-(4) beim Erhitzen mit Chinolin oder mit äthanol. Natriumäthylat erhalten worden (*Kharasch, Priestley*, Am. Soc. **61** [1939] 3425, 3427, 3431).

***N*-Benzyl-*N*-styryl-toluolsulfonamid-(4),** N-*benzyl*-N-*styryl*-p-*toluenesulfonamide* $C_{22}H_{21}NO_2S$, Formel XIII (R = CH_2-C_6H_5).

Eine Verbindung (Krystalle [aus A.]; F: 122°) dieser Konstitution ist aus (±)-*N*-Benzyl-*N*-[β-brom-phenäthyl]-toluolsulfonamid-(4) beim Erwärmen mit äthanol. Natrium=äthylat erhalten worden (*Kharasch, Priestley*, Am. Soc. **61** [1939] 3425, 3428, 3431).

Amine $C_9H_{11}N$

2-Propenyl-anilin $C_9H_{11}N$.

***N.N*-Dimethyl-2-propenyl-anilin,** N,N-*dimethyl*-o-(*prop-1-enyl*)*aniline* $C_{11}H_{15}N$, Formel I.

Eine Verbindung dieser Konstitution hat wahrscheinlich in dem E I **20** 102 als (±)-1.2-Dimethyl-indolin beschriebenen Präparat (Pikrat: F: 158°) vorgelegen (*Booth, King, Parrick*, Soc. **1958** 2302).

4-Propenyl-anilin $C_9H_{11}N$.

***N.N*-Dimethyl-4-propenyl-anilin,** N,N-*dimethyl*-p-(*prop-1-enyl*)*aniline* $C_{11}H_{15}N$, Formel II (H 1188).

Beim Behandeln einer gekühlten äthanol. Lösung des H 1188 beschriebenen Präparats vom F: 48° mit einer Suspension von 4-Nitro-benzol-diazonium-(1)-sulfat in Äthanol ist 4-Dimethylamino-benzaldehyd-[4-nitro-phenylhydrazon] (F: 186°), beim Eintragen einer äthanol. Lösung in eine gekühlte Suspension von 4-Nitro-benzol-diazonium-(1)-sulfat in Äthanol ist hingegen 4′-Nitro-4-dimethylamino-azobenzol (F: 232—233°) erhalten worden (*Quilico, Freri*, G. **60** [1930] 606, 615, 616, **62** [1932] 253, 259).

***N.N*-Dimethyl-4-[2-nitro-propenyl]-anilin,** N,N-*dimethyl*-p-(*2-nitroprop-1-enyl*)*aniline* $C_{11}H_{14}N_2O_2$.

***N.N*-Dimethyl-4-[2-nitro-*cis*-propenyl]-anilin,** Formel III.

Konfiguration: *Wašil'ewa, Perekalin, Wašil'ew*, Ž. obšč. Chim. **31** [1961] 2175; J. gen. Chem. U.S.S.R. [Übers.] **31** [1961] 2031; *Skulski, Plenkiewicz*, Roczniki Chem. **37** [1963]

45, 61; C. A. **59** [1963] 8634.

B. Beim Erhitzen von 4-Dimethylamino-benzaldehyd mit Nitroäthan in Methanol unter Zusatz von wss. Butylamin-Lösung (*Drain, Wilson*, Soc. **1949** 767) oder ohne Lösungsmittel unter Zusatz von Pentylamin (*Worrall, Cohen*, Am. Soc. **66** [1944] 842).

Rote Krystalle; F: 123—124° [aus Bzl. + PAe.] (*Dr.*, *Wi.*), 118—120° (*Wo.*, *Co.*). UV-Absorptionsmaxima einer Lösung der Base in Äthanol sowie einer wss. Lösung des Hydrochlorids: *Dr.*, *Wi.*

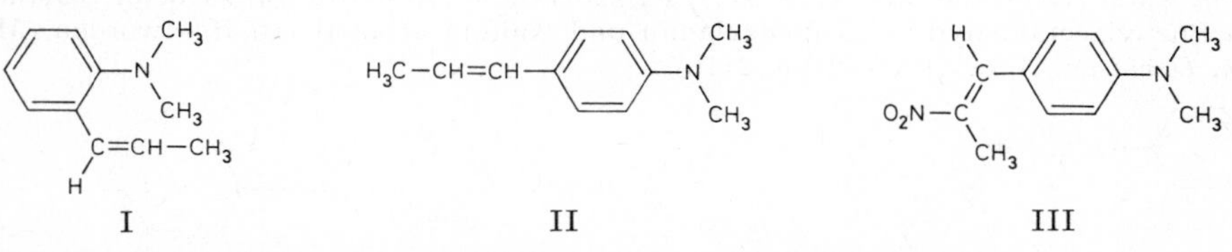

1-Phenyl-propenylamin $C_9H_{11}N$ s. Propiophenon-imin (E III **7** 1025).

1-Phenyl-propenylisocyanat, *isocyanic acid 1-phenylprop-1-enyl ester* $C_{10}H_9NO$, Formel IV.

Eine Verbindung (Kp_{18}: 110—112°) dieser Konstitution ist beim Leiten des Dampfes von [1-Phenyl-propyliden]-carbamidsäure-äthylester (nicht näher beschrieben) über Kieselgur bei 400° unter vermindertem Druck erhalten worden (*Hoch*, C. r. **201** [1935] 733).

Cinnamylamin, *cinnamylamine* $C_9H_{11}N$.

Methyl-cinnamyl-amin, N-*methylcinnamylamine* $C_{10}H_{13}N$.

Methyl-*trans*-cinnamyl-amin, Formel V (R = CH_3, X = H) (H 1189; E II 649).

B. Neben Methyl-di-*trans*-cinnamyl-amin beim Erwärmen von *trans*-Cinnamylbromid (E III **5** 1188) mit Methylamin und Natriumcarbonat in Äthanol und Benzol (*Blicke, Zienty*, Am. Soc. **61** [1939] 774).

Kp_5: 102—104°.

Über ein als *N*-Benzoyl-Derivat $C_{17}H_{17}NO$ (*N*-Methyl-*N*-cinnamyl-benzamid; Formel VI [R = CO-C_6H_5, X = CH_3]; Krystalle [aus Acn.], F: 187,5°) charakterisiertes Methyl-cinnamyl-amin-Präparat (Kp_{30}: 148—150°), das beim Erhitzen von (±)-2.3-Dibrom-1-phenyl-propan mit Methylamin auf 140° erhalten worden ist, s. *Benoit, Herzog*, Bl. Sci. pharmacol. **42** [1935] 34, 40.

Dimethyl-cinnamyl-amin, N,N-*dimethylcinnamylamine* $C_{11}H_{15}N$.

a) **Dimethyl-*cis*-cinnamyl-amin,** Formel VII.

B. Aus 3-Dimethylamino-1-phenyl-propin-(1) bei der Hydrierung an Palladium in Äthanol (*Mannich, Chang*, B. **66** [1933] 418).

Hydrochlorid. Krystalle (aus Acn.); F: 147°.

Hydrobromid. Krystalle (aus Acn.); F: 148°.

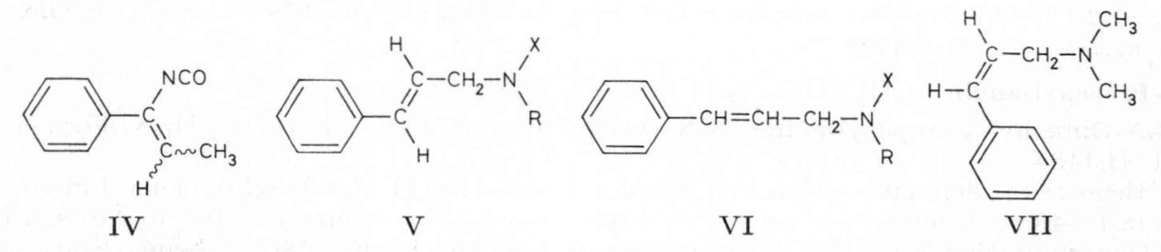

b) **Dimethyl-*trans*-cinnamyl-amin,** Formel V (R = X = CH_3) (H 1189; E I 509; E II 649).

B. Beim Erhitzen von *trans*-Zimtaldehyd mit Dimethylformamid auf 160° (*Mousseron, Jacquier, Zagdoun*, Bl. **1953** 974, 980).

Kp_{20}: 120—122° (*Mou.*, *Ja.*, *Za.*).

Hydrochlorid $C_{11}H_{15}N \cdot HCl$ (H 1189). Krystalle (aus A. + E.); F: 190,5—191° (*King, Holmes*, Soc. **1947** 164, 168).

Pikrat $C_{11}H_{15}N \cdot C_6H_3N_3O_7$ (vgl. E I 509). Krystalle; F: 124—125° (*King, Ho.*), 118—119° [aus A.] (*Mou.*, *Ja.*, *Za.*).

Trimethyl-cinnamyl-ammonium, *cinnamyltrimethylammonium* $[C_{12}H_{18}N]^{\oplus}$.

Trimethyl-*trans*-cinnamyl-ammonium, Formel VIII (R = CH_3).

Chlorid $[C_{12}H_{18}N]Cl$ (H 1189; E I 509). Bei der Hydrierung an Palladium in Natriumacetat enthaltender Essigsäure, in wss. Essigsäure oder in Wasser (*Emde, Kull*, Ar. **274** [1936] 173, 177; s. a. *Achmatowicz, Lindenfeld*, Roczniki Chem. **18** [1938] 75, 79, 83; C. **1939** II 626) sowie bei der Hydrierung an Platin in Natriumacetat enthaltendem Wasser (*Emde, Kull*) sind Propylbenzol, Trimethylamin und geringe Mengen Trimethyl-[3-phenyl-propyl]-ammonium-chlorid erhalten worden.

Jodid $[C_{12}H_{18}N]I$ (H 1189). *B.* Aus Dimethyl-*trans*-cinnamyl-amin und Methyljodid (*King, Holmes*, Soc. **1947** 164, 168). — Krystalle (aus A.); F: 182—183° (*King, Ho.*).

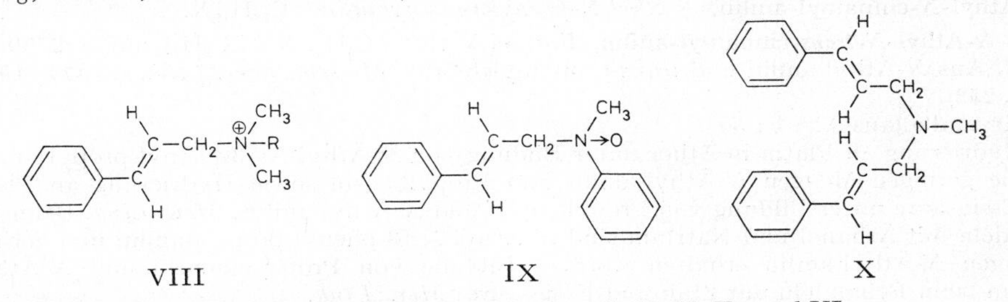

VIII IX X

Diäthyl-cinnamyl-amin, N,N-*diethylcinnamylamine* $C_{13}H_{19}N$, Formel VI (R = X = C_2H_5) (vgl. E I 509).

Ein als Hydrochlorid (Krystalle [aus A. + Ae.]; F: 141°) und als Pikrat (Krystalle [aus W.]; F: 130°) charakterisiertes Amin (Kp_{25}: 146—147°) dieser Konstitution ist beim Erhitzen von (±)-2.3-Dibrom-1-phenyl-propan mit Diäthylamin auf 140° sowie beim Erhitzen von (±)-1.3-Dibrom-1-phenyl-propan mit Diäthylamin auf 140° erhalten worden (*Benoit, Herzog*, Bl. Sci. pharmacol. **42** [1935] 34, 40, 41).

Methyl-cyclohexylmethyl-cinnamyl-amin, N-(*cyclohexylmethyl*)-N-*methylcinnamylamine* $C_{17}H_{25}N$.

Methyl-cyclohexylmethyl-*trans*-cinnamyl-amin, Formel V (R = CH_2-C_6H_{11}, X = CH_3).

B. Beim Erhitzen von Methyl-*trans*-cinnamyl-amin mit Cyclohexylmethylbromid auf 150° (*Blicke, Zienty*, Am. Soc. **61** [1939] 774).

Kp_9: 166—169°.

Hydrochlorid $C_{17}H_{25}N \cdot HCl$. Krystalle (aus Acn. + A.); F: 185—186°.

Methyl-[2-cyclopentyl-äthyl]-cinnamyl-amin, N-(*2-cyclopentylethyl*)-N-*methylcinnamylamine* $C_{17}H_{25}N$.

Methyl-[2-cyclopentyl-äthyl]-*trans*-cinnamyl-amin, Formel V (R = CH_2-CH_2-C_5H_9, X = CH_3).

B. Beim Erhitzen von Methyl-*trans*-cinnamyl-amin mit 2-Cyclopentyl-äthylbromid auf 150° (*Blicke, Zienty*, Am. Soc. **61** [1939] 774).

Kp_8: 164—167°.

Hydrochlorid $C_{17}H_{25}N \cdot HCl$. Krystalle (aus Acn.); F: 183—184°.

Methyl-[2-cyclohexyl-äthyl]-cinnamyl-amin, N-(*2-cyclohexylethyl*)-N-*methylcinnamylamine* $C_{18}H_{27}N$.

Methyl-[2-cyclohexyl-äthyl]-*trans*-cinnamyl-amin, Formel V (R = CH_2-CH_2-C_6H_{11}, X = CH_3).

B. Beim Erhitzen von Methyl-[2-cyclohexyl-äthyl]-amin mit *trans*-Cinnamylbromid auf 150° (*Blicke, Zienty*, Am. Soc. **61** [1939] 774).

Kp_8: 175—180°.

Hydrochlorid $C_{18}H_{27}N \cdot HCl$. Krystalle (aus CCl_4); F: 211—212°.

***N*-Methyl-*N*-cinnamyl-anilin,** N-*methyl*-N-*phenylcinnamylamine* $C_{16}H_{17}N$.

***N*-Methyl-*N*-*trans*-cinnamyl-anilin,** Formel V (R = C_6H_5, X = CH_3).

B. Beim Erwärmen von *N*-Methyl-anilin mit *trans*-Cinnamylchlorid und Natriumcarbonat in Benzol (*Kleinschmidt, Cope*, Am. Soc. **66** [1944] 1929, 1932).

$Kp_{0,33}$: 153°. n_D^{25}: 1,6231.
Pikrat $C_{16}H_{17}N \cdot C_6H_3N_3O_7$. Krystalle (aus wss. A.); F: 127—128° [unkorr.; Zers.].

N-Methyl-N-cinnamyl-anilin-N-oxid, *N-methyl-N-phenylcinnamylamine N-oxide* $C_{16}H_{17}NO$.

N-Methyl-N-*trans*-cinnamyl-anilin-N-oxid, Formel IX.
B. Aus *N*-Methyl-*N*-*trans*-cinnamyl-anilin beim Behandeln mit Peroxybenzoesäure in Dichlormethan (*Kleinschmidt, Cope*, Am. Soc. **66** [1944] 1929, 1932).
Pikrat $C_{16}H_{17}NO \cdot C_6H_3N_3O_7$. Krystalle (aus CH_2Cl_2 + Pentan); F: 109—110,5° [unkorr.; Zers.].

N-Äthyl-N-cinnamyl-anilin, *N-ethyl-N-phenylcinnamylamine* $C_{17}H_{19}N$.

N-Äthyl-N-*trans*-cinnamyl-anilin, Formel V (R = C_6H_5, X = C_2H_5) auf S. 2790.
B. Aus *N*-Äthyl-anilin und *trans*-Cinnamylchlorid (*Meisenheimer, Link*, A. **479** [1930] 211, 252).
Krystalle (aus A.); F: 50°.
Hydrierung an Platin in Äther unter Bildung von *N*-Äthyl-*N*-[3-phenyl-propyl]-anilin sowie geringen Mengen *N*-Äthyl-anilin und Propylbenzol sowie Hydrierung an Platin in Essigsäure unter Bildung von Propylbenzol und *N*-Äthyl-anilin: *Mei., Link*. Beim Behandeln mit Äthanol und Natrium sind *N*-Äthyl-*N*-[3-phenyl-propyl]-anilin und geringe Mengen *N*-Äthyl-anilin erhalten worden. Bildung von Propenylbenzol und *N*-Äthyl-anilin beim Behandeln mit Zink und Essigsäure: *Mei., Link*.
Pikrat $C_{17}H_{19}N \cdot C_6H_3N_3O_7$. Krystalle (aus A.); F: 121°.

Methyl-benzyl-cinnamyl-amin, *N-benzyl-N-methylcinnamylamine* $C_{17}H_{19}N$.

N-Methyl-N-benzyl-*trans*-cinnamyl-amin, Formel V (R = CH_2-C_6H_5, X = CH_3) auf S. 2790.
B. Beim Erhitzen von Methyl-*trans*-cinnamyl-amin mit Benzylbromid auf 150° (*Blicke, Zienty*, Am. Soc. **61** [1939] 774).
Kp_{10}: 175—180°.
Hydrochlorid $C_{17}H_{19}N \cdot HCl$. Krystalle (aus Acn.); F: 141—142°.

Dimethyl-benzyl-cinnamyl-ammonium, *benzylcinnamyldimethylammonium* $[C_{18}H_{22}N]^{\oplus}$.

Dimethyl-benzyl-*trans*-cinnamyl-ammonium, Formel VIII (R = CH_2-C_6H_5).
Bromid $[C_{18}H_{22}N]Br$. *B.* Aus Dimethyl-*trans*-cinnamyl-amin und Benzylbromid in Äther (*Voigt*, Diss. [Frankfurt/M. 1939] S. 79). — Krystalle; F: 173° (*Voigt, Voigt, Wagner-Jauregg*, Arb. Inst. exp. Therap. Frankfurt/M. Nr. 39 [1940] 15, 20).

Methyl-dicinnamyl-amin, *N-methyldicinnamylamine* $C_{19}H_{21}N$.

Methyl-di-*trans*-cinnamyl-amin, Formel X.
B. Neben Methyl-*trans*-cinnamyl-amin beim Erwärmen von *trans*-Cinnamylbromid mit Methylamin und Natriumcarbonat in Äthanol und Benzol (*Blicke, Zienty*, Am. Soc. **61** [1939] 774).
Kp_5: 180—185°.
Hydrochlorid $C_{19}H_{21}N \cdot HCl$. Krystalle (aus Acn. + Ae.); F: 148—149°.

Methyl-[3-phenoxy-propyl]-cinnamyl-amin, *N-methyl-N-(3-phenoxypropyl)cinnamylamine* $C_{19}H_{23}NO$.

Methyl-[3-phenoxy-propyl]-*trans*-cinnamyl-amin, Formel V (R = $[CH_2]_3$-O-C_6H_5, X = CH_3) auf S. 2790.
B. Beim Erhitzen von Methyl-*trans*-cinnamyl-amin mit 3-Phenoxy-propylbromid auf 150° (*Blicke, Zienty*, Am. Soc. **61** [1939] 744).
Kp_4: 195—198°.
Hydrochlorid $C_{19}H_{23}NO \cdot HCl$. Krystalle (aus Dioxan); F: 130—131°.

Cinnamylthiocarbamidsäure-O-cinnamylester, *cinnamylthiocarbamic acid O-cinnamyl ester* $C_{19}H_{19}NOS$ und **Cinnamylthiocarbamidsäure-S-cinnamylester**, *cinnamylthiocarbamic acid S-cinnamyl ester* $C_{19}H_{19}NOS$.

***trans*-Cinnamylthiocarbamidsäure-O-*trans*-cinnamylester**, Formel XI, und ***trans*-Cinnamylthiocarbamidsäure-S-*trans*-cinnamylester**, Formel XII.
Eine Verbindung (Krystalle [aus A.]; F: 111—112°), für die diese beiden Formeln in

Betracht gezogen werden (*Wagner-Jauregg, Arnold, Hippchen*, J. pr. [2] **156** [1940] 260; *Lennartz*, B. **75** [1942] 833, 839), ist beim Erwärmen von *trans*-Cinnamylbromid mit Natriumthiocyanat in Äthanol oder mit *trans*-Cinnamylthiocyanat in wss. Äthanol erhalten worden (*Wagner-Jauregg, Arnold, Hippchen*, J. pr. [2] **155** [1940] 216, 223).

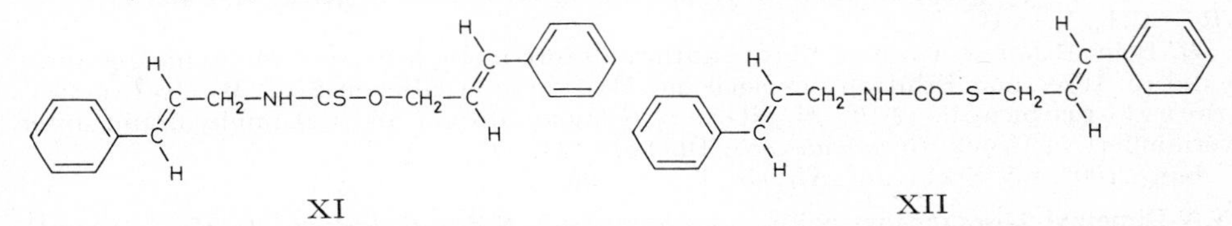

N-Phenyl-N′-cinnamyl-thioharnstoff, *1-cinnamyl-3-phenylthiourea* $C_{16}H_{16}N_2S$.

N-Phenyl-N′-trans-cinnamyl-thioharnstoff, Formel V (R = $CS\text{-}NH\text{-}C_6H_5$, X = H) auf S. 2790 (H 1191).

B. Aus *trans*-Cinnamylisothiocyanat und Anilin in Äther (*Bergmann*, Soc. **1935** 1361).

Krystalle (aus E. + Bzn.); F: 119°.

Cinnamylisothiocyanat, *isothiocyanic acid cinnamyl ester* $C_{10}H_9NS$.

***trans*-Cinnamylisothiocyanat,** Formel I.

B. Aus *trans*-Cinnamylbromid und Natriumthiocyanat in Äthanol (*Wagner-Jauregg, Arnold, Hippchen*, J. pr. [2] **155** [1940] 216, 223, **156** [1940] 260). Aus *trans*-Cinnamyl≈thiocyanat beim Erhitzen unter vermindertem Druck (*Bergmann*, Soc. **1935** 1361; s. a. *Iliceto, Gaggia*, G. **90** [1960] 262 Anm.).

Gelbes Öl; Kp_{12}: 162° (*Be.*); $Kp_{0,3}$: 140—150° (*Wa.-J., Ar., Hi.*, J. pr. [2] **155** 223).

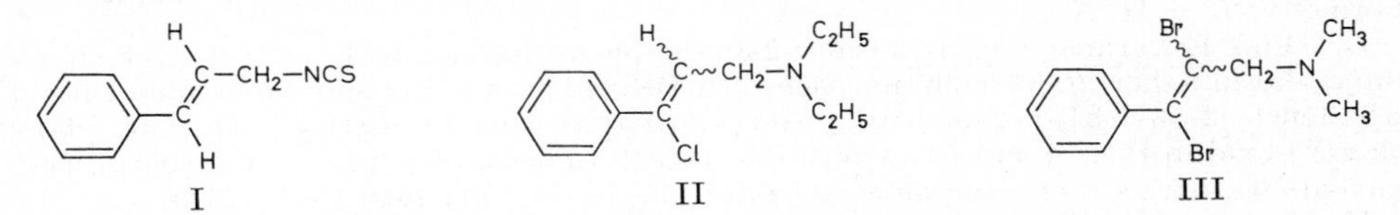

1-Chlor-3-diäthylamino-1-phenyl-propen-(1), Diäthyl-[γ-chlor-cinnamyl]-amin, *γ-chloro-*N,N*-diethylcinnamylamine* $C_{13}H_{18}ClN$, Formel II.

Diäthyl-[γ-chlor-cinnamyl]-amin, dessen Hydrochlorid bei 119° schmilzt.

B. Neben 1.3-Dichlor-2-[diäthylamino-methyl]-arsindol beim Erhitzen von 3-Diäthyl≈amino-1-phenyl-propin-(1) mit Arsen(III)-chlorid (*Mannich*, Ar. **273** [1935] 275, 283).

Kp_{14}: ca. 155°.

Beim Erhitzen des Hydrochlorids mit wss. Schwefelsäure sind 3-Diäthylamino-1-phenyl-propanon-(1) und geringe Mengen Acetophenon erhalten worden.

Charakterisierung als Methojodid $[C_{14}H_{21}ClN]I$ (Methyl-diäthyl-[γ-chlor-cinn≈amyl]-ammonium-jodid; Krystalle [aus Isopropylalkohol], F: 140—141°): *Ma.*

Hydrochlorid $C_{13}H_{18}ClN \cdot HCl$. Krystalle (aus E.); F: 118—119°.

1.2-Dibrom-3-dimethylamino-1-phenyl-propen-(1), Dimethyl-[β.γ-dibrom-cinnamyl]-amin, *β,γ-dibromo-*N,N*-dimethylcinnamylamine* $C_{11}H_{13}Br_2N$, Formel III.

Ein als Sulfat (Krystalle [aus A.]; F: 126°) charakterisiertes Amin dieser Konstitution ist aus 3-Dimethylamino-1-phenyl-propin-(1) und Brom in Chloroform erhalten worden (*Mannich, Chang*, B. **66** [1933] 418).

2-Isopropenyl-anilin, o-*isopropenylaniline* $C_9H_{11}N$, Formel IV (R = X = H).

B. Beim Erwärmen von Anthranilsäure-methylester mit Methylmagnesiumbromid in Äther und Erhitzen des nach dem Behandeln mit Eis und Ammoniumchlorid erhaltenen 2-[2-Amino-phenyl]-propanols-(2) ($C_9H_{13}NO$) mit Jod in Toluol (*Jacobs et al.*, Am. Soc. **68** [1946] 1310, 1311), mit Phosphor(V)-oxid in Benzol (*Atkinson, Simpson*, Soc. **1947** 808, 810) oder mit Kaliumhydroxid und Calciumhydroxid (*Grammaticakis*, Bl. **1949** 134, 142). Beim Behandeln von 1-[2-Amino-phenyl]-äthanon-(1) mit Methyljodid in Äther und Erwärmen des nach der Hydrolyse erhaltenen Reaktionsprodukts mit Phos≈phor(V)-oxid in Benzol (*At., Si.*).

Kp_{13}: 95° (*Gr.*); Kp_{1-2}: 83,5—87,5° (*Ja. et al.*). D_4^{25}: 0,9781 (*Ja. et al.*). $n_D^{18,1}$: 1,5728 (*Gr.*); n_D^{25}: 1,5676 (*Ja. et al.*). UV-Spektrum (A.): *Gr.*, l. c. S. 139.

Beim Behandeln mit wss. Schwefelsäure (*Ja. et al.*) oder wss. Salzsäure (*At., Si.*, l. c. S. 811) und mit Natriumnitrit ist 4-Methyl-cinnolin erhalten worden.

Hydrochlorid. Krystalle; F: 163—168,5° [korr.] (*Ja. et al.*).

N-Methyl-2-isopropenyl-anilin, *o-isopropenyl-N-methylaniline* $C_{10}H_{13}N$, Formel IV ($R = CH_3$, $X = H$).

B. Beim Behandeln von *N*-Methyl-anthranilsäure-methylester mit Methylmagnesium⸗jodid in Äther und Erhitzen des nach der Hydrolyse erhaltenen 2-[2-Methylamino-phenyl]-propanols-(2) ($C_{10}H_{15}NO$) mit Kaliumhydroxid und Calciumhydroxid unter vermindertem Druck (*Grammaticakis*, Bl. **1949** 134, 143).

Kp_{15}: 100°. UV-Spektrum (A.): *Gr.*, l. c. S. 139.

N.N-Dimethyl-2-isopropenyl-anilin, *o-isopropenyl-N,N-dimethylaniline* $C_{11}H_{15}N$, Formel IV ($R = X = CH_3$).

B. Beim Behandeln von *N.N*-Dimethyl-anthranilsäure-methylester mit Methyl⸗magnesiumjodid in Äther und Erhitzen des nach der Hydrolyse erhaltenen 2-[2-Di⸗methylamino-phenyl]-propanols-(2) ($C_{11}H_{17}NO$) mit Kaliumhydroxid und Calcium⸗hydroxid unter vermindertem Druck (*Grammaticakis*, Bl. **1949** 134, 143).

Kp_{13}: 95°. n_D^{15}: 1,6970. UV-Spektrum (A. und Hexan): *Gr.*, l. c. S. 140.

N-Phenyl-N'-[2-isopropenyl-phenyl]-harnstoff, *1-(o-isopropenylphenyl)-3-phenylurea* $C_{16}H_{16}N_2O$, Formel IV ($R = CO\text{-}NH\text{-}C_6H_5$, $X = H$).

B. Aus 2-Isopropenyl-anilin und Phenylisocyanat in Petroläther (*Grammaticakis*, Bl. **1949** 134, 142).

Krystalle (aus wss. A.); F: 161°.

Essigsäure-[6-chlor-2-isopropenyl-anilid], *2'-chloro-6'-isopropenylacetanilide* $C_{11}H_{12}ClNO$, Formel V ($R = H$, $X = Cl$).

B. Beim Erwärmen von 1-[3-Chlor-2-amino-phenyl]-äthanon-(1) mit Methylmagne⸗siumjodid in Äther, Erwärmen des nach dem Behandeln mit Eis und Ammoniumchlorid erhaltenen 2-[3-Chlor-2-amino-phenyl]-propanols-(2) ($C_9H_{12}ClNO$) mit Phos⸗phor(V)-oxid in Benzol und Erwärmen des danach isolierten 6-Chlor-2-isopropenyl-anilins ($C_9H_{10}ClN$) mit Acetanhydrid (*Schofield, Swain*, Soc. **1949** 1367, 1370).

Krystalle (aus Ae. + Bzn.); F: 125—126° [unkorr.].

Essigsäure-[5-chlor-2-isopropenyl-anilid], *5'-chloro-2'-isopropenylacetanilide* $C_{11}H_{12}ClNO$, Formel V ($R = Cl$, $X = H$).

B. Beim Erwärmen von 4-Chlor-2-amino-benzoesäure-methylester mit Methylmagne⸗siumjodid in Äther, Erwärmen des nach der Hydrolyse erhaltenen 2-[4-Chlor-2-amino-phenyl]-propanols-(2) ($C_9H_{12}ClNO$) mit Phosphor(V)-oxid in Benzol und Erwärmen des danach isolierten 5-Chlor-2-isopropenyl-anilins ($C_9H_{10}ClN$) mit Acetanhydrid (*Atkinson, Simpson*, Soc. **1947** 808, 810).

Krystalle (aus Bzn.); F: 68—70°.

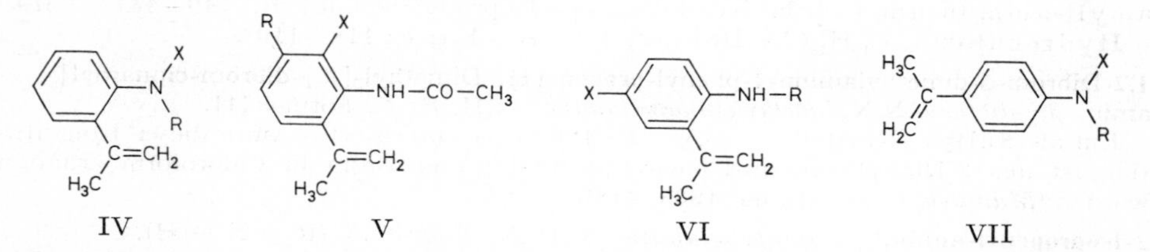

Benzoesäure-[4-chlor-2-isopropenyl-anilid], *4'-chloro-2'-isopropenylbenzanilide* $C_{16}H_{14}ClNO$, Formel VI ($R = CO\text{-}C_6H_5$, $X = Cl$).

B. Bei der Behandlung von 2-[5-Chlor-2-amino-phenyl]-propanol-(2) mit Schwefel⸗säure bei 100° und Benzoylierung des erhaltenen 4-Chlor-2-isopropenyl-anilins [$C_9H_{10}ClN$; Öl] (*Atkinson, Simpson*, Soc. **1947** 808, 810).

Krystalle (aus wss. A.); F: 126—127° [unkorr.].

Essigsäure-[4-nitro-2-isopropenyl-anilid], *2'-isopropenyl-4'-nitroacetanilide* $C_{11}H_{12}N_2O_3$, Formel VI ($R = CO\text{-}CH_3$, $X = NO_2$).

Diese Konstitution wird für die nachstehend beschriebene Verbindung in Betracht gezogen (*Atkinson, Simpson*, Soc. **1947** 808, 809).

B. Aus 2-Acetamino-1-[α-hydroxy-isopropyl]-benzol beim Behandeln mit einem Gemisch von Salpetersäure und Schwefelsäure bei —15° (*At., Si.*, l. c. S. 810).

Gelbe Krystalle (aus Bzn.); F: 88—89°.

4-Isopropenyl-anilin $C_9H_{11}N$.

***N.N*-Dimethyl-4-isopropenyl-anilin,** p-*isopropenyl*-N,N-*dimethylaniline* $C_{11}H_{15}N$, Formel VII (R = X = CH_3) (E II 650).

B. Beim Erwärmen von 4-Dimethylamino-benzoesäure-äthylester mit Methylmagnesiumjodid in Äther und Erhitzen des nach dem Behandeln mit wss. Ammoniumchlorid-Lösung erhaltenen Reaktionsprodukts unter vermindertem Druck (*Seymour, Wolfstirn*, Am. Soc. **70** [1948] 1177).

Krystalle (aus Hexan); F: 75,0—76,5°.

4-Anilino-1-isopropenyl-benzol, Phenyl-[4-isopropenyl-phenyl]-amin, *4-isopropenyldiphenylamine* $C_{15}H_{15}N$, Formel VII (R = C_6H_5, X = H).

B. Beim Erhitzen von Diphenylamin mit Aceton unter Zusatz von Salzsäure auf 160° (*Craig*, Am. Soc. **60** [1938] 1458, 1464). Neben Diphenylamin beim Erhitzen von 2.2-Bis-[4-anilino-phenyl]-propan in Gegenwart von Phosphorsäure unter vermindertem Druck (*Cr.*).

Krystalle (aus Hexan); F: 91—92°.

2-Phenyl-propenylamin $C_9H_{11}N$ s. 2-Phenyl-propionaldehyd-imin (E III **7** 1051).

1-Dimethylamino-2-phenyl-propen-(1), Dimethyl-[2-phenyl-propenyl]-amin, α,N,N-*trimethylstyrylamine* $C_{11}H_{15}N$, Formel VIII.

Ein Amin (Kp_1: 52°; Hydrochlorid $C_{11}H_{15}N \cdot HCl$: Krystalle [aus CH_2Cl_2 + E.] mit 2,5 Mol H_2O) dieser Konstitution ist aus (±)-2-Phenyl-propionaldehyd und Dimethylamin erhalten worden (*Witkop*, Am. Soc. **78** [1956] 2873, 2880; s. a. *Krabbe, Seher, Polzin*, B. **74** [1941] 1892, 1902). IR-Absorption der Base und des Hydrochlorids: *Wi.* Raman-Spektrum: *Kr., Se., Po.*, l. c. S. 1896, 1904.

2-Phenyl-allylamin, *β-methylenephenethylamine* $C_9H_{11}N$, Formel IX (R = X = H).

Eine Verbindung (Kp_{14}: 90—92°; Hydrochlorid: Krystalle [aus Ae. + A. + E.], F: 140—142° [korr.] oder 143—144° [Block]), der wahrscheinlich diese Konstitution zukommt, ist neben 1-Amino-2-phenyl-propanol-(2) aus (±)-2-Hydroxy-2-phenyl-propionaldehyd-oxim beim Behandeln mit Äthanol und Natrium erhalten worden (*Tiffeneau, Cahnmann*, Bl. [5] **2** [1935] 1876, 1880).

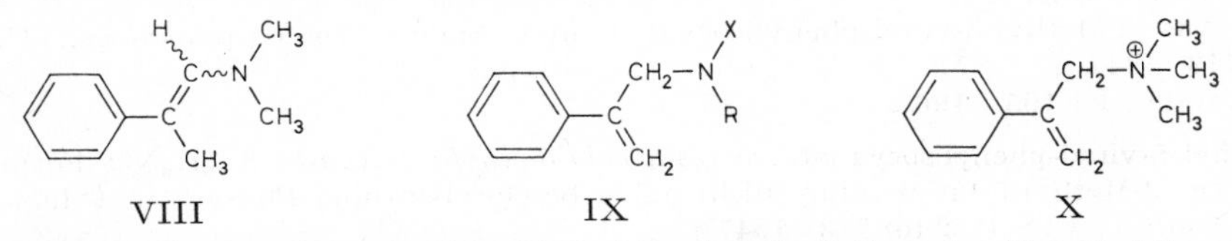

3-Methylamino-2-phenyl-propen-(1), Methyl-[2-phenyl-allyl]-amin, N-*methyl-β-methylenephenethylamine* $C_{10}H_{13}N$, Formel IX (R = CH_3, X = H).

B. Beim Erhitzen von (±)-1.2-Dibrom-2-phenyl-propan mit Methylamin in Benzol auf 130° (*Benoit, Herzog*, Bl. Sci. pharmacol. **42** [1935] 34, 41).

Kp_{15}: 108—112°.

Hydrochlorid. Krystalle (aus Butanon); F: 140°.

Pikrat. Krystalle (aus W.); F: 131°.

Trimethyl-[2-phenyl-allyl]-ammonium, *trimethyl(β-methylenephenethyl)ammonium* $[C_{12}H_{18}N]^{\oplus}$, Formel X.

Jodid. *B.* Aus 2-Phenyl-allylamin (*Tiffeneau, Cahnmann*, Bl. [5] **2** [1935] 1876, 1880) sowie aus Methyl-[2-phenyl-allyl]-amin (*Benoit, Herzog*, Bl. Sci. pharmacol. **42** [1935] 34, 42). — Krystalle; F: 160°.

3-Diäthylamino-2-phenyl-propen-(1), Diäthyl-[2-phenyl-allyl]-amin, N,N-*diethyl-β-methylenephenethylamine* $C_{13}H_{19}N$, Formel IX (R = X = C_2H_5).

B. Beim Erhitzen von (±)-1.2-Dibrom-2-phenyl-propan mit Diäthylamin auf 125° (*Benoit, Herzog*, Bl. Sci. pharmacol. **42** [1935] 34, 41).

Kp_{13}: 120—125°.
Hydrochlorid. Hygroskopische Krystalle (aus A. + Ae.); F: 113°.

2-Vinyl-benzylamin $C_9H_{11}N$.

Methyl-[2-äthyl-benzyl]-[2-vinyl-benzyl]-amin, *2-ethyl-N-methyl-2′-vinyldibenzylamine* $C_{19}H_{23}N$, Formel XI.

B. Beim Erwärmen von Methyl-[2-äthyl-benzyl]-amin mit 2-Vinyl-benzylbromid (*v. Braun, Michaelis*, A. **507** [1933] 1, 8).

Kp_{13}: 195—196°.
Hydrochlorid. Krystalle; F: 138°.

Dimethyl-[2-äthyl-benzyl]-[2-vinyl-benzyl]-ammonium, *(2-ethylbenzyl)dimethyl(2-vinylbenzyl)ammonium* $[C_{20}H_{26}N]^{\oplus}$, Formel XII.

Jodid. Krystalle; F: 164° (*v. Braun, Michaelis*, A. **507** [1933] 1, 9).

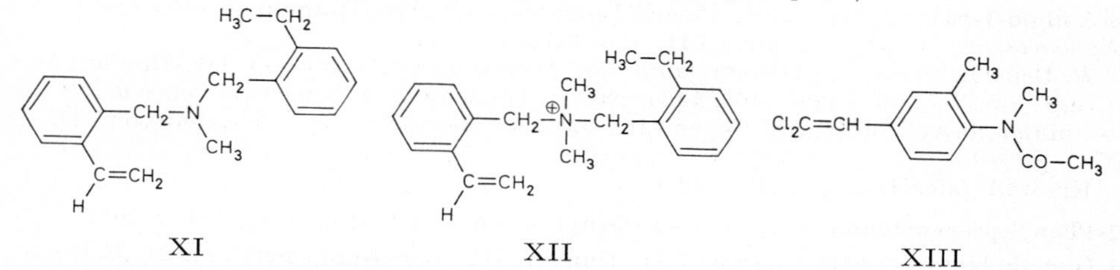

XI XII XIII

2-Methyl-4-vinyl-anilin $C_9H_{11}N$.

β.β-Dichlor-4-[methyl-acetyl-amino]-3-methyl-styrol, Essigsäure-[2.N-dimethyl-4-(2.2-dichlor-vinyl)-anilid], *4′-(2,2-dichlorovinyl)-N-methylaceto-o-toluidide* $C_{12}H_{13}Cl_2NO$, Formel XIII.

B. In geringer Menge aus (±)-Essigsäure-[2.*N*-dimethyl-4-(2.2.2-trichlor-1-hydroxy-äthyl)-anilid] oder aus (±)-Essigsäure-[2.*N*-dimethyl-4-(2.2.2-trichlor-1-acetoxy-äthyl)-anilid] beim Behandeln mit Essigsäure und Zink (*Meldrum, Advani*, J. Indian chem. Soc. **10** [1933] 107, 109).

Krystalle (aus Me.); F: 107—108°.

2-Methyl-5-vinyl-anilin $C_9H_{11}N$.

***N*-Phenyl-*N′*-[2-methyl-5-vinyl-phenyl]-harnstoff,** *1-phenyl-3-(5-vinyl-o-tolyl)urea* $C_{16}H_{16}N_2O$, Formel I.

B. Aus 2-Methyl-5-vinyl-phenylisocyanat und Anilin (*Am. Cyanamid Co.*, U.S.P. 2468713 [1947]).

Krystalle; F: 195—196°.

2-Methyl-5-vinyl-phenylisocyanat, *isocyanic acid 5-vinyl-o-tolyl ester* $C_{10}H_9NO$, Formel II.

B. Aus 2-Methyl-5-vinyl-anilin (nicht näher beschrieben) und Phosgen in Toluol (*Am. Cyanamid Co.*, U.S.P. 2468713 [1947]).

$Kp_{0,1}$: 52—54°.

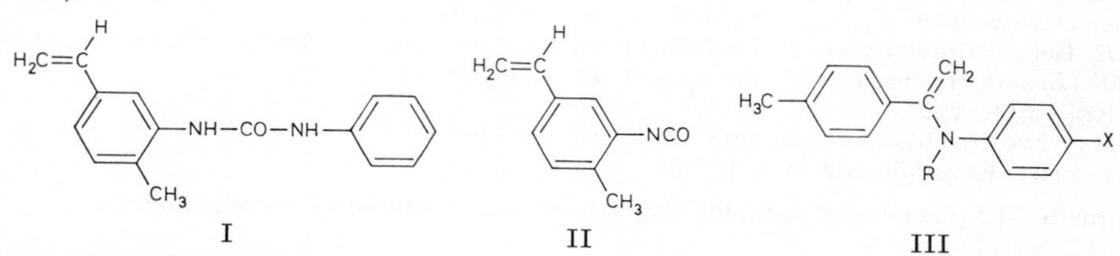

I II III

1-p-Tolyl-vinylamin $C_9H_{11}N$.

***N*-Methyl-*N*-[1-*p*-tolyl-vinyl]-anilin,** *4,N-dimethyl-α-methylene-N-phenylbenzylamine* $C_{16}H_{17}N$, Formel III ($R = CH_3$, $X = H$).

B. Beim Erhitzen von 1.1-Diäthoxy-1-*p*-tolyl-äthan (nicht näher beschrieben) mit *N*-Methyl-anilin bis auf 240° unter Entfernen des entstehenden Äthanols (*Hoch*, C. r. **200** [1935] 938).

Kp_{12}: 170—171°.

***N*-Äthyl-*N*-[1-*p*-tolyl-vinyl]-anilin,** *N-ethyl-4-methyl-α-methylene-N-phenylbenzylamine* $C_{17}H_{19}N$, Formel III ($R = C_2H_5$, $X = H$).

B. Beim Erhitzen von 1.1-Diäthoxy-1-*p*-tolyl-äthan (nicht näher beschrieben) mit *N*-Äthyl-anilin bis auf 240° unter Entfernen des entstehenden Äthanols (*Hoch*, C. r. **200** [1935] 938).

Kp_{10}: 175°.

***N*-Methyl-*N*-[1-*p*-tolyl-vinyl]-*p*-toluidin,** *4,N-dimethyl-α-methylene-N-p-tolylbenzylamine* $C_{17}H_{19}N$, Formel III ($R = X = CH_3$).

B. Beim Erhitzen von 1.1-Diäthoxy-1-*p*-tolyl-äthan (nicht näher beschrieben) mit *N*-Methyl-*p*-toluidin bis auf 240° unter Entfernen des entstehenden Äthanols (*Hoch*, C. r. **200** [1935] 938).

Kp_{12}: 181°.

2-Amino-1-phenyl-cyclopropan, 2-Phenyl-cyclopropylamin, *2-phenylcyclopropylamine* $C_9H_{11}N$.

a) **(±)-*cis*-2-Amino-1-phenyl-cyclopropan,** Formel IV (R = H) + Spiegelbild.

B. Beim Behandeln von (±)-*cis*-2-Phenyl-cyclopropan-carbonsäure-(1)-hydrazid mit wss. Salzsäure und mit Natriumnitrit und Erhitzen des Reaktionsprodukts in Toluol, zuletzt unter Zusatz von wss. Salzsäure (*Burger, Yost*, Am. Soc. **70** [1948] 2198, 2200).

$Kp_{1,5}$: 79—80°.

Hydrochlorid $C_9H_{11}N \cdot HCl$. Krystalle (aus E. + Ae.); F: 164—166° [korr.; Zers.].

b) **(±)-*trans*-2-Amino-1-phenyl-cyclopropan,** Formel V (R = X = H) + Spiegelbild.

B. Beim Erwärmen von opt.-inakt. 2-Phenyl-cyclopropan-carbonylchlorid-(1) (Kp_2: 108—110° [E III **9** 2774]) mit Natriumazid in Toluol und Erhitzen des Reaktionsprodukts mit wss. Salzsäure (*Burger, Yost*, Am. Soc. **70** [1948] 2198, 2200).

$Kp_{1,7}$: 74—81°; $Kp_{0,5}$: 69—71°.

Hydrochlorid $C_9H_{11}N \cdot HCl$. Krystalle (aus Me. + E. + Ae.); F: 153,5—156,5° [korr.; Zers.].

2-Methylamino-1-phenyl-cyclopropan, Methyl-[2-phenyl-cyclopropyl]-amin, *N-methyl-2-phenylcyclopropylamine* $C_{10}H_{13}N$.

(±)-*trans*-2-Methylamino-1-phenyl-cyclopropan, Formel V ($R = CH_3$, X = H) + Spiegelbild.

B. Beim Erwärmen von (±)-Benzaldehyd-[*trans*-2-phenyl-cyclopropylimin] mit Methyljodid und Erwärmen des Reaktionsprodukts mit Äthanol (*Burger, Yost*, Am. Soc. **70** [1948] 2198, 2201).

$Kp_{1,5}$: 88—90°.

Hydrochlorid $C_{10}H_{13}N \cdot HCl$. Krystalle (aus A. + Ae.); F: 99—124,5°.

2-Dimethylamino-1-phenyl-cyclopropan, Dimethyl-[2-phenyl-cyclopropyl]-amin, *N,N-dimethyl-2-phenylcyclopropylamine* $C_{11}H_{15}N$.

(±)-*trans*-2-Dimethylamino-1-phenyl-cyclopropan, Formel V ($R = X = CH_3$) + Spiegelbild.

B. Beim Erhitzen von (±)-*trans*-2-Amino-1-phenyl-cyclopropan mit wss. Formaldehyd und Ameisensäure (*Burger, Yost*, Am. Soc. **70** [1948] 2198, 2201).

$Kp_{1,5}$: 70—70,5°.

Hydrochlorid $C_{11}H_{15}N \cdot HCl$. Krystalle (aus E. + Ae.); F: 187—189° [korr.; Zers.].

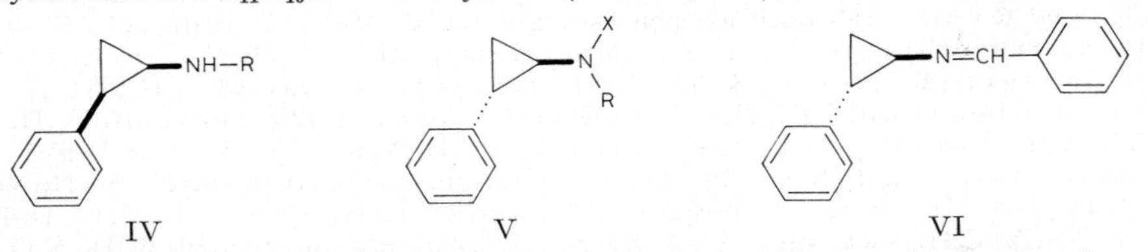

[2-Phenyl-cyclopropyl]-benzyliden-amin, Benzaldehyd-[2-phenyl-cyclopropylimin], *N-benzylidene-2-phenylcyclopropylamine* $C_{16}H_{15}N$.

(±)-Benzaldehyd-[*trans*-2-phenyl-cyclopropylimin], Formel VI + Spiegelbild.

B. Beim Erwärmen von (±)-*trans*-2-Amino-1-phenyl-cyclopropan mit Benzaldehyd in

Äthanol (*Burger, Yost*, Am. Soc. **70** [1948] 2198, 2201).
Kp_2: 170—172°.

2-Benzamino-1-phenyl-cyclopropan, *N*-[2-Phenyl-cyclopropyl]-benzamid, N-(*2-phenyl-cyclopropyl)benzamide* $C_{16}H_{15}NO$.

a) **(±)-*cis*-2-Benzamino-1-phenyl-cyclopropan,** Formel IV (R = CO-C_6H_5) + Spiegelbild.

B. Beim Behandeln von (±)-*cis*-2-Amino-1-phenyl-cyclopropan mit Benzoylchlorid und wss. Alkalilauge (*Burger, Yost*, Am. Soc. **70** [1948] 2198, 2201).

Krystalle (aus wss. A.); F: 119—120° [korr.].

b) **(±)-*trans*-2-Benzamino-1-phenyl-cyclopropan,** Formel V (R = CO-C_6H_5, X = H) + Spiegelbild.

B. Beim Behandeln von (±)-*trans*-2-Amino-1-phenyl-cyclopropan mit Benzoylchlorid und wss. Alkalilauge (*Burger, Yost*, Am. Soc. **70** [1948] 2198, 2200).

Krystalle (aus Me.); F: 122—123,5° [korr.].

Beim Erhitzen mit Phosphor(V)-oxid in Toluol ist eine wahrscheinlich als 3-Phenyl-1a.7b-dihydro-1*H*-cycloprop[*c*]isochinolin zu formulierende Verbindung (F: 109,5° bis 110,5° [korr.]) erhalten worden.

1-Amino-indan, Indanyl-(1)-amin, *indan-1-ylamine* $C_9H_{11}N$.

a) **(*R*)-Indanyl-(1)-amin,** Formel VII.

Diese Konfiguration kommt dem H 1193 beschriebenen (−)-Indanyl-(1)-amin („(−)-Hydrindamin-(1)") zu (*Brewster, Buta*, Am. Soc. **88** [1966] 2233, 2236).

b) **(*S*)-Indanyl-(1)-amin,** Formel VIII.

Diese Konfiguration kommt dem H 1192 beschriebenen (+)-Indanyl-(1)-amin („(+)-Hydrindamin-(1)") zu (*Smith, Willis*, Tetrahedron **26** [1970] 107, 115).

c) **(±)-Indanyl-(1)-amin,** Formel VII + VIII (H 1191; E II 651).

Dissoziationsexponent pK_a des (±)-Indanyl-(1)-ammonium-Ions (Wasser; potentiometrisch ermittelt) bei 22,5°: 9,24; bei 25°: 9,19 (*Kieffer*, C. r. **238** [1954] 1043).

(±)-6-Nitro-1-amino-indan, (±)-6-Nitro-indanyl-(1)-amin, (±)-*6-nitroindan-1-ylamine* $C_9H_{10}N_2O_2$, Formel IX (E II 654; dort als 6-Nitro-1-amino-hydrinden bezeichnet).

Beim Erhitzen des Hydrochlorids mit Natriumnitrit in Wasser ist 6-Nitro-indanol-(1), beim Erhitzen des Hydrochlorids mit Natriumnitrit in Wasser und anschliessend mit wss. Salzsäure sind 5-Nitro-inden und die beiden Bis-[6-nitro-indanyl-(1)]-äther erhalten worden (*Haworth, Woodcock*, Soc. **1947** 95).

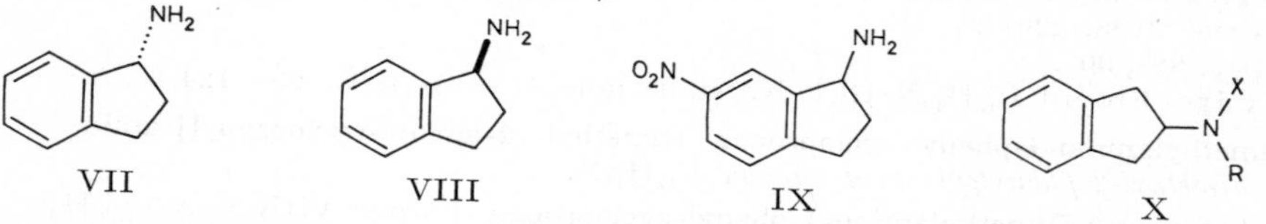

VII VIII IX X

2-Amino-indan, Indanyl-(2)-amin, *indan-2-ylamine* $C_9H_{11}N$, Formel X (R = X = H) (H 1196; E I 510).

Diese Verbindung hat auch in den H 1206 und E I 516 als 2-Methyl-indanyl-(2)-amin („2-Methyl-hindrindamin-(2)") beschriebenen Präparaten (Kp_{18}: 118—119°) vorgelegen (*Huebner et al.*, J. org. Chem. **27** [1962] 4465, 4466); Entsprechendes gilt für die H 1206 und E I 516—517 beschriebenen Derivate, die als Methyl-[indanyl-(2)]-amin $C_{10}H_{13}N$, Trimethyl-[indanyl-(2)]-ammonium-jodid [$C_{12}H_{18}N$]I, Salicylaldehyd-[indanyl-(2)-imin] $C_{16}H_{15}NO$, *N*-[Indanyl-(2)]-acetamid $C_{11}H_{13}NO$, *N*-[Indanyl-(2)]-benzamid $C_{16}H_{15}NO$, *N*-Methyl-*N*-[indanyl-(2)]-benzamid $C_{17}H_{17}NO$, *N*-Phenyl-*N'*-[indanyl-(2)]-thioharnstoff $C_{16}H_{16}N_2S$, *N.N'*-Bis-[indanyl-(2)]-thioharnstoff $C_{19}H_{20}N_2S$, *N*-[Indanyl-(2)]-benzolsulfonamid $C_{15}H_{15}NO_2S$, *N*-Methyl-*N*-[indanyl-(2)]-benzolsulfonamid $C_{16}H_{17}NO_2S$, 5-Nitro-indanyl-(2)-amin $C_9H_{10}N_2O_2$ und *N*-[5-Nitro-indanyl-(2)]-acetamid $C_{11}H_{12}N_2O_3$ zu formulieren sind.

B. Aus Indanon-(2)-oxim bei der Hydrierung in Chlorwasserstoff enthaltendem Äthanol an Palladium in Gegenwart von Palladiumchlorid (*Levin, Graham, Kolloff*, J. org. Chem. **9** [1944] 380, 386). Aus 2-Hydroxyimino-indanon-(1) bei der Hydrierung in Essigsäure an

Palladium, zuletzt in Gegenwart von Perchlorsäure bei 80° (*Rosenmund, Karg*, B. **75** [1942] 1850, 1857).

Hydrochlorid $C_9H_{11}N \cdot HCl$ (E I 510). Krystalle; F: 246—249° [Zers.] (*Hue. et al.*, l. c. S. 4467), 240° (*Ro., Karg*); Zers. bei 220° [unkorr.; aus A. + Ae.; bei langsamem Erhitzen] (*Le., Gr., Ko.*).

2-Methylamino-indan, Methyl-[indanyl-(2)]-amin, *N-methylindan-2-ylamine* $C_{10}H_{13}N$, Formel X (R = CH_3, X = H).

Diese Verbindung hat auch in dem E I 516 als 2.*N*-Dimethyl-indanyl-(2)-amin ($C_{11}H_{15}N$; „2-Methylamino-2-methyl-hydrinden") beschriebenen Präparat (Hydrochlorid: F: 212°) vorgelegen (vgl. *Huebner et al.*, J. org. Chem. **27** [1962] 4465, 4466).

B. Bei 2-tägigem Erwärmen von [Indanyl-(2)]-piperonyliden-amin mit Dimethylsulfat in Äthylbenzol (*Levin, Graham, Kolloff*, J. org. Chem. **9** [1944] 380, 387).

Hydrochlorid $C_{10}H_{13}N \cdot HCl$. Krystalle (aus A. + Ae.); Zers. bei 210°.

2-Benzylamino-indan, Benzyl-[indanyl-(2)]-amin, *N-benzylindan-2-ylamine* $C_{16}H_{17}N$, Formel X (R = CH_2-C_6H_5, X = H).

B. Aus Benzaldehyd-[indanyl-(2)-imin] bei der Hydrierung an Platin in Äthanol (*Levin, Graham, Kolloff*, J. org. Chem. **9** [1944] 380, 386).

Hydrochlorid $C_{16}H_{17}N \cdot HCl$. Zers. bei 205°.

Methyl-benzyl-[indanyl-(2)]-amin, *N-benzyl-N-methylindan-2-ylamine* $C_{17}H_{19}N$, Formel IX (R = CH_2-C_6H_5, X = CH_3).

B. Beim Erhitzen von Benzyl-[indanyl-(2)]-amin mit wss. Formaldehyd und Ameisensäure (*Upjohn Co.*, U.S.P. 2541967 [1944]).

Krystalle (aus wss. A.); F: 56—57°.

Hydrochlorid $C_{17}H_{19}N \cdot HCl$. Krystalle (aus A. + Ae.); F: 195°.

Di-[indanyl-(2)]-amin, *diindan-2-ylamine* $C_{18}H_{19}N$, Formel XI.

B. Aus Indanon-(2)-oxim bei der Hydrierung an Platin in Äthanol (*Hückel et al.*, A. **518** [1935] 155, 180).

Krystalle (aus wss. Me.); F: 102°.

[Indanyl-(2)]-benzyliden-amin, Benzaldehyd-[indanyl-(2)-imin], *N-benzylideneindan-2-ylamine* $C_{16}H_{15}N$, Formel XII (X = H).

Ein Amin (Krystalle [aus wss. A. oder Bzn.], die bei 58—67° schmelzen) dieser Konstitution ist beim Erwärmen von Indanyl-(2)-amin-hydrochlorid mit Benzaldehyd und Natriumhydrogencarbonat in Äthanol erhalten worden (*Levin, Graham, Kolloff*, J. org. Chem. **9** [1944] 380, 386).

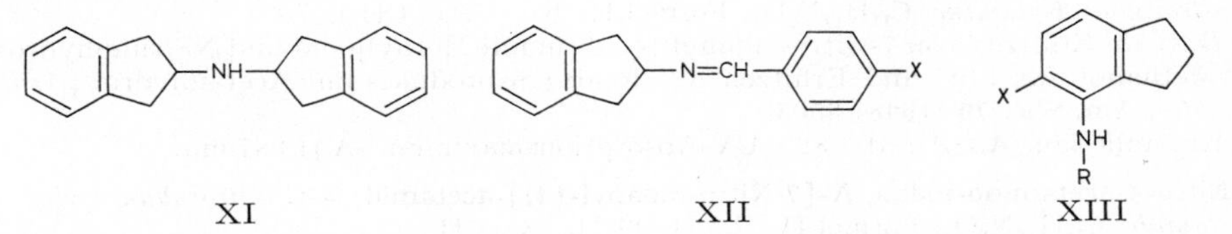

XI XII XIII

[Indanyl-(2)]-[4-methoxy-benzyliden]-amin, 4-Methoxy-benzaldehyd-[indanyl-(2)-imin], *N-(4-methoxybenzylidene)indan-2-ylamine* $C_{17}H_{17}NO$, Formel XII (X = OCH_3).

Ein Amin (Krystalle [aus wss. A.]; F: 100—101° [korr.]) dieser Konstitution ist beim Erwärmen von Indanyl-(2)-amin-hydrochlorid mit 4-Methoxy-benzaldehyd und Natriumhydrogencarbonat in Äthanol erhalten worden (*Levin, Graham, Kolloff*, J. org. Chem. **9** [1944] 380, 386).

4-Amino-indan, Indanyl-(4)-amin $C_9H_{11}N$.

4-Acetamino-indan, *N*-[Indanyl-(4)]-acetamid, *N-(indan-4-yl)acetamide* $C_{11}H_{13}NO$, Formel XIII (R = CO-CH_3, X = H) (E II 655).

B. Aus Indanyl-(4)-amin und Acetanhydrid (*Schlüter*, Diss. [Greifswald 1936] S. 10; *Arnold, Richter*, Am. Soc. **70** [1948] 3505).

Beim Behandeln mit einem Gemisch von Schwefelsäure und Salpetersäure unterhalb 0° und Erhitzen des mit Wasser versetzten Reaktionsgemisches sind 7-Nitro-indanyl-(4)-amin sowie geringere Mengen 5-Nitro-indanyl-(4)-amin und 6-Nitro-indanyl-(4)-amin erhalten worden (*Ar.*, *Ri.*). Hydrierung an Nickel in Decalin bei 200°/80 at unter Bildung von 4*t*-Acetamino-(3a*rH*.7a*cH*)-hexahydro-indan und geringeren Mengen 4*c*-Acetamino-(3a*rH*.7a*cH*)-hexahydro-indan: *Hückel et al.*, A. **530** [1937] 166, 167.

5-Nitro-4-amino-indan, 5-Nitro-indanyl-(4)-amin, *5-nitroindan-4-ylamine* $C_9H_{10}N_2O_2$, Formel XIII (R = H, X = NO_2).

B. Neben 7-Nitro-indanyl-(4)-amin und geringen Mengen 6-Nitro-indanyl-(4)-amin beim Behandeln von 4-Acetamino-indan mit einem Gemisch von Schwefelsäure und Sal=petersäure unterhalb 0° und Erhitzen des mit Wasser versetzten Reaktionsgemisches (*Arnold*, *Richter*, Am. Soc. **70** [1948] 3505).

Krystalle (aus A.); F: 106—107°.

5-Nitro-4-acetamino-indan, *N*-[5-Nitro-indanyl-(4)]-acetamid, N-(*5-nitroindan-4-yl*)=*acetamide* $C_{11}H_{12}N_2O_3$, Formel XIII (R = CO-CH_3, X = NO_2).

B. Aus 5-Nitro-indanyl-(4)-amin und Acetanhydrid (*Arnold*, *Richter*, Am. Soc. **70** [1948] 3505).

Krystalle (aus A.); F: 146—147°.

6-Nitro-4-amino-indan, 6-Nitro-indanyl-(4)-amin, *6-nitroindan-4-ylamine* $C_9H_{10}N_2O_2$, Formel I (R = H).

B. s. o. im Artikel 5-Nitro-indanyl-(4)-amin.

Krystalle (aus Cyclohexan); F: 109—110° (*Arnold*, *Richter*, Am. Soc. **70** [1948] 3505, 3506).

6-Nitro-4-acetamino-indan, *N*-[6-Nitro-indanyl-(4)]-acetamid, N-(*6-nitroindan-4-yl*)=*acetamide* $C_{11}H_{12}N_2O_3$, Formel I (R = CO-CH_3).

B. Aus 6-Nitro-indanyl-(4)-amin und Acetanhydrid (*Arnold*, *Richter*, Am. Soc. **70** [1948] 3505).

F: 189—190°.

7-Nitro-4-amino-indan, 7-Nitro-indanyl-(4)-amin, *7-nitroindan-4-ylamine* $C_9H_{10}N_2O_2$, Formel II (R = X = H).

B. s. o. im Artikel 5-Nitro-indanyl-(4)-amin.

Krystalle (aus Bzl.); F: 140—141° (*Arnold*, *Richter*, Am. Soc. **70** [1948] 3505). UV-Absorptionsmaximum (A.): 376 mμ.

Bei der Hydrierung in Essigsäure an Platin und anschliessenden Behandlung mit Kaliumdichromat und wss. Schwefelsäure ist 4.7-Dioxo-4.7-dihydro-indan erhalten worden.

7-Nitro-4-dimethylamino-indan, Dimethyl-[7-nitro-indanyl-(4)]-amin, N,N-*dimethyl-7-nitroindan-4-ylamine* $C_{11}H_{14}N_2O_2$, Formel II (R = X = CH_3).

B. Beim Erhitzen von 7-Nitro-indanyl-(4)-amin mit Methyljodid und Natriumhydroxid in Methanol auf 140° und Erhitzen des Reaktionsprodukts mit Acetanhydrid (*Arnold*, *Richter*, Am. Soc. **70** [1948] 3505).

Krystalle (aus A.); F: 81—82°. UV-Absorptionsmaximum (A.): 387 mμ.

7-Nitro-4-acetamino-indan, *N*-[7-Nitro-indanyl-(4)]-acetamid, N-(*7-nitroindan-4-yl*)=*acetamide* $C_{11}H_{12}N_2O_3$, Formel II (R = CO-CH_3, X = H).

B. Aus 7-Nitro-indanyl-(4)-amin und Acetanhydrid (*Arnold*, *Richter*, Am. Soc. **70** [1948] 3505).

F: 172—173°.

5-Amino-indan, Indanyl-(5)-amin, *indan-5-ylamine* $C_9H_{11}N$, Formel III (R = X = H) (E I 511; E II 655).

B. Aus 5-Nitro-inden bei der Hydrierung an Palladium in Methanol (*Haworth*, *Woodcock*, Soc. **1947** 95).

Beim Behandeln mit wss. Schwefelsäure und Kaliumnitrat und anschliessend mit wss. Natriumnitrit-Lösung und Erwärmen der Reaktionslösung ist 6-Nitro-indanol-(5) erhalten worden (*Neunhoeffer*, B. **68** [1935] 1774, 1779).

Trimethyl-[indanyl-(5)]-ammonium, (*indan-5-yl*)*trimethylammonium* $[C_{12}H_{18}N]^{\oplus}$, Formel IV.

Jodid (E I 511). Krystalle (aus Me. + Ae.); F: 195—196° [Zers.] (*Haworth*, *Woodcock*, Soc. **1947** 95).

5-Anilino-indan, Phenyl-[indanyl-(5)]-amin, *N-phenylindan-5-ylamine* $C_{15}H_{15}N$, Formel III (R = C_6H_5, X = H).

B. Beim Erhitzen von Indanyl-(5)-amin mit 2-Chlor-benzoesäure und Kaliumcarbonat unter Zusatz von Kupfer-Pulver bis auf 220° und Erhitzen des Reaktionsprodukts auf 250° (*Goodrich Co.*, U.S.P. 2366018 [1943]).

Krystalle (aus Hexan); F: 45—46°.

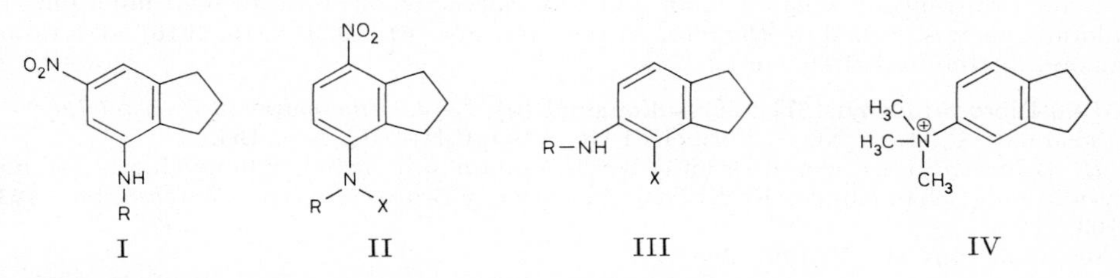

Di-[indanyl-(5)]-amin, *diindan-5-ylamine* $C_{18}H_{19}N$, Formel V.

B. Beim Erhitzen von Indanyl-(5)-amin mit Natrium unter Zusatz von Kupfer(II)-chlorid und Erhitzen des Reaktionsgemisches mit 5-Chlor-indan (*Goodrich Co.*, U.S.P. 2366018 [1943]).

Gelbes Öl; bei 170—180°/1 Torr destillierbar.

5-Acetamino-indan, *N*-[Indanyl-(5)]-acetamid, *N-(indan-5-yl)acetamide* $C_{11}H_{13}NO$, Formel III (R = CO-CH_3, X = H) (E II 655; dort als 5-Acetamino-hydrinden bezeichnet).

B. Beim Erwärmen von Indanyl-(5)-amin mit Acetanhydrid und Natriumacetat (*Haworth, Woodcock*, Soc. **1947** 95; vgl. E II 655). Beim Behandeln von 1-[Indanyl-(5)]-äthanon-(1)-oxim mit Acetanhydrid und Essigsäure in Gegenwart von Chlorwasserstoff (*Schofield, Swain, Theobald*, Soc. **1949** 2399, 2401; vgl. E II 655).

Krystalle; F: 108° (*Hückel, Goth*, B. **67** [1934] 2104, 2106), 105—106° [unkorr.] (*Sch., Sw., Th.*).

Beim Behandeln mit Salpetersäure, Essigsäure und Acetanhydrid ist 6-Nitro-5-acetamino-indan erhalten worden (*Wepster, Verkade*, R. **68** [1949] 88, 108; *Barnes, Buckwalter*, Am. Soc. **74** [1952] 4199). Hydrierung an Nickel in Decalin bei 200°/80 at unter Bildung von 5*t*-Acetamino-(3a*rH*.7a*cH*)-hexahydro-indan und geringeren Mengen 5*c*-Acetamino-(3a*rH*.7a*cH*)-hexahydro-indan: *Hückel et al.*, A. **530** [1937] 166, 179, 180. Bildung von 6-Acetamino-5-chloracetyl-indan beim Behandeln mit Chloracetylchlorid in Schwefelkohlenstoff unter Zusatz von Aluminiumchlorid: *Kränzlein*, B. **70** [1937] 1776, 1783.

4-Brom-5-amino-indan, 4-Brom-indanyl-(5)-amin, *4-bromoindan-5-ylamine* $C_9H_{10}BrN$, Formel III (R = H, X = Br).

B. Aus 4.6-Dibrom-indanyl-(5)-amin beim Erhitzen mit Äthanol, Zinn und wss. Salzsäure (*McLeish, Campbell*, Soc. **1937** 1103, 1107) oder mit Zinn(II)-chlorid und wss. Salzsäure (*Sandin, Evans*, Am. Soc. **61** [1939] 2916, 2918).

Krystalle; F: 54—55° (*Sa., Ev.*).

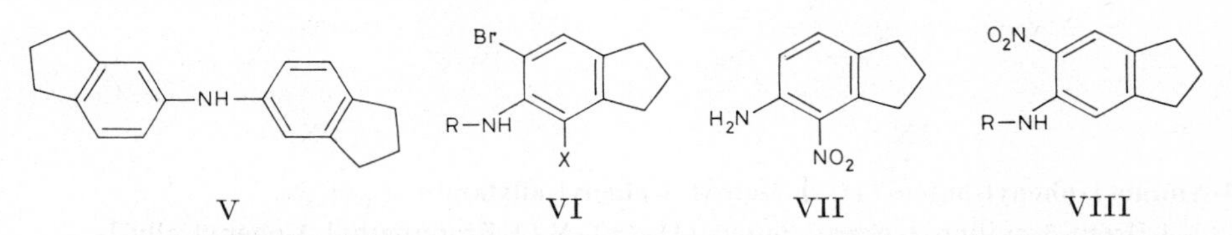

6-Brom-5-amino-indan, 6-Brom-indanyl-(5)-amin, *6-bromoindan-5-ylamine* $C_9H_{10}BrN$, Formel VI (R = X = H) (E II 655).

F: 46—47° (*McLeish, Campbell*, Soc. **1937** 1103, 1107).

Beim Erhitzen mit Toluol-sulfonylchlorid-(4) und Pyridin und Behandeln des Reaktionsgemisches mit Brom ist *N*-[4.6-Dibrom-indanyl-(5)]-toluolsulfonamid-(4) erhalten worden.

4.6-Dibrom-5-amino-indan, 4.6-Dibrom-indanyl-(5)-amin, *4,6-dibromoindan-5-ylamine* $C_9H_9Br_2N$, Formel VI (R = H, X = Br) (E II 655).

B. Beim Behandeln von *N*-[4.6-Dibrom-indanyl-(5)]-toluolsulfonamid-(4) mit warmer Schwefelsäure und Eintragen der Reaktionslösung in Wasser (*McLeish, Campbell*, Soc. **1937** 1103, 1107).

Krystalle (aus A.); F: 71° (*McL., Ca.*).

Beim Erhitzen mit Äthanol, Zinn und wss. Salzsäure (*McL., Ca.*) oder mit Zinn(II)-chlorid und wss. Salzsäure (*Sandin, Evans*, Am. Soc. **61** [1939] 2916, 2918) ist 4-Brom-indanyl-(5)-amin erhalten worden.

***N*-[4.6-Dibrom-indanyl-(5)]-toluolsulfonamid-(4),** N-(*4,6-dibromoindan-5-yl*)-p-*toluenesulfonamide* $C_{16}H_{15}Br_2NO_2S$, Formel VI (R = SO_2-C_6H_4-CH_3, X = Br).

B. Beim Erhitzen von 6-Brom-indanyl-(5)-amin mit Toluol-sulfonylchlorid-(4) und Pyridin und Behandeln des Reaktionsgemisches mit Brom (*McLeish, Campbell*, Soc. **1937** 1103, 1107).

Krystalle (aus A.); F: 199—200°.

6-Nitro-5-amino-indan, 6-Nitro-indanyl-(5)-amin, *6-nitroindan-5-ylamine* $C_9H_{10}N_2O_2$, Formel VIII (R = H).

Diese Konstitution kommt auch der E II 655 als 4-Nitro-indanyl-(5)-amin („4-Nitro-5-amino-hydrinden"; Formel VII) beschriebenen Verbindung (F: 128—129°) zu (*McLeish, Campbell*, Soc. **1937** 1103, 1106; *Barnes, Buckwalter*, Am. Soc. **74** [1952] 4199); Entsprechendes gilt für das E II 656 beschriebene *N*-Benzoyl-Derivat $C_{16}H_{14}N_2O_3$ (F: 125—126°), das als 6-Nitro-5-benzamino-indan zu formulieren ist.

B. Aus 6-Nitro-5-acetamino-indan beim Erhitzen mit wss. Salzsäure (*Ba., Bu.*).

Orangefarbene Krystalle; F: 131—132° [aus A.] (*Wepster, Verkade*, R. **68** [1949] 88, 109), 129—130° [Kofler-App.; aus Bzn.] (*Ba., Bu.*).

6-Nitro-5-acetamino-indan, *N*-[6-Nitro-indanyl-(5)]-acetamid, N-(*6-nitroindan-5-yl*)-*acetamide* $C_{11}H_{12}N_2O_3$, Formel VIII (R = CO-CH_3).

Diese Verbindung hat auch in dem E II 655 als 4-Nitro-5-acetamino-indan („4-Nitro-5-acetamino-hydrinden") beschriebenen Präparat (F: 107°) vorgelegen (*Mc Leish, Campbell*, Soc. **1937** 1103, 1106; *Barnes, Buckwalter*, Am. Soc. **74** [1952] 4199).

B. Aus 5-Acetamino-indan beim Behandeln mit Salpetersäure, Essigsäure und Acetanhydrid (*Wepster, Verkade*, R. **68** [1949] 88, 108; *Ba., Bu.*).

Gelbe Krystalle (aus A.); F: 109,5—110° (*We., Ve.*), 108° [Kofler-App.] (*Ba., Bu.*).

Geschwindigkeit der Solvolyse in methanol. Natriummethylat bei Siedetemperatur: *We., Ve.*, l. c. S. 89. [*Kowol*]

Amine $C_{10}H_{13}N$

4-[Buten-(1)-yl]-anilin $C_{10}H_{13}N$.

***N.N*-Dimethyl-4-[buten-(1)-yl]-anilin,** p-(*but-1-enyl*)-N,N-*dimethylaniline* $C_{12}H_{17}N$, Formel IX (vgl. H 1196; E II 656).

Für ein nach dem H 1196 beschriebenen Verfahren hergestelltes Präparat wird F: 32,5° (Krystalle [aus A.]) angegeben (*Rupe, Collin, Schmiderer*, Helv. **14** [1931] 1340, 1351).

3-Amino-1-phenyl-buten-(1), 1-Methyl-3-phenyl-allylamin $C_{10}H_{13}N$.

(±)-4-Brom-3-anilino-1-phenyl-buten-(1), (±)-*N*-[1-Brommethyl-3-phenyl-allyl]-anilin, (±)-α-(*bromomethyl*)-N-*phenylcinnamylamine* $C_{16}H_{16}BrN$, Formel X.

Diese Konstitution kommt vermutlich der nachstehend beschriebenen Verbindung zu.

B. Aus (±)-3.4-Dibrom-1-phenyl-buten-(1) (E III **5** 1206) und Anilin in Benzol (*Muskat, Grimsley*, Am. Soc. **55** [1933] 2860, 2864).

Orangegelbe Krystalle; F: 110°.

Beim Behandeln mit Brom in Chloroform ist eine vermutlich als x.x.x-Tribrom-

N-[2.3-dibrom-1-brommethyl-3-phenyl-propyl]-anilin ($C_{16}H_{13}Br_6N$) zu formulierende Verbindung (Hydrobromid: F: 215°) erhalten worden.

Hydrobromid $C_{16}H_{16}BrN \cdot HBr$. Gelbliche Krystalle; F: 124°. An feuchter Luft erfolgt Hydrolyse.

4-Phenyl-buten-(3)-ylamin $C_{10}H_{13}N$.

(±)-2-Chlor-4-phenyl-buten-(3)-ylamin, *(±)-2-chloro-4-phenylbut-3-enylamine* $C_{10}H_{12}ClN$, Formel XI (R = H).

Eine als Hydrochlorid $C_{10}H_{12}ClN \cdot HCl$ (Krystalle; F: 138°) isolierte Base dieser Konstitution ist beim Einleiten von Chlorwasserstoff in eine Lösung von 4-Amino-1-phenyl-butadien-(1.3) (E III **7** 1410) in Benzol erhalten worden (*Muskat, Grimsley*, Am. Soc. **55** [1933] 3762, 3767).

(±)-3-Chlor-4-anilino-1-phenyl-buten-(1), (±)-*N*-[2-Chlor-4-phenyl-buten-(3)-yl]-anilin, *(±)-2-chloro-4,*N*-diphenylbut-3-enylamine* $C_{16}H_{16}ClN$, Formel XI ($R = C_6H_5$).

Eine als Hydrochlorid $C_{16}H_{16}ClN \cdot HCl$ (Krystalle, F: 124°; gegen Wasser nicht beständig) isolierte Base dieser Konstitution ist beim Einleiten von Chlorwasserstoff in eine Lösung von 4-Anilino-1-phenyl-butadien-(1.3) (E III **12** 326) in Benzol erhalten und durch Einleiten von Chlor in eine Lösung des Hydrochlorids in Chloroform in das Hydrochlorid (F: 218°) einer vermutlich als x.x.x-Trichlor-*N*-[2.3.4-trichlor-4-phenyl-butyl]-anilin ($C_{16}H_{13}Cl_6N$) zu formulierenden Verbindung übergeführt worden (*Muskat, Grimsley*, Am. Soc. **55** [1933] 3762, 3765, 3766).

4-[Buten-(2)-yl]-anilin, p-*(but-2-enyl)aniline* $C_{10}H_{13}N$, Formel XII (R = H).

Eine als *N*-Acetyl-Derivat $C_{12}H_{15}NO$ (Essigsäure-[4-(buten-(2)-yl)-anilid]; Krystalle [aus wss. A.], F: 98—99°; Formel XII [$R = CO\text{-}CH_3$]) charakterisierte Verbindung (Kp_{24}: 135—136°) dieser Konstitution ist neben 1-Anilino-buten-(2) (Kp_{34}: 132—134°) beim Erhitzen von Butadien-(1.3) mit Anilin und Anilin-hydrobromid auf 250° erhalten worden (*Hickinbottom*, Soc. **1934** 1981, 1982).

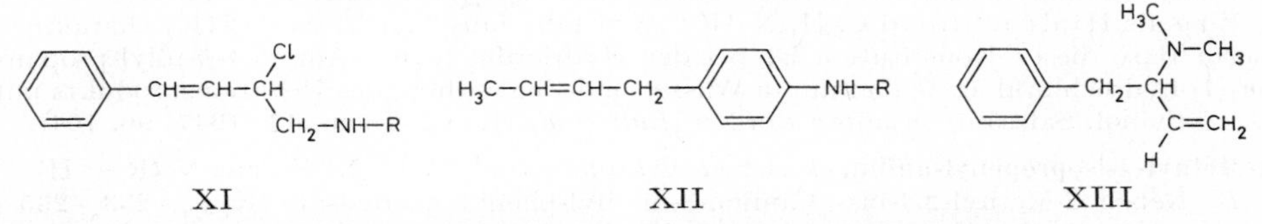

XI XII XIII

4-Anilino-1-[buten-(2)-yl]-benzol, Phenyl-[4-(buten-(2)-yl)-phenyl]-amin, *4-(but-2-enyl)diphenylamine* $C_{16}H_{17}N$, Formel XII ($R = C_6H_5$).

Eine Verbindung (Krystalle [aus A.]; F: 52—53°) dieser Konstitution ist neben einer als Bis-[4-(buten-(2)-yl)-phenyl]-amin angesehenen Verbindung $C_{20}H_{23}N$ (Krystalle [aus A.]; F: 148—148,5°) und einer möglicherweise als 2.3-Dimethyl-1-phenyl-indol ($C_{16}H_{15}N$) zu formulierenden (vgl. diesbezüglich *Hickinbottom*, Soc. **1934** 1981, 1982) Verbindung (F: 67—68°) beim Erhitzen von Diphenylamin mit Butadien-(1.3) unter Zusatz von Zinkchlorid auf 200° erhalten worden (*Goodrich Co.*, U.S.P. 2419735 [1941]).

2-Amino-1-phenyl-buten-(3), 1-Benzyl-allylamin $C_{10}H_{13}N$.

(±)-2-Dimethylamino-1-phenyl-buten-(3), (±)-Dimethyl-[1-benzyl-allyl]-amin, (±)-N,N-*dimethyl-α-vinylphenethylamine* $C_{12}H_{17}N$, Formel XIII.

B. Aus Dimethyl-allyl-benzyl-ammonium-bromid beim Erwärmen mit Natriumamid (*Thomson, Stevens*, Soc. **1932** 1932, 1939).

Kp_{45}: 121—124°.

Pikrat $C_{12}H_{17}N \cdot C_6H_3N_3O_7$. Gelbe Krystalle (aus wss. Me.); F: 147—149°.

2-Phenyl-buten-(2)-ylamin, *β-ethylidenephenethylamine* $C_{10}H_{13}N$, Formel I.

Diese Konstitution kommt wahrscheinlich der nachstehend beschriebenen Verbindung zu.

B. Neben 1-Amino-2-phenyl-butanol-(2) beim Behandeln von (±)-2-Hydroxy-2-phenyl-butyraldehyd-oxim mit Äthanol und Natrium (*Tiffeneau, Cahnmann*, Bl. [5] **2** [1935] 1876, 1881).

Kp_{15}: 110—115°.

Hydrochlorid $C_{10}H_{13}N \cdot HCl$. Krystalle (aus A. + E. + Ae.); F: 166,5—167° [korr.].

3-Amino-2-phenyl-buten-(1), 1-Methyl-2-phenyl-allylamin $C_{10}H_{13}N$.

(±)-3-Methylamino-2-phenyl-buten-(1), (±)-Methyl-[1-methyl-2-phenyl-allyl]-amin, (±)-α,N-*dimethyl-β-methylenephenethylamine* $C_{11}H_{15}N$, Formel II ($R = CH_3$, $X = H$).

B. Beim Erhitzen von opt.-inakt. 2.3-Dibrom-2-phenyl-butan (E III **5** 935) mit Methylamin in Benzol auf 140° (*Benoit, Herzog*, Bl. Sci. pharmacol. **42** [1935] 34, 42).

Kp_{14}: ca. 120°.

Hydrochlorid. Krystalle (aus A. + Ae.); F: 165°.

Pikrat. Krystalle (aus W.); F: 164°.

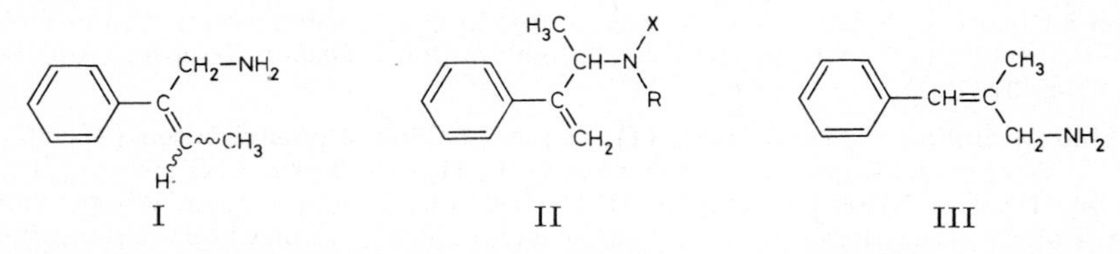

(±)-3-Diäthylamino-2-phenyl-buten-(1), (±)-Diäthyl-[1-methyl-2-phenyl-allyl]-amin, (±)-N,N-*diethyl-α-methyl-β-methylenephenethylamine* $C_{14}H_{21}N$, Formel II ($R = X = C_2H_5$).

B. Beim Erhitzen von opt.-inakt. 2.3-Dibrom-2-phenyl-butan (E III **5** 935) mit Diäthylamin in Benzol auf 140° (*Benoit, Herzog*, Bl. Sci. pharmacol. **42** [1935] 34, 42).

Kp_{18}: 133—136°.

2-Methyl-3-phenyl-allylamin, *β-methylcinnamylamine* $C_{10}H_{13}N$, Formel III (vgl. H **12** 1196).

Diese Konstitution ist auch für die H **9** 811 unter Vorbehalt als 2-Benzyl-allylamin („β-Benzyl-allylamin") formulierte Verbindung $C_{10}H_{13}N$ in Betracht zu ziehen (*Cronyn*, Am. Soc. **74** [1952] 1225, 1227 Anm. 18).

4-Methyl-cinnamylamin, *4-methylcinnamylamine* $C_{10}H_{13}N$, Formel IV.

Eine als Hydrochlorid $C_{10}H_{13}N \cdot HCl$ (Krystalle [aus A.]; F: 240—241°) charakterisierte Base dieser Konstitution ist bei der Hydrierung von 3-Amino-1-*p*-tolyl-propanon-(1)-hydrochlorid an Palladium in Wasser und Behandlung des Reaktionsprodukts mit wss.-äthanol. Salzsäure erhalten worden (*Lutz et al.*, J. org. Chem. **12** [1947] 96, 104).

2-Methyl-4-isopropenyl-anilin, *4-isopropenyl-o-toluidine* $C_{10}H_{13}N$, Formel V ($R = H$).

B. Neben 2-Methyl-2.4-bis-[4-amino-3-methyl-phenyl]-penten-(3) ($Kp_{0,3}$: 233—235°) und *o*-Toluidin beim Erwärmen von 2.2-Bis-[4-amino-3-methyl-phenyl]-propan mit geringen Mengen wss. Schwefelsäure (*v. Braun*, A. **507** [1933] 14, 26).

Als *N*-Acetyl-Derivat $C_{12}H_{15}NO$ (Essigsäure-[2-methyl-4-isopropenyl-anilid]; Formel V [$R = CO\text{-}CH_3$]; F: 132°) isoliert.

Beim Erwärmen erfolgt Umwandlung in 2-Methyl-2.4-bis-[4-amino-3-methyl-phenyl]-penten-(3) ($Kp_{0,3}$: 233—235°).

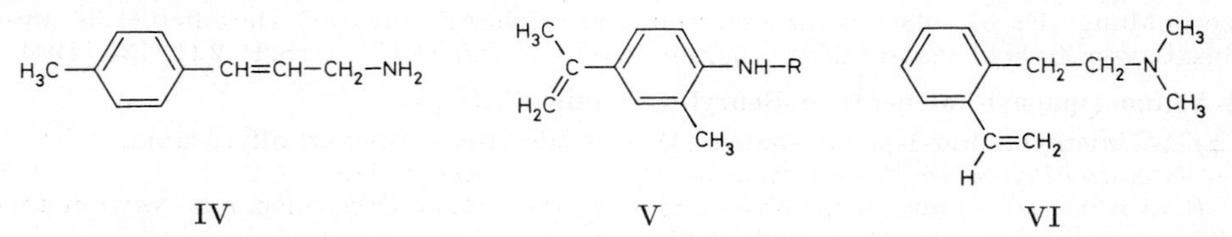

2-Vinyl-phenäthylamin $C_{10}H_{13}N$.

Dimethyl-[2-vinyl-phenäthyl]-amin, N,N-*dimethyl-2-vinylphenethylamine* $C_{12}H_{17}N$, Formel VI.

Die Identität der E II 657 unter dieser Konstitution beschriebenen Verbindung ist ungewiss, da das zu ihrer Herstellung verwendete Jodid nicht die angegebene Konstitution hat (vgl. diesbezüglich *Eidebenz*, B. **74** [1941] 1798).

(±)-*C*-Cyclopropyl-*C*-phenyl-methylamin, (±)-α-*cyclopropylbenzylamine* $C_{10}H_{13}N$, Formel VII (E I 512; dort als α-Cyclopropyl-benzylamin bezeichnet).

Hydrochlorid $C_{10}H_{13}N \cdot HCl$ (E I 512). Krystalle (aus A. + Ae.); F: 237—238° (*Close*, Am. Soc. **79** [1957] 1455, 1458).

5-Amino-1.2.3.4-tetrahydro-naphthalin, 5.6.7.8-Tetrahydro-naphthyl-(1)-amin, *5,6,7,8-tetrahydro-1-naphthylamine* $C_{10}H_{13}N$, Formel VIII (R = X = H) (H 1197; E I 512; E II 657).

B. Aus 1-Nitro-naphthalin oder aus 1.5-Dinitro-naphthalin beim Erwärmen mit Nickel-Aluminium-Legierung und wss. Natronlauge bzw. wss.-äthanol. Natronlauge (*Papa, Schwenk, Breiger*, J. org. Chem. **14** [1949] 366, 371).

Kp_{763}: 279—279,3° (*Fieser, Hershberg*, Am. Soc. **59** [1937] 2331, 2333); Kp_{15}: 149° bis 152° (*Brown, Widiger, Letang*, Am. Soc. **61** [1939] 2597, 2600). n_D^{20}: 1,6044 (*Br., Wi., Le.*).

Beim Behandeln mit Schwefelsäure und Natriumnitrit bei —10° und Behandeln des Reaktionsprodukts mit Natriumacetat in Wasser ist 4-Nitroso-5.6.7.8-tetrahydro-naphthyl-(1)-amin (E III **7** 3507) erhalten worden (*I. G. Farbenind.*, D.R.P. 519729 [1929]; Frdl. **17** 471).

Hydrochlorid $C_{10}H_{13}N \cdot HCl$ (H 1197; E II 657). Krystalle; F: 259—261° [korr.] (*Papa, Sch., Br.*).

2-Nitro-indandion-(1.3)-Salz $C_{10}H_{13}N \cdot C_9H_5NO_4$. Gelbe Krystalle (aus A.); F: 204° (*Wanag, Lode*, B. **70** [1937] 547, 557).

(1*R*)-2-Oxo-bornan-sulfonat-(10) $C_{10}H_{13}N \cdot C_{10}H_{16}O_4S$. Krystalle (aus A. + E.); F: 163° (*Singh, Perti, Singh*, Univ. Allahabad Studies **1944** Chem. 37, 45, 47). $[\alpha]_D^{35}$: —28,9° [Py.; c = 1]; $[\alpha]_D^{35}$: —27,5° [A.; c = 1]; $[\alpha]_D^{35}$: —19,0° [Me.; c = 1]; $[\alpha]_D^{35}$: —12,5° [W.; c = 1] (*Si., Pe., Si.*, l. c. S. 57). Optisches Drehungsvermögen (436—671 mμ) von Lösungen in Pyridin, Äthanol, Methanol und Wasser: *Si., Pe., Si.* $[\alpha]_{546}^{35}$: —36,4° (Anfangswert) → —33,0° (nach 48 h) [A.; c = 1]; $[\alpha]_{546}^{35}$: —25,0° (Anfangswert) → —22,5° (nach 24 h) [Me.; c = 1] (*Si., Pe., Si.*). — (1*S*)-2-Oxo-bornan-sulfonat-(10) $C_{10}H_{13}N \cdot C_{10}H_{16}O_4S$. Krystalle (aus A. + E.); F: 163° (*Si., Pe., Si.*). $[\alpha]_D^{35}$: +28,5° [Py.; c = 1]; $[\alpha]_D^{35}$: +28,0° [A.; c = 1]; $[\alpha]_D^{35}$: +18,5° [Me.; c = 1]; $[\alpha]_D^{35}$: +12,0° [W.; c = 1] (*Si., Pe., Si.*). Optisches Drehungsvermögen (436—671 mμ) von Lösungen in Pyridin, Äthanol, Methanol und Wasser: *Si., Pe., Si.* $[\alpha]_{546}^{35}$: +36,5° (Anfangswert) → +33,0° (nach 48 h) [A.; c = 1]; $[\alpha]_{546}^{35}$: +25,0° (Anfangswert) → +22,5° (nach 24 h) [Me.; c = 1] (*Si., Pe., Si.*). — (±)-2-Oxo-bornan-sulfonat-(10) $C_{10}H_{13}N \cdot C_{10}H_{16}O_4S$. Krystalle (aus A. + E.); F: 163° (*Si., Pe., Si.*).

5-Dimethylamino-1.2.3.4-tetrahydro-naphthalin, Dimethyl-[5.6.7.8-tetrahydro-naphth=yl-(1)]-amin, N,N-*dimethyl-5,6,7,8-tetrahydro-1-naphthylamine* $C_{12}H_{17}N$, Formel VIII (R = X = CH_3) (H 1197; E I 512; dort als Dimethyl-[*ar*-tetrahydro-α-naphthylamin] bezeichnet).

Kp_{16}: 134—134,5°; n_D^{20}: 1,5608 (*Brown, Widiger, Letang*, Am. Soc. **61** [1939] 2597, 2600).

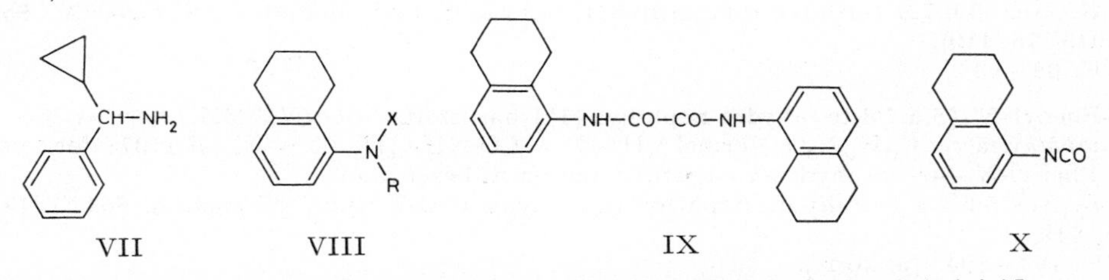

VII VIII IX X

5-Acetamino-1.2.3.4-tetrahydro-naphthalin, *N*-[5.6.7.8-Tetrahydro-naphthyl-(1)]-acetamid, N-(*5,6,7,8-tetrahydro-1-naphthyl*)*acetamide* $C_{12}H_{15}NO$, Formel VIII (R = CO-CH_3, X = H) (H 1197; E I 513; E II 658; dort als 5-Acetamino-tetralin bezeichnet).

B. Aus 5.6.7.8-Tetrahydro-naphthyl-(1)-amin und Acetanhydrid in Benzol (*Lewkoew, Šweschnikow*, Ž. obšč. Chim. **16** [1946] 1655, 1656; C. A. **1947** 5884). Aus 1-Acetamino-naphthalin bei der Hydrierung an Raney-Nickel in Äthanol bei 180°/50 at (*Šergiewškaja, Mamiofe*, Ž. obšč. Chim. **18** [1948] 874; C. A. **1949** 202).

Krystalle (aus A.); F: 160—161° (*Le., Šw.*).

Hydrierung an Platin in Essigsäure und wss. Salzsäure bei 40°/3 at unter Bildung von 1*t*-Acetamino-(4a*rH*.8a*cH*)-decahydro-naphthalin: *Hückel et al.*, A. **502** [1933] 99, 110.

5-Thioacetamino-1.2.3.4-tetrahydro-naphthalin, *N*-[5.6.7.8-Tetrahydro-naphthyl-(1)]-thioacetamid, N-*(5,6,7,8-tetrahydro-1-naphthyl)thioacetamide* $C_{12}H_{15}NS$, Formel VIII (R = CS-CH_3, X = H).

B. Aus 5-Acetamino-1.2.3.4-tetrahydro-naphthalin beim Erwärmen mit Phosphor(V)-sulfid in Benzol (*Lewkoew, Šweschnikow,* Ž. obšč. Chim. **16** [1946] 1655, 1656; C. A. **1947** 5884).

Krystalle (aus wss. A.); F: 106—107°.

[5.6.7.8-Tetrahydro-naphthyl-(1)]-oxamidsäure, *(5,6,7,8-tetrahydro-1-naphthyl)oxamic acid* $C_{12}H_{13}NO_3$, Formel VIII (R = CO-COOH, X = H).

B. Aus [5.6.7.8-Tetrahydro-naphthyl-(1)]-oxamidsäure-äthylester beim Erwärmen mit wss. Natronlauge (*Šergiewškaja,* Ž. obšč. Chim. **10** [1940] 55, 61; C. **1940** II 204).

Krystalle (aus CCl_4); F: 156—157° [Zers.].

[5.6.7.8-Tetrahydro-naphthyl-(1)]-oxamidsäure-äthylester, *(5,6,7,8-tetrahydro-1-naphthyl)oxamic acid ethyl ester* $C_{14}H_{17}NO_3$, Formel VIII (R = CO-CO-OC_2H_5, X = H).

B. Neben *N.N'*-Bis-[5.6.7.8-tetrahydro-naphthyl-(1)]-oxamid beim Erwärmen von 5.6.7.8-Tetrahydro-naphthyl-(1)-amin mit Oxalsäure-diäthylester (*Šergiewškaja,* Ž. obšč. Chim. **10** [1940] 55, 61; C. **1940** II 204).

Krystalle (aus PAe.); F: 83,5—84°.

Beim Behandeln mit Salpetersäure sind [4-Nitro-5.6.7.8-tetrahydro-naphthyl-(1)]-oxamidsäure-äthylester und geringe Mengen [2-Nitro-5.6.7.8-tetrahydro-naphthyl-(1)]-oxamidsäure-äthylester erhalten worden (*Še.,* l. c. S. 63).

[5.6.7.8-Tetrahydro-naphthyl-(1)]-oxamid, *(5,6,7,8-tetrahydro-1-naphthyl)oxamide* $C_{12}H_{14}N_2O_2$, Formel VIII (R = CO-CO-NH_2, X = H).

B. Aus [5.6.7.8-Tetrahydro-naphthyl-(1)]-oxamidsäure-äthylester beim Behandeln mit wss. Ammoniak (*Šergiewškaja,* Ž. obšč. Chim. **10** [1940] 55, 61; C. **1940** II 204).

Krystalle (aus A.); F: 218—219°.

***N.N'*-Bis-[5.6.7.8-tetrahydro-naphthyl-(1)]-oxamid,** N,N'-*bis(5,6,7,8-tetrahydro-1-naphthyl)oxamide* $C_{22}H_{24}N_2O_2$, Formel IX.

B. Neben [5.6.7.8-Tetrahydro-naphthyl-(1)]-oxamidsäure-äthylester beim Erwärmen von 5.6.7.8-Tetrahydro-naphthyl-(1)-amin mit Oxalsäure-diäthylester (*Šergiewškaja,* Ž. obšč. Chim. **10** [1940] 55, 61; C. **1940** II 204).

Krystalle (aus 1.2-Dichlor-äthan); F: 258°.

[5.6.7.8-Tetrahydro-naphthyl-(1)]-carbamidsäure-methylester, *(5,6,7,8-tetrahydro-1-naphthyl)carbamic acid methyl ester* $C_{12}H_{15}NO_2$, Formel VIII (R = CO-OCH_3, X = H).

B. Aus 5.6.7.8-Tetrahydro-naphthyl-(1)-isocyanat und Methanol (*Siefken,* A. **562** [1949] 75, 119).

F: 62—63°.

***N*-Phenyl-*N'*-[5.6.7.8-tetrahydro-naphthyl-(1)]-harnstoff,** *1-phenyl-3-(5,6,7,8-tetrahydro-1-naphthyl)urea* $C_{17}H_{18}N_2O$, Formel VIII (R = CO-NH-C_6H_5, X = H) (H 1197; dort als *N*-Phenyl-*N'*-[*ar*-tetrahydro-α-naphthyl]-harnstoff bezeichnet).

B. Aus 5.6.7.8-Tetrahydro-naphthyl-(1)-isocyanat und Anilin (*Siefken,* A. **562** [1949] 75, 119).

F: 193—194° [unkorr.].

[5.6.7.8-Tetrahydro-naphthyl-(1)]-thioharnstoff, *(5,6,7,8-tetrahydro-1-naphthyl)thiourea* $C_{11}H_{14}N_2S$, Formel VIII (R = CS-NH_2, X = H).

B. Aus 5.6.7.8-Tetrahydro-naphthyl-(1)-isothiocyanat und Ammoniak (*Desai, Hunter, Kureishy,* Soc. **1936** 1668, 1671).

Krystalle (aus A.); F: 161°.

Beim Erwärmen mit Brom in Chloroform und Behandeln des Reaktionsprodukts mit wss. Schwefeldioxid ist 2-Amino-6.7.8.9-tetrahydro-naphtho[1.2-*d*]thiazol erhalten worden.

***N*-Methyl-*N'*-[5.6.7.8-tetrahydro-naphthyl-(1)]-thioharnstoff,** *1-methyl-3-(5,6,7,8-tetrahydro-1-naphthyl)thiourea* $C_{12}H_{16}N_2S$, Formel VIII (R = CS-NH-CH_3, X = H).

B. Aus 5.6.7.8-Tetrahydro-naphthyl-(1)-isothiocyanat und Methylamin in Äthanol

(*Desai, Hunter, Kureishy*, Soc. **1936** 1668, 1671).
Krystalle; F: 158°.

5.6.7.8-Tetrahydro-naphthyl-(1)-isocyanat, *isocyanic acid 5,6,7,8-tetrahydro-1-naphthyl ester* $C_{11}H_{11}NO$, Formel X auf S. 2805.
B. Aus 5.6.7.8-Tetrahydro-naphthyl-(1)-amin und Phosgen (*Siefken*, A. **562** [1949] 75, 80, 119).
Kp_{14}: 134—135°.

5.6.7.8-Tetrahydro-naphthyl-(1)-isothiocyanat, *isothiocyanic acid 5,6,7,8-tetrahydro-1-naphthyl ester* $C_{11}H_{11}NS$, Formel XI.
B. Beim Behandeln von 5.6.7.8-Tetrahydro-naphthyl-(1)-amin in Chloroform mit Thiophosgen in Wasser (*Desai, Hunter, Kureishy*, Soc. **1936** 1668, 1671).
Krystalle (aus Hexan); F: 34°.

3-Hydroxy-*N*-[5.6.7.8-tetrahydro-naphthyl-(1)]-5.6.7.8-tetrahydro-naphthamid-(2), *3-hydroxy-*N*-(5,6,7,8-tetrahydro-1-naphthyl)-5,6,7,8-tetrahydro-2-naphthamide* $C_{21}H_{23}NO_2$, Formel XII.
B. Aus 3-Hydroxy-*N*-[naphthyl-(1)]-naphthamid-(2) bei der Hydrierung an einem Nickel-Kupfer-Katalysator in Dioxan bei 150°/100 at (*I. G. Farbenind.*, D.R.P. 629698 [1934]; Frdl. **23** 753).
Krystalle (aus Me. + Dioxan); F: 181—182°.

***N*-Nitroso-*N*-[5.6.7.8-tetrahydro-naphthyl-(1)]-acetamid,** *N-nitroso-N-(5,6,7,8-tetrahydro-1-naphthyl)acetamide* $C_{12}H_{14}N_2O_2$, Formel VIII (R = CO-CH_3, X = NO) auf S. 2805.
B. Aus 5-Acetamino-1.2.3.4-tetrahydro-naphthalin und Distickstofftrioxid in Essigsäure (*Veselý, Stojanova*, Collect. **10** [1938] 142, 144).
Gelbes Pulver.
Beim Erwärmen in Benzol ist 1.3.4.5-Tetrahydro-benz[*cd*]indazol erhalten worden.

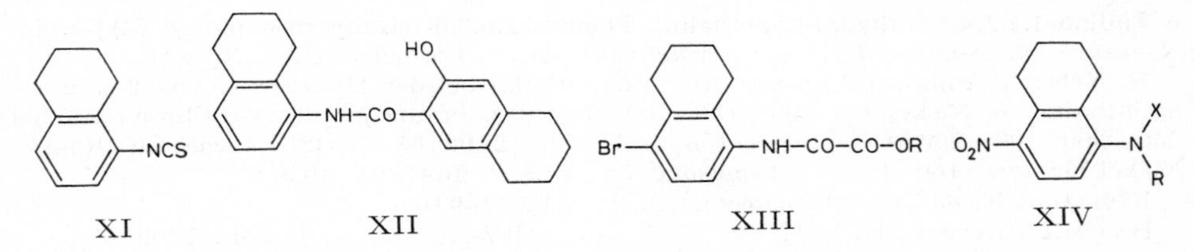

XI XII XIII XIV

[4-Brom-5.6.7.8-tetrahydro-naphthyl-(1)]-oxamidsäure, *(4-bromo-5,6,7,8-tetrahydro-1-naphthyl)oxamic acid* $C_{12}H_{12}BrNO_3$, Formel XIII (R = H).
B. Aus [4-Brom-5.6.7.8-tetrahydro-naphthyl-(1)]-oxamidsäure-äthylester beim Erwärmen mit wss. Natronlauge (*Šergiewškaja*, Ž. obšč. Chim. **10** [1940] 55, 63; C. **1940** II 204).
Krystalle (aus Bzl.); F: 180—181° [Zers.].

[4-Brom-5.6.7.8-tetrahydro-naphthyl-(1)]-oxamidsäure-äthylester, *(4-bromo-5,6,7,8-tetrahydro-1-naphthyl)oxamic acid ethyl ester* $C_{14}H_{16}BrNO_3$, Formel XIII (R = C_2H_5).
B. Aus [5.6.7.8-Tetrahydro-naphthyl-(1)]-oxamidsäure-äthylester und Brom in 1.2-Dichlor-äthan (*Šergiewškaja*, Ž. obšč. Chim. **10** [1940] 55, 62; C. **1940** II 204).
Krystalle (aus PAe. + A.); F: 135—136°.

8-Nitroso-5-amino-1.2.3.4-tetrahydro-naphthalin, 4-Nitroso-5.6.7.8-tetrahydro-naphthyl-(1)-amin $C_{10}H_{12}N_2O$ s. E III **7** 3507.

8-Nitro-5-amino-1.2.3.4-tetrahydro-naphthalin, 4-Nitro-5.6.7.8-tetrahydro-naphthyl-(1)-amin, *4-nitro-5,6,7,8-tetrahydro-1-naphthylamine* $C_{10}H_{12}N_2O_2$, Formel XIV (R = X = H) (E I 513; E II 659).
UV-Absorptionsmaximum (A.): 383 mμ (*Arnold, Richter*, Am. Soc. **70** [1948] 3505).

8-Nitro-5-dimethylamino-1.2.3.4-tetrahydro-naphthalin, Dimethyl-[4-nitro-5.6.7.8-tetrahydro-naphthyl-(1)]-amin, *N,N-dimethyl-4-nitro-5,6,7,8-tetrahydro-1-naphthylamine* $C_{12}H_{16}N_2O_2$, Formel XIV (R = X = CH_3).
B. Beim Erhitzen von 4-Nitro-5.6.7.8-tetrahydro-naphthyl-(1)-amin mit Methyljodid

und methanol. Natronlauge auf 140° und Erwärmen des Reaktionsprodukts mit Acetanhydrid (*Arnold, Richter*, Am. Soc. **70** [1948] 3505).
F: 61—62°. UV-Absorptionsmaximum (A.): 364 mμ.

[4-Nitro-5.6.7.8-tetrahydro-naphthyl-(1)]-oxamidsäure-äthylester, *(4-nitro-5,6,7,8-tetrahydro-1-naphthyl)oxamic acid ethyl ester* $C_{14}H_{16}N_2O_5$, Formel XIV (R = CO-CO-OC$_2$H$_5$, X = H).
B. Neben geringen Mengen [2-Nitro-5.6.7.8-tetrahydro-naphthyl-(1)]-oxamidsäure-äthylester ($C_{14}H_{16}N_2O_5$) beim Behandeln von [5.6.7.8-Tetrahydro-naphthyl-(1)]-oxamidsäure-äthylester mit Salpetersäure (*Šergiewškaja*, Ž. obšč. Chim. **10** [1940] 55, 63; C. **1940** II 204).
Krystalle (aus CCl_4); F: 163—164°.

***N*-Nitroso-*N*-[4-nitro-5.6.7.8-tetrahydro-naphthyl-(1)]-acetamid,** N-*nitroso*-N-*(4-nitro-5,6,7,8-tetrahydro-1-naphthyl)acetamide* $C_{12}H_{13}N_3O_4$, Formel XIV (R = CO-CH$_3$, X = NO).
B. Aus 8-Nitro-5-acetamino-1.2.3.4-tetrahydro-naphthalin und Distickstofftrioxid in Essigsäure (*Veselý, Stojanova*, Collect. **10** [1938] 142, 145).
Gelbes Pulver.
Beim Erwärmen in Benzol ist 6-Nitro-1.3.4.5-tetrahydro-benz[*cd*]indazol erhalten worden.

6-Amino-1.2.3.4-tetrahydro-naphthalin, 5.6.7.8-Tetrahydro-naphthyl-(2)-amin, *5,6,7,8-tetrahydro-2-naphthylamine* $C_{10}H_{13}N$, Formel I (R = H) (H 1198; E II 660).
B. Neben 1.2.3.4-Tetrahydro-naphthyl-(2)-amin bei der Hydrierung von Naphthyl-(2)-amin an Nickel in Methylcyclohexan bei 140°/180 at (*Adkins, Cramer*, U.S.P. 2092525 [1932]) oder ohne Lösungsmittel bei 230—300°/100 at (*I.G. Farbenind.*, D.R.P. 524691 [1927]; Frdl. **17** 811).
F: 45°; E: 48° (*I. G. Farbenind.*, D.R.P. 581831 [1931]; Frdl. **20** 471).

6-Anilino-1.2.3.4-tetrahydro-naphthalin, Phenyl-[5.6.7.8-tetrahydro-naphthyl-(2)]-amin, N-*phenyl-5,6,7,8-tetrahydro-2-naphthylamine* $C_{16}H_{17}N$, Formel II (R = X = H).
B. Neben 2-Anilino-1.2.3.4-tetrahydro-naphthalin bei der Hydrierung von 2-Anilino-naphthalin an Nickel bei 100—150°/100—200 at oder an Kupferoxid-Chromoxid bei 250—300°/100—200 at (*Wingfoot Corp.*, U.S.P. 2109165 [1932]) sowie an Raney-Nickel bei 120—160°/125 at (*Wingfoot Corp.*, U.S.P. 2095897 [1936]).
Krystalle; F: 65—66° (*Wingfoot Corp.*, U.S.P. 2109165).
Hydrochlorid $C_{16}H_{17}N \cdot HCl$. F: 147—148° (*Wingfoot Corp.*, U.S.P. 2109165).

6-[4-Chlor-2-nitro-anilino]-1.2.3.4-tetrahydro-naphthalin, [4-Chlor-2-nitro-phenyl]-[5.6.7.8-tetrahydro-naphthyl-(2)]-amin, N-*(4-chloro-2-nitrophenyl)-5,6,7,8-tetrahydro-2-naphthylamine* $C_{16}H_{15}ClN_2O_2$, Formel II (R = Cl, X = NO$_2$).
B. Beim Erhitzen von 6-Anilino-1.2.3.4-tetrahydro-naphthalin mit 2.5-Dichlor-1-nitro-benzol und Natriumcarbonat auf 120° (*Celanese Corp. Am.*, U.S.P. 2026748 [1930]).
Braune Krystalle (aus A.); F: 124—125° [unkorr.].

6-*p*-Toluidino-1.2.3.4-tetrahydro-naphthalin, *p*-Tolyl-[5.6.7.8-tetrahydro-naphthyl-(2)]-amin, N-p-*tolyl-5,6,7,8-tetrahydro-2-naphthylamine* $C_{17}H_{19}N$, Formel II (R = CH$_3$, X = H).
B. Aus 2-*p*-Toluidino-naphthalin bei der Hydrierung an Raney-Nickel bei 120—200°/100 at (*Wingfoot Corp.*, U.S.P. 2095897 [1936]).
Krystalle; F: 65—66°.

1-[5.6.7.8-Tetrahydro-naphthyl-(2)-imino]-1.3-diphenyl-propanon-(3), *3-phenyl-3-(5,6,7,8-tetrahydro-2-naphthylimino)propiophenone* $C_{25}H_{23}NO$, Formel III, und **1-[5.6.7.8-Tetrahydro-naphthyl-(2)-amino]-1.3-diphenyl-propen-(1)-on-(3), *β*-[5.6.7.8-Tetrahydro-naphthyl-(2)-amino]-chalkon,** *β-(5,6,7,8-tetrahydro-2-naphthylamino)chalcone* $C_{25}H_{23}NO$, Formel I (R = C(C$_6$H$_5$)=CH-CO-C$_6$H$_5$).
B. Beim Erhitzen von 5.6.7.8-Tetrahydro-naphthyl-(2)-amin mit Dibenzoylmethan auf 130° (*Huisgen*, A. **564** [1949] 16, 19, 31).
Gelbe Krystalle (aus A.); F: 135°.
Beim Behandeln mit Schwefelsäure sowie beim Erhitzen mit Zinkchlorid auf 240° ist 2.4-Diphenyl-6.7.8.9-tetrahydro-benzo[*g*]chinolin erhalten worden.

6-Acetamino-1.2.3.4-tetrahydro-naphthalin, *N*-[5.6.7.8-Tetrahydro-naphthyl-(2)]-acetamid, N-*(5,6,7,8-tetrahydro-2-naphthyl)acetamide* $C_{12}H_{15}NO$, Formel I (R = $CO-CH_3$) (H 1199; E II 660; dort als Acetyl-[*ar*-tetrahydro-β-naphthylamin] bzw. als 6-Acetamino-tetralin bezeichnet).

B. Aus 5.6.7.8-Tetrahydro-naphthyl-(2)-amin und Acetanhydrid (*Kränzlein*, B. **70** [1937] 1776, 1782; vgl. E II 660). Aus 1-[5.6.7.8-Tetrahydro-naphthyl-(2)]-äthanon-(1)-oxim beim Behandeln mit Chlorwasserstoff in Acetanhydrid und Essigsäure (*Schofield, Swain, Theobald*, Soc. **1949** 2399, 2401) oder mit Benzolsulfonylchlorid und Pyridin (*McLeish, Campbell*, Soc. **1937** 1103, 1107).

Beim Behandeln mit Acetylchlorid und Aluminiumchlorid in Schwefelkohlenstoff ist 2-Acetamino-1-acetyl-5.6.7.8-tetrahydro-naphthalin (*Sch., Sw., Th.*, l. c. S. 2403), beim Behandeln mit Chloracetylchlorid und Aluminiumchlorid in Schwefelkohlenstoff ist 3-Acetamino-2-chloracetyl-5.6.7.8-tetrahydro-naphthalin erhalten worden (*Kr.*; *Sch., Sw., Th.*).

[5.6.7.8-Tetrahydro-naphthyl-(2)]-oxamidsäure, *(5,6,7,8-tetrahydro-2-naphthyl)oxamic acid* $C_{12}H_{13}NO_3$, Formel I (R = CO-COOH).

B. Aus [5.6.7.8-Tetrahydro-naphthyl-(2)]-oxamidsäure-äthylester beim Behandeln mit wss. Natronlauge (*Šergiewškaja*, Ž. obšč. Chim. **10** [1940] 55, 62; C. **1940** II 204).

Krystalle (aus CCl_4); F: 158° [Zers.].

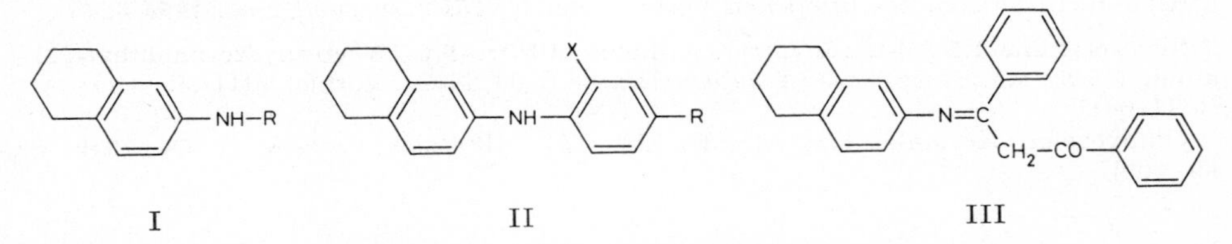

[5.6.7.8-Tetrahydro-naphthyl-(2)]-oxamidsäure-äthylester, *(5,6,7,8-tetrahydro-2-naphthyl)oxamic acid ethyl ester* $C_{14}H_{17}NO_3$, Formel I (R = $CO-CO-OC_2H_5$).

B. Neben *N.N'*-Bis-[5.6.7.8-tetrahydro-naphthyl-(2)]-oxamid beim Erhitzen von 5.6.7.8-Tetrahydro-naphthyl-(2)-amin mit Oxalsäure-diäthylester (*Šergiewškaja*, Ž. obšč. Chim. **10** [1940] 55, 62; C. **1940** II 204).

Krystalle (aus PAe.); F: 81—82°.

[5.6.7.8-Tetrahydro-naphthyl-(2)]-oxamid, *(5,6,7,8-tetrahydro-2-naphthyl)oxamide* $C_{12}H_{14}N_2O_2$, Formel I (R = $CO-CO-NH_2$).

B. Aus [5.6.7.8-Tetrahydro-naphthyl-(2)]-oxamidsäure-äthylester beim Behandeln mit wss. Ammoniak (*Šergiewškaja*, Ž. obšč. Chim. **10** [1940] 55, 62; C. **1940** II 204).

F: 198—199°.

***N.N'*-Bis-[5.6.7.8-tetrahydro-naphthyl-(2)]-oxamid,** N,N'-*bis(5,6,7,8-tetrahydro-2-naphthyl)oxamide* $C_{22}H_{24}N_2O_2$, Formel IV.

B. Neben [5.6.7.8-Tetrahydro-naphthyl-(2)]-oxamidsäure-äthylester beim Erhitzen von 5.6.7.8-Tetrahydro-naphthyl-(2)-amin mit Oxalsäure-diäthylester (*Šergiewškaja*, Ž. obšč. Chim. **10** [1940] 55, 62; C. **1940** II 204).

Krystalle (aus 1.2-Dichlor-äthan); F: 258°.

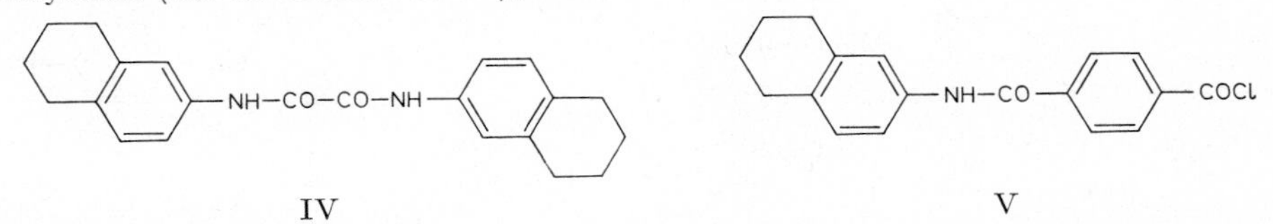

Terephthalsäure-chlorid-[5.6.7.8-tetrahydro-naphthyl-(2)-amid], *N*-[5.6.7.8-Tetrahydro-naphthyl-(2)]-terephthalamoylchlorid, N-*(5,6,7,8-tetrahydro-2-naphthyl)terephthalamoyl chloride* $C_{18}H_{16}ClNO_2$, Formel V.

B. Aus 5.6.7.8-Tetrahydro-naphthyl-(2)-amin und Terephthaloylchlorid in Aceton (*I.G. Farbenind.*, D.R.P. 711540 [1936]; D.R.P. Org. Chem. **6** 2092).

F: 171° und (nach Wiedererstarren bei weiterem Erhitzen) F: 230—240°.

[5.6.7.8-Tetrahydro-naphthyl-(2)]-thioharnstoff, *(5,6,7,8-tetrahydro-2-naphthyl)thiourea* $C_{11}H_{14}N_2S$, Formel I (R = CS-NH_2).

B. Beim Erhitzen von 5.6.7.8-Tetrahydro-naphthyl-(2)-amin mit Ammoniumthiocyanat und wss. Salzsäure (*Du Pont de Nemours & Co.*, U.S.P. 2055608 [1934]).

Krystalle (aus A.); F: 174,6—175,8°.

5-Brom-6-acetamino-1.2.3.4-tetrahydro-naphthalin, *N*-[1-Brom-5.6.7.8-tetrahydro-naphthyl-(2)]-acetamid, N-*(1-bromo-5,6,7,8-tetrahydro-2-naphthyl)acetamide* $C_{12}H_{14}BrNO$, Formel VI (H 1199).

F: 126—127° (*Sandin, Evans*, Am. Soc. **61** [1939] 2916, 2918).

7-Brom-6-amino-1.2.3.4-tetrahydro-naphthalin, 3-Brom-5.6.7.8-tetrahydro-naphthyl-(2)-amin, *3-bromo-5,6,7,8-tetrahydro-2-naphthylamine* $C_{10}H_{12}BrN$, Formel VII (R = H).

Diese Konstitution kommt der H 1200 als 8-Brom-6-amino-1.2.3.4-tetrahydro-naphthalin beschriebenen Verbindung (F: 52°) zu (vgl. diesbezüglich *Bell*, Soc. **1956** 3243).

7-Brom-6-acetamino-1.2.3.4-tetrahydro-naphthalin, *N*-[3-Brom-5.6.7.8-tetrahydro-naphthyl-(2)]-acetamid, N-*(3-bromo-5,6,7,8-tetrahydro-2-naphthyl)acetamide* $C_{12}H_{14}BrNO$, Formel VII (R = CO-CH_3).

Diese Konstitution kommt der H 1200 als 8-Brom-6-acetamino-1.2.3.4-tetrahydro-naphthalin beschriebenen Verbindung (F: 151°) zu (*Bell*, Soc. **1956** 3243).

7-Nitro-6-amino-1.2.3.4-tetrahydro-naphthalin, 3-Nitro-5.6.7.8-tetrahydro-naphthyl-(2)-amin, *3-nitro-5,6,7,8-tetrahydro-2-naphthylamine* $C_{10}H_{12}N_2O_2$, Formel VIII (R = H) (E II 661).

Orangegelbe Krystalle (aus A.); F: 126—127° (*Wepster, Verkade*, R. **68** [1949] 88, 89, 109).

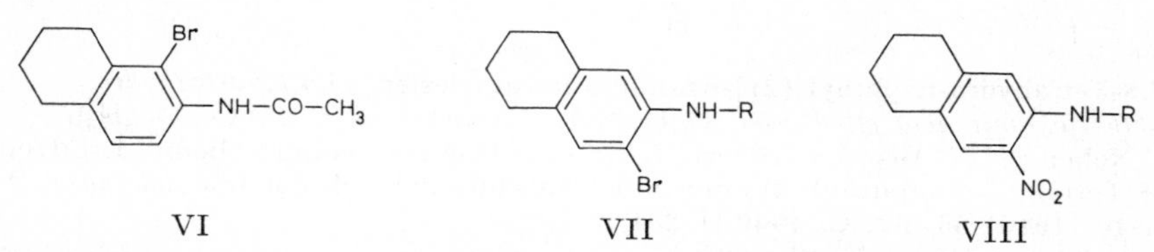

VI VII VIII

7-Nitro-6-methylamino-1.2.3.4-tetrahydro-naphthalin, Methyl-[3-nitro-5.6.7.8-tetrahydro-naphthyl-(2)]-amin, *N-methyl-3-nitro-5,6,7,8-tetrahydro-2-naphthylamine* $C_{11}H_{14}N_2O_2$, Formel VIII (R = CH_3) (E II 661).

B. Aus *N*-Methyl-*N*-[3-nitro-5.6.7.8-tetrahydro-naphthyl-(2)]-toluolsulfonamid-(4) beim Erwärmen mit Essigsäure und Schwefelsäure (*Kuhn, Vetter, Rzeppa*, B. **70** [1937] 1302, 1307).

Orangegelbe Krystalle (aus A.); F: 115,5° [korr.].

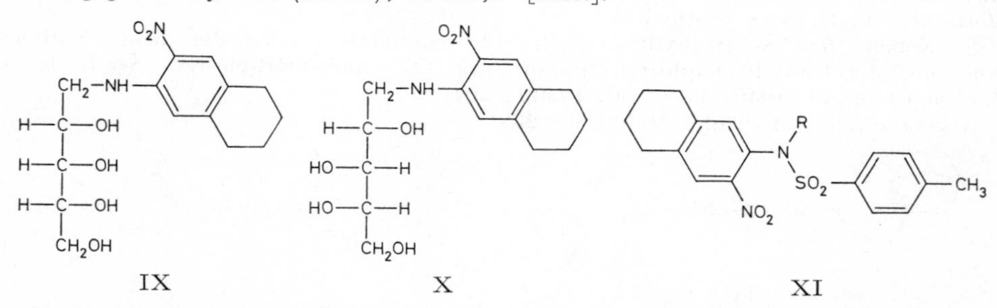

IX X XI

5-[3-Nitro-5.6.7.8-tetrahydro-naphthyl-(2)-amino]-pentantetrol-(1.2.3.4), *5-(3-nitro-5,6,7,8-tetrahydro-2-naphthyl)pentane-1,2,3,4-tetrol* $C_{15}H_{22}N_2O_6$.

a) **5-[3-Nitro-5.6.7.8-tetrahydro-naphthyl-(2)-amino]-L-*ribo*-pentantetrol-(1.2.3.4), 1-[3-Nitro-5.6.7.8-tetrahydro-naphthyl-(2)-amino]-D-1-desoxy-ribit, *N*-[3-Nitro-5.6.7.8-tetrahydro-naphthyl-(2)]-D-ribamin,** Formel IX.

B. Beim Erhitzen von D-Ribamin (E III **4** 862) mit 6.7-Dinitro-1.2.3.4-tetrahydro-naphthalin in Pyridin (*Kuhn, Vetter, Rzeppa*, B. **70** [1937] 1302, 1312).

Orangegelbe Krystalle (aus W.); F: 138—139° [korr.].

b) **5-[3-Nitro-5.6.7.8-tetrahydro-naphthyl-(2)-amino]-L-*lyxo*-pentantetrol-(1.2.3.4), 1-[3-Nitro-5.6.7.8-tetrahydro-naphthyl-(2)-amino]-1-desoxy-L-arabit, *N*-[3-Nitro-5.6.7.8-tetrahydro-naphthyl-(2)]-L-arabinamin,** Formel X.

B. Beim Erhitzen von L-Arabinamin (E III **4** 863) mit 6.7-Dinitro-1.2.3.4-tetrahydro-naphthalin in Pyridin (*Kuhn, Vetter, Rzeppa*, B. **70** [1937] 1302, 1310).

Orangefarbene Krystalle (aus Eg.); F: 208—209°.

7-Nitro-6-acetamino-1.2.3.4-tetrahydro-naphthalin, *N*-[3-Nitro-5.6.7.8-tetrahydro-naphthyl-(2)]-acetamid, N-(*3-nitro-5,6,7,8-tetrahydro-2-naphthyl*)*acetamide* $C_{12}H_{14}N_2O_3$, Formel VIII (R = CO-CH_3) (E II 661).

Geschwindigkeit der Solvolyse in methanol. Natriummethylat bei Siedetemperatur: *Wepster, Verkade*, R. **68** [1949] 88, 89.

7-Nitro-6-[toluol-sulfonyl-(4)-amino]-1.2.3.4-tetrahydro-naphthalin, *N*-[3-Nitro-5.6.7.8-tetrahydro-naphthyl-(2)]-toluolsulfonamid-(4), N-(*3-nitro-5,6,7,8-tetrahydro-2-naphthyl*)-p-*toluenesulfonamide* $C_{17}H_{18}N_2O_4S$, Formel XI (R = H).

B. Beim Erwärmen von 3-Nitro-5.6.7.8-tetrahydro-naphthyl-(2)-amin mit Toluol-sulfonylchlorid-(4) und Pyridin (*Kuhn, Vetter, Rzeppa*, B. **70** [1937] 1302, 1306).

Gelbe Krystalle (aus Eg.); F: 145,5—146,5°.

***N*-Methyl-*N*-[3-nitro-5.6.7.8-tetrahydro-naphthyl-(2)]-toluolsulfonamid-(4),** N-*methyl*-N-(*3-nitro-5,6,7,8-tetrahydro-2-naphthyl*)-p-*toluenesulfonamide* $C_{18}H_{20}N_2O_4S$, Formel XI (R = CH_3).

B. Beim Erwärmen von 7-Nitro-6-[toluol-sulfonyl-(4)-amino]-1.2.3.4-tetrahydro-naphthalin mit wss. Kalilauge und Dimethylsulfat (*Kuhn, Vetter, Rzeppa*, B. **70** [1937] 1302, 1306).

Gelbliche Krystalle (aus A.); F: 198° [korr.].

(±)-1-Amino-1.2.3.4-tetrahydro-naphthalin, (±)-1.2.3.4-Tetrahydro-naphthyl-(1)-amin, (±)-*1,2,3,4-tetrahydro-1-naphthylamine* $C_{10}H_{13}N$, Formel I (H 1200; E I 514; E II 662).

B. Neben geringen Mengen Naphthyl-(1)-amin bei der Hydrierung von 1-Nitro-naphthalin an Nickel bei 160° unter Druck (*Komatsu, Amatatsu*, Mem. Coll. Sci. Kyoto [A] **13** [1930] 329, 335; C. **1931** I 612). Aus Naphthyl-(1)-amin bei der Hydrierung an Nickel bei 150° unter Druck (*Ko., Am.*).

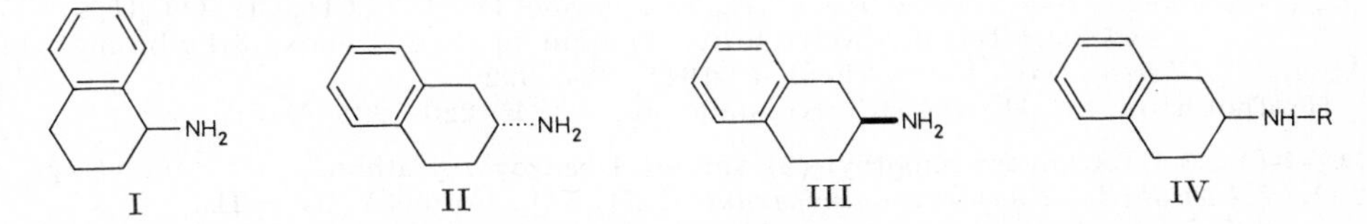

2-Amino-1.2.3.4-tetrahydro-naphthalin, 1.2.3.4-Tetrahydro-naphthyl-(2)-amin, *1,2,3,4-tetrahydro-2-naphthylamine* $C_{10}H_{13}N$.

a) **(*R*)-1.2.3.4-Tetrahydro-naphthyl-(2)-amin,** Formel II.

Diese Konfiguration kommt dem H 1203 und E I 515 beschriebenen „*d-ac*-Tetrahydro-β-naphthylamin" zu (*Zymalkowski, Dornhege*, A. **728** [1969] 144).

b) **(*S*)-1.2.3.4-Tetrahydro-naphthyl-(2)-amin,** Formel III.

Diese Konfiguration kommt dem H 1203 und E I 515 beschriebenen „*l-ac*-Tetrahydro-β-naphthylamin" zu (*Zymalkowski, Dornhege*, A. **728** [1969] 144; *Luche, Marquet, Snatzke*, Tetrahedron **28** [1972] 1677, 1682).

c) **(±)-1.2.3.4-Tetrahydro-naphthyl-(2)-amin,** Formel II + III (H 1200; E I 514; E II 662).

B. Neben 5.6.7.8-Tetrahydro-naphthyl-(2)-amin bei der Hydrierung von Naphthyl-(2)-amin an Nickel in Methylcyclohexan bei 140°/180 at (*Adkins, Cramer*, Am. Soc. **52** [1930] 4349, 4355; U.S.P. 2092525 [1932]) oder ohne Lösungsmittel bei 230—300°/100 at (*I.G. Farbenind.*, D.R.P. 524691 [1927]; Frdl. **17** 811).

2-Nitro-indandion-(1.3)-Salz $C_{10}H_{13}N \cdot C_9H_5NO_4$. Gelbe Krystalle (aus A.); F: 233° (*Wanag, Lode*, B. **70** [1937] 547, 557).

(±)-2-Methylamino-1.2.3.4-tetrahydro-naphthalin, (±)-Methyl-[1.2.3.4-tetrahydro-naphthyl-(2)]-amin, (±)-N-*methyl-1,2,3,4-tetrahydro-2-naphthylamine* $C_{11}H_{15}N$, Formel IV ($R = CH_3$) (E I 514; E II 663; dort als „inaktives 2-Methylamino-tetralin" bezeichnet).

Hydrochlorid $C_{11}H_{15}N \cdot HCl$. F: 178—181° [unkorr.; evakuierte Kapillare] (*Pitka et al.*, Collect. **25** [1960] 2733, 2735).

(±)-2-Äthylamino-1.2.3.4-tetrahydro-naphthalin, (±)-Äthyl-[1.2.3.4-tetrahydro-naphthyl-(2)]-amin, (±)-N-*ethyl-1,2,3,4-tetrahydro-2-naphthylamine* $C_{12}H_{17}N$, Formel IV ($R = C_2H_5$) (H 1201; E I 515; dort als Äthyl-[*dl-ac*-tetrahydro-β-naphthylamin] bezeichnet).

Berichtigung zu H 1201, Zeile 5 v. u.: An Stelle von „F: 148°" ist zu setzen „F: 184°".

(±)-2-Anilino-1.2.3.4-tetrahydro-naphthalin, (±)-Phenyl-[1.2.3.4-tetrahydro-naphthyl-(2)]-amin, (±)-N-*phenyl-1,2,3,4-tetrahydro-2-naphthylamine* $C_{16}H_{17}N$, Formel IV ($R = C_6H_5$).

B. Aus 2-Anilino-naphthalin bei der Hydrierung an Nickel bei 100—150°/200 at oder an Kupferoxid-Chromoxid bei 250—300°/200 at (*Wingfoot Corp.*, U.S.P. 2109165 [1932]).

Kp_{2-3}: 175—180°.

Hydrochlorid $C_{16}H_{17}N \cdot HCl$. F: 238—240°.

(±)-2-Phenäthylamino-1.2.3.4-tetrahydro-naphthalin, (±)-Phenäthyl-[1.2.3.4-tetrahydro-naphthyl-(2)]-amin, (±)-N-*phenethyl-1,2,3,4-tetrahydro-2-naphthylamine* $C_{18}H_{21}N$, Formel IV ($R = CH_2\text{-}CH_2\text{-}C_6H_5$).

B. Aus (±)-1.2.3.4-Tetrahydro-naphthyl-(2)-amin und Phenäthylbromid in Äthanol (*Allewelt, Day*, J. org. Chem. **6** [1941] 384, 392).

Hydrochlorid $C_{18}H_{21}N \cdot HCl$. F: 245—246,5° [korr.].

(±)-2-[1.2.3.4-Tetrahydro-naphthyl-(2)-amino]-äthanol-(1), (±)-*2-(1,2,3,4-tetrahydro-2-naphthylamino)ethanol* $C_{12}H_{17}NO$, Formel IV ($R = CH_2\text{-}CH_2OH$).

B. Aus (±)-1.2.3.4-Tetrahydro-naphthyl-(2)-amin beim Erhitzen mit 2-Chlor-äthanol-(1) in Xylol (*Coles, Lott*, Am. Soc. **58** [1936] 1989) sowie beim Erwärmen mit Äthylenoxid und Wasser (*Mazkewitsch*, Ž. obšč. Chim. **11** [1941] 1023, 1025; C. A. **1943** 377).

Kp_{15}: 197—200° (*Ma.*).

Hydrochlorid $C_{12}H_{17}NO \cdot HCl$. Krystalle; F: 183,8—184,8° [korr.; aus Isopropylalkohol] (*Co., Lott*), 178,5—180° [aus A. + Ae.] (*Ma.*).

(±)-[2-Phenoxy-äthyl]-[1.2.3.4-tetrahydro-naphthyl-(2)]-amin, (±)-*(2-phenoxyethyl)-(1,2,3,4-tetrahydro-2-naphthyl)amine* $C_{18}H_{21}NO$, Formel IV ($R = CH_2\text{-}CH_2\text{-}O\text{-}C_6H_5$).

B. Aus (±)-1.2.3.4-Tetrahydro-naphthyl-(2)-amin und 2-Phenoxy-äthylbromid in Äthanol (*Allewelt, Day*, J. org. Chem. **6** [1941] 384, 392).

Hydrochlorid $C_{18}H_{21}NO \cdot HCl$. Krystalle (aus A.); F: 226—228° [korr.].

(±)-2-[1.2.3.4-Tetrahydro-naphthyl-(2)-amino]-1-benzoyloxy-äthan, (±)-*1-(benzoyloxy)-2-(1,2,3,4-tetrahydro-2-naphthylamino)ethane* $C_{19}H_{21}NO_2$, Formel V ($X = H$).

B. Beim Erhitzen von (±)-1.2.3.4-Tetrahydro-naphthyl-(2)-amin mit Benzoesäure-[2-chlor-äthylester] in Xylol (*Squibb & Sons*, U.S.P. 2112899 [1935]). Aus (±)-2-[1.2.3.4-Tetrahydro-naphthyl-(2)-amino]-äthanol-(1) und Benzoylchlorid (*Coles, Lott*, Am. Soc. **58** [1936] 1989).

Hydrochlorid $C_{19}H_{21}NO_2 \cdot HCl$. Krystalle (aus Me. + Isopropylalkohol); F: 214,9° [korr.] (*Co., Lott*; *Squibb & Sons*).

Sulfat $2C_{19}H_{21}NO_2 \cdot H_2SO_4$. F: 216—218° (*Co., Lott*).

(±)-2-[1.2.3.4-Tetrahydro-naphthyl-(2)-amino]-1-[4-chlor-benzoyloxy]-äthan, (±)-*1-(4-chlorobenzoyloxy)-2-(1,2,3,4-tetrahydro-2-naphthylamino)ethane* $C_{19}H_{20}ClNO_2$, Formel V ($X = Cl$).

B. Aus (±)-2-[1.2.3.4-Tetrahydro-naphthyl-(2)-amino]-äthanol-(1) und 4-Chlor-benzoylchlorid (*Coles, Lott*, Am. Soc. **58** [1936] 1989).

Hydrochlorid $C_{19}H_{20}ClNO_2 \cdot HCl$. Krystalle; F: 219—220° [korr.].

(±)-2-[1.2.3.4-Tetrahydro-naphthyl-(2)-amino]-1-[4-jod-benzoyloxy]-äthan, (±)-*1-(4-iodobenzoyloxy)-2-(1,2,3,4-tetrahydro-2-naphthylamino)ethane* $C_{19}H_{20}INO_2$, Formel V ($X = I$).

B. Aus (±)-2-[1.2.3.4-Tetrahydro-naphthyl-(2)-amino]-äthanol-(1) und 4-Jod-benzoylchlorid (*Coles, Lott*, Am. Soc. **58** [1936] 1989).

Hydrochlorid $C_{19}H_{20}INO_2 \cdot HCl$. Krystalle (aus Me. + Isopropylalkohol); F: 232° [korr.].

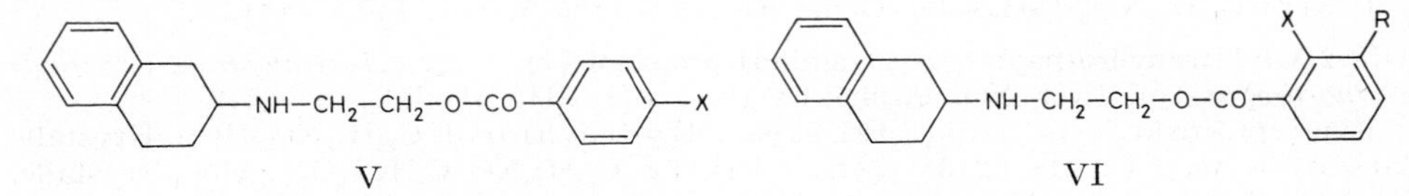

V VI

(±)-2-[1.2.3.4-Tetrahydro-naphthyl-(2)-amino]-1-[2-nitro-benzoyloxy]-äthan, (±)-*1-(2-nitrobenzoyloxy)-2-(1,2,3,4-tetrahydro-2-naphthylamino)ethane* $C_{19}H_{20}N_2O_4$, Formel VI (R = H, X = NO_2).

B. Aus (±)-2-[1.2.3.4-Tetrahydro-naphthyl-(2)-amino]-äthanol-(1) und 2-Nitro-benzoylchlorid (*Coles, Lott*, Am. Soc. **58** [1936] 1989).

Hydrochlorid $C_{19}H_{20}N_2O_4 \cdot HCl$. Krystalle (aus Me. + Isopropylalkohol); F: 232° bis 233° [korr.].

(±)-2-[1.2.3.4-Tetrahydro-naphthyl-(2)-amino]-1-[3-nitro-benzoyloxy]-äthan, (±)-*1-(3-nitrobenzoyloxy)-2-(1,2,3,4-tetrahydro-2-naphthylamino)ethane* $C_{19}H_{20}N_2O_4$, Formel VI (R = NO_2, X = H).

B. Aus (±)-2-[1.2.3.4-Tetrahydro-naphthyl-(2)-amino]-äthanol-(1) und 3-Nitro-benzoylchlorid (*Coles, Lott*, Am. Soc. **58** [1936] 1989).

Hydrochlorid $C_{19}H_{20}N_2O_4 \cdot HCl$. Krystalle (aus Me. + Isopropylalkohol); F: 216° bis 217° [korr.].

(±)-2-[1.2.3.4-Tetrahydro-naphthyl-(2)-amino]-1-[4-nitro-benzoyloxy]-äthan, (±)-*1-(4-nitrobenzoyloxy)-2-(1,2,3,4-tetrahydro-2-naphthylamino)ethane* $C_{19}H_{20}N_2O_4$, Formel V (X = NO_2).

B. Aus (±)-2-[1.2.3.4-Tetrahydro-naphthyl-(2)-amino]-äthanol-(1) und 4-Nitro-benzoylchlorid (*Coles, Lott*, Am. Soc. **58** [1936] 1989).

Hydrochlorid $C_{19}H_{20}N_2O_4 \cdot HCl$. Krystalle (aus Me. + Isopropylalkohol); F: 236,2° [korr.].

2-[1.2.3.4-Tetrahydro-naphthyl-(2)-amino]-1-cinnamoyloxy-äthan, *1-(cinnamoyloxy)-2-(1,2,3,4-tetrahydro-2-naphthylamino)ethane* $C_{21}H_{23}NO_2$.

(±)-2-[1.2.3.4-Tetrahydro-naphthyl-(2)-amino]-1-*trans*-cinnamoyloxy-äthan, Formel VII.

B. Aus (±)-2-[1.2.3.4-Tetrahydro-naphthyl-(2)-amino]-äthanol-(1) und *trans*-Cinnamoylchlorid (*Coles, Lott*, Am. Soc. **58** [1936] 1989).

Hydrochlorid $C_{21}H_{23}NO_2 \cdot HCl$. Krystalle (aus Me. + Isopropylalkohol); F: 194° bis 195,8° [korr.].

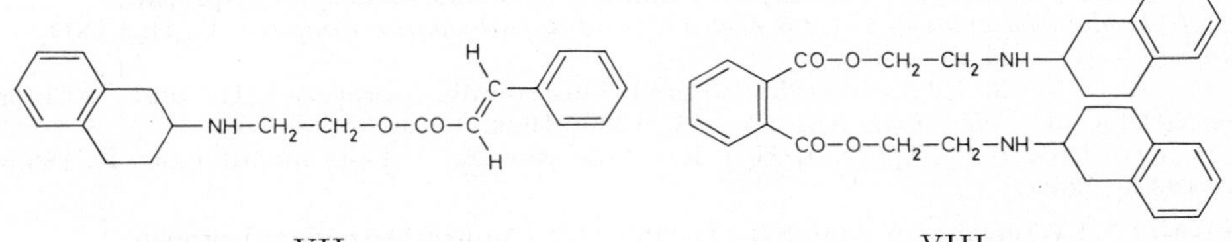

VII VIII

Phthalsäure-bis-[2-(1.2.3.4-tetrahydro-naphthyl-(2)-amino)-äthylester], *phthalic acid bis[2-(1,2,3,4-tetrahydro-2-naphthylamino)ethyl]ester* $C_{32}H_{36}N_2O_4$, Formel VIII.

Eine als Dihydrochlorid $C_{32}H_{36}N_2O_4 \cdot 2HCl$ (Krystalle [aus Me. + Isopropylalkohol]; F: 185—186° [korr.]) isolierte opt.-inakt. Base dieser Konstitution ist aus (±)-2-[1.2.3.4-Tetrahydro-naphthyl-(2)-amino]-äthanol-(1) und Phthaloylchlorid erhalten worden (*Coles, Lott*, Am. Soc. **58** [1936] 1989).

(±)-Bis-[2-hydroxy-äthyl]-[1.2.3.4-tetrahydro-naphthyl-(2)]-amin, (±)-*2,2'-(1,2,3,4-tetrahydro-2-naphthylimino)diethanol* $C_{14}H_{21}NO_2$, Formel IX (R = X = CH_2-CH_2OH).

B. Beim Erwärmen von (±)-1.2.3.4-Tetrahydro-naphthyl-(2)-amin mit Äthylenoxid und Wasser (*Mazkewitsch*, Ž. obšč. Chim. **11** [1941] 1023, 1025; C. A. **1943** 377).

Kp_{10}: 240—242°. D_4^{24}: 1,1136.

Hydrochlorid $C_{14}H_{21}NO_2 \cdot HCl$. Krystalle (aus A. + Ae.); F: 104—106°.

Pikrat $C_{14}H_{21}NO_2 \cdot C_6H_3N_3O_7$. Gelbe Krystalle (aus A.); F: 140,5—141,5°.

1-[1.2.3.4-Tetrahydro-naphthyl-(2)-amino]-propanol-(2), *1-(1,2,3,4-tetrahydro-2-naphthyl-amino)propan-2-ol* $C_{13}H_{19}NO$, Formel IX (R = CH_2-CH(OH)-CH_3, X = H).

Eine opt.-inakt. Base (Kp_{15}: 192—195°; Hydrochlorid $C_{13}H_{19}NO \cdot HCl$: Krystalle [aus A. + Ae.], F: 211—213° [Zers.]; Pikrat $C_{13}H_{19}NO \cdot C_6H_3N_3O_7$: gelbe Krystalle, F: 142—143°) dieser Konstitution ist beim Erwärmen von (±)-1.2.3.4-Tetrahydro-naphthyl-(2)-amin mit (±)-Propylenoxid und Wasser erhalten worden (*Mazkewitsch*, Ž. obšč. Chim. **11** [1941] 1241, 1243; C. A. **1945** 4076).

Bis-[2-hydroxy-propyl]-[1.2.3.4-tetrahydro-naphthyl-(2)]-amin, *1,1'-(1,2,3,4-tetrahydro-2-naphthylimino)dipropan-2-ol* $C_{16}H_{25}NO_2$, Formel IX (R = X = CH_2-CH(OH)-CH_3).

Eine opt.-inakt. Base (Krystalle [aus wss. A.], F: 68—69,5°; Hydrochlorid $C_{16}H_{25}NO_2 \cdot HCl$: Krystalle [aus A. + Ae.], F: 113—114,5°; Pikrat $C_{16}H_{25}NO_2 \cdot C_6H_3N_3O_7$: gelbe Krystalle [aus A.], F: 160,5—162°) dieser Konstitution ist beim Behandeln von (±)-1.2.3.4-Tetrahydro-naphthyl-(2)-amin mit (±)-Propylenoxid und Wasser erhalten worden (*Mazkewitsch*, Ž. obšč. Chim. **11** [1941] 1241, 1244; C. A. **1945** 4076).

(±)-3-[1.2.3.4-Tetrahydro-naphthyl-(2)-amino]-propanol-(1), *(±)-3-(1,2,3,4-tetrahydro-2-naphthylamino)propan-1-ol* $C_{13}H_{19}NO$, Formel IX (R = CH_2-CH_2-CH_2OH, X = H).

B. Beim Erhitzen von (±)-1.2.3.4-Tetrahydro-naphthyl-(2)-amin mit 3-Chlor-propan-ol-(1) in Xylol (*Coles, Lott*, Am. Soc. **58** [1936] 1989).

Hydrochlorid $C_{13}H_{19}NO \cdot HCl$. Krystalle (aus Isopropylalkohol); F: 161° [korr.].

(±)-3-[1.2.3.4-Tetrahydro-naphthyl-(2)-amino]-1-benzoyloxy-propan, *(±)-1-(benzoyl-oxy)-3-(1,2,3,4-tetrahydro-2-naphthylamino)propane* $C_{20}H_{23}NO_2$, Formel X (R = X = H).

B. Beim Erhitzen von (±)-1.2.3.4-Tetrahydro-naphthyl-(2)-amin mit Benzoesäure-[3-chlor-propylester] in Xylol (*Squibb & Sons*, U.S.P. 2112899 [1935]). Aus (±)-3-[1.2.3.4-Tetrahydro-naphthyl-(2)-amino]-propanol-(1) und Benzoylchlorid (*Coles, Lott*, Am. Soc. **58** [1936] 1989).

Hydrochlorid $C_{20}H_{23}NO_2 \cdot HCl$. Krystalle (aus Me. + Isopropylalkohol); F: 195,6° [korr.].

Pikrat $C_{20}H_{23}NO_2 \cdot C_6H_3N_3O_7$. Krystalle; F: 83,8°.

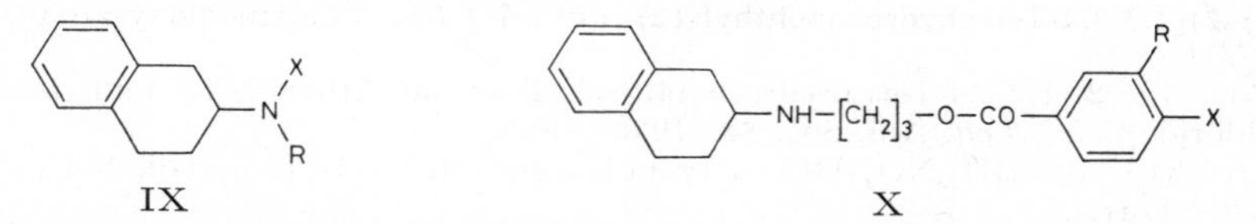

(±)-3-[1.2.3.4-Tetrahydro-naphthyl-(2)-amino]-1-[4-chlor-benzoyloxy]-propan, *(±)-1-(4-chlorobenzoyloxy)-3-(1,2,3,4-tetrahydro-2-naphthylamino)propane* $C_{20}H_{22}ClNO_2$, Formel X (R = H, X = Cl).

B. Aus (±)-3-[1.2.3.4-Tetrahydro-naphthyl-(2)-amino]-propanol-(1) und 4-Chlor-benzoylchlorid (*Coles, Lott*, Am. Soc. **58** [1936] 1989).

Hydrochlorid $C_{20}H_{22}ClNO_2 \cdot HCl$. Krystalle (aus Me. + Isopropylalkohol); F: 188,8° bis 189,8° [korr.].

(±)-3-[1.2.3.4-Tetrahydro-naphthyl-(2)-amino]-1-[3-nitro-benzoyloxy]-propan, *(±)-1-(3-nitrobenzoyloxy)-3-(1,2,3,4-tetrahydro-2-naphthylamino)propane* $C_{20}H_{22}N_2O_4$, Formel X (R = NO_2, X = H).

B. Aus (±)-3-[1.2.3.4-Tetrahydro-naphthyl-(2)-amino]-propanol-(1) und 3-Nitro-benzoylchlorid (*Coles, Lott*, Am. Soc. **58** [1936] 1989).

Hydrochlorid $C_{20}H_{22}N_2O_4 \cdot HCl$. Krystalle (aus Me. + Isopropylalkohol); F: 173,4° bis 177,4° [korr.].

(±)-3-[1.2.3.4-Tetrahydro-naphthyl-(2)-amino]-1-[4-nitro-benzoyloxy]-propan, *(±)-1-(4-nitrobenzoyloxy)-3-(1,2,3,4-tetrahydro-2-naphthylamino)propane* $C_{20}H_{22}N_2O_4$, Formel X (R = H, X = NO_2).

B. Aus (±)-3-[1.2.3.4-Tetrahydro-naphthyl-(2)-amino]-propanol-(1) und 4-Nitro-benzoylchlorid (*Coles, Lott*, Am. Soc. **58** [1936] 1989).

Hydrochlorid $C_{20}H_{22}N_2O_4 \cdot HCl$. Krystalle (aus Me. + Isopropylalkohol); F: 228° bis 229° [korr.].

(±)-3-[1.2.3.4-Tetrahydro-naphthyl-(2)-amino]-1-[3-phenyl-propionyloxy]-propan, (±)-*1-(3-phenylpropionyloxy)-3-(1,2,3,4-tetrahydro-2-naphthylamino)propane* $C_{22}H_{27}NO_2$, Formel IX (R = $[CH_2]_3$-O-CO-CH_2-CH_2-C_6H_5, X = H).

B. Aus (±)-3-[1.2.3.4-Tetrahydro-naphthyl-(2)-amino]-propanol-(1) und 3-Phenyl-propionylchlorid (*Coles, Lott*, Am. Soc. **58** [1936] 1989).

Hydrochlorid $C_{22}H_{27}NO_2 \cdot HCl$. Krystalle (aus Me. + Isopropylalkohol); F: ca. 95°.

3-[1.2.3.4-Tetrahydro-naphthyl-(2)-amino]-1-cinnamoyloxy-propan, *1-(cinnamoyloxy)-3-(1,2,3,4-tetrahydro-2-naphthylamino)propane* $C_{22}H_{25}NO_2$.

(±)-3-[1.2.3.4-Tetrahydro-naphthyl-(2)-amino]-1-*trans*-cinnamoyloxy-propan, Formel XI.

B. Aus (±)-3-[1.2.3.4-Tetrahydro-naphthyl-(2)-amino]-propanol-(1) und *trans*-Cinnamoylchlorid (*Coles, Lott*, Am. Soc. **58** [1936] 1989).

Hydrochlorid $C_{22}H_{25}NO_2 \cdot HCl$. Krystalle (aus Me. + Isopropylalkohol); F: 204,8° bis 206,8° [korr.; Zers.].

(±)-*N*-Phenyl-*N'*-[1.2.3.4-tetrahydro-naphthyl-(2)]-harnstoff, (±)-*1-phenyl-3-(1,2,3,4-tetrahydro-2-naphthyl)urea* $C_{17}H_{18}N_2O$, Formel IX (R = CO-NH-C_6H_5, X = H) (H 1202; dort als *N*-Phenyl-*N'*-[*dl-ac.*-tetrahydro-*β*-naphthyl]-harnstoff bezeichnet).

B. Aus (±)-1.2.3.4-Tetrahydro-naphthyl-(2)-isocyanat und Anilin (*Siefken*, A. **562** [1949] 75, 119).

F: 169—170° [unkorr.].

(±)-1.2.3.4-Tetrahydro-naphthyl-(2)-isocyanat, (±)-*isocyanic acid 1,2,3,4-tetrahydro-2-naphthyl ester* $C_{11}H_{11}NO$, Formel XII.

B. Aus (±)-1.2.3.4-Tetrahydro-naphthyl-(2)-amin und Phosgen (*Siefken*, A. **562** [1949] 75, 80, 119).

Kp_{10}: 134—136°.

(±)-[1.2.3.4-Tetrahydro-naphthyl-(2)]-amidoschwefelsäure, (±)-[1.2.3.4-Tetrahydro-naphthyl-(2)]-sulfamidsäure, (±)-*(1,2,3,4-tetrahydro-2-naphthyl)sulfamidic acid* $C_{10}H_{13}NO_3S$, Formel IX (R = H, X = SO_2OH).

B. Aus (±)-1.2.3.4-Tetrahydro-naphthyl-(2)-amin und Chloroschwefelsäure in Chloroform (*Audrieth, Sveda*, J. org. Chem. **9** [1944] 89, 96).

Natrium-Salz $NaC_{10}H_{12}NO_3S$. Krystalle (aus A.).

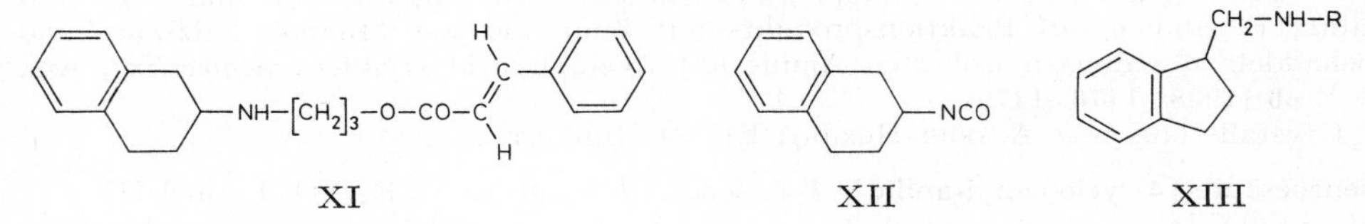

1-Aminomethyl-indan $C_{10}H_{13}N$.

(±)-1-Formaminomethyl-indan, (±)-*N*-[Indanyl-(1)-methyl]-formamid, (±)-N-*(indan-1-ylmethyl)formamide* $C_{11}H_{13}NO$, Formel XIII (R = CHO).

B. Beim Erhitzen von (±)-1-Aminomethyl-indan (E I 516) mit Ameisensäure (*Flack, Lions*, J. Pr. Soc. N.S. Wales **73** [1939] 253, 255).

$Kp_{4,5}$: 190—195°.

(±)-1-Acetaminomethyl-indan, (±)-*N*-[Indanyl-(1)-methyl]-acetamid, (±)-N-*(indan-1-ylmethyl)acetamide* $C_{12}H_{15}NO$, Formel XIII (R = CO-CH_3).

B. Aus (±)-1-Aminomethyl-indan (E I 516) und Acetanhydrid (*Flack, Lions*, J. Pr. Soc. N.S. Wales **73** [1939] 253, 255).

Kp_4: 180—182°.

Beim Erhitzen mit Phosphor(V)-oxid in Xylol ist 1-Methyl-3.3a.4.5-tetrahydro-cyclopent[*de*]isochinolin erhalten worden.

(±)-1-Benzaminomethyl-indan, (±)-*N*-[Indanyl-(1)-methyl]-benzamid, (±)-N-*(indan-1-ylmethyl)benzamide* $C_{17}H_{17}NO$, Formel XIII (R = CO-C_6H_5).

B. Aus (±)-1-Aminomethyl-indan (E I 516) und Benzoylchlorid mit Hilfe von wss. Natronlauge (*Flack, Lions,* J. Pr. Soc. N.S. Wales **73** [1939] 253, 256).

Krystalle (aus wss. A.); F: 115°.

Beim Erhitzen mit Phosphor(V)-oxid in Xylol ist 1-Phenyl-3.3a.4.5-tetrahydro-cyclo=pent[*de*]isochinolin erhalten worden.

Amine $C_{11}H_{15}N$

2-[1-Äthyl-propenyl]-anilin $C_{11}H_{15}N$.

***N.N*-Dimethyl-2-[1-äthyl-propenyl]-anilin,** o-*(1-ethylprop-1-enyl)*-N,N-*dimethylaniline* $C_{13}H_{19}N$, Formel I.

Eine Base (Kp_{18}: 117—122°) dieser Konstitution ist aus 3-[2-Dimethylamino-phenyl]-pentanol-(3) beim Erhitzen mit Acetanhydrid erhalten und durch aufeinanderfolgende Umsetzung mit Dimethylsulfat, mit Pikrinsäure und mit Natriumjodid in ein Tri-*N*-methyl-2-[1-äthyl-propenyl]-anilinium-jodid [$C_{14}H_{22}N$]I (Krystalle; F: 157°) übergeführt worden (*Mills, Dazeley,* Soc. **1939** 460, 463).

4-Amino-3-phenyl-penten-(2), 1-Methyl-2-phenyl-buten-(2)-ylamin $C_{11}H_{15}N$.

(±)-4-Methylamino-3-phenyl-penten-(2), (±)-Methyl-[1-methyl-2-phenyl-buten-(2)-yl]-amin, (±)-*β-ethylidene-α,*N-*dimethylphenethylamine* $C_{12}H_{17}N$, Formel II.

Eine als Hydrochlorid (Krystalle [aus Acn.]; F: 157°) charakterisierte Base (Kp_{70}: 163—166°) dieser Konstitution ist beim Behandeln von 3-Phenyl-penten-(2) mit Brom in Benzol und Erhitzen des Reaktionsprodukts mit Methylamin in Benzol auf 130° erhalten worden (*Benoit, Herzog,* Bl. Sci. pharmacol. **42** [1935] 34, 43).

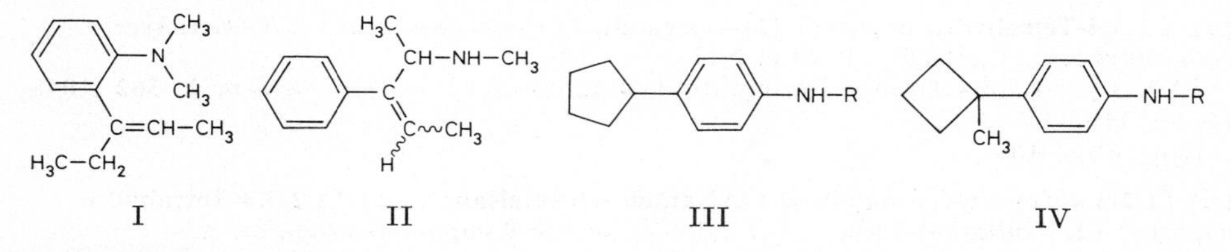

4-Cyclopentyl-anilin $C_{11}H_{15}N$.

Essigsäure-[4-cyclopentyl-anilid], *4'-cyclopentylacetanilide* $C_{13}H_{17}NO$, Formel III (R = CO-CH_3).

B. Beim Behandeln von Cyclopentylbenzol mit wss. Salpetersäure und Schwefel=säure, Behandeln des Reaktionsprodukts mit Zinn und wss.-äthanol. Salzsäure und Behandeln des danach isolierten Amins mit Acetanhydrid (*Ipatieff, Schmerling,* Am. Soc. **60** [1938] 1476, 1479).

Krystalle (aus wss. A. oder Hexan); F: 134° [unkorr.].

Benzoesäure-[4-cyclopentyl-anilid], *4'-cyclopentylbenzanilide* $C_{18}H_{19}NO$, Formel III (R = CO-C_6H_5).

B. Beim Behandeln von Cyclopentylbenzol mit Salpetersäure und Schwefelsäure, Behandeln des Reaktionsprodukts mit Zinn und wss.-äthanol. Salzsäure und Behandeln des danach isolierten Amins mit Benzoylchlorid und wss. Alkalilauge (*Ipatieff, Schmerling,* Am. Soc. **60** [1938] 1476, 1479).

Krystalle (aus wss. A. oder Hexan); F: 154° [unkorr.].

4-[1-Methyl-cyclobutyl]-anilin $C_{11}H_{15}N$.

4-Acetamino-1-[1-methyl-cyclobutyl]-benzol, Essigsäure-[4-(1-methyl-cyclobutyl)-anilid], *4'-(1-methylcyclobutyl)acetanilide* $C_{13}H_{17}NO$, Formel IV (R = CO-CH_3).

B. Beim Behandeln von 1-Methyl-1-phenyl-cyclobutan mit Salpetersäure und Schwe=felsäure, Behandeln des Reaktionsprodukts mit Zinn und wss.-äthanol. Salzsäure und Behandeln des danach isolierten Amins mit Acetanhydrid (*Ipatieff, Pines,* Am. Soc. **61** [1939] 3374).

F: 144°.

1-Aminomethyl-1.2.3.4-tetrahydro-naphthalin $C_{11}H_{15}N$.

(±)-1-Formaminomethyl-1.2.3.4-tetrahydro-naphthalin, (±)-*N*-[1.2.3.4-Tetrahydro-naphthyl-(1)-methyl]-formamid, (±)-N-[*(1,2,3,4-tetrahydro-1-naphthyl)methyl*]*formamide* $C_{12}H_{15}NO$, Formel V (R = CHO).

B. Beim Erhitzen von (±)-1-Aminomethyl-1.2.3.4-tetrahydro-naphthalin (H 1208; E II 665) mit Ameisensäure auf 160° (*Späth, Kittel*, B. **73** [1940] 478, 480).

Charakterisierung durch Überführung in 7.8.9.9a-Tetrahydro-1*H*-benz[*de*]isochinolin (F: 32—33°; Pikrat: F: 211—212° [Zers.]) mit Hilfe von Phosphor(V)-oxid in Toluol: *Sp.*, *Ki.*

(±)-1-Acetaminomethyl-1.2.3.4-tetrahydro-naphthalin, (±)-*N*-[1.2.3.4-Tetrahydro-naphthyl-(1)-methyl]-acetamid, (±)-N-[*(1,2,3,4-tetrahydro-1-naphthyl)methyl*]*acetamide* $C_{13}H_{17}NO$, Formel V (R = CO-CH_3) (H 1208; dort als Acetyl-{[1.2.3.4-tetrahydro-naphthyl-(1)-methyl]-amin} bezeichnet).

B. Beim Erhitzen von (±)-1-Aminomethyl-1.2.3.4-tetrahydro-naphthalin (H 1208; E II 665) mit Essigsäure auf 160° (*Späth, Kittel*, B. **73** [1940] 478, 481).

Krystalle (aus Ae. + PAe.); F: 89—90°.

(±)-*N*-[1.2.3.4-Tetrahydro-naphthyl-(1)-methyl]-propionamid, (±)-N-[*(1,2,3,4-tetrahydro-1-naphthyl)methyl*]*propionamide* $C_{14}H_{19}NO$, Formel V (R = CO-CH_2-CH_3).

B. Beim Erhitzen von (±)-1-Aminomethyl-1.2.3.4-tetrahydro-naphthalin (H 1208; E II 665) mit Propionsäure auf 160° (*Späth, Kittel*, B. **73** [1940] 478, 482).

Charakterisierung durch Überführung in 3-Äthyl-7.8.9.9a-tetrahydro-1*H*-benz[*de*]iso=chinolin (Pikrat: F: 165—166°) mit Hilfe von Phosphor(V)-oxid in Toluol: *Sp.*, *Ki.*

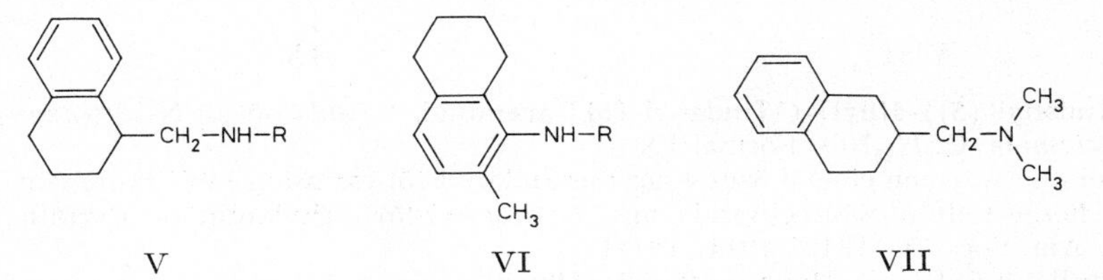

V VI VII

(±)-1-Benzaminomethyl-1.2.3.4-tetrahydro-naphthalin, (±)-*N*-[1.2.3.4-Tetrahydro-naphthyl-(1)-methyl]-benzamid, (±)-N-[*(1,2,3,4-tetrahydro-1-naphthyl)methyl*]*benzamide* $C_{18}H_{19}NO$, Formel V (R = CO-C_6H_5) (E II 665).

B. Aus (±)-1-Aminomethyl-1.2.3.4-tetrahydro-naphthalin (H 1208; E II 665) und Benzoylchlorid in Äther (*Späth, Kittel*, B. **73** [1940] 478, 482).

Krystalle (aus Ae.); F: 127—128°.

Überführung in 3-Phenyl-7.8.9.9a-tetrahydro-1*H*-benz[*de*]isochinolin durch Erhitzen mit Phosphor(V)-oxid in Toluol: *Sp.*, *Ki.*

(±)-*N*-[1.2.3.4-Tetrahydro-naphthyl-(1)-methyl]-*C*-phenyl-acetamid, (±)-*2-phenyl-*N-[*(1,2,3,4-tetrahydro-1-naphthyl)methyl*]*acetamide* $C_{19}H_{21}NO$, Formel V (R = CO-CH_2-C_6H_5).

B. Beim Erhitzen von (±)-1-Aminomethyl-1.2.3.4-tetrahydro-naphthalin (H 1208; E II 665) mit Phenylessigsäure auf 160° (*Späth, Kittel*, B. **73** [1940] 478, 483).

Krystalle (aus Ae. + PAe.); F: 83—84°.

1-Amino-2-methyl-5.6.7.8-tetrahydro-naphthalin, 2-Methyl-5.6.7.8-tetrahydro-naphth=yl-(1)-amin, *2-methyl-5,6,7,8-tetrahydro-1-naphthylamine* $C_{11}H_{15}N$, Formel VI (R = H).

B. Aus 2-Methyl-naphthyl-(1)-amin beim Erwärmen mit Amylalkohol und Natrium (*Veselý, Kapp*, Collect. **3** [1931] 448, 454).

Kp_{13}: 158—161°.

1-Acetamino-2-methyl-5.6.7.8-tetrahydro-naphthalin, *N*-[2-Methyl-5.6.7.8-tetrahydro-naphthyl-(1)]-acetamid, N-(*2-methyl-5,6,7,8-tetrahydro-1-naphthyl)acetamide* $C_{13}H_{17}NO$, Formel VI (R = CO-CH_3).

B. Aus 2-Methyl-5.6.7.8-tetrahydro-naphthyl-(1)-amin (*Veselý, Kapp*, Collect. **3** [1931] 448, 454).

Krystalle (aus wss. A.); F: 185—186°.

2-Aminomethyl-1.2.3.4-tetrahydro-naphthalin $C_{11}H_{15}N$.

(±)-2-[Dimethylamino-methyl]-1.2.3.4-tetrahydro-naphthalin, (±)-Dimethyl-[1.2.3.4-tetrahydro-naphthyl-(2)-methyl]-amin, (±)-*1-(1,2,3,4-tetrahydro-2-naphthyl)trimethylamine* $C_{13}H_{19}N$, Formel VII.

Hydrobromid $C_{13}H_{19}N \cdot HBr$. *B.* Aus 2-[Dimethylamino-methyl]-3.4-dihydro-naphthalin-hydrobromid bei der Hydrierung an Platin in Äthanol (*Mannich, Borkowsky, Lin,* Ar. **275** [1937] 54, 59). — Krystalle (aus Acn.); F: 180°.

2-[Indanyl-(5)]-äthylamin, *2-(indan-5-yl)ethylamine* $C_{11}H_{15}N$, Formel VIII (R = H).

B. Aus Indanyl-(5)-acetonitril bei der Hydrierung an Raney-Nickel in methanol. Ammoniak bei 110°/77 at (*Schultz, Arnold,* Am. Soc. **71** [1949] 1911, 1912).

Kp_4: 104—107°.

2-Acetamino-1-[indanyl-(5)]-äthan, *N*-[2-(Indanyl-(5))-äthyl]-acetamid, N-*[2-(indan-5-yl)ethyl]acetamide* $C_{13}H_{17}NO$, Formel VIII (R = $CO\text{-}CH_3$).

B. Aus 2-[Indanyl-(5)]-äthylamin und Acetylchlorid in Benzol und Pyridin (*Schultz, Arnold,* Am. Soc. **71** [1949] 1911, 1913).

Krystalle (aus Hexan); F: 77,5—78°.

Überführung in 1-Methyl-3.4.7.8-tetrahydro-6*H*-cyclopent[*g*]isochinolin durch Erhitzen mit Phosphor(V)-oxid in Benzol oder Toluol: *Sch., Ar.*

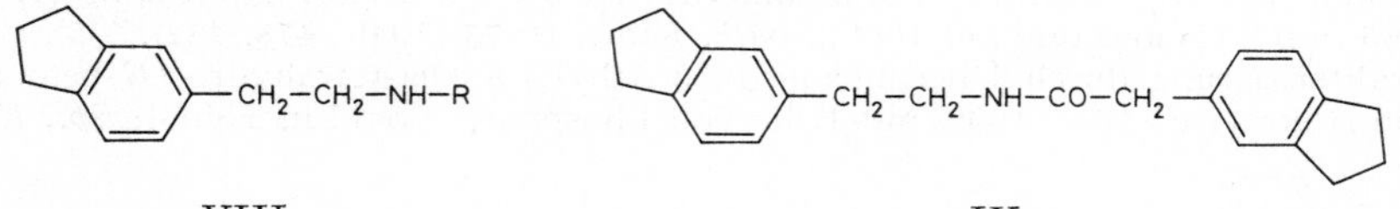

***N*-[2-(Indanyl-(5))-äthyl]-*C*-[indanyl-(5)]-acetamid,** *2-(indan-5-yl)-*N*-[2-(indan-5-yl)ethyl]acetamide* $C_{22}H_{25}NO$, Formel IX.

B. Beim Erwärmen einer Lösung des aus Indanyl-(5)-essigsäure mit Hilfe von Thionylchlorid hergestellten Säurechlorids mit 2-[Indanyl-(5)]-äthylamin in Pyridin (*Schultz, Arnold,* Am. Soc. **71** [1949] 1911, 1912).

Krystalle (aus Bzl. + Hexan); F: 99—100°.

***N'*-[2-(Indanyl-(5))-äthyl]-*N*-phenyl-thioharnstoff,** *1-[2-(indan-5-yl)ethyl]-3-phenylthiourea* $C_{18}H_{20}N_2S$, Formel VIII (R = $CS\text{-}NH\text{-}C_6H_5$).

B. Aus 2-[Indanyl-(5)]-äthylamin und Phenylisothiocyanat (*Schultz, Arnold,* Am. Soc. **71** [1949] 1911, 1912).

Krystalle (aus Bzl. + Hexan); F: 96,5—97,5°.

Amine $C_{12}H_{17}N$

2-Cyclohexyl-anilin, o-*cyclohexylaniline* $C_{12}H_{17}N$, Formel X (R = H).

B. In geringer Menge neben anderen Verbindungen beim Erhitzen von Cyclohexen mit Anilin und Anilin-hydrochlorid bis auf 250° (*Hickinbottom,* Soc. **1932** 2646, 2648). Aus 2-Nitro-1-cyclohexyl-benzol bei der Reduktion an einer Kupfer-Kathode (*Neunhoeffer,* J. pr. [2] **133** [1932] 95, 108) oder Quecksilber-Kathode (*McGuine, Dull,* Am. Soc. **69** [1947] 1469) in heisser wss.-äthanol. Salzsäure in Gegenwart von Zinn(II)-chlorid.

F: 13° (*Neu.*). Kp_3: 132—134° (*McG., Dull*); $Kp_{0,5}$: 106° (*Neu.*).

Hydrochlorid. Krystalle; F: 172° [aus wss. A.] (*Neu.,* l. c. S. 104), 107,8° [korr.; aus Ae.] (*McG., Dull*).

Essigsäure-[2-cyclohexyl-anilid], *2'-cyclohexylacetanilide* $C_{14}H_{19}NO$, Formel X (R = $CO\text{-}CH_3$).

B. Aus 2-Cyclohexyl-anilin und Acetanhydrid in Äther (*Neunhoeffer,* J. pr. [2] **133** [1932] 95, 108).

Krystalle; F: 102—103° [aus wss. A.] (*Hickinbottom,* Soc. **1932** 2646, 2649), 101° [aus Cyclohexan] (*Neu.*).

Benzoesäure-[2-cyclohexyl-anilid], *2'-cyclohexylbenzanilide* $C_{19}H_{21}NO$, Formel X (R = $CO\text{-}C_6H_5$).

B. Aus 2-Cyclohexyl-anilin und Benzoesäure-anhydrid in Äther (*Neunhoeffer,* J. pr.

[2] **133** [1932] 95, 108).
Krystalle (aus Bzl. + Cyclohexan); F: 154°.

Toluol-sulfonsäure-(4)-[2-cyclohexyl-anilid], *2'-cyclohexyl-*p*-toluenesulfonanilide* $C_{19}H_{23}NO_2S$, Formel XI.
B. Aus 2-Cyclohexyl-anilin und Toluol-sulfonylchlorid-(4) mit Hilfe von Pyridin (*Hickinbottom*, Soc. **1932** 2646, 2649).
Krystalle (aus A.); F: 156—157°.

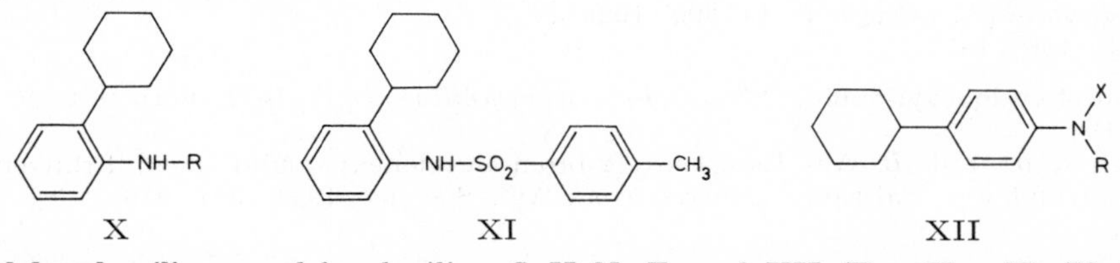

4-Cyclohexyl-anilin, p-*cyclohexylaniline* $C_{12}H_{17}N$, Formel XII (R = X = H) (H 1209; E II 667).
B. Aus 4-Nitro-1-cyclohexyl-benzol bei der Reduktion an einer Kupfer-Kathode in heisser wss.-äthanol. Salzsäure in Gegenwart von Zinn(II)-chlorid (*Neunhoeffer*, J. pr. [2] **133** [1932] 95, 107), bei der Hydrierung an Raney-Nickel (*Marvel et al.*, Am. Soc. **66** [1944] 914, 916) sowie beim Behandeln mit Zinn und wss.-äthanol. Salzsäure (*Hickinbottom*, Soc. **1932** 2646, 2650; vgl. H 1209). Aus 4-[Cyclohexen-(1)-yl]-anilin bei der Hydrierung an Nickel in Decalin bei 60—70°/30—80 at (*I.G. Farbenind.*, D.R.P. 509045 [1928]; Frdl. **17** 441). Aus 1.1-Bis-[4-amino-phenyl]-cyclohexan bei der Hydrierung an Nickel in Tetralin bei 130—180° (*I.G. Farbenind.*, D.R.P. 553626 [1928]; Frdl. **18** 820), in Decalin bei 100—150°/10 at (*I.G. Farbenind.*, Schweiz.P. 143386 [1929]) oder ohne Lösungsmittel bei 200—220°/50 at (*Schering-Kahlbaum A.G.*, D.R.P. 557517 [1929]; Frdl. **19** 688) sowie beim Erhitzen mit Cyclohexanol in Gegenwart eines Nickel-Katalysators bis auf 220° (*Schering-Kahlbaum A.G.*).
Krystalle; F: 54—55° [aus PAe.] (*Hi.*), 53—54° (*Ma. et al.*). Kp_{13}: 166° (*I.G. Farbenind.*, D.R.P. 509045).

***N.N*-Dimethyl-4-cyclohexyl-anilin,** p-*cyclohexyl-*N,N-*dimethylaniline* $C_{14}H_{21}N$, Formel XII (R = X = CH_3).
B. Aus *N.N*-Dimethyl-4-[cyclohexen-(1)-yl]-anilin bei der Hydrierung an Nickel in Decalin bei 60—70°/30—80 at (*Gen. Aniline Works*, U.S.P. 1906230 [1929]) oder ohne Lösungsmittel bei 80—100°/20 at (*I.G. Farbenind.*, Schweiz.P. 145310 [1929]).
Kp_{11}: 162—164° (*I.G. Farbenind.*).

Essigsäure-[4-cyclohexyl-anilid], *4'-cyclohexylacetanilide* $C_{14}H_{19}NO$, Formel XII (R = CO-CH_3, X = H) (H 1209; E II 667; dort als 4-Acetamino-1-cyclohexyl-benzol bezeichnet).
B. Aus 4-Cyclohexyl-anilin beim Erhitzen mit Essigsäure unter Zusatz von Zink (*Marvel et al.*, Am. Soc. **66** [1944] 914, 916) sowie beim Behandeln mit Acetanhydrid (*Ipatieff, Schmerling*, Am. Soc. **59** [1937] 1056, 1058).
Krystalle; F: 130—131° [aus A.] (*Hickinbottom*, Soc. **1932** 2646, 2649), 130—131° [unkorr.; aus W. oder wss. A.] (*Ip.*, *Sch.*), 129—130° [aus wss. A.] (*Ma. et al.*).

***N*-Phenyl-*N'*-[4-cyclohexyl-phenyl]-thioharnstoff,** *1-(*p*-cyclohexylphenyl)-3-phenylthiourea* $C_{19}H_{22}N_2S$, Formel XII (R = CS-NH-C_6H_5, X = H) (H 1209).
Krystalle (aus A.); F: 163—164° (*Hickinbottom*, Soc. **1932** 2646, 2650).

4-Cyclohexyl-phenylisocyanat, *isocyanic acid* p-*cyclohexylphenyl ester* $C_{13}H_{15}NO$, Formel XIII.
B. Aus 4-Cyclohexyl-anilin und Phosgen (*Siefken*, A. **562** [1949] 75, 80, 115).
Kp_4: 128—130°.

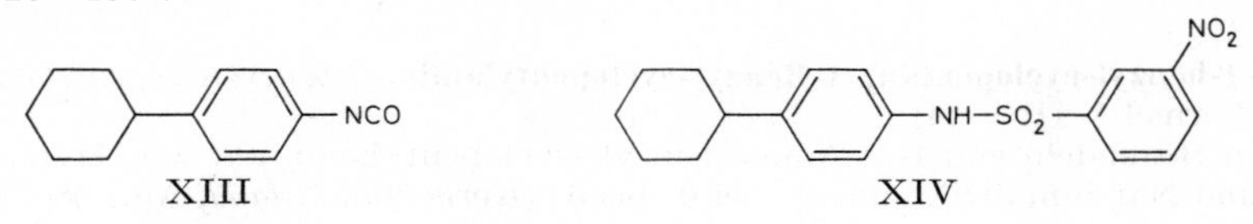

3-Nitro-benzol-sulfonsäure-(1)-[4-cyclohexyl-anilid], *4'-cyclohexyl-3-nitrobenzenesulfon= anilide* $C_{18}H_{20}N_2O_4S$, Formel XIV.
B. Aus 4-Cyclohexyl-anilin (*Hickinbottom*, Soc. **1932** 2646, 2650).
Krystalle (aus A.); F: 160—161°.

2-Chlor-4-cyclohexyl-anilin, *2-chloro-4-cyclohexylaniline* $C_{12}H_{16}ClN$, Formel I (R = H, X = Cl).
B. Aus 2-Chlor-4-[cyclohexen-(1)-yl]-anilin bei der Hydrierung an Nickel bei 80°/30 at (*I.G. Farbenind.*, Schweiz.P. 145309 [1929]).
Kp_{20}: 186—187°.

2-Brom-4-cyclohexyl-anilin, *2-bromo-4-cyclohexylaniline* $C_{12}H_{16}BrN$, Formel I (R = H, X = Br).
Hydrochlorid. *B.* Aus Essigsäure-[2-brom-4-cyclohexyl-anilid] beim Erhitzen mit Äthanol und wss. Salzsäure (*Marvel et al.*, Am. Soc. **66** [1944] 914, 916). — F: 207° [Zers.].

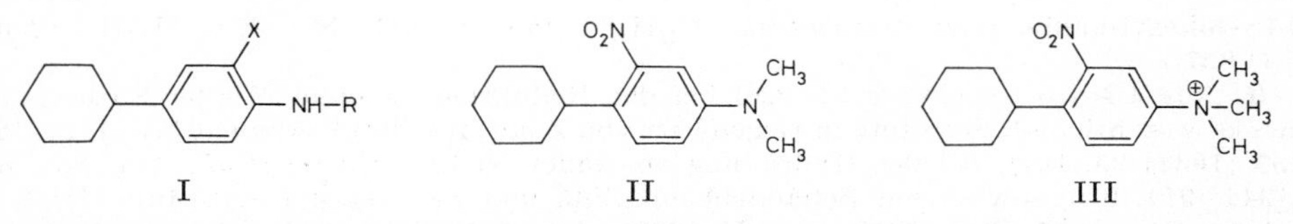

Essigsäure-[2-brom-4-cyclohexyl-anilid], *2'-bromo-4'-cyclohexylacetanilide* $C_{14}H_{18}BrNO$, Formel I (R = CO-CH_3, X = Br).
B. Beim Behandeln von Essigsäure-[4-cyclohexyl-anilid] mit Brom in Essigsäure unter Zusatz von Eisen-Pulver (*Marvel et al.*, Am. Soc. **66** [1944] 914, 916).
Krystalle (aus wss. A.); F: 122—123°.

3-Nitro-*N.N*-dimethyl-4-cyclohexyl-anilin, *4-cyclohexyl-*N,N*-dimethyl-3-nitroaniline* $C_{14}H_{20}N_2O_2$, Formel II.
B. Aus 3-Nitro-tri-*N*-methyl-4-cyclohexyl-anilinium-jodid beim Erhitzen bis auf 200° (*Haworth, Lamberton, Woodcock*, Soc. **1947** 182, 186).
Gelbe Krystalle (aus Bzn.); F: 55°.

3-Nitro-tri-*N*-methyl-4-cyclohexyl-anilinium, *4-cyclohexyl-*N,N,N*-trimethyl-3-nitro= anilinium* $[C_{15}H_{23}N_2O_2]^{\oplus}$, Formel III.
Jodid $[C_{15}H_{23}N_2O_2]I$. *B.* Beim Erwärmen von 3-Nitro-4-cyclohexyl-anilin mit Methyl= jodid in Methanol unter Zusatz von Natriumcarbonat (*Haworth, Lamberton, Woodcock*, Soc. **1947** 182, 186, 187). — Krystalle; F: 185°.

2-Amino-1-phenyl-cyclohexan, 2-Phenyl-cyclohexylamin, *2-phenylcyclohexylamine* $C_{12}H_{17}N$.

(±)-*trans*-2-Amino-1-phenyl-cyclohexan, Formel IV (R = H) + Spiegelbild (E II 666).
Konfiguration: *Arnold, Richardson*, Am. Soc. **76** [1954] 3649.
B. Aus (±)-*trans*-6-Nitro-1-phenyl-cyclohexen-(3) bei der Hydrierung an Raney-Nickel in Methanol bei 75°/200 at (*Nightingale, Tweedie*, Am. Soc. **66** [1944] 1968).
F: 58—59°; Kp_3: 110—112° (*Ni., Tw.*).

2-Benzamino-1-phenyl-cyclohexan, *N*-[2-Phenyl-cyclohexyl]-benzamid, N-*(2-phenyl= cyclohexyl)benzamide* $C_{19}H_{21}NO$.

(±)-*trans*-2-Benzamino-1-phenyl-cyclohexan, Formel IV (R = CO-C_6H_5) + Spiegelbild.
B. Aus (±)-*trans*-2-Amino-1-phenyl-cyclohexan [s. o.] (*Nightingale, Tweedie*, Am. Soc. **66** [1944] 1968).
F: 182°.

1-Amino-1-benzyl-cyclopentan, 1-Benzyl-cyclopentylamin, *1-benzylcyclopentylamine* $C_{12}H_{17}N$, Formel V (R = H).
B. Beim Behandeln von 1-[4-Amino-benzyl]-cyclopentylamin mit wss. Hypophospho= rigsäure und Natriumnitrit, anfangs bei 0° bis 5° (*Kornblum, Iffland*, Am. Soc. **71** [1949]

2137, 2138, 2140).

Kp_6: 119°. n_D^{20}: 1,5374.

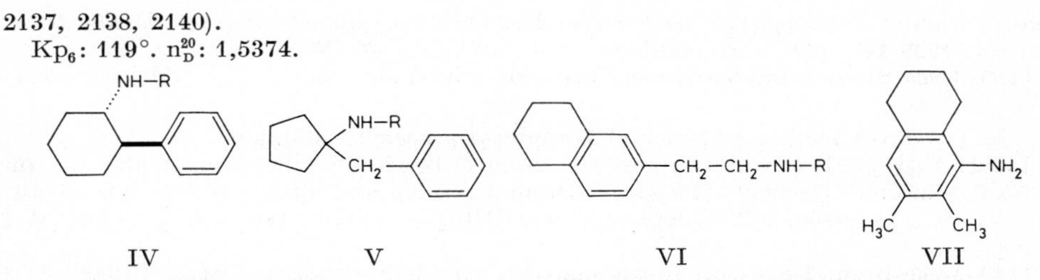

***N*-[1-Benzyl-cyclopentyl]-benzamid,** N-(*1-benzylcyclopentyl*)*benzamide* $C_{19}H_{21}NO$, Formel V (R = $CO-C_6H_5$).

B. Aus 1-Benzyl-cyclopentylamin (*Kornblum, Iffland*, Am. Soc. **71** [1949] 2137, 2138).

F: 123,5—124°.

2-[5.6.7.8-Tetrahydro-naphthyl-(2)]-äthylamin, *2-(5,6,7,8-tetrahydro-2-naphthyl)ethylamine* $C_{12}H_{17}N$, Formel VI (R = H).

B. Aus [5.6.7.8-Tetrahydro-naphthyl-(2)]-acetonitril bei der Hydrierung an Raney-Nickel in methanol. Ammoniak bei 110°/77 at (*Schultz, Arnold*, Am. Soc. **71** [1949] 1911, 1914).

Kp_2: 129—131°.

2-[*C*-Phenyl-acetamino]-1-[5.6.7.8-tetrahydro-naphthyl-(2)]-äthan, *N*-[2-(5.6.7.8-Tetrahydro-naphthyl-(2))-äthyl]-*C*-phenyl-acetamid, *2-phenyl-*N-*[2-(5,6,7,8-tetrahydro-2-naphthyl)ethyl]acetamide* $C_{20}H_{23}NO$, Formel VI (R = $CO-CH_2-C_6H_5$).

B. Beim Erhitzen von 2-[5.6.7.8-Tetrahydro-naphthyl-(2)]-äthylamin mit Phenylessigsäure bis auf 180° (*Schultz, Arnold*, Am. Soc. **71** [1949] 1911, 1914).

Krystalle (aus Bzl. + Hexan); F: 99—100°.

Beim Erhitzen mit Phosphor(V)-oxid in Toluol ist 1-Benzyl-3.4.6.7.8.9-hexahydrobenz[*g*]isochinolin erhalten worden.

***N'*-[2-(5.6.7.8-Tetrahydro-naphthyl-(2))-äthyl]-*N*-phenyl-thioharnstoff,** *1-phenyl-3-[2-(5,6,7,8-tetrahydro-2-naphthyl)ethyl]thiourea* $C_{19}H_{22}N_2S$, Formel VI (R = $CS-NH-C_6H_5$).

B. Aus 2-[5.6.7.8-Tetrahydro-naphthyl-(2)]-äthylamin und Phenylisothiocyanat (*Schultz, Arnold*, Am. Soc. **71** [1949] 1911, 1914).

Krystalle (aus wss. A.); F: 130—131°.

1-Amino-2.3-dimethyl-5.6.7.8-tetrahydro-naphthalin, 2.3-Dimethyl-5.6.7.8-tetrahydro-naphthyl-(1)-amin, *2,3-dimethyl-5,6,7,8-tetrahydro-1-napthylamine* $C_{12}H_{17}N$, Formel VII.

Zwei unter dieser Konstitution beschriebene Präparate (a) Kp_1: 130°; Hexachloroplatinat(IV) $2C_{12}H_{17}N \cdot H_2PtCl_6$: gelbe Krystalle [aus W.], F: 224—225° [Zers.]; *N*-Acetyl-Derivat $C_{14}H_{19}NO$: Krystalle [aus wss. A.], F: 201°; b) Kp_{15}: 154—156°; Kp_2: 126—128°; *N*-Acetyl-Derivat $C_{14}H_{19}NO$: Krystalle [aus wss. A.], F: 125°) sind in geringer Menge beim Behandeln von 2.3-Dimethyl-5.6.7.8-tetrahydro-naphthalin mit Salpetersäure und Acetanhydrid und Behandeln des Reaktionsprodukts mit Eisen und Säure (?) (*Cocker*, Soc. **1946** 36, 38) bzw. mit Zink und wss. Salzsäure (*Coulson*, Soc. **1938** 1305, 1308) erhalten worden.

Amine $C_{13}H_{19}N$

2-[2-Methyl-1-isopropyl-propenyl]-anilin $C_{13}H_{19}N$.

***N.N*-Dimethyl-2-[2-methyl-1-isopropyl-propenyl]-anilin,** o-(*1-isopropyl-2-methylprop-1-enyl*)-N,N-*dimethylaniline* $C_{15}H_{23}N$, Formel VIII (R = CH_3).

B. Aus 2.4-Dimethyl-3-[2-dimethylamino-phenyl]-pentanol-(3) beim Erhitzen mit Acetanhydrid (*Mills, Dazeley*, Soc. **1939** 460, 462).

Kp_{15}: 127—132°.

Perchlorat $C_{15}H_{23}N \cdot HClO_4$. Krystalle (aus Bzl. + PAe.).

Tri-*N*-methyl-2-[2-methyl-1-isopropyl-propenyl]-anilinium, o-(*1-isopropyl-2-methylprop-1-enyl*)-N,N,N-*trimethylanilinium* $[C_{16}H_{26}N]^{\oplus}$, Formel IX (R = CH_3).

a) **(+)-Tri-*N*-methyl-2-[2-methyl-1-isopropyl-propenyl]-anilinium.**

Jodid $[C_{16}H_{26}N]I$. Gewinnung aus dem unter c) beschriebenen Racemat über das (in

Benzol leichter lösliche) (1*R*)-3*endo*-Brom-2-oxo-bornan-sulfonat-(8) (s. u.): *Mills, Dazeley*, Soc. **1939** 460, 462. — Krystalle; F: 160°. $[M]_{546}$: +55° [W.; c = 1].

(1*R*)-3*endo*-Brom-2-oxo-bornan-sulfonat-(8). Krystalle (aus Bzl.). $[M]_{546}$: +394° [W. ?].

b) **(−)-Tri-*N*-methyl-2-[2-methyl-1-isopropyl-propenyl]-anilinium.**

Jodid $[C_{16}H_{26}N]I$. Gewinnung aus dem unter c) beschriebenen Racemat über das (in Benzol schwerer lösliche) (1*R*)-3*endo*-Brom-2-oxo-bornan-sulfonat-(8) (s. u.): *Mills, Dazeley*, Soc. **1939** 460, 462. — Krystalle (aus $CHCl_3$ + Ae.); F: 160°. $[M]_{546}$: −58° [W.; c = 1].

(1*R*)-3*endo*-Brom-2-oxo-bornan-sulfonat-(8). Krystalle (aus Bzl.). $[M]_{546}$: +288° [W.; c = 1].

c) **(±)-Tri-*N*-methyl-2-[2-methyl-1-isopropyl-propenyl]-anilinium.**

Jodid $[C_{16}H_{26}N]I$. *B.* Beim Erhitzen von *N.N*-Dimethyl-2-[2-methyl-1-isopropyl-propenyl]-anilin mit Dimethylsulfat auf 130°, Behandeln einer alkal. wss. Lösung des Reaktionsprodukts mit Pikrinsäure und Behandeln des erhaltenen Pikrats mit wss. Natriumjodid-Lösung (*Mills, Dazeley*, Soc. **1939** 460, 462). — Krystalle (aus Ae.); F: 160°.

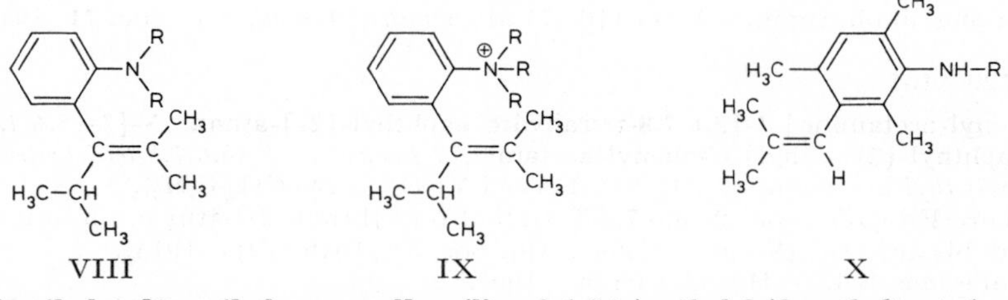

2.4.6-Trimethyl-3-[2-methyl-propenyl]-anilin, *2,4,6-trimethyl-3-(2-methylprop-1-enyl)aniline* $C_{13}H_{19}N$, Formel X (R = H).

B. Beim Erhitzen von (±)-2-Methyl-1-[3-amino-2.4.6-trimethyl-phenyl]-propanol-(1) mit wss. Bromwasserstoffsäure und Erwärmen des Reaktionsprodukts mit äthanol. Kalilauge (*Maxwell, Adams*, Am. Soc. **52** [1930] 2959, 2966).

Kp_6: 127—128°.

4-Acetamino-1.3.5-trimethyl-2-[2-methyl-propenyl]-benzol, Essigsäure-[2.4.6-trimethyl-3-(2-methyl-propenyl)-anilid], *2′,4′,6′-trimethyl-3′-(2-methylprop-1-enyl)acetanilide* $C_{15}H_{21}NO$, Formel X (R = CO-CH_3).

B. Aus 2.4.6-Trimethyl-3-[2-methyl-propenyl]-anilin und Acetanhydrid (*Maxwell, Adams*, Am. Soc. **52** [1930] 2959, 2967).

Krystalle (aus wss. A.), F: 114—115°; die Schmelze erstarrt bei weiterem Erhitzen zu Krystallen vom F: 129—130° [korr.].

4-[4-Nitro-benzamino]-1.3.5-trimethyl-2-[2-methyl-propenyl]-benzol, 4-Nitro-benzoesäure-[2.4.6-trimethyl-3-(2-methyl-propenyl)-anilid], *2′,4′,6′-trimethyl-3′-(2-methylprop-1-enyl)-4-nitrobenzanilide* $C_{20}H_{22}N_2O_3$, Formel XI (X = H).

B. Aus 2.4.6-Trimethyl-3-[2-methyl-propenyl]-anilin und 4-Nitro-benzoylchlorid in Benzol (*Maxwell, Adams*, Am. Soc. **52** [1930] 2959, 2971).

Krystalle (aus A.); F: 154—155° [unkorr.].

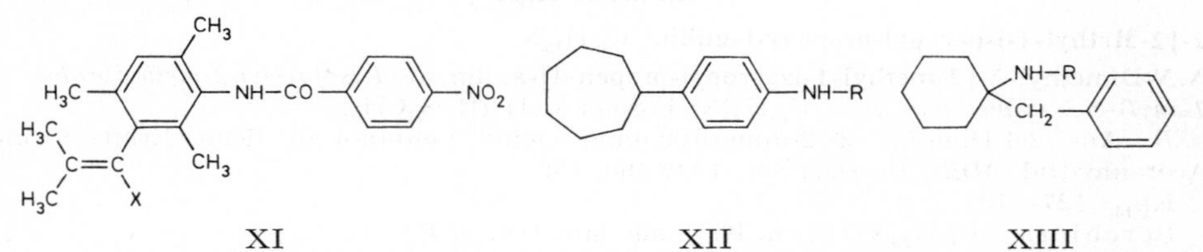

4-[4-Nitro-benzamino]-1.3.5-trimethyl-2-[1-brom-2-methyl-propenyl]-benzol, 4-Nitro-benzoesäure-[2.4.6-trimethyl-3-(1-brom-2-methyl-propenyl)-anilid], *3′-(1-bromo-2-methylprop-1-enyl)-2′,4′,6′-trimethyl-4-nitrobenzanilide* $C_{20}H_{21}BrN_2O_3$, Formel XI (X = Br).

B. Beim Behandeln von 4-Nitro-benzoesäure-[2.4.6-trimethyl-3-(2-methyl-propenyl)-

anilid] mit Brom in Essigsäure und Erhitzen des Reaktionsprodukts mit Pyridin oder mit äthanol. Alkalilauge (*Maxwell, Adams*, Am. Soc. **52** [1930] 2959, 2971).
Krystalle (aus A.); F: 203,5—204,5° [korr.].

4-Cycloheptyl-anilin, p-*cycloheptylaniline* $C_{13}H_{19}N$, Formel XII (R = H).
B. Aus 4-Nitro-1-cycloheptyl-benzol beim Behandeln mit Zinn und wss. Salzsäure (*Šidorowa, Zukerwanik*, Ž. obšč. Chim. **10** [1940] 2073, 2074; C. **1941** I 2930; s. a. *Pines, Edeleanu, Ipatieff*, Am. Soc. **67** [1945] 2193, 2195).
Charakterisierung als *N*-Acetyl-Derivat (s. u.) und als *N*-Benzoyl-Derivat (s. u.).

Essigsäure-[4-cycloheptyl-anilid], *4'-cycloheptylacetanilide* $C_{15}H_{21}NO$, Formel XII (R = CO-CH_3).
B. Aus 4-Cycloheptyl-anilin und Acetanhydrid (*Pines, Edeleanu, Ipatieff*, Am. Soc. **67** [1945] 2193, 2195).
Krystalle (aus wss. A.); F: 136—137° (*Šidorowa, Zukerwanik*, Ž. obšč. Chim. **10** [1940] 2073, 2075; C. **1941** I 2930).

Benzoesäure-[4-cycloheptyl-anilid], *4'-cycloheptylbenzanilide* $C_{20}H_{23}NO$, Formel XII (R = CO-C_6H_5).
B. Aus 4-Cycloheptyl-anilin und Benzoylchlorid mit Hilfe von wss. Natronlauge (*Pines, Edeleanu, Ipatieff*, Am. Soc. **67** [1945] 2193, 2195).
Krystalle (aus A.); F: 173° (*Šidorowa, Zukerwanik*, Ž. obšč. Chim. **10** [1940] 2073, 2075; C. **1941** I 2930; *Pi., Ed., Ip.*).

1-Amino-1-benzyl-cyclohexan, 1-Benzyl-cyclohexylamin, *1-benzylcyclohexylamine* $C_{13}H_{19}N$, Formel XIII (R = H).
B. Aus 1-[4-Amino-benzyl]-cyclohexylamin beim Behandeln mit wss. Salzsäure und Natriumnitrit und anschliessend mit wss. Hypophosphorigsäure sowie beim Behandeln mit wss. Hypophosphorigsäure und Natriumnitrit (*Kornblum, Iffland*, Am. Soc. **71** [1949] 2137, 2140).
Kp_{10}: 140°; Kp_7: 135°; n_D^{20}: 1,5398.

***N*-[1-Benzyl-cyclohexyl]-benzamid,** N-(*1-benzylcyclohexyl)benzamide* $C_{20}H_{23}NO$, Formel XIII (R = CO-C_6H_5).
B. Aus 1-Benzyl-cyclohexylamin und Benzoylchlorid (*Kornblum, Iffland*, Am. Soc. **71** [1949] 2137, 2138).
F: 101,5—102°.

2-Amino-1-benzyl-cyclohexan, 2-Benzyl-cyclohexylamin, *2-benzylcyclohexylamine* $C_{13}H_{19}N$.
(±)-*cis*-2-Amino-1-benzyl-cyclohexan, Formel I (R = H) + Spiegelbild (E II 667).
B. Aus opt.-inakt. 2-Nitro-1-benzyl-cyclohexan (Rohprodukt) bei der Hydrierung an Raney-Nickel in Methanol (*Buckley, Ellery*, Soc. **1947** 1497, 1500).
Hydrochlorid. Krystalle (aus wss. Salzsäure); F: 224° [unkorr.].

2-Acetamino-1-benzyl-cyclohexan, *N*-[2-Benzyl-cyclohexyl]-acetamid, N-(*2-benzylcyclohexyl)acetamide* $C_{15}H_{21}NO$.
(±)-*cis*-2-Acetamino-1-benzyl-cyclohexan, Formel I (R = CO-CH_3) + Spiegelbild.
B. Aus (±)-*cis*-2-Amino-1-benzyl-cyclohexan (*Buckley, Ellery*, Soc. **1947** 1497, 1500).
F: 116° [unkorr.].

(±)-Amino-cyclohexyl-phenyl-methan, (±)-*C*-Cyclohexyl-*C*-phenyl-methylamin, (±)-*α-cyclohexylbenzylamine* $C_{13}H_{19}N$, Formel II (R = H).
B. Aus Cyclohexyl-phenyl-keton-oxim (F: 158°) beim Behandeln mit Äthanol und Natrium (*Ogata, Niinobe*, J. pharm. Soc. Japan **62** [1942] 160; dtsch. Ref. S. 49; C. A. **1951** 1728; *Mousseron, Froger*, Bl. **1947** 843, 847).
Kp_{10}: 140° (*Mo., Fr.*); $Kp_{4,5}$: 126—128° (*Og., Ni.*). D^{25}: 0,993; n_D^{25}: 1,5352 (*Mo., Fr.*).
Hydrochlorid $C_{13}H_{19}N \cdot HCl$. Krystalle (aus W.), Zers. bei 310—320° [nach Sintern von 290° an] (*Og., Ni.*); Krystalle (aus W.) mit 2 Mol H_2O, die bei ca. 300° sublimieren (*Mo., Fr.*).
Hexachloroplatinat(IV) $2C_{13}H_{19}N \cdot H_2PtCl_6$. Orangefarbene Krystalle (aus wss. A.); Zers. bei 210° (*Og., Ni.*).
L_g-Hydrogentartrat. Krystalle (aus A.); F: 190° (*Mo., Fr.*). $[\alpha]_{546}$: +15° [A.;

c = 2] (*Mo., Fr.*).
Pikrat. Gelbe Krystalle (aus wss. A.); F: 175—176° (*Og., Ni.*).

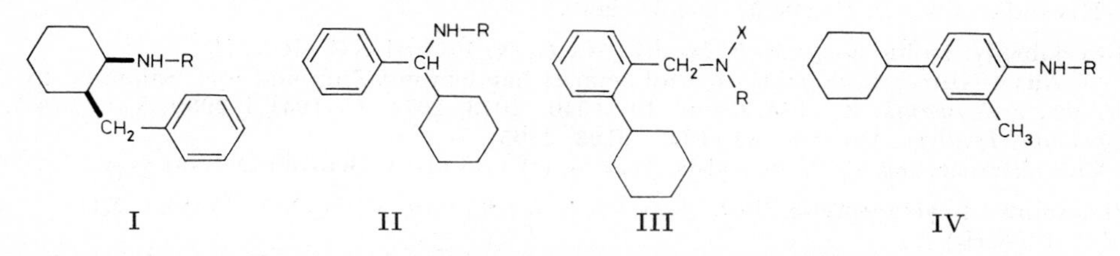

(±)-Methylamino-cyclohexyl-phenyl-methan, (±)-Methyl-[cyclohexyl-phenyl-methyl]-amin, (±)-*α-cyclohexyl-*N*-methylbenzylamine* $C_{14}H_{21}N$, Formel II (R = CH_3).
B. Beim Erwärmen von Benzaldehyd-methylimin mit Cyclohexylmagnesiumbromid in Äther (*Goodson, Moffett,* Am. Soc. **71** [1949] 3219).
$Kp_{0,13}$: 89°; n_D^{25}: 1,5287.
Hydrochlorid $C_{14}H_{21}N \cdot HCl$. Krystalle (aus Isopropylalkohol + Ae. oder aus A. + Ae.); F: 251—253°.

(±)-*N*-[Cyclohexyl-phenyl-methyl]-benzamid, (±)-N-(*α-cyclohexylbenzyl)benzamide* $C_{20}H_{23}NO$, Formel II (R = CO-C_6H_5).
B. Aus (±)-*C*-Cyclohexyl-*C*-phenyl-methylamin (*Mousseron, Froger,* Bl. **1947** 843, 847).
Krystalle (aus A.); F: 164—165°.

2-Cyclohexyl-benzylamin, *2-cyclohexylbenzylamine* $C_{13}H_{19}N$, Formel III (R = X = H).
B. Aus 2-Cyclohexyl-benzonitril bei der Hydrierung an Palladium in Schwefelsäure enthaltender Essigsäure (*Goldschmidt, Veer,* R. **67** [1948] 489, 510).
Kp_{15}: 154—156°; Kp_{10}: 150—152°.
Hydrochlorid $C_{13}H_{19}N \cdot HCl$. Krystalle (aus W.); F: 243° [korr.; Zers.].

Diäthyl-[2-cyclohexyl-benzyl]-amin, *2-cyclohexyl-*N,N*-diethylbenzylamine* $C_{17}H_{27}N$, Formel III (R = X = C_2H_5).
B. Aus 2-Cyclohexyl-benzylamin und Äthylbromid (*Goldschmidt, Veer,* R. **67** [1948] 489, 500, 510).
Kp_{20}: 163—164°.

***N.N*-Diäthyl-*N'*-[2-cyclohexyl-benzyl]-äthylendiamin,** N'-(*2-cyclohexylbenzyl*)-N,N-*diethylethylenediamine* $C_{19}H_{32}N_2$, Formel III (R = CH_2-CH_2-N(C_2H_5)$_2$, X = H).
B. Beim Behandeln von 2-Cyclohexyl-benzylamin mit Acetanhydrid, Erwärmen des Reaktionsprodukts mit Natrium in Benzol und anschliessend mit Diäthyl-[2-chlor-äthyl]-amin und Erhitzen des danach isolierten Reaktionsprodukts mit wss. Salzsäure (*Goldschmidt, Veer,* R. **67** [1948] 489, 500, 511).
$Kp_{0,7}$: 151—153°.

2-Methyl-4-cyclohexyl-anilin, *4-cyclohexyl-*o*-toluidine* $C_{13}H_{19}N$, Formel IV (R = H).
B. Aus 2-Methyl-4-[cyclohexen-(1)-yl]-anilin bei der Hydrierung an Nickel in Decalin bei 60—80°/30—80 at (*I.G. Farbenind.,* D.R.P. 509045 [1928]; Frdl. **17** 441). Aus 1.1-Bis-[4-amino-3-methyl-phenyl]-cyclohexan bei der Hydrierung an Nickel in Decalin bei 100—150°/10 at (*I.G. Farbenind.,* D.R.P. 553626 [1928]; Frdl. **18** 820).
Kp_{15}: 175—177° (*I.G. Farbenind.,* D.R.P. 509045); Kp_{13}: 168—170°; Kp_{10}: 163—164° (*I.G. Farbenind.,* D.R.P. 553626).

Essigsäure-[2-methyl-4-cyclohexyl-anilid], *4'-cyclohexylaceto-*o*-toluidide* $C_{15}H_{21}NO$, Formel IV (R = CO-CH_3).
B. Aus Essigsäure-[2-methyl-4-(cyclohexen-(1)-yl)-anilid] bei der Hydrierung an Nickel in Decalin bei 100°/50 at (*I.G. Farbenind.,* D.R.P. 509045 [1928]; Frdl. **17** 441).
Krystalle; F: 147°.

2-Methyl-4-cyclohexyl-phenylisocyanat, *isocyanic acid 4-cyclohexyl-*o*-tolyl ester* $C_{14}H_{17}NO$, Formel V.
B. Aus 2-Methyl-4-cyclohexyl-anilin und Phosgen (*Siefken,* A. **562** [1949] 75, 80, 116).
Kp_{4-5}: 138—142°.

4-Methyl-2-cyclohexyl-anilin, *2-cyclohexyl-*p*-toluidine* $C_{13}H_{19}N$, Formel VI (R = H).

B. Neben *N*-Cyclohexyl-*p*-toluidin beim Erhitzen von Cyclohexen mit *p*-Toluidin und *p*-Toluidin-hydrochlorid auf 280° (*Hickinbottom*, Soc. **1932** 2646, 2651).

Kp_{21}: 167—168°.

Oxalat. Krystalle; F: 175—178°.

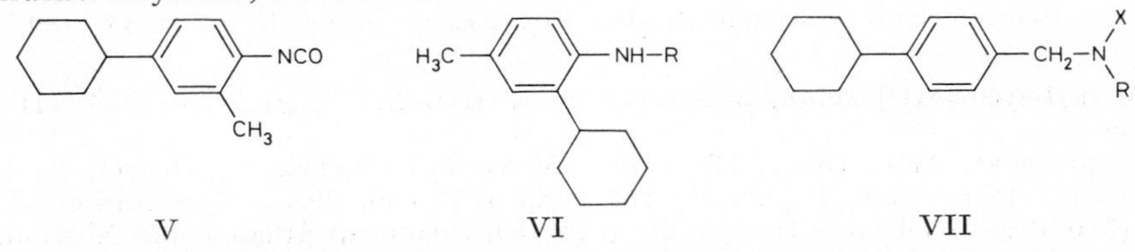

V VI VII

Essigsäure-[4-methyl-2-cyclohexyl-anilid], *2'-cyclohexylaceto-*p*-toluidide* $C_{15}H_{21}NO$, Formel VI (R = CO-CH_3).

B. Aus 4-Methyl-2-cyclohexyl-anilin (*Hickinbottom*, Soc. **1932** 2646, 2651).

Krystalle (aus wss. A.); F: 136—137°.

4-Cyclohexyl-benzylamin $C_{13}H_{19}N$.

Methyl-[4-cyclohexyl-benzyl]-amin, *4-cyclohexyl-*N*-methylbenzylamine* $C_{14}H_{21}N$, Formel VII (R = CH_3, X = H).

B. Neben geringen Mengen Methyl-bis-[4-cyclohexyl-benzyl]-amin beim Erwärmen von 4-Cyclohexyl-benzylchlorid mit Methylamin in Benzol (*v. Braun, Michaelis*, A. **507** [1933] 1, 6).

Kp_{11}: 165°.

Hydrochlorid. F: 186°.

Hexachloroplatinat(IV)(?). Krystalle; Zers. bei 215°.

Diäthyl-[4-cyclohexyl-benzyl]-amin, *4-cyclohexyl-*N,N*-diethylbenzylamine* $C_{17}H_{27}N$, Formel VII (R = X = C_2H_5).

B. Aus 4-Cyclohexyl-benzylchlorid und Diäthylamin (*v. Braun, Irmisch, Nelles*, B. **66** [1933] 1471, 1476).

$Kp_{0,1}$: 125°.

Methyl-diäthyl-[4-cyclohexyl-benzyl]-ammonium, *(4-cyclohexylbenzyl)diethylmethyl=ammonium* $[C_{18}H_{30}N]^{\oplus}$, Formel VIII.

Jodid $[C_{18}H_{30}N]I$. *B.* Aus Diäthyl-[4-cyclohexyl-benzyl]-amin und Methyljodid (*v. Braun, Irmisch, Nelles*, B. **66** [1933] 1471, 1476). — Krystalle (aus Me. + Ae.); F: 186°.

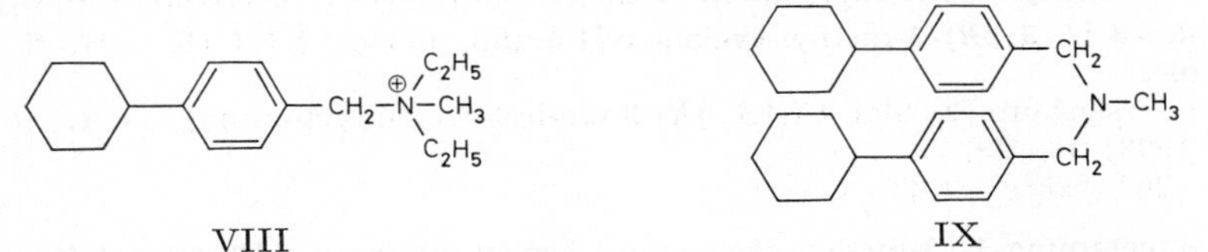

VIII IX

Methyl-bis-[4-cyclohexyl-benzyl]-amin, *4,4'-dicyclohexyl-*N*-methyldibenzylamine* $C_{27}H_{37}N$, Formel IX.

B. s. o. im Artikel Methyl-[4-cyclohexyl-benzyl]-amin.

F: 52° (*v. Braun, Michaelis*, A. **507** [1933] 1, 6). $Kp_{0,4}$: ca. 240°.

Dimethyl-bis-[4-cyclohexyl-benzyl]-ammonium, *bis(4-cyclohexylbenzyl)dimethylammonium* $[C_{28}H_{40}N]^{\oplus}$, Formel X.

Jodid. *B.* Aus Methyl-bis-[4-cyclohexyl-benzyl]-amin und Methyljodid (*v. Braun, Michaelis*, A. **507** [1933] 1, 6). — F: 196°.

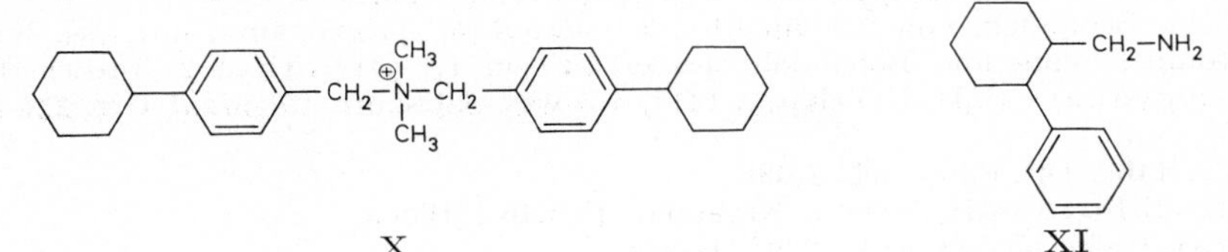

X XI

1-Aminomethyl-2-phenyl-cyclohexan, *C*-[2-Phenyl-cyclohexyl]-methylamin, *1-(2-phenylcyclohexyl)methylamine* $C_{13}H_{19}N$, Formel XI.

Zwei opt.-inakt. Präparate (a) Kp_{10}: 144—147°; Pikrat: F: 155—157° [korr.]; b) Kp_{10}: 145°; Pikrat: F: 147—151° [korr.]) sind aus (±)-2-Phenyl-cyclohexen-(6)-carbonitril-(1) (E III **9** 3084) bei der Hydrierung an Palladium in Essigsäure in Gegenwart von Schwefelsäure erhalten worden (*Goldschmidt, Veer*, R. **67** [1948] 489, 496, 505).

4-[3-Methyl-cyclohexyl]-anilin, p-(*3-methylcyclohexyl)aniline* $C_{13}H_{19}N$, Formel XII (R = H).

Ein opt.-inakt. Amin (Kp_{18}: 176—178°; *N*-Acetyl-Derivat $C_{15}H_{21}NO$: F: 126°; *N*-Benzoyl-Derivat $C_{20}H_{23}NO$: F: 155°; vgl. E II 669) dieser Konstitution ist aus (±)-4-[3-Methyl-cyclohexen-(1)-yl]-anilin beim Behandeln mit Äthanol und Natrium erhalten worden (*v. Braun*, A. **507** [1933] 14, 34).

4-[Hydroxyimino-acetamino]-1-[3-methyl-cyclohexyl]-benzol, Hydroxyimino-essigsäure-[4-(3-methyl-cyclohexyl)-anilid], *2-(hydroxyimino)-4'-(3-methylcyclohexyl)acetanilide* $C_{15}H_{20}N_2O_2$.

a) **Hydroxyimino-essigsäure-[4-((1Ξ:3*R*)-3-methyl-cyclohexyl)-anilid],** Formel XIII (R = CO-CH=NOH, X = H), **vom F: 121°.**

B. Beim Erwärmen von 4-[(1Ξ:3*R*)-3-Methyl-cyclohexyl]-anilin (E II 669) mit Chloralhydrat und Hydroxylamin-sulfat in wss. Äthanol (*v. Braun*, A. **507** [1933] 14, 35).

F: 121°. $[\alpha]_D^{20}$: −3,5° [A.; p = 3,5].

b) **Opt.-inakt. Hydroxyimino-essigsäure-[4-(3-methyl-cyclohexyl)-anilid],** Formel XII (R = CO-CH=NOH), **vom F: 116°.**

B. Beim Erwärmen von opt.-inakt. 4-[3-Methyl-cyclohexyl]-anilin (Kp_{18}: 176—178° [s. o.]) mit Chloralhydrat und Hydroxylamin-sulfat in wss. Äthanol (*v. Braun*, A. **507** [1933] 14, 35).

Krystalle (aus Bzl. + PAe.); F: 116°.

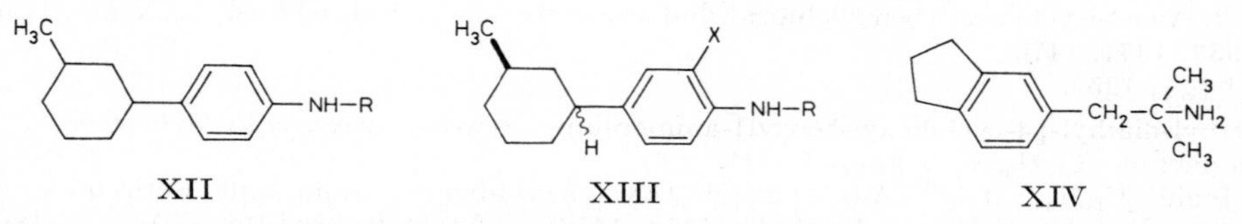

XII XIII XIV

2-Chlor-4-[3-methyl-cyclohexyl]-anilin, *2-chloro-4-(3-methylcyclohexyl)aniline* $C_{13}H_{18}ClN$.

2-Chlor-4-[(1Ξ:3*R*)-3-methyl-cyclohexyl]-anilin, Formel XIII (R = H, X = Cl), **vom F: 20°.**

B. Aus Essigsäure-[2-chlor-4-((1Ξ:3*R*)-3-methyl-cyclohexyl)-anilid] [s. u.] (*v. Braun*, A. **507** [1933] 14, 29).

F: 17—20°. $[\alpha]_D^{24}$: −4,6° [A. (?)].

3-Chlor-4-acetamino-1-[3-methyl-cyclohexyl]-benzol, Essigsäure-[2-chlor-4-(3-methylcyclohexyl)-anilid], *2'-chloro-4'-(3-methylcyclohexyl)acetanilide* $C_{15}H_{20}ClNO$.

3-Chlor-4-acetamino-1-[(1Ξ:3*R*)-3-methyl-cyclohexyl]-benzol, Formel XIII (R = CO-CH_3, X = Cl), **vom F: 97°.**

B. Aus 3-Chlor-4-acetamino-1-[(*R*)-3-methyl-cyclohexen-(1)-yl]-benzol bei der Hydrierung an Palladium in Methanol (*v. Braun*, A. **507** [1933] 14, 29).

F: 97°. $[\alpha]_D^{20}$: −3,9° [A. (?)].

2-Amino-2-methyl-1-[indanyl-(5)]-propan, 1.1-Dimethyl-2-[indanyl-(5)]-äthylamin, *2-(indan-5-yl)-1,1-dimethylethylamine* $C_{13}H_{19}N$, Formel XIV.

B. Beim Behandeln von 2.2-Dimethyl-3-[indanyl-(5)]-propionamid mit wss. Kaliumhypobromit-Lösung und Behandeln des erhaltenen 1.1-Dimethyl-2-[indanyl-(5)]-äthylisocyanats $C_{14}H_{17}NO$ ($Kp_{0,6}$: 141°) mit wss. Salzsäure (*Cagniant*, C. r. **226** [1948] 675).

$Kp_{18,5}$: 146°. D_4^{18}: 0,979. n_D^{15}: 1,538.

Hydrochlorid $C_{13}H_{19}N \cdot HCl$. Krystalle; F: 246° [Block].

Pikrat. Gelbe Krystalle; F: 230° [Block]. [*Krasa*]

Amine $C_{14}H_{21}N$

(±)-2-Cyclohexyl-1-phenyl-äthylamin, *(±)-2-cyclohexyl-1-phenylethylamine* $C_{14}H_{21}N$, Formel I (R = H).

B. Aus 2-Cyclohexyl-1-phenyl-äthanon-(1)-oxim mit Hilfe von Natrium-Amalgam (*Dodds, Lawson, Williams,* Pr. roy. Soc. [B] **132** [1945] 119, 129).

Kp_{12}: 162—164°.

Hydrochlorid. Krystalle (aus W.); F: 280—282°.

Pikrat. Krystalle (aus Bzl. + E.); F: 183—184°.

(±)-*N*-[2-Cyclohexyl-1-phenyl-äthyl]-benzamid, *(±)-N-(2-cyclohexyl-1-phenylethyl)benzamide* $C_{21}H_{25}NO$, Formel I (R = CO-C_6H_5).

B. Aus (±)-2-Cyclohexyl-1-phenyl-äthylamin und Benzoylchlorid mit Hilfe von wss. Natronlauge (*Dodds, Lawson, Williams,* Pr. roy. Soc. [B] **132** [1945] 119, 130).

Krystalle (aus A.); F: 168°.

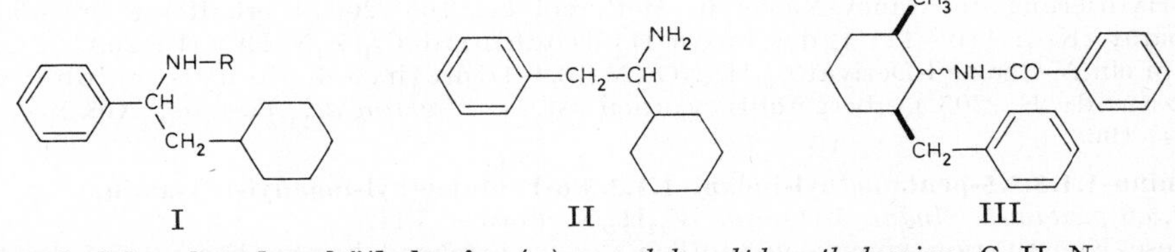

(±)-1-Cyclohexyl-2-phenyl-äthylamin, *(±)-α-cyclohexylphenethylamine* $C_{14}H_{21}N$, Formel II.

B. Aus 2-Cyclohexyl-1-phenyl-äthanon-(2)-oxim oder aus 2-[Cyclohexen-(1)-yl]-1-phenyl-äthanon-(2)-oxim beim Erwärmen mit Äthanol und Natrium (*Bergs,* B. **67** [1934] 1617, 1620).

Kp_{12-13}: 160—165°.

Hydrochlorid. Krystalle; F: 216°.

Pikrat $C_{14}H_{21}N \cdot C_6H_3N_3O_7$. Krystalle (aus A.); F: 203,5°.

2-Methyl-6-benzyl-cyclohexylamin $C_{14}H_{21}N$.

2-Benzamino-1-methyl-3-benzyl-cyclohexan, *N*-[2-Methyl-6-benzyl-cyclohexyl]-benzamid, *N-(2-benzyl-6-methylcyclohexyl)benzamide* $C_{21}H_{25}NO$.

a) **Opt.-inakt. 2-Benzamino-1-methyl-3-benzyl-cyclohexan vom F: 207°,** vermutlich **(±)-2ξ-Benzamino-1*r*-methyl-3*c*-benzyl-cyclohexan,** Formel III + Spiegelbild.

B. Beim Behandeln der (±)-*cis*(?)-1-Methyl-3-benzyl-cyclohexanon-(2)-oxime (E III 7 1526) mit Äthanol und Natrium und Schütteln der Reaktionsprodukte mit Benzoylchlorid und wss. Natronlauge (*Anziani et al.,* C. r. **227** [1948] 943; Bl. **1950** 1202, 1205).

Krystalle (aus A. + Bzl.); F: 206—207°.

b) **Opt.-inakt. 2-Benzamino-1-methyl-3-benzyl-cyclohexan vom F: 190°,** vermutlich **(±)-2ξ-Benzamino-1*r*-methyl-3*t*-benzyl-cyclohexan,** Formel IV + Spiegelbild.

B. Neben geringen Mengen des unter c) beschriebenen Stereoisomeren beim Behandeln der (±)-*trans*(?)-1-Methyl-3-benzyl-cyclohexanon-(2)-oxime (E III 7 1526) mit Äthanol und Natrium und Schütteln der Reaktionsprodukte mit Benzoylchlorid und wss. Natronlauge (*Anziani et al.,* C. r. **227** [1948] 943; Bl. **1950** 1202, 1205).

Krystalle (aus A. + Bzl.); F: 189—190°.

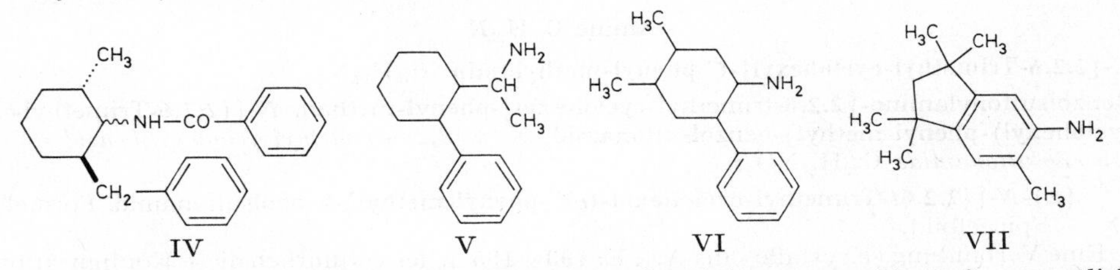

c) **Opt.-inakt. 2-Benzamino-1-methyl-3-benzyl-cyclohexan vom F: 181°,** vermutlich **(±)-2ξ-Benzamino-1*r*-methyl-3*t*-benzyl-cyclohexan,** Formel IV + Spiegelbild.

B. s. bei dem unter b) beschriebenen Stereoisomeren.

Krystalle (aus A. + Bzl.); F: 178—181° (*Anziani et al.*, C. r. **227** [1948] 943; Bl. **1950** 1202, 1205).

1-[2-Phenyl-cyclohexyl]-äthylamin, *1-(2-phenylcyclohexyl)ethylamine* $C_{14}H_{21}N$, Formel V.

Ein als Hydrochlorid (Krystalle [aus Bzl.], F: 217—219,5° [korr.]) charakterisiertes opt.-inakt. Amin (Kp_{14}: 161,2—162,4°) dieser Konstitution ist aus (±)-1-[2-Phenyl-cyclohexen-(6)-yl]-äthanon-(1)-oxim beim Erwärmen mit Äthanol und Natrium erhalten worden (*Goldschmidt, Veer*, R. **67** [1948] 489, 506).

Über ein weiteres opt.-inakt. Präparat (Kp_{15}: 160—165,5°; Hydrochlorid: Krystalle [aus Acn.], F: 244—246° [korr.]) von ungewisser Einheitlichkeit s. *Go., Veer.*

5-Amino-1.2-dimethyl-4-phenyl-cyclohexan, 3.4-Dimethyl-6-phenyl-cyclohexylamin, *4,5-dimethyl-2-phenylcyclohexylamine* $C_{14}H_{21}N$, Formel VI.

Über ein aus opt.-inakt. 5-Nitro-1.2-dimethyl-4-phenyl-cyclohexen-(1) (F: 96°) bei der Hydrierung an Raney-Nickel in Methanol bei 165°/200 at erhaltenes opt.-inakt. Präparat (Kp_3: 110—111°), das in ein Hydrochlorid $C_{14}H_{21}N \cdot HCl$ (F: 259° [Zers.]) und in ein *N*-Benzoyl-Derivat $C_{21}H_{25}NO$ (*N*-[3.4-Dimethyl-6-phenyl-cyclohexyl]-benzamid; F: 205°) übergeführt worden ist, s. *Nightingale, Tweedie*, Am. Soc. **66** [1944] 1968.

6-Amino-1.1.3.3.5-pentamethyl-indan, 1.1.3.3.6-Pentamethyl-indanyl-(5)-amin, *1,1,3,3,6-pentamethylindan-5-ylamine* $C_{14}H_{21}N$, Formel VII.

Diese Konstitution kommt vermutlich der nachstehend beschriebenen, ursprünglich als x-Amino-1-methyl-4-isopropyl-3-*tert*-butyl-benzol ($C_{14}H_{23}N$) formulierten Verbindung zu.

B. Aus 6(?)-Nitro-1.1.3.3.5-pentamethyl-indan (s. E III **5** 1292 im Artikel 1.1.3.3.5-Pentamethyl-indan) beim Erwärmen mit Zinn(II)-chlorid und wss. Salzsäure (*Barbier*, Helv. **19** [1936] 1345, 1349).

Krystalle (aus A.); F: 76°.

Amine $C_{15}H_{23}N$

1-Aminomethyl-2-[3.4-dimethyl-phenyl]-cyclohexan, *C*-[2-(3.4-Dimethyl-phenyl)-cyclohexyl]-methylamin, *1-[2-(3,4-xylyl)cyclohexyl]methylamine* $C_{15}H_{23}N$, Formel VIII.

Ein opt.-inakt. Amin ($Kp_{0,5}$: 136—137°; Hydrochlorid $C_{15}H_{23}N \cdot HCl$: Krystalle [aus Acn.], F: 236—241°) dieser Konstitution ist aus (±)-2-[3.4-Dimethyl-phenyl]-cyclohexen-(6?)-carbonitril-(1) (E III **9** 3100) bei der Hydrierung an Palladium in Schwefelsäure enthaltender Essigsäure erhalten worden (*Goldschmidt, Veer*, R. **67** [1948] 489, 507).

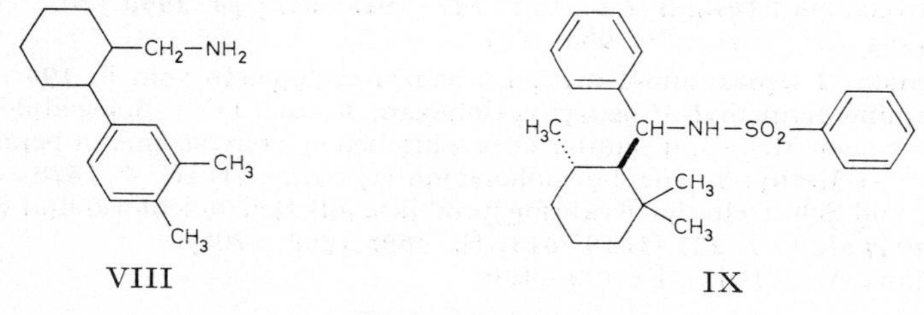

VIII IX

Amine $C_{16}H_{25}N$

***C*-[2.2.6-Trimethyl-cyclohexyl]-*C*-phenyl-methylamin** $C_{16}H_{25}N$.

Benzolsulfonylamino-[2.2.6-trimethyl-cyclohexyl]-phenyl-methan, *N*-[(2.2.6-Trimethyl-cyclohexyl)-phenyl-methyl]-benzolsulfonamid, N-[α-(*2,2,6-trimethylcyclohexyl)benzyl*]-*benzenesulfonamide* $C_{22}H_{29}NO_2S$.

(±)-*N*-[(2.2.6*t*-Trimethyl-cyclohexyl-(*r*))-phenyl-methyl]-benzolsulfonamid, Formel IX + Spiegelbild.

Eine Verbindung (Krystalle [aus A.]; F: 193—195°), der vermutlich diese Konfiguration zukommt, ist beim Behandeln von (±)-[2.2.6*t*(?)-Trimethyl-cyclohexyl-(*r*)]-phenyl-keton-imin (E III **7** 1558) mit Natrium und Methanol enthaltenden flüssigem Ammoniak und Erwärmen des gebildeten *C*-[2.2.6*t*(?)-Trimethyl-cyclohexyl-(*r*)]-*C*-phenyl-methylamins ($C_{16}H_{25}N$) mit Benzolsulfonylchlorid und Pyridin erhalten worden (*Lochte et al.*, Am. Soc. **70** [1948] 2012, 2014).

2-Amino-2-methyl-1-[4-cyclohexyl-phenyl]-propan, 1.1-Dimethyl-2-[4-cyclohexyl-phenyl]-äthylamin, *4-cyclohexyl-α,α-dimethylphenethylamine* $C_{16}H_{25}N$, Formel X (R = H).

B. Aus 1.1-Dimethyl-2-[4-cyclohexyl-phenyl]-äthylisocyanat beim Erhitzen mit wss. Salzsäure (*Buu-Hoi, Cagniant*, Bl. [5] **11** [1944] 127, 135).

Krystalle (aus PAe.); F: 45°. Kp_3: 157—159°.

Pikrat. Krystalle (aus A.); F: ca. 175° [Block].

2-Benzamino-2-methyl-1-[4-cyclohexyl-phenyl]-propan, *N*-[1.1-Dimethyl-2-(4-cyclohexyl-phenyl)-äthyl]-benzamid, N-(*4-cyclohexyl-α,α-dimethylphenethyl*)*benzamide* $C_{23}H_{29}NO$, Formel X (R = CO-C_6H_5).

B. Aus 1.1-Dimethyl-2-[4-cyclohexyl-phenyl]-äthylamin und Benzoylchlorid mit Hilfe von Pyridin (*Buu-Hoi, Cagniant*, Bl. [5] **11** [1944] 127, 135).

Krystalle (aus Toluol + Bzn.); F: 135°.

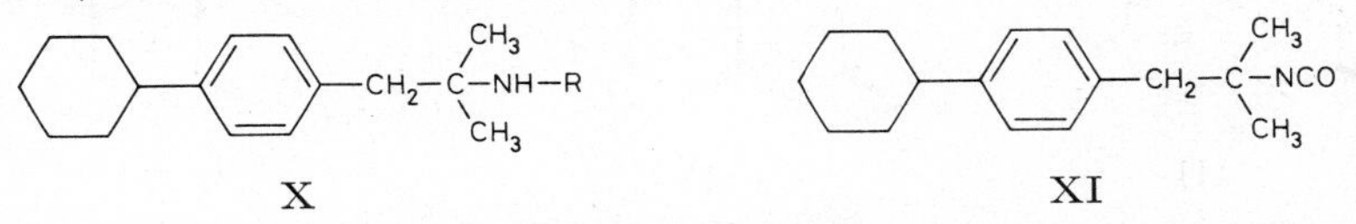

1.1-Dimethyl-2-[4-cyclohexyl-phenyl]-äthylisocyanat, *isocyanic acid 4-cyclohexyl-α,α-dimethylphenethyl ester* $C_{17}H_{23}NO$, Formel XI.

B. Aus 2.2-Dimethyl-3-[4-cyclohexyl-phenyl]-propionamid beim Behandeln mit wss. Natriumhypobromit-Lösung (*Buu-Hoi, Cagniant*, Bl. [5] **11** [1944] 127, 135).

Kp_2: 145—150°.

Amine $C_{17}H_{27}N$

(±)-1-Phenyl-undecen-(10)-ylamin, (±)-*1-phenylundec-10-enylamine* $C_{17}H_{27}N$, Formel I (E II 669).

B. Bei der Behandlung von 1-Phenyl-undecen-(10)-on-(1) mit Ammoniumformiat bei 180° und anschliessenden Hydrolyse (*Geigy A.G.*, D.R.P. **741630** [1939]; D.R.P. Org. Chem. **3** 1176).

Kp_{14}: 210°.

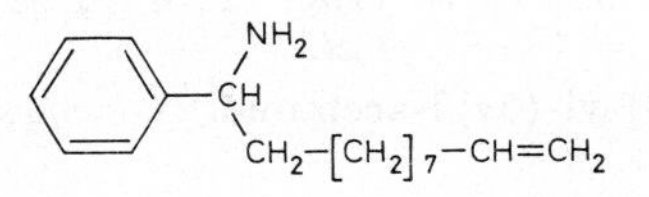

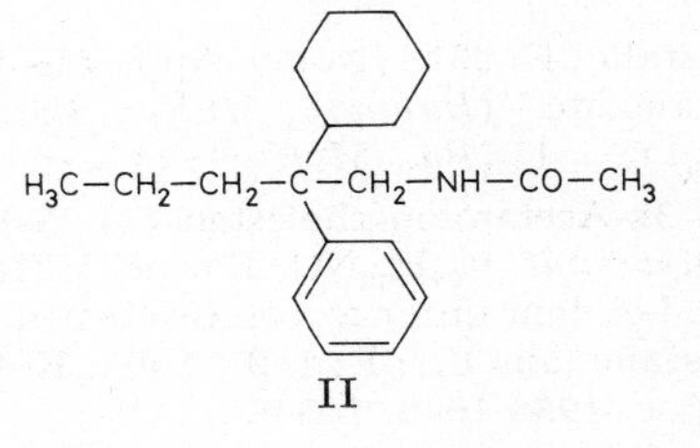

2-Cyclohexyl-2-phenyl-pentylamin $C_{17}H_{27}N$.

(±)-*N*-[2-Cyclohexyl-2-phenyl-pentyl]-acetamid, (±)-N-(*2-cyclohexyl-2-phenylpentyl*)*acetamide* $C_{19}H_{29}NO$, Formel II.

B. Aus (±)-2-Cyclohexyl-2-phenyl-valeronitril bei der Hydrierung an Raney-Nickel in Äthylacetat und anschliessenden Acetylierung (*Whyte, Cope*, Am. Soc. **65** [1943] 1999, 2001).

Krystalle (aus PAe.); F: 129—130°.

Amine $C_{19}H_{31}N$

3-Amino-10.13-dimethyl-2.3.4.5.6.7.8.9.10.11.12.13.14.15-tetradecahydro-1*H*-cyclopenta[*a*]phenanthren $C_{19}H_{31}N$.

3β-Amino-5α-androsten-(16), 5α-Androsten-(16)-yl-(3β)-amin, *5α-androst-16-ene-3β-ylamine* $C_{19}H_{31}N$, Formel III.

Die Zuordnung der Konfiguration am C-Atom 3 ist auf Grund der Bildungsweise in Analogie zu 3β-Amino-5α-cholestan (s. diesbezüglich *Dodgson, Haworth*, Soc. **1952** 67, 69) erfolgt.

B. Aus 5α-Androsten-(16)-on-(3)-oxim beim Erwärmen mit Äthanol und Natrium (*Prelog et al.*, Helv. **28** [1945] 618, 627).

Krystalle (aus Me.); F: 64,5–66° [nach Destillation bei 85°/0,01 Torr] (*Pr. et al.*).

Hydrochlorid $C_{19}H_{31}N \cdot HCl$. $[\alpha]_D^{16}$: +15° [$CHCl_3$; c = 1] (*Pr. et al.*).

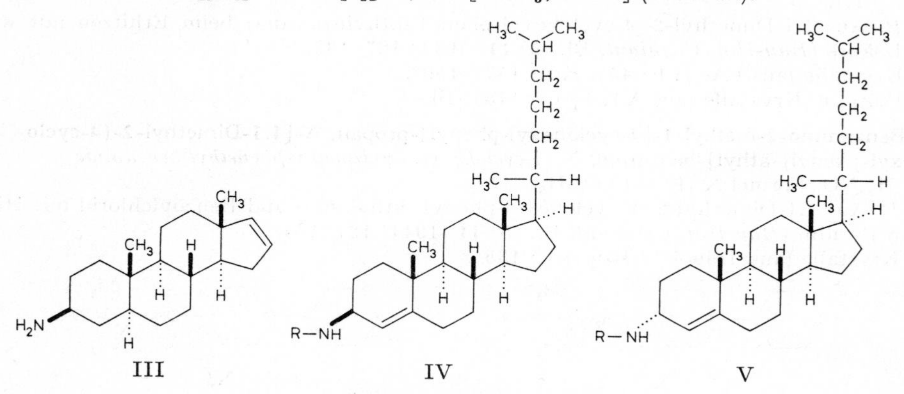

Amine $C_{27}H_{47}N$

3-Amino-10.13-dimethyl-17-[1.5-dimethyl-hexyl]-2.3.6.7.8.9.10.11.12.13.14.15.16.17-tetradecahydro-1*H*-cyclopenta[*a*]phenanthren $C_{27}H_{47}NO$.

3-Acetamino-10.13-dimethyl-17-[1.5-dimethyl-hexyl]-Δ⁴-tetradecahydro-1*H*-cyclopenta[*a*]phenanthren $C_{29}H_{49}NO$.

a) **3β-Acetamino-cholesten-(4), *N*-[Cholesten-(4)-yl-(3β)]-acetamid,** N-(*cholest-4-en-3β-yl)acetamide* $C_{29}H_{49}NO$, Formel IV (R = $CO\text{-}CH_3$).

B. Neben dem unter b) beschriebenen Stereoisomeren und anderen Verbindungen beim Erwärmen von Cholesten-(4)-on-(3)-*seqcis*-oxim (über die Konfiguration dieser Verbindung an der C,N-Doppelbindung s. *Shoppee, Krüger, Mirrington*, Soc. **1962** 1050, 1051) mit Äthanol und Natrium und Behandeln des Reaktionsprodukts mit Acetanhydrid in Äther (*Shoppee et al.*, Soc. **1956** 1649, 1654; vgl. *Windaus, Adamla*, B. **44** [1911] 3051, 3056).

Krystalle; F: 231° [Kofler-App.; aus E.] (*Sh. et al.*), 222,5–223,5° [unkorr.; Hershberg-App.; aus Me.] (*Bannard, McKay*, Canad. J. Chem. **33** [1955] 1166, 1170). $[\alpha]_D^{25}$: +6,2° [$CHCl_3$; c = 1] (*Ba., McKay*); $[\alpha]_D$: +6° [$CHCl_3$; c = 1] (*Sh. et al.*).

b) **3α-Acetamino-cholesten-(4), *N*-[Cholesten-(4)-yl-(3α)]-acetamid,** N-(*cholest-4-en-3α-yl)acetamide* $C_{29}H_{49}NO$, Formel V (R = $CO\text{-}CH_3$).

B. s. bei dem unter a) beschriebenen Stereoisomeren.

Krystalle (aus E.); F: 189–190° [Kofler-App.]; $[\alpha]_D$: +97° [$CHCl_3$; c = 0,7] (*Shoppee et al.*, Soc. **1956** 1649, 1654).

3-Amino-10.13-dimethyl-17-[1.5-dimethyl-hexyl]-2.3.4.7.8.9.10.11.12.13.14.15.16.17-tetradecahydro-1*H*-cyclopenta[*a*]phenanthren $C_{27}H_{47}N$.

3β-Amino-cholesten-(5), Cholesten-(5)-yl-(3β)-amin, Cholesterylamin, *cholest-5-en-3β-ylamine* $C_{27}H_{47}N$, Formel VI (R = X = H) auf S. 2832.

Bezüglich der Konfiguration am C-Atom 3 s. *Pierce, Shoppee, Summers*, Soc. **1955** 690.

B. Beim Erhitzen von 3β-Chlor-cholesten-(5) mit Äthanol, Ammoniak und Ammoniumjodid auf 180° (*Windaus, Adamla*, B. **44** [1911] 3051, 3054). Neben 6β-Amino-3α.5α-cyclocholestan (Hauptprodukt) beim Erwärmen von Toluol-sulfonsäure-(4)-cholesterylester (E III **11** 215) mit flüssigem Ammoniak (*Julian et al.*, Am. Soc. **70** [1948] 1834, 1835).

Krystalle; F: 98° [aus Me.; nach dem Trocknen] (*Wi., Ad.*), 89–94° (*Ju. et al.*), 89–94° [aus Ae. + Pentan] (*Pie., Sh., Su.*, l. c. S. 693). $[\alpha]_D^{29}$: −26° [$CHCl_3$; c = 1] (*Ju. et al.*); $[\alpha]_D$: −26° [$CHCl_3$; c = 1] (*Pie., Sh., Su.*).

Pikrat $C_{27}H_{47}N \cdot C_6H_3N_3O_7$. Gelbe Krystalle (aus A.); F: 274–275° [Zers.] (*Wi., Ad.*).

Toluol-sulfonat-(4). F: 276–278° (*Ju. et al.*, l. c. S. 1836).

3-Anilino-10.13-dimethyl-17-[1.5-dimethyl-hexyl]-Δ^5-tetradecahydro-1*H*-cyclopenta[*a*]phenanthren $C_{33}H_{51}N$.

3β-Anilino-cholesten-(5), Phenyl-cholesteryl-amin, N-*phenylcholest-5-en-3β-ylamine* $C_{33}H_{51}N$, Formel VII (R = X = X' = H).

B. Beim Erhitzen von 3β-Chlor-cholesten-(5) mit Anilin (*Lieb, Winkelmann, Köppl,* A. **509** [1934] 214, 222). Beim Erhitzen von Toluol-sulfonsäure-(4)-cholesterylester (E III **11** 215) mit Anilin (*Müller, Bàtyka,* B. **74** [1941] 705, 707; *Bàtyka,* Magyar. biol. Kutatointezet Munkai **13** [1941] 334, 349, 350; C. A. **1942** 484).

Krystalle; F: 189—190° [aus $CHCl_3$ + A.] (*Mü., Bà.; Bà.*), 189° [unkorr.; aus A. + Bzl.] (*Lieb, Wi., Kö.*), 189° [aus Butanol-(1)] (*Bergmann, Haskelberg,* Soc. **1939** 1, 4). $[\alpha]_D^{19}$: —35,6° [$CHCl_3$] (*Mü., Bà.; Bà.*).

Reaktion mit Brom in Essigsäure unter Bildung von 5.6β-Dibrom-3β-[2.4-dibrom-anilino]-5α-cholestan: *Lieb, Wi., Kö.,* l. c. S. 224.

Hydrochlorid. F: 256°; $[\alpha]_D^{19}$: —30,5° [$CHCl_3$] (*Bà.*).

3-[*N*-Methyl-anilino]-10.13-dimethyl-17-[1.5-dimethyl-hexyl]-Δ^5-tetradecahydro-1*H*-cyclopenta[*a*]phenanthren $C_{34}H_{53}N$.

3β-[*N*-Methyl-anilino]-cholesten-(5), Methyl-phenyl-cholesteryl-amin, N-*methyl-*N-*phenylcholest-5-en-3β-ylamine* $C_{34}H_{53}N$, Formel VI (R = C_6H_5, X = CH_3).

B. Beim Erhitzen von 3β-Chlor-cholesten-(5) mit *N*-Methyl-anilin (*Lieb, Winkelmann, Köppl,* A. **509** [1934] 214, 224).

Krystalle (aus Bzl. + A.); F: 141,5° [unkorr.].

Bildung von 3β-Anilino-cholesten-(5) beim Behandeln mit Salpetersäure und Essigsäure: *Lieb, Wi., Kö.,* l. c. S. 218. Reaktion mit Brom in Essigsäure und Äthanol unter Bildung von 5.6β-Dibrom-3β-[2.4.6-tribrom-*N*-methyl-anilino]-5α-cholestan: *Lieb, Wi., Kö.*

3-*o*-Toluidino-10.13-dimethyl-17-[1.5-dimethyl-hexyl]-Δ^5-tetradecahydro-1*H*-cyclopenta[*a*]phenanthren $C_{34}H_{53}N$.

3β-*o*-Toluidino-cholesten-(5), *o*-Tolyl-cholesteryl-amin, N-o-*tolylcholest-5-en-3β-ylamine* $C_{34}H_{53}N$, Formel VII (R = CH_3, X = X' = H).

B. Beim Erhitzen von 3β-Chlor-cholesten-(5) mit *o*-Toluidin auf 200° (*Lieb, Winkelmann, Köppl,* A. **509** [1934] 214, 223).

Krystalle (aus A. + Bzl.); F: 147° [unkorr.].

3-*m*-Toluidino-10.13-dimethyl-17-[1.5-dimethyl-hexyl]-Δ^5-tetradecahydro-1*H*-cyclopenta[*a*]phenanthren $C_{34}H_{53}N$.

3β-*m*-Toluidino-cholesten-(5), *m*-Tolyl-cholesteryl-amin, N-m-*tolylcholest-5-en-3β-ylamine* $C_{34}H_{53}N$, Formel VII (R = H, X = CH_3, X' = H).

B. Beim Erhitzen von 3β-Chlor-cholesten-(5) mit *m*-Toluidin auf 200° (*Lieb, Winkelmann, Köppl,* A. **509** [1934] 214, 223).

Krystalle (aus A.); F: 147° [unkorr.].

3-*p*-Toluidino-10.13-dimethyl-17-[1.5-dimethyl-hexyl]-Δ^5-tetradecahydro-1*H*-cyclopenta[*a*]phenanthren $C_{34}H_{53}N$.

3β-*p*-Toluidino-cholesten-(5), *p*-Tolyl-cholesteryl-amin, N-p-*tolylcholest-5-en-3β-ylamine* $C_{34}H_{53}N$, Formel VII (R = X = H, X' = CH_3).

B. Beim Erhitzen von 3β-Chlor-cholesten-(5) mit *p*-Toluidin bis auf 200° (*Walitzky,* B. **11** [1878] 1937; *Lieb, Winkelmann, Köppl,* A. **509** [1934] 214, 223).

Krystalle; F: 172° [aus Ae.] (*Wa.*), 171° [unkorr.; aus Bzl. + A.] (*Lieb, Wi., Kö.*).

3-Benzylamino-10.13-dimethyl-17-[1.5-dimethyl-hexyl]-Δ^5-tetradecahydro-1*H*-cyclopenta[*a*]phenanthren $C_{34}H_{53}N$.

3β-Benzylamino-cholesten-(5), Benzyl-cholesteryl-amin, N-*benzylcholest-5-en-3β-ylamine* $C_{34}H_{53}N$, Formel VI (R = CH_2-C_6H_5, X = H).

Über die Konfiguration am C-Atom 3 s. *Lábler, Černý, Šorm,* Collect. **19** [1954] 1249.

B. Als Hauptprodukt beim Erhitzen von Toluol-sulfonsäure-(4)-cholesterylester (E III **11** 215) mit Benzylamin (*Julian et al.,* Am. Soc. **70** [1948] 1834, 1836; vgl. *Mc Kennis,* Am. Soc. **70** [1948] 675).

Krystalle (aus Acn.); F: 118—119° (*McK.*), 115,5—117° (*Ju. et al.*). $[\alpha]_D^{28}$: —25,1° [$CHCl_3$; c = 2] (*McK.*); $[\alpha]_D^{33}$: —25° [$CHCl_3$; c = 3] (*Ju. et al.*).

Beim Behandeln mit Hypochlorigsäure in Äther und Erwärmen des gebildeten *N*-Chlor-3β-benzylamino-cholestens-(5) $C_{34}H_{52}ClN$ (F: 119—124°) mit Natriumäthylat in Äthanol und mit wss. Salzsäure ist 3β-Amino-cholesten-(5) erhalten worden (*Ju. et al.*).

N-Benzolsulfonyl-Derivat $C_{40}H_{57}NO_2S$ (3β-[Benzolsulfonyl-benzyl-amino]-cholesten-(5); F: 151—153°): *Ju. et al.*

Pikrat. F: 195—198° [Zers.] (*Ju. et al.*).

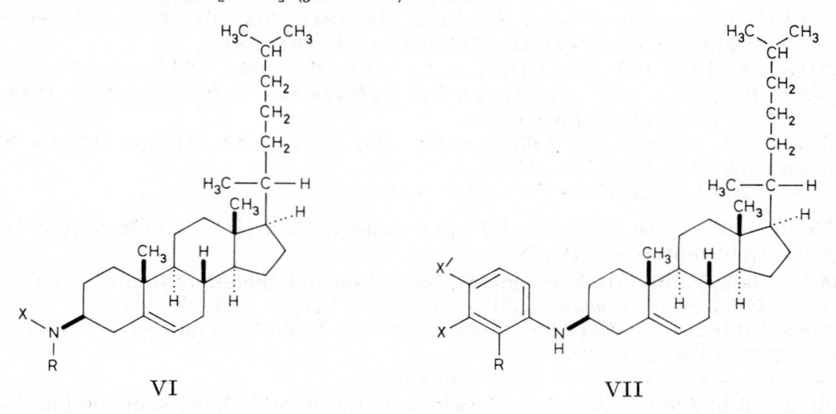

3-[2.4-Dimethyl-anilino]-10.13-dimethyl-17-[1.5-dimethyl-hexyl]-Δ⁵-tetradecahydro-1*H*-cyclopenta[*a*]phenanthren $C_{35}H_{55}N$.

3β-[2.4-Dimethyl-anilino]-cholesten-(5), [2.4-Dimethyl-phenyl]-cholesteryl-amin, N-(*2,4-xylyl)cholest-5-en-3β-ylamine* $C_{35}H_{55}N$, Formel VII (R = CH_3, X = H, X′ = CH_3).

B. Beim Erhitzen von 3β-Chlor-cholesten-(5) und 2.4-Dimethyl-anilin auf 200° (*Lieb, Winkelmann, Köppl,* A. **509** [1934] 214, 223).

Krystalle (aus A. + Bzl.); F: 153° [unkorr.].

3-Acetamino-10.13-dimethyl-17-[1.5-dimethyl-hexyl]-Δ⁵-tetradecahydro-1*H*-cyclopenta[*a*]phenanthren $C_{29}H_{49}NO$.

3β-Acetamino-cholesten-(5), *N*-Cholesteryl-acetamid, N-(*cholest-5-en-3β-yl)acetamide* $C_{29}H_{49}NO$, Formel VI (R = CO-CH_3, X = H).

B. Aus 3β-Amino-cholesten-(5) und Acetanhydrid in Äther (*Windaus, Adamla,* B. **44** [1911] 3051, 3055; *Julian et al.,* Am. Soc. **70** [1948] 1834, 1835). Neben anderen Verbindungen beim Erwärmen von Cholesten-(4)-on-(3)-*seqcis*-oxim (über die Konfiguration dieser Verbindung an der C,N-Doppelbindung s. *Shoppee, Krüger, Mirrington,* Soc. **1962** 1050, 1051) mit Äthanol und Natrium und Behandeln des Reaktionsprodukts mit Acetanhydrid in Äther (*Wi., Ad.,* l. c. S. 3056; *Shoppee et al.,* Soc. **1956** 1649, 1654).

Krystalle; F: 243—244° [aus A.] (*Wi., Ad.*), 239—243° [Kofler-App.; aus Bzl.] (*Sh. et al.*), 238—242° [aus A.] (*Ju. et al.*). $[\alpha]_D$: —40° [$CHCl_3$; c = 0,8] (*Sh. et al.*).

3-[*N*-Acetyl-anilino]-10.13-dimethyl-17-[1.5-dimethyl-hexyl]-Δ⁵-tetradecahydro-1*H*-cyclopenta[*a*]phenanthren $C_{35}H_{53}NO$.

3β-[*N*-Acetyl-anilino]-cholesten-(5), *N*-Phenyl-*N*-cholesteryl-acetamid, N-(*cholest-5-en-3β-yl)acetanilide* $C_{35}H_{53}NO$, Formel VI (R = C_6H_5, X = CO-CH_3).

B. Beim Erhitzen von 3β-Anilino-cholesten-(5) mit Acetanhydrid und Essigsäure (*Lieb, Winkelmann, Köppl,* A. **509** [1934] 214, 222).

Krystalle (aus A.); F: 187° [unkorr.].

3-[Benzyl-acetyl-amino]-10.13-dimethyl-17-[1.5-dimethyl-hexyl]-Δ⁵-tetradecahydro-1*H*-cyclopenta[*a*]phenanthren $C_{36}H_{55}NO$.

3β-[Benzyl-acetyl-amino]-cholesten-(5), *N*-Benzyl-*N*-cholesteryl-acetamid, N-*benzyl*-N-(*cholest-5-en-3β-yl)acetamide* $C_{36}H_{55}NO$, Formel VI (R = CH_2-C_6H_5, X = CO-CH_3).

B. Aus 3β-Benzylamino-cholesten-(5) und Acetanhydrid in Äther (*McKennis,* Am. Soc. **70** [1948] 675).

Krystalle; F: 153—154° (*Julian et al.*, Am. Soc. **70** [1948] 1834, 1836), 152—153° [aus E.] (*McK.*). $[\alpha]_D^{25}$: —8,6° [CCl_4; c = 1] (*McK.*).

3-Benzamino-10.13-dimethyl-17-[1.5-dimethyl-hexyl]-Δ^5-tetradecahydro-1*H*-cyclopenta[*a*]phenanthren $C_{34}H_{51}NO$.

3β-Benzamino-cholesten-(5), *N*-Cholesteryl-benzamid, N-(*cholest-5-en-3β-yl*)*benzamide* $C_{34}H_{51}NO$, Formel VI (R = CO-C_6H_5, X = H).

B. Aus 3β-Amino-cholesten-(5) und Benzoylchlorid mit Hilfe von Pyridin (*Windaus, Adamla*, B. **44** [1911] 3051, 3056).

Krystalle (aus E.); F: 236°.

3-[4-Nitro-benzamino]-10.13-dimethyl-17-[1.5-dimethyl-hexyl]-Δ^5-tetradecahydro-1*H*-cyclopenta[*a*]phenanthren $C_{34}H_{50}N_2O_3$.

3β-[4-Nitro-benzamino]-cholesten-(5), 4-Nitro-*N*-cholesteryl-benzamid, N-(*cholest-5-en-3β-yl*)-p-*nitrobenzamide* $C_{34}H_{50}N_2O_3$, Formel VI (R = CO-C_6H_4-NO_2, X = H).

B. Aus 3β-Amino-cholesten-(5) und 4-Nitro-benzoylchlorid in Aceton (*Lieb*, M. **77** [1947] 324, 331).

Krystalle (aus A.); F: 145°.

3-[Toluol-sulfonyl-(4)-amino]-10.13-dimethyl-17-[1.5-dimethyl-hexyl]-Δ^5-tetradecahydro-1*H*-cyclopenta[*a*]phenanthren $C_{34}H_{53}NO_2S$.

3β-[Toluol-sulfonyl-(4)-amino]-cholesten-(5), *N*-Cholesteryl-toluolsulfonamid-(4), N-(*cholest-5-en-3β-yl*)-p-*toluenesulfonamide* $C_{34}H_{53}NO_2S$, Formel VI (R = H, X = SO_2-C_6H_4-CH_3).

B. Aus 3β-Amino-cholesten-(5) und Toluol-sulfonylchlorid-(4) in Aceton (*Lieb*, M. **77** [1947] 324, 331).

Krystalle (aus A.); F: 135°.

3-[*N*-Nitroso-anilino]-10.13-dimethyl-17-[1.5-dimethyl-hexyl]-Δ^5-tetradecahydro-1*H*-cyclopenta[*a*]phenanthren $C_{33}H_{50}N_2O$.

3β-[*N*-Nitroso-anilino]-cholesten-(5), Nitroso-phenyl-cholesteryl-amin, N-*nitroso*-N-*phenylcholest-5-en-3β-ylamine* $C_{33}H_{50}N_2O$, Formel VI (R = C_6H_5, X = NO).

B. Beim Behandeln von 3β-Anilino-cholesten-(5) in Äthanol und Benzol mit Chlorwasserstoff und wss. Natriumnitrit-Lösung (*Lieb, Winkelmann, Köppl*, A. **509** [1934] 214, 226; vgl. *Bergmann, Haskelberg*, Soc. **1939** 1, 4).

Krystalle; F: 147,5° [aus A. + Ae.] (*Be., Ha.*), 147° [unkorr.; aus A.] (*Lieb, Wi., Kö.*).

3-[4.*N*-Dinitro-anilino]-10.13-dimethyl-17-[1.5-dimethyl-hexyl]-Δ^5-tetradecahydro-1*H*-cyclopenta[*a*]phenanthren $C_{33}H_{49}N_3O_4$.

3β-[4.*N*-Dinitro-anilino]-cholesten-(5), Nitro-[4-nitro-phenyl]-cholesteryl-amin, N-*nitro*-N-(p-*nitrophenyl*)*cholest-5-en-3β-ylamine* $C_{33}H_{49}N_3O_4$, Formel VI (R = C_6H_4-NO_2, X = NO_2).

Diese Konstitution kommt wahrscheinlich der nachstehend beschriebenen Verbindung zu.

B. Beim Erwärmen einer Suspension von 3β-Anilino-cholesten-(5) in Essigsäure mit Salpetersäure (*Lieb, Winkelmann, Köppl*, A. **509** [1934] 214, 225).

Gelbe Krystalle (aus Bzl. + A.); F: 230° [unkorr.].

Beim Erhitzen mit Phenylhydrazin in Xylol auf 160° ist eine wahrscheinlich als 3β-[N-(4-Nitro-phenyl)-hydrazino]-cholesten-(5) zu formulierende Verbindung $C_{33}H_{51}N_3O_2$ (rote Krystalle [aus A.]; F: 209°) erhalten worden.

6-Amino-10.13-dimethyl-17-[1.5-dimethyl-hexyl]-hexadecahydro-3.5-cyclo-cyclopenta[*a*]phenanthren $C_{27}H_{47}N$.

6β-Amino-3α.5α-cyclo-cholestan, 3α.5α-Cyclo-cholestanyl-(6β)-amin, *3α,5α-cyclocholestan-6β-ylamine* $C_{27}H_{47}N$, Formel VIII (R = H).

Über die Konfiguration dieser ursprünglich als *i*-Cholesterylamin bezeichneten Verbindung am C-Atom 6 s. *Shoppee, Summers*, Soc. **1952** 3361, 3363, 3365; *Haworth, Lunts, McKenna*, Soc. **1955** 986, 988.

B. Als Hauptprodukt beim Erwärmen von Toluol-sulfonsäure-(4)-cholesterylester (E III **11** 215) mit flüssigem Ammoniak (*Julian et al.*, Am. Soc. **70** [1948] 1834, 1835).

Krystalle (aus Pentan), F: 77—79°; bei 115°/0,01 Torr sublimierbar (*Ju. et al.*). $[\alpha]_D^{30}$:

$+34°$ [$CHCl_3$; c = 1] (*Ju. et al.*).

Beim Behandeln mit Hypochlorigsäure in Äther und Erwärmen der Reaktionslösung mit Natriumäthylat in Äthanol und anschliessend mit wss. Salzsäure ist 3α.5α-Cyclo-cholestanon-(6) erhalten worden (*Ju. et al.*).

Hydrochlorid $C_{27}H_{47}N \cdot HCl$. Krystalle (aus Ae. + Acn.); F: 212—214°; $[\alpha]_D^{29}$: +20° [$CHCl_3$; c = 3] (*Ju. et al.*).

6-Benzylamino-10.13-dimethyl-17-[1.5-dimethyl-hexyl]-hexadecahydro-3.5-cyclo-cyclopenta[*a*]phenanthren $C_{34}H_{53}N$.

6β-Benzylamino-3α.5α-cyclo-cholestan, Benzyl-[3α.5α-cyclo-cholestanyl-(6β)]-amin, N-*benzyl-3α,5α-cyclocholestan-6β-ylamine* $C_{34}H_{53}N$, Formel VIII (R = CH_2-C_6H_5).

B. Als Hauptprodukt beim Erhitzen von Toluol-sulfonsäure-(4)-cholesterylester (E III **11** 215) mit Benzylamin (*Julian et al.*, Am. Soc. **70** [1948] 1834, 1836).

Öl; $[\alpha]_D^{30}$: +12° [$CHCl_3$; c = 3] (*Julian et al.*, Am. Soc. **70** 1834, **71** [1949] 4163).

Beim Behandeln mit Hypochlorigsäure in Äther und Erwärmen des Reaktionsgemisches mit Natriumäthylat in Äthanol und anschliessend mit wss. Salzsäure ist 6β-Amino-3α.5α-cyclo-cholestan erhalten worden (*Ju. et al.*, Am. Soc. **70** 1836). Bildung von 3β-Anilino-cholesten-(5) beim Erhitzen des Hydrochlorids mit Anilin sowie Bildung von 3β-Benzylamino-cholesten-(5) beim Erhitzen mit Benzylamin und Benzylamin-[toluol-sulfonat-(4)]: *Ju. et al.*, Am. Soc. **70** 1836, 1837.

Hydrochlorid $C_{34}H_{53}N \cdot HCl$. Krystalle (aus $CHCl_3$ + Acn.); F: 217—218° [Zers.]; $[\alpha]_D$: —27° [$CHCl_3$; c = 2,5] (*Ju. et al.*, Am. Soc. **70** 1836, **71** 4163).

6-Acetamino-10.13-dimethyl-17-[1.5-dimethyl-hexyl]-hexadecahydro-3.5-cyclo-cyclopenta[*a*]phenanthren $C_{29}H_{49}NO$.

6β-Acetamino-3α.5α-cyclo-cholestan, *N*-[3α.5α-Cyclo-cholestanyl-(6β)]-acetamid, N-(*3α,5α-cyclocholestan-6β-yl)acetamide* $C_{29}H_{49}NO$, Formel VIII (R = CO-CH_3).

B. Aus 6β-Amino-3α.5α-cyclo-cholestan und Acetanhydrid mit Hilfe von Pyridin (*Julian et al.*, Am. Soc. **70** [1948] 1834, 1836).

Krystalle (aus Ae.); F: 142—143°.

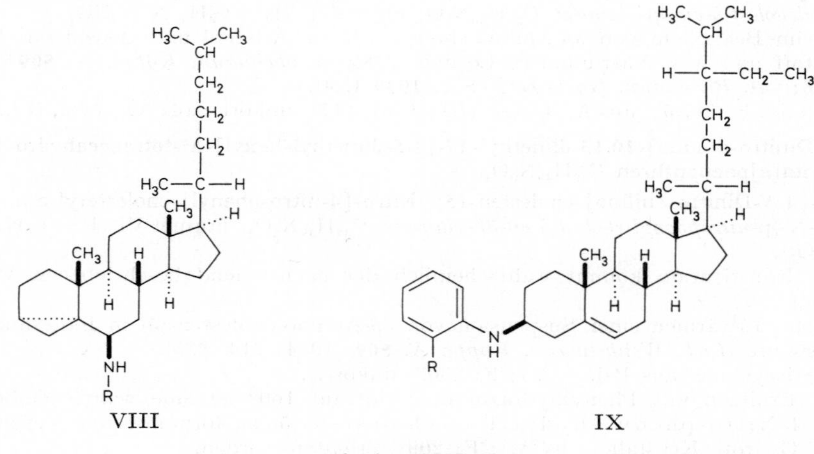

VIII IX

Amine $C_{29}H_{51}N$

3-Amino-10.13-dimethyl-17-[1.5-dimethyl-4-äthyl-hexyl]-2.3.4.7.8.9.10.11.12.13.14.15.16.17-tetradecahydro-1*H*-cyclopenta[*a*]phenanthren $C_{29}H_{51}N$.

3-Anilino-10.13-dimethyl-17-[1.5-dimethyl-4-äthyl-hexyl]-Δ⁵-tetradecahydro-1*H*-cyclopenta[*a*]phenanthren $C_{35}H_{55}N$.

3β-Anilino-stigmasten-(5), Phenyl-[stigmasten-(5)-yl-(3β)]-amin, N-*phenylstigmast-5-en-3β-ylamine* $C_{35}H_{55}N$, Formel IX (R = H).

B. Beim Erhitzen von 3β-Brom-stigmasten-(5) mit Anilin (*Vanghelovici*, *Vasiliu*, Bulet. Soc. Chim. România **17** [1935] 249, 264).

Krystalle (aus A. + Bzl.); F: 177°.

3-*o*-Toluidino-10.13-dimethyl-17-[1.5-dimethyl-4-äthyl-hexyl]-Δ^5-tetradecahydro-1*H*-cyclopenta[*a*]phenanthren $C_{36}H_{57}N$.

3β-*o*-Toluidino-stigmasten-(5), *o*-Tolyl-[stigmasten-(5)-yl-(3β)]-amin, N-o-*tolyl-stigmast-5-en-3β-ylamine* $C_{36}H_{57}N$, Formel IX (R = CH_3).

B. Beim Erhitzen von 3β-Brom-stigmasten-(5) mit *o*-Toluidin (*Vanghelovici, Vasiliu*, Bulet. Soc. Chim. România **17** [1935] 249, 264).

Krystalle; F: 170°. [*Lange*]

Monoamine $C_nH_{2n-9}N$

Amine C_8H_7N

2-Äthinyl-anilin, o-*ethynylaniline* C_8H_7N, Formel I (R = X = H) (H 1210).

B. Aus 2-Nitro-1-äthinyl-benzol mit Hilfe von Zink und wss. Ammoniak (*Schofield, Swain*, Soc. **1949** 2393, 2398; vgl. H 1210).

Kp_{12}: 98—100°.

Essigsäure-[2-äthinyl-anilid], *2'-ethynylacetanilide* $C_{10}H_9NO$, Formel I (R = CO-CH_3, X = H) (H 1210).

Krystalle (aus W.); F: 84° (*Schofield, Swain*, Soc. **1949** 2393, 2398).

4-Chlor-2-äthinyl-anilin, *4-chloro-2-ethynylaniline* C_8H_6ClN, Formel I (R = H, X = Cl).

B. Aus 5-Chlor-2-nitro-1-äthinyl-benzol mit Hilfe von Zink und wss. Ammoniak (*Schofield, Swain*, Soc. **1949** 2393, 2396).

Hellgelb; F: 51°.

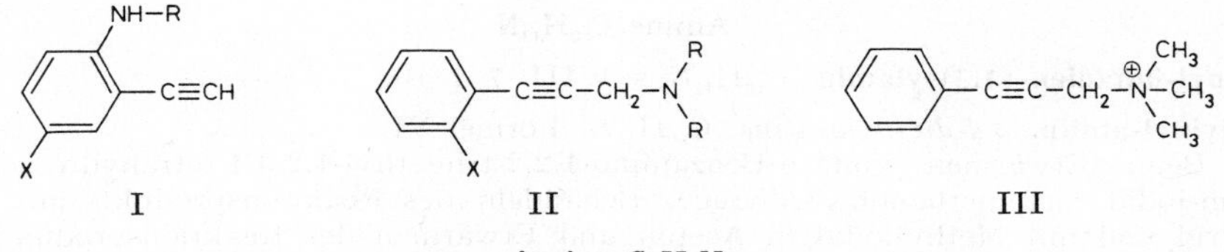

Amine C_9H_9N

3-Phenyl-propin-(2)-ylamin C_9H_9N.

3-Dimethylamino-1-phenyl-propin-(1), Dimethyl-[3-phenyl-propin-(2)-yl]-amin, N,N-*dimethyl-3-phenylprop-2-ynylamine* $C_{11}H_{13}N$, Formel II (R = CH_3, X = H).

B. Beim Erwärmen von Phenylacetylen mit Dimethylamin und Paraformaldehyd in Dioxan (*Mannich, Chang*, B. **66** [1933] 418).

Kp_{18}: 128°.

Partielle Hydrierung an Palladium in Äthanol unter Bildung von Dimethyl-*cis*-cinnamyl-amin (Hydrochlorid: F: 147°): *Ma., Ch.* Beim Eintragen in wasserhaltige Schwefelsäure ist 3-Dimethylamino-1-phenyl-propanon-(1) erhalten worden.

Hydrochlorid $C_{11}H_{13}N \cdot HCl$. Krystalle; F: 156°.

Trimethyl-[3-phenyl-propin-(2)-yl]-ammonium, *trimethyl(3-phenylprop-2-ynyl)ammonium* $[C_{12}H_{16}N]^{\oplus}$, Formel III (E II 670).

Jodid. Krystalle (aus A.); Zers. bei 240° (*Mannich, Chang*, B. **66** [1933] 418).

3-Diäthylamino-1-phenyl-propin-(1), Diäthyl-[3-phenyl-propin-(2)-yl]-amin, N,N-*diethyl-3-phenylprop-2-ynylamine* $C_{13}H_{17}N$, Formel II (R = C_2H_5, X = H).

B. Beim Erwärmen von Phenylacetylen mit Diäthylamin und Paraformaldehyd in Dioxan (*Mannich, Chang*, B. **66** [1933] 418).

Kp_{18}: 137° (*Ma., Ch.*).

Beim Erhitzen mit Arsen(III)-chlorid bis auf 170° sind 1.3-Dichlor-2-[diäthylamino-methyl]-arsindol-hydrochlorid und Diäthyl-[γ-chlor-cinnamyl]-amin-hydrochlorid (F: 118—119°) erhalten worden (*Mannich*, Ar. **273** [1935] 275, 278, 283).

Hydrochlorid $C_{13}H_{17}N \cdot HCl$. Krystalle (aus Acn.); F: 136—137° (*Ma., Ch.*).

3-Diäthylamino-1-[2-nitro-phenyl]-propin-(1), Diäthyl-[3-(2-nitro-phenyl)-propin-(2)-yl]-amin, N,N-*diethyl-3-(*o*-nitrophenyl)prop-2-ynylamine* $C_{13}H_{16}N_2O_2$, Formel II (R = C_2H_5, X = NO_2).

B. Beim Erwärmen von 2-Nitro-1-äthinyl-benzol mit Diäthylamin und Paraform-

aldehyd in Dioxan (*Mannich, Chang*, B. **66** [1933] 418).
Hydrochlorid. F: 196°.

3-Diäthylamino-1-[4-nitro-phenyl]-propin-(1), Diäthyl-[3-(4-nitro-phenyl)-propin-(2)-yl]-amin, N,N-*diethyl-3-*(p-*nitrophenyl*)*prop-2-ynylamine* $C_{13}H_{16}N_2O_2$, Formel IV.
B. Beim Erwärmen von 4-Nitro-1-äthinyl-benzol mit Diäthylamin und Paraformaldehyd in Dioxan (*Mannich, Chang*, B. **66** [1933] 418).
Hydrochlorid $C_{13}H_{16}N_2O_2 \cdot HCl$. Krystalle (aus A.); F: 215°.

1-Phenyl-propin-(2)-ylamin C_9H_9N.

(±)-1-Dimethylamino-1-phenyl-propin-(2), (±)-Dimethyl-[1-phenyl-propin-(2)-yl]-amin, (±)-α-*ethynyl*-N,N-*dimethylbenzylamine* $C_{11}H_{13}N$, Formel V.
B. Beim Einleiten von Acetylen in ein Gemisch von Benzaldehyd, Dimethylamin und Kupfer(I)-chlorid in Essigsäure (*I.G. Farbenind.*, D.R.P. 724759 [1937]; D.R.P. Org. Chem. **6** 423; *Reppe et al.*, A. **596** [1955] 12, 19).
Kp_1: 69°.

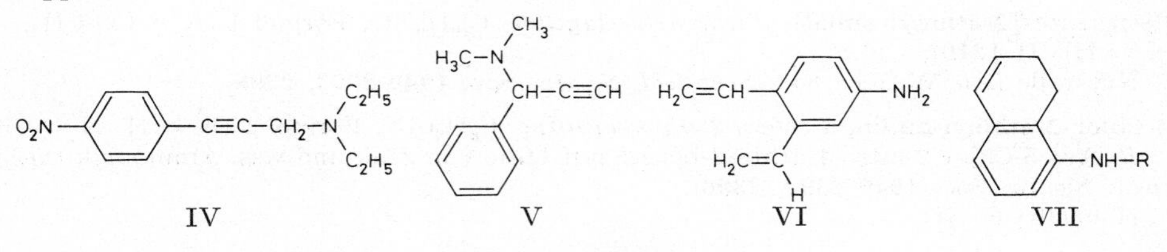

Amine $C_{10}H_{11}N$

4-Phenyl-butadien-(1.3)-ylamin $C_{10}H_{11}N$ s. E III **7** 1410.

3.4-Divinyl-anilin, *3,4-divinylaniline* $C_{10}H_{11}N$, Formel VI.
B. Beim Erwärmen von 6-Benzamino-1.2.2-trimethyl-1.2.3.4-tetrahydro-isochinolinium-jodid mit methanol. Kalilauge, Behandeln des Reaktionsprodukts mit Acetanhydrid und mit Methyljodid in Aceton und Erwärmen des Reaktionsprodukts mit methanol. Kalilauge (*Fries, Bestian*, A. **533** [1938] 72, 75, 90).
$Kp_{0,4}$: 100°.
Hydrochlorid. Krystalle (*Fr., Be.*).

8-Amino-1.2-dihydro-naphthalin, 7.8-Dihydro-naphthyl-(1)-amin $C_{10}H_{11}N$.

[7.8-Dihydro-naphthyl-(1)]-carbamidsäure-methylester, (*7,8-dihydro-1-naphthyl*)*carbamic acid methyl ester* $C_{12}H_{13}NO_2$, Formel VII (R = CO-OCH$_3$).
B. Aus 7.8-Dihydro-naphthyl-(1)-isocyanat und Methanol (*Siefken*, A. **562** [1949] 75, 107, 119).
F: 86–87°.

***N*-Phenyl-*N'*-[7.8-dihydro-naphthyl-(1)]-harnstoff,** *1-*(*7,8-dihydro-1-naphthyl*)*-3-phenylurea* $C_{17}H_{16}N_2O$, Formel VII (R = CO-NH-C_6H_5).
B. Aus 7.8-Dihydro-naphthyl-(1)-isocyanat und Anilin (*Siefken*, A. **562** [1949] 75, 107, 119).
F: 210–212° [unkorr.].

7.8-Dihydro-naphthyl-(1)-isocyanat, *isocyanic acid 7,8-dihydro-1-naphthyl ester* $C_{11}H_9NO$, Formel VIII.
B. Neben 1.5-Diisocyanato-1.2.3.4-tetrahydro-naphthalin beim Behandeln von (±)-1.5-Diamino-1.2.3.4-tetrahydro-naphthalin mit Phosgen in Dichlorbenzol, zuletzt bei 140° (*Siefken*, A. **562** [1949] 75, 94, 107, 119).
Kp_{15}: 137–138°.

3-Amino-1.2-dihydro-naphthalin, 3.4-Dihydro-naphthyl-(2)-amin $C_{10}H_{11}N$.

3-Methylamino-1.2-dihydro-naphthalin, Methyl-[3.4-dihydro-naphthyl-(2)]-amin, $C_{11}H_{13}N$ s. E III **7** 1425.

3-Dimethylamino-1.2-dihydro-naphthalin, Dimethyl-[3.4-dihydro-naphthyl-(2)]-amin, N,N-*dimethyl-3,4-dihydro-2-naphthylamine* $C_{12}H_{15}N$, Formel IX.
B. Aus opt.-inakt. 2-Dimethylamino-1-methoxy-1.2.3.4-tetrahydro-naphthalin (Kp_{13}:

147–149°) beim Erwärmen mit wss. Bromwasserstoffsäure (*v. Braun, Weissbach*, B. **63** [1930] 3052, 3054, 3057).

$Kp_{0,4}$: 102–104°.

Pikrat. Krystalle (aus A.); F: 148°.

5-Amino-1.4-dihydro-naphthalin, 5.8-Dihydro-naphthyl-(1)-amin, *5,8-dihydro-1-naphthylamine* $C_{10}H_{11}N$, Formel X (E I 518; E II 671).

B. Aus Naphthyl-(1)-amin beim Behandeln mit Natrium und flüssigem Ammoniak (*Watt, Knowles, Morgan*, Am. Soc. **69** [1947] 1657).

Krystalle (aus PAe.); F: 37–38°.

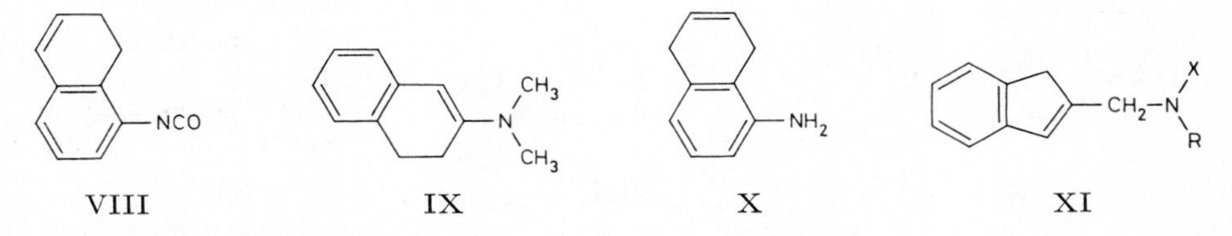

2-Aminomethyl-inden $C_{10}H_{11}N$.

2-[Methylamino-methyl]-inden, Methyl-[indenyl-(2)-methyl]-amin, *1-(inden-2-yl)dimethylamine* $C_{11}H_{13}N$, Formel XI (R = CH_3, X = H).

B. Beim Behandeln von (±)-2-[(Methyl-benzyl-amino)-methyl]-indanon-(1)-hydrobromid in wss. Essigsäure mit Natrium-Amalgam, Hydrieren des Reaktionsprodukts an Palladium in Äthanol und anschliessenden Behandeln mit wss. Salzsäure (*Hoffmann, Schellenberg*, Helv. **27** [1944] 1782, 1784, 1788).

$Kp_{0,06}$: 76–78°.

Hydrochlorid $C_{11}H_{13}N \cdot HCl$. Krystalle (aus A. + E.); F: 212–213°.

2-[Dimethylamino-methyl]-inden, Dimethyl-[indenyl-(2)-methyl]-amin, *1-(inden-2-yl)trimethylamine* $C_{12}H_{15}N$, Formel XI (R = X = CH_3).

B. Beim Behandeln von (±)-2-[Dimethylamino-methyl]-indanon-(1)-hydrochlorid in wss. Essigsäure mit Natrium-Amalgam und Behandeln des danach isolierten Reaktionsprodukts mit wss. Bromwasserstoffsäure (*Hoffmann, Schellenberg*, Helv. **27** [1944] 1782, 1787).

$Kp_{0,1}$: 100–105°.

Hydrochlorid $C_{12}H_{15}N \cdot HCl$. Krystalle; F: 210–212°.

2-[Diäthylamino-methyl]-inden, [Indenyl-(2)-methyl]-diäthyl-amin, *N,N-diethyl-1-(inden-2-yl)methylamine* $C_{14}H_{19}N$, Formel XI (R = X = C_2H_5).

B. Beim Behandeln von (±)-2-[Diäthylamino-methyl]-indanon-(1) mit wss. Essigsäure und mit Natrium-Amalgam und Behandeln des danach isolierten Reaktionsprodukts mit Essigsäure und wss. Salzsäure (*Hoffmann, Schellenberg*, Helv. **27** [1944] 1782, 1788).

$Kp_{0,08}$: 86–88°.

Hydrochlorid $C_{14}H_{19}N \cdot HCl$. Krystalle (aus A. + E.); F: 183–184°.

2-[Dipropylamino-methyl]-inden, [Indenyl-(2)-methyl]-dipropyl-amin, *1-(inden-2-yl)-N,N-dipropylmethylamine* $C_{16}H_{23}N$, Formel XI (R = X = CH_2-CH_2-CH_3).

B. Beim Behandeln von (±)-2-[Dipropylamino-methyl]-indanon-(1) (aus Indanon-(1), Paraformaldehyd und Dipropylamin in Äthanol hergestellt) in wss. Essigsäure mit Natrium-Amalgam und Behandeln des Reaktionsprodukts mit Essigsäure und wss. Salzsäure (*Hoffmann, Schellenberg*, Helv. **27** [1944] 1782, 1788).

$Kp_{0,35}$: 109–110°.

Hydrochlorid $C_{16}H_{23}N \cdot HCl$. Krystalle (aus A. + E.); F: 163–165°.

Amine $C_{11}H_{13}N$

2-Aminomethyl-3.4-dihydro-naphthalin $C_{11}H_{13}N$.

2-[Dimethylamino-methyl]-3.4-dihydro-naphthalin, Dimethyl-[3.4-dihydro-naphthyl-(2)-methyl]-amin, *1-(3,4-dihydro-2-naphthyl)trimethylamine* $C_{13}H_{17}N$, Formel XII.

Hydrobromid $C_{13}H_{17}N \cdot HBr$. *B.* Aus opt.-inakt. 2-[Dimethylamino-methyl]-1.2.3.4-tetrahydro-naphthol-(1) (Hydrobromid: F: 197° und F: 148°) beim Behandeln mit wss. Bromwasserstoffsäure (*Mannich, Borkowsky, Wan Ho Lin*, Ar. **275** [1937] 54, 59). — Krystalle (aus Acn. + A.); F: 222°.

2-[Indenyl-(3)]-äthylamin $C_{11}H_{13}N$.

2-Diäthylamino-1-[indenyl-(3)]-äthan, Diäthyl-[2-(indenyl-(3))-äthyl]-amin, *2-(inden-3-yl)triethylamine* $C_{15}H_{21}N$, Formel XIII.

B. Beim Erwärmen von Inden mit Diäthyl-[2-chlor-äthyl]-amin und Natriumamid in Benzol (*Eisleb*, B. **74** [1941] 1433, 1438).

Kp_4: 140°.

Hydrochlorid. Krystalle (aus Acn.); F: 156—159°.

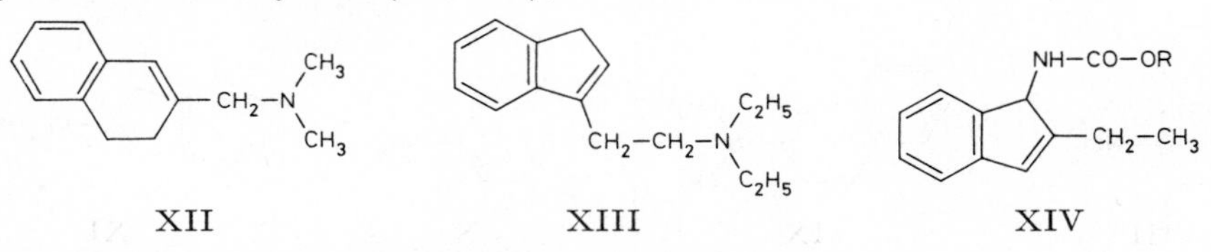

1-Amino-2-äthyl-inden, 2-Äthyl-indenyl-(1)-amin $C_{11}H_{13}N$.

(±)-[2-Äthyl-indenyl-(1)]-carbamidsäure-äthylester, (±)-*(2-ethylinden-1-yl)carbamic acid ethyl ester* $C_{14}H_{17}NO_2$, Formel XIV (R = C_2H_5).

B. Beim Erhitzen von 2-Äthyl-3*t*-phenyl-acrylaldehyd mit Carbamidsäure-äthylester und Phosphoroxychlorid in Xylol (*Kraft*, Am. Soc. **70** [1948] 3569).

Krystalle (aus A.); F: 104—105°.

Beim Erhitzen mit wss.-äthanol. Natronlauge ist [2-Äthyl-indanyliden-(1)]-carbamidsäure-äthylester (E III **7** 1448) erhalten worden.

(±)-[2-Äthyl-indenyl-(1)]-carbamidsäure-isopropylester, (±)-*(2-ethylinden-1-yl)carbamic acid isopropyl ester* $C_{15}H_{19}NO_2$, Formel XIV (R = $CH(CH_3)_2$).

B. Beim Erhitzen von 2-Äthyl-3*t*-phenyl-acrylaldehyd mit Carbamidsäure-isopropylester und Phosphoroxychlorid in Xylol (*Kraft*, Am. Soc. **70** [1948] 3569).

F: 130°.

(±)-[2-Äthyl-indenyl-(1)]-carbamidsäure-benzylester, (±)-*(2-ethylinden-1-yl)carbamic acid benzyl ester* $C_{19}H_{19}NO_2$, Formel XIV (R = CH_2-C_6H_5).

B. Beim Erhitzen von 2-Äthyl-3*t*-phenyl-acrylaldehyd mit Carbamidsäure-benzylester und Phosphoroxychlorid in Xylol (*Kraft*, Am. Soc. **70** [1948] 3569).

F: 119—119,5°.

Beim Erhitzen mit wss.-äthanol. Natronlauge ist [2-Äthyl-indanyliden-(1)]-carbamidsäure-benzylester (E III **7** 1449) erhalten worden.

Amine $C_{12}H_{15}N$

4-[Cyclohexen-(1)-yl]-anilin, p-*(cyclohex-1-en-1-yl)aniline* $C_{12}H_{15}N$, Formel I (R = X = H) (E II 672).

B. Neben 1.1-Bis-[4-amino-phenyl]-cyclohexan beim Erhitzen von Cyclohexanon mit Anilin und wss. Salzsäure bis auf 200° (*I.G. Farbenind.*, D.R.P. 505475 [1927]; Frdl. **17** 440; *Gen. Aniline Works*, U.S.P. 1969850 [1928]). Aus 1.1-Bis-[4-amino-phenyl]-cyclohexan beim Erhitzen unter 12 Torr (*I.G. Farbenind.*, D.R.P. 501853 [1927]; Frdl. **17** 438) sowie beim Erhitzen mit wss. Salzsäure auf 200° (*I.G. Farbenind.*, D.R.P. 505476 [1928]; Frdl. **17** 746).

Kp_{14}: 171—173° (*I.G. Farbenind.*, D.R.P. 501853); Kp_{12}: 170—171° (*Gen. Aniline Works*).

***N.N*-Dimethyl-4-[cyclohexen-(1)-yl]-anilin,** p-*(cyclohex-1-en-1-yl)*-N,N-*dimethylaniline* $C_{14}H_{19}N$, Formel I (R = X = CH_3) (E II 672).

B. Neben 1.1-Bis-[4-dimethylamino-phenyl]-cyclohexan beim Erhitzen von Cyclohexanon mit *N.N*-Dimethyl-anilin und wss. Salzsäure auf 180° (*I.G. Farbenind.*, D.R.P. 505475 [1927]; Frdl. **17** 440; *Gen. Aniline Works*, U.S.P. 1969850 [1928]). Aus 1.1-Bis-[4-dimethylamino-phenyl]-cyclohexan beim Erhitzen mit Zinkchlorid auf 230° (*I.G. Farbenind.*, D.R.P. 505476 [1928]; Frdl. **17** 746).

Kp_3: 152—153° (*I.G. Farbenind.*, D.R.P. 505475 [1927]; *Gen. Aniline Works*).

4-Acetamino-1-[cyclohexen-(1)-yl]-benzol, Essigsäure-[4-(cyclohexen-(1)-yl)-anilid], *4'-(cyclohex-1-en-1-yl)acetanilide* $C_{14}H_{17}NO$, Formel I (R = CO-CH_3, X = H) (E II 673).

Beim Behandeln mit Peroxybenzoesäure in Chloroform und Erwärmen des Reaktionsgemisches mit wss. Salzsäure ist 4-[1.2-Epoxy-cyclohexyl]-anilin (F: 109°) erhalten worden (*v. Braun*, A. **507** [1933] 14, 19, 32).

2-Chlor-4-[cyclohexen-(1)-yl]-anilin, *2-chloro-4-(cyclohex-1-en-1-yl)aniline* $C_{12}H_{14}ClN$, Formel II (R = H).

B. Aus 1.1-Bis-[3-chlor-4-amino-phenyl]-cyclohexan beim Erhitzen unter 12 Torr bis auf 190° (*I.G. Farbenind.*, D.R.P. 501853 [1927]; Frdl. **17** 438; *Gen. Aniline Works*, U.S.P. 1969850 [1928]).

Krystalle; F: 32°. Kp_{16}: 196—198°.

3-Chlor-4-acetamino-1-[cyclohexen-(1)-yl]-benzol, Essigsäure-[2-chlor-4-(cyclohexen-(1)-yl)-anilid], *2'-chloro-4'-(cyclohex-1-en-1-yl)acetanilide* $C_{14}H_{16}ClNO$, Formel II (R = CO-CH_3).

F: 143° (*v. Braun*, A. **507** [1933] 14, 31).

6-Amino-1-phenyl-cyclohexen-(3), 2-Phenyl-cyclohexen-(4)-ylamin, *6-phenylcyclohex-3-en-1-ylamine* $C_{12}H_{15}N$.

(±)-*trans*-6-Amino-1-phenyl-cyclohexen-(3), Formel III (R = H) + Spiegelbild.

B. Aus (±)-*trans*-6-Nitro-1-phenyl-cyclohexen-(3) (über die Konfiguration dieser Verbindung s. *Arnold, Richardson*, Am. Soc. **76** [1954] 3649) bei der Hydrierung an Raney-Nickel in Äthanol oder Methanol (*Allen, Bell, Gates*, J. org. Chem. **8** [1943] 373, 378; *Nightingale, Tweedie*, Am. Soc. **66** [1944] 1968) sowie beim Erhitzen mit Zinn(II)-chlorid in wss.-äthanol. Salzsäure (*Ni., Tw.*).

Kp_3: 78—81° (*Ni., Tw.*).

Hydrochlorid $C_{12}H_{15}N \cdot HCl$. F: 220° (*Al., Bell, Ga.*; *Ni., Tw.*).

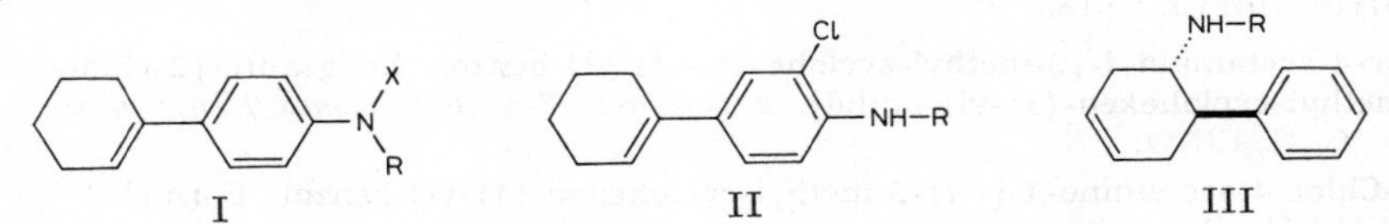

6-Benzamino-1-phenyl-cyclohexen-(3), *N*-[2-Phenyl-cyclohexen-(4)-yl]-benzamid, N-*(6-phenylcyclohex-3-en-1-yl)benzamide* $C_{19}H_{19}NO$.

(±)-*trans*-6-Benzamino-1-phenyl-cyclohexen-(3), Formel III (R = CO-C_6H_5) + Spiegelbild.

B. Aus dem im vorangehenden Artikel beschriebenen Amin (*Nightingale, Tweedie*, Am. Soc. **66** [1944] 1968).

F: 163°.

Amine $C_{13}H_{17}N$

2-Methyl-4-[cyclohexen-(1)-yl]-anilin, *4-(cyclohex-1-en-1-yl)*-o-*toluidine* $C_{13}H_{17}N$, Formel IV (R = H).

B. Aus 1.1-Bis-[4-amino-3-methyl-phenyl]-cyclohexan beim Erhitzen mit Zirkoniumoxychlorid, Natriumhydrogensulfat oder Ammoniumchlorid bis auf 230° (*I.G. Farbenind.*, D.R.P. 505476 [1928]; Frdl. **17** 746; *Gen. Aniline Works*, U.S.P. 1906230 [1929]) sowie mit Zinkchlorid unter 12 Torr auf 250° (*I.G. Farbenind.*, Schweiz. P. 145307 [1929]).

Kp_{15}: 183—185° (*I.G. Farbenind.*, D.R.P. 505476; *Gen. Aniline Works*).

2-Methyl-*N*-äthyl-4-[cyclohexen-(1)-yl]-anilin, *4-(cyclohex-1-en-1-yl)*-N-*ethyl*-o-*toluidine* $C_{15}H_{21}N$, Formel IV (R = C_2H_5).

B. Neben 1.1-Bis-[4-äthylamino-3-methyl-phenyl]-cyclohexan beim Erhitzen von Cyclohexanon mit *N*-Äthyl-*o*-toluidin-hydrochlorid in Wasser auf 140° (*I.G. Farbenind.*, D.R.P. 505475 [1927]; Frdl. **17** 440).

Kp: 180—185°.

6-Acetamino-1-methyl-3-[cyclohexen-(1)-yl]-benzol, Essigsäure-[2-methyl-4-(cyclohexen-(1)-yl)-anilid], *4'-(cyclohex-1-en-1-yl)aceto*-o-*toluidide* $C_{15}H_{19}NO$, Formel IV (R = CO-CH_3).

B. Aus 2-Methyl-4-[cyclohexen-(1)-yl]-anilin und Acetanhydrid (*I.G. Farbenind.*,

D.R.P. 509045 [1928]; Frdl. **17** 441).

Krystalle [aus Eg. oder aus Me.] (*I.G. Farbenind.*, D.R.P. 505476 [1928]; Frdl. **17** 746); F: 169—170° (*I.G. Farbenind.*, D.R.P. 509045), 153° (*I.G. Farbenind.*, D.R.P. 505476).

4-[3-Methyl-cyclohexen-(1)-yl]-anilin, p-(*3-methylcyclohex-1-en-1-yl*)*aniline* $C_{13}H_{17}N$.

4-[(*R*)-3-Methyl-cyclohexen-(1)-yl]-anilin, Formel V (R = X = H).

Diese Konstitution kommt dem E II 674 beschriebenen „rechtsdrehenden Methylcyclohexenyl-anilin" zu (*v. Braun*, A. **507** [1933] 14, 18); die Konfiguration ergibt sich aus der genetischen Beziehung zu (*R*)-1-Methyl-cyclohexanon-(3).

Das E II 674 beschriebene Acetyl-Derivat $C_{15}H_{19}NO$ ist entsprechend als Essigsäure-[4-((*R*)-3-methyl-cyclohexen-(1)-yl)-anilid] (Formel V [R = CO-CH_3, X = H]), das E II 674 beschriebene Benzoyl-Derivat $C_{20}H_{21}NO$ ist als Benzoesäure-[4-((*R*)-3-methyl-cyclohexen-(1)-yl)-anilid] (Formel V [R = CO-C_6H_5, X = H]), das E II 674 beschriebene Phenylthiocarbamoyl-Derivat $C_{20}H_{22}N_2S$ ist als *N*-Phenyl-*N'*-[4-((R)-3-methyl-cyclohexen-(1)-yl)-phenyl]-thioharnstoff (Formel V [R = CS-NH-C_6H_5, X = H]) zu formulieren.

2-Chlor-4-[3-methyl-cyclohexen-(1)-yl]-anilin, *2-chloro-4-(3-methylcyclohex-1-en-1-yl)aniline* $C_{13}H_{16}ClN$.

2-Chlor-4-[(*R*)-3-methyl-cyclohexen-(1)-yl]-anilin, Formel V (R = H, X = Cl).

B. Neben (*R*)-1-Methyl-3.3-bis-[3-chlor-4-amino-phenyl]-cyclohexan aus (*R*)-1-Methyl-cyclohexanon-(3) und 2-Chlor-anilin beim Erhitzen auf 120° sowie bei mehrtägigem Erwärmen mit wss.-äthanol. Salzsäure (*v. Braun*, A. **507** [1933] 14, 17, 28). Aus (*R*)-1-Methyl-3.3-bis-[3-chlor-4-amino-phenyl]-cyclohexan beim Erhitzen mit Schwefelsäure (*v. Br.*, l. c. S. 29).

F: 54—57°. $Kp_{0,3}$: 158—160°. $[\alpha]_D^{20}$: +56,6° [A.].

Hydrochlorid. F: 183°.

3-Chlor-4-acetamino-1-[3-methyl-cyclohexen-(1)-yl]-benzol, Essigsäure-[2-chlor-4-(3-methyl-cyclohexen-(1)-yl)-anilid], *2'-chloro-4'-(3-methylcyclohex-1-en-1-yl)acetanilide* $C_{15}H_{18}ClNO$.

3-Chlor-4-acetamino-1-[(*R*)-3-methyl-cyclohexen-(1)-yl]-benzol, Formel V (R = CO-CH_3, X = Cl).

B. Aus 2-Chlor-4-[(*R*)-3-methyl-cyclohexen-(1)-yl]-anilin (*v. Braun*, A. **507** [1933] 14, 29).

F: 127°. $[\alpha]_D^{20}$: + 46,9° [A. ?].

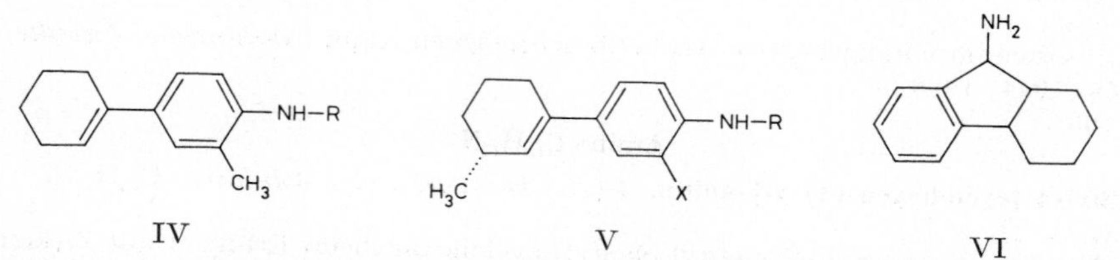

9-Amino-1.2.3.4.4a.9a-hexahydro-fluoren, 1.2.3.4.4a.9a-Hexahydro-fluorenyl-(9)-amin, *1,2,3,4,4a,9a-hexahydrofluoren-9-ylamine* $C_{13}H_{17}N$, Formel VI.

a) **(+)-1.2.3.4.4a.9a-Hexahydro-fluorenyl-(9)-amin vom F: 31°.**

Ein Präparat (F: 30,5—31,5°; $[\alpha]_D^{17}$: +3,5° [A.]; Acetat: Krystalle [aus A.]; F: 180° bis 181,5°; $[\alpha]_D^{17}$: +6,8° [A.]) von ungewisser konfigurativer Einheitlichkeit ist aus opt.-inakt. 1.2.3.4.4a.9a-Hexahydro-fluorenon-(9)-oxim (Präparat vom F: 105—116° [s. E III **7** 1677]) bei der Hydrierung an Platin in Äthylacetat in Gegenwart von [(1*R*)-Menthyloxy]-essigsäure erhalten worden (*Nakamura*, J. chem. Soc. Japan **61** [1940] 1051, 1053; C. A. **1943** 377; Bl. chem. Soc. Japan **16** [1941] 367, 369).

b) **(+)-1.2.3.4.4a.9a-Hexahydro-fluorenyl-(9)-amin** aus dem unter d) beschriebenen Racemat.

Gewinnung aus dem unter d) beschriebenen Racemat mit Hilfe von L_g-Weinsäure: *Nakamura*, Pr. Acad. Tokyo **5** [1929] 469, 472; Scient. Pap. Inst. phys. chem. Res. **14** [1930] 184, 187.

$[\alpha]_D^{27}$: +12,0° [Piperidin].

L_g-Hydrogentartrat. Krystalle (aus Me.) mit 1 Mol Methanol; F: 206°.

c) **(−)-1.2.3.4.4a.9a-Hexahydro-fluorenyl-(9)-amin** aus dem unter d) beschriebenen Racemat.

Gewinnung aus dem unter d) beschriebenen Racemat mit Hilfe von L_g-Weinsäure: *Nakamura*, Pr. Acad. Tokyo **5** [1929] 469, 472; Scient. Pap. Inst. phys. chem. Res. **14** [1930] 184, 187.

$[\alpha]_D^{27}$: −12,0° [Piperidin].

L_g-Hydrogentartrat. Krystalle (aus Me.); F: 223−224°.

d) **Opt.-inakt. 1.2.3.4.4a.9a-Hexahydro-fluorenyl-(9)-amin,** dessen Hydrochlorid bei 236° schmilzt.

B. Neben geringen Mengen des unter e) beschriebenen Stereoisomeren bei partieller Hydrierung von Fluorenon-(9)-oxim an Platin in Essigsäure (*Nakamura*, Pr. Acad. Tokyo **5** [1929] 469; Scient. Pap. Inst. phys. chem. Res. **14** [1930] 184; *Fujise*, B. **71** [1938] 2461, 2463, 2466).

Kp_6: 130−131°; D_4^{18}: 1,026; n_D^{18}: 1,5411 (*Na.*).

Überführung in Dodecahydro-fluorenyl-(9)-amin-hydrochlorid (F: 323−324°) durch Erhitzen mit wss. Salzsäure auf 150°: *Na.* Beim Erhitzen mit Acetanhydrid und Natriumacetat ist neben dem *N*-Acetyl-Derivat (s. u.) das *N*-Acetyl-Derivat des unter e) beschriebenen Stereoisomeren (*Fu.*), beim Behandeln mit Acetylchlorid ist nur das *N*-Acetyl-Derivat des unter e) beschriebenen Stereoisomeren (*Na.*), beim Behandeln mit Benzoylchlorid ist neben dem *N*-Benzoyl-Derivat (s. u.) das *N*-Benzoyl-Derivat des unter e) beschriebenen Stereoisomeren (*Na.*; *Fu.*) erhalten worden.

Hydrochlorid $C_{13}H_{17}N \cdot HCl$. Krystalle (aus wss. A. oder Ae.); F: 236° (*Na.*; *Fu.*).

Tetrachloroaurat(III). Zers. bei 148−149° (*Na.*).

Hexachloroplatinat(IV). Zers. bei 203−204° (*Na.*).

Pikrat. F: 175° (*Na.*).

Acetat $C_{13}H_{17}N \cdot C_2H_4O_2$. Krystalle; F: 147−148° (*Na.*), 145−147° [aus Acn.] (*Fu.*).

Benzoat $C_{13}H_{17}N \cdot C_7H_6O_2$. Krystalle (aus wss. A.); F: 146−147° (*Fu.*).

N-Acetyl-Derivat $C_{15}H_{19}NO$; *N*-[1.2.3.4.4a.9a-Hexahydro-fluorenyl-(9)]-acetamid. Krystalle (aus PAe.); F: 148° (*Fu.*).

N-Benzoyl-Derivat $C_{20}H_{21}NO$; *N*-[1.2.3.4.4a.9a-Hexahydro-fluorenyl-(9)]-benzamid. Krystalle; F: 170−171° (*Na.*), 168−170° [aus Eg.] (*Fu.*).

N-Phenylcarbamoyl-Derivat $C_{20}H_{22}N_2O$; *N*-Phenyl-*N'*-[1.2.3.4.4a.9a-hexahydro-fluorenyl-(9)]-harnstoff. F: 213−214° (*Na.*).

e) **Opt.-inakt. 1.2.3.4.4a.9a-Hexahydro-fluorenyl-(9)-amin,** dessen Hydrochlorid bei 306° schmilzt.

B. Aus opt.-inakt. 1.2.3.4.4a.9a-Hexahydro-fluorenon-(9)-oxim (Präparat vom F: 105° bis 116° [s. E III **7** 1677]) bei der Hydrierung an Platin in Essigsäure sowie (neben dem unter d) beschriebenen Stereoisomeren) beim Erwärmen mit Essigsäure, Äthanol und Natrium-Amalgam (*Fujise*, B. **71** [1938] 2461, 2463, 2465).

Kp_{11}: 134−135°; D_4^{24}: 1,044; n_D^{24}: 1,5619 (*Nakamura*, Pr. Acad. Tokyo **5** [1929] 469, 470; Scient. Pap. Inst. phys. chem. Res. **14** [1930] 184, 185).

Beim Erhitzen mit wss. Salzsäure auf 150° ist Dodecahydro-fluorenyl-(9)-amin-hydrochlorid (F: 323−324°) erhalten worden (*Na.*).

Hydrochlorid $C_{13}H_{17}N \cdot HCl$. Krystalle (aus wss. A. oder Ae.); F: 306° (*Na.*; *Fu.*).

Tetrachloroaurat(III). Zers. bei 195° (*Na.*).

Hexachloroplatinat(IV). Zers. bei 232° (*Na.*).

Pikrat. F: 196−197° (*Na.*).

Acetat $C_{13}H_{17}N \cdot C_2H_4O_2$. Krystalle; F: 179−180° (*Na.*), 172−174° [aus Acn.] (*Fu.*).

Benzoat $C_{13}H_{17}N \cdot C_7H_6O_2$. Krystalle (aus wss. A.); F: 183° (*Fu.*).

N-Acetyl-Derivat $C_{15}H_{19}NO$; *N*-[1.2.3.4.4a.9a-Hexahydro-fluorenyl-(9)]-acetamid. Krystalle; F: 258−259° [aus PAe.] (*Fu.*), 202° (*Na.*).

N-Benzoyl-Derivat $C_{20}H_{21}NO$; *N*-[1.2.3.4.4a.9a-Hexahydro-fluorenyl-(9)]-benzamid. Krystalle; F: 224−225° [aus Eg.] (*Fu.*), 223° (*Na.*).

N-Phenylcarbamoyl-Derivat $C_{20}H_{22}N_2O$; *N*-Phenyl-*N'*-[1.2.3.4.4a.9a-hexahydro-fluorenyl-(9)]-harnstoff. F: 253° (*Na.*).

Amine $C_{14}H_{19}N$

4-Amino-4-benzyl-heptadien-(1.6), 1-Allyl-1-benzyl-buten-(3)-ylamin, *α,α-diallylphenethylamine* $C_{14}H_{19}N$, Formel VII.

B. Beim Behandeln von Phenylacetonitril mit Allylmagnesiumbromid in Äther und anschliessend mit wss. Ammoniumchlorid-Lösung (*Henze, Allen, Leslie,* Am. Soc. **65** [1943] 87).

Kp_{742}: 268,5° [partielle Zers.]. D_4^{20}: 0,9499. Oberflächenspannung bei 20°: 32,72 dyn/cm. n_D^{20}: 1,5320.

Pikrat $C_{14}H_{19}N \cdot C_6H_3N_3O_7$. F: 139,5—140° [korr.].

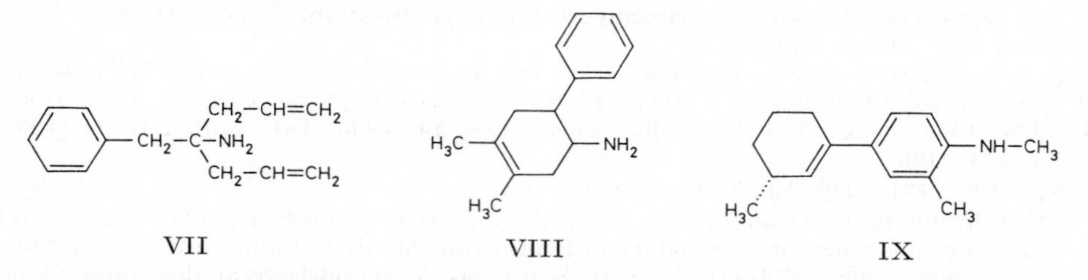

VII VIII IX

3.4-Dimethyl-6-phenyl-cyclohexen-(3)-ylamin, *3,4-dimethyl-6-phenylcyclohex-3-en-1-ylamine* $C_{14}H_{19}N$, Formel VIII.

Ein als Hydrochlorid $C_{14}H_{19}N \cdot HCl$ (F: 173°) und als *N*-Benzoyl-Derivat $C_{21}H_{23}NO$ (*N*-[3.4-Dimethyl-6-phenyl-cyclohexen-(3)-yl]-benzamid; F: 146°) charakterisiertes opt.-inakt. Amin (Kp_3: 120—125°) dieser Konstitution ist aus opt.-inakt. 5-Nitro-1.2-dimethyl-4-phenyl-cyclohexen-(1) (E III **5** 1396) bei der Hydrierung an Raney-Nickel in Methanol bei 65° erhalten worden (*Nightingale, Tweedie,* Am. Soc. **66** [1944] 1968; s. a. *Allen, Bell, Gates,* J. org. Chem. **8** [1943] 373, 378).

2-Methyl-4-[3-methyl-cyclohexen-(1)-yl]-anilin $C_{14}H_{19}N$.

2.*N*-Dimethyl-4-[3-methyl-cyclohexen-(1)-yl]-anilin, *N-methyl-4-(3-methylcyclohex-1-en-1-yl)-o-toluidine* $C_{15}H_{21}N$.

2.*N*-Dimethyl-4-[(*R*)-3-methyl-cyclohexen-(1)-yl]-anilin, Formel IX.

B. Neben (*R*)-1-Methyl-3.3-bis-[4-methylamino-3-methyl-phenyl]-cyclohexan beim Erwärmen von (*R*)-1-Methyl-cyclohexanon-(3) mit *N*-Methyl-*o*-toluidin und wss. Salzsäure (*v. Braun,* A. **507** [1933] 14, 18, 29).

$Kp_{0,5}$: ca. 160°.

(±)-2-Methyl-4-[4-methyl-cyclohexen-(1)-yl]-anilin, *(±)-4-(4-methylcyclohex-1-en-1-yl)-o-toluidine* $C_{14}H_{19}N$, Formel X (R = H).

B. Aus 1-Methyl-4.4-bis-[4-amino-3-methyl-phenyl]-cyclohexan beim Erhitzen mit Zinkchlorid unter 15 Torr bis auf 240° (*I.G. Farbenind.,* D.R.P. 505476 [1928]; Frdl. **17** 746; *Gen. Aniline Works,* U.S.P. 1906230 [1929]).

Kp_{13}: 194—196°.

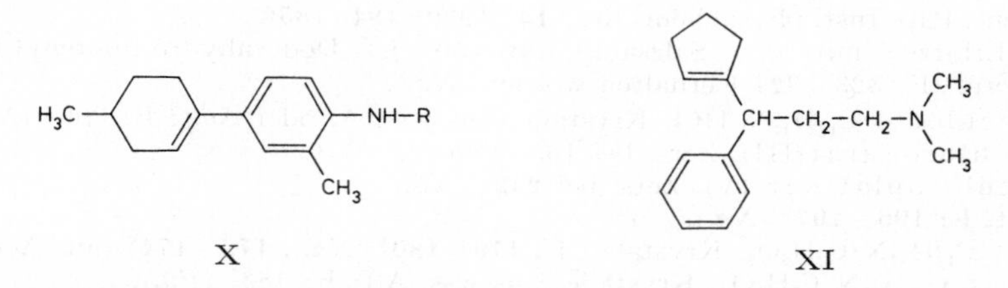

X XI

(±)-6-Acetamino-1-methyl-3-[4-methyl-cyclohexen-(1)-yl]-benzol, Essigsäure-[2-methyl-4-(4-methyl-cyclohexen-(1)-yl)-anilid], *4'-(4-methylcyclohex-1-en-1-yl)aceto-o-toluidide* $C_{16}H_{21}NO$, Formel X (R = CO-CH_3).

B. Aus dem im vorangehenden Artikel beschriebenen Amin (*I.G. Farbenind.,* D.R.P. 505476 [1928]; Frdl. **17** 746; *Gen. Aniline Works,* U.S.P. 1906230 [1929]).

Krystalle (aus Eg. oder Me.); F: 163°.

3-[Cyclopenten-(1)-yl]-3-phenyl-propylamin $C_{14}H_{19}N$.

(±)-3-Dimethylamino-1-[cyclopenten-(1)-yl]-1-phenyl-propan, (±)-Dimethyl-[3-(cyclopenten-(1)-yl)-3-phenyl-propyl]-amin, *(±)-3-(cyclopent-1-en-1-yl)-N,N-dimethyl-3-phenylpropylamine* $C_{16}H_{23}N$, Formel XI.

B. Neben 3-Dimethylamino-1-phenyl-1-cyclopentyliden-propan beim Erhitzen von (±)-4-Dimethylamino-2-[cyclopenten-(1)-yl]-2-phenyl-butyronitril mit Natriumamid in Xylol (*Jackman et al.*, Am. Soc. **71** [1949] 2301, 2303).

$Kp_{0,1}$: 90°. n_D^{25}: 1,5238.

Beim Erhitzen mit wss. Bromwasserstoffsäure und Isopropylalkohol ist 3-Dimethylamino-1-phenyl-1-cyclopentyliden-propan-hydrobromid erhalten worden.

Hydrochlorid $C_{16}H_{23}N \cdot HCl$. Krystalle (aus A. + Ae.); F: 115—117°.

3-[Cyclopenten-(2)-yl]-3-phenyl-propylamin $C_{14}H_{19}N$.

3-Dimethylamino-1-[cyclopenten-(2)-yl]-1-phenyl-propan, Dimethyl-[3-(cyclopenten-(2)-yl)-3-phenyl-propyl]-amin, *3-(cyclopent-2-en-1-yl)-N,N-dimethyl-3-phenylpropylamine* $C_{16}H_{23}N$, Formel XII.

Ein als Hydrochlorid $C_{16}H_{23}N \cdot HCl$ (Krystalle [aus E.]; F: 128,8—131,8° [korr.]) und als Methojodid $[C_{17}H_{26}N]I$ (Trimethyl-[3-(cyclopenten-(2)-yl)-3-phenyl-propyl]-ammonium-jodid; Formel XIII; Krystalle [aus W.], F: 171—173,6° [korr.]) charakterisiertes opt.-inakt. Amin (Kp_1: 116—117°) von ungewisser konfigurativer Einheitlichkeit ist aus opt.-inakt. 4-Dimethylamino-2-[cyclopenten-(2)-yl]-2-phenyl-butyronitril (Hydrochlorid: F: 214,4—216,4°) beim Erhitzen mit Natriumamid in Xylol erhalten worden (*Jackman et al.*, Am. Soc. **71** [1949] 2301, 2302, 2304).

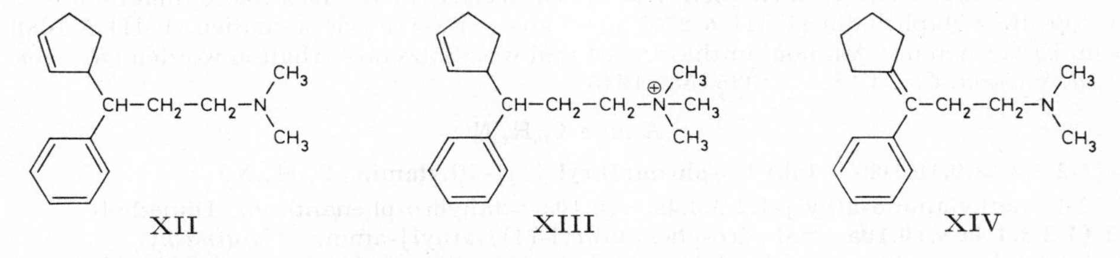

XII XIII XIV

3-Phenyl-3-cyclopentyliden-propylamin $C_{14}H_{19}N$.

3-Dimethylamino-1-phenyl-1-cyclopentyliden-propan, Dimethyl-[3-phenyl-3-cyclopentyliden-propyl]-amin, *3-cyclopentylidene-N,N-dimethyl-3-phenylpropylamine* $C_{16}H_{23}N$, Formel XIV.

B. Neben 3-Dimethylamino-1-[cyclopenten-(1)-yl]-1-phenyl-propan beim Erhitzen von (±)-4-Dimethylamino-2-[cyclopenten-(1)-yl]-2-phenyl-butyronitril mit Natriumamid in Xylol (*Jackman et al.*, Am. Soc. **71** [1949] 2301, 2303). Aus (±)-3-Dimethylamino-1-[cyclopenten-(1)-yl]-1-phenyl-propan beim Erhitzen mit wss. Bromwasserstoffsäure und Isopropylalkohol (*Ja. et al.*).

$Kp_{0,1}$: 98—100°. n_D^{25}: 1,5328. UV-Spektrum (A.): *Ja. et al.*

Hydrochlorid $C_{16}H_{23}N \cdot HCl$. Krystalle (aus Isopropylalkohol); F: 204,4—207,8°.

Hydrobromid $C_{16}H_{23}N \cdot HBr$. Krystalle (aus Isopropylalkohol); F: 181—183°.

Amine $C_{15}H_{21}N$

10-Amino-4a-methyl-1.2.3.4.4a.9.10.10a-octahydro-phenanthren, 4b-Methyl-4b.5.6.7.8.8a.9.10-octahydro-phenanthryl-(9)-amin, *4b-methyl-4b,5,6,7,8,8a,9,10-octahydro-9-phenanthrylamine* $C_{15}H_{21}N$, Formel I.

Ein als Pikrat $C_{15}H_{21}N \cdot C_6H_3N_3O_7$ (Krystalle [aus A. + W.]; Zers. oberhalb 240°) isoliertes opt.-inakt. Amin dieser Konstitution ist beim Behandeln des aus opt.-inakt. 4b-Methyl-4b.5.6.7.8.8a.9.10-octahydro-phenanthren-carbonsäure-(9) (F: 151° [E III **9** 3110]) hergestellten Säurechlorids ($Kp_{0,25}$: 152°) mit Natriumazid in Toluol und anschliessend mit wss. Salzsäure erhalten worden (*Grewe*, B. **76** [1943] 1076, 1078, 1082).

9-Amino-2.3-dimethyl-1.2.3.4.4a.9a-hexahydro-fluoren, 2.3-Dimethyl-1.2.3.4.4a.9a-hexahydro-fluorenyl-(9)-amin, *2,3-dimethyl-1,2,3,4,4a,9a-hexahydrofluoren-9-ylamine* $C_{15}H_{21}N$, Formel II.

Ein als Hydrochlorid (F: 254—256°) und als Acetat $C_{15}H_{21}N \cdot C_2H_4O_2$ (F: 172°

bis 173°) charakterisiertes opt.-inakt. Amin dieser Konstitution ist aus opt.-inakt. 2.3-Dimethyl-1.2.3.4.4a.9a-hexahydro-fluorenon-(9)-oxim (F: 160° [E III **7** 1717]) bei der Hydrierung an Platin in Essigsäure erhalten worden (*Fujise*, B. **71** [1938] 2461, 2463, 2468).

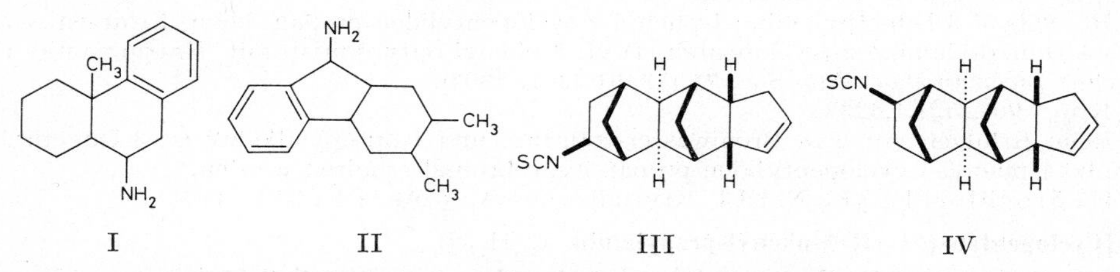

I II III IV

6(oder 7)-Amino-3a.4.4a.5.6.7.8.8a.9.9a-decahydro-1*H*-4.9:5.8-dimethano-cyclopenta[*b*]naphthalin $C_{15}H_{21}N$.

6(oder 7)-Isothiocyanato-3a.4.4a.5.6.7.8.8a.9.9a-decahydro-1*H*-4.9:5.8-dimethano-cyclopenta[*b*]naphthalin, *isothiocyanic acid 3a,4,4a,5,6,7,8,8a,9,9a-decahydro-*1H*-4,9;5,8-dimethanocyclopenta*[b]*naphthalen-6(or 7)-yl ester* $C_{16}H_{19}NS$.

Ein opt.-inakt. Präparat (Krystalle [aus A.], F: 66—67°; Kp_2: 188—190°), in dem vermutlich (±)-6*c*(oder 7*c*)-Isothiocyanato-(3a*rH*.4a*tH*.8a*tH*.9a*cH*)-3a.4.4a.5.6.7.8.8a.9.9a-decahydro-1*H*-4*c*.9*c*:5*c*.8*c*-dimethano-cyclopenta[*b*]naphthalin (Formel III + Spiegelbild oder Formel IV + Spiegelbild) vorgelegen hat (vgl. (±)-6*c*(oder 7*c*)-Hydroxy-(3a*rH*.4a*tH*.8a*tH*.9a*cH*)-3a.4.4a.5.6.7.8.8a.9.9a-decahydro-1*H*-4*c*.9*c*:5*c*.8*c*-dimethano-cyclopenta[*b*]naphthalin [E III **6** 2767]), ist aus (±)-α-Tricyclopentadien (E III **5** 1686) beim Erwärmen mit Ammoniumthiocyanat und wss. Salzsäure erhalten worden (*Resinous Prod. & Chem. Co.*, U.S.P. 2395455 [1945]).

Amine $C_{16}H_{23}N$

2-[1.2.3.4.4a.9.10.10a-Octahydro-phenanthryl-(1)]-äthylamin $C_{16}H_{23}N$.

1-[2-Dimethylamino-äthyl]-1.2.3.4.4a.9.10.10a-octahydro-phenanthren, Dimethyl-[2-(1.2.3.4.4a.9.10.10a-octahydro-phenanthryl-(1))-äthyl]-amin, *N,N-dimethyl-2-(1,2,3,4,4a,9,10,10a-octahydro-1-phenanthryl)ethylamine* $C_{18}H_{27}N$, Formel V.

Über ein aus opt.-inakt. 1-[2-Dimethylamino-äthyl]-2-phenäthyl-cyclohexanol-(2) ($Kp_{0,3}$: 173°) beim Erhitzen mit Phosphorsäure auf 120° erhaltenes opt.-inakt. Präparat ($Kp_{0,2}$: 150°) s. *Grewe*, B. **76** [1943] 1072, 1073, 1075; s. a. *Grewe*, *Mondon*, B. **81** [1948] 279, 282, 286.

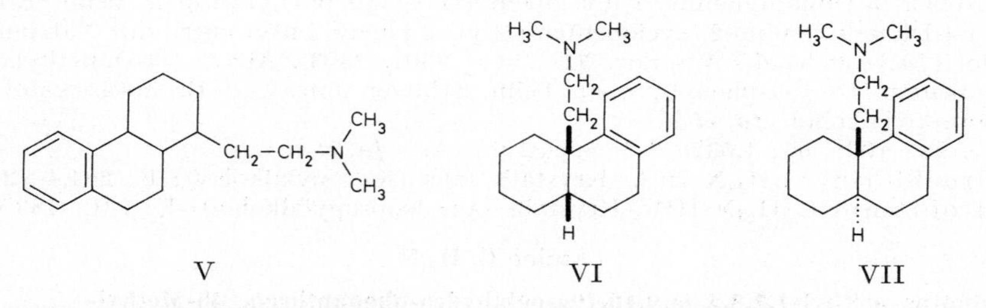

V VI VII

2-[1.2.3.9.10.10a-Hexahydro-4*H*-phenanthryl-(4a)]-äthylamin $C_{16}H_{23}N$.

4a-[2-Dimethylamino-äthyl]-1.2.3.4.4a.9.10.10a-octahydro-phenanthren, Dimethyl-[2-(1.2.3.9.10.10a-hexahydro-4*H*-phenanthryl-(4a))-äthyl]-amin, *N,N-dimethyl-2-(1,2,3,9,10,10a-hexahydro-4a(*4H*)-phenanthryl)ethylamine* $C_{18}H_{27}N$.

Über die Konfiguration der beiden folgenden Stereoisomeren s. *Ginsburg*, *Pappo*, Soc. **1953** 1524, 1527.

a) **(±)-4a-[2-Dimethylamino-äthyl]-*cis*-1.2.3.4.4a.9.10.10a-octahydro-phenanthren**, Formel VI + Spiegelbild.

B. Aus (±)-4a-[2-Dimethylamino-äthyl]-*cis*-1.2.3.4.4a.10a-hexahydro-phenanthren bei der Hydrierung an Platin in Äthanol (*Grewe*, *Mondon*, B. **81** [1948] 279, 282, 286).

Pikrat $C_{18}H_{27}N \cdot C_6H_3N_3O_7$. Krystalle (aus A.); F: 185°.

b) **(±)-4a-[2-Dimethylamino-äthyl]-*trans*-1.2.3.4.4a.9.10.10a-octahydro-phenanthren**, Formel VII + Spiegelbild.

B. Aus (±)-4a-[2-Dimethylamino-äthyl]-*trans*-1.2.3.4.4a.10a-hexahydro-phenanthren bei der Hydrierung an Platin in Methanol (*Gates et al.*, Am. Soc. **72** [1950] 1141, 1143, 1146; s. a. *Gates, Newhall*, Experientia **5** [1949] 285).

Pikrat $C_{18}H_{27}N \cdot C_6H_3N_3O_7$. Krystalle (aus Me.); F: 191—192,5° [korr.] (*Ga. et al.*).

Amine $C_{17}H_{25}N$

2-[Cyclohexen-(1)-yl]-2-phenyl-pentylamin $C_{17}H_{25}N$.

(±)-1-Acetamino-2-[cyclohexen-(1)-yl]-2-phenyl-pentan, (±)-*N*-[2-(Cyclohexen-(1)-yl)-2-phenyl-pentyl]-acetamid, (±)-N-[*2-(cyclohex-1-en-1-yl)-2-phenylpentyl*]*acetamide* $C_{19}H_{27}NO$, Formel VIII.

B. Aus (±)-2-[Cyclohexen-(1)-yl]-2-phenyl-valeronitril oder aus (±)-2-[Cyclohexen-(1)-yl]-2-phenyl-penten-(4)-säure-(1)-nitril bei der Hydrierung an Raney-Nickel in Äthylacetat bei 200°/130 at und anschliessenden Acetylierung (*Whyte, Cope*, Am. Soc. **65** [1943] 1999, 2001).

Krystalle (aus PAe.); F: 141,5—143°.

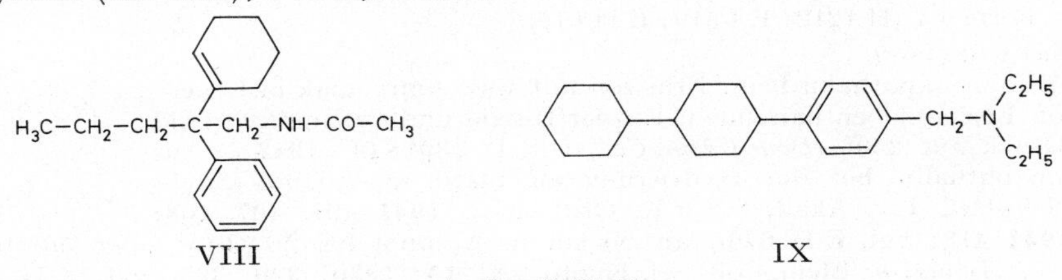

VIII IX

Amine $C_{19}H_{29}N$

4-[Bicyclohexylyl-(4)]-benzylamin $C_{19}H_{29}N$.

1-[Diäthylamino-methyl]-4-[bicyclohexylyl-(4)]-benzol, Diäthyl-[4-(bicyclohexylyl-(4))-benzyl]-amin, *4-(bicyclohexyl-4-yl)*-N,N-*diethylbenzylamine* $C_{23}H_{37}N$, Formel IX.

Über ein Präparat ($Kp_{0,4}$: 185—190°), das beim Erwärmen von flüssigem 4-Phenyl-bicyclohexyl (E III **5** 1418) mit Paraformaldehyd und Zinkchlorid unter Einleiten von Chlorwasserstoff und Behandeln des Reaktionsprodukts mit Diäthylamin erhalten worden ist, s. *v. Braun, Irmisch, Nelles*, B. **66** [1933] 1471, 1472, 1480.

Amine $C_{30}H_{51}N$

10-Amino-1.2.4a.6a.6b.9.9.12a-octamethyl-1.2.3.4.4a.5.6.6a.6b.7.8.8a.9.10.11.12.12a.12b.13.14b-eicosahydro-picen $C_{30}H_{51}N$.

3ξ-Amino-ursen-(12) [1]**, Ursen-(12)-yl-(3ξ)-amin**, *urs-12-en-3ξ-ylamine* $C_{30}H_{51}N$, Formel X.

Ein als α-Amyramin bezeichnetes Präparat (Krystalle [aus A.], F: 139—140°; Pikrat $C_{30}H_{51}N \cdot C_6H_3N_3O_7$: Krystalle [aus A.], Zers. bei 220°) von ungewisser Einheitlichkeit ist aus Ursen-(12)-on-(3)-oxim („α-Amyron-oxim") bei der Hydrierung an Platin in Essigsäure erhalten worden (*Dieterle, Brass, Schaal*, Ar. **275** [1937] 557, 565).

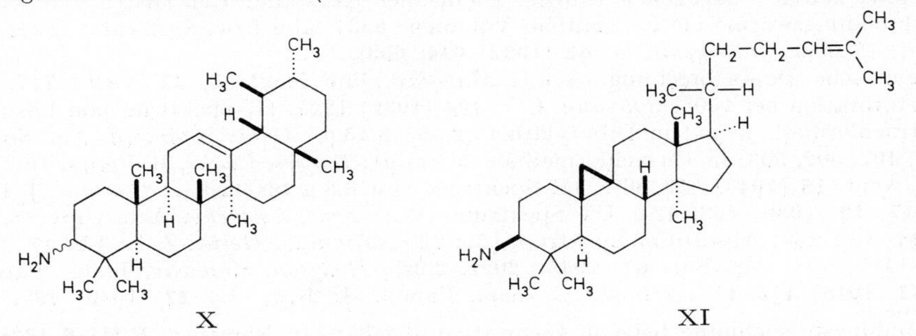

X XI

[1]) Stellungsbezeichnung bei von Ursan abgeleiteten Namen s. E III **5** 1340.

3-Amino-4.4.13.14-tetramethyl-17-[1.5-dimethyl-hexen-(4)-yl]-tetradecahydro-1*H*-9.10-methano-cyclopenta[*a*]phenanthren, 7-Amino-3a.6.6.12a-tetramethyl-1-[1.5-dimethyl-hexen-(4)-yl]-tetradecahydro-9*H*.10*H*-cyclopenta[*a*]cyclopropa[*e*]phenanthren $C_{30}H_{51}N$.

3β-Amino-9β.19-cyclo-lanosten-(24) [1], **3β-Amino-cycloarten-(24)** [2], **Cycloarten-(24)-yl-(3β)-amin,** *9β,19-cyclolanost-24-en-3β-ylamine* $C_{30}H_{51}N$, Formel XI.

Ein als Artostenamin bezeichnetes Präparat (Krystalle [aus A.], F: 169—170°), in dem wahrscheinlich diese Verbindung vorgelegen hat (die Konfiguration am C-Atom 3 ist nicht bewiesen), ist aus Cycloarten-(24)-on-(3)-oxim beim Erwärmen mit Zink und wss.-äthanol. Natronlauge erhalten und durch Behandlung mit Essigsäure und Natriumnitrit in Cycloarten-(24)-ol-(3β) übergeführt worden (*Nath*, Z. physiol. Chem. **249** [1937] 76, 77). [*Blazek*]

Monoamine $C_nH_{2n-11}N$

Amine $C_{10}H_9N$

1-Amino-naphthalin, Naphthyl-(1)-amin, α-Naphthylamin, *1-naphthylamine* $C_{10}H_9N$, Formel I (H 1212; E I 519; E II 675).

Bildungsweisen.

Aus 1-Chlor-naphthalin beim Erhitzen mit wss. Ammoniak in Gegenwart von Eisenoxid enthaltendem Kupfer(I)-oxid und Calciumhydroxid unter Druck auf 250° (*Dow Chem. Co.*, U.S.P. 2391848 [1942]). Aus 1-Nitro-naphthalin bei der Hydrierung an Platin in Äthanol (*Štrel'zowa, Selinškiĭ*, Izv. Akad. S.S.S.R. Otd. chim. **1941** 401, 407, 408; C. A. **1942** 418; vgl. E II 676), an Nickel in Äthanol bei 50°/30 at oder 50°/100 at (*Komatsu, Amatatsu*, Mem. Coll. Sci. Kyoto [A] **13** [1930] 329, 335; vgl. E II 675), an Nickel in wss. Natriumacetat-Lösung bei 80—100°/30 at (*Du Pont de Nemours & Co.*, U.S.P. 2105321 [1935]) oder an einem schwefelhaltigen Nickel-Kupfer-Aluminium-Katalysator bei 200—250° (*Yamanaka et al.*, Bl. Inst. phys. chem. Res. Tokyo **14** [1935] 412, 421; Bl. Inst. phys. chem. Res. Abstr. Tokyo **8** [1935] 31). Aus 1-Nitro-naphthalin beim Erhitzen mit Eisen und wss. Eisen(II)-chlorid-Lösung (*Nation. Aniline & Chem. Co.*, U.S.P. 2163617 [1938], 2174008 [1938]; vgl. H 1212), beim Erwärmen einer Lösung in Benzol mit aktiviertem Eisen unter Zusatz von Wasser (*Hazlet, Dornfeld*, Am. Soc. **66** [1944] 1781) sowie beim Erwärmen mit Natriumsulfid, Natriumhydrogencarbonat, Wasser und Methanol (*Hodgson, Ward*, Soc. **1949** 1187, 1189; vgl. E II 676). Neben geringen Mengen 1-Acetamino-naphthalin beim Einleiten von Chlorwasserstoff in eine warme Lösung von 1-Hydroxyimino-1.2.3.4-tetrahydro-naphthalin in Essigsäure und wenig Acetanhydrid (*Schroeter*, B. **63** [1930] 1308, 1316, 1317).

NH_2

I

Physikalische Eigenschaften.

Krystalle; F: 49,2—49,3° [aus Bzl.] (*Gubelmann, Weiland*, Ind. eng. Chem. **21** [1929] 1239), 49,2° [aus PAe.] (*Cowley, Partington*, Soc. **1938** 1598, 1601). E: 48,61° bzw. 48,63° [zwei Präparate] (*Gu., Wei.*). Orthorhombisch; Raumgruppe *Pbca* (= D_{2h}^{15}); aus dem Röntgen-Diagramm ermittelte Dimensionen der Elementarzelle: a = 12,0 Å; b = 9,65 Å; c = 39,3 Å; n = 24 (*Kitaĭgorodškiĭ*, Doklady Akad. S.S.S.R. **50** [1945] 315; C. A. **1949** 2064; s. dagegen E II 676). Dichte der Krystalle: 1,23 (*Ki.*).

Verbrennungswärme bei konstantem Volumen: 8837 cal/g bzw. 8828 cal/g [zwei Messungen] (*Milone, Rossignoli*, G. **62** [1932] 644, 653).

Magnetische Doppelbrechung (Acn.): *Mahajan*, Phil. Mag. [7] **22** [1936] 717, 723. Magnetorotation bei 150°: *Salceanu*, C. r. **194** [1932] 1227. IR-Spektrum von Lösungen in Tetrachlormethan und in Dibutyläther (2,55—3,15 μ): *Gordy, Stanford*, Am. Soc. **62** [1940] 497, 502, 503; in Tetrachlormethan (5—11 μ): *Barnes, Liddel, Williams*, Ind. eng. Chem. Anal. **15** [1943] 659, 697. IR-Spektrum von 8,8 μ bis 12,9 μ: *Lecomte*, J. Phys. Rad. [7] **10** [1939] 423, 424. UV-Spektrum (W.): *Kiss, Csetneky*, Acta Univ. Szeged **2** [1948] 132, 134. Absorptionsspektrum (A.; 220—370 mμ): *Hertel*, Z. El. Ch. **47** [1941] 813, 814; *Jones*, Am. Soc. **67** [1945] 2021, 2022; *Hodgson, Hathway*, Trans. Faraday Soc. **41** [1945] 115, 117; *Hirshberg, Jones*, Canad. J. Res. [B] **27** [1949] 437, 438;

[1]) Stellungsbezeichnung bei von Lanostan abgeleiteten Namen s. E III **5** 1338.

[2]) Stellungsbezeichnung bei von Cycloartan abgeleiteten Namen s. E III **5** 1343.

Friedel, Orchin, Ultraviolet Spectra of Aromatic Compounds [NewYork 1951] Nr. 264; *Samuel*, Soc. **1936** 1576. Absorptionsspektrum (250—360 mμ) von Lösungen in wss. Natronlauge: *Rollett*, M. **70** [1937] 425, 429; *Steck, Ewing*, Am. Soc. **70** [1948] 3397, 3403. Absorptionsspektrum (220—320 mμ) von Lösungen des Hydrochlorids in wss. Salzsäure: *Ro.*; *St.*, *Ew.*; einer Lösung des Perchlorats in wss. Perchlorsäure: *Kiss, Cs.* Spektrum der durch UV-Licht erregten Fluorescenz bei —253° (380—455 mμ): *Prichotko, Schabaldaš*, Izv. Akad. S.S.S.R. Ser. fiz. **5** [1941] 120,122; C. A. **1943** 2266, 2267; bei 20° (400—550 mμ): *Bertrand*, Bl. [5] **12** [1945] 1010, 1015; s. a. *Allen, Franklin, McDonald*, J. Franklin Inst. **215** [1933] 705, 709, 713. Fluorescenz bei Anregung durch Kathodenstrahlen: *Allen, Fr., McD.*, l. c. S. 714; durch Röntgen-Strahlen: *Ray, Bose, Gupta*, Sci. Culture **5** [1940] 568.

Magnetische Susceptibilität der Krystalle: *Krishnan, Banerjee*, Phil. Trans. [A] **234** [1934/35] 265, 276, 280; *Pacault*, A. ch. [12] **1** [1946] 527, 551; *Pacault, Carpentier, Séris*, Rev. scient. **85** [1947] 157, 161; *Puri et al.*, J. Indian chem. Soc. **24** [1947] 409, 410; der Schmelze bei 50° bzw. bei 54°: *Bhatnagar, Verma, Kapur*, Indian J. Physics **9** [1934/35] 131, 134; *Bose*, Phil. Mag. [7] **21** [1936] 1119, 1123.

Dipolmoment: 1,47 D [ε; Cyclohexan] (*Cowley, Partington*, Soc. **1938** 1598, 1601), 1,53 D [ε; Bzl.] (*Co., Pa.*), 1,49 D [ε; Bzl.] (*Wassiliew, Syrkin*, Acta physicoch. U.R.S.S. **14** [1941] 414), 1,44 D [ε; Bzl.] (*Bergmann, Weizmann*, Trans. Faraday Soc. **32** [1936] 1318, 1320; *Hertel*, Z. El. Ch. **47** [1941] 813, 817), 1,48 D [ε; Toluol] (*Co., Pa.*). Dissoziationsexponent pK_a des Naphthyl-(1)-ammonium-Ions (Wasser; potentiometrisch ermittelt] bei 22°: 3,96 [extrapoliert] (*Hall, Sprinkle*, Am. Soc. **54** [1932] 3469, 3472). Dissoziation des Naphthyl-(1)-ammonium-Ions in Essigsäure: *Hall*, Am. Soc. **52** [1930] 5115, 5124.

Wärmetönung beim Lösen in Aceton, beim Vermischen mit Pikrinsäure in Aceton (Nachweis einer Verbindung 1:1), mit Oxalsäure-dihydrat in Aceton sowie mit Citronensäure in Aceton: *Pušin, Altarac*, Glasnik chem. Društva Beograd **12** [1947] 83, 85, 86, 88, 90—92; C. A. **1949** 6070. Nachweis von Eutektika in den Schmelzdiagrammen der binären Systeme mit Schwefel: *Hrynakowski, Adamanis*, Roczniki Chem. **14** [1934] 189, 194; C. **1934** II 2490; mit Naphthalin (vgl. H 1213): *Kofler, Brandstätter*, Z. physik. Chem. **192** [1943] 229, 243; mit Thymol: *Pušin, Marić, Rikovski*, Glasnik chem. Društva Beograd **13** [1948] 50, 55; C. A. **1952** 4344; mit Benzoesäure (vgl. E II 676, 677): *Pušin, Sladović*, Glasnik chem. Društva Jugosl. **5** [1934] 135, 139; C. **1936** I 2727; mit Acetanilid: *Hrynakowski, Adamanis*, Roczniki Chem. **13** [1933] 448, 452; C. **1933** II 2935; mit Naphthyl-(2)-amin: *Ko., Br.*, l. c. S. 251. Nachweis von Eutektika und Verbindungen in den Schmelzdiagrammen der binären Systeme mit 1.4-Dinitro-benzol (Verbindung 1:1; vgl. E II 679): *Kofler*, Z. physik. Chem. [A] **190** [1941] 287, 288; mit 2.5-Dinitrotoluol (Verbindung 1:1): *Shinomiya*, J. chem. Soc. Japan **61** [1940] 1221, 1226; C. A. **1943** 3990; mit 2.3-Dinitro-phenol (Verbindung 3:2), 2.5-Dinitro-phenol (Verbindung 1:1), 3.4-Dinitro-phenol (Verbindung 1:1) und 3.5-Dinitro-phenol (Verbindung 1:1): *Shinomiya*, Bl. chem. Soc. Japan **15** [1940] 137, 142, 144; mit Pikrinsäure (Verbindungen 2:1 und 1:1): *Kofler*, Z. El. Ch. **50** [1944] 200, 205; mit 2.4.6-Trinitro-anisol (Verbindung 1:1; vgl. H 1219, 1220): *Hertel, Römer*, B. **63** [1930] 2446, 2448; mit Naphthol-(1) (Verbindungen 2:1 und 1:1; vgl. E I 521): *Ko., Br.*, l. c. S. 244; mit Naphthol-(2) (Verbindung 1:1; vgl. E I 521): *Ko., Br.*, l. c. S. 249; mit Ameisensäure (Verbindung 1:1): *Baštič, Puschin*, Glasnik chem. Društva Beograd **12** [1947] 109, 112; C. A. **1949** 6066. Schmelzdiagramm des ternären Systems mit Schwefel und Resorcin: *Hrynakowski, Staszewski, Szmyt*, Z. physik. Chem. [A] **178** [1936] 293, 299—302.

Chemisches Verhalten.

Flammpunkt: *Assoc. Factory Insurance Co.*, Ind. eng. Chem. **32** [1940] 880, 883. Bildung von Phthalsäure-anhydrid und Phthalimid beim Leiten des Dampfes im Gemisch mit Luft über Titanylvanadat-Titandioxid/Bimsstein bei 325°: *Pongratz et al.*, Ang. Ch. **54** [1941] 22, 26; über Vanadium(V)-oxid-Uranoxid/Bimsstein bei 420°: *Sal'kind, Kešarew*, Ž. obšč. Chim. **7** [1937] 879; C. **1938** I 4435. Bildung von geringen Mengen 4.4'-Diamino[1.1']binaphthyl bei 2-tägigem Erhitzen mit wss. Schwefelsäure (66%ig): *Blangey*, Helv. **21** [1938] 1579, 1590.

Beim Behandeln mit 1 Mol eines Säure-[chlor-aryl-amids] in Benzol sind 4-Chlornaphthyl-(1)-amin und geringe Mengen 2-Chlor-naphthyl-(1)-amin, beim Behandeln mit 2 Mol Säure-[chlor-aryl-amid] in Benzol ist 2.4-Dichlor-naphthyl-(1)-amin erhalten worden (*Danilow, Kos'mina*, Ž. obšč. Chim. **19** [1949] 309, 313; C. A. **1949** 6570). Die beim Behandeln mit Brom und wss. Salzsäure erhaltene, früher (H 1213, 1257) als x-Brom-naphthyl-(1)-amin angesehene Verbindung (F: 118,5°) ist als 2.4-Dibrom-naphthyl-(1)-amin zu formulieren (*van Alphen*, R. **66** [1947] 432). Reaktion mit Jod bei 50° unter Bildung einer als [9-Jod-7-(4-jod-naphthyl-(1))-7.14-dihydro-dibenzo[*a.j*]phenazinyl-(5)]-[9-jod-7-(4-jod-naphthyl-(1))-7*H*-dibenzo[*a.j*]phenazinyliden-(5)]-amin angesehenen Verbindung: *Hodgson, Marsden*, Soc. **1938** 1181. Beim Eintragen einer Lösung von Naphthyl-(1)-amin in Aceton bzw. in Butanon in Schwefeldioxid enthaltendes Aceton ist eine Verbindung $C_{13}H_{15}NO_3S$ (Zers. bei 110—120°) bzw. eine krystalline Substanz vom F: 83—84° [Zers.] erhalten worden (*Feigl, Feigl*, Z. anorg. Ch. **203** [1931] 57, 59, 62). Reaktion mit Dinatrium-disulfito-mercurat(II) in Wasser unter Bildung von 4-Amino-naphthalin-sulfonsäure-(1) (Hauptprodukt), 1-Amino-naphthalin-sulfonsäure-(2) und geringen Mengen Naphthyl-(1)-sulfamidsäure: *Bogdanow, Pawlowškaja*, Ž. obšč. Chim. **19** [1949] 1374, 1375; C. A. **1950** 1083. Bildung einer grünen Verbindung $C_{10}H_7NS_3$ (F: 200°) beim Erwärmen mit Dischwefeldichlorid oder mit Schwefeldichlorid in Tetrachlormethan und Erhitzen der erhaltenen Verbindung $C_{10}H_8ClNS_3$ (F: 210° bis 212° [Zers.]) mit Natronlauge: *Airan, Shah*, J. Indian chem. Soc. **22** [1945] 359, 362. Beim Behandeln mit Schwefelsäure und Natriumnitrit bei —10° ist 4-Nitroso-naphthyl-(1)-amin [E III **7** 3701] (*I.G. Farbenind.*, D.R.P. 519729 [1929]; Frdl. **17** 470; *Gen. Aniline Works*, U.S.P. 1867105 [1930]), beim Behandeln des Sulfats mit Nitrosylschwefelsäure unter Einleiten von Kohlendioxid sind daneben geringe Mengen 4.4'-Diamino-[1.1']binaphthyl erhalten worden (*Blangey*, Helv. **21** [1938] 1579, 1585, 1589). Die beim Behandeln von Naphthyl-(1)-amin-hydrochlorid mit Gold(III)-chlorid in wss. Äthanol erhaltene, als „Naphthamein" bezeichnete blaue Substanz (s. H 1213) wird von *Holzer, Reif* (Z. anal. Chem. **92** [1933] 12, 13) als Naphthyl-(1)-amin-dichloroaurat(I) angesehen.

Hydrierung an Nickel bei 150°/30 at oder 100 at unter Bildung von 1.2.3.4-Tetrahydro-naphthyl-(1)-amin: *Komatsu, Amatatsu*, Mem. Coll. Sci. Kyoto [A] **13** [1930] 329, 335. Bildung von 5.8-Dihydro-naphthyl-(1)-amin beim Behandeln mit Natrium und flüssigem Ammoniak: *Watt, Knowles, Morgan*, Am. Soc. **69** [1947] 1657.

Bildung von Naphthol-(1) und geringen Mengen Di-[naphthyl-(1)]-amin beim Leiten des Dampfes im Gemisch mit Wasserdampf über Aluminiumoxid bei 460°: *Imp. Chem. Ind.*, U.S.P. 2438694 [1945].

Reaktion mit Benzoldiazoniumchlorid in wss. Lösung unter Bildung von 4-Phenylazo-naphthyl-(1)-amin (F: 125°) und geringen Mengen 2-Phenylazo-naphthyl-(1)-amin (F: 161—161,5°) (vgl. H 1218): *Turner*, Soc. **1949** 2282, 2286. Bei der Elektrolyse einer Lösung von Naphthyl-(1)-amin-thiocyanat in wss. Methanol (*Helwig*, U.S.P. 1816848 [1929]) sowie beim Behandeln von Naphthyl-(1)-amin mit Ammoniumthiocyanat und *N.N'*-Dichlor-harnstoff (jeweils 1 Mol) in Methanol (*Lichoscherštow, Petrow*, Ž. obšč. Chim. **3** [1933] 183, 193; C. **1934** I 1477) ist 4-Thiocyanato-naphthyl-(1)-amin, beim Behandeln von Naphthyl-(1)-amin mit Ammoniumthiocyanat (2 Mol) und *N.N'*-Dichlor-harnstoff (1 Mol) in Aceton (*Li., Pe.*) ist 2.4-Bis-thiocyanato-naphthyl-(1)-amin erhalten worden.

Reaktion mit Acetylen s. S. 2849. Bildung von 5-[Naphthyl-(1)-imino]-5*H*-dibenzo-[*a.j*]phenoxazin beim Erwärmen mit 1-Anilino-naphthol-(2) und Kupfer(II)-hydroxid unter Durchleiten von Luft: *Lantz*, A. ch. [11] **2** [1934] 101, 162. Geschwindigkeit der Reaktion mit Methyljodid in Aceton bei 50°: *Hertel*, Z. El. Ch. **47** [1941] 813, 814; der Reaktion mit 4-Chlor-1.3-dinitro-benzol in Äthanol bei 35° und 45°: *Singh, Peacock*, J. phys. Chem. **40** [1936] 669, 670; bei 100°: *van Opstall*, R. **52** [1933] 901, 906. Beim Erhitzen des Hydrochlorids mit 3 Mol Methanol auf 220° sind Naphthol-(1), Methyl-[naphthyl-(1)]-amin und Dimethyl-[naphthyl-(1)]-amin, beim Erhitzen des Hydrochlorids mit 4 Mol Methanol bis auf 250° sind Naphthol-(1), 1-Methoxy-naphthalin, 2-Methyl-naphthol-(1) und Methyl-[naphthyl-(1)]-amin erhalten worden (*Hey, Jackson*, Soc. **1936** 1783, 1785, 1786). Bildung von Dimethyl-[naphthyl-(1)]-amin und Naphthol-(1) beim Erhitzen des Sulfats mit Methanol auf 180°: *Gokhlé, Mason*, Soc. **1930** 1757. Bildung von Didodecyläther, Naphthol-(1), Didodecylamin und Dodecen-(1) (?) beim Erhitzen des Hydrochlorids mit Dodecanol-(1) (3 Mol) bis auf 260°: *Butterworth, Hey*, Soc. **1940** 388. Beim Erhitzen mit Anilin unter Zusatz von Ammoniumjodid sind 1-Anilino-naphthalin und geringe Mengen Diphenylamin, beim Erwärmen mit 4-Jod-anilin (0,2 Mol) sind eine als [5-Jod-7-(4-jod-naphthyl-(1))-7.12-dihydro-benzo[*a*]phenazinyl-(9)]-[5-jod-7-(4-jod-naphthyl-(1))-7*H*-benzo[*a*]phenazinyliden-(9)]-amin angesehene Verbindung und geringe Mengen einer als [9-Jod-7-(4-jod-naphthyl-(1))-7.14-dihydro-dibenzo[*a.j*]phenazinyl-(5)]-[9-jod-7-(4-jod-naphthyl-(1))-7*H*-dibenzo[*a.j*]phenazinyliden-(5)]-amin angesehenen Verbindung erhalten worden (*Hodgson, Marsden*, Soc. **1938** 1181).

Bildung von 2-Methyl-benzo[*h*]chinolin bzw. 2.4-Dimethyl-benzo[*h*]chinolin beim Einleiten von Acetylen in eine mit Quecksilber(II)-chlorid versetzte Lösung von Naphthyl-(1)-amin in Äthanol bzw. in Aceton, Behandeln des jeweiligen Reaktionsprodukts mit wss. Alkalilauge und anschliessenden Erhitzen: *Koslow*, Ž. obšč. Chim. **8** [1938] 419, 421, 422; C. **1940** I 523.

Bildung von Isopropyl-[naphthyl-(1)]-amin beim Erhitzen mit Aceton und Ameisensäure-methylester auf 210°: *I.G. Farbenind.*, D.R.P. 618032 [1933]; Frdl. **22** 310; U.S.P. 2108147 [1934]. Bildung von 5-Phenylimino-5*H*-dibenzo[*a.j*]phenoxazin beim Erhitzen mit 2-Hydroxy-naphthochinon-(1.4)-1-imin-4-phenylimin (S. 380) und Zinkchlorid in Nitrobenzol auf 145° oder mit 2-Hydroxy-naphthochinon-(1.4)-bis-phenylimin (S. 380) in Xylol auf 100°, jeweils unter Durchleiten von Luft: *Lantz*, A. ch. [11] **2** [1934] 101, 159, 160. Bildung von 3-[Naphthyl-(1)-amino]-crotonsäure-anilid (S. 2952) bzw. von *N.N'*-Bis-[naphthyl-(1)]-harnstoff und Aceton beim Erhitzen mit Acetessigsäure-anilid auf 100° bzw. auf Siedetemperatur: *Leuthardt, Brunner*, Helv. **30** [1947] 958, 961, 963. Bildung von 1-[4-Amino-naphthyl-(1)]-äthanon-(1) und 1-[5-Amino-naphthyl-(1)]-äthanon-(1) beim Behandeln mit Acetylchlorid und Aluminiumchlorid in Schwefelkohlenstoff und Erhitzen des Reaktionsprodukts mit wss. Salzsäure: *Leonard, Hyson*, Am. Soc. **71** [1949] 1392. Kinetik der Reaktion mit Benzoylchlorid in Benzol bei 25°: *Stubbs, Hinshelwood*, Soc. **1949** Spl. 71, 73. Beim Erhitzen mit Benzoylchlorid auf 180° und Eintragen von Zinkchlorid in das Reaktionsgemisch ist *N*-[4-Benzoyl-naphthyl-(1)]-benzamid, beim Erhitzen mit Benzoylchlorid auf 180° und Erhitzen des Reaktionsgemisches mit Zinkchlorid auf 240° ist eine als Zinkchlorid-Doppelsalz des 2.4-Diphenyl-3-[naphthyl-(1)]-benzo[*h*]chinazolinium-(3)-chlorids angesehene Verbindung erhalten worden (*Dziewoński, Sternbach*, Roczniki Chem. **13** [1933] 704, 709, 712; Bl. Acad. polon. [A] **1933** 416, 421, 424).

Nachweis und Bestimmung.

Zusammenfassende Darstellungen: *Feigl*, Tüpfelanalyse, 4. Aufl., Bd. 2 [Frankfurt/M. 1960] S. 271, 275, 403; *Bauer, Moll*, Die organische Analyse, 5. Aufl. [Leipzig 1967] S. 193, 223; *Snell, Snell*, Colorimetric Methods of Analysis, 3. Aufl., Bd. 4 [New York 1954] S. 234—236, Bd. 4A [New York 1967] S. 370, 417, 418. Charakterisierung als 2.4-Dinitro-benzoat (F: 199,3—199,7°): *Buehler, Calfee*, Ind. eng. Chem. Anal. **6** [1934] 351; als 3.5-Dinitro-benzoat (F: 200,5°): *Buehler, Currier, Lawrence*, Ind. eng. Chem. Anal. **5** [1933] 277; als 3.5-Dinitro-4-methyl-benzoat (F: 137—138°): *Sah, Yuin*, J. Chin. chem. Soc. **5** [1937] 129, 131. Charakterisierung durch Überführung in *N*-[2-Chlor-phenyl]-*N'*-[naphthyl-(1)]-harnstoff (F: 234° [korr.]) und in *N*-[2-Brom-phenyl]-*N'*-[naphthyl-(1)]-harnstoff (F: 246° [korr.]): *Sah*, J. Chin. chem. Soc. **13** [1946] 22, 33, 41; in *N*-[3-Jod-phenyl]-*N'*-[naphthyl-(1)]-harnstoff (F: 260—261° [korr.]): *Sah, Chen*, J. Chin. chem. Soc. **14** [1946] 74, 77; in *N*-[3-Nitro-phenyl]-*N'*-[naphthyl-(1)]-harnstoff (F: 248° [korr.] bzw. F: 244—245°): *Sah*, J. Chin. chem. Soc. **13** 30; *Karrman*, Svensk kem. Tidskr. **60** [1948] 61; in weitere *N*-[Naphthyl-(1)]-*N'*-aryl-harnstoffe: *Sah, Ma*, J. Chin. chem. Soc. **2** [1934] 159, 163; *Sah, Chang*, R. **58** [1939] 8, 10; *Sah*, R. **59** [1940] 231, 234; *Sah*, J. Chin. chem. Soc. **13** 27, 43; in 1-Phenyl-5-[naphthyl-(1)]-biuret (F: 203° [korr.]), 1.5-Di-[naphthyl-(1)]-biuret (F: 234° [korr.]) und andere 1-[Naphthyl-(1)]-5-aryl-biurete: *Sah et al.*, J. Chin. chem. Soc. **14** [1946] 52, 54, 60; in *N*-[3-Nitro-phenyl]-*N'*-[naphthyl-(1)]-thioharnstoff (F: 161—162°): *Sah, Lei*, J. Chin. chem. Soc. **2** [1934] 153, 156; in 2.4-Dinitro-benzol-sulfensäure-(1)-[naphthyl-(1)-amid] (F: 188,5—189° [unkorr.]): *Billman et al.*, Am. Soc. **63** [1941] 1920; in *N*-[Naphthyl-(1)]-phthalimid (F: 181°): *Wanag*, Acta latviens. Chem. **4** [1938] 405, 417; in 3-Nitro-*N*-[naphthyl-(1)]-phthalimid (F: 222—223°): *Alexander, McElvain*, Am. Soc. **60** [1938] 2285.

Salze und Additionsverbindungen.

Hydrochlorid $C_{10}H_9N \cdot HCl$ (H 1220; E II 678). F: 240—250° (*L.* u. *A. Kofler*, Thermo-Mikro-Methoden, 3. Aufl. [Weinheim 1954] S. 589). Magnetische Susceptibilität (A.): *Hatem*, Bl. **1949** 601, 603, 604. Elektrische Leitfähigkeit von Lösungen in wss.

Aceton: *Hertel, Schneider*, Z. physik. Chem. [A] **151** [1930] 413, 415.

Hydrobromid $C_{10}H_9N \cdot HBr$ (H 1220). F: 285—293° (*L.* u. *A. Kofler*, Thermo-Mikro-Methoden, 3. Aufl. [Weinheim 1954] S. 605).

Hydrogensulfat $C_{10}H_9N \cdot H_2SO_4$. Hygroskopische Krystalle (aus A. oder Eg.); F: ca. 170° (*Huber*, Helv. **15** [1932] 1372, 1378, 1379).

Hexajodotellurat(IV) $2C_{10}H_9N \cdot H_2TeI_6$. Schwarze Krystalle; gegen Wasser nicht beständig (*Karantassis, Capatos*, C. r. **203** [1936] 83).

Hexafluorosilicat $2C_{10}H_9N \cdot H_2SiF_6$. Krystalle (aus A.); F: 218° [Zers.] (*Jacobson*, Am. Soc. **53** [1931] 1011, 1012). In 100 ml Äthanol lösen sich bei 25° 0,1504 g.

Dibrenzcatechinato-borat $C_{10}H_9N \cdot H[B(C_6H_4O_2)_2]$. Krystalle; in 1 l Wasser lösen sich bei 20° 0,12 Mol [44,5 g] (*Schäfer*, Z. anorg. Ch. **259** [1949] 86, 88).

Quecksilber-chlorid-[naphthyl-(1)-amid] $HgCl(C_{10}H_8N)$. Gelb; Zers. bei 125° (*Neogi, Mukherjee*, J. Indian chem. Soc. **12** [1935] 211, 214).

Verbindung mit Quecksilber(II)-thiocyanat $2C_{10}H_9N \cdot Hg(SCN)_2$. Gelbe Krystalle (*Buscaróns, Alloza*, An. Soc. españ. **37** [1941] 350, 352). — Trithiocyanatomercurat(II) $C_{10}H_9N \cdot H[Hg(SCN)_3]$. Krystalle mit 1 Mol H_2O (*Bogdan, Barbilian*, Ann. scient. Univ. Jassy **28** [1942] 9, 10, 11).

trans-Bis-butandiondioximato-bis-[naphthyl-(1)-amin]-kobalt(III)-Salze: Chlorid $[Co(C_{10}H_9N)_2(C_4H_7N_2O_2)_2]Cl$. Rotbraune Krystalle (aus W.) mit 2 Mol H_2O (*Nakatsuka, Iinuma*, Bl. chem. Soc. Japan **11** [1936] 48, 50, 53). — Bromid $[Co(C_{10}H_9N)_2(C_4H_7N_2O_2)_2]Br$. Rotbraune Krystalle mit 2 Mol H_2O (*Na., Ii.*, l. c. S. 53). — Jodid $[Co(C_{10}H_9N)_2(C_4H_7N_2O_2)_2]I$. Rotbraune Krystalle mit 0,5 Mol H_2O (*Na., Ii.*, l. c. S. 53). — Sulfat $[Co(C_{10}H_9N)_2(C_4H_7N_2O_2)_2]_2SO_4$. Rotbraune Krystalle mit 9 Mol H_2O (*Na., Ii.*, l. c. S. 53). — Hydrogensulfat $[Co(C_{10}H_9N)_2(C_4H_7N_2O_2)_2]HSO_4$. Rotbraune Krystalle (*Na., Ii.*, l. c. S. 53). — Nitrat $[Co(C_{10}H_9N)_2(C_4H_7N_2O_2)_2]NO_3$. Rotbraune Krystalle mit 1,5 Mol H_2O (*Na., Ii.*, l. c. S. 53). — Thiocyanat $[Co(C_{10}H_9N)_2(C_4H_7N_2O_2)_2]SCN$. Orangefarbene Krystalle (*Na., Ii.*, l. c. S. 53). — *trans*-Bis-butandiondioximato-[*N*-methyl-anilin]-[naphthyl-(1)-amin]-kobalt(III)-Salze: Chlorid $[Co(C_7H_9N)(C_{10}H_9N)(C_4H_7N_2O_2)_2]Cl$. Rotbraune Krystalle mit 4 Mol H_2O (*Nakatsuka, Iinuma*, Bl. chem. Soc. Japan **11** [1936] 353, 356). — Salz des (1*R*)-3ξ-Nitro-camphers (F: 102°) $[Co(C_7H_9N)(C_{10}H_9N)(C_4H_7N_2O_2)_2]C_{10}H_{14}NO_3$. Orangefarbene Krystalle mit 3 Mol H_2O (*Na., Ii.*, l. c. S. 357). — Acetat $[Co(C_7N_9N)(C_{10}H_9N)(C_4H_7N_2O_2)_2]C_2H_3O_2$. Rotbraune Krystalle mit 6 Mol H_2O (*Na., Ii.*, l. c. S. 356). — L_g-Tartrat $[Co(C_7H_9N)(C_{10}H_9N)(C_4H_7N_2O_2)_2]_2C_4H_4O_6$. Orangebraune Krystalle mit 10 Mol H_2O (*Na., Ii.*, l. c. S. 357). — (1*S*)-2-Oxo-bornan-sulfonat-(10) $[Co(C_7H_9N)(C_{10}H_9N)(C_4H_7N_2O_2)_2]C_{10}H_{15}O_4S$. Gelborangefarbene Krystalle mit 4 Mol H_2O (*Na., Ii.*, l. c. S. 356). — (1*R*)-3*endo*-Brom-2-oxo-bornan-sulfonat-(8) $[Co(C_7H_9N)(C_{10}H_9N)(C_4H_7N_2O_2)_2]C_{10}H_{14}BrO_4S$. Orangefarbene Krystalle mit 3 Mol H_2O (*Na., Ii.*, l. c. S. 356, 357).

Verbindung mit 1.3-Dinitro-benzol $C_{10}H_9N \cdot C_6H_4N_2O_4$ (E I 520; E II 679). Rot; F: 65°; D: 1,35 (*Bhatnagar, Verma, Kapur*, Indian J. Physics **9** [1934/35] 131, 133). Absorptionsspektrum (220—380 mμ): *Hunter, Qureishy, Samuel*, Soc. **1936** 1576. Diamagnetisch; magnetische Susceptibilität: *Bh., Ve., Ka.*, l. c. S. 135. Dipolmoment (ε; Bzl.): 3,96 D (*Sahney et al.*, J. Indian chem. Soc. **26** [1949] 329, 331).

Verbindung mit 1.4-Dinitro-benzol $C_{10}H_9N \cdot C_6H_4N_2O_4$ (vgl. E II 679). F: 88° (*Kofler*, Z. physik. Chem. [A] **190** [1941] 287, 294).

Verbindung mit 4-Chlor-1.3-dinitro-benzol $C_{10}H_9N \cdot C_6H_3ClN_2O_4$ (E I 520; E II 679). Diamagnetisch; magnetische Susceptibilität: *Puri et al.*, J. Indian chem. Soc. **24** [1947] 409, 410. Dipolmoment (ε; Bzl.): 3,88 D (*Sahney et al.*, J. Indian chem. Soc. **26** [1949] 329, 331).

Verbindung mit 4.6-Dichlor-1.3-dinitro-benzol $C_{10}H_9N \cdot C_6H_2Cl_2N_2O_4$ (H 1219). Dunkelbraune Krystalle; F: 91° (*Jois, Manjunath*, J. Indian chem. Soc. **8** [1931] 633, 634). Beim Erwärmen einer äthanol. Lösung ist [5-Chlor-2.4-dinitro-phenyl]-[naphthyl-(1)]-amin erhalten worden (*Jois, Ma.*; s. dagegen H 1219).

Verbindung mit 4-Brom-1.3-dinitro-benzol $C_{10}H_9N \cdot C_6H_3BrN_2O_4$. Rote Krystalle; F: 64,5° (*Buehler, Hisey, Wood*, Am. Soc. **52** [1930] 1939, 1940).

Verbindung mit 4.6-Dibrom-1.3-dinitro-benzol $C_{10}H_9N \cdot C_6H_2Br_2N_2O_4$. Dunkelrote Krystalle (aus CCl_4); F: 80—80,5° (*Adaveeshiah, Jois*, J. Indian chem. Soc. **22** [1945] 49). Beim Erwärmen einer äthanol. Lösung ist [5-Brom-2.4-dinitro-phenyl]-

[naphthyl-(1)]-amin erhalten worden (*Ad.*, *Jois*).

Verbindung mit 1.3.5-Trinitro-benzol $C_{10}H_9N \cdot C_6H_3N_3O_6$ (H 1219; E II 679). Braunrote pleochroitische Krystalle (aus A.); F: 215—220° [Zers.] (*Kofler*, Z. El. Ch. **50** [1944] 200, 205). Absorptionsmaximum (CCl_4): 470 mμ (*Hamilton*, *Hammick*, Soc. **1938** 1350). Dipolmoment (ε; Bzl.): 1,81 D (*Sahney et al.*, J. Indian chem. Soc. **26** [1949] 329, 331).

Verbindung mit 2.5-Dinitro-toluol $C_{10}H_9N \cdot C_7H_6N_2O_4$. Rotviolette Krystalle; F: 50,1° (*Shinomiya*, J. chem. Soc. Japan **61** [1940] 1221, 1225; C. A. **1943** 3990).

Verbindung mit 3-Nitro-phenol $C_{10}H_9N \cdot C_6H_5NO_3$ (vgl. E I 521). Gelbe Krystalle; F: 67,8° (*Buehler*, *Alexander*, *Stratton*, Am. Soc. **53** [1931] 4094, 4096).

Verbindung mit 2.3-Dinitro-phenol $3C_{10}H_9N \cdot 2C_6H_4N_2O_5$. Schwarz; F: 105° (*Shinomiya*, Bl. chem. Soc. Japan **15** [1940] 137, 144).

Verbindung mit 2.4-Dinitro-phenol $C_{10}H_9N \cdot C_6H_4N_2O_5$ (E I 521; E II 679). Diamagnetisch; magnetische Susceptibilität: *Puri et al.*, J. Indian chem. Soc. **24** [1947] 409, 410.

Verbindung mit 2.5-Dinitro-phenol $C_{10}H_9N \cdot C_6H_4N_2O_5$. Schwarze Krystalle; F: 101° (*Shinomiya*, Bl. chem. Soc. Japan **15** [1940] 137, 144).

Verbindung mit 3.4-Dinitro-phenol $C_{10}H_9N \cdot C_6H_4N_2O_5$. Gelbbraun; F: 96° (*Shinomiya*, Bl. chem. Soc. Japan **15** [1940] 137, 145).

Verbindung mit 3.5-Dinitro-phenol $C_{10}H_9N \cdot C_6H_4N_2O_5$. Braungelbe Krystalle; F: 110,5° (*Shinomiya*, Bl. chem. Soc. Japan **15** [1940] 137, 146).

Verbindungen mit Pikrinsäure. a) $2C_{10}H_9N \cdot C_6H_3N_3O_7$. Orangefarbene Krystalle; F: 160—165° (*Kofler*, Z. El. Ch. **50** [1944] 200, 205). — b) $C_{10}H_9N \cdot C_6H_3N_3O_7$ (H 1220; E II 679). Gelbe Krystalle (nach Sublimation); F: 185° [Zers.] (*Ko.*).

Verbindung mit 4.6-Dinitro-2-methyl-phenol $C_{10}H_9N \cdot C_7H_6N_2O_5$. Rotbraune Krystalle, F: 135,5—137° [unkorr.]; in Äthanol mit roter Farbe löslich (*Wain*, Ann. appl. Biol. **29** [1942] 301, 304).

Verbindung mit 4.6-Dinitro-2-cyclohexyl-phenol $C_{10}H_9N \cdot C_{12}H_{14}N_2O_5$. Dunkelbraune Krystalle, F: 87°; in Äthanol mit roter Farbe löslich (*Wain*, Ann. appl. Biol. **29** [1942] 301, 304).

Verbindungen mit Naphthol-(1). Nachweis einer Verbindung $2C_{10}H_9N \cdot C_{10}H_8O$ (F: ca. 56°) und einer Verbindung $C_{10}H_9N \cdot C_{10}H_8O$ (F: ca. 60°; vgl. E I 521) im Schmelzdiagramm des Systems Naphthyl-(1)-amin/Naphthol-(1): *Kofler*, *Brandstätter*, Z. physik. Chem. **192** [1943] 229, 244. Die E I 521 beschriebene Verbindung $4C_{10}H_9N \cdot C_{10}H_8O$ (F: 43°) ist nicht wieder erhalten worden (*Ko.*, *Br.*).

Verbindungen mit Naphthol-(2). Nachweis einer Verbindung $C_{10}H_9N \cdot C_{10}H_8O$ (F: 76°; vgl. E I 521) im Schmelzdiagramm des Systems Naphthyl-(1)-amin/Naphthol-(2): *Kofler*, *Brandstätter*, Z. physik. Chem. **192** [1943] 229, 248, 249. Die E I 521 beschriebene Verbindung $3C_{10}H_9N \cdot 2C_{10}H_8O$ (F: 66°) ist nicht wieder erhalten worden (*Ko.*, *Br.*).

Verbindung mit Styphninsäure $C_{10}H_9N \cdot C_6H_3N_3O_8$. Gelbgrüne Krystalle (aus A.); F: 181—182° (*Ma*, *Hsia*, *Sah*, Sci. Rep. Tsing Hua Univ. **2** [1933/34] 151, 154).

Verbindung mit 2-Nitro-indandion-(1.3) $C_{10}H_9N \cdot C_9H_5NO_4$. Gelbe Krystalle [aus Eg.] (*Wanag*, *Lode*, B. **70** [1937] 547, 555). F: 209—210° (*Wa.*, *Lode*), 207—210° [korr.; Zers.] (*Christensen et al.*, Anal. Chem. **21** [1949] 1573).

Formiat $C_{10}H_9N \cdot CH_2O_2$. F: 127° (*Baštič*, *Puschin*, Glasnik chem. Društva Beograd **12** [1947] 109, 112; C. A. **1949** 6066).

2.4-Dinitro-benzoat $C_{10}H_9N \cdot C_7H_4N_2O_6$. Gelbe Krystalle (aus A.); F: 199,3—199,7° [korr.] (*Buehler*, *Calfee*, Ind. eng. Chem. Anal. **6** [1934] 351).

3.5-Dinitro-benzoat $C_{10}H_9N \cdot C_7H_4N_2O_6$ (E II 680). Rote Krystalle (aus A.); F: 200,5° [korr.] (*Buehler*, *Currier*, *Lawrence*, Ind. eng. Chem. Anal. **5** [1933] 277).

Verbindung mit (±)-3.5-Dinitro-benzoesäure-*sec*-butylester $C_{10}H_9N \cdot C_{11}H_{12}N_2O_6$. Rote Krystalle (aus PAe.); F: 107° (*Fichter*, *Sutter*, Helv. **21** [1938] 1401, 1405).

Verbindung mit 3.5-Dinitro-benzoesäure-hexylester $C_{10}H_9N \cdot C_{13}H_{16}N_2O_6$. F: 63—64° (*Benfey et al.*, J. org. Chem. **20** [1955] 1777, 1778; s. dagegen E II 680).

Verbindung mit (±)-3.5-Dinitro-benzoesäure-[1-methyl-pentylester] $C_{10}H_9N \cdot C_{13}H_{16}N_2O_6$. Rote Krystalle (aus PAe.); F: 91° (*Sutter*, Helv. **21** [1938] 1266, 1269).

Verbindung mit (±)-3.5-Dinitro-benzoesäure-[1-äthyl-butylester] $C_{10}H_9N \cdot C_{13}H_{16}N_2O_6$. Orangegelbe Krystalle (aus $CHCl_3$ + PAe.); F: 71,5° (*Sutter*, Helv. **21** [1938] 1266, 1270).

Verbindung mit (±)-3.5-Dinitro-benzoesäure-[2-methyl-pentylester] $C_{10}H_9N \cdot C_{13}H_{16}N_2O_6$. Rote Krystalle (aus PAe.); F: 60° (*Sutter*, Helv. **21** [1938] 1266, 1267).

Verbindung mit 3.5-Dinitro-benzoesäure-[1.1-dimethyl-butylester] $C_{10}H_9N \cdot C_{13}H_{16}N_2O_6$. Orangerote Krystalle (aus $CHCl_3$ + PAe.); F: 113° (*Sutter*, Helv. **21** [1938] 1266, 1271).

Verbindung mit (±)-3.5-Dinitro-benzoesäure-[2-methyl-1-äthyl-propylester] $C_{10}H_9N \cdot C_{13}H_{16}N_2O_6$. Orangegelbe Krystalle (aus $CHCl_3$ + PAe.); F: 72,5° (*Sutter*, Helv. **21** [1938] 1266, 1270).

Verbindung mit (±)-3.5-Dinitro-benzoesäure-[1.3-dimethyl-butylester] $C_{10}H_9N \cdot C_{13}H_{16}N_2O_6$. Orangerote Krystalle (aus Ae. + PAe.); F: 92,5° (*Sutter*, Helv. **21** [1938] 1266, 1270).

Verbindung mit 3.5-Dinitro-benzoesäure-isohexylester $C_{10}H_9N \cdot C_{13}H_{16}N_2O_6$. Rote Krystalle (aus PAe.); F: 99° (*Sutter*, Helv. **21** [1938] 1266, 1268).

Verbindung mit (±)-3.5-Dinitro-benzoesäure-[3-methyl-pentylester] $C_{10}H_9N \cdot C_{13}H_{16}N_2O_6$. Rote Krystalle (aus PAe.); F: 81,5° (*Sutter*, Helv. **21** [1938] 1266, 1268).

Verbindung mit opt.-inakt. 3.5-Dinitro-benzoesäure-[1.2-dimethyl-butylester] $C_{10}H_9N \cdot C_{13}H_{16}N_2O_6$ s. E III **9** 1787.

Verbindung mit 3.5-Dinitro-benzoesäure-[1-methyl-1-äthyl-propylester] $C_{10}H_9N \cdot C_{13}H_{16}N_2O_6$. Orangegelbe Krystalle (aus $CHCl_3$ + PAe.); F: 85° (*Sutter*, Helv. **21** [1938] 1266, 1271).

Verbindung mit 3.5-Dinitro-benzoesäure-[2-äthyl-butylester] $C_{10}H_9N \cdot C_{13}H_{16}N_2O_6$. Rote Krystalle (aus PAe. + Bzl.); F: 82,5° (*Sutter*, Helv. **21** [1938] 1266, 1269).

Verbindung mit 3.5-Dinitro-benzoesäure-[2.2-dimethyl-butylester] $C_{10}H_9N \cdot C_{13}H_{16}N_2O_6$. Orangefarbene Krystalle (aus PAe.); F: 107,5° (*Sutter*, Helv. **21** [1938] 1266, 1269).

Verbindung mit (±)-3.5-Dinitro-benzoesäure-[1.2.2-trimethyl-propylester] $C_{10}H_9N \cdot C_{13}H_{16}N_2O_6$. Orangerote Krystalle (aus $CHCl_3$ + PAe.); F: 114° (*Sutter*, Helv. **21** [1938] 1266, 1271).

Verbindung mit 3.5-Dinitro-benzoesäure-[3.3-dimethyl-butylester] $C_{10}H_9N \cdot C_{13}H_{16}N_2O_6$. Orangefarbene Krystalle [aus PAe.] (*Sutter*, Helv. **21** [1938] 1266, 1269). F: 133° (*Schmerling*, Am. Soc. **67** [1945] 1152), 132,5° (*Su.*).

Verbindung mit (±)-3.5-Dinitro-benzoesäure-[2.3-dimethyl-butylester] $C_{10}H_9N \cdot C_{13}H_{16}N_2O_6$. Orangefarbene bzw. rote Krystalle (aus PAe.); F: 99° (*Fichter, Sutter*, Helv. **21** [1938] 891, 896; *Sutter*, Helv. **21** [1938] 1266, 1268).

Verbindung mit 3.5-Dinitro-benzoesäure-[1.1.2-trimethyl-propylester] $C_{10}H_9N \cdot C_{13}H_{16}N_2O_6$. Orangerote Krystalle (aus $CHCl_3$ + PAe.); F: 137° (*Sutter*, Helv. **21** [1939] 1266, 1272).

Verbindung mit (±)-3.5-Dinitro-benzoesäure-[3.4-dimethyl-pentylester] $C_{10}H_9N \cdot C_{14}H_{18}N_2O_6$. Krystalle (aus Pentan); F: 75—76° (*Schmerling*, Am. Soc. **67** [1945] 1438, 1440).

Verbindung mit 3.5-Dinitro-benzoesäure-[3.3-dimethyl-pentylester] $C_{10}H_9N \cdot C_{14}H_{18}N_2O_6$. F: 114—115° (*Schmerling*, Am. Soc. **67** [1945] 1152).

Verbindung mit (±)-3.5-Dinitro-benzoesäure-[*cis*-3-methyl-cyclohexylester] $C_{10}H_9N \cdot C_{14}H_{16}N_2O_6$. Rote Krystalle (aus Bzn.); F: 142—143° (*Macbeth, Mills*, Soc. **1945** 709, 712). — Verbindung mit (±)-3.5-Dinitro-benzoesäure-[*trans*-3-methyl-cyclohexylester] $C_{10}H_9N \cdot C_{14}H_{16}N_2O_6$. Rote Krystalle (aus Bzn.); F: 129,5—130,5° [Zers.] (*Macbeth, Mills*, Soc. **1945** 709, 712).

Verbindung mit opt.-inakt. 3.5-Dinitro-benzoesäure-[2-propyl-cyclohexylester] $C_{10}H_9N \cdot C_{16}H_{20}N_2O_6$ s. E III **9** 1811.

Verbindung mit 2-[3.5-Dinitro-benzoyloxy]-1-[1-methyl-cyclohexyl]-äthan. F: 107° (*Schmerling*, Am. Soc. **71** [1949] 698, 700).

Verbindung mit 3.5-Dinitro-benzoesäure-[hexadien-(2*t*.4*t*)-ylester]. Orangerote Krystalle (aus Bzn.); F: 89—90° (*Reichstein, Amman, Trivelli*, Helv. **15** [1932]

261, 266).

Verbindung mit (±)-3.5-Dinitro-benzoesäure-[norbornyl-(2*endo*)-ester]. Krystalle (aus Me.); F: 139—140° (*Alder, Rickert*, A. **543** [1940] 1, 18). — Verbindung mit (±)-3.5-Dinitro-benzoesäure-[norbornyl-(2*exo*)-ester]. Krystalle (aus Bzn. + Bzl.); F: 126° (*Al., Ri.*, l. c. S. 18).

Verbindung mit (±)-3.5-Dinitro-benzoesäure-[*cis*-4-isopropyl-cyclohexen-(2)-ylester] ((±)-*O*-[3.5-Dinitro-benzoyl]-*cis*-cryptol) $C_{10}H_9N \cdot C_{16}H_{18}N_2O_6$. Orangerote Krystalle (aus PAe.); F: 102—104° (*Gillespie, Macbeth*, Soc. **1939** 1531, 1534). — Verbindung mit (±)-3.5-Dinitro-benzoesäure-[*trans*-4-isopropyl-cyclohexen-(2)-ylester] ((±)-*O*-[3.5-Dinitro-benzoyl]-*trans*-cryptol) $C_{10}H_9N \cdot C_{16}H_{18}N_2O_6$. Orangefarbene Krystalle (aus PAe.); F: 140° (*Gi., Ma.*, l. c. S. 1533).

Verbindung mit 3.5-Dinitro-benzoesäure-[(1*R*)-bornylester] $C_{10}H_9N \cdot C_{17}H_{20}N_2O_6$. Krystalle; F: 141—142° [aus A.] (*Toivonen, Mälkönen*, Suomen Kem. **34** B [1961] 148, 151), 140,5° (*Bredt-Savelsberg, Bund*, J. pr. [2] **131** [1931] 29, 45). — Verbindung mit 3.5-Dinitro-benzoesäure-[(1*R*)-isobornylester] $C_{10}H_9N \cdot C_{17}H_{20}N_2O_6$. Rote Krystalle (aus A.); F: 150—151° (*Toi., Mä.*, l. c. S. 151; vgl. *Br.-S., Bund*, l. c. S. 45).

Verbindung mit 3.5-Dinitro-benzoesäure-[(1*S*)-epibornylester] $C_{10}H_9N \cdot C_{17}H_{20}N_2O_6$ s. E III **9** 1834.

Verbindung mit (±)-3.5-Dinitro-benzoesäure-[2-methyl-cyclohexen-(2)-ylester] (?) $C_{10}H_9N \cdot C_{14}H_{14}N_2O_6$ s. E III **6** 210 im Artikel (±)-1-Methyl-cyclohexen-(1)-ol-(6).

Verbindung mit 3.5-Dinitro-benzoesäure-[(1*S*:3*R*)-4.5.5-trimethyl-2.6-cyclonorbornyl-(3)-ester]. Orangerote Krystalle (aus Toluol); F: 163—164° [Kofler-App.] (*Lipp*, B. **74** [1941] 6, 11).

Verbindung mit opt.-inakt. 6-[3.5-Dinitro-benzoyloxy]-2.5.6-trimethyl-octen-(2)-in-(7) (aus opt.-inakt. 2.5.6-Trimethyl-octen-(2)-in-(7)-ol-(6) [Kp_9: 91—92°; E III **1** 2038] hergestellt). Rote Krystalle (aus PAe.); F: 90—92° (*Winter, Schinz, Stoll*, Helv. **30** [1947] 2213, 2215).

Verbindung mit 3.5-Dinitro-benzoesäure-phenäthylester. Rot; F: 102° bis 103° (*Ruggli, Prijs*, Helv. **28** [1945] 674, 682).

Verbindung mit 3.5-Dinitro-benzoesäure-[ursen-(12)-yl-(3β)-ester] (*O*-[3.5-Dinitro-benzoyl]-α-amyrin [E III **9** 1877]). Krystalle (aus Bzn. + Toluol oder aus Ae.); F: 202—203° [Block] (*Casparis, Naef*, Pharm. Acta Helv. **9** [1934] 19, 21).

Verbindung mit (1*R*)-3*endo*-[3.5-Dinitro-benzoyloxy]-bornanon-(2) $C_{10}H_9N \cdot C_{17}H_{18}N_2O_7$. F: 184° (*Bredt-Savelsberg, Bund*, J. pr. [2] **131** [1931] 29, 45).

Verbindung mit (1*R*)-2*endo*-[3.5-Dinitro-benzoyloxy]-bornanon-(3) $C_{10}H_9N \cdot C_{17}H_{18}N_2O_7$. F: 154° (*Bredt-Savelsberg, Bund*, J. pr. [2] **131** [1931] 29, 45).

Verbindung mit (1*S*)-4-[3.5-Dinitro-benzoyloxy]-bornanon-(3) s. E III **8** 86 im Artikel (1*S*)-4-Hydroxy-bornanon-(3).

Verbindung mit *N*-Methyl-*N*-[(*R*)-α-(3.5-dinitro-benzoyloxy)-isovaleryl]-L-valin-methylester $C_{10}H_9N \cdot C_{19}H_{25}N_3O_9$. Rote Krystalle (aus Me.); F: 147° (*Cook, Cox, Farmer*, Soc. **1949** 1022, 1027).

Verbindung mit 3.5-Dinitro-benzamid $C_{10}H_9N \cdot C_7H_5N_3O_5$. Rote Krystalle; F: 149° (*Bennett, Wain*, Soc. **1936** 1108, 1112).

Verbindung mit 3.5-Dinitro-benzonitril $C_{10}H_9N \cdot C_7H_3N_3O_4$. Rote Krystalle; F: 166—169° (*Bennett, Wain*, Soc. **1936** 1108, 1112).

3.5-Dinitro-2-methyl-benzoat $C_{10}H_9N \cdot C_8H_6N_2O_6$. Krystalle (aus A.); F: 180° bis 181° [Zers.] (*Sah, Tien*, J. Chin. chem. Soc. **4** [1936] 490, 492).

3.5-Dinitro-4-methyl-benzoat $C_{10}H_9N \cdot C_8H_6N_2O_6$. Krystalle (aus A.); F: 137° bis 138° (*Sah, Yuin*, J. Chin. chem. Soc. **5** [1937] 129, 131).

Verbindung mit 5-Nitro-isophthalonitril $C_{10}H_9N \cdot C_8H_3N_3O_2$. Rote Krystalle; F: 147—149° (*Bennett, Wain*, Soc. **1936** 1108, 1113).

Verbindung mit Benzol-tricarbonitril-(1.3.5) $C_{10}H_9N \cdot C_9H_3N_3$. Gelbe Krystalle; F: 165—167° (*Bennett, Wain*, Soc. **1936** 1108, 1113).

[2-Oxo-3.3-dimethyl-butylsulfon]-acetat $C_{10}H_9N \cdot C_8H_{14}O_5S$. F: 105,5—106,5° [Zers.] (*Backer, Strating*, R. **56** [1935] 1133, 1136).

1.1.2.2-Tetrafluor-äthan-sulfonat-(1) $C_{10}H_9N \cdot C_2H_2F_4O_3S$. Krystalle (aus W.); F: 225° [Block] (*Coffman et al.*, J. org. Chem. **14** [1949] 747, 750).

3-Chlor-benzol-sulfonat-(1). Krystalle; F: 207—208° [korr.] (*Forster*, J. Soc. chem. Ind. **53** [1934] 358).

Toluol-sulfonat-(4) $C_{10}H_9N \cdot C_7H_8O_3S$ (H 1220). Krystalle; F: 248,4—249,9° [korr.] (*Noller, Liang*, Am. Soc. **54** [1932] 670, 671).

Naphthalin-disulfonat-(1.5) $2C_{10}H_9N \cdot C_{10}H_8O_6S_2$ (vgl. E II 680). Krystalle; F: 231° [korr.; Zers.] (*Forster, Hishiyama*, J. Soc. chem. Ind. **51** [1932] 297T).

Naphthalin-disulfonat-(1.6) $2C_{10}H_9N \cdot C_{10}H_8O_6S_2$ (E II 680). Krystalle; F: 272° [korr.; Zers.] (*Forster, Hishiyama*, J. Soc. chem. Ind. **51** [1932] 297T).

3-Hydroxy-naphthalin-sulfonat-(2). F: 247—248° (*Holt, Mason*, Soc. **1931** 377, 380).

(1*R*)-2-Oxo-bornan-sulfonat-(10) $C_{10}H_9N \cdot C_{10}H_{16}O_4S$. Krystalle (aus A. + E.); F: 173° (*Singh, Perti, Singh*, Univ. Allahabad Studies **1944** Chem. 37, 45, 47). Optisches Drehungsvermögen (436—671 mμ) von Lösungen in Wasser, Methanol, Äthanol und Pyridin: *Si., Pe., Si.*, l. c. S. 46, 55. — (1*S*)-2-Oxo-bornan-sulfonat-(10) $C_{10}H_9N \cdot C_{10}H_{16}O_4S$. Krystalle (aus A. + E.); F: 173° (*Si., Pe., Si.*, l. c. S. 37, 45, 47). Optisches Drehungsvermögen (436—671 mμ) von Lösungen in Wasser, Methanol, Äthanol und Pyridin: *Si., Pe., Si.*, l. c. S. 46, 55. — (±)-2-Oxo-bornan-sulfonat-(10) $C_{10}H_9N \cdot C_{10}H_{16}O_4S$. Krystalle (aus A. + E.); F: 165° (*Si., Pe., Si.*).

9.10-Dioxo-9.10-dihydro-anthracen-disulfonat-(1.4) $2C_{10}H_9N \cdot C_{14}H_8O_8S_2$. Gelbe Krystalle (aus W.) mit 5 Mol H_2O; F: 231° (*Koslow*, Ž. obšč. Chim. **17** [1947] 289, 296; C. A. **1948** 550). [*Tauchert*]

1-Methylamino-naphthalin, Methyl-[naphthyl-(1)]-amin, *N-methyl-1-naphthylamine* $C_{11}H_{11}N$, Formel II (R = CH_3, X = H) auf S. 2856 (H 1221; E I 521; E II 681).

B. Neben Dimethyl-[naphthyl-(1)]-amin beim Erhitzen von Naphthyl-(1)-amin mit Methanol und wenig Methylbromid auf 220° (*Dow Chem. Co.*, U.S.P. 1793993 [1929]).

Dissoziationsexponent pK_a des Methyl-[naphthyl-(1)]-ammoniums-Ions (Wasser; potentiometrisch ermittelt) bei 25°: 3,70 (*Hall, Sprinkle*, Am. Soc. **54** [1932] 3469, 3472, 3481).

2-Nitro-indandion-(1.3)-Salz $C_{11}H_{11}N \cdot C_9H_5NO_4$. Krystalle; F: 196—199° (*Wanag, Dombrowski*, B. **75** [1942] 82, 86).

1-Dimethylamino-naphthalin, Dimethyl-[naphthyl-(1)]-amin, *N,N-dimethyl-1-naphthylamine* $C_{12}H_{13}N$, Formel II (R = X = CH_3) auf S. 2856 (H 1221; E I 521; E II 681).

B. Neben Methyl-[naphthyl-(1)]-amin beim Erhitzen von Naphthyl-(1)-amin mit Methanol und wenig Methylbromid auf 220° (*Dow Chem. Co.*, U.S.P. 1793993 [1929]).

Kp_{10}: 129° (*Brown, Widiger, Letang*, Am. Soc. **61** [1939] 2597, 2600). n_D^{20}: 1,6224 (*Br., Wi., Le.*). UV-Spektrum einer äthanol. Lösung der Base und einer wss. Lösung des Hydrochlorids: *Steck, Ewing*, Am. Soc. **70** [1948] 3397, 3404. Phosphorescenz einer festen Lösung in einem Äther-Isopentan-Äthanol-Gemisch bei —183°: *Lewis, Kasha*, Am. Soc. **66** [1944] 2100, 2108. Dissoziationsexponent pK_a des Dimethyl-[naphthyl-(1)]-ammonium-Ions (Wasser) bei 28°: 4,83 [extrapoliert] (*Hall, Sprinkle*, Am. Soc. **54** [1932] 3469, 3474).

Austausch von Wasserstoff gegen Deuterium beim Erhitzen mit *O*-Deuterio-äthanol enthaltendem Äthanol und wenig Schwefelsäure auf 115°: *Br., Wi., Le.*, l. c. S. 2599; *Brown, Letang*, Am. Soc. **63** [1941] 358, 359. Bildung von Naphthol-(1), Methyl-[naphthyl-(1)]-amin und geringen Mengen 1-Methoxy-naphthalin (?) beim Erhitzen des Hydrochlorids mit Methanol (1,5 Mol) bis auf 250°: *Hey, Jackson*, Soc. **1936** 1783, 1786. Beim Behandeln mit Orthoameisensäure-triäthylester und Aluminiumchlorid ist Tris-[4-dimethylamino-naphthyl-(1)]-methan erhalten worden (*Gokhle, Mason*, Soc. **1931** 118, 125).

Pikrat $C_{12}H_{13}N \cdot C_6H_3N_3O_7$. Gelbe Krystalle (aus A.); F: 145—146° (*Snyder, Wyman*, Am. Soc. **70** [1948] 232, 236), 145° (*Hodgson, Crook*, Soc. **1936** 1500, 1501), 143° [Zers.] (*Neber, Rauscher*, A. **550** [1942] 182, 194).

2-Nitro-indandion-(1.3)-Salz $C_{12}H_{13}N \cdot C_9H_5NO_4$. Grünschwarze Krystalle; F: 153° (*Wanag, Lode*, B. **70** [1937] 547, 557).

1-Äthylamino-naphthalin, Äthyl-[naphthyl-(1)]-amin, *N-ethyl-1-naphthylamine* $C_{12}H_{13}N$, Formel II (R = C_2H_5, X = H) auf S. 2856 (H 1222; E I 521; E II 682).

B. Beim Erhitzen von Naphthyl-(1)-amin mit Äthylchlorid bis auf 145° (*Du Pont de Nemours & Co.*, U.S.P. 2039390 [1934]). Bei der Hydrierung eines Gemisches von Naphthyl-(1)-amin und Acetaldehyd an Raney-Nickel in Natriumacetat enthaltendem Äthanol (*Emerson*, *Robb*, Am. Soc. **61** [1939] 3145). Aus Diäthyl-[naphthyl-(1)]-amin beim Erhitzen mit wss. Salzsäure bis auf 210° (*Du Pont de Nemours & Co.*, U.S.P. 2039391 [1934]).

Dissoziationsexponent pK_a des Äthyl-[naphthyl-(1)]-ammonium-Ions (Wasser) bei 29°: 4,19 [extrapoliert] (*Hall*, *Sprinkle*, Am. Soc. **54** [1932] 3469, 3474).

Beim Behandeln mit einer aus Natriumnitrit und Schwefelsäure hergestellten Lösung ist Äthyl-[4-nitroso-naphthyl-(1)]-amin (E III **7** 3701) erhalten worden (*Blangey*, Helv. **21** [1938] 1579, 1590). Bildung von Bis-[äthyl-(naphthyl-(1))-thiocarbamoyl]-disulfid bei 2-tägigem Behandeln mit Schwefelkohlenstoff unter Zusatz von Jod in Pyridin: *Fry*, *v. Culp*, R. **52** [1933] 1061, 1065.

1-Diäthylamino-naphthalin, Diäthyl-[naphthyl-(1)]-amin, N,N-*diethyl-1-naphthylamine* $C_{14}H_{17}N$, Formel II (R = X = C_2H_5) (H 1223; E II 682).

B. Beim Erhitzen von Naphthyl-(1)-amin mit Triäthylphosphat (*Billman*, *Radike*, *Mundy*, Am. Soc. **64** [1942] 2977). Bei der Hydrierung eines Gemisches von 1-Nitronaphthalin und Acetaldehyd an Platin in Essigsäure enthaltendem Äthanol (*Emerson*, *Uraneck*, Am. Soc. **63** [1941] 749).

Kp_{30}: 155—166°; D_{20}^{20}: 1,015; n_D^{20}: 1,5961 (*Em.*, *Ur.*).

Beim Erhitzen mit wss. Salzsäure bis auf 210° sind Äthyl-[naphthyl-(1)]-amin und geringe Mengen Naphthyl-(1)-amin erhalten worden (*Du Pont de Nemours & Co.*, U.S.P. 2039391 [1934]).

Pikrat $C_{14}H_{17}N \cdot C_6H_3N_3O_7$. F: 152—154° (*Em.*, *Ur.*).

Bis-[2-brom-äthyl]-[naphthyl-(1)]-amin, N,N-*bis(2-bromoethyl)-1-naphthylamine* $C_{14}H_{15}Br_2N$, Formel II (R = X = CH_2-CH_2Br).

B. Aus Bis-[2-hydroxy-äthyl]-[naphthyl-(1)]-amin beim Erhitzen mit Phosphor(III)-bromid (*Everett*, *Ross*, Soc. **1949** 1972, 1974, 1980).

Krystalle (aus Pentan); F: 43°.

Bis-[2-jod-äthyl]-[naphthyl-(1)]-amin, N,N-*bis(2-iodoethyl)-1-naphthylamine* $C_{14}H_{15}I_2N$, Formel II (R = X = CH_2-CH_2I).

B. Aus Bis-[2-brom-äthyl]-[naphthyl-(1)]-amin beim Erwärmen mit Natriumjodid in Aceton (*Everett*, *Ross*, Soc. **1949** 1972, 1974, 1980).

Krystalle (aus Pentan); F: 60°.

1-Isopropylamino-naphthalin, Isopropyl-[naphthyl-(1)]-amin, N-*isopropyl-1-naphthylamine* $C_{13}H_{15}N$, Formel II (R = $CH(CH_3)_2$, X = H).

B. Beim Erhitzen von Naphthyl-(1)-amin mit Aceton und Methylformiat auf 210° (*I.G. Farbenind.*, D.R.P. 618032 [1933]; Frdl. **22** 310; U.S.P. 2108147 [1934]).

Kp_{22}: 185—188° (*I.G. Farbenind.*, D.R.P. 618032), 185—186° (*I.G. Farbenind.*, U.S.P. 2108147).

1-Butylamino-naphthalin, Butyl-[naphthyl-(1)]-amin, N-*butyl-1-naphthylamine* $C_{14}H_{17}N$, Formel II (R = $[CH_2]_3$-CH_3, X = H).

B. Bei der Hydrierung eines Gemisches von 1-Nitro-naphthalin und Butyraldehyd an Raney-Nickel in Natriumacetat enthaltendem Äthanol (*Emerson*, *Mohrman*, Am. Soc. **62** [1940] 69; s. a. *Emerson*, *Robb*, Am. Soc. **61** [1939] 3145).

Kp_8: 155—167°; D_{20}^{20}: 1,004; n_D^{20}: 1,5963 (*Em.*, *Robb*).

Charakterisierung als *N*-[4-Chlor-benzoyl]-Derivat (F: 242—243°): *Em.*, *Mo.*

Hydrochlorid $C_{14}H_{17}N \cdot HCl$. F: 151—152° (*Em.*, *Robb*).

1-Dibutylamino-naphthalin, Dibutyl-[naphthyl-(1)]-amin, N,N-*dibutyl-1-naphthylamine* $C_{18}H_{25}N$, Formel II (R = X = $[CH_2]_3$-CH_3).

B. Beim Behandeln von Naphthyl-(1)-amin mit Butylbromid unter Zusatz von Natriumcarbonat (*Wingfoot Corp.*, U.S.P. 2070521 [1933]).

Kp_5: 167—168°; n_D^{20}: 1,5856 (*Webb et al.*, Ind. eng. Chem. **46** [1954] 1711, 1712).

Pikrat $C_{18}H_{25}N \cdot C_6H_3N_3O_7$. F: 178—179° (*Webb et al.*).

2-Nitro-1-[naphthyl-(1)-amino]-2-methyl-propan, [β-Nitro-isobutyl]-[naphthyl-(1)]-amin, N-*(2-methyl-2-nitropropyl)-1-naphthylamine* $C_{14}H_{16}N_2O_2$, Formel II (R = CH_2-$C(CH_3)_2$-NO_2, X = H).

B. Bei 3-tägigem Erwärmen von Naphthyl-(1)-amin mit 2-Nitro-2-methyl-propanol-(1)

unter Zusatz von wss. Tetrakis-[2-hydroxy-äthyl]-ammonium-hydroxid-Lösung (*Johnson*, Am. Soc. **68** [1946] 14, 16, 17).

Gelbe Krystalle; F: 85,0°.

1-Pentylamino-naphthalin, Pentyl-[naphthyl-(1)]-amin, N-*pentyl-1-naphthylamine* $C_{15}H_{19}N$, Formel II (R = $[CH_2]_4$-CH_3, X = H).

B. Bei der Hydrierung eines Gemisches von 1-Nitro-naphthalin und Valeraldehyd an Raney-Nickel in Natriumacetat enthaltendem Äthanol (*Emerson, Mohrman*, Am. Soc. **62** [1940] 69).

Kp_4: 136—146°. D_{20}: 1,102. n_D^{20}: 1,6460.

1-Allylamino-naphthalin, Allyl-[naphthyl-(1)]-amin, N-*allyl-1-naphthylamine* $C_{13}H_{13}N$, Formel II (R = CH_2-CH=CH_2, X = H).

B. Aus Naphthyl-(1)-amin und Allylchlorid in Äthanol (*Sloviter*, Am. Soc. **71** [1949] 3360; s. a. *Eastman Kodak Co.*, U.S.P. 2381071 [1943]).

Kp_{18}: 195—198° (*Eastman Kodak Co.*); Kp_4: 110—120° (*Sl.*).

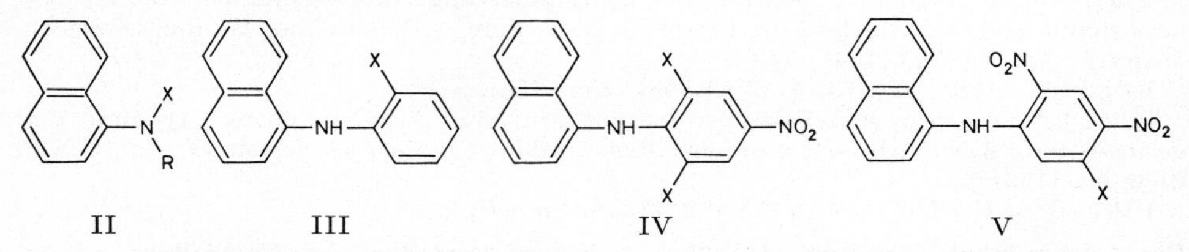

3-Chlor-1-[naphthyl-(1)-amino]-buten-(2), [3-Chlor-buten-(2)-yl]-[naphthyl-(1)]-amin, N-(*3-chlorobut-2-enyl*)-*1-naphthylamine* $C_{14}H_{14}ClN$, Formel II (R = CH_2-CH=CCl-CH_3, X = H).

Ein als Pikrat (F: 215—216°) charakterisiertes Amin (Kp_1: 146—160°) dieser Konstitution ist beim Behandeln von Naphthyl-(1)-amin mit 1.3-Dichlor-buten-(2) (nicht charakterisiert) und wss. Alkalilauge erhalten worden (*Varrečka*, Collect. **14** [1949] 399, 400, 405).

1-Cyclohexylamino-naphthalin, Cyclohexyl-[naphthyl-(1)]-amin, N-*cyclohexyl-1-naphthylamine* $C_{16}H_{19}N$, Formel II (R = C_6H_{11}, X = H).

B. Beim Erhitzen von Naphthyl-(1)-amin mit Cyclohexylbromid auf 170° (*Bucherer, Fischbeck*, J. pr. [2] **140** [1934] 69, 77).

Hydrochlorid $C_{16}H_{19}N \cdot HCl$. Krystalle (aus wss. Lösung); F: 187°.

Äthyl-cyclohexyl-[naphthyl-(1)]-amin, N-*cyclohexyl*-N-*ethyl-1-naphthylamine* $C_{18}H_{23}N$, Formel II (R = C_6H_{11}, X = C_2H_5).

B. Beim Erhitzen von Äthyl-[naphthyl-(1)]-amin mit Cyclohexanon und Ameisensäure-methylester auf 270° (*I.G. Farbenind.*, D.R.P. 618032 [1933]; Frdl. **22** 310; U.S.P. 2108147 [1934]).

$Kp_{2,8}$: 168°.

1-Anilino-naphthalin, Phenyl-[naphthyl-(1)]-amin, N-*phenyl-1-naphthylamine* $C_{16}H_{13}N$, Formel III (X = H) (H 1224; E I 522; E II 682).

B. Beim Erhitzen von Naphthol-(1) mit Anilin unter Zusatz von 3-Amino-benzolsulfonsäure-(1) bis auf 250° (*Du Pont de Nemours & Co.*, U.S.P. 2213204 [1938]). Beim Erhitzen von Naphthyl-(1)-amin mit Anilin unter Zusatz von Ammoniumjodid, Jod oder Anilin-hydrojodid bis auf 230° (*Hodgson, Marsden*, Soc. **1938** 1181; J. Soc. chem. Ind. **58** [1939] 154, 156, 290) oder unter Zusatz von Calciumchlorid auf 280° (*Goodyear Tire & Rubber Co.*, U.S.P. 1746371 [1929], 1781306 [1926]). Beim Erhitzen von 4-Amino-naphthalin-sulfonsäure-(1) mit Anilin (*Cumming, Muir*, J. roy. tech. Coll. **3** [1934] 223, 229).

Krystalle; F: 62—63° (*Goodyear Tire & Rubber Co.*), 58,5—60,5° [aus Bzn.] (*Kuršanow, Šolodkow*, Ž. obšč. Chim. **5** [1935] 1486, 1492; C. **1936** II 2351), 60° [aus wss. A.] (*Knapp*, M. **70** [1937] 251, 258), 59° [aus Bzn.] (*Ho., Ma.*, Soc. **1938** 1181). UV-Spektrum ($CHCl_3$): *Dufraisse, Houpillart*, Rev. gén. Caoutchouc **16** [1939] 44, 48. Redoxpotential: *Elley*, Trans. electroch. Soc. **69** [1936] 195, 203.

Beim Behandeln einer Lösung in Essigsäure mit Brom in Wasser ist ein Tribrom-

Derivat $C_{16}H_{10}Br_3N$ (F: 145°; vgl. H 1224) erhalten worden (*Cu.*, *Muir*). Bildung von 7-Methyl-benz[*c*]acridin beim Erhitzen mit Essigsäure und Zinkchlorid auf 230°: *Po-štowškiĭ*, *Lundin*, Ž. obšč. Chim. **10** [1940] 71, 75; C. **1940** II 204.

[2-Nitro-phenyl]-[naphthyl-(1)]-amin, N-(o-*nitrophenyl*)-*1-naphthylamine* $C_{16}H_{12}N_2O_2$, Formel III (X = NO_2).

B. Beim Erhitzen von 2-Nitro-anilin mit 1-Brom-naphthalin, Kaliumcarbonat und wenig Kupfer(I)-jodid (*Ross*, Soc. **1948** 219, 222). Beim Erhitzen von Naphthyl-(1)-amin mit 2-Brom-1-nitro-benzol und Natriumacetat (*Waldmann*, *Back*, A. **545** [1940] 52, 54).

Orangefarbene oder gelbe Krystalle (aus Me. bzw. aus Acn. + W.); F: 158—159° (*Ross*), 155° [unter Rotfärbung] (*Wa.*, *Back*).

[4-Nitro-phenyl]-[naphthyl-(1)]-amin, N-(p-*nitrophenyl*)-*1-naphthylamine* $C_{16}H_{12}N_2O_2$, Formel IV (X = H).

B. Aus *N'*-[4-Nitro-benzol-sulfonyl-(1)]-*N*-[naphthyl-(1)]-guanidin bei kurzem Erhitzen mit wss. Natronlauge (*Backer*, *Wadman*, R. **68** [1949] 595, 603).

Gelbe Krystalle (aus wss. A.); F: 175—176°.

[5-Chlor-2.4-dinitro-phenyl]-[naphthyl-(1)]-amin, N-(*5-chloro-2,4-dinitrophenyl*)-*1-naphthylamine* $C_{16}H_{10}ClN_3O_4$, Formel V (X = Cl).

B. Beim Erwärmen der Additionsverbindung von Naphthyl-(1)-amin mit 4.6-Dichlor-1.3-dinitro-benzol (S. 2850) in Äthanol (*Jois*, *Manjunath*, J. Indian chem. Soc. **8** [1931] 633, 634).

Gelbe Krystalle (aus A. + Bzl.), F: 204—205°; aus Toluol werden orangefarbene Krystalle erhalten, die sich bei 145—150° in die gelben Krystalle umwandeln.

[5-Brom-2.4-dinitro-phenyl]-[naphthyl-(1)]-amin, N-(*5-bromo-2,4-dinitrophenyl*)-*1-naphthylamine* $C_{16}H_{10}BrN_3O_4$, Formel V (X = Br).

B. Beim Erwärmen der Additionsverbindung von Naphthyl-(1)-amin mit 4.6-Dibrom-1.3-dinitro-benzol (S. 2850) in Äthanol (*Adaveeshiah*, *Jois*, J. Indian chem. Soc. **22** [1945] 49, 50).

Gelbe Krystalle (aus Bzl., Xylol oder E.) und rote Krystalle (aus Bzl. bei langsamem Abkühlen der Lösung); F: 191—192°.

Pikryl-[naphthyl-(1)]-amin, N-*picryl-1-naphthylamine* $C_{16}H_{10}N_4O_6$, Formel IV (X = NO_2) (H 1224; E I 522).

B. Beim Behandeln von (±)-2-Pikryloxy-propionsäure-äthylester mit Naphthyl-(1)-amin in Chloroform oder Äthanol (*Hertel*, *Römer*, B. **63** [1930] 2446, 2452).

Braunrote Krystalle; F: 197°.

Vinyl-phenyl-[naphthyl-(1)]-amin, N-*phenyl*-N-*vinyl-1-naphthylamine* $C_{18}H_{15}N$, Formel VI (R = CH=CH_2, X = H).

B. Beim Erhitzen von Phenyl-[naphthyl-(1)]-amin mit Acetylen und Kaliumhydr= oxid in Stickstoff-Atmosphäre unter 20 at auf 180° (*Reppe et al.*, A. **601** [1956] 81, 132; s. a. *I.G. Farbenind.*, D.R.P. 636213 [1935]; Frdl. **23** 94; *Gen. Aniline & Film Corp.*, U.S.P. 2472084, 2472085 [1945]).

Krystalle (aus methanol. Ammoniak); F: 80—83° (*Re. et al.*; *I.G. Farbenind.*). Kp_1: 168—170° (*Re. et al.*; *I.G. Farbenind.*; *Gen. Aniline & Film Corp.*).

1-*o*-Toluidino-naphthalin, *o*-Tolyl-[naphthyl-(1)]-amin, N-o-*tolyl-1-naphthylamine* $C_{17}H_{15}N$, Formel III (X = CH_3) (H 1225; E I 522).

B. Beim Erhitzen von Naphthyl-(1)-amin mit *o*-Toluidin unter Zusatz von Sulfanil= säure auf 230° (*Du Pont de Nemours & Co.*, U.S.P. 1921076 [1927]).

Kp_{10}: 225—230° (*Buu-Hoi*, *Lecocq*, C. r. **218** [1944] 792).

1-*m*-Toluidino-naphthalin, *m*-Tolyl-[naphthyl-(1)]-amin, N-m-*tolyl-1-naphthylamine* $C_{17}H_{15}N$, Formel VII (R = X = H) (E I 522).

B. Beim Erhitzen von *m*-Toluidin mit Naphthyl-(1)-amin unter Zusatz von Sulfanil= säure auf 230° (*Du Pont de Nemours & Co.*, U.S.P. 1921076 [1927]).

Kp_{10}: 234—237° (*Buu-Hoi*, *Lecocq*, C. r. **218** [1944] 792).

1-*p*-Toluidino-naphthalin, *p*-Tolyl-[naphthyl-(1)]-amin, N-p-*tolyl-1-naphthylamine* $C_{17}H_{15}N$, Formel VI (R = H, X = CH_3) (H 1225; E I 522; E II 682).

B. Beim Erhitzen von Naphthyl-(1)-amin mit *p*-Toluidin unter Zusatz von Ammonium=

jodid (*Hodgson, Marsden*, Soc. **1938** 1181) oder von Sulfanilsäure (*Du Pont de Nemours & Co.*, U.S.P. 1921076 [1927]) auf 230°.
Krystalle (aus Bzn.); F: 78° (*Ho., Ma.*).

Vinyl-*p*-tolyl-[naphthyl-(1)]-amin, N-p-*tolyl*-N-*vinyl-1-naphthylamine* $C_{19}H_{17}N$, Formel VI (R = CH=CH_2, X = CH_3).
B. Aus *p*-Tolyl-[naphthyl-(1)]-amin beim Erhitzen mit Acetylen und Kaliumhydroxid in Stickstoff-Atmosphäre unter 20 at auf 180° (*Reppe et al.*, A. **601** [1956] 81, 132; s. a. *I.G. Farbenind.*, D.R.P. 636213 [1935]; Frdl. **23** 94).
Krystalle (aus methanol. Ammoniak); F: 72–78°.

1-Benzylamino-naphthalin, Benzyl-[naphthyl-(1)]-amin, N-*benzyl-1-naphthylamine* $C_{17}H_{15}N$, Formel VIII (X = H) (H 1225; E I 523).
B. Bei der Hydrierung eines Gemisches von Naphthyl-(1)-amin und Benzaldehyd an Raney-Nickel in Natriumacetat enthaltendem Äthanol (*Emerson, Robb*, Am. Soc. **61** [1939] 3145). Aus Benzaldehyd-[naphthyl-(1)-imin] beim Behandeln mit Magnesium und Methanol (*Zechmeister, Truka*, B. **63** [1930] 2883).
F: 67° (*Ze., Tr.*).
Beim Erhitzen mit Cyanamid (1 Mol) und Chlorwasserstoff (1 Mol) in Amylalkohol ist *N*-Benzyl-*N*-[naphthyl-(1)]-guanidin-hydrochlorid erhalten worden (*Buck, Baltzly, Ferry*, Am. Soc. **64** [1942] 2231).

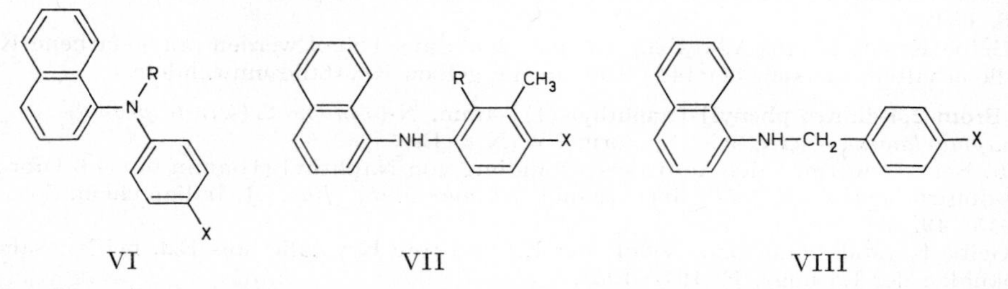

VI VII VIII

[4-Chlor-benzyl]-[naphthyl-(1)]-amin, N-(*4-chlorobenzyl*)-*1-naphthylamine* $C_{17}H_{14}ClN$, Formel VIII (X = Cl).
B. Aus Naphthyl-(1)-amin und 4-Chlor-benzylchlorid in Äthanol (*Sloviter*, Am. Soc. **71** [1949] 3360).
Krystalle (aus A.); F: 76–76,5°.

[4-Brom-benzyl]-[naphthyl-(1)]-amin, N-(*4-bromobenzyl*)-*1-naphthylamine* $C_{17}H_{14}BrN$, Formel VIII (X = Br).
B. Aus Naphthyl-(1)-amin und 4-Brom-benzylbromid in Äthanol (*Sloviter*, Am. Soc. **71** [1949] 3360).
Krystalle (aus A.); F: 88,5–89°.

[4-Jod-benzyl]-[naphthyl-(1)]-amin, N-(*4-iodobenzyl*)-*1-naphthylamine* $C_{17}H_{14}IN$, Formel VIII (X = I).
B. Aus Naphthyl-(1)-amin und 4-Jod-benzylbromid in Äthanol (*Sloviter*, Am. Soc. **71** [1949] 3360).
Krystalle (aus A.); F: 84,5–85°.

(±)-[1-Phenyl-äthyl]-[naphthyl-(1)]-amin, (±)-N-(*α-methylbenzyl*)-*1-naphthylamine* $C_{18}H_{17}N$, Formel IX (R = CH(CH_3)-C_6H_5).
B. Beim Erhitzen von Naphthyl-(1)-amin mit Acetophenon und Methylformiat auf 210° (*I.G. Farbenind.*, D.R.P. 618032 [1933]; Frdl. **22** 310; U.S.P. 2108147 [1934]).
Kp_{20}: 233–235° (*I.G. Farbenind.*, D.R.P. 618032), 233–238° (*I.G. Farbenind.*, U.S.P. 2108147).

[2.3-Dimethyl-phenyl]-[naphthyl-(1)]-amin, N-(*2,3-xylyl*)-*1-naphthylamine* $C_{18}H_{17}N$, Formel VII (R = CH_3, X = H).
B. Beim Erhitzen von Naphthyl-(1)-amin mit 2.3-Dimethyl-anilin unter Zusatz von Jod (*Buu-Hoi*, Soc. **1949** 670, 672).
Krystalle (aus wss. A.); F: 68–69°. Kp_{13}: 242–245°.

Bildung von 8-Methyl-benz[*c*]acridin beim Erhitzen mit Blei(II)-oxid auf 350°: *Buu-Hoi.*

Pikrat. Violettrote Krystalle (aus A.); F: 128°.

[3.4-Dimethyl-phenyl]-[naphthyl-(1)]-amin, N-(*3,4-xylyl*)-*1-naphthylamine* $C_{18}H_{17}N$, Formel VII (R = H, X = CH_3).

B. Beim Erhitzen von Naphthyl-(1)-amin mit 3.4-Dimethyl-anilin unter Zusatz von Jod (*Buu-Hoi*, Soc. **1949** 670, 673).

Kp_{12}: 241–243°.

Pikrat. Violette Krystalle (aus A.); F: 121°.

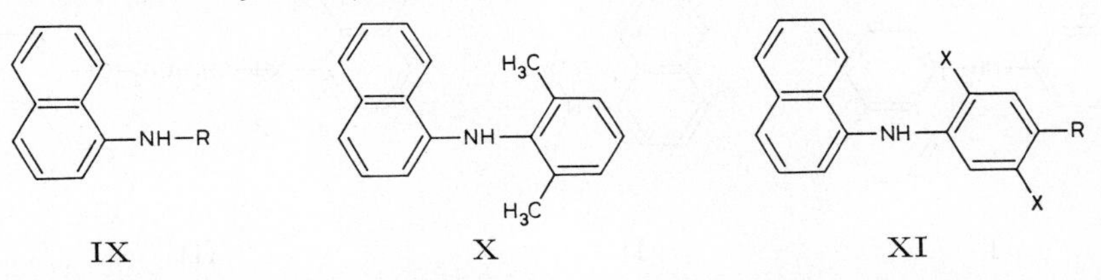

[2.6-Dimethyl-phenyl]-[naphthyl-(1)]-amin, N-(*2,6-xylyl*)-*1-naphthylamine* $C_{18}H_{17}N$, Formel X.

B. Beim Erhitzen von 2.6-Dimethyl-anilin mit Naphthol-(1) unter Zusatz von Jod (*Buu-Hoi*, Soc. **1949** 670, 672).

Kp_{13}: 242–244°.

Bildung von 11-Methyl-benz[*c*]acridin beim Erhitzen mit Blei(II)-oxid auf 350°: *Buu-Hoi.*

Pikrat. Violette Krystalle (aus A.); F: 102°.

[2.5-Dimethyl-phenyl]-[naphthyl-(1)]-amin, N-(*2,5-xylyl*)-*1-naphthylamine* $C_{18}H_{17}N$, Formel XI (R = H, X = CH_3).

B. Beim Erhitzen von Naphthyl-(1)-amin mit 2.5-Dimethyl-anilin unter Zusatz von Jod (*Buu-Hoi*, Soc. **1949** 670, 672).

Kp_{15}: 242–244°.

Bildung von 10-Methyl-benz[*c*]acridin beim Erhitzen mit Blei(II)-oxid: *Buu-Hoi.*

Pikrat. Violettrote Krystalle (aus A.); F: 109–110°.

[2.4.5-Trimethyl-phenyl]-[naphthyl-(1)]-amin, N-(*2,4,5-trimethylphenyl*)-*1-naphthylamine* $C_{19}H_{19}N$, Formel XI (R = X = CH_3).

B. Beim Erhitzen von Naphthyl-(1)-amin mit 2.4.5-Trimethyl-anilin unter Zusatz von Jod auf 250° (*Buu-Hoi, Lecocq*, C. r. **218** [1944] 648).

Krystalle (aus PAe.); F: 67°.

[4-*tert*-Butyl-phenyl]-[naphthyl-(1)]-amin, N-(p-tert-*butylphenyl*)-*1-naphthylamine* $C_{20}H_{21}N$, Formel XI (R = $C(CH_3)_3$, X = H).

B. Beim Erhitzen von Naphthyl-(1)-amin mit 4-*tert*-Butyl-anilin unter Zusatz von wss. Salzsäure (*Craig*, Am. Soc. **57** [1935] 195, 197) oder von Jod auf 250° (*Buu-Hoi, Lecocq*, C. r. **218** [1944] 648).

Krystalle; F: 91–92° [aus A.] (*Cr.*), 89° [aus PAe.] (*Buu-Hoi, Le.*). Kp_2: 205° (*Cr.*).

3-[Naphthyl-(1)-amino]-10.13-dimethyl-17-[1.5-dimethyl-hexyl]-Δ^5-tetradecahydro-1*H*-cyclopenta[*a*]phenanthren $C_{37}H_{53}N$.

3β-[Naphthyl-(1)-amino]-cholesten-(5), Cholesteryl-[naphthyl-(1)]-amin, N-(*1-naphthyl*)*cholest-5-en-3β-ylamine* $C_{37}H_{53}N$; Formel s. E III **5** 1321, Formel VI (X = NH-$C_{10}H_7$).

B. Beim Erhitzen von 3β-Chlor-cholesten-(5) mit Naphthyl-(1)-amin bis auf 200° (*Walitzky*, B. **11** [1878] 1937, 1938; *Lieb, Winkelmann, Köppl*, A. **509** [1934] 214, 223).

Krystalle; F: 203° [unkorr.; aus A. + Bzl.] (*Lieb, Wi., Kö.*), 202° (*Wa.*).

Di-[naphthyl-(1)]-amin, *di-1-naphthylamine* $C_{20}H_{15}N$, Formel I (H 1226; E I 523; E II 682).

B. Beim Erhitzen von Naphthyl-(1)-amin unter Zusatz von Naphthyl-(1)-amin-hydro= jodid oder von Ammoniumjodid bis auf 250° (*Hodgson, Marsden*, Soc. **1938** 1181).

Krystalle (aus Bzn.); F: 110° (*Ho.*, *Ma.*). UV-Spektrum ($CHCl_3$): *Dufraisse, Houpillart*, Rev. gén. Caoutchouc **16** [1939] 44, 49.

[2-Phenoxy-äthyl]-[naphthyl-(1)]-amin, *N-(2-phenoxyethyl)-1-naphthylamine* $C_{18}H_{17}NO$, Formel II (R = CH_2-CH_2-O-C_6H_5, X = H) (E II 683).

B. Beim Erhitzen von Naphthyl-(1)-amin mit [2-Chlor-äthyl]-phenyl-äther auf 140° (*Rubber Serv. Labor. Co.*, U.S.P. 1851767 [1929]).

Krystalle (aus A.); F: 102—102,6° [unkorr.].

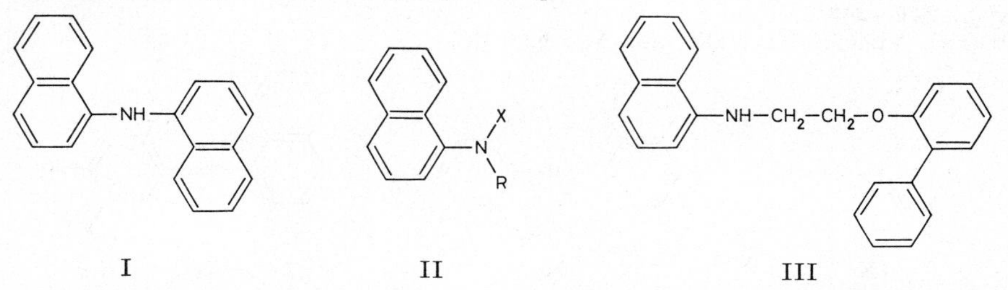

I II III

2-[Naphthyl-(1)-amino]-1-[biphenylyl-(2)-oxy]-äthan, [2-(Biphenylyl-(2)-oxy)-äthyl]-[naphthyl-(1)]-amin, *N-[2-(biphenyl-2-yloxy)ethyl]-1-naphthylamine* $C_{24}H_{21}NO$, Formel III.

B. Beim Erhitzen von Naphthyl-(1)-amin mit [2-Chlor-äthyl]-[biphenylyl-(2)]-äther bis auf 225° (*Dow Chem. Co.*, U.S.P. 2217660 [1938]).

Öl; bei 260—274°/2,5 Torr destillierbar.

2-[Naphthyl-(1)-amino]-1-[2-phenoxy-äthoxy]-äthan, [2-(2-Phenoxy-äthoxy)-äthyl]-[naphthyl-(1)]-amin, *N-[2-(2-phenoxyethoxy)ethyl]-1-naphthylamine* $C_{20}H_{21}NO_2$, Formel II (R = CH_2-CH_2-O-CH_2-CH_2-O-C_6H_5, X = H).

B. Beim Erhitzen von Naphthyl-(1)-amin mit 2-[2-Chlor-äthoxy]-1-phenoxy-äthan auf 140° (*Röhm & Haas Co.*, U.S.P. 2132674 [1936]).

Öl; bei 270—280°/6 Torr destillierbar.

2-[Äthyl-(naphthyl-(1))-amino]-äthanol-(1), *2-[ethyl(1-naphthyl)amino]ethanol* $C_{14}H_{17}NO$, Formel II (R = CH_2-CH_2OH, X = C_2H_5).

B. Beim Erhitzen von Äthyl-[naphthyl-(1)]-amin mit Äthylenoxid auf 140° (*Gen. Aniline Works*, U.S.P. 1930858 [1930]).

Kp_{10}: 187—188°.

Bis-[2-hydroxy-äthyl]-[naphthyl-(1)]-amin, *2,2'-(1-naphthylimino)diethanol* $C_{14}H_{17}NO_2$, Formel II (R = X = CH_2-CH_2OH).

B. Aus Naphthyl-(1)-amin beim Erhitzen mit 2-Chlor-äthanol-(1) und Calciumcarbonat in Wasser sowie beim Erwärmen mit Äthylenoxid (*Ross*, Soc. **1949** 183, 190).

Pikrat $C_{14}H_{17}NO_2 \cdot C_6H_3N_3O_7$. Krystalle (aus Acn.); F: 161—163° (*Ross*, l. c. S. 184).

(±)-3-Chlor-1-[naphthyl-(1)-amino]-propanol-(2), *(±)-1-chloro-3-(1-naphthylamino)propan-2-ol* $C_{13}H_{14}ClNO$, Formel II (R = CH_2-CH(OH)-CH_2Cl, X = H).

B. Aus Naphthyl-(1)-amin und (±)-Epichlorhydrin in Xylol bei Siedetemperatur (*Celanese Corp. Am.*, U.S.P. 2003386 [1929]) oder in Äthanol (*Fourneau, Tréfouel, Benoit*, Ann. Inst. Pasteur **44** [1930] 719, 723).

Krystalle [aus A.] (*Celanese Corp. Am.*).

Bis-[2-hydroxy-propyl]-[naphthyl-(1)]-amin, *1,1'-(1-naphthylimino)dipropan-2-ol* $C_{16}H_{21}NO_2$, Formel II (R = X = CH_2-CH(OH)-CH_3).

Eine opt.-inakt. Verbindung (Krystalle [aus Bzl.]; F: 134—136°) dieser Konstitution ist beim Erhitzen von Naphthyl-(1)-amin mit (±)-Propylenoxid auf 150° erhalten worden (*Everett, Ross*, Soc. **1949** 1972, 1975, 1981).

(±)-3-[Naphthyl-(1)-amino]-propandiol-(1.2), *(±)-3-(1-naphthylamino)propane-1,2-diol* $C_{13}H_{15}NO_2$, Formel II (R = CH_2-CH(OH)-CH_2OH, X = H).

B. Beim Erhitzen von Naphthyl-(1)-amin mit (±)-3-Chlor-propandiol-(1.2) in Wasser auf 150° (*Chem. Fabr. Sandoz*, Schweiz.P. 177581 [1934]).

Krystalle (aus A., Bzl. oder Toluol); F: 103°.

[Naphthyl-(1)]-[bornyliden-(2)]-amin, Bornanon-(2)-[naphthyl-(1)-imin], Campher-[naphthyl-(1)-imin], N-*(2-bornylidene)-1-naphthylamine* $C_{20}H_{23}N$.

Bornanon-(2)-[naphthyl-(1)-imin] vom F: 99°, wahrscheinlich **(1*R*)-Bornanon-(2)-[naphthyl-(1)-imin]**, Formel IV.

B. Beim Erhitzen von Naphthyl-(1)-amin mit (1*R*?)-Campher unter Zusatz von Jod oder Zinkchlorid (*Wingfoot Corp.*, U.S.P. 2211629 [1936]).

Krystalle (aus A.); F: 99°.

[Naphthyl-(1)]-benzyliden-amin, Benzaldehyd-[naphthyl-(1)-imin], N-*benzylidene-1-naphthylamine* $C_{17}H_{13}N$, Formel V (R = C_6H_5) (H 1227; E I 532; E II 683).

Krystalle (aus A.); F: 72° (*Ludwig, Tache*, Bulet. **39** [1937/38] 87, 92).

Beim Behandeln mit *tert*-Pentylhypochlorit in Tetrachlormethan sind 4-Chlor-naphthyl-(1)-amin, Naphthyl-(1)-amin und 2-Chlor-naphthyl-(1)-amin erhalten worden (*Fusco, Musante*, G. **66** [1936] 258, 262).

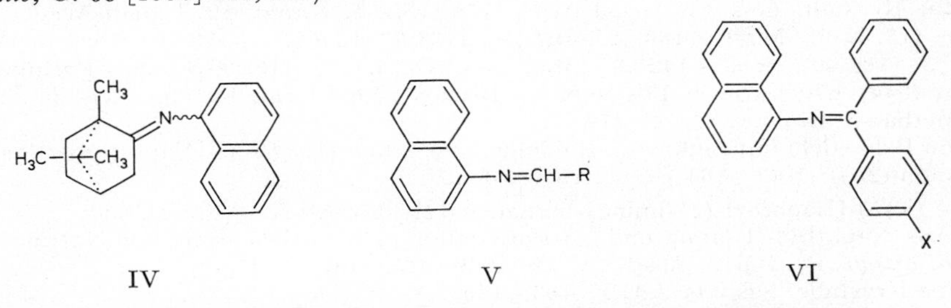

IV V VI

[Naphthyl-(1)]-benzhydryliden-amin, Benzophenon-[naphthyl-(1)-imin], N-*benzhydrylidene-1-naphthylamine* $C_{23}H_{17}N$, Formel VI (X = H) (H 1228; E I 523).

B. Beim Erhitzen von Naphthyl-(1)-amin mit Natrium und wenig Kupfer(I)-oxid unter Wasserstoff auf 210° und Erhitzen des Reaktionsgemisches mit Benzophenon bis auf 150° (*Dow Chem. Co.*, U.S.P. 1938890 [1932]). Aus Naphthyl-(1)-amin und Benzophenon-imin (*Cantarel*, C. r. **210** [1940] 403).

Gelbe Krystalle (aus A.); F: 137,5° (*Ca.*), 135—136° (*Dow Chem. Co.*).

[Naphthyl-(1)]-[4-chlor-benzhydryliden]-amin, 4-Chlor-benzophenon-[naphthyl-(1)-imin], N-*(4-chlorobenzhydrylidene)-1-naphthylamine* $C_{23}H_{16}ClN$, Formel VI (X = Cl).

B. Aus Naphthyl-(1)-amin und 4-Chlor-benzophenon analog Benzophenon-[naphthyl-(1)-imin] [s. o.] (*Dow Chem. Co.*, U.S.P. 1938890 [1932]).

Gelbe Krystalle (aus A.); F: 159—160°.

Butandion-bis-[naphthyl-(1)-imin], N,N'-*(dimethylethanediylidene)bis-1-naphthylamine* $C_{24}H_{20}N_2$, Formel VII.

B. Aus Naphthyl-(1)-amin und Butandion in Äthanol (*Erlenmeyer, Lehr*, Helv. **29** [1946] 69).

Hellgelbe Krystalle (aus A.); F: 154—155°.

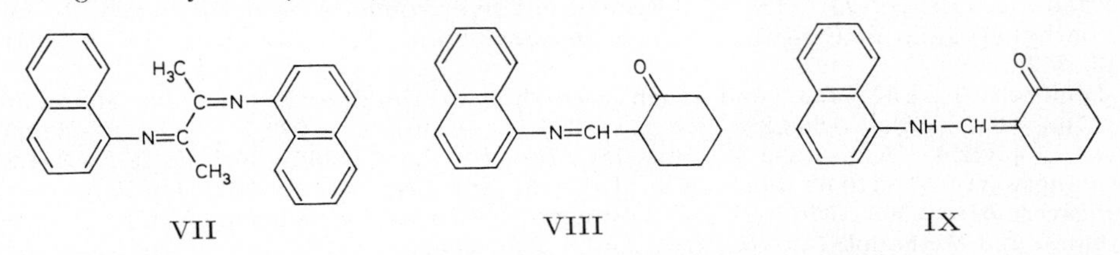

VII VIII IX

(±)-1-[Naphthyl-(1)-imino]-2-methyl-butanon-(3), (±)-*3-methyl-4-(1-naphthylimino)butan-2-one* $C_{15}H_{15}NO$, Formel V (R = $CH(CH_3)$-CO-CH_3), und **1-[Naphthyl-(1)-amino]-2-methyl-buten-(1)-on-(3),** *3-methyl-4-(1-naphthylamino)but-3-en-2-one* $C_{15}H_{15}NO$, Formel II (R = CH=C(CH_3)-CO-CH_3, X = H).

Gelbe Krystalle (aus A.); F: 110—111° [korr.] (*Petrow*, Soc. **1942** 693, 695).

Beim Erhitzen mit Naphthyl-(1)-amin-hydrochlorid und Zinkchlorid in Äthanol ist 2.3-Dimethyl-benzo[*h*]chinolin erhalten worden.

(±)-1-[*N*-(Naphthyl-(1))-formimidoyl]-cyclohexanon-(2), (±)-*2-[N-(1-naphthyl)form=imidoyl]cyclohexanone* $C_{17}H_{17}NO$, Formel VIII, und **1-[(Naphthyl-(1)-amino)-methylen]-cyclohexanon-(2),** *2-[(1-naphthylamino)methylene]cyclohexanone* $C_{17}H_{17}NO$, Formel IX.

B. Aus Naphthyl-(1)-amin und 2-Oxo-cyclohexan-carbaldehyd-(1) (1-Hydroxymeth=ylen-cyclohexanon-(2)) in Äthanol (*Hall, Walker,* Soc. [C] **1968** 2237, 2241).

Orangefarbene Krystalle (aus A.); F: 119—120° (*Hall, Wa.*), 118—119° [korr.] (*Petrow,* Soc. **1942** 693, 695). UV-Absorptionsmaxima (A.): 245 mμ, 283 mμ und 379 mμ (*Hall, Wa.*).

Beim Erhitzen mit Naphthyl-(1)-amin-hydrochlorid und Zinkchlorid in Äthanol ist 8.9.10.11-Tetrahydro-benz[*c*]acridin erhalten worden (*Pe.*).

3-[Naphthyl-(1)-imino]-bornanon-(2), *3-(1-naphthylimino)bornan-2-one* $C_{20}H_{21}NO$.

a) **(1*R*)-3-[Naphthyl-(1)-imino]-bornanon-(2),** 3-[Naphthyl-(1)-imino]-cam=pher, Formel X (E I 523; E II 683; dort als 3-α-Naphthylimino-*d*-campher bezeichnet).

Gelbe Krystalle (aus wss. A.); F: 154—155° (*Singh, Kapur,* Pr. Indian Acad. [A] **29** [1949] 413, 418). $[M]_D^{32}$: +1893,2° [Bzl.], +1731,3° [$CHCl_3$], +1734,9° [Py.], +1862,4° [Acn.], +1615,0° [A.], +1425,9° [Me.] (*Si., Ka.,* l. c. S. 416). Optisches Drehungsvermögen (546—670 mμ) von Lösungen in Benzol, Chloroform, Pyridin, Aceton, Äthanol und Methanol: *Si., Ka.,* l. c. S. 419.

Beim Behandeln mit Zink, wss. Kalilauge und Äther ist (1*R*)-3ξ-[Naphthyl-(1)-amino]-bornanon-(2) (F: 163—164°) erhalten worden.

b) **(±)-3-[Naphthyl-(1)-imino]-bornanon-(2),** Formel X + Spiegelbild.

B. Aus Naphthyl-(1)-amin und (±)-Bornandion-(2.3) in Gegenwart von Natriumsulfat (*Singh, Kapur,* Pr. Indian Acad. [A] **29** [1949] 413, 418).

Gelbe Krystalle (aus wss. A.); F: 143—145°.

Beim Behandeln mit Zink, wss. Kalilauge und Äther ist 3-[Naphthyl-(1)-amino]-bornanon-(2) (F: 152—153°) erhalten worden.

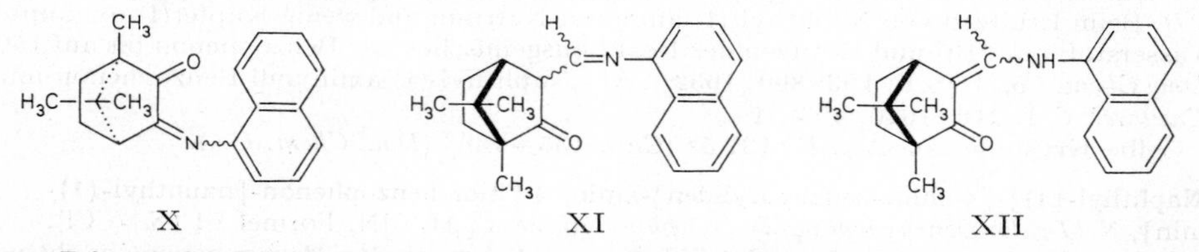

4.7.7-Trimethyl-2-[*N*-(naphthyl-(1))-formimidoyl]-norbornanon-(3), *3-[N-(1-naphthyl)=formimidoyl]bornan-2-one* $C_{21}H_{23}NO$ und **4.7.7-Trimethyl-2-[(naphthyl-(1)-amino)-methylen]-norbornanon-(3),** 3-[(Naphthyl-(1)-amino)-methylen]-campher, *3-[(1-naphthylamino)methylene]bornan-2-one* $C_{21}H_{23}NO$.

a) **(1*R*)-4.7.7-Trimethyl-2ξ-[*N*-(naphthyl-(1))-formimidoyl]-norbornanon-(3),** Formel XI, und **(1*S*)-4.7.7-Trimethyl-2-[(naphthyl-(1)-amino)-methylen-(ξ)]-nor=bornanon-(3),** Formel XII.

B. Beim Behandeln einer methanol. Lösung von (1*R*)-3-Oxo-4.7.7-trimethyl-nor=bornan-carbaldehyd-(2ξ) ((1*S*)-4.7.7-Trimethyl-2-hydroxymethylen-norbornanon-(3)) mit Naphthyl-(1)-amin in Essigsäure (*Singh, Bhaduri, Barat,* J. Indian chem. Soc. **8** [1931] 345, 352).

Dimorph; F: 152—154° und (nach wiederholtem Umkrystallisieren aus Methanol) F: 76—78°. $[\alpha]_D^{35}$: +288,2° [Bzl.], +307,1° [$CHCl_3$], +299,7° [Py.], +322,5° [Acn.], +322,8° [A.], +332,5° [Me.] (*Si., Bh., Ba.,* l. c. S. 362—365). $[\alpha]_{546}^{35}$: +361,8° (Anfangswert) → +340,6° (nach 24 h) [Bzl.] (*Si., Bh., Ba.,* l. c. S. 363). Optisches Drehungsvermögen (508—670 mμ) von Lösungen in Benzol, Chloroform, Pyridin, Aceton, Äthanol und Methanol: *Si., Bh., Ba.,* l. c. S. 362—365.

b) **(1*S*)-4.7.7-Trimethyl-2ξ-[*N*-(naphthyl-(1))-formimidoyl]-norbornanon-(3),** Formel XIII, und **(1*R*)-4.7.7-Trimethyl-2-[(naphthyl-(1)-amino)-methylen-(ξ)]-nor=bornanon-(3),** Formel XIV.

B. Beim Behandeln einer methanol. Lösung von (1*S*)-3-Oxo-4.7.7-trimethyl-nor=bornan-carbaldehyd-(2ξ) ((1*R*)-4.7.7-Trimethyl-2-hydroxymethylen-norbornanon-(3)) mit Naphthyl-(1)-amin in Essigsäure (*Singh, Bhaduri, Barat,* J. Indian chem. Soc. **8** [1931] 345, 353).

Dimorph; F: 151—153° und (nach wiederholtem Umkrystallisieren aus Methanol) F: 76—78°. $[\alpha]_D^{35}$: —288,5° [Bzl.], —308,4° [$CHCl_3$], —299,6° [Py.], —321,5° [Acn.], —322,5° [A.], —331,2° [Me.] (*Si.*, *Bh.*, *Ba.*, l. c. S. 363—365). Optisches Drehungsvermögen (508—670 mμ) von Lösungen in Benzol, Chloroform, Pyridin, Aceton, Äthanol und Methanol: *Si.*, *Bh.*, *Ba.*, l. c. S. 362—365.

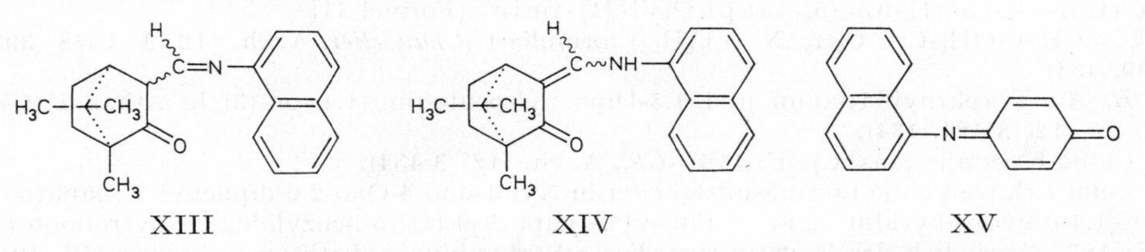

XIII XIV XV

c) **Opt.-inakt. 4.7.7-Trimethyl-2-[*N*-(naphthyl-(1))-formimidoyl]-norbornanon-(3)**, Formel XI + XIII, und **(±)-4.7.7-Trimethyl-2-[(naphthyl-(1)-amino)-methylen]-norbornanon-(3)**, Formel XII + XIV.

B. Beim Behandeln einer methanol. Lösung von opt.-inakt. 3-Oxo-4.7.7-trimethyl-norbornan-carbaldehyd-(2) ((±)-4.7.7-Trimethyl-2-hydroxymethylen-norbornanon-(3)) mit Naphthyl-(1)-amin in Essigsäure (*Singh*, *Bhaduri*, *Barat*, J. Indian chem. Soc. **8** [1931] 345, 353).

Dimorph; F: 140—142° und (nach wiederholtem Umkrystallisieren aus Methanol) F: 88—90°.

Benzochinon-(1.4)-mono-[naphthyl-(1)-imin], *4-(1-naphthylimino)cyclohexa-2,5-dien-1-one* $C_{16}H_{11}NO$, Formel XV.

B. Aus 4-[Naphthyl-(1)-amino]-phenol beim Erwärmen mit Quecksilber(II)-oxid in Benzol (*Fieser*, *Thompson*, Am. Soc. **61** [1939] 376, 380).

Rote Krystalle (aus A.); F: 138°. Redoxpotential: *Fie.*, *Th.*, l. c. S. 379.

Benzochinon-(1.4)-[naphthyl-(1)-imin]-oxim, *4-(1-naphthylimino)cyclohexa-2,5-dien-1-one oxime* $C_{16}H_{12}N_2O$, Formel I, und **[4-Nitroso-phenyl]-[naphthyl-(1)]-amin**, N-(p-*nitrosophenyl)-1-naphthylamine* $C_{16}H_{12}N_2O$, Formel II.

B. Aus Phenyl-[naphthyl-(1)]-amin beim Behandeln mit Chlorwasserstoff enthaltendem Methanol und mit Natriumnitrit (*Imp. Chem. Ind.*, U.S.P. 2046356 [1934]).

Gelbgrüne Krystalle.

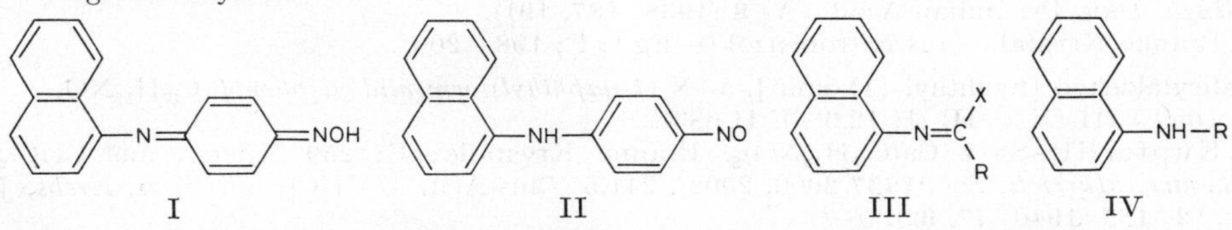

I II III IV

(±)-3-[Naphthyl-(1)-imino]-2-phenyl-propionaldehyd, *(±)-3-(1-naphthylimino)-2-phenylpropionaldehyde* $C_{19}H_{15}NO$, Formel III (R = $CH(C_6H_5)$-CHO, X = H), und **3-[Naphthyl-(1)-amino]-2-phenyl-acrylaldehyd**, *3-(1-naphthylamino)-2-phenylacrylaldehyde* $C_{19}H_{15}NO$, Formel IV (R = $CH=C(C_6H_5)$-CHO).

B. Neben Phenylmalonaldehyd-bis-[naphthyl-(1)-imin] beim Behandeln von Phenylmalonaldehyd mit Naphthyl-(1)-amin (1 Mol) in Äthanol (*Keller*, Helv. **20** [1937] 436, 442).

Gelbe Krystalle (aus A.); F: 82°.

Ein Semicarbazon ist nicht erhalten worden.

Phenylmalonaldehyd-bis-[naphthyl-(1)-imin], N,N'-*(2-phenylpropanediylidene)bis-1-naphthylamine* $C_{29}H_{22}N_2$, Formel V, und **3-[Naphthyl-(1)-amino]-2-phenyl-acrylaldehyd-[naphthyl-(1)-imin]**, N,N'-*(2-phenylpropen-1-yl-3-ylidene)bis-1-naphthylamine* $C_{29}H_{22}N_2$, Formel VI.

B. Beim Behandeln von Phenylmalonaldehyd mit Naphthyl-(1)-amin (2 Mol) in Äthanol (*Keller*, Helv. **20** [1937] 436, 442). Beim Behandeln von 3-Benzoyloxy-2-phenyl-acrylaldehyd (E III **9** 742) mit Naphthyl-(1)-amin in Äthanol (*Ke.*, l. c. S. 443).

Orangefarbene Krystalle (aus Bzl. + PAe.); F: 233°.

5-[Naphthyl-(1)-imino]-1.5-diphenyl-pentin-(1)-on-(3), *5-(1-naphthylimino)-1,5-diphenylpent-1-yn-3-one* $C_{27}H_{19}NO$, Formel III (R = CH_2-CO-C≡C-C_6H_5, X = C_6H_5), und **5-[Naphthyl-(1)-amino]-1.5-diphenyl-penten-(4)-in-(1)-on-(3),** *1-(1-naphthylamino)-1,5-diphenylpent-1-en-4-yn-3-one* $C_{27}H_{19}NO$, Formel IV (R = C(C_6H_5)=CH-CO-C≡C-C_6H_5).

Die nachstehend beschriebene Verbindung wird als 3-Hydroxy-1.5-diphenyl-penten-(3)-in-(1)-on-(5)-[naphthyl-(1)-imin] (Formel III [R = CH=C(OH)-C≡C-C_6H_5, X = C_6H_5]) formuliert (*Chauvelier*, A. ch. [12] **3** [1948] 393, 399, 434).

B. Aus Naphthyl-(1)-amin und 1.5-Diphenyl-pentadiin-(1.4)-on-(3) in Äthanol (*Ch.*, A. ch. [12] **3** 424, 434).

Gelbe Krystalle (aus A.); F: 116° (*Ch.*, A. ch. [12] **3** 434).

Beim Erhitzen ohne Lösungsmittel oder in Xylol sind 4-Oxo-2.6-diphenyl-1-[naphthyl-(1)]-1.4-dihydro-pyridin und 2-Phenyl-1-[naphthyl-(1)]-5-benzyliden-Δ^2-pyrrolinon-(4) (F: 187°; bezüglich der Konstitution dieser Verbindung s. *Lefèbvre-Soubeyran*, Bl. **1966** 1242, 1243, 1266, 1267, 1271; *Chauvelier*, Bl. **1966** 1721) erhalten worden (*Ch.*, A. ch. [12] **3** 429, 430, 434). Bildung von 4-Oxo-2.6-diphenyl-4*H*-pyran und Naphthyl-(1)-amin beim Erhitzen mit wss. Salzsäure oder wss. Schwefelsäure: *Ch.*, A. ch. [12] **3** 425, 426, 434.

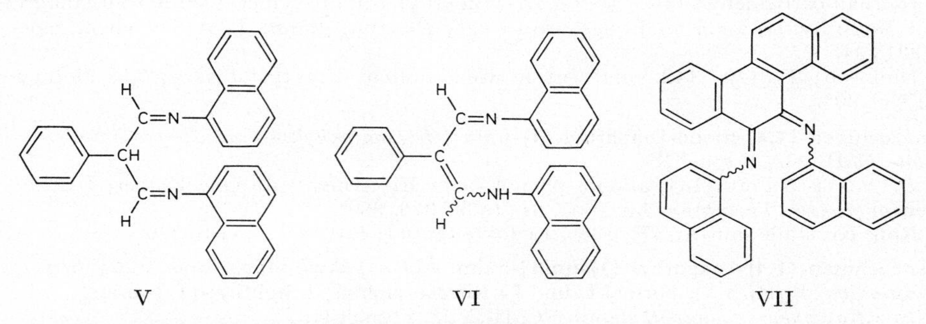

V VI VII

Chrysen-chinon-(5.6)-bis-[naphthyl-(1)-imin], N,N'-*(chrysene-5,6-diylidene)bis-1-naphthylamine* $C_{38}H_{24}N_2$, Formel VII.

B. Beim Erhitzen von Naphthyl-(1)-amin mit Chrysen-chinon-(5.6) in Essigsäure (*Singh*, *Dutt*, Pr. Indian Acad. [A] **8** [1938] 187, 191).

Braune Krystalle (aus Nitrobenzol + Eg.); F: 198—200°.

Salicylaldehyd-[naphthyl-(1)-imin], o-[N-*(1-naphthyl)formimidoyl*]*phenol* $C_{17}H_{13}NO$, Formel VIII (X = H) (H 1229; E II 683).

Kupfer(II)-Salz Cu($C_{17}H_{12}NO$)$_2$. Braune Krystalle; F: 259° [Zers.; aus $CHCl_3$] (*Hunter*, *Marriott*, Soc. **1937** 2000, 2002), 241,5° [aus Acn. + $CHCl_3$] (*Pfeiffer*, *Krebs*, J. pr. [2] **155** [1940] 77, 92).

Nickel(II)-Salz Ni($C_{17}H_{12}NO$)$_2$. Grüne Krystalle (aus $CHCl_3$ + Ae.); F: 311° [Zers.] (*Hu.*, *Ma.*, l. c. S. 2002). Absorptionsspektrum (A.; 250—700 mμ): *v. Kiss*, *Szabó*, Z. anorg. Ch. **252** [1943] 172, 176.

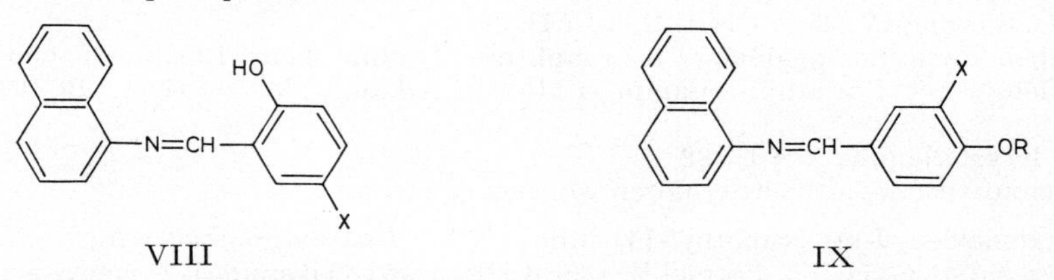

VIII IX

5-Brom-2-hydroxy-benzaldehyd-[naphthyl-(1)-imin], *4-bromo-2-*[N-*(1-naphthyl)formimidoyl*]*phenol* $C_{17}H_{12}BrNO$, Formel VIII (X = Br).

B. Aus Naphthyl-(1)-amin und 5-Brom-2-hydroxy-benzaldehyd in Äthanol (*Brewster*, *Millam*, Am. Soc. **55** [1933] 763, 765).

Gelbliche Krystalle (aus A.); F: 109,5° [korr.]. Die Krystalle färben sich bei kurzem Belichten oder Erhitzen reversibel dunkel.

[Naphthyl-(1)]-[4-methoxy-benzyliden]-amin, 4-Methoxy-benzaldehyd-[naphthyl-(1)-imin], N-(*4-methoxybenzylidene*)-*1-naphthylamine* $C_{18}H_{15}NO$, Formel IX (R = CH_3, X = H) (H 1229; E I 524).

B. Aus 4-Hydroxy-benzaldehyd-[naphthyl-(1)-imin] und Diazomethan in Äther (*Schönberg, Mustafa, Hilmy*, Soc. **1947** 1045, 1046).

Überführung in [4-Methoxy-benzyl]-[naphthyl-(1)]-amin durch Behandlung mit Magnesium und Methanol: *Zechmeister, Truka*, B. **63** [1930] 2883. Bei kurzem Erwärmen mit Maleinsäure-anhydrid in wasserhaltigem Benzol ist *N*-[Naphthyl-(1)]-maleinamid=säure erhalten worden (*La Parola*, G. **64** [1934] 919, 921, 928).

2-Hydroxy-naphthaldehyd-(1)-[naphthyl-(1)-imin], *1*-[N-(*1-naphthyl*)*formimidoyl*]-*2-naphthol* $C_{21}H_{15}NO$, Formel X (R = X = H) (H 1229; E I 524).

Kupfer(II)-Salz $Cu(C_{21}H_{14}NO)_2$. Braunschwarze Krystalle (aus Acn.); F: 269—270° (*Pfeiffer, Krebs*, J. pr. [2] **155** [1940] 77, 108).

[Naphthyl-(1)]-[(2-methoxy-naphthyl-(1))-methylen]-amin, 2-Methoxy-naphthal=dehyd-(1)-[naphthyl-(1)-imin], N-[(*2-methoxy-1-naphthyl*)*methylene*]-*1-naphthylamine* $C_{22}H_{17}NO$, Formel X (R = CH_3, X = H).

B. Aus Naphthyl-(1)-amin und 2-Methoxy-naphthaldehyd-(1) in Äthanol (*Schönberg, Mustafa, Hilmy*, Soc. **1947** 1045, 1047). Beim Behandeln von 2-Hydroxy-naphthaldehyd-(1)-[naphthyl-(1)-imin] mit Dimethylsulfat und methanol. Kalilauge (*Sch., Mu., Hi.*).

Braungelbe Krystalle (aus Bzl. oder A.); F: 143—144° [rote Schmelze].

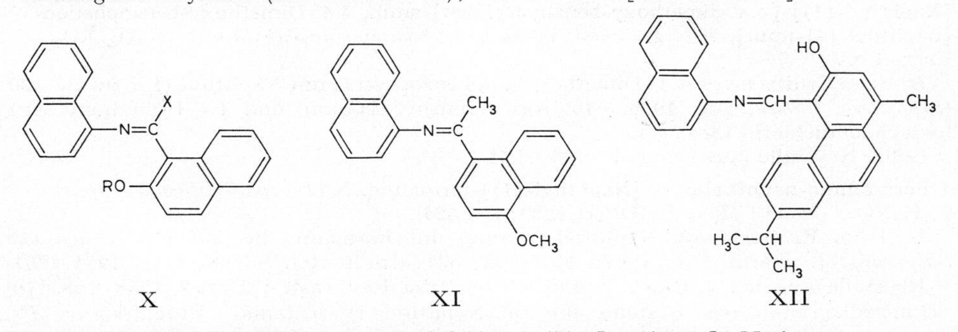

X XI XII

[Naphthyl-(1)]-[1-(4-methoxy-naphthyl-(1))-äthyliden]-amin, 1-[4-Methoxy-naphthyl-(1)]-äthanon-(1)-[naphthyl-(1)-imin], N-[*1*-(*4-methoxy-1-naphthyl*)*ethylidene*]-*1-naphthylamine* $C_{23}H_{19}NO$, Formel XI.

B. Beim Erhitzen von Naphthyl-(1)-amin mit 1-[4-Methoxy-naphthyl-(1)]-äthanon-(1) unter Zusatz von wss. Salzsäure auf 180° (*Perlstein*, Jb. phil. Fak. II Univ. Bern **5** [1925] 1, 3).

Krystalle (aus A.); F: 111°.

3-Hydroxy-1-methyl-7-isopropyl-phenanthren-carbaldehyd-(4)-[naphthyl-(1)-imin], *7-isopropyl-1-methyl-4-*[N-(*1-naphthyl*)*formimidoyl*]-*3-phenanthrol* $C_{29}H_{25}NO$, Formel XII.

B. Aus 3-Hydroxy-1-methyl-7-isopropyl-phenanthren-carbaldehyd-(4) (E III **8** 1592) und Naphthyl-(1)-amin in Äthanol (*Karrman*, Svensk kem. Tidskr. **58** [1946] 293, 298).

Gelbbraune Krystalle (aus Propanol-(1) + Bzl.); F: 159,5—160°.

Phenyl-[2-hydroxy-naphthyl-(1)]-keton-[naphthyl-(1)-imin], *1*-[N-(*1-naphthyl*)*benzimid=oyl*]-*2-naphthol* $C_{27}H_{19}NO$, Formel X (R = H, X = C_6H_5).

Eine von *Chauvelier* (A. ch. [12] **3** [1948] 393, 434) unter dieser Konstitution beschriebene Verbindung vom F: 187° ist als 2-Phenyl-1-[naphthyl-(1)]-5-benzyliden-Δ^2-pyrrolinon-(4) zu formulieren (s. diesbezüglich *Lefèbvre-Soubeyran*, Bl. **1966** 1242, 1266; *Chauvelier*, Bl. **1966** 1721).

Vanillin-[naphthyl-(1)-imin], *2-methoxy-4-*[N-(*1-naphthyl*)*formimidoyl*]*phenol* $C_{18}H_{15}NO_2$, Formel IX (R = H, X = OCH_3) (E I 524).

B. Aus Naphthyl-(1)-amin und Vanillin in Äthanol (*Ritter*, Am. Soc. **69** [1947] 46, 47).

Gelbliche Krystalle (aus Bzl. + PAe.); F: 107—108° [unkorr.]. Oxydationspotential: *Ri.*, l. c. S. 48.

2-Hydroxy-naphthochinon-(1.4)-4-[naphthyl-(1)-imin], *2-hydroxy-4-(1-naphthyl-imino)naphthalen-1*(4H)*-one* $C_{20}H_{13}NO_2$, Formel XIII, und **4-[Naphthyl-(1)-amino]-naphthochinon-(1.2),** *4-(1-naphthylamino)-1,2-naphthoquinone* $C_{20}H_{13}NO_2$, Formel XIV.

B. Bei kurzem Erhitzen von Naphthyl-(1)-amin mit Natrium-[1.2-dioxo-1.2-dihydro-naphthalin-sulfonat-(4)] in wss.-äthanol. Natronlauge (*Rubzow*, Ž. obšč. Chim. **16** [1946] 221, 230; C. A. **1947** 431; s. a. *Vonesch, Velasco*, Arch. Farm. Bioquim. Tucumán **1** [1944] 241, 242).

Rote Krystalle; F: 234–235° (*Ru.*), 231–234° [aus $CHCl_3$] (*Kawabata, Tanimoto, Oda*, J. chem. Soc. Japan Ind. Chem. Sect. **67** [1964] 1151; C. A. **61** [1964] 14597).

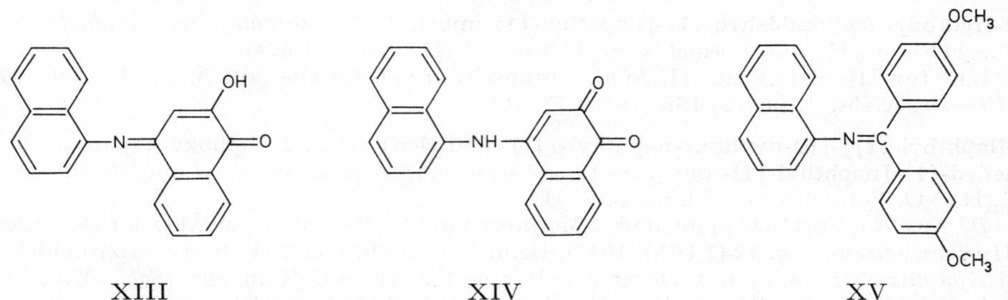

XIII XIV XV

[Naphthyl-(1)]-[4.4'-dimethoxy-benzhydryliden]-amin, 4.4'-Dimethoxy-benzophenon-[naphthyl-(1)-imin], N-*(4,4'-dimethoxybenzhydrylidene)-1-naphthylamine* $C_{25}H_{21}NO_2$, Formel XV.

B. Beim Erhitzen von 4.4'-Dimethoxy-thiobenzophenon mit Naphthyl-(1)-azid auf 120° (*Schönberg, Urban*, Soc. **1935** 530). Aus Naphthyl-(1)-amin und 4.4'-Dimethoxy-benzhydrylidendichlorid (*Sch., Ur.*).

Gelbe Krystalle (aus PAe.); F: 133–134°. [*Otto*]

1-Formamino-naphthalin, *N*-[Naphthyl-(1)]-formamid, N-*(1-naphthyl)formamide* $C_{11}H_9NO$, Formel I (R = CHO) (H 1229; E I 524).

B. Beim Erhitzen von Naphthyl-(1)-amin mit Formamid bis auf 160° (*Sugasawa, Shigehara*, J. pharm. Soc. Japan **62** [1942] 531; dtsch. Ref. S. 168; C. A. **1951** 2861).

Krystalle (aus Bzl. + PAe.); F: 139° (*Pregnolatto*, Rev. Inst. A. Lutz **8** [1948] 168, 170). Schmelzdiagramm des Systems mit *N*-[Naphthyl-(1)]-acetamid (Eutektikum): *Pr.*, l. c. S. 178.

Beim Erwärmen mit Brenztraubensäure in Äthanol ist 2-Methyl-benzo[*h*]chinolin-carbonsäure-(4) erhalten worden (*Silberg*, Bl. [5] **3** [1936] 1767, 1774).

***N.N'*-Di-[naphthyl-(1)]-formamidin,** N,N'*-di(1-naphthyl)formamidine* $C_{21}H_{16}N_2$, Formel II (H 1230).

B. Beim Erhitzen von Naphthyl-(1)-amin mit Ameisensäure in Anilin (*Goodyear Tire & Rubber Co.*, U.S.P. 1818942 [1928]).

1-Acetamino-naphthalin, *N*-[Naphthyl-(1)]-acetamid, N-*(1-naphthyl)acetamide* $C_{12}H_{11}NO$, Formel I (R = CO-CH_3) (H 1230; E I 524; E II 684).

B. Aus Naphthyl-(1)-amin beim Erwärmen mit Acetylchlorid und Pyridin in Toluol (*Olson, Feldman*, Am. Soc. **59** [1937] 2003), beim Behandeln mit Essigsäure-isopropenylester unter Zusatz von Schwefelsäure (*Eastman Kodak Co.*, U.S.P. 2472633 [1945]) oder beim Erhitzen mit dem Acetamid-Borfluorid-Addukt (*Sowa, Nieuwland*, Am. Soc. **59** [1937] 1202). Aus 1-[Naphthyl-(1)]-äthanon-(1) beim Erwärmen mit Natriumazid in Trichloressigsäure (*Smith*, Am. Soc. **70** [1948] 320, 322).

Krystalle; F: 161° (*L.* u. *A. Kofler*, Thermo-Mikro-Methoden, 3. Aufl. [Weinheim 1954] S. 507), 159,7° [aus A.] (*Pregnolatto*, Rev. Inst. A. Lutz **8** [1948] 168, 174). Magnetische Susceptibilität: *Pacault*, A. ch. [12] **1** [1946] 527, 551. In 100 g Äthanol lösen sich bei 20° 4,705 g (*Fierz-David, Sponagel*, Helv. **26** [1943] 98, 107). Schmelzdiagramm des Systems mit *N*-[Naphthyl-(1)]-formamid (Eutektikum): *Pr.*, l. c. S. 178.

Beim Erwärmen mit Acetylchlorid und Aluminiumchlorid in Schwefelkohlenstoff und Erhitzen des Reaktionsprodukts mit wss. Salzsäure sind 1-[4-Amino-naphthyl-(1)]-äthanon-(1) und geringere Mengen 1-[5-Amino-naphthyl-(1)]-äthanon-(1) erhalten worden (*Leonard, Hyson*, Am. Soc. **71** [1949] 1392).

Natrium-Salz $NaC_{12}H_{10}NO$. Krystalle; Zers. bei ca. 280° (*Shah, Pishavikar*, J. Univ. Bombay **1**, Tl. 2 [1932] 31, 36).

Kalium-Salz $KC_{12}H_{10}NO$. Krystalle; Zers. bei ca. 280° (*Shah, Pi.*, l. c. S. 34).

***C*-Chlor-*N*-[naphthyl-(1)]-acetamid,** *2-chloro-*N*-(1-naphthyl)acetamide* $C_{12}H_{10}ClNO$, Formel I (R = $CO\text{-}CH_2Cl$) (H 1231).

Beim Behandeln mit Phosphor(V)-chlorid in Benzol und anschliessenden Erwärmen mit Stickstoffwasserstoffsäure ist 5-Chlormethyl-1-[naphthyl-(1)]-1*H*-tetrazol erhalten worden (*Bilhuber Inc.*, U.S.P. 2470084 [1945]; *Harvill, Herbst, Schreiner*, J. org. Chem. **17** [1952] 1597, 1605).

1-Thioacetamino-naphthalin, *N*-[Naphthyl-(1)]-thioacetamid, N-*(1-naphthyl)thioacetamide* $C_{12}H_{11}NS$, Formel I (R = $CS\text{-}CH_3$) (H 1231; E II 684).

B. Aus *N*-[Naphthyl-(1)]-acetamid beim Erwärmen mit Phosphor(V)-sulfid in Pyridin (*Chromogen Inc.*, U.S.P. 2313993 [1940]) oder in Benzol unter Zusatz von Magnesium= oxid (*I. G. Farbenind.*, D.R.P. 741109 [1941]; D.R.P. Org. Chem. **6** 2116; vgl. H 1231).

Assoziation in Naphthalin (kryoskopisch ermittelt): *Hopkins, Hunter*, Soc. **1942** 638, 641.

***N*-Methyl-*N*-[naphthyl-(1)]-acetamid,** N-*methyl-*N*-(1-naphthyl)acetamide* $C_{13}H_{13}NO$, Formel III (R = CH_3) (H 1231).

B. Aus *N*-[Naphthyl-(1)]-acetamid beim Erhitzen mit Natriumhydrid in Xylol und anschliessend mit Methyljodid (*Fones*, J. org. Chem. **14** [1949] 1099, 1100, 1101).

Krystalle (aus Bzn.); F: 95—97°.

***N*-[2.4.5-Trimethyl-phenyl]-*N*-[naphthyl-(1)]-acetamid,** *2',4',5'-trimethyl-*N*-(1-naphthyl)= acetanilide* $C_{21}H_{21}NO$, Formel IV.

B. Aus [2.4.5-Trimethyl-phenyl]-[naphthyl-(1)]-amin (*Buu-Hoi, Lecocq*, C. r. **218** [1944] 648).

Krystalle (aus Eg.); F: 137°.

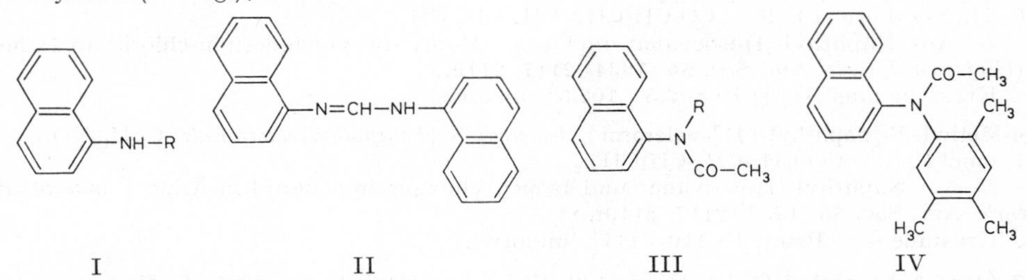

I II III IV

***N.N*-Di-[naphthyl-(1)]-acetamid,** N,N-*di(1-naphthyl)acetamide* $C_{22}H_{17}NO$, Formel V auf S. 2869 (H 1232).

B. Aus Di-[naphthyl-(1)]-amin und Acetanhydrid (*Lieber, Somasekhara*, J. org. Chem. **24** [1959] 1775).

Krystalle (aus A.); F: 101—103° [unkorr.] (*Lie., So.*; s. dagegen H 1232).

1-Diacetylamino-naphthalin, *N*-[Naphthyl-(1)]-diacetamid, N-*(1-naphthyl)diacetamide* $C_{14}H_{13}NO_2$, Formel III (R = $CO\text{-}CH_3$) (H 1232).

Beim Behandeln einer Lösung in Methanol oder Propanol-(1) mit Diazomethan in Äther ist *N*-[Naphthyl-(1)]-acetamid erhalten worden (*Schönberg, Mustafa*, Soc. **1948** 605).

1-Propionylamino-naphthalin, *N*-[Naphthyl-(1)]-propionamid, N-*(1-naphthyl)propion= amide* $C_{13}H_{13}NO$, Formel I (R = $CO\text{-}CH_2\text{-}CH_3$) (H 1232; E II 684).

B. Aus Naphthyl-(1)-amin und Propionsäure-anhydrid in Benzol (*Gerzenstein de Mittelman*, An. Asoc. quim. arg. **32** [1944] 84, 86).

Krystalle (aus wss. A.); F: 129—130°.

(±)-2-Methyl-*N*-[naphthyl-(1)]-butyramid, *(±)-2-methyl-*N*-(1-naphthyl)butyramide* $C_{15}H_{17}NO$, Formel I (R = $CO\text{-}CH(CH_3)\text{-}CH_2\text{-}CH_3$).

B. Aus Naphthyl-(1)-isocyanat und (±)-*sec*-Butylmagnesiumchlorid in Äther (*Underwood, Gale*, Am. Soc. **56** [1934] 2117, 2119).

Krystalle (aus Bzn.); F: 128—129° [unkorr.].

1-Isovalerylamino-naphthalin, *N*-[Naphthyl-(1)]-isovaleramid, N-(*1-naphthyl*)*isovaleramide* $C_{15}H_{17}NO$, Formel I (R = $CO-CH_2-CH(CH_3)_2$ (H 1232).

B. Aus Naphthyl-(1)-isocyanat und Isobutylmagnesiumchlorid in Äther (*Underwood, Gale*, Am. Soc. **56** [1934] 2117, 2119).

Krystalle (aus Bzn.); F: 125—126° [unkorr.].

(±)-α-Brom-*N*-[naphthyl-(1)]-isovaleramid, (±)-*2-bromo-3-methyl*-N-(*1-naphthyl*)*butyramide* $C_{15}H_{16}BrNO$, Formel I (R = $CO-CHBr-CH(CH_3)_2$) (H 1232).

B. Beim Erwärmen von Naphthyl-(1)-amin mit α-Brom-isovalerylbromid und Natriumcarbonat in Benzol (*Covello*, Rend. Accad. Sci. fis. mat. Napoli [4] **2** [1932] 73, 79; vgl. H 1232).

Krystalle (aus Ae.); F: 106° (*Co.*; s. dagegen H 1232). Löslichkeit in Wasser bei 20°: 1,71%.

1-Pivaloylamino-naphthalin, *N*-[Naphthyl-(1)]-pivalinamid, N-(*1-naphthyl*)*pivalamide* $C_{15}H_{17}NO$, Formel I (R = $CO-C(CH_3)_3$).

B. Aus Naphthyl-(1)-isocyanat und *tert*-Butylmagnesiumchlorid in Äther (*Underwood, Gale*, Am. Soc. **56** [1934] 2117, 2119).

Krystalle (aus Bzn.); F: 146—147° [unkorr.].

1-Hexanoylamino-naphthalin, *N*-[Naphthyl-(1)]-hexanamid, N-(*1-naphthyl*)*hexanamide* $C_{16}H_{19}NO$, Formel I (R = $CO-[CH_2]_4-CH_3$) (H 1232; dort als n-Capronsäure-α-naphthylamid bezeichnet).

B. Aus Naphthyl-(1)-amin und Hexanoylchlorid (*Gilman, Burtner*, Am. Soc. **57** [1935] 909, 912; *Gilman, Turck*, Am. Soc. **61** [1939] 473, 477). Aus Naphthyl-(1)-isocyanat und Pentylmagnesiumhalogenid (*Gi., Bu.*; *Gi., Tu.*; *Vogel*, A Text-Book of Practical Organic Chemistry, 1. Aufl. [London 1948] S. 289, 292; 3. Aufl. [London 1956] S. 291, 293).

F: 112° (*Vo.*), 94,5—95° (*Gi., Bu.*), 93—95° (*Gi., Tu.*).

(±)-2-Methyl-*N*-[naphthyl-(1)]-valeramid, (±)-*2-methyl*-N-(*1-naphthyl*)*valeramide* $C_{16}H_{19}NO$, Formel I (R = $CO-CH(CH_3)-CH_2-CH_2-CH_3$).

B. Aus Naphthyl-(1)-isocyanat und (±)-1-Methyl-butylmagnesium-chlorid in Äther (*Underwood, Gale*, Am. Soc. **56** [1934] 2117, 2119).

Krystalle (aus Bzn.); F: 102,5—103,5° [unkorr.].

4-Methyl-*N*-[naphthyl-(1)]-valeramid, *4-methyl*-N-(*1-naphthyl*)*valeramide* $C_{16}H_{19}NO$, Formel I (R = $CO-CH_2-CH_2-CH(CH_3)_2$).

B. Aus Naphthyl-(1)-isocyanat und Isopentylmagnesiumchlorid in Äther (*Underwood, Gale*, Am. Soc. **56** [1934] 2117, 2119).

Krystalle (aus Bzn.); F: 110—111° [unkorr.].

2-Äthyl-*N*-[naphthyl-(1)]-butyramid, *2-ethyl*-N-(*1-naphthyl*)*butyramide* $C_{16}H_{19}NO$, Formel I (R = $CO-CH(C_2H_5)_2$).

B. Aus Naphthyl-(1)-isocyanat und 1-Äthyl-propylmagnesium-chlorid in Äther (*Underwood, Gale*, Am. Soc. **56** [1934] 2117, 2119). Aus Naphthyl-(1)-amin und 2-Äthylbutyrylchlorid (*Ruggli, Businger*, Helv. **24** [1941] 346, 349).

Krystalle; F: 128—129° [aus wss. A.] (*Ru., Bu.*), 117—118° [unkorr.; aus Bzn.] (*Un., Gale*).

2.2-Dimethyl-*N*-[naphthyl-(1)]-butyramid, *2,2-dimethyl*-N-(*1-naphthyl*)*butyramide* $C_{16}H_{19}NO$, Formel I (R = $CO-C(CH_3)_2-CH_2-CH_3$).

B. Aus Naphthyl-(1)-isocyanat und *tert*-Pentylmagnesiumchlorid in Äther (*Underwood, Gale*, Am. Soc. **56** [1934] 2117, 2119).

Krystalle (aus Bzn.); F: 137—138° [unkorr.].

1-Heptanoylamino-naphthalin, *N*-[Naphthyl-(1)]-heptanamid, N-(*1-naphthyl*)*heptanamide* $C_{17}H_{21}NO$, Formel I (R = $CO-[CH_2]_5-CH_3$) (H 1232; dort als Önanthsäure-α-naphthylamid bezeichnet).

B. Aus Naphthyl-(1)-isocyanat und Hexylmagnesiumhalogenid (*Gilman, Burtner*, Am. Soc. **57** [1935] 909, 912; *Vogel*, A Text-Book of Practical Organic Chemistry, 1. Aufl. [London 1948] S. 289, 292—294; 3. Aufl. [London 1956] S. 291, 293—295). Aus Naphthyl-(1)-amin und Heptanoylchlorid (*Gi., Bu.*).

F: 106° (*Vo.*), 88° (*Gi., Bu.*).

2.2-Dimethyl-*N*-[naphthyl-(1)]-valeramid, *2,2-dimethyl-*N*-(1-naphthyl)valeramide* $C_{17}H_{21}NO$, Formel I (R = $CO\text{-}C(CH_3)_2\text{-}CH_2\text{-}CH_2\text{-}CH_3$) auf S. 2867.

B. Aus Naphthyl-(1)-isocyanat und 1.1-Dimethyl-butylmagnesium-chlorid (*Whitmore, Karnatz,* Am. Soc. **60** [1938] 2533, 2534).

F: 116—118°.

(±)-2-Äthyl-*N*-[naphthyl-(1)]-hexanamid, *(±)-2-ethyl-*N*-(1-naphthyl)hexanamide* $C_{18}H_{23}NO$, Formel I (R = $CO\text{-}CH(C_2H_5)\text{-}[CH_2]_3\text{-}CH_3$) auf S. 2867.

B. Aus (±)-2-Äthyl-hexansäure-(1) (*Arnold, Morgan,* Am. Soc. **70** [1948] 4248).

Krystalle, die bei 100—127,5° schmelzen (krystalline Flüssigkeit).

(±)-2.2.3-Trimethyl-*N*-[naphthyl-(1)]-valeramid, *(±)-2,2,3-trimethyl-*N*-(1-naphthyl)=valeramide* $C_{18}H_{23}NO$, Formel I (R = $CO\text{-}C(CH_3)_2\text{-}CH(CH_3)\text{-}CH_2\text{-}CH_3$) auf S. 2867.

B. Aus Naphthyl-(1)-isocyanat und (±)-1.1.2-Trimethyl-butylmagnesium-chlorid in Äther (*James,* Diss. [Ann Arbor, Mich. 1943] S. 418; s. a. *Miller,* Am. Soc. **69** [1947] 1764, 1767).

Krystalle; F: 125—126,5° (*Mi.*), 125—126° [unkorr.; aus PAe.] (*Ja.*).

(±)-2.3-Dimethyl-2-äthyl-*N*-[naphthyl-(1)]-butyramid, *(±)-2-ethyl-2,3-dimethyl-*N*-(1-naphthyl)butyramide* $C_{18}H_{23}NO$, Formel I (R = $CO\text{-}C(CH_3)(C_2H_5)\text{-}CH(CH_3)_2$) auf S. 2867.

B. Aus Naphthyl-(1)-isocyanat und (±)-1.2-Dimethyl-1-äthyl-propylmagnesium-chlorid in Äther (*James,* Diss. [Ann Arbor, Mich. 1943] S. 405; s. a. *Miller,* Am. Soc. **69** [1947] 1764, 1767).

Krystalle; F: 176—177° (*Mi.*), 174—174,5° [unkorr.; aus wss. A.] (*Ja.*).

1-Acryloylamino-naphthalin, *N*-[Naphthyl-(1)]-acrylamid, *N-(1-naphthyl)acrylamide* $C_{13}H_{11}NO$, Formel I (R = $CO\text{-}CH{=}CH_2$) auf S. 2867.

B. Aus 3-Chlor-*N*-[naphthyl-(1)]-propionamid (nicht näher beschrieben) beim Erwärmen mit wss. Natronlauge (*I. G. Farbenind.,* D.R.P. 752481 [1939]; D.R.P. Org. Chem. **6** 1289, 1291).

F: 139°.

(±)-3.3-Dimethyl-*N*-[naphthyl-(1)]-cyclohexancarbamid-(1), *(±)-3,3-dimethyl-*N*-(1-naphthyl)cyclohexanecarboxamide* $C_{19}H_{23}NO$, Formel VI.

B. Aus Naphthyl-(1)-isocyanat und 3.3-Dimethyl-cyclohexylmagnesium-bromid in Äther (*Doering, Beringer,* Am. Soc. **71** [1949] 2221, 2225).

Krystalle (aus A.); F: 204—204,5° [korr.].

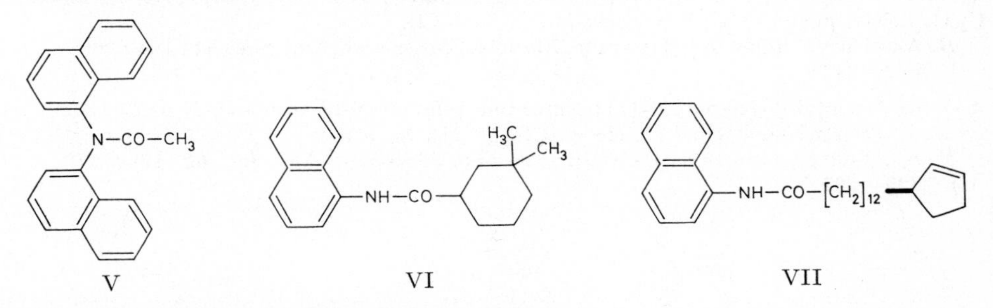

***N*-[Naphthyl-(1)]-octadecen-(9)-amid** $C_{28}H_{41}NO$.

1-Oleoylamino-naphthalin, *N*-[Naphthyl-(1)]-oleamid, *N-(1-naphthyl)oleamide* $C_{28}H_{41}NO$, Formel I (R = $CO\text{-}[CH_2]_7\text{-}CH\overset{c}{=}CH\text{-}[CH_2]_7\text{-}CH_3$) auf S. 2867 (E I 525).

B. Beim Erhitzen von Naphthyl-(1)-amin mit Ölsäure unter Stickstoff auf 230° (*Roe, Scanlan, Swern,* Am. Soc. **71** [1949] 2215, 2216; vgl. E I 525).

Krystalle (aus Acn.); F: 61,5—62°.

13-[Cyclopenten-(2)-yl]-*N*-[naphthyl-(1)]-tridecanamid, Chaulmoograsäure-[naphthyl-(1)-amid], *13-(cyclopent-2-en-1-yl)-*N*-(1-naphthyl)tridecanamide* $C_{28}H_{39}NO$.

Ein Präparat (gelbliche Krystalle [aus Me.]; F: 93—95°), in dem wahrscheinlich **13-[(*R*)-Cyclopenten-(2)-yl]-*N*-[naphthyl-(1)]-tridecanamid** (Formel VII) vorgelegen hat, ist bei mehrtägigem Erwärmen von (+)-Chaulmoograsäure-amid (E III **9** 291) mit

Naphthyl-(1)-amin erhalten worden (*de Santos*, *West*, Philippine J. Sci. **43** [1930] 409, 411).

Penten-(4)-in-(2)-säure-(1)-[naphthyl-(1)-amid], *N*-[Naphthyl-(1)]-penten-(4)-in-(2)-amid, N-(*1-naphthyl*)*pent-4-en-2-ynamide* $C_{15}H_{11}NO$, Formel I ($R = CO\text{-}C{\equiv}C\text{-}CH{=}CH_2$) auf S. 2867.

B. Aus Naphthyl-(1)-isocyanat und Buten-(3)-in-(1)-ylmagnesiumbromid (E III **1** 1037) in Äther (*Carothers*, *Berchet*, Am. Soc. **55** [1933] 1094).

Gelbliche Krystalle (aus wss. A.); F: 125—126° [Block].

1-Benzamino-naphthalin, *N*-[Naphthyl-(1)]-benzamid, N-(*1-naphthyl*)*benzamide* $C_{17}H_{13}NO$, Formel VIII (R = X = H) (H 1233; E I 525; E II 684).

B. Beim Behandeln von Benzoesäure mit Phosphor(V)-chlorid und mit *N.N*-Dimethyl-anilin, *N.N*-Diäthyl-anilin oder Pyridin und anschliessend mit Naphthyl-(1)-amin (*Shah*, *Deshpande*, J. Univ. Bombay **2**, Tl. 2 [1933] 125). Beim Erhitzen von Naphthyl-(1)-amin mit Phosphor(III)-chlorid in Toluol und anschliessend mit Benzoesäure (*Grimmel*, *Guenther*, *Morgan*, Am. Soc. **68** [1946] 539, 541).

F: 159° (*Shah*, *De.*).

2-Nitro-*N*-[naphthyl-(1)]-benzamid, N-(*1-naphthyl*)-o-*nitrobenzamide* $C_{17}H_{12}N_2O_3$, Formel VIII (R = H, X = NO_2).

B. Beim Behandeln von Naphthyl-(1)-amin mit 2-Nitro-benzoylchlorid in Äther (*Lockemann*, *Wittholz*, B. **81** [1948] 45, 49) oder in Äther unter Zusatz von Pyridin (*Hey*, *Turpin*, Soc. **1954** 2471, 2474).

Krystalle (aus A.); F: 206° (*Hey*, *Tu.*).

3-Nitro-*N*-[naphthyl-(1)]-benzamid, N-(*1-naphthyl*)-m-*nitrobenzamide* $C_{17}H_{12}N_2O_3$, Formel VIII (R = NO_2, X = H).

B. Aus Naphthyl-(1)-amin und 3-Nitro-benzoylchlorid in Äther (*Lockemann*, *Wittholz*, B. **81** [1948] 45, 49).

Hellgelbe Krystalle (aus A.); F: 197°.

4-Nitro-*N*-[naphthyl-(1)]-benzamid, N-(*1-naphthyl*)-p-*nitrobenzamide* $C_{17}H_{12}N_2O_3$, Formel IX (R = H, X = NO_2).

B. Aus Naphthyl-(1)-amin und 4-Nitro-benzoylchlorid in Äther (*Lockemann*, *Wittholz*, B. **81** [1948] 45, 48).

Gelbgrüne Krystalle (aus Eg.); F: 208,5°.

4-Chlor-*N*-butyl-*N*-[naphthyl-(1)]-benzamid, N-*butyl*-p-*chloro*-N-(*1-naphthyl*)*benzamide* $C_{21}H_{20}ClNO$, Formel IX (R = $[CH_2]_3\text{-}CH_3$, X = Cl).

B. Aus Butyl-[naphthyl-(1)]-amin (*Emerson*, *Mohrman*, Am. Soc. **62** [1940] 69).

F: 242—243°.

4-Brom-*N*-pentyl-*N*-[naphthyl-(1)]-benzamid, p-*bromo*-N-(*1-naphthyl*)-N-*pentylbenz=amide* $C_{22}H_{22}BrNO$, Formel IX (R = $[CH_2]_4\text{-}CH_3$, X = Br).

B. Aus Pentyl-[naphthyl-(1)]-amin (*Emerson*, *Mohrman*, Am. Soc. **62** [1940] 69).

F: 226—227°.

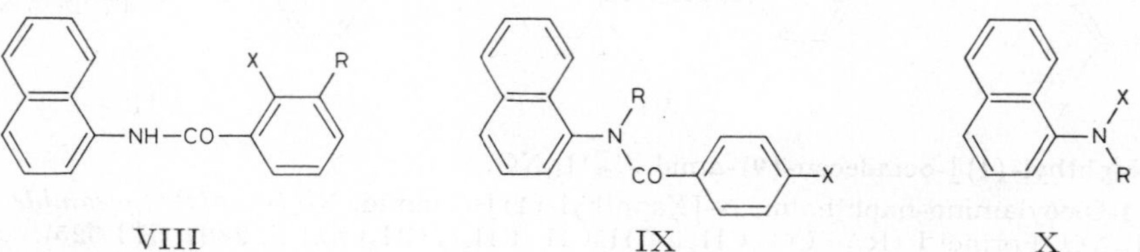

***N*-Benzyl-*N*-[naphthyl-(1)]-benzamid,** N-*benzyl*-N-(*1-naphthyl*)*benzamide* $C_{24}H_{19}NO$, Formel X (R = $CO\text{-}C_6H_5$, X = $CH_2\text{-}C_6H_5$).

B. Aus Benzyl-[naphthyl-(1)]-amin (*Emerson*, *Robb*, Am. Soc. **61** [1939] 3145).

F: 103—104°.

***N*-[Naphthyl-(1)]-benzimidoylchlorid,** N-(*1-naphthyl*)*benzimidoyl chloride* $C_{17}H_{12}ClN$, Formel XI (H 1234).

Kp_{10}: 245° (*Desai*, *Shah*, J. Indian chem. Soc. **26** [1949] 121, 124).

Beim Erhitzen mit der Natrium-Verbindung des Acetessigsäure-äthylesters in Toluol und Erhitzen des Reaktionsprodukts unter 30 Torr auf 200° ist 4-Hydroxy-2-phenyl-3-acetyl-benzo[*h*]chinolin erhalten worden.

1-Dibenzoylamino-naphthalin, *N*-[Naphthyl-(1)]-dibenzamid, N-(*1-naphthyl*)*dibenzamide* $C_{24}H_{17}NO_2$, Formel X (R = X = CO-C_6H_5).

B. Beim Erhitzen von Naphthyl-(1)-amin mit Benzoylchlorid (*Hodgson, Crook*, Soc. **1936** 1844, 1846).

Gelbliche Krystalle (aus Eg.); F: 198°.

***C*-Phenyl-*N*-[naphthyl-(1)]-acetamid,** N-(*1-naphthyl*)-*2-phenylacetamide* $C_{18}H_{15}NO$, Formel XII (R = X = H) (E II 685).

B. Beim Erhitzen von Naphthyl-(1)-amin mit Phenylessigsäure ohne Zusatz auf 180° (*Crippa, Caracci*, G. **69** [1939] 129, 136) oder unter Zusatz von Pyridin auf 160° (*Aggarwal, Das, Ray*, J. Indian chem. Soc. **6** [1929] 717, 718).

Krystalle; F: 175° (*Agg., Das, Ray*), 169° [aus A.] (*Cr., Ca.*), 166—167° [aus Bzl.] (*Campbell, McKail*, Soc. **1948** 1251, 1255).

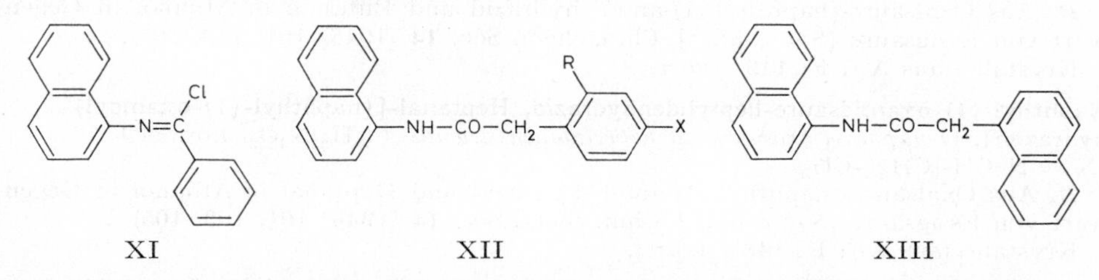

***C*-[4-Nitro-phenyl]-*N*-[naphthyl-(1)]-acetamid,** N-(*1-naphthyl*)-*2-*(p-*nitrophenyl*)*acetamide* $C_{18}H_{14}N_2O_3$, Formel XII (R = H, X = NO_2).

B. Aus Naphthyl-(1)-amin und [4-Nitro-phenyl]-acetylchlorid (*Ward, Jenkins*, J. org. Chem. **10** [1945] 371).

Krystalle (aus A.); F: 225,4—226,9°.

***C*-[2.4-Dimethyl-phenyl]-*N*-[naphthyl-(1)]-acetamid,** N-(*1-naphthyl*)-*2-*(*2,4-xylyl*)*acetamide* $C_{20}H_{19}NO$, Formel XII (R = X = CH_3).

B. Aus Naphthyl-(1)-amin und [2.4-Dimethyl-phenyl]-acetylchlorid in Äther (*Harispe*, A. ch. [11] **6** [1936] 249, 303).

Krystalle (aus $CHCl_3$); F: 209°.

3-Phenyl-*N*-[naphthyl-(1)]-thiopropiolamid, N-(*1-naphthyl*)-*3-phenylthiopropiolamide* $C_{19}H_{13}NS$, Formel X (R = CS-C≡C-C_6H_5, X = H).

B. Aus Naphthyl-(1)-isothiocyanat und Natrium-phenylacetylenid in Äther (*Worrall, Lerner, Washnock*, Am. Soc. **61** [1939] 105).

Gelbliche Krystalle (aus $CHCl_3$ + PAe.); F: 184—185° [Zers.].

***C.N*-Di-[naphthyl-(1)]-acetamid,** *2,*N-*di*(*1-naphthyl*)*acetamide* $C_{22}H_{17}NO$, Formel XIII.

B. Aus Naphthyl-(1)-isocyanat und Naphthyl-(1)-methylmagnesium-chlorid in Äther (*Grummitt, Buck*, Am. Soc. **65** [1943] 295).

Krystalle (aus Xylol); F: 175—177°.

Oxalsäure-[naphthyl-(1)-amid]-hydrazid, Naphthyl-(1)-oxamidsäure-hydrazid, (*1-naphthyl*)*oxamic acid hydrazide* $C_{12}H_{11}N_3O_2$, Formel I (X = NH_2).

B. Aus Naphthyl-(1)-oxamidsäure-äthylester und Hydrazin in wss. Äthanol (*Sah et al.*, J. Chin. chem. Soc. **14** [1946] 101, 102).

Krystalle (aus W.); F: 195—196°.

Naphthyl-(1)-oxamidsäure-äthylidenhydrazid, Acetaldehyd-[(naphthyl-(1)-oxamoyl)-hydrazon], (*1-naphthyl*)*oxamic acid ethylidenehydrazide* $C_{14}H_{13}N_3O_2$, Formel I (X = N=CH-CH_3).

B. Aus Oxalsäure-[naphthyl-(1)-amid]-hydrazid und Acetaldehyd in Äthanol in Gegenwart von Essigsäure (*Sah et al.*, J. Chin. chem. Soc. **14** [1946] 101, 103, 105).

Krystalle (aus A.); F: 212° [korr.].

Naphthyl-(1)-oxamidsäure-isopropylidenhydrazid, Aceton-[(naphthyl-(1)-oxamoyl)-hydrazon], *(1-naphthyl)oxamic acid isopropylidenehydrazide* $C_{15}H_{15}N_3O_2$, Formel I (X = N=C$(CH_3)_2$).

B. Aus Oxalsäure-[naphthyl-(1)-amid]-hydrazid und Aceton in Äthanol in Gegenwart von Essigsäure (*Sah et al.*, J. Chin. chem. Soc. **14** [1946] 101, 103, 105).

Krystalle (aus Acn.); F: 161° [korr.].

Naphthyl-(1)-oxamidsäure-butylidenhydrazid, Butyraldehyd-[(naphthyl-(1)-oxamoyl)-hydrazon], *(1-naphthyl)oxamic acid butylidenehydrazide* $C_{16}H_{17}N_3O_2$, Formel I (X = N=CH-CH_2-CH_2-CH_3).

B. Aus Oxalsäure-[naphthyl-(1)-amid]-hydrazid und Butyraldehyd in Äthanol in Gegenwart von Essigsäure (*Sah et al.*, J. Chin. chem. Soc. **14** [1946] 101, 103, 105).

Krystalle (aus A.); F: 190° [korr.].

Naphthyl-(1)-oxamidsäure-*sec*-butylidenhydrazid, Butanon-[(naphthyl-(1)-oxamoyl)-hydrazon], *(1-naphthyl)oxamic acid* sec-*butylidenehydrazide* $C_{16}H_{17}N_3O_2$, Formel I (X = N=C(CH_3)-CH_2-CH_3).

B. Aus Oxalsäure-[naphthyl-(1)-amid]-hydrazid und Butanon in Äthanol in Gegenwart von Essigsäure (*Sah et al.*, J. Chin. chem. Soc. **14** [1946] 101, 103, 105).

Krystalle (aus A.); F: 143° [korr.].

Naphthyl-(1)-oxamidsäure-heptylidenhydrazid, Heptanal-[(naphthyl-(1)-oxamoyl)-hydrazon], *(1-naphthyl)oxamic acid heptylidenehydrazide* $C_{19}H_{23}N_3O_2$, Formel I (X = N=CH-$[CH_2]_5$-CH_3).

B. Aus Oxalsäure-[naphthyl-(1)-amid]-hydrazid und Heptanal in Äthanol in Gegenwart von Essigsäure (*Sah et al.*, J. Chin. chem. Soc. **14** [1946] 101, 103, 105).

Krystalle (aus A.); F: 148° [korr.].

Naphthyl-(1)-oxamidsäure-[1-methyl-heptylidenhydrazid], Octanon-(2)-[(naphthyl-(1)-oxamoyl)-hydrazon], *(1-naphthyl)oxamic acid (1-methylheptylidene)hydrazide* $C_{20}H_{25}N_3O_2$, Formel I (X = N=C(CH_3)-$[CH_2]_5$-CH_3).

B. Aus Oxalsäure-[naphthyl-(1)-amid]-hydrazid und Octanon-(2) in Äthanol in Gegenwart von Essigsäure (*Sah et al.*, J. Chin. chem. Soc. **14** [1946] 101, 103, 105).

Krystalle (aus A.); F: 146° [korr.].

Naphthyl-(1)-oxamidsäure-[3.7-dimethyl-octadien-(2.6)-ylidenhydrazid], 2.6-Dimethyl-octadien-(2.6)-al-(8)-[(naphthyl-(1)-oxamoyl)-hydrazon], Citral-[(naphthyl-(1)-oxamoyl)-hydrazon], *(1-naphthyl)oxamic acid (3,7-dimethylocta-2,6-dienylidene)hydrazide* $C_{22}H_{25}N_3O_2$, Formel I (X = N=CH-CH=C(CH_3)-CH_2-CH_2-CH=C$(CH_3)_2$).

Eine Verbindung (Krystalle [aus A.]; F: 138° [korr.]) dieser Konstitution ist aus Oxalsäure-[naphthyl-(1)-amid]-hydrazid und Citral in Äthanol in Gegenwart von Essigsäure erhalten worden (*Sah et al.*, J. Chin. chem. Soc. **14** [1946] 101, 103, 105).

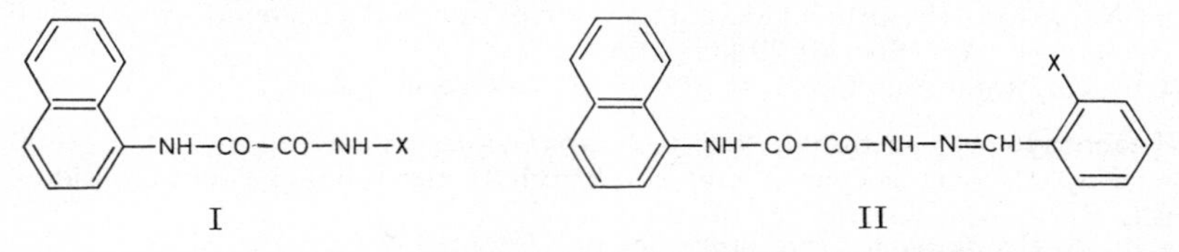

Naphthyl-(1)-oxamidsäure-benzylidenhydrazid, Benzaldehyd-[(naphthyl-(1)-oxamoyl)-hydrazon], *(1-naphthyl)oxamic acid benzylidenehydrazide* $C_{19}H_{15}N_3O_2$, Formel II (X = H).

B. Aus Oxalsäure-[naphthyl-(1)-amid]-hydrazid und Benzaldehyd in Äthanol in Gegenwart von Essigsäure (*Sah et al.*, J. Chin. chem. Soc. **14** [1946] 101, 103, 105).

Krystalle (aus A.); F: 237° [korr.].

Naphthyl-(1)-oxamidsäure-[1-methyl-3-phenyl-allylidenhydrazid], 1-Phenyl-buten-(1)-on-(3)-[(naphthyl-(1)-oxamoyl)-hydrazon], Benzylidenaceton-[(naphthyl-(1)-oxamoyl)-hydrazon], *(1-naphthyl)oxamic acid (α-methylcinnamylidene)hydrazide* $C_{22}H_{19}N_3O_2$.

Naphthyl-(1)-oxamidsäure-[1-methyl-3*t*-phenyl-allylidenhydrazid], Formel I (X = N=C(CH_3)-CH$\stackrel{t}{=}$CH-C_6H_5).

B. Aus Oxalsäure-[naphthyl-(1)-amid]-hydrazid und 1*t*-Phenyl-buten-(1)-on-(3) (*trans-*

Benzylidenaceton) in Äthanol in Gegenwart von Essigsäure (*Sah et al.*, J. Chin. chem. Soc. **14** [1946] 101, 103, 105).
Krystalle (aus A.); F: 236° [korr.].

Naphthyl-(1)-oxamidsäure-salicylidenhydrazid, Salicylaldehyd-[(naphthyl-(1)-oxamoyl)-hydrazon], *(1-naphthyl)oxamic acid salicylidenehydrazide* $C_{19}H_{15}N_3O_3$, Formel II (X = OH).
B. Aus Oxalsäure-[naphthyl-(1)-amid]-hydrazid und Salicylaldehyd in Äthanol in Gegenwart von Essigsäure (*Sah et al.*, J. Chin. chem. Soc. **14** [1946] 101, 103, 105).
Krystalle (aus A.); F: 216° [korr.].

3-[(Naphthyl-(1)-oxamoyl)-hydrazono]-buttersäure-äthylester, Acetessigsäure-äthylester-[(naphthyl-(1)-oxamoyl)-hydrazon], *3-[(1-naphthyloxamoyl)hydrazono]butyric acid ethyl ester* $C_{18}H_{19}N_3O_4$, Formel I (X = N=C(CH$_3$)-CH$_2$-CO-OC$_2$H$_5$).
B. Aus Oxalsäure-[naphthyl-(1)-amid]-hydrazid und Acetessigsäure-äthylester in Äthanol in Gegenwart von Essigsäure (*Sah et al.*, J. Chin. chem. Soc. **14** [1946] 101, 103, 105).
Krystalle (aus A.); F: 131° [korr.].

4-[(Naphthyl-(1)-oxamoyl)-hydrazono]-valeriansäure, Lävulinsäure-[(naphthyl-(1)-oxamoyl)-hydrazon], *4-[(1-naphthyloxamoyl)hydrazono]valeric acid* $C_{17}H_{17}N_3O_4$, Formel I (X = N=C(CH$_3$)-CH$_2$-CH$_2$-COOH).
B. Aus Oxalsäure-[naphthyl-(1)-amid]-hydrazid und Lävulinsäure in Äthanol in Gegenwart von Essigsäure (*Sah et al.*, J. Chin. chem. Soc. **14** [1946] 101, 103, 105).
Krystalle (aus Bzl.); F: 163° [korr.].

4-[(Naphthyl-(1)-oxamoyl)-hydrazono]-valeriansäure-methylester, *4-[(1-naphthyloxamoyl)hydrazono]valeric acid methyl ester* $C_{18}H_{19}N_3O_4$, Formel I (X = N=C(CH$_3$)-CH$_2$-CH$_2$-CO-OCH$_3$).
B. Aus Oxalsäure-[naphthyl-(1)-amid]-hydrazid und Lävulinsäure-methylester in Äthanol in Gegenwart von Essigsäure (*Sah et al.*, J. Chin. chem. Soc. **14** [1946] 101, 103, 105).
Krystalle (aus Me.); F: 120° [korr.].

4-[(Naphthyl-(1)-oxamoyl)-hydrazono]-valeriansäure-äthylester, *4-[(1-naphthyloxamoyl)hydrazono]valeric acid ethyl ester* $C_{19}H_{21}N_3O_4$, Formel I (X = N=C(CH$_3$)-CH$_2$-CH$_2$-CO-OC$_2$H$_5$).
B. Aus Oxalsäure-[naphthyl-(1)-amid]-hydrazid und Lävulinsäure-äthylester in Äthanol in Gegenwart von Essigsäure (*Sah et al.*, J. Chin. chem. Soc. **14** [1946] 101, 103, 105).
Krystalle (aus A.); F: 116° [korr.].

Oxalsäure-[naphthyl-(1)-amid]-azid, Naphthyl-(1)-oxamoylazid, *(1-naphthyl)oxamoyl azide* $C_{12}H_8N_4O_2$, Formel III (R = CO-CO-N$_3$, X = H).
B. Aus Oxalsäure-[naphthyl-(1)-amid]-hydrazid beim Behandeln mit wss. Essigsäure und Natriumnitrit (*Sah et al.*, J. Chin. chem. Soc. **14** [1946] 52, 53).
Krystalle; Zers. bei 64°.

***C*-[*N*-Phenyl-*N'*-(naphthyl-(1))-carbamimidoyl]-thioformamid, *N*-Phenyl-*N'*-[naphthyl-(1)]-*C*-thiocarbamoyl-formamidin,** *1-[N-(1-naphthyl)-N'-phenylcarbamimidoyl]thioformamide* $C_{18}H_{15}N_3S$, Formel III (R = C(CS-NH$_2$)=N-C$_6$H$_5$, X = H) und Tautomeres.
B. Aus *N*-Phenyl-*N*-[naphthyl-(1)]-*C*-cyan-formamidin (H 1234) mit Hilfe von Ammoniumpolysulfid (*Dominikiewicz, Kijewska*, Archiwum Chem. Farm. **1** [1934] 71, 77; C. **1934** II 3254).
Gelbe Krystalle (aus A.); F: 122—123°.

***N*-Äthyl-*N*-[naphthyl-(1)]-*C*-cyan-formamid,** *1-cyano-N-ethyl-N-(1-naphthyl)formamide* $C_{14}H_{12}N_2O$, Formel III (R = CO-CN, X = C$_2$H$_5$).
B. Beim Erwärmen von Äthyl-[naphthyl-(1)]-carbamoylchlorid (E II 697) mit Cyanwasserstoff unter Zusatz von Pyridin (*Degussa*, D.R.P. 511886 [1928]; Frdl. **17** 398).
Krystalle (aus Me.); F: 69°.

Phenyl-[naphthyl-(1)]-oxamidsäure-äthylester, *N-(1-naphthyl)oxanilic acid ethyl ester* $C_{20}H_{17}NO_3$, Formel III (R = CO-CO-OC$_2$H$_5$, X = C$_6$H$_5$).
B. Aus Phenyl-[naphthyl-(1)]-oxamoylchlorid und Äthanol in Äther (*Stollé*, J. pr.

[2] **128** [1930] 1, 27).
Gelbliche Krystalle (aus A.); F: 124° [Zers.].

Phenyl-[naphthyl-(1)]-oxamoylchlorid, N-(*1-naphthyl)oxaniloyl chloride* $C_{18}H_{12}ClNO_2$, Formel III (R = CO-COCl, X = C_6H_5).
B. Aus Phenyl-[naphthyl-(1)]-amin und Oxalylchlorid in Äthanol (*Stollé*, J. pr. [2] **128** [1930] 1, 27).
Krystalle (aus Ae.); F: 105°.

***N.N'*-Diphenyl-*N*-[naphthyl-(1)]-oxamid,** N-(*1-naphthyl)oxanilide* $C_{24}H_{18}N_2O_2$, Formel III (R = CO-CO-NH-C_6H_5, X = C_6H_5).
B. Aus Phenyl-[naphthyl-(1)]-oxamoylchlorid und Anilin in Äther (*Stollé*, J. pr. [2] **128** [1930] 1, 28).
Krystalle (aus A.); F: 168°.

***N*-[Naphthyl-(1)]-malonamidsäure-äthylester,** N-(*1-naphthyl)malonamic acid ethyl ester* $C_{15}H_{15}NO_3$, Formel III (R = CO-CH_2-CO-OC_2H_5, X = H).
B. Aus Naphthyl-(1)-amin und Malonsäure-diäthylester bei 180° (*Albert, Brown, Duewell*, Soc. **1948** 1284, 1292).
Krystalle (aus E.); F: 227°.

***N*-[Naphthyl-(1)]-malonamid,** N-(*1-naphthyl)malonamide* $C_{13}H_{12}N_2O_2$, Formel III (R = CO-CH_2-CO-NH_2, X = H).
B. Beim Erhitzen von Naphthyl-(1)-amin und Malonsäure-diäthylester auf 125° und Behandeln des Reaktionsprodukts mit wss. Ammoniak (*Naik, Desai, Parekh*, J. Indian chem. Soc. **7** [1930] 137, 143).
Krystalle (aus wss. A.); F: 146° (*Naik, De., Pa.*).
Reaktion mit Thionylchlorid in Benzol unter Bildung einer Verbindung $C_{13}H_{10}N_2O_3S$ vom F: 170°: *Naik, De., Pa.* Beim Erwärmen mit Quecksilber(II)-chlorid in Äthanol und anschliessend mit Natriumhydrogencarbonat in Wasser ist eine Verbindung $C_{13}H_{10}HgN_2O_2$ vom F: 269° [Zers.] (*Naik, Patel*, J. Indian chem. Soc. **9** [1932] 533, 537), beim Erwärmen mit Quecksilber(II)-acetat in Methanol ist eine Verbindung $C_{15}H_{14}Hg_2N_2O_5$ vom F: 278° [Zers.] (*Naik, Patel*, J. Indian chem. Soc. **9** [1932] 185, 191) erhalten worden.

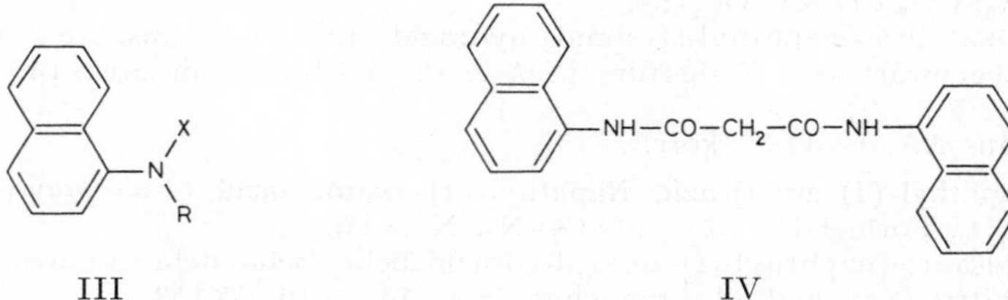

III IV

***N.N'*-Di-[naphthyl-(1)]-malonamid,** N,N'-*di(1-naphthyl)malonamide* $C_{23}H_{18}N_2O_2$, Formel IV (H 1235; E II 686).
B. Aus Naphthyl-(1)-amin und Kohlensuboxid in Äther (*Pauw*, R. **55** [1936] 215, 224).
Krystalle (aus Eg.); F: 229° (*Pauw*).
Überführung in *C.C*-Dichlor-*N.N'*-bis-[x-chlor-naphthyl-(1)]-malonamid $C_{23}H_{14}Cl_4N_2O_2$ (Krystalle [aus Bzl.]; F: 191°) durch Erwärmen mit Jodmonochlorid in Chloroform: *Naik, Shah*, J. Indian chem. Soc. **7** [1930] 633, 635. Beim Erwärmen mit Thionylchlorid in Benzol ist eine Verbindung $C_{23}H_{16}N_2O_3S$ [schwarze Krystalle; F: 210° (Zers.)] (*Naik, Desai, Parekh*, J. Indian chem. Soc. **7** [1930] 137, 141), beim Erwärmen mit Thionylchlorid in Benzol unter Zusatz von Kupfer-Pulver ist eine Verbindung $C_{23}H_{16}N_2O_2S$ vom F: 168° (*Naik, Vaishnav*, J. Indian chem. Soc. **13** [1936] 28, 30) erhalten worden. Reaktion mit Sulfurylchlorid in Benzol unter Bildung von *C*-Chlor-*N.N'*-bis-[x-chlor-naphthyl-(1)]-malonamid $C_{23}H_{15}Cl_3N_2O_2$ (Krystalle [aus Bzl.]; F: 182°): *Naik, Shah*, J. Indian chem. Soc. **4** [1927] 11, 20.
Natrium-Verbindung $NaC_{23}H_{17}N_2O_2$. F: 173° [nach Sintern] (*Shah*, J. Indian chem. Soc. **23** [1946] 107).

***N*-[Naphthyl-(1)]-*C*-cyan-acetamid,** *2-cyano-*N*-(1-naphthyl)acetamide* $C_{13}H_{10}N_2O$, Formel III (R = $CO\text{-}CH_2\text{-}CN$, X = H) (E II 687).

Beim Erwärmen mit der Quecksilber(II)-Verbindung des Acetamids in Äthanol ist eine Verbindung $C_{13}H_{10}HgN_2O_2$ (F: 272° [Zers.]) erhalten worden (*Naik, Shah*, J. Indian chem. Soc. **8** [1931] 29, 35).

Bernsteinsäure-mono-[naphthyl-(1)-amid], *N*-[Naphthyl-(1)]-succinamidsäure, N-*(1-naphthyl)succinamic acid* $C_{14}H_{13}NO_3$, Formel III (R = $CO\text{-}CH_2\text{-}CH_2\text{-}COOH$, X = H) (H 1235).

B. Aus Naphthyl-(1)-amin und Bernsteinsäure-anhydrid in Chloroform (*Pressman, Bryden, Pauling*, Am. Soc. **70** [1948] 1352, 1353).

Krystalle; F: 171,1—171,6°.

(±)-3-Methyl-*N*-[naphthyl-(1)]-glutaramidsäure, *(±)-3-methyl-*N*-(1-naphthyl)glutaramic acid* $C_{16}H_{17}NO_3$, Formel III (R = $CO\text{-}CH_2\text{-}CH(CH_3)\text{-}CH_2\text{-}COOH$, X = H).

B. Aus Naphthyl-(1)-amin und 3-Methyl-glutarsäure-anhydrid in Benzol (*Komppa*, Ann. Acad. Sci. fenn. [A] **30** Nr. 9 [1929] 4).

Krystalle (aus wss. A.); F: 170,5°.

3-Methyl-2-dodecyl-*N*-[naphthyl-(1)]-succinamidsäure, *2-dodecyl-3-methyl-*N*-(1-naphthyl)succinamic acid* $C_{27}H_{39}NO_3$, Formel III (R = $CO\text{-}CH(CH_3)\text{-}CH(COOH)\text{-}[CH_2]_{11}\text{-}CH_3$, X = H), und **2-Methyl-3-dodecyl-*N*-[naphthyl-(1)]-succinamidsäure,** *3-dodecyl-2-methyl-*N*-(1-naphthyl)succinamic acid* $C_{27}H_{39}NO_3$, Formel III (R = $CO\text{-}CH([CH_2]_{11}\text{-}CH_3)\text{-}CH(CH_3)\text{-}COOH$, X = H).

Eine opt.-inakt. Verbindung (Krystalle [aus A.]; F: 122—123°), für die diese Konstitutionsformeln in Betracht kommen, ist aus Naphthyl-(1)-amin und opt.-inakt. 2-Methyl-3-dodecyl-bernsteinsäure-anhydrid (F: 39—40°) in Chloroform erhalten worden (*Barry, Twomey*, Pr. Irish Acad. **51** B [1947] 152, 159).

3-[Naphthyl-(1)-carbamoyl]-acrylsäure $C_{14}H_{11}NO_3$.

Maleinsäure-mono-[naphthyl-(1)-amid], *N*-[Naphthyl-(1)]-maleinamidsäure, N-*(1-naphthyl)maleamic acid* $C_{14}H_{11}NO_3$, Formel III (R = CO-CH≗CH-COOH, X = H).

B. Aus Naphthyl-(1)-amin und Maleinsäure-anhydrid in Benzol (*La Parola*, G. **64** [1934] 919, 928) oder in Chloroform (*Hodgson, Crook*, Soc. **1936** 1844, 1846).

Gelbe Krystalle; F: 150° [aus A.] (*Ho., Cr.*), 142° [aus Bzl.] (*La P.*).

3-Methyl-1-[(naphthyl-(1)-carbamoyl)-methyl]-cyclohexan-carbonsäure-(1), *3-methyl-1-[(1-naphthylcarbamoyl)methyl]cyclohexanecarboxylic acid* $C_{20}H_{23}NO_3$, Formel V (R = CH_3, X = H), und **[3-Methyl-1-(naphthyl-(1)-carbamoyl)-cyclohexyl]-essigsäure,** *[3-methyl-1-(1-naphthylcarbamoyl)cyclohexyl]acetic acid* $C_{20}H_{23}NO_3$, Formel VI (R = CH_3, X = H).

Zwei opt.-inakt. Verbindungen (a) Krystalle [aus wss. A.], F: 150°; b) Krystalle, F: 207°), für die diese Konstitutionsformeln in Betracht kommen, sind aus Naphthyl-(1)-amin und opt.-inakt. [3-Methyl-1-carboxy-cyclohexyl]-essigsäure-anhydrid vom F: 41° bzw. vom F: 50° erhalten worden (*Desai et al.*, Soc. **1936** 416, 419).

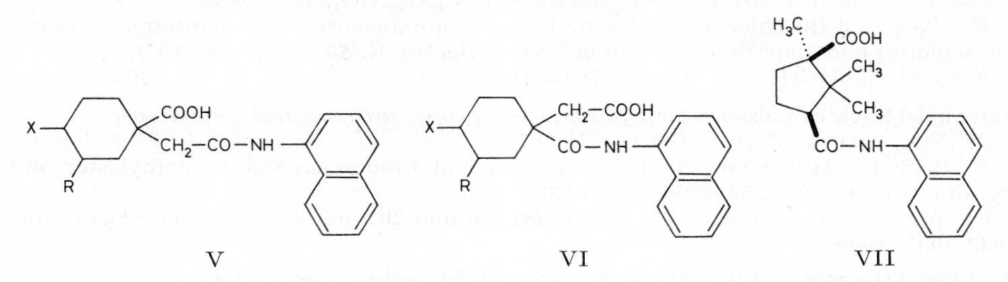

V VI VII

4-Methyl-1-[(naphthyl-(1)-carbamoyl)-methyl]-cyclohexan-carbonsäure-(1), *4-methyl-1-[(1-naphthylcarbamoyl)methyl]cyclohexanecarboxylic acid* $C_{20}H_{23}NO_3$, Formel V (R = H, X = CH_3), und **[4-Methyl-1-(naphthyl-(1)-carbamoyl)-cyclohexyl]-essigsäure,** *[4-methyl-1-(1-naphthylcarbamoyl)cyclohexyl]acetic acid* $C_{20}H_{23}NO_3$, Formel VI (R = H, X = CH_3).

Eine Verbindung (Krystalle [aus wss. A.]; F: 140°), für die diese beiden Formeln in

Betracht kommen, ist aus Naphthyl-(1)-amin und [4-Methyl-1-carboxy-cyclohexyl]-essigsäure-anhydrid (F: 104°) erhalten worden (*Desai et al.*, Soc. **1936** 416, 417).

2.2.3-Trimethyl-1-[naphthyl-(1)-carbamoyl]-cyclopentan-carbonsäure-(3), *1,2,2-trimethyl-3-(1-naphthylcarbamoyl)cyclopentanecarboxylic acid* $C_{20}H_{23}NO_3$.

(1*S*)-2.2.3*t*-Trimethyl-1*r*-[naphthyl-(1)-carbamoyl]-cyclopentan-carbonsäure-(3*c*), (1*R*)-*cis*-Camphersäure-3-[naphthyl-(1)-amid], Formel VII (E I 525).

F: 231,5—232,5° (*Singh, Singh*, J. Indian chem. Soc. **18** [1941] 89, 92). $[\alpha]_D$: +20,0° [wss. A.]. Optisches Drehungsvermögen $[\alpha]_D$ von wss.-äthanol. Lösungen des Lithium-Salzes, des Natrium-Salzes und des Kalium-Salzes: *Si.*, *Si.*

Phthalsäure-mono-[naphthyl-(1)-amid], *N*-[Naphthyl-(1)]-phthalamidsäure, N-*(1-naphthyl)phthalamic acid* $C_{18}H_{13}NO_3$, Formel VIII (R = H) (H 1236; E I 525).

B. Aus Naphthyl-(1)-amin und Phthalsäure-anhydrid in Essigsäure (*Wanag, Veinbergs*, B. **75** [1942] 725, 735).

Krystalle; F: 189° [Zers.].

***N*-Äthyl-*N*-[naphthyl-(1)]-phthalamidsäure,** N-*ethyl*-N-*(1-naphthyl)phthalamic acid* $C_{20}H_{17}NO_3$, Formel VIII (R = C_2H_5).

B. Aus Äthyl-[naphthyl-(1)]-amin und Phthalsäure-anhydrid (*Poraĭ-Koschiz*, Ž. obšč. Chim. **7** [1937] 611, 618; C. **1938** I 304).

F: 165°.

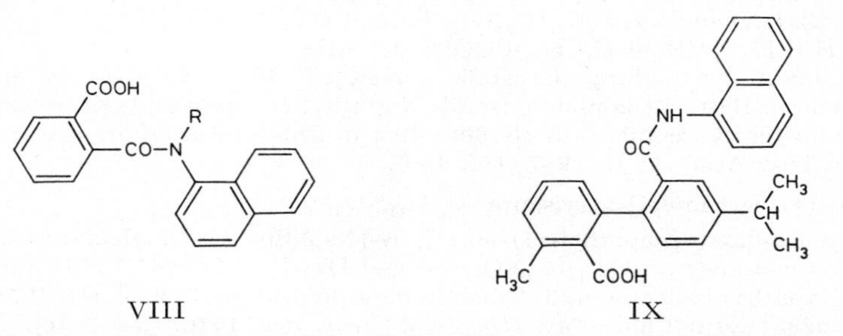

VIII IX

3-Methyl-4′-isopropyl-diphensäure-2′-[naphthyl-(1)-amid], 3-Methyl-4′-isopropyl-*N*-[naphthyl-(1)]-diphenamidsäure, *4′-isopropyl-3-methyl-*N*-(1-naphthyl)diphenamic acid* $C_{28}H_{25}NO_3$, Formel IX.

Die Konstitutionszuordnung ist auf Grund der Bildungsweise in Analogie zu 3-Methyl-4′-isopropyl-diphensäure-2′-amid (E III **9** 4577) erfolgt.

B. Beim Erhitzen von 3-Methyl-4′-isopropyl-diphensäure-anhydrid mit Naphthyl-(1)-amin (*Karrman, Laakso*, Acta chem. scand. **1** [1947] 449, 456).

F: 125—127°.

3.3-Bis-[(naphthyl-(1)-carbamoyl)-methyl]-*N.N′*-di-[naphthyl-(1)]-glutaramid, Methantetraessigsäure-tetrakis-[naphthyl-(1)-amid], N,N′-*di(1-naphthyl)-3,3-bis[(1-naphthylcarbamoyl)methyl]glutaramide* $C_{49}H_{40}N_4O_4$, Formel X.

B. Aus 3.3-Bis-chlorcarbonylmethyl-glutarsäure-dichlorid (Methantetraessigsäure-tetrachlorid) und Naphthyl-(1)-amin in Toluol (*Backer*, R. **54** [1935] 194, 197).

Krystalle (aus $CHCl_3$ + A.); F: 283—284°. [*Fahrmeir*]

Naphthyl-(1)-carbamidsäure-methylester, *(1-naphthyl)carbamic acid methyl ester* $C_{12}H_{11}NO_2$, Formel XI (R = CH_3) (E II 687).

B. Beim Erwärmen von Naphthyl-(1)-amin mit Chlorameisensäure-methylester und Pyridin (*Groeneveld*, R. **50** [1931] 681, 683).

UV-Absorptionsmaxima (A.): 223 mμ, 281 mμ und 291 mμ (*Braude, Jones, Stern*, Soc. **1947** 1087, 1089).

Naphthyl-(1)-carbamidsäure-äthylester, *(1-naphthyl)carbamic acid ethyl ester* $C_{13}H_{13}NO_2$, Formel XI (R = C_2H_5) (H 1236; E II 687).

B. Beim Erwärmen von Naphthyl-(1)-amin mit Chlorameisensäure-äthylester, Pyridin und Benzol (*Groeneveld*, R. **50** [1931] 681, 685).

Krystalle; F: 81° (*L.* u. *A. Kofler*, Thermo-Mikro-Methoden, 3. Aufl. [Weinheim 1954] S. 418). Assoziation in Benzol: *Barker, Hunter, Reynolds*, Soc. **1948** 874, 879.

Reaktion mit Thionylchlorid unter Bildung von [4-Chlor-naphthyl-(1)]-carbamidsäure-äthylester: *Raiford, Freyermuth,* J. org. Chem. **8** [1943] 174, 177.

Naphthyl-(1)-carbamidsäure-[2-fluor-äthylester], *(1-naphthyl)carbamic acid 2-fluoroethyl ester* $C_{13}H_{12}FNO_2$, Formel XI (R = CH_2-CH_2F).

B. Aus Naphthyl-(1)-isocyanat und 2-Fluor-äthanol-(1) in Petroläther (*Saunders, Stacey, Wilding,* Soc. **1949** 773, 775).

Krystalle (aus PAe.); F: 128° (*Sau., St., Wi.*), 125—127° (*Knunjanz, Kil'dischewa, Petrow,* Ž. obšč. Chim. **19** [1949] 95, 97; C. A. **1949** 6163).

Naphthyl-(1)-carbamidsäure-[2.2.2-trichlor-äthylester], *(1-naphthyl)carbamic acid 2,2,2-trichloroethyl ester* $C_{13}H_{10}Cl_3NO_2$, Formel XI (R = CH_2-CCl_3).

B. Aus Naphthyl-(1)-isocyanat und 2.2.2-Trichlor-äthanol-(1) (*Floutz,* Am. Soc. **65** [1943] 2255, **67** [1945] 1615).

F: 119—120° (*Fl.,* Am. Soc. **67** 1615).

Naphthyl-(1)-carbamidsäure-isopropylester, *(1-naphthyl)carbamic acid isopropyl ester* $C_{14}H_{15}NO_2$, Formel XI (R = $CH(CH_3)_2$) (H 1236).

Krystalle (aus Bzn.); F: 104—105° (*Oeda,* Bl. chem. Soc. Japan **10** [1935] 531, 534). Assoziation in Benzol: *Barker, Hunter, Reynolds,* Soc. **1948** 874, 879.

(±)-Naphthyl-(1)-carbamidsäure-[β-fluor-isopropylester], *(±)-1-fluoro-2-[(1-naphthyl)carbamoyloxy]propane* $C_{14}H_{14}FNO_2$, Formel XI (R = $CH(CH_3)$-CH_2F).

B. Aus Naphthyl-(1)-isocyanat und (±)-1-Fluor-propanol-(2) (*Knunjanz, Kil'dischewa, Petrow,* Ž. obšč. Chim. **19** [1949] 95, 98; C. A. **1949** 6163).

Krystalle (aus E.); F: 81—83°.

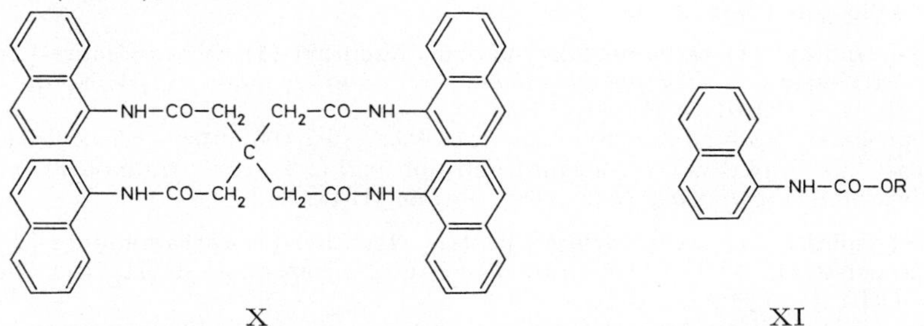

X XI

3-Brom-2-[naphthyl-(1)-carbamoyloxy]-butan, Naphthyl-(1)-carbamidsäure-[2-brom-1-methyl-propylester], *2-bromo-3-[(1-naphthyl)carbamoyloxy]butane* $C_{15}H_{16}BrNO_2$.

a) **(±)-*erythro*-3-Brom-2-[naphthyl-(1)-carbamoyloxy]-butan,** Formel XII + Spiegelbild.

B. Aus Naphthyl-(1)-isocyanat und (±)-*erythro*-3-Brom-butanol-(2) (*Winstein, Lucas,* Am. Soc. **61** [1939] 1576, 1580).

F: 133°.

XII XIII

b) **(±)-*threo*-3-Brom-2-[naphthyl-(1)-carbamoyloxy]-butan,** Formel XIII + Spiegelbild.

B. Aus Naphthyl-(1)-isocyanat und (±)-*threo*-3-Brom-butanol-(2) (*Winstein, Lucas,* Am. Soc. **61** [1939] 1576, 1580).

F: 103°.

(±)-1-Nitro-2-[naphthyl-(1)-carbamoyloxy]-butan, (±)-Naphthyl-(1)-carbamidsäure-[1-nitromethyl-propylester], *(±)-2-[(1-naphthyl)carbamoyloxy]-1-nitrobutane* $C_{15}H_{16}N_2O_4$, Formel XI (R = $CH(C_2H_5)$-CH_2-NO_2).

B. Aus Naphthyl-(1)-isocyanat und (±)-1-Nitro-butanol-(2) (*Nightingale, Janes,* Am.

Soc. **66** [1944] 352).

Krystalle (aus PAe.); F: 118—119° [Block].

3-Nitro-2-[naphthyl-(1)-carbamoyloxy]-butan, Naphthyl-(1)-carbamidsäure-[2-nitro-1-methyl-propylester], *2-[(1-naphthyl)carbamoyloxy]-3-nitrobutane* $C_{15}H_{16}N_2O_4$, Formel XI (R = $CH(CH_3)$-$CH(NO_2)$-CH_3).

Eine opt.-inakt. Verbindung (Krystalle [aus PAe.]; F: 122—123° [Block]) dieser Konstitution ist aus Naphthyl-(1)-isocyanat und opt.-inakt. 3-Nitro-butanol-(2) (Kp_{17}: 78°; Gemisch der Stereoisomeren) erhalten worden (*Nightingale, Janes*, Am. Soc. **66** [1944] 352).

(±)-2-[Naphthyl-(1)-carbamoyloxy]-pentan, (±)-Naphthyl-(1)-carbamidsäure-[1-methyl-butylester], (±)-*(1-naphthyl)carbamic acid 1-methylbutyl ester* $C_{16}H_{19}NO_2$, Formel XI (R = $CH(CH_3)$-CH_2-CH_2-CH_3).

B. Aus Naphthyl-(1)-isocyanat und (±)-Pentanol-(2) (*Hückel, Gelmroth*, A. **514** [1934] 233, 246; *Adamson, Kenner*, Soc. **1934** 838, 842; *Haynes, Jones*, Soc. **1946** 954, 957).

Krystalle; F: 75—76° [aus PAe.] (*Hay., Jo.*), 74,5° [aus PAe.] (*Ad., Ke.*), 72° [aus Methylcyclohexan] (*Hü., Ge.*).

(±)-1-Nitro-2-[naphthyl-(1)-carbamoyloxy]-pentan, (±)-Naphthyl-(1)-carbamidsäure-[1-nitromethyl-butylester], (±)-*2-[(1-naphthyl)carbamoyloxy]-1-nitropentane* $C_{16}H_{18}N_2O_4$, Formel XI (R = $CH(CH_2$-$NO_2)$-CH_2-CH_2-CH_3).

B. Aus Naphthyl-(1)-isocyanat und (±)-1-Nitro-pentanol-(2) (*Nightingale, Janes*, Am. Soc. **66** [1944] 352).

Krystalle (aus PAe.); F: 99—100° [Block].

3-Nitro-2-[naphthyl-(1)-carbamoyloxy]-pentan, Naphthyl-(1)-carbamidsäure-[2-nitro-1-methyl-butylester], *2-[(1-naphthyl)carbamoyloxy]-3-nitropentane* $C_{16}H_{18}N_2O_4$, Formel XI (R = $CH(CH_3)CH(NO_2)$-CH_2-CH_3).

Eine opt.-inakt. Verbindung (Krystalle [aus PAe.]; F: 100—101° [Block]) dieser Konstitution ist aus Naphthyl-(1)-isocyanat und opt.-inakt. 3-Nitro-pentanol-(2) (Kp_2: 78°) erhalten worden (*Nightingale, Janes*, Am. Soc. **66** [1944] 352).

2-Nitro-3-[naphthyl-(1)-carbamoyloxy]-pentan, Naphthyl-(1)-carbamidsäure-[2-nitro-1-äthyl-propylester], *3-[(1-naphthyl)carbamoyloxy]-2-nitropentane* $C_{16}H_{18}N_2O_4$, Formel XI (R = $CH(C_2H_5)$-$CH(NO_2)$-CH_3).

Eine opt.-inakt. Verbindung (Krystalle [aus PAe.]; F: 126° [Block]) dieser Konstitution ist aus Naphthyl-(1)-isocyanat und opt.-inakt. 2-Nitro-pentanol-(3) (Kp_2: 79°) erhalten worden (*Nightingale, Janes*, Am. Soc. **66** [1944] 352).

(±)-3-[Naphthyl-(1)-carbamoyloxy]-2-methyl-butan, (±)-Naphthyl-(1)-carbamidsäure-[1.2-dimethyl-propylester], (±)-*(1-naphthyl)carbamic acid 1,2-dimethylpropyl ester* $C_{16}H_{19}NO_2$, Formel XI (R = $CH(CH_3)$-$CH(CH_3)_2$).

B. Aus Naphthyl-(1)-isocyanat und (±)-2-Methyl-butanol-(3) (*Cottle, Powell*, Am. Soc. **58** [1936] 2267, 2270; *Huston, Jackson, Spero*, Am. Soc. **63** [1941] 1459; *Bailey*, Am. Soc. **65** [1943] 1165, 1167; *McMahon et al.*, Am. Soc. **70** [1948] 2971, 2976).

F: 112,8° [unkorr.] (*McM. et al.*), 111—112° (*Hu., Ja., Sp.*), 108—109° (*Co., Po.*), 108° (*Bai.*).

(±)-2-Nitro-3-[naphthyl-(1)-carbamoyloxy]-2-methyl-butan, (±)-Naphthyl-(1)-carbamidsäure-[2-nitro-1.2-dimethyl-propylester], (±)-*2-methyl-3-[(1-naphthyl)carbamoyloxy]-2-nitrobutane* $C_{16}H_{18}N_2O_4$, Formel XI (R = $CH(CH_3)$-$C(CH_3)_2$-NO_2).

B. Aus Naphthyl-(1)-isocyanat und (±)-2-Nitro-2-methyl-butanol-(3) (*Nightingale, Janes*, Am. Soc. **66** [1944] 352).

Krystalle (aus PAe.); F: 137° [Block].

(±)-4-Nitro-3-[naphthyl-(1)-carbamoyloxy]-2-methyl-butan, (±)-Naphthyl-(1)-carbamidsäure-[2-methyl-1-nitromethyl-propylester], (±)-*2-methyl-3-[(1-naphthyl)carbamoyloxy]-4-nitrobutane* $C_{16}H_{18}N_2O_4$, Formel XI (R = $CH(CH_2$-$NO_2)$-$CH(CH_3)_2$).

B. Aus Naphthyl-(1)-isocyanat und (±)-4-Nitro-2-methyl-butanol-(3) (*Nightingale, Janes*, Am. Soc. **66** [1944] 352).

Krystalle (aus PAe.); F: 97,5—98° [Block].

Naphthyl-(1)-carbamidsäure-neopentylester, *(1-naphthyl)carbamic acid neopentyl ester* $C_{16}H_{19}NO_2$, Formel XI (R = CH_2-$C(CH_3)_3$) auf S. 2877.

B. Aus Naphthyl-(1)-isocyanat und 2.2-Dimethyl-propanol-(1) (*Rice, Jenkins, Harden,* Am. Soc. **59** [1937] 2000; *Greenwood, Whitmore, Crooks,* Am. Soc. **60** [1938] 2028).

Krystalle; F: 98,5—100,5° (*Gr., Wh., Cr.*), 99—100° [aus Bzn.] (*Rice, Je., Ha.*).

Naphthyl-(1)-carbamidsäure-hexylester, *(1-naphthyl)carbamic acid hexyl ester* $C_{17}H_{21}NO_2$, Formel XI (R = $[CH_2]_5$-CH_3) auf S. 2877.

B. Aus Naphthyl-(1)-isocyanat und Hexanol-(1) (*Adamson, Kenner,* Soc. **1934** 838, 842; *Bohnsack,* B. **76** [1943] 564, 570).

Krystalle (aus PAe.); F: 60—61,5° (*Bo.*), 59° (*Ad., Ke.*).

Naphthyl-(1)-carbamidsäure-[6-chlor-hexylester], *(1-naphthyl)carbamic acid 6-chlorohexyl ester* $C_{17}H_{20}ClNO_2$, Formel XI (R = $[CH_2]_5$-CH_2Cl) auf S. 2877.

B. Aus Naphthyl-(1)-isocyanat und 6-Chlor-hexanol-(1) (*Anderson, Pollard,* Am. Soc. **61** [1939] 3439).

F: 49—50°.

2-[Naphthyl-(1)-carbamoyloxy]-hexan, Naphthyl-(1)-carbamidsäure-[1-methyl-pentyl=ester], *(1-naphthyl)carbamic acid 1-methylpentyl ester* $C_{17}H_{21}NO_2$.

a) **Naphthyl-(1)-carbamidsäure-[(*R*)-1-methyl-pentylester],** $C_{17}H_{21}NO_2$, Formel I (E II 688).

B. Aus Naphthyl-(1)-isocyanat und (*R*)-Hexanol-(2) (*Levene, Walti,* J. biol. Chem. **90** [1931] 81, 85).

Krystalle (aus wss. A.); F: 81—82,5°. $[\alpha]_D^{25}$: —4,28° [A.; c = 6].

b) **(±)-Naphthyl-(1)-carbamidsäure-[1-methyl-pentylester]** $C_{17}H_{21}NO_2$, Formel I + Spiegelbild.

B. Aus Naphthyl-(1)-isocyanat und (±)-Hexanol-(2) (*Adamson, Kenner,* Soc. **1934** 838, 842).

Krystalle (aus PAe.); F: 60,5°.

(±)-1-Nitro-2-[naphthyl-(1)-carbamoyloxy]-hexan, (±)-Naphthyl-(1)-carbamidsäure-[1-nitromethyl-pentylester], (±)-*2-[(1-naphthyl)carbamoyloxy]-1-nitrohexane* $C_{17}H_{20}N_2O_4$, Formel II (R = $CH(CH_2$-$NO_2)$-$[CH_2]_3$-CH_3).

B. Aus Naphthyl-(1)-isocyanat und (±)-1-Nitro-hexanol-(2) (*Nightingale, Janes,* Am. Soc. **66** [1944] 352).

Krystalle (aus PAe.); F: 103° [Block].

2-Nitro-3-[naphthyl-(1)-carbamoyloxy]-hexan, *3-[(1-naphthyl)carbamoyloxy]-2-nitro=hexane* $C_{17}H_{20}N_2O_4$, Formel II (R = $CH(CH_2$-CH_2-$CH_3)$-$CH(NO_2)$-CH_3).

Eine opt.-inakt. Verbindung (Krystalle [aus PAe.]; F: 136—137° [Block]) dieser Konstitution ist aus Naphthyl-(1)-isocyanat und opt.-inakt. 2-Nitro-hexanol-(3) (Kp_2: 82°) erhalten worden (*Nightingale, Janes,* Am. Soc. **66** [1944] 352).

4-Nitro-3-[naphthyl-(1)-carbamoyloxy]-hexan, Naphthyl-(1)-carbamidsäure-[2-nitro-1-äthyl-butylester], *3-[(1-naphthyl)carbamoyloxy]-4-nitrohexane* $C_{17}H_{20}N_2O_4$, Formel II (R = $CH(C_2H_5)$-$CH(NO_2)$-CH_2-CH_3).

Eine opt.-inakt. Verbindung (Krystalle [aus PAe.]; F: 113—114° [Block]) dieser Konstitution ist aus Naphthyl-(1)-isocyanat und opt.-inakt. 4-Nitro-hexanol-(3) (Kp_2: 89°) erhalten worden (*Nightingale, Janes,* Am. Soc. **66** [1944] 352).

(±)-Naphthyl-(1)-carbamidsäure-[2-methyl-pentylester], (±)-*(1-naphthyl)carbamic acid 2-methylpentyl ester* $C_{17}H_{21}NO_2$, Formel II (R = CH_2-$CH(CH_3)$-CH_2-CH_2-CH_3).

B. Aus Naphthyl-(1)-isocyanat und (±)-2-Methyl-pentanol-(1) (*Magnani, McElvain,* Am. Soc. **60** [1938] 813, 819; *Heilbron et al.,* Soc. **1945** 84, 87).

Krystalle; F: 79—80° [aus PAe.] (*Hei. et al.*), 75—76° (*Ma., McE.*).

(±)-2-Nitro-3-[naphthyl-(1)-carbamoyloxy]-2-methyl-pentan, (±)-Naphthyl-(1)-carb=amidsäure-[2-nitro-2-methyl-1-äthyl-propylester], (±)-*2-methyl-3-[(1-naphthyl)carb=amoyloxy]-2-nitropentane* $C_{17}H_{20}N_2O_4$, Formel II (R = $CH(C_2H_5)$-$C(CH_3)_2$-NO_2).

B. Aus Naphthyl-(1)-isocyanat und (±)-2-Nitro-2-methyl-pentanol-(3) (*Nightingale, Janes,* Am. Soc. **66** [1944] 352).

Krystalle (aus PAe.); F: 97—98° [Block].

4-Nitro-3-[naphthyl-(1)-carbamoyloxy]-2-methyl-pentan, Naphthyl-(1)-carbamidsäure-[2-nitro-1-isopropyl-propylester], *2-methyl-3-[(1-naphthyl)carbamoyloxy]-4-nitropentane* $C_{17}H_{20}N_2O_4$, Formel II (R = $CH[CH(CH_3)_2]-CH(NO_2)-CH_3$).

Eine opt.-inakt. Verbindung (Krystalle [aus PAe.]; F: 112—113° [Block]) dieser Konstitution ist aus Naphthyl-(1)-isocyanat und opt.-inakt. 4-Nitro-2-methyl-pentan-ol-(3) ((Kp_2: 89°) erhalten worden (*Nightingale, Janes*, Am. Soc. **66** [1944] 352).

4-[Naphthyl-(1)-carbamoyloxy]-2-methyl-pentan, Naphthyl-(1)-carbamidsäure-[1.3-dimethyl-butylester], *(1-naphthyl)carbamic acid 1,3-dimethylbutyl ester* $C_{17}H_{21}NO_2$.

a) **Naphthyl-(1)-carbamidsäure-[(*R*)-1.3-dimethyl-butylester]**, Formel III.

Ein konfigurativ nicht einheitliches Präparat (Krystalle [aus wss. A.]; F: 86—89°; $[\alpha]_D^{23}$: −3,72° [A.]) ist aus Naphthyl-(1)-isocyanat und partiell racemischem (*R*)-2-Methyl-pentanol-(4) erhalten worden (*Levene, Walti*, J. biol. Chem. **94** [1932] 367, 369).

b) **(±)-Naphthyl-(1)-carbamidsäure-[1.3-dimethyl-butylester]**, Formel III + Spiegelbild.

B. Aus Naphthyl-(1)-isocyanat und (±)-2-Methyl-pentanol-(4) in Gegenwart von Trimethylamin in Äther (*Huston, Bostwick*, J. org. Chem. **13** [1948] 331, 336).

F: 96—97° (*Whitmore, Johnston*, Am. Soc. **60** [1938] 2265), 94—95,5° (*Hu., Bo.*).

Naphthyl-(1)-carbamidsäure-isohexylester, *(1-naphthyl)carbamic acid isohexyl ester* $C_{17}H_{21}NO_2$, Formel II (R = $[CH_2]_3-CH(CH_3)_2$.)

B. Aus Naphthyl-(1)-isocyanat und 2-Methyl-pentanol-(5) (*Huston, Agett*, J. org. Chem. **6** [1941] 123, 128).

F: 60°.

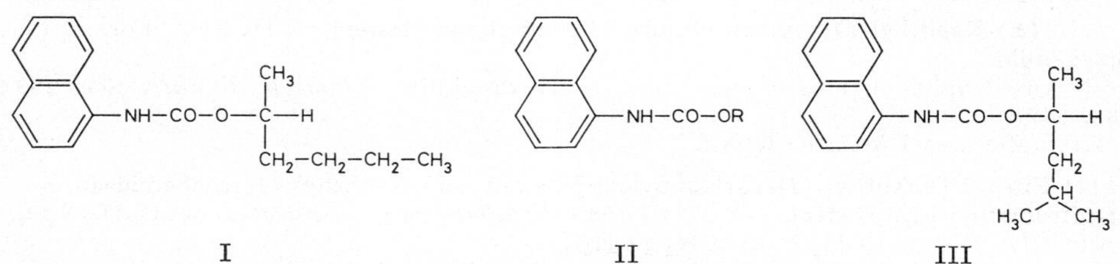

I II III

Naphthyl-(1)-carbamidsäure-[3-methyl-pentylester], *(1-naphthyl)carbamic acid 3-methylpentyl ester* $C_{17}H_{21}NO_2$.

a) **Naphthyl-(1)-carbamidsäure-[(*S*)-3-methyl-pentylester]**, Formel IV.

Ein vermutlich nicht einheitliches Präparat (Krystalle; F: 38—40°) ist aus Naphthyl-(1)-isocyanat und partiell racemischem (*S*)-3-Methyl-pentanol-(1) erhalten worden (*Bohnsack*, B. **76** [1943] 564, 565; s. a. *Bohnsack*, B. **74** [1941] 1575, 1579).

b) **(±)-Naphthyl-(1)-carbamidsäure-[3-methyl-pentylester]**, Formel IV + Spiegelbild.

B. Aus Naphthyl-(1)-isocyanat und (±)-3-Methyl-pentanol-(1) (*Huston, Agett*, J. org. Chem. **6** [1941] 123, 128).

F: 58°.

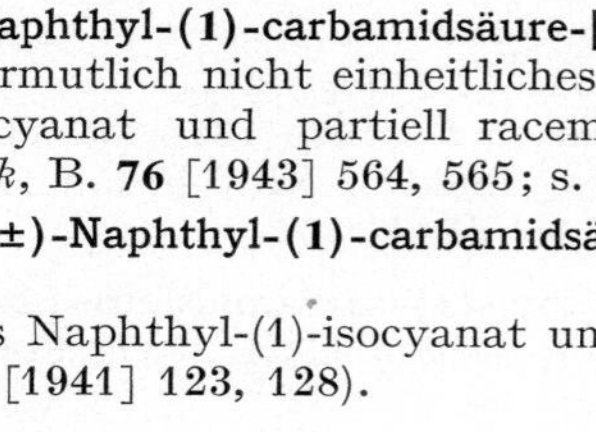

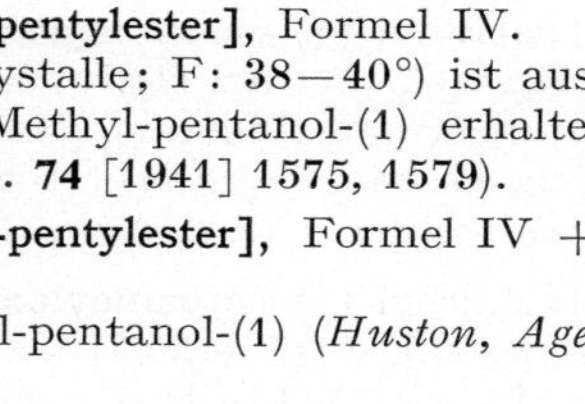

IV V

2-[Naphthyl-(1)-carbamoyloxy]-3-methyl-pentan, Naphthyl-(1)-carbamidsäure-[1.2-dimethyl-butylester], *(1-naphthyl)carbamic acid 1,2-dimethylbutyl ester* $C_{17}H_{21}NO_2$, Formel II (R = $CH(CH_3)-CH(CH_3)-CH_2-CH_3$).

Eine opt.-inakt. Verbindung (F: 74,5—75,5° [aus wss. A.] bzw. F: 74—75°) dieser Konstitution ist aus Naphthyl-(1)-isocyanat und opt.-inakt. 3-Methyl-pentanol-(2) (E III **1** 1672) erhalten worden (*Whitmore, Karnatz*, Am. Soc. **60** [1938] 2533, 2535; *Roberts, Young*, Am. Soc. **67** [1945] 148; s. a. *Cottle, Powell*, Am. Soc. **58** [1936] 2267, 2270).

3-[Naphthyl-(1)-carbamoyloxy]-3-methyl-pentan, Naphthyl-(1)-carbamidsäure-[1-methyl-1-äthyl-propylester], *3-methyl-3-[(1-naphthyl)carbamoyloxy]pentane* $C_{17}H_{21}NO_2$, Formel II (R = $C(C_2H_5)_2$-CH_3).

B. Aus Naphthyl-(1)-isocyanat und 3-Methyl-pentanol-(3) (*Cottle, Powell*, Am. Soc. **58** [1936] 2267, 2270).

Krystalle; F: 83,5° (*Co., Po.*), 83—83,5° [aus PAe.] (*Sal'manowitsch*, Ž. obšč. Chim. **18** [1948] 2103, 2112; C. A. **1949** 3778).

Naphthyl-(1)-carbamidsäure-[2-äthyl-butylester], *(1-naphthyl)carbamic acid 2-ethylbutyl ester* $C_{17}H_{21}NO_2$, Formel II (R = CH_2-$CH(C_2H_5)_2$).

B. Aus Naphthyl-(1)-isocyanat und 2-Äthyl-butanol-(1) (*Whitmore, Karnatz*, Am. Soc. **60** [1938] 2533, 2534).

F: 63,5—64,5°.

Naphthyl-(1)-carbamidsäure-[2.2-dimethyl-butylester], *(1-naphthyl)carbamic acid 2,2-dimethylbutyl ester* $C_{17}H_{21}NO_2$, Formel II (R = CH_2-$C(CH_3)_2$-CH_2-CH_3).

B. Aus Naphthyl-(1)-isocyanat und 2.2-Dimethyl-butanol-(1) (*Rice, Jenkins, Harden*, Am. Soc. **59** [1937] 2000).

Krystalle (aus Bzn.); F: 80—81°.

Naphthyl-(1)-carbamidsäure-[3.3-dimethyl-butylester], *(1-naphthyl)carbamic acid 3,3-dimethylbutyl ester* $C_{17}H_{21}NO_2$, Formel II (R = CH_2-CH_2-$C(CH_3)_3$).

B. Aus Naphthyl-(1)-isocyanat und 2.2-Dimethyl-butanol-(4) (*Whitmore, Homeyer*, Am. Soc. **55** [1933] 4555, 4557).

F: 83°.

(±)-2-[Naphthyl-(1)-carbamoyloxy]-heptan, (±)-Naphthyl-(1)-carbamidsäure-[1-methyl-hexylester], (±)-*(1-naphthyl)carbamic acid 1-methylhexyl ester* $C_{18}H_{23}NO_2$, Formel II (R = $CH(CH_3)$-$[CH_2]_4$-CH_3).

B. Aus Naphthyl-(1)-isocyanat und (±)-Heptanol-(2) (*Adamson, Kenner*, Soc. **1934** 838, 842).

Krystalle (aus PAe.); F: 54°.

4-[Naphthyl-(1)-carbamoyloxy]-heptan, Naphthyl-(1)-carbamidsäure-[1-propyl-butylester], *(1-naphthyl)carbamic acid 1-propylbutyl ester* $C_{18}H_{23}NO_2$, Formel II (R = $CH(CH_2$-CH_2-$CH_3)_2$).

B. Aus Naphthyl-(1)-isocyanat und Heptanol-(4) (*Adkins, Connor, Cramer*, Am. Soc. **52** [1930] 5192, 5197).

F: 79—80°.

4-[Naphthyl-(1)-carbamoyloxy]-2-methyl-hexan, Naphthyl-(1)-carbamidsäure-[3-methyl-1-äthyl-butylester], *2-methyl-4-[(1-naphthyl)carbamoyloxy]hexane* $C_{18}H_{23}NO_2$.

Naphthyl-(1)-carbamidsäure-[(*R*)-3-methyl-1-äthyl-butylester], Formel V.

Ein konfigurativ nicht einheitliches Präparat (Krystalle [aus wss. A.]; F: 77—79°; $[\alpha]_D^{24}$: —1,5° [A.]) ist aus Naphthyl-(1)-isocyanat und partiell racemischem (*R*)-2-Methyl-hexanol-(4) erhalten worden (*Levene, Walti*, J. biol. Chem. **94** [1932] 367, 371).

(±)-5-[Naphthyl-(1)-carbamoyloxy]-2-methyl-hexan, (±)-Naphthyl-(1)-carbamidsäure-[1.4-dimethyl-pentylester], (±)-*(1-naphthyl)carbamic acid 1,4-dimethylpentyl ester* $C_{18}H_{23}NO_2$, Formel II (R = $CH(CH_3)$-CH_2-CH_2-$CH(CH_3)_2$).

B. Aus Naphthyl-(1)-isocyanat und (±)-2-Methyl-hexanol-(5) (*Whitmore, Johnston*, Am. Soc. **60** [1938] 2265, 2267).

F: 84—85°.

Naphthyl-(1)-carbamidsäure-[3-methyl-hexylester], *(1-naphthyl)carbamic acid 3-methylhexyl ester* $C_{18}H_{23}NO_2$.

a) **Naphthyl-(1)-carbamidsäure-[(*S*)-3-methyl-hexylester]**, Formel VI.

B. Aus Naphthyl-(1)-isocyanat und (*S*)-3-Methyl-hexanol-(1) (*Levene, Marker*, J. biol. Chem. **91** [1931] 77, 89).

Krystalle; F: 73°.

b) **(±)-Naphthyl-(1)-carbamidsäure-[3-methyl-hexylester]**, Formel VI + Spiegelbild (E II 688).

B. Aus Naphthyl-(1)-isocyanat und (±)-3-Methyl-hexanol-(1) (*Huston, Agett*, J. org. Chem. **6** [1941] 123, 128).

F: 45,5°.

(±)-3-[Naphthyl-(1)-carbamoyloxy]-2.2-dimethyl-pentan, (±)-Naphthyl-(1)-carbamidsäure-[2.2-dimethyl-1-äthyl-propylester], (±)-*2,2-dimethyl-3-[(1-naphthyl)carbamoyloxy]pentane* $C_{18}H_{23}NO_2$, Formel II (R = $CH(C_2H_5)$-$C(CH_3)_3$) auf S. 2880.

B. Aus Naphthyl-(1)-isocyanat und (±)-2.2-Dimethyl-pentanol-(3) (*Stevens, McCoubrey*, Am. Soc. **63** [1941] 2847; *Whitmore et al.*, Am. Soc. **60** [1938] 2788).

F: 109–110° (*Wh. et al.*), 107–108° (*St., McC.*).

(±)-4-[Naphthyl-(1)-carbamoyloxy]-2.2-dimethyl-pentan, (±)-Naphthyl-(1)-carbamidsäure-[1.3.3-trimethyl-butylester], (±)-*(1-naphthyl)carbamic acid 1,3,3-trimethylbutyl ester* $C_{18}H_{23}NO_2$, Formel II (R = $CH(CH_3)$-CH_2-$C(CH_3)_3$) auf S. 2880.

B. Aus Naphthyl-(1)-isocyanat und (±)-2.2-Dimethyl-pentanol-(4) (*Whitmore, Homeyer*, Am. Soc. **55** [1933] 4194; *Miller*, Am. Soc. **69** [1947] 1764, 1767).

F: 86,5–87° [aus PAe.] (*Wh., Ho.*), 86° (*Mi.*).

Naphthyl-(1)-carbamidsäure-[4.4-dimethyl-pentylester], *(1-naphthyl)carbamic acid 4,4-dimethylpentyl ester* $C_{18}H_{23}NO_2$, Formel II (R = $[CH_2]_3$-$C(CH_3)_3$) auf S. 2880.

B. Aus Naphthyl-(1)-isocyanat und 2.2-Dimethyl-pentanol-(5) (*Whitmore, Homeyer*, Am. Soc. **55** [1933] 4555, 4558; *Bartlett, Rosen*, Am. Soc. **64** [1942] 543, 545).

Krystalle; F: 80,5–81° [aus PAe.] (*Wh., Ho.*), 80–81° (*Ba., Ro.*).

(±)-Naphthyl-(1)-carbamidsäure-[3.4-dimethyl-pentylester], (±)-*(1-naphthyl)carbamic acid 3,4-dimethylpentyl ester* $C_{18}H_{23}NO_2$, Formel II (R = CH_2-CH_2-$CH(CH_3)$-$CH(CH_3)_2$) auf S. 2880.

B. Aus Naphthyl-(1)-isocyanat und (±)-2.3-Dimethyl-pentanol-(5) (*Schmerling*, Am. Soc. **67** [1945] 1438, 1440).

Krystalle (aus Isopentan); F: 41–42°.

Naphthyl-(1)-carbamidsäure-octylester, *(1-naphthyl)carbamic acid octyl ester* $C_{19}H_{25}NO_2$, Formel II (R = $[CH_2]_7$-CH_3) auf S. 2880 (H 1237).

Krystalle (aus wss. A.); F: 67° (*Dorough et al.*, Am. Soc. **63** [1941] 3100, 3109).

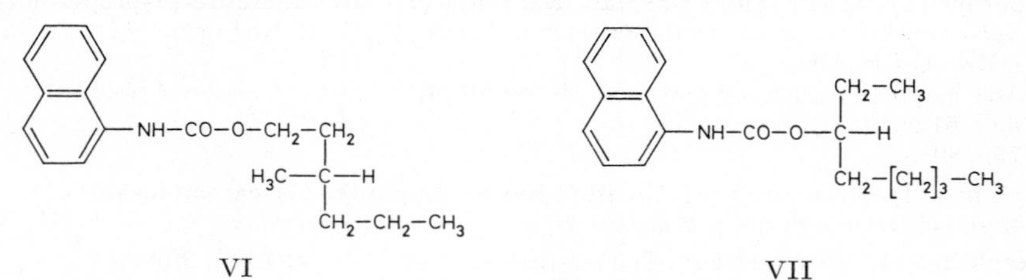

VI VII

3-[Naphthyl-(1)-carbamoyloxy]-octan, Naphthyl-(1)-carbamidsäure-[1-äthyl-hexylester], *(1-naphthyl)carbamic acid 1-ethylhexyl ester* $C_{19}H_{25}NO_2$.

a) **Naphthyl-(1)-carbamidsäure-[(*R*)-1-äthyl-hexylester]**, Formel VII.

B. Aus Naphthyl-(1)-isocyanat und (*R*)-Octanol-(3) (*Levene, Walti*, J. biol. Chem. **94** [1932] 593, 596).

Krystalle (aus wss. A.); F: 79–80°. $[\alpha]_D^{30}$: −2,48° [A.; c = 6].

b) **Naphthyl-(1)-carbamidsäure-[(*S*)-1-äthyl-hexylester]**, Formel VIII.

B. Aus Naphthyl-(1)-isocyanat und (*S*)-Octanol-(3) in Petroläther (*Benezet*, Parfumerie **1** [1943] 153, 157).

Krystalle (aus wss. A.); F: 81°.

c) **(±)-Naphthyl-(1)-carbamidsäure-[1-äthyl-hexylester]**, Formel VII + VIII.

B. Aus Naphthyl-(1)-isocyanat und (±)-Octanol-(3) (*Dorough et al.*, Am. Soc. **63** [1941] 3100, 3109).

Krystalle (aus wss. A.); F: 54°.

(±)-4-[Naphthyl-(1)-carbamoyloxy]-octan, (±)-Naphthyl-(1)-carbamidsäure-[1-propyl-pentylester], (±)-*(1-naphthyl)carbamic acid 1-propylpentyl ester* $C_{19}H_{25}NO_2$, Formel IX ($R = CH(CH_2\text{-}C_2H_5)\text{-}[CH_2]_3\text{-}CH_3$).

B. Aus Naphthyl-(1)-isocyanat und (±)-Octanol-(4) (*Dorough et al.*, Am. Soc. **63** [1941] 3100, 3109; *Hargreaves, Owen*, Soc. **1947** 750).

Krystalle; F: 65,5° [aus wss. A.] (*Do. et al.*), 61—62° [aus PAe.] (*Ha., Owen*), 60—61° [aus PAe.] (*Woods, Schwatzman*, Am. Soc. **71** [1949] 1396, 1398).

2-[Naphthyl-(1)-carbamoyloxy]-2-methyl-heptan, Naphthyl-(1)-carbamidsäure-[1.1-dimethyl-hexylester], *(1-naphthyl)carbamic acid 1,1-dimethylhexyl ester* $C_{19}H_{25}NO_2$, Formel IX ($R = C(CH_3)_2\text{-}[CH_2]_4\text{-}CH_3$).

B. Aus Naphthyl-(1)-isocyanat und 2-Methyl-heptanol-(2) (*Dorough et al.*, Am. Soc. **63** [1941] 3100, 3109).

Krystalle (aus wss. A.); F: 57,5°.

(±)-3-[Naphthyl-(1)-carbamoyloxy]-2-methyl-heptan, (±)-Naphthyl-(1)-carbamidsäure-[1-isopropyl-pentylester], (±)-*(1-naphthyl)carbamic acid 1-isopropylpentyl ester* $C_{19}H_{25}NO_2$, Formel IX ($R = CH(CH_2\text{-}CH_2\text{-}C_2H_5)\text{-}CH(CH_3)_2$).

B. Aus Naphthyl-(1)-isocyanat und (±)-2-Methyl-heptanol-(3) (*Dorough et al.*, Am. Soc. **63** [1941] 3100, 3109).

Krystalle (aus wss. A.); F: 73°.

(±)-4-[Naphthyl-(1)-carbamoyloxy]-2-methyl-heptan, (±)-Naphthyl-(1)-carbamidsäure-[3-methyl-1-propyl-butylester], (±)-*2-methyl-4-[(1-naphthyl)carbamoyloxy]heptane* $C_{19}H_{25}NO_2$, Formel IX ($R = CH(CH_2\text{-}C_2H_5)\text{-}CH_2\text{-}CH(CH_3)_2$).

B. Aus Naphthyl-(1)-isocyanat und (±)-2-Methyl-heptanol-(4) (*Dorough et al.*, Am. Soc. **63** [1941] 3100, 3109).

Krystalle (aus wss. A.); F: 70°.

Naphthyl-(1)-carbamidsäure-[6-methyl-heptylester], *(1-naphthyl)carbamic acid 6-methylheptyl ester* $C_{19}H_{25}NO_2$, Formel IX ($R = [CH_2]_5\text{-}CH(CH_3)_2$).

B. Aus Naphthyl-(1)-isocyanat und 2-Methyl-heptanol-(7) (*Dorough et al.*, Am. Soc. **63** [1941] 3100, 3109).

Krystalle (aus wss. A.); F: 68,5°.

(±)-3-[Naphthyl-(1)-carbamoyloxy]-3-methyl-heptan, (±)-Naphthyl-(1)-carbamidsäure-[1-methyl-1-äthyl-pentylester], (±)-*3-methyl-3-[(1-naphthyl)carbamoyloxy]heptane* $C_{19}H_{25}NO_2$, Formel IX ($R = C(CH_3)(C_2H_5)\text{-}[CH_2]_3\text{-}CH_3$).

B. Aus Naphthyl-(1)-isocyanat und (±)-3-Methyl-heptanol-(3) (*Dorough et al.*, Am. Soc. **63** [1941] 3100, 3109).

Krystalle (aus wss. A.); F: 52°.

(±)-Naphthyl-(1)-carbamidsäure-[2-äthyl-hexylester], (±)-*(1-naphthyl)carbamic acid 2-ethylhexyl ester* $C_{19}H_{25}NO_2$, Formel IX ($R = CH_2\text{-}CH(C_2H_5)\text{-}[CH_2]_3\text{-}CH_3$).

B. Aus Naphthyl-(1)-isocyanat und (±)-2-Äthyl-hexanol-(1) (*Magnani, McElvain*, Am. Soc. **60** [1938] 813, 819; *Whitmore et al.*, Am. Soc. **63** [1941] 643, 647).

F: 60—61° (*Ma., McE.*), 58—59° (*Wh. et al.*).

4-[Naphthyl-(1)-carbamoyloxy]-4-methyl-heptan, Naphthyl-(1)-carbamidsäure-[1-methyl-1-propyl-butylester], *4-methyl-4-[(1-naphthyl)carbamoyloxy]heptane* $C_{19}H_{25}NO_2$, Formel IX ($R = C(CH_2\text{-}C_2H_5)_2\text{-}CH_3$).

B. Aus Naphthyl-(1)-isocyanat und 4-Methyl-heptanol-(4) (*Dorough et al.*, Am. Soc. **63** [1941] 3100, 3109).

Krystalle (aus wss. A.); F: 90°.

(±)-3-[Naphthyl-(1)-carbamoyloxy]-2.2-dimethyl-hexan, (±)-Naphthyl-(1)-carbamidsäure-[1-*tert*-butyl-butylester], (±)-*2,2-dimethyl-3-[(1-naphthyl)carbamoyloxy]hexane* $C_{19}H_{25}NO_2$, Formel IX ($R = CH(CH_2\text{-}C_2H_5)\text{-}C(CH_3)_3$).

B. Aus Naphthyl-(1)-isocyanat und (±)-2.2-Dimethyl-hexanol-(3) (*Greenwood, Whitmore, Crooks*, Am. Soc. **60** [1938] 2028).

F: 113—114°.

Naphthyl-(1)-carbamidsäure-[2.2-diäthyl-butylester], *(1-naphthyl)carbamic acid 2,2-diethylbutyl ester* $C_{19}H_{25}NO_2$, Formel IX ($R = CH_2\text{-}C(C_2H_5)_3$).

B. Aus Naphthyl-(1)-isocyanat und 2.2-Diäthyl-butanol-(1) (*Rice, Jenkins, Harden,*

Am. Soc. **59** [1937] 2000).

Krystalle; F: 135—136° [aus Bzn.] (*Rice, Je., Ha.*), 133—134° (*Whitmore et al.*, Am. Soc. **63** [1941] 643, 653).

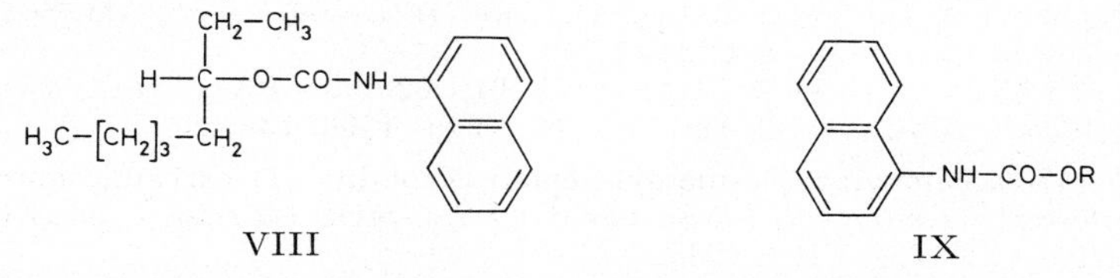

VIII IX

(±)-3-[Naphthyl-(1)-carbamoyloxy]-2.2.4-trimethyl-pentan, (±)-Naphthyl-(1)-carbamidsäure-[2.2-dimethyl-1-isopropyl-propylester], (±)-*2,2,4-trimethyl-3-[(1-naphthyl)carbamoyloxy]pentane* $C_{19}H_{25}NO_2$, Formel IX (R = $CH[C(CH_3)_3]$-$CH(CH_3)_2$).

B. Aus Naphthyl-(1)-isocyanat und (±)-2.2.4-Trimethyl-pentanol-(3) (*Greenwood, Whitmore, Crooks*, Am. Soc. **60** [1938] 2028; *Byers, Hickinbottom*, Soc. **1948** 284, 287).

Krystalle; F: 110° [aus PAe.] (*By., Hi.*), 103—104° (*Gr., Wh., Cr.*).

(±)-Naphthyl-(1)-carbamidsäure-[2.4.4-trimethyl-pentylester], (±)-*(1-naphthyl)carbamic acid 2,4,4-trimethylpentyl ester* $C_{19}H_{25}NO_2$, Formel IX (R = CH_2-$CH(CH_3)$-CH_2-$C(CH_3)_3$).

B. Aus Naphthyl-(1)-isocyanat und (±)-2.2.4-Trimethyl-pentanol-(5) (*Whitmore et al.*, Am. Soc. **63** [1941] 643, 652).

F: 70°.

Naphthyl-(1)-carbamidsäure-nonylester, *(1-naphthyl)carbamic acid nonyl ester* $C_{20}H_{27}NO_2$, Formel IX (R = $[CH_2]_8$-CH_3).

B. Aus Naphthyl-(1)-isocyanat und Nonanol-(1) (*Adamson, Kenner*, Soc. **1934** 838, 842; *Haynes et al.*, Soc. **1947** 1583).

Krystalle; F: 65,5° [aus PAe.] (*Ad., Ke.*), 64° (*Hay. et al.*).

(±)-2-[Naphthyl-(1)-carbamoyloxy]-nonan, (±)-Naphthyl-(1)-carbamidsäure-[1-methyl-octylester], (±)-*(1-naphthyl)carbamic acid 1-methyloctyl ester* $C_{20}H_{27}NO_2$, Formel IX (R = $CH(CH_3)$-$[CH_2]_6$-CH_3).

B. Aus Naphthyl-(1)-isocyanat und (±)-Nonanol-(2) (*Adamson, Kenner*, Soc. **1934** 838, 842).

Krystalle (aus PAe.); F: 55,5°.

(±)-7-[Naphthyl-(1)-carbamoyloxy]-2-methyl-octan, (±)-Naphthyl-(1)-carbamidsäure-[1.6-dimethyl-heptylester], (±)-*(1-naphthyl)carbamic acid 1,6-dimethylheptyl ester* $C_{20}H_{27}NO_2$, Formel IX (R = $CH(CH_3)$-$[CH_2]_4$-$CH(CH_3)_2$).

B. Aus Naphthyl-(1)-isocyanat und (±)-2-Methyl-octanol-(7) (*Heilbron, Jones, Weedon*, Soc. **1944** 140).

Krystalle (aus PAe.); F: 75°.

4-[Naphthyl-(1)-carbamoyloxy]-2.6-dimethyl-heptan, Naphthyl-(1)-carbamidsäure-[3-methyl-1-isobutyl-butylester], *2,6-dimethyl-4-[(1-naphthyl)carbamoyloxy]heptane* $C_{20}H_{27}NO_2$, Formel IX (R = $CH[CH_2$-$CH(CH_3)_2]_2$).

B. Aus Naphthyl-(1)-isocyanat und 2.6-Dimethyl-heptanol-(4) (*Ipatieff, Haensel*, J. org. Chem. **7** [1942] 189, 195).

F: 71—74°.

(±)-3-[Naphthyl-(1)-carbamoyloxy]-2.2.5-trimethyl-hexan, (±)-Naphthyl-(1)-carbamidsäure-[3-methyl-1-*tert*-butyl-butylester], (±)-*2,2,5-trimethyl-3-[(1-naphthyl)carbamoyloxy]hexane* $C_{20}H_{27}NO_2$, Formel IX (R = $CH[C(CH_3)_3]$-CH_2-$CH(CH_3)_2$).

B. Aus Naphthyl-(1)-isocyanat und (±)-2.2.5-Trimethyl-hexanol-(3) (*Whitmore et al.*, Am. Soc. **60** [1938] 2788).

F: 103,5—104,5°.

(±)-4-[Naphthyl-(1)-carbamoyloxy]-2.2.5-trimethyl-hexan, (±)-Naphthyl-(1)-carbamidsäure-[3.3-dimethyl-1-isopropyl-butylester], (±)-*2,2,5-trimethyl-4-[(1-naphthyl)carbamoyloxy]hexane* $C_{20}H_{27}NO_2$, Formel IX (R = $CH[CH(CH_3)_2]$-CH_2-$C(CH_3)_3$).

B. Aus Naphthyl-(1)-isocyanat und (±)-2.2.5-Trimethyl-hexanol-(4) (*Whitmore, Forster*, Am. Soc. **64** [1942] 2966).

F: 88—90°.

(±)-3-[Naphthyl-(1)-carbamoyloxy]-2.4.4-trimethyl-hexan, (±)-Naphthyl-(1)-carbamidsäure-[2.2-dimethyl-1-isopropyl-butylester], *(±)-2,4,4-trimethyl-3-[(1-naphthyl)carbamoyloxy]hexane* $C_{20}H_{27}NO_2$, Formel IX (R = CH[CH(CH$_3$)$_2$]-C(CH$_3$)$_2$-CH$_2$-CH$_3$).

B. Aus Naphthyl-(1)-isocyanat und (±)-2.4.4-Trimethyl-hexanol-(3) (*Whitmore, Forster*, Am. Soc. **64** [1942] 2966).

F: 76,5—77,5°.

Naphthyl-(1)-carbamidsäure-decylester, *(1-naphthyl)carbamic acid decyl ester* $C_{21}H_{29}NO_2$, Formel IX (R = [CH$_2$]$_9$-CH$_3$).

B. Aus Naphthyl-(1)-isocyanat und Decanol-(1) (*Komppa, Talvitie*, J. pr. [2] **135** [1932] 193, 202).

F: 73° [aus PAe.] (*Adamson, Kenner*, Soc. **1934** 838, 842), 71,4° [aus A.] (*Ko., Ta.*).

Naphthyl-(1)-carbamidsäure-[10-chlor-decylester], *(1-naphthyl)carbamic acid 10-chlorodecyl ester* $C_{21}H_{28}ClNO_2$, Formel IX (R = [CH$_2$]$_9$-CH$_2$Cl).

B. Aus Naphthyl-(1)-isocyanat und 10-Chlor-decanol-(1) (*Anderson, Pollard*, Am. Soc. **61** [1939] 3439).

F: 63—64°.

(±)-2-[Naphthyl-(1)-carbamoyloxy]-decan, (±)-Naphthyl-(1)-carbamidsäure-[1-methyl-nonylester], *(±)-(1-naphthyl)carbamic acid 1-methylnonyl ester* $C_{21}H_{29}NO_2$, Formel IX (R = CH(CH$_3$)-[CH$_2$]$_7$-CH$_3$).

B. Aus Naphthyl-(1)-isocyanat und (±)-Decanol-(2) (*Adamson, Kenner*, Soc. **1934** 838, 842).

Krystalle (aus PAe.); F: 69°.

(±)-Naphthyl-(1)-carbamidsäure-[3-methyl-nonylester], *(±)-(1-naphthyl)carbamic acid 3-methylnonyl ester* $C_{21}H_{29}NO_2$, Formel IX (R = CH$_2$-CH$_2$-CH(CH$_3$)-[CH$_2$]$_5$-CH$_3$).

B. Aus Naphthyl-(1)-isocyanat und (±)-3-Methyl-nonanol-(1) (*Cymerman, Heilbron, Jones*, Soc. **1944** 144, 147).

Krystalle (aus A.); F: 49°.

(±)-4-[Naphthyl-(1)-carbamoyloxy]-2.2-dimethyl-octan, (±)-Naphthyl-(1)-carbamidsäure-[1-neopentyl-pentylester], *(±)-2,2-dimethyl-4-[(1-naphthyl)carbamoyloxy]octane* $C_{21}H_{29}NO_2$, Formel IX (R = CH(CH$_2$-CH$_2$-C$_2$H$_5$)-CH$_2$-C(CH$_3$)$_3$).

B. Aus Naphthyl-(1)-isocyanat und (±)-2.2-Dimethyl-octanol-(4) (*Whitmore et al.*, Am. Soc. **60** [1938] 2462).

F: 70—70,5°.

(±)-4-[Naphthyl-(1)-carbamoyloxy]-2.2.6-trimethyl-heptan, (±)-Naphthyl-(1)-carbamidsäure-[3.3-dimethyl-1-isobutyl-butylester], *(±)-2,2,6-trimethyl-4-[(1-naphthyl)carbamoyloxy]heptane* $C_{21}H_{29}NO_2$, Formel IX (R = CH[CH$_2$-C(CH$_3$)$_3$]-CH$_2$-CH(CH$_3$)$_2$).

B. Aus Naphthyl-(1)-isocyanat und (±)-2.2.6-Trimethyl-heptanol-(4) (*Whitmore, Forster*, Am. Soc. **64** [1942] 2966).

F: 100—100,5°.

(±)-3-[Naphthyl-(1)-carbamoyloxy]-2.2-dimethyl-4-äthyl-hexan, (±)-Naphthyl-(1)-carbamidsäure-[2-äthyl-1-*tert*-butyl-butylester], *(±)-4-ethyl-2,2-dimethyl-3-[(1-naphthyl)carbamoyloxy]hexane* $C_{21}H_{29}NO_2$, Formel IX (R = CH[C(CH$_3$)$_3$]-CH(C$_2$H$_5$)$_2$).

B. Aus Naphthyl-(1)-isocyanat und (±)-2.2-Dimethyl-4-äthyl-hexanol-(3) (*Whitmore et al.*, Am. Soc. **63** [1941] 643, 646).

F: 101—102°.

Naphthyl-(1)-carbamidsäure-undecylester, *(1-naphthyl)carbamic acid undecyl ester* $C_{22}H_{31}NO_2$, Formel IX (R = [CH$_2$]$_{10}$-CH$_3$).

B. Aus Naphthyl-(1)-isocyanat und Undecanol-(1) in Toluol (*Witten, Reid*, Am. Soc. **69** [1947] 2470).

Krystalle (aus PAe.); F: 73°.

2-[Naphthyl-(1)-carbamoyloxy]-4-methyl-decan, Naphthyl-(1)-carbamidsäure-[1.3-dimethyl-nonylester], *(1-naphthyl)carbamic acid 1,3-dimethylnonyl ester* $C_{22}H_{31}NO_2$, Formel IX (R = CH(CH$_3$)-CH$_2$-CH(CH$_3$)-[CH$_2$]$_5$-CH$_3$).

Eine opt.-inakt. Verbindung (Krystalle [aus Me.]; F: 63°) dieser Konstitution ist aus Naphthyl-(1)-isocyanat und opt.-inakt. 4-Methyl-decanol-(2) (Kp_{12}: 104°) erhalten worden (*Cymerman, Heilbron, Jones*, Soc. **1944** 144, 146).

(±)-4-[Naphthyl-(1)-carbamoyloxy]-2.2-dimethyl-nonan, (±)-Naphthyl-(1)-carbamidsäure-[1-neopentyl-hexylester], (±)-*2,2-dimethyl-4-[(1-naphthyl)carbamoyloxy]nonane* $C_{22}H_{31}NO_2$, Formel X (R = $CH(CH_2$-CH_2-CH_2-$C_2H_5)$-CH_2-$C(CH_3)_3)$.

B. Aus Naphthyl-(1)-isocyanat und (±)-2.2-Dimethyl-nonanol-(4) (*Whitmore et al.*, Am. Soc. **60** [1938] 2462).

F: 63–63,5°.

(±)-4-[Naphthyl-(1)-carbamoyloxy]-3.3-dimethyl-5-äthyl-heptan, (±)-Naphthyl-(1)-carbamidsäure-[2-äthyl-1-*tert*-pentyl-butylester], (±)-*5-ethyl-3,3-dimethyl-4-[(1-naphthyl)carbamoyloxy]heptane* $C_{22}H_{31}NO_2$, Formel X (R = $CH[CH(C_2H_5)_2]$-$C(CH_3)_2$-CH_2-$CH_3)$.

B. Aus Naphthyl-(1)-isocyanat und (±)-3.3-Dimethyl-5-äthyl-heptanol-(4) (*Whitmore et al.*, Am. Soc. **63** [1941] 643, 650).

F: 85°.

(±)-3-[Naphthyl-(1)-carbamoyloxy]-2.2.6.6-tetramethyl-heptan, (±)-Naphthyl-(1)-carbamidsäure-[4.4-dimethyl-1-*tert*-butyl-pentylester], (±)-*2,2,6,6-tetramethyl-3-[(1-naphthyl)carbamoyloxy]heptane* $C_{22}H_{31}NO_2$, Formel X (R = $CH[C(CH_3)_3]$-CH_2-CH_2-$C(CH_3)_3)$.

B. Aus Naphthyl-(1)-isocyanat und (±)-2.2.6.6-Tetramethyl-heptanol-(3) (*Whitmore et al.*, Am. Soc. **63** [1941] 643, 647).

F: 92°.

Naphthyl-(1)-carbamidsäure-tridecylester, *(1-naphthyl)carbamic acid tridecyl ester* $C_{24}H_{35}NO_2$, Formel X (R = $[CH_2]_{12}$-$CH_3)$.

B. Aus Naphthyl-(1)-isocyanat und Tridecanol-(1) in Toluol (*Witten, Reid*, Am. Soc. **69** [1947] 2470).

Krystalle (aus PAe.); F: 80°.

7-[Naphthyl-(1)-carbamoyloxy]-tridecan, Naphthyl-(1)-carbamidsäure-[1-hexyl-heptylester], *(1-naphthyl)carbamic acid 1-hexylheptyl ester* $C_{24}H_{35}NO_2$, Formel X (R = $CH(CH_2$-$[CH_2]_4$-$CH_3)_2)$.

B. Aus Naphthyl-(1)-isocyanat und Tridecanol-(7) (*Tischer*, B. **72** [1939] 291, 297).

Krystalle (aus Me.); F: 51°.

Naphthyl-(1)-carbamidsäure-tetradecylester, *(1-naphthyl)carbamic acid tetradecyl ester* $C_{25}H_{37}NO_2$, Formel X (R = $[CH_2]_{13}$-$CH_3)$.

B. Aus Naphthyl-(1)-isocyanat und Tetradecanol-(1) in Toluol (*Witten, Reid*, Am. Soc. **69** [1947] 2470).

Krystalle (aus PAe.); F: 81°.

Naphthyl-(1)-carbamidsäure-pentadecylester, *(1-naphthyl)carbamic acid pentadecyl ester* $C_{26}H_{39}NO_2$, Formel X (R = $[CH_2]_{14}$-$CH_3)$.

B. Aus Naphthyl-(1)-isocyanat und Pentadecanol-(1) (*Tischer*, B. **72** [1939] 291, 293).

Krystalle (aus PAe.); F: 85°.

(±)-2-[Naphthyl-(1)-carbamoyloxy]-pentadecan, (±)-Naphthyl-(1)-carbamidsäure-[1-methyl-tetradecylester], (±)-*(1-naphthyl)carbamic acid 1-methyltetradecyl ester* $C_{26}H_{39}NO_2$, Formel X (R = $CH(CH_3)$-$[CH_2]_{12}$-$CH_3)$.

B. Aus Naphthyl-(1)-isocyanat und (±)-Pentadecanol-(2) (*Dreger et al.*, Ind. eng. Chem. **36** [1944] 610, 613).

F: 76,5°.

(±)-4-[Naphthyl-(1)-carbamoyloxy]-pentadecan, (±)-Naphthyl-(1)-carbamidsäure-[1-propyl-dodecylester], (±)-*(1-naphthyl)carbamic acid 1-propyldodecyl ester* $C_{26}H_{39}NO_2$, Formel X (R = $CH(CH_2$-$C_2H_5)$-$[CH_2]_{10}$-$CH_3)$.

B. Aus Naphthyl-(1)-isocyanat und (±)-Pentadecanol-(4) (*Dreger et al.*, Ind. eng. Chem. **36** [1944] 610, 613).

F: 69°.

(±)-6-[Naphthyl-(1)-carbamoyloxy]-pentadecan, (±)-Naphthyl-(1)-carbamidsäure-[1-pentyl-decylester], (±)-*(1-naphthyl)carbamic acid 1-pentyldecyl ester* $C_{26}H_{39}NO_2$, Formel X (R = $CH([CH_2]_4$-$CH_3)$-$[CH_2]_8$-$CH_3)$.

B. Aus Naphthyl-(1)-isocyanat und (±)-Pentadecanol-(6) (*Dreger et al.*, Ind. eng. Chem.

36 [1944] 610, 613).
F: 54°.

Naphthyl-(1)-carbamidsäure-[9-propyl-dodecylester], *(1-naphthyl)carbamic acid 9-propyldodecyl ester* $C_{26}H_{39}NO_2$, Formel X (R = CH_2-$[CH_2]_7$-$CH(CH_2$-$C_2H_5)_2$).
B. Aus Naphthyl-(1)-isocyanat und 3-Propyl-dodecanol-(12) (*Cason, Stanley*, J. org. Chem. **14** [1949] 137, 143).
Krystalle (aus Acn.), die bei langsamem Erwärmen bei 51—57°, im auf 55° vorgewärmten Bad jedoch sofort schmelzen.

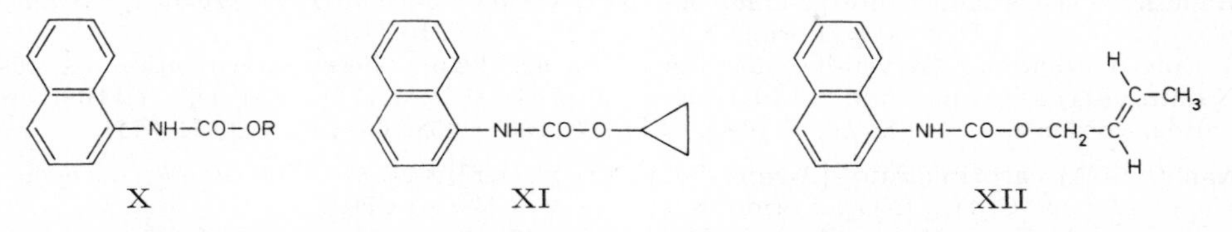

Naphthyl-(1)-carbamidsäure-hexadecylester, *(1-naphthyl)carbamic acid hexadecyl ester* $C_{27}H_{41}NO_2$, Formel X (R = $[CH_2]_{15}$-CH_3) (H 1237; dort als α-Naphthyl-carbamidsäure-cetylester bezeichnet).
B. Aus Naphthyl-(1)-isocyanat und Hexadecanol-(1) (*Tischer*, B. **72** [1939] 291, 294).
Krystalle (aus A.); F: 82—83°.

Naphthyl-(1)-carbamidsäure-heptadecylester, *(1-naphthyl)carbamic acid heptadecyl ester* $C_{28}H_{43}NO_2$, Formel X (R = $[CH_2]_{16}$-CH_3).
B. Aus Naphthyl-(1)-isocyanat und Heptadecanol-(1) (*Tischer*, B. **72** [1939] 291, 295).
Krystalle (aus PAe.); F: 88,5°.

Naphthyl-(1)-carbamidsäure-octadecylester, *(1-naphthyl)carbamic acid octadecyl ester* $C_{29}H_{45}NO_2$, Formel X (R = $[CH_2]_{17}$-CH_3).
B. Aus Naphthyl-(1)-isocyanat und Octadecanol-(1) in Toluol (*Witten, Reid*, Am. Soc. **69** [1947] 2470).
Krystalle (aus PAe.); F: 89°.

10-[Naphthyl-(1)-carbamoyloxy]-nonadecan, Naphthyl-(1)-carbamidsäure-[1-nonyl-decylester], *(1-naphthyl)carbamic acid 1-nonyldecyl ester* $C_{30}H_{47}NO_2$, Formel X (R = $CH([CH_2]_8$-$CH_3)_2$).
B. Aus Naphthyl-(1)-isocyanat und Nonadecanol-(10) (*Dreger et al.*, Ind. eng. Chem. **36** [1944] 610, 613).
F: 54°.

Naphthyl-(1)-carbamidsäure-cyclopropylester, *(1-naphthyl)carbamic acid cyclopropyl ester* $C_{14}H_{13}NO_2$, Formel XI.
B. Aus Naphthyl-(1)-isocyanat und Cyclopropanol (*Stahl, Cottle*, Am. Soc. **65** [1943] 1782).
Krystalle (aus Diisopentyläther); F: 100,5—101,5°.

(±)-2-Chlor-3-[naphthyl-(1)-carbamoyloxy]-buten-(1), (±)-Naphthyl-(1)-carbamidsäure-[2-chlor-1-methyl-allylester], *(±)-2-chloro-3-[(1-naphthyl)carbamoyloxy]but-1-ene* $C_{15}H_{14}ClNO_2$, Formel X (R = $CH(CH_3)$-$CCl{=}CH_2$).
B. Aus Naphthyl-(1)-isocyanat und (±)-2-Chlor-buten-(1)-ol-(3) [E III **1** 1893] (*Tischtschenko*, Ž. obšč. Chim. **7** [1937] 658, 661; C. **1937** II 371).
Krystalle (aus Bzn.); F: 95—96°.

(±)-4-Chlor-3-[naphthyl-(1)-carbamoyloxy]-buten-(1), (±)-Naphthyl-(1)-carbamidsäure-[1-chlormethyl-allylester], *(±)-4-chloro-3-[(1-naphthyl)carbamoyloxy]but-1-ene* $C_{15}H_{14}ClNO_2$, Formel X (R = $CH(CH_2Cl)$-$CH{=}CH_2$).
B. Aus Naphthyl-(1)-isocyanat und (±)-4-Chlor-buten-(1)-ol-(3) (*Evans, Owen*, Soc. **1949** 239).
Krystalle (aus PAe.); F: 91—92°.

(±)-Naphthyl-(1)-carbamidsäure-[2-chlor-buten-(3)-ylester], *(±)-3-chloro-4-[(1-naphthyl)carbamoyloxy]but-1-ene* $C_{15}H_{14}ClNO_2$, Formel X (R = CH_2-$CHCl$-$CH{=}CH_2$).
B. Aus Naphthyl-(1)-isocyanat und (±)-3-Chlor-buten-(1)-ol-(4) (*Evans, Owen*, Soc.

1949 239).
Krystalle (aus PAe.); F: 81°.

Naphthyl-(1)-carbamidsäure-[buten-(2)-ylester], *(1-naphthyl)carbamic acid but-2-enyl ester* $C_{15}H_{15}NO_2$.

Naphthyl-(1)-carbamidsäure-[buten-(2*t*)-ylester], Formel XII (vgl. E II 688).
B. Aus Naphthyl-(1)-isocyanat und Buten-(2*t*)-ol-(1) (*Owen*, Soc. **1943** 463, 467).
Krystalle (aus PAe.); F: 96—97°.

Naphthyl-(1)-carbamidsäure-[2-chlor-buten-(2)-ylester], *2-chloro-1-[(1-naphthyl)carbamoyloxy]but-2-ene* $C_{15}H_{14}ClNO_2$, Formel X (R = CH_2-CCl=CH-CH_3).
Eine Verbindung (Krystalle [aus Bzn.]; F: 92—92,5°) dieser Konstitution ist aus Naphthyl-(1)-isocyanat und 2-Chlor-buten-(2)-ol-(1) (D_4^{23}: 1,1138 oder D_4^{23}: 1,1168) erhalten worden (*Tischtschenko*, Ž. obšč. Chim. **7** [1937] 658, 661; C. **1937** II 371).

Naphthyl-(1)-carbamidsäure-[3-chlor-buten-(2)-ylester], *3-chloro-1-[(1-naphthyl)carbamoyloxy]but-2-ene* $C_{15}H_{14}ClNO_2$, Formel X (R = CH_2-CH=CCl-CH_3).
Eine Verbindung (Krystalle [aus Bzn.]; F: 107—108°) dieser Konstitution ist aus Naphthyl-(1)-isocyanat und 3-Chlor-buten-(2)-ol-(1) (Kp_{12}: 67—67,5°) erhalten worden (*Tischtschenko*, Ž. obšč. Chim. **7** [1937] 658, 661; C. **1937** II 371).

Naphthyl-(1)-carbamidsäure-[4-chlor-buten-(2)-ylester], *1-chloro-4-[(1-naphthyl)carbamoyloxy]but-2-ene* $C_{15}H_{14}ClNO_2$, Formel X (R = CH_2-CH=CH-CH_2Cl).
Über zwei aus Naphthyl-(1)-isocyanat und 4-Chlor-buten-(2)-ol-(1) ($n_D^{20,5}$: 1,4792 bzw. n_D^{18}: 1,4832) erhaltene Präparate (Krystalle; F: 88—89° [aus Bzn.] bzw. F: 94°) s. *Kadesch*, Am. Soc. **68** [1946] 41, 45 bzw. *Evans, Owen*, Soc. **1949** 239.

(±)-4-[Naphthyl-(1)-carbamoyloxy]-penten-(1), (±)-Naphthyl-(1)-carbamidsäure-[1-methyl-buten-(3)-ylester], *(±)-4-[(1-naphthyl)carbamoyloxy]pent-1-ene* $C_{16}H_{17}NO_2$, Formel X (R = $CH(CH_3)$-CH_2-CH=CH_2).
B. Aus Naphthyl-(1)-isocyanat und (±)-Penten-(1)-ol-(4) (*Balfe et al.*, Soc. **1943** 348, 351).
Tafeln (aus Cyclohexan), F: 62°; Nadeln (aus Cyclohexan), F: 46—47°.

Naphthyl-(1)-carbamidsäure-[penten-(4)-ylester], *(1-naphthyl)carbamic acid pent-4-enyl ester* $C_{16}H_{17}NO_2$, Formel X (R = $[CH_2]_3$-CH=CH_2).
B. Aus Naphthyl-(1)-isocyanat und Penten-(1)-ol-(5) (*Schniepp, Geller*, Am. Soc. **67** [1945] 54).
F: 61,5—62°.

4-[Naphthyl-(1)-carbamoyloxy]-penten-(2), Naphthyl-(1)-carbamidsäure-[1-methyl-buten-(2)-ylester], *4-[(1-naphthyl)carbamoyloxy]pent-2-ene* $C_{16}H_{17}NO_2$.

(±)-Naphthyl-(1)-carbamidsäure-[1-methyl-buten-(2*t*)-ylester], Formel XIII.
B. Aus Naphthyl-(1)-isocyanat und (±)-Penten-(2*t*)-ol-(4) [E III **1** 1914] (*Balfe et al.*, Soc. **1943** 348, 351).
F: 105°.

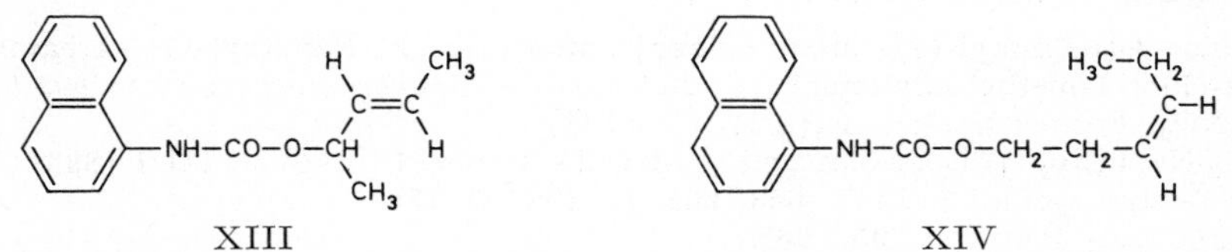

XIII XIV

(±)-3-[Naphthyl-(1)-carbamoyloxy]-2-methyl-buten-(1), (±)-Naphthyl-(1)-carbamidsäure-[1.2-dimethyl-allylester], *(±)-2-methyl-3-[(1-naphthyl)carbamoyloxy]but-1-ene* $C_{16}H_{17}NO_2$, Formel X (R = $CH(CH_3)$-$C(CH_3)$=CH_2).
B. Aus Naphthyl-(1)-isocyanat und (±)-2-Methyl-buten-(1)-ol-(3) (*Tischtschenko*, Ž. obšč. Chim. **6** [1936] 1549, 1551; C. **1937** I 3785).
Krystalle (aus Bzn.); F: 92,5—93°.

Naphthyl-(1)-carbamidsäure-[2-methyl-buten-(2)-ylester], *2-methyl-1-[(1-naphthyl)carbamoyloxy]but-2-ene* $C_{16}H_{17}NO_2$, Formel X (R = CH_2-$C(CH_3)$=CH-CH_3).
Eine Verbindung (Krystalle [aus Bzn.]; F: 103—103,5°) dieser Konstitution ist aus

Naphthyl-(1)-isocyanat und 2-Methyl-buten-(2)-ol-(1) (Kp: 136—137°) erhalten worden (*Tischtschenko*, Ž. obšč. Chim. **6** [1936] 1549, 1551; C. **1937** I 3785).

Naphthyl-(1)-carbamidsäure-[hexen-(3)-ylester], *(1-naphthyl)carbamic acid hex-3-enyl ester* $C_{17}H_{19}NO_2$.

a) **Naphthyl-(1)-carbamidsäure-[hexen-(3*c*)-ylester]**, Formel XIV (E I 525; E II 688).

B. Aus Naphthyl-(1)-isocyanat und Hexen-(3*c*)-ol-(1) (*Takei*, *Sakato*, Bl. Inst. phys. chem. Res. Tokyo **12** [1933] 13, 18; Bl. Inst. phys. chem. Res. Abstr. Tokyo **6** [1933] 1).

Krystalle (aus PAe.); F: 68°.

b) **Naphthyl-(1)-carbamidsäure-[hexen-(3*t*)-ylester]**, Formel I.

B. Aus Naphthyl-(1)-isocyanat und Hexen-(3*t*)-ol-(1) (*Crombie, Harper*, Soc. **1950** 873, 876; *Sondheimer*, Soc. **1950** 877, 881).

Krystalle (aus PAe.); F: 69—70° (*Cr.*, *Ha.*), 68—69° (*So.*).

Ein von *Ruzicka, Schinz, Susz* (Helv. **27** [1944] 1561, 1569) beschriebenes Präparat (F: 61—63°) ist vermutlich nicht einheitlich gewesen (*Cr.*, *Ha.*, l. c. S. 874).

Naphthyl-(1)-carbamidsäure-cyclohexylester, *(1-naphthyl)carbamic acid cyclohexyl ester* $C_{17}H_{19}NO_2$, Formel II (R = X = H) (E I 525; E II 688).

Krystalle (aus Ae.); F: 128° (*Farmer, Michael*, Soc. **1942** 513, 519).

Naphthyl-(1)-carbamidsäure-[2-chlor-cyclohexylester], *(1-naphthyl)carbamic acid 2-chlorocyclohexyl ester* $C_{17}H_{18}ClNO_2$.

a) **(±)-Naphthyl-(1)-carbamidsäure-[*cis*-2-chlor-cyclohexylester]**, Formel II (R = H, X = Cl) + Spiegelbild.

B. Aus Naphthyl-(1)-isocyanat und (±)-*cis*-2-Chlor-cyclohexanol-(1) (*Bartlett*, Am. Soc. **57** [1935] 224, 225, 226).

F: 94°.

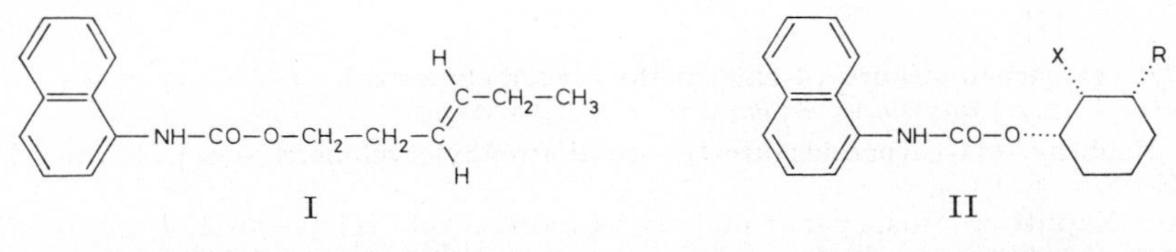

b) **(±)-Naphthyl-(1)-carbamidsäure-[*trans*-2-chlor-cyclohexylester]**, Formel III (R = H, X = Cl) + Spiegelbild.

B. Aus Naphthyl-(1)-isocyanat und (±)-*trans*-2-Chlor-cyclohexanol-(1) (*Bartlett*, Am. Soc. **57** [1935] 224, 225, 226).

F: 165°.

Naphthyl-(1)-carbamidsäure-[2-methyl-cyclohexylester], *(1-naphthyl)carbamic acid 2-methylcyclohexyl ester* $C_{18}H_{21}NO_2$.

(±)-Naphthyl-(1)-carbamidsäure-[*cis*-2-methyl-cyclohexylester], Formel II (R = H, X = CH_3) + Spiegelbild.

B. Aus Naphthyl-(1)-isocyanat und (±)-*cis*-1-Methyl-cyclohexanol-(2) (*Jackman, Macbeth, Mills*, Soc. **1949** 1717, 1718, 1719).

Krystalle (aus PAe.); F: 112°.

Naphthyl-(1)-carbamidsäure-[3-methyl-cyclohexylester], *(1-naphthyl)carbamic acid 3-methylcyclohexyl ester* $C_{18}H_{21}NO_2$.

a) **Naphthyl-(1)-carbamidsäure-[(1*S*)-*cis*-3-methyl-cyclohexylester]**, Formel II (R = CH_3, X = H).

B. Aus Naphthyl-(1)-isocyanat und (1*R*)-*cis*-1-Methyl-cyclohexanol-(3) [E III **6** 67] (*Macbeth, Mills*, Soc. **1947** 205, 207).

Krystalle (aus PAe.); F: 147—148°.

b) **(±)-Naphthyl-(1)-carbamidsäure-[*cis*-3-methyl-cyclohexylester]**, Formel II (R = CH_3, X = H) + Spiegelbild (E II 689; dort als „α-Naphthyl-carbamidsäureester des *dl*-trans-1-Methyl-cyclohexanols-(3)" bezeichnet).

B. Aus Naphthyl-(1)-isocyanat und (±)-*cis*-1-Methyl-cyclohexanol-(3) (E III **6** 68) in

Petroläther (*Macbeth, Mills*, Soc. **1945** 709, 712).
Krystalle (aus PAe.); F: 128,5—129,5°.

c) **Naphthyl-(1)-carbamidsäure-[(1*R*)-*trans*-3-methyl-cyclohexylester]**, Formel IV (R = CH_3, X = H).

B. Aus Naphthyl-(1)-isocyanat und (1*R*)-*trans*-1-Methyl-cyclohexanol-(3) [E III **6** 68] (*Macbeth, Mills*, Soc. **1947** 205, 206).

Krystalle (aus wss. A.); F: 117,5—118,5°. $[\alpha]_D$: —19,4° [$CHCl_3$; c = 5].

d) **(±)-Naphthyl-(1)-carbamidsäure-[*trans*-3-methyl-cyclohexylester]**, Formel IV (R = CH_3, X = H) + Spiegelbild.

B. Aus Naphthyl-(1)-isocyanat und (±)-*trans*-1-Methyl-cyclohexanol-(3) [E III **6** 69] (*Macbeth, Mills*, Soc. **1945** 709, 712).

Krystalle (aus PAe.); F: 117,5—118,5°.

Naphthyl-(1)-carbamidsäure-[4-methyl-cyclohexylester], *(1-naphthyl)carbamic acid 4-methylcyclohexyl ester* $C_{18}H_{21}NO_2$.

Naphthyl-(1)-carbamidsäure-[*cis*-4-methyl-cyclohexylester], Formel IV (R = H, X = CH_3).

B. Aus Naphthyl-(1)-isocyanat und *cis*-1-Methyl-cyclohexanol-(4) (*Jackman, Macbeth, Mills*, Soc. **1949** 1717, 1718, 1720).

Krystalle (aus PAe.); F: 106—107°.

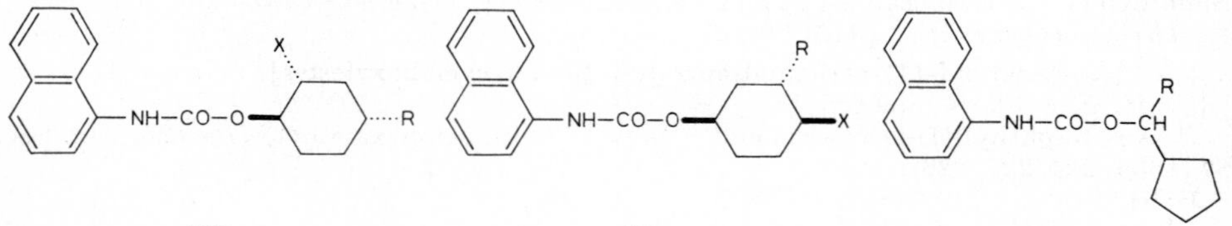

III IV V

Naphthyl-(1)-carbamidsäure-[4-chlormethyl-cyclohexylester], *1-(chloromethyl)-4-[(1-naphthyl)carbamoyloxy]cyclohexane* $C_{18}H_{20}ClNO_2$.

a) **Naphthyl-(1)-carbamidsäure-[*cis*-4-chlormethyl-cyclohexylester]**, Formel IV (R = H, X = CH_2Cl).

B. Aus Naphthyl-(1)-isocyanat und *cis*-1-Chlormethyl-cyclohexanol-(4) (*Owen, Robins*, Soc. **1949** 326, 331).

Krystalle (aus PAe.); F: 123°.

b) **Naphthyl-(1)-carbamidsäure-[*trans*-4-chlormethyl-cyclohexylester]**, Formel III (R = CH_2Cl, X = H).

B. Aus Naphthyl-(1)-isocyanat und *trans*-1-Chlormethyl-cyclohexanol-(4) (*Owen, Robins*, Soc. **1949** 326, 331).

Krystalle (aus PAe.); F: 183—184°.

(±)-Naphthyl-(1)-carbamidsäure-[1-cyclopentyl-äthylester], (±)-*(1-naphthyl)carbamic acid 1-cyclopentylethyl ester* $C_{18}H_{21}NO_2$, Formel V (R = CH_3).

B. Aus Naphthyl-(1)-isocyanat und (±)-1-Cyclopentyl-äthanol-(1) (*Edwards, Reid*, Am. Soc. **52** [1930] 3235, 3236, 3240).

Krystalle (aus Me. oder A.); F: 104° [korr.].

(±)-3-[Naphthyl-(1)-carbamoyloxy]-2.2.4-trimethyl-penten-(4), (±)-Naphthyl-(1)-carbamidsäure-[2-methyl-1-*tert*-butyl-allylester], (±)-*2,4,4-trimethyl-3-[(1-naphthyl)carbamoyloxy]pent-1-ene* $C_{19}H_{23}NO_2$, Formel VI.

B. Aus Naphthyl-(1)-isocyanat und (±)-2.2.4-Trimethyl-penten-(4)-ol-(3) (*Byers, Hickinbottom*, Soc. **1948** 284, 287).

Krystalle (aus PAe.); F: 137°.

Naphthyl-(1)-carbamidsäure-[2-äthyl-cyclohexylester], *(1-naphthyl)carbamic acid 2-ethylcyclohexyl ester* $C_{19}H_{23}NO_2$.

(±)-Naphthyl-(1)-carbamidsäure-[*cis*-2-äthyl-cyclohexylester], Formel II (R = H, X = C_2H_5) + Spiegelbild.

B. Aus Naphthyl-(1)-isocyanat und (±)-*cis*-1-Äthyl-cyclohexanol-(2) (*Ungnade,*

McLaren, Am. Soc. **66** [1944] 118, 121).
F: 151—153,5° [unkorr.].

Naphthyl-(1)-carbamidsäure-[3-äthyl-cyclohexylester], *(1-naphthyl)carbamic acid 3-ethylcyclohexyl ester* $C_{19}H_{23}NO_2$, Formel VII (R = C_2H_5, X = H).
Über ein aus Naphthyl-(1)-isocyanat und opt.-inakt. 1-Äthyl-cyclohexanol-(3) (Kp: 191,5—192°; Stereoisomeren-Gemisch) erhaltenes opt.-inakt. Präparat (F: 98,5—99,5°) s. *Ungnade, McLaren*, Am. Soc. **66** [1944] 118, 121.

Naphthyl-(1)-carbamidsäure-[4-äthyl-cyclohexylester], *(1-naphthyl)carbamic acid 4-ethylcyclohexyl ester* $C_{19}H_{23}NO_2$.

Naphthyl-(1)-carbamidsäure-[*trans*-4-äthyl-cyclohexylester], Formel IV (R = H, X = C_2H_5).
Diese Konfiguration kommt vermutlich der nachstehend beschriebenen Verbindung zu.
B. Aus Naphthyl-(1)-isocyanat und *trans*(?)-1-Äthyl-cyclohexanol-(4) [E III **6** 86] (*Ungnade, McLaren*, Am. Soc. **66** [1944] 118, 121; *Saeman Harris*, Am. Soc. **68** [1946] 2507).
F: 144° (*Sae., Ha.*), 139,5—140,5° (*Un., McL.*).

Naphthyl-(1)-carbamidsäure-[2.3-dimethyl-cyclohexylester], *(1-naphthyl)carbamic acid 2,3-dimethylcyclohexyl ester* $C_{19}H_{23}NO_2$, Formel VII (R = X = CH_3).
Über zwei aus Naphthyl-(1)-isocyanat und opt.-inakt. 1.2-Dimethyl-cyclohexanol-(3) (Kp_{12}: 68—72° bzw. Kp_{12}: 77—79°) von ungewisser konfigurativer Einheitlichkeit erhaltene opt.-inakt. Präparate (Krystalle; F: 141° [aus Bzn.] bzw. 138—140°) s. *Farmer, Sutton*, Soc. **1946** 10, 12.

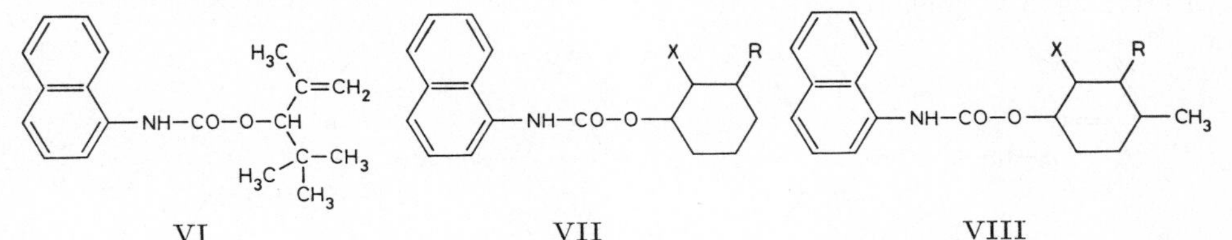

VI VII VIII

Naphthyl-(1)-carbamidsäure-[3.4-dimethyl-cyclohexylester], *(1-naphthyl)carbamic acid 3,4-dimethylcyclohexyl ester* $C_{19}H_{23}NO_2$, Formel VIII (R = CH_3, X = H).
Über ein aus Naphthyl-(1)-isocyanat und opt.-inakt. 1.2-Dimethyl-cyclohexanol-(4) (Kp: 188—189,5° [Stereoisomeren-Gemisch]) erhaltenes opt.-inakt. Präparat (F: 162° bis 163°) s. *Ungnade, McLaren*, Am. Soc. **66** [1944] 118, 121.

[Naphthyl-(1)-carbamoyloxy]-[2-methyl-cyclohexyl]-methan, *(2-methylcyclohexyl)*=*[(1-naphthyl)carbamoyloxy]methane* $C_{19}H_{23}NO_2$.

a) **(±)-[Naphthyl-(1)-carbamoyloxy]-[*cis*-2-methyl-cyclohexyl]-methan**, Formel IX (R = CH_3, X = H) + Spiegelbild.
B. Aus Naphthyl-(1)-isocyanat und (±)-[*cis*-2-Methyl-cyclohexyl]-methanol (*Macbeth, Mills, Simmonds*, Soc. **1949** 1011).
Krystalle (aus PAe.); F: 66—68°.

b) **Opt.-akt. [Naphthyl-(1)-carbamoyloxy]-[*trans*-2-methyl-cyclohexyl]-methan**, Formel X (R = CH_3, X = H) oder Spiegelbild.
B. Aus Naphthyl-(1)-isocyanat und (−)-[*trans*-2-Methyl-cyclohexyl]-methanol (*Macbeth, Mills, Simmonds*, Soc. **1949** 1011).
Krystalle (aus wss. Me.); F: 104—104,5°.

c) **(±)-[Naphthyl-(1)-carbamoyloxy]-[*trans*-2-methyl-cyclohexyl]-methan**, Formel X (R = CH_3, X = H) + Spiegelbild.
B. Aus Naphthyl-(1)-isocyanat und (±)-[*trans*-2-Methyl-cyclohexyl]-methanol (*Macbeth, Mills, Simmonds*, Soc. **1949** 1011).
Krystalle (aus PAe.); F: 87—88°.

Naphthyl-(1)-carbamidsäure-[2.4-dimethyl-cyclohexylester], *(1-naphthyl)carbamic acid 2,4-dimethylcyclohexyl ester* $C_{19}H_{23}NO_2$, Formel VIII (R = H, X = CH_3).
Über ein aus Naphthyl-(1)-isocyanat und opt.-inakt. 1.3-Dimethyl-cyclohexanol-(4)

(Kp: 176,5—177,5°) erhaltenes opt.-inakt. Präparat (F: 152,5—153,5°) s. *Ungnade, McLaren*, Am. Soc. **66** [1944] 118, 121.

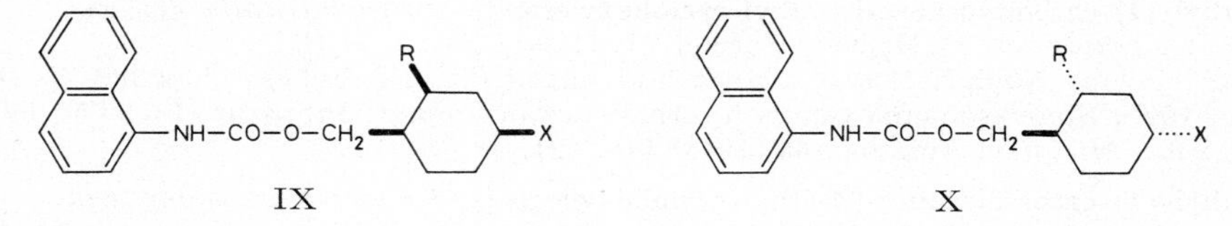

Naphthyl-(1)-carbamidsäure-[3.5-dimethyl-cyclohexylester], *(1-naphthyl)carbamic acid 3,5-dimethylcyclohexyl ester* $C_{19}H_{23}NO_2$.

Naphthyl-(1)-carbamidsäure-[3*c*.5*c*-dimethyl-cyclohexyl-(*r*)-ester], Formel XI (R = CH_3, X = H).

B. Aus Naphthyl-(1)-isocyanat und 1*r*.3*c*-Dimethyl-cyclohexanol-(5*c*) [E III **6** 95] (*Ungnade, McLaren*, Am. Soc. **66** [1944] 118, 121).

F: 141—143° [unkorr.].

Naphthyl-(1)-carbamidsäure-[2.5-dimethyl-cyclohexylester], *(1-naphthyl)carbamic acid 2,5-dimethylcyclohexyl ester* $C_{19}H_{23}NO_2$.

(±)-Naphthyl-(1)-carbamidsäure-[2*t*.5*c*-dimethyl-cyclohexyl-(*r*)-ester], Formel XI (R = H, X = CH_3) + Spiegelbild.

B. Aus Naphthyl-(1)-isocyanat und (±)-1*r*.4*t*-Dimethyl-cyclohexanol-(2*t*) (*Ungnade, McLaren*, Am. Soc. **66** [1944] 118, 121).

F: 172—173,5° [unkorr.].

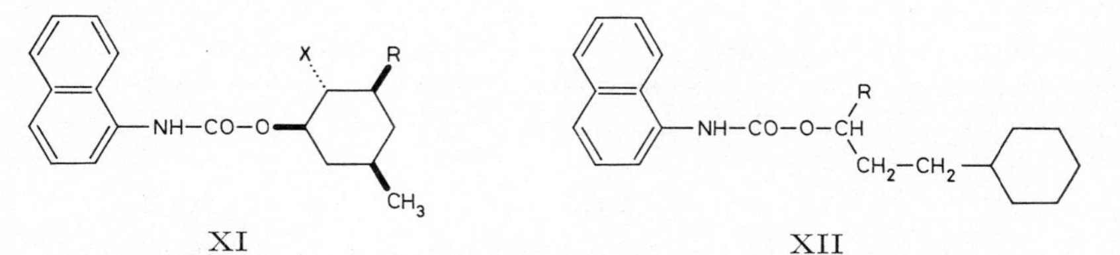

[Naphthyl-(1)-carbamoyloxy]-[4-methyl-cyclohexyl]-methan, *(4-methylcyclohexyl)-[(1-naphthyl)carbamoyloxy]methane* $C_{19}H_{23}NO_2$.

a) **[Naphthyl-(1)-carbamoyloxy]-[*cis*-4-methyl-cyclohexyl]-methan**, Formel IX (R = H, X = CH_3).

B. Aus Naphthyl-(1)-isocyanat und [*cis*-4-Methyl-cyclohexyl]-methanol (*Cooke, Macbeth*, Soc. **1939** 1245).

Krystalle (aus wss. A.); F: 72—73°.

b) **[Naphthyl-(1)-carbamoyloxy]-[*trans*-4-methyl-cyclohexyl]-methan**, Formel X (R = H, X = CH_3).

B. Aus Naphthyl-(1)-isocyanat und [*trans*-4-Methyl-cyclohexyl]-methanol (*Cooke, Macbeth*, Soc. **1939** 1245).

Krystalle (aus PAe.); F: 110,5°.

(±)-Naphthyl-(1)-carbamidsäure-[1-cyclopentyl-propylester], (±)-*(1-naphthyl)carbamic acid 1-cyclopentylpropyl ester* $C_{19}H_{23}NO_2$, Formel V (R = C_2H_5) auf S. 2890.

B. Aus Naphthyl-(1)-isocyanat und (±)-1-Cyclopentyl-propanol-(1) (*Edwards, Reid*, Am. Soc. **52** [1930] 3235, 3236, 3240).

Krystalle (aus Me. oder A.); F: 91°.

Naphthyl-(1)-carbamidsäure-[2-propyl-cyclohexylester], *(1-naphthyl)carbamic acid 2-propylcyclohexyl ester* $C_{20}H_{25}NO_2$.

(±)-Naphthyl-(1)-carbamidsäure-[*cis*-2-propyl-cyclohexylester], Formel II (R = H, X = CH_2-CH_2-CH_3) [auf S. 2889] + Spiegelbild.

B. Aus Naphthyl-(1)-isocyanat und (±)-*cis*-1-Propyl-cyclohexanol-(2) (*Ungnade, McLaren*, Am. Soc. **66** [1944] 118, 121).

F: 103—104° [unkorr.].

Naphthyl-(1)-carbamidsäure-[4-propyl-cyclohexylester], *(1-naphthyl)carbamic acid 4-propylcyclohexyl ester* $C_{20}H_{25}NO_2$.

a) **Naphthyl-(1)-carbamidsäure-[*cis*-4-propyl-cyclohexylester]**, Formel IV (R = H, X = CH_2-CH_2-CH_3) auf S. 2890.

Krystalle (aus PAe.); F: 92—92,8° (*Ungnade, Ludutsky*, J. org. Chem. **10** [1945] 520).

b) **Naphthyl-(1)-carbamidsäure-[*trans*-4-propyl-cyclohexylester]**, Formel III (R = CH_2-CH_2-CH_3, X = H) auf S. 2890.

B. Aus Naphthyl-(1)-isocyanat und *trans*-1-Propyl-cyclohexanol-(4) (*Harris, D'Ianni, Adkins*, Am. Soc. **60** [1938] 1467, 1469; *Ungnade, Ludutsky*, J. org. Chem. **10** [1945] 520, 522).

Krystalle (aus PAe.); F: 136° (*Ha., D'Ia., Ad.*), 134—135° (*Un., Lu.*).

Naphthyl-(1)-carbamidsäure-[3-cyclohexyl-propylester], *(1-naphthyl)carbamic acid 3-cyclohexylpropyl ester* $C_{20}H_{25}NO_2$, Formel XII (R = H).

B. Aus 1-Cyclohexyl-propanol-(3) (*de Benneville, Connor*, Am. Soc. **62** [1940] 283, 286).

F: 83—84°.

Naphthyl-(1)-carbamidsäure-[4-isopropyl-cyclohexylester], *(1-naphthyl)carbamic acid 4-isopropylcyclohexyl ester* $C_{20}H_{25}NO_2$.

a) **Naphthyl-(1)-carbamidsäure-[*cis*-4-isopropyl-cyclohexylester]**, Formel IV (R = H, X = $CH(CH_3)_2$) auf S. 2890.

B. Aus Naphthyl-(1)-isocyanat und *cis*-1-Isopropyl-cyclohexanol-(4) [E III **6** 111] (*Gillespie, Macbeth, Swanson*, Soc. **1938** 1820, 1824).

Krystalle (aus PAe.); F: 113°.

b) **Naphthyl-(1)-carbamidsäure-[*trans*-4-isopropyl-cyclohexylester]**, Formel III (R = $CH(CH_3)_2$, X = H) auf S. 2890.

B. Aus Naphthyl-(1)-isocyanat und *trans*-1-Isopropyl-cyclohexanol-(4) [E III **6** 112] (*Gillespie, Macbeth, Swanson*, Soc. **1938** 1820, 1823).

Krystalle (aus PAe.); F: 159,5°.

Naphthyl-(1)-carbamidsäure-[2.3.5-trimethyl-cyclohexylester], *(1-naphthyl)carbamic acid 2,3,5-trimethylcyclohexyl ester* $C_{20}H_{25}NO_2$, Formel XIII (R = CH_3, X = H).

Über opt.-inakt. Präparate (F: 148—149° bzw. F: 148—148,5°), die aus Naphthyl-(1)-isocyanat und opt.-inakt. 1.2.4-Trimethyl-cyclohexanol-(6) (Kp: 196—197° bzw. Kp: 189,5—190,5°) erhalten worden sind, s. *Ungnade, McLaren*, Am. Soc. **66** [1944] 118, 121; *Ungnade, Nightingale*, Am. Soc. **66** [1944] 1218.

Naphthyl-(1)-carbamidsäure-[2.4.6-trimethyl-cyclohexylester], *(1-naphthyl)carbamic acid 2,4,6-trimethylcyclohexyl ester* $C_{20}H_{25}NO_2$, Formel XIII (R = H, X = CH_3).

Über ein aus Naphthyl-(1)-isocyanat und opt.-inakt. 1.3.5-Trimethyl-cyclohexanol-(2) (Stereoisomeren-Gemisch) erhaltenes opt.-inakt. Präparat (F: 197,5—198°) s. *Ungnade, McLaren*, Am. Soc. **66** [1944] 118, 121.

(±)-Naphthyl-(1)-carbamidsäure-[1-cyclopentyl-butylester], (±)-*(1-naphthyl)carbamic acid 1-cyclopentylbutyl ester* $C_{20}H_{25}NO_2$, Formel V (R = CH_2-CH_2-CH_3) auf S. 2890.

B. Aus (±)-1-Cyclopentyl-butanol-(1) (*Edwards, Reid*, Am. Soc. **52** [1930] 3235, 3240).

Krystalle (aus Me. oder A.); F: 85°.

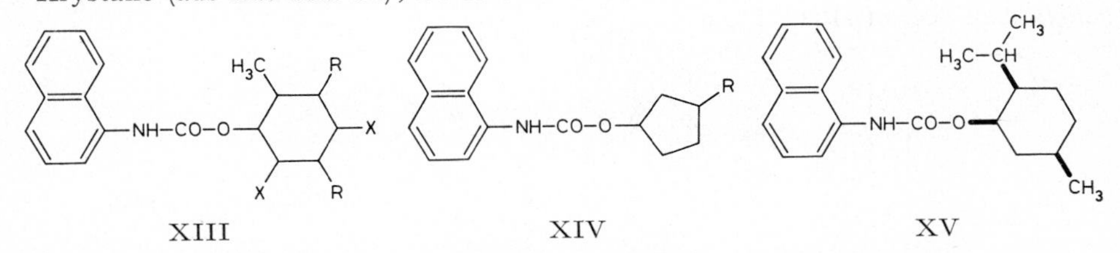

Naphthyl-(1)-carbamidsäure-[3-*tert*-butyl-cyclopentylester], *(1-naphthyl)carbamic acid 3-*tert*-butylcyclopentyl ester* $C_{20}H_{25}NO_2$, Formel XIV (R = $C(CH_3)_3$).

Eine opt.-inakt. Verbindung (Krystalle [aus Heptan]; F: 95°) dieser Konstitution ist aus Naphthyl-(1)-isocyanat und opt.-inakt. 1-*tert*-Butyl-cyclopentanol-(3) (Kp_{744}: 196° bis 198°; n_D^{20} 1,4574) erhalten worden (*Pines, Ipatieff*, Am. Soc. **61** [1939] 2728).

(±)-3-[Naphthyl-(1)-carbamoyloxy]-1-cyclohexyl-butan, (±)-Naphthyl-(1)-carbamidsäure-[1-methyl-3-cyclohexyl-propylester], *(±)-1-cyclohexyl-3-[(1-naphthyl)carbamoyloxy]butane* $C_{21}H_{27}NO_2$, Formel XII (R = CH_3) auf S. 2892.

B. Aus Naphthyl-(1)-isocyanat und (±)-1-Cyclohexyl-butanol-(3) (*Heilbron et al.*, Soc. **1949** 742, 743).

Krystalle (aus PAe.); F: 99°.

Naphthyl-(1)-carbamidsäure-[3-methyl-6-isopropyl-cyclohexylester], 3-[Naphthyl-(1)-carbamoyloxy]-*p*-menthan, *3-[(1-naphthyl)carbamoyloxy]-p-menthane* $C_{21}H_{27}NO_2$.

Naphthyl-(1)-carbamidsäure-[(1*R*)-neoisomenthylester], *O*-[Naphthyl-(1)-carbamoyl]-(1*R*)-neoisomenthol $C_{21}H_{27}NO_2$, Formel XV.

B. Aus Naphthyl-(1)-isocyanat und (1*R*)-Neoisomenthol [E III **6** 132] (*Schmidt, Schulz*, Ber. Schimmel **1934** 97, 100).

F: 105—106°.

7-[Naphthyl-(1)-carbamoyloxy]-*p*-menthan, *7-[(1-naphthyl)carbamoyloxy]-p-menthane* $C_{21}H_{27}NO_2$.

a) **7-[Naphthyl-(1)-carbamoyloxy]-*cis-p*-menthan,** Formel IX (R = H, X = $CH(CH_3)_2$) auf S. 2892.

B. Aus Naphthyl-(1)-isocyanat und *cis-p*-Menthanol-(7) (*Cooke, Macbeth*, Soc. **1939** 1245; *Human, Macbeth, Rodda*, Soc. **1949** 350).

F: 78° (*Hu., Ma., Ro.*).

b) **7-[Naphthyl-(1)-carbamoyloxy]-*trans-p*-menthan,** Formel X (R = H, X = $CH(CH_3)_2$) auf S. 2892.

B. Aus Naphthyl-(1)-isocyanat und *trans-p*-Menthanol-(7) (*Cooke, Macbeth*, Soc. **1939** 1245).

Krystalle (aus PAe.); F: 93°.

Naphthyl-(1)-carbamidsäure-[3-*tert*-pentyl-cyclopentylester], *(1-naphthyl)carbamic acid 3-tert-pentylcyclopentyl ester* $C_{21}H_{27}NO_2$, Formel XIV (R = $C(CH_3)_2$-CH_2-CH_3).

Eine opt.-inakt. Verbindung (Krystalle [aus Heptan]; F: 82°) dieser Konstitution ist aus Naphthyl-(1)-isocyanat und opt.-inakt. 1-*tert*-Pentyl-cyclopentanol-(3) (Kp_{738}: 217°; n_D^{20}: 1,4656) erhalten worden (*Pines, Ipatieff*, Am. Soc. **61** [1939] 2728).

3-[Naphthyl-(1)-carbamoyloxy]-1-cyclohexyl-pentan, Naphthyl-(1)-carbamidsäure-[1-äthyl-3-cyclohexyl-propylester], *1-cyclohexyl-3-[(1-naphthyl)carbamoyloxy]pentane* $C_{22}H_{29}NO_2$.

Naphthyl-(1)-carbamidsäure-[(*R*)-1-äthyl-3-cyclohexyl-propylester], Formel I (R = H).

B. Aus Naphthyl-(1)-isocyanat und (*R*)-1-Cyclohexyl-pentanol-(3) (*Levene, Stevens*, J. biol. Chem. **87** [1930] 375, 388).

Krystalle (aus A.); F: 114—115°. $[\alpha]_D^{22}$: +2,1° [A.; c = 3]; $[\alpha]_D^{22}$: −9,8° [$CHCl_3$; c = 6].

Naphthyl-(1)-carbamidsäure-[4-*tert*-pentyl-cyclohexylester], *(1-naphthyl)carbamic acid 4-tert-pentylcyclohexyl ester* $C_{22}H_{29}NO_2$, Formel II (R = $C(CH_3)_2$-CH_2-CH_3, X = H).

Eine Verbindung (Krystalle [aus Heptan]; F: 113°) dieser Konstitution ist aus Naphthyl-(1)-isocyanat und 1-*tert*-Pentyl-cyclohexanol-(4) (F: 24—25°) erhalten worden (*Pines, Ipatieff*, Am. Soc. **61** [1939] 2728).

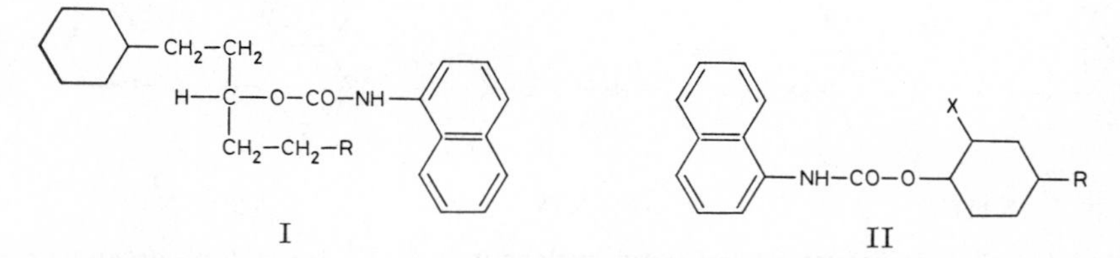

4-[Naphthyl-(1)-carbamoyloxy]-1-methyl-3-*tert*-butyl-cyclohexan, Naphthyl-(1)-carbamidsäure-[4-methyl-2-*tert*-butyl-cyclohexylester], *2-tert-butyl-4-methyl-1-[(1-naphthyl)carbamoyloxy]cyclohexane* $C_{22}H_{29}NO_2$, Formel II (R = CH_3, X = $C(CH_3)_3$).

Opt.-inakt. Präparate vom F: 130,5—131,5° [unkorr.] bzw. vom F: 130—131° [unkorr].

sind aus Naphthyl-(1)-isocyanat und opt.-inakt. 1-Methyl-3-*tert*-butyl-cyclohexanol-(4) vom F: 113° bzw. flüssigem 1-Methyl-3-*tert*-butyl-cyclohexanol-(4) (Kp: 216°) erhalten worden (*Ungnade, McLaren*, Am. Soc. **66** [1944] 118, 121; s. a. *Ungnade, Nightingale*, Am. Soc. **66** [1944] 1218).

4-[Naphthyl-(1)-carbamoyloxy]-1-methyl-2.5-diäthyl-cyclohexan, Naphthyl-(1)-carbamidsäure-[4-methyl-2.5-diäthyl-cyclohexylester], *1,4-diethyl-2-methyl-5-[(1-naphthyl)carbamoyloxy]cyclohexane* $C_{22}H_{29}NO_2$, Formel III (R = C_2H_5, X = H).

Eine opt.-inakt. Verbindung (Krystalle; F: 159°) dieser Konstitution ist aus Naphthyl-(1)-isocyanat und opt.-inakt. 1-Methyl-2.5-diäthyl-cyclohexanol-(4) (Kp_{17}: 115—117°) erhalten worden (*Décombe*, Bl. [5] **12** [1944] 651, 656).

4-[Naphthyl-(1)-carbamoyloxy]-1-methyl-3.5-diäthyl-cyclohexan, Naphthyl-(1)-carbamidsäure-[4-methyl-2.6-diäthyl-cyclohexylester], *1,3-diethyl-5-methyl-2-[(1-naphthyl)carbamoyloxy]cyclohexane* $C_{22}H_{29}NO_2$, Formel III (R = H, X = C_2H_5).

Eine opt.-inakt. Verbindung (F: 143,5—144° [unkorr.]) dieser Konstitution ist aus Naphthyl-(1)-isocyanat und opt.-inakt. 1-Methyl-3.5-diäthyl-cyclohexanol-(4) (F: 86° bis 87°) erhalten worden (*Ungnade, McLaren*, Am. Soc. **66** [1944] 118, 121).

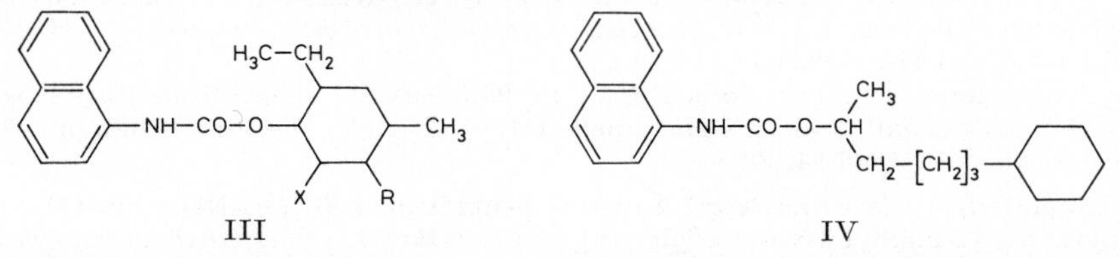

(±)-3-[Naphthyl-(1)-carbamoyloxy]-1-cyclohexyl-hexan, (±)-Naphthyl-(1)-carbamidsäure-[1-propyl-3-cyclohexyl-propylester], *(±)-1-cyclohexyl-3-[(1-naphthyl)carbamoyloxy]hexane* $C_{23}H_{31}NO_2$, Formel I (R = CH_3) + Spiegelbild.

B. Aus Naphthyl-(1)-isocyanat und (±)-1-Cyclohexyl-hexanol-(3) (*Heilbron et al.*, Soc. **1949** 742, 744).

Krystalle (aus PAe.); F: 74—75°.

(±)-5-[Naphthyl-(1)-carbamoyloxy]-1-cyclohexyl-hexan, (±)-Naphthyl-(1)-carbamidsäure-[1-methyl-5-cyclohexyl-pentylester], *(±)-1-cyclohexyl-5-[(1-naphthyl)carbamoyloxy]hexane* $C_{23}H_{31}NO_2$, Formel IV.

B. Aus Naphthyl-(1)-isocyanat und (±)-1-Cyclohexyl-hexanol-(5) (*Heilbron et al.*, Soc. **1949** 742, 744).

Krystalle (aus PAe.); F: 93°.

Naphthyl-(1)-carbamidsäure-[2.6-dipropyl-cyclohexylester] *(1-naphthyl)carbamic acid 2,6-dipropylcyclohexyl ester* $C_{23}H_{31}NO_2$.

Naphthyl-(1)-carbamidsäure-[2*t*.6*t*-dipropyl-cyclohexyl-(*r*)-ester], Formel V.

B. Aus Naphthyl-(1)-isocyanat und 1*r*.3*c*-Dipropyl-cyclohexanol-(2*t*) (*Ungnade, McLaren*, Am. Soc. **66** [1944] 118, 121).

F: 137—138°.

Naphthyl-(1)-carbamidsäure-[butadien-(2.3)-ylester], *(1-naphthyl)carbamic acid buta-2,3-dienyl ester* $C_{15}H_{13}NO_2$, Formel VI (R = CH_2-CH=C=CH_2).

B. Aus Naphthyl-(1)-isocyanat und Butadien-(1.2)-ol-(4) (*Du Pont de Nemours & Co.*, U.S.P. 2136178 [1937], 2073363 [1932]).

Krystalle (aus Bzl.); F: 117°.

Naphthyl-(1)-carbamidsäure-[pentadien-(2.4)-ylester], *(1-naphthyl)carbamic acid penta-2,4-dienyl ester* $C_{16}H_{15}NO_2$, Formel VI (R = CH_2-CH=CH-CH=CH_2).

Eine Verbindung (Krystalle [aus PAe.]; F: 97,5°) dieser Konstitution ist aus Naphthyl-(1)-isocyanat und Pentadien-(1.3)-ol-(5) (n_D^{18}: 1,4902) erhalten worden (*Heilbron et al.*, Soc. **1945** 84, 87).

3-[Naphthyl-(1)-carbamoyloxy]-pentadien-(1.4), Naphthyl-(1)-carbamidsäure-[1-vinyl-allylester], *(1-naphthyl)carbamic acid 1-vinylallyl ester* $C_{16}H_{15}NO_2$, Formel VI (R = $CH(CH=CH_2)_2$).

B. Aus Naphthyl-(1)-isocyanat und Pentadien-(1.4)-ol-(3) (*Heilbron et al.*, Soc. **1945**

84, 86).

Krystalle (aus wss. Me.); F: 100—101°.

(±)-3-[Naphthyl-(1)-carbamoyloxy]-hexin-(1), (±)-Naphthyl-(1)-carbamidsäure-[1-propyl-propin-(2)-ylester], (±)-*3-[(1-naphthyl)carbamoyloxy]hex-1-yne* $C_{17}H_{17}NO_2$, Formel VI (R = CH(C≡CH)-CH_2-CH_2-CH_3).

B. Aus Naphthyl-(1)-isocyanat und (±)-Hexin-(1)-ol-(3) (*Haynes, Jones,* Soc. **1946** 503, 506; *Hennion, Sheehan,* Am. Soc. **71** [1949] 1964).

Krystalle; F: 76° [aus PAe.] (*Hay., Jo.*), 74—75° (*He., Sh.*).

(±)-5-[Naphthyl-(1)-carbamoyloxy]-hexadien-(1.3), (±)-Naphthyl-(1)-carbamidsäure-[1-methyl-pentadien-(2.4)-ylester], (±)-*5-[(1-naphthyl)carbamoyloxy]hexa-1,3-diene* $C_{17}H_{17}NO_2$, Formel VI (R = CH(CH_3)-CH=CH-CH=CH_2).

Eine Verbindung (Krystalle [aus PAe.], F: 86,5—87,5° bzw. F: 85,5—86°) dieser Konstitution ist aus Naphthyl-(1)-isocyanat und (±)-Hexadien-(1.3)-ol-(5) (n_D^{19}: 1,4810 bzw. n_D^{30}: 1,4829) erhalten worden (*Heilbron et al.,* Soc. **1945** 84, 87; *Woods, Schwartzman,* Am. Soc. **70** [1948] 3394).

(±)-3-[Naphthyl-(1)-carbamoyloxy]-hexadien-(1.4), (±)-Naphthyl-(1)-carbamidsäure-[1-vinyl-buten-(2)-ylester], (±)-*3-[(1-naphthyl)carbamoyloxy]hexa-1,4-diene* $C_{17}H_{17}NO_2$, Formel VI (R = CH(CH=CH_2)-CH=CH-CH_3).

Eine Verbindung (Krystalle [aus PAe.]; F: 93,5—94,5°) dieser Konstitution ist aus Naphthyl-(1)-isocyanat und (±)-Hexadien-(1.4)-ol-(3) (n_D^{19}: 1,4501) erhalten worden (*Heilbron et al.,* Soc. **1945** 84, 86).

(±)-3-[Naphthyl-(1)-carbamoyloxy]-2-methyl-pentadien-(1.4), (±)-Naphthyl-(1)-carbamidsäure-[2-methyl-1-vinyl-allylester], (±)-*2-methyl-3-[(1-naphthyl)carbamoyloxy]penta-1,4-diene* $C_{17}H_{17}NO_2$, Formel VI (R = CH(CH=CH_2)-C(CH_3)=CH_2).

B. Aus Naphthyl-(1)-isocyanat und (±)-2-Methyl-pentadien-(1.4)-ol-(3) (*Heilbron et al.,* Soc. **1945** 84, 86).

Krystalle (aus PAe.); F: 88—89°.

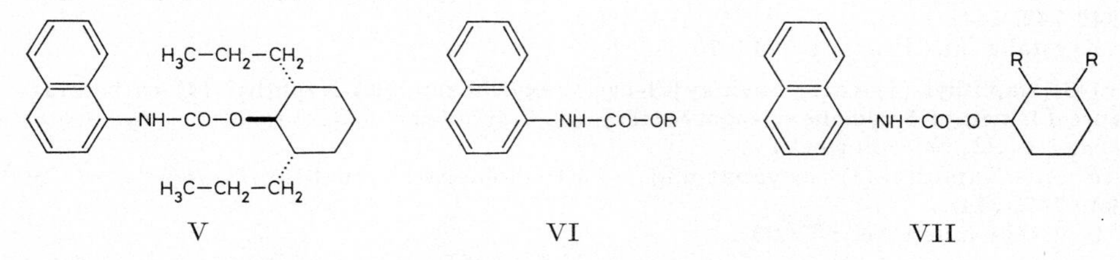

Naphthyl-(1)-carbamidsäure-[2-methyl-pentadien-(2.4)-ylester], *4-methyl-5-[(1-naphthyl)carbamoyloxy]penta-1,3-diene* $C_{17}H_{17}NO_2$, Formel VI (R = CH_2-C(CH_3)=CH-CH=CH_2).

Eine Verbindung (Krystalle [aus PAe.]; F: 59—60°) dieser Konstitution ist aus Naphthyl-(1)-isocyanat und 2-Methyl-pentadien-(2.4)-ol-(1) ($n_D^{13,5}$: 1,5001) erhalten worden (*Heilbron et al.,* Soc. **1945** 84, 87).

(±)-Naphthyl-(1)-carbamidsäure-[cyclohexen-(2)-ylester], (±)-*(1-naphthyl)carbamic acid cyclohex-2-en-1-yl ester* $C_{17}H_{17}NO_2$, Formel VII (R = H).

B. Aus Naphthyl-(1)-isocyanat und (±)-Cyclohexen-(1)-ol-(3) (*Hock, Schrader,* Naturwiss. **24** [1936] 159; *Farmer, Sundralingam,* Soc. **1942** 121, 133).

F: 156°.

(±)-Naphthyl-(1)-carbamidsäure-[cyclohexen-(3)-ylester], (±)-*(1-naphthyl)carbamic acid cyclohex-3-en-1-yl ester* $C_{17}H_{17}NO_2$, Formel VIII (R = X = H).

B. Aus Naphthyl-(1)-isocyanat und (±)-Cyclohexen-(1)-ol-(4) (*Lindemann, Baumann,* A. **477** [1930] 78, 90).

Krystalle; F: 132—133° (*Owen, Robins,* Soc. **1949** 320, 324), 127° [aus A.] (*Li., Bau.*).

Naphthyl-(1)-carbamidsäure-[4.4-dimethyl-pentin-(2)-ylester], *4,4-dimethyl-1-[(1-naphthyl)carbamoyloxy]pent-2-yne* $C_{18}H_{19}NO_2$, Formel VI (R = CH_2-C≡C-C(CH_3)$_3$).

B. Aus Naphthyl-(1)-isocyanat und 2.2-Dimethyl-pentin-(3)-ol-(5) (*Bartlett, Rosen,* Am. Soc. **64** [1942] 543, 545).

F: 163—164°.

(±)-Naphthyl-(1)-carbamidsäure-[cyclohexen-(3)-ylmethylester], (±)-*(cyclohex-3-en-1-yl)-[(1-naphthyl)carbamoyloxy]methane* $C_{18}H_{19}NO_2$, Formel IX (R = H).

B. Aus Naphthyl-(1)-isocyanat und (±)-Cyclohexen-(3)-yl-methanol (*French, Gallagher*, Am. Soc. **64** [1942] 1497).

F: 106°.

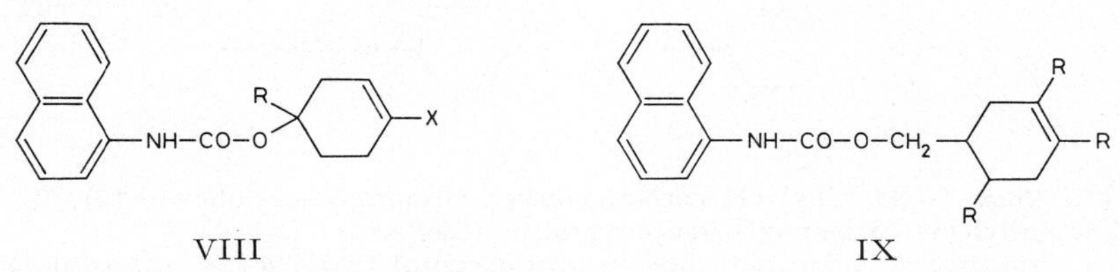

(±)-2-[Naphthyl-(1)-carbamoyloxy]-octin-(3), (±)-Naphthyl-(1)-carbamidsäure-[1-methyl-heptin-(2)-ylester], (±)-*2-[(1-naphthyl)carbamoyloxy]oct-3-yne* $C_{19}H_{21}NO_2$, Formel VI (R = $CH(CH_3)$-C≡C-$[CH_2]_3$-CH_3).

B. Aus Naphthyl-(1)-isocyanat und (±)-Octin-(3)-ol-(2) (*Bowden et al.*, Soc. **1946** 39, 45).

Krystalle (aus PAe.); F: 63,5—64,5°.

(±)-3-[Naphthyl-(1)-carbamoyloxy]-1.2-dimethyl-cyclohexen-(1), (±)-Naphthyl-(1)-carbamidsäure-[2.3-dimethyl-cyclohexen-(2)-ylester], (±)-*1,2-dimethyl-3-[(1-naphthyl)carbamoyloxy]cyclohexene* $C_{19}H_{21}NO_2$, Formel VII (R = CH_3).

B. Aus Naphthyl-(1)-isocyanat und (±)-1.2-Dimethyl-cyclohexen-(1)-ol-(3) (*Farmer, Sundralingam*, Soc. **1942** 121, 137).

F: 139—140°.

Naphthyl-(1)-carbamidsäure-[nonadien-(2.6)-ylester], *(1-naphthyl)carbamic acid nona-2,6-dienyl ester* $C_{20}H_{23}NO_2$.

Naphthyl-(1)-carbamidsäure-[nonadien-(2*t*.6*t*)-ylester], Formel X.

B. Aus Naphthyl-(1)-isocyanat und Nonadien-(2*t*.6*t*)-ol-(1) (*Ruzicka, Schinz, Susz*, Helv. **27** [1944] 1561, 1567).

Krystalle (aus Pentan); F: 73—74°.

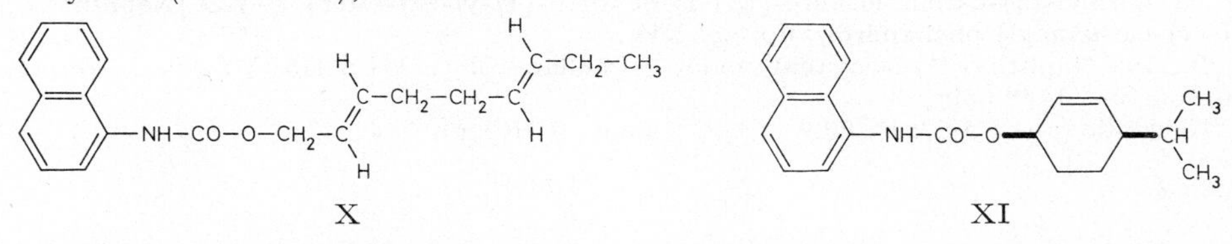

4-[Naphthyl-(1)-carbamoyloxy]-1-isopropyl-cyclohexen-(2), Naphthyl-(1)-carbamidsäure-[4-isopropyl-cyclohexen-(2)-ylester], *3-isopropyl-6-[(1-naphthyl)carbamoyloxy]cyclohexene* $C_{20}H_{23}NO_2$.

a) **(1*R*)-*cis*-4-[Naphthyl-(1)-carbamoyloxy]-1-isopropyl-cyclohexen-(2), (+)-*O*-[Naphthyl-(1)-carbamoyl]-*cis*-cryptol**, Formel XI.

B. Aus Naphthyl-(1)-isocyanat und (+)-*cis*-Cryptol [E III **6** 227] (*Gillespie, Macbeth, Mills*, Soc. **1948** 996, 998).

Krystalle (aus PAe.); F: 98—99°. $[\alpha]_D^{21}$: +134° [$CHCl_3$; c = 3].

b) **(±)-*cis*-4-[Naphthyl-(1)-carbamoyloxy]-1-isopropyl-cyclohexen-(2), (±)-*O*-[Naphthyl-(1)-carbamoyl]-*cis*-cryptol**, Formel XI + Spiegelbild.

B. Aus Naphthyl-(1)-isocyanat und (±)-*cis*-Cryptol [E III **6** 228] (*Gillespie, Macbeth*, Soc. **1939** 1531, 1534).

Krystalle (aus PAe.); F: 105,5°.

c) **(1*R*)-*trans*-4-[Naphthyl-(1)-carbamoyloxy]-1-isopropyl-cyclohexen-(2), (−)-*O*-[Naphthyl-(1)-carbamoyl]-*trans*-cryptol**, Formel XII.

B. Aus Naphthyl-(1)-isocyanat und (−)-*trans*-Cryptol [E III **6** 228] (*Gillespie, Macbeth, Swanson*, Soc. **1938** 1820, 1822).

Krystalle (aus PAe.); F: 118,5—119,5° (*Gillespie, Macbeth, Mills*, Soc. **1948** 996, 998),

118° (*Gi.*, *Ma.*, *Sw.*). $[\alpha]_D^{21}$: −132° [$CHCl_3$; c = 3] (*Gi.*, *Ma.*, *Mi.*); $[\alpha]_D^{21}$: −130,1° [A.; c = 1,6] (*Gi.*, *Ma.*, *Sw.*).

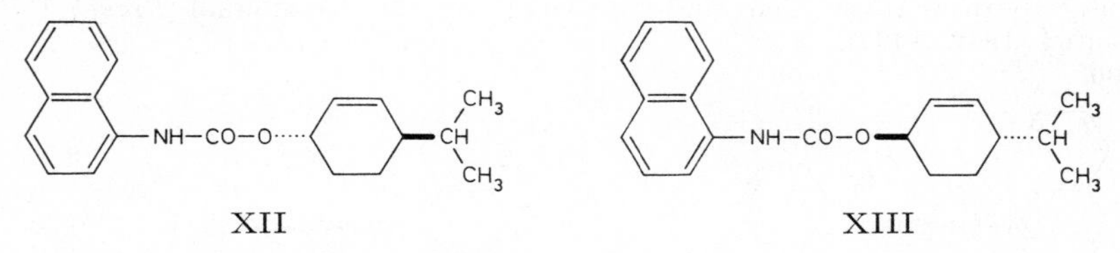

XII XIII

d) **(1*S*)-*trans*-4-[Naphthyl-(1)-carbamoyloxy]-1-isopropyl-cyclohexen-(2), (+)-*O*-[Naphthyl-(1)-carbamoyl]-*trans*-cryptol**, Formel XIII.

B. Aus Naphthyl-(1)-isocyanat und (+)-*trans*-Cryptol [E III **6** 228] (*Macbeth*, *Winzor*, Soc. **1939** 264).

Krystalle (aus PAe.); F: 118,5°. $[\alpha]_D^{21}$: +136,2° [A.; c = 1,5].

e) **(±)-*trans*-4-[Naphthyl-(1)-carbamoyloxy]-1-isopropyl-cyclohexen-(2), (±)-*O*-[Naphthyl-(1)-carbamoyl]-*trans*-cryptol**, Formel XII + XIII.

B. Aus Naphthyl-(1)-isocyanat und (±)-*trans*-Cryptol [E III **6** 228] (*Gillespie*, *Macbeth*, Soc. **1939** 1531, 1532).

Krystalle (aus PAe.); F: 136°.

4-[Naphthyl-(1)-carbamoyloxy]-*p*-menthen-(1), Naphthyl-(1)-carbamidsäure-[*p*-menthen-(1)-yl-(4)-ester], *4-[(1-naphthyl)carbamoyloxy]*-p-*menth-1-ene* $C_{21}H_{25}NO_2$, Formel VIII (R = $CH(CH_3)_2$, X = CH_3) (vgl. E I 525; dort als „α-Naphthyl-carbamidsäureester des *p*-Menthen-(1)-ols-(4)" bezeichnet).

Eine Verbindung (Krystalle [aus Me.]; F: 107−108°) dieser Konstitution von unbekanntem opt. Drehungsvermögen ist aus Naphthyl-(1)-isocyanat und (+)-*p*-Menthen-(1)-ol-(4) („(+)-Terpinenol-(4)") erhalten worden (*Briggs*, *Sutherland*, J. org. Chem. **7** [1942] 397, 403).

7-[Naphthyl-(1)-carbamoyloxy]-*p*-menthen-(1), Naphthyl-(1)-carbamidsäure-[*p*-menthen-(1)-yl-(7)-ester], *7-[(1-naphthyl)carbamoyloxy]*-p-*menth-1-ene* $C_{21}H_{25}NO_2$.

Naphthyl-(1)-carbamidsäure-[(*S*)-*p*-menthen-(1)-yl-(7)-ester], (−)-*O*-[Naphthyl-(1)-carbamoyl]-phellandrol, Formel XIV.

B. Aus Naphthyl-(1)-isocyanat und (−)-Phellandrol [E III **6** 245] (*Human*, *Macbeth*, *Rodda*, Soc. **1949** 350).

Krystalle (aus PAe.); F: 69,5°. $[\alpha]_D^{16}$: −52,6° [$CHCl_3$; c = 4].

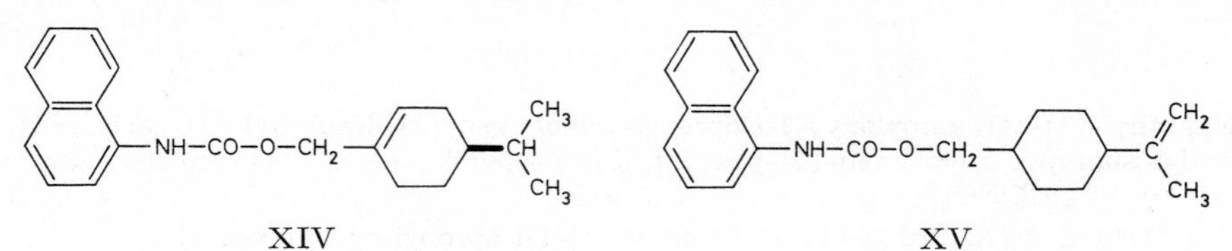

XIV XV

7-[Naphthyl-(1)-carbamoyloxy]-*p*-menthen-(8), Naphthyl-(1)-carbamidsäure-[*p*-menthen-(8)-yl-(7)-ester], *7-[(1-naphthyl)carbamoyloxy]*-p-*menth-8-ene* $C_{21}H_{25}NO_2$, Formel XV.

Eine Verbindung (Krystalle; F: 72−73°) dieser Konstitution ist aus Naphthyl-(1)-isocyanat und *p*-Menthen-(8)-ol-(7) („Dihydroperillaalkohol") vom Kp_{11}: 116−117° (E III **6** 258) erhalten worden (*Iškenderow*, Ž. obšč. Chim. **7** [1937] 1429, 1430; C. **1938** I 336).

[Naphthyl-(1)-carbamoyloxy]-[2.4.5-trimethyl-cyclohexen-(4)-yl]-methan, *(1-naphthyl)carbamoyloxy]-(3,4,6-trimethylcyclohex-3-en-1-yl)methane* $C_{21}H_{25}NO_2$, Formel IX (R = CH_3).

Eine opt.-inakt. Verbindung (Krystalle [aus PAe.]; F: 112°) dieser Konstitution ist aus Naphthyl-(1)-isocyanat und opt.-inakt. [2.4.5-Trimethyl-cyclohexen-(4)-yl]-methanol (E III **6** 260) erhalten worden (*French*, *Gallagher*, Am. Soc. **64** [1942] 1497).

Naphthyl-(1)-carbamidsäure-[7.7-dimethyl-1-brommethyl-norbornyl-(2)-ester], 10-Brom-2-[naphthyl-(1)-carbamoyloxy]-bornan, *10-bromo-2-[(1-naphthyl)carbamoyloxy]bornane* $C_{21}H_{24}BrNO_2$.

Naphthyl-(1)-carbamidsäure-[(1*R*)-7.7-dimethyl-1-brommethyl-norbornyl-(2ξ)-ester], Formel I, **vom F: 162°.**

B. Aus Naphthyl-(1)-isocyanat und (1*R*)-10-Brom-bornanol-(2ξ) vom F: 52—55° [E III **6** 315] (*Qvist*, Finska Kemistsamf. Medd. **38** [1929] 85, 90).

Krystalle (aus A.); F: 161—162°.

Naphthyl-(1)-carbamidsäure-[penten-(2)-in-(4)-ylester], *(1-naphthyl)carbamic acid pent-2-en-4-ynyl ester* $C_{16}H_{13}NO_2$.

Naphthyl-(1)-carbamidsäure-[penten-(2*t*)-in-(4)-ylester], Formel II (R = CH_2-CH$\overset{t}{=}$CH-C≡CH).

B. Aus Naphthyl-(1)-isocyanat und Penten-(3*t*)-in-(1)-ol-(5) (*Heilbron et al.*, Soc. **1945** 77, 80; *Haynes et al.*, Soc. **1947** 1583, 1584).

Krystalle; F: 111—112° (*Hay. et al.*), 110—111° [aus PAe.] (*Hei. et al.*).

(±)-3-[Naphthyl-(1)-carbamoyloxy]-penten-(4)-in-(1), (±)-Naphthyl-(1)-carbamidsäure-[1-äthinyl-allylester], *(±)-3-[(1-naphthyl)carbamoyloxy]pent-1-en-4-yne* $C_{16}H_{13}NO_2$, Formel II (R = CH(CH=CH_2)-C≡CH).

B. Aus Naphthyl-(1)-isocyanat und (±)-Penten-(4)-in-(1)-ol-(3) (*Jones, McCombie*, Soc. **1942** 733).

Krystalle (aus PAe.); F: 127,5—128,5°.

(±)-5-[Naphthyl-(1)-carbamoyloxy]-hexen-(3)-in-(1), (±)-Naphthyl-(1)-carbamidsäure-[1-methyl-penten-(2)-in-(4)-ylester], *(±)-5-[(1-naphthyl)carbamoyloxy]hex-3-en-1-yne* $C_{17}H_{15}NO_2$, Formel II (R = CH(CH_3)-CH=CH-C≡CH).

Eine Verbindung (Krystalle [aus PAe.]; F: 83—84°) dieser Konstitution ist aus Naphthyl-(1)-isocyanat und (±)-Hexen-(3)-in-(1)-ol-(5) (Kp_{32}: 82—84°; n_D^{15}: 1,4860) erhalten worden (*Haynes et al.*, Soc. **1947** 1583).

(±)-3-[Naphthyl-(1)-carbamoyloxy]-hexen-(4)-in-(1), (±)-Naphthyl-(1)-carbamidsäure-[1-äthinyl-buten-(2)-ylester], *(±)-3-[(1-naphthyl)carbamoyloxy]hex-4-en-1-yne* $C_{17}H_{15}NO_2$, Formel II (R = CH(C≡CH)-CH=CH-CH_3).

Eine Verbindung (Krystalle [aus PAe.]; F: 98—99,5°) dieser Konstitution ist aus Naphthyl-(1)-isocyanat und (±)-Hexen-(4)-in-(1)-ol-(3) (Kp_{50}: 86°; n_D^{16}: 1,4664) erhalten worden (*Heilbron, Jones, Weedon*, Soc. **1945** 81, 83).

(±)-3-[Naphthyl-(1)-carbamoyloxy]-2-methyl-penten-(1)-in-(4), (±)-Naphthyl-(1)-carbamidsäure-[2-methyl-1-äthinyl-allylester], *(±)-2-methyl-3-[(1-naphthyl)carbamoyloxy]pent-1-en-4-yne* $C_{17}H_{15}NO_2$, Formel II (R = CH(C≡CH)-C(CH_3)=CH_2).

B. Aus Naphthyl-(1)-isocyanat und (±)-2-Methyl-penten-(1)-in-(4)-ol-(3) (*Heilbron et al.*, Soc. **1945** 84, 87).

Krystalle (aus PAe.); F: 99—100°.

Naphthyl-(1)-carbamidsäure-[3-methyl-penten-(2)-in-(4)-ylester], *3-methyl-5-[(1-naphthyl)carbamoyloxy]pent-3-en-1-yne* $C_{17}H_{15}NO_2$, Formel II (R = CH_2-CH=C(CH_3)-C≡CH).

Eine Verbindung (Krystalle [aus PAe.]; F: 119°) dieser Konstitution ist aus Naphthyl-(1)-isocyanat und 3-Methyl-penten-(3)-in-(1)-ol-(5) (Kp_{30}: 66—66,5°; n_D^{16}: 1,4850) erhalten worden (*Cymerman, Heilbron, Jones*, Soc. **1945** 90, 93).

(±)-3-[Naphthyl-(1)-carbamoyloxy]-3-methyl-penten-(4)-in-(1), (±)-Naphthyl-(1)-carbamidsäure-[1-methyl-1-äthinyl-allylester], *(±)-3-methyl-3-[(1-naphthyl)carbamoyloxy]pent-1-en-4-yne* $C_{17}H_{15}NO_2$, Formel III (R = H).

B. Aus Naphthyl-(1)-isocyanat und (±)-3-Methyl-penten-(4)-in-(1)-ol-(3) (*Cymerman, Heilbron, Jones*, Soc. **1945** 90, 93).

Krystalle (aus PAe.); F: 110—111°.

(±)-4-[Naphthyl-(1)-carbamoyloxy]-3-methyl-hexen-(2)-in-(5), (±)-Naphthyl-(1)-carbamidsäure-[2-methyl-1-äthinyl-buten-(2)-ylester], *(±)-4-methyl-3-[(1-naphthyl)carbamoyloxy]hex-4-en-1-yne* $C_{18}H_{17}NO_2$, Formel II (R = CH(C≡CH)-C(CH_3)=CH-CH_3).

Eine Verbindung (Krystalle [aus PAe.]; F: 105°) dieser Konstitution ist aus Naphthyl-(1)-isocyanat und (±)-3-Methyl-hexen-(2)-in-(5)-ol-(4) (Kp_{50}: 96—97°) erhalten worden

(*Jones, McCombie*, Soc. **1942** 733).

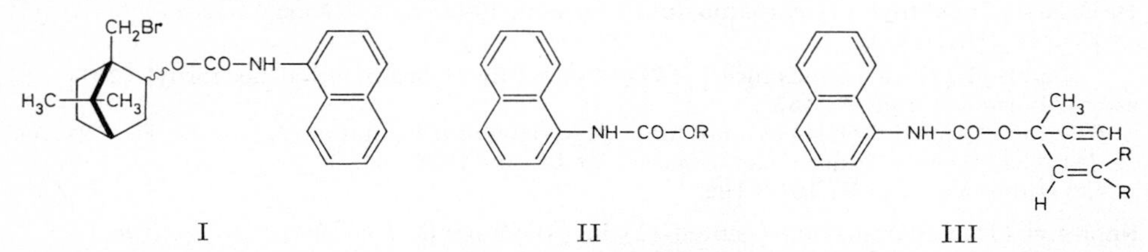

(±)-2-[Naphthyl-(1)-carbamoyloxy]-3-methyl-hexen-(3)-in-(5), (±)-Naphthyl-(1)-carbamidsäure-[1.2-dimethyl-penten-(2)-in-(4)-ylester], (±)-*4-methyl-5-[(1-naphthyl)carbamoyloxy]hex-3-en-1-yne* $C_{18}H_{17}NO_2$, Formel II (R = $CH(CH_3)$-$C(CH_3)$=CH-C≡CH).

Eine Verbindung (Krystalle [aus PAe. oder wss. Me.]; F: 93—94°) dieser Konstitution ist aus Naphthyl-(1)-isocyanat und (±)-3-Methyl-hexen-(3)-in-(5)-ol-(2) (Kp_{20}: 78—81°) erhalten worden (*Jones, McCombie*, Soc. **1943** 261, 263).

(±)-4-[Naphthyl-(1)-carbamoyloxy]-2.4-dimethyl-hexen-(2)-in-(5), (±)-Naphthyl-(1)-carbamidsäure-[1.3-dimethyl-1-äthinyl-buten-(2)-ylester], (±)-*3,5-dimethyl-3-[(1-naphthyl)carbamoyloxy]hex-4-en-1-yne* $C_{19}H_{19}NO_2$, Formel III (R = CH_3).

B. Aus Naphthyl-(1)-isocyanat und (±)-2.4-Dimethyl-hexen-(2)-in-(5)-ol-(4) (*Cymerman, Heilbron, Jones*, Soc. **1945** 90, 93).

Krystalle (aus PAe.); F: 129,5—130° [Zers.].

Naphthyl-(1)-carbamidsäure-[nonen-(2)-in-(4)-ylester], *(1-naphthyl)carbamic acid non-2-en-4-ynyl ester* $C_{20}H_{21}NO_2$, Formel II (R = CH_2-CH=CH-C≡C-$[CH_2]_3$-CH_3).

Eine Verbindung (Krystalle [aus PAe.]; F: 69°) dieser Konstitution ist aus Naphthyl-(1)-isocyanat und Nonen-(2)-in-(4)-ol-(1) ($Kp_{0,1}$: 67°) erhalten worden (*Haynes et al.*, Soc. **1947** 1583).

(±)-4-[Naphthyl-(1)-carbamoyloxy]-decen-(2)-in-(5), (±)-Naphthyl-(1)-carbamidsäure-[1-propenyl-heptin-(2)-ylester], (±)-*4-[(1-naphthyl)carbamoyloxy]dec-2-en-5-yne* $C_{21}H_{23}NO_2$, Formel II (R = CH(CH=CH-CH_3)-C≡C-$[CH_2]_3$-CH_3).

Eine Verbindung (Krystalle [aus PAe.]; F: 69°) dieser Konstitution ist aus Naphthyl-(1)-isocyanat und (±)-Decen-(2)-in-(5)-ol-(4) (Kp_1: 90°) erhalten worden (*Heilbron, Jones, Raphael*, Soc. **1943** 264).

(±)-2-[Naphthyl-(1)-carbamoyloxy]-decen-(3)-in-(5), (±)-Naphthyl-(1)-carbamidsäure-[1-methyl-nonen-(2)-in-(4)-ylester], (±)-*2-[(1-naphthyl)carbamoyloxy]dec-3-en-5-yne* $C_{21}H_{23}NO_2$, Formel II (R = $CH(CH_3)$-CH=CH-C≡C-$[CH_2]_3$-CH_3).

Eine Verbindung (Krystalle [aus PAe.]; F: 65°) dieser Konstitution ist aus Naphthyl-(1)-isocyanat und (±)-Decen-(3)-in-(5)-ol-(2) (Kp_3: 113—114°) erhalten worden (*Heilbron, Jones, Raphael*, Soc. **1943** 264).

Naphthyl-(1)-carbamidsäure-[3-methyl-nonen-(2)-in-(4)-ylester], *3-methyl-1-[(1-naphthyl)carbamoyloxy]non-2-en-4-yne* $C_{21}H_{23}NO_2$, Formel II (R = CH_2-CH=$C(CH_3)$-C≡C-$[CH_2]_3$-CH_3).

Eine Verbindung (Krystalle [aus Me.]; F: 69—70°) dieser Konstitution ist aus Naphthyl-(1)-isocyanat und 3-Methyl-nonen-(2)-in-(4)-ol-(1) ($Kp_{3,5}$: 75,5—76°) erhalten worden (*Cymerman, Heilbron, Jones*, Soc. **1944** 144, 146).

(±)-5-[Naphthyl-(1)-carbamoyloxy]-4-äthyl-octen-(3)-in-(1), (±)-Naphthyl-(1)-carbamidsäure-[2-äthyl-1-propyl-penten-(2)-in-(4)-ylester], (±)-*4-ethyl-5-[(1-naphthyl)carbamoyloxy]oct-3-en-1-yne* $C_{21}H_{23}NO_2$, Formel II (R = $CH(CH_2$-$C_2H_5)$-$C(C_2H_5)$=CH-C≡CH).

Eine Verbindung (Krystalle [aus PAe.]; F: 75—76°) dieser Konstitution ist aus Naphthyl-(1)-isocyanat und (±)-4-Äthyl-octen-(3)-in-(1)-ol-(5) (n_D^{23}: 1,4791) erhalten worden (*Jones, McCombie*, Soc. **1943** 261, 264).

(±)-3-[Naphthyl-(1)-carbamoyloxy]-4-äthyl-octen-(4)-in-(1), (±)-Naphthyl-(1)-carbamidsäure-[2-äthyl-1-äthinyl-hexen-(2)-ylester], (±)-*4-ethyl-3-[(1-naphthyl)carbamoyloxy]oct-4-en-1-yne* $C_{21}H_{23}NO_2$, Formel II (R = CH(C≡CH)-$C(C_2H_5)$=CH-CH_2-CH_2-CH_3).

Eine Verbindung (Krystalle [aus PAe.]; F: 57—58°) dieser Konstitution ist aus

Naphthyl-(1)-isocyanat und (±)-4-Äthyl-octen-(4)-in-(1)-ol-(3) (Kp_{14}: 96,5—97°) erhalten worden (*Jones, McCombie*, Soc. **1942** 733).

Naphthyl-(1)-carbamidsäure-[pinen-(2)-yl-(10)-ester], 10-[Naphthyl-(1)-carbamoyl=oxy]-pinen-(2), *10-[(1-naphthyl)carbamoyloxy]pin-2-ene* $C_{21}H_{23}NO_2$.

a) **Naphthyl-(1)-carbamidsäure-[(1*R*)-pinen-(2)-yl-(10)-ester],** (−)-*O*-[Naphth=yl-(1)-carbamoyl]-myrtenol; Formel s. E III **6** 386, Formel XI (R = $CO-NH-C_{10}H_7$).

B. Aus Naphthyl-(1)-isocyanat und (−)-Myrtenol [E III **6** 385] (*Schmidt*, Ber. Schimmel **1941** 70, 72).

Krystalle (aus PAe.); F: 92—93°.

b) **Naphthyl-(1)-carbamidsäure-[(1*S*)-pinen-(2)-yl-(10)-ester],** (+)-*O*-[Naphth=yl-(1)-carbamoyl]-myrtenol; Formel s. E III **6** 386, Formel XII (R = $CO-NH-C_{10}H_7$).

B. Aus Naphthyl-(1)-isocyanat und (+)-Myrtenol [E III **6** 385] (*Penfold, Ramage, Simonsen*, J. Pr. Soc. N.S. Wales **68** [1934] 36).

Krystalle (aus Me.); F: 92—93°.

c) **(±)-Naphthyl-(1)-carbamidsäure-[pinen-(2)-yl-(10)-ester],** (±)-*O*-[Naphth=yl-(1)-carbamoyl]-myrtenol; Formel s. E III **6** 386, Formel XI + XII (R = $CO-NH-C_{10}H_7$).

B. Aus Naphthyl-(1)-isocyanat und (±)-Myrtenol [E III **6** 386] (*Schmidt*, Ber. Schimmel **1941** 56, 69).

F: 88—89°.

(±)-2-[Naphthyl-(1)-carbamoyloxy]-4-methyl-decen-(3)-in-(5), (±)-Naphthyl-(1)-carbamidsäure-[1.3-dimethyl-nonen-(2)-in-(4)-ylester], (±)-*4-methyl-2-[(1-naphthyl)=carbamoyloxy]dec-3-en-5-yne* $C_{22}H_{25}NO_2$, Formel II (R = $CH(CH_3)-CH=C(CH_3)-C\equiv C-[CH_2]_3-CH_3$).

Eine Verbindung (Krystalle [aus PAe.]; F: 71°) dieser Konstitution ist aus Naphth=yl-(1)-isocyanat und (±)-4-Methyl-decen-(3)-in-(5)-ol-(2) (Kp_2: 84°) erhalten worden (*Cymerman, Heilbron, Jones*, Soc. **1944** 144, 146).

(±)-5-[Naphthyl-(1)-carbamoyloxy]-octadien-(1.6)-in-(3), (±)-Naphthyl-(1)-carbamid=säure-[1-propenyl-penten-(4)-in-(2)-ylester], (±)-*5-[(1-naphthyl)carbamoyloxy]octa-1,6-dien-3-yne* $C_{19}H_{17}NO_2$, Formel II (R = $CH(CH=CH-CH_3)-C\equiv C-CH=CH_2$).

Eine Verbindung (Krystalle [aus PAe. oder wss. Acn.]; F: 95—96°) dieser Konstitution ist aus Naphthyl-(1)-isocyanat und (±)-Octadien-(1.6)-in-(3)-ol-(5) ($Kp_{3,5}$: 72—73°) erhalten worden (*Heilbron, Jones, Weedon*, Soc. **1944** 140).

(±)-1-[Naphthyl-(1)-carbamoyloxy]-1-[4-chlor-phenyl]-äthan, (±)-*1-(p-chlorophenyl)-1-[(1-naphthyl)carbamoyloxy]ethane* $C_{19}H_{16}ClNO_2$, Formel IV (R = H, X = Cl).

B. Aus Naphthyl-(1)-isocyanat und (±)-1-[4-Chlor-phenyl]-äthanol-(1) (*Woodcock*, Soc. **1949** 203, 206).

Krystalle (aus PAe.); F: 102—103°.

Naphthyl-(1)-carbamidsäure-phenäthylester, *(1-naphthyl)carbamic acid phenethyl ester* $C_{19}H_{17}NO_2$, Formel II (R = $CH_2-CH_2-C_6H_5$) (E II 690).

Krystalle; F: 120—121° (*Fujita*, J. chem. Soc. Japan **64** [1943] 1008, 1009; C. A. **1947** 3253).

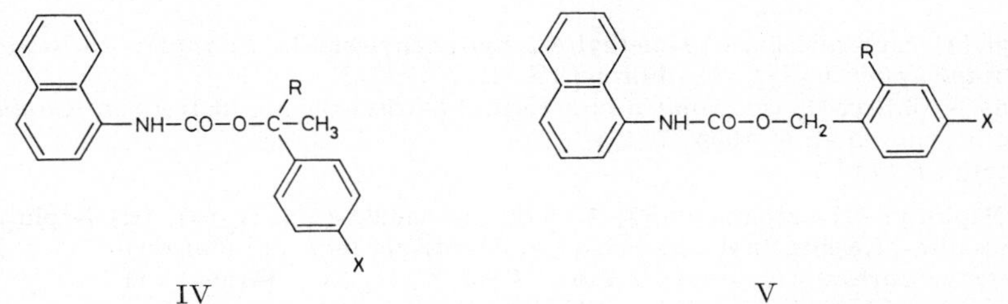

IV V

Naphthyl-(1)-carbamidsäure-[2-methyl-benzylester], *(1-naphthyl)carbamic acid 2-methylbenzyl ester* $C_{19}H_{17}NO_2$, Formel V (R = CH_3, X = H).

B. Aus Naphthyl-(1)-isocyanat und 2-Methyl-benzylalkohol (*Gilman, Nelson*, Am.

Soc. **61** [1939] 741).
F: 142—143°.

Naphthyl-(1)-carbamidsäure-[2.6-dimethyl-phenylester], *(1-naphthyl)carbamic acid 2,6-xylyl ester* $C_{19}H_{17}NO_2$, Formel VI (R = H, X = CH_3).
B. Aus Naphthyl-(1)-isocyanat und 2.6-Dimethyl-phenol in Gegenwart von Triäthylamin (*Hurd, Pollack*, Am. Soc. **58** [1936] 181).
Krystalle (aus A.); F: 176,5°.

(±)-7-[Naphthyl-(1)-carbamoyloxy]-2-methyl-octadien-(1.5)-in-(3), (±)-Naphthyl-(1)-carbamidsäure-[1.6-dimethyl-heptadien-(2.6)-in-(4)-ylester], *(±)-2-methyl-7-[(1-naphthyl)carbamoyloxy]octa-1,5-dien-3-yne* $C_{20}H_{19}NO_2$, Formel VII (R = $CH(CH_3)$-CH=CH-C≡C-$C(CH_3)$=CH_2).
Eine Verbindung (Krystalle [aus Bzn.]; F: 89°) dieser Konstitution ist aus Naphthyl-(1)-isocyanat und (±)-2-Methyl-octadien-(1.5)-in-(3)-ol-(7) (Kp_2: 75—78°) erhalten worden (*Heilbron, Jones, Weedon*, Soc. **1944** 140).

2-[Naphthyl-(1)-carbamoyloxy]-1-phenyl-propan, Naphthyl-(1)-carbamidsäure-[1-methyl-2-phenyl-äthylester], *(1-naphthyl)carbamic acid α-methylphenethyl ester* $C_{20}H_{19}NO_2$.

a) **Naphthyl-(1)-carbamidsäure-[(*R*)-1-methyl-2-phenyl-äthylester]**, Formel VIII (R = H).
B. Aus Naphthyl-(1)-isocyanat und (*R*)-1-Phenyl-propanol-(2) (*Levene, Walti*, J. biol. Chem. **90** [1931] 81, 87).
Krystalle (aus wss. A.); F: 111—113°. $[\alpha]_D^{24}$: −31,6° [A.; c = 3].

b) **(±)-Naphthyl-(1)-carbamidsäure-[1-methyl-2-phenyl-äthylester]**, Formel VIII (R = H) + Spiegelbild.
B. Beim Behandeln von Naphthyl-(1)-isocyanat mit (±)-1-Phenyl-propanol-(2) und geringen Mengen Trimethylamin in Äther (*Huston, Bostwick*, J. org. Chem. **13** [1948] 331, 337).
F: 91—92° (*Golumbic, Cottle*, Am. Soc. **61** [1939] 996, 999), 88—89,8° (*Hu., Bo.*, l. c. S. 336).

(±)-Naphthyl-(1)-carbamidsäure-[2-phenyl-propylester], *(±)-(1-naphthyl)carbamic acid β-methylphenethyl ester* $C_{20}H_{19}NO_2$, Formel VII (R = CH_2-$CH(CH_3)$-C_6H_5).
B. Aus Naphthyl-(1)-isocyanat und (±)-2-Phenyl-propanol-(1) (*Golumbic, Cottle*, Am. Soc. **61** [1939] 996, 1000).
F: 100—101°.

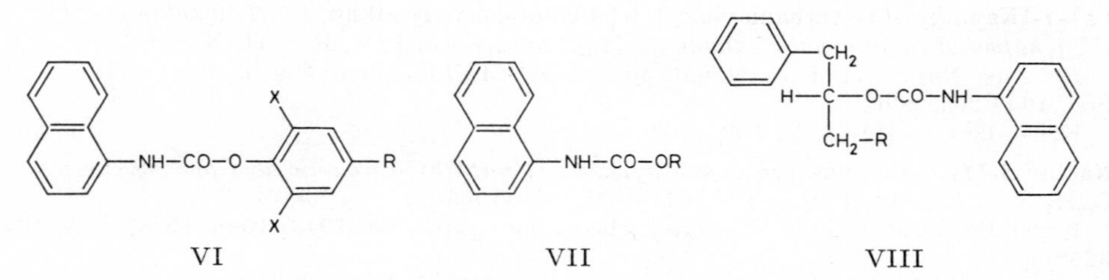

VI VII VIII

Naphthyl-(1)-carbamidsäure-[3-methyl-5-äthyl-phenylester], *(1-naphthyl)carbamic acid 5-ethyl-*m*-tolyl ester* $C_{20}H_{19}NO_2$, Formel IX (R = CH_3, X = C_2H_5).
B. Aus Naphthyl-(1)-isocyanat und 3-Methyl-5-äthyl-phenol in Kerosin (*Caplan et al.*, Ind. eng. Chem. Anal. **6** [1934] 7, 11).
Krystalle; F: 140°.

(±)-8-[Naphthyl-(1)-carbamoyloxy]-3-methyl-nonadien-(2.6)-in-(4), (±)-Naphthyl-(1)-carbamidsäure-[1.6-dimethyl-octadien-(2.6)-in-(4)-ylester], *(±)-3-methyl-8-[(1-naphthyl)carbamoyloxy]nona-2,6-dien-4-yne* $C_{21}H_{21}NO_2$, Formel VII (R = $CH(CH_3)$-CH=CH-C≡C-$C(CH_3)$=CH-CH_3).
Eine Verbindung (Krystalle [aus PAe.]; F: 82°) dieser Konstitution ist aus Naphthyl-(1)-isocyanat und (±)-3-Methyl-nonadien-(2.6)-in-(4)-ol-(8) (Kp_{16}: 122°) erhalten worden (*Heilbron et al.*, Soc. **1943** 265, 267).

(±)-6-[Naphthyl-(1)-carbamoyloxy]-3-methyl-nonadien-(2.7)-in-(4), (±)-Naphthyl-(1)-carbamidsäure-[4-methyl-1-propenyl-hexen-(4)-in-(2)-ylester], *(±)-3-methyl-6-[(1-naphthyl)carbamoyloxy]nona-2,7-dien-4-yne* $C_{21}H_{21}NO_2$, Formel VII (R = CH(CH=CH-CH_3)-C≡C-C(CH_3)=CH-CH_3).

Eine Verbindung (Krystalle [aus PAe.]; F: 98°) dieser Konstitution ist aus Naphth-yl-(1)-isocyanat und (±)-3-Methyl-nonadien-(2.7)-in-(4)-ol-(6) (Kp_{16}: 127°) erhalten worden (*Heilbron et al.*, Soc. **1943** 265, 267).

3.5-Dichlor-4-[naphthyl-(1)-carbamoyloxy]-1-butyl-benzol, Naphthyl-(1)-carbamid-säure-[2.6-dichlor-4-butyl-phenylester], *5-butyl-1,3-dichloro-2-[(1-naphthyl)carbamoyloxy]-benzene* $C_{21}H_{19}Cl_2NO_2$, Formel VI (R = $[CH_2]_3$-CH_3, X = Cl).

B. Aus 2.6-Dichlor-4-butyl-phenol (*Tarbell, Wilson*, Am. Soc. **64** [1942] 1066, 1069).

F: 142—143° [korr.].

(±)-Naphthyl-(1)-carbamidsäure-[1-phenyl-butylester], *(±)-(1-naphthyl)carbamic acid α-propylbenzyl ester* $C_{21}H_{21}NO_2$, Formel VII (R = CH(C_6H_5)-CH_2-CH_2-CH_3).

B. Aus Naphthyl-(1)-isocyanat und (±)-1-Phenyl-butanol-(1) (*Magnani, McElvain*, Am. Soc. **60** [1938] 813, 819).

F: 98—99°.

Naphthyl-(1)-carbamidsäure-[1-benzyl-propylester], *(1-naphthyl)carbamic acid α-ethyl-phenethyl ester* $C_{21}H_{21}NO_2$.

Naphthyl-(1)-carbamidsäure-[(*R*)-1-benzyl-propylester], Formel VIII (R = CH_3).

Ein konfigurativ vermutlich nicht einheitliches Präparat (Krystalle [aus wss. A.]; F: 116—119°; $[\alpha]_D^{25}$: —16° [A.]) ist aus Naphthyl-(1)-isocyanat und partiell racemischem (*R*)-1-Phenyl-butanol-(2) (α_D^{24}: —12,2° [unverd.; l = 1(?)]) erhalten worden (*Levene, Walti*, J. biol. Chem. **94** [1932] 367, 372).

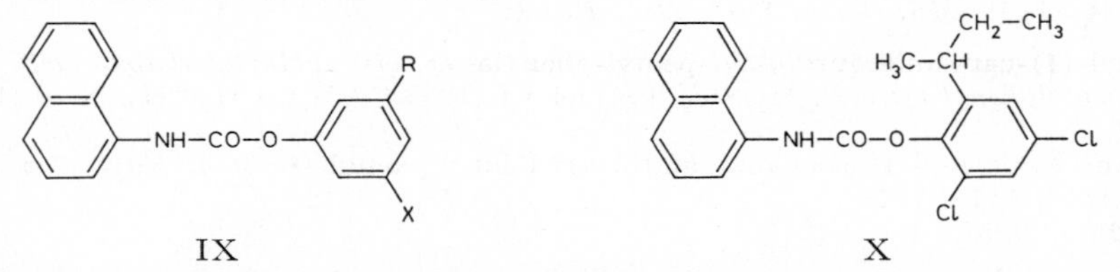

(±)-3.5-Dichlor-2-[naphthyl-(1)-carbamoyloxy]-1-*sec*-butyl-benzol, (±)-Naphthyl-(1)-carbamidsäure-[4.6-dichlor-2-*sec*-butyl-phenylester], *(±)-1-*sec*-butyl-3,5-dichloro-2-[(1-naphthyl)carbamoyloxy]benzene* $C_{21}H_{19}Cl_2NO_2$, Formel X.

B. Aus Naphthyl-(1)-isocyanat und (±)-4.6-Dichlor-2-*sec*-butyl-phenol (*Tarbell, Wilson*, Am. Soc. **64** [1942] 607, 610).

Krystalle (aus Bzn.); F: 151—153° [korr.].

(±)-Naphthyl-(1)-carbamidsäure-[4-*sec*-butyl-phenylester], *(±)-(1-naphthyl)carbamic acid p-sec-butylphenyl ester* $C_{21}H_{21}NO_2$, Formel VI (R = CH(CH_3)-CH_2-CH_3, X = H).

B. Aus Naphthyl-(1)-isocyanat und (±)-4-*sec*-Butyl-phenol (*Huston et al.*, Am. Soc. **67** [1945] 899, 901).

F: 103—104°.

(±)-2-[Naphthyl-(1)-carbamoyloxy]-2-phenyl-butan, (±)-Naphthyl-(1)-carbamidsäure-[1-methyl-1-phenyl-propylester], *(±)-2-[(1-naphthyl)carbamoyloxy]-2-phenylbutane* $C_{21}H_{21}NO_2$, Formel IV (R = C_2H_5, X = H) auf S. 2901.

B. Aus (±)-2-Phenyl-butanol-(2) (*Hawkins*, Soc. **1949** 2076).

F: 129—130,5° [unkorr.].

(±)-Naphthyl-(1)-carbamidsäure-[2-methyl-1-phenyl-propylester], *(±)-(1-naphthyl)-carbamic acid α-isopropylbenzyl ester* $C_{21}H_{21}NO_2$, Formel VII (R = CH(C_6H_5)-CH$(CH_3)_2$).

B. Aus Naphthyl-(1)-isocyanat und (±)-2-Methyl-1-phenyl-propanol-(1) (*Magnani, McElvain*, Am. Soc. **60** [1938] 813, 819).

F: 116—117°.

Naphthyl-(1)-carbamidsäure-[2-methyl-2-phenyl-propylester], *(1-naphthyl)carbamic acid β,β-dimethylphenethyl ester* $C_{21}H_{21}NO_2$, Formel VII (R = CH_2-C$(CH_3)_2$-C_6H_5).

B. Aus Naphthyl-(1)-isocyanat und 2-Methyl-2-phenyl-propanol-(1) (*Whitmore, Weis-*

gerber, Shabica, Am. Soc. **65** [1943] 1469).
F: 91,5—92,5°.

Naphthyl-(1)-carbamidsäure-[4-isopropyl-benzylester], *(1-naphthyl)carbamic acid 4-isopropylbenzyl ester* $C_{21}H_{21}NO_2$, Formel V (R = H, X = $CH(CH_3)_2$) auf S. 2901.
B. Aus Naphthyl-(1)-isocyanat und 4-Isopropyl-benzylalkohol (*Cooke, Gillespie, Macbeth,* Soc. **1938** 1825).
Krystalle (aus wss. A.); F: 112—112,5°.

3-[Naphthyl-(1)-carbamoyloxy]-1-phenyl-pentan, Naphthyl-(1)-carbamidsäure-[1-äthyl-3-phenyl-propylester], *3-[(1-naphthyl)carbamoyloxy]-1-phenylpentane* $C_{22}H_{23}NO_2$.
Naphthyl-(1)-carbamidsäure-[(*R*)-1-äthyl-3-phenyl-propylester], Formel XI.
B. Aus Naphthyl-(1)-isocyanat und (*R*)-1-Phenyl-pentanol-(3) (*Levene, Stevens,* J. biol. Chem. **87** [1930] 375, 386).
Krystalle (aus wss. A.); F: 82,5—83°. $[\alpha]_D^{24,5}$: −8,9° [A.; c = 15].

(±)-4-[Naphthyl-(1)-carbamoyloxy]-1-[1-methyl-butyl]-benzol, *(±)-1-(1-methylbutyl)-4-[(1-naphthyl)carbamoyloxy]benzene* $C_{22}H_{23}NO_2$, Formel VI (R = $CH(CH_3)$-CH_2-CH_2-CH_3, X = H) auf S. 2902.
B. Aus Naphthyl-(1)-isocyanat und (±)-4-[1-Methyl-butyl]-phenol (*Huston, Kaye,* Am. Soc. **64** [1942] 1576, 1579).
F: 100—101°.

4-[Naphthyl-(1)-carbamoyloxy]-1-[1-äthyl-propyl]-benzol, *1-(1-ethylpropyl)-4-[(1-naphthyl)carbamoyloxy]benzene* $C_{22}H_{23}NO_2$, Formel VI (R = $CH(C_2H_5)_2$, X = H) auf S. 2902.
B. Aus Naphthyl-(1)-isocyanat und 4-[1-Äthyl-propyl]-phenol (*Huston, Kaye,* Am. Soc. **64** [1942] 1576, 1579; *Huston et al.,* Am. Soc. **67** [1945] 899).
F: 114—115° (*Hu. et al.*), 114° (*Hu., Kaye*).

Naphthyl-(1)-carbamidsäure-4-*tert*-pentyl-phenylester, *(1-naphthyl)carbamic acid* p-tert-*pentylphenyl ester* $C_{22}H_{23}NO_2$, Formel VI (R = $C(CH_3)_2$-CH_2-CH_3, X = H) auf S. 2902.
B. Aus Naphthyl-(1)-isocyanat und 4-*tert*-Pentyl-phenol (*Huston, Kaye,* Am. Soc. **64** [1942] 1576, 1578, 1579).
F: 125—126,5°.

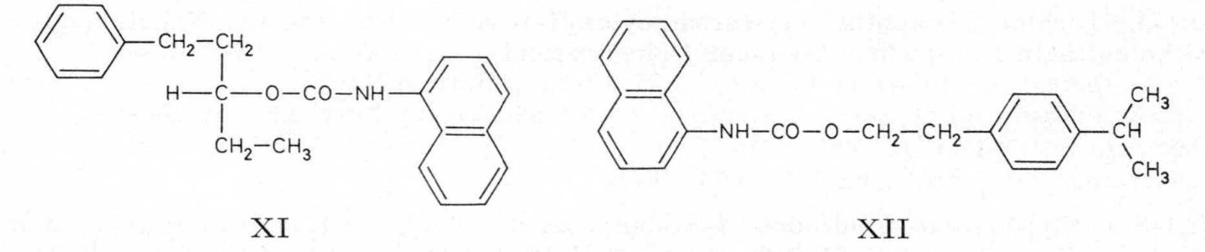

XI XII

Naphthyl-(1)-carbamidsäure-[4-isopropyl-phenäthylester], *(1-naphthyl)carbamic acid 4-isopropylphenethyl ester* $C_{22}H_{23}NO_2$, Formel XII.
B. Aus Naphthyl-(1)-isocyanat und 4-Isopropyl-phenäthylalkohol (*Bain,* Am. Soc. **68** [1946] 638, 641).
F: 99—100°.

Naphthyl-(1)-carbamidsäure-[3-hexyl-phenylester], *(1-naphthyl)carbamic acid* m-*hexylphenyl ester* $C_{23}H_{25}NO_2$, Formel IX (R = $[CH_2]_5$-CH_3, X = H).
B. Aus Naphthyl-(1)-isocyanat und 3-Hexyl-phenol in Gegenwart von Triäthylamin (*McPhee, Ball,* Am. Soc. **66** [1944] 1636, 1639).
Krystalle (aus PAe.); F: 102,2—102,8° [unkorr.].

(±)-4-[Naphthyl-(1)-carbamoyloxy]-1-[1-methyl-pentyl]-benzol, *(±)-1-(1-methylpentyl)-4-[(1-naphthyl)carbamoyloxy]benzene* $C_{23}H_{25}NO_2$, Formel I (R = $CH(CH_3)$-$[CH_2]_3$-CH_3) auf S. 2906.
B. Aus Naphthyl-(1)-isocyanat und (±)-4-[1-Methyl-pentyl]-phenol (*Huston, Kaye,* Am. Soc. **64** [1942] 1576, 1579).
F: 108—109°.

(±)-4-[Naphthyl-(1)-carbamoyloxy]-1-[1-äthyl-butyl]-benzol, (±)-*1-(1-ethylbutyl)-4-[(1-naphthyl)carbamoyloxy]benzene* $C_{23}H_{25}NO_2$, Formel I (R = $CH(C_2H_5)$-CH_2-CH_2-CH_3).
B. Aus Naphthyl-(1)-isocyanat und (±)-4-[1-Äthyl-butyl]-phenol (*Huston, Kaye*, Am. Soc. **64** [1942] 1576, 1579).
F: 95—95,5°.

4-[Naphthyl-(1)-carbamoyloxy]-1-[1.1-dimethyl-butyl]-benzol, *1-(1,1-dimethylbutyl)-4-[(1-naphthyl)carbamoyloxy]benzene* $C_{23}H_{25}NO_2$, Formel I (R = $C(CH_3)_2$-CH_2-CH_2-CH_3).
B. Aus Naphthyl-(1)-isocyanat und 4-[1.1-Dimethyl-butyl]-phenol (*Huston et al.*, Am. Soc. **67** [1945] 899).
F: 127—128°.

4-[Naphthyl-(1)-carbamoyloxy]-1-[1.2-dimethyl-butyl]-benzol, *1-(1,2-dimethylbutyl)-4-[(1-naphthyl)carbamoyloxy]benzene* $C_{23}H_{25}NO_2$, Formel I (R = $CH(CH_3)$-$CH(CH_3)$-CH_2-CH_3).
Eine opt.-inakt. Verbindung (F: 100—101°) dieser Konstitution ist aus Naphthyl-(1)-isocyanat und opt.-inakt. 4-[1.2-Dimethyl-butyl]-phenol (Kp_3: 120—123,5°) erhalten worden (*Huston, Kaye*, Am. Soc. **64** [1942] 1576, 1579).
F: 100—101°.

(±)-4-[Naphthyl-(1)-carbamoyloxy]-1-[1.3-dimethyl-butyl]-benzol, (±)-*1-(1,3-dimethylbutyl)-4-[(1-naphthyl)carbamoyloxy]benzene* $C_{23}H_{25}NO_2$, Formel I (R = $CH(CH_3)$-CH_2-$CH(CH_3)_2$).
B. Aus Naphthyl-(1)-isocyanat und (±)-4-[1.3-Dimethyl-butyl]-phenol (*Huston, Kaye*, Am. Soc. **64** [1942] 1576, 1579).
F: 107°.

(±)-4-[Naphthyl-(1)-carbamoyloxy]-1-[2-methyl-1-äthyl-propyl]-benzol, (±)-*1-(1-ethyl-2-methylpropyl)-4-[(1-naphthyl)carbamoyloxy]benzene* $C_{23}H_{25}NO_2$, Formel I (R = $CH(C_2H_5)$-$CH(CH_3)_2$).
B. Aus Naphthyl-(1)-isocyanat und (±)-4-[2-Methyl-1-äthyl-propyl]-phenol (*Huston et al.*, Am. Soc. **67** [1945] 899).
F: 124—124,5°.

4-[Naphthyl-(1)-carbamoyloxy]-1-[1-methyl-1-äthyl-propyl]-benzol, *1-(1-ethyl-1-methylpropyl)-4-[(1-naphthyl)carbamoyloxy]benzene* $C_{23}H_{25}NO_2$, Formel I (R = $C(C_2H_5)_2$-CH_3).
B. Aus Naphthyl-(1)-isocyanat und 4-[1-Methyl-1-äthyl-propyl]-phenol (*Huston et al.*, Am. Soc. **67** [1945] 899).
F: 147—148°.

4-[Naphthyl-(1)-carbamoyloxy]-1-[1.1.2-trimethyl-propyl]-benzol, *1-[(1-naphthyl)carbamoyloxy]-4-(1,1,2-trimethylpropyl)benzene* $C_{23}H_{25}NO_2$, Formel I (R = $C(CH_3)_2$-$CH(CH_3)_2$).
B. Aus Naphthyl-(1)-isocyanat und 4-[1.1.2-Trimethyl-propyl]-phenol (*Huston et al.*, Am. Soc. **67** [1942] 899).
F: 115—116°.

(±)-4-[Naphthyl-(1)-carbamoyloxy]-1-[1.2.2-trimethyl-propyl]-benzol, (±)-*1-[(1-naphthyl)carbamoyloxy]-4-(1,2,2-trimethylpropyl)benzene* $C_{23}H_{25}NO_2$, Formel I (R = $CH(CH_3)$-$C(CH_3)_3$).
B. Aus Naphthyl-(1)-isocyanat und (±)-4-[1.2.2-Trimethyl-propyl]-phenol (*Huston, Kaye*, Am. Soc. **64** [1942] 1576, 1578, 1579).
F: 109—110°.

(±)-2-[Naphthyl-(1)-carbamoyloxy]-1-mesityl-propan, (±)-Naphthyl-(1)-carbamidsäure-[1-methyl-2-mesityl-äthylester], (±)-*(1-naphthyl)carbamic acid 2,4,6,α-tetramethylphenethyl ester* $C_{23}H_{25}NO_2$, Formel II.
B. Aus Naphthyl-(1)-isocyanat und (±)-1-Mesityl-propanol-(2) in Gegenwart von Triäthylamin (*Huston, Bostwick*, J. org. Chem. **13** [1948] 331, 336, 337).
F: 114,8—115,2°.

(±)-4-[Naphthyl-(1)-carbamoyloxy]-1-[1-methyl-hexyl]-benzol, (±)-*1-(1-methylhexyl)-4-[(1-naphthyl)carbamoyloxy]benzene* $C_{24}H_{27}NO_2$, Formel I (R = $CH(CH_3)$-$[CH_2]_4$-CH_3).
B. Aus Naphthyl-(1)-isocyanat und (±)-4-[1-Methyl-hexyl]-phenol (*Huston, Kaye*, Am.

Soc. **64** [1942] 1576, 1579).
F: 115—116°.

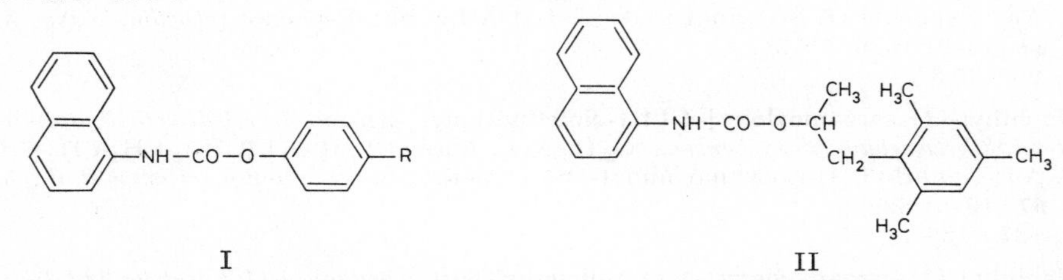

4-[Naphthyl-(1)-carbamoyloxy]-3-methyl-1-[cyclohexen-(1)-yl]-hexin-(1), *1-(cyclohex-1-en-1-yl)-3-methyl-4-[(1-naphthyl)carbamoyloxy]hex-1-yne* $C_{24}H_{27}NO_2$, Formel III.

Eine opt.-inakt. Verbindung (Krystalle [aus Diisopropyläther]; F: 130—130,5°) dieser Konstitution ist aus Naphthyl-(1)-isocyanat und opt.-inakt. 3-Methyl-1-[cyclohexen-(1)-yl]-hexin-(1)-ol-(4) ($Kp_{0,85}$: 105—106°) erhalten worden (*Sobotka, Chanley*, Am. Soc. **70** [1948] 3914, 3917).

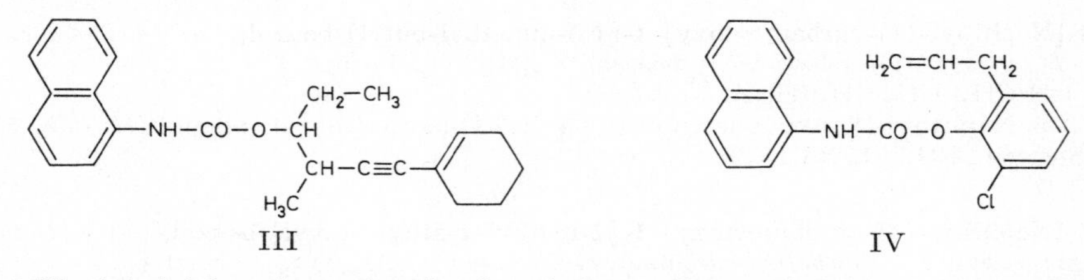

(±)-4-[Naphthyl-(1)-carbamoyloxy]-1-[1-äthyl-pentyl]-benzol, *(±)-1-(1-ethylpentyl)-4-[(1-naphthyl)carbamoyloxy]benzene* $C_{24}H_{27}NO_2$, Formel I (R = $CH(C_2H_5)$-$[CH_2]_3$-CH_3).

B. Aus Naphthyl-(1)-isocyanat und (±)-4-[1-Äthyl-pentyl]-phenol (*Huston, Kaye*, Am. Soc. **64** [1942] 1576, 1579).

F: 100°.

4-[Naphthyl-(1)-carbamoyloxy]-1-[1.1-dimethyl-pentyl]-benzol, *1-(1,1-dimethylpentyl)-4-[(1-naphthyl)carbamoyloxy]benzene* $C_{24}H_{27}NO_2$, Formel I (R = $C(CH_3)_2$-$[CH_2]_3$-CH_3).

B. Aus Naphthyl-(1)-isocyanat und 4-[1.1-Dimethyl-pentyl]-phenol (*Huston, Kaye*, Am. Soc. **64** [1942] 1576, 1578, 1579 Anm. 12).

F: 125—126°.

4-[Naphthyl-(1)-carbamoyloxy]-1-[1.2-dimethyl-pentyl]-benzol, *1-(1,2-dimethylpentyl)-4-[(1-naphthyl)carbamoyloxy]benzene* $C_{24}H_{27}NO_2$, Formel I (R = $CH(CH_3)$-$CH(CH_3)$-CH_2-CH_2-CH_3).

Eine opt.-inakt. Verbindung (F: 110—111°) dieser Konstitution ist aus Naphthyl-(1)-isocyanat und opt.-inakt. 4-[1.2-Dimethyl-pentyl]-phenol [Kp_2: 123—125°] erhalten worden (*Huston, Kaye*, Am. Soc. **64** [1942] 1576, 1579).

(±)-4-[Naphthyl-(1)-carbamoyloxy]-1-[1.4-dimethyl-pentyl]-benzol, *(±)-1-(1,4-dimethylpentyl)-4-[(1-naphthyl)carbamoyloxy]benzene* $C_{24}H_{27}NO_2$, Formel I (R = $CH(CH_3)$-CH_2-CH_2-$CH(CH_3)_2$).

B. Aus Naphthyl-(1)-isocyanat und (±)-4-[1.4-Dimethyl-pentyl]-phenol (*Huston, Kaye*, Am. Soc. **64** [1942] 1576, 1579).

F: 125°.

4-[Naphthyl-(1)-carbamoyloxy]-1-[1-propyl-butyl]-benzol, *1-[(1-naphthyl)carbamoyloxy]-4-(1-propylbutyl)benzene* $C_{24}H_{27}NO_2$, Formel I (R = $CH(CH_2$-$C_2H_5)_2$).

B. Aus Naphthyl-(1)-isocyanat und 4-[1-Propyl-butyl]-phenol (*Huston, Kaye*, Am. Soc. **64** [1942] 1576, 1579).

F: 104—105°.

(±)-4-[Naphthyl-(1)-carbamoyloxy]-1-[1-methyl-1-äthyl-butyl]-benzol, *(±)-1-(1-ethyl-1-methylbutyl)-4-[(1-naphthyl)carbamoyloxy]benzene* $C_{24}H_{27}NO_2$, Formel I (R = $C(CH_3)(C_2H_5)$-CH_2-CH_2-CH_3).

B. Aus Naphthyl-(1)-isocyanat und (±)-4-[1-Methyl-1-äthyl-butyl]-phenol (*Huston, Kaye*, Am. Soc. **64** [1942] 1576, 1578, 1579 Anm. 12).
F: 101—103°.

(±)-4-[Naphthyl-(1)-carbamoyloxy]-1-[3-methyl-1-äthyl-butyl]-benzol, *(±)-1-(1-ethyl-3-methylbutyl)-4-[(1-naphthyl)carbamoyloxy]benzene* $C_{24}H_{27}NO_2$, Formel I (R = $CH(C_2H_5)$-CH_2-$CH(CH_3)_2$).
B. Aus Naphthyl-(1)-isocyanat und (±)-4-[3-Methyl-1-äthyl-butyl]-phenol (*Huston, Kaye*, Am. Soc. **64** [1942] 1576, 1579).
F: 117—117,5°.

(±)-4-[Naphthyl-(1)-carbamoyloxy]-1-[1.1.2-trimethyl-butyl]-benzol, *(±)-1-[(1-naphthyl)carbamoyloxy]-4-(1,1,2-trimethylbutyl)benzene* $C_{24}H_{27}NO_2$, Formel I (R = $C(CH_3)_2$-$CH(CH_3)$-CH_2-CH_3).
B. Aus Naphthyl-(1)-isocyanat und (±)-4-[1.1.2-Trimethyl-butyl]-phenol (*Huston, Hedrick*, Am. Soc. **59** [1937] 2001).
F: 122—123°.

4-[Naphthyl-(1)-carbamoyloxy]-1-[1.1.3-trimethyl-butyl]-benzol, *1-[(1-naphthyl)carbamoyloxy]-4-(1,1,3-trimethylbutyl)benzene* $C_{24}H_{27}NO_2$, Formel I (R = $C(CH_3)_2$-CH_2-$CH(CH_3)_2$).
B. Aus Naphthyl-(1)-isocyanat und 4-[1.1.3-Trimethyl-butyl]-phenol (*Huston, Hedrick*, Am. Soc. **59** [1937] 2001; s. a. *Huston, Awuapara*, J. org. Chem. **9** [1944] 401, 406).
F: 114—115°.

(±)-4-[Naphthyl-(1)-carbamoyloxy]-1-[2.2-dimethyl-1-äthyl-propyl]-benzol, *(±)-1-(1-ethyl-2,2-dimethylpropyl)-4-[(1-naphthyl)carbamoyloxy]benzene* $C_{24}H_{27}NO_2$, Formel I (R = $CH(C_2H_5)$-$C(CH_3)_3$).
B. Aus Naphthyl-(1)-isocyanat und (±)-4-[2.2-Dimethyl-1-äthyl-propyl]-phenol (*Huston, Kaye*, Am. Soc. **64** [1942] 1576, 1579).
F: 118—119°.

(±)-4-[Naphthyl-(1)-carbamoyloxy]-1-[1.2-dimethyl-1-äthyl-propyl]-benzol, *(±)-1-(1-ethyl-1,2-dimethylpropyl)-4-[(1-naphthyl)carbamoyloxy]benzene* $C_{24}H_{27}NO_2$, Formel I (R = $C(CH_3)(C_2H_5)$-$CH(CH_3)_2$).
B. Aus Naphthyl-(1)-isocyanat und (±)-4-[1.2-Dimethyl-1-äthyl-propyl]-phenol (*Huston, Hedrick*, Am. Soc. **59** [1937] 2001).
F: 112—113°.

4-[Naphthyl-(1)-carbamoyloxy]-1-[1.1-diäthyl-propyl]-benzol, *1-(1,1-diethylpropyl)-4-[(1-naphthyl)carbamoyloxy]benzene* $C_{24}H_{27}NO_2$, Formel I (R = $C(C_2H_5)_3$).
B. Aus Naphthyl-(1)-isocyanat und 4-[1.1-Diäthyl-propyl]-phenol (*Huston, Hedrick*, Am. Soc. **59** [1937] 2001).
F: 133—135°.

4-[Naphthyl-(1)-carbamoyloxy]-1-[1.1-dimethyl-hexyl]-benzol, *1-(1,1-dimethylhexyl)-4-[(1-naphthyl)carbamoyloxy]benzene* $C_{25}H_{29}NO_2$, Formel I (R = $C(CH_3)_2$-$[CH_2]_4$-CH_3).
B. Aus Naphthyl-(1)-isocyanat und 4-[1.1-Dimethyl-hexyl]-phenol (*Huston, Guile*, Am. Soc. **61** [1939] 69).
F: 120—121° [aus Bzn.].

(±)-4-[Naphthyl-(1)-carbamoyloxy]-1-[1-methyl-1-äthyl-pentyl]-benzol, *(±)-1-(1-ethyl-1-methylpentyl)-4-[(1-naphthyl)carbamoyloxy]benzene* $C_{25}H_{29}NO_2$, Formel I (R = $C(CH_3)(C_2H_5)$-$[CH_2]_3$-CH_3).
B. Aus Naphthyl-(1)-isocyanat und (±)-4-[1-Methyl-1-äthyl-pentyl]-phenol (*Huston, Langdon, Snyder*, Am. Soc. **70** [1948] 1474).
Krystalle (aus A. oder PAe.); F: 94°.

(±)-4-[Naphthyl-(1)-carbamoyloxy]-1-[1.1.2-trimethyl-pentyl]-benzol, *(±)-1-[(1-naphthyl)carbamoyloxy]-4-(1,1,2-trimethylpentyl)benzene* $C_{25}H_{29}NO_2$, Formel I (R = $C(CH_3)_2$-$CH(CH_3)$-CH_2-CH_2-CH_3).
B. Aus Naphthyl-(1)-isocyanat und (±)-4-[1.1.2-Trimethyl-pentyl]-phenol (*Huston,*

Guile, Am. Soc. **61** [1939] 69).
F: 105—105,5° [aus Bzn.].

(±)-4-[Naphthyl-(1)-carbamoyloxy]-1-[1.1.3-trimethyl-pentyl]-benzol, (±)-*1-[(1-naphthyl)carbamoyloxy]-4-(1,1,3-trimethylpentyl)benzene* $C_{25}H_{29}NO_2$, Formel I (R = $C(CH_3)_2$-CH_2-$CH(CH_3)$-CH_2-CH_3) auf S. 2906.

B. Aus Naphthyl-(1)-isocyanat und (±)-4-[1.1.3-Trimethyl-pentyl]-phenol (*Huston, Guile*, Am. Soc. **61** [1939] 69).
F: 119,5—120,5° [aus Bzn.].

4-[Naphthyl-(1)-carbamoyloxy]-1-[1.1.4-trimethyl-pentyl]-benzol, *1-[(1-naphthyl)carbamoyloxy]-4-(1,1,4-trimethylpentyl)benzene* $C_{25}H_{29}NO_2$, Formel I (R = $C(CH_3)_2$-CH_2-CH_2-$CH(CH_3)_2$) auf S. 2906.

B. Aus Naphthyl-(1)-isocyanat und 4-[1.1.4-Trimethyl-pentyl]-phenol (*Huston, Guile*, Am. Soc. **61** [1939] 69).
F: 132,5—133,5° [aus Bzn.].

4-[Naphthyl-(1)-carbamoyloxy]-1-[1-methyl-1-propyl-butyl]-benzol, *1-(1-methyl-1-propylbutyl)-4-[(1-naphthyl)carbamoyloxy]benzene* $C_{25}H_{29}NO_2$, Formel I (R = $C(CH_2$-$C_2H_5)_2$-CH_3) auf S. 2906.

B. Aus Naphthyl-(1)-isocyanat und 4-[1-Methyl-1-propyl-butyl]-phenol in Gegenwart von Trimethylamin (*Huston, Meloy*, Am. Soc. **64** [1942] 2655).
Krystalle (aus PAe.); F: 105—106°.

(±)-4-[Naphthyl-(1)-carbamoyloxy]-1-[1-methyl-1-isopropyl-butyl]-benzol, (±)-*1-(1-isopropyl-1-methylbutyl)-4-[(1-naphthyl)carbamoyloxy]benzene* $C_{25}H_{29}NO_2$, Formel I (R = $C(CH_3)(CH_2$-$C_2H_5)$-$CH(CH_3)_2$) auf S. 2906.

B. Aus Naphthyl-(1)-isocyanat und (±)-4-[1-Methyl-1-isopropyl-butyl]-phenol in Gegenwart von Trimethylamin (*Huston, Meloy*, Am. Soc. **64** [1942] 2655).
Krystalle (aus PAe.); F: 127,5—128,5°.

4-[Naphthyl-(1)-carbamoyloxy]-1-[1.1-diäthyl-butyl]-benzol, *1-(1,1-diethylbutyl)-4-[(1-naphthyl)carbamoyloxy]benzene* $C_{25}H_{29}NO_2$, Formel I (R = $C(C_2H_5)_2$-CH_2-CH_2-CH_3) auf S. 2906.

B. Aus Naphthyl-(1)-isocyanat und 4-[1.1-Diäthyl-butyl]-phenol (*Huston, Langdon, Snyder*, Am. Soc. **70** [1948] 1474).
Krystalle (aus A. oder PAe.); F: 106,7—107° [unkorr.].

4-[Naphthyl-(1)-carbamoyloxy]-1-[1.1-dimethyl-2-äthyl-butyl]-benzol, *1-(2-ethyl-1,1-dimethylbutyl)-4-[(1-naphthyl)carbamoyloxy]benzene* $C_{25}H_{29}NO_2$, Formel I (R = $C(CH_3)_2$-$CH(C_2H_5)_2$) auf S. 2906.

B. Aus Naphthyl-(1)-isocyanat und 4-[1.1-Dimethyl-2-äthyl-butyl]-phenol (*Huston, Guile*, Am. Soc. **61** [1939] 69).
F: 109,5—110,5° [aus Bzn.].

4-[Naphthyl-(1)-carbamoyloxy]-1-[1.2-dimethyl-1-äthyl-butyl]-benzol, *1-(1-ethyl-1,2-dimethylbutyl)-4-[(1-naphthyl)carbamoyloxy]benzene* $C_{25}H_{29}NO_2$, Formel I (R = $C(CH_3)(C_2H_5)$-$CH(CH_3)$-CH_2-CH_3) auf S. 2906.

Eine opt.-inakt. Verbindung (Krystalle [aus A. oder PAe.]; F: 129° [unkorr.]) dieser Konstitution ist aus Naphthyl-(1)-isocyanat und opt.-inakt. 4-[1.2-Dimethyl-1-äthyl-butyl]-phenol (Kp_{758}: 294°) erhalten worden (*Huston, Langdon, Snyder*, Am. Soc. **70** [1948] 1474).

(±)-4-[Naphthyl-(1)-carbamoyloxy]-1-[1.3-dimethyl-1-äthyl-butyl]-benzol, (±)-*1-(1-ethyl-1,3-dimethylbutyl)-4-[(1-naphthyl)carbamoyloxy]benzene* $C_{25}H_{29}NO_2$, Formel I (R = $C(CH_3)(C_2H_5)$-CH_2-$CH(CH_3)_2$) auf S. 2906.

B. Aus Naphthyl-(1)-isocyanat und (±)-4-[1.3-Dimethyl-1-äthyl-butyl]-phenol (*Huston, Langdon, Snyder*, Am. Soc. **70** [1942] 1474).
Krystalle (aus A. oder PAe.); F: 90°.

(±)-4-[Naphthyl-(1)-carbamoyloxy]-1-[1.1.2.3-tetramethyl-butyl]-benzol, (±)-*1-[(1-naphthyl)carbamoyloxy]-4-(1,1,2,3-tetramethylbutyl)benzene* $C_{25}H_{29}NO_2$, Formel I (R = $C(CH_3)_2$-$CH(CH_3)$-$CH(CH_3)_2$) auf S. 2906.

B. Aus Naphthyl-(1)-isocyanat und (±)-4-[1.1.2.3-Tetramethyl-butyl]-phenol (*Huston,*

Krantz, J. org. Chem. **13** [1948] 63, 68).
F: 138—139°.

4-[Naphthyl-(1)-carbamoyloxy]-1-[1.1.3.3-tetramethyl-butyl]-benzol, *1-[(1-naphthyl)carbamoyloxy]-4-(1,1,3,3-tetramethylbutyl)benzene* $C_{25}H_{29}NO_2$, Formel I ($R = C(CH_3)_2\text{-}CH_2\text{-}C(CH_3)_3$) auf S. 2906.

B. Aus Naphthyl-(1)-isocyanat und 4-[1.1.3.3-Tetramethyl-butyl]-phenol (*Niederl*, Ind. eng. Chem. **30** [1938] 1269, 1272).
F: 116°.

(±)-4-[Naphthyl-(1)-carbamoyloxy]-1-[1.2.2-trimethyl-1-äthyl-propyl]-benzol, *(±)-1-(1-ethyl-1,2,2-trimethylpropyl)-4-[(1-naphthyl)carbamoyloxy]benzene* $C_{25}H_{29}NO_2$, Formel I ($R = C(CH_3)(C_2H_5)\text{-}C(CH_3)_3$) [auf S. 2906], und **4-[Naphthyl-(1)-carbamoyloxy]-1-[1.1.2.2-tetramethyl-butyl]-benzol,** *1-[(1-naphthyl)carbamoyloxy]-4-(1,1,2,2-tetramethylbutyl)benzene* $C_{25}H_{29}NO_2$, Formel I ($R = C(CH_3)_2\text{-}C(CH_3)_2\text{-}CH_2\text{-}CH_3$) [auf S. 2906].

Eine Verbindung (F: 118—119°), für die diese Konstitutionsformeln in Betracht kommen, ist aus Naphthyl-(1)-isocyanat und einer als (±)-4-[1.2.2-Trimethyl-1-äthyl-propyl]-phenol oder 4-[1.1.2.2-Tetramethyl-butyl]-phenol zu formulierenden Verbindung (F: 60—61° [E III **6** 2059]) erhalten worden (*Huston et al.*, J. org. Chem. **6** [1944] 252, 255).

4-[Naphthyl-(1)-carbamoyloxy]-1-[2-methyl-1.1-diäthyl-propyl]-benzol, *1-(1,1-diethyl-2-methylpropyl)-4-[(1-naphthyl)carbamoyloxy]benzene* $C_{25}H_{29}NO_2$, Formel I ($R = C(C_2H_5)_2\text{-}CH(CH_3)_2$) auf S. 2906.

B. Aus Naphthyl-(1)-isocyanat und 4-[2-Methyl-1.1-diäthyl-propyl]-phenol (*Huston, Langdon, Snyder*, Am. Soc. **70** [1948] 1474).
Krystalle (aus A. oder PAe.); F: 128—128,5° [unkorr.].

4-[Naphthyl-(1)-carbamoyloxy]-1-[1.2-dimethyl-1-isopropyl-propyl]-benzol, *1-(1-isopropyl-1,2-dimethylpropyl)-4-[(1-naphthyl)carbamoyloxy]benzene* $C_{25}H_{29}NO_2$, Formel I ($R = C[CH(CH_3)_2]_2\text{-}CH_3$) auf S. 2906.

B. Aus Naphthyl-(1)-isocyanat und 4-[1.2-Dimethyl-1-isopropyl-propyl]-phenol in Gegenwart von Trimethylamin (*Huston, Meloy*, Am. Soc. **64** [1942] 2655).
Krystalle (aus PAe.); F: 106—107°.

3-Chlor-2-[naphthyl-(1)-carbamoyloxy]-1-allyl-benzol, Naphthyl-(1)-carbamidsäure-[6-chlor-2-allyl-phenylester], *1-allyl-3-chloro-2-[(1-naphthyl)carbamoyloxy]benzene* $C_{20}H_{16}ClNO_2$, Formel IV auf S. 2906.

B. Aus Naphthyl-(1)-isocyanat und 6-Chlor-2-allyl-phenol (*Tarbell, Wilson*, Am. Soc. **64** [1942] 1066, 1070).
F: 125—126° [korr.].

(±)-Naphthyl-(1)-carbamidsäure-[indanyl-(1)-ester], *(±)-(1-naphthyl)carbamic acid indan-1-yl ester* $C_{20}H_{17}NO_2$, Formel V.

B. Aus Naphthyl-(1)-isocyanat und (±)-Indanol-(1) (*Whitmore, Gebhart*, Am. Soc. **64** [1942] 912, 916).
Krystalle (aus Bzn.); F: 145°.

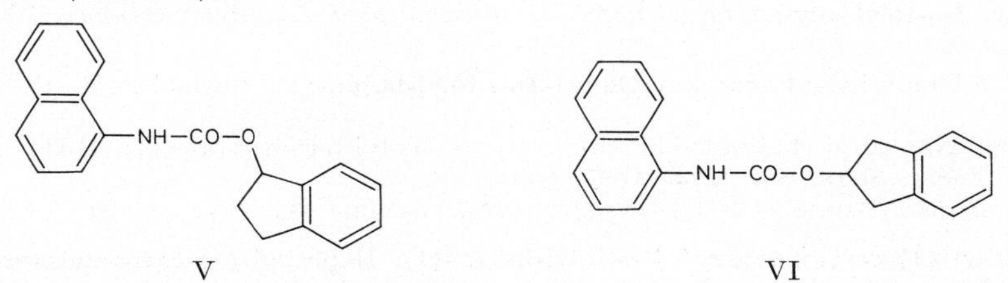

V VI

Naphthyl-(1)-carbamidsäure-[indanyl-(2)-ester], *(1-naphthyl)carbamic acid indan-2-yl ester* $C_{20}H_{17}NO_2$, Formel VI.

B. Aus Naphthyl-(1)-isocyanat und Indanol-(2) (*Whitmore, Gebhart*, Am. Soc. **64** [1942] 912, 916).
Krystalle (aus A.); F: 191°.

3-[Naphthyl-(1)-carbamoyloxy]-1-phenyl-buten-(1), Naphthyl-(1)-carbamidsäure-[1-methyl-3-phenyl-allylester], *(1-naphthyl)carbamic acid α-methylcinnamyl ester* $C_{21}H_{19}NO_2$.

(±)-3-[Naphthyl-(1)-carbamoyloxy]-1*t*-phenyl-buten-(1), Formel VII (X = H).

B. Aus Naphthyl-(1)-isocyanat und (±)-1*t*-Phenyl-buten-(1)-ol-(3) [E III **6** 2432] (*Braude, Jones, Stern,* Soc. **1947** 1087, 1096).

Krystalle (aus PAe.); F: 89,5°. UV-Spektrum (A.): *Br., Jo., St.,* l. c. S. 1089, 1090.

3-[Naphthyl-(1)-carbamoyloxy]-1-[4-fluor-phenyl]-buten-(1), *1-(p-fluorophenyl)-3-[(1-naphthyl)carbamoyloxy]but-1-ene* $C_{21}H_{18}FNO_2$.

(±)-3-[Naphthyl-(1)-carbamoyloxy]-1-[4-fluor-phenyl]-buten-(1) vom F: 116°, vermutlich **(±)-3-[Naphthyl-(1)-carbamoyloxy]-1*t*-[4-fluor-phenyl]-buten-(1),** Formel VII (X = F).

B. Aus Naphthyl-(1)-isocyanat und (±)-1*t*(?)-[4-Fluor-phenyl]-buten-(1)-ol-(3) [E III **6** 2434] (*Braude, Jones, Stern,* Soc. **1947** 1087, 1095).

Krystalle (aus Bzn.); F: 116°. UV-Absorptionsmaxima (A.): *Br., Jo., St.,* l. c. S. 1089.

3-[Naphthyl-(1)-carbamoyloxy]-1-[4-chlor-phenyl]-buten-(1), *1-(p-chlorophenyl)-3-[(1-naphthyl)carbamoyloxy]but-1-ene* $C_{21}H_{18}ClNO_2$.

(±)-3-[Naphthyl-(1)-carbamoyloxy]-1-[4-chlor-phenyl]-buten-(1) vom F: 128°, vermutlich **(±)-3-[Naphthyl-(1)-carbamoyloxy]-1*t*-[4-chlor-phenyl]-buten-(1),** Formel VII (X = Cl).

B. Aus Naphthyl-(1)-isocyanat und (±)-1*t*(?)-[4-Chlor-phenyl]-buten-(1)-ol-(3) [E III **6** 2435] (*Braude, Jones, Stern,* Soc. **1947** 1087, 1095).

Krystalle (aus Bzn.); F: 128°. UV-Absorptionsmaxima (A.): *Br., Jo., St.,* l. c. S. 1089.

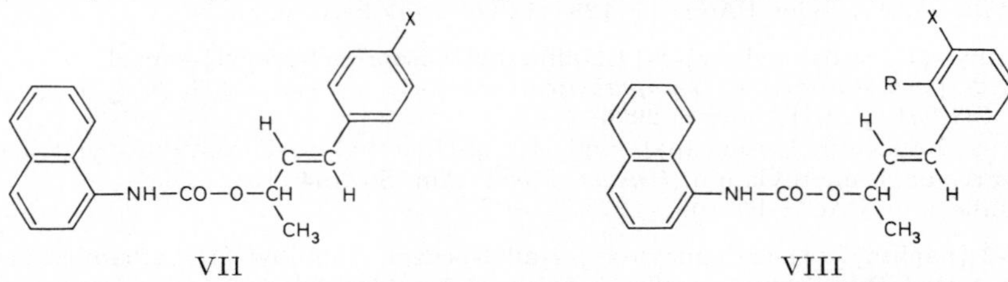

VII VIII

3-[Naphthyl-(1)-carbamoyloxy]-1-[4-brom-phenyl]-buten-(1), *1-(p-bromophenyl)-3-[(1-naphthyl)carbamoyloxy]but-1-ene* $C_{21}H_{18}BrNO_2$.

(±)-3-[Naphthyl-(1)-carbamoyloxy]-1-[4-brom-phenyl]-buten-(1) vom F: 139°, vermutlich **(±)-3-[Naphthyl-(1)-carbamoyloxy]-1*t*-[4-brom-phenyl]-buten-(1),** Formel VII (X = Br).

B. Aus Naphthyl-(1)-isocyanat und (±)-1*t*(?)-[4-Brom-phenyl]-buten-(1)-ol-(3) [E III **6** 2435] (*Braude, Jones, Stern,* Soc. **1947** 1087, 1095).

Krystalle (aus Bzn.); F: 139°. UV-Absorptionsmaxima (A.): *Br., Jo., St.,* l. c. S. 1089.

3-[Naphthyl-(1)-carbamoyloxy]-1-*o*-tolyl-buten-(1), Naphthyl-(1)-carbamidsäure-[1-methyl-3-*o*-tolyl-allylester], *(1-naphthyl)carbamic acid 2,α-dimethylcinnamyl ester* $C_{22}H_{21}NO_2$.

(±)-3-[Naphthyl-(1)-carbamoyloxy]-1*t*-*o*-tolyl-buten-(1), Formel VIII (R = CH_3, X = H).

B. Aus Naphthyl-(1)-isocyanat und (±)-1*t*-*o*-Tolyl-buten-(1)-ol-(3) [E III **6** 2472] (*Braude, Jones, Stern,* Soc. **1947** 1087, 1094).

Krystalle (aus Bzn.); F: 104°. UV-Absorptionsmaxima (A.): *Br., Jo., St.,* l. c. S. 1089.

3-[Naphthyl-(1)-carbamoyloxy]-1-*m*-tolyl-buten-(1), Naphthyl-(1)-carbamidsäure-[1-methyl-3-*m*-tolyl-allylester], *(1-naphthyl)carbamic acid 3,α-dimethylcinnamyl ester* $C_{22}H_{21}NO_2$.

(±)-3-[Naphthyl-(1)-carbamoyloxy]-1-*m*-tolyl-buten-(1) vom F: 96°, vermutlich **(±)-3-[Naphthyl-(1)-carbamoyloxy]-1*t*-*m*-tolyl-buten-(1),** Formel VIII (R = H, X = CH_3).

B. Aus Naphthyl-(1)-isocyanat und (±)-1*t*(?)-*m*-Tolyl-buten-(1)-ol-(3) [E III **6** 2472]

(*Braude, Jones, Stern*, Soc. **1947** 1087, 1094).

Krystalle (aus Bzn.); F: 96°. UV-Absorptionsmaxima (A.): *Br., Jo., St.*, l. c. S. 1089.

3-[Naphthyl-(1)-carbamoyloxy]-1-*p*-tolyl-buten-(1), Naphthyl-(1)-carbamidsäure-[1-methyl-3-*p*-tolyl-allylester], *(1-naphthyl)carbamic acid 4,α-dimethylcinnamyl ester* $C_{22}H_{21}NO_2$.

(±)-3-[Naphthyl-(1)-carbamoyloxy]-1-*p*-tolyl-buten-(1) vom F: 135°, vermutlich **(±)-3-[Naphthyl-(1)-carbamoyloxy]-1*t*-*p*-tolyl-buten-(1)**, Formel VII ($X = CH_3$).

B. Aus Naphthyl-(1)-isocyanat und (±)-1*t*(?)-*p*-Tolyl-buten-(1)-ol-(3) [E III **6** 2473] (*Braude, Jones, Stern*, Soc. **1947** 1087, 1094).

Krystalle; F: 135° [aus PAe.], 127° [aus Me.]. UV-Absorptionsmaxima (A.): *Br., Jo., St.*, l. c. S. 1089.

(±)-[Naphthyl-(1)-carbamoyloxy]-[1.2.3.4-tetrahydro-naphthyl-(1)]-methan, (±)-*[(1-naphthyl)carbamoyloxy]-(1,2,3,4-tetrahydro-1-naphthyl)methane* $C_{22}H_{21}NO_2$, Formel IX.

B. Aus Naphthyl-(1)-isocyanat und (±)-[1.2.3.4-Tetrahydro-naphthyl-(1)]-methanol (*Newman, O'Leary*, Am. Soc. **68** [1946] 258, 259).

F: 125,4—126,2° [korr.].

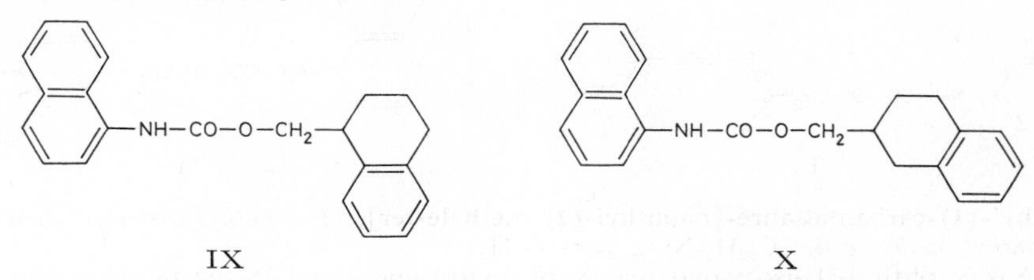

(±)-[Naphthyl-(1)-carbamoyloxy]-[1.2.3.4-tetrahydro-naphthyl-(2)]-methan, (±)-*[(1-naphthyl)carbamoyloxy]-(1,2,3,4-tetrahydro-2-naphthyl)methane* $C_{22}H_{21}NO_2$, Formel X.

B. Aus Naphthyl-(1)-isocyanat und (±)-[1.2.3.4-Tetrahydro-naphthyl-(2)]-methanol (*Newman, Mangham*, Am. Soc. **71** [1949] 3342, 3344).

F: 108,6—109,2° [korr.].

(±)-2-[Naphthyl-(1)-carbamoyloxy]-1-[1.2.3.4-tetrahydro-naphthyl-(1)]-äthan, (±)-*1-[(1-naphthyl)carbamoyloxy]-2-(1,2,3,4-tetrahydro-1-naphthyl)ethane* $C_{23}H_{23}NO_2$, Formel XI.

B. Aus Naphthyl-(1)-isocyanat und (±)-1-[1.2.3.4-Tetrahydro-naphthyl-(1)]-äthan-ol-(2) (*Newman, O'Leary*, Am. Soc. **68** [1946] 258, 259).

F: 80—81,4°.

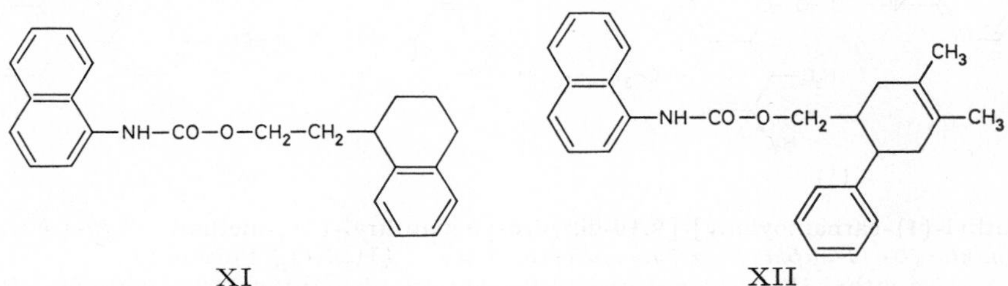

3-[Naphthyl-(1)-carbamoyloxy]-10.13-dimethyl-17-[1.5-dimethyl-hexyl]-Δ⁵-tetradecahydro-1*H*-cyclopenta[*a*]phenanthren $C_{38}H_{53}NO_2$.

3β-[Naphthyl-(1)-carbamoyloxy]-cholesten-(5), Naphthyl-(1)-carbamidsäure-cholesterylester, *O*-[Naphthyl-(1)-carbamoyl]-cholesterin, *3β-[(1-naphthyl)carbamoyloxy]cholest-5-ene* $C_{38}H_{53}NO_2$; Formel s. E III **6** 2653, Formel IV ($R = CO\text{-}NH\text{-}C_{10}H_7$).

B. Aus Chlorameisensäure-cholesterylester (E III **6** 2652) und Naphthyl-(1)-amin (*Verdino, Schadendorff*, M. **65** [1935] 141, 148). Aus Cholesterin und Naphthyl-(1)-isocyanat (*Neuberg, Hirschberg*, Bio. Z. **27** [1910] 339, 345; *Bickel, French*, Am. Soc. **48**

[1926] 747, 749).

Krystalle; F: 175—176° [nach Erweichen bei 172°; aus Ae.] (*Neu.*, *Hi.*), 166° [Zers.; aus Acn. oder Eg.] (*Ve.*, *Sch.*), 160° [aus Bzn.] (*Bi.*, *Fr.*).

[Naphthyl-(1)-carbamoyloxy]-[3.4-dimethyl-6-phenyl-cyclohexen-(3)-yl]-methan, *(3,4-dimethyl-6-phenylcyclohex-3-en-1-yl)-[(1-naphthyl)carbamoyloxy]methane* $C_{26}H_{27}NO_2$, Formel XII.

Über eine aus Naphthyl-(1)-isocyanat und opt.-inakt. [3.4-Dimethyl-6-phenyl-cyclohexen-(3)-yl]-methanol (E III **6** 2764) erhaltene opt.-inakt. Verbindung (Krystalle [aus PAe.]; F: 110—111°) dieser Konstitution s. *French*, *Gallagher*, Am. Soc. **64** [1942] 1497.

Naphthyl-(1)-carbamidsäure-[5-phenyl-penten-(2)-in-(4)-ylester], *5-[(1-naphthyl)carbamoyloxy]-1-phenylpent-3-en-1-yne* $C_{22}H_{17}NO_2$.

Naphthyl-(1)-carbamidsäure-[5-phenyl-penten-(2*t*)-in-(4)-ylester], Formel I.

Eine Verbindung (Krystalle [aus Bzn.]; F: 132°), der vermutlich diese Konfiguration zukommt, ist aus Naphthyl-(1)-isocyanat und 1-Phenyl-penten-(3*t*?)-in-(1)-ol-(5) (E III **6** 3018) erhalten worden (*Haynes et al.*, Soc. **1947** 1583).

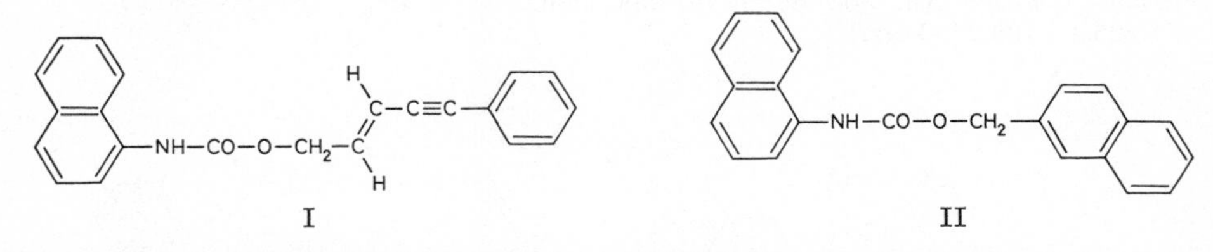

Naphthyl-(1)-carbamidsäure-[naphthyl-(2)-methylester], *(1-naphthyl)carbamic acid (2-naphthyl)methyl ester* $C_{22}H_{17}NO_2$, Formel II.

B. Aus Naphthyl-(1)-isocyanat und Naphthyl-(2)-methanol (*Newman*, *Mangham*, Am. Soc. **71** [1949] 3342, 3345).

F: 141,2—142,8° [korr.].

(±)-[Naphthyl-(1)-carbamoyloxy]-phenyl-[2.3.5.6-tetramethyl-phenyl]-methan, (±)-*[(1-naphthyl)carbamoyloxy]phenyl(2,3,5,6-tetramethylphenyl)methane* $C_{28}H_{27}NO_2$, Formel III.

B. Aus Naphthyl-(1)-isocyanat und (±)-Phenyl-[2.3.5.6-tetramethyl-phenyl]-methanol (*Fuson*, *McKusick*, *Mills*, J. org. Chem. **11** [1946] 60, 66).

Krystalle (aus Bzn.); F: 177,5—178,5°.

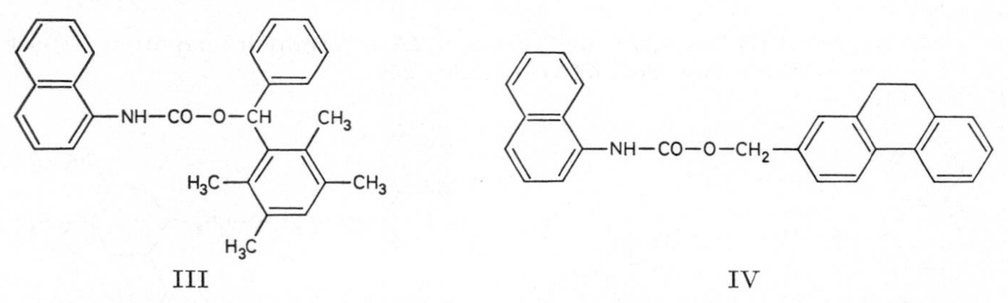

[Naphthyl-(1)-carbamoyloxy]-[9.10-dihydro-phenanthryl-(2)]-methan, *(9,10-dihydro-2-phenanthryl)-[(1-naphthyl)carbamoyloxy]methane* $C_{26}H_{21}NO_2$, Formel IV.

B. Aus Naphthyl-(1)-isocyanat und [9.10-Dihydro-phenanthryl-(2)]-methanol (*Burger*, *Mosettig*, Am. Soc. **59** [1937] 1302, 1305).

Krystalle (aus A.); F: 145—146°.

(±)-3-[Naphthyl-(1)-carbamoyloxy]-1.4-diphenyl-butin-(1), (±)-Naphthyl-(1)-carbamidsäure-[3-phenyl-1-benzyl-propin-(2)-ylester], (±)-*3-[(1-naphthyl)carbamoyloxy]-1,4-diphenylbut-1-yne* $C_{27}H_{21}NO_2$, Formel V (R = $CH(CH_2\text{-}C_6H_5)\text{-}C{\equiv}C\text{-}C_6H_5$).

B. Aus Naphthyl-(1)-isocyanat und (±)-1.4-Diphenyl-butin-(1)-ol-(3) (*Rose*, *Gale*, Soc. **1949** 792, 794).

Krystalle (aus A.); F: 94°.

Naphthyl-(1)-carbamidsäure-[2-methoxy-äthylester], *(1-naphthyl)carbamic acid 2-methoxyethyl ester* $C_{14}H_{15}NO_3$, Formel V (R = CH_2-CH_2-O-CH_3).

B. Aus Naphthyl-(1)-isocyanat und 1-Methoxy-äthanol-(2) (*Manning, Mason*, Am. Soc. **62** [1940] 3136, 3137).

Krystalle (aus CCl_4 oder aus CCl_4 + Bzn.); F: 112,5—113°.

Naphthyl-(1)-carbamidsäure-[2-äthoxy-äthylester], *(1-naphthyl)carbamic acid 2-ethoxyethyl ester* $C_{15}H_{17}NO_3$, Formel V (R = CH_2-CH_2-O-C_2H_5).

B. Aus Naphthyl-(1)-isocyanat und 1-Äthoxy-äthanol-(2) (*Manning, Mason*, Am. Soc. **62** [1940] 3136, 3137).

F: 67,3—67,5°.

2-Cyclohexylmethoxy-1-[naphthyl-(1)-carbamoyloxy]-äthan, Naphthyl-(1)-carbamidsäure-[2-cyclohexylmethoxy-äthylester], *1-(cyclohexylmethoxy)-2-[(1-naphthyl)carbamoyloxy]ethane* $C_{20}H_{25}NO_3$, Formel V (R = CH_2-CH_2-O-CH_2-C_6H_{11}).

B. Aus Naphthyl-(1)-isocyanat und 1-Cyclohexylmethoxy-äthanol-(2) (*Covert, Connor, Adkins*, Am. Soc. **54** [1932] 1651, 1659 Anm. g).

F: 57—58,5°.

Naphthyl-(1)-carbamidsäure-[2-benzyloxy-äthylester], *(1-naphthyl)carbamic acid 2-(benzyloxy)ethyl ester* $C_{20}H_{19}NO_3$, Formel V (R = CH_2-CH_2-O-CH_2-C_6H_5).

B. Aus Naphthyl-(1)-isocyanat und 1-Benzyloxy-äthanol-(2) (*Covert, Connor, Adkins*, Am. Soc. **54** [1932] 1651, 1659 Anm. f).

F: 89—90°.

Bis-[2-(naphthyl-(1)-carbamoyloxy)-äthyl]-äther, Bis-*O*-[naphthyl-(1)-carbamoyl]-diäthylenglykol, *bis{2-[(1-naphthyl)carbamoyloxy]ethyl} ether* $C_{26}H_{24}N_2O_5$, Formel VI.

B. Aus Naphthyl-(1)-isocyanat und Diäthylenglykol (*Saeman, Harris*, Am. Soc. **68** [1946] 2507).

F: 141—142°.

2-[Naphthyl-(1)-carbamoyloxy]-1-[2-chlor-äthylmercapto]-äthan, *1-(2-chloroethylthio)-2-[(1-naphthyl)carbamoyloxy]ethane* $C_{15}H_{16}ClNO_2S$, Formel V (R = CH_2-CH_2S-CH_2-CH_2Cl).

B. Aus Naphthyl-(1)-isocyanat und 1-[2-Chlor-äthylmercapto]-äthanol-(2) [E III **1** 2120] (*Fuson, Ziegler*, J. org. Chem. **11** [1946] 510).

Krystalle (aus Bzn.); F: 96,5—97,5°.

Naphthyl-(1)-carbamidsäure-[2-butylmercapto-äthylester], *(1-naphthyl)carbamic acid 2-(butylthio)ethyl ester* $C_{17}H_{21}NO_2S$, Formel V (R = CH_2-CH_2S-$[CH_2]_3$-CH_3).

B. Aus Naphthyl-(1)-isocyanat und 1-Butylmercapto-äthanol-(2) in Äther (*Carpenter et al.*, Am. Soc. **70** [1948] 2551).

Krystalle (aus Hexan); F: 74,5—75,5°.

Naphthyl-(1)-carbamidsäure-[2-benzylmercapto-äthylester], *(1-naphthyl)carbamic acid 2-(benzylthio)ethyl ester* $C_{20}H_{19}NO_2S$, Formel V (R = CH_2-CH_2-S-CH_2-C_6H_5).

B. Aus Naphthyl-(1)-isocyanat und 1-Benzylmercapto-äthanol-(2) (*Carpenter et al.*, Am. Soc. **70** [1948] 2551).

Krystalle (aus Hexan); F: 86°.

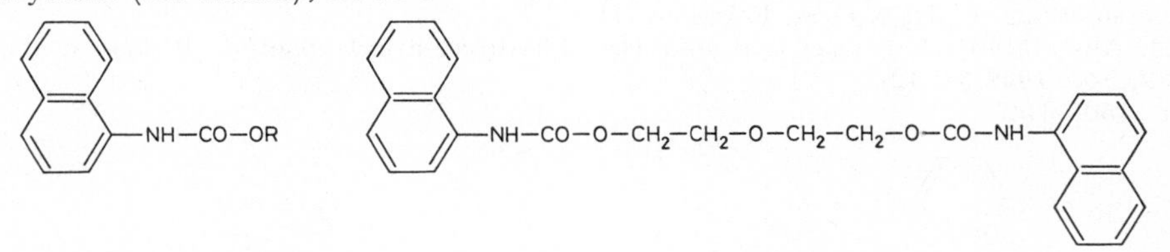

1.35-Bis-[naphthyl-(1)-carbamoyloxy]-6.12.18.24.30-pentaoxa-3.9.15.21.27.33-hexathia-pentatriacontan, *1,35-bis[(1-naphthyl)carbamoyloxy]-6,12,18,24,30-pentaoxa-3,9,15,21,27,33-hexathiapentatriacontane* $C_{46}H_{64}N_2O_9S_6$, Formel VII (n = 6).

B. Aus Naphthyl-(1)-isocyanat und 6.12.18.24.30-Pentaoxa-3.9.15.21.27.33-hexathia-

pentatriacontandiol-(1.35) [E III **1** 2128] (*Brown, Woodward*, Soc. **1948** 42).
Krystalle (aus E. + Bzn.); F: 79°.

1.29-Bis-[naphthyl-(1)-carbamoyloxy]-6.12.18.24-tetraoxa-3.9.15.21.27-pentathia-nonacosan, *1,29-bis[(1-naphthyl)carbamoyloxy]-6,12,18,24-tetraoxa-3,9,15,21,27-pentathia-nonacosane* $C_{42}H_{56}N_2O_8S_5$, Formel VII (n = 5).
B. Aus Naphthyl-(1)-isocyanat und 6.12.18.24-Tetraoxa-3.9.15.21.27-pentathia-nonacosandiol-(1.29) [E III **1** 2128] (*Brown, Woodward*, Soc. **1948** 42).
Krystalle (aus E. + Bzn.); F: 73–74°.

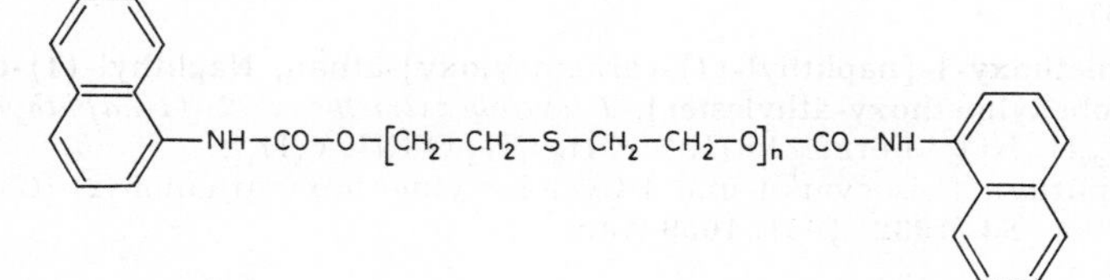

VII

1.23-Bis-[naphthyl-(1)-carbamoyloxy]-6.12.18-trioxa-3.9.15.21-tetrathia-tricosan, *1,23-bis[(1-naphthyl)carbamoyloxy]-6,12,18-trioxa-3,9,15,21-tetrathiatricosane* $C_{38}H_{48}N_2O_7S_4$, Formel VII (n = 4).
B. Aus Naphthyl-(1)-isocyanat und 6.12.18-Trioxa-3.9.15.21-tetrathia-tricosandiol-(1.23) [E III **1** 2127] (*Brown, Woodward*, Soc. **1948** 42).
Krystalle (aus E. + Bzn.); F: 69°.

1.17-Bis-[naphthyl-(1)-carbamoyloxy]-6.12-dioxa-3.9.15-trithia-heptadecan, *1,17-bis[(1-naphthyl)carbamoyloxy]-6,12-dioxa-3,9,15-trithiaheptadecane* $C_{34}H_{40}N_2O_6S_3$, Formel VII (n = 3).
B. Aus Naphthyl-(1)-isocyanat und 6.12-Dioxa-3.9.15-trithia-heptadecandiol-(1.17) [E III **1** 2127] (*Brown, Woodward*, Soc. **1948** 42).
Krystalle (aus E. + Bzn.); F: 83°.

Bis-{2-[2-(naphthyl-(1)-carbamoyloxy)-äthylmercapto]-äthyl}-äther, 1.11-Bis-[naphthyl-(1)-carbamoyloxy]-6-oxa-3.9-dithia-undecan, *1,11-bis[(1-naphthyl)carbamoyloxy]-6-oxa-3,9-dithiaundecane* $C_{30}H_{32}N_2O_5S_2$, Formel VII (n = 2).
B. Aus Naphthyl-(1)-isocyanat und 6-Oxa-3.9-dithia-undecandiol-(1.11) [„2.2'-Bis-[2-hydroxy-äthylmercapto]-diäthyläther" (E III **1** 2127)] (*Price, Pohland*, J. org. Chem. **12** [1947] 249, 253; *Woodward*, Soc. **1948** 35, 37).
Krystalle (aus A.); F: 84–86° (*Pr., Po.*), 81,5° (*Woo.*).

Bis-[2-(naphthyl-(1)-carbamoyloxy)-äthyl]-sulfid, *bis{2-[(1-naphthyl)carbamoyloxy]-ethyl} sulfide* $C_{26}H_{24}N_2O_4S$, Formel VII (n = 1).
B. Aus Naphthyl-(1)-isocyanat und Bis-[2-hydroxy-äthyl]-sulfid (*Woodward*, Soc. **1948** 1892).
F: 143°.

Bis-[2-(naphthyl-(1)-carbamoyloxy)-äthyl]-disulfid, *bis{2-[(1-naphthyl)carbamoyloxy]-ethyl} disulfide* $C_{26}H_{24}N_2O_4S_2$, Formel VIII.
B. Aus Naphthyl-(1)-isocyanat und Bis-[2-hydroxy-äthyl]-disulfid (*Williams, Woodward*, Soc. **1948** 38, 42).
F: 150–152°.

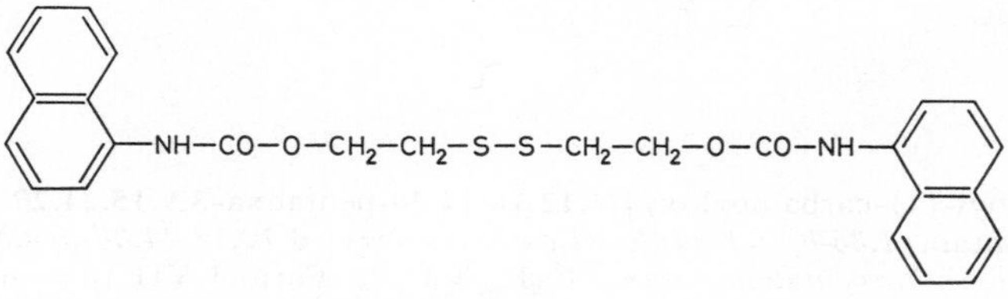

VIII

(±)-Naphthyl-(1)-carbamidsäure-[2-phenoxy-propylester], (±)-*(1-naphthyl)carbamic acid 2-phenoxypropyl ester* $C_{20}H_{19}NO_3$, Formel V (R = CH_2-$CH(CH_3)$-O-C_6H_5) auf S. 2913.

B. Aus Naphthyl-(1)-isocyanat und (±)-2-Phenoxy-propanol-(1) (*Sexton, Britton*, Am. Soc. **70** [1948] 3606).

F: 113—115°.

(±)-Naphthyl-(1)-carbamidsäure-[β-phenoxy-isopropylester], (±)-*2-[(1-naphthyl)carbamoyloxy]-1-phenoxypropane* $C_{20}H_{19}NO_3$, Formel V (R = $CH(CH_3)$-CH_2-O-C_6H_5) auf S. 2913.

B. Aus Naphthyl-(1)-isocyanat und (±)-1-Phenoxy-propanol-(2) (*Sexton, Britton*, Am. Soc. **70** [1948] 3606).

F: 83—84°.

(±)-Naphthyl-(1)-carbamidsäure-[β-äthylmercapto-isopropylester], (±)-*1-(ethylthio)-2-[(1-naphthyl)carbamoyloxy]propane* $C_{16}H_{19}NO_2S$, Formel V (R = $CH(CH_3)$-CH_2-S-C_2H_5) auf S. 2913.

B. Aus Naphthyl-(1)-isocyanat und (±)-1-Äthylmercapto-propanol-(2) (*Fuson, Price, Burness*, J. org. Chem. **11** [1946] 475, 480).

Krystalle (aus Bzn.); F: 85,5—86,0°.

(±)-Naphthyl-(1)-carbamidsäure-[2-äthylmercapto-propylester], (±)-*(1-naphthyl)carbamic acid 2-(ethylthio)propyl ester* $C_{16}H_{19}NO_2S$, Formel V (R = CH_2-$CH(CH_3)$-S-C_2H_5) auf S. 2913.

B. Aus Naphthyl-(1)-isocyanat und (±)-2-Äthylmercapto-propanol-(1) (*Fuson, Price, Burness*, J. org. Chem. **11** [1946] 475, 479).

Krystalle (aus Bzn.); F: 66,5—68°.

Naphthyl-(1)-carbamidsäure-[3-äthylmercapto-propylester], *(1-naphthyl)carbamic acid 3-(ethylthio)propyl ester* $C_{16}H_{19}NO_2S$, Formel V (R = $[CH_2]_3$-S-C_2H_5) auf S. 2913.

B. Aus Naphthyl-(1)-isocyanat und 3-Äthylmercapto-propanol-(1) (*Fuson, Price, Burness*, J. org. Chem. **11** [1946] 475, 479).

Krystalle (aus Bzn.); F: 42—43°.

1.3-Bis-[naphthyl-(1)-carbamoyloxy]-butan, *1,3-bis[(1-naphthyl)carbamoyloxy]butane* $C_{26}H_{24}N_2O_4$.

a) **(*S*)-1.3-Bis-[naphthyl-(1)-carbamoyloxy]-butan,** Formel IX.

Diese Konfiguration ist dem E I **12** 526 beschriebenen „Bis-α-naphthylcarbamidsäureester des rechtsdrehenden 1.3-Butylenglykols" auf Grund seiner genetischen Beziehung zu (*S*)-Butandiol-(1.3) (E III **1** 2167) zuzuordnen.

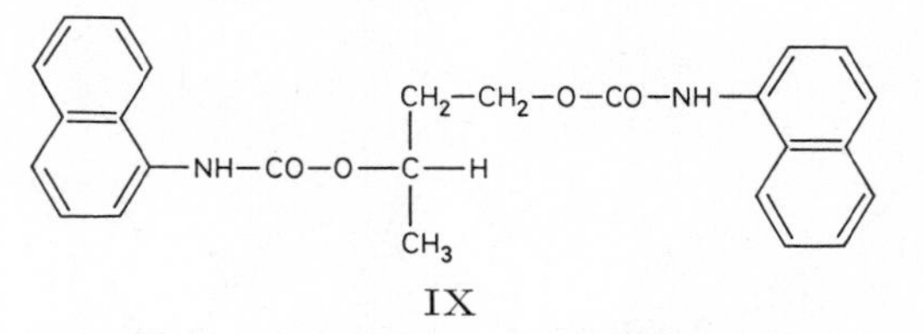

IX

b) **(±)-1.3-Bis-[naphthyl-(1)-carbamoyloxy]-butan,** Formel IX + Spiegelbild.

B. Aus Naphthyl-(1)-isocyanat und (±)-Butandiol-(1.3) (*Baker*, Soc. **1944** 296, 300).

Krystalle (aus Acn.); F: 153°.

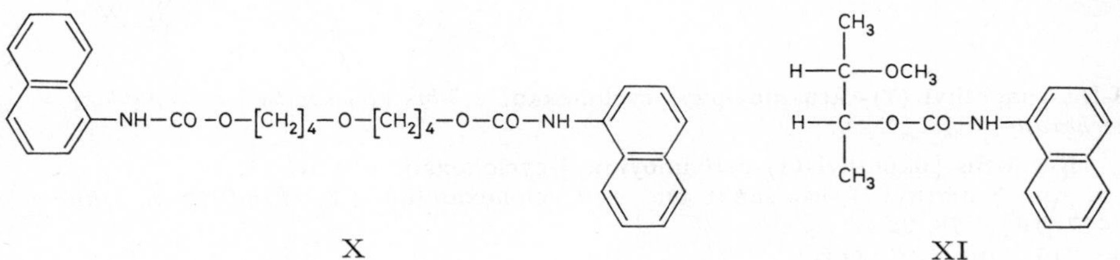

X XI

Bis-[4-(naphthyl-(1)-carbamoyloxy)-butyl]-äther, *bis{4-[(1-naphthyl)carbamoyloxy]butyl} ether* $C_{30}H_{32}N_2O_5$, Formel X.

B. Aus Naphthyl-(1)-isocyanat und Bis-[4-hydroxy-butyl]-äther (*Alexander, Schniepp,* Am. Soc. **70** [1948] 1839, 1842).

F: 124—125°.

3-Methoxy-2-[naphthyl-(1)-carbamoyloxy]-butan, Naphthyl-(1)-carbamidsäure-[2-methoxy-1-methyl-propylester], *2-methoxy-3-[(1-naphthyl)carbamoyloxy]butane* $C_{16}H_{19}NO_3$.

a) **(±)-*erythro*-3-Methoxy-2-[naphthyl-(1)-carbamoyloxy]-butan,** Formel XI + Spiegelbild.

B. Aus Naphthyl-(1)-isocyanat und (±)-*erythro*-3-Methoxy-butanol-(2) in Gegenwart von Triäthylamin (*Winstein, Henderson,* Am. Soc. **65** [1943] 2196, 2199).

F: 111—112°.

b) **(±)-*threo*-3-Methoxy-2-[naphthyl-(1)-carbamoyloxy]-butan,** Formel XII + Spiegelbild.

B. Aus Naphthyl-(1)-isocyanat und (±)-*threo*-3-Methoxy-butanol-(2) in Gegenwart von Triäthylamin (*Winstein, Henderson,* Am. Soc. **65** [1943] 2196, 2199).

F: 84—85°.

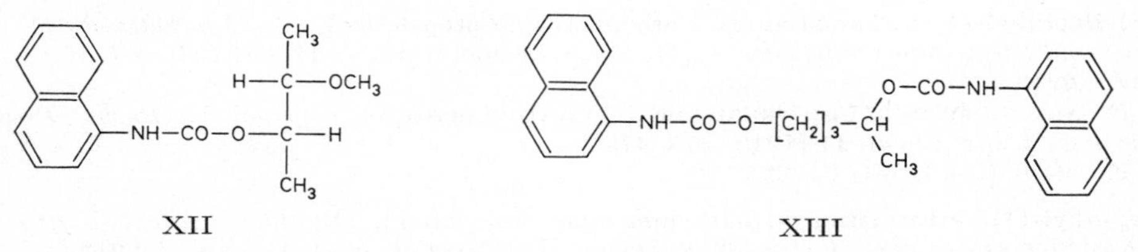

(±)-1.4-Bis-[naphthyl-(1)-carbamoyloxy]-pentan, (±)-*1,4-bis[(1-naphthyl)carbamoyloxy]pentane* $C_{27}H_{26}N_2O_4$, Formel XIII.

B. Aus Naphthyl-(1)-isocyanat und (±)-Pentandiol-(1.4) (*Hückel, Gelmroth,* A. **514** [1934] 233, 245).

Krystalle (aus Isopropylalkohol); F: 128,5—129,5°.

(±)-1.2-Bis-[naphthyl-(1)-carbamoyloxy]-octan, (±)-*1,2-bis[(1-naphthyl)carbamoyloxy]octane* $C_{30}H_{32}N_2O_4$, Formel I.

B. Aus Naphthyl-(1)-isocyanat und (±)-Octandiol-(1.2) (*Mugdan, Young,* Soc. **1949** 2988, 2999).

F: 112—114°.

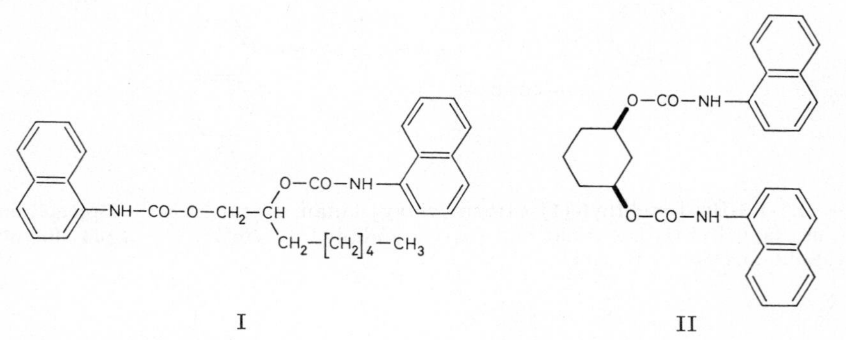

1.3-Bis-[naphthyl-(1)-carbamoyloxy]-cyclohexan, *1,3-bis[(1-naphthyl)carbamoyloxy]cyclohexane* $C_{28}H_{26}N_2O_4$.

***cis*-1.3-Bis-[naphthyl-(1)-carbamoyloxy]-cyclohexan,** Formel II.

B. Aus Naphthyl-(1)-isocyanat und *cis*-Cyclohexandiol-(1.3) (*Lindemann, Baumann,* A. **477** [1930] 78, 92).

F: 245° [aus Nitrobenzol].

Naphthyl-(1)-carbamidsäure-[4-methoxymethyl-cyclohexylester], *1-(methoxymethyl)-4-[(1-naphthyl)carbamoyloxy]cyclohexane* $C_{19}H_{23}NO_3$.

Naphthyl-(1)-carbamidsäure-[*trans*-4-methoxymethyl-cyclohexylester], Formel III.
B. Aus Naphthyl-(1)-isocyanat und *trans*-1-Methoxymethyl-cyclohexanol-(4) (*Owen, Robins*, Soc. **1949** 326, 331).
Krystalle (aus PAe.); F: 117—118°.

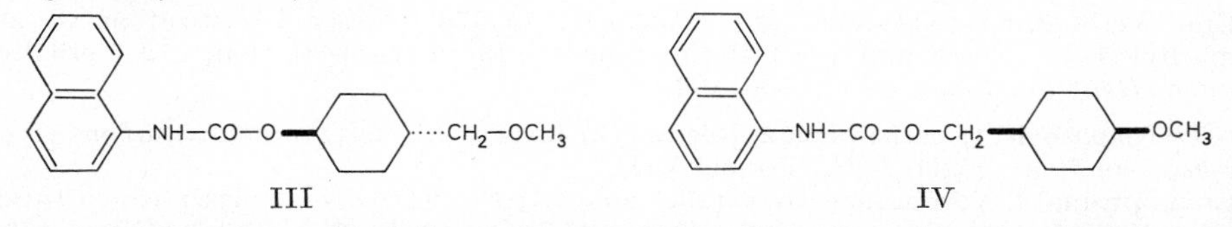

III IV

[Naphthyl-(1)-carbamoyloxy]-[4-methoxy-cyclohexyl]-methan, *(4-methoxycyclohexyl)-[(1-naphthyl)carbamoyloxy]methane* $C_{19}H_{23}NO_3$.
Über die Konfiguration der Stereoisomeren s. *Henbest, Nicholls*, Soc. **1959** 227, 229.

a) **[Naphthyl-(1)-carbamoyloxy]-[*cis*-4-methoxy-cyclohexyl]-methan**, Formel IV.
Krystalle (aus PAe.); F: 113—114° (*Owen, Robins*, Soc. **1949** 326, 333).

b) **[Naphthyl-(1)-carbamoyloxy]-[*trans*-4-methoxy-cyclohexyl]-methan**, Formel V.
Krystalle (aus PAe.); F: 95—96° (*Owen, Robins*, Soc. **1949** 326, 333).

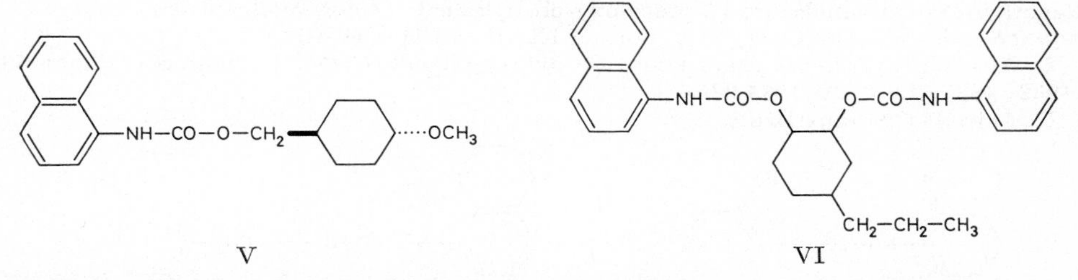

V VI

3.4-Bis-[naphthyl-(1)-carbamoyloxy]-1-propyl-cyclohexan, *1,2-bis[(1-naphthyl)carbamoyloxy]-4-propylcyclohexane* $C_{31}H_{32}N_2O_4$, Formel VI.
Eine opt.-inakt. Verbindung (Krystalle [aus A.]; F: 218—219°) dieser Konstitution ist aus Naphthyl-(1)-isocyanat und opt.-inakt. 1-Propyl-cyclohexandiol-(3.4) (Kp_1: 107° bis 110°) erhalten worden (*Harris, D'Ianni, Adkins*, Am. Soc. **60** [1938] 1467, 1469).

(±)-1-Methoxy-4-[naphthyl-(1)-carbamoyloxy]-heptin-(2), (±)-Naphthyl-(1)-carbamidsäure-[4-methoxy-1-propyl-butin-(2)-ylester], *(±)-1-methoxy-4-[(1-naphthyl)carbamoyloxy]hept-2-yne* $C_{19}H_{21}NO_3$, Formel VII (R = $CH(CH_2\text{-}C_2H_5)\text{-}C{\equiv}C\text{-}CH_2\text{-}OCH_3$).
B. Aus Naphthyl-(1)-isocyanat und (±)-1-Methoxy-heptin-(2)-ol-(4) (*Heilbron, Jones, Lacey*, Soc. **1946** 27, 29).
Krystalle (aus PAe.); F: 66—67°.

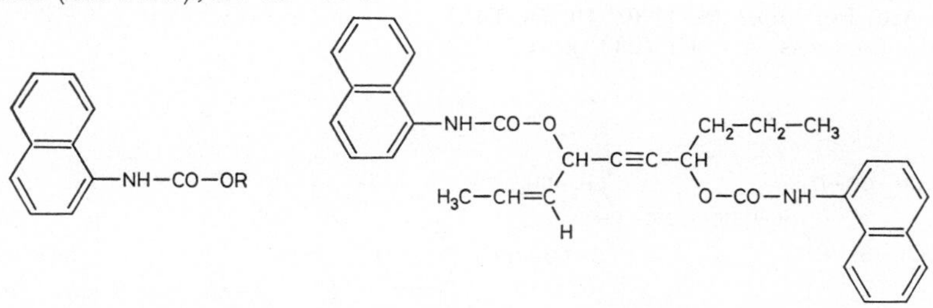

VII VIII

(±)-1-Methoxy-6-[naphthyl-(1)-carbamoyloxy]-hepten-(4)-in-(2), (±)-Naphthyl-(1)-carbamidsäure-[6-methoxy-1-methyl-hexen-(2)-in-(4)-ylester], *(±)-1-methoxy-6-[(1-naphthyl)carbamoyloxy]hept-4-en-2-yne* $C_{19}H_{19}NO_3$, Formel VII (R = $CH(CH_3)\text{-}CH{=}CH\text{-}C{\equiv}C\text{-}CH_2\text{-}OCH_3$).
Eine Verbindung (Krystalle [aus Ae. + PAe.]; F: 65°) dieser Konstitution ist aus

Naphthyl-(1)-isocyanat und (±)-1-Methoxy-hepten-(4)-in-(2)-ol-(6) (Kp_3: 71°) erhalten worden (*Heilbron, Jones, Lacey*, Soc. **1946** 27, 29).

(±)-1-Methoxy-4-[naphthyl-(1)-carbamoyloxy]-hepten-(5)-in-(2), (±)-Naphthyl-(1)-carbamidsäure-[4-methoxy-1-propenyl-butin-(2)-ylester], (±)-*7-methoxy-4-[(1-naphthyl)carbamoyloxy]hept-2-en-5-yne* $C_{19}H_{19}NO_3$, Formel VII (R = CH(CH=CH-CH_3)-C≡C-CH_2-OCH_3).

Eine Verbindung (Krystalle [aus PAe.]; F: 75—76°) dieser Konstitution ist aus Naphthyl-(1)-isocyanat und (±)-1-Methoxy-hepten-(5)-in-(2)-ol-(4) (Kp_4: 72°) erhalten worden (*Heilbron, Jones, Lacey*, Soc. **1946** 27, 29).

4.7-Bis-[naphthyl-(1)-carbamoyloxy]-decen-(2)-in-(5), *4,7-bis[(1-naphthyl)carbamoyloxy]dec-2-en-5-yne* $C_{32}H_{30}N_2O_4$, Formel VIII.

Eine opt.-inakt. Verbindung (Krystalle [aus A.]; F: 194° [Zers.]) dieser Konstitution ist aus Naphthyl-(1)-isocyanat und opt.-inakt. Decen-(2)-in-(5)-diol-(4.7) (n_D^{17}: 1,4666) erhalten worden (*Cymerman et al.*, Soc. **1944** 141, 143).

Naphthyl-(1)-carbamidsäure-[2-äthoxy-phenylester], *(1-naphthyl)carbamic acid* o-*ethoxyphenyl ester* $C_{19}H_{17}NO_3$, Formel IX (R = C_2H_5).

B. Aus Naphthyl-(1)-isocyanat und 2-Äthoxy-phenol (*Hirao*, J. chem. Soc. Japan **53** [1932] 488, 491; C. A. **1933** 276).

Krystalle (aus CCl_4); F: 105—106°.

Naphthyl-(1)-carbamidsäure-[2-propyloxy-phenylester], *(1-naphthyl)carbamic acid* o-*propoxyphenyl ester* $C_{20}H_{19}NO_3$, Formel IX (R = CH_2-CH_2-CH_3).

B. Aus Napthyl-(1)-isocyanat und 2-Propyloxy-phenol (*Hirao*, J. chem. Soc. Japan **53** [1932] 488, 491; C. A. **1933** 276).

F: 111—111,5° [aus Bzn.].

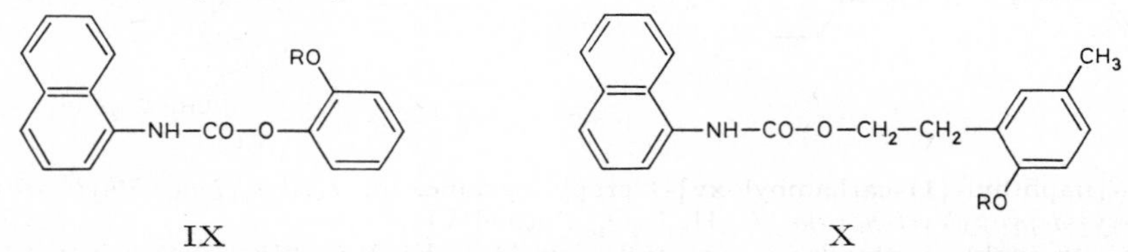

Naphthyl-(1)-carbamidsäure-[2-butyloxy-phenylester], *(1-naphthyl)carbamic acid* o-*butoxyphenyl ester* $C_{21}H_{21}NO_3$, Formel IX (R = $[CH_2]_3$-CH_3).

B. Aus Naphthyl-(1)-isocyanat und 2-Butyloxy-phenol (*Hirao*, J. chem. Soc. Japan **53** [1932] 488, 492; C. A. **1933** 276).

F: 103—104° [aus Bzn.].

Naphthyl-(1)-carbamidsäure-[6-äthoxy-3-methyl-phenäthylester], *1-(6-ethoxy-*m*-tolyl)-2-[(1-naphthyl)carbamoyloxy]ethane* $C_{22}H_{23}NO_3$, Formel X (R = C_2H_5).

B. Aus Naphthyl-(1)-isocyanat und 6-Äthoxy-3-methyl-phenäthylalkohol (*Bogert, Hamann*, Am. Perfumer **25** [1930] 19, 75, 76).

Krystalle (aus wss. A.); F: 123° [korr.].

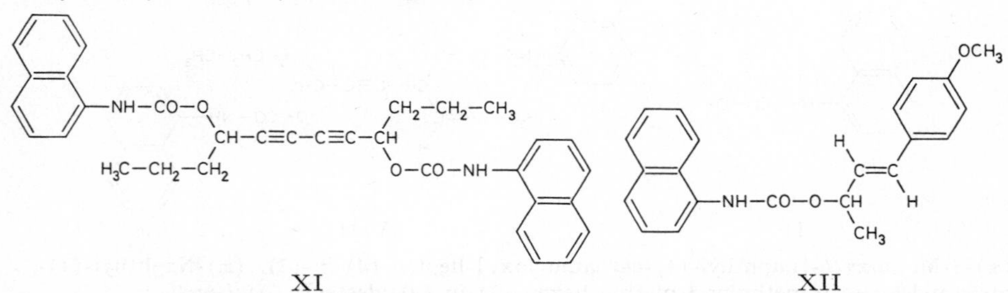

Naphthyl-(1)-carbamidsäure-[6-butyloxy-3-methyl-phenäthylester], *1-(6-butoxy-*m*-tolyl)-2-[(1-naphthyl)carbamoyloxy]ethane* $C_{24}H_{27}NO_3$, Formel X (R = $[CH_2]_3$-CH_3).

B. Aus Naphthyl-(1)-isocyanat und 6-Butyloxy-3-methyl-phenäthylalkohol (*Bogert,*

Hamann, Am. Perfumer **25** [1930] 19, 75, 76).
Krystalle (aus wss. A.); F: 97—97,5°.

4.9-Bis-[naphthyl-(1)-carbamoyloxy]-dodecadiin-(5.7), *4,9-bis[(1-naphthyl)carbamoyl=oxy]dodeca-5,7-diyne* $C_{34}H_{32}N_2O_4$, Formel XI.
Eine opt.-inakt. Verbindung (Krystalle [aus A.]; F: 158°) dieser Konstitution ist aus Naphthyl-(1)-isocyanat und opt.-inakt. Dodecadiin-(5.7)-diol-(4.9) ($n_D^{19,5}$: 1,5175) erhalten worden (*Bowden et al.*, Soc. **1947** 1579, 1582).

3-[Naphthyl-(1)-carbamoyloxy]-1-[4-methoxy-phenyl]-buten-(1), *1-(p-methoxyphenyl)-3-[(1-naphthyl)carbamoyloxy]but-1-ene* $C_{22}H_{21}NO_3$.

(±)-3-[Naphthyl-(1)-carbamoyloxy]-1*t*-[4-methoxy-phenyl]-buten-(1), Formel XII.
B. Beim Erwärmen von Naphthyl-(1)-isocyanat mit (±)-1*t*-[4-Methoxy-phenyl]-buten-(1)-ol-(3) (E III **6** 5037) oder mit (±)-1-[4-Methoxy-phenyl]-buten-(2*t*)-ol-(1) (*Braude, Jones, Stern*, Soc. **1947** 1087, 1096).
Krystalle (aus Bzn.); F: 101° UV-Absorptionsmaxima einer Lösung in Äthanol: *Br., Jo., St.*, l. c. S. 1089.

5-Methoxy-4-[naphthyl-(1)-carbamoyloxy]-1-methyl-3-allyl-benzol, Naphthyl-(1)-carbamidsäure-[6-methoxy-4-methyl-2-allyl-phenylester], *3-allyl-5-methoxy-4-[(1-naphthyl)carbamoyloxy]toluene* $C_{22}H_{21}NO_3$, Formel I.
B. Aus Naphthyl-(1)-isocyanat und 6-Methoxy-4-methyl-2-allyl-phenol (*Fletcher, Tarbell*, Am. Soc. **65** [1943] 1431).
Krystalle (aus Bzn.); F: 132—132,5°.

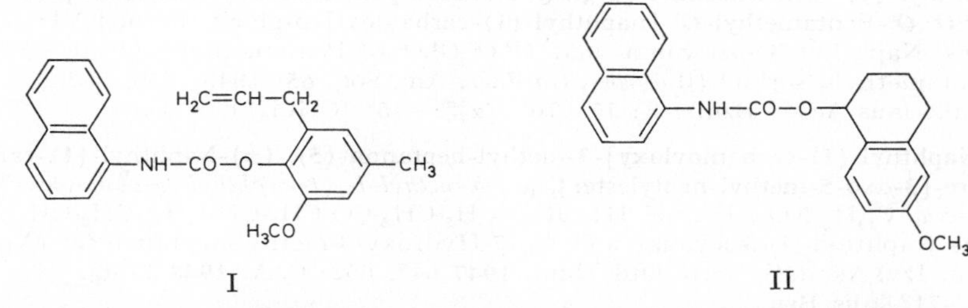

I II

(±)-6-Methoxy-1-[naphthyl-(1)-carbamoyloxy]-1.2.3.4-tetrahydro-naphthalin, (±)-Naphthyl-(1)-carbamidsäure-[6-methoxy-1.2.3.4-tetrahydro-naphthyl-(1)-ester], *(±)-6-methoxy-1-[(1-naphthyl)carbamoyloxy]-1,2,3,4-tetrahydronaphthalene* $C_{22}H_{21}NO_3$, Formel II.
B. Aus Naphthyl-(1)-isocyanat und (±)-6-Methoxy-1.2.3.4-tetrahydro-naphthol-(1) (*Long, Burger*, J. org. Chem. **6** [1941] 852, 854).
Krystalle (aus Bzn.); F: 131—133°.

(±)-Naphthyl-(1)-carbamidsäure-[2.3-dimethylmercapto-propylester], *(±)-(1-naphthyl)=carbamic acid 2,3-bis(methylthio)propyl ester* $C_{16}H_{19}NO_2S_2$, Formel III (R = CH_2-$CH(SCH_3)$-CH_2-S-CH_3).
B. Aus Naphthyl-(1)-isocyanat und (±)-2.3-Dimethylmercapto-propanol-(1) [E III 2341] (*Evans, Fraser, Owen*, Soc. **1949** 248, 255).
Krystalle (aus PAe.); F: 71°.

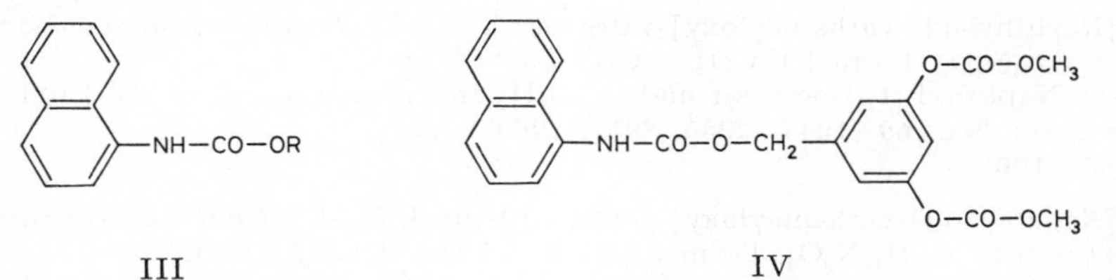

III IV

Naphthyl-(1)-carbamidsäure-[3.5-bis-methoxycarbonyloxy-benzylester], *(1-naphthyl)=carbamic acid 3,5-bis(methoxycarbonyloxy)benzyl ester* $C_{22}H_{19}NO_8$, Formel IV.
B. Aus Naphthyl-(1)-isocyanat und 3.5-Bis-methoxycarbonyloxy-benzylalkohol

(*Boehm, Parlasca*, Ar. **270** [1932] 168, 175).
Krystalle (aus $CHCl_3$ + PAe.); F: 114—115°.

Naphthyl-(1)-carbamidsäure-[3.4.5-trimethoxy-phenäthylester], *(1-naphthyl)carbamic acid 3,4,5-trimethoxyphenethyl ester* $C_{22}H_{23}NO_5$, Formel V.
B. Aus Naphthyl-(1)-isocyanat und 3.4.5-Trimethoxy-phenäthylalkohol (*Pepper, Hibbert*, Am. Soc. **70** [1948] 67, 70).
F: 132—133°.

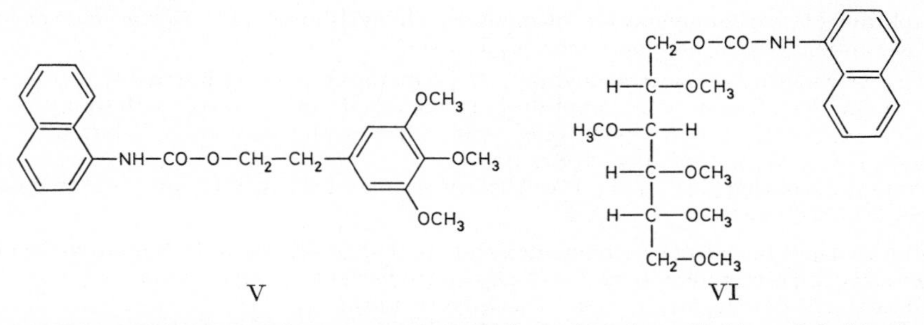

V VI

Naphthyl-(1)-carbamidsäure-[2.3.4.5.6-pentamethoxy-hexylester], *(1-naphthyl)carbamic acid 2,3,4,5,6-pentamethoxyhexyl ester* $C_{22}H_{31}NO_7$.

Naphthyl-(1)-carbamidsäure-[D-*gluco*-2.3.4.5.6-pentamethoxy-hexylester], *O*².*O*³.*O*⁴.*O*⁵.*O*⁶-Pentamethyl-*O*¹-[naphthyl-(1)-carbamoyl]-D-glucit, Formel VI.
B. Aus Naphthyl-(1)-isocyanat und *O*².*O*³.*O*⁴.*O*⁵.*O*⁶-Pentamethyl-D-glucit [*O*².*O*³.*O*⁴.*O*⁵.*O*⁶-Pentamethyl-*l*-sorbit] (*Wolfrom, Gardner*, Am. Soc. **65** [1943] 750, 752).
Krystalle (aus Ae. + Bzn.); F: 75—76°. $[\alpha]_D^{22}$: —5° [$CHCl_3$; c = 3].

(±)-7-[Naphthyl-(1)-carbamoyloxy]-3-methyl-heptanon-(5), (±)-Naphthyl-(1)-carbamidsäure-[3-oxo-5-methyl-heptylester], *(±)-5-methyl-1-[(1-naphthyl)carbamoyloxy]heptan-3-one* $C_{19}H_{23}NO_3$, Formel III (R = CH_2-CH_2-CO-CH_2-CH(CH_3)-CH_2-CH_3).
B. Aus Naphthyl-(1)-isocyanat und (±)-7-Hydroxy-3-methyl-heptanon-(5) (*Nasarow, Elisarowa*, Izv. Akad. S.S.S.R. Otd. chim. **1947** 647, 652; C. A. **1948** 7736).
F: 70—71° [aus Bzn.].

6-[Naphthyl-(1)-carbamoyloxy]-3.3-diäthyl-hexanon-(4), Naphthyl-(1)-carbamidsäure-[3-oxo-4.4-diäthyl-hexylester], *4,4-diethyl-1-[(1-naphthyl)carbamoyloxy]hexan-3-one* $C_{21}H_{27}NO_3$, Formel III (R = CH_2-CH_2-CO-C(C_2H_5)$_3$).
B. Aus Naphthyl-(1)-isocyanat und 6-Hydroxy-3.3-diäthyl-hexanon-(4) (*Whitmore, Lewis*, Am. Soc. **64** [1942] 1618).
F: 120—122°.

7-[Naphthyl-(1)-carbamoyloxy]-3-methyl-hepten-(3)-on-(5), Naphthyl-(1)-carbamidsäure-[3-oxo-5-methyl-hepten-(4)-ylester], *5-methyl-1-[(1-naphthyl)carbamoyloxy]hept-4-en-3-one* $C_{19}H_{21}NO_3$, Formel III (R = CH_2-CH_2-CO-CH=C(CH_3)-CH_2-CH_3).
Eine Verbindung (F: 94—95° [aus Bzn.]) dieser Konstitution ist aus Naphthyl-(1)-isocyanat und 7-Hydroxy-3-methyl-hepten-(3)-on-(5) (E III **1** 3273) erhalten worden (*Nasarow, Elisarowa*, Izv. Akad. S.S.S.R. Otd. chim. **1947** 647, 651; C. A. **1948** 7736).

(±)-3-[Naphthyl-(1)-carbamoyloxy]-valeronitril, *(±)-3-[(1-naphthyl)carbamoyloxy]valeronitrile* $C_{16}H_{16}N_2O_2$, Formel III (R = CH(C_2H_5)-CH_2-CN).
B. Aus Naphthyl-(1)-isocyanat und (±)-3-Hydroxy-valeronitril [E III **3** 611] (*Bissinger et al.*, Am. Soc. **69** [1947] 2955, 2957, 2960).
F: 105—106°.

(±)-3-[Naphthyl-(1)-carbamoyloxy]-penten-(4)-nitril, *(±)-3-[(1-naphthyl)carbamoyloxy]pent-4-enenitrile* $C_{16}H_{14}N_2O_2$, Formel III (R = CH(CH=CH_2)-CH_2-CN).
B. Beim Erwärmen von (±)-4-Chlor-buten-(1)-ol-(3) mit Natriumcyanid in Wasser und Erwärmen des Reaktionsprodukts mit Naphthyl-(1)-isocyanat (*Bissinger et al.*, Am. Soc. **69** [1947] 2955, 2957, 2960).
Krystalle (aus Bzl. + PAe.); F: 112,5—113,5°.

4-[Naphthyl-(1)-carbamoyloxy]-benzoesäure-butylester, p-[*(1-naphthyl)carbamoyloxy*]*benzoic acid butyl ester* $C_{22}H_{21}NO_4$, Formel VII.

B. Aus Naphthyl-(1)-isocyanat und 4-Hydroxy-benzoesäure-butylester in Gegenwart von Triäthylamin (*Leffler, Matson,* Am. Soc. **70** [1948] 3439, 3440, 3441).

Krystalle (aus Bzl. + Hexan); F: 105—107°.

(±)-6-[Naphthyl-(1)-carbamoyloxy]-2-phenyl-hexannitril, *(±)-6-[(1-naphthyl)carbamoyloxy]-2-phenylhexanenitrile* $C_{23}H_{22}N_2O_2$, Formel III (R = $[CH_2]_4$-CH(CN)-C_6H_5) auf S. 2919.

B. Aus Naphthyl-(1)-isocyanat und (±)-6-Hydroxy-2-phenyl-hexannitril (*Anker, Cook,* Soc. **1948** 806, 809).

Krystalle (aus Bzl., CCl_4 oder Cyclohexan); F: 96°.

4-[7.12-Dihydroxy-3-(naphthyl-(1)-carbamoyloxy)-10.13-dimethyl-hexadecahydro-1*H*-cyclopenta[*a*]phenanthrenyl-(17)]-valeriansäure-äthylester $C_{37}H_{51}NO_6$.

7α.12α-Dihydroxy-3α-[naphthyl-(1)-carbamoyloxy]-5β-cholansäure-(24)-äthylester, *7α,12α-dihydroxy-3α-[(1-naphthyl)carbamoyloxy]-5β-cholan-24-oic acid ethyl ester* $C_{37}H_{51}NO_6$; Formel s. E III **10** 2170, Formel VI (R = CO-NH-$C_{10}H_7$, R′ = H, X = OC_2H_5).

B. Beim Erwärmen von 7α.12α-Dihydroxy-3α-chlorcarbonyloxy-5β-cholansäure-(24)-äthylester (E III **10** 2173) mit Naphthyl-(1)-amin in Aceton (*Verdino, Schadendorff,* M. **66** [1935] 169, 173).

Krystalle (aus E.), F: 141° [nach Sintern von 136° an]; Krystalle (aus A.) mit 1 Mol Äthanol.

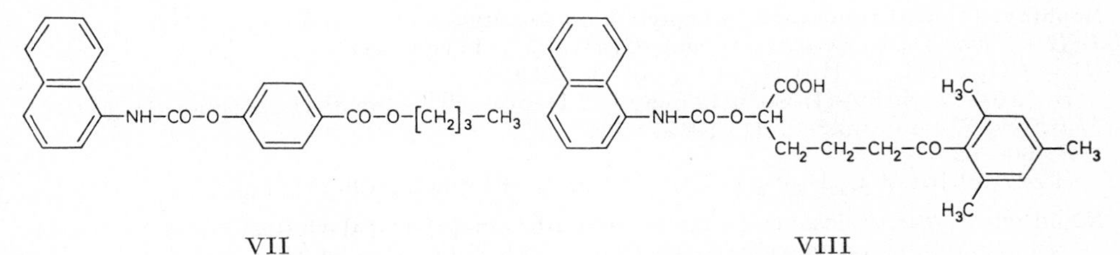

VII VIII

(±)-5-[Naphthyl-(1)-carbamoyloxy]-1-oxo-1-mesityl-hexansäure-(6), *(±)-6-mesityl-2-[(1-naphthyl)carbamoyloxy]-6-oxohexanoic acid* $C_{26}H_{27}NO_5$, Formel VIII.

B. Aus Naphthyl-(1)-isocyanat und (±)-5-Hydroxy-1-oxo-1-mesityl-hexansäure-(6) (*Fuson, Christ, Bradsher,* J. org. Chem. **4** [1939] 401, 407).

Krystalle (aus Ae. + PAe.); F: 145—146°.

Naphthyl-(1)-carbamidsäure-[2-dimethylamino-äthylester], *(1-naphthyl)carbamic acid 2-(dimethylamino)ethyl ester* $C_{15}H_{18}N_2O_2$, Formel III (R = CH_2-CH_2-$N(CH_3)_2$) auf S. 2919.

B. Aus Naphthyl-(1)-isocyanat und 2-Dimethylamino-äthanol-(1) (*Merrell Co.,* U.S.P. 2409001 [1943]).

Hydrochlorid. F: 173—175°.

Naphthyl-(1)-carbamidsäure-[β-äthylamino-isobutylester], *2-(ethylamino)-2-methyl-1-[(1-naphthyl)carbamoyloxy]propane* $C_{17}H_{22}N_2O_2$, Formel III (R = CH_2-$C(CH_3)_2$-NH-C_2H_5) auf S. 2919.

B. Aus Naphthyl-(1)-isocyanat und 2-Äthylamino-2-methyl-propanol-(1) (*Pierce, Murphey, Shaia,* Am. Soc. **71** [1949] 1765).

F: 99—101,5°.

Hydrochlorid $C_{17}H_{22}N_2O_2 \cdot HCl$. Krystalle; F: 222—223,5° [unkorr.].

Naphthyl-(1)-carbamidsäure-[β-propylamino-isobutylester], *2-methyl-1-[(1-naphthyl)carbamoyloxy]-2-(propylamino)propane* $C_{18}H_{24}N_2O_2$, Formel III (R = CH_2-$C(CH_3)_2$-NH-CH_2-CH_2-CH_3) auf S. 2919.

B. Aus Naphthyl-(1)-isocyanat und 2-Propylamino-2-methyl-propanol-(1) (*Pierce, Murphey, Shaia,* Am. Soc. **71** [1949] 1765).

F: 68—70,5°.

Hydrochlorid $C_{18}H_{24}N_2O_2 \cdot HCl$. Krystalle; F: 232—233° [unkorr.].

Naphthyl-(1)-carbamidsäure-[β-butylamino-isobutylester], *2-(butylamino)-2-methyl-1-[(1-naphthyl)carbamoyloxy]propane* $C_{19}H_{26}N_2O_2$, Formel III ($R = CH_2$-$C(CH_3)_2$-NH-$[CH_2]_3$-CH_3) auf S. 2919.

B. Aus Naphthyl-(1)-isocyanat und 2-Butylamino-2-methyl-propanol-(1) (*Pierce, Murphey, Shaia*, Am. Soc. **71** [1949] 1765).

F: 92,5—93,5°.

Hydrochlorid $C_{19}H_{26}N_2O_2 \cdot HCl$. Krystalle; F: 223,5—225° [unkorr.].

Naphthyl-(1)-carbamidsäure-[β-pentylamino-isobutylester], *2-methyl-1-[(1-naphthyl)carbamoyloxy]-2-(pentylamino)propane* $C_{20}H_{28}N_2O_2$, Formel III ($R = CH_2$-$C(CH_3)_2$-NH-$[CH_2]_4$-CH_3) auf S. 2919.

B. Aus Naphthyl-(1)-isocyanat und 2-Pentylamino-2-methyl-propanol-(1) (*Pierce, Murphey, Shaia*, Am. Soc. **71** [1949] 1765).

F: 63,5—64,5°.

Hydrochlorid $C_{20}H_{28}N_2O_2 \cdot HCl$. Krystalle; F: 212—213,5° [unkorr.].

Naphthyl-(1)-carbamidsäure-[β-hexylamino-isobutylester], *2-(hexylamino)-2-methyl-1-[(1-naphthyl)carbamoyloxy]propane* $C_{21}H_{30}N_2O_2$, Formel III ($R = CH_2$-$C(CH_3)_2$-NH-$[CH_2]_5$-CH_3) auf S. 2919.

B. Aus Naphthyl-(1)-isocyanat und 2-Hexylamino-2-methyl-propanol-(1) (*Pierce, Murphey, Shaia*, Am. Soc. **71** [1949] 1765).

F: 78—79,5°.

Hydrochlorid $C_{21}H_{30}N_2O_2 \cdot HCl$. Krystalle; F: 213—214,5° [unkorr.].

Naphthyl-(1)-carbamidsäure-[β-heptylamino-isobutylester], *2-(heptylamino)-2-methyl-1-[(1-naphthyl)carbamoyloxy]propane* $C_{22}H_{32}N_2O_2$, Formel III ($R = CH_2$-$C(CH_3)_2$-NH-$[CH_2]_6$-CH_3) auf S. 2919.

B. Aus Naphthyl-(1)-isocyanat und 2-Heptylamino-2-methyl-propanol-(1) (*Pierce, Murphey, Shaia*, Am. Soc. **71** [1949] 1765).

F: 60—62°.

Hydrochlorid $C_{22}H_{32}N_2O_2 \cdot HCl$. Krystalle; F: 196,5—198° [unkorr.].

Naphthyl-(1)-carbamidsäure-[6-diäthylamino-hexen-(2)-in-(4)-ylester], *6-(diethylamino)-1-[(1-naphthyl)carbamoyloxy]hex-2-en-4-yne* $C_{21}H_{24}N_2O_2$, Formel III ($R = CH_2$-CH=CH-C≡C-CH_2-$N(C_2H_5)_2$) auf S. 2919.

Eine Verbindung (Krystalle [aus Bzn.]; F: 79°) dieser Konstitution ist aus Naphthyl-(1)-isocyanat und 1-Diäthylamino-hexen-(4)-in-(2)-ol-(6) (Kp_1: 135°) erhalten worden (*Jones, Marszak, Bader*, Soc. **1947** 1578). [*H. Müller*]

***N*-Methyl-*N'*-[naphthyl-(1)]-harnstoff**, *1-methyl-3-(1-naphthyl)urea* $C_{12}H_{12}N_2O$, Formel IX ($R = CH_3$) (E II 692).

B. Aus Naphthyl-(1)-amin und Methylisocyanat in Benzol (*Boehmer*, R. **55** [1936] 379, 383).

***N*-Äthyl-*N'*-[naphthyl-(1)]-harnstoff**, *1-ethyl-3-(1-naphthyl)urea* $C_{13}H_{14}N_2O$, Formel IX ($R = C_2H_5$) (E II 692).

B. Aus Naphthyl-(1)-amin und Äthylisocyanat in Benzol sowie aus Naphthyl-(1)-isocyanat und Äthylamin in Benzol und Äthanol (*Groeneveld*, R. **50** [1931] 681, 685, 686).

***N*-Propyl-*N'*-[naphthyl-(1)]-harnstoff**, *1-(1-naphthyl)-3-propylurea* $C_{14}H_{16}N_2O$, Formel IX ($R = CH_2$-CH_2-CH_3).

B. Aus Naphthyl-(1)-amin und Propylisocyanat in Toluol (*Boehmer*, R. **55** [1936] 379, 384, 385).

Krystalle (aus wss. A.); F: 196°.

***N*-Isopropyl-*N'*-[naphthyl-(1)]-harnstoff**, *3-isopropyl-1-(1-naphthyl)urea* $C_{14}H_{16}N_2O$, Formel IX ($R = CH(CH_3)_2$).

B. Aus Naphthyl-(1)-amin und Isopropylisocyanat in Toluol (*Boehmer*, R. **55** [1936] 379, 385, 386).

Krystalle (aus wss. A.); F: 200°.

***N*-Butyl-*N'*-[naphthyl-(1)]-harnstoff**, *1-butyl-3-(1-naphthyl)urea* $C_{15}H_{18}N_2O$, Formel IX ($R = [CH_2]_3$-CH_3).

B. Aus Naphthyl-(1)-amin und Butylisocyanat in Toluol (*Boehmer*, R. **55** [1936] 379,

385, 386).
Krystalle (aus wss. A.); F: 149°.

N.N-Dibutyl-N'-[naphthyl-(1)]-harnstoff, *1,1-dibutyl-3-(1-naphthyl)urea* $C_{19}H_{26}N_2O$, Formel X (R = X = $[CH_2]_3$-CH_3).
B. Aus Naphthyl-(1)-isocyanat und Dibutylamin (*Suggitt, Wright*, Am. Soc. **69** [1947] 2073).
Krystalle (aus A.); F: 73,6°.

N-Isobutyl-N'-[naphthyl-(1)]-harnstoff, *1-isobutyl-3-(1-naphthyl)urea* $C_{15}H_{18}N_2O$, Formel IX (R = CH_2-$CH(CH_3)_2$).
B. Aus Naphthyl-(1)-amin und Isobutylisocyanat in Toluol (*Boehmer*, R. **55** [1936] 379, 387).
Krystalle (aus wss. A.); F: 178°.

N-Decyl-N'-[naphthyl-(1)]-harnstoff, *1-decyl-3-(1-naphthyl)urea* $C_{21}H_{30}N_2O$, Formel IX (R = $[CH_2]_9$-CH_3).
B. Aus Naphthyl-(1)-isocyanat und Decylamin in Benzol (*Komppa, Talvitie*, J. pr. [2] **135** [1932] 193, 203).
Krystalle (aus Bzl. oder A.); F: 129,5°.

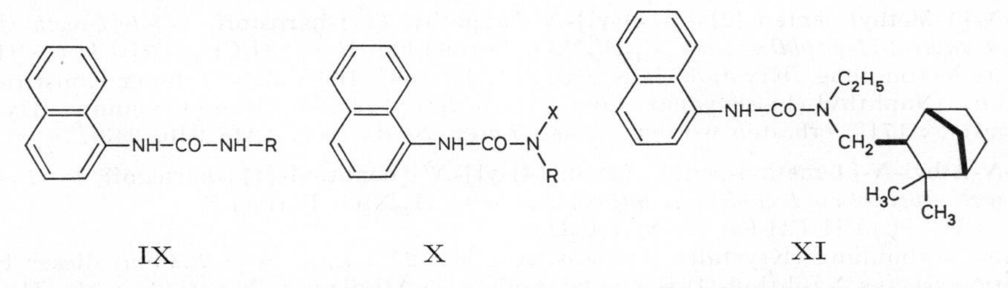

IX X XI

N-Dodecyl-N'-[naphthyl-(1)]-harnstoff, *1-dodecyl-3-(1-naphthyl)urea* $C_{23}H_{34}N_2O$, Formel IX (R = $[CH_2]_{11}$-CH_3).
B. Aus Naphthyl-(1)-isocyanat und Dodecylamin (*Harber*, Iowa Coll. J. **15** [1940/41] 13, 15, 22).
Krystalle (aus A.); F: 127,5–128°.

N-Octadecyl-N'-[naphthyl-(1)]-harnstoff, *1-(1-naphthyl)-3-octadecylurea* $C_{29}H_{46}N_2O$, Formel IX (R = $[CH_2]_{17}$-CH_3).
B. Aus Naphthyl-(1)-isocyanat und Octadecylamin (*Harber*, Iowa Coll. J. **15** [1940/41] 13, 15, 22).
Krystalle (aus A.); F: 122,5–123°.

N.N-Dioctadecyl-N'-[naphthyl-(1)]-harnstoff, *3-(1-naphthyl)-1,1-dioctadecylurea* $C_{47}H_{82}N_2O$, Formel X (R = X = $[CH_2]_{17}$-CH_3).
B. Aus Naphthyl-(1)-isocyanat und Dioctadecylamin (*Harber*, Iowa Coll. J. **15** [1940/41] 13, 15).
Krystalle (aus A.); F: 54–55°.

(±)-N-Isopropyl-N-[1-methyl-propin-(2)-yl]-N'-[naphthyl-(1)]-harnstoff, *(±)-1-isopropyl-1-(1-methylprop-2-ynyl)-3-(1-naphthyl)urea* $C_{18}H_{20}N_2O$, Formel X (R = $CH(CH_3)$-C≡CH, X = $CH(CH_3)_2$).
B. Aus Naphthyl-(1)-isocyanat und (±)-Isopropyl-[1-methyl-propin-(2)-yl]-amin (*Gardner et al.*, Soc. **1949** 780).
Krystalle (aus wss. Me. oder PAe.); F: 111–113°.

(±)-N-Butyl-N-[1-methyl-propin-(2)-yl]-N'-[naphthyl-(1)]-harnstoff, *(±)-1-butyl-1-(1-methylprop-2-ynyl)-3-(1-naphthyl)urea* $C_{19}H_{22}N_2O$, Formel X (R = $CH(CH_3)$-C≡CH, X = $[CH_2]_3$-CH_3).
B. Aus Naphthyl-(1)-isocyanat und (±)-Butyl-[1-methyl-propin-(2)-yl]-amin (*Gardner et al.*, Soc. **1949** 780).
Krystalle (aus wss. Me.); F: 90–91°.

(±)-*N*-[1-Methyl-propin-(2)-yl]-*N*-cyclohexyl-*N'*-[naphthyl-(1)]-harnstoff, *(±)-1-cyclohexyl-1-(1-methylprop-2-ynyl)-3-(1-naphthyl)urea* $C_{21}H_{24}N_2O$, Formel X (R = CH(CH_3)C≡CH, X = C_6H_{11}).

B. Aus Naphthyl-(1)-isocyanat und (±)-[1-Methyl-propin-(2)-yl]-cyclohexyl-amin (*Gardner et al.*, Soc. **1949** 780).

Krystalle (aus Me.); F: 132–133°.

***N*-[Butadien-(2.3)-yl]-*N'*-[naphthyl-(1)]-harnstoff,** *1-(buta-2,3-dienyl)-3-(1-naphthyl)urea* $C_{15}H_{14}N_2O$, Formel IX (R = CH_2-CH=C=CH_2).

B. Aus Naphthyl-(1)-isocyanat und Butadien-(2.3)-ylamin (*Du Pont de Nemours & Co.*, U.S.P. 2073363 [1932]).

Krystalle; F: 77°.

***N*-[(3.3-Dimethyl-norbornyl-(2))-methyl]-*N*-äthyl-*N'*-[naphthyl-(1)]-harnstoff,** *1-[(3,3-dimethyl-2-norbornyl)methyl]-1-ethyl-3-(1-naphthyl)urea* $C_{23}H_{30}N_2O$.

(±)-*N*-[(3.3-Dimethyl-norbornyl-(2*exo*))-methyl]-*N*-äthyl-*N'*-[naphthyl-(1)]-harnstoff, Formel XI + Spiegelbild.

B. Aus Naphthyl-(1)-isocyanat und (±)-[(3.3-Dimethyl-norbornyl-(2*exo*))-methyl]-äthylamin (*Lipp, Dessauer, Wolf*, A. **525** [1936] 271, 289).

Krystalle (aus Dioxan + Ae.); F: 151°.

(±)-*N*-[1-Methyl-penten-(2)-in-(4)-yl]-*N'*-[naphthyl-(1)]-harnstoff, *(±)-1-(1-methylpent-2-en-4-ynyl)-3-(1-naphthyl)urea* $C_{17}H_{16}N_2O$, Formel IX (R = CH(CH_3)-CH=CH-C≡CH).

Eine Verbindung (Krystalle [aus wss. A.], F: 168–169° [Zers.]) dieser Konstitution ist aus Naphthyl-(1)-isocyanat und (±)-1-Methyl-penten-(2)-in-(4)-ylamin (Hydrochlorid: F: 171°) erhalten worden (*Jones, Lacey, Smith*, Soc. **1946** 940, 943).

(±)-*N*-Äthyl-*N*-[1-methyl-penten-(2)-in-(4)-yl]-*N'*-[naphthyl-(1)]-harnstoff, *(±)-1-ethyl-1-(1-methylpent-2-en-4-ynyl)-3-(1-naphthyl)urea* $C_{19}H_{20}N_2O$, Formel X (R = CH(CH_3)-CH=CH-C≡CH, X = C_2H_5).

Eine Verbindung (Krystalle [aus wss. A.], F: 127°; λ_{max} [A.]: 223 mμ) dieser Konstitution ist aus Naphthyl-(1)-isocyanat und (±)-5-Äthylamino-hexen-(3)-in-(1) (Hydrochlorid: F: 158°) in Benzin erhalten worden (*Jones, Lacey, Smith*, Soc. **1946** 940, 943).

***N*-[2-Chlor-phenyl]-*N'*-[naphthyl-(1)]-harnstoff,** *1-(o-chlorophenyl)-3-(1-naphthyl)urea* $C_{17}H_{13}ClN_2O$, Formel I (R = H, X = Cl).

B. Beim Erwärmen von Naphthyl-(1)-amin mit 2-Chlor-benzoylazid in Benzol oder Toluol (*Sah*, J. Chin. chem. Soc. **13** [1946] 22, 33).

Krystalle (aus A.); F: 234° [korr.].

***N*-[3-Chlor-phenyl]-*N'*-[naphthyl-(1)]-harnstoff,** *1-(m-chlorophenyl)-3-(1-naphthyl)urea* $C_{17}H_{13}ClN_2O$, Formel II (R = H, X = Cl).

B. Beim Erhitzen von Naphthyl-(1)-amin mit 3-Chlor-benzoylazid in Toluol (*Sah*, J. Chin. chem. Soc. **13** [1946] 22, 36).

Krystalle (aus E. oder A.); F: 252° [korr.; Zers.].

***N*-[4-Chlor-phenyl]-*N'*-[naphthyl-(1)]-harnstoff,** *1-(p-chlorophenyl)-3-(1-naphthyl)urea* $C_{17}H_{13}ClN_2O$, Formel III (R = H, X = Cl).

B. Beim Erhitzen von Naphthyl-(1)-amin mit 4-Chlor-benzoylazid in Toluol (*Kao, Fan, Sah*, J. Chin. chem. Soc. **3** [1935] 137, 139; *Sah*, J. Chin. chem. Soc. **13** [1946] 22, 38).

Krystalle; F: 244° [korr.; aus A.] (*Sah*), 235° [aus Bzl.] (*Kao, Fan, Sah*).

***N*-[2-Brom-phenyl]-*N'*-[naphthyl-(1)]-harnstoff,** *1-(o-bromophenyl)-3-(1-naphthyl)urea* $C_{17}H_{13}BrN_2O$, Formel I (R = H, X = Br).

B. Beim Erhitzen von Naphthyl-(1)-amin mit 2-Brom-benzoylazid in Benzol oder Toluol (*Sah*, J. Chin. chem. Soc. **13** [1946] 22, 41).

Krystalle (aus A.); F: 246° [korr.].

***N*-[3-Brom-phenyl]-*N'*-[naphthyl-(1)]-harnstoff,** *1-(m-bromophenyl)-3-(1-naphthyl)urea* $C_{17}H_{13}BrN_2O$, Formel II (R = H, X = Br) (H 1238).

B. Beim Erhitzen von Naphthyl-(1)-amin mit 3-Brom-benzoylazid in Benzol oder Toluol (*Sah*, J. Chin. chem. Soc. **13** [1946] 22, 43; *Sah, Chang*, R. **58** [1939] 8, 10).

Krystalle (aus A.); F: 259–260° (*Sah, Chang*), 259° [korr.] (*Sah*).

***N*-[4-Brom-phenyl]-*N'*-[naphthyl-(1)]-harnstoff,** *1-(p-bromophenyl)-3-(1-naphthyl)urea* $C_{17}H_{13}BrN_2O$, Formel III (R = H, X = Br) (E I 526).

B. Beim Erhitzen von Naphthyl-(1)-amin mit 4-Brom-benzoylazid in Toluol (*Sah, Kao, Wang,* J. Chin. chem. Soc. **4** [1936] 193, 194; *Sah,* J. Chin. chem. Soc. **13** [1946] 22, 46).

Krystalle; F: 272—274° [unkorr.; aus Acn.] (*Sah, Kao, Wang*), 255° [korr.; aus A.] (*Sah*).

***N*-[3-Jod-phenyl]-*N'*-[naphthyl-(1)]-harnstoff,** *1-(m-iodophenyl)-3-(1-naphthyl)urea* $C_{17}H_{13}IN_2O$, Formel II (R = H, X = I).

B. Beim Erwärmen von Naphthyl-(1)-amin mit 3-Jod-benzoylazid in Benzol (*Sah, Chen,* J. Chin. chem. Soc. **14** [1946] 74, 77).

Krystalle (aus wss. A.); F: 260—261° [korr.].

***N*-[4-Jod-phenyl]-*N'*-[naphthyl-(1)]-harnstoff,** *1-(p-iodophenyl)-3-(1-naphthyl)urea* $C_{17}H_{13}IN_2O$, Formel III (R = H, X = I).

B. Beim Erhitzen von Naphthyl-(1)-amin mit 4-Jod-benzoylazid in Toluol (*Sah, Wang,* R. **59** [1940] 364, 366, 368).

Krystalle (aus E.); F: 251—252° [korr.; Zers.; nach Sintern bei 238°].

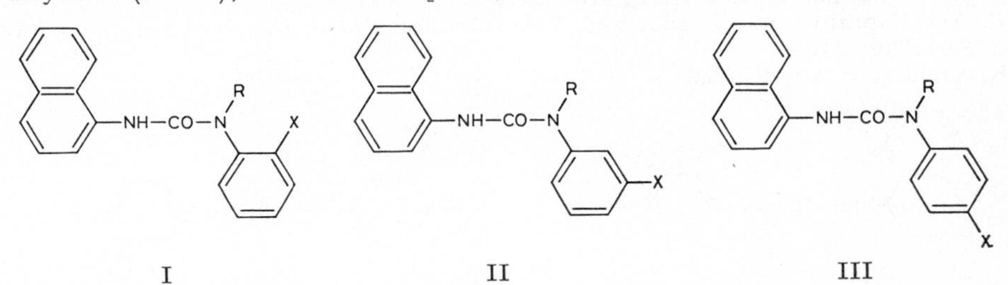

***N*-[2-Nitro-phenyl]-*N'*-[naphthyl-(1)]-harnstoff,** *1-(1-naphthyl)-3-(o-nitrophenyl)urea* $C_{17}H_{13}N_3O_3$, Formel I (R = H, X = NO_2).

B. Beim Erhitzen von Naphthyl-(1)-amin mit 2-Nitro-benzoylazid in Benzol oder Toluol (*Sah,* J. Chin. chem. Soc. **13** [1946] 22, 27).

Gelbe Krystalle (aus A. + Acn.); F: 220° [korr.].

***N*-[3-Nitro-phenyl]-*N'*-[naphthyl-(1)]-harnstoff,** *1-(1-naphthyl)-3-(m-nitrophenyl)urea* $C_{17}H_{13}N_3O_3$, Formel II (R = H, X = NO_2).

B. Beim Erhitzen von Naphthyl-(1)-amin mit 3-Nitro-benzoylazid in Toluol (*Meng, Sah,* J. Chin. chem. Soc. **4** [1936] 75, 77; *Sah,* J. Chin. chem. Soc. **13** [1946] 22, 30) oder in Xylol (*Karrman,* Svensk kem. Tidskr. **60** [1948] 61).

Krystalle; F: 248° [korr.; aus Acn.] (*Sah*), 244—245° [aus Acn. oder Butanon] (*Ka.*), 238—239° [aus Acn.] (*Meng, Sah*).

***N*-[4-Nitro-phenyl]-*N'*-[naphthyl-(1)]-harnstoff,** *1-(1-naphthyl)-3-(p-nitrophenyl)urea* $C_{17}H_{13}N_3O_3$, Formel III (R = H, X = NO_2).

B. Beim Erhitzen von Naphthyl-(1)-amin mit 4-Nitro-benzoylazid oder mit 4-Nitrophenylisocyanat in Toluol (*Sah,* R. **59** [1940] 231, 233, 234).

Hellgelbe Krystalle (aus A.); F: 236° [korr.].

***N*-[2.4-Dinitro-phenyl]-*N'*-[naphthyl-(1)]-harnstoff,** *1-(2,4-dinitrophenyl)-3-(1-naphthyl)urea* $C_{17}H_{12}N_4O_5$, Formel IV.

B. Beim Erwärmen von Naphthyl-(1)-amin mit *N'*-Nitro-*N*-[2.4-dinitro-phenyl]-harnstoff in Äthanol (*McVeigh, Rose,* Soc. **1945** 621).

F: 207° [unkorr.].

***N*-[3.5-Dinitro-phenyl]-*N'*-[naphthyl-(1)]-harnstoff,** *1-(3,5-dinitrophenyl)-3-(1-naphthyl)urea* $C_{17}H_{12}N_4O_5$, Formel V (R = H, X = NO_2).

B. Beim Erhitzen von Naphthyl-(1)-amin mit 3.5-Dinitro-benzoylazid in Toluol (*Sah, Ma,* J. Chin. chem. Soc. **2** [1934] 159, 163, 164).

Grüngelbe Krystalle (aus Acn.); F: 261—262°.

***N*-Methyl-*N*-phenyl-*N'*-[naphthyl-(1)]-harnstoff**, *1-methyl-3-(1-naphthyl)-1-phenylurea* $C_{18}H_{16}N_2O$, Formel I (R = CH_3, X = H).

B. Aus Naphthyl-(1)-isocyanat und *N*-Methyl-anilin in Hexan (*Ferry, Buck*, Am. Soc. **58** [1936] 2444).

Krystalle (aus A.); F: 99°.

***N*-Butyl-*N*-phenyl-*N'*-[naphthyl-(1)]-harnstoff**, *1-butyl-3-(1-naphthyl)-1-phenylurea* $C_{21}H_{22}N_2O$, Formel I (R = $[CH_2]_3$-CH_3, X = H).

B. Aus Naphthyl-(1)-isocyanat und *N*-Butyl-anilin in Hexan (*Ferry, Buck*, Am. Soc. **58** [1936] 2444; *Craig*, Am. Soc. **68** [1946] 716).

Krystalle; F: 99° [aus A.] (*Fe., Buck*), 97—98° [aus Hexan] (*Cr.*).

***N*-Äthyl-*N*-*o*-tolyl-*N'*-[naphthyl-(1)]-harnstoff**, *1-ethyl-3-(1-naphthyl)-1-*o*-tolylurea* $C_{20}H_{20}N_2O$, Formel I (R = C_2H_5, X = CH_3).

B. Aus Naphthyl-(1)-isocyanat und *N*-Äthyl-*o*-toluidin in Hexan (*Ferry, Buck*, Am. Soc. **58** [1936] 2444).

Krystalle (aus A.); F: 85,5°.

***N*-Äthyl-*N*-*m*-tolyl-*N'*-[naphthyl-(1)]-harnstoff**, *1-ethyl-3-(1-naphthyl)-1-*m*-tolylurea* $C_{20}H_{20}N_2O$, Formel II (R = C_2H_5, X = CH_3).

B. Aus Naphthyl-(1)-isocyanat und *N*-Äthyl-*m*-toluidin in Hexan (*Ferry, Buck*, Am. Soc. **58** [1936] 2444).

Krystalle (aus A.); F: 95,5°.

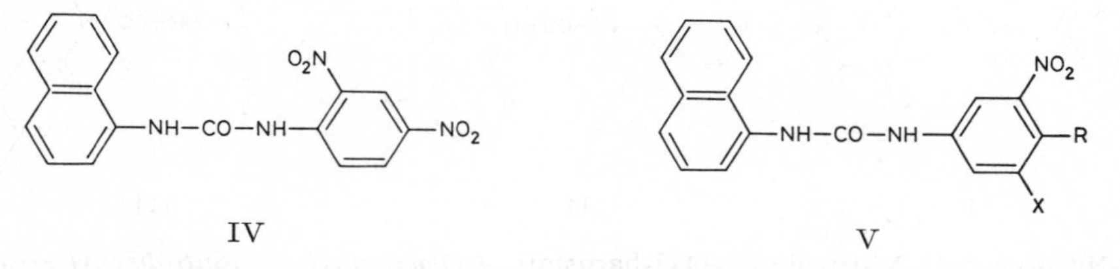

***N*-[3-Nitro-4-methyl-phenyl]-*N'*-[naphthyl-(1)]-harnstoff**, *1-(1-naphthyl)-3-(3-nitro-*p*-tolyl)urea* $C_{18}H_{15}N_3O_3$, Formel V (R = CH_3, X = H).

B. Beim Erwärmen von Naphthyl-(1)-amin mit 3-Nitro-4-methyl-benzoylazid in Benzol (*Sah et al.*, J. Chin. chem. Soc. **14** [1946] 84, 85, 87).

Krystalle (aus A.); F: 223° [korr.].

***N*-[3.5-Dinitro-4-methyl-phenyl]-*N'*-[naphthyl-(1)]-harnstoff**, *1-(3,5-dinitro-*p*-tolyl)-3-(1-naphthyl)urea* $C_{18}H_{14}N_4O_5$, Formel V (R = CH_3, X = NO_2).

B. Beim Erhitzen von Naphthyl-(1)-amin mit 3.5-Dinitro-4-methyl-benzoylazid in Toluol (*Sah*, R. **58** [1939] 1008, 1009, 1010).

Gelbe Krystalle (aus E.); F: 260° [korr.; Zers.].

***N*-Äthyl-*N*-*p*-tolyl-*N'*-[naphthyl-(1)]-harnstoff**, *1-ethyl-3-(1-naphthyl)-1-*p*-tolylurea* $C_{20}H_{20}N_2O$, Formel III (R = C_2H_5, X = CH_3).

B. Aus Naphthyl-(1)-isocyanat und *N*-Äthyl-*p*-toluidin in Hexan (*Ferry, Buck*, Am. Soc. **58** [1936] 2444).

Krystalle (aus A.); F: 103°.

***N.N'*-Di-[naphthyl-(1)]-harnstoff**, *1,3-di(1-naphthyl)urea* $C_{21}H_{16}N_2O$, Formel VI (H 1238; E I 526; E II 692).

B. Beim Erhitzen von Naphthyl-(1)-amin mit Äthoxycarbonyl-thiocarbamidsäure-*O*-äthylester auf 160° (*Guha, Saletore*, J. Indian chem. Soc. **6** [1929] 565, 574).

Krystalle; F: 296° [aus Eg.] (*Jadhav*, J. Indian chem. Soc. **10** [1933] 391), 296° (*Craig*, Am. Soc. **68** [1946] 716), 295—296° [aus Eg.] (*Guha, Sa.*).

***N*-[2-Hydroxy-äthyl]-*N'*-[naphthyl-(1)]-harnstoff**, *1-(2-hydroxyethyl)-3-(1-naphthyl)urea* $C_{13}H_{14}N_2O_2$, Formel VII (R = CH_2-CH_2OH, X = H).

B. Aus Naphthyl-(1)-isocyanat und 2-Amino-äthanol-(1) in Äther oder Dioxan (*Charlton, Day*, J. org. Chem. **1** [1936] 552, 553, 555).

Krystalle (aus Dioxan); F: 186° [korr.].

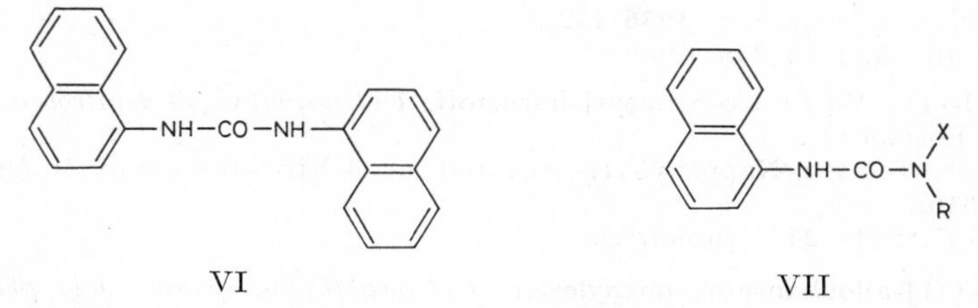

VI VII

***N*-[2-(4-Nitro-benzoyloxy)-äthyl]-*N'*-[naphthyl-(1)]-harnstoff,** *1-(1-naphthyl)-3-[2-(4-nitrobenzoyloxy)ethyl]urea* $C_{20}H_{17}N_3O_5$, Formel VIII (R = H).

B. Aus *N*-[2-Hydroxy-äthyl]-*N'*-[naphthyl-(1)]-harnstoff und 4-Nitro-benzoylchlorid in Benzol (*Charlton, Day,* J. org. Chem. **1** [1936] 552, 553, 555).

Krystalle (aus A.); F: 191° [korr.; Zers.].

***N.N*-Bis-[2-hydroxy-äthyl]-*N'*-[naphthyl-(1)]-harnstoff,** *1,1-bis(2-hydroxyethyl)-3-(1-naphthyl)urea* $C_{15}H_{18}N_2O_3$, Formel VII (R = X = CH_2-CH_2OH).

B. Aus Naphthyl-(1)-isocyanat und Bis-[2-hydroxy-äthyl]-amin in Äther oder Dioxan (*Charlton, Day,* J. org. Chem. **1** [1936] 552, 553, 557).

Krystalle (aus wss. A.); F: 126—127° [korr.].

(±)-*N*-[2-Hydroxy-propyl]-*N'*-[naphthyl-(1)]-harnstoff, (±)-*1-(2-hydroxypropyl)-3-(1-naphthyl)urea* $C_{14}H_{16}N_2O_2$, Formel VII (R = CH_2-CH(OH)-CH_3, X = H).

B. Aus Naphthyl-(1)-isocyanat und (±)-2-Hydroxy-propylamin in Äther oder Dioxan (*Charlton, Day,* J. org. Chem. **1** [1936] 552, 553, 556).

Krystalle (aus wss. Dioxan); F: 162° [korr.].

(±)-*N*-[2-(4-Nitro-benzoyloxy)-propyl]-*N'*-[naphthyl-(1)]-harnstoff, (±)-*1-(1-naphthyl)-3-[2-(4-nitrobenzoyloxy)propyl]urea* $C_{21}H_{19}N_3O_5$, Formel VIII (R = CH_3).

B. Aus (±)-*N*-[2-Hydroxy-propyl]-*N'*-[naphthyl-(1)]-harnstoff und 4-Nitro-benzoylchlorid in Benzol (*Charlton, Day,* J. org. Chem. **1** [1936] 552, 553, 556).

Krystalle (aus Dioxan); F: 218—221° [korr.; Zers.].

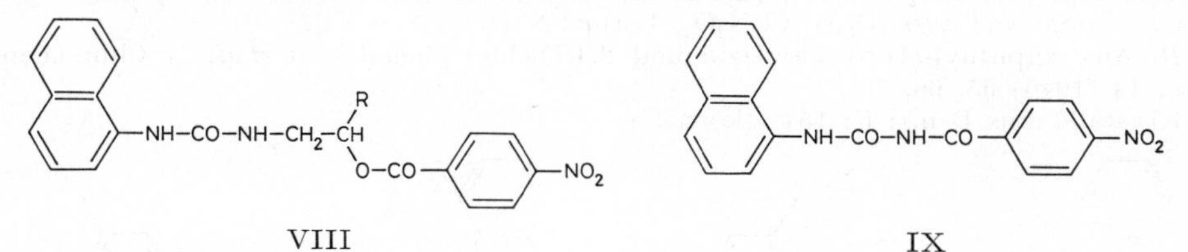

VIII IX

***N*-Vinyl-*N'*-[naphthyl-(1)]-harnstoff,** *1-(1-naphthyl)-3-vinylurea* $C_{13}H_{12}N_2O$, Formel VII (R = CH=CH_2, X = H).

B. Aus Naphthyl-(1)-amin und Vinylisocyanat in Dioxan (*Du Pont de Nemours & Co.,* U.S.P. 2334476 [1940]).

Krystalle (aus Dioxan + Acn.); F: 187,5°.

***N*-Isopropenyl-*N'*-[naphthyl-(1)]-harnstoff,** *1-isopropenyl-3-(1-naphthyl)urea* $C_{14}H_{14}N_2O$, Formel VII (R = C(CH_3)=CH_2, X = H).

B. Aus Naphthyl-(1)-amin und Isopropenylisocyanat in Dioxan (*Du Pont de Nemours & Co.,* U.S.P. 2334476 [1940]).

Krystalle (aus Dioxan); F: 228°.

***N'*-[Naphthyl-(1)]-*N*-acetyl-harnstoff,** *1-acetyl-3-(1-naphthyl)urea* $C_{13}H_{12}N_2O_2$, Formel VII (R = CO-CH_3, X = H) (H 1239; E II 693).

Quecksilber(II)-Verbindung $Hg(C_{13}H_{11}N_2O_2)_2$. F: 225—228° [Zers.] (*Shah,* J. Indian chem. Soc. **15** [1938] 149).

***N'*-[Naphthyl-(1)]-*N*-[*N*-phenyl-benzimidoyl]-harnstoff, *N'*-Phenyl-*N*-[naphthyl-(1)-carbamoyl]-benzamidin,** *1-(1-naphthyl)-3-(*N*-phenylbenzimidoyl)urea* $C_{24}H_{19}N_3O$, Formel VII (R = C(C_6H_5)=N-C_6H_5, X = H) und Tautomeres.

B. Beim Erhitzen von Naphthyl-(1)-amin mit *N'*-Phenyl-*N*-äthoxycarbonyl-benz=

amidin (*Shah*, *Ichaporia*, Soc. **1936** 432).
Krystalle (aus A.); F: 258—260°.

N'-[Naphthyl-(1)]-N-[4-nitro-benzoyl]-harnstoff, *1-(1-naphthyl)-3-(4-nitrobenzoyl)urea* $C_{18}H_{13}N_3O_4$, Formel IX.
B. Beim Erhitzen von Naphthyl-(1)-isocyanat mit 4-Nitro-benzamid (*Wiley*, Am. Soc. **71** [1949] 1310).
Krystalle; F: 244—247° [unkorr.].

4-[Naphthyl-(1)]-allophansäure-phenylester, *4-(1-naphthyl)allophanic acid phenyl ester* $C_{18}H_{14}N_2O_3$, Formel X (R = X = H).
B. Aus Naphthyl-(1)-oxamoylazid und Phenol (*Sah et al.*, J. Chin. chem. Soc. **14** [1946] 65, 66, 69).
Krystalle (aus Bzn.); F: 182° [korr.].

4-[Naphthyl-(1)]-allophansäure-[2-chlor-phenylester], *4-(1-naphthyl)allophanic acid o-chlorophenyl ester* $C_{18}H_{13}ClN_2O_3$, Formel X (R = H, X = Cl).
B. Aus Naphthyl-(1)-oxamoylazid und 2-Chlor-phenol (*Sah et al.*, J. Chin. chem. Soc. **14** [1946] 65, 66, 69).
Krystalle (aus Bzn.); F: 167° [korr.].

4-[Naphthyl-(1)]-allophansäure-[3-chlor-phenylester], *4-(1-naphthyl)allophanic acid m-chlorophenyl ester* $C_{18}H_{13}ClN_2O_3$, Formel XI (R = H, X = Cl).
B. Aus Naphthyl-(1)-oxamoylazid und 3-Chlor-phenol (*Sah et al.*, J. Chin. chem. Soc. **14** [1946] 65, 66, 69).
Krystalle (aus Bzn.); F: 136° [korr.; nach Sintern bei 128°].

4-[Naphthyl-(1)]-allophansäure-[4-chlor-phenylester], *4-(1-naphthyl)allophanic acid p-chlorophenyl ester* $C_{18}H_{13}ClN_2O_3$, Formel X (R = Cl, X = H).
B. Aus Naphthyl-(1)-oxamoylazid und 4-Chlor-phenol (*Sah et al.*, J. Chin. chem. Soc. **14** [1946] 65, 66, 69).
Krystalle (aus Bzn. + Toluol); F: 173° [korr.].

4-[Naphthyl-(1)]-allophansäure-[2.4-dichlor-phenylester], *4-(1-naphthyl)allophanic acid 2,4-dichlorophenyl ester* $C_{18}H_{12}Cl_2N_2O_3$, Formel X (R = X = Cl).
B. Aus Naphthyl-(1)-oxamoylazid und 2.4-Dichlor-phenol (*Sah et al.*, J. Chin. chem. Soc. **14** [1946] 65, 66, 70).
Krystalle (aus Bzn.); F: 154° [korr.].

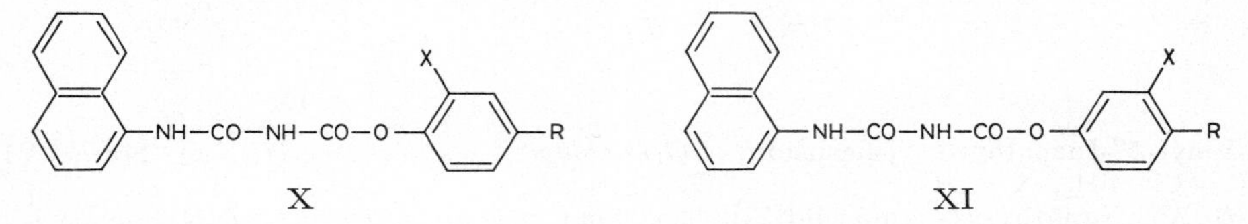

X XI

4-[Naphthyl-(1)]-allophansäure-[2.4.6-trichlor-phenylester], *4-(1-naphthyl)allophanic acid 2,4,6-trichlorophenyl ester* $C_{18}H_{11}Cl_3N_2O_3$, Formel XII (X = Cl).
B. Aus Naphthyl-(1)-oxamoylazid und 2.4.6-Trichlor-phenol (*Sah et al.*, J. Chin. chem. Soc. **14** [1946] 65, 66, 70).
Krystalle (aus Bzn.); F: 149° [korr.].

4-[Naphthyl-(1)]-allophansäure-[2-brom-phenylester], *4-(1-naphthyl)allophanic acid o-bromophenyl ester* $C_{18}H_{13}BrN_2O_3$, Formel X (R = H, X = Br).
B. Aus Naphthyl-(1)-oxamoylazid und 2-Brom-phenol (*Sah et al.*, J. Chin. chem. Soc. **14** [1946] 65, 66, 70).
Krystalle (aus Bzn.); F: 168° [korr.].

4-[Naphthyl-(1)]-allophansäure-[3-brom-phenylester], *4-(1-naphthyl)allophanic acid m-bromophenyl ester* $C_{18}H_{13}BrN_2O_3$, Formel XI (R = H, X = Br).
B. Aus Naphthyl-(1)-oxamoylazid und 3-Brom-phenol (*Sah et al.*, J. Chin. chem. Soc. **14** [1946] 65, 66, 70).
Krystalle (aus Bzn.); F: 161—162° [korr.].

4-[Naphthyl-(1)]-allophansäure-[4-brom-phenylester], *4-(1-naphthyl)allophanic acid* p-*bromophenyl ester* $C_{18}H_{13}BrN_2O_3$, Formel X (R = Br, X = H).
B. Aus Naphthyl-(1)-oxamoylazid und 4-Brom-phenol (*Sah et al.*, J. Chin. chem. Soc. **14** [1946] 65, 66, 70).
Krystalle (aus Bzn. + Toluol); F: 180° [korr.].

4-[Naphthyl-(1)]-allophansäure-[2.4-dibrom-phenylester], *4-(1-naphthyl)allophanic acid 2,4-dibromophenyl ester* $C_{18}H_{12}Br_2N_2O_3$, Formel X (R = X = Br).
B. Aus Naphthyl-(1)-oxamoylazid und 2.4-Dibrom-phenol (*Sah et al.*, J. Chin. chem. Soc. **14** [1946] 65, 66, 70).
Krystalle (aus Bzn.); F: 166° [korr.].

4-[Naphthyl-(1)]-allophansäure-[2.4.6-tribrom-phenylester], *4-(1-naphthyl)allophanic acid 2,4,6-tribromophenyl ester* $C_{18}H_{11}Br_3N_2O_3$, Formel XII (X = Br).
B. Aus Naphthyl-(1)-oxamoylazid und 2.4.6-Tribrom-phenol (*Sah et al.*, J. Chin. chem. Soc. **14** [1946] 65, 66, 70).
Krystalle (aus Bzn.); F: 151—152° [korr.].

4-[Naphthyl-(1)]-allophansäure-[4-jod-phenylester], *4-(1-naphthyl)allophanic acid* p-*iodophenyl ester* $C_{18}H_{13}IN_2O_3$, Formel X (R = I, X = H).
B. Aus Naphthyl-(1)-oxamoylazid und 4-Jod-phenol (*Sah et al.*, J. Chin. chem. Soc. **14** [1946] 65, 66, 70).
Krystalle (aus Bzn. + Toluol); F: 176° [korr.].

4-[Naphthyl-(1)]-allophansäure-[2-nitro-phenylester], *4-(1-naphthyl)allophanic acid* o-*nitrophenyl ester* $C_{18}H_{13}N_3O_5$, Formel X (R = H, X = NO_2).
B. Aus Naphthyl-(1)-oxamoylazid und 2-Nitro-phenol (*Sah et al.*, J. Chin. chem. Soc. **14** [1946] 65, 66, 69).
Hellgelbe Krystalle (aus Bzn. + Toluol); F: 130° [korr.].

4-[Naphthyl-(1)]-allophansäure-[3-nitro-phenylester], *4-(1-naphthyl)allophanic acid* m-*nitrophenyl ester* $C_{18}H_{13}N_3O_5$, Formel XI (R = H, X = NO_2).
B. Aus Naphthyl-(1)-oxamoylazid und 3-Nitro-phenol (*Sah et al.*, J. Chin. chem. Soc. **14** [1946] 65, 66, 69).
Hellgelbe Krystalle (aus Bzl. + Toluol); F: 122° [korr.; nach Sintern bei 117°].

4-[Naphthyl-(1)]-allophansäure-[4-nitro-phenylester], *4-(1-naphthyl)allophanic acid* p-*nitrophenyl ester* $C_{18}H_{13}N_3O_5$, Formel X (R = NO_2, X = H).
B. Aus Naphthyl-(1)-oxamoylazid und 4-Nitro-phenol (*Sah et al.*, J. Chin. chem. Soc. **14** [1946] 65, 66, 69).
Krystalle (aus Bzn. + Toluol); F: 138—139° [korr.; nach Sintern bei 130°].

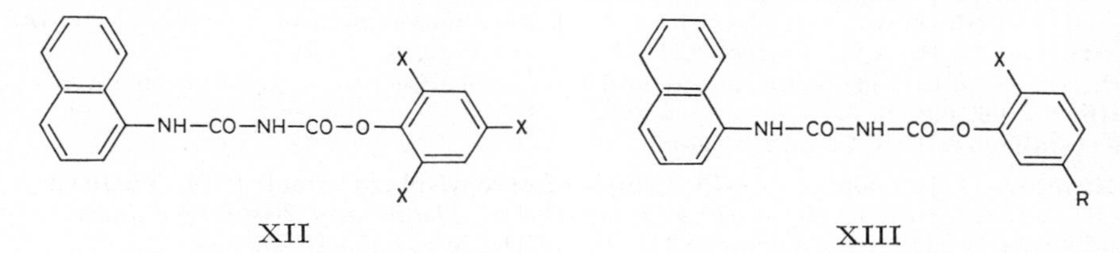

XII XIII

4-[Naphthyl-(1)]-allophansäure-*o*-tolylester, *4-(1-naphthyl)allophanic acid* o-*tolyl ester* $C_{19}H_{16}N_2O_3$, Formel XIII (R = H, X = CH_3).
B. Aus Naphthyl-(1)-oxamoylazid und *o*-Kresol (*Sah et al.*, J. Chin. chem. Soc. **14** [1946] 65, 66, 69).
Krystalle (aus Bzn.); F: 180° [korr.].

4-[Naphthyl-(1)]-allophansäure-[4-chlor-2-methyl-phenylester], *4-(1-naphthyl)allophanic acid 4-chloro-*o*-tolyl ester* $C_{19}H_{15}ClN_2O_3$, Formel X (R = Cl, X = CH_3).
B. Aus Naphthyl-(1)-oxamoylazid und 4-Chlor-2-methyl-phenol (*Sah et al.*, J. Chin. chem. Soc. **14** [1946] 65, 66, 70).
Krystalle (aus Bzn.); F: 173° [korr.].

4-[Naphthyl-(1)]-allophansäure-*m*-tolylester, *4-(1-naphthyl)allophanic acid* m-*tolyl ester* $C_{19}H_{16}N_2O_3$, Formel XIII (R = CH_3, X = H).

B. Aus Naphthyl-(1)-oxamoylazid und *m*-Kresol (*Sah et al.*, J. Chin. chem. Soc. **14** [1946] 65, 66, 69).

Krystalle (aus Bzn.); F: 153° [korr.].

4-[Naphthyl-(1)]-allophansäure-[4-chlor-3-methyl-phenylester], *4-(1-naphthyl)allophanic acid 4-chloro-*m-*tolyl ester* $C_{19}H_{15}ClN_2O_3$, Formel XI (R = Cl, X = CH_3) auf S. 2928.

B. Aus Naphthyl-(1)-oxamoylazid und 4-Chlor-3-methyl-phenol (*Sah et al.*, J. Chin. chem. Soc. **14** [1946] 65, 66, 70).

Krystalle (aus Bzn.); F: 167° [korr.; nach Sintern bei 155°].

4-[Naphthyl-(1)]-allophansäure-*p*-tolylester, *4-(1-naphthyl)allophanic acid* p-*tolyl ester* $C_{19}H_{16}N_2O_3$, Formel X (R = CH_3, X = H) auf S. 2928.

B. Aus Naphthyl-(1)-oxamoylazid und *p*-Kresol (*Sah et al.*, J. Chin. chem. Soc. **14** [1946] 65, 66, 69).

Krystalle (aus Bzn.); F: 185° [korr.].

4-[Naphthyl-(1)]-allophansäure-[2-chlor-4-methyl-phenylester], *4-(1-naphthyl)allophanic acid 2-chloro-*p-*tolyl ester* $C_{19}H_{15}ClN_2O_3$, Formel X (R = CH_3, X = Cl) auf S. 2928.

B. Aus Naphthyl-(1)-oxamoylazid und 2-Chlor-4-methyl-phenol (*Sah et al.*, J. Chin. chem. Soc. **14** [1946] 65, 66, 70).

Krystalle (aus Bzn.); F: 180° [korr.].

4-[Naphthyl-(1)]-allophansäure-[3.4-dimethyl-phenylester], *4-(1-naphthyl)allophanic acid 3,4-xylyl ester* $C_{20}H_{18}N_2O_3$, Formel XI (R = X = CH_3) auf S. 2928.

B. Aus Naphthyl-(1)-oxamoylazid und 3.4-Dimethyl-phenol (*Sah et al.*, J. Chin. chem. Soc. **14** [1946] 65, 66, 69).

Krystalle (aus Bzn.); F: 177° [korr.].

4-[Naphthyl-(1)]-allophansäure-[2.4-dimethyl-phenylester], *4-(1-naphthyl)allophanic acid 2,4-xylyl ester* $C_{20}H_{18}N_2O_3$, Formel X (R = X = CH_3) auf S. 2928.

B. Aus Naphthyl-(1)-oxamoylazid und 2.4-Dimethyl-phenol (*Sah et al.*, J. Chin. chem. Soc. **14** [1946] 65, 66, 69).

Krystalle (aus Bzn.); F: 173—174° [korr.].

4-[Naphthyl-(1)]-allophansäure-[2.5-dimethyl-phenylester], *4-(1-naphthyl)allophanic acid 2,5-xylyl ester* $C_{20}H_{18}N_2O_3$, Formel XIII (R = X = CH_3).

B. Aus Naphthyl-(1)-oxamoylazid und 2.5-Dimethyl-phenol (*Sah et al.*, J. Chin. chem. Soc. **14** [1946] 65, 66, 69).

Krystalle (aus Bzn.); F: 153° [korr.].

4-[Naphthyl-(1)]-allophansäure-[2-methyl-5-isopropyl-phenylester], *O*-[4-(Naphth=yl-(1))-allophanoyl]-carvacrol, *4-(1-naphthyl)allophanic acid 5-isopropyl-2-methyl=phenyl ester* $C_{22}H_{22}N_2O_3$, Formel XIII (R = $CH(CH_3)_2$, X = CH_3).

B. Aus Naphthyl-(1)-oxamoylazid und Carvacrol (*Sah et al.*, J. Chin. chem. Soc. **14** [1946] 65, 66, 69).

Krystalle (aus Bzn.); F: 127° [korr.].

4-[Naphthyl-(1)]-allophansäure-[3-methyl-6-isopropyl-phenylester], *O*-[4-(Naphth=yl-(1))-allophanoyl]-thymol, *4-(1-naphthyl)allophanic acid 2-isopropyl-5-methyl=phenyl ester* $C_{22}H_{22}N_2O_3$, Formel XIII (R = CH_3, X = $CH(CH_3)_2$).

B. Aus Naphthyl-(1)-oxamoylazid und Thymol (*Sah et al.*, J. Chin. chem. Soc. **14** [1946] 65, 66, 69).

Krystalle (aus Bzn.); F: 159° [korr.; nach Sintern bei 120°].

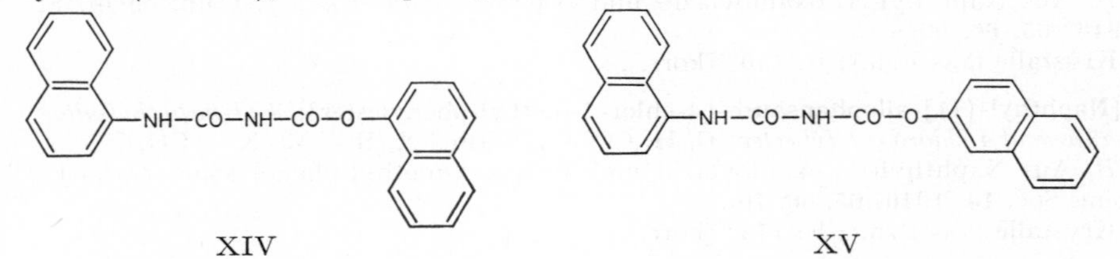

4-[Naphthyl-(1)]-allophansäure-[naphthyl-(1)-ester], *4-(1-naphthyl)allophanic acid 1-naphthyl ester* $C_{22}H_{16}N_2O_3$, Formel XIV.
B. Aus Naphthyl-(1)-oxamoylazid und Naphthol-(1) (*Sah et al.*, J. Chin. chem. Soc. **14** [1946] 65, 66, 69).
Krystalle (aus Bzn.); F: 153° [korr.].

4-[Naphthyl-(1)]-allophansäure-[naphthyl-(2)-ester], *4-(1-naphthyl)allophanic acid 2-naphthyl ester* $C_{22}H_{16}N_2O_3$, Formel XV.
B. Aus Naphthyl-(1)-oxamoylazid und Naphthol-(2) (*Sah et al.*, J. Chin. chem. Soc. **14** [1946] 65, 66, 69).
Krystalle (aus Bzn. + Toluol); F: 174° [korr.].

4-[Naphthyl-(1)]-allophansäure-[2-methoxy-phenylester], *4-(1-naphthyl)allophanic acid* o-*methoxyphenyl ester* $C_{19}H_{16}N_2O_4$, Formel XIII (R = H, X = OCH_3) auf S. 2929.
B. Aus Naphthyl-(1)-oxamoylazid und Guajacol (*Sah et al.*, J. Chin. chem. Soc. **14** [1946] 65, 66, 70).
Krystalle (aus Bzn.); F: 179—180° [korr.].

4-[Naphthyl-(1)]-allophansäure-[3-methoxy-phenylester], *4-(1-naphthyl)allophanic acid* m-*methoxyphenyl ester* $C_{19}H_{16}N_2O_4$, Formel XIII (R = OCH_3, X = H) auf S. 2929.
B. Aus Naphthyl-(1)-oxamoylazid und 3-Methoxy-phenol (*Sah et al.*, J. Chin. chem. Soc. **14** [1946] 65, 66, 70).
Krystalle (aus Bzn.); F: 147° [korr.].

4-[Naphthyl-(1)]-allophansäure-[4-methoxy-phenylester], *4-(1-naphthyl)allophanic acid* p-*methoxyphenyl ester* $C_{19}H_{16}N_2O_4$, Formel XI (R = OCH_3, X = H) auf S. 2928.
B. Aus Naphthyl-(1)-oxamoylazid und 4-Methoxy-phenol (*Sah et al.*, J. Chin. chem. Soc. **14** [1946] 65, 66, 70).
Krystalle (aus Bzn. + Toluol); F: 179—180° [korr.].

1-[Naphthyl-(1)]-biuret, *1-(1-naphthyl)biuret* $C_{12}H_{11}N_3O_2$, Formel I (R = X = H) (H 1239; E II 693).
B. Aus Naphthyl-(1)-amin und Allophanoylchlorid in Benzol (*Bougault, Leboucq*, Bl. [4] **47** [1930] 594, 600).
Krystalle (aus A.); F: 259° [Block].
Beim Erhitzen auf 265° sind Naphthyl-(1)-harnstoff und Cyanursäure erhalten worden.

1-Cyclohexyl-5-[naphthyl-(1)]-biuret, *1-cyclohexyl-5-(1-naphthyl)biuret* $C_{18}H_{21}N_3O_2$, Formel I (R = C_6H_{11}, X = H).
B. Beim Erwärmen von Naphthyl-(1)-oxamoylazid mit Cyclohexylamin in Benzol oder Toluol (*Sah et al.*, J. Chin. chem. Soc. **14** [1946] 52, 54, 61).
Krystalle (aus E.); F: 202° [korr.].

1-Phenyl-5-[naphthyl-(1)]-biuret, *1-(1-naphthyl)-5-phenylbiuret* $C_{18}H_{15}N_3O_2$, Formel II (R = X = H).
B. Beim Erwärmen von Naphthyl-(1)-amin mit Phenyloxamoylazid oder von Naphthyl-(1)-oxamoylazid mit Anilin in Benzol oder Toluol (*Sah et al.*, J. Chin. chem. Soc. **14** [1946] 52, 54, 56, 60).
Krystalle (aus A.); F: 203° [korr.].

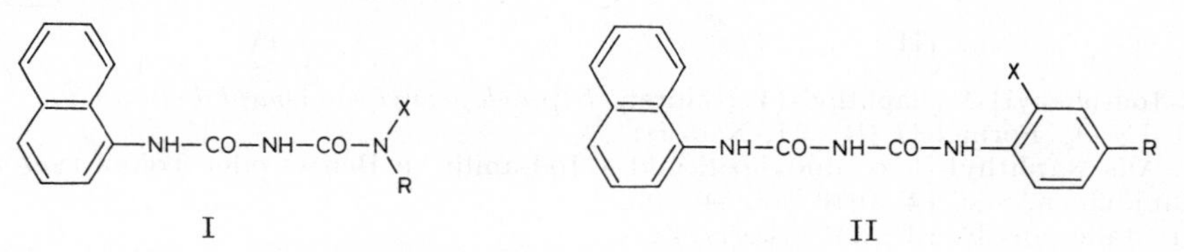

1-[2-Chlor-phenyl]-5-[naphthyl-(1)]-biuret, *1-(*o*-chlorophenyl)-5-(1-naphthyl)biuret* $C_{18}H_{14}ClN_3O_2$, Formel II (R = H, X = Cl).
B. Aus Naphthyl-(1)-oxamoylazid und 2-Chlor-anilin in Benzol oder Toluol (*Sah et al.*, J. Chin. chem. Soc. **14** [1946] 52, 54, 60).
Krystalle (aus A.); F: 203° [korr.].

1-[3-Chlor-phenyl]-5-[naphthyl-(1)]-biuret, *1-(m-chlorophenyl)-5-(1-naphthyl)biuret* $C_{18}H_{14}ClN_3O_2$, Formel III (X = Cl).

B. Aus Naphthyl-(1)-oxamoylazid und 3-Chlor-anilin in Benzol oder Toluol (*Sah et al.*, J. Chin. chem. Soc. **14** [1946] 52, 54, 60).

Krystalle (aus A.); F: 184° [korr.].

1-[4-Chlor-phenyl]-5-[naphthyl-(1)]-biuret, *1-(p-chlorophenyl)-5-(1-naphthyl)biuret* $C_{18}H_{14}ClN_3O_2$, Formel II (R = Cl, X = H).

B. Aus Naphthyl-(1)-oxamoylazid und 4-Chlor-anilin in Benzol oder Toluol (*Sah et al.*, J. Chin. chem. Soc. **14** [1946] 52, 54, 60).

Krystalle (aus A.); F: 223° [korr.].

1-[2-Brom-phenyl]-5-[naphthyl-(1)]-biuret, *1-(o-bromophenyl)-5-(1-naphthyl)biuret* $C_{18}H_{14}BrN_3O_2$, Formel II (R = H, X = Br).

B. Aus Naphthyl-(1)-oxamoylazid und 2-Brom-anilin in Benzol oder Toluol (*Sah et al.*, J. Chin. chem. Soc. **14** [1946] 52, 54, 60).

Krystalle (aus E.); F: 200° [korr.].

1-[3-Brom-phenyl]-5-[naphthyl-(1)]-biuret, *1-(m-bromophenyl)-5-(1-naphthyl)biuret* $C_{18}H_{14}BrN_3O_2$, Formel III (X = Br).

B. Aus Naphthyl-(1)-oxamoylazid und 3-Brom-anilin in Benzol oder Toluol (*Sah et al.*, J. Chin. chem. Soc. **14** [1946] 52, 54, 60).

Krystalle (aus E.); F: 180° [korr.].

1-[4-Brom-phenyl]-5-[naphthyl-(1)]-biuret, *1-(p-bromophenyl)-5-(1-naphthyl)biuret* $C_{18}H_{14}BrN_3O_2$, Formel II (R = Br, X = H).

B. Aus Naphthyl-(1)-oxamoylazid und 4-Brom-anilin in Benzol oder Toluol (*Sah et al.*, J. Chin. chem. Soc. **14** [1946] 52, 54, 60).

Krystalle (aus A.); F: 204° [korr.].

1-[2-Jod-phenyl]-5-[naphthyl-(1)]-biuret, *1-(o-iodophenyl)-5-(1-naphthyl)biuret* $C_{18}H_{14}IN_3O_2$, Formel II (R = H, X = I).

B. Aus Naphthyl-(1)-oxamoylazid und 2-Jod-anilin in Benzol oder Toluol (*Sah et al.*, J. Chin. chem. Soc. **14** [1946] 52, 54, 60).

Krystalle (aus E.); F: 188° [korr.].

1-[3-Jod-phenyl]-5-[naphthyl-(1)]-biuret, *1-(m-iodophenyl)-5-(1-naphthyl)biuret* $C_{18}H_{14}IN_3O_2$, Formel III (X = I).

B. Aus Naphthyl-(1)-oxamoylazid und 3-Jod-anilin in Benzol oder Toluol (*Sah et al.*, J. Chin. chem. Soc. **14** [1946] 52, 54, 60).

Krystalle (aus A.); F: 214° [korr.].

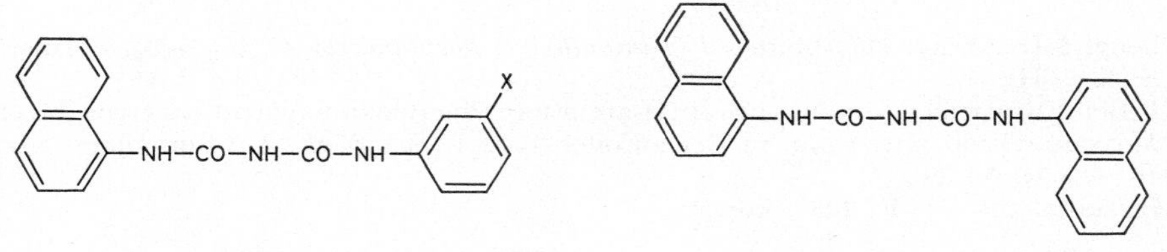

III

IV

1-[4-Jod-phenyl]-5-[naphthyl-(1)]-biuret, *1-(p-iodophenyl)-5-(1-naphthyl)biuret* $C_{18}H_{14}IN_3O_2$, Formel II (R = I, X = H).

B. Aus Naphthyl-(1)-oxamoylazid und 4-Jod-anilin in Benzol oder Toluol (*Sah et al.*, J. Chin. chem. Soc. **14** [1946] 52, 54, 60).

Krystalle (aus E.); F: 235° [korr.; Zers.].

1-[2-Nitro-phenyl]-5-[naphthyl-(1)]-biuret, *1-(1-naphthyl)-5-(o-nitrophenyl)biuret* $C_{18}H_{14}N_4O_4$, Formel II (R = H, X = NO_2).

B. Aus Naphthyl-(1)-oxamoylazid und 2-Nitro-anilin in Benzol oder Toluol (*Sah et al.*, J. Chin. chem. Soc. **14** [1946] 52, 54, 60).

Krystalle (aus E.); F: 192° [korr.].

1-[3-Nitro-phenyl]-5-[naphthyl-(1)]-biuret, *1-(1-naphthyl)-5-(*m*-nitrophenyl)biuret* $C_{18}H_{14}N_4O_4$, Formel III (X = NO_2).

B. Aus Naphthyl-(1)-oxamoylazid und 3-Nitro-anilin in Benzol oder Toluol (*Sah et al.*, J. Chin. chem. Soc. **14** [1946] 52, 54, 60).

Krystalle (aus E.); F: 201° [korr.].

1-[4-Nitro-phenyl]-5-[naphthyl-(1)]-biuret, *1-(1-naphthyl)-5-(*p*-nitrophenyl)biuret* $C_{18}H_{14}N_4O_4$, Formel II (R = NO_2, X = H) auf S. 2931.

B. Aus Naphthyl-(1)-oxamoylazid und 4-Nitro-anilin in Benzol oder Toluol (*Sah et al.*, J. Chin. chem. Soc. **14** [1946] 52, 54, 60).

Krystalle (aus A.); F: 211° [korr.].

1.1-Diphenyl-5-[naphthyl-(1)]-biuret, *5-(1-naphthyl)-1,1-diphenylbiuret* $C_{24}H_{19}N_3O_2$, Formel I (R = X = C_6H_5) auf S. 2931.

B. Aus Naphthyl-(1)-oxamoylazid und Diphenylamin in Benzol oder Toluol (*Sah et al.*, J. Chin. chem. Soc. **14** [1946] 52, 54, 61).

Krystalle (aus E.); F: 215° [korr.].

1-*o*-Tolyl-5-[naphthyl-(1)]-biuret, *1-(1-naphthyl)-5-*o*-tolylbiuret* $C_{19}H_{17}N_3O_2$, Formel II (R = H, X = CH_3) auf S. 2931.

B. Aus Naphthyl-(1)-oxamoylazid und *o*-Toluidin in Benzol oder Toluol (*Sah*, J. Chin. chem. Soc. **14** [1946] 52, 54, 60).

Krystalle (aus A.); F: 174° [korr.].

1-*m*-Tolyl-5-[naphthyl-(1)]-biuret, *1-(1-naphthyl)-5-*m*-tolylbiuret* $C_{19}H_{17}N_3O_2$, Formel III (X = CH_3).

B. Aus Naphthyl-(1)-oxamoylazid und *m*-Toluidin in Benzol oder Toluol (*Sah et al.*, J. Chin. chem. Soc. **14** [1946] 52, 54, 60).

Krystalle (aus E.); F: 168° [korr.].

1-*p*-Tolyl-5-[naphthyl-(1)]-biuret, *1-(1-naphthyl)-5-*p*-tolylbiuret* $C_{19}H_{17}N_3O_2$, Formel II (R = CH_3, X = H) auf S. 2931.

B. Beim Erwärmen von Naphthyl-(1)-amin mit *p*-Tolyl-oxamoylazid oder von Naphthyl-(1)-oxamoylazid mit *p*-Toluidin in Benzol oder Toluol (*Sah et al.*, J. Chin. chem. Soc. **14** [1946] 52, 54, 58, 60).

Krystalle (aus A.); F: 185° [korr.].

1-[2.4-Dimethyl-phenyl]-5-[naphthyl-(1)]-biuret, *1-(1-naphthyl)-5-(2,4-xylyl)biuret* $C_{20}H_{19}N_3O_2$, Formel II (R = X = CH_3) auf S. 2931.

B. Aus Naphthyl-(1)-oxamoylazid und 2.4-Dimethyl-anilin in Benzol oder Toluol (*Sah et al.*, J. Chin. chem. Soc. **14** [1946] 52, 54, 60).

Krystalle (aus A.); F: 158° [korr.].

1.5-Di-[naphthyl-(1)]-biuret, *1,5-di(1-naphthyl)biuret* $C_{22}H_{17}N_3O_2$, Formel IV (E I 527).

B. Aus Naphthyl-(1)-oxamoylazid und Naphthyl-(1)-amin in Benzol oder Toluol (*Sah et al.*, J. Chin. chem. Soc. **14** [1946] 52, 54, 60).

Krystalle (aus E.); F: 234° [korr.].

***N′.N″*-Diphenyl-*N*-[naphthyl-(1)-carbamoyl]-guanidin, *N′*-[Naphthyl-(1)]-*N*-[*N.N′*-diphenyl-carbamimidoyl]-harnstoff,** *1-(*N,N′*-diphenylcarbamimidoyl)-3-(1-naphthyl)urea* $C_{24}H_{20}N_4O$, Formel V und Tautomeres.

B. Aus Naphthyl-(1)-isocyanat und *N.N′*-Diphenyl-guanidin in Äther (*Henry, Dehn*, Am. Soc. **71** [1949] 2297, 2300).

Krystalle (aus Ae.); F: 139—140° [korr.].

***N*-[Naphthyl-(1)-carbamoyl]-*β*-alanin,** N-[*(1-naphthyl)carbamoyl*]-*β-alanine* $C_{14}H_{14}N_2O_3$, Formel VI (R = CH_2-CH_2-COOH, X = H) (E I 527).

Krystalle (aus A.); F: 234° (*Kendo*, J. Biochem. Tokyo **36** [1944] 265, 272).

***N*-Methyl-*N*-[2-cyan-äthyl]-*N′*-[naphthyl-(1)]-harnstoff, *N*-Methyl-*N*-[naphthyl-(1)-carbamoyl]-*β*-alanin-nitril,** *1-(2-cyanoethyl)-1-methyl-3-(1-naphthyl)urea* $C_{15}H_{15}N_3O$, Formel VI (R = CH_2-CH_2-CN, X = CH_3).

B. Aus Naphthyl-(1)-isocyanat und *N*-Methyl-*β*-alanin-nitril (*Cook, Reed*, Soc. **1945** 399, 401).

Krystalle (aus Bzl.); F: 105—107°.

5-[*N'*-(Naphthyl-(1))-ureido]-valeriansäure-, *5-[3-(1-naphthyl)ureido]valeric acid* $C_{16}H_{18}N_2O_3$, Formel VI (R = $[CH_2]_4$-COOH, X = H) (H 1240).

Krystalle (aus wss. A.); F: 197—198° [Zers.] (*Keil*, Z. physiol. Chem. **207** [1932] 248, 251).

***N*-[Naphthyl-(1)-carbamoyl]-leucin**, N-[(*1-naphthyl*)*carbamoyl*]*leucine* $C_{17}H_{20}N_2O_3$.

***N*-[Naphthyl-(1)-carbamoyl]-L-leucin**, Formel VII (R = $CH(CH_3)_2$).

B. Aus Naphthyl-(1)-isocyanat und L-Leucin (*Bergmann, Niemann*, J. biol. Chem. **118** [1937] 781, 785).

F: 158—159° [Zers.].

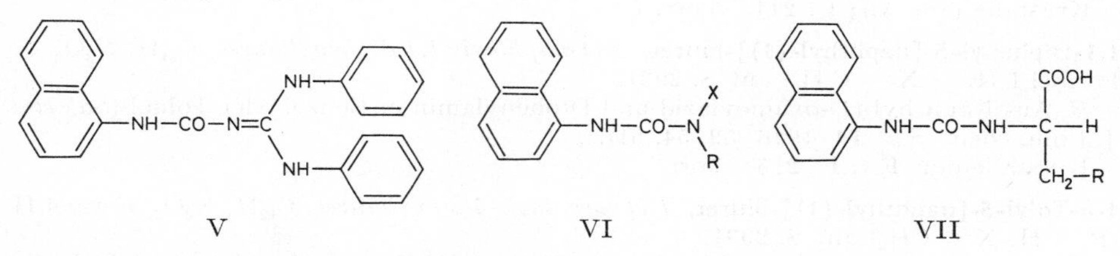

2-[*N'*-(Naphthyl-(1))-ureido]-3-methyl-valeriansäure $C_{17}H_{20}N_2O_3$.

a) **D-*erythro*-2-[*N'*-(Naphthyl-(1))-ureido]-3-methyl-valeriansäure, *N*-[Naphthyl-(1)-carbamoyl]-D-isoleucin**, N-[(*1-naphthyl*)*carbamoyl*]-D-*isoleucine*, Formel VIII.

B. Beim Behandeln von D-Isoleucin mit wss. Natronlauge und mit Naphthyl-(1)-isocyanat (*Abderhalden, Zeisset*, Z. physiol. Chem. **195** [1931] 121, 127, 130).

Krystalle (aus wss. A.); F: 177—178° [Zers.]. $[\alpha]_D^{20}$: −29,5° [A.; c=5].

b) **L-*erythro*-2-[*N'*-(Naphthyl-(1))-ureido]-3-methyl-valeriansäure, *N*-[Naphthyl-(1)-carbamoyl]-L-isoleucin**, N-[(*1-naphthyl*)*carbamoyl*]-L-*isoleucine*, Formel IX (H 1240; dort als [α-Naphthylaminoformyl]-*d*-isoleucin bezeichnet).

Krystalle (aus wss. A.); F: 178—179° [Zers.] (*Abderhalden, Zeisset*, Z. physiol. Chem. **195** [1931] 121, 127, 130; *Bergmann, Niemann*, J. biol. Chem. **118** [1937] 781, 785). $[\alpha]_D^{20}$: +30,1° [A.; c = 5] (*Ab., Zei.*); $[\alpha]_D^{28}$: +29,0° [A.; c = 10] (*Be., Nie.*).

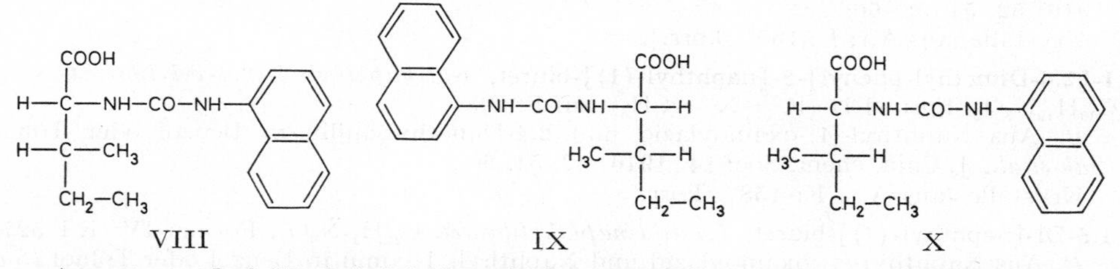

c) **D$_s$-*threo*-2-[*N'*-(Naphthyl-(1))-ureido]-3-methyl-valeriansäure, *N*-[Naphthyl-(1)-carbamoyl]-D-alloisoleucin**, N-[(*1-naphthyl*)*carbamoyl*]-D-*alloisoleucine*, Formel X.

B. Beim Behandeln von D-Alloisoleucin mit wss. Natronlauge und mit Naphthyl-(1)-isocyanat (*Abderhalden, Zeisset*, Z. physiol. Chem. **195** [1931] 121, 127, 130).

Krystalle (aus wss. A.); F: 168° [Zers.]. $[\alpha]_D^{20}$: −25,5° [A.; c = 5].

d) **L$_s$-*threo*-2-[*N'*-(Naphthyl-(1))-ureido]-3-methyl-valeriansäure, *N*-[Naphthyl-(1)-carbamoyl]-L-alloisoleucin**, N-[(*1-naphthyl*)*carbamoyl*]-L-*alloisoleucine*, Formel XI.

B. Beim Behandeln von L-Alloisoleucin mit wss. Natronlauge und mit Naphthyl-(1)-isocyanat (*Abderhalden, Zeisset*, Z. physiol. Chem. **195** [1931] 121, 127, 130).

Krystalle (aus wss. A.); F: 165—166° [Zers.]. $[\alpha]_D^{20}$: +25,8° [A.; c = 4].

***N*-[Naphthyl-(1)-carbamoyl]-methionin**, N-[(*1-naphthyl*)*carbamoyl*]*methionine* $C_{16}H_{18}N_2O_3S$.

***N*-[Naphthyl-(1)-carbamoyl]-L-methionin**, Formel VII (R = CH_2-SCH_3) (E II 693).

F: 187,5—188,5° (*Windus, Marvel*, Am. Soc. **53** [1931] 3490, 3493).

***N*-[2-Dimethylamino-äthyl]-*N'*-[naphthyl-(1)]-harnstoff**, *1-[2-(dimethylamino)ethyl]-3-(1-naphthyl)urea* $C_{15}H_{19}N_3O$, Formel VI (R = CH_2-CH_2-$N(CH_3)_2$, X = H).

B. Aus Naphthyl-(1)-isocyanat und *N.N*-Dimethyl-äthylendiamin in Benzol (*Amund-*

sen, Krantz, Am. Soc. **63** [1941] 305).
Krystalle (aus Hexan); F: 148,6—148,8° [korr.].

***N*-[2-Diäthylamino-äthyl]-*N'*-[naphthyl-(1)]-harnstoff**, *1-[2-(diethylamino)ethyl]-3-(1-naphthyl)urea* $C_{17}H_{23}N_3O$, Formel VI (R = CH_2-CH_2-$N(C_2H_5)_2$, X = H).
B. Aus Naphthyl-(1)-isocyanat und *N.N*-Diäthyl-äthylendiamin in Benzol (*Amundsen, Krantz*, Am. Soc. **63** [1941] 305).
Krystalle (aus Hexan); F: 103,7—103,9° [korr.].

***N*-[2-Dipropylamino-äthyl]-*N'*-[naphthyl-(1)]-harnstoff**, *1-[2-(dipropylamino)ethyl]-3-(1-naphthyl)urea* $C_{19}H_{27}N_3O$, Formel VI (R = CH_2-CH_2-$N(CH_2$-$C_2H_5)_2$, X = H).
B. Aus Naphthyl-(1)-isocyanat und *N.N*-Dipropyl-äthylendiamin in Benzol (*Amundsen, Krantz*, Am. Soc. **63** [1941] 305).
Krystalle (aus Hexan); F: 115,7—116,2° [korr.].

***N*-[2-Dibutylamino-äthyl]-*N'*-[naphthyl-(1)]-harnstoff**, *1-[2-(dibutylamino)ethyl]-3-(1-naphthyl)urea* $C_{21}H_{31}N_3O$, Formel VI (R = CH_2-CH_2-$N(CH_2$-CH_2-$C_2H_5)_2$, X = H).
B. Aus Naphthyl-(1)-isocyanat und *N.N*-Dibutyl-äthylendiamin in Benzol (*Amundsen, Krantz*, Am. Soc. **63** [1941] 305).
Krystalle; F: 102,5—103,5° (*Bloom, Breslow, Hauser*, Am. Soc. **67** [1945] 539), 101,1° bis 101,6° [korr.; aus Hexan] (*Am., Kr.*).

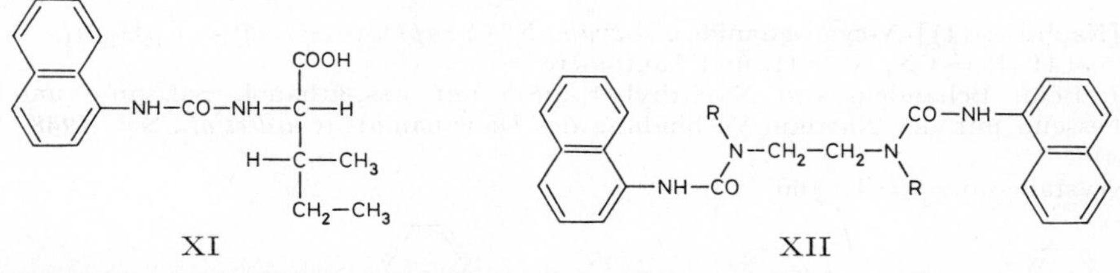

XI XII

***N.N'*-Diisobutyl-*N.N'*-bis-[naphthyl-(1)-carbamoyl]-äthylendiamin**, *1,1'-diisobutyl-3,3'-di(1-naphthyl)-1,1'-ethylenediurea* $C_{32}H_{38}N_4O_2$, Formel XII (R = CH_2-$CH(CH_3)_2$).
B. Aus Naphthyl-(1)-isocyanat und *N.N'*-Diisobutyl-äthylendiamin (*Rameau*, R. **57** [1938] 194, 208).
F: 235° (aus A.).

***N.N'*-Dibenzyl-*N.N'*-bis-[naphthyl-(1)-carbamoyl]-äthylendiamin**, *1,1'-dibenzyl-3,3'-di(1-naphthyl)-1,1'-ethylenediurea* $C_{38}H_{34}N_4O_2$, Formel XII (R = CH_2-C_6H_5).
B. Aus Naphthyl-(1)-isocyanat und *N.N'*-Dibenzyl-äthylendiamin in Äther (*Lob*, R. **55** [1936] 859, 870).
Krystalle (aus A.); F: 229° [Zers.].

***N.N'*-Diphenäthyl-*N.N'*-bis-[naphthyl-(1)-carbamoyl]-äthylendiamin**, *3,3'-di(1-naphthyl)-1,1'-diphenethyl-1,1'-ethylenediurea* $C_{40}H_{38}N_4O_2$, Formel XII (R = CH_2-CH_2-C_6H_5).
B. Aus Naphthyl-(1)-isocyanat und *N.N'*-Diphenäthyl-äthylendiamin (*Rameau*, R. **57** [1938] 194, 205).
Krystalle (aus A.); F: 152—153°.

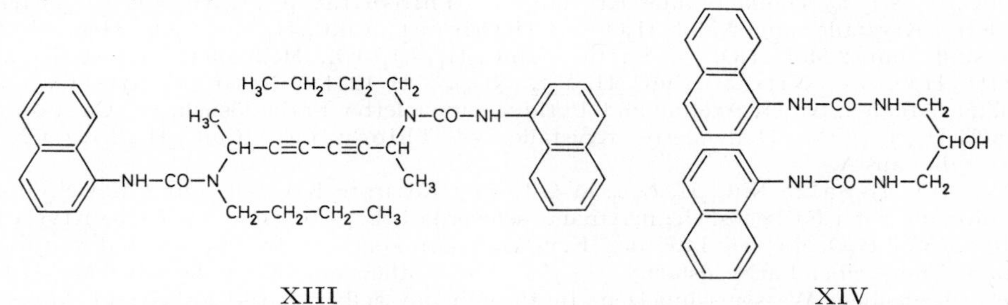

XIII XIV

2.7-Bis-[*N*-butyl-*N'*-(naphthyl-(1))-ureido]-octadiin-(3.5), *1,1'-dibutyl-3,3'-di(1-naphthyl)-1,1'-(1,6-dimethylhexa-2,4-diynediyl)diurea* $C_{38}H_{42}N_4O_2$, Formel XIII.
Eine opt.-inakt. Verbindung (Krystalle [aus wss. A.]; F: 163—164° [unkorr.]) dieser

Konstitution ist aus Naphthyl-(1)-isocyanat und opt.-inakt. 2.7-Bis-butylamino-octadiin-(3.5) (E III 4 629) erhalten worden (*Rose, Weedon*, Soc. **1949** 782, 785).

1.3-Bis-[*N'*-(naphthyl-(1))-ureido]-propanol-(2), *3,3'-di(1-naphthyl)-1,1'-(2-hydroxypropanediyl)diurea* $C_{25}H_{24}N_4O_3$, Formel XIV.

B. Aus Naphthyl-(1)-isocyanat und 1.3-Diamino-propanol-(2) in Äther oder Dioxan (*Charlton, Day*, J. org. Chem. **1** [1936] 552, 553, 557).

Krystalle (aus A.); F: 171,5—172° [korr.].

Naphthyl-(1)-carbamonitril, Naphthyl-(1)-cyanamid, *(1-naphthyl)carbamonitrile* $C_{11}H_8N_2$, Formel I (H 1240).

B. Aus Naphthyl-(1)-thioharnstoff beim Erhitzen mit Natriumbromat und wss. Natronlauge (*Capps, Dehn*, Am. Soc. **54** [1932] 4301, 4304) oder mit Blei(II)-acetat und wss. Kalilauge (*Kurzer*, Org. Synth. **31** [1951] 19; vgl. H 1240).

F: 124—128° (*Ku.*), 126° (*Ca., Dehn*).

***N*-Methyl-*N'*-[naphthyl-(1)]-guanidin**, *N-methyl-N'-(1-naphthyl)guanidine* $C_{12}H_{13}N_3$, Formel II (R = CH_3, X = H) und Tautomere.

B. Aus *N*-Methyl-*N'*-[naphthyl-(1)]-thioharnstoff mit Hilfe von Dimethylsulfat, Blei(II)-oxid und wss. Ammoniak (*Buck, Baltzly, Ferry*, Am. Soc. **64** [1942] 2231).

Hydrochlorid $C_{12}H_{13}N_3 \cdot HCl$. Krystalle (aus A. + Ae.); F: 220—220,5° [Zers.].

***N'*-[Naphthyl-(1)]-*N*-cyan-guanidin**, *N-cyano-N'-(1-naphthyl)guanidine* $C_{12}H_{10}N_4$, Formel II (R = CN, X = H) und Tautomere.

B. Beim Behandeln von Naphthyl-(1)-amin mit wss.-äthanol. Salzsäure und anschliessend mit der Natrium-Verbindung des Dicyanamids (*Curd et al.*, Soc. **1948** 1630, 1634).

Krystalle (aus A.); F: 160—161°.

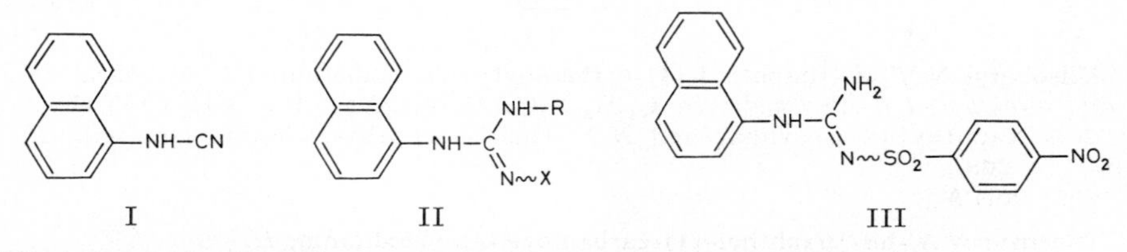

1-[Naphthyl-(1)]-biguanid, *1-(1-naphthyl)biguanide* $C_{12}H_{13}N_5$, Formel II (R = $C(NH_2)$=NH, X = H), und Tautomere (H 1241; E I 527).

Kupfer(II)-Salz $Cu(C_{12}H_{12}N_5)_2$. Hellblauviolette Krystalle mit 1 Mol H_2O, die bei 90° wasserfrei werden (*Ray, Ray*, J. Indian chem. Soc. **21** [1944] 163, 164). In Äthanol, Äther, Aceton und Pyridin mit rötlicher Farbe löslich; in kaltem Wasser fast unlöslich. — Bis-[1-(naphthyl-(1))-biguanid]-kupfer(II)-Salze: Chlorid $[Cu(C_{12}H_{13}N_5)_2]Cl_2$. Wasserfreie braunrote Krystalle sowie hellrotviolette Krystalle mit 1,5 Mol H_2O, die sich in heissem Wasser, Äthanol und Pyridin mit hellroter Farbe lösen. — Bromid $[Cu(C_{12}H_{13}N_5)_2]Br_2$. Hellrote Krystalle mit 1 Mol H_2O. — Jodid $[Cu(C_{12}H_{13}N_5)_2]I_2$. Dunkelbraune Krystalle. — Thiosulfat $[Cu(C_{12}H_{13}N_5)_2]S_2O_3$. Hellviolette Krystalle mit 2 Mol H_2O. — Dithionat $[Cu(C_{12}H_{13}N_5)_2]S_2O_6$. Hellviolette Krystalle mit 2 Mol H_2O. — Sulfat $[Cu(C_{12}H_{13}N_5)_2]SO_4$. Hellviolette Krystalle mit 7 Mol H_2O. — Nitrat $[Cu(C_{12}H_{13}N_5)_2](NO_3)_2$ (H 1241). Rosarote Krystalle; in Toluol, Äthanol, Äther, Aceton und Pyridin mit violetter Farbe löslich. — Carbonat $[Cu(C_{12}H_{13}N_5)_2]CO_3$. Hellviolette Krystalle. — Thiocyanat $[Cu(C_{12}H_{13}N_5)_2](SCN)_2$. Krystalle (aus A.).

Nickel(II)-Salze $Ni(C_{12}H_{12}N_5)_2$. a) α-Form. Rosarote Krystalle mit 1 Mol H_2O; in Pyridin mit roter Farbe löslich; in Äthanol schwer löslich. — b) β-Form. Gelbe Krystalle mit 2,5 Mol H_2O, die bei 140° das Krystallwasser abgeben. In Pyridin und warmem Äthanol mit gelber Farbe löslich. — c) γ-Form. Rötlichgelbe Krystalle mit 2 Mol H_2O, die in siedendem Wasser schmelzen. In Pyridin mit gelber Farbe löslich; in Äthanol schwer löslich. — Bis-[1-(naphthyl-(1))-biguanid]-nickel(II)-Salze: Chlorid $[Ni(C_{12}H_{13}N_5)_2]Cl_2$. Hellgelbe Krystalle mit 2 Mol H_2O. — Sulfat $[Ni(C_{12}H_{13}N_5)_2]SO_4$. Braungelbe Krystalle mit 1 Mol H_2O.

***N'*-[3-Methoxy-propyl]-*N''*-[naphthyl-(1)]-*N*-cyan-guanidin,** N-*cyano*-N'-(*3-methoxy*=*propyl*)-N''-(*1-naphthyl*)*guanidine* $C_{16}H_{18}N_4O$, Formel II (R = $[CH_2]_3$-OCH_3, X = CN) und Tautomere.

B. Aus *N*-[3-Methoxy-propyl]-*N'*-[naphthyl-(1)]-thioharnstoff (nicht näher beschrieben) beim Erwärmen mit Blei(II)-cyanamid in Äthanol (*Am. Cyanamid Co.*, U.S.P. 2455894 [1946]).

Krystalle (aus A.); F: 181—182,5°.

***N'*-[4-Nitro-benzol-sulfonyl-(1)]-*N*-[naphthyl-(1)]-guanidin,** N-(*1-naphthyl*)-N'-(p-*nitro*=*phenylsulfonyl*)*guanidine* $C_{17}H_{14}N_4O_4S$, Formel III und Tautomere.

B. Beim Erhitzen von Naphthyl-(1)-amin mit der Natrium-Verbindung des 4-Nitro-*N*-cyan-benzolsulfonamids-(1) in Essigsäure (*Backer*, *Wadman*, R. **68** [1949] 595, 599, 601).

Krystalle (aus Eg.); F: 160,5—161,5° [Zers.].

Beim Erhitzen mit wss. Natronlauge ist [4-Nitro-phenyl]-[naphthyl-(1)]-amin erhalten worden (*Ba.*, *Wa.*, l. c. S. 603).

3-Nitro-benzaldehyd-[*O*-(naphthyl-(1)-carbamoyl)-oxim], m-*nitrobenzaldehyde* O-(*1-naphthylcarbamoyl*)*oxime* $C_{18}H_{13}N_3O_4$.

3-Nitro-benzaldehyd-[*O*-(naphthyl-(1)-carbamoyl)-*seqcis*-oxim], Formel IV (E II 694; dort als „α-Naphthylcarbamidsäure-Derivat des 3-Nitro-β-benzaldoxims" bezeichnet).

Beim Behandeln mit Pyridin oder Butylamin ist 3-Nitro-benzonitril erhalten worden (*Rainsford*, *Hauser*, J. org. Chem. **4** [1939] 480, 485).

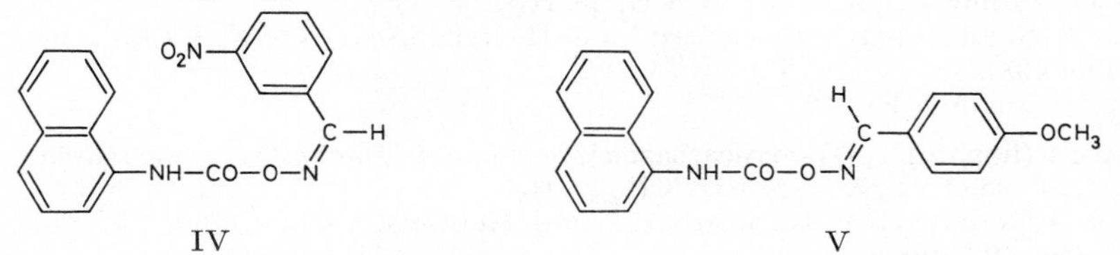

IV V

4-Methoxy-benzaldehyd-[*O*-(naphthyl-(1)-carbamoyl)-oxim], p-*anisaldehyde* O-(*1-naphthylcarbamoyl*)*oxime* $C_{19}H_{16}N_2O_3$.

4-Methoxy-benzaldehyd-[*O*-(naphthyl-(1)-carbamoyl)-*seqtrans*-oxim], Formel V (E II 695; dort als „α-Naphthylcarbamidsäure-Derivat des α-Anisaldoxims" bezeichnet).

Beim Behandeln mit Butylamin ist 4-Methoxy-benzaldehyd-*seqtrans*-oxim erhalten worden (*Rainsford*, *Hauser*, J. org. Chem. **4** [1939] 480, 485).

***N'*-Allyloxy-*N*-[naphthyl-(1)]-harnstoff,** *1-*(*allyloxy*)*-3-*(*1-naphthyl*)*urea* $C_{14}H_{14}N_2O_2$, Formel VI (X = O-CH_2-CH=CH_2) auf S. 2939.

B. Aus Naphthyl-(1)-isocyanat und *O*-Allyl-hydroxylamin (*Kleinschmidt*, *Cope*, Am. Soc. **66** [1944] 1929, 1931).

Krystalle (aus $CHCl_3$ + Pentan); F: 124—125,5° [unkorr.].

4-[Naphthyl-(1)]-semicarbazid, *4-*(*1-naphthyl*)*semicarbazide* $C_{11}H_{11}N_3O$, Formel VI (X = NH_2) auf S. 2939.

B. Aus Naphthyl-(1)-harnstoff und Hydrazin in wss. Äthanol (*Sah*, *Chiang*, J. Chin. chem. Soc. **4** [1936] 496, 497).

Krystalle (aus A.); F: 162—165°.

Acetaldehyd-[4-(naphthyl-(1))-semicarbazon], *acetaldehyde 4-*(*1-naphthyl*)*semicarbazone* $C_{13}H_{13}N_3O$, Formel VI (X = N=CH-CH_3) auf S. 2939.

B. Aus 4-[Naphthyl-(1)]-semicarbazid und Acetaldehyd (*Sah*, *Chiang*, J. Chin. chem. Soc. **4** [1936] 496, 498).

Krystalle (aus A.); F: 161—162°.

Propionaldehyd-[4-(naphthyl-(1))-semicarbazon], *propionaldehyde 4-*(*1-naphthyl*)*semi*=*carbazone* $C_{14}H_{15}N_3O$, Formel VI (X = N=CH-CH_2-CH_3) auf S. 2939.

B. Aus 4-[Naphthyl-(1)]-semicarbazid und Propionaldehyd (*Sah*, *Chiang*, J. Chin. chem. Soc. **4** [1936] 496, 498).

Krystalle (aus wss. A.); F: 137—139°.

Aceton-[4-(naphthyl-(1))-semicarbazon], *acetone 4-(1-naphthyl)semicarbazone* $C_{14}H_{15}N_3O$, Formel VI (X = N=C(CH$_3$)$_2$).

B. Aus 4-[Naphthyl-(1)]-semicarbazid und Aceton (*Sah, Chiang*, J. Chin. chem. Soc. **4** [1936] 496, 498).

Krystalle (aus A.); F: 175–176°.

Butyraldehyd-[4-(naphthyl-(1))-semicarbazon], *butyraldehyde 4-(1-naphthyl)semicarbazone* $C_{15}H_{17}N_3O$, Formel VI (X = N=CH-CH$_2$-CH$_2$-CH$_3$).

B. Aus 4-[Naphthyl-(1)]-semicarbazid und Butyraldehyd (*Sah, Chiang*, J. Chin. chem. Soc. **4** [1936] 496, 498).

Krystalle (aus A.); F: 128–129°.

Isobutyraldehyd-[4-(naphthyl-(1))-semicarbazon], *isobutyraldehyde 4-(1-naphthyl)semicarbazone* $C_{15}H_{17}N_3O$, Formel VI (X = N=CH-CH(CH$_3$)$_2$).

B. Aus 4-[Naphthyl-(1)]-semicarbazid und Isobutyraldehyd (*Sah, Chiang*, J. Chin. chem. Soc. **4** [1936] 496, 498).

Krystalle (aus A.); F: 157–158°.

Valeraldehyd-[4-(naphthyl-(1))-semicarbazon], *valeraldehyde 4-(1-naphthyl)semicarbazone* $C_{16}H_{19}N_3O$, Formel VI (X = N=CH-[CH$_2$]$_3$-CH$_3$).

B. Aus 4-[Naphthyl-(1)]-semicarbazid und Valeraldehyd (*Sah, Chiang*, J. Chin. chem. Soc. **4** [1936] 496, 498).

Krystalle (aus A.); F: 124–125°.

Hexanal-[4-(naphthyl-(1))-semicarbazon], *hexanal 4-(1-naphthyl)semicarbazone* $C_{17}H_{21}N_3O$, Formel VI (X = N=CH-[CH$_2$]$_4$-CH$_3$).

B. Aus 4-[Naphthyl-(1)]-semicarbazid und Hexanal (*Sah, Chiang*, J. Chin. chem. Soc. **4** [1936] 496, 498).

Krystalle (aus A.); F: 112–113°.

Heptanal-[4-(naphthyl-(1))-semicarbazon], *heptanal 4-(1-naphthyl)semicarbazone* $C_{18}H_{23}N_3O$, Formel VI (X = N=CH-[CH$_2$]$_5$-CH$_3$).

B. Aus 4-[Naphthyl-(1)]-semicarbazid und Heptanal (*Sah, Chiang*, J. Chin. chem. Soc. **4** [1936] 496, 498).

Krystalle (aus A.); F: 133–134°.

Octanal-[4-(naphthyl-(1))-semicarbazon], *octanal 4-(1-naphthyl)semicarbazone* $C_{19}H_{25}N_3O$, Formel VI (X = N=CH-[CH$_2$]$_6$-CH$_3$).

B. Aus 4-[Naphthyl-(1)]-semicarbazid und Octanal (*Sah, Chiang*, J. Chin. chem. Soc. **4** [1936] 496, 498).

Krystalle (aus A.); F: 103–105°.

Octanon-(2)-[4-(naphthyl-(1))-semicarbazon], *octan-2-one 4-(1-naphthyl)semicarbazone* $C_{19}H_{25}N_3O$, Formel VI (X = N=C(CH$_3$)-[CH$_2$]$_5$-CH$_3$).

B. Aus 4-[Naphthyl-(1)]-semicarbazid und Octanon-(2) (*Sah, Chiang*, J. Chin. chem. Soc. **4** [1936] 496, 498).

Krystalle (aus A.); F: 147–148°.

Nonanal-[4-(naphthyl-(1))-semicarbazon], *nonanal 4-(1-naphthyl)semicarbazone* $C_{20}H_{27}N_3O$, Formel VI (X = N=CH-[CH$_2$]$_7$-CH$_3$).

B. Aus 4-[Naphthyl-(1)]-semicarbazid und Nonanal (*Sah, Chiang*, J. Chin. chem. Soc. **4** [1936] 496, 498).

Krystalle (aus A.); F: 122–123°.

Decanal-[4-(naphthyl-(1))-semicarbazon], *decanal 4-(1-naphthyl)semicarbazone* $C_{21}H_{29}N_3O$, Formel VI (X = N=CH-[CH$_2$]$_8$-CH$_3$).

B. Aus 4-[Naphthyl-(1)]-semicarbazid und Decanal (*Sah, Chiang*, J. Chin. chem. Soc. **4** [1936] 496, 498).

Krystalle (aus A.); F: 118–119°.

Cyclopentanon-[4-(naphthyl-(1))-semicarbazon], *cyclopentanone 4-(1-naphthyl)semicarbazone* $C_{16}H_{17}N_3O$, Formel VII.

B. Aus 4-[Naphthyl-(1)]-semicarbazid und Cyclopentanon (*Chang, Sah*, J. Chin. chem. Soc. **4** [1936] 413, 415).

Krystalle (aus wss. A.); F: 183–184° [korr.].

Benzaldehyd-[4-(naphthyl-(1))-semicarbazon], *benzaldehyde 4-(1-naphthyl)semicarbazone* $C_{18}H_{15}N_3O$, Formel VIII (R = X = H).

B. Aus 4-[Naphthyl-(1)]-semicarbazid und Benzaldehyd (*Sah, Chiang*, J. Chin. chem. Soc. **4** [1936] 496, 498).

Krystalle (aus A.); F: 200–201°.

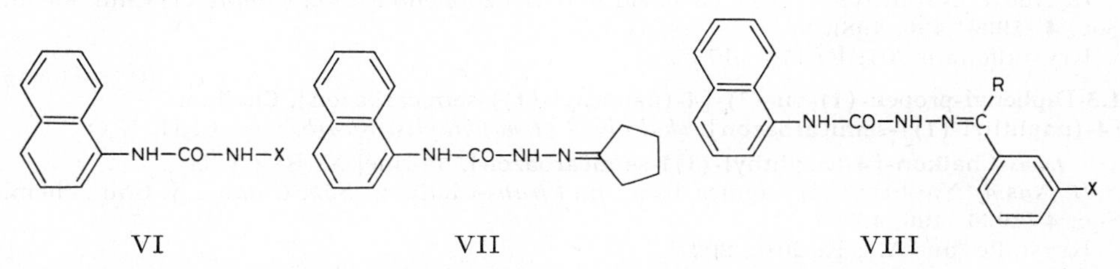

3-Nitro-benzaldehyd-[4-(naphthyl-(1))-semicarbazon], m-*nitrobenzaldehyde 4-(1-naphthyl)semicarbazone* $C_{18}H_{14}N_4O_3$, Formel VIII (R = H, X = NO_2).

B. Aus 4-[Naphthyl-(1)]-semicarbazid und 3-Nitro-benzaldehyd (*Sah, Chiang*, J. Chin. chem. Soc. **4** [1936] 496, 498).

Gelbe Krystalle (aus A.); F: 221–222°.

4-Nitro-benzaldehyd-[4-(naphthyl-(1))-semicarbazon], p-*nitrobenzaldehyde 4-(1-naphthyl)semicarbazone* $C_{18}H_{14}N_4O_3$, Formel IX (R = H, X = NO_2).

B. Aus 4-[Naphthyl-(1)]-semicarbazid und 4-Nitro-benzaldehyd (*Sah, Chiang*, J. Chin. chem. Soc. **4** [1936] 496, 498).

Gelbe Krystalle (aus A.); F: 257–258°.

1-[3-Nitro-phenyl]-äthanon-(1)-[4-(naphthyl-(1))-semicarbazon], *3'-nitroacetophenone 4-(1-naphthyl)semicarbazone* $C_{19}H_{16}N_4O_3$, Formel VIII (R = CH_3, X = NO_2).

B. Aus 4-[Naphthyl-(1)]-semicarbazid und 1-[3-Nitro-phenyl]-äthanon-(1) (*Sah, Chiang*, J. Chin. chem. Soc. **4** [1936] 496, 498).

Gelbe Krystalle (aus A.); F: 245–246°.

1-*p*-Tolyl-äthanon-(1)-[4-(naphthyl-(1))-semicarbazon], *4'-methylacetophenone 4-(1-naphthyl)semicarbazone* $C_{20}H_{19}N_3O$, Formel IX (R = X = CH_3).

B. Aus 4-[Naphthyl-(1)]-semicarbazid und 1-*p*-Tolyl-äthanon-(1) (*Sah, Chiang*, J. Chin. chem. Soc. **4** [1936] 496, 498).

Krystalle (aus A.); F: 228–229°.

Zimtaldehyd-[4-(naphthyl-(1))-semicarbazon], *cinnamaldehyde 4-(1-naphthyl)semicarbazone* $C_{20}H_{17}N_3O$.

***trans*-Zimtaldehyd-[4-(naphthyl-(1))-semicarbazon]**, Formel X (R = H).

B. Aus 4-[Naphthyl-(1)]-semicarbazid und *trans*-Zimtaldehyd (*Sah, Chiang*, J. Chin. chem. Soc. **4** [1936] 496, 498).

Krystalle (aus A.); F: 196–197°.

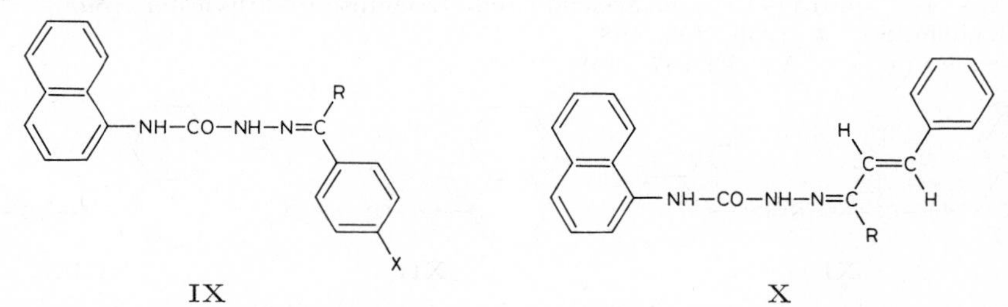

1-Phenyl-buten-(1)-on-(3)-[4-(naphthyl-(1))-semicarbazon], *4-phenylbut-3-en-2-one 4-(1-naphthyl)semicarbazone* $C_{21}H_{19}N_3O$.

1*t*-Phenyl-buten-(1)-on-(3)-[4-(naphthyl-(1))-semicarbazon], *trans*-Benzylidenaceton-[4-(naphthyl-(1))-semicarbazon], Formel X (R = CH_3).

B. Aus 4-[Naphthyl-(1)]-semicarbazid und 1*t*-Phenyl-buten-(1)-on-(3) [*trans*-Benzyl=

idenaceton] (*Sah, Chiang*, J. Chin. chem. Soc. **4** [1936] 496, 498).
Gelbe Krystalle (aus A.); F: 222—223°.

Benzophenon-[4-(naphthyl-(1))-semicarbazon], *benzophenone 4-(1-naphthyl)semicarbazone* $C_{24}H_{19}N_3O$, Formel VI (X = N=C(C_6H_5)$_2$).
B. Aus 4-[Naphthyl-(1)]-semicarbazid und Benzophenon (*Sah, Chiang*, J. Chin. chem. Soc. **4** [1936] 496, 498).
Krystalle (aus A.); F: 174—175°.

1.3-Diphenyl-propen-(1)-on-(3)-[4-(naphthyl-(1))-semicarbazon], Chalkon-[4-(naphthyl-(1))-semicarbazon], *chalcone 4-(1-naphthyl)semicarbazone* $C_{26}H_{21}N_3O$.
***trans*-Chalkon-[4-(naphthyl-(1))-semicarbazon],** Formel X (R = C_6H_5).
B. Aus 4-[Naphthyl-(1)]-semicarbazid und *trans*-Chalkon (*Sah, Chiang*, J. Chin. chem. Soc. **4** [1936] 496, 498).
Krystalle (aus A.); F: 201—202°.

Salicylaldehyd-[4-(naphthyl-(1))-semicarbazon], *salicylaldehyde 4-(1-naphthyl)semicarbazone* $C_{18}H_{15}N_3O_2$, Formel XI.
B. Aus 4-[Naphthyl-(1)]-semicarbazid und Salicylaldehyd (*Sah, Chiang*, J. Chin. chem. Soc. **4** [1936] 496, 498).
Krystalle (aus A.); F: 213—214°.

[4-(Naphthyl-(1))-semicarbazono]-essigsäure, Glyoxylsäure-[4-(naphthyl-(1))-semicarbazon], *[4-(1-naphthyl)semicarbazono]acetic acid* $C_{13}H_{11}N_3O_3$, Formel XII (X = N=CH-COOH).
B. Aus 4-[Naphthyl-(1)]-semicarbazid und Glyoxylsäure (*Sah, Kao, Chang*, J. Chin. chem. Soc. **2** [1934] 234, 236).
Orangegelbe Krystalle (aus wss. A.); F: 190—191° [Zers.].

3-[4-(Naphthyl-(1))-semicarbazono]-buttersäure-äthylester, Acetessigsäure-äthylester-[4-(naphthyl-(1))-semicarbazon], *3-[4-(1-naphthyl)semicarbazono]butyric acid ethyl ester* $C_{17}H_{19}N_3O_3$, Formel XII (X = N=C(CH_3)-CH_2-CO-OC_2H_5).
B. Aus 4-[Naphthyl-(1)]-semicarbazid und Acetessigsäure-äthylester (*Sah, Chiang*, J. Chin. chem. Soc. **4** [1936] 496, 498).
Krystalle (aus wss. A.); F: 126—127°.

4-[4-(Naphthyl-(1))-semicarbazono]-valeriansäure, Lävulinsäure-[4-(naphthyl-(1))-semicarbazon], *4-[4-(1-naphthyl)semicarbazono]valeric acid* $C_{16}H_{17}N_3O_3$, Formel XII (X = N=C(CH_3)-CH_2-CH_2-COOH).
B. Aus 4-[Naphthyl-(1)]-semicarbazid und Lävulinsäure (*Sah, Chiang*, J. Chin. chem. Soc. **4** [1936] 496, 498).
Krystalle (aus Eg.); F: 204° [Zers.].

4-[4-(Naphthyl-(1))-semicarbazono]-valeriansäure-äthylester, *4-[4-(1-naphthyl)semicarbazono]valeric acid ethyl ester* $C_{18}H_{21}N_3O_3$, Formel XII (X = N=C(CH_3)-CH_2-CH_2-CO-OC_2H_5).
B. Aus 4-[Naphthyl-(1)]-semicarbazid und Lävulinsäure-äthylester (*Sah, Chiang*, J. Chin. chem. Soc. **4** [1936] 496, 498).
Krystalle (aus wss. A.); F: 157—158°.

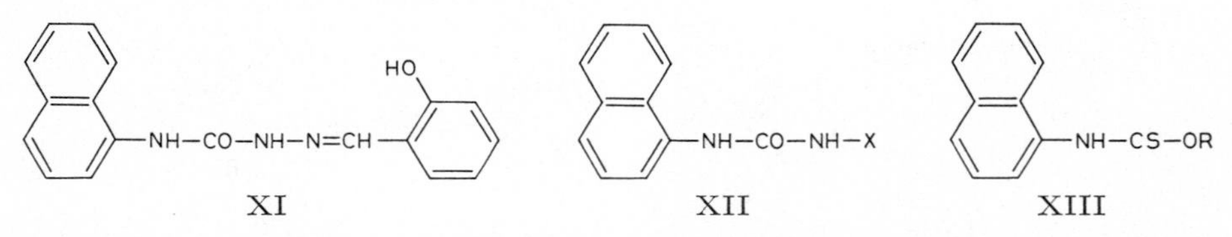

XI XII XIII

4-[4-(Naphthyl-(1))-semicarbazono]-valeriansäure-benzylester, *4-[4-(1-naphthyl)semicarbazono]valeric acid benzyl ester* $C_{23}H_{23}N_3O_3$, Formel XII (X = N=C(CH_3)-CH_2-CH_2-CO-O-CH_2-C_6H_5).
B. Aus 4-[Naphthyl-(1)]-semicarbazid und Lävulinsäure-benzylester (*Sah, Chiang*, J. Chin. chem. Soc. **4** [1936] 496, 498).
Krystalle (aus wss. A.); F: 141—142°.

Naphthyl-(1)-thiocarbamidsäure-*O*-methylester, *(1-naphthyl)thiocarbamic acid* O-*methyl ester* $C_{12}H_{11}NOS$, Formel XIII ($R = CH_3$).

B. Aus Naphthyl-(1)-isothiocyanat und Methanol in Gegenwart von Chinolin (*Desai, Hunter, Kureishy,* Soc. **1936** 1668, 1670).

Krystalle; F: 98°.

Naphthyl-(1)-thiocarbamidsäure-*O*-äthylester, *(1-naphthyl)thiocarbamic acid* O-*ethyl ester* $C_{13}H_{13}NOS$, Formel XIII ($R = C_2H_5$).

B. Aus Naphthyl-(1)-isothiocyanat und Äthanol (*Browne, Dyson,* Soc. **1934** 178). Aus Naphthyl-(1)-thioharnstoff oder aus *N.N'*-Di-[naphthyl-(1)]-thioharnstoff beim Erwärmen mit wss.-äthanol. Salzsäure (*Nishimura,* Scient. Pap. Inst. phys. chem. Res. **40** [1942/43] 181, 183, 184, 186; J. pharm. Soc. Japan **63** [1943] 132; C. A. **1951** 5120).

Krystalle; F: 106° (*Br., Dy.*), 105° (*Ni.*).

Naphthyl-(1)-thiocarbamidsäure-*S*-[2-methylmercapto-äthylester], *(1-naphthyl)thiocarbamic acid 2-(methylthio)ethyl ester* $C_{14}H_{15}NOS_2$, Formel I ($R = CH_2$-CH_2-S-CH_3) auf S. 2943.

B. Aus Naphthyl-(1)-isocyanat und 1-Methylmercapto-äthanthiol-(2) (*Moggridge,* Soc. **1946** 1105, 1108).

Krystalle (aus E. + Bzn.); F: 119°.

2-[Naphthyl-(1)-carbamoylmercapto]-2-methyl-hexen-(5)-on-(4), Naphthyl-(1)-thiocarbamidsäure-*S*-[3-oxo-1.1-dimethyl-penten-(4)-ylester], *5-methyl-5-[(1-naphthyl)carbamoylthio]hex-1-en-3-one* $C_{18}H_{19}NO_2S$, Formel I ($R = C(CH_3)_2$-CH_2-CO-CH=CH_2) auf S. 2943.

B. Aus Naphthyl-(1)-isocyanat und 2-Mercapto-2-methyl-hexen-(5)-on-(4) (*Nasarow, Kusnezowa,* Izv. Akad. S.S.S.R. Otd. chim. **1948** 118, 125; C. A. **1948** 7738).

Krystalle (aus Bzn.); F: 116,5—117°.

[Naphthyl-(1)-carbamoylmercapto]-essigsäure, *[(1-naphthyl)carbamoylthio]acetic acid* $C_{13}H_{11}NO_3S$, Formel I ($R = CH_2$-COOH) auf S. 2943.

B. Aus Naphthyl-(1)-isocyanat und Mercaptoessigsäure (*Schubert,* J. biol. Chem. **121** [1937] 539, 547).

Krystalle (aus A.); F: 171—172°.

Naphthyl-(1)-thioharnstoff, *(1-naphthyl)thiourea* $C_{11}H_{10}N_2S$, Formel II ($R = X = H$) auf S. 2943 (H 1241; E II 696).

B. Beim Erhitzen von Naphthyl-(1)-amin mit Natriumthiocyanat in Essigsäure auf 120° (*Alvarez,* Rev. quim. farm. Chile Nr. 55 [1947] 2, 4; vgl. H 1241).

Löslichkeit in organischen Lösungsmitteln und in Wasser bei 20°: *Dybing,* Acta pharmacol. toxicol. **3** [1947] 184, 185; bei 25° und 100°: *Elmore,* J. Assoc. agric. Chemists **31** [1948] 366.

***N.N*-Dimethyl-*N'*-[naphthyl-(1)]-thioharnstoff,** *1,1-dimethyl-3-(1-naphthyl)thiourea* $C_{13}H_{14}N_2S$, Formel II ($R = X = CH_3$) auf S. 2943 (E II 696).

Krystalle (aus wss. A.); F: 167—168° [korr.] (*Suter, Moffett,* Am. Soc. **55** [1933] 2497).

***N*-Äthyl-*N'*-[naphthyl-(1)]-thioharnstoff,** *1-ethyl-3-(1-naphthyl)thiourea* $C_{13}H_{14}N_2S$, Formel II ($R = C_2H_5$, $X = H$) auf S. 2943 (E II 696).

B. Aus Naphthyl-(1)-isothiocyanat und Äthylamin (*Dyson, Hunter, Morris,* Soc. **1932** 2282; *Suter, Moffett,* Am. Soc. **55** [1933] 2497).

Krystalle; F: 124° (*Hasan, Hunter,* J. Indian chem. Soc. **10** [1933] 81, 87), 121° [aus A.] (*Dy., Hu., Mo.*), 120—121° [korr.; aus wss. A.] (*Su., Mo.*).

***N*-Methyl-*N*-äthyl-*N'*-[naphthyl-(1)]-thioharnstoff,** *1-ethyl-1-methyl-3-(1-naphthyl)thiourea* $C_{14}H_{16}N_2S$, Formel II ($R = C_2H_5$, $X = CH_3$) auf S. 2943.

B. Aus Naphthyl-(1)-isothiocyanat und Methyl-äthyl-amin (*Buck, Baltzly,* Am. Soc. **63** [1941] 1964).

Krystalle (aus wss. Me.); F: 129—130° [korr.].

***N.N*-Diäthyl-*N'*-[naphthyl-(1)]-thioharnstoff,** *1,1-diethyl-3-(1-naphthyl)thiourea* $C_{15}H_{18}N_2S$, Formel II ($R = X = C_2H_5$) auf S. 2943.

B. Aus Naphthyl-(1)-isothiocyanat und Diäthylamin (*Suter, Moffett,* Am. Soc. **55**

[1933] 2497).
Krystalle (aus wss. A.); F: 107—108° [korr.].

N-Propyl-N'-[naphthyl-(1)]-thioharnstoff, *1-(1-naphthyl)-3-propylthiourea* $C_{14}H_{16}N_2S$, Formel II (R = CH_2-CH_2-CH_3, X = H) (E II 696).
B. Aus Naphthyl-(1)-isothiocyanat und Propylamin (*Suter, Moffett,* Am. Soc. **55** [1933] 2497).
Krystalle (aus wss. A.); F: 102—103° [korr.]

N-Methyl-N-propyl-N'-[naphthyl-(1)]-thioharnstoff, *1-methyl-3-(1-naphthyl)-1-propylthiourea* $C_{15}H_{18}N_2S$, Formel II (R = CH_2-CH_2-CH_3, X = CH_3).
B. Aus Naphthyl-(1)-isothiocyanat und Methyl-propyl-amin (*Buck, Baltzly,* Am. Soc. **63** [1941] 1964).
Krystalle (aus wss. Me.); F: 108° [korr.].

N-Äthyl-N-propyl-N'-[naphthyl-(1)]-thioharnstoff, *1-ethyl-3-(1-naphthyl)-1-propylthiourea* $C_{16}H_{20}N_2S$, Formel II (R = CH_2-CH_2-CH_3, X = C_2H_5).
B. Aus Naphthyl-(1)-isothiocyanat und Äthyl-propyl-amin (*Buck, Baltzly,* Am. Soc. **63** [1941] 1964).
Krystalle; F: 123—124° [korr.; aus E.] (*Buck, Ba.*), 122—123° [aus A.] (*Campbell, Sommers, Campbell,* Am. Soc. **66** [1944] 82).

N.N-Dipropyl-N'-[naphthyl-(1)]-thioharnstoff, *3-(1-naphthyl)-1,1-dipropylthiourea* $C_{17}H_{22}N_2S$, Formel II (R = X = CH_2-CH_2-CH_3).
B. Aus Naphthyl-(1)-isothiocyanat und Dipropylamin (*Suter, Moffett,* Am. Soc. **55** [1933] 2497).
Krystalle (aus wss. A.); F: 160—161° [korr.].

N-Isopropyl-N'-[naphthyl-(1)]-thioharnstoff, *1-isopropyl-3-(1-naphthyl)thiourea* $C_{14}H_{16}N_2S$, Formel II (R = $CH(CH_3)_2$, X = H).
B. Aus Naphthyl-(1)-isothiocyanat und Isopropylamin (*Suter, Moffett,* Am. Soc. **55** [1933] 2497).
Krystalle (aus wss. A.); F: 142—143° [korr.].

N-Butyl-N'-[naphthyl-(1)]-thioharnstoff, *1-butyl-3-(1-naphthyl)thiourea* $C_{15}H_{18}N_2S$, Formel II (R = $[CH_2]_3$-CH_3, X = H) (E II 696).
B. Aus Naphthyl-(1)-isothiocyanat und Butylamin (*Suter, Moffett,* Am. Soc. **55** [1933] 2497).
Krystalle (aus wss. A.); F: 108—109° [korr.].

N-Methyl-N-butyl-N'-[naphthyl-(1)]-thioharnstoff, *1-butyl-1-methyl-3-(1-naphthyl)thiourea* $C_{16}H_{20}N_2S$, Formel II (R = $[CH_2]_3$-CH_3, X = CH_3).
B. Aus Naphthyl-(1)-isothiocyanat und Methyl-butyl-amin (*Buck, Baltzly,* Am. Soc. **63** [1941] 1964).
Krystalle (aus wss. Me.); F: 88,5—89,5°.

N-Äthyl-N-butyl-N'-[naphthyl-(1)]-thioharnstoff, *1-butyl-1-ethyl-3-(1-naphthyl)thiourea* $C_{17}H_{22}N_2S$, Formel II (R = $[CH_2]_3$-CH_3, X = C_2H_5).
B. Aus Naphthyl-(1)-isothiocyanat und Äthyl-butyl-amin (*Buck, Baltzly,* Am. Soc. **63** [1941] 1964).
Krystalle; F: 125—126° [korr.; aus E. + Hexan] (*Buck, Ba.*), 125° [aus A.] (*Campbell, Sommers, Campbell,* Am. Soc. **66** [1944] 82).

N-Propyl-N-butyl-N'-[naphthyl-(1)]-thioharnstoff, *1-butyl-3-(1-naphthyl)-1-propylthiourea* $C_{18}H_{24}N_2S$, Formel II (R = $[CH_2]_3$-CH_3, X = CH_2-CH_2-CH_3).
B. Aus Naphthyl-(1)-isothiocyanat und Propyl-butyl-amin (*Buck, Baltzly,* Am. Soc. **63** [1941] 1964).
Krystalle; F: 140° [korr.; aus E.] (*Buck, Ba.*), 136—137° [aus A.] (*Campbell, Sommers, Campbell,* Am. Soc. **66** [1944] 82).

N-Isopropyl-N-butyl-N'-[naphthyl-(1)]-thioharnstoff, *1-butyl-1-isopropyl-3-(1-naphthyl)thiourea* $C_{18}H_{24}N_2S$, Formel II (R = $[CH_2]_3$-CH_3, X = $CH(CH_3)_2$).
B. Aus Naphthyl-(1)-isothiocyanat und Isopropyl-butyl-amin (*Campbell, Sommers,*

Campbell, Am. Soc. **66** [1944] 82).
Krystalle (aus A.); F: 91,5—92,5°.

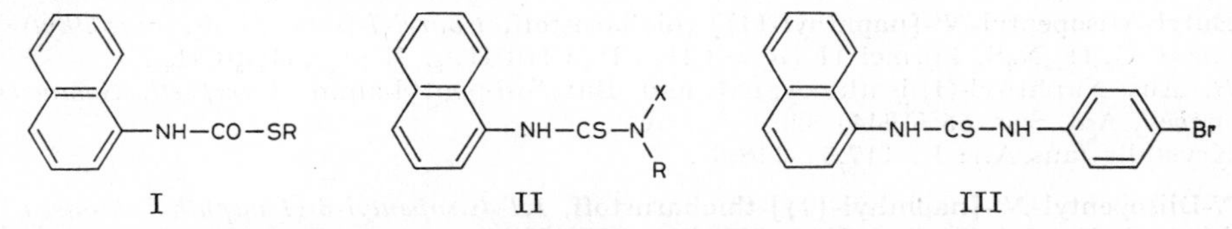

***N.N*-Dibutyl-*N'*-[naphthyl-(1)]-thioharnstoff,** *1,1-dibutyl-3-(1-naphthyl)thiourea* $C_{19}H_{26}N_2S$, Formel II (R = X = $[CH_2]_3$-CH_3).
B. Aus Naphthyl-(1)-isothiocyanat und Dibutylamin (*Suter, Moffett*, Am. Soc. **55** [1933] 2497).
Krystalle (aus wss. A.); F: 122—123° [korr.].

(±)-*N-sec*-Butyl-*N'*-[naphthyl-(1)]-thioharnstoff, (±)-*1*-sec-*butyl-3-(1-naphthyl)thiourea* $C_{15}H_{18}N_2S$, Formel II (R = $CH(CH_3)$-CH_2-CH_3, X = H).
B. Aus Naphthyl-(1)-isothiocyanat und (±)-*sec*-Butylamin (*Suter, Moffett*, Am. Soc. **55** [1933] 2497).
Krystalle (aus wss. A.); F: 136—137° [korr.].

***N*-Propyl-*N*-isobutyl-*N'*-[naphthyl-(1)]-thioharnstoff,** *1-isopropyl-3-(1-naphthyl)-1-propylthiourea* $C_{18}H_{24}N_2S$, Formel II (R = CH_2-$CH(CH_3)_2$, X = CH_2-CH_2-CH_3).
B. Aus Naphthyl-(1)-isothiocyanat und Propyl-isobutyl-amin (*Campbell, Sommers, Campbell*, Am. Soc. **66** [1944] 82).
Krystalle (aus A.); F: 143—144°.

***N-tert*-Butyl-*N'*-[naphthyl-(1)]-thioharnstoff,** *1*-tert-*butyl-3-(1-naphthyl)thiourea* $C_{15}H_{18}N_2S$, Formel II (R = $C(CH_3)_3$, X = H).
B. Aus Naphthyl-(1)-isothiocyanat und *tert*-Butylamin (*Campbell, Sommers, Campbell*, Am. Soc. **68** [1946] 140).
Krystalle; F: 153—154°.

***N*-Methyl-*N*-pentyl-*N'*-[naphthyl-(1)]-thioharnstoff,** *1-methyl-3-(1-naphthyl)-1-pentylthiourea* $C_{17}H_{22}N_2S$, Formel II (R = $[CH_2]_4$-CH_3, X = CH_3).
B. Aus Naphthyl-(1)-isothiocyanat und Methyl-pentyl-amin (*Buck, Baltzly*, Am. Soc. **63** [1941] 1964).
Krystalle (aus Ae. + Hexan); F: 73,5—75°.

***N*-Äthyl-*N*-pentyl-*N'*-[naphthyl-(1)]-thioharnstoff,** *1-ethyl-3-(1-naphthyl)-1-pentylthiourea* $C_{18}H_{24}N_2S$, Formel II (R = $[CH_2]_4$-CH_3, X = C_2H_5).
B. Aus Naphthyl-(1)-isothiocyanat und Äthyl-pentyl-amin (*Buck, Baltzly*, Am. Soc. **63** [1941] 1964).
Krystalle (aus Ae. + Hexan); F: 97°.

***N*-Butyl-*N*-pentyl-*N'*-[naphthyl-(1)]-thioharnstoff,** *1-butyl-3-(1-naphthyl)-1-pentylthiourea* $C_{20}H_{28}N_2S$, Formel II (R = $[CH_2]_4$-CH_3, X = $[CH_2]_3$-CH_3).
B. Aus Naphthyl-(1)-isothiocyanat und Butyl-pentyl-amin (*Buck, Baltzly*, Am. Soc. **63** [1941] 1964).
Krystalle (aus E. + Hexan); F: 117° [korr.].

(±)-*N*-[1.2-Dimethyl-propyl]-*N'*-[naphthyl-(1)]-thioharnstoff, (±)-*1-(1,2-dimethylpropyl)-3-(1-naphthyl)thiourea* $C_{16}H_{20}N_2S$, Formel II (R = $CH(CH_3)$-$CH(CH_3)_2$, X = H).
B. Aus Naphthyl-(1)-isothiocyanat und (±)-1.2-Dimethyl-propylamin (*Suter, Moffett*, Am. Soc. **55** [1933] 2497).
Krystalle (aus wss. A.); F: 133—134° [korr.].

***N*-Isopentyl-*N'*-[naphthyl-(1)]-thioharnstoff,** *1-isopentyl-3-(1-naphthyl)thiourea* $C_{16}H_{20}N_2S$, Formel II (R = CH_2-CH_2-$CH(CH_3)_2$, X = H) (E II 696).
Krystalle (aus wss. A.); F: 96,5—97,5° (*Suter, Moffett*, Am. Soc. **55** [1933] 2497).

***N*-Propyl-*N*-isopentyl-*N'*-[naphthyl-(1)]-thioharnstoff,** *1-isopentyl-3-(1-naphthyl)-1-propylthiourea* $C_{19}H_{26}N_2S$, Formel II (R = CH_2-CH_2-$CH(CH_3)_2$, X = CH_2-CH_2-CH_3).
B. Aus Naphthyl-(1)-isothiocyanat und Propyl-isopentyl-amin (*Campbell, Sommers*,

Campbell, Am. Soc. **66** [1944] 82).
Krystalle (aus A.); F: 137—138°.

***N*-Butyl-*N*-isopentyl-*N'*-[naphthyl-(1)]-thioharnstoff,** *1-butyl-1-isopentyl-3-(1-naphthyl)thiourea* $C_{20}H_{28}N_2S$, Formel II (R = CH_2-CH_2-$CH(CH_3)_2$, X = $[CH_2]_3$-CH_3).
B. Aus Naphthyl-(1)-isothiocyanat und Butyl-isopentyl-amin (*Campbell*, *Sommers*, *Campbell*, Am. Soc. **66** [1944] 82).
Krystalle (aus A.); F: 117,5—118,5°.

***N.N*-Diisopentyl-*N'*-[naphthyl-(1)]-thioharnstoff,** *1,1-diisopentyl-3-(1-naphthyl)thiourea* $C_{21}H_{30}N_2S$, Formel II (R = X = CH_2-CH_2-$CH(CH_3)_2$).
B. Aus Naphthyl-(1)-isothiocyanat und Diisopentylamin (*Suter*, *Moffett*, Am. Soc. **55** [1933] 2497).
Krystalle (aus wss. A.); F: 117—118° [korr.].

***N*-Hexyl-*N'*-[naphthyl-(1)]-thioharnstoff,** *1-hexyl-3-(1-naphthyl)thiourea* $C_{17}H_{22}N_2S$, Formel II (R = $[CH_2]_5$-CH_3, X = H) (E II 696).
Krystalle (aus wss. A.); F: 78—79° (*Suter*, *Moffett*, Am. Soc. **55** [1933] 2497).

***N*-Isohexyl-*N'*-[naphthyl-(1)]-thioharnstoff,** *1-isohexyl-3-(1-naphthyl)thiourea* $C_{17}H_{22}N_2S$, Formel II (R = $[CH_2]_3$-$CH(CH_3)_2$, X = H).
B. Aus Naphthyl-(1)-isothiocyanat und Isohexylamin (*Suter*, *Moffett*, Am. Soc. **55** [1933] 2497).
Krystalle (aus wss. A.); F: 78,5—79,5°.

***N*-Heptyl-*N'*-[naphthyl-(1)]-thioharnstoff,** *1-heptyl-3-(1-naphthyl)thiourea* $C_{18}H_{24}N_2S$, Formel II (R = $[CH_2]_6$-CH_3, X = H) (E II 696).
Krystalle (aus wss. A.); F: 68—69° (*Suter*, *Moffett*, Am. Soc. **55** [1933] 2497).

(±)-*N*-[1-Methyl-hexyl]-*N'*-[naphthyl-(1)]-thioharnstoff, (±)-*1-(1-methylhexyl)-3-(1-naphthyl)thiourea* $C_{18}H_{24}N_2S$, Formel II (R = $CH(CH_3)$-$[CH_2]_4$-CH_3, X = H).
B. Aus Naphthyl-(1)-isothiocyanat und (±)-1-Methyl-hexylamin (*Suter*, *Moffett*, Am. Soc. **55** [1933] 2497).
Krystalle (aus wss. A.); F: 101—102° [korr.].

***N*-Octyl-*N'*-[naphthyl-(1)]-thioharnstoff,** *1-(1-naphthyl)-3-octylthiourea* $C_{19}H_{26}N_2S$, Formel II (R = $[CH_2]_7$-CH_3, X = H).
B. Aus Naphthyl-(1)-isothiocyanat und Octylamin (*Suter*, *Moffett*, Am. Soc. **55** [1933] 2497).
Krystalle (aus wss. A.); F: 71,5—72,2°.

(±)-*N*-[1-Methyl-heptyl]-*N'*-[naphthyl-(1)]-thioharnstoff, (±)-*1-(1-methylheptyl)-3-(1-naphthyl)thiourea* $C_{19}H_{26}N_2S$, Formel II (R = $CH(CH_3)$-$[CH_2]_5$-CH_3, X = H).
B. Aus Naphthyl-(1)-isothiocyanat und (±)-1-Methyl-heptylamin (*Suter*, *Moffett*, Am. Soc. **55** [1933] 2497).
Krystalle (aus wss. A.); F: 82—83°.

***N*-Methyl-*N*-dodecyl-*N'*-[naphthyl-(1)]-thioharnstoff,** *1-dodecyl-1-methyl-3-(1-naphthyl)thiourea* $C_{24}H_{36}N_2S$, Formel II (R = $[CH_2]_{11}$-CH_3, X = CH_3).
B. Aus Naphthyl-(1)-isothiocyanat und Methyl-dodecyl-amin (*Buck*, *Baltzly*, Am. Soc. **63** [1941] 1964).
Krystalle (aus Hexan); F: 74°.

***N*-Cyclohexyl-*N'*-[naphthyl-(1)]-thioharnstoff,** *1-cyclohexyl-3-(1-naphthyl)thiourea* $C_{17}H_{20}N_2S$, Formel II (R = C_6H_{11}, X = H).
B. Aus Naphthyl-(1)-isothiocyanat und Cyclohexylamin (*Suter*, *Moffett*, Am. Soc. **55** [1933] 2497).
Krystalle (aus wss. A.); F: 141—142° [korr.].

***N*-Butyl-*N*-cyclohexyl-*N'*-[naphthyl-(1)]-thioharnstoff,** *1-butyl-1-cyclohexyl-3-(1-naphthyl)thiourea* $C_{21}H_{28}N_2S$, Formel II (R = C_6H_{11}, X = $[CH_2]_3$-CH_3).
B. Aus Naphthyl-(1)-isothiocyanat und Butyl-cyclohexyl-amin (*Campbell*, *Sommers*, *Campbell*, Am. Soc. **66** [1944] 82).
Krystalle (aus A.); F: 107—108°.

N-[4-Brom-phenyl]-N'-[naphthyl-(1)]-thioharnstoff, *1-(p-bromophenyl)-3-(1-naphthyl)thiourea* $C_{17}H_{13}BrN_2S$, Formel III auf S. 2943 (E II 696).

Krystalle; F: 226° (*Buu-Hoi, Xuong, Nam,* Soc. **1955** 1573, 1578), 165—166° [aus A.] (*Sah, Chiang, Lei,* J. Chin. chem. Soc. **2** [1934] 225, 227).

N-[2-Nitro-phenyl]-N'-[naphthyl-(1)]-thioharnstoff, *1-(1-naphthyl)-3-(o-nitrophenyl)thiourea* $C_{17}H_{13}N_3O_2S$, Formel IV (R = X = H).

B. Aus Naphthyl-(1)-amin und 2-Nitro-phenylisothiocyanat (*Dyson,* Soc. **1934** 174, 176).

Olivgrüne Krystalle; F: 145°.

N-[3-Nitro-phenyl]-N'-[naphthyl-(1)]-thioharnstoff, *1-(1-naphthyl)-3-(m-nitrophenyl)thiourea* $C_{17}H_{13}N_3O_2S$, Formel V (R = X = H).

B. Aus Naphthyl-(1)-amin und 3-Nitro-phenylisothiocyanat in Äthanol (*Sah, Lei,* J. Chin. chem. Soc. **2** [1934] 153, 156).

Krystalle; F: 161—162° [aus A.] (*Sah, Lei*), 156° (*Dyson,* Soc. **1934** 174, 176).

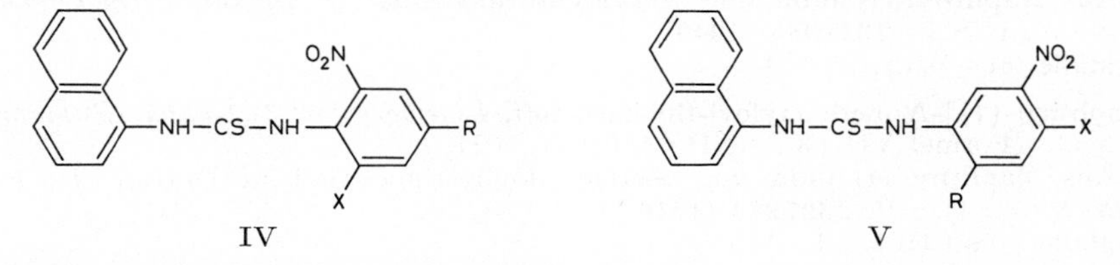

N-[4-Nitro-phenyl]-N'-[naphthyl-(1)]-thioharnstoff, *1-(1-naphthyl)-3-(p-nitrophenyl)thiourea* $C_{17}H_{13}N_3O_2S$, Formel VI (R = X = H).

B. Aus Naphthyl-(1)-amin und 4-Nitro-phenylisothiocyanat (*Dyson,* Soc. **1934** 174, 176).

Gelbe Krystalle; F: 187°.

N-[6-Nitro-2-methyl-phenyl]-N'-[naphthyl-(1)]-thioharnstoff, *1-(1-naphthyl)-3-(6-nitro-o-tolyl)thiourea* $C_{18}H_{15}N_3O_2S$, Formel IV (R = H, X = CH_3).

Hellgelbe Krystalle; F: 171° (*Dyson,* Soc. **1934** 174, 177).

N-[5-Nitro-2-methyl-phenyl]-N'-[naphthyl-(1)]-thioharnstoff, *1-(1-naphthyl)-3-(5-nitro-o-tolyl)thiourea* $C_{18}H_{15}N_3O_2S$, Formel V (R = CH_3, X = H).

Gelbe Krystalle; F: 191° (*Dyson,* Soc. **1934** 174, 177).

N-[4-Nitro-2-methyl-phenyl]-N'-[naphthyl-(1)]-thioharnstoff, *1-(1-naphthyl)-3-(4-nitro-o-tolyl)thiourea* $C_{18}H_{15}N_3O_2S$, Formel VI (R = CH_3, X = H).

Gelbe Krystalle; F: 166° (*Dyson,* Soc. **1934** 174, 177).

N-[4-Nitro-3-methyl-phenyl]-N'-[naphthyl-(1)]-thioharnstoff, *1-(1-naphthyl)-3-(4-nitro-m-tolyl)thiourea* $C_{18}H_{15}N_3O_2S$, Formel VI (R = H, X = CH_3).

Gelbliche Krystalle; F: 142° (*Dyson,* Soc. **1934** 174, 177).

N-[3-Nitro-4-methyl-phenyl]-N'-[naphthyl-(1)]-thioharnstoff, *1-(1-naphthyl)-3-(3-nitro-p-tolyl)thiourea* $C_{18}H_{15}N_3O_2S$, Formel V (R = H, X = CH_3).

Krystalle; F: 165° (*Dyson,* Soc. **1934** 174, 177).

N-[2-Nitro-4-methyl-phenyl]-N'-[naphthyl-(1)]-thioharnstoff, *1-(1-naphthyl)-3-(2-nitro-p-tolyl)thiourea* $C_{18}H_{15}N_3O_2S$, Formel IV (R = CH_3, X = H).

Gelbe Krystalle; F: 168° (*Dyson,* Soc. **1934** 174, 177).

N-Benzyl-N'-[naphthyl-(1)]-thioharnstoff, *1-benzyl-3-(1-naphthyl)thiourea* $C_{18}H_{16}N_2S$, Formel VII (X = $NH-CH_2-C_6H_5$) (H 1242).

B. Aus Naphthyl-(1)-isothiocyanat und Benzylamin (*Suter, Moffett,* Am. Soc. **55** [1933] 2497).

N.N-Dibenzyl-N'-[naphthyl-(1)]-thioharnstoff, *1,1-dibenzyl-3-(1-naphthyl)thiourea* $C_{25}H_{22}N_2S$, Formel VII (X = $N(CH_2-C_6H_5)_2$).

B. Aus Naphthyl-(1)-isothiocyanat und Dibenzylamin (*Suter, Moffett,* Am. Soc. **55** [1933] 2497).

Krystalle (aus wss. A.); F: 130—131° [korr.].

N-Methyl-N-[2-hydroxy-äthyl]-N'-[naphthyl-(1)]-thioharnstoff, *1-(2-hydroxyethyl)-1-methyl-3-(1-naphthyl)thiourea* $C_{14}H_{16}N_2OS$, Formel VII (X = $N(CH_3)$-CH_2-CH_2OH).

B. Aus Naphthyl-(1)-isothiocyanat und 2-Methylamino-äthanol-(1) in Äthanol (*Blount, Openshaw, Todd,* Soc. **1940** 286, 289).

Krystalle (aus wss. A.); F: 125°.

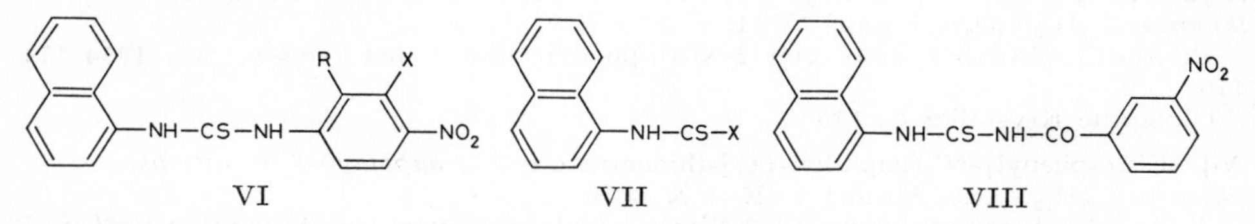

N'-[Naphthyl-(1)]-N-acryloyl-thioharnstoff, *1-acryloyl-3-(1-naphthyl)thiourea* $C_{14}H_{12}N_2OS$, Formel VII (X = NH-CO-CH=CH_2).

B. Aus Naphthyl-(1)-amin und Acryloylisothiocyanat in Dioxan (*Du Pont de Nemours & Co.,* U.S.P. 2327985 [1940]).

Krystalle (aus Bzl.); F: 151°.

N'-[Naphthyl-(1)]-N-methacryloyl-thioharnstoff, *1-methacryloyl-3-(1-naphthyl)thiourea* $C_{15}H_{14}N_2OS$, Formel VII (X = NH-CO-C(CH_3)=CH_2).

B. Aus Naphthyl-(1)-amin und Methacryloylisothiocyanat in Dioxan (*Du Pont de Nemours & Co.,* U.S.P. 2327985 [1940]).

Krystalle (aus $CHCl_3$); F: 149°.

N'-[Naphthyl-(1)]-N-[3-nitro-benzoyl]-thioharnstoff, *1-(1-naphthyl)-3-(3-nitrobenzoyl)thiourea* $C_{18}H_{13}N_3O_3S$, Formel VIII.

B. Aus Naphthyl-(1)-amin und 3-Nitro-benzoylisothiocyanat in Aceton (*Tung et al.,* Sci. Rep. Tsing Hua Univ. [A] **3** [1936] 285, 288).

Gelbe Krystalle (aus A. + Acn.); F: 180–181°.

1-[Naphthyl-(1)]-dithiobiuret, *1-(1-naphthyl)dithiobiuret* $C_{12}H_{11}N_3S_2$, Formel VII (X = NH-CS-NH_2).

B. Beim Erwärmen von Naphthyl-(1)-amin mit 5-Imino-[1.2.4]dithiazolidinthion-(3) (*Underwood, Dains,* Am. Soc. **57** [1935] 1768; *Swaminathan, Guha,* J. Indian chem. Soc. **23** [1946] 319, 322).

Krystalle; F: 246° [aus A. oder Eg.] (*Sw., Guha*), 235–236° (*Un., Dains*).

[Naphthyl-(1)-carbamimidoylmercapto]-essigsäure, *[(1-naphthyl)carbamimidoylthio]acetic acid* $C_{13}H_{12}N_2O_2S$, Formel IX und Tautomeres.

B. Beim Erwärmen von Naphthyl-(1)-thioharnstoff mit Chloressigsäure in Aceton (*Desai, Hunter, Koppar,* R. **54** [1935] 118, 120, 121).

F: 190° [Zers.].

Hydrochlorid $C_{13}H_{12}N_2O_2S \cdot HCl$. Gelb; F: 223° [Zers.].

Naphthyl-(1)-dithiocarbamidsäure-methylester, *(1-naphthyl)dithiocarbamic acid methyl ester* $C_{12}H_{11}NS_2$, Formel VII (X = SCH_3) (H 1244).

Beim Erwärmen mit Natriumazid in wss. Äthanol ist 1-[Naphthyl-(1)]-1*H*-tetrazolthiol-(5) erhalten worden (*Ilford Ltd.,* U.S.P. 2386869 [1944]).

N-Methyl-N-[naphthyl-(1)]-thioharnstoff, *1-methyl-1-(1-naphthyl)thiourea* $C_{12}H_{12}N_2S$, Formel X (R = CS-NH_2, X = CH_3).

B. Beim Einleiten von Ammoniak und Schwefelwasserstoff in eine äthanol. Lösung von Methyl-[naphthyl-(1)]-carbamonitril (*Cressman,* Org. Synth. Coll. Vol. III [1955] 609).

Krystalle (aus A.); F: 170–171°.

N-Methyl-N-[naphthyl-(1)]-selenoharnstoff, *1-methyl-1-(1-naphthyl)selenourea* $C_{12}H_{12}N_2Se$, Formel X (R = CSe-NH_2, X = CH_3).

B. Beim Einleiten von Ammoniak und von Selenwasserstoff in eine äthanol. Lösung von Methyl-[naphthyl-(1)]-carbamonitril (*Cressman,* Org. Synth. Coll. Vol. III [1955] 609).

F: 174–175° [Zers.].

Äthyl-[naphthyl-(1)]-carbamonitril, Äthyl-[naphthyl-(1)]-cyanamid, *ethyl(1-naphthyl)carbamonitrile* $C_{13}H_{12}N_2$, Formel X (R = CN, X = C_2H_5).

B. Beim Behandeln von Äthyl-[naphthyl-(1)]-amin mit Chlorcyan in Benzol und mit wss. Natronlauge (*Am. Cyanamid Co.*, U.S.P. **2293472** [1939]). Aus Diäthyl-[naphthyl-(1)]-amin und Bromcyan (*Cressman*, Org. Synth. Coll. Vol. III [1955] 608).

Kp_2: 165—168° (*Cr.*).

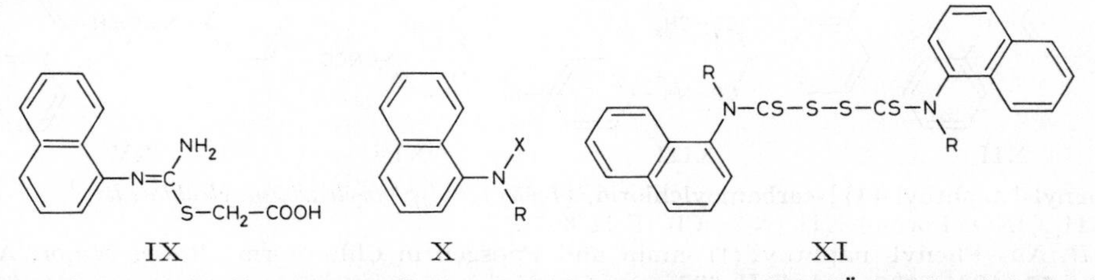

[Äthyl-(naphthyl-(1))-carbamoyl]-dimethylthiocarbamoyl-sulfid, [Äthyl-(naphthyl-(1))-carbamidsäure]-dimethyldithiocarbamidsäure-anhydrid, *dimethylthiocarbamic ethyl(1-naphthyl)carbamic thioanhydride* $C_{16}H_{18}N_2OS_2$, Formel X (R = CO-S-CS-N$(CH_3)_2$, X = C_2H_5).

B. Aus Äthyl-[naphthyl-(1)]-carbamoylchlorid und Natrium-dimethyldithiocarbamat in Aceton (*Du Pont de Nemours & Co.*, U.S.P. 2171420 [1937]).

Gelbe Krystalle; F: 107—109°.

***N*-Äthyl-*N*-[naphthyl-(1)]-thioharnstoff**, *1-ethyl-1-(1-naphthyl)thiourea* $C_{13}H_{14}N_2S$, Formel X (R = CS-NH_2, X = C_2H_5).

B. Beim Erhitzen von Äthyl-[naphthyl-(1)]-amin-hydrochlorid mit Ammoniumthiocyanat in Chlorbenzol (*I.G. Farbenind.*, D.R.P. 604639 [1932]; Frdl. **21** 227, 229).

Krystalle (aus A.); F: 156—158°.

Bis-[äthyl-(naphthyl-(1))-thiocarbamoyl]-disulfid, *bis[ethyl(1-naphthyl)thiocarbamoyl] disulfide* $C_{26}H_{24}N_2S_4$, Formel XI (R = C_2H_5).

B. Beim Behandeln von Äthyl-[naphthyl-(1)]-amin mit Schwefelkohlenstoff in Pyridin unter Zusatz von Jod (*Fry, v. Culp*, R. **52** [1933] 1061, 1065).

Krystalle (aus Bzl.); F: 166,7°.

***N*-Äthyl-*N*-[naphthyl-(1)]-selenoharnstoff**, *1-ethyl-1-(1-naphthyl)selenourea* $C_{13}H_{14}N_2Se$, Formel X (R = CSe-NH_2, X = C_2H_5).

B. Beim Einleiten von Ammoniak und Selenwasserstoff in eine äthanol. Lösung von Äthyl-[naphthyl-(1)]-carbamonitril (*Cressman*, Org. Synth. Coll. Vol. III [1955] 609).

F: 168—170° [Zers.].

Phenyl-[naphthyl-(1)]-carbamidsäure-[2-diäthylamino-äthylester], *(1-naphthyl)phenylcarbamic acid 2-(diethylamino)ethyl ester* $C_{23}H_{26}N_2O_2$, Formel XII (X = O-CH_2-CH_2-N$(C_2H_5)_2$).

B. Beim Erhitzen von Phenyl-[naphthyl-(1)]-carbamoylchlorid mit der Natrium-Verbindung des 2-Diäthylamino-äthanols-(1) in Xylol (*Boese, Major*, Am. Soc. **57** [1935] 175).

Krystalle (aus PAe.); F: 60—61°.

Hydrochlorid $C_{23}H_{26}N_2O_2 \cdot HCl$. Krystalle (aus A. + Ae.); F: 214—216°.

Phenyl-[naphthyl-(1)]-carbamidsäure-[β.β'-bis-diäthylamino-isopropylester], *(1-naphthyl)phenylcarbamic acid 2-(diethylamino)-1-[(diethylamino)methyl]ethyl ester* $C_{28}H_{37}N_3O_2$, Formel XII (X = O-CH[CH_2-N$(C_2H_5)_2$]$_2$).

B. Beim Erhitzen von Phenyl-[naphthyl-(1)]-carbamoylchlorid mit der Natrium-Verbindung des 1.3-Bis-diäthylamino-propanols-(2) in Xylol (*Boese, Major*, Am. Soc. **57** [1935] 175).

Hydrochlorid $C_{28}H_{37}N_3O_2 \cdot HCl$. F: 90° [Zers.; nach Erweichen]. Hygroskopisch.

Phenyl-[naphthyl-(1)]-carbamidsäure-[1.1-bis-(dimethylamino-methyl)-propylester], *(1-naphthyl)phenyl carbamic acid 1,1-bis[(dimethylamino)methyl]propyl ester* $C_{26}H_{33}N_3O_2$, Formel XII (X = O-C[CH_2-N$(CH_3)_2$]$_2$-CH_2-CH_3).

B. Beim Erhitzen von Phenyl-[naphthyl-(1)]-carbamoylchlorid mit der Natrium-

Verbindung des 1.1-Bis-dimethylaminomethyl-propanols-(1) in Xylol (*Boese, Major*, Am. Soc. **57** [1935] 175).

Hydrochlorid $C_{26}H_{33}N_3O_2 \cdot HCl$. Krystalle (aus A. + Ae.); F: 165—167°.

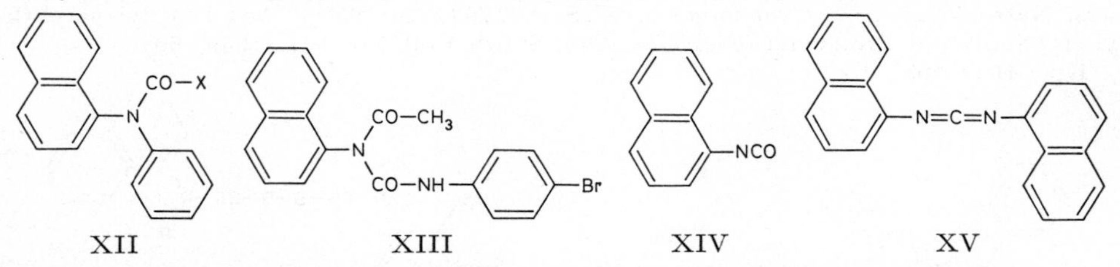

Phenyl-[naphthyl-(1)]-carbamoylchlorid, *(1-naphthyl)phenylcarbamoyl chloride* $C_{17}H_{12}ClNO$, Formel XII (X = Cl) (E II 697).

B. Aus Phenyl-[naphthyl-(1)]-amin und Phosgen in Chloroform (*Boese, Major*, Am. Soc. **57** [1935] 175; vgl. E II 697).

Krystalle (aus A.); F: 105°.

***N*-Benzyl-*N*-[naphthyl-(1)]-guanidin,** *N-benzyl-N-(1-naphthyl)guanidine* $C_{18}H_{17}N_3$, Formel X (R = $C(NH_2)$=NH, X = CH_2-C_6H_5).

B. Beim Erhitzen von Benzyl-[naphthyl-(1)]-amin mit Cyanamid und Chlorwasserstoff in Amylalkohol (*Buck, Baltzly, Ferry*, Am. Soc. **64** [1942] 2231).

Hydrochlorid $C_{18}H_{17}N_3 \cdot HCl$. Krystalle (aus A. + Ae.); F: 223—224°.

***N'*-[4-Brom-phenyl]-*N*-[naphthyl-(1)]-*N*-acetyl-harnstoff,** *1-acetyl-3-(p-bromophenyl)-1-(1-naphthyl)urea* $C_{19}H_{15}BrN_2O_2$, Formel XIII.

B. Aus *N*-[Naphthyl-(1)]-acetamid und 4-Brom-benzoylazid (*Sah, Kao, Wang*, J. Chin. chem. Soc. **4** [1936] 193, 195).

Krystalle (aus wss. A.); F: 157—158° [unkorr.].

Naphthyl-(1)-isocyanat, *isocyanic acid 1-naphthyl ester* $C_{11}H_7NO$, Formel XIV (H 1244; E II 697).

Kp_{761}: 267° (*Cowley, Partington*, Soc. **1936** 45); Kp_{12}: 140—142° (*Siefken*, A. **562** [1949] 75, 119). D_4^{20}: 1,1774 (*Co., Pa.*). Dipolmoment (ε; Bzl.): 2,30 D (*Co., Pa.*). Raman-Spektrum: *Dadieu*, M. **57** [1931] 437, 455; *Luther*, Z. El. Ch. **52** [1948] 210, 215.

Di-[naphthyl-(1)]-carbodiimid, *di(1-naphthyl)carbodiimide* $C_{21}H_{14}N_2$, Formel XV (H 1244).

B. Aus *N.N'*-Di-[naphthyl-(1)]-thioharnstoff mit Hilfe von Quecksilber(II)-oxid in Benzol (*Rotter, Schaudy*, M. **58** [1931] 245; vgl. H 1244).

Beim Behandeln mit Diazomethan in Äther ist 5-[Naphthyl-(1)-amino]-1-[naphthyl-(1)]-[1.2.3]triazol erhalten worden.

Naphthyl-(1)-isothiocyanat, *isothiocyanic acid 1-naphthyl ester* $C_{11}H_7NS$, Formel I (H 1244; E I 527; E II 698).

B. Beim Behandeln von Ammonium-[naphthyl-(1)-dithiocarbamat] mit Blei(II)-nitrat oder Eisen(III)-sulfat in wss. Lösung und Behandeln des Reaktionsprodukts mit Luft (*Werner & Mertz*, D.R.P. 700436 [1936]; D.R.P. Org. Chem. **6** 2146).

Bei langsamem Einleiten von Chlor in eine Lösung in Chloroform unter Zutritt von feuchter Luft ist eine vermutlich als 3-[Naphthyl-(1)-imino]-4-[naphthyl-(1)]-[1.2.4]dithiazolidinon-(5) zu formulierende (vgl. diesbezüglich *Paranjpe*, Indian J. Chem. **5** [1967] 21) Verbindung vom F: 80°, beim Einleiten eines kräftigeren Chlor-Stroms in eine Lösung in Chloroform sind 2.5-Dichlor-naphtho[1.2]thiazol und eine Verbindung $C_{11}H_2Cl_5NS$ vom F: 235° [Zers.] erhalten worden (*Dyson, Harrington*, Soc. **1942** 374). Bildung von 2-Chlor-naphtho[1.2]thiazol beim Erhitzen mit Phosphor(V)-chlorid: *Desai, Hunter, Kureishy*, Soc. **1936** 1668, 1670. Geschwindigkeit der Reaktion mit Äthanol bei Siedetemperatur: *Browne, Dyson*, Soc. **1934** 178.

[Naphthyl-(1)]-bis-äthoxycarbonyl-amin, Naphthyl-(1)-imidodicarbonsäure-diäthylester, *(1-naphthyl)imidodicarboxylic acid diethyl ester* $C_{16}H_{17}NO_4$, Formel II (R = X = CO-OC_2H_5).

B. Beim Erhitzen von Naphthyl-(1)-carbamidsäure-äthylester mit Natrium in Xylol und anschliessend mit Chlorameisensäure-äthylester (*Tompkins*, *Degering*, Am. Soc. **69** [1947] 2616).

Krystalle (aus PAe.); F: 86—87°.

[Naphthyl-(1)]-dicyan-amin, Naphthyl-(1)-dicyanamid, *(1-naphthyl)dicyanamide* $C_{12}H_7N_3$, Formel II (R = X = CN).

B. Aus der Kalium-Verbindung des Naphthyl-(1)-carbamonitrils und Chlorcyan (*Biechler*, C. r. **202** [1936] 666).

F: 126°. [*Brandt*]

***N*-[Naphthyl-(1)]-glycin,** N-*(1-naphthyl)glycine* $C_{12}H_{11}NO_2$, Formel II (R = CH_2-COOH, X = H) (H 1245; E II 698).

F: 192° (*Eade*, *Earl*, Soc. **1946** 591).

***N*-[Naphthyl-(1)]-glycin-nitril,** N-*(1-naphthyl)glycinonitrile* $C_{12}H_{10}N_2$, Formel II (R = CH_2-CN, X = H) (H 1245).

Überführung in 2-[(Naphthyl-(1)-amino)-methyl]-Δ^2-imidazolin durch Behandeln mit Chlorwasserstoff enthaltendem Äthanol und Erwärmen des erhaltenen *C*-[Naphthyl-(1)-amino]-acetimidsäure-äthylester-dihydrochlorids $C_{14}H_{16}N_2O \cdot 2HCl$ (nicht näher beschrieben) mit Äthylendiamin in Äthanol: *CIBA*, Schweiz. P. 234979 [1938].

***N*-[Naphthyl-(1)]-*N*-acetyl-glycin,** N-*acetyl*-N-*(1-naphthyl)glycine* $C_{14}H_{13}NO_3$, Formel II (R = CH_2-COOH, X = CO-CH_3) (H 1245).

Beim Erwärmen mit Phenylhydrazin in Äthanol ist 6-Oxo-3-methyl-1-phenyl-4-[naphthyl-(1)]-1.4.5.6-tetrahydro-[1.2.4]triazin erhalten worden (*Sen*, J. Indian chem. Soc. **6** [1929] 1001, 1004).

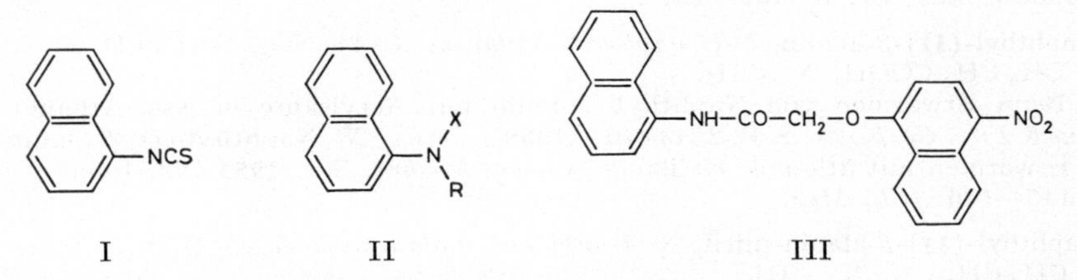

***C*-[4-Nitro-naphthyl-(1)-oxy]-*N*-[naphthyl-(1)]-acetamid,** N-*(1-naphthyl)-2-(4-nitro-1-naphthyloxy)acetamide* $C_{22}H_{16}N_2O_4$, Formel III.

B. Aus Naphthyl-(1)-amin und [4-Nitro-naphthyl-(1)-oxy]-acetylchlorid in Äthanol (*Shibata*, *Okuyama*, Bl. chem. Soc. Japan **11** [1936] 117, 123, 124; Technol. Rep. Tohoku Univ. **12** [1936] 119, 127).

Krystalle (aus Acn.); F: 241°.

***C*-Mercapto-*N*-[naphthyl-(1)]-acetamid,** *2-mercapto*-N-*(1-naphthyl)acetamide* $C_{12}H_{11}NOS$, Formel II (R = CO-CH_2SH, X = H).

B. Aus *C*-Carbamoylmercapto-*N*-[naphthyl-(1)]-acetamid beim Erhitzen mit wss. Ammoniak (*Weiss*, Am. Soc. **69** [1947] 2684, 2685, 2686) oder mit wss.-methanol. Ammoniak (*Rheinboldt*, *Tappermann*, J. pr. [2] **153** [1939] 65, 71, 72).

Krystalle; F: 132° [korr.; aus wss. Salzsäure] (*Weiss*), 127—128,5° [aus Eg.] (*Rh.*, *Ta.*).

Gold(I)-Salz $AuC_{12}H_{10}NOS$. Zers. bei 246° [korr.; im vorgeheizten Bad] (*Weiss*).

Quecksilber(II)-Salz $Hg(C_{12}H_{10}NOS)_2$. Zers. oberhalb 200° (*Rh.*, *Ta.*).

***C*-Carbamoylmercapto-*N*-[naphthyl-(1)]-acetamid,** *2-(carbamoylthio)*-N-*(1-naphthyl)acetamide* $C_{13}H_{12}N_2O_2S$, Formel II (R = CO-CH_2-S-CO-NH_2, X = H) (H 1246).

B. Aus Naphthyl-(1)-amin beim Erwärmen einer äthanol. Lösung mit Chloressigsäure und Ammoniumthiocyanat (*Rheinboldt*, *Tappermann*, J. pr. [2] **153** [1939] 65, 71; vgl. H 1246) sowie beim Behandeln mit Natrium-thiocyanatoacetat und wss. Essigsäure (*Weiss*, Am. Soc. **69** [1947] 2682).

Krystalle; F: 171—173° [korr.; aus wss. Salzsäure] (*Weiss*), 163—164,5° [aus Me.] (*Rh.*, *Th.*).

Beim Erhitzen bis auf 200° entsteht Cyanursäure (*Weiss*). Gegen heisses Wasser nicht beständig (*Weiss*).

Bis-[(naphthyl-(1)-carbamoyl)-methyl]-disulfid, Dithiodiessigsäure-bis-[naphthyl-(1)-amid], N,N'-*di(1-naphthyl)-2,2'-dithiobisacetamide* $C_{24}H_{20}N_2O_2S_2$, Formel IV (H 1246).

B. Aus *C*-Mercapto-*N*-[naphthyl-(1)]-acetamid beim Behandeln einer äthanol. Lösung mit Jod in Wasser (*Weiss*, Am. Soc. **69** [1947] 2684, 2685, 2687) oder einer methanol. Lösung mit Eisen(III)-chlorid in Wasser (*Rheinboldt, Tappermann*, J. pr. [2] **153** [1939] 65, 73).

Krystalle; F: 213° [korr.; aus Me.] (*Weiss*), 205—206° [aus 1.2-Dibrom-äthan] (*Rh., Ta.*).

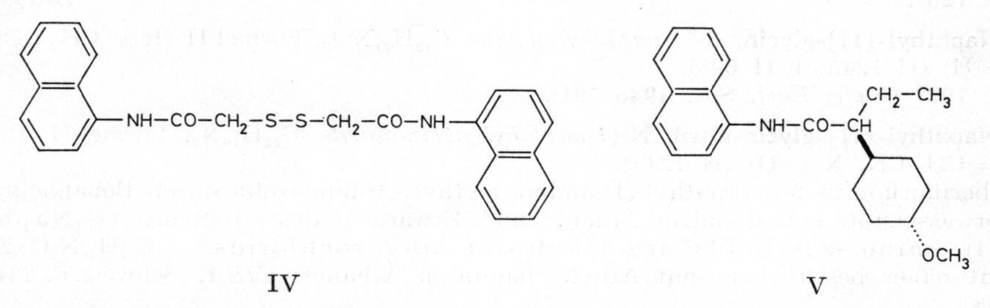

***N*-[Naphthyl-(1)]-DL-alanin,** N-(*1-naphthyl*)-DL-*alanine* $C_{13}H_{13}NO_2$, Formel II (R = CH(CH_3)-COOH, X = H) (H 1246).

B. Beim Behandeln von *N*-[Naphthyl-(1)]-DL-alanin-nitril mit 90%ig. wss. Schwefelsäure und Erhitzen des mit Wasser versetzten Reaktionsgemisches (*Am. Cyanamid Co.*, U.S.P. 1958469 [1929]).

Krystalle (aus A.); F: 159—161°.

***N*-[Naphthyl-(1)]-*β*-alanin,** N-(*1-naphthyl*)-*β-alanine* $C_{13}H_{13}NO_2$, Formel II (R = CH_2-CH_2-COOH, X = H).

B. Beim Erwärmen von Naphthyl-(1)-amin mit Acrylsäure in wss. Äthanol (*Gen. Aniline & Film Corp.*, U.S.P. 2314440 [1938]). Aus *N*-[Naphthyl-(1)]-*β*-alanin-nitril beim Erwärmen mit äthanol. Kalilauge (*Clemo, Mishra*, Soc. **1953** 192, 196).

F: 145—146° (*Cl., Mi.*).

***N*-[Naphthyl-(1)]-*β*-alanin-nitril,** N-(*1-naphthyl*)-*β-alaninenitrile* $C_{13}H_{12}N_2$, Formel II (R = CH_2-CH_2-CN, X = H).

B. Beim Erhitzen von Naphthyl-(1)-amin mit Acrylonitril und wenig Essigsäure auf 120° (*Clemo, Mishra*, Soc. **1953** 192, 196; s. a. *I.G. Farbenind.*, D.R.P. 620462 [1934]; Frdl. **22** 745).

Krystalle (aus Me.); F: 71—72° (*Cl., Mi.*).

2-[4-Methoxy-cyclohexyl]-*N*-[naphthyl-(1)]-butyramid, *2-(4-methoxycyclohexyl)*-N-(*1-naphthyl)butyramide* $C_{21}H_{27}NO_2$.

(±)-2-[*trans*-4-Methoxy-cyclohexyl]-*N*-[naphthyl-(1)]-butyramid, Formel V.

Ein Präparat (Krystalle [aus A.]; F: 162—164°), in dem wahrscheinlich diese Verbindung vorgelegen hat, ist beim Behandeln des aus (±)-2-[*trans*(?)-4-Methoxy-cyclohexyl]-buttersäure (Kp_2: 140—143° [E III **10** 38]) mit Hilfe von Thionylchlorid hergestellten Säurechlorids mit Naphthyl-(1)-amin in Äther erhalten worden (*Ruggli, Businger*, Helv. **24** [1941] 346, 350).

***N*-[Naphthyl-(1)]-salicylamid,** N-(*1-naphthyl)salicylamide* $C_{17}H_{13}NO_2$, Formel VI (R = H, X = OH) (H 1248).

B. Aus Naphthyl-(1)-amin und Salicyloylchlorid in Benzol (*Jusa, Riesz*, M. **58** [1931] 137, 143).

F: 187°.

2-Mercapto-*N*-[naphthyl-(1)]-benzamid, o-*mercapto*-N-(*1-naphthyl)benzamide* $C_{17}H_{13}NOS$, Formel VI (R = H, X = SH).

Eine Verbindung (Krystalle [aus Nitrobenzol]; F: 247—248°), der diese Konstitution zugeschrieben wird, ist beim Behandeln von Naphthyl-(1)-amin mit 2-Mercapto-benzoesäure in Pyridin und anschliessenden Erhitzen mit Phosphor(III)-chlorid erhalten worden (*Hopper, MacGregor, Wilson*, J. Soc. Dyers Col. **57** [1941] 6, 7).

6-Hydroxy-3.4-dimethyl-*N*-[naphthyl-(1)]-benzamid, *4,5-dimethyl-*N*-(1-naphthyl)salicylamide* $C_{19}H_{17}NO_2$, Formel VI (R = CH_3, X = OH).

B. Aus Naphthyl-(1)-amin und 6-Hydroxy-3.4-dimethyl-benzoesäure mit Hilfe von Phosphor(III)-chlorid (*I.G. Farbenind.*, D.R.P. 531480 [1929]; Frdl. **18** 531, 533).

Krystalle (aus Dichlorbenzol); F: 199—200°.

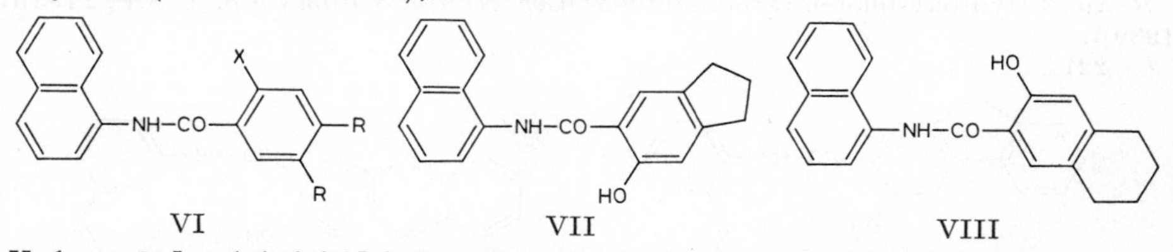

VI VII VIII

6-Hydroxy-*N*-[naphthyl-(1)]-indancarbamid-(5), *6-hydroxy-*N*-(1-naphthyl)indan-5-carboxamide* $C_{20}H_{17}NO_2$, Formel VII.

Eine Verbindung (Krystalle; F: 210°), der wahrscheinlich diese Konstitution zukommt, ist beim Behandeln von Naphthyl-(1)-amin mit 6-Hydroxy-indan-carbonsäure-(5) (?) (F: 198° [E III **10** 874]) in *N.N*-Dimethyl-anilin und anschliessenden Erhitzen mit Phosphor(III)-chlorid erhalten worden (*Gen. Aniline Works*, U.S.P. 2078625 [1935]).

3-Hydroxy-*N*-[naphthyl-(1)]-5.6.7.8-tetrahydro-naphthamid-(2), *3-hydroxy-*N*-(1-naphthyl)-5,6,7,8-tetrahydro-2-naphthamide* $C_{21}H_{19}NO_2$, Formel VIII.

B. Beim Behandeln von Naphthyl-(1)-amin mit 3-Hydroxy-5.6.7.8-tetrahydro-naphthoesäure-(2) in Toluol und anschliessenden Erhitzen mit Phosphor(III)-chlorid (*I.G. Farbenind.*, F.P. 781720 [1934]; Schweiz.P. 181804 [1934]; *Gen. Aniline Works*, U.S.P. 2040397 [1934]; *Hopper, MacGregor, Wilson*, J. Soc. Dyers Col. **55** [1939] 449, 451).

Krystalle; F: 192° [aus Eg.] (*I.G. Farbenind.*, F.P. 781720; *Gen. Aniline Works*), 190—191° [aus Nitrobenzol] (*Ho., MacG., Wi.*).

3-Hydroxy-*N*-[naphthyl-(1)]-naphthamid-(2), *3-hydroxy-*N*-(1-naphthyl)-2-naphthamide* $C_{21}H_{15}NO_2$, Formel IX (X = OH) (E I 528; E II 698; in der Literatur auch als Naphthol AS-BO bezeichnet).

B. Aus 3-Hydroxy-naphthoesäure-(2) beim Erhitzen mit Naphthyl-(1)-isothiocyanat auf 220° (*I.G. Farbenind.*, D.R.P. 506837 [1927]; Frdl. **17** 696) sowie beim Behandeln mit Naphthyl-(1)-amin in Chlorbenzol und Erhitzen des mit dem Natrium-Salz des (±)-Sulfobernsteinsäure-dioctylesters versetzten Reaktionsgemisches mit Phosphor(III)-chlorid (*Am. Cyanamid Co.*, U.S.P. 2394279 [1942]; vgl. E I 528).

Krystalle (aus Nitrobenzol); F: 225,3° [korr.] (*Maki*, J. Soc. chem. Ind. Japan **34** [1931] 1107, 1109; J. Soc. chem. Ind. Japan Spl. **34** [1931] 427, 430), 223—224° (*Mangini, Andrisano*, Pubbl. Ist. Chim. ind. Univ. Bologna **1943** Nr. 9, S. 3, 24). Wässrige Lösungen vom pH 8,2—10,0 fluorescieren im UV-Licht gelbgrün (*Déribéré*, Ann. Chim. anal. appl. **18** [1936] 289).

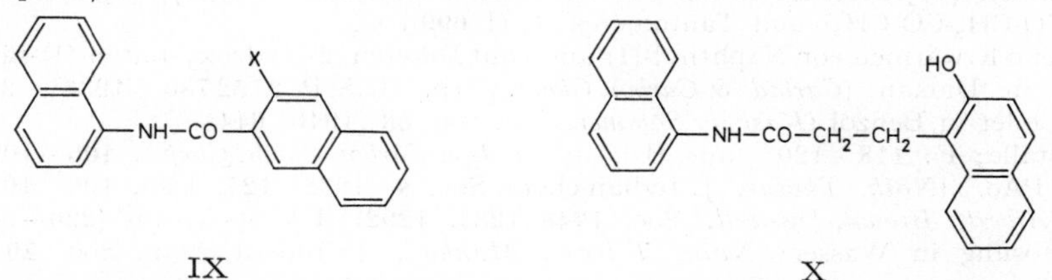

IX X

3-Mercapto-*N*-[naphthyl-(1)]-naphthamid-(2), *3-mercapto-*N*-(1-naphthyl)-2-naphthamide* $C_{21}H_{15}NOS$, Formel IX (X = SH).

Eine Verbindung (Krystalle [aus Nitrobenzol]; F: 306—307°), der diese Konstitution zugeschrieben wird, ist beim Behandeln von Naphthyl-(1)-amin mit 3-Mercapto-naphthoesäure-(2) in Pyridin und anschliessenden Erhitzen mit Phosphor(III)-chlorid erhalten worden (*Hopper, MacGregor, Wilson*, J. Soc. Dyers Col. **57** [1941] 6, 8).

***N*-[Naphthyl-(1)]-3-[2-hydroxy-naphthyl-(1)]-propionamid,** *3-(2-hydroxy-1-naphthyl)-*N*-(1-naphthyl)propionamide* $C_{23}H_{19}NO_2$, Formel X.

B. Aus Naphthyl-(1)-amin und 3-[2-Hydroxy-naphthyl-(1)]-propionsäure-lacton

(*Hardman*, Am. Soc. **70** [1948] 2119).
F: 205—206° [unkorr.].

3-Hydroxy-*N*-[naphthyl-(1)]-fluorencarbamid-(2), *3-hydroxy-*N*-(1-naphthyl)fluorene-2-carboxamide* $C_{24}H_{17}NO_2$, Formel XI.

B. Aus 3-Hydroxy-fluoren-carbonsäure-(2) (*Gen. Aniline & Film Corp.*, U.S.P. 2193678 [1939]).
F: 221°.

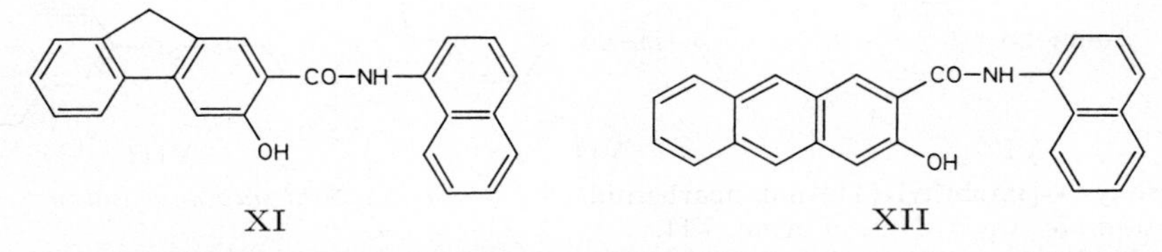

XI XII

3-Hydroxy-*N*-[naphthyl-(1)]-anthracencarbamid-(2), *3-hydroxy-*N*-(1-naphthyl)-2-anthramide* $C_{25}H_{17}NO_2$, Formel XII.

B. Beim Behandeln von Naphthyl-(1)-amin mit 3-Hydroxy-anthracen-carbonsäure-(2) in Toluol und anschliessenden Erhitzen mit Phosphor(III)-chlorid (*I.G. Farbenind.*, D.R.P. 554786 [1930]; Frdl. **19** 1902).
F: 293°.

3-Hydroxy-6-methoxy-*N*-[naphthyl-(1)]-naphthamid-(2), *3-hydroxy-6-methoxy-*N*-(1-naphthyl)-2-naphthamide* $C_{22}H_{17}NO_3$, Formel I (R = H, X = OCH_3).

B. Aus 3-Hydroxy-6-methoxy-naphthoesäure-(2) (*I.G. Farbenind.*, D.R.P. 573723 [1930]; Frdl. **19** 785).
F: 228°.

3-Hydroxy-7-methoxy-*N*-[naphthyl-(1)]-naphthamid-(2), *3-hydroxy-7-methoxy-*N*-(1-naphthyl)-2-naphthamide* $C_{22}H_{17}NO_3$, Formel I (R = OCH_3, X = H).

B. Aus 3-Hydroxy-7-methoxy-naphthoesäure-(2) (*I.G. Farbenind.*, D.R.P. 573723 [1930]; Frdl. **19** 785).
F: 205°.

3-[Naphthyl-(1)-imino]-buttersäure-anilid, *3-(1-naphthylimino)butyranilide* $C_{20}H_{18}N_2O$, Formel II (R = CH_2-CO-NH-C_6H_5, X = CH_3), und **3-[Naphthyl-(1)-amino]-crotonsäure-anilid**, *3-(1-naphthylamino)crotonanilide* $C_{20}H_{18}N_2O$, Formel III (R = $C(CH_3)$=CH-CO-NH-C_6H_5).

B. Beim Erwärmen von Naphthyl-(1)-amin mit Acetessigsäure-anilid (*Leuthardt, Brunner*, Helv. **30** [1947] 958, 963, 964).
Krystalle (aus Bzl. + Py.); F: 187° [Rohprodukt].

***N*-[Naphthyl-(1)]-acetoacetamid**, *N-(1-naphthyl)acetoacetamide* $C_{14}H_{13}NO_2$, Formel III (R = CO-CH_2-CO-CH_3) und Tautomeres (E II 699).

B. Beim Erwärmen von Naphthyl-(1)-amin mit Diketen (2-Hydroxy-buten-(1)-säure-(4)-lacton) in Dioxan (*Carbide & Carbon Chem. Corp.*, U.S.P. 2152786 [1936], 2152787 [1937]) oder in Benzol (*Kaslow, Sommer*, Am. Soc. **68** [1946] 644).

Krystalle; F: 118—120° [aus Bzl.] (*Carbide & Carbon Chem. Corp.*), 108—109° [aus Bzl. + PAe.] (*Naik, Thosar*, J. Indian chem. Soc. **9** [1932] 127, 130), 106—107° [aus Bzl.] (*Albert, Brown, Duewell*, Soc. **1948** 1284, 1292). UV-Spektrum (220—340 mμ) einer Lösung in Wasser: *Naik, Trivedi, Mankad*, J. Indian chem. Soc. **20** [1943] 389.

Reaktion mit Schwefeldichlorid in Benzol unter Bildung einer Verbindung $C_{14}H_{11}NO_2S$ (Krystalle; F: 184°): *Naik, Vaishnav*, J. Indian chem. Soc. **13** [1936] 25. Reaktion mit Thionylchlorid in Benzol unter Bildung einer Verbindung $C_{14}H_{11}NO_3S$ (F: 112° [nach Sintern]): *Naik, Th.*, l. c. S. 132. Beim Erwärmen mit Schwefelsäure ist 4-Methyl-benzo[*h*]chinolinol-(2) erhalten worden (*Ka., So.*). Reaktion mit Quecksilber(II)-acetat in Methanol unter Bildung einer als 2.2-Bis-acetoxymercurio-*N*-[naphthyl-(1)]-acetoacetamid angesehenen Verbindung $C_{18}H_{17}Hg_2NO_6$ (F: 200° [Zers.]): *Naik, Patel*, J. Indian chem. Soc. **9** [1932] 185, 188, 191.

2.4-Dinitro-phenylhydrazon (F: 241—242° [korr.]): *Ka., So.*

2-Chlor-*N*-[naphthyl-(1)]-acetoacetamid, *2-chloro-*N*-(1-naphthyl)acetoacetamide* $C_{14}H_{12}ClNO_2$, Formel III (R = CO-CHCl-CO-CH_3) und Tautomeres.

B. Aus *N*-[Naphthyl-(1)]-acetoacetamid beim Behandeln mit Sulfurylchlorid in Äther (*Naik, Trivedi, Mankad,* J. Indian chem. Soc. **20** [1943] 384, 387).

Krystalle (aus A.); F: 135° (*Naik, Tr., Ma.,* J. Indian chem. Soc. **20** 387). UV-Spektrum (220—330 mμ) einer Lösung in Wasser: *Naik, Trivedi, Mankad,* J. Indian chem. Soc. **20** [1943] 407.

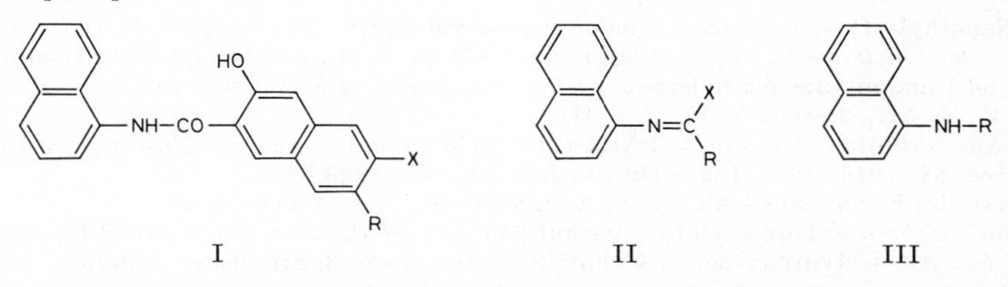

(±)-2-[Naphthyl-(1)-imino]-*N*-[naphthyl-(1)]-cyclopentancarbamid-(1), (±)-N-*(1-naphthyl)-2-(1-naphthylimino)cyclopentanecarboxamide* $C_{26}H_{22}N_2O$, Formel IV, und **2-[Naphthyl-(1)-amino]-*N*-[naphthyl-(1)]-cyclopenten-(1)-carbamid-(1),** N-*(1-naphthyl)-2-(1-naphthylamino)cyclopent-1-ene-1-carboxamide* $C_{26}H_{22}N_2O$, Formel V.

Diese Konstitution ist wahrscheinlich auch einer von *Barany, Pianka* (Soc. **1947** 1420) als 2-Oxo-*N*-[naphthyl-(1)]-cyclopentancarbamid-(1)[1]) angesehenen Verbindung (F: 162°) zuzuordnen.

B. Aus Naphthyl-(1)-amin und 2-Oxo-cyclopentan-carbonsäure-(1)-äthylester bei 100° (*Ahmad, Desai,* Pr. Indian Acad. [A] **5** [1937] 543, 547).

Krystalle; F: 164° [aus wss. A.] (*Ah., De.*), 162° [unkorr.; aus A.] (*Clemo, Mishra,* Soc. **1953** 192, 194).

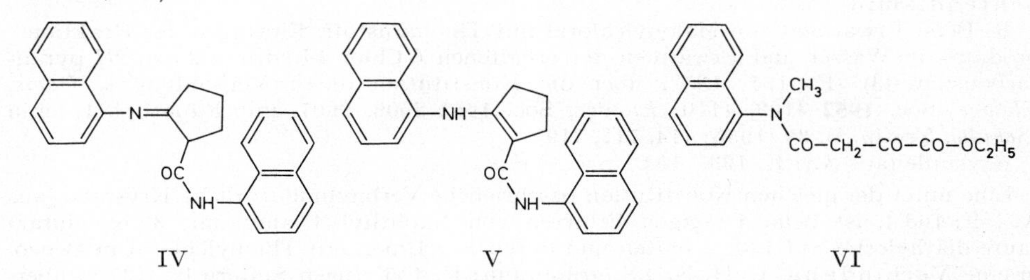

2-Hydroxyimino-*N*-[naphthyl-(1)]-acetoacetamid, *2-(hydroxyimino)-*N*-(1-naphthyl)acetoacetamide* $C_{14}H_{12}N_2O_3$, Formel III (R = CO-C(=NOH)-CO-CH_3).

B. Beim Einleiten von Nitrosylchlorid in eine Lösung von *N*-[Naphthyl-(1)]-acetoacetamid in Benzol (*Naik, Trivedi, Mankad,* J. Indian chem. Soc. **20** [1943] 384, 387, 388).

Gelbe Krystalle (aus Bzn. + $CHCl_3$); F: 138°.

[Naphthyl-(1)-imino]-bernsteinsäure-diäthylester, *(1-naphthylimino)succinic acid diethyl ester* $C_{18}H_{19}NO_4$, Formel II (R = CH_2-CO-OC_2H_5, X = CO-OC_2H_5), und **[Naphthyl-(1)-amino]-butendisäure-diäthylester,** *(1-naphthylamino)butenedioic acid diethyl ester* $C_{18}H_{19}NO_4$, Formel III (R = C(CO-OC_2H_5)=CH-CO-OC_2H_5).

B. Beim Behandeln von Naphthyl-(1)-amin mit Oxalessigsäure-diäthylester in Methanol unter Zusatz von Natriumsulfat (*Foster et al.,* Am. Soc. **68** [1946] 1327, 1329).

Hellgelbe Krystalle (aus A.); F: 77,8—77,9°.

Beim Erhitzen in Mineralöl auf 230° ist 4-Hydroxy-benzo[*h*]chinolin-carbonsäure-(2)-äthylester erhalten worden.

---

[1]) Über authentisches 2-Oxo-*N*-[naphthyl-(1)]-cyclopentancarbamid-(1) $C_{16}H_{15}NO_2$ (F: 102,5—103,5° bzw. F: 94—95°; 2.4-Dinitro-phenylhydrazon: F: 236—238° [unkorr.]) s. *Brown, Carver, Hollingsworth,* Soc. **1961** 4295, 4296; *Clemo, Mishra,* Soc. **1953** 192, 194.

2-Oxo-*N*-methyl-*N*-[naphthyl-(1)]-succinamidsäure-äthylester, N-*methyl*-N-(*1-naphthyl*)-*2-oxosuccinamic acid ethyl ester* $C_{17}H_{17}NO_4$, Formel VI, und Tautomeres (2-Hydroxy-3-[methyl-(naphthyl-(1))-carbamoyl]-acrylsäure-äthylester); **Oxalessigsäure-1-äthylester-4-[methyl-(naphthyl-(1))-amid].**

B. Beim Erwärmen von *N*-Methyl-*N*-[naphthyl-(1)]-acetamid mit Oxalsäure-diäthylester und Natriumäthylat in Äther (*Gobeil, Hamilton*, Am. Soc. **67** [1945] 511).

Krystalle (aus PAe.); F: 88–89°.

[*N*-(Naphthyl-(1))-formimidoyl]-malonsäure-diäthylester, [N-(*1-naphthyl*)*formimidoyl*]*malonic acid diethyl ester* $C_{18}H_{19}NO_4$, Formel VII (R = H), und **[(Naphthyl-(1)-amino)-methylen]-malonsäure-diäthylester,** [(*1-naphthylamino*)*methylene*]*malonic acid diethyl ester* $C_{18}H_{19}NO_4$, Formel VIII (R = H).

B. Aus Naphthyl-(1)-amin und Äthoxymethylen-malonsäure-diäthylester (*Foster et al.*, Am. Soc. **68** [1946] 1327, 1328; *Duffin, Kendall*, Soc. **1948** 893).

Krystalle; F: 88° [aus PAe.] (*Du., Ke.*), 87,5–88° [aus A.] (*Fo. et al.*).

Beim Erhitzen in Diphenyläther bis auf 255° (*Fo. et al.*) oder in Paraffinöl bis auf 290° (*Du., Ke.*) ist 4-Hydroxy-benzo[*h*]chinolin-carbonsäure-(3)-äthylester erhalten worden.

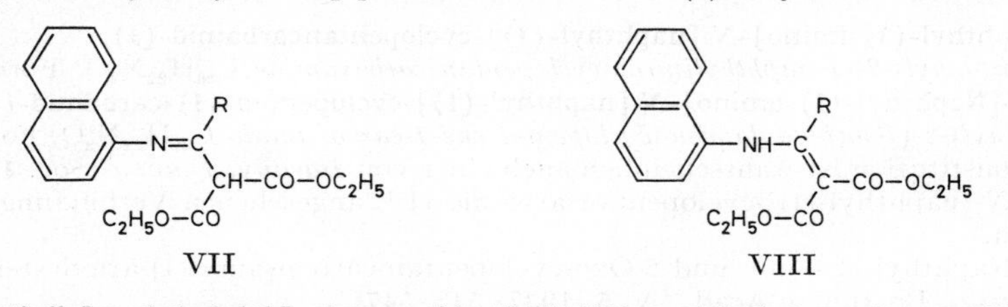

VII VIII

3-Oxo-*N.N'*-di-[naphthyl-(1)]-glutaramid, N,N'-*di*(*1-naphthyl*)-*3-oxoglutaramide* $C_{25}H_{20}N_2O_3$, Formel IX, und Tautomeres (3-Hydroxy-*N.N'*-di-[naphthyl-(1)]-pentendiamid).

B. Beim Erwärmen von Malonylchlorid mit Thioharnstoff, Eintragen des Reaktionsprodukts in Wasser und Erwärmen der erhaltenen 6-Chlor-4-hydroxy-2-oxo-2*H*-pyran-carbonsäure-(3) (F: 134–135°; über die Konstitution dieser Verbindung s. *Davis, Elvidge*, Soc. **1952** 4109, 4110; *Elvidge*, Soc. **1962** 2606, 2607) mit Naphthyl-(1)-amin (*Schulte, Yersin*, B. **89** [1956] 714, 717, 719).

Krystalle (aus A.); F: 193–194° (*Sch., Ye.*).

Eine unter der gleichen Konstitution beschriebene Verbindung (rötliche Krystalle [aus A.], F: 165°), ist beim 1-tägigen Erhitzen von Naphthyl-(1)-amin mit 3-Oxo-glutarsäure-diäthylester auf 130° erhalten und durch Erwärmen mit Thionylchlorid in Benzol in eine Verbindung $C_{25}H_{18}N_2O_4S$ (grünbraun; F: 155° [nach Sintern bei 137°]) übergeführt worden (*Naik, Thosar*, J. Indian chem. Soc. **9** [1932] 127, 130).

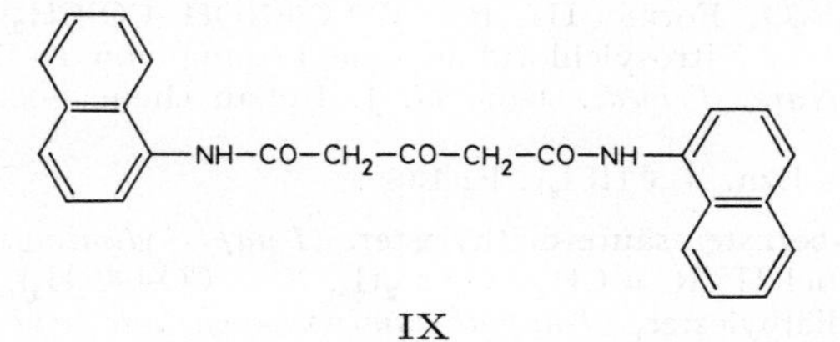

IX

[*N*-(Naphthyl-(1))-benzimidoyl]-malonsäure-diäthylester, [N-(*1-naphthyl*)*benzimidoyl*]*malonic acid diethyl ester* $C_{24}H_{23}NO_4$, Formel VII (R = C_6H_5), und **[α-(Naphthyl-(1)-amino)-benzyliden]-malonsäure-diäthylester,** [α-(*1-naphthylamino*)*benzylidene*]*malonic acid diethyl ester* $C_{24}H_{23}NO_4$, Formel VIII (R = C_6H_5) (H 1251).

B. Beim Erhitzen von *N*-[Naphthyl-(1)]-benzimidoylchlorid (H 1234) mit der Natrium-Verbindung des Malonsäure-diäthylesters in Toluol auf 120° (*Heeramaneck, Shah*, Soc. **1937** 867; vgl. H 1251).

Krystalle (aus A.); F: 146–148°.

Beim Erhitzen auf 190° ist 4-Hydroxy-2-phenyl-benzo[*h*]chinolin-carbonsäure-(3)-äthylester erhalten worden.

Opt.-inakt. 2.5-Bis-[naphthyl-(1)-imino]-cyclohexan-dicarbonsäure-(1.4)-diäthylester, *2,5-bis(1-naphthylimino)cyclohexane-1,4-dicarboxylic acid diethyl ester* $C_{32}H_{30}N_2O_4$, Formel X, und **2.5-Bis-[naphthyl-(1)-amino]-cyclohexadien-(1.4)-dicarbonsäure-(1.4)-diäthylester,** *2,5-bis(1-naphthylamino)cyclohexa-1,4-diene-1,4-dicarboxylic acid diethyl ester* $C_{32}H_{30}N_2O_4$, Formel XI (E I 528).

Orangerote Krystalle; F: 230° (*Pendse, Dutt,* J. Indian chem. Soc. **9** [1932] 67, 69).

Beim Erwärmen mit Natriumäthylat in Äthanol ist 8.17-Dihydro-benzo[*h*]benzo[7.8]chino[2.3-*b*]acridindiol-(7.16) erhalten worden.

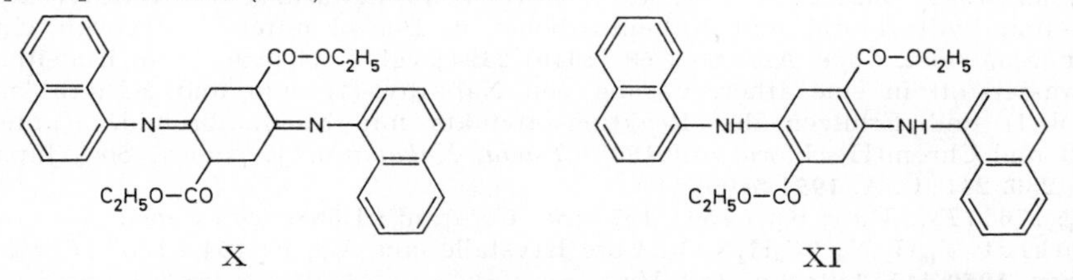

1.4-Bis-[(naphthyl-(1)-carbamoyl)-acetyl]-benzol, 3.3'-Dioxo-3.3'-*p*-phenylen-dipropionsäure-bis-[naphthyl-(1)-amid], N,N'*-di(1-naphthyl)-3,3'-dioxo-3,3'-*p*-phenylenebispropionamide* $C_{32}H_{24}N_2O_4$, Formel XII, und Tautomere (z. B. 1.4-Bis-[1-hydroxy-2-(naphthyl-(1)-carbamoyl)-vinyl]-benzol).

B. Beim Erhitzen von Naphthyl-(1)-amin mit 1.4-Bis-äthoxycarbonylacetyl-benzol (H **10** 904; E II **10** 637) in Xylol (*Gen. Aniline Works,* U.S.P. 1971409 [1933]).

Gelbe Krystalle; F: 257—258°.

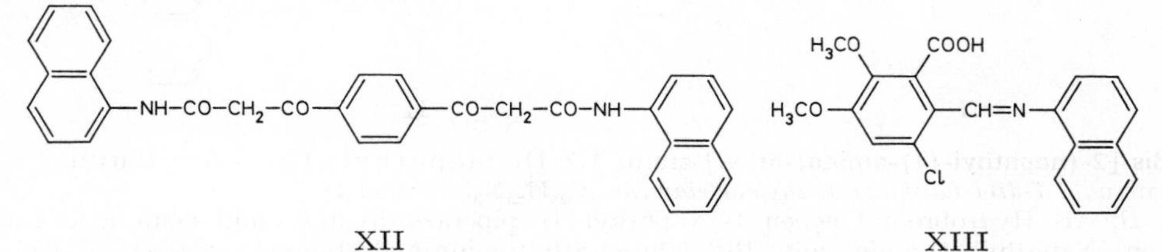

3-Chlor-5.6-dimethoxy-2-[*N*-(naphthyl-(1))-formimidoyl]-benzoesäure, *3-chloro-5,6-dimethoxy-α-(1-naphthylimino)-*o*-toluic acid* $C_{20}H_{16}ClNO_4$, Formel XIII, und Tautomeres (4-Chlor-3-[naphthyl-(1)-amino]-6.7-dimethoxy-phthalid).

Diese Konstitution wird der nachstehend beschriebenen Verbindung zugeordnet.

B. Beim Erwärmen von Naphthyl-(1)-amin mit Chloropiansäure (E III **10** 4513) in Äthanol (*Buu-Hoi,* Bl. [5] **9** [1942] 351, 353).

Krystalle (aus A. oder Eg.); F: 217—220° [Zers.].

(±)-3-[Naphthyl-(1)-amino]-2-hydroxy-propan-sulfonsäure-(1), *(±)-2-hydroxy-3-(1-naphthylamino)propane-1-sulfonic acid* $C_{13}H_{15}NO_4S$, Formel I (R = CH_2-CH(OH)-CH_2-SO_2OH).

B. Bei 3-tägigem Erwärmen von Naphthyl-(1)-amin mit (±)-3-Chlor-2-hydroxy-propan-sulfonsäure-(1) mit Äthanol (*Tsunoo,* J. Biochem. Tokyo **25** [1937] 375, 379, 380).

Krystalle (aus W.); F: 165—170°.

***N*-[Naphthyl-(1)]-äthylendiamin,** N-*(1-naphthyl)ethylenediamine* $C_{12}H_{14}N_2$, Formel I (R = CH_2-CH_2-NH_2) (H 1251; E II 699).

B. Beim Erhitzen von Naphthol-(1) mit Äthylendiamin und Schwefeldioxid in Wasser auf 150° (*Du Pont de Nemours & Co.,* U.S.P. 2389575 [1942]). Aus *N*-[2-(Naphthyl-(1)-amino)-äthyl]-phthalimid beim Erhitzen mit Natriumhydroxid unter 10—20 Torr bis auf 340° sowie beim Erhitzen mit Hydrazin-hydrat und anschliessend mit wss. Salzsäure (*Bratton, Marshall,* J. biol. Chem. **128** [1939] 537, 542, 543).

Kp_9: 204° (*Br., Ma.*); Kp_4: 180,5° (*Du Pont*). D_4^{25}: 1,114; n_D^{25}: 1,6648 (*Br., Ma.*). In 100 ml Wasser lösen sich bei 25° 0,2 g (*Br., Ma.*).

Dihydrochlorid $C_{12}H_{14}N_2 \cdot 2HCl$. Krystalle; F: 188—190° [bei schnellem Erhitzen; im vorgeheizten Bad] (*Br., Ma.*). — Beim Erhitzen unter vermindertem Druck ist eine als *N*-[Naphthyl-(1)]-äthylendiamin-monohydrochlorid ($C_{12}H_{14}N_2 \cdot HCl$) angesehene Verbindung (F: 231—232° [Zers.]) erhalten worden (*Br.*, *Ma.*).

Pikrat $C_{12}H_{14}N_2 \cdot C_6H_3N_3O_7$ (vgl. H 1251). Rote Krystalle (aus wss. Eg.); F: 227° bis 228° [Zers.; bei schnellem Erhitzen; im vorgeheizten Bad] (*Br.*, *Ma.*, l. c. S. 542).

N.N-Diäthyl-N'-[naphthyl-(1)]-äthylendiamin, N,N-*diethyl*-N'-(*1-naphthyl*)*ethylenediamine* $C_{16}H_{22}N_2$, Formel I (R = CH_2-CH_2-$N(C_2H_5)_2$) (E II 699).

B. Aus Naphthyl-(1)-amin beim Erhitzen mit Diäthyl-[2-chlor-äthyl]-amin-hydrochlorid unter Zusatz von Kupfer-Pulver auf 130° (*Tsuda, Matsunaga*, J. pharm. Soc. Japan **62** [1942] 362; C. A. **1951** 4215) sowie beim Erwärmen mit Diäthyl-[2-chloräthyl]-amin-hydrochlorid und Kaliumcarbonat in Benzol unter Zusatz von Kupfer-Pulver (*Stahmann, Cope*, Am. Soc. **68** [1946] 2494; vgl. E II 699). Beim Einleiten von Chlorwasserstoff in eine äther. Lösung von Naphthyl-(1)-amin und 2-Diäthylaminoäthanol-(1) und Erhitzen des Reaktionsprodukts mit Natriumbromid, Kupfer(II)-chlorid und Chrom(II)-chlorid auf 180° (*Tsuda, Nakamura*, J. pharm. Soc. Japan **67** [1947] 239, 241; C. A. **1951** 6800).

Kp_3: 176° (*Ts.*, *Ma.*); Kp_1: 156—157° (*St.*, *Cope*). n_D^{25}: 1,5886 (*St.*, *Cope*).

Dipikrat $C_{16}H_{22}N_2 \cdot 2C_6H_3N_3O_7$. Rote Krystalle (aus A.); F: 154—155° (*Peak, Watkins*, Soc. **1950** 445, 449; s. a. *Ts.*, *Ma.*).

Oxalat $C_{16}H_{22}N_2 \cdot C_2H_2O_4$. Krystalle (aus Me.) mit 0,5 Mol H_2O; F: 164° (*Ts.*, *Na.*).

Mekonat $C_{16}H_{22}N_2 \cdot C_7H_4O_7$. Krystalle (aus Me.); Zers. bei 170° (*Ts.*, *Ma.*).

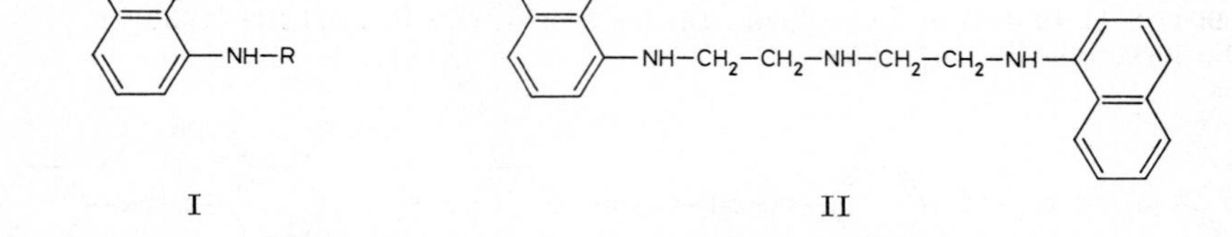

Bis-[2-(naphthyl-(1)-amino)-äthyl]-amin, 1.7-Di-[naphthyl-(1)]-diäthylentriamin, *1,7-di*(*1-naphthyl*)*diethylenetriamine* $C_{24}H_{25}N_3$, Formel II.

B. Als Hydrobromid neben 1-[Naphthyl-(1)]-piperazin-hydrobromid beim Erhitzen von Naphthyl-(1)-amin mit Bis-[2-brom-äthyl]-amin-hydrobromid (*Prelog, Blazek*, Collect. **6** [1934] 211, 215, 216).

Hydrobromid $C_{24}H_{25}N_3 \cdot HBr$. Krystalle (aus wss. Me.); F: 216—217°.

N.N-Diäthyl-N'-[naphthyl-(1)]-propandiyldiamin, N,N-*diethyl*-N'-(*1-naphthyl*)*propane-1,3-diamine* $C_{17}H_{24}N_2$, Formel I (R = $[CH_2]_3$-$N(C_2H_5)_2$).

B. Beim Erhitzen von Naphthyl-(1)-amin mit Diäthyl-[3-chlor-propyl]-amin-hydrochlorid auf 130° (*Šimonow*, Ž. obšč. Chim. **16** [1946] 621, 623; C. A. **1947** 1220).

Wachsartige Krystalle; F: 25—26°. Kp_5: 205—206° [Rohprodukt].

Pikrat $C_{17}H_{24}N_2 \cdot C_6H_3N_3O_7$. Orangefarbene Krystalle (aus Acn.); F: 176,5—177,5°.

(±)-3-Dimethylamino-1-[naphthyl-(1)-amino]-propanol-(2), (±)-*1-*(*dimethylamino*)-*3-*(*1-naphthylamino*)*propan-2-ol* $C_{15}H_{20}N_2O$, Formel I (R = CH_2-$CH(OH)$-CH_2-$N(CH_3)_2$).

B. Beim 7-tägigen Behandeln von Naphthyl-(1)-amin mit (±)-Epichlorhydrin in Äthanol und Erhitzen des Reaktionsprodukts mit Dimethylamin in Benzol auf 125° (*Fourneau, Trefouel, Benoit*, Ann. Inst. Pasteur **44** [1930] 719, 723).

Krystalle (aus wss. A.); F: 79°.

Hydrochlorid. Krystalle (aus A. + Acn.); F: 162°.

Glycin-[naphthyl-(1)-amid], *2-amino*-N-(*1-naphthyl*)*acetamide* $C_{12}H_{12}N_2O$, Formel I (R = CO-CH_2-NH_2).

B. Aus *C*-Chlor-*N*-[naphthyl-(1)]-acetamid beim Erwärmen mit äthanol. Ammoniak (*Pfeiffer, Saure*, J. pr. [2] **157** [1941] 97, 122).

Krystalle (aus A.); F: 108°.

Trimethyl-[(naphthyl-(1)-carbamoyl)-methyl]-ammonium, *trimethyl*[(*1-naphthylcarbamoyl*)*methyl*]*ammonium* $[C_{15}H_{19}N_2O]^{\oplus}$, Formel I (R = CO-$CH_2$-$N(CH_3)_3]^{\oplus}$).

Chlorid $[C_{15}H_{19}N_2O]Cl$. *B.* Beim Behandeln von Naphthyl-(1)-amin mit Chloracetylchlorid und Natriumacetat in wss. Essigsäure und Erwärmen des Reaktionsprodukts mit

Trimethylamin in Toluol (*Renshaw, Hotchkiss*, J. biol. Chem. **103** [1933] 183, 184, 185). — Krystalle (aus A. + Ae.); F: 165,5° [korr.].

***N.N*-Diäthyl-glycin-[naphthyl-(1)-amid]**, *2-(diethylamino)*-N-*(1-naphthyl)acetamide* $C_{16}H_{20}N_2O$, Formel I (R = $CO-CH_2-N(C_2H_5)_2$).

B. Aus *C*-Chlor-*N*-[naphthyl-(1)]-acetamid und Diäthylamin in Benzol (*Löfgren*, Ark. Kemi **22** A Nr. 18 [1946] 1, 15).

Kp_3: 196—197°. An der Luft erfolgt Dunkelfärbung.

Hydrochlorid $C_{16}H_{20}N_2O \cdot HCl$. Krystalle (aus A.); F: 166°.

***N*-[Naphthyl-(1)]-glycin-[naphthyl-(1)-amid]**, N-*(1-naphthyl)-2-(1-naphthylamino)acetamide* $C_{22}H_{18}N_2O$, Formel III (H 1253).

B. Aus Chloressigsäure-butylester und Magnesium-bromid-[naphthyl-(1)-amid] in Äther (*Thomassin*, Bl. **1947** 457).

Krystalle (aus A.); F: 161—162°.

***N*-Chlor-*N*-[naphthyl-(1)]-acetamid**, N-*chloro*-N-*(1-naphthyl)acetamide* $C_{12}H_{10}ClNO$, Formel IV (R = $CO-CH_3$, X = Cl) (H 1253).

Hellgelbe Krystalle (aus PAe.); F: 80° (*Hoogeveen*, R. **49** [1930] 503, 511).

Bei der Bestrahlung mit Sonnenlicht sind *N*-[4-Chlor-naphthyl-(1)]-acetamid und *N*-[2-Chlor-naphthyl-(1)]-acetamid erhalten worden (*Hoo.*, l. c. S. 518). Geschwindigkeit der Umwandlung in *N*-[4-Chlor-naphthyl-(1)]-acetamid und *N*-[2-Chlor-naphthyl-(1)]-acetamid in wss. Äthanol oder in wss. Essigsäure bei 25° in Abhängigkeit vom Wassergehalt und von der zugesetzten Menge wss. Salzsäure: *Hoo.*, l. c. S. 506—516.

1-Benzolsulfinylamino-naphthalin, *N*-[Naphthyl-(1)]-benzolsulfinamid, N-*(1-naphthyl)benzenesulfinamide* $C_{16}H_{13}NOS$, Formel IV (R = H, X = $SO-C_6H_5$).

Eine unter dieser Konstitution beschriebene Verbindung (Krystalle [aus Ae.], F: 126°) ist beim Behandeln des aus *N*-Sulfinyl-anilin und Naphthyl-(1)-lithium in Äther hergestellten Lithium-Salzes mit wss. Ammoniumchlorid-Lösung erhalten worden (*Schönberg et al.*, B. **66** [1933] 237, 244).

4-Chlor-*N*-[naphthyl-(1)]-benzolsulfonamid-(1), p-*chloro*-N-*(1-naphthyl)benzenesulfonamide* $C_{16}H_{12}ClNO_2S$, Formel V (R = H, X = Cl).

B. Beim Erhitzen von 4-Chlor-benzol-sulfonylazid-(1) mit Naphthalin auf 140° oder von Naphthyl-(1)-amin mit 4-Chlor-benzol-sulfonylchlorid-(1) auf 100° (*Curtius*, J. pr. [2] **125** [1930] 303, 346, 347).

Krystalle (aus A.); F: 190°.

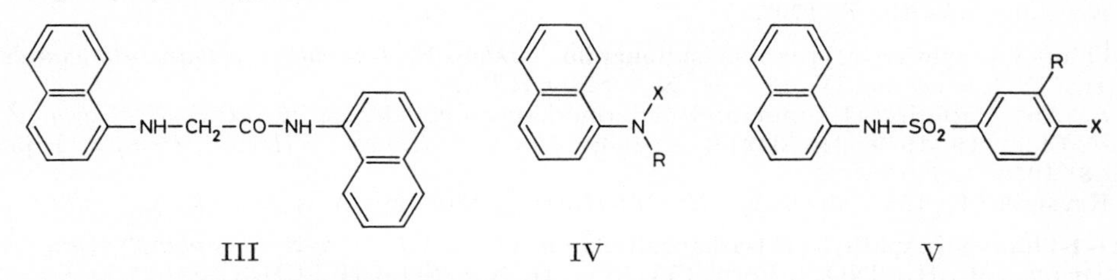

3-Nitro-*N*-[naphthyl-(1)]-benzolsulfonamid-(1), N-*(1-naphthyl)*-m-*nitrobenzenesulfonamide* $C_{16}H_{12}N_2O_4S$, Formel V (R = NO_2, X = H) (E II 700).

B. Aus Naphthyl-(1)-amin und 3-Nitro-benzol-sulfonylchlorid-(1) mit Hilfe von Pyridin (*Consden, Kenyon*, Soc. **1935** 1591, 1593; vgl. E II 700). Neben geringen Mengen Bis-[3-nitro-benzol-sulfonyl-(1)]-[naphthyl-(1)]-amin (S. 2959) beim Erwärmen von Naphthyl-(1)-amin mit 3-Nitro-benzol-sulfonylchlorid-(1) und Wasser unter Zusatz von Natriumcarbonat (*Hodgson, Crook*, Soc. **1936** 1844, 1846).

Krystalle; F: 165° [aus A. oder Eg.] (*Ho., Cr.*), 162—164° [aus Eg.] (*Co., Ke.*).

Reaktion mit Brom (Überschuss) in Chloroform unter Bildung von 3-Nitro-*N*-[4-brom-naphthyl-(1)]-benzolsulfonamid-(1): *Co., Ke.*, l. c. S. 1594. Beim Erwärmen mit wss. Salpetersäure und Essigsäure ist 3-Nitro-*N*-[2.4-dinitro-naphthyl-(1)]-benzolsulfonamid-(1) erhalten worden (*Co., Ke.*, l. c. S. 1593).

Natrium-Salz $NaC_{16}H_{11}N_2O_4S$. Rote Krystalle (aus W.) mit 4 Mol H_2O vom F: 85° [bei schnellem Erhitzen], die beim Erwärmen auf 50° in das Monohydrat (braune Krystalle), beim Erhitzen auf 120° in das wasserfreie Salz (orangefarbene Krystalle vom F: 256°) übergehen (*Hodgson, Smith*, Soc. **1935** 1854).

Kalium-Salz $KC_{16}H_{11}N_2O_4S$. Rote Krystalle (aus W.) mit 2 Mol H_2O, die beim Erhitzen auf 120° in das wasserfreie Salz (orangefarbene Krystalle vom F: 232°) übergehen (*Ho., Sm.*).

***N*-[Naphthyl-(1)]-toluolsulfonamid-(4)**, N-(*1-naphthyl*)-p-*toluenesulfonamide* $C_{17}H_{15}NO_2S$, Formel V (R = H, X = CH_3) (H 1254; E I 528; E II 700).

B. Neben geringen Mengen Bis-[toluol-sulfonyl-(4)]-[naphthyl-(1)]-amin beim Erwärmen von Naphthyl-(1)-amin mit Toluol-sulfonylchlorid-(4) und Wasser unter Zusatz von Natriumcarbonat (*Hodgson, Walker*, Soc. **1934** 180; vgl. H 1254).

Krystalle (aus Eg.); F: 157° (*Ho., Wa.*).

Beim Erwärmen mit 30%ig. wss. Salpetersäure ist *N*-[2.4-Dinitro-naphthyl-(1)]-toluolsulfonamid-(4) (*Ho., Wa.*), beim Behandeln mit Salpetersäure und Essigsäure (*Consden, Kenyon*, Soc. **1935** 1591, 1594) bzw. mit wss. Salpetersäure (D: 1,42) und Nitrobenzol (*Ho., Wa.*) ist daneben *N*-[2-Nitro-naphthyl-(1)]-toluolsulfonamid-(4) bzw. *N*-[4-Nitro-naphthyl-(1)]-toluolsulfonamid-(4) erhalten worden.

4-Chlor-*N*-[naphthyl-(1)]-naphthalinsulfonamid-(1), *4-chloro*-N-(*1-naphthyl*)*naphthalene-1-sulfonamide* $C_{20}H_{14}ClNO_2S$, Formel VI.

B. Beim Erhitzen von Naphthyl-(1)-amin mit 4-Chlor-naphthalin-sulfonylchlorid-(1) und Wasser (*Cumming, Muir*, J. roy. tech. Coll. **3** [1934] 223, 224).

Krystalle (aus A.); F: 162°.

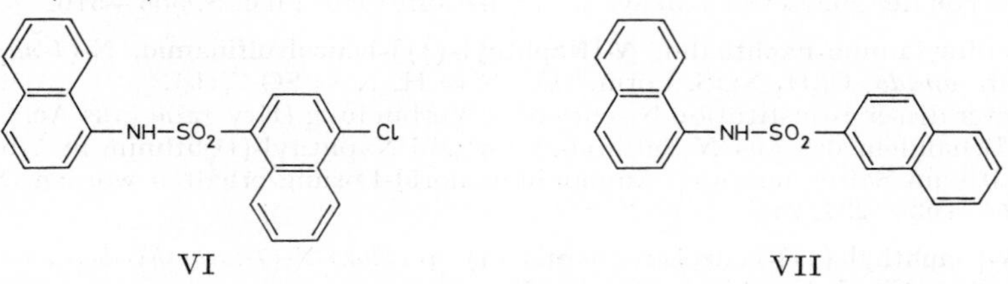

VI VII

***N*-[Naphthyl-(1)]-naphthalinsulfonamid-(2)**, N-(*1-naphthyl*)*naphthalene-2-sulfonamide* $C_{20}H_{15}NO_2S$, Formel VII (H 1254, E II 700).

B. Beim Erhitzen von Naphthalin-sulfonylazid-(2) mit Naphthalin auf 130° (*Curtius*, J. pr. [2] **125** [1930] 303, 381, 382).

Krystalle (aus A.); F: 179°.

***C*-Chlor-*N*-[naphthyl-(1)]-methansulfonamid**, *1-chloro*-N-(*1-naphthyl*)*methanesulfonamide* $C_{11}H_{10}ClNO_2S$, Formel IV (R = H, X = SO_2-CH_2Cl).

B. Aus Naphthyl-(1)-amin und Chlormethansulfonylchlorid in Äther (*Koŝzowa*, Ž. obšč. Chim. **19** [1949] 346, 349; C. A. **1949** 6568; s. a. *Runge, El-Heweki, Hempel*, J. pr. [4] **8** [1959] 1, 7, 13).

Krystalle; F: 128° [aus CCl_4] (*Ru., El-H., He.*), 120° [aus A. + W.] (*Ko.*).

(±)-1-Chlor-*N*-[naphthyl-(1)]-äthansulfonamid-(1), (±)-*1-chloro*-N-(*1-naphthyl*)*ethanesulfonamide* $C_{12}H_{12}ClNO_2S$, Formel IV (R = H, X = SO_2-$CHCl$-CH_3).

B. Aus Naphthyl-(1)-amin und (±)-1-Chlor-äthan-sulfonylchlorid-(1) in Äther (*Koŝzowa*, Ž. obšč. Chim. **19** [1949] 346, 349; C. A. **1949** 6568).

Gelbe Krystalle (aus A. + W.); F: 138°.

***N.N'*-Di-[naphthyl-(1)]-benzoldisulfonamid-(1.4)**, N,N'-*di*(*1-naphthyl*)*benzene-1,4-disulfonamide* $C_{26}H_{20}N_2O_4S_2$, Formel VIII.

B. Aus Naphthyl-(1)-amin und Benzol-disulfonylchlorid-(1.4) (*Raghavan, Iyer, Guha*, Curr. Sci. **16** [1947] 344).

F: 285–286°.

***N*-[Naphthyl-(1)]-*N*-cyan-benzolsulfonamid**, N-*cyano*-N-(*1-naphthyl*)*benzenesulfonamide* $C_{17}H_{12}N_2O_2S$, Formel IX (X = H).

B. Beim Behandeln einer Suspension von Naphthyl-(1)-harnstoff in Pyridin mit Benzolsulfonylchlorid (*Kurzer*, Soc. **1949** 1034, 1037).

Krystalle (aus Acn. + A.); F: 144–146° [unkorr.].

4-Nitro-*N*-[naphthyl-(1)]-*N*-cyan-benzolsulfonamid-(1), N-*cyano*-N-(*1-naphthyl*)-p-*nitrobenzenesulfonamide* $C_{17}H_{11}N_3O_4S$, Formel IX (X = NO_2).

B. Aus Naphthyl-(1)-harnstoff und 4-Nitro-benzol-sulfonylchlorid-(1) (*Kurzer*, Soc. **1949** 1034, 1038).

Hellgelbe Krystalle (aus Acn. + A.); F: 177—178° [unkorr.].

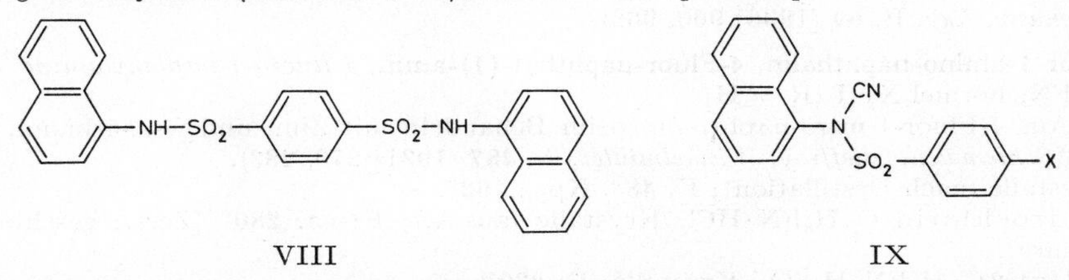

***N*-[Naphthyl-(1)]-*N*-cyan-toluolsulfonamid-(4),** N-*cyano*-N-(*1-naphthyl*)-p-*toluenesulfonamide* $C_{18}H_{14}N_2O_2S$, Formel IX (X = CH_3).

B. Aus Naphthyl-(1)-harnstoff und Toluol-sulfonylchlorid-(4) (*Kurzer*, Soc. **1949** 1034, 1037).

Krystalle; F: 156—157° [unkorr.].

Bis-[3-nitro-benzol-sulfonyl-(1)]-[naphthyl-(1)]-amin, N-(*1-naphthyl*)-m,m'-*dinitrodibenzenesulfonamide* $C_{22}H_{15}N_3O_8S_2$, Formel X (R = H, X = NO_2).

B. Beim Erwärmen des Natrium-Salzes des 3-Nitro-*N*-[naphthyl-(1)]-benzolsulfonamids-(1) mit 3-Nitro-benzol-sulfonylchlorid-(1) in Benzol (*Hodgson, Crook*, Soc. **1936** 1844, 1846).

Krystalle (aus Eg.); F: 252°.

Bis-[toluol-sulfonyl-(4)]-[naphthyl-(1)]-amin, N-(*1-naphthyl*)*di*-p-*toluenesulfonamide* $C_{24}H_{21}NO_4S_2$, Formel X (R = CH_3, X = H).

B. s. S. 2958 im Artikel *N*-[Naphthyl-(1)]-toluolsulfonamid-(4).

Krystalle (aus Eg.); F: 224° (*Hodgson, Walker*, Soc. **1934** 180).

Naphthyl-(1)-amidoschwefelsäure, Naphthyl-(1)-sulfamidsäure, (*1-naphthyl*)*sulfamic acid* $C_{10}H_9NO_3S$, Formel XI (R = H, X = SO_2OH) (H 1254; E II 701).

B. Neben 4-Amino-naphthalin-sulfonsäure-(1) beim Erwärmen von 1-Nitroso-naphthalin oder von *N*-[Naphthyl-(1)]-hydroxylamin mit Ammoniumsulfit in wss. Äthanol (*Berkengeĭm, Filimonow*, Ž. obšč. Chim. **8** [1938] 608, 621; C. **1939** I 2161).

Ammonium-Salz (vgl. H 1254). Krystalle (aus A.); F: 245—246° [Zers.] (*Be., Fi.*, l. c. S. 622).

***N.N*-Dimethyl-*N'*-[naphthyl-(1)]-sulfamid,** N,N-*dimethyl*-N'-(*1-naphthyl*)*sulfamide* $C_{12}H_{14}N_2O_2S$, Formel XI (R = H, X = SO_2-$N(CH_3)_2$).

B. Aus Naphthyl-(1)-amin und Dimethylsulfamoylchlorid in Äther oder Benzol (*Wheeler, Degering*, Am. Soc. **66** [1944] 1242).

Krystalle; F: 107,3—107,7° [korr.].

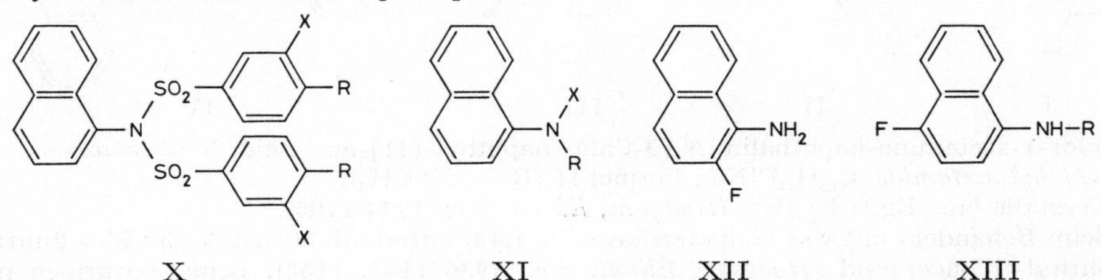

***N*-Nitroso-*N*-[naphthyl-(1)]-acetamid,** N-(*1-naphthyl*)-N-*nitrosoacetamide* $C_{12}H_{10}N_2O_2$, Formel XI (R = CO-CH_3, X = NO).

B. Beim Einleiten von Stickstoffoxiden in eine Lösung von *N*-[Naphthyl-(1)]-acetamid in Essigsäure (*Haworth, Hey*, Soc. **1940** 361, 366). Beim Eintragen einer Lösung von *N*-[Naphthyl-(1)]-acetamid in Essigsäure in Nitrosylschwefelsäure (*Hodgson, Marsden*, Soc. **1943** 285).

F: 57° [Zers.; Rohprodukt] (*Ha., Hey*). [*Winckler*]

2-Fluor-1-amino-naphthalin, 2-Fluor-naphthyl-(1)-amin, *2-fluoro-1-naphthylamine* $C_{10}H_8FN$, Formel XII.

Ein nicht einheitliches Präparat (Krystalle [aus PAe.], F: 82°; Sulfat: F: ca. 210° [Zers.]; Pikrat: F: 172—173°) ist aus nicht einheitlichem 2-Fluor-1-nitro-naphthalin (F: 47—49°) beim Erwärmen mit Zinn und wss.-äthanol. Salzsäure erhalten worden (*Schiemann, Ley*, B. **69** [1936] 960, 962).

4-Fluor-1-amino-naphthalin, 4-Fluor-naphthyl-(1)-amin, *4-fluoro-1-naphthylamine* $C_{10}H_8FN$, Formel XIII (R = H).

B. Aus 4-Fluor-1-nitro-naphthalin beim Behandeln mit Zinn und wss.-äthanol. Salzsäure (*Schiemann, Gueffroy, Winkelmüller*, A. **487** [1931] 270, 283).

Krystalle (nach Destillation); F: 48°. Kp_{16}: 162°.

Hydrochlorid $C_{10}H_8FN \cdot HCl$. Krystalle (aus A.); F: ca. 280° [Zers.; geschlossene Kapillare].

Sulfat $2C_{10}H_8FN \cdot H_2SO_4$. Krystalle; F: 230°.

4-Fluor-1-benzamino-naphthalin, *N*-[4-Fluor-naphthyl-(1)]-benzamid, N-(*4-fluoro-1-naphthyl*)*benzamide* $C_{17}H_{12}FNO$, Formel XIII (R = CO-C_6H_5).

F: 197° [aus A.] (*Schiemann, Gueffroy, Winkelmüller*, A. **487** [1931] 270, 284).

2-Chlor-1-amino-naphthalin, 2-Chlor-naphthyl-(1)-amin, *2-chloro-1-naphthylamine* $C_{10}H_8ClN$, Formel I (R = H) (H 1255; E I 529).

B. Aus 2-Chlor-1-nitro-naphthalin beim Erhitzen mit Eisen-Pulver und wss. Eisen(II)-sulfat-Lösung (*Hodgson, Hathway*, Soc. **1944** 538).

Krystalle (aus A.); F: 60°.

2-Chlor-1-acetamino-naphthalin, *N*-[2-Chlor-naphthyl-(1)]-acetamid, N-(*2-chloro-1-naphthyl*)*acetamide* $C_{12}H_{10}ClNO$, Formel I (R = CO-CH_3) (E I 529).

Krystalle (aus Eg.); F: 192° (*Hodgson, Hathway*, Soc. **1944** 538), 191—192° (*Brown, Hamilton*, Am. Soc. **56** [1934] 151, 153).

2-Chlor-1-benzamino-naphthalin, *N*-[2-Chlor-naphthyl-(1)]-benzamid, N-(*2-chloro-1-naphthyl*)*benzamide* $C_{17}H_{12}ClNO$, Formel I (R = CO-C_6H_5).

Krystalle (aus A.); F: 158° (*Hodgson, Hathway*, Soc. **1944** 538).

3-Chlor-1-amino-naphthalin, 3-Chlor-naphthyl-(1)-amin, *3-chloro-1-naphthylamine* $C_{10}H_8ClN$, Formel II (R = H).

B. Aus 3-Chlor-1-nitro-naphthalin beim Erwärmen mit Zinn und wss. Salzsäure (*Hodgson, Elliott*, Soc. **1934** 1705).

Krystalle (aus A.); F: 62°.

Hydrochlorid $C_{10}H_8ClN \cdot HCl$. Krystalle; F: 219°.

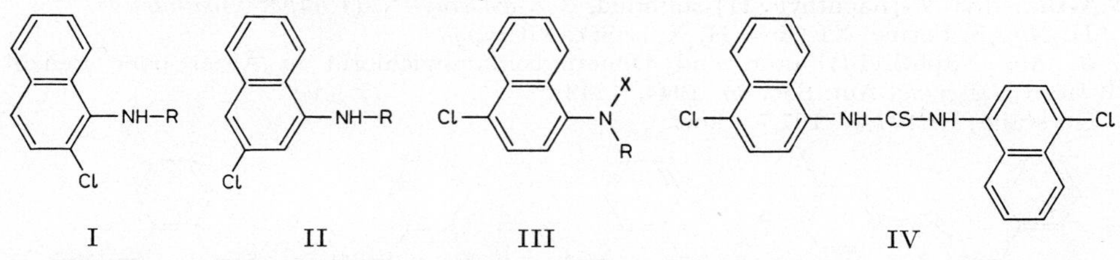

3-Chlor-1-acetamino-naphthalin, *N*-[3-Chlor-naphthyl-(1)]-acetamid, N-(*3-chloro-1-naphthyl*)*acetamide* $C_{12}H_{10}ClNO$, Formel II (R = CO-CH_3).

Krystalle (aus Eg.); F: 197° (*Hodgson, Elliott*, Soc. **1934** 1705).

Beim Behandeln mit wss. Salpetersäure (D: 1,42) unterhalb 30° ist *N*-[3-Chlor-2-nitro-naphthyl-(1)]-acetamid (*Hodgson, Elliott*, Soc. **1936** 1151, 1153), beim Erwärmen mit wss. Salpetersäure (D: 1,42) auf 100° ist eine vielleicht als *N*-[3-Chlor-x.x-dinitro-naphthyl-(1)]-acetamid zu formulierende Verbindung $C_{12}H_8ClN_3O_5$ [Krystalle (aus Eg.); F: 275°] (*Ward, Coulson, Wells*, Soc. **1957** 4816, 4823; s. dagegen *Ho., Ell.*, Soc. **1936** 1153) erhalten worden.

3-Chlor-1-benzamino-naphthalin, *N*-[3-Chlor-naphthyl-(1)]-benzamid, N-(*3-chloro-1-naphthyl*)*benzamide* $C_{17}H_{12}ClNO$, Formel II (R = CO-C_6H_5).

Krystalle (aus wss. Ameisensäure); F: 162° (*Hodgson, Elliott*, Soc. **1934** 1705).

4-Chlor-1-amino-napthalin, 4-Chlor-naphthyl-(1)-amin, *4-chloro-1-naphthylamine* $C_{10}H_8ClN$, Formel III (R = X = H) (H 1255; E II 701).

B. Aus Naphthyl-(1)-amin beim Behandeln mit 1 Mol eines Säure-[chlor-phenyl-amids] oder Säure-[chlor-tolyl-amids] in Benzol (*Danilow, Kos'mina,* Ž. obšč. Chim. **19** [1949] 309, 313; C. A. **1949** 6570). In mässiger Ausbeute beim Erhitzen von 4-Amino-naphthalin-sulfonsäure-(1) mit Kupfer(II)-chlorid (*Varma, Parekh, Subramanium,* J. Indian chem. Soc. **16** [1939] 460). Beim Behandeln von *N*-[Naphthyl-(1)]-acetamid mit Natrium-chlorat, wss. Salzsäure und Essigsäure und Erwärmen des Reaktionsprodukts mit wss.-äthanol. Schwefelsäure (*Hodgson, Bailey,* Soc. **1948** 1183, 1186; vgl. *Jacobs et al.,* J. org. Chem. **11** [1946] 223, 226). Aus *N*-[Naphthyl-(1)]-hydroxylamin beim Behandeln mit wss.-äthanol. Salzsäure (*Pajak,* Roczniki Chem. **16** [1936] 551, 557; C. **1937** I 3327; s. dagegen *Ja. et al.,* l. c. S. 227).

Krystalle (aus Bzn. bzw. wss. A.); F: 98° (*Pa.*; *Ho., Bai.*).

Hydrochlorid $C_{10}H_8ClN \cdot HCl$. Krystalle (aus wss. Salzsäure); F: 271° (*Pa.*).

4-Chlor-1-dimethylamino-naphthalin, Dimethyl-[4-chlor-naphthyl-(1)]-amin, *4-chloro-N,N-dimethyl-1-naphthylamine* $C_{12}H_{12}ClN$, Formel III (R = X = CH_3).

B. Beim Erwärmen einer aus 4-Amino-1-dimethylamino-naphthalin, wss. Salzsäure und Natriumnitrit bereiteten Diazoniumsalz-Lösung mit Kupfer(I)-chlorid (*Hodgson, Crook,* Soc. **1936** 1500, 1501).

Beim Behandeln mit wss. Salzsäure und Natriumnitrit ist Dimethyl-[4-chlor-2-nitro-naphthyl-(1)]-amin erhalten worden.

Hydrochlorid $C_{12}H_{12}ClN \cdot HCl$. Krystalle (aus wss. Salzsäure); F: 215° [Zers.].

Pikrat $C_{12}H_{12}ClN \cdot C_6H_3N_3O_7$. Krystalle (aus A.); F: 146°.

4-Chlor-1-acetamino-naphthalin, *N*-[4-Chlor-naphthyl-(1)]-acetamid, *N-(4-chloro-1-naphthyl)acetamide* $C_{12}H_{10}ClNO$, Formel III (R = CO-CH_3, X = H) (H 1255).

B. Aus 1-Nitro-naphthalin beim Erhitzen mit Zinn(II)-chlorid und Acetanhydrid (*de Kiewiet, Stephen,* Soc. **1931** 82). Aus 4-Chlor-naphthyl-(1)-amin beim Behandeln mit Acetanhydrid und Pyridin (*Fusco, Musante,* G. **66** [1936] 258, 263). Aus 1-[4-Chlor-naphthyl-(1)]-äthanon-(1)-oxim beim Behandeln mit Phosphor(V)-chlorid (*Jacobs et al.,* J. org. Chem. **11** [1946] 27, 30). Aus *N*-[Naphthyl-(1)]-acetamid beim Behandeln mit wss. Salzsäure und Natriumchlorat (*Hoogeveen,* R. **49** [1930] 503, 517, 520; vgl. H 1255).

Krystalle; F: 190—191° [korr.] (*Ja. et al.*), 185° [aus A.] (*Fu., Mu.*).

Beim Behandeln einer Suspension in Essigsäure mit wss. Salpetersäure (D: 1,42) ist *N*-[4-Chlor-2-nitro-naphthyl-(1)]-acetamid erhalten worden (*Hodgson, Birtwell,* Soc. **1943** 321).

4-Chlor-1-diacetylamino-naphthalin, *N*-[4-Chlor-naphthyl-(1)]-diacetamid, *N-(4-chloro-1-naphthyl)diacetamide* $C_{14}H_{12}ClNO_2$, Formel III (R = X = CO-CH_3).

B. Aus 4-Chlor-naphthyl-(1)-amin-hydrochlorid beim Erhitzen mit Acetanhydrid und Natriumacetat (*Pajak,* Roczniki Chem. **16** [1936] 551, 557; C. **1937** I 3327).

Krystalle (aus wss. Eg.); F: 135°.

4-Chlor-1-benzamino-naphthalin, *N*-[4-Chlor-naphthyl-(1)]-benzamid, *N-(4-chloro-1-naphthyl)benzamide* $C_{17}H_{12}ClNO$, Formel III (R = CO-C_6H_5, X = H).

B. Aus *N*-[Naphthyl-(1)]-benzamid beim Erwärmen mit Sulfurylchlorid in Benzol (*Jadhav, Sukhtankar,* J. Indian chem. Soc. **15** [1938] 649, 650, 652).

Krystalle (aus A.); F: 226°.

[4-Chlor-naphthyl-(1)]-carbamidsäure-äthylester, *(4-chloro-1-naphthyl)carbamic acid ethyl ester* $C_{13}H_{12}ClNO_2$, Formel III (R = CO-OC_2H_5, X = H).

B. Aus [Naphthyl-(1)]-carbamidsäure-äthylester beim Behandeln mit Thionylchlorid (*Raiford, Freyermuth,* J. org. Chem. **8** [1943] 174, 177).

Krystalle (aus wss. Me.); F: 143—144°.

***N'N'*-Bis-[4-chlor-naphthyl-(1)]-thioharnstoff,** *1,3-bis(4-chloro-1-naphthyl)thiourea* $C_{21}H_{14}Cl_2N_2S$, Formel IV.

B. Neben 4-Chlor-naphthyl-(1)-isothiocyanat beim Behandeln einer Lösung von 4-Chlor-naphthyl-(1)-amin in Chloroform mit einer Suspension von Thiophosgen in Wasser (*Dyson, Harrington,* Soc. **1942** 374).

Krystalle (aus A.); F: 230° [Zers.].

4-Chlor-naphthyl-(1)-isothiocyanat, *isothiocyanic acid 4-chloro-1-naphthyl ester* $C_{11}H_6ClNS$, Formel V.

B. s. im vorangehenden Artikel.

Krystalle (aus Acn.); F: 87° (*Dyson, Harrington*, Soc. **1942** 374).

Beim Behandeln mit Chlor in Chloroform ist 2.5-Dichlor-naphtho[1.2-*d*]thiazol erhalten worden.

6-Chlor-1-amino-naphthalin, 6-Chlor-naphthyl-(1)-amin, *6-chloro-1-naphthylamine* $C_{10}H_8ClN$, Formel VI (R = H).

B. Aus 6-Chlor-1-hydroxyimino-1.2.3.4-tetrahydro-naphthalin oder 6-Chlor-acetoxy=imino-1.2.3.4-tetrahydro-naphthalin beim Erwärmen mit Chlorwasserstoff in Essigsäure und Acetanhydrid (*Schroeter*, B. **63** [1930] 1308, 1318). Aus *N*-[6-Chlor-naphthyl-(1)]-acetamid beim Erhitzen mit wss. Salzsäure (*Jacobs et al.*, J. org. Chem. **11** [1946] 229, 237).

Krystalle; F: 62–64° [aus Ae.] (*Ja. et al.*), 63–64° [aus Bzn.] (*Sch.*).

6-Chlor-1-acetamino-naphthalin, *N*-[6-Chlor-naphthyl-(1)]-acetamid, N-*(6-chloro-1-naphthyl)acetamide* $C_{12}H_{10}ClNO$, Formel VI (R = $CO-CH_3$).

B. Aus 1-[6-Chlor-naphthyl-(1)]-äthanon-(1)-oxim beim Erwärmen mit Phosphor(V)-chlorid in Äther (*Jacobs et al.*, J. org. Chem. **11** [1946] 229, 237).

Krystalle (aus E.); F: 210–211° [korr.].

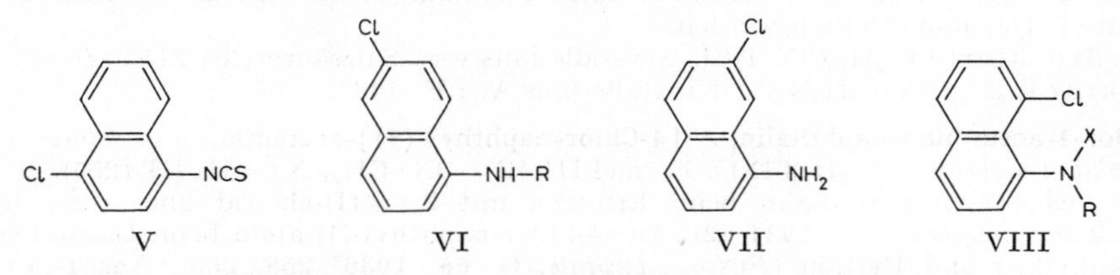

7-Chlor-1-amino-naphthalin, 7-Chlor-naphthyl-(1)-amin, *7-chloro-1-naphthylamine* $C_{10}H_8ClN$, Formel VII (H 1256).

B. Aus 7-Chlor-1-nitro-naphthalin bei der Hydrierung an Raney-Nickel in Äthanol (*Beech, Legg*, Soc. **1949** 1887). Aus 7-Chlor-1-acetoxyimino-1.2.3.4-tetrahydro-naphthalin beim Erwärmen mit Chlorwasserstoff in Essigsäure und Acetanhydrid (*Schroeter*, B. **63** [1930] 1308, 1318).

F: 46° [aus Ae. + PAe.] (*Sch.*).

Hydrochlorid. F: 258° [unkorr.] (*Beech, Legg*).

8-Chlor-1-amino-naphthalin, 8-Chlor-naphthyl-(1)-amin, *8-chloro-1-naphthylamine* $C_{10}H_8ClN$, Formel VIII (R = X = H) (H 1256; E II 701).

B. Aus 8-Chlor-1-nitro-naphthalin beim Erhitzen mit Eisen-Pulver und wss. Salzsäure (*Steele, Adams*, Am. Soc. **52** [1930] 4528, 4531).

Krystalle; F: 95–96° [aus Bzn.] (*St., Ad.*), 90° (*Fieser, Seligman*, Am. Soc. **61** [1939] 136, 139), 88–89° (*Brown, Letang*, Am. Soc. **63** [1941] 358, 359). Die Krystalle färben sich an der Luft rotviolett (*St., Ad.*).

8-Chlor-1-dimethylamino-naphthalin, Dimethyl-[8-chlor-naphthyl-(1)]-amin, *8-chloro-*N,N*-dimethyl-1-naphthylamine* $C_{12}H_{12}ClN$, Formel VIII (R = X = CH_3).

B. Aus 8-Chlor-naphthyl-(1)-amin und Dimethylsulfat (*Brown, Letang*, Am. Soc. **63** [1941] 358, 359).

Kp_4: 111–112°. n_D^{20}: 1,6420.

[8-Chlor-naphthyl-(1)]-carbamidsäure-methylester, *(8-chloro-1-naphthyl)carbamic acid methyl ester* $C_{12}H_{10}ClNO_2$, Formel VIII (R = $CO-OCH_3$, X = H).

B. Aus 8-Chlor-naphthyl-(1)-isocyanat (*Siefken*, A. **562** [1949] 75, 119).

F: 119–120° [unkorr.].

8-Chlor-naphthyl-(1)-isocyanat, *isocyanic acid 8-chloro-1-naphthyl ester* $C_{11}H_6ClNO$, Formel IX.

B. Aus 8-Chlor-naphthyl-(1)-amin und Phosgen (*Siefken*, A. **562** [1949] 75, 101, 119).

$Kp_{0,1}$: 125–127°.

2.4-Dichlor-1-amino-naphthalin, 2.4-Dichlor-naphthyl-(1)-amin, *2,4-dichloro-1-naphthylamine* $C_{10}H_7Cl_2N$, Formel X (R = H) (H 1256; E II 702).

B. Aus Naphthyl-(1)-amin beim Behandeln mit 2 Mol eines Säure-[chlor-phenyl-amids] oder eines Säure-[chlor-tolyl-amids] in Benzol (*Danilow, Kos'mina,* Ž. obšč. Chim. **19** [1949] 309, 311, 313; C. A. **1949** 6570).

F: 80°.

Hydrochlorid. F: 186°.

2.4-Dichlor-1-benzamino-naphthalin, *N*-[2.4-Dichlor-naphthyl-(1)]-benzamid, N-*(2,4-dichloro-1-naphthyl)benzamide* $C_{17}H_{11}Cl_2NO$, Formel X (R = CO-C_6H_5).

B. Aus *N*-[Naphthyl-(1)]-benzamid beim Erwärmen mit Sulfurylchlorid in Benzol (*Jadhav, Sukhtankar,* J. Indian chem. Soc. **15** [1938] 649, 652).

F: 212—213°.

2-Brom-1-amino-naphthalin, 2-Brom-naphthyl-(1)-amin, *2-bromo-1-naphthylamine* $C_{10}H_8BrN$, Formel XI (R = H).

Eine von *Dziewoński, Sternbach* (Bl. Acad. polon. [A] **1931** 59, 66) unter dieser Konstitution beschriebene Verbindung ist als 7-Brom-naphthyl-(1)-amin zu formulieren (*Leonard, Hyson,* J. org. Chem. **13** [1948] 164, 165).

B. Aus 2-Brom-1-nitro-naphthalin beim Erhitzen mit Eisen-Pulver und wss. Eisen(II)-sulfat-Lösung (*Hodgson, Hathway,* Soc. **1944** 538).

Krystalle (aus wss. A.); F: 65° (*Ho., Ha.*).

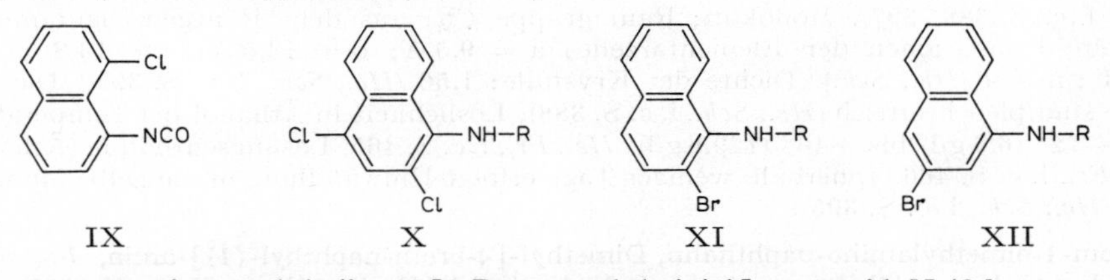

IX X XI XII

2-Brom-1-acetamino-naphthalin, *N*-[2-Brom-naphthyl-(1)]-acetamid, N-*(2-bromo-1-naphthyl)acetamide* $C_{12}H_{10}BrNO$, Formel XI (R = CO-CH_3).

Eine von *Dziewoński, Sternbach* (Bl. Acad. polon. [A] **1931** 59, 66) unter dieser Konstitution beschriebene Verbindung ist als *N*-[7-Brom-naphthyl-(1)]-acetamid zu formulieren (*Leonard, Hyson,* J. org. Chem. **13** [1948] 164, 165).

B. Aus 2-Brom-naphthyl-(1)-amin (*Hodgson, Hathway,* Soc. **1944** 538).

Krystalle (aus Eg.); F: 198° (*Ho., Ha.*).

2-Brom-1-benzamino-naphthalin, *N*-[2-Brom-naphthyl-(1)]-benzamid, N-*(2-bromo-1-naphthyl)benzamide* $C_{17}H_{12}BrNO$, Formel XI (R = CO-C_6H_5).

B. Aus 2-Brom-naphthyl-(1)-amin (*Hodgson, Hathway,* Soc. **1944** 538).

Krystalle (aus wss. A.); F: 179° (*Ho., Ha.*).

3-Brom-1-amino-naphthalin, 3-Brom-naphthyl-(1)-amin, *3-bromo-1-naphthylamine* $C_{10}H_8BrN$, Formel XII (R = H).

B. Aus 3-Brom-1-nitro-naphthalin beim Erwärmen mit Zinn und wss. Salzsäure (*Hodgson, Elliott,* Soc. **1934** 1705).

Krystalle (aus A.); F: 70°.

Hydrochlorid $C_{10}H_8BrN \cdot HCl$. Krystalle (aus wss. Salzsäure); F: 247°.

3-Brom-1-acetamino-naphthalin, *N*-[3-Brom-naphthyl-(1)]-acetamid, N-*(3-bromo-1-naphthyl)acetamide* $C_{12}H_{10}BrNO$, Formel XII (R = CO-CH_3).

B. Aus 3-Brom-naphthyl-(1)-amin (*Hodgson, Elliott,* Soc. **1934** 1705).

Krystalle (aus Eg.); F: 174° (*Ho., Ell.,* Soc. **1934** 1705).

Beim Behandeln mit wss. Salpetersäure (D: 1,42) unterhalb 30° ist *N*-[3-Brom-2-nitro-naphthyl-(1)]-acetamid erhalten worden (*Hodgson, Elliott,* Soc. **1936** 1151).

3-Brom-1-benzamino-naphthalin, *N*-[3-Brom-naphthyl-(1)]-benzamid, N-*(3-bromo-1-naphthyl)benzamide* $C_{17}H_{12}BrNO$, Formel XII (R = CO-C_6H_5).

B. Aus 3-Brom-naphthyl-(1)-amin (*Hodgson, Elliott,* Soc. **1934** 1705).

Krystalle (aus wss. Ameisensäure); F: 166°.

4-Brom-1-amino-naphthalin, 4-Brom-naphthyl-(1)-amin, *4-bromo-1-naphthylamine* $C_{10}H_8BrN$, Formel XIII (R = X = H) (H 1257; E I 529; E II 702).

B. Aus Naphthyl-(1)-amin beim Behandeln mit wss. Essigsäure, Kaliumbromid und *N.N'*-Dichlor-harnstoff (*Lichoscherštow, Zimbališt, Petrow,* Ž. obšč. Chim. **4** [1934] 557, 559, 562). In mässiger Ausbeute beim Erhitzen von 4-Amino-naphthalin-sulfonsäure-(1) mit Kupfer(II)-bromid (*Varma, Parekh, Subramanium,* J. Indian chem. Soc. **16** [1939] 460).

F: 102,5° (*Fieser, Desreux,* Am. Soc. **60** [1938] 2255, 2261), 102° (*Li., Zi., Pe.*). Aus dem Röntgen-Diagramm ermittelte Dimensionen der Elementarzelle: a = 25,2 Å; b = 16 Å; c = 4,2 Å; n = 8 (*Hertel, Schneider,* Z. physik. Chem. [B] **13** [1931] 387, 398). Schmelzdiagramme der binären Systeme mit 2.4.6-Trinitro-anisol (Verbindung 1:1; F: 80°) und mit (±)-2-[2.4.6-Trinitro-phenoxy]-propionsäure-äthylester (Verbindung 1:1; F: 88°): *Hertel, Römer,* B. **63** [1930] 2446, 2448. Lösungsenthalpie (Äthanol): *Hertel, Frank,* Z. physik. Chem. [B] **27** [1934] 460, 461.

Verbindung mit 2.6-Dinitro-phenol $C_{10}H_8BrN \cdot C_6H_4N_2O_5$ (E II 702). a) Gelbe Modifikation. Krystalle (aus Brombenzol); F: 91,5° (*He., Sch.,* l. c. S. 388, 391). Monoklin; Raumgruppe C_{2h}^5; aus dem Röntgen-Diagramm ermittelte Dimensionen der Elementarzelle: a = 14,0 Å; b = 8,0 Å; c = 14,5 Å; β = 102,1°; n = 4 (*He., Sch.*). Dichte der Krystalle: 1,654 (*He., Sch.*). Löslichkeit in Äthanol bei Temperaturen von −71° (3,0 g/l) bis +50° (99,8 g/l): *He., Fr.,* l. c. S. 465. Lösungsenthalpie (Äthanol): *He., Fr.,* l. c. S. 466. — b) Rote Modifikation. Krystalle (aus Bzl.); F: 85° (*He., Sch.,* l. c. S. 388, 397). Monoklin; Raumgruppe C_{2h}^5; aus dem Röntgen-Diagramm ermittelte Dimensionen der Elementarzelle: a = 9,5 Å; b = 13,5 Å; c = 13,8 Å; β = 105,3°; n = 4 (*He., Sch.*). Dichte der Krystalle: 1,56 (*He., Sch.,* l. c. S. 395). Die Krystalle sind pleochroitisch (*He., Sch.,* l. c. S. 388). Löslichkeit in Äthanol bei Temperaturen von −72° (6,6 g/l) bis +40° (129,6 g/l): *He., Fr.,* l. c. S. 465. Lösungsenthalpie (Äthanol): *He., Fr.,* l. c. S. 466. Innerhalb weniger Tage erfolgt Umwandlung in die gelbe Modifikation (*He., Sch.,* l. c. S. 395).

4-Brom-1-dimethylamino-naphthalin, Dimethyl-[4-brom-naphthyl-(1)]-amin, *4-bromo-*N,N-*dimethyl-1-naphthylamine* $C_{12}H_{12}BrN$, Formel XIII (R = X = CH_3) (H 1257).

B. Aus 4-Brom-naphthyl-(1)-amin beim Behandeln mit Dimethylsulfat und Wasser (*Snyder, Wyman,* Am. Soc. **70** [1948] 234, 235). Aus Dimethyl-[naphthyl-(1)]-amin und Brom in Tetrachlormethan (*Sn., Wy.,* l. c. S. 236).

Kp_2: 137−139°.

Beim Behandeln mit Magnesium in Äther, Eintragen des Reaktionsgemisches in Tributylborat in Äther bei −15° und anschliessenden Behandeln mit Wasser ist 4-Dimethylamino-naphthyl-(1)-boronsäure erhalten worden.

Verbindung mit 1.3.5(?)-Trinitro-benzol $C_{12}H_{12}BrN \cdot C_6H_3N_3O_6$. F: 94−95°.

Pikrat. Krystalle (aus A.); F: 154−156°.

4-Brom-1-acetamino-naphthalin, *N*-[4-Brom-naphthyl-(1)]-acetamid, N-(*4-bromo-1-naphthyl)acetamide* $C_{12}H_{10}BrNO$, Formel XIII (R = CO-CH_3, X = H) (H 1257; E I 529; E II 703).

B. Aus *N*-[Naphthyl-(1)]-acetamid und Brom in Chloroform (*Snyder, Wyman,* Am. Soc. **70** [1948] 234, 235). Aus 4-Acetamino-naphthalin-sulfonsäure-(1) beim Behandeln einer wss. Lösung des Natrium-Salzes mit Brom (*Ruggli, Braun,* Helv. **16** [1933] 858, 863).

Krystalle; F: 193° [aus A.] (*Hodgson, Birtwell,* Soc. **1943** 321), 190° (*Ru., Br.*).

4-Brom-1-thioacetamino-napthalin, *N*-[4-Brom-naphthyl-(1)]-thioacetamid, N-(*4-bromo-1-naphthyl)thioacetamide* $C_{12}H_{10}BrNS$, Formel XIII (R = CS-CH_3, X = H).

B. Aus *N*-[4-Brom-naphthyl-(1)]-acetamid beim Erhitzen mit Phosphor(V)-sulfid in Pyridin auf 110° (*Chromogen Inc.,* U.S.P. 2313993 [1940]; C. A. **1943** 5324).

Krystalle (aus Me.); F: 120°.

[4-Brom-naphthyl-(1)]-oxamidsäure, *(4-bromo-1-naphthyl)oxamic acid* $C_{12}H_8BrNO_3$, Formel XIII (R = CO-COOH, X = H).

B. Aus Naphthyl-(1)-oxamidsäure (H 1234) und Brom (*Goldstein, Mohr, Blezinger,* Helv. **18** [1935] 813, 816). Aus [4-Brom-naphthyl-(1)]-oxamidsäure-äthylester beim Erwärmen mit wss. Natronlauge (*Šergiewškaja,* Ž. obšč. Chim. **10** [1940] 55, 59; C. **1940** II 204).

Krystalle (aus 1.2-Dichlor-äthan), F: 180° [Zers.] (*Še.*); Zers. von 180° an (*Go.*, *Mohr*, *Bl.*).

[4-Brom-naphthyl-(1)]-oxamidsäure-äthylester, *(4-bromo-1-naphthyl)oxamic acid ethyl ester* $C_{14}H_{12}BrNO_3$, Formel XIII (R = CO-CO-OC$_2$H$_5$, X = H).

B. Aus Naphthyl-(1)-oxamidsäure-äthylester und Brom in 1.2-Dichlor-äthan (*Šergiewškaja*, Ž. obšč. Chim. **10** [1940] 55, 58, 59; C. **1940** II 203).

Krystalle (aus A.); F: 135—136°.

***N'*-[4-Brom-naphthyl-(1)]-*N*-acetyl-harnstoff,** *1-acetyl-3-(4-bromo-1-naphthyl)urea* $C_{13}H_{11}BrN_2O_2$, Formel XIII (R = CO-NH-CO-CH$_3$, X = H).

B. Aus *N'*-[Naphthyl-(1)]-*N*-acetyl-harnstoff und Brom in Tetrachlormethan (*Desai*, *Desai*, J. Indian chem. Soc. **26** [1949] 249). Beim Erhitzen von 4-Brom-naphthyl-(1)-amin mit Acetylcarbamidsäure-äthylester (*De.*, *De.*).

Krystalle (aus A.); F: 258—260° [Zers. von 235° an].

[4-Brom-naphthyl-(1)]-thioharnstoff, *(4-bromo-1-naphthyl)thiourea* $C_{11}H_9BrN_2S$, Formel XIII (R = CS-NH$_2$, X = H).

Unter dieser Konstitution beschriebenene Präparate vom F: 108° [aus A.] bzw. vom F: 199° [aus Toluol] sind aus 4-Brom-naphthyl-(1)-isothiocyanat und Ammoniak (*Desai*, *Hunter*, *Kureishy*, Soc. **1936** 1668, 1669) bzw. aus *N'*-[4-Brom-naphthyl-(1)]-*N*-benzoyl-thioharnstoff (nicht näher beschrieben) beim Erhitzen mit wss. Natronlauge (*Arventiev et al.*, Acad. Romîne Stud. Cerc. Chim. **5** [1957] 611, 612, 615) erhalten worden.

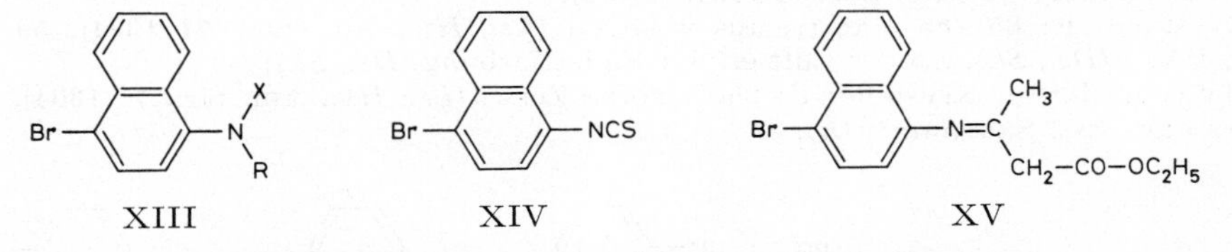

***N*-Methyl-*N'*-[4-brom-naphthyl-(1)]-thioharnstoff,** *1-(4-bromo-1-naphthyl)-3-methylthiourea* $C_{12}H_{11}BrN_2S$, Formel XIII (R = CS-NH-CH$_3$, X = H).

B. Aus 4-Brom-naphthyl-(1)-isothiocyanat und Methylamin in wss. Äthanol (*Hasan*, *Hunter*, J. Indian chem. Soc. **10** [1933] 81, 85).

Krystalle; F: 179°.

***N*-Äthyl-*N'*-[4-brom-naphthyl-(1)]-thioharnstoff,** *1-(4-bromo-1-naphthyl)-3-ethylthiourea* $C_{13}H_{13}BrN_2S$, Formel XIII (R = CS-NH-C$_2$H$_5$, X = H).

B. Aus 4-Brom-naphthyl-(1)-isothiocyanat und Äthylamin in wss. Äthanol (*Hasan*, *Hunter*, J. Indian chem. Soc. **10** [1933] 81, 87).

F: 82°.

***N*-Isopentyl-*N'*-[4-brom-naphthyl-(1)]-thioharnstoff,** *1-(4-bromo-1-naphthyl)-3-isopentylthiourea* $C_{16}H_{19}BrN_2S$, Formel XIII (R = CS-NH-CH$_2$-CH$_2$-CH(CH$_3$)$_2$, X = H).

B. Aus 4-Brom-naphthyl-(1)-isothiocyanat und Isopentylamin in Äthanol (*Hasan*, *Hunter*, J. Indian chem. Soc. **10** [1933] 81, 89).

F: 128° [nach Sintern bei 118°].

4-Brom-naphthyl-(1)-isothiocyanat, *isothiocyanic acid 4-bromo-1-naphthyl ester* $C_{11}H_6BrNS$, Formel XIV.

B. Beim Eintragen einer Lösung von 4-Brom-naphthyl-(1)-amin in Chloroform in eine Suspension von Thiophosgen in Wasser (*Hasan*, *Hunter*, J. Indian chem. Soc. **10** [1933] 81, 85).

Krystalle; F: 100° (*Desai*, *Hunter*, *Kureishy*, Soc. **1936** 1668, 1669), 90° [aus Bzl] (*Ha.*, *Hu.*).

3-[4-Brom-naphthyl-(1)-imino]-buttersäure-äthylester, *3-(4-bromo-1-naphthylimino)butyric acid* $C_{16}H_{16}BrNO_2$, Formel XV, und **3-[4-Brom-naphthyl-(1)-amino]-crotonsäure-äthylester,** *3-(4-bromo-1-naphthylamino)crotonic acid ethyl ester* $C_{16}H_{16}BrNO_2$, Formel XIII (R = C(CH$_3$)=CH-CO-OC$_2$H$_5$, X = H).

B. Aus 4-Brom-naphthyl-(1)-amin und Acetessigsäure-äthylester in Gegenwart von wss. Salzsäure (*Utermohlen*, *Hamilton*, Am. Soc. **63** [1941] 156, 157).

Krystalle (aus wss. A.); F: 113—114°.

Beim Erhitzen in Paraffinöl auf 250° ist 6-Brom-2-methyl-benzo[*h*]chinolinol-(4) erhalten worden.

3-Nitro-*N*-[4-brom-naphthyl-(1)]-benzolsulfonamid-(1), N-(*4-bromo-1-naphthyl*)-m-*nitrobenzenesulfonamide* $C_{16}H_{11}BrN_2O_4S$, Formel I.

B. Aus 3-Nitro-*N*-[naphthyl-(1)]-benzolsulfonamid-(1) und Brom in Chloroform (*Consden, Kenyon*, Soc. **1935** 1591, 1594).

Krystalle (aus Eg.); F: 174—176°.

Beim Behandeln mit Brom in Pyridin ist 3-Nitro-*N*-[2.4-dibrom-naphthyl-(1)]-benzolsulfonamid-(1) erhalten worden.

5-Brom-1-amino-naphthalin, 5-Brom-naphthyl-(1)-amin, *5-bromo-1-naphthylamine* $C_{10}H_8BrN$, Formel II (H 1257; E II 703).

B. Aus 5-Brom-1-nitro-naphthalin bei der Hydrierung an Raney-Nickel in Benzol (*Drake et al.*, Am. Soc. **68** [1946] 1602, 1605).

7-Brom-1-amino-naphthalin, 7-Brom-naphthyl-(1)-amin, *7-bromo-1-naphthylamine* $C_{10}H_8BrN$, Formel III (R = H).

Über die Konstitution dieser ursprünglich (*Dziewoński, Sternbach*, Bl. Acad. polon. [A] **1931** 59, 66) als 2-Brom-naphthyl-(1)-amin angesehenen Verbindung s. *Leonard, Hyson*, J. org. Chem. **13** [1948] 164, 165.

B. Aus *N*-[7-Brom-naphthyl-(1)]-acetamid beim Erwärmen mit wss. Salzsäure (*Dz., St.*; *Leonard, Hyson*, Am. Soc. **71** [1949] 1392).

Krystalle; F: 65—66° [korr.; aus wss. A.] (*Le., Hy.*, Am. Soc. **71** 1394), 59—60° [aus PAe.] (*Dz., St.*). An der Luft erfolgt Violettfärbung (*Dz., St.*).

Hydrochlorid. Krystalle; F: 260° [korr.; Zers.] (*Le., Hy.*, Am. Soc. **71** 1394), 255° [Zers.; aus wss. Salzsäure] (*Dz., St.*).

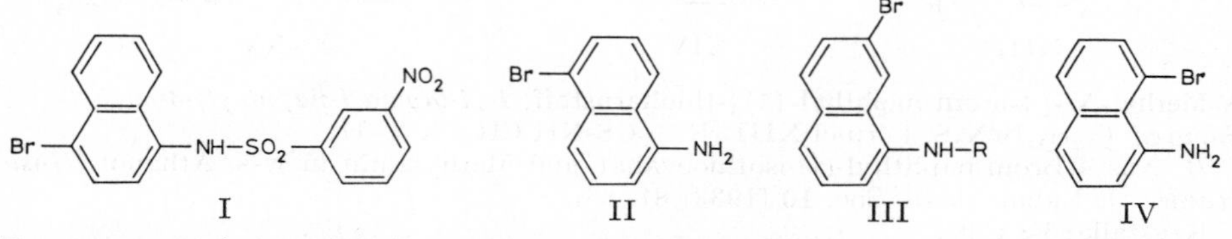

7-Brom-1-acetamino-naphthalin, *N*-[7-Brom-naphthyl-(1)]-acetamid, N-(*7-bromo-1-naphthyl*)*acetamide* $C_{12}H_{10}BrNO$, Formel III (R = CO-CH_3).

B. Aus 7-Brom-1-nitro-naphthalin beim Erhitzen mit Essigsäure, Acetanhydrid und Eisen-Pulver (*Leonard, Hyson*, Am. Soc. **71** [1949] 1392). Aus 1-[7-Brom-naphthyl-(1)]-äthanon-(1)-oxim (E III **7** 1966) beim Behandeln einer Lösung in Acetanhydrid und Essigsäure mit Chlorwasserstoff (*Dziewoński, Sternbach*, Bl. Acad. polon. [A] **1931** 59, 66).

Krystalle (aus A.); F: 195,5—196,5° [korr.] (*Le., Hy.*).

7-Brom-1-benzamino-naphthalin, *N*-[7-Brom-naphthyl-(1)]-benzamid, N-(*7-bromo-1-naphthyl*)*benzamide* $C_{17}H_{12}BrNO$, Formel III (R = CO-C_6H_5).

B. Aus 7-Brom-naphthyl-(1)-amin (s. o.) und Benzoylchlorid in Benzol (*Dziewoński, Sternbach*, Bl. Acad. polon. [A] **1931** 59, 67).

Krystalle; F: 220° (*Dz., St.*), 211—212° [korr.; aus A. und Bzl.] (*Leonard, Hyson*, Am. Soc. **71** [1949] 1392).

8-Brom-1-amino-naphthalin, 8-Brom-naphthyl-(1)-amin, *8-bromo-1-naphthylamine* $C_{10}H_8BrN$, Formel IV (H 1257).

B. Beim Behandeln von 1.8-Diamino-naphthalin mit wss. Salzsäure und Natriumnitrit und Erhitzen des Reaktionsprodukts mit wss. Bromwasserstoffsäure und Kupfer-Pulver (*Fieser, Seligman*, Am. Soc. **61** [1939] 136, 138). Neben Naphthyl-(1)-amin beim Behandeln von 5.8-Dibrom-1-nitro-naphthalin mit Zinn, wss. Salzsäure und Essigsäure (*Salkind, Belikoff* [*Belikowa*], B. **64** [1931] 955, 958; Ž. obšč. Chim. **1** [1931] 430, 434).

Krystalle; F: 87—90° [aus A.] (*Sa., Be.*), 87—88° [korr.; aus PAe.] (*Fie., Se.*).

2.4-Dibrom-1-amino-naphthalin, 2.4-Dibrom-naphthyl-(1)-amin, *2,4-dibromo-1-naphthylamine* $C_{10}H_7Br_2N$, Formel V (H 1257; E I 529; E II 703).

B. Aus Naphthyl-(1)-amin beim Behandeln mit Brom in Essigsäure (*Consden, Ken-*

yon, Soc. **1935** 1591, 1594). Aus 4-Amino-naphthalin-sulfonsäure-(1) beim Erwärmen mit Brom in Essigsäure (*Heller*, Ang. Ch. **43** [1930] 1132, 1133) sowie beim Erwärmen einer wss. Lösung des Natrium-Salzes mit Brom (*Ruggli, Braun*, Helv. **16** [1933] 858, 863).

Krystalle; F: 118—119° (*Sandin, Evans*, Am. Soc. **61** [1939] 2916), 116—118° (*Co., Ke.*), 115° [aus A.] (*Ru., Br.*).

3-Nitro-[2.4-dibrom-naphthyl-(1)]-benzolsulfonamid-(1), N-(*2,4-dibromo-1-naphthyl*)-m-*nitrobenzolsulfonamide* $C_{16}H_{10}Br_2N_2O_4S$, Formel VI.

B. Aus 2.4-Dibrom-naphthyl-(1)-amin und 3-Nitro-benzolsulfonylchlorid mit Hilfe von Pyridin (*Consden, Kenyon*, Soc. **1935** 1591, 1594). Aus 3-Nitro-*N*-[4-brom-naphthyl-(1)]-benzolsulfonamid-(1) und Brom in Pyridin (*Co., Ke.*).

Krystalle (aus Eg.); F: 232—233°.

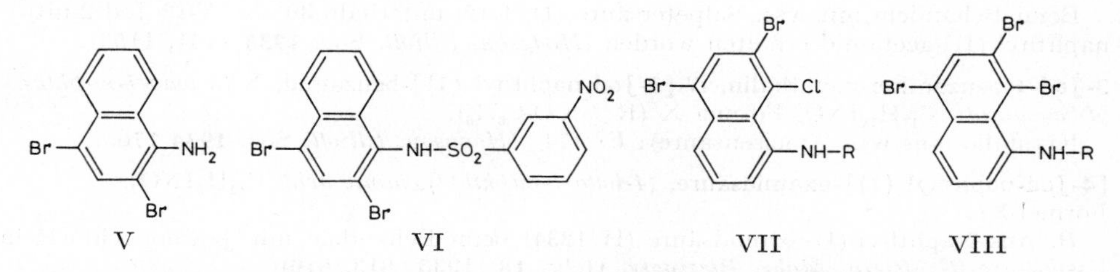

8-Chlor-5.7-dibrom-1-amino-naphthalin, 8-Chlor-5.7-dibrom-naphthyl-(1)-amin, *5,7-dibromo-8-chloro-1-naphthylamine* $C_{10}H_6Br_2ClN$, Formel VII (R = H).

B. Aus 8-Chlor-5.7-dibrom-1-nitro-naphthalin beim Behandeln einer äthanol. Lösung mit geringen Mengen wss. Salzsäure und mit Eisen-Pulver (*Hodgson, Crook*, Soc. **1936** 1338, 1340).

Krystalle (aus wss. A.); F: 159°.

Pikrat $C_{10}H_6Br_2ClN \cdot C_6H_3N_3O_7$. Gelbe Krystalle (aus A.); F: 160°.

8-Chlor-5.7-dibrom-1-acetamino-naphthalin, *N*-[8-Chlor-5.7-dibrom-naphthyl-(1)]-acetamid, N-(*5,7-dibromo-8-chloro-1-naphthyl*)*acetamide* $C_{12}H_8Br_2ClNO$, Formel VII (R = CO-CH_3).

Krystalle (aus wss. Eg. oder aus A.); F: 227° (*Hodgson, Crook*, Soc. **1936** 1338, 1340).

8-Chlor-5.7-dibrom-1-benzamino-naphthalin, *N*-[8-Chlor-5.7-dibrom-naphthyl-(1)]-benzamid, N-(*5,7-dibromo-8-chloro-1-naphthyl*)*benzamide* $C_{17}H_{10}Br_2ClNO$, Formel VII (R = CO-C_6H_5).

Krystalle (aus Eg.); F: 237° (*Hodgson, Crook*, Soc. **1936** 1338, 1340).

5.7.8-Tribrom-1-amino-naphthalin, 5.7.8-Tribrom-naphthyl-(1)-amin, *5,7,8-tribromo-1-naphthylamine* $C_{10}H_6Br_3N$, Formel VIII (R = H).

B. Aus 5.7.8-Tribrom-1-nitro-naphthalin beim Behandeln einer äthanol. Lösung mit geringen Mengen wss. Salzsäure und mit Eisen-Pulver (*Hodgson, Crook*, Soc. **1936** 1338, 1340).

Krystalle (aus wss. A.); F: 155°.

Pikrat $C_{10}H_6Br_3N \cdot C_6H_3N_3O_7$. Gelbe Krystalle (aus A.); F: 157—158°.

5.7.8-Tribrom-1-acetamino-naphthalin, *N*-[5.7.8-Tribrom-naphthyl-(1)]-acetamid, N-(*5,7,8-tribromo-1-naphthyl*)*acetamide* $C_{12}H_8Br_3NO$, Formel VIII (R = CO-CH_3).

Krystalle (aus wss. Eg.); F: 232° (*Hodgson, Crook*, Soc. **1936** 1338, 1341).

5.7.8-Tribrom-1-benzamino-naphthalin, *N*-[5.7.8-Tribrom-naphthyl-(1)]-benzamid, N-(*5,7,8-tribromo-1-naphthyl*)*benzamide* $C_{17}H_{10}Br_3NO$, Formel VIII (R = CO-C_6H_5).

Krystalle (aus Eg.); F: 225° (*Hodgson, Crook*, Soc. **1936** 1338, 1341).

2-Jod-1-amino-naphthalin, 2-Jod-naphthyl-(1)-amin, *2-iodo-1-naphthylamine* $C_{10}H_8IN$, Formel IX (R = H).

B. Aus 2-Jod-1-nitro-naphthalin beim Erhitzen mit Eisen-Pulver und Eisen(II)-sulfat in Wasser (*Hodgson, Hathway*, Soc. **1944** 538).

Gelbliche Krystalle (aus wss. A.); F: 85°.

2-Jod-1-benzamino-naphthalin, *N*-[2-Jod-naphthyl-(1)]-benzamid, N-(*2-iodo-1-naphthyl*)*benzamide* $C_{17}H_{12}INO$, Formel IX (R = $CO\text{-}C_6H_5$).
Krystalle (aus A.); F: 212° (*Hodgson, Hathway*, Soc. **1944** 538).

3-Jod-1-amino-naphthalin, 3-Jod-naphthyl-(1)-amin, *3-iodo-1-naphthylamine* $C_{10}H_8IN$, Formel X (R = H).
B. Aus 3-Jod-1-nitro-naphthalin beim Erwärmen mit Zinn(II)-chlorid und wss.-äthanol. Salzsäure (*Hodgson, Elliott*, Soc. **1934** 1705).
Krystalle (aus A.); F: 84°.
Hydrochlorid $C_{10}H_8IN \cdot HCl$. Krystalle; F: 238°.

3-Jod-1-acetamino-naphthalin, *N*-[3-Jod-naphthyl-(1)]-acetamid, N-(*3-iodo-1-naphthyl*)*acetamide* $C_{12}H_{10}INO$, Formel X (R = $CO\text{-}CH_3$).
Krystalle (aus Eg.); F: 207° (*Hodgson, Elliott*, Soc. **1934** 1705).
Beim Behandeln mit wss. Salpetersäure (D: 1,42) unterhalb 30° ist *N*-[3-Jod-2-nitro-naphthyl-(1)]-acetamid erhalten worden (*Hodgson, Elliott*, Soc. **1936** 1151, 1153).

3-Jod-1-benzamino-naphthalin, *N*-[3-Jod-naphthyl-(1)]-benzamid, N-(*3-iodo-1-naphthyl*)*benzamide* $C_{17}H_{12}INO$, Formel X (R = $CO\text{-}C_6H_5$).
Krystalle (aus wss. Ameisensäure); F: 174° (*Hodgson, Elliott*, Soc. **1934** 1705).

[4-Jod-naphthyl-(1)]-oxamidsäure, (*4-iodo-1-naphthyl*)*oxamic acid* $C_{12}H_8INO_3$, Formel XI.
B. Aus Naphthyl-(1)-oxamidsäure (H 1234) beim Behandeln mit Jodmonochlorid in Essigsäure (*Goldstein, Mohr, Blezinger*, Helv. **18** [1935] 813, 816).
Gelbe Krystalle; Zers. bei 192—198° [korr.]. [*Rogge*]

2-Nitroso-naphthyl-(1)-amin $C_{10}H_8N_2O$ s. E III **7** 3689.

4-Nitroso-naphthyl-(1)-amin $C_{10}H_8N_2O$ s. E III **7** 3701.

Äthyl-[4-nitroso-naphthyl-(1)]-amin $C_{12}H_{12}N_2O$ s. E III **7** 3701.

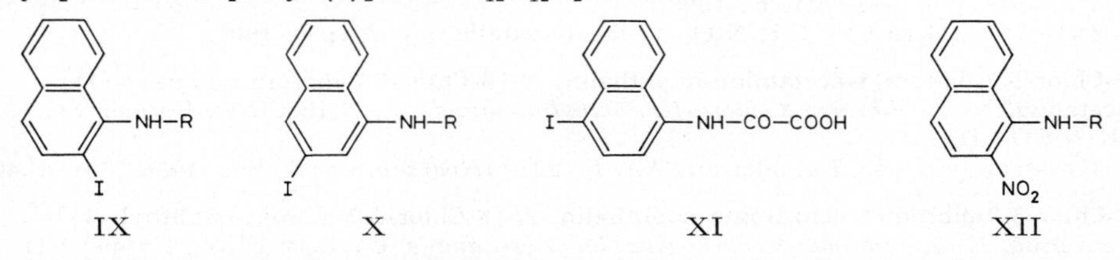

IX X XI XII

2-Nitro-1-amino-naphthalin, 2-Nitro-naphthyl-(1)-amin, *2-nitro-1-naphthylamine* $C_{10}H_8N_2O_2$, Formel XII (R = H) (H 1258; E II 703).
B. Aus 1-Chlor-2-nitro-naphthalin beim Erhitzen mit äthanol. Ammoniak auf 180° (*Hoogeveen*, R. **50** [1931] 37, 39). Neben 4-Nitro-naphthyl-(1)-amin beim Behandeln von *N*-[Naphthyl-(1)]-acetamid mit wss. Salpetersäure (D: 1,4) und Essigsäure und Behandeln des Reaktionsprodukts mit Chlorwasserstoff in Methanol (*Saunders, Hamilton*, Am. Soc. **54** [1932] 636, 637) sowie beim Behandeln von *N*-[Naphthyl-(1)]-acetamid mit wss. Salpetersäure (D: 1,42) und Erwärmen des Reaktionsprodukts mit wss.-äthanol. Schwefelsäure (*Hodgson, Walker*, Soc. **1933** 1205; vgl. H 1258).
Isolierung aus Gemischen mit 4-Nitro-naphthyl-(1)-amin durch Behandeln mit Chlorwasserstoff in Nitrobenzol: *Ho., Wa.*; durch Erhitzen mit wss. Salzsäure: *Hodgson, Bailey*, Soc. **1948** 1183, 1187; durch Behandeln mit wss. Ammoniak: *Woroshzow, Koslow*, Ž. obšč. Chim. **9** [1939] 587; C. **1941** I 887.
Gelbe Krystalle; F: 144° (*Hoo.*), 144° [korr.; aus wss. A.] (*Kelly, Day*, Am. Soc. **67** [1945] 1074). Absorptionsspektrum (A.; 220—500 mμ): *Hertel*, Z. El. Ch. **47** [1941] 813, 815; *Hodgson, Hathway*, Trans. Faraday Soc. **41** [1945] 115, 118. Dipolmoment (ε; Bzl.): 4,89 D (*Wassiliew, Syrkin*, Acta physicoch. U.R.S.S. **9** [1938] 203, **14** [1941] 414), 4,92 D (*He.*, l. c. S. 818). Dissoziationsexponent pK_a des 2-Nitro-naphthyl-(1)-ammonium-Ions (Wasser) bei 20°: —1,6 (*Bryson*, Trans. Faraday Soc. **45** [1949] 257, 259).
Beim Behandeln mit 1 Mol Brom in Chloroform oder Essigsäure ist 4-Brom-2-nitro-naphthyl-(1)-amin, bei Anwendung von überschüssigem Brom ist 2.4-Dibrom-naphthalin-diazonium-(1)-tribromid erhalten worden (*Consden, Kenyon*, Soc. **1935** 1596).

2-Nitro-1-methylamino-naphthalin, Methyl-[2-nitro-naphthyl-(1)]-amin, N-*methyl-2-nitro-1-naphthylamine* $C_{11}H_{10}N_2O_2$, Formel XII (R = CH_3).

B. Aus 1-Chlor-2-nitro-naphthalin und Methylamin in Äthanol (*Hoogeveen,* R. **50** [1931] 37, 39).

Rote Krystalle (aus PAe.); F: 114°.

2-Nitro-1-äthylamino-naphthalin, Äthyl-[2-nitro-naphthyl-(1)]-amin, N-*ethyl-2-nitro-1-naphthylamine* $C_{12}H_{12}N_2O_2$, Formel XII (R = C_2H_5).

B. Aus 1-Chlor-2-nitro-naphthalin und Äthylamin in Äthanol (*Hoogeveen,* R. **50** [1931] 37, 39).

Rote Krystalle (aus PAe.); F: 77°.

2-Nitro-1-anilino-naphthalin, Phenyl-[2-nitro-naphthyl-(1)]-amin, *2-nitro-*N-*phenyl-1-naphthylamine* $C_{16}H_{12}N_2O_2$, Formel XII (R = C_6H_5) (E II 704).

Orangefarbene Krystalle (aus Me.); F: 113—114° [unkorr.; geschlossene Kapillare] (*Ross,* Soc. **1948** 219, 222).

2-Nitro-1-acetamino-naphthalin, *N*-[2-Nitro-naphthyl-(1)]-acetamid, N-*(2-nitro-1-naphthyl)acetamide* $C_{12}H_{10}N_2O_3$, Formel XII (R = CO-CH_3) (H 1258; E I 530; E II 704).

B. Beim Behandeln von 2-Nitro-naphthyl-(1)-amin mit Acetanhydrid und wenig Schwefelsäure (*Kelly, Day,* Am. Soc. **67** [1945] 1074).

Hellgelbe Krystalle; F: 202—203° [aus Eg.] (*Witjens, Wepster, Verkade,* R. **62** [1943] 523, 530), 199—200° [aus Eg.] (*Hodgson, Walker,* Soc. **1933** 1205), 199° [korr.; aus A.] (*Ke., Day*). Assoziation in Naphthalin (kryoskopisch ermittelt): *Chaplin, Hunter,* Soc. **1938** 375, 378, 381. Erstarrungsdiagramm des Systems mit *N*-[4-Nitro-naphthyl-(1)]-acetamid: *Ho., Wa.*

Geschwindigkeit der Solvolyse in methanol. Natriummethylat-Lösung bei Siedetemperatur: *Wepster, Verkade,* R. **67** [1948] 425, 430, 436.

2-Nitro-1-benzamino-naphthalin, *N*-[2-Nitro-naphthyl-(1)]-benzamid, N-*(2-nitro-1-naphthyl)benzamide* $C_{17}H_{12}N_2O_3$, Formel XII (R = CO-C_6H_5) (H 1259).

B. Beim Erhitzen von 2-Nitro-naphthyl-(1)-amin mit Benzoylchlorid, Pyridin und Xylol (*Kelly, Day,* Am. Soc. **67** [1945] 1074; vgl. H 1259). Neben *N*-[4-Nitro-naphthyl-(1)]-benzamid beim Behandeln von *N*-Naphthyl-(1)-benzamid mit wss. Salpetersäure [D: 1,45] (*Hodgson, Walker,* Soc. **1934** 180; vgl. H 1259).

Krystalle (aus Xylol), F: 197—198° [korr.] (*Ke., Day*); gelbe Krystalle (aus Eg.), F: 175° (*Ho., Wa.*).

***N*-[2-Nitro-naphthyl-(1)]-toluolsulfonamid-(4),** N-*(2-nitro-1-naphthyl)*-p-*toluenesulfonamide* $C_{17}H_{14}N_2O_4S$, Formel I.

B. In geringer Menge neben *N*-[2.4-Dinitro-naphthyl-(1)]-toluolsulfonamid-(4) beim Behandeln von *N*-[Naphthyl-(1)]-toluolsulfonamid-(4) mit Salpetersäure und Essigsäure (*Consden, Kenyon,* Soc. **1935** 1591, 1594).

Gelbe Krystalle (aus A.); F: 154°.

3-Nitro-1-amino-naphthalin, 3-Nitro-naphthyl-(1)-amin, *3-nitro-1-naphthylamine* $C_{10}H_8N_2O_2$, Formel II (R = X = H) (E II 704).

B. Neben 4-Nitro-naphthyl-(2)-amin aus 1.3-Dinitro-naphthalin beim Behandeln mit Zinn(II)-chlorid und Chlorwasserstoff in Essigsäure (*Hodgson, Turner,* Soc. **1943** 318; vgl. E II 704) sowie beim Erwärmen mit Natriumsulfid und Natriumhydrogencarbonat in wss. Methanol (*Hodgson, Birtwell,* Soc. **1944** 75; *Hodgson, Ward,* Soc. **1945** 794).

Isolierung aus Gemischen mit 4-Nitro-naphthyl-(2)-amin als *N*-[3-Nitro-naphthyl-(1)]-acetamid: *Ho., Bi.*; als *N*-[3-Nitro-naphthyl-(1)]-maleinamidsäure: *Hodgson, Hathway,* Soc. **1944** 385.

Orangegelbe Krystalle (aus wss. A.); F: 137° (*Ho., Tu.*; *Ho., Bi.*). Absorptionsspektrum (A.; 220—480 mμ): *Hodgson, Hathway,* Trans. Faraday Soc. **41** [1945] 115, 118. Dipolmoment (ε; Bzl.): 5,14 D (*Wassiliew, Syrkin,* Acta physicoch. U.R.S.S. **14** [1941] 414). Dissoziationsexponent pK_a des 3-Nitro-naphthyl-(1)-ammonium-Ions (Wasser) bei 20°: 2,27 (*Bryson,* Trans. Faraday Soc. **45** [1949] 257, 259). Schmelzdiagramm des Systems mit 4-Nitro-naphthyl-(2)-amin (Eutektikum): *Ho., Ha.,* Soc. **1944** 386.

Beim Behandeln mit Brom in Chloroform ist 2.4-Dibrom-3-nitro-naphthyl-(1)-amin

erhalten worden (*Hodgson, Hathway*, Soc. **1944** 21).
Hydrochlorid. F: 226° [Zers.] (*Ho., Bi.*).

[3-Nitro-naphthyl-(1)]-benzyliden-amin, Benzaldehyd-[3-nitro-naphthyl-(1)-imin], N-*benzylidene-3-nitro-1-naphthylamine* $C_{17}H_{12}N_2O_2$, Formel III (R = X = H).

B. Beim Erhitzen von 3-Nitro-naphthyl-(1)-amin mit Benzaldehyd in Essigsäure (*Hodgson, Hathway*, Soc. **1944** 21).

Gelbe Krystalle (aus Eg.); F: 122° [korr.].

[3-Nitro-naphthyl-(1)]-[2-nitro-benzyliden]-amin, 2-Nitro-benzaldehyd-[3-nitro-naphthyl-(1)-imin], *3-nitro*-N-*(2-nitrobenzylidene)-1-naphthylamine* $C_{17}H_{11}N_3O_4$, Formel III (R = H, X = NO_2).

B. Beim Erhitzen von 3-Nitro-naphthyl-(1)-amin mit 2-Nitro-benzaldehyd in Essigsäure (*Hodgson, Hathway*, Soc. **1944** 21).

Gelbe Krystalle (aus Eg.); F: 194° [korr.].

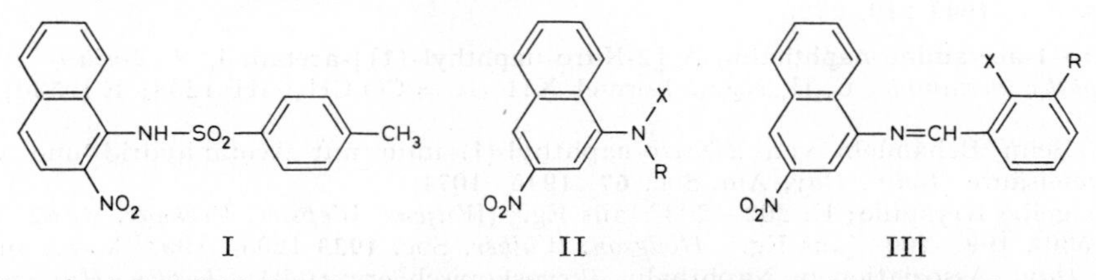

[3-Nitro-naphthyl-(1)]-[3-nitro-benzyliden]-amin, 3-Nitro-benzaldehyd-[3-nitro-naphthyl-(1)-imin], *3-nitro*-N-*(3-nitrobenzylidene)-1-naphthylamine* $C_{17}H_{11}N_3O_4$, Formel III (R = NO_2, X = H).

B. Beim Erhitzen von 3-Nitro-naphthyl-(1)-amin mit 3-Nitro-benzaldehyd in Essigsäure (*Hodgson, Hathway*, Soc. **1944** 21).

Gelbe Krystalle (aus Eg.); F: 188° [korr.].

[3-Nitro-naphthyl-(1)]-[4-nitro-benzyliden]-amin, 4-Nitro-benzaldehyd-[3-nitro-naphthyl-(1)-imin], *3-nitro*-N-*(4-nitrobenzylidene)-1-naphthylamine* $C_{17}H_{11}N_3O_4$, Formel IV (X = NO_2).

B. Beim Erhitzen von 3-Nitro-naphthyl-(1)-amin mit 4-Nitro-benzaldehyd in Essigsäure (*Hodgson, Hathway*, Soc. **1944** 21).

Gelbe Krystalle (aus Eg.); F: 242° [korr.; nach Sintern bei 235°].

4-Hydroxy-benzaldehyd-[3-nitro-naphthyl-(1)-imin], *4-[*N-*(3-nitro-1-naphthyl)formimidoyl]phenol* $C_{17}H_{12}N_2O_3$, Formel IV (X = OH).

B. Beim Erhitzen von 3-Nitro-naphthyl-(1)-amin mit 4-Hydroxy-benzaldehyd in Essigsäure (*Hodgson, Hathway*, Soc. **1944** 21).

Olivgrüne Krystalle (aus Eg.); F: 233° [korr.].

3-Nitro-1-formamino-naphthalin, *N*-[3-Nitro-naphthyl-(1)]-formamid, N-*(3-nitro-1-naphthyl)formamide* $C_{11}H_8N_2O_3$, Formel II (R = CHO, X = H).

B. Beim Erhitzen von 3-Nitro-naphthyl-(1)-amin mit wasserhaltiger Ameisensäure (*Hodgson, Birtwell*, Soc. **1944** 75).

Gelbe Krystalle (aus A.); F: 216° (*Hodgson, Hathway*, Soc. **1945** 123, 125).

3-Nitro-1-acetamino-naphthalin, *N*-[3-Nitro-naphthyl-(1)]-acetamid, N-*(3-nitro-1-naphthyl)acetamide* $C_{12}H_{10}N_2O_3$, Formel II (R = CO-CH_3, X = H) (E II 704).

Grüngelbe Krystalle (aus A.); F: 259° (*Hodgson, Birtwell*, Soc. **1944** 75).

Beim Einleiten von Chlor in eine heisse Suspension in Essigsäure ist *N*-[4-Chlor-3-nitro-naphthyl-(1)]-acetamid (*Hodgson, Hathway*, Soc. **1945** 123, 124), beim Behandeln mit Salpetersäure sind *N*-[3.5-Dinitro-naphthyl-(1)]-acetamid ($C_{12}H_9N_3O_5$; Krystalle [aus wss. Eg.]; F: 260—262° [Zers.]) und *N*-[3.8-Dinitro-naphthyl-(1)]-acetamid [$C_{12}H_9N_3O_5$; Krystalle (aus wss. Eg.); F: 206—207° (Zers.)] (*Ward, Coulson, Hawkins*, Soc. **1954** 4541, 4544; s. dagegen *Hodgson, Turner*, Soc. **1943** 635) erhalten worden.

3-Nitro-1-diacetylamino-naphthalin, *N*-[3-Nitro-naphthyl-(1)]-diacetamid, N-*(3-nitro-1-naphthyl)diacetamide* $C_{14}H_{12}N_2O_4$, Formel II (R = X = CO-CH_3).

B. Beim Erhitzen von *N*-[3-Nitro-naphthyl-(1)]-acetamid mit Acetylchlorid und Acet=

anhydrid (*Hodgson, Hathway*, Soc. **1944** 538).
Krystalle (aus Eg.); F: 145°.

3-Nitro-1-benzamino-naphthalin, *N*-[3-Nitro-naphthyl-(1)]-benzamid, N-(*3-nitro-1-naphthyl*)*benzamide* $C_{17}H_{12}N_2O_3$, Formel II (R = CO-C_6H_5, X = H).
B. Aus 3-Nitro-naphthyl-(1)-amin und Benzoylchlorid (*Hodgson, Hathway*, Soc. **1944** 21).
Gelbe Krystalle (aus A.); F: 220° [korr.].

3-Nitro-1-dibenzoylamino-naphthalin, *N*-[3-Nitro-naphthyl-(1)]-dibenzamid, N-(*3-nitro-1-naphthyl*)*dibenzamide* $C_{24}H_{16}N_2O_4$, Formel II (R = X = CO-C_6H_5).
B. Beim Erhitzen von *N*-[3-Nitro-naphthyl-(1)]-benzamid mit Benzoylchlorid und Acetanhydrid auf 200° (*Hodgson, Hathway*, Soc. **1944** 538).
Gelbe Krystalle (aus A.); F: 205°.

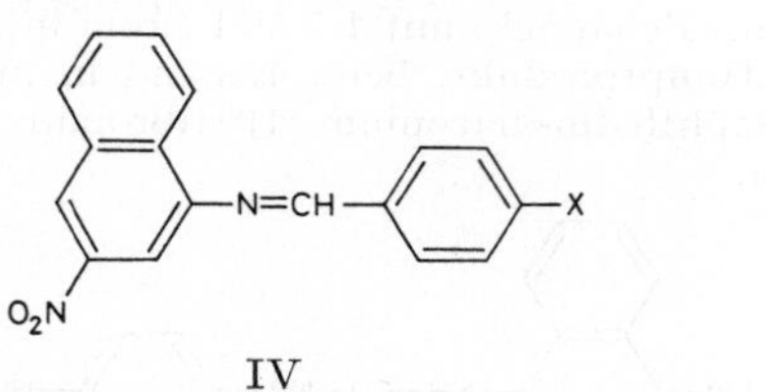

IV

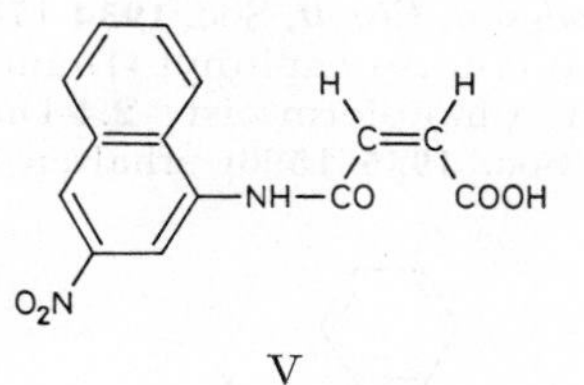

V

3-[3-Nitro-naphthyl-(1)-carbamoyl]-acrylsäure $C_{14}H_{10}N_2O_5$.

***N*-[3-Nitro-naphthyl-(1)]-maleinamidsäure,** N-(*3-nitro-1-naphthyl*)*maleamic acid* $C_{14}H_{10}N_2O_5$, Formel V.
B. Aus 3-Nitro-naphthyl-(1)-amin und Maleinsäure-anhydrid in Chloroform (*Hodgson, Hathway*, Soc. **1944** 385).
Gelbe Krystalle (aus A.); F: 170°.

***N*-[3-Nitro-naphthyl-(1)]-toluolsulfonamid-(4),** N-(*3-nitro-1-naphthyl*)-p-*toluenesulfonamide* $C_{17}H_{14}N_2O_4S$, Formel VI.
B. Aus 3-Nitro-naphthyl-(1)-amin und Toluol-sulfonylchlorid-(4) mit Hilfe von Pyridin (*Hodgson, Hathway*, Soc. **1944** 21).
Krystalle (aus A.); F: 200° [korr.] (*Ho., Ha.*, l. c. S. 21).
Beim Erwärmen mit wss. Salpetersäure (D: 1,42) und Essigsäure ist *N*-[2.3.4-Trinitro-naphthyl-(1)]-toluolsulfonamid-(4) erhalten worden (*Hodgson, Hathway*, Soc. **1944** 561).

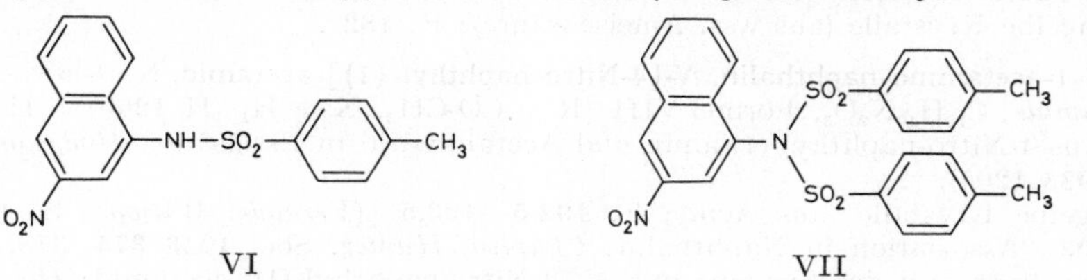

VI VII

Di-[toluol-sulfonyl-(4)]-[3-nitro-naphthyl-(1)]-amin, N-(*3-nitro-1-naphthyl*)*di*-p-*toluenesulfonamide* $C_{24}H_{20}N_2O_6S_2$, Formel VII.
B. Aus 3-Nitro-naphthyl-(1)-amin und Toluol-sulfonylchlorid-(4) in wss. Aceton (*Hodgson, Hathway*, Soc. **1944** 538).
Bräunliche Krystalle (aus Acn.); F: 257° [nach Sintern bei 249°].

4-Nitro-1-amino-naphthalin, 4-Nitro-naphthyl-(1)-amin, *4-nitro-1-naphthylamine* $C_{10}H_8N_2O_2$, Formel VIII (R = X = H) (H 1259; E I 530; E II 704).
B. Aus *N*-[4-Nitro-naphthyl-(1)]-acetamid beim Erwärmen mit methanol. Natriummethylat (*Verkade, Witjens*, R. **62** [1943] 201, 203). Aus [4-Nitro-naphthyl-(1)]-oxamidsäure-äthylester beim Erwärmen mit wss. Natronlauge (*Šergiewškaja*, Ž. obšč. Chim. **10** [1940] 55, 58; C. **1940** II 203). Beim Erwärmen von 1-Nitro-naphthalin mit Hydroxylamin-hydrochlorid in Äthanol unter Zusatz von methanol. Kalilauge (*Goldhahn*, J. pr. [2] **156** [1940] 315, **157** [1940] 96) oder äthanol. Kalilauge (*Gabel', Schpeïer*, Ž. obšč. Chim. **16** [1946] 2113, 2117; C. A. **1948** 156; vgl. H 1259). Aus 4-Nitroso-naphthyl-(1)-amin-

sulfat beim Erwärmen mit Kaliumpermanganat und wss. Schwefelsäure (*Woroshzow, Koslow,* Ž. obšč. Chim. **9** [1939] 587; C. **1941** I 887). Aus 4-Chlor-1-nitro-naphthalin beim Erhitzen mit wss. Ammoniak auf 170° (*Du Pont de Nemours & Co.*, U.S.P. 2048790 [1933], 2072618 [1933]; vgl. H 1259; E II 704). Weitere Bildungsweisen sowie Abtrennung von 2-Nitro-naphthyl-(1)-amin s. S. 2968 im Artikel 2-Nitro-naphthyl-(1)-amin.

Hellgelbe Krystalle (aus wss. Ammoniak oder A.), F: 196° (*Wo., Ko.*); orangefarbene Krystalle (aus A.), F: 195—196° (*Ve., Wi.*). Absorptionsspektrum (A.; 220—500 mμ): *Hertel,* Z. El. Ch. **47** [1941] 28, 30, 813, 815; *Hodgson, Hathway,* Trans. Faraday Soc. **41** [1945] 115, 118. Dipolmoment: 6,97 D [ε; Dioxan] (*Wassiliew, Syrkin,* Acta physicoch. U.R.S.S. **14** [1941] 414), 6,38 D [ε; Bzl.] (*He.*, l. c. S. 818). Dissoziationsexponent pK_a des 4-Nitro-naphthyl-(1)-ammonium-Ions (Wasser) bei 20°: 0,54 (*Bryson,* Trans. Faraday Soc. **45** [1949] 257, 259).

Beim Behandeln mit 0,7 Mol Brom in Nitrobenzol ist 2-Brom-4-nitro-naphthyl-(1)-amin (*Hodgson, Elliott,* Soc. **1934** 1705), beim Behandeln mit 1,2 Mol Brom in Essigsäure ist 2-Brom-4-nitro-naphthyl-(1)-amin als Hauptprodukt, beim Behandeln mit 2,5 Mol Brom in Chloroform ist 2.4-Dibrom-naphthalin-diazonium-(1)-tribromid (*Consden, Kenyon,* Soc. **1935** 1596) erhalten worden.

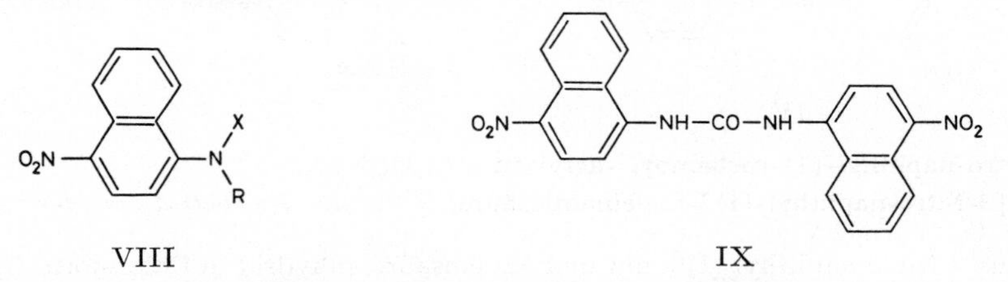

VIII IX

4-Nitro-1-dimethylamino-naphthalin, Dimethyl-[4-nitro-naphthyl-(1)]-amin, N,N-*dimethyl-4-nitro-1-naphthylamine* $C_{12}H_{12}N_2O_2$, Formel VIII (R = X = CH_3) (E II 704).

B. Aus 4-Chlor-1-nitro-naphthalin und Dimethylamin in Äthanol (*Hodgson, Crook,* Soc. **1936** 1500, 1503).

Hellgelbe Krystalle (aus PAe.); F: 64°.

4-Nitro-1-formamino-naphthalin, *N*-[4-Nitro-naphthyl-(1)]-formamid, N-(*4-nitro-1-naphthyl)formamide* $C_{11}H_8N_2O_3$, Formel VIII (R = CHO, X = H).

B. Als Hauptprodukt beim Behandeln von *N*-[Naphthyl-(1)]-formamid mit wss. Salpetersäure [D: 1,42] (*Hodgson, Walker,* Soc. **1934** 180).

Grüngelbe Krystalle (aus wss. Ameisensäure); F: 182°.

4-Nitro-1-acetamino-naphthalin, *N*-[4-Nitro-naphthyl-(1)]-acetamid, N-(*4-nitro-1-naphthyl)acetamide* $C_{12}H_{10}N_2O_3$, Formel VIII (R = CO-CH_3, X = H) (H 1260; E II 704).

B. Aus 4-Nitro-naphthyl-(1)-amin und Acetanhydrid in Essigsäure (*Hodgson, Walker,* Soc. **1933** 1205).

Hellgelbe Krystalle (aus Acn.); F: 192,5—193,5° (*Verkade, Witjens,* R. **62** [1943] 201, 203). Assoziation in Naphthalin: *Chaplin, Hunter,* Soc. **1938** 375, 378, 381. Erstarrungsdiagramm des Systems mit *N*-[2-Nitro-naphthyl-(1)]-acetamid: *Ho., Wa.*

4-Nitro-1-benzamino-naphthalin, *N*-[4-Nitro-naphthyl-(1)]-benzamid, N-(*4-nitro-1-naphthyl)benzamide* $C_{17}H_{12}N_2O_3$, Formel VIII (R = CO-C_6H_5, X = H) (H 1260).

B. Beim Erhitzen von 4-Brom-1-nitro-naphthalin mit Benzamid, Kaliumcarbonat und Kupfer-Pulver in Nitrobenzol auf 200° (*Salkind,* B. **64** [1931] 289, 292; Ž. obšč. Chim. **1** [1931] 151, 154). Neben *N*-[2-Nitro-naphthyl-(1)]-benzamid beim Behandeln von *N*-[Naphthyl-(1)]-benzamid mit wss. Salpetersäure [D: 1,45] (*Hodgson, Walker,* Soc. **1934** 180; vgl. H 1260).

Gelbe Krystalle (aus A. bzw. Eg.); F: 224° (*Sa.*; *Ho., Wa.*).

[4-Nitro-naphthyl-(1)]-oxamidsäure-äthylester, (*4-nitro-1-naphthyl)oxamic acid ethyl ester* $C_{14}H_{12}N_2O_5$, Formel VIII (R = CO-CO-OC_2H_5, X = H).

B. Als Hauptprodukt beim Behandeln von Naphthyl-(1)-oxamidsäure-äthylester mit wss. Salpetersäure [D: 1,4] (*Šergiewškaja,* Ž. obšč. Chim. **10** [1940] 55, 58; C. **1940** II 203).

Krystalle (aus 1.2-Dichlor-äthan); F: 158—159°.

***N.N'*-Bis-[4-nitro-naphthyl-(1)]-harnstoff,** *1,3-bis(4-nitro-1-naphthyl)urea* $C_{21}H_{14}N_4O_5$, Formel IX.

B. Beim Erhitzen von 4-Nitro-naphthyl-(1)-amin mit Diphenylcarbonat auf 200° (*Kotnis, Rao, Guha,* J. Indian chem. Soc. **11** [1934] 579, 592).

Gelbes Pulver; F: 275°.

***C*-[4-Nitro-phenoxy]-*N*-[4-nitro-naphthyl-(1)]-acetamid,** N-(*4-nitro-1-naphthyl*)-*2-*(p-*nitrophenoxy*)*acetamide* $C_{18}H_{13}N_3O_6$, Formel X.

B. Aus 4-Nitro-naphthyl-(1)-amin und [4-Nitro-phenoxy]-acetylchlorid (*Du Pont de Nemours & Co.,* U.S.P. 2361327 [1940]).

F: 168°.

5-Nitro-1-amino-naphthalin, 5-Nitro-naphthyl-(1)-amin, *5-nitro-1-naphthylamine* $C_{10}H_8N_2O_2$, Formel XI (R = H) (H 1260; E I 530; E II 705).

B. Neben 8-Nitro-naphthyl-(1)-amin beim Behandeln von Naphthyl-(1)-amin mit Kaliumnitrat, Harnstoff und Schwefelsäure (*Hodgson, Davey,* Soc. **1939** 348; vgl. H 1260; E II 705). Neben 8-Nitro-naphthyl-(1)-amin und geringen Mengen 4-Nitro-naphthyl-(1)-amin beim Behandeln von *N*-[Naphthyl-(1)]-phthalimid mit wss. Salpetersäure (D: 1,45) und Erhitzen des Reaktionsprodukts mit wss. Ammoniak auf 120° (*Hodgson, Crook,* Soc. **1936** 1844, 1846). Aus 1.5-Dinitro-naphthalin beim Erwärmen mit Natriumsulfid in wss. Äthanol (*Hodgson, Turner,* Soc. **1943** 318), mit Natriumsulfid und Natriumhydrogencarbonat in wss. Methanol (*Hodgson, Ward,* Soc. **1945** 794), oder mit Natriumhydrogensulfid in wss. Methanol (*Hodgson, Ward,* Soc. **1949** 1187, 1189) sowie beim Erhitzen mit Phenylhydrazin in Xylol (*Ruggli, Knapp,* Helv. **13** [1930] 763, 766).

Isolierung aus Gemischen mit 8-Nitro-naphthyl-(1)-amin durch Behandeln mit wss. Ammoniak: *Woroshzow, Koslow,* Ž. obšč. Chim. **9** [1939] 587; C. **1941** I 887; durch Erwärmen mit wss. Schwefelsäure: *Imp. Chem. Ind.,* D.R.P. 626538 [1935]; Frdl. **22** 313; *Ho., Cr.*

Rote Krystalle; F: 122° [aus Py., Eg. oder A.] (*Hodgson, Ward,* Soc. **1945** 794, 795), 120° [aus Eg.] (*Schroeter et al.,* B. **63** [1930] 1308, 1317), 119–120° [korr.; aus Bzn.] (*Nakamura,* J. pharm. Soc. Japan **62** [1942] 236, 237; dtsch. Ref. S. 57; C. A. **1950** 9869). Absorptionsspektrum (A.; 220–670 mμ): *Hertel,* Z. El. Ch. **47** [1941] 813, 815, 816; *Hodgson, Hathway,* Trans. Faraday Soc. **41** [1945] 115, 119. Phosphorescenz einer festen Lösung in einem Äther-Isopentan-Äthanol-Gemisch bei −180°: *Lewis, Kasha,* Am. Soc. **66** [1944] 2100, 2108. Dipolmoment (ε; Bzl.): 5,22 D (*Wassiliew, Syrkin,* Acta physicoch. U.R.S.S. **9** [1938] 203, **14** [1941] 414), 4,96 D (*He.,* l. c. S. 818). Dissoziationsexponent pK_a des 5-Nitro-naphthyl-(1)-ammonium-Ions (Wasser) bei 25°: 2,80 (*Bryson,* Trans. Faraday Soc. **45** [1949] 257, 259).

Beim Behandeln mit 0,8 Mol bzw. 1,8 Mol Brom in Chloroform ist 2-Brom-5-nitro-naphthyl-(1)-amin bzw. 2.4-Dibrom-5-nitro-naphthyl-(1)-amin erhalten worden (*Hodgson, Turner,* Soc. **1942** 723).

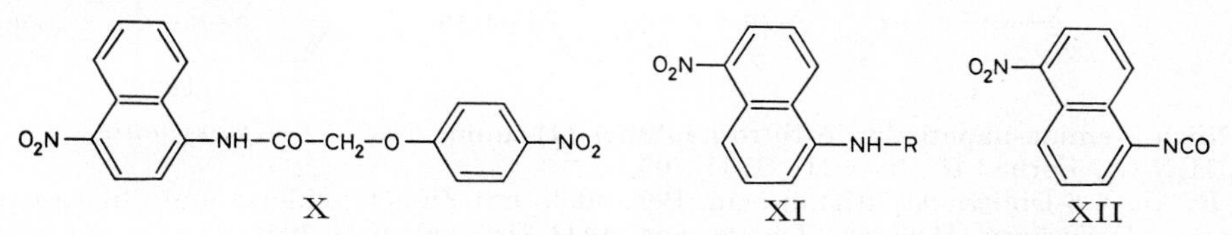

X XI XII

5-Nitro-1-acetamino-naphthalin, *N*-[5-Nitro-naphthyl-(1)]-acetamid, N-(*5-nitro-1-naphthyl*)*acetamide* $C_{12}H_{10}N_2O_3$, Formel XI (R = CO-CH_3) (H 1260; E II 705).

Gelbe Krystalle (aus A.); F: 218° (*Ruggli, Knapp,* Helv. **13** [1930] 763, 766; *Schroeter et al.,* B. **63** [1930] 1308, 1318).

Beim Einleiten von Chlor in eine heisse Lösung in Essigsäure ist *N*-[2.4-Dichlor-5-nitro-naphthyl-(1)]-acetamid erhalten worden (*Hodgson, Turner,* Soc. **1942** 723). Bildung von *N*-[4.5-Dinitro-naphthyl-(1)]-acetamid beim Behandeln mit wss. Salpetersäure und Schwefelsäure: *Hodgson, Hathway,* Soc. **1945** 543.

5-Nitro-1-benzamino-naphthalin, *N*-[5-Nitro-naphthyl-(1)]-benzamid, N-(*5-nitro-1-naphthyl*)*benzamide* $C_{17}H_{12}N_2O_3$, Formel XI (R = CO-C_6H_5).

B. Beim Erhitzen von 5-Brom-1-nitro-naphthalin mit Benzamid, Kaliumcarbonat und Kupfer-Pulver in Nitrobenzol auf 200° (*Salkind,* B. **64** [1931] 289, 293; Ž. obšč. Chim.

1 [1931] 151, 155).
Gelbe Krystalle (aus wss. A.); F: 208°.

[5-Nitro-naphthyl-(1)]-carbamidsäure-methylester, *(5-nitro-1-naphthyl)carbamic acid methyl ester* $C_{12}H_{10}N_2O_4$, Formel XI (R = CO-OCH$_3$).
B. Aus 5-Nitro-naphthyl-(1)-isocyanat (*Siefken*, A. **562** [1949] 75, 119).
F: 170° [unkorr.].

3-[5-Nitro-naphthyl-(1)-carbamoyloxy]-10.13-dimethyl-17-[1.5-dimethyl-hexyl]-Δ^5-tetradecahydro-1*H*-cyclopenta[*a*]phenanthren $C_{38}H_{52}N_2O_4$.

3β-[5-Nitro-naphthyl-(1)-carbamoyloxy]-cholesten-(5), [5-Nitro-naphthyl-(1)]-carbamidsäure-cholesterylester, *O*-[5-Nitro-naphthyl-(1)-carbamoyl]-cholesterin, *3β-[(5-nitro-1-naphthyl)carbamoyloxy]cholest-5-ene* $C_{38}H_{52}N_2O_4$; Formel s. E III **6** 2653, Formel IV (R = CO-NH-$C_{10}H_6$-NO$_2$).
B. Aus Chlorameisensäure-cholesterylester (E III **6** 2652) und 5-Nitro-naphthyl-(1)-amin in Aceton (*Verdino, Schadendorff*, M. **65** [1935] 141, 149).
Grüngelbe Krystalle (aus A. oder Acn.); F: 216–217°.

5-Nitro-naphthyl-(1)-isocyanat, *isocyanic acid 5-nitro-1-naphthyl ester* $C_{11}H_6N_2O_3$, Formel XII.
B. Aus 5-Nitro-naphthyl-(1)-amin und Phosgen (*Siefken*, A. **562** [1949] 75, 119).
F: 121–122° [unkorr.].

3-Nitro-*N*-[5-nitro-naphthyl-(1)]-benzolsulfonamid-(1), m-*nitro*-N-*(5-nitro-1-naphthyl)benzenesulfonamide* $C_{16}H_{11}N_3O_6S$, Formel I (R = H, X = NO$_2$).
B. Aus 5-Nitro-naphthyl-(1)-amin und 3-Nitro-benzolsulfonylchlorid mit Hilfe von Pyridin (*Consden, Kenyon*, Soc. **1935** 1591, 1594).
Krystalle (aus Eg. oder Py. + A.); F: 208–210°.
Beim Erwärmen mit Salpetersäure und Essigsäure ist 3-Nitro-*N*-[2.4.5-trinitro-naphthyl-(1)]-benzolsulfonamid-(1) erhalten worden.

***N*-[5-Nitro-naphthyl-(1)]-toluolsulfonamid-(4),** N-*(5-nitro-1-naphthyl)*-p-*toluenesulfonamide* $C_{17}H_{14}N_2O_4S$, Formel I (R = CH$_3$, X = H).
B. Beim Erhitzen von 5-Nitro-naphthyl-(1)-amin mit Toluol-sulfonylchlorid-(4) und Pyridin (*Hodgson, Turner*, Soc. **1942** 723).
Gelbliche Krystalle (aus wss. A.); F: 171°.
Beim Behandeln mit Salpetersäure und Essigsäure ist *N*-[2.4.5-Trinitro-naphthyl-(1)]-toluolsulfonamid-(4) erhalten worden.

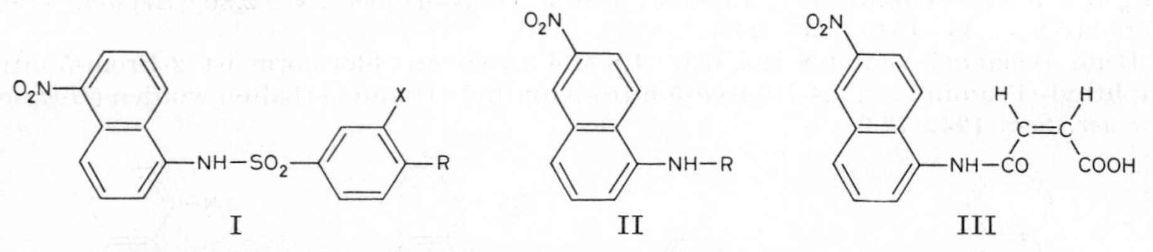

6-Nitro-1-amino-naphthalin, 6-Nitro-naphthyl-(1)-amin, *6-nitro-1-naphthylamine* $C_{10}H_8N_2O_2$, Formel II (R = H) (E II 705).
B. Aus 1.6-Dinitro-naphthalin beim Behandeln mit Zinn(II)-chlorid und Chlorwasserstoff in Essigsäure (*Hodgson, Turner*, Soc. **1943** 318; vgl. E II 705).
Rote Krystalle (aus CHCl$_3$ oder wss. A.); F: 167,5° (*Ho., Tu.*, l. c. S. 318). Absorptionsspektrum (A.; 230–480 mμ): *Hodgson, Hathway*, Trans. Faraday Soc. **43** [1947] 643, 644. Dissoziationsexponent pK_a des 6-Nitro-naphthyl-(1)-ammonium-Ions (Wasser) bei 20°: 3,15 (*Bryson*, Trans. Faraday Soc. **45** [1949] 257, 259).
Beim Behandeln mit 1 Mol bzw. 2 Mol Brom in Chloroform ist 4-Brom-6-nitro-naphthyl-(1)-amin bzw. 2.4-Dibrom-6-nitro-naphthyl-(1)-amin erhalten worden (*Hodgson, Turner*, Soc. **1943** 391, 392).
Pikrat $C_{10}H_8N_2O_2 \cdot C_6H_3N_3O_7$. Gelbliche Krystalle (aus A.); F: 197° [korr.] (*Ho., Tu.*).

6-Nitro-1-formamino-naphthalin, *N*-[6-Nitro-naphthyl-(1)]-formamid, N-*(6-nitro-1-naphthyl)formamide* $C_{11}H_8N_2O_3$, Formel II (R = CHO).
B. Aus 6-Nitro-naphthyl-(1)-amin und Ameisensäure (*Hodgson, Turner*, Soc. **1943**

391).

Gelbliche Krystalle (aus Me.); F: 193° [korr.].

6-Nitro-1-acetamino-naphthalin, *N*-[6-Nitro-naphthyl-(1)]-acetamid, N-(*6-nitro-1-naphthyl)acetamide* $C_{12}H_{10}N_2O_3$, Formel II (R = CO-CH_3) (E II 705).

Beim Einleiten von Chlor in eine warme Lösung in Essigsäure ist *N*-[2.4-Dichlor-6-nitro-naphthyl-(1)]-acetamid erhalten worden (*Hodgson, Turner*, Soc. **1943** 391, 392). Bildung von 2.6-Dinitro-naphthyl-(1)-amin und 4.6-Dinitro-naphthyl-(1)-amin beim Behandeln mit Salpetersäure und Erwärmen des Reaktionsprodukts mit wss.-äthanol. Schwefelsäure: *Ho.*, *Tu.*

3-[6-Nitro-naphthyl-(1)-carbamoyl]-acrylsäure $C_{14}H_{10}N_2O_5$.

***N*-[6-Nitro-naphthyl-(1)]-maleinamidsäure,** N-(*6-nitro-1-naphthyl)maleamic acid* $C_{14}H_{10}N_2O_5$, Formel III.

B. Aus 6-Nitro-naphthyl-(1)-amin und Maleinsäure-anhydrid in Chloroform (*Hodgson, Turner*, Soc. **1943** 391).

Gelbliche Krystalle (aus E. + 1.2-Dichlor-äthan); F: 181° [korr.].

***N*-[6-Nitro-naphthyl-(1)]-toluolsulfonamid-(4),** N-(*6-nitro-1-naphthyl)*-p-*toluenesulfonamide* $C_{17}H_{14}N_2O_4S$, Formel IV.

B. Neben Di-[toluol-sulfonyl-(4)]-[6-nitro-naphthyl-(1)]-amin beim Erwärmen von 6-Nitro-naphthyl-(1)-amin mit Toluol-sulfonylchlorid-(4) und Natriumcarbonat in wss. Aceton (*Hodgson, Turner*, Soc. **1943** 391).

Krystalle (aus A.); F: 205,5° [korr.].

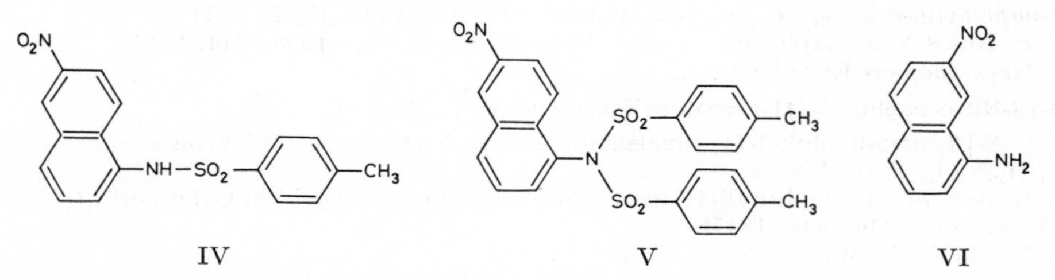

Di-[toluol-sulfonyl-(4)]-[6-nitro-naphthyl-(1)]-amin, N-(*6-nitro-1-naphthyl)di*-p-*toluenesulfonamide* $C_{24}H_{20}N_2O_6S_2$, Formel V.

B. s. im vorangehenden Artikel.

Krystalle (aus Acn.); F: 204,5—205,5° [korr.; nach Sintern bei 192°] (*Hodgson, Turner*, Soc. **1943** 391).

7-Nitro-1-amino-naphthalin, 7-Nitro-naphthyl-(1)-amin, *7-nitro-1-naphthylamine* $C_{10}H_8N_2O_2$, Formel VI (E II 705).

B. Beim Erwärmen einer mit Chlorwasserstoff gesättigten Lösung von 7-Nitro-1-acetoxyimino-1.2.3.4-tetrahydro-naphthalin in Essigsäure und Acetanhydrid (*Schroeter et al.*, B. **63** [1930] 1308, 1317).

Dissoziationsexponent pK_a des 7-Nitro-naphthyl-(1)-ammonium-Ions (Wasser) bei 20°: 2,83 (*Bryson*, Trans. Faraday Soc. **45** [1949] 257, 259).

8-Nitro-1-amino-naphthalin, 8-Nitro-naphthyl-(1)-amin, *8-nitro-1-naphthylamine* $C_{10}H_8N_2O_2$, Formel VII (R = X = H) (H 1261; E II 705).

B. Beim Behandeln von *N*-[Naphthyl-(1)]-phthalimid mit wss. Salpetersäure (D: 1,45) und Erwärmen des Reaktionsprodukts mit Hydrazin-hydrat in Äthanol (*Hodgson, Ratcliffe*, Soc. **1949** 1314). Weitere Bildungsweisen sowie Abtrennung von 5-Nitro-naphthyl-(1)-amin s. S. 2973 im Artikel 5-Nitro-naphthyl-(1)-amin.

Rote Krystalle; F: 97,5° [aus W.] (*Bryson*, Trans. Faraday Soc. **45** [1949] 257, 259), 97° [aus Bzn.] (*Imp. Chem. Ind.*, D.R.P. 626538 [1935]; Frdl. **22** 313; *Hodgson, Davey*, Soc. **1939** 348), 97° [aus wss. Ammoniak] (*Woroshzow, Koslow*, Ž. obšč. Chim. **9** [1939] 587; C. **1941** I 887). Absorptionsspektrum (A.; 220—480 mμ): *Hodgson, Hathway*, Trans. Faraday Soc. **41** [1945] 115, 119. Dipolmoment (ε; Bzl.): 3,12 D (*Wassiliew, Syrkin*, Acta physicoch. U.R.S.S. **14** [1941] 414). Dissoziationsexponent pK_a des 8-Nitro-naphthyl-(1)-ammonium-Ions (Wasser) bei 23°: 2,79 (*Br.*).

Pikrat $C_{10}H_8N_2O_2 \cdot C_6H_3N_3O_7$. Gelbe Krystalle (aus A.); F: 139—141° (*Hodgson, Crook*, Soc. **1936** 1844, 1847).

8-Nitro-1-dimethylamino-naphthalin, Dimethyl-[8-nitro-naphthyl-(1)]-amin, N,N-*dimethyl-8-nitro-1-naphthylamine* $C_{12}H_{12}N_2O_2$, Formel VII (R = X = CH_3) (E II 706).

B. Aus 8-Nitro-naphthyl-(1)-amin und Dimethylsulfat (*Brown, Letang*, Am. Soc. **63** [1941] 358, 359).

Gelbe Krystalle (nach Sublimation im Hochvakuum); F: 75°.

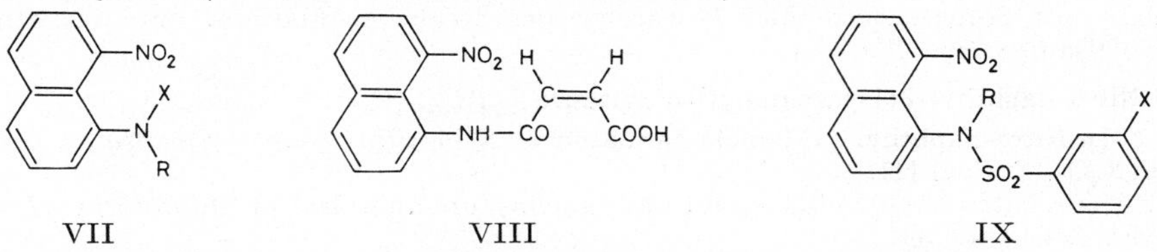

VII VIII IX

8-Nitro-1-acetamino-naphthalin, *N*-[8-Nitro-naphthyl-(1)]-acetamid, N-(*8-nitro-1-naphthyl)acetamide* $C_{12}H_{10}N_2O_3$, Formel VII (R = CO-CH_3, X = H) (H 1261).

Beim Erhitzen mit 1 Mol bzw. 2 Mol Brom und Natriumacetat in Essigsäure ist *N*-[4-Brom-8-nitro-naphthyl-(1)]-acetamid bzw. *N*-[2.4-Dibrom-8-nitro-naphthyl-(1)]-acetamid erhalten worden (*Hodgson, Crook*, Soc. **1936** 1338, 1339). Reaktion mit Salpetersäure unter Bildung von *N*-[4.8-Dinitro-naphthyl-(1)]-acetamid: *Ho., Cr.*

8-Nitro-1-benzamino-naphthalin, *N*-[8-Nitro-naphthyl-(1)]-benzamid, N-(*8-nitro-1-naphthyl)benzamide* $C_{17}H_{12}N_2O_3$, Formel VII (R = CO-C_6H_5, X = H).

B. Aus 8-Nitro-naphthyl-(1)-amin (*Hodgson, Crook*, Soc. **1936** 1844, 1847).

Krystalle (aus Eg.); F: 181°.

3-[8-Nitro-naphthyl-(1)-carbamoyl]-acrylsäure $C_{14}H_{10}N_2O_5$.

***N*-[8-Nitro-naphthyl-(1)]-maleinamidsäure,** N-(*8-nitro-1-naphthyl)maleamic acid* $C_{14}H_{10}N_2O_5$, Formel VIII.

B. Aus 8-Nitro-naphthyl-(1)-amin und Maleinsäure-anhydrid in Chloroform (*Hodgson, Crook*, Soc. **1936** 1844, 1847).

Gelbliche Krystalle (aus A.); F: 198° [Zers.].

3-Nitro-*N*-[8-nitro-naphthyl-(1)]-benzolsulfonamid-(1), m-*nitro*-N-(*8-nitro-1-naphthyl)benzenesulfonamide* $C_{16}H_{11}N_3O_6S$, Formel IX (R = H, X = NO_2).

B. Beim Erwärmen von 8-Nitro-naphthyl-(1)-amin mit 3-Nitro-benzol-sulfonylchlorid-(1) (1 Mol) und wss. Natriumcarbonat-Lösung (*Hodgson, Crook*, Soc. **1936** 1844, 1847).

Krystalle (aus A.); F: 200°.

Natrium-Salz $NaC_{16}H_{10}N_3O_6S$. Orangefarbene Krystalle; F: 265°.

***N*-Benzolsulfonyl-*N*-[8-nitro-naphthyl-(1)]-glycin,** N-(*8-nitro-1-naphthyl)*-N-(*phenylsulfonyl)glycine* $C_{18}H_{14}N_2O_6S$, Formel IX (R = CH_2-COOH, X = H).

(−)-*N*-Benzolsulfonyl-*N*-[8-nitro-naphthyl-(1)]-glycin (E II 706).

F: 205—207,5°; $[\alpha]_D^8$: −86,8° [A.]; $[\alpha]_D^{10}$: −77,2° [wss. Natronlauge]; $[\alpha]_D^8$: −132,7° [wss. Eg.] (*Yuan, Hsü, Hsü*, J. Chin. chem. Soc. **4** [1936] 131, 135).

Geschwindigkeit der Racemisierung in Äthanol bei 8°, in wss. Natronlauge bei 10° sowie in wss. Essigsäure bei 8°: *Yuan, Hsü, Hsü.*

Cinchonidin-Salz. $[\alpha]_{546}^{15}$: −255,5° (Anfangswert) → −87,3° (Gleichgewicht) [$CHCl_3$; c = 2] (*Jamison, Turner*, Soc. **1940** 264, 275).

Bis-[3-nitro-benzol-sulfonyl-(1)]-[8-nitro-naphthyl-(1)]-amin, m,m'-*dinitro*-N-(*8-nitro-1-naphthyl)dibenzenesulfonamide* $C_{22}H_{14}N_4O_{10}S_2$, Formel X.

B. Beim Erwärmen von 3-Nitro-*N*-[8-nitro-naphthyl-(1)]-benzolsulfonamid-(1) mit 3-Nitro-benzol-sulfonylchlorid-(1) und wss. Natriumcarbonat-Lösung (*Hodgson, Crook*, Soc. **1936** 1844, 1847).

Krystalle (aus Eg.); F: 198—199°. [*W. Hoffmann*]

3-Chlor-2-nitro-1-amino-naphthalin, 3-Chlor-2-nitro-naphthyl-(1)-amin, *3-chloro-2-nitro-1-naphthylamine* $C_{10}H_7ClN_2O_2$, Formel XI (R = H).

B. Aus *N*-[3-Chlor-2-nitro-naphthyl-(1)]-acetamid beim Erwärmen mit wss.-äthanol.

Schwefelsäure (*Hodgson, Elliott,* Soc. **1936** 1151, 1153).
Gelbe Krystalle; F: 149°.

3-Chlor-2-nitro-1-acetamino-naphthalin, *N*-[3-Chlor-2-nitro-naphthyl-(1)]-acetamid, N-(*3-chloro-2-nitro-1-naphthyl)acetamide* $C_{12}H_9ClN_2O_3$, Formel XI (R = CO-CH_3).
B. Aus *N*-[3-Chlor-naphthyl-(1)]-acetamid beim Behandeln mit wss. Salpetersäure [D: 1,42] (*Hodgson, Elliott,* Soc. **1936** 1151, 1153).
Rote Krystalle (aus Eg.); F: 225°.

4-Chlor-2-nitro-1-amino-naphthalin, 4-Chlor-2-nitro-naphthyl-(1)-amin, *4-chloro-2-nitro-1-naphthylamine* $C_{10}H_7ClN_2O_2$, Formel XII (R = X = H).
B. Beim Behandeln einer Lösung von 3-Nitro-4-amino-naphthyl-(1)-quecksilber-acetat in Essigsäure mit Chlor (*Hodgson, Elliott,* Soc. **1935** 1850, 1851). Aus *N*-[4-Chlor-2-nitro-naphthyl-(1)]-acetamid beim Erhitzen mit wss. Salzsäure und Essigsäure (*Hodgson, Birtwell,* Soc. **1943** 321) oder mit wss.-äthanol. Schwefelsäure (*Ho., Ell.,* l. c. S. 1850).
Orangefarbene Krystalle; F: 205° [aus Chlorbenzol oder wss. Py.] (*Ho., Bi.*), 202° [aus 1.2-Dichlor-äthan, Eg. oder Nitrobenzol] (*Ho., Ell.*).
Beim Behandeln einer Suspension in Essigsäure mit Natriumnitrit oder mit Natrium=nitrit und Schwefelsäure ist 4-Chlor-2-hydroxy-naphthalin-diazonium-(1)-betain erhalten worden (*Ho., Bi.*).

4-Chlor-2-nitro-1-methylamino-naphthalin, Methyl-[4-chlor-2-nitro-naphthyl-(1)]-amin, *4-chloro-*N*-methyl-2-nitro-1-naphthylamine* $C_{11}H_9ClN_2O_2$, Formel XII (R = CH_3, X = H).
B. Aus 1.4-Dichlor-2-nitro-naphthalin und Methylamin in warmem Äthanol (*Hodgson, Crook,* Soc. **1936** 1500, 1502).
Orangefarbene Krystalle (aus Eg.); F: 175°.

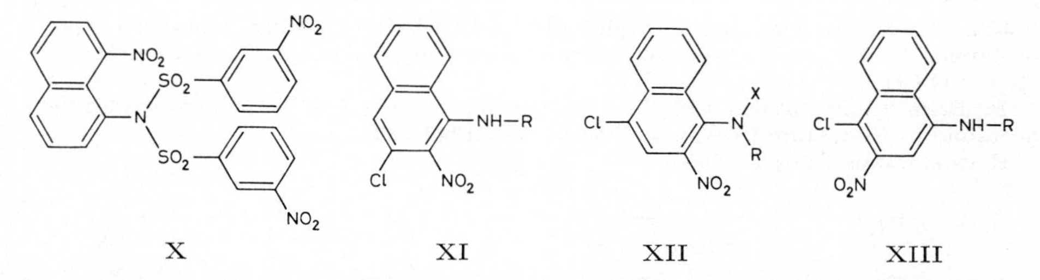

4-Chlor-2-nitro-1-dimethylamino-naphthalin, Dimethyl-[4-chlor-2-nitro-naphthyl-(1)]-amin, *4-chloro-*N,N*-dimethyl-2-nitro-1-naphthylamine* $C_{12}H_{11}ClN_2O_2$, Formel XII (R = X = CH_3).
B. Aus 1.4-Dichlor-2-nitro-naphthalin und Dimethylamin in warmem Äthanol (*Hodgson, Crook,* Soc. **1936** 1500, 1502). Aus Dimethyl-[4-chlor-naphthyl-(1)]-amin beim Behandeln mit wss. Salzsäure und Natriumnitrit (*Ho., Cr.*).
Orangefarbene Krystalle (aus PAe.); F: 58°.

4-Chlor-2-nitro-1-acetamino-naphthalin, *N*-[4-Chlor-2-nitro-naphthyl-(1)]-acetamid, N-(*4-chloro-2-nitro-1-naphthyl)acetamide* $C_{12}H_9ClN_2O_3$, Formel XII (R = CO-CH_3, X = H).
B. Aus *N*-[4-Chlor-naphthyl-(1)]-acetamid beim Behandeln einer Suspension in Essig=säure mit wss. Salpetersäure [D: 1,42] (*Hodgson, Birtwell,* Soc. **1943** 321). Aus *N*-[2-Nitro-naphthyl-(1)]-acetamid beim Erwärmen einer Lösung in Essigsäure mit Chlor (*Hodgson, Elliott,* Soc. **1935** 1850).
Krystalle; F: 220° [aus A.] (*Ho., Bi.*), 219° [aus Eg.] (*Ho., Ell.*).

4-Chlor-3-nitro-1-amino-naphthalin, 4-Chlor-3-nitro-naphthyl-(1)-amin, *4-chloro-3-nitro-1-naphthylamine* $C_{10}H_7ClN_2O_2$, Formel XIII (R = H) (E II 706).
B. Aus *N*-[4-Chlor-3-nitro-naphthyl-(1)]-acetamid beim Erhitzen mit wss.-äthanol. Schwefelsäure (*Hodgson, Hathway,* Soc. **1945** 123, 124).
Gelbe Krystalle; F: 153° (*Ward, Hardy,* Soc. [C] **1966** 1038), 128° [aus wss. A.] (*Ho., Ha.*).

4-Chlor-3-nitro-1-formamino-naphthalin, *N*-[4-Chlor-3-nitro-naphthyl-(1)]-formamid, N-*(4-chloro-3-nitro-1-naphthyl)formamide* $C_{11}H_7ClN_2O_3$, Formel XIII (R = CHO).

B. Beim Erhitzen von 4-Chlor-3-nitro-naphthyl-(1)-amin mit wasserhaltiger Ameisensäure (*Hodgson, Hathway*, Soc. **1945** 123, 124).

Krystalle (aus A.); F: 230°.

4-Chlor-3-nitro-1-acetamino-naphthalin, *N*-[4-Chlor-3-nitro-naphthyl-(1)]-acetamid, N-*(4-chloro-3-nitro-1-naphthyl)acetamide* $C_{12}H_9ClN_2O_3$, Formel XIII (R = CO-CH_3) (E II 707).

B. Beim Einleiten von Chlor in eine warme Suspension von *N*-[3-Nitro-naphthyl-(1)]-acetamid in Essigsäure (*Hodgson, Hathway*, Soc. **1945** 123, 124).

Krystalle (aus Eg.); F: 235° (*Ho., Ha.*), 233° (*Ward, Hardy*, Soc. [C] **1966** 1038).

2-Chlor-4-nitro-1-amino-naphthalin, 2-Chlor-4-nitro-naphthyl-(1)-amin, *2-chloro-4-nitro-1-naphthylamine* $C_{10}H_7ClN_2O_2$, Formel I.

Eine unter dieser Konstitution beschriebene Verbindung (gelbe Krystalle [aus Nitrobenzol]; F: 249°) ist aus *N*-[4-Nitro-naphthyl-(1)]-acetamid beim Erwärmen mit Chlor in Essigsäure und Erwärmen des als *N*-[2-Chlor-4-nitro-naphthyl-(1)]-acetamid ($C_{12}H_9ClN_2O_3$) angesehenen Reaktionsprodukts (gelbe Krystalle [aus Eg.], F: 231°; s. dagegen *Adams, Wankel*, Am. Soc. **73** [1951] 131, 133) mit wss.-äthanol. Schwefelsäure sowie aus 4-Nitro-1-amino-naphthyl-(2)-quecksilber-acetat beim Behandeln mit Chlor und wss. Kaliumchlorid-Lösung erhalten worden (*Hodgson, Elliott*, Soc. **1934** 1705).

2.4-Dichlor-5-nitro-1-amino-naphthalin, 2.4-Dichlor-5-nitro-naphthyl-(1)-amin, *2,4-dichloro-5-nitro-1-naphthylamine* $C_{10}H_6Cl_2N_2O_2$, Formel II (R = H).

B. Aus *N*-[2.4-Dichlor-5-nitro-naphthyl-(1)]-acetamid beim Erhitzen mit wss.-äthanol. Schwefelsäure (*Hodgson, Turner*, Soc. **1942** 723).

Orangefarbene Krystalle (aus wss. A.); F: 116,5°.

2.4-Dichlor-5-nitro-1-acetamino-naphthalin, *N*-[2.4-Dichlor-5-nitro-naphthyl-(1)]-acetamid, N-*(2,4-dichloro-5-nitro-1-naphthyl)acetamide* $C_{12}H_8Cl_2N_2O_3$, Formel II (R = CO-CH_3).

B. Beim Einleiten von Chlor in eine warme Lösung von *N*-[5-Nitro-naphthyl-(1)]-acetamid in Essigsäure (*Hodgson, Turner*, Soc. **1942** 723).

Krystalle (aus Eg.); F: 235,5°.

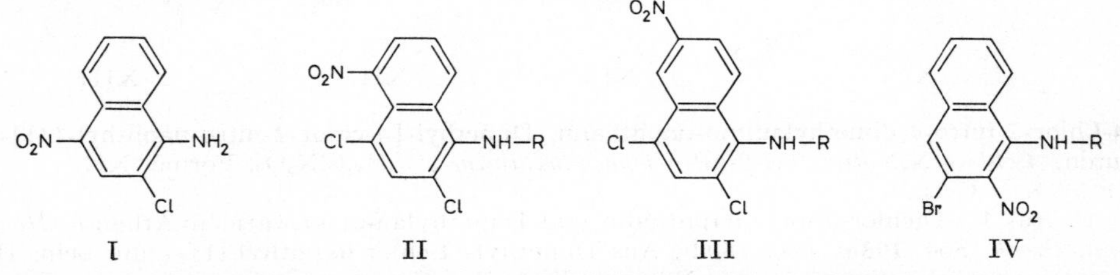

2.4-Dichlor-6-nitro-1-amino-naphthalin, 2.4-Dichlor-6-nitro-naphthyl-(1)-amin, *2,4-dichloro-6-nitro-1-naphthylamine* $C_{10}H_6Cl_2N_2O_2$, Formel III (R = H).

B. Aus *N*-[2.4-Dichlor-6-nitro-naphthyl-(1)]-acetamid beim Erhitzen mit wss.-äthanol. Schwefelsäure (*Hodgson, Turner*, Soc. **1943** 391, 392).

Orangerote Krystalle (aus A. + Acn.); F: 177—178° [korr.].

2.4-Dichlor-6-nitro-1-acetamino-naphthalin, *N*-[2.4-Dichlor-6-nitro-naphthyl-(1)]-acetamid, N-*(2,4-dichloro-6-nitro-1-naphthyl)acetamide* $C_{12}H_8Cl_2N_2O_3$, Formel III (R = CO-CH_3).

B. Beim Einleiten von Chlor in eine warme Lösung von *N*-[6-Nitro-naphthyl-(1)]-acetamid in Essigsäure (*Hodgson, Turner*, Soc. **1943** 391, 392).

Gelbliche Krystalle (aus Eg.); F: 243° [korr.].

3-Brom-2-nitro-1-amino-naphthalin, 3-Brom-2-nitro-naphthyl-(1)-amin, *3-bromo-2-nitro-1-naphthylamine* $C_{10}H_7BrN_2O_2$, Formel IV (R = H).

B. Aus *N*-[3-Brom-2-nitro-naphthyl-(1)]-acetamid beim Erhitzen mit wss.-äthanol. Schwefelsäure (*Hodgson, Elliott*, Soc. **1936** 1151, 1153).

Gelbe Krystalle (aus A.); F: 166°.

3-Brom-2-nitro-1-acetamino-naphthalin, *N*-[3-Brom-2-nitro-naphthyl-(1)]-acetamid, N-(*3-bromo-2-nitro-1-naphthyl*)*acetamide* $C_{12}H_9BrN_2O_3$, Formel IV (R = CO-CH_3).

B. Aus *N*-[3-Brom-naphthyl-(1)]-acetamid beim Behandeln mit wss. Salpetersäure [D: 1,42] (*Hodgson, Elliott,* Soc. **1936** 1151, 1153).

Krystalle (aus Eg.); F: 235°.

4-Brom-2-nitro-1-amino-naphthalin, 4-Brom-2-nitro-naphthyl-(1)-amin, *4-bromo-2-nitro-1-naphthylamine* $C_{10}H_7BrN_2O_2$, Formel V (R = H) (H 1261; E I 530).

B. Aus 2-Nitro-naphthyl-(1)-amin und Brom in Essigsäure, Chloroform oder Nitrobenzol (*Consden, Kenyon,* Soc. **1935** 1596; *Hodgson, Elliott,* Soc. **1935** 1850, 1851). Aus 3-Nitro-4-amino-naphthyl-(1)-quecksilber-acetat beim Behandeln einer Lösung in Essigsäure mit Brom (*Ho., Ell.*). Aus *N*-[4-Brom-2-nitro-naphthyl-(1)]-acetamid beim Erhitzen mit wss. Salzsäure und Essigsäure (*Hodgson, Birtwell,* Soc. **1943** 321).

Orangefarbene Krystalle, F: 200° [aus wss. Py. oder Chlorbenzol] (*Ho., Bi.*), 199° [aus Eg.] (*Co., Ke.*); gelbe Krystalle, F: 197° [aus Py.] (*Ho., Bi.*). Dipolmoment (ε; Dioxan): 5,60 D (*Wassiliew, Syrkin,* Acta physicoch. U.R.S.S. **14** [1941] 414).

Beim Behandeln einer Suspension in Essigsäure mit Natriumnitrit oder mit Natriumnitrit und Schwefelsäure ist 4-Brom-2-hydroxy-naphthalin-diazonium-(1)-betain erhalten worden (*Hodgson, Birtwell,* Soc. **1943** 321).

4-Brom-2-nitro-1-acetamino-naphthalin, *N*-[4-Brom-2-nitro-naphthyl-(1)]-acetamid, N-(*4-bromo-2-nitro-1-naphthyl*)*acetamide* $C_{12}H_9BrN_2O_3$, Formel V (R = CO-CH_3) (H 1261; E I 530; E II 707).

Krystalle; F: 239° [aus Eg.] (*Hodgson, Elliott,* Soc. **1935** 1850, 1854), 231—233° [aus A.] (*Hodgson, Birtwell,* Soc. **1943** 321).

5-Brom-2-nitro-1-amino-naphthalin, 5-Brom-2-nitro-naphthyl-(1)-amin, *5-bromo-2-nitro-1-naphthylamine* $C_{10}H_7BrN_2O_2$, Formel VI (E II 707).

Dipolmoment (ε; Dioxan): 5,05 D (*Wassiliew, Syrkin,* Acta physicoch. U.R.S.S. **14** [1941] 414).

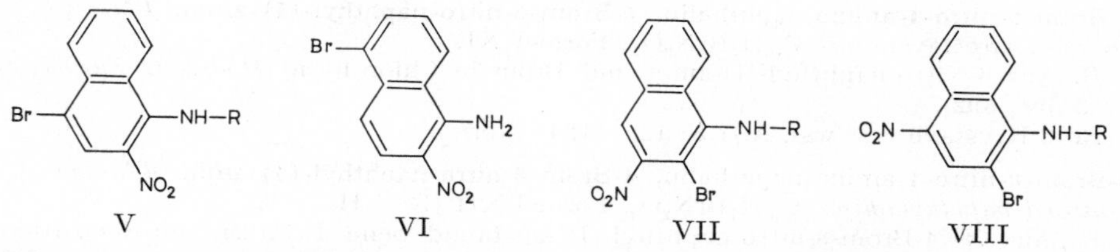

V VI VII VIII

2-Brom-3-nitro-1-amino-naphthalin, 2-Brom-3-nitro-naphthyl-(1)-amin, *2-bromo-3-nitro-1-naphthylamine* $C_{10}H_7BrN_2O_2$, Formel VII (R = H).

B. Aus *N*-[2-Brom-3-nitro-naphthyl-(1)]-acetamid beim Erhitzen mit wss.-äthanol. Schwefelsäure (*Hodgson, Hathway,* Soc. **1945** 841).

Rote Krystalle (aus A.); F: 107°.

2-Brom-3-nitro-1-acetamino-naphthalin, *N*-[2-Brom-3-nitro-naphthyl-(1)]-acetamid, N-(*2-bromo-3-nitro-1-naphthyl*)*acetamide* $C_{12}H_9BrN_2O_3$, Formel VII (R = CO-CH_3).

B. Beim Behandeln von 3-Nitro-1-acetamino-naphthyl-(2)-quecksilber-acetat in Äthanol mit Brom und Kaliumbromid in Wasser (*Hodgson, Hathway,* Soc. **1945** 841).

Krystalle (aus Eg.); F: 240°.

2-Brom-4-nitro-1-amino-naphthalin, 2-Brom-4-nitro-naphthyl-(1)-amin, *2-bromo-4-nitro-1-naphthylamine* $C_{10}H_7BrN_2O_2$, Formel VIII (R = H).

B. Aus 4-Nitro-naphthyl-(1)-amin und Brom in Nitrobenzol (*Hodgson, Elliott,* Soc. **1934** 1705) oder in Essigsäure (*Consden, Kenyon,* Soc. **1935** 1596). Aus 4-Nitro-1-amino-naphthyl-(2)-quecksilber-acetat beim Behandeln mit Brom und wss. Kaliumbromid-Lösung (*Ho., Ell.*).

Orangegelbe Krystalle; F: 250° [aus Eg. oder wss. Ameisensäure] (*Ho., Ell.*), 249° [Zers.; aus A. + Py.] (*Co., Ke.*).

2-Brom-4-nitro-1-acetamino-naphthalin, *N*-[2-Brom-4-nitro-naphthyl-(1)]-acetamid, N-(*2-bromo-4-nitro-1-naphthyl*)*acetamide* $C_{12}H_9BrN_2O_3$, Formel VIII (R = CO-CH_3).

B. Aus 2-Brom-4-nitro-naphthyl-(1)-amin beim Behandeln mit Acetanhydrid und

Essigsäure (*Hodgson, Elliott*, Soc. **1935** 1850, 1852) oder mit Acetanhydrid und Schwefelsäure (*Consden, Kenyon*, Soc. **1935** 1596).
Grüngelbe Krystalle (aus Eg.); F: 239° (*Ho., Ell.*), 235—236° (*Co., Ke.*).

***N*-[2-Brom-4-nitro-naphthyl-(1)]-toluolsulfonamid-(4)**, N-(*2-bromo-4-nitro-1-naphthyl*)-p-*toluenesulfonamide* $C_{17}H_{13}BrN_2O_4S$, Formel IX.
B. Beim Behandeln von *N*-[4-Nitro-naphthyl-(1)]-toluolsulfonamid-(4) (H 1260) in Pyridin mit Brom (*Consden, Kenyon*, Soc. **1935** 1591, 1594).
Gelbe Krystalle (aus Eg.); F: 193—195°.

2-Brom-5-nitro-1-amino-naphthalin, 2-Brom-5-nitro-naphthyl-(1)-amin, *2-bromo-5-nitro-1-naphthylamine* $C_{10}H_7BrN_2O_2$, Formel X (R = H).
B. Aus 5-Nitro-naphthyl-(1)-amin und Brom in Chloroform (*Hodgson, Turner*, Soc. **1942** 723, **1943** 704).
Orangerote Krystalle (aus A.); F: 121,5°.

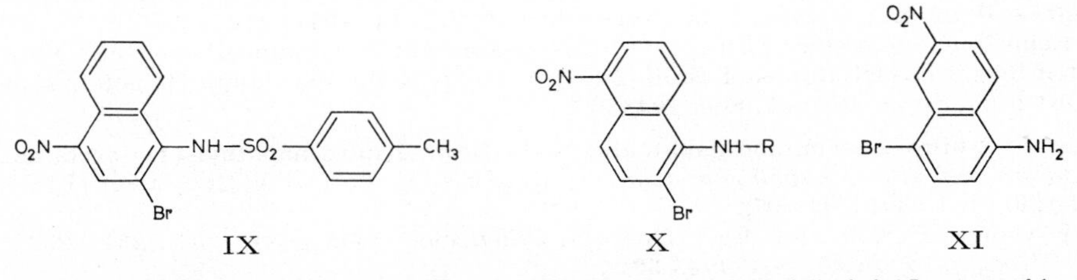

IX X XI

2-Brom-5-nitro-1-acetamino-naphthalin, *N*-[2-Brom-5-nitro-naphthyl-(1)]-acetamid, N-(*2-bromo-5-nitro-1-naphthyl*)*acetamide* $C_{12}H_9BrN_2O_3$, Formel X (R = $CO\text{-}CH_3$).
B. Aus 2-Brom-5-nitro-naphthyl-(1)-amin (*Hodgson, Turner*, Soc. **1942** 723).
Gelbliche Krystalle (aus wss. Eg.); F: 139°.

4-Brom-6-nitro-1-amino-naphthalin, 4-Brom-6-nitro-naphthyl-(1)-amin, *4-bromo-6-nitro-1-naphthylamine* $C_{10}H_7BrN_2O_2$, Formel XI.
B. Aus 6-Nitro-naphthyl-(1)-amin und Brom in Chloroform (*Hodgson, Turner*, Soc. **1943** 391, 392).
Rote Krystalle (aus wss. A.); F: 123—124° [korr.].

4-Brom-8-nitro-1-amino-naphthalin, 4-Brom-8-nitro-naphthyl-(1)-amin, *4-bromo-8-nitro-1-naphthylamine* $C_{10}H_7BrN_2O_2$, Formel XII (R = H).
B. Aus *N*-[4-Brom-8-nitro-naphthyl-(1)]-acetamid beim Erhitzen mit wss.-äthanol. Schwefelsäure (*Hodgson, Crook*, Soc. **1936** 1338, 1339).
Rote Krystalle (aus Bzn.); F: 116° (*Ho., Cr.*, Soc. **1936** 1339).
Beim Behandeln mit wss. Schwefelsäure, Essigsäure und Natriumnitrit und Erwärmen der Reaktionslösung mit Kupfer(I)-hydroxid ist **4.4'-Dibrom-8.8'-dinitro-[1.1']binaphthyl** erhalten worden (*Hodgson, Crook*, Soc. **1937** 571).
Hydrochlorid $C_{10}H_7BrN_2O_2 \cdot HCl$. Krystalle (aus A.); F: 185° [Zers.] (*Ho., Cr.*, Soc. **1936** 1339).
Hydrobromid $C_{10}H_7BrN_2O_2 \cdot HBr$. Krystalle (aus A.); F: 209° [Zers.] (*Ho., Cr.*, Soc. **1936** 1339).

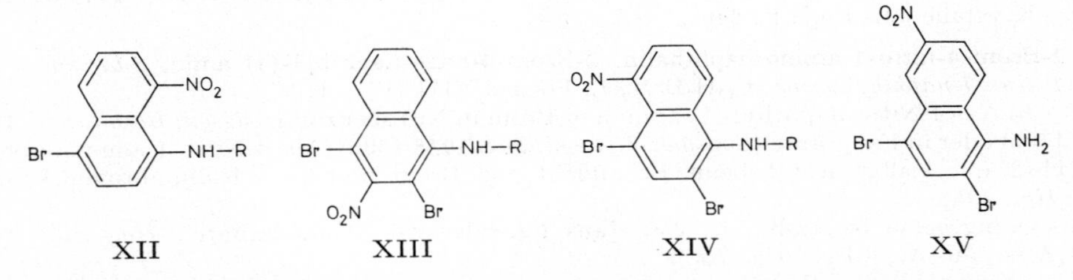

XII XIII XIV XV

4-Brom-8-nitro-1-acetamino-naphthalin, *N*-[4-Brom-8-nitro-naphthyl-(1)]-acetamid, N-(*4-bromo-8-nitro-1-naphthyl*)*acetamide* $C_{12}H_9BrN_2O_3$, Formel XII (R = $CO\text{-}CH_3$).
B. Aus *N*-[8-Nitro-naphthyl-(1)]-acetamid beim Erhitzen mit Brom und Natrium-

acetat in Essigsäure (*Hodgson, Crook*, Soc. **1936** 1338, 1339).
Krystalle (aus Bzn.); F: 202°.

4-Brom-8-nitro-1-benzamino-naphthalin, *N*-[4-Brom-8-nitro-naphthyl-(1)]-benzamid, N-(*4-bromo-8-nitro-1-naphthyl*)*benzamide* $C_{17}H_{11}BrN_2O_3$, Formel XII (R = CO-C_6H_5).
B. Aus 4-Brom-8-nitro-naphthyl-(1)-amin (*Hodgson, Cook*, Soc. **1936** 1338, 1339).
Krystalle (aus Eg.); F: 218°.

2.4-Dibrom-3-nitro-1-amino-naphthalin, 2.4-Dibrom-3-nitro-naphthyl-(1)-amin, *2,4-dibromo-3-nitro-1-naphthylamine* $C_{10}H_6Br_2N_2O_2$, Formel XIII (R = H).
B. Aus 3-Nitro-naphthyl-(1)-amin und Brom in Chloroform (*Hodgson, Hathway*, Soc. **1944** 21). Aus *N*-[2.4-Dibrom-3-nitro-naphthyl-(1)]-acetamid beim Erhitzen mit wss.-äthanol. Schwefelsäure (*Hodgson, Hathway*, Soc. **1945** 123, 125).
Hellgelbe Krystalle (aus A.); F: 182° [korr.].

2.4-Dibrom-3-nitro-1-acetamino-naphthalin, *N*-[2.4-Dibrom-3-nitro-naphthyl-(1)]-acetamid, N-(*2,4-dibromo-3-nitro-1-naphthyl*)*acetamide* $C_{12}H_8Br_2N_2O_3$, Formel XIII (R = CO-CH_3).
B. Aus 2.4-Dibrom-3-nitro-naphthyl-(1)-amin (*Hodgson, Hathway*, Soc. **1945** 21). Aus 2-Nitro-4-acetamino-1.3-bis-acetoxymercurio-naphthalin beim Behandeln mit Brom, wss. Kaliumbromid-Lösung und Äthanol (*Hodgson, Hathway*, Soc. **1945** 123, 125).
Krystalle (aus Eg.); F: 202°.

2.4-Dibrom-5-nitro-1-amino-naphthalin, 2.4-Dibrom-5-nitro-naphthyl-(1)-amin, *2,4-dibromo-5-nitro-1-naphthylamine* $C_{10}H_6Br_2N_2O_2$, Formel XIV (R = H).
B. Aus 5-Nitro-naphthyl-(1)-amin und Brom in Chloroform (*Hodgson, Turner*, Soc. **1942** 723, **1943** 704).
Orangefarbene Krystalle (aus wss. Acn.); F: 159,5°.

2.4-Dibrom-5-nitro-1-acetamino-naphthalin, *N*-[2.4-Dibrom-5-nitro-naphthyl-(1)]-acetamid, N-(*2,4-dibromo-5-nitro-1-naphthyl*)*acetamide* $C_{12}H_8Br_2N_2O_3$, Formel XIV (R = CO-CH_3).
B. Aus 2.4-Dibrom-5-nitro-naphthyl-(1)-amin (*Hodgson, Turner*, Soc. **1942** 723).
Krystalle (aus Eg.); F: 230,5° [Zers.].

2.4-Dibrom-6-nitro-1-amino-naphthalin, 2.4-Dibrom-6-nitro-naphthyl-(1)-amin, *2,4-dibromo-6-nitro-1-naphthylamine* $C_{10}H_6Br_2N_2O_2$, Formel XV.
B. Aus 4-Brom-6-nitro-naphthyl-(1)-amin und Brom in Chloroform (*Hodgson, Turner*, Soc. **1943** 391, 392).
Rote Krystalle (aus Acn.); F: 195° [korr.].

2.4-Dibrom-8-nitro-1-amino-naphthalin, 2.4-Dibrom-8-nitro-naphthyl-(1)-amin, *2,4-dibromo-8-nitro-1-naphthylamine* $C_{10}H_6Br_2N_2O_2$, Formel I (R = X = H).
B. Aus 8-Nitro-naphthyl-(1)-amin und Brom in Essigsäure und Nitrobenzol (*Hodgson, Crook*, Soc. **1936** 1338, 1339).
Rote Krystalle (aus Eg.); F: 150°.

2.4-Dibrom-8-nitro-1-acetamino-naphthalin, *N*-[2.4-Dibrom-8-nitro-naphthyl-(1)]-acetamid, N-(*2,4-dibromo-8-nitro-1-naphthyl*)*acetamide* $C_{12}H_8Br_2N_2O_3$, Formel I (R = CO-CH_3, X = H).
B. Aus *N*-[8-Nitro-naphthyl-(1)]-acetamid beim Erhitzen mit Brom und Natrium=acetat in Essigsäure (*Hodgson, Crook*, Soc. **1936** 1338, 1339). Aus 2.4-Dibrom-8-nitro-1-diacetylamino-naphthalin beim Erwärmen mit Äthanol und wss. Natronlauge (*Ho., Cr.*, l. c. S. 1340).
Krystalle (aus Eg.); F: 198°.
Beim Erhitzen mit Zinn(II)-chlorid, wss. Salzsäure und Essigsäure ist 4.6-Dibrom-2-methyl-perimidin erhalten worden (*Ho., Cr.*, l. c. S. 1341).

2.4-Dibrom-8-nitro-1-diacetylamino-naphthalin, *N*-[2.4-Dibrom-8-nitro-naphthyl-(1)]-diacetamid, N-(*2,4-dibromo-8-nitro-1-naphthyl*)*diacetamide* $C_{14}H_{10}Br_2N_2O_4$, Formel I (R = X = CO-CH_3).
B. Aus 2.4-Dibrom-8-nitro-naphthyl-(1)-amin beim Erhitzen mit Acetanhydrid und Schwefelsäure (*Hodgson, Crook*, Soc. **1936** 1338, 1340).
Krystalle (aus Eg.); F: 190°.

2.4-Dibrom-8-nitro-1-benzamino-naphthalin, *N*-[2.4-Dibrom-8-nitro-naphthyl-(1)]-benzamid, N-(*2,4-dibromo-8-nitro-1-naphthyl*)*benzamide* $C_{17}H_{10}Br_2N_2O_3$, Formel I ($R = CO\text{-}C_6H_5$, $X = H$).

B. Aus 2.4-Dibrom-8-nitro-naphthyl-(1)-amin (*Hodgson, Crook*, Soc. **1936** 1338, 1340).

Krystalle (aus Eg.); F: 228°.

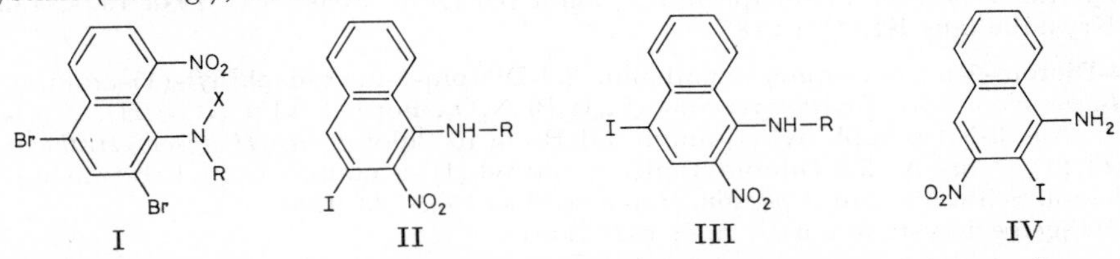

3-Jod-2-nitro-1-amino-naphthalin, 3-Jod-2-nitro-naphthyl-(1)-amin, *3-iodo-2-nitro-1-naphthylamine* $C_{10}H_7IN_2O_2$, Formel II ($R = H$).

B. Aus *N*-[3-Jod-2-nitro-naphthyl-(1)]-acetamid beim Erhitzen mit wss.-äthanol. Schwefelsäure (*Hodgson, Elliott*, Soc. **1936** 1151, 1153).

Rotbraune Krystalle (aus Eg.); F: 250°.

3-Jod-2-nitro-1-acetamino-naphthalin, *N*-[3-Jod-2-nitro-naphthyl-(1)]-acetamid, N-(*3-iodo-2-nitro-1-naphthyl*)*acetamide* $C_{12}H_9IN_2O_3$, Formel II ($R = CO\text{-}CH_3$).

B. Aus *N*-[3-Jod-naphthyl-(1)]-acetamid beim Behandeln mit wss. Salpetersäure [D: 1,42] (*Hodgson, Elliott*, Soc. **1936** 1151, 1153).

Krystalle (aus Eg.); F: 298°.

4-Jod-2-nitro-1-amino-naphthalin, 4-Jod-2-nitro-naphthyl-(1)-amin, *4-iodo-2-nitro-1-naphthylamine* $C_{10}H_7IN_2O_2$, Formel III ($R = H$).

B. Aus 2-Nitro-naphthyl-(1)-amin und Jodmonochlorid in Essigsäure (*Cumming, Howie*, Soc. **1931** 3176, 3177). Aus 3-Nitro-4-amino-naphthyl-(1)-quecksilber-acetat beim Erwärmen mit einer wss. Lösung von Jod und Kaliumjodid (*Hodgson, Elliott*, Soc. **1935** 1850, 1851).

Orangefarbene Krystalle; F: 195° [aus A. oder Nitrobenzol] (*Ho., Ell.*), 192—193° [aus A.] (*Cu., Ho.*).

Beim Erwärmen einer Suspension in Essigsäure mit Natriumnitrit ist 4-Jod-2-hydroxy-naphthalin-diazonium-(1)-betain erhalten worden (*Hodgson, Birtwell*, Soc. **1943** 321).

2-Jod-3-nitro-1-amino-naphthalin, 2-Jod-3-nitro-naphthyl-(1)-amin, *2-iodo-3-nitro-1-naphthylamine* $C_{10}H_7IN_2O_2$, Formel IV.

B. Aus 3-Nitro-1-amino-naphthyl-(2)-quecksilber-acetat beim Erhitzen mit einer wss. Lösung von Jod und Kaliumjodid unter Zusatz von Äthanol (*Hodgson, Hathway*, Soc. **1945** 123, 125).

Krystalle (aus A.); F: 100°.

2-Jod-4-nitro-1-amino-naphthalin, 2-Jod-4-nitro-naphthyl-(1)-amin, *2-iodo-4-nitro-1-naphthylamine* $C_{10}H_7IN_2O_2$, Formel V ($R = H$).

B. Aus 4-Nitro-naphthyl-(1)-amin und Jodmonochlorid in Essigsäure (*Cumming, Howie*, Soc. **1931** 3176, 3177). Aus 4-Nitro-1-amino-naphthyl-(2)-quecksilber-acetat beim Erwärmen mit einer wss. Lösung von Jod und Kaliumjodid (*Hodgson, Elliott*, Soc. **1934** 1705).

Gelbe Krystalle (aus A. oder Nitrobenzol); F: 234° (*Cu., Ho.*; *Ho., Ell.*).

2-Jod-4-nitro-1-acetamino-naphthalin, *N*-[2-Jod-4-nitro-naphthyl-(1)]-acetamid, N-(*2-iodo-4-nitro-1-naphthyl*)*acetamide* $C_{12}H_9IN_2O_3$, Formel V ($R = CO\text{-}CH_3$).

B. Aus 4-Nitro-1-acetamino-naphthyl-(2)-quecksilber-acetat bei kurzem Erhitzen mit einer wss. Lösung von Jod und Kaliumjodid (*Hodgson, Elliott*, Soc. **1935** 1851, 1853).

Grüngelbe Krystalle (aus Eg.); F: 222°.

2-Jod-5-nitro-1-amino-naphthalin, 2-Jod-5-nitro-naphthyl-(1)-amin, *2-iodo-5-nitro-1-naphthylamine* $C_{10}H_7IN_2O_2$, Formel VI ($R = H$).

B. Aus 5-Nitro-1-amino-naphthyl-(2)-quecksilber-acetat beim Erwärmen mit einer wss. Lösung von Jod und Kaliumjodid (*Hodgson, Turner*, Soc. **1942** 723).

Rote Krystalle (aus Eg.); F: 121,5—122,5°.

2-Jod-5-nitro-1-acetamino-naphthalin, *N*-[2-Jod-5-nitro-naphthyl-(1)]-acetamid, N-*(2-iodo-5-nitro-1-naphthyl)acetamide* $C_{12}H_9IN_2O_3$, Formel VI (R = CO-CH_3).

B. Beim Erhitzen von 2-Jod-5-nitro-naphthyl-(1)-amin mit Acetanhydrid und Essigsäure (*Hodgson, Turner*, Soc. **1942** 723).

Krystalle (aus wss. Eg.); F: 169,5°.

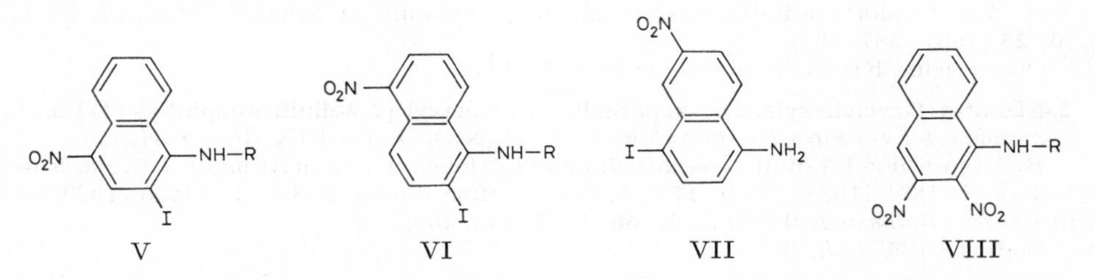

4-Jod-6-nitro-1-amino-naphthalin, 4-Jod-6-nitro-naphthyl-(1)-amin, *4-iodo-6-nitro-1-naphthylamine* $C_{10}H_7IN_2O_2$, Formel VII.

B. Aus 7-Nitro-4-amino-naphthyl-(1)-quecksilber-acetat beim Erwärmen mit einer wss. Lösung von Jod und Kaliumjodid (*Hodgson, Turner*, Soc. **1943** 391, 393).

Hellrote Krystalle (aus wss. A. + Acn.); F: 175° [korr.].

2.3-Dinitro-1-amino-naphthalin, 2.3-Dinitro-naphthyl-(1)-amin, *2,3-dinitro-1-naphthylamine* $C_{10}H_7N_3O_4$, Formel VIII (R = H).

Die Identität eines von *Hodgson, Turner* (Soc. **1943** 635) unter dieser Konstitution beschriebenen, aus dem Acetyl-Derivat vom F: 275° (s. u.) beim Erhitzen mit wss.-äthanol. Schwefelsäure erhaltenen Präparats (rote Krystalle [aus Me. + Acn.]; F: 160—161°) ist ungewiss (*Ward, Coulsen, Hawkins*, Soc. **1954** 4541).

Über authentisches 2.3-Dinitro-naphthyl-(1)-amin (gelbe Krystalle [aus Propanol-(1)]; F: ca. 233° [korr.; Zers.]) s. *Sihlbom*, Acta chem. scand. **8** [1954] 1709, 1716.

2.3-Dinitro-1-acetamino-naphthalin, *N*-[2.3-Dinitro-naphthyl-(1)]-acetamid, N-*(2,3-dinitro-1-naphthyl)acetamide* $C_{12}H_9N_3O_5$, Formel VIII (R = CO-CH_3).

Die Identität zweier von *Hodgson, Elliott* (Soc. **1936** 1151, 1153) und von *Hodgson, Turner* (Soc. **1943** 635) unter dieser Konstitution beschriebener, aus *N*-[3-Chlor-naphthyl-(1)]-acetamid (S. 2960) bzw. *N*-[3-Nitro-naphthyl-(1)]-acetamid (S. 2970) beim Behandeln mit Salpetersäure erhaltenen Präparate vom F: 275,5° bzw. F: 275° ist ungewiss (*Ward, Coulson, Hawkins*, Soc. **1954** 4541; *Ward, Coulson, Wells*, Soc. **1957** 4816, 4819, 4823).

Über authentisches *N*-[2.3-Dinitro-naphthyl-(1)]-acetamid (hellgelbe Krystalle [aus Eg.]; F: ca. 254° [korr.; Zers.]) s. *Sihlbom*, Acta chem. scand. **8** [1954] 1709, 1716.

2.4-Dinitro-1-amino-naphthalin, 2.4-Dinitro-naphthyl-(1)-amin, *2,4-dinitro-1-naphthylamine* $C_{10}H_7N_3O_4$, Formel IX (R = H) (H 1262; E I 530; E II 708).

B. Aus [2.4-Dinitro-naphthyl-(1)]-carbamidsäure-methylester oder aus [2.4-Dinitro-naphthyl-(1)]-carbamidsäure-äthylester beim Erwärmen mit methanol. Ammoniak bzw. mit äthanol. Ammoniak (*Groeneveld*, R. **50** [1931] 681, 689, 690). Aus *N*-[2.4-Dinitro-naphthyl-(1)]-toluolsulfonamid-(4) beim Behandeln mit Schwefelsäure (*Hodgson, Birtwell*, Soc. **1943** 433; vgl. E I 530).

Gelbe Krystalle (aus Eg.); F: 244° (*Hodgson, Walker*, Soc. **1934** 180).

2.4-Dinitro-1-methylamino-naphthalin, Methyl-[2.4-dinitro-naphthyl-(1)]-amin, N-*methyl-2,4-dinitro-1-naphthylamine* $C_{11}H_9N_3O_4$, Formel IX (R = CH_3) (E II 708).

B. Aus *N*-Methyl-*N*-[2.4-dinitro-naphthyl-(1)]-hydrazin beim Erwärmen mit Kupfer(II)-sulfat in wss. Äthanol (*Robert*, R. **56** [1937] 909, 918).

Krystalle; F: 164° (*Ro.*). Triklin (*Koning*, Pr. Akad. Amsterdam **50** [1947] 967).

2.4-Dinitro-1-propylamino-naphthalin, Propyl-[2.4-dinitro-naphthyl-(1)]-amin, *2,4-dinitro-*N*-propyl-1-naphthylamine* $C_{13}H_{13}N_3O_4$, Formel IX (R = CH_2-CH_2-CH_3) (E II 708).

Trikline Krystalle (*Koning*, Pr. Akad. Amsterdam **50** [1947] 969).

2.4-Dinitro-1-butylamino-naphthalin, Butyl-[2.4-dinitro-naphthyl-(1)]-amin, N-*butyl-2,4-dinitro-1-naphthylamine* $C_{14}H_{15}N_3O_4$, Formel IX (R = $[CH_2]_3$-CH_3) (E II 708).
Monokline Krystalle (*Koning*, Pr. Akad. Amsterdam **50** [1947] 970).

2.4-Dinitro-1-allylamino-naphthalin, Allyl-[2.4-dinitro-naphthyl-(1)]-amin, N-*allyl-2,4-dinitro-1-naphthylamine* $C_{13}H_{11}N_3O_4$, Formel IX (R = CH_2-CH=CH_2).
B. Aus 4-Chlor-1.3-dinitro-naphthalin und Allylamin in Äthanol (*Mangini*, R. A. L. [6] **25** [1937] 387, 390).
Orangegelbe Krystalle (aus Eg.); F: 146—147°.

2.4-Dinitro-1-cyclohexylamino-naphthalin, Cyclohexyl-[2.4-dinitro-naphthyl-(1)]-amin, N-*cyclohexyl-2,4-dinitro-1-naphthylamine* $C_{16}H_{17}N_3O_4$, Formel IX (R = C_6H_{11}).
B. Aus 4-Chlor-1.3-dinitro-naphthalin und Cyclohexylamin in Äthanol (*I.G. Farbenind.*, D.R.P. 507831 [1928]; Frdl. **17** 927; *Gen. Aniline Works*, U.S.P. 1836295 [1929]) oder in Benzol (*Blanksma, Wilmink*, R. **66** [1947] 445, 450).
Gelb; F: 186° (*Bl., Wi.*).

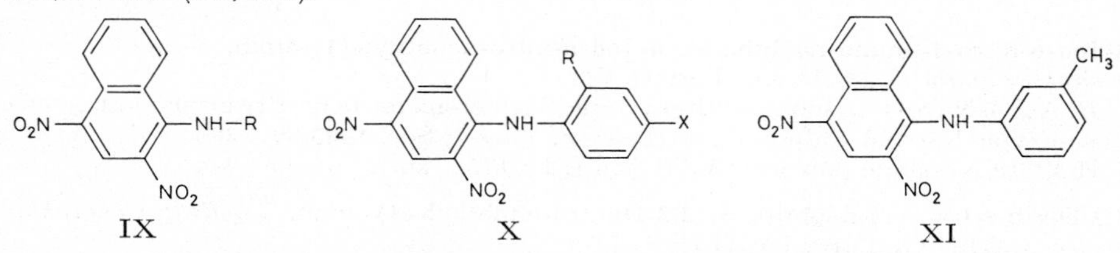

2.4-Dinitro-1-anilino-naphthalin, Phenyl-[2.4-dinitro-naphthyl-(1)]-amin, *2,4-dinitro-*N-*phenyl-1-naphthylamine* $C_{16}H_{11}N_3O_4$, Formel X (R = X = H) (H 1262; E II 709).
B. Aus 4-Chlor-1.3-dinitro-naphthalin und Benzylidenanilin in warmem Äthanol (*Mangini, Frenguelli*, G. **67** [1937] 358, 368).
Rote Krystalle (aus A.); F: 178—179°.

2.4-Dinitro-1-[4-chlor-anilino]-naphthalin, [4-Chlor-phenyl]-[2.4-dinitro-naphthyl-(1)]-amin, N-(p-*chlorophenyl*)-*2,4-dinitro-1-naphthylamine* $C_{16}H_{10}ClN_3O_4$, Formel X (R = H, X = Cl).
B. Aus 4-Chlor-1.3-dinitro-naphthalin und 4-Chlor-anilin in Äthanol (*van Opstall*, R. **52** [1933] 901, 910).
Orangegelbe Krystalle; F: 209°.

2.4-Dinitro-1-[4-brom-anilino]-naphthalin, [4-Brom-phenyl]-[2.4-dinitro-naphthyl-(1)]-amin, N-(p-*bromophenyl*)-*2,4-dinitro-1-naphthylamine* $C_{16}H_{10}BrN_3O_4$, Formel X (R = H, X = Br).
B. Aus 4-Chlor-1.3-dinitro-naphthalin und 4-Brom-anilin in Äthanol (*Mangini, Frenguelli*, G. **67** [1937] 358, 369).
Orangegelbe Krystalle (aus Bzl.); F: 223,5—224,5°.

2.4-Dinitro-1-*o*-toluidino-naphthalin, *o*-Tolyl-[2.4-dinitro-naphthyl-(1)]-amin, *2,4-dinitro-*N-o-*tolyl-1-naphthylamine* $C_{17}H_{13}N_3O_4$, Formel X (R = CH_3, X = H).
B. Aus 4-Chlor-1.3-dinitro-naphthalin und *o*-Toluidin in Äthanol (*van Opstall*, R. **52** [1933] 901, 909).
Gelbe Krystalle vom F: 125° [Block] und rote Krystalle vom F: 137°; die gelbe Modifikation wandelt sich beim Erhitzen auf Temperaturen oberhalb des Schmelzpunkts in die rote Modifikation um.

2.4-Dinitro-1-*m*-toluidino-naphthalin, *m*-Tolyl-[2.4-dinitro-naphthyl-(1)]-amin, *2,4-dinitro-*N-m-*tolyl-1-naphthylamine* $C_{17}H_{13}N_3O_4$, Formel XI.
B. Aus 4-Chlor-1.3-dinitro-naphthalin und *m*-Toluidin in Äthanol (*van Opstall*, R. **52** [1933] 901, 910).
Orangegelbe Krystalle; F: 169°.

2.4-Dinitro-1-phenäthylamino-naphthalin, Phenäthyl-[2.4-dinitro-naphthyl-(1)]-amin, *2,4-dinitro-*N-*phenethyl-1-naphthylamine* $C_{18}H_{15}N_3O_4$, Formel IX (R = CH_2-CH_2-C_6H_5).
B. Aus 4-Chlor-1.3-dinitro-naphthalin und Phenäthylamin in Äthanol (*Jansen*, R. **50** [1931] 617, 622).
Gelbe Krystalle (aus A.); F: 135°.

(±)-3-[2.4-Dinitro-naphthyl-(1)-amino]-propandiol-(1.2), *(±)-3-(2,4-dinitro-1-naphthylamino)propane-1,2-diol* $C_{13}H_{13}N_3O_6$, Formel IX (R = CH_2-CH(OH)-CH_2OH).

B. Beim Erwärmen von 4-Chlor-1.3-dinitro-naphthalin mit (±)-3-Amino-propandiol-(1.2) und Natriumacetat in Äthanol (*den Otter*, R. **57** [1938] 13, 22).

Orangefarben; F: 189°.

2-[2.4-Dinitro-naphthyl-(1)-amino]-propandiol-(1.3), *2-(2,4-dinitro-1-naphthylamino)propane-1,3-diol* $C_{13}H_{13}N_3O_6$, Formel IX (R = CH(CH_2OH)$_2$).

B. Beim Erwärmen von 4-Chlor-1.3-dinitro-naphthalin mit 2-Amino-propandiol-(1.3) und Natriumacetat in Äthanol (*den Otter*, R. **57** [1938] 13, 17).

Rot; F: 199°.

6-[2.4-Dinitro-naphthyl-(1)-amino]-hexanpentol-(1.2.3.4.5), *6-(2,4-dinitro-1-naphthylamino)hexane-1,2,3,4,5-pentol* $C_{16}H_{19}N_3O_9$.

a) **6-[2.4-Dinitro-naphthyl-(1)-amino]-L-*gulo*-hexanpentol-(1.2.3.4.5), 1-[2.4-Dinitro-naphthyl-(1)-amino]-1-desoxy-D-glucit, *N*-[2.4-Dinitro-naphthyl-(1)]-D-glucamin,** Formel I.

B. Beim Erwärmen von D-Glucamin mit 4-Chlor-1.3-dinitro-naphthalin und Natriumacetat in Äthanol (*den Otter*, R. **56** [1937] 1196, 1199).

Orangerote Krystalle; F: 189°.

b) **6-[2.4-Dinitro-naphthyl-(1)-amino]-L-*galacto*-hexanpentol-(1.2.3.4.5), 1-[2.4-Dinitro-naphthyl-(1)-amino]-D-1-desoxy-galactit, *N*-[2.4-Dinitro-naphthyl-(1)]-D-galactamin,** Formel II.

B. Beim Erwärmen von D-Galactamin mit 4-Chlor-1.3-dinitro-naphthalin und Natriumacetat in Äthanol (*den Otter*, R. **56** [1937] 1196, 1201).

Orangerote Krystalle; F: 181°.

***N*-Cyclohexyl-*N*-[2.4-dinitro-naphthyl-(1)]-acetamid,** *N-cyclohexyl-N-(2,4-dinitro-1-naphthyl)acetamide* $C_{18}H_{19}N_3O_5$, Formel III (R = C_6H_{11}, X = CO-CH_3).

B. Aus Cyclohexyl-[2.4-dinitro-naphthyl-(1)]-amin (*Blanksma, Wilmink*, R. **66** [1947] 445, 450).

Krystalle; F: 146°.

[2.4-Dinitro-naphthyl-(1)]-carbamidsäure-methylester, *(2,4-dinitro-1-naphthyl)carbamic acid methyl ester* $C_{12}H_9N_3O_6$, Formel III (R = CO-OCH_3, X = H).

B. Aus [Naphthyl-(1)]-carbamidsäure-methylester beim Behandeln mit wss. Salpetersäure (D: 1,45) unter Kühlung (*Groeneveld*, R. **50** [1931] 681, 688).

Gelbe Krystalle (aus wss. Acn.); F: 205—207° [Zers.].

Beim Behandeln mit wasserfreier Salpetersäure bei —5° ist 2.4.5-Trinitro-naphthyl-(1)-amin erhalten worden; Mechanismus der Reaktion: *Gr.*, l. c. S. 695.

[2.4-Dinitro-naphthyl-(1)]-carbamidsäure-äthylester, *(2,4-dinitro-1-naphthyl)carbamic acid ethyl ester* $C_{13}H_{11}N_3O_6$, Formel III (R = CO-OC_2H_5, X = H).

B. Aus [Naphthyl-(1)]-carbamidsäure-äthylester beim Behandeln mit wss. Salpetersäure (D: 1,45) unter Kühlung (*Groeneveld*, R. **50** [1931] 681, 689).

Krystalle (aus wss. Acn. oder $CHCl_3$); F: 183—185°.

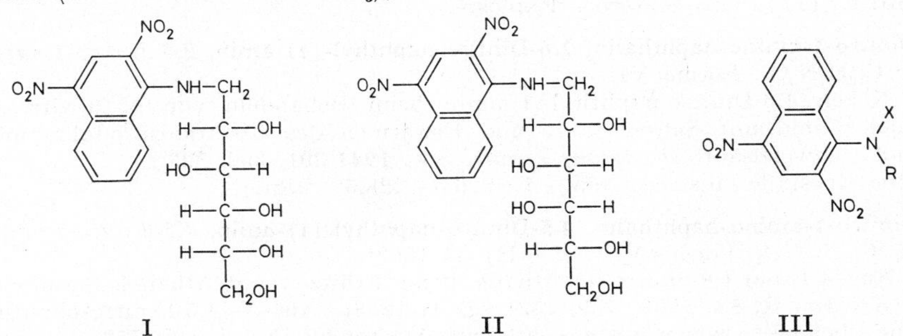

***N.N'*-Bis-[2.4-dinitro-naphthyl-(1)]-äthylendiamin,** *N,N'-bis(2,4-dinitro-1-naphthyl)ethylenediamine* $C_{22}H_{16}N_6O_8$, Formel IV.

B. Aus 4-Chlor-1.3-dinitro-naphthalin und Äthylendiamin in Äthanol (*Mangini*, G.

67 [1937] 373, 379).

Gelbe Krystalle (aus Nitrobenzol); F: 276—277° [Zers.].

***N*-[2-(2.4-Dinitro-naphthyl-(1)-amino)-äthyl]-acetamid, *N'*-[2.4-Dinitro-naphthyl-(1)]-*N*-acetyl-äthylendiamin,** N-[*2-(2,4-dinitro-1-naphthylamino)ethyl*]*acetamide* $C_{14}H_{14}N_4O_5$, Formel III (R = CH_2-CH_2-NH-CO-CH_3, X = H).

B. Beim Erwärmen von 4-Chlor-1.3-dinitro-naphthalin mit Äthylendiamin (8 Mol) in Äthanol und Erhitzen des Reaktionsprodukts mit Acetanhydrid (*Mangini*, G. **67** [1937] 373, 379).

Gelbe Krystalle (aus Acn. + PAe.); F: 162—163°.

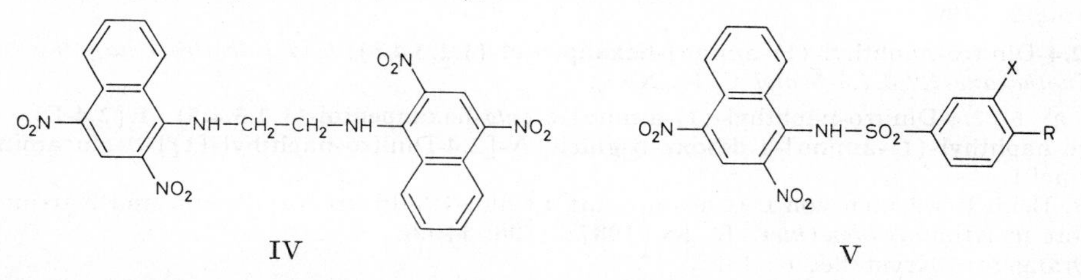

3-Nitro-*N*-[2.4-dinitro-naphthyl-(1)]-benzolsulfonamid-(1), N-(*2,4-dinitro-1-naphthyl*)-m-*nitrobenzenesulfonamide* $C_{16}H_{10}N_4O_8S$, Formel V (R = H, X = NO_2).

B. Aus 3-Nitro-*N*-[naphthyl-(1)]-benzolsulfonamid-(1) beim Erwärmen mit Salpetersäure und Essigsäure (*Consden, Kenyon*, Soc. **1935** 1591, 1593).

Gelbe Krystalle (aus Eg.); F: 185—188°.

***N*-[2.4-Dinitro-naphthyl-(1)]-toluolsulfonamid-(4),** N-(*2,4-dinitro-1-naphthyl*)-p-*toluenesulfonamide* $C_{17}H_{13}N_3O_6S$, Formel V (R = CH_3, X = H) (E I 532).

B. Aus *N*-[Naphthyl-(1)]-toluolsulfonamid-(4) beim Behandeln mit wss. Salpetersäure (*Hodgson, Walker*, Soc. **1934** 180) oder mit wss. Salpetersäure (D: 1,42) und Essigsäure (*Ho., Wa.*; *Hodgson, Smith*, Soc. **1935** 1854; vgl. E I 532).

Gelbliche Krystalle (aus A.); F: 166° (*Ho., Wa.*).

(±)-Nitro-[2.3-dinitryloxy-propyl]-[2.4-dinitro-naphthyl-(1)]-amin, (±)-*1*-[(*2,4-dinitro-1-naphthyl*)*nitroamino*]-*2,3-bis*(*nitryloxy*)*propane* $C_{13}H_{10}N_6O_{12}$, Formel III (R = CH_2-CH(ONO_2)-CH_2-O-NO_2, X = NO_2).

B. Aus (±)-3-[2.4-Dinitro-naphthyl-(1)-amino]-propandiol-(1.2) beim Behandeln mit Salpetersäure (*den Otter*, R. **57** [1938] 13, 22).

Hellgelb; F: 73°, Zers. bei 80°. Explosiv.

Nitro-[β.β'-dinitryloxy-isopropyl]-[2.4-dinitro-naphthyl-(1)]-amin, *2*-[(*2,4-dinitro-1-naphthyl*)*nitroamino*]-*1,3-bis*(*nitryloxy*)*propane* $C_{13}H_{10}N_6O_{12}$, Formel III (R = CH(CH_2-ONO_2)$_2$, X = NO_2).

B. Aus 2-[2.4-Dinitro-naphthyl-(1)-amino]-propandiol-(1.3) beim Behandeln mit Salpetersäure (*den Otter*, R. **57** [1938] 13, 17).

Gelb; F: 117° [nach Sintern]. Explosiv.

2.6-Dinitro-1-amino-naphthalin, 2.6-Dinitro-naphthyl-(1)-amin, *2,6-dinitro-1-naphthylamine* $C_{10}H_7N_3O_4$, Formel VI.

B. Neben 4.6-Dinitro-naphthyl-(1)-amin beim Behandeln von *N*-[6-Nitro-naphthyl-(1)]-acetamid mit Salpetersäure und Erwärmen des Reaktionsprodukts mit wss.-äthanol. Schwefelsäure (*Hodgson, Turner*, Soc. **1943** 391, 392, 393).

Gelbe Krystalle (aus wss. Acn.); F: 226,5—228,5° [korr.].

4.5-Dinitro-1-amino-naphthalin, 4.5-Dinitro-naphthyl-(1)-amin, *4,5-dinitro-1-naphthylamine* $C_{10}H_7N_3O_4$, Formel VII (R = H) (H 1263).

B. Aus 4-Brom-1.8-dinitro-naphthalin beim Erhitzen mit äthanol. Ammoniak auf 150° (*Kerkhof*, R. **51** [1932] 739, 752; vgl. H 1263). Aus *N*-[4.5-Dinitro-naphthyl-(1)]-acetamid beim Erwärmen mit wss.-äthanol. Ammoniak (*Ke.*, l. c. S. 753) oder mit wss.-äthanol. Schwefelsäure (*Hodgson, Hathway*, Soc. **1945** 543; vgl. H 1263).

Krystalle (aus Amylalkohol), F: 246° (*Ke.*, l. c. S. 752); rote Krystalle (aus Amylalkohol), F: 236°; gelbliche Krystalle (aus Eg.), F: 236° (*Ho., Ha.*).

4.5-Dinitro-1-acetamino-naphthalin, *N*-[4.5-Dinitro-naphthyl-(1)]-acetamid, N-(*4,5-dinitro-1-naphthyl)acetamide* $C_{12}H_9N_3O_5$, Formel VII (R = CO-CH_3) (H 1264).

B. Beim Erwärmen von 4.5-Dinitro-naphthyl-(1)-amin mit Acetanhydrid unter Zusatz von Schwefelsäure (*Kerkhof*, R. **51** [1932] 739, 753).

Gelbe Krystalle; F: 245° [aus A.] (*Ke.*), 244° [aus Eg.] (*Hodgson, Hathway*, Soc. **1945** 543).

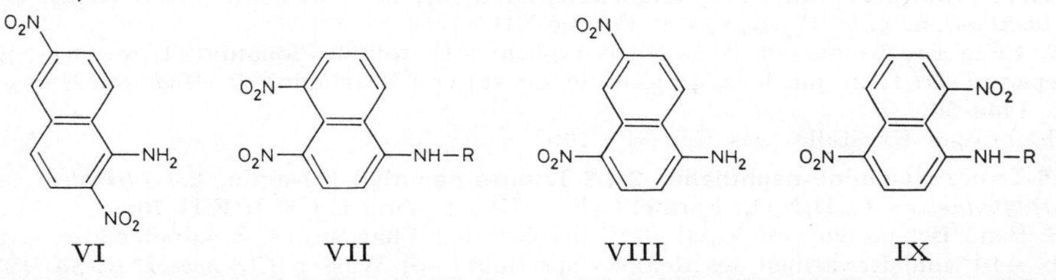

4.6-Dinitro-1-amino-naphthalin, 4.6-Dinitro-naphthyl-(1)-amin, *4,6-dinitro-1-naphthylamine* $C_{10}H_7N_3O_4$, Formel VIII.

B. Neben 2.6-Dinitro-naphthyl-(1)-amin beim Behandeln von *N*-[6-Nitro-naphthyl-(1)]-acetamid mit Salpetersäure und Erwärmen des Reaktionsprodukts mit wss.-äthanol. Schwefelsäure (*Hodgson, Turner*, Soc. **1943** 391, 392, 393).

Rote Krystalle (aus A. + Acn.); F: 178° [korr.].

4.8-Dinitro-1-amino-naphthalin, 4.8-Dinitro-naphthyl-(1)-amin, *4,8-dinitro-1-naphthylamine* $C_{10}H_7N_3O_4$, Formel IX (R = H) (H 1264).

B. Aus *N*-[4.8-Dinitro-naphthyl-(1)]-acetamid beim Erhitzen mit wss. Schwefelsäure (*Hodgson, Crook*, Soc. **1936** 1338, 1339).

Orangerote Krystalle (aus Eg.); F: 193° [unkorr.].

4.8-Dinitro-1-methylamino-naphthalin, Methyl-[4.8-dinitro-naphthyl-(1)]-amin, N-*methyl-4,8-dinitro-1-naphthylamine* $C_{11}H_9N_3O_4$, Formel IX (R = CH_3).

B. Aus 4-Brom-1.5-dinitro-naphthalin und Methylamin in Äthanol bei 100° (*Kerkhof*, R. **51** [1932] 739, 753).

Orangefarbene Krystalle (aus wss. A.); F: 145°.

Bis-[4.8-dinitro-naphthyl-(1)]-amin, *4,4',8,8'-tetranitrodi-1-naphthylamine* $C_{20}H_{11}N_5O_8$, Formel X.

B. Beim Behandeln von 4.8-Dinitro-naphthyl-(1)-amin mit Essigsäure, wss. Schwefelsäure und Natriumnitrit und Behandeln der erhaltenen Diazoniumsalz-Lösung mit Kupfer(I)-hydroxid (*Hodgson, Crook*, Soc. **1937** 571).

Krystalle (aus Nitrobenzol); F: 244°. Verdünnte Lösungen in wss. Natronlauge sind gelb, konzentrierte Lösungen sind rot.

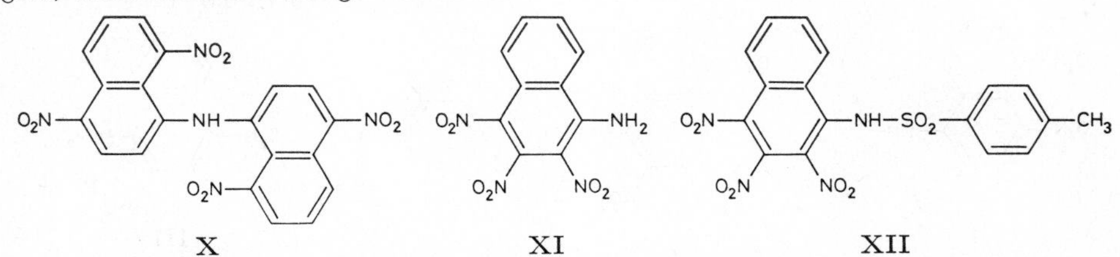

4.8-Dinitro-1-acetamino-naphthalin, *N*-[4.8-Dinitro-naphthyl-(1)]-acetamid, N-(*4,8-dinitro-1-naphthyl)acetamide* $C_{12}H_9N_3O_5$, Formel IX (R = CO-CH_3).

B. Aus *N*-[8-Nitro-naphthyl-(1)]-acetamid und Salpetersäure (*Hodgson, Crook*, Soc. **1936** 1338).

Krystalle (aus Eg.); F: 231°.

4.8-Dinitro-1-benzamino-naphthalin, *N*-[4.8-Dinitro-naphthyl-(1)]-benzamid, N-(*4,8-dinitro-1-naphthyl)benzamide* $C_{17}H_{11}N_3O_5$, Formel IX (R = CO-C_6H_5).

B. Aus 4.8-Dinitro-naphthyl-(1)-amin und Benzoylchlorid mit Hilfe von wss. Alkalilauge (*Hodgson, Crook*, Soc. **1936** 1338, 1339).

Gelbe Krystalle (aus wss. A.); F: 224° [nach Sintern].

2.3.4-Trinitro-1-amino-naphthalin, 2.3.4-Trinitro-naphthyl-(1)-amin, *2,3,4-trinitro-1-naphthylamine* $C_{10}H_6N_4O_6$, Formel XI.

B. Aus *N*-[2.3.4-Trinitro-naphthyl-(1)]-toluolsulfonamid-(4) beim Behandeln mit Schwefelsäure (*Hodgson, Hathway*, Soc. **1944** 561).

Orangegelbe Krystalle (aus A. + Acn.); F: 220°.

***N*-[2.3.4-Trinitro-naphthyl-(1)]-toluolsulfonamid-(4),** N-(*2,3,4-trinitro-1-naphthyl*)-p-*toluenesulfonamide* $C_{17}H_{12}N_4O_8S$, Formel XII.

B. Beim Erwärmen von *N*-[3-Nitro-naphthyl-(1)]-toluolsulfonamid-(4) mit wss. Salpetersäure (D: 1,42) und Essigsäure unter Zusatz von Natriumnitrit (*Hodgson, Hathway*, Soc. **1944** 561).

Hellbraune Krystalle (aus Eg.); F: 190°.

2.4.5-Trinitro-1-amino-naphthalin, 2.4.5-Trinitro-naphthyl-(1)-amin, *2,4,5-trinitro-1-naphthylamine* $C_{10}H_6N_4O_6$, Formel I (R = H) (H 1264; E I 532; E II 709).

B. Beim Behandeln von *N*-Äthyl-*N'*-[naphthyl-(1)]-harnstoff mit Salpetersäure unterhalb —10° und Erwärmen des Reaktionsprodukts mit Wasser (*Groeneveld*, R. **50** [1931] 681, 697, 699). Aus Naphthyl-(1)-carbamidsäure-methylester, Naphthyl-(1)-carbamidsäure-äthylester, [2.4-Dinitro-naphthyl-(1)]-carbamidsäure-methylester oder [2.4-Dinitro-naphthyl-(1)]-carbamidsäure-äthylester beim Behandeln mit Salpetersäure (*Gr.*, l. c. S. 692, 694, 695). Aus *N*-[2.4.5-Trinitro-naphthyl-(1)]-toluolsulfonamid-(4) beim Erwärmen mit Schwefelsäure (*Hodgson, Turner*, Soc. **1942** 723).

Gelbe Krystalle; F: 315—317° [Zers.; Block; aus Acn.] (*Gr.*, l. c. S. 692), 310° [aus wss. Py.] (*Ho., Tu.*).

2.4.5-Trinitro-1-heptylamino-naphthalin, Heptyl-[2.4.5-trinitro-naphthyl-(1)]-amin, N-*heptyl-2,4,5-trinitro-1-naphthylamine* $C_{17}H_{20}N_4O_6$, Formel I (R = $[CH_2]_6$-CH_3) (E II 709).

Rhombisch-bipyramidale Krystalle (*Koning*, Pr. Akad. Amsterdam **50** [1947] 972).

2.4.5-Trinitro-1-acetamino-naphthalin, *N*-[2.4.5-Trinitro-naphthyl-(1)]-acetamid, N-(*2,4,5-trinitro-1-naphthyl*)*acetamide* $C_{12}H_8N_4O_7$, Formel I (R = CO-CH_3) (E II 709).

Krystalle (aus Acetanhydrid), F: 223°; die Schmelze erstarrt bei weiterem Erhitzen zu Krystallen vom F: 281° (*Groeneveld*, R. **50** [1931] 681, 701).

[2.4.5-Trinitro-naphthyl-(1)]-carbamidsäure-methylester, (*2,4,5-trinitro-1-naphthyl*)*carbamic acid methyl ester* $C_{12}H_8N_4O_8$, Formel I (R = CO-OCH_3).

B. In geringer Menge neben 2.4.5-Trinitro-naphthyl-(1)-amin beim Behandeln von *N*-Äthyl-*N'*-[naphthyl-(1)]-harnstoff mit Salpetersäure und Behandeln der Reaktionslösung mit Methanol sowie beim Behandeln von Naphthyl-(1)-carbamidsäure-methylester mit Salpetersäure (*Groeneveld*, R. **50** [1931] 681, 695, 700).

Krystalle (aus Me.); F: 230° (*Gr.*, l. c. S. 695).

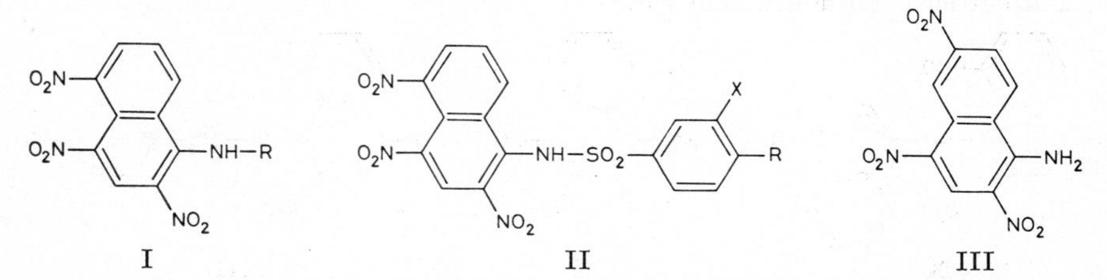

I II III

[2.4.5-Trinitro-naphthyl-(1)]-carbamidsäure-äthylester, (*2,4,5-trinitro-1-naphthyl*)*carbamic acid ethyl ester* $C_{13}H_{10}N_4O_8$, Formel I (R = CO-OC_2H_5).

B. In geringer Menge neben 2.4.5-Trinitro-naphthyl-(1)-amin beim Behandeln von *N*-Äthyl-*N'*-[naphthyl-(1)]-harnstoff mit Salpetersäure und Behandeln des Reaktionsprodukts mit Äthanol sowie beim Behandeln von Naphthyl-(1)-carbamidsäure-äthylester mit Salpetersäure (*Groeneveld*, R. **50** [1931] 681, 692, 697, 699).

Gelbe Krystalle (aus A.); F: 196—198° (*Gr.*, l. c. S. 693).

3-Nitro-*N*-[2.4.5-trinitro-naphthyl-(1)]-benzolsulfonamid-(1), m-*nitro*-N-(*2,4,5-trinitro-1-naphthyl*)*benzenesulfonamide* $C_{16}H_9N_5O_{10}S$, Formel II (R = H, X = NO_2).

B. Aus 3-Nitro-*N*-[5-nitro-naphthyl-(1)]-benzolsulfonamid-(1) oder aus 3-Nitro-

N-[2.4-dinitro-naphthyl-(1)]-benzolsulfonamid-(1) beim Erwärmen mit Salpetersäure und Essigsäure (*Consden, Kenyon*, Soc. **1935** 1591, 1593, 1594).

Krystalle (aus Eg.); F: 215° [Zers.].

Pyridin-Salz $C_5H_5N \cdot C_{16}H_9N_5O_{10}S$. F: 170—175°.

***N*-[2.4.5-Trinitro-naphthyl-(1)]-toluolsulfonamid-(4)**, N-(*2,4,5-trinitro-1-naphthyl*)-p-*toluenesulfonamide* $C_{17}H_{12}N_4O_8S$, Formel II (R = CH_3, X = H).

B. Beim Erwärmen von *N*-[5-Nitro-naphthyl-(1)]-toluolsulfonamid-(4) mit Salpeter= säure und Essigsäure (*Hodgson, Turner*, Soc. **1942** 723).

Gelbliche Krystalle (aus Eg.); F: 206° [Zers.].

2.4.6-Trinitro-1-amino-naphthalin, 2.4.6-Trinitro-naphthyl-(1)-amin, *2,4,6-trinitro-1-naphthylamine* $C_{10}H_6N_4O_6$, Formel III.

B. Aus *N*-[2.4.6-Trinitro-naphthyl-(1)]-toluolsulfonamid-(4) beim Erwärmen mit Schwefelsäure (*Hodgson, Turner*, Soc. **1943** 391, 393).

Gelbe Krystalle (aus Py.); F: 301—304° [korr.; Zers.].

***N*-[2.4.6-Trinitro-naphthyl-(1)]-toluolsulfonamid-(4)**, N-(*2,4,6-trinitro-1-naphthyl*)-p-*toluenesulfonamide* $C_{17}H_{12}N_4O_8S$, Formel IV.

B. Aus *N*-[6-Nitro-naphthyl-(1)]-toluolsulfonamid-(4) beim Erwärmen mit Salpeter= säure und Essigsäure (*Hodgson, Turner*, Soc. **1943** 391, 393).

Gelbliche Krystalle (aus Eg.); F: 172,5° [korr.]. [*Möhle*]

O_2N NH—SO_2 CH_3 NO_2 O_2N

IV

NH_2

V

2-Amino-naphthalin, Naphthyl-(2)-amin, *β*-Naphthylamin, *2-naphthylamine* $C_{10}H_9N$, Formel V (H 1265; E I 532; E II 710).

Bildungsweisen.

Aus 2-Chlor-naphthalin oder 2-Brom-naphthalin beim Behandeln mit Kaliumamid in flüssigem Ammoniak (*Urner, Bergstrom*, Am. Soc. **67** [1945] 2108). Aus Naphthol-(2) beim Erhitzen mit Ammoniumsulfit und wss. Ammoniak (*Drake*, Org. Reactions **1** [1942] 105, 110, 120, 122; *Kane, Kuloor, Rao*, Trans. Indian Inst. chem. Eng. **1** [1947/48] 22) oder mit Natriumhydrogensulfit und wss. Ammoniak (*Bessubez*, Ž. chim. Promyšl. **7** [1930] 908; C. **1930** II 3023; vgl. H 1265; E II 710). Aus *N*-[Naphthyl-(2)]-hydroxylamin beim Erwärmen mit einer aus Natriumsulfid, Natriumhydrogencarbonat, Wasser und Methanol hergestellten Lösung (*Hodgson, Ward*, Soc. **1949** 1187, 1190).

Isolierung aus Gemischen mit Naphthyl-(1)-amin: *Hodgson, Smith*, Soc. **1935** 1854.

Physikalische Eigenschaften.

F: 112° (*L.* u. *A. Kofler*, Thermo-Mikro-Methoden, 3. Aufl. [Weinheim 1954] S. 449). Über eine aus der Schmelze erhaltene instabile Modifikation s. *Kofler, Brandstätter*, Z. physik. Chem. **192** [1943] 229, 236. Monoklin; Raumgruppe $P2_1/a$; aus dem Röntgen-Diagramm ermittelte Dimensionen der Elementarzelle: a = 8,6 Å; b = 6,0 Å; c = 16,9 Å; *β*: 116°; n = 4) (*Kitaĭgorodškiĭ*, Doklady Akad. S.S.S.R. **50** [1945] 315; C. A. **1949** 2064; Izv. Akad. S.S.S.R. Otd. chim. **1947** 561, 567; C. A. **1948** 7597; s. a. *Neuhaus*, Z. Kr. **101** [1939] 177, 185).

Schmelzwärme: 5250 cal/mol (*Skau*, J. phys. Chem. **39** [1935] 761, 764). Wärme-kapazität C_p bei 20°: 0,210 cal/grad g (*Campbell, Campbell*, Am. Soc. **62** [1940] 291, 295). Verbrennungswärme bei konstantem Volumen bei 20°: 1259,4 kcal/mol (*Willis*, Trans. Faraday Soc. **43** [1947] 97, 100; vgl. E II 710).

IR-Spektrum (5—11 μ bzw. 8—16,5 μ): *Barnes, Liddel, Williams*, Ind. eng. Chem. Anal. **15** [1943] 697; *Lecomte*, J. Phys. Rad. [7] **10** [1939] 423, 425. IR-Absorption bei 1,43—1,54 μ: *Wulf, Liddel*, Am. Soc. **57** [1935] 1464, 1467. UV-Spektrum von Lösungen in Wasser: *Kiss, Csetneky*, Acta Univ. Szeged **2** [1948] 132, 134; in Äthanol: *Hertel*,

Z. El. Ch. **47** [1941] 813, 814; *Jones*, Am. Soc. **67** [1945] 2127, 2130, 2144; *Hodgson, Hathway*, Trans. Faraday Soc. **41** [1945] 115, 117; *Corley, Blout*, Am. Soc. **69** [1947] 755, 757; *Hirshberg, Jones*, Canad. J. Res. [B] **27** [1949] 437, 439; *Friedel, Orchin*, Ultraviolet Spectra of Aromatic Compounds [New York 1951] Nr. 265. UV-Spektrum von Lösungen des Hydrochlorids in wss. Salzsäure: *Steck, Ewing*, Am. Soc. **70** [1948] 3397, 3403; in wss.-äthanol. Salzsäure: *Jo.*, l. c. S. 2134, 2144; *Friedel, Orchin*, Nr. 266; einer Lösung des Perchlorats in wss. Perchlorsäure: *Kiss, Cs.* Spektrum der durch UV-Licht erregten Fluorescenz der Base bei $-253°$ (375—455 mμ): *Prichotko, Schabaldaš*, Izv. Akad. S.S.S.R. Ser. fiz. **5** [1941] 120, 122; C. A. **1943** 2267; bei 20° (400—480 mμ): *Bertrand*, Bl. [5] **12** [1945] 1010, 1015; des Hydrochlorids (400—600 mμ): *Be.*, l. c. S. 1019, 1022. Fluorescenz (380—550 mμ) bei Anregung durch Kathodenstrahlen: *Allen, Franklin, McDonald*, J. Franklin Inst. **215** [1933] 705, 709, 713, 714. Auftreten von Fluorescenz (420—570 mμ) bei der Einwirkung von Röntgen-Strahlen: *Ray, Bose, Gupta*, Sci. Culture **5** [1940] 568. Änderung der Fluorescenz des Dampfes unter dem Einfluss von Fremdgasen (z. B. Helium, Sauerstoff, Pentan) bei 125—350°: *Neporent*, Ž. fiz. Chim. **21** [1947] 1111; C. A. **1948** 2521.

Magnetische Susceptibilität: *Pacault*, A. ch. [12] **1** [1946] 527, 551.

Dipolmoment: 1,74 D [ε; Bzl.] (*Bergmann, Weizmann*, Trans. Faraday Soc. **32** [1936] 1318, 1320), 1,76 D [ε; Bzl.] (*Cowley, Partington*, Soc. **1938** 1598, 1601), 1,77 D [ε; Bzl.] (*Wassiliew, Syrkin*, Acta physicoch. U.R.S.S. **14** [1941] 415), 1,84 D [ε; Bzl.] (*Hertel*, Z. El. Ch. **47** [1941] 813, 817), 1,73 D [ε; Toluol] (*Co., Pa.*), 2,10 D [ε; Dioxan] (*Wa., Sy.*). Dissoziationsexponent pK_a des Naphthyl-(2)-ammonium-Ions (Wasser, potentiometrisch ermittelt) bei 23°: 4,14 (*Hall, Sprinkle*, Am. Soc. **54** [1932] 3469, 3472). Oxydationspotential: *Fieser*, Am. Soc. **52** [1930] 5204, 5237.

In 100 ml Wasser lösen sich bei 23° 93,2 mg (*Pfeiffer, Tappermann*, J. pr. [2] **140** [1934] 29, 36). Wärmetönung beim Lösen in Aceton: *Campbell, Campbell*, Am. Soc. **62** [1940] 291, 295; *Pušin, Altarac*, Glasnik chem. Društva Beograd **12** [1947] 83, 88; C. A. **1949** 6070; beim Vermischen mit Pikrinsäure in Aceton (Nachweis einer Verbindung 1:1), mit Oxalsäure-dihydrat in Aceton sowie mit Citronensäure in Aceton: *Pu., Al.*, l. c. S. 85, 86, 90—92. Assoziation in Naphthalin (kryoskopisch ermittelt): *Paskhina, Ufimzev*, C. r. Doklady **55** [1947] 423. Nachweis von Eutektika in den Schmelzdiagrammen der binären Systeme mit 2.5-Dinitro-toluol: *Shinomiya*, J. chem. Soc. Japan **61** [1940] 1221, 1225, 1226; mit Naphthalin (vgl. H 1265; E II 711): *Kofler, Brandstätter*, Z. physik. Chem. **192** [1943] 229, 238, 253; mit 2-Methyl-naphthalin: *Grimm, Günther, Tittus*, Z. physik. Chem. [B] **14** [1931] 169, 196; mit Naphthol-(1) (vgl. E I 533; E II 711): *Ko., Br.*, l. c. S. 247, 257; mit 1-[Biphenylyl-(4)]-äthanon-(1): *Pfeiffer et al.*, J. pr. [2] **126** [1930] 97, 137, 142; mit Benzil: *Kofler*, M. **80** [1949] 441, 444; mit Benzoesäure (vgl. E I 533; E II 711): *Pušin, Sladović*, Glasnik chem. Društva Jugosl. **5** [1934] 135, 139; C. **1936** I 2727; mit Naphthyl-(1)-amin: *Ko., Br.*, l. c. S. 251, 258; mit *m*-Phenylendiamin: *Dionis'ew*, Ž. russ. fiz.-chim. Obšč. **62** [1930] 1933, 1936, 1939; C. **1931** I 2751; mit *trans*(?)-Azobenzol: *Pf. et al.*, l. c. S. 136, 141. Nachweis von Eutektika und Verbindungen in den Schmelzdiagrammen der binären Systeme mit 2.3-Dinitrophenol (Verbindung 3:2), 2.5-Dinitro-phenol (Verbindung 1:1) und 3.4-Dinitro-phenol (Verbindung 3:2(?)): *Shinomiya*, Bl. chem. Soc. Japan **15** [1940] 137, 144, 145; mit 2.4.6-Trinitro-anisol (Verbindung 1:1): *Hertel, Römer*, B. **63** [1930] 2446, 2448; mit Naphthol-(2) (Verbindung 1:1): *Ko., Br.*, l. c. S. 239, 253; s. a. *Hrynakowski, Szmytówna*, Z. physik. Chem. [A] **171** [1934] 234, 237; mit Hydrochinon (Verbindung 2:1): *Pušin, Rikovski*, Glasnik chem. Društva Beograd **14** [1949] 163, 165; C. A. **1952** 4344; mit 1-Methoxy-anthrachinon (Verbindung 1:2): *Pfeiffer et al.*, J. pr. [2] **126** [1930] 97, 137; mit Ameisensäure (Verbindung 1:1): *Baštić, Puschin*, Glasnik chem. Društva Beograd **12** [1947] 109, 112; C. A. **1949** 6066; mit Benzoesäure-anhydrid (Verbindung 1:1): *Kojima*, Sci. Rep. Tokyo Bunrika Daigaku [A] **3** [1936] 71, 81; mit Phenylessigsäure (Verbindung 1:1): *Obuchow*, Ž. russ. fiz.-chim. Obšč. **62** [1930] 1919, 1922; C. **1931** I 2751; mit Bernsteinsäure-anhydrid (Verbindung 1:1), mit Maleinsäure-anhydrid (Verbindung 1:2) und mit Phthalsäure-anhydrid (Verbindung 1:1): *Ko.*, l. c. S. 73, 77, 85; mit 2.4-Dinitro-benzonitril (Verbindung 1:1): *Bennett, Wain*, Soc. **1936** 1108, 1114. Schmelzdiagramm des Systems mit 2-Chlor-naphthalin: *Gr., Gü., Ti.*, l. c. S. 199; *Nazário*, Rev. Inst. A. Lutz **8** [1948] 137, 157; des Systems mit Thymol: *Pušin, Marić, Rikovski*, Glasnik chem. Društva Beograd **13** [1948] 50, 55; C. A. **1952** 4344. Schmelzdiagramm der ternären Systeme mit Phenylessigsäure und Salicylsäure: *Ob.*; mit Salicylsäure und *m*-Phenylendiamin: *Di.*, l. c. S. 1938.

Chemisches Verhalten.

Bildung von Di-[naphthyl-(2)]-amin beim Leiten von Naphthyl-(2)-amin über Bauxit bei 375°: *Calco Chem. Co.*, U.S.P. 2098039 [1935]. Bildung von Phthalsäure-anhydrid und Phthalimid beim Leiten des Dampfes im Gemisch mit Luft über Titanylvanadat-Titandioxid/Bimsstein bei 325°: *Pongratz*, Ang. Ch. **54** [1941] 22, 26; über Vanadium(V)-oxid-Uranoxid/Bimsstein bei 420°: *Sal'kind, Kešarew*, Ž. obšč. Chim. **7** [1937] 879; C. **1938** I 4435. Bildung einer als Dibenzo[*b.i*]phenazin angesehenen Verbindung (F: 278°) beim Erwärmen mit Schwefel oder Selen: *Pischtschimuka*, Ž. obšč. Chim. **10** [1940] 305, 309; C. **1940** II 750.

Beim Behandeln mit 1 Mol eines Säure-[chlor-aryl-amids] in Benzol entsteht 1-Chlor-naphthyl-(2)-amin, beim Behandeln mit überschüssigem Säure-[chlor-aryl-amid] in Benzol ist daneben eine als 1.1'-Dichlor-[2.2']azonaphthalin angesehene Verbindung (F: ca. 120°) erhalten worden (*Danilow, Kos'mina*, Ž. obšč. Chim. **19** [1949] 309, 311; C. A. **1949** 6570). Bildung einer Verbindung $C_{10}H_7NS_3$ (gelbrote Krystalle [aus A.]; F: 150° [Zers.]) beim Erwärmen mit Dischwefeldichlorid oder Schwefeldichlorid in Tetrachlormethan und Behandeln des erhaltenen (roten) Reaktionsprodukts (F: 115°) mit Wasser: *Airan, Shah*, J. Indian chem. Soc. **22** [1945] 359, 362. Bildung von 6-Amino-naphthalin-sulfonsäure-(1), 6-Amino-naphthalin-sulfonsäure-(2), 7-Amino-naphthalin-sulfonsäure-(1) und 7-Amino-naphthalin-sulfonsäure-(2) beim Behandeln mit Schwefelsäure bei Temperaturen von 60° bis 145° (vgl. H 1267; E I 533): *Woronzow*, Anilinokr. Promyšl. **1** [1931] Nr. 7, S. 21—24; C. **1932** I 2174. Beim Erhitzen mit Phosphoroxychlorid ($^1/_6$ Mol) sowie mit Phosphor(V)-sulfid ($^1/_6$ Mol) in Diäthylbenzol ist Phosphorsäure-tris-[naphthyl-(2)-amid] erhalten worden (*Buck, Bartleson, Lankelma*, Am. Soc. **70** [1948] 744).

Hydrierung an Nickel in Methylcyclohexan bei 140°/160—200 at unter Bildung von 1.2.3.4-Tetrahydro-naphthyl-(2)-amin und 5.6.7.8-Tetrahydro-naphthyl-(2)-amin: *Adkins, Cramer*, Am. Soc. **52** [1930] 4349, 4355. Hydrierung an einem Nickeloxid-Chromoxid-Katalysator bei 175—270°/140—210 at unter Bildung von Decahydro-naphthyl-(2)-amin, Bis-[decahydro-naphthyl-(2)]-amin und Decalin: *Du Pont de Nemours & Co.*, U.S.P. 2127377 [1936].

Beim Erwärmen mit Nitrosobenzol in Isopropylalkohol und Hydrieren des Reaktionsprodukts in Äthanol an Platin ist 2-Amino-1-anilino-naphthalin erhalten worden (*Snyder, Easton*, Am. Soc. **68** [1946] 2641). Bildung von 2-Phenyl-naphthalin beim Erhitzen mit Nitrobenzol und Natriumhydroxid auf 180°: *Ramart-Lucas, Guilmart, Martynoff*, Bl. **1947** 415, 424. Reaktion mit Acetylen s. S. 2992. Geschwindigkeit der Reaktion mit Methyljodid in Aceton bei 50°: *Hertel*, Z. El. Ch. **47** [1941] 813, 814; der Reaktion mit 4-Chlor-1.3-dinitrobenzol in Äthanol bei 35° und 45°: *Singh, Peacock*, J. phys. Chem. **40** [1935] 669, 670; bei 100°: *van Opstall*, R. **52** [1933] 901, 906.

Beim Erhitzen des Hydrochlorids mit 3 Mol Methanol auf 220° sind Dimethyl-[naphthyl-(2)]-amin, Di-[naphthyl-(2)]-amin, Naphthol-(2), 2-Methoxy-naphthalin und Dibenz[*a.j*]acridin, beim Erhitzen mit 4 Mol Methanol auf 250° sind Methylamin, 1-Methyl-naphthol-(2), Dimethyl-[naphthyl-(2)]-amin, Di-[naphthyl-(2)]-amin, 2-Methoxy-naphthalin, eine als Dibenz[*a.i*]acridin angesehene Verbindung (F: 206—207°) und Dibenz[*a.j*]acridin erhalten worden (*Hey, Jackson*, Soc. **1936** 1783, 1787; vgl. H 1268). Bildung von Dodecyl-[naphthyl-(2)]-amin, Didodecylamin, Didodecyläther, Di-[naphthyl-(2)]-amin, Naphthol-(2) und Dodecen-(1)(?) beim Erhitzen des Hydrochlorids mit Dodecanol-(1) (3 Mol) bis auf 260°: *Butterworth, Hey*, Soc. **1940** 388. Reaktion mit (±)-Epichlorhydrin unter Bildung von 2-Hydroxy-1.2.3.4-tetrahydrobenzo[*f*]chinolin: *Gould*, Am. Soc. **61** [1939] 2890, 2895. Bildung von Phenyl-[naphthyl-(2)]-amin beim Erhitzen mit Anilin unter Zusatz von Jod: *Campbell, McKail*, Soc. **1948** 1251, 1253, 1255; s. dagegen E I 533. Beim Erwärmen mit Naphthol-(2) und Paraformaldehyd in Benzol unter Entfernen des entstehenden Wassers sind [2-Amino-naphthyl-(1)]-[2-hydroxy-naphthyl-(1)]-methan und geringe Mengen einer Verbindung von 7.14-Dihydro-dibenz[*a.j*]acridin mit 1 Mol Dibenz[*a.j*]acridin [„Morgans Base"] (*Corley, Blout*, Am. Soc. **69** [1947] 755, 757), beim Erhitzen mit Naphthol-(2) und Paraformaldehyd in Xylol sind „Morgans Base" und 7.14-Dihydro-dibenz[*a.j*]acridin, beim Behandeln mit Naphthol-(2) und Paraformaldehyd ohne Lösungsmittel sind bei 180—230° Dibenz[*a.j*]acridin, „Morgans Base" und geringe Mengen 1-Methyl-naphth=

ol-(2), bei 250—260° hingegen eine Verbindung von Dibenz[*a.j*]acridin mit 1 Mol 1-Methyl-naphthol-(2) (*Blout, Corley*, Am. Soc. **69** [1947] 763, 767) erhalten worden.

Bildung von 3-Methyl-benzo[*f*]chinolin bzw. 1.3-Dimethyl-benzo[*f*]chinolin beim Einleiten von Acetylen in eine mit Quecksilber(II)-chlorid versetzte Lösung von Naphthyl-(2)-amin in Äthanol bzw. in Aceton, Behandeln des jeweiligen Reaktionsprodukts mit wss. Alkalilauge und anschliessenden Erhitzen: *Koslow*, Ž. obšč. Chim. **8** [1938] 419, 422; C. **1940** I 523. Bildung von 2-Phenyl-3-[2-nitro-phenyl]-benzo[*f*]chinolin-carbonsäure-(1) und 3-Phenyl-2-[2-nitro-phenyl]-1-[naphthyl-(2)]-pyrrolidindion-(4.5) beim Erwärmen mit Phenylbrenztraubensäure und 2-Nitro-benzaldehyd in Äthanol: *Borsche, Sinn*, A. **538** [1939] 292, 296. Beim Erwärmen mit (±)-1-Hydroxymethyl-cyclohexanon-(2), Zinn(IV)-chlorid und Äthanol sind zwei als 8.9.10.11-Tetrahydro-benz[*a*]acridin und als 1.2.3.4-Tetrahydro-benzo[*a*]phenanthridin angesehene Verbindungen (F: 94—94,5° bzw. F: 114—115°) erhalten worden (*Kenner, Ritchie, Wain*, Soc. **1937** 1526, 1528). Bildung von 5-Phenylimino-5*H*-dibenzo[*a.h*]phenoxazin beim Erhitzen mit 2-Hydroxy-naphthochinon-(1.4)-1-imin-4-phenylimin und Zinkchlorid in Nitrobenzol auf 140° unter Durchleiten von Luft sowie beim Erwärmen mit 2-Hydroxy-naphthochinon-(1.4)-bis-phenylimin in Xylol auf 100° unter Durchleiten von Luft: *Lantz*, A. ch. [11] **2** [1934] 101, 157, 158.

Bildung von 1-[7-Amino-naphthyl-(1)]-äthanon-(1) (Hauptprodukt) und 1-[6-Amino-naphthyl-(2)]-äthanon-(1) beim Erwärmen mit Acetylchlorid und Aluminiumchlorid in Schwefelkohlenstoff und Erhitzen des Reaktionsprodukts mit wss. Salzsäure: *Leonard, Hyson*, Am. Soc. **71** [1949] 1392. Kinetik der Reaktion mit Benzoylchlorid in Benzol bei 25°: *Stubbs, Hinshelwood*, Soc. **1949** Spl. 71, 73. Beim Eintragen von Zinkchlorid in ein Gemisch von Naphthyl-(2)-amin und Benzoylchlorid bei 180° ist [1-Benzoyl-naphthyl-(2)]-benzamid erhalten worden (*Dziewoński, Kwieciński, Sternbach*, Bl. Acad. polon. [A] **1934** 329, 331). Bildung von *N.N'*-Di-[naphthyl-(2)]-harnstoff und Aceton beim Erhitzen von Naphthyl-(2)-amin mit Acetoacetanilid: *Leuthardt, Brunner*, Helv. **30** [1947] 958, 961. Bildung von *N.N'*-Di-[naphthyl-(2)]-harnstoff und 2-Propyl-*N*-[naphthyl-(2)]-acetoacetamid beim Erhitzen mit 2-Propyl-acetessigsäure-äthylester: *Jadhav*, J. Indian chem. Soc. **10** [1933] 391, 392. Beim Erhitzen mit Thioharnstoff unter vermindertem Druck auf 240° bzw. auf 300° ist 1-[Naphthyl-(2)-imino]-3-thioxo-1.2.3.4-tetrahydro-benzo[*f*]chinazolin bzw. 8.17-Bis-[naphthyl-(2)-imino]-8.9-dihydro-17*H*-benzo[*f*]benzo[5.6]chinazolino[3.4-*a*]chinazolin erhalten worden (*Dziewoński, Sternbach, Strauchen*, Bl. Acad. polon. [A] **1936** 493, 497).

Nachweis und Bestimmung.

Zusammenfassende Darstellungen: *Feigl*, Tüpfelanalyse, 4. Aufl. Bd. 2 [Frankfurt/M. 1960] S. 271, 275, 306; *Bauer, Moll*, Die organische Analyse, 5. Aufl. [Leipzig 1967] S. 193, 223; *Snell, Snell*, Colorimetric Methods of Analysis, 3. Aufl. Bd. 4 [New York 1954] S. 236, Bd. 4A [New York 1967] S. 370, 418—422.

Charakterisierung als 2.4-Dinitro-benzoat (F: 181,4—181,8° [korr.]): *Buehler, Calfee*, Ind. eng. Chem. Anal. **6** [1934] 351; als 3.5-Dinitro-benzoat (F: 156,5—157,2° [korr.]): *Buehler, Currier, Lawrence*, Ind. eng. Chem. Anal. **5** [1933] 277; als 3.5-Dinitro-2-methyl-benzoat (F: 136—137°): *Sah, Tien*, J. Chin. chem. Soc. **4** [1936] 490, 492; als 3.5-Dinitro-4-methyl-benzoat (F: 112—113°): *Sah, Yuin*, J. Chin. chem. Soc. **5** [1937] 129, 131. Charakterisierung durch Überführung in *N*-[3-Chlor-phenyl]-*N'*-[naphthyl-(2)]-harnstoff (F: 263—264°): *Sah, Wu*, J. Chin. chem. Soc. **4** [1936] 513, 515; in *N*-[3.5-Dinitro-phenyl]-*N'*-[naphthyl-(2)]-harnstoff (F: 262—263°): *Sah, Ma*, J. Chin. chem. Soc. **2** [1934] 159, 163; in weitere *N*-[Naphthyl-(2)]-*N'*-aryl-harnstoffe: *Sah, Chang*, R. **58** [1939] 8, 10; *Sah*, R. **58** [1939] 1008, 1010, **59** [1940] 231, 234; J. Chin. chem. Soc. **13** [1946] 22, 27, 30, 33, 36, 38, 41, 43, 46; *Sah, Chen*, J. Chin. chem. Soc. **14** [1946] 74, 77; *Sah et al.*, J. Chin. chem. Soc. **14** [1946] 84, 87; in *N*-[3-Nitro-phenyl]-*N'*-[naphthyl-(2)]-thioharnstoff (F: 167—168°): *Sah, Lei*, J. Chin. chem. Soc. **2** [1934] 153, 156; in 1-Phenyl-5-[naphthyl-(2)]-biuret (F: 233°) und weitere 1-[Naphthyl-(2)]-5-aryl-biurete: *Sah et al.*, J. Chin. chem. Soc. **14** [1946] 52, 56, 58, 60, 62; in 3-Nitro-phthalsäure-[naphthyl-(2)-imid] (F: 211—212° [unkorr.]): *Alexander, McElvain*, Am. Soc. **60** [1938] 2285, 2287; in 2.4-Dinitro-benzol-sulfensäure-(1)-[naphthyl-(2)-amid] (F: 167—168° [unkorr.]): *Billman et al.*, Am. Soc. **63** [1941] 1920.

Salze und Additionsverbindungen.

Hydrochlorid $C_{10}H_9N \cdot HCl$ (H 1272; E I 533; E II 712). F: 213—225° (*L.* u. *A.*

Kofler, Thermo-Mikro-Methoden, 3. Aufl. [Weinheim 1954] S. 578). D_4^{20}: 1,280 (*Peschanski*, A. ch. [12] **2** [1947] 599, 616). Elektrische Leitfähigkeit von Lösungen in wss. Aceton: *Hertel, Schneider*, Z. physik. Chem. [A] **151** [1930] 413, 415.

Hydrogensulfat $C_{10}H_9N \cdot H_2SO_4$. Hygroskopische Krystalle (aus Eg. oder A.); F: ca. 205° (*Huber*, Helv. **15** [1932] 1372, 1379).

Hexajodotellurat(IV) $2C_{10}H_9N \cdot H_2TeI_6$. Schwarze Krystalle; gegen Wasser nicht beständig (*Karantassis, Capatos*, C. r. **203** [1936] 83).

Nitrat $C_{10}H_9N \cdot HNO_3$ (H 1272). Verbrennungswärme bei konstantem Volumen bei 20°: 1240,7 kcal/mol (*Willis*, Trans. Faraday Soc. **43** [1947] 97, 100).

Dihydrogenarsenat $C_{10}H_9N \cdot H_3AsO_4$. Krystalle (aus W.); F: 196° (*Brown*, Trans. Kansas Acad. **42** [1939] 209).

Hexafluorosilicat $2C_{10}H_9N \cdot H_2SiF_6$. Krystalle (aus A.); F: 236,3° (*Jacobson*, Am. Soc. **53** [1931] 1011). In 100 ml Äthanol lösen sich bei 25° 0,0816 g, bei 35° 0,1248 g.

Dibrenzcatechinato-borat $C_{10}H_9N \cdot H[B(C_6H_4O_2)_2]$. Krystalle; in 1 l Wasser lösen sich bei 20° 0,12 Mol [44,5 g] (*Schäfer*, Z. anorg. Ch. **259** [1949] 86, 87).

Tetrachlorocuprat(II) $2C_{10}H_9N \cdot H_2CuCl_4$. Grüngelbe Krystalle (*Amiel*, C. r. **201** [1935] 964). — Verbindung mit Kupfer(II)-sulfat $2C_{10}H_9N \cdot CuSO_4$. Braune Krystalle (*Spacu*, Bl. Sect. scient. Acad. roum. **22** [1939] 162).

Quecksilber-chlorid-[naphthyl-(2)-amid] $HgCl(C_{10}H_8N)$. Gelb; F: 170° [Zers.; nach Rotfärbung bei 120°] (*Neogi, Mukherjee*, J. Indian chem. Soc. **12** [1935] 211, 215).

trans-Bis-butandiondioximato-bis-[naphthyl-(2)-amin]-kobalt(III)-Salze: Chlorid $[Co(C_{10}H_9N)_2(C_4H_7N_2O_2)_2]Cl$. Gelbe Krystalle mit 1 Mol H_2O (*Nakatsuka, Iinuma*, Bl. chem. Soc. Japan **11** [1936] 48, 53). — Bromid $[Co(C_{10}H_9N)_2(C_4H_7N_2O_2)_2]Br$. Orangefarbene Krystalle mit 3 Mol H_2O (*Na., Ii.*, l. c. S. 53). — Jodid $[Co(C_{10}H_9N)_2(C_4H_7N_2O_2)_2]I$. Braunes Pulver mit 0,5 Mol H_2O (*Na., Ii.*, l. c. S. 53). — Sulfat $[Co(C_{10}H_9N)_2(C_4H_7N_2O_2)_2]_2SO_4$. Gelbe Krystalle mit 7 Mol H_2O (*Na., Ii.*, l. c. S. 53). — Hydrogensulfat $[Co(C_{10}H_9N)_2(C_4H_7N_2O_2)_2]HSO_4$. Orangefarbene Krystalle mit 1,25 Mol H_2O (*Na., Ii.*, l. c. S. 53). — Nitrat $[Co(C_{10}H_9N)_2(C_4H_7N_2O_2)_2]NO_3$. Orangefarbene Krystalle mit 4 Mol H_2O (*Na., Ii.*, l. c. S. 53). — Thiocyanat $[Co(C_{10}H_9N)_2(C_4H_7N_2O_2)_2]SCN$. Braune Krystalle mit 0,5 Mol H_2O (*Na., Ii.*, l. c. S. 53). — *trans*-Bis-butandiondioximato-[*N*-methyl-anilin]-[naphthyl-(2)-amin]-kobalt(III)-Salze: Salz des (1*R*)-3ξ-Nitro-camphers (F: 102°) $[Co(C_7H_9N)(C_{10}H_9N)(C_4H_7N_2O_2)_2]C_{10}H_{14}NO_3$. Gelbe Krystalle mit 4 Mol H_2O (*Nakatsuka, Iinuma*, Bl. chem. Soc. Japan **11** [1936] 353, 357). — Acetat $[Co(C_7H_9N)(C_{10}H_9N)(C_4H_7N_2O_2)_2]C_2H_3O_2$. Braune Krystalle mit 6 Mol H_2O; Zers. bei 110° (*Na., Ii.*, l. c. S. 357). — (1*S*)-2-Oxo-bornan-sulfonat-(10) $[Co(C_7H_9N)(C_{10}H_9N)(C_4H_7N_2O_2)_2]C_{10}H_{15}O_4S$. Gelbe Krystalle mit 6 Mol H_2O (*Na., Ii.*, l. c. S. 357). — Bromo-bis-äthylendiamin-[naphthyl-(2)-amin]-kobalt(III)-dibromid $[Co(C_2H_8N_2)_2(C_{10}H_9N)Br]Br_2$. Braungrüne Krystalle [aus W.]. (*Ablov*, Bl. [5] **4** [1937] 1783, 1791).

Verbindung mit 1.3-Dinitro-benzol $C_{10}H_9N \cdot C_6H_4N_2O_4$ (E I 533; E II 713). UV-Spektrum: *Hunter, Qureishy, Samuel*, Soc. **1936** 1576.

Verbindung mit 4.6-Dichlor-1.3-dinitro-benzol $C_{10}H_9N \cdot C_6H_2Cl_2N_2O_4$ (H 1271). Dunkelbraune Krystalle; F: 72—73° (*Jois, Manjunath*, J. Indian chem. Soc. **8** [1931] 633, 635).

Verbindung mit 4-Brom-1.3-dinitro-benzol $C_{10}H_9N \cdot C_6H_3BrN_2O_4$. Rote Krystalle; F: 61,7° (*Buehler, Hisey, Wood*, Am. Soc. **52** [1930] 1939, 1940).

Verbindung mit 4.6-Dibrom-1.3-dinitro-benzol $C_{10}H_9N \cdot C_6H_2Br_2N_2O_4$. Rotbraune Krystalle (aus Bzn.); F: 61,5—62,5° (*Adaveeshiah, Jois*, J. Indian chem. Soc. **22** [1945] 49).

Verbindung mit 1.3.5-Trinitro-benzol $C_{10}H_9N \cdot C_6H_3N_3O_6$ (H 1271; E I 534; E II 713). F: 166° (*Kofler*, Z. physik. Chem. [A] **187** [1940] 363, 367). Über die Existenz zweier enantiotroper Modifikationen (Umwandlungspunkt: 164°) s. *Kofler*, Z. physik. Chem. [A] **187** 367; Z. El. Ch. **50** [1944] 200, 206. Dipolmoment (ε; Bzl.): 1,94 D (*Sahney et al.*, J. Indian chem. Soc. **26** [1949] 329, 331).

Verbindung mit Phenol $C_{10}H_9N \cdot C_6H_6O$ (H 1272). F: 84,4° (*Buehler et al.*, Am. Soc. **54** [1932] 2398, 2401).

Verbindung mit 3-Nitro-phenol $C_{10}H_9N \cdot C_6H_5NO_3$. Krystalle; F: 69,4° (*Buehler, Alexander, Stratton*, Am. Soc. **53** [1931] 4094).

Verbindung mit 4-Nitro-phenol $C_{10}H_9N \cdot C_6H_5NO_3$ (E I 534). Krystalle; F: 82,1°

(*Buehler, Alexander, Stratton*, Am. Soc. **53** [1931] 4094).

Verbindung mit 2.3-Dinitro-phenol $3C_{10}H_9N \cdot 2C_6H_4N_2O_5$. Schwarz; F: 108° (*Shinomiya*, Bl. chem. Soc. Japan **15** [1940] 137, 144).

Verbindung mit 2.4-Dinitro-phenol $C_{10}H_9N \cdot C_6H_4N_2O_5$ (E II 713). Dipolmoment (ε; Bzl.): 3,04 D (*Sahney et al.*, J. Indian chem. Soc. **26** [1949] 329, 331).

Verbindung mit 2.5-Dinitro-phenol $C_{10}H_9N \cdot C_6H_4N_2O_5$. Schwarze Krystalle; F: 96,5° (*Shinomiya*, Bl. chem. Soc. Japan **15** [1940] 137, 144).

Verbindung mit 3.4-Dinitro-phenol $3C_{10}H_9N \cdot 2C_6H_4N_2O_5$(?). Braune Krystalle; F: 83° (*Shinomiya*, Bl. chem. Soc. Japan **15** [1940] 137, 145).

Verbindung mit 3.5-Dinitro-phenol $C_{10}H_9N \cdot C_6H_4N_2O_5$. Orangegelb; F: 97° (*Shinomiya*, Bl. chem. Soc. Japan **15** [1940] 137, 146).

Verbindungen mit Pikrinsäure (vgl. H 1272). Über die Existenz einer stabilen und einer instabilen Verbindung von Naphthyl-(2)-amin mit 1 Mol Pikrinsäure (F: >210° bzw. ca. 200°) sowie einer Verbindung von Naphthyl-(2)-amin mit 0,5 Mol Pikrinsäure s. *Kofler*, Z. El. Ch. **50** [1944] 200, 206.

Verbindung mit 1 Mol 2.4.6-Trinitro-anisol. Rote Krystalle; F: 51° (*Hertel, Römer*, B. **63** [1930] 2446, 2452).

Verbindung mit 4.6-Dinitro-2-methyl-phenol $C_{10}H_9N \cdot C_7H_6N_2O_5$. Rote Krystalle; F: 86° (*Wain*, Ann. appl. Biol. **29** [1942] 301, 304).

Verbindung mit Naphthol-(2) $C_{10}H_9N \cdot C_{10}H_8O$ (vgl. E I 534). Krystalle (aus Bzl. + Bzn.); F: 126—128° [korr.] (*Leonard, Hyson*, Am. Soc. **71** [1949] 1392). — Die E I 534 und E II 713 (s. a. *Grimm, Günther, Tittus*, Z. physik. Chem. [B] **14** [1931] 169, 189) beschriebene Verbindung $C_{10}H_9N \cdot 2C_{10}H_8O$ (F: 120,3°) ist nicht wieder erhalten worden (*Kofler, Brandstätter*, Z. physik. Chem. **192** [1943] 229, 239, 253).

Verbindung mit 1-Methyl-naphthol-(2) $C_{10}H_9N \cdot C_{11}H_{10}O$. Krystalle (aus Bzl.); F: 133° [korr.] (*Corley, Blout*, Am. Soc. **69** [1937] 755, 758).

Verbindung mit Biphenylol-(4). Krystalle; F: 130—131° (*Wingfoot Corp.*, U.S.P. 2004914 [1930]).

Verbindung mit Styphninsäure $C_{10}H_9N \cdot C_6H_3N_3O_8$. Grüngelbe Krystalle (aus A.); F: 194—195° (*Ma, Hsia, Sah*, Sci. Rep. Tsing Hua Univ. [A] **2** [1934] 151, 154).

Verbindung mit Hydrochinon $2C_{10}H_9N \cdot C_6H_6O_2$ (E I 534). Krystalle; F: 144° bis 145° (*Dow Chem. Co.*, U.S.P. 1908817 [1931]).

Verbindung mit 2-Nitro-indandion-(1.3) $C_{10}H_9N \cdot C_9H_5NO_4$. Gelbe Krystalle (aus A.); F: 193° (*Wanag, Lode*, B. **70** [1937] 547, 555), 186° [Zers.; korr.] (*Christensen et al.*, Anal. Chem. **21** [1949] 1573, 1574). Am Licht erfolgt Orangefärbung (*Wa., Lode*).

Verbindung mit Hexachlor-naphthochinon-(1.4) $C_{10}H_9N \cdot C_{10}Cl_6O_2$. Grüngelbe Krystalle; F: 213—216° (*Willems*, Z. Naturf. **2b** [1947] 89, 93).

Verbindung mit 1-Methoxy-anthrachinon $C_{10}H_9N \cdot 2C_{15}H_{10}O_3$. Orangerote Krystalle (*Pfeiffer et al.*, J. pr. [2] **126** [1930] 97, 137).

2.4-Dinitro-benzoat $C_{10}H_9N \cdot C_7H_4N_2O_6$. Gelbe Krystalle (aus A.); F: 181,4—181,8° [korr.] (*Buehler, Calfee*, Ind. eng. Chem. Anal. **6** [1934] 351).

3.5-Dinitro-benzoat $C_{10}H_9N \cdot C_7H_4N_2O_6$ (E II 713). Gelbe Krystalle (aus A.); F: 156,5—157,2° [korr.] (*Buehler, Currier, Lawrence*, Ind. eng. Chem. Anal. **5** [1933] 277).

Verbindung mit 3.5-Dinitro-benzoesäure-methylester $C_{10}H_9N \cdot C_8H_6N_2O_6$. Orangefarbene Krystalle; F: 88—90° (*Bennett, Wain*, Soc. **1936** 1108, 1112).

Verbindung mit 3.5-Dinitro-benzonitril $C_{10}H_9N \cdot C_7H_3N_3O_4$. Rote Krystalle; F: 109—113,5° (*Bennett, Wain*, Soc. **1936** 1108, 1112).

3.5-Dinitro-2-methyl-benzoat $C_{10}H_9N \cdot C_8H_6N_2O_6$. Krystalle (aus A.); F: 136° bis 137° (*Sah, Tien*, J. Chin. chem. Soc. **4** [1936] 490, 492).

3.5-Dinitro-4-methyl-benzoat $C_{10}H_9N \cdot C_8H_6N_2O_6$. Krystalle (aus A.); F: 112° bis 113° (*Sah, Yuin*, J. Chin. chem. Soc. **5** [1937] 129, 131).

Verbindung mit 5-Nitro-isophthalonitril $C_{10}H_9N \cdot C_8H_3N_3O_2$. Rote Krystalle; F: 105—107,5° (*Bennett, Wain*, Soc. **1936** 1108, 1113).

(+)-[1-Phenyl-äthylmercapto]-acetat $C_{10}H_9N \cdot C_{10}H_{12}O_2S$. Krystalle (aus A.); F: 76—77°; $[\alpha]_D$: +191,7° [A.; c = 5] (*Holmberg*, Ark. Kemi **13**A Nr. 8 [1939] 6). — (−)-[1-Phenyl-äthylmercapto]-acetat $C_{10}H_9N \cdot C_{10}H_{12}O_2S$. Krystalle (aus A.); F: 76—77°; $[\alpha]_D$: −193,5° [A.; c = 5] (*Ho.*). — (±)-[1-Phenyl-äthylmercapto]-acetat $C_{10}H_9N \cdot C_{10}H_{12}O_2S$. F: 105—106° (*Ho.*).

[2-Oxo-3.3-dimethyl-butylsulfon]-acetat $C_{10}H_9N \cdot C_8H_{14}O_5S$. F: 135—136°

[Zers.] (*Backer, Strating*, R. **56** [1935] 1133, 1136).

Toluol-sulfonat-(4) $C_{10}H_9N \cdot C_7H_8O_3S$. Krystalle (aus W.); F: 218° (*Slotta, Franke*, B. **63** [1930] 678, 688), 217,3—219,1° [korr.] (*Noller, Liang*, Am. Soc. **54** [1932] 670, 671).

4-Nitro-toluol-sulfonat-(α) $C_{10}H_9N \cdot C_7H_7NO_5S$. Krystalle (aus A.); F: 207—208° [Zers.] (*Richtzenhain*, B. **72** [1939] 2152, 2157).

(*R*)-1-Phenyl-äthan-sulfonat-(1) $C_{10}H_9N \cdot C_8H_{10}O_3S$ s. E III **11** 336. — (±)-1-Phenyl-äthan-sulfonat-(1) $C_{10}H_9N \cdot C_8H_{10}O_3S$. Krystalle; F: 199—201° (*Hedén, Holmberg*, Svensk kem. Tidskr. **48** [1936] 207, 209), 198—200° (*Richtzenhain*, B. **72** [1939] 2152, 2159).

1-Phenyl-äthan-sulfonat-(2) $C_{10}H_9N \cdot C_8H_{10}O_3S$. Krystalle, die bei 250° unter Verfärbung sintern (*Hedén, Holmberg*, Svensk kem. Tidskr. **48** [1936] 207, 210).

5(oder 6)-Brom-acenaphthen-sulfonat-(3) s. E III **11** 436.

Naphthalin-disulfonat-(1.5) $2C_{10}H_9N \cdot C_{10}H_8O_6S_2$ (vgl. E II 714). Krystalle; F: 204—205° [korr.; Zers.] (*Forster, Hishiyama*, J. Soc. chem. Ind. **51** [1932] 297 T, 298 T).

4-Methoxy-toluol-sulfonat-(α) $C_{10}H_9N \cdot C_8H_{10}O_4S$. Krystalle (aus A.); F: 261° [Zers.] (*Richtzenhain*, B. **72** [1939] 2152, 2158).

(1*R*)-2-Oxo-bornan-sulfonat-(10) $C_{10}H_9N \cdot C_{10}H_{16}O_4S$. Krystalle (aus A. + E.); F: 165,5° (*Singh, Perti, Singh*, Univ. Allahabad Studies **1944** Chem. 37, 45, 47). Optisches Drehungsvermögen (436—670 mμ) von Lösungen in Wasser, Methanol, Äthanol und Pyridin: *Si., Pe., Si.*, l. c. S. 46, 56. — (1*S*)-2-Oxo-bornan-sulfonat-(10) $C_{10}H_9N \cdot C_{10}H_{16}O_4S$. Krystalle (aus A. + E.); F: 165,5° (*Si., Pe., Si.*, l. c. S. 45, 47). Optisches Drehungsvermögen (436—670 mμ) von Lösungen in Wasser, Methanol, Äthanol und Pyridin: *Si., Pe., Si.*, l. c. S. 46, 56. — (±)-2-Oxo-bornan-sulfonat-(10) $C_{10}H_9N \cdot C_{10}H_{16}O_4S$. Krystalle (aus A. + E.); F: 183,5° (*Si., Pe., Si.*, l. c. S. 45, 47).

(±)-1-Oxo-3-phenyl-1-[2-hydroxy-phenyl]-propan-sulfonat-(3) $C_{10}H_9N \cdot C_{15}H_{14}O_5S$. Krystalle (aus A.); F: 191—192° [Zers.] (*Richtzenhain*, B. **72** [1939] 2152, 2160).

(±)-3-Oxo-3-[4-hydroxy-3-methoxy-phenyl]-1-[3.4-dimethoxy-phenyl]-propan-sulfonat-(1). Krystalle (aus Me.); F: 156° (*Kratzl, Däubner*, B. **77/79** [1944/46] 519, 527).

Verbindung mit 4-Nitroso-*N.N*-dimethyl-anilin $2C_{10}H_9N \cdot 3C_8H_{10}N_2O$ (E II 714). Wärmekapazität C_p bei 20°: 205,0 cal/grad·mol (*Campbell, Campbell*, Am. Soc. **62** [1940] 291, 295). Wärmetönung beim Lösen in Aceton bei 20°: *Ca., Ca.*

[*Tauchert*]

2-Methylamino-naphthalin, Methyl-[naphthyl-(2)]-amin, *N-methyl-2-naphthylamine* $C_{11}H_{11}N$, Formel VI (R = H) (H 1273; E I 534; E II 714).

B. Neben Dimethyl-[naphthyl-(2)]-amin beim Erhitzen von Naphthyl-(2)-amin mit Toluol-sulfonsäure-(4)-methylester (*Rodionow, Wwedenškiĭ*, Ž. chim. Promyšl. **7** [1930] 11, 15; C. **1930** II 562). Beim Erwärmen von *N*-[Naphthyl-(2)]-acetamid mit Natrium in Xylol und anschliessend mit Dimethylsulfat und Erwärmen des Reaktionsprodukts mit äthanol. Kalilauge (*Hunter, Jones*, Soc. **1930** 941, 946).

Kp: 307—308° (*Ro., Wwe.*); Kp_{30}: 189° (*Hu., Jo.*); Kp_{10}: 158—159° (*Ro., Wwe.*).

2-Nitro-indandion-(1.3)-Salz $C_{11}H_{11}N \cdot C_9H_5NO_4$. Krystalle; F: 177° (*Wanag, Dombrowski*, B. **75** [1942] 82, 86).

2-Dimethylamino-naphthalin, Dimethyl-[naphthyl-(2)]-amin, *N,N-dimethyl-2-naphthylamine* $C_{12}H_{13}N$, Formel VI (R = CH_3) (H 1273; E I 534; E II 715).

B. Beim Erhitzen von Naphthyl-(2)-amin mit Dimethylsulfat (*Hodgson, Crook*, Soc. **1936** 1500, 1502), mit Trimethylphosphat (*Billman, Radike, Mundy*, Am. Soc. **64** [1942] 2977) oder mit Toluol-sulfonsäure-(4)-methylester (*Rodionow, Wwedenškiĭ*, Ž. chim. Promyšl. **7** [1930] 11, 15; C. **1930** II 562).

F: 46,5—47° [nach Sublimation] (*Steck, Ewing*, Am. Soc. **70** [1948] 3397, 3406), 46,5° [aus wss. A.] (*Groenewoud, Robinson*, Soc. **1934** 1692, 1696), 46° [aus A.] (*Ro., Wwe.*). Kp: 305—306°; Kp_{10}: 155—156° (*Ro., Wwe.*). UV-Spektrum einer Lösung in Äthanol sowie einer Lösung des Hydrochlorids in wss. Salzsäure: *St., Ew.*, l. c. S. 3404.

Bildung von Dimethyl-[1-nitro-naphthyl-(2)]-amin beim Behandeln mit wss. Salzsäure und wss. Natriumnitrit: *Ho., Cr.*

Pikrat $C_{12}H_{13}N \cdot C_6H_3N_3O_7$. Krystalle; F: 200° [Zers.; aus Eg.] (*Ho., Cr.*), 188—189° (*Gr., Ro.*).

Trimethyl-[naphthyl-(2)]-ammonium, *trimethyl(2-naphthyl)ammonium* $[C_{13}H_{16}N]^{\oplus}$, Formel VII.

Chlorid $[C_{13}H_{16}N]Cl$ (H 1274). Krystalle (aus Me. + Ae.); F: 173—174° (*Groenewoud, Robinson*, Soc. **1934** 1692, 1696). — Beim Erwärmen einer wss. Lösung mit Natrium-Amalgam im Kohlendioxid-Strom sind Naphthalin, Trimethylamin und geringe Mengen Dimethyl-[naphthyl-(2)]-amin erhalten worden.

Jodid $[C_{13}H_{16}N]I$ (H 1274; E II 715). Krystalle (aus W.); F: 190° (*Gr.*, *Ro.*), 189—190° (*Rodionow, Wwedenškiĭ*, Ž. chim. Promyšl. **7** [1930] 11, 16; C. **1930** II 562).

Methylsulfat $[C_{13}H_{16}N]CH_3O_4S$. *B.* Beim Erhitzen von Naphthyl-(2)-amin mit Dimethyl-sulfat auf 120° (*Niederl, Weingarten*, Am. Soc. **63** [1941] 3534). — Krystalle (aus W.); F: 288° [unkorr.].

Toluol-sulfonat-(4) $[C_{13}H_{16}N]C_7H_7O_3S$. *B.* Beim Erhitzen von Dimethyl-[naphthyl-(2)]-amin mit Toluol-sulfonsäure-(4)-methylester auf 160° (*Rodionow, Wwedenškiĭ*, Ž. chim. Promyšl. **7** [1930] 11, 15; C. **1930** II 562). — Krystalle (aus A.); F: 241—242°.

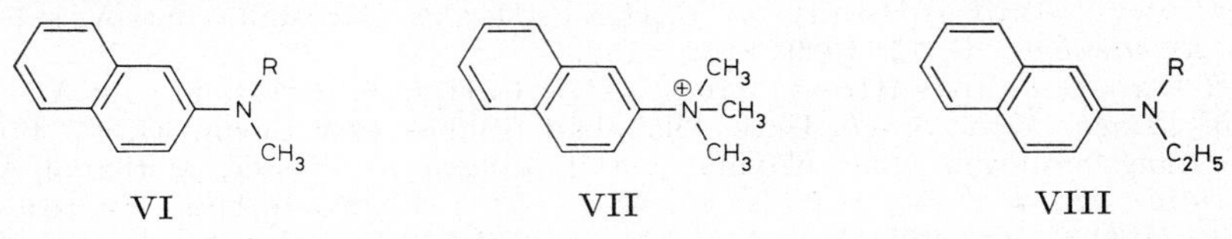

VI VII VIII

2-Äthylamino-naphthalin, Äthyl-[naphthyl-(2)]-amin, *N-ethyl-2-naphthylamine* $C_{12}H_{13}N$, Formel VIII (R = H) (H 1274; E I 534; E II 715).

B. Bei der Hydrierung eines Gemisches von Naphthyl-(2)-amin und Acetaldehyd an Raney-Nickel in Natriumacetat enthaltendem Äthanol (*Emerson, Robb*, Am. Soc. **61** [1939] 3145).

Beim Behandeln mit Oxalsäure-dichlorid in Äther sind 1.2-Dioxo-3-äthyl-2.3-dihydro-1*H*-benz[*e*]indol und *N.N'*-Diäthyl-*N.N'*-di-[naphthyl-(2)]-oxamid erhalten worden (*Stollé*, J. pr. [2] **135** [1932] 345, 356). Bildung von Bis-[äthyl-naphthyl-(2)-thiocarbamoyl]-disulfid bei 2-tägigem Behandeln mit Schwefelkohlenstoff unter Zusatz von Jod in Pyridin: *Fry, v. Culp*, R. **52** [1933] 1061, 1065.

Methyl-äthyl-[naphthyl-(2)]-amin, *N-ethyl-N-methyl-2-naphthylamine* $C_{13}H_{15}N$, Formel VIII (R = CH_3) (H 1274; E I 534).

UV-Spektrum (A.): *French, Gens*, Am. Soc. **59** [1937] 2600, 2601.

Methyl-[2-chlor-äthyl]-[naphthyl-(2)]-amin, *N-(2-chloroethyl)-N-methyl-2-naphthylamine* $C_{13}H_{14}ClN$, Formel VI (R = CH_2-CH_2Cl).

Krystalle (aus PAe.); F: 52,5° (*Davis, Everett, Ross*, Soc. **1950** 1331, 1332).

Geschwindigkeit der Hydrolyse in wss. Aceton, auch nach Zusatz von Anilin, bei 37°: *Ross*, Soc. **1949** 2824, 2825, 2829, **1950** 3769.

Methyl-äthyl-[naphthyl-(2)]-aminoxid, *N-ethyl-N-methyl-2-naphthylamine N-oxide* $C_{13}H_{15}NO$, Formel IX.

a) **(+)-Methyl-äthyl-[naphthyl-(2)]-aminoxid** (E I 534; E II 715).

Optisches Drehungsvermögen (328—589 mμ) einer Lösung in Äthanol: *French, Gens*, Am. Soc. **59** [1937] 2600, 2602.

b) **(±)-Methyl-äthyl-[naphthyl-(2)]-aminoxid** (E I 534).

Krystalle (aus E.); F: 69° (*French, Gens*, Am. Soc. **59** [1937] 2600, 2602). Absorptions-spektrum (A.; 230—320 mμ): *Fr., Gens.*

Bis-[2-chlor-äthyl]-[naphthyl-(2)]-amin, *N,N-bis(2-chloroethyl)-2-naphthylamine* $C_{14}H_{15}Cl_2N$, Formel X (R = CH_2-CH_2Cl).

B. Aus Bis-[2-hydroxy-äthyl]-[naphthyl-(2)]-amin beim Erhitzen mit Phosphoroxy-chlorid sowie beim Erwärmen mit Phosphor(V)-chlorid in Chloroform (*Ross*, Soc. **1949** 183, 190).

Krystalle (aus PAe.); F: 52—55° (*Ross*, l. c. S. 185).

Geschwindigkeit der Hydrolyse in wss. Aceton bei 37°: *Ross*, Soc. **1949** 2824, 2825; *Ross*, Soc. **1949** 2589, 2593; bei 66°: *Everett, Ross*, Soc. **1949** 1972, 1979. Beim Erwärmen einer Lösung in wss. Aceton mit wss. Ammoniak ist 3.9-Di-[naphthyl-(2)]-3.9-diaza-6-azonia-spiro[5.5]undecan-chlorid erhalten worden (*Davis, Ross*, Soc. **1949** 2831, 2834).

Pikrat $C_{14}H_{15}Cl_2N \cdot C_6H_3N_3O_7$. Purpurfarbene Krystalle (aus Me.); F: 102° (*Ross*, l. c. S. 185).

Bis-[2-brom-äthyl]-[naphthyl-(2)]-amin, N,N-*bis(2-bromoethyl)-2-naphthylamine* $C_{14}H_{15}Br_2N$, Formel X (R = CH_2-CH_2Br).

B. Aus Bis-[2-hydroxy-äthyl]-[naphthyl-(2)]-amin und Phosphor(III)-bromid (*Everett, Ross*, Soc. **1949** 1972, 1974, 1980).

Krystalle (aus PAe.); F: 60—62°.

Geschwindigkeit der Hydrolyse in wss. Aceton bei 66°, auch nach Zusatz von Natriumacetat: *Ross*, Soc. **1949** 183, 188; *Ev.*, *Ross*, l. c. S. 1979.

Bis-[2-jod-äthyl]-[naphthyl-(2)]-amin, N,N-*bis(2-iodoethyl)-2-naphthylamine* $C_{14}H_{15}I_2N$, Formel X (R = CH_2-CH_2I).

B. Aus Bis-[2-chlor-äthyl]-[naphthyl-(2)]-amin (*Ross*, Soc. **1949** 2589, 2596) oder aus Bis-[2-brom-äthyl]-[naphthyl-(2)]-amin (*Everett, Ross*, Soc. **1949** 1972, 1974, 1980) beim Behandeln mit Natriumjodid in wss. Aceton oder in Aceton.

Krystalle (aus PAe.); F: 73—75° (*Ross*, l. c. S. 1974).

2-Propylamino-naphthalin, Propyl-[naphthyl-(2)]-amin, N-*propyl-2-naphthylamine* $C_{13}H_{15}N$, Formel XI (R = CH_2-CH_2-CH_3) (H 1275).

B. Beim Erhitzen von Naphthyl-(2)-amin mit Toluol-sulfonsäure-(4)-propylester und Propanol-(1) (*Slotta, Franke*, B. **63** [1930] 678, 687).

Kp_{20}: 198—200°. An der Luft erfolgt Rotfärbung.

2-Dipropylamino-naphthalin, Dipropyl-[naphthyl-(2)]-amin, N,N-*dipropyl-2-naphthylamine* $C_{16}H_{21}N$, Formel X (R = CH_2-CH_2-CH_3).

B. Beim Erhitzen von Naphthyl-(2)-amin mit Toluol-sulfonsäure-(4)-propylester und wss. Kalilauge (*Slotta, Franke*, B. **63** [1930] 678, 688).

Kp_{743}: 330°; Kp_{17}: 205—210°. An der Luft erfolgt Rotfärbung.

Pikrat $C_{16}H_{21}N \cdot C_6H_3N_3O_7$. Krystalle (aus A.); F: 165°.

Bis-[2-chlor-propyl]-[naphthyl-(2)]-amin, N,N-*bis(2-chloropropyl)-2-naphthylamine* $C_{16}H_{19}Cl_2N$, Formel X (R = CH_2-CHCl-CH_3).

a) **Opt.-inakt. Bis-[2-chlor-propyl]-[naphthyl-(2)]-amin vom F: 102°.**

B. Neben dem unter b) beschriebenen Stereoisomeren beim Behandeln des aus Naphthyl-(2)-amin und (±)-Propylenoxid erhaltenen Gemisches der beiden Bis-[2-hydroxy-propyl]-[naphthyl-(2)]-amine mit Phosphoroxychlorid in Benzol (*Everett, Ross*, Soc. **1949** 1972, 1976, 1981).

Krystalle (aus PAe.); F: 102°. In Petroläther schwerer löslich als das unter b) beschriebene Stereoisomere.

Geschwindigkeit der Hydrolyse in wss. Aceton bei 66°, auch nach Zusatz von Natriumacetat: *Ev.*, *Ross*, l. c. S. 1979.

b) **Opt.-inakt. Bis-[2-chlor-propyl]-[naphthyl-(2)]-amin vom F: 82°.**

B. s. bei dem unter a) beschriebenen Stereoisomeren.

Krystalle (aus PAe.); F: 82° (*Everett, Ross*, Soc. **1949** 1972, 1976, 1981).

Geschwindigkeit der Hydrolyse in wss. Aceton bei 66°, auch nach Zusatz von Natriumacetat: *Ev.*, *Ross*, l. c. S. 1977, 1979.

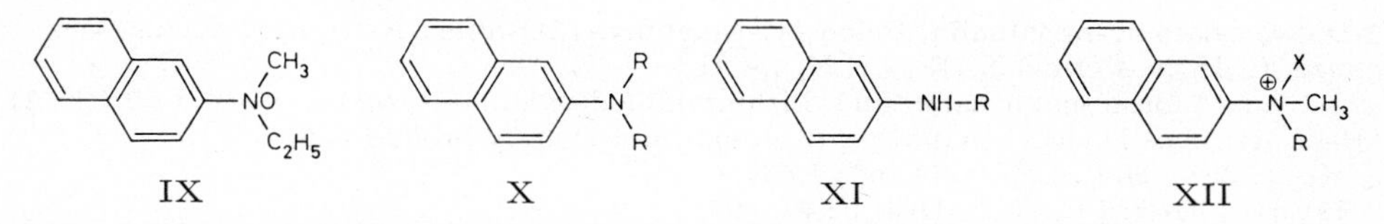

IX X XI XII

2-Isopropylamino-naphthalin, Isopropyl-[naphthyl-(2)]-amin, N-*isopropyl-2-naphthylamine* $C_{13}H_{15}N$, Formel XI (R = $CH(CH_3)_2$).

B. Beim Erhitzen von Naphthyl-(2)-amin mit Isopropylbromid und Isopropylalkohol auf 180° (*Heap*, Soc. **1933** 495).

Kp_{760}: 307—310°. An der Luft erfolgt Dunkelfärbung.

Beim Erhitzen des Hydrochlorids im geschlossenen Gefäss auf 200—220° sind Propen und Naphthyl-(2)-amin sowie (bei längerer Reaktionsdauer) Di-[naphthyl-(2)]-amin erhalten worden.

Hydrochlorid $C_{13}H_{15}N \cdot HCl$. Krystalle (aus wss. Salzsäure); F: 209—210°.

2-Butylamino-naphthalin, Butyl-[naphthyl-(2)]-amin, N-*butyl-2-naphthylamine* $C_{14}H_{17}N$, Formel XI (R = $[CH_2]_3$-CH_3) (E II 715).

B. Beim Erhitzen von Naphthyl-(2)-amin mit Butylbromid in Äthanol (*Lettré, Fernholz*, B. **73** [1940] 436, 440) oder mit Toluol-sulfonsäure-(4)-butylester in Butanol-(1) (*Slotta, Franke*, B. **63** [1930] 678, 688). Bei der Hydrierung eines Gemisches von Naphthyl-(2)-amin und Butyraldehyd an Raney-Nickel in Natriumacetat enthaltendem Äthanol (*Emerson, Robb*, Am. Soc. **61** [1939] 3145).

Kp_{12}: 195—196° (*Sl., Fr.*). An der Luft erfolgt Rotfärbung (*Sl., Fr.*).

Hydrochlorid $C_{14}H_{17}N \cdot HCl$ (E II 715). Krystalle (aus A. + Bzl.); F: 192° [nach Sintern bei 186°] (*Sl., Fr.*, l. c. S. 689).

Hydrobromid $C_{14}H_{17}N \cdot HBr$. Krystalle (aus A.); F: 177—178° (*Le., Fe.*).

2-Dibutylamino-naphthalin, Dibutyl-[naphthyl-(2)]-amin, N,N-*dibutyl-2-naphthylamine* $C_{18}H_{25}N$, Formel X (R = $[CH_2]_3$-CH_3).

B. Beim Erhitzen von Naphthyl-(2)-amin mit Butylbromid und Butanol-(1) (*Niederl, Weingarten*, Am. Soc. **63** [1941] 3534) oder mit Toluol-sulfonsäure-(4)-butylester, Kalium-hydroxid und Butanol-(1) (*Slotta, Franke*, B. **63** [1930] 678, 689).

Kp_{759}: 354°; Kp_{12}: 198—202° (*Sl., Fr.*).

Pikrat $C_{18}H_{25}N \cdot C_6H_3N_3O_7$. Krystalle (aus A.); F: 151° (*Sl., Fr.*).

Methyl-dibutyl-[naphthyl-(2)]-ammonium, *dibutylmethyl(2-naphthyl)ammonium* $[C_{19}H_{28}N]^{\oplus}$, Formel XII (R = X = $[CH_2]_3$-CH_3).

Jodid $[C_{19}H_{28}N]I$. *B.* Aus Dibutyl-[naphthyl-(2)]-amin und Methyljodid (*Niederl, Weingarten*, Am. Soc. **63** [1941] 3534). — F: 157° [unkorr.; aus A. + Ae.].

2-Nitro-1-[naphthyl-(2)-amino]-2-methyl-propan, [β-Nitro-isobutyl]-[naphthyl-(2)]-amin, N-*(2-methyl-2-nitropropyl)-2-naphthylamine* $C_{14}H_{16}N_2O_2$, Formel XI (R = CH_2-$C(CH_3)_2$-NO_2).

B. Beim Erwärmen von Naphthyl-(2)-amin mit 2-Nitro-2-methyl-propanol-(1) unter Zusatz von wss. Tetrakis-[2-hydroxy-äthyl]-ammonium-hydroxid-Lösung (*Johnson*, Am. Soc. **68** [1946] 14, 17).

Gelbe Krystalle; F: 107,3°.

(±)-[2-Äthyl-hexyl]-[naphthyl-(2)]-amin, (±)-N-*(2-ethylhexyl)-2-naphthylamine* $C_{18}H_{25}N$, Formel XI (R = CH_2-$CH(C_2H_5)$-$[CH_2]_3$-CH_3).

B. Beim Erhitzen von Naphthyl-(2)-amin mit (±)-2-Äthyl-hexyljodid (*Weizmann, Bergmann, Haskelberg*, Chem. and Ind. **15** [1937] 587, 589).

Kp_{18}: 224°. n_D^{21}: 1,5843.

2-Dodecylamino-naphthalin, Dodecyl-[naphthyl-(2)]-amin, N-*(2-naphthyl)dodecylamine* $C_{22}H_{33}N$, Formel XI (R = $[CH_2]_{11}$-CH_3).

B. Aus Naphthyl-(2)-amin und Dodecylbromid (*Massie*, Iowa Coll. J. **21** [1946] 41). Neben anderen Verbindungen beim Erhitzen von Naphthyl-(2)-amin-hydrochlorid mit Dodecanol-(1) auf 250° (*Butterworth, Hey*, Soc. **1940** 388).

Krystalle; F: 41,5—43,5° [aus A.] (*Bu., Hey*), 41—43° (*Ma.*).

2-Didodecylamino-naphthalin, Didodecyl-[naphthyl-(2)]-amin, N-*(2-naphthyl)didodecyl-amine* $C_{34}H_{57}N$, Formel X (R = $[CH_2]_{11}$-CH_3).

B. Aus 1-Brom-naphthalin und Lithium-didodecylamid (*Massie*, Iowa Coll. J. **21** [1946] 41). Aus Dodecyl-[naphthyl-(2)]-amin und Dodecylbromid (*Ma.*).

$Kp_{0,5}$: 255—260°. D_{20}^{20}: 0,911. n_D^{20}: 1,531.

Hydrochlorid $C_{34}H_{57}N \cdot HCl$. F: 94—95°.

2-Hexadecylamino-naphthalin, Hexadecyl-[naphthyl-(2)]-amin, N-*(2-naphthyl)hexa-decylamine* $C_{26}H_{41}N$, Formel XI (R = $[CH_2]_{15}$-CH_3).

B. Aus Naphthyl-(2)-amin und Hexadecylbromid in Äthanol (*Lettré, Fernholz*, B. **73** [1940] 436, 440; *Niederl, Weingarten*, Am. Soc. **63** [1941] 3534).

Krystalle (aus A.); F: 64° (*Nie., Wei.*).

Hydrobromid $C_{26}H_{41}N \cdot HBr$. Krystalle (aus A.); F: 161° [unkorr.] (*Nie., Wei.*), 143—145° (*Le., Fe.*).

Dimethyl-hexadecyl-[naphthyl-(2)]-ammonium, *hexadecyldimethyl(2-naphthyl)ammonium* $[C_{28}H_{46}N]^{\oplus}$, Formel XII (R = $[CH_2]_{15}$-CH_3, X = CH_3) auf S. 2997.

Jodid $[C_{28}H_{46}N]I$. *B.* Beim Erwärmen von Hexadecyl-[naphthyl-(2)]-amin mit Methyljodid und Natriumcarbonat in Äthanol (*Niederl, Weingarten*, Am. Soc. **63** [1941] 3534). — Krystalle (aus E.); F: 106° [unkorr.].

2-Cyclohexylamino-naphthalin, Cyclohexyl-[naphthyl-(2)]-amin, N-*cyclohexyl-2-naphthylamine* $C_{16}H_{19}N$, Formel I (R = H).

In dem E II 716 unter dieser Konstitution beschriebenen Präparat hat wahrscheinlich Di-[naphthyl-(2)]-amin vorgelegen (*Buu-Hoi*, Soc. **1952** 4346, 4347); ein von *Bucherer, Fischbeck* (J. pr. [2] **140** [1934] 69, 77) als Cyclohexyl-[naphthyl-(2)]-amin-hydrochlorid angesehenes Salz (F: 261°) ist möglicherweise Di-[naphthyl-(2)]-amin-hydrochlorid gewesen.

B. Beim Erhitzen von Naphthol-(2) mit Cyclohexylamin bis auf 195° (*Wingfoot Corp.*, U.S.P. 2028074 [1932]).

Krystalle (aus A.); F: 74° (*Wingfoot Corp.*).

2-Cycloheptylamino-naphthalin, Cycloheptyl-[naphthyl-(2)]-amin, N-*cycloheptyl-2-naphthylamine* $C_{17}H_{21}N$, Formel II.

In dem E II 716 unter dieser Konstitution beschriebenen Präparat hat wahrscheinlich Di-[naphthyl-(2)]-amin vorgelegen (*Buu-Hoi*, Soc. **1952** 4346, 4347).

[3-Methyl-cyclohexyl]-[naphthyl-(2)]-amin, N-*(3-methylcyclohexyl)-2-naphthylamine* $C_{17}H_{21}N$, Formel I (R = CH_3).

In dem E II 716 unter dieser Konstitution beschriebenen Präparat hat wahrscheinlich Di-[naphthyl-(2)]-amin vorgelegen (*Buu-Hoi*, Soc. **1952** 4346, 4347).

2-Anilino-naphthalin, Phenyl-[naphthyl-(2)]-amin, N-*phenyl-2-naphthylamine* $C_{16}H_{13}N$, Formel III (R = X = H) (H 1275; E I 535; E II 716).

B. Beim Erhitzen von Naphthol-(2) mit Anilin unter Zusatz von Kaliumhydrogensulfat auf 180° (*Wingfoot Corp.*, U.S.P. 2028074 [1932]), unter Zusatz von Phosphorsäure bis auf 260° (*Wingfoot Corp.*, U.S.P. 2238320 [1938]), unter Zusatz von Schwefelsäure bis auf 220° (*Goodrich Co.*, U.S.P. 1921587 [1928]) oder unter Zusatz von Sulfanilsäure bis auf 250° (*Du Pont de Nemours & Co.*, U.S.P. 2213204 [1938]).

E: 107,6° (*Du Pont*). Krystalle; F: 108—109° [korr.; aus Cyclohexan] (*Rehner, Banes, Robinson*, Am. Soc. **67** [1945] 605, 608), 107,5—108° [aus Eg. oder wss. A.] (*Gerschson*, Ž. obšč. Chim. **13** [1943] 136, 142), 106—107° [aus A.] (*Craig*, Am. Soc. **57** [1935] 195, 197). Verbrennungswärme bei konstantem Volumen bei 30°: 9054 cal/g (*Roberts, Jessup*, J. Res. Bur. Stand. **40** [1948] 281; C. A. **1948** 5327). UV-Spektrum (Isooctan bzw. $CHCl_3$): *Re., Ba., Ro.*; *Dufraisse, Houpillart*, Rev. gén. Caoutchouc **16** [1939] 44, 48; UV-Absorption (1.2-Dichlor-äthan): *Banes, Eby*, Ind. eng. Chem. Anal. **18** [1946] 535, 537. Phosphorescenz einer festen Lösung in einem Äther-Isopentan-Äthanol-Gemisch bei —183°: *Lewis, Kasha*, Am. Soc. **66** [1944] 2100, 2108. Redoxpotential: *Elley*, Trans. electroch. Soc. **69** [1936] 195, 203.

Beim Behandeln mit Kaliumpermanganat in Aceton sind 2.2'-Dianilino-[1.1']binaphthyl, 2-Anilino-1-[*N*-(naphthyl-(2))-anilino]-naphthalin und geringe Mengen 7-Phenyl-7*H*-dibenzo[*c.g*]carbazol (*Bridger et al.*, J. org. Chem. **33** [1968] 4329, 4331; s. a. *Re., Ba., Ro.*), beim Behandeln mit Blei(IV)-oxid in Benzol sind 7-Phenyl-7*H*-dibenzo[*c.g*]carbazol und geringe Mengen einer Verbindung $C_{27}H_{19-21}N_3O_2$ (gelbe Krystalle, F: 190° [korr.; Zers.]; Dipikrat: rote Krystalle, F: 156° [korr.; Zers.]) (*Re., Ba., Ro.*, l. c. S. 609) erhalten worden. Bildung von 3-Chlor-2-anilino-naphthochinon-(1.4) beim Behandeln mit Sulfurylchlorid und Erhitzen des Reaktionsprodukts (Krystalle; Zers. bei 130°) mit Natriumacetat und Essigsäure: *Krollpfeiffer, Wolf, Walbrecht*, B. **67** [1934] 908, 913. Bildung von 7.14-Diphenyl-7.14-dihydro-dibenz[*a.j*]acridin beim Erhitzen mit Naphthol-(2) und Benzaldehyd in Essigsäure: *Dilthey, Quint, Heinen*, J. pr. [2] **152** [1939] 49, 59, 89. Bildung von Phenyl-[naphthyl-(2)]-oxamoylchlorid und 1.2-Dioxo-3-phenyl-2.3-dihydro-1*H*-benz[*e*]indol beim Behandeln mit Oxalylchlorid in Äther: *Stollé et al.*, J. pr. [2] **128** [1930] 1, 29.

[2-Nitro-phenyl]-[naphthyl-(2)]-amin, N-*(o-nitrophenyl)-2-naphthylamine* $C_{16}H_{12}N_2O_2$, Formel III (R = H, X = NO_2).

B. Beim Erhitzen von 2-Chlor-naphthalin mit 2-Nitro-anilin unter Zusatz von Kaliumacetat und Kupfer(II)-acetat (*Ross*, Soc. **1948** 219, 223).

Orangefarbene Krystalle; F: 112—113° [aus Me.] (*Ross*), 110° [aus A.] (*Warren, Smiles*, Soc. **1932** 2774, 2777).

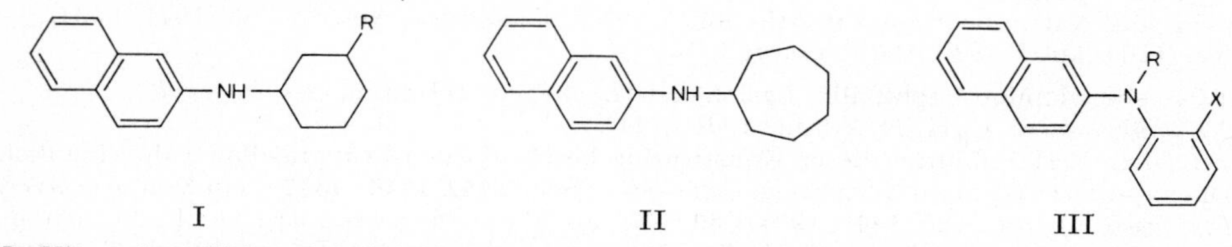

[3-Nitro-phenyl]-[naphthyl-(2)]-amin, N-(m-*nitrophenyl*)-*2-naphthylamine* $C_{16}H_{12}N_2O_2$, Formel IV (R = H, X = NO_2).

B. Beim Erhitzen von Naphthol-(2) mit 3-Nitro-anilin unter Zusatz von 3-Nitro-anilin-hydrochlorid auf 160° (*Borodkin, Burmištrow*, Ž. obšč. Chim. **17** [1947] 63, 64; C. A. **1948** 155).

Rote Krystalle (aus A.); F: 127° [korr.].

[4-Nitro-phenyl]-[naphthyl-(2)]-amin, N-(p-*nitrophenyl*)-*2-naphthylamine* $C_{16}H_{12}N_2O_2$, Formel V (R = H, X = NO_2) (E II 716).

B. Beim Erhitzen von Naphthol-(2) mit 4-Nitro-anilin unter Zusatz von 4-Nitro-anilin-hydrochlorid bis auf 180° (*Borodkin, Burmištrow*, Ž. obšč. Chim. **17** [1947] 63, 65; C. A. **1948** 155). Aus *N'*-[4-Nitro-benzol-sulfonyl-(1)]-*N*-[naphthyl-(2)]-guanidin bei kurzem Erhitzen mit wss. Natronlauge (*Backer, Wadman*, R. **68** [1949] 595, 603).

Rote Krystalle; F: 200—201° [aus wss. A.] (*Ba., Wa.*), 197° [korr.; aus A.] (*Bo., Bu.*).

[5-Chlor-2.4-dinitro-phenyl]-[naphthyl-(2)]-amin, N-(*5-chloro-2,4-dinitrophenyl*)-*2-naphthylamine* $C_{16}H_{10}ClN_3O_4$, Formel VI (X = Cl).

B. Beim Erhitzen der Verbindung von Naphthyl-(2)-amin mit 1 Mol 4.6-Dichlor-1.3-dinitro-benzol (S. 2993) in Äthanol (*Jois, Manjunath*, J. Indian chem. Soc. **8** [1931] 633, 635).

Orangefarbene Krystalle, F: 186—187° (aus konz. Toluol-Lösung); aus verd. Toluol-Lösung krystallisiert eine gelbe, instabile Modifikation.

[5-Brom-2.4-dinitro-phenyl]-[naphthyl-(2)]-amin, N-(*5-bromo-2,4-dinitrophenyl*)-*2-naphthylamine* $C_{16}H_{10}BrN_3O_4$, Formel VI (X = Br).

B. Beim Erhitzen der Verbindung von Naphthyl-(2)-amin mit 1 Mol 4.6-Dibrom-1.3-dinitro-benzol (S. 2993) in Äthanol (*Adaveeshiah, Jois*, J. Indian chem. Soc. **22** [1945] 49).

Orangefarbene Krystalle (aus Acn.) sowie rote Krystalle (aus Bzl.); F: 192—193°; die rote Modifikation wandelt sich beim Aufbewahren langsam, beim Erhitzen auf 110° schnell in die orangefarbene Modifikation um.

Pikryl-[naphthyl-(2)]-amin, N-*picryl-2-naphthylamine* $C_{16}H_{10}N_4O_6$, Formel V (R = X = NO_2) (H 1277; E I 535; E II 716).

B. Beim Behandeln von Naphthyl-(2)-amin mit (±)-2-Pikryloxy-propionsäure-äthyl-ester in Chloroform oder Äthanol (*Hertel, Römer*, B. **63** [1930] 2446, 2452).

Rötliche Krystalle (*He., Rö.*); F: 234° (*He., Rö.*), 227—228° [Block] (*Desvergnes*, Ann. Chim. anal. appl. [2] **13** [1931] 321 Tab.).

Methyl-phenyl-[naphthyl-(2)]-amin, N-*methyl*-N-*phenyl-2-naphthylamine* $C_{17}H_{15}N$, Formel III (R = CH_3, X = H) (H 1277).

B. Beim Erhitzen von Phenyl-[naphthyl-(2)]-amin mit Kalium in Toluol und Behandeln des Reaktionsgemisches mit Methyljodid (*Lieber, Somasekhara*, J. org. Chem. **25** [1960] 196, 198, 199).

F: 88—90° (*Lie., So.*; vgl. H 1277).

Vinyl-phenyl-[naphthyl-(2)]-amin, N-*phenyl*-N-*vinyl-2-naphthylamine* $C_{18}H_{15}N$, Formel III (R = CH=CH_2, X = H).

B. Beim Erhitzen von Phenyl-[naphthyl-(2)]-amin mit Acetylen (im Gemisch mit Stickstoff) und Kaliumhydroxid unter 20 at auf 180° (*I. G. Farbenind.*, D.R.P. 636213 [1935]; Frdl. **23** 94; *Reppe et al.*, A. **601** [1956] 81, 132).

F: 79—82°. Kp_1: 165°.

2-*o*-Toluidino-naphthalin, *o*-Tolyl-[naphthyl-(2)]-amin, N-o-*tolyl-2-naphthylamine* $C_{17}H_{15}N$, Formel III (R = H, X = CH_3) (H 1277; E I 535)[1].

B. Beim Erhitzen von Naphthol-(2) mit *o*-Toluidin unter Zusatz von Kaliumhydrogensulfat auf 190° (*Wingfoot Corp.*, U.S.P. 2028074 [1932]).

[5-Nitro-2-methyl-phenyl]-[naphthyl-(2)]-amin, N-(*5-nitro-*o-*tolyl)-2-naphthylamine* $C_{17}H_{14}N_2O_2$, Formel IV (R = CH_3, X = NO_2).

B. Beim Erhitzen von Naphthol-(2) mit 5-Nitro-2-methyl-anilin und 5-Nitro-2-methyl-anilin-hydrochlorid auf 180° (*Borodkin, Burmištrow*, Ž. obšč. Chim. **17** [1947] 63; C. A. **1948** 155).

Gelbe Krystalle (aus PAe.); F: 78°.

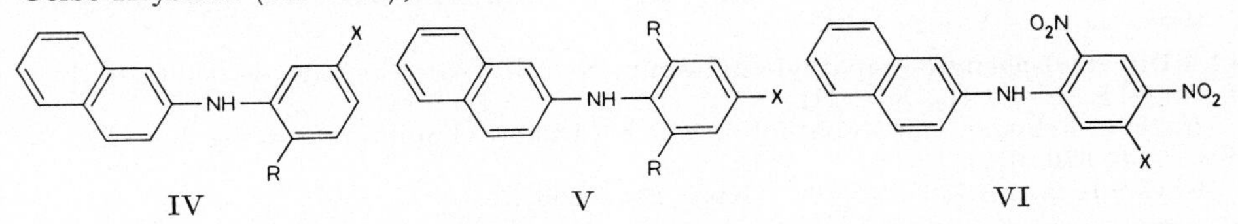

2-*m*-Toluidino-naphthalin, *m*-Tolyl-[naphthyl-(2)]-amin, N-m-*tolyl-2-naphthylamine* $C_{17}H_{15}N$, Formel IV (R = H, X = CH_3) (H 1277; E I 536).

Bei der E I 536 beschriebenen Verbindung mit 1.3.5-Trinitro-benzol handelt es sich um die Verbindung des *p*-Tolyl-[naphthyl-(2)]-amins mit 1.3.5-Trinitro-benzol.

2-*p*-Toluidino-naphthalin, *p*-Tolyl-[naphthyl-(2)]-amin, N-p-*tolyl-2-naphthylamine* $C_{17}H_{15}N$, Formel V (R = H, X = CH_3) (H 1277; E II 717).

B. Beim Erhitzen von Naphthol-(2) mit *p*-Toluidin unter Zusatz von Jod bis auf 200° (*Buu-Hoi, Lecocq*, C. r. **218** [1944] 793; *Campbell, McKail*, Soc. **1948** 1251, 1255), unter Zusatz von Kaliumhydrogensulfat bis auf 200° (*Wingfoot Corp.*, U.S.P. 2028074 [1932]) oder unter Zusatz von 4-Amino-naphthalin-sulfonsäure-(1) (*Du Pont de Nemours & Co.*, U.S.P. 2213204 [1938]). Beim Erhitzen von Naphthyl-(2)-amin mit *p*-Toluidin in 2-Chlortoluol unter Zusatz von Jod auf 195° (*Nation. Aniline & Chem. Co.*, U.S.P. 2038574 [1933]).

F: 102—103° (*Ca., McK.*).

Verbindung mit 1.3.5-Trinitro-benzol $C_{17}H_{15}N \cdot 2C_6H_3N_3O_6$. Rote Krystalle (aus A.); F: 111—111,5° [korr.] (*Sudborough, Beard*, Soc. **97** [1910] 773, 790).

2-Benzylamino-naphthalin, Benzyl-[naphthyl-(2)]-amin, N-*benzyl-2-naphthylamine* $C_{17}H_{15}N$, Formel VII (R = X = H) (H 1278; E I 536; E II 717).

B. Aus [Naphthyl-(2)]-benzyliden-amin bei der Hydrierung an Raney-Nickel in Äthanol (*Ross*, Soc. **1948** 219, 223) sowie beim Behandeln mit Magnesium und Methanol (*Zechmeister, Truka*, B. **63** [1930] 2883). Bei der Hydrierung eines Gemisches von Naphthyl-(2)-amin und Benzaldehyd an Raney-Nickel in Natriumacetat enthaltendem Äthanol (*Emerson, Robb*, Am. Soc. **61** [1939] 3145).

Krystalle; F: 68° [aus wss. A.] (*Robinson, Bogert*, J. org. Chem. **1** [1936] 65, 72; *Ze., Tr.*), 68° [aus PAe.] (*Ross*).

Hydrochlorid $C_{17}H_{15}N \cdot HCl$ (E II 717). Krystalle (aus A.); F: 219° [korr.] (*Ro., Bo.*).

[2-Nitro-benzyl]-[naphthyl-(2)]-amin, N-(*2-nitrobenzyl)-2-naphthylamine* $C_{17}H_{14}N_2O_2$, Formel VII (R = H, X = NO_2) (H 1278).

Rote Krystalle (aus Eg.); F: 168—169° (*Colonna*, G. **66** [1936] 528, 530).

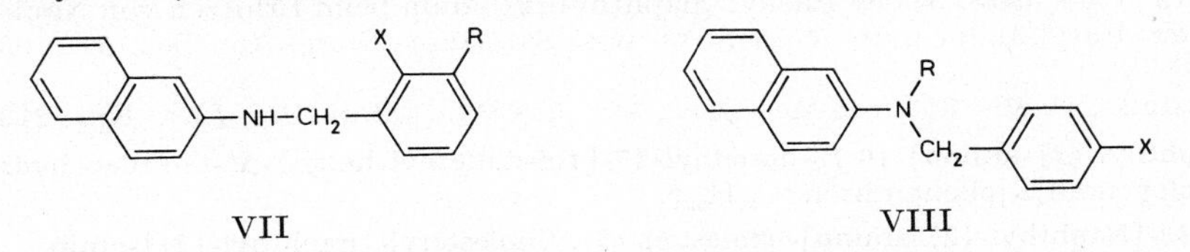

[1]) Berichtigung zu H 1277, Zeile 23 v. u.: An Stelle von „$C_{17}H_{15}N+C_6H_3O_7N_3$" ist zu setzen „$C_{17}H_{15}N+2\,C_6H_3O_7N_3$".

[3-Nitro-benzyl]-[naphthyl-(2)]-amin, N-(*3-nitrobenzyl*)-*2-naphthylamine* $C_{17}H_{14}N_2O_2$, Formel VII (R = NO_2, X = H) (H 1278).

Gelbe Krystalle (aus A.); F: 79—80° (*Colonna*, G. **66** [1936] 528, 531).

[4-Nitro-benzyl]-[naphthyl-(2)]-amin, N-(*4-nitrobenzyl*)-*2-naphthylamine* $C_{17}H_{14}N_2O_2$, Formel VIII (R = H, X = NO_2) (H 1278).

Rote Krystalle (aus A.); F: 122° (*Colonna*, G. **66** [1936] 528, 532).

Dibenzyl-[naphthyl-(2)]-amin, N,N-*dibenzyl-2-naphthylamine* $C_{24}H_{21}N$, Formel VIII (R = CH_2-C_6H_5, X = H) (H 1278; E I 536; E II 757).

B. Beim Erhitzen von Naphthyl-(2)-amin mit Benzylchlorid unter Zusatz von Natrium=acetat und wenig Jod auf 130° (*Birkofer*, B. **75** [1942] 429, 439).

Krystalle (aus A.); F: 119°.

[2.3-Dimethyl-phenyl]-[naphthyl-(2)]-amin, N-(*2,3-xylyl*)-*2-naphthylamine* $C_{18}H_{17}N$, Formel IX (R = CH_3, X = H).

B. Beim Erhitzen von Naphthol-(2) mit 2.3-Dimethyl-anilin und wenig Jod (*Buu-Hoi*, Soc. **1949** 670, 672).

Krystalle (aus A.); F: 61—62°. Kp_{20}: 255—256°.

[3.4-Dimethyl-phenyl]-[naphthyl-(2)]-amin, N-(*3,4-xylyl*)-*2-naphthylamine* $C_{18}H_{17}N$, Formel X (R = X = CH_3).

B. Beim Erhitzen von Naphthol-(2) mit 3.4-Dimethyl-anilin und wenig Jod (*Buu-Hoi*, Soc. **1949** 670, 673).

Krystalle (aus A.); F: 116°. Kp_{16}: 256—257°.

[3.5-Dimethyl-phenyl]-[naphthyl-(2)]-amin, N-(*3,5-xylyl*)-*2-naphthylamine* $C_{18}H_{17}N$, Formel IX (R = H, X = CH_3).

B. Beim Erhitzen von Naphthol-(2) mit 3.5-Dimethyl-anilin und wenig Jod (*Buu-Hoi*, Soc. **1949** 670, 674).

Krystalle (aus A.); F: 94°. Kp_{15}: 248—255°.

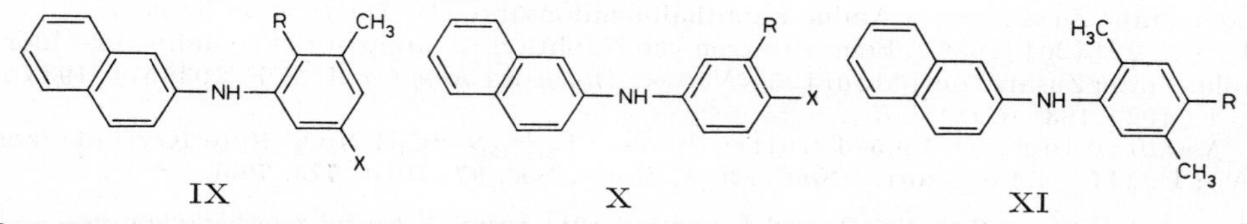

IX X XI

[2.5-Dimethyl-phenyl]-[naphthyl-(2)]-amin, N-(*2,5-xylyl*)-*2-naphthylamine* $C_{18}H_{17}N$, Formel XI (R = H).

B. Beim Erhitzen von Naphthol-(2) mit 2.5-Dimethyl-anilin und wenig Jod (*Buu-Hoi*, Soc. **1949** 670, 673).

Krystalle; F: ca. 40°.

[2.4.5-Trimethyl-phenyl]-[naphthyl-(2)]-amin, N-(*2,4,5-trimethylphenyl*)-*2-naphthyl=amine* $C_{19}H_{19}N$, Formel XI (R = CH_3).

B. Beim Erhitzen von Naphthol-(2) mit 2.4.5-Trimethyl-anilin und wenig Jod auf 200° (*Buu-Hoi, Lecocq*, C. r. **218** [1944] 648).

Krystalle (aus PAe.); F: 75°. Kp_{20}: 260°.

[4-*tert*-Butyl-phenyl]-[naphthyl-(2)]-amin, N-(p-tert-*butylphenyl*)-*2-naphthylamine* $C_{20}H_{21}N$, Formel X (R = H, X = $C(CH_3)_3$).

B. Beim Erhitzen von Naphthol-(2) mit 4-*tert*-Butyl-anilin auf 180° (*Buu-Hoi, Lecocq*, C. r. **218** [1944] 648). Neben Phenyl-[naphthyl-(2)]-amin beim Erhitzen von Naphthol-(2) mit 4-*tert*-Butyl-anilin unter Zusatz von wss. Salzsäure (*Craig*, Am. Soc. **57** [1935] 195, 197).

Krystalle; F: 80—81° [aus Me.] (*Cr.*), 75° [aus PAe.] (*Buu-Hoi, Le.*). Kp_3: 213° (*Cr.*).

3-[Naphthyl-(2)-amino]-10.13-dimethyl-17-[1.5-dimethyl-hexyl]-Δ^5-tetradecahydro-1*H*-cyclopentan[*a*]phenanthren $C_{37}H_{53}N$.

3β-[Naphthyl-(2)-amino]-cholesten-(5), Cholesteryl-[naphthyl-(2)]-amin, N-(*2-naphthyl*)*cholest-5-en-3β-ylamine* $C_{37}H_{53}N$; Formel s. E III **5** 1321, Formel VI (X = NH-$C_{10}H_7$).

B. Beim Erhitzen von 3β-Chlor-cholesten-(5) mit Naphthyl-(2)-amin auf 200° (*Lieb*,

Winkelmann, Köppl, A. **509** [1934] 214, 223).

Krystalle (aus A. + Bzl.); F: 201° [unkorr.].

[Naphthyl-(1)]-[naphthyl-(2)]-amin, N-(*2-naphthyl*)-*1-naphthylamine* $C_{20}H_{15}N$, Formel XII (H 1278; E II 717).

B. Beim Erhitzen von Naphthyl-(1)-amin mit Naphthol-(2) unter Zusatz von Naphthalin-sulfonsäure-(2) bis auf 270° (*Tide Water Assoc. Oil Co.,* U.S.P. 2165747 [1937]).

Krystalle (aus PAe.); F: 105°.

Di-[naphthyl-(2)]-amin, *di-2-naphthylamine* $C_{20}H_{15}N$, Formel XIII (H 1278; E I 536; E II 717) [1]).

Diese Verbindung hat wahrscheinlich auch in den E II 716 als Cyclohexyl-[naphthyl-(2)]-amin, als Cycloheptyl-[naphthyl-(2)]-amin und als [3-Methyl-cyclohexyl]-[naphthyl-(2)]-amin beschriebenen Präparaten vorgelegen (*Buu-Hoi,* Soc. **1952** 4346, 4347).

B. Beim Erhitzen von Naphthyl-(2)-amin mit Naphthol-(2) unter Zusatz von Jod (*Buu-Hoi,* Soc. **1946** 792, 795) oder unter Zusatz von Kaliumhydrogensulfat bis auf 235° (*Wingfoot Corp.,* U.S.P. 2028074 [1932]). Aus Naphthol-(2) und Ammoniak bei 300° (*Goodyear Tire & Rubber Co.,* U.S.P. 1913332 [1928]). Aus Naphthyl-(2)-amin beim Leiten über Bauxit bei 375° (*Calco Chem. Co.,* D.R.P. 702326 [1936]; D.R.P. Org. Chem. **6** 1706; U.S.P. 2098039 [1935]), beim Erhitzen mit 2-Chlor-anilin oder 3-Chlor-anilin (*Campbell, McKail,* Soc. **1948** 1251, 1252, 1255) sowie beim Erhitzen des Hydrochlorids bis auf 220° (*Heap,* Soc. **1933** 495).

Krystalle (aus Bzl.); F: 171—172° (*Wingfoot Corp.*), 170—172° (*Goodyear Tire & Rubber Co.*), 169° (*Butterworth, Hey,* Soc. **1940** 388), 167° (*Heap*). IR-Absorption bei 1,5 μ: *Wulf, Liddel,* Am. Soc. **57** [1935] 1464, 1466. UV-Spektrum ($CHCl_3$): *Dufraisse, Houpillart,* Rev. gén. Caoutchouc **16** [1939] 44, 49. Phosphorescenz einer festen Lösung in einem Äther-Isopentan-Äthanol-Gemisch bei —183°: *Lewis, Kasha,* Am. Soc. **66** [1944] 2100, 2108.

Beim Behandeln mit Kaliumpermanganat in Aceton sind 2-[Naphthyl-(2)-amino]-1-[di-(naphthyl-(2))-amino]-naphthalin, 2.2'-Bis-[naphthyl-(2)-amino]-[1.1']binaphthyl und geringe Mengen 7-[Naphthyl-(2)]-7*H*-dibenzo[*c.g*]carbazol erhalten worden (*Bridger et al.,* J. org. Chem. **33** [1968] 4329, 4332; vgl. E I 418).

Charakterisierung durch Überführung in *N*-[3-Nitro-phenyl]-*N'.N'*-di-[naphthyl-(2)]-harnstoff (F: 216—217°): *Karrman,* Svensk kem. Tidskr. **60** [1948] 61.

Hydrochlorid. Dieses Salz hat möglicherweise in einem von *Bucherer, Fischbeck* (J. pr. [2] **140** [1934] 69, 77) als Cyclohexyl-[naphthyl-(2)]-amin-hydrochlorid angesehenen Präparat (F: 261°) vorgelegen (vgl. diesbezüglich *Buu-Hoi,* Soc. **1952** 4346, 4347).

Pikrat $C_{20}H_{15}N \cdot C_6H_3N_3O_7$ (H 1279). Rotbraune Krystalle [aus Bzl.] (*Heap*); F: 165° (*Heap*), 164° (*Bu., Hey*).

Verbindung mit 4.6-Dinitro-2-methyl-phenol $C_{20}H_{15}N \cdot 2C_7H_6N_2O_5$. Rote Krystalle; F: 98° (*Wain,* Ann. appl. Biol. **29** [1942] 301, 304). [*Saiko*]

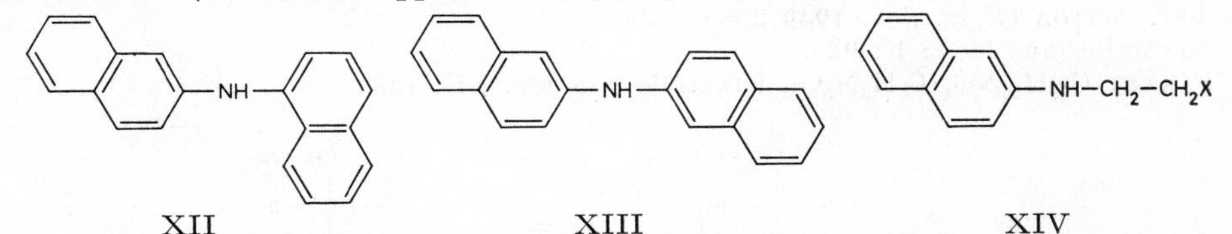

[2-Phenoxy-äthyl]-[naphthyl-(2)]-amin, N-(*2-phenoxyethyl*)-*2-naphthylamine* $C_{18}H_{17}NO$, Formel XIV (X = O-C_6H_5).

B. Beim Erhitzen von Naphthyl-(2)-amin mit [2-Chlor-äthyl]-phenyl-äther auf 140° (*Rubber Serv. Labor. Co.,* U.S.P. 1851767 [1929]).

Krystalle (aus A.); F: 98—98,4°.

2-[Naphthyl-(2)-amino]-1-[naphthyl-(2)-oxy]-äthan, [2-(Naphthyl-(2)-oxy)-äthyl]-[naphthyl-(2)]-amin, N-[*2-(2-naphthyloxy)ethyl*]-*2-naphthylamine* $C_{22}H_{19}NO$, Formel XV.

B. Beim Erhitzen von Naphthyl-(2)-amin mit [2-Chlor-äthyl]-[naphthyl-(2)]-äther

[1]) Berichtigung zu H 1279, Zeile 12 v. u.: An Stelle von „$Ba(C_{20}H_8O_{12}N_7)_2$" ist zu setzen „$BaC_{20}H_7O_{12}N_7$".

auf 140° (*Rubber Serv. Labor. Co.*, U.S.P. 1851767 [1929]).
F: 164°.

2-[Naphthyl-(2)-amino]-äthanthiol-(1), *2-(2-naphthylamino)ethanethiol* $C_{12}H_{13}NS$, Formel XIV (X = SH).

B. Aus Naphthyl-(2)-amin und Äthylensulfid bei 150° (*I.G. Farbenind.*, D.R.P. 631016 [1934]; Frdl. **23** 244).

Kp_3: 184°.

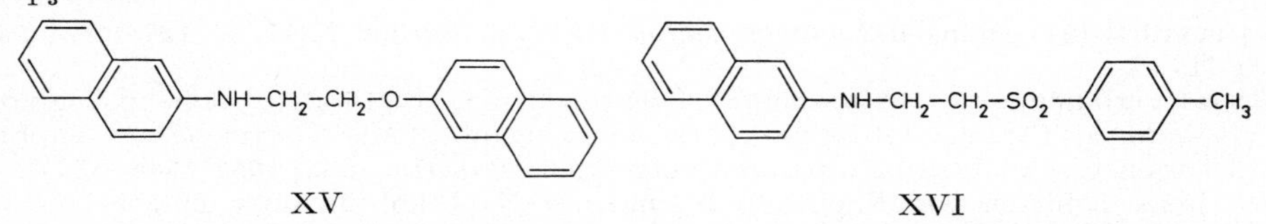

XV XVI

2-[Naphthyl-(2)-amino]-1-*p*-tolylsulfon-äthan, [2-*p*-Tolylsulfon-äthyl]-[naphthyl-(2)]-amin, N-*[2-(*p*-tolylsulfonyl)ethyl]-2-naphthylamine* $C_{19}H_{19}NO_2S$, Formel XVI.

B. Aus Naphthyl-(2)-amin und Vinyl-*p*-tolyl-sulfon in Dibenzyläther bei 150° (*I.G. Farbenind.*, D.R.P. 635298 [1934]; Frdl. **23** 82) oder in Methanol bei Siedetemperatur (*Reppe et al.*, A. **601** [1956] 81, 126).

Krystalle; F: 127° [aus A.] (*Re. et al.*), 124° [aus A.] (*I.G. Farbenind.*).

2-[Methyl-(naphthyl-(2))-amino]-äthanol-(1), *2-[methyl(2-naphthyl)amino]ethanol* $C_{13}H_{15}NO$, Formel I (R = CH_2-CH_2-OH, X = CH_3).

B. Aus Methyl-[naphthyl-(2)]-amin und Äthylenoxid bei 150° (*Gen. Aniline Works*, U.S.P. 1930858 [1930]).

F: 37—39°.

Bis-[2-hydroxy-äthyl]-[naphthyl-(2)]-amin, *2,2'-(2-naphthylimino)diethanol* $C_{14}H_{17}NO_2$, Formel I (R = X = CH_2-CH_2OH).

B. Aus Naphthyl-(2)-amin beim Erhitzen mit 2-Chlor-äthanol-(1) und Calciumcarbonat in Wasser sowie beim Erhitzen mit Äthylenoxid (*Ross*, Soc. **1949** 183, 190).

Krystalle (aus Bzl. + PAe.); F: 96—98° (*Ross*, l. c. S. 184).

Pikrat $C_{14}H_{17}NO_2 \cdot C_6H_3N_3O_7$. Krystalle (aus A.); F: 134—136°.

Bis-[2-phenoxy-äthyl]-[naphthyl-(2)]-amin, N,N-*bis(2-phenoxyethyl)-2-naphthylamine* $C_{26}H_{25}NO_2$, Formel I (R = X = CH_2-CH_2-O-C_6H_5).

B. Beim Erwärmen von Bis-[2-chlor-äthyl]-[naphthyl-(2)]-amin mit Phenol und Natriumhydroxid in wss. Aceton (*Ross*, Soc. **1949** 2824, 2829, 2831).

Pikrat $C_{26}H_{25}NO_2 \cdot C_6H_3N_3O_7$. Rot; F: 127°.

Bis-[2-benzoyloxy-äthyl]-[naphthyl-(2)]-amin, N,N-*bis[2-(benzoyloxy)ethyl]-2-naphthylamine* $C_{28}H_{25}NO_4$, Formel I (R = X = CH_2-CH_2-O-CO-C_6H_5).

B. Beim Behandeln von Bis-[2-chlor-äthyl]-[naphthyl-(2)]-amin mit Natriumbenzoat in wss. Aceton (*Ross*, Soc. **1949** 2589, 2596).

Krystalle (aus Me.); F: 92°.

Pikrat $C_{28}H_{25}NO_4 \cdot C_6H_3N_3O_7$. Krystalle (aus Me.); F: 128°.

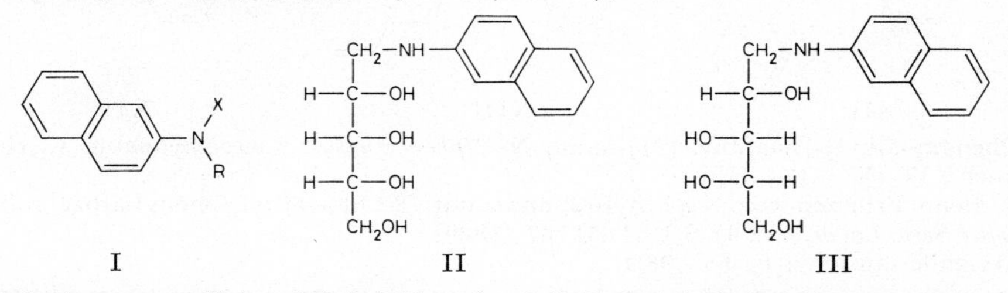

I II III

Bis-[2-hydroxy-propyl]-[naphthyl-(2)]-amin, *1,1'-(2-naphthylimino)dipropan-2-ol* $C_{16}H_{21}NO_2$, Formel I (R = X = CH_2-CH(OH)-CH_3).

a) **Opt.-inakt. Bis-[2-hydroxy-propyl]-[naphthyl-(2)]-amin vom F: 111°.**

B. Aus opt.-inakt. Bis-[2-chlor-propyl]-[naphthyl-(2)]-amin vom F: 102° (S. 2997) beim Erwärmen mit wss. Aceton (*Everett, Ross*, Soc. **1949** 1972, 1982).

Krystalle (aus PAe.); F: 111° (*Ev., Ross*, l. c. S. 1975).

Verbindung mit 1.3.5-Trinitro-benzol $C_{16}H_{21}NO_2 \cdot C_6H_3N_3O_6$. Rote Krystalle (aus Bzl. + PAe.); F: 154—155° (*Ev., Ross*, l. c. S. 1975).

b) **Opt.-inakt. Bis-[2-hydroxy-propyl]-[naphthyl-(2)]-amin vom F: 101°.**

B. Aus opt.-inakt. Bis-[2-chlor-propyl]-[naphthyl-(2)]-amin vom F: 82° (S. 2997) beim Erwärmen mit wss. Aceton (*Everett, Ross*, Soc. **1949** 1972, 1982).

Krystalle (aus PAe.); F: 100—101° (*Ev., Ross*, l. c. S. 1975).

5-[Naphthyl-(2)-amino]-pentantetrol-(1.2.3.4), *5-(2-naphthylamino)pentane-1,2,3,4-tetrol* $C_{15}H_{19}NO_4$.

a) **5-[Naphthyl-(2)-amino]-L-*ribo*-pentantetrol-(1.2.3.4), 1-[Naphthyl-(2)-amino]-D-1-desoxy-ribit, *N*-[Naphthyl-(2)]-D-ribamin**, Formel II.

B. Beim Erwärmen von Naphthyl-(2)-amin mit D-Ribose in Methanol und anschliessenden Hydrieren an Nickel bei 85°/20 at (*Karrer, Quibell*, Helv. **19** [1936] 1034, 1041).

Krystalle (aus W.); F: 157°.

b) **5-[Naphthyl-(2)-amino]-L-*lyxo*-pentantetrol-(1.2.3.4), 1-[Naphthyl-(2)-amino]-1-desoxy-L-arabit, *N*-[Naphthyl-(2)]-L-arabinamin**, Formel III.

B. Beim Erwärmen von Naphthyl-(2)-amin mit L-Arabinose in Methanol und Hydrieren des Reaktionsprodukts an Nickel in Methanol bei 85°/25 at (*Karrer, Quibell*, Helv. **19** [1936] 1034, 1040).

Krystalle (aus Me.); F: 156°.

[Naphthyl-(2)]-methylen-amin, Formaldehyd-[naphthyl-(2)-imin], *N-methylene-2-naphthylamine* $C_{11}H_9N$, Formel IV (R = X = H) (H 1280; dort als Methylen-β-naphthylamin bezeichnet).

B. Aus Naphthyl-(2)-amin und Formaldehyd in Wasser (*Klason*, Svensk Papperstidn. **33** [1930] 393).

F: 83°.

2.2.2-Trichlor-1.1-bis-[naphthyl-(2)-amino]-äthan, 2.2.2-Trichlor-*N.N'*-di-[naphthyl-(2)]-äthylidendiamin, *2,2,2-trichloro-N,N'-di(2-naphthyl)ethane-1,1-diamine* $C_{22}H_{17}Cl_3N_2$, Formel V.

B. Aus Naphthyl-(2)-amin und Chloralhydrat in Natriumacetat enthaltender wss. Essigsäure (*Sumerford, Dalton*, J. org. Chem. **9** [1944] 81, 82).

Krystalle (aus Heptan); F: 116—118° [korr.].

[Naphthyl-(2)]-äthyliden-amin, Acetaldehyd-[naphthyl-(2)-imin], *N-ethylidene-2-naphthylamine* $C_{12}H_{11}N$, Formel IV (R = CH_3, X = H).

B. Aus Naphthyl-(2)-amin und Acetaldehyd (*Klason*, Svensk Papperstidn. **33** [1930] 393, 394).

Gelbe Krystalle; F: 90°.

Naphthyl-(2)-isocyanid, *2-naphthyl isocyanide* $C_{11}H_7N$, Formel VI (H 1281).

B. Aus 2-Methyl-chinolin beim Behandeln mit Chloroform und Alkalilauge (*Ploquin*, Bl. **1947** 901, 903). Beim Erwärmen von *N*-[Naphthyl-(2)]-formamid mit Kalium-*tert*-butylat in *tert*-Butylalkohol und anschliessenden Behandeln mit Phosphoroxychlorid (*Ugi, Meyr*, B. **93** [1960] 239, 247).

F: 59—60°; Kp_1: 100—102° (*Ugi, Meyr*, l. c. S. 241). UV-Spektrum (A.): *Ugi, Meyr*, l. c. S. 243.

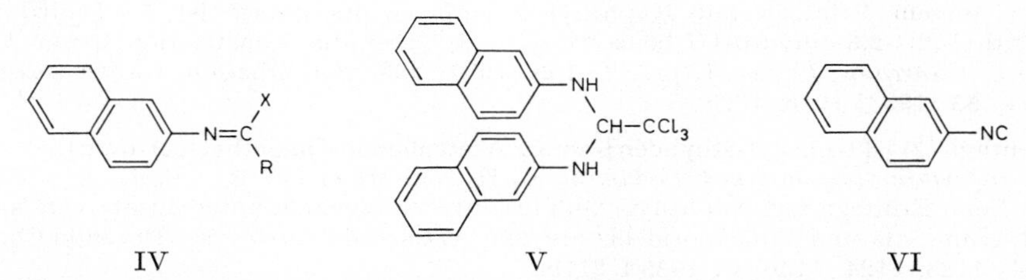

IV V VI

[Naphthyl-(2)]-allyliden-amin, Acrylaldehyd-[naphthyl-(2)-imin], *N-allylidene-2-naphthylamine* $C_{13}H_{11}N$, Formel IV (R = CH=CH_2, X = H) (E II 717).

B. Aus Naphthyl-(2)-amin und Acrylaldehyd in Wasser (*Klason*, Svensk Papperstidn.

33 [1930] 393, 394).
Gelbliche Krystalle; F: 86°.

[Naphthyl-(2)]-[bornyliden-(2)]-amin, Bornanon-(2)-[naphthyl-(2)-imin], Campher-[naphthyl-(2)-imin], N-(*2-bornylidene*)-*2-naphthylamine* $C_{20}H_{23}N$.

Bornanon-(2)-[naphthyl-(2)-imin] vom F: 77°, vermutlich **(1*R*)-Bornanon-(2)-[naphthyl-(2)-imin],** Formel VII.

B. Beim Erhitzen von Naphthyl-(2)-amin mit (1*R*?)-Campher unter Zusatz von Jod oder unter Zusatz von Zinkchlorid bis auf 235° (*Wingfoot Corp.*, U.S.P. 2211629 [1936]).

Krystalle (aus A.); F: 77°.

[Naphthyl-(2)]-benzyliden-amin, Benzaldehyd-[naphthyl-(2)-imin], N-*benzylidene-2-naphthylamine* $C_{17}H_{13}N$, Formel VIII (R = X = H) (H 1281).

Krystalle; F: 103° (*La Parola*, G. **64** [1934] 919, 929), 102—103° [aus A.] (*Hertel, Siegel*, Z. physik. Chem. [B] **52** [1942] 167, 183). Absorptionsspektrum (250—400 mμ): *He.*, *Sie.*, l. c. S. 170. Fluorescenzspektrum des Hydrochlorids: *Bertrand*, Bl. [5] **12** [1945] 1019, 1022.

Beim Erhitzen mit Schwefel auf 180° sind 2-Phenyl-naphtho[2.1-*d*]thiazol und eine Verbindung $C_{23}H_{17}NS$ (Krystalle [aus A.]; F: 202°) erhalten worden (*van Alphen, Drost*, R. **68** [1949] 301, 303). Überführung in Benzyl-[naphthyl-(2)]-amin durch Behandlung mit Magnesium und Methanol: *Zechmeister, Truka*, B. **63** [1930] 2883; durch Behandlung mit Natrium-Amalgam und Äthanol: *Robinson, Bogert*, J. org. Chem. **1** [1936] 65, 72. Bildung von [Naphthyl-(2)]-[2-phenyl-benzhydryl]-amin beim Erwärmen mit Biphenylyl-(2)-magnesiumjodid in Äther und Toluol: *Gilman, Morton*, Am. Soc. **70** [1948] 2514.

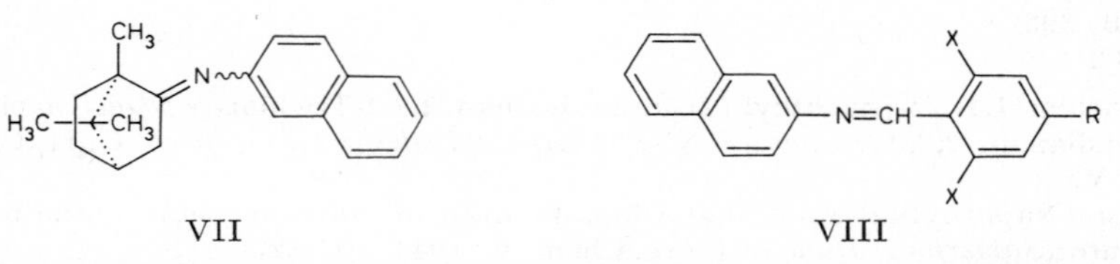

VII VIII

[Naphthyl-(2)]-[4-nitro-benzyliden]-amin, 4-Nitro-benzaldehyd-[naphthyl-(2)-imin], N-(*4-nitrobenzylidene*)-*2-naphthylamine* $C_{17}H_{12}N_2O_2$, Formel VIII (R = NO_2, X = H) (H 1282).

B. Aus Naphthyl-(2)-amin und 4-Nitro-benzaldehyd (*Klason*, Svensk Papperstidn. **33** [1930] 393, 394).

Krystalle; F: 116°.

[Naphthyl-(2)]-[2.4.6-trinitro-benzyliden]-amin, 2.4.6-Trinitro-benzaldehyd-[naphthyl-(2)-imin], N-(*2,4,6-trinitrobenzylidene*)-*2-naphthylamine* $C_{17}H_{10}N_4O_6$, Formel VIII (R = X = NO_2) (E II 718).

B. Aus Naphthyl-(2)-amin und 2.4.6-Trinitro-benzaldehyd in Essigsäure (*Secareanu*, Bl. [4] **51** [1932] 591, 596).

Krystalle (aus Bzl.); F: 206—207° [unter explosionsartiger Zersetzung] (*Se.*, Bl. [4] **51** 596).

Bei kurzem Erhitzen mit Naphthyl-(2)-amin in Essigsäure ist 5.7-Dinitro-1.2-di-[naphthyl-(2)]-2.3-dihydro-1*H*-benzotriazolol-(3) (über die Konstitution dieser Verbindung s. *Secareanu, Lupas*, J. pr. [2] **140** [1934] 233, 235) erhalten worden (*Secareanu*, Bl. [4] **53** [1933] 1016, 1023).

[Naphthyl-(2)]-[1-phenyl-äthyliden]-amin, Acetophenon-[naphthyl-(2)-imin], N-(*α-methylbenzylidene*)-*2-naphthylamine* $C_{18}H_{15}N$, Formel IV (R = C_6H_5, X = CH_3).

B. Beim Erhitzen von Naphthyl-(2)-amin mit Acetophenon unter Zusatz von Naphthyl-(2)-amin-Salz und Zinkchlorid bis auf 220° (*Dziewoński, Moszew*, Roczniki Chem. **14** [1934] 1123, 1124, 1130; C. **1935** I 2179).

Krystalle (aus A.); F: 65—67°.

Beim Erhitzen mit Phenylisothiocyanat bis auf 280° ist 1-Anilino-3-phenyl-benzo[*f*]chinolin erhalten worden.

[Naphthyl-(2)]-benzhydryliden-amin, Benzophenon-[naphthyl-(2)-imin], *N-benzhydrylidene-2-naphthylamine* $C_{23}H_{17}N$, Formel IV ($R = X = C_6H_5$) auf S. 3005 (E II 718).

B. Aus Naphthyl-(2)-amin und Benzophenon-imin (*Cantarel*, C. r. **210** [1940] 403). Aus Naphthyl-(2)-amin und Benzophenon-phenylimin (*Gilman, Morton*, Am. Soc. **70** [1948] 2514; vgl. E II 118).

Grünliche Krystalle (aus A.); F: 97° (*Ca.*), 96—97° (*Gi., Mo.*).

Beim Erhitzen mit Phenylmagnesiumbromid in Äther und Toluol ist [Naphthyl-(2)]-[2-phenyl-benzhydryl]-amin, beim Erwärmen mit Phenyllithium in Äther ist [Naphthyl-(2)]-trityl-amin erhalten worden (*Gi., Mo.*).

[Naphthyl-(2)]-[10*H*-anthryliden-(9)]-amin, Anthron-[naphthyl-(2)-imin], *N-(9(10H)-anthrylidene)-2-naphthylamine* $C_{24}H_{17}N$, Formel IX, und **[Naphthyl-(2)]-[anthryl-(9)]-amin,** *N-(2-naphthyl)-9-anthrylamine* $C_{24}H_{17}N$, Formel X (H 1282).

Diese Verbindung hat auch in dem E II **12** 784 als [Naphthyl-(2)]-[9.10-dihydro-anthryl-(9)]-amin (9-β-Naphthylamino-9.10-dihydro-anthracen [$C_{24}H_{19}N$]) beschriebenen Präparat vorgelegen (*Barnett, Cook, Matthews*, R. **44** [1925] 217, 219).

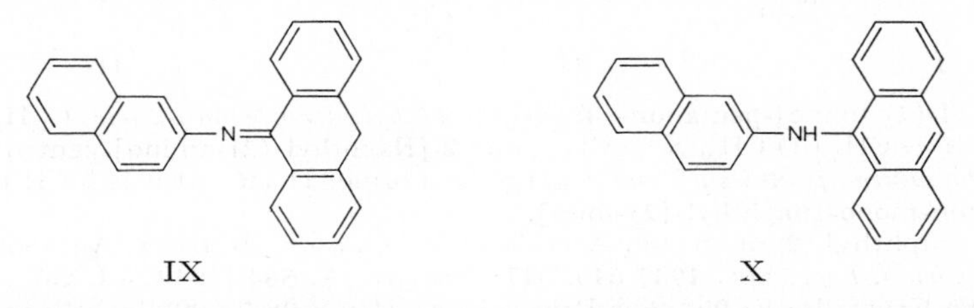

IX X

2.2-Bis-[naphthyl-(2)-amino]-1-[naphthyl-(2)-imino]-äthan, 2.2-Bis-[naphthyl-(2)-amino]-acetaldehyd-[naphthyl-(2)-imin], *N,N'-di(2-naphthyl)-2-(2-naphthylimino)ethane-1,1-diamine* $C_{32}H_{25}N_3$, Formel XI, und **Tris-[naphthyl-(2)-amino]-äthylen,** *N,N',N''-tri(2-naphthyl)ethylenetriamine* $C_{32}H_{25}N_3$, Formel XII.

B. In geringer Menge beim Erwärmen von Naphthyl-(2)-amin mit Trichloräthylen und wss. Natronlauge (*Shibata, Nishi*, J. Soc. chem. Ind. Japan Spl. **36** [1933] 625, 629, 630).

Krystalle (aus A.); F: 200°.

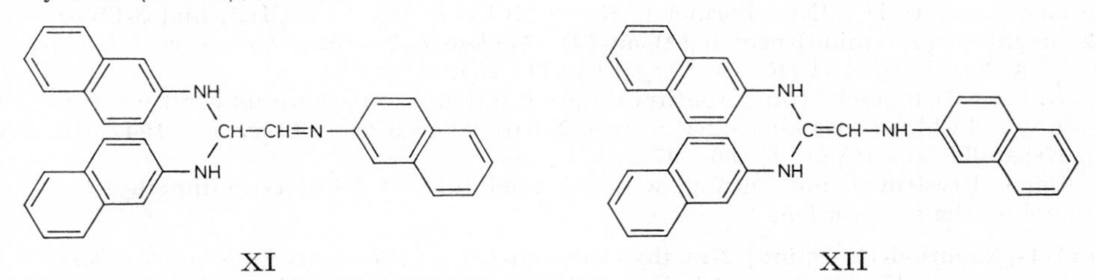

XI XII

(±)-2-Nitro-3-[naphthyl-(2)-imino]-propionaldehyd, *(±)-3-(2-naphthylimino)-2-nitropropionaldehyde* $C_{13}H_{10}N_2O_3$, Formel I ($R = CH(NO_2)$-CHO, $X = H$), und **2-Nitro-3-[naphthyl-(2)-amino]-acrylaldehyd,** *3-(2-naphthylamino)-2-nitroacrylaldehyde* $C_{13}H_{10}N_2O_3$, Formel II ($R = CH{=}C(NO_2)$-CHO).

B. Beim Behandeln von Naphthyl-(2)-amin mit der Natrium-Verbindung des Nitromalonaldehyds und wss. Salzsäure (*Uhde, Jacobs*, J. org. Chem. **10** [1945] 76, 84).

Krystalle (aus A.); F: 195—196°.

Beim Erhitzen mit Zinkchlorid auf 220° und Erhitzen des Reaktionsprodukts mit wss. Salzsäure ist 2-Nitro-benzo[*f*]chinolin erhalten worden.

1-[Naphthyl-(2)-imino]-butanon-(3), *4-(2-naphthylimino)butan-2-one* $C_{14}H_{13}NO$, Formel I ($R = CH_2$-CO-CH_3, $X = H$), und **1-[Naphthyl-(2)-amino]-buten-(1)-on-(3),** *4-(2-naphthylamino)but-3-en-2-one* $C_{14}H_{13}NO$, Formel II ($R = CH{=}CH$-CO-CH_3).

B. Aus Naphthyl-(2)-amin und Butinon in Äther (*Bowden et al.*, Soc. **1946** 45, 50). Beim Erwärmen von Naphthyl-(2)-amin-hydrochlorid mit der Natrium-Verbindung des 3-Oxo-butyraldehyds in Methanol (*Johnson, Woroch, Mathews*, Am. Soc. **69** [1947] 566,

570).

Krystalle; F: 140—141° [aus wss. A.] (*Bo. et al.*), 138,5—139° [korr.; aus E. + Bzn.] (*Jo.*, *Wo.*, *Ma.*). UV-Absorptionsmaxima: *Bo. et al.*, l. c. S. 48.

Bildung von 4-Methyl-benzo[*g*]chinolin beim Erwärmen mit Fluorwasserstoff: *Jo.*, *Wo.*, *Ma.*

Butandion-bis-[naphthyl-(1)-imin], N,N'-*(dimethylethanediylidene)bis-2-naphthylamine* $C_{24}H_{20}N_2$, Formel III (R = CH_3).

B. Aus Naphthyl-(2)-amin und Butandion in Äthanol (*Erlenmeyer*, *Lehr*, Helv. **29** [1946] 69).

Gelbe Krystalle (aus Bzl.); F: 225—226°.

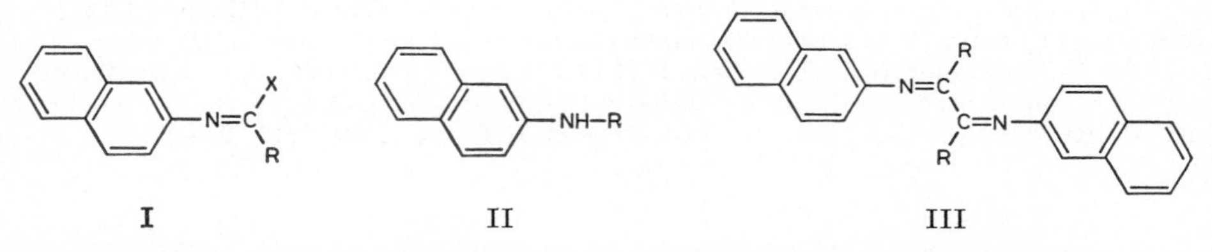

2-[Naphthyl-(2)-imino]-pentanon-(4), *4-(2-naphthylimino)pentan-2-one* $C_{15}H_{15}NO$, Formel I (R = CH_2-CO-CH_3, X = CH_3), und **2-[Naphthyl-(2)-amino]-penten-(2)-on-(4)**, *4-(2-naphthylamino)pent-3-en-2-one* $C_{15}H_{15}NO$, Formel II (R = $C(CH_3)$=CH-CO-CH_3); **Acetylaceton-mono-[naphthyl-(2)-imin].**

B. Aus Naphthyl-(2)-amin und Acetylaceton (*Johnson*, *Mathews*, Am. Soc. **66** [1944] 210, 212; *Clemo*, *Legg*, Soc. **1947** 545, 547; *Huisgen*, A. **564** [1949] 16, 25).

Hellgelbe Krystalle; F: 99° [aus Bzl. + PAe.] (*Hu.*), 98,5—99° [aus Bzn.] (*Jo.*, *Ma.*), 98—99° [aus Bzl. + PAe.] (*Cl.*, *Legg*). In Alkalilaugen nicht löslich (*Hu.*, l. c. S. 19).

Beim Behandeln mit Fluorwasserstoff ist 2.4-Dimethyl-benzo[*g*]chinolin, beim Erwärmen mit Schwefelsäure sind eine 2.4-Dimethyl-benzo[*g*]chinolin-sulfonsäure-(x) und geringe Mengen 1.3-Dimethyl-benzo[*f*]chinolin erhalten worden (*Jo.*, *Ma.*). Bildung von 1.3-Dimethyl-benzo[*f*]chinolin beim Erwärmen mit Zinkchlorid und Naphthyl-(2)-amin-hydrochlorid in Äthanol: *Johnson*, *Woroch*, *Mathews*, Am. Soc. **69** [1947] 566, 569.

(±)-3-Chlor-2-[naphthyl-(2)-imino]-pentanon-(4), *(±)-3-chloro-4-(2-naphthylimino)pentan-2-one* $C_{15}H_{14}ClNO$, Formel I (R = CHCl-CO-CH_3, X = CH_3), und **3-Chlor-2-[naphthyl-(2)-amino]-penten-(2)-on-(4)**, *3-chloro-4-(2-naphthylamino)pent-3-en-2-one* $C_{15}H_{14}ClNO$, Formel II (R = $C(CH_3)$=CCl-CO-CH_3).

B. Beim Behandeln von Naphthyl-(2)-amin mit wss. Salzsäure und mit einer Suspension von 3-Chlor-pentandion-(2.4) in wss. Natronlauge (*Clemo*, *Legg*, Soc. **1947** 545, 547).

Krystalle (aus PAe.); F: 96—97°.

Beim Erwärmen mit 90%ig. wss. Schwefelsäure ist 2-Chlor-1.3-dimethyl-benzo[*f*]chinolin erhalten worden.

(±)-1-[Naphthyl-(2)-imino]-2-methyl-butanon-(3), *(±)-3-methyl-4-(2-naphthylimino)butan-2-one* $C_{15}H_{15}NO$, Formel I (R = $CH(CH_3)$-CO-CH_3, X = H), und **1-[Naphthyl-(2)-amino]-2-methyl-buten-(1)-on-(3)**, *3-methyl-4-(2-naphthylamino)but-3-en-2-one* $C_{15}H_{15}NO$, Formel II (R = CH=$C(CH_3)$-CO-CH_3).

B. Beim Erwärmen von Naphthyl-(2)-amin-hydrochlorid mit der Natrium-Verbindung des 3-Oxo-2-methyl-butyraldehyds in Methanol (*Johnson*, *Woroch*, *Mathews*, Am. Soc. **69** [1947] 566, 569).

Gelbliche Krystalle (aus A.); F: 171—172° [korr.] (*Jo.*, *Wo.*, *Ma.*; *Petrow*, Soc. **1942** 693, 695).

Beim Erwärmen mit Naphthyl-(2)-amin-hydrochlorid und Zinkchlorid in Äthanol ist 2.3-Dimethyl-benzo[*f*]chinolin (*Pe.*; *Jo.*, *Wo.*, *Ma.*), beim Erwärmen mit Fluorwasserstoff ist 3.4-Dimethyl-benzo[*g*]chinolin (*Jo.*, *Wo.*, *Ma.*) erhalten worden.

Hexandion-(3.4)-bis-[naphthyl-(2)-imin], N,N'-*(diethylethanediylidene)bis-2-naphthylamine* $C_{26}H_{24}N_2$, Formel III (R = C_2H_5).

B. Aus Naphthyl-(2)-amin und Hexandion-(3.4) in Äthanol (*Erlenmeyer*, *Vogler*, Helv. **29** [1946] 1023).

Krystalle (aus Bzl.); F: 237—238°.

(±)-1-[*N*-(Naphthyl-(2))-formimidoyl]-cyclohexanon-(2), (±)-*2-[N-(2-naphthyl)formimidoyl]cyclohexanone* $C_{17}H_{17}NO$, Formel IV (R = X = H), und **1-[(Naphthyl-(2)-amino)-methylen]-cyclohexanon-(2)**, *2-[(2-naphthylamino)methylene]cyclohexanone* $C_{17}H_{17}NO$, Formel V (R = X = H).

B. Aus Naphthyl-(2)-amin und 2-Oxo-cyclohexan-carbaldehyd-(1) (1-Hydroxymethylen-cyclohexanon-(2)) in Äthanol (*Petrow*, Soc. **1942** 693, 695).

Gelbliche Krystalle (aus A.); F: 181—182° [korr.].

Beim Erwärmen mit Naphthyl-(2)-amin-hydrochlorid und Zinkchlorid in Äthanol ist 8.9.10.11-Tetrahydro-benz[*a*]acridin erhalten worden.

2-Methyl-5-isopropyl-1-[*N*-(naphthyl-(2))-formimidoyl]-cyclohexanon-(6), *2-[N-(2-naphthyl)formimidoyl]-p-menthan-3-one* $C_{21}H_{25}NO$, und **2-Methyl-5-isopropyl-1-[(naphthyl-(2)-amino)-methylen]-cyclohexanon-(6)**, *6-isopropyl-3-methyl-2-[(2-naphthylamino)methylene]cyclohexanone* $C_{21}H_{25}NO$.

(±)-2*r*-Methyl-5*t*-isopropyl-1ξ-[*N*-(naphthyl-(2))-formimidoyl]-cyclohexanon-(6), Formel IV (R = CH_3, X = $CH(CH_3)_2$) + Spiegelbild, und **(±)-2*r*-Methyl-5*t*-isopropyl-1-[(naphthyl-(2)-amino)-methylen]-cyclohexanon-(6)**, Formel V (R = CH_3, X = $CH(CH_3)_2$) + Spiegelbild.

Ein Präparat (Krystalle [aus PAe.]; F: 58—61°), in dem wahrscheinlich dieses Tautomerensystem vorgelegen hat, ist beim Erwärmen einer als (±)-6-Oxo-2*r*-methyl-5*t*-isopropyl-cyclohexan-carbaldehyd-(1ξ) ⇌ (±)-2*r*-Methyl-5*t*-isopropyl-1-hydroxymethylen-cyclohexanon-(6) angesehenen Verbindung (E III **7** 3261) mit Naphthyl-(2)-amin und wss. Essigsäure erhalten worden (*Dewar*, *Morrison*, *Read*, Soc. **1936** 1598).

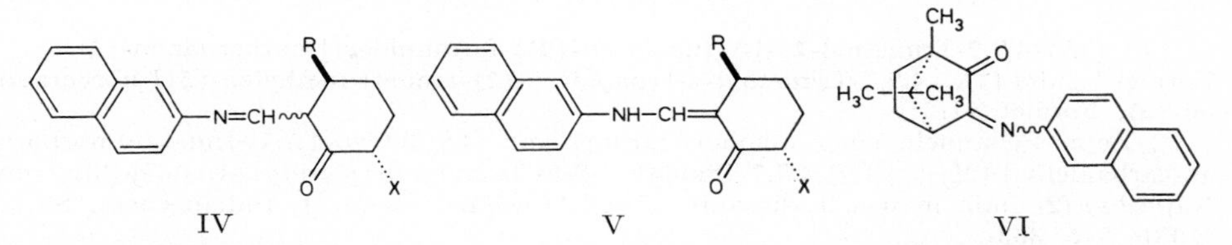

3-[Naphthyl-(2)-imino]-bornanon-(2), 3-[Naphthyl-(2)-imino]-campher, *3-(2-naphthylimino)bornan-2-one* $C_{20}H_{21}NO$.

a) **(1*R*)-3-[Naphthyl-(2)-imino]-bornanon-(2)** Formel VI (E I 537; dort als 3-β-Naphthylimino-*d*-campher bezeichnet).

Gelbe Krystalle (aus wss. A.); F: 143—144° (*Singh*, *Kapur*, Pr. Indian Acad. [A] **29** [1949] 413, 418). $[M]_D^{32}$: +2661,0° [Bzl.], +1992,2° [$CHCl_3$], +2037,0° [Py.], +1891,5° [Acn.], +1746,0° [A.], +1582,1° [Me.] (*Si.*, *Ka.*, l. c. S. 416). Optisches Drehungsvermögen (546—670 mμ) von Lösungen in Benzol, Chloroform, Pyridin, Aceton, Äthanol und Methanol: *Si.*, *Ka.*, l. c. S. 420.

b) **(±)-3-[Naphthyl-(2)-imino]-bornanon-(2)**, Formel VI + Spiegelbild.

B. Aus Naphthyl-(2)-amin und (±)-Bornandion-(2.3) in Gegenwart von Natriumsulfat (*Singh*, *Kapur*, Pr. Indian Acad. [A] **29** [1949] 413, 418).

Gelbe Krystalle (aus wss. A.); F: 146—147°.

4.7.7-Trimethyl-2-[*N*-(naphthyl-(2))-formimidoyl]-norbornanon-(3), *3-[N-(2-naphthyl)formimidoyl]bornan-2-one* $C_{21}H_{23}NO$ und **4.7.7-Trimethyl-2-[(naphthyl-(2)-amino)-methylen]-norbornanon-(3)**, 3-[(Naphthyl-(2)-amino)-methylen]-campher, *3-[(2-naphthylamino)methylene]bornan-2-one* $C_{21}H_{23}NO$.

a) **(1*R*)-4.7.7-Trimethyl-2ξ-[*N*-(naphthyl-(2))-formimidoyl]-norbornanon-(3)**, Formel VII, und **(1*S*)-4.7.7-Trimethyl-2-[(naphthyl-(2)-amino)-methylen-(ξ)]-norbornanon-(3)**, Formel VIII (H 1282; dort als 3-β-Naphthyliminomethyl-*d*-campher bzw. 3-β-Naphthylaminomethylen-*d*-campher bezeichnet).

Die H 1282 und nachstehend beschriebene Verbindung wird von *Hayashi* (Bl. Inst. phys. chem. Res. Tokyo **10** [1931] 754, 779, 780, 781; Scient. Pap. Inst. phys. chem. Res. **16** [1931] 200) als (1*S*)-3-Hydroxy-4.7.7-trimethyl-norbornen-(2)-carbaldehyd-(2)-[naphthyl-(2)-imin] (Formel IX) formuliert.

Krystalle; F: 202—203° [aus A.] (*Ha.*, Bl. Inst. phys. chem. Res. Tokyo **10** 778), 184°

bis 187° (*Singh, Bhaduri, Barat,* J. Indian chem. Soc. **8** [1931] 345, 353). $[\alpha]_D^{23}$: +275° [Bzl.; c = 0,4]; $[\alpha]_D^{23}$: +280° (Anfangswert) → +40° (nach 28 h) [Bzl.; c = 0,2] (*Ha.*, Bl. Inst. phys. chem. Res. Tokyo **10** 759, 779); $[\alpha]_D^{35}$: +263,8° [Bzl.; c = 4]; $[\alpha]_D^{35}$: +307,0° [$CHCl_3$; c = 4]; $[\alpha]_D^{35}$: +309,7° [Py.; c = 4] (*Si., Bh., Ba.*, l. c. S. 371); $[\alpha]_D^{18}$: +313° (Anfangswert) → +277° (nach 23 h) [Acn., c = 0,3]; $[\alpha]_D^{23}$: +357° [Acn.; c = 0,4] (*Ha.*); $[\alpha]_D^{35}$: +326,5° [Acn.; c = 0,4] (*Si., Bh., Ba.*, l. c. S. 370); $[\alpha]_D^{16,5}$: +380° [A.; c = 0,4] $[\alpha]_D^{23}$: +353° [A.; c = 0,4] (*Ha.*); $[\alpha]_D^{35}$: +336,9° [A.; c = 0,4] (*Si., Bh., Ba.*, l. c. S. 368); $[\alpha]_D^{35}$: +348,8° [Me.; c = 0,4] (*Si., Bh., Ba.*, l. c. S. 369). $[\alpha]_{546}^{35}$: +388,6° (Anfangswert) → +381,5° (nach 24 h) [$CHCl_3$; c = 0,4]; $[\alpha]_{578}^{35}$: +325,6° (Anfangswert) → +315,6° (nach 24 h) [$CHCl_3$; c = 0,4] (*Si., Bh., Ba.*, l. c. S. 370). Optisches Drehungsvermögen (508—670 mμ) von Lösungen in Benzol, Chloroform, Pyridin, Aceton, Äthanol und Methanol: *Si., Bh., Ba.*, l. c. S. 368—371.

In Lösungen in Benzol und in Aceton erfolgt allmählich Umwandlung in eine isomere Verbindung $C_{21}H_{23}NO$ [Krystalle (aus PAe. oder Me.); F: 172—173°] (*Ha.*, Bl. Inst. phys. chem. Res. Tokyo **10** 778—781; Scient. Pap. Inst. phys. chem. Res. **16** 201).

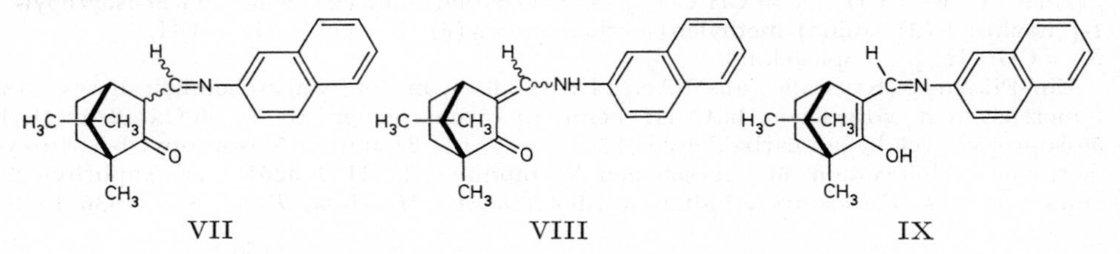

VII VIII IX

b) **(1*S*)-4.7.7-Trimethyl-2ξ-[*N*-(naphthyl-(2))-formimidoyl]-norbornanon-(3),** Formel X, und **(1*R*)-4.7.7-Trimethyl-2-[(naphthyl-(2)-amino)-methylen-(ξ)]-norbornan-on-(3),** Formel XI.

B. Beim Behandeln einer alkohol. Lösung von (1*S*)-3-Oxo-4.7.7-trimethyl-norbornan-carbaldehyd-(2ξ) ((1*R*)-4.7.7-Trimethyl-2-hydroxymethylen-norbornanon-(3)) mit Naphthyl-(2)-amin in wss. Essigsäure (*Singh, Bhaduri, Barat,* J. Indian chem. Soc. **8** [1931] 345, 353).

Krystalle; F: 184—187°. $[\alpha]_D^{35}$: −262,3° [Bzl.; c = 0,4]; $[\alpha]_D^{35}$: −305,6° [$CHCl_3$; c = 0,4]; $[\alpha]_D^{35}$: −309,6° [Py.; c = 0,4]; $[\alpha]_D^{35}$: −328,8° [Acn.; c = 0,4]; $[\alpha]_D^{35}$: −337,5° [A.; c = 0,4]; $[\alpha]_D^{35}$: −347,5° [Me.; c = 0,4]. Optisches Drehungsvermögen (508—670 mμ) von Lösungen in Benzol, Chloroform, Pyridin, Aceton, Äthanol und Methanol: *Si., Bh., Ba.*, l. c. S. 368—371.

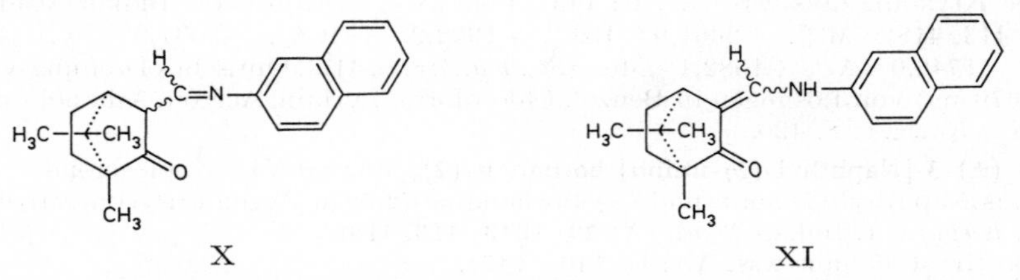

X XI

c) **Opt.-inakt. 4.7.7-Trimethyl-2-[*N*-(naphthyl-(2))-formimidoyl]-norbornanon-(3),** Formel VII + X, und **(±)-4.7.7-Trimethyl-2-[(naphthyl-(2)-amino)-methylen]-norbornanon-(3),** Formel VIII + XI.

B. Beim Behandeln einer alkohol. Lösung von opt.-inakt. 3-Oxo-4.7.7-trimethyl-norbornan-carbaldehyd-(2) ((±)-4.7.7-Trimethyl-2-hydroxymethylen-norbornanon-(3)) mit Naphthyl-(2)-amin in wss. Essigsäure (*Singh, Bhaduri, Barat,* J. Indian chem. Soc. **8** [1931] 345, 353).

Krystalle; F: 187—189° (*Si., Bh., Ba.*), 186—187° [aus A.] (*Borsche, Niemann,* B. **69** [1936] 1993, 1998).

4-[*N*-(Naphthyl-(2))-formimidoyl]-benzaldehyd, Terephthalaldehyd-mono-[naphthyl-(2)-imin], p-[N-(*2-naphthyl)formimidoyl]benzaldehyde* $C_{18}H_{13}NO$, Formel I (R = H, X = CHO).

B. Aus Naphthyl-(2)-amin und Terephthalaldehyd (*Klason,* Svensk Papperstidn. **33**

[1930] 393, 394).

Krystalle; F: 154°.

(±)-3-[Naphthyl-(2)-imino]-2-phenyl-propionaldehyd, (±)-*3-(2-naphthylimino)-2-phenylpropionaldehyde* $C_{19}H_{15}NO$, Formel II (R = $CH(C_6H_5)$-CHO, X = H), und **3-[Naphthyl-(2)-amino]-2-phenyl-acrylaldehyd,** *3-(2-naphthylamino)-2-phenylacrylaldehyde* $C_{19}H_{15}NO$, Formel III (R = $CH{=}C(C_6H_5)$-CHO).

B. Aus Naphthyl-(2)-amin und Phenylmalonaldehyd (*Keller*, Helv. **20** [1937] 436, 443).

Gelbe Krystalle (aus A.); F: 282°.

3-[Naphthyl-(2)-imino]-1-phenyl-butanon-(1), *3-(2-naphthylimino)butyrophenone* $C_{20}H_{17}NO$, Formel II (R = CH_2-CO-C_6H_5, X = CH_3), und **3-[Naphthyl-(2)-amino]-1-phenyl-buten-(2)-on-(1),** *3-(2-naphthylamino)crotonophenone* $C_{20}H_{17}NO$, Formel III (R = $C(CH_3){=}CH$-CO-C_6H_5) (E I 537; dort als β-[Naphthyl-(2)-imino]-butyrophenon bzw. ω-{α-[Naphthyl-(2)-amino]-äthyliden}-acetophenon bezeichnet).

B. Aus Naphthyl-(2)-amin und Benzoylaceton bei 130° (*Huisgen*, A. **564** [1949] 16, 31; vgl. E I 537).

Hellgelbe Krystalle; F: 152–153°.

Beim Behandeln mit Schwefelsäure ist 2-Methyl-4-phenyl-benzo[*g*]chinolin erhalten worden.

1-[Naphthyl-(2)-imino]-1.3-diphenyl-propanon-(3), *3-(2-naphthylimino)-3-phenylpropiophenone* $C_{25}H_{19}NO$, Formel II (R = CH_2-CO-C_6H_5, X = C_6H_5), und **1-[Naphthyl-(2)-amino]-1.3-diphenyl-propen-(1)-on-(3),** ***β*-[Naphthyl-(2)-amino]-chalkon,** *β-(2-naphthylamino)chalcone* $C_{25}H_{19}NO$, Formel III (R = $C(C_6H_5){=}CH$-CO-C_6H_5).

B. Aus Naphthyl-(2)-amin und Dibenzoylmethan in Gegenwart von Chlorwasserstoff enthaltendem Äthanol bei 130° (*Huisgen*, A. **564** [1949] 16, 27).

Gelbe Krystalle (aus A.); F: 146–147°.

Beim Behandeln mit Schwefelsäure sind 2.4-Diphenyl-benzo[*g*]chinolin und 1.3-Diphenyl-benzo[*f*]chinolin erhalten worden.

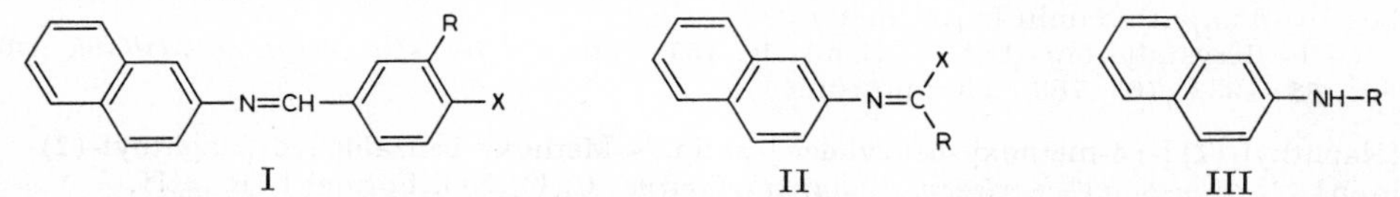

(±)-1-[Naphthyl-(2)-imino]-2-phenyl-indanon-(3), (±)-*3-(2-naphthylimino)-2-phenylindan-1-one* $C_{25}H_{17}NO$, Formel IV, und **3-[Naphthyl-(2)-amino]-2-phenyl-indenon-(1),** *3-(2-naphthylamino)-2-phenylinden-1-one* $C_{25}H_{17}NO$, Formel V.

B. Aus Naphthyl-(2)-amin und 2-Phenyl-indandion-(1.3) in Äthanol (*Wanag*, *Walbe*, B. **69** [1936] 1054, 1057).

Rot; F: 274–275° [Block; aus A.].

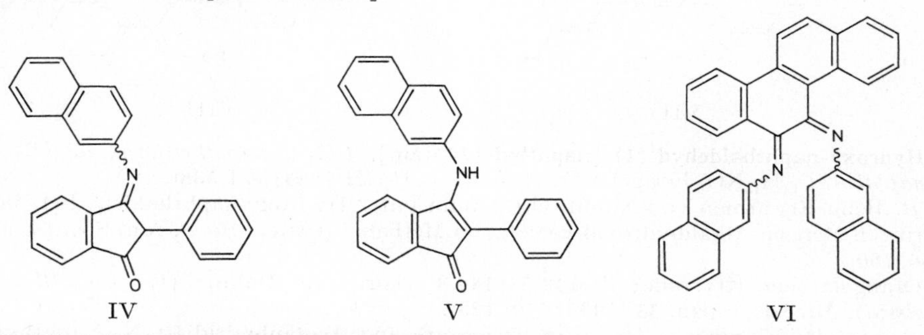

5-[Naphthyl-(2)-imino]-1.5-diphenyl-pentin-(1)-on-(3), *5-(2-naphthylimino)-1,5-diphenylpent-1-yn-3-one* $C_{27}H_{19}NO$, Formel II (R = CH_2-CO-C≡C-C_6H_5, X = C_6H_5), und **5-[Naphthyl-(2)-amino]-1.5-diphenyl-penten-(4)-in-(1)-on-(3),** *1-(2-naphthylamino)-1,5-diphenylpent-1-en-4-yn-3-one* $C_{27}H_{19}NO$, Formel III (R = $C(C_6H_5){=}CH$-CO-C≡C-C_6H_5).

Die nachstehend beschriebene Verbindung wird als 3-Hydroxy-1.5-diphenyl-penten-(3)-in-(1)-on-(5)-[naphthyl-(2)-imin] $C_{27}H_{19}NO$ (Formel II [R = CH=C(OH)-C≡C-C_6H_5, X = C_6H_5]) formuliert (*Chauvelier*, A. ch. [12] **3** [1948] 393, 399, 435; s. dazu *Chauvelier*, Bl. **1966** 1721).

B. Aus Naphthyl-(2)-amin und 1.5-Diphenyl-pentadiin-(1.4)-on-(3) in Äthanol (*Ch.*, A. ch. [12] **3** 424, 435).

Gelbe Krystalle (aus A.); F: 146° (*Ch.*, A. ch. [12] **3** 435).

Beim Erhitzen ohne Lösungsmittel oder in Xylol sind 4-Oxo-2.6-diphenyl-1-[naphth=yl-(2)]-1.4-dihydro-pyridin und 2-Phenyl-1-[naphthyl-(2)]-5-benzyliden-Δ^2-pyrrolin=on-(4) (bezüglich der Konstitution dieser Verbindung s. *Lefèbvre-Soubeyran*, Bl. **1966** 1242, 1266, 1267, 1271; *Ch.*, Bl. **1966** 1722) erhalten worden (*Ch.*, A. ch. [12] **3** 435).

Chrysen-chinon-(5.6)-bis-[naphthyl-(2)-imin], N,N′-(*chrysene-5,6-diylidene*)*bis-2-naphthylamine* $C_{38}H_{24}N_2$, Formel VI.

B. Aus Naphthyl-(2)-amin und Chrysen-chinon-(5.6) in Essigsäure (*Singh*, *Dutt*, Pr. Indian Acad. [A] **8** [1938] 187, 192).

F: 203°.

Salicylaldehyd-[naphthyl-(2)-imin], o-[N-(*2-naphthyl*)*formimidoyl*]*phenol* $C_{17}H_{13}NO$, Formel VII (X = H) (H 1283; E I 537; E II 719).

B. Aus Naphthyl-(2)-amin und Salicylaldehyd in Äthanol (*Iglesias*, An. Soc. españ. **33** [1935] 119, 121).

Orangefarbene Krystalle; F: 126° (*Ig.*). Magnetische Susceptibilität: *Bhatnagar*, *Kapur*, *Hashmi*, J. Indian chem. Soc. **15** [1938] 573, 575, 580.

Kupfer(II)-Salz $Cu(C_{17}H_{12}NO)_2$. Krystalle (aus $CHCl_3$); F: 194—196° [korr.] (*Hunter*, *Marriott*, Soc. **1937** 2000, 2002).

Nickel(II)-Salz $Ni(C_{17}H_{12}NO)_2$. Krystalle (aus $CHCl_3$ + Ae.); F: 220° [korr.; Zers.] (*Hu.*, *Ma.*).

5-Brom-2-hydroxy-benzaldehyd-[naphthyl-(2)-imin], *4-bromo-2-*[N-(*2-naphthyl*)*form=imidoyl*]*phenol* $C_{17}H_{12}BrNO$, Formel VII (X = Br) (E I 537; dort als [5-Brom-2-oxy-benzal]-β-naphthylamin bezeichnet).

Gelbe Krystalle (aus Bzl. + Bzn.); F: 157° [korr.] (*Brewster*, *William*, *Millam*, Am. Soc. **55** [1933] 763, 765). Thermotrop.

[Naphthyl-(2)]-[4-methoxy-benzyliden]-amin, 4-Methoxy-benzaldehyd-[naphthyl-(2)-imin], N-(*4-methoxybenzylidene*)*-2-naphthylamine* $C_{18}H_{15}NO$, Formel I (R = H, X = OCH_3) (H 1283; E I 537; E II 719; dort auch als Anisal-β-naphthylamin bezeichnet).

B. Aus 4-Hydroxy-benzaldehyd-[naphthyl-(2)-imin] (H 1283; E I 537) und Diazo=methan in Äther (*Schönberg*, *Mustafa*, *Hilmy*, Soc. **1947** 1045, 1046).

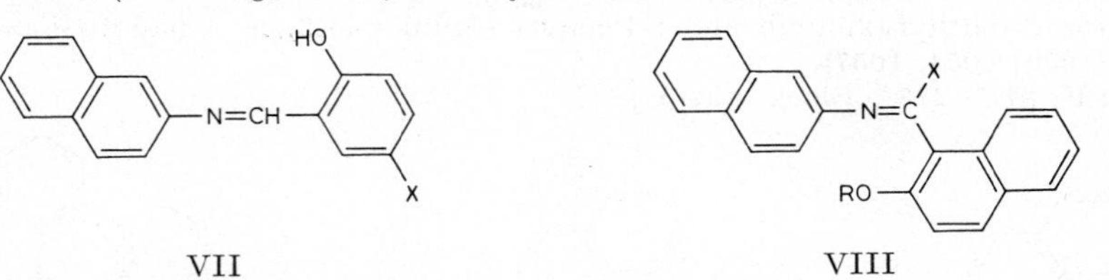

VII VIII

2-Hydroxy-naphthaldehyd-(1)-[naphthyl-(2)-imin], *1-*[N-(*2-naphthyl*)*formimidoyl*]*-2-naphthol* $C_{21}H_{15}NO$, Formel VIII (R = X = H) (H 1283; E I 538).

B. Beim Erwärmen von Naphthyl-(2)-amin mit 2-Hydroxy-naphthaldehyd-(1) in mit geringen Mengen Alkalihydroxid versetztem Methanol (*Corley*, *Blout*, Am. Soc. **69** [1947] 755, 760).

Orangefarbene Krystalle; F: 143,5—144,3° [korr.; aus Butanol-(1)] (*Co.*, *Bl.*), 142° (*Iglesias*, An. Soc. españ. **33** [1935] 119, 123).

Bei der Hydrierung an Platin in Essigsäure und Acetanhydrid ist *N*-[Naphthyl-(1)-methyl]-*N*-[naphthyl-(2)]-acetamid erhalten worden (*Co.*, *Bl.*).

[Naphthyl-(2)]-[(2-methoxy-naphthyl-(1))-methylen]-amin, 2-Methoxy-naphthalde=hyd-(1)-[naphthyl-(2)-imin], N-[(*2-methoxy-1-naphthyl*)*methylene*]*-2-naphthylamine* $C_{22}H_{17}NO$, Formel VIII (R = CH_3, X = H).

B. Aus Naphthyl-(2)-amin und 2-Methoxy-naphthaldehyd-(1) in Methanol (*Corley*,

Blout, Am. Soc. **69** [1947] 761) oder in Äthanol (*Schönberg*, *Mustafa*, *Hilmy*, Soc. **1947** 1045, 1047). Aus 2-Hydroxy-naphthaldehyd-(1)-[naphthyl-(2)-imin] beim Behandeln mit Dimethylsulfat und methanol. Kalilauge (*Sch.*, *Mu.*, *Hi.*).

Gelbe Krystalle; F: 122,5—123,5° [korr.; aus Butanol-(1)] (*Co.*, *Bl.*), 123° [aus A.] (*Sch.*, *Mu.*, *Hi.*).

Phenyl-[2-hydroxy-naphthyl-(1)]-keton-[naphthyl-(2)-imin], *1-*[N-*(2-naphthyl)benz=imidoyl*]*-2-naphthol* $C_{27}H_{19}NO$, Formel VIII (R = H, X = C_6H_5).

Eine von *Chauvelier* (A. ch. [12] **3** [1948] 393, 435) unter dieser Konstitution beschriebene Verbindung vom F: 173° ist als 2-Phenyl-1-[naphthyl-(2)]-5-benzyliden-Δ^2-pyrrolin=on-(4) zu formulieren (vgl. diesbezüglich *Lefèbvre-Soubeyran*, Bl. **1966** 1242, 1266, 1267, 1271; *Chauvelier*, Bl. **1966** 1722).

3.4-Dihydroxy-benzaldehyd-[naphthyl-(2)-imin], Protocatechualdehyd-[naphthyl-(2)-imin], *4-*[N-*(2-naphthyl)formimidoyl*]*pyrocatechol* $C_{17}H_{13}NO_2$, Formel I (R = X = OH) auf S. 3011.

B. Aus Naphthyl-(2)-amin und Protocatechualdehyd (*Klason*, Svensk Papperstidn. **33** [1930] 393, 394).

Krystalle; F: 250°.

Vanillin-[naphthyl-(2)-imin], *2-methoxy-4-*[N-*(2-naphthyl)formimidoyl*]*phenol* $C_{18}H_{15}NO_2$, Formel I (R = OCH_3, X = OH) auf S. 3011.

B. Aus Naphthyl-(2)-amin und Vanillin in Äthanol (*Ritter*, Am. Soc. **69** [1947] 46, 47).

Gelbe Krystalle (aus $CHCl_3$ + PAe.); F: 148—149° [unkorr.]. Oxydationspotential: *Ri.*

2-Hydroxy-naphthochinon-(1.4)-4-[naphthyl-(2)-imin], *2-hydroxy-4-(2-naphthyl=imino)naphthalen-1*(4H)*-one* $C_{20}H_{13}NO_2$, Formel IX, und **4-[Naphthyl-(2)-amino]-naphthochinon-(1.2)**, *4-(2-naphthylamino)-1,2-naphthoquinone* $C_{20}H_{13}NO_2$, Formel X.

B. Beim Erwärmen von Naphthyl-(2)-amin mit Natrium-[1.2-dioxo-1.2-dihydro-naphthalin-sulfonat-(4)] in wss.-äthanol. Natronlauge (*Rubzow*, Ž. obšč. Chim. **16** [1946] 221, 231; C. A. **1947** 430).

Rote Krystalle; F: 295° [Zers.].

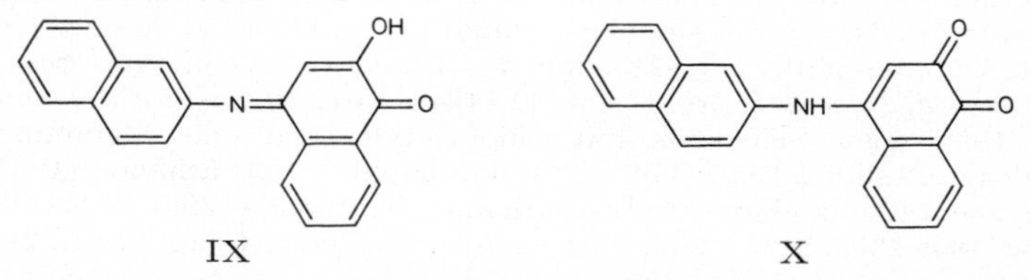

IX X

(±)-1.6.7.1′.6′.7′-Hexahydroxy-3.3′-dimethyl-5.5′-diisopropyl-[2.2′]binaphthyl-dicarbaldehyd-(8.8′)-[bis-naphthyl-(2)-imin], *(±)-5,5′-diisopropyl-3,3′-dimethyl-8,8′-bis*[N-*(2-naphthyl)formimidoyl*]*-2,2′-binaphthyl-1,1′,6,6′,7,7′-hexol* $C_{50}H_{44}N_2O_6$ (Formel s. E III **8** 4412, Formel IV [R = H, X = $C_{10}H_7$]), und Tautomere; **(±)-Gossypol-bis-[naphthyl-(2)-imin]**.

B. Beim Erwärmen der Verbindung von (±)-Gossypol mit Essigsäure (E III **8** 4409) mit Naphthyl-(2)-amin in Chloroform (*Adams*, *Price*, *Dial*, Am. Soc. **60** [1938] 2158) oder in Äthanol (*Dechary*, *Brown*, J. Am. Oil Chemists Soc. **33** [1956] 76).

Orangefarbene Krystalle; F: 310—313° [Zers.; aus $CHCl_3$] (*Ad.*, *Pr.*, *Dial*), 302—303° [Zers.; aus Chlorbenzol] (*De.*, *Br.*). [*Walentowski*]

2-Formamino-naphthalin, *N*-[Naphthyl-(2)]-formamid, N-*(2-naphthyl)formamide* $C_{11}H_9NO$, Formel I (R = CHO) (H 1284; E I 538; E II 719).

B. Beim Erhitzen von Naphthyl-(2)-amin mit Äthylformiat auf 110° (*Human*, *Mills*, Soc. **1948** 1457) oder mit Formamid bis auf 160° (*Sugasawa*, *Shigehara*, J. pharm. Soc. Japan **62** [1942] 531; dtsch. Ref. S. 168; C. A. **1951** 2861).

Krystalle (aus Bzl. + PAe.); F: 129,7° (*Pregnolatto*, Rev. Inst. A. Lutz **8** [1948] 168, 171). Schmelzdiagramm des Systems mit *N*-[Naphthyl-(2)]-acetamid (Eutektikum): *Pr.*, l. c. S. 179.

Beim Erwärmen mit Brenztraubensäure in Äthanol ist 3-Methyl-benzo[*f*]chinolin-carbonsäure-(1) erhalten worden (*Silberg*, Bl. [5] **3** [1936] 1767, 1775).

***N.N'*-Di-[naphthyl-(2)]-formamidin,** N,N'-*di(2-naphthyl)formamidine* $C_{21}H_{16}N_2$, Formel II (H 1284).

B. Beim Erhitzen von Naphthyl-(2)-amin mit Ameisensäure in Anilin (*Goodyear Tire & Rubber Co.*, U.S.P. 1818942 [1928]).

2-Acetamino-naphthalin, *N*-[Naphthyl-(2)]-acetamid, N-(*2-naphthyl*)*acetamide* $C_{12}H_{11}NO$, Formel I (R = CO-CH_3) (H 1284; E I 538; E II 719).

B. Aus Naphthyl-(2)-amin beim Behandeln mit Acetanhydrid (*Pacault, Carpentier, Séris*, Rev. scient. **85** [1947] 157), beim Behandeln einer Suspension in Wasser mit Acetanhydrid (*Ioffe*, Ž. obšč. Chim. **14** [1944] 812, 814; C. A. **1945** 3786), beim Behandeln mit wss. Salzsäure und wenig Zinn(II)-chlorid und anschliessend mit Acetanhydrid und Natriumacetat (*Fieser, Riegel*, Am. Soc. **59** [1937] 2561, 2563) sowie beim Erwärmen einer Lösung in Dibutyläther mit Acetylchlorid und Pyridin (*Olson, Feldman*, Am. Soc. **59** [1937] 2003). Aus 1-[Naphthyl-(2)]-äthanon-(1) beim Erwärmen mit Natriumazid in Trichloressigsäure (*Smith*, Am. Soc. **70** [1948] 320, 322).

Krystalle; F: 134° [aus A.] (*Pa., Ca., Sé.*, l. c. S. 158), 132,8° [aus wss. A.] (*Pregnolatto* Rev. Inst. A. Lutz **8** [1948] 168, 174). Magnetische Susceptibilität: *Pacault*, A. ch. [12] **1** [1946] 527, 551. Schmelzdiagramm des Systems mit *N*-[Naphthyl-(2)]-formamid (Eutektikum): *Pr.* l. c. S. 179.

Beim Behandeln einer Lösung in Essigsäure enthaltendem Äthanol mit wss. Chlorkalk ist im Tageslicht 1-Chlor-2-acetamino-naphthalin (*Hoogeveen*, R. **50** [1931] 37, 38), bei Lichtausschluss hingegen *N*-Chlor-*N*-[naphthyl-(2)]-acetamid (*Hoogeveen*, R. **49** [1930] 1093, 1094) erhalten worden. Die beim Erwärmen mit wss. Bromwasserstoffsäure und Salpetersäure erhaltene, früher (s. H **12** 1284, 1312) als Tribrom-Derivat („*N*-Acetyl-x.x.x-tribrom-naphthylamin-(2)") angesehene Verbindung ist als 1.6-Dibrom-2-acetamino-naphthalin-hydrobromid zu formulieren (*Bell*, Soc. **1952** 5046). Bildung von 7-Amino-naphthalin-sulfonsäure-(1) und 6-Amino-naphthalin-sulfonsäure-(1) beim Behandeln mit Schwefelsäure und Erhitzen des mit Wasser versetzten Reaktionsgemisches: *Ufimzew*, B. **69** [1936] 2188, 2195. Geschwindigkeit der Hydrolyse in wss.-äthanol. Schwefelsäure bei 70°: *Karve, Kelkar*, Pr. Indian Acad. [A] **24** [1946] 254, 258.

Bei der Behandlung mit Acetanhydrid und Aluminiumchlorid in Schwefelkohlenstoff und anschliessenden Hydrolyse sind 1-[7-Amino-naphthyl-(1)]-äthanon-(1) und geringe Mengen 1-[6-Amino-naphthyl-(2)]-äthanon-(1) (*Leonard, Hyson*, Am. Soc. **71** [1949] 1392; s. a. *Leonard, Hyson*, J. org. Chem. **13** [1948] 164; *Brown et al.*, J. org. Chem. **11** [1946] 163, 166), beim Behandeln mit Chloracetylchlorid und Aluminiumchlorid in Schwefelkohlenstoff sind 2-Chlor-1-[6-acetamino-naphthyl-(2)]-äthanon-(1) (F: 220° bis 221°) und 2-Acetamino-x-chloracetyl-naphthalin [F: 158,5—159,5°] (*Schofield, Swain, Theobald*, Soc. **1949** 2399, 2403; s. dagegen *Koelsch, Lindquist*, J. org. Chem. **21** [1956] 657) erhalten worden.

Natrium-Salz $NaC_{12}H_{10}NO$. Krystalle; Zers. bei ca. 280° (*Shah, Pishavikar*, J. Univ. Bombay **1**, Tl. 2 [1932] 31, 36).

Kalium-Salz $KC_{12}H_{10}NO$. Krystalle; Zers. bei ca. 280° (*Shah, Pi.*, l. c. S. 35).

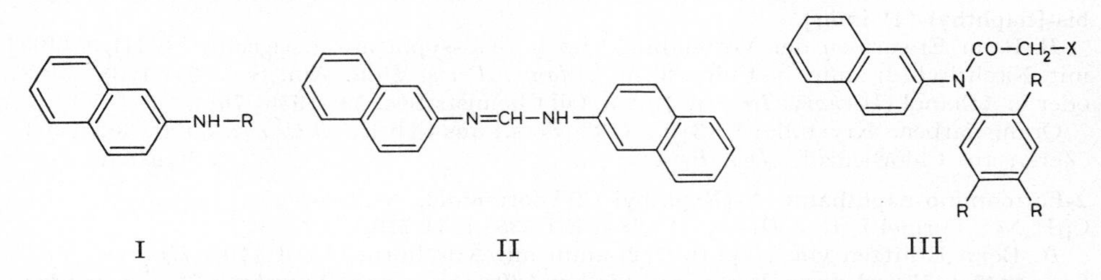

***N*-Phenyl-*N'*-[naphthyl-(2)]-acetamidin,** N-(*2-naphthyl*)-N'-*phenylacetamidine* $C_{18}H_{16}N_2$, Formel I (R = $C(CH_3)$=N-C_6H_5) und Tautomeres.

B. Beim Erhitzen von *N*-[Naphthyl-(2)]-acetamid mit Anilin und Phosphoroxychlorid (*Hunter, Marriott*, Soc. **1941** 777, 785).

Gelbliche Krystalle (aus wss. A.); F: 86°. Assoziation in Naphthalin: *Hu., Ma.*, l. c. S. 784.

C-Chlor-N-phenyl-N-[naphthyl-(2)]-acetamid, *2-chloro-*N*-(2-naphthyl)acetanilide* $C_{18}H_{14}ClNO$, Formel III (R = H, X = Cl).

B. Aus Phenyl-[naphthyl-(2)]-amin und Chloracetylchlorid in Benzol (*Stollé*, J. pr. [2] **135** [1932] 345, 355).

Krystalle (aus Bzl.); F: 67°.

C-Brom-N-[naphthyl-(2)]-acetamid, *2-bromo-*N*-(2-naphthyl)acetamide* $C_{12}H_{10}BrNO$, Formel I (R = CO-CH_2Br).

B. Aus Naphthyl-(2)-amin und Bromacetylbromid in Äther (*Stollé*, J. pr. [2] **128** [1930] 1, 3).

Krystalle (aus A.); F: 134°.

N-[2.4.5-Trimethyl-phenyl]-N-[naphthyl-(2)]-acetamid, *2',4',5'-trimethyl-*N*-(2-naphthyl)acetanilide* $C_{21}H_{21}NO$, Formel III (R = CH_3, X = H).

B. Aus [2.4.5-Trimethyl-phenyl]-[naphthyl-(2)]-amin (*Buu-Hoi, Lecocq*, C. r. **218** [1944] 648).

Krystalle (aus Eg.); F: 158°.

N.N-Di-[naphthyl-(2)]-acetamid, *N,N-di(2-naphthyl)acetamide* $C_{22}H_{17}NO$, Formel IV (X = H) (H 1285).

B. Beim Erhitzen von Di-[naphthyl-(2)]-amin mit Acetanhydrid (*Lieber, Somasekhara*, J. org. Chem. **24** [1959] 1775).

Krystalle (aus A.); F: 80—82° (*Lie., So.*; s. dagegen H 1285).

C-Chlor-N.N-di-[naphthyl-(2)]-acetamid, *2-chloro-N,N-di(2-naphthyl)acetamide* $C_{22}H_{16}ClNO$, Formel IV (X = Cl).

B. Aus Di-[naphthyl-(2)]-amin und Chloracetylchlorid in Benzol (*Stollé*, J. pr. [2] **135** [1932] 345, 355).

Krystalle (aus Bzl.); F: 122°.

Bei 2-tägigem Erwärmen mit Aluminiumchlorid in Schwefelkohlenstoff unter Kohlendioxid ist 2-Oxo-3-[naphthyl-(2)]-2.3-dihydro-1*H*-benz[*e*]indol erhalten worden (*St.* l. c. S. 356).

2-Hexanoylamino-naphthalin, N-[Naphthyl-(2)]-hexanamid, *N-(2-naphthyl)hexanamide* $C_{16}H_{19}NO$, Formel I (R = CO-$[CH_2]_4$-CH_3) (E I 539; dort als *n*-Capronsäure-β-naphthylamid bezeichnet).

Krystalle (aus Bzl. + PAe.); F: 101—102° (*Ruzicka, Schinz*, Helv. **18** [1935] 381, 391).

2-Palmitoylamino-naphthalin, N-[Naphthyl-(2)]-palmitinamid, *N-(2-naphthyl)palmitamide* $C_{26}H_{39}NO$, Formel I (R = CO-$[CH_2]_{14}$-CH_3) (E I 539).

F: 110—111° (*Routala, Pullinen*, Suomen Kem. **8** B [1935] 29).

2-Acryloylamino-naphthalin, N-[Naphthyl-(2)]-acrylamid, *N-(2-naphthyl)acrylamide* $C_{13}H_{11}NO$, Formel I (R = CO-CH=CH_2).

B. Aus 3-Chlor-*N*-[naphthyl-(2)]-propionamid (nicht näher beschrieben) beim Erwärmen mit wss. Natronlauge (*I. G. Farbenind.*, D.R.P. 752481 [1939]; D.R.P. Org. Chem. **6** 1289, 1291).

Krystalle (aus Toluol); F: 122°.

C-Cyclopentyl-N-[naphthyl-(2)]-acetamid, *2-cyclopentyl-*N*-(2-naphthyl)acetamide* $C_{17}H_{19}NO$, Formel I (R = CO-CH_2-C_5H_9).

B. Aus 1-Cyclopentyl-2-[naphthyl-(2)]-äthanon-(2)-oxim beim Behandeln mit Phosphor(V)-chlorid und Acetylchlorid (*Nenitzescu, Ciorănescu, Maican*, B. **74** [1941] 687, 693).

F: 125°.

N-[Naphthyl-(2)]-octadecen-(9)-amid $C_{28}H_{41}NO$.

2-Oleoylamino-naphthalin, N-[Naphthyl-(2)]-oleamid, *N-(2-naphthyl)oleamide* $C_{28}H_{41}NO$, Formel I R = CO-$[CH_2]_7$-CH≟CH-$[CH_2]_7$-CH_3) (E I 539).

B. Beim Erhitzen von Naphthyl-(2)-amin mit Ölsäure unter Stickstoff auf 230° (*Roe, Scanlan, Swern*, Am. Soc. **71** [1949] 2215, 2216; vgl. E I 539).

Krystalle (aus Acn.); F: 73,5—74° (*Roe, Sc., Sw.*; s. dagegen E I 539).

13-[Cyclopenten-(2)-yl]-*N*-[naphthyl-(2)]-tridecanamid, Chaulmoograsäure-[naphthyl-(2)-amid], *13-(cyclopent-2-en-1-yl)*-N-*(2-naphthyl)tridecanamide* $C_{28}H_{39}NO$.

Ein Präparat (gelbliche Krystalle [aus Me.]; F: 96—98°), in dem wahrscheinlich **13-[(*R*)-Cyclopenten-(2)-yl]-*N*-[naphthyl-(2)]-tridecanamid** (Formel V) vorgelegen hat, ist bei 8-tägigem Erhitzen von Naphthyl-(2)-amin mit (+)-Chaulmoograsäure-amid (E III **9** 291) auf 115° erhalten worden (*de Santas, West*, Philippine J. Sci. **43** [1930] 409, 412).

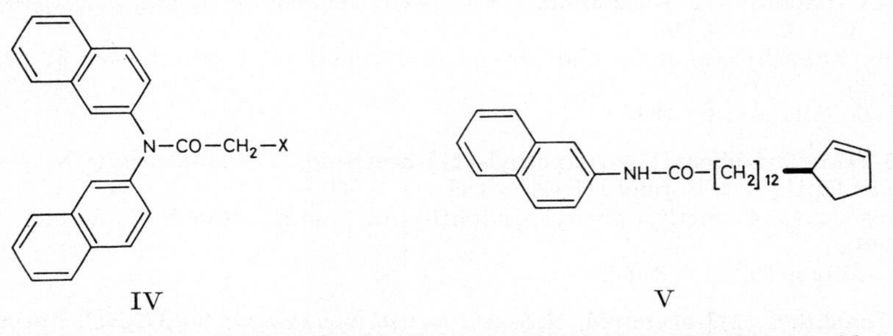

2-Benzamino-naphthalin, *N*-[Naphthyl-(2)]-benzamid, N-*(2-naphthyl)benzamide* $C_{17}H_{13}NO$, Formel VI (R = X = H) (H 1286; E I 539; E II 720).

B. Beim Behandeln eines aus Benzoesäure und Phosphor(V)-chlorid erhaltenen Reaktionsgemisches mit *N.N*-Dimethyl-anilin, *N.N*-Diäthyl-anilin oder Pyridin und anschliessend mit Naphthyl-(2)-amin (*Shah, Deshpande*, J. Univ. Bombay **2**, Tl. 2 [1933] 125.)

Krystalle; F: 165° (*Musajo*, G. **61** [1931] 910, 914), 162° (*Shah, De.*), 159—160° [aus Me.] (*Huisgen*, A. **564** [1949] 16, 27). UV-Spektrum (Cyclohexan): *Friedel, Orchin*, Ultraviolet Spectra of Aromatic Compounds [New York 1951] Nr. 285.

Reaktion mit Sulfurylchlorid in Benzol unter Bildung von 1-Chlor-2-benzamino-naphthalin: *Jadhav, Sukhtankar*, J. Indian chem. Soc. **15** [1938] 649, 652. Beim Erhitzen mit Phosphor(V)-sulfid in Xylol sind *N*-[Naphthyl-(2)]-thiobenzamid und eine Verbindung $C_{23}H_{17}NS$ (Krystalle [aus A.]; F: 202°) erhalten worden (*van Alphen, Drost*, R. **68** [1949] 301).

2-Thiobenzamino-naphthalin, *N*-[Naphthyl-(2)]-thiobenzamid, N-*(2-naphthyl)thiobenzamide* $C_{17}H_{13}NS$, Formel VII (E II 720).

Gelbe Krystalle (aus A.); F: 164° (*van Alphen, Drost*, R. **68** [1949] 301).

***N*-Isopropyl-*N*-[naphthyl-(2)]-benzamid,** N-*isopropyl*-N-*(2-naphthyl)benzamide* $C_{20}H_{19}NO$, Formel VI (R = $CH(CH_3)_2$, X = H).

B. Aus Isopropyl-[naphthyl-(2)]-amin (*Heap*, Soc. **1933** 495).

Krystalle (aus A.); F: 96—98°.

***N*-[Naphthyl-(2)]-benzimidoylchlorid,** N-*(2-naphthyl)benzimidoyl chloride* $C_{17}H_{12}ClN$, Formel VIII (H 1287).

Beim Erhitzen mit der Natrium-Verbindung des Acetessigsäure-äthylesters in Toluol und Erhitzen des Reaktionsprodukts unter 30 Torr auf 200° ist 1-Hydroxy-3-phenyl-2-acetyl-benzo[*f*]chinolin erhalten worden (*Desai, Shah*, J. Indian chem. Soc. **26** [1949] 121, 124).

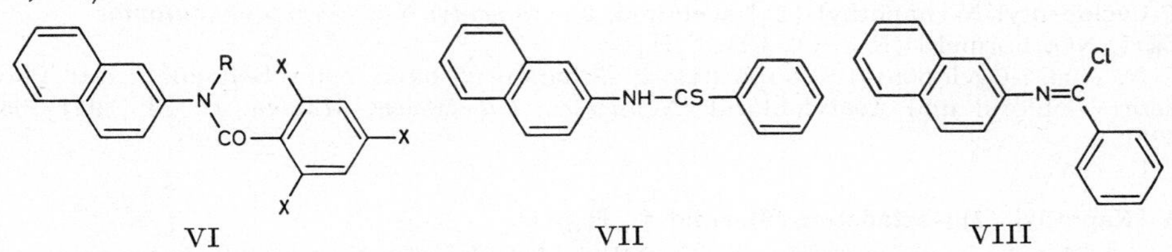

***C*-Phenyl-*N*-[naphthyl-(2)]-acetamid,** N-*(2-naphthyl)-2-phenylacetamide* $C_{18}H_{15}NO$, Formel IX (R = X = H).

B. Beim Erhitzen von Naphthyl-(2)-amin mit Phenylessigsäure ohne Zusatz auf 180° (*Crippa, Caracci*, G. **69** [1939] 129, 136) oder unter Zusatz von Pyridin auf 160° (*Aggarwal*,

Das, *Ray*, J. Indian chem. Soc. **6** [1929] 717, 718).
Krystalle (aus A.); F: 162—163° (*Campbell*, *McKail*, Soc. **1948** 1251, 1255), 159° (*Cr.*, *Ca.*), 158° (*Agg.*, *Das*, *Ray*). Lösungen in Benzol fluorescieren (*Ca.*, *McK.*).

***C*-[2-Brom-phenyl]-*N*-[naphthyl-(2)]-acetamid**, *2-(*o*-bromophenyl)-*N*-(2-naphthyl)acet= amide* $C_{18}H_{14}BrNO$, Formel IX (R = H, X = Br).
B. Aus Naphthyl-(2)-amin und dem aus [2-Brom-phenyl]-essigsäure mit Hilfe von Thionylchlorid hergestellten Säurechlorid (*Campbell*, *McKail*, Soc. **1948** 1251, 1255).
Krystalle (aus Bzl. oder Me.); F: 188—189. Lösungen in Benzol fluorescieren.

***C*-[4-Brom-phenyl]-*N*-[naphthyl(2)]-acetamid**, *2-(*p*-bromophenyl)-*N*-(2-naphthyl)acet= amide* $C_{18}H_{14}BrNO$, Formel IX (R = Br, X = H).
B. Aus Naphthyl-(2)-amin und [4-Brom-phenyl]-acetylchlorid (*Campbell*, *McKail*, Soc. **1948** 1251, 1255).
Krystalle (aus wss. A.); F: 203—204°. Lösungen in Benzol fluorescieren.

***C*-[4-Nitro-phenyl]-*N*-[naphthyl-(2)]-acetamid**, *N-(2-naphthyl)-2-(*p*-nitrophenyl)acet= amide* $C_{18}H_{14}N_2O_3$, Formel IX (R = NO_2, X = H).
B. Aus Naphthyl-(2)-amin und [4-Nitro-phenyl]-acetylchlorid (*Ward*, *Jenkins*, J. org. Chem. **10** [1945] 371).
Krystalle (aus A.); F: 236,6—239,1°.

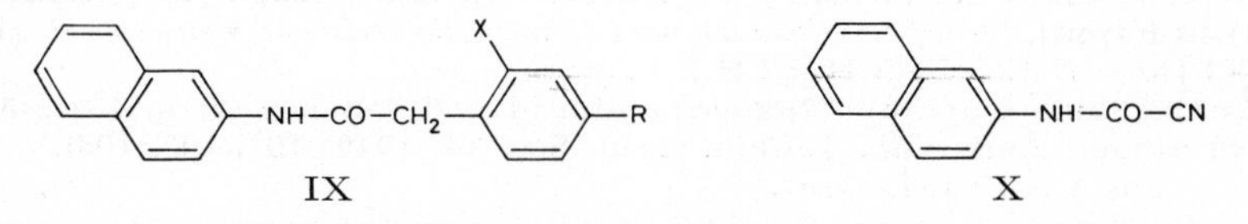

IX X

***C*-[2.4-Dimethyl-phenyl]-*N*-[naphthyl-(2)]-acetamid**, *N-(2-naphthyl)-2-(2,4-xylyl)acet= amide* $C_{20}H_{19}NO$, Formel IX (R = X = CH_3).
B. Aus Naphthyl-(2)-amin und [2.4-Dimethyl-phenyl]-acetylchlorid in Äther (*Harispe*, A. ch. [11] **6** [1936] 249, 303).
Krystalle (aus $CHCl_3$); F: 183°.

2.4.6-Trimethyl-*N*-[naphthyl-(2)]-benzamid, *2,4,6-trimethyl-N-(2-naphthyl)benzamide* $C_{20}H_{19}NO$, Formel VI (R = H, X = CH_3).
B. Aus Naphthyl-(2)-amin und 2.4.6-Trimethyl-benzoylchlorid in Benzol (*Kadesch*, Am. Soc. **64** [1942] 716).
Hellbraune Krystalle (aus A.); F: 165—166,5°.

***N*-[Naphthyl-(2)]-*C*-cyan-formamid**, *1-cyano-N-(2-naphthyl)formamide* $C_{12}H_8N_2O$, Formel X.
F: 143—145° (*I. G. Farbenind.*, D.R.P. 541924 [1928]; Frdl. **18** 643; *Gen. Aniline Works*, U.S.P. 1792170 [1929]).

Oxalsäure-[naphthyl-(2)-amid]-hydrazid, Naphthyl-(2)-oxamidsäure-hydrazid, *(2-naphthyl)oxamic acid hydrazide* $C_{12}H_{11}N_3O_2$, Formel XI (X = NH_2).
B. Aus Naphthyl-(2)-oxamidsäure-äthylester und Hydrazin in wss. Äthanol (*Sah et al.*, J. Chin. chem. Soc. **14** [1946] 101, 103).
Krystalle (aus W.); F: 223°.

Naphthyl-(2)-oxamidsäure-äthylidenhydrazid, Acetaldehyd-[(naphthyl-(2)-oxamoyl)-hydrazon], *(2-naphthyl)oxamic acid ethylidenehydrazide* $C_{14}H_{13}N_3O_2$, Formel XI (X = N=CH-CH_3).
B. Aus Oxalsäure-[naphthyl-(2)-amid]-hydrazid und Acetaldehyd in Essigsäure enthaltendem Äthanol (*Sah et al.*, J. Chin. chem. Soc. **14** [1946] 101, 103, 106).
Krystalle (aus A.); F: 237° [korr.].

Naphthyl-(2)-oxamidsäure-isopropylidenhydrazid, Aceton-[(naphthyl-(2)-oxamoyl)-hydrazon], *(2-naphthyl)oxamic acid isopropylidenehydrazide* $C_{15}H_{15}N_3O_2$, Formel XI (X = N=C$(CH_3)_2$).
B. Aus Oxalsäure-[naphthyl-(2)-amid]-hydrazid und Aceton in Essigsäure enthaltendem Äthanol (*Sah et al.*, J. Chin. chem. Soc. **14** [1946] 101, 103, 106).
Krystalle (aus Acn.); F: 204° [korr.].

Naphthyl-(2)-oxamidsäure-butylidenhydrazid, Butyraldehyd-[(naphthyl-(2)-oxamoyl)-hydrazon], *(2-naphthyl)oxamic acid butylidenehydrazide* $C_{16}H_{17}N_3O_2$, Formel XI ($X = N{=}CH\text{-}CH_2\text{-}CH_2\text{-}CH_3$).

B. Aus Oxalsäure-[naphthyl-(2)-amid]-hydrazid und Butyraldehyd in Essigsäure enthaltendem Äthanol (*Sah et al.*, J. Chin. chem. Soc. **14** [1946] 101, 103, 106).

Krystalle (aus A.); F: 214° [korr.].

Naphthyl-(2)-oxamidsäure-*sec*-butylidenhydrazid, Butanon-[(naphthyl-(2)-oxamoyl)-hydrazon], *(2-naphthyl)oxamic acid* sec-*butylidenehydrazide* $C_{16}H_{17}N_3O_2$, Formel XI ($X = N{=}C(CH_3)\text{-}CH_2\text{-}CH_3$).

B. Aus Oxalsäure-[naphthyl-(2)-amid]-hydrazid und Butanon in Essigsäure enthaltendem Äthanol (*Sah et al.*, J. Chin. chem. Soc. **14** [1946] 101, 103, 106).

Krystalle (aus A.); F: 170° [korr.].

Naphthyl-(2)-oxamidsäure-heptylidenhydrazid, Heptanal-[(naphthyl-(2)-oxamoyl)-hydrazon], *(2-naphthyl)oxamic acid heptylidenehydrazide* $C_{19}H_{23}N_3O_2$, Formel XI ($X = N{=}CH\text{-}[CH_2]_5\text{-}CH_3$).

B. Aus Oxalsäure-[naphthyl-(2)-amid]-hydrazid und Heptanal in Essigsäure enthaltendem Äthanol (*Sah et al.*, J. Chin. chem. Soc. **14** [1946] 101, 103, 106).

Krystalle (aus A.); F: 204° [korr.].

Naphthyl-(2)-oxamidsäure-[1-methyl-heptylidenhydrazid], Octanon-(2)-[(naphthyl-(2)-oxamoyl)-hydrazon], *(2-naphthyl)oxamic acid (1-methylheptylidene)hydrazide* $C_{20}H_{25}N_3O_2$, Formel XI ($X = N{=}C(CH_3)\text{-}[CH_2]_5\text{-}CH_3$).

B. Aus Oxalsäure-[naphthyl-(2)-amid]-hydrazid und Octanon-(2) in Essigsäure enthaltendem Äthanol (*Sah et al.*, J. Chin. chem. Soc. **14** [1946] 101, 103, 106).

Krystalle (aus A.); F: 184° [korr.].

Naphthyl-(2)-oxamidsäure-[3.7-dimethyl-octadien-(2.6)-ylidenhydrazid], 2.6-Dimethyl-octadien-(2.6)-al-(8)-[(naphthyl-(2)-oxamoyl)-hydrazon], Citral-[(naphthyl-(2)-oxamoyl)-hydrazon], *(2-naphthyl)oxamic acid (3,7-dimethylocta-2,6-dienylidene)hydrazide* $C_{22}H_{25}N_3O_2$, Formel XI ($X = N{=}CH\text{-}CH{=}C(CH_3)\text{-}CH_2\text{-}CH_2\text{-}CH{=}C(CH_3)_2$).

Über eine aus Oxalsäure-[naphthyl-(2)-amid]-hydrazid und nicht näher bezeichnetem Citral (E III **1** 3053) erhaltene Verbindung (Krystalle [aus A.]; F: 161° [korr.]) dieser Konstitution s. *Sah et al.*, J. Chin. chem. Soc. **14** [1946] 101, 103, 106.

Naphthyl-(2)-oxamidsäure-benzylidenhydrazid, Benzaldehyd-[(naphthyl-(2)-oxamoyl)-hydrazon], *(2-naphthyl)oxamic acid benzylidenehydrazide* $C_{19}H_{15}N_3O_2$, Formel XII ($R = X = H$).

B. Aus Oxalsäure-[naphthyl-(2)-amid]-hydrazid und Benzaldehyd in Essigsäure enthaltendem Äthanol (*Sah et al.*, J. Chin. chem. Soc. **14** [1946] 101, 103, 106).

Krystalle (aus E.); F: 267° [korr.].

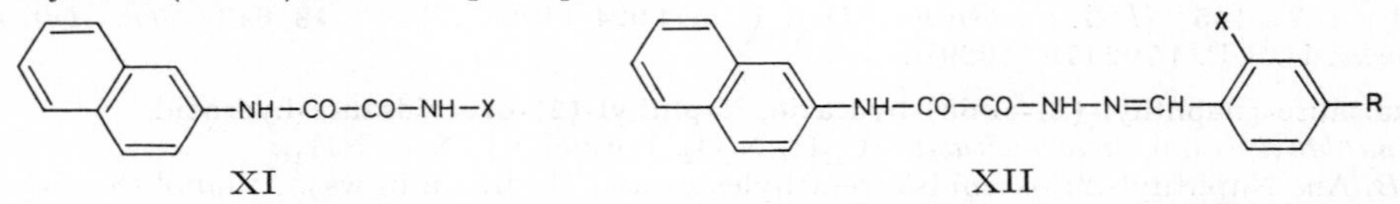

Naphthyl-(2)-oxamidsäure-[1-methyl-3-phenyl-allylidenhydrazid], 1-Phenyl-buten-(1)-on-(3)-[(naphthyl-(2)-oxamoyl)-hydrazon], Benzylidenaceton-[(naphthyl-(2)-oxamoyl)-hydrazon], *(2-naphthyl)oxamic acid (α-methylcinnamylidene)hydrazide* $C_{22}H_{19}N_3O_2$.

Naphthyl-(2)-oxamidsäure-[1-methyl-3*t*-phenyl-allylidenhydrazid], Formel XI ($X = N{=}C(CH_3)\text{-}CH\overset{t}{=}CH\text{-}C_6H_5$).

B. Aus Oxalsäure-[naphthyl-(2)-amid]-hydrazid und 1*t*-Phenyl-buten-(1)-on-(3) (*trans*-Benzylidenaceton) in Essigsäure enthaltendem Äthanol (*Sah et al.*, J. Chin. chem. Soc. **14** [1946] 101, 103, 106).

Krystalle (aus A.); F: 271° [korr.].

Naphthyl-(2)-oxamidsäure-salicylidenhydrazid, Salicylaldehyd-[(naphthyl-(2)-oxamoyl)-hydrazon], *(2-naphthyl)oxamic acid salicylidenehydrazide* $C_{19}H_{15}N_3O_3$, Formel XII ($R = H$, $X = OH$).

B. Aus Oxalsäure-[naphthyl-(2)-amid]-hydrazid und Salicylaldehyd in Essigsäure ent-

haltendem Äthanol (*Sah et al.*, J. Chin. chem. Soc. **14** [1946] 101, 103, 106).
Krystalle (aus E.); F: 270° [korr.].

Naphthyl-(2)-oxamidsäure-[4-hydroxy-benzylidenhydrazid], 4-Hydroxy-benzaldehyd-[(naphthyl-(2)-oxamoyl)-hydrazon], *(2-naphthyl)oxamic acid 4-hydroxybenzylidene-hydrazide* $C_{19}H_{15}N_3O_3$, Formel XII (R = OH, X = H).
B. Aus Oxalsäure-[naphthyl-(2)-amid]-hydrazid und 4-Hydroxy-benzaldehyd in Essigsäure enthaltendem Äthanol (*Sah et al.*, J. Chin. chem. Soc. **14** [1946] 101, 103, 106).
Krystalle (aus E.); F: 299° [korr.].

3-[(Naphthyl-(2)-oxamoyl)-hydrazono]-buttersäure-äthylester, Acetessigsäure-äthylester-[(naphthyl-(2)-oxamoyl)-hydrazon], *3-[(2-naphthyloxamoyl)hydrazono]butyric acid ethyl ester* $C_{18}H_{19}N_3O_4$, Formel XI (X = N=C(CH$_3$)-CH$_2$-CO-OC$_2$H$_5$).
B. Aus Oxalsäure-[naphthyl-(2)-amid]-hydrazid und Acetessigsäure-äthylester in Essigsäure enthaltendem Äthanol (*Sah et al.*, J. Chin. chem. Soc. **14** [1946] 101, 103, 106).
Krystalle (aus A.); F: 185° [korr.].

4-[(Naphthyl-(2)-oxamoyl)-hydrazono]-valeriansäure, Lävulinsäure-[(naphthyl-(2)-oxamoyl)-hydrazon], *4-[(2-naphthyloxamoyl)hydrazono]valeric acid* $C_{17}H_{17}N_3O_4$, Formel XI (X = N=C(CH$_3$)-CH$_2$-CH$_2$-COOH).
B. Aus Oxalsäure-[naphthyl-(2)-amid]-hydrazid und Lävulinsäure in Essigsäure enthaltendem Äthanol (*Sah et al.*, J. Chin. chem. Soc. **14** [1946] 101, 103, 106).
Krystalle (aus Bzl.); F: 237° [korr.].

4-[(Naphthyl-(2)-oxamoyl)-hydrazono]-valeriansäure-methylester, *4-[(2-naphthyloxamoyl)hydrazono]valeric acid methyl ester* $C_{18}H_{19}N_3O_4$, Formel XI (X = N=C(CH$_3$)-CH$_2$-CH$_2$-CO-OCH$_3$).
B. Aus Oxalsäure-[naphthyl-(2)-amid]-hydrazid und Lävulinsäure-methylester in Essigsäure enthaltendem Äthanol (*Sah et al.*, J. Chin. chem. Soc. **14** [1946] 101, 103, 106).
Krystalle (aus Me.); F: 194° [korr.].

4-[(Naphthyl-(2)-oxamoyl)-hydrazono]-valeriansäure-äthylester, *4-[(2-naphthyloxamoyl)hydrazono]valeric acid ethyl ester* $C_{19}H_{21}N_3O_4$, Formel XI (X = N=C(CH$_3$)-CH$_2$-CH$_2$-CO-OC$_2$H$_5$).
B. Aus Oxalsäure-[naphthyl-(2)-amid]-hydrazid und Lävulinsäure-äthylester in Essigsäure enthaltendem Äthanol (*Sah et al.*, J. Chin. chem. Soc. **14** [1946] 101, 103, 106).
Krystalle (aus A.); F: 184° [korr.].

Oxalsäure-[naphthyl-(2)-amid]-azid, Naphthyl-(2)-oxamoylazid, *(2-naphthyl)oxamoyl azide* $C_{12}H_8N_4O_2$, Formel I (R = CO-N$_3$, X = H).
B. Aus Oxalsäure-[naphthyl-(2)-amid]-hydrazid beim Behandeln einer Lösung in Essigsäure mit Natriumnitrit in Wasser (*Sah et al.*, J. Chin. chem. Soc. **14** [1946] 52, 53).
Krystalle; Zers. bei 101—103°.

***N.N'*-Diäthyl-*N.N'*-di-[naphthyl-(2)]-oxamid,** N,N'-*diethyl*-N,N'-*di(2-naphthyl)oxamide* $C_{26}H_{24}N_2O_2$, Formel II.
B. Neben 1.2-Dioxo-3-äthyl-2.3-dihydro-1*H*-benz[*e*]indol beim Erwärmen von Äthyl-[naphthyl-(2)]-amin mit Oxalylchlorid in Äther (*Stollé*, J. pr. [2] **135** [1932] 345, 357).
Krystalle (aus A.); F: 252°.

***N*-Äthyl-*N*-[naphthyl-(2)]-*C*-cyan-formamid,** *1-cyano*-N-*ethyl*-N-*(2-naphthyl)formamide* $C_{14}H_{12}N_2O$, Formel I (R = CN, X = C$_2$H$_5$).
B. Bei 2-tägigem Behandeln von Äthyl-[naphthyl-(2)]-carbamoylchlorid (aus Äthyl-[naphthyl-(2)]-amin und Phosgen in Benzol hergestellt) mit Cyanwasserstoff und Pyridin (*Degussa*, D.R.P. 511886 [1928]; Frdl. **17** 398).
Krystalle (aus A.); F: 104°.

Phenyl-[naphthyl-(2)]-oxamidsäure, N-*(2-naphthyl)oxanilic acid* $C_{18}H_{13}NO_3$, Formel I (R = COOH, X = C$_6$H$_5$).
B. Aus Phenyl-[naphthyl-(2)]-oxamoylchlorid beim Erwärmen mit Natriumhydrogencarbonat in Wasser (*Stollé*, J. pr. [2] **128** [1930] 1, 29).
Krystalle (aus A.); F: 221° [bei schnellem Erhitzen].

Phenyl-[naphthyl-(2)]-oxamidsäure-äthylester, N-*(2-naphthyl)oxanilic acid ethyl ester* $C_{20}H_{17}NO_3$, Formel I ($R = CO\text{-}OC_2H_5$, $X = C_6H_5$).

B. Aus Phenyl-[naphthyl-(2)]-oxamoylchlorid und Äthanol (*Stollé*, J. pr. [2] **128** [1930] 1, 30).

F: 103°.

Phenyl-[naphthyl-(2)]-oxamoylchlorid, N-*(2-naphthyl)oxaniloyl chloride* $C_{18}H_{12}ClNO_2$, Formel I ($R = COCl$, $X = C_6H_5$).

B. Neben 1.2-Dioxo-3-phenyl-2.3-dihydro-1*H*-benz[*e*]indol beim Behandeln von Phenyl-[naphthyl-(2)]-amin mit Oxalylchlorid in Äther (*Stollé*, J. pr. [2] **128** [1930] 1, 29).

Krystalle (aus Ae.); F: ca. 225° [nach Dunkelfärbung bei ca. 100°].

***N.N'*-Diphenyl-*N*-[naphthyl-(2)]-oxamid,** N-*(2-naphthyl)oxanilide* $C_{24}H_{18}N_2O_2$, Formel I ($R = CO\text{-}NH\text{-}C_6H_5$, $X = C_6H_5$).

B. Aus Phenyl-[naphthyl-(2)]-oxamoylchlorid und Anilin in Äther (*Stollé*, J. pr. [2] **128** [1930] 1, 30).

Krystalle (aus Me.); F: 219°.

Di-[naphthyl-(2)]-oxamidsäure, *di(2-naphthyl)oxamic acid* $C_{22}H_{15}NO_3$, Formel III ($X = OH$).

B. Aus Di-[naphthyl-(2)]-oxamoylchlorid beim Erwärmen mit wss. Natronlauge (*Stollé*, J. pr. [2] **128** [1930] 1, 32).

Krystalle (aus Ae.); F: 169° [Zers.].

Di-[naphthyl-(2)]-oxamidsäure-methylester, *di(2-naphthyl)oxamic acid methyl ester* $C_{23}H_{17}NO_3$, Formel III ($X = OCH_3$).

B. Aus Di-[naphthyl-(2)]-oxamoylchlorid und Methanol (*Stollé*, J. pr. [2] **128** [1930] 1, 32).

Krystalle (aus Me.); F: 141°.

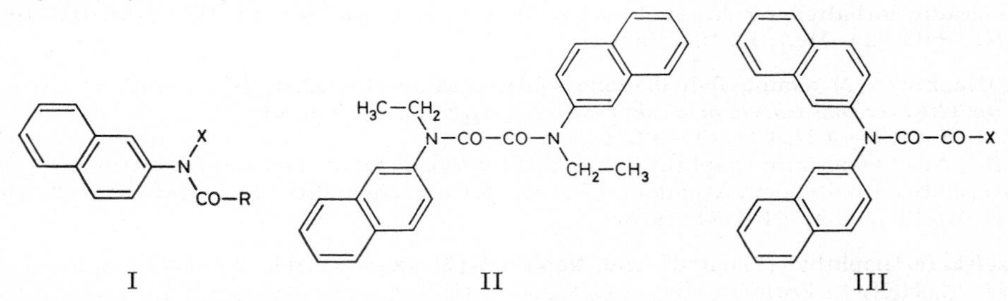

I II III

Di-[naphthyl-(2)]-oxamidsäure-äthylester, *di(2-naphthyl)oxamic acid ethyl ester* $C_{24}H_{19}NO_3$, Formel III ($X = OC_2H_5$).

B. Aus Di-[naphthyl-(2)]-oxamoylchlorid und Äthanol (*Stollé*, J. pr. [2] **128** [1930] 1, 33).

Krystalle (aus A.); F: 110°.

Di-[naphthyl-(2)]-oxamoylchlorid, *di(2-naphthyl)oxamidoyl chloride* $C_{22}H_{14}ClNO_2$, Formel III ($X = Cl$).

B. Neben 1.2-Dioxo-3-[naphthyl-(2)]-2.3-dihydro-1*H*-benz[*e*]indol beim Behandeln von Di-[naphthyl-(2)]-amin mit Oxalylchlorid in Äther (*Stollé*, J. pr. [2] **128** [1930] 1, 32).

Krystalle; F: ca. 226° [nach Dunkelfärbung bei ca. 110°].

***N.N*-Di-[naphthyl-(2)]-oxamid,** N,N-*di(2-naphthyl)oxamide* $C_{22}H_{16}N_2O_2$, Formel III ($X = NH_2$).

B. Aus Di-[naphthyl-(2)]-oxamoylchlorid beim Erwärmen mit wss. Ammoniak (*Stollé*, J. pr. [2] **128** [1930] 1, 33).

Krystalle; F: 228° [Zers.].

***N.N'*-Di-[naphthyl-(2)]-*C*-cyan-formamidin,** *1-cyano-*N,N'*-di(2-naphthyl)formamidine* $C_{22}H_{15}N_3$, Formel IV (H 1289; E I 539).

B. Beim Erwärmen von *N.N'*-Di-[naphthyl-(2)]-thioharnstoff mit basischem Bleicarbonat und Kaliumcyanid in Äthanol (*Étienne*, Bl. **1944** 515, 516; vgl. H 1289).

Gelbe Krystalle (aus $CHCl_3$); F: 167—168° [Block].

***N*-[Naphthyl-(2)]-malonamidsäure-äthylester,** N-(*2-naphthyl*)*malonamic acid ethyl ester* $C_{15}H_{15}NO_3$, Formel I (R = CH_2-CO-OC_2H_5, X = H).

B. Beim Erhitzen von Naphthyl-(2)-amin mit Malonsäure-diäthylester in Xylol unter Zusatz von Pyridin (*Ilford Ltd.*, U.S.P. 2269481 [1939]).

F: 81° (*Ilford Ltd.*).

Beim Behandeln mit Thionylchlorid in Äther ist eine Verbindung $C_{15}H_{13}NO_3S$ (Krystalle; F: 208°) erhalten worden (*Naik, Thosar*, J. Indian chem. Soc. **9** [1932] 471, 477).

***N*-[Naphthyl-(2)]-malonamid,** N-(*2-naphthyl*)*malonamide* $C_{13}H_{12}N_2O_2$, Formel I (R = CH_2-CO-NH_2, X = H).

B. Beim Erhitzen von Naphthyl-(2)-amin mit Malonsäure-diäthylester und anschliessenden Behandeln mit wss. Ammoniak (*Naik, Desai, Parekh*, J. Indian chem. Soc. **7** [1930] 137, 143).

Krystalle (aus wss. A.); F: 188° (*Naik, De., Pa.*).

Reaktion mit Thionylchlorid in Benzol unter Bildung einer Verbindung $C_{13}H_{10}N_2O_3S$ (braune Krystalle; F: 160°): *Naik, De., Pa.* Beim Erwärmen mit Quecksilber(II)-chlorid in Äthanol und anschliessend mit wss. Natriumhydrogencarbonat-Lösung ist eine Verbindung $C_{13}H_{10}HgN_2O_2$ [F: 270° (Zers.)] (*Naik, Patel*, J. Indian chem. Soc. **9** [1932] 533, 537), beim Erwärmen mit Quecksilber(II)-acetat in Methanol ist eine Verbindung $C_{15}H_{14}Hg_2N_2O_5$ [F: 275° (Zers.)] (*Naik, Patel*, J. Indian chem. Soc. **9** [1932] 185, 191) erhalten worden.

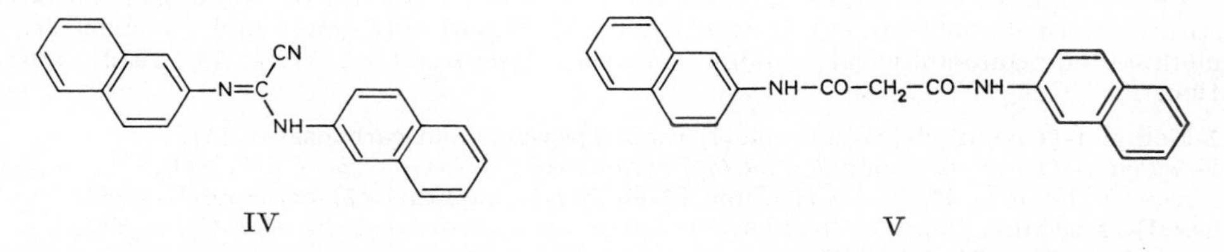

***N.N'*-Di-[naphthyl-(2)]-malonamid,** N,N'-*di*(*2-naphthyl*)*malonamide* $C_{23}H_{18}N_2O_2$, Formel V (H 1289; E II 721).

B. Aus Naphthyl-(2)-amin und Kohlensuboxid in Äther (*Pauw*, R. **55** [1936] 215, 224).

Krystalle (aus Eg.); F: 241° (*Pauw*).

Beim Erwärmen mit Thionylchlorid in Benzol ist eine Verbindung $C_{23}H_{16}N_2O_3S$ (rote Krystalle; F: 199° [Zers.]) erhalten worden (*Naik, Desai, Parekh*, J. Indian chem. Soc. **7** [1930] 137, 141), die bei weiterem Erwärmen mit Thionylchlorid in Benzol eine gelbe Verbindung $C_{46}H_{32}N_4O_4S$ vom F: 146° und eine schwefelfreie Verbindung vom F: 265° geliefert hat (*Naik, Parekh*, J. Indian chem. Soc. **7** [1930] 145, 149). Reaktion mit Sulfurylchlorid in Benzol unter Bildung von *C.C*-Dichlor-*N.N'*-bis-[x-chlor-naphthyl-(2)]-malonamid $C_{23}H_{14}Cl_4N_2O_2$ (Krystalle [aus Bzl.]; F: 183°): *Naik, Shah*, J. Indian chem. Soc. **4** [1927] 11, 20. Reaktion mit Selen(IV)-chlorid in Äther: *Naik, Trivedi*, J. Indian chem. Soc. **7** [1930] 239, 245.

Natrium-Verbindung $NaC_{23}H_{17}N_2O_2$. F: 215° [Zers.; nach Sintern] (*Shah*, J. Indian chem. Soc. **23** [1946] 107).

***N*-[Naphthyl-(2)]-*C*-cyan-acetamid,** *2-cyano*-N-(*2-naphthyl*)*acetamide* $C_{13}H_{10}N_2O$, Formel VI (R = CH_2-CN) (E II 721).

Beim Erwärmen mit der Quecksilber(II)-Verbindung des Acetamids in Äthanol ist eine Verbindung $C_{13}H_{10}HgN_2O_2$ (F: 283° [Zers.]) erhalten worden (*Naik, Shah*, J. Indian chem. Soc. **8** [1931] 29, 35).

Natrium-Verbindung $NaC_{13}H_9N_2O$. Zers. oberhalb 205° (*Naik, Shah*, J. Indian chem. Soc. **8** [1931] 45, 48).

***N.N'*-Di-[naphthyl-(2)]-adipinamid,** N,N'-*di*(*2-naphthyl*)*adipamide* $C_{26}H_{24}N_2O_2$, Formel VII.

B. Aus Naphthyl-(2)-amin und Adipoylchlorid in Äther (*Hofmann, Melville, du Vigneaud*, J. biol. Chem. **144** [1942] 513, 515).

Krystalle (nach Sublimation bei 255°/0,01 Torr); F: 267—268°.

(±)-2-Methyl-*N*-[naphthyl-(2)]-glutaramidsäure-äthylester, *(±)-2-methyl-N-(2-naphthyl)glutaramic acid ethyl ester* $C_{18}H_{21}NO_3$, Formel VI (R = CH_2-CH_2-$CH(CH_3)$-CO-OC_2H_5).

B. Aus Naphthyl-(2)-amin und (±)-2-Methyl-glutarsäure-1-äthylester-5-chlorid in Äther (*Lin et al.*, Soc. **1937** 68, 72).

Krystalle (aus PAe.); F: 76,5—77,5°.

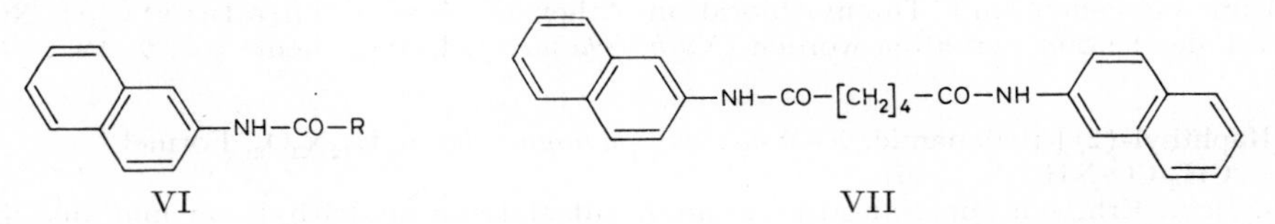

(±)-3-Methyl-*N*-[naphthyl-(2)]-glutaramidsäure, *(±)-3-methyl-N-(2-naphthyl)glutaramic acid* $C_{16}H_{17}NO_3$, Formel VI (R = CH_2-$CH(CH_3)$-CH_2-COOH).

B. Aus Naphthyl-(2)-amin und 3-Methyl-glutarsäure-anhydrid in Benzol (*Komppa*, Ann. Acad. Sci. fenn. [A] **30** Nr. 9 [1929] 5).

Krystalle (aus A.); F: 143°.

(±)-3.4.4-Trimethyl-*N*-[naphthyl-(2)]-glutaramidsäure, *(±)-3,4,4-trimethyl-N-(2-naphthyl)glutaramic acid* $C_{18}H_{21}NO_3$, Formel VI (R = $C(CH_3)_2$-$CH(CH_3)$-CH_2-COOH), und **(±)-2.2.3-Trimethyl-*N*-[naphthyl-(2)]-glutaramidsäure,** *(±)-2,2,3-trimethyl-N-(2-naphthyl)glutaramic acid* $C_{18}H_{21}NO_3$, Formel VI (R = CH_2-$CH(CH_3)$-$C(CH_3)_2$-COOH).

Eine Verbindung (Krystalle [aus wss. Me.]; F: 178—179°), für die diese beiden Konstitutionsformeln in Betracht kommen, ist aus Naphthyl-(2)-amin und (±)-2.2.3-Trimethyl-glutarsäure-anhydrid erhalten worden (*Ruzicka et al.*, Helv. **25** [1942] 188, 198).

2-Methyl-1-[(naphthyl-(2)-carbamoyl)-methyl]-cyclohexan-carbonsäure-(1), *2-methyl-1-[(2-naphthylcarbamoyl)methyl]cyclohexanecarboxylic acid* $C_{20}H_{23}NO_3$, Formel VIII (R = H, X = CH_3), und **[2-Methyl-1-(naphthyl-(2)-carbamoyl)-cyclohexyl]-essigsäure,** *[2-methyl-1-(2-naphthylcarbamoyl)cyclohexyl]acetic acid* $C_{20}H_{23}NO_3$, Formel IX (R = H, X = CH_3).

Eine opt.-inakt. Verbindung (Krystalle [aus E.]; F: 163°), für die diese beiden Konstitutionsformeln in Betracht kommen, ist aus Naphthyl-(2)-amin und opt.-inakt. [2-Methyl-1-carboxy-cyclohexyl]-essigsäure-anhydrid (Kp_{24}: 202°) erhalten worden (*Qudrat-i-Khuda, Mallick, Mukherji*, J. Indian chem. Soc. **15** [1938] 489, 492).

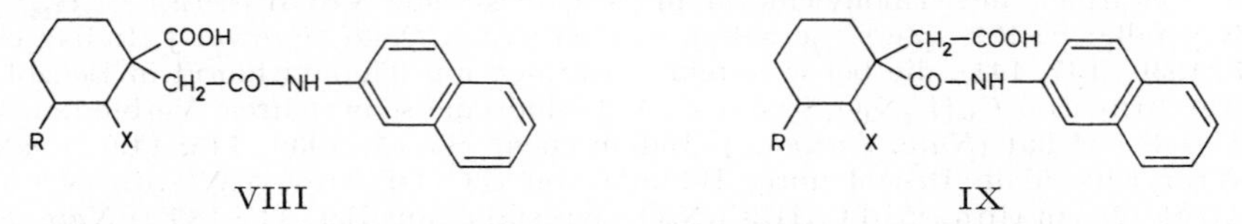

3-Methyl-1-[(naphthyl-(2)-carbamoyl)-methyl]-cyclohexan-carbonsäure-(1), *3-methyl-1-[(2-naphthylcarbamoyl)methyl]cyclohexanecarboxylic acid* $C_{20}H_{23}NO_3$, Formel VIII (R = CH_3, X = H), und **[3-Methyl-1-(naphthyl-(2)-carbamoyl)-cyclohexyl]-essigsäure,** *[3-methyl-1-(2-naphthylcarbamoyl)cyclohexyl]acetic acid* $C_{20}H_{23}NO_3$, Formel IX (R = CH_3, X = H).

Zwei opt.-inakt. Verbindungen (a) Krystalle, F: 192° [Zers.; aus A.] [*Desai et al.*, Soc. **1936** 416, 419], 191° [aus wss. A.] [*Qudrat-i-Khuda, Mukherji, Banerji*, J. Indian chem. Soc. **15** [1938] 462, 469]; b) Krystalle, F: 183° [*De. et al.*], 182° [aus A.] [*Qu.-i-Kh., Mu., Ba.*]), für die diese beiden Konstitutionsformeln in Betracht kommen, sind aus Naphthyl-(2)-amin und opt.-inakt. [3-Methyl-1-carboxy-cyclohexyl]-essigsäure-anhydrid vom F: 41° bzw. vom F: 50° erhalten worden.

4-Methyl-1-[(naphthyl-(2)-carbamoyl)-methyl]-cyclohexan-carbonsäure-(1), *4-methyl-1-[(2-naphthylcarbamoyl)methyl]cyclohexanecarboxylic acid* $C_{20}H_{23}NO_3$, Formel X, und **[4-Methyl-1-(naphthyl-(2)-carbamoyl)-cyclohexyl]-essigsäure,** *[4-methyl-1-(2-naphthylcarbamoyl)cyclohexyl]acetic acid* $C_{20}H_{23}NO_3$, Formel XI.

Zwei Verbindungen (a) Krystalle [aus wss. A.], F: 200° [*Qudrat-i-Khuda*, J. Indian chem. Soc. **8** [1931] 277, 285]; b) F: 185° [*Desai et al.*, Soc. **1936** 416, 417]), für die diese beiden Konstitutionsformeln in Betracht kommen, sind aus Naphthyl-(2)-amin und [4-Methyl-1-carboxy-cyclohexyl]-essigsäure-anhydrid vom F: 77° bzw. vom F: 104° erhalten worden.

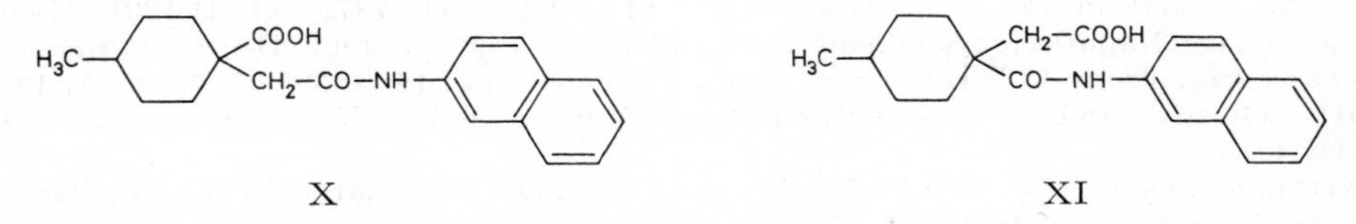

X XI

{3-Methyl-1-[(naphthyl-(2)-carbamoyl)-methyl]-cyclopentyl}-essigsäure, [3-Methyl-cyclopentandiyl-(1.1)]-diessigsäure-mono-[naphthyl-(2)-amid], *{3-methyl-1-[(2-naphthylcarbamoyl)methyl]cyclopentyl}acetic acid* $C_{20}H_{23}NO_3$, Formel XII.

Eine opt.-inakt. Verbindung (Krystalle [aus wss. A.]; F: 162—163° [nach Sintern bei 153°]) dieser Konstitution ist aus Naphthyl-(2)-amin und (±)-[3-Methyl-cyclopentandiyl-(1.1)]-diessigsäure-anhydrid in Benzol erhalten worden (*Vogel*, Soc. **1931** 907, 914).

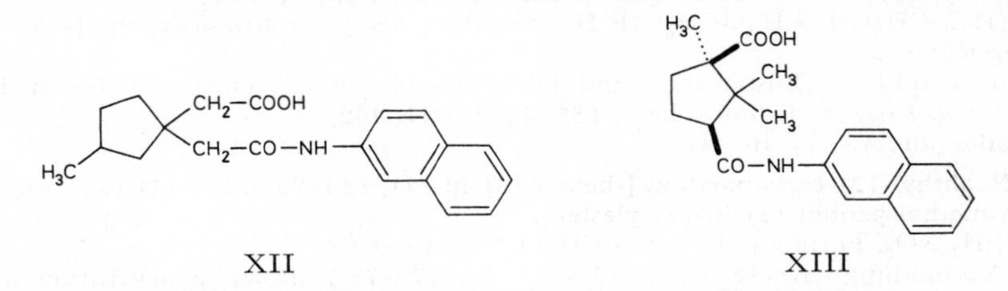

XII XIII

2.2.3-Trimethyl-1-[naphthyl-(2)-carbamoyl]-cyclopentan-carbonsäure-(3), *1,2,2-trimethyl-3-(2-naphthylcarbamoyl)cyclopentanecarboxylic acid* $C_{20}H_{23}NO_3$.

(1*S*)-2.2.3*t*-Trimethyl-1*r*-[naphthyl-(2)-carbamoyl]-cyclopentan-carbonsäure-(3*c*), (1*R*)-*cis*-Camphersäure-3-[naphthyl-(2)-amid], Formel XIII (E I 540; E II 722).

F: 212—214° (*Singh, Singh*, J. Indian chem. Soc. **18** [1941] 89, 92). $[\alpha]_D$: +69,0° [wss. A.]. Optisches Drehungsvermögen $[\alpha]_D$ von wss.-äthanol. Lösungen des Lithium-Salzes, des Natrium-Salzes und des Kalium-Salzes: *Si., Si.*, l. c. S. 91.

Phthalsäure-mono-[naphthyl-(2)-amid], *N*-[Naphthyl-(2)]-phthalamidsäure, N-*(2-naphthyl)phthalamic acid* $C_{18}H_{13}NO_3$, Formel XIV (H 1291; E I 540; E II 722).

B. Aus Naphthyl-(2)-amin und Phthalsäure-anhydrid in Essigsäure (*Wanag, Veinbergs*, B. **75** [1942] 725, 735).

Krystalle; F: 216° [Zers.].

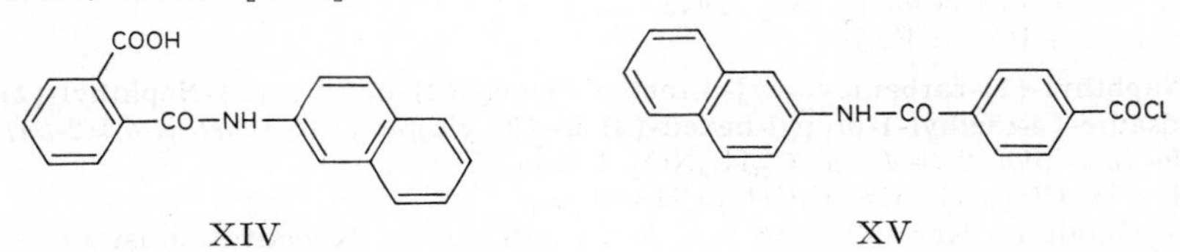

XIV XV

***N*-[Naphthyl-(2)]-terephthalamoylchlorid,** N-*(2-naphthyl)terephthalamoyl chloride* $C_{18}H_{12}ClNO_2$, Formel XV.

B. Aus Naphthyl-(2)-amin-hydrochlorid und Terephthaloylchlorid in Aceton (*I. G. Farbenind.*, D.R.P. 711540 [1936]; D.R.P. Org. Chem. **6** 2092; *Gen. Aniline Works*, U.S.P. 2159605 [1937]).

F: 264—267°. [*Liebegott*]

Naphthyl-(2)-carbamidsäure-methylester, *(2-naphthyl)carbamic acid methyl ester* $C_{12}H_{11}NO_2$, Formel I (R = CH_3) auf S. 3025.

B. Beim Erwärmen von Naphthyl-(2)-amin mit Chlorameisensäure-methylester und Natriumcarbonat in Benzol (*Groeneveld*, R. **51** [1932] 783, 785).

Krystalle; F: 113° [unkorr.] (*Siefken*, A. **562** [1949] 75, 119), 112—113° [aus PAe. und Ae.] (*Gr.*).

Naphthyl-(2)-carbamidsäure-äthylester, *(2-naphthyl)carbamic acid ethyl ester* $C_{13}H_{13}NO_2$, Formel I (R = C_2H_5) (H 1291)[1].

B. Beim Erwärmen von Naphthyl-(2)-amin mit Chlorameisensäure-äthylester und Natriumcarbonat in Benzol (*Groeneveld,* R. **51** [1932] 783, 787; vgl. H 1291). Beim Erwärmen von Naphthyl-(2)-amin mit Pyrokohlensäure-diäthylester in Benzol (*Parfent'ew, Schamschurin,* Trudy Uzbeksk. Univ. Sbornik Rabot Chim. **15** [1939] 67, 73; C. A. **1941** 4351). Beim Erwärmen von Naphthoyl-(2)-azid mit Äthanol (*Goldstein, Studer,* Helv. **17** [1934] 1485).

Krystalle (aus Ae. bzw. A.); F: 71—72° (*Gr.*; *Pa., Sch.*). Assoziation in Benzol: *Barker, Hunter, Reynolds,* Soc. **1948** 874, 878.

Beim Behandeln mit Thionylchlorid sind Chloroschwefligsäure-[naphthyl-(2)-imidokohlensäure-äthylester]-anhydrid und [1-Chlor-naphthyl-(2)]-carbamidsäure-äthylester erhalten worden (*Raiford, Freyermuth,* J. org. Chem. **8** [1943] 174, 176).

Naphthyl-(2)-carbamidsäure-[octadecen-(9)-ylester], *(2-naphthyl)carbamic acid octadec-9-enyl ester* $C_{29}H_{43}NO_2$.

Naphthyl-(2)-carbamidsäure-[octadecen-(9c)-ylester], Formel I (R = $[CH_2]_8$-CH≗CH-$[CH_2]_7$-CH_3) (E II 722; dort als β-Naphthylcarbamidsäure-oleylester bezeichnet).

B. Aus Naphthyl-(2)-isocyanat und Oleylalkohol (Octadecen-(9c)-ol-(1)) in Benzol (*Baer, Rubin, Fischer,* J. biol. Chem. **155** [1944] 447, 452).

Krystalle (aus A.); F: 46—47°.

(±)-5-[Naphthyl-(2)-carbamoyloxy]-hexen-(3)-in-(1), (±)-Naphthyl-(2)-carbamidsäure-[1-methyl-penten-(2)-in-(4)-ylester], *(±)-5-[(2-naphthyl)carbamoyloxy]hex-3-en-1-yne* $C_{17}H_{15}NO_2$, Formel I (R = $CH(CH_3)$-CH=CH-C≡CH).

Eine Verbindung (Krystalle [aus PAe.]; F: 77—78°) dieser Konstitution ist aus Naphthyl-(2)-isocyanat und (±)-Hexen-(3)-in-(1)-ol-(5) (Kp_{18}: 69—70°) erhalten worden (*Jones, McCombie,* Soc. **1943** 261, 263).

(±)-3-[Naphthyl-(2)-carbamoyloxy]-hexen-(4)-in-(1), (±)-Naphthyl-(2)-carbamidsäure-[1-äthinyl-buten-(2)-ylester], *(±)-3-[(2-naphthyl)carbamoyloxy]hex-4-en-1-yne* $C_{17}H_{15}NO_2$, Formel I (R = CH(C≡CH)-CH=CH-CH_3).

Eine Verbindung (Krystalle [aus PAe. oder wss. Me.]; F: 89°) dieser Konstitution ist aus Naphthyl-(2)-isocyanat und (±)-Hexen-(4)-in-(1)-ol-(3) (Kp_{24}: 75°) erhalten worden (*Jones, McCombie,* Soc. **1942** 733).

(±)-4-[Naphthyl-(2)-carbamoyloxy]-2-methyl-hexen-(2)-in-(5), (±)-Naphthyl-(2)-carbamidsäure-[3-methyl-1-äthinyl-buten-(2)-ylester], *(±)-5-methyl-3-[(2-naphthyl)carbamoyloxy]hex-4-en-1-yne* $C_{18}H_{17}NO_2$, Formel I (R = CH(C≡CH)-CH=C$(CH_3)_2$).

B. Aus Naphthyl-(2)-isocyanat und (±)-2-Methyl-hexen-(2)-in-(5)-ol-(4) [Kp_{100}: 110—113°] (*Jones, McCombie,* Soc. **1942** 733).

Krystalle (aus PAe.); F: 76°.

(±)-6-[Naphthyl-(2)-carbamoyloxy]-3-methyl-nonen-(2)-in-(4), (±)-Naphthyl-(2)-carbamidsäure-[4-methyl-1-propyl-hexen-(4)-in-(2)-ylester], *(±)-3-methyl-6-[(2-naphthyl)carbamoyloxy]non-2-en-4-yne* $C_{21}H_{23}NO_2$, Formel I (R = CH(CH_2-CH_2-CH_3)-C≡C-C(CH_3)=CH-CH_3).

Eine Verbindung (Krystalle [aus wss. A.]; F: 46°) dieser Konstitution ist aus Naphthyl-(2)-isocyanat und (±)-3-Methyl-nonen-(2)-in-(4)-ol-(6) (Kp_{15}: 106°) erhalten worden (*Heilbron et al.,* Soc. **1943** 265, 267).

Naphthyl-(2)-carbamidsäure-phenylester, *(2-naphthyl)carbamic acid phenyl ester* $C_{17}H_{13}NO_2$, Formel II (R = X = H).

B. Beim Erwärmen von Naphthyl-(2)-isocyanat oder Naphthoyl-(2)-azid mit Phenol in Benzin (*Sah,* R. **58** [1939] 453, 455, 456).

Krystalle (aus Bzn.); F: 149° [korr.].

Naphthyl-(2)-carbamidsäure-[2-chlor-phenylester], *(2-naphthyl)carbamic acid* o-*chlorophenyl ester* $C_{17}H_{12}ClNO_2$, Formel II (R = H, X = Cl).

B. Beim Erwärmen von Naphthyl-(2)-isocyanat oder Naphthoyl-(2)-azid mit 2-Chlor-

[1]) Berichtigung zu H 1291, Zeile 2 v. u.: An Stelle von „*B.* **14**, 10" ist zu setzen „*B.* **14**, 60".

phenol in Benzin (*Sah*, R. **58** [1939] 453, 455, 456).
Krystalle (aus Bzn.); F: 136—137° [korr.].

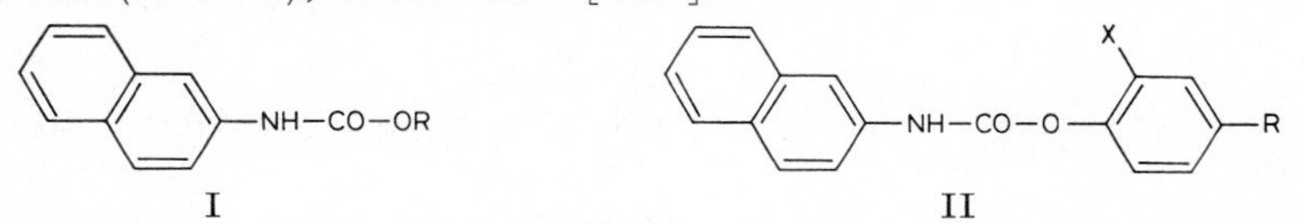

Naphthyl-(2)-carbamidsäure-[3-chlor-phenylester], (*2-naphthyl)carbamic acid* m-*chloro=phenyl ester* $C_{17}H_{12}ClNO_2$, Formel III (R = H, X = Cl).
B. Beim Erwärmen von Naphthyl-(2)-isocyanat oder Naphthoyl-(2)-azid mit 3-Chlor-phenol in Benzin (*Sah*, R. **58** [1939] 453, 455, 456).
Krystalle (aus Bzn.); F: 116—117° [korr.].

Naphthyl-(2)-carbamidsäure-[4-chlor-phenylester], (*2-naphthyl)carbamic acid* p-*chloro=phenyl ester* $C_{17}H_{12}ClNO_2$, Formel II (R = Cl, X = H).
B. Beim Erwärmen von Naphthyl-(2)-isocyanat oder Naphthoyl-(2)-azid mit 4-Chlor-phenol in Benzin (*Sah*, R. **58** [1939] 453, 455, 456).
Krystalle (aus Bzn.); F: 169—170° [korr.].

Naphthyl-(2)-carbamidsäure-[2.4-dichlor-phenylester], (*2-naphthyl)carbamic acid 2,4-di=chlorophenyl ester* $C_{17}H_{11}Cl_2NO_2$, Formel II (R = X = Cl).
B. Beim Erwärmen von Naphthyl-(2)-isocyanat oder Naphthoyl-(2)-azid mit 2.4-Di=chlor-phenol in Benzin (*Sah*, R. **58** [1939] 453, 455, 456).
Krystalle (aus Bzn.); F: 166° [korr.].

Naphthyl-(2)-carbamidsäure-[2.4.6-trichlor-phenylester], (*2-naphthyl)carbamic acid 2,4,6-trichlorophenyl ester* $C_{17}H_{10}Cl_3NO_2$, Formel IV (X = Cl).
B. Beim Erwärmen von Naphthyl-(2)-isocyanat oder Naphthoyl-(2)-azid mit 2.4.6-Tri=chlor-phenol in Benzin (*Sah*, R. **58** [1939] 453, 455, 456).
Krystalle (aus Bzn.); F: 161—162° [korr.].

Naphthyl-(2)-carbamidsäure-[2-brom-phenylester], (*2-naphthyl)carbamic acid* o-*bromo=phenyl ester* $C_{17}H_{12}BrNO_2$, Formel II (R = H, X = Br).
B. Beim Erwärmen von Naphthyl-(2)-isocyanat oder Naphthoyl-(2)-azid mit 2-Brom-phenol in Benzin (*Sah*, R. **58** [1939] 453, 455, 456).
Krystalle (aus Bzn.); F: 128° [korr.].

Naphthyl-(2)-carbamidsäure-[3-brom-phenylester], (*2-naphthyl)carbamic acid* m-*bromo=phenyl ester* $C_{17}H_{12}BrNO_2$, Formel III (R = H, X = Br).
B. Beim Erwärmen von Naphthyl-(2)-isocyanat oder Naphthoyl-(2)-azid mit 3-Brom-phenol in Benzin (*Sah*, R. **58** [1939] 453, 455, 456).
Krystalle (aus Bzn.); F: 118—119° [korr.].

Naphthyl-(2)-carbamidsäure-[4-brom-phenylester], (*2-naphthyl)carbamic acid* p-*bromo=phenyl ester* $C_{17}H_{12}BrNO_2$, Formel II (R = Br, X = H).
B. Beim Erwärmen von Naphthyl-(2)-isocyanat oder Naphthoyl-(2)-azid mit 4-Brom-phenol in Benzin (*Sah*, R. **58** [1939] 453, 455, 456).
Krystalle (aus Bzn.); F: 175—176° [korr.].

Naphthyl-(2)-carbamidsäure-[2.4-dibrom-phenylester], (*2-naphthyl)carbamic acid 2,4-di=bromophenyl ester* $C_{17}H_{11}Br_2NO_2$, Formel II (R = X = Br).
B. Beim Erwärmen von Naphthyl-(2)-isocyanat oder Naphthoyl-(2)-azid mit 2.4-Di=brom-phenol in Benzin (*Sah*, R. **58** [1939] 453, 455, 456).
Krystalle (aus Bzn.); F: 150—151° [korr.].

Naphthyl-(2)-carbamidsäure-[2.4.6-tribrom-phenylester], (*2-naphthyl)carbamic acid 2,4,6-tribromophenyl ester* $C_{17}H_{10}Br_3NO_2$, Formel IV (X = Br).
B. Beim Erwärmen von Naphthyl-(2)-isocyanat oder Naphthoyl-(2)-azid mit 2.4.6-Tri=brom-phenol in Benzin (*Sah*, R. **58** [1939] 453, 455, 456).
Krystalle (aus Bzn.); F: 181—183° [korr.].

Naphthyl-(2)-carbamidsäure-[2-jod-phenylester], (*2-naphthyl)carbamic acid* o-*iodophenyl ester* $C_{17}H_{12}INO_2$, Formel II (R = H, X = I).
B. Beim Erwärmen von Naphthyl-(2)-isocyanat oder Naphthoyl-(2)-azid mit 2-Jod-

phenol in Benzin (*Sah*, R. **58** [1939] 453, 455, 456).
Krystalle (aus Bzn.); F: 150—152° [korr.].

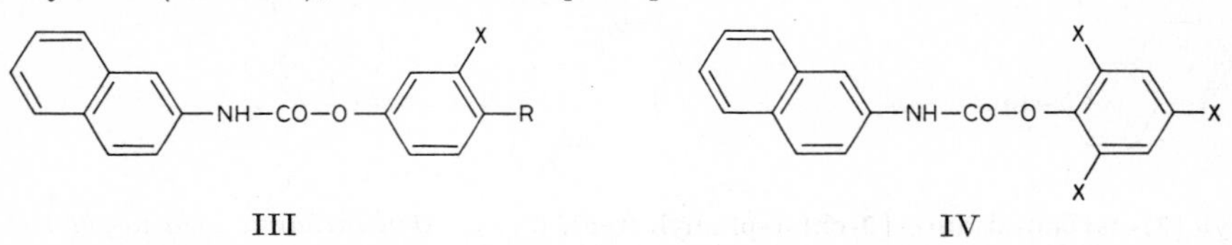

Naphthyl-(2)-carbamidsäure-[3-jod-phenylester], *(2-naphthyl)carbamic acid* m-*iodophenyl ester* $C_{17}H_{12}INO_2$, Formel III (R = H, X = I).
B. Beim Erwärmen von Naphthyl-(2)-isocyanat oder Naphthoyl-(2)-azid mit 3-Jod-phenol in Benzin (*Sah*, R. **58** [1939] 453, 455, 456).
Krystalle (aus Bzn.); F: 148° [korr.].

Naphthyl-(2)-carbamidsäure-[4-jod-phenylester], *(2-naphthyl)carbamic acid* p-*iodophenyl ester* $C_{17}H_{12}INO_2$, Formel II (R = I, X = H).
B. Beim Erwärmen von Naphthyl-(2)-isocyanat oder Naphthoyl-(2)-azid mit 4-Jod-phenol in Benzin (*Sah*, R. **58** [1939] 453, 455, 456).
Krystalle (aus Bzn.); F: 189° [korr.].

Naphthyl-(2)-carbamidsäure-[2-nitro-phenylester], *(2-naphthyl)carbamic acid* o-*nitrophenyl ester* $C_{17}H_{12}N_2O_4$, Formel II (R = H, X = NO_2).
B. Beim Erwärmen von Naphthyl-(2)-isocyanat oder Naphthoyl-(2)-azid mit 2-Nitro-phenol in Benzin (*Sah*, R. **58** [1939] 453, 455, 456).
Hellgelbe Krystalle (aus Bzn.); F: 120—121° [korr.].

Naphthyl-(2)-carbamidsäure-[3-nitro-phenylester], *(2-naphthyl)carbamic acid* m-*nitrophenyl ester* $C_{17}H_{12}N_2O_4$, Formel III (R = H, X = NO_2).
B. Beim Erwärmen von Naphthyl-(2)-isocyanat oder Naphthoyl-(2)-azid mit 3-Nitro-phenol in Benzin (*Sah*, R. **58** [1939] 453, 455, 456).
Hellgelbe Krystalle (aus Bzn.); F: 124° [korr.].

Naphthyl-(2)-carbamidsäure-[4-nitro-phenylester], *(2-naphthyl)carbamic acid* p-*nitrophenyl ester* $C_{17}H_{12}N_2O_4$, Formel II (R = NO_2, X = H).
B. Beim Erwärmen von Naphthyl-(2)-isocyanat oder Naphthoyl-(2)-azid mit 4-Nitro-phenol in Benzin (*Sah*, R. **58** [1939] 453, 455, 456).
Hellgelbe Krystalle (aus Bzn.); F: 172—173° [korr.].

Naphthyl-(2)-carbamidsäure-*o*-tolylester, *(2-naphthyl)carbamic acid* o-*tolyl ester* $C_{18}H_{15}NO_2$, Formel V (R = CH_3, X = H).
B. Beim Erwärmen von Naphthyl-(2)-isocyanat oder Naphthoyl-(2)-azid mit *o*-Kresol in Benzin (*Sah*, R. **58** [1939] 453, 455, 456).
Krystalle (aus Bzn.); F: 127—129° [korr.].

Naphthyl-(2)-carbamidsäure-*m*-tolylester, *(2-naphthyl)carbamic acid* m-*tolyl ester* $C_{18}H_{15}NO_2$, Formel III (R = H, X = CH_3).
B. Beim Erwärmen von Naphthyl-(2)-isocyanat oder Naphthoyl-(2)-azid mit *m*-Kresol in Benzin (*Sah*, R. **58** [1939] 453, 455, 456).
Krystalle (aus Bzn.); F: 123° [korr.].

Naphthyl-(2)-carbamidsäure-*p*-tolylester, *(2-naphthyl)carbamic acid* p-*tolyl ester* $C_{18}H_{15}NO_2$, Formel III (R = CH_3, X = H).
B. Beim Erwärmen von Naphthyl-(2)-isocyanat oder Naphthoyl-(2)-azid mit *p*-Kresol in Benzin (*Sah*, R. **58** [1939] 453, 455, 456).
Krystalle (aus Bzn.); F: 159° [korr.].

Naphthyl-(2)-carbamidsäure-[3.4-dimethyl-phenylester], *(2-naphthyl)carbamic acid 3,4-xylyl ester* $C_{19}H_{17}NO_2$, Formel III (R = X = CH_3).
B. Beim Erwärmen von Naphthyl-(2)-isocyanat oder Naphthoyl-(2)-azid mit 3.4-Dimethyl-phenol in Benzin (*Sah*, R. **58** [1939] 453, 455, 456).
Krystalle (aus Bzn.); F: 148—149° [korr.].

Naphthyl-(2)-carbamidsäure-[2.4-dimethyl-phenylester], *(2-naphthyl)carbamic acid 2,4-xylyl ester* $C_{19}H_{17}NO_2$, Formel II (R = X = CH_3) auf S. 3025.

B. Beim Erwärmen von Naphthyl-(2)-isocyanat oder Naphthoyl-(2)-azid mit 2.4-Dimethyl-phenol in Benzin (*Sah*, R. **58** [1939] 453, 455, 456).

Krystalle (aus Bzn.); F: 140° [korr.].

Naphthyl-(2)-carbamidsäure-[2.5-dimethyl-phenylester], *(2-naphthyl)carbamic acid 2,5-xylyl ester* $C_{19}H_{17}NO_2$, Formel V (R = X = CH_3).

B. Beim Erwärmen von Naphthyl-(2)-isocyanat oder Naphthoyl-(2)-azid mit 2.5-Dimethyl-phenol in Benzin (*Sah*, R. **58** [1939] 453, 455, 456).

Krystalle (aus Bzn.); F: 143—145° [korr.].

2-[Naphthyl-(2)-carbamoyloxy]-*p*-cymol, Naphthyl-(2)-carbamidsäure-[2-methyl-5-isopropyl-phenylester], *O*-[Naphthyl-(2)-carbamoyl]-carvacrol, *2-[(2-naphthyl)carbamoyloxy]-*p*-cymene* $C_{21}H_{21}NO_2$, Formel V (R = CH_3, X = $CH(CH_3)_2$).

B. Beim Erwärmen von Naphthyl-(2)-isocyanat oder Naphthoyl-(2)-azid mit Carvacrol in Benzin (*Sah*, R. **58** [1939] 453, 455, 456).

Krystalle (aus Bzn. oder wss. A.); F: 89—91°.

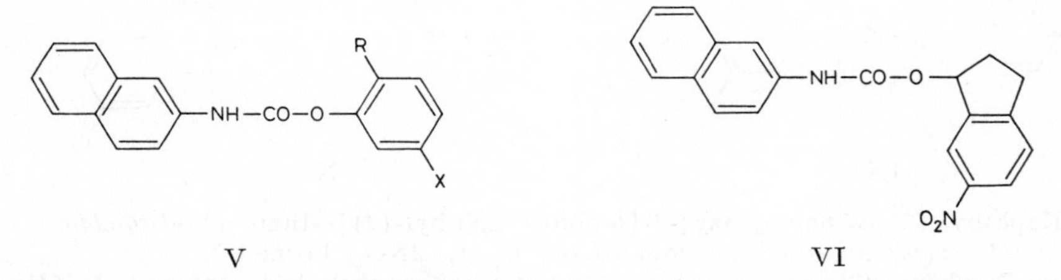

V VI

3-[Naphthyl-(2)-carbamoyloxy]-*p*-cymol, Naphthyl-(2)-carbamidsäure-[3-methyl-6-isopropyl-phenylester], *O*-[Naphthyl-(2)-carbamoyl]-thymol, *3-[(2-naphthyl)carbamoyloxy]-*p*-cymene* $C_{21}H_{21}NO_2$, Formel V (R = $CH(CH_3)_2$, X = CH_3).

B. Beim Erwärmen von Naphthyl-(2)-isocyanat oder Naphthoyl-(2)-azid mit Thymol in Benzin (*Sah*, R. **58** [1939] 453, 455, 456).

Krystalle (aus Bzn.); F: 140—141° [korr.].

(±)-6-Nitro-1-[naphthyl-(2)-carbamoyloxy]-indan, (±)-Naphthyl-(2)-carbamidsäure-[6-nitro-indanyl-(1)-ester], *(±)-1-[(2-naphthyl)carbamoyloxy]-6-nitroindan* $C_{20}H_{16}N_2O_4$, Formel VI.

B. Beim Erwärmen von Naphthyl-(2)-isocyanat mit (±)-6-Nitro-indanol-(1) (*Haworth*, *Woodcock*, Soc. **1947** 95).

Krystalle (aus Acn. + Bzl.); F: 158—159°.

3-[Naphthyl-(2)-carbamoyloxy]-10.13-dimethyl-17-[1.5-dimethyl-hexyl]-Δ⁵-tetradecahydro-1*H*-cyclopenta[*a*]phenanthren $C_{38}H_{53}NO_2$.

3β-[Naphthyl-(2)-carbamoyloxy]-cholesten-(5), Naphthyl-(2)-carbamidsäure-cholesterylester, *O*-[Naphthyl-(2)-carbamoyl]-cholesterin, *3β-[(2-naphthyl)carbamoyloxy]cholest-5-ene* $C_{38}H_{53}NO_2$; Formel s. E III **6** 2653, Formel IV (R = CO-NH-$C_{10}H_7$).

B. Aus Chlorameisensäure-cholesterylester (E III **6** 2652) und Naphthyl-(2)-amin in Äther (*Verdino*, *Schadendorff*, M. **65** [1935] 141, 149).

Krystalle (aus E.); F: 205°.

(±)-Naphthyl-(2)-carbamidsäure-[1-phenyl-propin-(2)-ylester], *(±)-(2-naphthyl)carbamic acid 1-phenylprop-2-ynyl ester* $C_{20}H_{15}NO_2$, Formel VII (R = $CH(C_6H_5)$-C≡CH).

B. Aus Naphthyl-(2)-isocyanat und (±)-1-Phenyl-propin-(2)-ol-(1) (*Jones*, *McCombie*, Soc. **1942** 733).

Krystalle (aus Bzn.); F: 120°.

Naphthyl-(2)-carbamidsäure-[naphthyl-(1)-ester], *(2-naphthyl)carbamic acid 1-naphthyl ester* $C_{21}H_{15}NO_2$, Formel VIII.

B. Beim Erwärmen von Naphthyl-(2)-isocyanat oder Naphthoyl-(2)-azid mit Naphthol-(1) in Benzin (*Sah*, R. **58** [1939] 453, 455, 456).

Krystalle (aus Bzn.); F: 174—175° [korr.].

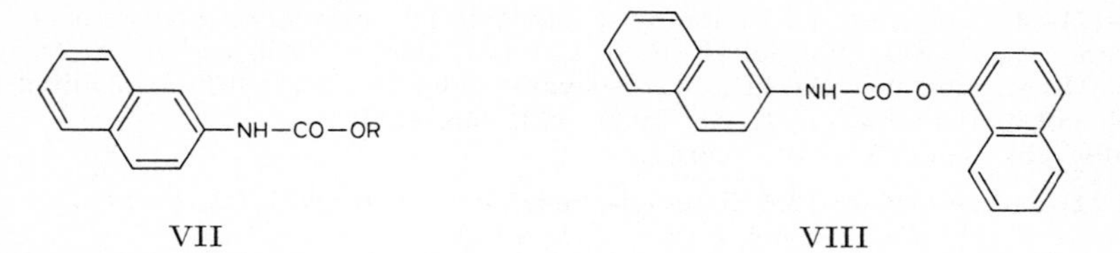

VII VIII

Naphthyl-(2)-carbamidsäure-[naphthyl-(2)-ester], *(2-naphthyl)carbamic acid 2-naphthyl ester* $C_{21}H_{15}NO_2$, Formel IX.

B. Beim Erwärmen von Naphthyl-(2)-isocyanat oder Naphthoyl-(2)-azid mit Naphthol-(2) in Benzin (*Sah*, R. **58** [1939] 453, 455, 456).

Krystalle (aus Bzn.); F: 202—203° [korr.].

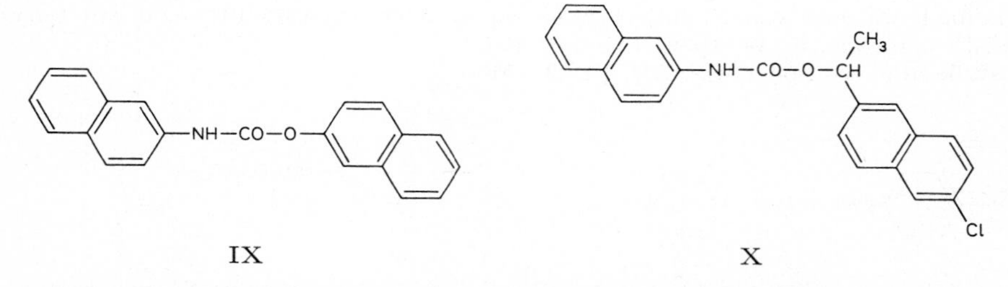

IX X

(±)-1-[Naphthyl-(2)-carbamoyloxy]-1-[6-chlor-naphthyl-(2)]-äthan, *(±)-1-(6-chloro-2-naphthyl)-1-[(2-naphthyl)carbamoyloxy]ethane* $C_{23}H_{18}ClNO_2$, Formel X.

B. Aus Naphthyl-(2)-isocyanat und (±)-1-[6-Chlor-naphthyl-(2)]-äthanol-(1) (*Price, Schilling*, Am. Soc. **70** [1948] 4265).

F: 153—154°.

Naphthyl-(2)-carbamidsäure-[2-methoxy-phenylester], *(2-naphthyl)carbamic acid* o-*methoxyphenyl ester* $C_{18}H_{15}NO_3$, Formel V (R = OCH_3, X = H).

B. Beim Erwärmen von Naphthyl-(2)-isocyanat oder Naphthoyl-(2)-azid mit Guajacol in Benzin (*Sah*, R. **58** [1939] 453, 455, 456). Beim Behandeln von Naphthyl-(2)-amin mit Chlorameisensäure-[2-methoxy-phenylester] und Pyridin (*Kaufmann*, D.R.P. 752571 [1938]; D.R.P. Org. Chem. **3** 1415).

Krystalle; F: 108—109° [korr.; aus Bzn.] (*Sah*), 94° [aus wss. Me.] (*Kau.*).

Naphthyl-(2)-carbamidsäure-[3-methoxy-phenylester], *(2-naphthyl)carbamic acid* m-*methoxyphenyl ester* $C_{18}H_{15}NO_3$, Formel V (R = H, X = OCH_3).

B. Beim Erwärmen von Naphthyl-(2)-isocyanat oder Naphthoyl-(2)-azid mit 3-Methoxy-phenol in Benzin (*Sah*, R. **58** [1939] 453, 455, 456).

Krystalle (aus Bzn. oder A.); F: 93—95°.

Naphthyl-(2)-carbamidsäure-[4-methoxy-phenylester], *(2-naphthyl)carbamic acid* p-*methoxyphenyl ester* $C_{18}H_{15}NO_3$, Formel III (R = OCH_3, X = H) auf S. 3026.

B. Beim Erwärmen von Naphthyl-(2)-isocyanat oder Naphthoyl-(2)-azid mit 4-Methoxy-phenol in Benzin (*Sah*, R. **58** [1939] 453, 455, 456).

Krystalle (aus Bzn.); F: 167° [korr.].

2-[Naphthyl-(2)-carbamoyloxy]-benzoesäure-methylester, o-*[(2-naphthyl)carbamoyloxy]benzoic acid methyl ester* $C_{19}H_{15}NO_4$, Formel V (R = CO-OCH_3, X = H).

B. Beim Erwärmen von Naphthyl-(2)-isocyanat oder Naphthoyl-(2)-azid mit Salicylsäure-methylester in Benzin (*Sah*, R. **58** [1939] 453, 455, 456).

Krystalle (aus Bzn. oder Me.); Zers. bei 290°.

2-[Naphthyl-(2)-carbamoyloxy]-benzoesäure-äthylester, o-*[(2-naphthyl)carbamoyloxy]benzoic acid ethyl ester* $C_{20}H_{17}NO_4$, Formel V (R = CO-OC_2H_5, X = H).

B. Beim Erwärmen von Naphthyl-(2)-isocyanat oder Naphthoyl-(2)-azid mit Salicylsäure-äthylester in Benzin (*Sah*, R. **58** [1939] 453, 455, 456).

Krystalle (aus Bzn. oder A.); Zers. bei 295—296°.

2-[Naphthyl-(2)-carbamoyloxy]-benzoesäure-benzylester, o-[(*2-naphthyl)carbamoyloxy*]*benzoic acid benzyl ester* $C_{25}H_{19}NO_4$, Formel V (R = CO-O-CH_2-C_6H_5, X = H).

B. Beim Erwärmen von Naphthyl-(2)-isocyanat oder Naphthoyl-(2)-azid mit Salicylsäure-benzylester in Benzin (*Sah*, R. **58** [1939] 453, 455, 456).

Krystalle (aus Bzn. oder E.); Zers. bei 299—300°.

Naphthyl-(2)-carbamidsäure-[2-dimethylamino-äthylester], (*2-naphthyl)carbamic acid 2-(dimethylamino)ethyl ester* $C_{15}H_{18}N_2O_2$, Formel VII (R = CH_2-CH_2-N(CH_3)$_2$).

B. Aus Naphthyl-(2)-isocyanat und 2-Dimethylamino-äthanol-(1) in Benzol oder Äther (*Merrell Co.*, U.S.P. 2409001 [1943]).

Hydrochlorid. F: 164—165°.

Naphthyl-(2)-carbamidsäure-[β-propylamino-isobutylester], (*2-naphthyl)carbamic acid 2-methyl-2-(propylamino)propyl ester* $C_{18}H_{24}N_2O_2$, Formel XI (R = CH_2-CH_2-CH_3).

B. Beim Erwärmen von Naphthyl-(2)-isocyanat mit 2-Propylamino-2-methyl-propanol-(1)-hydrochlorid in Chloroform (*Pierce, Murphey, Shaia*, Am. Soc. **71** [1949] 1765).

F: 103—104° [unkorr.].

Hydrochlorid $C_{18}H_{24}N_2O_2 \cdot HCl$. F: 175—177° [unkorr.].

Naphthyl-(2)-carbamidsäure-[β-butylamino-isobutylester], (*2-naphthyl)carbamic acid 2-(butylamino)-2-methylpropyl ester* $C_{19}H_{26}N_2O_2$, Formel XI (R = [CH_2]$_3$-CH_3).

B. Beim Erwärmen von Naphthyl-(2)-isocyanat mit 2-Butylamino-2-methyl-propanol-(1)-hydrochlorid in Chloroform (*Pierce, Murphey, Shaia*, Am. Soc. **71** [1949] 1765).

F: 91—92°.

Hydrochlorid $C_{19}H_{26}N_2O_2 \cdot HCl$. F: 177—179° [unkorr.].

Naphthyl-(2)-carbamidsäure-[β-pentylamino-isobutylester], (*2-naphthyl)carbamic acid 2-methyl-2-(pentylamino)propyl ester* $C_{20}H_{28}N_2O_2$, Formel XI (R = [CH_2]$_4$-CH_3).

B. Beim Erwärmen von Naphthyl-(2)-isocyanat mit 2-Pentylamino-2-methyl-propanol-(1)-hydrochlorid in Chloroform (*Pierce, Murphey, Shaia*, Am. Soc. **71** [1949] 1765).

F: 105—107° [unkorr.].

Hydrochlorid $C_{20}H_{28}N_2O_2 \cdot HCl$. F: 194—196° [unkorr.].

Naphthyl-(2)-carbamidsäure-[β-hexylamino-isobutylester], (*2-naphthyl)carbamic acid 2-(hexylamino)-2-methylpropyl ester* $C_{21}H_{30}N_2O_2$, Formel XI (R = [CH_2]$_5$-CH_3).

B. Beim Erwärmen von Naphthyl-(2)-isocyanat mit 2-Hexylamino-2-methyl-propanol-(1)-hydrochlorid in Chloroform (*Pierce, Murphey, Shaia*, Am. Soc. **71** [1949] 1765).

F: 89—91°.

Hydrochlorid $C_{21}H_{30}N_2O_2 \cdot HCl$. F: 193—195° [unkorr.].

Naphthyl-(2)-carbamidsäure-[β-heptylamino-isobutylester], (*2-naphthyl)carbamic acid 2-(heptylamino)-2-methylpropyl ester* $C_{22}H_{32}N_2O_2$, Formel XI (R = [CH_2]$_6$-CH_3).

B. Beim Erwärmen von Naphthyl-(2)-isocyanat mit 2-Heptylamino-2-methyl-propanol-(1)-hydrochlorid in Chloroform (*Pierce, Murphey, Shaia*, Am. Soc. **71** [1949] 1765).

F: 74—76°.

Hydrochlorid $C_{22}H_{32}N_2O_2 \cdot HCl$. F: 189—191° [unkorr.].

Naphthyl-(2)-harnstoff, (*2-naphthyl)urea* $C_{11}H_{10}N_2O$, Formel XII (R = H) (H 1292).

B. Beim Erwärmen von Naphthyl-(2)-amin mit Nitroharnstoff in wss. Äthanol (*Sah*, Sci. Rep. Tsing Hua Univ. [A] **2** [1934] 227, 230, 231).

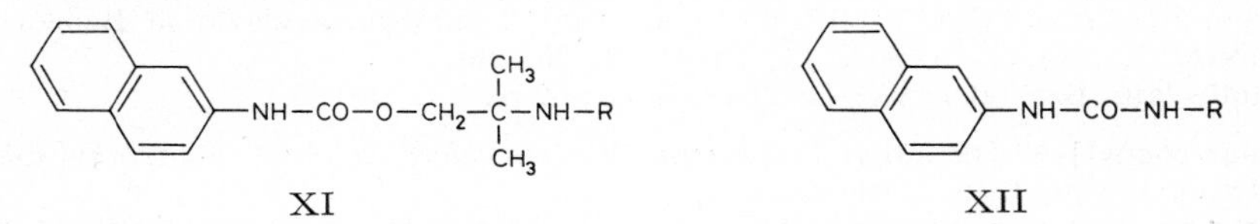

XI XII

***N*-Methyl-*N'*-[naphthyl-(2)]-harnstoff,** *1-methyl-3-(2-naphthyl)urea* $C_{12}H_{12}N_2O$, Formel XII (R = CH_3).

B. Aus Naphthyl-(2)-amin und Methylisocyanat in Benzol (*Boehmer*, R. **55** [1936] 379, 383).

Krystalle (aus wss. A.); F: 187°.

N-Äthyl-N'-[naphthyl-(2)]-harnstoff, *1-ethyl-3-(2-naphthyl)urea* $C_{13}H_{14}N_2O$, Formel XII ($R = C_2H_5$).

B. Aus Naphthyl-(2)-amin und Äthylisocyanat in Benzol (*Groeneveld*, R. **51** [1932] 783, 787).

Krystalle (aus A.); F: 183–184°.

N-Propyl-N'-[naphthyl-(2)]-harnstoff, *1-(2-naphthyl)-3-propylurea* $C_{14}H_{16}N_2O$, Formel XII ($R = CH_2\text{-}CH_2\text{-}CH_3$).

B. Aus Naphthyl-(2)-amin und Propylisocyanat in Toluol (*Boehmer*, R. **55** [1936] 379, 384, 385).

Krystalle (aus wss. A.); F: 177°.

N-Isopropyl-N'-[naphthyl-(2)]-harnstoff, *1-isopropyl-3-(2-naphthyl)urea* $C_{14}H_{16}N_2O$, Formel XII ($R = CH(CH_3)_2$).

B. Aus Naphthyl-(2)-amin und Isopropylisocyanat in Toluol (*Boehmer*, R. **55** [1936] 379, 385, 386).

Krystalle (aus wss. A.); F: 194°.

N-Butyl-N'-[naphthyl-(2)]-harnstoff, *1-butyl-3-(2-naphthyl)urea* $C_{15}H_{18}N_2O$, Formel XII ($R = [CH_2]_3\text{-}CH_3$).

B. Aus Naphthyl-(2)-amin und Butylisocyanat in Toluol (*Boehmer*, R. **55** [1936] 379, 385, 386).

Krystalle (aus wss. A.); F: 175°.

N-Isobutyl-N'-[naphthyl-(2)]-harnstoff, *1-isobutyl-3-(2-naphthyl)urea* $C_{15}H_{18}N_2O$, Formel XII ($R = CH_2\text{-}CH(CH_3)_2$).

B. Aus Naphthyl-(2)-amin und Isobutylisocyanat in Benzol (*Boehmer*, R. **55** [1936] 379, 387).

Krystalle (aus wss. A.); F: 152°.

N-Octyl-N'-[naphthyl-(2)]-harnstoff, *1-(2-naphthyl)-3-octylurea* $C_{19}H_{26}N_2O$, Formel XII ($R = [CH_2]_7\text{-}CH_3$).

B. Beim Erwärmen von Naphthoyl-(2)-azid mit Octylamin in Benzol (*Sah*, J. Chin. chem. Soc. **5** [1937] 100, 104).

Krystalle (aus A.); F: 98–99°.

N-Phenyl-N'-[naphthyl-(2)]-harnstoff, *1-(2-naphthyl)-3-phenylurea* $C_{17}H_{14}N_2O$, Formel I ($R = X = H$) (H 1292).

B. Beim Erwärmen von Naphthoyl-(2)-azid mit Anilin in Benzol (*Sah*, J. Chin. chem. Soc. **5** [1937] 100, 104). Aus *N*-Phenyl-*N'*-[naphthyl-(2)]-thioharnstoff beim Erhitzen mit Kaliumjodat und wss. Natronlauge (*Capps*, *Dehn*, Am. Soc. **54** [1932] 4301, 4303, 4304).

Krystalle; F: 236–238° [korr.; aus A.] (*Sah*), 220–221° (*Ca.*, *Dehn*).

N-[2-Chlor-phenyl]-N'-[naphthyl-(2)]-harnstoff, *1-(o-chlorophenyl)-3-(2-naphthyl)urea* $C_{17}H_{13}ClN_2O$, Formel I ($R = H$, $X = Cl$).

B. Beim Erwärmen von Naphthyl-(2)-amin mit 2-Chlor-benzoylazid in Benzol oder Toluol (*Sah*, J. Chin. chem. Soc. **13** [1946] 22, 26, 33).

Krystalle (aus A.); F: 222° [korr.].

N-[3-Chlor-phenyl]-N'-[naphthyl-(2)]-harnstoff, *1-(m-chlorophenyl)-3-(2-naphthyl)urea* $C_{17}H_{13}ClN_2O$, Formel II ($R = H$, $X = Cl$).

B. Beim Erwärmen von Naphthyl-(2)-amin mit 3-Chlor-benzoylazid in Benzol oder Toluol (*Sah*, J. Chin. chem. Soc. **13** [1946] 22, 26, 36).

Krystalle (aus Bzl. oder A.); F: 264° [korr.; Zers.].

N-[4-Chlor-phenyl]-N'-[naphthyl-(2)]-harnstoff, *1-(p-chlorophenyl)-3-(2-naphthyl)urea* $C_{17}H_{13}ClN_2O$, Formel I ($R = Cl$, $X = H$).

B. Erwärmen von Naphthoyl-(2)-azid mit 4-Chlor-anilin in Benzol (*Sah*, J. Chin. chem. Soc. **5** [1937] 100, 104). Beim Erwärmen von Naphthyl-(2)-amin mit 4-Chlor-benzoylazid in Benzol oder Toluol (*Sah*, J. Chin. chem. Soc. **13** [1946] 22, 26, 38).

Krystalle; F: 280–281° [korr.; aus Acn. oder A.] (*Sah*, J. Chin. chem. Soc. **5** 104), 279° [korr.; Zers.; aus Acn.] (*Sah*, J. Chin. chem. Soc. **13** 38), 264° [aus Bzl.] (*Kao*, *Fan*, *Sah*, J. Chin. chem. Soc. **3** [1935] 137, 139).

N-[2-Brom-phenyl]-N'-[naphthyl-(2)]-harnstoff, *1-(o-bromophenyl)-3-(2-naphthyl)urea* $C_{17}H_{13}BrN_2O$, Formel I (R = H, X = Br).

B. Beim Erwärmen von Naphthyl-(2)-amin mit 2-Brom-benzoylazid in Benzol oder Toluol (*Sah*, J. Chin. chem. Soc. **13** [1946] 22, 26, 41).

Krystalle (aus A.); F: 202° [korr.].

N-[3-Brom-phenyl]-N'-[naphthyl-(2)]-harnstoff, *1-(m-bromophenyl)-3-(2-naphthyl)urea* $C_{17}H_{13}BrN_2O$, Formel II (R = H, X = Br).

B. Beim Erwärmen von Naphthyl-(2)-amin mit 3-Brom-benzoylazid in Benzol oder Toluol (*Sah*, *Chang*, R. **58** [1939] 8, 10; *Sah*, J. Chin. chem. Soc. **13** [1946] 22, 26, 43).

Krystalle (aus A.); F: 254° [korr.] (*Sah*), 240—241° (*Sah*, *Chang*).

N-[4-Brom-phenyl]-N'-[naphthyl-(2)]-harnstoff, *1-(p-bromophenyl)-3-(2-naphthyl)urea* $C_{17}H_{13}BrN_2O$, Formel I (R = Br, X = H).

B. Beim Erwärmen von Naphthoyl-(2)-azid mit 4-Brom-anilin in Benzol (*Sah*, J. Chin. chem. Soc. **5** [1937] 100, 104). Beim Erwärmen von Naphthyl-(2)-amin mit 4-Brom-benzoylazid in Benzol oder Toluol (*Sah*, J. Chin. chem. Soc. **13** [1946] 22, 26, 46).

Krystalle; F: 286—288° [korr.; aus Acn.] (*Sah*, J. Chin. chem. Soc. **5** 104), 287° [korr.; Zers.; aus A.] (*Sah*, J. Chin. chem. Soc. **13** 46).

N-[3-Jod-phenyl]-N'-[naphthyl-(2)]-harnstoff, *1-(3-iodophenyl)-3-(2-naphthyl)urea* $C_{17}H_{13}IN_2O$, Formel II (R = H, X = I).

B. Beim Erwärmen von Naphthyl-(2)-amin mit 3-Jod-benzoylazid in Benzol (*Sah*, *Chen*, J. Chin. chem. Soc. **14** [1946] 74, 75, 77).

Krystalle (aus A.); F: 252° [korr.; Zers.].

N-[4-Jod-phenyl]-N'-[naphthyl-(2)]-harnstoff, *1-(p-iodophenyl)-3-(2-naphthyl)urea* $C_{17}H_{13}IN_2O$, Formel I (R = I, X = H).

B. Beim Erhitzen von Naphthyl-(2)-amin mit 4-Jod-benzoylazid in Toluol (*Sah*, *Wang*, R. **59** [1940] 364, 366, 368).

Krystalle (aus E.); F: 277—278° [korr.; Zers.].

N-[2-Nitro-phenyl]-N'-[naphthyl-(2)]-harnstoff, *1-(2-naphthyl)-3-(o-nitrophenyl)urea* $C_{17}H_{13}N_3O_3$, Formel I (R = H, X = NO_2).

B. Beim Erwärmen von Naphthoyl-(2)-azid mit 2-Nitro-anilin in Benzol (*Sah*, J. Chin. chem. Soc. **5** [1937] 100, 104). Beim Erwärmen von Naphthyl-(2)-amin mit 2-Nitro-benzoylazid in Benzol oder Toluol (*Sah*, J. Chin. chem. Soc. **13** [1946] 22, 26, 27).

Gelbe Krystalle; F: 203—205° [korr.; aus Acn.] (*Sah*, J. Chin. chem. Soc. **5** 104), 204° [korr.; aus A.] (*Sah*, J. Chin. chem. Soc. **13** 27).

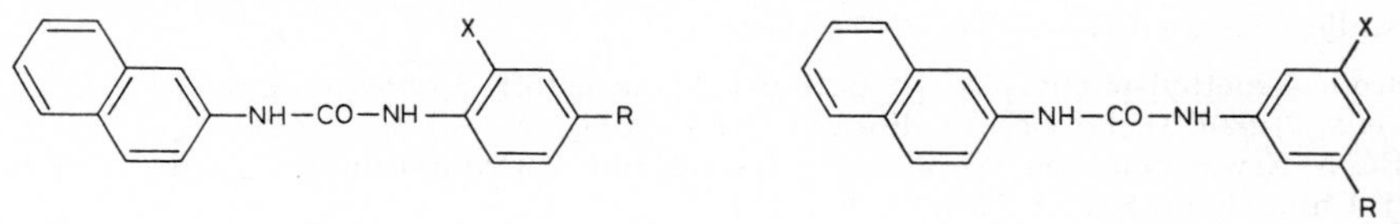

I II

N-[3-Nitro-phenyl]-N'-[naphthyl-(2)]-harnstoff, *1-(2-naphthyl)-3-(m-nitrophenyl)urea* $C_{17}H_{13}N_3O_3$, Formel II (R = H, X = NO_2).

B. Beim Erwärmen von Naphthoyl-(2)-azid mit 3-Nitro-anilin in Benzol (*Sah*, J. Chin. chem. Soc. **5** [1937] 100, 104). Beim Erhitzen von Naphthyl-(2)-amin mit 3-Nitro-benzoylazid in Benzol oder Toluol (*Sah*, J. Chin. chem. Soc. **13** [1946] 22, 26, 30) oder in Xylol (*Karrman*, Svensk kem. Tidskr. **60** [1948] 61).

Krystalle; F: 222—223° [korr.; aus Acn.] (*Sah*, J. Chin. chem. Soc. **5** 104), 222° [korr.; aus A.] (*Sah*, J. Chin. chem. Soc. **13** 30), 220—222° [aus Propanol-(1)] (*Ka.*).

N-[4-Nitro-phenyl]-N'-[naphthyl-(2)]-harnstoff, *1-(2-naphthyl)-3-(p-nitrophenyl)urea* $C_{17}H_{13}N_3O_3$, Formel I (R = NO_2, X = H).

B. Beim Erwärmen von Naphthoyl-(2)-azid mit 4-Nitro-anilin in Benzol (*Sah*, J. Chin. chem. Soc. **5** [1937] 100, 104). Beim Erhitzen von Naphthyl-(2)-amin mit 4-Nitro-benzoylazid oder 4-Nitro-phenylisocyanat in Toluol (*Sah*, R. **59** [1940] 231, 233, 234).

Krystalle; F: 275—276° [korr.; aus Acn.] (*Sah*, J. Chin. chem. Soc. **5** 104), 274° [korr.; aus A.] (*Sah*, R. **59** 236).

N-[2.4-Dinitro-phenyl]-N'-[naphthyl-(2)]-harnstoff, *1-(2,4-dinitrophenyl)-3-(2-naphthyl)urea* $C_{17}H_{12}N_4O_5$, Formel I (R = X = NO_2).

B. Beim Erwärmen von Naphthyl-(2)-amin mit *N'*-Nitro-*N*-[2.4-dinitro-phenyl]-harnstoff in Äthanol (*McVeigh, Rose*, Soc. **1945** 621).

Krystalle; F: 230° [unkorr.].

N-[3.5-Dinitro-phenyl]-N'-[naphthyl-(2)]-harnstoff, *1-(3,5-dinitrophenyl)-3-(2-naphthyl)urea* $C_{17}H_{12}N_4O_5$, Formel II (R = X = NO_2).

B. Beim Erhitzen von Naphthyl-(2)-amin mit 3.5-Dinitro-benzoylazid in Toluol (*Sah, Ma*, J. Chin. chem. Soc. **2** [1934] 159, 163, 164).

Orangegelbe Krystalle (aus Acn.); F: 262—263°.

N-Methyl-N-phenyl-N'-[naphthyl-(2)]-harnstoff, *1-methyl-3-(2-naphthyl)-1-phenylurea* $C_{18}H_{16}N_2O$, Formel III (R = CH_3, X = H).

B. Beim Erwärmen von Naphthoyl-(2)-azid mit *N*-Methyl-anilin in Benzol (*Sah*, J. Chin. chem. Soc. **5** [1937] 100, 104).

Krystalle (aus A. oder wss. Acn.); F: 153° [korr.].

N.N-Diphenyl-N'-[naphthyl-(2)]-harnstoff, *3-(2-naphthyl)-1,1-diphenylurea* $C_{23}H_{18}N_2O$, Formel III (R = C_6H_5, X = H).

B. Beim Erwärmen von Naphthoyl-(2)-azid mit Diphenylamin in Benzol (*Sah*, J. Chin. chem. Soc. **5** [1937] 100, 104).

Krystalle (aus wss. A.); F: 157—158° [korr.].

N-o-Tolyl-N'-[naphthyl-(2)]-harnstoff, *1-(2-naphthyl)-3-*o*-tolylurea* $C_{18}H_{16}N_2O$, Formel I (R = H, X = CH_3).

B. Beim Erwärmen von Naphthoyl-(2)-azid mit *o*-Toluidin in Benzol (*Sah*, J. Chin. chem. Soc. **5** [1937] 100, 104).

Krystalle (aus A.); F: 232—233° [korr.].

N-m-Tolyl-N'-[naphthyl-(2)]-harnstoff, *1-(2-naphthyl)-3-*m*-tolylurea* $C_{18}H_{16}N_2O$, Formel II (R = CH_3, X = H).

B. Beim Erwärmen von Naphthoyl-(2)-azid mit *m*-Toluidin in Benzol (*Sah*, J. Chin. chem. Soc. **5** [1937] 100, 104).

Krystalle (aus Acn.); F: 222—223° [korr.].

N-p-Tolyl-N'-[naphthyl-(2)]-harnstoff, *1-(2-naphthyl)-3-*p*-tolylurea* $C_{18}H_{16}N_2O$, Formel I (R = CH_3, X = H).

B. Beim Erwärmen von Naphthoyl-(2)-azid mit *p*-Toluidin in Benzol (*Sah*, J. Chin. chem. Soc. **5** [1937] 100, 104).

Krystalle (aus Acn.); F: 266—267° [korr.].

N-[2-Brom-4-methyl-phenyl]-N'-[naphthyl-(2)]-harnstoff, *1-(2-bromo-*p*-tolyl)-3-(2-naphthyl)urea* $C_{18}H_{15}BrN_2O$, Formel I (R = CH_3, X = Br).

B. Beim Erwärmen von Naphthoyl-(2)-azid mit 2-Brom-4-methyl-anilin in Benzol (*Sah*, J. Chin. chem. Soc. **5** [1937] 100, 104).

Krystalle (aus Acn.); F: 230—232° [korr.].

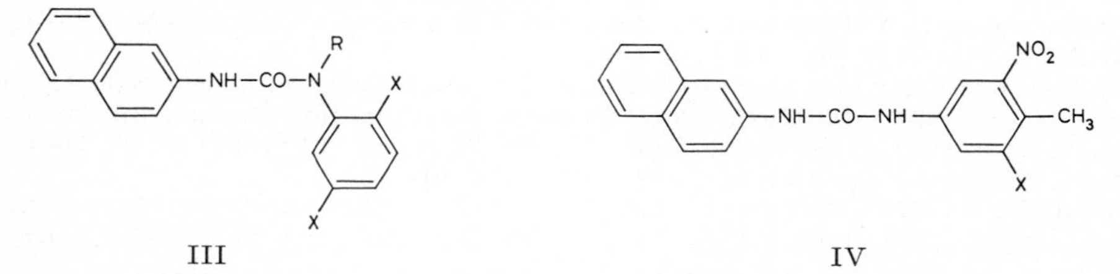

III IV

N-[3-Nitro-4-methyl-phenyl]-N'-[naphthyl-(2)]-harnstoff, *1-(2-naphthyl)-3-(3-nitro-*p*-tolyl)urea* $C_{18}H_{15}N_3O_3$, Formel IV (X = H).

B. Beim Erwärmen von Naphthoyl-(2)-azid mit 3-Nitro-4-methyl-anilin in Benzol (*Sah*, J. Chin. chem. Soc. **5** [1937] 100, 104). Beim Erwärmen von Naphthyl-(2)-amin mit 3-Nitro-4-methyl-benzoylazid in Benzol (*Sah et al.*, J. Chin. chem. Soc. **14** [1946] 84, 85, 87).

Krystalle; F: 238° [korr.; aus E.] (*Sah et al.*, l. c. S. 87), 217—218° [korr.; aus Acn.] (*Sah*, l. c. S. 104).

***N*-[2-Nitro-4-methyl-phenyl]-*N'*-[naphthyl-(2)]-harnstoff,** *1-(2-naphthyl)-3-(2-nitro-*p*-tolyl)urea* $C_{18}H_{15}N_3O_3$, Formel I (R = CH_3, X = NO_2) auf S. 3031.

B. Beim Erwärmen von Naphthoyl-(2)-azid mit 2-Nitro-4-methyl-anilin in Benzol (*Sah*, J. Chin. chem. Soc. **5** [1937] 100, 104).

Gelbe Krystalle (aus Acn.); F: 220—221° [korr.].

***N*-[3.5-Dinitro-4-methyl-phenyl]-*N'*-[naphthyl-(2)]-harnstoff,** *1-(3,5-dinitro-*p*-tolyl)-3-(2-naphthyl)urea* $C_{18}H_{14}N_4O_5$, Formel IV (X = NO_2).

B. Beim Erhitzen von Naphthyl-(2)-amin mit 3.5-Dinitro-4-methyl-benzoylazid in Toluol (*Sah*, R. **58** [1939] 1008, 1009, 1010).

Gelbe Krystalle (aus Acn. + E.); F: 253—254° [korr.; Zers.].

***N*-[2.5-Dimethyl-phenyl]-*N'*-[naphthyl-(2)]-harnstoff,** *1-(2-naphthyl)-3-(2,5-xylyl)urea* $C_{19}H_{18}N_2O$, Formel III (R = H, X = CH_3).

B. Beim Erwärmen von Naphthoyl-(2)-azid mit 2.5-Dimethyl-anilin in Benzol (*Sah*, J. Chin. chem. Soc. **5** [1937] 100, 104).

Krystalle (aus Acn.); F: 245—247° [korr.].

***N*-[Naphthyl-(1)]-*N'*-[naphthyl-(2)]-harnstoff,** *1-(1-naphthyl)-3-(2-naphthyl)urea* $C_{21}H_{16}N_2O$, Formel V.

B. Beim Erwärmen von Naphthyl-(1)-amin mit Naphthoyl-(2)-azid in Benzol (*Sah*, J. Chin. chem. Soc. **5** [1937] 100, 104).

Krystalle (aus Acn.); F: 249—250° [korr.].

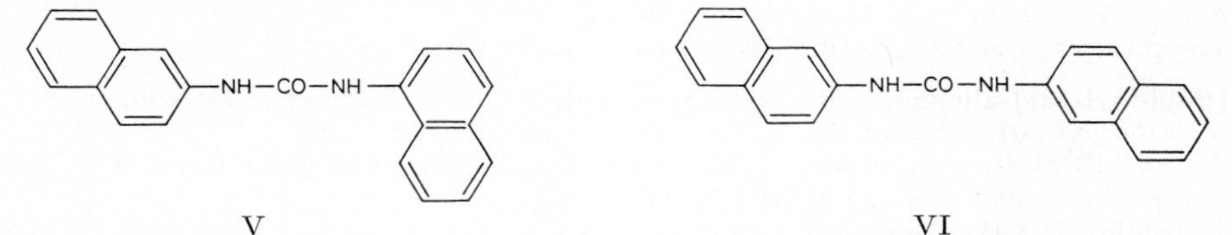

V VI

***N.N'*-Di-[naphthyl-(2)]-harnstoff,** *1,3-di(2-naphthyl)urea* $C_{21}H_{16}N_2O$, Formel VI (H 1292; E II 723).

B. Beim Erhitzen von Naphthyl-(2)-amin mit Harnstoff in Isoamylalkohol (*Mistry, Guha*, J. Indian chem. Soc. **7** [1930] 793, 794). Beim Erwärmen von Naphthyl-(2)-amin mit Naphthoyl-(2)-azid in Benzol (*Sah*, J. Chin. chem. Soc. **5** [1937] 100, 104).

Krystalle (aus Acn.); F: 310—312° [korr.] (*Sah*).

***N'*-[Naphthyl-(2)]-*N*-acetyl-harnstoff,** *1-acetyl-3-(2-naphthyl)urea* $C_{13}H_{12}N_2O_2$, Formel VII (R = CO-CH_3, X = H) (H 1292).

B. Beim Erwärmen von Naphthoyl-(2)-azid mit Acetamid in Benzol (*Sah*, J. Chin. chem. Soc. **5** [1937] 100, 104).

Krystalle (aus Acn.); F: 305—306° [korr.] (*Sah*).

Quecksilber(II)-Verbindung $Hg(C_{13}H_{11}N_2O_2)_2$. F: 215—216° [Zers.] (*Shah*, J. Indian chem. Soc. **15** [1938] 149).

***N*-Phenyl-*N'*-[naphthyl-(2)]-*N*-acetyl-harnstoff,** *1-acetyl-3-(2-naphthyl)-1-phenylurea* $C_{19}H_{16}N_2O_2$, Formel VII (R = CO-CH_3, X = C_6H_5).

B. Beim Erwärmen von Naphthoyl-(2)-azid mit Acetanilid in Benzol (*Sah*, J. Chin. chem. Soc. **5** [1937] 100, 104).

Krystalle (aus Acn.); F: 311—312° [korr.].

***N'*-[Naphthyl-(2)]-*N*-benzoyl-harnstoff,** *1-benzoyl-3-(2-naphthyl)urea* $C_{18}H_{14}N_2O_2$, Formel VII (R = CO-C_6H_5, X = H) (H 1292).

B. Beim Erwärmen von Naphthoyl-(2)-azid mit Benzamid in Benzol (*Sah*, J. Chin. chem. Soc. **5** [1937] 100, 104).

Krystalle (aus Acn.); F: 223—224° [korr.].

***N'*-[Naphthyl-(2)]-*N*-[*N*-phenyl-benzimidoyl]-harnstoff,** *1-(2-naphthyl)-3-(*N*-phenylbenzimidoyl)urea* $C_{24}H_{19}N_3O$, Formel VII (R = C(C_6H_5)=N-C_6H_5, X = H) und Tautomeres.

B. Beim Erhitzen von Naphthyl-(2)-amin mit *N'*-Phenyl-*N*-äthoxycarbonyl-benz=

amidin auf 110° (*Shah, Ichaporia*, Soc. **1936** 431).
F: 273—278°.

4-[Naphthyl-(2)]-allophansäure-phenylester, *4-(2-naphthyl)allophanic acid phenyl ester* $C_{18}H_{14}N_2O_3$, Formel VIII (R = X = H).

B. Beim Erwärmen von [Naphthyl-(2)]-oxamoylazid in Benzol mit Phenol in Benzin unter Zusatz von *N.N*-Dimethyl-anilin (*Sah et al.*, J. Chin. chem. Soc. **14** [1946] 65, 66, 71).

Krystalle (aus Bzn.); F: 167° [korr.].

4-[Naphthyl-(2)]-allophansäure-[2-chlor-phenylester], *4-(2-naphthyl)allophanic acid* o-*chlorophenyl ester* $C_{18}H_{13}ClN_2O_3$, Formel VIII (R = H, X = Cl).

B. Aus 2-Chlor-phenol analog 4-[Naphthyl-(2)]-allophansäure-phenylester [s. o.] (*Sah et al.*, J. Chin. chem. Soc. **14** [1946] 65, 66, 71).

Krystalle (aus Bzn.); F: 148° [korr.].

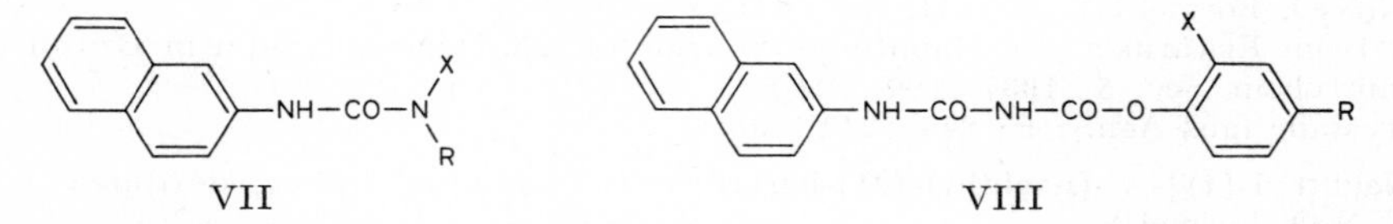

VII VIII

4-[Naphthyl-(2)]-allophansäure-[3-chlor-phenylester], *4-(2-naphthyl)allophanic acid* m-*chlorophenyl ester* $C_{18}H_{13}ClN_2O_3$, Formel IX (R = H, X = Cl).

B. Aus 3-Chlor-phenol analog 4-[Naphthyl-(2)]-allophansäure-phenylester [s. o.] (*Sah et al.*, J. Chin. chem. Soc. **14** [1946] 65, 66, 71).

Krystalle (aus Bzn.); F: 195° [korr.; nach Sintern bei 140°].

4-[Naphthyl-(2)]-allophansäure-[4-chlor-phenylester], *4-(2-naphthyl)allophanic acid* p-*chlorophenyl ester* $C_{18}H_{13}ClN_2O_3$, Formel VIII (R = Cl, X = H).

B. Aus 4-Chlor-phenol analog 4-[Naphthyl-(2)]-allophansäure-phenylester [s. o.] (*Sah et al.*, J. Chin. chem. Soc. **14** [1946] 65, 66, 72).

Krystalle (aus Bzn.); F: 182° [korr.].

4-[Naphthyl-(2)]-allophansäure-[2.4-dichlor-phenylester], *4-(2-naphthyl)allophanic acid 2,4-dichlorophenyl ester* $C_{18}H_{12}Cl_2N_2O_3$, Formel VIII (R = X = Cl).

B. Aus 2.4-Dichlor-phenol analog 4-[Naphthyl-(2)]-allophansäure-phenylester [s. o.] (*Sah et al.*, J. Chin. chem. Soc. **14** [1946] 65, 66, 72).

Krystalle (aus Bzn. + Toluol); F: 218—219° [korr.; nach Sintern bei 175°].

4-[Naphthyl-(2)]-allophansäure-[2.4.6-trichlor-phenylester], *4-(2-naphthyl)allophanic acid 2,4,6-trichlorophenyl ester* $C_{18}H_{11}Cl_3N_2O_3$, Formel X (X = Cl).

B. Aus 2.4.6-Trichlor-phenol analog 4-[Naphthyl-(2)]-allophansäure-phenylester [s. o.] (*Sah et al.*, J. Chin. chem. Soc. **14** [1946] 65, 66, 72).

Krystalle (aus Bzn.); F: 190—191° [korr.; Zers.].

4-[Naphthyl-(2)]-allophansäure-[2-brom-phenylester], *4-(2-naphthyl)allophanic acid* o-*bromophenyl ester* $C_{18}H_{13}BrN_2O_3$, Formel VIII (R = H, X = Br).

B. Aus 2-Brom-phenol analog 4-[Naphthyl-(2)]-allophansäure-phenylester [s. o.] (*Sah et al.*, J. Chin. chem. Soc. **14** [1946] 65, 66, 72).

Krystalle (aus Bzn.); F: 209—210° [korr.].

4-[Naphthyl-(2)]-allophansäure-[3-brom-phenylester], *4-(2-naphthyl)allophanic acid* m-*bromophenyl ester* $C_{18}H_{13}BrN_2O_3$, Formel IX (R = H, X = Br).

B. Aus 3-Brom-phenol analog 4-[Naphthyl-(2)]-allophansäure-phenylester [s. o.] (*Sah et al.*, J. Chin. chem. Soc. **14** [1946] 65, 66, 72).

Krystalle (aus Bzn.); F: 178° [korr.; Zers.].

4-[Naphthyl-(2)]-allophansäure-[4-brom-phenylester], *4-(2-naphthyl)allophanic acid* p-*bromophenyl ester* $C_{18}H_{13}BrN_2O_3$, Formel VIII (R = Br, X = H).

B. Aus 4-Brom-phenol analog 4-[Naphthyl-(2)]-allophansäure-phenylester [s. o.] (*Sah et al.*, J. Chin. chem. Soc. **14** [1946] 65, 66, 72).

Krystalle (aus Bzn. + Toluol); F: 199° [korr.; Zers.; nach Sintern bei 158°].

4-[Naphthyl-(2)]-allophansäure-[2.4-dibrom-phenylester], *4-(2-naphthyl)allophanic acid 2,4-dibromophenyl ester* $C_{18}H_{12}Br_2N_2O_3$, Formel VIII (R = X = Br).

B. Aus 2.4-Dibrom-phenol analog 4-[Naphthyl-(2)]-allophansäure-phenylester [S. 3034] (*Sah et al.*, J. Chin. chem. Soc. **14** [1946] 65, 66, 72).

Krystalle (aus Bzn.); F: 209–211° [korr.; Zers.].

4-[Naphthyl-(2)]-allophansäure-[2.4.6-tribrom-phenylester], *4-(2-naphthyl)allophanic acid 2,4,6-tribromophenyl ester* $C_{18}H_{11}Br_3N_2O_3$, Formel X (X = Br).

B. Aus 2.4.6-Tribrom-phenol analog 4-[Naphthyl-(2)]-allophansäure-phenylester [S. 3034] (*Sah et al.*, J. Chin. chem. Soc. **14** [1946] 65, 66, 72).

Krystalle (aus Bzn.); F: 194–195° [korr.; Zers.].

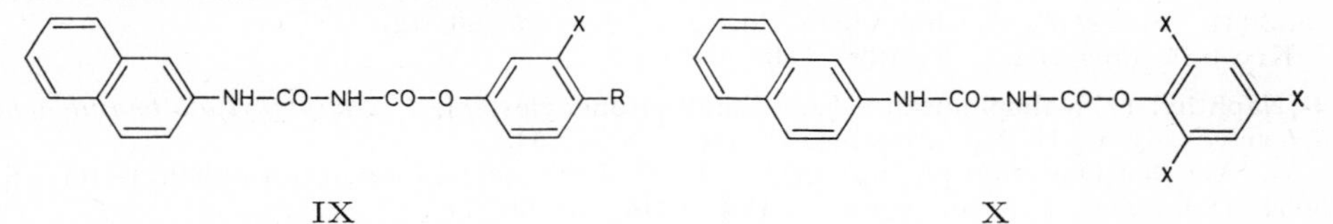

IX X

4-[Naphthyl-(2)]-allophansäure-[4-jod-phenylester], *4-(2-naphthyl)allophanic acid* p-*iodophenyl ester* $C_{18}H_{13}IN_2O_3$, Formel VIII (R = I, X = H).

B. Aus 4-Jod-phenol analog 4-[Naphthyl-(2)]-allophansäure-phenylester [S. 3034] (*Sah et al.*, J. Chin. chem. Soc. **14** [1946] 65, 66, 72).

Krystalle (aus Bzn. + Toluol); F: 190–191° [korr.; Zers.; nach Sintern bei 163°].

4-[Naphthyl-(2)]-allophansäure-[2-nitro-phenylester], *4-(2-naphthyl)allophanic acid* o-*nitrophenyl ester* $C_{18}H_{13}N_3O_5$, Formel VIII (R = H, X = NO_2).

B. Aus 2-Nitro-phenol analog 4-[Naphthyl-(2)]-allophansäure-phenylester [S. 3034] (*Sah et al.*, J. Chin. chem. Soc. **14** [1946] 65, 66, 71).

Gelbe Krystalle (aus Bzn. + Toluol); F: 179° [korr.; nach Sintern bei 160°].

4-[Naphthyl-(2)]-allophansäure-[3-nitro-phenylester], *4-(2-naphthyl)allophanic acid* m-*nitrophenyl ester* $C_{18}H_{13}N_3O_5$, Formel IX (R = H, X = NO_2).

B. Aus 3-Nitro-phenol analog 4-[Naphthyl-(2)]-allophansäure-phenylester [S. 3034] (*Sah et al.*, J. Chin. chem. Soc. **14** [1946] 65, 66, 71).

Gelbe Krystalle (aus Bzn. + Toluol); F: 171° [korr.].

4-[Naphthyl-(2)]-allophansäure-[4-nitro-phenylester], *4-(2-naphthyl)allophanic acid* p-*nitrophenyl ester* $C_{18}H_{13}N_3O_5$, Formel VIII (R = NO_2, X = H).

B. Aus 4-Nitro-phenol analog 4-[Naphthyl-(2)]-allophansäure-phenylester [S. 3034] (*Sah et al.*, J. Chin. chem. Soc. **14** [1946] 65, 66, 71).

Gelbe Krystalle (aus Bzn. + Toluol); F: 203–205° [korr.].

4-[Naphthyl-(2)]-allophansäure-*o*-tolylester, *4-(2-naphthyl)allophanic acid* o-*tolyl ester* $C_{19}H_{16}N_2O_3$, Formel VIII (R = H, X = CH_3).

B. Aus *o*-Kresol analog 4-[Naphthyl-(2)]-allophansäure-phenylester [S. 3034] (*Sah et al.*, J. Chin. chem. Soc. **14** [1946] 65, 66, 71).

Krystalle (aus Bzn.); F: 174° [korr.].

4-[Naphthyl-(2)]-allophansäure-[4-chlor-2-methyl-phenylester], *4-(2-naphthyl)allophanic acid 4-chloro-*o-*tolyl ester* $C_{19}H_{15}ClN_2O_3$, Formel VIII (R = Cl, X = CH_3).

B. Aus 4-Chlor-2-methyl-phenol analog 4-[Naphthyl-(2)]-allophansäure-phenylester [S. 3034] (*Sah et al.*, J. Chin. chem. Soc. **14** [1946] 65, 66, 72).

Krystalle (aus Bzn.); F: 205° [korr.; nach Sintern bei 175°].

4-[Naphthyl-(2)]-allophansäure-*m*-tolylester, *4-(2-naphthyl)allophanic acid* m-*tolyl ester* $C_{19}H_{16}N_2O_3$, Formel IX (R = H, X = CH_3).

B. Aus *m*-Kresol analog 4-[Naphthyl-(2)]-allophansäure-phenylester [S. 3034] (*Sah et al.*, J. Chin. chem. Soc. **14** [1946] 65, 66, 71).

Krystalle (aus Bzn.); F: 141–142° [korr.].

4-[Naphthyl-(2)]-allophansäure-[4-chlor-3-methyl-phenylester], *4-(2-naphthyl)allophanic acid 4-chloro-*m-*tolyl ester* $C_{19}H_{15}ClN_2O_3$, Formel IX (R = Cl, X = CH_3).

B. Aus 4-Chlor-3-methyl-phenol analog 4-[Naphthyl-(2)]-allophansäure-phenylester

[S. 3034] (*Sah et al.*, J. Chin. chem. Soc. **14** [1946] 65, 66, 72).
Krystalle (aus Bzn. + Toluol); F: 163—164° [korr.].

4-[Naphthyl-(2)]-allophansäure-*p*-tolylester, *4-(2-naphthyl)allophanic acid* p-*tolyl ester* $C_{19}H_{16}N_2O_3$, Formel VIII (R = CH_3, X = H) auf S. 3034.
B. Aus *p*-Kresol analog 4-[Naphthyl-(2)]-allophansäure-phenylester [S. 3034] (*Sah et al.*, J. Chin. chem. Soc. **14** [1946] 65, 66, 71).
Krystalle (aus Bzn.); F: 185° [korr.].

4-[Naphthyl-(2)]-allophansäure-[2-chlor-4-methyl-phenylester], *4-(2-naphthyl)allophanic acid 2-chloro-*p-*tolyl ester* $C_{19}H_{15}ClN_2O_3$, Formel VIII (R = CH_3, X = Cl) auf S. 3034.
B. Aus 2-Chlor-4-methyl-phenol analog 4-[Naphthyl-(2)]-allophansäure-phenylester [S. 3034] (*Sah et al.*, J. Chin. chem. Soc. **14** [1946] 65, 66, 72).
Krystalle (aus Bzn.); F: 189—190° [korr.].

4-[Naphthyl-(2)]-allophansäure-[3.4-dimethyl-phenylester], *4-(2-naphthyl)allophanic acid 3,4-xylyl ester* $C_{20}H_{18}N_2O_3$, Formel IX (R = X = CH_3).
B. Aus 3.4-Dimethyl-phenol analog 4-[Naphthyl-(2)]-allophansäure-phenylester [S. 3034] (*Sah et al.*, J. Chin. chem. Soc. **14** [1946] 65, 66, 71).
Krystalle (aus Bzn.); F: 191° [korr.].

4-[Naphthyl-(2)]-allophansäure-[2.4-dimethyl-phenylester], *4-(2-naphthyl)allophanic acid 2,4-xylyl ester* $C_{20}H_{18}N_2O_3$, Formel VIII (R = X = CH_3) auf S. 3034.
B. Aus 2.4-Dimethyl-phenol analog 4-[Naphthyl-(2)]-allophansäure-phenylester [S. 3034] (*Sah et al.*, J. Chin. chem. Soc. **14** [1946] 65, 66, 71).
Krystalle (aus Bzn.); F: 169° [korr.].

4-[Naphthyl-(2)]-allophansäure-[2.5-dimethyl-phenylester], *4-(2-naphthyl)allophanic acid 2,5-xylyl ester* $C_{20}H_{18}N_2O_3$, Formel XI (R = X = CH_3).
B. Aus 2.5-Dimethyl-phenol analog 4-[Naphthyl-(2)]-allophansäure-phenylester [S. 3034] (*Sah et al.*, J. Chin. chem. Soc. **14** [1946] 65, 66, 71).
Krystalle (aus Bzn.); F: 156° [korr.].

4-[Naphthyl-(2)]-allophansäure-[2-methyl-5-isopropyl-phenylester], *O*-[4-(Naphthyl-(2))-allophanoyl]-carvacrol, *4-(2-naphthyl)allophanic acid 5-isopropyl-2-methylphenyl ester* $C_{22}H_{22}N_2O_3$, Formel XI (R = CH_3, X = $CH(CH_3)_2$).
B. Aus Carvacrol analog 4-[Naphthyl-(2)]-allophansäure-phenylester [S. 3034] (*Sah et al.*, J. Chin. chem. Soc. **14** [1946] 65, 66, 71).
Krystalle (aus Bzn.); F: 122° [korr.].

4-[Naphthyl-(2)]-allophansäure-[3-methyl-6-isopropyl-phenylester], *O*-[4-(Naphthyl-(2))-allophanoyl]-thymol, *4-(2-naphthyl)allophanic acid 2-isopropyl-5-methylphenyl ester* $C_{22}H_{22}N_2O_3$, Formel XI (R = $CH(CH_3)_2$, X = CH_3).
B. Aus Thymol analog 4-[Naphthyl-(2)]-allophansäure-phenylester [S. 3034] (*Sah et al.*, J. Chin. chem. Soc. **14** [1946] 65, 66, 71).
Krystalle (aus Bzn.); F: 162° [korr.].

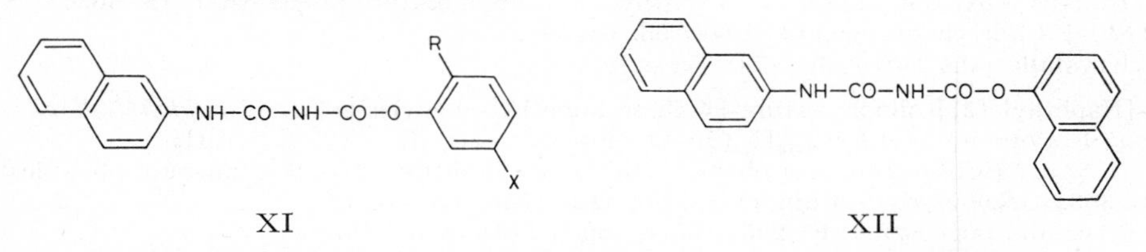

XI XII

4-[Naphthyl-(2)]-allophansäure-[naphthyl-(1)-ester], *4-(2-naphthyl)allophanic acid 1-naphthyl ester* $C_{22}H_{16}N_2O_3$, Formel XII.
B. Aus Naphthol-(1) analog 4-[Naphthyl-(2)]-allophansäure-phenylester [S. 3034] (*Sah et al.*, J. Chin. chem. Soc. **14** [1946] 65, 66, 71).
Krystalle (aus Bzn.); F: 160° [korr.; nach Sintern bei 135°].

4-[Naphthyl-(2)]-allophansäure-[naphthyl-(2)-ester], *4-(2-naphthyl)allophanic acid 2-naphthyl ester* $C_{22}H_{16}N_2O_3$, Formel XIII.
B. Aus Naphthol-(2) analog 4-[Naphthyl-(2)]-allophansäure-phenylester [S. 3034]

(*Sah et al.*, J. Chin. chem. Soc. **14** [1946] 65, 66, 71).
Krystalle (aus Bzn.); F: 193—194° [korr.; nach Sintern bei 160°].

4-[Naphthyl-(2)]-allophansäure-[2-methoxy-phenylester], *4-(2-naphthyl)allophanic acid* o-*methoxyphenyl ester* $C_{19}H_{16}N_2O_4$, Formel XI (R = OCH_3, X = H).
B. Aus Guajacol analog 4-[Naphthyl-(2)]-allophansäure-phenylester [S. 3034] (*Sah et al.*, J. Chin. chem. Soc. **14** [1946] 65, 66, 72).
Krystalle (aus Bzn.); F: 199—201° [korr.].

4-[Naphthyl-(2)]-allophansäure-[3-methoxy-phenylester], *4-(2-naphthyl)allophanic acid* m-*methoxyphenyl ester* $C_{19}H_{16}N_2O_4$, Formel XI (R = H, X = OCH_3).
B. Aus 3-Methoxy-phenol analog 4-[Naphthyl-(2)]-allophansäure-phenylester [S. 3034] (*Sah et al.*, J. Chin. chem. Soc. **14** [1946] 65, 66, 72).
Krystalle (aus Bzn.); F: 129° [korr.].

4-[Naphthyl-(2)]-allophansäure-[4-methoxy-phenylester], *4-(2-naphthyl)allophanic acid* p-*methoxyphenyl ester* $C_{19}H_{16}N_2O_4$, Formel IX (R = OCH_3, X = H) auf S. 3035.
B. Aus 4-Methoxy-phenol analog 4-[Naphthyl-(2)]-allophansäure-phenylester [S. 3034] (*Sah et al.*, J. Chin. chem. Soc. **14** [1946] 65, 66, 72).
Krystalle (aus Bzn.); F: 125° [korr.].

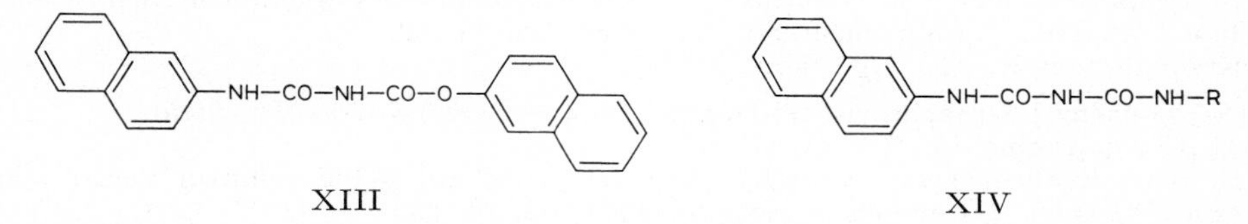

XIII XIV

1-[Naphthyl-(2)]-biuret, *1-(2-naphthyl)biuret* $C_{12}H_{11}N_3O_2$, Formel XIV (R = H) (H 1293).
B. Aus Naphthyl-(2)-amin und Allophanoylchlorid in Benzol (*Bougault, Leboucq*, Bl. [4] **47** [1930] 594, 596, 600).
Krystalle (aus A.); F: 230° [Block].

1-Cyclohexyl-5-[naphthyl-(2)]-biuret, *1-cyclohexyl-5-(2-naphthyl)biuret* $C_{18}H_{21}N_3O_2$, Formel XIV (R = C_6H_{11}).
B. Beim Erwärmen von Naphthyl-(2)-oxamoylazid mit Cyclohexylamin in Benzol oder Toluol (*Sah et al.*, J. Chin. chem. Soc. **14** [1946] 52, 54, 63).
Krystalle (aus E.); F: 233° [korr.].

1-Phenyl-5-[naphthyl-(2)]-biuret, *1-(2-naphthyl)-5-phenylbiuret* $C_{18}H_{15}N_3O_2$, Formel I (R = X = H).
B. Beim Erwärmen von Naphthyl-(2)-amin mit Phenyloxamoylazid oder von Naphth= yl-(2)-oxamoylazid mit Anilin in Benzol oder Toluol (*Sah et al.*, J. Chin. chem. Soc. **14** [1946] 52, 54, 56, 62).
Krystalle (aus E.); F: 233° [korr.].

1-[2-Chlor-phenyl]-5-[naphthyl-(2)]-biuret, *1-(*o*-chlorophenyl)-5-(2-naphthyl)biuret* $C_{18}H_{14}ClN_3O_2$, Formel I (R = H, X = Cl).
B. Beim Erwärmen von Naphthyl-(2)-oxamoylazid mit 2-Chlor-anilin in Benzol oder Toluol (*Sah et al.*, J. Chin. chem. Soc. **14** [1946] 52, 54, 62).
Krystalle (aus E.); F: 203° [korr.].

1-[3-Chlor-phenyl]-5-[naphthyl-(2)]-biuret, *1-(*m*-chlorophenyl)-5-(2-naphthyl)biuret* $C_{18}H_{14}ClN_3O_2$, Formel II (R = H, X = Cl).
B. Beim Erwärmen von Naphthyl-(2)-oxamoylazid mit 3-Chlor-anilin in Benzol oder Toluol (*Sah et al.*, J. Chin. chem. Soc. **14** [1946] 52, 54, 62).
Krystalle (aus E. + Acn.); F: 204° [korr.].

1-[4-Chlor-phenyl]-5-[naphthyl-(2)]-biuret, *1-(*p*-chlorophenyl)-5-(2-naphthyl)biuret* $C_{18}H_{14}ClN_3O_2$, Formel I (R = Cl, X = H).
B. Beim Erwärmen von Naphthyl-(2)-oxamoylazid mit 4-Chlor-anilin in Benzol oder Toluol (*Sah et al.*, J. Chin. chem. Soc. **14** [1946] 52, 54, 62).
Krystalle (aus E.); F: 249° [korr.].

1-[2-Brom-phenyl]-5-[naphthyl-(2)]-biuret, *1-(o-bromophenyl)-5-(2-naphthyl)biuret* $C_{18}H_{14}BrN_3O_2$, Formel I (R = H, X = Br).

B. Beim Erwärmen von Naphthyl-(2)-oxamoylazid mit 2-Brom-anilin in Benzol oder Toluol (*Sah et al.*, J. Chin. chem. Soc. **14** [1946] 52, 54, 62).

Krystalle (aus E.); F: 198° [korr.].

1-[3-Brom-phenyl]-5-[naphthyl-(2)]-biuret, *1-(m-bromophenyl)-5-(2-naphthyl)biuret* $C_{18}H_{14}BrN_3O_2$, Formel II (R = H, X = Br).

B. Beim Erwärmen von Naphthyl-(2)-oxamoylazid mit 3-Brom-anilin in Benzol oder Toluol (*Sah et al.*, J. Chin. chem. Soc. **14** [1946] 52, 54, 62).

Krystalle (aus E.); F: 209° [korr.].

1-[4-Brom-phenyl]-5-[naphthyl-(2)]-biuret, *1-(p-bromophenyl)-5-(2-naphthyl)biuret* $C_{18}H_{14}BrN_3O_2$, Formel I (R = Br, X = H).

B. Beim Erwärmen von Naphthyl-(2)-oxamoylazid mit 4-Brom-anilin in Benzol oder Toluol (*Sah et al.*, J. Chin. chem. Soc. **14** [1946] 52, 54, 62).

Krystalle (aus E.); F: 240° [korr.].

1-[2-Jod-phenyl]-5-[naphthyl-(2)]-biuret, *1-(o-iodophenyl)-5-(2-naphthyl)biuret* $C_{18}H_{14}IN_3O_2$, Formel I (R = H, X = I).

B. Beim Erwärmen von Naphthyl-(2)-oxamoylazid mit 2-Jod-anilin in Benzol oder Toluol (*Sah et al.*, J. Chin. chem. Soc. **14** [1946] 52, 54, 62).

Krystalle (aus E.); F: 174° [korr.].

1-[3-Jod-phenyl]-5-[naphthyl-(2)]-biuret, *1-(m-iodophenyl)-5-(2-naphthyl)biuret* $C_{18}H_{14}IN_3O_2$, Formel II (R = H, X = I).

B. Beim Erwärmen von Naphthyl-(2)-oxamoylazid mit 3-Jod-anilin in Benzol oder Toluol (*Sah et al.*, J. Chin. chem. Soc. **14** [1946] 52, 54, 63).

Krystalle (aus E. + Acn.); F: 233° [korr.].

1-[4-Jod-phenyl]-5-[naphthyl-(2)]-biuret, *1-(p-iodophenyl)-5-(2-naphthyl)biuret* $C_{18}H_{14}IN_3O_2$, Formel I (R = I, X = H).

B. Beim Erwärmen von Naphthyl-(2)-oxamoylazid mit 4-Jod-anilin in Benzol oder Toluol (*Sah et al.*, J. Chin. chem. Soc. **14** [1946] 52, 54, 63).

Krystalle (aus E.); F: 269° [korr.].

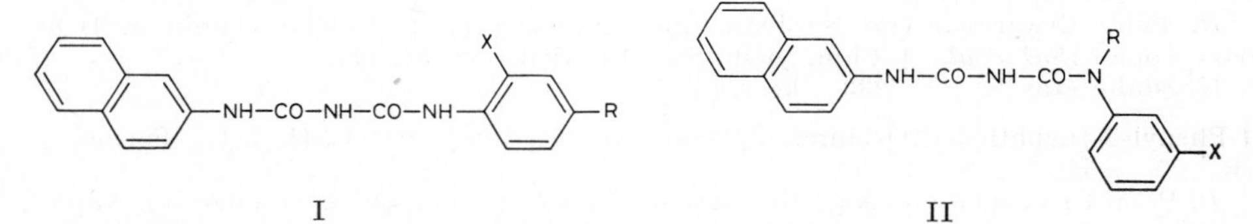

I II

1-[2-Nitro-phenyl]-5-[naphthyl-(2)]-biuret, *1-(2-naphthyl)-5-(o-nitrophenyl)biuret* $C_{18}H_{14}N_4O_4$, Formel I (R = H, X = NO_2).

B. Beim Erwärmen von Naphthyl-(2)-oxamoylazid mit 2-Nitro-anilin in Benzol oder Toluol (*Sah et al.*, J. Chin. chem. Soc. **14** [1946] 52, 54, 62).

Gelbe Krystalle (aus Acn.); F: 220° [korr.].

1-[3-Nitro-phenyl]-5-[naphthyl-(2)]-biuret, *1-(2-naphthyl)-5-(m-nitrophenyl)biuret* $C_{18}H_{14}N_4O_4$, Formel II (R = H, X = NO_2).

B. Beim Erwärmen von Naphthyl-(2)-oxamoylazid mit 3-Nitro-anilin in Benzol oder Toluol (*Sah et al.*, J. Chin. chem. Soc. **14** [1946] 52, 54, 62).

Gelbe Krystalle (aus E.); F: 222° [korr.].

1-[4-Nitro-phenyl]-5-[naphthyl-(2)]-biuret, *1-(2-naphthyl)-5-(p-nitrophenyl)biuret* $C_{18}H_{14}N_4O_4$, Formel I (R = NO_2, X = H).

B. Beim Erwärmen von Naphthyl-(2)-oxamoylazid mit 4-Nitro-anilin in Benzol oder Toluol (*Sah et al.*, J. Chin. chem. Soc. **14** [1946] 52, 54, 62).

Gelbe Krystalle (aus E.); F: 220° [korr.].

1.1-Diphenyl-5-[naphthyl-(2)]-biuret, *5-(2-naphthyl)-1,1-diphenylbiuret* $C_{24}H_{19}N_3O_2$, Formel II (R = C_6H_5, X = H).

B. Beim Erwärmen von Naphthyl-(2)-oxamoylazid mit Diphenylamin in Benzol oder

Toluol (*Sah et al.*, J. Chin. chem. Soc. **14** [1946] 52, 54, 63).
Krystalle (aus E.); F: 175° [korr.].

1-*o*-Tolyl-5-[naphthyl-(2)]-biuret, *1-(2-naphthyl)-5-*o*-tolylbiuret* $C_{19}H_{17}N_3O_2$, Formel I (R = H, X = CH_3).

B. Beim Erwärmen von Naphthyl-(2)-oxamoylazid mit *o*-Toluidin in Benzol oder Toluol (*Sah et al.*, J. Chin. chem. Soc. **14** [1946] 52, 54, 62).
Krystalle (aus E.); F: 183° [korr.].

1-*m*-Tolyl-5-[naphthyl-(2)]-biuret, *1-(2-naphthyl)-5-*m*-tolylbiuret* $C_{19}H_{17}N_3O_2$, Formel II (R = H, X = CH_3).

B. Beim Erwärmen von Naphthyl-(2)-oxamoylazid mit *m*-Toluidin in Benzol oder Toluol (*Sah et al.*, J. Chin. chem. Soc. **14** [1946] 52, 54, 62).
Krystalle (aus E.); F: 185° [korr.].

1-*p*-Tolyl-5-[naphthyl-(2)]-biuret, *1-(2-naphthyl)-5-*p*-tolylbiuret* $C_{19}H_{17}N_3O_2$, Formel I (R = CH_3, X = H).

B. Beim Erwärmen von Naphthyl-(2)-amin mit *p*-Tolyl-oxamoylazid oder von Naphth= yl-(2)-oxamoylazid mit *p*-Toluidin in Benzol oder Toluol (*Sah et al.*, J. Chin. chem. Soc. **14** [1946] 52, 54, 58, 62).
Krystalle (aus E.); F: 222° [korr.].

1-[2.4-Dimethyl-phenyl]-5-[naphthyl-(2)]-biuret, *1-(2-naphthyl)-5-(2,4-xylyl)biuret* $C_{20}H_{19}N_3O_2$, Formel I (R = X = CH_3).

B. Beim Erwärmen von Naphthyl-(2)-oxamoylazid mit 2.4-Dimethyl-anilin in Benzol oder Toluol (*Sah et al.*, J. Chin. chem. Soc. **14** [1946] 52, 54, 62).
Krystalle (aus E.); F: 199° [korr.].

1-[Naphthyl-(1)]-5-[naphthyl-(2)]-biuret, *1-(1-naphthyl)-5-(2-naphthyl)biuret* $C_{22}H_{17}N_3O_2$, Formel III.

B. Beim Erwärmen von Naphthyl-(1)-oxamoylazid mit Naphthyl-(2)-amin oder von Naphthyl-(2)-oxamoylazid mit Naphthyl-(1)-amin in Benzol oder Toluol (*Sah et al.*, J. Chin. chem. Soc. **14** [1946] 52, 54, 60, 62).
Krystalle (aus E.); F: 198° [korr.].

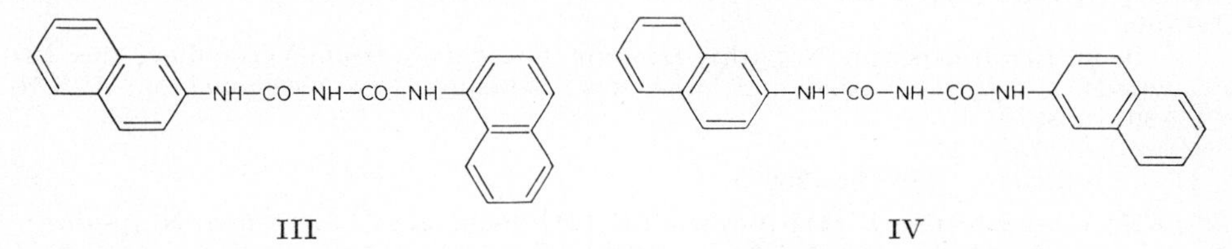

III IV

1.5-Di-[naphthyl-(2)]-biuret, *1,5-di(2-naphthyl)biuret* $C_{22}H_{17}N_3O_2$, Formel IV.

B. Beim Erwärmen von Naphthyl-(2)-oxamoylazid mit Naphthyl-(2)-amin in Benzol oder Toluol (*Sah et al.*, J. Chin. chem. Soc. **14** [1946] 52, 54, 62).
Krystalle (aus E.); F: 277° [korr.].

Naphthyl-(2)-carbamonitril, Naphthyl-(2)-cyanamid, *(2-naphthyl)carbamonitrile* $C_{11}H_8N_2$, Formel V (H 1293).

B. Beim Erhitzen von Naphthyl-(2)-thioharnstoff mit Natriumbromat und wss. Natronlauge (*Capps, Dehn*, Am. Soc. **54** [1932] 4301, 4304).
Krystalle; F: 104—106°.

V VI

Naphthyl-(2)-guanidin, *(2-naphthyl)guanidine* $C_{11}H_{11}N_3$, Formel VI (R = H) und Tautomeres (E I 540).

B. Beim Erhitzen von Naphthyl-(2)-amin mit *S*-Methyl-isothiuronium-sulfat in

Gegenwart von Kupfer(II)-sulfat in *p*-Kresol auf 200° (*Royer*, Soc. **1949** 1665).

Krystalle (aus Bzl.); F: 143,5°. Elektrolytische Dissoziation des Naphthyl-(2)-guanidinium-Ions in wss. Äthanol: *Phillips*, zit. bei *Royer*.

***N'*-[Naphthyl-(2)]-*N*-cyan-guanidin,** N-*cyano*-N'-*(2-naphthyl)guanidine* $C_{12}H_{10}N_4$, Formel VI (R = CN) und Tautomere.

B. Beim Behandeln von Naphthyl-(2)-amin-hydrochlorid mit der Natrium-Verbindung des Dicyanamids in Wasser (*Curd et al.*, Soc. **1948** 1630, 1634). Beim Behandeln einer aus Naphthyl-(2)-amin bereiteten Diazoniumsalz-Lösung mit Cyanguanidin und wss. Natronlauge und Eintragen des Reaktionsprodukts in ein Gemisch von Aceton und wss. Salzsäure (*Bami*, J. Indian Inst. Sci. [A] **30** [1948] 15, 19).

Krystalle; F: 248—249° (*Curd et al.*), 237° (*Bami*).

1-Isopropyl-5-[naphthyl-(2)]-biguanid, *1-isopropyl-5-(2-naphthyl)biguanide* $C_{15}H_{19}N_5$, Formel VI (R = C(=NH)-NH-CH(CH_3)$_2$), und Tautomere.

B. Beim Erhitzen von *N'*-[Naphthyl-(2)]-*N*-cyan-guanidin mit Isopropylamin-hydrochlorid auf 170° (*Bami*, *Guha*, J. Indian Inst. Sci. [A] **31** [1949] 1, 5).

Hydrochlorid $C_{15}H_{19}N_5 \cdot HCl$. Krystalle (aus W.); F: 229—230°.

1-[4-Chlor-phenyl]-5-[naphthyl-(2)]-biguanid, *1-(p-chlorophenyl)-5-(2-naphthyl)biguanide* $C_{18}H_{16}ClN_5$, Formel VII, und Tautomere.

B. Beim Erhitzen von Naphthyl-(2)-amin-hydrochlorid mit *N'*-[4-Chlor-phenyl]-*N*-cyan-guanidin in wss. Dioxan (*Curd*, *Rose*, Soc. **1946** 729, 732, 737).

Krystalle; F: 142—143°.

Hydrochlorid $C_{18}H_{16}ClN_5 \cdot HCl$. Krystalle (aus wss. 1-Äthoxy-äthanol-(2)); F: 249° bis 250°.

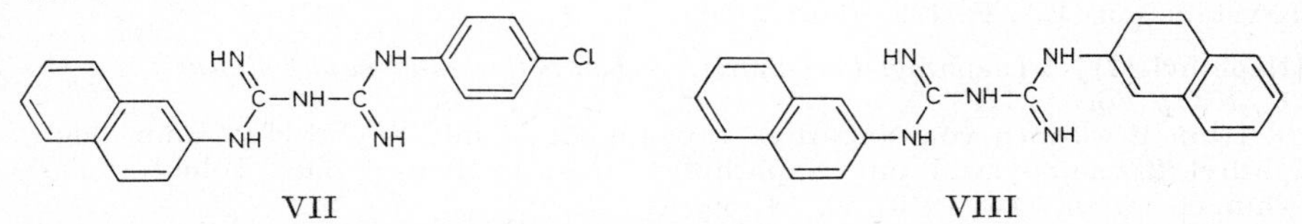

VII VIII

1.5-Di-[naphthyl-(2)]-biguanid, *1,5-di(2-naphthyl)biguanide* $C_{22}H_{19}N_5$, Formel VIII, und Tautomere.

B. Beim Erwärmen von Naphthyl-(2)-amin mit der Natrium-Verbindung des Dicyanamids in 1-Äthoxy-äthanol-(2) und wss. Salzsäure (*Am. Cyanamid Co.*, U.S.P. 2455897 [1945]).

Zers. bei 175—177°.

Hydrochlorid. Zers. bei 268°.

***N'*-[4-Nitro-benzol-sulfonyl-(1)]-*N*-[naphthyl-(2)]-guanidin,** N-*(2-naphthyl)*-N'-*(p-nitrophenylsulfonyl)guanidine* $C_{17}H_{14}N_4O_4S$, Formel IX und Tautomere.

B. Beim Erhitzen von Naphthyl-(2)-amin mit der Natrium-Verbindung des 4-Nitro-*N*-cyan-benzolsulfonamids-(1) in Essigsäure (*Backer*, *Wadman*, R. **68** [1949] 595, 599, 601).

Gelbe Krystalle (aus wss. Acn.); F: 168°.

Beim Erhitzen mit wss. Natronlauge ist [4-Nitro-phenyl]-[naphthyl-(2)]-amin erhalten worden (*Ba.*, *Wa.*, l. c. S. 603).

4-[Naphthyl-(2)]-semicarbazid, *4-(2-naphthyl)semicarbazide* $C_{11}H_{11}N_3O$, Formel X (X = NH_2) (H 1293).

B. Beim Erwärmen von Naphthyl-(2)-harnstoff mit Hydrazin in wss. Äthanol (*Sah*, *Tao*, J. Chin. chem. Soc. **4** [1936] 501).

Acetaldehyd-[4-(naphthyl-(2))-semicarbazon], *acetaldehyde 4-(2-naphthyl)semicarbazone* $C_{13}H_{13}N_3O$, Formel X (X = N=CH-CH_3).

B. Aus 4-[Naphthyl-(2)]-semicarbazid und Acetaldehyd (*Sah*, *Tao*, J. Chin. chem. Soc. **4** [1936] 501, 502, 503).

Krystalle (aus A.); F: 176—178°.

Propionaldehyd-[4-(naphthyl-(2))-semicarbazon], *propionaldehyde 4-(2-naphthyl)semicarbazone* $C_{14}H_{15}N_3O$, Formel X (X = N=CH-CH_2-CH_3).

B. Aus 4-[Naphthyl-(2)]-semicarbazid und Propionaldehyd (*Sah*, *Tao*, J. Chin. chem.

Soc. **4** [1936] 501, 502, 503).
Krystalle (aus A.); F: 147—148°.

Aceton-[4-(naphthyl-(2))-semicarbazon], *acetone 4-(2-naphthyl)semicarbazone* $C_{14}H_{15}N_3O$, Formel X (X = N=C(CH$_3$)$_2$) (H 1293).
B. Aus 4-[Naphthyl-(2)]-semicarbazid und Aceton (*Sah, Tao,* J. Chin. chem. Soc. **4** [1936] 501, 502, 503).
Krystalle (aus A.); F: 192—193°.

Butyraldehyd-[4-(naphthyl-(2))-semicarbazon], *butyraldehyde 4-(2-naphthyl)semicarbazone* $C_{15}H_{17}N_3O$, Formel X (X = N=CH-CH$_2$-CH$_2$-CH$_3$).
B. Aus 4-[Naphthyl-(2)]-semicarbazid und Butyraldehyd (*Sah, Tao,* J. Chin. chem. Soc. **4** [1936] 501, 502, 503).
Krystalle (aus A.); F: 138—139°.

Butanon-[4-(naphthyl-(2))-semicarbazon], *butan-2-one 4-(2-naphthyl)semicarbazone* $C_{15}H_{17}N_3O$, Formel X (X = N=C(CH$_3$)-CH$_2$-CH$_3$).
B. Aus 4-[Naphthyl-(2)]-semicarbazid und Butanon (*Sah, Tao,* J. Chin. chem. Soc. **4** [1936] 501, 502, 503).
Krystalle (aus A.); F: 169—170°.

Isobutyraldehyd-[4-(naphthyl-(2))-semicarbazon], *isobutyraldehyde 4-(2-naphthyl)semicarbazone* $C_{15}H_{17}N_3O$, Formel X (X = N=CH-CH(CH$_3$)$_2$).
B. Aus 4-[Naphthyl-(2)]-semicarbazid und Isobutyraldehyd (*Sah, Tao,* J. Chin. chem. Soc. **4** [1936] 501, 502, 503).
Krystalle (aus A.); F: 137—138°.

Valeraldehyd-[4-(naphthyl-(2))-semicarbazon], *valeraldehyde 4-(2-naphthyl)semicarbazone* $C_{16}H_{19}N_3O$, Formel X (X = N=CH-[CH$_2$]$_3$-CH$_3$).
B. Aus 4-[Naphthyl-(2)]-semicarbazid und Valeraldehyd (*Sah, Tao,* J. Chin. chem. Soc. **4** [1936] 501, 502, 503).
Krystalle (aus A.); F: 134—136°.

Hexanal-[4-(naphthyl-(2))-semicarbazon], *hexanal 4-(2-naphthyl)semicarbazone* $C_{17}H_{21}N_3O$, Formel X (X = N=CH-[CH$_2$]$_4$-CH$_3$).
B. Aus 4-[Naphthyl-(2)]-semicarbazid und Hexanal (*Sah, Tao,* J. Chin. chem. Soc. **4** [1936] 501, 502, 503).
Krystalle (aus A.); F: 126—128°.

Heptanal-[4-(naphthyl-(2))-semicarbazon], *heptanal 4-(2-naphthyl)semicarbazone* $C_{18}H_{23}N_3O$, Formel X (X = N=CH-[CH$_2$]$_5$-CH$_3$).
B. Aus 4-[Naphthyl-(2)]-semicarbazid und Heptanal (*Sah, Tao,* J. Chin. chem. Soc. **4** [1936] 501, 502, 503).
Krystalle (aus A.); F: 134,5° (?).

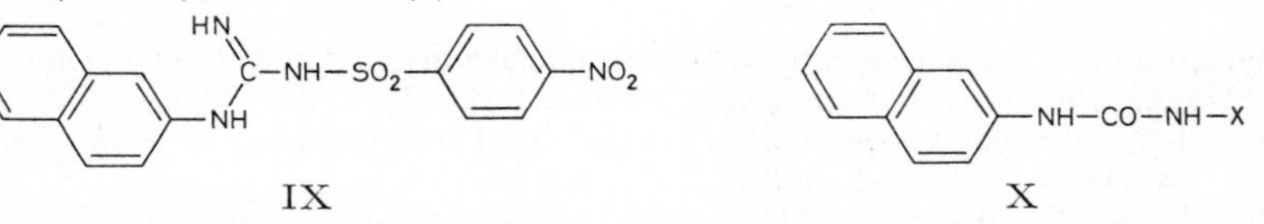

Octanal-[4-(naphthyl-(2))-semicarbazon], *octanal 4-(2-naphthyl)semicarbazone* $C_{19}H_{25}N_3O$ Formel X (X = N=CH-[CH$_2$]$_6$-CH$_3$).
B. Aus 4-[Naphthyl-(2)]-semicarbazid und Octanal (*Sah, Tao,* J. Chin. chem. Soc. **4** [1936] 501, 502, 503).
Krystalle (aus A.); F: 135—136°.

Octanon-(2)-[4-(naphthyl-(2))-semicarbazon], *octan-2-one 4-(2-naphthyl)semicarbazone* $C_{19}H_{25}N_3O$, Formel X (X = N=C(CH$_3$)-[CH$_2$]$_5$-CH$_3$).
B. Aus 4-[Naphthyl-(2)]-semicarbazid und Octanon-(2) (*Sah, Tao,* J. Chin. chem. Soc. **4** [1936] 501, 502, 503).
Krystalle (aus A.); F: 144,5—145,5°.

Nonanal-[4-(naphthyl-(2))-semicarbazon], *nonanal 4-(2-naphthyl)semicarbazone* $C_{20}H_{27}N_3O$, Formel X (X = N=CH-[CH$_2$]$_7$-CH$_3$).
B. Aus 4-[Naphthyl-(2)]-semicarbazid und Nonanal (*Sah, Tao,* J. Chin. chem. Soc. **4**

[1936] 501, 502, 503).
Krystalle (aus A.); F: 150—151°.

Decanal-[4-(naphthyl-(2))-semicarbazon], *decanal 4-(2-naphthyl)semicarbazone* $C_{21}H_{29}N_3O$, Formel X (X = N=CH-$[CH_2]_8$-CH_3).
B. Aus 4-[Naphthyl-(2)]-semicarbazid und Decanal (*Sah, Tao*, J. Chin. chem. Soc. **4** [1936] 501, 502, 503).
Krystalle (aus A.); F: 148,5—149,5°.

Cyclopentanon-[4-(naphthyl-(2))-semicarbazon], *cyclopentanone 4-(2-naphthyl)semicarbazone* $C_{16}H_{17}N_3O$, Formel XI.
B. Aus 4-[Naphthyl-(2)]-semicarbazid und Cyclopentanon (*Chang, Sah*, J. Chin. chem. Soc. **4** [1936] 413, 415).
Krystalle (aus wss. A.); F: 179—180° [korr.].

Benzaldehyd-[4-(naphthyl-(2))-semicarbazon], *benzaldehyde 4-(2-naphthyl)semicarbazone* $C_{18}H_{15}N_3O$, Formel XII (R = X = H).
B. Aus 4-[Naphthyl-(2)]-semicarbazid und Benzaldehyd (*Sah, Tao*, J. Chin. chem. Soc. **4** [1936] 501, 502, 503).
Krystalle (aus A.); F: 222—223°.

3-Nitro-benzaldehyd-[4-(naphthyl-(2))-semicarbazon], m-*nitrobenzaldehyde 4-(2-naphthyl)semicarbazone* $C_{18}H_{14}N_4O_3$, Formel XII (R = H, X = NO_2).
B. Aus 4-[Naphthyl-(2)]-semicarbazid und 3-Nitro-benzaldehyd (*Sah, Tao*, J. Chin. chem. Soc. **4** [1936] 501, 502, 503).
Gelbliche Krystalle (aus A.); F: 205,5—206,5°.

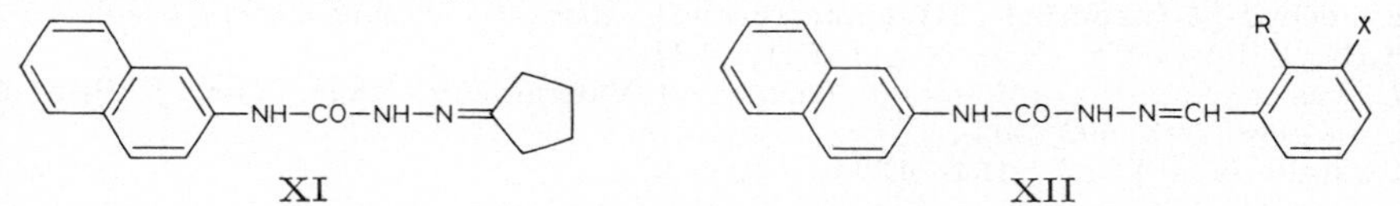

XI XII

Acetophenon-[4-(naphthyl-(2))-semicarbazon], *acetophenone 4-(2-naphthyl)semicarbazone* $C_{19}H_{17}N_3O$, Formel XIII (R = CH_3, X = H) (H 1293).
B. Aus 4-[Naphthyl-(2)]-semicarbazid und Acetophenon (*Sah, Tao*, J. Chin. chem. Soc. **4** [1936] 501, 502, 503).
Krystalle (aus A.); F: 207—208°.

1-[4-Brom-phenyl]-äthanon-(1)-[4-(naphthyl-(2))-semicarbazon], *4'-bromoacetophenone 4-(2-naphthyl)semicarbazone* $C_{19}H_{16}BrN_3O$, Formel XIII (R = CH_3, X = Br).
B. Aus 4-[Naphthyl-(2)]-semicarbazid und 1-[4-Brom-phenyl]-äthanon-(1) (*Sah, Tao*, J. Chin. chem. Soc. **4** [1936] 501, 502, 503).
Krystalle (aus A.); F: 239—240°.

1-*p*-Tolyl-äthanon-(1)-[4-(naphthyl-(2))-semicarbazon], *4'-methylacetophenone 4-(2-naphthyl)semicarbazone* $C_{20}H_{19}N_3O$, Formel XIII (R = X = CH_3).
B. Aus 4-[Naphthyl-(2)]-semicarbazid und 1-*p*-Tolyl-äthanon-(1) (*Sah, Tao*, J. Chin. chem. Soc. **4** [1936] 501, 502, 503).
Krystalle (aus A.); F: 255—256°.

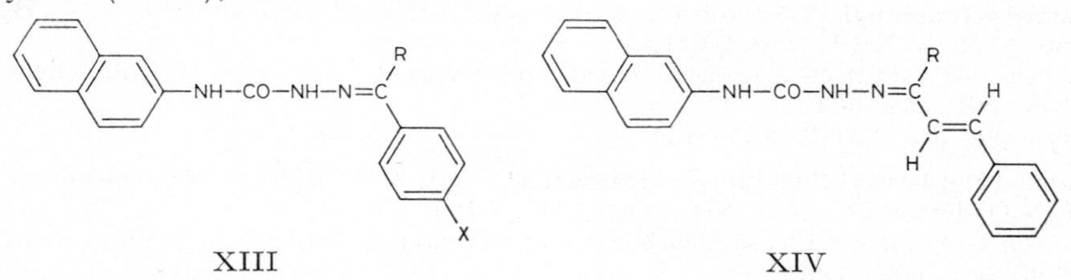

XIII XIV

Zimtaldehyd-[4-(naphthyl-(2))-semicarbazon], *cinnamaldehyde 4-(2-naphthyl)semicarbazone* $C_{20}H_{17}N_3O$.

***trans*-Zimtaldehyd-[4-(naphthyl-(2))-semicarbazon]**, Formel XIV (R = H).
B. Aus 4-[Naphthyl-(2)]-semicarbazid und *trans*-Zimtaldehyd (*Sah, Tao*, J. Chin.

chem. Soc. **4** [1936] 501, 502, 503).
Krystalle (aus A.); F: 205,5—206,5°.

1-Phenyl-buten-(1)-on-(3)-[4-(naphthyl-(2))-semicarbazon], *4-phenylbut-3-en-2-one 4-(2-naphthyl)semicarbazone* $C_{21}H_{19}N_3O$.

1t-Phenyl-buten-(1)-on-(3)-[4-(naphthyl-(2))-semicarbazon], *trans*-Benzyliden-aceton-[4-(naphthyl-(2))-semicarbazon], Formel XIV (R = CH_3).
B. Aus 4-[Naphthyl-(2)]-semicarbazid und 1*t*-Phenyl-buten-(1)-on-(3) [*trans*-Benzylidenaceton] (*Sah, Tao,* J. Chin. chem. Soc. **4** [1936] 501, 502, 503).
Krystalle (aus A.); F: 198—199°.

Benzophenon-[4-(naphthyl-(2))-semicarbazon], *benzophenone 4-(2-naphthyl)semicarbazone* $C_{24}H_{19}N_3O$, Formel XIII (R = C_6H_5, X = H).
B. Aus 4-[Naphthyl-(2)]-semicarbazid und Benzophenon (*Sah, Tao,* J. Chin. chem. Soc. **4** [1936] 501, 502, 503).
Krystalle (aus A.); F: 181,5—182,5°.

Salicylaldehyd-[4-(naphthyl-(2))-semicarbazon], *salicylaldehyde 4-(2-naphthyl)semicarbazone* $C_{18}H_{15}N_3O_2$, Formel XII (R = OH, X = H) (H 1293).
Krystalle (aus A.); F: 202—203° (*Sah, Tao,* J. Chin. chem. Soc. **4** [1936] 501, 502, 503).

3-[4-(Naphthyl-(2))-semicarbazono]-buttersäure-äthylester, Acetessigsäure-äthylester-[4-(naphthyl-(2))-semicarbazon], *3-[4-(2-naphthyl)semicarbazono]butyric acid ethyl ester* $C_{17}H_{19}N_3O_3$, Formel X (X = N=C(CH_3)-CH_2-CO-OC_2H_5) auf S. 3041.
B. Aus 4-[Naphthyl-(2)]-semicarbazid und Acetessigsäure-äthylester (*Sah, Tao,* J. Chin. chem. Soc. **4** [1936] 501, 502, 503).
Krystalle (aus A.); F: 159—161°.

4-[4-(Naphthyl-(2))-semicarbazono]-valeriansäure, Lävulinsäure-[4-(naphthyl-(2))-semicarbazon], *4-[4-(2-naphthyl)semicarbazono]valeric acid* $C_{16}H_{17}N_3O_3$, Formel X (X = N=C(CH_3)-CH_2-CH_2-COOH) auf S. 3041.
B. Aus 4-[Naphthyl-(2)]-semicarbazid und Lävulinsäure (*Sah, Tao,* J. Chin. chem. Soc. **4** [1936] 501, 502, 503).
Krystalle (aus A.); F: 214—215°.

4-[4-(Naphthyl-(2))-semicarbazono]-valeriansäure-benzylester, *4-[4-(2-naphthyl)semicarbazono]valeric acid benzyl ester* $C_{23}H_{23}N_3O_3$, Formel X (X = N=C(CH_3)-CH_2-CH_2-CO-O-CH_2-C_6H_5) auf S. 3041.
B. Aus 4-[Naphthyl-(2)]-semicarbazid und Lävulinsäure-benzylester (*Sah, Tao,* J. Chin. chem. Soc. **4** [1936] 501, 502, 503).
Krystalle (aus A.); F: 141—142°.

Acetylaceton-bis-{[*N.N'*-di-(naphthyl-(2))-carbamimidoyl]-hydrazon}, *pentane-2,4-dione bis{[N,N'-di(2-naphthyl)carbamimidoyl]hydrazone}* $C_{47}H_{40}N_8$, Formel I, und Tautomere.
B. Aus *N''*-Amino-*N.N'*-di-[naphthyl-(2)]-guanidin und Acetylaceton in Äthanol (*De, Rakshit,* J. Indian chem. Soc. **13** [1936] 509, 516).
Krystalle (aus wss. A.); F: 210°.
Beim Erhitzen in Essigsäure ist 3.5-Dimethyl-*N.N'*-di-[naphthyl-(2)]-pyrazolcarbamidin-(1) erhalten worden.

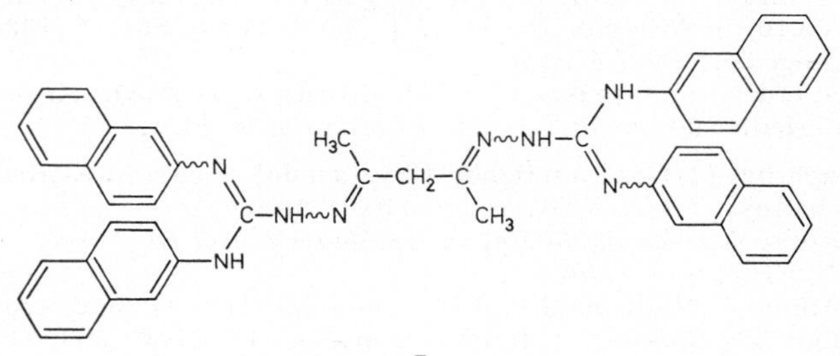

I

N''-[10-Oxo-10*H*-phenanthryliden-(9)-amino]-*N.N'*-di-[naphthyl-(2)]-guanidin, Phenanthren-chinon-(9.10)-mono-{[*N.N'*-di-(naphthyl-(2))-carbamimidoyl]-hydrazon}, *phenanthrenequinone* [N,N'-*di(2-naphthyl)carbamimidoyl*]*hydrazone* $C_{35}H_{24}N_4O$, Formel II (R = R' = H, X = O), und Tautomere (z. B. *C*-[10-Hydroxy-phenanthryl-(9)-azo]-*N.N'*-di-[naphthyl-(2)]-formamidin).

B. Aus N''-Amino-*N.N'*-di-[naphthyl-(2)]-guanidin (H 1294) und Phenanthren-chinon-(9.10) in Äthanol (*De, Dutt*, J. Indian chem. Soc. **7** [1930] 537, 543).

Gelbe Krystalle (aus Py.); F: 240°.

Beim Erhitzen mit Essigsäure und Erhitzen des Reaktionsprodukts mit Pyridin ist eine Verbindung $C_{25}H_{15}N$ (rote Krystalle [aus Nitrobenzol], die unterhalb 300° nicht schmelzen) erhalten worden.

N''-[10-Hydroxyimino-10*H*-phenanthryliden-(9)-amino]-*N.N'*-di-[naphthyl-(2)]-guanidin, Phenanthren-chinon-(9.10)-oxim-{[*N.N'*-di-(naphthyl-(2))-carbamimidoyl]-hydrazon}, *phenanthrenequinone* [N,N'-*di(2-naphthyl)carbamimidoyl*]*hydrazone oxime* $C_{35}H_{25}N_5O$, Formel II (R = R' = H, X = NOH), und Tautomere.

B. Aus N''-Amino-*N.N'*-di-[naphthyl-(2)]-guanidin (H 1294) und Phenanthren-chinon-(9.10)-monooxim in Äthanol (*De, Dutt*, J. Indian chem. Soc. **7** [1930] 537, 543).

Gelbe Krystalle (aus Py.); F: 235°.

Beim Erhitzen mit Essigsäure ist eine Verbindung $C_{35}H_{22}N_2$ (gelbe Krystalle [aus A. + Py.]; F: 245°) erhalten worden.

2-Nitro-phenanthren-chinon-(9.10)-9-{[*N.N'*-di-(naphthyl-(2))-carbamimidoyl]-hydrazon}, *2-nitrophenanthrenequinone 9-*[N,N'-*di(2-naphthyl)carbamimidoyl*]*hydrazone* $C_{35}H_{23}N_5O_3$, Formel II (R = NO_2, R' = H, X = O), und **2-Nitro-phenanthren-chinon-(9.10)-10-{[*N.N'*-di-(naphthyl-(2))-carbamimidoyl]-hydrazon},** *2-nitrophenanthrenequinone 10-*[N,N'-*di(2-naphthyl)carbamimidoyl*]*hydrazone* $C_{35}H_{23}N_5O_3$, Formel II (R = H, R' = NO_2, X = O), sowie Tautomere.

Diese Formeln kommen für die nachstehend beschriebene Verbindung in Betracht.

B. Aus N''-Amino-*N.N'*-di-[naphthyl-(2)]-guanidin (H 1294) und 2-Nitro-phenanthren-chinon-(9.10) in Äthanol (*De, Dutt*, J. Indian chem. Soc. **7** [1930] 537, 543).

Braune Krystalle (aus wss. Py.); F: 200°.

Beim Erhitzen mit Essigsäure und anschliessend mit Pyridin ist eine Verbindung $C_{25}H_{14}N_2O_2$ (violette Krystalle [aus Nitrobenzol]; F: 276°) erhalten worden.

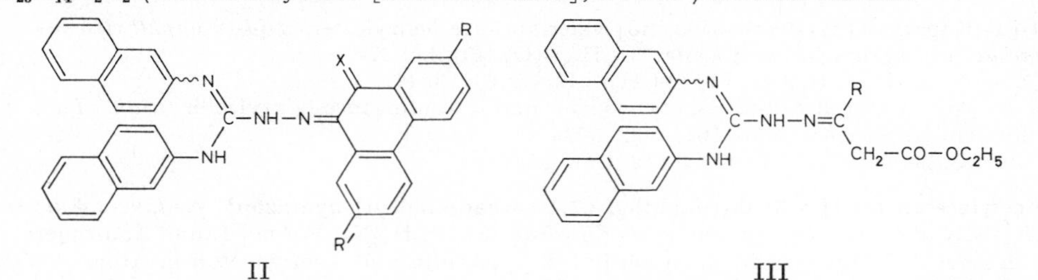

II III

2.7-Dinitro-phenanthren-chinon-(9.10)-mono-{[*N.N'*-di-(naphthyl-(2))-carbamimidoyl]-hydrazon}, *2,7-dinitrophenanthrenequinone* [N,N'-*di(2-naphthyl)carbamimidoyl*]*hydrazone* $C_{35}H_{22}N_6O_5$, Formel II (R = R' = NO_2, X = O), und Tautomere.

B. Aus N''-Amino-*N.N'*-di-[naphthyl-(2)]-guanidin (H 1294) und 2.7-Dinitro-phenanthren-chinon-(9.10) in Äthanol (*De, Dutt*, J. Indian chem. Soc. **7** [1930] 537, 544).

Braune Krystalle (aus Py.); F: 270°.

Beim Erhitzen mit Essigsäure ist eine Verbindung $C_{25}H_{13}N_3O_4$ (Krystalle [aus Nitrobenzol], die unterhalb 300° nicht schmelzen) erhalten worden.

3-{[*N.N'*-Di-(naphthyl-(2))-carbamimidoyl]-hydrazono}-buttersäure-äthylester, Acetessigsäure-äthylester-{[*N.N'*-di-(naphthyl-(2))-carbamimidoyl]-hydrazon}, *3-*{[N,N'-*di(2-naphthyl)carbamimidoyl*]*hydrazono*}*butyric acid ethyl ester* $C_{27}H_{26}N_4O_2$, Formel III (R = CH_3), und Tautomere.

B. Aus N''-Amino-*N.N'*-di-[naphthyl-(2)]-guanidin (H 1294) und Acetessigsäure-äthylester in Äthanol (*De, Rakshit*, J. Indian chem. Soc. **13** [1936] 509, 517).

Krystalle (aus wss. A.); F: 141°.

3-{[N.N'-Di-(naphthyl-(2))-carbamimidoyl]-hydrazono}-3-phenyl-propionsäure-äthylester, Benzoylessigsäure-äthylester-{[*N.N'*-di-(naphthyl-(2))-carbamimidoyl]-hydrazon}, *3-{[N,N'-di(2-naphthyl)carbamimidoyl]hydrazono}-3-phenylpropionic acid ethyl ester* $C_{32}H_{28}N_4O_2$, Formel III (R = C_6H_5), und Tautomere.

B. Aus *N''*-Amino-*N.N'*-di-[naphthyl-(2)]-guanidin (H 1294) und Benzoylessigsäure-äthylester in Äthanol (*De, Rakshit*, J. Indian chem. Soc. **13** [1936] 509, 517).

Krystalle (aus wss. A.); F: 219°.

Naphthyl-(2)-thiocarbamidsäure-O-äthylester, *(2-naphthyl)thiocarbamic acid O-ethyl ester* $C_{13}H_{13}NOS$, Formel IV (H 1294).

Diese Konstitution kommt der E II 724 als [Naphthyl-(2)-carbamidsäure]-[naphthyl-(2)-dithiocarbamidsäure]-anhydrid ($C_{22}H_{16}N_2OS_2$; „β-Naphthylaminoformyl-β-naphthylaminothioformyl-sulfid") beschriebenen Verbindung zu (*Sayre*, Am. Soc. **74** [1952] 3647).

B. Aus *N.N'*-Di-[naphthyl-(2)]-thioharnstoff beim Erwärmen mit Äthanol und wss. Salzsäure (*Nishimura*, J. pharm. Soc. Japan **63** [1943] 132; C. A. **1951** 5120).

F: 97° (*Ni.*), 96—97° (*Sayre*).

Naphthyl-(2)-thioharnstoff, *(2-naphthyl)thiourea* $C_{11}H_{10}N_2S$, Formel V (R = X = H) (H 1294; E II 723).

F: 194° (*Hunter, Jones*, Soc. **1930** 941, 943).

N-Methyl-N'-[naphthyl-(2)]-thioharnstoff, *1-methyl-3-(2-naphthyl)thiourea* $C_{12}H_{12}N_2S$, Formel V (R = CH_3, X = H).

B. Aus Naphthyl-(2)-isothiocyanat und Methylamin (*Hunter, Jones*, Soc. **1930** 941, 947; *Brown, Campbell*, Soc. **1937** 1699).

Krystalle; F: 130° (*Hu., Jo.*), 127° [aus wss. A.] (*Br., Ca.*).

N.N-Dimethyl-N'-[naphthyl-(2)]-thioharnstoff, *1,1-dimethyl-3-(2-naphthyl)thiourea* $C_{13}H_{14}N_2S$, Formel V (R = X = CH_3).

B. Aus Naphthyl-(2)-isothiocyanat und Dimethylamin (*Brown, Campbell*, Soc. **1937** 1699).

Krystalle (aus wss. A.); F: 173°.

N-Äthyl-N'-[naphthyl-(2)]-thioharnstoff, *1-ethyl-3-(2-naphthyl)thiourea* $C_{13}H_{14}N_2S$, Formel V (R = C_2H_5, X = H).

B. Aus Naphthyl-(2)-isothiocyanat und Äthylamin (*Brown, Campbell*, Soc. **1937** 1699).

Krystalle (aus wss. A.); F: 142°.

N.N-Diäthyl-N'-[naphthyl-(2)]-thioharnstoff, *1,1-diethyl-3-(2-naphthyl)thiourea* $C_{15}H_{18}N_2S$, Formel V (R = X = C_2H_5).

B. Aus Naphthyl-(2)-isothiocyanat und Diäthylamin (*Brown, Campbell*, Soc. **1937** 1699).

Krystalle (aus wss. A.); F: 90°.

N-Propyl-N'-[naphthyl-(2)]-thioharnstoff, *1-(2-naphthyl)-3-propylthiourea* $C_{14}H_{16}N_2S$, Formel V (R = CH_2-CH_2-CH_3, X = H).

B. Aus Naphthyl-(2)-isothiocyanat und Propylamin (*Brown, Campbell*, Soc. **1937** 1699).

Krystalle (aus wss. A.); F: 114°.

N.N-Dipropyl-N'-[naphthyl-(2)]-thioharnstoff, *3-(2-naphthyl)-1,1-dipropylthiourea* $C_{17}H_{22}N_2S$, Formel V (R = X = CH_2-CH_2-CH_3).

B. Aus Naphthyl-(2)-isothiocyanat und Dipropylamin (*Brown, Campbell*, Soc. **1937** 1699).

Krystalle (aus wss. A.); F: 109°.

N-Butyl-N'-[naphthyl-(2)]-thioharnstoff, *1-butyl-3-(2-naphthyl)thiourea* $C_{15}H_{18}N_2S$, Formel V (R = $[CH_2]_3$-CH_3, X = H).

B. Aus Naphthyl-(2)-isothiocyanat und Butylamin (*Brown, Campbell*, Soc. **1937** 1699).

Krystalle (aus wss. A.); F: 119°.

N-Isobutyl-N'-[naphthyl-(2)]-thioharnstoff, *1-isobutyl-3-(2-naphthyl)thiourea* $C_{15}H_{18}N_2S$, Formel V (R = CH_2-$CH(CH_3)_2$, X = H).

B. Aus Naphthyl-(2)-isothiocyanat und Isobutylamin (*Brown, Campbell*, Soc. **1937** 1699).

Krystalle (aus wss. A.); F: 137°.

N.N-Diisobutyl-N'-[naphthyl-(2)]-thioharnstoff, *1,1-diisobutyl-3-(2-naphthyl)thiourea* $C_{19}H_{26}N_2S$, Formel V (R = X = CH_2-$CH(CH_3)_2$).

B. Aus Naphthyl-(2)-isothiocyanat und Diisobutylamin (*Brown, Campbell*, Soc. **1937** 1699).

Krystalle (aus wss. A.); F: 136°.

N-Pentyl-N'-[naphthyl-(2)]-thioharnstoff, *1-(2-naphthyl)-3-pentylthiourea* $C_{16}H_{20}N_2S$, Formel V (R = $[CH_2]_4$-CH_3, X = H).

B. Aus Naphthyl-(2)-isothiocyanat und Pentylamin (*Brown, Campbell*, Soc. **1937** 1699).

Krystalle (aus wss. A.); F: 114°.

N.N-Dipentyl-N'-[naphthyl-(2)]-thioharnstoff, *3-(2-naphthyl)-1,1-dipentylthiourea* $C_{21}H_{30}N_2S$, Formel V (R = X = $[CH_2]_4$-CH_3).

B. Aus Naphthyl-(2)-isothiocyanat und Dipentylamin (*Brown, Campbell*, Soc. **1937** 1699).

Krystalle (aus wss. A.); F: 126°.

N-Isopentyl-N'-[naphthyl-(2)]-thioharnstoff, *1-isopentyl-3-(2-naphthyl)thiourea* $C_{16}H_{20}N_2S$, Formel V (R = CH_2-CH_2-$CH(CH_3)_2$, X = H).

B. Aus Naphthyl-(2)-isothiocyanat und Isopentylamin (*Brown, Campbell*, Soc. **1937** 1699).

Krystalle (aus wss. A.); F: 116°.

N-Heptyl-N'-[naphthyl-(2)]-thioharnstoff, *1-heptyl-3-(2-naphthyl)thiourea* $C_{18}H_{24}N_2S$, Formel V (R = $[CH_2]_6$-CH_3, X = H).

B. Aus Naphthyl-(2)-isothiocyanat und Heptylamin (*Brown, Campbell*, Soc. **1937** 1699).

Krystalle (aus wss. A.); F: 115°.

N-Cyclohexyl-N'-[naphthyl-(2)]-thioharnstoff, *1-cyclohexyl-3-(2-naphthyl)thiourea* $C_{17}H_{20}N_2S$, Formel V (R = C_6H_{11}, X = H).

B. Aus Naphthyl-(2)-isothiocyanat und Cyclohexylamin (*Brown, Campbell*, Soc. **1937** 1699).

Krystalle (aus wss. A.); F: 172°.

N-Phenyl-N'-[naphthyl-(2)]-thioharnstoff, *1-(2-naphthyl)-3-phenylthiourea* $C_{17}H_{14}N_2S$, Formel VI (R = X = H) (H 1294; E II 723).

B. Aus Naphthyl-(2)-isothiocyanat und Anilin in Benzol (*Hunter, Jones*, Soc. **1930** 941, 945).

Krystalle; F: 167° (*Capps, Dehn*, Am. Soc. **54** [1932] 4301, 4302), 166—167° [aus Amylacetat] (*Hu., Jo.*).

Beim Erhitzen auf 220° sind *N.N'*-Di-[naphthyl-(2)]-thioharnstoff und Phenylisothiocyanat erhalten worden (*Hu., Jo.*; vgl. H 1294).

N-[4-Brom-phenyl]-N'-[naphthyl-(2)]-thioharnstoff, *1-(p-bromophenyl)-3-(2-naphthyl)thiourea* $C_{17}H_{13}BrN_2S$, Formel VI (R = H, X = Br).

B. Aus Naphthyl-(2)-amin und 4-Brom-phenylisothiocyanat in Äthanol (*Sah, Chiang, Lei*, J. Chin. chem. Soc. **2** [1934] 225, 226, 227).

Krystalle (aus A.); F: 175—176°.

N-[2-Nitro-phenyl]-N'-[naphthyl-(2)]-thioharnstoff, *1-(2-naphthyl)-3-(o-nitrophenyl)thiourea* $C_{17}H_{13}N_3O_2S$, Formel VI (R = NO_2, X = H).

B. Aus Naphthyl-(2)-amin und 2-Nitro-phenylisothiocyanat (*Dyson*, Soc. **1934** 174,

176).
Ockergelbe Krystalle; F: 176°.

N-[3-Nitro-phenyl]-N'-[naphthyl-(2)]-thioharnstoff, *1-(2-naphthyl)-3-*(m-*nitrophenyl*)*thiourea* $C_{17}H_{13}N_3O_2S$, Formel VII (R = H, X = NO_2).
B. Aus 3-Nitro-phenylisothiocyanat und Naphthyl-(2)-amin in Äthanol (*Sah, Lei,* J. Chin. chem. Soc. **2** [1934] 153, 156, 157).
Gelbe Krystalle; F: 167–168° [aus A.] (*Sah, Lei*), 164° (*Dyson,* Soc. **1934** 174, 176).

N-[4-Nitro-phenyl]-N'-[naphthyl-(2)]-thioharnstoff, *1-(2-naphthyl)-3-*(p-*nitrophenyl*)*thiourea* $C_{17}H_{13}N_3O_2S$, Formel VI (R = H, X = NO_2).
Gelbe Krystalle; F: 157° (*Dyson,* Soc. **1934** 174, 176).

N-[4-Chlor-2-methyl-phenyl]-N'-[naphthyl-(2)]-thioharnstoff, *1-(4-chloro-*o-*tolyl)-3-(2-naphthyl)thiourea* $C_{18}H_{15}ClN_2S$, Formel VI (R = CH_3, X = Cl).
B. Aus Naphthyl-(2)-amin und 4-Chlor-2-methyl-phenylisothiocyanat in Benzol (*Browne, Dyson,* Soc. **1931** 3285, 3301).
Krystalle (aus A.); F: 163°.

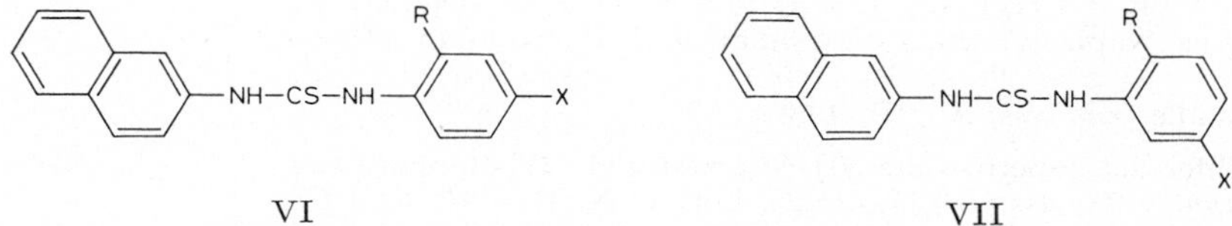

VI VII

N-[3-Chlor-2-methyl-phenyl]-N'-[naphthyl-(2)]-thioharnstoff, *1-(3-chloro-*o-*tolyl)-3-(2-naphthyl)thiourea* $C_{18}H_{15}ClN_2S$, Formel VIII (R = CH_3, X = Cl).
B. Aus Naphthyl-(2)-amin und 3-Chlor-2-methyl-phenylisothiocyanat in Benzol (*Browne, Dyson,* Soc. **1931** 3285, 3301).
Krystalle (aus A.); F: 150°.

N-[5-Nitro-2-methyl-phenyl]-N'-[naphthyl-(2)]-thioharnstoff, *1-(2-naphthyl)-3-(5-nitro-*o-*tolyl)thiourea* $C_{18}H_{15}N_3O_2S$, Formel VII (R = CH_3, X = NO_2).
Krystalle; F: 154° (*Dyson,* Soc. **1934** 174, 177).

N-[4-Nitro-2-methyl-phenyl]-N'-[naphthyl-(2)]-thioharnstoff, *1-(2-naphthyl)-3-(4-nitro-*o-*tolyl)thiourea* $C_{18}H_{15}N_3O_2S$, Formel VI (R = CH_3, X = NO_2).
Gelbliche Krystalle; F: 165° (*Dyson,* Soc. **1934** 174, 177).

N-[2-Chlor-3-methyl-phenyl]-N'-[naphthyl-(2)]-thioharnstoff, *1-(2-chloro-*m-*tolyl)-3-(2-naphthyl)thiourea* $C_{18}H_{15}ClN_2S$, Formel VIII (R = Cl, X = CH_3).
B. Aus Naphthyl-(2)-amin und 2-Chlor-3-methyl-phenylisothiocyanat in Benzol (*Browne, Dyson,* Soc. **1931** 3285, 3304).
Krystalle; F: 172°.

N-[6-Chlor-3-methyl-phenyl]-N'-[naphthyl-(2)]-thioharnstoff, *1-(6-chloro-*m-*tolyl)-3-(2-naphthyl)thiourea* $C_{18}H_{15}ClN_2S$, Formel VII (R = Cl, X = CH_3).
B. Aus Naphthyl-(2)-amin und 6-Chlor-3-methyl-phenylisothiocyanat in Benzol (*Browne, Dyson,* Soc. **1931** 3285, 3303).
Krystalle; F: 158°.

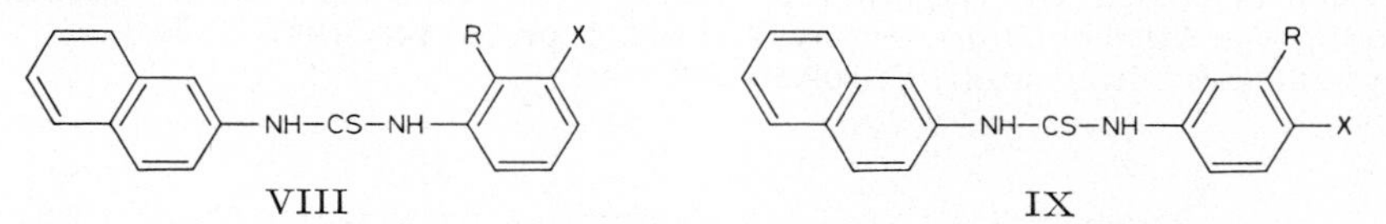

VIII IX

N-[4-Chlor-3-methyl-phenyl]-N'-[naphthyl-(2)]-thioharnstoff, *1-(4-chloro-*m-*tolyl)-3-(2-naphthyl)thiourea* $C_{18}H_{15}ClN_2S$, Formel IX (R = CH_3, X = Cl).
B. Aus Naphthyl-(2)-amin und 4-Chlor-3-methyl-phenylisothiocyanat in Benzol (*Browne, Dyson,* Soc. **1931** 3285, 3301).
Krystalle (aus A.); F: 154°.

N-[4-Nitro-3-methyl-phenyl]-N'-[naphthyl-(2)]-thioharnstoff, *1-(2-naphthyl)-3-(4-nitro-*m*-tolyl)thiourea* $C_{18}H_{15}N_3O_2S$, Formel IX (R = CH_3, X = NO_2).

Krystalle; F: 172° (*Dyson*, Soc. **1934** 174, 177).

N-[3-Chlor-4-methyl-phenyl]-N'-[naphthyl-(2)]-thioharnstoff, *1-(3-chloro-*p*-tolyl)-3-(2-naphthyl)thiourea* $C_{18}H_{15}ClN_2S$, Formel IX (R = Cl, X = CH_3).

B. Aus Naphthyl-(2)-amin und 3-Chlor-4-methyl-phenylisothiocyanat in Benzol (*Browne, Dyson*, Soc. **1931** 3285, 3302).

Krystalle (aus A.); F: 149°.

N-[3-Nitro-4-methyl-phenyl]-N'-[naphthyl-(2)]-thioharnstoff, *1-(2-naphthyl)-3-(3-nitro-*p*-tolyl)thiourea* $C_{18}H_{15}N_3O_2S$, Formel IX (R = NO_2, X = CH_3).

Gelbliche Krystalle; F: 212° (*Dyson*, Soc. **1934** 174, 177).

N-[2-Nitro-4-methyl-phenyl]-N'-[naphthyl-(2)]-thioharnstoff, *1-(2-naphthyl)-3-(2-nitro-*p*-tolyl)thiourea* $C_{18}H_{15}N_3O_2S$, Formel VI (R = NO_2, X = CH_3).

Ockergelbe Krystalle; F: 159° (*Dyson*, Soc. **1934** 174, 177).

N-Benzyl-N'-[naphthyl-(2)]-thioharnstoff, *1-benzyl-3-(2-naphthyl)thiourea* $C_{18}H_{16}N_2S$, Formel V (R = CH_2-C_6H_5, X = H) auf S. 3045 (H 1294).

B. Aus Naphthyl-(2)-isothiocyanat und Benzylamin (*Brown, Campbell*, Soc. **1937** 1699).

Krystalle (aus wss. A.); F: 173°.

N-[5-Chlor-2.4-dimethyl-phenyl]-N'-[naphthyl-(2)]-thioharnstoff, *1-(5-chloro-2,4-xylyl)-3-(2-naphthyl)thiourea* $C_{19}H_{17}ClN_2S$, Formel X (R = H, X = Cl).

B. Aus Naphthyl-(2)-amin und 5-Chlor-2.4-dimethyl-phenylisothiocyanat in Benzol (*Browne, Dyson*, Soc. **1931** 3285, 3303).

Krystalle; F: 154°.

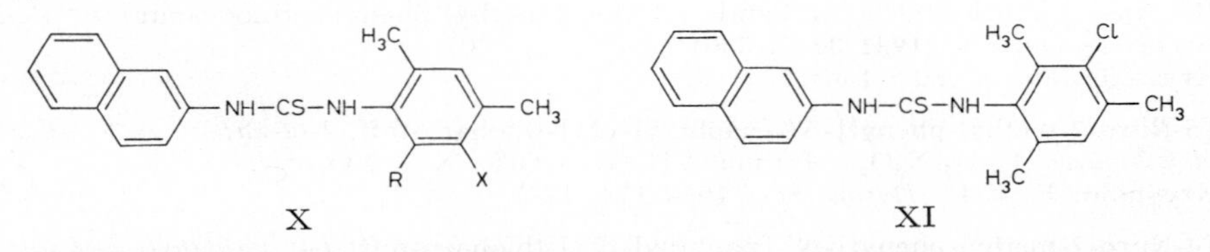

X XI

N-[6-Chlor-2.4.5-trimethyl-phenyl]-N'-[naphthyl-(2)]-thioharnstoff, *1-(2-chloro-3,4,6-trimethylphenyl)-3-(2-naphthyl)thiourea* $C_{20}H_{19}ClN_2S$, Formel X (R = Cl, X = CH_3).

B. Aus Naphthyl-(2)-amin und 6-Chlor-2.4.5-trimethyl-phenylisothiocyanat in Benzol (*Browne, Dyson*, Soc. **1931** 3285, 3304).

Krystalle (aus wss. A.); F: 161°.

N-[3-Chlor-2.4.6-trimethyl-phenyl]-N'-[naphthyl-(2)]-thioharnstoff, *1-(3-chloromesityl)-3-(2-naphthyl)thiourea* $C_{20}H_{19}ClN_2S$, Formel XI.

B. Aus Naphthyl-(2)-amin und 3-Chlor-2.4.6-trimethyl-phenylisothiocyanat in Benzol (*Browne, Dyson*, Soc. **1931** 3285, 3303).

Krystalle; F: 181°.

N.N'-Di-[naphthyl-(2)]-thioharnstoff, *1,3-di(2-naphthyl)thiourea* $C_{21}H_{16}N_2S$, Formel I (R = H) (H 1295; E I 540; E II 723).

B. Beim Behandeln von Naphthyl-(2)-amin mit Schwefelkohlenstoff und Wasserstoffperoxid in wss. Äthanol (*Brass, Oppelt, Weichert*, J. pr. [2] **148** [1937] 35, 45).

Krystalle (aus Nitrobenzol); F: 202,5—203° [korr.].

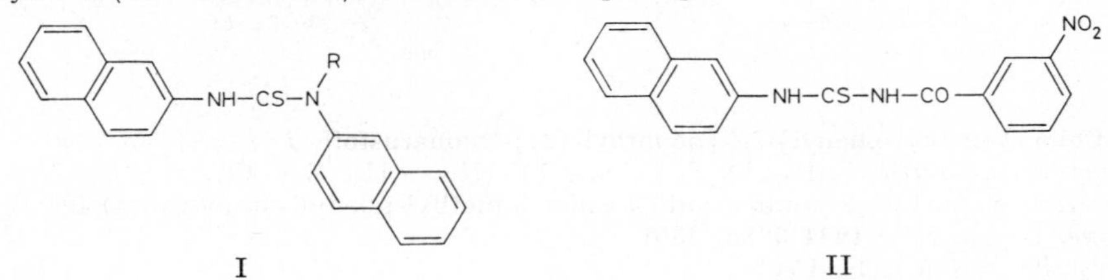

I II

N'-[Naphthyl-(2)]-N-[3-nitro-benzoyl]-thioharnstoff, *1-(2-naphthyl)-3-(3-nitrobenzoyl)thiourea* $C_{18}H_{13}N_3O_3S$, Formel II.

B. Aus Naphthyl-(2)-amin und 3-Nitro-benzoylisothiocyanat in Aceton (*Tung et al.*, Sci. Rep. Tsing Hua Univ. [A] **3** [1936] 285, 286, 288).

Gelbe Krystalle (aus A. + Acn.); F: 194—195°.

N.N'-Bis-[(naphthyl-(2))-thiocarbamoyl]-äthylendiamin, *3,3'-di(2-naphthyl)-1,1'-ethylenebisthiourea* $C_{24}H_{22}N_4S_2$, Formel III.

B. Aus Naphthyl-(2)-isothiocyanat und Äthylendiamin (*Brown, Campbell*, Soc. **1937** 1699).

Krystalle (aus wss. A.); F: 223°.

[Naphthyl-(2)-carbamimidoylmercapto]-essigsäure, *[(2-naphthyl)carbamimidoylthio]acetic acid* $C_{13}H_{12}N_2O_2S$, Formel IV (R = C(=NH)-S-CH_2-COOH, X = H) und Tautomeres (H 1295; dort als *N*-β-Naphthyl-pseudothiohydantoinsäure bezeichnet).

B. Aus Naphthyl-(2)-thioharnstoff und Chloressigsäure in Aceton (*Desai, Hunter, Koppar*, R. **54** [1935] 118, 121).

F: 214° [Zers.].

Hydrochlorid $C_{13}H_{12}N_2O_2S \cdot HCl$. F: 214° [Zers.].

N-Phenyl-N'-[naphthyl-(2)]-selenoharnstoff, *1-(2-naphthyl)-3-phenylselenourea* $C_{17}H_{14}N_2Se$, Formel IV (R = CSe-NH-C_6H_5, X = H).

B. Aus Naphthyl-(2)-amin und Phenylisoselenocyanat in Benzol (*Hasan, Hunter*, Soc. **1935** 1762, 1766).

F: 174°.

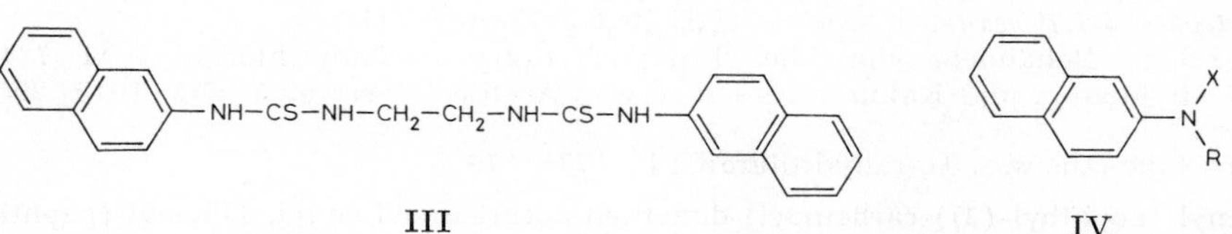

N'-[Naphthyl-(2)]-N-benzoyl-selenoharnstoff, *1-benzoyl-3-(2-naphthyl)selenourea* $C_{18}H_{14}N_2OSe$, Formel IV (R = CSe-NH-CO-C_6H_5, X = H).

B. Beim Behandeln von Kaliumselenocyanat mit Benzoylchlorid in Aceton und anschliessend mit Naphthyl-(2)-amin (*Douglass*, Am. Soc. **59** [1937] 740).

Gelbe Krystalle (aus Dioxan); F: 171—172° [korr.].

N-Methyl-N-[naphthyl-(2)]-thioharnstoff, *1-methyl-1-(2-naphthyl)thiourea* $C_{12}H_{12}N_2S$, Formel IV (R = CS-NH_2, X = CH_3).

B. Beim Erwärmen von Methyl-[naphthyl-(2)]-amin mit Kaliumthiocyanat und wss. Salzsäure (*Hunter, Jones*, Soc. **1930** 941, 946).

Krystalle (aus E.); F: 170°.

N-Methyl-N.N'-di-[naphthyl-(2)]-thioharnstoff, *1-methyl-1,3-di(2-naphthyl)thiourea* $C_{22}H_{18}N_2S$, Formel I (R = CH_3).

B. Aus Methyl-[naphthyl-(2)]-amin und Naphthyl-(2)-isothiocyanat in Äthanol (*Hunter, Jones*, Soc. **1930** 941, 947).

Krystalle; F: 178°.

[Methyl-(naphthyl-(2))-carbamoyl]-[methyl-(naphthyl-(2))-thiocarbamoyl]-sulfid, [Methyl-(naphthyl-(2))-carbamidsäure]-[methyl-(naphthyl-(2))-dithiocarbamidsäure]-anhydrid, *methyl(2-naphthyl)carbamic methyl(2-naphthyl)thiocarbamic thioanhydride* $C_{24}H_{20}N_2OS_2$, Formel V.

Über die Konstitution dieser von *Delépine, Labro, Lange* (Bl. [5] **2** [1935] 1969, 1979) als Methyl-[naphthyl-(2)]-thiocarbamidsäure-*O*-anhydrid beschriebenen Verbindung s. *White*, Canad. J. Chem. **32** [1954] 867, 869.

B. Beim Behandeln von Methyl-[naphthyl-(2)]-amin mit 4.4-Dichlor-[1.3]dithietanon-(2) („Kohlenstoffsulfoxychlorid"; über die Konstitution dieser Verbindung s. *Jones, Kynaston, Hales*, Soc. **1957** 614, 617) in Benzol (*De., La., La.*).

Krystalle; F: 197—198° (*De., La., La.*).

N-Äthyl-N-[naphthyl-(2)]-thioharnstoff, *1-ethyl-1-(2-naphthyl)thiourea* $C_{13}H_{14}N_2S$, Formel IV ($R = CS\text{-}NH_2$, $X = C_2H_5$).

B. Beim Erwärmen von Äthyl-[naphthyl-(2)]-amin-hydrochlorid mit Kaliumthiocyanat in Wasser (*König, Kleist, Götze*, B. **64** [1931] 1664, 1669).

Krystalle (aus A.); F: 155°.

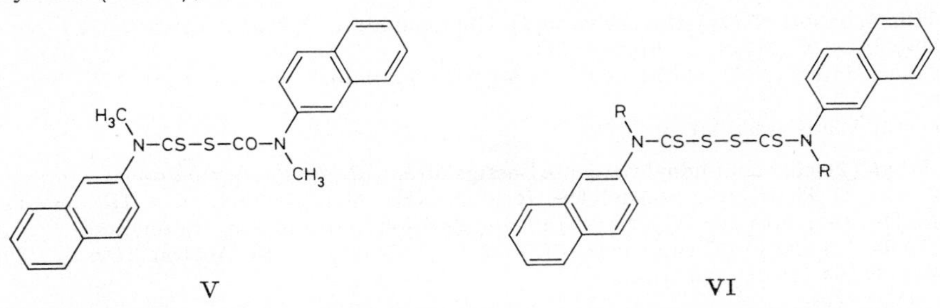

V VI

Bis-[äthyl-(naphthyl-(2))-thiocarbamoyl]-disulfid, *bis[ethyl(2-naphthyl)thiocarbamoyl] disulfide* $C_{26}H_{24}N_2S_4$, Formel VI ($R = C_2H_5$).

B. Beim Behandeln von Äthyl-[naphthyl-(2)]-amin mit Schwefelkohlenstoff und Pyridin unter Zusatz von Jod (*Fry, Culp*, R. **52** [1933] 1061, 1065).

Krystalle (aus Bzl.); F: 158–159°.

N.N'-Bis-[phenyl-(naphthyl-(2))-carbamoyl]-hexandiyldiamin, *3,3'-di(2-naphthyl)-3,3'-diphenyl-1,1'-hexanediyldiurea* $C_{40}H_{38}N_4O_2$, Formel VII.

B. Beim Behandeln von Phenyl-[naphthyl-(2)]-carbamoylchlorid (E II 724) mit Hexandiyldiamin und Kaliumcarbonat in wss. Aceton (*Petersen*, A. **562** [1949] 205, 212, 224).

Krystalle (aus wss. Tetrahydrofuran); F: 177–179°.

[Phenyl-(naphthyl-(2))-carbamoyl]-dimethylthiocarbamoyl-sulfid, [Phenyl-(naphthyl-(2))-carbamidsäure]-dimethyldithiocarbamidsäure-anhydrid, *dimethylthiocarbamic phenyl(2-naphthyl)carbamic thioanhydride* $C_{20}H_{18}N_2OS_2$, Formel VIII ($R = CO\text{-}S\text{-}CS\text{-}N(CH_3)_2$, $X = H$).

B. Beim Erwärmen von Phenyl-[naphthyl-(2)]-carbamoylchlorid (E II 724) mit Natrium-dimethyldithiocarbamat in Aceton und Schwefelkohlenstoff (*U.S. Rubber Prod. Inc.*, U.S.P. 2065587 [1935]).

Gelbe Krystalle; F: 163–165°.

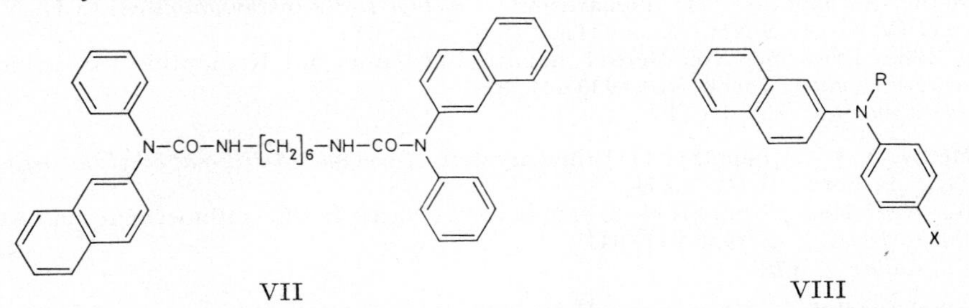

VII VIII

N-Phenyl-N-[naphthyl-(2)]-thioharnstoff, *1-(2-naphthyl)-1-phenylthiourea* $C_{17}H_{14}N_2S$, Formel VIII ($R = CS\text{-}NH_2$, $X = H$).

B. Beim Einleiten von Chlorwasserstoff in eine Lösung von Phenyl-[naphthyl-(2)]-amin in Chlorbenzol und anschliessenden Erhitzen mit Ammoniumthiocyanat auf 110° (*Passing*, J. pr. [2] **153** [1939] 1, 13).

Krystalle (aus Isobutylalkohol oder Chlorbenzol); F: 224° [Zers.].

N-p-Tolyl-N-[naphthyl-(2)]-thioharnstoff, *1-(2-naphthyl)-1-p-tolylthiourea* $C_{18}H_{16}N_2S$, Formel VIII ($R = CS\text{-}NH_2$, $X = CH_3$).

B. Beim Einleiten von Chlorwasserstoff in eine Lösung von *p*-Tolyl-[naphthyl-(2)]-amin in Chlorbenzol und anschliessenden Erhitzen mit Ammoniumthiocyanat auf 110°

(*Passing*, J. pr. [2] **153** [1939] 1, 15).

Krystalle (aus A. oder Chlorbenzol); F: 193° [Zers.].

Di-[naphthyl-(2)]-carbamidsäure-[3.7.11-trimethyl-dodecatrien-(2.6.10)-ylester], Di-[naphthyl-(2)]-carbamidsäure-farnesylester, *di(2-naphthyl)carbamic acid 3,7,11-trimethyldodeca-2,6,10-trienyl ester* $C_{36}H_{39}NO_2$, Formel IX.

Eine Verbindung (Krystalle [aus PAe.]; F: 70—71° bzw. F: 70—70,5°) dieser Konstitution ist beim Erwärmen von Farnesol (E III **1** 2040) mit Di-[naphthyl-(2)]-carbamoyl-chlorid (H 1296; E II 724) und Pyridin erhalten worden (*Späth, Vierhapper*, B. **71** [1938] 1667, 1672; *Naves*, Helv. **29** [1946] 1084, 1089).

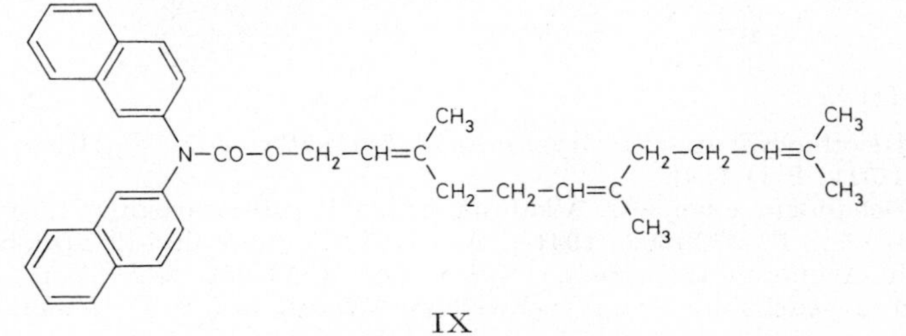

IX

***N*-[3-Nitro-phenyl]-*N'.N'*-di-[naphthyl-(2)]-harnstoff**, *1,1-di(2-naphthyl)-3-(*m*-nitrophenyl)urea* $C_{27}H_{19}N_3O_3$, Formel X.

B. Beim Erhitzen von Di-[naphthyl-(2)]-amin mit 3-Nitro-benzoylazid in Xylol (*Karrman*, Svensk kem. Tidskr. **60** [1948] 61).

Gelbe Krystalle (aus Butanol); F: 216—217°.

***N.N'*-Di-[naphthyl-(2)]-*N*-stearoyl-harnstoff**, *1,3-di(2-naphthyl)-1-stearoylurea* $C_{39}H_{50}N_2O_2$, Formel XI (R = CO-$[CH_2]_{16}$-CH_3).

B. Aus Di-[naphthyl-(2)]-carbodiimid und Stearinsäure (*Zetzsche, Lüscher, Meyer*, B. **71** [1938] 1088, 1093).

Krystalle (aus A. + $CHCl_3$); F: 94°.

***N.N'*-Di-[naphthyl-(2)]-*N*-benzoyl-harnstoff**, *1-benzoyl-1,3-di(2-naphthyl)urea* $C_{28}H_{20}N_2O_2$, Formel XI (R = CO-C_6H_5).

B. Aus Di-[naphthyl-(2)]-carbodiimid und Benzoesäure (*Zetzsche, Lüscher, Meyer*, B. **71** [1938] 1088, 1093).

Krystalle (aus Me.); F: 165°.

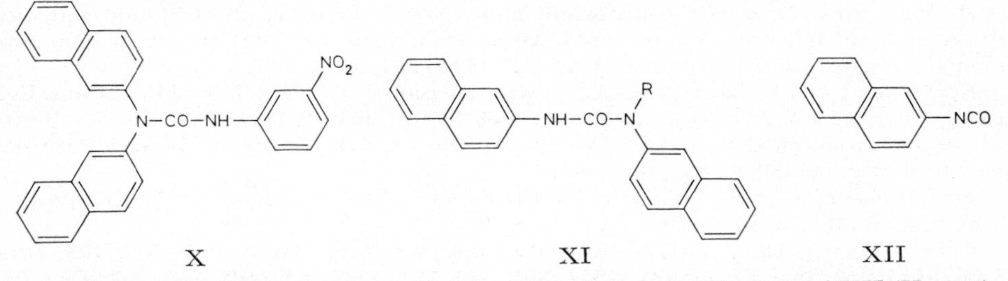

X XI XII

Naphthyl-(2)-isocyanat, *isocyanic acid 2-naphthyl ester* $C_{11}H_7NO$, Formel XII (H 1297).

B. Aus Naphthoyl-(2)-azid beim Erhitzen in Benzin (*Sah*, R. **58** [1939] 453, 454).

Krystalle; F: ca. 57° (*Sah*). Dipolmoment (ε; Bzl.): 2,34 D (*Cowley, Partington*, Soc. **1936** 45).

Chloroschwefligsäure-[naphthyl-(2)-imidokohlensäure-äthylester]-anhydrid, *C*-Chlorsulfinyloxy-*N*-[naphthyl-(2)]-formimidsäure-äthylester, *1-(chlorosulfinyloxy)-*N*-(2-naphthyl)formimidic acid ethyl ester* $C_{13}H_{12}ClNO_3S$, Formel XIII.

B. Neben grösseren Mengen [1-Chlor-naphthyl-(2)]-carbamidsäure-äthylester beim Behandeln von Naphthyl-(2)-carbamidsäure-äthylester mit Thionylchlorid (*Raiford, Freyermuth*, J. org. Chem. **8** [1943] 174, 175, 176).

Orangerote Krystalle; F: 133—134°. Wenig beständig.

Di-[naphthyl-(2)]-carbodiimid, *di(2-naphthyl)carbodiimide* $C_{21}H_{14}N_2$, Formel XIII (H 1297).

B. Aus *N.N'*-Di-[naphthyl-(2)]-thioharnstoff beim Erwärmen mit Quecksilber(II)-oxid in Benzol (*Rotter, Schaudy*, M. **58** [1931] 245, 246; vgl. H 1297).

Krystalle (aus Bzn.); F: 144°.

Beim Behandeln mit Diazomethan in Dioxan und Benzol ist 5-[Naphthyl-(2)-amino]-1-[naphthyl-(2)]-[1.2.3]triazol erhalten worden.

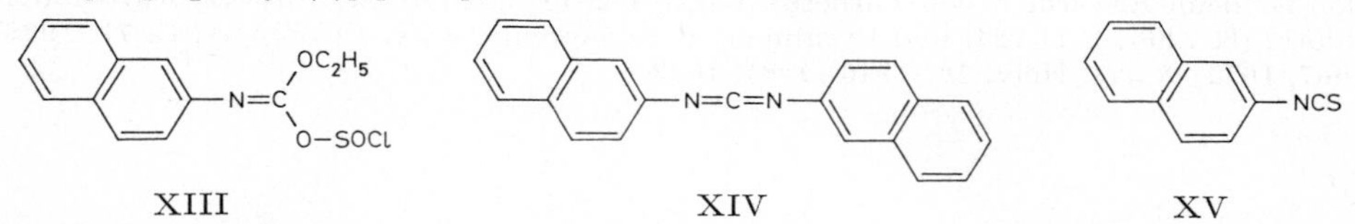

XIII XIV XV

Naphthyl-(2)-isothiocyanat, *isothiocyanic acid 2-naphthyl ester* $C_{11}H_7NS$, Formel XV (H 1297; E I 541; E II 724).

B. Beim Behandeln einer wss. Alkali-naphthyl-(2)-dithiocarbamat-Lösung mit Chlor= cyan (*Claudin*, U.S.P. 2338902 [1941]). Aus *N.N'*-Di-(naphthyl-(2)]-thioharnstoff beim Erhitzen mit Acetanhydrid (*Hunter, Jones*, Soc. **1930** 941, 942). Beim Erhitzen von Di-[naphthyl-(2)]-carbodiimid mit Schwefelkohlenstoff auf 200° (*Huhn*, B. **19** [1886] 2404, 2407).

Krystalle (aus PAe.); F: 61—62° (*Huhn*).

Geschwindigkeit der Reaktion mit Äthanol bei Siedetemperatur: *Browne, Dyson*, Soc. **1934** 178.

1-Butyl-3.5-di-[naphthyl-(2)]-biuret, *1-butyl-3,5-di(2-naphthyl)biuret* $C_{26}H_{25}N_3O_2$, Formel XI (R = $CO-NH-[CH_2]_3-CH_3$).

B. Beim Erwärmen von 1.3-Di-[naphthyl-(2)]-uretidindion-(2.4) mit Butylamin in Dioxan (*Raiford, Freyermuth*, J. org. Chem. **8** [1943] 230, 237).

Krystalle (aus A.); F: 117—118°. [*Eigen*]

***C*-Acetoxy-*N*-[naphthyl-(2)]-acetamid,** *2-acetoxy*-N-*(2-naphthyl)acetamide* $C_{14}H_{13}NO_3$, Formel I (X = $O-CO-CH_3$).

B. Beim Erwärmen von *N*-[Naphthyl-(2)]-glykolamid mit Acetanhydrid (*Langenbeck, Hölscher*, B. **71** [1938] 1465, 1467).

Krystalle (aus W.); F: 128°.

***C*-Mercapto-*N*-[naphthyl-(2)]-acetamid,** *2-mercapto*-N-*(2-naphthyl)acetamide* $C_{12}H_{11}NOS$, Formel I (X = SH) (in der Literatur auch als Thionalid bezeichnet).

B. Beim Erwärmen von *C*-Carbamoylmercapto-*N*-[naphthyl-(2)]-acetamid mit wss. Ammoniak (*Weiss*, Am. Soc. **69** [1947] 2684, 2685, 2686) oder mit wss.-methanol. Am= moniak (*Rheinboldt, Tappermann*, J. pr. [2] **153** [1939] 65, 74).

Krystalle; F: 114° [korr.; aus A. + wss. Salzsäure] (*Weiss*), 113—113,5° [aus Eg.] (*Rh., Ta.*), 111—112° (*Berg, Roebling*, B. **68** [1935] 403, 405), 111° (*L.* u. *A. Kofler*, Thermo-Mikro-Methoden, 3. Aufl. [Weinheim 1954] S. 449). In 100 ml Wasser lösen sich bei 20° 0,01 g, bei 95° 0,08 g (*Berg, Roe.*).

Beim Behandeln mit Äthylnitrit in Äthanol ist *C*-Nitrosomercapto-*N*-[naphthyl-(2)]-acetamid erhalten worden (*Rh., Ta.*, l. c. S. 75).

Über in Wasser schwer lösliche Schwermetallsalze s. *Berg, Roe.*, l. c. S. 406, 408; *Berg, Fahrenkamp*, Z. anal. Chem. **109** [1937] 305, 306, **112** [1938] 161, 162, 165, 167; *Rh., Ta.*, l. c. S. 74; *Kienitz, Rombock*, Z. anal. Chem. **117** [1939] 241.

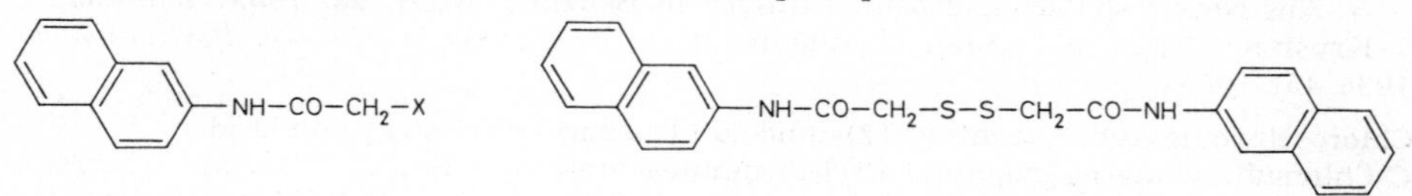

I II

***C*-Carbamoylmercapto-*N*-[naphthyl-(2)]-acetamid,** *2-(carbamoylthio)*-N-*(2-naphthyl)= acetamide* $C_{13}H_{12}N_2O_2S$, Formel I (X = $S-CO-NH_2$) (H 1298).

B. Aus Naphthyl-(2)-amin beim Erwärmen einer äthanol. Lösung mit Chloressigsäure und Ammoniumthiocyanat (*Rheinboldt, Tappermann*, J. pr. [2] **153** [1939] 65, 73, 74; vgl. H 1298) sowie beim Behandeln mit Natrium-thiocyanatoacetat und wss. Salzsäure (*Weiss*, Am. Soc. **69** [1947] 2682).

Krystalle; F: 197° [korr.] (*Weiss*), 180—181° [Zers.; aus Me.] (*Rh., Ta.*).

Beim Erhitzen bis auf 200° ist Cyanursäure erhalten worden (*Weiss*). Gegen heisses Wasser nicht beständig (*Weiss*).

Bis-[(naphthyl-(2)-carbamoyl)-methyl]-disulfid, Dithiodiessigsäure-bis-[naphthyl-(2)-amid], N,N'-*di(2-naphthyl)-2,2'-dithiobisacetamide* $C_{24}H_{20}N_2O_2S_2$, Formel II (H 1299).

B. Aus *C*-Mercapto-*N*-[naphthyl-(2)]-acetamid beim Behandeln einer äthanol. Lösung mit Jod in Wasser (*Weiss*, Am. Soc. **69** [1947] 2684, 2685, 2687) sowie beim Behandeln einer methanol. Lösung mit Eisen(III)-chlorid in Wasser (*Rheinboldt, Tappermann*, J. pr. [2] **153** [1939] 65, 74, 75).

Krystalle; F: 209° [korr.; aus A.] (*Weiss*), 195—198° [Zers.] (*Rh., Ta.*).

***C*-Nitrosomercapto-*N*-[naphthyl-(2)]-acetamid,** N-*(2-naphthyl)-2-(nitrosothio)acetamide* $C_{12}H_{10}N_2O_2S$, Formel I (X = S-NO).

B. Beim Behandeln von *C*-Mercapto-*N*-[naphthyl-(2)]-acetamid mit Äthylnitrit in Äthanol (*Rheinboldt, Tappermann*, J. pr. [2] **153** [1939] 65, 75).

Rote Krystalle, die sich beim Erhitzen auf 110—115° oder beim Erwärmen einer äthanol. Lösung in Bis-[(naphthyl-(2)-carbamoyl)-methyl]-disulfid umwandeln.

2-[Toluol-sulfonyl-(4)-oxy]-*N*-[naphthyl-(2)]-propionamid, N-*(2-naphthyl)-2-(*p*-tolyl=sulfonyloxy)propionamide* $C_{20}H_{19}NO_4S$.

(*S*)-2-[Toluol-sulfonyl-(4)-oxy]-*N*-[naphthyl-(2)]-propionamid, Formel III.

B. Aus Naphthyl-(2)-amin und (*S*)-2-[Toluol-sulfonyl-(4)-oxy]-propionylchlorid in Äther (*Bean, Kenyon, Phillips*, Soc. **1936** 303, 308).

Krystalle (aus A.); F: 128°. $[\alpha]_{578}$: —108,5°; $[\alpha]_{546}$: —123,8° [jeweils in A.; c = 1].

***N*-[Naphthyl-(2)]-salicylamid,** N-*(2-naphthyl)salicylamide* $C_{17}H_{13}NO_2$, Formel IV (R = H, X = OH) (H 1300; E II 725).

B. Beim Erwärmen von Naphthyl-(2)-amin mit Salicylsäure-phenylester in 1.2.4-Tri=chlor-benzol (*Allen, Van Allan*, Org. Synth. Coll. Vol. III [1955] 765).

F: 188°.

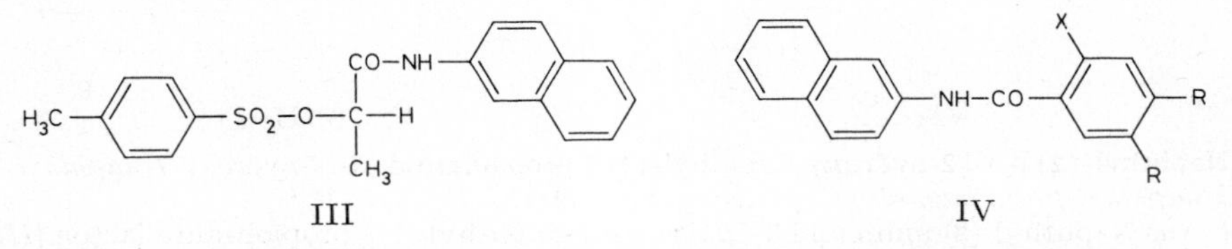

III IV

2-Mercapto-*N*-[naphthyl-(2)]-benzamid, o-*mercapto*-N-*(2-naphthyl)benzamide* $C_{17}H_{13}NOS$, Formel IV (R = H, X = SH).

B. Beim Behandeln von Naphthyl-(2)-amin mit 2-Mercapto-benzoesäure in Pyridin und anschliessenden Erhitzen mit Phosphor(III)-chlorid (*Hopper, MacGregor, Wilson*, J. Soc. Dyers Col. **57** [1941] 6, 7).

Gelbliche Krystalle (aus Nitrobenzol); F: 167—168°.

4-Mercapto-*N*-[naphthyl-(2)]-benzamid, p-*mercapto*-N-*(2-naphthyl)benzamide* $C_{17}H_{13}NOS$, Formel V.

Eine unter dieser Konstitution beschriebene Verbindung (Krystalle [aus Nitrobenzol]; F: 282—283°) ist beim Behandeln von Naphthyl-(2)-amin mit 4-Mercapto-benzoesäure in Pyridin und anschliessenden Erhitzen mit Phosphor(III)-chlorid erhalten worden (*Hopper, MacGregor, Wilson*, J. Soc. Dyers Col. **57** [1941] 6, 8).

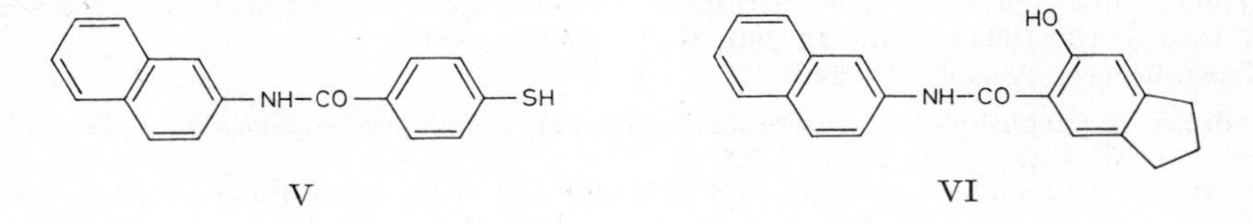

V VI

6-Hydroxy-3.4-dimethyl-*N*-[naphthyl-(2)]-benzamid, *4,5-dimethyl-*N*-(2-naphthyl)salicylamide* $C_{19}H_{17}NO_2$, Formel IV (R = CH_3, X = OH).

B. Aus Naphthyl-(2)-amin und 6-Hydroxy-3.4-dimethyl-benzoesäure mit Hilfe von Phosphor(III)-chlorid (*I.G. Farbenind.*, D.R.P. 531480 [1929]; Frdl. **18** 531, 533).

Krystalle (aus Xylol); F: 214—215°.

6-Hydroxy-*N*-[naphthyl-(2)]-indancarbamid-(5), *6-hydroxy-*N*-(2-naphthyl)indan-5-carboxamide* $C_{20}H_{17}NO_2$, Formel VI.

Eine Verbindung (Krystalle [aus Eg.]; F: 229°), der wahrscheinlich diese Konstitution zukommt, ist beim Behandeln von Naphthyl-(2)-amin mit 6-Hydroxy-indan-carbonsäure-(5) (?) (F: 198° [E III **10** 874]) und *N.N*-Dimethyl-anilin und anschliessenden Erhitzen mit Phosphor(III)-chlorid erhalten worden (*Gen. Aniline Works*, U.S.P. 2078625 [1935]).

3-Hydroxy-*N*-[naphthyl-(2)]-5.6.7.8-tetrahydro-naphthamid-(2), *3-hydroxy-*N*-(2-naphthyl)-5,6,7,8-tetrahydro-2-naphthamide* $C_{21}H_{19}NO_2$, Formel VII.

B. Beim Behandeln von Naphthyl-(2)-amin mit 3-Hydroxy-5.6.7.8-tetrahydro-naphthoesäure-(2) in Toluol (*I.G. Farbenind.*, Schweiz.P. 187329 [1934]; *Gen. Aniline Works*, U.S.P. 2040397 [1934]) oder in Pyridin (*Hopper, MacGregor, Wilson*, J. Soc. Dyers Col. **55** [1939] 449, 451) und anschliessenden Erhitzen mit Phosphor(III)-chlorid.

Krystalle; F: 202° [aus Nitrobenzol] (*Ho., MacG., Wi.*), 200° [aus Eg.] (*I.G. Farbenind.*).

3-Hydroxy-*N*-[naphthyl-(2)]-naphthamid-(2), *3-hydroxy-*N*-(2-naphthyl)-2-naphthamide* $C_{21}H_{15}NO_2$, Formel VIII (R = X = H) (H 1301; E I 541; E II 725; in der Literatur auch als Naphthol-AS-SW bezeichnet).

B. Beim Erhitzen von Naphthyl-(2)-isothiocyanat mit 3-Hydroxy-naphthoesäure-(2) auf 220° (*I.G. Farbenind.*, D.R.P. 506837 [1927]; Frdl. **17** 696).

Krystalle (aus Nitrobenzol); F: 243° (*Mangini, Andrisano*, Pubbl. Ist. Chim. ind. Univ. Bologna **1943** Nr. 9, S. 3, 25). Wässrige Lösungen vom pH 8,5—10 fluorescieren im UV-Licht gelbgrün (*Déribéré*, Ann. Chim. anal. appl. **18** [1936] 289).

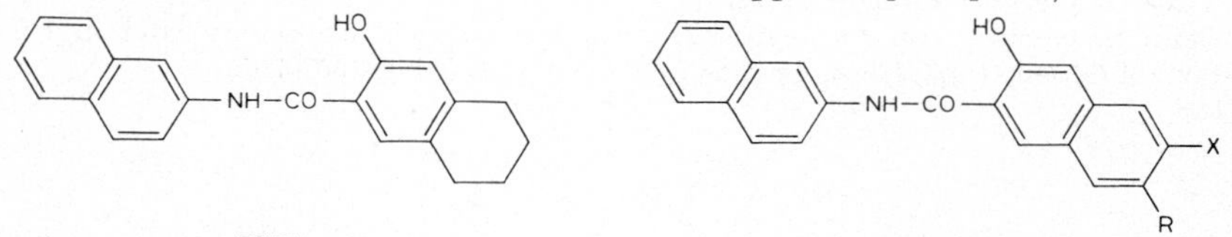

VII VIII

***N*-[Naphthyl-(2)]-3-[2-hydroxy-naphthyl-(1)]-propionamid,** *3-(2-hydroxy-1-naphthyl)-*N*-(2-naphthyl)propionamide* $C_{23}H_{19}NO_2$, Formel IX.

B. Aus Naphthyl-(2)-amin und 3-[2-Hydroxy-naphthyl-(1)]-propionsäure-lacton (*Hardman*, Am. Soc. **70** [1948] 2119).

F: 193—194° [unkorr.].

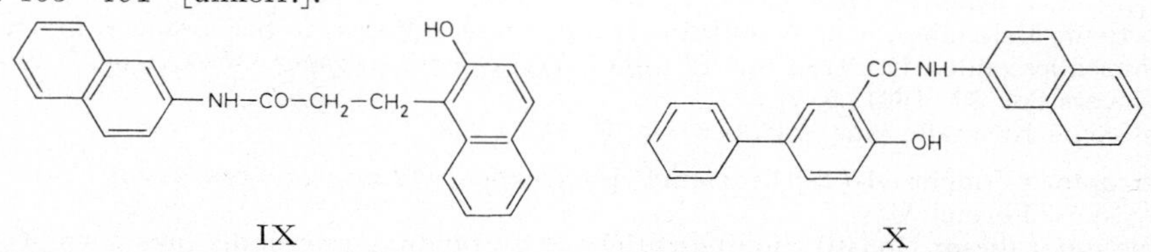

IX X

4-Hydroxy-*N*-[naphthyl-(2)]-biphenylcarbamid-(3), *4-hydroxy-*N*-(2-naphthyl)biphenyl-3-carboxamide* $C_{23}H_{17}NO_2$, Formel X.

B. Beim Behandeln von Naphthyl-(2)-amin mit 4-Hydroxy-biphenyl-carbonsäure-(3) in Toluol und anschliessenden Erhitzen mit Phosphor(III)-chlorid (*I.G. Farbenind.*, D.R.P. 618213 [1934]; Frdl. **22** 280; F.P. 787361 [1935]).

Krystalle (aus Anisol); F: 240°.

3-Hydroxy-*N*-[naphthyl-(2)]-fluorencarbamid-(2), *3-hydroxy-*N*-(2-naphthyl)fluorene-2-carboxamide* $C_{24}H_{17}NO_2$, Formel XI.

B. Beim Behandeln von Naphthyl-(2)-amin mit 3-Hydroxy-fluoren-carbonsäure-(2)

in Toluol und anschliessenden Erhitzen mit Phosphor(III)-chlorid (*I.G. Farbenind.*, D.R.P. 695064 [1937]; D.R.P. Org. Chem. **6** 2258; *Gen. Aniline & Film Corp.*, U.S.P. 2193676 [1938], 2193678 [1939]).

F: 270° (*I.G. Farbenind.*; *Gen. Aniline & Film Corp.*).

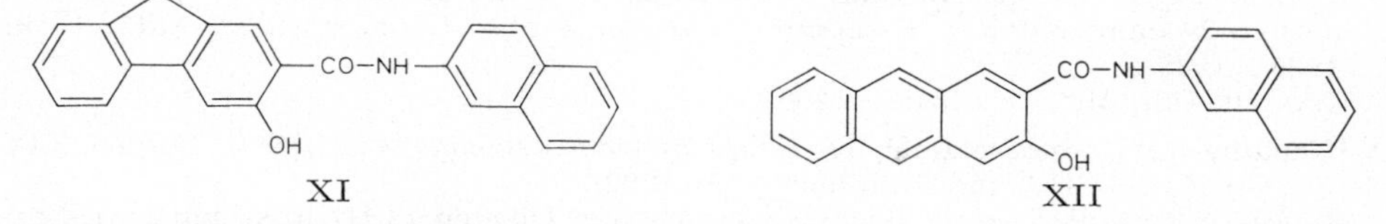

XI XII

3-Hydroxy-*N*-[naphthyl-(2)]-anthracencarbamid-(2), *3-hydroxy-*N*-(2-naphthyl)-2-anthramide* $C_{25}H_{17}NO_2$, Formel XII.

B. Beim Behandeln von Naphthyl-(2)-amin mit 3-Hydroxy-anthracen-carbonsäure-(2) in Toluol und anschliessenden Erhitzen mit Phosphor(III)-chlorid (*I.G. Farbenind.*, D.R.P. 554786 [1930]; Frdl. **19** 1902).

F: 314°.

3-Hydroxy-*N*-[naphthyl-(2)]-triphenylencarbamid-(2), *3-hydroxy-*N*-(2-naphthyl)triphenylene-2-carboxamide* $C_{29}H_{19}NO_2$, Formel XIII.

B. Beim Behandeln von Naphthyl-(2)-amin mit 3-Hydroxy-triphenylen-carbonsäure-(2) in Toluol und anschliessenden Erhitzen mit Phosphor(III)-chlorid (*I.G. Farbenind.*, D.R.P. 655899 [1934]; Frdl. **24** 963; F.P. 799598 [1935]; *Gen. Aniline Works*, U.S.P. 2062614 [1935]).

F: 258—259° (*I.G. Farbenind.*; *Gen. Aniline Works*).

3-Hydroxy-6-methoxy-*N*-[naphthyl-(2)]-naphthamid-(2), *3-hydroxy-6-methoxy-*N*-(2-naphthyl)-2-naphthamide* $C_{22}H_{17}NO_3$, Formel VIII (R = H, X = OCH_3).

B. Aus 3-Hydroxy-6-methoxy-naphthoesäure-(2) (*I.G. Farbenind.*, D.R.P. 573723 [1930]; Frdl. **19** 785).

F: 263°.

3-Hydroxy-7-methoxy-*N*-[naphthyl-(2)]-naphthamid-(2), *3-hydroxy-7-methoxy-*N*-(2-naphthyl)-2-naphthamide* $C_{22}H_{17}NO_3$, Formel VIII (R = OCH_3, X = H).

B. Aus 3-Hydroxy-7-methoxy-naphthoesäure-(2) (*I.G. Farbenind.*, D.R.P. 573723 [1930]; Frdl. **19** 785).

F: 244°.

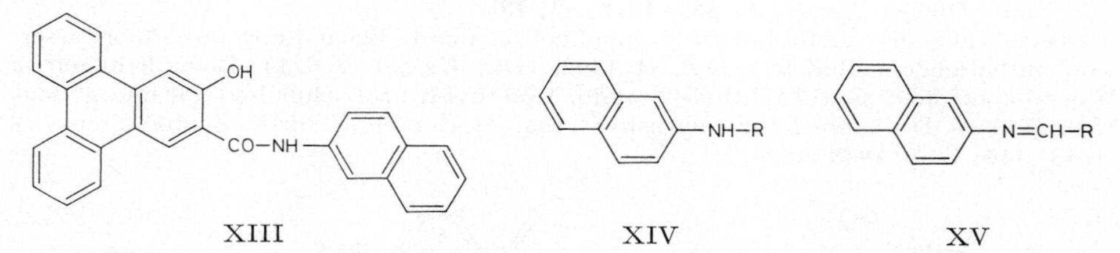

XIII XIV XV

***N*-[Naphthyl-(2)]-DL-asparaginsäure,** *N-(2-naphthyl)-DL-aspartic acid* $C_{14}H_{13}NO_4$, Formel XIV (R = CH(COOH)-CH_2-COOH) (H 1301).

B. Beim Erwärmen von Naphthyl-(2)-amin mit Maleinsäure-anhydrid in wss. Äthanol und Erwärmen des mit wss. Natronlauge versetzten Reaktionsgemisches (*I.G. Farbenind.*, D.R.P. 697802 [1936]; D.R.P. Org. Chem. **6** 1722, 1725; U.S.P. 2200220 [1937]).

F: 186° (*Mueller, Hamilton*, Am. Soc. **65** [1943] 1017).

***N*-[Naphthyl-(2)]-DL-asparaginsäure-diäthylester,** *N-(2-naphthyl)-DL-aspartic acid diethyl ester* $C_{18}H_{21}NO_4$, Formel XIV (R = CH(CO-OC_2H_5)-CH_2-CO-OC_2H_5) (vgl. H 1301).

B. Aus [Naphthyl-(2)-imino]-bernsteinsäure-diäthylester ([Naphthyl-(2)-amino]-butendisäure-diäthylester) bei der Hydrierung an Raney-Nickel in Äthanol bei 80°/35 at (*Mueller, Hamilton*, Am. Soc. **65** [1943] 1017).

Krystalle (aus A.); F: 63—65°.

Hydrochlorid. F: 140°.

3-[Naphthyl-(2)-imino]-propionsäure-äthylester, *3-(2-naphthylimino)propionic acid ethyl ester* $C_{15}H_{15}NO_2$, Formel XV (R = CH_2-CO-OC_2H_5), und **3-[Naphthyl-(2)-amino]-acrylsäure-äthylester,** *3-(2-naphthylamino)acrylic acid ethyl ester* $C_{15}H_{15}NO_2$, Formel XIV (R = CH=CH-CO-OC_2H_5).

B. Beim Behandeln der Natrium-Verbindung des 3-Oxo-propionsäure-äthylesters mit Naphthyl-(2)-amin und wss. Essigsäure (*Rubzow*, Ž. obšč. Chim. **9** [1939] 1517, 1519; C. **1940** I 1988).

Krystalle (aus Me.); F: 134,5—135°.

***N*-[Naphthyl-(2)]-acetoacetamid,** N-*(2-naphthyl)acetoacetamide* $C_{14}H_{13}NO_2$, Formel XIV (R = CO-CH_2-CO-CH_3) und Tautomeres (H 1302).

B. Aus Naphthyl-(2)-amin beim Erwärmen mit Diketen (2-Hydroxy-buten-(1)-säure-(4)-lacton) in Dioxan (*Carbide & Carbon Chem. Corp.*, U.S.P. 2152786 [1936], 2152787 [1937]) oder in Benzol (*Kaslow, Sommer*, Am. Soc. **68** [1946] 644, 645) sowie beim Erhitzen mit Acetessigsäure-äthylester und wenig Kupfer(II)-acetat (*Albert, Brown, Duewell*, Soc. **1948** 1284, 1291, 1292). Aus der im folgenden Artikel beschriebenen Verbindung beim Erhitzen mit wss. Salzsäure (*Dilthey, Kaiser*, A. **563** [1949] 11, 13).

Krystalle; F: 102° [aus PAe. bzw. Bzl.] (*Di., Kai.*; *Al., Br., Due.*), 92° [aus W.] (*Al., Br., Due.*). UV-Spektrum (W.; 220—360 mμ): *Naik, Trivedi, Mankad*, J. Indian chem. Soc. **20** [1943] 389.

Reaktion mit Schwefeldichlorid in Benzol unter Bildung einer Verbindung $C_{14}H_{11}NO_2S$ vom F: 179°: *Naik, Vaishnav*, J. Indian chem. Soc. **13** [1936] 25. Beim Erwärmen mit Thionylchlorid in Benzol ist eine Verbindung $C_{14}H_{11}NO_3S$ [F: 107° (nach Sintern von 82° an)] (*Naik, Thosar*, J. Indian chem. Soc. **9** [1932] 127, 130, 132), beim Behandeln mit Thionylchlorid in Äther ist hingegen eine Verbindung $C_{28}H_{24}N_2O_4S$ [F: 185°] (*Naik, Thosar*, J. Indian chem. Soc. **9** [1932] 472, 476, 477) erhalten worden. Überführung in 1-Methyl-benzo[*f*]chinolinol-(3) durch Erwärmen mit Schwefelsäure: *Ka., So.*, l. c. S. 646; *Benson, Hamilton*, Am. Soc. **68** [1946] 2644. Reaktion mit Quecksilber(II)-acetat in Methanol unter Bildung einer als 2.2-Bis-acetoxymercurio-*N*-[naphthyl-(2)]-acetoacetamid angesehenen Verbindung $C_{18}H_{17}Hg_2NO_6$ (F: 197°): *Naik, Patel*, J. Indian chem. Soc. **9** [1932] 185, 188, 191.

2.4-Dinitro-phenylhydrazon (F: 220—221° [korr.]): *Ka., So.*, l. c. S. 645.

3-[Naphthyl-(2)-imino]-*N*-[naphthyl-(2)]-butyramid, N-*(2-naphthyl)-3-(2-naphthylimino)butyramide* $C_{24}H_{20}N_2O$, Formel I, und **3-[Naphthyl-(2)-amino]-*N*-[naphthyl-(2)]-crotonamid,** N-*(2-naphthyl)-3-(2-naphthylamino)crotonamide* $C_{24}H_{20}N_2O$, Formel II (H 1302; E II 725).

F: 200° (*Dilthey, Kaiser*, A. **563** [1949] 11, 13).

Überführung in 1-Methyl-benzo[*f*]chinolinol-(3) durch Behandlung mit Chlorwasserstoff enthaltendem Methanol (vgl. H 1302): *Di., Kai.*, l. c. S. 14. Beim Erhitzen in Mineralöl auf 300° sind Naphthyl-(2)-amin, 1-Methyl-benzo[*f*]chinolinol-(3) und geringe Mengen *N.N'*-Di-[naphthyl-(2)]-harnstoff erhalten worden (*Chitrik*, Ž. obšč. Chim. **18** [1948] 114; C. A. **1948** 5018).

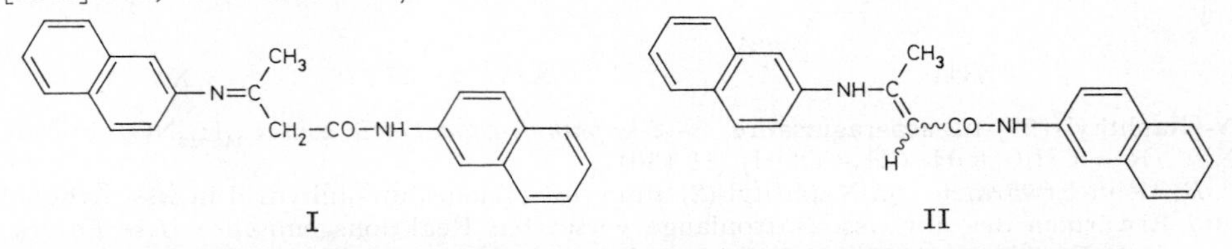

2-Propyl-*N*-[naphthyl-(2)]-acetoacetamid, N-*(2-naphthyl)-2-propylacetoacetamide* $C_{17}H_{19}NO_2$, Formel III (R = CO-CH(CO-CH_3)-CH_2-CH_2-CH_3) und Tautomeres.

B. Neben *N.N'*-Di-[naphthyl-(2)]-harnstoff beim Erhitzen von Naphthyl-(2)-amin mit 2-Propyl-acetessigsäure-äthylester (*Jadhav*, J. Indian chem. Soc. **10** [1933] 391, 392).

Krystalle (aus A.); F: 115—116°.

(±)-2-Oxo-*N*-[naphthyl-(2)]-cyclopentancarbamid-(1), (±)-N-*(2-naphthyl)-2-oxocyclopentanecarboxamide* $C_{16}H_{15}NO_2$, Formel IV, und Tautomeres (2-Hydroxy-*N*-[naphthyl-(2)]-cyclopenten-(1)-carbamid-(1)).

Eine unter dieser Konstitution beschriebene Verbindung (Krystalle [aus A.]; F: 172°

[unkorr.]) ist beim Erhitzen von Naphthyl-(2)-amin mit 2-Oxo-cyclopentan-carbonsäure-(1)-äthylester und Pyridin erhalten worden (*Barany, Pianka*, Soc. **1947** 1420).

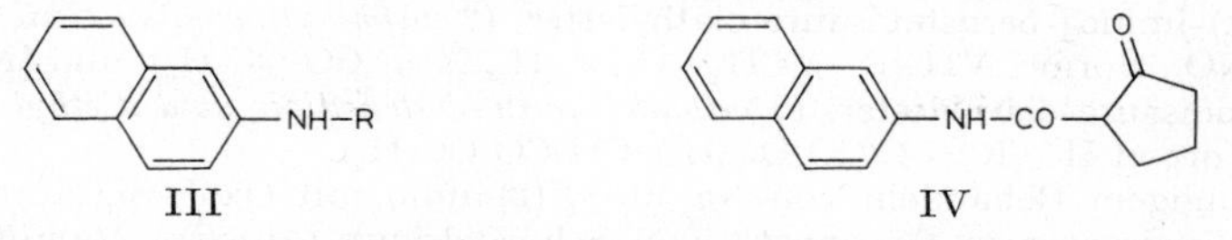

(±)-2-[Naphthyl-(2)-imino]-*N*-[naphthyl-(2)]-cyclopentancarbamid-(1), (±)-N-(*2-naphthyl*)-*2*-(*2-naphthylimino*)*cyclopentanecarboxamide* $C_{26}H_{22}N_2O$, Formel V, und **2-[Naphthyl-(2)-amino]-*N*-[naphthyl-(2)]-cyclopenten-(1)-carbamid-(1),** N-(*2-naphthyl*)-*2*-(*2-naphthylamino*)*cyclopent-1-ene-1-carboxamide* $C_{26}H_{22}N_2O$, Formel VI.

B. Beim Erhitzen von Naphthyl-(2)-amin mit 2-Oxo-cyclopentan-carbonsäure-(1)-äthylester auf 180° (*Ahmad, Desai*, Pr. Indian Acad. [A] **5** [1937] 543, 548).

Krystalle (aus A.); F: 184°.

(±)-3-[Naphthyl-(2)-imino]-2-phenyl-propionitril, (±)-*3*-(*2-naphthylimino*)-*2-phenylpropionitrile* $C_{19}H_{14}N_2$, Formel VII (R = CH(CN)-C_6H_5, X = H), und **3-[Naphthyl-(2)-amino]-2-phenyl-acrylonitril,** *3*-(*2-naphthylamino*)-*2-phenylacrylonitrile* $C_{19}H_{14}N_2$, Formel III (R = CH=C(CN)-C_6H_5) (H 1303).

B. Aus Naphthyl-(2)-amin und Phenylmalonaldehydonitril (*Borsche, Niemann*, B. **69** [1936] 1993, 1998).

Gelbe Krystalle (aus A.); F: 190—191°.

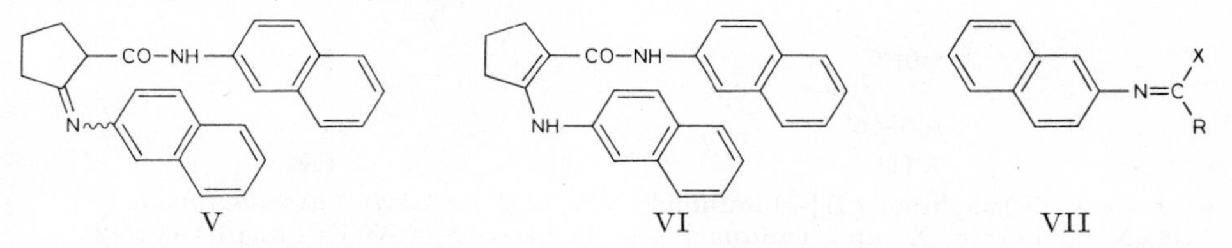

3-[Naphthyl-(2)-imino]-1-phenyl-buten-(1)-säure-(4), *2*-(*2-naphthylimino*)-*4-phenylbut-3-enoic acid* $C_{20}H_{15}NO_2$, Formel VII (R = COOH, X = CH=CH-C_6H_5) (vgl. E II 726; dort als Benzylidenbrenztraubensäure-β-naphthylimid bezeichnet).

Die beim Erwärmen der E II 726 beschriebenen Verbindung dieser Konstitution mit Äthanol erhaltene, früher als 2-Phenyl-1-[naphthyl-(2)]-pyrrolidindion-(4.5) angesehene Verbindung (F: 150°) ist als 4-[Naphthyl-(2)-amino]-5-oxo-2-phenyl-2.5-dihydro-furan zu formulieren (*Wasserman, Koch*, Chem. and Ind. **1957** 428; *Meyer, Vaughan*, J. org. Chem. **22** [1957] 98).

3-Oxo-5-phenyl-*N*-[naphthyl-(2)]-penten-(4)-amid, N-(*2-naphthyl*)-*3-oxo-5-phenylpent-4-enamide* $C_{21}H_{17}NO_2$ und Tautomeres (3-Hydroxy-5-phenyl-*N*-[naphthyl-(2)]-pentadien-(2.4)-amid).

3-Oxo-5*t*-phenyl-*N*-[naphthyl-(2)]-penten-(4)-amid, Formel III (R = CO-CH_2-CO-CH$\stackrel{t}{=}$CH-C_6H_5), und Tautomeres.

B. Beim Erhitzen von Naphthyl-(2)-amin mit 3-Oxo-1*t*-phenyl-penten-(1)-säure-(5)-äthylester in Xylol (*I.G. Farbenind.*, D.R.P. 719603 [1938]; D.R.P. Org. Chem. **6** 1717; *Gen. Aniline Works*, U.S.P. 2186274 [1938]).

F: 134—135°.

2-Hydroxyimino-*N*-[naphthyl-(2)]-acetoacetamid, *2*-(*hydroxyimino*)-N-(*2-naphthyl*)*acetoacetamide* $C_{14}H_{12}N_2O_3$, Formel III (R = CO-C(=NOH)-CO-CH_3) und Tautomeres.

B. Beim Einleiten von Nitrosylchlorid in eine Lösung von *N*-[Naphthyl-(2)]-acetoacetamid in Benzol (*Naik, Trivedi, Mankad*, J. Indian chem. Soc. **20** [1943] 384, 387, 388).

Hellgelbe Krystalle (aus Bzn. + $CHCl_3$); F: 152°.

2.4-Dioxo-4-phenyl-*N*-[naphthyl-(2)]-butyramid, N-(*2-naphthyl*)-*2,4-dioxo-4-phenylbutyramide* $C_{20}H_{15}NO_3$, Formel III (R = CO-CO-CH_2-CO-C_6H_5), und Tautomere; **Benzoylbrenztraubensäure-[naphthyl-(2)-amid].**

B. Beim Erwärmen von Naphthyl-(2)-amin mit Benzoylbrenztraubensäure in Äthanol

(*Robinson*, *Bogert*, J. org. Chem. **1** [1936] 65, 70, 71).
Gelbe Krystalle (aus A.); Zers. bei 144—146°.

[Naphthyl-(2)-imino]-bernsteinsäure-diäthylester, *(2-naphthylimino)succinic acid diethyl ester* $C_{18}H_{19}NO_4$, Formel VII (R = CH_2-CO-OC_2H_5, X = CO-OC_2H_5), und **[Naphthyl-(2)-amino]-butendisäure-diäthylester,** *(2-naphthylamino)butenedioic acid diethyl ester* $C_{18}H_{19}NO_4$, Formel III (R = C(CO-OC_2H_5)=CH-CO-OC_2H_5).

B. Bei 2-tägigem Behandeln von Naphthyl-(2)-amin mit Oxalessigsäure-diäthylester im Vakuum-Exsiccator in Gegenwart von Schwefelsäure (*Mueller*, *Hamilton*, Am. Soc. **65** [1943] 1017).
Gelbe Krystalle (aus A.); F: 66—67°.
Beim Eintragen in auf 230° erhitztes Mineralöl ist 1-Hydroxy-benzo[*f*]chinolin-carbon≠säure-(3)-äthylester erhalten worden.

[*N*-(Naphthyl-(2))-formimidoyl]-malonsäure-diäthylester, [N-*(2-naphthyl)formimidoyl]≠malonic acid diethyl ester* $C_{18}H_{19}NO_4$, Formel VIII (R = H), und **[(Naphthyl-(2)-amino)-methylen]-malonsäure-diäthylester,** [*(2-naphthylamino)methylene]malonic acid diethyl ester* $C_{18}H_{19}NO_4$, Formel IX (R = H).

B. Beim Behandeln von Naphthyl-(2)-amin mit Äthoxymethylen-malonsäure-diäthyl≠ester unter vermindertem Druck (*Foster et al.*, Am. Soc. **68** [1946] 1327, 1328).
Krystalle (aus Me.); F: 78—78,5°.
Beim Erhitzen in Diphenyläther auf 250° ist 1-Hydroxy-benzo[*f*]chinolin-carbon≠säure-(2)-äthylester erhalten worden.

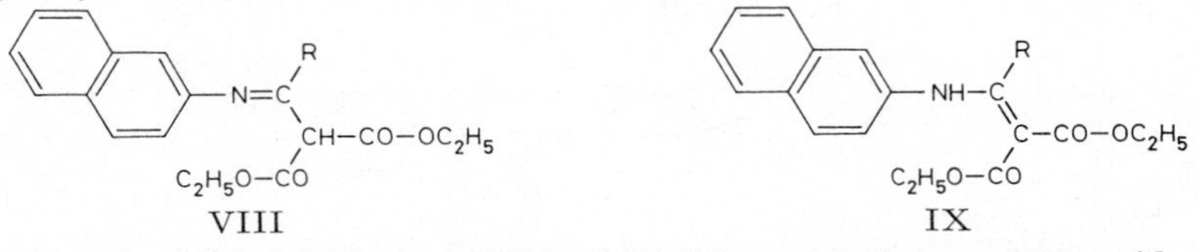

VIII IX

3-Oxo-*N.N'*-di-[naphthyl-(2)]-glutaramid, N,N'-*di(2-naphthyl)-3-oxoglutaramide* $C_{25}H_{20}N_2O_3$, Formel X, und Tautomeres (3-Hydroxy-*N.N'*-di-[naphthyl-(2)]-pentendiamid).

B. Beim Erhitzen von Naphthyl-(2)-amin mit 3-Oxo-glutarsäure-diäthylester auf 130° (*Naik*, *Thosar*, J. Indian chem. Soc. **9** [1932] 127, 130).
F: 207°.
Beim Erwärmen mit Thionylchlorid in Benzol ist eine rote Verbindung $C_{25}H_{18}N_2O_4S$ (F: 207° [nach Sintern bei 185°]) erhalten worden.

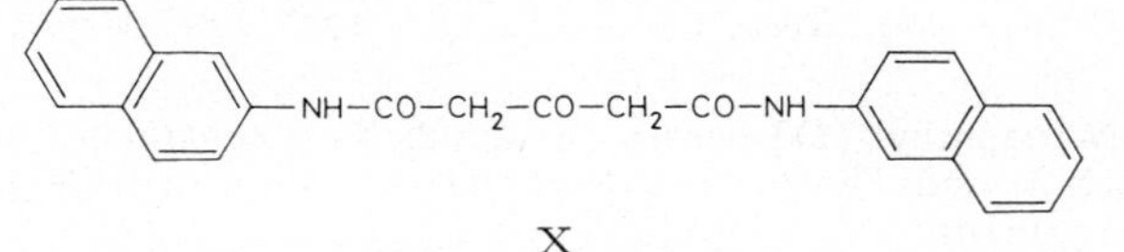

X

[*N*-(Naphthyl-(2))-benzimidoyl]-malonsäure-diäthylester, [N-*(2-naphthyl)benzimidoyl]≠malonic acid diethyl ester* $C_{24}H_{23}NO_4$, Formel VIII (R = C_6H_5), und **[α-(Naphthyl-(2)-amino)-benzyliden]-malonsäure-diäthylester,** [*α-(2-naphthylamino)benzylidene]malonic acid diethyl ester* $C_{24}H_{23}NO_4$, Formel IX (R = C_6H_5) (H 1304).

B. Beim Erhitzen von *N*-[Naphthyl-(2)]-benzimidoylchlorid (H 1287) mit der Natrium-Verbindung des Malonsäure-diäthylesters in Toluol auf 120° (*Heeramaneck*, *Shah*, Soc. **1937** 867; vgl. H 1304).
Krystalle (aus A.); F: 141—142°.
Beim Erhitzen auf 190° ist 1-Hydroxy-3-phenyl-benzo[*f*]chinolin-carbonsäure-(2)-äthylester erhalten worden.

Opt.-inakt. 2.5-Bis-[naphthyl-(2)-imino]-cyclohexan-dicarbonsäure-(1.4)-diäthylester, *2,5-bis(2-naphthylimino)cyclohexane-1,4-dicarboxylic acid diethyl ester* $C_{32}H_{30}N_2O_4$, Formel XI, und **2.5-Bis-[naphthyl-(2)-amino]-cyclohexadien-(1.4)-dicarbonsäure-(1.4)-diäthyl≠ester,** *2,5-bis(2-naphthylamino)cyclohexa-1,4-diene-1,4-dicarboxylic acid diethyl ester* $C_{32}H_{30}N_2O_4$, Formel XII (E I 541).
Rötliche Krystalle; F: 228° (*Pendse*, *Dutt*, J. Indian chem. Soc. **9** [1932] 67, 69).

Beim Erwärmen mit Natriumäthylat in Äthanol ist 8.17-Dihydro-benzo[*a*]benzo[5.6]chino[3.2-*i*]acridindiol-(9.18) erhalten worden.

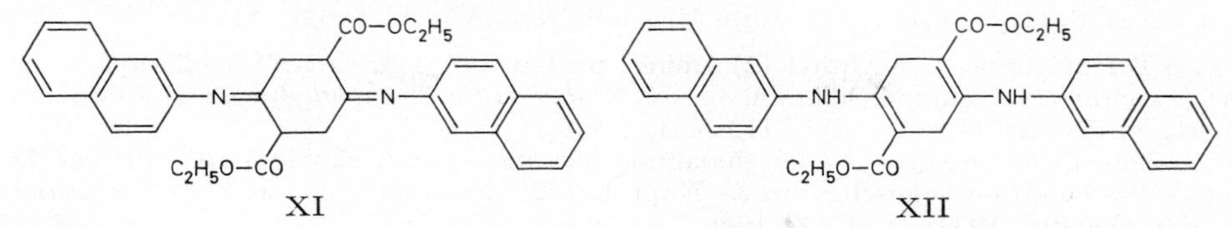

XI XII

1.4-Bis-[(naphthyl-(2)-carbamoyl)-acetyl]-benzol, 3.3′-Dioxo-3.3′-*p*-phenylen-dipropionsäure-bis-[naphthyl-(2)-amid], N,N′-*di(2-naphthyl)-3,3′-dioxo-3,3′*-p-*phenylenebispropionamide* $C_{32}H_{24}N_2O_4$, Formel XIII, und Tautomere (z.B. 1.4-Bis-[1-hydroxy-2-(naphthyl-(2)-carbamoyl)-vinyl]-benzol).

B. Beim Erhitzen von Naphthyl-(2)-amin mit 1.4-Bis-äthoxycarbonylacetyl-benzol (H **10** 904; E II **10** 637) in Xylol auf 140° (*Gen. Aniline Works*, U.S.P. 1971409 [1933]).

Gelbe Krystalle; F: 250—251°.

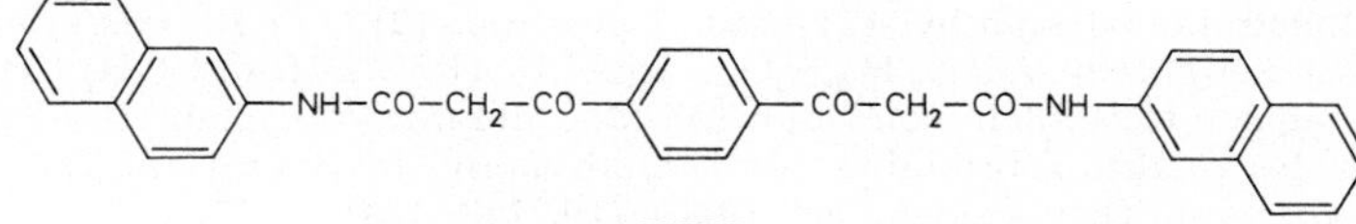

XIII

3-Chlor-5.6-dimethoxy-2-[*N*-(naphthyl-(2))-formimidoyl]-benzoesäure, *3-chloro-5,6-dimethoxy-α-(2-naphthylimino)-*o*-toluic acid* $C_{20}H_{16}ClNO_4$, Formel I und Tautomeres (4-Chlor-3-[naphthyl-(2)-amino]-6.7-dimethoxy-phthalid).

Diese Konstitution wird der nachstehend beschriebenen Verbindung zugeordnet.

B. Beim Erwärmen von Naphthyl-(2)-amin mit Chloropiansäure (E III **10** 4513) in Äthanol (*Buu-Hoi*, Bl. [5] **9** [1942] 351, 353).

Krystalle (aus A. oder Eg.); F: ca. 241° [Block]. [*Walentowski*]

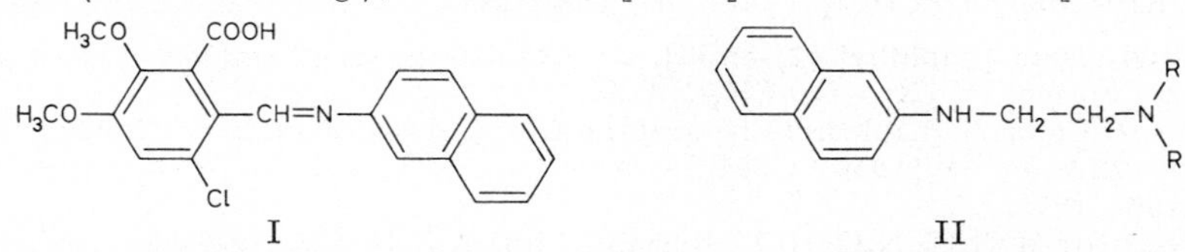

I II

***N*-[Naphthyl-(2)]-äthylendiamin,** N-*(2-naphthyl)ethylenediamine* $C_{12}H_{14}N_2$, Formel II (R = H) (E II 726).

Dihydrochlorid $C_{12}H_{14}N_2 \cdot 2HCl$ (vgl. E II 726). *B.* Aus *N*-[2-(Naphthyl-(2)-amino)-äthyl]-phthalimid beim Erhitzen mit wss. Salzsäure auf 130° (*Fourneau, Lestrange*, Bl. **1947** 827, 829, 833). — Krystalle (aus A.); F: 260°.

***N.N*-Diäthyl-*N′*-[naphthyl-(2)]-äthylendiamin,** N,N-*diethyl*-N′-*(2-naphthyl)ethylenediamine* $C_{16}H_{22}N_2$, Formel II (R = C_2H_5).

B. Beim Erhitzen von Naphthyl-(2)-amin mit Diäthyl-[2-chlor-äthyl]-amin in Benzol auf 140° (*Fourneau, Lestrange*, Bl. **1947** 827, 835, 837).

$Kp_{0,7}$: 165—167°.

Hydrochlorid $C_{16}H_{22}N_2 \cdot HCl$. F: 143°.

3.4-Dichlor-*N*-[2-(naphthyl-(2)-amino)-äthyl]-benzolsulfonamid-(1), *N′*-[3.4-Dichlor-benzol-sulfonyl-(1)]-*N*-[naphthyl-(2)]-äthylendiamin, *3,4-dichloro*-N-*[2-(2-naphthylamino)ethyl]benzenesulfonamide* $C_{18}H_{16}Cl_2N_2O_2S$, Formel III.

B. Bei 3-tägigem Erwärmen von Naphthyl-(2)-amin mit 1-[3.4-Dichlor-benzol-sulfonyl-(1)]-aziridin in Benzol (*I.G. Farbenind.*, D.R.P. 695331 [1938]; D.R.P. Org. Chem. **6** 1668, 1670; *Gen. Aniline & Film Corp.*, U.S.P. 2233296 [1939]).

Krystalle (aus Me.); F: 96—98° (*I.G. Farbenind.*; *Gen. Aniline & Film Corp.*).

***N.N*-Diäthyl-*N′*-[naphthyl-(2)]-propandiyldiamin,** N,N-*diethyl*-N′-*(2-naphthyl)propane-1,3-diamine* $C_{17}H_{24}N_2$, Formel IV (R = $[CH_2]_3$-$N(C_2H_5)_2$).

B. Beim Erhitzen von Naphthyl-(2)-amin mit Diäthyl-[3-chlor-propyl]-amin-hydro=

chlorid auf 140° (*Šimonow*, Ž. obšč. Chim. **16** [1946] 621, 624; C. A. **1947** 1220).
Kp_4: 193,5—194,5°.
Pikrat $C_{17}H_{24}N_2 \cdot C_6H_3N_3O_7$. Rote Krystalle (aus A.); F: 116,5—117°.

(±)-5-Diäthylamino-2-[naphthyl-(2)-amino]-pentan, (±)-1-Methyl-*N*⁴.*N*⁴-diäthyl-*N*¹-[naphthyl-(2)]-butandiyldiamin, (±)-N¹,N¹-*diethyl*-N⁴-(*2-naphthyl*)*pentane-1,4-diamine* $C_{19}H_{28}N_2$, Formel IV (R = $CH(CH_3)$-$[CH_2]_3$-$N(C_2H_5)_2$).
B. Beim Erhitzen von (±)-5-Diäthylamino-pentanol-(2) mit Natrium auf 140° und Erhitzen des Reaktionsgemisches mit *N*-[Naphthyl-(2)]-formamid auf 180° (*I.G. Farbenind.*, D.R.P. 650491 [1934]; Frdl. **24** 190).
Kp_1: 195°.

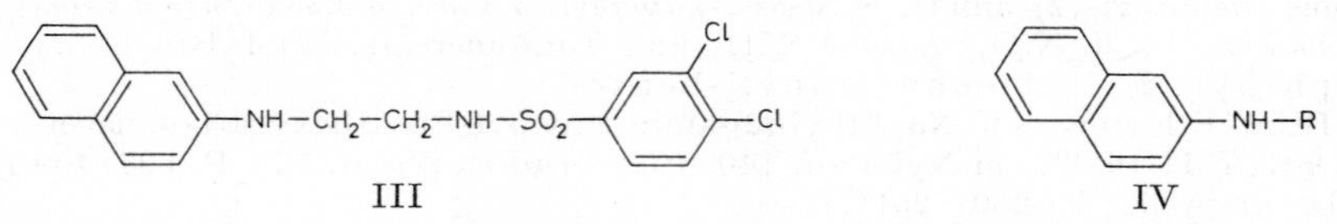

(±)-3-Dimethylamino-1-[naphthyl-(2)-amino]-propanol-(2), (±)-*1*-(*dimethylamino*)-*3*-(*2-naphthylamino*)*propan-2-ol* $C_{15}H_{20}N_2O$, Formel IV (R = CH_2-$CH(OH)$-CH_2-$N(CH_3)_2$).
B. Beim 7-tägigen Behandeln von Naphthyl-(2)-amin mit (±)-Epichlorhydrin in Aceton und Erhitzen des Reaktionsprodukts mit Dimethylamin in Benzol auf 125° (*Fourneau, Tréfouel, Benoit*, Ann. Inst. Pasteur **44** [1930] 719, 723, 724).
Krystalle (aus A.); F: 101—102°.
Hydrochlorid. Krystalle (aus A. + Acn.); F: 135°.

Trimethyl-[(naphthyl-(2)-carbamoyl)-methyl]-ammonium, *trimethyl*[(*2-naphthylcarbamoyl*)*methyl*]*ammonium* $[C_{15}H_{19}N_2O]^{\oplus}$, Formel IV (R = CO-CH_2-$N(CH_3)_3]^{\oplus}$).
Chlorid $[C_{15}H_{19}N_2O]Cl$. *B*. Beim Behandeln von Naphthyl-(2)-amin mit Chloracetylchlorid und Natriumacetat in wss. Essigsäure und Erwärmen des Reaktionsprodukts mit Trimethylamin in Toluol (*Renshaw, Hotchkiss*, J. biol. Chem. **103** [1933] 183, 184, 185). — Krystalle (aus $CHCl_3$ + Ae.); F: 188° [korr.].

***N.N*-Diäthyl-glycin-[naphthyl-(2)-amid],** *2*-(*diethylamino*)-N-(*2-naphthyl*)*acetamide* $C_{16}H_{20}N_2O$, Formel IV (R = CO-CH_2-$N(C_2H_5)_2$).
B. Aus *C*-Chlor-*N*-[naphthyl-(2)]-acetamid und Diäthylamin in Benzol (*Löfgren*, Ark. Kemi **22** A Nr. 18 [1946] 1, 15).
Kp_2: 196—197°.
Hydrochlorid $C_{16}H_{20}N_2O \cdot HCl$. Krystalle (aus A.); F: 225° [Zers.].

***N*-[Naphthyl-(2)]-glycin-[naphthyl-(2)-amid],** N-(*2-naphthyl*)-*2*-(*2-naphthylamino*)*acetamide* $C_{22}H_{18}N_2O$, Formel V (H 1306).
B. Aus Chloressigsäure-butylester und Magnesium-bromid-[naphthyl-(2)-amid] (oder Magnesium-jodid-[naphthyl-(2)-amid]) in Äther (*Thomassin*, Bl. **1947** 457).
Krystalle (aus A.); F: 171—172°.

***N*-Chlor-*N*-[naphthyl-(2)]-acetamid,** N-*chloro*-N-(*2-naphthyl*)*acetamide* $C_{12}H_{10}ClNO$, Formel VI (R = CO-CH_3, X = Cl).
B. Beim Eintragen einer mit Essigsäure angesäuerten äthanol. Lösung von *N*-[Naphthyl-(2)]-acetamid in eine wss. Lösung von Chlorkalk unter Lichtausschluss (*Hoogeveen*, R. **49** [1930] 1093, 1094).
Krystalle (aus PAe.); F: 80°.
Beim Erwärmen einer Lösung in Petroläther auf Temperaturen oberhalb 45° erfolgt Zersetzung. Bei der Bestrahlung mit Sonnenlicht ist *N*-[1-Chlor-naphthyl-(2)]-acetamid erhalten worden; Geschwindigkeit der Umwandlung in *N*-[1-Chlor-naphthyl-(2)]-acetamid in wss. Äthanol oder in wss. Essigsäure bei 25° in Abhängigkeit vom Wassergehalt und von der zugesetzten Menge wss. Salzsäure: *Hoo.*, l. c. S. 1095—1100.

2-Benzolsulfinylamino-naphthalin, *N*-[Naphthyl-(2)]-benzolsulfinamid, N-(*2-naphthyl*)*benzenesulfinamide* $C_{16}H_{13}NOS$, Formel VI (R = H, X = SO-C_6H_5).
B. In geringer Menge beim Behandeln von Naphthyl-(2)-amin mit Benzolsulfinylchlorid in Äther (*Raiford, Hazlet*, Am. Soc. **57** [1935] 2172).
Krystalle (aus wss. A.); F: 143—144°.

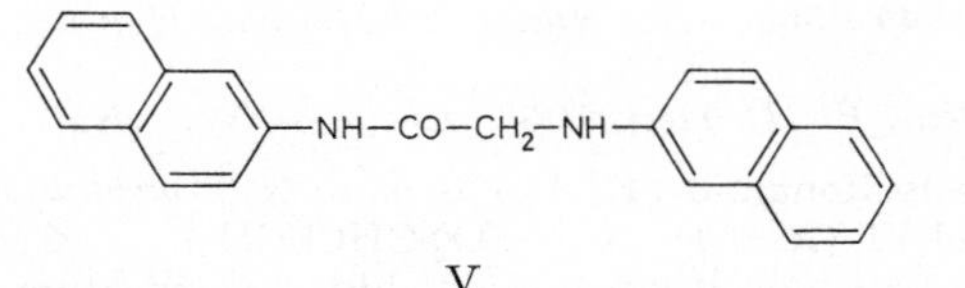

V

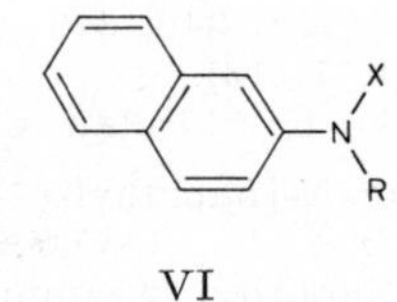

VI

4-Chlor-*N*-[naphthyl-(2)]-benzolsulfonamid-(1), p-*chloro*-N-(*2-naphthyl*)*benzenesulfonamide* $C_{16}H_{12}ClNO_2S$, Formel VII (R = Cl, X = H).

B. Beim Erhitzen von Naphthyl-(2)-amin mit 4-Chlor-benzol-sulfonylchlorid-(1) auf 130° (*Curtius*, J. pr. [2] **125** [1930] 303, 347).

F: 134°.

3-Nitro-*N*-[naphthyl-(2)]-benzolsulfonamid-(1), N-(*2-naphthyl*)-m-*nitrobenzenesulfonamide* $C_{16}H_{12}N_2O_4S$, Formel VII (R = H, X = NO_2) (E II 727).

B. Beim Erwärmen von Naphthyl-(2)-amin mit 3-Nitro-benzol-sulfonylchlorid-(1) und Wasser unter Zusatz von Natriumcarbonat (*Hodgson, Smith*, Soc. **1935** 1854).

Gelbliche Krystalle (aus A.); F: 166,5°.

Natrium-Salz $NaC_{16}H_{11}N_2O_4S$. Gelbliche Krystalle (aus W.) mit 4 Mol H_2O, F: ca. 77°; bei 60° werden 3 Mol Wasser abgegeben unter Bildung eines rosaroten Monohydrats, das sich bei 120° in das hellgelbe wasserfreie Salz (F: 290°) umwandelt.

Kalium-Salz $KC_{16}H_{11}N_2O_4S$. Hellgelbe Krystalle (aus W.) mit 3 Mol H_2O, F: ca. 70°; bei 60° werden 2 Mol Wasser abgegeben unter Bildung eines orangefarbenen Monohydrats, das sich bei 120° in das hellgelbe wasserfreie Salz (F: 240°) umwandelt.

Barium-Salz $Ba(C_{16}H_{11}N_2O_4S)_2$. Orangefarbene Krystalle (aus W.) mit 2 Mol H_2O, die sich bei 120° in das hellbraune wasserfreie Salz (Zers. bei ca. 280°) umwandeln.

***N*-[Naphthyl-(2)]-toluolsulfonamid-(4),** N-(*2-naphthyl*)-p-*toluenesulfonamide* $C_{17}H_{15}NO_2S$, Formel VII (R = CH_3, X = H) (H 1307; E I 542; E II 727).

B. Beim Erwärmen von Naphthyl-(2)-amin mit Toluol-sulfonylchlorid-(4) und Wasser unter Zusatz von Natriumcarbonat (*Hodgson, Smith*, Soc. **1935** 1854; vgl. H 1307).

F: 127—129° (*L.* u. *A. Kofler*, Thermo-Mikro-Methoden, 3. Aufl. [Weinheim 1954] S. 471).

Beim Behandeln mit 1 Mol Brom in Chloroform sind *N*-[1-Brom-naphthyl-(2)]-toluolsulfonamid-(4) und geringe Mengen 1-Brom-naphthyl-(2)-amin-hydrobromid (*Consden, Kenyon*, Soc. **1935** 1591, 1595), beim Behandeln mit 2 Mol Brom in Pyridin ist *N*-[1.3-Dibrom-naphthyl-(2)]-toluolsulfonamid-(4) (*Bell*, Soc. **1932** 2732) erhalten worden. Überführung in *N*-[1-Jod-naphthyl-(2)]-toluolsulfonamid-(4) durch Behandlung mit Jod, Jodmonochlorid oder Jodtrichlorid (jeweils 1 Mol) in Pyridin: *Co.*, *Ke.*, l. c. S. 1596.

Natrium-Salz $NaC_{17}H_{14}NO_2S$. Krystalle (aus wss. Natronlauge); F: 370° (*Ho.*, *Sm.*).

3.4-Dihydroxy-*N*-[naphthyl-(2)]-benzolsulfonamid-(1), *3,4-dihydroxy*-N-(*2-naphthyl*)*benzenesulfonamide* $C_{16}H_{13}NO_4S$, Formel VII (R = X = OH).

B. Aus 3.4-Diacetoxy-*N*-[naphthyl-(2)]-benzolsulfonamid-(1) beim Behandeln mit wss. Natronlauge (*Williams*, Biochem. J. **35** [1941] 1169, 1173).

Krystalle (aus wss. A.); F: 218° [unkorr.; Zers.].

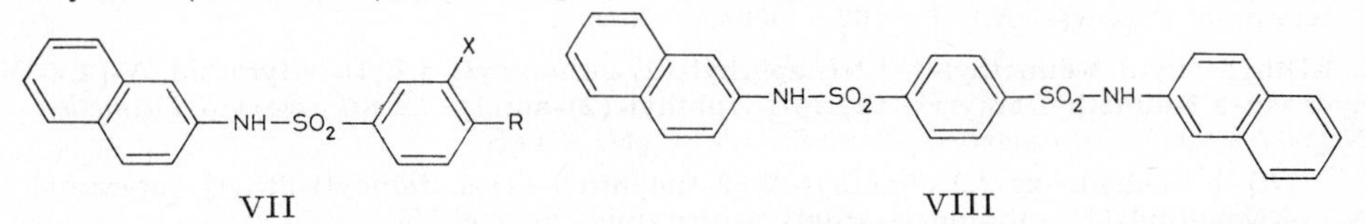

VII VIII

3.4-Diacetoxy-*N*-[naphthyl-(2)]-benzolsulfonamid-(1), *3,4-diacetoxy*-N-(*2-naphthyl*)*benzenesulfonamide* $C_{20}H_{17}NO_6S$, Formel VII (R = X = O-CO-CH_3).

B. Aus Naphthyl-(2)-amin und 3.4-Diacetoxy-benzol-sulfonylchlorid-(1) in Äthylacetat (*Williams*, Biochem. J. **35** [1941] 1169, 1173).

Krystalle (aus wss. Me.); F: 131° [unkorr.].

***C*-Chlor-*N*-[naphthyl-(2)]-methansulfonamid,** *1-chloro*-N-(*2-naphthyl*)*methanesulfonamide* $C_{11}H_{10}ClNO_2S$, Formel VI (R = H, X = SO_2-CH_2Cl).

B. Aus Naphthyl-(2)-amin und Chlormethansulfonylchlorid in Äther (*Koŝzowa*, Ž. obšč.

Chim. **19** [1949] 346, 349; C. A. **1949** 6568; s. a. *Runge, El-Hewehi, Hempel,* J. pr. [4] **8** [1959] 1, 7, 13).

Krystalle; F: 117° [aus CCl_4] (*Ru., El-H., He.*), 105° [aus A. + W.] (*Ko.*).

(±)-1-Chlor-*N*-[naphthyl-(2)]-äthansulfonamid-(1), *(±)-1-chloro-N-(2-naphthyl)ethane=sulfonamide* $C_{12}H_{12}ClNO_2S$, Formel VI (R = H, X = SO_2-CHCl-CH_3).

B. Aus Naphthyl-(2)-amin und (±)-1-Chlor-äthan-sulfonylchlorid-(1) in Äther (*Koszowa,* Ž. obšč. Chim. **19** [1949] 346, 349; C. A. **1949** 6568).

Krystalle (aus A. + W.); F: 115°.

***N*-[Naphthyl-(2)]-1-cyan-benzolsulfonamid-(3),** *m-cyano-N-(2-naphthyl)benzenesulfon=amide* $C_{17}H_{12}N_2O_2S$, Formel VII (R = H, X = CN).

B. Aus Naphthyl-(2)-amin und 1-Cyan-benzol-sulfonylchlorid-(3) in Äthanol (*Delaby, Harispe, Paris,* Bl. [5] **12** [1945] 954, 961).

Krystalle (aus A.); F: 164° [Block].

***N*-[Naphthyl-(2)]-1-carbamimidoyl-benzolsulfonamid-(3), 3-[Naphthyl-(2)-sulfamoyl]-benzamidin,** *m-carbamimidoyl-N-(2-naphthyl)benzenesulfonamide* $C_{17}H_{15}N_3O_2S$, Formel VII (R = H, X = C(NH_2)=NH).

B. Beim Behandeln von *N*-[Naphthyl-(2)]-1-cyan-benzolsulfonamid-(3) mit Chlor=wasserstoff enthaltendem Äthanol und Behandeln des Reaktionsprodukts mit äthanol. Ammoniak (*Delaby, Harispe, Paris,* Bl. [5] **12** [1954] 954, 964).

Hydrochlorid $C_{17}H_{15}N_3O_2S \cdot HCl$. Krystalle (aus A. + Ae.); F: 229° [Block].

***N*-[Naphthyl-(2)]-1-cyan-benzolsulfonamid-(4),** *p-cyano-N-(2-naphthyl)benzenesulfon=amide* $C_{17}H_{12}N_2O_2S$, Formel VII (R = CN, X = H).

B. Aus Naphthyl-(2)-amin und 1-Cyan-benzol-sulfonylchlorid-(4) mit Hilfe von Pyridin (*Delaby, Harispe, Chevrier,* Bl. [5] **11** [1944] 234, 239).

Krystalle (aus A.); F: 131°.

***N*-[Naphthyl-(2)]-1-carbamimidoyl-benzolsulfonamid-(4), 4-[Naphthyl-(2)-sulfamoyl]-benzamidin,** *p-carbamimidoyl-N-(2-naphthyl)benzenesulfonamide* $C_{17}H_{15}N_3O_2S$, Formel VII (R = C(NH_2)=NH, X = H).

B. Aus *N*-[Naphthyl-(2)]-1-cyan-benzolsulfonamid-(4) analog *N*-[Naphthyl-(2)]-1-carb=amimidoyl-benzolsulfonamid-(3) (*Delaby, Harispe, Chevrier,* Bl. [5] **11** [1944] 234, 239).

Krystalle; F: 295°.

***N.N'*-Di-[naphthyl-(2)]-benzoldisulfonamid-(1.4),** *N,N'-di(2-naphthyl)benzene-1,4-di=sulfonamide* $C_{26}H_{20}N_2O_4S_2$, Formel VIII.

B. Aus Naphthyl-(2)-amin und Benzol-disulfonylchlorid-(1.4) (*Raghavan, Iyer, Guha,* Curr. Sci. **16** [1947] 344).

F: 263—265°.

Taurin-[naphthyl-(2)-amid], *2-amino-N-(2-naphthyl)ethanesulfonamide* $C_{12}H_{14}N_2O_2S$, Formel VI (R = H, X = SO_2-CH_2-CH_2-NH_2).

B. Beim Erwärmen von 2-Phthalimido-*N*-[naphthyl-(2)]-äthansulfonamid-(1) mit Hydrazin in wss. Äthanol und Erwärmen des Reaktionsprodukts mit wss. Salzsäure (*Winterbottom et al.,* Am. Soc. **69** [1947] 1393, 1399).

Krystalle (aus wss. A.); F: 162,5—163,5° [korr.].

2.4-Dihydroxy-3.3-dimethyl-*N*-[2-(naphthyl-(2)-sulfamoyl)-äthyl]-butyramid, *N*-[2.4-Di=hydroxy-3.3-dimethyl-butyryl]-taurin-[naphthyl-(2)-amid], *2,4-dihydroxy-3,3-dimethyl-N-[2-(2-naphthylsulfamoyl)ethyl]butyramide* $C_{18}H_{24}N_2O_5S$.

(*R*)-2.4-Dihydroxy-3.3-dimethyl-*N*-[2-(naphthyl-(2)-sulfamoyl)-äthyl]-butyramid, *N*-[2-(Naphthyl-(2)-sulfamoyl)-äthyl]-D-pantamid, Formel IX.

B. Beim Erwärmen von Taurin-[naphthyl-(2)-amid] mit Kaliumäthylat in Äthanol und anschliessend mit D-Pantolacton [(*R*)-2.4-Dihydroxy-3.3-dimethyl-buttersäure-4-lacton] (*Winterbottom et al.,* Am. Soc. **69** [1947] 1393, 1394, 1400).

Krystalle (aus wss. A.); F: 155—156° [korr.] (*Wi. et al.*). $[\alpha]_D^{30}$: +35° [A.; c = 1] (*Am. Cyanamid Co.,* U.S.P. 2459111 [1945]; s. a. *Wi. et al.*).

***N*-Methyl-*N*-[naphthyl-(2)]-benzolsulfonamid,** *N-methyl-N-(2-naphthyl)benzenesulfon=amide* $C_{17}H_{15}NO_2S$, Formel X (R = CH_3, X = H) (H 1307).

B. Aus *N*-[Naphthyl-(2)]-benzolsulfonamid und Diazomethan in Äther (*Schönberg et al.*, B. **66** [1933] 237, 244).

N-Äthyl-N-[naphthyl-(2)]-toluolsulfonamid-(4), N-*ethyl*-N-(*2-naphthyl*)-p-*toluenesulfonamide* $C_{19}H_{19}NO_2S$, Formel X (R = C_2H_5, X = CH_3).

B. Beim Erwärmen von Äthyl-[naphthyl-(2)]-amin mit Toluol-sulfonylchlorid-(4) und Pyridin (*Buu-Hoi et al.*, Bl. **1947** 128, 134).

Krystalle; F: 131—132° (*Krollpfeiffer, Rosenberg, Mühlhausen*, A. **515** [1935] 113, 123), 128° [aus A.] (*Buu-Hoi et al.*).

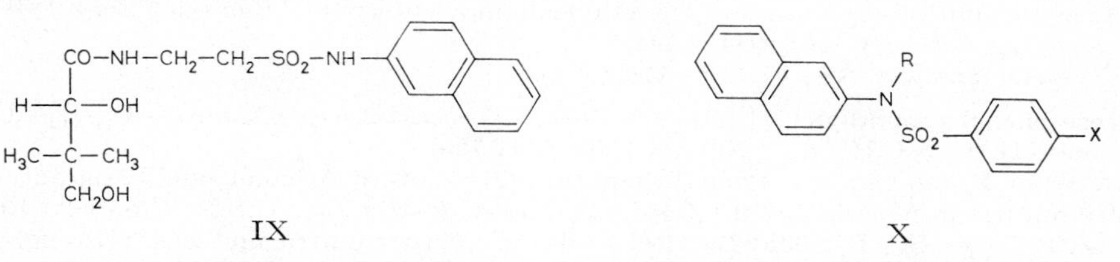

IX X

N-Äthyl-N-[naphthyl-(2)]-naphthalinsulfonamid-(2), N-*ethyl*-N-(*2-naphthyl*)*naphthalene-2-sulfonamide* $C_{22}H_{19}NO_2S$, Formel XI.

B. Beim Erwärmen von Äthyl-[naphthyl-(2)]-amin mit Naphthalin-sulfonylchlorid-(2) und Pyridin (*Buu-Hoi et al.*, Bl. **1947** 128, 135).

Krystalle (aus Bzl.); F: 187°.

N-Isopropyl-N-[naphthyl-(2)]-toluolsulfonamid-(4), N-*isopropyl*-N-(*2-naphthyl*)-p-*toluenesulfonamide* $C_{20}H_{21}NO_2S$, Formel X (R = $CH(CH_3)_2$, X = CH_3).

B. Aus Isopropyl-[naphthyl-(2)]-amin (*Heap*, Soc. **1933** 495).

Krystalle (aus A.); F: 119—120°.

[Phenyl-(naphthyl-(2))-sulfamoyl]-essigsäure-äthylester, [*phenyl*(*2-naphthyl*)*sulfamoyl*]*acetic acid ethyl ester* $C_{20}H_{19}NO_4S$, Formel XII (R = C_6H_5, X = SO_2-CH_2-CO-OC_2H_5).

B. Beim Erhitzen von Phenyl-[naphthyl-(2)]-amin mit Chlorsulfonylessigsäure-äthylester und Lithiumcarbonat in Toluol (*Vieillefosse*, Bl. **1947** 351, 355, 356).

Krystalle (aus A.); F: 105—106° [Block].

[Di-(naphthyl-(2))-sulfamoyl]-essigsäure-methylester, [*di*(*2-naphthyl*)*sulfamoyl*]*acetic acid methyl ester* $C_{23}H_{19}NO_4S$, Formel XIII (R = CH_3).

B. Beim Erhitzen von Di-[naphthyl-(2)]-amin mit Chlorsulfonylessigsäure-methylester und Lithiumcarbonat in Toluol (*Vieillefosse*, Bl. **1947** 351, 355).

Krystalle (aus Me.); F: 112—113° [Block].

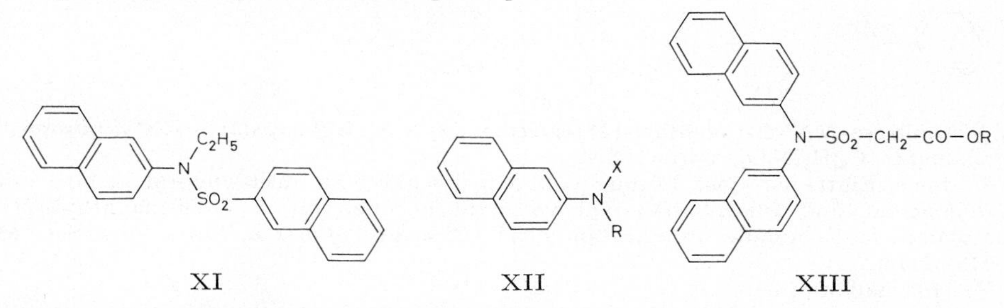

XI XII XIII

[Di-(naphthyl-(2))-sulfamoyl]-essigsäure-äthylester, [*di*(*2-naphthyl*)*sulfamoyl*]*acetic acid ethyl ester* $C_{24}H_{21}NO_4S$, Formel XIII (R = C_2H_5).

B. Beim Erhitzen von Di-[naphthyl-(2)]-amin mit Chlorsulfonylessigsäure-äthylester und Lithiumcarbonat in Toluol (*Vieillefosse*, Bl. **1947** 351, 355, 356).

Krystalle (aus wss. A.); F: 109—110° [Block].

[Di-(naphthyl-(2))-sulfamoyl]-essigsäure-propylester, [*di*(*2-naphthyl*)*sulfamoyl*]*acetic acid propyl ester* $C_{25}H_{23}NO_4S$, Formel XIII (R = CH_2-CH_2-CH_3).

B. Beim Erhitzen von Di-[naphthyl-(2)]-amin mit Chlorsulfonylessigsäure-propylester und Lithiumcarbonat in Toluol (*Vieillefosse*, Bl. **1947** 351, 355, 356).

Krystalle (aus Propanol-(1)); F: 86—87° [Block].

***C*-[Di-(naphthyl-(2))-sulfamoyl]-*N.N*-di-[naphthyl-(2)]-acetamid,** N,N-*di(2-naphthyl)-2-[di(2-naphthyl)sulfamoyl]acetamide* $C_{42}H_{30}N_2O_3S$, Formel XIV.

B. Aus [Di-(naphthyl-(2))-sulfamoyl]-essigsäure-äthylester (*Vieillefosse*, C. r. **208** [1939] 1406).

F: 239–240°.

***N.N*-Dimethyl-*N'*-[naphthyl-(2)]-sulfamid,** N,N-*dimethyl*-N'-(*2-naphthyl)sulfamide* $C_{12}H_{14}N_2O_2S$, Formel XII (R = H, X = SO_2-N(CH_3)$_2$).

B. Aus Naphthyl-(2)-amin und Dimethylsulfamoylchlorid in Äther oder Benzol (*Wheeler, Degering*, Am. Soc. **66** [1944] 1242).

Krystalle (aus wss. A.); F: 110–110,4° [korr.].

Nitroso-phenyl-[naphthyl-(2)]-amin, N-*nitroso*-N-*phenyl-2-naphthylamine* $C_{16}H_{12}N_2O$, Formel XII (R = C_6H_5, X = NO) (H 1308; E II 728).

B. Beim Behandeln von Phenyl-[naphthyl-(2)]-amin in Äthanol und Essigsäure mit Natriumnitrit in Wasser bei 0° (*Goodyear Tire & Rubber Co.*, U.S.P. 1785692 [1928]; *Wingfoot Corp.*, U.S.P. 2095921 [1932]) oder mit Natriumnitrit und wss. Schwefelsäure bei 110° (*Goodrich Co.*, U.S.P. 2419718 [1944]).

Gelbliche Krystalle (aus Bzl. oder A.); F: 97–98° (*Goodyear Tire & Rubber Co.*; *Wingfoot Corp.*).

***N*-Nitroso-*N*-[naphthyl-(2)]-acetamid,** N-(*2-naphthyl*)-N-*nitrosoacetamide* $C_{12}H_{10}N_2O_2$, Formel XII (R = CO-CH_3, X = NO).

B. Beim Einleiten von Stickstoffoxiden in eine Lösung von *N*-[Naphthyl-(2)]-acetamid in Essigsäure (*Haworth, Hey*, Soc. **1940** 361, 366) oder in Essigsäure und Acetanhydrid (*Hey, Lawton*, Soc. **1940** 374, 377). Beim Eintragen einer Lösung von Nitrosylchlorid in Acetanhydrid in eine mit Natriumacetat versetzte Lösung von *N*-[Naphthyl-(2)]-acetamid in Essigsäure und Acetanhydrid (*Hey, La.*, l. c. S. 378).

Hellgelb (*Hey., La.*). F: 80° [Zers.; Rohprodukt] (*Ha., Hey*; *Hey, La.*, l. c. S. 378).

Beim Behandeln mit Nitrobenzol sind 2-[2-Nitro-phenyl]-naphthalin und 2-[4-Nitro-phenyl]-naphthalin erhalten worden (*Hey, La.*, l. c. S. 380).

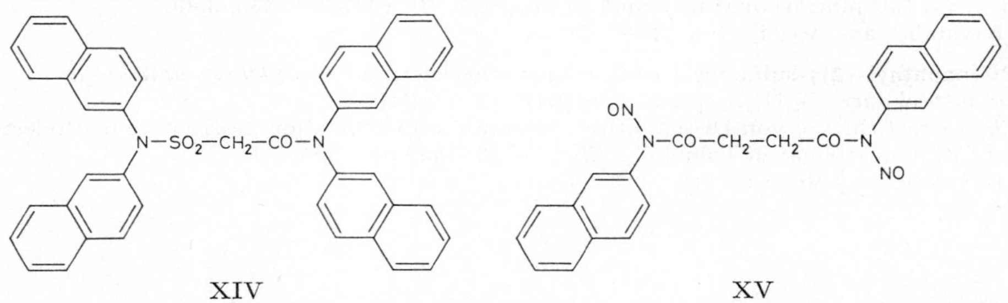

XIV XV

***N.N'*-Dinitroso-*N.N'*-di-[naphthyl-(2)]-succinamid,** N,N'-*di(2-naphthyl)*-N,N'-*dinitrososuccinamide* $C_{24}H_{18}N_4O_4$, Formel XV.

B. Beim Eintragen einer Lösung von Nitrosylchlorid in Acetanhydrid in eine mit Kaliumacetat und Phosphor(V)-oxid versetzte Lösung von *N.N'*-Di-[naphthyl-(2)]-succinamid in Essigsäure und Acetanhydrid (*Blomquist, Johnson, Sykes*, Am. Soc. **65** [1943] 2446).

F: 118° [unkorr.; Zers.].

Naphthyl-(2)-amidophosphorigsäure-diäthylester, N-(*2-naphthyl)phosphoramidous acid diethyl ester* $C_{14}H_{18}NO_2P$, Formel I (X = P(OC_2H_5)$_2$).

B. Aus Naphthyl-(2)-amin und Chlorophosphorigsäure-diäthylester in Äther (*Cook et al.*, Soc. **1949** 2921, 2925).

$Kp_{0,3}$: 126–129°.

Naphthyl-(2)-amidophosphorsäure-diäthylester, N-(*2-naphthyl)phosphoramidic acid diethyl ester* $C_{14}H_{18}NO_3P$, Formel I (X = PO(OC_2H_5)$_2$).

B. Beim Behandeln von Naphthyl-(2)-amin mit [Phosphorigsäure-diäthylester]-[phosphorsäure-diäthylester]-anhydrid [„Unterphosphorsäure-tetraäthylester" (E III **1** 1330)] (*Arbusow, Lugowkin*, Ž. obšč. Chim. **6** [1936] 394, 403; C. **1936** II 1710; s. a.

Arbusow, Lugowkin, Ž. obšč. Chim. **21** [1951] 99, 105; C. A. **1951** 7002).
F: 69° (*Ar.*, *Lu.*, Ž. obšč. Chim. **21** 105).

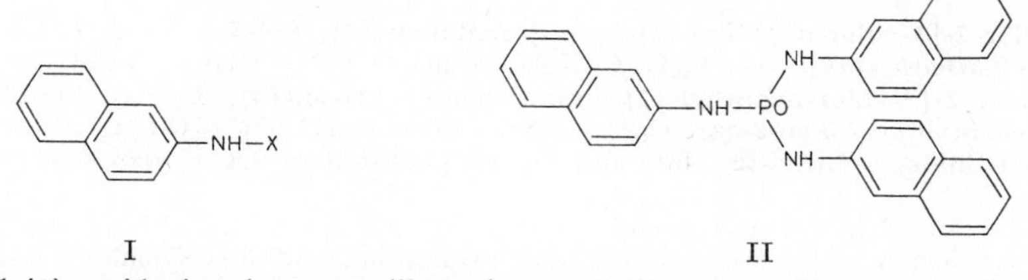

Naphthyl-(2)-amidophosphorsäure-dibenzylester, N-(*2-naphthyl*)*phosphoramidic acid dibenzyl ester* $C_{24}H_{22}NO_3P$, Formel I (X = $PO(O\text{-}CH_2\text{-}C_6H_5)_2$).

B. Aus Naphthyl-(2)-amin und Phosphorigsäure-dibenzylester mit Hilfe von Trichlorbrommethan in Benzol oder Äthylacetat (*Atherton*, *Todd*, Soc. **1947** 674, 677).

Krystalle (aus Cyclohexan + Ae.); F: 75,5—76,5°.

Phosphorsäure-tris-[naphthyl-(2)-amid], N,N′,N″-*tri*(*2-naphthyl*)*phosphoric triamide* $C_{30}H_{24}N_3OP$, Formel II (H 1308).

B. Beim Erhitzen von Naphthyl-(2)-amin mit Phosphor(V)-sulfid in Diäthylbenzol auf 185° und Leiten von Wasserdampf durch das Reaktionsgemisch (*Buck*, *Bartleson*, *Lankelma*, Am. Soc. **70** [1948] 744).

Krystalle (aus A.); F: 168—170°. [*Winckler*]

1-Chlor-2-amino-naphthalin, **1-Chlor-naphthyl-(2)-amin**, *1-chloro-2-naphthylamine* $C_{10}H_8ClN$, Formel III (R = H) (H 1308; E I 542; E II 728).

B. Aus Naphthyl-(2)-amin beim Behandeln mit 1 Mol eines Säure-[chlor-aryl-amids] in Benzol (*Danilow*, *Kos'mina*, Ž. obšč. Chim. **19** [1949] 309, 311; C. A. **1949** 6570).

Krystalle; F: 60° [aus A. oder Bzn.] (*Étienne*, A. ch. [12] **1** [1946] 5, 26), 57—58° (*Da.*, *Ko.*). Elektrische Leitfähigkeit von Lösungen des Hydrochlorids in wss. Aceton: *Hertel*, *Schneider*, Z. physik. Chem. [A] **151** [1930] 413, 415.

[1-Chlor-naphthyl-(2)]-benzyliden-amin, **Benzaldehyd-[1-chlor-naphthyl-(2)-imin]**, *1-chloro-*N*-benzylidene-2-naphthylamine* $C_{17}H_{12}ClN$, Formel IV (R = C_6H_5, X = H) (H 1309).

B. Aus [Naphthyl-(2)]-benzyliden-amin beim Behandeln mit *tert*-Pentylhypochlorit in Tetrachlormethan (*Fusco*, *Musante*, G. **66** [1936] 258, 263).

Krystalle; F: 102—103° [aus A.] (*Étienne*, A. ch. [12] **1** [1946] 5, 84), 98° [aus PAe.] (*Fu.*, *Mu.*).

Beim Erwärmen mit Brenztraubensäure in Äthanol ist eine nach *Wasserman*, *Koch* (Chem. and Ind. **1957** 428) vermutlich als 2-[1-Chlor-naphthyl-(2)-amino]-4-hydroxy-4-phenyl-*cis*-crotonsäure-lacton zu formulierende Verbindung (F: 151°) erhalten worden (*Ét.*).

(±)-2-Chlor-3-[1-chlor-naphthyl-(2)-imino]-propionaldehyd, (±)-*2-chloro-3-*(*1-chloro-2-naphthylimino*)*propionaldehyde* $C_{13}H_9Cl_2NO$, Formel IV (R = CHCl-CHO, X = H), und **2-Chlor-3-[1-chlor-naphthyl-(2)-amino]-acrylaldehyd**, *2-chloro-3-*(*1-chloro-2-naphthylamino*)*acrylaldehyde* $C_{13}H_9Cl_2NO$, Formel III (R = CH=CCl-CHO).

B. Beim Eintragen einer Lösung von Chlormalonaldehyd in wss. Natronlauge in eine heisse Suspension von 1-Chlor-naphthyl-(2)-amin in wss. Salzsäure (*Clemo*, *Legg*, Soc. **1947** 539, 543).

Krystalle (aus A.); F: 227—228°.

Beim Erhitzen mit Zinkchlorid auf 300° und Erwärmen des Reaktionsprodukts mit Chrom(VI)-oxid und Essigsäure ist 3-Chlor-5.10-dioxo-5.10-dihydro-benzo[*g*]chinolin erhalten worden.

2-[1-Chlor-naphthyl-(2)-imino]-pentanon-(4), *4-*(*1-chloro-2-naphthylimino*)*pentan-2-one* $C_{15}H_{14}ClNO$, Formel IV (R = $CH_2\text{-}CO\text{-}CH_3$, X = CH_3), und **2-[1-Chlor-naphthyl-(2)-amino]-penten-(2)-on-(4)**, *4-*(*1-chloro-2-naphthylamino*)*pent-3-en-2-one* $C_{15}H_{14}ClNO$, Formel III (R = $C(CH_3)\text{=}CH\text{-}CO\text{-}CH_3$); **Acetylaceton-mono-[1-chlor-naphthyl-(2)-imin]**.

B. Aus 1-Chlor-naphthyl-(2)-amin und Acetylaceton (*Clemo*, *Legg*, Soc. **1947** 545, 547).

Krystalle (aus Bzl. + PAe.); F: 87—88°.

Beim Erwärmen mit Schwefelsäure ist 10-Chlor-2.4-dimethyl-benzo[*g*]chinolin erhalten worden.

(±)-3-Chlor-2-[1-chlor-naphthyl-(2)-imino]-pentanon-(4), (±)-*3-chloro-4-(1-chloro-2-naphthylimino)pentan-2-one* $C_{15}H_{13}Cl_2NO$, Formel IV (R = CHCl-CO-CH_3, X = CH_3), und **3-Chlor-2-[1-chlor-naphthyl-(2)-amino]-penten-(2)-on-(4),** *3-chloro-4-(1-chloro-2-naphthylamino)pent-3-en-2-one* $C_{15}H_{13}Cl_2NO$, Formel III (R = C(CH_3)=CCl-CO-CH_3).

B. Aus 1-Chlor-naphthyl-(2)-amin und 3-Chlor-pentandion-(2.4) (*Clemo, Legg,* Soc. **1947** 545, 547).

Krystalle (aus Bzl. + PAe.); F: 137—138°.

Beim Erwärmen mit wasserhaltiger Schwefelsäure ist 3.10-Dichlor-2.4-dimethyl-benzo[*g*]chinolin erhalten worden.

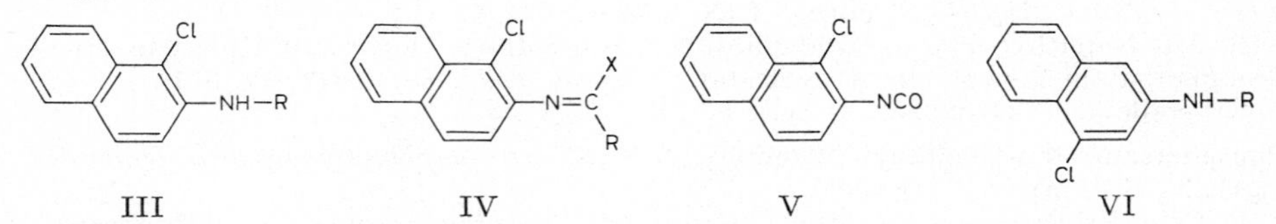

1-Chlor-2-acetamino-naphthalin, *N*-[1-Chlor-naphthyl-(2)]-acetamid, N-*(1-chloro-2-naphthyl)acetamide* $C_{12}H_{10}ClNO$, Formel III (R = CO-CH_3) (H 1309; E I 542; E II 728).

B. Aus 1-Chlor-naphthyl-(2)-amin und Acetanhydrid mit Hilfe von Pyridin (*Fusco, Musante,* G. **66** [1936] 258, 263). Beim Eintragen einer mit Essigsäure angesäuerten äthanol. Lösung von *N*-[Naphthyl-(2)]-acetamid in eine wss. Lösung von Chlorkalk unter der Einwirkung von Licht (*Hoogeveen,* R. **50** [1931] 37, 38). Aus *N*-Chlor-*N*-[naphthyl-(2)]-acetamid bei der Einwirkung von Sonnenlicht sowie beim Behandeln mit wss.-äthanol. Salzsäure oder mit einem Gemisch von Äthanol, wss. Salzsäure und Essigsäure (*Hoogeveen,* R. **49** [1930] 1093, 1094—1100).

Krystalle; F: 149—150° [aus wss. A.] (*Hoo.,* R. **49** 1101), 148° (*Fu., Mu.*).

Beim Behandeln mit Salpetersäure bei —10° sind *N*-[1-Chlor-5-nitro-naphthyl-(2)]-acetamid und *N*-[1-Chlor-8-nitro-naphthyl-(2)]-acetamid, beim Behandeln mit Salpetersäure und Essigsäure bei 20° ist *N*-[1-Chlor-6-nitro-naphthyl-(2)]-acetamid erhalten worden (*Gerhardt, Hamilton,* Am. Soc. **66** [1944] 479).

1-Chlor-2-benzamino-naphthalin, *N*-[1-Chlor-naphthyl-(2)]-benzamid, N-*(1-chloro-2-naphthyl)benzamide* $C_{17}H_{12}ClNO$, Formel III (R = CO-C_6H_5).

B. Aus *N*-[Naphthyl-(2)]-benzamid beim Behandeln mit Sulfurylchlorid in Benzol (*Jadhav, Sukhtankar,* J. Indian chem. Soc. **15** [1938] 649, 650, 652).

Krystalle (aus A.); F: 171°.

[1-Chlor-naphthyl-(2)]-oxamoylchlorid, *(1-chloro-2-naphthyl)oxamoyl chloride* $C_{12}H_7Cl_2NO_2$, Formel III (R = CO-COCl).

B. Aus 1-Chlor-naphthyl-(2)-amin und Oxalylchlorid in Benzol (*Étienne,* Bl. **1949** 515, 516).

F: 132° [aus Bzl.].

Beim Erhitzen mit Aluminiumchlorid und Natriumchlorid bis auf 180° ist 9-Chlor-2.3-dioxo-2.3-dihydro-1*H*-benz[*f*]indol erhalten worden.

[1-Chlor-naphthyl-(2)]-carbamidsäure-methylester, *(1-chloro-2-naphthyl)carbamic acid methyl ester* $C_{12}H_{10}ClNO_2$, Formel III (R = CO-OCH_3).

B. Aus 1-Chlor-naphthyl-(2)-isocyanat und Methanol (*Siefken,* A. **562** [1949] 75, 119).

F: 115—116° [unkorr.].

[1-Chlor-naphthyl-(2)]-carbamidsäure-äthylester, *(1-chloro-2-naphthyl)carbamic acid ethyl ester* $C_{13}H_{12}ClNO_2$, Formel III (R = CO-OC_2H_5).

B. Neben geringeren Mengen Chloroschwefligsäure-[naphthyl-(2)-imidokohlensäure-äthylester]-anhydrid beim Behandeln von Naphthyl-(2)-carbamidsäure-äthylester mit Thionylchlorid (*Raiford, Freyermuth,* J. org. Chem. **8** [1943] 174, 176, 177).

Krystalle (aus Me. oder A.); F: 94—95°.

1-Chlor-naphthyl-(2)-isocyanat, *isocyanic acid 1-chloro-2-naphthyl ester* $C_{11}H_6ClNO$, Formel V.

B. Aus 1-Chlor-naphthyl-(2)-amin und Phosgen (*Siefken*, A. **562** [1949] 75, 119).

F: 52—53°. $Kp_{0,3}$: 120°.

4-Chlor-2-amino-naphthalin, 4-Chlor-naphthyl-(2)-amin, *4-chloro-2-naphthylamine* $C_{10}H_8ClN$, Formel VI (R = H).

B. Aus 4-Chlor-2-nitro-naphthalin beim Erhitzen mit Eisen-Pulver und Wasser unter Zusatz von Eisen(II)-sulfat (*Hodgson, Hathway*, Soc. **1944** 538) sowie beim Erwärmen mit Zinn(II)-chlorid und wss.-äthanol. Salzsäure (*Hodgson, Elliott*, Soc. **1935** 1850, 1851).

Krystalle (aus Bzl. oder PAe.); F: 68° (*Ho., Ell.*).

Hexachlorostannat(IV) $2C_{10}H_8ClN \cdot H_2SnCl_6$. Hellbraune Krystalle (*Ho., Ell.*).

4-Chlor-2-benzamino-naphthalin, *N*-[4-Chlor-naphthyl-(2)]-benzamid, N-*(4-chloro-2-naphthyl)benzamide* $C_{17}H_{12}ClNO$, Formel VI (R = CO-C_6H_5).

B. Beim Behandeln von 4-Chlor-naphthyl-(2)-amin mit Benzoylchlorid und Alkalihydroxid in Aceton (*Hodgson, Hathway*, Soc. **1944** 538).

Krystalle (aus A.); F: 135°.

5-Chlor-2-amino-naphthalin, 5-Chlor-naphthyl-(2)-amin, *5-chloro-2-naphthylamine* $C_{10}H_8ClN$, Formel VII (R = H).

B. Aus *N*-[5-Chlor-naphthyl-(2)]-acetamid beim Erwärmen mit wss.-äthanol. Salzsäure (*Clemo, Legg*, Soc. **1947** 545, 548).

Krystalle (aus PAe.); F: 35—36°.

2-[5-Chlor-naphthyl-(2)-imino]-pentanon-(4), *4-(5-chloro-2-naphthylimino)pentan-2-one* $C_{15}H_{14}ClNO$, Formel VIII (R = Cl, X = H), und **2-[5-Chlor-naphthyl-(2)-amino]-penten-(2)-on-(4),** *4-(5-chloro-2-naphthylamino)pent-3-en-2-one* $C_{15}H_{14}ClNO$, Formel VII (R = C(CH_3)=CH-CO-CH_3); **Acetylaceton-mono-[5-chlor-naphthyl-(2)-imin].**

B. Aus 5-Chlor-naphthyl-(2)-amin und Acetylaceton (*Clemo, Legg*, Soc. **1947** 545, 548).

Gelbliche Krystalle (aus PAe.); F: 68—69°.

Beim Erwärmen mit wasserhaltiger Schwefelsäure ist 6-Chlor-2.4-dimethyl-benzo[*g*]chinolin erhalten worden.

5-Chlor-2-acetamino-naphthalin, *N*-[5-Chlor-naphthyl-(2)]-acetamid, N-*(5-chloro-2-naphthyl)acetamide* $C_{12}H_{10}ClNO$, Formel VII (R = CO-CH_3).

B. Beim Behandeln von 5-Amino-2-acetamino-naphthalin in Essigsäure mit Natriumnitrit und Schwefelsäure und Eintragen der Reaktionslösung in ein Gemisch von Kupfer(I)-chlorid und wss. Salzsäure (*Clemo, Legg*, Soc. **1947** 545, 548).

Hellbraune Krystalle (aus A.); F: 147—148°.

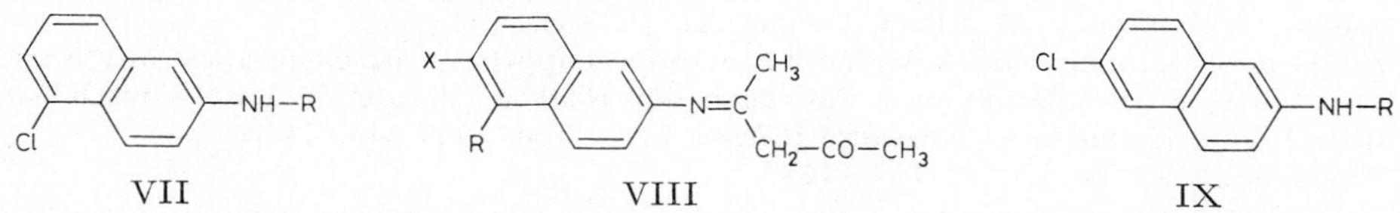

VII VIII IX

6-Chlor-2-amino-naphthalin, 6-Chlor-naphthyl-(2)-amin, *6-chloro-2-naphthylamine* $C_{10}H_8ClN$, Formel IX (R = H).

B. Aus 6-Chlor-2-nitro-naphthalin beim Erwärmen mit angeätztem Eisen und Äthanol (*Clemo, Legg*, Soc. **1947** 545, 548) sowie beim Erwärmen mit Natriumdithionit in wss. Äthanol (*Hodgson, Ward*, Soc. **1947** 327, 330). Aus *N*-[6-Chlor-naphthyl-(2)]-acetamid beim Erhitzen mit wss. Salzsäure (*Jacobs et al.*, J. org. Chem. **11** [1946] 27, 31).

Krystalle; F: 123° [aus wss. Py.] (*Ho., Ward*), 120—121° [aus PAe.] (*Cl., Legg*).

2-[6-Chlor-naphthyl-(2)-imino]-pentanon-(4), *4-(6-chloro-2-naphthylimino)pentan-2-one* $C_{15}H_{14}ClNO$, Formel VIII (R = H, X = Cl), und **2-[6-Chlor-naphthyl-(2)-amino]-penten-(2)-on-(4),** *4-(6-chloro-2-naphthylamino)pent-3-en-2-one* $C_{15}H_{14}ClNO$, Formel IX (R = C(CH_3)=CH-CO-CH_3); **Acetylaceton-mono-[6-chlor-naphthyl-(2)-imin].**

B. Aus 6-Chlor-naphthyl-(2)-amin und Acetylaceton (*Clemo, Legg*, Soc. **1947** 545, 548).

Krystalle (aus PAe.); F: 110—111°.

Beim Erwärmen mit wasserhaltiger Schwefelsäure ist 7-Chlor-2.4-dimethyl-benzo[*g*]chinolin erhalten worden.

6-Chlor-2-acetamino-naphthalin, *N*-[6-Chlor-naphthyl-(2)]-acetamid, N-(*6-chloro-2-naphthyl)acetamide* $C_{12}H_{10}ClNO$, Formel IX (R = $CO\text{-}CH_3$).

B. Aus 6-Chlor-naphthyl-(2)-amin und Acetanhydrid (*Clemo, Legg*, Soc. **1947** 545, 548). Aus 1-[6-Chlor-naphthyl-(2)]-äthanon-(1)-*seqtrans*-oxim mit Hilfe von Phosphor(V)-chlorid (*Jacobs et al.*, J. org. Chem. **11** [1946] 27, 31). Aus 1-[6-Chlor-naphthyl-(2)]-äthanon-(1) beim Erwärmen mit Natriumazid und Trichloressigsäure und Behandeln des Reaktionsgemisches mit wss. Ammoniak (*Schofield, Swain, Theobald*, Soc. **1949** 2399, 2404).

Krystalle; F: 184—185° [aus A.] (*Cl., Legg*), 182—183° [aus wss. A.] (*Sch., Sw., Th.*).

7-Chlor-2-amino-naphthalin, 7-Chlor-naphthyl-(2)-amin, *7-chloro-2-naphthylamine* $C_{10}H_8ClN$, Formel X.

B. Aus 7-Chlor-2-nitro-naphthalin beim Erwärmen mit Natriumdithionit in wss. Äthanol (*Hodgson, Ward*, Soc. **1947** 327, 330).

Krystalle (aus wss. Py.); F: 118—119°.

8-Chlor-2-amino-naphthalin, 8-Chlor-naphthyl-(2)-amin, *8-chloro-2-naphthylamine* $C_{10}H_8ClN$, Formel XI (R = H).

B. Aus *N*-[8-Chlor-naphthyl-(2)]-acetamid beim Erwärmen mit wss.-äthanol. Salzsäure (*Clemo, Legg*, Soc. **1947** 545, 549).

Krystalle (aus PAe.); F: 69—70°.

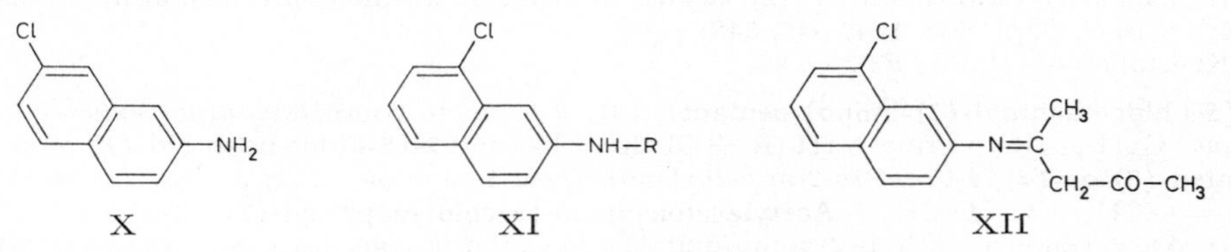

2-[8-Chlor-naphthyl-(2)-imino]-pentanon-(4), *4-(8-chloro-2-naphthylimino)pentan-2-one* $C_{15}H_{14}ClNO$, Formel XII, und **2-[8-Chlor-naphthyl-(2)-amino]-penten-(2)-on-(4),** *4-(8-chloro-2-naphthylamino)pent-3-en-2-one* $C_{15}H_{14}ClNO$, Formel XI (R = $C(CH_3)$=$CH\text{-}CO\text{-}CH_3$); **Acetylaceton-mono-[8-chlor-naphthyl-(2)-imin].**

B. Aus 8-Chlor-naphthyl-(2)-amin und Acetylaceton (*Clemo, Legg*, Soc. **1947** 545, 549).

Gelbliche Krystalle (aus PAe.); F: 72—73°.

Beim Erwärmen mit wasserhaltiger Schwefelsäure ist 9-Chlor-2.4-dimethyl-benzo[*g*]chinolin erhalten worden.

8-Chlor-2-acetamino-naphthalin, *N*-[8-Chlor-naphthyl-(2)]-acetamid, N-(*8-chloro-2-naphthyl)acetamide* $C_{12}H_{10}ClNO$, Formel XI (R = $CO\text{-}CH_3$).

B. Beim Behandeln von 8-Amino-2-acetamino-naphthalin in Essigsäure mit Natriumnitrit und Schwefelsäure und Eintragen der Reaktionslösung in ein Gemisch von Kupfer(I)-chlorid und wss. Salzsäure (*Clemo, Legg*, Soc. **1947** 545, 549).

Krystalle (aus wss. A.); F: 157—158°.

1.4-Dichlor-2-amino-naphthalin, 1.4-Dichlor-naphthyl-(2)-amin, *1,4-dichloro-2-naphthylamine* $C_{10}H_7Cl_2N$, Formel I (R = H).

B. Aus *N*-[1.4-Dichlor-naphthyl-(2)]-acetamid beim Erwärmen mit wss.-äthanol. Salzsäure (*Clemo, Legg*, Soc. **1947** 539, 543).

Krystalle (aus Me.); F: 92—93°.

1.4-Dichlor-2-acetamino-naphthalin, *N*-[1.4-Dichlor-naphthyl-(2)]-acetamid, N-(*1,4-dichloro-2-naphthyl)acetamide* $C_{12}H_9Cl_2NO$, Formel I (R = $CO\text{-}CH_3$).

B. Beim Einleiten von Chlor in eine heisse Lösung von *N*-[1-Chlor-naphthyl-(2)]-acetamid in Essigsäure (*Clemo, Legg*, Soc. **1947** 539, 543).

Krystalle (aus A.); F: 212—213°.

1.5-Dichlor-2-amino-naphthalin, 1.5-Dichlor-naphthyl-(2)-amin, *1,5-dichloro-2-naphthylamine* $C_{10}H_7Cl_2N$, Formel II (R = H).

B. Aus *N*-[1.5-Dichlor-naphthyl-(2)]-acetamid beim Erwärmen mit wss.-äthanol. Salzsäure (*Clemo, Legg*, Soc. **1947** 539, 543).

Krystalle (aus A.); F: 124—125°.

1.5-Dichlor-2-acetamino-naphthalin, *N*-[1.5-Dichlor-naphthyl-(2)]-acetamid, N-(*1,5-dichloro-2-naphthyl)acetamide* $C_{12}H_9Cl_2NO$, Formel II (R = CO-CH_3).

B. Beim Behandeln von 1-Chlor-5-amino-2-acetamino-naphthalin in Essigsäure mit Natriumnitrit und Schwefelsäure und Eintragen der Reaktionslösung in ein Gemisch von Kupfer(I)-chlorid und wss. Salzsäure (*Clemo, Legg,* Soc. **1947** 539, 543).

Krystalle (aus A.); F: 180—181°.

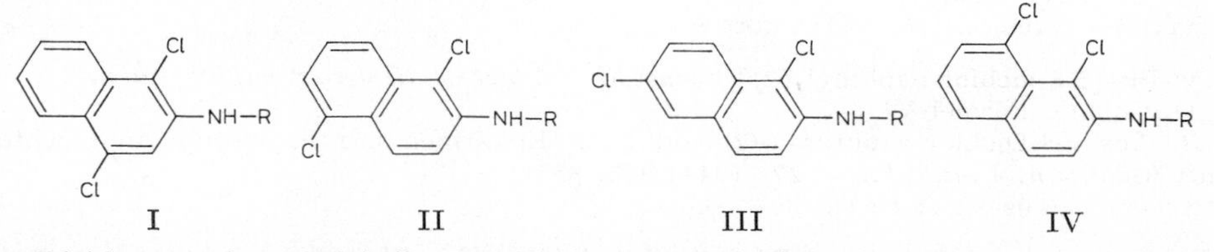

1.6-Dichlor-2-amino-naphthalin, 1.6-Dichlor-naphthyl-(2)-amin, *1,6-dichloro-2-naphthylamine* $C_{10}H_7Cl_2N$, Formel III (R = H).

B. Aus *N*-[1.6-Dichlor-naphthyl-(2)]-acetamid beim Erwärmen mit wss.-äthanol. Salzsäure (*Clemo, Legg,* Soc. **1947** 539, 544).

Krystalle (aus A.); F: 100—101°.

1.6-Dichlor-2-acetamino-naphthalin, *N*-[1.6-Dichlor-naphthyl-(2)]-acetamid, N-(*1,6-dichloro-2-naphthyl)acetamide* $C_{12}H_9Cl_2NO$, Formel III (R = CO-CH_3).

B. Beim Behandeln von 1-Chlor-6-amino-2-acetamino-naphthalin in Essigsäure mit Natriumnitrit und Schwefelsäure und Eintragen der Reaktionslösung in ein Gemisch von Kupfer(I)-chlorid und wss. Salzsäure (*Clemo, Legg,* Soc. **1947** 539, 544).

Krystalle (aus A.); F: 219—220°.

1.8-Dichlor-2-amino-naphthalin, 1.8-Dichlor-naphthyl-(2)-amin, *1,8-dichloro-2-naphthylamine* $C_{10}H_7Cl_2N$, Formel IV (R = H).

B. Aus *N*-[1.8-Dichlor-naphthyl-(2)]-acetamid beim Erwärmen mit wss.-äthanol. Salzsäure (*Clemo, Legg,* Soc. **1947** 539, 544).

Krystalle (aus Me.); F: 71—72°.

Beim Erhitzen mit Glycerin, Natrium-[3-nitro-benzol-sulfonat-(1)] und wss. Schwefelsäure (66%ig) ist 10-Chlor-benzo[*f*]chinolin erhalten worden.

1.8-Dichlor-2-acetamino-naphthalin, *N*-[1.8-Dichlor-naphthyl-(2)]-acetamid, N-(*1,8-dichloro-2-naphthyl)acetamide* $C_{12}H_9Cl_2NO$, Formel IV (R = CO-CH_3).

B. Beim Behandeln von 1-Chlor-8-amino-2-acetamino-naphthalin in Essigsäure mit Natriumnitrit und Schwefelsäure und Eintragen der Reaktionslösung in ein Gemisch von Kupfer(I)-chlorid und wss. Salzsäure (*Clemo, Legg,* Soc. **1947** 539, 544).

Krystalle (aus A.); F: 146—147°.

5.8-Dichlor-2-amino-naphthalin, 5.8-Dichlor-naphthyl-(2)-amin, *5,8-dichloro-2-naphthylamine* $C_{10}H_7Cl_2N$, Formel V (R = H) (H 1310; E II 729).

B. Beim Einleiten von Chlor in eine aus Naphthyl-(2)-amin und wss. Schwefelsäure (80%ig) hergestellte Lösung in Gegenwart von Jod (*Goldstein, Viaud,* Helv. **27** [1944] 883, 887; vgl. H 1310; E II 729). Aus *N*-[5.8-Dichlor-naphthyl-(2)]-acetamid beim Erwärmen mit wss.-äthanol. Salzsäure (*Go., Vi.*).

5.8-Dichlor-2-acetamino-naphthalin, *N*-[5.8-Dichlor-naphthyl-(2)]-acetamid, N-(*5,8-dichloro-2-naphthyl)acetamide* $C_{12}H_9Cl_2NO$, Formel V (R = CO-CH_3) (H 1310).

B. Aus 5.8-Dichlor-naphthoyl-(2)-azid beim Erhitzen mit Acetanhydrid und anschliessend mit Wasser (*Goldstein, Viaud,* Helv. **27** [1944] 883, 887).

5.8-Dichlor-2-benzamino-naphthalin, *N*-[5.8-Dichlor-naphthyl-(2)]-benzamid, N-(*5,8-dichloro-2-naphthyl)benzamide* $C_{17}H_{11}Cl_2NO$, Formel V (R = CO-C_6H_5).

B. Aus 5.8-Dichlor-naphthyl-(2)-amin beim Erhitzen mit Benzoylchlorid und Pyridin (*Goldstein, Viaud,* Helv. **27** [1944] 883, 887).

Krystalle (aus A.); F: 203° [korr.].

[5.8-Dichlor-naphthyl-(2)]-carbamidsäure-methylester, *(5,8-dichloro-2-naphthyl)carbamic acid methyl ester* $C_{12}H_9Cl_2NO_2$, Formel V (R = CO-OCH_3).

B. Aus 5.8-Dichlor-naphthoyl-(2)-azid beim Erwärmen mit Methanol (*Goldstein, Viaud,*

Helv. **27** [1944] 883, 886).
Krystalle (aus wss. Me.); F: 161° [korr.].

[5.8-Dichlor-naphthyl-(2)]-carbamidsäure-äthylester, *(5,8-dichloro-2-naphthyl)carbamic acid ethyl ester* $C_{13}H_{11}Cl_2NO_2$, Formel V (R = CO-OC$_2$H$_5$).
B. Aus 5.8-Dichlor-naphthoyl-(2)-azid beim Erwärmen mit Äthanol (*Goldstein, Viaud,* Helv. **27** [1944] 883, 887).
Krystalle (aus A.); F: 141° [korr.].

***N.N'*-Bis-[5.8-dichlor-naphthyl-(2)]-harnstoff,** *1,3-bis(5,8-dichloro-2-naphthyl)urea* $C_{21}H_{12}Cl_4N_2O$, Formel VI.
B. Aus 5.8-Dichlor-naphthoyl-(2)-azid beim Erwärmen mit Essigsäure an feuchter Luft (*Goldstein, Viaud,* Helv. **27** [1944] 883, 887).
Krystalle (aus Eg.); F: ca. 327° [korr.].

1-Brom-2-amino-naphthalin, 1-Brom-naphthyl-(2)-amin, *1-bromo-2-naphthylamine* $C_{10}H_8BrN$, Formel VII (R = H) (H 1310; E I 543; E II 729).
B. Aus Naphthyl-(2)-amin beim Behandeln mit Kaliumbromid und *N.N'*-Dichlor-harnstoff in wss. Essigsäure (*Lichoscherštow, Zimbališt, Petrow,* Ž. obšč. Chim. **4** [1934] 557, 562; C. **1935** II 505). Aus [1-Brom-naphthyl-(2)]-oxamidsäure-äthylester beim Erhitzen mit wss. Kalilauge (*Šergiewškaja,* Ž. obšč. Chim. **10** [1940] 55, 59; C. **1940** II 204).
Krystalle; F: 63° [aus PAe.] (*Hodgson, Habeshaw, Murti,* Soc. **1947** 1390), 62–63° [aus A.] (*Še.*). Rhombisch; aus dem Röntgen-Diagramm ermittelte Dimensionen der Elementarzelle: a = 12,8 Å; b = 15,9 Å; c = 4,2 Å; n = 4 (*Hertel, Schneider,* Z. physik. Chem. [B] **13** [1931] 387, 398). Elektrische Leitfähigkeit von Lösungen des Hydrochlorids in wss. Aceton: *Hertel, Schneider,* Z. physik. Chem. [A] **151** [1930] 413, 415.
Überführung in Naphthyl-(2)-amin durch Erwärmen mit Zinn(II)-chlorid, wss. Salzsäure und Essigsäure: *Sandin, Evans,* Am. Soc. **61** [1939] 2916, 2917. Bildung von 2-Amino-naphtho[2.1]selenazol beim Behandeln des Hydrochlorids mit Kaliumselenocyanat in wss. Äthanol: *Hasan, Hunter,* Soc. **1935** 1762, 1766. Beim Erwärmen mit Acetylaceton unter Zusatz von Zinkchlorid und Essigsäure und Eintragen des Reaktionsgemisches in Schwefelsäure ist 10-Brom-2.4-dimethyl-benzo[*g*]chinolin erhalten worden (*Huisgen,* A. **564** [1949] 16, 26). Bildung von 5-Phenylimino-5*H*-dibenzo[*a.h*]phenoxazin beim Erhitzen mit 2-Hydroxy-naphthochinon-(1.4)-bis-phenylimin in Nitrobenzol: *Lantz,* A. ch. [11] **2** [1934] 58, 157.
Hydrobromid. Krystalle; F: 228° [Zers.] (*Consden, Kenyon,* Soc. **1935** 1591, 1595).
Pikrat (E II 729). Röntgen-Strukturanalyse des roten Pikrats: *Carstensen-Oeser, Göttlicher, Habermehl,* B. **101** [1968] 1648.

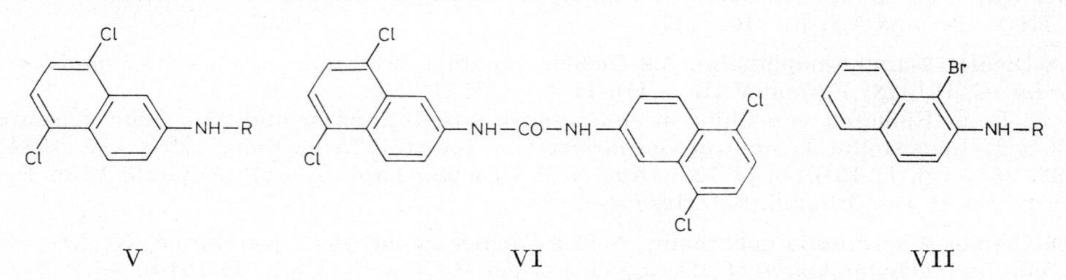

1-[1-Brom-naphthyl-(2)-imino]-1.3-diphenyl-propanon-(3), *3-(1-bromo-2-naphthylimino)-1,3-diphenylpropan-1-one* $C_{25}H_{18}BrNO$, Formel VIII, und **1-[1-Brom-naphthyl-(2)-amino]-1.3-diphenyl-propen-(1)-on-(3), *β*-[1-Brom-naphthyl-(2)-amino]-chalkon,** *β-(1-bromo-2-naphthylamino)chalcone* $C_{25}H_{18}BrNO$, Formel VII (R = C(C$_6$H$_5$)=CH-CO-C$_6$H$_5$).
B. Beim Erhitzen von 1-Brom-naphthyl-(2)-amin mit Dibenzoylmethan unter Zusatz von Zinkchlorid auf 140° (*Huisgen,* A. **564** [1949] 16, 30).
Gelbe Krystalle (aus CHCl$_3$ + A.); F: 174°.
Beim Erhitzen mit Zinkchlorid auf 300° ist 1.3-Diphenyl-benzo[*f*]chinolin erhalten worden.

1-Brom-2-thioacetamino-naphthalin, *N*-[1-Brom-naphthyl-(2)]-thioacetamid, N-(*1-bromo-2-naphthyl*)*thioacetamide* $C_{12}H_{10}BrNS$, Formel VII (R = $CS-CH_3$).

B. Aus *N*-[1-Brom-naphthyl-(2)]-acetamid beim Erwärmen mit Phosphor(V)-sulfid in Benzol (*Lewkoew, Baschkirowa,* Ž. obšč. Chim. **15** [1945] 832, 833; C. A. **1947** 447).

Gelbliche Krystalle (aus A.); F: 146—147°.

Bis-[*N*-(1-brom-naphthyl-(2))-acetimidoyl]-disulfid, *bis*[N-(*1-bromo-2-naphthyl*)*acetimidoyl*] *disulfide* $C_{24}H_{18}Br_2N_2S_2$, Formel IX (R = CH_3).

B. Aus *N*-[1-Brom-naphthyl-(2)]-thioacetamid beim Behandeln mit Kaliumhexacyanoferrat(III) und äthanol. Natronlauge (*Lewkoew, Baschkirowa,* Ž. obšč. Chim. **15** [1945] 832, 833; C. A. **1947** 447).

Gelbliche Krystalle (aus Bzn.); F: 101°.

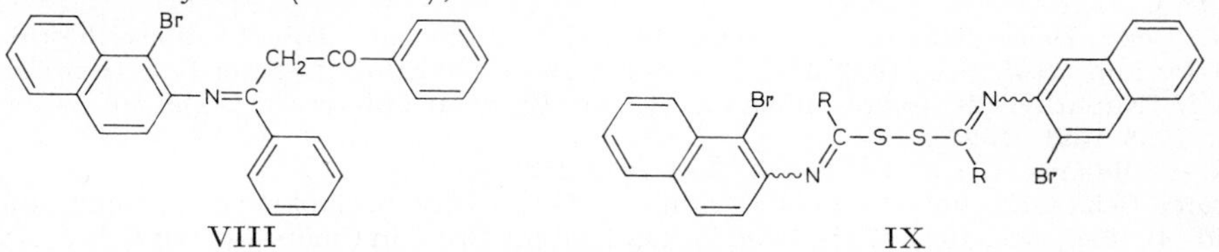

VIII IX

Bis-[*N*-(1-brom-naphthyl-(2))-benzimidoyl]-disulfid, *bis*[N-(*1-bromo-2-naphthyl*)*benzimidoyl*] *disulfide* $C_{34}H_{22}Br_2N_2S_2$, Formel IX (R = C_6H_5).

Diese Konstitution kommt der E II **27** 49 als 4-Brom-2-phenyl-naphtho[2.3]thiazol beschriebenen, aus *N*-[1-Brom-naphthyl-(2)]-thiobenzamid hergestellten Verbindung (F: ca. 156°) zu (*Lewkoew, Baschkirowa,* Ž. obšč. Chim. **15** [1945] 832, 833; C. A. **1947** 447).

Gelbe Krystalle (aus Acn.); F: 155—156° (*Le., Ba.,* l. c. S. 834).

[1-Brom-naphthyl-(2)]-oxamidsäure, (*1-bromo-2-naphthyl*)*oxamic acid* $C_{12}H_8BrNO_3$, Formel VII (R = CO-COOH).

B. Aus [1-Brom-naphthyl-(2)]-oxamidsäure-äthylester beim Erhitzen mit wss. Natronlauge (*S̄ergiews̄kaja,* Ž. obšč. Chim. **10** [1940] 55, 59; C. **1940** II 204).

Krystalle (aus Bzl.); F: 156—157°.

[1-Brom-naphthyl-(2)]-oxamidsäure-äthylester, (*1-bromo-2-naphthyl*)*oxamic acid ethyl ester* $C_{14}H_{12}BrNO_3$, Formel VII (R = $CO-CO-OC_2H_5$).

B. Aus Naphthyl-(2)-oxamidsäure-äthylester und Brom in 1.2-Dichlor-äthan (*S̄ergiews̄kaja,* Ž. obšč. Chim. **10** [1940] 55, 59; C. **1940** II 204).

Krystalle (aus A.); F: 97°.

***N'*-[1-Brom-naphthyl-(2)]-*N*-acetyl-harnstoff,** *1-acetyl-3-*(*1-bromo-2-naphthyl*)*urea* $C_{13}H_{11}BrN_2O_2$, Formel VII (R = $CO-NH-CO-CH_3$).

B. Beim Erhitzen von 1-Brom-naphthyl-(2)-amin mit Acetylcarbamidsäure-äthylester auf 160° (*Desai, Desai,* J. Indian chem. Soc. **26** [1949] 249). Aus *N'*-[Naphthyl-(2)]-*N*-acetyl-harnstoff und Brom in Tetrachlormethan (*De., De.*).

Krystalle (aus A.); F: 226—228°.

[1-Brom-naphthyl-(2)]-thioharnstoff, (*1-bromo-2-naphthyl*)*thiourea* $C_{11}H_9BrN_2S$, Formel VII (R = $CS-NH_2$).

B. Aus 1-Brom-naphthyl-(2)-isothiocyanat und Ammoniak in äthanol. Lösung (*Hunter, Jones,* Soc. **1930** 941, 948).

Krystalle; F: 204°.

Beim Erwärmen mit Brom in Chloroform und Behandeln des Reaktionsprodukts mit wss. Schwefeldioxid ist 4-Brom-2-amino-naphtho[2.3]thiazol erhalten worden.

1-Brom-naphthyl-(2)-isothiocyanat, *isothiocyanic acid 1-bromo-2-naphthyl ester* $C_{11}H_6BrNS$, Formel X.

B. Beim Behandeln einer Lösung von 1-Brom-naphthyl-(2)-amin in Chloroform mit einer Suspension von Thiophosgen in Wasser (*Hunter, Jones,* Soc. **1930** 941, 948).

Krystalle (aus A.); F: 90°.

***C*-Acetoxy-*N*-[1-brom-naphthyl-(2)]-acetamid,** *2-acetoxy-*N-(*1-bromo-2-naphthyl*)*acetamide* $C_{14}H_{12}BrNO_3$, Formel VII (R = $CO-CH_2-O-CO-CH_3$).

B. Aus 1-Brom-naphthyl-(2)-amin und Acetoxyacetylchlorid in Benzol (*Langenbeck,*

Hölscher, B. **71** [1938] 1465, 1467).
Krystalle (aus Bzl.); F: 133°.

***N*-[1-Brom-naphthyl-(2)]-acetoacetamid,** N-(*1-bromo-2-naphthyl*)*acetoacetamide* $C_{14}H_{12}BrNO_2$, Formel VII (R = $CO-CH_2-CO-CH_3$) [auf S. 3070] und Tautomeres.

B. Beim Erhitzen von 1-Brom-naphthyl-(2)-amin mit Acetessigsäure-äthylester auf 160° (*Huisgen*, A. **559** [1948] 101, 136).

Krystalle; F: 117°.

Beim Behandeln mit Schwefelsäure ist 10-Brom-4-methyl-benzo[*g*]chinolinol-(2) erhalten worden.

***N*-[1-Brom-naphthyl-(2)]-toluolsulfonamid-(4),** N-(*1-bromo-2-naphthyl*)-p-*toluenesulfonamide* $C_{17}H_{14}BrNO_2S$, Formel XI.

B. Beim Behandeln von 1-Brom-naphthyl-(2)-amin mit Toluol-sulfonylchlorid-(4) und Pyridin (*Bell*, Soc. **1932** 2732). Neben 1-Brom-naphthyl-(2)-amin beim Erwärmen von *N*-[Naphthyl-(2)]-toluolsulfonamid-(4) mit Brom in Chloroform (*Consden, Kenyon*, Soc. **1935** 1591, 1595).

Krystalle (aus A.); F: 100° (*Bell*, Soc. **1932** 2732; *Co.*, *Ke.*).

Beim Behandeln mit Brom in Pyridin ist *N*-[1.3-Dibrom-naphthyl-(2)]-toluolsulfonamid-(4) (*Bell*, Soc. **1932** 2733), beim Behandeln mit Brom in Chloroform sind *N*-[1.6-Dibrom-naphthyl-(2)]-toluolsulfonamid-(4) und 1.6-Dibrom-naphthyl-(2)-amin (*Bell*, Soc. **1932** 2734, **1953** 3035, 3038) erhalten worden. Bildung von *N*-[1-Brom-6-nitro-naphthyl-(2)]-toluolsulfonamid-(4) beim Erwärmen mit Salpetersäure und Essigsäure: *Hodgson, Turner*, Soc. **1943** 391, 392.

3-Brom-2-amino-naphthalin, 3-Brom-naphthyl-(2)-amin, *3-bromo-2-naphthylamine* $C_{10}H_8BrN$, Formel XII (R = H).

B. Aus 1.3-Dibrom-2-nitro-naphthalin beim Erwärmen mit Zinn und wss.-äthanol. Salzsäure (*Hodgson, Hathway*, Soc. **1945** 841). Aus 1.3-Dibrom-naphthyl-(2)-amin beim Erwärmen mit Zinn und wss.-äthanol. Salzsäure (*Consden, Kenyon*, Soc. **1935** 1591, 1595) sowie beim Erhitzen mit Zinn(II)-chlorid, wss. Salzsäure und Essigsäure (*Sandin, Evans*, Am. Soc. **61** [1939] 2916, 2918). Aus [3-Brom-naphthyl-(2)]-carbamidsäure-äthylester mit Hilfe von wss. Bromwasserstoffsäure (*Kenner, Ritchie, Wain*, Soc. **1937** 1526, 1529).

Krystalle (aus A.); F: 173° (*Co.*, *Ke.*), 171° (*Huisgen*, A. **564** [1949] 16, 26), 170° (*Ho.*, *Ha.*), 168—169° (*Ke.*, *Ri.*, *Wain*).

Beim Erwärmen mit (±)-1-Hydroxymethyl-cyclohexanon-(2) in Äthanol unter Zusatz von 3-Brom-naphthyl-(2)-amin-hydrochlorid und Zinn(IV)-chlorid sind zwei möglicherweise als 6-Brom-8.9.10.11-tetrahydro-benz[*a*]acridin und als 7-Brom-1.2.3.4-tetrahydro-benzo[*a*]phenanthridin zu formulierende Verbindungen $C_{17}H_{14}BrN$ (a) F: 133°; Pikrat $C_{17}H_{14}BrN \cdot C_6H_3N_3O_7$: Krystalle [aus A.], F: 206° [Zers.]; b) F: 145°; Pikrat $C_{17}H_{14}BrN \cdot C_6H_3N_3O_7$: Krystalle [aus A.], F: 156—157° [Zers.]) erhalten worden (*Ke.*, *Ri.*, *Wain*).

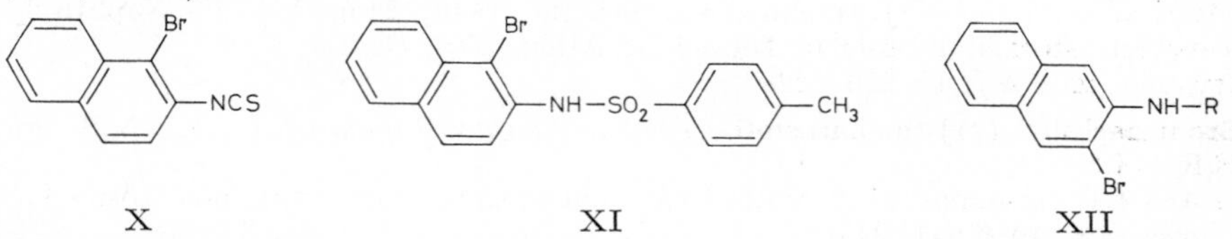

X XI XII

2-[3-Brom-naphthyl-(2)-imino]-pentanon-(4), *4-(3-bromo-2-naphthylimino)pentan-2-one* $C_{15}H_{14}BrNO$, Formel XIII (R = $CH_2-CO-CH_3$, X = CH_3), und **2-[3-Brom-naphthyl-(2)-amino]-penten-(2)-on-(4),** *4-(3-bromo-2-naphthylamino)pent-3-en-2-one* $C_{15}H_{14}BrNO$, Formel XII (R = $C(CH_3)=CH-CO-CH_3$); **Acetylaceton-mono-[3-brom-naphthyl-(2)-imin].**

B. Aus 3-Brom-naphthyl-(2)-amin und Acetylaceton (*Huisgen*, A. **564** [1949] 16, 26).

Krystalle (aus Ae.); F: 95°.

3-[3-Brom-naphthyl-(2)-imino]-1-phenyl-butanon-(1), *3-(3-bromo-2-naphthylimino)butyrophenone* $C_{20}H_{16}BrNO$, Formel XIII (R = $CH_2-CO-C_6H_5$, X = CH_3), und **3-[3-Brom-naphthyl-(2)-amino]-1-phenyl-buten-(2)-on-(1),** *3-(3-bromo-2-naphthylamino)crotonophenone* $C_{20}H_{16}BrNO$, Formel XII (R = $C(CH_3)=CH-CO-C_6H_5$).

B. Beim Erhitzen von 3-Brom-naphthyl-(2)-amin mit 1-Phenyl-butandion-(1.3) auf

130° (*Huisgen*, A. **564** [1949] 16, 32).
Hellgelbe Krystalle; F: 133—134°.

1-[3-Brom-naphthyl-(2)-imino]-1.3-diphenyl-propanon-(3), *3-(3-bromo-2-naphthylimino)-1,3-diphenylpropan-1-one* $C_{25}H_{18}BrNO$, Formel XIII (R = CH_2-CO-C_6H_5, X = C_6H_5), und **1-[3-Brom-naphthyl-(2)-amino]-1.3-diphenyl-propen-(1)-on-(3), β-[3-Brom-naphthyl-(2)-amino]-chalkon,** *β-(3-bromo-2-naphthylamino)chalcone* $C_{25}H_{18}BrNO$, Formel XII (R = $C(C_6H_5)$=CH-CO-C_6H_5).

B. Beim Erhitzen von 3-Brom-naphthyl-(2)-amin mit Dibenzoylmethan unter Zusatz von Essigsäure auf 130° (*Huisgen*, A. **564** [1949] 16, 31).
Krystalle (aus A.); F: 131°.
Beim Erhitzen mit Zinkchlorid auf 240° ist 5-Brom-1.3-diphenyl-benzo[*f*]chinolin erhalten worden.

3-Brom-2-acetamino-naphthalin, *N*-[3-Brom-naphthyl-(2)]-acetamid, N-(*3-bromo-2-naphthyl)acetamide* $C_{12}H_{10}BrNO$, Formel XII (R = CO-CH_3).
B. Aus 3-Brom-naphthyl-(2)-amin und Acetanhydrid (*Consden, Kenyon*, Soc. **1935** 1591, 1595).
Krystalle; F: 177°.

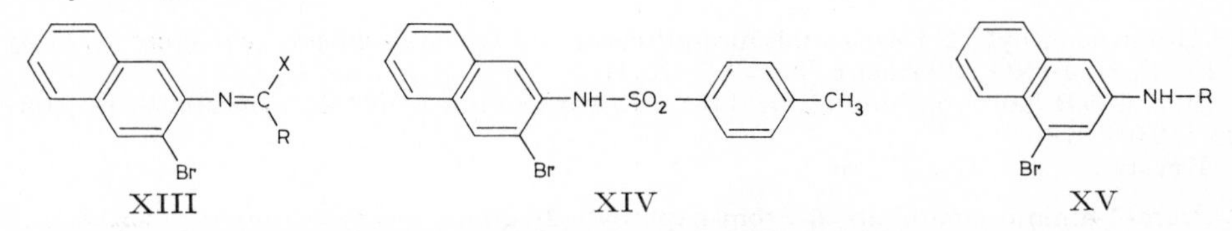

XIII XIV XV

3-Brom-2-benzamino-naphthalin, *N*-[3-Brom-naphthyl-(2)]-benzamid, N-(*3-bromo-2-naphthyl)benzamide* $C_{17}H_{12}BrNO$, Formel XII (R = CO-C_6H_5).
B. Aus 3-Brom-naphthyl-(2)-amin und Benzoylchlorid mit Hilfe von wss. Alkalilauge (*Hodgson, Hathway*, Soc. **1945** 841).
Krystalle (aus A.); F: 176°.

[3-Brom-naphthyl-(2)]-carbamidsäure-äthylester, *(3-bromo-2-naphthyl)carbamic acid ethyl ester* $C_{13}H_{12}BrNO_2$, Formel XII (R = CO-OC_2H_5).
B. Aus 3-Brom-naphthoesäure-(2)-hydrazid beim Erwärmen mit Äthylnitrit und Chlorwasserstoff enthaltendem Äthanol (*Kenner, Ritchie, Wain*, Soc. **1937** 1526, 1529).
Krystalle; F: 114° (*Wynne*, Pr. chem. Soc. **30** [1914] 204; *Ke., Ri., Wain*).

***N*-[3-Brom-naphthyl-(2)]-toluolsulfonamid-(4),** N-(*3-bromo-2-naphthyl)*-p-*toluenesulfonamide* $C_{17}H_{14}BrNO_2S$, Formel XIV.
B. Aus 3-Brom-naphthyl-(2)-amin und Toluol-sulfonylchlorid-(4) mit Hilfe von Pyridin (*Consden, Kenyon*, Soc. **1935** 1591, 1595).
Krystalle (aus A.); F: 127—129°.
Beim Behandeln mit Salpetersäure und Essigsäure ist *N*-[3-Brom-1-nitro-naphthyl-(2)]-toluolsulfonamid-(4) erhalten worden.

4-Brom-2-amino-naphthalin, 4-Brom-naphthyl-(2)-amin, *4-bromo-2-naphthylamine* $C_{10}H_8BrN$, Formel XV (R = H) (H 1311).
B. Aus 4-Brom-2-nitro-naphthalin beim Erwärmen mit Zinn(II)-chlorid und wss.-äthanol. Salzsäure (*Hodgson, Elliott*, Soc. **1935** 1850, 1851) oder mit Eisen-Pulver und Wasser unter Zusatz von Eisen(II)-sulfat (*Hodgson, Hathway*, Soc. **1944** 538).
Krystalle (aus wss. Ameisensäure); F: 72° (*Ho., Ell.*).
Beim Behandeln einer Lösung in Äthanol und Äther mit einer Lösung von Benzoldiazoniumchlorid in Isopentylalkohol ist 4-Brom-1-phenylazo-naphthyl-(2)-amin erhalten worden (*Crippa, Perroncito*, G. **65** [1935] 1250, 1253).
Hexachlorostannat(IV) $2C_{10}H_8BrN \cdot H_2SnCl_6$. Gelbbraune Krystalle [aus wss. Salzsäure] (*Ho., Ell.*).

4-Brom-2-acetamino-naphthalin, *N*-[4-Brom-naphthyl-(2)]-acetamid, N-(*4-bromo-2-naphthyl)acetamide* $C_{12}H_{10}BrNO$, Formel XV (R = CO-CH_3) (H 1311).
Krystalle; F: 189,5° [aus Bzl. + Bzn.] (*Fries, Schimmelschmidt*, A. **484** [1930] 245, 269 Anm. 2), 186,5° [aus Eg.] (*Hodgson, Elliott*, Soc. **1935** 1850, 1851).

4-Brom-2-benzamino-naphthalin, *N*-[4-Brom-naphthyl-(2)]-benzamid, N-(*4-bromo-2-naphthyl*)*benzamide* $C_{17}H_{12}BrNO$, Formel XV (R = $CO-C_6H_5$).

B. Aus 4-Brom-naphthyl-(2)-amin und Benzoylchlorid (*Hodgson, Hathway,* Soc. **1944** 538).

Braune Krystalle (aus A.); F: 142°.

5-Brom-2-amino-naphthalin, 5-Brom-naphthyl-(2)-amin, *5-bromo-2-naphthylamine* $C_{10}H_8BrN$, Formel I (R = H) (E II 729).

B. Aus 5-Brom-2-nitro-naphthalin beim Erwärmen mit Zinn(II)-chlorid und wss.-äthanol. Salzsäure (*Fieser, Riegel,* Am. Soc. **59** [1937] 2561, 2564; vgl. E II 729). Aus *N*-[5-Brom-naphthyl-(2)]-acetamid beim Erwärmen mit wss.-äthanol. Salzsäure (*Goldstein, Stern,* Helv. **23** [1940] 818).

F: 38° (*Go., St.*).

5-Brom-2-acetamino-naphthalin, *N*-[5-Brom-naphthyl-(2)]-acetamid, N-(*5-bromo-2-naphthyl*)*acetamide* $C_{12}H_{10}BrNO$, Formel I (R = $CO-CH_3$) (E II 729).

B. Aus 5-Brom-naphthoyl-(2)-azid beim Erhitzen mit Acetanhydrid und anschliessend mit Wasser (*Goldstein, Stern,* Helv. **23** [1940] 818).

Krystalle (aus A.); F: 165° [korr.].

[5-Brom-naphthyl-(2)]-carbamidsäure-äthylester, (*5-bromo-2-naphthyl*)*carbamic acid ethyl ester* $C_{13}H_{12}BrNO_2$, Formel I (R = $CO-OC_2H_5$).

B. Aus 5-Brom-naphthoyl-(2)-azid beim Erwärmen mit Äthanol (*Goldstein, Stern,* Helv. **23** [1940] 818).

Krystalle (aus A.); F: 86°.

6-Brom-2-amino-naphthalin, 6-Brom-naphthyl-(2)-amin, *6-bromo-2-naphthylamine* $C_{10}H_8BrN$, Formel II (R = X = H) (E II 730).

B. Aus *N*-[6-Brom-naphthyl-(2)]-acetamid beim Erhitzen mit wss. Salzsäure (*Dziewoński, Sternbach,* Bl. Acad. polon. [A] **1931** 59, 64). Aus 6-Brom-2-nitro-naphthalin beim Erwärmen mit Natriumdithionit in wss. Äthanol (*Hodgson, Ward,* Soc. **1947** 327, 330). Aus 6-Brom-naphthol-(2) beim Erhitzen mit wss. Ammoniumsulfit-Lösung auf 150° (*Newman, Galt,* J. org. Chem. **25** [1960] 214; s. a. *Anderson, Johnston,* Am. Soc. **65** [1943] 239, 241).

Krystalle; F: 128° [aus PAe.] (*Dz., St.*), 127° [aus wss. Py.] (*Ho., Ward*), 126—127° [unkorr.; aus A.] (*Ne., Galt*). Dipolmoment (ε; Bzl.): 3,31 D (*Hertel,* Z. El. Ch. **47** [1941] 813, 819).

Hydrochlorid $C_{10}H_8BrN \cdot HCl$ (E II 730). Krystalle; F: 268° [Zers.] (*Dz., St.*).

6-Brom-2-acetamino-naphthalin, *N*-[6-Brom-naphthyl-(2)]-acetamid, N-(*6-bromo-2-naphthyl*)*acetamide* $C_{12}H_{10}BrNO$, Formel II (R = $CO-CH_3$, X = H) (E II 730).

B. Aus 1-[6-Brom-naphthyl-(2)]-äthanon-(1)-*seqtrans*-oxim beim Behandeln einer Lösung in Essigsäure und Acetanhydrid mit Chlorwasserstoff (*Dziewoński, Sternbach,* Bl. Acad. polon. [A] **1931** 59, 64).

Krystalle (aus Bzl.); F: 192°.

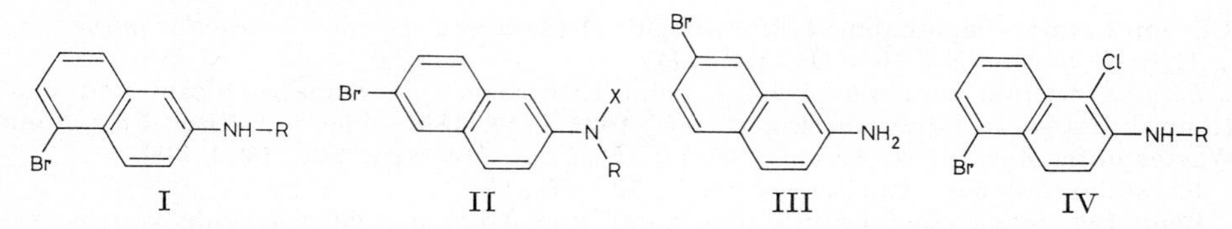

1-Isopropyl-5-[6-brom-naphthyl-(2)]-biguanid, *1-(6-bromo-2-naphthyl)-5-isopropyl-biguanide* $C_{15}H_{18}BrN_5$, Formel II (R = $C(=NH)-NH-C(=NH)-NH-CH(CH_3)_2$, X = H), und Tautomere.

B. Beim Erhitzen von 6-Brom-naphthyl-(2)-amin-hydrochlorid mit *N'*-Isopropyl-*N*-cyan-guanidin in 1-Äthoxy-äthanol-(2) (*Curd et al.,* Soc. **1948** 1630, 1635) oder in wss. 1-Äthoxy-äthanol-(2) (*Imp. Chem. Ind.,* Brit. P. 599714 [1945]).

Krystalle (aus A.); F: 183° (*Curd et al.*).

Hydrochlorid. Krystalle (aus Eg.); F: 252° (*Imp. Chem. Ind.*).

***N*-Nitroso-*N*-[6-brom-naphthyl-(2)]-acetamid,** N-*(6-bromo-2-naphthyl)*-N-*nitrosoacetamide* $C_{12}H_9BrN_2O_2$, Formel II (R = CO-CH_3, X = NO).

B. Aus *N*-[6-Brom-naphthyl-(2)]-acetamid beim Behandeln einer Lösung in Essigsäure und Acetanhydrid mit Stickstoffoxiden (*Hey, Lawton,* Soc. **1940** 374, 382).

F: 82° [Zers.].

Beim Eintragen in Benzol ist 6-Brom-2-phenyl-naphthalin erhalten worden.

7-Brom-2-amino-naphthalin, 7-Brom-naphthyl-(2)-amin, *7-bromo-2-naphthylamine* $C_{10}H_8BrN$, Formel III.

B. Aus 7-Brom-2-nitro-naphthalin beim Erwärmen mit Natriumdithionit in wss. Äthanol (*Hodgson, Ward,* Soc. **1947** 327, 330).

Krystalle (aus wss. Py.); F: 130°.

1-Chlor-5-brom-2-amino-naphthalin, 1-Chlor-5-brom-naphthyl-(2)-amin, *5-bromo-1-chloro-2-naphthylamine* $C_{10}H_7BrClN$, Formel IV (R = H).

B. Aus *N*-[1-Chlor-5-brom-naphthyl-(2)]-acetamid beim Erwärmen mit wss.-äthanol. Salzsäure (*Clemo, Driver,* Soc. **1945** 829, 832).

Krystalle; F: 136°.

Beim Erhitzen mit Glycerin, wss. Schwefelsäure (66%ig) und Natrium-[3-nitro-benzolsulfonat-(1)] und Erwärmen des Reaktionsprodukts mit Chromsäure in Essigsäure sind 8-Brom-benzo[*f*]chinolin und 6-Brom-benzo[*g*]chinolin-chinon-(5.10) erhalten worden.

1-Chlor-5-brom-2-acetamino-naphthalin, *N*-[1-Chlor-5-brom-naphthyl-(2)]-acetamid, N-*(5-bromo-1-chloro-2-naphthyl)acetamide* $C_{12}H_9BrClNO$, Formel IV (R = CO-CH_3).

B. Beim Behandeln einer Lösung von 1-Chlor-5-amino-2-acetamino-naphthalin in Essigsäure mit Natriumnitrit und Schwefelsäure und Erwärmen der Reaktionslösung mit Kupfer(I)-bromid und wss. Bromwasserstoffsäure (*Clemo, Driver,* Soc. **1945** 829, 832).

Krystalle (aus A.); F: 185°.

2-[1-Chlor-6-brom-naphthyl-(2)-imino]-pentanon-(4), *4-(6-bromo-1-chloro-2-naphthylimino)pentan-2-one* $C_{15}H_{13}BrClNO$, Formel V, und **2-[1-Chlor-6-brom-naphthyl-(2)-amino]-penten-(2)-on-(4),** *4-(6-bromo-1-chloro-2-naphthylamino)pent-3-en-2-one* $C_{15}H_{13}BrClNO$, Formel VI (R = C(CH_3)=CH-CO-CH_3, X = Cl); **Acetylaceton-mono-[1-chlor-6-brom-naphthyl-(2)-imin].**

B. Aus 1-Chlor-6-brom-naphthyl-(2)-amin (H 1311) und Acetylaceton (*Clemo, Legg,* Soc. **1947** 545, 548).

Krystalle (aus Bzn.); F: 133—134°.

1-Chlor-8-brom-2-amino-naphthalin, 1-Chlor-8-brom-naphthyl-(2)-amin, *8-bromo-1-chloro-2-naphthylamine* $C_{10}H_7BrClN$, Formel VII (R = H).

B. Aus *N*-[1-Chlor-8-brom-naphthyl-(2)]-acetamid (*Clemo, Driver,* Soc. **1945** 829, 833).

Krystalle (aus Me.); F: 85°.

Beim Erhitzen mit Glycerin, wss. Schwefelsäure (66%ig) und Natrium-[3-nitro-benzolsulfonat-(1)] ist 10-Brom-benzo[*f*]chinolin erhalten worden.

1-Chlor-8-brom-2-acetamino-naphthalin, *N*-[1-Chlor-8-brom-naphthyl-(2)]-acetamid, N-*(8-bromo-1-chloro-2-naphthyl)acetamide* $C_{12}H_9BrClNO$, Formel VII (R = CO-CH_3).

B. Beim Behandeln von 1-Chlor-8-amino-2-acetamino-naphthalin mit wss. Bromwasserstoffsäure und Natriumnitrit und anschliessend mit Kupfer-(I)-bromid (*Clemo, Driver,* Soc. **1945** 829, 832).

Gelbliche Krystalle (aus Me.); F: 147°.

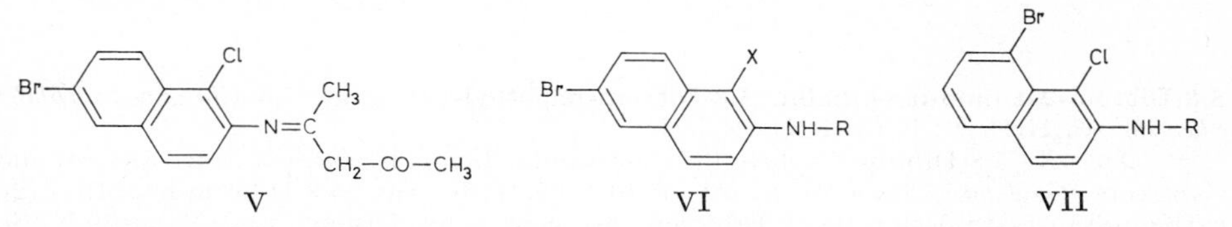

1.3-Dibrom-2-amino-naphthalin, 1.3-Dibrom-naphthyl-(2)-amin, *1,3-dibromo-2-naphthylamine* $C_{10}H_7Br_2N$, Formel VIII (R = H).

B. Aus 1.3-Dibrom-2-nitro-naphthalin beim Erwärmen mit Natriumdithionit in wss.

Äthanol (*Hodgson, Hathway*, Soc. **1944** 21). Aus *N*-[1.3-Dibrom-naphthyl-(2)]-toluolsulfonamid-(4) beim Behandeln mit Schwefelsäure (*Bell*, Soc. **1932** 2732).

Krystalle; F: 119,5° [korr.] (*Ho., Ha.*), 119° [aus A.] (*Bell*).

Beim Erwärmen mit Zinn und wss.-äthanol. Salzsäure (*Consden, Kenyon*, Soc. **1935** 1591, 1595) oder mit Zinn(II)-chlorid, wss. Salzsäure und Essigsäure (*Sandin, Evans*, Am. Soc. **61** [1939] 2916, 2918) ist 3-Brom-naphthyl-(2)-amin erhalten worden.

1.3-Dibrom-2-acetamino-naphthalin, *N*-[1.3-Dibrom-naphthyl-(2)]-acetamid, N-(*1,3-dibromo-2-naphthyl)acetamide* $C_{12}H_9Br_2NO$, Formel VIII (R = CO-CH_3).

B. Aus 1.3-Dibrom-naphthyl-(2)-amin und Acetanhydrid (*Bell*, Soc. **1932** 2732).

Krystalle (aus Eg.); F: 201°.

***N*-[1.3-Dibrom-naphthyl-(2)]-toluolsulfonamid-(4),** N-(*1,3-dibromo-2-naphthyl*)-p-*toluenesulfonamide* $C_{17}H_{13}Br_2NO_2S$, Formel IX.

B. Aus *N*-[Naphthyl-(2)]-toluolsulfonamid-(4) oder aus *N*-[1-Brom-naphthyl-(2)]-toluolsulfonamid-(4) beim Behandeln von Lösungen in Pyridin mit Brom (*Bell*, Soc. **1932** 2732).

Krystalle (aus Eg.); F: 163°.

Beim Erwärmen mit Brom in Chloroform ist 1.3.6-Tribrom-naphthyl-(2)-amin erhalten worden.

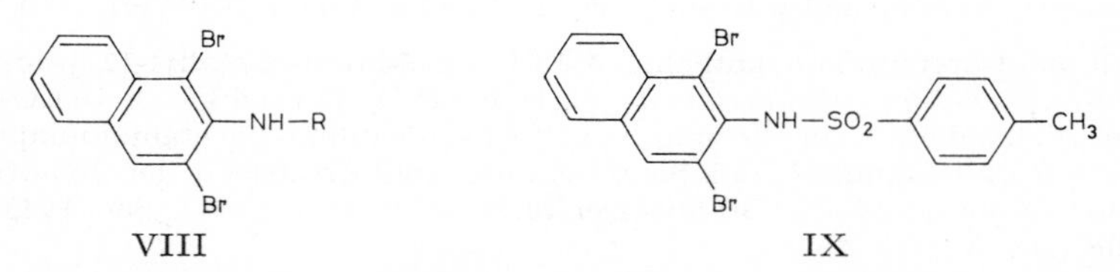

1.6-Dibrom-2-acetamino-naphthalin, *N*-[1.6-Dibrom-naphthyl-(2)]-acetamid, N-(*1,6-dibromo-2-naphthyl)acetamide* $C_{12}H_9Br_2NO$, Formel VI (R = CO-CH_3, X = Br) (H 1312).

Krystalle (aus A.); F: 214,5—216° (*Fieser, Riegel*, Am. Soc. **59** [1937] 2561, 2563).

Hydrobromid. Dieses Salz hat auch in dem H 1312 als *N*-[x.x.x-Tribrom-naphthyl-(2)]-acetamid („*N*-Acetyl-x.x.x-tribrom-naphthylamin-(2)"; $C_{12}H_8Br_3NO$) beschriebenen Präparat vom F: 250° [Zers.] vorgelegen (*Bell*, Soc. **1952** 5046). — Krystalle (aus Eg.); Zers. bei ca. 220—230° (*Bell*).

***N*-[1.6-Dibrom-naphthyl-(2)]-toluolsulfonamid-(4),** N-(*1,6-dibromo-2-naphthyl*)-p-*toluenesulfonamide* $C_{17}H_{13}Br_2NO_2S$, Formel X.

B. Aus 1.6-Dibrom-naphthyl-(2)-amin und Toluol-sulfonylchlorid-(4) (*Bell*, Soc. **1932** 2732). Aus *N*-[1-Brom-naphthyl-(2)]-toluolsulfonamid-(4) und Brom in Chloroform (*Bell*).

F: 145°.

Beim Behandeln mit Brom (1 Mol) in Pyridin ist *N*-[1.3.6-Tribrom-naphthyl-(2)]-toluolsulfonamid-(4) erhalten worden.

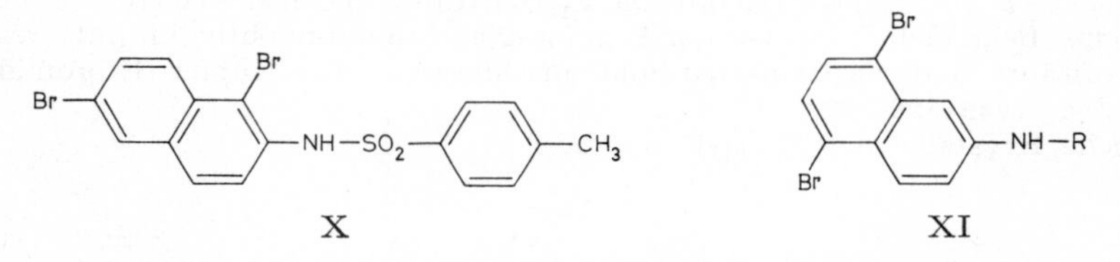

5.8-Dibrom-2-amino-naphthalin, 5.8-Dibrom-naphthyl-(2)-amin, *5,8-dibromo-2-naphthylamine* $C_{10}H_7Br_2N$, Formel XI (R = H).

B. Aus *N*-[5.8-Dibrom-naphthyl-(2)]-acetamid beim Erwärmen mit wss.-äthanol. Salzsäure (*Goldstein, Stern*, Helv. **23** [1940] 809, 816). Aus [5.8-Dibrom-naphthyl-(2)]-carbamidsäure-äthylester beim Erhitzen mit wss. Schwefelsäure und Essigsäure (*Go., St.*).

Krystalle (aus A.); F: 105° [korr.].

Pikrat $C_{10}H_7Br_2N \cdot C_6H_3N_3O_7$. Gelbe Krystalle (aus A.); Zers. bei 221—228° [korr.].

5.8-Dibrom-2-formamino-naphthalin, *N*-[5.8-Dibrom-naphthyl-(2)]-formamid, N-(*5,8-dibromo-2-naphthyl)formamide* $C_{11}H_7Br_2NO$, Formel XI (R = CHO).

B. Aus 5.8-Dibrom-naphthyl-(2)-amin beim Erhitzen mit Ameisensäure (*Goldstein, Stern,* Helv. **23** [1940] 809, 817).

Krystalle (aus wss. A.); F: 226° [korr.].

5.8-Dibrom-2-acetamino-naphthalin, *N*-[5.8-Dibrom-naphthyl-(2)]-acetamid, N-(*5,8-dibromo-2-naphthyl)acetamide* $C_{12}H_9Br_2NO$, Formel XI (R = CO-CH_3).

B. Aus 5.8-Dibrom-naphthyl-(2)-amin beim Erwärmen mit Acetanhydrid (*Goldstein, Stern,* Helv. **23** [1940] 809, 817). Aus 5.8-Dibrom-naphthoyl-(2)-azid beim Erhitzen mit Acetanhydrid und anschliessend mit Wasser (*Go., St.,* l. c. S. 816).

Krystalle (aus A.); F: 215° [korr.].

5.8-Dibrom-2-benzamino-naphthalin, *N*-[5.8-Dibrom-naphthyl-(2)]-benzamid, N-(*5,8-dibromo-2-naphthyl)benzamide* $C_{17}H_{11}Br_2NO$, Formel XI (R = CO-C_6H_5).

B. Aus 5.8-Dibrom-naphthyl-(2)-amin beim Erhitzen mit Benzoylchlorid und Pyridin (*Goldstein, Stern,* Helv. **23** [1940] 809, 817).

Krystalle (aus wss. A.); F: 216° [korr.].

[5.8-Dibrom-naphthyl-(2)]-carbamidsäure-methylester, (*5,8-dibromo-2-naphthyl)carbamic acid methyl ester* $C_{12}H_9Br_2NO_2$, Formel XI (R = CO-OCH_3).

B. Aus 5.8-Dibrom-naphthoyl-(2)-azid beim Erwärmen mit Methanol (*Goldstein, Stern,* Helv. **23** [1940] 809, 814).

Krystalle (aus wss. Me.); Zers. bei 168—170° [korr.; nach Sintern].

[5.8-Dibrom-naphthyl-(2)]-carbamidsäure-äthylester, (*5,8-dibromo-2-naphthyl)carbamic acid ethyl ester* $C_{13}H_{11}Br_2NO_2$, Formel XI (R = CO-OC_2H_5).

B. Aus 5.8-Dibrom-naphthoyl-(2)-azid beim Erwärmen mit Äthanol (*Goldstein, Stern,* Helv. **23** [1940] 809, 815).

Krystalle; F: 155° [korr.].

***N*-Phenyl-*N'*-[5.8-dibrom-naphthyl-(2)]-harnstoff,** *1-(5,8-dibromo-2-naphthyl)-3-phenylurea* $C_{17}H_{12}Br_2N_2O$, Formel XI (R = CO-NH-C_6H_5).

B. Beim Erwärmen von 5.8-Dibrom-naphthoyl-(2)-azid in Benzol und Erwärmen der Reaktionslösung mit Anilin (*Goldstein, Stern,* Helv. **23** [1940] 809, 815).

Krystalle (aus A.); F: ca. 238° [korr.; bei schnellem Erhitzen; nach Sintern bei 228°].

***N.N'*-Bis-[5.8-dibrom-naphthyl-(2)]-harnstoff,** *1,3-bis(5,8-dibromo-2-naphthyl)urea* $C_{21}H_{12}Br_4N_2O$, Formel XII.

B. Beim Erwärmen von 5.8-Dibrom-naphthoyl-(2)-azid in Benzol und Aufbewahren der Reaktionslösung an feuchter Luft (*Goldstein, Stern,* Helv. **23** [1940] 809, 815).

Krystalle; Zers. bei ca. 300° [korr.].

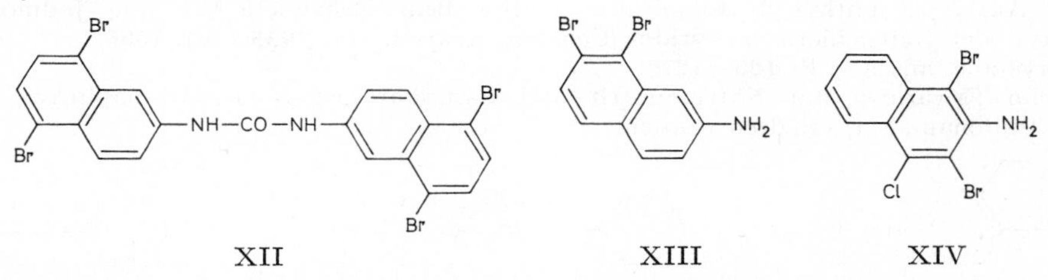

XII XIII XIV

7.8-Dibrom-2-amino-naphthalin, 7.8-Dibrom-naphthyl-(2)-amin, *7,8-dibromo-2-naphthylamine* $C_{10}H_7Br_2N$, Formel XIII.

B. Aus 7.8-Dibrom-2-nitro-naphthalin beim Erwärmen mit Eisen-Pulver, Eisen(II)-sulfat und Wasser (*Hodgson, Ward,* Soc. **1947** 327, 329).

Krystalle (aus A. oder wss. A.); F: 103—104°.

4-Chlor-1.3-dibrom-2-amino-naphthalin, 4-Chlor-1.3-dibrom-naphthyl-(2)-amin, *1,3-dibromo-4-chloro-2-naphthylamine* $C_{10}H_6Br_2ClN$, Formel XIV.

B. Aus 4-Chlor-1.3-dibrom-2-nitro-naphthalin beim Erwärmen mit Natriumdithionit in wss. Äthanol (*Hodgson, Hathway,* Soc. **1944** 21).

Krystalle (aus A.); F: 161° [korr.].

1.3.4-Tribrom-2-amino-naphthalin, 1.3.4-Tribrom-naphthyl-(2)-amin, *1,3,4-tribromo-2-naphthylamine* $C_{10}H_6Br_3N$, Formel I.

B. Aus 1.3.4-Tribrom-2-nitro-naphthalin beim Erwärmen mit Natriumdithionit in wss. Äthanol (*Hodgson, Hathway*, Soc. **1944** 21).

Gelbliche Krystalle; F: 163° [korr.].

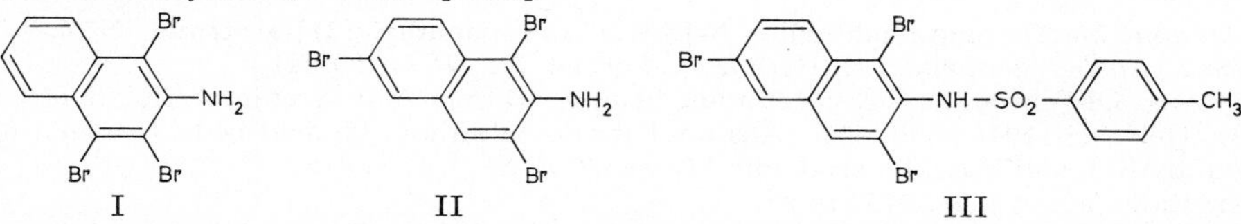

1.3.6-Tribrom-2-amino-naphthalin, 1.3.6-Tribrom-naphthyl-(2)-amin, *1,3,6-tribromo-2-naphthylamine* $C_{10}H_6Br_3N$, Formel II (H 1312 [dort als 1.4.6-Tribrom-naphthyl-amin-(2) beschrieben]; E I 544; E II 730).

Diese Verbindung hat wahrscheinlich auch in dem H 1312 als [1.x.x.x-Tetra-brom-naphthyl-(2)]-acetamid („*N*-Acetyl-1.x.x.x-tetrabrom-naphthylamin-(2)"; $C_{12}H_7Br_4NO$) beschriebenen Präparat (F: 138°) vorgelegen (*Bell*, Soc. **1952** 5046).

B. Aus *N*-[1.3.6-Tribrom-naphthyl-(2)]-toluolsulfonamid-(4) beim Behandeln mit Schwefelsäure (*Bell*, Soc. **1932** 2732).

***N*-[1.3.6-Tribrom-naphthyl-(2)]-toluolsulfonamid-(4),** N-(*1,3,6-tribromo-2-naphthyl*)-p-*toluenesulfonamide* $C_{17}H_{12}Br_3NO_2S$, Formel III.

B. Aus *N*-[1.6-Dibrom-naphthyl-(2)]-toluolsulfonamid-(4) und Brom in Pyridin (*Bell*, Soc. **1932** 2732).

Krystalle (aus Eg.); F: 184°.

1-Jod-2-amino-naphthalin, 1-Jod-naphthyl-(2)-amin, *1-iodo-2-naphthylamine* $C_{10}H_8IN$, Formel IV (R = H).

B. Aus *N*-[1-Jod-naphthyl-(2)]-acetamid beim Erwärmen mit wss.-äthanol. Salzsäure (*Willstaedt, Scheiber*, B. **67** [1934] 466, 474).

Krystalle (aus W.); F: 108°.

1-Jod-2-acetamino-naphthalin, *N*-[1-Jod-naphthyl-(2)]-acetamid, N-(*1-iodo-2-naphthyl*)*acetamide* $C_{12}H_{10}INO$, Formel IV (R = CO-CH_3).

B. Aus *N*-[Naphthyl-(2)]-acetamid beim Behandeln mit Jodmonochlorid in Essigsäure (*Willstaedt, Scheiber*, B. **67** [1934] 466, 474).

Krystalle (aus A.); Zers. bei 167°.

***N*-[1-Jod-naphthyl-(2)]-toluolsulfonamid-(4),** N-(*1-iodo-2-naphthyl*)-p-*toluenesulfonamide* $C_{17}H_{14}INO_2S$, Formel V.

B. Aus *N*-[Naphthyl-(2)]-toluolsulfonamid-(4) beim Behandeln mit Jod, Jodmono-chlorid oder Jodtrichlorid in Pyridin (*Consden, Kenyon*, Soc. **1935** 1591, 1596).

Krystalle (aus A.); F: 126—127°.

Beim Erwärmen mit Natriumnitrit und Essigsäure ist *N*-[1-Nitro-naphthyl-(2)]-toluolsulfonamid-(4) erhalten worden.

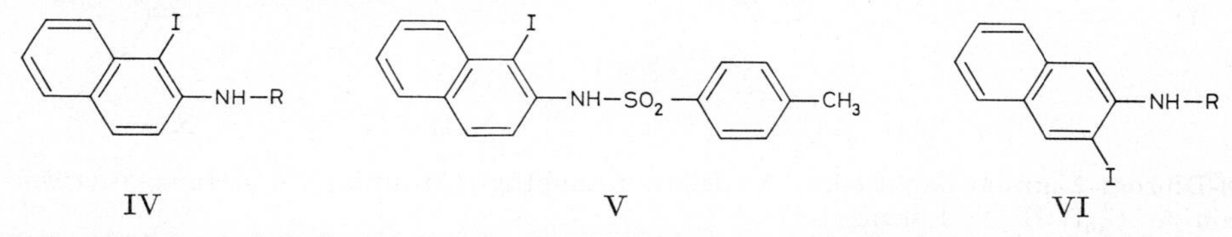

3-Jod-2-amino-naphthalin, 3-Jod-naphthyl-(2)-amin, *3-iodo-2-naphthylamine* $C_{10}H_8IN$, Formel VI (R = H).

B. Aus 3-Jod-naphthoyl-(2)-azid beim Behandeln mit wasserhaltiger Schwefelsäure (*Goldstein, Cornamusaz*, Helv. **15** [1932] 935, 937).

Krystalle (aus wss. A.); F: 137°.

3-Jod-2-acetamino-naphthalin, *N*-[3-Jod-naphthyl-(2)]-acetamid, N-(*3-iodo-2-naphthyl*)*acetamide* $C_{12}H_{10}INO$, Formel VI (R = CO-CH_3).

B. Aus 3-Jod-naphthyl-(2)-amin beim Erwärmen mit Acetanhydrid, Natriumacetat

und Essigsäure (*Goldstein, Cornamusaz*, Helv. **15** [1932] 935, 937).
Krystalle (aus wss. A.); F: 198°.

[3-Jod-naphthyl-(2)]-carbamidsäure-äthylester, *(3-iodo-2-naphthyl)carbamic acid ethyl ester* $C_{13}H_{12}INO_2$, Formel VI (R = CO-OC_2H_5).
B. Aus 3-Jod-naphthoyl-(2)-azid beim Erwärmen mit Äthanol (*Goldstein, Cornamusaz*, Helv. **15** [1932] 935, 937).
Krystalle (aus A.); F: 109°.

4-Jod-2-amino-naphthalin, 4-Jod-naphthyl-(2)-amin, *4-iodo-2-naphthylamine* $C_{10}H_8IN$, Formel VII (R = H).
B. Aus 4-Jod-2-nitro-naphthalin beim Erwärmen mit Zinn(II)-chlorid und wss.-äthanol. Salzsäure (*Hodgson, Elliott*, Soc. **1935** 1850, 1851).
Krystalle (aus A.); F: 76°.
Hexachlorostannat(IV) $2C_{10}H_8IN \cdot H_2SnCl_6$. Hellbraune Krystalle.

4-Jod-2-acetamino-naphthalin, *N*-[4-Jod-naphthyl-(2)]-acetamid, N-*(4-iodo-2-naphthyl)acetamide* $C_{12}H_{10}INO$, Formel VII (R = CO-CH_3).
B. Aus 4-Jod-naphthyl-(2)-amin (*Hodgson, Elliott*, Soc. **1935** 1850, 1851).
Krystalle (aus Eg.); F: 201°.

4-Jod-2-benzamino-naphthalin, *N*-[4-Jod-naphthyl-(2)]-benzamid, N-*(4-iodo-2-naphthyl)benzamide* $C_{17}H_{12}INO$, Formel VII (R = CO-C_6H_5).
B. Aus 4-Jod-naphthyl-(2)-amin (*Hodgson, Elliott*, Soc. **1935** 1850, 1851).
Krystalle (aus Eg.); F: 145°.

6-Jod-2-amino-naphthalin, 6-Jod-naphthyl-(2)-amin, *6-iodo-2-naphthylamine* $C_{10}H_8IN$, Formel VIII.
B. Aus 6-Jod-2-nitro-naphthalin beim Erwärmen mit Natriumdithionit in wss. Äthanol (*Hodgson, Ward*, Soc. **1947** 327, 330).
Krystalle (aus wss. Py.); F: 138°.

7-Jod-2-amino-naphthalin, 7-Jod-naphthyl-(2)-amin, *7-iodo-2-naphthylamine* $C_{10}H_8IN$, Formel IX.
B. Aus 7-Jod-2-nitro-naphthalin beim Erwärmen mit Natriumdithionit in wss. Äthanol (*Hodgson, Ward*, Soc. **1947** 327, 330).
Krystalle (aus wss. Py.); F: 116°. [*Rogge*]

1-Nitroso-naphthyl-(2)-amin $C_{10}H_8N_2O$ s. E III **7** 3690.

1-Nitro-2-amino-naphthalin, 1-Nitro-naphthyl-(2)-amin, *1-nitro-2-naphthylamine* $C_{10}H_8N_2O_2$, Formel X (R = X = H) (H 1313; E I 544; E II 731).
B. Neben anderen Verbindungen beim Behandeln von *N*-[Naphthyl-(2)]-acetamid mit Salpetersäure, Essigsäure und Acetanhydrid und Erwärmen des Reaktionsprodukts mit wss.-äthanol. Salzsäure (*Saunders, Hamilton*, Am. Soc. **54** [1932] 636, 638; vgl. H 1313; E II 731).
Rote Krystalle; F: 127° [aus A.] (*Sau., Ham.*; *Hertel*, Z. El. Ch. **47** [1941] 813, 818), 126,7° (*Woroshzow, Koslow, Trawkin*, Ž. obšč. Chim. **9** [1939] 522; C. **1940** I 690), 126—127° [aus A.] (*Hodgson, Ratcliffe*, Soc. **1949** 1040). Absorptionsspektrum (A.; 220—500 mμ): *He.*, l. c. S. 815; *Hodgson, Hathway*, Trans. Faraday Soc. **41** [1945] 115, 119. Phosphorescenz einer festen Lösung in einem Äther-Isopentan-Äthanol-Gemisch bei —180°: *Lewis, Kasha*, Am. Soc. **66** [1944] 2100, 2108. Dipolmoment (ε; Bzl.): 4,47 D (*Wassiliew, Syrkin*, Acta physicoch. U.R.S.S. **9** [1938] 203, **14** [1941] 414), 4,63 D (*He.*, l. c. S. 818). Dissoziationsexponent pK_a des 1-Nitro-naphthyl-(2)-ammonium-Ions (Wasser) bei 20°: —1,0 (*Bryson*, Trans. Faraday Soc. **45** [1949] 257, 259).
Beim Erhitzen mit Natriumarsenit und wss. Natronlauge ist 2.2'-Diamino-[1.1']azoxynaphthalin erhalten worden (*Du Pont de Nemours & Co.*, U.S.P. 2014522 [1934]).

1-Nitro-2-dimethylamino-naphthalin, Dimethyl-[1-nitro-naphthyl-(2)]-amin, N,N-*dimethyl-1-nitro-2-naphthylamine* $C_{12}H_{12}N_2O_2$, Formel X (R = X = CH_3).
B. Aus 2-Chlor-1-nitro-naphthalin und Dimethylamin in Äthanol (*Hodgson, Crook*, Soc. **1936** 1500, 1503). Aus Dimethyl-[naphthyl-(2)]-amin beim Behandeln mit Natriumnitrit und wss. Salzsäure (*Ho., Cr.*, l. c. S. 1502).
Rote Krystalle (aus PAe.); F: 76—77°.

C-Chlor-N-[1-nitro-naphthyl-(2)]-acetamid, *2-chloro-N-(1-nitro-2-naphthyl)acetamide* $C_{12}H_9ClN_2O_3$, Formel X (R = $CO\text{-}CH_2Cl$, X = H).

B. Beim Behandeln von 1-Nitro-naphthyl-(2)-amin mit Chloracetylchlorid und Calciumcarbonat in Dioxan (*Malmberg, Hamilton,* Am. Soc. **70** [1948] 2415).

Krystalle (aus Bzl. oder A.); F: 119,8—120,6° [korr.].

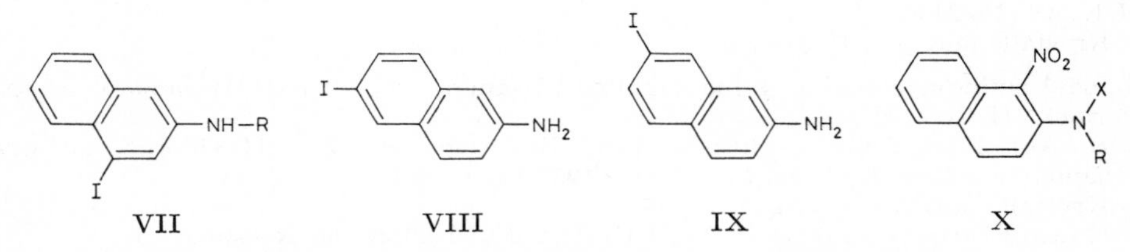

1-Nitro-2-palmitoylamino-naphthalin, N-[1-Nitro-naphthyl-(2)]-palmitinamid, *N-(1-nitro-2-naphthyl)palmitamide* $C_{26}H_{38}N_2O_3$, Formel X (R = $CO\text{-}[CH_2]_{14}\text{-}CH_3$, X = H) (H 1314).

Eine als *N*-[3-Nitro-naphthyl-(2)]-palmitinamid beschriebene, auf Grund ihrer Bildungsweise vermutlich aber als *N*-[1-Nitro-naphthyl-(2)]-palmitinamid zu formulierende Verbindung (gelbe Krystalle; F: 87—88°) ist beim Behandeln von *N*-[Naphthyl-(2)]-palmitinamid mit Salpetersäure erhalten worden (*Routala, Arho,* Suomen Kem. **8** B [1935] 25; *Routala, Pullinen,* Suomen Kem. **8** B [1935] 29; vgl. H 1314).

1-Nitro-2-stearoylamino-naphthalin, N-[1-Nitro-naphthyl-(2)]-stearinamid, *N-(1-nitro-2-naphthyl)stearamide* $C_{28}H_{42}N_2O_3$, Formel X (R = $CO\text{-}[CH_2]_{16}\text{-}CH_3$, X = H).

Eine als *N*-[3-Nitro-naphthyl-(2)]-stearinamid beschriebene, auf Grund ihrer Bildungsweise vermutlich aber als *N*-[1-Nitro-naphthyl-(2)]-stearinamid zu formulierende Verbindung (F: 87,5—88,5°) ist beim Behandeln von *N*-[Naphthyl-(2)]-stearinamid mit Salpetersäure erhalten worden (*Routala, Arho,* Suomen Kem. **8** B [1935] 25; *Routala, Pullinen,* Suomen Kem. **8** B [1935] 29).

1-Nitro-2-benzamino-naphthalin, N-[1-Nitro-naphthyl-(2)]-benzamid, *N-(1-nitro-2-naphthyl)benzamide* $C_{17}H_{12}N_2O_3$, Formel X (R = $CO\text{-}C_6H_5$, X = H).

B. Beim Behandeln von 1-Nitro-naphthyl-(2)-amin mit Benzoylchlorid, Pyridin und Aceton (*Kelly, Day,* Am. Soc. **67** [1945] 1074). Aus *N*-[Naphthyl-(2)]-benzamid beim Behandeln mit Salpetersäure und Essigsäure (*Hunter,* Soc. **1945** 806, 809).

Hellgelbe Krystalle; F: 170—171° [korr.; aus wss. Acn.] (*Ke., Day*), 170° [aus Eg.] (*Hu.*).

Beim Erwärmen mit Zink und wss.-äthanol. Salzsäure ist 2-Phenyl-1(3)*H*-naphth[1.2]imidazol erhalten worden (*Ke., Day; Hu.*; s. a. *Galimberti,* G. **63** [1933] 96, 98).

[1-Nitro-naphthyl-(2)]-oxamidsäure-äthylester, *(1-nitro-2-naphthyl)oxamic acid ethyl ester* $C_{14}H_{12}N_2O_5$, Formel X (R = $CO\text{-}CO\text{-}OC_2H_5$, X = H).

B. Neben anderen Verbindungen beim Behandeln von Naphthyl-(2)-oxamidsäure-äthylester mit wss. Salpetersäure [D: 1,4] (*Šergiewškaja,* Ž. obšč. Chim. **10** [1940] 55, 60; C. **1940** II 203).

Gelbe Krystalle (aus A.); F: 135—137°.

N-Phenyl-glycin-[1-nitro-naphthyl-(2)-amid], *2-anilino-N-(1-nitro-2-naphthyl)acetamide* $C_{18}H_{15}N_3O_3$, Formel X (R = $CO\text{-}CH_2\text{-}NH\text{-}C_6H_5$, X = H).

B. Aus *C*-Chlor-*N*-[1-nitro-naphthyl-(2)]-acetamid und Anilin in Äthanol (*Malmberg, Hamilton,* Am. Soc. **70** [1948] 2415).

Krystalle (aus Bzl. + Bzn. oder aus A.); F: 171—172° [korr.].

N-[1-Nitro-naphthyl-(2)]-toluolsulfonamid-(4), *N-(1-nitro-2-naphthyl)-p-toluenesulfonamide* $C_{17}H_{14}N_2O_4S$, Formel XI (R = H) (H 1314; E I 544).

B. Aus *N*-[1-Jod-naphthyl-(2)]-toluolsulfonamid-(4) beim Erhitzen mit Essigsäure und Natriumnitrit (*Consden, Kenyon,* Soc. **1935** 1591, 1596).

F: 160°.

Beim Behandeln mit Brom (1 Mol) in Pyridin ist *N*-[3-Brom-1-nitro-naphthyl-(2)]-toluolsulfonamid-(4) erhalten worden (*Co., Ke.,* l. c. S. 1595).

***N*-Äthyl-*N*-[1-nitro-naphthyl-(2)]-toluolsulfonamid-(4)**, N-*ethyl*-N-(*1-nitro-2-naphthyl*)-p-*toluenesulfonamide* $C_{19}H_{18}N_2O_4S$, Formel XI (R = C_2H_5).

B. Aus *N*-Äthyl-*N*-[naphthyl-(2)]-toluolsulfonamid-(4) beim Behandeln mit wss. Salpetersäure und Essigsäure (*Krollpfeiffer, Rosenberg, Mühlhausen*, A. **515** [1935] 113, 115, 123).

F: 181°.

3-Nitro-2-amino-naphthalin, 3-Nitro-naphthyl-(2)-amin, *3-nitro-2-naphthylamine* $C_{10}H_8N_2O_2$, Formel XII.

In zwei von *Hodgson, Turner* (Soc. **1943** 635) und von *Hodgson, Hathway* (Soc. **1945** 841) als 3-Nitro-naphthyl-(2)-amin angesehenen Präparaten (F: 86,5° bzw. F: 140°) haben Gemische von 5-Nitro-naphthyl-(2)-amin und 8-Nitro-naphthyl-(2)-amin vorgelegen (*Ward, Coulson*, Chem. and Ind. **1953** 542; *Ward, Coulson, Hawkins*, Soc. **1954** 4541; *Curtis, Viswanath*, Chem. and Ind. **1954** 1174); Entsprechendes gilt für ein von *Hodgson, Turner* (l. c.) als *N*-[3-Nitro-naphthyl-(2)]-acetamid ($C_{12}H_{10}N_2O_3$) angesehenes Präparat [F: 191,5—192,5°] (*Cu., Vi.*).

Über authentisches 3-Nitro-naphthyl-(2)-amin (rote Krystalle [aus Bzn.]; F: 115° bis 116° bzw. 116°) s. *van Rij, Verkade, Wepster*, R. **70** [1951] 236, 240; *Cu., Vi.*

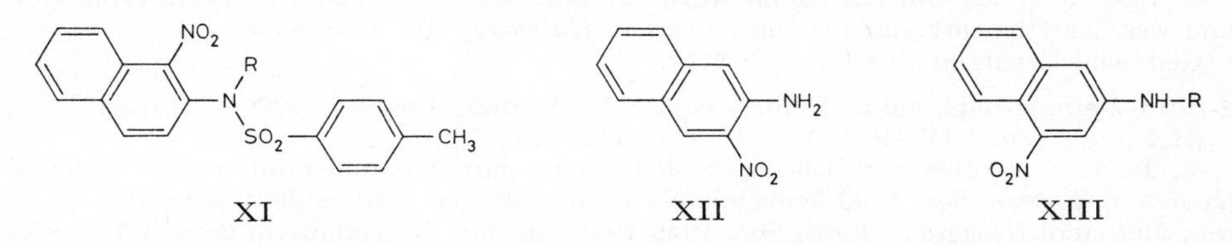

4-Nitro-2-amino-naphthalin, 4-Nitro-naphthyl-(2)-amin, *4-nitro-2-naphthylamine* $C_{10}H_8N_2O_2$, Formel XIII (R = H) (E II 732).

B. s. S. 2969 im Artikel 3-Nitro-naphthyl-(1)-amin.

Rote Krystalle (aus wss. A.); F: 98,5° (*Hodgson, Hathway*, Soc. **1944** 385). Absorptionsspektrum (A.; 220—480 mμ): *Hodgson, Hathway*, Trans. Faraday Soc. **41** [1945] 115, 119. Dipolmoment (ε; Bzl.): 4,62 D (*Wassiliew, Syrkin*, Acta physicoch. U.R.S.S. **14** [1941] 414). Dissoziationsexponent pK_a des 4-Nitro-naphthyl-(2)-ammonium-Ions (Wasser) bei 25°: 2,61 (*Bryson*, Trans. Faraday Soc. **45** [1949] 257, 259). Schmelzdiagramm des Systems mit 3-Nitro-naphthyl-(1)-amin (Eutektikum): *Ho., Ha.*, Soc. **1944** 386.

4-Nitro-2-formamino-naphthalin, *N*-[4-Nitro-naphthyl-(2)]-formamid, N-(*4-nitro-2-naphthyl*)*formamide* $C_{11}H_8N_2O_3$, Formel XIII (R = CHO).

B. Beim Erhitzen von 4-Nitro-naphthyl-(2)-amin mit wss. Ameisensäure (*Hodgson, Birtwell*, Soc. **1944** 75).

Gelbe Krystalle (aus A.); F: 205°.

4-Nitro-2-acetamino-naphthalin, *N*-[4-Nitro-naphthyl-(2)]-acetamid, N-(*4-nitro-2-naphthyl*)*acetamide* $C_{12}H_{10}N_2O_3$, Formel XIII (R = CO-CH_3) (E II 732).

B. Beim Behandeln von 4-Nitro-naphthyl-(2)-amin mit Acetanhydrid, Natriumacetat und Essigsäure (*Hodgson, Birtwell*, Soc. **1944** 75; vgl. E II 732).

Grüngelbe Krystalle (aus A.); F: 241°.

4-Nitro-2-benzamino-naphthalin, *N*-[4-Nitro-naphthyl-(2)]-benzamid, N-(*4-nitro-2-naphthyl*)*benzamide* $C_{17}H_{12}N_2O_3$, Formel XIII (R = CO-C_6H_5).

B. Aus 4-Nitro-naphthyl-(2)-amin und Benzoylchlorid (*Hodgson, Hathway*, Soc. **1944** 385).

Goldgelbe Krystalle (aus A.); F: 169°.

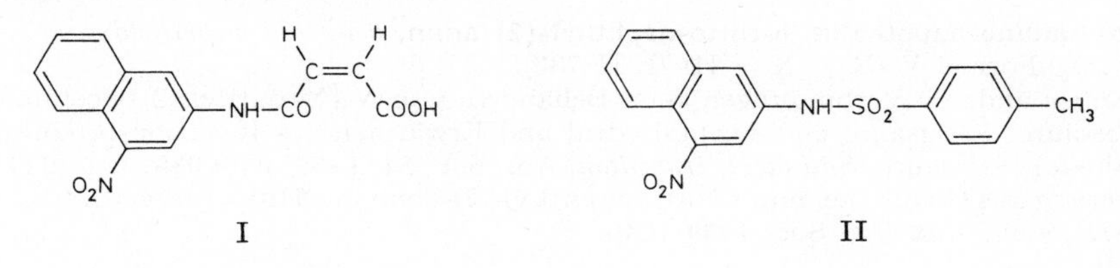

3-[4-Nitro-naphthyl-(2)-carbamoyl]-acrylsäure $C_{14}H_{10}N_2O_5$.

***N*-[4-Nitro-naphthyl-(2)]-maleinamidsäure**, N-(*4-nitro-2-naphthyl)maleamic acid*, Formel I.

B. Aus 4-Nitro-naphthyl-(2)-amin und Maleinsäure-anhydrid (*Hodgson, Hathway*, Soc. **1944** 385).

Gelbliche Krystalle (aus A.); F: 193°.

***N*-[4-Nitro-naphthyl-(2)]-toluolsulfonamid-(4)**, N-(*4-nitro-2-naphthyl*)-p-*toluenesulfonamide* $C_{17}H_{14}N_2O_4S$, Formel II.

B. Beim Erhitzen von 4-Nitro-naphthyl-(2)-amin mit Toluol-sulfonylchlorid-(4) (1 Mol) und wss. Natriumcarbonat-Lösung (*Hodgson, Hathway*, Soc. **1945** 453).

Hellorangefarbene Krystalle (aus $CHCl_3$); F: 145°.

Beim Erwärmen mit wss. Salpetersäure (D: 1,42) und Essigsäure ist *N*-[1.4-Dinitro-naphthyl-(2)]-toluolsulfonamid-(4), beim Erwärmen mit Salpetersäure (D: 1,5) und Essigsäure ist *N*-[1.4.6-Trinitro-naphthyl-(2)]-toluolsulfonamid-(4) erhalten worden.

Di-[toluol-sulfonyl-(4)]-[4-nitro-naphthyl-(2)]-amin, N-(*4-nitro-2-naphthyl)di*-p-*toluenesulfonamide* $C_{24}H_{20}N_2O_6S_2$, Formel III.

B. Beim Erhitzen von 4-Nitro-naphthyl-(2)-amin mit Toluol-sulfonylchlorid-(4) (2 Mol) und wss. Natriumcarbonat-Lösung (*Hodgson, Hathway*, Soc. **1945** 453).

Gelbliche Krystalle (aus Eg.); F: 215°.

5-Nitro-2-amino-naphthalin, 5-Nitro-naphthyl-(2)-amin, *5-nitro-2-naphthylamine* $C_{10}H_8N_2O_2$, Formel IV (R = X = H) (H 1314; E II 732).

B. Beim Erwärmen von 1.6-Dinitro-naphthalin mit Natriumsulfid in wss. Äthanol (*Hodgson, Turner*, Soc. **1943** 318), mit Natriumsulfid und Natriumhydrogencarbonat in wss. Methanol (*Hodgson, Ward*, Soc. **1945** 794) oder mit Natriumhydrogensulfid in wss. Methanol (*Hodgson, Ward*, Soc. **1949** 1187, 1189; vgl. E II 732). Als Hauptprodukt beim Behandeln von Naphthyl-(2)-amin mit Harnstoff, Kaliumnitrat und Schwefelsäure (*Hodgson, Davey*, Soc. **1939** 348).

Rote Krystalle; F: 146° [aus wss. A.] (*Ho., Tu.*), 144,5° [korr.; aus Bzl.] (*Cohen et al.*, Soc. **1934** 653, 656). Absorptionsspektrum (A.; 240—460 mμ): *Hodgson, Hathway*, Trans. Faraday Soc. **43** [1947] 643, 645. Dipolmoment (ε; Bzl.): 5,03 D (*Wassiliew, Syrkin*, Acta physicoch. U.R.S.S. **14** [1941] 414). Dissoziationsexponent pK_a des 5-Nitro-naphthyl-(2)-ammonium-Ions (Wasser) bei 25°: 3,16 (*Bryson*, Trans. Faraday Soc. **45** [1949] 257, 259).

Beim Erhitzen mit Paraldehyd und wss. Salzsäure ist 7-Nitro-3-methyl-benzo[*f*]chinolin erhalten worden (*Browning et al.*, Pr. roy. Soc. [B] **105** [1930] 99, 107).

Pikrat $C_{10}H_8N_2O_2 \cdot C_6H_3N_3O_7$. Gelbe Krystalle (aus A.); F: 208° [Zers.] (*Hodgson, Crook*, Soc. **1936** 1844, 1847).

***N*-Nitroso-*N*-[5-nitro-naphthyl-(2)]-acetamid**, N-(*5-nitro-2-naphthyl*)-N-*nitrosoacetamide* $C_{12}H_9N_3O_4$, Formel IV (R = CO-CH_3, X = NO).

B. Beim Einleiten von Stickstoffoxiden in eine Lösung von *N*-[5-Nitro-naphthyl-(2)]-acetamid in Essigsäure und Acetanhydrid (*Hey, Lawton*, Soc. **1940** 374, 381).

Gelb; F: 84° [Zers.].

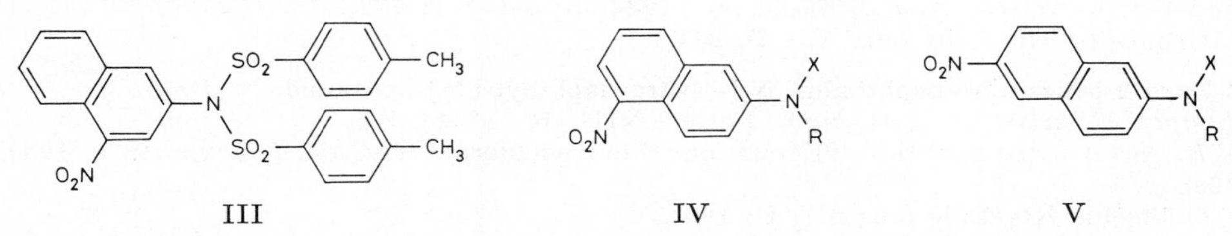

III IV V

6-Nitro-2-amino-naphthalin, 6-Nitro-naphthyl-(2)-amin, *6-nitro-2-naphthylamine* $C_{10}H_8N_2O_2$, Formel V (R = X = H) (E II 733).

B. Neben anderen Verbindungen beim Behandeln von *N*-[Naphthyl-(2)]-acetamid mit Salpetersäure, Essigsäure und Acetanhydrid und Erwärmen des Reaktionsprodukts mit wss.-äthanol. Salzsäure (*Saunders, Hamilton*, Am. Soc. **54** [1932] 636, 638; vgl. E II 733).

Isolierung aus Gemischen mit 8-Nitro-naphthyl-(2)-amin mit Hilfe von verd. wss. Salzsäure: *Hodgson, Ratcliffe*, Soc. **1949** 1040.

Orangegelbe Krystalle (aus A.), F: 207—207,5° (*Ho.*, *Ra.*); gelbe Krystalle (aus Eg.), F: 206—207° (*McLeish*, *Campbell*, Soc. **1937** 1103, 1107). Absorptionsspektrum (A.; 240 bis 460 mμ bzw. 270—670 mμ): *Hodgson*, *Hathway*, Trans. Faraday Soc. **43** [1947] 643, 645; *Hertel*, Z. El. Ch. **47** [1941] 28, 30, 813, 815. Dipolmoment: 7,10 D [ε; Dioxan] (*Wassiliew*, *Syrkin*, Acta physicoch. U.R.S.S. **14** [1941] 414), 5,14 D [ε; Bzl.] (*He.*, l. c. S. 819). Dissoziationsexponent pK_a des 6-Nitro-naphthyl-(2)-ammonium-Ions (Wasser) bei 21°: 2,90 (*Bryson*, Trans. Faraday Soc. **45** [1949] 257, 259).

Beim Erwärmen mit Brom in Chloroform ist 1-Brom-6-nitro-naphthyl-(2)-amin erhalten worden (*Hodgson*, *Ward*, Soc. **1947** 327, 329).

[6-Nitro-naphthyl-(2)]-[4-nitro-benzyliden]-amin, 4-Nitro-benzaldehyd-[6-nitro-naphthyl-(2)-imin], *6-nitro-*N*-(4-nitrobenzylidene)-2-naphthylamine* $C_{17}H_{11}N_3O_4$, Formel VI.

B. Beim Erhitzen von 6-Nitro-naphthyl-(2)-amin mit 4-Nitro-benzaldehyd in Essigsäure (*Hodgson*, *Ward*, Soc. **1947** 327, 330).

Gelbe Krystalle (aus Py.); F: 258°.

6-Nitro-2-benzamino-naphthalin, *N*-[6-Nitro-naphthyl-(2)]-benzamid, *N-(6-nitro-2-naphthyl)benzamide* $C_{17}H_{12}N_2O_3$, Formel V (R = $CO-C_6H_5$, X = H).

B. Beim Behandeln von 6-Nitro-naphthyl-(2)-amin mit Benzoylchlorid und Pyridin (*Sweet*, *Hamilton*, Am. Soc. **56** [1934] 2408).

Hellgelbe Krystalle (aus A.); F: 206°.

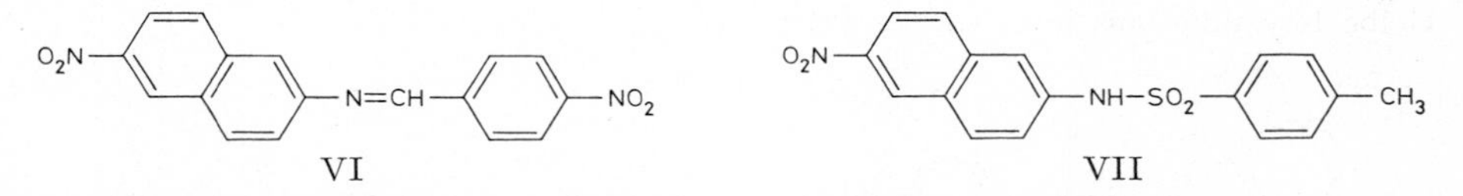

VI VII

***N*-[6-Nitro-naphthyl-(2)]-toluolsulfonamid-(4)**, *N-(6-nitro-2-naphthyl)-p-toluenesulfonamide* $C_{17}H_{14}N_2O_4S$, Formel VII.

B. Neben geringen Mengen Di-[toluol-sulfonyl-(4)]-[6-nitro-naphthyl-(2)]-amin beim Erhitzen von 6-Nitro-naphthyl-(2)-amin mit Toluol-sulfonylchlorid-(4), Pyridin und wenig Natriumcarbonat (*Hodgson*, *Ward*, Soc. **1947** 327, 329).

Krystalle (aus A.); F: 192°.

Di-[toluol-sulfonyl-(4)]-[6-nitro-naphthyl-(2)]-amin, *N-(6-nitro-2-naphthyl)di-p-toluenesulfonamide* $C_{24}H_{20}N_2O_6S_2$, Formel VIII.

B. s. im vorangehenden Artikel.

Krystalle (aus Acn. oder wss. Acn.); F: 249° (*Hodgson*, *Ward*, Soc. **1947** 327, 330).

***N*-Nitroso-*N*-[6-nitro-naphthyl-(2)]-acetamid**, *N-(6-nitro-2-naphthyl)-N-nitrosoacetamide* $C_{12}H_9N_3O_4$, Formel V (R = $CO-CH_3$, X = NO).

B. Beim Einleiten von Stickstoffoxiden in eine Lösung von *N*-[6-Nitro-naphthyl-(2)]-acetamid in Essigsäure und Acetanhydrid (*Hey*, *Lawton*, Soc. **1940** 374, 381).

F: 86° [Zers.].

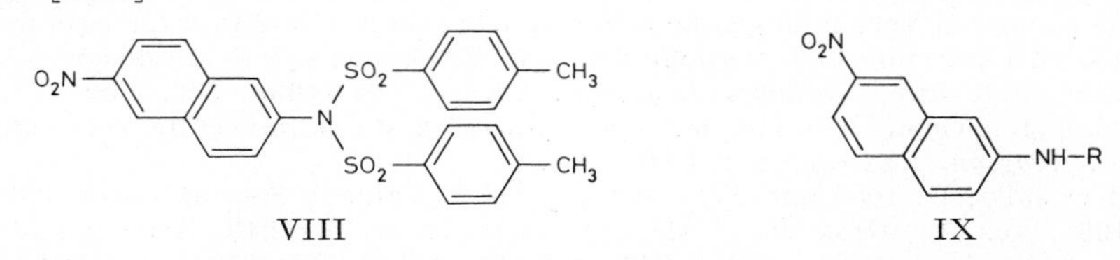

VIII IX

7-Nitro-2-amino-naphthalin, 7-Nitro-naphthyl-(2)-amin, *7-nitro-2-naphthylamine* $C_{10}H_8N_2O_2$, Formel IX (R = H).

B. Beim Erwärmen von 2.7-Dinitro-naphthalin mit Natriumhydrogensulfid in wss. Methanol (*Hodgson*, *Ward*, Soc. **1945** 590, **1949** 1187, 1189).

Orangegelbe Krystalle (aus A.); F: 184,5° (*Ho.*, *Ward*, Soc. **1945** 591). Absorptionsspektrum (A.; 230—460 mμ): *Hodgson*, *Hathway*, Trans. Faraday Soc. **43** [1947] 643, 645. Dissoziationsexponent pK_a des 7-Nitro-naphthyl-(2)-ammonium-Ions (Wasser) bei 21°: 3,13 (*Bryson*, Trans. Faraday Soc. **45** [1949] 257, 259).

Beim Erwärmen mit Brom in Chloroform ist 1-Brom-7-nitro-naphthyl-(2)-amin erhalten worden (*Hodgson*, *Ward*, Soc. **1947** 327, 329).

Hydrochlorid $C_{10}H_8N_2O_2 \cdot HCl$. Krystalle; F: 259° [Zers.] (*Ho.*, *Ward*, Soc. **1945** 591).

Pikrat $C_{10}H_8N_2O_2 \cdot C_6H_3N_3O_7$. Gelbe Krystalle; F: 203° (*Ho.*, *Ward*, Soc. **1945** 591).

[7-Nitro-naphthyl-(2)]-[4-nitro-benzyliden]-amin, 4-Nitro-benzaldehyd-[7-nitro-naphthyl-(2)-imin], *7-nitro-*N-*(4-nitrobenzylidene)-2-naphthylamine* $C_{17}H_{11}N_3O_4$, Formel X.

B. Beim Erhitzen von 7-Nitro-naphthyl-(2)-amin mit 4-Nitro-benzaldehyd in Essigsäure (*Hodgson*, *Ward*, Soc. **1947** 327, 330).

Gelbe Krystalle (aus Py.); F: 193°.

7-Nitro-2-formamino-naphthalin, *N*-[7-Nitro-naphthyl-(2)]-formamid, N-*(7-nitro-2-naphthyl)formamide* $C_{11}H_8N_2O_3$, Formel IX (R = CHO).

B. Beim Erhitzen von 7-Nitro-naphthyl-(2)-amin mit wss. Ameisensäure (*Hodgson*, *Ward*, Soc. **1945** 590).

Gelbe Krystalle (aus wss. A.); F: 188,5°.

7-Nitro-2-acetamino-naphthalin, *N*-[7-Nitro-naphthyl-(2)]-acetamid, N-*(7-nitro-2-naphthyl)acetamide* $C_{12}H_{10}N_2O_3$, Formel IX (R = CO-CH_3).

B. Aus 7-Nitro-naphthyl-(2)-amin beim Behandeln mit Acetylchlorid und Pyridin (*Hodgson*, *Ward*, Soc. **1945** 590) sowie beim Erhitzen mit Acetanhydrid und Essigsäure (*Hodgson*, *Ward*, Soc. **1947** 1060).

Gelbe Krystalle (aus wss. A.); F: 221°.

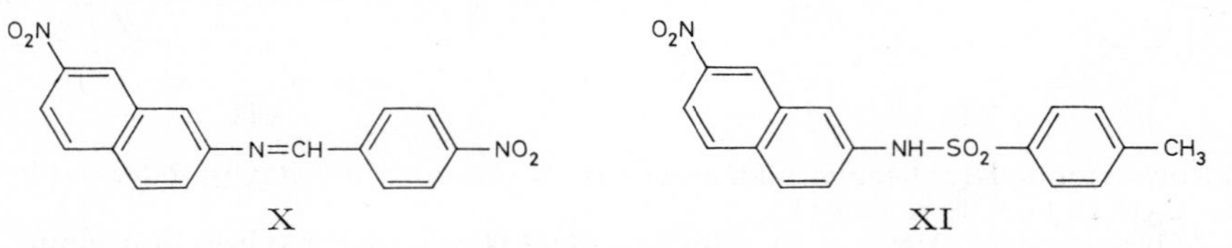

X XI

***N*-[7-Nitro-naphthyl-(2)]-toluolsulfonamid-(4)**, N-*(7-nitro-2-naphthyl)-*p*-toluenesulfonamide* $C_{17}H_{14}N_2O_4S$, Formel XI.

B. Neben geringen Mengen Di-[toluol-sulfonyl-(4)]-[7-nitro-naphthyl-(2)]-amin beim Erhitzen von 7-Nitro-naphthyl-(2)-amin mit Toluol-sulfonylchlorid-(4), Pyridin und wenig Natriumcarbonat (*Hodgson*, *Ward*, Soc. **1947** 327, 329).

Krystalle (aus A.); F: 176°.

Di-[toluol-sulfonyl-(4)]-[7-nitro-naphthyl-(2)]-amin, N-*(7-nitro-2-naphthyl)di-*p*-toluenesulfonamide* $C_{24}H_{20}N_2O_6S_2$, Formel XII.

B. s. im vorangehenden Artikel.

Krystalle (aus Acn.); F: 231° (*Hodgson*, *Ward*, Soc. **1947** 327, 330).

8-Nitro-2-amino-naphthalin, 8-Nitro-naphthyl-(2)-amin, *8-nitro-2-naphthylamine* $C_{10}H_8N_2O_2$, Formel XIII (R = X = H) (H 1315; E II 733).

B. Neben anderen Verbindungen beim Behandeln von *N*-[Naphthyl-(2)]-acetamid mit Salpetersäure, Essigsäure und Acetanhydrid und Erwärmen des Reaktionsprodukts mit wss.-äthanol. Salzsäure (*Saunders*, *Hamilton*, Am. Soc. **54** [1932] 636, 638).

Isolierung aus Gemischen mit 6-Nitro-naphthyl-(2)-amin mit Hilfe von verd. wss. Salzsäure: *Hodgson*, *Ratcliffe*, Soc. **1949** 1040.

Rote Krystalle; F: 105° [aus W.] (*Bryson*, Trans. Faraday Soc. **45** [1949] 257, 259), 104,5—105° [aus A.] (*Ho.*, *Ra.*). Absorptionsspektrum (A.; 240—480 mμ): *Hodgson*, *Hathway*, Trans. Faraday Soc. **43** [1947] 643, 644; (A.; 290—670 mμ): *Hertel*, Z. El. Ch. **47** [1941] 813, 815. Dipolmoment (ε; Bzl.): 4,47 D (*Wassiliew*, *Syrkin*, Acta physicoch. U.R.S.S. **14** [1941] 414). Dissoziationsexponent pK_a des 8-Nitro-naphthyl-(2)-ammonium-Ions (Wasser) bei 25°: 2,86 (*Br.*).

Verbindung mit Berylliumchlorid $2C_{10}H_8N_2O_2 \cdot BeCl_2$. Rötlichgelbe Krystalle (*Fricke*, Z. anorg. Ch. **253** [1947] 173, 175).

***N*-Nitroso-*N*-[8-nitro-naphthyl-(2)]-acetamid**, N-*(8-nitro-2-naphthyl)-*N*-nitrosoacetamide* $C_{12}H_9N_3O_4$, Formel XIII (R = CO-CH_3, X = NO).

B. Beim Einleiten von Stickstoffoxiden in eine Lösung von *N*-[8-Nitro-naphthyl-(2)]-

acetamid in Essigsäure und Acetanhydrid (*Hey, Lawton*, Soc. **1940** 374, 382).
F: 86° [Zers.].

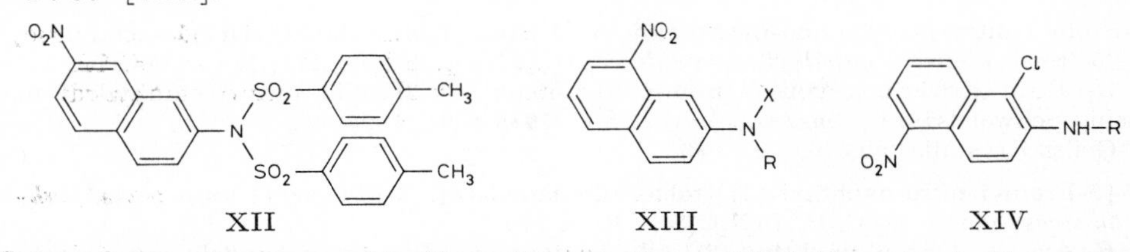

1-Chlor-5-nitro-2-amino-naphthalin, 1-Chlor-5-nitro-naphthyl-(2)-amin, *1-chloro-5-nitro-2-naphthylamine* $C_{10}H_7ClN_2O_2$, Formel XIV (R = H).

B. Aus *N*-[1-Chlor-5-nitro-naphthyl-(2)]-acetamid beim Behandeln mit Chlorwasser-stoff in Äthanol (*Clemo, Driver*, Soc. **1945** 829, 832).

Orangefarbene Krystalle (aus A.); F: 164°.

1-Chlor-5-nitro-2-acetamino-naphthalin, *N*-[1-Chlor-5-nitro-naphthyl-(2)]-acetamid, N-*(1-chloro-5-nitro-2-naphthyl)acetamide* $C_{12}H_9ClN_2O_3$, Formel XIV (R = CO-CH_3).

B. Beim Einleiten von Chlor in eine Lösung von *N*-[5-Nitro-naphthyl-(2)]-acetamid in Essigsäure (*Gerhardt, Hamilton*, Am. Soc. **66** [1944] 479). Neben *N*-[1-Chlor-8-nitro-naphthyl-(2)]-acetamid beim Behandeln von *N*-[1-Chlor-naphthyl-(2)]-acetamid mit Salpetersäure bei —10° (*Ge., Ha.*).

Krystalle (aus A.); F: 183—185°.

1-Chlor-6-nitro-2-amino-naphthalin, 1-Chlor-6-nitro-naphthyl-(2)-amin, *1-chloro-6-nitro-2-naphthylamine* $C_{10}H_7ClN_2O_2$, Formel I (R = H).

B. Aus *N*-[1-Chlor-6-nitro-naphthyl-(2)]-acetamid beim Behandeln mit Chlorwasser-stoff in Äthanol (*Clemo, Driver*, Soc. **1945** 829, 832).

Orangerote Krystalle (aus A.); F: 220°.

1-Chlor-6-nitro-2-acetamino-naphthalin, *N*-[1-Chlor-6-nitro-naphthyl-(2)]-acetamid, N-*(1-chloro-6-nitro-2-naphthyl)acetamide* $C_{12}H_9ClN_2O_3$, Formel I (R = CO-CH_3).

B. Beim Einleiten von Chlor in eine Lösung von *N*-[6-Nitro-naphthyl-(2)]-acetamid in Essigsäure (*Gerhardt, Hamilton*, Am. Soc. **66** [1944] 479). Beim Behandeln von *N*-[1-Chlor-naphthyl-(2)]-acetamid mit Salpetersäure und Essigsäure (*Ge., Ha.*).

Gelbliche Krystalle (aus A.); F: 221—223°.

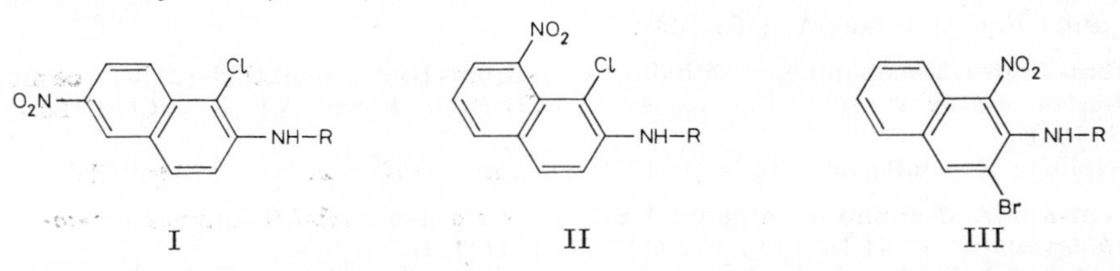

1-Chlor-8-nitro-2-amino-naphthalin, 1-Chlor-8-nitro-naphthyl-(2)-amin, *1-chloro-8-nitro-2-naphthylamine* $C_{10}H_7ClN_2O_2$, Formel II (R = H).

B. Aus *N*-[1-Chlor-8-nitro-naphthyl-(2)]-acetamid beim Behandeln mit Chlorwasser-stoff in Äthanol (*Clemo, Driver*, Soc. **1945** 829, 832).

Orangefarbene Krystalle (aus Me.); F: 147°.

1-Chlor-8-nitro-2-acetamino-naphthalin, *N*-[1-Chlor-8-nitro-naphthyl-(2)]-acetamid, N-*(1-chloro-8-nitro-2-naphthyl)acetamide* $C_{12}H_9ClN_2O_3$, Formel II (R = CO-CH_3).

B. Beim Einleiten von Chlor in eine Lösung von *N*-[8-Nitro-naphthyl-(2)]-acetamid in Essigsäure (*Gerhardt, Hamilton*, Am. Soc. **66** [1944] 479). Neben *N*-[1-Chlor-5-nitro-naphthyl-(2)]-acetamid beim Behandeln von *N*-[1-Chlor-naphthyl-(2)]-acetamid mit Salpetersäure bei —10° (*Ge., Ha.*).

Krystalle (aus A.); F: 188—190°.

3-Brom-1-nitro-2-amino-naphthalin, 3-Brom-1-nitro-naphthyl-(2)-amin, *3-bromo-1-nitro-2-naphthylamine* $C_{10}H_7BrN_2O_2$, Formel III (R = H).

B. Aus *N*-[3-Brom-1-nitro-naphthyl-(2)]-toluolsulfonamid-(4) beim Behandeln mit

Schwefelsäure (*Consden, Kenyon*, Soc. **1935** 1591, 1595).
Orangefarbene Krystalle (aus A.); F: 105°.

3-Brom-1-nitro-2-acetamino-naphthalin, *N*-[3-Brom-1-nitro-naphthyl-(2)]-acetamid, N-(*3-bromo-1-nitro-2-naphthyl)acetamide* $C_{12}H_9BrN_2O_3$, Formel III (R = CO-CH_3).
B. Beim Erwärmen von 3-Brom-1-nitro-naphthyl-(2)-amin mit Acetanhydrid und wenig Schwefelsäure (*Consden, Kenyon*, Soc. **1935** 1591, 1595).
Gelbe Krystalle (aus A.); F: 136°.

***N*-[3-Brom-1-nitro-naphthyl-(2)]-toluolsulfonamid-(4)**, N-(*3-bromo-1-nitro-2-naphthyl)-*p-*toluenesulfonamide* $C_{17}H_{13}BrN_2O_4S$, Formel IV.
B. Aus *N*-[3-Brom-naphthyl-(2)]-toluolsulfonamid-(4) beim Behandeln mit Salpetersäure und Essigsäure (*Consden, Kenyon*, Soc. **1935** 1591, 1595). Aus *N*-[1-Nitro-naphthyl-(2)]-toluolsulfonamid-(4) und Brom in Pyridin (*Co., Ke.*).
Gelbliche Krystalle (aus A. + Py.); F: 237–239° [Zers.].

6-Brom-1-nitro-2-amino-naphthalin, 6-Brom-1-nitro-naphthyl-(2)-amin, *6-bromo-1-nitro-2-naphthylamine* $C_{10}H_7BrN_2O_2$, Formel V (R = H) (H 1315).
Dipolmoment (ε; Dioxan): 5,13 D (*Wassiliew, Syrkin*, Acta physicoch. U.R.S.S. **14** [1941] 414).

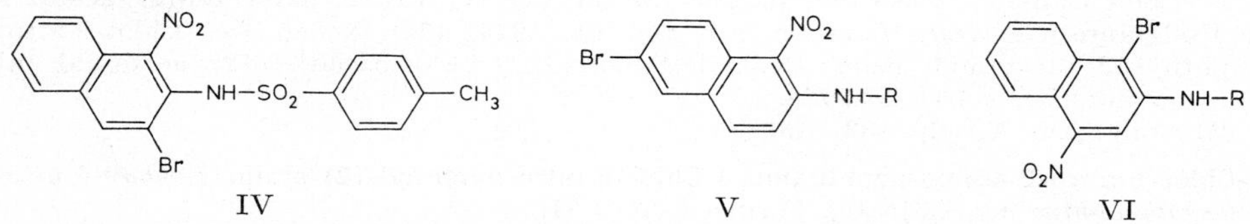

6-Brom-1-nitro-2-anilino-naphthalin, Phenyl-[6-brom-1-nitro-naphthyl-(2)]-amin, *6-bromo-1-nitro-*N*-phenyl-2-naphthylamine* $C_{16}H_{11}BrN_2O_2$, Formel V (R = C_6H_5).
B. Beim Erhitzen von Toluol-sulfonsäure-(4)-[6-brom-1-nitro-naphthyl-(2)-ester] mit Anilin (*Sen*, J. Indian chem. Soc. **23** [1946] 383).
F: 156°.

1-Brom-4-nitro-2-amino-naphthalin, 1-Brom-4-nitro-naphthyl-(2)-amin, *1-bromo-4-nitro-2-naphthylamine* $C_{10}H_7BrN_2O_2$, Formel VI (R = H) (E II 734).
B. Aus 4-Nitro-naphthyl-(2)-amin und Brom in Chloroform (*Hodgson, Hathway*, Soc. **1944** 385).
Braune Krystalle (aus A.); F: 153°.

1-Brom-4-nitro-2-acetamino-naphthalin, *N*-[1-Brom-4-nitro-naphthyl-(2)]-acetamid, N-(*1-bromo-4-nitro-2-naphthyl)acetamide* $C_{12}H_9BrN_2O_3$, Formel VI (R = CO-CH_3) (E II 734).
Gelbliche Krystalle (aus Eg.); F: 177° (*Hodgson, Hathway*, Soc. **1944** 385).

1-Brom-6-nitro-2-amino-naphthalin, 1-Brom-6-nitro-naphthyl-(2)-amin, *1-bromo-6-nitro-2-naphthylamine* $C_{10}H_7BrN_2O_2$, Formel VII (E II 734).
B. Aus 6-Nitro-naphthyl-(2)-amin und Brom in Chloroform (*Hodgson, Ward*, Soc. **1947** 327, 329).
Orangefarbene Krystalle (aus Py.); F: 225–226°.

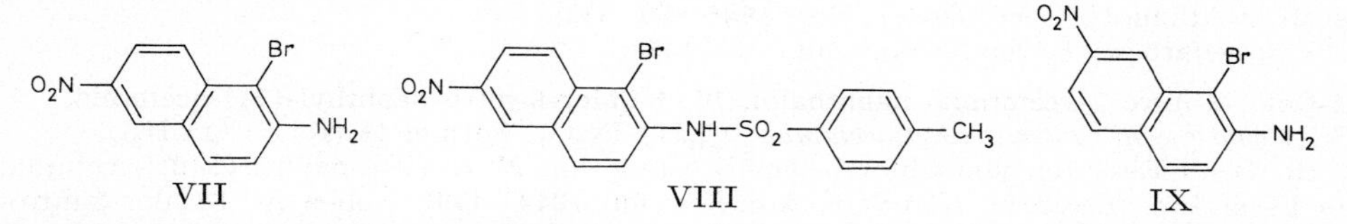

***N*-[1-Brom-6-nitro-naphthyl-(2)]-toluolsulfonamid-(4)**, N-(*1-bromo-6-nitro-2-naphthyl)-*p-*toluenesulfonamide* $C_{17}H_{13}BrN_2O_4S$, Formel VIII.
B. Aus *N*-[1-Brom-naphthyl-(2)]-toluolsulfonamid-(4) beim Erwärmen mit Salpetersäure und Essigsäure (*Hodgson, Turner*, Soc. **1943** 391, 392). Aus *N*-[6-Nitro-naphthyl-(2)]-toluolsulfonamid-(4) und Brom in Pyridin (*Hodgson, Ward*, Soc. **1947** 327, 330).
Gelbliche Krystalle (aus Acn.); F: 197–198° [korr.] (*Ho., Tu.*), 197–198° (*Ho., Ward*).

1-Brom-7-nitro-2-amino-naphthalin, 1-Brom-7-nitro-naphthyl-(2)-amin, *1-bromo-7-nitro-2-naphthylamine* $C_{10}H_7BrN_2O_2$, Formel IX.

B. Aus 7-Nitro-naphthyl-(2)-amin und Brom in Chloroform (*Hodgson, Ward,* Soc. **1947** 327, 329).

Orangerote Krystalle (aus Py.); F: 228°.

***N*-[1-Brom-7-nitro-naphthyl-(2)]-toluolsulfonamid-(4),** N-(*1-bromo-7-nitro-2-naphthyl*)-p-*toluenesulfonamide* $C_{17}H_{13}BrN_2O_4S$, Formel X.

B. Aus *N*-[7-Nitro-naphthyl-(2)]-toluolsulfonamid-(4) und Brom in Pyridin (*Hodgson, Ward,* Soc. **1947** 327, 330).

Hellgelbe Krystalle (aus Eg.); F: 171—172°.

3-Jod-1-nitro-2-amino-naphthalin, 3-Jod-1-nitro-naphthyl-(2)-amin, *3-iodo-1-nitro-2-naphthylamine* $C_{10}H_7IN_2O_2$, Formel XI (R = H).

B. Beim Erhitzen von 4-Nitro-3-amino-naphthyl-(2)-quecksilber-acetat mit Jod und Kaliumjodid in Wasser (*Hodgson, Elliott,* Soc. **1939** 345).

Orangegelbe Krystalle (aus A.); F: 174°.

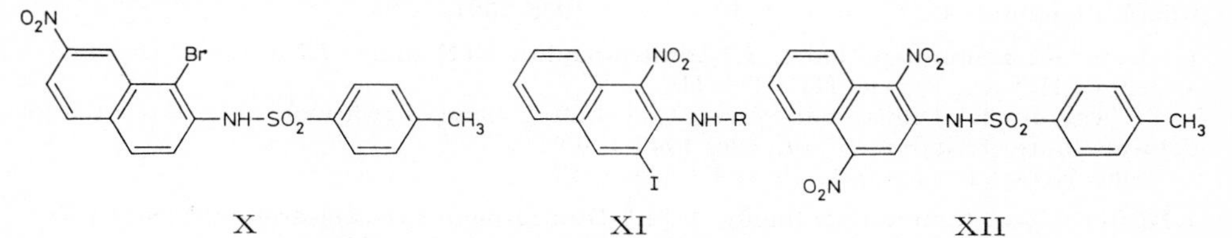

3-Jod-1-nitro-2-acetamino-naphthalin, *N*-[3-Jod-1-nitro-naphthyl-(2)]-acetamid, N-(*3-iodo-1-nitro-2-naphthyl*)*acetamide* $C_{12}H_9IN_2O_3$, Formel XI (R = CO-CH_3).

B. Aus 3-Jod-1-nitro-naphthyl-(2)-amin und Acetanhydrid (*Hodgson, Elliott,* Soc. **1939** 345).

Orangegelbe Krystalle (aus Eg.); F: 196°.

***N*-[1.4-Dinitro-naphthyl-(2)]-toluolsulfonamid-(4),** N-(*1,4-dinitro-2-naphthyl*)-p-*toluenesulfonamide* $C_{17}H_{13}N_3O_6S$, Formel XII.

B. Aus *N*-[4-Nitro-naphthyl-(2)]-toluolsulfonamid-(4) beim Erwärmen mit wss. Salpetersäure (D: 1,42) und Essigsäure (*Hodgson, Hathway,* Soc. **1945** 453).

Gelbe Krystalle (aus Eg.); F: 150°.

1.6-Dinitro-2-amino-naphthalin, 1.6-Dinitro-naphthyl-(2)-amin, *1,6-dinitro-2-naphthylamine* $C_{10}H_7N_3O_4$, Formel I (R = H) (H 1315; E II 735).

B. Aus [1.6-Dinitro-naphthyl-(2)]-carbamidsäure-methylester beim Erwärmen mit methanol. Ammoniak (*Groeneveld,* R. **51** [1932] 783, 791).

Gelbe Krystalle; F: 246°.

1.6-Dinitro-2-anilino-naphthalin, Phenyl-[1.6-dinitro-naphthyl-(2)]-amin, *1,6-dinitro-N-phenyl-2-naphthylamine* $C_{16}H_{11}N_3O_4$, Formel I (R = C_6H_5) (H 1315).

B. Beim Erhitzen von Toluol-sulfonsäure-(4)-[1.6-dinitro-naphthyl-(2)-ester] mit Anilin (*Sen,* J. Indian chem. Soc. **23** [1946] 383).

Gelbe Krystalle (aus Eg.); F: 195°.

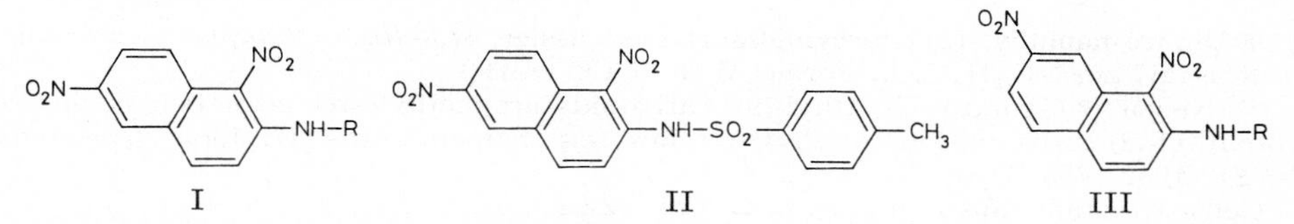

[1.6-Dinitro-naphthyl-(2)]-carbamidsäure-methylester, (*1,6-dinitro-2-naphthyl*)*carbamic acid methyl ester* $C_{12}H_9N_3O_6$, Formel I (R = CO-OCH_3).

B. Neben [1.8-Dinitro-naphthyl-(2)]-carbamidsäure-methylester beim Behandeln von Naphthyl-(2)-carbamidsäure-methylester mit wss. Salpetersäure [D: 1,45] (*Groeneveld,* R. **51** [1932] 783, 788).

Gelbliche Krystalle (aus Acn.); F: 212°.

Beim Behandeln mit wasserfreier Salpetersäure ist [1.6.8-Trinitro-naphthyl-(2)]-carbamidsäure-methylester erhalten worden (*Gr.*, l. c. S. 797).

[1.6-Dinitro-naphthyl-(2)]-carbamidsäure-äthylester, *(1,6-dinitro-2-naphthyl)carbamic acid ethyl ester* $C_{13}H_{11}N_3O_6$, Formel I (R = CO-OC_2H_5).

B. Beim Erhitzen von 1.6-Dinitro-naphthyl-(2)-amin mit Chlorameisensäure-äthylester in Xylol auf 180° (*Groeneveld*, R. **51** [1932] 783, 796). Neben [1.8-Dinitro-naphthyl-(2)]-carbamidsäure-äthylester beim Behandeln von Naphthyl-(2)-carbamidsäure-äthylester mit wss. Salpetersäure [D: 1,45] (*Gr.*, l. c. S. 792).

Grüngelbe Krystalle (aus Acn.); F: 186°.

Beim Behandeln mit wasserfreier Salpetersäure ist [1.6.8-Trinitro-naphthyl-(2)]-carbamidsäure-äthylester erhalten worden (*Gr.*, l. c. S. 800).

***N*-[1.6-Dinitro-naphthyl-(2)]-toluolsulfonamid-(4),** N-*(1,6-dinitro-2-naphthyl)*-p-*toluenesulfonamide* $C_{17}H_{13}N_3O_6S$, Formel II (E I 545; E II 735).

Gelbliche Krystalle (aus A.); F: 197° (*Hodgson, Turner*, Soc. **1943** 86, 88).

Reaktion mit Brom in Pyridin unter Bildung von *N*-[3-Brom-1.6-dinitro-naphthyl-(2)]-toluolsulfonamid-(4): *Consden, Kenyon*, Soc. **1935** 1591, 1596.

1.7-Dinitro-2-amino-naphthalin, 1.7-Dinitro-naphthyl-(2)-amin, *1,7-dinitro-2-naphthylamine* $C_{10}H_7N_3O_4$, Formel III (R = H).

B. Aus *N*-[1.7-Dinitro-naphthyl-(2)]-acetamid beim Erwärmen mit wss.-äthanol. Schwefelsäure (*Hodgson, Ward*, Soc. **1947** 1060).

Gelbe Krystalle (aus wss. Py.); F: 248–249°.

1.7-Dinitro-2-acetamino-naphthalin, *N*-[1.7-Dinitro-naphthyl-(2)]-acetamid, N-*(1,7-dinitro-2-naphthyl)acetamide* $C_{12}H_9N_3O_5$, Formel III (R = CO-CH_3).

B. Aus *N*-[7-Nitro-naphthyl-(2)]-acetamid und Salpetersäure (*Hodgson, Ward*, Soc. **1947** 1060).

Gelbliche Krystalle (aus Eg.); F: 222°.

***N*-[1.7-Dinitro-naphthyl-(2)]-toluolsulfonamid-(4),** N-*(1,7-dinitro-2-naphthyl)*-p-*toluenesulfonamide* $C_{17}H_{13}N_3O_6S$, Formel IV.

B. Aus *N*-[7-Nitro-naphthyl-(2)]-toluolsulfonamid-(4) beim Erwärmen mit Salpetersäure und Essigsäure (*Hodgson, Ward*, Soc. **1947** 1060).

Gelbe Krystalle (aus Eg.); F: 171° (*Hodgson, Dean*, Soc. **1950** 818).

1.8-Dinitro-2-amino-naphthalin, 1.8-Dinitro-naphthyl-(2)-amin, *1,8-dinitro-2-naphthylamine* $C_{10}H_7N_3O_4$, Formel V (R = H) (H 1315; E II 735).

B. Aus [1.8-Dinitro-naphthyl-(2)]-carbamidsäure-methylester oder aus [1.8-Dinitro-naphthyl-(2)]-carbamidsäure-äthylester beim Erhitzen mit methanol. Ammoniak bzw. äthanol. Ammoniak (*Groeneveld*, R. **51** [1932] 783, 790, 795).

Orangefarbene Krystalle; F: 225–226°.

1.8-Dinitro-2-acetamino-naphthalin, *N*-[1.8-Dinitro-naphthyl-(2)]-acetamid, N-*(1,8-dinitro-2-naphthyl)acetamide* $C_{12}H_9N_3O_5$, Formel V (R = CO-CH_3) (H 1316; E II 735).

B. Beim Erhitzen von 1.8-Dinitro-naphthyl-(2)-amin mit Acetanhydrid und wenig Schwefelsäure (*Groeneveld*, R. **51** [1932] 783, 790).

F: 237–238° (*Gr.*). Assoziation in Naphthalin: *Chaplin, Hunter*, Soc. **1938** 1034, 1035, 1037.

[1.8-Dinitro-naphthyl-(2)]-carbamidsäure-methylester, *(1,8-dinitro-2-naphthyl)carbamic acid methyl ester* $C_{12}H_9N_3O_6$, Formel V (R = CO-OCH_3).

B. Neben [1.6-Dinitro-naphthyl-(2)]-carbamidsäure-methylester beim Behandeln von Naphthyl-(2)-carbamidsäure-methylester mit wss. Salpetersäure [D: 1,45] (*Groeneveld*, R. **51** [1932] 783, 788).

Gelbe Krystalle (aus Acn.); F: 226–227° [Zers.].

Beim Behandeln mit wasserfreier Salpetersäure ist [1.6.8-Trinitro-naphthyl-(2)]-carbamidsäure-methylester erhalten worden (*Gr.*, l. c. S. 797).

[1.8-Dinitro-naphthyl-(2)]-carbamidsäure-äthylester, *(1,8-dinitro-2-naphthyl)carbamic acid ethyl ester* $C_{13}H_{11}N_3O_6$, Formel V (R = CO-OC_2H_5).

B. Beim Erhitzen von 1.8-Dinitro-naphthyl-(2)-amin mit Chlorameisensäure-äthylester in Xylol auf 180° (*Groeneveld*, R. **51** [1932] 783, 795). Neben [1.6-Dinitro-naphthyl-(2)]-

carbamidsäure-äthylester beim Behandeln von Naphthyl-(2)-carbamidsäure-äthylester mit wss. Salpetersäure [D: 1,45] (*Gr.*, l. c. S. 792).

Gelbe Krystalle (aus E. oder Acn.); F: 178°.

Beim Behandeln mit wasserfreier Salpetersäure ist [1.6.8-Trinitro-naphthyl-(2)]-carbamidsäure-äthylester erhalten worden (*Gr.*, l. c. S. 800).

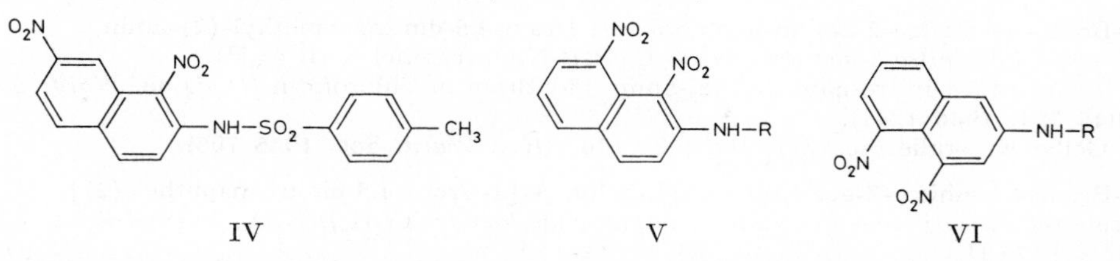

4.5-Dinitro-2-amino-naphthalin, 4.5-Dinitro-naphthyl-(2)-amin, *4,5-dinitro-2-naphthylamine* $C_{10}H_7N_3O_4$, Formel VI (R = H).

B. Beim Erwärmen von 1.3.8-Trinitro-naphthalin mit Natriumsulfid und Natriumhydrogencarbonat in wss. Methanol (*Hodgson, Ward*, Soc. **1945** 794, **1946** 1241).

Orangefarbene Krystalle (aus wss. Py.); F: 232° (*Ho., Ward*, Soc. **1945** 795).

Reaktion mit Brom in Chloroform unter Bildung von 1-Brom-4.5-dinitro-naphthyl-(2)-amin: *Ho., Ward*, Soc. **1945** 795.

4.5-Dinitro-2-acetamino-naphthalin, *N*-[4.5-Dinitro-naphthyl-(2)]-acetamid, N-*(4,5-dinitro-2-naphthyl)acetamide* $C_{12}H_9N_3O_5$, Formel VI (R = CO-CH_3).

B. Beim Erhitzen von 4.5-Dinitro-naphthyl-(2)-amin mit Acetanhydrid und Essigsäure (*Hodgson, Ward*, Soc. **1945** 794).

Gelbe Krystalle (aus wss. Py.); F: 296°.

Dinitro-Derivat des [4-Chlor-phenyl]-[naphthyl-(2)]-amins $C_{16}H_{10}ClN_3O_4$, Formel VII, **vom F: 200°.**

B. Aus [4-Chlor-phenyl]-[1-phenylazo-naphthyl-(2)]-amin beim Erwärmen mit Salpetersäure und Essigsäure (*Krollpfeiffer, Wolf, Walbrecht*, B. **67** [1934] 908, 915).

Orangefarbene Krystalle; F: 199–200°.

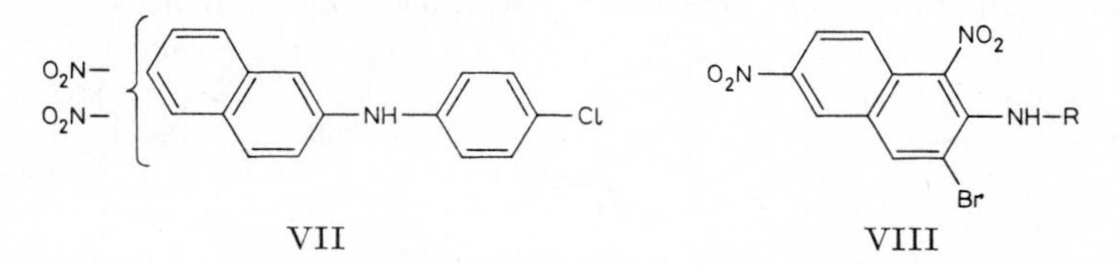

3-Brom-1.6-dinitro-2-amino-naphthalin, 3-Brom-1.6-dinitro-naphthyl-(2)-amin, *3-bromo-1,6-dinitro-2-naphthylamine* $C_{10}H_6BrN_3O_4$, Formel VIII (R = H).

B. Aus *N*-[3-Brom-1.6-dinitro-naphthyl-(2)]-toluolsulfonamid-(4) beim Behandeln mit Schwefelsäure (*Consden, Kenyon*, Soc. **1935** 1591, 1596).

Gelbe Krystalle (aus A.); F: 238–241°.

3-Brom-1.6-dinitro-2-acetamino-naphthalin, *N*-[3-Brom-1.6-dinitro-naphthyl-(2)]-acetamid, N-*(3-bromo-1,6-dinitro-2-naphthyl)acetamide* $C_{12}H_8BrN_3O_5$, Formel VIII (R = CO-CH_3).

B. Beim Erwärmen von 3-Brom-1.6-dinitro-naphthyl-(2)-amin mit Acetanhydrid und wenig Schwefelsäure (*Consden, Kenyon*, Soc. **1935** 1591, 1596).

Krystalle (aus Eg.); F: 273–277° [Zers.].

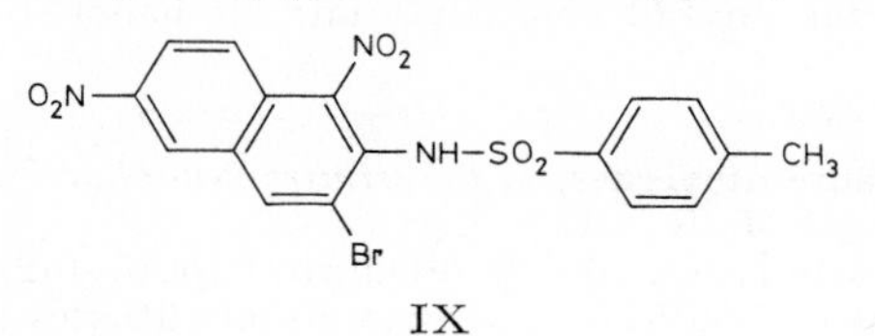

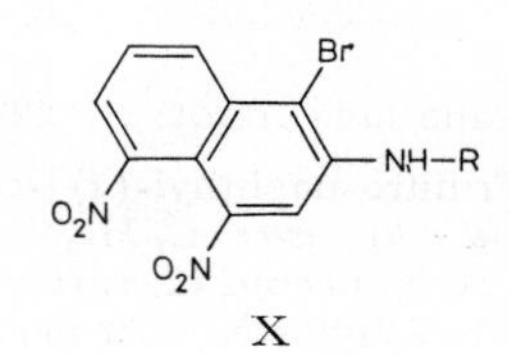

N-[3-Brom-1.6-dinitro-naphthyl-(2)]-toluolsulfonamid-(4), N-*(3-bromo-1,6-dinitro-2-naphthyl)*-p-*toluenesulfonamide* $C_{17}H_{12}BrN_3O_6S$, Formel IX.

B. Beim Behandeln von *N*-[1.6-Dinitro-naphthyl-(2)]-toluolsulfonamid-(4) mit Brom in Pyridin (*Consden, Kenyon*, Soc. **1935** 1591, 1596).

Gelbliche Krystalle (aus Eg.); F: 228—231° [Zers.].

1-Brom-4.5-dinitro-2-amino-naphthalin, 1-Brom-4.5-dinitro-naphthyl-(2)-amin, *1-bromo-4,5-dinitro-2-naphthylamine* $C_{10}H_6BrN_3O_4$, Formel X (R = H).

B. Aus 4.5-Dinitro-naphthyl-(2)-amin und Brom in Chloroform (*Hodgson, Ward*, Soc. **1945** 794, **1946** 1241).

Gelbe Krystalle (aus wss. Py.); F: 176° (*Ho., Ward*, Soc. **1945** 795).

1-Brom-4.5-dinitro-2-acetamino-naphthalin, N-[1-Brom-4.5-dinitro-naphthyl-(2)]-acetamid, N-*(1-bromo-4,5-dinitro-2-naphthyl)acetamide* $C_{12}H_8BrN_3O_5$, Formel X (R = CO-CH_3).

B. Beim Erhitzen von 1-Brom-4.5-dinitro-naphthyl-(2)-amin mit Acetanhydrid (*Hodgson, Ward*, Soc. **1945** 794).

Gelbe Krystalle (aus wss. Eg.); F: 260°.

N-[1.4.6-Trinitro-naphthyl-(2)]-toluolsulfonamid-(4), N-*(1,4,6-trinitro-2-naphthyl)*-p-*toluenesulfonamide* $C_{17}H_{12}N_4O_8S$, Formel XI.

B. Aus *N*-[4-Nitro-naphthyl-(2)]-toluolsulfonamid-(4) beim Erwärmen mit Salpetersäure und Essigsäure (*Hodgson, Hathway*, Soc. **1945** 453).

Gelbe Krystalle (aus Eg.); F: 194°.

Beim Behandeln mit Schwefelsäure und Natriumnitrit, Eintragen des Reaktionsgemisches in Essigsäure, Versetzen mit Eis und anschliessenden Erhitzen mit Wasserdampf ist 4.6-Dinitro-naphthol-(1) erhalten worden.

1.6.8-Trinitro-2-amino-naphthalin, 1.6.8-Trinitro-naphthyl-(2)-amin, *1,6,8-trinitro-2-naphthylamine* $C_{10}H_6N_4O_6$, Formel XII (R = H) (H 1316; E II 736).

B. Beim Erhitzen von [1.6.8-Trinitro-naphthyl-(2)]-carbamidsäure-methylester oder von [1.6.8-Trinitro-naphthyl-(2)]-carbamidsäure-äthylester mit äthanol. Ammoniak (*Groeneveld*, R. **51** [1932] 783, 798, 801).

Gelbe Krystalle (aus Acn.) mit 1 Mol Aceton; F: 300—301° [Zers.] (*Ryan, Keane*, Scient. Pr. roy. Dublin Soc. **17** [1923/24] 297, 302), 300° [Zers.] (*Gr.*).

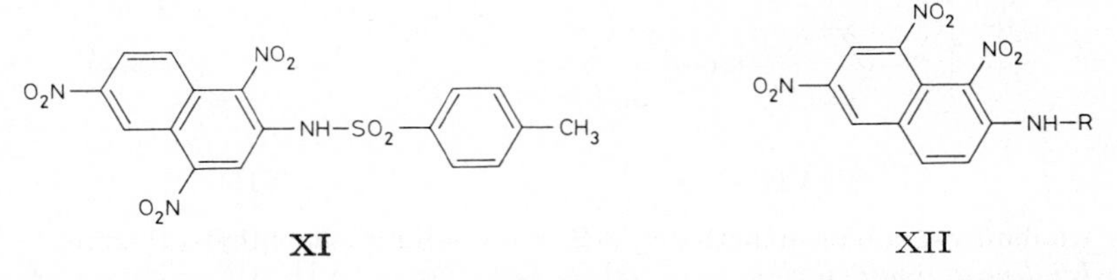

XI XII

1.6.8-Trinitro-2-anilino-naphthalin, Phenyl-[1.6.8-trinitro-naphthyl-(2)]-amin, *1,6,8-trinitro-*N-*phenyl-2-naphthylamine* $C_{16}H_{10}N_4O_6$, Formel XII (R = C_6H_5) (E II 738).

Berichtigung zu E II 738, Zeile 16 v.o.: An Stelle von „7-Chlor-1.3.8-trinitro-anilin“ ist zu setzen „7-Chlor-1.3.8-trinitro-naphthalin“.

[1.6.8-Trinitro-naphthyl-(2)]-carbamidsäure-methylester, *(1,6,8-trinitro-2-naphthyl)carbamic acid methyl ester* $C_{12}H_8N_4O_8$, Formel XII (R = CO-OCH_3).

B. Aus Naphthyl-(2)-carbamidsäure-methylester, aus [1.6-Dinitro-naphthyl-(2)]-carbamidsäure-methylester oder aus [1.8-Dinitro-naphthyl-(2)]-carbamidsäure-methylester beim Behandeln mit Salpetersäure (*Groeneveld*, R. **51** [1932] 783, 796, 797). Beim Erwärmen von *N*-Nitro-*N*-äthyl-*N'*-[1.6.8-trinitro-naphthyl-(2)]-harnstoff mit Methanol (*Gr.*, l. c. S. 803).

Krystalle (aus Acn.); F: 228—230° [Zers.].

[1.6.8-Trinitro-naphthyl-(2)]-carbamidsäure-äthylester, *(1,6,8-trinitro-2-naphthyl)carbamic acid ethyl ester* $C_{13}H_{10}N_4O_8$, Formel XII (R = CO-OC_2H_5).

B. Aus Naphthyl-(2)-carbamidsäure-äthylester, aus [1.6-Dinitro-naphthyl-(2)]-carbamidsäure-äthylester oder aus [1.8-Dinitro-naphthyl-(2)]-carbamidsäure-äthylester beim

Behandeln mit Salpetersäure (*Groeneveld*, R. **51** [1932] 783, 799, 800). Beim Erwärmen von *N*-Nitro-*N*-äthyl-*N'*-[1.6.8-trinitro-naphthyl-(2)]-harnstoff mit Äthanol (*Gr.*, l. c. S. 803).

Gelbe oder braune Krystalle (aus Acn.); F: 215—216° [Zers.].

***N*-Nitro-*N*-äthyl-*N'*-[1.6.8-trinitro-naphthyl-(2)]-harnstoff**, *1-ethyl-1-nitro-3-(1,6,8-trinitro-2-naphthyl)urea* $C_{13}H_{10}N_6O_9$, Formel XII (R = CO-N(NO_2)-C_2H_5).

B. Aus *N*-Äthyl-*N'*-[naphthyl-(2)]-harnstoff und Salpetersäure (*Groeneveld*, R. **51** [1932] 783, 801).

Gelbe Krystalle (aus $CHCl_3$ + PAe. oder aus Acn. + PAe.); F: 101° [Zers.].

Trinitro-Derivat des [4-Chlor-phenyl]-[naphthyl-(2)]-amins, $C_{16}H_9ClN_4O_6$, Formel XIII, **vom F: 240°.**

B. Aus [4-Chlor-phenyl]-[1-phenylazo-naphthyl-(2)]-amin bei kurzem Erhitzen mit Salpetersäure und Essigsäure (*Krollpfeiffer, Wolf, Walbrecht*, B. **67** [1934] 908, 914).

Rotgelbe Krystalle (aus Eg.); F: 239—240° [Zers.].

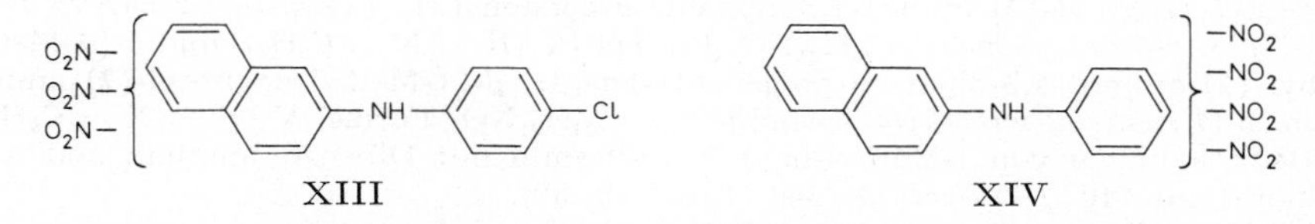

XIII XIV

Tetranitro-Derivat des Phenyl-[naphthyl-(2)]-amins, $C_{16}H_9N_5O_8$, Formel XIV, **vom F: 255°.**

B. Aus Phenyl-[1-phenylazo-naphthyl-(2)]-amin oder aus Phenyl-1-[4-chlor-phenylazo-naphthyl-(2)]-amin beim Erhitzen mit Salpetersäure und Essigsäure (*Krollpfeiffer, Wolf, Walbrecht*, B. **67** [1934] 908, 914).

Gelbe Krystalle (aus Eg. oder Nitrobenzol); F: 254—255° [Zers.]. [*W. Hoffmann*]

Amine $C_{11}H_{11}N$

2-Amino-1-methyl-naphthalin, 1-Methyl-naphthyl-(2)-amin, *1-methyl-2-naphthylamine* $C_{11}H_{11}N$, Formel I (R = X = H) (H 1316; E I 545; E II 740).

B. Aus 2-Nitro-1-methyl-naphthalin beim Behandeln mit Zink und Essigsäure (*Veselý et al.*, Collect. **1** [1929] 493, 500). Aus 1-Methyl-naphthol-(2) beim Erhitzen mit Natriumhydrogensulfit und wss. Ammoniak auf 200° (*Johnson, Mathews*, Am. Soc. **66** [1944] 210, 214).

2-Anilino-1-methyl-naphthalin, Phenyl-[1-methyl-naphthyl-(2)]-amin, *1-methyl-N-phenyl-2-naphthylamine* $C_{17}H_{15}N$, Formel II (R = H).

B. Beim Erhitzen von 1-Methyl-naphthol-(2) mit Anilin und wenig Jod auf 200° (*Buu-Hoi, Hiong-Ki-Wei, Royer*, C. r. **220** [1945] 361).

Krystalle (aus PAe.); F: 98°. Kp_{12}: 238°.

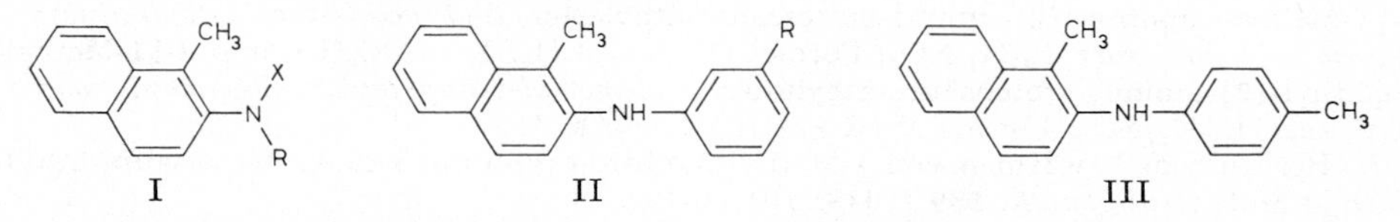

I II III

2-*m*-Toluidino-1-methyl-naphthalin, *m*-Tolyl-[1-methyl-naphthyl-(2)]-amin, *1-methyl-N-m-tolyl-2-naphthylamine* $C_{18}H_{17}N$, Formel II (R = CH_3).

B. Beim Erhitzen von 1-Methyl-naphthol-(2) mit *m*-Toluidin und wenig Jod auf 200° (*Buu-Hoi, Hiong-Ki-Wei, Royer*, C. r. **220** [1945] 361).

Krystalle (aus Bzn.); F: 94—95°. Kp_{12}: 240°.

2-*p*-Toluidino-1-methyl-naphthalin, *p*-Tolyl-[1-methyl-naphthyl-(2)]-amin, *1-methyl-N-p-tolyl-2-naphthylamine* $C_{18}H_{17}N$, Formel III.

B. Beim Erhitzen von 1-Methyl-naphthol-(2) mit *p*-Toluidin und wenig Jod auf 200° (*Buu-Hoi, Hiong-Ki-Wei, Royer*, C. r. **220** [1945] 361).

Krystalle; F: 123°. Kp_{12}: 244°.

2-[1-Methyl-naphthyl-(2)-imino]-pentanon-(4), *4-(1-methyl-2-naphthylimino)pentan-2-one* $C_{16}H_{17}NO$, Formel IV (R = X = CH_3), und **2-[1-Methyl-naphthyl-(2)-amino]-penten-(2)-on-(4),** *4-(1-methyl-2-naphthylamino)pent-3-en-2-one* $C_{16}H_{17}NO$, Formel V (R = X = CH_3); **Acetylaceton-mono-[1-methyl-naphthyl-(2)-imin].**

B. Aus 1-Methyl-naphthyl-(2)-amin und Acetylaceton (*Huisgen*, A. **564** [1949] 16, 26; s. a. *Johnson, Mathews*, Am. Soc. **66** [1944] 210, 214).

Krystalle; F: 93—94,8° [aus PAe.] (*Jo., Ma.*), 95° (*Hu.*).

3-[1-Methyl-naphthyl-(2)-imino]-1-phenyl-butanon-(1), *3-(1-methyl-2-naphthylimino)butyrophenone* $C_{21}H_{19}NO$, Formel IV (R = CH_3, X = C_6H_5), und **3-[1-Methyl-naphthyl-(2)-amino]-1-phenyl-buten-(2)-on-(1),** *3-(1-methyl-2-naphthylamino)crotonophenone* $C_{21}H_{19}NO$, Formel V (R = CH_3, X = C_6H_5).

B. Beim Erwärmen von 1-Methyl-naphthyl-(2)-amin mit Benzoylaceton unter Zusatz von Essigsäure (*Huisgen*, A. **564** [1949] 16, 32).

Gelbliche Krystalle (aus A.); F: 158°.

1-[1-Methyl-naphthyl-(2)-imino]-1.3-diphenyl-propanon-(3), *3-(1-methyl-2-naphthylimino)-3-phenylpropiophenone* $C_{26}H_{21}NO$, Formel IV (R = X = C_6H_5), und **1-[1-Methyl-naphthyl-(2)-amino]-1.3-diphenyl-propen-(1)-on-(3), β-[1-Methyl-naphthyl-(2)-amino]-chalkon,** *β-(1-methyl-2-naphthylamino)chalcone* $C_{26}H_{21}NO$, Formel V (R = X = C_6H_5).

B. Beim Erhitzen von 1-Methyl-naphthyl-(2)-amin mit Dibenzoylmethan und wenig Zinkchlorid auf 140° (*Huisgen*, A. **564** [1949] 16, 30).

Gelbe Krystalle (aus A.); F: 163—164°.

Beim Erhitzen mit Zinkchlorid ist eine wahrscheinlich als Bis-[1-methyl-naphthyl-(2)]-amin zu formulierende Verbindung $C_{22}H_{19}N$ (gelbliche Krystalle; F: 221—224°) erhalten worden.

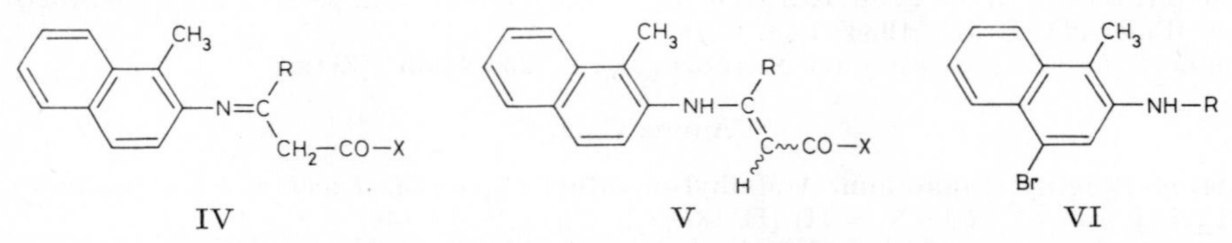

2-Acetamino-1-methyl-naphthalin, N-[1-Methyl-naphthyl-(2)]-acetamid, N-*(1-methyl-2-naphthyl)acetamide* $C_{13}H_{13}NO$, Formel I (R = CO-CH_3, X = H) (H 1316).

Krystalle (aus Bzl.); F: 193° (*Huisgen*, A. **559** [1948] 101, 135).

2-Benzamino-1-methyl-naphthalin, N-[1-Methyl-naphthyl-(2)]-benzamid, N-*(1-methyl-2-naphthyl)benzamide* $C_{18}H_{15}NO$, Formel I (R = CO-C_6H_5, X = H).

B. Aus 1-Methyl-naphthyl-(2)-amin (*Veselý et al.*, Collect. **1** [1929] 493, 500; *Thompson*, Soc. **1932** 2310, 2312).

Krystalle (aus A.); F: 222° (*Ve. et al.*), 219—221° (*Th.*).

3-[1-Methyl-naphthyl-(2)-imino]-buttersäure-äthylester, *3-(1-methyl-2-naphthylimino)butyric acid ethyl ester* $C_{17}H_{19}NO_2$, Formel IV (R = CH_3, X = OC_2H_5), und **3-[1-Methyl-naphthyl-(2)-amino]-crotonsäure-äthylester,** *3-(1-methyl-2-naphthylamino)crotonic acid ethyl ester* $C_{17}H_{19}NO_2$, Formel V (R = CH_3, X = OC_2H_5).

B. Bei kurzem Erwärmen von 1-Methyl-naphthyl-(2)-amin mit Acetessigsäure-äthylester [1 Mol] (*Huisgen*, A. **559** [1948] 101, 137).

Krystalle (aus Me.); F: 86—87°.

N-[1-Methyl-naphthyl-(2)]-acetoacetamid, N-*(1-methyl-2-naphthyl)acetoacetamide* $C_{15}H_{15}NO_2$, Formel I (R = CO-CH_2-CO-CH_3, X = H) und Tautomeres.

B. Beim Erhitzen von 1-Methyl-naphthyl-(2)-amin mit Acetessigsäure-äthylester (5 Mol) auf 160° (*Huisgen*, A. **559** [1948] 101, 136).

Krystalle; F: 135°.

N-Nitroso-N-[1-methyl-naphthyl-(2)]-acetamid, N-*(1-methyl-2-naphthyl)*-N-*nitrosoacetamide* $C_{13}H_{12}N_2O_2$, Formel I (R = CO-CH_3, X = NO).

B. Aus *N*-[1-Methyl-naphthyl-(2)]-acetamid mit Hilfe von Distickstofftrioxid in Essigsäure (*Veselý, Medvedeva, Müller*, Collect. **7** [1935] 228, 236).

Gelbe Krystalle (aus Eg.); F: 91° [Zers.].

Beim Erwärmen auf 95° sowie beim Erhitzen in Xylol, Benzol oder Benzin auf Siedetemperatur ist Benz[*e*]indazol erhalten worden.

4-Brom-2-amino-1-methyl-naphthalin, 4-Brom-1-methyl-naphthyl-(2)-amin, *4-bromo-1-methyl-2-naphthylamine* $C_{11}H_{10}BrN$, Formel VI (R = H).

B. Aus 4-Brom-2-nitro-1-methyl-naphthalin beim Behandeln mit Zinn, Zinn(II)-chlorid und wss.-äthanol. Salzsäure (*Veselý et al.*, Collect. **2** [1930] 145, 153).

Krystalle (aus A.); F: 78°.

4-Brom-2-acetamino-1-methyl-naphthalin, *N*-[4-Brom-1-methyl-naphthyl-(2)]-acetamid, N-*(4-bromo-1-methyl-2-naphthyl)acetamide* $C_{13}H_{12}BrNO$, Formel VI (R = CO-CH_3).

B. Aus 4-Brom-1-methyl-naphthyl-(2)-amin (*Veselý et al.*, Collect. **2** [1930] 145, 153).

Krystalle (aus A.); F: 223—224°.

4-Nitro-2-amino-1-methyl-naphthalin, 4-Nitro-1-methyl-naphthyl-(2)-amin, *1-methyl-4-nitro-2-naphthylamine* $C_{11}H_{10}N_2O_2$, Formel VII (R = H).

B. Neben 3-Nitro-4-methyl-naphthyl-(1)-amin beim Behandeln von 2.4-Dinitro-1-methyl-naphthalin mit Zinn(II)-chlorid und Chlorwasserstoff in Äthanol und Essigsäure (*Veselý et al.*, Collect. **2** [1930] 145, 151).

Orangefarbene Krystalle (aus A.); F: 126—128°.

4-Nitro-2-acetamino-1-methyl-naphthalin, *N*-[4-Nitro-1-methyl-naphthyl-(2)]-acetamid, N-*(1-methyl-4-nitro-2-naphthyl)acetamide* $C_{13}H_{12}N_2O_3$, Formel VII (R = CO-CH_3).

B. Aus 4-Nitro-1-methyl-naphthyl-(2)-amin und Acetanhydrid (*Veselý et al.*, Collect. **2** [1930] 145, 152).

Gelbe Krystalle (aus Me.); F: 203—204°.

3-Amino-1-methyl-naphthalin, 4-Methyl-naphthyl-(2)-amin, *4-methyl-2-naphthylamine* $C_{11}H_{11}N$, Formel VIII (R = H).

B. Aus 3-Nitro-1-methyl-naphthalin beim Behandeln mit Eisen und Essigsäure (*Veselý et al.*, Collect. **1** [1929] 493, 502). Aus 4-Methyl-naphthol-(2) beim Erhitzen mit wss. Ammoniak und Ammoniumsulfit auf 240° (*Veselý, Štursa*, Collect. **3** [1931] 328, 332).

Krystalle; F: 68° (*Ve. et al.*).

3-Acetamino-1-methyl-naphthalin, *N*-[4-Methyl-naphthyl-(2)]-acetamid, N-*(4-methyl-2-naphthyl)acetamide* $C_{13}H_{13}NO$, Formel VIII (R = CO-CH_3).

B. Aus 4-Methyl-naphthyl-(2)-amin (*Veselý et al.*, Collect. **1** [1929] 493, 502).

Krystalle (aus Bzl.); F: 172—173°.

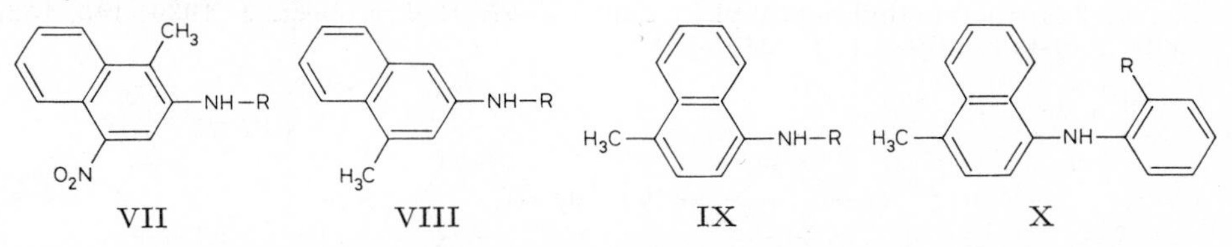

3-Benzamino-1-methyl-naphthalin, *N*-[4-Methyl-naphthyl-(2)]-benzamid, N-*(4-methyl-2-naphthyl)benzamide* $C_{18}H_{15}NO$, Formel VIII (R = CO-C_6H_5).

B. Aus 4-Methyl-naphthyl-(2)-amin (*Veselý et al.*, Collect. **1** [1929] 493, 502).

F: 194—195°.

4-Amino-1-methyl-naphthalin, 4-Methyl-naphthyl-(1)-amin, *4-methyl-1-naphthylamine* $C_{11}H_{11}N$, Formel IX (R = H) (E I 545; E II 740).

B. Beim Behandeln von Naphthyl-(1)-amin mit Salzsäure und wss. Formaldehyd und Erhitzen des Reaktionsprodukts mit Calciumhydroxid (*Barklay, Burawoy, Thomson*, Soc. **1944** 109, 111; vgl. *Buu-Hoi, Guettier*, C. r. **222** [1946] 665). Aus *N*-[4-Methyl-naphthyl-(1)]-acetamid beim Erhitzen mit wss. Salzsäure (*Dziewoński, Marusińska*, Bl. Acad. polon. [A] **1938** 316, 319).

F: 49° (*Ba., Bu., Th.*).

Pikrat $C_{11}H_{11}N \cdot C_6H_3N_3O_7$. Krystalle (aus A.); F: 205° [Zers.] (*Ba., Bu., Th.*).

4-Anilino-1-methyl-naphthalin, Phenyl-[4-methyl-naphthyl-(1)]-amin, *4-methyl-N-phenyl-1-naphthylamine* $C_{17}H_{15}N$, Formel X (R = H).

B. Beim Erhitzen von 4-Methyl-naphthyl-(1)-amin mit Anilin und wenig Jod (*Buu-Hoi*, Soc. **1949** 670, 673).

Bei 230—240°/15 Torr destillierbares Öl, das allmählich krystallin erstarrt.

4-*o*-Toluidino-1-methyl-naphthalin, *o*-Tolyl-[4-methyl-naphthyl-(1)]-amin, *4-methyl-N-o-tolyl-1-naphthylamine* $C_{18}H_{17}N$, Formel X (R = CH_3).

B. Beim Erhitzen von 4-Methyl-naphthyl-(1)-amin mit *o*-Toluidin und wenig Jod (*Buu-Hoi*, Soc. **1949** 670, 673).

Bei 240—250°/13 Torr destillierbares Öl.

4-Acetamino-1-methyl-naphthalin, *N*-[4-Methyl-naphthyl-(1)]-acetamid, N-*(4-methyl-1-naphthyl)acetamide* $C_{13}H_{13}NO$, Formel IX (R = CO-CH_3) (E I 545).

B. Aus 1-[4-Methyl-naphthyl-(1)]-äthanon-(1)-*seqtrans*-oxim beim Behandeln einer Lösung in Essigsäure und Acetanhydrid mit Chlorwasserstoff (*Dziewoński, Marusińska*, Bl. Acad. polon. [A] **1938** 316, 319).

Krystalle (aus Bzl.); F: 171°.

2-Brom-4-amino-1-methyl-naphthalin, 3-Brom-4-methyl-naphthyl-(1)-amin, *3-bromo-4-methyl-1-naphthylamine* $C_{11}H_{10}BrN$, Formel XI (R = H).

B. Aus 2-Brom-4-nitro-1-methyl-naphthalin beim Behandeln mit Zinn(II)-chlorid und wss.-äthanol. Salzsäure (*Veselý et al.*, Collect. **2** [1930] 145, 154).

Krystalle (aus wss. A.); F: 118—119°.

2-Brom-4-acetamino-1-methyl-naphthalin, *N*-[3-Brom-4-methyl-naphthyl-(1)]-acetamid, N-*(3-bromo-4-methyl-1-naphthyl)acetamide* $C_{13}H_{12}BrNO$, Formel XI (R = CO-CH_3).

B. Aus 3-Brom-4-methyl-naphthyl-(1)-amin und Acetanhydrid (*Veselý et al.*, Collect. **2** [1930] 145, 155).

Krystalle (aus A.); F: 206—207°.

2-Nitro-4-amino-1-methyl-naphthalin, 3-Nitro-4-methyl-naphthyl-(1)-amin, *4-methyl-3-nitro-1-naphthylamine* $C_{11}H_{10}N_2O_2$, Formel XII (R = H).

B. Aus 2.4-Dinitro-1-methyl-naphthalin bei der Hydrierung an Platin in Äthanol (*Veselý et al.*, Collect. **1** [1929] 493, 499) sowie beim Einleiten von Schwefelwasserstoff in eine warme Lösung in äthanol. Ammoniak (*Veselý et al.*, Collect. **2** [1930] 145, 149).

Rote Krystalle (aus A.); F: 132—133° (*Ve. et al.*, Collect. **2** 150, 152).

2-Nitro-4-acetamino-1-methyl-naphthalin, *N*-[3-Nitro-4-methyl-naphthyl-(1)]-acetamid, N-*(4-methyl-3-nitro-1-naphthyl)acetamide* $C_{13}H_{12}N_2O_3$, Formel XII (R = CO-CH_3).

B. Aus 3-Nitro-4-methyl-naphthyl-(1)-amin (*Veselý et al.*, Collect. **2** [1930] 145, 152).

Gelbe Krystalle (aus A.); F: 230—231°.

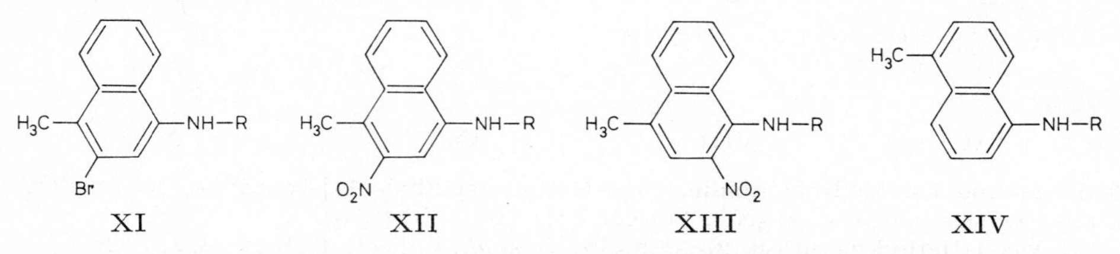

3-Nitro-4-amino-1-methyl-naphthalin, 2-Nitro-4-methyl-naphthyl-(1)-amin, *4-methyl-2-nitro-1-naphthylamine* $C_{11}H_{10}N_2O_2$, Formel XIII (R = H).

B. Aus *N*-[2-Nitro-4-methyl-naphthyl-(1)]-acetamid beim Erwärmen mit Chlorwasserstoff enthaltendem Äthanol (*Veselý et al.*, Collect. **1** [1929] 493, 501).

Rote Krystalle (aus A.); F: 179,5°.

3-Nitro-4-acetamino-1-methyl-naphthalin, *N*-[2-Nitro-4-methyl-naphthyl-(1)]-acetamid, N-*(4-methyl-2-nitro-1-naphthyl)acetamide* $C_{13}H_{12}N_2O_3$, Formel XIII (R = CO-CH_3).

B. Aus *N*-[4-Methyl-naphthyl-(1)]-acetamid beim Behandeln mit Salpetersäure und Essigsäure (*Veselý et al.*, Collect. **1** [1929] 493, 500).

Gelbe Krystalle (aus A.); F: 224—225°.

5-Amino-1-methyl-naphthalin, 5-Methyl-naphthyl-(1)-amin, *5-methyl-1-naphthylamine* $C_{11}H_{11}N$, Formel XIV (R = H).

B. Neben anderen Verbindungen aus dem beim Behandeln von 1-Methyl-naphthalin und wss. Salpetersäure (D: 1,42) erhaltenen Gemisch von Nitro-1-methyl-naphthalinen mit Hilfe von Eisen-Pulver (*Thompson,* Soc. **1932** 2310, 2311). Aus 5-Amino-1-methyl-naphthalin-sulfonsäure-(4) beim Erwärmen mit Natrium-Amalgam und wss. Natronlauge (*Veselý et al.,* Collect. **1** [1929] 493, 506; *Haworth, Mavin,* Soc. **1932** 2720, 2722).

Krystalle; F: 77—78° (*Ve. et al.*), 77° (*Th.*).

Pikrat $C_{11}H_{11}N \cdot C_6H_3N_3O_7$. Krystalle; F: 210° [Zers.] (*Jacobs, Craig,* J. biol. Chem. **113** [1936] 767, 774).

5-Acetamino-1-methyl-naphthalin, *N*-[5-Methyl-naphthyl-(1)]-acetamid, N-(*5-methyl-1-naphthyl)acetamide* $C_{13}H_{13}NO$, Formel XIV (R = CO-CH_3).

B. Aus 5-Methyl-naphthyl-(1)-amin (*Veselý et al.,* Collect. **1** [1929] 493, 507; *Thompson,* Soc. **1932** 2310, 2311).

Krystalle (aus A.); F: 194—195° (*Ve. et al.*), 192° (*Th.*).

5-Benzamino-1-methyl-naphthalin, *N*-[5-Methyl-naphthyl-(1)]-benzamid, N-(*5-methyl-1-naphthyl)benzamide* $C_{18}H_{15}NO$, Formel XIV (R = CO-C_6H_5).

B. Beim Behandeln von 5-Methyl-naphthyl-(1)-amin mit Benzoylchlorid und wss. Natronlauge (*Veselý et al.,* Collect **1** [1929] 493, 507).

Krystalle (aus A.); F: 173—174° (*Ve. et al.*), 172° (*Thompson,* Soc. **1932** 2310, 2311), 170—172° [aus Ae.] (*Jacobs, Craig,* J. biol. Chem. **113** [1936] 767, 775).

6-Nitro-5-amino-1-methyl-naphthalin, 2-Nitro-5-methyl-naphthyl-(1)-amin, *5-methyl-2-nitro-1-naphthylamine* $C_{11}H_{10}N_2O_2$, Formel I (R = H).

B. Aus *N*-[2-Nitro-5-methyl-naphthyl-(1)]-acetamid beim Erwärmen mit wss.-äthanol. Salzsäure (*Veselý et al.,* Collect. **1** [1929] 493, 509).

Orangefarbene Krystalle (aus Bzl.); F: 178—179°.

6-Nitro-5-acetamino-1-methyl-naphthalin, *N*-[2-Nitro-5-methyl-naphthyl-(1)]-acetamid, N-(*5-methyl-2-nitro-1-naphthyl)acetamide* $C_{13}H_{12}N_2O_3$, Formel I (R = CO-CH_3).

B. Neben *N*-[4-Nitro-5-methyl-naphthyl-(1)]-acetamid beim Behandeln von *N*-[5-Methyl-naphthyl-(1)]-acetamid mit Salpetersäure und Essigsäure (*Veselý et al.,* Collect. **1** [1929] 493, 508).

Gelbe Krystalle (aus A. oder E.); F: 245—246°.

8-Nitro-5-amino-1-methyl-naphthalin, 4-Nitro-5-methyl-naphthyl-(1)-amin, *5-methyl-4-nitro-1-naphthylamine* $C_{11}H_{10}N_2O_2$, Formel II (R = H).

B. Aus *N*-[4-Nitro-5-methyl-naphthyl-(1)]-acetamid mit Hilfe von äthanol. Kalilauge (*Veselý et al.,* Collect. **1** [1929] 493, 509).

Gelbrote Krystalle (aus A.); F: 163—164°.

8-Nitro-5-acetamino-1-methyl-naphthalin, *N*-[4-Nitro-5-methyl-naphthyl-(1)]-acetamid, N-(*5-methyl-4-nitro-1-naphthyl)acetamide* $C_{13}H_{12}N_2O_3$, Formel II (R = CO-CH_3).

B. s. o. im Artikel *N*-[2-Nitro-5-methyl-naphthyl-(1)]-acetamid.

Orangefarbene Krystalle; F: 197—198° (*Veselý et al.,* Collect. **1** [1929] 493, 508).

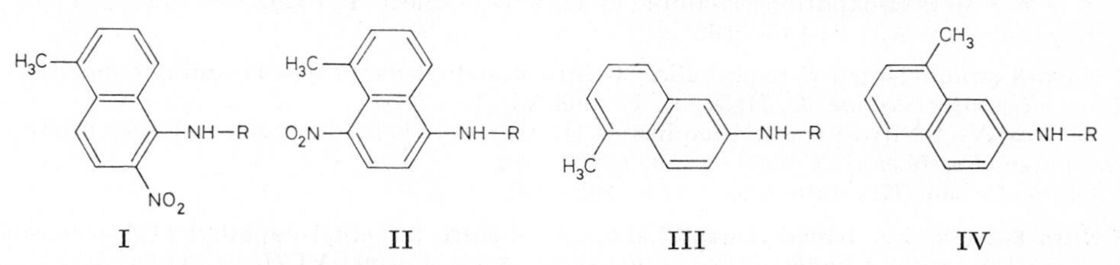

I II III IV

6-Amino-1-methyl-naphthalin, 5-Methyl-naphthyl-(2)-amin, *5-methyl-2-naphthylamine* $C_{11}H_{11}N$, Formel III (R = H).

Diese Konstitution kommt auch einer von *Dziewoński, Waszkowski* (Bl. Acad. polon. [A] **1929** 604, 610) als 8-Methyl-naphthyl-(2)-amin beschriebenen Verbindung zu (*Dziewoński, Otto,* Bl. Acad. polon. [A] **1935** 201, 202).

B. Aus 6-Nitro-1-methyl-naphthalin mit Hilfe von Zinn(II)-chlorid (*Veselý et al.*, Collect. **1** [1929] 493, 509). Aus 5-Methyl-naphthol-(2) beim Erhitzen mit wss. Ammoniak und Ammoniumsulfit bis auf 190° (*Dz., Otto*, l. c. S. 207).

Krystalle; F: 63—64° (*Ve. et al.*), 46—47° [aus PAe.] (*Dz., Wa.*; *Dz., Otto*).

6-Acetamino-1-methyl-naphthalin, *N*-[5-Methyl-naphthyl-(2)]-acetamid, N-(*5-methyl-2-naphthyl)acetamide* $C_{13}H_{13}NO$, Formel III (R = CO-CH_3).

B. Aus 5-Methyl-naphthyl-(2)-amin und Acetanhydrid (*Dziewoński, Otto*, Bl. Acad. polon. [A] **1935** 201, 207).

Krystalle; F: 146° [aus Bzl.] (*Dz., Otto*), 123—124° [aus wss. A.] (*Veselý et al.*, Collect. **1** [1929] 493, 510).

6-Benzamino-1-methyl-naphthalin, *N*-[5-Methyl-naphthyl-(2)]-benzamid, N-(*5-methyl-2-naphthyl)benzamide* $C_{18}H_{15}NO$, Formel III (R = CO-C_6H_5).

B. Aus 5-Methyl-naphthyl-(2)-amin (*Veselý et al.*, Collect. **1** [1929] 493, 510).

Krystalle (aus A.); F: 155—156°.

7-Amino-1-methyl-naphthalin, 8-Methyl-naphthyl-(2)-amin, *8-methyl-2-naphthylamine* $C_{11}H_{11}N$, Formel IV (R = H).

Eine von *Dziewoński, Waszkowski* (Bl. Acad. polon. [A] **1929** 604, 610) unter dieser Konstitution beschriebene Verbindung ist als 5-Methyl-naphthyl-(2)-amin zu formulieren (*Dziewoński, Otto*, Bl. Acad. polon. [A] **1935** 201, 202).

B. Aus 8-Methyl-naphthol-(2) beim Erhitzen mit Ammoniumsulfit und wss. Ammoniak auf 170° (*Veselý, Štursa*, Collect. **5** [1933] 170, 176; *Haworth, Sheldrick*, Soc. **1934** 1950; *Dziewoński, Kowalczyk*, Bl. Acad. polon. [A] **1935** 563).

Krystalle; F: 85—86° [aus Me.] (*Ve., Št.*; *Ha., Sh.*), 84—85° [aus PAe.] (*Dz., Ko.*).

7-Acetamino-1-methyl-naphthalin, *N*-[8-Methyl-naphthyl-(2)]-acetamid, N-(*8-methyl-2-naphthyl)acetamide* $C_{13}H_{13}NO$, Formel IV (R = CO-CH_3).

B. Aus 8-Methyl-naphthyl-(2)-amin und Acetanhydrid (*Dziewoński, Kowalczyk*, Bl. Acad. polon. [A] **1935** 563).

Krystalle; F: 158,5—160° [aus A.] (*Veselý et al.*, Collect. **1** [1929] 493, 514), 158—159° [aus Bzl.] (*Dz., Ko.*).

8-Amino-1-methyl-naphthalin, 8-Methyl-naphthyl-(1)-amin, *8-methyl-1-naphthylamine* $C_{11}H_{11}N$, Formel V (R = H).

B. Aus 8-Amino-1-methyl-naphthalin-sulfonsäure-(4) beim Erwärmen mit Natrium-Amalgam und wss. Natronlauge (*Veselý et al.*, Collect. **1** [1929] 493, 511).

Krystalle; F: 67—68° [durch Wasserdampf-Destillation gereinigtes Präparat].

Im Sonnenlicht erfolgt Violettfärbung.

8-Acetamino-1-methyl-naphthalin, *N*-[8-Methyl-naphthyl-(1)]-acetamid, N-(*8-methyl-1-naphthyl)acetamide* $C_{13}H_{13}NO$, Formel V (R = CO-CH_3).

B. Aus 8-Methyl-naphthyl-(1)-amin (*Veselý et al.*, Collect. **1** [1929] 493, 512).

Krystalle (aus A.); F: 183—184°.

8-Benzamino-1-methyl-naphthalin, *N*-[8-Methyl-naphthyl-(1)]-benzamid, N-(*8-methyl-1-naphthyl)benzamide* $C_{18}H_{15}NO$, Formel V (R = CO-C_6H_5).

B. Aus 8-Methyl-naphthyl-(1)-amin (*Veselý et al.*, Collect. **1** [1929] 493, 512).

Krystalle (aus A.); F: 195—196°.

5-Nitro-8-amino-1-methyl-naphthalin, 4-Nitro-8-methyl-naphthyl-(1)-amin, *8-methyl-4-nitro-1-naphthylamine* $C_{11}H_{10}N_2O_2$, Formel VI (R = H).

B. Aus *N*-[4-Nitro-8-methyl-naphthyl-(1)]-acetamid beim Erhitzen mit wss.-äthanol. Kalilauge (*Veselý et al.*, Collect. **1** [1929] 493, 513).

Orangefarbene Krystalle (aus A.); F: 162—163°.

5-Nitro-8-acetamino-1-methyl-naphthalin, *N*-[4-Nitro-8-methyl-naphthyl-(1)]-acetamid, N-(*8-methyl-4-nitro-1-naphthyl)acetamide* $C_{13}H_{12}N_2O_3$, Formel VI (R = CO-CH_3).

B. Neben *N*-[2-Nitro-8-methyl-naphthyl-(1)]-acetamid bei mehrtägigem Behandeln von *N*-[8-Methyl-naphthyl-(1)]-acetamid mit Salpetersäure und Essigsäure (*Veselý et al.*, Collect. **1** [1929] 493, 512).

Gelbe Krystalle (aus E.); F: 193—194° (*Ve. et al.*). Monoklin (*Novák*, Z. Kr. **84** [1933] 310, 313). Dichte der Krystalle: 1,333 (*No.*).

7-Nitro-8-amino-1-methyl-naphthalin, 2-Nitro-8-methyl-naphthyl-(1)-amin, *8-methyl-2-nitro-1-naphthylamine* $C_{11}H_{10}N_2O_2$, Formel VII (R = H).

B. Aus *N*-[2-Nitro-8-methyl-naphthyl-(1)]-acetamid beim Erwärmen mit Chlorwasserstoff enthaltendem Äthanol (*Veselý et al.*, Collect. **1** [1929] 493, 514).

Braune Krystalle (aus A.); F: 150—152°.

7-Nitro-8-acetamino-1-methyl-naphthalin, *N*-[2-Nitro-8-methyl-naphthyl-(1)]-acetamid, N-(*8-methyl-2-nitro-1-naphthyl*)*acetamide* $C_{13}H_{12}N_2O_3$, Formel VII (R = CO-CH_3).

B. s. S. 3096 im Artikel *N*-[4-Nitro-8-methyl-naphthyl-(1)]-acetamid.

Krystalle (aus A.); F: 186—187° (*Veselý et al.*, Collect. **1** [1929] 493, 513).

Gegen heisse verd. wss.-äthanol. Kalilauge beständig.

1-Aminomethyl-naphthalin, *C*-[Naphthyl-(1)]-methylamin, *1-(1-naphthyl)methylamine* $C_{11}H_{11}N$, Formel VIII (R = X = H) (H 1316; E II 740).

B. Aus 1-Chlormethyl-naphthalin beim Behandeln mit flüssigem Ammoniak (*v. Braun*, B. **70** [1937] 979, 983) sowie beim Erwärmen mit Hexamethylentetramin in Chloroform und Erhitzen des Reaktionsprodukts mit Äthanol und wss. Salzsäure (*Blicke, Maxwell*, Am. Soc. **61** [1939] 1780, 1781). Aus *N*-[Naphthyl-(1)-methyl]-phthalimid mit Hilfe von Hydrazin (*Shoppee*, Soc. **1933** 37, 42) sowie beim Behandeln mit heisser wss. Salzsäure (*Rupe, Brentano*, Helv. **19** [1936] 581, 584) oder mit wss.-äthanol. Natronlauge (*I.G. Farbenind.*, U.S.P. 1873402 [1926]). Beim Behandeln von äther. Naphthyl-(1)-methylmagnesium-chlorid-Lösung mit Chloramin und anschliessend mit wss. Salzsäure (*Coleman, Forrester*, Am. Soc. **58** [1936] 27).

Kp_{30}: 200—205° (*Bl., Ma.*); Kp_{19}: 174—175° (*Sh.*); Kp_{12}: 162—163° (*Rupe, Br.*); Kp_3: 135—136° (*Veldstra*, Enzymol. **11** [1944] 137, 158); $Kp_{0,3}$: 130—135° (*v. Br.*).

Beim Erhitzen mit Isatin und Wasser ist Naphthaldehyd-(1) erhalten worden (*Angyal et al.*, Soc. **1949** 2704, 2706).

Pikrat $C_{11}H_{11}N \cdot C_6H_3N_3O_7$ (E II 740). Krystalle (aus A.); F: 227° [Zers.] (*Sh.*).

Benzoat $C_{11}H_{11}N \cdot C_7H_6O_2$. Krystalle (aus $CHCl_3$ + Bzn.); F: 142,5—143° (*Sh.*).

Methyl-[naphthyl-(1)-methyl]-amin, *1-(1-naphthyl)dimethylamine* $C_{12}H_{13}N$, Formel VIII (R = CH_3, X = H) (E II 740).

B. Aus 1-Chlormethyl-naphthalin und Methylamin (*Baltzly, Buck*, Am. Soc. **65** [1943] 1984, 1990; *Lutz et al.*, J. org. Chem. **12** [1947] 760, 761).

Hydrochlorid $C_{12}H_{13}N \cdot HCl$ (E II 740). Krystalle; F: 189,5—190° [aus A. + Ae.] (*Ba., Buck*), 187—188° [aus Isopropylalkohol] (*Lutz et al.*).

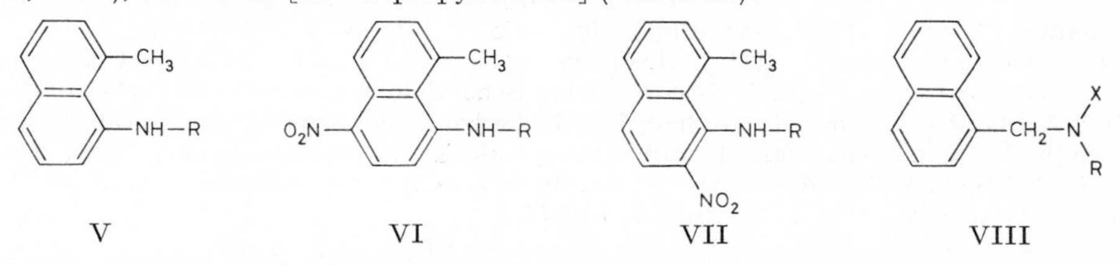

Methyl-[naphthyl-(1)-methyl]-[2-chlor-äthyl]-amin, N-(*2-chloroethyl*)-*1-(1-naphthyl)dimethylamine* $C_{14}H_{16}ClN$, Formel VIII (R = CH_2-CH_2Cl, X = CH_3).

Hydrochlorid $C_{14}H_{16}ClN \cdot HCl$. *B.* Aus 2-[Methyl-(naphthyl-(1)-methyl)-amino]-äthanol-(1) und Thionylchlorid in Benzol (*Parke, Davis & Co.*, U.S.P. 2573605 [1946]). — Krystalle (aus Isopropylalkohol); F: 198—199°.

[Naphthyl-(1)-methyl]-diäthyl-amin, N,N-*diethyl-1-(1-naphthyl)methylamine* $C_{15}H_{19}N$, Formel VIII (R = X = C_2H_5) (E II 741).

Hydrochlorid $C_{15}H_{19}N \cdot HCl$. *B.* Aus 1-Chlormethyl-naphthalin und Diäthylamin in Äther (*Lutz et al.*, J. org. Chem. **12** [1947] 760, 762, 763, 764). — Krystalle (aus Me. + Ae.); F: 217—218° [korr.].

[Naphthyl-(1)-methyl]-äthyl-[2-chlor-äthyl]-amin, N-(*2-chloroethyl*)-N-*ethyl-1-(1-naphthyl)methylamine* $C_{15}H_{18}ClN$, Formel VIII (R = CH_2-CH_2Cl, X = C_2H_5).

Hydrochlorid $C_{15}H_{18}ClN \cdot HCl$. *B.* Aus 2-[(Naphthyl-(1)-methyl)-äthyl-amino]-äthanol-(1) und Thionylchlorid in Benzol (*Parke, Davis & Co.*, U.S.P. 2573605 [1946]). — Krystalle (aus Isopropylalkohol); F: 171—172°.

[Naphthyl-(1)-methyl]-äthyl-[2-brom-äthyl]-amin, N-*(2-bromoethyl)*-N-*ethyl-1-(1-naphthyl)methylamine* $C_{15}H_{18}BrN$, Formel VIII (R = CH_2-CH_2Br, X = C_2H_5).

Hydrobromid $C_{15}H_{18}BrN \cdot HBr$. *B.* Aus 2-[(Naphthyl-(1)-methyl)-äthyl-amino]-äthanol-(1) beim Erhitzen mit wss. Bromwasserstoffsäure (*Parke, Davis & Co.*, U.S.P. 2573605 [1946]). — Krystalle (aus Me. + Acn.); F: 167—168°.

[Naphthyl-(1)-methyl]-triäthyl-ammonium, *triethyl(1-naphthylmethyl)ammonium* $[C_{17}H_{24}N]^{\oplus}$, Formel IX.

Chlorid $[C_{17}H_{24}N]Cl$. *B.* Aus 1-Chlormethyl-naphthalin und Triäthylamin (*Baltzly, Ferry, Buck*, Am. Soc. **64** [1942] 2231). — F: 197° [Zers.].

[Naphthyl-(1)-methyl]-[2-chlor-äthyl]-propyl-amin, N-*(2-chloroethyl)-1-(1-naphthyl)*-N-*propylmethylamine* $C_{16}H_{20}ClN$, Formel VIII (R = CH_2-CH_2Cl, X = CH_2-CH_2-CH_3).

Hydrochlorid $C_{16}H_{20}ClN \cdot HCl$. *B.* Beim Erhitzen von 1-Chlormethyl-naphthalin mit 2-Propylamino-äthanol-(1) und Kaliumcarbonat in Xylol und Erwärmen des erhaltenen 2-[(Naphthyl-(1)-methyl)-propyl-amino]-äthanols-(1) mit Thionylchlorid (*Parke, Davis & Co.*, U.S.P. 2573605, 2573606 [1946]). — Krystalle (aus Isopropylalkohol); F: 185,5—186,5° (*Parke, Davis & Co.*, U.S.P. 2573605).

[Naphthyl-(1)-methyl]-[2-chlor-äthyl]-isopropyl-amin, N-*(2-chloroethyl)*-N-*isopropyl-1-(1-naphthyl)methylamine* $C_{16}H_{20}ClN$, Formel VIII (R = CH_2-CH_2Cl, X = $CH(CH_3)_2$).

Hydrochlorid $C_{16}H_{20}ClN \cdot HCl$. *B.* Aus 2-[(Naphthyl-(1)-methyl)-isopropyl-amino]-äthanol-(1) und Thionylchlorid (*Parke, Davis & Co.*, U.S.P. 2573605 [1946]). — Krystalle (aus Me. + Isopropylalkohol); F: 182—183°.

[Naphthyl-(1)-methyl]-[2-chlor-äthyl]-butyl-amin, N-*butyl*-N-*(2-chloroethyl)-1-(1-naphthyl)methylamine* $C_{17}H_{22}ClN$, Formel VIII (R = CH_2-CH_2Cl, X = $[CH_2]_3$-CH_3).

Hydrochlorid $C_{17}H_{22}ClN \cdot HCl$. *B.* Aus 2-[(Naphthyl-(1)-methyl)-butyl-amino]-äthanol-(1) und Thionylchlorid in Benzol (*Parke, Davis & Co.*, U.S.P. 2573605 [1946]). — Krystalle (aus Isopropylalkohol + Ae.); F: 145—146°.

[Naphthyl-(1)-methyl]-dipentyl-amin, *1-(1-naphthyl)*-N,N-*dipentylmethylamine* $C_{21}H_{31}N$, Formel VIII (R = X = $[CH_2]_4$-CH_3).

B. Aus 1-Brommethyl-naphthalin und Dipentylamin in Äther (*Lutz et al.*, J. org. Chem. **12** [1947] 760, 762, 764).

Kp_1: 187—188°. n_D^{20}: 1,5395.

[Naphthyl-(1)-methyl]-[2-chlor-äthyl]-allyl-amin, N-*allyl*-N-*(2-chloroethyl)-1-(1-naphthyl)methylamine* $C_{16}H_{18}ClN$, Formel VIII (R = CH_2-CH=CH_2, X = CH_2-CH_2Cl).

Hydrochlorid $C_{16}H_{18}ClN \cdot HCl$. *B.* Beim Behandeln von 1-Brommethyl-naphthalin mit 2-Allylamino-äthanol-(1) in Benzol und Erwärmen des erhaltenen 2-[(Naphthyl-(1)-methyl)-allyl-amino]-äthanols-(1) mit Thionylchlorid in Benzol (*Parke, Davis & Co.*, U.S.P. 2573605, 2573606 [1946]). — Krystalle (aus Isopropylalkohol + Ae.); F: 160° bis 163° (*Parke, Davis & Co.*, U.S.P. 2573605).

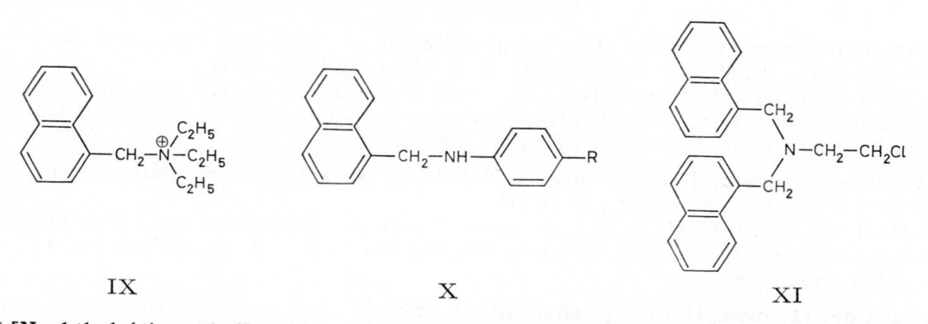

IX X XI

***N*-[Naphthyl-(1)-methyl]-anilin,** *1-(1-naphthyl)*-N-*phenylmethylamine* $C_{17}H_{15}N$, Formel X (R = H).

B. Aus 1-Chlormethyl-naphthalin und Anilin (*Anderson, Short*, Soc. **1933** 485).

F: 67°. Kp_3: 210—215°.

***N*-[Naphthyl-(1)-methyl]-*p*-toluidin,** *1-(1-naphthyl)-*N*-p-tolylmethylamine* $C_{18}H_{17}N$, Formel X (R = CH_3).

B. Beim Erwärmen von 1-Chlormethyl-naphthalin mit *p*-Toluidin in Benzol unter Zusatz von wss. Natriumhydrogencarbonat-Lösung (*Davies et al.*, Soc. **1948** 295, 298).

F: 64—65°.

Beim Erhitzen mit *p*-Toluidin und Aluminiumchlorid auf 200° ist 4-Methyl-2-[naphthyl-(1)-methyl]-anilin erhalten worden.

Methyl-[naphthyl-(1)-methyl]-benzyl-amin, *N-benzyl-1-(1-naphthyl)dimethylamine* $C_{19}H_{19}N$, Formel VIII (R = CH_3, X = CH_2-C_6H_5) auf S. 3097 (E II 741).

B. Aus 1-Chlormethyl-naphthalin und Methyl-benzyl-amin in Äther (*Lutz et al.*, J. org. Chem. **12** [1947] 760, 762, 764; *Baltzly, Buck*, Am. Soc. **65** [1943] 1984, 1991).

Bei der Hydrierung des Hydrochlorids an Palladium/Kohle in Methanol ist Methylbenzyl-amin erhalten worden (*Ba., Buck*).

Hydrochlorid $C_{19}H_{19}N \cdot HCl$ (E II 741). Krystalle; F: 225° [aus A. + Ae.] (*Ba., Buck*), 223—225° [korr.] (*Lutz et al.*).

Methyl-[naphthyl-(1)-methyl]-[4-chlor-benzyl]-amin, *N-(4-chlorobenzyl)-1-(1-naphthyl)dimethylamine* $C_{19}H_{18}ClN$, Formel VIII (R = CH_3, X = CH_2-C_6H_4Cl) auf S. 3097.

B. Aus 1-Chlormethyl-naphthalin und Methyl-[4-chlor-benzyl]-amin in Äther (*Lutz et al.*, J. org. Chem. **12** [1947] 760, 762).

Hydrochlorid $C_{19}H_{18}ClN \cdot HCl$. Krystalle (aus Isopropylalkohol); F: 208—209° [korr.].

[Naphthyl-(1)-methyl]-dibenzyl-amin, *N,N-dibenzyl-1-(1-naphthyl)methylamine* $C_{25}H_{23}N$, Formel VIII (R = X = CH_2-C_6H_5) auf S. 3097.

B. Aus 1-Brommethyl-naphthalin und Dibenzylamin in Äther (*Lutz et al.*, J. org. Chem. **12** [1947] 760, 762).

Hydrochlorid $C_{25}H_{23}N \cdot HCl$. Krystalle (aus Isopropylalkohol); F: 192—194° [korr.].

Bis-[naphthyl-(1)-methyl]-[2-chlor-äthyl]-amin, *N-(2-chloroethyl)-1,1'-di(1-naphthyl)dimethylamine* $C_{24}H_{22}ClN$, Formel XI.

B. Aus 2-[Bis-(naphthyl-(1)-methyl)-amino]-äthanol-(1) und Thionylchlorid (*I.G. Farbenind.*, D.R.P. 550762 [1930]; Frdl. **19** 1422, 1425).

Krystalle (aus E.); F: 144°.

Hydrochlorid. Krystalle (aus A.); F: 188—189°.

Tris-[naphthyl-(1)-methyl]-amin, *1,1',1''-tri(1-naphthyl)trimethylamine* $C_{33}H_{27}N$, Formel I.

B. Aus 1-Chlormethyl-naphthalin beim Erwärmen mit Ammoniak in Äthanol (*Rupe, Brentano*, Helv. **19** [1936] 581, 582; *v. Braun*, B. **70** [1937] 979, 984). Aus 1-Brommethyl-naphthalin beim Erhitzen mit äthanol. Ammoniak auf 150° (*Ru., Br.*).

Krystalle; F: 179—180° [aus A. + Ae.] (*Dahn, Zoller, Solms*, Helv. **37** [1954] 565, 572). 178° [aus A.] (*v. Br.*).

Hydrochlorid. F: 199° (*v. Br.*).

Pikrat. F: 211° (*v. Br.*).

2-[Methyl-(naphthyl-(1)-methyl)-amino]-äthanol-(1), *2-[methyl(1-naphthylmethyl)amino]ethanol* $C_{14}H_{17}NO$, Formel II (R = CH_3).

B. Beim Erwärmen von 1-Chlormethyl-naphthalin mit 2-Methylamino-äthanol-(1) und Kaliumcarbonat in Benzol (*Parke, Davis & Co.*, U.S.P. 2573606 [1946]).

Kp_5: 172°.

2-[(Naphthyl-(1)-methyl)-äthyl-amino]-äthanol-(1), *2-[ethyl(1-naphthylmethyl)amino]ethanol* $C_{15}H_{19}NO$, Formel II (R = C_2H_5).

B. Beim Erwärmen von 1-Chlormethyl-naphthalin mit 2-Äthylamino-äthanol-(1) in Benzol (*Parke, Davis & Co.*, U.S.P. 2573606 [1946]).

Kp_5: 187°.

2-[(Naphthyl-(1)-methyl)-isopropyl-amino]-äthanol-(1), *2-[isopropyl(1-naphthylmethyl)amino]ethanol* $C_{16}H_{21}NO$, Formel II (R = $CH(CH_3)_2$).

B. Beim Erhitzen von 1-Chlormethyl-naphthalin mit 2-Isopropylamino-äthanol-(1) und Kaliumcarbonat in Xylol (*Parke, Davis & Co.*, U.S.P. 2573606 [1946]). Beim Einleiten von Äthylenoxid in eine Lösung von [Naphthyl-(1)-methyl]-isopropyl-amin (aus

1-Chlormethyl-naphthalin und Isopropylamin in Äthanol hergestellt) in Benzol (*Parke, Davis & Co.*).

$Kp_{0,8}$: ca. 140°.

2-[(Naphthyl-(1)-methyl)-butyl-amino]-äthanol-(1), *2-[butyl(1-naphthylmethyl)amino]ethanol* $C_{17}H_{23}NO$, Formel II (R = $[CH_2]_3$-CH_3).

B. Beim Erwärmen von 1-Chlormethyl-naphthalin mit 2-Butylamino-äthanol-(1) und Kaliumcarbonat in Benzol (*Parke, Davis & Co.*, U.S.P. 2573606 [1946]). Beim Einleiten von Äthylenoxid in Lösungen von [Naphthyl-(1)-methyl]-butyl-amin (aus 1-Chlormethyl-naphthalin und Butylamin hergestellt) in Äthanol oder Benzol (*Parke, Davis & Co.*).

Kp_5: 187–188°.

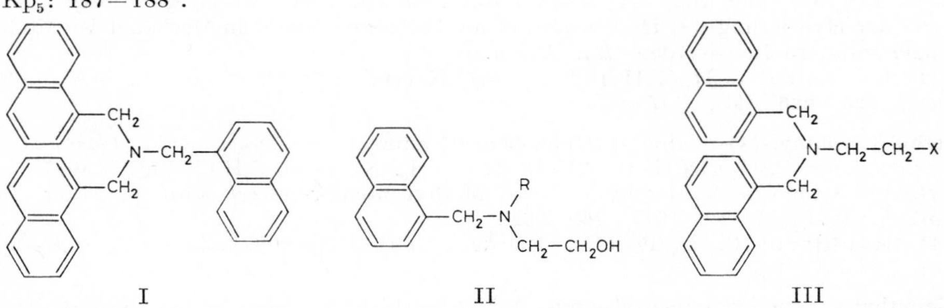

(±)-2-[(Naphthyl-(1)-methyl)-*sec*-butyl-amino]-äthanol-(1), (±)-*2-[*sec*-butyl(1-naphthylmethyl)amino]ethanol* $C_{17}H_{23}NO$, Formel II (R = $CH(CH_3)$-CH_2-CH_3).

B. Beim Erhitzen von 1-Chlormethyl-naphthalin mit (±)-2-*sec*-Butylamino-äthanol-(1) und Kaliumcarbonat in Xylol (*Parke, Davis & Co.*, U.S.P. 2573606 [1946]).

$Kp_{2,5}$: 173–180°.

2-[(Naphthyl-(1)-methyl)-isobutyl-amino]-äthanol-(1), *2-[isobutyl(1-naphthylmethyl)amino]ethanol* $C_{17}H_{23}NO$, Formel II (R = CH_2-$CH(CH_3)_2$).

B. Beim Erhitzen von 1-Chlormethyl-naphthalin (oder 1-Brommethyl-naphthalin) mit 2-Isobutylamino-äthanol-(1) in Pyridin und Xylol (*Parke, Davis & Co.*, U.S.P. 2573606 [1946]).

$Kp_{0,6}$: 153–154°.

2-[(Naphthyl-(1)-methyl)-pentyl-amino]-äthanol-(1), *2-[(1-naphthylmethyl)pentylamino]ethanol* $C_{18}H_{25}NO$, Formel II (R = $[CH_2]_4$-CH_3).

B. Beim Erhitzen von 1-Chlormethyl-naphthalin mit 2-Pentylamino-äthanol-(1) in Pyridin und Xylol (*Parke, Davis & Co.*, U.S.P. 2573606 [1946]). Beim Einleiten von Äthylenoxid in eine Lösung von [Naphthyl-(1)-methyl]-pentyl-amin (aus 1-Chlormethyl-naphthalin und Pentylamin hergestellt) in Äthanol (*Parke, Davis & Co.*).

$Kp_{0,8}$: ca. 165°.

2-[(Naphthyl-(1)-methyl)-hexyl-amino]-äthanol-(1), *2-[hexyl(1-naphthylmethyl)amino]ethanol* $C_{19}H_{27}NO$, Formel II (R = $[CH_2]_5$-CH_3).

B. Beim Erhitzen von 1-Chlormethyl-naphthalin mit 2-Hexylamino-äthanol-(1) und Kaliumcarbonat in Xylol (*Parke, Davis & Co.*, U.S.P. 2573606 [1946]).

$Kp_{0,5}$: 163–170°.

2-[(Naphthyl-(1)-methyl)-allyl-amino]-äthanol-(1), *2-[allyl(1-naphthylmethyl)amino]ethanol* $C_{16}H_{19}NO$, Formel II (R = CH_2-$CH{=}CH_2$).

B. Beim Erhitzen von 1-Chlormethyl-naphthalin mit 2-Allylamino-äthanol-(1) und Kaliumcarbonat in Xylol (*Parke, Davis & Co.*, U.S.P. 2573606 [1946]). Beim Einleiten von Äthylenoxid in eine methanol. Lösung von [Naphthyl-(1)-methyl]-allyl-amin (*Parke, Davis & Co.*).

$Kp_{0,2}$: 144–146,5°.

2-[Bis-(naphthyl-(1)-methyl)-amino]-äthanol-(1), *2-[bis(1-naphthylmethyl)amino]ethanol* $C_{24}H_{23}NO$, Formel III (X = OH).

B. Beim Erwärmen von 1-Chlormethyl-naphthalin mit 2-Amino-äthanol-(1) unter

Zusatz von Natriumcarbonat (*I.G. Farbenind.*, D.R.P. 538456 [1930]; Frdl. **18** 2980).
Krystalle; F: 80—81°.
Hydrochlorid. Krystalle (aus Me.); F: 211—212°.

(±)-1-[(Naphthyl-(1)-methyl)-äthyl-amino]-propanol-(2), (±)-*1-[ethyl(1-naphthylmethyl)amino]propan-2-ol* $C_{16}H_{21}NO$, Formel IV (R = CH_2-CH(OH)-CH_3, X = C_2H_5).
B. Beim Erhitzen von 1-Chlormethyl-naphthalin mit (±)-1-Äthylamino-propanol-(2) in Pyridin und Xylol (*Parke, Davis & Co.*, U.S.P. 2573606 [1946]). Aus (±)-1-[*C*-(Naphthyl-(1))-methylamino]-propanol-(2) und Äthylbromid in Benzol (*Parke, Davis & Co.*).
$Kp_{0,6}$: 138—140°.

[Naphthyl-(1)-methyl]-benzyliden-amin, Benzaldehyd-[naphthyl-(1)-methylimin], N-*benzylidene-1-(1-naphthyl)methylamine* $C_{18}H_{15}N$, Formel V.
B. Aus *C*-[Naphthyl-(1)]-methylamin und Benzaldehyd (*Shoppee*, Soc. **1933** 37, 42).
Krystalle (aus A.); F: 55,5°.
Geschwindigkeit der Isomerisierung zu Benzyl-[naphthyl-(1)-methylen]-amin in Natriumäthylat enthaltendem Äthanol bei 82° sowie Lage des Gleichgewichts: *Sh.*

1-Acetaminomethyl-naphthalin, *N*-[Naphthyl-(1)-methyl]-acetamid, N-*(1-naphthylmethyl)acetamide* $C_{13}H_{13}NO$, Formel IV (R = CO-CH_3, X = H) (E II 741).
F: 128° (*v. Braun*, B. **70** [1937] 979, 983 Anm. 10).

Methyl-[naphthyl-(1)-methyl]-carbamonitril, Methyl-[naphthyl-(1)-methyl]-cyanamid, *methyl(1-naphthylmethyl)carbamonitrile* $C_{13}H_{12}N_2$, Formel IV (R = CN, X = CH_3) (E II 742).
B. Aus Methyl-[naphthyl-(1)-methyl]-amin und Chlorcyan in Benzol (*Am. Cyanamid Co.*, U.S.P. 2286380 [1940]).

Naphthyl-(1)-methylisothiocyanat, *isothiocyanic acid 1-naphthylmethyl ester* $C_{12}H_9NS$, Formel VI.
B. Aus Naphthyl-(1)-methylthiocyanat beim Erhitzen auf 170° (*Am. Chem. Paint Co.*, U.S.P. 2394915 [1941]).
Kp_{2-3}: 165—170°.

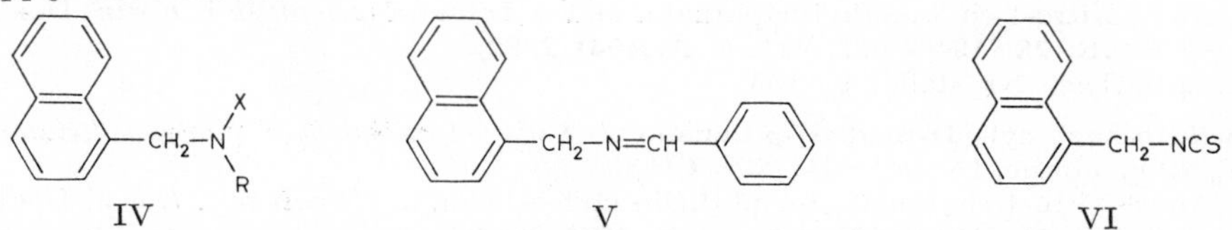

***N*-Methyl-*N'*-[naphthyl-(1)-methyl]-*N*-[2-hydroxy-äthyl]-äthylendiamin,** *2-(methyl{2-[(1-naphthylmethyl)amino]ethyl}amino)ethanol* $C_{16}H_{22}N_2O$, Formel IV (R = CH_2-CH_2-N(CH_3)-CH_2-CH_2OH, X = H).
B. Neben 2-[Methyl-(2-amino-äthyl)-amino]-äthanol-(1) bei der Hydrierung von *N*-Methyl-*N'.N'*-bis-[naphthyl-(1)-methyl]-*N*-[2-hydroxy-äthyl]-äthylendiamin an Palladium in Essigsäure (*I.G. Farbenind.*, D.R.P. 550762 [1930]; Frdl. **19** 1422, 1425).
Kp_3: 215°.

***N*-Methyl-*N'.N'*-bis-[naphthyl-(1)-methyl]-*N*-[2-hydroxy-äthyl]-äthylendiamin,** *2-(methyl{2-[bis(1-naphthylmethyl)amino]ethyl}amino)ethanol* $C_{27}H_{30}N_2O$, Formel III (X = N(CH_3)-CH_2-CH_2OH).
B. Beim Erhitzen von Bis-[naphthyl-(1)-methyl]-[2-chlor-äthyl]-amin mit 2-Methylamino-äthanol-(1) bis auf 150° (*I.G. Farbenind.*, D.R.P. 550762 [1930]; Frdl. **19** 1422).
Krystalle; F: 92—93°.

***N*-[Naphthyl-(1)-methyl]-toluolsulfonamid-(4),** N-*(1-naphthylmethyl)*-p-*toluenesulfonamide* $C_{18}H_{17}NO_2S$, Formel VII (R = H).
B. Aus *C*-[Naphthyl-(1)]-methylamin (*Angyal et al.*, Soc. **1949** 2722).
Krystalle (aus A.); F: 153—154° [korr.].

***N*-Methyl-*N*-[naphthyl-(1)-methyl]-toluolsulfonamid-(4),** N-*methyl*-N-*(1-naphthylmethyl)*-p-*toluenesulfonamide* $C_{19}H_{19}NO_2S$, Formel VII (R = CH_3).
B. Aus Methyl-[naphthyl-(1)-methyl]-amin (*Angyal et al.*, Soc. **1949** 2722).
Krystalle (aus A.); F: 146° [korr.].

***N.N*-Bis-[naphthyl-(1)-methyl]-toluolsulfonamid-(4)**, N,N-*bis(1-naphthylmethyl)-*p-*toluenesulfonamide* $C_{29}H_{25}NO_2S$, Formel VIII.

B. Beim Erwärmen von 1-Chlormethyl-naphthalin mit Toluolsulfonamid-(4) und äthanol. Kalilauge (*Rupe, Brentano*, Helv. **19** [1936] 581, 585, 586).

Krystalle (aus A.); F: 134°.

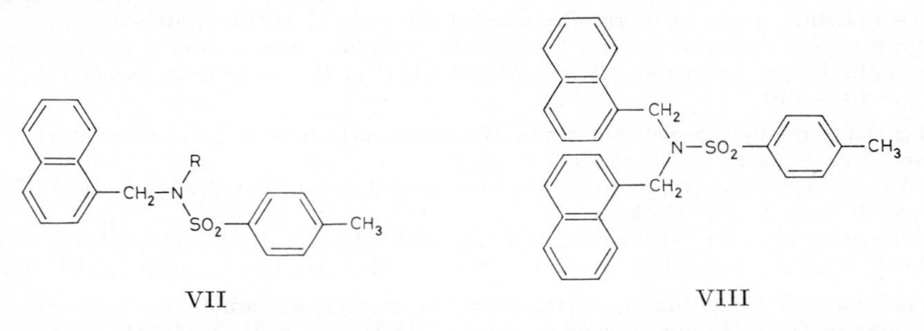

VII VIII

***N*-Nitroso-*N*-[naphthyl-(1)-methyl]-anilin**, *1-(1-naphthyl)-*N*-nitroso-*N*-phenylmethylamine* $C_{17}H_{14}N_2O$, Formel IV (R = C_6H_5, X = NO).

B. Aus *N*-[Naphthyl-(1)-methyl]-anilin (*Anderson, Short*, Soc. **1933** 485).

Krystalle (aus Bzn.); F: 57°.

***N*-[8-Nitro-naphthyl-(1)-methyl]-anilin**, *1-(8-nitro-1-naphthyl)-*N*-phenylmethylamine* $C_{17}H_{14}N_2O_2$, Formel IX (R = X = H).

B. Aus 8-Nitro-1-chlormethyl-naphthalin und Anilin (*Ismail'skiĭ, Kosin*, Doklady Akad. S.S.S.R. **28** [1940] 622, 624; C. A. **1941** 2882).

Orangegelbe Krystalle; F: 106°.

***N*-[8-Nitro-naphthyl-(1)-methyl]-*m*-toluidin**, *1-(8-nitro-1-naphthyl)-*N-m-*tolylmethylamine* $C_{18}H_{16}N_2O_2$, Formel IX (R = CH_3, X = H).

B. Aus 8-Nitro-1-chlormethyl-naphthalin und *m*-Toluidin (*Ismail'skiĭ, Kosin*, Doklady Akad. S.S.S.R. **28** [1940] 622, 624; C. A. **1941** 2882).

Orangefarbene Krystalle; F: 106°.

***N*-[8-Nitro-naphthyl-(1)-methyl]-*p*-toluidin**, *1-(8-nitro-1-naphthyl)-*N-p-*tolylmethylamine* $C_{18}H_{16}N_2O_2$, Formel IX (R = H, X = CH_3).

B. Aus 8-Nitro-1-chlormethyl-naphthalin und *p*-Toluidin (*Ismail'skiĭ, Kosin*, Doklady Akad. S.S.S.R. **28** [1940] 622, 624; C. A. **1941** 2882).

Hellrote Krystalle; F: 74°.

1-Amino-2-methyl-naphthalin, 2-Methyl-naphthyl-(1)-amin, *2-methyl-1-naphthylamine* $C_{11}H_{11}N$, Formel X (R = X = H) (E I 546; E II 742).

B. Aus 1-Nitro-2-methyl-naphthalin bei der Hydrierung an Raney-Nickel in Äthanol oder Methanol (*Adams, Albert*, Am. Soc. **64** [1942] 1475, 1476; *Baker, Carlson*, Am. Soc. **64** [1942] 2657, 2661) sowie beim Erwärmen mit Eisen und wss. Salzsäure (*Fierz-David, Mannhart*, Helv. **20** [1937] 1024, 1028, 1029, 1030).

F: 32° [aus PAe.] (*Sah*, R. **59** [1940] 461, 469), 31° [korr.] (*Ad., Al.*). Kp_{12}: 165° (*Fierz-D., Ma.*); $Kp_{0,3}$: 111—113° (*Ad., Al.*).

Beim Behandeln mit 66%ig. wss. Schwefelsäure ist 4.4'-Diamino-3.3'-dimethyl-[1.1']binaphthyl erhalten worden (*Fierz-David, Blangey, Dübendorfer*, Helv. **29** [1946] 1661, 1663, 1664).

Charakterisierung durch Überführung in *N*-[Naphthyl-(2)]-*N'*-[2-methyl-naphthyl-(1)]-harnstoff (F: 234° [Zers.]): *Sah, Daniels*, Z. Vitamin-Hormon-Fermentf. **3** [1949] 81, 83.

Hydrochlorid $C_{11}H_{11}N \cdot HCl$ (E I 546). Krystalle (aus Me.); F: 228—231° [Zers.] (*Ba., Ca.*).

Sulfat $2C_{11}H_{11}N \cdot H_2SO_4$. Krystalle (aus W.); F: 210° (*Madinaveitia, Sáenz de Buruaga*, An. Soc. españ. **27** [1929] 647, 658).

1-Methylamino-2-methyl-naphthalin, Methyl-[2-methyl-naphthyl-(1)]-amin, *2,*N*-dimethyl-1-naphthylamine* $C_{12}H_{13}N$, Formel X (R = CH_3, X = H).

B. Aus 2-Methyl-naphthyl-(1)-amin beim Behandeln mit Dimethylsulfat und Wasser

(*Adams, Albert*, Am. Soc. **64** [1942] 1475, 1476).
$Kp_{0,3}$: 106—108°. D_4^{20}: 1,059. n_D^{20}: 1,6321.

1-Äthylamino-2-methyl-naphthalin, Äthyl-[2-methyl-naphthyl-(1)]-amin, N-*ethyl-2-methyl-1-naphthylamine* $C_{13}H_{15}N$, Formel X (R = C_2H_5, X = H).
B. Aus 2-Methyl-naphthyl-(1)-amin beim Behandeln mit Diäthylsulfat und Wasser (*Adams, Albert*, Am. Soc. **64** [1942] 1475, 1477).
$Kp_{0,3}$: 108—109°. D_4^{20}: 1,032. n_D^{20}: 1,6148.

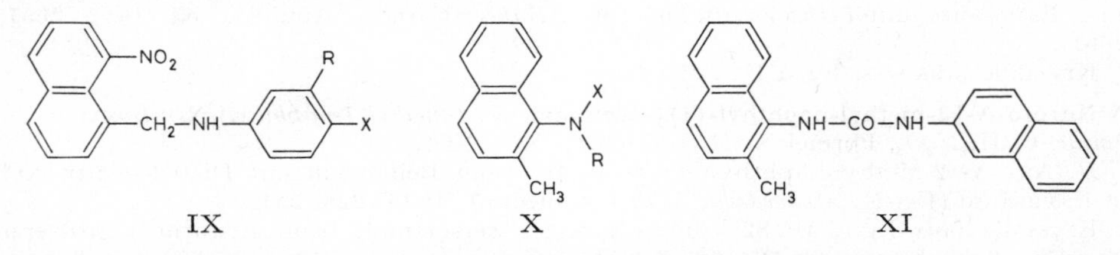

1-Anilino-2-methyl-naphthalin, Phenyl-[2-methyl-naphthyl-(1)]-amin, *2-methyl-*N*-phenyl-1-naphthylamine* $C_{17}H_{15}N$, Formel X (R = C_6H_5, X = H).
B. Aus *N*-[2-Methyl-naphthyl-(1)]-anthranilsäure beim Erhitzen auf Temperaturen oberhalb des Schmelzpunkts (*Knapp*, M. **71** [1938] 122, 126).
Krystalle (aus wss. A.); F: 121—122°.

1-Acetamino-2-methyl-naphthalin, *N*-[2-Methyl-naphthyl-(1)]-acetamid, N-*(2-methyl-1-naphthyl)acetamide* $C_{13}H_{13}NO$, Formel X (R = CO-CH_3, X = H) (E I 546; E II 742).
B. Aus 2-Methyl-naphthyl-(1)-amin und Acetanhydrid mit Hilfe von Pyridin (*Baker, Carlson*, Am. Soc. **64** [1942] 2657, 2661).
Krystalle (aus Bzl.); F: 200° (*Baddar, Warren*, Soc. **1939** 944, 948), 191—192° (*Ba., Ca.*).

***N*-Methyl-*N*-[2-methyl-naphthyl-(1)]-succinamidsäure,** N-*methyl-*N*-(2-methyl-1-naphthyl)succinamic acid* $C_{16}H_{17}NO_3$, Formel X (R = CO-CH_2-CH_2-COOH, X = CH_3).

a) **(+)-*N*-Methyl-*N*-[2-methyl-naphthyl-(1)]-succinamidsäure.**
Gewinnung aus dem unter c) beschriebenen Racemat mit Hilfe von Chinin (das Chinin-Salz ist in Äthylacetat leichter löslich als das Chinin-Salz des Enantiomeren): *Adams, Albert*, Am. Soc. **64** [1942] 1475, 1476.
F: 107—108° [korr.]. $[\alpha]_D^{27}$: +74° [A.; c = 0,2].
Chinin-Salz $C_{20}H_{24}N_2O_2 \cdot C_{16}H_{17}NO_3$. Krystalle (aus E.); F: 99—100° [korr.]. $[\alpha]_D^{27}$: —57° [A.; c = 0,2].

b) **(—)-*N*-Methyl-*N*-[2-methyl-naphthyl-(1)]-succinamidsäure.**
Gewinnung aus dem unter c) beschriebenen Racemat mit Hilfe von Chinin: *Adams, Albert*, Am. Soc. **64** [1942] 1475, 1476.
F: 108° [korr.]. $[\alpha]_D^{27}$: —75° [A.; c = 0,2]. In siedendem Butanol-(1) erfolgt Racemisierung (Halbwertszeit 5,5 h).
Chinin-Salz $C_{20}H_{24}N_2O_2 \cdot C_{16}H_{17}NO_3$. Krystalle (aus E.); F: 129,5° [korr.]. $[\alpha]_D^{27}$: —128° [A.; c = 0,2].

c) **(±)-*N*-Methyl-*N*-[2-methyl-naphthyl-(1)]-succinamidsäure.**
B. Beim Erwärmen von Methyl-[2-methyl-naphthyl-(1)]-amin mit Bernsteinsäureanhydrid in Benzol unter Zusatz von Schwefelsäure (*Adams, Albert*, Am. Soc. **64** [1942] 1475, 1476).
Krystalle (aus Bzl. + PAe.); F: 109° [korr.].

***N*-Äthyl-*N*-[2-methyl-naphthyl-(1)]-succinamidsäure,** N-*ethyl-*N*-(2-methyl-1-naphthyl)succinamic acid* $C_{17}H_{19}NO_3$, Formel X (R = CO-CH_2-CH_2-COOH, X = C_2H_5).
B. Beim Erwärmen von Äthyl-[2-methyl-naphthyl-(1)]-amin mit Bernsteinsäureanhydrid in Benzol unter Zusatz von Schwefelsäure (*Adams, Albert*, Am. Soc. **64** [1942] 1475, 1477).
Krystalle (aus Bzl. + PAe.); F: 123° [korr.].

***N*-[Naphthyl-(2)]-*N'*-[2-methyl-naphthyl-(1)]-harnstoff,** *1-(2-methyl-1-naphthyl)-3-(2-naphthyl)urea* $C_{22}H_{18}N_2O$, Formel XI.
B. Aus 2-Methyl-naphthyl-(1)-amin und Naphthyl-(2)-isocyanat in Benzol (*Sah*,

Daniels, Z. Vitamin-Hormon-Fermentf. **3** [1949] 81, 83).

Krystalle (aus A.); F: 234° [Zers.].

2.3.4.5.6-Pentahydroxy-*N*-[2-methyl-naphthyl-(1)]-hexanamid-(1), *2,3,4,5,6-pentahydroxy-*N*-(2-methyl-1-naphthyl)hexanamide* $C_{17}H_{21}NO_6$.

D-*gluco*-2.3.4.5.6-Pentahydroxy-*N*-[2-methyl-naphthyl-(1)]-hexanamid-(1), *N*-[2-Methyl-naphthyl-(1)]-D-gluconsäure-amid, Formel XII.

B. Beim Erwärmen von 2-Methyl-naphthyl-(1)-amin mit D-Gluconsäure-5-lacton in wss. Essigsäure unter Stickstoff auf 100° (*Baker, Carlson*, Am. Soc. **64** [1942] 2657, 2661).

Krystalle (aus wss. Eg.); F: 212—214°.

***N*-Nitroso-*N*-[2-methyl-naphthyl-(1)]-acetamid,** N-*(2-methyl-1-naphthyl)*-N-*nitrosoacetamide* $C_{13}H_{12}N_2O_2$, Formel X (R = CO-CH_3, X = NO).

B. Aus *N*-[2-Methyl-naphthyl-(1)]-acetamid beim Behandeln mit Distickstofftrioxid in Essigsäure (*Veselý, Medvedeva, Müller*, Collect. **7** [1935] 228, 234).

Krystalle (aus Eg.); F: 82° [unter heftiger Zersetzung; beim Erwärmen grösserer Mengen erfolgt bereits bei 50—60° Zersetzung].

Beim Erwärmen in Benzol oder Toluol ist 1*H*(2*H*)-Benz[*g*]indazol erhalten worden.

4-Chlor-1-amino-2-methyl-naphthalin, 4-Chlor-2-methyl-naphthyl-(1)-amin, *4-chloro-2-methyl-1-naphthylamine* $C_{11}H_{10}ClN$, Formel XIII (R = X = H) (E I 546).

B. Aus 1-Nitro-2-methyl-naphthalin beim Erwärmen mit Zinn(II)-chlorid, wss. Salzsäure und Äthanol (*Adams, Albert*, Am. Soc. **64** [1942] 1475, 1477; vgl. E I 546).

F: 65°.

4-Chlor-1-methylamino-2-methyl-naphthalin, Methyl-[4-chlor-2-methyl-naphthyl-(1)]-amin, *4-chloro-2,*N*-dimethyl-1-naphthylamine* $C_{12}H_{12}ClN$, Formel XIII (R = CH_3, X = H).

B. Aus 4-Chlor-2-methyl-naphthyl-(1)-amin beim Behandeln mit Dimethylsulfat und Wasser (*Adams, Albert*, Am. Soc. **64** [1942] 1475, 1477).

F: 30°. $Kp_{0,5}$: 136—137°.

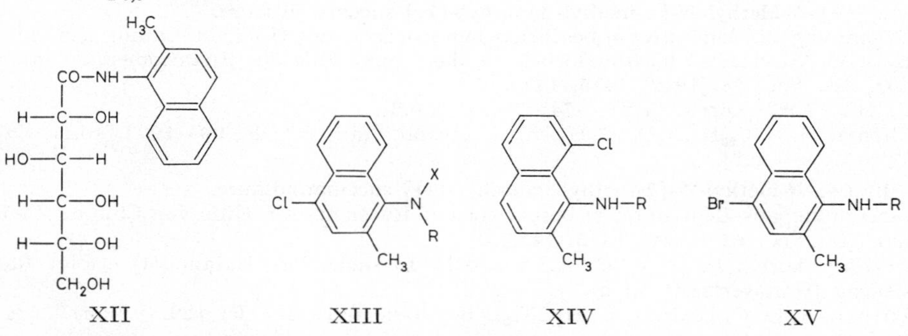

XII XIII XIV XV

***N*-Methyl-*N*-[4-chlor-2-methyl-naphthyl-(1)]-succinamidsäure,** N-*(4-chloro-2-methyl-1-naphthyl)*-N-*methylsuccinamic acid* $C_{16}H_{16}ClNO_3$, Formel XIII (R = CO-CH_2-CH_2-COOH, X = CH_3).

a) **(+)-*N*-Methyl-*N*-[4-chlor-2-methyl-naphthyl-(1)]-succinamidsäure.**

Gewinnung aus dem unter c) beschriebenen Racemat mit Hilfe von Chinin (das Chinin-Salz ist in Äthylacetat schwerer löslich als das Chinin-Salz des Enantiomeren): *Adams, Albert*, Am. Soc. **64** [1942] 1475, 1477.

Krystalle (aus Bzl. + PAe.); F: 115,5—116° [korr.]. $[\alpha]_D^{30}$: +56° [A.; c = 0,3]. In siedendem Butanol-(1) erfolgt Racemisierung (Halbwertszeit 4 h).

Chinin-Salz $C_{20}H_{24}N_2O_2 \cdot C_{16}H_{16}ClNO_3$. Krystalle (aus E.); F: 117—119° [korr.]. $[\alpha]_D^{30}$: —56° [A.; c = 0,2].

b) **(—)-*N*-Methyl-*N*-[4-chlor-2-methyl-naphthyl-(1)]-succinamidsäure.**

Gewinnung aus dem unter c) beschriebenen Racemat mit Hilfe von Chinin: *Adams, Albert*, Am. Soc. **64** [1942] 1475, 1477.

Krystalle, die bei 116° erweichen und erst bei 163—167° vollständig geschmolzen sind; $[\alpha]_D^{30}$: $-36°$ [A.; c = 0,2] (nicht einheitliches Präparat).

Chinin-Salz $C_{20}H_{24}N_2O_2 \cdot C_{16}H_{16}ClNO_3$. Krystalle; F: 111—113° [korr.]. $[\alpha]_D^{30}$: $-91°$ [A.; c = 0,2].

c) **(±)-*N*-Methyl-*N*-[4-chlor-2-methyl-naphthyl-(1)]-succinamidsäure.**

B. Beim Erhitzen von Methyl-[4-chlor-2-methyl-naphthyl-(1)]-amin mit Bernsteinsäure-anhydrid unter Zusatz von Schwefelsäure (*Adams, Albert,* Am. Soc. **64** [1942] 1475, 1477).

Krystalle (aus Bzl. + PAe.); F: 167,5—168,5° [korr.].

8-Chlor-1-amino-2-methyl-naphthalin, 8-Chlor-2-methyl-naphthyl-(1)-amin, *8-chloro-2-methyl-1-naphthylamine* $C_{11}H_{10}ClN$, Formel XIV (R = H).

B. Aus 8-Chlor-1-nitro-2-methyl-naphthalin beim Erwärmen mit Eisen, wss. Essigsäure und Äthanol (*Veselý, Medvedeva, Müller,* Collect. **7** [1935] 228, 231).

Krystalle (aus A.); F: 89°.

Überführung in 9-Chlor-1*H*(2*H*)-benz[*g*]indazol durch Diazotierung und anschliessendes Erwärmen mit Äthanol: *Ve., Me., Mü.*

8-Chlor-1-acetamino-2-methyl-naphthalin, *N*-[8-Chlor-2-methyl-naphthyl-(1)]-acetamid, N-(*8-chloro-2-methyl-1-naphthyl*)*acetamide* $C_{13}H_{12}ClNO$, Formel XIV (R = CO-CH_3).

B. Aus 8-Chlor-2-methyl-naphthyl-(1)-amin (*Veselý, Medvedeva, Müller,* Collect. **7** [1935] 228, 231).

Krystalle (aus A.); F: 214—215°.

Beim Behandeln mit Distickstofftrioxid in Essigsäure und Erwärmen des Reaktionsprodukts in Benzol ist 9-Chlor-1*H*(2*H*)-benz[*g*]indazol erhalten worden.

4-Brom-1-amino-2-methyl-naphthalin, 4-Brom-2-methyl-naphthyl-(1)-amin, *4-bromo-2-methyl-1-naphthylamine* $C_{11}H_{10}BrN$, Formel XV (R = H) (E II 742).

F: 81,5—82,5° (*Fierz-David, Blangey, Dübendorfer,* Helv. **29** [1946] 1661, 1666).

4-Brom-1-acetamino-2-methyl-naphthalin, *N*-[4-Brom-2-methyl-naphthyl-(1)]-acetamid, N-(*4-bromo-2-methyl-1-naphthyl*)*acetamide* $C_{13}H_{12}BrNO$, Formel XV (R = CO-CH_3) (E II 742).

Krystalle (aus A., Acn. oder Nitrobenzol); F: 222° (*Fierz-David, Blangey, Dübendorfer,* Helv. **29** [1946] 1661, 1666).

4-Nitro-1-acetamino-2-methyl-naphthalin, *N*-[4-Nitro-2-methyl-naphthyl-(1)]-acetamid, N-(*2-methyl-4-nitro-1-naphthyl*)*acetamide* $C_{13}H_{12}N_2O_3$, Formel I (E II 743).

F: 235° [korr.] (*Marion, McRae,* Canad. J. Res. [B] **18** [1940] 265, 269).

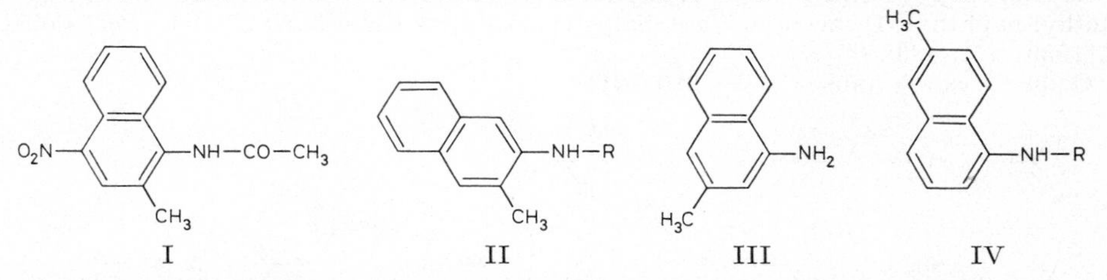

I II III IV

3-Amino-2-methyl-naphthalin, 3-Methyl-naphthyl-(2)-amin, *3-methyl-2-naphthylamine* $C_{11}H_{11}N$, Formel II (R = H).

B. Aus 3-Methyl-naphthol-(2) beim Erhitzen mit Ammoniumsulfit und wss. Ammoniak auf 160° (*Veselý, Štursa,* Collect. **6** [1934] 137, 142).

Krystalle (aus PAe.); F: 135—135,5°.

3-Acetamino-2-methyl-naphthalin, *N*-[3-Methyl-naphthyl-(2)]-acetamid, N-(*3-methyl-2-naphthyl*)*acetamide* $C_{13}H_{13}NO$, Formel II (R = CO-CH_3).

B. Aus 3-Methyl-naphthyl-(2)-amin (*Veselý, Štursa,* Collect. **6** [1934] 137, 143).

Krystalle (aus A.); F: 181—182°.

3-Benzamino-2-methyl-naphthalin, *N*-[3-Methyl-naphthyl-(2)]-benzamid, N-(*3-methyl-2-naphthyl*)*benzamide* $C_{18}H_{15}NO$, Formel II (R = CO-C_6H_5).

B. Aus 3-Methyl-naphthyl-(2)-amin (*Veselý, Štursa,* Collect. **6** [1934] 137, 143).

Krystalle (aus A.); F: 189—190°.

4-Amino-2-methyl-naphthalin, 3-Methyl-naphthyl-(1)-amin, *3-methyl-1-naphthylamine* $C_{11}H_{11}N$, Formel III (E II 743).

B. Aus 4-Nitro-2-methyl-naphthalin beim Erwärmen mit Eisen und wss.-äthanol. Salzsäure (*Marion, McRae,* Canad. J. Res. [B] **18** [1940] 265, 269). Aus 3-Methyl-naphthol-(1) beim Erhitzen mit Ammoniumsulfit und wss. Ammoniak auf 165° (*Baker, Carlson,* Am. Soc. **64** [1942] 2657, 2661).

F: 51—52° (*Ma., McRae*).

Hydrochlorid $C_{11}H_{11}N \cdot HCl$. Krystalle; F: 265—267°.

5-Amino-2-methyl-naphthalin, 6-Methyl-naphthyl-(1)-amin, *6-methyl-1-naphthylamine* $C_{11}H_{11}N$, Formel IV (R = H).

B. Aus 5-Nitro-2-methyl-naphthalin-sulfonylchlorid-(1) über mehrere Stufen (*Veselý, Páč,* Collect. **2** [1930] 471, 479).

Krystalle (aus PAe.); F: 90°.

5-Acetamino-2-methyl-naphthalin, *N*-[6-Methyl-naphthyl-(1)]-acetamid, N-(*6-methyl-1-naphthyl)acetamide* $C_{13}H_{13}NO$, Formel IV (R = $CO\text{-}CH_3$).

B. Aus 6-Methyl-naphthyl-(1)-amin (*Veselý, Páč,* Collect. **2** [1930] 471, 479).

Krystalle (aus A.); F: 160—161°.

Beim Behandeln mit Salpetersäure und Essigsäure sind *N*-[4-Nitro-6-methyl-naphthyl-(1)]-acetamid und *N*-[2-Nitro-6-methyl-naphthyl-(1)]-acetamid erhalten worden.

1-Nitro-5-amino-2-methyl-naphthalin, 5-Nitro-6-methyl-naphthyl-(1)-amin, *6-methyl-5-nitro-1-naphthylamine* $C_{11}H_{10}N_2O_2$, Formel V.

B. Aus 1.5-Dinitro-2-methyl-naphthalin beim Behandeln mit Zinn(II)-chlorid, Zinn und wss. Salzsäure (*Giral,* An. Soc. españ. **31** [1933] 861, 874, 875).

Krystalle (aus Bzl.); F: 134°.

Hydrogensulfat $C_{11}H_{10}N_2O_2 \cdot H_2SO_4$. Krystalle (aus W.); F: 270° [Zers.].

6-Nitro-5-amino-2-methyl-naphthalin, 2-Nitro-6-methyl-naphthyl-(1)-amin, *6-methyl-2-nitro-1-naphthylamine* $C_{11}H_{10}N_2O_2$, Formel VI (R = H).

B. Aus *N*-[2-Nitro-6-methyl-naphthyl-(1)]-acetamid mit Hilfe von wss. Schwefelsäure (*Veselý, Páč,* Collect. **2** [1930] 471, 484).

Braunrote Krystalle (aus A.); F: 171°.

6-Nitro-5-acetamino-2-methyl-naphthalin, *N*-[2-Nitro-6-methyl-naphthyl-(1)]-acetamid, N-(*6-methyl-2-nitro-1-naphthyl)acetamide* $C_{13}H_{12}N_2O_3$, Formel VI (R = $CO\text{-}CH_3$).

B. Neben *N*-[4-Nitro-6-methyl-naphthyl-(1)]-acetamid beim Behandeln von *N*-[6-Methyl-naphthyl-(1)]-acetamid mit Salpetersäure und Essigsäure (*Veselý, Páč,* Collect. **2** [1930] 471, 483).

Gelbe Krystalle (aus A.); F: 210—211°.

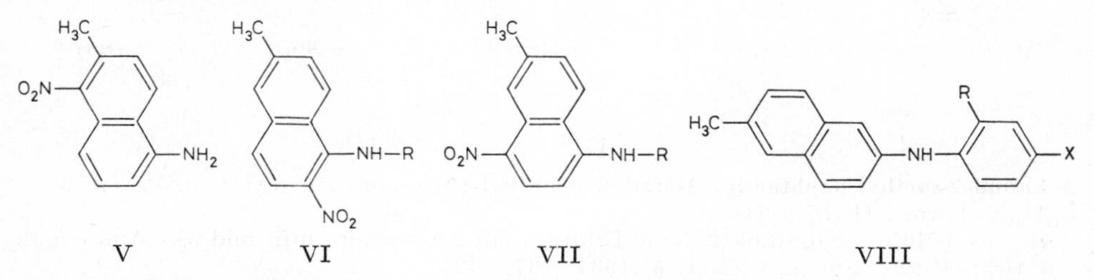

8-Nitro-5-amino-2-methyl-naphthalin, 4-Nitro-6-methyl-naphthyl-(1)-amin, *6-methyl-4-nitro-1-naphthylamine* $C_{11}H_{10}N_2O_2$, Formel VII (R = H).

B. Aus *N*-[4-Nitro-6-methyl-naphthyl-(1)]-acetamid mit Hilfe von wss. Schwefelsäure (*Veselý, Páč,* Collect. **2** [1930] 471, 483).

Orangegelbe Krystalle; F: 167—169°.

8-Nitro-5-acetamino-2-methyl-naphthalin, *N*-[4-Nitro-6-methyl-naphthyl-(1)]-acetamid, N-(*6-methyl-4-nitro-1-naphthyl)acetamide* $C_{13}H_{12}N_2O_3$, Formel VII (R = $CO\text{-}CH_3$).

B. s. o. im Artikel *N*-[2-Nitro-6-methyl-naphthyl-(1)]-acetamid.

Gelbe Krystalle (aus A.); F: 202° (*Veselý, Páč,* Collect. **2** [1930] 471, 483).

6-Amino-2-methyl-naphthalin, 6-Methyl-naphthyl-(2)-amin $C_{11}H_{11}N$.

6-Anilino-2-methyl-naphthalin, Phenyl-[6-methyl-naphthyl-(2)]-amin, *6-methyl-N-phenyl-2-naphthylamine* $C_{17}H_{15}N$, Formel VIII (R = X = H).

B. Beim Erhitzen von 6-Methyl-naphthol-(2) mit Anilin und wenig Jod auf 210° (*Buu-Hoi, Hiong-Ki-Wei, Royer,* Bl. [5] **12** [1945] 904, 906).

Krystalle (aus PAe.); F: 135—136°.

6-*o*-Toluidino-2-methyl-naphthalin, *o*-Tolyl-[6-methyl-naphthyl-(2)]-amin, *6-methyl-N-o-tolyl-2-naphthylamine* $C_{18}H_{17}N$, Formel VIII (R = CH_3, X = H).

B. Beim Erhitzen von 6-Methyl-naphthol-(2) mit *o*-Toluidin und wenig Jod auf 210° (*Buu-Hoi, Hiong-Ki-Wei, Royer,* Bl. [5] **12** [1945] 904, 907).

Krystalle (aus PAe.); F: 70°.

6-*m*-Toluidino-2-methyl-naphthalin, *m*-Tolyl-[6-methyl-naphthyl-(2)]-amin, *6-methyl-N-m-tolyl-2-naphthylamine* $C_{18}H_{17}N$, Formel IX.

B. Beim Erhitzen von 6-Methyl-naphthol-(2) mit *m*-Toluidin und wenig Jod auf 210° (*Buu-Hoi, Hiong-Ki-Wei, Royer,* Bl. [5] **12** [1945] 904, 907).

Krystalle (aus PAe.); F: 97°.

6-*p*-Toluidino-2-methyl-naphthalin, *p*-Tolyl-[6-methyl-naphthyl-(2)]-amin, *6-methyl-N-p-tolyl-2-naphthylamine* $C_{18}H_{17}N$, Formel VIII (R = H, X = CH_3).

B. Beim Erhitzen von 6-Methyl-naphthol-(2) mit *p*-Toluidin und wenig Jod auf 210° (*Buu-Hoi, Hiong-Ki-Wei, Royer,* Bl. [5] **12** [1945] 904, 907).

Krystalle (aus PAe. + Bzl.); F: 144°.

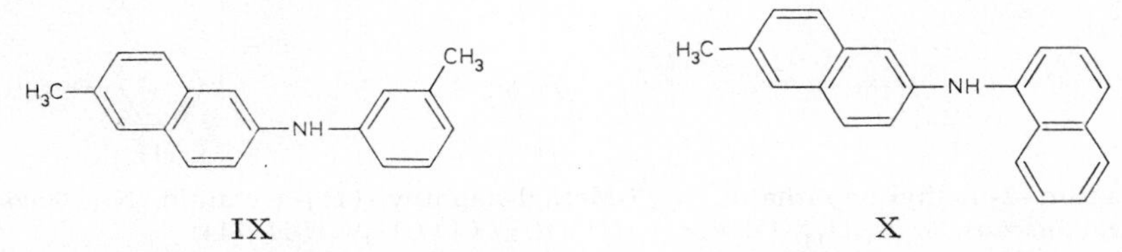

IX X

[Naphthyl-(1)]-[6-methyl-naphthyl-(2)]-amin, *6-methyl-N-(1-naphthyl)-2-naphthylamine* $C_{21}H_{17}N$, Formel X.

B. Beim Erhitzen von Naphthyl-(1)-amin mit 6-Methyl-naphthol-(2) und wenig Jod auf 250° (*Royer,* A. ch. [12] **1** [1946] 395, 439).

Kp_{15}: 300—305°.

[Naphthyl-(2)]-[6-methyl-naphthyl-(2)]-amin, *6-methyldi-2-naphthylamine* $C_{21}H_{17}N$, Formel XI.

B. Beim Erhitzen von Naphthyl-(2)-amin mit 6-Methyl-naphthol-(2) und wenig Jod auf 240° (*Royer,* A. ch. [12] **1** [1946] 395, 404, 439).

Krystalle (aus A.); F: 145°.

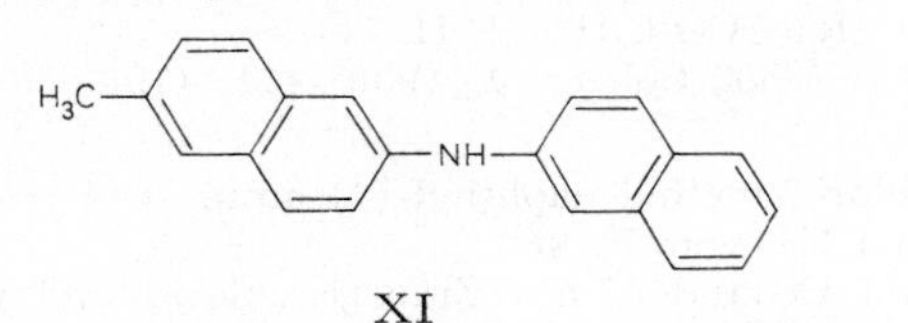

XI

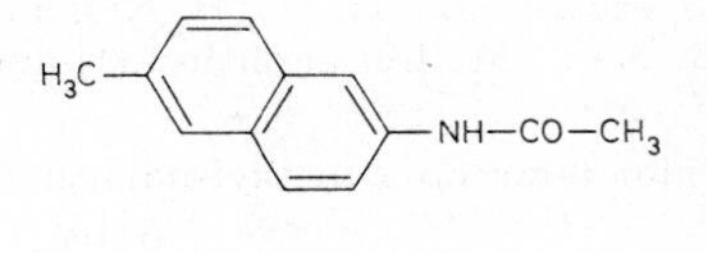

XII

6-Acetamino-2-methyl-naphthalin, *N*-[6-Methyl-naphthyl-(2)]-acetamid, N-(*6-methyl-2-naphthyl)acetamide* $C_{13}H_{13}NO$, Formel XII (E II 744).

B. Aus 1-[6-Methyl-naphthyl-(2)]-äthanon-(1)-*seqtrans*-oxim beim Behandeln einer Lösung in Essigsäure und Acetanhydrid mit Chlorwasserstoff (*Dziewoński, Brand,* Roczniki Chem. **12** [1932] 693, 695; Bl. Acad. polon. [A] **1933** 99, 103).

Krystalle (aus wss. A.); F: 160°.

7-Amino-2-methyl-naphthalin, 7-Methyl-naphthyl-(2)-amin, *7-methyl-2-naphthylamine* $C_{11}H_{11}N$, Formel I (R = H).

B. Aus 7-Nitro-2-methyl-naphthalin beim Behandeln mit Eisen und Essigsäure

(*Veselý*, *Páč*, Collect. **2** [1930] 471, 482).
Krystalle (aus A.); F: 105°.

7-Acetamino-2-methyl-naphthalin, *N*-[7-Methyl-naphthyl-(2)]-acetamid, N-(*7-methyl-2-naphthyl)acetamide* $C_{13}H_{13}NO$, Formel I (R = $CO-CH_3$).
B. Aus 7-Methyl-naphthyl-(2)-amin (*Veselý*, *Páč*, Collect. **2** [1930] 471, 482).
Krystalle (aus A.); F: 152°.

8-Amino-2-methyl-naphthalin, 7-Methyl-naphthyl-(1)-amin, *7-methyl-1-naphthylamine* $C_{11}H_{11}N$, Formel II (R = H) (E II 744).
B. Aus 8-Nitro-2-methyl-naphthalin beim Behandeln mit Eisen und Essigsäure (*Veselý*, *Páč*, Collect. **2** [1930] 471, 484). Beim Erhitzen von 7-Methyl-naphthol-(1) mit Natriumacetat, Ammoniumchlorid und Essigsäure auf 270° und Erhitzen des Reaktionsprodukts mit wss. Schwefelsäure (*Veselý*, *Medvedeva*, Collect. **3** [1931] 440, 447). Beim Erhitzen von 7-Methyl-naphthol-(1) mit Ammoniumsulfit und wss. Ammoniak auf 160° (*Ruzicka*, *Mörgeli*, Helv. **19** [1936] 377, 382). Aus *N*-[7-Methyl-naphthyl-(1)]-acetamid beim Erwärmen mit wss. Salzsäure (*Dziewoński*, *Brand*, Roczniki Chem. **12** [1932] 693, 698; Bl. Acad. polon. [A] **1933** 99, 105). Aus 8-Amino-2-methyl-naphthalin-sulfonsäure-(1) beim Behandeln mit Natrium-Amalgam und wss. Natronlauge (*Ve.*, *Páč*, l. c. S. 478).
Krystalle; F: 58—59° [aus PAe.] (*Dz.*, *Br.*), 58—59° [aus Bzn. + Pentan] (*Ru.*, *Mö.*), 57—58° [aus PAe.] (*Ve.*, *Páč*).

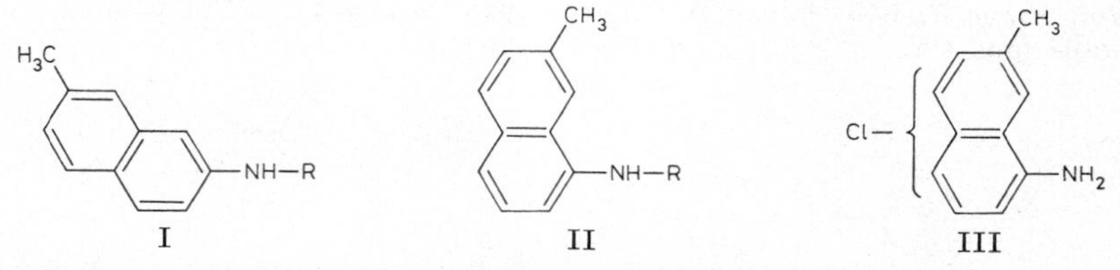

8-Acetamino-2-methyl-naphthalin, *N*-[7-Methyl-naphthyl-(1)]-acetamid, N-(*7-methyl-1-naphthyl)acetamide* $C_{13}H_{13}NO$, Formel II (R = $CO-CH_3$) (E II 744).
B. Aus 7-Methyl-naphthyl-(1)-amin und Acetanhydrid (*Ruzicka*, *Mörgeli*, Helv. **19** [1936] 377, 382). Aus 1-[7-Methyl-naphthyl-(1)]-äthanon-(1)-*seqtrans*-oxim beim Behandeln einer Lösung in Essigsäure und Acetanhydrid mit Chlorwasserstoff (*Dziewoński*, *Brand*, Roczniki Chem. **12** [1932] 693, 696; Bl. Acad. polon. [A] **1933** 99, 105).
Krystalle; F: 182—183° [aus A. oder Bzl.] (*Dz.*, *Br.*), 181—183° (*Veselý*, *Páč*, Collect. **2** [1930] 471, 479), 180—181° [korr.; aus Cyclohexan + E.] (*Horning*, *Horning*, *Platt*, Am. Soc. **70** [1948] 288), 178—179° [korr.; aus Bzn.] (*Ru.*, *Mö.*).
Beim Behandeln mit Salpetersäure und Essigsäure sind *N*-[4-Nitro-7-methyl-naphthyl-(1)]-acetamid und *N*-[2-Nitro-7-methyl-naphthyl-(1)]-acetamid erhalten worden (*Ve.*, *Páč*).

8-Benzamino-2-methyl-naphthalin, *N*-[7-Methyl-naphthyl-(1)]-benzamid, N-(*7-methyl-1-naphthyl)benzamide* $C_{18}H_{15}NO$, Formel II (R = $CO-C_6H_5$) (E II 744).
B. Aus 7-Methyl-naphthyl-(1)-amin (*Veselý*, *Páč*, Collect. **2** [1930] 471, 479).
F: 204°.

x-Chlor-8-amino-2-methyl-naphthalin, x-Chlor-7-methyl-naphthyl-(1)-amin, *x-chloro-7-methyl-1-naphthylamine* $C_{11}H_{10}ClN$, Formel III, **vom F: 86°**.
B. Aus 8-Nitro-2-methyl-naphthalin beim Behandeln mit Zinn(II)-chlorid und wss. Salzsäure (*Veselý*, *Páč*, Collect. **2** [1930] 471, 484).
F: 86°.
N-Acetyl-Derivat $C_{13}H_{12}ClNO$. F: 191°.

1-Nitro-8-amino-2-methyl-naphthalin, 8-Nitro-7-methyl-naphthyl-(1)-amin, *7-methyl-8-nitro-1-naphthylamine* $C_{11}H_{10}N_2O_2$, Formel IV (E II 744).
B. Aus 1.8-Dinitro-2-methyl-naphthalin beim Behandeln mit Zinn(II)-chlorid, Zinn und wss. Salzsäure (*Giral*, An. Soc. españ. **31** [1933] 861, 873).
F: 105°.
Hydrogensulfat $C_{11}H_{10}N_2O_2 \cdot H_2SO_4$. Braune hygroskopische Krystalle (aus A.); F: 175—180° [Zers.].

5-Nitro-8-amino-2-methyl-naphthalin, 4-Nitro-7-methyl-naphthyl-(1)-amin, *7-methyl-4-nitro-1-naphthylamine* $C_{11}H_{10}N_2O_2$, Formel V (R = H).

B. Aus *N*-[4-Nitro-7-methyl-naphthyl-(1)]-acetamid beim Erwärmen mit äthanol. Kalilauge (*Veselý, Páč*, Collect. **2** [1930] 471, 480).

Orangefarbene Krystalle; F: 183°.

5-Nitro-8-acetamino-2-methyl-naphthalin, *N*-[4-Nitro-7-methyl-naphthyl-(1)]-acetamid, N-(*7-methyl-4-nitro-1-naphthyl)acetamide* $C_{13}H_{12}N_2O_3$, Formel V (R = CO-CH_3).

B. Neben *N*-[2-Nitro-7-methyl-naphthyl-(1)]-acetamid beim Behandeln von *N*-[7-Methyl-naphthyl-(1)]-acetamid mit Salpetersäure und Essigsäure (*Veselý, Páč*, Collect. **2** [1930] 471, 480).

Gelbe Krystalle (aus E.); F: 229–230°.

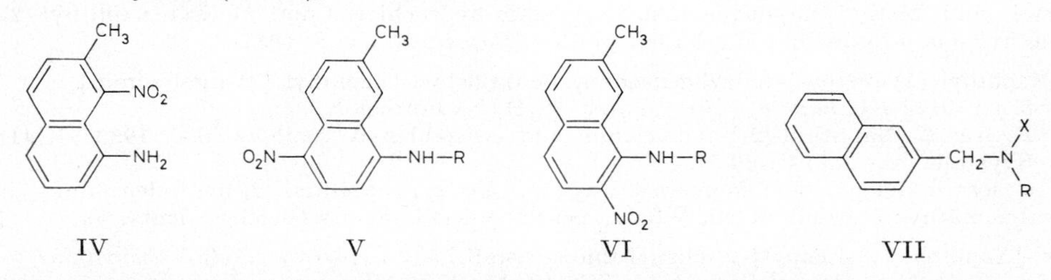

7-Nitro-8-amino-2-methyl-naphthalin, 2-Nitro-7-methyl-naphthyl-(1)-amin, *7-methyl-2-nitro-1-naphthylamine* $C_{11}H_{10}N_2O_2$, Formel VI (R = H).

B. Aus *N*-[2-Nitro-7-methyl-naphthyl-(1)]-acetamid beim Erwärmen mit wss. Schwefelsäure (*Veselý, Páč*, Collect. **2** [1930] 471, 481).

Rote Krystalle (aus A.); F: 185°.

7-Nitro-8-acetamino-2-methyl-naphthalin, *N*-[2-Nitro-7-methyl-naphthyl-(1)]-acetamid, N-(*7-methyl-2-nitro-1-naphthyl)acetamide* $C_{13}H_{12}N_2O_3$, Formel VI (R = CO-CH_3).

B. s. o. im Artikel *N*-[4-Nitro-7-methyl-naphthyl-(1)]-acetamid.

Gelbe Krystalle (aus E.); F: 219–220° (*Veselý, Páč*, Collect. **2** [1930] 471, 480).

2-Aminomethyl-naphthalin, *C*-[Naphthyl-(2)]-methylamin, *1-(2-naphthyl)methylamine* $C_{11}H_{11}N$, Formel VII (R = X = H) (E II 744).

B. Aus *N*-[Naphthyl-(2)-methyl]-phthalimid mit Hilfe von Hydrazin (*Shoppee*, Soc. **1933** 37, 41).

F: 59–60°. Kp_{24}: 180°.

Pikrat $C_{11}H_{11}N \cdot C_6H_3N_3O_7$. Krystalle (aus A.); F: 230–231° [Zers.].

Benzoat $C_{11}H_{11}N \cdot C_7H_6O_2$. Krystalle (aus $CHCl_3$ + Bzn.); F: 163°.

Methyl-[naphthyl-(2)-methyl]-amin, *1-(2-naphthyl)dimethylamine* $C_{12}H_{13}N$, Formel VII (R = CH_3, X = H) (E II 744).

Hydrochlorid $C_{12}H_{13}N \cdot HCl$ (E II 744). Krystalle (aus A.); F: 232–233° [korr.; Block; nach Sublimation bei 190°] (*Dahn, Zoller*, Helv. **35** [1952] 1348, 1354).

Trimethyl-[naphthyl-(2)-methyl]-ammonium, *trimethyl(2-naphthylmethyl)ammonium* $[C_{14}H_{18}N]^{\oplus}$, Formel VIII.

Tetrachloroaurat(III) $[C_{14}H_{18}N]AuCl_4$. *B.* Aus dem beim Behandeln von 2-Chlormethyl-naphthalin mit Trimethylamin in Äthanol erhaltenen Chlorid (*Achmatowicz, Lindenfeld*, Roczniki Chem. **18** [1938] 75, 85; C. **1939** II 627).

Gelbe Krystalle (aus wss. A.); F: 188°.

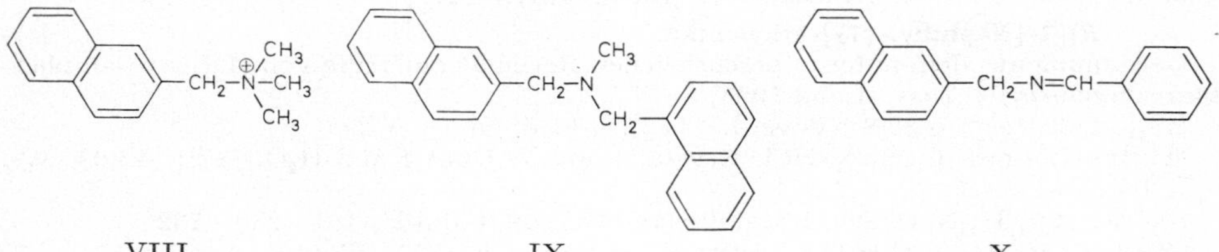

Methyl-[naphthyl-(2)-methyl]-benzyl-amin, N-*benzyl-1-(2-naphthyl)dimethylamine* $C_{19}H_{19}N$, Formel VII ($R = CH_2$-C_6H_5, $X = CH_3$).

Hydrochlorid $C_{19}H_{19}N \cdot HCl$. *B.* Aus 2-Chlormethyl-naphthalin und Methyl-benzyl-amin (*Baltzly, Buck*, Am. Soc. **65** [1943] 1984, 1991). — Krystalle (aus A. + Ae.); F: 194° bis 195°. — Bei der Hydrierung an Palladium in Methanol ist Methyl-benzyl-amin-hydrochlorid erhalten worden (*Ba., Buck*, l. c. S. 1987).

Methyl-[naphthyl-(1)-methyl]-[naphthyl-(2)-methyl]-amin, *1-(1-naphthyl)-1′-(2-naphthyl)trimethylamine* $C_{23}H_{21}N$, Formel IX.

Hydrochlorid $C_{23}H_{21}N \cdot HCl$. *B.* Aus Methyl-[naphthyl-(1)-methyl]-amin-hydrochlorid und 2-Brommethyl-naphthalin (*Baltzly, Buck*, Am. Soc. **65** [1943] 1984, 1991). — Krystalle (aus A. + Ae.); F: 230,5—231°. — Bei der Hydrierung an Palladium in Methanol sind Methyl-[naphthyl-(1)-methyl]-amin-hydrochlorid und Methyl-[naphthyl-(2)-methyl]-amin-hydrochlorid erhalten worden (*Ba., Buck*, l. c. S. 1987).

[Naphthyl-(2)-methyl]-benzyliden-amin, Benzaldehyd-[naphthyl-(2)-methylimin], N-*benzylidene-1-(2-naphthyl)methylamine* $C_{18}H_{15}N$, Formel X.

B. Aus *C*-[Naphthyl-(2)]-methylamin und Benzaldehyd (*Shoppee*, Soc. **1933** 37, 41).

Krystalle (aus A.); F: 83,5°.

Geschwindigkeit der Isomerisierung zu Benzyl-[naphthyl-(2)-methylen]-amin in Natriumäthylat enthaltendem Äthanol bei 82° sowie Lage des Gleichgewichts: *Sh.*

***N′*-[Naphthyl-(2)-methyl]-*N*-phenyl-thioharnstoff,** *1-(2-naphthylmethyl)-3-phenylthiourea* $C_{18}H_{16}N_2S$, Formel VII ($R = CS$-NH-C_6H_5, $X = H$).

B. Aus *C*-[Naphthyl-(2)]-methylamin und Phenylisothiocyanat (*Cutter, Taras*, Ind. eng. Chem. Anal. **13** [1941] 830).

Krystalle (aus wss. A.); F: 140°.

Amine $C_{12}H_{13}N$

4-Amino-1-äthyl-naphthalin, 4-Äthyl-naphthyl-(1)-amin, *4-ethyl-1-naphthylamine* $C_{12}H_{13}N$, Formel I ($R = H$).

B. Aus 4-Nitro-1-äthyl-naphthalin beim Behandeln mit Zinn(II)-chlorid, wss. Salzsäure und Äthanol (*Baddar, Warren*, Soc. **1938** 401, 403). Als Hauptprodukt beim Behandeln von 1-Äthyl-naphthalin mit Salpetersäure und Essigsäure und Behandeln des Reaktionsgemisches mit Eisen und wss. Essigsäure (*Lévy*, C. r. **201** [1935] 900).

Kp_8: 170° (*Ba., Wa.*).

4-Acetamino-1-äthyl-naphthalin, *N*-[4-Äthyl-naphthyl-(1)]-acetamid, N-*(4-ethyl-1-naphthyl)acetamide* $C_{14}H_{15}NO$, Formel I ($R = CO$-CH_3).

B. Aus 4-Äthyl-naphthyl-(1)-amin (*Baddar, Warren*, Soc. **1938** 401, 403; *Lévy*, C. r. **201** [1935] 900).

Krystalle; F: 151° [aus Me.] (*Ba., Wa.*), 148,5° [korr.; aus Eg.] (*Lévy*).

8-Amino-1-äthyl-naphthalin, 8-Äthyl-naphthyl-(1)-amin $C_{12}H_{13}N$.

***N*-[8-Äthyl-naphthyl-(1)]-*C*-cyan-formamid,** *1-cyano-*N*-(8-ethyl-1-naphthyl)formamide* $C_{14}H_{12}N_2O$, Formel II.

B. Beim Einleiten von Phosgen in eine Lösung von 8-Äthyl-naphthyl-(1)-amin (nicht näher beschrieben) in Benzol und Behandeln des Reaktionsprodukts in Pyridin mit Cyanwasserstoff bei 70—80° (*Degussa*, U.S.P. 1813760 [1928]).

Krystalle (aus Me.); F: 64°.

1-[Naphthyl-(1)]-äthylamin, *1-(1-naphthyl)ethylamine* $C_{12}H_{13}N$, Formel III ($R = H$).

Über die Konfiguration der Enantiomeren s. *Wolf, Bunnenberg, Djerassi*, B. **97** [1964] 533, 539; *Warren, Smith*, Am. Soc. **87** [1965] 1757, 1762.

a) **(*R*)-1-[Naphthyl-(1)]-äthylamin.**

Gewinnung aus dem unter c) beschriebenen Racemat mit Hilfe von (1*R*)-*cis*-Camphersäure: *Samuelsson*, Diss. [Lund 1923] S. 51.

Kp_{11}: 153°. $[\alpha]_D^{17}$: +82,8° [unverd.]; $[\alpha]_D^{19}$: +61,6° [A.; c = 2].

Hydrochlorid $C_{12}H_{13}N \cdot HCl$. Krystalle (aus W.) mit 1 Mol H_2O. $[\alpha]_D^{18}$: −3,9° [W.; c = 3,5].

Sulfat $2C_{12}H_{13}N \cdot H_2SO_4$. Krystalle (aus W.) mit 4 Mol H_2O; F: 230—232°.

Oxalat $2C_{12}H_{13}N \cdot C_2H_2O_4$. Krystalle (aus W.); F: 232° [Zers.].

b) **(*S*)-1-[Naphthyl-(1)]-äthylamin.**

Gewinnung aus dem unter c) beschriebenen Racemat mit Hilfe von (1*R*)-*cis*-Campher=säure: *Samuelsson*, Diss. [Lund 1923] S. 48.

Kp_{11}: 153°. $[\alpha]_D^{25}$: −80,8° [unverd.]; $[\alpha]_D^{25}$: −60,8° [A.; c = 2].

Hydrochlorid $C_{12}H_{13}N \cdot HCl$. Krystalle (aus W.) mit 1 Mol H_2O. $[\alpha]_D^{18}$: +3,9° [W.; c = 3].

Sulfat $2C_{12}H_{13}N \cdot H_2SO_4$. Krystalle (aus W.) mit 4 Mol H_2O; F: 230−232°.

Oxalat $2C_{12}H_{13}N \cdot C_2H_2O_4$. Krystalle (aus W.); F: 232° [Zers.].

(1*R*)-*cis*-Hydrogencamphorat $C_{12}H_{13}N \cdot C_{10}H_{16}O_4$. Krystalle (aus W.); F: 196°. — (1*R*)-*cis*-Camphorat $2C_{12}H_{13}N \cdot C_{10}H_{16}O_4$. Krystalle (aus W.); F: 212−213° [Zers.].

L_g-Hydrogentartrat $C_{12}H_{13}N \cdot C_4H_6O_6$. Krystalle (aus W.) mit 1 Mol H_2O; F: 186°.

c) **(±)-1-[Naphthyl-(1)]-äthylamin.**

B. Aus 1-[Naphthyl-(1)]-äthanon-(1)-oxim beim Behandeln mit Natrium und Äthanol (*Blicke, Maxwell*, Am. Soc. **61** [1939] 1780), mit Natrium-Amalgam und Äthanol (*Samuelsson*, Diss. [Lund 1923] S. 38) oder mit Aluminium-Amalgam und Äthanol (*Hayashi*, Bl. Inst. phys. chem. Res. Tokyo **11** [1932] 1391, 1451; Bl. Inst. phys. chem. Res. Abstr. Tokyo **5** [1932] 133; C. **1933** I 1728).

Kp_{41}: 183,5° [korr.] (*Ha.*); Kp_{15}: 156°; Kp_{11}: 153° (*Sa.*, l. c. S. 43); Kp_5: 141−142° (*Bl., Ma.*). D^{19}: 1,063 (*Sa.*).

Hydrochlorid $C_{12}H_{13}N \cdot HCl$. F: 236−237° (*Bl., Ma.*), 220−221° [Zers.] (*Ha.*).

Sulfat $2C_{12}H_{13}N \cdot H_2SO_4$. Krystalle mit 1 Mol H_2O; F: 233° (*Sa.*).

Pikrat $2C_{12}H_{13}N \cdot C_6H_3N_3O_7$. F: 212−213° [Zers.] (*Ha.*).

Oxalat $2C_{12}H_{13}N \cdot C_2H_2O_4$. Krystalle (aus W.); F: 221° [Zers.] (*Sa.*).

Verbindung mit Kohlendioxid $2C_{12}H_{13}N \cdot CO_2$. Zers. bei 103−105° (*Ha.*).

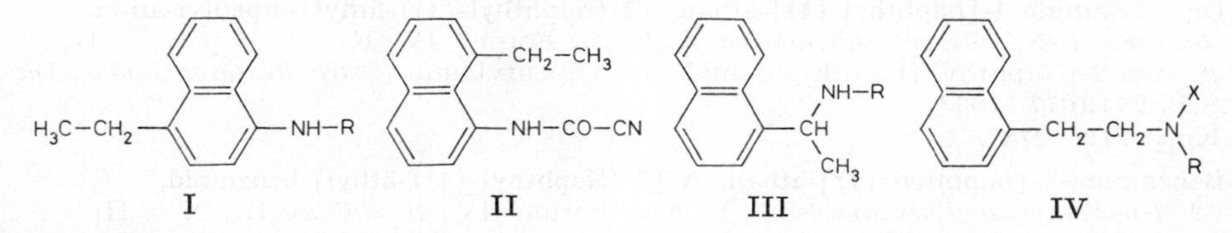

(±)-1-Benzamino-1-[naphthyl-(1)]-äthan, (±)-*N*-[1-(Naphthyl-(1))-äthyl]-benzamid, (±)-N-[*1-(1-naphthyl)ethyl*]*benzamide* $C_{19}H_{17}NO$, Formel III (R = CO-C_6H_5).

B. Aus (±)-1-[Naphthyl-(1)]-äthylamin (*Hayashi*, Bl. Inst. phys. chem. Res. Tokyo **11** [1932] 1391, 1451; Bl. Inst. phys. chem. Res. Abstr. Tokyo **5** [1932] 133; C. **1933** I 1728).

F: 166−166,5°.

[1-(Naphthyl-(1))-äthyl]-harnstoff, [*1-(1-naphthyl)ethyl*]*urea* $C_{13}H_{14}N_2O$, Formel III (R = CO-NH_2).

a) **(*R*)-[1-(Naphthyl-(1))-äthyl]-harnstoff.**

B. Aus (*R*)-1-[Naphthyl-(1)]-äthylamin beim Behandeln des Oxalats mit Kalium=cyanat in Wasser (*Samuelsson*, Diss. [Lund 1923] S. 57).

Krystalle (aus wss. A.); F: 186°.

b) **(*S*)-[1-(Naphthyl-(1))-äthyl]-harnstoff.**

B. Aus (*S*)-1-[Naphthyl-(1)]-äthylamin beim Behandeln des Oxalats mit Kalium=cyanat in Wasser (*Samuelsson*, Diss. [Lund 1923] S. 57).

Krystalle (aus wss. A.); F: 186°.

c) **(±)-[1-(Naphthyl-(1))-äthyl]-harnstoff.**

B. Aus (±)-1-[Naphthyl-(1)]-äthylamin beim Behandeln des Oxalats mit Kaliumcyanat in Wasser (*Samuelsson*, Diss. [Lund 1923] S. 45).

Krystalle (aus wss. A.); F: 181−182°.

2-[Naphthyl-(1)]-äthylamin, *2-(1-naphthyl)ethylamine* $C_{12}H_{13}N$, Formel IV (R = X = H) (E II 745).

B. Aus *N*-[2-(Naphthyl-(1))-äthyl]-phthalimid beim Erhitzen mit wss. Salzsäure (*Rajagopalan*, J. Indian chem. Soc. **17** [1940] 567, 570). Aus Naphthyl-(1)-acetonitril bei der Hydrierung an Palladium in Schwefelsäure enthaltender Essigsäure (*Kindler, Peschke, Plüddemann*, Ar. **277** [1939] 25, 30). Aus 2-Hydroxyimino-1-[naphthyl-(1)]-äthanon-(1)

(E I 7 389) bei der Hydrierung an Palladium in Essigsäure in Gegenwart von Perchlorsäure (*Rosenmund*, *Karg*, B. **75** [1942] 1850, 1857).

Kp_{20}: 178—181° (*Ki.*, *Pe.*, *Pl.*). UV-Spektrum (wss.-äthanol. Natronlauge; 230 mμ bis 320 mμ): *Jones*, Am. Soc. **67** [1945] 2021, 2022.

Sulfat. Krystalle (aus Eg.); F: 263° (*Ki.*, *Pe.*, *Pl.*).

2-Methylamino-1-[naphthyl-(1)]-äthan, Methyl-[2-(naphthyl-(1))-äthyl]-amin, N-*methyl-2-(1-naphthyl)ethylamine* $C_{13}H_{15}N$, Formel IV (R = CH_3, X = H).

B. Aus 2-[Naphthyl-(1)]-äthylbromid und Methylamin (*Blicke*, *Monroe*, Am. Soc. **61** [1939] 91).

Kp_{20}: 175—177°.

Hydrochlorid $C_{13}H_{15}N \cdot HCl$. Krystalle (aus E.); F: 164—165°.

2-Diäthylamino-1-[naphthyl-(1)]-äthan, Diäthyl-[2-(naphthyl-(1))-äthyl]-amin, *2-(1-naphthyl)triethylamine* $C_{16}H_{21}N$, Formel IV (R = X = C_2H_5).

B. Aus 2-[Naphthyl-(1)]-äthylbromid und Diäthylamin (*Ostro Research Labor. Inc.*, U.S.P. 2119077 [1933]).

Kp_{21}: 182—186°.

Hydrochlorid. F: 160—161°.

2-Dibutylamino-1-[naphthyl-(1)]-äthan, [2-(Naphthyl-(1))-äthyl]-dibutyl-amin, N,N-*dibutyl-2-(1-naphthyl)ethylamine* $C_{20}H_{29}N$, Formel IV (R = X = $[CH_2]_3$-CH_3).

B. Aus 2-[Naphthyl-(1)]-äthylbromid und Dibutylamin (*Ostro Research Labor. Inc.*, U.S.P. 2119077 [1933]).

Kp_{12}: 200—207°.

Hydrochlorid. F: 90°.

2-Dipentylamino-1-[naphthyl-(1)]-äthan, [2-(Naphthyl-(1))-äthyl]-dipentyl-amin, *2-(1-naphthyl)*-N,N-*dipentylethylamine* $C_{22}H_{33}N$, Formel IV (R = X = $[CH_2]_4$-CH_3).

B. Aus 2-[Naphthyl-(1)]-äthylbromid und Dipentylamin (*Ostro Research Labor. Inc.*, U.S.P. 2119077 [1933]).

Kp_{12}: 212—218°.

2-Benzamino-1-[naphthyl-(1)]-äthan, *N*-[2-(Naphthyl-(1))-äthyl]-benzamid, N-*[2-(1-naphthyl)ethyl]benzamide* $C_{19}H_{17}NO$, Formel IV (R = CO-C_6H_5, X = H) (E II 746).

B. Aus 2-[Naphthyl-(1)]-äthylamin und Benzoylchlorid in Benzol mit Hilfe von Pyridin (*Kindler*, *Peschke*, *Plüddemann*, Ar. **277** [1939] 25, 31).

F: 96°.

1-Amino-2-äthyl-naphthalin, 2-Äthyl-naphthyl-(1)-amin, *2-ethyl-1-naphthylamine* $C_{12}H_{13}N$, Formel V (R = H).

B. Aus 1-Nitro-2-äthyl-naphthalin beim Erhitzen mit wss. Essigsäure und Eisen (*Lévy*, C. r. **195** [1932] 801; A. ch. [11] **9** [1938] 5, 57).

Krystalle; F: 25—28°. An der Luft erfolgt Rotfärbung.

1-Acetamino-2-äthyl-naphthalin, *N*-[2-Äthyl-naphthyl-(1)]-acetamid, N-*(2-ethyl-1-naphthyl)acetamide* $C_{14}H_{15}NO$, Formel V (R = CO-CH_3).

B. Aus 2-Äthyl-naphthyl-(1)-amin und Acetanhydrid in Essigsäure (*Lévy*, C. r. **195** [1932] 801; A. ch. [11] **9** [1938] 5, 58).

Krystalle (aus A.); F: 156,5° [korr.].

8-Amino-2-äthyl-naphthalin, 7-Äthyl-naphthyl-(1)-amin $C_{12}H_{13}N$.

8-Acetamino-2-äthyl-naphthalin, *N*-[7-Äthyl-naphthyl-(1)]-acetamid, N-*(7-ethyl-1-naphthyl)acetamide* $C_{14}H_{15}NO$, Formel VI.

B. Neben anderen Verbindungen beim Behandeln von 2-Äthyl-naphthalin mit Salpetersäure und Essigsäure, Erwärmen des von entstandenem 1-Nitro-2-äthyl-naphthalin befreiten Reaktionsprodukts mit wss. Essigsäure und Eisen und Behandeln des danach isolierten Amins mit Acetanhydrid (*Lévy*, A. ch. [11] **9** [1938] 5, 55, 59). Beim Erhitzen von Bis-[7-äthyl-3.4-dihydro-2*H*-naphthyliden-(1)]-hydrazin mit Palladium/Kohle in Triäthylbenzol und Behandeln des Reaktionsprodukts mit Acetanhydrid und Pyridin (*Horning*, *Horning*, *Platt*, Am. Soc. **70** [1948] 288).

Krystalle; F: 149—150° [aus Cyclohexan + E.] (*Ho.*, *Ho.*, *Pl.*), 148,5—149° [korr.; aus Me.] (*Lévy*).

1-[Naphthyl-(2)]-äthylamin, *1-(2-naphthyl)ethylamine* $C_{12}H_{13}N$, Formel VII (R = H).

Über die Konfiguration der Enantiomeren s. *Potapow, Dem'janowitsch, Terent'ew,* Ž. obšč. Chim. **35** [1965] 1538, 1542; J. gen. Chem. U.S.S.R. [Übers.] **35** [1965] 1541, 1546.

a) **(*R*)-1-[Naphthyl-(2)]-äthylamin.**

Gewinnung aus dem unter c) beschriebenen Racemat mit Hilfe von L_g-Weinsäure: *Samuelsson,* Diss. [Lund 1923] S. 65.

F: 53°. Kp_{6-7}: 142—143°. $[\alpha]_D^{19}$: +19,4° [A.; c = 2].

Hydrochlorid $C_{12}H_{13}N \cdot HCl$. Krystalle (aus W.); F: 219°. $[\alpha]_D^{17}$: +5,4° [W.; c = 2].

Sulfat $2C_{12}H_{13}N \cdot H_2SO_4$. Krystalle (aus W.) mit 2 Mol H_2O; F: 262—263°.

Oxalat $2C_{12}H_{13}N \cdot C_2H_2O_4$. Krystalle; F: 240°.

L_g-Hydrogentartrat $C_{12}H_{13}N \cdot C_4H_4O_6$. Krystalle (aus W.) mit 1 Mol H_2O; F: 199° bis 200°.

b) **(*S*)-1-[Naphthyl-(2)]-äthylamin.**

Gewinnung aus dem unter c) beschriebenen Racemat mit Hilfe von L_g-Weinsäure: *Samuelsson,* Diss. [Lund 1923] S. 66.

F: 53°. Kp_{6-7}: 142—143°. $[\alpha]_D^{20}$: −18,9° [A.; c = 2].

Hydrochlorid $C_{12}H_{13}N \cdot HCl$. Krystalle (aus W.); F: 219°. $[\alpha]_D^{17}$: −6,0° [W.; c = 3].

Sulfat $2C_{12}H_{13}N \cdot H_2SO_4$. Krystalle (aus W.) mit 2 Mol H_2O; F: 262—263°.

Oxalat $2C_{12}H_{13}N \cdot C_2H_2O_4$. Krystalle; F: 240°.

D_g-Hydrogentartrat $C_{12}H_{13}N \cdot C_4H_4O_6$. Krystalle (aus W.) mit 1 Mol H_2O; F: 199° bis 200°.

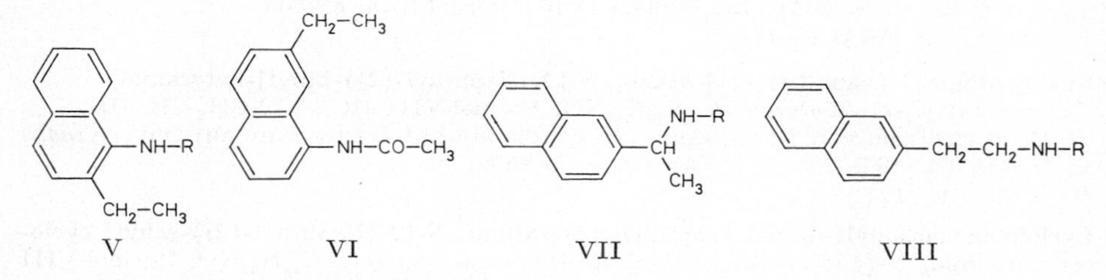

c) **(±)-1-[Naphthyl-(2)]-äthylamin.**

B. Aus 1-[Naphthyl-(2)]-äthanon-(1) bei der Hydrierung im Gemisch mit Ammoniak in wss. Methanol an Platin in Gegenwart von Ammoniumchlorid (*Alexander, Misegades,* Am. Soc. **70** [1948] 1315) sowie beim Erhitzen mit Formamid und Ammoniumformiat bis auf 185° und Erhitzen des Reaktionsprodukts mit wss. Salzsäure (*Ingersoll et al.,* Am. Soc. **58** [1936] 1808, 1810). Aus 1-[Naphthyl-(2)]-äthanon-(1)-*seqtrans*-oxim beim Behandeln mit Natrium und Äthanol (*Blicke, Maxwell,* Am. Soc. **61** [1939] 1780, 1781) sowie beim Behandeln mit Natrium-Amalgam und Äthanol (*Samuelsson,* Diss. [Lund 1923] S. 59).

F: ca. 23° (*Sa.*). Kp_{6-7}: 142—143°; D^{20}: 1,047 (*Sa.*). Bei der Destillation bei 0,1 Torr erfolgt partielle Zersetzung (*In. et al.*).

Hydrochlorid $C_{12}H_{13}N \cdot HCl$. Krystalle; F: 200—202° [aus W.] (*Bacon, Guy, Irwin,* Soc. **1961** 2436, 2444), 199—200° (*Sa.*), 198—199° [unkorr.] (*In. et al.*).

Sulfat $2C_{12}H_{13}N \cdot H_2SO_4$. Krystalle (aus W.); F: 243—244° (*Sa.*).

Oxalat $2C_{12}H_{13}N \cdot C_2H_2O_4$. Krystalle; F: 232—233° [Zers.] (*Sa.*).

(±)-2-[1-(Naphthyl-(2))-äthylamino]-äthanol-(1), *(±)-2-[1-(2-naphthyl)ethylamino]ethanol* $C_{14}H_{17}NO$, Formel VII (R = CH_2-CH_2OH).

B. Beim Behandeln von 2-Amino-äthanol-(1) mit wss. Ameisensäure und anschliessend mit 1-[Naphthyl-(2)]-äthanon-(1), Erhitzen des vom Wasser befreiten Reaktionsgemisches mit Natriumacetat bis auf 200° und Erwärmen des Reaktionsprodukts mit wss. Salzsäure (*Goodson, Moffett,* Am. Soc. **71** [1949] 3219).

Hydrochlorid $C_{14}H_{17}NO \cdot HCl$. Krystalle (aus Me. + Ae.); F: 180—182°.

(±)-1-Benzamino-1-[naphthyl-(2)]-äthan, (±)-*N*-[1-(Naphthyl-(2))-äthyl]-benzamid, (±)-N-*[1-(2-naphthyl)ethyl]benzamide* $C_{19}H_{17}NO$, Formel VII (R = CO-C_6H_5).

B. Aus 1-[Naphthyl-(2)]-äthylamin (*Ingersoll et al.,* Am. Soc. **58** [1936] 1808, 1810).

F: 151—152° [unkorr.].

[1-(Naphthyl-(2))-äthyl]-harnstoff, *[1-(2-naphthyl)ethyl]urea* $C_{13}H_{14}N_2O$, Formel VII (R = $CO-NH_2$).

a) **(*R*)-[1-(Naphthyl-(2))-äthyl]-harnstoff.**

B. Aus (*R*)-1-[Naphthyl-(2)]-äthylamin beim Behandeln des Oxalats mit Kalium=cyanat in Wasser (*Samuelsson*, Diss. [Lund 1923] S. 71).

Krystalle (aus wss. A.); F: 182°. $[\alpha]_D^{17}$: +67,9° [A.; c = 1].

b) **(*S*)-[1-(Naphthyl-(2))-äthyl]-harnstoff.**

B. Aus (*S*)-1-[Naphthyl-(2)]-äthylamin (*Samuelsson*, Diss. [Lund 1923] S. 71).

Krystalle (aus wss. A.); F: 182°. $[\alpha]_D^{17}$: −66,8° [A.; c = 1].

c) **(±)-[1-(Naphthyl-(2))-äthyl]-harnstoff.**

B. Aus (±)-1-[Naphthyl-(2)]-äthylamin (*Samuelsson*, Diss. [Lund 1923] S. 62).

Krystalle (aus wss. A.); F: 198°.

2-[Naphthyl-(2)]-äthylamin, *2-(2-naphthyl)ethylamine* $C_{12}H_{13}N$, Formel VIII (R = H) (E II 746).

B. Aus Naphthyl-(2)-acetonitril bei der Hydrierung an Palladium in Essigsäure in Gegenwart von Schwefelsäure (*Kindler, Peschke, Plüddemann*, Ar. **277** [1939] 25, 28).

Kp_{19}: 168—169°.

2-Acetamino-1-[naphthyl-(2)]-äthan, *N*-[2-(Naphthyl-(2))-äthyl]-acetamid, N-*[2-(2-naphthyl)ethyl]acetamide* $C_{14}H_{15}NO$, Formel VIII (R = $CO-CH_3$) (E II 746).

B. Beim Erwärmen von 2-[Naphthyl-(2)]-äthylamin mit Acetanhydrid, Pyridin und Benzol (*Kindler*, D.R.P. **704762** [1938]; D.R.P. Org. Chem. **6** 2568).

Krystalle (aus Bzl.); F: 110°.

2-Butyrylamino-1-[naphthyl-(2)]-äthan, *N*-[2-(Naphthyl-(2))-äthyl]-butyramid, N-*[2-(2-naphthyl)ethyl]butyramide* $C_{16}H_{19}NO$, Formel VIII (R = $CO-CH_2-CH_2-CH_3$).

B. Beim Erhitzen von 2-[Naphthyl-(2)]-äthylamin mit Buttersäure auf 200° (*Kindler*, D.R.P. **704762** [1938]; D.R.P. Org. Chem. **6** 2568).

Krystalle; F: 121°.

2-Cyclohexancarbonylamino-1-[naphthyl-(2)]-äthan, *N*-[2-(Naphthyl-(2))-äthyl]-cyclo=hexancarbamid, N-*[2-(2-naphthyl)ethyl]cyclohexanecarboxamide* $C_{19}H_{23}NO$, Formel VIII (R = $CO-C_6H_{11}$).

B. Beim Erhitzen von 2-[Naphthyl-(2)]-äthylamin mit Cyclohexancarbonsäure auf 210° (*Kindler*, D.R.P. **704762** [1938]; D.R.P. Org. Chem. **6** 2568).

Krystalle (aus Bzl.); F: 142°.

2-Benzamino-1-[naphthyl-(2)]-äthan, *N*-[2-(Naphthyl-(2))-äthyl]-benzamid, N-*[2-(2-naphthyl)ethyl]benzamide* $C_{19}H_{17}NO$, Formel IX (X = H) (E II 746).

B. Beim Erwärmen von 2-[Naphthyl-(2)]-äthylamin mit Benzoylchlorid, Pyridin und Benzol (*Kindler, Peschke, Plüddemann*, Ar. **277** [1939] 25, 29).

Krystalle (aus Xylol); F: 142—143°.

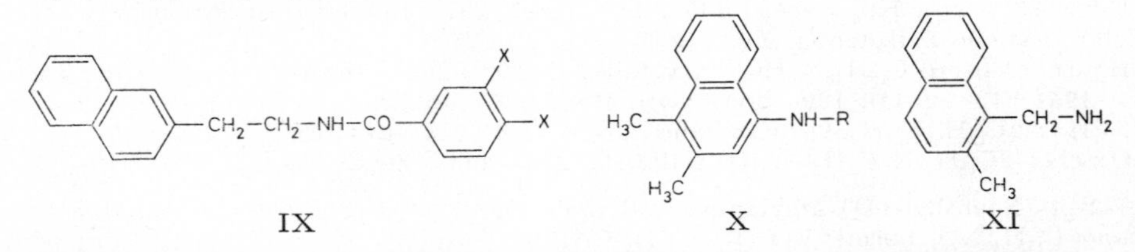

2-[3.4-Diäthoxy-benzamino]-1-[naphthyl-(2)]-äthan, 3.4-Diäthoxy-*N*-[2-(naphthyl-(2))-äthyl]-benzamid, *3,4-diethoxy-*N*-[2-(2-naphthyl)ethyl]benzamide* $C_{23}H_{25}NO_3$, Formel IX (X = OC_2H_5).

B. Beim Erwärmen von 2-[Naphthyl-(2)]-äthylamin mit 3.4-Diäthoxy-benzoylchlorid und Calciumoxid in Benzol (*Kindler, Peschke, Plüddemann*, Ar. **277** [1939] 25, 29).

F: 144—146°.

4-Amino-1.2-dimethyl-naphthalin, 3.4-Dimethyl-naphthyl-(1)-amin, *3,4-dimethyl-1-naphthylamine* $C_{12}H_{13}N$, Formel X (R = H).

B. Aus *N*-[3.4-Dimethyl-naphthyl-(1)]-acetamid mit Hilfe von wss. Salzsäure (*Arnold*,

Buckley, Richter, Am. Soc. **69** [1947] 2322, 2324).

Krystalle (aus A.); F: 75—76°.

Hydrochlorid $C_{12}H_{13}N \cdot HCl$. F: 276—278°.

4-Acetamino-1.2-dimethyl-naphthalin, *N*-[3.4-Dimethyl-naphthyl-(1)]-acetamid, N-*(3,4-dimethyl-1-naphthyl)acetamide* $C_{14}H_{15}NO$, Formel X (R = CO-CH_3).

B. Beim Erhitzen von 1-[3.4-Dimethyl-naphthyl-(1)]-äthanon-(1)-oxim mit Acetanhydrid und Essigsäure und Behandeln des Reaktionsgemisches mit Chlorwasserstoff (*Arnold, Buckley, Richter*, Am. Soc. **69** [1947] 2322, 2324).

Krystalle (aus A.); F: 191—191,5°.

2-Methyl-1-aminomethyl-naphthalin, *C*-[2-Methyl-naphthyl-(1)]-methylamin, *1-(2-methyl-1-naphthyl)methylamine* $C_{12}H_{13}N$, Formel XI.

B. Aus *N*-[(2-Methyl-naphthyl-(1))-methyl]-hexamethylentetraminium-chlorid beim Erhitzen mit Wasser auf 150° (*Angyal et al.*, Soc. **1949** 2704).

Hydrochlorid $C_{12}H_{13}N \cdot HCl$. Krystalle (aus W.); F: 290° [korr.].

***N*-[(2-Methyl-naphthyl-(1))-methyl]-toluolsulfonamid-(4),** N-[*(2-methyl-1-naphthyl)methyl*]-p-*toluenesulfonamide* $C_{19}H_{19}NO_2S$, Formel XII.

B. Aus *C*-[2-Methyl-naphthyl-(1)]-methylamin (*Angyal et al.*, Soc. **1949** 2722).

Krystalle (aus A.); F: 196,5° [korr.].

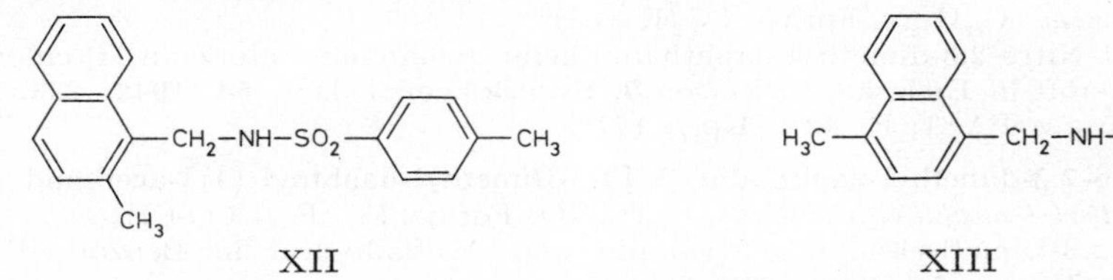

XII XIII

4-Methyl-1-aminomethyl-naphthalin, *C*-[4-Methyl-naphthyl-(1)]-methylamin, *1-(4-methyl-1-naphthyl)methylamine* $C_{12}H_{13}N$, Formel XIII (R = H).

B. Aus 4-Methyl-1-nitromethyl-naphthalin bei der Hydrierung an Platin in Äthanol (*Robinson, Thompson*, Soc. **1932** 2015, 2018).

Hydrochlorid $C_{12}H_{13}N \cdot HCl$. Krystalle; F: 285°.

4-Methyl-1-acetaminomethyl-naphthalin, *N*-[(4-Methyl-naphthyl-(1))-methyl]-acetamid, N-[*(4-methyl-1-naphthyl)methyl*]*acetamide* $C_{14}H_{15}NO$, Formel XIII (R = CO-CH_3).

B. Aus *C*-[4-Methyl-naphthyl-(1)]-methylamin (*Robinson, Thompson*, Soc. **1932** 2015, 2018).

Krystalle; F: 142°.

***N*-[(4-Methyl-naphthyl-(1))-methyl]-phthalamidsäure,** N-[*(4-methyl-1-naphthyl)methyl*]*phthalamic acid* $C_{20}H_{17}NO_3$, Formel I.

B. Aus *N*-[(4-Methyl-naphthyl-(1))-methyl]-phthalimid beim Erhitzen mit verd. wss. Natronlauge (*Robinson, Thompson*, Soc. **1932** 2015, 2019).

Krystalle (aus A.); F: 179° [Zers.].

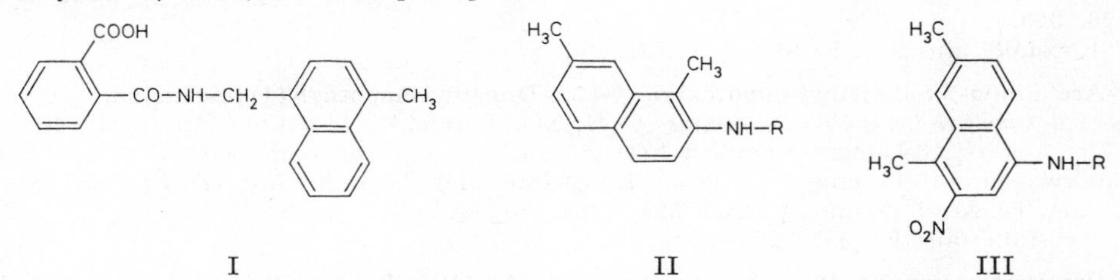

I II III

2-Amino-1.7-dimethyl-naphthalin, 1.7-Dimethyl-naphthyl-(2)-amin, *1,7-dimethyl-2-naphthylamine* $C_{12}H_{13}N$, Formel II (R = H).

B. Aus 2-Nitro-1.7-dimethyl-naphthalin beim Behandeln mit wss. Essigsäure und Eisen (*Veselý, Medvedeva*, Collect. **3** [1931] 440, 446).

Mit Wasserdampf flüchtiges Öl; als *N*-Acetyl-Derivat (s. S. 3116) charakterisiert.

2-Acetamino-1.7-dimethyl-naphthalin, *N*-[1.7-Dimethyl-naphthyl-(2)]-acetamid, N-(*1,7-dimethyl-2-naphthyl)acetamide* $C_{14}H_{15}NO$, Formel II (R = CO-CH_3).

B. Aus 1.7-Dimethyl-naphthyl-(2)-amin (*Veselý, Medvedeva,* Collect. **3** [1931] 440, 446).

Krystalle (aus A.); F: 207—208°.

4-Amino-1.7-dimethyl-naphthalin, 4.6-Dimethyl-naphthyl-(1)-amin $C_{12}H_{13}N$.

2-Nitro-4-amino-1.7-dimethyl-naphthalin, 3-Nitro-4.6-dimethyl-naphthyl-(1)-amin, *4,6-dimethyl-3-nitro-1-naphthylamine* $C_{12}H_{12}N_2O_2$, Formel III (R = H).

B. Neben geringen Mengen 2.4-Diamino-1.7-dimethyl-naphthalin beim Erhitzen von 2.4-Dinitro-1.7-dimethyl-naphthalin mit Zinn(II)-chlorid, Chlorwasserstoff enthaltendem Äthanol und Essigsäure (*Veselý, Medvedeva,* Collect. **3** [1931] 440, 445).

Krystalle; F: 151—153°.

2-Nitro-4-acetamino-1.7-dimethyl-naphthalin, *N*-[3-Nitro-4.6-dimethyl-naphthyl-(1)]-acetamid, N-(*4,6-dimethyl-3-nitro-1-naphthyl)acetamide* $C_{14}H_{14}N_2O_3$, Formel III (R = CO-CH_3).

B. Aus 3-Nitro-4.6-dimethyl-naphthyl-(1)-amin (*Veselý, Medvedeva,* Collect. **3** [1931] 440, 446).

Krystalle (aus A.); F: 220—222°.

1-Amino-2.3-dimethyl-naphthalin, 2.3-Dimethyl-naphthyl-(1)-amin, *2,3-dimethyl-1-naphthylamine* $C_{12}H_{13}N$, Formel IV (R = H).

B. Aus 1-Nitro-2.3-dimethyl-naphthalin beim Behandeln mit Zinn(II)-chlorid und Chlorwasserstoff in Essigsäure (*Willstaedt,* Svensk kem. Tidskr. **54** [1942] 223, 231).

Krystalle (aus PAe.); F: 42°. Kp_{14}: 177°.

1-Acetamino-2.3-dimethyl-naphthalin, *N*-[2.3-Dimethyl-naphthyl-(1)]-acetamid, N-(*2,3-dimethyl-1-naphthyl)acetamide* $C_{14}H_{15}NO$, Formel IV (R = CO-CH_3).

B. Aus 2.3-Dimethyl-naphthyl-(1)-amin und Acetanhydrid in Benzol (*Willstaedt,* Svensk kem. Tidskr. **54** [1942] 223, 231).

Krystalle (aus Eg.); F: 201°.

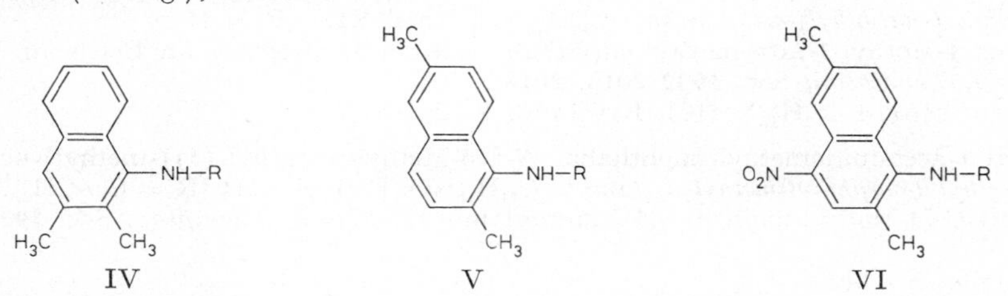

1-Amino-2.6-dimethyl-naphthalin, 2.6-Dimethyl-naphthyl-(1)-amin, *2,6-dimethyl-1-naphthylamine* $C_{12}H_{13}N$, Formel V (R = H) (E II 746).

B. Aus 1-Nitro-2.6-dimethyl-naphthalin mit Hilfe von Eisen und Essigsäure (*Veselý, Štursa,* Collect. **4** [1932] 21, 29). Aus *N*-[2.6-Dimethyl-naphthyl-(1)]-acetamid beim Erhitzen mit wss. Salzsäure (*Dziewoński, Stec, Zagala,* Bl. Acad. polon. [A] **1938** 324, 326, 329).

Krystalle (aus A.); F: 91° (*Dz., Stec, Za.*).

1-Acetamino-2.6-dimethyl-naphthalin, *N*-[2.6-Dimethyl-naphthyl-(1)]-acetamid, N-(*2,6-dimethyl-1-naphthyl)acetamide* $C_{14}H_{15}NO$, Formel V (R = CO-CH_3) (E II 746).

B. Aus 1-[2.6-Dimethyl-naphthyl-(1)]-äthanon-(1)-*seqtrans*-oxim beim Einleiten von Chlorwasserstoff in eine Lösung in Essigsäure und Acetanhydrid (*Dziewoński, Stec, Zagala,* Bl. Acad. polon. [A] **1938** 324, 326).

Krystalle (aus Eg.); F: 205—206°.

1-Propionylamino-2.6-dimethyl-naphthalin, *N*-[2.6-Dimethyl-naphthyl-(1)]-propionamid, N-(*2,6-dimethyl-1-naphthyl)propionamide* $C_{15}H_{17}NO$, Formel V (R = CO-CH_2-CH_3).

B. Aus 1-[2.6-Dimethyl-naphthyl-(1)]-propanon-(1)-*seqtrans*-oxim analog der im vorangehenden Artikel beschriebenen Verbindung (*Dziewoński, Stec, Zagala,* Bl. Acad. polon. [A] **1938** 324, 329).

Krystalle (aus wss. Eg.); F: 199—200°.

4-Nitro-1-amino-2.6-dimethyl-naphthalin, 4-Nitro-2.6-dimethyl-naphthyl-(1)-amin, *2,6-dimethyl-4-nitro-1-naphthylamine* $C_{12}H_{12}N_2O_2$, Formel VI (R = H).

B. Aus *N*-[4-Nitro-2.6-dimethyl-naphthyl-(1)]-acetamid mit Hilfe von Chlorwasserstoff enthaltendem Äthanol (*Veselý, Štursa,* Collect. **4** [1932] 21, 29; Chem. Listy **26** [1932] 490, 494).

Braune Krystalle (aus Bzl. oder A.); F: 194—195°.

4-Nitro-1-acetamino-2.6-dimethyl-naphthalin, *N*-[4-Nitro-2.6-dimethyl-naphthyl-(1)]-acetamid, N-(*2,6-dimethyl-4-nitro-1-naphthyl*)*acetamide* $C_{14}H_{14}N_2O_3$, Formel VI (R = CO-CH_3).

B. Aus *N*-[2.6-Dimethyl-naphthyl-(1)]-acetamid beim Behandeln mit Salpetersäure und Essigsäure (*Veselý, Štursa,* Collect. **4** [1932] 21, 29; Chem. Listy **26** [1932] 490, 494).

Gelbe Krystalle (aus Eg. oder A.); F: 260°.

3-Amino-2.6-dimethyl-naphthalin, 3.7-Dimethyl-naphthyl-(2)-amin, *3,7-dimethyl-2-naphthylamine* $C_{12}H_{13}N$, Formel VII (R = H).

B. Aus 3.7-Dimethyl-naphthol-(2) beim Erhitzen mit wss. Ammoniumsulfit-Lösung und wss. Ammoniak bis auf 250° (*Veselý, Štursa,* Collect. **4** [1932] 21, 28; *Coulson,* Soc. **1934** 1406, 1410).

Krystalle; F: 134—135° [aus A.] (*Ve., Št.*), 129° [aus PAe.] (*Cou.*).

Hydrochlorid $C_{12}H_{13}N \cdot HCl$. F: 275° [Zers.] (*Cou.*).

3-Acetamino-2.6-dimethyl-naphthalin, *N*-[3.7-Dimethyl-naphthyl-(2)]-acetamid, N-(*3,7-dimethyl-2-naphthyl*)*acetamide* $C_{14}H_{15}NO$, Formel VII (R = CO-CH_3).

B. Aus 3.7-Dimethyl-naphthyl-(2)-amin (*Veselý, Štursa,* Collect. **4** [1932] 21, 28; *Coulson,* Soc. **1934** 1406, 1411).

Krystalle; F: 233—234° [aus Eg.] (*Ve., Št.*), 231° [aus A.] (*Cou.*).

4-Amino-2.6-dimethyl-naphthalin, 3.7-Dimethyl-naphthyl-(1)-amin, *3,7-dimethyl-1-naphthylamine* $C_{12}H_{13}N$, Formel VIII (R = H).

B. Aus 4-Nitro-2.6-dimethyl-naphthalin mit Hilfe von Eisen und Essigsäure (*Veselý, Štursa,* Collect. **4** [1932] 21, 31).

Krystalle (aus PAe.); F: 93—94°.

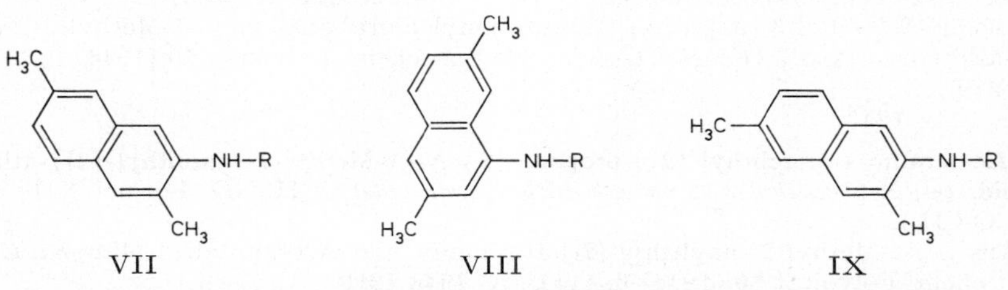

VII VIII IX

4-Acetamino-2.6-dimethyl-naphthalin, *N*-[3.7-Dimethyl-naphthyl-(1)]-acetamid, N-(*3,7-dimethyl-1-naphthyl*)*acetamide* $C_{14}H_{15}NO$, Formel VIII (R = CO-CH_3).

B. Aus 3.7-Dimethyl-naphthyl-(1)-amin (*Veselý, Štursa,* Collect. **4** [1932] 21, 31).

Krystalle (aus Eg.); F: 207—208°.

3-Amino-2.7-dimethyl-naphthalin, 3.6-Dimethyl-naphthyl-(2)-amin, *3,6-dimethyl-2-naphthylamine* $C_{12}H_{13}N$, Formel IX (R = H).

B. Aus 3.6-Dimethyl-naphthol-(2) beim Erhitzen mit Ammoniumsulfit und wss. Ammoniak auf 200° (*Coulson,* Soc. **1935** 77, 79).

Krystalle (aus PAe.); F: 139°.

Hydrochlorid $C_{12}H_{13}N \cdot HCl$. Krystalle; F: 283° [Zers.].

3-Acetamino-2.7-dimethyl-naphthalin, *N*-[3.6-Dimethyl-naphthyl-(2)]-acetamid, N-(*3,6-dimethyl-2-naphthyl*)*acetamide* $C_{14}H_{15}NO$, Formel IX (R = CO-CH_3).

B. Aus 3.6-Dimethyl-naphthyl-(2)-amin (*Coulson,* Soc. **1935** 77, 79).

Krystalle (aus Eg. oder A.); F: 207°.

Amine $C_{13}H_{15}N$

(±)-1-[Naphthyl-(1)]-propylamin, (±)-*1-(1-naphthyl)propylamine* $C_{13}H_{15}N$, Formel X.

B. Aus 1-[Naphthyl-(1)]-propanon-(1)-oxim beim Behandeln mit Natrium und Äthanol

(*Blicke, Maxwell*, Am. Soc. **61** [1939] 1780).

Kp_{10}: 148—149°.

Hydrochlorid $C_{13}H_{15}N \cdot HCl$. Krystalle (aus A. + Ae.); F: 281—282°.

(±)-2-Amino-1-[naphthyl-(1)]-propan, (±)-1-Methyl-2-[naphthyl-(1)]-äthylamin, (±)-*1-methyl-2-(1-naphthyl)ethylamine* $C_{13}H_{15}N$, Formel XI (R = H).

B. Aus 1-[Naphthyl-(1)]-propandion-(1.2)-2-oxim bei der Hydrierung an Palladium in Perchlorsäure enthaltender Essigsäure (*Rosenmund, Karg*, B. **75** [1942] 1850, 1857). Aus (±)-2-Methyl-3-[naphthyl-(1)]-propionamid beim Behandeln mit alkal. wss. Natrium=hypobromit-Lösung (*Blicke, Maxwell*, Am. Soc. **61** [1939] 1780, 1782). Aus (±)-2-Methyl-3-[naphthyl-(1)]-propionylchlorid beim Behandeln mit Natriumazid in Benzol und Pyridin und anschliessend mit wss. Salzsäure (*Vargha, Györffy*, Magyar chem. Folyoirat **50** [1944] 6, 10; C. A. **1948** 1219).

Kp_4: 136° (*Va., Gy.*).

Hydrochlorid $C_{13}H_{15}N \cdot HCl$. Krystalle; F: 213—214° [aus A. + Ae.] (*Bl., Ma.*), 213° [aus A. + E.] (*Ro., Karg*).

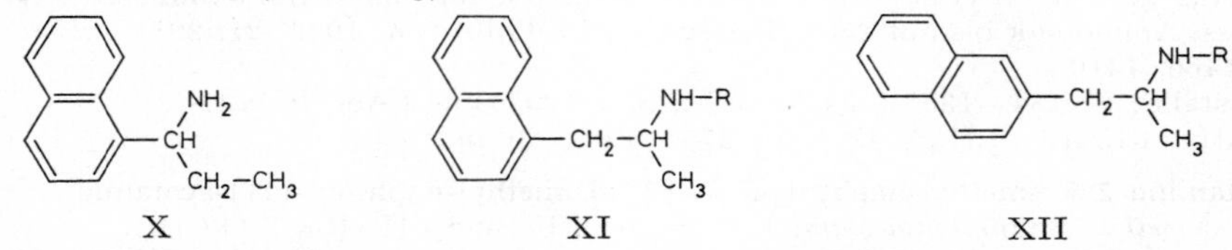

(±)-2-Acetamino-1-[naphthyl-(1)]-propan, (±)-*N*-[1-Methyl-2-(naphthyl-(1))-äthyl]-acetamid, (±)-N-[*1-methyl-2-(1-naphthyl)ethyl*]*acetamide* $C_{15}H_{17}NO$, Formel XI (R = CO-CH_3).

B. Aus (±)-1-Methyl-2-[naphthyl-(1)]-äthylamin und Acetanhydrid (*Vargha, Györffy*, Magyar chem. Folyoirat **50** [1944] 6, 10; C. A. **1948** 1219).

Krystalle (aus A.); F: 114°.

(±)-2-Amino-1-[naphthyl-(2)]-propan, (±)-1-Methyl-2-[naphthyl-(2)]-äthylamin, (±)-*1-methyl-2-(2-naphthyl)ethylamine* $C_{13}H_{15}N$, Formel XII (R = H).

B. Aus (±)-2-Methyl-3-[naphthyl-(2)]-propionylchlorid analog (±)-1-Methyl-2-[naphth=yl-(1)]-äthylamin [s. o.] (*Vargha, Györffy*, Magyar chem. Folyoirat **50** [1944] 6, 11; C. A. **1948** 1219).

Kp_2: 123—124°.

(±)-2-Acetamino-1-[naphthyl-(2)]-propan, (±)-*N*-[1-Methyl-2-(naphthyl-(2))-äthyl]-acetamid, (±)-N-[*1-methyl-2-(2-naphthyl)ethyl*]*acetamide* $C_{15}H_{17}NO$, Formel XII (R = CO-CH_3).

B. Aus (±)-1-Methyl-2-[naphthyl-(2)]-äthylamin und Acetanhydrid (*Vargha, Györffy*, Magyar chem. Folyoirat **50** [1944] 6, 11; C. A. **1948** 1219).

Krystalle (aus A.); F: 91°.

2-Amino-x-tetrahydro-fluoren, x-Tetrahydro-fluorenyl-(2)-amin, *x-tetrahydrofluoren-2-ylamine* $C_{13}H_{15}N$ **vom F: 109°.**

B. Aus 2-Nitro-fluoren beim Behandeln mit Natrium und flüssigem Ammoniak (*Watt, Knowles, Morgan*, Am. Soc. **69** [1947] 1657, 1658).

Krystalle (aus W.); F: 109°.

N-Benzoyl-Derivat $C_{20}H_{19}NO$ (*N*-[x-Tetrahydro-fluorenyl-(2)]-benzamid). F: 119° [aus wss. A.].

Amine $C_{14}H_{17}N$

(±)-1-[Naphthyl-(1)]-butylamin, (±)-*1-(1-naphthyl)butylamine* $C_{14}H_{17}N$, Formel I.

B. Aus 1-[Naphthyl-(1)]-butanon-(1)-oxim beim Behandeln mit Natrium und Äthanol (*Blicke, Maxwell*, Am. Soc. **61** [1939] 1780, 1782).

Kp_4: 142—143°.

Hydrochlorid $C_{14}H_{17}N \cdot HCl$. Krystalle (aus A. + Ae.); F: 281—282°.

2-Amino-2-methyl-1-[naphthyl-(1)]-propan, 1.1-Dimethyl-2-[naphthyl-(1)]-äthylamin, *1,1-dimethyl-2-(1-naphthyl)ethylamine* $C_{14}H_{17}N$, Formel II.

B. Aus dem im folgenden Artikel beschriebenen Isocyanat beim Erwärmen mit wss.

Salzsäure (*Cagniant, Mentzer, Buu-Hoi*, Bl. [5] **10** [1943] 145, 150).
Hydrochlorid $C_{14}H_{17}N \cdot HCl$. Krystalle; F: 296° [Zers.; Block].

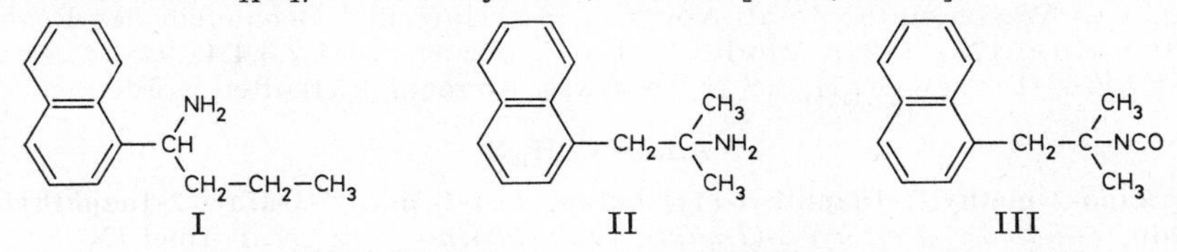

I II III

2-Isocyanato-2-methyl-1-[naphthyl-(1)]-propan, 1.1-Dimethyl-2-[naphthyl-(1)]-äthyl=isocyanat, *isocyanic acid 1,1-dimethyl-2-(1-naphthyl)ethyl ester* $C_{15}H_{15}NO$, Formel III.
B. Aus 2.2-Dimethyl-3-[naphthyl-(1)]-propionamid mit Hilfe von Kaliumhypobromit (*Cagniant, Mentzer, Buu-Hoi*, Bl. [5] **10** [1943] 145, 149).
Kp_{14}: 176—180°.

2-Amino-2-methyl-1-[naphthyl-(2)]-propan, 1.1-Dimethyl-2-[naphthyl-(2)]-äthylamin, *1,1-dimethyl-2-(2-naphthyl)ethylamine* $C_{14}H_{17}N$, Formel IV.
B. Aus dem im folgenden Artikel beschriebenen Isocyanat beim Erwärmen mit wss. Salzsäure (*Cagniant, Buu-Hoi*, Bl. [5] **10** [1943] 349, 352).
$Kp_{1,5}$: 158—162°.
Hydrochlorid $C_{14}H_{17}N \cdot HCl$. Krystalle (aus A. + Bzl.); F: 225—226° [Block].
Pikrat. Grüngelbe Krystalle (aus A.); F: 245—246° [Block].

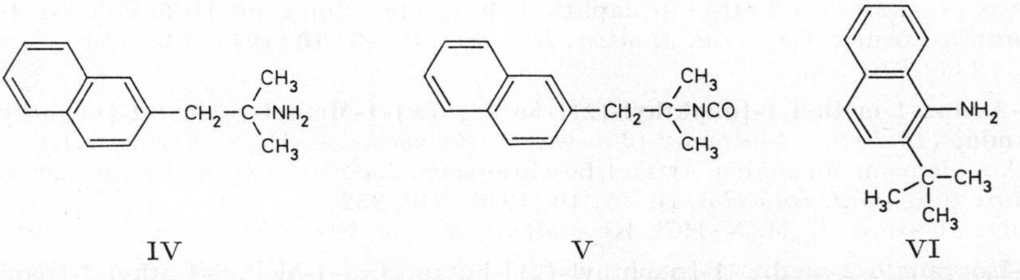

IV V VI

2-Isocyanato-2-methyl-1-[naphthyl-(2)]-propan, 1.1-Dimethyl-2-[naphthyl-(2)]-äthyl=isocyanat, *isocyanic acid 1,1-dimethyl-2-(2-naphthyl)ethyl ester* $C_{15}H_{15}NO$, Formel V.
B. Aus 2.2-Dimethyl-3-[naphthyl-(2)]-propionamid mit Hilfe von wss. Natriumhypo=bromit-Lösung (*Cagniant, Buu-Hoi*, Bl. [5] **10** [1943] 349, 352).
Kp_{1}: 155—157°.

1-Amino-2-*tert*-butyl-naphthalin, 2-*tert*-Butyl-naphthyl-(1)-amin, *2-*tert*-butyl-1-naphth=ylamine* $C_{14}H_{17}N$, Formel VI.
B. Aus 1-Nitro-2-*tert*-butyl-naphthalin beim Behandeln mit Natriumdithionit in wss. Äthanol (*Contractor, Peters, Rowe*, Soc. **1949** 1993, 1995).
Kp_{85}: 238—242°.

VII VIII

2-Amino-1.2.3.4.4a.9a-hexahydro-1.4-methano-fluoren $C_{14}H_{17}N$ und **3-Amino-1.2.3.4.4a.9a-hexahydro-1.4-methano-fluoren** $C_{14}H_{17}N$.

2-Thioureido-1.2.3.4.4a.9a-hexahydro-1.4-methano-fluoren, [1.2.3.4.4a.9a-Hexahydro-1.4-methano-fluorenyl-(2)]-thioharnstoff, *(1,2,3,4,4a,9a-hexahydro-1,4-methanofluoren-2-yl)thiourea* $C_{15}H_{18}N_2S$, Formel VII, und **3-Thioureido-1.2.3.4.4a.9a-hexahydro-1.4-methano-fluoren, [1.2.3.4.4a.9a-Hexahydro-1.4-methano-fluorenyl-(3)]-thioharn=stoff,** *(1,2,3,4,4a,9a-hexahydro-1,4-methanofluoren-3-yl)thiourea* $C_{15}H_{18}N_2S$, Formel VIII.
Diese beiden Konstitutionsformeln kommen für eine von *Röhm & Haas Co.* (U.S.P. 2393746 [1944]) als 1-Thioureido-2.3.3a.8-tetrahydro-1*H*-3.8a-äthano-cyclo=pent[*a*]inden angesehene opt.-inakt. Verbindung $C_{15}H_{18}N_2S$ (F: 145—146° [aus Toluol]) in Betracht (vgl. die wahrscheinlich als 1.2.3.4.4a.9a-Hexahydro-1.4-methano-

fluorenol-(2 oder 3) zu formulierende Verbindung [E III **6** 3058]), die beim Erwärmen von opt.-inakt. 1.4.4a.9a-Tetrahydro-1.4-methano-fluoren (E III **5** 1864) mit Natriumthiocyanat in Wasser unter Zusatz von wss. Salzsäure und Behandeln des Reaktionsprodukts (Kp_2: 178—182°; 2(oder 3)-Isothiocyanato-1.2.3.4.4a.9a-hexahydro-1.4-methano-fluoren $C_{15}H_{15}NS$ (?)) mit wss. Ammoniak erhalten worden ist.

Amine $C_{15}H_{19}N$

(±)-2-Amino-2-methyl-1-[naphthyl-(1)]-butan, (±)-1-Methyl-1-äthyl-2-[naphthyl-(1)]-äthylamin, *(±)-1-ethyl-1-methyl-2-(1-naphthyl)ethylamine* $C_{15}H_{19}N$, Formel IX.

B. Aus dem im folgenden Artikel beschriebenen Isocyanat beim Erhitzen mit wss. Salzsäure (*Cagniant, Mentzer, Buu-Hoi*, Bl. [5] **10** [1943] 145, 150).

Hydrochlorid $C_{15}H_{19}N \cdot HCl$. F: 198—199° [Block].

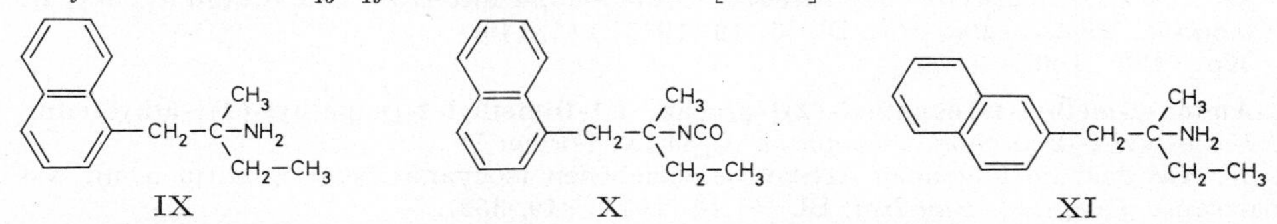

(±)-2-Isocyanato-2-methyl-1-[naphthyl-(1)]-butan, (±)-1-Methyl-1-äthyl-2-[naphthyl-(1)]-äthylisocyanat, *(±)-isocyanic acid 1-ethyl-1-methyl-2-(1-naphthyl)ethyl ester* $C_{16}H_{17}NO$, Formel X.

B. Aus (±)-2-Methyl-2-äthyl-3-[naphthyl-(1)]-propionamid mit Hilfe von wss. Kaliumhypobromit-Lösung (*Cagniant, Mentzer, Buu-Hoi*, Bl. [5] **10** [1943] 145, 149).

Kp_{48}: 235—240°.

(±)-2-Amino-2-methyl-1-[naphthyl-(2)]-butan, (±)-1-Methyl-1-äthyl-2-[naphthyl-(2)]-äthylamin, *(±)-1-ethyl-1-methyl-2-(2-naphthyl)ethylamine* $C_{15}H_{19}N$, Formel XI.

B. Aus dem im folgenden Artikel beschriebenen Isocyanat beim Erwärmen mit wss. Salzsäure (*Cagniant, Buu-Hoi*, Bl. [5] **10** [1943] 349, 352).

Hydrochlorid $C_{15}H_{19}N \cdot HCl$. Krystalle (aus A. + Bzl.); F: 173°.

(±)-2-Isocyanato-2-methyl-1-[naphthyl-(2)]-butan, (±)-1-Methyl-1-äthyl-2-[naphthyl-(2)]-äthylisocyanat, *(±)-isocyanic acid 1-ethyl-1-methyl-2-(2-naphthyl)ethyl ester* $C_{16}H_{17}NO$, Formel XII.

B. Aus (±)-2-Methyl-2-äthyl-3-[naphthyl-(2)]-propionamid mit Hilfe von wss. Natriumhypobromit-Lösung (*Cagniant, Buu-Hoi*, Bl. [5] **10** [1943] 349, 352).

Kp_2: 160—165°.

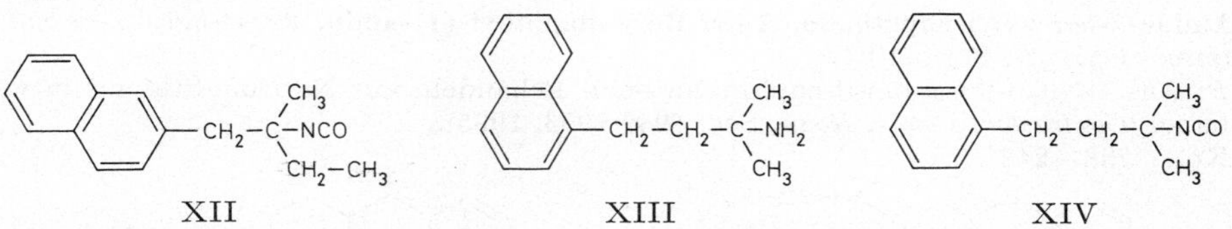

2-Amino-2-methyl-4-[naphthyl-(1)]-butan, 1.1-Dimethyl-3-[naphthyl-(1)]-propylamin, *1,1-dimethyl-3-(1-naphthyl)propylamine* $C_{15}H_{19}N$, Formel XIII.

B. Aus dem im folgenden Artikel beschriebenen Isocyanat beim Erwärmen mit wss. Salzsäure (*Cagniant, Mentzer, Buu-Hoi*, Bl. [5] **10** [1943] 145, 151).

Hydrochlorid $C_{15}H_{19}N \cdot HCl$. F: 205° [Block].

2-Isocyanato-2-methyl-4-[naphthyl-(1)]-butan, 1.1-Dimethyl-3-[naphthyl-(1)]-propylisocyanat, *isocyanic acid 1,1-dimethyl-3-(1-naphthyl)propyl ester* $C_{16}H_{17}NO$, Formel XIV.

B. Aus 2.2-Dimethyl-4-[naphthyl-(1)]-butyramid mit Hilfe von wss. Kaliumhypobromit-Lösung (*Cagniant, Mentzer, Buu-Hoi*, Bl. [5] **10** [1943] 145, 150).

Kp_{17}: 225—230°.

2-Amino-2-methyl-1-[2-methyl-naphthyl-(1)]-propan, 1.1-Dimethyl-2-[2-methyl-naphthyl-(1)]-äthylamin, *1,1-dimethyl-2-(2-methyl-1-naphthyl)ethylamine* $C_{15}H_{19}N$, Formel I (R = H).

B. Aus 1.1-Dimethyl-2-[2-methyl-naphthyl-(1)]-äthylisocyanat beim Erwärmen mit

wss. Salzsäure (*Cagniant, Buu-Hoi*, Bl. [5] **10** [1943] 349, 352).
Krystalle (aus Bzn.); F: 73°.
Hydrochlorid. Krystalle (aus A. + Bzl.); F: 293—294° [Block].
Pikrat. Gelbe Krystalle; F: ca. 220° [Block].

2-Benzamino-2-methyl-1-[2-methyl-naphthyl-(1)]-propan, *N*-[1.1-Dimethyl-2-(2-methyl-naphthyl-(1))-äthyl]-benzamid, N-[*1,1-dimethyl-2-(2-methyl-1-naphthyl)ethyl]benzamide* $C_{22}H_{23}NO$, Formel I (R = $CO-C_6H_5$).
B. Aus 1.1-Dimethyl-2-[2-methyl-naphthyl-(1)]-äthylamin und Benzoylchlorid mit Hilfe von Pyridin (*Cagniant, Buu-Hoi*, Bl. [5] **10** [1943] 349, 352).
Krystalle (aus Xylol); F: 111°.

2-Isocyanato-2-methyl-1-[2-methyl-naphthyl-(1)]-propan, 1.1-Dimethyl-2-[2-methyl-naphthyl-(1)]-äthylisocyanat, *isocyanic acid 1,1-dimethyl-2-(2-methyl-1-naphthyl)ethyl ester* $C_{16}H_{17}NO$, Formel II.
B. Aus 2.2-Dimethyl-3-[2-methyl-naphthyl-(1)]-propionamid mit Hilfe von wss. Natriumhypobromit-Lösung (*Cagniant, Buu-Hoi*, Bl. [5] **10** [1943] 349, 352).
$Kp_{1,2}$: 162—164°.

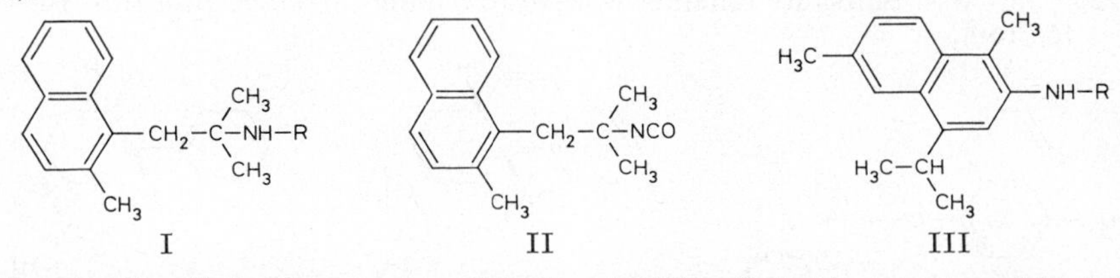

2-Amino-1.6-dimethyl-4-isopropyl-naphthalin, 1.6-Dimethyl-4-isopropyl-naphthyl-(2)-amin, *4-isopropyl-1,6-dimethyl-2-naphthylamine* $C_{15}H_{19}N$, Formel III (R = H).
B. Aus 2-Nitro-1.6-dimethyl-4-isopropyl-naphthalin beim Erhitzen mit Zinn und wss. Salzsäure (*Gripenberg*, Ann. Acad. Sci. fenn. [A] **59** Nr. 14 [1943] 66).
Krystalle (aus wss. A.); F: 57—58°. Lösungen in Äthanol fluorescieren blau.

2-Acetamino-1.6-dimethyl-4-isopropyl-naphthalin, *N*-[1.6-Dimethyl-4-isopropyl-naphthyl-(2)]-acetamid, N-(*4-isopropyl-1,6-dimethyl-2-naphthyl)acetamide* $C_{17}H_{21}NO$, Formel III (R = $CO-CH_3$).
B. Aus 1.6-Dimethyl-4-isopropyl-naphthyl-(2)-amin und Acetanhydrid (*Gripenberg*, Ann. Acad. Sci. fenn. [A] **59** Nr. 14 [1943] 67). Aus 1-[1.6-Dimethyl-4-isopropyl-naphthyl-(2)]-äthanon-(1)-*seqtrans*-oxim mit Hilfe von Phosphor(V)-chlorid in Äther (*Gr.*).
Krystalle (aus A.); F: 196,5—197° [unkorr.].

Amine $C_{16}H_{21}N$

(±)-3-Amino-3-methyl-1-[naphthyl-(1)]-pentan, (±)-1-Methyl-1-äthyl-3-[naphthyl-(1)]-propylamin, (±)-*1-ethyl-1-methyl-3-(1-naphthyl)propylamine* $C_{16}H_{21}N$, Formel IV.
B. Aus dem im folgenden Artikel beschriebenen Isocyanat beim Erhitzen mit wss. Salzsäure (*Cagniant, Mentzer, Buu-Hoi*, Bl. [5] **10** [1943] 145, 151).
Hydrochlorid $C_{16}H_{21}N \cdot HCl$. Krystalle; F: 82—85° [Zers.].

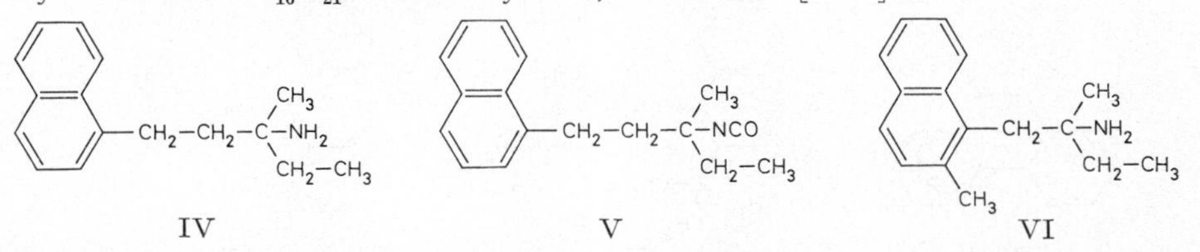

(±)-3-Isocyanato-3-methyl-1-[naphthyl-(1)]-pentan, (±)-1-Methyl-1-äthyl-3-[naphthyl-(1)]-propylisocyanat, (±)-*isocyanic acid 1-ethyl-1-methyl-3-(1-naphthyl)propyl ester* $C_{17}H_{19}NO$, Formel V.
B. Aus (±)-2-Methyl-2-äthyl-4-[naphthyl-(1)]-butyramid mit Hilfe von wss. Kaliumhypobromit-Lösung (*Cagniant, Mentzer, Buu-Hoi*, Bl. [5] **10** [1943] 145, 150).
Kp_{15}: 223—227°.

(±)-2-Amino-2-methyl-1-[2-methyl-naphthyl-(1)]-butan, (±)-1-Methyl-1-äthyl-2-[2-methyl-naphthyl-(1)]-äthylamin, (±)-*1-ethyl-1-methyl-2-(2-methyl-1-naphthyl)ethylamine* $C_{16}H_{21}N$, Formel VI.

Eine unter dieser Konstitution beschriebene Verbindung (Hydrochlorid, F: ca. 245° [Block; aus A. + Bzl.]; Pikrat, F: 270—271° [Zers.]) ist beim Behandeln von (±)-2-Methyl-2-äthyl-3-[2-methyl-naphthyl-(1)]-propionamid (?) (nicht einheitlich; s. E III **9** 3254) mit wss. Natriumhypobromit-Lösung und Erwärmen des danach isolierten Isocyanats mit wss. Salzsäure erhalten worden (*Cagniant, Buu-Hoi*, Bl. [5] **10** [1943] 345, 353).

(±)-2-Amino-2-methyl-1-[4-methyl-naphthyl-(1)]-butan, (±)-1-Methyl-1-äthyl-2-[4-methyl-naphthyl-(1)]-äthylamin, (±)-*1-ethyl-1-methyl-2-(4-methyl-1-naphthyl)ethylamine* $C_{16}H_{21}N$, Formel VII.

Eine unter dieser Konstitution beschriebene Verbindung (Hydrochlorid $C_{16}H_{21}N \cdot HCl$: F: 104—106° [aus wss. Me.]) ist beim Behandeln von (±)-2-Methyl-2-äthyl-3-[4-methyl-naphthyl-(1)]-propionamid (?) (nicht einheitlich; s. E III **9** 3254) mit wss. Natriumhypobromit-Lösung und Erwärmen des danach isolierten Isocyanats (Kp_{19}: 218—220°) mit wss. Salzsäure erhalten worden (*Cagniant, Mentzer, Buu-Hoi*, Bl. [5] **10** [1943] 145, 150).

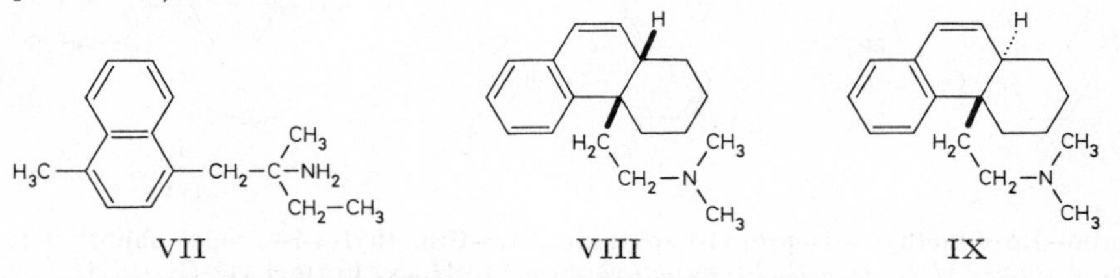

VII VIII IX

2-[1.2.3.10a-Tetrahydro-4*H*-phenanthryl-(4a)]-äthylamin $C_{16}H_{21}N$.

4a-[2-Dimethylamino-äthyl]-1.2.3.4.4a.10a-hexahydro-phenanthren, Dimethyl-[2-(1.2.3.10a-tetrahydro-4*H*-phenanthryl-(4a))-äthyl]-amin, N,N-*dimethyl-2-(1,2,3,10a-tetrahydro-4a*(4H)*-phenanthryl)ethylamine* $C_{18}H_{25}N$.

a) **(±)-4a-[2-Dimethylamino-äthyl]-*cis*-1.2.3.4.4a.10a-hexahydro-phenanthren,** Formel VIII + Spiegelbild.

B. Aus *N*-Methyl-morphinan-methojodid (Syst. Nr. 3082) beim Erwärmen mit wss. Natronlauge (*Grewe, Mondon*, B. **81** [1948] 279, 285).

Bei der Hydrierung an Platin in Äthanol ist 4a-[2-Dimethylamino-äthyl]-*cis*-1.2.3.4.4a.9.10.10a-octahydro-phenanthren erhalten worden.

Pikrat $C_{18}H_{25}N \cdot C_6H_3N_3O_7$. Krystalle; F: 217°.

b) **(±)-4a-[2-Dimethylamino-äthyl]-*trans*-1.2.3.4.4a.10a-hexahydro-phenanthren,** Formel IX + Spiegelbild.

B. Aus *N*-Methyl-isomorphinan-methojodid (Syst. Nr. 3082) beim Erwärmen mit wss. Kalilauge (*Gates et al.*, Am. Soc. **72** [1950] 1141, 1146; s. a. *Gates, Newhall*, Experientia **5** [1949] 285).

Pikrat $C_{18}H_{25}N \cdot C_6H_3N_3O_7$. Krystalle; F: 207,5—209,5° (*Ga., Ne.*; *Ga. et al.*).

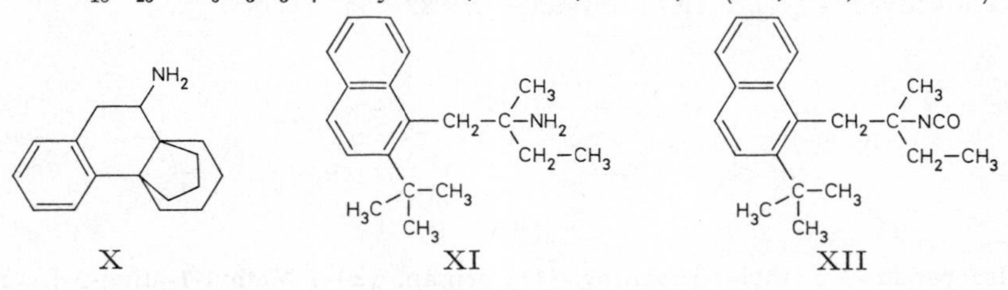

X XI XII

Amine $C_{17}H_{23}N$

10-Amino-1.2.3.4.9.10-hexahydro-4a.10a-propano-phenanthren, 1.2.3.4.9.10-Hexahydro-4a.10a-propano-phenanthryl-(10)-amin, *1,2,3,4,9,10-hexahydro-4a,10a-propano-10-phenanthrylamine* $C_{17}H_{23}N$, Formel X.

Diese Konstitution wird einer opt.-inakt. Verbindung (Pikrat $C_{17}H_{23}N \cdot C_6H_3N_3O_7$:

F: 248° [Zers.]) zugeschrieben, die beim Behandeln des aus opt.-inakt. 1.2.3.4.9.10-Hexa=hydro-4a.10a-propano-phenanthren-carbonsäure-(10) (F: 205° [E III **9** 3259]) mit Hilfe von Thionylchlorid hergestellten Säurechlorids (F: 82° [Rohprodukt]) mit Natriumazid in Toluol und anschliessend mit wss. Salzsäure erhalten worden ist (*Grewe*, B. **76** [1943] 1076, 1083).

Amine $C_{19}H_{27}N$

(±)-2-Amino-2-methyl-1-[2-*tert*-butyl-naphthyl-(1)]-butan, (±)-1-Methyl-1-äthyl-2-[2-*tert*-butyl-naphthyl-(1)]-äthylamin, (±)-*2-(2-*tert*-butyl-1-naphthyl)-1-ethyl-1-methyl=ethylamine* $C_{19}H_{27}N$, Formel XI.

B. Aus dem im folgenden Artikel beschriebenen Isocyanat beim Erhitzen mit wss. Salzsäure (*Cagniant, Mentzer, Buu-Hoi*, Bl. [5] **10** [1943] 145, 150).

Hydrochlorid $C_{19}H_{27}N \cdot HCl$. Krystalle (aus W.); F: 238—239° [Block].

(±)-2-Isocyanato-2-methyl-1-[2-*tert*-butyl-naphthyl-(1)]-butan, (±)-1-Methyl-1-äthyl-2-[2-*tert*-butyl-naphthyl-(1)]-äthylisocyanat, (±)-*isocyanic acid 2-(2-*tert*-butyl-1-naphth=yl)-1-ethyl-1-methylethyl ester* $C_{20}H_{25}NO$, Formel XII.

B. Aus (±)-2-Methyl-2-äthyl-3-[2-*tert*-butyl-naphthyl-(1)]-propionamid mit Hilfe von wss. Kaliumhypobromit-Lösung (*Cagniant, Mentzer, Buu-Hoi*, Bl. [5] **10** [1943] 145, 150).

Kp_{17}: 225—230°.

Amine $C_{21}H_{31}N$

10-Methyl-13-aminomethyl-17-vinyl-2.7.8.9.10.11.12.13.14.15.16.17-dodecahydro-1*H*-cyclopenta[*a*]phenanthren $C_{21}H_{31}N$.

10-Methyl-13-[dimethylamino-methyl]-17-vinyl-$\Delta^{3,5}$-dodecahydro-1*H*-cyclopenta[*a*]=phenanthren $C_{23}H_{35}N$.

18-Dimethylamino-pregnatrien-(3.5.20), Dimethyl-[pregnatrien-(3.5.20)-yl-(18)]-amin, Apoconessin, N,N-*dimethylpregna-3,5,20-trien-18-ylamine* $C_{23}H_{35}N$, Formel XIII.

Konstitution und Konfiguration: *Favre et al.*, Soc. **1953** 1115.

B. Beim Behandeln von Conessin-dimethojodid (Syst. Nr. 3395) mit Silberoxid in Wasser, Eindampfen der erhaltenen Lösung unter vermindertem Druck und Erhitzen des Rückstands bis auf 200° (*Kanga, Ayyar, Simonsen*, Soc. **1926** 2123, 2125; *Späth, Hromatka*, B. **63** [1930] 126, 130; *Haworth, McKenna, Whitfield*, Soc. **1949** 3127, 3129).

Krystalle; F: 69° (*Sp., Hr.*), 68,5° [aus A.] (*Ka., Ay., Si.*), 68° [aus Me.] (*Ha., McK., Wh.*).

Bei der Hydrierung an Palladium in Essigsäure sind Hexahydroapoconessin (18-Di=methylamino-5α-pregnan; Hauptprodukt), eine (isomere) Base $C_{23}H_{41}N$ (Methojodid $[C_{24}H_{44}N]I$: F: 237—238° [aus Me.]) und eine Base $C_{23}H_{39}N$ (Hydrojodid $C_{23}H_{39}N \cdot HI$: F: 303—304° [aus A.]; Pikrat $C_{23}H_{39}N \cdot C_6H_3N_3O_7$: F: 261—262° [aus Me.]) erhalten worden (*Ha., McK., Wh.*; s. a. *Sp., Hr.*).

Sulfat $2C_{23}H_{35}N \cdot H_2SO_4$. Krystalle (aus W.) mit 5 Mol H_2O; F: 146° (*Bertho*, A. **558** [1947] 62, 69, 70). — Hydrogensulfat $C_{23}H_{35}N \cdot H_2SO_4$. Krystalle (aus W.) mit 7,5 Mol H_2O; F: 107—108° (*Ka., Ay., Si.*).

Nitrat $C_{23}H_{35}N \cdot HNO_3$. Krystalle; F: 171° [Zers.] (*Be.*).

Pikrat $C_{23}H_{35}N \cdot C_6H_3N_3O_7$. F: 110—111° [aus A.] (*Ka., Ay., Si.*). — Für ein nicht analysiertes Pikrat wird von *Späth, Hromatka* (l. c. S. 130) F: 234° [Zers.; aus A.] angegeben.

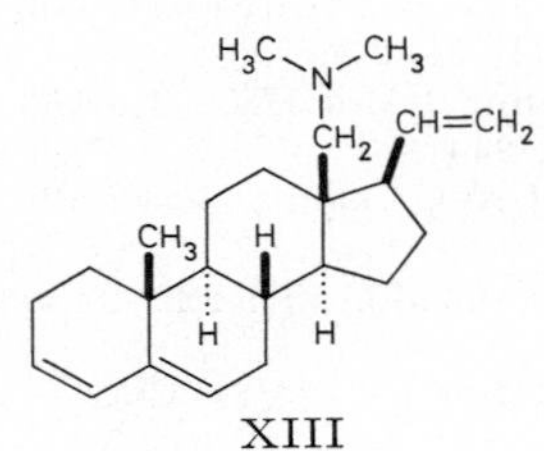

XIII

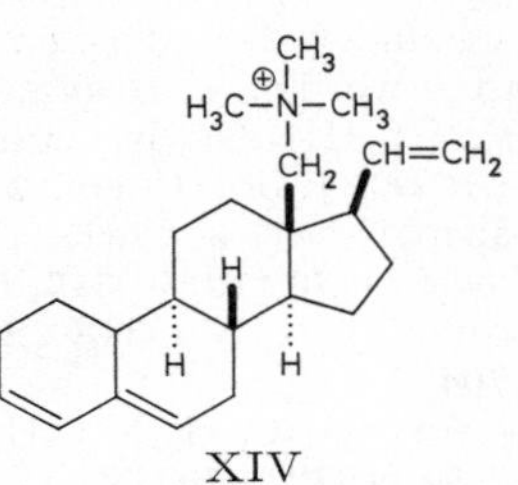

XIV

10-Methyl-13-[trimethylammonio-methyl]-17-vinyl-$\Delta^{3,5}$-dodecahydro-1*H*-cyclopenta[*a*]phenanthren $[C_{24}H_{38}N]^{\oplus}$.

18-Trimethylammonio-pregnatrien-(3.5.20), Trimethyl-[pregnatrien-(3.5.20)-yl-(18)]-ammonium, *trimethyl(pregna-3,5,20-trien-18-yl)ammonium* $[C_{24}H_{38}N]^{\oplus}$, Formel XIV.

Jodid $[C_{24}H_{38}N]I$; Apoconessin-methojodid. *B.* Aus Apoconessin (S. 3123) und Methyljodid in Methanol (*Kanga, Ayyer, Simonsen,* Soc. **1926** 2123, 2126). — Krystalle (aus E. + Me.); F: 283—285° [nach Sintern bei 245°] (*Ka., Ay., Si.*). UV-Absorption: *Haworth, McKenna, Whitfield,* Soc. **1949** 2127, 2128.

[*Klenk*]

Monoamine $C_nH_{2n-13}N$

Amine $C_{12}H_{11}N$

2-Amino-biphenyl, Biphenylyl-(2)-amin, *biphenyl-2-ylamine* $C_{12}H_{11}N$, Formel I (R = X = H) auf S. 3126 (H 1317; E I 546; E II 747; dort auch als 2-Phenyl-anilin bezeichnet).

Mesomerie-Energie: *Brüll,* G. **65** [1935] 28, 34.

B. Aus 2-Nitro-biphenyl bei der Hydrierung an Raney-Nickel in Äthanol bei 80—100° unter Druck (*Cookson, Mann,* Soc. **1949** 2888, 2892), beim Behandeln mit Zinn(II)-chlorid und Chlorwasserstoff in Alkohol (*Sako,* Bl. chem. Soc. Japan **9** [1934] 55, 64) sowie beim Erwärmen mit wss. Salzsäure und Eisen (*Morgan, Walls,* J. Soc. chem. Ind. **49** [1930] 15 T; s. a. *Jenkins, McCullough, Booth,* Ind. eng. Chem. **22** [1930] 31, 33). Aus 2-Phenyl-benzamid beim Behandeln mit alkal. wss. Natriumhypobromit-Lösung (*Chaix, de Rochebouet,* Bl. [5] **2** [1935] 273, 277; *de Crauw,* R. **50** [1931] 753, 775).

Trennung von Biphenylyl-(2)-amin und Biphenylyl-(4)-amin über die Sulfate in Benzol-Lösung: *Monsanto Chem. Co.,* U.S.P. 2149525 [1934].

Krystalle (aus A.); F: 49,3°; E: 48,7° (*Je., McC., Booth*). Kp_{30}: 182° [korr.] (*Je., McC., Booth*); $Kp_{5,5}$: 135° (*Sako*). Verbrennungswärme bei konstantem Volumen: 1531,11 kcal/mol (*Brüll,* G. **65** [1935] 19, 23). UV-Spektrum von Lösungen der Base in Heptan, Äther und Methanol sowie einer wss. Lösung des Hydrochlorids: *Pestemer, Mayer-Pitsch,* M. **70** [1937] 104, 105, 109, 110, 111; vgl. *Kiss, Csetneky,* Acta Univ. Szeged **2** [1948] 132, 133. Dipolmoment (ε; Bzl.): 1,42 D (*Næshagen,* Z. physik. Chem. [B] **25** [1934] 157, 158). Dissoziationsexponent pK_a des Biphenylyl-(2)-ammonium-Ions (Wasser; potentiometrisch ermittelt) bei 25°: 3,78 (*Hall, Sprinkle,* Am. Soc. **54** [1932] 3469, 3474).

Überführung in 2'-Amino-biphenyl-sulfonsäure-(4) durch Erhitzen mit Schwefelsäure auf 120°: *Popkin,* Am. Soc. **65** [1943] 2043; durch Behandeln mit Chloroschwefelsäure: *Popkin, McVea,* Am. Soc. **66** [1944] 796. Bildung von 4'-Nitro-biphenylyl-(2)-amin und 4.4'-Dinitro-biphenylyl-(2)-amin beim Behandeln mit Kaliumnitrat und Schwefelsäure: *Cymerman, Short,* Soc. **1949** 703, 704; mit Äthylnitrat und Schwefelsäure: *Finzi, Bellavita,* G. **64** [1934] 335, 343, **68** [1938] 77, 86. Geschwindigkeit der Reaktion mit 4-Chlor-1.3-dinitro-benzol in Äthanol bei 100°: *van Opstall,* R. **52** [1933] 901, 906. Beim Erhitzen des Hydrochlorids mit Methanol (3 Mol) bis auf 300° ist ein x.x-Dimethyl-phenanthridin (Pikrat $C_{15}H_{13}N \cdot C_6H_3N_3O_7$: F: 241° [Zers.; aus A.]; Methojodid $[C_{16}H_{16}N]I$: F: 293—295° [Zers.; aus W.]) erhalten worden (*Hey, Jackson,* Soc. **1934** 645, 646, 649). Bildung von 8-Phenyl-chinolin und Chinolinol-(8) beim Erhitzen mit Glycerin, Schwefelsäure und Natrium-[3-nitro-benzol-sulfonat-(1)] auf 150°: *Hey, Walker,* Soc. **1948** 2213, 2220; *Hey, Rees,* Soc. **1960** 905. Beim Erhitzen mit Aceton und wss. Salzsäure auf 150° ist wahrscheinlich 2-Methyl-2.4-bis-[6-amino-biphenylyl-(3)]-penten-(3) ($C_{30}H_{30}N_2$) erhalten worden (*v. Braun,* A. **507** [1933] 14, 27).

Pikrat $C_{12}H_{11}N \cdot C_6H_3N_3O_7$. Krystalle (aus A.) mit 1 Mol H_2O; F: 163—164° [korr.] (*Allen, Young, Gilbert,* J. org. Chem. **2** [1937] 235, 244).

2-Nitro-indandion-(1.3)-Salz $C_{12}H_{11}N \cdot C_9H_5NO_4$. Gelbe Krystalle (aus A.); F: 183° (*Wanag, Lode,* B. **70** [1937] 547, 555).

Benzolsulfonat $C_{12}H_{11}N \cdot C_6H_6O_3S$. Krystalle (aus Me.); F: 282° (*Cymerman, Short,* Soc. **1949** 703, 704).

Toluol-sulfonat-(4) $C_{12}H_{11}N \cdot C_7H_8O_3S$. Krystalle; F: 194,1—195,6° [korr.] (*Noller, Liang,* Am. Soc. **54** [1932] 670, 671).

2-Dimethylamino-biphenyl, Dimethyl-[biphenylyl-(2)]-amin, N,N-*dimethylbiphenyl-2-ylamine* $C_{14}H_{15}N$, Formel I (R = X = CH_3).

B. Neben geringen Mengen Methyl-[biphenylyl-(2)]-amin (als *N*-Acetyl-Derivat isoliert) aus Biphenylyl-(2)-amin beim Behandeln mit Dimethylsulfat und wss. Natronlauge (*Popkin, Perretta, Selig,* Am. Soc. **66** [1944] 833; *Evans, Williams,* Soc. **1939** 1199) sowie beim Erhitzen mit Methanol und Schwefelsäure auf 200° (*Po., Pe., Se.*; *Sun Chem. Corp.*, U.S.P. 2448823 [1944]).

Kp_{11}: 145,5° (*Ev., Wi.*); Kp_{10}: 144—146,5° (*Sun Chem. Corp.*); $Kp_{2,5}$: 118—120° (*Po., Pe., Se.*). n_D^{20}: 1,6046—1,6050 (*Po., Pe., Se.*).

Geschwindigkeit der Reaktion mit Methyljodid in Methanol bei 65°, 86° und 101°: *Evans, Watson, Williams,* Soc. **1939** 1348, 1353.

Trimethyl-[biphenylyl-(2)]-ammonium, *(biphenyl-2-yl)trimethylammonium* $[C_{15}H_{18}N]^{\oplus}$, Formel II.

Jodid $[C_{15}H_{18}N]I$. *B.* Aus Dimethyl-[biphenylyl-(2)]-amin und Methyljodid (*Hey, Jackson,* Soc. **1934** 645, 649). — Krystalle; F: 228° [Zers.; aus wss. A.] (*Hey, Ja.*), 184—186° [Zers.; aus A.] (*Sugasawa, Matsuo,* Chem. pharm. Bl. **6** [1958] 601, 604), 178—179° [aus Acn. + E.] (*Booth, King, Parrick,* Soc. **1958** 2302, 2308).

Bis-[2-chlor-äthyl]-[biphenylyl-(2)]-amin, N,N-*bis(2-chloroethyl)biphenyl-2-ylamine* $C_{16}H_{17}Cl_2N$, Formel I (R = X = CH_2-CH_2Cl).

B. Aus Bis-[2-hydroxy-äthyl]-[biphenylyl-(2)]-amin (*Everett, Ross,* Soc. **1949** 1972, 1974, 1980).

Krystalle (aus PAe.); F: 61°.

Bis-[2-brom-äthyl]-[biphenylyl-(2)]-amin, N,N-*bis(2-bromoethyl)biphenyl-2-ylamine* $C_{16}H_{17}Br_2N$, Formel I (R = X = CH_2-CH_2Br).

B. Aus Bis-[2-hydroxy-äthyl]-[biphenylyl-(2)]-amin mit Hilfe von Phosphor(III)-bromid (*Everett, Ross,* Soc. **1949** 1972, 1974, 1980).

Krystalle (aus PAe.); F: 81°.

Bis-[2-jod-äthyl]-[biphenylyl-(2)]-amin, N,N-*bis(2-iodoethyl)biphenyl-2-ylamine* $C_{16}H_{17}I_2N$, Formel I (R = X = CH_2-CH_2I).

B. Aus Bis-[2-brom-äthyl]-[biphenylyl-(2)]-amin und Natriumjodid in Aceton (*Everett, Ross,* Soc. **1949** 1972, 1974, 1980).

Krystalle (aus Cyclohexan); F: 112°.

2-[Biphenylyl-(2)-amino]-äthanol-(1), *2-(biphenyl-2-ylamino)ethanol* $C_{14}H_{15}NO$, Formel I (R = CH_2-CH_2OH, X = H).

B. Aus Biphenylyl-(2)-amin beim Erhitzen mit Äthylenoxid auf 150° (*Ross,* Soc. **1949** 183, 184, 190).

Pikrat $C_{14}H_{15}NO \cdot C_6H_3N_3O_7$. Krystalle (aus Me.); F: 155—156°.

Bis-[2-hydroxy-äthyl]-[biphenylyl-(2)]-amin, *2,2'-(biphenyl-2-ylimino)diethanol* $C_{16}H_{19}NO_2$, Formel I (R = X = CH_2-CH_2OH).

B. Aus Biphenylyl-(2)-amin und Äthylenoxid (*Everett, Ross,* Soc. **1949** 1972, 1974). Öl; nicht näher beschrieben.

[Biphenylyl-(2)]-benzhydryliden-amin, Benzophenon-[biphenylyl-(2)-imin], N-*benzhydrylidenebiphenyl-2-ylamine* $C_{25}H_{19}N$, Formel III.

B. Beim Erhitzen von Biphenylyl-(2)-amin mit Natrium unter Zusatz von Kupfer(I)-oxid und Erhitzen des mit Benzophenon versetzten Reaktionsgemisches (*Dow Chem. Co.*, U.S.P. 1938890 [1932]).

Hellgelbe Krystalle (aus Chlorbenzol + A.); F: ca. 120°.

2-Acetamino-biphenyl, *N*-[Biphenylyl-(2)]-acetamid, N-*(biphenyl-2-yl)acetamide* $C_{14}H_{13}NO$, Formel I (R = CO-CH_3, X = H) (H 1317; E II 747).

B. Aus Biphenylyl-(2)-amin beim Behandeln mit Acetylchlorid, Pyridin und Toluol (*Olson, Feldman,* Am. Soc. **59** [1937] 2003) oder mit Acetanhydrid (*Popkin,* Am. Soc. **65** [1943] 2043; *Morgan, Walls,* Soc. **1931** 2447, 2449).

F: 120—121° (*Po.*), 120° (*Mo., Wa.*; *Sako,* Bl. chem. Soc. Japan **9** [1934] 55, 65).

Reaktion mit Chlor in Essigsäure: *de Crauw,* R. **50** [1931] 753, 776; *Chaix, de Rochebouet,* Bl. [5] **2** [1935] 273, 278; s. a. *Bradsher, Wissow,* Am. Soc. **68** [1946] 404; *Bell, Gibson,* Soc. **1955** 3560.

C-Chlor-N-[biphenylyl-(2)]-acetamid, N-(*biphenyl-2-yl*)-*2-chloroacetamide* $C_{14}H_{12}ClNO$, Formel I (R = $CO\text{-}CH_2Cl$, X = H).

B. Aus Biphenylyl-(2)-amin und Chloracetylchlorid in Äther (*Morgan, Walls*, Soc. **1931** 2447, 2450).

Krystalle (aus Bzn. oder A.); F: 98,5°.

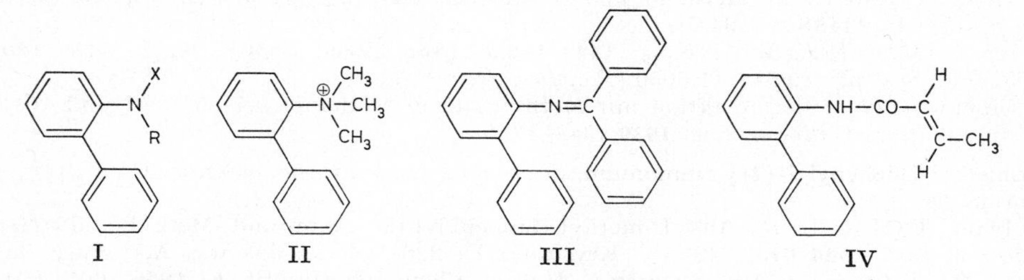

C.C-Dichlor-N-[biphenylyl-(2)]-acetamid, N-(*biphenyl-2-yl*)-*2,2-dichloroacetamide* $C_{14}H_{11}Cl_2NO$, Formel I (R = $CO\text{-}CHCl_2$, X = H).

B. Aus Biphenylyl-(2)-amin und Dichloracetylchlorid in Äther (*Walls*, Soc. **1934** 104, 109).

Krystalle (aus PAe.); F: 104—106°.

C.C.C-Trichlor-N-[biphenylyl-(2)]-acetamid, N-(*biphenyl-2-yl*)-*2,2,2-trichloroacetamide* $C_{14}H_{10}Cl_3NO$, Formel I (R = $CO\text{-}CCl_3$, X = H).

B. Aus Biphenylyl-(2)-amin und Trichloracetylchlorid in Äther (*Walls*, Soc. **1934** 104, 109).

Krystalle (aus PAe.); F: 92—94°.

N-Methyl-N-[biphenylyl-(2)]-acetamid, N-(*biphenyl-2-yl*)-N-*methylacetamide* $C_{15}H_{15}N$, Formel I (R = $CO\text{-}CH_3$, X = CH_3).

B. Aus Methyl-[biphenylyl-(2)]-amin (im Gemisch mit Dimethyl-[biphenylyl-(2)]-amin eingesetzt) und Acetanhydrid (*Popkin, Perretta, Selig*, Am. Soc. **66** [1944] 833). Beim Erhitzen von N-[Biphenylyl-(2)]-acetamid mit Natrium und Xylol auf 120° und Behandeln der Reaktionslösung mit Methyljodid (*Po., Pe., Se.*).

Krystalle (aus Bzn.); F: 98—99°.

2-Propionylamino-biphenyl, N-[Biphenylyl-(2)]-propionamid, N-(*biphenyl-2-yl*)*propionamide* $C_{15}H_{15}NO$, Formel I (R = $CO\text{-}CH_2\text{-}CH_3$, X = H) (H 1318).

B. Aus Biphenylyl-(2)-amin und Propionsäure-anhydrid (*Morgan, Walls*, Soc. **1931** 2447, 2449; vgl. H 1318).

F: 67°.

3-Brom-N-[biphenylyl-(2)]-propionamid, N-(*biphenyl-2-yl*)-*3-bromopropionamide* $C_{15}H_{14}BrNO$, Formel I (R = $CO\text{-}CH_2\text{-}CH_2Br$, X = H).

B. Beim Behandeln von Biphenylyl-(2)-amin mit 3-Brom-propionylchlorid in Benzin unter Zusatz von wss. Natriumcarbonat-Lösung (*Rajagopalan*, Pr. Indian Acad. [A] **14** [1941] 126, 128).

Krystalle (aus A.); F: 118°.

N-[Biphenylyl-(2)]-octanamidin, N-(*biphenyl-2-yl*)*octanamidine* $C_{20}H_{26}N_2$, Formel I (R = $C(=NH)\text{-}[CH_2]_6\text{-}CH_3$, X = H) und Tautomeres.

B. Beim Erhitzen von Biphenylyl-(2)-amin-benzolsulfonat mit Octannitril auf 200° (*Cymerman, Short*, Soc. **1949** 703, 705).

Krystalle (aus $CHCl_3$ oder Bzl.); F: 96°.

Toluol-sulfonat-(4) $C_{20}H_{26}N_2 \cdot C_7H_8O_3S$. Krystalle; F: 105—106°.

N-[Biphenylyl-(2)]-decanamidin, N-(*biphenyl-2-yl*)*decanamidine* $C_{22}H_{30}N_2$, Formel I (R = $C(=NH)\text{-}[CH_2]_8\text{-}CH_3$, X = H) und Tautomeres.

B. Beim Erhitzen von Biphenylyl-(2)-amin-benzolsulfonat mit Decannitril auf 200° (*Cymerman, Short*, Soc. **1949** 703, 705).

Krystalle (aus $CHCl_3$ oder Bzl.); F: 97—98°.

Pikrat $C_{22}H_{30}N_2 \cdot C_6H_3N_3O_7$. F: 134—135°.

2-Stearoylamino-biphenyl, *N*-[Biphenylyl-(2)]-stearinamid, N-(*biphenyl-2-yl*)*stearamide* $C_{30}H_{45}NO$, Formel I (R = CO-$[CH_2]_{16}$-CH_3, X = H).

B. Beim Erhitzen von Biphenylyl-(2)-amin mit Stearinsäure unter 100 Torr bis auf 200° (*Monsanto Chem. Co.*, U.S.P. 2396502 [1942]).

Krystalle; F: 80—80,5°.

2-Crotonoylamino-biphenyl, *N*-[Biphenylyl-(2)]-crotonamid, N-(*biphenyl-2-yl*)*crotonamide* $C_{16}H_{15}NO$.

***N*-[Biphenylyl-(2)]-*trans*-crotonamid,** Formel IV.

Diese Konfiguration ist vermutlich einer Verbindung (Krystalle [aus Acn. + PAe.]; F: 96°) zuzuschreiben, die beim Behandeln von Biphenylyl-(2)-amin mit *trans*(?)-Crotonoylchlorid in Äther erhalten worden ist (*Ritchie*, J. Pr. Soc. N.S. Wales **78** [1944] 147, 156).

***N*-[Biphenylyl-(2)]-cyclohexen-(1)-carbamidin-(1),** N-(*biphenyl-2-yl*)*cyclohex-1-ene-1-carboxamidine* $C_{19}H_{20}N_2$, Formel V und Tautomeres.

B. Beim Erhitzen von Biphenylyl-(2)-amin-benzolsulfonat mit Cyclohexen-(1)-carbonitril-(1) auf 200° (*Cymerman, Short*, Soc. **1949** 703, 705).

Krystalle (aus $CHCl_3$ oder Bzl.); F: 124,5—125°.

Pikrat $C_{19}H_{20}N_2 \cdot C_6H_3N_3O_7$. F: 163—164°.

2-Benzamino-biphenyl, *N*-[Biphenylyl-(2)]-benzamid, N-(*biphenyl-2-yl*)*benzamide* $C_{19}H_{15}NO$, Formel VI (R = X = H) (H 1318; E I 546; E II 747).

F: 86° (*Morgan, Walls*, Soc. **1931** 2447, 2450).

***N*-[Biphenylyl-(2)]-benzamidin,** N-(*biphenyl-2-yl*)*benzamidine* $C_{19}H_{16}N_2$, Formel VII (X = H) und Tautomeres.

B. Beim Erhitzen von Biphenylyl-(2)-amin-benzolsulfonat mit Benzonitril auf 200° (*Cymerman, Short*, Soc. **1949** 703, 705).

Krystalle (aus $CHCl_3$ oder Bzl.); F: 144—144,5°.

Hydrochlorid $C_{19}H_{16}N_2 \cdot HCl$. Krystalle (aus wss. Salzsäure); F: 179—180°.

Pikrat $C_{19}H_{16}N_2 \cdot C_6H_3N_3O_7$. F: 152—153°.

4-Brom-*N*-[biphenylyl-(2)]-benzamid, N-(*biphenyl-2-yl*)-p-*bromobenzamide* $C_{19}H_{14}BrNO$, Formel VI (R = H, X = Br).

B. Beim Erhitzen von Biphenylyl-(2)-amin mit 4-Brom-benzoylchlorid in Chlorbenzol (*Barber et al.*, Soc. **1947** 84, 86).

Krystalle (aus PAe.); F: 128—129°.

2-Nitro-*N*-[biphenylyl-(2)]-benzamid, N-(*biphenyl-2-yl*)-o-*nitrobenzamide* $C_{19}H_{14}N_2O_3$, Formel VI (R = NO_2, X = H).

B. Beim Erhitzen von Biphenylyl-(2)-amin mit 2-Nitro-benzoylchlorid und Pyridin (*Morgan, Walls*, Soc. **1931** 2447, 2450).

Gelbliche Krystalle (aus A.); F: 129—131°.

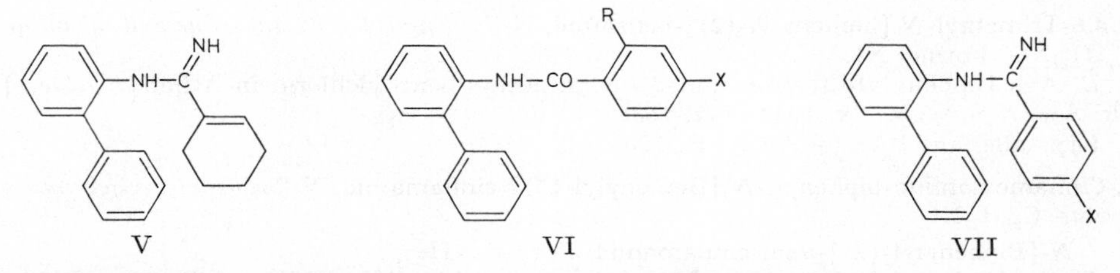

3-Nitro-*N*-[biphenylyl-(2)]-benzamid, N-(*biphenyl-2-yl*)-m-*nitrobenzamide* $C_{19}H_{14}N_2O_3$, Formel VIII (X = H).

B. Beim Erhitzen von Biphenylyl-(2)-amin mit 3-Nitro-benzoylchlorid und Pyridin (*Morgan, Walls*, Soc. **1931** 2447, 2450).

Krystalle; F: 134°.

4-Nitro-*N*-[biphenylyl-(2)]-benzamid, N-(*biphenyl-2-yl*)-p-*nitrobenzamide* $C_{19}H_{14}N_2O_3$, Formel VI (R = H, X = NO_2).

B. Beim Erhitzen von Biphenylyl-(2)-amin mit 4-Nitro-benzoylchlorid und Pyridin

(*Morgan, Walls,* Soc. **1931** 2447, 2450).
Gelbliche Krystalle; F: 158,5°.

4-Nitro-*N*-[biphenylyl-(2)]-benzamidin, N-(*biphenyl-2-yl*)-p-*nitrobenzamidine* $C_{19}H_{15}N_3O_2$, Formel VII (X = NO_2) und Tautomeres.
B. Beim Erhitzen von Biphenylyl-(2)-amin-benzolsulfonat mit 4-Nitro-benzonitril auf 200° (*Cymerman, Short,* Soc. **1949** 703, 705).
Krystalle (aus $CHCl_3$ oder Bzl.); F: 145,5—146°.
Hydrochlorid $C_{19}H_{15}N_3O_2 \cdot HCl$. Krystalle; F: 270°.
Pikrat $C_{19}H_{15}N_3O_2 \cdot C_6H_3N_3O_7$. F: 202° [Zers.].

3.5-Dinitro-*N*-[biphenylyl-(2)]-benzamid, N-(*biphenyl-2-yl*)-*3,5-dinitrobenzamide* $C_{19}H_{13}N_3O_5$, Formel VIII (X = NO_2).
B. Beim Erwärmen von Biphenylyl-(2)-amin mit 3.5-Dinitro-benzoylchlorid und Pyridin (*Walls,* Soc. **1945** 294, 298).
Gelbe Krystalle (aus Bzl.); F: 185°.

***C*-Phenyl-*N*-[biphenylyl-(2)]-acetamid,** N-(*biphenyl-2-yl*)-*2-phenylacetamide* $C_{20}H_{17}NO$, Formel IX (X = H).
B. Aus Biphenylyl-(2)-amin und Phenylacetylchlorid mit Hilfe von Pyridin (*Ritchie,* J. Pr. Soc. N.S. Wales **78** [1944] 147, 155).
Wachsartig; F: 37° [aus PAe.].

***C*-[4-Nitro-phenyl]-*N*-[biphenylyl-(2)]-acetamid,** N-(*biphenyl-2-yl*)-*2-*(p-*nitrophenyl*)*acetamide* $C_{20}H_{16}N_2O_3$, Formel IX (X = NO_2).
B. Aus Biphenylyl-(2)-amin und [4-Nitro-phenyl]-acetylchlorid in Chlorbenzol (*Caldwell, Walls,* Soc. **1948** 188, 196).
Krystalle (aus A.); F: 188—189°.

3-Phenyl-*N*-[biphenylyl-(2)]-propionamid, N-(*biphenyl-2-yl*)-*3-phenylpropionamide* $C_{21}H_{19}NO$, Formel X (R = CH_2-CH_2-C_6H_5).
B. Aus Biphenylyl-(2)-amin und 3-Phenyl-propionylchlorid in Äther (*Ritchie,* J. Pr. Soc. N. S. Wales **78** [1944] 147, 156).
Krystalle (aus PAe.); F: 81°.

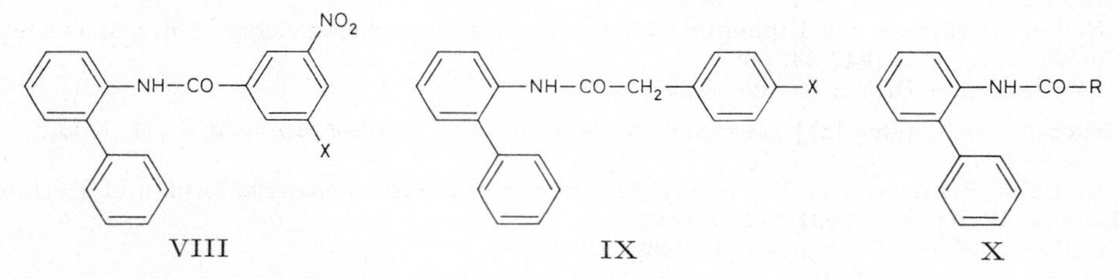

2.4.6-Trimethyl-*N*-[biphenylyl-(2)]-benzamid, N-(*biphenyl-2-yl*)-*2,4,6-trimethylbenzamide* $C_{22}H_{21}NO$, Formel XI.
B. Aus Biphenylyl-(2)-amin und 2.4.6-Trimethyl-benzoylchlorid in Äther (*Ritchie,* J. Pr. Soc. N.S. Wales **78** [1944] 147, 158).
Krystalle (aus PAe. + Acn.); F: 125°.

2-Cinnamoylamino-biphenyl, *N*-[Biphenylyl-(2)]-cinnamamid, N-(*biphenyl-2-yl*)*cinnamamide* $C_{21}H_{17}NO$.

***N*-[Biphenylyl-(2)]-*trans*-cinnamamid,** Formel XII.
B. Aus Biphenylyl-(2)-amin und *trans*-Cinnamoylchlorid mit Hilfe von Pyridin (*Ritchie,* J. Pr. Soc. N.S. Wales **78** [1944] 147, 157).
Krystalle (aus A.); F: 141°.

***N*-[Biphenylyl-(2)]-naphthamid-(1),** N-(*biphenyl-2-yl*)-*1-naphthamide* $C_{23}H_{17}NO$, Formel XIII.
B. Aus Biphenylyl-(2)-amin und Naphthoyl-(1)-chlorid mit Hilfe von Pyridin (*Ritchie,* J. Pr. Soc. N. S. Wales **78** [1944] 147, 158).
Krystalle (aus A.); F: 142°.

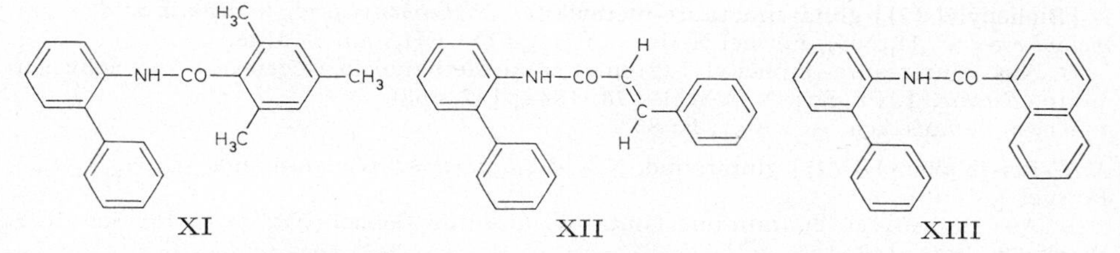

XI XII XIII

Oxalsäure-mono-[biphenylyl-(2)-amid], Biphenylyl-(2)-oxamidsäure, *(biphenyl-2-yl)oxamic acid* $C_{14}H_{11}NO_3$, Formel X (R = COOH).

B. Beim Erhitzen von Biphenylyl-(2)-amin mit Oxalsäure bis auf 140° (*Walls*, Soc. **1934** 104, 108; *Monsanto Chem. Co.*, U.S.P. 2143520 [1936]).

Krystalle; F: 155—158° [Zers.; aus Bzl.] (*Wa.*), 155° (*Monsanto Chem. Co.*).

Beim Behandeln mit Phosphoroxychlorid sind 6-Oxo-5.6-dihydro-phenanthridin, *N.N'*-Bis-[biphenylyl-(2)]-oxamid und andere Verbindungen erhalten worden (*Wa.*).

Biphenylyl-(2)-oxamidsäure-äthylester, *(biphenyl-2-yl)oxamic acid ethyl ester* $C_{16}H_{15}NO_3$, Formel X (R = $CO\text{-}OC_2H_5$).

B. Neben geringen Mengen *N.N'*-Bis-[biphenylyl-(2)]-oxamid beim Erhitzen von Biphenylyl-(2)-amin mit Diäthyloxalat auf 140° (*Walls*, Soc. **1934** 104, 108).

Krystalle (aus A.); F: 112—113°.

***N.N'*-Bis-[biphenylyl-(2)]-oxamid,** N,N'-*bis(biphenyl-2-yl)oxamide* $C_{26}H_{20}N_2O_2$, Formel XIV.

B. s. im vorangehenden Artikel.

Krystalle (aus Bzl.); F: 233—235° (*Walls*, Soc. **1934** 104, 108).

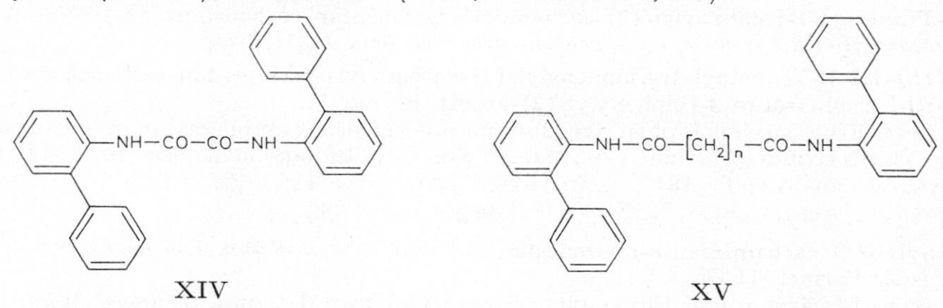

XIV XV

***N*-[Biphenylyl-(2)]-*C*-cyan-acetamid,** N-*(biphenyl-2-yl)-2-cyanoacetamide* $C_{15}H_{12}N_2O$, Formel X (R = $CH_2\text{-}CN$).

B. Beim Erhitzen von Biphenylyl-(2)-amin mit Cyanessigsäure-äthylester auf 200° (*Rajagopalan*, Pr. Indian Acad. [A] **20** [1944] 107).

Krystalle (aus W.); F: 126°.

Bernsteinsäure-mono-[biphenylyl-(2)-amid], *N*-[Biphenylyl-(2)]-succinamidsäure, N-*(biphenyl-2-yl)succinamic acid* $C_{16}H_{15}NO_3$, Formel X (R = $CH_2\text{-}CH_2\text{-}COOH$).

B. Aus Biphenylyl-(2)-amin und Bernsteinsäure-anhydrid in Benzol (*Ritchie*, J. Pr. Soc. N.S. Wales **78** [1944] 147, 153).

Krystalle (aus wss. A.); F: 126°.

***N*-[Biphenylyl-(2)]-succinamidsäure-methylester,** N-*(biphenyl-2-yl)succinamic acid methyl ester* $C_{17}H_{17}NO_3$, Formel X (R = $CH_2\text{-}CH_2\text{-}CO\text{-}OCH_3$).

B. Aus Biphenylyl-(2)-amin und Bernsteinsäure-methylester-chlorid in Äther (*Ritchie*, J. Pr. Soc. N.S. Wales **78** [1944] 147, 152).

Krystalle (aus PAe.); F: 73°.

Glutarsäure-mono-[biphenylyl-(2)-amid], *N*-[Biphenylyl-(2)]-glutaramidsäure, N-*(biphenyl-2-yl)glutaramic acid* $C_{17}H_{17}NO_3$, Formel X (R = $[CH_2]_3\text{-}COOH$).

B. Aus Biphenylyl-(2)-amin und Glutarsäure-anhydrid in Benzol (*Ritchie*, J. Pr. Soc. N.S. Wales **78** [1944] 147, 153).

Krystalle (aus E.); F: 137°.

N-[Biphenylyl-(2)]-glutaramidsäure-methylester, N-(*biphenyl-2-yl*)*glutaramic acid methyl ester* $C_{18}H_{19}NO_3$, Formel X (R = $[CH_2]_3$-CO-OCH_3) auf S. 3128.

B. Aus Glutarsäure-[biphenylyl-(2)-imid] und Methanol in Gegenwart von Schwefelsäure (*Ritchie*, J. Pr. Soc. N.S. Wales **78** [1944] 147, 153).

Krystalle (aus Acn. + PAe.); F: 85°.

N.N'-Bis-[biphenylyl-(2)]-glutaramid, N,N'-*bis*(*biphenyl-2-yl*)*glutaramide* $C_{29}H_{26}N_2O_2$, Formel XV (n = 3).

B. Aus Biphenylyl-(2)-amin und Glutaroylchlorid in Benzol (*Ritchie*, J. Pr. Soc. N. S. Wales **78** [1944] 147, 155).

Krystalle (aus A.); F: 162°.

N.N'-Bis-[biphenylyl-(2)]-adipinamid, N,N'-*bis*(*biphenyl-2-yl*)*adipamide* $C_{30}H_{28}N_2O_2$, Formel XV (n = 4).

B. Aus Biphenylyl-(2)-amin und Adipoylchlorid in Äther (*Ritchie*, J. Pr. Soc. N. S. Wales **78** [1944] 147, 154).

Krystalle (aus A.); F: 171°.

Beim Erwärmen mit Phosphoroxychlorid sind eine Verbindung $C_{30}H_{24}N_2$ (F: 167°) und geringe Mengen einer als 1.4-Bis-[phenanthridinyl-(6)]-butan angesehenen Verbindung erhalten worden.

3-[Biphenylyl-(2)-carbamoyl]-acrylsäure $C_{16}H_{13}NO_3$.

Maleinsäure-mono-[biphenylyl-(2)-amid], N-[Biphenylyl-(2)]-maleinamidsäure, N-(*biphenyl-2-yl*)*maleamic acid* $C_{16}H_{13}NO_3$, Formel I.

B. Aus Biphenylyl-(2)-amin und Maleinsäure-anhydrid in Benzol (*Ritchie*, J. Pr. Soc. N. S. Wales **78** [1944] 147, 157).

Krystalle (aus A.); F: 167°.

2.2.3-Trimethyl-1-[biphenylyl-(2)-carbamoyl]-cyclopentan-carbonsäure-(3), *3-*(*biphenyl-2-ylcarbamoyl*)*-1,2,2-trimethylcyclopentanecarboxylic acid* $C_{22}H_{25}NO_3$.

(1S)-2.2.3t-Trimethyl-1r-[biphenylyl-(2)-carbamoyl]-cyclopentan-carbonsäure-(3c), (1R)-cis-Camphersäure-3-[biphenylyl-(2)-amid], Formel II.

B. Beim Erhitzen von Biphenylyl-(2)-amin mit (1*R*)-*cis*-Camphersäure-anhydrid unter Zusatz von Natriumacetat auf 120° (*Singh, Singh*, J. Indian chem. Soc. **19** [1942] 145).

Krystalle (aus A.); F: 181°. $[\alpha]_D^{20}$: +26,5° [Me.; c = 1]; $[\alpha]_D^{20}$: +23,0° [A.; c = 1]; $[\alpha]_D^{20}$: +7,0° [Acn.; c = 1]; $[\alpha]_D^{20}$: −6,0° [Butanon; c = 1].

Biphenylyl-(2)-carbamidsäure-methylester, (*biphenyl-2-yl*)*carbamic acid methyl ester* $C_{14}H_{13}NO_2$, Formel III (R = CH_3).

B. Beim Erwärmen von Biphenylyl-(2)-isocyanat mit Methanol (*Morgan, Walls*, Soc. **1932** 2225, 2231). Beim Erwärmen von Biphenylyl-(2)-amin mit Chlorameisensäure-methylester und Natriumcarbonat in Benzol (*Werther*, R. **52** [1933] 657, 671).

Krystalle; F: 61° (*Mo., Wa.*), 50° (*We.*).

Biphenylyl-(2)-carbamidsäure-äthylester, (*biphenyl-2-yl*)*carbamic acid ethyl ester* $C_{15}H_{15}NO_2$, Formel III (R = C_2H_5) (H 1318).

Krystalle (aus A. + Bzn.); F: 186° (*Hollingsworth, Petrow*, Soc. **1961** 3771; vgl. H 1318). Die Einheitlichkeit eines von *Werther* (R. **52** [1933] 657, 672) beschriebenen flüssigen Präparats (Kp_{28}: 198−211°) ist zweifelhaft.

Biphenylyl-(2)-harnstoff, (*biphenyl-2-yl*)*urea* $C_{13}H_{12}N_2O$, Formel IV (R = H).

B. Beim Behandeln von Biphenylyl-(2)-amin mit Natriumcyanat und wss. Essigsäure (*Kurzer*, Soc. **1949** 3029, 3033). Aus Biphenylyl-(2)-isocyanat und Ammoniak in Wasser (*Morgan, Walls*, Soc. **1932** 2225, 2230).

Krystalle (aus A.); F: 160−161° (*Ku.*, l. c. S. 3033), 157−158,5° (*Mo., Wa.*).

Beim Erhitzen auf 200° sind *N.N'*-Bis-[biphenylyl-(2)]-harnstoff und 1-[Biphenylyl-(2)]-biuret erhalten worden (*Kurzer*, Soc. **1949** 2292, 2295).

N-Methyl-N'-[biphenylyl-(2)]-harnstoff, *1-*(*biphenyl-2-yl*)*-3-methylurea* $C_{14}H_{14}N_2O$, Formel IV (R = CH_3).

B. Aus Biphenylyl-(2)-amin und Methylisocyanat in Benzol (*Boehmer*, R. **55** [1936] 379, 383).

Krystalle (aus wss. A.); F: 170°.

***N*-Äthyl-*N'*-[biphenylyl-(2)]-harnstoff,** *1-(biphenyl-2-yl)-3-ethylurea* $C_{15}H_{16}N_2O$, Formel IV (R = C_2H_5).

B. Aus Biphenylyl-(2)-amin und Äthylisocyanat in Äther (*Werther*, R. **52** [1933] 657, 671) oder in Benzol (*Boehmer*, R. **55** [1936] 379, 384).

Krystalle (aus A.); F: 120° (*Boe.*), 118° (*We.*).

Beim Behandeln mit Salpetersäure ist *N*-Nitro-*N*-äthyl-*N'*-[3.5.4'-trinitro-biphenylyl-(2)]-harnstoff erhalten worden (*We.*).

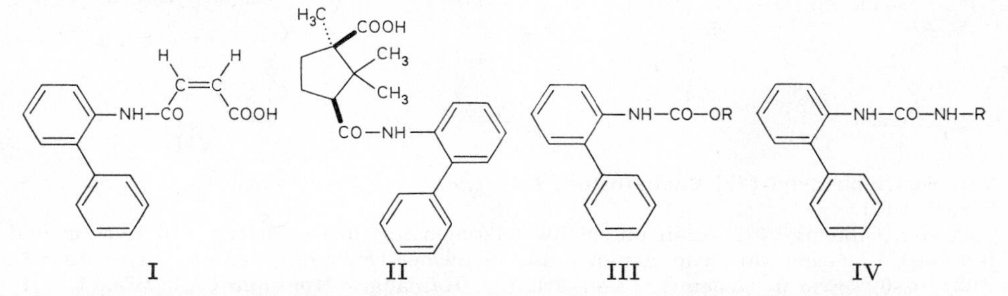

***N*-Propyl-*N'*-[biphenylyl-(2)]-harnstoff,** *1-(biphenyl-2-yl)-3-propylurea* $C_{16}H_{18}N_2O$, Formel IV (R = CH_2-CH_2-CH_3).

B. Aus Biphenylyl-(2)-amin und Propylisocyanat in Toluol (*Boehmer*, R. **55** [1936] 379, 384, 385).

Krystalle (aus wss. A.); F: 126°.

***N*-Isopropyl-*N'*-[biphenylyl-(2)]-harnstoff,** *1-(biphenyl-2-yl)-3-isopropylurea* $C_{16}H_{18}N_2O$, Formel IV (R = $CH(CH_3)_2$).

B. Aus Biphenylyl-(2)-amin und Isopropylisocyanat in Toluol (*Boehmer*, R. **55** [1936] 379, 386).

Krystalle (aus wss. A.); F: 157°.

***N*-Butyl-*N'*-[biphenylyl-(2)]-harnstoff,** *1-(biphenyl-2-yl)-3-butylurea* $C_{17}H_{20}N_2O$, Formel IV (R = $[CH_2]_3$-CH_3).

B. Aus Biphenylyl-(2)-amin und Butylisocyanat in Toluol (*Boehmer*, R. **55** [1936] 379, 386).

Krystalle (aus wss. A.); F: 120°.

***N*-Isobutyl-*N'*-[biphenylyl-(2)]-harnstoff,** *1-(biphenyl-2-yl)-3-isobutylurea* $C_{17}H_{20}N_2O$, Formel IV (R = CH_2-$CH(CH_3)_2$).

B. Aus Biphenylyl-(2)-amin und Isobutylisocyanat in Toluol (*Boehmer*, R. **55** [1936] 379, 387).

Krystalle (aus wss. A.); F: 128°.

***N.N'*-Bis-[biphenylyl-(2)]-harnstoff,** *1,3-bis(biphenyl-2-yl)urea* $C_{25}H_{20}N_2O$, Formel V.

B. Aus Biphenylyl-(2)-isocyanat beim Behandeln mit wss. Pyridin (*Fraenkel-Conrat*, *Olcott*, Am. Soc. **66** [1944] 845). Neben 1-[Biphenylyl-(2)]-biuret beim Erhitzen von Biphenylyl-(2)-harnstoff auf 200° (*Kurzer*, Soc. **1949** 2292, 2295).

Krystalle (aus A.); F: 185–186° [unkorr.] (*Ku.*), 182° (*Fr.-C.*, *Ol.*).

1-[Biphenylyl-(2)]-biuret, *1-(biphenyl-2-yl)biuret* $C_{14}H_{13}N_3O_2$, Formel IV (R = CO-NH_2).

B. Neben *N.N'*-Bis-[biphenylyl-(2)]-harnstoff beim Erhitzen von Biphenylyl-(2)-harnstoff auf 200° (*Kurzer*, Soc. **1949** 2292, 2295).

F: 258–260° [unkorr.].

Biphenylyl-(2)-thioharnstoff, *(biphenyl-2-yl)thiourea* $C_{13}H_{12}N_2S$, Formel VI (R = CS-NH_2).

B. Beim Behandeln von Biphenylyl-(2)-amin-hydrochlorid mit Ammoniumthiocyanat in Wasser (*Dains*, *Andrews*, *Roberts*, Univ. Kansas Sci. Bl. **20** [1932] 173, 176).

Krystalle (aus A.); F: 180°.

***N*-*o*-Tolyl-*N'*-[biphenylyl-(2)]-thioharnstoff,** *1-(biphenyl-2-yl)-3-o-tolylthiourea* $C_{20}H_{18}N_2S$, Formel VII.

B. Aus Biphenylyl-(2)-amin und *o*-Tolylisothiocyanat in Äthanol (*Dains*, *Andrews*,

Roberts, Univ. Kansas Sci. Bl. **20** [1932] 173, 177).
Krystalle (aus A.); F: 149°.

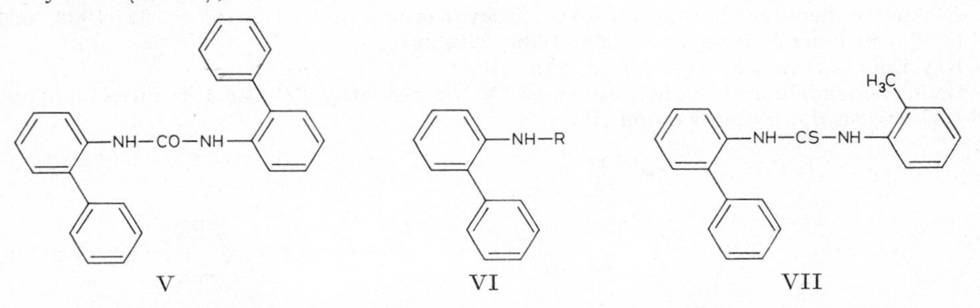

***N.N'*-Bis-[biphenylyl-(2)]-thioharnstoff,** *1,3-bis(biphenyl-2-yl)thiourea* $C_{25}H_{20}N_2S$, Formel VIII.

B. Aus Biphenylyl-(2)-amin und Schwefelkohlenstoff in Gegenwart von Pyridin und Jod oder in Gegenwart von Äthanol und Schwefel (*Raiford, McNulty*, Am. Soc. **56** [1934] 680) sowie in Gegenwart von äthanol. Kalilauge (*Monsanto Chem. Co.*, U.S.P. 2106552 [1936]).

F: 154,6—155° [aus Bzl.] (*Monsanto Chem. Co.*), 154—155° [aus wss. A.] (*Rai., McN.*).

***S*-[3-Brom-propyl]-*N*-[biphenylyl-(2)]-isothioharnstoff,** *1-(biphenyl-2-yl)-2-(3-bromopropyl)isothiourea* $C_{16}H_{17}BrN_2S$, Formel VI (R = C(=NH)-S-CH_2-CH_2-CH_2-Br) und Tautomeres.

Diese Konstitution wird einer Verbindung (Krystalle [aus Bzl. + A.]; F: 97°) zugeschrieben, die beim Erhitzen von Biphenylyl-(2)-thioharnstoff mit 1.3-Dibrom-propan auf 115° erhalten worden ist (*Dains, Andrews, Roberts*, Univ. Kansas Sci. Bl. **20** [1932] 173, 176).

Biphenylyl-(2)-isocyanat, *isocyanic acid biphenyl-2-yl ester* $C_{13}H_9NO$, Formel IX.

B. Aus Biphenylyl-(2)-amin und Phosgen in Toluol (*Morgan, Walls*, Soc. **1932** 2225, 2230; *Fraenkel-Conrat, Olcott*, Am. Soc. **66** [1944] 845).

Kp_5: 130° (*Mo., Wa.*); $Kp_{0,5-1}$: 100° (*Fr.-C., Ol.*).

***C*-Phenoxy-*N*-[biphenylyl-(2)]-acetamid,** N-*(biphenyl-2-yl)-2-phenoxyacetamide* $C_{20}H_{17}NO_2$, Formel X (X = O-C_6H_5).

B. Beim Erwärmen von Biphenylyl-(2)-amin mit Phenoxyacetylchlorid und Pyridin (*Ritchie*, J. Pr. Soc. N.S. Wales **78** [1944] 147, 156).

Krystalle (aus Me.); F: 91°.

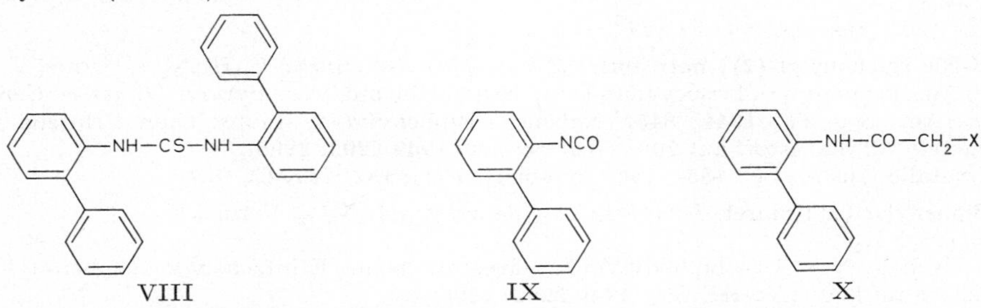

***C*-Mercapto-*N*-[biphenylyl-(2)]-acetamid,** N-*(biphenyl-2-yl)-2-mercaptoacetamide* $C_{14}H_{13}NOS$, Formel X (X = SH).

B. Aus *C*-Carbamoylmercapto-*N*-[biphenylyl-(2)]-acetamid beim Erwärmen mit wss. Ammoniak (*Weiss*, Am. Soc. **69** [1947] 2684, 2686).

Krystalle; F: 73°.

Gold(I)-Salz $AuC_{14}H_{12}NOS$. Zers. bei 202° [korr.].

***C*-Carbamoylmercapto-*N*-[biphenylyl-(2)]-acetamid,** N-*(biphenyl-2-yl)-2-(carbamoylthio)acetamide* $C_{15}H_{14}N_2O_2S$, Formel X (X = S-CO-NH_2).

B. Beim Behandeln von Biphenylyl-(2)-amin mit Natrium-thiocyanatoacetat in

schwach essigsaurer wss. Lösung (*Weiss*, Am. Soc. **69** [1947] 2682).
Krystalle; F: 159° [korr.].

Bis-[(biphenylyl-(2)-carbamoyl)-methyl]-disulfid, Dithiodiessigsäure-bis-[biphenylyl-(2)-amid], N,N'-*bis(biphenyl-2-yl)-2,2''-dithiobisacetamide* $C_{28}H_{24}N_2O_2S_2$, Formel XI.
B. Aus *C*-Mercapto-*N*-[biphenylyl-(2)]-acetamid beim Behandeln mit Jod in wss. Äthanol (*Weiss*, Am. Soc. **69** [1947] 2684, 2687).
Krystalle (aus Me.); F: 150° [korr.].

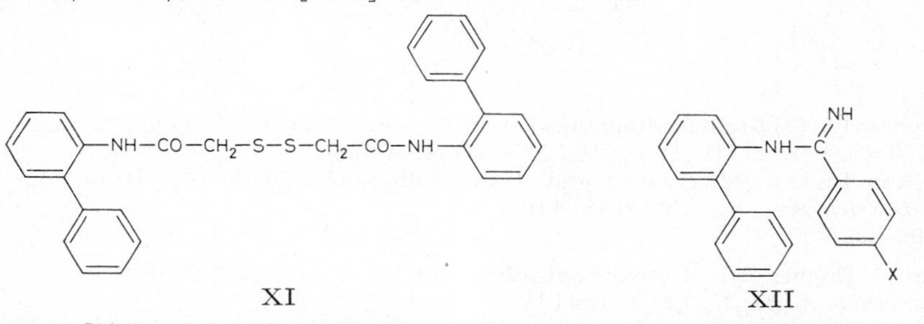

4-Methoxy-*N*-[biphenylyl-(2)]-benzamidin, N-(*biphenyl-2-yl*)-p-*anisamidine* $C_{20}H_{18}N_2O$, Formel XII (X = OCH_3) und Tautomeres.
B. Beim Erhitzen von Biphenylyl-(2)-amin-benzolsulfonat mit 4-Methoxy-benzonitril auf 200° (*Cymerman, Short*, Soc. **1949** 703, 705).
Krystalle (aus $CHCl_3$ oder Bzl.); F: 152,5—153°.
Pikrat $C_{20}H_{18}N_2O \cdot C_6H_3N_3O_7$. F: 181,5—182°.

4-Methylsulfon-*N*-[biphenylyl-(2)]-benzamidin, N-(*biphenyl-2-yl*)-p-(*methylsulfonyl*)*benzamidine* $C_{20}H_{18}N_2O_2S$, Formel XII (X = SO_2-CH_3) und Tautomeres.
B. Beim Erhitzen von Biphenylyl-(2)-amin-benzolsulfonat mit 4-Methylsulfon-benzonitril auf 200° (*Cymerman, Short*, Soc. **1949** 703, 705).
Krystalle (aus $CHCl_3$ oder Bzl.); F: 171,5°.
Pikrat $C_{20}H_{18}N_2O_2S \cdot C_6H_3N_3O_7$. F: 206°.

3-Hydroxy-*N*-[biphenylyl-(2)]-5.6.7.8-tetrahydro-naphthamid-(2), N-(*biphenyl-2-yl*)-*3-hydroxy-5,6,7,8-tetrahydro-2-naphthamide* $C_{23}H_{21}NO_2$, Formel I.
B. Beim Erwärmen von Biphenylyl-(2)-amin mit 3-Hydroxy-5.6.7.8-tetrahydronaphthoesäure-(2) in Toluol und Erhitzen des Reaktionsgemisches mit Phosphor(III)-chlorid (*Gen. Aniline Works*, U.S.P. 2040397 [1934]).
F: 153°.

***N*-[Biphenylyl-(2)]-acetoacetamid,** N-(*biphenyl-2-yl*)*acetoacetamide* $C_{16}H_{15}NO_2$, Formel II (R = CO-CH_2-CO-CH_3, X = H) und Tautomeres.
B. Aus Biphenylyl-(2)-amin und Acetessigsäure-äthylester bei 160° (*Ritchie*, J. Pr. Soc. N.S. Wales **78** [1944] 147, 157).
Krystalle; F: 84°.

***N*-[Biphenylyl-(2)]-äthylendiamin,** N-(*biphenyl-2-yl*)*ethylenediamine* $C_{14}H_{16}N_2$, Formel II (R = CH_2-CH_2-NH_2, X = H).
B. Aus 2-[Biphenylyl-(2)-amino]-1-phthalimido-äthan beim Erhitzen mit wss. Salzsäure auf 130° (*Fourneau, de Lestrange*, Bl. **1947** 827, 831).
F: 69,5°. Kp_1: 155—157°.
Hydrochlorid $C_{14}H_{24}N_2 \cdot HCl$. F: 225°.

***N.N*-Diäthyl-*N'*-[biphenylyl-(2)]-äthylendiamin,** N'-(*biphenyl-2-yl*)-N,N-*diethylethylenediamine* $C_{18}H_{24}N_2$, Formel II (R = CH_2-CH_2-$N(C_2H_5)_2$, X = H).
B. Beim Erhitzen von Biphenylyl-(2)-amin mit Diäthyl-[2-chlor-äthyl]-amin in Benzol auf 140° (*Fourneau, de Lestrange*, Bl. **1947** 827, 836).
$Kp_{0,8}$: 152—155°.
Hydrochlorid $C_{18}H_{24}N_2 \cdot HCl$. F: 125°.

3-Nitro-*N*-[biphenylyl-(2)]-benzolsulfonamid-(1), N-(*biphenyl-2-yl*)-m-*nitrobenzenesulfonamide* $C_{18}H_{14}N_2O_4S$, Formel III (R = H, X = NO_2).
B. Aus Biphenylyl-(2)-amin und 3-Nitro-benzol-sulfonylchlorid-(1) mit Hilfe von

Pyridin (*Bell*, Soc. **1930** 1071, 1074).
Krystalle (aus Eg.); F: 128°.

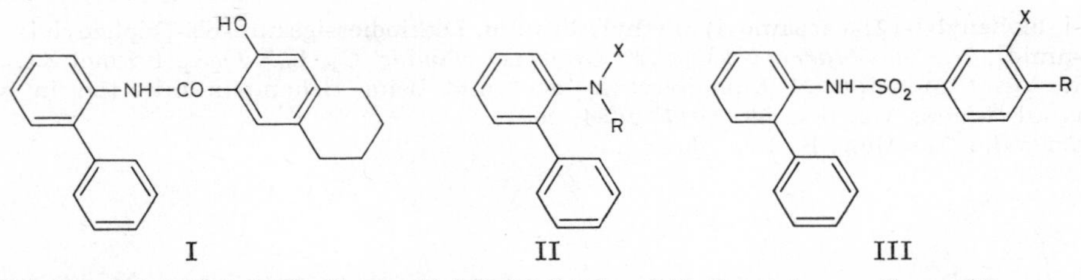

***N*-[Biphenylyl-(2)]-toluolsulfonamid-(4)**, N-(*biphenyl-2-yl*)-p-*toluenesulfonamide* $C_{19}H_{17}NO_2S$, Formel III (R = CH_3, X = H) (E II 748).
B. Aus Biphenylyl-(2)-amin und Toluol-sulfonylchlorid-(4) mit Hilfe von Pyridin (*Ray*, *Barrick*, Am. Soc. **70** [1948] 1492).
F: 98—99°.

2′-Nitro-*N*-[biphenylyl-(2)]-biphenylsulfonamid-(4), N-(*biphenyl-2-yl*)-*2′-nitrobiphenyl-4-sulfonamide* $C_{24}H_{18}N_2O_4S$, Formel IV.
B. Beim Erwärmen von Biphenylyl-(2)-amin mit 2′-Nitro-biphenyl-sulfonylchlorid-(4), Pyridin und Aceton (*Popkin*, *Perretta*, Am. Soc. **65** [1943] 2046, 2047).
Krystalle (aus wss. Me.); F: 161—162°.

***N*-[Biphenylyl-(2)]-*N*-cyan-benzolsulfonamid**, N-(*biphenyl-2-yl*)-N-*cyanobenzenesulfonamide* $C_{19}H_{14}N_2O_2S$, Formel V (R = X = H).
B. Aus Biphenylyl-(2)-harnstoff und Benzolsulfonylchlorid mit Hilfe von Pyridin (*Kurzer*, Soc. **1949** 3029).
Krystalle (aus Acn. + wss. A.); F: 131—132°.

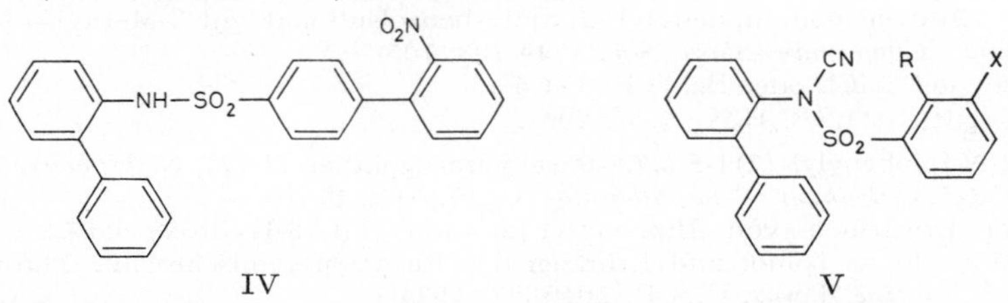

3-Nitro-*N*-[biphenylyl-(2)]-*N*-cyan-benzolsulfonamid-(1), N-(*biphenyl-2-yl*)-N-*cyano*-m-*nitrobenzenesulfonamide* $C_{19}H_{13}N_3O_4S$, Formel V (R = H, X = NO_2).
B. Aus Biphenylyl-(2)-harnstoff und 3-Nitro-benzol-sulfonylchlorid-(1) mit Hilfe von Pyridin (*Kurzer*, Soc. **1949** 3029).
Krystalle (aus Acn. + wss. A.); F: 156—157°.

***N*-[Biphenylyl-(2)]-*N*-cyan-toluolsulfonamid-(2)**, N-(*biphenyl-2-yl*)-N-*cyano*-o-*toluenesulfonamide* $C_{20}H_{16}N_2O_2S$, Formel V (R = CH_3, X = H).
B. Aus Biphenylyl-(2)-harnstoff und Toluol-sulfonylchlorid-(2) mit Hilfe von Pyridin (*Kurzer*, Soc. **1949** 3029).
Krystalle (aus Acn. + wss. A.); F: 101—104°.

***N*-[Biphenylyl-(2)]-*N*-cyan-toluolsulfonamid-(4)**, N-(*biphenyl-2-yl*)-N-*cyano*-p-*toluenesulfonamide* $C_{20}H_{16}N_2O_2S$, Formel VI.
B. Aus Biphenylyl-(2)-harnstoff und Toluol-sulfonylchlorid-(4) mit Hilfe von Pyridin (*Kurzer*, Soc. **1949** 3029).
Krystalle (aus Acn. + wss. A.); F: 160—161°.

Nitroso-methyl-[biphenylyl-(2)]-amin, N-*methyl*-N-*nitrosobiphenyl-2-ylamine* $C_{13}H_{12}N_2O$, Formel II (R = CH_3, X = NO).
B. Beim Schütteln von Biphenylyl-(2)-amin mit Dimethylsulfat und wss. Natronlauge und Behandeln des Reaktionsprodukts mit wss. Salzsäure und Natriumnitrit (*Bell*, Soc. **1930** 1071, 1077).
Krystalle (aus A.); F: 70°.

3-Chlor-2-amino-biphenyl, 3-Chlor-biphenylyl-(2)-amin, *3-chlorobiphenyl-2-ylamine* $C_{12}H_{10}ClN$, Formel VII (R = H).

Ein unter dieser Konstitution beschriebenes Amin (E: 15°) ist aus den im folgenden Artikel beschriebenen Amid beim Erhitzen mit wss. Salzsäure erhalten worden (*de Crauw*, R. **50** [1931] 753, 775).

3-Chlor-2-acetamino-biphenyl, *N*-[3-Chlor-biphenylyl-(2)]-acetamid, N-(*3-chlorobi=phenyl-2-yl)acetamide* $C_{14}H_{12}ClNO$, Formel VII (R = CO-CH_3).

Eine unter dieser Konstitution beschriebene Verbindung (F: 97° [aus A.]) ist in geringer Menge neben *N*-[5-Chlor-biphenylyl-(2)]-acetamid und einer als *N*-[4'-Chlor-biphenyl=yl-(2)]-acetamid angesehenen Verbindung (F: 122°) beim Behandeln von *N*-[Biphen=ylyl-(2)]-acetamid mit Chlor in Essigsäure erhalten worden (*de Crauw*, R. **50** [1931] 753, 776).

5-Chlor-2-amino-biphenyl, 5-Chlor-biphenylyl-(2)-amin, *5-chlorobiphenyl-2-ylamine* $C_{12}H_{10}ClN$, Formel VIII (R = H) (H 1318; E II 749).

B. Aus *N*-[5-Chlor-biphenylyl-(2)]-acetamid mit Hilfe von wss. Salzsäure (*de Crauw*, R. **50** [1931] 753, 776; s. a. *Chaix, de Rochebouet*, Bl. [5] **2** [1935] 273, 278).

Krystalle (aus wss. A.); F: 54° (*de C.*).

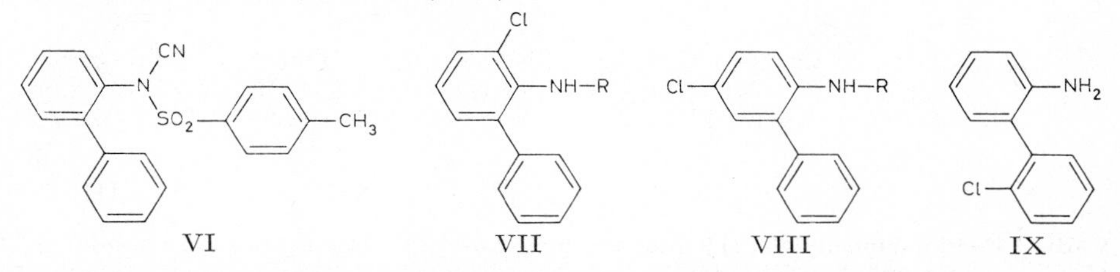

VI VII VIII IX

5-Chlor-2-acetamino-biphenyl, *N*-[5-Chlor-biphenylyl-(2)]-acetamid, N-(*5-chlorobi=phenyl-2-yl)acetamide* $C_{14}H_{12}ClNO$, Formel VIII (R = CO-CH_3) (E II 749).

B. Neben *N*-[3(?)-Chlor-biphenylyl-(2)]-acetamid (s. o.) und *N*-[4'(?)-Chlor-biphenyl=yl-(2)]-acetamid (F: 122°) beim Behandeln von *N*-[Biphenylyl-(2)]-acetamid in Essig=säure mit Chlor (*de Crauw*, R. **50** [1931] 753, 776; vgl. E II 749). Aus 5-Chlor-biphen=ylyl-(2)-amin und Acetanhydrid in Benzol (*de C.*).

F: 125°.

2'-Chlor-2-amino-biphenyl, 2'-Chlor-biphenylyl-(2)-amin, *2'-chlorobiphenyl-2-ylamine* $C_{12}H_{10}ClN$, Formel IX.

B. Aus 2'-Chlor-2-nitro-biphenyl beim Behandeln mit Zinn und wss. Salzsäure (*Mascarelli, Gatti*, G. **61** [1931] 782, 792).

Krystalle (aus PAe.); F: 56—57°.

Hydrochlorid $C_{12}H_{10}ClN \cdot HCl$. Krystalle; F: 176—177°.

4'-Chlor-2-amino-biphenyl, 4'-Chlor-biphenylyl-(2)-amin, *4'-chlorobiphenyl-2-ylamine* $C_{12}H_{10}ClN$, Formel X (R = X = H).

B. Aus 4'-Chlor-2-nitro-biphenyl bei der Hydrierung an Raney-Nickel (*Bradsher, Wissow*, Am. Soc. **68** [1946] 404) sowie mit Hilfe von Eisen [mit wss. Salzsäure vorbehandelt] (*Monsanto Chem. Co.*, U.S.P. 2079450 [1935]). Aus 4'-Chlor-biphenyl-carb=amid-(2) beim Behandeln mit wss. Natriumhypobromit-Lösung (*Huntress, Seikel*, Am. Soc. **61** [1939] 816, 820). Beim Eintragen einer aus *N*-[4'-Amino-biphenylyl-(2)]-acet=amid hergestellten Diazoniumsalz-Lösung in ein Gemisch von Kupfer(I)-chlorid und wss. Salzsäure und Erhitzen des Reaktionsprodukts mit wss.-äthanol. Salzsäure (*Br., Wi.*).

Krystalle; F: 52° [aus Bzn.] (*Raiford, McNulty*, Am. Soc. **56** [1934] 680), 47—48° (*Hu., Sei.*), 46,8—47,2° [aus A.] (*Monsanto Chem. Co.*).

Die Identität und Einheitlichkeit eines von *de Crauw* (R. **50** [1931] 753, 775, 776) als 4'-Chlor-biphenylyl-(2)-amin beschriebenen Präparats (F: 71°) ist ungewiss.

4'-Chlor-2-acetamino-biphenyl, *N*-[4'-Chlor-biphenylyl-(2)]-acetamid, N-(*4'-chloro=biphenyl-2-yl)acetamide* $C_{14}H_{12}ClNO$, Formel X (R = CO-CH_3, X = H).

B. Aus 4'-Chlor-biphenylyl-(2)-amin (*Huntress, Seikel*, Am. Soc. **61** [1939] 816, 820).

F: 121,5—122,5°.

4'-Chlor-2-diacetylamino-biphenyl, *N*-[4'-Chlor-biphenylyl-(2)]-diacetamid, N-(*4'-chloro-biphenyl-2-yl)diacetamide* $C_{16}H_{14}ClNO_2$, Formel X (R = X = CO-CH_3).

B. Beim Erhitzen von 4'-Chlor-biphenylyl-(2)-amin mit Acetanhydrid (*Bradsher, Wissow*, Am. Soc. **68** [1946] 404).

Krystalle (aus wss. A.); F: 96—97°.

4'-Chlor-2-benzamino-biphenyl, *N*-[4'-Chlor-biphenylyl-(2)]-benzamid, N-(*4'-chlorobiphenyl-2-yl)benzamide* $C_{19}H_{14}ClNO$, Formel X (R = CO-C_6H_5, X = H).

B. Beim Behandeln von 4'-Chlor-biphenylyl-(2)-amin mit Benzoylchlorid und wss. Alkalilauge (*Bradsher, Wissow*, Am. Soc. **68** [1946] 404).

Krystalle (aus A.); F: 171—172°.

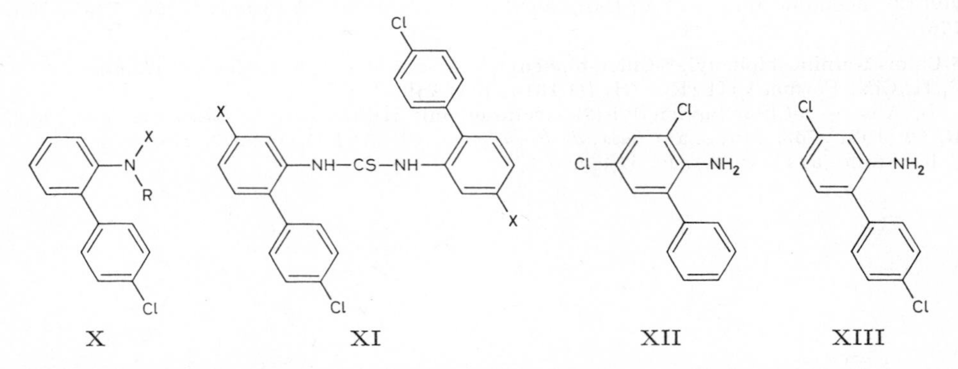

***N.N'*-Bis-[4'-chlor-biphenylyl-(2)]-thioharnstoff,** *1,3-bis(4'-chlorobiphenyl-2-yl)thiourea* $C_{25}H_{18}Cl_2N_2S$, Formel XI (X = H).

B. Aus 4'-Chlor-biphenylyl-(2)-amin beim Erwärmen mit Schwefelkohlenstoff, Schwefel und Äthanol (*Raiford, McNulty*, Am. Soc. **56** [1934] 680), beim Behandeln mit Schwefelkohlenstoff und Pyridin in Gegenwart von Jod (*Rai., McN.*) sowie beim Erwärmen mit Schwefelkohlenstoff und äthanol. Kalilauge (*Monsanto Chem. Co.*, U.S.P. 2106552 [1936]).

Krystalle; F: 193—194° (*Rai., McN.*), 180—180,2° [aus Toluol] (*Monsanto Chem. Co.*).

4'-Chlor-2-benzolsulfinylamino-biphenyl, *N*-[4'-Chlor-biphenylyl-(2)]-benzolsulfinamid, N-(*4'-chlorobiphenyl-2-yl)benzenesulfinamide* $C_{18}H_{14}ClNOS$, Formel X (R = H, X = SO-C_6H_5).

B. In geringer Menge beim Behandeln von 4'-Chlor-biphenylyl-(2)-amin mit Benzolsulfinylchlorid und Pyridin (*Raiford, Hazlet*, Am. Soc. **57** [1935] 2172).

Gelbe Krystalle (aus $CHCl_3$ + Bzn.); F: 206°.

4'-Chlor-2-benzolsulfonylamino-biphenyl, *N*-[4'-Chlor-biphenylyl-(2)]-benzolsulfonamid, N-(*4'-chlorobiphenyl-2-yl)benzenesulfonamide* $C_{18}H_{14}ClNO_2S$, Formel X (R = H, X = SO_2-C_6H_5).

B. Beim Behandeln von 4'-Chlor-biphenylyl-(2)-amin mit Benzolsulfonylchlorid und Pyridin (*Raiford, Hazlet*, Am. Soc. **57** [1935] 2172).

Krystalle (aus wss. A.); F: 136—138°.

3.5-Dichlor-2-amino-biphenyl, 3.5-Dichlor-biphenylyl-(2)-amin, *3,5-dichlorobiphenyl-2-ylamine* $C_{12}H_9Cl_2N$, Formel XII (E II 749).

B. Neben 5-Chlor-biphenylyl-(2)-amin beim Behandeln von *N*-[Biphenylyl-(2)]-acetamid in Acetanhydrid und Essigsäure mit Chlor und Erhitzen des Reaktionsprodukts mit wss. Salzsäure (*Chaix, de Rochebouet*, Bl. [5] **2** [1935] 273, 278).

F: 51°.

4.4'-Dichlor-2-amino-biphenyl, 4.4'-Dichlor-biphenylyl-(2)-amin, *4,4'-dichlorobiphenyl-2-ylamine* $C_{12}H_9Cl_2N$, Formel XIII (E II 749).

B. Aus 4.4'-Dichlor-2-nitro-biphenyl beim Behandeln mit Eisen und wss. Salzsäure (*Monsanto Chem. Co.*, U.S.P. 2084033 [1936]).

F: 91°.

***N.N'*-Bis-[4.4'-dichlor-biphenylyl-(2)]-thioharnstoff,** *1,3-bis(4,4'-dichlorobiphenyl-2-yl)thiourea* $C_{25}H_{16}Cl_4N_2S$, Formel XI (X = Cl).

B. Beim Erwärmen von 4.4'-Dichlor-biphenylyl-(2)-amin mit Schwefelkohlenstoff und äthanol. Kalilauge (*Monsanto Chem. Co.*, U.S.P. 2106552 [1936]).

Krystalle (aus Toluol); F: 181,3°.

5-Brom-2-amino-biphenyl, 5-Brom-biphenylyl-(2)-amin, *5-bromobiphenyl-2-ylamine* $C_{12}H_{10}BrN$, Formel I (R = H) (E II 749).

B. Aus *N*-[5-Brom-biphenylyl-(2)]-acetamid beim Erwärmen mit wss.-äthanol. Salzsäure (*Huber et al.*, Am. Soc. **68** [1946] 1109, 1111; vgl. *Chaix, de Rochebouet*, Bl. [5] **2** [1935] 273, 277).

5-Brom-2-acetamino-biphenyl, *N*-[5-Brom-biphenylyl-(2)]-acetamid, N-*(5-bromobiphenyl-2-yl)acetamide* $C_{14}H_{12}BrNO$, Formel I (R = CO-CH_3) (E II 749).

F: 127—127,5° (*Huber et al.*, Am. Soc. **68** [1946] 1109, 1111).

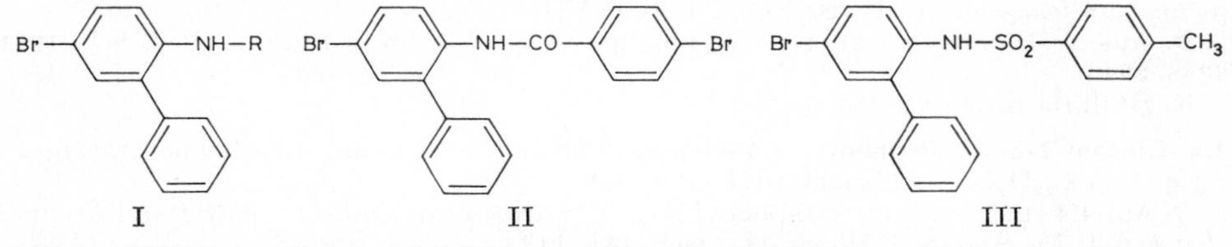

4-Brom-*N*-[5-brom-biphenylyl-(2)]-benzamid, p-*bromo-*N-*(5-bromobiphenyl-2-yl)benzamide* $C_{19}H_{13}Br_2NO$, Formel II.

B. Aus 5-Brom-biphenylyl-(2)-amin und 4-Brom-benzoylchlorid mit Hilfe von Pyridin (*Barber et al.*, Soc. **1947** 84, 86). Aus 4-Brom-*N*-[biphenylyl-(2)]-benzamid und Brom (*Ba. et al.*).

Krystalle (aus A.); F: 161°.

***N*-[5-Brom-biphenylyl-(2)]-toluolsulfonamid-(4),** N-*(5-bromobiphenyl-2-yl)-*p-*toluenesulfonamide* $C_{19}H_{16}BrNO_2S$, Formel III.

B. Aus *N*-[Biphenylyl-(2)]-toluolsulfonamid-(4) und Brom in Chloroform (*Bell*, Soc. **1930** 1071, 1076). Aus 5-Brom-biphenylyl-(2)-amin und Toluol-sulfonylchlorid-(4) mit Hilfe von Pyridin (*Bell*).

Krystalle (aus A.); F: 115°.

2'-Brom-2-amino-biphenyl, 2'-Brom-biphenylyl-(2)-amin, *2'-bromobiphenyl-2-ylamine* $C_{12}H_{10}BrN$, Formel IV.

B. Aus 2'-Brom-2-nitro-biphenyl beim Behandeln mit Zinn und wss. Salzsäure (*Mascarelli, Gatti*, G. **61** [1931] 782, 793; R.A.L. [6] **13** [1931] 887, 891).

E: ca. 46—50°. Kp_{27}: 196—197°.

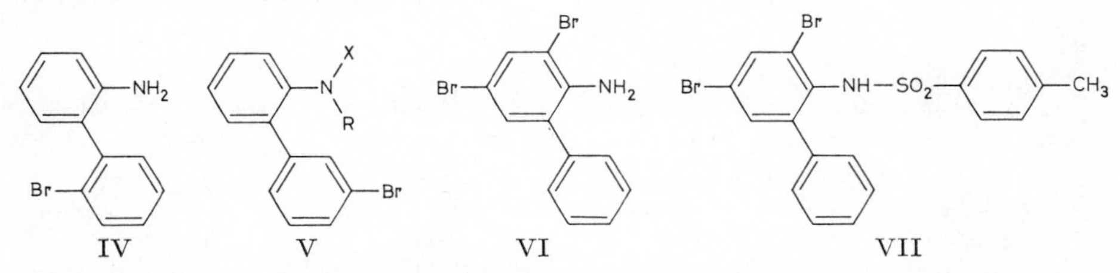

3'-Brom-2-amino-biphenyl, 3'-Brom-biphenylyl-(2)-amin, *3'-bromobiphenyl-2-ylamine* $C_{12}H_{10}BrN$, Formel V (R = X = H).

B. Aus 3'-Brom-2-nitro-biphenyl beim Behandeln mit Zinn(II)-chlorid, wss. Salzsäure und Essigsäure (*Lesslie, Turner*, Soc. **1933** 1588, 1591).

Krystalle (aus wss. A.); F: 69—70°. Kp_{11}: 195°.

3'-Brom-2-dimethylamino-biphenyl, Dimethyl-[3'-brom-biphenylyl-(2)]-amin, *3'-bromo-*N,N-*dimethylbiphenyl-2-ylamine* $C_{14}H_{14}BrN$, Formel V (R = X = CH_3).

B. Beim Behandeln von 3'-Brom-biphenylyl-(2)-amin mit Dimethylsulfat und wss. Alkalilauge (*Lesslie, Turner*, Soc. **1933** 1588, 1591).

Krystalle (aus A.); F: 47—48°. Kp_{12}: 187—188°.

3'-Brom-2-acetamino-biphenyl, *N*-[3'-Brom-biphenylyl-(2)]-acetamid, N-(*3'-bromobiphenyl-2-yl)acetamide* $C_{14}H_{12}BrNO$, Formel V (R = CO-CH_3, X = H).

B. Aus 3'-Brom-biphenylyl-(2)-amin beim Behandeln mit Essigsäure und Acetanhydrid unter Zusatz von Schwefelsäure (*Case*, Am. Soc. **61** [1939] 3487, 3489).

Krystalle (aus Ae. + PAe.); F: 93—94°.

Beim Behandeln mit Brom in Essigsäure unter Zusatz von Natriumacetat ist *N*-[3.5.3'-Tribrom-biphenylyl-(2)]-acetamid erhalten worden.

3.5-Dibrom-2-amino-biphenyl, 3.5-Dibrom-biphenylyl-(2)-amin, *3,5-dibromobiphenyl-2-ylamine* $C_{12}H_9Br_2N$, Formel VI (E II 749).

B. Aus *N*-[3.5-Dibrom-biphenylyl-(2)]-toluolsulfonamid-(4) beim Behandeln mit Schwefelsäure (*Bell*, Soc. **1931** 2338, 2343).

Krystalle (aus A.); F: 53°.

***N*-[3.5-Dibrom-biphenylyl-(2)]-toluolsulfonamid-(4),** N-(*3,5-dibromobiphenyl-2-yl)-*p-*toluenesulfonamide* $C_{19}H_{15}Br_2NO_2S$, Formel VII.

B. Aus *N*-[Biphenylyl-(2)]-toluolsulfonamid-(4) und Brom in Pyridin (*Bell*, Soc. **1931** 2338, 2343).

Krystalle (aus A.); F: 118°.

4.4'-Dibrom-2-amino-biphenyl, 4.4'-Dibrom-biphenylyl-(2)-amin, *4,4'-dibromobiphenyl-2-ylamine* $C_{12}H_9Br_2N$, Formel VIII (R = H).

B. Aus 4.4'-Dibrom-2-nitro-biphenyl beim Erwärmen mit Zinn(II)-chlorid und Äthanol (*Ritchie*, J. Pr. Soc. N.S. Wales **78** [1944] 141, 143).

Krystalle (aus Me.); F: 132°.

4.4'-Dibrom-2-acetamino-biphenyl, *N*-[4.4'-Dibrom-biphenylyl-(2)]-acetamid, N-(*4,4'-dibromobiphenyl-2-yl)acetamide* $C_{14}H_{11}Br_2NO$, Formel VIII (R = CO-CH_3).

B. Aus 4.4'-Dibrom-biphenylyl-(2)-amin und Acetanhydrid (*Richie*, J. Pr. Soc. N. S. Wales **78** [1944] 141, 143).

Krystalle (aus A.); F: 192°.

4.4'-Dibrom-2-benzamino-biphenyl, *N*-[4.4'-Dibrom-biphenylyl-(2)]-benzamid, N-(*4,4'-dibromobiphenyl-2-yl)benzamide* $C_{19}H_{13}Br_2NO$, Formel VIII (R = CO-C_6H_5).

B. Aus 4.4'-Dibrom-biphenylyl-(2)-amin und Benzoylchlorid mit Hilfe von Pyridin (*Ritchie*, J. Pr. Soc. N.S. Wales **78** [1944] 141, 143).

Krystalle (aus A.); F: 176°.

5.3'-Dibrom-2-acetamino-biphenyl, *N*-[5.3'-Dibrom-biphenylyl-(2)]-acetamid, N-(*3',5-dibromobiphenyl-2-yl)acetamide* $C_{14}H_{11}Br_2NO$, Formel IX.

B. Beim Behandeln von *N*-[3'-Brom-biphenylyl-(2)]-acetamid mit Brom (1 Mol) und Natriumacetat in Essigsäure (*Case*, Am. Soc. **61** [1939] 3487, 3489).

Krystalle (aus Bzl. + PAe.); F: 145—146°. Kp_6: 213—216°.

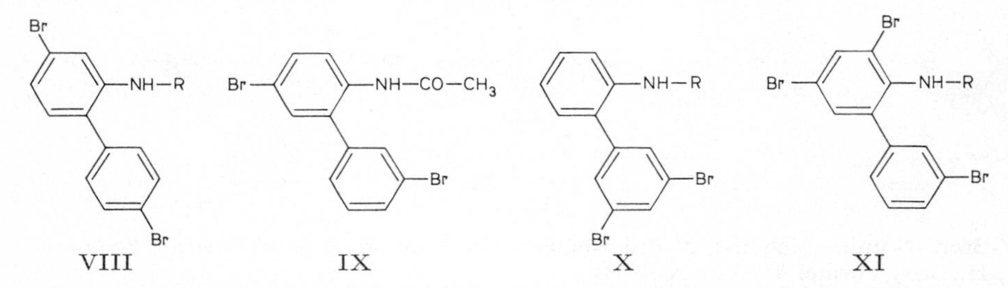

VIII IX X XI

3'.5'-Dibrom-2-amino-biphenyl, 3'.5'-Dibrom-biphenylyl-(2)-amin, *3',5'-dibromobiphenyl-2-ylamine* $C_{12}H_9Br_2N$, Formel X (R = H).

Konstitution: *Bellavita*, G. **67** [1937] 574, 576.

B. Aus 3'.5'-Dibrom-2-nitro-biphenyl beim Behandeln mit Zinn und wss. Salzsäure (*Bellavita*, Atti V. Congr. naz. Chim. pura appl. Sardinien 1935 S. 296, 302).

Krystalle (aus A.); F: 86° (*Be.*, Atti V. Congr. naz. Chim. pura appl. Sardinien).

Hydrochlorid. Krystalle; F: 215° [Zers.] (*Be.*, Atti V. Congr. naz. Chim. pura appl. Sardinien).

3'.5'-Dibrom-2-acetamino-biphenyl, *N*-[3'.5'-Dibrom-biphenylyl-(2)]-acetamid, N-(*3',5'-dibromobiphenyl-2-yl)acetamide* $C_{14}H_{11}Br_2NO$, Formel X (R = CO-CH_3).

B. Aus 3'.5'-Dibrom-biphenylyl-(2)-amin (S. 3138) und Acetanhydrid (*Bellavita*, Atti V. Congr. naz. Chim. pura appl. Sardinien 1935 S. 296, 302).

Krystalle; F: 151—152°.

3.5.3'-Tribrom-2-amino-biphenyl, 3.5.3'-Tribrom-biphenylyl-(2)-amin, *3,3',5-tribromobiphenyl-2-ylamine* $C_{12}H_8Br_3N$, Formel XI (R = H).

B. Aus *N*-[3.5.3'-Tribrom-biphenylyl-(2)]-acetamid mit Hilfe von Bromwasserstoff enthaltendem Äthanol (*Case*, Am. Soc. **61** [1939] 3487, 3489).

Krystalle (aus Me.); F: 111—112°.

3.5.3'-Tribrom-2-acetamino-biphenyl, *N*-[3.5.3'-Tribrom-biphenylyl-(2)]-acetamid, N-(*3,3',5-tribromobiphenyl-2-yl)acetamide* $C_{14}H_{10}Br_3NO$, Formel XI (R = CO-CH_3).

B. Beim Behandeln von *N*-[3'-Brom-biphenylyl-(2)]-acetamid mit Brom (2 Mol) und Natriumacetat in Essigsäure (*Case*, Am. Soc. **61** [1939] 3487, 3489).

Krystalle (aus A.); F: 185—186°.

3'.4'.5'-Tribrom-2-amino-biphenyl, 3'.4'.5'-Tribrom-biphenylyl-(2)-amin, *3',4',5'-tribromobiphenyl-2-ylamine* $C_{12}H_8Br_3N$, Formel XII (R = H).

Konstitution: *Bellavita*, G. **67** [1937] 574, 576.

B. Aus 3'.4'.5'-Tribrom-2-nitro-biphenyl beim Behandeln mit Zinn und wss. Salzsäure (*Bellavita*, Atti V. Congr. naz. Chim. pura appl. Sardinien 1935 S. 296, 302).

Krystalle; F: 113° (*Be.*, Atti V. Congr. naz. Chim. pura appl. Sardinien).

Überführung in eine als 3.4.5-Tribrom-biphenyl zu formulierende, ursprünglich als 4.5.4'-Tribrom-biphenyl angesehene Verbindung $C_{12}H_7Br_3$ (F: 102°): *Be.*, Atti V. Congr. naz. Chim. pura appl. Sardinien.

3'.4'.5'-Tribrom-2-acetamino-biphenyl, *N*-[3'.4'.5'-Tribrom-biphenylyl-(2)]-acetamid, N-(*3',4',5'-tribromobiphenyl-2-yl)acetamide* $C_{14}H_{10}Br_3NO$, Formel XII (R = CO-CH_3).

B. Aus 3'.4'.5'-Tribrom-biphenylyl-(2)-amin (s. o.) und Acetanhydrid (*Bellavita*, Atti V. Congr. naz. Chim. pura appl. Sardinien 1935 S. 296, 303).

Krystalle; F: 189—190°.

***N*-[3-Jod-biphenylyl-(2)]-toluolsulfonamid-(4),** N-(*3-iodobiphenyl-2-yl)*-p-*toluenesulfonamide* $C_{19}H_{16}INO_2S$, Formel XIII.

B. Aus *N*-[Biphenylyl-(2)]-toluolsulfonamid-(4) mit Hilfe von Jod, Jodmonochlorid oder Jodtrichlorid in Pyridin (*Consden, Kenyon*, Soc. **1935** 1591, 1596).

Krystalle (aus A.); F: 114—115°.

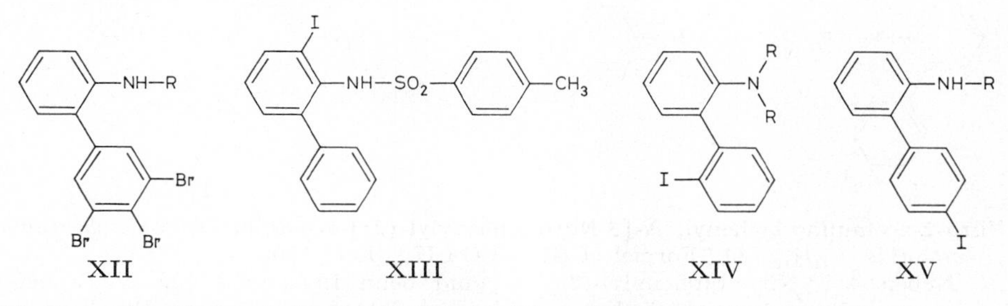

2'-Jod-2-amino-biphenyl, 2'-Jod-biphenylyl-(2)-amin, *2'-iodobiphenyl-2-ylamine* $C_{12}H_{10}IN$, Formel XIV (R = H).

B. Aus 2'-Jod-2-nitro-biphenyl beim Behandeln mit Zinn, wss. Salzsäure und Äthanol (*Mascarelli, Gatti*, G. **61** [1931] 782, 793).

Krystalle (aus A.); F: 81—82° (*Sandin, Hay*, Am. Soc. **74** [1952] 274).

2'-Jod-2-diacetylamino-biphenyl, *N*-[2'-Jod-biphenylyl-(2)]-diacetamid, N-(*2'-iodobiphenyl-2-yl)diacetamide* $C_{16}H_{14}INO_2$, Formel XIV (R = CO-CH_3).

B. Beim Erhitzen von 2'-Jod-biphenylyl-(2)-amin mit Acetanhydrid und Natriumacetat (*Mascarelli, Gatti*, G. **61** [1931] 782, 794).

Krystalle (aus PAe.); F: 129—130°.

4'-Jod-2-amino-biphenyl, 4'-Jod-biphenylyl-(2)-amin, *4'-iodobiphenyl-2-ylamine* $C_{12}H_{10}IN$, Formel XV (R = H).

B. Aus 4'-Jod-2-nitro-biphenyl beim Behandeln mit Zinn, wss. Salzsäure und Äthanol (*Finzi, Bellavita,* G. **64** [1934] 335, 343).

Krystalle (aus Me.); F: 67,5°.

4'-Jod-2-acetamino-biphenyl, *N*-[4'-Jod-biphenylyl-(2)]-acetamid, N-(*4'-iodobiphenyl-2-yl*)*acetamide* $C_{14}H_{12}INO$, Formel XV (R = CO-CH_3).

B. Aus 4'-Jod-biphenylyl-(2)-amin und Acetanhydrid (*Finzi, Bellavita,* G. **64** [1934] 335, 343).

Krystalle (aus A.); F: 156°.

3-Nitro-2-amino-biphenyl, 3-Nitro-biphenylyl-(2)-amin, *3-nitrobiphenyl-2-ylamine* $C_{12}H_{10}N_2O_2$, Formel I (R = H).

B. Aus *N*-[3-Nitro-biphenylyl-(2)]-acetamid beim Erwärmen mit wss.-äthanol. Salzsäure (*Sako,* Bl. chem. Soc. Japan **9** [1934] 55, 68).

Krystalle; F: 44—45°. Kp_6: 194—196°.

3-Nitro-2-acetamino-biphenyl, *N*-[3-Nitro-biphenylyl-(2)]-acetamid, N-(*3-nitrobiphenyl-2-yl*)*acetamide* $C_{14}H_{12}N_2O_3$, Formel I (R = CO-CH_3).

B. Neben *N*-[5-Nitro-biphenylyl-(2)]-acetamid beim Behandeln einer Lösung von *N*-[Biphenylyl-(2)]-acetamid in Acetanhydrid und Essigsäure mit Salpetersäure (*Sako,* Bl. chem. Soc. Japan **9** [1934] 55, 66; vgl. *Stepan, Hamilton,* Am. Soc. **71** [1949] 2438).

Hellgelbe Krystalle; F: 188—188,5° [aus Bzl.] (*Sako,* Bl. chem. Soc. Japan **9** 66), 185—187° (*St., Ha.*).

Beim Behandeln mit Schwefelsäure, Essigsäure und Salpetersäure ist *N*-[3.4'-Dinitro-biphenylyl-(2)]-acetamid erhalten worden (*Sako,* Bl. chem. Soc. Japan **11** [1936] 144, 150).

5-Nitro-2-amino-biphenyl, 5-Nitro-biphenylyl-(2)-amin, *5-nitrobiphenyl-2-ylamine* $C_{12}H_{10}N_2O_2$, Formel II (R = H) (E II 750).

B. Aus *N*-[5-Nitro-biphenylyl-(2)]-acetamid beim Erwärmen mit wss. Salzsäure (*Sako,* Bl. chem. Soc. Japan **9** [1934] 55, 67). Aus *N*-[5-Nitro-biphenylyl-(2)]-toluolsulfonamid-(4) beim Behandeln mit Schwefelsäure (*Braker, Christiansen,* J. Am. pharm. Assoc. **24** [1935] 358, 359; *Ray, Barrick,* Am. Soc. **70** [1948] 1493) sowie beim Erhitzen mit wss. Schwefelsäure (*Case,* Am. Soc. **65** [1943] 2137, 2138) oder mit wss. Schwefelsäure und Essigsäure (*Petrow,* Soc. **1945** 18, 21).

Krystalle (aus A.); F: 125° (*Ray, Ba.*), 125° (*Sako*), 125—126° (*Case*).

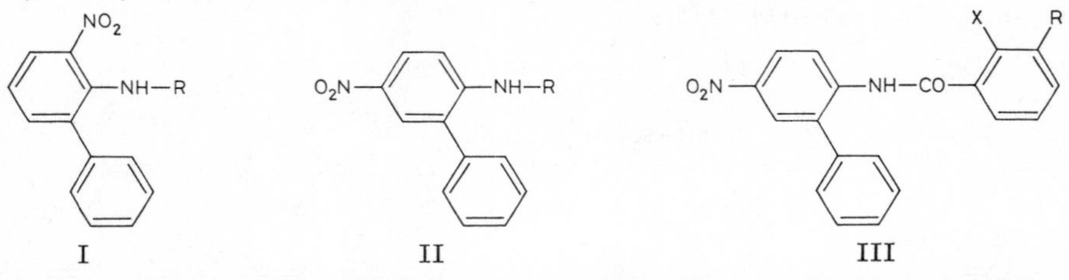

5-Nitro-2-acetamino-biphenyl, *N*-[5-Nitro-biphenylyl-(2)]-acetamid, N-(*5-nitrobiphenyl-2-yl*)*acetamide* $C_{14}H_{12}N_2O_3$, Formel II (R = CO-CH_3) (E II 750).

B. Neben *N*-[3-Nitro-biphenylyl-(2)]-acetamid beim Behandeln von *N*-[Biphenylyl-(2)]-acetamid mit Acetanhydrid, Essigsäure und Salpetersäure (*Sako,* Bl. chem. Soc. Japan **9** [1934] 55, 67).

2-Nitro-*N*-[5-nitro-biphenylyl-(2)]-benzamid, o-*nitro*-N-(*5-nitrobiphenyl-2-yl*)*benzamide* $C_{19}H_{13}N_3O_5$, Formel III (R = H, X = NO_2).

B. Beim Erwärmen von 5-Nitro-biphenylyl-(2)-amin mit 2-Nitro-benzoylchlorid und Pyridin (*Morgan, Walls,* Soc. **1932** 2221, 2228).

Hellbraune Krystalle (aus Eg.) oder gelbe Krystalle (aus A.); F: 167°.

3-Nitro-*N*-[5-nitro-biphenylyl-(2)]-benzamid, m-*nitro*-N-(*5-nitrobiphenyl-2-yl*)*benzamide* $C_{19}H_{13}N_3O_5$, Formel III (R = NO_2, X = H).

B. Beim Erhitzen von 5-Nitro-biphenylyl-(2)-amin mit 3-Nitro-benzoylchlorid in Nitro-

benzol (*Walls*, Soc. **1945** 294, 298).
Krystalle (aus Eg.); F: 190,5°.

4-Nitro-*N*-[5-nitro-biphenylyl-(2)]-benzamid, p-*nitro*-N-(*5-nitrobiphenyl-2-yl*)*benzamide* $C_{19}H_{13}N_3O_5$, Formel IV.

B. Beim Erwärmen von 5-Nitro-biphenylyl-(2)-amin mit 4-Nitro-benzoylchlorid und Pyridin (*Morgan, Walls*, Soc. **1938** 389, 395).

Bräunliche Krystalle (aus Eg.); F: 209°.

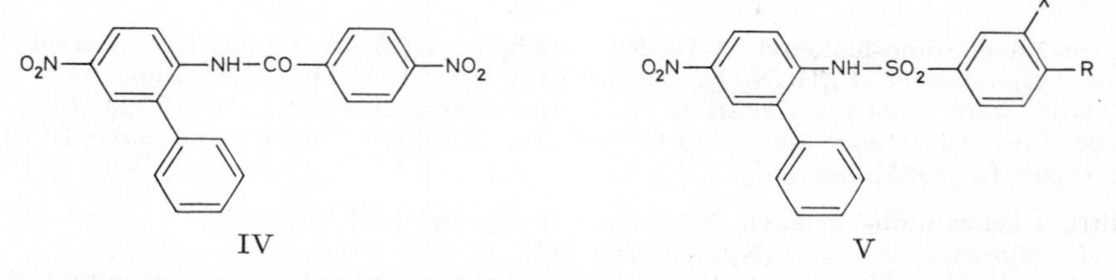

3-Nitro-*N*-[5-nitro-biphenylyl-(2)]-benzolsulfonamid-(1), m-*nitro*-N-(*5-nitrobiphenyl-2-yl*)*benzenesulfonamide* $C_{18}H_{13}N_3O_6S$, Formel V (R = H, X = NO_2).

B. Aus 3-Nitro-*N*-[biphenylyl-(2)]-benzolsulfonamid-(1) beim Erwärmen mit wss. Salpetersäure (*Bell*, Soc. **1930** 1071, 1074).

Krystalle (aus A.); F: 150°.

***N*-[5-Nitro-biphenylyl-(2)]-toluolsulfonamid-(4),** N-(*5-nitrobiphenyl-2-yl*)-p-*toluenesulfonamide* $C_{19}H_{16}N_2O_4S$, Formel V (R = CH_3, X = H) (E II 750).

B. Aus *N*-[Biphenylyl-(2)]-toluolsulfonamid-(4) beim Erwärmen mit Salpetersäure und Essigsäure (*Ray, Barrick*, Am. Soc. **70** [1948] 1492).

F: 169° [aus Eg.].

Bis-[3-nitro-benzol-sulfonyl-(1)]-[5-nitro-biphenylyl-(2)]-amin, m,m'-*dinitro*-N-(*5-nitrobiphenyl-2-yl*)*dibenzenesulfonamide* $C_{24}H_{16}N_4O_{10}S_2$, Formel VI.

B. Beim Behandeln von 3-Nitro-*N*-[5-nitro-biphenylyl-(2)]-benzolsulfonamid-(1) mit 3-Nitro-benzol-sulfonylchlorid-(1) und Pyridin (*Bell*, Soc. **1930** 1071, 1075).

F: 222°.

2'-Nitro-2-amino-biphenyl, 2'-Nitro-biphenylyl-(2)-amin, *2'-nitrobiphenyl-2-ylamine* $C_{12}H_{10}N_2O_2$, Formel VII (R = H) (E II 750).

B. Beim Behandeln einer warmen äthanol. Lösung von 2.2'-Dinitro-biphenyl mit wss. Natriumpolysulfid-Lösung (*Purdie*, Am. Soc. **63** [1941] 2276).

Orangefarbene Krystalle; F: 71° [nach Sublimation bei 0,01 Torr] bzw. F: 64—64,5° [aus Bzl. + PAe.] (*Badger, Sasse*, Soc. **1957** 4, 8), 65—66° [aus A. + PAe.] (*Angelini*, Ann. Chimica **47** [1957] 879, 882); von *Purdie* (l. c.) wird F: 94—94,5° angegeben.

2'-Nitro-2-acetamino-biphenyl, *N*-[2'-Nitro-biphenylyl-(2)]-acetamid, N-(*2'-nitrobiphenyl-2-yl*)*acetamide* $C_{14}H_{12}N_2O_3$, Formel VII (R = CO-CH_3).

F: 159—160° [aus Bzl.] (*Purdie*, Am. Soc. **63** [1941] 2276).

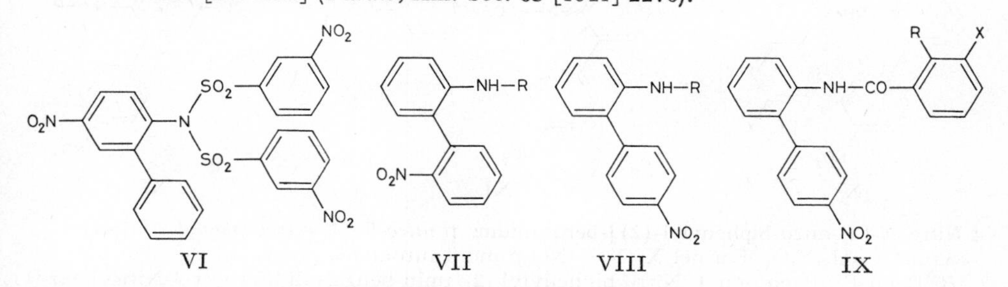

4'-Nitro-2-amino-biphenyl, 4'-Nitro-biphenylyl-(2)-amin, *4'-nitrobiphenyl-2-ylamine* $C_{12}H_{10}N_2O_2$, Formel VIII (R = H) (E II 750).

B. Aus Biphenylyl-(2)-amin beim Behandeln mit Schwefelsäure und Salpetersäure unterhalb 0° (*Harris, Christiansen*, J. Am. pharm. Assoc. **22** [1933] 723, 725), mit Schwefelsäure und Kaliumnitrat bei 0° (*Cymerman, Short*, Soc. **1949** 703, 704) oder mit Schwefelsäure und Äthylnitrat bei —5° (*Finzi, Bellavita*, G. **64** [1934] 335, 343).

F: 159° [aus A.] (*Fi., Be.*), 158—159° [korr.; aus A.] (*Ha., Ch.*).

Reaktion mit Brom in Essigsäure unter Bildung von 3.5-Dibrom-4′-nitro-biphenylyl-(2)-amin: *Bellavita*, G. **67** [1937] 574, 576; vgl. *Bellavita*, Atti V. Congr. naz. Chim. pura appl. Sardinien 1935 S. 296, 303.

Benzolsulfonat $C_{12}H_{10}N_2O_2 \cdot C_6H_6O_3S$. Hellgelbe Krystalle (aus A.); F: 280° [Zers.] (*Cy., Sh.*).

4′-Nitro-2-acetamino-biphenyl, *N*-[4′-Nitro-biphenylyl-(2)]-acetamid, N-(*4′-nitrobiphenyl-2-yl)acetamide* $C_{14}H_{12}N_2O_3$, Formel VIII (R = CO-CH_3) (E II 750).

F: 201° [korr.] (*Harris, Christiansen*, J. Am. pharm. Assoc. **22** [1933] 723, 725), 199° bis 200° [aus Bzl.] (*Case*, Am. Soc. **61** [1939] 767, 769), 198° [aus $CHCl_3$] (*Sako*, Bl. chem. Soc. Japan **10** [1935] 585, 588).

4′-Nitro-2-benzamino-biphenyl, *N*-[4′-Nitro-biphenylyl-(2)]-benzamid, N-(*4′-nitrobiphenyl-2-yl)benzamide* $C_{19}H_{14}N_2O_3$, Formel IX (R = X = H).

B. Aus 4′-Nitro-biphenylyl-(2)-amin beim Erhitzen mit Benzoesäure-anhydrid auf 150° (*Morgan, Walls*, Soc. **1938** 389, 396) sowie beim Erwärmen mit Benzoylchlorid in Nitrobenzol (*Walls*, Soc. **1945** 294, 298).

Krystalle (aus A. oder Bzl.); F: 165,5° (*Mo., Wa.*; *Wa.*).

4-Chlor-*N*-[4′-nitro-biphenylyl-(2)]-benzamidin, p-*chloro*-N-(*4′-nitrobiphenyl-2-yl)benzamidine* $C_{19}H_{14}ClN_3O_2$, Formel X (X = Cl) und Tautomeres.

B. Beim Erhitzen von 4′-Nitro-biphenylyl-(2)-amin-benzolsulfonat mit 4-Chlor-benzonitril auf 200° (*Cymerman, Short*, Soc. **1949** 703, 705).

Krystalle (aus $CHCl_3$ oder Bzl.); F: 145°.

Pikrat $C_{19}H_{14}ClN_3O_2 \cdot C_6H_3N_3O_7$. F: 262—263° [Zers.].

2-Nitro-*N*-[4′-nitro-biphenylyl-(2)]-benzamid, o-*nitro*-N-(*4′-nitrobiphenyl-2-yl)benzamide* $C_{19}H_{13}N_3O_5$, Formel IX (R = NO_2, X = H).

Hellbraune Krystalle (aus Eg.); F: 230—231° (*Walls*, Soc. **1947** 67, 73).

3-Nitro-*N*-[4′-nitro-biphenylyl-(2)]-benzamid, m-*nitro*-N-(*4′-nitrobiphenyl-2-yl)benzamide* $C_{19}H_{13}N_3O_5$, Formel IX (R = H, X = NO_2).

B. Aus 4′-Nitro-biphenylyl-(2)-amin und 3-Nitro-benzoylchlorid in Nitrobenzol (*Walls*, Soc. **1945** 294, 298).

Krystalle (aus Eg.); F: 187°.

4-Nitro-*N*-[4′-nitro-biphenylyl-(2)]-benzamid, p-*nitro*-N-(*4′-nitrobiphenyl-2-yl)benzamide* $C_{19}H_{13}N_3O_5$, Formel XI.

B. Beim Erwärmen von 4′-Nitro-biphenylyl-(2)-amin mit 4-Nitro-benzoylchlorid und Pyridin (*Morgan, Walls*, Soc. **1938** 389, 395).

Krystalle (aus Eg.); F: 208°.

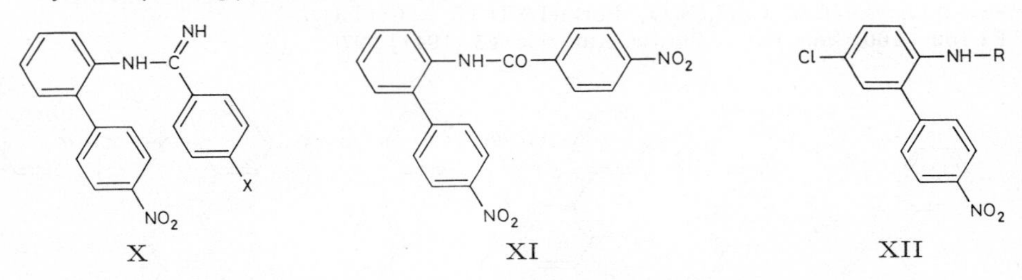

X XI XII

4-Nitro-*N*-[4′-nitro-biphenylyl-(2)]-benzamidin, p-*nitro*-N-(*4′-nitrobiphenyl-2-yl)benzamidine* $C_{19}H_{14}N_4O_4$, Formel X (X = NO_2) und Tautomeres.

B. Beim Erhitzen von 4′-Nitro-biphenylyl-(2)-amin-benzolsulfonat mit 4-Nitro-benzonitril auf 200° (*Cymerman, Short*, Soc. **1949** 703, 705).

Krystalle (aus $CHCl_3$ oder Bzl.); F: 204°.

Pikrat $C_{19}H_{14}N_4O_4 \cdot C_6H_3N_3O_7$. F: 166°.

4-Methoxy-*N*-[4'-nitro-biphenylyl-(2)]-benzamidin, N-(*4'-nitrobiphenyl-2-yl*)-p-*anisamidine* $C_{20}H_{17}N_3O_3$, Formel X (X = OCH_3).

B. Beim Erhitzen von 4'-Nitro-biphenylyl-(2)-amin-benzolsulfonat mit 4-Methoxybenzonitril auf 200° (*Cymerman, Short*, Soc. **1949** 703, 704).

Gelbe Krystalle (aus $CHCl_3$); F: 119—120°.

Pikrat $C_{20}H_{17}N_3O_3 \cdot C_6H_3N_3O_7$. Gelbe Nadeln (aus A.) vom F: 171—172° sowie gelbe Tafeln (aus A.) vom F: 194—195°.

4-Methylsulfon-*N*-[4'-nitro-biphenylyl-(2)]-benzamidin, p-(*methylsulfonyl*)-N-(*4'-nitrobiphenyl-2-yl*)*benzamidine* $C_{20}H_{17}N_3O_4S$, Formel X (X = SO_2-CH_3) und Tautomeres.

B. Beim Erhitzen von 4'-Nitro-biphenylyl-(2)-amin-benzolsulfonat mit 4-Methylsulfonbenzonitril auf 200° (*Cymerman, Short*, Soc. **1949** 703, 705).

Krystalle (aus $CHCl_3$ oder Bzl.); F: 192—192,5°.

Pikrat $C_{20}H_{17}N_3O_4S \cdot C_6H_3N_3O_7$. F: 235—236°.

5-Chlor-4'-nitro-2-amino-biphenyl, 5-Chlor-4'-nitro-biphenylyl-(2)-amin, *5-chloro-4'-nitrobiphenyl-2-ylamine* $C_{12}H_9ClN_2O_2$, Formel XII (R = H).

B. Aus *N*-[5-Chlor-4'-nitro-biphenylyl-(2)]-acetamid beim Erwärmen mit wss.-äthanol. Salzsäure (*Cymerman, Short*, Soc. **1949** 703, 704).

F: 159,5—160°.

Benzolsulfonat $C_{12}H_9ClN_2O_2 \cdot C_6H_6O_3S$. Hellgelbe Krystalle (aus Me.); F: 263° [Zers.].

5-Chlor-4'-nitro-2-acetamino-biphenyl, *N*-[5-Chlor-4'-nitro-biphenylyl-(2)]-acetamid, N-(*5-chloro-4'-nitrobiphenyl-2-yl*)*acetamide* $C_{14}H_{11}ClN_2O_3$, Formel XII (R = CO-CH_3).

B. Beim Einleiten von Chlor in ein warmes Gemisch von *N*-[4'-Nitro-biphenylyl-(2)]-acetamid, Essigsäure und Natriumacetat (*Cymerman, Short*, Soc. **1949** 703, 704).

Krystalle (aus Eg.); F: 208—209°.

5-Brom-4'-nitro-2-amino-biphenyl, 5-Brom-4'-nitro-biphenylyl-(2)-amin, *5-bromo-4'-nitrobiphenyl-2-ylamine* $C_{12}H_9BrN_2O_2$, Formel I (R = H).

B. Aus *N*-[5-Brom-4'-nitro-biphenylyl-(2)]-acetamid beim Erwärmen mit wss. Schwefelsäure (*Case*, Am. Soc. **67** [1945] 116, 118) oder mit wss.-äthanol. Salzsäure (*Walls*, Soc. **1945** 294, 299).

Orangerote Krystalle; F: 152° [aus A.] (*Wa.*), 151—152° [aus Acn. + A.] (*Case*).

5-Brom-4'-nitro-2-acetamino-biphenyl, *N*-[5-Brom-4'-nitro-biphenylyl-(2)]-acetamid, N-(*5-bromo-4'-nitrobiphenyl-2-yl*)*acetamide* $C_{14}H_{11}BrN_2O_3$, Formel I (R = CO-CH_3).

B. Aus *N*-[4'-Nitro-biphenylyl-(2)]-acetamid und Brom in Essigsäure (*Walls*, Soc. **1945** 294, 299) oder in Essigsäure in Gegenwart von Natriumacetat (*Case*, Am. Soc. **67** [1945] 116, 118).

Gelbe Krystalle; F: 214° [aus Eg.] (*Wa.*), 213—214° [aus Acn. + A.] (*Case*).

4-Nitro-*N*-[5-brom-4'-nitro-biphenylyl-(2)]-benzamid, N-(*5-bromo-4'-nitrobiphenyl-2-yl*)-p-*nitrobenzamide* $C_{19}H_{12}BrN_3O_5$, Formel II.

B. Aus 5-Brom-4'-nitro-biphenylyl-(2)-amin und 4-Nitro-benzoylchlorid in Nitrobenzol (*Walls*, Soc. **1945** 294, 299).

Hellgelbe Krystalle (aus Nitrobenzol); F: 245°.

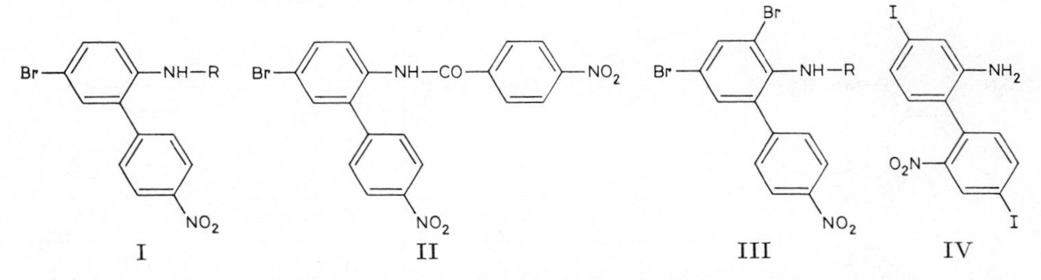

I II III IV

3.5-Dibrom-4'-nitro-2-amino-biphenyl, 3.5-Dibrom-4'-nitro-biphenylyl-(2)-amin, *3,5-dibromo-4'-nitrobiphenyl-2-ylamine* $C_{12}H_8Br_2N_2O_2$, Formel III (R = H).

Konstitution: *Bellavita*, G. **67** [1937] 574, 576.

B. Aus 4'-Nitro-biphenylyl-(2)-amin und Brom in Essigsäure (*Bellavita,* Atti V. Congr. naz. Chim. pura appl. Sardinien 1935 S. 296, 303).

Gelbe Krystalle (aus Eg.); F: 189° (*Be.,* Atti V. Congr. naz. Chim. pura appl. Sardinien).

3.5-Dibrom-4'-nitro-2-acetamino-biphenyl, *N*-[3.5-Dibrom-4'-nitro-biphenylyl-(2)]-acetamid, N-(*3,5-dibromo-4'-nitrobiphenyl-2-yl)acetamide* $C_{14}H_{10}Br_2N_2O_3$, Formel III (R = $CO-CH_3$).

B. Beim Behandeln von 3.5-Dibrom-4'-nitro-biphenylyl-(2)-amin (S. 3143) mit Acetanhydrid und Natriumacetat (*Bellavita,* Atti V. Congr. naz. Chim. pura appl. Sardinien 1935 S. 296, 304).

Krystalle; F: 158°.

4.4'-Dijod-2'-nitro-2-amino-biphenyl, 4.4'-Dijod-2'-nitro-biphenylyl-(2)-amin, *4,4'-diiodo-2'-nitrobiphenyl-2-ylamine* $C_{12}H_8I_2N_2O_2$, Formel IV.

B. Beim Einleiten von Schwefelwasserstoff in eine Lösung von 4.4'-Dijod-2.2'-dinitrobiphenyl in wss.-äthanol. Ammoniak bei 70° (*Ponte,* Giorn. Farm. Chim. **83** [1934] 347).

Gelbe Krystalle (aus wss. A.); F: 155—156°.

3-Nitro-*N*-[3.5-dinitro-biphenylyl-(2)]-benzolsulfonamid, N-(*3,5-dinitrobiphenyl-2-yl)-*m-*nitrobenzenesulfonamide* $C_{18}H_{12}N_4O_8S$, Formel V.

B. Aus 3-Nitro-*N*-[biphenylyl-(2)]-benzolsulfonamid-(1) beim Erwärmen mit Salpetersäure und Essigsäure (*Bell,* Soc. **1930** 1071, 1074).

Krystalle (aus A.); F: 148°.

3.4'-Dinitro-2-amino-biphenyl, 3.4'-Dinitro-biphenylyl-(2)-amin, *3,4'-dinitrobiphenyl-2-ylamine* $C_{12}H_9N_3O_4$, Formel VI (R = H).

B. Aus *N*-[3.4'-Dinitro-biphenylyl-(2)]-acetamid beim Erwärmen mit wss.-äthanol. Salzsäure (*Sako,* Bl. chem. Soc. Japan **11** [1936] 144, 151).

Orangefarbene Krystalle (aus Bzl.); F: 196—197°.

3.4'-Dinitro-2-acetamino-biphenyl, *N*-[3.4'-Dinitro-biphenylyl-(2)]-acetamid, N-(*3,4'-dinitrobiphenyl-2-yl)acetamide* $C_{14}H_{11}N_3O_5$, Formel VI (R = $CO-CH_3$).

B. Aus *N*-[3-Nitro-biphenylyl-(2)]-acetamid beim Behandeln mit Schwefelsäure, Essigsäure und Salpetersäure (*Sako,* Bl. chem. Soc. Japan **11** [1936] 144, 150).

Gelbe Krystalle (aus A.); F: 207,5° [nach Sintern].

4.4'-Dinitro-2-amino-biphenyl, 4.4'-Dinitro-biphenylyl-(2)-amin, *4,4'-dinitrobiphenyl-2-ylamine* $C_{12}H_9N_3O_4$, Formel VII (R = X = H).

B. Aus Biphenylyl-(2)-amin beim Behandeln mit Schwefelsäure und Salpetersäure bei —5° (*Ritchie,* J. Pr. Soc. N.S. Wales **78** [1944] 177, 184) oder mit Schwefelsäure und Kaliumnitrat bei 0° (*Cymerman, Short,* Soc. **1949** 703, 704). Aus 4'-Nitro-biphenylyl-(2)-amin beim Behandeln mit Schwefelsäure und Äthylnitrat bei —5° (*Finzi, Bellavita,* G. **68** [1938] 77, 85).

Orangefarbene Krystalle; F: 208° [aus A. oder A. + Py.] (*Fi., Be.; Ri.*), 206° [aus 1-Äthoxy-äthanol-(2)] (*Cy., Sh.*).

Benzolsulfonat $C_{12}H_9N_3O_4 \cdot C_6H_6O_3S$. Gelbliche Krystalle (aus A.); F: 249° [Zers.] (*Cy., Sh.*).

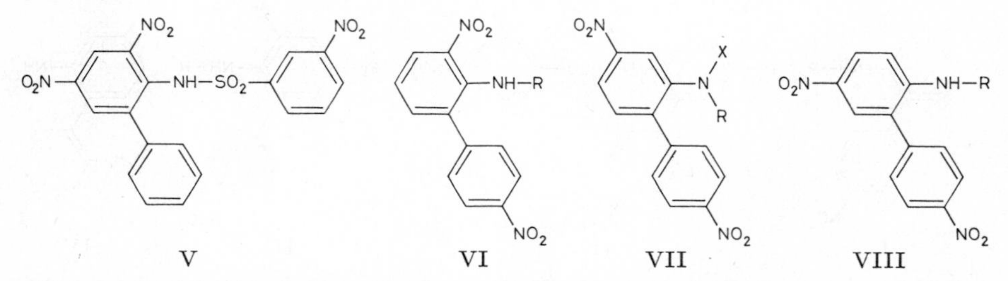

4.4'-Dinitro-2-acetamino-biphenyl, *N*-[4.4'-Dinitro-biphenylyl-(2)]-acetamid, N-(*4,4'-dinitrobiphenyl-2-yl)acetamide* $C_{14}H_{11}N_3O_5$, Formel VII (R = $CO-CH_3$, X = H).

B. Neben 4.4'-Dinitro-2-diacetylamino-biphenyl beim Behandeln von 4.4'-Dinitro-biphenylyl-(2)-amin mit Acetanhydrid (*Ritchie*, J. Pr. Soc. N.S. Wales **78** [1944] 177, 185).

Krystalle; F: 175° [aus A.] (*Ri.*), 168—169° (*Finzi, Bellavita*, G. **68** [1938] 77, 86), 168—169° [Zers.] (*Cymerman, Short*, Soc. **1949** 703, 704).

4.4'-Dinitro-2-diacetylamino-biphenyl, *N*-[4.4'-Dinitro-biphenylyl-(2)]-diacetamid, N-(*4,4'-dinitrobiphenyl-2-yl*)*diacetamide* $C_{16}H_{13}N_3O_6$, Formel VII (R = X = CO-CH_3).

B. s. im vorangehenden Artikel.

Krystalle (aus wss. Py.); F: 195° (*Ritchie*, J. Pr. Soc. N.S. Wales **78** [1944] 177, 185).

4.4'-Dinitro-2-benzamino-biphenyl, *N*-[4.4'-Dinitro-biphenylyl-(2)]-benzamid, N-(*4,4'-di= nitrobiphenyl-2-yl*)*benzamide* $C_{19}H_{13}N_3O_5$, Formel VII (R = CO-C_6H_5, X = H).

B. Aus 4.4'-Dinitro-biphenylyl-(2)-amin und Benzoylchlorid in Chlorbenzol (*Walls*, Soc. **1945** 294, 299; vgl. *Ritchie*, J. Pr. Soc. N.S. Wales **78** [1944] 177, 185).

Gelbliche Krystalle; F: 236° [aus A. + Py.] (*Ri.*), 234° [aus Eg.] (*Wa.*).

***N*-[4.4'-Dinitro-biphenylyl-(2)]-benzamidin,** N-(*4,4'-dinitrobiphenyl-2-yl*)*benzamidine* $C_{19}H_{14}N_4O_4$, Formel VII (R = C(=NH)-C_6H_5, X = H) und Tautomeres.

B. Beim Erhitzen von 4.4'-Dinitro-biphenylyl-(2)-amin-benzolsulfonat mit Benzonitril auf 200° (*Cymerman, Short*, Soc. **1949** 703, 705, 707).

Gelbe Krystalle (aus $CHCl_3$) vom F: 171,5—172° und vom F: 146—147°.

Pikrat $C_{19}H_{14}N_4O_4 \cdot C_6H_3N_3O_7$. Gelbe Krystalle; F: 195—196°.

5.4'-Dinitro-2-benzamino-biphenyl, *N*-[5.4'-Dinitro-biphenylyl-(2)]-benzamid, N-(*4',5-dinitrobiphenyl-2-yl*)*benzamide* $C_{19}H_{13}N_3O_5$, Formel VIII (R = CO-C_6H_5).

B. Aus 5.4'-Dinitro-biphenylyl-(2)-amin (E II 750) und Benzoesäure-anhydrid (*Morgan, Walls*, Soc. **1938** 389, 396).

Krystalle (aus Nitrobenzol); F: 250°.

Bis-[3-nitro-benzol-sulfonyl-(1)]-[5.4'-dinitro-biphenylyl-(2)]-amin, m,m'-*dinitro*-N-(*4',5'-dinitrobiphenyl-2-yl*)*dibenzenesulfonamide* $C_{24}H_{15}N_5O_{12}S_2$, Formel IX.

Eine Verbindung (F: 240°), der wahrscheinlich diese Konstitution zukommt, ist beim Eintragen von Bis-[3-nitro-benzol-sulfonyl-(1)]-[5-nitro-biphenylyl-(2)]-amin in Sal= petersäure erhalten worden (*Bell*, Soc. **1930** 1071, 1075).

3.5.4'-Trinitro-2-amino-biphenyl, 3.5.4'-Trinitro-biphenylyl-(2)-amin, *3,4',5-trinitrobi= phenyl-2-ylamine* $C_{12}H_8N_4O_6$, Formel X (R = H) (E II 751).

B. Aus [3.5.4'-Trinitro-biphenylyl-(2)]-carbamidsäure-methylester beim Erwärmen mit äthanol. Ammoniak (*Werther*, R. **52** [1933] 657, 673). Aus *N*-Nitro-*N*-äthyl-*N'*-[3.5.4'-trinitro-biphenylyl-(2)]-harnstoff beim Erhitzen mit Wasser (*We.*, l. c. S. 672). Aus 3-Nitro-*N*-[3.5.4'-trinitro-biphenylyl-(2)]-benzolsulfonamid-(1) (*Bell*, Soc. **1930** 1071, 1075).

Krystalle; F: 239° [aus Py.] (*Bell*), 227° [aus Anilin] (*We.*).

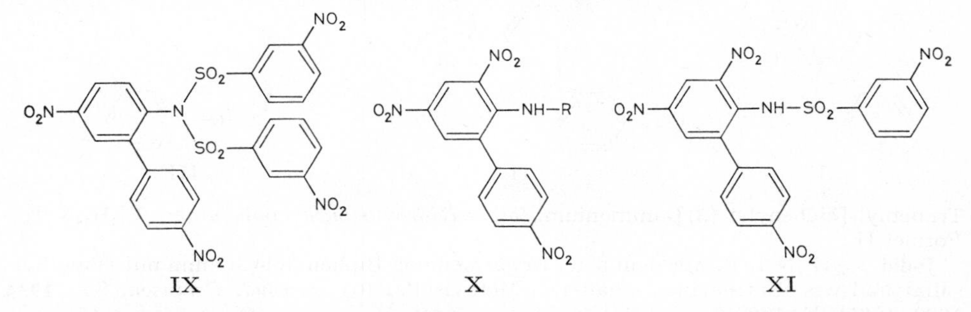

[3.5.4'-Trinitro-biphenylyl-(2)]-carbamidsäure-methylester, (*3,4',5-trinitrobiphenyl-2-yl*)= *carbamic acid methyl ester* $C_{14}H_{10}N_4O_8$, Formel X (R = CO-OCH_3).

B. Aus Biphenylyl-(2)-carbamidsäure-methylester beim Behandeln mit Salpetersäure (*Werther*, R. **52** [1933] 657, 673). Aus *N*-Nitro-*N*-äthyl-*N'*-[3.5.4'-trinitro-biphenylyl-(2)]-harnstoff beim Erwärmen mit Methanol (*We.*).

Gelbe Krystalle (aus PAe.); F: 77°.

[3.5.4'-Trinitro-biphenylyl-(2)]-carbamidsäure-äthylester, *(3,4',5-trinitrobiphenyl-2-yl)carbamic acid ethyl ester* $C_{15}H_{12}N_4O_8$, Formel X (R = $CO\text{-}OC_2H_5$).

B. Aus Biphenylyl-(2)-carbamidsäure-äthylester oder aus *N*-Nitro-*N*-äthyl-*N'*-[3.5.4'-trinitro-biphenylyl-(2)]-harnstoff analog der im vorangehenden Artikel beschriebenen Verbindung (*Werther*, R. **52** [1933] 657, 673).

Gelbe Krystalle (aus PAe.); F: 65°.

***N*-Nitro-*N*-äthyl-*N'*-[3.5.4'-trinitro-biphenylyl-(2)]-harnstoff,** *1-ethyl-1-nitro-3-(3,4',5-trinitrobiphenyl-2-yl)urea* $C_{15}H_{12}N_6O_9$, Formel X (R = $CO\text{-}N(NO_2)\text{-}C_2H_5$).

B. Aus *N*-Äthyl-*N'*-[biphenylyl-(2)]-harnstoff beim Behandeln mit Salpetersäure (*Werther*, R. **52** [1933] 657, 672).

F: 100° [Zers.]

3-Nitro-*N*-[3.5.4'-trinitro-biphenylyl-(2)]-benzolsulfonamid-(1), m-*nitro*-N-*(3,4',5-trinitrobiphenyl-2-yl)benzenesulfonamide* $C_{18}H_{11}N_5O_{10}S$, Formel XI.

B. Aus 3-Nitro-*N*-[3.5-dinitro-biphenylyl-(2)]-benzolsulfonamid-(1) beim Eintragen in Salpetersäure (*Bell*, Soc. **1930** 1071, 1075).

Benzol enthaltende Krystalle (aus Bzl.), die bei 120° das Benzol abgeben; F: 170° bis 175°.

3-Amino-biphenyl, Biphenylyl-(3)-amin, *biphenyl-3-ylamine* $C_{12}H_{11}N$, Formel I (R = X = H) (H 1318; E II 751).

F: 33° (*Bowden*, Soc. **1931** 1111, 1112), 31—31,5° (*Campaigne, Reid*, Am. Soc. **68** [1946] 1663), 31° (*Pestemer, Mayer-Pitsch*, M. **70** [1937] 104, 112). UV-Spektrum von Lösungen in Heptan: *Pe., Ma.-P.*, l. c. S. 105; *Kiss, Csetneky*, Acta Univ. Szeged **2** [1948] 132, 133; in Äther: *Pe., Ma.-P.*, l. c. S. 110; einer Lösung des Hydrochlorids in wss. Salzsäure: *Pe., Ma.-P.*, l. c. S. 109.

Pikrat $C_{12}H_{11}N \cdot C_6H_3N_3O_7$. Gelbe Krystalle (aus A.); F: 196° [korr.] (*Allen, Young, Gilbert*, J. org. Chem. **2** [1937] 235, 244).

2-Nitro-indandion-(1.3)-Salz $C_{12}H_{11}N \cdot C_9H_5NO_4$. Gelbliche Krystalle (aus A.); F: 198° [Zers.] (*Wanag, Lode*, B. **70** [1937] 547, 555).

3-Dimethylamino-biphenyl, Dimethyl-[biphenylyl-(3)]-amin, N,N-*dimethylbiphenyl-3-ylamine* $C_{14}H_{15}N$, Formel I (R = X = CH_3).

B. Beim Erwärmen von Biphenylyl-(3)-amin mit Dimethylsulfat und Wasser (*Groenewoud, Robinson*, Soc. **1934** 1692, 1695). Neben anderen Verbindungen beim Erhitzen von Trimethyl-phenyl-ammonium-tetrafluoroborat mit Benzoldiazonium-tetrafluoroborat auf 150° (*Nešmejanow, Makarowa*, Izv. Akad. S.S.S.R. Otd. chim. **1947** 213—216; C. A. **1948** 5440).

Kp_{12}: 171—173° (*Gr., Ro.*; *Ne., Ma.*).

Beim Behandeln mit wss. Salzsäure und Natriumnitrit ist Dimethyl-[6-nitroso-biphenylyl-(3)]-amin erhalten worden (*Gr., Ro.*).

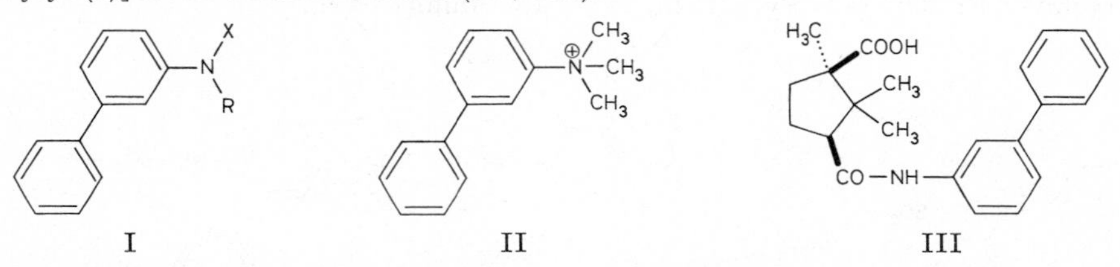

I II III

Trimethyl-[biphenylyl-(3)]-ammonium, *(biphenyl-3-yl)trimethylammonium* $[C_{15}H_{18}N]^{\oplus}$, Formel II.

Jodid $[C_{15}H_{18}N]I$. *B.* Aus dem beim Erwärmen von Biphenylyl-(3)-amin mit Dimethylsulfat und wss. Natronlauge erhaltenen Methylsulfat (*Groenewoud, Robinson*, Soc. **1934** 1692, 1695). F: 182° (*Gr., Ro.*).

Pikrat $[C_{15}H_{18}N]C_6H_2N_3O_7$. Gelbe Krystalle (aus A. oder W.); F: 167° (*Nešmejanow, Makarowa*, Izv. Akad. S.S.S.R. Otd. chim. **1947** 213, 216; C. A. **1948** 5440), 166—167° (*Gr., Ro.*).

2.2.3-Trimethyl-1-[biphenylyl-(3)-carbamoyl]-cyclopentan-carbonsäure-(3), *3-(biphenyl-3-ylcarbamoyl)-1,2,2-trimethylcyclopentanecarboxylic acid* $C_{22}H_{25}NO_3$.

(1*S*)-2.2.3*t*-Trimethyl-1*r*-[biphenylyl-(3)-carbamoyl]-cyclopentan-carbonsäure-(3*c*), (1*R*)-*cis*-Camphersäure-3-[biphenylyl-(3)-amid], Formel III.

B. Beim Erhitzen von Biphenylyl-(3)-amin mit (1*R*)-*cis*-Camphersäure-anhydrid unter Zusatz von Natriumacetat auf 120° (*Singh, Singh*, J. Indian chem. Soc. **19** [1942] 145, 147).

Krystalle (aus A.); F: 204—205°. $[\alpha]_D^{20}$: +40,8° [Me.; c = 0,6]; $[\alpha]_D^{20}$: +25,0° [A.; c = 0,6]; $[\alpha]_D^{20}$: +19,6° [Acn.; c = 0,6]; $[\alpha]_D^{20}$: —7,5° [Butanon; c = 0,6].

***N*-[Biphenylyl-(3)]-toluolsulfonamid-(4)**, N-(*biphenyl-3-yl*)-p-*toluenesulfonamide* $C_{19}H_{17}NO_2S$, Formel IV.

B. Aus Biphenylyl-(3)-amin und Toluol-sulfonylchlorid-(4) mit Hilfe von Pyridin (*Case*, Am. Soc. **67** [1945] 116, 119).

Krystalle (aus A.); F: 115—116°.

Beim Erwärmen mit wss. Salpetersäure ist *N*-[4-Nitro-biphenylyl-(3)]-toluolsulfon-amid-(4) erhalten worden.

***N*-Nitroso-*N*-[biphenylyl-(3)]-acetamid**, N-(*biphenyl-3-yl*)-N-*nitrosoacetamide* $C_{14}H_{12}N_2O_2$, Formel I (R = CO-CH_3, X = NO).

B. Beim Behandeln eines Gemisches von *N*-[Biphenylyl-(3)]-acetamid, Essigsäure, Acetanhydrid, Kaliumacetat und Phosphor(V)-oxid mit Nitrosylchlorid in Acetanhydrid (*France, Heilbron, Hey*, Soc. **1940** 369).

Krystalle; F: 78° [Zers.] (*Fr., Hei., Hey*, Soc. **1940** 369).

Reaktion mit Benzol unter Bildung von *m*-Terphenyl: *France, Heilbron, Hey*, Soc. **1939** 1288, 1291, **1940** 369.

4.2'-Dichlor-3-amino-biphenyl, 4.2'-Dichlor-biphenylyl-(3)-amin, *2',4-dichlorobiphenyl-3-ylamine* $C_{12}H_9Cl_2N$, Formel V.

B. Aus 4.2'-Dichlor-3-nitro-biphenyl beim Behandeln mit Zinn und wss.-äthanol. Salzsäure (*Bellavita*, G. **65** [1935] 632, 639).

Krystalle (aus A.); F: 44°.

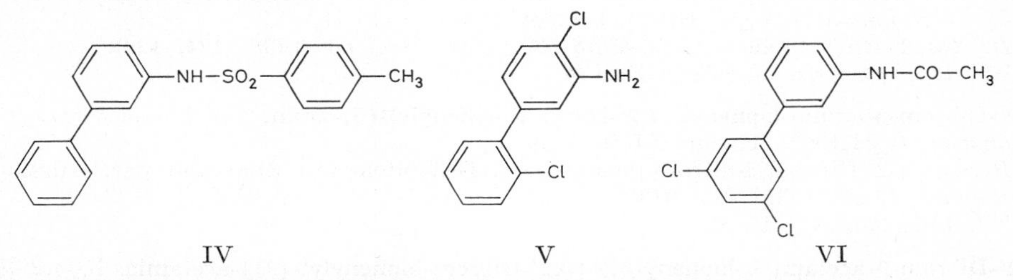

3'.5'-Dichlor-3-acetamino-biphenyl, *N*-[3'.5'-Dichlor-biphenylyl-(3)]-acetamid, N-(*3',5'-dichlorobiphenyl-3-yl*)*acetamide* $C_{14}H_{11}Cl_2NO$, Formel VI.

B. Beim Behandeln von 3'.5'-Dichlor-3-nitro-biphenyl mit Zinn(II)-chlorid und Chlor-wasserstoff in Äthanol und Erwärmen des erhaltenen 3'.5'-Dichlor-biphenylyl-(3)-amins ($C_{12}H_9Cl_2N$) mit Acetanhydrid (*Hinkel, Dippy*, Soc. **1930** 1387, 1389).

Krystalle (aus wss. A.); F: 168°.

4-Brom-3-amino-biphenyl, 4-Brom-biphenylyl-(3)-amin, *4-bromobiphenyl-3-ylamine* $C_{12}H_{10}BrN$, Formel VII (R = H) (E II 752).

B. Aus 4-Brom-3-nitro-biphenyl beim Behandeln mit Zinn(II)-chlorid und Äthanol (*Case*, Am. Soc. **58** [1936] 1249).

Krystalle (aus Bzl. + PAe.); F: 97—98°.

4-Brom-3-acetamino-biphenyl, *N*-[4-Brom-biphenylyl-(3)]-acetamid, N-(*4-bromobi-phenyl-3-yl*)*acetamide* $C_{14}H_{12}BrNO$, Formel VII (R = CO-CH_3) (E II 752).

B. Aus 4-Brom-biphenylyl-(3)-amin und Acetanhydrid (*Case*, Am. Soc. **58** [1936] 1249).

Krystalle (aus Me.); F: 127°.

5-Brom-3-amino-biphenyl, 5-Brom-biphenylyl-(3)-amin, *5-bromobiphenyl-3-ylamine* $C_{12}H_{10}BrN$, Formel VIII (R = H) (E II 752).

B. Aus 5-Brom-3-nitro-biphenyl beim Behandeln mit Zinn(II)-chlorid und Äthanol

(*Case*, Am. Soc. **61** [1939] 3487, 3489).
Krystalle (aus Bzl. + PAe.); F: 89—90°.

5-Brom-3-acetamino-biphenyl, *N*-[5-Brom-biphenylyl-(3)]-acetamid, N-(*5-bromobiphenyl-3-yl)acetamide* $C_{14}H_{12}BrNO$, Formel VIII (R = CO-CH_3) (E II 752).
Krystalle (aus Bzl.); F: 142—143° (*Case*, Am. Soc. **61** [1939] 3487, 3489).

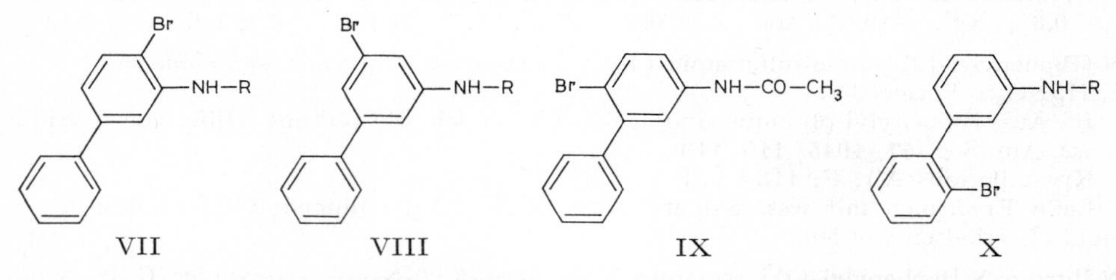

6-Brom-3-acetamino-biphenyl, *N*-[6-Brom-biphenylyl-(3)]-acetamid, N-(*6-bromobiphenyl-3-yl)acetamide* $C_{14}H_{12}BrNO$, Formel IX.
B. Beim Behandeln von 6-Brom-3-nitro-biphenyl mit Zinn(II)-chlorid und Äthanol und Behandeln des Reaktionsprodukts mit Acetanhydrid (*Case*, Am. Soc. **58** [1936] 1249). Aus *N*-[Biphenylyl-(3)]-acetamid und Brom (*Case*).
Krystalle (aus Me.); F: 162—163°.

2'-Brom-3-amino-biphenyl, 2'-Brom-biphenylyl-(3)-amin, *2'-bromobiphenyl-3-ylamine* $C_{12}H_{10}BrN$, Formel X (R = H).
B. Aus 2'-Brom-3-nitro-biphenyl beim Behandeln mit Zinn(II)-chlorid und Äthanol (*Case*, Am. Soc. **60** [1938] 424, 426).
Krystalle (aus Ae. + PAe.); F: 57°.

2'-Brom-3-acetamino-biphenyl, *N*-[2'-Brom-biphenylyl-(3)]-acetamid, N-(*2'-bromobiphenyl-3-yl)acetamide* $C_{14}H_{12}BrNO$, Formel X (R = CO-CH_3).
B. Aus 2'-Brom-biphenylyl-(3)-amin (*Case*, Am. Soc. **60** [1938] 424, 426).
Krystalle (aus Bzl. + PAe.); F: 135°.

4.2'-Dibrom-3-amino-biphenyl, 4.2'-Dibrom-biphenylyl-(3)-amin, *2',4-dibromobiphenyl-3-ylamine* $C_{12}H_9Br_2N$, Formel XI (R = H).
B. Aus 4.2'-Dibrom-3-nitro-biphenyl beim Behandeln mit Zinn und wss. Salzsäure (*Bellavita*, G. **65** [1935] 632, 643).
Krystalle (aus A.); F: 88°.

4.2'-Dibrom-3-acetamino-biphenyl, *N*-[4.2'-Dibrom-biphenylyl-(3)]-acetamid, N-(*4,2'-dibromobiphenyl-3-yl)acetamide* $C_{14}H_{11}Br_2NO$, Formel XI (R = CO-CH_3).
B. Aus 4.2'-Dibrom-biphenylyl-(3)-amin und Acetanhydrid (*Bellavita*, G. **65** [1935] 632, 644).
Krystalle (aus A.); F: 118°.

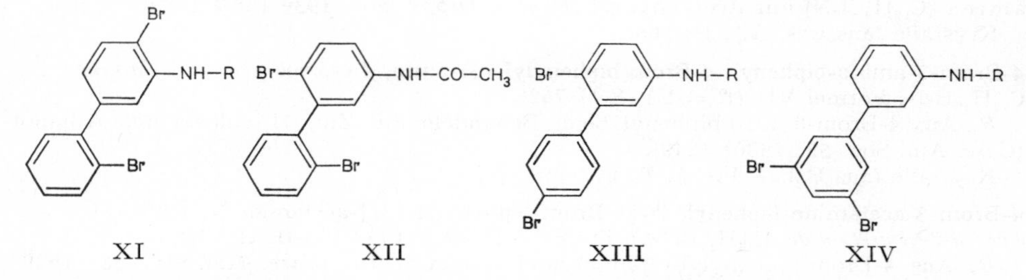

6.2'-Dibrom-3-acetamino-biphenyl, *N*-[6.2'-Dibrom-biphenylyl-(3)]-acetamid, N-(*2',6-dibromobiphenyl-3-yl)acetamide* $C_{14}H_{11}Br_2NO$, Formel XII.
B. Aus *N*-[2'-Brom-biphenylyl-(3)]-acetamid und Brom in Essigsäure in Gegenwart von Natriumacetat (*Case*, Am. Soc. **61** [1939] 3487, 3489).
Krystalle (aus wss. A.); F: 142°.

6.4'-Dibrom-3-amino-biphenyl, 6.4'-Dibrom-biphenylyl-(3)-amin, *4',6-dibromobiphenyl-3-ylamine* $C_{12}H_9Br_2N$, Formel XIII (R = H).

B. Aus *N*-[6.4'-Dibrom-biphenylyl-(3)]-acetamid beim Behandeln mit Bromwasserstoff in Äthanol (*Case*, Am. Soc. **61** [1939] 3487, 3489).

Krystalle (aus Bzl. + PAe.); F: 91—92°.

6.4'-Dibrom-3-acetamino-biphenyl, *N*-[6.4'-Dibrom-biphenylyl-(3)]-acetamid, N-(*4',6-dibromobiphenyl-3-yl)acetamide* $C_{14}H_{11}Br_2NO$, Formel XIII (R = CO-CH_3).

B. Aus 4'-Brom-3-acetamino-biphenyl und Brom in Essigsäure in Gegenwart von Natriumacetat (*Case*, Am. Soc. **61** [1939] 3487, 3489).

Krystalle (aus A.); F: 163—164°.

3'.5'-Dibrom-3-amino-biphenyl, 3'.5'-Dibrom-biphenylyl-(3)-amin, *3',5'-dibromobiphenyl-3-ylamine* $C_{12}H_9Br_2N$, Formel XIV (R = H).

B. Aus 3'.5'-Dibrom-3-nitro-biphenyl beim Behandeln mit Zinn(II)-chlorid und Äthanol (*Case*, Am. Soc. **61** [1939] 767, 770).

Krystalle (aus PAe.); F: 67—68°.

3'.5'-Dibrom-3-acetamino-biphenyl, *N*-[3'.5'-Dibrom-biphenylyl-(3)]-acetamid, N-(*3',5'-dibromobiphenyl-3-yl)acetamide* $C_{14}H_{11}Br_2NO$, Formel XIV (R = CO-CH_3).

B. Beim Behandeln von 3'.5'-Dibrom-biphenylyl-(3)-amin mit Essigsäure und Acetanhydrid unter Zusatz von Schwefelsäure (*Case*, Am. Soc. **61** [1939] 767, 770).

Krystalle (aus Bzl.); F: 177—178°.

2.4.6.4'-Tetrabrom-3-amino-biphenyl, 2.4.6.4'-Tetrabrom-biphenylyl-(3)-amin, *2,4,4',6-tetrabromobiphenyl-3-ylamine* $C_{12}H_7Br_4N$, Formel I (R = H) (E II 752).

Krystalle (aus A.); F: 93—94° (*Case*, Am. Soc. **61** [1939] 3487, 3489).

2.4.6.4'-Tetrabrom-3-acetamino-biphenyl, *N*-[2.4.6.4'-Tetrabrom-biphenylyl-(3)]-acetamid, N-[*2,4,4',6-tetrabromobiphenyl-3-yl)acetamide* $C_{14}H_9Br_4NO$, Formel I (R = CO-CH_3).

B. Beim Behandeln von 2.4.6.4'-Tetrabrom-biphenylyl-(3)-amin mit Essigsäure und Acetanhydrid unter Zusatz von Schwefelsäure (*Case*, Am. Soc. **61** [1939] 3487, 3489).

Krystalle (aus A.); F: 260—261°.

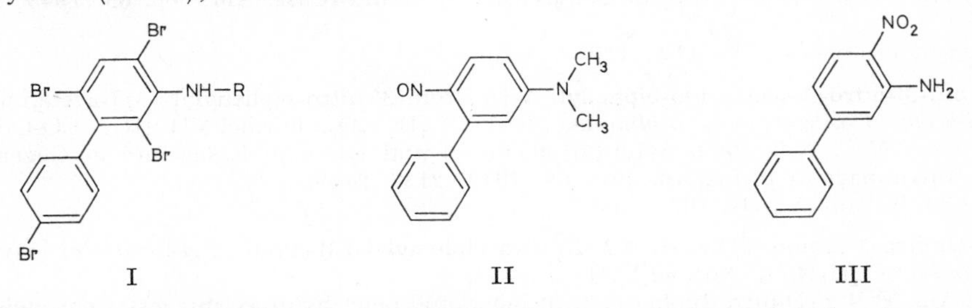

6-Nitroso-3-dimethylamino-biphenyl, Dimethyl-[6-nitroso-biphenylyl-(3)]-amin, N,N-*dimethyl-6-nitrosobiphenyl-3-ylamine* $C_{14}H_{14}N_2O$, Formel II.

B. Aus Dimethyl-[biphenylyl-(3)]-amin beim Behandeln mit wss. Salzsäure und Natriumnitrit (*Groenewoud, Robinson*, Soc. **1934** 1692, 1696).

Grüne Krystalle (aus wss. Acn. oder Ae.); F: 121—122°.

Hydrochlorid. Gelbe Krystalle (aus W.); F: 218—220° [Zers.].

4-Nitro-3-amino-biphenyl, 4-Nitro-biphenylyl-(3)-amin, *4-nitrobiphenyl-3-ylamine* $C_{12}H_{10}N_2O_2$, Formel III (E II 752).

B. Aus *N*-[4-Nitro-biphenylyl-(3)]-toluolsulfonamid-(4) beim Behandeln mit wss. Schwefelsäure (*Case*, Am. Soc. **67** [1945] 116, 119).

F: 116—117°.

***N*-[4-Nitro-biphenylyl-(3)]-toluolsulfonamid-(4),** N-(*4-nitrobiphenyl-3-yl)*-p-*toluenesulfonamide* $C_{19}H_{16}N_2O_4S$, Formel IV.

B. Aus *N*-[Biphenylyl-(3)]-toluolsulfonamid-(4) beim Erwärmen mit wss. Salpetersäure (*Case*, Am. Soc. **67** [1945] 116, 119).

Krystalle (aus A.); F: 175—176°.

2′-Nitro-3-amino-biphenyl, 2′-Nitro-biphenylyl-(3)-amin, *2′-nitrobiphenyl-3-ylamine* $C_{12}H_{10}N_2O_2$, Formel V (R = H).

B. Aus 2.3′-Dinitro-biphenyl beim Erhitzen mit wss.-äthanol. Ammoniumpolysulfid-Lösung (*Case*, Am. Soc. **67** [1945] 116, 120; vgl. *Caldwell, Walls*, Soc. **1948** 188, 194). Aus *N*-[2′-Nitro-biphenylyl-(3)]-acetamid beim Behandeln mit wss. Schwefelsäure (*Case*).

Gelbe Krystalle; F: 83° [aus Me.] (*Ca., Wa.*), 82–83° [aus wss. A.] (*Case*).

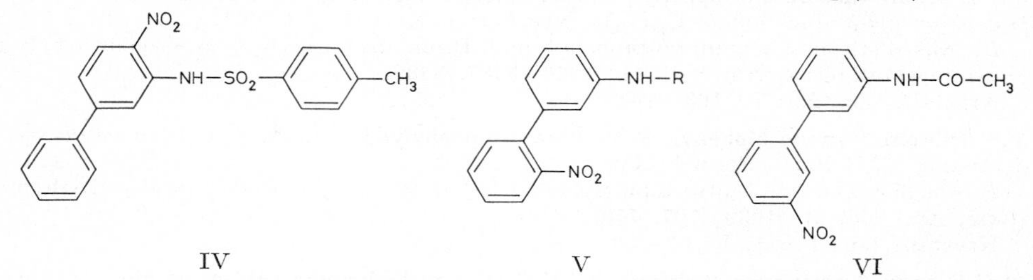

IV V VI

2′-Nitro-3-acetamino-biphenyl, *N*-[2′-Nitro-biphenylyl-(3)]-acetamid, N-(*2′-nitrobiphenyl-3-yl)acetamide* $C_{14}H_{12}N_2O_3$, Formel V (R = CO-CH_3).

B. Aus 2′-Nitro-biphenylyl-(3)-amin (*Case*, Am. Soc. **67** [1945] 116, 120).

Krystalle (aus Me.); F: 142–143°.

3′-Nitro-3-acetamino-biphenyl, *N*-[3′-Nitro-biphenylyl-(3)]-acetamid, N-(*3′-nitrobiphenyl-3-yl)acetamide* $C_{14}H_{12}N_2O_3$, Formel VI (E II 753).

B. Beim Erhitzen von 3.3′-Dinitro-biphenyl mit Natriumpolysulfid in Dioxan und Behandeln des Reaktionsprodukts mit Acetanhydrid (*Case*, Am. Soc. **65** [1943] 2137, 2139).

Krystalle (aus Bzl.); F: 165–166°.

6-Brom-3′-nitro-3-amino-biphenyl, 6-Brom-3′-nitro-biphenylyl-(3)-amin, *6-bromo-3′-nitrobiphenyl-3-ylamine* $C_{12}H_9BrN_2O_2$, Formel VII (R = H).

B. Aus *N*-[6-Brom-3′-nitro-biphenylyl-(3)]-acetamid (*Case*, Am. Soc. **65** [1943] 2137, 2139).

Krystalle (aus A.); F: 112–113°.

6-Brom-3′-nitro-3-acetamino-biphenyl, *N*-[6-Brom-3′-nitro-biphenylyl-(3)]-acetamid, N-(*6-bromo-3′-nitrobiphenyl-3-yl)acetamide* $C_{14}H_{11}BrN_2O_3$, Formel VII (R = CO-CH_3).

B. Aus *N*-[3′-Nitro-biphenylyl-(3)]-acetamid und Brom in Essigsäure in Gegenwart von Natriumacetat (*Case*, Am. Soc. **65** [1943] 2137, 2139).

Krystalle (aus A.); F: 193–194°.

4.2′-Dinitro-3-amino-biphenyl, 4.2′-Dinitro-biphenylyl-(3)-amin, *2′,4-dinitrobiphenyl-3-ylamine* $C_{12}H_9N_3O_4$, Formel VIII (R = H).

B. Aus *N*-[4.2′-Dinitro-biphenylyl-(3)]-acetamid beim Erhitzen mit wss. Schwefelsäure (*Case*, Am. Soc. **67** [1945] 116, 120).

Krystalle (aus Acn. + A.); F: 167–168°.

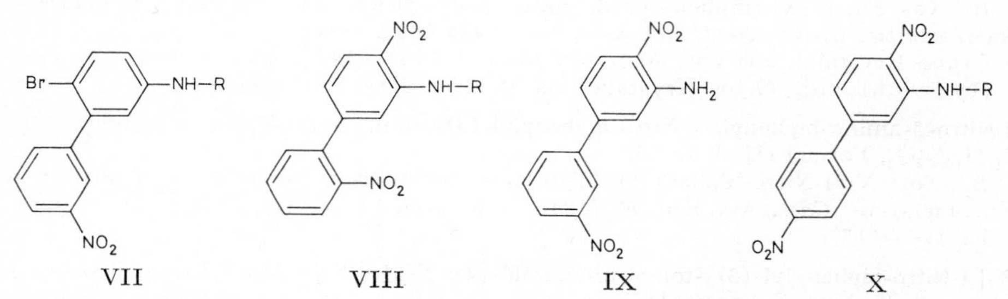

VII VIII IX X

4.2′-Dinitro-3-acetamino-biphenyl, *N*-[4.2′-Dinitro-biphenylyl-(3)]-acetamid, N-(*2′,4-dinitrobiphenyl-3-yl)acetamide* $C_{14}H_{11}N_3O_5$, Formel VIII (R = CO-CH_3).

B. Neben *N*-[6.2′-Dinitro-biphenylyl-(3)]-acetamid beim Behandeln von *N*-[2′-Nitro-biphenylyl-(3)]-acetamid mit Schwefelsäure und Äthylnitrat unterhalb 0° (*Case*, Am. Soc. **67** [1945] 116, 120).

Krystalle (aus A.); F: 167—168°.

4.3'-Dinitro-3-amino-biphenyl, 4.3'-Dinitro-biphenylyl-(3)-amin, *3',4-dinitrobiphenyl-3-ylamine* $C_{12}H_9N_3O_4$, Formel IX.

B. Aus 3'-Brom-3.4'-dinitro-biphenyl beim Erhitzen mit äthanol. Ammoniak auf 200° (*Case*, Am. Soc. **67** [1945] 116, 121).

Krystalle (aus Acn. + A.); F: 210—211°.

4.4'-Dinitro-3-amino-biphenyl, 4.4'-Dinitro-biphenylyl-(3)-amin, *4,4'-dinitrobiphenyl-3-ylamine* $C_{12}H_9N_3O_4$, Formel X (R = H).

B. Aus *N*-[4.4'-Dinitro-biphenylyl-(3)]-acetamid mit Hilfe von Chlorwasserstoff enthaltendem Äthanol (*Case*, Am. Soc. **61** [1939] 767, 770; vgl. *Case*, Am. Soc. **67** [1945] 116, 119).

Krystalle (aus Acn.); F: 252—253° (*Case*, Am. Soc. **61** 770).

4.4'-Dinitro-3-acetamino-biphenyl, *N*-[4.4'-Dinitro-biphenylyl-(3)]-acetamid, N-(*4,4'-dinitrobiphenyl-3-yl)acetamide* $C_{14}H_{11}N_3O_5$, Formel X (R = CO-CH_3).

B. Aus *N*-[Biphenylyl-(3)]-acetamid beim Behandeln mit Salpetersäure unterhalb 0° (*Case*, Am. Soc. **61** [1939] 767, 770). Neben *N*-[6.4'-Dinitro-biphenylyl-(3)]-acetamid beim Behandeln von *N*-[4'-Nitro-biphenylyl-(3)]-acetamid mit Schwefelsäure und Äthylnitrat (*Case*, Am. Soc. **67** [1945] 116, 119). Aus 4.4'-Dinitro-biphenylyl-(3)-amin beim Behandeln mit Essigsäure und Acetanhydrid unter Zusatz von Schwefelsäure (*Case*, Am. Soc. **61** 770).

F: 183—184° (*Case*, Am. Soc. **62** [1940] 3527).

6.2'-Dinitro-3-amino-biphenyl, 6.2'-Dinitro-biphenylyl-(3)-amin, *2',6-dinitrobiphenyl-3-ylamine* $C_{12}H_9N_3O_4$, Formel XI (R = H).

B. Aus *N*-[6.2'-Dinitro-biphenylyl-(3)]-acetamid beim Erhitzen mit wss. Schwefelsäure (*Case*, Am. Soc. **67** [1945] 116, 120).

Krystalle (aus Bzl.); F: 130—131°.

6.2'-Dinitro-3-acetamino-biphenyl, *N*-[6.2'-Dinitro-biphenylyl-(3)]-acetamid, N-(*2',6-dinitrobiphenyl-3-yl)acetamide* $C_{14}H_{11}N_3O_5$, Formel XI (R = CO-CH_3).

B. s. S. 3150 im Artikel *N*-[4.2'-Dinitro-biphenyl-(3)]-acetamid.

Krystalle (aus A.); F: 182—183° (*Case*, Am. Soc. **67** [1945] 116, 120).

6.4'-Dinitro-3-amino-biphenyl, 6.4'-Dinitro-biphenylyl-(3)-amin, *4',6-dinitrobiphenyl-3-ylamine* $C_{12}H_9N_3O_4$, Formel XII (R = H).

B. Aus *N*-[6.4'-Dinitro-biphenylyl-(3)]-acetamid beim Behandeln mit wss. Schwefelsäure (*Case*, Am. Soc. **67** [1945] 116, 119).

Krystalle (aus Acn. + A.); F: 216—217°.

6.4'-Dinitro-3-acetamino-biphenyl, *N*-[6.4'-Dinitro-biphenylyl-(3)]-acetamid, N-(*4',6-dinitrobiphenyl-3-yl)acetamide* $C_{14}H_{11}N_3O_5$, Formel XII (R = CO-CH_3).

B. Neben anderen Verbindungen aus *N*-[4'-Nitro-biphenylyl-(3)]-acetamid beim Behandeln mit Salpetersäure (*Case*, Am. Soc. **67** [1945] 116, 119) oder mit Äthylnitrat und Schwefelsäure (*Case*).

Krystalle (aus Acn. + A.); F: 239—240°.

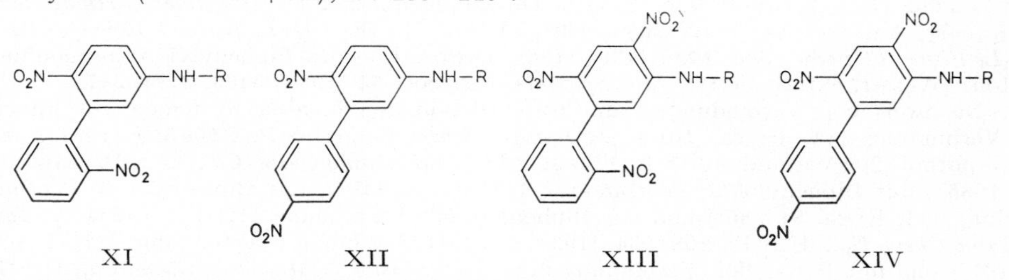

XI XII XIII XIV

4.6.2'-Trinitro-3-amino-biphenyl, 4.6.2'-Trinitro-biphenylyl-(3)-amin, *2',4,6-trinitrobiphenyl-3-ylamine* $C_{12}H_8N_4O_6$, Formel XIII (R = H).

B. Aus *N*-[4.6.2'-Trinitro-biphenylyl-(3)]-acetamid mit Hilfe von wss. Schwefel-

säure (*Case*, Am. Soc. **67** [1945] 116, 120).
Krystalle (aus Bzl.); F: 180—181°.

4.6.2'-Trinitro-3-acetamino-biphenyl, *N*-[4.6.2'-Trinitro-biphenylyl-(3)]-acetamid, N-*(2',4,6-trinitrobiphenyl-3-yl)acetamide* $C_{14}H_{10}N_4O_7$, Formel XIII (R = CO-CH_3).

B. Aus *N*-[6.2'-Dinitro-biphenylyl-(3)]-acetamid oder aus *N*-[4.2'-Dinitro-biphenylyl-(3)]-acetamid beim Behandeln mit Salpetersäure (*Case*, Am. Soc. **67** [1945] 116, 120).
Krystalle (aus A.); F: 141—142°.

4.6.4'-Trinitro-3-amino-biphenyl, 4.6.4'-Trinitro-biphenylyl-(3)-amin, *4,4',6-trinitrobiphenyl-3-ylamine* $C_{12}H_8N_4O_6$, Formel XIV (R = H).

B. Aus *N*-[4.6.4'-Trinitro-biphenylyl-(3)]-acetamid mit Hilfe von wss. Schwefelsäure (*Case*, Am. Soc. **67** [1945] 116, 119).
Krystalle (aus A.); F: 208—209°.

4.6.4'-Trinitro-3-acetamino-biphenyl, *N*-[4.6.4'-Trinitro-biphenylyl-(3)]-acetamid, N-*(4,4',6-trinitrobiphenyl-3-yl)acetamide* $C_{14}H_{10}N_4O_7$, Formel XIV (R = CO-CH_3).

B. Neben *N*-[6.4'-Dinitro-biphenylyl-(3)]-acetamid beim Behandeln von *N*-[4'-Nitro-biphenylyl-(3)]-acetamid mit Salpetersäure bei 0° (*Case*, Am. Soc. **67** [1945] 116, 119). Aus *N*-[4.4'-Dinitro-biphenylyl-(3)]-acetamid oder aus *N*-[6.4'-Dinitro-biphenylyl-(3)]-acetamid beim Behandeln mit Salpetersäure bei 0° (*Case*).
Krystalle (aus A.); F: 193—194°. [*Klenk*]

4-Amino-biphenyl, Biphenylyl-(4)-amin, *biphenyl-4-ylamine* $C_{12}H_{11}N$, Formel I (R = H) auf S. 3154 (H 1318; E II 753).

Mesomerie-Energie: *Brüll*, G. **65** [1935] 28, 34.

B. Aus 4-Chlor-biphenyl beim Erhitzen mit wss. Ammoniak und Kupfer(II)-nitrat auf 200° (*Groggins*, *Stirton*, Ind. eng. Chem. **28** [1936] 1051, 1052). Aus 4-Nitro-biphenyl beim Erwärmen mit wss. Salzsäure und Eisen (*Morgan*, *Walls*, J. Soc. chem. Ind. **49** [1930] 15 T; s. a. *Jenkins*, *Cullough*, *Booth*, Ind. eng. Chem. **22** [1930] 31, 33; *Kimura*, *Nihayashi*, B. **68** [1935] 2028, 2031; *Hazlet*, *Dornfeld*, Am. Soc. **66** [1944] 1781) sowie beim Erwärmen mit Natriumhydrogensulfid in wss. Äthanol (*Brand*, *Stephan*, B. **72** [1939] 2168, 2177). Beim Erwärmen einer aus 2.4'-Diamino-biphenyl bereiteten wss. Diazoniumsalz-Lösung mit Hypophosphorigsäure (*Chierici*, Ann. Chimica farm. **1938** 48, 62).

Krystalle; F: 54—55° [aus wss. A.] (*Kimura*, *Nihayashi*, B. **68** [1935] 2028, 2031), 53—54,5° (*Bergstrom et al.*, J. org. Chem. **1** [1936] 170, 174), 54,1° [aus A.] (*Jenkins*, *Cullough*, *Booth*, Ind. eng. Chem. **22** [1930] 31, 34), 53° [aus wss. A.] (*Pestemer*, *Mayer-Pitsch*, M. **70** [1937] 104, 112), 50—52° [nach Destillation bei 5 Torr] (*Morgan*, *Walls*, J. Soc. chem. Ind. **49** [1930] 15T), 50,5—51,5° [nach Destillation] (*Kumler*, *Halverstadt*, Am. Soc. **63** [1941] 2182, 2186). E: 52,6° (*Je.*, *Cu.*, *Booth*). Kp_{30}: 211—211,2° [korr.] (*Je.*, *Cu.*, *Booth*); Kp_{18}: 198° (*Mo.*, *Wa.*); Kp_{10}: 183° (*Ki.*, *Ni.*). Verbrennungswärme bei konstantem Volumen: 1523,78 kcal/mol; bei konstantem Druck: 1524,08 kcal/mol (*Brüll*, G. **65** [1935] 19, 23). UV-Spektrum von Lösungen in Heptan: *Kiss*, *Csetneky*, Acta Univ. Szeged **2** [1948] 132, 133; *Pe.*, *Mayer-P.*, l. c. S. 105; in Äthanol: *Adam*, *Russell*, Soc. **1930** 202, 203; von Lösungen des Hydrochlorids in wss. Salzsäure: *Kiss*, *Cs.*; *Pe.*, *Mayer-P.*, l. c. S. 109; in Äthanol: *Adam*, *Ru.* UV-Absorptionsmaximum (Me.): 277,2 mμ (*Pe.*, *Mayer-P.*, l. c. S. 110). Dipolmoment: 2,02 D [ε; Dioxan] (*Halverstadt*, *Kumler*, Am. Soc. **64** [1942] 2988, 2991); 1,79 D [ε; Bzl.] (*Ha.*, *Ku.*); 1,76 D [ε; Bzl.] (*Le Fèvre*, *Le Fèvre*, Soc. **1936** 1130, 1136). Dissoziation des Biphenylyl-(4)-ammonium-Ions (Wasser, extrapoliert): *Hall*, *Sprinkle*, Am. Soc. **54** [1932] 3469, 3474, 3475.

Nachweis von Verbindungen und Eutektika in den binären Systemen mit Phenol (Verbindung 1:1, F: ca. 101,4°): *Monsanto Chem. Co.*, U.S.P. 2106550 [1934]; mit Naphthol-(2) (Verbindung 1:1, F: ca. 132°): *Monsanto Chem. Co.*, U.S.P. 2106551 [1935]; mit Biphenylol-(2) (Verbindung 1:1, F: ca. 110°), mit Biphenylol-(3) (Verbindung 1:1, F: ca. 84—85°) und mit Biphenylol-(4) (Verbindung 1:2, F: ca. 154°): *Monsanto Chem. Co.*, U.S.P. 2084034 [1934]; mit Hydrochinon (Verbindung 2:1; F: ca. 167°) und mit Pyrogallol (Verbindung 2:1, F: ca. 110,5°): *Monsanto Chem. Co.*, U.S.P. 2106550; mit Benzoesäure (Verbindung 1:1, F: ca. 67°) und mit Salicylsäure (Verbindung 1:1, F: ca. 122°): *Monsanto Chem. Co.*, U.S.P. 2100803 [1935].

Bildung von 6-Phenyl-benzo[1.2.3]dithiazolium-chlorid beim Behandeln des Hydro=

chlorids mit Dischwefeldichlorid und Erwärmen des mit Benzol versetzten Reaktionsgemisches: *Leaper*, Am. Soc. **53** [1931] 1891, 1893. Beim Erhitzen mit Schwefelsäure auf 170° ist 4'-Amino-biphenyl-sulfonsäure-(4) (*Shoppee*, Soc. **1933** 37, 43), beim Behandeln mit Chloroschwefelsäure und Eintragen des Reaktionsgemisches in wss. Ammoniak ist 4'-Amino-biphenylsulfonamid-(4) (*Popkin, McVea*, Am. Soc. **66** [1944] 796) erhalten worden. Bildung von 2-[Biphenylyl-(4)]-pyridin und 4-[Biphenylyl-(4)]-pyridin beim Behandeln mit wss. Salzsäure und Natriumnitrit und anschliessend mit Pyridin: *Heilbron, Hey, Lambert*, Soc. **1940** 1279, 1282. Geschwindigkeit der Reaktion mit 4-Chlor-1.3-dinitro-benzol in Äthanol bei 100°: *van Opstall*, R. **52** [1933] 901, 906. Reaktion mit 4-Chlor-1.2-dinitro-benzol in Äthanol unter Bildung von [5-Chlor-2-nitro-phenyl]-[biphenylyl-(4)]-amin: *Mangini*, G. **65** [1935] 1191, 1198. Beim Erhitzen des Hydrochlorids mit 1,5 Mol Methanol auf 250—300° sind geringe Mengen Bis-[biphenylyl-(4)]-amin, beim Erhitzen des Hydrochlorids mit 3 Mol Methanol auf 250—300° sind 3.5-Dimethyl-biphenylyl-(4)-amin und 3.5.4'-Trimethyl-biphenylyl-(4)-amin erhalten worden (*Hey, Jackson*, Soc. **1934** 645, 646, 647). Bildung von 2-Amino-6-phenyl-benzothiazol beim Erwärmen mit Natriumthiocyanat in Essigsäure und anschliessend mit Brom: *Lea*. l. c. S. 1895. Bildung von 2.5-Diphenyl-indol beim Erhitzen mit 2-[Biphenylyl-(4)-amino]-1-phenyl-äthanon-(1) auf 300°: *Allen, Young, Gilbert*, J. org. Chem. **2** [1937] 235, 244.

Charakterisierung durch Überführung in *N*-[3-Chlor-phenyl]-*N'*-[biphenylyl-(4)]-harnstoff (F: 215° [korr.]), in *N*-[3-Brom-phenyl]-*N'*-[biphenylyl-(4)]-harnstoff (F: 222° [korr.]), in *N*-[3-Jod-phenyl]-*N'*-[biphenylyl-(4)]-harnstoff (F: 208° [korr.]), in *N*-[4-Jod-phenyl]-*N'*-[biphenylyl-(4)]-harnstoff (F: 252° [korr.]) und in *N*-[3-Nitro-phenyl]-*N'*-[biphenylyl-(4)]-harnstoff (F: 222° [korr.; Zers.]): *Sah, Chen*, J. Chin. chem. Soc. **14** [1946] 74, 78; in *N*-[3-Nitro-4-methyl-phenyl]-*N'*-[biphenylyl-(4)]-harnstoff (F: 200° [korr.]): *Sah et al.*, J. Chin. chem. Soc. **14** [1946] 84, 87; in 1-Phenyl-5-[biphenylyl-(4)]-biuret (F: 272°) [korr.]), in 1-*p*-Tolyl-5-[biphenylyl-(4)]-biuret (F: 265° [korr.]), in 1-[Naphthyl-(1)]-5-[biphenylyl-(4)]-biuret (F: 242° [korr.]) und in 1-[Naphthyl-(2)]-5-[biphenylyl-(4)]-biuret (F: 286° [korr.]): *Sah et al.*, J. Chin. chem. Soc. **14** [1946] 52, 56, 58, 60, 62.

Verbindung mit 4.4'-Dinitro-biphenyl $C_{12}H_{11}N \cdot 3C_{12}H_8N_2O_4$. Orangefarbene Krystalle; F: 220° (*Rapson, Saunder, Stewart*, Soc. **1946** 1110, 1111).

Pikrat $C_{12}H_{11}N \cdot C_6H_3N_3O_7$. Krystalle; Zers. bei 205—207° (*Elliott, Fuoss*, Am. Soc. **61** [1939] 294, 295); F: 198—199° [korr.; aus A.] (*Allen, Young, Gilbert*, J. org. Chem. **2** [1937] 235, 244).

2-Nitro-indandion-(1.3)-Salz $C_{12}H_{11}N \cdot C_9H_5NO_4$. Gelbliche Krystalle; F: 199° (*Wanag*, B. **69** [1936] 1066, 1073), 196° [korr.; Block; Zers.] (*Christensen et al.*, Anal. Chem. **21** [1949] 1573).

3.5-Dinitro-2-methyl-benzoat $C_{12}H_{11}N \cdot C_8H_6N_2O_6$. Krystalle (aus A.); F: 165° bis 166° (*Sah, Tien*, J. Chin. chem. Soc. **4** [1936] 490, 492).

3.5-Dinitro-4-methyl-benzoat $C_{12}H_{11}N \cdot C_8H_6N_2O_6$. Gelbliche Krystalle (aus A.); F: 178—179° (*Sah, Yuin*, J. Chin. chem. Soc. **5** [1937] 129, 131).

Toluol-sulfonat-(4). Krystalle (aus W.); F: 253,8—254,9° [korr.] (*Noller, Liang*, Am. Soc. **54** [1932] 670, 671).

4-Dimethylamino-biphenyl, Dimethyl-[biphenylyl-(4)]-amin, N,N-*dimethylbiphenyl-4-ylamine* $C_{14}H_{15}N$, Formel I (R = CH_3) (E II 754).

B. Neben Biphenyl beim Erwärmen von Trimethyl-[biphenylyl-(4)]-ammoniumchlorid mit Wasser und Natrium-Amalgam unter Kohlendioxid (*Groenewoud, Robinson*, Soc. **1934** 1692, 1696).

Krystalle (aus A.); F: 126° (*Nešmejanow, Makarowa*, Izv. Akad. S.S.S.R. Otd. chim. **1947** 213, 216; C. A. **1948** 5441). Kp_{12}: 171—173° (*Ne., Ma.*).

Beim Behandeln mit Natriumnitrit (oder Pentylnitrit) und wss. Salzsäure sind Nitroso-methyl-[biphenylyl-(4)]-amin und Dimethyl-[3-nitro-biphenylyl-(4)]-amin, beim Behandeln mit Pentylnitrit in Äther oder Petroläther ist nur Nitroso-methyl-[biphenylyl-(4)]-amin, beim Behandeln mit Silbernitrit und Chlorwasserstoff in Äther sind Nitroso-methyl-[biphenylyl-(4)]-amin und Dimethyl-[biphenylyl-(4)]-ammonium-nitrat erhalten worden (*Guiteras*, An. Soc. españ. **36** [1940] 354, 361, 366). Geschwindigkeit der Reaktion mit Methyljodid in Methanol bei 78°, 89° und 100°: *Evans, Watson, Wil-*

liams, Soc. **1939** 1345, 1347.

Hydrochlorid $C_{14}H_{15}N \cdot HCl$. Hygroskopische Krystalle; F: 160° (*Gui.*).

Nitrat. $C_{14}H_{15}N \cdot HNO_3$. Krystalle; F: 150—152° (*Gui.*). — Beim Erwärmen in Benzol ist Dimethyl-[3-nitro-biphenylyl-(4)]-amin erhalten worden (*Gui.*).

Bis-[2-chlor-äthyl]-[biphenylyl-(4)]-amin, N,N-*bis(2-chloroethyl)biphenyl-4-ylamine* $C_{16}H_{17}Cl_2N$, Formel I (R = CH_2-CH_2Cl).

B. Aus Bis-[2-hydroxy-äthyl]-[biphenylyl-(4)]-amin beim Erwärmen mit Phosphoroxychlorid (*Ross*, Soc. **1949** 183, 190).

Gelbe Krystalle (aus PAe.); F: 106—107° (*Ross*, l. c. S. 184).

Bis-[2-brom-äthyl]-[biphenylyl-(4)]-amin, N,N-*bis(2-bromoethyl)biphenyl-4-ylamine* $C_{16}H_{17}Br_2N$, Formel I (R = CH_2-CH_2Br).

B. Aus Bis-[2-hydroxy-äthyl]-[biphenylyl-(4)]-amin beim Erwärmen mit Phosphor(III)-bromid (*Everett, Ross*, Soc. **1949** 1972, 1980).

Krystalle (aus Cyclohexan); F: 103° (*Ev., Ross*, l. c. S. 1974).

Bis-[2-jod-äthyl]-[biphenylyl-(4)]-amin, N,N-*bis(2-iodoethyl)biphenyl-4-ylamine* $C_{16}H_{17}I_2N$, Formel I (R = CH_2-CH_2I).

B. Aus Bis-[2-brom-äthyl]-[biphenylyl-(4)]-amin beim Erwärmen mit Natriumjodid in Aceton (*Everett, Ross*, Soc. **1949** 1972, 1980).

Krystalle (aus PAe.); F: 124° (*Ev., Ross*, l. c. S. 1974).

Bis-[2-chlor-propyl]-[biphenylyl-(4)]-amin, N,N-*bis(2-chloropropyl)biphenyl-4-ylamine* $C_{18}H_{21}Cl_2N$, Formel I (R = CH_2-$CHCl$-CH_3).

Eine opt.-inakt. Verbindung (Krystalle [aus PAe.]; F: 94—97°) dieser Konstitution ist aus opt.-inakt. Bis-[2-hydroxy-propyl]-[biphenylyl-(4)]-amin (F: 117—119°) beim Erwärmen mit Phosphoroxychlorid erhalten worden (*Everett, Ross*, Soc. **1949** 1972, 1975, 1980).

Bis-[2-brom-propyl]-[biphenylyl-(4)]-amin, N,N-*bis(2-bromopropyl)biphenyl-4-ylamine* $C_{18}H_{21}Br_2N$, Formel I (R = CH_2-$CHBr$-CH_3).

Eine opt.-inakt. Verbindung (Krystalle [aus PAe.]; F: 84°) dieser Konstitution ist aus opt.-inakt. Bis-[2-hydroxy-propyl]-[biphenylyl-(4)]-amin (F: 117—119°) beim Erwärmen mit Phosphor(III)-bromid erhalten worden (*Everett, Ross*, Soc. **1949** 1972, 1975, 1980).

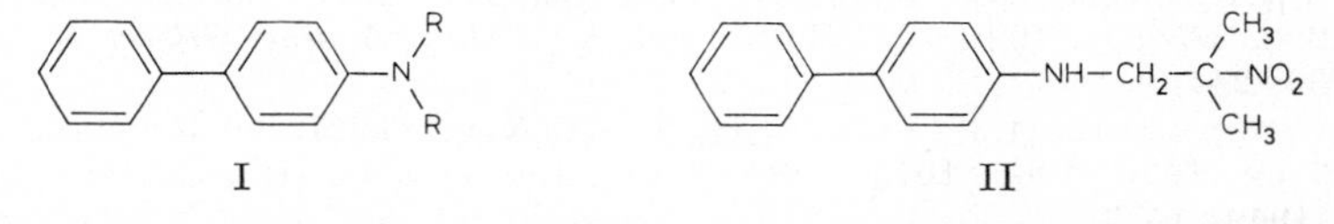

2-Nitro-1-[biphenylyl-(4)-amino]-2-methyl-propan, [β-Nitro-isobutyl]-[biphenylyl-(4)]-amin, N-*(2-methyl-2-nitropropyl)biphenyl-4-ylamine* $C_{16}H_{18}N_2O_2$, Formel II.

B. Beim Erwärmen von Biphenylyl-(4)-amin mit 2-Nitro-2-methyl-propanol-(1) unter Zusatz von wss. Tetrakis-[2-hydroxy-äthyl]-ammonium-hydroxid-Lösung (*Johnson*, Am. Soc. **68** [1946] 12, 16).

Gelbe Krystalle; F: 135,1°.

4-Diamylamino-biphenyl, Diamyl-[biphenylyl-(4)]-amin, N,N-*diamylbiphenyl-4-ylamine* $C_{22}H_{31}N$, Formel I (R = C_5H_{11}).

B. Beim Erhitzen von Biphenylyl-(4)-amin mit Amylbromid in Amylalkohol (*Frederick Post Co.*, U.S.P. 2150832 [1937]).

Kp_{20}: 245—250°.

[5-Chlor-2-nitro-phenyl]-[biphenylyl-(4)]-amin, N-*(5-chloro-2-nitrophenyl)biphenyl-4-ylamine* $C_{18}H_{13}ClN_2O_2$, Formel III (R = H, X = Cl).

B. Aus Biphenylyl-(4)-amin und 4-Chlor-1.2-dinitro-benzol in Äthanol (*Mangini*, G. **65** [1935] 1191, 1198).

Orangerote Krystalle (aus Bzn.); F: 138—139°.

Beim Erwärmen mit Zinn und wss.-äthanol. Salzsäure und Behandeln einer Lösung des danach isolierten 5-Chlor-N^1-[biphenylyl-(4)]-*o*-phenylendiamins ($C_{18}H_{15}ClN_2$) in Essigsäure mit wss. Natriumnitrit-Lösung ist 6-Chlor-1-[biphenylyl-(4)]-benzotriazol erhalten worden.

[2.4-Dinitro-phenyl]-[biphenylyl-(4)]-amin, N-*(2,4-dinitrophenyl)biphenyl-4-ylamine* $C_{18}H_{13}N_3O_4$, Formel III (R = NO_2, X = H).

B. Aus Biphenylyl-(4)-amin und 4-Chlor-1.3-dinitro-benzol in Äthanol (*Mangini, Frenguelli*, G. **67** [1937] 358, 369).

Rote Krystalle (aus Eg. oder aus Bzl. + Bzn.); F: 144—145°.

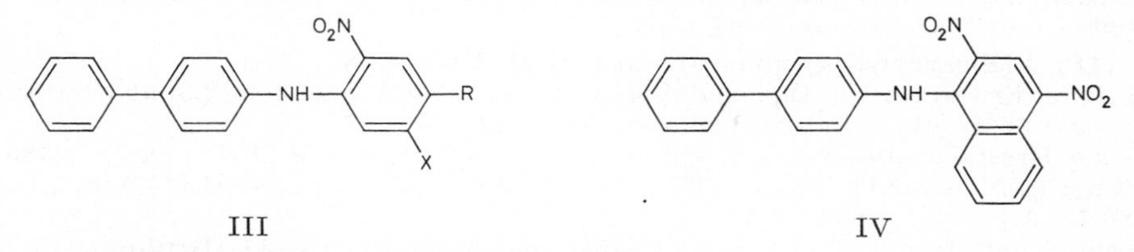

III IV

[2.4-Dinitro-naphthyl-(1)]-[biphenylyl-(4)]-amin, N-*(2,4-dinitro-1-naphthyl)biphenyl-4-ylamine* $C_{22}H_{15}N_3O_4$, Formel IV.

B. Aus Biphenylyl-(4)-amin und 4-Chlor-1.3-dinitro-naphthalin in Äthanol (*Mangini, Frenguelli*, G. **67** [1937] 358, 368).

Hellrote Prismen (aus Eg.), die sich allmählich in dunkelrote würfelförmige Krystalle umwandeln; F: 174—174,5°.

[Naphthyl-(2)]-[biphenylyl-(4)]-amin, N-*(2-naphthyl)biphenyl-4-ylamine* $C_{22}H_{17}N$, Formel V.

B. Beim Erhitzen von Biphenylyl-(4)-amin mit Naphthol-(2) und wenig Jod auf 180° (*Kuhn, Ludolphy*, A. **564** [1949] 35, 40).

Krystalle (aus Bzl.); F: 144°.

Bis-[2-hydroxy-äthyl]-[biphenylyl-(4)]-amin, *2,2'-(biphenyl-4-ylimino)diethanol* $C_{16}H_{19}NO_2$, Formel I (R = CH_2-CH_2OH).

B. Beim Erwärmen von Biphenylyl-(4)-amin mit 2-Chlor-äthanol-(1) und Calcium=carbonat in Wasser oder mit Äthylenoxid (*Ross*, Soc. **1949** 183, 190).

Krystalle (aus A.); F: 149—151° (*Ross*, l. c. S. 184).

Bis-[2-hydroxy-propyl]-[biphenylyl-(4)]-amin, *1,1'-(biphenyl-4-ylimino)dipropan-2-ol* $C_{18}H_{23}NO_2$, Formel I (R = CH_2-CH(OH)-CH_3).

Eine opt.-inakt. Verbindung (Krystalle [aus Bzl. + PAe.]; F: 117—119°) dieser Konstitution ist beim Erhitzen von Biphenylyl-(4)-amin mit (±)-Propylenoxid auf 150° erhalten worden (*Everett, Ross*, Soc. **1949** 1972, 1975, 1980).

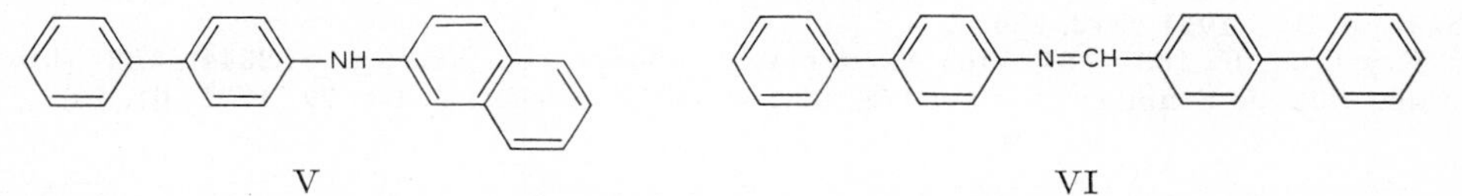

V VI

[Biphenylyl-(4)]-[biphenylyl-(4)-methylen]-amin, Biphenyl-carbaldehyd-(4)-[biphenyl=yl-(4)-imin], N-*(biphenyl-4-ylmethylene)biphenyl-4-ylamine* $C_{25}H_{19}N$, Formel VI.

B. Aus Biphenylyl-(4)-amin und Biphenyl-carbaldehyd-(4) in Äthanol (*Vorländer*, B. **71** [1938] 501, 512).

Krystalle (aus Bzl.); F: 243—245° [korr.; krystallin-flüssige Schmelze, die bei 254° klar wird].

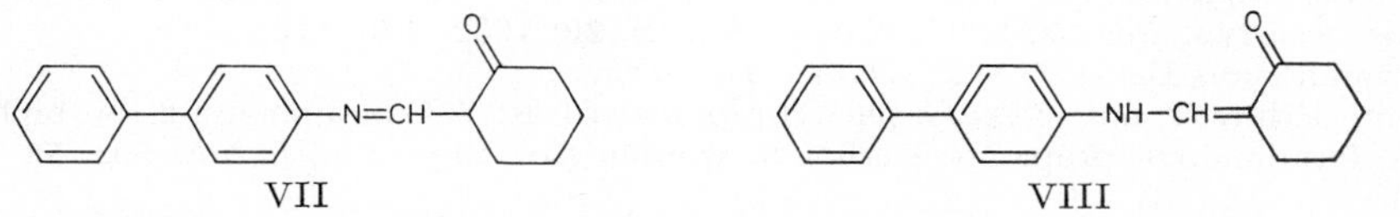

VII VIII

(±)-1-[*N*-(Biphenylyl-(4))-formimidoyl]-cyclohexanon-(2), *(±)-2-[N-(biphenyl-4-yl)=formimidoyl]cyclohexanone* $C_{19}H_{19}NO$, Formel VII, und **1-[(Biphenylyl-(4)-amino)-methylen]-cyclohexanon-(2),** *2-[(biphenyl-4-ylamino)methylene]cyclohexanone* $C_{19}H_{19}NO$, Formel VIII.

B. Aus Biphenylyl-(4)-amin und 2-Oxo-cyclohexan-carbaldehyd-(1) (1-Hydroxymeth=

ylen-cyclohexanon-(2)) in Äthanol (*Petrow*, Soc. **1942** 693, 695).

Gelbe Krystalle (aus A.); F: 201—202° [korr.].

Beim Erhitzen mit Biphenylyl-(4)-amin-hydrochlorid und Zinkchlorid in Äthanol ist 2-Phenyl-5.6.7.8-tetrahydro-acridin erhalten worden.

3-[Biphenylyl-(4)-imino]-bornanon-(2), 3-[Biphenylyl-(4)-imino]-campher, *3-(biphenyl-4-ylimino)bornan-2-one* $C_{22}H_{23}NO$.

(1*R*)-3-[Biphenylyl-(4)-imino]-bornanon-(2), Formel IX.

B. Beim Erwärmen von Biphenylyl-(4)-amin mit (1*R*)-Bornandion-(2.3) und Natrium=sulfat (*Singh, Singh*, J. Indian chem. Soc. **19** [1942] 145, 147).

Gelbe Krystalle (aus wss. A.); F: 148—149°. $[\alpha]_D^{20}$: +720,7° [Bzl.]; $[\alpha]_D^{20}$: +780,2° [$CHCl_3$]; $[\alpha]_D^{20}$: +782,1° [Py.]; $[\alpha]_D^{20}$: +711,4° [Butanon]; $[\alpha]_D^{20}$: +703,1° [Acn.]; $[\alpha]_D^{20}$: +720,7° [A.]; $[\alpha]_D^{20}$: +696,8° [Me.].

Beim Schütteln mit Zink, wss. Kalilauge und Äther ist (1*R*)-3ξ-[Biphenylyl-(4)-amino]-bornanon-(2) $C_{22}H_{25}NO$ (Formel X; Krystalle; $[\alpha]_D^{20}$: +100,0° [Bzl.], +92,7° [Butanon], +82,3° [A.]) erhalten worden.

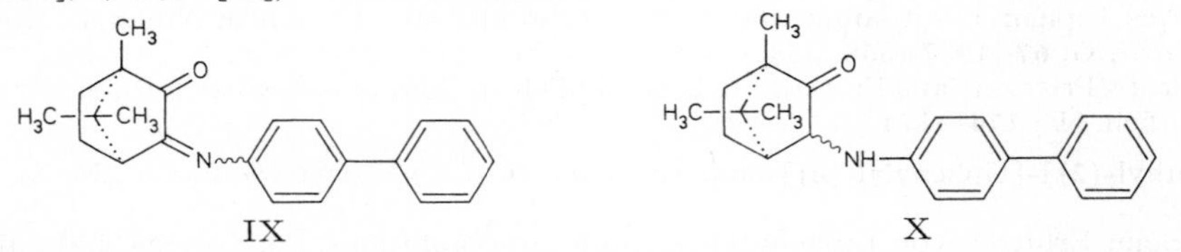

Salicylaldehyd-[biphenylyl-(4)-imin], o-[N-(*biphenyl-(4)-yl)formimidoyl]phenol*, $C_{19}H_{15}NO$, Formel XI (R = H, X = OH).

B. Aus Biphenylyl-(4)-amin und Salicylaldehyd in Lösung (*Lewtschenko, Afanašiadi*, Promyšl. chim. Reakt. osobo čist. Veščestv. Nr. 8 [1967] 110, 111; C. A. **69** [1968] 86667).

Krystalle; F: 140° (*Le., Af.*, l. c. S. 117).

Kupfer(II)-Salz $Cu(C_{19}H_{14}NO)_2$. Magnetische Susceptibilität bei 25°: *Calvin, Barkelew*, Am. Soc. **68** [1946] 2267. Polarographie: *Calvin, Bailes*, Am. Soc. **68** [1946] 949, 952.

[Biphenylyl-(4)]-[4-methoxy-benzyliden]-amin, 4-Methoxy-benzaldehyd-[biphenylyl-(4)-imin], N-(*4-methoxybenzylidene)biphenyl-4-ylamine* $C_{20}H_{17}NO$, Formel XI (R = OCH_3, X = H).

B. Aus Biphenylyl-(4)-amin und 4-Methoxy-benzaldehyd in Äthanol (*Bauer, Cymerman, Sheldon*, Soc. **1951** 2342, 2345).

Krystalle; F: 163—164° [aus A. oder Acn.] (*Bauer, Cy., Sh.*, l. c. S. 2344), 162° [krystallin-flüssige Schmelze, die bei 178° klar wird] (*Vorländer*, Z. Kr. **79** [1931] 61, 73).

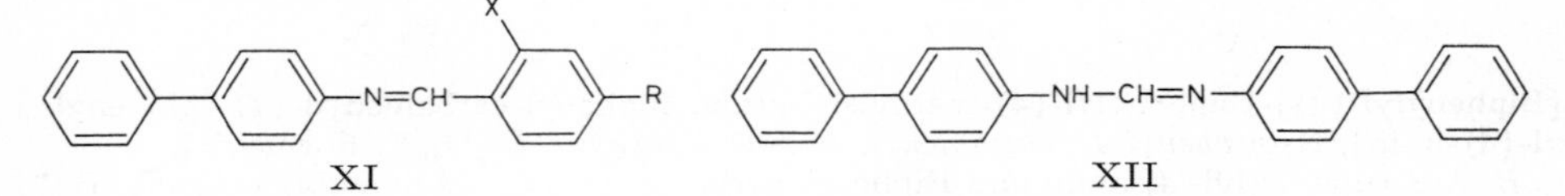

***N.N'*-Bis-[biphenylyl-(4)]-formamidin,** N,N'-*bis(biphenyl-4-yl)formamidine* $C_{25}H_{20}N_2$, Formel XII.

B. Aus Biphenylyl-(4)-amin beim Erwärmen mit Orthoameisensäure-triäthylester (*Dains, Andrews, Roberts*, Univ. Kansas Sci. Bl. **20** [1932] 173, 176).

Krystalle (aus Bzl.); F: 192° (*Dains, An., Ro.*).

Beim Erhitzen mit 3-Oxo-3-phenyl-propionitril ist 3-Oxo-3-phenyl-2-[*N*-(biphenyl=yl-(4))-formimidoyl]-propionitril erhalten worden (*Grothaus, Dains*, Am. Soc. **58** [1936] 1334).

4-Acetamino-biphenyl, *N*-[Biphenylyl-(4)]-acetamid, N-(*biphenyl-4-yl)acetamide* $C_{14}H_{13}NO$, Formel I (R = $CO\text{-}CH_3$) (H 1319; E II 755).

B. Beim Behandeln von *N*-Chlor-acetanilid mit Benzol und Aluminiumchlorid (*I. G. Farbenind.*, D.R.P. 582844 [1931]; Frdl. **20** 449; *Gen. Aniline Works*, U.S.P. 2012569 [1932]). Beim Erwärmen von Biphenylyl-(4)-amin mit Acetylchlorid, Pyridin und Toluol

(*Olson, Feldman*, Am. Soc. **59** [1937] 2003). Beim Behandeln einer aus 2'-Amino-4-acet=amino-biphenyl bereiteten wss. Diazoniumsalz-Lösung mit Hypophosphorigsäure (*Finzi*, G. **61** [1931] 33, 40).

Krystalle; F: 173,6° [aus A.] (*van Meter, Bianculli, Lowy*, Am. Soc. **62** [1940] 3146), 168—171° (*Hazlet, Dornfeld*, Am. Soc. **66** [1944] 1781), 170° [aus A.] (*Fi.*). Dipolmoment (ε.; Bzl.): 3,83 D (*Le Fèvre, LeFèvre*, Soc. **1936** 1130, 1136).

Beim Behandeln mit Brom (2 Mol) unter Zusatz von Natriumacetat sind *N*-[3.4'-Di=brom-biphenylyl-(4)]-acetamid und *N*-[3-Brom-biphenylyl-(4)]-acetamid, bei Abwesenheit von Natriumacetat sind zusätzlich 3.5.4'-Tribrom-biphenylyl-(4)-amin, *N*-[3.5.4'-Tri=brom-biphenylyl-(4)]-acetamid und *N*-[4'-Brom-biphenylyl-(4)]-acetamid erhalten worden (*Case, Sloviter*, Am. Soc. **59** [1937] 2381; vgl. E II 755). Bildung von 2-[4-(4-Acet=amino-phenyl)-benzoyl]-benzoesäure beim Erhitzen mit Phthalsäure-anhydrid, Natrium=chlorid und Aluminiumchlorid auf 110°: *Kränzlein*, B. **71** [1938] 2328, 2332.

4-Thioacetamino-biphenyl, *N*-[Biphenylyl-(4)]-thioacetamid, N-(*biphenyl-4-yl*)*thioacet=amide* $C_{14}H_{13}NS$, Formel I (R = $CS\text{-}CH_3$).

B. Aus *N*-[Biphenylyl-(4)]-acetamid beim Erhitzen mit Phosphor(V)-sulfid in Pyridin auf 110° (*Chromogen Inc.*, U.S.P. 2313993 [1940]).

Krystalle (aus A.); F: 179—180° (*Kheifets, Sweschnikow*, Trudy Kinofotoinst. Nr. 40 [1960] 12; C. A. **58** [1963] 14154).

4-Propionylamino-biphenyl, *N*-[Biphenylyl-(4)]-propionamid, N-(*biphenyl-4-yl*)*propion=amide* $C_{15}H_{15}NO$, Formel I (R = $CO\text{-}CH_2\text{-}CH_3$).

B. Beim Erwärmen von *N*-Chlor-propionanilid mit Benzol und Aluminiumchlorid (*I.G. Farbenind.*, D.R.P. 582844 [1931]; Frdl. **20** 449; *Gen. Aniline Works*, U.S.P. 2012569 [1932]). Beim Erhitzen von Biphenylyl-(4)-amin mit Propionsäure (*Bowen, Smith*, Am. Soc. **62** [1940] 3523).

Gelbe Krystalle; F: 182—183° [aus A.] (*I. G. Farbenind.*; *Gen. Aniline Works*), 176° bis 177° [unkorr.] (*Bo., Sm.*).

4-Lauroylamino-biphenyl, *N*-[Biphenylyl-(4)]-laurinamid, N-(*biphenyl-4-yl*)*lauramide* $C_{24}H_{33}NO$, Formel I (R = $CO\text{-}[CH_2]_{10}\text{-}CH_3$).

B. Beim Erhitzen von Biphenylyl-(4)-amin mit Laurinsäure auf 140° oder mit Lauroyl=chlorid bis auf 200° (*Gilman, Ford*, Iowa Coll. J. **13** [1938] 135, 141).

Krystalle (aus E.); F: 146°.

4-Myristoylamino-biphenyl, *N*-[Biphenylyl-(4)]-myristinamid, N-(*biphenyl-4-yl*)*myrist=amide* $C_{26}H_{37}NO$, Formel I (R = $CO\text{-}[CH_2]_{12}\text{-}CH_3$).

B. Analog *N*-[Biphenylyl-(4)]-laurinamid [s. o.] (*Gilman, Ford*, Iowa Coll. J. **13** [1938] 135, 141).

Krystalle (aus E.); F: 143°.

4-Palmitoylamino-biphenyl, *N*-[Biphenylyl-(4)]-palmitinamid, N-(*biphenyl-4-yl*)*palmit=amide* $C_{28}H_{41}NO$, Formel I (R = $CO\text{-}[CH_2]_{14}\text{-}CH_3$).

B. Analog *N*-[Biphenylyl-(4)]-laurinamid [s. o.] (*Gilman, Ford*, Iowa Coll. J. **13** [1938] 135, 141).

Krystalle (aus E.); F: 142°.

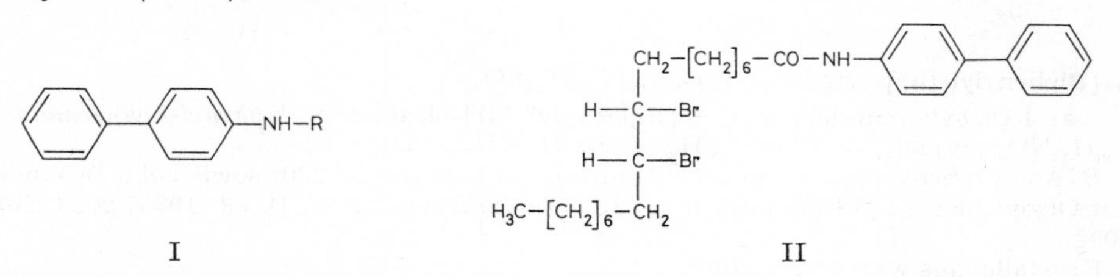

4.8.12-Trimethyl-*N*-[biphenylyl-(4)]-tridecanamid, N-(*biphenyl-4-yl*)-*4,8,12-trimethyl=tridecanamide* $C_{28}H_{41}NO$, Formel I
(R = $CO\text{-}CH_2\text{-}CH_2\text{-}CH(CH_3)\text{-}[CH_2]_3\text{-}CH(CH_3)\text{-}[CH_2]_3\text{-}CH(CH_3)_2$).

Eine opt.-inakt. Verbindung (Krystalle [aus Ae. + PAe.]; F: 94,5—95,5°) dieser Konstitution ist beim Erhitzen von Biphenylyl-(4)-amin mit opt.-inakt. 2.6.10-Trimethyl-tridecansäure-(13) (Kp_1: 150—160°) erhalten worden (*Späth, Kesztler*, B. **70** [1937] 1255, 1258).

Über ein beim Erhitzen von Biphenylyl-(4)-amin mit (+)-2.6.10-Trimethyl-tridecansäure-(13) ($Kp_{0,04}$: 138—144° [E III **2** 982]) erhaltenes Präparat (Krystalle [aus Ae. + PAe.]; F: 99—100°) von unbekanntem opt. Drehungsvermögen s. *Kasser, Kugler, Simon*, Helv. **27** [1944] 1006, 1009.

5.9.13-Trimethyl-*N*-[biphenylyl-(4)]-tetradecanamid, N-(*biphenyl-4-yl*)-*5,9,13-trimethyltetradecanamide* $C_{29}H_{43}NO$, Formel I
(R = $CO\text{-}[CH_2]_3\text{-}CH(CH_3)\text{-}[CH_2]_3\text{-}CH(CH_3)\text{-}[CH_2]_3\text{-}CH(CH_3)_2$).

Präparate (Krystalle; F: 103—104,5° [aus Ae. + PAe.] bzw. F: 101—102° [aus Ae. + PAe.] bzw. F: 98—99° [evakuierte Kapillare; aus Me.]), in denen eine opt.-inakt. Verbindung dieser Konstitution vorgelegen hat, sind beim Erhitzen von Biphenylyl-(4)-amin mit opt.-inakt. 2.6.10-Trimethyl-tetradecansäure-(14) (Kp_1: 155—165° bzw. Kp_1: 160° bis 170° bzw. $Kp_{0,03}$: 135—145° [E III **2** 989]) auf 230° erhalten worden (*Späth, Kesztler*, B. **70** [1937] 1255, 1257, 1258; *Späth, Simon, Lintner*, B. **69** [1936] 1656, 1663).

4-Stearoylamino-biphenyl, *N*-[Biphenylyl-(4)]-stearinamid, N-(*biphenyl-4-yl*)*stearamide* $C_{30}H_{45}NO$, Formel I (R = $CO\text{-}[CH_2]_{16}\text{-}CH_3$).

B. Analog *N*-[Biphenylyl-(4)]-laurinamid [S. 3157] (*Gilman, Ford*, Iowa Coll. J. **13** [1938] 135, 141).

Krystalle (aus E.); F: 143°.

9.10-Dibrom-*N*-[biphenylyl-(4)]-octadecanamid, N-(*biphenyl-4-yl*)-*9,10-dibromooctadecanamide* $C_{30}H_{43}Br_2NO$.

a) **(±)-*erythro*-9.10-Dibrom-*N*-[biphenylyl-(4)]-octadecanamid,** Formel II + Spiegelbild.

B. Aus Biphenylyl-(4)-amin und (±)-*erythro*-9.10-Dibrom-octadecanoylchlorid („(±)-Elaidodibromstearinsäure-chlorid" [E III **2** 1048]) in Chloroform bei —15° (*Kimura, Nihayashi*, B. **68** [1935] 2028, 2034). Beim Behandeln von *N*-[Biphenylyl-(4)]-elaidinamid in Natriumbromid enthaltendem Methanol mit wss. Brom-Lösung (*Ki., Ni.*, l. c. S. 2033).

Krystalle (aus Acn.); F: 133,5°.

b) **(±)-*threo*-9.10-Dibrom-*N*-[biphenylyl-(4)]-octadecanamid,** Formel III + Spiegelbild.

B. Aus Biphenylyl-(4)-amin und (±)-*threo*-9.10-Dibrom-octadecanoylchlorid („(±)-Oleodibromstearinsäure-chlorid" [E III **2** 1048]) in Chloroform bei —15° (*Kimura, Nihayashi*, B. **68** [1935] 2028, 2033). Beim Behandeln von *N*-[Biphenylyl-(4)]-oleamid in Natriumbromid enthaltendem Methanol mit wss. Brom-Lösung (*Ki., Ni.*).

Krystalle (aus A.); F: 87,5°.

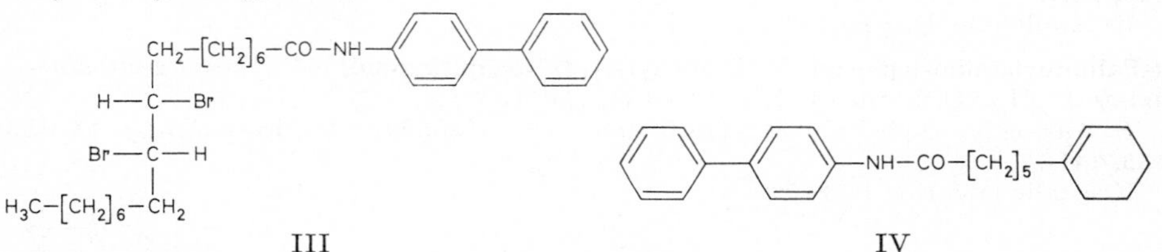

III IV

***N*-[Biphenylyl-(4)]-octadecen-(9)-amid** $C_{30}H_{43}NO$.

a) **4-Oleoylamino-biphenyl, *N*-[Biphenylyl-(4)]-oleamid,** N-(*biphenyl-4-yl*)*oleamide* $C_{30}H_{43}NO$, Formel I (R = $CO\text{-}[CH_2]_7\text{-}CH\overset{c}{=}CH\text{-}[CH_2]_7\text{-}CH_3$).

B. Aus Biphenylyl-(4)-amin beim Erhitzen mit Ölsäure auf 230° sowie beim Behandeln mit Oleoylchlorid in Chloroform bei —15° (*Kimura, Nihayashi*, B. **68** [1935] 2028, 2031, 2032).

Krystalle (aus wss. A.); F: 120°.

b) **4-Elaidoylamino-biphenyl, *N*-[Biphenylyl-(4)]-elaidinamid,** N-(*biphenyl-4-yl*)*elaidamide* $C_{30}H_{43}NO$, Formel I (R = $CO\text{-}[CH_2]_7\text{-}CH\overset{t}{=}CH\text{-}[CH_2]_7\text{-}CH_3$).

B. Aus Biphenylyl-(4)-amin und Elaidinsäure bzw. Elaidoylchlorid analog dem unter a) beschriebenen Stereoisomeren (*Kimura, Nihayashi*, B. **68** [1935] 2028, 2032).

Krystalle (aus A.); F: 134—135°.

6-[Cyclohexen-(1)-yl]-*N*-[biphenylyl-(4)]-hexanamid, N-*(biphenyl-4-yl)-6-(cyclohex-1-en-1-yl)hexanamide* $C_{24}H_{29}NO$, Formel IV.

B. Beim Erhitzen von Biphenylyl-(4)-amin mit 1-[Cyclohexen-(1)-yl]-hexansäure-(6) (E III **9** 249) unter Zusatz von Acetanhydrid (*Dow Chem. Co.*, U.S.P. 2350324 [1941]).

F: 136–138°.

4-Benzamino-biphenyl, *N*-[Biphenylyl-(4)]-benzamid, N-*(biphenyl-4-yl)benzamide* $C_{19}H_{15}NO$, Formel V (X = H) (H 1319; E I 547).

B. Beim Erwärmen von *N*-Nitroso-*N*-acetyl-*N'*-benzoyl-*p*-phenylendiamin mit Benzol (*Haworth, Hey*, Soc. **1940** 361, 369). Aus 4-Phenyl-benzophenon-*seqtrans*-oxim beim Behandeln mit Phosphor(V)-chlorid in Benzol (*Bachmann, Barton*, J. org. Chem. **3** [1938] 300, 308).

Krystalle (aus A.); F: 229–230° (*Ha., Hey*).

4-Chlor-*N*-[biphenylyl-(4)]-benzamid, N-*(biphenyl-4-yl)-*p*-chlorobenzamide* $C_{19}H_{14}ClNO$, Formel V (X = Cl).

B. Beim Behandeln von Biphenylyl-(4)-amin mit 4-Chlor-benzoylchlorid und Pyridin in Äther (*Gätzi, Stammbach*, Helv. **29** [1946] 563, 570, 572).

F: 263–264° [korr.; Kofler-App.].

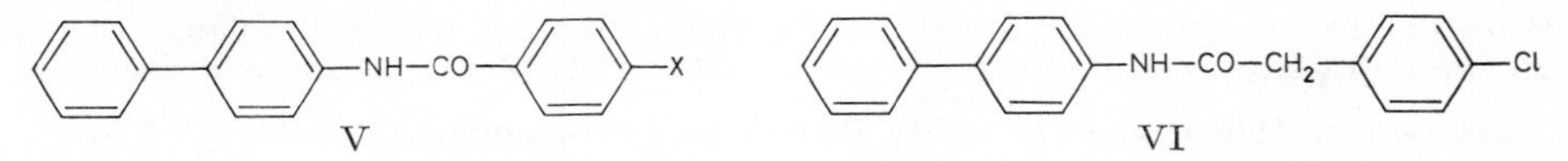

V VI

***C*-[4-Chlor-phenyl]-*N*-[biphenylyl-(4)]-acetamid,** N-*(biphenyl-4-yl)-2-(*p*-chlorophenyl)acetamide* $C_{20}H_{16}ClNO$, Formel VI.

B. Beim Behandeln von Biphenylyl-(4)-amin mit [4-Chlor-phenyl]-acetylchlorid und Pyridin in Äther (*Gätzi, Stammbach*, Helv. **29** [1946] 563, 572).

Krystalle (aus A.); F: 219–220° [korr.; Kofler-App.].

4-*o*-Toluoylamino-biphenyl, *N*-[Biphenylyl-(4)]-*o*-toluamid, N-*(biphenyl-4-yl)-*o*-toluamide* $C_{20}H_{17}NO$, Formel VII (R = CH_3, X = H).

B. Beim Behandeln von Biphenylyl-(4)-amin mit *o*-Toluoylchlorid in Benzol oder Aceton (*Bachmann, Barton*, J. org. Chem. **3** [1938] 300, 307). Aus 2-Methyl-4'-phenyl-benzophenon-*seqcis*-oxim (E III **7** 2748) beim Behandeln mit Phosphor(V)-chlorid in Benzol (*Ba., Ba.*).

Krystalle (aus Bzl.); F: 256° (*Ba., Ba.*, l. c. S. 306).

4-*m*-Toluoylamino-biphenyl, *N*-[Biphenylyl-(4)]-*m*-toluamid, N-*(biphenyl-4-yl)-*m*-toluamide* $C_{20}H_{17}NO$, Formel VII (R = H, X = CH_3).

B. Aus Biphenylyl-(4)-amin und *m*-Toluoylchlorid sowie aus 3-Methyl-4'-phenyl-benzophenon-*seqcis*-oxim (E III **7** 2749) analog *N*-[Biphenylyl-(4)]-*o*-toluamid [s. o.] (*Bachmann, Barton*, J. org. Chem. **3** [1938] 300, 307).

Krystalle (aus Acn.); F: 270° (*Ba., Ba.*, l. c. S. 306).

4-*p*-Toluoylamino-biphenyl, *N*-[Biphenylyl-(4)]-*p*-toluamid, N-*(biphenyl-4-yl)-*p*-toluamide* $C_{20}H_{17}NO$, Formel V (X = CH_3).

B. Aus Biphenylyl-(4)-amin und *p*-Toluoylchlorid sowie aus 4-Methyl-4'-phenyl-benzophenon-*seqtrans*-oxim (E III **7** 2749) analog *N*-[Biphenylyl-(4)]-*o*-toluamid] [s. o.] (*Bachmann, Barton*, J. org. Chem. **3** [1938] 300, 307).

Krystalle (aus A.); F: 236–237° (*Ba., Ba.*, l. c. S. 306).

4-Methyl-4-phenyl-*N*-[biphenylyl-(4)]-valeramid, N-*(biphenyl-4-yl)-4-methyl-4-phenylvaleramide* $C_{24}H_{25}NO$, Formel VIII (R = $CO\text{-}CH_2\text{-}CH_2\text{-}C(CH_3)_2\text{-}C_6H_5$).

B. Beim Erhitzen von Biphenylyl-(4)-amin mit 4-Methyl-4-phenyl-valeriansäure auf 230° (*Späth, Kainrath*, B. **71** [1938] 1662, 1665).

F: 98–99° [aus Me. + W.].

(±)-4-Methyl-3-phenyl-*N*-[biphenylyl-(4)]-valeramid, (±)-N-*(biphenyl-4-yl)-4-methyl-3-phenylvaleramide* $C_{24}H_{25}NO$, Formel VIII (R = $CO\text{-}CH_2\text{-}CH(C_6H_5)\text{-}CH(CH_3)_2$).

B. Beim Erhitzen von Biphenylyl-(4)-amin mit (±)-4-Methyl-3-phenyl-valeriansäure auf 230° (*Späth, Kainrath*, B. **71** [1938] 1662, 1666).

F: 101–103° [aus Me. + W.].

(±)-10-Phenyl-*N*-[biphenylyl-(4)]-octadecanamid, (±)-N-*(biphenyl-4-yl)-10-phenyloctadecanamide* $C_{36}H_{49}NO$, Formel VIII (R = CO-$[CH_2]_8$-CH(C_6H_5)-$[CH_2]_7$-CH_3).

B. Aus Biphenylyl-(4)-amin beim Erhitzen mit (±)-9-Phenyl-octadecansäure-(18) auf 230° sowie beim Behandeln mit dem aus dieser Säure hergestellten Säurechlorid in Chloroform unter Zusatz von Pyridin (*Kimura, Taniguchi,* J. Soc. chem. Ind. Japan Spl. **42** [1939] 234 B).

Krystalle (aus wss. A.); F: 91—92°.

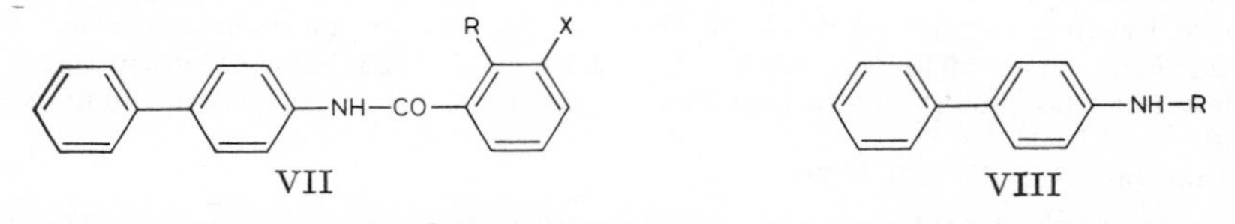

VII VIII

3-Phenyl-*N*-[biphenylyl-(4)]-thiopropiolamid, N-*(biphenyl-4-yl)-3-phenylthiopropiolamide* $C_{21}H_{15}NS$, Formel VIII (R = CS-C≡C-C_6H_5).

B. Beim Behandeln einer Suspension von Natrium-phenylacetylenid in Äther mit Biphenylyl-(4)-isothiocyanat (*Worrall, Lerner, Washnock,* Am. Soc. **61** [1939] 105).

Gelbe Krystalle (aus $CHCl_3$ + PAe.); F: 128—129° [Zers.].

Beim Erwärmen einer äther. Lösung mit geringen Mengen wss. Natronlauge ist eine Verbindung $[C_{21}H_{15}NS]_x$ (braune Krystalle; F: 230—232° [Zers.]) erhalten worden.

Oxalsäure-mono-[biphenylyl-(4)-amid], Biphenylyl-(4)-oxamidsäure, *(biphenyl-4-yl)oxamic acid* $C_{14}H_{11}NO_3$, Formel VIII (R = CO-COOH).

B. Beim Erhitzen von Biphenylyl-(4)-amin mit Oxalsäure auf 160° (*Monsanto Chem. Co.,* U.S.P. 2143520 [1936]).

Rote Krystalle (aus A.); F: 220° [unkorr.].

2.2.3-Trimethyl-1-[biphenylyl-(4)-carbamoyl]-cyclopentan-carbonsäure-(3), *3-(biphenyl-4-ylcarbamoyl)-1,2,2-trimethylcyclopentanecarboxylic acid* $C_{22}H_{25}NO_3$.

(1*S*)-2.2.3*t*-Trimethyl-1*r*-[biphenylyl-(4)-carbamoyl]-cyclopentan-carbonsäure-(3*c*), (1*R*)-*cis*-Camphersäure-3-[biphenylyl-(4)-amid], Formel IX auf S. 3162.

B. Beim Erhitzen von Biphenylyl-(4)-amin mit (1*R*)-*cis*-Camphersäure-anhydrid unter Zusatz von Natriumacetat auf 130° (*Singh, Singh,* J. Indian chem. Soc. **19** [1942] 145, 146).

F: 196—197° [nach Sintern bei 194°; aus A.]. $[\alpha]_D^{20}$: +42,5° [$CHCl_3$; c = 0,6]; $[\alpha]_D^{20}$: +55,0° [A.; c = 1]; $[\alpha]_D^{20}$: +64,0° [Me.; c = 1]; $[\alpha]_D^{20}$: +74,7° [Natrium-Salz in W.].

Phthalsäure-mono-[biphenylyl-(4)-amid], *N*-[Biphenylyl-(4)]-phthalamidsäure, N-*(biphenyl-4-yl)phthalamic acid* $C_{20}H_{15}NO_3$, Formel VII (R = COOH, X = H).

B. Aus Biphenylyl-(4)-amin und Phthalsäure-anhydrid in Essigsäure (*Wanag, Veinbergs,* B. **75** [1942] 725, 735).

Krystalle (aus wss. A.); F: 272°. [*Otto*]

Biphenylyl-(4)-carbamidsäure-methylester, *(biphenyl-4-yl)carbamic acid methyl ester* $C_{14}H_{13}NO_2$, Formel X (R = CH_3) auf S. 3162.

B. Beim Erwärmen von Biphenylyl-(4)-amin mit Chlorameisensäure-methylester in Benzol unter Zusatz von Natriumcarbonat (*Werther,* R. **52** [1933] 657, 661). Beim Erwärmen von Biphenylyl-(4)-isocyanat mit Methanol ohne Lösungsmittel (*Morgan, Pettet,* Soc. **1931** 1124), in Benzol und Petroläther (*van Gelderen,* R. **52** [1933] 969, 971) oder in Toluol (*Witten, Reid,* Am. Soc. **69** [1947] 2470).

Krystalle; F: 127° (*Mo., Pe.*), 126° [aus A.] (*Wi., Reid*), 124° [aus PAe. bzw. aus Bzl. + PAe.] (*We.*; *v. Ge.*).

Biphenylyl-(4)-carbamidsäure-äthylester, *(biphenyl-4-yl)carbamic acid ethyl ester* $C_{15}H_{15}NO_2$, Formel X (R = C_2H_5) auf S. 3162 (H 1319).

B. Beim Erwärmen von Biphenylyl-(4)-amin mit Chlorameisensäure-äthylester in Benzol unter Zusatz von Natriumcarbonat (*Werther,* R. **52** [1933] 657, 661). Beim Erwärmen von Biphenylyl-(4)-isocyanat mit Äthanol ohne Lösungsmittel (*Morgan, Pettet,* Soc. **1931** 1124), in Benzol und Petroläther (*van Gelderen,* R. **52** [1933] 969, 972) oder in Toluol (*Witten, Reid,* Am. Soc. **69** [1947] 2470).

Krystalle; F: 121° [aus A.] (*Wi., Reid*), 119° (*Mo., Pe.*; *v. Ge.*), 115° [aus PAe.] (*We.*).

Biphenylyl-(4)-carbamidsäure-propylester, *(biphenyl-4-yl)carbamic acid propyl ester* $C_{16}H_{17}NO_2$, Formel X (R = CH_2-CH_2-CH_3).

B. Beim Erwärmen von Biphenylyl-(4)-isocyanat mit Propanol-(1) ohne Lösungsmittel (*Morgan, Pettet,* Soc. **1931** 1124), in Benzol und Petroläther (*van Gelderen,* R. **52** [1933] 969, 972) oder in Toluol (*Witten, Reid,* Am. Soc. **69** [1947] 2470).

Krystalle; F: 130° [aus A. oder aus Bzl. + PAe.] (*Wi., Reid; v. Ge.*), 129° (*Mo., Pe.*).

Biphenylyl-(4)-carbamidsäure-isopropylester, *(biphenyl-4-yl)carbamic acid isopropyl ester* $C_{16}H_{17}NO_2$, Formel X (R = $CH(CH_3)_2$).

B. Beim Erwärmen von Biphenylyl-(4)-isocyanat mit Propanol-(2) ohne Lösungsmittel (*Morgan, Pettet,* Soc. **1931** 1124) oder in Petroläther und Benzol (*van Gelderen,* R. **52** [1933] 969, 973).

Krystalle; F: 138° (*Mo., Pe.*), 137° [aus Bzl. + PAe.] (*v. Ge.*).

Biphenylyl-(4)-carbamidsäure-butylester, *(biphenyl-4-yl)carbamic acid butyl ester* $C_{17}H_{19}NO_2$, Formel X (R = $[CH_2]_3$-CH_3).

B. Beim Erwärmen von Biphenylyl-(4)-isocyanat mit Butanol-(1) ohne Lösungsmittel (*Morgan, Pettet,* Soc. **1931** 1124), in Benzol und Petroläther (*van Gelderen,* R. **52** [1933] 969, 972) oder in Toluol (*Witten, Reid,* Am. Soc. **69** [1947] 2470).

Krystalle (aus Bzl. + PAe. oder aus A.); F: 109° (*v. Ge.; Wi., Reid; Mo., Pe.*).

(±)-Biphenylyl-(4)-carbamidsäure-*sec*-butylester, (±)-*(biphenyl-4-yl)carbamic acid* sec-*butyl ester* $C_{17}H_{19}NO_2$, Formel X (R = $CH(CH_3)$-CH_2-CH_3).

B. Aus Biphenylyl-(4)-isocyanat und (±)-Butanol-(2) (*Morgan, Hardy,* Chem. and Ind. **1933** 518).

F: 105,5°.

Biphenylyl-(4)-carbamidsäure-pentylester, *(biphenyl-4-yl)carbamic acid pentyl ester* $C_{18}H_{21}NO_2$, Formel X (R = $[CH_2]_4$-CH_3).

B. Beim Erwärmen von Biphenylyl-(4)-isocyanat mit Pentanol-(1) ohne Lösungsmittel (*Morgan, Pettet,* Soc. **1931** 1124), in Benzol und Petroläther (*van Gelderen,* R. **52** [1933] 969, 972) oder in Toluol auf 100° (*Witten, Reid,* Am. Soc. **69** [1947] 2470).

Krystalle; F: 102° [aus Bzl. + PAe.] (*v. Ge.*), 99° (*Mo., Pe.*), 95° [aus A.] (*Wi., Reid*).

(±)-2-[Biphenylyl-(4)-carbamoyloxy]-pentan, (±)-Biphenylyl-(4)-carbamidsäure-[1-methyl-butylester], (±)-*(biphenyl-4-yl)carbamic acid 1-methylbutyl ester* $C_{18}H_{21}NO_2$, Formel X (R = $CH(CH_3)$-CH_2-CH_2-CH_3).

B. Aus Biphenylyl-(4)-isocyanat und (±)-Pentanol-(2) (*Morgan, Hardy,* Chem. and Ind. **1933** 518).

F: 94,5°.

Biphenylyl-(4)-carbamidsäure-hexylester, *(biphenyl-4-yl)carbamic acid hexyl ester* $C_{19}H_{23}NO_2$, Formel X (R = $[CH_2]_5$-CH_3).

B. Beim Erwärmen von Biphenylyl-(4)-isocyanat mit Hexanol-(1) in Petroläther und Benzol (*van Gelderen,* R. **52** [1933] 969, 972) oder in Toluol (*Witten, Reid,* Am. Soc. **69** [1947] 2470).

Krystalle (aus Bzl. + PAe.); F: 98° (*v. Ge.*), 97—98° (*Morgan, Hardy, Procter,* J. Soc. chem. Ind. **51** [1932] 1 T, 7 T).

(±)-2-[Biphenylyl-(4)-carbamoyloxy]-hexan, (±)-Biphenylyl-(4)-carbamidsäure-[1-methyl-pentylester], (±)-*(biphenyl-4-yl)carbamic acid 1-methylpentyl ester* $C_{19}H_{23}NO_2$, Formel X (R = $CH(CH_3)$-$[CH_2]_3$-CH_3).

B. Aus Biphenylyl-(4)-isocyanat und (±)-Hexanol-(2) (*Airs, Balfe, Kenyon,* Soc. **1942** 18, 25).

Krystalle (aus Ae. + PAe.); F: 91—92°.

(±)-3-[Biphenylyl-(4)-carbamoyloxy]-hexan, (±)-Biphenylyl-(4)-carbamidsäure-[1-äthyl-butylester], (±)-*(biphenyl-4-yl)carbamic acid 1-ethylbutyl ester* $C_{19}H_{23}NO_2$, Formel X (R = $CH(C_2H_5)$-CH_2-CH_2-CH_3).

B. Aus Biphenylyl-(4)-isocyanat und (±)-Hexanol-(3) (*Airs, Balfe, Kenyon,* Soc. **1942** 18, 25).

Krystalle (aus Ae. + PAe.); F: 135°.

(±)-Biphenylyl-(4)-carbamidsäure-[2-methyl-pentylester], (±)-*(biphenyl-4-yl)carbamic acid 2-methylpentyl ester* $C_{19}H_{23}NO_2$, Formel X (R = CH_2-$CH(CH_3)$-CH_2-CH_2-CH_3).

B. Aus Biphenylyl-(4)-isocyanat und (±)-2-Methyl-pentanol-(1) (*Morgan, Hardy, Procter*, J. Soc. chem. Ind. **51** [1932] 1 T, 7 T; *Morgan, Hardy*, Chem. and Ind. **1933** 518).

Krystalle (aus Bzl. + PAe.); F: 98—98,5° (*Mo., Ha., Pr.*).

(±)-4-[Biphenylyl-(4)-carbamoyloxy]-2-methyl-pentan, (±)-Biphenylyl-(4)-carbamidsäure-[1.3-dimethyl-butylester], (±)-*(biphenyl-4-yl)carbamic acid 1,3-dimethylbutyl ester* $C_{19}H_{23}NO_2$, Formel X (R = $CH(CH_3)$-CH_2-$CH(CH_3)_2$).

B. Aus Biphenylyl-(4)-isocyanat und (±)-2-Methyl-pentanol-(4) (*Morgan, Hardy*, Chem. and Ind. **1933** 518).

F: 95,5°.

Biphenylyl-(4)-carbamidsäure-heptylester, *(biphenyl-4-yl)carbamic acid heptyl ester* $C_{20}H_{25}NO_2$, Formel X (R = $[CH_2]_6$-CH_3).

B. Aus Biphenylyl-(4)-isocyanat und Heptanol-(1) in Petroläther und Benzol (*van Gelderen*, R. **52** [1933] 969, 972) oder in Toluol (*Witten, Reid*, Am. Soc. **69** [1947] 2470).

Krystalle (aus Bzl. + PAe. oder aus A.); F: 105° (*v. Ge.*; *Wi., Reid*).

(±)-Biphenylyl-(4)-carbamidsäure-[2-methyl-hexylester], (±)-*(biphenyl-4-yl)carbamic acid 2-methylhexyl ester* $C_{20}H_{25}NO_2$, Formel X (R = CH_2-$CH(CH_3)$-$[CH_2]_3$-CH_3).

B. Aus Biphenylyl-(4)-isocyanat und (±)-2-Methyl-hexanol-(1) (*Morgan, Hardy, Procter*, J. Soc. chem. Ind. **51** [1932] 1 T, 7 T).

Krystalle (aus PAe.); F: 88—88,5°.

(±)-Biphenylyl-(4)-carbamidsäure-[2-äthyl-pentylester], (±)-*(biphenyl-4-yl)carbamic acid 2-ethylpentyl ester* $C_{20}H_{25}NO_2$, Formel X (R = CH_2-$CH(C_2H_5)$-CH_2-CH_2-CH_3).

B. Aus Biphenylyl-(4)-isocyanat und (±)-2-Äthyl-pentanol-(1) (*Morgan, Hardy, Procter*, J. Soc. chem. Ind. **51** [1932] 1 T, 7 T).

Krystalle (aus PAe.); F: 77—77,5°.

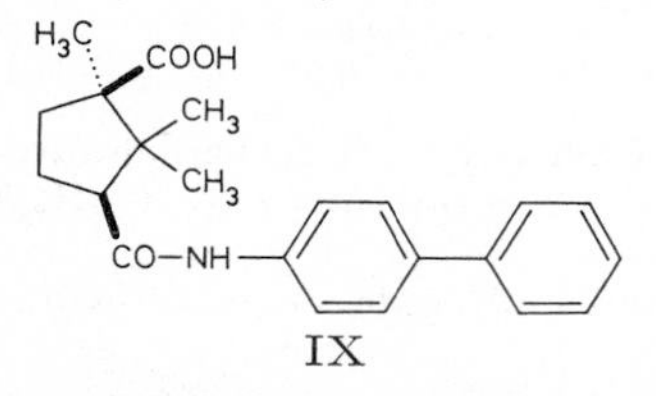

IX

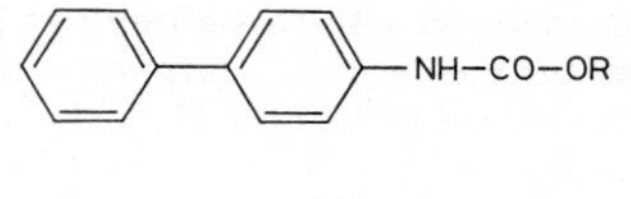

X

(±)-Biphenylyl-(4)-carbamidsäure-[2.4-dimethyl-pentylester], (±)-*(biphenyl-4-yl)carbamic acid 2,4-dimethylpentyl ester* $C_{20}H_{25}NO_2$, Formel X (R = CH_2-$CH(CH_3)$-CH_2-$CH(CH_3)_2$).

B. Aus Biphenylyl-(4)-isocyanat und (±)-2.4-Dimethyl-pentanol-(1) (*Morgan, Hardy, Procter*, J. Soc. chem. Ind. **51** [1932] 1T, 7T).

Krystalle (aus PAe.); F: 74—75°.

Biphenylyl-(4)-carbamidsäure-octylester, *(biphenyl-4-yl)carbamic acid octyl ester* $C_{21}H_{27}NO_2$, Formel X (R = $[CH_2]_7$-CH_3).

B. Aus Biphenylyl-(4)-isocyanat und Octanol-(1) in Petroläther und Benzol (*van Gelderen*, R. **52** [1933] 969, 972) oder in Toluol (*Witten, Reid*, Am. Soc. **69** [1947] 2470).

Krystalle; F: 110° [aus Bzl. + PAe.] (*v. Ge.*), 109° [aus A.] (*Wi., Reid*).

(±)-Biphenylyl-(4)-carbamidsäure-[2-äthyl-hexylester], (±)-*(biphenyl-4-yl)carbamic acid 2-ethylhexyl ester* $C_{21}H_{27}NO_2$, Formel X (R = CH_2-$CH(C_2H_5)$-$[CH_2]_3$-CH_3).

B. Aus Biphenylyl-(4)-isocyanat und (±)-2-Äthyl-hexanol-(1) (*Morgan, Hardy, Procter*, J. Soc. chem. Ind. **51** [1932] 1T, 7T; *Kenyon, Platt*, Soc. **1939** 633, 637).

Krystalle; F: 81—82° (*Ke., Pl.*), 80° [aus PAe.] (*Mo., Ha., Pr.*).

Biphenylyl-(4)-carbamidsäure-nonylester, *(biphenyl-4-yl)carbamic acid nonyl ester* $C_{22}H_{29}NO_2$, Formel X (R = $[CH_2]_8$-CH_3).

B. Aus Biphenylyl-(4)-isocyanat und Nonanol-(1) in Benzol und Petroläther (*van

Gelderen, R. **52** [1933] 969, 972) oder in Toluol (*Witten*, *Reid*, Am. Soc. **69** [1947] 2470).
Krystalle (aus Bzl. + PAe. oder aus A.); F: 115° (*v. Ge.*; *Wi.*, *Reid*).

4-[Biphenylyl-(4)-carbamoyloxy]-2.6-dimethyl-heptan, Biphenylyl-(4)-carbamidsäure-[3-methyl-1-isobutyl-butylester], *4-[(biphenyl-4-yl)carbamoyloxy]-2,6-dimethylheptane* $C_{22}H_{29}NO_2$, Formel X (R = $CH[CH_2\text{-}CH(CH_3)_2]_2$).
B. Aus Biphenylyl-(4)-isocyanat und 2.6-Dimethyl-heptanol-(4) (*Morgan*, *Hardy*, Chem. and Ind. **52** [1933] 518).
F: 118°.

Biphenylyl-(4)-carbamidsäure-decylester, *(biphenyl-4-yl)carbamic acid decyl ester* $C_{23}H_{31}NO_2$, Formel X (R = $[CH_2]_9\text{-}CH_3$).
B. Aus Biphenylyl-(4)-isocyanat und Decanol-(1) in Petroläther und Benzol (*van Gelderen*, R. **52** [1933] 969, 972) oder in Toluol (*Witten*, *Reid*, Am. Soc. **69** [1947] 2470, 2472).
Krystalle; F: 112° [aus A.] (*Wi.*, *Reid*), 111° [aus Bzl. + PAe.] (*v. Ge.*).

Biphenylyl-(4)-carbamidsäure-undecylester, *(biphenyl-4-yl)carbamic acid undecyl ester* $C_{24}H_{33}NO_2$, Formel X (R = $[CH_2]_{10}\text{-}CH_3$).
B. Aus Biphenylyl-(4)-isocyanat und Undecanol-(1) in Petroläther und Benzol (*van Gelderen*, R. **52** [1933] 969, 972) oder in Toluol (*Witten*, *Reid*, Am. Soc. **69** [1947] 2470, 2472).
Krystalle; F: 112° [aus A.] (*Wi.*, *Reid*), 106° [aus Bzl. + PAe.] (*v. Ge.*).

Biphenylyl-(4)-carbamidsäure-dodecylester, *(biphenyl-4-yl)carbamic acid dodecyl ester* $C_{25}H_{35}NO_2$, Formel X (R = $[CH_2]_{11}\text{-}CH_3$).
B. Aus Biphenylyl-(4)-isocyanat und Dodecanol-(1) in Petroläther und Benzol (*van Gelderen*, R. **52** [1933] 969, 972) oder in Toluol (*Witten*, *Reid*, Am. Soc. **69** [1947] 2470).
Krystalle (aus Bzl. + PAe. oder aus A.); F: 113° (*v. Ge.*; *Wi.*, *Reid*).

Biphenylyl-(4)-carbamidsäure-tridecylester, *(biphenyl-4-yl)carbamic acid tridecyl ester* $C_{26}H_{37}NO_2$, Formel X (R = $[CH_2]_{12}\text{-}CH_3$).
B. Aus Biphenylyl-(4)-isocyanat und Tridecanol-(1) in Toluol (*Witten*, *Reid*, Am. Soc. **69** [1947] 2470, 2472).
Krystalle (aus A.); F: 114° [korr.].

Biphenylyl-(4)-carbamidsäure-tetradecylester, *(biphenyl-4-yl)carbamic acid tetradecyl ester* $C_{27}H_{39}NO_2$, Formel X (R = $[CH_2]_{13}\text{-}CH_3$).
B. Aus Biphenylyl-(4)-isocyanat und Tetradecanol-(1) in Toluol (*Witten*, *Reid*, Am. Soc. **69** [1947] 2470, 2472).
Krystalle (aus A.); F: 113° [korr.].

Biphenylyl-(4)-carbamidsäure-pentadecylester, *(biphenyl-4-yl)carbamic acid pentadecyl ester* $C_{28}H_{41}NO_2$, Formel X (R = $[CH_2]_{14}\text{-}CH_3$).
B. Aus Biphenylyl-(4)-isocyanat und Pentadecanol-(1) in Toluol (*Witten*, *Reid*, Am. Soc. **69** [1947] 2470, 2472).
Krystalle (aus A.); F: 113° [korr.].

Biphenylyl-(4)-carbamidsäure-hexadecylester, *(biphenyl-4-yl)carbamic acid hexadecyl ester* $C_{29}H_{43}NO_2$, Formel X (R = $[CH_2]_{15}\text{-}CH_3$).
B. Aus Biphenylyl-(4)-isocyanat und Hexadecanol-(1) in Toluol (*Witten*, *Reid*, Am. Soc. **69** [1947] 2470, 2472).
Krystalle (aus A.); F: 113° [korr.].

Biphenylyl-(4)-carbamidsäure-heptadecylester, *(biphenyl-4-yl)carbamic acid heptadecyl ester* $C_{30}H_{45}NO_2$, Formel X (R = $[CH_2]_{16}\text{-}CH_3$).
B. Aus Biphenylyl-(4)-isocyanat und Heptadecanol-(1) in Toluol (*Witten*, *Reid*, Am. Soc. **69** [1947] 2470, 2472).
Krystalle (aus A.); F: 113° [korr.].

Biphenylyl-(4)-carbamidsäure-octadecylester, *(biphenyl-4-yl)carbamic acid octadecyl ester* $C_{31}H_{47}NO_2$, Formel X (R = $[CH_2]_{17}\text{-}CH_3$).
B. Aus Biphenylyl-(4)-isocyanat und Octadecanol-(1) in Toluol (*Witten*, *Reid*, Am. Soc. **69** [1947] 2470, 2472).
Krystalle (aus A.); F: 114° [korr.].

4-[Biphenylyl-(4)-carbamoyloxy]-hexen-(2), Biphenylyl-(4)-carbamidsäure-[1-äthyl-buten-(2)-ylester], *4-[(biphenyl-4-yl)carbamoyloxy]hex-2-ene* $C_{19}H_{21}NO_2$.

(±)-Biphenylyl-(4)-carbamidsäure-[1-äthyl-buten-(2*t*)-ylester], Formel XI ($R = C_2H_5$).

B. Aus Biphenylyl-(4)-isocyanat und (±)-Hexen-(2*t*)-ol-(4) (*Airs, Balfe, Kenyon*, Soc. **1942** 18, 25).

Krystalle (aus Ae. + PAe.); F: 102°.

(±)-4-[Biphenylyl-(4)-carbamoyloxy]-2-methyl-penten-(1), (±)-Biphenylyl-(4)-carbamidsäure-[1.3-dimethyl-buten-(3)-ylester], (±)-*4-[(biphenyl-4-yl)carbamoyloxy]-2-methylpent-1-ene* $C_{19}H_{21}NO_2$, Formel XII (R = $CH(CH_3)$-CH_2-$C(CH_3)$=CH_2).

Diese Konstitution kommt der nachstehend beschriebenen, ursprünglich (*Duveen, Kenyon*, Soc. **1936** 1451) als (±)-Biphenylyl-(4)-carbamidsäure-[1.3-dimethyl-buten-(2)-ylester] angesehenen Verbindung zu (*Kenyon, Young*, Soc. **1938** 1452).

B. Aus Biphenylyl-(4)-isocyanat und (±)-2-Methyl-penten-(1)-ol-(4) (*Du., Ke.*).

Krystalle (aus PAe.); F: 65° (*Du., Ke.*).

(±)-4-[Biphenylyl-(4)-carbamoyloxy]-2-methyl-penten-(2), (±)-Biphenylyl-(4)-carbamidsäure-[1.3-dimethyl-buten-(2)-ylester], (±)-*4-[(biphenyl-4-yl)carbamoyloxy]-2-methylpent-2-ene* $C_{19}H_{21}NO_2$, Formel XII (R = $CH(CH_3)$-CH=$C(CH_3)_2$).

Nicht einheitliche Präparate (F: 91° bzw. F: 95—97°) sind aus Biphenylyl-(4)-isocyanat und (±)-2-Methyl-penten-(2)-ol-(4) erhalten worden (*Kenyon, Young*, Soc. **1940** 1547, 1549; *Macbeth, Mills*, Soc. **1949** 2646, 2648).

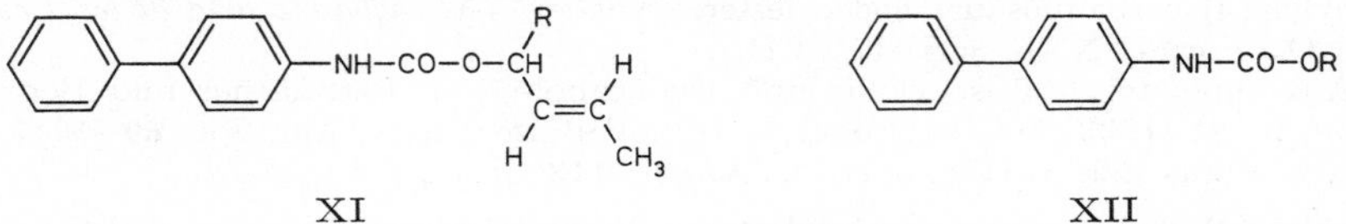

XI XII

Biphenylyl-(4)-carbamidsäure-cyclohexylester, *(biphenyl-4-yl)carbamic acid cyclohexyl ester* $C_{19}H_{21}NO_2$, Formel XIII (R = X = H).

B. Beim Erwärmen von Biphenylyl-(4)-isocyanat mit Cyclohexanol ohne Lösungsmittel (*Morgan, Pettet*, Soc. **1931** 1124) oder in Petroläther und Benzol (*van Gelderen*, R. **52** [1933] 969, 974).

Krystalle; F: 166° (*Mo., Pe.*), 140° [aus Bzl. + PAe.] (*v. Ge.*).

4-[Biphenylyl-(4)-carbamoyloxy]-hepten-(2), Biphenylyl-(4)-carbamidsäure-[1-propyl-buten-(2)-ylester], *4-[(biphenyl-4-yl)carbamoyloxy]hept-2-ene* $C_{20}H_{23}NO_2$.

(±)-Biphenylyl-(4)-carbamidsäure-[1-propyl-buten-(2*t*)-ylester], Formel XI (R = CH_2-CH_2-CH_3).

B. Aus (±)-Hepten-(2*t*)-ol-(4) (*Arcus, Kenyon*, Soc. **1938** 1912, 1918).

Krystalle (aus PAe.); F: 103,5°.

(±)-6-[Biphenylyl-(4)-carbamoyloxy]-hepten-(2), (±)-Biphenylyl-(4)-carbamidsäure-[1-methyl-hexen-(4)-ylester], (±)-*6-[(biphenyl-4-yl)carbamoyloxy]hept-2-ene* $C_{20}H_{23}NO_2$, Formel XII (R = $CH(CH_3)$-CH_2-CH_2-CH=CH-CH_3).

Eine Verbindung (F: 96° [aus PAe.]) dieser Konstitution ist aus Biphenylyl-(4)-isocyanat und (±)-Hepten-(2)-ol-(6) (Kp: 160—161°; n_D^{20}: 1,4407) in Äthanol erhalten worden (*Delépine*, R. **57** [1938] 520, 523).

Biphenylyl-(4)-carbamidsäure-[3-methyl-cyclohexylester], *(biphenyl-4-yl)carbamic acid 3-methylcyclohexyl ester* $C_{20}H_{23}NO_2$.

Biphenylyl-(4)-carbamidsäure-[(1*S*)-*cis*-3-methyl-cyclohexylester], Formel XIII (R = CH_3, X = H).

B. Aus (1*R*)-*cis*-1-Methyl-cyclohexanol-(3) (*Doeuvre*, Bl. [4] **53** [1933] 170, 174).

Krystalle (aus Bzl. + PAe.); F: 106—107°.

Biphenylyl-(4)-carbamidsäure-[3.3.5-trimethyl-cyclohexylester], *(biphenyl-4-yl)carbamic acid 3,3,5-trimethylcyclohexyl ester* $C_{22}H_{27}NO_2$.

(±)-Biphenylyl-(4)-carbamidsäure-[3.3.5*t*-trimethyl-cyclohexyl-(*r*)-ester], Formel XIV + Spiegelbild.

B. Aus Biphenylyl-(4)-isocyanat und (±)-1.1.3*r*-Trimethyl-cyclohexanol-(5*t*) (*Morgan,*

Hardy, Chem. and Ind. **1933** 518).
F: 145°.

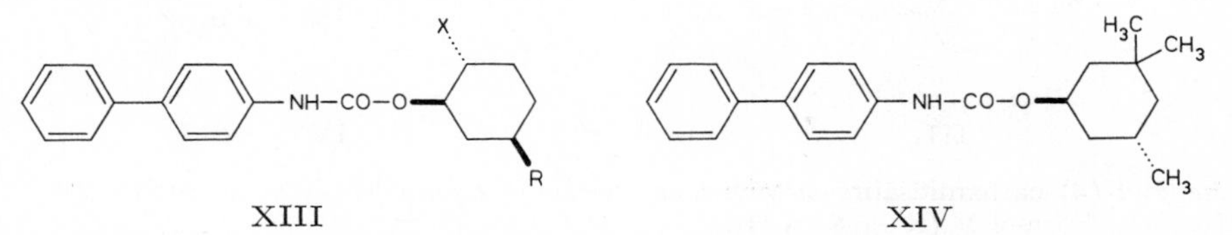

3-[Biphenylyl-(4)-carbamoyloxy]-*p*-menthan, Biphenylyl-(4)-carbamidsäure-[3-methyl-6-isopropyl-cyclohexylester], *3-[(biphenyl-4-yl)carbamoyloxy]-*p*-menthane* $C_{23}H_{29}NO_2$.

Biphenylyl-(4)-carbamidsäure-[(1*R*)-menthylester], *O*-[Biphenylyl-(4)-carbamoyl]-(1*R*)-menthol $C_{23}H_{29}NO_2$, Formel XIII (R = CH_3, X = $CH(CH_3)_2$).

B. Aus Biphenylyl-(4)-isocyanat und (1*R*)-Menthol in Benzol, Petroläther und Tetralin (*van Gelderen*, R. **52** [1933] 969, 974).

Krystalle (aus Bzl. + PAe.); F: 157°.

4-[Biphenylyl-(4)-carbamoyloxy]-heptadien-(1.5), Biphenylyl-(4)-carbamidsäure-[1-allyl-buten-(2)-ylester], *4-[(biphenyl-4-yl)carbamoyloxy]hepta-1,5-diene* $C_{20}H_{21}NO_2$.

(±)-Biphenylyl-(4)-carbamidsäure-[1-allyl-buten-(2*t*)-ylester], Formel XI (R = CH_2-CH=CH_2).

B. Aus Biphenylyl-(4)-isocyanat und (±)-Heptadien-(1.5*t*)-ol-(4) (*Duveen*, *Kenyon*, Bl. [5] **5** [1938] 704, 706).

Krystalle (aus Bzl. + PAe.); F: 87°.

6-[Biphenylyl-(4)-carbamoyloxy]-2.6-dimethyl-octadien-(2.7), Biphenylyl-(4)-carbamidsäure-[1.5-dimethyl-1-vinyl-hexen-(4)-ylester], *3-[(biphenyl-4-yl)carbamoyloxy]-3,7-dimethylocta-1,6-diene* $C_{23}H_{27}NO_2$.

Bezüglich der Konfiguration der Enantiomeren s. *Cornforth*, *Cornforth*, *Prelog*, A. **634** [1960] 197.

a) **(*R*)-6-[Biphenylyl-(4)-carbamoyloxy]-2.6-dimethyl-octadien-(2.7), Biphenylyl-(4)-carbamidsäure-[(*R*)-linalylester],** Formel I.

B. Aus Biphenylyl-(4)-isocyanat und (*R*)-Linalool (*Naves*, Helv. **29** [1946] 553, 562).

Krystalle (aus wss. Me.); F: 90,5—91°.

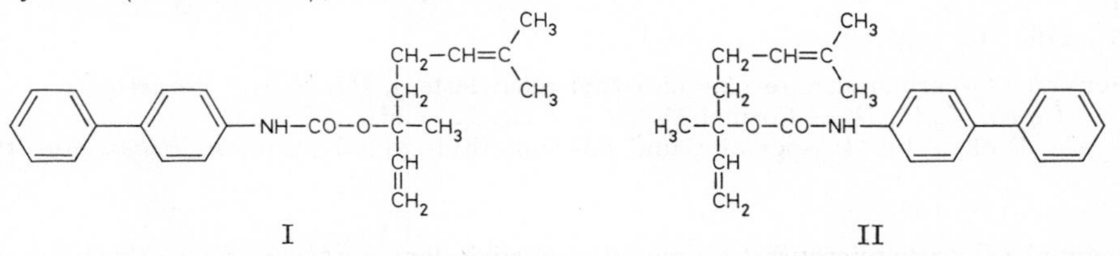

b) **(*S*)-6-[Biphenylyl-(4)-carbamoyloxy]-2.6-dimethyl-octadien-(2.7), Biphenylyl-(4)-carbamidsäure-[(*S*)-linalylester],** Formel II.

B. Aus Biphenylyl-(4)-isocyanat und (*S*)-Linalool (*Naves*, *Grampoloff*, Helv. **25** [1942] 1500, 1508).

Krystalle; F: 85—85,5° (*Na.*, *Gr.*), 83—85° [aus PAe.] (*Penfold*, *Ramage*, *Simonsen*, Soc. **1939** 1496, 1500).

Biphenylyl-(4)-carbamidsäure-phenylester, *(biphenyl-4-yl)carbamic acid phenyl ester* $C_{19}H_{15}NO_2$, Formel III (R = C_6H_5).

B. Beim Erwärmen von Biphenylyl-(4)-isocyanat mit Phenol ohne Lösungsmittel (*Morgan*, *Pettet*, Soc. **1931** 1124) oder in Petroläther, Benzol und Tetralin (*van Gelderen*, R. **52** [1933] 969, 974).

Krystalle; F: 174° [aus Bzl. + PAe.] (*v. Ge.*), 173° (*Mo.*, *Pe.*).

Biphenylyl-(4)-carbamidsäure-*o*-tolylester, *(biphenyl-4-yl)carbamic acid* o*-tolyl ester* $C_{20}H_{17}NO_2$, Formel IV (R = X = H).

B. Aus Biphenylyl-(4)-isocyanat und *o*-Kresol (*Morgan*, *Pettet*, Soc. **1931** 1124).

Krystalle; F: 151°.

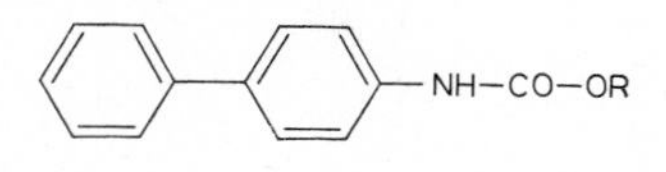

III

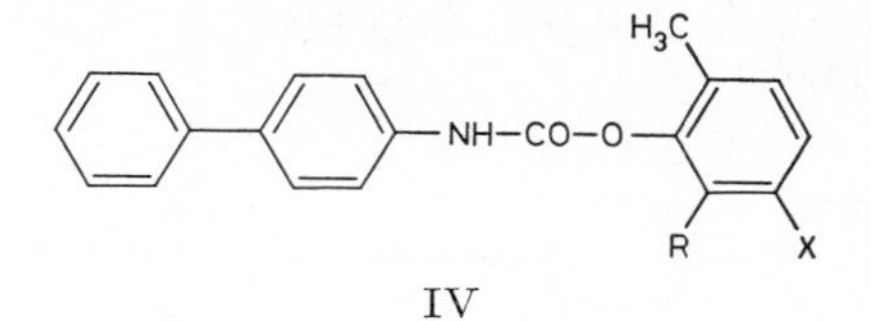

IV

Biphenylyl-(4)-carbamidsäure-*m*-tolylester, *(biphenyl-4-yl)carbamic acid* m-*tolyl ester* $C_{20}H_{17}NO_2$, Formel V (R = X = H).

B. Aus Biphenylyl-(4)-isocyanat und *m*-Kresol (*Morgan, Pettet,* Soc. **1931** 1124).

Krystalle; F: 164°.

Biphenylyl-(4)-carbamidsäure-*p*-tolylester, *(biphenyl-4-yl)carbamic acid* p-*tolyl ester* $C_{20}H_{17}NO_2$, Formel VI (R = CH_3, X = H).

B. Beim Erwärmen von Biphenylyl-(4)-isocyanat mit *p*-Kresol ohne Lösungsmittel (*Morgan, Pettet,* Soc. **1931** 1124) oder in Petroläther, Benzol und Tetralin (*van Gelderen,* R. **52** [1933] 969, 974).

Krystalle; F: 199° [aus Bzl.] (*v. Ge.*), 198° (*Mo., Pe.*).

Biphenylyl-(4)-carbamidsäure-benzylester, *(biphenyl-4-yl)carbamic acid benzyl ester* $C_{20}H_{17}NO_2$, Formel III (R = CH_2-C_6H_5).

B. Beim Erwärmen von Biphenylyl-(4)-isocyanat mit Benzylalkohol ohne Lösungsmittel (*Morgan, Pettet,* Soc. **1931** 1124) oder in Petroläther und Benzol (*van Gelderen,* R. **52** [1933] 969, 973).

Krystalle; F: 158° [aus Bzl. + PAe.] (*v. Ge.*), 156° (*Mo., Pe.*).

Biphenylyl-(4)-carbamidsäure-phenäthylester, *(biphenyl-4-yl)carbamic acid phenethyl ester* $C_{21}H_{19}NO_2$, Formel III (R = CH_2-CH_2-C_6H_5).

B. Aus Biphenylyl-(4)-isocyanat und Phenäthylalkohol in Petroläther und Benzol (*van Gelderen,* R. **52** [1933] 969, 973).

Krystalle (aus Bzl. + PAe.); F: 151°.

Biphenylyl-(4)-carbamidsäure-[3.4-dimethyl-phenylester], *(biphenyl-4-yl)carbamic acid 3,4-xylyl ester* $C_{21}H_{19}NO_2$, Formel V (R = CH_3, X = H).

B. Aus Biphenylyl-(4)-isocyanat und 3.4-Dimethyl-phenol (*Morgan, Pettet,* Soc. **1931** 1124).

Krystalle; F: 183°.

Biphenylyl-(4)-carbamidsäure-[2.6-dimethyl-phenylester], *(biphenyl-4-yl)carbamic acid 2,6-xylyl ester* $C_{21}H_{19}NO_2$, Formel IV (R = CH_3, X = H).

B. Aus Biphenylyl-(4)-isocyanat und 2.6-Dimethyl-phenol (*Morgan, Pettet,* Soc. **1931** 1124).

Krystalle; F: 198°.

Biphenylyl-(4)-carbamidsäure-[2.4-dimethyl-phenylester], *(biphenyl-4-yl)carbamic acid 2,4-xylyl ester* $C_{21}H_{19}NO_2$, Formel VI (R = X = CH_3).

B. Aus Biphenylyl-(4)-isocyanat und 2.4-Dimethyl-phenol (*Morgan, Pettet,* Soc. **1931** 1124).

Krystalle; F: 184°.

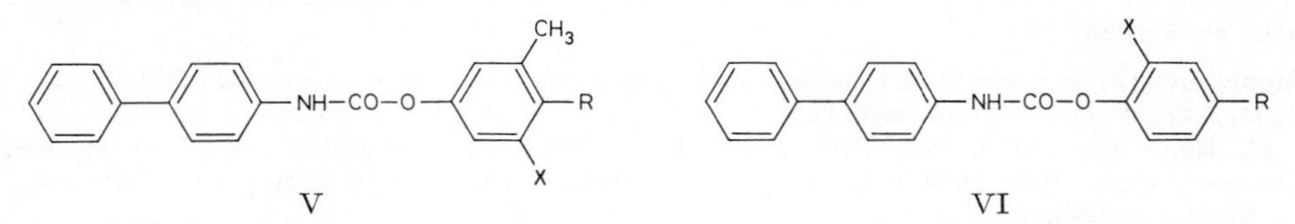

V VI

Biphenylyl-(4)-carbamidsäure-[3.5-dimethyl-phenylester], *(biphenyl-4-yl)carbamic acid 3,5-xylyl ester* $C_{21}H_{19}NO_2$, Formel V (R = H, X = CH_3).

B. Aus Biphenylyl-(4)-isocyanat und 3.5-Dimethyl-phenol (*Morgan, Pettet,* Soc. **1931** 1124).

Krystalle; F: 150°.

Biphenylyl-(4)-carbamidsäure-[2.5-dimethyl-phenylester], *(biphenyl-4-yl)carbamic acid 2,5-xylyl ester* $C_{21}H_{19}NO_2$, Formel IV (R = H, X = CH_3).

B. Aus Biphenylyl-(4)-isocyanat und 2.5-Dimethyl-phenol (*Morgan, Pettet,* Soc. **1931** 1124).

Krystalle; F: 162°.

Biphenylyl-(4)-carbamidsäure-[1-phenyl-propylester], *(biphenyl-4-yl)carbamic acid α-ethylbenzyl ester* $C_{22}H_{21}NO_2$.

Biphenylyl-(4)-carbamidsäure-[(*R*)-1-phenyl-propylester], Formel VII (X = H).

B. Aus Biphenylyl-(4)-carbamidsäure-[(*R*)-1-phenyl-allylester] bei der Hydrierung an Platin in Äther (*Coppock, Kenyon, Partridge,* Soc. **1938** 1069, 1073). Aus Biphenyl-yl-(4)-isocyanat und (*R*)-1-Phenyl-propanol-(1) (*Co., Ke., Pa.*).

Krystalle (aus Ae. + PAe.); F: 138,3—138,7°. $[\alpha]_{436}^{20}$: +292,2°; $[\alpha]_{546}^{20}$: +150,4°; $[\alpha]_{578}^{20}$: +129,7°; $[\alpha]_{D}^{20}$: +122,9° [jeweils in Bzl.; c = 2,5].

2.3-Dideuterio-1-[biphenylyl-(4)-carbamoyloxy]-1-phenyl-propan, Biphenylyl-(4)-carbamidsäure-[2.3-dideuterio-1-phenyl-propylester], *1-[(biphenyl-4-yl)carbamoyloxy]-2,3-dideuterio-1-phenylpropane* $C_{22}H_{19}D_2NO_2$.

(1*R*:2Ξ)-2.3-Dideuterio-1-[biphenylyl-(4)-carbamoyloxy]-1-phenyl-propan, Formel VII (X = D).

Präparate vom F: 137,9—138,4° ($[\alpha]_{D}^{20}$: +119,9° [Bzl.]) bzw. vom F: 136,7—137,5° ($[\alpha]_{D}^{20}$: +121,1° [Bzl.]) sind beim Behandeln von Biphenylyl-(4)-carbamidsäure-[(*R*)-1-phenyl-allylester] in Äther mit Deuterium in Gegenwart von Platin erhalten worden (*Coppock, Kenyon, Partridge,* Soc. **1938** 1069, 1072).

4-[Biphenylyl-(4)-carbamoyloxy]-1-methyl-2-äthyl-benzol, Biphenylyl-(4)-carbamidsäure-[4-methyl-3-äthyl-phenylester], *(biphenyl-4-yl)carbamic acid 3-ethyl-*p*-tolyl ester* $C_{22}H_{21}NO_2$, Formel VIII (R = C_2H_5, X = H).

B. Aus Biphenylyl-(4)-isocyanat und 4-Methyl-3-äthyl-phenol (*Morgan, Pettet,* Soc. **1934** 418, 422).

F: 162°.

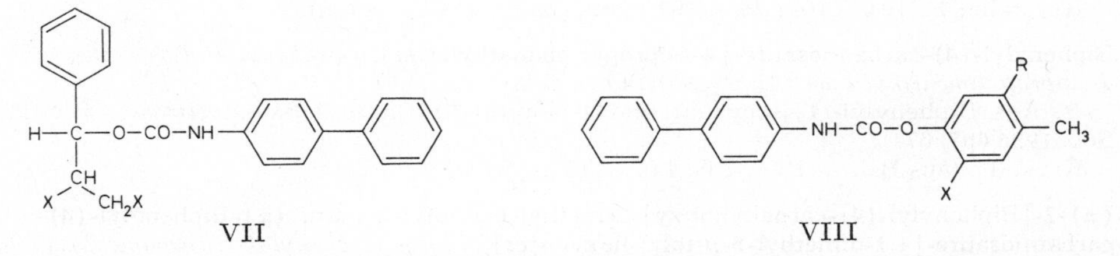

VII VIII

5-[Biphenylyl-(4)-carbamoyloxy]-1-methyl-2-äthyl-benzol, Biphenylyl-(4)-carbamidsäure-[3-methyl-4-äthyl-phenylester], *(biphenyl-4-yl)carbamic acid 4-ethyl-*m*-tolyl ester* $C_{22}H_{21}NO_2$, Formel V (R = C_2H_5, X = H).

B. Aus Biphenylyl-(4)-isocyanat und 3-Methyl-4-äthyl-phenol (*Morgan, Pettet,* Soc. **1934** 418, 421).

F: 152°.

5-[Biphenylyl-(4)-carbamoyloxy]-1-methyl-3-äthyl-benzol, Biphenylyl-(4)-carbamidsäure-[3-methyl-5-äthyl-phenylester], *(biphenyl-4-yl)carbamic acid 5-ethyl-*m*-tolyl ester* $C_{22}H_{21}NO_2$, Formel V (R = H, X = C_2H_5).

B. Aus Biphenylyl-(4)-isocyanat und 3-Methyl-5-äthyl-phenol (*Morgan, Pettet,* Soc. **1934** 418, 421).

F: 125°.

2-[Biphenylyl-(4)-carbamoyloxy]-1-methyl-4-äthyl-benzol, Biphenylyl-(4)-carbamidsäure-[2-methyl-5-äthyl-phenylester], *(biphenyl-4-yl)carbamic acid 5-ethyl-*o*-tolyl ester* $C_{22}H_{21}NO_2$, Formel IX (R = CH_3, X = C_2H_5).

B. Aus Biphenylyl-(4)-isocyanat und 2-Methyl-5-äthyl-phenol (*Morgan, Pettet,* Soc. **1934** 418, 420).

F: 160°.

Biphenylyl-(4)-carbamidsäure-[2.3.6-trimethyl-phenylester], *(biphenyl-4-yl)carbamic acid 2,3,6-trimethylphenyl ester* $C_{22}H_{21}NO_2$, Formel IV (R = X = CH_3) auf S. 3166.

B. Aus Biphenylyl-(4)-isocyanat und 2.3.6-Trimethyl-phenol (*Morgan, Pettet*, Soc. **1934** 418, 420).

F: 189°.

Biphenylyl-(4)-carbamidsäure-[2.4.5-trimethyl-phenylester], *(biphenyl-4-yl)carbamic acid 2,4,5-trimethylphenyl ester* $C_{22}H_{21}NO_2$, Formel VIII (R = X = CH_3).

B. Aus Biphenylyl-(4)-isocyanat und 2.4.5-Trimethyl-phenol (*Morgan, Pettet*, Soc. **1931** 1124).

Krystalle; F: 196°.

2-[Biphenylyl-(4)-carbamoyloxy]-*p*-cymol, Biphenylyl-(4)-carbamidsäure-[2-methyl-5-isopropyl-phenylester], *O*-[Biphenylyl-(4)-carbamoyl]-carvacrol, *2-[(biphenyl-4-yl)carbamoyloxy]-p-cymene* $C_{23}H_{23}NO_2$, Formel IX (R = CH_3, X = $CH(CH_3)_2$).

B. Aus Biphenylyl-(4)-isocyanat und Carvacrol (*Morgan, Pettet*, Soc. **1931** 1124).

Krystalle; F: 166°.

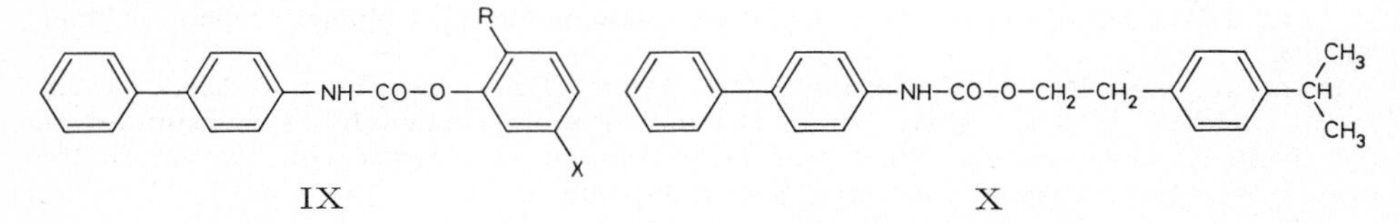

3-[Biphenylyl-(4)-carbamoyloxy]-*p*-cymol, Biphenylyl-(4)-carbamidsäure-[3-methyl-6-isopropyl-phenylester], *O*-[Biphenylyl-(4)-carbamoyl]-thymol, *3-[(biphenyl-4-yl)carbamoyloxy]-p-cymene* $C_{23}H_{23}NO_2$, Formel IX (R = $CH(CH_3)_2$, X = CH_3).

B. Beim Erwärmen von Biphenylyl-(4)-isocyanat mit Thymol ohne Lösungsmittel (*Morgan, Pettet*, Soc. **1931** 1124) oder in Petroläther, Benzol und Tetralin (*van Gelderen*, R. **52** [1933] 969, 974).

Krystalle; F: 194° (*Mo., Pe.*), 194° [aus Bzl. + PAe.] (*v. Ge.*).

Biphenylyl-(4)-carbamidsäure-[4-isopropyl-phenäthylester], *(biphenyl-4-yl)carbamic acid 4-isopropylphenethyl ester* $C_{24}H_{25}NO_2$, Formel X.

B. Aus Biphenylyl-(4)-isocyanat und 4-Isopropyl-phenäthylalkohol (*Bradfield et al.*, Soc. **1936** 667, 674).

Krystalle (aus Bzl. + PAe.); F: 144—145°.

(±)-2-[Biphenylyl-(4)-carbamoyloxy]-2-methyl-6-*p*-tolyl-heptan, (±)-Biphenylyl-(4)-carbamidsäure-[1.1-dimethyl-5-*p*-tolyl-hexylester], *(±)-2-[(biphenyl-4-yl)carbamoyloxy]-2-methyl-6-p-tolylheptane* $C_{28}H_{33}NO_2$, Formel XI.

B. Aus Biphenylyl-(4)-isocyanat und (±)-2-Methyl-6-*p*-tolyl-heptanol-(2) (*Carter, Simonsen, Williams*, Soc. **1940** 451).

Krystalle (aus PAe.); F: 84—85°.

Biphenylyl-(4)-carbamidsäure-[1-phenyl-allylester], *(biphenyl-4-yl)carbamic acid α-vinylbenzyl ester* $C_{22}H_{19}NO_2$.

Biphenylyl-(4)-carbamidsäure-[(*R*)-1-phenyl-allylester], Formel XII (R = H).

B. Aus Biphenylyl-(4)-isocyanat und (*R*)-1-Phenyl-allylalkohol (*Coppock, Kenyon, Partridge*, Soc. **1938** 1069, 1073).

Krystalle (aus Bzl. + PAe.); F: 134,8—135,2°. $[\alpha]_{436}^{20}$: +257,8°; $[\alpha]_{546}^{20}$: +131,1°; $[\alpha]_{578}^{20}$: +112,9°; $[\alpha]_D^{20}$: +107,1° [jeweils in Bzl.; c = 2,6].

3-[Biphenylyl-(4)-carbamoyloxy]-1-phenyl-buten-(1), Biphenylyl-(4)-carbamidsäure-[1-methyl-3-phenyl-allylester], *(biphenyl-4-yl)carbamic acid α-methylcinnamyl ester* $C_{23}H_{21}NO_2$.

a) **(+)-Biphenylyl-(4)-carbamidsäure-[1-methyl-3*t*-phenyl-allylester],** Formel XIII oder Spiegelbild.

B. Aus Biphenylyl-(4)-isocyanat und (+)-1*t*-Phenyl-buten-(1)-ol-(3) (*Kenyon, Partridge, Phillips*, Soc. **1936** 85, 88). — Ein partiell racemisches Präparat ist beim Erwärmen von

Biphenylyl-(4)-isocyanat mit (*R*)-1-Phenyl-buten-(2*t*)-ol-(1) (E III **6** 2437) auf 100° erhalten worden (*Kenyon, Partridge, Phillips*, Soc. **1937** 207, 218).

Krystalle (aus CH_2Cl_2 + PAe.); F: 179—180° (*Ke., Pa., Ph.*, Soc. **1936** 88). $[\alpha]_{589}$: +163,3°; $[\alpha]_{578}$: +176,6°; $[\alpha]_{546}$: +200,1°; $[\alpha]_{436}$: +408° [jeweils in $CHCl_3$; c = 0,6] (*Ke., Pa., Ph.*, Soc. **1936** 88).

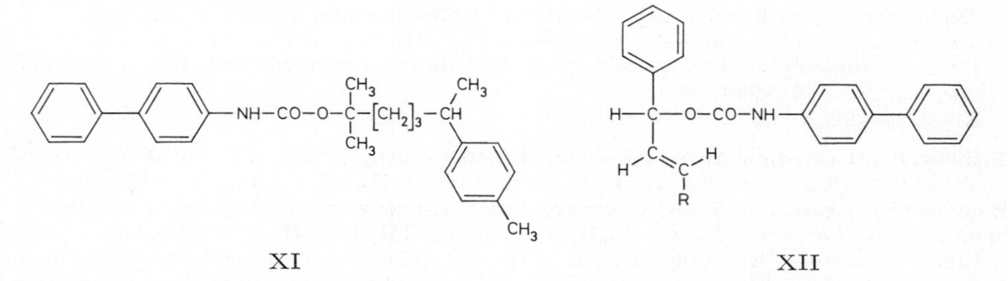

XI XII

b) **(±)-Biphenylyl-(4)-carbamidsäure-[1-methyl-3*t*-phenyl-allylester]**, Formel XIII + Spiegelbild.

B. Aus Biphenylyl-(4)-isocyanat und (±)-1*t*-Phenyl-buten-(1)-ol-(3) (*Kenyon, Partridge, Phillips*, Soc. **1936** 85, 86).

Krystalle (aus Bzl.); F: 162—163°.

Biphenylyl-(4)-carbamidsäure-[1-phenyl-buten-(2)-ylester], *2-[(biphenyl-4-yl)carbamoyloxy]-1-phenylbut-2-ene* $C_{23}H_{21}NO_2$.

a) **Biphenylyl-(4)-carbamidsäure-[(*R*)-1-phenyl-buten-(2*t*)-ylester]**, Formel XII (R = CH_3).

B. Aus Biphenylyl-(4)-isocyanat und (*R*)-1-Phenyl-buten-(2*t*)-ol-(1) (E III **6** 2437) bei 40—45° (*Kenyon, Partridge, Phillips*, Soc. **1937** 207, 211).

Krystalle (aus CH_2Cl_2 + PAe.); F: 120° (*Ke., Pa., Ph.*, l. c. S. 216). $[\alpha]_{436}$: +58,2°; $[\alpha]_{546}$: +24,4°; $[\alpha]_{579}$: +22,6°; $[\alpha]_D$: +20,0° [jeweils in $CHCl_3$; c = 2].

b) **(±)-Biphenylyl-(4)-carbamidsäure-[1-phenyl-buten-(2*t*)-ylester]**, Formel XII (R = CH_3) + Spiegelbild.

B. Aus Biphenylyl-(4)-isocyanat und (±)-1-Phenyl-buten-(2*t*)-ol-(1) (*Kenyon, Partridge, Phillips*, Soc. **1937** 207, 215).

Krystalle (aus PAe. + Ae.); F: 124°.

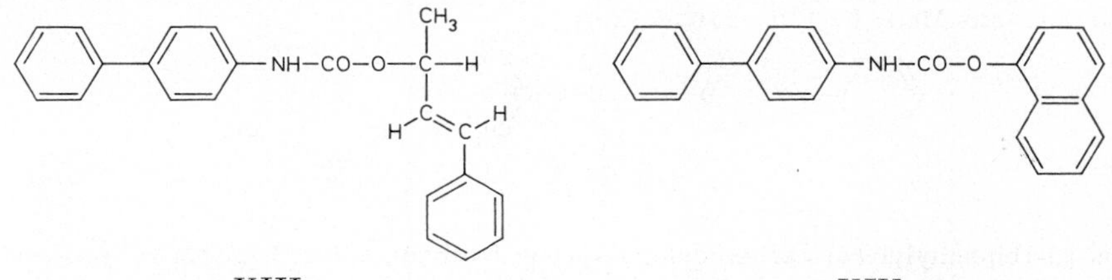

XIII XIV

Biphenylyl-(4)-carbamidsäure-[naphthyl-(1)-ester], *(biphenyl-4-yl)carbamic acid 1-naphthyl ester* $C_{23}H_{17}NO_2$, Formel XIV.

B. Aus Biphenylyl-(4)-isocyanat und Naphthol-(1) (*Morgan, Pettet*, Soc. **1931** 1124).

Krystalle; F: 190°.

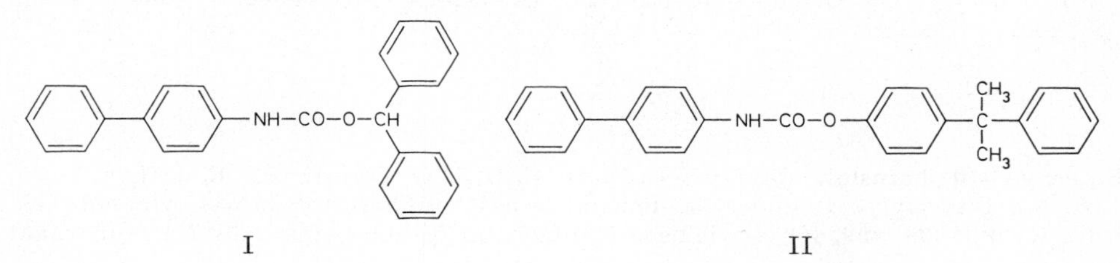

I II

Biphenylyl-(4)-carbamidsäure-benzhydrylester, *(biphenyl-4-yl)carbamic acid benzhydryl ester* $C_{26}H_{21}NO_2$, Formel I.

B. Aus Biphenylyl-(4)-isocyanat und Benzhydrol in Petroläther, Benzol und Tetralin (*van Gelderen,* R. **52** [1933] 969, 973).

Krystalle; F: 197°.

4-[Biphenylyl-(4)-carbamoyloxy]-1-[1-methyl-1-phenyl-äthyl]-benzol, *1-[(biphenyl-4-yl)carbamoyloxy]-4-(α,α-dimethylbenzyl)benzene* $C_{28}H_{25}NO_2$, Formel II.

B. Aus Biphenylyl-(4)-isocyanat und 4-[1-Methyl-1-phenyl-äthyl]-phenol (*Welsh, Drake,* Am. Soc. **60** [1938] 59, 61).

Krystalle (aus A.); F: 126° [korr.].

Biphenylyl-(4)-carbamidsäure-[2-hydroxy-4-methyl-phenylester], *(biphenyl-4-yl)carbamic acid 2-hydroxy-*p-*tolyl ester* $C_{20}H_{17}NO_3$, Formel III (R = CH_3, X = H), und **Biphenylyl-(4)-carbamidsäure-[6-hydroxy-3-methyl-phenylester],** *(biphenyl-4-yl)carbamic acid 6-hydroxy-*m-*tolyl ester* $C_{20}H_{17}NO_3$, Formel III (R = H, X = CH_3).

Eine Verbindung (Krystalle; F: 193°), für die diese beiden Konstitutionsformeln in Betracht kommen, ist aus Biphenylyl-(4)-isocyanat und 4-Methyl-brenzcatechin erhalten worden (*Morgan, Pettet,* Soc. **1931** 1124).

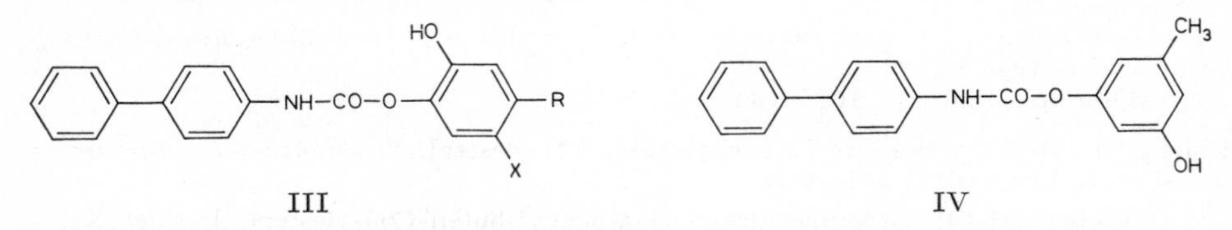

III IV

5-[Biphenylyl-(4)-carbamoyloxy]-3-methyl-phenol, Biphenylyl-(4)-carbamidsäure-[5-hydroxy-3-methyl-phenylester], *(biphenyl-4-yl)carbamic acid 5-hydroxy-*m-*tolyl ester* $C_{20}H_{17}NO_3$, Formel IV.

B. Aus Biphenylyl-(4)-isocyanat und 5-Methyl-resorcin (*Morgan, Pettet,* Soc. **1931** 1124).

Krystalle; F: 196°.

(±)-3-[Biphenylyl-(4)-carbamoyloxy]-1-[4-methoxy-phenyl]-butan, *(±)-3-[(biphenyl-4-yl)carbamoyloxy]-1-(*p-*methoxyphenyl)butane* $C_{24}H_{25}NO_3$, Formel V.

B. Aus Biphenylyl-(4)-isocyanat und (±)-1-[4-Methoxy-phenyl]-butanol-(3) in Benzol (*Delépine, Sosa,* Bl. [5] **9** [1942] 771, 773).

Krystalle (aus Me.); F: 116—116,5° [korr.].

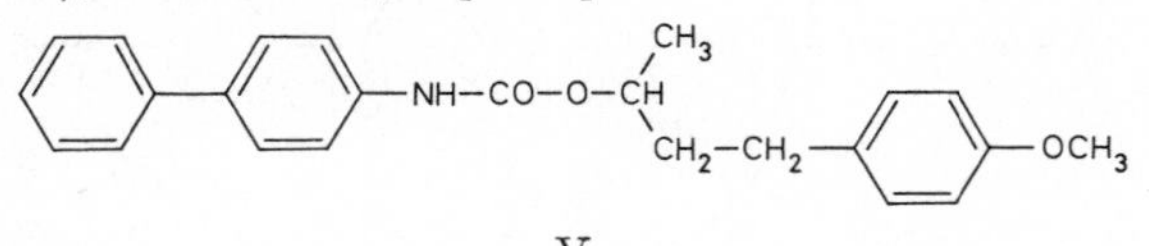

V

1.2-Bis-[3-(biphenylyl-(4)-carbamoyloxy)-propyl]-benzol, o-*bis{3-[(biphenyl-4-yl)carbamoyloxy]propyl}benzene* $C_{38}H_{36}N_2O_4$, Formel VI.

B. Aus Biphenylyl-(4)-isocyanat und 1.2-Bis-[3-hydroxy-propyl]-benzol (*Akita,* zit. bei *Venaka, Kubota,* Bl. chem. Soc. Japan **11** [1936] 19, 24).

F: 187°.

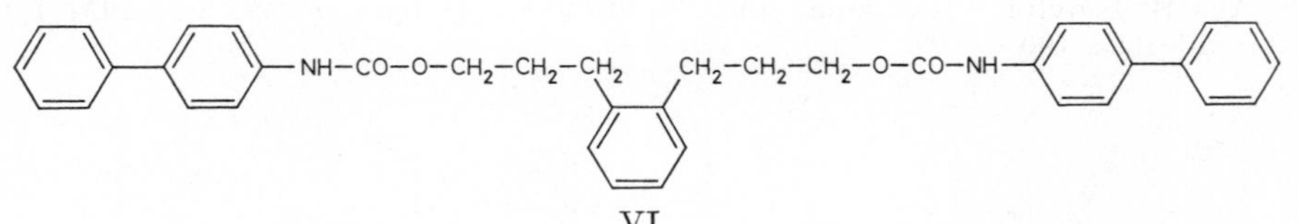

VI

Biphenylyl-(4)-harnstoff, *(biphenyl-4-yl)urea* $C_{13}H_{12}N_2O$, Formel VII (R = H).

B. Aus Biphenylyl-(4)-amin beim Behandeln mit Nitroharnstoff in wss. Äthanol (*Sah, Kao,* R. **58** [1939] 459, 460) sowie beim Erhitzen mit Kaliumcyanat oder Natriumcyanat und wss. Essigsäure (*Sah, Kao*; *Kurzer*, Soc. **1949** 3029, 3033; Org. Synth. Coll. Vol. IV [1963] 49). Aus Biphenylyl-(4)-isocyanat und Ammoniak in Petroläther (*van Gelderen*, R. **52** [1933] 969, 977).

Krystalle; F: 210° [Zers.; aus A.] (*v. Ge.*), 198—200° [aus Acn.; im vorgeheizten Bad] (*Ku.*, l. c. S. 3033), 196° [aus A.] (*Sah, Kao*).

Beim Erhitzen auf 210° ist *N.N'*-Bis-[biphenylyl-(4)]-harnstoff erhalten worden (*Kurzer*, Soc. **1949** 2292, 2293, 2295).

***N*-Methyl-*N'*-[biphenylyl-(4)]-harnstoff**, *1-(biphenyl-4-yl)-3-methylurea* $C_{14}H_{14}N_2O$, Formel VII (R = CH_3).

B. Aus Biphenylyl-(4)-amin und Methylisocyanat in Benzol (*Boehmer*, R. **55** [1936] 379, 383). Aus Biphenylyl-(4)-isocyanat und Methylamin in Petroläther (*van Gelderen*, R. **52** [1933] 976, 977).

Krystalle (aus wss. A.); F: 188° (*Boe.*), 186° (*v. Ge.*).

***N.N*-Dimethyl-*N'*-[biphenylyl-(4)]-harnstoff**, *3-(biphenyl-4-yl)-1,1-dimethylurea* $C_{15}H_{16}N_2O$, Formel VIII (R = CH_3).

B. Aus Biphenylyl-(4)-isocyanat und Dimethylamin in Petroläther (*van Gelderen*, R. **52** [1933] 976, 977).

Krystalle (aus A.); F: 175°.

***N*-Äthyl-*N'*-[biphenylyl-(4)]-harnstoff**, *1-(biphenyl-4-yl)-3-ethylurea* $C_{15}H_{16}N_2O$, Formel VII (R = C_2H_5).

B. Aus Biphenylyl-(4)-amin und Äthylisocyanat in Benzol (*Werther*, R. **52** [1933] 657, 659). Aus Biphenylyl-(4)-isocyanat und Äthylamin in Petroläther (*van Gelderen*, R. **52** [1933] 976, 977).

Krystalle; F: 210° [Zers.; aus A.] (*v. Ge.*), 208° [Zers. ab 220°] (*We.*).

Beim Erhitzen auf 290° sind *N.N'*-Bis-[biphenylyl-(4)]-harnstoff und *N.N'*-Diäthylharnstoff erhalten worden (*We.*). Bildung von *N*-Nitro-*N*-äthyl-*N'*-[3.5.4'-trinitro-biphenylyl-(4)]-harnstoff beim Eintragen in Salpetersäure: *We.*

***N.N*-Diäthyl-*N'*-[biphenylyl-(4)]-harnstoff**, *3-(biphenyl-4-yl)-1,1-diethylurea* $C_{17}H_{20}N_2O$, Formel VIII (R = C_2H_5).

B. Aus Biphenylyl-(4)-isocyanat und Diäthylamin in Petroläther (*van Gelderen*, R. **52** [1933] 976, 977).

Krystalle (aus A.); F: 136°.

***N*-Propyl-*N'*-[biphenylyl-(4)]-harnstoff**, *1-(biphenyl-4-yl)-3-propylurea* $C_{16}H_{18}N_2O$, Formel VII (R = CH_2-CH_2-CH_3).

B. Aus Biphenylyl-(4)-amin und Propylisocyanat in Toluol (*Boehmer*, R. **55** [1936] 379, 385). Aus Biphenylyl-(4)-isocyanat und Propylamin in Petroläther (*van Gelderen*, R. **52** [1933] 976, 977).

Krystalle (aus A. oder wss. A.); F: 195° (*v. Ge.*; *Boe.*).

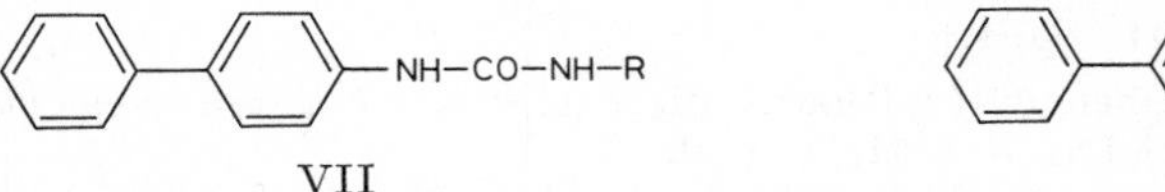

VII

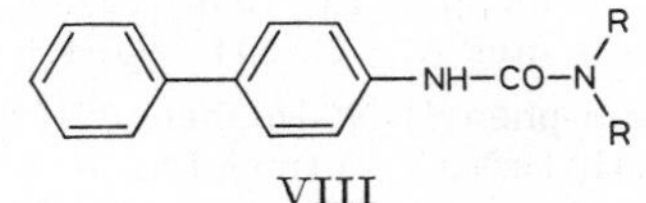

VIII

***N.N*-Dipropyl-*N'*-[biphenylyl-(4)]-harnstoff**, *3-(biphenyl-4-yl)-1,1-dipropylurea* $C_{19}H_{24}N_2O$, Formel VIII (R = CH_2-CH_2-CH_3).

B. Aus Biphenylyl-(4)-isocyanat und Dipropylamin in Petroläther (*van Gelderen*, R. **52** [1933] 976, 977).

Krystalle (aus A.); F: 124°.

***N*-Isopropyl-*N'*-[biphenylyl-(4)]-harnstoff**, *1-(biphenyl-4-yl)-3-isopropylurea* $C_{16}H_{18}N_2O$, Formel VII (R = $CH(CH_3)_2$).

B. Aus Biphenylyl-(4)-amin und Isopropylisocyanat in Toluol (*Boehmer*, R. **55** [1936] 379, 386).

Krystalle (aus wss. A.); F: 214°.

***N*-Butyl-*N'*-[biphenylyl-(4)]-harnstoff**, *1-(biphenyl-4-yl)-3-butylurea* $C_{17}H_{20}N_2O$, Formel VII (R = $[CH_2]_3$-CH_3).

B. Aus Biphenylyl-(4)-amin und Butylisocyanat in Toluol (*Boehmer*, R. **55** [1936]

379, 386). Aus Biphenylyl-(4)-isocyanat und Butylamin in Petroläther (*van Gelderen*, R. **52** [1933] 976, 977).
Krystalle; F: 154° [aus wss. A.] (*Boe.*), 153° [aus A.] (*v. Ge.*).

***N*-Isobutyl-*N'*-[biphenylyl-(4)]-harnstoff**, *1-(biphenyl-4-yl)-3-isobutylurea* $C_{17}H_{20}N_2O$, Formel VII (R = CH_2-$CH(CH_3)_2$).
B. Aus Biphenylyl-(4)-amin und Isobutylisocyanat in Toluol (*Boehmer*, R. **55** [1936] 379, 387).
Krystalle (aus wss. A.); F: 191°.

***N*-Pentyl-*N'*-[biphenylyl-(4)]-harnstoff**, *1-(biphenyl-4-yl)-3-pentylurea* $C_{18}H_{22}N_2O$, Formel VII (R = $[CH_2]_4$-CH_3).
B. Aus Biphenylyl-(4)-isocyanat und Pentylamin in Petroläther (*van Gelderen*, R. **52** [1933] 976, 977).
Krystalle (aus A.); F: 152°.

***N*-Heptyl-*N'*-[biphenylyl-(4)]-harnstoff**, *1-(biphenyl-4-yl)-3-heptylurea* $C_{20}H_{26}N_2O$, Formel VII (R = $[CH_2]_6$-CH_3).
B. Aus Biphenylyl-(4)-isocyanat und Heptylamin in Petroläther (*van Gelderen*, R. **52** [1933] 976, 977).
Krystalle (aus A.); F: 146°.

***N*-Phenyl-*N'*-[biphenylyl-(4)]-harnstoff**, *1-(biphenyl-4-yl)-3-phenylurea* $C_{19}H_{16}N_2O$, Formel IX (R = X = H).
B. Aus Biphenylyl-(4)-amin und Phenylisocyanat in Äther (*Dains, Andrews, Roberts*, Univ. Kansas Sci. Bl. **20** [1932] 173). Aus Biphenylyl-(4)-isocyanat und Anilin in Petroläther (*van Gelderen*, R. **52** [1933] 976, 977).
Krystalle; F: 265° [aus A.] (*Dains, An., Ro.*), 240° [Zers.; aus Dioxan] (*v. Ge.*).

***N*-[2-Chlor-phenyl]-*N'*-[biphenylyl-(4)]-harnstoff**, *1-(biphenyl-4-yl)-3-(*o*-chlorophenyl)urea* $C_{19}H_{15}ClN_2O$, Formel IX (R = H, X = Cl).
B. Aus Biphenylyl-(4)-amin und 2-Chlor-benzoylazid in Benzol oder Toluol (*Sah et al.*, J. Chin. chem. Soc. **13** [1946] 22, 26, 33).
Krystalle (aus A.); F: 210° [korr.].

***N*-[3-Chlor-phenyl]-*N'*-[biphenylyl-(4)]-harnstoff**, *1-(biphenyl-4-yl)-3-(*m*-chlorophenyl)urea* $C_{19}H_{15}ClN_2O$, Formel X (R = H, X = Cl).
B. Aus Biphenylyl-(4)-amin und 3-Chlor-benzoylazid in Toluol (*Sah, Wu*, J. Chin. chem. Soc. **4** [1936] 513, 515; *Sah et al.*, J. Chin. chem. Soc. **13** [1946] 22, 26, 36).
Krystalle; F: 220—221° [aus A. + Bzl.] (*Sah, Wu*), 215° [korr.; aus E.] (*Sah et al.*).

***N*-[4-Chlor-phenyl]-*N'*-[biphenylyl-(4)]-harnstoff**, *1-(biphenyl-4-yl)-3-(*p*-chlorophenyl)urea* $C_{19}H_{15}ClN_2O$, Formel IX (R = Cl, X = H).
B. Aus Biphenylyl-(4)-amin und 4-Chlor-benzoylazid in Benzol oder Toluol (*Sah et al.*, J. Chin. chem. Soc. **13** [1946] 22, 26, 38).
Krystalle (aus A.); F: 241° [korr.].

***N*-[2-Brom-phenyl]-*N'*-[biphenylyl-(4)]-harnstoff**, *1-(biphenyl-4-yl)-3-(*o*-bromophenyl)urea* $C_{19}H_{15}BrN_2O$, Formel IX (R = H, X = Br).
B. Aus Biphenylyl-(4)-amin und 2-Brom-benzoylazid in Benzol oder Toluol (*Sah et al.*, J. Chin. chem. Soc. **13** [1946] 22, 26, 41).
Krystalle (aus A.); F: 208° [korr.].

***N*-[3-Brom-phenyl]-*N'*-[biphenylyl-(4)]-harnstoff**, *1-(biphenyl-4-yl)-3-(*m*-bromophenyl)urea* $C_{19}H_{15}BrN_2O$, Formel X (R = H, X = Br).
B. Aus Biphenylyl-(4)-amin und 3-Brom-benzoylazid beim Erhitzen in Toluol (*Sah, Chang*, R. **58** [1939] 8, 10).
Krystalle; F: 235—236° [aus Bzl. + A.] (*Sah, Chang*), 222° [korr.; aus A.] (*Sah et al.*, J. Chin. chem. Soc. **13** [1946] 22, 26, 43).

***N*-[4-Brom-phenyl]-*N'*-[biphenylyl-(4)]-harnstoff**, *1-(biphenyl-4-yl)-3-(*p*-bromophenyl)urea* $C_{19}H_{15}BrN_2O$, Formel IX (R = Br, X = H).
B. Aus Biphenylyl-(4)-amin und 4-Brom-benzoylazid in Benzol oder Toluol (*Sah et al.*, J. Chin. chem. Soc. **13** [1946] 22, 26, 46).
Krystalle (aus A.); F: 250° [korr.].

N-[3-Jod-phenyl]-N'-[biphenylyl-(4)]-harnstoff, *1-(biphenyl-4-yl)-3-(*m*-iodophenyl)urea* $C_{19}H_{15}IN_2O$, Formel X (R = H, X = I).

B. Aus Biphenylyl-(4)-amin und 3-Jod-benzoylazid (*Sah, Chen,* J. Chin. chem. Soc. **14** [1946] 74, 77).

Krystalle (aus A.); F: 206—208° [korr.].

N-[4-Jod-phenyl]-N'-[biphenylyl-(4)]-harnstoff, *1-(biphenyl-4-yl)-3-(*p*-iodophenyl)urea* $C_{19}H_{15}IN_2O$, Formel IX (R = I, X = H).

B. Aus Biphenylyl-(4)-amin und 4-Jod-benzoylazid beim Erhitzen in Toluol (*Sah, Wang,* R. **59** [1940] 364, 366, 368).

Krystalle (aus Acn.); F: 251—252° [korr.; Zers.].

N-[2-Nitro-phenyl]-N'-[biphenylyl-(4)]-harnstoff, *1-(biphenyl-4-yl)-3-(*o*-nitrophenyl)urea* $C_{19}H_{15}N_3O_3$, Formel IX (R = H, X = NO_2).

B. Aus Biphenylyl-(4)-amin und 2-Nitro-phenylisocyanat (*Naegeli, Tyabji, Conrad,* Helv. **21** [1938] 1127, 1140). Aus Biphenylyl-(4)-amin und 2-Nitro-benzoylazid in Benzol oder Toluol (*Sah et al.,* J. Chin. chem. Soc. **13** [1946] 22, 26, 27).

Gelbe Krystalle; F: 218° [korr.; aus A.] (*Sah et al.*), 208° [unkorr.; aus wss. Acn.] (*Nae., Ty., Co.*).

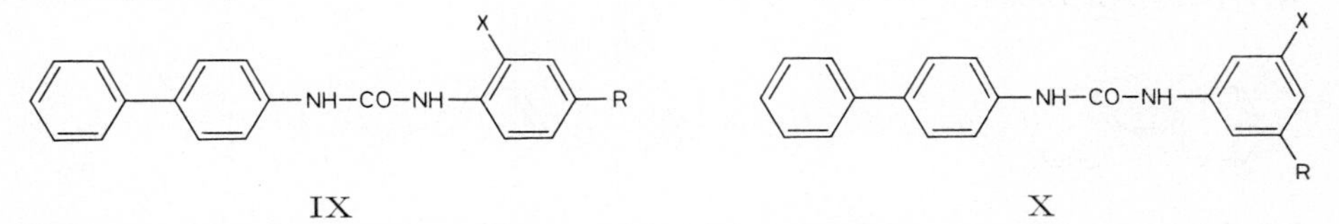

N-[3-Nitro-phenyl]-N'-[biphenylyl-(4)]-harnstoff, *1-(biphenyl-4-yl)-3-(*m*-nitrophenyl)urea* $C_{19}H_{15}N_3O_3$, Formel X (R = H, X = NO_2).

B. Aus Biphenylyl-(4)-amin und 3-Nitro-benzoylazid in Benzol oder Toluol (*Sah et al.,* J. Chin. chem. Soc. **13** [1946] 22, 26, 30). Aus Biphenylyl-(4)-isocyanat und 3-Nitro-anilin in Petroläther in Gegenwart von Trimethylamin (*van Gelderen,* R. **52** [1933] 976, 977).

Gelbe Krystalle (aus A.); F: 227° [Zers.] (*v. Ge.*), 222° [korr.; Zers.] (*Sah et al.*).

N-[4-Nitro-phenyl]-N'-[biphenylyl-(4)]-harnstoff, *1-(biphenyl-4-yl)-3-(*p*-nitrophenyl)urea* $C_{19}H_{15}N_3O_3$, Formel IX (R = NO_2, X = H).

B. Aus Biphenylyl-(4)-amin und 4-Nitro-phenylisocyanat in Toluol (*Naegeli, Tyabji, Conrad,* Helv. **21** [1938] 1127, 1140; *Sah,* R. **59** [1940] 231, 233, 234). Aus Biphenylyl-(4)-amin und 4-Nitro-benzoylazid in Toluol (*Sah*).

Gelbe Krystalle; F: 259° [unkorr.; aus wss. A.] (*Nae., Ty., Co.*), 235—236° [korr.; aus A.] (*Sah*).

N-[2.4-Dinitro-phenyl]-N'-[biphenylyl-(4)]-harnstoff, *1-(biphenyl-4-yl)-3-(2,4-dinitrophenyl)urea* $C_{19}H_{14}N_4O_5$, Formel IX (R = X = NO_2).

B. Aus Biphenylyl-(4)-amin und 2.4-Dinitro-phenylisocyanat (*Naegeli, Tyabji, Conrad,* Helv. **21** [1938] 1127, 1140).

Braune Krystalle; F: 219° [unkorr.].

N-[3.5-Dinitro-phenyl]-N'-[biphenylyl-(4)]-harnstoff, *1-(biphenyl-4-yl)-3-(3,5-dinitrophenyl)urea* $C_{19}H_{14}N_4O_5$, Formel X (R = X = NO_2).

B. Aus Biphenylyl-(4)-amin und 3.5-Dinitro-phenylisocyanat (*Naegeli, Tyabji, Conrad,* Helv. **21** [1938] 1127, 1140).

Orangegelbe Krystalle (aus wss. A.); F: 227° [unkorr.].

N-Methyl-N-phenyl-N'-[biphenylyl-(4)]-harnstoff, *3-(biphenyl-4-yl)-1-methyl-1-phenylurea* $C_{20}H_{18}N_2O$, Formel XI (R = CH_3).

B. Aus Biphenylyl-(4)-isocyanat und N-Methyl-anilin in Petroläther (*van Gelderen,* R. **52** [1933] 976, 977).

Krystalle (aus Dioxan); F: 136°.

N.N-Diphenyl-N'-[biphenylyl-(4)]-harnstoff, *3-(biphenyl-4-yl)-1,1-diphenylurea* $C_{25}H_{20}N_2O$, Formel XI (R = C_6H_5).

B. Aus Biphenylyl-(4)-isocyanat und Diphenylamin in Petroläther in Gegenwart von

Trimethylamin (*van Gelderen*, R. **52** [1933] 976, 977).
Krystalle (aus Dioxan); F: 174° [Zers.].

***N-o*-Tolyl-*N'*-[biphenylyl-(4)]-harnstoff**, *1-(biphenyl-4-yl)-3-*o*-tolylurea* $C_{20}H_{18}N_2O$, Formel IX (R = H, X = CH_3).

B. Aus Biphenylyl-(4)-isocyanat und *o*-Toluidin in Petroläther (*van Gelderen*, R. **52** [1933] 976, 977).

Krystalle (aus Dioxan); F: 225° [Zers.].

***N-m*-Tolyl-*N'*-[biphenylyl-(4)]-harnstoff**, *1-(biphenyl-4-yl)-3-*m*-tolylurea* $C_{20}H_{18}N_2O$, Formel X (R = CH_3, X = H).

B. Aus Biphenylyl-(4)-isocyanat und *m*-Toluidin in Petroläther (*van Gelderen*, R. **52** [1933] 976, 977).

Krystalle (aus Dioxan); F: 212° [Zers.].

***N-p*-Tolyl-*N'*-[biphenylyl-(4)]-harnstoff**, *1-(biphenyl-4-yl)-3-*p*-tolylurea* $C_{20}H_{18}N_2O$, Formel IX (R = CH_3, X = H).

B. Aus Biphenylyl-(4)-isocyanat und *p*-Toluidin in Petroläther (*van Gelderen*, R. **52** [1933] 976, 977).

Krystalle (aus Dioxan); F: 246° [Zers.].

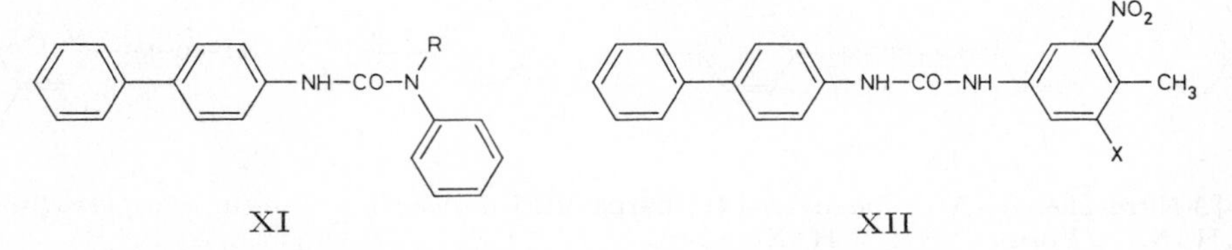

XI XII

***N*-[3-Nitro-4-methyl-phenyl]-*N'*-[biphenylyl-(4)]-harnstoff**, *1-(biphenyl-4-yl)-3-(3-nitro-*p*-tolyl)urea* $C_{20}H_{17}N_3O_3$, Formel XII (X = H).

B. Aus Biphenylyl-(4)-amin und 3-Nitro-4-methyl-benzoylazid in Benzol (*Sah et al.*, J. Chin. chem. Soc. **14** [1946] 84, 87).

Krystalle (aus A.); F: 200° [korr.].

***N*-[3.5-Dinitro-4-methyl-phenyl]-*N'*-[biphenylyl-(4)]-harnstoff**, *1-(biphenyl-4-yl)-3-(3,5-dinitro-*p*-tolyl)urea* $C_{20}H_{16}N_4O_5$, Formel XII (X = NO_2).

B. Aus Biphenylyl-(4)-amin und 3.5-Dinitro-4-methyl-benzoylazid in Toluol (*Sah*, R. **58** [1939] 1008, 1010).

Gelbe Krystalle (aus E.); F: 233° [korr.].

***N*-[Naphthyl-(1)]-*N'*-[biphenylyl-(4)]-harnstoff**, *1-(biphenyl-4-yl)-3-(1-naphthyl)urea* $C_{23}H_{18}N_2O$, Formel XIII.

B. Aus Biphenylyl-(4)-isocyanat und Naphthyl-(1)-amin in Petroläther (*van Gelderen*, R. **52** [1933] 976, 977).

Krystalle (aus Dioxan); F: 238° [Zers.].

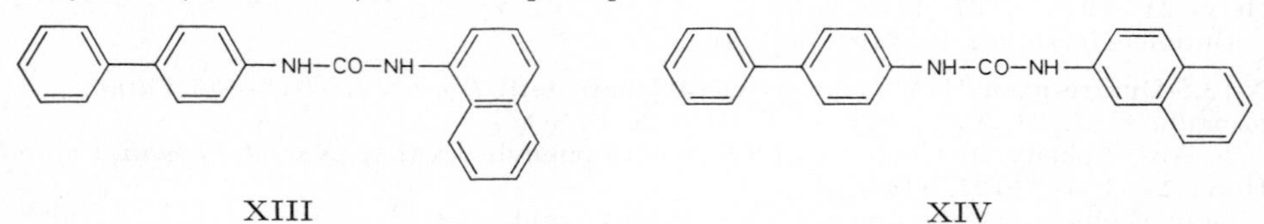

XIII XIV

***N*-[Naphthyl-(2)]-*N'*-[biphenylyl-(4)]-harnstoff**, *1-(biphenyl-4-yl)-3-(2-naphthyl)urea* $C_{23}H_{18}N_2O$, Formel XIV.

B. Aus Biphenylyl-(4)-amin und Naphthoyl-(2)-azid in Benzol (*Sah*, J. Chin. chem. Soc. **5** [1937] 100, 104). Aus Biphenylyl-(4)-isocyanat und Naphthyl-(2)-amin in Petroläther (*van Gelderen*, R. **52** [1933] 976, 977).

Krystalle; F: 259—260° [korr.; aus Acn.] (*Sah*), 255° [Zers.; aus Dioxan] (*v. Ge.*).

***N.N'*-Bis-[biphenylyl-(4)]-harnstoff**, *1,3-bis(biphenyl-4-yl)urea* $C_{25}H_{20}N_2O$, Formel I.

B. Aus Biphenylyl-(4)-isocyanat und Biphenylyl-(4)-amin in Petroläther (*van Gelderen*,

R. **52** [1933] 976, 977). Aus Biphenylyl-(4)-harnstoff beim Erhitzen auf 200° (*Kurzer*, Soc. **1949** 2292, 2295).

Krystalle; F: 316—318° [unkorr.; aus A.] (*Ku.*), 315° [aus Nitrobenzol] (*Werther*, R. **52** [1933] 657, 659), 312° [Zers.; aus Dioxan] (*v. Ge.*), 312° (*Morgan, Pettet*, Soc. **1931** 1124).

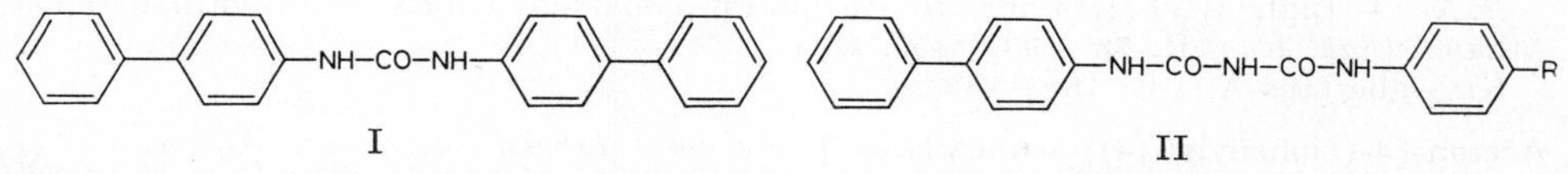

I II

1-Phenyl-5-[biphenylyl-(4)]-biuret, *1-(biphenyl-4-yl)-5-phenylbiuret* $C_{20}H_{17}N_3O_2$, Formel II (R = H).

B. Aus Biphenylyl-(4)-amin und Phenyloxamoylazid in Benzol oder Toluol (*Sah et al.*, J. Chin. chem. Soc. **14** [1946] 52, 56).

Krystalle (aus Toluol); F: 272° [korr.].

1-*p*-Tolyl-5-[biphenylyl-(4)]-biuret, *1-(biphenyl-4-yl)-5-*p*-tolylbiuret* $C_{21}H_{19}N_3O_2$, Formel II (R = CH_3).

B. Aus Biphenylyl-(4)-amin und *p*-Tolyloxamoylazid in Benzol oder Toluol (*Sah et al.*, J. Chin. chem. Soc. **14** [1946] 52, 58).

Krystalle (aus A.); F: 265° [korr.].

1-[Naphthyl-(1)]-5-[biphenylyl-(4)]-biuret, *1-(biphenyl-4-yl)-5-(1-naphthyl)biuret* $C_{24}H_{19}N_3O_2$, Formel III.

B. Aus Biphenylyl-(4)-amin und Naphthyl-(1)-oxamoylazid in Benzol oder Toluol (*Sah et al.*, J. Chin. chem. Soc. **14** [1946] 52, 60).

Krystalle (aus E.); F: 242° [korr.].

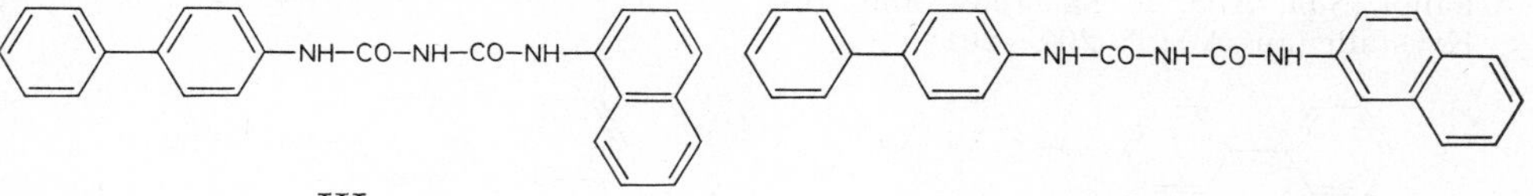

III IV

1-[Naphthyl-(2)]-5-[biphenylyl-(4)]-biuret, *1-(biphenyl-4-yl)-5-(2-naphthyl)biuret* $C_{24}H_{19}N_3O_2$, Formel IV.

B. Aus Biphenylyl-(4)-amin und Naphthyl-(2)-oxamoylazid in Benzol oder Toluol (*Sah et al.*, J. Chin. chem. Soc. **14** [1946] 52, 62).

Krystalle (aus E. + Acn.); F: 286° [korr.].

1-[Biphenylyl-(4)]-biguanid, *1-(biphenyl-4-yl)biguanide* $C_{14}H_{15}N_5$, Formel V (R = H), und Tautomere.

B. Aus Biphenylyl-(4)-amin und Cyanguanidin (*Imp. Chem. Ind.*, U.S.P. 2422888 [1944]).

F: 202—204°.

1-Isopropyl-5-[biphenylyl-(4)]-biguanid, *1-(biphenyl-4-yl)-5-isopropylbiguanide* $C_{17}H_{21}N_5$, Formel V (R = $CH(CH_3)_2$), und Tautomere.

Hydrochlorid $C_{17}H_{21}N_5 \cdot HCl$. *B.* Beim Erhitzen von Biphenylyl-(4)-amin-hydrochlorid und *N'*-Isopropyl-*N*-cyan-guanidin in Wasser (*Curd et al.*, Soc. **1948** 1635). — Krystalle (aus wss. A.); F: 253—254°.

4-[Biphenylyl-(4)]-semicarbazid, *4-(biphenyl-4-yl)semicarbazide* $C_{13}H_{13}N_3O$, Formel VI (X = NH_2).

B. Aus Biphenylyl-(4)-isocyanat und Hydrazin-hydrat (*van Gelderen*, R. **52** [1933] 979). Aus Biphenylyl-(4)-harnstoff und Hydrazin-hydrat in Äthanol (*Sah, Kao*, R. **58** [1939] 459, 461).

Krystalle (aus A.); F: 275—277° (*Sah, Kao*); Zers. bei 250—260° (*v. Ge.*).

Hydrochlorid. F: 308° (*Barré, Piché*, Canad. J. Res. [B] **20** [1942] 17, 19).

Acetaldehyd-[4-(biphenylyl-(4))-semicarbazon], *acetaldehyde 4-(biphenyl-4-yl)semicarbazone* $C_{15}H_{15}N_3O$, Formel VI (X = N=CH-CH_3).

B. Aus 4-[Biphenylyl-(4)]-semicarbazid und Acetaldehyd in Essigsäure enthaltendem

Äthanol (*Sah*, *Kao*, R. **58** [1939] 459, 461).
Krystalle (aus A.); F: 208—209°.

Propionaldehyd-[4-(biphenylyl-(4))-semicarbon], *propionaldehyde 4-(biphenyl-4-yl)semicarbazone* $C_{16}H_{17}N_3O$, Formel VI (X = N=CH-CH_2-CH_3).
B. Aus 4-[Biphenylyl-(4)]-semicarbazid und Propionaldehyd in Essigsäure enthaltendem Äthanol (*Sah*, *Kao*, R. **58** [1939] 459, 461).
Krystalle (aus A.); F: 186—188°.

Aceton-[4-(biphenylyl-(4))-semicarbazon], *acetone 4-(biphenyl-4-yl)semicarbazone* $C_{16}H_{17}N_3O$, Formel VI (X = N=C$(CH_3)_2$).
B. Aus 4-[Biphenylyl-(4)]-semicarbazid und Aceton in Wasser (*van Gelderen*, R. **52** [1933] 979, 981) oder in Essigsäure enthaltendem Äthanol (*Sah*, *Kao*, R. **58** [1939] 459, 461).
Krystalle; F: 228° (*Barré*, *Piché*, Canad. J. Res. [B] **20** [1942] 17, 19), 225° [Zers.] (*v. Ge.*), 220—221° [aus PAe.] (*Sah*, *Kao*). In 100 g Wasser lösen sich bei 20° 0,2 mg (*Ba.*, *Pi.*).

Butyraldehyd-[4-(biphenylyl-(4))-semicarbazon], *butyraldehyde 4-(biphenyl-4-yl)semicarbazone* $C_{17}H_{19}N_3O$, Formel VI (X = N=CH-CH_2-CH_2-CH_3).
B. Aus 4-[Biphenylyl-(4)]-semicarbazid und Butyraldehyd in Essigsäure enthaltendem Äthanol (*Sah*, *Kao*, R. **58** [1939] 459, 461).
Krystalle (aus A.); F: 180—181°.

Butanon-[4-(biphenylyl-(4))-semicarbazon], *butan-2-one 4-(biphenyl-4-yl)semicarbazone* $C_{17}H_{19}N_3O$, Formel VI (X = N=C(CH_3)-CH_2-CH_3).
B. Aus 4-[Biphenylyl-(4)]-semicarbazid und Butanon in Essigsäure enthaltendem Äthanol (*Sah*, *Kao*, R. **58** [1939] 459, 461).
Krystalle (aus A.); F: 200—201°.

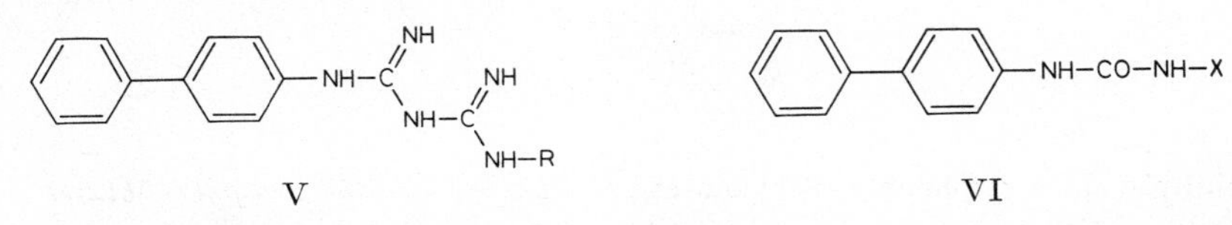

V VI

Isobutyraldehyd-[4-(biphenylyl-(4))-semicarbazon], *isobutyraldehyde 4-(biphenyl-4-yl)semicarbazone* $C_{17}H_{19}N_3O$, Formel VI (X = N=CH-CH$(CH_3)_2$).
B. Aus 4-[Biphenylyl-(4)]-semicarbazid und Isobutyraldehyd in Essigsäure enthaltendem Äthanol (*Sah*, *Kao*, R. **58** [1939] 459, 461).
Krystalle (aus A.); F: 176—177°.

Valeraldehyd-[4-(biphenylyl-(4))-semicarbazon], *valeraldehyde 4-(biphenyl-4-yl)semicarbazone* $C_{18}H_{21}N_3O$, Formel VI (X = N=CH-$[CH_2]_3$-CH_3).
B. Aus 4-[Biphenylyl-(4)]-semicarbazid und Valeraldehyd in Essigsäure enthaltendem Äthanol (*Sah*, *Kao*, R. **58** [1939] 459, 461).
Krystalle (aus A.); F: 148—149°.

Hexanal-[4-(biphenylyl-(4))-semicarbazon], *hexanal 4-(biphenyl-4-yl)semicarbazone* $C_{19}H_{23}N_3O$, Formel VI (X = N=CH-$[CH_2]_4$-CH_3).
B. Aus 4-[Biphenylyl-(4)]-semicarbazid und Hexanal in Essigsäure enthaltendem Äthanol (*Sah*, *Kao*, R. **58** [1939] 459, 461).
Krystalle (aus A.); F: 135—136°.

Heptanal-[4-(biphenylyl-(4))-semicarbazon], *heptanal 4-(biphenyl-4-yl)semicarbazone* $C_{20}H_{25}N_3O$, Formel VI (X = N=CH-$[CH_2]_5$-CH_3).
B. Aus 4-[Biphenylyl-(4)]-semicarbazid und Heptanal in Essigsäure enthaltendem Äthanol (*Sah*, *Kao*, R. **58** [1939] 459, 461).
Krystalle (aus A.); F: 177—178°.

Octanal-[4-(biphenylyl-(4))-semicarbazon], *octanal 4-(biphenyl-4-yl)semicarbazone* $C_{21}H_{27}N_3O$, Formel VI (X = N=CH-$[CH_2]_6$-CH_3).
B. Aus 4-[Biphenylyl-(4)]-semicarbazid und Octanal in Essigsäure enthaltendem

Äthanol (*Sah, Kao,* R. **58** [1939] 459, 461).
Krystalle (aus A.); F: 175–176°.

Octanon-(2)-[4-(biphenylyl-(4))-semicarbazon], *octan-2-one 4-(biphenyl-4-yl)semicarbazone* $C_{21}H_{27}N_3O$, Formel VI (X = N=C(CH_3)-[CH_2]$_5$-CH_3).
B. Aus 4-[Biphenylyl-(4)]-semicarbazid und Octanon-(2) in Essigsäure enthaltendem Äthanol (*Sah, Kao,* R. **58** [1939] 459, 461).
Krystalle (aus A.); F: 147–148°.

Nonanal-[4-(biphenylyl-(4))-semicarbazon], *nonanal 4-(biphenyl-4-yl)semicarbazone* $C_{22}H_{29}N_3O$, Formel VI (X = N=CH-[CH_2]$_7$-CH_3).
B. Aus 4-[Biphenylyl-(4)]-semicarbazid und Nonanal (*Sah, Kao,* R. **58** [1939] 459, 461).
Krystalle (aus A.); F: 179–180°.

Decanal-[4-(biphenylyl-(4))-semicarbazon], *decanal 4-(biphenyl-4-yl)semicarbazone* $C_{23}H_{31}N_3O$, Formel VI (X = N=CH-[CH_2]$_8$-CH_3).
B. Aus 4-[Biphenylyl-(4)]-semicarbazid und Decanal (*Sah, Kao,* R. **58** [1939] 459, 461).
Krystalle (aus A.); F: 171–172°.

Cyclopentanon-[4-(biphenylyl-(4))-semicarbazon], *cyclopentanone 4-(biphenyl-4-yl)semicarbazone* $C_{18}H_{19}N_3O$, Formel VII.
B. Aus 4-[Biphenylyl-(4)]-semicarbazid und Cyclopentanon in Essigsäure enthaltendem Äthanol (*Sah, Kao,* R. **58** [1939] 459, 461).
Krystalle (aus A.); F: 235–237°.

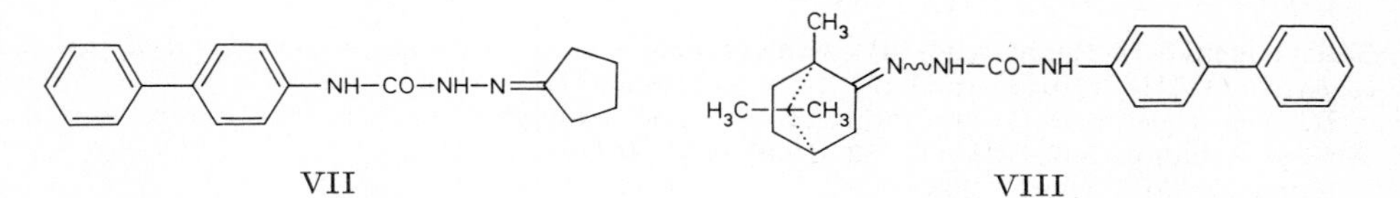

VII VIII

Bornanon-(2)-[4-(biphenylyl-(4))-semicarbazon], Campher-[4-(biphenylyl-(4))-semicarbazon], *bornan-2-one 4-(biphenyl-4-yl)semicarbazone* $C_{23}H_{27}N_3O$.

(1*R*)-Bornanon-(2)-[4-(biphenylyl-(4))-semicarbazon], Formel VIII.
B. Aus 4-[Biphenylyl-(4)]-semicarbazid und (1*R*)-Campher in Essigsäure enthaltendem Äthanol (*Sah, Kao,* R. **58** [1939] 459, 461).
Krystalle (aus wss. A.); F: 273–274°.

Benzaldehyd-[4-(biphenylyl-(4))-semicarbazon], *benzaldehyde 4-(biphenyl-4-yl)semicarbazone* $C_{20}H_{17}N_3O$, Formel IX (R = X = H).
B. Aus 4-[Biphenylyl-(4)]-semicarbazid und Benzaldehyd in wss. Äthanol (*van Gelderen,* R. **52** [1933] 979) oder in Essigsäure enthaltendem Äthanol (*Sah, Kao,* R. **58** [1939] 459, 461).
Krystalle; F: 234° [Zers.] (*v. Ge.*), 232–234° [aus A.] (*Sah, Kao*).

3-Nitro-benzaldehyd-[4-(biphenylyl-(4))-semicarbazon], m-*nitrobenzaldehyde 4-(biphenyl-4-yl)semicarbazone* $C_{20}H_{16}N_4O_3$, Formel IX (R = H, X = NO_2).
B. Aus 4-[Biphenylyl-(4)]-semicarbazid und 3-Nitro-benzaldehyd in Essigsäure enthaltendem Äthanol (*Sah, Kao,* R. **58** [1939] 459, 461).
Gelbe Krystalle (aus E.); F: 235–236°.

Acetophenon-[4-(biphenylyl-(4))-semicarbazon], *acetophenone 4-(biphenyl-4-yl)semicarbazone* $C_{21}H_{19}N_3O$, Formel X (R = CH_3, X = H).
B. Aus 4-[Biphenylyl-(4)]-semicarbazid und Acetophenon in Essigsäure enthaltendem Äthanol (*Sah, Kao,* R. **58** [1939] 459, 461).
Krystalle (aus A.); F: 224–225°.

1-*p*-Tolyl-äthanon-(1)-[4-(biphenylyl-(4))-semicarbazon], *4'-methylacetophenone 4-(biphenyl-4-yl)semicarbazone* $C_{22}H_{21}N_3O$, Formel X (R = X = CH_3).
B. Aus 4-[Biphenylyl-(4)]-semicarbazid und 1-*p*-Tolyl-äthanon-(1) in Essigsäure enthaltendem Äthanol (*Sah, Kao,* R. **58** [1939] 459, 461).
Krystalle (aus A.); F: 227–228°.

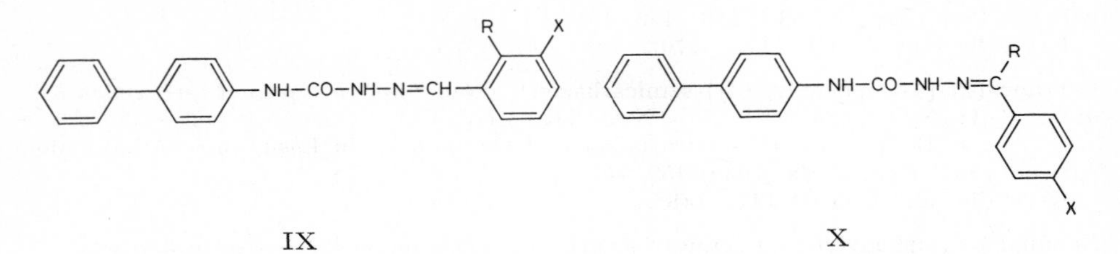

IX X

1-Phenyl-buten-(1)-on-(3)-[4-(biphenylyl-(4))-semicarbazon], *4-phenylbut-3-en-2-one 4-(biphenyl-4-yl)semicarbazone* $C_{23}H_{21}N_3O$.

1t-Phenyl-buten-(1)-on-(3)-[4-(biphenylyl-(4))-semicarbazon], *trans*-Benzylidenaceton-[4-(biphenylyl-(4))-semicarbazon], Formel XI.

B. Aus 4-[Biphenylyl-(4)]-semicarbazid und 1t-Phenyl-buten-(1)-on-(3) (*trans*-Benzylidenaceton) in Essigsäure enthaltendem Äthanol (*Sah, Kao*, R. **58** [1939] 459, 462).

Gelbe Krystalle (aus A.); F: 231–232°.

Benzophenon-[4-(biphenylyl-(4))-semicarbazon], *benzophenone 4-(biphenyl-4-yl)semicarbazone* $C_{26}H_{21}N_3O$, Formel X (R = C_6H_5, X = H).

B. Aus 4-[Biphenylyl-(4)]-semicarbazid und Benzophenon in Essigsäure enthaltendem Äthanol (*Sah, Kao*, R. **58** [1939] 459, 461).

Krystalle (aus A.); F: 187–188°.

Salicylaldehyd-[4-(biphenylyl-(4))-semicarbazon], *salicylaldehyde 4-(biphenyl-4-yl)semicarbazone* $C_{20}H_{17}N_3O_2$, Formel IX (R = OH, X = H).

B. Aus 4-[Biphenylyl-(4)]-semicarbazid und Salicylaldehyd in Essigsäure enthaltendem Äthanol (*Sah, Kao*, R. **58** [1939] 459, 461).

Krystalle (aus A.); F: 268–270°.

4-Hydroxy-benzaldehyd-[4-(biphenylyl-(4))-semicarbazon], p-*hydroxybenzaldehyde 4-(biphenyl-4-yl)semicarbazone* $C_{20}H_{17}N_3O_2$, Formel X (R = H, X = OH).

B. Aus 4-[Biphenylyl-(4)]-semicarbazid und 4-Hydroxy-benzaldehyd in Essigsäure enthaltendem Äthanol (*Sah, Kao*, R. **58** [1939] 459, 461).

Krystalle (aus A.); F: 204–205°.

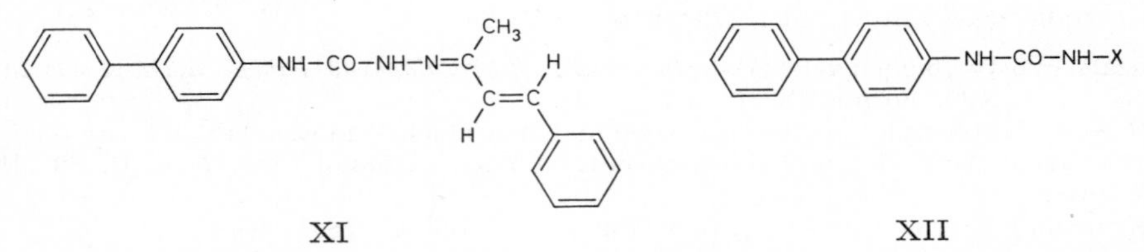

XI XII

N'-Acetyl-N-[biphenylyl-(4)-carbamoyl]-hydrazin, 4-[Biphenylyl-(4)]-1-acetyl-semicarbazid, *1-acetyl-4-(biphenyl-4-yl)semicarbazide* $C_{15}H_{15}N_3O_2$, Formel XII (X = NH-CO-CH_3).

B. Aus 4-[Biphenylyl-(4)]-semicarbazid und Acetanhydrid (*van Gelderen*, R. **52** [1933] 979).

F: 218–220° [Zers.].

3-[4-(Biphenylyl-(4))-semicarbazono]-buttersäure-äthylester, Acetessigsäure-äthylester-[4-(biphenylyl-(4))-semicarbazon], *3-[4-(biphenyl-4-yl)semicarbazono]butyric acid ethyl ester* $C_{19}H_{21}N_3O_3$, Formel XII (X = N=C(CH_3)-CH_2-CO-OC_2H_5).

B. Aus 4-[Biphenylyl-(4)]-semicarbazid und Acetessigsäure-äthylester in Essigsäure enthaltendem Äthanol (*Sah, Kao*, R. **58** [1939] 459, 461).

Krystalle (aus A.); F: 179–180°.

4-[4-(Biphenylyl-(4))-semicarbazono]-valeriansäure, Lävulinsäure-[4-(biphenylyl-(4))-semicarbazon], *4-[4-(biphenyl-4-yl)semicarbazono]valeric acid* $C_{18}H_{19}N_3O_3$, Formel XII (X = N=C(CH_3)-CH_2-CH_2-COOH).

B. Aus 4-[Biphenylyl-(4)]-semicarbazid und Lävulinsäure in Essigsäure enthaltendem

Äthanol (*Sah, Kao*, R. **58** [1939] 459, 462).
Krystalle (aus A.); F: 203—204°.

4-[4-(Biphenylyl-(4))-semicarbazono]-valeriansäure-äthylester, *4-[4-(biphenyl-4-yl)semicarbazono]valeric acid ethyl ester* $C_{20}H_{23}N_3O_3$, Formel XII ($X = N{=}C(CH_3)\text{-}CH_2\text{-}CH_2\text{-}CO\text{-}OC_2H_5$).
B. Aus 4-[Biphenylyl-(4)]-semicarbazid und Lävulinsäure-äthylester in Essigsäure enthaltendem Äthanol (*Sah, Kao*, R. **58** [1939] 459, 462).
Krystalle (aus A.); F: 164—165°.

4-[4-(Biphenylyl-(4))-semicarbazono]-valeriansäure-benzylester, *4-[4-(biphenyl-4-yl)semicarbazono]valeric acid benzyl ester* $C_{25}H_{25}N_3O_3$, Formel XII ($X = N{=}C(CH_3)\text{-}CH_2\text{-}CH_2\text{-}CO\text{-}OCH_2\text{-}C_6H_5$).
B. Aus 4-[Biphenylyl-(4)]-semicarbazid und Lävulinsäure-benzylester in Essigsäure enthaltendem Äthanol (*Sah, Kao*, R. **58** [1939] 459, 462).
Krystalle (aus A.); F: 151—152°.

Biphenylyl-(4)-thiocarbamidsäure-*O*-äthylester, *(biphenyl-4-yl)thiocarbamic acid* O-*ethyl ester* $C_{15}H_{15}NOS$, Formel I.
B. Aus Biphenylyl-(4)-isothiocyanat und Äthanol (*Browne, Dyson*, Soc. **1931** 3285, 3286, 3307).
Krystalle; F: 117°.

Biphenylyl-(4)-thioharnstoff, *(biphenyl-4-yl)thiourea* $C_{13}H_{12}N_2S$, Formel II (R = X = H).
B. Beim Erhitzen von Biphenylyl-(4)-amin-hydrochlorid mit Ammoniumthiocyanat in Wasser unter Eindampfen (*Dains, Andrews, Roberts*, Univ. Kansas Sci. Bl. **20** [1932] 173, 174). Beim Erwärmen von Biphenylyl-(4)-amin mit Natriumthiocyanat in Chlorbenzol in Gegenwart von Schwefelsäure (*I.G. Farbenind.*, D.R.P. 604639 [1932]; Frdl. **21** 227).
Krystalle (aus A.), F: 198° (*Dains, An., Ro.*); F: 190° und (nach Wiedererstarren) F: 219° [Zers.; bei schnellem Erhitzen] (*Baxter et al.*, Soc. **1956** 659, 663).

***N*-Methyl-*N'*-[biphenylyl-(4)]-thioharnstoff,** *1-(biphenyl-4-yl)-3-methylthiourea* $C_{14}H_{14}N_2S$, Formel II ($R = CH_3$, X = H).
B. Aus Biphenylyl-(4)-isothiocyanat und Methylamin (*Desai, Hunter, Kureishy*, Soc. **1936** 1668, 1671; *Brown, Campbell*, Soc. **1937** 1699).
Krystalle; F: 170° [aus A.] (*De., Hu., Ku.*), 142° [aus wss. A.] (*Br., Ca.*).

***N.N*-Dimethyl-*N'*-[biphenylyl-(4)]-thioharnstoff,** *3-(biphenyl-4-yl)-1,1-dimethylthiourea* $C_{15}H_{16}N_2S$, Formel II ($R = X = CH_3$).
B. Aus Biphenylyl-(4)-isothiocyanat und Dimethylamin (*Brown, Campbell*, Soc. **1937** 1699).
Krystalle (aus wss. A.); F: 225°.

***N*-Äthyl-*N'*-[biphenylyl-(4)]-thioharnstoff,** *1-(biphenyl-4-yl)-3-ethylthiourea* $C_{15}H_{16}N_2S$, Formel II ($R = C_2H_5$, X = H).
B. Aus Biphenylyl-(4)-isothiocyanat und Äthylamin (*Brown, Campbell*, Soc. **1937** 1699).
Krystalle (aus wss. A.); F: 165°.

***N.N*-Diäthyl-*N'*-[biphenylyl-(4)]-thioharnstoff,** *3-(biphenyl-4-yl)-1,1-diethylthiourea* $C_{17}H_{20}N_2S$, Formel II ($R = X = C_2H_5$).
B. Aus Biphenylyl-(4)-isothiocyanat und Diäthylamin (*Brown, Campbell*, Soc. **1937** 1699).
Krystalle (aus wss. A.); F: 114°.

***N*-Propyl-*N'*-[biphenylyl-(4)]-thioharnstoff,** *1-(biphenyl-4-yl)-3-propylthiourea* $C_{16}H_{18}N_2S$, Formel II ($R = CH_2\text{-}CH_2\text{-}CH_3$, X = H).
B. Aus Biphenylyl-(4)-isothiocyanat und Propylamin (*Brown, Campbell*, Soc. **1937** 1699).
Krystalle (aus wss. A.); F: 156°.

***N.N*-Dipropyl-*N'*-[biphenylyl-(4)]-thioharnstoff,** *3-(biphenyl-4-yl)-1,1-dipropylthiourea* $C_{19}H_{24}N_2S$, Formel II ($R = X = CH_2\text{-}CH_2\text{-}CH_3$).
B. Aus Biphenylyl-(4)-isothiocyanat und Dipropylamin (*Brown, Campbell*, Soc. **1937**

1699).

Krystalle (aus wss. A.); F: 117°.

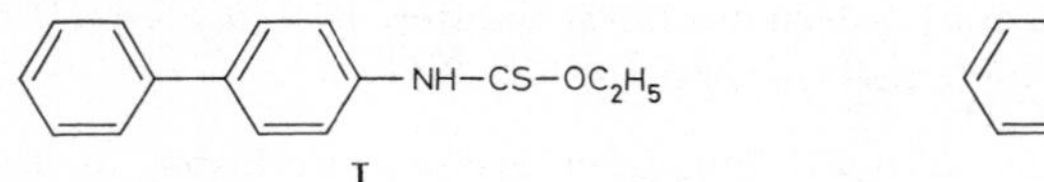

N-Butyl-N'-[biphenylyl-(4)]-thioharnstoff, *1-(biphenyl-4-yl)-3-butylthiourea* $C_{17}H_{20}N_2S$, Formel II (R = $[CH_2]_3$-CH_3, X = H).

B. Aus Biphenylyl-(4)-isothiocyanat und Butylamin (*Brown, Campbell,* Soc. **1937** 1699).

Krystalle (aus wss. A.); F: 155°.

N-Isobutyl-N'-[biphenylyl-(4)]-thioharnstoff, *1-(biphenyl-4-yl)-3-isobutylthiourea* $C_{17}H_{20}N_2S$, Formel II (R = CH_2-$CH(CH_3)_2$, X = H).

B. Aus Biphenylyl-(4)-isothiocyanat und Isobutylamin (*Brown, Campbell,* Soc. **1937** 1699).

Krystalle (aus wss. A.); F: 157°.

N.N-Diisobutyl-N'-[biphenylyl-(4)]-thioharnstoff, *3-(biphenyl-4-yl)-1,1-diisobutylthiourea* $C_{21}H_{28}N_2S$, Formel II (R = X = CH_2-$CH(CH_3)_2$).

B. Aus Biphenylyl-(4)-isothiocyanat und Diisobutylamin (*Brown, Campbell,* Soc. **1937** 1699).

Krystalle (aus A.); F: 160°.

N-Pentyl-N'-[biphenylyl-(4)]-thioharnstoff, *1-(biphenyl-4-yl)-3-pentylthiourea* $C_{18}H_{22}N_2S$, Formel II (R = $[CH_2]_4$-CH_3, X = H).

B. Aus Biphenylyl-(4)-isothiocyanat und Pentylamin (*Brown, Campbell,* Soc. **1937** 1699).

Krystalle (aus wss. A.); F: 147°.

N.N-Dipentyl-N'-[biphenylyl-(4)]-thioharnstoff, *3-(biphenyl-4-yl)-1,1-dipentylthiourea* $C_{23}H_{32}N_2S$, Formel II (R = X = $[CH_2]_4$-CH_3).

B. Aus Biphenylyl-(4)-isothiocyanat und Dipentylamin (*Brown, Campbell,* Soc. **1937** 1699).

Krystalle (aus wss. A.); F: 118°.

N-Isopentyl-N'-[biphenylyl-(4)]-thioharnstoff, *1-(biphenyl-4-yl)-3-isopentylthiourea* $C_{18}H_{22}N_2S$, Formel II (R = CH_2-CH_2-$CH(CH_3)_2$).

B. Aus Biphenylyl-(4)-isothiocyanat und Isopentylamin (*Brown, Campbell,* Soc. **1937** 1699, 1700).

Krystalle (aus A.); F: 130°.

N-Heptyl-N'-[biphenylyl-(4)]-thioharnstoff, *1-(biphenyl-4-yl)-3-heptylthiourea* $C_{20}H_{26}N_2S$, Formel II (R = $[CH_2]_6$-CH_3, X = H).

B. Aus Biphenylyl-(4)-isothiocyanat und Heptylamin (*Brown, Campbell,* Soc. **1937** 1699).

Krystalle (aus wss. A.); F: 149°.

N-Allyl-N'-[biphenylyl-(4)]-thioharnstoff, *1-allyl-3-(biphenyl-4-yl)thiourea* $C_{16}H_{16}N_2S$, Formel II (R = CH_2-CH=CH_2, X = H).

B. Aus Biphenylyl-(4)-amin und Allylisothiocyanat (*Dains, Andrews, Roberts,* Univ. Kansas Sci. Bl. **20** [1932] 173, 174).

F: 204°.

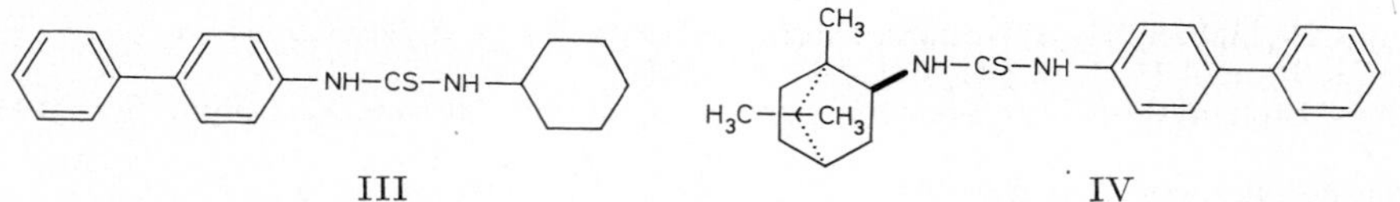

N-Cyclohexyl-N'-[biphenylyl-(4)]-thioharnstoff, *1-(biphenyl-4-yl)-3-cyclohexylthiourea* $C_{19}H_{22}N_2S$, Formel III.

B. Aus Biphenylyl-(4)-isothiocyanat und Cyclohexylamin (*Brown, Campbell,* Soc. **1937**

1699).

Krystalle (aus wss. A.); F: 180°.

N-[1.7.7-Trimethyl-norbornyl-(2)]-N'-[biphenylyl-(4)]-thioharnstoff, *1-(biphenyl-4-yl)-3-(2-bornyl)thiourea* $C_{23}H_{28}N_2S$.

N-[(1R)-Bornyl]-N'-[biphenylyl-(4)]-thioharnstoff $C_{23}H_{28}N_2S$, Formel IV.

B. Aus Biphenylyl-(4)-isothiocyanat und (1*R*)-Bornylamin [S. 193] (*Brown, Campbell*, Soc. **1937** 1699).

Krystalle (aus wss. A.); F: 167°.

N-Phenyl-N'-[biphenylyl-(4)]-thioharnstoff, *1-(biphenyl-4-yl)-3-phenylthiourea* $C_{19}H_{16}N_2S$, Formel V (R = X = H).

B. Aus Biphenylyl-(4)-amin und Phenylisothiocyanat in Äthanol (*Dains, Andrews, Roberts*, Univ. Kansas Sci. Bl. **20** [1932] 173). Aus Biphenylyl-(4)-isothiocyanat und Anilin in Äthanol (*Brewster, Horner*, Trans. Kansas Acad. **40** [1937] 101).

Krystalle (aus A.); F: 192° (*Br., Ho.; Dains, An., Ro.*).

N-[2-Chlor-phenyl]-N'-[biphenylyl-(4)]-thioharnstoff, *1-(biphenyl-4-yl)-3-(o-chlorophenyl)thiourea* $C_{19}H_{15}ClN_2S$, Formel V (R = H, X = Cl).

B. Aus Biphenylyl-(4)-isothiocyanat und 2-Chlor-anilin in Äthanol (*Brewster, Horner*, Trans. Kansas Acad. **40** [1937] 101).

Krystalle; F: 197°.

N-[4-Chlor-phenyl]-N'-[biphenylyl-(4)]-thioharnstoff, *1-(biphenyl-4-yl)-3-(p-chlorophenyl)thiourea* $C_{19}H_{15}ClN_2S$, Formel V (R = Cl, X = H).

B. Aus Biphenylyl-(4)-isothiocyanat und 4-Chlor-anilin in Äthanol (*Brewster, Horner*, Trans. Kansas Acad. **40** [1937] 101).

Krystalle; F: 195°.

N-[4-Brom-phenyl]-N'-[biphenylyl-(4)]-thioharnstoff, *1-(biphenyl-4-yl)-3-(p-bromophenyl)thiourea* $C_{19}H_{15}BrN_2S$, Formel V (R = Br, X = H).

B. Aus Biphenylyl-(4)-isothiocyanat und 4-Brom-anilin in Äthanol (*Brewster, Horner*, Trans. Kansas Acad. **40** [1937] 101).

Krystalle; F: 196°.

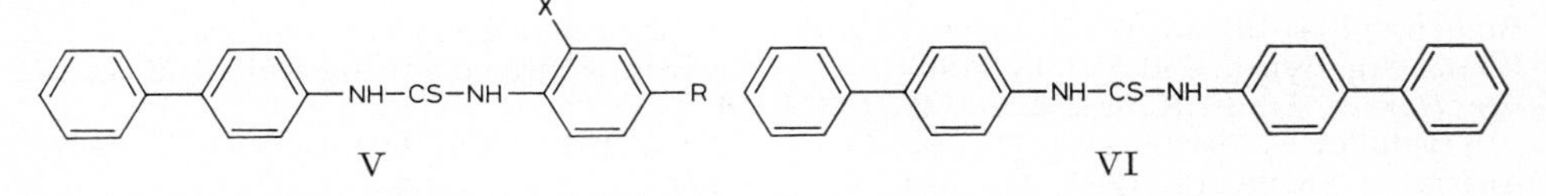

V VI

N-o-Tolyl-N'-[biphenylyl-(4)]-thioharnstoff, *1-(biphenyl-4-yl)-3-o-tolylthiourea* $C_{20}H_{18}N_2S$, Formel V (R = H, X = CH_3).

B. Aus Biphenylyl-(4)-amin und *o*-Tolylisothiocyanat in Äthanol (*Dains, Andrews, Roberts*, Univ. Kansas Sci. Bl. **20** [1932] 173). Aus Biphenylyl-(4)-isothiocyanat und *o*-Toluidin in Äthanol (*Brewster, Horner*, Trans. Kansas Acad. **40** [1937] 101).

Krystalle; F: 201° (*Br., Ho.*), 200° (*Dains, An., Ro.*).

N-p-Tolyl-N'-[biphenylyl-(4)]-thioharnstoff, *1-(biphenyl-4-yl)-3-p-tolylthiourea* $C_{20}H_{18}N_2S$, Formel V (R = CH_3, X = H).

B. Aus Biphenylyl-(4)-isothiocyanat und *p*-Toluidin in Äthanol (*Brewster, Horner*, Trans. Kansas Acad. **40** [1937] 101).

Krystalle; F: 192°.

N-Benzyl-N'-[biphenylyl-(4)]-thioharnstoff, *1-benzyl-3-(biphenyl-4-yl)thiourea* $C_{20}H_{18}N_2S$, Formel II (R = CH_2-C_6H_5, X = H).

B. Aus Biphenylyl-(4)-isothiocyanat und Benzylamin (*Brown, Campbell*, Soc. **1937** 1699).

Krystalle (aus wss. A.); F: 147°.

N.N'-Bis-[biphenylyl-(4)]-thioharnstoff, *1,3-bis(biphenyl-4-yl)thiourea* $C_{25}H_{20}N_2S$, Formel VI (H 1319).

B. Beim Erhitzen von Biphenylyl-(4)-amin mit 5-Imino-[1.2.4]dithiazolidinthion-(3) („Perthiocyansäure") auf 150° (*Underwood, Dains*, Am. Soc. **57** [1935] 1768). Aus

Biphenylyl-(4)-isothiocyanat und Biphenylyl-(4)-amin in Äthanol (*Brewster, Horner*, Trans. Kansas Acad. **40** [1937] 101).

Krystalle; F: 233—235° (*Brown, Campbell*, Soc. **1937** 1699), 230° [aus A.] (*Raiford, McNulty*, Am. Soc. **56** [1934] 680), 228° [aus W.] (*Un., Dains*), 228° (*Br., Ho.*).

***N.N'*-Bis-[biphenylyl-(4)-thiocarbamoyl]-äthylendiamin,** *3,3'-bis(biphenyl-4-yl)-1,1'-ethylenebisthiourea* $C_{28}H_{26}N_4S_2$, Formel VII.

B. Aus Biphenylyl-(4)-isothiocyanat und Äthylendiamin (*Brown, Campbell*, Soc. **1937** 1699).

Krystalle (aus wss. A.); F: 237°.

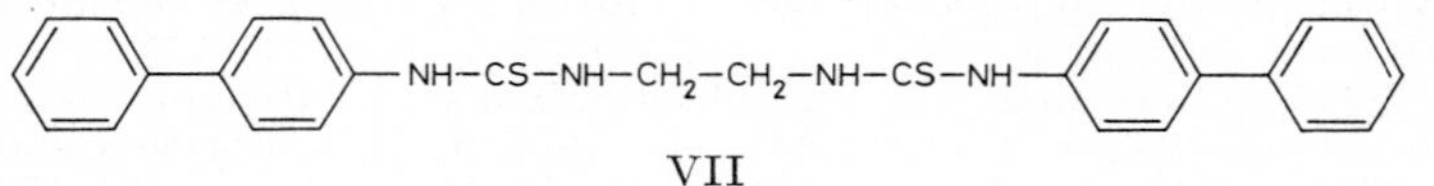

VII

Biphenylyl-(4)-isocyanat, *isocyanic acid biphenyl-4-yl ester* $C_{13}H_9NO$, Formel VIII (H 1319).

B. Aus Biphenylyl-(4)-amin und Phosgen in Toluol (*Morgan, Pettet*, Soc. **1931** 1124; *van Gelderen*, R. **52** [1933] 969, 970).

Krystalle; F: 59—60° [aus Bzn.] (*Witten, Reid*, Am. Soc. **69** [1947] 2470), 56,5—57° [aus PAe.] (*v. Ge.*), 56° [aus PAe.] (*Mo., Pe.*). Kp: 283° [Zers.] (*Mo., Pe.*).

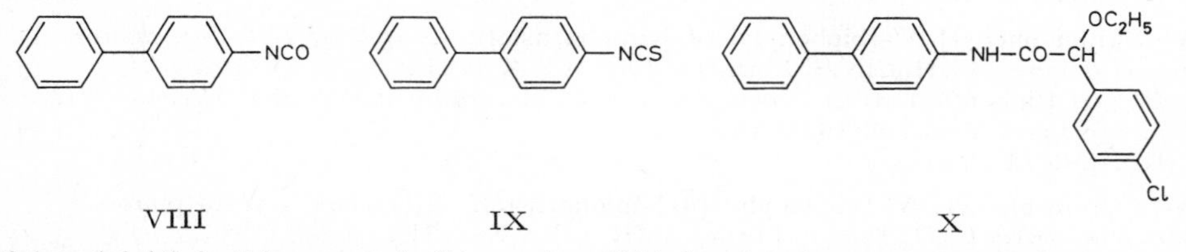

VIII IX X

Biphenylyl-(4)-isothiocyanat, *isothiocyanic acid biphenyl-4-yl ester* $C_{13}H_9NS$, Formel IX (H 1319).

B. Beim Eintragen einer Lösung von Biphenylyl-(4)-amin in Chloroform in eine Suspension von Thiophosgen in Wasser (*Browne, Dyson*, Soc. **1931** 3285, 3306). Aus Biphenylyl-(4)-thioharnstoff beim Erhitzen in Chlorbenzol (*Cymerman-Craig, Moyle, White*, Org. Synth. Coll. Vol. IV [1963] 700) sowie beim Erhitzen mit Acetanhydrid (*Brewster, Horner*, Trans. Kansas Acad. **40** [1937] 101).

Krystalle; F: 70° [aus A.] (*Brown, Campbell*, Soc. **1937** 1699), 66° (*Cymerman, Neely*, Austral. J. Chem. **13** [1960] 341, 344), 64° (*Br., Dy.*).

Die Identität einer von *Desai, Hunter, Kureishy* (Soc. **1936** 1668, 1671) als Biphenylyl-(4)-isothiocyanat beschriebenen Verbindung (F: 119—120° [aus Hexan]) ist ungewiss.

(±)-*C*-Äthoxy-*C*-[4-chlor-phenyl]-*N*-[biphenylyl-(4)]-acetamid, (±)-N-(*biphenyl-4-yl*)-*2-(*p*-chlorophenyl)-2-ethoxyacetamide* $C_{22}H_{20}ClNO_2$, Formel X.

B. Aus Biphenylyl-(4)-amin und (±)-Äthoxy-[4-chlor-phenyl]-acetylchlorid [hergestellt aus (±)-Äthoxy-[4-chlor-phenyl]-essigsäure] (*Gätzi, Stammbach*, Helv. **29** [1946] 563, 572).

Krystalle (aus A.); F: 154—156° [korr.].

3-Hydroxy-*N*-[biphenylyl-(4)]-5.6.7.8-tetrahydro-naphthamid-(2), N-(*biphenyl-4-yl*)-*3-hydroxy-5,6,7,8-tetrahydro-2-naphthamide* $C_{23}H_{21}NO_2$, Formel XI.

B. Beim Erwärmen von Biphenylyl-(4)-amin mit 3-Hydroxy-5.6.7.8-tetrahydro-naphthoesäure-(2) in Toluol unter Zusatz von Phosphor(III)-chlorid (*I. G. Farbenind.*, F.P. 781720 [1934]; *Gen. Aniline Works*, U.S.P. 2040397 [1934]).

F: 222°.

3-Hydroxy-*N*-[biphenylyl-(4)]-naphthamid-(2), N-(*biphenyl-4-yl*)-*3-hydroxy-2-naphthamide* $C_{23}H_{17}NO_2$, Formel XII (R = X = H).

B. Beim Erwärmen von Biphenylyl-(4)-amin mit 3-Hydroxy-naphthoesäure-(2) in Toluol unter Zusatz von Phosphor(III)-chlorid (*Gen. Aniline Works*, U.S.P. 1936926 [1932]).

Krystalle; F: 283—284° (*Mangini, Andrisano*, Pubbl. Ist. Chim. ind. Univ. Bologna **1943** Nr. 8, S. 3), 283° [aus Benzylalkohol] (*Gen. Aniline Works*).

7-Brom-3-hydroxy-*N*-[biphenylyl-(4)]-naphthamid-(2), N-(*biphenyl-4-yl*)-*7-bromo-3-hydroxy-2-naphthamide* $C_{23}H_{16}BrNO_2$, Formel XII (R = H, X = Br).

B. Beim Erwärmen von Biphenylyl-(4)-amin mit 7-Brom-3-hydroxy-naphthoesäure-(2) in Toluol unter Zusatz von Phosphor(III)-chlorid (*Gen. Aniline Works*, U.S.P. 1936926 [1932]).

F: 322–323°.

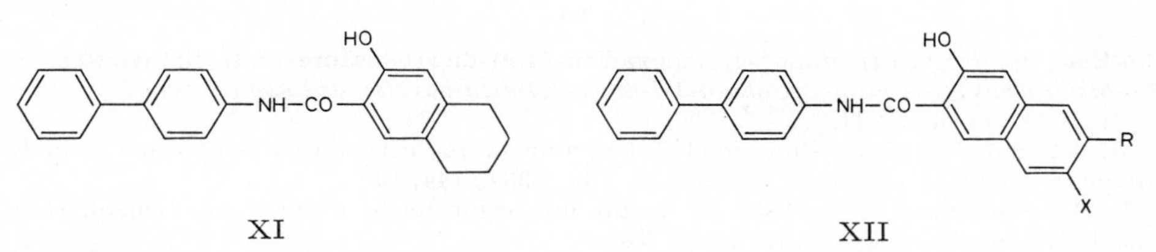

XI XII

3-Hydroxy-6-methoxy-*N*-[biphenylyl-(4)]-naphthamid-(2), N-(*biphenyl-4-yl*)-*3-hydroxy-6-methoxy-2-naphthamide* $C_{24}H_{19}NO_3$, Formel XII (R = OCH_3, X = H).

B. Beim Erwärmen von Biphenylyl-(4)-amin mit 3-Hydroxy-6-methoxy-naphthoesäure-(2) in Toluol unter Zusatz von Phosphor(III)-chlorid (*Gen. Aniline Works*, U.S.P. 1936926 [1932]).

F: 302–303°.

(±)-2-[Biphenylyl-(4)-imino]-cyclohexan-carbonsäure-(1)-äthylester, (±)-*2-(biphenyl-4-ylimino)cyclohexanecarboxylic acid ethyl ester* $C_{21}H_{23}NO_2$, Formel I, und **2-[Biphenylyl-(4)-amino]-cyclohexen-(1)-carbonsäure-(1)-äthylester,** *2-(biphenyl-4-ylamino)cyclohex-1-ene-1-carboxylic acid ethyl ester* $C_{21}H_{23}NO_2$, Formel II.

B. Aus Biphenylyl-(4)-amin und 2-Oxo-cyclohexan-carbonsäure-(1)-äthylester in Gegenwart von Chlorwasserstoff (*Hughes, Lions*, J. Pr. Soc. N.S. Wales **71** [1938] 458, 459).

Krystalle (aus Me.); F: 107°.

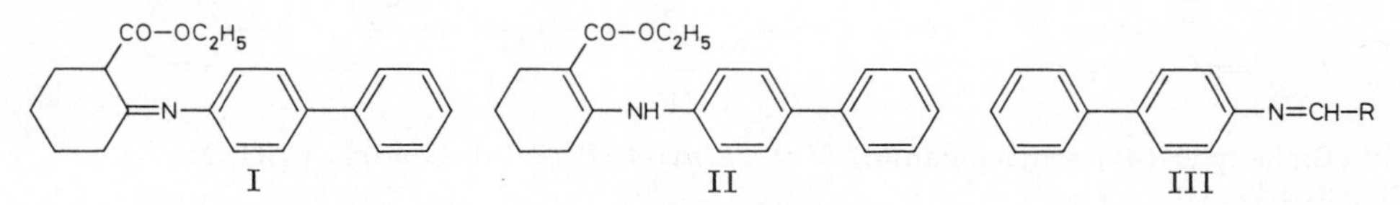

I II III

(±)-3-Oxo-3-phenyl-2-[*N*-(biphenylyl-(4))-formimidoyl]-propionitril, (±)-*2-[N-biphenyl-4-yl)formimidoyl]-3-oxo-3-phenylpropionitrile* $C_{22}H_{16}N_2O$, Formel III (R = CH(CN)-CO-C_6H_5), und **3-[Biphenylyl-(4)-amino]-2-benzoyl-acrylonitril,** *3-(biphenyl-4-ylamino)-2-benzoylacrylonitrile* $C_{22}H_{16}N_2O$, Formel IV (R = CH=C(CN)-CO-C_6H_5).

B. Beim Erhitzen von *N.N'*-Bis-[biphenylyl-(4)]-formamidin mit Benzoylacetonitril (*Grothaus, Dains*, Am. Soc. **58** [1936] 1334).

F: 161°.

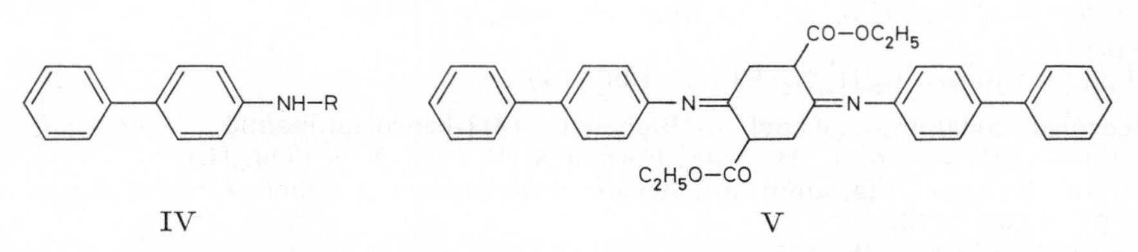

IV V

Opt.-inakt. **2.5-Bis-[biphenylyl-(4)-imino]-cyclohexan-dicarbonsäure-(1.4)-diäthylester,** *2,5-bis(biphenyl-4-ylimino)cyclohexane-1,4-dicarboxylic acid diethyl ester* $C_{36}H_{34}N_2O_4$, Formel V, und **2.5-Bis-[biphenylyl-(4)-amino]-cyclohexadien-(1.4)-dicarbonsäure-(1.4)-diäthylester,** *2,5-bis(biphenyl-4-ylamino)cyclohexa-1,4-diene-1,4-dicarboxylic acid diethyl ester* $C_{36}H_{34}N_2O_4$, Formel VI.

B. Aus Biphenylyl-(4)-amin und 2.5-Dioxo-cyclohexan-dicarbonsäure-(1.4)-diäthylester in Äthanol und Essigsäure (*Liebermann, Schulze*, A. **508** [1934] 144, 147).

Rötliche Krystalle (aus Xylol); F: 235°.

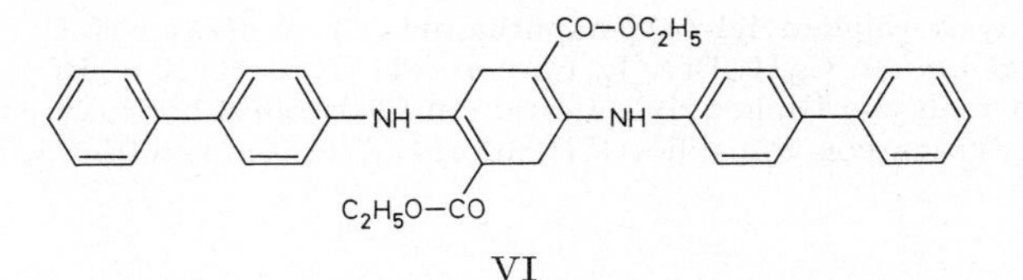

VI

3.6-Bis-[biphenylyl-(4)-imino]-cyclohexadien-(1.4)-dicarbonsäure-(1.4)-diäthylester, *3,6-bis(biphenyl-4-ylimino)cyclohexa-1,4-diene-1,4-dicarboxylic acid diethyl ester* $C_{36}H_{30}N_2O_4$, Formel VII.

B. Aus 2.5-Bis-[nitroso-(biphenylyl-(4))-amino]-terephthalsäure-diäthylester beim Erhitzen in Toluol (*Liebermann, Schulze,* A. **508** [1934] 144, 148).

Rotbraune Krystalle; F: 185°. In Aceton mit weinroter, in Chloroform, Benzol, Toluol und Essigsäure mit violettroter Farbe löslich.

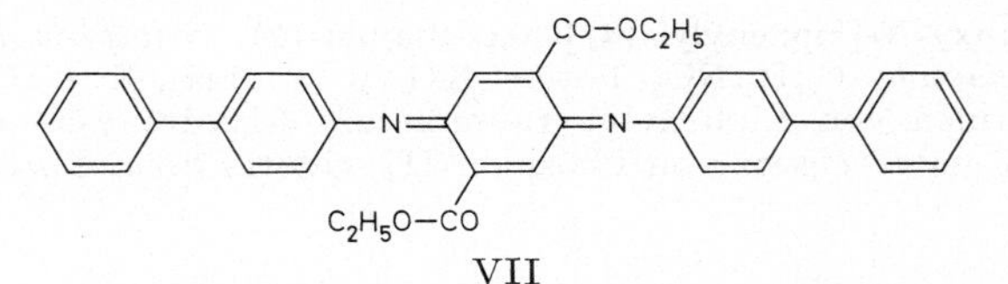

VII

1.4-Bis-[(biphenylyl-(4)-carbamoyl)-acetyl]-benzol, 3.3'-Dioxo-*N.N'*-bis-[biphenylyl-(4)]-3.3'-*p*-phenylen-bispropionamid, N,N'-*bis(biphenyl-4-yl)-3,3'-dioxo-3,3'-*p*-phenylenebispropionamide* $C_{36}H_{28}N_2O_4$, Formel VIII, und Tautomere (z. B. 1.4-Bis-[1-hydroxy-2-(biphenylyl-(4)-carbamoyl)-vinyl]-benzol).

B. Aus Biphenylyl-(4)-amin und 1.4-Bis-äthoxycarbonylacetyl-benzol [H **10** 904; E II **10** 637] (*Gen. Aniline Works,* U.S.P. 1971409 [1933]).

Gelbe Krystalle, die unterhalb 310° nicht schmelzen.

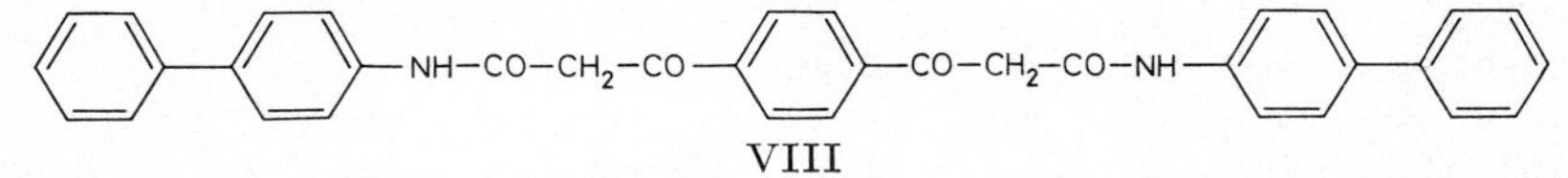

VIII

***N*-[Biphenylyl-(4)]-äthylendiamin,** *N-(biphenyl-4-yl)ethylenediamine* $C_{14}H_{16}N_2$, Formel IX (R = H).

B. Aus 2-[Biphenylyl-(4)-amino]-1-phthalimido-äthan beim Erhitzen mit wss. Salzsäure auf 130° (*Fourneau, Lestrange,* Bl. **1947** 827, 829, 831).

Krystalle (aus W.); F: 270°.

Hydrochlorid $C_{14}H_{16}N_2 \cdot HCl$. Krystalle; F: 284°.

***N.N*-Diäthyl-*N'*-[biphenylyl-(4)]-äthylendiamin,** N'-*(biphenyl-4-yl)*-N,N-*diethylethylenediamine* $C_{18}H_{24}N_2$, Formel IX (R = C_2H_5).

B. Beim Erhitzen von Biphenylyl-(4)-amin mit Diäthyl-[2-chlor-äthyl]-amin in Benzol auf 140° (*Fourneau, Lestrange,* Bl. **1947** 827, 836).

Kp_1: 190°.

Hydrochlorid $C_{18}H_{24}N_2 \cdot HCl$. F: 138—139°.

4-Benzolsulfinylamino-biphenyl, *N*-[Biphenylyl-(4)]-benzolsulfinamid, N-*(biphenyl-4-yl)benzenesulfinamide* $C_{18}H_{15}NOS$, Formel X (R = H, X = SO-C_6H_5).

B. Aus Biphenylyl-(4)-amin und Benzolsulfinylchlorid in Äther (*Raiford, Hazlet,* Am. Soc. **57** [1935] 2172).

Krystalle (aus Me.); F: 165,5°.

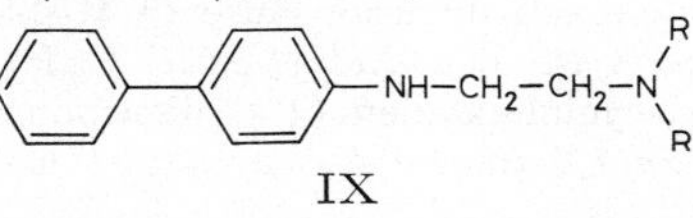

IX

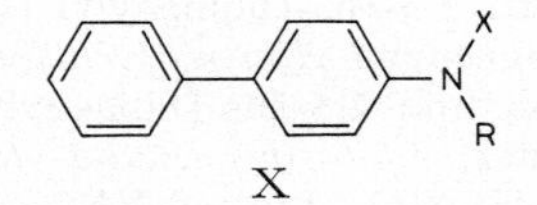

X

4-Benzolsulfonylamino-biphenyl, *N*-[Biphenylyl-(4)]-benzolsulfonamid, N-*(biphenyl-4-yl)benzenesulfonamide* $C_{18}H_{15}NO_2S$, Formel XI (R = X = H).

B. Aus Biphenylyl-(4)-amin und Benzolsulfonylchlorid mit Hilfe von Pyridin (*Raiford,*

Hazlet, Am. Soc. **57** [1935] 2172).
Krystalle (aus wss. A.); F: 147—148°.

3-Nitro-*N*-[biphenylyl-(4)]-benzolsulfonamid-(1), N-(*biphenyl-4-yl*)-*3-nitrobenzenesulfonamide* $C_{18}H_{14}N_2O_4S$, Formel XI (R = H, X = NO_2).
B. Aus Biphenylyl-(4)-amin und 3-Nitro-benzol-sulfonylchlorid-(1) mit Hilfe von Pyridin (*Bell*, Soc. **1930** 1071, 1074).
Krystalle (aus Eg.); F: 149°.

***N*-[Biphenylyl-(4)]-toluolsulfonamid-(4),** N-(*biphenyl-4-yl*)-p-*toluenesulfonamide* $C_{19}H_{17}NO_2S$, Formel XII (R = H) (E II 756).
Beim Behandeln mit Brom in Pyridin ist *N*-[3.5-Dibrom-biphenylyl-(4)]-toluolsulfonamid-(4) (*Bell*, Soc. **1931** 2338, 2341), beim Erwärmen mit Brom in Chloroform sind *N*-[3.4'-Dibrom-biphenylyl-(4)]-toluolsulfonamid-(4) und geringe Mengen 3.5.4'-Tribrom-biphenylyl-(4)-amin (*Bell*, Soc. **1930** 1071, 1076) erhalten worden.

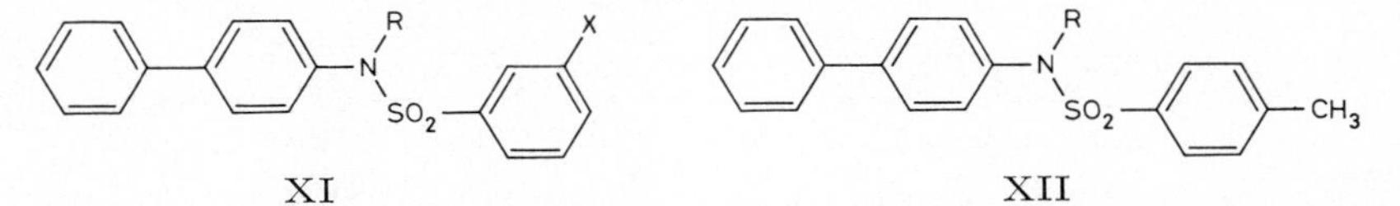

XI XII

2'-Nitro-*N*-[biphenylyl-(4)]-biphenylsulfonamid-(4), N-(*biphenyl-4-yl*)-*2'-nitrobiphenyl-4-sulfonamide* $C_{24}H_{18}N_2O_4S$, Formel XIII.
B. Aus Biphenylyl-(4)-amin und 2'-Nitro-biphenyl-sulfonylchlorid-(4) in Aceton mit Hilfe von Pyridin (*Popkin, Perretta*, Am. Soc. **65** [1943] 2046; *Sun Chem. Corp.*, U.S.P. 2433784 [1943]).
Krystalle (aus wss. Me.); F: 164—165°.

***N*-[Biphenylyl-(4)]-*N*-cyan-benzolsulfonamid,** N-(*biphenyl-4-yl*)-N-*cyanobenzenesulfonamide* $C_{19}H_{14}N_2O_2S$, Formel XI (R = CN, X = H).
B. Aus Biphenylyl-(4)-harnstoff und Benzolsulfonylchlorid mit Hilfe von Pyridin (*Kurzer*, Soc. **1949** 3029, 3030).
Krystalle (aus A. + Acn. + W.); F: 102—104°.

3-Nitro-*N*-[biphenylyl-(4)]-*N*-cyan-benzolsulfonamid-(1), N-(*biphenyl-4-yl*)-N-*cyano-3-nitrobenzenesulfonamide* $C_{19}H_{13}N_3O_4S$, Formel XI (R = CN, X = NO_2).
B. Aus Biphenylyl-(4)-harnstoff und 3-Nitro-benzol-sulfonylchlorid-(1) mit Hilfe von Pyridin (*Kurzer*, Soc. **1949** 3029, 3030).
Gelbliche Krystalle (aus A. + Acn. + W.); F: 165—167°.

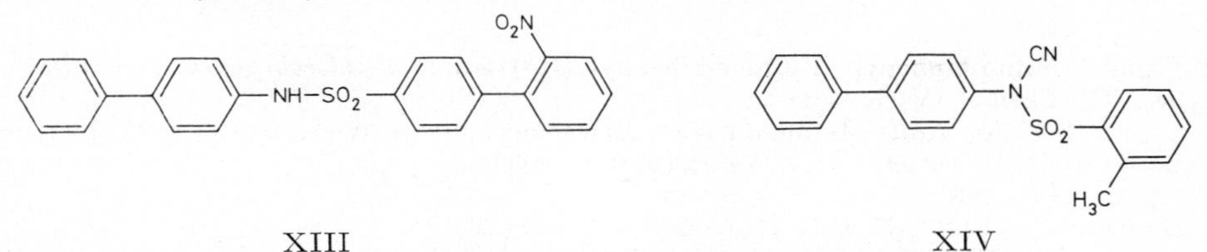

XIII XIV

***N*-[Biphenylyl-(4)]-*N*-cyan-toluolsulfonamid-(2),** N-(*biphenyl-4-yl*)-N-*cyano*-o-*toluenesulfonamide* $C_{20}H_{16}N_2O_2S$, Formel XIV.
B. Aus Biphenylyl-(4)-harnstoff und Toluol-sulfonylchlorid-(2) mit Hilfe von Pyridin (*Kurzer*, Soc. **1949** 3029, 3030).
Krystalle (aus A. + Acn. + W.); F: 82—84°.

***N*-[Biphenylyl-(4)]-*N*-cyan-toluolsulfonamid-(4),** N-(*biphenyl-4-yl*)-N-*cyano*-p-*toluenesulfonamide* $C_{20}H_{16}N_2O_2S$, Formel XII (R = CN).
B. Aus Biphenylyl-(4)-harnstoff und Toluol-sulfonylchlorid-(4) mit Hilfe von Pyridin (*Kurzer*, Soc. **1949** 3029, 3030).
Krystalle (aus A. + Acn. + W.); F: 121—122°.

***N*-Nitroso-*N*-[biphenylyl-(4)]-acetamid,** N-(*biphenyl-4-yl*)-N-*nitrosoacetamide* $C_{14}H_{12}N_2O_2$, Formel X (R = CO-CH_3, X = NO).
B. Beim Einleiten von Stickstoffoxiden in eine Lösung von *N*-[Biphenylyl-(4)]-acet=

amid in Essigsäure und Acetanhydrid (*France, Heilbron, Hey*, Soc. **1938** 1364, 1370).

Gelbe Krystalle; F: 98° [unter heftiger Zersetzung] (*Fr., Hei., Hey*, Soc. **1938** 1370).

Beim Behandeln mit Benzol ist *p*-Terphenyl, beim Behandeln mit Brombenzol sind 2-Brom-*p*-terphenyl, 3-Brom-*p*-terphenyl und 4-Brom-*p*-terphenyl, beim Behandeln mit Nitrobenzol sind 2-Nitro-*p*-terphenyl und 4-Nitro-*p*-terphenyl erhalten worden (*Fr., Hei., Hey*, Soc. **1938** 1372, 1374). Bildung von 2-Methyl-*p*-terphenyl, 3-Methyl-*p*-terphenyl und 4-Methyl-*p*-terphenyl beim Behandeln mit Toluol: *Davies et al.*, Soc. **1959** 2317; vgl. *France, Heilbron, Hey*, Soc. **1939** 1283, 1286. [*Ritter*]

4'-Fluor-4-amino-biphenyl, 4'-Fluor-biphenylyl-(4)-amin, *4'-fluorobiphenyl-4-ylamine* $C_{12}H_{10}FN$, Formel I (E II 757).

B. Aus 4'-Fluor-4-nitro-biphenyl beim Erhitzen mit Zinn(II)-chlorid, wss. Salzsäure und Essigsäure (*Marler, Turner*, Soc. **1931** 1359, 1362; vgl. E II 757).

F: 121°.

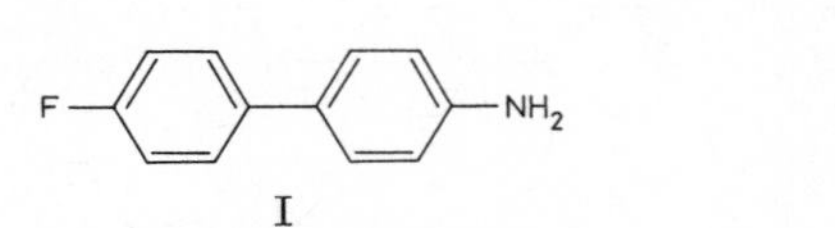

I

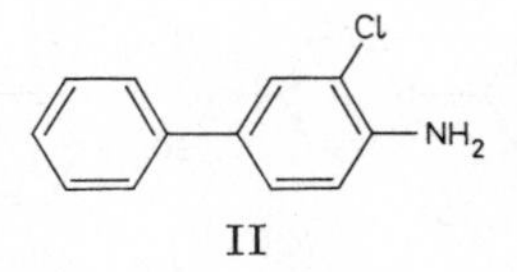

II

3-Chlor-4-amino-biphenyl, 3-Chlor-biphenylyl-(4)-amin, *3-chlorobiphenyl-4-ylamine* $C_{12}H_{10}ClN$, Formel II (E II 757).

B. Aus 3-Chlor-4-nitro-biphenyl beim Behandeln mit Zinn(II)-chlorid, wss. Salzsäure und Äthanol (*Schoepfle, Truesdail*, Am. Soc. **59** [1937] 372, 376).

F: 69—69,5°.

3-Hydroxy-*N*-[3-chlor-biphenylyl-(4)]-naphthamid-(2), N-(*3-chlorobiphenyl-4-yl*)-*3-hydroxy-2-naphthamide* $C_{23}H_{16}ClNO_2$, Formel III.

B. Beim Erhitzen von 3-Chlor-biphenylyl-(4)-amin mit 3-Hydroxy-naphthoesäure-(2) und Phosphor(III)-chlorid in Toluol (*Gen. Aniline Works*, U.S.P. 1936926 [1932]).

F: 257—258°.

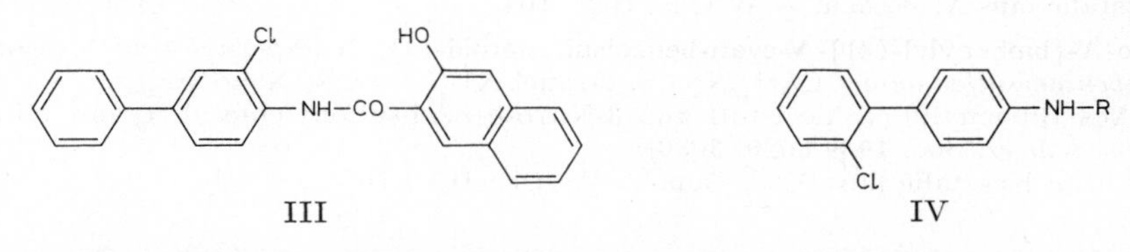

III IV

2'-Chlor-4-amino-biphenyl, 2'-Chlor-biphenylyl-(4)-amin, *2'-chlorobiphenyl-4-ylamine* $C_{12}H_{10}ClN$, Formel IV (R = H).

B. Aus 2'-Chlor-4-nitro-biphenyl beim Erwärmen mit aktiviertem Eisen, Wasser und Benzol (*Monsanto Chem. Co.*, U.S.P. 2126009 [1935]).

Kp_{3-4}: 182—183°.

Hydrochlorid $C_{12}H_{10}ClN \cdot HCl$. Krystalle (aus A.).

Sulfat $2C_{12}H_{10}ClN \cdot H_2SO_4$. In Äthanol schwer löslich.

Nitrat $C_{12}H_{10}ClN \cdot HNO_3$. Krystalle (aus A.).

2'-Chlor-4-acetamino-biphenyl, *N*-[2'-Chlor-biphenylyl-(4)]-acetamid, N-(*2'-chlorobiphenyl-4-yl*)*acetamide* $C_{14}H_{12}ClNO$, Formel IV (R = CO-CH_3).

B. Aus 2'-Chlor-4-amino-biphenyl und Acetanhydrid (*Monsanto Chem. Co.*, U.S.P. 2126009 [1935]).

Krystalle (aus A.); F: 161,5—162,5°.

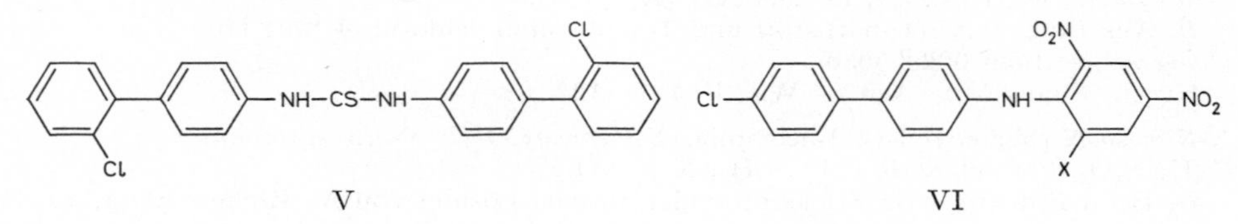

V VI

N.N'-Bis-[2'-chlor-biphenylyl-(4)]-thioharnstoff, *1,3-bis(2'-chlorobiphenyl-4-yl)thiourea* $C_{25}H_{18}Cl_2N_2S$, Formel V.

B. Beim Erwärmen von 2'-Chlor-biphenylyl-(4)-amin mit Schwefelkohlenstoff und äthanol. Kalilauge (*Monsanto Chem. Co.*, U.S.P. 2106552 [1936]).

Krystalle (aus Bzl. oder Toluol); F: 171,5—171,8°.

4'-Chlor-4-[2.4-dinitro-anilino]-biphenyl, [2.4-Dinitro-phenyl]-[4'-chlor-biphenylyl-(4)]-amin, *4'-chloro-*N-*(2,4-dinitrophenyl)biphenyl-4-ylamine* $C_{18}H_{12}ClN_3O_4$, Formel VI (X = H).

B. Aus 4'-Chlor-biphenylyl-(4)-amin und 4-Chlor-1.3-dinitro-benzol in Äthanol (*Codolosa*, An. Farm. Bioquim. Buenos Aires **4** [1933] 60, 67).

Gelbe Krystalle (aus A.); F: 171° [unter Rotfärbung].

4'-Chlor-4-[2.4.6-trinitro-anilino]-biphenyl, Pikryl-[4'-chlor-biphenylyl-(4)]-amin, *4'-chloro-*N-*picrylbiphenyl-4-ylamine* $C_{18}H_{11}ClN_4O_6$, Formel VI (X = NO_2).

B. Aus 4'-Chlor-biphenylyl-(4)-amin und Pikrylchlorid in Äthanol (*Codolosa*, An. Farm. Bioquim. Buenos Aires **4** [1933] 60, 69).

Rote Krystalle (aus Eg.); F: 177°.

4'-Chlor-4-acetamino-biphenyl, N-[4'-Chlor-biphenylyl-(4)]-acetamid, N-*(4'-chlorobiphenyl-4-yl)acetamide* $C_{14}H_{12}ClNO$, Formel VII (X = CO-CH_3) (H 1320; E II 757).

B. Beim Behandeln von *N*-Chlor-acetanilid mit Chlorbenzol und Aluminiumchlorid und anschliessend mit Wasser (*Gen. Aniline Works*, U.S.P. 2012569 [1932]).

(±)-[4'-Chlor-biphenylyl-(4)]-carbamidsäure-[2-äthyl-hexadecylester], (±)-*(4'-chlorobiphenyl-4-yl)carbamic acid 2-ethylhexadecyl ester* $C_{31}H_{46}ClNO_2$, Formel VIII (R = $[CH_2]_{13}$-CH_3, X = C_2H_5).

B. Aus 4'-Chlor-biphenylyl-(4)-isocyanat (nicht näher beschrieben) und (±)-2-Äthyl-hexadecanol-(1) in Benzol (*Brunner, Wiedemann*, M. **66** [1935] 438, 440).

Krystalle (aus PAe.); F: 105—106°.

(±)-[4'-Chlor-biphenylyl-(4)]-carbamidsäure-[2-butyl-tetradecylester], (±)-*(4'-chlorobiphenyl-4-yl)carbamic acid 2-butyltetradecyl ester* $C_{31}H_{46}ClNO_2$, Formel VIII (R = $[CH_2]_{11}$-CH_3, X = $[CH_2]_3$-CH_3).

B. Aus 4'-Chlor-biphenylyl-(4)-isocyanat (nicht näher beschrieben) und (±)-2-Butyl-tetradecanol-(1) in Benzol (*Brunner, Wiedemann*, M. **66** [1935] 438, 441).

Krystalle (aus Acn.); F: 102—103°.

(±)-[4'-Chlor-biphenylyl-(4)]-carbamidsäure-[2-hexyl-dodecylester], (±)-*(4'-chlorobiphenyl-4-yl)carbamic acid 2-hexyldodecyl ester* $C_{31}H_{46}ClNO_2$, Formel VIII (R = $[CH_2]_9$-CH_3, X = $[CH_2]_5$-CH_3).

B. Aus 4'-Chlor-biphenylyl-(4)-isocyanat (nicht näher beschrieben) und (±)-2-Hexyl-dodecanol-(1) in Benzol (*Brunner, Wiedemann*, M. **66** [1935] 438, 442).

Krystalle (aus Acn.); F: 77—78°.

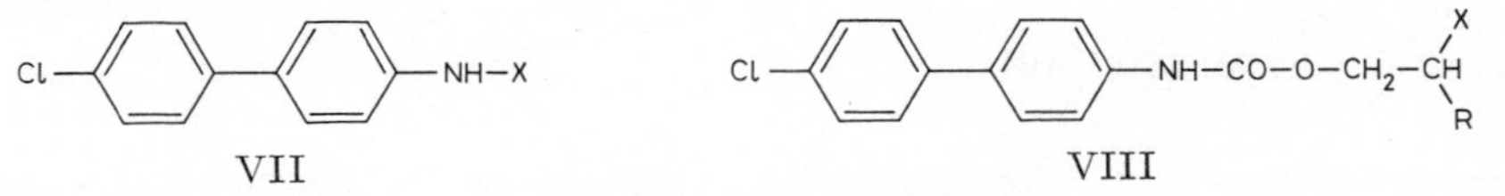

VII VIII

[4'-Chlor-biphenylyl-(4)]-carbamidsäure-[2-octyl-decylester], *(4'-chlorobiphenyl-4-yl)carbamic acid 2-octyldecyl ester* $C_{31}H_{46}ClNO_2$, Formel VIII (R = X = $[CH_2]_7$-CH_3).

B. Aus 4'-Chlor-biphenylyl-(4)-isocyanat (nicht näher beschrieben) und 2-Octyl-decanol-(1) in Benzol (*Brunner, Wiedemann*, M. **66** [1935] 438, 442).

Krystalle (aus Acn. + PAe.); F: 96°.

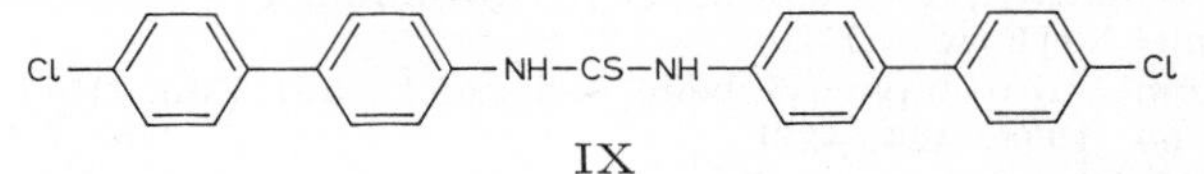

IX

N.N'-Bis-[4'-chlor-biphenylyl-(4)]-thioharnstoff, *1,3-bis(4'-chlorobiphenyl-4-yl)thiourea* $C_{25}H_{18}Cl_2N_2S$, Formel IX.

B. Aus 4'-Chlor-biphenylyl-(4)-amin und Schwefelkohlenstoff in Gegenwart von Pyridin

und Jod (*Raiford, McNulty*, Am. Soc. **56** [1934] 680).
Krystalle (aus A.); F: 219—220°.

3-Hydroxy-*N*-[4'-chlor-biphenylyl-(4)]-naphthamid-(2), N-(*4'-chlorobiphenyl-4-yl*)-*3-hydroxy-2-naphthamide* $C_{23}H_{16}ClNO_2$, Formel X.

B. Beim Erhitzen von 4'-Chlor-biphenylyl-(4)-amin mit 3-Hydroxy-naphthoesäure-(2) und Phosphor(III)-chlorid in Toluol (*Gen. Aniline Works*, U.S.P. 1936926 [1932]).
F: 304—306°.

4'-Chlor-4-benzolsulfinylamino-biphenyl, *N*-[4'-Chlor-biphenylyl-(4)]-benzolsulfinamid, N-(*4'-chlorobiphenyl-4-yl)benzenesulfinamide* $C_{18}H_{14}ClNOS$, Formel VII (X = SO-C_6H_5).

B. Aus 4'-Chlor-biphenylyl-(4)-amin und Benzolsulfinylchlorid mit Hilfe von Pyridin (*Raiford, Hazlet*, Am. Soc. **57** [1935] 2172).
Krystalle (aus $CHCl_3$ + Bzn.); F: 165—166°.

4'-Chlor-4-benzolsulfonylamino-biphenyl, *N*-[4'-Chlor-biphenylyl-(4)]-benzolsulfonamid, N-(*4'-chlorobiphenyl-4-yl)benzenesulfonamide* $C_{18}H_{14}ClNO_2S$, Formel VII (X = SO_2-C_6H_5).

B. Aus 4'-Chlor-biphenylyl-(4)-amin und Benzolsulfonylchlorid mit Hilfe von Pyridin (*Raiford, Hazlet*, Am. Soc. **57** [1935] 2172).
Krystalle (aus $CHCl_3$ + Bzn.); F: 145—145,5°.

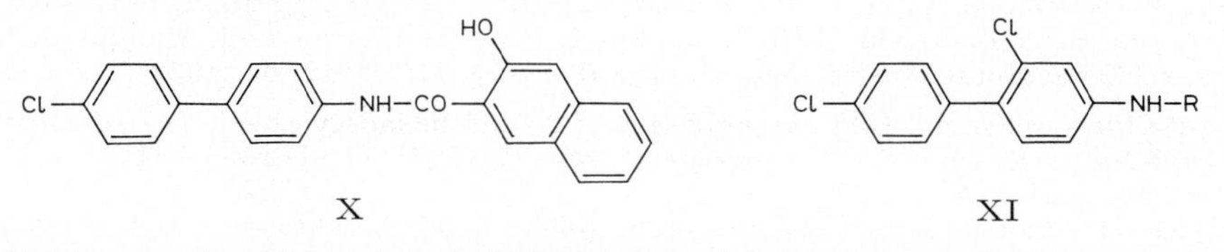

X XI

2.4'-Dichlor-4-amino-biphenyl, 2.4'-Dichlor-biphenylyl-(4)-amin, *2,4'-dichlorobiphenyl-4-ylamine* $C_{12}H_9Cl_2N$, Formel XI (R = H).

B. Aus 2.4'-Dichlor-4-nitro-biphenyl beim Erhitzen mit Zinn, wss. Salzsäure und Äthanol (*Finzi, Bellavita*, G. **64** [1934] 335, 338).
Krystalle (aus A.); F: 83°.

2.4'-Dichlor-4-acetamino-biphenyl, *N*-[2.4'-Dichlor-biphenylyl-(4)]-acetamid, N-(*2,4'-dichlorobiphenyl-4-yl)acetamide* $C_{14}H_{11}Cl_2NO$, Formel XI (R = CO-CH_3).

B. Aus 2.4'-Dichlor-biphenylyl-(4)-amin und Acetanhydrid (*Finzi, Bellavita*, G. **64** [1934] 335, 338).
Krystalle (aus A.); F: 182°.

3-Brom-4-acetamino-biphenyl, *N*-[3-Brom-biphenylyl-(4)]-acetamid, N-(*3-bromobiphenyl-4-yl)acetamide* $C_{14}H_{12}BrNO$, Formel XII (R = CO-CH_3) (E II 758).

B. Beim Erwärmen von 3-Brom-4-nitro-biphenyl mit Zinn(II)-chlorid in Äthanol und Erhitzen des erhaltenen Amins mit Essigsäure und Acetanhydrid (*Case, Sloviter*, Am. Soc. **59** [1937] 2381).
Krystalle (aus Me.); F: 161°.

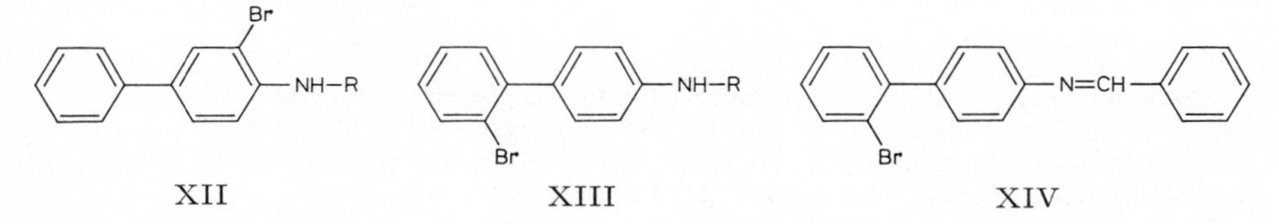

XII XIII XIV

2'-Brom-4-amino-biphenyl, 2'-Brom-biphenylyl-(4)-amin, *2'-bromobiphenyl-4-ylamine* $C_{12}H_{10}BrN$, Formel XIII (R = H).

B. Aus 2'-Brom-4-nitro-biphenyl beim Behandeln mit Zinn(II)-chlorid in Äthanol (*Case*, Am. Soc. **60** [1938] 424, 426).
Kp_3: 183—185° (*Case*).

Über ein von *Guglialmelli, Franco* (An. Asoc. quim. arg. **20** [1932] 8, 42) ebenfalls als 2'-Brom-biphenylyl-(4)-amin beschriebenes Präparat (F: 120—121° [aus wss. A.]) s. *Case*.

[2′-Brom-biphenylyl-(4)]-benzyliden-amin, Benzaldehyd-[2′-brom-biphenylyl-(4)-imin], N-*benzylidene-2′-bromobiphenyl-4-ylamine* $C_{19}H_{14}BrN$, Formel XIV.

Eine unter dieser Konstitution beschriebene Verbindung (gelbe Krystalle [aus A.]; F: 126—127°) ist aus einer als 2′-Brom-biphenylyl-(4)-amin angesehenen Verbindung (F: 121° [S. 3188]) und Benzaldehyd in Äthanol erhalten worden (*Guglialmelli, Franco,* An. Asoc. quim. arg. **20** [1932] 8, 44).

2′-Brom-4-acetamino-biphenyl, ***N*-[2′-Brom-biphenylyl-(4)]-acetamid,** N-(*2′-bromobiphenyl-4-yl)acetamide* $C_{14}H_{12}BrNO$, Formel XIII (R = CO-CH₃).

B. Beim Erhitzen von 2′-Brom-biphenylyl-(4)-amin mit Acetanhydrid und Essigsäure (*Case,* Am. Soc. **60** [1938] 424, 426; s. a. *Guglialmelli, Franco,* An. Asoc. quim. arg. **20** [1932] 8, 43).

Krystalle; F: 155—156° [aus Bzl. bzw. A.] (*Case; Gu., Fr.*).

***N.N′*-Bis-[2′-brom-biphenylyl-(4)]-thioharnstoff,** *1,3-bis(2′-bromobiphenyl-4-yl)thiourea* $C_{25}H_{18}Br_2N_2S$, Formel I.

Eine unter dieser Konstitution beschriebene Verbindung (gelbe Krystalle [aus Bzl.]; F: 207°) ist aus einer als 2′-Brom-biphenylyl-(4)-amin angesehenen Verbindung (F: 121° [S. 3188]) beim Erwärmen mit Schwefelkohlenstoff und äthanol. Kalilauge erhalten worden (*Guglialmelli, Franco,* An. Asoc. quim. arg. **20** [1932] 8, 46).

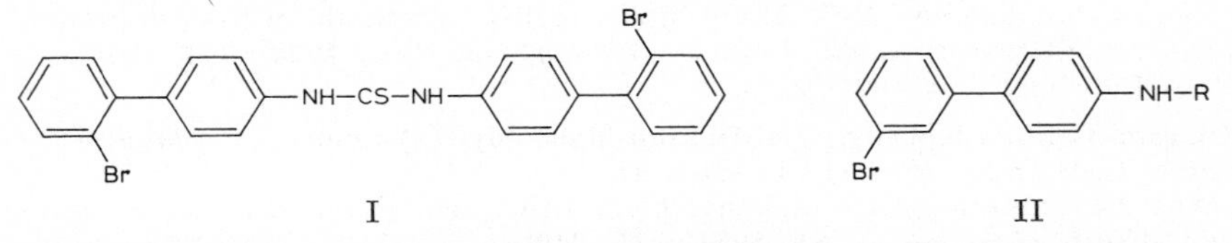

3′-Brom-4-amino-biphenyl, 3′-Brom-biphenylyl-(4)-amin, *3′-bromobiphenyl-4-ylamine* $C_{12}H_{10}BrN$, Formel II (R = H).

B. Aus 3′-Brom-4-nitro-biphenyl beim Erwärmen mit Zinn(II)-chlorid in Äthanol (*Case,* Am. Soc. **60** [1938] 424, 426).

Krystalle (aus Ae. + PAe.); F: 64—65°.

3′-Brom-4-acetamino-biphenyl, ***N*-[3′-Brom-biphenylyl-(4)]-acetamid,** N-(*3′-bromobiphenyl-4-yl)acetamide* $C_{14}H_{12}BrNO$, Formel II (R = CO-CH₃).

B. Aus 3′-Brom-biphenylyl-(4)-amin (*Case,* Am. Soc. **60** [1938] 424, 426).

Krystalle (aus Me.); F: 182—183°.

4′-Brom-4-amino-biphenyl, 4′-Brom-biphenylyl-(4)-amin, *4′-bromobiphenyl-4-ylamine* $C_{12}H_{10}BrN$, Formel III (R = X = H) (H 1320; E II 758).

B. Aus 4′-Brom-4-nitro-biphenyl beim Behandeln mit Zinn(II)-chlorid und wss. Salzsäure (*Guglialmelli, Franco,* An. Asoc. quim. arg. **20** [1932] 8, 33; *Codolosa,* An. Farm. Bioquim. Buenos Aires **4** [1933] 86, 87, 89; vgl. E II 758).

Krystalle (aus A.); F: 145° (*Co.*), 144—145° (*Gu., Fr.*). Dipolmoment (ε; Bzl.): 3,30 D (*LeFèvre, LeFèvre,* Soc. **1936** 1130, 1136).

4′-Brom-4-[2.4.6-trinitro-anilino]-biphenyl, Pikryl-[4′-brom-biphenylyl-(4)]-amin, *4′-bromo-*N*-picrylbiphenyl-4-ylamine* $C_{18}H_{11}BrN_4O_6$, Formel IV.

B. Aus 4′-Brom-biphenylyl-(4)-amin und Pikrylchlorid in Äthanol in Gegenwart von Natriumacetat (*Codolosa,* An. Farm. Bioquim. Buenos Aires **4** [1933] 86, 92).

Orangerote Krystalle (aus Eg.); F: 200—205°.

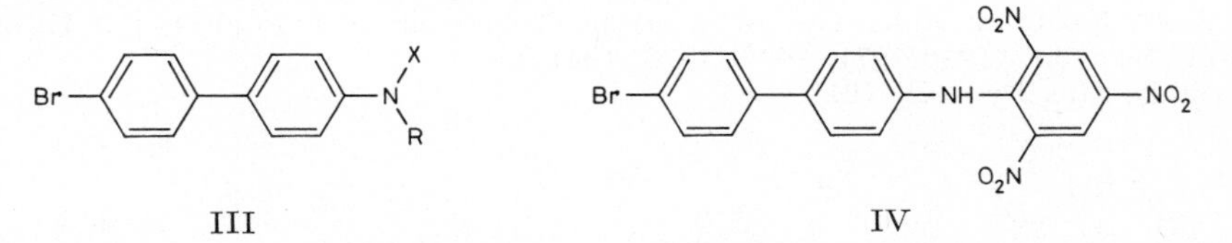

[4′-Brom-biphenylyl-(4)]-benzyliden-amin, Benzaldehyd-[4′-brom-biphenylyl-(4)-imin], N-*benzylidene-4′-bromobiphenyl-4-ylamine* $C_{19}H_{14}BrN$, Formel V.

B. Aus 4′-Brom-biphenylyl-(4)-amin und Benzaldehyd in Äthanol (*Guglialmelli, Franco,*

An. Asoc. quim. arg. **20** [1932] 8, 34).
Gelbe Krystalle (aus A.); F: 182—183°.

4'-Brom-4-acetamino-biphenyl, *N*-[4'-Brom-biphenylyl-(4)]-acetamid, N-(*4'-bromobiphenyl-4-yl)acetamide* $C_{14}H_{12}BrNO$, Formel III (R = CO-CH_3, X = H) (H 1320; E II 758).
F: 248° (*Case, Sloviter*, Am. Soc. **59** [1937] 2381).

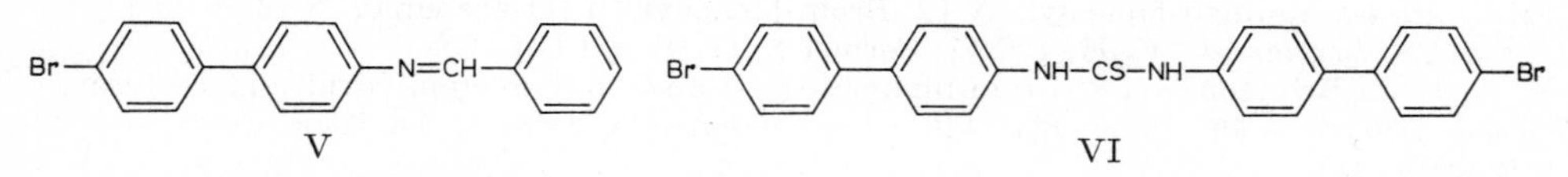

V VI

***N.N'*-Bis-[4'-brom-biphenylyl-(4)]-thioharnstoff,** *1,3-bis(4'-bromobiphenyl-4-yl)thiourea* $C_{25}H_{18}Br_2N_2S$, Formel VI.
B. Beim Erwärmen von 4'-Brom-biphenylyl-(4)-amin mit Schwefelkohlenstoff und äthanol. Kalilauge (*Guglialmelli, Franco*, An. Asoc. quim. arg. **20** [1932] 8, 36).
Gelbe Krystalle (aus Bzl. oder Toluol); F: 226°.

***N*-Nitroso-*N*-[4'-brom-biphenylyl-(4)]-acetamid,** N-(*4'-bromobiphenyl-4-yl*)-N-*nitrosoacetamide* $C_{14}H_{11}BrN_2O_2$, Formel III (R = CO-CH_3, X = NO).
B. Beim Behandeln von *N*-[4'-Brom-biphenylyl-(4)]-acetamid in Essigsäure und Acetanhydrid mit Stickstoffoxiden (*France, Heilbron, Hey*, Soc. **1938** 1364, 1374).
Gelbes Pulver; F: 91—92° [Zers.].

2.4'-Dibrom-4-amino-biphenyl, 2.4'-Dibrom-biphenylyl-(4)-amin, *2,4'-dibromobiphenyl-4-ylamine* $C_{12}H_9Br_2N$, Formel VII (R = H).
B. Aus 2.4'-Dibrom-4-nitro-biphenyl beim Erwärmen mit Zinn, wss. Salzsäure und Äthanol (*Finzi, Bellavita*, G. **64** [1934] 335, 340).
Krystalle (aus A.); F: 105°.

2.4'-Dibrom-4-acetamino-biphenyl, *N*-[2.4'-Dibrom-biphenylyl-(4)]-acetamid, N-(*2,4'-dibromobiphenyl-4-yl)acetamide* $C_{14}H_{11}Br_2NO$, Formel VII (R = CO-CH_3).
B. Aus 2.4'-Dibrom-biphenylyl-(4)-amin und Acetanhydrid (*Finzi, Bellavita*, G. **64** [1934] 335, 340).
Krystalle (aus A.); F: 195°.

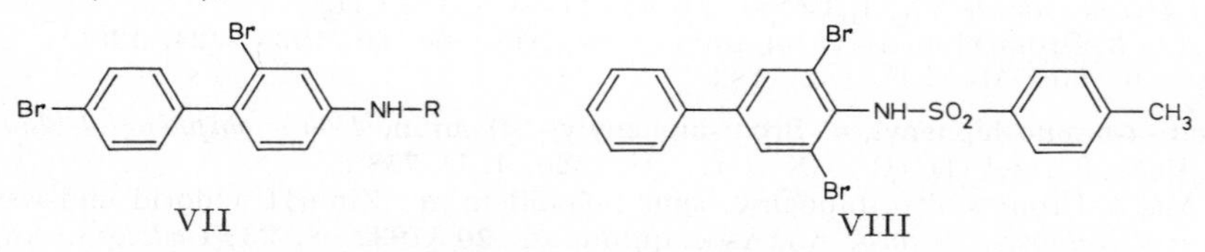

VII VIII

***N*-[3.5-Dibrom-biphenylyl-(4)]-toluolsulfonamid-(4),** N-(*3,5-dibromobiphenyl-4-yl*)-p-*toluenesulfonamide* $C_{19}H_{15}Br_2NO_2S$, Formel VIII.
B. Aus *N*-[Biphenylyl-(4)]-toluolsulfonamid-(4) und Brom in Pyridin (*Bell*, Soc. **1931** 2338, 2341). Aus Di-[toluol-sulfonyl-(4)]-[3.5-dibrom-biphenylyl-(4)]-amin beim Erwärmen mit Piperidin (*Bell*, Soc. **1931** 609, 615).
Krystalle (aus Eg.); F: 196° (*Bell*, l. c. S. 615).

Di-[toluol-sulfonyl-(4)]-[3.5-dibrom-biphenylyl-(4)]-amin, N-(*3,5-dibromobiphenyl-4-yl*)-*di*-p-*toluenesulfonamide* $C_{26}H_{21}Br_2NO_4S_2$, Formel IX.
B. Aus 3.5-Dibrom-biphenylyl-(4)-amin und Toluol-sulfonylchlorid-(4) mit Hilfe von Pyridin (*Bell*, Soc. **1930** 1071, 1072, 1076, **1931** 3504).
Krystalle (aus Py.); F: 291°.

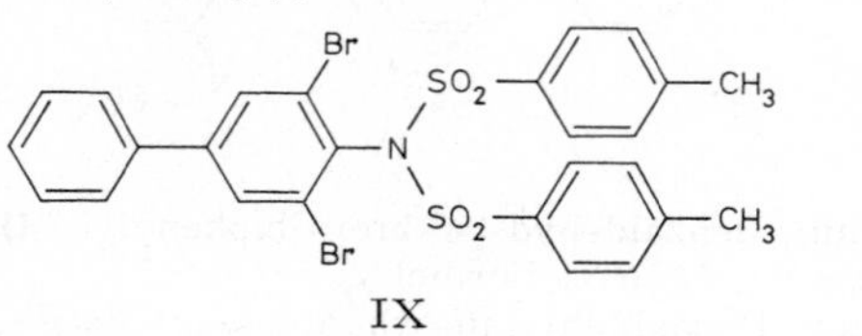

IX

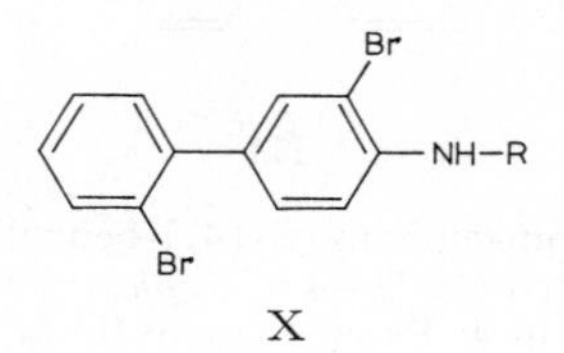

X

3.2'-Dibrom-4-amino-biphenyl, 3.2'-Dibrom-biphenylyl-(4)-amin, *2',3-dibromobiphenyl-4-ylamine* $C_{12}H_9Br_2N$, Formel X (R = H).

B. Aus *N*-[3.2'-Dibrom-biphenylyl-(4)]-acetamid beim Behandeln mit Bromwasserstoff in Äthanol (*Case*, Am. Soc. **61** [1939] 767, 768).

Krystalle (aus Ae. + PAe.); F: 69–70°.

3.2'-Dibrom-4-acetamino-biphenyl, *N*-[3.2'-Dibrom-biphenylyl-(4)]-acetamid, N-*(2',3-dibromobiphenyl-4-yl)acetamide* $C_{14}H_{11}Br_2NO$, Formel X (R = CO-CH_3).

B. Aus *N*-[2'-Brom-biphenylyl-(4)]-acetamid beim Behandeln mit Brom in Essigsäure unter Zusatz von Natriumacetat (*Case*, Am. Soc. **61** [1939] 767, 768).

Krystalle (aus Me.); F: 161–162°.

3.4'-Dibrom-4-amino-biphenyl, 3.4'-Dibrom-biphenylyl-(4)-amin, *3,4'-dibromobiphenyl-4-ylamine* $C_{12}H_9Br_2N$, Formel XI.

B. Aus *N*-[3.4'-Dibrom-biphenylyl-(4)]-acetamid beim Behandeln mit Bromwasserstoff in Äthanol (*Case*, *Sloviter*, Am. Soc. **59** [1937] 2381).

Krystalle (aus Bzl. + PAe.); F: 107–108°.

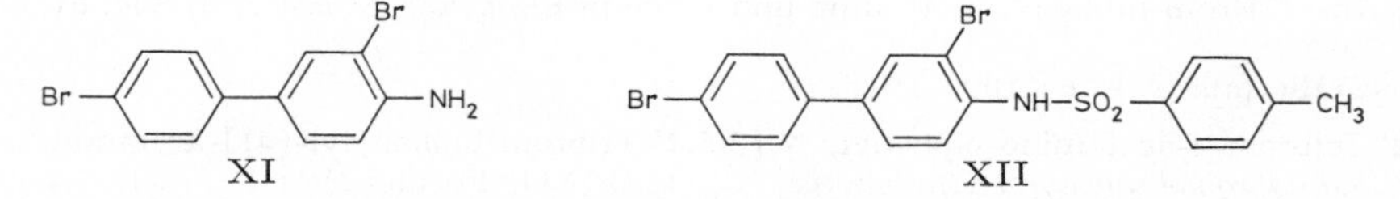

***N*-[3.4'-Dibrom-biphenylyl-(4)]-toluolsulfonamid-(4),** N-*(3,4'-dibromobiphenyl-4-yl)*-p-*toluenesulfonamide* $C_{19}H_{15}Br_2NO_2S$, Formel XII.

B. Neben 3.5.4'-Tribrom-biphenylyl-(4)-amin beim Erwärmen von *N*-[Biphenylyl-(4)]-toluolsulfonamid-(4) oder von *N*-[4'-Brom-biphenylyl-(4)]-toluolsulfonamid-(4) mit Brom in Chloroform (*Bell*, Soc. **1930** 1071, 1076).

Krystalle (aus A.); F: 130°.

Di-[toluol-sulfonyl-(4)]-[3.4'-dibrom-biphenylyl-(4)]-amin, N-*(3,4'-dibromobiphenyl-4-yl)di*-p-*toluenesulfonamide* $C_{26}H_{21}Br_2NO_4S_2$, Formel I.

B. Aus *N*-[3.4'-Dibrom-biphenylyl-(4)]-toluolsulfonamid-(4) und Toluol-sulfonylchlorid-(4) mit Hilfe von Pyridin (*Bell*, Soc. **1930** 1071, 1076).

Krystalle (aus Eg.); F: 238° (*Bell*, Soc. **1930** 1076).

Beim Erwärmen mit Piperidin ist *N*-[3.4'-Dibrom-biphenylyl-(4)]-toluolsulfonamid-(4) erhalten worden (*Bell*, Soc. **1931** 609, 615).

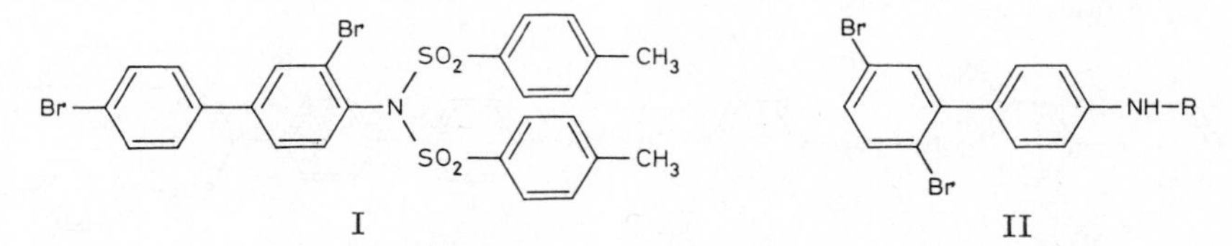

2'.5'-Dibrom-4-amino-biphenyl, 2'.5'-Dibrom-biphenylyl-(4)-amin, *2',5'-dibromobiphenyl-4-ylamine* $C_{12}H_9Br_2N$, Formel II (R = H).

B. Aus 2'.5'-Dibrom-4-nitro-biphenyl mit Hilfe von Eisen und wss. Säure (*Walls*, Soc. **1945** 294, 299) oder mit Hilfe von Zinn(II)-chlorid in Äthanol (*Case*, Am. Soc. **67** [1945] 116, 118).

Krystalle; F: 95° [aus A.] (*Wa.*), 94–95° [aus wss. A.] (*Case*).

2'.5'-Dibrom-4-acetamino-biphenyl, *N*-[2'.5'-Dibrom-biphenylyl-(4)]-acetamid, N-*(2',5'-dibromobiphenyl-4-yl)acetamide* $C_{14}H_{11}Br_2NO$, Formel II (R = CO-CH_3).

B. Aus 2'.5'-Dibrom-biphenylyl-(4)-amin (*Case*, Am. Soc. **67** [1945] 116, 118).

Krystalle (aus A.); F: 178–179°.

3'.5'-Dibrom-4-amino-biphenyl, 3'.5'-Dibrom-biphenylyl-(4)-amin, *3',5'-dibromobiphenyl-4-ylamine* $C_{12}H_9Br_2N$, Formel III (R = H).

B. Aus 3'.5'-Dibrom-4-nitro-biphenyl beim Behandeln mit Zinn, wss. Salzsäure und Äthanol (*Bellavita*, G. **67** [1937] 574, 576, 578).

Krystalle; F: 114°.

3'.5'-Dibrom-4-acetamino-biphenyl, *N*-[3'.5'-Dibrom-biphenylyl-(4)]-acetamid, N-(*3',5'-dibromobiphenyl-4-yl*)*acetamide* $C_{14}H_{11}Br_2NO$, Formel III (R = CO-CH_3).

Über die Konstitution dieser ursprünglich als *N*-[3'.4'-Dibrom-biphenylyl-(4)]-acetamid formulierten Verbindung s. *Bellavita*, G. **67** [1937] 574, 576.

B. Aus 3'.5'-Dibrom-biphenylyl-(4)-amin (*Bellavita*, Atti V. Congr. naz. Chim. pura appl. Sardinien 1935 S. 296, 305).

Krystalle; F: 217–218°.

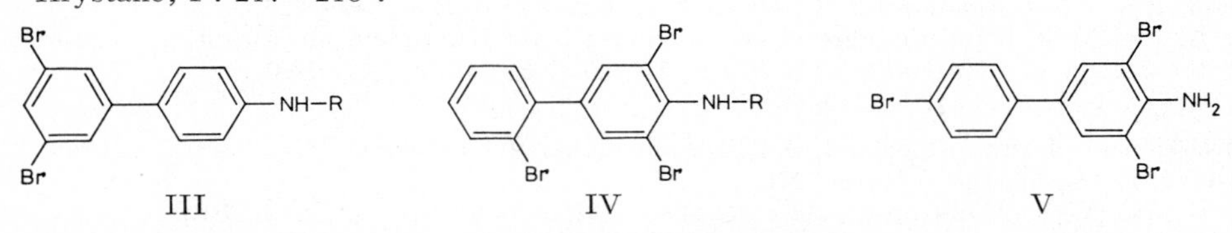

3.5.2'-Tribrom-4-amino-biphenyl, 3.5.2'-Tribrom-biphenylyl-(4)-amin, *2',3,5-tribromobiphenyl-4-ylamine* $C_{12}H_8Br_3N$, Formel IV (R = H).

B. Aus 2'-Brom-biphenylyl-(4)-amin und Brom in Essigsäure (*Case*, Am. Soc. **61** [1939] 767, 768).

Krystalle (aus A.); F: 100–101°.

3.5.2'-Tribrom-4-acetamino-biphenyl, *N*-[3.5.2'-Tribrom-biphenylyl-(4)]-acetamid, N-(*2',3,5-tribromobiphenyl-4-yl*)*acetamide* $C_{14}H_{10}Br_3NO$, Formel IV (R = CO-CH_3).

B. Beim Behandeln von 3.5.2'-Tribrom-biphenylyl-(4)-amin mit Acetanhydrid und Essigsäure unter Zusatz von Schwefelsäure (*Case*, Am. Soc. **61** [1939] 767, 768). Aus *N*-[2'-Brom-4-biphenylyl-(4)]-acetamid beim Erwärmen mit Brom in Essigsäure unter Zusatz von Natriumacetat (*Case*).

Krystalle (aus A.); F: 223–224°.

3.5.4'-Tribrom-4-amino-biphenyl, 3.5.4'-Tribrom-biphenylyl-(4)-amin, *3,4',5-tribromobiphenyl-4-ylamine* $C_{12}H_8Br_3N$, Formel V (E II 759).

Krystalle; F: 149–150° [aus A.] (*Case, Sloviter*, Am. Soc. **59** [1937] 2381), 149° (*Bell*, Soc. **1930** 1071, 1076).

***N*-[3.5.4'-Tribrom-biphenylyl-(4)]-toluolsulfonamid-(4),** N-(*3,4',5-tribromobiphenyl-4-yl*)-p-*toluenesulfonamide* $C_{19}H_{14}Br_3NO_2S$, Formel VI.

B. Aus *N*-[3.4'-Dibrom-biphenylyl-(4)]-toluolsulfonamid-(4) und Brom in Pyridin (*Bell*, Soc. **1931** 2338, 2341).

Krystalle (aus Eg.); F: 218°.

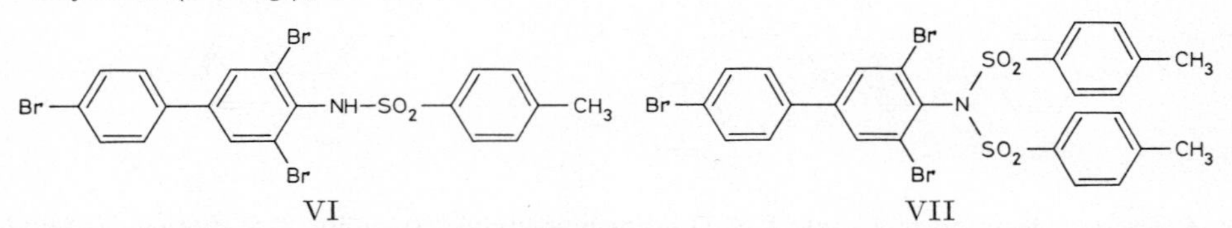

Di-[toluol-sulfonyl-(4)]-[3.5.4'-tribrom-biphenylyl-(4)]-amin, N-(*3,4',5-tribromobiphenyl-4-yl*)*di*-p-*toluenesulfonamide* $C_{26}H_{20}Br_3NO_4S_2$, Formel VII.

B. Aus *N*-[3.5.4'-Tribrom-biphenylyl-(4)]-toluolsulfonamid-(4) und Toluol-sulfonylchlorid-(4) mit Hilfe von Pyridin (*Bell*, Soc. **1931** 2338, 2341).

Krystalle (aus A. + Py.); F: 274°.

2'.3'.5'-Tribrom-4-amino-biphenyl, 2'.3'.5'-Tribrom-biphenylyl-(4)-amin, *2',3',5'-tribromobiphenyl-4-ylamine* $C_{12}H_8Br_3N$, Formel VIII (R = H).

Diese Konstitution kommt einer von *Bellavita* (Atti V. Congr. naz. Chim. pura appl. Sardinien 1935 S. 296, 305) als 2'.3'.4'-Tribrom-biphenylyl-(4)-amin formulierten, aus 2'.3'.5'-Tribrom-4-nitro-biphenyl (E III **5** 1758) mit Hilfe von Zinn und wss. Salzsäure erhaltenen Verbindung (Krystalle; F: 116°) zu (*Bellavita*, G. **67** [1937] 574, 576).

2'.3'.5'-Tribrom-4-acetamino-biphenyl, *N*-[2'.3'.5'-Tribrom-biphenylyl-(4)]-acetamid, N-(*2',3',5'-tribromobiphenyl-4-yl*)*acetamide* $C_{14}H_{10}Br_3NO$, Formel VIII (R = CO-CH_3).

B. Aus 2'.3'.5'-Tribrom-biphenylyl-(4)-amin [s. o.] (*Bellavita*, Atti V. Congr. naz. Chim.

pura appl. Sardinien 1935 S. 296, 305).

Krystalle; F: 220°.

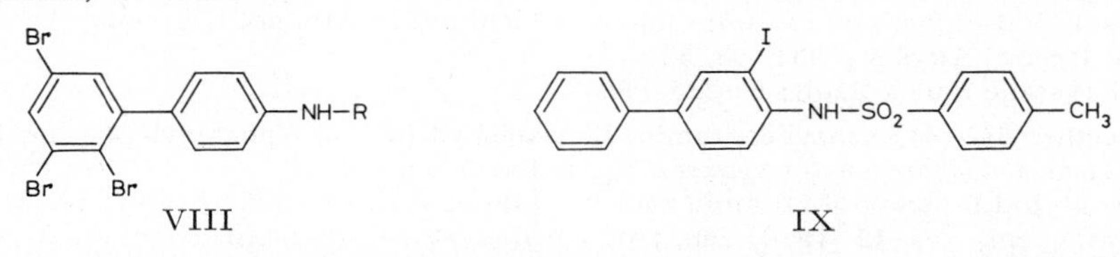

VIII IX

***N*-[3-Jod-biphenylyl-(4)]-toluolsulfonamid-(4)**, N-(*3-iodobiphenyl-4-yl*)-p-*toluenesulfonamide* $C_{19}H_{16}INO_2S$, Formel IX.

Ein Präparat (F: 109—115°), in dem vermutlich diese Verbindung vorgelegen hat, ist beim Behandeln von *N*-[Biphenylyl-(4)]-toluolsulfonamid-(4) mit Jod, Jodmonochlorid oder Jodtrichlorid in Pyridin erhalten worden (*Consden, Kenyon*, Soc. **1935** 1591, 1596).

2′-Jod-4-amino-biphenyl, 2′-Jod-biphenylyl-(4)-amin, *2′-iodobiphenyl-4-ylamine* $C_{12}H_{10}IN$, Formel X (R = H).

B. Aus 2′-Jod-4-nitro-biphenyl beim Behandeln mit Zinn bzw. Zinn(II)-chlorid, wss. Salzsäure und Äthanol (*Finzi, Bellavita*, G. **64** [1934] 335, 344; *Sako*, Bl. chem. Soc. Japan **10** [1935] 585, 589).

Öl; im Vakuum destillierbar (*Sako*; s. a. *Fi., Be.*).

Hydrochlorid $C_{12}H_{10}IN \cdot HCl$. Krystalle [aus A. oder wss. A.] (*Sako*; s. a. *Fi., Be.*).

2′-Jod-4-acetamino-biphenyl, *N*-[2′-Jod-biphenylyl-(4)]-acetamid, N-(*2′-iodobiphenyl-4-yl*)*acetamide* $C_{14}H_{12}INO$, Formel X (R = CO-CH_3).

B. Aus 2′-Jod-biphenylyl-(4)-amin und Acetanhydrid (*Finzi, Bellavita*, G. **64** [1934] 335, 344; s. a. *Sako*, Bl. chem. Soc. Japan **10** [1935] 585, 589).

Krystalle; F: 163° (*Fi., Be.*), 162—163° (*Sako*).

4′-Jod-4-amino-biphenyl, 4′-Jod-biphenylyl-(4)-amin, *4′-iodobiphenyl-4-ylamine* $C_{12}H_{10}IN$, Formel XI (R = H) (H 1320).

B. Beim Behandeln einer aus Benzidin bereiteten wss. Diazoniumsalz-Lösung mit Kaliumjodid (*van Alphen*, R. **50** [1931] 1111, 1112; s. a. *Kawai*, Scient. Pap. Inst. phys. chem. Res. **13** [1930] 260, 265; vgl. H 1320). Aus 4′-Jod-4-nitro-biphenyl beim Erwärmen mit Zinn(II)-chlorid, wss. Salzsäure und Äthanol (*Guglialmelli, Franco*, An. Asoc. quim. arg. **19** [1931] 5, 30; *Codolosa*, An. Farm. Bioquim. Buenos Aires **5** [1934] 28, 29; *Hey, Jackson*, Soc. **1936** 802, 806).

Krystalle (aus A.); F: 166—167° (*Ka.*), 166° (*Hey, Ja.*). Im Hochvakuum destillierbar (*Ka.*).

Hydrochlorid $C_{12}H_{10}IN \cdot HCl$ (H 1320). F: 295° [Zers.] (*Ka.*, l. c. S. 266).

X XI

4′-Jod-4-[2.4-dinitro-anilino]-biphenyl, [2.4-Dinitro-phenyl]-[4′-jod-biphenylyl-(4)]-amin, N-(*2,4-dinitrophenyl*)-*4′-iodobiphenyl-4-ylamine* $C_{18}H_{12}IN_3O_4$, Formel XII (X = H).

B. Aus 4′-Jod-biphenylyl-(4)-amin und 4-Chlor-1.3-dinitro-benzol in Äthanol (*Codolosa*, An. Farm. Bioquim. Buenos Aires **5** [1934] 28, 30).

Gelbe Krystalle (aus A.); F: 216°.

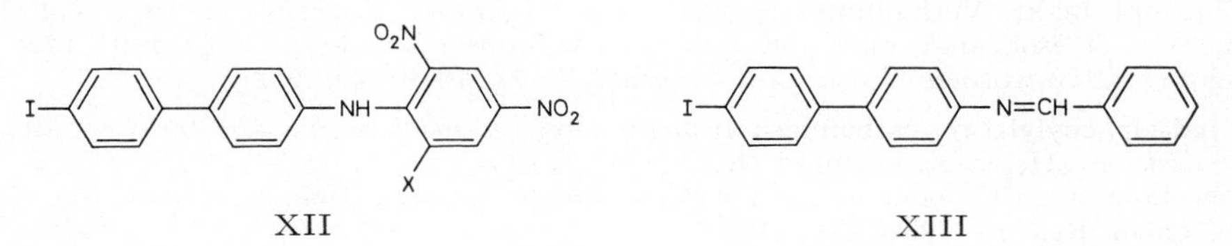

XII XIII

4'-Jod-4-[2.4.6-trinitro-anilino]-biphenyl, Pikryl-[4'-jod-biphenylyl-(4)]-amin, *4'-iodo-N-picrylbiphenyl-4-ylamine* $C_{18}H_{11}IN_4O_6$, Formel XII (X = NO_2).

B. Aus 4'-Jod-biphenylyl-(4)-amin und Pikrylchlorid in Äthanol (*Codolosa*, An. Farm. Bioquim. Buenos Aires **5** [1934] 28, 32).

Rote Krystalle (aus Toluol); F: 225—226°.

[4'-Jod-biphenylyl-(4)]-benzyliden-amin, Benzaldehyd-[4'-jod-biphenylyl-(4)-imin], *N-benzylidene-4'-iodobiphenyl-4-ylamine* $C_{19}H_{14}IN$, Formel XIII.

B. Aus 4'-Jod-biphenylyl-(4)-amin und Benzaldehyd in Äthanol (*Kawai*, Scient. Pap. Inst. phys. chem. Res. **13** [1930] 260, 266; *Guglialmelli, Franco*, An. Asoc. quim. arg. **19** [1931] 5, 31).

Krystalle; F: 208,5—209,5° [aus A.] (*Gu., Fr.*), 207,5—209° [aus Bzl. + Toluol] (*Ka.*).

4'-Jod-4-acetamino-biphenyl, *N*-[4'-Jod-biphenylyl-(4)]-acetamid, *N-(4'-iodobiphenyl-4-yl)acetamide* $C_{14}H_{12}INO$, Formel XI (R = CO-CH_3) (H 1320).

B. Beim Erhitzen von 4'-Jod-biphenylyl-(4)-amin mit Essigsäure und Acetan= hydrid (*Guglialmelli, Franco*, An. Asoc. quim. arg. **19** [1931] 5, 30; s. a. *France, Heilbron, Hey*, Soc. **1938** 1364, 1374).

F: 256° [korr.; aus Eg.] (*Gu., Fr.*), 246—247° [aus Nitrobenzol] (*Fr., Hei., Hey*).

[4'-Jod-biphenylyl-(4)]-carbamidsäure-methylester, *(4'-iodobiphenyl-4-yl)carbamic acid methyl ester* $C_{14}H_{12}INO_2$, Formel I (R = CH_3).

B. Aus 4'-Jod-biphenylyl-(4)-isocyanat und Methanol in Benzol (*Kawai, Tamura*, Scient. Pap. Inst. phys. chem. Res. **13** [1930] 270, 271).

Krystalle (aus CCl_4); F: 191,1°.

[4'-Jod-biphenylyl-(4)]-carbamidsäure-äthylester, *(4'-iodobiphenyl-4-yl)carbamic acid ethyl ester* $C_{15}H_{14}INO_2$, Formel I (R = C_2H_5).

Krystalle (aus Toluol); F: 200—200,5° (*Kawai*, Scient. Pap. Inst. phys. chem. Res. **13** [1930] 260, 267).

[4'-Jod-biphenylyl-(4)]-carbamidsäure-propylester, *(4'-iodobiphenyl-4-yl)carbamic acid propyl ester* $C_{16}H_{16}INO_2$, Formel I (R = CH_2-CH_2-CH_3).

Krystalle (aus CCl_4 oder Acn.); F: 188,7° (*Kawai, Tamura*, Scient. Pap. Inst. phys. chem. Res. **13** [1930] 270, 272).

[4'-Jod-biphenylyl-(4)]-carbamidsäure-butylester, *(4'-iodobiphenyl-4-yl)carbamic acid butyl ester* $C_{17}H_{18}INO_2$, Formel I (R = $[CH_2]_3$-CH_3).

F: 173—174° (*Akabori*, zit. bei *Kawai, Tamura*, Scient. Pap. Inst. phys. chem. Res. **13** [1930] 270).

[4'-Jod-biphenylyl-(4)]-carbamidsäure-pentylester, *(4'-iodobiphenyl-4-yl)carbamic acid pentyl ester* $C_{18}H_{20}INO_2$, Formel I (R = $[CH_2]_4$-CH_3).

Krystalle (aus CCl_4); F: 165,3—165,5° (*Kawai, Tamura*, Scient. Pap. Inst. phys. chem. Res. **13** [1930] 270, 272).

[4'-Jod-biphenylyl-(4)]-carbamidsäure-isopentylester, *(4'-iodobiphenyl-4-yl)carbamic acid isopentyl ester* $C_{18}H_{20}INO_2$, Formel I (R = CH_2-CH_2-$CH(CH_3)_2$).

F: 167,5—168° (*Murakami*, A. **496** [1932] 122, 140).

[4'-Jod-biphenylyl-(4)]-carbamidsäure-hexylester, *(4'-iodobiphenyl-4-yl)carbamic acid hexyl ester* $C_{19}H_{22}INO_2$, Formel I (R = $[CH_2]_5$-CH_3).

Krystalle (aus CCl_4); F: 156,1—156,3° (*Kawai, Tamura*, Scient. Pap. Inst. phys. chem. Res. **13** [1930] 270, 272).

[4'-Jod-biphenylyl-(4)]-carbamidsäure-[3.4-dibrom-hexylester], *(4'-iodobiphenyl-4-yl)= carbamic acid 3,4-dibromohexyl ester* $C_{19}H_{20}Br_2INO_2$, Formel I (R = CH_2-CH_2-CHBr-CHBr-CH_2-CH_3).

Eine opt.-inakt. Verbindung (F: 127° [aus A.]) dieser Konstitution ist aus 4'-Jod-biphenylyl-(4)-isocyanat und opt.-inakt. 3.4-Dibrom-hexanol-(1) (Kp_6: 119—122°) in Benzol erhalten worden (*Takei, Ono, Sinosaki*, B. **73** [1940] 950, 952).

[4'-Jod-biphenylyl-(4)]-carbamidsäure-heptylester, *(4'-iodobiphenyl-4-yl)carbamic acid heptyl ester* $C_{20}H_{24}INO_2$, Formel I (R = $[CH_2]_6$-CH_3).

Krystalle (aus CCl_4 oder Acn.); F: 150,1—150,9° (*Kawai, Tamura*, Scient. Pap. Inst. phys. chem. Res. **13** [1930] 270, 272).

[4'-Jod-biphenylyl-(4)]-carbamidsäure-octylester, *(4'-iodobiphenyl-4-yl)carbamic acid octyl ester* $C_{21}H_{26}INO_2$, Formel I (R = $[CH_2]_7$-CH_3).

Krystalle (aus CCl_4); F: 148,2—149,2° (*Kawai, Tamura*, Scient. Pap. Inst. phys. chem. Res. **13** [1930] 270, 272).

[4'-Jod-biphenylyl-(4)]-carbamidsäure-[1-äthyl-hexylester], *(4'-iodobiphenyl-4-yl)carbamic acid 1-ethylhexyl ester* $C_{21}H_{26}INO_2$.

[4'-Jod-biphenylyl-(4)]-carbamidsäure-[(*S*)-1-äthyl-hexylester], Formel II.

B. Aus 4'-Jod-biphenylyl-(4)-isocyanat und (*S*)-Octanol-(3) in Benzol (*Murahashi*, Scient. Pap. Inst. phys. chem. Res. **30** [1936] 263, 271, **34** [1937/38] 155, 171).

Krystalle (aus PAe. + Acn.); F: 159—159,5°.

(±)-[4'-Jod-biphenylyl-(4)]-carbamidsäure-[1.5-dimethyl-hexylester], (±)-*(4'-iodobiphenyl-4-yl)carbamic acid 1,5-dimethylhexyl ester* $C_{21}H_{26}INO_2$, Formel I (R = $CH(CH_3)$-$[CH_2]_3$-$CH(CH_3)_2$).

Krystalle (aus PAe.); F: 140° (*Murakami*, A. **496** [1932] 122, 141).

[4'-Jod-biphenylyl-(4)]-carbamidsäure-nonylester, *(4'-iodobiphenyl-4-yl)carbamic acid nonyl ester* $C_{22}H_{28}INO_2$, Formel I (R = $[CH_2]_8$-CH_3).

Krystalle (aus CCl_4 oder Acn.); F: 148,4—149,2° (*Kawai, Tamura*, Scient. Pap. Inst. phys. chem. Res. **13** [1930] 270, 273).

(±)-[4'-Jod-biphenylyl-(4)]-carbamidsäure-[1-äthyl-heptylester], (±)-*(4-iodobiphenyl-4-yl)carbamic acid 1-ethylheptyl ester* $C_{22}H_{28}INO_2$, Formel I (R = $CH(C_2H_5)$-$[CH_2]_5$-CH_3).

Krystalle; F: 146° (*Takei et al.*, Bl. agric. chem. Soc. Japan **14** [1938] 64).

[4'-Jod-biphenylyl-(4)]-carbamidsäure-decylester, *(4'-iodobiphenyl-4-yl)carbamic acid decyl ester* $C_{23}H_{30}INO_2$, Formel I (R = $[CH_2]_9$-CH_3).

Krystalle (aus CCl_4 oder Acn.); F: 147° (*Kawai, Tamura*, Scient. Pap. Inst. phys. chem. Res. **13** [1930] 270, 273).

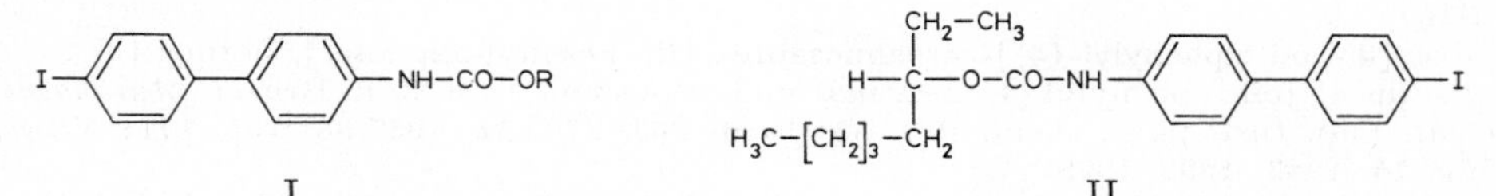

I II

[4'-Jod-biphenylyl-(4)]-carbamidsäure-undecylester, *(4'-iodobiphenyl-4-yl)carbamic acid undecyl ester* $C_{24}H_{32}INO_2$, Formel I (R = $[CH_2]_{10}$-CH_3).

Krystalle (aus CCl_4 oder Acn.); F: 146,3—146,5° (*Kawai, Tamura*, Scient. Pap. Inst. phys. chem. Res. **13** [1930] 270, 273).

[4'-Jod-biphenylyl-(4)]-carbamidsäure-dodecylester, *(4'-iodobiphenyl-4-yl)carbamic acid dodecyl ester* $C_{25}H_{34}INO_2$, Formel I (R = $[CH_2]_{11}$-CH_3).

Krystalle (aus CCl_4 oder Acn.); F: 145,7° (*Kawai, Tamura*, Scient. Pap. Inst. phys. chem. Res. **13** [1930] 270, 273).

[4'-Jod-biphenylyl-(4)]-carbamidsäure-tridecylester, *(4'-iodobiphenyl-4-yl)carbamic acid tridecyl ester* $C_{26}H_{36}INO_2$, Formel I (R = $[CH_2]_{12}$-CH_3).

Krystalle (aus CCl_4 oder Acn.); F: 144,0—144,5° (*Kawai, Tamura*, Scient. Pap. Inst. phys. chem. Res. **13** [1930] 270, 274).

[4'-Jod-biphenylyl-(4)]-carbamidsäure-tetradecylester, *(4'-iodobiphenyl-4-yl)carbamic acid tetradecyl ester* $C_{27}H_{38}INO_2$, Formel I (R = $[CH_2]_{13}$-CH_3).

Krystalle (aus CCl_4 oder Acn.); F: 142,2—143° (*Kawai, Tamura*, Scient. Pap. Inst. phys. chem. Res. **13** [1930] 270, 274).

[4'-Jod-biphenylyl-(4)]-carbamidsäure-pentadecylester, *(4'-iodobiphenyl-4-yl)carbamic acid pentadecyl ester* $C_{28}H_{40}INO_2$, Formel I (R = $[CH_2]_{14}$-CH_3).

Krystalle (aus CCl_4 oder Acn.); F: 141,3—141,5° (*Kawai, Tamura*, Scient. Pap. Inst. phys. chem. Res. **13** [1930] 270, 274).

[4'-Jod-biphenylyl-(4)]-carbamidsäure-hexadecylester, *(4'-iodobiphenyl-4-yl)carbamic acid hexadecyl ester* $C_{29}H_{42}INO_2$, Formel I (R = $[CH_2]_{15}$-CH_3).

Krystalle; F: 138—138,5° (*Kawai*, Scient. Pap. Inst. phys. chem. Res. **13** [1930] 260, 267).

[4′-Jod-biphenylyl-(4)]-carbamidsäure-heptadecylester, *(4′-iodobiphenyl-4-yl)carbamic acid heptadecyl ester* $C_{30}H_{44}INO_2$, Formel I (R = $[CH_2]_{16}$-CH_3).

Krystalle; F: 138,5° (*Kawai, Tamura,* Scient. Pap. Inst. phys. chem. Res. **13** [1930] 270, 274).

[4′-Jod-biphenylyl-(4)]-carbamidsäure-octadecylester, *(4′-iodobiphenyl-4-yl)carbamic acid octadecyl ester* $C_{31}H_{46}INO_2$, Formel I (R = $[CH_2]_{17}$-CH_3).

Krystalle (aus Acn.); F: 137,2—137,5° (*Kawai, Tamura,* Scient. Pap. Inst. phys. chem. Res. **13** [1930] 270, 275).

[4′-Jod-biphenylyl-(4)]-carbamidsäure-[hexen-(3)-ylester], *(4′-iodobiphenyl-4-yl)carbamic acid hex-3-enyl ester* $C_{19}H_{20}INO_2$.

[4′-Jod-biphenylyl-(4)]-carbamidsäure-[hexen-(3c)-ylester], Formel I (R = CH_2-CH_2-CH≗CH-CH_2-CH_3).

B. Aus 4′-Jod-biphenylyl-(4)-isocyanat und Hexen-(3c)-ol-(1) (E III **1** 1929) in Benzol (*Takei, Sakato,* Bl. Inst. phys. chem. Res. Tokyo **12** [1933] 13, 18; Bl. Inst. phys. chem. Res. Abstr. Tokyo **6** [1933] 1; s. a. *Takei, Imaki, Tada,* B. **68** [1935] 953, 956; *Takei et al.,* Bl. agric. chem. Soc. Japan **14** [1938] 63).

Krystalle (aus Bzl. + PAe.); F: 157—158° (*Ta., Sa.*).

(±)-3-[4′-Jod-biphenylyl-(4)-carbamoyloxy]-hepten-(1), (±)-[4′-Jod-biphenylyl-(4)]-carbamidsäure-[1-butyl-allylester], (±)-*(4′-iodobiphenyl-4-yl)carbamic acid 1-butylallyl ester* $C_{20}H_{22}INO_2$, Formel I (R = CH(CH=CH_2)-$[CH_2]_3$-CH_3).

B. Aus 4′-Jod-biphenylyl-(4)-isocyanat und (±)-Hepten-(1)-ol-(3) (*Murahashi,* Scient. Pap. Inst. phys. chem. Res. **34** [1937/38] 155, 172).

Krystalle; F: 146—147°.

3-[4′-Jod-biphenylyl-(4)-carbamoyloxy]-octen-(1), [4′-Jod-biphenylyl-(4)]-carbamidsäure-[1-pentyl-allylester], *(4′-iodobiphenyl-4-yl)carbamic acid 1-pentylallyl ester* $C_{21}H_{24}INO_2$.

a) **[4′-Jod-biphenylyl-(4)]-carbamidsäure-[(*R*)-1-pentyl-allylester],** Formel III.

B. Aus 4′-Jod-biphenylyl-(4)-isocyanat und (*R*)-Octen-(1)-ol-(3) in Benzol (*Murahashi,* Scient. Pap. Inst. phys. chem. Res. **30** [1936] 263, 270, **34** [1937/38] 155, 171; *Naves,* Helv. **26** [1943] 1992, 1998).

Krystalle; F: 165,5—166° [aus Acn.] (*Mu.*), 165—166° [korr.; aus CCl_4] (*Na.*).

b) **(±)-[4′-Jod-biphenylyl-(4)]-carbamidsäure-[1-pentyl-allylester],** Formel III + Spiegelbild.

B. Aus 4′-Jod-biphenylyl-(4)-isocyanat und (±)-Octen-(1)-ol-(3) in Benzol (*Murahashi,* Scient. Pap. Inst. phys. chem. Res. **34** [1937/38] 155, 170).

Krystalle (aus PAe. + Acn.); F: 135—136°.

(±)-6-[4′-Jod-biphenylyl-(4)-carbamoyloxy]-2-methyl-hepten-(2), (±)-[4′-Jod-biphenylyl-(4)]-carbamidsäure-[1.5-dimethyl-hexen-(4)-ylester], (±)-*(4′-iodobiphenyl-4-yl)carbamic acid 1,5-dimethylhex-4-enyl ester* $C_{21}H_{24}INO_2$, Formel I (R = $CH(CH_3)$-CH_2-CH_2-CH=$C(CH_3)_2$).

B. Aus 4′-Jod-biphenylyl-(4)-isocyanat und (±)-2-Methyl-hepten-(2)-ol-(6) in Benzol (*Murakami,* A. **496** [1932] 122, 140).

Krystalle (aus A.); F: 124—125,5°.

7-[4′-Jod-biphenylyl-(4)-carbamoyloxy]-nonen-(3), [4′-Jod-biphenylyl-(4)]-carbamidsäure-[1-äthyl-hepten-(4)-ylester], *(4′-iodobiphenyl-4-yl)carbamic acid 1-ethylhept-4-enyl ester* $C_{22}H_{26}INO_2$, Formel I (R = $CH(C_2H_5)$-CH_2-CH_2-CH=CH-CH_2-CH_3).

Eine Verbindung (Krystalle; F: 110°) dieser Konstitution ist aus 4′-Jod-biphenylyl-(4)-isocyanat und Nonen-(3)-ol-(7) (nicht näher beschrieben) erhalten worden (*Takei et al.,* Bl. agric. chem. Soc. Japan **14** [1938] 64).

3-[4′-Jod-biphenylyl-(4)-carbamoyloxy]-nonadien-(1.6), [4′-Jod-biphenylyl-(4)]-carbamidsäure-[1-vinyl-hepten-(4)-ylester], *(4′-iodobiphenyl-4-yl)carbamic acid 1-vinylhept-4-enyl ester* $C_{22}H_{24}INO_2$.

(±)-[4′-Jod-biphenylyl-(4)]-carbamidsäure-[1-vinyl-hepten-(4c)-ylester], Formel I (R = CH(CH=CH_2)-CH_2-CH_2-CH≗CH-CH_2-CH_3).

B. Aus 4′-Jod-biphenylyl-(4)-isocyanat und (±)-Nonadien-(1.6c)-ol-(3) [E III **1** 2000]

(*Takei et al.*, Bl. agric. chem. Soc. Japan **14** [1938] 64).
Krystalle; F: 122°.

[4′-Jod-biphenylyl-(4)]-carbamidsäure-[nonadien-(2.6)-ylester], *(4′-iodobiphenyl-4-yl)carbamic acid nona-2,6-dienyl ester* $C_{22}H_{24}INO_2$.

[4′-Jod-biphenylyl-(4)]-carbamidsäure-[nonadien-(2*t*.6*c*)-ylester], Formel I (R = CH_2-CH$\overset{t}{=}$CH-CH_2-CH_2-CH$\overset{c}{=}$CH-CH_2-CH_3) auf S. 3195.

B. Aus 4′-Jod-biphenylyl-(4)-isocyanat und Nonadien-(2*t*.6*c*)-ol-(1) (*Takei et al.*, Bl. agric. chem. Soc. Japan **14** [1938] 64).
Krystalle; F: 137°.

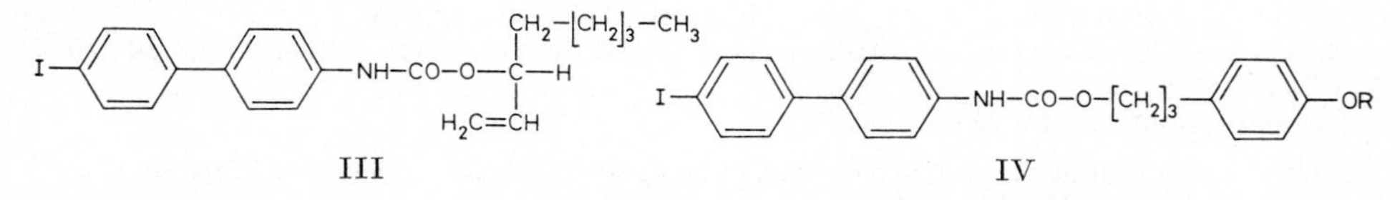

3-[4′-Jod-biphenylyl-(4)-carbamoyloxy]-1-[4-hydroxy-phenyl]-propan, *1-(p-hydroxyphenyl)-3-[(4′-iodobiphenyl-4-yl)carbamoyloxy]propane* $C_{22}H_{20}INO_3$, Formel IV (R = H).

B. Aus 4′-Jod-biphenylyl-(4)-isocyanat und 1-[4-Hydroxy-phenyl]-propanol-(3) in Benzol (*Takei, Sakato, Ono*, Bl. Inst. phys. chem. Res. Tokyo **17** [1938] 216, 225; Bl. Inst. phys. chem. Res. Abstr. Tokyo **11** [1938] 6; C. **1939** I 1183).
Krystalle; F: 178°.

3-[4′-Jod-biphenylyl-(4)-carbamoyloxy]-1-[4-methoxy-phenyl]-propan, *1-[(4′-iodobiphenyl-4-yl)carbamoyloxy]-3-(p-methoxyphenyl)propane* $C_{23}H_{22}INO_3$, Formel IV (R = CH_3).

B. Aus 4′-Jod-biphenylyl-(4)-isocyanat und 1-[4-Methoxy-phenyl]-propanol-(3) in Benzol (*Takei, Sakato, Ono*, Bl. Inst. phys. chem. Res. Tokyo **17** [1938] 216, 225; Bl. Inst. phys. chem. Res. Abstr. Tokyo **11** [1938] 6; C. **1939** I 1183).
Krystalle; F: 162°.

[4′-Jod-biphenylyl-(4)]-carbamidsäure-[4-methoxy-cinnamylester], *(4′-iodobiphenyl-4-yl)carbamic acid 4-methoxycinnamyl ester* $C_{23}H_{20}INO_3$.

[4′-Jod-biphenylyl-(4)]-carbamidsäure-[4-methoxy-*trans*-cinnamylester], Formel V.

B. Aus 4′-Jod-biphenylyl-(4)-isocyanat und 4-Methoxy-*trans*-zimtalkohol in Benzol (*Takei, Sakato, Ono*, Bl. Inst. phys. chem. Res. Tokyo **17** [1938] 216, 223; Bl. Inst. phys. chem. Res. Abstr. Tokyo **11** [1938] 6; C. **1939** I 1183).
F: 201°.

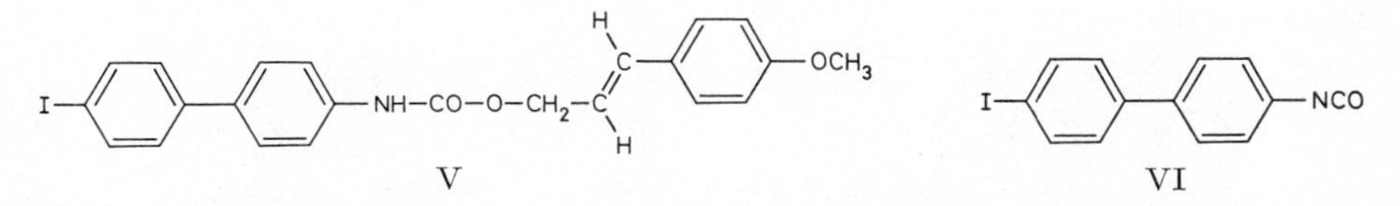

4′-Jod-biphenylyl-(4)-isocyanat, *isocyanic acid 4′-iodobiphenyl-4-yl ester* $C_{13}H_8INO$, Formel VI.

B. Aus 4′-Jod-biphenylyl-(4)-amin und Phosgen in Toluol (*Kawai*, Scient. Pap. Inst. phys. chem. Res. **13** [1930] 260, 266).
Hellgelbe Krystalle; F: 100—101°.

***N*-Nitroso-*N*-[4′-jod-biphenylyl-(4)]-acetamid**, *N-(4′-iodobiphenyl-4-yl)-N-nitrosoacetamide* $C_{14}H_{11}IN_2O_2$, Formel VII.

B. Beim Behandeln von *N*-[4′-Jod-biphenylyl-(4)]-acetamid in Essigsäure und Acetanhydrid mit Stickstoffoxiden (*France, Heilbron, Hey*, Soc. **1938** 1364, 1374).
Gelbe Krystalle; F: 90—91° [Zers.].

2.4′-Dijod-4-amino-biphenyl, 2.4′-Dijod-biphenylyl-(4)-amin, *2,4′-diiodobiphenyl-4-ylamine* $C_{12}H_9I_2N$, Formel VIII (R = H).

B. Aus 2.4′-Dijod-4-nitro-biphenyl beim Erwärmen mit Zinn, wss. Salzsäure und

Äthanol (*Finzi, Bellavita*, G. **64** [1934] 335, 341).
Krystalle (aus A.); F: 129°.

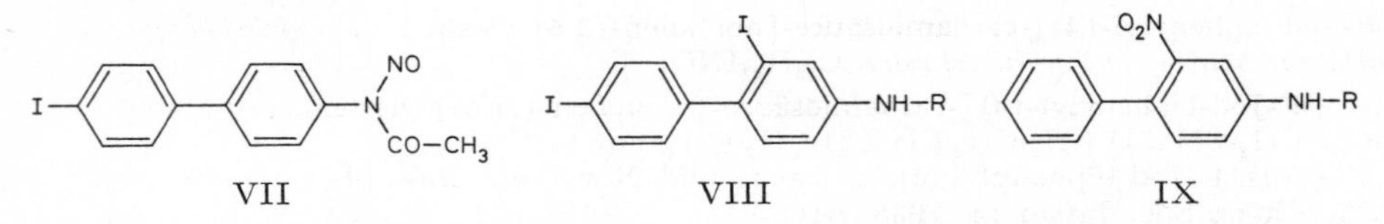

2.4'-Dijod-4-acetamino-biphenyl, *N*-[2.4'-Dijod-biphenylyl-(4)]-acetamid, N-(*2,4'-diiodobiphenyl-4-yl)acetamide* $C_{14}H_{11}I_2NO$, Formel VIII (R = $CO\text{-}CH_3$).
B. Aus 2.4'-Dijod-biphenylyl-(4)-amin und Acetanhydrid (*Finzi, Bellavita*, G. **64** [1934] 335, 341).
Krystalle (aus A.); F: 231°.

2-Nitro-4-amino-biphenyl, 2-Nitro-biphenylyl-(4)-amin, *2-nitrobiphenyl-4-ylamine* $C_{12}H_{10}N_2O_2$, Formel IX (R = H).
B. Aus [2-Nitro-biphenylyl-(4)]-carbamidsäure-äthylester beim Erhitzen mit wss. Schwefelsäure auf 125° (*Caldwell, Walls*, Soc. **1948** 188, 192).
Gelbe Krystalle (aus wss. A.); F: 109,5°.

[2-Nitro-biphenylyl-(4)]-carbamidsäure-äthylester, *(2-nitrobiphenyl-4-yl)carbamic acid ethyl ester* $C_{15}H_{14}N_2O_4$, Formel IX (R = $CO\text{-}OC_2H_5$).
B. Beim Behandeln einer aus [2-Nitro-4'-amino-biphenylyl-(4)]-carbamidsäure-äthylester bereiteten wss. Diazoniumsulfat-Lösung mit Hypophosphorigsäure (*Caldwell, Walls*, Soc. **1948** 188, 192).
Gelbe Krystalle (aus Bzl.); F: 123°.

3-Nitro-4-amino-biphenyl, 3-Nitro-biphenylyl-(4)-amin, *3-nitrobiphenyl-4-ylamine* $C_{12}H_{10}N_2O_2$, Formel X (R = X = H) (H 1320; E II 760).
B. Aus 3.4-Dinitro-biphenyl beim Erhitzen mit äthanol. Ammoniak auf 150° (*Case*, Am. Soc. **64** [1942] 1848, 1851). Beim Behandeln einer aus 3'-Nitro-2.4'-diamino-biphenyl bereiteten wss. Diazoniumchlorid-Lösung mit Hypophosphorigsäure (*Finzi, Mangini*, G. **62** [1932] 1184, 1189).
Krystalle; F: 168° [aus A.] (*Case*), 167° [aus Me.] (*Fi., Ma.*).

3-Nitro-4-dimethylamino-biphenyl, Dimethyl-[3-nitro-biphenylyl-(4)]-amin, N,N-*dimethyl-3-nitrobiphenyl-4-ylamine* $C_{14}H_{14}N_2O_2$, Formel X (R = X = CH_3) (E II 760).
B. Neben Nitroso-methyl-[biphenylyl-(4)]-amin beim Behandeln von Dimethyl-[biphenylyl-(4)]-amin mit wss. Salzsäure und Natriumnitrit oder mit wss. Salzsäure und Pentylnitrit (*Guiteras*, An. Soc. españ. **36** [1940] 354, 361; vgl. E II 760).
Rote Krystalle; F: 70—71°.

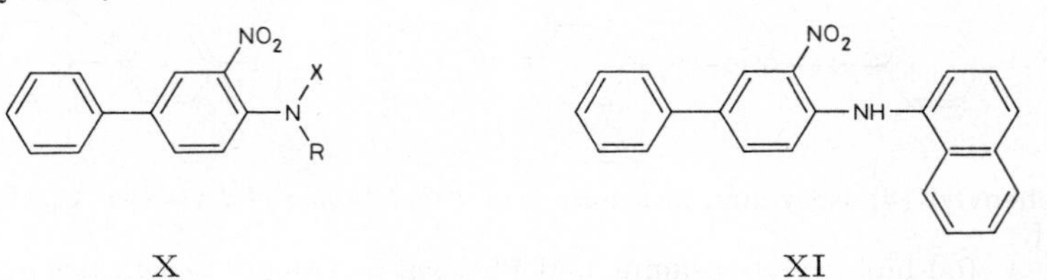

3-Nitro-4-anilino-biphenyl, Phenyl-[3-nitro-biphenylyl-(4)]-amin, *3-nitro-*N*-phenylbiphenyl-4-ylamine* $C_{18}H_{14}N_2O_2$, Formel X (R = C_6H_5, X = H).
B. Beim Erhitzen von 3-Nitro-biphenylyl-(4)-amin mit Brombenzol und Kaliumcarbonat unter Zusatz von Kupfer(I)-jodid (*Ross*, Soc. **1948** 219, 222).
Orangefarbene Krystalle (aus Me.); F: 137—138° [unkorr.; geschlossene Kapillare].

[Naphthyl-(1)]-[3-nitro-biphenylyl-(4)]-amin, N-*(1-naphthyl)-3-nitrobiphenyl-4-ylamine* $C_{22}H_{16}N_2O_2$, Formel XI.
B. Beim Erhitzen von 3-Nitro-biphenylyl-(4)-amin mit 1-Brom-naphthalin und Kaliumacetat unter Zusatz von Kupfer(II)-acetat (*Ross*, Soc. **1948** 219, 222).
Rote Krystalle (aus Me.); F: 146—147° [unkorr.; geschlossene Kapillare].

3-Nitro-4-acetamino-biphenyl, *N*-[3-Nitro-biphenylyl-(4)]-acetamid, N-(*3-nitrobiphenyl-4-yl*)*acetamide* $C_{14}H_{12}N_2O_3$, Formel X (R = CO-CH_3, X = H) (H 1320; E II 760).

B. Aus 3-Nitro-biphenylyl-(4)-amin und Acetanhydrid (*Finzi, Mangini,* G. **62** [1932] 1184, 1190). Beim Behandeln von 2-Nitro-*N.N'*-diacetyl-*p*-phenylendiamin in Essigsäure und Acetanhydrid mit Stickstoffoxiden und Behandeln des Reaktionsprodukts mit Benzol (*France, Heilbron, Hey,* Soc. **1938** 1364, 1373).

Gelbe Krystalle (aus Me.); F: 132—133° (*Fr., Hei., Hey*).

3-Nitro-*N*-[3-nitro-biphenylyl-(4)]-benzolsulfonamid-(1), m-*nitro*-N-(*3-nitrobiphenyl-4-yl*)*benzenesulfonamide* $C_{18}H_{13}N_3O_6S$, Formel XII (R = H, X = NO_2).

B. Aus 3-Nitro-*N*-[biphenylyl-(4)]-benzolsulfonamid-(1) beim Behandeln mit Salpetersäure und Essigsäure (*Bell,* Soc. **1930** 1071, 1074).

Gelbe Krystalle (aus Eg.); F: 170°.

Beim Behandeln mit Salpetersäure ist 3-Nitro-*N*-[3.5.4'-trinitro-biphenylyl-(4)]-benzolsulfonamid-(1) erhalten worden.

***N*-[3-Nitro-biphenylyl-(4)]-toluolsulfonamid-(4),** N-(*3-nitrobiphenyl-4-yl*)-p-*toluenesulfonamide* $C_{19}H_{16}N_2O_4S$, Formel XII (R = CH_3, X = H) (E II 760).

Beim Behandeln mit Brom in warmer Essigsäure ist 5.4'-Dibrom-3-nitro-biphenylyl-(4)-amin, beim Behandeln mit Brom in Pyridin ist *N*-[5-Brom-3-nitro-biphenylyl-(4)]-toluolsulfonamid-(4) erhalten worden (*Bell,* Soc. **1931** 2338, 2341).

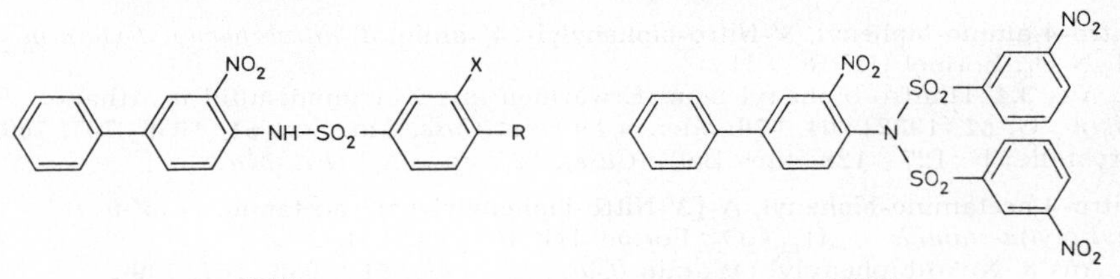

XII XIII

Bis-[3-nitro-benzol-sulfonyl-(1)]-[3-nitro-biphenylyl-(4)]-amin, m,m'-*dinitro*-N-(*3-nitrobiphenyl-4-yl*)*dibenzenesulfonamide* $C_{24}H_{16}N_4O_{10}S_2$, Formel XIII.

B. Aus 3-Nitro-*N*-[3-nitro-biphenylyl-(4)]-benzolsulfonamid-(1) und 3-Nitro-benzolsulfonylchlorid-(1) mit Hilfe von Pyridin (*Bell,* Soc. **1930** 1071, 1074).

Krystalle (aus Eg.); F: 187°.

Nitroso-methyl-[3-nitro-biphenylyl-(4)]-amin, N-*methyl-3-nitro*-N-*nitrosobiphenyl-4-ylamine* $C_{13}H_{11}N_3O_3$, Formel X (R = CH_3, X = NO) (E II 761).

B. Beim Erhitzen von Nitroso-methyl-[biphenylyl-(4)]-amin in Essigsäure mit Natriumnitrit und wss. Salzsäure (*Guiteras,* An. Soc. españ. **36** [1940] 354, 365).

Krystalle (aus Ae.); F: 87—88°.

2'-Nitro-4-amino-biphenyl, 2'-Nitro-biphenylyl-(4)-amin, *2'-nitrobiphenyl-4-ylamine* $C_{12}H_{10}N_2O_2$, Formel I (R = X = H) (H 1321; E I 547).

B. Beim Erwärmen von 2.4'-Dinitro-biphenyl in Äthanol mit wss. Natriumpolysulfid-Lösung (*Walls,* Soc. **1947** 67, 72) oder mit wss. Ammoniumsulfid-Lösung (*Guglialmelli, Franco,* An. Asoc. quim. arg. **18** [1930] 190, 199; *Finzi, Bellavita,* G. **64** [1934] 335, 342; vgl. H 1321).

Rote Krystalle (aus A.); F: 100° (*Wa.*), 99° (*Fi., Be.*).

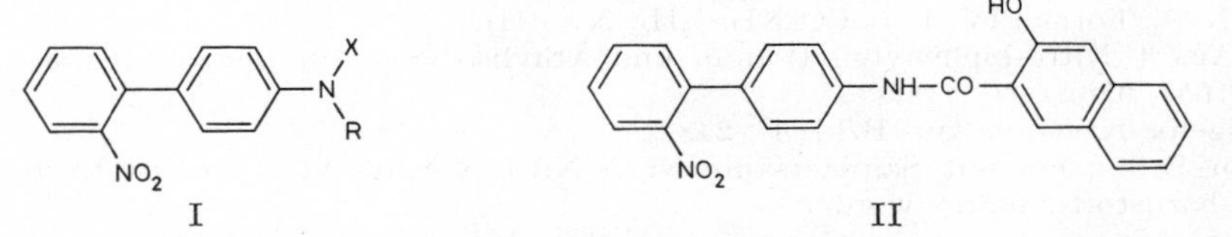

I II

2'-Nitro-4-acetamino-biphenyl, *N*-[2'-Nitro-biphenylyl-(4)]-acetamid, N-(*2'-nitrobiphenyl-4-yl*)*acetamide* $C_{14}H_{12}N_2O_3$, Formel I (R = CO-CH_3, X = H).

B. Aus 2'-Nitro-biphenylyl-(4)-amin (*France, Heilbron, Hey,* Soc. **1938** 1364, 1372). Neben geringen Mengen *N*-[4'-Nitro-biphenylyl-(2)]-acetamid bei der partiellen Hydrierung von 2.4'-Dinitro-biphenyl an Platin in Äthanol und Behandlung des Reaktionsprodukts mit heisser Essigsäure (*Case*, Am. Soc. **61** [1939] 767, 769).

Krystalle; F: 154—155° [aus Bzl.] (*Case*), 152—153° [aus A.] (*Fr.*, *Hei.*, *Hey*).

[2'-Nitro-biphenylyl-(4)]-carbamidsäure-äthylester, *(2'-nitrobiphenyl-4-yl)carbamic acid ethyl ester* $C_{15}H_{14}N_2O_4$, Formel I (R = CO-OC$_2$H$_5$, X = H).

B. Beim Erwärmen von 2'-Nitro-biphenylyl-(4)-amin mit Chlorameisensäure-äthylester und *N.N*-Diäthyl-anilin in Äthanol (*Walls*, Soc. **1947** 67, 72).

Gelbe Krystalle (aus A.); F: 105,5°.

3-Hydroxy-*N*-[2'-nitro-biphenylyl-(4)]-naphthamid-(2), *3-hydroxy*-N-*(2'-nitrobiphenyl-4-yl)-2-naphthamide* $C_{23}H_{16}N_2O_4$, Formel II.

B. Beim Erhitzen von 2'-Nitro-biphenylyl-(4)-amin mit 3-Hydroxy-naphthoesäure-(2) unter Zusatz von Phosphor(III)-chlorid in Toluol (*Gen. Aniline Works*, U.S.P. 1936926 [1932]).

F: 264—266°.

***N*-Nitroso-*N*-[2'-nitro-biphenylyl-(4)]-acetamid,** N-*(2'-nitrobiphenyl-4-yl)*-N-*nitrosoacetamide* $C_{14}H_{11}N_3O_4$, Formel I (R = CO-CH$_3$, X = NO).

B. Beim Behandeln von *N*-[2'-Nitro-biphenylyl]-acetamid in Essigsäure und Acetanhydrid mit Stickstoffoxiden (*France*, *Heilbron*, *Hey*, Soc. **1938** 1364, 1372).

Gelb; F: 85—87° [Zers.].

3'-Nitro-4-amino-biphenyl, 3'-Nitro-biphenylyl-(4)-amin, *3'-nitrobiphenyl-4-ylamine* $C_{12}H_{10}N_2O_2$, Formel III (R = H).

B. Aus 3.4'-Dinitro-biphenyl beim Erwärmen mit Natriumdisulfid in Äthanol (*Finzi*, *Mangini*, G. **62** [1932] 664, 676) oder in Dioxan (*Case*, Am. Soc. **61** [1939] 767, 769).

Krystalle; F: 127—128° [aus Bzl.] (*Case*), 127° [aus A.] (*Fi.*, *Ma.*).

3'-Nitro-4-acetamino-biphenyl, *N*-[3'-Nitro-biphenylyl-(4)]-acetamid, N-*(3'-nitrobiphenyl-4-yl)acetamide* $C_{14}H_{12}N_2O_3$, Formel III (R = CO-CH$_3$).

B. Aus 3'-Nitro-biphenylyl-(4)-amin (*Case*, Am. Soc. **61** [1939] 767, 769).

Krystalle (aus Me.); F: 189—190° [nach Sintern].

4'-Nitro-4-amino-biphenyl, 4'-Nitro-biphenylyl-(4)-amin, *4'-nitrobiphenyl-4-ylamine* $C_{12}H_{10}N_2O_2$, Formel IV (R = X = H) (H 1321; E II 761).

B. Aus 4.4'-Dinitro-biphenyl beim Erwärmen mit Natriumpolysulfid in Wasser (*Marler*, *Turner*, Soc. **1931** 1359, 1361; vgl. *Case*, Am. Soc. **60** [1938] 424, 425) oder in Äthanol (*Sherwood*, *Calvin*, Am. Soc. **64** [1942] 1350; *Werther*, R. **52** [1933] 657, 669).

Orangefarbene Krystalle; F: 203,5—204° [korr.; aus Toluol + Bzl.] (*Sh.*, *Cal.*). UV-Spektrum von Lösungen in Äthanol und in Chlorwasserstoff enthaltendem Äthanol: *Sh.*, *Cal.*, l. c. S. 1352. Dipolmoment (ε; Bzl.): 6,46 D (*LeFèvre*, *LeFèvre*, Soc. **1936** 1130, 1136).

***N*-Äthyl-*N'*-[4'-nitro-biphenylyl-(4)]-harnstoff,** *1-ethyl-3-(4'-nitrobiphenyl-4-yl)urea* $C_{15}H_{15}N_3O_3$, Formel IV (R = CO-NH-C$_2$H$_5$, X = H).

B. Aus 4'-Nitro-biphenylyl-(4)-amin und Äthylisocyanat in Benzol (*Werther*, R. **52** [1933] 657, 670).

Hellgelbe Krystalle (aus Bzl.); F: 248°.

Beim Behandeln mit Salpetersäure ist *N*-Nitro-*N*-äthyl-*N'*-[3.5.4'-trinitro-biphenylyl-(4)]-harnstoff erhalten worden.

4-[4'-Nitro-biphenylyl-(4)]-semicarbazid, *4-(4'-nitrobiphenyl-4-yl)semicarbazide* $C_{13}H_{12}N_4O_3$, Formel IV (R = CO-NH-NH$_2$, X = H).

B. Beim Erhitzen von 4'-Nitro-biphenylyl-(4)-amin mit Aceton-semicarbazon in Aceton und Xylol (*Barré*, *Piché*, Canad. J. Res. [B] **19** [1941] 158, 163).

Hellgelbes amorphes Pulver; F: 178° [unkorr.; Zers.].
Hydrochlorid. Gelbe Krystalle; F: 219° [unkorr.].

Aceton-[4-(4'-nitro-biphenylyl-(4))-semicarbazon], *acetone 4-(4'-nitrobiphenyl-4-yl)semicarbazone* $C_{16}H_{16}N_4O_3$, Formel IV (R = CO-NH-N=C(CH_3)$_2$, X = H).
F: 261° [unkorr.] (*Barré, Piché*, Canad. J. Res. [B] **19** [1941] 158, 163). Löslichkeit in Wasser bei 20°: 0,0001% (*Barré, Piché*, Canad. J. Res. [B] **20** [1942] 17, 18).

3-Hydroxy-*N*-[4'-nitro-biphenylyl-(4)]-naphthamid-(2), *3-hydroxy-*N*-(4'-nitrobiphenyl-4-yl)-2-naphthamide* $C_{23}H_{16}N_2O_4$, Formel V.
B. Beim Erhitzen von 4'-Nitro-biphenylyl-(4)-amin mit 3-Hydroxy-naphthoesäure-(2) unter Zusatz von Phosphor(III)-chlorid in Toluol (*Gen. Aniline Works*, U.S.P. 1936926 [1932]).
F: 324—325°.

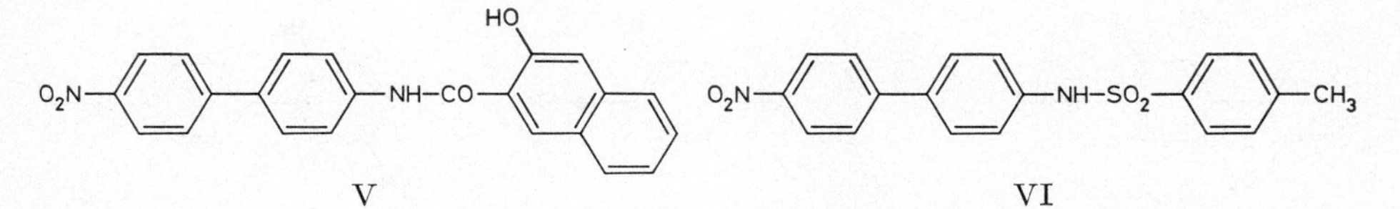

V VI

***N*-[4'-Nitro-biphenylyl-(4)]-toluolsulfonamid-(4)**, N-*(4'-nitrobiphenyl-4-yl)-*p*-toluenesulfonamide* $C_{19}H_{16}N_2O_4S$, Formel VI.
B. Aus 4'-Nitro-biphenylyl-(4)-amin und Toluol-sulfonylchlorid-(4) mit Hilfe von Pyridin (*Bell*, Soc. **1931** 2338, 2342).
Krystalle (aus Eg.); F: 144°.

***N*-Nitroso-*N*-[4'-nitro-biphenylyl-(4)]-acetamid**, N-*(4'-nitrobiphenyl-4-yl)-*N*-nitrosoacetamide* $C_{14}H_{11}N_3O_4$, Formel IV (R = CO-CH_3, X = NO).
B. Beim Behandeln von *N*-[4'-Nitro-biphenylyl-(4)]-acetamid in Essigsäure und Acetanhydrid mit Stickstoffoxiden (*France, Heilbron, Hey*, Soc. **1938** 1364, 1373).
Hellgelbes Pulver; F: 106° [unter heftiger Zersetzung].

***N*-[5-Brom-3-nitro-biphenylyl-(4)]-toluolsulfonamid-(4)**, N-*(3-bromo-5-nitrobiphenyl-4-yl)-*p*-toluenesulfonamide* $C_{19}H_{15}BrN_2O_4S$, Formel VII.
B. Aus *N*-[3-Nitro-biphenylyl-(4)]-toluolsulfonamid-(4) beim Behandeln mit Brom in Pyridin sowie aus *N*-[3-Brom-biphenylyl-(4)]-toluolsulfonamid-(4) beim Behandeln mit Salpetersäure und Essigsäure (*Bell*, Soc. **1931** 2338, 2342).
Krystalle (aus Eg.); F: 191°.

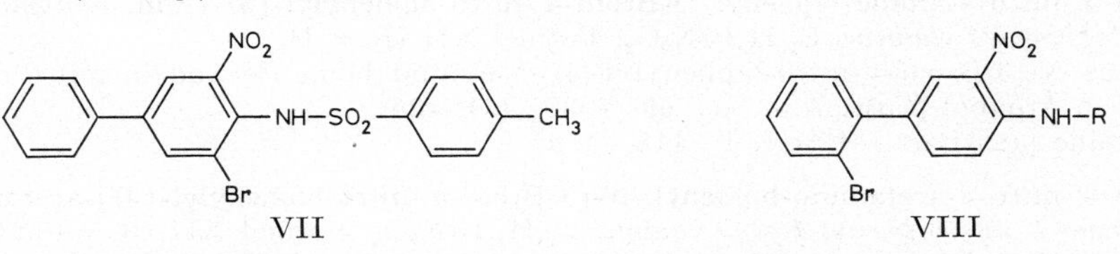

VII VIII

2'-Brom-3-nitro-4-amino-biphenyl, 2'-Brom-3-nitro-biphenylyl-(4)-amin, *2'-bromo-3-nitrobiphenyl-4-ylamine* $C_{12}H_9BrN_2O_2$, Formel VIII (R = H).
B. Aus *N*-[2'-Brom-3-nitro-biphenylyl-(4)]-acetamid (*Case*, Am. Soc. **65** [1943] 2137, 2139).
Krystalle (aus A.); F: 145—146°.

2'-Brom-3-nitro-4-acetamino-biphenyl, *N*-[2'-Brom-3-nitro-biphenylyl-(4)]-acetamid, N-*(2'-bromo-3-nitrobiphenyl-4-yl)acetamide* $C_{14}H_{11}BrN_2O_3$, Formel VIII (R = CO-CH_3).
B. Aus *N*-[2'-Brom-biphenylyl-(4)]-acetamid beim Erwärmen mit Salpetersäure, Essigsäure und Acetanhydrid (*Case*, Am. Soc. **65** [1943] 2137, 2139).
Krystalle (aus A.); F: 135—136°.

3-Brom-2'-nitro-4-amino-biphenyl, 3-Brom-2'-nitro-biphenylyl-(4)-amin, *3-bromo-2'-nitrobiphenyl-4-ylamine* $C_{12}H_9BrN_2O_2$, Formel IX (R = H).
B. Aus *N*-[3-Brom-2'-nitro-biphenylyl-(4)]-acetamid beim Behandeln mit Brom=

wasserstoff in Äthanol (*Case*, Am. Soc. **61** [1939] 767, 769).
Krystalle (aus Ae. + PAe.); F: 83—84°.

3-Brom-2'-nitro-4-acetamino-biphenyl, *N*-[3-Brom-2'-nitro-biphenylyl-(4)]-acetamid, N-(*3-bromo-2'-nitrobiphenyl-4-yl)acetamide* $C_{14}H_{11}BrN_2O_3$, Formel IX (R = CO-CH_3).
B. Aus *N*-[2'-Nitro-biphenylyl-(4)]-acetamid und Brom in Essigsäure in Gegenwart von Natriumacetat (*Case*, Am. Soc. **61** [1939] 767, 769).
Krystalle (aus A.); F: 169—170°.

3-Brom-3'-nitro-4-amino-biphenyl, 3-Brom-3'-nitro-biphenylyl-(4)-amin, *3-bromo-3'-nitrobiphenyl-4-ylamine* $C_{12}H_9BrN_2O_2$, Formel X (R = H).
B. Aus *N*-[3-Brom-3'-nitro-biphenylyl-(4)]-acetamid beim Behandeln mit Bromwasserstoff in Äthanol (*Case*, Am. Soc. **61** [1939] 767, 769).
Krystalle (aus Bzl.); F: 110—111°.

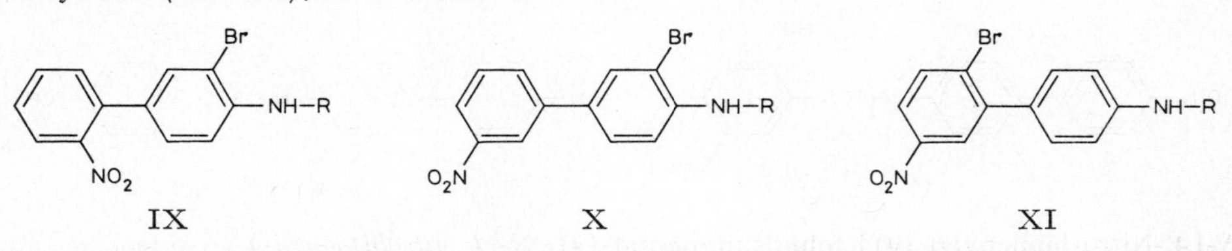

IX X XI

3-Brom-3'-nitro-4-acetamino-biphenyl, *N*-[3-Brom-3'-nitro-biphenylyl-(4)]-acetamid, N-(*3-bromo-3'-nitrobiphenyl-4-yl)acetamide* $C_{14}H_{11}BrN_2O_3$, Formel X (R = CO-CH_3).
B. Aus *N*-[3'-Nitro-biphenylyl-(4)]-acetamid und Brom in Essigsäure in Gegenwart von Natriumacetat (*Case*, Am. Soc. **61** [1939] 767, 769).
Krystalle (aus Me.); F: 164—165°.

6'-Brom-3'-nitro-4-amino-biphenyl, 6'-Brom-3'-nitro-biphenylyl-(4)-amin, *2'-bromo-5'-nitrobiphenyl-4-ylamine* $C_{12}H_9BrN_2O_2$, Formel XI (R = H).
B. Aus 2'-Brom-biphenylyl-(4)-amin beim Behandeln mit Kaliumnitrat und Schwefelsäure (*Case*, Am. Soc. **65** [1943] 2137, 2139).
Krystalle (aus A.); F: 111—112°.

6'-Brom-3'-nitro-4-acetamino-biphenyl, *N*-[6'-Brom-3'-nitro-biphenylyl-(4)]-acetamid, N-(*2'-bromo-5'-nitrobiphenyl-4-yl)acetamide* $C_{14}H_{11}BrN_2O_3$, Formel XI (R = CO-CH_3).
B. Aus 6'-Brom-3'-nitro-biphenylyl-(4)-amin (*Case*, Am. Soc. **65** [1943] 2137, 2139).
Krystalle; F: 186—187°.

3-Brom-4'-nitro-4-amino-biphenyl, 3-Brom-4'-nitro-biphenylyl-(4)-amin, *3-bromo-4'-nitrobiphenyl-4-ylamine* $C_{12}H_9BrN_2O_2$, Formel XII (R = H).
B. Aus *N*-[3-Brom-4'-nitro-biphenylyl-(4)]-acetamid beim Behandeln mit Bromwasserstoff in Äthanol (*Case*, Am. Soc. **60** [1938] 424, 426).
Krystalle (aus Bzl. + PAe.); F: 118—119°.

3-Brom-4'-nitro-4-acetamino-biphenyl, *N*-[3-Brom-4'-nitro-biphenylyl-(4)]-acetamid, N-(*3-bromo-4'-nitrobiphenyl-4-yl)acetamide* $C_{14}H_{11}BrN_2O_3$, Formel XII (R = CO-CH_3).
B. Aus *N*-[4'-Nitro-biphenylyl-(4)]-acetamid und Brom in Essigsäure in Gegenwart von Natriumacetat (*Case*, Am. Soc. **60** [1938] 424, 425).
Krystalle (aus Eg.); F: 236—237°.

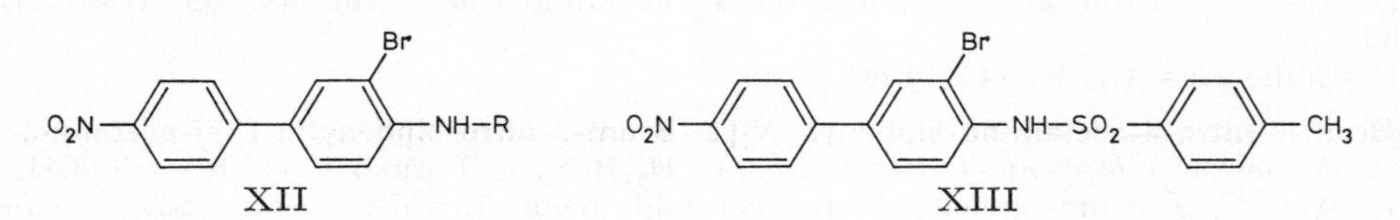

XII XIII

***N*-[3-Brom-4'-nitro-biphenylyl-(4)]-toluolsulfonamid-(4),** N-(*3-bromo-4'-nitrobiphenyl-4-yl)-*p-*toluenesulfonamide* $C_{19}H_{15}BrN_2O_4S$, Formel XIII.
B. Aus *N*-[4'-Nitro-biphenylyl-(4)]-toluolsulfamid-(4) und Brom in Essigsäure (*Bell*, Soc. **1931** 2338, 2342).
Krystalle (aus A.); F: 144°.

5.4′-Dibrom-3-nitro-4-amino-biphenyl, 5.4′-Dibrom-3-nitro-biphenylyl-(4)-amin, *3,4′-dibromo-5-nitrobiphenyl-4-ylamine* $C_{12}H_8Br_2N_2O_2$, Formel I (E II 762).

B. Aus *N*-[3-Nitro-biphenylyl-(4)]-toluolsulfonamid-(4) und Brom in Essigsäure (*Bell*, Soc. **1931** 2338, 2341).

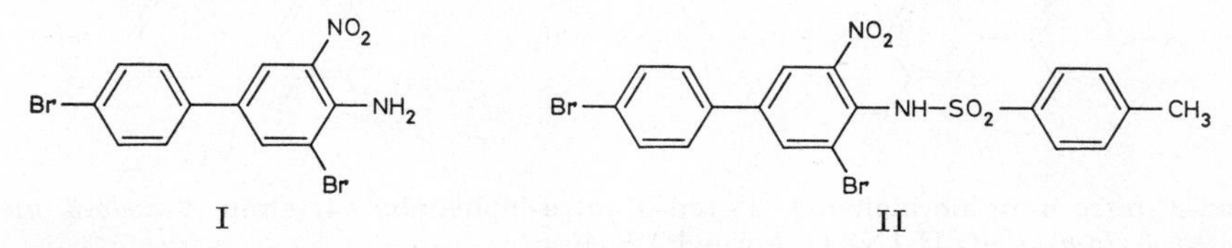

***N*-[5.4′-Dibrom-3-nitro-biphenylyl-(4)]-toluolsulfonamid-(4),** N-(*3,4′-dibromo-5-nitrobiphenyl-4-yl*)-p-*toluenesulfonamide* $C_{19}H_{14}Br_2N_2O_4S$, Formel II.

B. Aus *N*-[3.4′-Dibrom-biphenylyl-(4)]-toluolsulfonamid-(4) beim Erwärmen mit Salpetersäure und Essigsäure (*Bell*, Soc. **1931** 2338, 2341).

Gelbliche Krystalle (aus Eg.); F: 229°.

3.5-Dibrom-2′-nitro-4-amino-biphenyl, 3.5-Dibrom-2′-nitro-biphenylyl-(4)-amin, *3,5-dibromo-2′-nitrobiphenyl-4-ylamine* $C_{12}H_8Br_2N_2O_2$, Formel III (R = H).

Über die Konstitution dieser ursprünglich (*Bellavita*, Atti V. Congr. naz. Chim. pura appl. Sardinien 1935 S. 296, 300) als 4′.5′-Dibrom-2′-nitro-biphenylyl-(4)-amin angesehenen Verbindung s. *Bellavita*, G. **67** [1937] 574, 576.

B. Aus 2′-Nitro-biphenylyl-(4)-amin und Brom in Essigsäure (*Be.*, Atti V. Congr. naz. Chim. pura appl. Sardinien 1935 S. 300). Aus 3-Brom-2′-nitro-biphenylyl-(4)-amin und Brom (*Case*, Am. Soc. **61** [1939] 767, 769).

Gelbe Krystalle (aus A. oder Eg.); F: 141° (*Be.*, Atti V. Congr. naz. Chim. pura appl. Sardinien 1935 S. 300).

3.5-Dibrom-2′-nitro-4-acetamino-biphenyl, *N*-[3.5-Dibrom-2′-nitro-biphenylyl-(4)]-acetamid, N-(*3,5-dibromo-2′-nitrobiphenyl-4-yl*)*acetamide* $C_{14}H_{10}Br_2N_2O_3$, Formel III (R = CO-CH_3).

Präparate vom F: 220—221° (Krystalle [aus A.]) bzw. vom F: 182—183° (hellgelbe Krystalle) sind beim Behandeln von *N*-[2′-Nitro-biphenylyl-(4)]-acetamid mit Brom in Essigsäure unter Zusatz von Natriumacetat (*Case*, Am. Soc. **61** [1939] 767, 769) bzw. beim Erhitzen von 3.5-Dibrom-2′-nitro-biphenylyl-(4)-amin (s. o.) mit Acetanhydrid (*Bellavita*, Atti V. Congr. naz. Chim. pura appl. Sardinien 1935 S. 296, 300) erhalten worden.

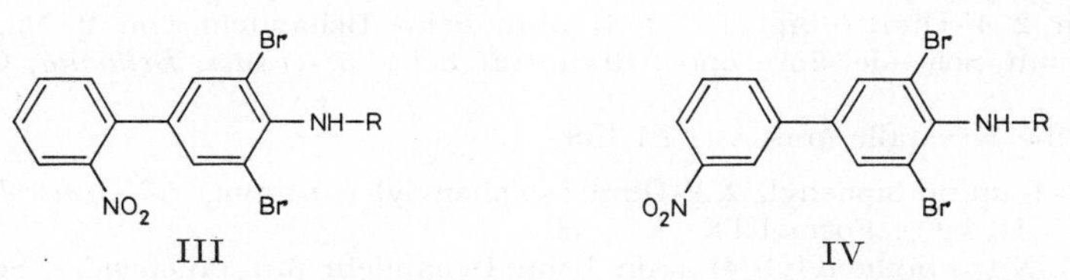

3.5-Dibrom-3′-nitro-4-amino-biphenyl, 3.5-Dibrom-3′-nitro-biphenylyl-(4)-amin, *3,5-dibromo-3′-nitrobiphenyl-4-ylamine* $C_{12}H_8Br_2N_2O_2$, Formel IV (R = H).

B. Aus 3′-Nitro-biphenylyl-(4)-amin und Brom in Essigsäure (*Case*, Am. Soc. **61** [1939] 767, 769).

Krystalle (aus Bzl.); F: 175—176°.

3.5-Dibrom-3′-nitro-4-acetamino-biphenyl, *N*-[3.5-Dibrom-3′-nitro-biphenylyl-(4)]-acetamid, N-(*3,5-dibromo-3′-nitrobiphenyl-4-yl*)*acetamide* $C_{14}H_{10}Br_2N_2O_3$, Formel IV (R = CO-CH_3).

B. Beim Behandeln von 3.5-Dibrom-3′-nitro-biphenylyl-(4)-amin mit Essigsäure und Acetanhydrid unter Zusatz von Schwefelsäure (*Case*, Am. Soc. **61** [1939] 767, 770).

Krystalle (aus Acn.); F: 255—256°.

***N*-[3.5-Dibrom-4′-nitro-biphenylyl-(4)]-toluolsulfonamid-(4),** N-(*3,5-dibromo-4′-nitrobiphenyl-4-yl*)-p-*toluenesulfonamide* $C_{19}H_{14}Br_2N_2O_4S$, Formel V.

B. Aus *N*-[4′-Nitro-biphenylyl-(4)]-toluolsulfonamid-(4) und Brom in Pyridin (*Bell*,

Soc. **1931** 2338, 2342).

Krystalle (aus Py.); F: 274°.

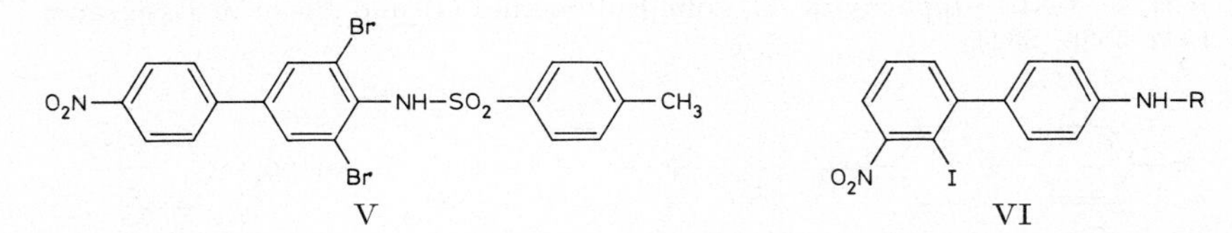

V VI

2'-Jod-3'-nitro-4-amino-biphenyl, 2'-Jod-3'-nitro-biphenylyl-(4)-amin, *2'-iodo-3'-nitro-biphenyl-4-ylamine* $C_{12}H_9IN_2O_2$, Formel VI (R = H).

B. Aus *N*-[2'-Jod-3'-nitro-biphenylyl-(4)]-acetamid beim Erwärmen mit wss. Salzsäure und Äthanol (*Sako*, Bl. chem. Soc. Japan **11** [1936] 144, 152).

Gelbe Krystalle (aus A.); F: 126–127°.

2'-Jod-3'-nitro-4-acetamino-biphenyl, *N*-[2'-Jod-3'-nitro-biphenylyl-(4)]-acetamid, N-*(2'-iodo-3'-nitrobiphenyl-4-yl)acetamide* $C_{14}H_{11}IN_2O_3$, Formel VI (R = CO-CH_3).

B. Beim Behandeln einer aus *N*-[3'-Nitro-2'-amino-biphenylyl-(4)]-acetamid bereiteten wss. Diazoniumsalz-Lösung mit Kaliumjodid (*Sako*, Bl. chem. Soc. Japan **11** [1936] 144, 152).

Gelbe Krystalle (aus A.); F: 239° [nach Erweichen].

***N*-[2'-Jod-3'-nitro-biphenylyl-(4)]-toluolsulfonamid-(4),** N-*(2'-iodo-3'-nitrobiphenyl-4-yl)*-p-*toluenesulfonamide* $C_{19}H_{15}IN_2O_4S$, Formel VII.

B. Aus 2'-Jod-3'-nitro-biphenylyl-(4)-amin und Toluol-sulfonylchlorid-(4) mit Hilfe von Pyridin (*Sako*, Bl. chem. Soc. Japan **11** [1936] 144, 153).

Gelbe Krystalle (aus A.); F: 136–137°.

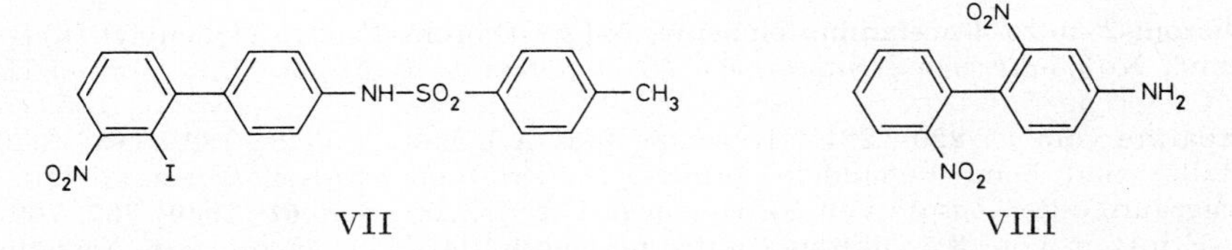

VII VIII

2.2'-Dinitro-4-amino-biphenyl, 2.2'-Dinitro-biphenylyl-(4)-amin, *2,2'-dinitrobiphenyl-4-ylamine* $C_{12}H_9N_3O_4$, Formel VIII.

B. Neben 2'.4'-Dinitro-biphenylyl-(4)-amin beim Behandeln von 2'-Nitro-biphenylyl-(4)-amin mit Schwefelsäure und Äthylnitrat bei −5° (*Finzi*, *Bellavita*, G. **68** [1938] 77, 85).

Orangegelbe Krystalle (aus A.); F: 138–139°.

2.3'-Dinitro-4-amino-biphenyl, 2.3'-Dinitro-biphenylyl-(4)-amin, *2,3'-dinitrobiphenyl-4-ylamine* $C_{12}H_9N_3O_4$, Formel IX (R = H).

B. Aus 3'-Nitro-biphenylyl-(4)-amin beim Behandeln mit rauchender Schwefelsäure und Kaliumnitrat (*Case*, Am. Soc. **64** [1942] 1848, 1851).

Krystalle (aus Bzl.); F: 157–158°.

2.3'-Dinitro-4-acetamino-biphenyl, *N*-[2.3'-Dinitro-biphenylyl-(4)]-acetamid, N-*(2,3'-dinitrobiphenyl-4-yl)acetamide* $C_{14}H_{11}N_3O_5$, Formel IX (R = CO-CH_3).

B. Aus 2.3'-Dinitro-biphenylyl-(4)-amin (*Case*, Am. Soc. **64** [1942] 1848, 1851).

Krystalle (aus A.); F: 215–216°.

3.5-Dinitro-4-dimethylamino-biphenyl, Dimethyl-[3.5-dinitro-biphenylyl-(4)]-amin, N,N-*dimethyl-3,5-dinitrobiphenyl-4-ylamine* $C_{14}H_{13}N_3O_4$, Formel X (R = X = CH_3).

B. Aus Dimethyl-[3-nitro-biphenylyl-(4)]-amin beim Behandeln mit Essigsäure, wss. Salzsäure und Natriumnitrit (*Guiteras*, An. Soc. españ. **36** [1940] 354, 362).

Gelbe Krystalle (aus A.); F: 104–105° (*Gui.*).

Überführung in 5-Nitro-3-amino-4-dimethylamino-biphenyl durch Erwärmen mit Natriumsulfid in Äthanol: *Gui.*

Eine ebenfalls als Dimethyl-[3.5-dinitro-biphenylyl-(4)]-amin beschriebene Verbindung (orangegelbe Krystalle; F: 94°) ist aus einer als 4-Chlor-3.5-dinitro-biphenyl angesehenen Verbindung (F: 111°) beim Erwärmen mit Dimethylamin in Äthanol erhalten worden (*Sen*, J. Indian chem. Soc. **22** [1945] 183).

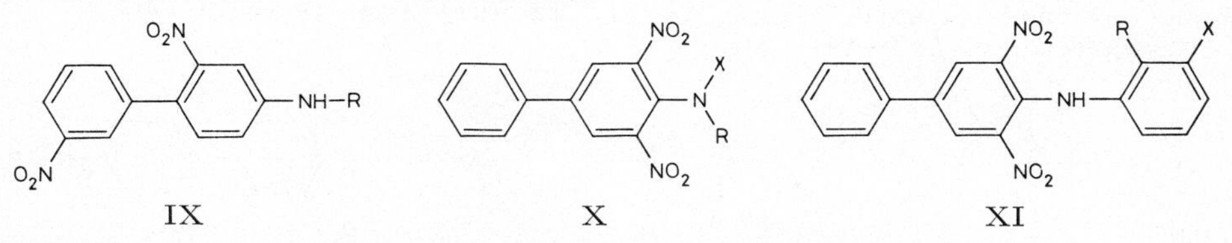

3.5-Dinitro-4-anilino-biphenyl, Phenyl-[3.5-dinitro-biphenylyl-(4)]-amin, *3,5-dinitro-N-phenylbiphenyl-4-ylamine* $C_{18}H_{13}N_3O_4$, Formel XI (R = X = H).

Eine unter dieser Konstitution beschriebene Verbindung (rote Krystalle; F: 165°) ist aus einer als 4-Chlor-3.5-dinitro-biphenyl angesehenen Verbindung (F: 111°) beim Erwärmen mit Anilin in Äthanol erhalten worden (*Sen*, J. Indian chem. Soc. **22** [1945] 183).

3.5-Dinitro-4-*o*-toluidino-biphenyl, *o*-Tolyl-[3.5-dinitro-biphenylyl-(4)]-amin, *3,5-dinitro-N-o-tolylbiphenyl-4-ylamine* $C_{19}H_{15}N_3O_4$, Formel XI (R = CH_3, X = H).

Eine unter dieser Konstitution beschriebene Verbindung (orangefarbene Krystalle; F: 179°) ist aus einer als 4-Chlor-3.5-dinitro-biphenyl angesehenen Verbindung (F: 111°) beim Erwärmen mit *o*-Toluidin in Äthanol erhalten worden (*Sen*, J. Indian chem. Soc. **22** [1945] 183).

3.5-Dinitro-4-*m*-toluidino-biphenyl, *m*-Tolyl-[3.5-dinitro-biphenylyl-(4)]-amin, *3,5-dinitro-N-m-tolylbiphenyl-4-ylamine* $C_{19}H_{15}N_3O_4$, Formel XI (R = H, X = CH_3).

Eine unter dieser Konstitution beschriebene Verbindung (orangegelbe Krystalle; F: 146°) ist aus einer als 4-Chlor-3.5-dinitro-biphenyl angesehenen Verbindung (F: 111°) beim Erwärmen mit *m*-Toluidin in Äthanol erhalten worden (*Sen*, J. Indian chem. Soc. **22** [1945] 183).

Di-[toluol-sulfonyl-(4)]-[3.5-dinitro-biphenylyl-(4)]-amin, N-(*3,5-dinitrobiphenyl-4-yl*)-*di-p-toluenesulfonamide* $C_{26}H_{21}N_3O_8S_2$, Formel XII.

B. Aus *N*-[3.5-Dinitro-biphenylyl-(4)]-toluolsulfonamid-(4) (E II 763) und Toluol-sulfonylchlorid-(4) in Pyridin (*Bell*, Soc. **1931** 609, 614).

Krystalle (aus Eg.); F: 249°.

Nitroso-methyl-[3.5-dinitro-biphenylyl-(4)]-amin, *N-methyl-3,5-dinitro-N-nitrosobiphenyl-4-ylamine* $C_{13}H_{10}N_4O_5$, Formel X (R = CH_3, X = NO) (E II 763).

B. Aus Dimethyl-[3.5-dinitro-biphenylyl-(4)]-amin beim Erhitzen mit Essigsäure, wss. Salzsäure und Natriumnitrit (*Guiteras*, An. Soc. españ. **36** [1940] 354, 364).

F: 121–122°.

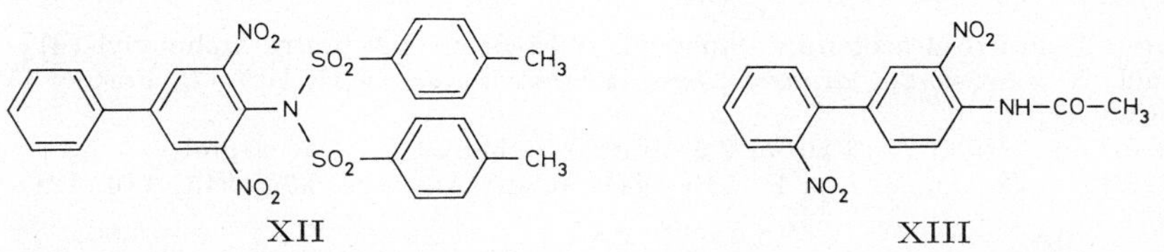

3.2′-Dinitro-4-acetamino-biphenyl, *N*-[3.2′-Dinitro-biphenylyl-(4)]-acetamid, N-(*2′,3-dinitrobiphenyl-4-yl*)*acetamide* $C_{14}H_{11}N_3O_5$, Formel XIII.

B. Aus *N*-[2′-Nitro-biphenylyl-(4)]-acetamid beim Behandeln mit Schwefelsäure und Äthylnitrat bei –5° (*Finzi, Bellavita*, G. **68** [1938] 77, 86).

Gelbe Krystalle (aus A.); F: 160–161°.

3.3′-Dinitro-4-amino-biphenyl, 3.3′-Dinitro-biphenylyl-(4)-amin, *3,3′-dinitrobiphenyl-4-ylamine* $C_{12}H_9N_3O_4$, Formel I (R = H).

B. Aus *N*-[3.3′-Dinitro-biphenylyl-(4)]-acetamid beim Erhitzen mit wss. Schwefelsäure auf 120° (*Case*, Am. Soc. **64** [1942] 1848, 1851).

Krystalle (aus Bzl.); F: 206–207°.

3.3'-Dinitro-4-acetamino-biphenyl, *N*-[3.3'-Dinitro-biphenylyl-(4)]-acetamid, N-(*3,3'-dinitrobiphenyl-4-yl)acetamide* $C_{14}H_{11}N_3O_5$, Formel I (R = CO-CH_3).

B. Aus *N*-[3'-Nitro-biphenylyl-(4)]-acetamid beim Erwärmen mit Salpetersäure Essigsäure und Acetanhydrid (*Case*, Am. Soc. **64** [1942] 1848, 1851).

Krystalle (aus Eg.); F: 241—242°.

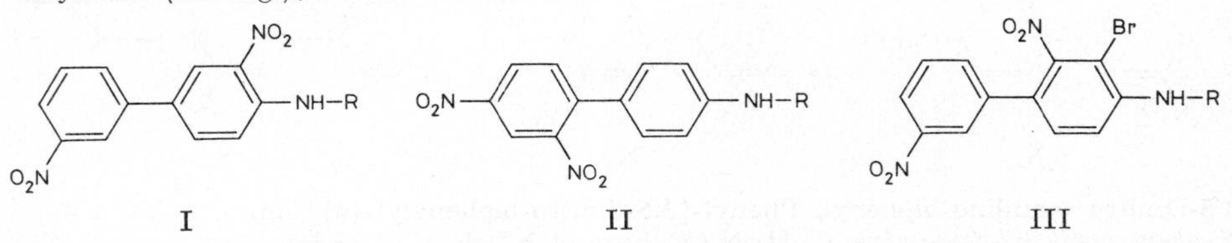

I II III

2'.4'-Dinitro-4-amino-biphenyl, 2'.4'-Dinitro-biphenylyl-(4)-amin, *2',4'-dinitrobiphenyl-4-ylamine* $C_{12}H_9N_3O_4$, Formel II (R = H).

B. Neben 2.2'-Dinitro-biphenyl-(4)-amin beim Behandeln von 2'-Nitro-biphenylyl-(4)-amin mit Schwefelsäure und Äthylnitrat bei —5° (*Finzi, Bellavita*, G. **68** [1938] 77, 84).

Rote Krystalle (aus A.); F: 138—139°.

2'.4'-Dinitro-4-acetamino-biphenyl, *N*-[2'.4'-Dinitro-biphenylyl-(4)]-acetamid, N-(*2',4'-dinitrobiphenyl-4-yl)acetamide* $C_{14}H_{11}N_3O_5$, Formel II (R = CO-CH_3).

B. Aus 2'.4'-Dinitro-biphenylyl-(4)-amin und Acetanhydrid (*Finzi, Bellavita*, G. **68** [1938] 77, 85).

Orangegebe Krystalle; F: 186°.

3-Brom-2.3'-dinitro-4-acetamino-biphenyl, *N*-[3-Brom-2.3'-dinitro-biphenylyl-(4)]-acetamid, N-(*3-bromo-2,3'-dinitrobiphenyl-4-yl)acetamide* $C_{14}H_{10}BrN_3O_5$, Formel III (R = CO-CH_3).

Diese Konstitution wird für die nachstehend beschriebene Verbindung in Betracht gezogen.

B. Neben *N*-[5-Brom-2.3'-dinitro-biphenylyl-(4)]-acetamid bei der Behandlung von 2.3'-Dinitro-biphenylyl-(4)-amin mit Brom in Essigsäure unter Zusatz von Natriumacetat und anschliessenden Acetylierung (*Case*, Am. Soc. **67** [1945] 116, 121).

F: 203—204°.

Überführung in eine als 3-Brom-2.3'-dinitro-biphenylyl-(4)-amin angesehene Verbindung $C_{12}H_8BrN_3O_4$ (Krystalle [aus Acn. + A.]; F: 195—196°) durch Erwärmen mit wss. Schwefelsäure: *Case*.

5-Brom-2.3'-dinitro-4-amino-biphenyl, 5-Brom-2.3'-dinitro-biphenylyl-(4)-amin, *5-bromo-2,3'-dinitrobiphenyl-4-ylamine* $C_{12}H_8BrN_3O_4$, Formel IV (R = H).

B. Aus *N*-[5-Brom-2.3'-dinitro-biphenylyl-(4)]-acetamid mit Hilfe von wss. Schwefelsäure (*Case*, Am. Soc. **67** [1945] 116, 121).

Krystalle (aus Acn. + A.); F: 184—185°.

5-Brom-2.3'-dinitro-4-acetamino-biphenyl, *N*-[5-Brom-2.3-dinitro-biphenylyl-(4)]-acetamid, N-(*5-bromo-2,3'-dinitrobiphenyl-4-yl)acetamide* $C_{14}H_{10}BrN_3O_5$, Formel IV (R = CO-CH_3).

B. s. o. im Artikel *N*-[3-Brom-2.3'-dinitro-biphenylyl-(4)]-acetamid.

Krystalle (aus Acn. + A.); F: 240—241° (*Case*, Am. Soc. **67** [1945] 116, 121).

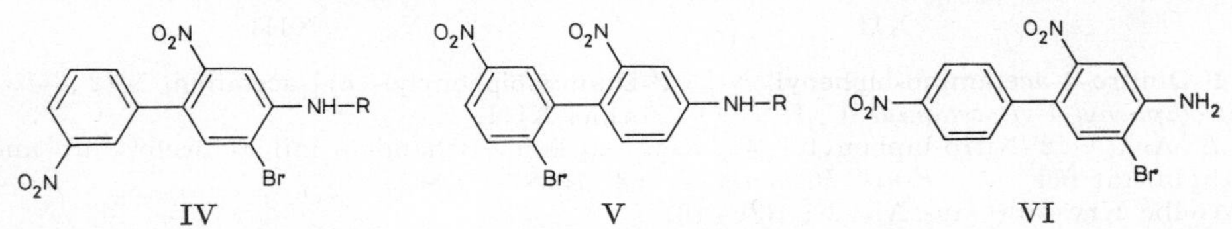

IV V VI

6'-Brom-2.3'-dinitro-4-amino-biphenyl, 6'-Brom-2.3'-dinitro-biphenylyl-(4)-amin, *2'-bromo-2,5'-dinitrobiphenyl-4-ylamine* $C_{12}H_8BrN_3O_4$, Formel V (R = H).

B. Aus 6'-Brom-3'-nitro-biphenylyl-(4)-amin beim Behandeln mit rauchender Schwefelsäure und Kaliumnitrat (*Case*, Am. Soc. **65** [1943] 2137, 2139).

Krystalle (aus Me.); F: 149—150°.

6'-Brom-2.3'-dinitro-4-acetamino-biphenyl, *N*-[6'-Brom-2.3'-dinitro-biphenylyl-(4)]-acetamid, N-(*2'-bromo-2,5'-dinitrobiphenyl-4-yl)acetamide* $C_{14}H_{10}BrN_3O_5$, Formel V (R = CO-CH_3).

B. Aus 6'-Brom-2.3'-dinitro-biphenylyl-(4)-amin (*Case*, Am. Soc. **65** [1943] 2137, 2139).

Krystalle (aus Acn. + A.); F: 246—247°.

5-Brom-2.4'-dinitro-4-amino-biphenyl, 5-Brom-2.4'-dinitro-biphenylyl-(4)-amin, *5-bromo-2,4'-dinitrobiphenyl-4-ylamine* $C_{12}H_8BrN_3O_4$, Formel VI.

B. Aus 3-Brom-4'-nitro-biphenylyl-(4)-amin beim Behandeln mit rauchender Schwe= felsäure und Kaliumnitrat (*Case*, Am. Soc. **67** [1945] 116, 119).

Krystalle (aus Acn. + A.); F: 182—183°.

***N*-[4'-Brom-3.5-dinitro-biphenylyl-(4)]-toluolsulfonamid-(4),** N-(*4'-bromo-3,5-dinitrobi= phenyl-4-yl)*-p-*toluenesulfonamide* $C_{19}H_{14}BrN_3O_6S$, Formel VII.

B. Aus *N*-[4'-Brom-biphenylyl-(4)]-toluolsulfonamid-(4) beim Behandeln mit Sal= petersäure und Essigsäure (*Bell*, Soc. **1931** 2338, 2343).

Krystalle (aus Eg.); F: 233°.

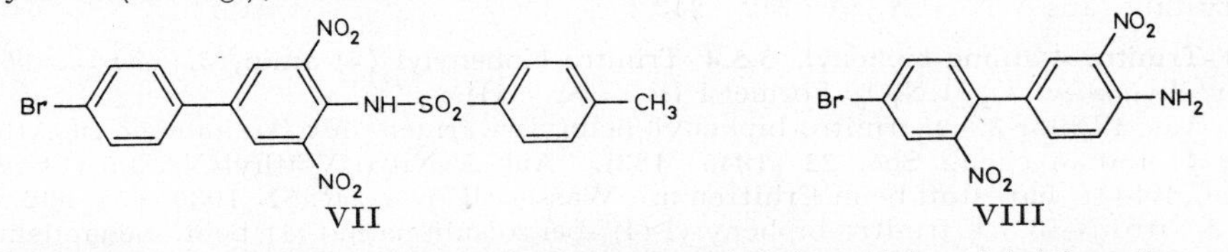

VII VIII

4'-Brom-3.2'-dinitro-4-amino-biphenyl, 4'-Brom-3.2'-dinitro-biphenylyl-(4)-amin, *4'-bromo-2',3-dinitrobiphenyl-4-ylamine* $C_{12}H_8BrN_3O_4$, Formel VIII (E II 764).

B. Aus 4'-Brom-3.4.2'-trinitro-biphenyl beim Erhitzen mit äthanol. Ammoniak auf 150° (*Case*, Am. Soc. **64** [1942] 1848, 1851).

Krystalle (aus A. + Acn.); F: 223—224°.

***N*-[5-Brom-3.4'-dinitro-biphenylyl-(4)]-toluolsulfonamid-(4),** N-(*3-bromo-4',5-dinitro= biphenyl-4-yl)*-p-*toluenesulfonamide* $C_{19}H_{14}BrN_3O_6S$, Formel IX.

B. Aus *N*-[3-Brom-4'-nitro-biphenylyl-(4)]-toluolsulfonamid-(4) beim Behandeln mit Salpetersäure und Essigsäure (*Bell*, Soc. **1931** 2338, 2342).

Krystalle; F: 250°.

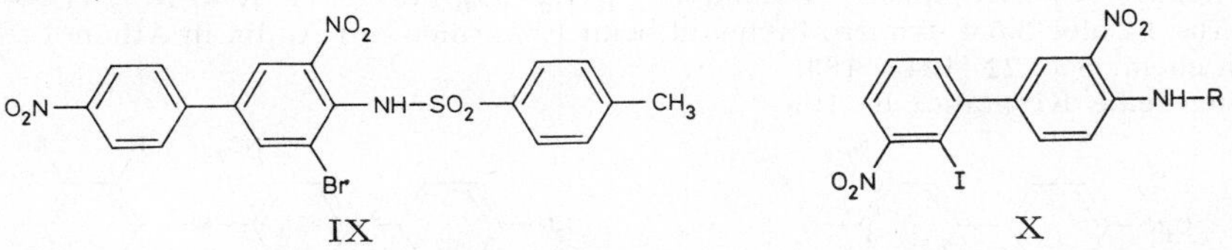

IX X

2'-Jod-3.3'-dinitro-4-amino-biphenyl, 2'-Jod-3.3'-dinitro-biphenylyl-(4)-amin, *2'-iodo-3,3'-dinitrobiphenyl-4-ylamine* $C_{12}H_8IN_3O_4$, Formel X (R = H).

B. Aus *N*-[2'-Jod-3.3'-dinitro-biphenylyl-(4)]-acetamid beim Erwärmen mit wss. Salz= säure und Äthanol (*Sako*, Bl. chem. Soc. Japan **11** [1936] 144, 153).

Gelbe Krystalle (aus A.); F: 178—178,5°.

2'-Jod-3.3'-dinitro-4-acetamino-biphenyl, *N*-[2'-Jod-3.3'-dinitro-biphenylyl-(4)]-acetamid, N-(*2'-iodo-3,3'-dinitrobiphenyl-4-yl)acetamide* $C_{14}H_{10}IN_3O_5$, Formel X (R = CO-CH_3).

B. Beim Eintragen von *N*-[2'-Jod-3'-nitro-biphenylyl-(4)]-acetamid in wss. Salpeter= säure [D: 1,46] (*Sako*, Bl. chem. Soc. Japan **11** [1936] 144, 153).

Gelbe Krystalle (aus A.); F: 196—197°.

2'-Jod-3.4'-dinitro-4-acetamino-biphenyl, *N*-[2'-Jod-3.4'-dinitro-biphenylyl-(4)]-acetamid, N-(*2'-iodo-3,4'-dinitrobiphenyl-4-yl)acetamide* $C_{14}H_{10}IN_3O_5$, Formel XI.

B. Beim Behandeln einer aus 3.4'-Dinitro-2-amino-4-acetamino-biphenyl bereiteten wss. Diazoniumsalz-Lösung mit Kaliumjodid (*Finzi*, *Mangini*, G. **62** [1932] 1193, 1198).

Gelbe Krystalle (aus Eg.); F: 237—238°.

3.5.3'-Trinitro-4-amino-biphenyl, 3.5.3'-Trinitro-biphenylyl-(4)-amin, *3,3',5-trinitrobiphenyl-4-ylamine* $C_{12}H_8N_4O_6$, Formel XII (R = H).

B. Aus *N*-[3.5.3'-Trinitro-biphenylyl-(4)]-acetamid beim Erhitzen mit wss. Schwefelsäure auf 120° (*Case*, Am. Soc. **64** [1942] 1848, 1852).

Krystalle (aus Eg.); F: 233°.

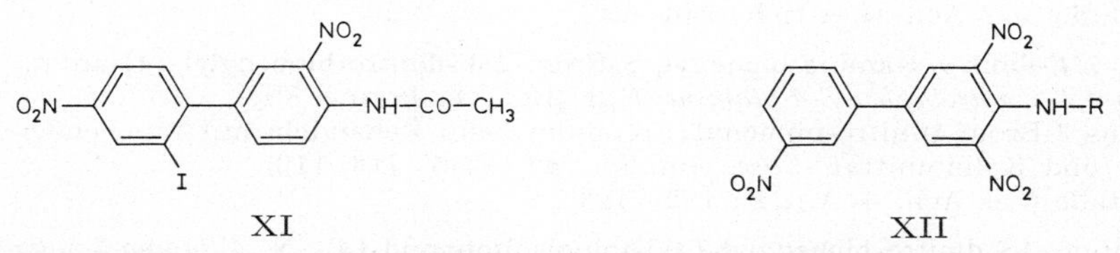

XI XII

3.5.3'-Trinitro-4-acetamino-biphenyl, *N*-[3.5.3'-Trinitro-biphenylyl-(4)]-acetamid, N-*(3,3',5-trinitrobiphenyl-4-yl)acetamide* $C_{14}H_{10}N_4O_7$, Formel XII ($R = CO\text{-}CH_3$).

B. Aus *N*-[3.3'-Dinitro-biphenylyl-(4)]-acetamid und Salpetersäure (*Case*, Am. Soc. **64** [1942] 1848, 1852).

Krystalle (aus Acn. + A.); F: 242—243°.

3.5.4'-Trinitro-4-amino-biphenyl, 3.5.4'-Trinitro-biphenylyl-(4)-amin, *3,4',5-trinitrobiphenyl-4-ylamine* $C_{12}H_8N_4O_6$, Formel I (R = X = H).

B. Aus 4-Chlor-3.5.4'-trinitro-biphenyl beim Erwärmen mit Ammoniak in Äthanol (*Sen*, J. Indian chem. Soc. **22** [1945] 183). Aus *N*-Nitro-*N*-äthyl-*N'*-[3.5.4'-trinitro-biphenylyl-(4)]-harnstoff beim Erhitzen mit Wasser (*Werther*, R. **52** [1933] 657, 662, 670). Aus 3-Nitro-*N*-[3.5.4'-trinitro-biphenylyl-(4)]-benzolsulfonamid-(1) beim Behandeln mit Schwefelsäure (*Bell*, Soc. **1930** 1071, 1074).

Krystalle; F: 282° [aus Py.] (*Bell*), 280° [aus A.] (*We.*; *Sen*).

3.5.4'-Trinitro-4-dimethylamino-biphenyl, Dimethyl-[3.5.4'-trinitro-biphenylyl-(4)]-amin, N,N-*dimethyl-3,4',5-trinitrobiphenyl-4-ylamine* $C_{14}H_{12}N_4O_6$, Formel I ($R = X = CH_3$).

B. Aus 4-Chlor-3.5.4'-trinitro-biphenyl beim Erwärmen mit Dimethylamin in Äthanol (*Sen*, J. Indian chem. Soc. **22** [1945] 183).

Gelbe Krystalle; F: 159°.

3.5.4'-Trinitro-4-anilino-biphenyl, Phenyl-[3.5.4'-trinitro-biphenylyl-(4)]-amin, *3,4',5-trinitro-*N*-phenylbiphenyl-4-ylamine* $C_{18}H_{12}N_4O_6$, Formel II (R = X = H).

B. Aus 4-Chlor-3.5.4'-trinitro-biphenyl beim Erwärmen mit Anilin in Äthanol (*Sen*, J. Indian chem. Soc. **22** [1945] 183).

Orangegelbe Krystalle; F: 199°.

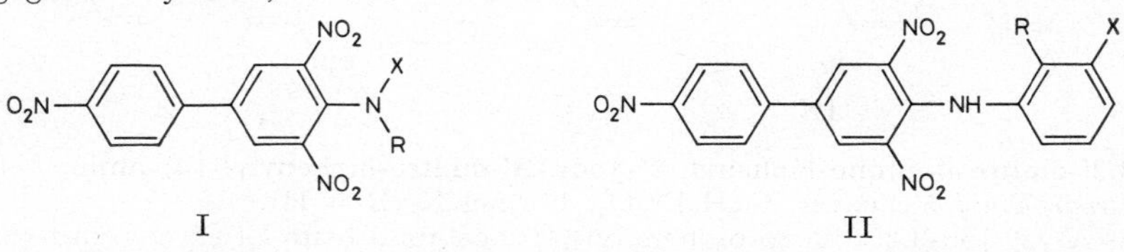

I II

3.5.4'-Trinitro-4-*o*-toluidino-biphenyl, *o*-Tolyl-[3.5.4'-trinitro-biphenylyl-(4)]-amin, *3,4',5-trinitro-*N-o-*tolylbiphenyl-4-ylamine* $C_{19}H_{14}N_4O_6$, Formel II ($R = CH_3$, X = H).

B. Aus 4-Chlor-3.5.4'-trinitro-biphenyl beim Erwärmen mit *o*-Toluidin in Äthanol (*Sen*, J. Indian chem. Soc. **22** [1945] 183).

Orangefarbene Krystalle; F: 169°.

3.5.4'-Trinitro-4-*m*-toluidino-biphenyl, *m*-Tolyl-[3.5.4'-trinitro-biphenylyl-(4)]-amin, *3,4',5-trinitro-*N-m-*tolylbiphenyl-4-ylamine* $C_{19}H_{14}N_4O_6$, Formel II (R = H, $X = CH_3$).

B. Aus 4-Chlor-3.5.4'-trinitro-biphenyl beim Erwärmen mit *m*-Toluidin in Äthanol (*Sen*, J. Indian chem. Soc. **22** [1945] 183).

Rote Krystalle; F: 198°.

3.5.4'-Trinitro-4-acetamino-biphenyl, *N*-[3.5.4'-Trinitro-biphenylyl-(4)]-acetamid, N-*(3,4',5-trinitrobiphenyl-4-yl)acetamide* $C_{14}H_{10}N_4O_7$, Formel I ($R = CO\text{-}CH_3$, X = H).

B. Aus 3.5.4'-Trinitro-biphenylyl-(4)-amin und Acetanhydrid in Gegenwart von Schwe=

felsäure (*Werther*, R. **52** [1933] 657, 663).
Krystalle (aus A.); F: 212°.

[3.5.4'-Trinitro-biphenylyl-(4)]-carbamidsäure-methylester, *(3,4',5-trinitrobiphenyl-4-yl)carbamic acid methyl ester* $C_{14}H_{10}N_4O_8$, Formel I (R = CO-OCH$_3$, X = H).
B. Aus *N*-Nitro-*N*-äthyl-*N'*-[3.5.4'-trinitro-biphenylyl-(4)]-harnstoff beim Erwärmen mit Methanol (*Werther*, R. **52** [1933] 657, 662).
Gelbe Krystalle (aus Me.); F: 184°.

[3.5.4'-Trinitro-biphenylyl-(4)]-carbamidsäure-äthylester, *(3,4',5-trinitrobiphenyl-4-yl)carbamic acid ethyl ester* $C_{15}H_{12}N_4O_8$, Formel I (R = CO-OC$_2$H$_5$, X = H).
B. Aus *N*-Nitro-*N*-äthyl-*N'*-[3.5.4'-trinitro-biphenylyl-(4)]-harnstoff beim Erwärmen mit Äthanol (*Werther*, R. **52** [1933] 657, 663).
Gelbe Krystalle (aus A.); F: 180°.

***N*-Nitro-*N*-äthyl-*N'*-[3.5.4'-trinitro-biphenylyl-(4)]-harnstoff,** *1-ethyl-1-nitro-3-(3,4',5-trinitrobiphenyl-4-yl)urea* $C_{15}H_{12}N_6O_9$, Formel I (R = CO-N(NO$_2$)-C$_2$H$_5$, X = H).
B. Aus *N*-Äthyl-*N'*-[biphenylyl-(4)]-harnstoff oder aus *N*-Äthyl-*N'*-[4-nitro-biphenylyl-(4)]- harnstoff beim Behandeln mit Salpetersäure (*Werther*, R. **52** [1933] 657, 661, 670).
Nicht näher beschrieben.

3-Nitro-*N*-[3.5.4'-trinitro-biphenylyl-(4)]-benzolsulfonamid-(1), m-*nitro*-N-*(3,4',5-trinitrobiphenyl-4-yl)benzenesulfonamide* $C_{18}H_{11}N_5O_{10}S$, Formel III.
B. Aus 3-Nitro-*N*-[3-nitro-biphenylyl-(4)]-benzolsulfonamid-(1) beim Behandeln mit Salpetersäure (*Bell*, Soc. **1930** 1071, 1074).
Krystalle (aus Eg.); F: 199°.

3.2'.4'-Trinitro-4-methylamino-biphenyl, Methyl-[3.2'.4'-trinitro-biphenylyl-(4)]-amin, N-*methyl-2',3,4'-trinitrobiphenyl-4-ylamine* $C_{13}H_{10}N_4O_6$, Formel IV (R = CH$_3$, X = H).
B. Aus 4'-Brom-2.4.3'-trinitro-biphenyl beim Erwärmen mit Methylamin in Äthanol (*Werther*, R. **52** [1933] 657, 667).
Orangerote Krystalle (aus Eg.); F: 227°.

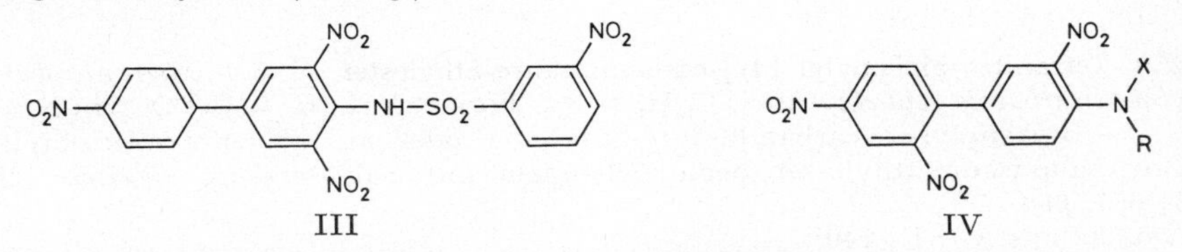

3.2'.4'-Trinitro-4-acetamino-biphenyl, *N*-[3.2'.4'-Trinitro-biphenylyl-(4)]-acetamid, N-*(2',3,4'-trinitrobiphenyl-4-yl)acetamide* $C_{14}H_{10}N_4O_7$, Formel IV (R = CO-CH$_3$, X = H).
B. Aus 3.2'.4'-Trinitro-biphenylyl-(4)-amin und Acetanhydrid in Gegenwart von Schwefelsäure (*Werther*, R. **52** [1933] 657, 668).
Hellgelbe Krystalle (aus A. oder Eg.); F: 203°.

***N*-Methyl-*N*-[3.2'.4'-trinitro-biphenylyl-(4)]-acetamid,** N-*methyl*-N-*(2',3,4'-trinitrobiphenyl-4-yl)acetamide* $C_{15}H_{12}N_4O_7$, Formel IV (R = CO-CH$_3$, X = CH$_3$).
B. Aus Methyl-[3.2'.4'-trinitro-biphenylyl-(4)]-amin und Acetanhydrid in Gegenwart von Schwefelsäure (*Werther*, R. **52** [1933] 657, 668).
Gelbe Krystalle (aus A. oder Eg.); F: 197°.

5-Brom-3.2'.4'-trinitro-4-methylamino-biphenyl, Methyl-[5-brom-3.2'.4'-trinitro-biphenylyl-(4)]-amin, *3-bromo*-N-*methyl-2',4',5-trinitrobiphenyl-4-ylamine* $C_{13}H_9BrN_4O_6$, Formel V (R = CH$_3$).
B. Aus Methyl-[3.2'.4'-trinitro-biphenylyl-(4)]-amin und Brom in Essigsäure (*Werther*, R. **52** [1933] 657, 669).
Krystalle (aus Eg.); F: 218°.

2'-Jod-3.5.3'-trinitro-4-amino-biphenyl, 2'-Jod-3.5.3'-trinitro-biphenylyl-(4)-amin, *2'-iodo-3,3',5-trinitrobiphenyl-4-ylamine* $C_{12}H_7IN_4O_6$, Formel VI (R = H).
B. Aus *N*-[2'-Jod-3.5.3'-trinitro-biphenylyl-(4)]-acetamid beim Erwärmen mit wss. Salzsäure und Äthanol (*Sako*, Bl. chem. Soc. Japan **11** [1936] 144, 153). Beim Behandeln von *N*-[2'-Jod-3'-nitro-biphenylyl-(4)]-toluolsulfonamid-(4) mit Salpetersäure und Er-

wärmen des Reaktionsprodukts mit Schwefelsäure (*Sako*, l. c. S. 154).

Gelbe Krystalle (aus A.); F: 220—221°.

2'-Jod-3.5.3'-trinitro-4-acetamino-biphenyl, *N*-[2'-Jod-3.5.3'-trinitro-biphenylyl-(4)]-acetamid, N-(*2'-iodo-3,3',5-trinitrobiphenyl-4-yl)acetamide* $C_{14}H_9IN_4O_7$, Formel VI (R = CO-CH_3).

B. Beim Eintragen von *N*-[2'-Jod-3'-nitro-biphenylyl-(4)]-acetamid in Salpetersäure [D: 1,52] (*Sako*, Bl. chem. Soc. Japan **11** [1936] 144, 153).

Gelbe Krystalle (aus A.); F: 263—264°.

3.5.2'.4'-Tetranitro-4-amino-biphenyl, 3.5.2'.4'-Tetranitro-biphenylyl-(4)-amin, *2',3,4',5-tetranitrobiphenyl-4-ylamine* $C_{12}H_7N_5O_8$, Formel VII (R = X = H).

B. Aus Nitro-methyl-[3.5.2'.4'-tetranitro-biphenylyl-(4)]-amin, aus [3.5.2'.4'-Tetranitro-biphenylyl-(4)]-carbamidsäure-methylester oder aus [3.5.2'.4'-Tetranitro-biphenylyl-(4)]-carbamidsäure-äthylester beim Erwärmen mit äthanol. Ammoniak (*Werther*, R. **52** [1933] 657, 664, 668).

Krystalle (aus Eg.); F: 253°.

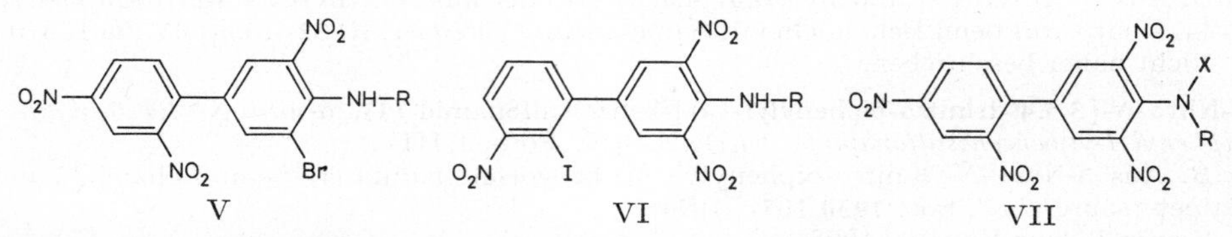

[3.5.2'.4'-Tetranitro-biphenylyl-(4)]-carbamidsäure-methylester, *(2',3,4',5-tetranitrobiphenyl-4-yl)carbamic acid methyl ester* $C_{14}H_9N_5O_{10}$, Formel VII (R = CO-OCH_3, X = H).

B. Aus Biphenylyl-(4)-carbamidsäure-methylester oder aus [3.5.4'-Trinitro-biphenylyl-(4)]-carbamidsäure-methylester beim Behandeln mit Salpetersäure (*Werther*, R. **52** [1933] 657, 664).

Krystalle (aus Me.); F: 189°.

[3.5.2'.4'-Tetranitro-biphenylyl-(4)]-carbamidsäure-äthylester, *(2',3,4',5-tetranitrobiphenyl-4-yl)carbamic acid ethyl ester*, $C_{15}H_{11}N_5O_{10}$, Formel VII (R = CO-OC_2H_5, X = H).

B. Aus Biphenylyl-(4)-carbamidsäure-äthylester oder aus [3.5.4'-Trinitro-biphenylyl-(4)]-carbamidsäure-äthylester beim Behandeln mit Salpetersäure (*Werther*, R. **52** [1933] 657, 664).

Krystalle (aus A.); F: 149°.

Nitro-methyl-[3.5.2'.4'-tetranitro-biphenylyl-(4)]-amin, N-*methyl-2',3,4',5,*N-*pentanitrobiphenyl-4-ylamine* $C_{13}H_8N_6O_{10}$, Formel VII (R = CH_3, X = NO_2).

B. Aus Methyl-[3.2'.4'-trinitro-biphenylyl-(4)]-amin beim Behandeln mit Salpetersäure (*Werther*, R. **52** [1933] 657, 668).

Krystalle (aus A.); F: 172°. Explosiv. [*Schomann*]

3-Amino-acenaphthen, Acenaphthenyl-(3)-amin, *acenaphthen-3-ylamine* $C_{12}H_{11}N$, Formel VIII (R = H).

B. Aus 3-Nitro-acenaphthen bei der Hydrierung an Platin in Äthanol (*Friedman, Gofstein, Seligman*, Am. Soc. **71** [1949] 3010, 3012) sowie beim Erwärmen mit Natriumdithionit in Äthanol, mit Aluminium-Amalgam in Äthanol oder mit Zinn und Chlorwasserstoff in Äthanol (*Morgan, Harrison*, J. Soc. chem. Ind. **49** [1930] 413T, 415T, 416T).

Krystalle; F: 82—83° (*Fr., Go., Se.*), 81,5° [aus PAe.] (*Mo., Ha.*). Lösungen in Äthanol fluorescieren blauviolett (*Mo., Ha.*; *Fr., Go., Se.*).

Farbreaktionen: *Mo., Ha.*

Sulfat $2C_{12}H_{11}N \cdot H_2SO_4$. Krystalle (aus A.) mit 1 Mol H_2O; F: 235° (*Mo., Ha.*).

Pikrat. Gelbe Krystalle (aus Acn.); Zers. bei 221° [nach Dunkelfärbung von 205° an] (*Mo., Ha.*).

[Acenaphthenyl-(3)]-benzyliden-amin, Benzaldehyd-[acenaphthenyl-(3)-imin], N-*benzylideneacenaphthen-3-ylamine* $C_{19}H_{15}N$, Formel IX (R = X = H).

B. Aus Acenaphthenyl-(3)-amin und Benzaldehyd in Äthanol (*Morgan, Harrison*,

J. Soc. chem. Ind. **49** [1930] 413T, 416T).

Gelbbraune Krystalle (aus A.); F: 65—66°.

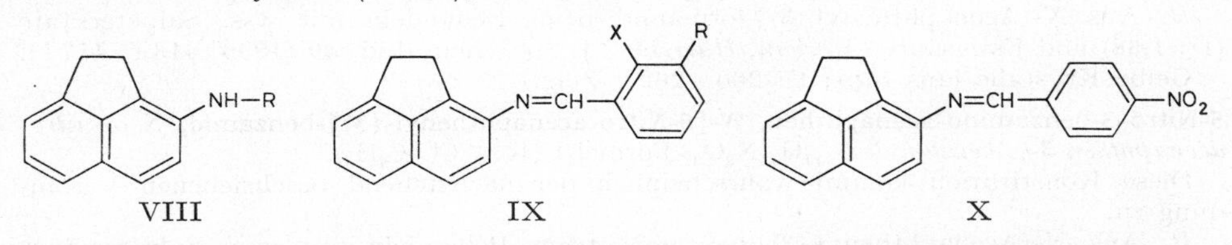

[Acenaphthenyl-(3)]-[2-nitro-benzyliden]-amin, 2-Nitro-benzaldehyd-[acenaphthenyl-(3)-imin], N-(*2-nitrobenzylidene*)*acenaphthen-3-ylamine* $C_{19}H_{14}N_2O_2$, Formel IX (R = H, X = NO_2).

B. Aus Acenaphthenyl-(3)-amin und 2-Nitro-benzaldehyd in Äthanol (*Morgan, Harrison*, J. Soc. chem. Ind. **49** [1930] 413T, 416T).

Gelbe Krystalle (aus A.); F: 143,5—144,5°.

[Acenaphthenyl-(3)]-[3-nitro-benzyliden]-amin, 3-Nitro-benzaldehyd-[acenaphthenyl-(3)-imin], N-(*3-nitrobenzylidene*)*acenaphthen-3-ylamine* $C_{19}H_{14}N_2O_2$, Formel IX (R = NO_2, X = H).

B. Aus Acenaphthenyl-(3)-amin und 3-Nitro-benzaldehyd in Äthanol (*Morgan, Harrison*, J. Soc. chem. Ind. **49** [1930] 413T, 416T).

Hellgelbe Krystalle; F: 142,5—143,5°.

[Acenaphthenyl-(3)]-[4-nitro-benzyliden]-amin, 4-Nitro-benzaldehyd-[acenaphthenyl-(3)-imin], N-(*4-nitrobenzylidene*)*acenaphthen-3-ylamine* $C_{19}H_{14}N_2O_2$, Formel X.

B. Aus Acenaphthenyl-(3)-amin und 4-Nitro-benzaldehyd in Äthanol (*Morgan, Harrison*, J. Soc. chem. Ind. **49** [1930] 413T, 416T).

Braune Krystalle; F: 157—158°.

3-Formamino-acenaphthen, *N*-[Acenaphthenyl-(3)]-formamid, N-(*acenaphthen-3-yl*)*formamide* $C_{13}H_{11}NO$, Formel VIII (R = CHO).

B. Aus Acenaphthenyl-(3)-amin beim Erhitzen mit wasserhaltiger Ameisensäure (*Morgan, Harrison*, J. Soc. chem. Ind. **49** [1930] 413T, 417T).

Krystalle (aus A.); F: 151—152°.

Beim Behandeln mit wss. Salpetersäure (D: 1,38) und Essigsäure sind *N*-[5-Nitro-acenaphthenyl-(3)]-formamid und (bei einem Versuch) eine (isomere) Verbindung $C_{13}H_{10}N_2O_3$ (F: 193—196° [aus Acn.]; vielleicht *N*-[4-Nitro-acenaphthenyl-(3)]-formamid) erhalten worden.

3-Acetamino-acenaphthen, *N*-[Acenaphthenyl-(3)]-acetamid, N-(*acenaphthen-3-yl*)*acetamide* $C_{14}H_{13}NO$, Formel VIII (R = $CO\text{-}CH_3$).

B. Aus 3-Nitro-acenaphthen beim Behandeln mit Zink und Essigsäure (*Morgan, Harrison*, J. Soc. chem. Ind. **49** [1930] 413T, 417T). Aus Acenaphthenyl-(3)-amin und Acetanhydrid (*Mo., Ha.*). Beim Behandeln des aus 1-[Acenaphthenyl-(3)]-äthanon-(1) hergestellten Oxims mit Phosphor(V)-chlorid (*Friedman, Gofstein, Seligman*, Am. Soc. **71** [1949] 3010, 3012).

Krystalle; F: 192—193° [aus A.] (*Mo., Ha.*), 192—193° [korr.] (*Fr., Go., Se.*).

3-Benzamino-acenaphthen, *N*-[Acenaphthenyl-(3)]-benzamid, N-(*acenaphthen-3-yl*)*benzamide* $C_{19}H_{15}NO$, Formel VIII (R = $CO\text{-}C_6H_5$).

B. Aus Acenaphthenyl-(3)-amin (*Morgan, Harrison*, J. Soc. chem. Ind. **49** [1930] 413T, 417T).

Krystalle (aus A.); F: 209—210°.

5-Nitro-3-amino-acenaphthen, 5-Nitro-acenaphthenyl-(3)-amin, *5-nitroacenaphthen-3-ylamine* $C_{12}H_{10}N_2O_2$, Formel I (R = H).

B. Aus *N*-[5-Nitro-acenaphthenyl-(3)]-formamid beim Erwärmen mit Chlorwasserstoff in Äthanol (*Morgan, Harrison*, J. Soc. chem. Ind. **49** [1930] 413T, 417T).

Hellrote Krystalle (aus A.); F: 199—200°. In Äther, Aceton, Chloroform, Benzol und Äthylacetat mit gelber, in Äthanol mit roter Farbe löslich.

Hydrochlorid. Gelbe Krystalle; Zers. bei 235°.

5-Nitro-3-formamino-acenaphthen, *N*-[5-Nitro-acenaphthenyl-(3)]-formamid, N-(*5-nitro-acenaphthen-3-yl)formamide* $C_{13}H_{10}N_2O_3$, Formel I (R = CHO).

B. Aus *N*-[Acenaphthenyl-(3)]-formamid beim Behandeln mit wss. Salpetersäure (D: 1,38) und Essigsäure (*Morgan, Harrison,* J. Soc. chem. Ind. **49** [1930] 413T, 417T).

Gelbe Krystalle (aus Eg.); F: 260–262° [Zers.].

5-Nitro-3-benzamino-acenaphthen, *N*-[5-Nitro-acenaphthenyl-(3)]-benzamid, N-(*5-nitro-acenaphthen-3-yl)benzamide* $C_{19}H_{14}N_2O_3$, Formel I (R = CO-C_6H_5).

Diese Konstitution kommt wahrscheinlich der nachstehend beschriebenen Verbindung zu.

B. Aus *N*-[Acenaphthenyl-(3)]-benzamid beim Behandeln mit wss. Salpetersäure (D: 1,4) und Essigsäure (*Morgan, Harrison,* J. Soc. chem. Ind. **49** [1930] 413T, 417T).

Gelbe Krystalle (aus Eg.); F: 215–216°.

6-Nitro-3-amino-acenaphthen, 6-Nitro-acenaphthenyl-(3)-amin, *6-nitroacenaphthen-3-yl-amine* $C_{12}H_{10}N_2O_2$, Formel II.

B. Aus 3.6-Dinitro-acenaphthen beim Erhitzen mit Zinn(II)-chlorid in Essigsäure unter Zusatz von wss. Salzsäure (*Morgan, Harrison,* J. Soc. chem. Ind. **49** [1930] 413T, 419T).

Hellrote Krystalle (aus A.); F: 181°.

Beim Behandeln mit Schwefelsäure tritt eine rotviolette Färbung auf.

4-Amino-acenaphthen, Acenaphthenyl-(4)-amin, *acenaphthen-4-ylamine* $C_{12}H_{11}N$, Formel III (E II 764).

F: 88–89° (*Morgan, Harrison,* J. Soc. chem. Ind. **49** [1930] 413T, 418T).

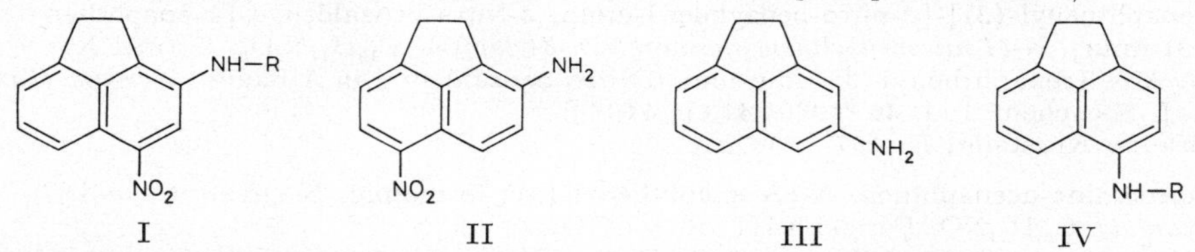

I II III IV

5-Amino-acenaphthen, Acenaphthenyl-(5)-amin, *acenaphthen-5-ylamine* $C_{12}H_{11}N$, Formel IV (R = H) (H 1322; E I 547; E II 765).

B. Aus 5-Nitro-acenaphthen bei der Hydrierung an Palladium oder Platin in Äthanol (*Rodionow, Melnik,* Naučno-issledov. Trudy Moskovsk. tekstil. Inst. **8** [1939] 90, 94; C. A. **1942** 1923). Aus *N*-[Acenaphthenyl-(5)]-propionamid beim Erhitzen mit wss. Salzsäure (*Dziewoński, Moszew,* Bl. Acad. polon. [A] **1931** 158, 161; Roczniki Chem. **11** [1931] 415, 419).

F: 108–109° [aus W. oder Bzn.] (*Ro., Me.*; *Dz., Mo.*), 107,5° [korr.] (*Bogert, Conklin,* Collect. **5** [1933] 187, 195).

Beim Behandeln einer äthanol. Lösung mit wss. Formaldehyd und mit wss. Salzsäure sind Bis-[5-amino-acenaphthenyl-(4)]-methan und 4.5.9.10-Tetrahydro-diindeno[1.7-*bc*:7'.1'-*hi*]acridin erhalten worden (*Morgan, Harrison,* J. Soc. chem. Ind. **49** [1930] 413 T, 419T). Reaktion mit Brenztraubensäure in Äthanol unter Bildung von 9-Methyl-4.5-dihydro-indeno[1.7-*gh*]chinolin-carbonsäure-(7): *Neish,* R. **67** [1948] 374.

Beim Behandeln mit Eisen(III)-chlorid in wss. Lösung tritt eine anfangs grüne, später dunkelblaue Färbung auf (*Neish*; vgl. H 1322).

5-[4-Nitro-benzylamino]-acenaphthen, [4-Nitro-benzyl]-[acenaphthenyl-(5)]-amin, N-(*4-nitrobenzyl)acenaphthen-5-ylamine* $C_{19}H_{16}N_2O_2$, Formel V.

B. Beim Erhitzen von Acenaphthenyl-(5)-amin mit 4-Nitro-benzylchlorid und Pyridin (*Ufimzew,* Ž. obšč. Chim. **11** [1941] 844; C. A. **1942** 4110).

Braunrote Krystalle (aus Bzl.); F: 196–197,2°.

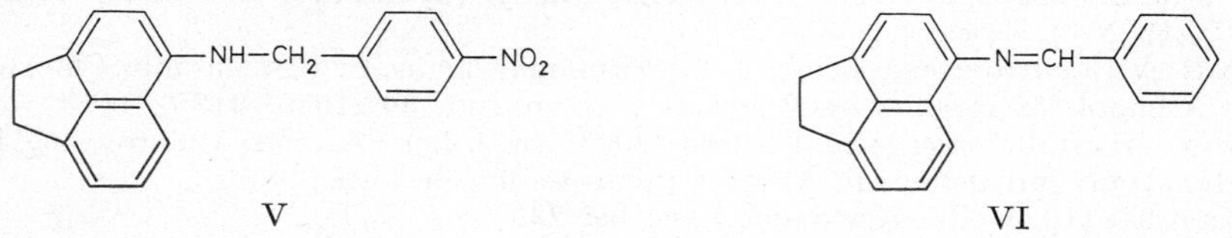

V VI

[Acenaphthenyl-(5)]-benzyliden-amin, Benzaldehyd-[acenaphthenyl-(5)-imin], *N-benzylideneacenaphthen-5-ylamine* $C_{19}H_{15}N$, Formel VI (E II 765).

F: 74° (*Rodionow, Melnik*, Naučno-issledov. Trudy Moskovsk. tekstil. Inst. **8** [1939] 90, 94; C. A. **1942** 1923).

In Schwefelsäure mit roter Farbe löslich.

(±)-1-[*N*-(Acenaphthenyl-(5))-formimidoyl]-cyclohexanon-(2), *(±)-2-[N-(acenaphthen-5-yl)formimidoyl]cyclohexanone* $C_{19}H_{19}NO$, Formel VII, und **1-[(Acenaphthenyl-(5)-amino)-methylen]-cyclohexanon-(2),** *2-[(acenaphthen-5-ylamino)methylene]cyclohexanone* $C_{19}H_{19}NO$, Formel VIII.

B. Aus Acenaphthenyl-(5)-amin und 2-Oxo-cyclohexan-carbaldehyd-(1) [1-Hydroxymethylen-cyclohexanon-(2)] (*Hollingsworth, Petrow*, Soc. **1948** 1537, 1540).

Orangegelbe Krystalle (aus A.); F: 137—138° [korr.].

VII VIII

5-Formamino-acenaphthen, *N*-[Acenaphthenyl-(5)]-formamid, *N-(acenaphthen-5-yl)formamide* $C_{13}H_{11}NO$, Formel IV (R = CHO) (E II 766).

F: 174° (*Morgan, Harrison*, J. Soc. chem. Ind. **49** [1930] 413T, 418T).

5-Acetamino-acenaphthen, *N*-[Acenaphthenyl-(5)]-acetamid, *N-(acenaphthen-5-yl)acetamide* $C_{14}H_{13}NO$, Formel IV (R = CO-CH$_3$) (H 1322).

B. Beim Behandeln von Acenaphthenyl-(5)-amin mit Acetanhydrid und Wasser (*Rodionow, Melnik*, Naučno-issledov. Trudy Moskovsk. tekstil. Inst. **8** [1939] 90, 94; C. A. **1942** 1923).

5-Propionylamino-acenaphthen, *N*-[Acenaphthenyl-(5)]-propionamid, *N-(acenaphthen-5-yl)propionamide* $C_{15}H_{15}NO$, Formel IV (R = CO-CH$_2$-CH$_3$).

B. Beim Einleiten von Chlorwasserstoff in eine Lösung von 1-[Acenaphthenyl-(5)]-propanon-(1)-oxim in Essigsäure und Acetanhydrid (*Dziewoński, Moszew*, Bl. Acad. polon. [A] **1931** 158, 161; Roczniki Chem. **11** [1931] 415, 419).

Krystalle (aus wss. A.); F: 150—151°.

4-Nitro-*N*-[acenaphthenyl-(5)]-benzamid, *N-(acenaphthen-5-yl)-p-nitrobenzamide* $C_{19}H_{14}N_2O_3$, Formel IX.

B. Beim Erhitzen von Acenaphthenyl-(5)-amin mit 4-Nitro-benzoylchlorid und Pyridin (*Ufimzew*, Ž. obšč. Chim. **11** [1941] 844; C. A. **1942** 4110).

Grüngelbe Krystalle (aus A.); F: 198,7—200,5°.

Acenaphthenyl-(5)-thiocarbamidsäure-*O*-äthylester, *(acenaphthen-5-yl)thiocarbamic acid O-ethyl ester* $C_{15}H_{15}NOS$, Formel IV (R = CS-OC$_2$H$_5$).

B. Aus Acenaphthenyl-(5)-isothiocyanat und Äthanol (*Browne, Dyson*, Soc. **1934** 178).

Bräunliche Krystalle; F: 140°.

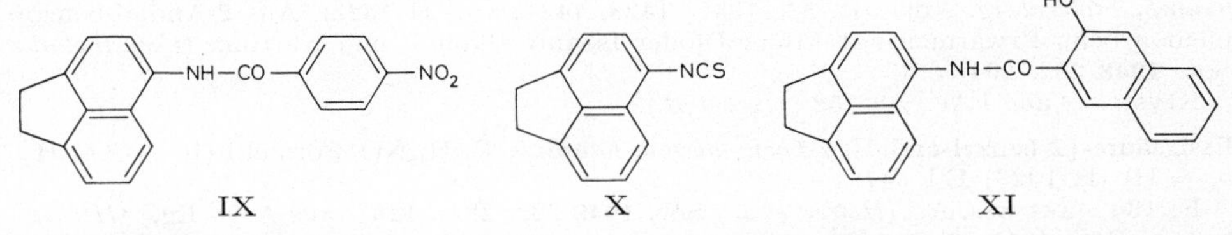

IX X XI

Acenaphthenyl-(5)-isothiocyanat, *isothiocyanic acid acenaphthen-5-yl ester* $C_{13}H_9NS$, Formel X (H 1322).

Geschwindigkeit der Reaktion mit Äthanol bei 78,5°: *Browne, Dyson*, Soc. **1934** 178.

3-Hydroxy-*N*-[acenaphthenyl-(5)]-naphthamid-(2), Azotol, *N-(acenaphthen-5-yl)-3-hydroxy-2-naphthamide* $C_{23}H_{17}NO_2$, Formel XI.

B. Beim Erhitzen von Acenaphthenyl-(5)-amin mit 3-Hydroxy-naphthoesäure-(2) unter

Zusatz von Phosphor(III)-chlorid in Toluol (*Rodionow, Melnik*, Naučno-issledov. Trudy Moskovsk. tekstil. Inst. **8** [1939] 90, 95; C. A. **1942** 1923).

Krystalle (aus Eg.); F: 240—245° [Zers.].

(±)-2-[Acenaphthenyl-(5)-imino]-cyclohexan-carbonsäure-(1)-äthylester, (±)-*2-(acenaphthen-5-ylimino)cyclohexanecarboxylic acid ethyl ester* $C_{21}H_{23}NO_2$, Formel XII (R = C_2H_5), und **2-[Acenaphthenyl-(5)-amino]-cyclohexen-(1)-carbonsäure-(1)-äthylester,** *2-(acenaphthen-5-ylamino)cyclohex-1-ene-1-carboxylic acid ethyl ester* $C_{21}H_{23}NO_2$, Formel XIII (R = C_2H_5).

B. Beim Erhitzen von Acenaphthenyl-(5)-amin mit 2-Oxo-cyclohexan-carbonsäure-(1)-äthylester (2-Hydroxy-cyclohexen-(1)-carbonsäure-(1)-äthylester) unter Zusatz von wss. Salzsäure (*Hughes, Lions*, J. Pr. Soc. N.S. Wales **71** [1937/38] 458, 459).

Gelbe Krystalle (aus A.); F: 122°.

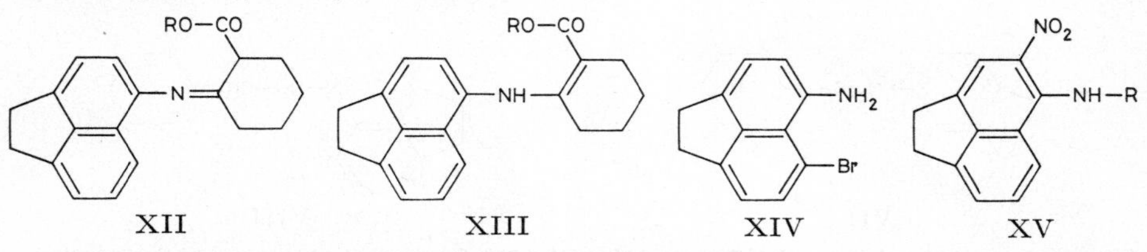

***N*-[Acenaphthenyl-(5)]-toluolsulfonamid-(4),** N-*(acenaphthen-5-yl)*-p-*toluenesulfonamide* $C_{19}H_{17}NO_2S$, Formel IV (R = SO_2-C_6H_4-CH_3) auf S. 3212 (E II 767).

Krystalle (aus Eg.); F: 193° (*Buu-Hoi et al.*, Bl. **1947** 128, 134).

6-Brom-5-amino-acenaphthen, 6-Brom-acenaphthenyl-(5)-amin, *6-bromoacenaphthen-5-ylamine* $C_{12}H_{10}BrN$, Formel XIV.

B. Aus 6-Brom-5-nitro-acenaphthen beim Erhitzen mit Natriumdithionit in wss. Äthanol (*Dziewoński, Schoenówna, Glazneréwna*, Bl. Acad. polon. [A] **1929** 636, 641).

Krystalle (aus A. oder Bzn.); F: 133°.

4-Nitro-5-amino-acenaphthen, 4-Nitro-acenaphthenyl-(5)-amin, *4-nitroacenaphthen-5-ylamine* $C_{12}H_{10}N_2O_2$, Formel XV (R = H) (E II 768).

Beim Behandeln einer aus 4-Nitro-acenaphthenyl-(5)-amin bereiteten wss. Diazoniumsalz-Lösung mit Kaliumjodid sind 5-Jod-4-nitro-acenaphthen (E II **5** 498) und eine Verbindung $C_{12}H_9NO_4$ (orangefarbene Krystalle; F: 114—117°) erhalten worden (*Morgan, Harrison*, J. Soc. chem. Ind. **49** [1930] 413T, 418T).

4-Nitro-5-formamino-acenaphthen, *N*-[4-Nitro-acenaphthenyl-(5)]-formamid, N-*(4-nitroacenaphthen-5-yl)formamide* $C_{13}H_{10}N_2O_3$, Formel XV (R = CHO) (E II 768).

Krystalle (aus Acn.); F: 229° (*Morgan, Harrison*, J. Soc. chem. Ind. **49** [1930] 413T, 418T).

Amine $C_{13}H_{13}N$

2-Benzyl-anilin, *α-phenyl-*o*-toluidine* $C_{13}H_{13}N$, Formel I (R = X = H) (H 1322; E II 768; dort als 2-Amino-diphenylmethan bezeichnet).

B. Aus Phenyl-[2-nitro-phenyl]-methan beim Behandeln mit Zinn und wss. Salzsäure (*Gump, Stolzenberg*, Am. Soc. **53** [1931] 1428, 1431; vgl. H 1322). Aus 2-Amino-benzophenon beim Erwärmen mit Äthanol (oder Isoamylalkohol) und Natrium (*Hewett et al.*, Soc. **1948** 292, 294).

Krystalle (aus PAe.); F: 52° (*He. et al.*).

Essigsäure-[2-benzyl-anilid], *α-phenylaceto-*o*-toluidide* $C_{15}H_{15}NO$, Formel I (R = CO-CH_3, X = H) (H 1323; E I 547).

F: 130° [aus wss. A.] (*Hewett et al.*, Soc. **1948** 292, 294), 126° [aus A. + Eg.] (*Hickinbottom*, Soc. **1937** 1119, 1125).

4-Chlor-2-benzyl-anilin, *4-chloro-α-phenyl-*o*-toluidine* $C_{13}H_{12}ClN$, Formel I (R = H, X = Cl).

B. Neben 2-Chlor-10-[4-chlor-phenyl]-9.10-dihydro-acridin beim Erhitzen von 4-Chlor-*N*-benzyl-anilin mit 4-Chlor-anilin und Aluminiumchlorid auf 200° (*Davies et al.*, Soc. **1948** 295, 297).

$Kp_{0,1}$: 140—145°.
Hydrochlorid $C_{13}H_{12}ClN \cdot HCl$. Krystalle (aus wss. Salzsäure); F: 183—184°.

Essigsäure-[4.6-dibrom-2-benzyl-anilid], *4',6'-dibromo-α-phenylaceto-o-toluidide* $C_{15}H_{13}Br_2NO$, Formel II.

B. Aus Essigsäure-[2-benzyl-anilid] beim Behandeln mit Brom in Essigsäure unter Zusatz von Natriumacetat (*Ruggli, Hegedüs*, Helv. **24** [1941] 703, 714). Als Hauptprodukt aus 3.5-Dibrom-2-amino-benzophenon beim Erwärmen mit Zink und Essigsäure (*Ru., He.*).

Krystalle (aus A.); F: 194°.

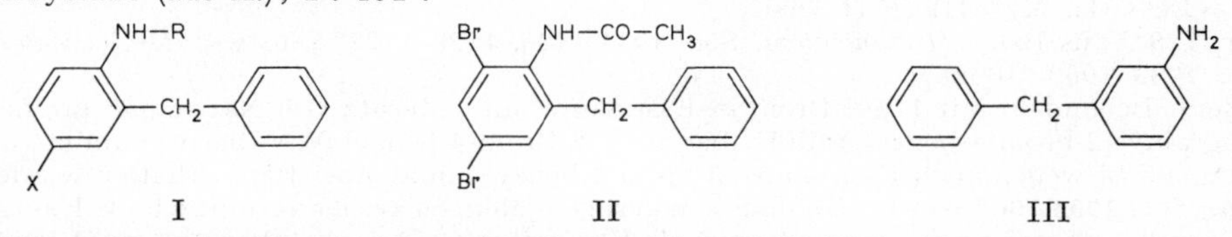

4-Nitro-2-benzyl-anilin, *4-nitro-α-phenyl-o-toluidine* $C_{13}H_{12}N_2O_2$, Formel I (R = H, X = NO_2).

B. Aus Essigsäure-[4-nitro-2-benzyl-anilid] beim Erhitzen mit wss. Salzsäure und Essigsäure (*Davies et al.*, Soc. **1948** 295, 299).

Gelbe Krystalle (aus A.); F: 104—105°.

Essigsäure-[4-nitro-2-benzyl-anilid], *4'-nitro-α-phenylaceto-o-toluidide* $C_{15}H_{14}N_2O_3$, Formel I (R = CO-CH_3, X = NO_2).

B. Aus Essigsäure-[2-benzyl-anilid] beim Behandeln mit Salpetersäure und Essigsäure unter Zusatz von Schwefelsäure unterhalb —5° (*Davies et al.*, Soc. **1948** 295, 298).

Krystalle (aus Acn.); F: 200°.

3-Benzyl-anilin, *α-phenyl-m-toluidine* $C_{13}H_{13}N$, Formel III (H 1323; dort als 3-Amino-diphenylmethan bezeichnet).

Krystalle (aus PAe. + Bzl.); F: 53° (*Oelschläger*, B. **89** [1956] 2025, 2029).

4-Benzyl-anilin, *α-phenyl-p-toluidine* $C_{13}H_{13}N$, Formel IV (R = X = H) (H 1323; dort als 4-Amino-diphenylmethan bezeichnet).

F: 36—37° (*Hickinbottom*, Soc. **1937** 1119, 1124), 36° [aus Bzn.] (*Drumm, O'Connor, Reilly*, Am. Soc. **62** [1940] 1241). UV-Spektrum (Hexan): *Erlenmeyer, Leo*, Helv. **15** [1932] 1171, 1180.

Beim Behandeln mit Brom in Essigsäure oder mit Natriumbromid, Kaliumbromat und wss.-äthanol. Salzsäure ist 2.6-Dibrom-4-benzyl-anilin, beim Behandeln mit Kalium=jodid, Natriumjodat und wss.-äthanol. Salzsäure ist 2.6-Dijod-4-benzyl-anilin erhalten worden (*Waters*, Soc. **1933** 1060, 1062).

Charakterisierung als *N*-[(4-Nitro-phenyl)-acetyl]-Derivat (F: 86—86,8°): *Ward, Jenkins*, J. org. Chem. **10** [1945] 371; *N*-Acetyl-Derivat und *N*-Benzoyl-Derivat s. S. 3216.

Hydrochlorid $C_{13}H_{13}N \cdot HCl$ (H 1323). Krystalle (aus wss. Salzsäure); F: 219° (*Dr., O'Co., Rei.*).

***N.N*-Dimethyl-4-benzyl-anilin,** *N,N-dimethyl-α-phenyl-p-toluidine* $C_{15}H_{17}N$, Formel IV (R = X = CH_3) (H 1323; E I 548; E II 768).

B. Neben Dibenzyläther beim Erhitzen von *N.N*-Dimethyl-*N*-benzyl-anilinium-chlorid mit Dibutyläther bis auf 200° (*Kuršanow, Šetkina*, Doklady Akad. S.S.S.R. **65** [1949] 847, 849; C. A. **1949** 6622).

Kp_{20-21}: 180—181°. D_4^{20}: 1,0429. n_D^{20}: 1,6004.

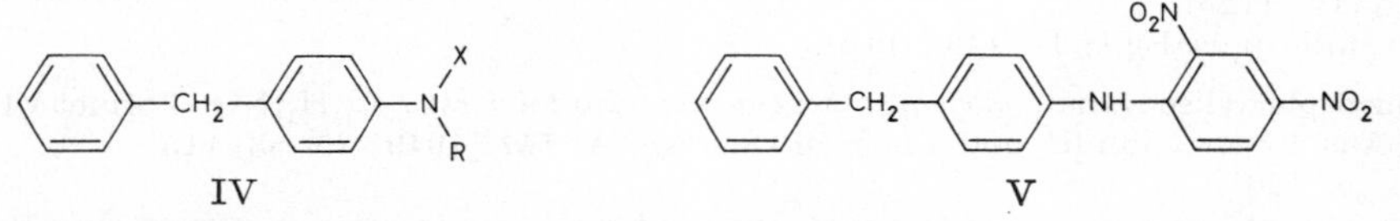

[2.4-Dinitro-phenyl]-[4-benzyl-phenyl]-amin, *4'-benzyl-2,4-dinitrodiphenylamine* $C_{19}H_{15}N_3O_4$, Formel V.

B. Aus 4-Benzyl-anilin und 4-Chlor-1.3-dinitro-benzol (*Hickinbottom*, Soc. **1937** 1119,

1125).
Braunrote Krystalle; F: 128—129°.

4-Benzyl-*N*-[4-nitro-benzyliden]-anilin, 4-Nitro-benzaldehyd-[4-benzyl-phenylimin], N-(*4-nitrobenzylidene*)-*α-phenyl*-p-*toluidine* $C_{20}H_{16}N_2O_2$, Formel VI.
B. Aus 4-Benzyl-anilin und 4-Nitro-benzaldehyd (*Hickinbottom*, Soc. **1937** 1119, 1125).
Gelbe Krystalle (aus A.); F: 101—102°.

Essigsäure-[4-benzyl-anilid], *α-phenylaceto*-p-*toluidide* $C_{15}H_{15}NO$, Formel IV (R = CO-CH_3, X = H) (E II 768).
F: 128° [aus Bzl.] (*Hickinbottom*, Soc. **1937** 1125, 1129), 127° [aus wss. Me.] (*Waters*, Soc. **1933** 1060, 1062).
Beim Behandeln mit 1 Mol Brom in Essigsäure unter Zusatz von Natriumacetat sind Essigsäure-[2-brom-4-benzyl-anilid] (bei 20°), 2-Brom-4-benzyl-*N.N*-diacetyl-anilin (bei 100°) und bisweilen auch Essigsäure-[3-brom-4-benzyl-anilid] (bei 100°) erhalten worden (*Wa.*, Soc. **1933** 1062, 1063). Bildung von geringen Mengen zweier vermutlich als Essigsäure-[3-jod-4-benzyl-anilid] und als Essigsäure-[2-jod-4-benzyl-anilid] zu formulierenden Verbindungen $C_{15}H_{14}INO$ vom F: 113° und vom F: 201° bei mehrtägigem Behandeln mit Kaliumjodid und *N.N*-Dichlor-toluolsulfonamid-(4) in Essigsäure: *Wa.*, Soc. **1933** 1063. Bildung von Essigsäure-[2-nitro-4-benzyl-anilid] beim Behandeln mit Kupfer(II)-nitrat-trihydrat und Acetanhydrid: *Waters*, Soc. **1935** 1875. Bildung von Essigsäure-[2-nitro-4-(4-nitro-benzyl)-anilid] beim Behandeln mit Salpetersäure, Essigsäure und Schwefelsäure: *Wa.*, Soc. **1933** 1064.

Benzoesäure-[4-benzyl-anilid], *α-phenylbenzo*-p-*toluidide* $C_{20}H_{17}NO$, Formel IV (R = CO-C_6H_5, X = H).
B. Aus 4-Benzyl-anilin (*Waters*, Soc. **1933** 1060, 1062; *Drumm, O'Connor, Reilly*, Am. Soc. **62** [1940] 1241).
Krystalle (aus A.); F: 165° (*Br., O'Co., Rei.*), 161° (*Wa.*).

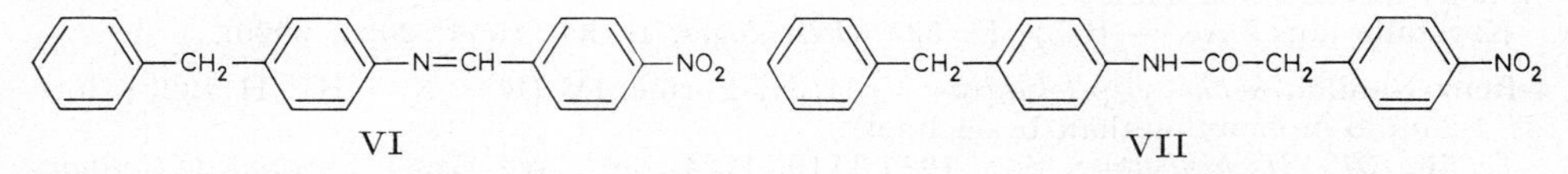

[4-Nitro-phenyl]-essigsäure-[4-benzyl-anilid], *2-*(p-*nitrophenyl*)-*α-phenylaceto*-p-*toluidide* $C_{21}H_{18}N_2O_3$, Formel VII.
B. Aus 4-Benzyl-anilin und [4-Nitro-phenyl]-acetylchlorid (*Ward, Jenkins*, J. org. Chem. **10** [1945] 371).
Krystalle (aus A.); F: 86,0—86,8°.

[4-Benzyl-phenyl]-carbamidsäure-methylester, p-*benzylcarbanilic acid methyl ester* $C_{15}H_{15}NO_2$, Formel IV (R = CO-OCH_3, X = H).
B. Aus 4-Benzyl-phenylisocyanat und Methanol (*Siefken*, A. **562** [1949] 75, 115).
F: 78—79°.

[4-Benzyl-phenyl]-harnstoff, (*α-phenyl*-p-*tolyl*)*urea* $C_{14}H_{14}N_2O$, Formel IV (R = CO-NH_2, X = H).
B. Aus 4-Benzyl-phenylisocyanat (*Siefken*, A. **562** [1949] 75, 115).
F: 158—159° [unkorr.].

***N*-Phenyl-*N'*-[4-benzyl-phenyl]-thioharnstoff,** *1-phenyl-3-*(*α-phenyl*-p-*tolyl*)*thiourea* $C_{20}H_{18}N_2S$, Formel IV (R = CS-NH-C_6H_5, X = H).
B. Aus 4-Benzyl-anilin und Phenylisothiocyanat in Petroläther (*Hickinbottom*, Soc. **1937** 1119, 1125).
Krystalle (aus Eg.); F: 148—149°.

4-Benzyl-phenylisocyanat, *isocyanic acid α-phenyl*-p-*tolyl ester* $C_{14}H_{11}NO$, Formel VIII.
B. Aus 4-Benzyl-anilin und Phosgen (*Siefken*, A. **562** [1949] 75, 88, 115).
$Kp_{0,07}$: 120°.

4-[4-Chlor-benzyl]-anilin, *α-*(p-*chlorophenyl*)-p-*toluidine* $C_{13}H_{12}ClN$, Formel IX (R = H, X = Cl).
B. Beim Erwärmen einer aus Essigsäure-[4-(4-amino-benzyl)-anilid] bereiteten wss.

Diazoniumsalz-Lösung mit Kupfer(I)-chlorid und Erhitzen des Reaktionsprodukts mit wss. Schwefelsäure (*Kaslow*, *Stayner*, Am. Soc. **68** [1946] 2600).

F: 73–74°. Kp_6: 185–187°.

Hautreizende Wirkung: *Ka.*, *St.*

4-Acetamino-1-[4-chlor-benzyl]-benzol, Essigsäure-[4-(4-chlor-benzyl)-anilid], α-(p-*chlorophenyl*)*aceto*-p-*toluidide* $C_{15}H_{14}ClNO$, Formel IX (R = $CO\text{-}CH_3$, X = Cl).

B. Aus 4-[4-Chlor-benzyl]-anilin und Acetanhydrid in Methanol (*Kaslow*, *Stayner*, Am. Soc. **68** [1946] 2600).

Krystalle (aus A.); F: 165,6–166°.

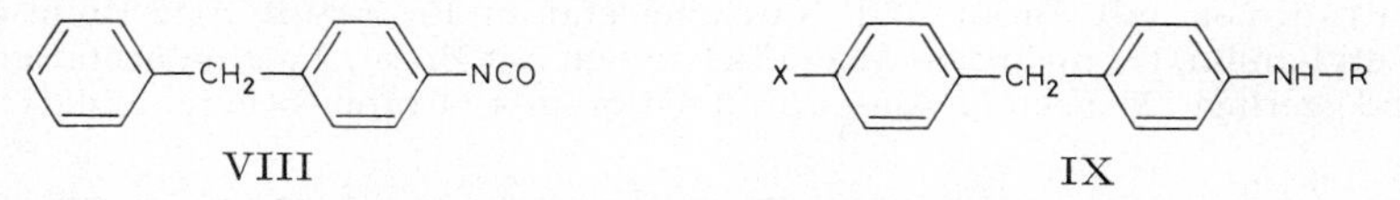

VIII IX

3-[4-(4-Chlor-benzyl)-phenylimino]-buttersäure-methylester, *3*-[α-(p-*chlorophenyl*)-p-*tolylimino*]*butyric acid methyl ester* $C_{18}H_{18}ClNO_2$, Formel X (X = Cl), und **3-[4-(4-Chlor-benzyl)-anilino]-crotonsäure-methylester,** *3*-[α-(p-*chlorophenyl*)-p-*toluidino*]*crotonic acid methyl ester* $C_{18}H_{18}ClNO_2$, Formel IX (R = $C(CH_3)\text{=}CH\text{-}CO\text{-}OCH_3$, X = Cl).

Die nachstehend beschriebene Verbindung ist wahrscheinlich als **3-[4-(4-Chlor-benzyl)-anilino]-*trans*-crotonsäure-methylester** (Formel XI [X = Cl]) zu formulieren (vgl. diesbezüglich *Werner*, Tetrahedron **27** [1971] 1755).

B. Beim Erhitzen von 4-[4-Chlor-benzyl]-anilin mit Acetessigsäure-methylester in Dichlormethan unter Zusatz von wss. Salzsäure (*Kaslow*, *Stayner*, Am. Soc. **70** [1948] 3350).

Krystalle (aus Bzl. + Bzn.); F: 87–88° (*Ka.*, *St.*).

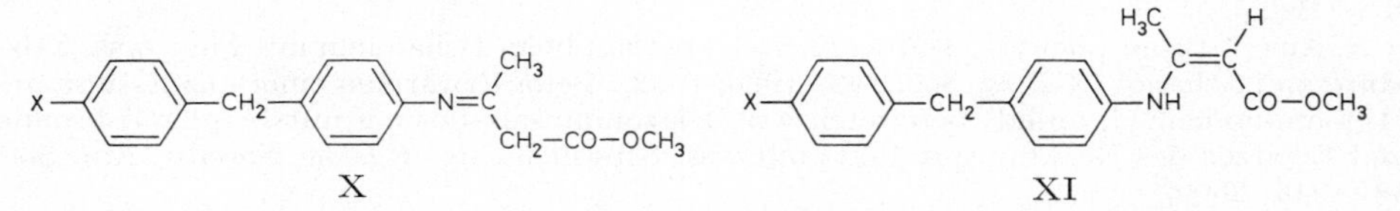

X XI

4-Acetoacetylamino-1-[4-chlor-benzyl]-benzol, Acetessigsäure-[4-(4-chlor-benzyl)-anilid], α-(p-*chlorophenyl*)*acetoaceto*-p-*toluidide* $C_{17}H_{16}ClNO_2$, Formel IX (R = $CO\text{-}CH_2\text{-}CO\text{-}CH_3$, X = Cl) und Tautomeres.

B. Beim Erwärmen von 4-[4-Chlor-benzyl]-anilin mit Diketen (2-Hydroxy-buten-(1)-säure-(4)-lacton) in Benzol (*Kaslow*, *Stayner*, Am. Soc. **70** [1948] 3350).

Krystalle (aus Bzl. + Bzn. oder A.); F: 109–111°.

Charakterisierung als 2.4-Dinitro-phenylhydrazon (F: 174–176°): *Ka.*, *St.*

3-Brom-4-benzyl-anilin, *3-bromo-α-phenyl*-p-*toluidine* $C_{13}H_{12}BrN$, Formel XII (R = H).

B. Aus Essigsäure-[3-brom-4-benzyl-anilid] (*Waters*, Soc. **1933** 1060, 1063).

Als *N*-Benzoyl-Derivat (s. u.) charakterisiert.

Essigsäure-[3-brom-4-benzyl-anilid], *3'-bromo-α-phenylaceto*-p-*toluidide* $C_{15}H_{14}BrNO$, Formel XII (R = $CO\text{-}CH_3$).

Diese Verbindung (Krystalle [aus A.]; F: 194°) ist einmal beim Erwärmen von Essigsäure-[4-benzyl-anilid] mit Brom in Essigsäure unter Zusatz von Natriumacetat erhalten worden (*Waters*, Soc. **1933** 1060, 1063).

Benzoesäure-[3-brom-4-benzyl-anilid], *3'-bromo-α-phenylbenzo*-p-*toluidide* $C_{20}H_{16}BrNO$, Formel XII (R = $CO\text{-}C_6H_5$).

B. Aus 3-Brom-4-benzyl-anilin (*Waters*, Soc. **1933** 1060, 1063).

Krystalle (aus A.); F: 166°.

2-Brom-4-benzyl-anilin, *2-bromo-α-phenyl*-p-*toluidine* $C_{13}H_{12}BrN$, Formel XIII (R = X = H).

B. Aus Essigsäure-[2-brom-4-benzyl-anilid] beim Erwärmen mit Bromwasserstoff in Äthanol (*Waters*, Soc. **1933** 1060, 1062).

Kp_{15}: 204–208°.

Beim Behandeln mit Brom in Essigsäure unter Zusatz von Natriumacetat ist 2.6-Dibrom-4-benzyl-anilin erhalten worden.

Hydrobromid $C_{13}H_{12}BrN \cdot HBr$. Krystalle (aus wss. Bromwasserstoffsäure); F: 216° [Zers.].

Essigsäure-[2-brom-4-benzyl-anilid], *2'-bromo-α-phenylaceto-*p*-toluidide* $C_{15}H_{14}BrNO$, Formel XIII (R = CO-CH_3, X = H).

B. Aus Essigsäure-[4-benzyl-anilid] beim Behandeln mit Brom in Essigsäure unter Zusatz von Natriumacetat (*Waters*, Soc. **1933** 1060, 1062).

Krystalle (aus Me.); F: 91°.

Beim Erwärmen mit Brom und Natriumacetat in Essigsäure ist 2-Brom-4-benzyl-*N.N*-diacetyl-anilin, bei mehrmonatigem Behandeln mit Brom, Natriumacetat und Essigsäure sind geringe Mengen Essigsäure-[2.6-dibrom-4-(4-brom-benzyl)-anilid] erhalten worden.

2-Brom-4-benzyl-*N.N*-diacetyl-anilin, *N*-[2-Brom-4-benzyl-phenyl]-diacetamid, N-*(2-bromo-α-phenyl-*p*-tolyl)diacetamide* $C_{17}H_{16}BrNO_2$, Formel XIII (R = X = CO-CH_3).

B. Aus Essigsäure-[4-benzyl-anilid] oder aus Essigsäure-[2-brom-4-benzyl-anilid] beim Erwärmen mit Brom und Natriumacetat in Essigsäure (*Waters*, Soc. **1933** 1060, 1063).

Krystalle (aus Me.); F: 112°.

Benzoesäure-[2-brom-4-benzyl-anilid], *2'-bromo-α-phenylbenzo-*p*-toluidide* $C_{20}H_{16}BrNO$, Formel XIII (R = CO-C_6H_5, X = H).

B. Aus Benzoesäure-[4-benzyl-anilid] und Brom in Essigsäure in Gegenwart von Natriumacetat (*Waters*, Soc. **1933** 1060, 1062). Aus 2-Brom-4-benzyl-anilin und Benzoylchlorid (*Wa.*).

Krystalle (aus A.); F: 97°.

4-[4-Brom-benzyl]-anilin, *α-(*p*-bromophenyl)-*p*-toluidine* $C_{13}H_{12}BrN$, Formel IX (R = H, X = Br).

B. Aus [4-Brom-phenyl]-[4-nitro-phenyl]-methan beim Behandeln mit Zinn, wss. Salzsäure und Äthanol (*Waters*, Soc. **1933** 1060, 1062). Beim Erwärmen einer aus Essigsäure-[4-(4-amino-benzyl)-anilid] bereiteten wss. Diazoniumsalz-Lösung mit Kupfer(I)-bromid und Erhitzen des Reaktionsprodukts mit wss. Schwefelsäure (*Kaslow, Stayner*, Am. Soc. **68** [1946] 2600).

F: 50—51° (*Ka., St.*). Kp_{15}: 226—230° (*Wa.*); Kp_6: 194—195° (*Ka., St.*).

4-Acetamino-1-[4-brom-benzyl]-benzol, Essigsäure-[4-(4-brom-benzyl)-anilid], *α-(*p*-bromophenyl)aceto-*p*-toluidide* $C_{15}H_{14}BrNO$, Formel IX (R = CO-CH_3, X = Br).

B. Aus 4-[4-Brom-benzyl]-anilin und Acetanhydrid in Methanol (*Kaslow, Stayner*, Am. Soc. **68** [1946] 2600).

Krystalle (aus A.); F: 173—173,5°.

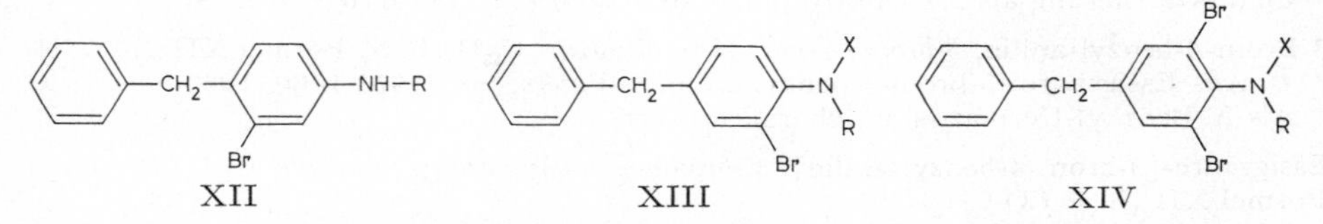

4-Benzamino-1-[4-brom-benzyl]-benzol, Benzoesäure-[4-(4-brom-benzyl)-anilid], *α-(*p*-bromophenyl)benzo-*p*-toluidide* $C_{20}H_{16}BrNO$, Formel IX (R = CO-C_6H_5, X = Br).

B. Aus 4-[4-Brom-benzyl]-anilin (*Waters*, Soc. **1933** 1060, 1062).

Krystalle (aus A.); F: 181°.

3-[4-(4-Brom-benzyl)-phenylimino]-buttersäure-methylester, *3-[α-(*p*-bromophenyl)-*p*-tolylimino]butyric acid methyl ester* $C_{18}H_{18}BrNO_2$, Formel X (X = Br), und
3-[4-(4-Brom-benzyl)-anilino]-crotonsäure-methylester, *3-[α-(*p*-bromophenyl)-*p*-toluidino]crotonic acid methyl ester* $C_{18}H_{18}BrNO_2$, Formel IX (R = C(CH_3)=CH-CO-OCH_3, X = Br).

Die nachstehend beschriebene Verbindung ist wahrscheinlich als **3-[4-(4-Brom-benzyl)-anilino]-*trans*-crotonsäure-methylester** (Formel XI [X = Br]) zu formulieren (vgl. diesbezüglich *Werner*, Tetrahedron **27** [1971] 1755).

B. Beim Erhitzen von 4-[4-Brom-benzyl]-anilin mit Acetessigsäure-methylester in Dichlormethan unter Zusatz von wss. Salzsäure (*Kaslow, Stayner,* Am. Soc. **70** [1948] 3350).

Krystalle (aus Bzl. + Bzn.); F: 101—102,5° (*Ka., St.*).

4-Acetoacetylamino-1-[4-brom-benzyl]-benzol, Acetessigsäure-[4-(4-brom-benzyl)-anilid], α-(p-*bromophenyl)acetoaceto*-p-*toluidide* $C_{17}H_{16}BrNO_2$, Formel IX (R = $CO\text{-}CH_2\text{-}CO\text{-}CH_3$, X = Br) [auf S. 3217] und Tautomeres.

B. Beim Erwärmen von 4-[4-Brom-benzyl]-anilin mit Diketen (2-Hydroxy-buten-(1)-säure-(4)-lacton) in Benzol (*Kaslow, Stayner,* Am. Soc. **70** [1948] 3350).

Krystalle (aus Bzl. + Bzn. oder aus A.); F: 123—126°.

Charakterisierung als 2.4-Dinitro-phenylhydrazon (F: 183—185°): *Ka., St.*

2.6-Dibrom-4-benzyl-anilin, *2,6-dibromo-α-phenyl*-p-*toluidine* $C_{13}H_{11}Br_2N$, Formel XIV (R = X = H).

B. Aus 4-Benzyl-anilin und Brom (2 Mol) in Essigsäure (*Waters,* Soc. **1933** 1060, 1062). Aus 2-Brom-4-benzyl-anilin und Brom in Essigsäure in Gegenwart von Natriumacetat (*Wa.*).

Krystalle (aus A.); F: 92°. Gemische mit 6-Brom-2-jod-4-benzyl-anilin schmelzen bei der gleichen Temperatur.

Beim Erwärmen mit Brom in Essigsäure ist 2.4.6-Tribrom-anilin, beim Erwärmen mit Brom in Tetrachlormethan oder Chloroform ist Benzaldehyd erhalten worden.

2.6-Dibrom-4-benzyl-*N.N*-diacetyl-anilin, *N*-[2.6-Dibrom-4-benzyl-phenyl]-diacetamid, N-(*2,6-dibromo-α-phenyl*-p-*tolyl)diacetamide* $C_{17}H_{15}Br_2NO_2$, Formel XIV (R = X = $CO\text{-}CH_3$).

B. Aus 2.6-Dibrom-4-benzyl-anilin (*Waters,* Soc. **1933** 1060, 1062).

Krystalle (aus A.); F: 116°.

Benzoesäure-[2.6-dibrom-4-benzyl-anilid], *2′,6′-dibromo-α-phenylbenzo*-p-*toluidide* $C_{20}H_{15}Br_2NO$, Formel XIV (R = $CO\text{-}C_6H_5$, X = H).

B. Aus 2.6-Dibrom-4-benzyl-anilin (*Waters,* Soc. **1933** 1060, 1062).

Krystalle (aus A.); F: 222°.

3-Brom-4-benzamino-1-[4-brom-benzyl]-benzol, Benzoesäure-[2-brom-4-(4-brom-benzyl)-anilid], *2′-bromo-α-*(p-*bromophenyl)benzo*-p-*toluidide* $C_{20}H_{15}Br_2NO$, Formel I (R = $CO\text{-}C_6H_5$, X = H).

B. Aus Benzoesäure-[4-(4-brom-benzyl)-anilid] und Brom (*Waters,* Soc. **1933** 1060, 1063).

Krystalle (aus A.); F: 135°.

2.6-Dibrom-4-[4-brom-benzyl]-anilin, *2,6-dibromo-α-*(p-*bromophenyl)*-p-*toluidine* $C_{13}H_{10}Br_3N$, Formel I (R = H, X = Br).

B. Aus 4-[4-Brom-benzyl]-anilin und Brom in Essigsäure in Gegenwart von Natrium=acetat (*Waters,* Soc. **1933** 1060, 1062).

Krystalle (aus A.); F: 141°.

Beim Erwärmen mit Brom in Tetrachlormethan sind 2.4.6-Tribrom-anilin und 4-Brom-benzaldehyd erhalten worden.

3.5-Dibrom-4-acetamino-1-[4-brom-benzyl]-benzol, Essigsäure-[2.6-dibrom-4-(4-brom-benzyl)-anilid], *2′,6′-dibromo-α-*(p-*bromophenyl)aceto*-p-*toluidide* $C_{15}H_{12}Br_3NO$, Formel I (R = $CO\text{-}CH_3$, X = Br).

B. Aus Essigsäure-[2-brom-4-benzyl-anilid] bei mehrmonatigem Behandeln mit Brom in Essigsäure in Gegenwart von Natriumacetat (*Waters,* Soc. **1933** 1060, 1063).

Krystalle (aus Me.); F: 209°.

6-Brom-2-jod-4-benzyl-anilin, *2-bromo-6-iodo-α-phenyl*-p-*toluidine* $C_{13}H_{11}BrIN$, Formel II (R = H, X = Br).

B. Aus 2-Brom-4-benzyl-anilin beim Behandeln mit Kaliumjodid, Natriumjodat und wss.-äthanol. Salzsäure (*Waters,* Soc. **1933** 1060, 1063).

Krystalle (aus A.); F: 91°. Gemische mit 2.6-Dibrom-4-benzyl-anilin schmelzen bei der gleichen Temperatur.

2.6-Dijod-4-benzyl-anilin, *2,6-diiodo-α-phenyl-*p*-toluidine* $C_{13}H_{11}I_2N$, Formel II (R = H, X = I).

B. Aus 4-Benzyl-anilin beim Behandeln mit Kaliumjodid, Natriumjodat und wss.-äthanol. Salzsäure (*Waters*, Soc. **1933** 1060, 1063).

Krystalle (aus A.); F: 137°.

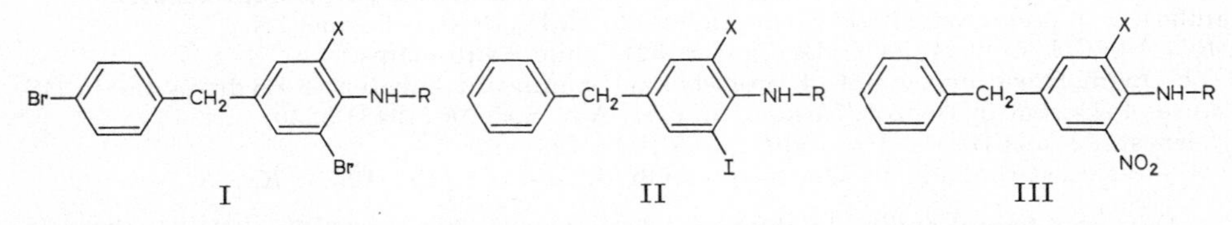

Benzoesäure-[2.6-dijod-4-benzyl-anilid], *2',6'-diiodo-α-phenylbenzo-*p*-toluidide* $C_{20}H_{15}I_2NO$, Formel II (R = CO-C_6H_5, X = I).

B. Aus 2.6-Dijod-4-benzyl-anilin (*Waters*, Soc. **1933** 1060, 1063).

Krystalle (aus A.); F: 257°.

2-Nitro-4-benzyl-anilin, *2-nitro-α-phenyl-*p*-toluidine* $C_{13}H_{12}N_2O_2$, Formel III (R = X = H).

B. Aus Essigsäure-[2-nitro-4-benzyl-anilid] beim Erhitzen mit wss.-äthanol. Schwefelsäure (*Waters*, Soc. **1935** 1875).

Orangefarbene Krystalle (aus Me.); F: 78°.

Essigsäure-[2-nitro-4-benzyl-anilid], *2'-nitro-α-phenylaceto-*p*-toluidide* $C_{15}H_{14}N_2O_3$, Formel III (R = CO-CH_3, X = H).

B. Aus Essigsäure-[4-benzyl-anilid] beim Behandeln mit Kupfer(II)-nitrat-trihydrat und Acetanhydrid (*Waters*, Soc. **1935** 1875).

Gelbe Krystalle (aus wss. Me.); F: 99°.

Beim Behandeln mit Schwefelsäure, Essigsäure und Salpetersäure ist Essigsäure-[2-nitro-4-(4-nitro-benzyl)-anilid], beim Behandeln mit Kupfer(II)-nitrat-trihydrat und Acetanhydrid ist daneben Essigsäure-[2.6-dinitro-4-benzyl-anilid] erhalten worden.

***N.N*-Dimethyl-4-[4-nitro-benzyl]-anilin,** N,N-*dimethyl-α-(*p*-nitrophenyl)-*p*-toluidine* $C_{15}H_{16}N_2O_2$, Formel IV.

B. Beim Erhitzen von 4-Nitro-benzylchlorid mit *N.N*-Dimethyl-anilin in Essigsäure (*Ismail'skiĭ, Šurkow, Wolodina,* Ž. obšč. Chim. **13** [1943] 834, 844; C. A. **1945** 1406).

Hellgelbe Krystalle (aus Py.); F: 189°.

6-Brom-2-nitro-4-benzyl-anilin, *2-bromo-6-nitro-α-phenyl-*p*-toluidine* $C_{13}H_{11}BrN_2O_2$, Formel III (R = H, X = Br).

B. Aus 2-Nitro-4-benzyl-anilin und Brom in Essigsäure (*Waters*, Soc. **1935** 1875).

Orangegelbe Krystalle (aus wss. Me.); F: 71°.

Essigsäure-[2.6-dinitro-4-benzyl-anilid], *2',6'-dinitro-α-phenylaceto-*p*-toluidide* $C_{15}H_{13}N_3O_5$, Formel III (R = CO-CH_3, X = NO_2).

B. Neben Essigsäure-[2-nitro-4-(4-nitro-benzyl)-anilid] beim Behandeln von Essigsäure-[2-nitro-4-benzyl-anilid] mit Kupfer(II)-nitrat-trihydrat und Acetanhydrid (*Waters*, Soc. **1935** 1875).

Gelbe Krystalle (aus Me.); F: 81—82°.

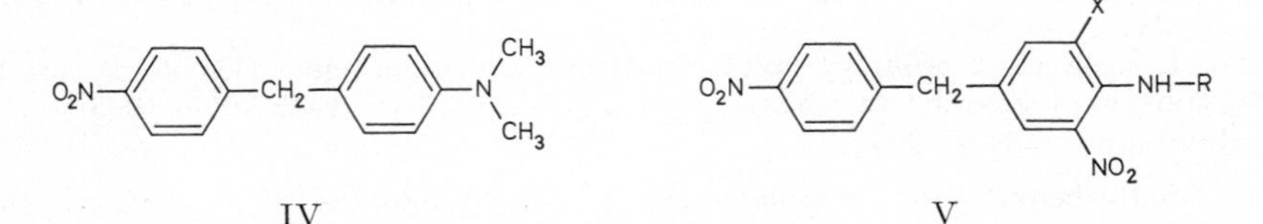

2-Nitro-4-[4-nitro-benzyl]-anilin, *2-nitro-α-(*p*-nitrophenyl)-*p*-toluidine* $C_{13}H_{11}N_3O_4$, Formel V (R = X = H).

B. Aus Essigsäure-[2-nitro-4-(4-nitro-benzyl)-anilid] (*Waters*, Soc. **1933** 1060, 1064).

Orangerote Krystalle (aus wss. A.); F: 122°.

3-Nitro-4-acetamino-1-[4-nitro-benzyl]-benzol, Essigsäure-[2-nitro-4-(4-nitro-benzyl)-anilid], *2'-nitro-α-(p-nitrophenyl)aceto-p-toluidide* $C_{15}H_{13}N_3O_5$, Formel V (R = CO-CH_3, X = H).

B. Aus Essigsäure-[4-benzyl-anilid] oder aus Essigsäure-[2-nitro-4-benzyl-anilid] beim Behandeln mit Schwefelsäure, Essigsäure und Salpetersäure (*Waters*, Soc. **1933** 1060, 1064, **1935** 1875).

Gelbe Krystalle (aus Me.); F: 150°.

6-Brom-2-nitro-4-[4-nitro-benzyl]-anilin, *2-bromo-6-nitro-α-(p-nitrophenyl)-p-toluidine* $C_{13}H_{10}BrN_3O_4$, Formel V (R = H, X = Br).

B. Aus 2-Nitro-4-[4-nitro-benzyl]-anilin und Brom (*Waters*, Soc. **1933** 1060, 1064).

Orangefarbene Krystalle (aus Acn.); F: 181°.

[*Ritter*]

Benzhydrylamin, *benzhydrylamine* $C_{13}H_{13}N$, Formel VI (X = H) auf S. 3223 (H 1323; E I 548; E II 768).

B. Aus Benzophenon-oxim bei der Hydrierung an Nickel/Kieselgur in Äther, Äthanol oder Methylcyclohexan bei 100—125°/100—150 at (*Winans, Adkins*, Am. Soc. **55** [1933] 2051, 2056, 2057), bei der Hydrierung an Raney-Nickel in Äthanol unter Druck bei 75° (*Hauser, Flur, Kantor*, Am. Soc. **71** [1949] 294; *Paul*, Bl. [5] **4** [1937] 1121, 1125), beim Behandeln einer äther. Lösung mit amalgamiertem Aluminium und Wasser (*Cerchez, Dumitresco-Colesiu*, Bl. [5] **1** [1935] 853, 855), beim Behandeln einer äthanol. Lösung mit Ammonium-Amalgam (*Takaki, Ueda*, J. pharm. Soc. Japan **58** [1938] 276, 280; C. A. **1938** 5376) sowie beim Erwärmen mit Äthanol und Natrium (*Ingold, Wilson*, Soc. **1933** 1493, 1501). Aus Benzophenon-imin bei der Hydrierung an Nickel (*Cantarel*, C. r. **210** [1940] 403). Beim Erhitzen von Benzophenon mit Ammoniumformiat auf 160° und Erwärmen des Reaktionsgemisches mit wss. Salzsäure (*Crossley, Moore*, J. org. Chem. **9** [1944] 529, 533).

Kp_{16}: 169—171° (*Paul*); Kp_{13}: 164—167° (*Wi., Ad.*); $Kp_{3,5}$: 134—135°; Kp_1: 125—127° (*Hau., Flur, Ka.*). Raman-Spektrum: *Cantarel*, C. r. **210** [1940] 480, 481. Elektrolytische Dissoziation des Benzhydrylammonium-Ions in wss.-äthanol. Salzsäure: *Holley, Holley*, Am. Soc. **71** [1949] 2124, 2125.

Überführung in Benzophenon-imin durch Leiten im Gemisch mit Stickstoff über Nickel bei 260°: *Mignonac*, A. ch. [11] **2** [1934] 225, 258. Bildung von Benzophenon beim Erhitzen des Hydrochlorids mit Quecksilber(II)-oxid auf 135°: *Hellerman*, Am. Soc. **68** [1946] 825, 827. Bildung von Diphenylessigsäure bei 2-monatigem Schütteln mit Kalium in Äther unter Stickstoff und anschliessendem Behandeln mit Kohlendioxid: *Stoelzel*, B. **74** [1941] 982, 985. Beim Behandeln mit Kaliumamid in flüssigem Ammoniak und Behandeln des Reaktionsprodukts mit Kohlendioxid in Äther bzw. mit Kohlendioxid in Dioxan ist Amino-diphenyl-essigsäure bzw. Benzhydrylcarbamidsäure erhalten worden (*Hauser, Flur, Kantor*, Am. Soc. **71** [1949] 294).

2-Nitro-indandion-(1.3)-Salz $C_{13}H_{13}N \cdot C_9H_5NO_4$. Gelbliche Krystalle (aus A.); F: 205° (*Wanag, Lode*, B. **70** [1937] 547, 552).

(1*R*)-3*endo*-Brom-2-oxo-bornan-sulfonat-(8) $C_{13}H_{13}N \cdot C_{10}H_{15}BrO_4S$. Krystalle (aus A.); F: 236—238° [Zers.]; $[\alpha]_D^{30}$: +62,1° [A.; c = 3,5] (*Adams, Tarbell*, Am. Soc. **60** [1938] 1260).

(±)-2.3.4.5.6-Pentadeuterio-benzhydrylamin, *(±)-2,3,4,5,6-pentadeuteriobenzhydrylamine* $C_{13}H_8D_5N$, Formel VI (X = D) auf S. 3223.

B. Aus 2.3.4.5.6-Pentadeuterio-benzophenon-oxim beim Erwärmen mit wss. Alkalilauge und Natrium-Amalgam (*Clemo, McQuillen*, Soc. **1936** 808).

Kp_1: 135—140° (*Clemo, Swan*, Soc. **1939** 1960).

Versuche zur Zerlegung in die Enantiomeren mit Hilfe von L_g-Weinsäure, D_g-Weinsäure und (1*R*)-3*endo*-Brom-2-oxo-bornan-sulfonsäure-(8): *Cl., McQ.*; *Cl., Swan*; *Adams, Tarbell*, Am. Soc. **60** [1938] 1260.

Oxalat $2C_{13}H_8D_5N \cdot C_2H_2O_4$. F: 204—205° (*Cl., Swan*), 204° (*Cl., McQ.*).

Methyl-benzhydryl-amin, *N-methylbenzhydrylamine* $C_{14}H_{15}N$, Formel VII (R = CH_3, X = H) auf S. 3223 (H 1324; E I 548).

B. Beim Behandeln von Benzophenon mit Methylamin in Äthanol und Behandeln des Reaktionsprodukts mit Äthanol und Natrium (*Ogata, Konishi, Hayashi*, J. pharm. Soc. Japan **54** [1934] 550, 556). Beim Erhitzen von Benzophenon mit Methylamin und wasser-

haltiger Ameisensäure auf 200° (*Goodson, Wiegand, Splitter*, Am. Soc. **68** [1946] 2174).
Kp_4: 158° (*Goo., Wie., Sp.*).

Dimethyl-benzhydryl-amin, N,N-*dimethylbenzhydrylamine* $C_{15}H_{17}N$, Formel VII (R = X = CH_3) (E II 769).

B. Beim Erwärmen von (±)-Dimethylamino-phenyl-acetonitril mit Phenylmagnesium=bromid in Äther (*Stevens, Cowan, MacKinnon*, Soc. **1931** 2568, 2571). Neben Benzo=phenon beim Erhitzen von Benzhydrylamin-hydrochlorid mit wss. Formaldehyd auf 130° (*Stevens*, Soc. **1930** 2107, 2114). Beim Behandeln einer Lösung von Benzhydrylbromid in Benzol mit Dimethylamin in Äthanol und Erwärmen des Reaktionsgemisches mit Natri=um-Amalgam (*Stoelzel*, B. **74** [1941] 982, 985).

Krystalle; F: 72° [aus A.] (*Stoe.*), 68—69° (*Ste.*).

Bei mehrtägigem Schütteln mit Kalium in Äther unter Stickstoff und anschliessendem Behandeln mit Kohlendioxid ist Diphenylessigsäure erhalten worden (*Stoe.*). Reaktion mit Phenacylbromid in Benzol unter Bildung von 2-Dimethylamino-1.1.3-triphenyl-propanon-(3): *Ste.*

Hydrobromid $C_{15}H_{17}N \cdot HBr \cdot H_2O$. Krystalle; F: 215° [aus A. + Ae.] (*Ste.*), 206° [aus W.] (*Hughes, Ingold*, Soc. **1933** 69, 75).

Pikrat $C_{15}H_{17}N \cdot C_6H_3N_3O_7$. Krystalle; F: 196—198° [aus Me.] (*Ste.*), 196° [aus W.] (*Hu., In.*).

Trimethyl-benzhydryl-ammonium, *benzhydryltrimethylammonium* $[C_{16}H_{20}N]^{\oplus}$, Formel VIII (R = X = CH_3) (E II 769).

Bromid $[C_{16}H_{20}N]Br$. *B.* Aus Benzhydrylbromid und Trimethylamin in Acetonitril (*Hughes, Ingold*, Soc. **1933** 69, 72). — F: 154,5—155° (*Wittig, Mangold, Felletschin*, A. **560** [1948] 116, 123), ca. 145° (*Hu., In.*). — Beim Schütteln einer wss. Lösung mit Silberoxid und Erhitzen der Reaktionslösung unter Stickstoff sind Methanol, Benzhydrol, Dibenz=hydryläther, Trimethylamin, Dimethyl-benzhydryl-amin und Dimethyl-[1.1-diphenyl-äthyl]-amin (*Hu., In.*, l. c. S. 70, 73) sowie Methyl-benzhydryl-äther und Dimethyl-[2-benzyl-benzyl]-amin (*Sommelet*, C. r. **205** [1937] 56) erhalten worden. Bildung von Trimethylamin, Dimethyl-[1.1-diphenyl-äthyl]-amin, 1.1.2.2-Tetraphenyl-äthan und Di=methyl-[2.2-diphenyl-1-(2-benzyl-phenyl)-äthyl]-amin (?) (F: 177,5—179,5° [S. 3413]) beim Schütteln mit Phenyllithium in Äther unter Stickstoff und anschliessenden Be-handeln mit Wasser: *Wi., Ma., Fe.*

Tribromid $[C_{16}H_{20}N]Br_3$. Gelbe Krystalle (aus $CHCl_3$); F: 138° (*Hu., In.*, l. c. S. 73).

Jodid. F: 170—175° [Zers.] (*Hu., In.*), 167° (*Wi., Ma., Fe.*).

Pikrat $[C_{16}H_{20}N]C_6H_2N_3O_7$. Krystalle (aus W.); F: 152° [Zers.] (*Hu., In.*).

Äthyl-benzhydryl-amin, N-*ethylbenzhydrylamine* $C_{15}H_{17}N$, Formel VII (R = C_2H_5, X = H) (H 1324).

B. Neben Diäthyl-benzhydryl-amin beim Erwärmen von Benzhydrylamin mit Äthyl=bromid in Toluol unter Zusatz von wss. Kaliumcarbonat-Lösung (*Ogata, Konishi, Hayashi*, J. pharm. Soc. Japan **54** [1934] 550, 552, 556). Aus Äthyl-benzhydryliden-amin mit Hilfe von Äthanol und Natrium (*Campbell, Campbell*, J. org. Chem. **9** [1944] 178, 180).

Kp_{12}: 155—157°; n_D^{20}: 1,5698 (*Ca., Ca.*).

Hydrochlorid $C_{15}H_{17}N \cdot HCl$. F: 248° (*Og., Ko., Ha.*), 246—247° (*Ca., Ca.*).

Methyl-[2-chlor-äthyl]-benzhydryl-amin, N-(*2-chloroethyl*)-N-*methylbenzhydrylamine* $C_{16}H_{18}ClN$, Formel VII (R = CH_2-CH_2Cl, X = CH_3).

B. Aus 2-[Methyl-benzhydryl-amino]-äthanol-(1) beim Behandeln mit Thionylchlorid in Chloroform (*Cromwell, Fitzgibbon*, Am. Soc. **70** [1948] 387).

Hydrochlorid $C_{16}H_{18}ClN \cdot HCl$. Krystalle (aus A. + Ae.); F: 191°.

Dimethyl-äthyl-benzhydryl-ammonium, *benzhydrylethyldimethylammonium* $[C_{17}H_{22}N]^{\oplus}$, Formel VIII (R = CH_3, X = C_2H_5).

Jodid $[C_{17}H_{22}N]I$. *B.* Beim Erwärmen von Dimethyl-benzhydryl-amin mit Äthyljodid in Acetonitril (*Hughes, Ingold*, Soc. **1933** 69, 73). — Krystalle (aus W.).

Pikrat $[C_{17}H_{22}N]C_6H_2N_3O_7$. Krystalle (aus wss. Acn.); F: 141° (*Hu., In.*).

Diäthyl-benzhydryl-amin, N,N-*diethylbenzhydrylamine* $C_{17}H_{21}N$, Formel VII (R = X = C_2H_5) (E II 769).

B. Beim Erwärmen von Benzhydrylbromid mit Diäthylamin und Kaliumcarbonat in Benzol (*Titow*, Ž. obšč. Chim. **18** [1948] 1312, 1317; C. A. **1949** 4217). Neben Äthyl-benz=

hydryl-amin beim Erwärmen von Benzhydrylamin mit Äthylbromid in Toluol unter Zusatz von wss. Kaliumcarbonat-Lösung (*Ogata, Konishi, Hayashi*, J. pharm. Soc. Japan **54** [1934] 550, 552). Neben Benzaldehyd und Benzhydrol beim Behandeln von *N.N*-Diäthyl-formamid mit Phenylmagnesiumbromid (3 Mol) in Äther und Behandeln des Reaktionsprodukts mit wss. Ammoniumchlorid-Lösung (*Maxim, Mavrodineanu*, Bl. [5] **3** [1936] 1084, 1092).

Krystalle; F: 61° [aus PAe.] (*Og., Ko., Ha.*), 60–61° [aus Me.] (*Ti.*). Kp_{17}: 170° (*Ma., Ma.*).

Hydrochlorid $C_{17}H_{21}N \cdot HCl$. Krystalle (aus A.); F: 196° (*Og., Ko., Ha.*), 194–195° (*Ogata, Konishi*, J. pharm. Soc. Japan **54** [1934] 546, 547; dtsch. Ref. S. 93; C. A. **1937** 63). Löslichkeit in Wasser bei 15°: 6,67% (*Og., Ko., Ha.*).

Hydrobromid. F: 211° [Zers.] (*Og., Ko.*).

Hydrojodid $C_{17}H_{21}N \cdot HI$. F: 217° [Zers.] (*Og., Ko.*).

Nitrat $C_{17}H_{21}N \cdot HNO_3$. F: 194–195° (*Og., Ko., Ha.*).

Pikrat $C_{17}H_{21}N \cdot C_6H_3N_3O_7$. Krystalle (aus wss. A.); F: 190–191° (*Ti.*).

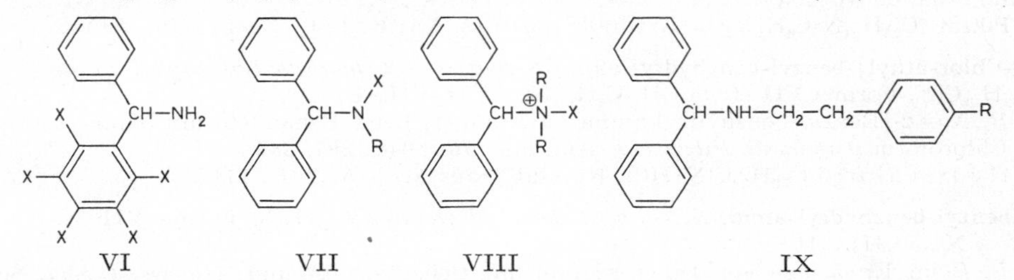

Propyl-benzhydryl-amin, N-*propylbenzhydrylamine* $C_{16}H_{19}N$, Formel VII ($R = CH_2\text{-}CH_2\text{-}CH_3$, $X = H$).

B. Beim Erwärmen von Propyl-benzyliden-amin mit Phenylmagnesiumbromid in Äther (*Campbell et al.*, Am. Soc. **70** [1948] 3868).

Kp_3: 144–146°. n_D^{20}: 1,5616.

Hydrochlorid $C_{16}H_{19}N \cdot HCl$. Krystalle (aus A. + Ae.); F: 233–234° [Zers.].

Butyl-benzhydryl-amin, N-*butylbenzhydrylamine* $C_{17}H_{21}N$, Formel VII ($R = [CH_2]_3\text{-}CH_3$, $X = H$).

B. Beim Erwärmen von Butyl-benzyliden-amin mit Phenylmagnesiumbromid in Äther (*Campbell et al.*, Am. Soc. **70** [1948] 3868).

Kp_3: 151–155°. n_D^{20}: 1,5537.

Hydrochlorid $C_{17}H_{21}N \cdot HCl$. Krystalle (aus A. + Ae.); F: 195–197° [Zers.].

***N*-Benzhydryl-anilin,** N-*phenylbenzhydrylamine* $C_{19}H_{17}N$, Formel VII ($R = C_6H_5$, $X = H$) (H 1324; E I 548; E II 769).

B. Beim Behandeln von Formanilid mit Phenylmagnesiumbromid in Äther (*Grammaticakis*, C. r. **210** [1940] 716). Beim Behandeln von Benzaldehyd-[*O*-carbamoyl-oxim] (E III **7** 843) mit Phenylmagnesiumbromid in Äther (*Gr.*). Aus Benzophenon-phenylimin beim Erwärmen mit Magnesium und Methanol (*Bachmann*, Am. Soc. **53** [1931] 2672, 2674) oder mit Thio-*p*-kresol in Xylol (*Gilman, Dickey*, Am. Soc. **52** [1930] 4573, 4575).

F: 58° (*Gr.*). Kp_{14}: 225° (*Gr.*).

Beim Erhitzen mit wss. Salzsäure auf 150° sind 4-Benzhydryl-anilin, 4.*N.N*-Tribenz= hydryl-anilin und Tetraphenyläthylen erhalten worden (*Cantarel*, C. r. **226** [1948] 931, **227** [1948] 286). Bildung von Diphenylmethan beim Erwärmen mit wss. Salzsäure und amalgamiertem Zink: *Gazopoulos*, Praktika Akad. Athen **7** [1932] 47, 49; C. **1933** II 43. Bildung von Benzophenon-phenylimin sowie geringen Mengen Anilin und Thiobenzo= phenon beim Erhitzen mit Schwefel bis auf 225°: *Rosser, Ritter*, Am. Soc. **59** [1937] 2179.

Verbindung mit Benzophenon-phenylimin $C_{19}H_{17}N \cdot C_{19}H_{15}N$ (E II 769; dort als „Verbindung $C_{38}H_{32}N_2$" bezeichnet). Krystalle (aus A.); F: 84° (*Bachmann*, Am. Soc. **53** [1931] 2672, 2674).

Benzyl-benzhydryl-amin, N-*benzylbenzhydrylamine* $C_{20}H_{19}N$, Formel VII ($R = CH_2\text{-}C_6H_5$, $X = H$).

B. Aus Benzyl-benzyliden-amin und Phenylmagnesiumbromid (*Grammaticakis*, C. r. **207**

[1938] 1224). Aus Benzhydryl-benzyliden-amin beim Erwärmen mit Äthanol und Natrium (*Ogata, Niinobu*, J. pharm. Soc. Japan **56** [1936] 497, 499; C. A. **1936** 7698; *Lespagnol, Dicop, Vanlerenberghe*, Bl. Soc. Pharm. Lille **1945** 49).

$Kp_{<1}$: 181° (*Gr.*).

Hydrochlorid $C_{20}H_{19}N \cdot HCl$. Krystalle; F: 237—238° [aus W.] (*Og., Ni.*), 230° [Zers.] (*Gr.*), 226° [aus A.] (*Le., Di., Va.*). 100 ml einer bei 15° gesättigten wss. Lösung enthalten 0,7 g (*Og., Ni.*).

Nitrat $C_{20}H_{19}N \cdot HNO_3$. F: 206° (*Gr.*).

Dimethyl-benzyl-benzhydryl-ammonium, *benzhydrylbenzyldimethylammonium* $[C_{22}H_{24}N]^{\oplus}$, Formel VIII (R = CH_3, X = CH_2-C_6H_5).

Bromid $[C_{22}H_{24}N]Br$. *B.* Aus Dimethyl-benzyl-amin und Benzhydrylbromid in Acetonitril (*Hughes, Ingold*, Soc. **1933** 69, 74). — Krystalle (aus W.) mit 1 Mol H_2O; F: ca. 125° [Zers.]. — Beim Behandeln mit Silberoxid in Wasser und Erhitzen der Reaktionslösung sind Methanol, Benzhydrol, Dimethyl-benzyl-amin und Dimethyl-[1.1.2-triphenyl-äthyl]-amin erhalten worden.

Pikrat $[C_{22}H_{24}N]C_6H_2N_3O_7$. Krystalle (aus wss. A.); F: 149° [Zers.] (*Hu., In.*).

[2-Chlor-äthyl]-benzyl-benzhydryl-amin, N-*benzyl*-N-(*2-chloroethyl*)*benzhydrylamine* $C_{22}H_{22}ClN$, Formel VII (R = CH_2-C_6H_5, X = CH_2-CH_2Cl).

B. Aus 2-[Benzyl-benzhydryl-amino]-äthanol-(1) beim Behandeln mit Thionylchlorid in Chloroform (*Cromwell, Fitzgibbon*, Am. Soc. **70** [1948] 387, 388).

Hydrochlorid $C_{22}H_{22}ClN \cdot HCl$. Krystalle (aus A. + Ae.); F: 171°.

Dibenzyl-benzhydryl-amin, N,N-*dibenzylbenzhydrylamine* $C_{27}H_{25}N$, Formel VII (R = X = CH_2-C_6H_5).

B. Beim Erwärmen von Dibenzylamin mit Benzhydrylbromid (*Hughes, Ingold*, Soc. **1933** 69, 75).

Krystalle (aus wss. Acn.); F: 129°.

Hydrochlorid $C_{27}H_{25}N \cdot HCl$. F: 180—182°.

Pikrat $C_{27}H_{25}N \cdot C_6H_3N_3O_7$. Krystalle (aus A.); F: 145° [Zers.].

Phenäthyl-benzhydryl-amin, N-*phenethylbenzhydrylamine* $C_{21}H_{21}N$, Formel IX (R = H).

B. Aus Phenäthylamin und Benzhydrylbromid in Benzol (*Ogata, Niinobu*, J. pharm. Soc. Japan **56** [1936] 497, 499; C. A. **1936** 7698).

Krystalle; F: 53° (*Og., Ni.*).

Beim Erhitzen mit wss. Salzsäure sind Benzhydrol und Phenäthylamin erhalten worden (*Cantarel*, C. r. **226** [1948] 931).

Hydrochlorid $C_{21}H_{21}N \cdot HCl$. Krystalle (aus A. + Ae.); F: 253° (*Og., Ni.*).

[4-Methyl-phenäthyl]-benzhydryl-amin, N-(*4-methylphenethyl*)*benzhydrylamine* $C_{22}H_{23}N$, Formel IX (R = CH_3).

B. Beim Erwärmen von Benzhydrylamin mit 4-Methyl-phenäthylbromid (*Speer, Hill*, J. org. Chem. **2** [1937] 139, 144, 147).

Krystalle (aus A.); F: 73,5°. $Kp_{2,5}$: 193—195°.

Hydrochlorid $C_{22}H_{23}N \cdot HCl$. Krystalle (aus wss. A.); F: 256°.

Pikrat $C_{22}H_{23}N \cdot C_6H_3N_3O_7$. Orangegelbe Krystalle (aus wss. A.); F: 155°.

[Naphthyl-(1)]-benzhydryl-amin, N-(*1-naphthyl*)*benzhydrylamine* $C_{23}H_{19}N$, Formel X.

B. Aus [Naphthyl-(1)]-benzhydryliden-amin beim Behandeln mit Lithiumaluminiumhydrid in Äther (*Billman, Tai*, J. org. Chem. **23** [1958] 535, 537).

Krystalle (aus Me.); F: 109,5—110° [unkorr.] (*Bi., Tai*).

Beim Erhitzen mit wss. Salzsäure sind Benzhydrol und Naphthol-(1) erhalten worden (*Cantarel*, C. r. **226** [1948] 931).

Dibenzhydrylamin, *dibenzhydrylamine* $C_{26}H_{23}N$, Formel XI (H 1324; E I 549; E II 770).

B. Aus Benzhydryl-benzhydryliden-amin bei der katalytischen Hydrierung (*Cantarel*, C. r. **210** [1940] 403, 405).

F: 143°.

2-Benzhydrylamino-äthanol-(1), *2-*(*benzhydrylamino*)*ethanol* $C_{15}H_{17}NO$, Formel XII (R = X = H).

Über die Konstitution dieser von *Sutherland et al.* (J. org. Chem. **14** [1949] 235),

Illg, Smolinski (Roczniki Chem. **23** [1949] 418; C. A. **1951** 2888) und von *Protiva, Šustr, Borovička* (Chem. Listy **45** [1951] 43; C. A. **1951** 9010) als 2-Benzhydryloxy-äthylamin angesehenen Verbindung s. *Pailer, Nowotny*, M. **89** [1958] 342.

B. Beim Behandeln einer aus 2-Amino-äthanol-(1) und Natrium hergestellten Lösung mit Benzhydrylbromid (*Su. et al.*, l. c. S. 237) oder mit Benzhydrylchlorid in Benzol (*Illg, Sm.*, l. c. S. 423).

Krystalle (aus Ae. + Bzn.); F: 73—74° (*Su. et al.*). Kp_{12}: 205—213° (*Illg, Sm.*); $Kp_{0,3}$: 150—153° (*Su. et al.*).

Beim Erhitzen mit Benzaldehyd in Toluol und Hydrieren des Reaktionsprodukts an Raney-Nickel bei 115° ist eine ursprünglich als [2-Benzhydryloxy-äthyl]-benzyl-amin angesehene Verbindung $C_{22}H_{23}NO$ (bei 182°—204°/0,4—0,6 Torr destillierbar; n_D^{30}: 1,5912; Hydrobromid $C_{22}H_{23}NO \cdot HBr$: F: 181—182° [korr.; aus A.]) erhalten worden (*Su. et al.*).

Pikronolat $C_{15}H_{17}NO \cdot C_{10}H_8N_4O_5$. Krystalle (aus A.); F: 208—209° [Zers.] (*Illg, Sm.*).

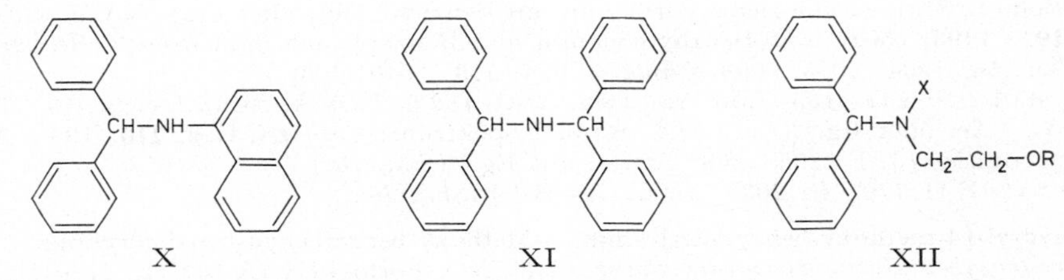

2-[Methyl-benzhydryl-amino]-äthanol-(1), *2-(benzhydrylmethylamino)ethanol* $C_{16}H_{19}NO$, Formel XII (R = H, X = CH_3).

B. Aus Benzhydrylbromid und 2-Methylamino-äthanol-(1) in Benzol (*Cromwell, Fitzgibbon*, Am. Soc. **70** [1948] 387).

Hydrochlorid $C_{16}H_{19}NO \cdot HCl$. Krystalle (aus A. + Ae.); F: 159°.

2-[Benzyl-benzhydryl-amino]-äthanol-(1), *2-(benzhydrylbenzylamino)ethanol* $C_{22}H_{23}NO$, Formel XII (R = H, X = CH_2-C_6H_5).

B. Aus Benzhydrylbromid und 2-Benzylamino-äthanol-(1) in Benzol (*Cromwell, Fitzgibbon*, Am. Soc. **70** [1948] 387).

Hydrochlorid $C_{22}H_{23}NO \cdot HCl$. Krystalle (aus A. + Ae.); F: 179°.

[2-Benzhydryloxy-äthyl]-benzyl-benzhydryl-amin, N-[*2-(benzhydryloxy)ethyl*]-N-*benzyl=benzhydrylamine* $C_{35}H_{33}NO$, Formel XII (R = $CH(C_6H_5)_2$, X = CH_2-C_6H_5).

B. Beim Erhitzen von Benzhydrylbromid mit 2-Benzylamino-äthanol-(1) in Toluol (*Cromwell, Fitzgibbon*, Am. Soc. **70** [1948] 387).

Krystalle (aus A. oder PAe.); F: 109°.

Benzhydryl-benzyliden-amin, Benzaldehyd-benzhydrylimin, N-*benzylidenebenzhydryl=amine* $C_{20}H_{17}N$, Formel I (R = H) (H 1324).

Krystalle (aus A.); F: 101—102° (*Ingold, Wilson*, Soc. **1933** 1493, 1501). Monoklin (*Candel-Vila, Cantarel*, C. r. **210** [1940] 628). Raman-Spektrum: *Cantarel*, C. r. **210** [1940] 480, 482.

Geschwindigkeit der Isomerisierung zu Benzophenon-benzylimin beim Erwärmen mit äthanol. Natriumäthylat-Lösung auf 85° sowie Lage des Gleichgewichts: *In.*, *Wi.* Beim Behandeln mit Kaliumamid in flüssigem Ammoniak und Behandeln des Reaktionsprodukts mit festem Kohlendioxid in Äther sind Benzophenon und Amino-phenylessigsäure erhalten worden (*Hauser, Flur, Kantor*, Am. Soc. **71** [1949] 294, 295).

Benzhydryl-benzyliden-aminoxid, *C*-Phenyl-*N*-benzhydryl-nitron, Benzaldehyd-[*N*-benz=hydryl-oxim], N-*benzylidenebenzhydrylamine* N-*oxide* $C_{20}H_{17}NO$, Formel II (E I 549; E II 770; dort als *N*-Benzhydryl-isobenzaldoxim bezeichnet).

B. Neben Benzophenon-[*O*-benzyl-oxim] beim Erwärmen der Natrium-Verbindung des Benzophenon-oxims mit Benzylchlorid in Äthanol (*Ramart-Lucas, Hoch*, Bl. [5] **5** [1938] 987, 1002, 1004).

Krystalle (aus A.); F: 161° (*Ra.-L., Hoch*). UV-Spektrum (A.): *Martynoff*, A. ch. [11]

7 [1937] 424, 486; *Ra.-L.*, *Hoch*, l. c. S. 996.

Beim Erhitzen mit wss. Salzsäure sind Benzophenon und *N*-Benzhydryl-hydroxylamin erhalten worden (*Ra.-L.*, *Hoch*, l. c. S. 1004).

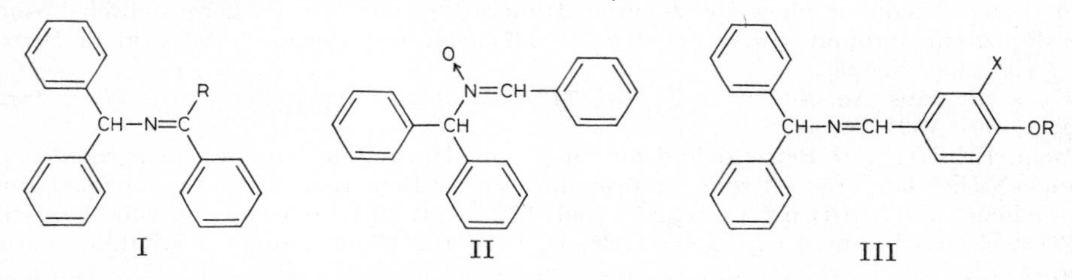

Benzhydryl-benzhydryliden-amin, Benzophenon-benzhydrylimin, N-*benzhydrylidenebenzhydrylamine* $C_{26}H_{21}N$, Formel I ($R = C_6H_5$) (E II 770).

B. Beim Erwärmen von Benzhydrylamin mit Benzhydrylidendichlorid (*Ingold, Wilson*, Soc. **1933** 1493, 1502). Aus Benzhydrylamin und Benzophenon-imin (*Smith, Bergstrom*, Am. Soc. **56** [1934] 2095, 2098; *Cantarel*, C. r. **210** [1940] 403).

Krystalle; F: 154—155° [aus Ae.] (*Sm.*, *Be.*), 152,5° [aus A.] (*Ca.*, l. c. S. 404), 152° [aus A., PAe. oder Eg.] (*In.*, *Wi.*). Raman-Spektrum: *Cantarel*, C. r. **210** [1940] 480.

Hydrochlorid. F: 255—258° [Zers.; aus Eg.] (*Sm.*, *Be.*).

Pikrat (E II 770). F: 203° [Zers.; aus Bzl.] (*Sm.*, *Be.*).

Benzhydryl-[4-methoxy-benzyliden]-amin, 4-Methoxy-benzaldehyd-benzhydrylimin, N-(*4-methoxybenzylidene*)*benzhydrylamine* $C_{21}H_{19}NO$, Formel III ($R = CH_3$, $X = H$) (H 1325).

Krystalle (aus A.); F: 111° (*Lespagnol, Dicop, Vanlerenberghe*, Bl. Soc. Pharm. Lille **1945** 49).

Vanillin-benzhydrylimin, *4-*(N-*benzhydrylformimidoyl*)*-2-methoxyphenol* $C_{21}H_{19}NO_2$, Formel III ($R = H$, $X = OCH_3$).

B. Beim Erwärmen von Benzhydrylamin mit Vanillin (*Lespagnol, Dicop, Vanlerenberghe*, Bl. Soc. Pharm. Lille **1945** 49).

Krystalle (aus A.); F: 133°.

***N*-Benzhydryl-formamid,** N-*benzhydrylformamide* $C_{14}H_{13}NO$, Formel IV ($R = X = H$) (H 1325).

B. Beim Erhitzen von Benzophenon mit Formamid, auch unter Zusatz von Ammoniumformiat oder Magnesiumchlorid, auf 180° (*Webers, Bruce*, Am. Soc. **70** [1948] 1422).

F: 132° [korr.; Block]. $Kp_{1,2}$: 173°.

***N*-Phenyl-*N'*-benzhydryl-formamidin,** N-*benzhydryl-*N'*-phenylformamidine* $C_{20}H_{18}N_2$, Formel V ($X = H$) und Tautomeres.

B. Aus Benzhydrylformamidin (H 1325) und Anilin in Benzol (*Hinkel, Ayling, Beynon*, Soc. **1935** 1219).

Krystalle (aus PAe.); F: 126,5°.

Beim Erhitzen mit Phenylacetonitril auf 150° ist 3-Benzhydrylamino-2-phenyl-acrylonitril (F: 141° [S. 3229]), beim Erhitzen mit Malonsäure-diäthylester auf 150° ist *N*-Phenyl-*C*-[benzhydrylamino-methylen]-malonamidsäure-äthylester (F: 145° [S. 3229]) erhalten worden.

***N*-[4-Chlor-phenyl]-*N'*-benzhydryl-formamidin,** N-*benzhydryl-*N'-(p-*chlorophenyl*)*formamidine* $C_{20}H_{17}ClN_2$, Formel V ($X = Cl$) und Tautomeres.

B. Aus *N*-Benzhydryl-formamidin (H 1325) und 4-Chlor-anilin in Benzol (*Hinkel, Ayling, Beynon*, Soc. **1935** 1219).

Krystalle (aus PAe.); F: 124°.

***N*-*p*-Tolyl-*N'*-benzhydryl-formamidin,** N-*benzhydryl-*N'-p-*tolylformamidine* $C_{21}H_{20}N_2$, Formel V ($X = CH_3$) und Tautomeres.

B. Aus *N*-Benzhydryl-formamidin (H 1325) und *p*-Toluidin in Benzol (*Hinkel, Ayling, Beynon*, Soc. **1935** 1219).

Krystalle (aus PAe.); F: 131°.

N-[Naphthyl-(2)]-N'-benzhydryl-formamidin, *N-benzhydryl-N'-(2-naphthyl)formamidine* $C_{24}H_{20}N_2$, Formel VI.

B. Aus N-Benzhydryl-formamidin (H 1325) und Naphthyl-(2)-amin in Benzol (*Hinkel, Ayling, Beynon,* Soc. **1935** 1219).

Krystalle (aus PAe.); F: 115°.

N-Benzhydryl-acetamid, *N-benzhydrylacetamide* $C_{15}H_{15}NO$, Formel IV (R = H, X = CH_3) (H 1325).

B. Aus Benzophenon-[O-acetyl-oxim] beim Behandeln mit amalgamiertem Aluminium und Wasser (*Cerchez, Dumitresco-Colesiu,* Bl. [5] **1** [1934] 852, 856).

F: 146—147° [aus A. + W.].

C-Chlor-N-benzhydryl-acetamid, *N-benzhydryl-2-chloroacetamide* $C_{15}H_{14}ClNO$, Formel IV (R = H, X = CH_2Cl).

B. Aus Benzhydrylamin und Chloracetylchlorid in Benzol (*Wyeth Inc.,* U.S.P. 2449638 [1946]).

Krystalle (aus A.); F: 128—129°.

N-Benzyl-N-benzhydryl-acetamid, *N-benzhydryl-N-benzylacetamide* $C_{22}H_{21}NO$, Formel IV (R = CH_2-C_6H_5, X = CH_3).

B. Aus Benzyl-benzhydryl-amin (*Grammaticakis,* C. r. **207** [1938] 1224).

F: 140°.

N-Benzhydryl-propionamid, *N-benzhydrylpropionamide* $C_{16}H_{17}NO$, Formel IV (R = H, X = CH_2-CH_3).

B. Aus Benzophenon-propionylimin (über diese Verbindung [F: 79°] s. *Banfield et al.,* Austral. J. scient. Res. [A] **1** [1948] 330, 331) beim Erwärmen mit Magnesium und Methanol (*Davies, Ramsay, Stove,* Soc. **1949** 2633, 2636).

Krystalle (aus PAe.); F: 144,5° (*Da., Ra., St.*).

N-Benzhydryl-benzamid, *N-benzhydrylbenzamide* $C_{20}H_{17}NO$, Formel IV (R = H, X = C_6H_5) (H 1325; E I 549).

Diese Konstitution kommt auch der H **9** 274 als Benzimidsäure-benzhydrylester $C_{20}H_{17}NO$ beschriebenen Verbindung (F: 172°) zu (*Bird,* J. org. Chem. **27** [1962] 4091; *Hohenlohe-Oehringen,* M. **93** [1962] 639, 640, 641).

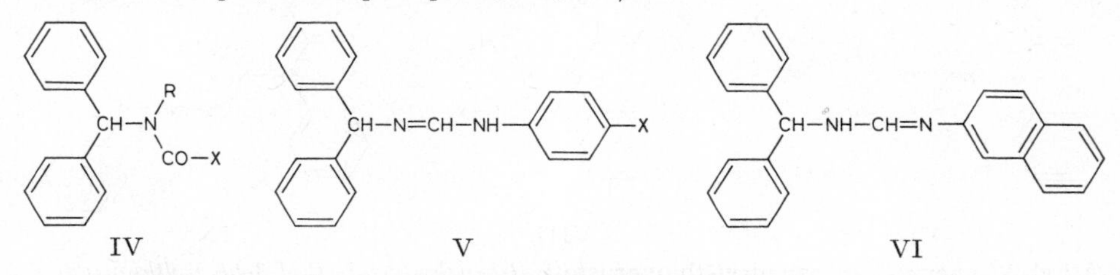

IV V VI

N-Benzhydryl-cinnamamid, *N-benzhydrylcinnamamide* $C_{22}H_{19}NO$.

N-Benzhydryl-*trans*-cinnamamid, Formel VII.

B. Aus Benzhydrylamin und *trans*-Cinnamoylchlorid (*Holley, Holley,* Am. Soc. **71** [1949] 2124, 2128).

F: 219—221° [korr.; Block; unter Sublimation].

Benzhydrylcarbamidsäure-äthylester, *benzhydrylcarbamic acid ethyl ester* $C_{16}H_{17}NO_2$, Formel IV (R = H, X = OC_2H_5) (E II 770).

B. Aus Benzhydrylisocyanat und Äthanol (*Wieland, Höchtlen,* A. **505** [1933] 237, 246).

Krystalle (aus A.); F: 129°.

Benzhydrylcarbamidsäure-[2-diäthylamino-äthylester], *benzhydrylcarbamic acid 2-(diethyl=amino)ethyl ester* $C_{20}H_{26}N_2O_2$, Formel IV (R = H, X = O-CH_2-CH_2-$N(C_2H_5)_2$).

B. Aus Benzhydrylisocyanat und 2-Diäthylamino-äthanol-(1) in Äther (*Donleavy, English,* Am. Soc. **62** [1940] 218). Beim Erwärmen einer Lösung von Diphenylessigsäure-azid (aus Diphenylacetylchlorid und Natriumazid oder aus Diphenylessigsäure-hydrazid und Natriumnitrit hergestellt) in Äther oder Toluol mit 2-Diäthylamino-äthanol-(1) (*Do., En.; Burtner, Cusic,* Am. Soc. **65** [1943] 262, 264).

Hydrochlorid $C_{20}H_{26}N_2O_2 \cdot HCl$. Krystalle; F: 184—185° [aus A.] (*Bu.*, *Cu.*), 179° [aus Acn.] (*Do.*, *En.*).

Benzhydrylcarbamidsäure-[2-dibutylamino-äthylester], *benzhydrylcarbamic acid 2-(dibutylamino)ethyl ester* $C_{24}H_{34}N_2O_2$, Formel IV (R = H, X = O-CH_2-CH_2-N(CH_2-CH_2-C_2H_5)$_2$).

B. Aus Benzhydrylisocyanat oder Diphenylessigsäure-azid und 2-Dibutylamino-äthanol-(1) analog der im vorangehenden Artikel beschriebenen Verbindung (*Donleavy*, *English*, Am. Soc. **62** [1940] 218).

Hydrochlorid $C_{24}H_{34}N_2O_2 \cdot HCl$. Krystalle (aus Acn.); F: 136°.

Benzhydrylcarbamidsäure-[3-diäthylamino-propylester], *benzhydrylcarbamic acid 3-(diethylamino)propyl ester* $C_{21}H_{28}N_2O_2$, Formel IV (R = H, X = O-[CH_2]$_3$-N(C_2H_5)$_2$).

B. Aus Benzhydrylisocyanat oder Diphenylessigsäure-azid und 3-Diäthylamino-propanol-(1) analog Benzhydrylcarbamidsäure-[2-diäthylamino-äthylester] [S. 3227] (*Donleavy*, *English*, Am. Soc. **62** [1940] 218).

Hydrochlorid $C_{21}H_{28}N_2O_2 \cdot HCl$. Krystalle (aus Acn.); F: 183°.

Benzhydrylharnstoff, *benzhydrylurea* $C_{14}H_{14}N_2O$, Formel IV (R = H, X = NH_2) (H 1325; E I 549).

F: 145° (*Ogata*, *Niinobu*, J. pharm. Soc. Japan **56** [1936] 497, 505; C. A. **1936** 7698).

***N*-Phenyl-*N'*-benzhydryl-harnstoff**, *1-benzhydryl-3-phenylurea* $C_{20}H_{18}N_2O$, Formel IV (R = H, X = NH-C_6H_5) (E I 549).

B. Aus Benzhydrylamin und Phenylisocyanat (*Smith*, *Bergstrom*, Am. Soc. **56** [1934] 2095, 2098 Anm. 9). Neben 3.6-Dioxo-2.2.5.5-tetraphenyl-piperazin beim Erhitzen von [*N'*-Phenyl-ureido]-diphenyl-essigsäure mit wss. Natronlauge (*Ghosh*, J. Indian chem. Soc. **25** [1948] 515, 517).

Krystalle; F: 224—225° [Zers.] (*Sm.*, *Be.*), 220—222° [aus A.] (*Gh.*).

***N.N'*-Dibenzhydryl-harnstoff**, *1,3-dibenzhydrylurea* $C_{27}H_{24}N_2O$, Formel IV (R = H, X = NH-CH(C_6H_5)$_2$) (E II 770).

B. Aus Benzhydrylisocyanat an feuchter Luft (*Wieland*, *Höchtlen*, A. **505** [1933] 237, 246).

Krystalle (aus A. oder E.); F: 269—270°.

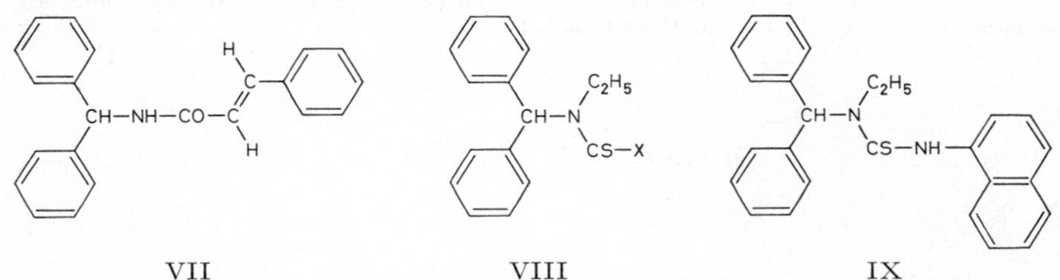

VII VIII IX

***N*-Äthyl-*N'*-phenyl-*N*-benzhydryl-thioharnstoff**, *1-benzhydryl-1-ethyl-3-phenylthiourea* $C_{22}H_{22}N_2S$, Formel VIII (X = NH-C_6H_5).

B. Aus Äthyl-benzhydryl-amin (*Campbell*, *Campbell*, J. org. Chem. **9** [1944] 178, 181).

F: 150—151°.

***N*-Äthyl-*N'*-[naphthyl-(1)]-*N*-benzhydryl-thioharnstoff**, *1-benzhydryl-1-ethyl-3-(1-naphthyl)thiourea* $C_{26}H_{24}N_2S$, Formel IX.

F: 183,5—185° (*Campbell*, *Campbell*, J. org. Chem. **9** [1944] 178, 181).

***N.N'*-Diphenyl-*N*-benzhydryl-harnstoff**, *1-benzhydryl-1,3-diphenylurea* $C_{26}H_{22}N_2O$, Formel IV (R = C_6H_5, X = NH-C_6H_5).

B. Aus Phenyl-benzhydryl-amin und Phenylisocyanat in Petroläther (*Grammaticakis*, Bl. **1947** 664, 672, 673).

Krystalle (aus wss. A. oder aus Bzl. + PAe.); F: 125°. UV-Spektrum (A.): *Gr.*, l. c. S. 670.

***N*-Phenyl-*N'*-benzyl-*N'*-benzhydryl-harnstoff**, *1-benzhydryl-1-benzyl-3-phenylurea* $C_{27}H_{24}N_2O$, Formel IV (R = CH_2-C_6H_5, X = NH-C_6H_5).

B. Aus Benzyl-benzhydryl-amin (*Grammaticakis*, C. r. **207** [1938] 1224).

F: 175°.

Benzhydrylisocyanat, *isocyanic acid benzhydryl ester* $C_{14}H_{11}NO$, Formel X (E II 770).

B. Aus Benzhydrylbromid beim Erwärmen mit Silbercyanat in Äther (*Donleavy, English,* Am. Soc. **62** [1940] 218) sowie beim Behandeln mit Silberfulminat in Benzol (*Wieland, Höchtlen,* A. **505** [1933] 237, 246).

Kp_{11}: 160–164° (*Wie., Hö.*); Kp_4: 148° (*Do., En.*).

(±)-3-Benzhydrylimino-2-phenyl-propionitril, (±)-*3-(benzhydrylimino)-2-phenylpropionitrile* $C_{22}H_{18}N_2$, Formel XI (R = CN, X = C_6H_5), und **3-Benzhydrylamino-2-phenyl-acrylonitril,** *3-(benzhydrylamino)-2-phenylacrylonitrile* $C_{22}H_{18}N_2$, Formel XII (R = CN, X = C_6H_5).

B. Beim Erhitzen von *N*-Phenyl-*N'*-benzhydryl-formamidin mit Phenylacetonitril auf 150° (*Hinkel, Ayling, Beynon,* Soc. **1935** 1219).

Krystalle (aus A.); F: 141°.

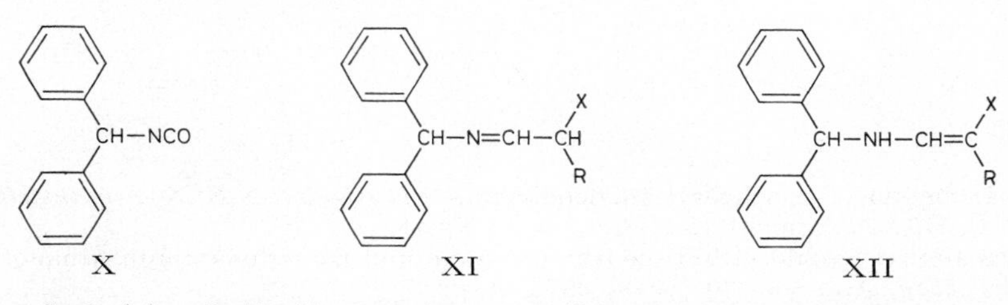

2-[*N*-Benzhydryl-formimidoyl]-acetessigsäure-anilid, *2-(N-benzhydrylformimidoyl)acetoacetanilide* $C_{24}H_{22}N_2O_2$, Formel XI (R = CO-NH-C_6H_5, X = CO-CH_3), und **2-[Benzhydrylamino-methylen]-acetessigsäure-anilid, 3-Benzhydrylamino-2-acetyl-acrylsäure-anilid,** *2-[(benzhydrylamino)methylene]acetoacetanilide* $C_{24}H_{22}N_2O_2$, Formel XII (R = CO-NH-C_6H_5, X = CO-CH_3).

B. Beim Erhitzen von *N*-Phenyl-*N'*-benzhydryl-formamidin mit Acetessigsäure-äthylester auf 150° (*Hinkel, Ayling, Beynon,* Soc. **1935** 1219).

Krystalle (aus A.); F: 154°.

***N*-Phenyl-*C*-[*N*-benzhydryl-formimidoyl]-malonamidsäure-äthylester,** *2-(N-benzhydrylformimidoyl)malonanilic acid ethyl ester* $C_{25}H_{24}N_2O_3$, Formel XI (R = CO-NH-C_6H_5, X = CO-OC_2H_5), und ***N*-Phenyl-*C*-[benzhydrylamino-methylen]-malonamidsäure-äthylester,** *2-[(benzhydrylamino)methylene]malonanilic acid ethyl ester* $C_{25}H_{24}N_2O_3$, Formel XII (R = CO-NH-C_6H_5, X = CO-OC_2H_5).

B. Beim Erhitzen von *N*-Phenyl-*N'*-benzhydryl-formamidin mit Malonsäure-diäthylester auf 150° (*Hinkel, Ayling, Beynon,* Soc. **1935** 1219).

Krystalle (aus Ae. + PAe.); F: 145°.

***N*-Benzhydryl-äthylendiamin,** *N-benzhydrylethylenediamine* $C_{15}H_{18}N_2$, Formel I (R = H, X = NH_2).

B. Neben *N.N'*-Dibenzhydryl-äthylendiamin beim Behandeln von 1.2-Bis-benzylidenamino-äthan mit Phenylmagnesiumbromid in Äther und anschliessend mit einer ammoniakal. wss. Lösung von Natriumphosphat und wenig Ammoniumchlorid (*van Alphen, Robert,* R. **54** [1935] 361).

F: 25,5°. Kp_{20}: 201,5°.

***N.N*-Diäthyl-*N'*-benzhydryl-äthylendiamin,** *N'-benzhydryl-N,N-diethylethylenediamine* $C_{19}H_{26}N_2$, Formel I (R = H, X = N(C_2H_5)$_2$).

B. Aus Benzhydrylamin beim Erhitzen mit Diäthyl-[2-chlor-äthyl]-amin-hydrochlorid in Äthanol auf 110° sowie beim Erwärmen mit Methylmagnesiumjodid in Äther und anschliessend mit Diäthyl-[2-chlor-äthyl]-amin und Kupfer(I)-bromid (*King, King, Muir,* Soc. **1946** 5, 8).

$Kp_{0,1}$: 110–115°.

Dihydrochlorid $C_{19}H_{26}N_2 \cdot 2HCl$. Krystalle (aus A.); F: 244–245°.

***N*-[2.4-Dinitro-phenyl]-*N'*-benzhydryl-äthylendiamin,** *N-benzhydryl-N'-(2,4-dinitrophenyl)ethylenediamine* $C_{21}H_{20}N_4O_4$, Formel II (R = H).

B. Beim Erwärmen von *N*-Benzhydryl-äthylendiamin mit 2.4-Dinitro-anisol in Äthanol oder mit 4-Chlor-1.3-dinitro-benzol und Natriumacetat in Äthanol (*van Alphen, Robert,*

R. **54** [1935] 361, 363).

Gelbe Krystalle (aus A.); F: 111°.

Beim Behandeln mit Phenylisocyanat in Benzol ist *N*-[2-(2.4-Dinitro-anilino)-äthyl]-*N'*-phenyl-*N*-benzhydryl-harnstoff erhalten worden.

***N.N'*-Dibenzhydryl-äthylendiamin,** N,N'-*dibenzhydrylethylenediamine* $C_{28}H_{28}N_2$, Formel I (R = H, X = NH-CH(C_6H_5)$_2$).

B. s. S. 3229 im Artikel *N*-Benzhydryl-äthylendiamin.

Krystalle (aus A.); F: 105,5° (*van Alphen, Robert*, R. **54** [1935] 361, 362).

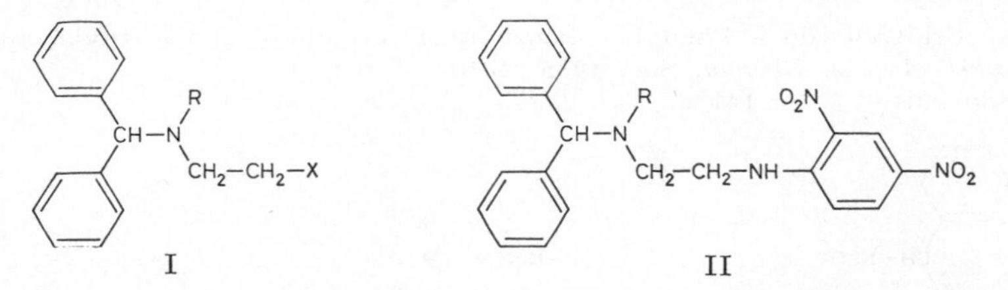

***N.N.N'*-Trimethyl-*N'*-benzhydryl-äthylendiamin,** N-*benzhydryl*-N,N',N'-*trimethylethylene*=*diamine* $C_{18}H_{24}N_2$, Formel I (R = CH_3, X = N(CH_3)$_2$).

B. Aus Methyl-[2-chlor-äthyl]-benzhydryl-amin und Dimethylamin in Äthanol (*Cromwell, Fitzgibbon*, Am. Soc. **70** [1948] 387).

Dihydrochlorid $C_{18}H_{24}N_2 \cdot 2HCl$. Krystalle (aus A. und Ae.); F: 227°.

***N.N*-Dimethyl-*N'*-benzyl-*N'*-benzhydryl-äthylendiamin,** N-*benzhydryl*-N-*benzyl*-N',N'-*di*=*methylethylenediamine* $C_{24}H_{28}N_2$, Formel I (R = CH_2-C_6H_5, X = N(CH_3)$_2$).

B. Beim Erhitzen von *N.N*-Dimethyl-*N'*-benzyl-äthylendiamin mit Benzhydrylbromid auf 130° (*Cavallini et al.*, Farmaco **2** [1947] 265, 267, 272).

Hydrogenmaleat $C_{24}H_{28}N_2 \cdot 2C_4H_4O_4$. F: 100—102° (*Ca. et al.*, l. c. S. 270).

***α.α*-Bis-[(2-benzylidenamino-äthyl)-benzhydryl-amino]-toluol, *N.N'*-Bis-[2-benzyliden=amino-äthyl]-*N.N'*-dibenzhydryl-benzylidendiamin,** N,N''-*dibenzhydryl*-N',N'''-*dibenz*=*ylidene*-N,N''-*benzylidenebis(ethylenediamine)* $C_{51}H_{48}N_4$, Formel III.

B. Aus *N*-Benzhydryl-äthylendiamin und Benzaldehyd (*van Alphen, Robert*, R. **54** [1935] 361, 364).

Gelbe Krystalle (aus CS_2 + PAe.); F: 66°.

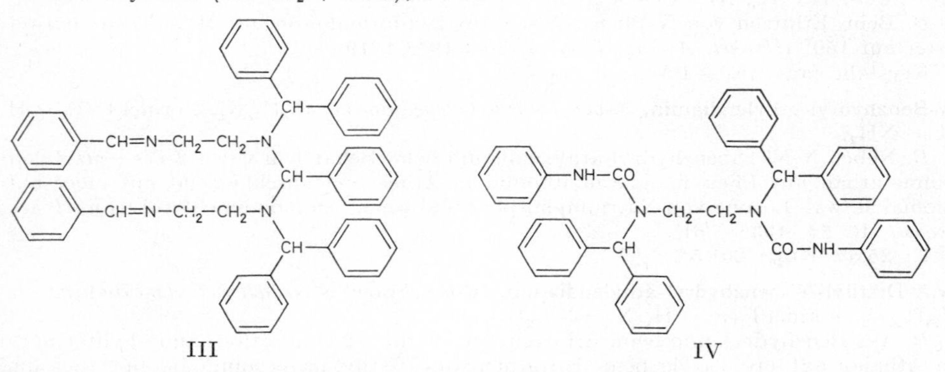

***N*-[2-(2.4-Dinitro-anilino)-äthyl]-*N'*-phenyl-*N*-benzhydryl-harnstoff,** *1-benzhydryl-1-[2-(2,4-dinitroanilino)ethyl]-3-phenylurea* $C_{28}H_{25}N_5O_5$, Formel II (R = CO-NH-C_6H_5).

B. Aus *N*-[2.4-Dinitro-phenyl]-*N'*-benzhydryl-äthylendiamin und Phenylisocyanat in Benzol (*van Alphen, Robert*, R. **54** [1935] 361, 363).

Gelbe Krystalle (aus A.); F: 211,5°.

***N*-Benzhydryl-*N.N'*-bis-phenylcarbamoyl-äthylendiamin,** *1-benzhydryl-3,3'-diphenyl-1,1'-ethylenediurea* $C_{29}H_{28}N_4O_2$, Formel I (R = CO-NH-C_6H_5, X = NH-CO-NH-C_6H_5).

B. Aus *N*-Benzhydryl-äthylendiamin und Phenylisocyanat in Petroläther (*van Alphen,*

Robert, R. **54** [1935] 361, 362).
Krystalle (aus wss. A.); F: 203°.

***N.N'*-Dibenzhydryl-*N.N'*-bis-phenylcarbamoyl-äthylendiamin,** *1,1'-dibenzhydryl-3,3'-diphenyl-1,1'-ethylenediurea* $C_{42}H_{38}N_4O_2$, Formel IV.
B. Aus *N.N'*-Dibenzhydryl-äthylendiamin und Phenylisocyanat in Petroläther (*van Alphen, Robert*, R. **54** [1935] 361, 364).
Krystalle (aus wss. A.); F: 218°.

(±)-*N*-[1-Methyl-2-phenyl-äthyl]-glycin-benzhydrylamid, (±)-N-*benzhydryl-2-(α-methylphenethylamino)acetamide* $C_{24}H_{26}N_2O$, Formel V (R = CO-CH_2-NH-CH(CH_3)-CH_2-C_6H_5, X = H).
B. Beim Erhitzen von *C*-Chlor-*N*-benzhydryl-acetamid mit (±)-2-Amino-1-phenyl-propan in Butanol-(1) unter Zusatz von Natriumcarbonat (*Wyeth Inc.*, U.S.P. 2449638 [1946]).
$Kp_{0,2}$: 237–240°.

Nitroso-äthyl-benzhydryl-amin, N-*ethyl*-N-*nitrosobenzhydrylamine* $C_{15}H_{16}N_2O$, Formel V (R = C_2H_5, X = NO).
B. Aus Äthyl-benzhydryl-amin beim Behandeln mit wss. Salzsäure und mit Kaliumnitrit (*Ogata, Konishi, Hayashi*, J. pharm. Soc. Japan **54** [1934] 550, 553).
Gelbe Krystalle (aus PAe.); F: 66°.

(±)-3-Chlor-benzhydrylamin, (±)-*3-chlorobenzhydrylamine* $C_{13}H_{12}ClN$, Formel VI.
B. Aus 3-Chlor-benzophenon-*seqtrans*-oxim beim Behandeln mit Natrium-Amalgam und Essigsäure (*Valette*, Bl. [4] **47** [1930] 289, 299).
Hydrochlorid $C_{13}H_{12}ClN \cdot HCl$. F: 275–276°. Löslichkeit in Wasser bei 15°: 2,2%.

4-Chlor-benzhydrylamin, *4-chlorobenzhydrylamine* $C_{13}H_{12}ClN$, Formel VII (R = X = H).

a) **(+)-4-Chlor-benzhydrylamin.**
Gewinnung aus dem unter c) beschriebenen Racemat mit Hilfe von D_g-Weinsäure nach Abtrennung des Enantiomeren mit Hilfe von L_g-Weinsäure: *Clemo, Gardner, Raper*, Soc. **1939** 1958, 1960.
Kp_1: 146°. $[\alpha]_D$: +10,8° [A.; c = 2].
Charakterisierung als *N*-Acetyl-Derivat (F: 169°): *Cl., Ga., Ra.*
D_g-Hydrogentartrat $C_{13}H_{12}ClN \cdot C_4H_6O_6$. F: 199°. $[\alpha]_D$: −9,86° [W.; c = 2].

b) **(−)-4-Chlor-benzhydrylamin.**
Gewinnung aus dem unter c) beschriebenen Racemat mit Hilfe von L_g-Weinsäure: *Clemo, Gardner, Raper*, Soc. **1939** 1958, 1960; mit Hilfe von (1*S*)-2-Oxo-bornan-sulfonsäure-(10): *Ingold, Wilson*, Soc. **1933** 1493, 1505.
Kp_1: 145–150° (*Cl., Ga., Ra.*). $[\alpha]_D$: −10,9°; $[\alpha]_{579}$: −12,9°; $[\alpha]_{546}$: −14,6°; $[\alpha]_{436}$: −25,2° [jeweils in A.; c = 5] (*Cl., Ga., Ra.*). α_{546}^{20}: −2,06° [unverd.?; l = 0,5] (*In., Wi.*).
Charakterisierung als *N*-Acetyl-Derivat (F: 169°): *Cl., Ga., Ra.*
L_g-Hydrogentartrat $C_{13}H_{12}ClN \cdot C_4H_6O_6$. Krystalle; F: 199°; $[\alpha]_D$: +9,8° [W.; c = 2] (*Cl., Ga., Ra.*).
(1*S*)-2-Oxo-bornan-sulfonat-(10) $C_{13}H_{12}ClN \cdot C_{10}H_{16}O_4S$. Krystalle (aus A.); F: 218° (*In., Wi.*).

c) **(±)-4-Chlor-benzhydrylamin.**
B. Aus 4-Chlor-benzophenon-*seqcis*-oxim oder 4-Chlor-benzophenon-*seqtrans*-oxim beim Behandeln mit Natrium-Amalgam und Essigsäure (*Valette*, Bl. [4] **47** [1930] 289, 300) sowie beim Erhitzen mit Zink und wss. Essigsäure, in diesem Fall neben *N*-[4-Chlor-benzhydryl]-acetamid (*Ingold, Wilson*, Soc. **1933** 1493, 1504). Aus (±)-*N*-[4-Chlor-benzhydryl]-formamid beim Erwärmen mit Chlorwasserstoff in Äthanol (*Clemo, Gardner, Raper*, Soc. **1939** 1958, 1960).
Kp_{20}: 245–250° (*Va.*); $Kp_{14,5}$: 193°; Kp_{13}: 188–189° (*In., Wi.*); Kp_1: 146° (*Cl., Ga., Ra.*); $Kp_{0,9}$: 161° (*In., Wi.*).
Charakterisierung als *N*-Acetyl-Derivat ((±)-*N*-[4-Chlor-benzhydryl]-acetamid $C_{15}H_{14}ClNO$; F: 132° [aus Bzl.], 130–131° [aus wss. A.]): *In., Wi.*; *Cl., Ga., Ra.*
Hydrochlorid $C_{13}H_{12}ClN \cdot HCl$. Krystalle (aus W. oder A.); F: 304–305° [Zers.] (*In., Wi.*), 268–269° (*Va.*). Löslichkeit in Wasser bei 15°: 2,6% (*Va.*).
Benzoat. F: 163,5–164° (*In., Wi.*).

(±)-[4-Chlor-benzhydryl]-[1-phenyl-äthyliden]-amin, (±)-Acetophenon-[4-chlor-benzhydrylimin], (±)-*4-chloro-*N-(*α-methylbenzylidene*)*benzhydrylamine* $C_{21}H_{18}ClN$, Formel VIII.

B. Bei 3-tägigem Erhitzen von (±)-4-Chlor-benzhydrylamin mit Acetophenon auf 140° (*Ingold, Wilson,* Soc. **1933** 1493, 1505).

Nicht rein erhalten.

Geschwindigkeit der Isomerisierung zu 4-Chlor-benzophenon-[1-phenyl-äthylimin] in äthanol. Natriumäthylat-Lösung bei 85° sowie Lage des Gleichgewichts: *In., Wi.*; *Borcherdt, Adkins,* Am. Soc. **60** [1938] 3, 5.

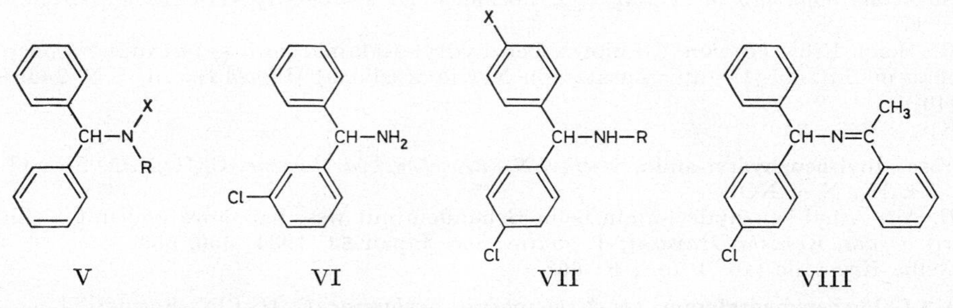

(±)-*N*-[4-Chlor-benzhydryl]-formamid, (±)-N-(*4-chlorobenzhydryl*)*formamide* $C_{14}H_{12}ClNO$, Formel VII (R = CHO, X = H).

B. Beim Erhitzen von 4-Chlor-benzophenon mit Formamid auf 170° (*Clemo, Gardner, Raper,* Soc. **1939** 1958, 1960).

F: 124°.

4.4'-Dichlor-benzhydrylamin, *4,4'-dichlorobenzhydrylamine* $C_{13}H_{11}Cl_2N$, Formel VII (R = H, X = Cl).

B. Aus 4.4'-Dichlor-benzophenon-oxim beim Erwärmen mit Äthanol und Natrium (*Patwardhan, Phalnikar, Bhide,* J. Univ. Bombay **18**, Tl. 5A [1949] 22).

Hydrochlorid $C_{13}H_{11}Cl_2N \cdot HCl$. F: 292°.

(±)-3-Brom-benzhydrylamin, (±)-*3-bromobenzhydrylamine* $C_{13}H_{12}BrN$, Formel IX.

B. Aus 3-Brom-benzophenon-oxim (F: 134° bzw. F: 168°) beim Behandeln mit Natrium-Amalgam und Essigsäure (*Valette,* Bl. [4] **47** [1930] 289, 300).

Hydrochlorid $C_{13}H_{12}BrN \cdot HCl$. F: 263—264°. Löslichkeit in Wasser bei 15°: 3,6%.

4-Brom-benzhydrylamin, *4-bromobenzhydrylamine* $C_{13}H_{12}BrN$, Formel X (R = H).

a) **(+)-4-Brom-benzhydrylamin.**

Gewinnung aus dem unter c) beschriebenen Racemat mit Hilfe von D_g-Weinsäure nach Abtrennung des Enantiomeren mit Hilfe von L_g-Weinsäure: *Clemo, Gardner, Raper,* Soc. **1939** 1958.

$[\alpha]_D$: +10,2° [A.; c = 1,3].

Charakterisierung als *N*-Acetyl-Derivat (F: 183°): *Cl., Ga., Ra.*

D_g-Hydrogentartrat $C_{13}H_{12}BrN \cdot C_4H_6O_6$. Krystalle (aus W.); F: 205°. $[\alpha]_D$: −6,8° [W.; c = 1].

b) **(−)-4-Brom-benzhydrylamin.**

Gewinnung aus dem unter c) beschriebenen Racemat mit Hilfe von L_g-Weinsäure: *Clemo, Gardner, Raper,* Soc. **1939** 1958.

Kp_1: 155—160°. $[\alpha]_D$: −7,1°; $[\alpha]_{546}$: −12,8°; $[\alpha]_{436}$: −24,6° [jeweils in A.; c = 3].

Charakterisierung als *N*-Acetyl-Derivat (F: 183°): *Cl., Ga., Ra.*

L_g-Hydrogentartrat $C_{13}H_{12}BrN \cdot C_4H_6O_6$. Krystalle (aus W.); F: 205°. $[\alpha]_D$: +7,2° [A.; c = 1].

c) **(±)-4-Brom-benzhydrylamin.**

B. Aus 4-Brom-benzophenon-*seqcis*-oxim oder 4-Brom-benzophenon-*seqtrans*-oxim beim Behandeln mit Natrium-Amalgam und Essigsäure (*Valette,* Bl. [4] **47** [1930] 289, 300). Aus (±)-*N*-[4-Brom-benzhydryl]-formamid beim Erwärmen mit Chlorwasserstoff in Äthanol (*Clemo, Gardner, Raper,* Soc. **1939** 1958).

Kp_1: 155—160° (*Cl., Ga., Ra.*).

Charakterisierung als *N*-Acetyl-Derivat ((±)-*N*-[4-Brom-benzhydryl]-acetamid $C_{15}H_{14}BrNO$; F: 153° [aus wss. A.]): *Cl.*, *Ga.*, *Ra.*

Hydrochlorid $C_{13}H_{12}BrN \cdot HCl$. F: 261° [Zers.] (*Va.*). Löslichkeit in Wasser bei 15°: 2,9% (*Va.*).

Über eine ebenfalls als (±)-4-Brom-benzhydrylamin formulierte, aus 4-Brom-benzophenon-oxim bei der Hydrierung an Raney-Nickel in Äthanol erhaltene Verbindung vom F: 126° s. *Winans*, Am. Soc. **61** [1939] 3564.

(±)-*N*-[4-Brom-benzhydryl]-formamid, (±)-N-(*4-bromobenzhydryl*)*formamide* $C_{14}H_{12}BrNO$, Formel X (R = CHO).

B. Beim Erhitzen von 4-Brom-benzophenon mit Formamid auf 170° (*Clemo, Gardner, Raper*, Soc. **1939** 1958).

Krystalle (aus wss. A.); F: 127–128°.

4.4'-Dibrom-benzhydrylamin, *4,4'-dibromobenzhydrylamine* $C_{13}H_{11}Br_2N$, Formel XI (R = X = H).

B. Aus *N*-[4.4'-Dibrom-benzhydryl]-formamid beim Erwärmen mit methanol. Kalilauge (*Clemo, Swan*, Soc. **1942** 370, 372).

Krystalle (aus PAe.); F: 76°.

L_g-Hydrogentartrat. F: 210–211°. $[\alpha]_D^{18}$: +9,5° [Me.; c = 2].

(1*R*)-3*endo*-Brom-2-oxo-bornan-sulfonat-(8). F: 260–262°. $[\alpha]_D^{18}$: +46,4° [Me.; c = 2].

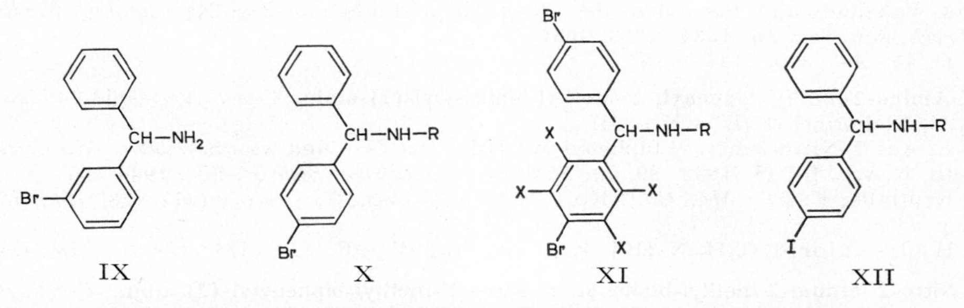

(±)-2.3.5.6-Tetradeuterio-4.4'-dibrom-benzhydrylamin, (±)-*4,4'-dibromo-2,3,5,6-tetradeuteriobenzhydrylamine* $C_{13}H_7Br_2D_4N$, Formel XI (R = H, X = D).

B. Aus (±)-*N*-[2.3.5.6-Tetradeuterio-4.4'-dibrom-benzhydryl]-formamid beim Erwärmen mit methanol. Kalilauge (*Clemo, Swan*, Soc. **1942** 370, 372).

Krystalle (aus PAe.); F: 75–76°.

***N*-[4.4'-Dibrom-benzhydryl]-formamid**, N-(*4,4'-dibromobenzhydryl*)*formamide* $C_{14}H_{11}Br_2NO$, Formel XI (R = CHO, X = H).

B. Beim Erhitzen von 4.4'-Dibrom-benzophenon mit Formamid auf 175° (*Clemo, Swan*, Soc. **1942** 370, 372).

Krystalle (aus Me.); F: 159°.

(±)-*N*-[2.3.5.6-Tetradeuterio-4.4'-dibrom-benzhydryl]-formamid, (±)-N-(*4,4'-dibromo-2,3,5,6-tetradeuteriobenzhydryl*)*formamide* $C_{14}H_7Br_2D_4NO$, Formel XI (R = CHO, X = D).

B. Beim Erhitzen von 2.3.5.6-Tetradeuterio-4.4'-dibrom-benzophenon mit Formamid auf 175° (*Clemo, Swan*, Soc. **1942** 370, 372).

Krystalle (aus Me.); F: 158–159°.

4-Jod-benzhydrylamin, *4-iodobenzhydrylamine* $C_{13}H_{12}IN$, Formel XII (R = H).

a) **(+)-4-Jod-benzhydrylamin.**

Gewinnung aus dem unter c) beschriebenen Racemat mit Hilfe von D_g-Weinsäure nach Abtrennung des Enantiomeren mit Hilfe von L_g-Weinsäure: *Clemo, Gardner, Raper*, Soc. **1939** 1958, 1960.

$[\alpha]_D$: +10,6° [A.; c = 1].

Charakterisierung als *N*-Acetyl-Derivat (F: 195°): *Cl.*, *Ga.*, *Ra.*

D_g-Hydrogentartrat $C_{13}H_{12}IN \cdot C_4H_6O_6$. F: 205°. $[\alpha]_D$: −3,8° [W.; c = 1].

b) **(−)-4-Jod-benzhydrylamin.**

Gewinnung aus dem unter c) beschriebenen Racemat mit Hilfe von L_g-Weinsäure: *Clemo, Gardner, Raper,* Soc. **1939** 1958, 1960.

$[\alpha]_D$: −10,6°; $[\alpha]_{579}$: −12,2°; $[\alpha]_{546}$: −13,7°; $[\alpha]_{436}$: −23,9° [jeweils in A.; c = 1]. Charakterisierung als *N*-Acetyl-Derivat (F: 195−196°): *Cl., Ga., Ra.*

L_g-Hydrogentartrat $C_{13}H_{12}IN \cdot C_4H_6O_6$. F: 206°. $[\alpha]_D$: +3,8° [W.; c = 1,2].

c) **(±)-4-Jod-benzhydrylamin.**

B. Aus (±)-*N*-[4-Jod-benzhydryl]-formamid beim Erwärmen mit Chlorwasserstoff in Äthanol (*Clemo, Gardner, Raper,* Soc. **1939** 1958, 1960).

Kp_1: 173−176°.

Charakterisierung als *N*-Acetyl-Derivat ((±)-*N*-[4-Jod-benzhydryl]-acetamid $C_{15}H_{14}INO$; F: 170°): *Cl., Ga., Ra.*

(±)-*N*-[4-Jod-benzhydryl]-formamid, (±)-N-(*4-iodobenzhydryl)formamide* $C_{14}H_{12}INO$, Formel XII (R = CHO).

B. Beim Erhitzen von 4-Jod-benzophenon mit Formamid (*Clemo, Gardner, Raper,* Soc. **1939** 1958, 1960).

F: 143°. [*Rabien*]

6-Amino-2-methyl-biphenyl, 6-Methyl-biphenylyl-(2)-amin, *6-methylbiphenyl-2-ylamine* $C_{13}H_{13}N$, Formel I.

B. Beim Behandeln von 6-Nitro-2-methyl-biphenyl mit Äthanol, Zinn(II)-chlorid und wss. Salzsäure und Behandeln des Reaktionsprodukts mit wss. Natronlauge (*Sadler, Powell,* Am. Soc. **56** [1934] 2650, 2652).

F: 43−44°. Kp_2: 144−145°.

2′-Amino-2-methyl-biphenyl, 2′-Methyl-biphenylyl-(2)-amin, *2′-methylbiphenyl-2-ylamine* $C_{13}H_{13}N$, Formel II (R = X = H).

B. Aus 2′-Nitro-2-methyl-biphenyl mit Hilfe von Zinn und wss. Salzsäure (*Mascarelli, Gatti,* R.A.L. [6] **15** [1932] 89, 90; *Shuttleworth, Rapson, Stewart,* Soc. **1944** 71).

Krystalle; F: 37° (*Ma., Ga.*). Kp_{17}: 157−158° (*Ma., Ga.*); Kp_4: 127−128° (*Sh., Ra., St.*).

Hydrochlorid $C_{13}H_{13}N \cdot HCl$. Krystalle (aus W.); F: 128−131° [Zers.] (*Ma., Ga.*).

6-Nitro-2′-amino-2-methyl-biphenyl, 6′-Nitro-2′-methyl-biphenylyl-(2)-amin, *2′-methyl-6′-nitrobiphenyl-2-ylamine* $C_{13}H_{12}N_2O_2$, Formel II (R = H, X = NO_2).

(−)-6′-Nitro-2′-methyl-biphenylyl-(2)-amin.

B. Als Hauptprodukt beim Erwärmen des aus (−)-6′-Nitro-2′-methyl-biphenyl-carbonsäure-(2) mit Hilfe von Thionylchlorid hergestellten Säurechlorids mit Natriumazid in Benzol und Erhitzen der Reaktionslösung mit wss. Natronlauge (*Bell,* Soc. **1934** 835, 837).

Gelbes Pulver; F: 50−53°. $[\alpha]_D$: −48° [Hydrochlorid in wss. Salzsäure].

6-Nitro-2′-acetamino-2-methyl-biphenyl, *N*-[6′-Nitro-2′-methyl-biphenylyl-(2)]-acetamid, N-(*2′-methyl-6′-nitrobiphenyl-2-yl)acetamide* $C_{15}H_{14}N_2O_3$, Formel II (R = CO-CH_3, X = NO_2).

(+)-*N*-[6′-Nitro-2′-methyl-biphenylyl-(2)]-acetamid.

B. Beim Behandeln der im vorangehenden Artikel beschriebenen Verbindung mit Acetanhydrid unter Zusatz von Schwefelsäure (*Bell,* Soc. **1934** 835, 837).

Krystalle (aus Me.); F: 93−95°. $[\alpha]_D$: +0,1° [Me.; c = 3].

4′-Amino-2-methyl-biphenyl, 2′-Methyl-biphenylyl-(4)-amin $C_{13}H_{13}N$.

4′-Acetamino-2-methyl-biphenyl, *N*-[2′-Methyl-biphenylyl-(4)]-acetamid, N-(*2′-methylbiphenyl-4-yl)acetamide* $C_{15}H_{15}NO$, Formel III (X = H) (H 1326).

B. Beim Erhitzen von 2′-Methyl-biphenylyl-(4)-amin (H 1326) mit Acetanhydrid und Essigsäure (*France, Heilbron, Hey,* Soc. **1939** 1283, 1287).

Krystalle (aus wss. A.); F: 146−147°.

***N*-Nitroso-*N*-[2′-methyl-biphenylyl-(4)]-acetamid,** N-(*2′-methylbiphenyl-4-yl*)-N-*nitrosoacetamide* $C_{15}H_{14}N_2O_2$, Formel III (X = NO).

B. Beim Einleiten von Stickstoffoxiden in ein Gemisch von *N*-[2′-Methyl-biphenylyl-(4)]-acetamid, Essigsäure, Acetanhydrid und Phosphor(V)-oxid (*France, Heilbron,*

Hey, Soc. **1939** 1283, 1287).

Gelbes Öl.

Beim Behandeln mit Benzol ist 2-Methyl-*p*-terphenyl erhalten worden.

2-Aminomethyl-biphenyl, 2-Phenyl-benzylamin, *2-phenylbenzylamine* $C_{13}H_{13}N$, Formel IV (R = X = H) (E II 770).

B. Als Hauptprodukt bei der Hydrierung von Biphenyl-carbonitril-(2) an Raney-Nickel in Isoamylalkohol bei 110°/70 at (*Goldschmidt, Veer*, R. **67** [1948] 489, 490, 502).

Kp_{12}: 176—179°.

Hydrochlorid. Krystalle (aus W.); F: 215—217° [korr.].

Methyl-[2-phenyl-benzyl]-amin, N-*methyl-2-phenylbenzylamine* $C_{14}H_{15}N$, Formel IV (R = CH_3, X = H).

B. In geringer Menge bei der Hydrierung von Biphenyl-carbonitril-(2) an Methanol enthaltendem Raney-Nickel in Isoamylalkohol bei 110°/70 at (*Goldschmidt, Veer*, R. **67** [1948] 489, 502).

Hydrochlorid $C_{14}H_{15}N \cdot HCl$. Krystalle (aus Toluol); F: 152—154° [korr.].

Dimethyl-[2-phenyl-benzyl]-amin, N,N-*dimethyl-2-phenylbenzylamine* $C_{15}H_{17}N$, Formel IV (R = X = CH_3).

B. Aus 2-Phenyl-benzylamin und Methylbromid (*Goldschmidt, Veer*, R. **67** [1948] 489, 492, 510).

Kp_{18}: 154—155°.

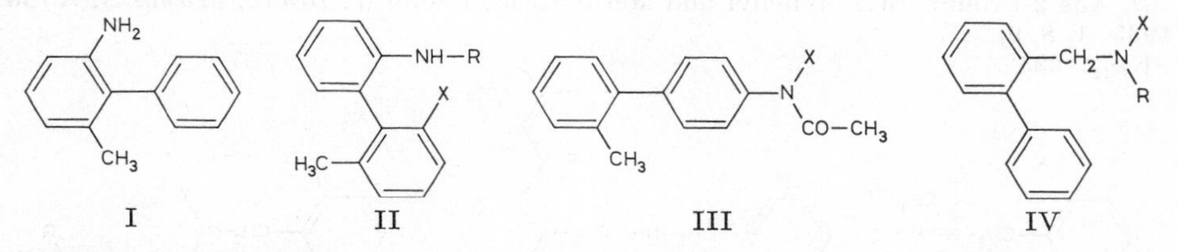

Trimethyl-[2-phenyl-benzyl]-ammonium, *trimethyl(2-phenylbenzyl)ammonium* $[C_{16}H_{20}N]^{\oplus}$, Formel V (R = CH_3).

Bromid $[C_{16}H_{20}N]Br$. *B.* Aus 2-Brommethyl-biphenyl und Trimethylamin (*v. Braun, Michaelis*, A. **507** [1933] 1, 9). — F: 205°.

Diäthyl-[2-phenyl-benzyl]-amin, N,N-*diethyl-2-phenylbenzylamine* $C_{17}H_{21}N$, Formel IV (R = X = C_2H_5).

B. Aus 2-Phenyl-benzylamin und Äthylbromid (*Goldschmidt, Veer*, R. **67** [1948] 483, 492, 510).

Kp_{12}: 164,5—165,5°.

Dipropyl-[2-phenyl-benzyl]-amin, *2-phenyl-*N,N-*dipropylbenzylamine* $C_{19}H_{25}N$, Formel IV (R = X = CH_2-CH_2-CH_3).

B. Beim Erwärmen von 2-Phenyl-benzylamin mit Propylbromid sowie beim Erwärmen von 2-Brommethyl-biphenyl (oder 2-Chlormethyl-biphenyl) mit Dipropylamin in Meth= anol (*Goldschmidt, Veer*, R. **67** [1948] 489, 492, 510).

Kp_{15}: 184—188°.

Hydrochlorid $C_{19}H_{25}N \cdot HCl$. F: 117—119° [korr.].

Isopropyl-[2-phenyl-benzyl]-amin, N-*isopropyl-2-phenylbenzylamine* $C_{16}H_{19}N$, Formel IV (R = $CH(CH_3)_2$, X = H).

B. Aus 2-Phenyl-benzylamin und Isopropyljodid (*Goldschmidt, Veer*, R. **67** [1948] 489, 492, 510).

Kp_{15}: 164—165°.

Hydrojodid. F: 159—161° [korr.].

Propyl-isopropyl-[2-phenyl-benzyl]-amin, N-*isopropyl-2-phenyl-*N-*propylbenzylamine* $C_{19}H_{25}N$, Formel IV (R = CH_2-CH_2-CH_3, X = $CH(CH_3)_2$).

B. Beim Erwärmen von 2-Phenyl-benzylamin mit Isopropyljodid und anschliessend mit Propylbromid (*Goldschmidt, Veer*, R. **67** [1948] 489, 492, 510).

$Kp_{14,5}$: 177—178°.

Diisopropyl-[2-phenyl-benzyl]-amin, N,N-*diisopropyl-2-phenylbenzylamine* $C_{19}H_{25}N$, Formel IV (R = X = $CH(CH_3)_2$).

B. Beim Erwärmen von 2-Brommethyl-biphenyl oder 2-Chlormethyl-biphenyl mit Diisopropylamin in Methanol (*Goldschmidt, Veer,* R. **67** [1948] 489, 492, 510).

Kp_{13}: 176—178°.

Hydrochlorid $C_{19}H_{25}N \cdot HCl$. F: 178—180° [korr.].

Dibutyl-[2-phenyl-benzyl]-amin, N,N-*dibutyl-2-phenylbenzylamine* $C_{21}H_{29}N$, Formel IV (R = X = $[CH_2]_3$-CH_3).

B. Beim Erwärmen von 2-Brommethyl-biphenyl oder 2-Chlormethyl-biphenyl mit Dibutylamin in Methanol (*Goldschmidt, Veer,* R. **67** [1948] 489, 492, 510).

Kp_9: 188—191°.

Hydrochlorid. Krystalle; F: 83—84°.

Benzyl-[2-phenyl-benzyl]-amin, *2-phenyldibenzylamine* $C_{20}H_{19}N$, Formel IV (R = CH_2-C_6H_5, X = H).

B. Aus 2-Phenyl-benzylamin und Benzylbromid (*Goldschmidt, Veer,* R. **67** [1948] 489, 492, 510).

$Kp_{0,7}$: 175—178°.

Hydrochlorid $C_{20}H_{19}N \cdot HCl$. F: 183—185° [korr.].

Methyl-benzyl-[2-phenyl-benzyl]-amin, N-*methyl-2-phenyldibenzylamine* $C_{21}H_{21}N$, Formel IV (R = CH_2-C_6H_5, X = CH_3).

B. Aus 2-Brommethyl-biphenyl und Methyl-benzyl-amin (*v. Braun, Michaelis,* A. **507** [1933] 1, 8, 9).

Kp_{12}: 223°.

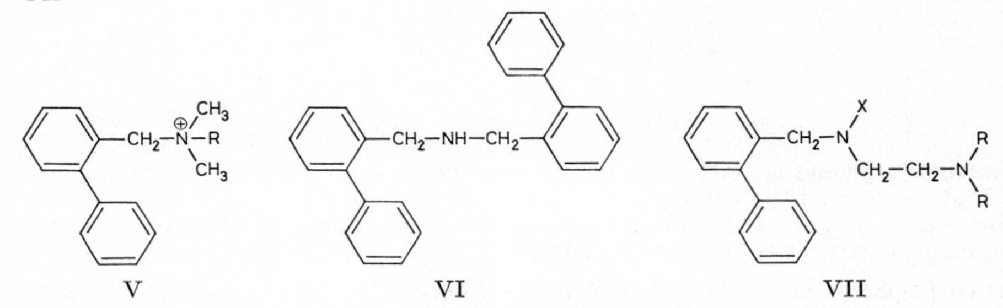

Dimethyl-benzyl-[2-phenyl-benzyl]-ammonium, *benzyldimethyl(2-phenylbenzyl)ammonium* $[C_{22}H_{24}N]^{\oplus}$, Formel V (R = CH_2-C_6H_5).

Jodid. *B.* Aus Methyl-benzyl-[2-phenyl-benzyl]-amin und Methyljodid (*v. Braun, Michaelis,* A. **507** [1933] 1, 9). — F: 163°.

Bis-[2-phenyl-benzyl]-amin, *2,2'-diphenyldibenzylamine* $C_{26}H_{23}N$, Formel VI.

B. In geringer Menge bei der Hydrierung von Biphenyl-carbonitril-(2) an Raney-Nickel in Isoamylalkohol bei 110°/70 at (*Goldschmidt, Veer,* R. **67** [1948] 489, 502).

Hydrochlorid $C_{26}H_{23}N \cdot HCl$. Krystalle (aus Ae.); F: 179—182° [korr.].

Bis-[2-hydroxy-äthyl]-[2-phenyl-benzyl]-amin, *2,2'-[(2-phenylbenzyl)imino]diethanol* $C_{17}H_{21}NO_2$, Formel IV (R = X = CH_2-CH_2OH).

B. Aus 2-Phenyl-benzylamin und 2-Brom-äthanol-(1) (*Goldschmidt, Veer,* R. **67** [1948] 489, 492, 510).

F: 45—47°. $Kp_{0,1}$: 191—192°.

***N.N*-Dimethyl-*N'*-[2-phenyl-benzyl]-äthylendiamin,** N,N-*dimethyl*-N'-*(2-phenylbenzyl)ethylenediamine* $C_{17}H_{22}N_2$, Formel VII (R = CH_3, X = H).

B. Aus *N*-[2-Dimethylamino-äthyl]-*N*-[2-phenyl-benzyl]-acetamid beim Erhitzen mit wss. Salzsäure (*Goldschmidt, Veer,* R. **67** [1948] 489, 492, 511).

Kp_{16}: 190—192°.

***N.N*-Diäthyl-*N'*-[2-phenyl-benzyl]-äthylendiamin,** N,N-*diethyl*-N'-*(2-phenylbenzyl)ethylenediamine* $C_{19}H_{26}N_2$, Formel VII (R = C_2H_5, X = H).

B. Aus *N*-[2-Diäthylamino-äthyl]-*N*-[2-phenyl-benzyl]-acetamid beim Erhitzen mit

wss. Salzsäure (*Goldschmidt, Veer*, R. **67** [1948] 489, 492, 511).
Kp_{12}: 203—206°; Kp_1: 165—169°.
Sulfat $C_{19}H_{26}N_2 \cdot H_2SO_4$. F: 173—174° [korr.].
L_g(?)-Tartrat $C_{19}H_{26}N_2 \cdot C_4H_6O_6$. F: 137—139° [korr.].

***N.N*-Dipropyl-*N'*-[2-phenyl-benzyl]-äthylendiamin,** N'-(*2-phenylbenzyl*)-N,N-*dipropyl*= *ethylenediamine* $C_{21}H_{30}N_2$, Formel VII (R = CH_2-CH_2-CH_3, X = H).
B. Aus *N*-[2-Dipropylamino-äthyl]-*N*-[2-phenyl-benzyl]-acetamid beim Erhitzen mit wss. Salzsäure (*Goldschmidt, Veer*, R. **67** [1948] 489, 492, 511).
Kp_1: 180—183°.

***N*-[2-Dimethylamino-äthyl]-*N*-[2-phenyl-benzyl]-acetamid, *N.N*-Dimethyl-*N'*-[2-phenyl-benzyl]-*N'*-acetyl-äthylendiamin,** N-[*2-(dimethylamino)ethyl*]-N-(*2-phenylbenzyl*)*acet*= *amide* $C_{19}H_{24}N_2O$, Formel VII (R = CH_3, X = CO-CH_3).
B. Beim Erwärmen von *N*-[2-Phenyl-benzyl]-acetamid (E II 741) mit Natrium in Benzol und Erhitzen des Reaktionsgemisches mit Dimethyl-[2-chlor-äthyl]-amin (*Goldschmidt, Veer*, R. **67** [1948] 489, 492, 511).
$Kp_{1,5}$: 194—198°.

***N*-[2-Diäthylamino-äthyl]-*N*-[2-phenyl-benzyl]-acetamid, *N'.N'*-Diäthyl-*N*-[2-phenyl-benzyl]-*N*-acetyl-äthylendiamin,** N-[*2-(diethylamino)ethyl*]-N-(*2-phenylbenzyl*)*acetamide* $C_{21}H_{28}N_2O$, Formel VII (R = C_2H_5, X = CO-CH_3).
B. Beim Erwärmen von *N*-[2-Phenyl-benzyl]-acetamid (E II 741) mit Natrium in Benzol und Erhitzen des Reaktionsgemisches mit Diäthyl-[2-chlor-äthyl]-amin (*Goldschmidt, Veer*, R. **67** [1948] 489, 492, 511).
Kp_1: 196—200°.

***N*-[2-Dipropylamino-äthyl]-*N*-[2-phenyl-benzyl]-acetamid, *N'.N'*-Dipropyl-*N*-[2-phenyl-benzyl]-*N*-acetyl-äthylendiamin,** N-[*2-(dipropylamino)ethyl*]-N-(*2-phenyl*= *benzyl*)-*acetamide* $C_{23}H_{32}N_2O$, Formel VII (R = CH_2-CH_2-CH_3, X = CO-CH_3).
B. Beim Erwärmen von *N*-[2-Phenyl-benzyl]-acetamid (E II 741) mit Natrium in Benzol und Erhitzen des Reaktionsgemisches mit [2-Chlor-äthyl]-dipropyl-amin (*Goldschmidt, Veer*, R. **67** [1948] 489, 492, 511).
$Kp_{0,015}$: 187—190°.

(±)-1-Diäthylamino-2-[2-phenyl-benzylamino]-propan, (±)-*N*[1].*N*[1]-Diäthyl-*N*[2]-[2-phenyl-benzyl]-propylendiamin, (±)-N[1],N[1]-*diethyl*-N[2]-(*2-phenylbenzyl*)*propane-1,2-diamine* $C_{20}H_{28}N_2$, Formel VIII (R = H).
B. Aus (±)-*N*-[*β*-Diäthylamino-isopropyl]-*N*-[2-phenyl-benzyl]-acetamid beim Erhitzen mit wss. Salzsäure (*Goldschmidt, Veer*, R. **67** [1948] 489, 492, 511).
Kp_1: 172—173°.

(±)-1-Diäthylamino-2-[benzyl-(2-phenyl-benzyl)-amino]-propan, (±)-*N*[1].*N*[1]-Diäthyl-*N*[2]-benzyl-*N*[2]-[2-phenyl-benzyl]-propylendiamin, (±)-N[2]-*benzyl*-N[1],N[1]-*diethyl*-N[2]-(*2-phen*= *ylbenzyl*)*propane-1,2-diamine* $C_{27}H_{34}N_2$, Formel VIII (R = CH_2-C_6H_5).
B. Aus der im vorangehenden Artikel beschriebenen Verbindung und Benzylbromid (*Goldschmidt, Veer*, R. **67** [1948] 489, 492, 510).
$Kp_{0,05}$: 191—192°.

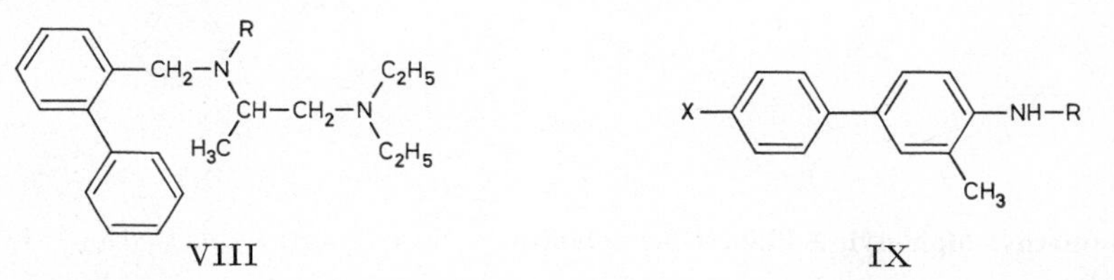

VIII IX

(±)-*N*-[*β*-Diäthylamino-isopropyl]-*N*-[2-phenyl-benzyl]-acetamid, (±)-*N*[1].*N*[1]-Diäthyl-*N*[2]-[2-phenyl-benzyl]-*N*[2]-acetyl-propylendiamin, (±)-N-[*2-(diethylamino)-1-methylethyl*]-N-(*2-phenylbenzyl*)*acetamide* $C_{22}H_{30}N_2O$, Formel VIII (R = CO-CH_3).
B. Beim Erwärmen von *N*-[2-Phenyl-benzyl]-acetamid (E II 741) mit Natrium in Benzol und Erhitzen des Reaktionsgemisches mit (±)-Diäthyl-[2-chlor-propyl]-amin

(*Goldschmidt, Veer*, R. **67** [1948] 489, 492, 511).
$Kp_{0,02}$: 172°.

4-Amino-3-methyl-biphenyl, 3-Methyl-biphenylyl-(4)-amin, *3-methylbiphenyl-4-ylamine* $C_{13}H_{13}N$, Formel IX (R = X = H) (E II 771).
B. Aus 4-Nitro-3-methyl-biphenyl beim Erwärmen mit Äthanol, Zinn(II)-chlorid und wss. Salzsäure (*Grieve, Hey*, Soc. **1932** 2239, 2247). Aus *N*-[3-Methyl-biphenylyl-(4)]-acetamid beim Erhitzen mit wss. Salzsäure (*I.G. Farbenind.*, D.R.P. 582844 [1931]; Frdl. **20** 449).
F: 43° (*I.G. Farbenind.*).

4-Acetamino-3-methyl-biphenyl, *N*-[3-Methyl-biphenylyl-(4)]-acetamid, N-(*3-methyl=biphenyl-4-yl)acetamide* $C_{15}H_{15}NO$, Formel IX (R = CO-CH_3, X = H) (E II 771).
B. Als Hauptprodukt beim Behandeln von Essigsäure-[*N*-chlor-*o*-toluidid] (H 829) mit Benzol und Aluminiumchlorid (*I.G. Farbenind.*, D.R.P. 582844 [1931]; Frdl. **20** 449; *Gen. Aniline Works*, U.S.P. 2012569 [1932]). Aus 3-Methyl-biphenylyl-(4)-amin und Acetanhydrid (*Grieve, Hey*, Soc. **1932** 2245).
Krystalle (aus Bzl.); F: 171—172° [korr.] (*Byron et al.*, Soc. **1963** 2246, 2253).

4-Benzamino-3-methyl-biphenyl, *N*-[3-Methyl-biphenylyl-(4)]-benzamid, N-(*3-methyl=biphenyl-4-yl)benzamide* $C_{20}H_{17}NO$, Formel IX (R = CO-C_6H_5, X = H).
B. Beim Behandeln von Benzoesäure-*o*-toluidid mit wss. Kaliumhypochlorit-Lösung unter Zusatz von Natriumhydrogencarbonat und Erwärmen des Reaktionsprodukts mit Benzol und Aluminiumchlorid (*I.G. Farbenind.*, D.R.P. 582844 [1931]; Frdl. **20** 449; *Gen. Aniline Works*, U.S.P. 2012569 [1932]).
F: 189°.

3-Hydroxy-*N*-[3-methyl-biphenylyl-(4)]-naphthamid-(2), *3-hydroxy-*N-(*3-methylbiphenyl-4-yl)-2-naphthamide* $C_{24}H_{19}NO_2$, Formel X.
B. Beim Behandeln von 3-Methyl-biphenylyl-(4)-amin mit 3-Hydroxy-naphthoe=säure-(2) in Toluol und Erhitzen des Reaktionsgemisches mit Phosphor(III)-chlorid (*Gen. Aniline Works*, U.S.P. 1936926 [1932]).
F: 239°.

4'-Chlor-4-amino-3-methyl-biphenyl, 4'-Chlor-3-methyl-biphenylyl-(4)-amin, *4'-chloro-3-methylbiphenyl-4-ylamine* $C_{13}H_{12}ClN$, Formel IX (R = H, X = Cl).
B. Aus *N*-[4'-Chlor-3-methyl-biphenylyl-(4)]-acetamid (*I.G. Farbenind.*, D.R.P. 582844 [1931]; Frdl. **20** 449; *Gen. Aniline Works*, U.S.P. 2012569 [1932]).
F: 125°.

4'-Chlor-4-acetamino-3-methyl-biphenyl, *N*-[4'-Chlor-3-methyl-biphenylyl-(4)]-acet=amid, N-(*4'-chloro-3-methylbiphenyl-4-yl)acetamide* $C_{15}H_{14}ClNO$, Formel IX (R = CO-CH_3, X = Cl).
B. Beim Erwärmen von Essigsäure-[*N*-chlor-*o*-toluidid] (H 829) mit Chlorbenzol und Aluminiumchlorid (*I.G. Farbenind.*, D.R.P. 582844 [1931]; Frdl. **20** 449; *Gen. Aniline Works*, U.S.P. 2012569 [1932]).
Krystalle (aus Eg. oder A.); F: 226°.

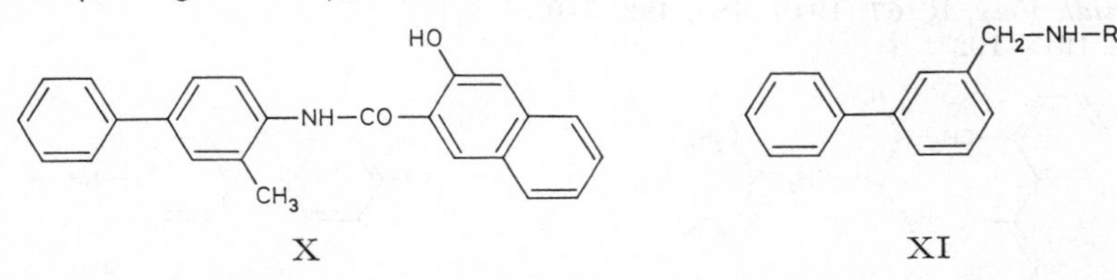

3-Aminomethyl-biphenyl, 3-Phenyl-benzylamin, *3-phenylbenzylamine* $C_{13}H_{13}N$, Formel XI (R = H).
B. Aus *N*-[3-Phenyl-benzyl]-phthalimid mit Hilfe von Hydrazin (*Shoppee*, Soc. **1933** 37, 44).
F: 29°. Kp_{18}: 182°.
Hydrochlorid. Krystalle (aus W.).
Pikrat $C_{13}H_{13}N \cdot C_6H_3N_3O_7$. Gelbe Krystalle (aus Me.); F: 220° [Zers.].

Trimethyl-[3-phenyl-benzyl]-ammonium, *trimethyl(3-phenylbenzyl)ammonium* $[C_{16}H_{20}N]^{\oplus}$, Formel XII.

Pikrat $[C_{16}H_{20}N]C_6H_2N_3O_7$. *B.* Beim Behandeln von 3-Brommethyl-biphenyl mit Trimethylamin in Äthanol und Behandeln des Reaktionsgemisches mit wss. Natriumpikrat-Lösung (*Ingold, Patel,* J. Indian chem. Soc. **7** [1930] 95, 107). — Krystalle (aus wss. A.); F: 152°.

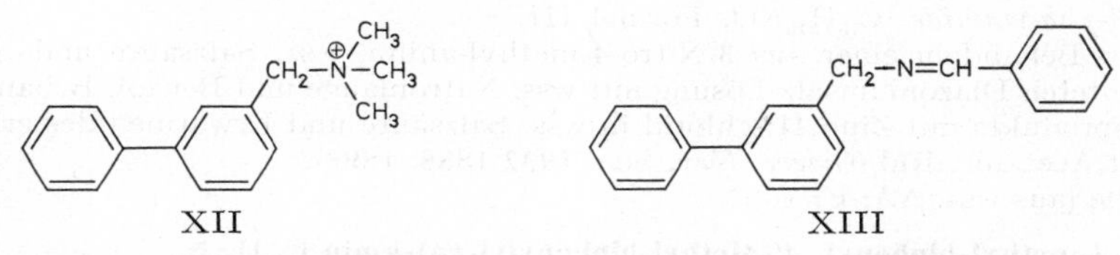

[3-Phenyl-benzyl]-benzyliden-amin, Benzaldehyd-[3-phenyl-benzylimin], N-*benzylidene-3-phenylbenzylamine* $C_{20}H_{17}N$, Formel XIII.

B. Aus 3-Phenyl-benzylamin und Benzaldehyd (*Shoppee,* Soc. **1933** 37, 39, 44).

Kp_1: 220°.

Geschwindigkeit der Isomerisierung zu Biphenyl-carbaldehyd-(3)-benzylimin in äthanol. Natriumäthylat-Lösung bei 82° sowie Lage des Gleichgewichts: *Sh.*

***N*-[3-Phenyl-benzyl]-acetamid,** N-*(3-phenylbenzyl)acetamide* $C_{15}H_{15}NO$, Formel XI (R = CO-CH_3).

B. Aus 3-Phenyl-benzylamin (*Shoppee,* Soc. **1933** 37, 44).

Krystalle; F: 115—116°.

2-Amino-4-methyl-biphenyl, 4-Methyl-biphenylyl-(2)-amin, *4-methylbiphenyl-2-ylamine* $C_{13}H_{13}N$, Formel I (R = H).

B. Aus 2-Nitro-4-methyl-biphenyl bei der Hydrierung an Raney-Nickel in Äthanol (*Ritchie,* J. Pr. Soc. N.S. Wales **78** [1944] 169, 171) sowie beim Behandeln mit Eisen und wss. Äthanol (*Petrow,* Soc. **1945** 18, 21).

Kp_{29}: 193—194° (*Ri.*); Kp_{11}: 183° (*Pe.*).

Pikrat $C_{13}H_{13}N \cdot C_6H_3N_3O_7$. Gelbe Krystalle (aus A.); F: 161° [Zers.] (*Ri.*).

4-Nitro-2-hydroxy-benzaldehyd-[4-methyl-biphenylyl-(2)-imin], *2-[N-(4-methylbiphenyl-2-yl)formimidoyl]-5-nitrophenol* $C_{20}H_{16}N_2O_3$, Formel II.

B. Aus 4-Methyl-biphenylyl-(2)-amin (*Ritchie,* J. Pr. Soc. N.S. Wales **78** [1944] 169, 171).

Gelbe Krystalle; F: 216°.

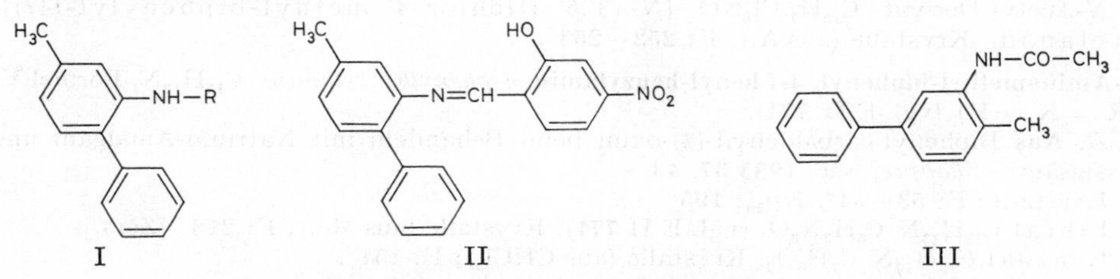

2-Acetamino-4-methyl-biphenyl, *N*-[4-Methyl-biphenylyl-(2)]-acetamid, N-*(4-methylbiphenyl-2-yl) acetamide* $C_{15}H_{15}NO$, Formel I (R = CO-CH_3).

B. Aus 4-Methyl-biphenylyl-(2)-amin und Acetanhydrid (*Ritchie,* J. Pr. Soc. N.S. Wales **78** [1944] 169, 171; s. a. *Grieve, Hey,* Soc. **1932** 1888, 1893).

Krystalle; F: 150,5—151,5° [korr.; aus wss. Me.] (*Petrow,* Soc. **1945** 18, 22), 148° [aus wss. A.] (*Ri.*), 145° [aus A.] (*Gr., Hey*).

Beim Behandeln mit Phosphoroxychlorid ist 3.6-Dimethyl-phenanthridin erhalten worden (*Ri.*; *Pe.*).

2-Benzamino-4-methyl-biphenyl, *N*-[4-Methyl-biphenylyl-(2)]-benzamid, N-*(4-methylbiphenyl-2-yl)benzamide* $C_{20}H_{17}NO$, Formel I (R = CO-C_6H_5).

B. Beim Erwärmen von 4-Methyl-biphenylyl-(2)-amin mit Benzoylchlorid und Pyridin (*Ritchie,* J. Pr. Soc. N.S. Wales **78** [1944] 169, 171).

Krystalle (aus A.); F: 92° (*Ri.*).

Über ein ebenfalls als *N*-[4-Methyl-biphenylyl-(2)]-benzamid beschriebenes Präparat (Krystalle [aus A.]; F: 221°) s. *Grieve, Hey*, Soc. **1932** 1888, 1893.

3-Amino-4-methyl-biphenyl, 4-Methyl-biphenylyl-(3)-amin $C_{13}H_{13}N$.

3-Acetamino-4-methyl-biphenyl, *N*-[4-Methyl-biphenylyl-(3)]-acetamid, N-(*4-methylbiphenyl-3-yl)acetamide* $C_{15}H_{15}NO$, Formel III.

B. Beim Behandeln einer aus 3-Nitro-4-methyl-anilin, wss. Salzsäure und Natriumnitrit bereiteten Diazoniumsalz-Lösung mit wss. Natronlauge und Benzol, Behandeln des Reaktionsprodukts mit Zinn(II)-chlorid in wss. Salzsäure und Erwärmen des erhaltenen Amins mit Acetanhydrid (*Grieve, Hey*, Soc. **1932** 1888, 1893).

Krystalle (aus wss. A.); F: 150°.

4'-Amino-4-methyl-biphenyl, 4'-Methyl-biphenylyl-(4)-amin $C_{13}H_{13}N$.

***N*-Nitroso-*N*-[4'-methyl-biphenylyl-(4)]-acetamid,** N-(*4'-methylbiphenyl-4-yl*)-N-*nitrosoacetamide* $C_{15}H_{14}N_2O_2$, Formel IV.

B. Beim Einleiten von Stickstoffoxiden in ein Gemisch von *N*-[4'-Methyl-biphenylyl-(4)]-acetamid (E II 771), Essigsäure, Acetanhydrid und Phosphor(V)-oxid (*France, Heilbron, Hey*, Soc. **1939** 1283, 1287).

Gelbe Krystalle; F: 105° [Zers.].

Beim Behandeln mit Benzol ist 4-Methyl-*p*-terphenyl erhalten worden.

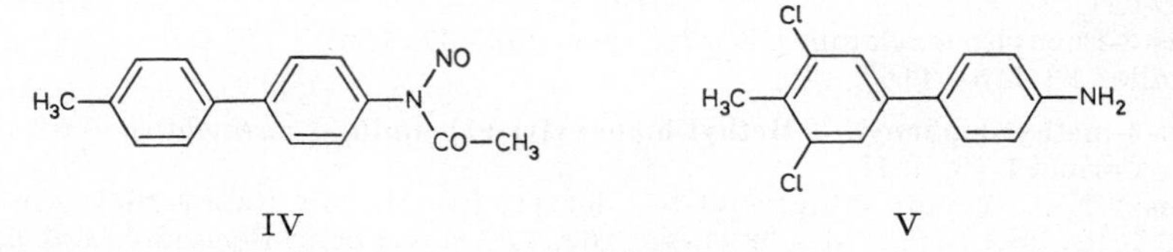

IV V

3.5-Dichlor-4'-amino-4-methyl-biphenyl, 3'.5'-Dichlor-4'-methyl-biphenylyl-(4)-amin, *3',5'-dichloro-4'-methylbiphenyl-4-ylamine* $C_{13}H_{11}Cl_2N$, Formel V.

Diese Konstitution kommt vermutlich der nachstehenden Verbindung zu.

B. Aus 3.5-Dichlor-4'(?)-nitro-4-methyl-biphenyl (F: 157°) beim Erhitzen mit Äthanol, Zinn(II)-chlorid und wss. Salzsäure (*Hinkel, Dippy*, Soc. **1932** 1468, 1471).

Krystalle (aus Bzl. + PAe.); F: 131°.

Beim Erhitzen mit Chrom(VI)-oxid in Essigsäure ist 3.5-Dichlor-4-methyl-benzoesäure erhalten worden.

N-Acetyl-Derivat $C_{15}H_{13}Cl_2NO$ (*N*-[3'.5'-Dichlor-4'-methyl-biphenylyl-(4?)]-acetamid). Krystalle (aus A.); F: 252—253°.

4-Aminomethyl-biphenyl, 4-Phenyl-benzylamin, *4-phenylbenzylamine* $C_{13}H_{13}N$, Formel VI (R = X = H) (vgl. E II 771).

B. Aus Biphenyl-carbaldehyd-(4)-oxim beim Behandeln mit Natrium-Amalgam und Essigsäure (*Shoppee*, Soc. **1933** 37, 43).

Krystalle; F: 53—54°. Kp_{20}: 195°.

Pikrat $C_{13}H_{13}N \cdot C_6H_3N_3O_7$ (vgl. E II 771). Krystalle (aus Me.); F: 218° [Zers.].

Benzoat $C_{13}H_{13}N \cdot C_7H_6O_2$. Krystalle (aus $CHCl_3$); F: 151°.

Methyl-[4-phenyl-benzyl]-amin, N-*methyl-4-phenylbenzylamine* $C_{14}H_{15}N$, Formel VI (R = CH_3, X = H) (E II 771).

B. Als Hauptprodukt beim Erwärmen von 4-Chlormethyl-biphenyl mit Methylamin in Benzol (*v. Braun, Michaelis*, A. **507** [1933] 1, 6).

Hydrochlorid $C_{14}H_{15}N \cdot HCl$. Krystalle (aus A.); F: 265° [Zers.] (*Baltzly, Buck*, Am. Soc. **65** [1943] 1984, 1990).

Trimethyl-[4-phenyl-benzyl]-ammonium, *trimethyl(4-phenylbenzyl)ammonium* $[C_{16}H_{20}N]^{\oplus}$, Formel VII (vgl. E II 771).

Pikrat $[C_{16}H_{20}N]C_6H_2N_3O_7$. *B.* Beim Behandeln von 4-Brommethyl-biphenyl mit Trimethylamin in Äthanol und Behandeln des Reaktionsgemisches mit wss. Natriumpikrat-Lösung (*Ingold, Patel*, J. Indian chem. Soc. **7** [1930] 95, 107). — Krystalle (aus wss. A.); F: 179°.

Methyl-[4-cyclohexyl-benzyl]-[4-phenyl-benzyl]-amin, *4-cyclohexyl-N-methyl-4'-phenyl= dibenzylamine* $C_{27}H_{31}N$, Formel VIII.

B. Aus Methyl-[4-phenyl-benzyl]-amin und 4-Cyclohexyl-benzylchlorid sowie aus Methyl-[4-cyclohexyl-benzyl]-amin und 4-Chlormethyl-biphenyl in Benzol (*v. Braun, Michaelis*, A. **507** [1933] 1, 6).

Krystalle; F: 52–53°.

Reaktion mit Bromcyan: *v. Br., Mi.*

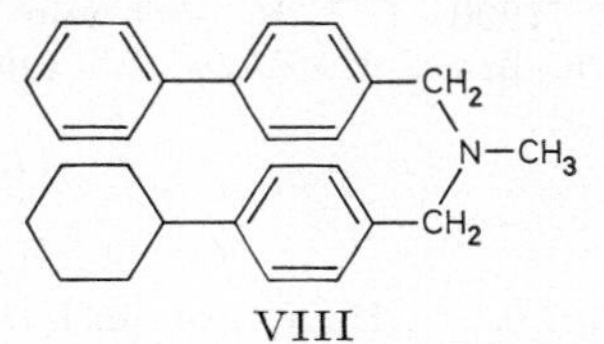

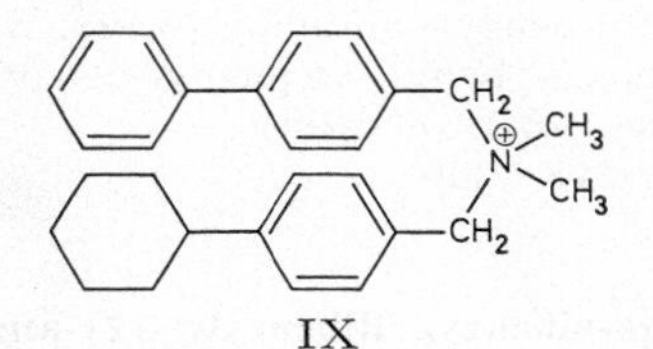

Dimethyl-[4-cyclohexyl-benzyl]-[4-phenyl-benzyl]-ammonium, *(4-cyclohexylbenzyl)= dimethyl(4-phenylbenzyl)ammonium* $[C_{28}H_{34}N]^{\oplus}$, Formel IX.

Jodid $[C_{28}H_{34}N]I$. *B.* Aus dem im vorangehenden Artikel beschriebenen Amin und Methyljodid (*v. Braun, Michaelis*, A. **507** [1933] 1, 7). — Krystalle (aus Me.); F: 200°.

Methyl-[naphthyl-(1)-methyl]-[4-phenyl-benzyl]-amin, *1-(1-naphthyl)-N-(4-phenyl= benzyl)dimethylamine* $C_{25}H_{23}N$, Formel X.

Hydrochlorid $C_{25}H_{23}N\cdot HCl$. *B.* Aus Methyl-[4-phenyl-benzyl]-amin und 1-Chlor= methyl-naphthalin (*Baltzly, Buck*, Am. Soc. **65** [1943] 1984, 1991). — Krystalle (aus A. + E.); F: 211,5–212°.

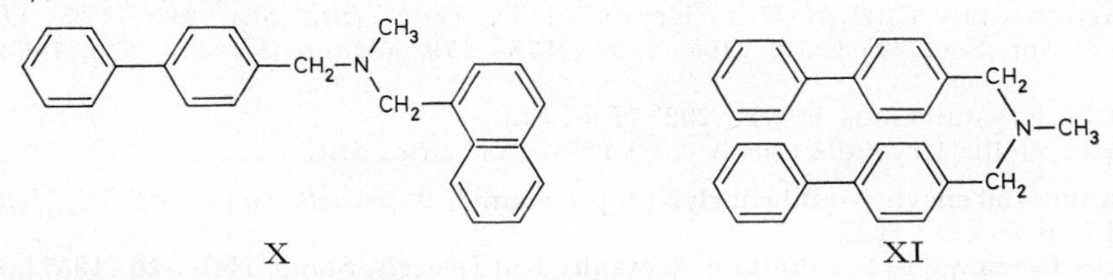

Methyl-bis-[4-phenyl-benzyl]-amin, *N-methyl-4,4'-diphenyldibenzylamine* $C_{27}H_{25}N$, Formel XI.

B. In geringer Menge beim Erwärmen von 4-Chlormethyl-biphenyl mit Methylamin in Benzol (*v. Braun, Michaelis*, A. **507** [1933] 1, 6).

Krystalle (nach Sublimation bei 0,01 Torr); F: 121–122° [korr.; Kofler-App.] (*Dahn, Zoller*, Helv. **35** [1952] 1348, 1353).

Dimethyl-bis-[4-phenyl-benzyl]-ammonium, *dimethylbis(4-phenylbenzyl)ammonium* $[C_{28}H_{28}N]^{\oplus}$, Formel XII.

Jodid $[C_{28}H_{28}N]I$. *B.* Aus Methyl-bis-[4-phenyl-benzyl]-amin und Methyljodid (*v. Braun, Michaelis*, A. **507** [1933] 1, 6). — Krystalle; F: 205°.

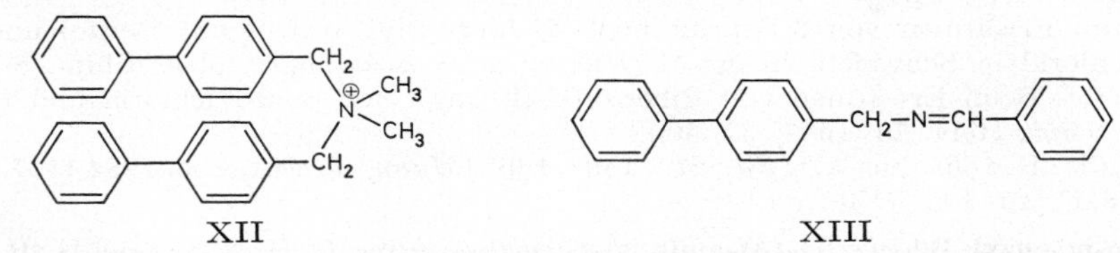

[4-Phenyl-benzyl]-benzyliden-amin, Benzaldehyd-[4-phenyl-benzylimin], *N-benzyl= idene-4-phenylbenzylamine* $C_{20}H_{17}N$, Formel XIII.

B. Aus 4-Phenyl-benzylamin und Benzaldehyd (*Shoppee*, Soc. **1933** 37, 39, 43).

Krystalle (aus Me.); F: 76°.

Geschwindigkeit der Isomerisierung zu Biphenyl-carbaldehyd-(4)-benzylimin in äthanol. Natriumäthylat-Lösung bei 82° sowie Lage des Gleichgewichts: *Sh.*

***N*-[4-Phenyl-benzyl]-acetamid,** N-*(4-phenylbenzyl)acetamide* $C_{15}H_{15}NO$, Formel VI (R = CO-CH_3, X = H) (E II 772; dort als 4-Acetaminomethyl-diphenyl bezeichnet).

B. Aus 4-Phenyl-benzylamin (*Shoppee*, Soc. **1933** 37, 43).

Krystalle (aus Me.); F: 182°.

Methyl-[4-phenyl-benzyl]-carbamonitril, Methyl-[4-phenyl-benzyl]-cyanamid, *methyl(4-phenylbenzyl)carbamonitrile* $C_{15}H_{14}N_2$, Formel VI (R = CN, X = CH_3).

B. Neben anderen Verbindungen bei der Umsetzung von Methyl-[4-cyclohexyl-benzyl]-[4-phenyl-benzyl]-amin (*v. Braun, Michaelis,* A. **507** [1933] 1, 7, 8) oder von Methyl-[4-methoxy-phenyl]-[4-phenyl-benzyl]-amin (*v. Braun, May, Michaelis,* A. **490** [1931] 189, 200) mit Bromcyan.

Kp_{11}: 218—220°. [*Kowol*]

Amine $C_{14}H_{15}N$

2-Amino-bibenzyl, Bibenzylyl-(2)-amin, o-*phenethylaniline* $C_{14}H_{15}N$, Formel I (R = H).

B. Aus 2-Nitro-*cis*-stilben, aus 2-Nitro-*trans*-stilben, aus 2-Amino-*cis*-stilben oder aus 2-Amino-*trans*-stilben bei der Hydrierung an Raney-Nickel (*Ruggli, Staub,* Helv. **20** [1937] 37, 50). Aus *N*-[Bibenzylyl-(2)]-benzamid beim Erhitzen mit Chlorwasserstoff in Äthanol auf 150° (*Kuršanow, Kitschkina,* Ž. obšč. Chim. **5** [1935] 1342, 1345; C. **1936** II 1534).

F: 33° (*Ru., St.*). Kp_{19}: 193—197°; Kp_{11}: 186—188° (*Mann, Stewart,* Soc. **1954** 4127, 4132); Kp_2: 138—143° (*Ku., Ki.*). D_4^{20}: 1,0430; n_D^{20}: 1,5935 (*Ku., Ki.*).

Beim Behandeln mit Isopentylnitrit und äthanol. Schwefelsäure und Behandeln der Reaktionslösung mit Kupfer sind 9.10-Dihydro-phenanthren und Bibenzylol-(2) erhalten worden (*Ru., St.,* l. c. S. 41, 50, 52).

Hydrochlorid $C_{14}H_{15}N \cdot HCl$. Krystalle; F: 198° (*Ru., St.*), 189—190° (*DeTar, Whiteley,* Am. Soc. **79** [1957] 2498, 2500), 178—179° (*Mann, Stewart,* Soc. **1954** 4127, 4132).

Sulfat. Krystalle (aus A.); F: 202° (*Ru., St.*).

Pikrat. Gelbe Krystalle (aus A.); F: 167—168° (*Ru., St.*).

2-Acetamino-bibenzyl, *N*-[Bibenzylyl-(2)]-acetamid, *2'-phenethylacetanilide* $C_{16}H_{17}NO$, Formel I (R = CO-CH_3).

B. Aus Bibenzylyl-(2)-amin und Acetanhydrid (*Ruggli, Staub,* Helv. **20** [1937] 37, 50).

Krystalle; F: 117° [aus A.] (*Ru., St.*), 115—116° (*Mann, Stewart,* Soc. **1954** 4127, 4132).

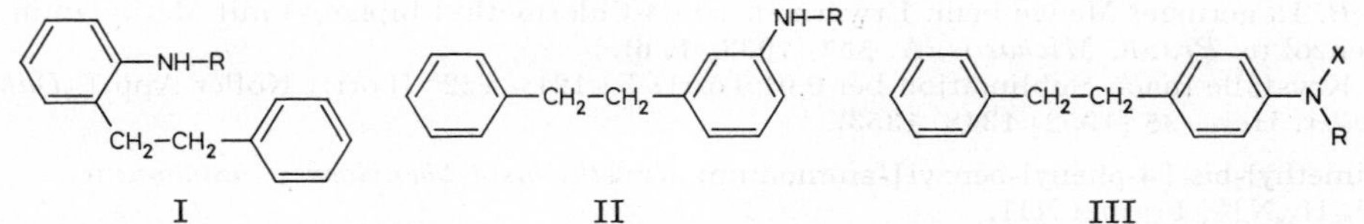

2-Benzamino-bibenzyl, *N*-[Bibenzylyl-(2)]-benzamid, *2'-phenethylbenzanilide* $C_{21}H_{19}NO$, Formel I (R = CO-C_6H_5).

B. Beim Erwärmen von 2-Benzamino-1-[2-chlor-äthyl]-benzol mit Benzol und Aluminiumchlorid in Schwefelkohlenstoff (*Kuršanow, Kitschkina,* Ž. obšč. Chim. **5** [1935] 1342, 1345). Beim Erwärmen von Bibenzylyl-(2)-amin mit Benzoylchlorid und Pyridin (*Ruggli, Staub,* Helv. **20** [1937] 37, 50).

Krystalle; F: 166° [aus A.] (*Ru., St.*), 159—160° (*Mann, Stewart,* Soc. **1954** 4127, 4132), 157—158,5° [aus Eg.] (*Ku., Ki.*).

3-Amino-bibenzyl, Bibenzylyl-(3)-amin, m-*phenethylaniline* $C_{14}H_{15}N$, Formel II (R = H).

B. Aus 3-Nitro-*trans*-stilben bei der Hydrierung an Palladium in Äthylacetat (*Bergmann, Schapiro,* J. org. Chem. **12** [1947] 57, 61).

Krystalle (aus PAe.); F: 51°.

3-Acetamino-bibenzyl, *N*-[Bibenzylyl-(3)]-acetamid, *3'-phenethylacetanilide* $C_{16}H_{17}NO$, Formel II (R = CO-CH_3).

B. Aus Bibenzylyl-(3)-amin (*Bergmann, Schapiro,* J. org. Chem. **12** [1947] 57, 61).

Krystalle (aus Bzl. + PAe.); F: 128—129°.

4-Amino-bibenzyl, Bibenzylyl-(4)-amin, p-*phenethylaniline* $C_{14}H_{15}N$, Formel III (R = X = H) (E I 550).

B. Aus 4-Nitro-bibenzyl beim Behandeln mit Zinn(II)-chlorid in wss.-äthanol. Salzsäure (*Kuršanow, Kitschkina,* Ž. obšč. Chim. **5** [1935] 1342, 1346; C. **1936** II 1534). Aus *N*-[Bi=benzylyl-(4)]-acetamid (*Buu-Hoi, Royer,* Bl. **1947** 820).

4-Dimethylamino-bibenzyl, Dimethyl-[bibenzylyl-(4)]-amin, N,N-*dimethyl*-p-*phenethyl=aniline* $C_{16}H_{19}N$, Formel III (R = X = CH_3).

B. Aus Dimethyl-[stilbenyl-(4)]-amin (F: 149°) bei der Hydrierung an Platin in Essig=säure (*Jenkins, Buck, Bigelow,* Am. Soc. **52** [1930] 4495, 4499).

Krystalle (aus wss. A.); F: 63°.

Trimethyl-[bibenzylyl-(4)]-ammonium, N,N,N-*trimethyl-4-phenethylanilinium* $[C_{17}H_{22}N]^{\oplus}$, Formel IV.

Jodid $[C_{17}H_{22}N]I$. *B.* Aus Dimethyl-[bibenzylyl-(4)]-amin und Methyljodid in Äther (*Jenkins, Buck, Bigelow,* Am. Soc. **52** [1930] 4495, 4499). — Krystalle; F: 260—262° [unkorr.].

4-Acetamino-bibenzyl, *N*-[Bibenzylyl-(4)]-acetamid, *4'-phenethylacetanilide* $C_{16}H_{17}NO$, Formel III (R = CO-CH_3, X = H).

B. Aus 1-[Bibenzylyl-(4)]-äthanon-(1)-*seqtrans*-oxim beim Erwärmen mit Schwefel=säure (*Buu-Hoi, Royer,* Bl. **1947** 820). Aus Bibenzylyl-(4)-amin (*Bergmann, Schapiro,* J. org. Chem. **12** [1947] 57 Anm. f).

Krystalle [aus PAe.] (*Be., Sch.*).

α-Amino-bibenzyl, Bibenzylyl-(α)-amin, 1.2-Diphenyl-äthylamin, *α-phenylphenethylamine* $C_{14}H_{15}N$.

a) **(*R*)-Bibenzylyl-(α)-amin,** Formel V.

Diese Konfiguration kommt der E II 773 als (−)-1.2-Diphenyl-äthylamin beschriebenen Verbindung zu (*Pratesi, Manna, Vitali,* Farmaco Ed. scient. **15** [1960] 387; *Nakazaki, Mita, Toshioka,* Bl. chem. Soc. Japan **36** [1963] 161; *Nakazaki,* Bl. chem. Soc. Japan **36** [1963] 1204; *Sasaki et al.,* J. med. Chem. **9** [1966] 847).

b) **(±)-Bibenzylyl-(α)-amin,** Formel V + Spiegelbild (H 1326; E II 772).

B. Aus (±)-2.3-Diphenyl-propionamid beim Behandeln mit wss. Natriumhypochlorit-Lösung (*Dey, Ramanathan,* Pr. nation. Inst. Sci. India **9** [1943] 193, 213).

Hydrochlorid $C_{14}H_{15}N \cdot HCl$ (H 1327). F: 254—256° (*Neish,* R. **68** [1949] 337, 340), 253° (*Stevens, Covan, MacKinnon,* Soc. **1931** 2568, 2572).

(±)-α-Methylamino-bibenzyl, (±)-Methyl-[bibenzylyl-(α)]-amin, (±)-N-*methyl-α-phenyl=phenethylamine* $C_{15}H_{17}N$, Formel VI (R = CH_3, X = H).

B. Beim Erwärmen von Benzaldehyd-methylimin mit Benzylmagnesiumchlorid in Äther oder Benzol (*Moffett, Hoehn,* Am. Soc. **69** [1947] 1792; *Moffett,* Org. Synth. Coll. Vol. IV [1963] 605). In geringer Menge beim Erhitzen eines Gemisches von Desoxy=benzoin, Methylamin und wss. Ameisensäure auf 180° (*Goodson, Wiegand, Splitter,* Am. Soc. **68** [1946] 2174).

Kp_8: 160—161° (*Goo., Wie., Sp.*); $Kp_{0,3}$: 94—97°; $Kp_{0,04}$: 83—90° (*Mo.*). n_D^{20}: 1,5667; n_D^{25}: 1,5640 (*Mo.*).

Hydrochlorid $C_{15}H_{17}N \cdot HCl$. Krystalle (aus wss. Acn. oder aus Me. + Ae.); F: 184° bis 186° (*Goo., Wie., Sp.*; *Mo., Hoehn*; *Mo.*).

(±)-α-Dimethylamino-bibenzyl, (±)-Dimethyl-[bibenzylyl-(α)]-amin, (±)-N,N-*dimethyl-α-phenylphenethylamine* $C_{16}H_{19}N$, Formel VI (R = X = CH_3).

B. Aus Dimethyl-dibenzyl-ammonium-chlorid beim Erhitzen mit Natriumamid auf 140° (*Thomson, Stevens,* Soc. **1932** 1932, 1933, 1936). Beim Behandeln von (±)-Dimethyl=amino-phenyl-acetonitril mit Benzylmagnesiumchlorid in Äther sowie beim Behandeln von *N.N*-Dimethyl-DL-phenylalanin-nitril mit Phenylmagnesiumbromid in Äther (*Stevens, Cowan, MacKinnon,* Soc. **1931** 2568, 2571, 2572). Beim Erhitzen von (±)-Bibenzylyl-(α)-

amin mit wss. Formaldehyd auf 130° (*St.*, *Co.*, *MacK.*)

Hydrochlorid $C_{16}H_{19}N \cdot HCl$. Krystalle (aus A. + Ae.); F: 187—188° (*St.*, *Co.*, *MacK.*).

Pikrat $C_{16}H_{19}N \cdot C_6H_3N_3O_7$. Gelbe Krystalle (aus Me.). F: 156—157° [nach Sintern bei 130°] (*St.*, *Co.*, *MacK.*; *Th.*, *St.*).

(±)-α-Äthylamino-bibenzyl, (±)-Äthyl-[bibenzylyl-(α)]-amin, (±)-N-*ethyl-α-phenylphenethylamine* $C_{16}H_{19}N$, Formel VI (R = C_2H_5, X = H).

B. Beim Erwärmen von Benzaldehyd-äthylimin mit Benzylmagnesiumbromid in Äther (*Campbell et al.*, Am. Soc. **70** [1948] 3868). Beim Erhitzen eines Gemisches von Desoxybenzoin, Äthylamin und wss. Ameisensäure bis auf 180° (*Goodson*, *Wiegand*, *Splitter*, Am. Soc. **68** [1946] 2174).

Kp_3: 162—164° (*Goo.*, *Wie.*, *Sp.*), 143—144° (*Ca. et al.*). D_4^{20}: 0,9895; n_D^{20}: 1,5559 (*Ca. et al.*).

Hydrochlorid $C_{16}H_{19}N \cdot HCl$. Krystalle; F: 236—238° [aus W.] (*Goo.*, *Wie.*, *Sp.*), 235—236° [Zers.; aus A. + Ae.] (*Ca. et al.*).

(±)-α-Propylamino-bibenzyl, (±)-Propyl-[bibenzylyl-(α)]-amin, (±)-α-*phenyl*-N-*propylphenethylamine* $C_{17}H_{21}N$, Formel VI (R = CH_2-CH_2-CH_3, X = H).

B. Beim Erhitzen eines Gemisches von Desoxybenzoin, Propylamin, wss. Ameisensäure und Natriumacetat bis auf 190° (*Goodson*, *Wiegand*, *Splitter*, Am. Soc. **68** [1946] 2174).

Hydrochlorid $C_{17}H_{21}N \cdot HCl$. Krystalle (aus W.); F: 214—216°.

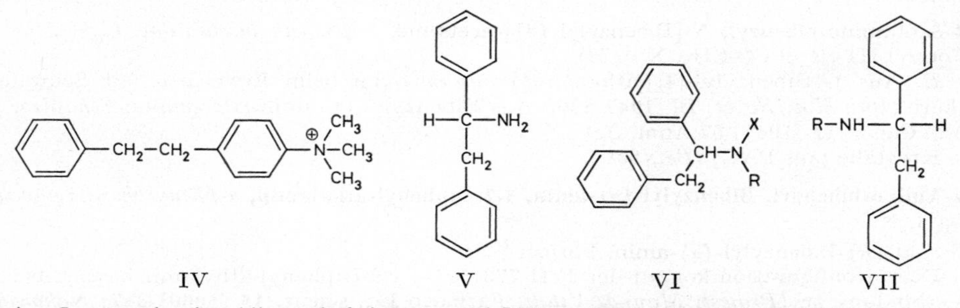

(±)-α-Isopropylamino-bibenzyl, (±)-Isopropyl-[bibenzylyl-(α)]-amin, (±)-N-*isopropyl-α-phenylphenethylamine* $C_{17}H_{21}N$, Formel VI (R = $CH(CH_3)_2$, X = H).

B. Beim Erhitzen eines Gemisches von Desoxybenzoin, Isopropylamin und wss. Ameisensäure bis auf 210° (*Goodson*, *Wiegand*, *Splitter*, Am. Soc. **68** [1946] 2174).

Hydrochlorid $C_{17}H_{21}N \cdot HCl$. F: 256—257°.

(±)-α-Isobutylamino-bibenzyl, (±)-Isobutyl-[bibenzylyl-(α)]-amin, (±)-N-*isobutyl-α-phenylphenethylamine* $C_{18}H_{23}N$, Formel VI (R = CH_2-$CH(CH_3)_2$, X = H).

B. Beim Erhitzen eines Gemisches von Desoxybenzoin, Isobutylamin, wss. Ameisensäure und Natriumacetat bis auf 180° (*Goodson*, *Wiegand*, *Splitter*, Am. Soc. **68** [1946] 2174).

Hydrochlorid $C_{18}H_{23}N \cdot HCl$. F: 249—251°.

(±)-α-Allylamino-bibenzyl, (±)-Allyl-[bibenzylyl-(α)]-amin, (±)-N-*allyl-α-phenylphenethylamine* $C_{17}H_{19}N$, Formel VI (R = CH_2-CH=CH_2, X = H).

B. Beim Erwärmen von Benzaldehyd-allylimin mit Benzylmagnesiumchlorid in Äther (*Moffett*, *Hoehn*, Am. Soc. **69** [1947] 1792).

Hydrochlorid $C_{17}H_{19}N \cdot HCl$. Krystalle (aus Me.); F: 206—207,5°.

(±)-α-Cyclohexylamino-bibenzyl, (±)-Cyclohexyl-[bibenzylyl-(α)]-amin, (±)-N-*cyclohexyl-α-phenylphenethylamine* $C_{20}H_{25}N$, Formel VI (R = C_6H_{11}, X = H).

B. Beim Erwärmen von Cyclohexyl-benzyliden-amin mit Benzylmagnesiumchlorid in Äther (*Moffett*, *Hoehn*, Am. Soc. **69** [1947] 1792).

Hydrochlorid $C_{20}H_{25}N \cdot HCl$. Krystalle (aus Me.), die bei 268—275° schmelzen.

(±)-Methyl-phenyl-[bibenzylyl-(α)]-amin, (±)-N-*methyl-α*,N-*diphenylphenethylamine* $C_{21}H_{21}N$, Formel VI (R = C_6H_5, X = CH_3).

B. Neben *N*-Methyl-*N*-benzyl-anilin beim Erhitzen von *N*-Methyl-*N.N*-dibenzyl-anilinium-jodid mit Natriumamid auf 160° (*Thomson*, *Stevens*, Soc. **1932** 1932, 1934, 1938).

Krystalle (aus Me.); F: 92—93°.
Hydrochlorid $C_{21}H_{21}N \cdot HCl$. Krystalle (aus A. oder W.); F: 230—232°.

(±)-α-Benzylamino-bibenzyl, (±)-Benzyl-[bibenzylyl-(α)]-amin, (±)-N-*benzyl-α-phenyl-phenethylamine* $C_{21}H_{21}N$, Formel VI (R = CH_2-C_6H_5, X = H).
B. Beim Erwärmen von Benzyl-benzyliden-amin mit Benzylmagnesiumchlorid in Äther (*Moffett, Hoehn*, Am. Soc. **69** [1947] 1792).
Hydrochlorid $C_{21}H_{21}N \cdot HCl$. Krystalle (aus Me.); F: 245—249°.

(±)-α-Phenäthylamino-bibenzyl, (±)-Phenäthyl-[bibenzylyl-(α)]-amin, (±)-α-*phenyldi-phenethylamine* $C_{22}H_{23}N$, Formel VI (R = CH_2-CH_2-C_6H_5, X = H).
B. Beim Erhitzen von Desoxybenzoin und Phenäthylamin auf 120° und Behandeln des Reaktionsprodukts mit Äthanol und Natrium (*Buth, Külz, Rosenmund*, B. **72** [1939] 19, 28).
Hydrochlorid $C_{22}H_{23}N \cdot HCl$. F: 267—268°. In Wasser schwer löslich.

(±)-Propyl-phenäthyl-[bibenzylyl-(α)]-amin, (±)-α-*phenyl*-N-*propyldiphenethylamine* $C_{25}H_{29}N$, Formel VI (R = CH_2-CH_2-C_6H_5, X = CH_2-CH_2-CH_3).
B. Beim Erhitzen von (±)-Phenäthyl-[bibenzylyl-(α)]-amin-hydrochlorid mit Propyl-bromid und Natriumcarbonat in wss. Äthanol auf 120° (*Rosenmund, Külz*, U.S.P. 2006114 [1933]; C. **1935** II 3797).
Hydrochlorid. Krystalle; F: 263°. In Wasser schwer löslich.

2-[Bibenzylyl-(α)-amino]-äthanol-(1), 2-(α-*phenylphenethylamino*)*ethanol* $C_{16}H_{19}NO$, Formel VI (R = CH_2-CH_2OH, X = H).
B. Beim Erhitzen von Desoxybenzoin mit 2-Amino-äthanol-(1) und wss. Ameisensäure bis auf 180° (*Goodson, Wiegand, Splitter*, Am. Soc. **68** [1946] 2174).
Kp_9: 208°.
Hydrochlorid $C_{16}H_{19}NO \cdot HCl$. Krystalle (aus wss. Salzsäure); F: 202—204°.

α-Acetamino-bibenzyl, *N*-[Bibenzylyl-(α)]-acetamid, N-(α-*phenylphenethyl*)*acetamide* $C_{16}H_{17}NO$.

a) **(*S*)-*N*-[Bibenzylyl-(α)]-acetamid,** Formel VII (R = CO-CH_3).
Diese Konfiguration kommt dem E II 773 beschriebenen linksdrehenden α-Acetamino-bibenzyl zu (*Pratesi, Manna, Vitali*, Farmaco Ed. scient. **15** [1960] 387, 395; s. a. *Nakazaki, Mita, Toshioka*, Bl. chem. Soc. Japan **36** [1963] 161).

b) **(±)-*N*-[Bibenzylyl-(α)]-acetamid,** Formel VI (R = CO-CH_3, X = H) (H **1327**; E II 772).
F: 151° [aus A.] (*Cook et al.*, Soc. **1949** 1074, 1077). Kp_{12}: 200°.

(±)-α-Benzamino-bibenzyl, (±)-*N*-[Bibenzylyl-(α)]-benzamid, (±)-N-(α-*phenylphen-ethyl*)*benzamide* $C_{21}H_{19}NO$, Formel VI (R = CO-C_6H_5, X = H) (H 1327).
B. Aus (±)-Bibenzylyl-(α)-amin und Benzoylchlorid (*Dey, Ramanathan*, Pr. nation. Inst. Sci. India **9** [1943] 193, 214).
F: 176° [aus A.] (*Dey, Ra.*; *Cook et al.*, Soc. **1949** 1074, 1077). Kp_{10}: 210—215° (*Cook et al.*).

(±)-*C*-Phenyl-*N*-[bibenzylyl-(α)]-acetamid, (±)-2-*phenyl*-N-(α-*phenylphenethyl*)*acetamide* $C_{22}H_{21}NO$, Formel VI (R = CO-CH_2-C_6H_5, X = H).
B. Beim Behandeln von Bibenzylyl-(α)-amin mit Phenylacetylchlorid und wss. Natron-lauge (*Dey, Ramanathan*, Pr. nation. Inst. Sci. India **9** [1943] 193, 214).
Krystalle (aus A.); F: 182°.

(±)-[Bibenzylyl-(α)]-carbamidsäure, (±)-(α-*phenylphenethyl*)*carbamic acid* $C_{15}H_{15}NO_2$, Formel VI (R = COOH, X = H).
(±)-Bibenzylyl-(α)-amin-Salz. $C_{14}H_{15}N \cdot C_{15}H_{15}NO_2$. *B.* Aus (±)-Bibenzylyl-(α)-amin an der Luft (*Neish*, R. **68** [1949] 491, 492). Beim Leiten von Kohlendioxid über eine äther. Lösung von (±)-Bibenzylyl-(α)-amin (*Neish*). — Zwischen 82° und 88° schmelzend. Wenig beständig.

(±)-[Bibenzylyl-(α)]-carbamidsäure-äthylester, (±)-(α-*phenylphenethyl*)*carbamic acid ethyl ester* $C_{17}H_{19}NO_2$, Formel VI (R = CO-OC_2H_5, X = H).
B. Aus (±)-Bibenzylyl-(α)-amin und Chlorameisensäure-äthylester in Äther (*Neish*,

R. **68** [1949] 337, 342, 343).

Krystalle (aus wss. A.); F: 75—76°.

***N.N'*-Bis-[bibenzylyl-(α)-carbamoyl]-hexandiyldiamin,** *3,3'-bis(α-phenylphenethyl)-1,1'-hexanediyldiurea* $C_{36}H_{42}N_4O_2$, Formel VIII.

Eine opt.-inakt. Verbindung (F: 181—182°) dieser Konstitution ist aus (±)-Bibenzylyl-(α)-amin und Hexandiyldiisocyanat in Benzol erhalten worden (*Neish*, R. **68** [1949] 337, 343).

(±)-*N.N*-Diäthyl-*N'*-[bibenzylyl-(α)]-äthylendiamin, (±)-N,N-*diethyl*-N'-(*α-phenylphenethyl)ethylenediamine* $C_{20}H_{28}N_2$, Formel VI (R = CH_2-CH_2-$N(C_2H_5)_2$, X = H) auf S. 3244.

B. Beim Erhitzen eines Gemisches von Desoxybenzoin, *N.N*-Diäthyl-äthylendiamin, wss. Ameisensäure und Essigsäure auf 180° (*Goodson, Wiegand, Splitter*, Am. Soc. **68** [1946] 2174).

Bei 170—185°/4 Torr destillierbar.

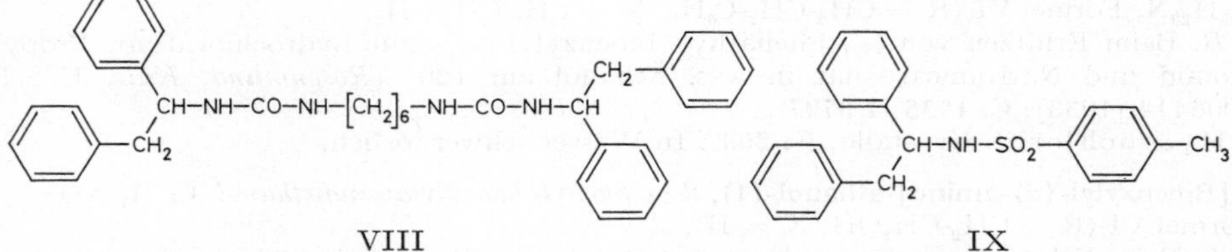

(±)-*N*-[Bibenzylyl-(α)]-toluolsulfonamid-(4), (±)-N-(*α-phenylphenethyl*)-p-*toluenesulfonamide* $C_{21}H_{21}NO_2S$, Formel IX.

B. Aus Bibenzylyl-(α)-amin (*Cook et al.*, Soc. **1949** 1074, 1078).

F: 104° [aus A.].

α'-Chlor-α-amino-bibenzyl, α'-Chlor-bibenzylyl-(α)-amin, *β-chloro-α-phenylphenethylamine* $C_{14}H_{14}ClN$.

a) **D-*erythro*-α'-Chlor-bibenzylyl-(α)-amin,** Formel X.

B. In geringer Menge neben dem unter e) beschriebenen Stereoisomeren beim Behandeln von L_g-*threo*-α'-Amino-bibenzylol-(α)-hydrochlorid mit Phosphor(V)-chlorid in Chloroform (*Weissberger, Bach*, B. **64** [1931] 1095, 1104).

Krystalle (aus PAe.); F: 127—129° [Zers.] (*Wei., Bach*). $[\alpha]_D^{20}$: −133,3° [Hydrochlorid in A.; c = 1,5] (*Wei., Bach*).

Beim Behandeln mit äthanol. Kalilauge ist (*S*)-*trans*-2.3-Diphenyl-aziridin erhalten worden (*Wei., Bach*, l. c. S. 1099, 1106; s. a. *Nakazaki*, Bl. chem. Soc. Japan **36** [1963] 1204).

b) **L-*erythro*-α'-Chlor-bibenzylyl-(α)-amin,** Formel XI.

B. In geringer Menge neben dem unter d) beschriebenen Stereoisomeren beim Behandeln von D_g-*threo*-α'-Amino-bibenzylol-(α)-hydrochlorid mit Phosphor(V)-chlorid in Chloroform (*Weissberger, Bach*, B. **64** [1931] 1095, 1104).

Krystalle (aus Bzn.); F: 127—129° [Zers.] (*Wei., Bach*). $[\alpha]_D^{20}$: +133,6° [Hydrochlorid in A.; c = 1,5] (*Wei., Bach*).

Beim Behandeln mit äthanol. Kalilauge ist (*R*)-*trans*-2.3-Diphenyl-aziridin erhalten worden (*Wei., Bach*, l. c. S. 1099, 1106; s. a. *Nakazaki*, Bl. chem. Soc. Japan **36** [1963] 1204). Bildung von *meso*-α.α'-Dichlor-bibenzyl beim Behandeln des Hydrochlorids in mit Chlorwasserstoff enthaltender Essigsäure mit Nitrosylchlorid: *Wei., Bach*, l. c. S. 1100, 1107.

c) **(±)-*erythro*-α'-Chlor-bibenzylyl-(α)-amin,** Formel X + XI.

B. In geringerer Menge neben dem unter f) beschriebenen Stereoisomeren beim Behandeln von (±)-*erythro*-α'-Amino-bibenzylol-(α) oder von (±)-*threo*-α'-Amino-bibenzylol-(α) mit Phosphor(V)-chlorid in Chloroform (*Weissberger, Bach*, B. **64** [1931] 1095, 1102, 1103). Aus (±)-*trans*-2.3-Diphenyl-aziridin beim Behandeln einer Lösung in Benzol mit Chlorwasserstoff in Äther (*Wei., Bach*, l. c. S. 1106).

Krystalle (aus PAe.); F: 122—123° [unkorr.; Zers.]. In Petroläther schwerer löslich als das unter f) beschriebene Stereoisomere.

Beim Behandeln des Hydrochlorids mit äthanol. Kalilauge ist *trans*-2.3-Diphenyl-aziridin erhalten worden.

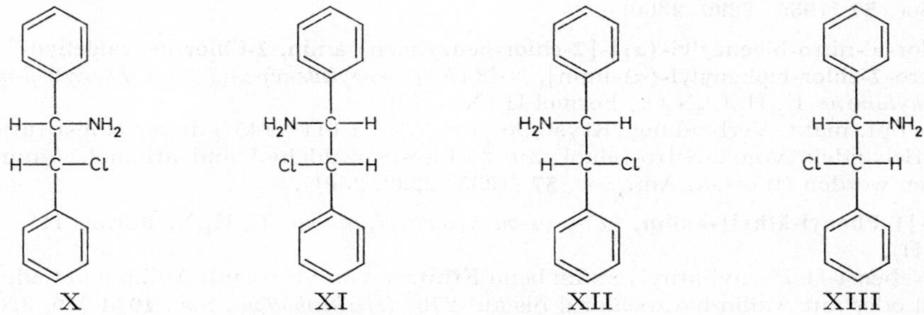

d) **D_g-*threo*-α'-Chlor-bibenzylyl-(α)-amin,** Formel XII.

B. Als Hauptprodukt neben dem unter b) beschriebenen Stereoisomeren beim Behandeln von D_g-*threo*-α'-Amino-bibenzylol-(α)-hydrochlorid mit Phosphor(V)-chlorid in Chloroform (*Weissberger, Bach*, B. **64** [1931] 1095, 1103).

Krystalle (aus PAe.); F: 73—74°. $[\alpha]_D^{20}$: +26,7° [A.; c = 3]; $[\alpha]_D^{20}$: +51,8° [Hydrochlorid in A.; c = 3] (*Wei., Bach*, l. c. S. 1104).

Beim Behandeln mit äthanol. Kalilauge ist *cis*-2.3-Diphenyl-aziridin erhalten worden (*Wei., Bach*, l. c. S. 1099, 1105). Bildung von (−)-α.α'-Dichlor-bibenzyl (Hauptprodukt) und *meso*-α.α'-Dichlor-bibenzyl beim Einleiten von Nitrosylchlorid in eine Lösung des Hydrochlorids in Chlorwasserstoff enthaltender Essigsäure: *Wei., Bach*, l. c. S. 1099, 1107.

e) **L_g-*threo*-α'-Chlor-bibenzylyl-(α)-amin,** Formel XIII.

B. Als Hauptprodukt neben dem unter a) beschriebenen Stereoisomeren beim Behandeln von L_g-*threo*-α'-Amino-bibenzylol-(α)-hydrochlorid mit Phosphor(V)-chlorid in Chloroform (*Weissberger, Bach*, B. **64** [1931] 1095, 1098, 1104).

Krystalle (aus PAe.); F: 73—74°. $[\alpha]_D^{20}$: −26° [A.; c = 3]; $[\alpha]_D^{20}$: −51,1° [Hydrochlorid in A.; c = 3].

Beim Behandeln mit äthanol. Kalilauge ist *cis*-2.3-Diphenyl-aziridin erhalten worden (*Wei., Bach*, l. c. S. 1099, 1105).

f) **(±)-*threo*-α'-Chlor-bibenzylyl-(α)-amin,** Formel XII + XIII (E I 550; E II 772).

B. Als Hauptprodukt neben dem unter c) beschriebenen Stereoisomeren beim Behandeln von (±)-*erythro*-α'-Amino-bibenzylol-(α) oder (±)-*threo*-α'-Amino-bibenzylol-(α) mit Phosphor(V)-chlorid in Chloroform (*Weissberger, Bach*, B. **64** [1931] 1095, 1102, 1103).

Krystalle (aus PAe.); F: 59—59,5°. In Petroläther leichter löslich als das unter c) beschriebene Stereoisomere.

Bildung von *cis*-2.3-Diphenyl-aziridin beim Umkrystallisieren aus Petroläther sowie beim Aufbewahren im Exsiccator: *Wei., Bach.*

α'-Chlor-α-anilino-bibenzyl, *N*-[α'-Chlor-bibenzylyl-(α)]-anilin, *β-chloro-α,N-diphenylphenethylamine* $C_{20}H_{18}ClN$, Formel I.

Eine opt.-inakt. Verbindung (Krystalle [aus Me.], F: 126°; durch Erwärmen mit äthanol. Kalilauge in 1.2.3-Triphenyl-aziridin (F: 99°) überführbar) dieser Konstitution ist beim Behandeln von opt.-inakt. α'-Anilino-bibenzylol-(α) (H **13** 712) mit Phosphor(V)-chlorid in Chloroform erhalten worden (*Taylor, Owen, Whittaker*, Soc. **1938** 206, 209).

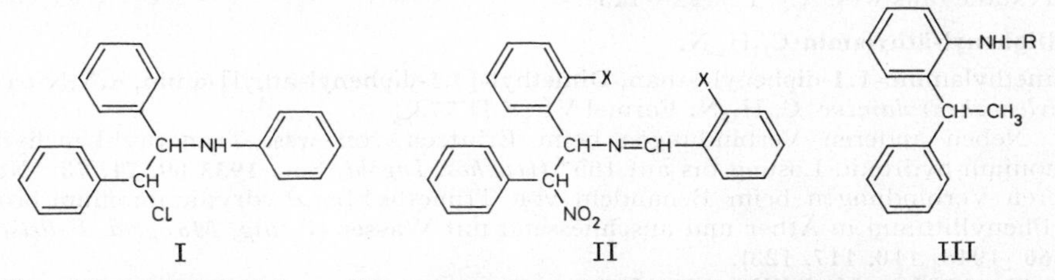

[α'-Nitro-bibenzylyl-(α)]-benzyliden-amin, Benzaldehyd-[α'-nitro-bibenzylyl-(α)-imin], N-*benzylidene-β-nitro-α-phenylphenethylamine* $C_{21}H_{18}N_2O_2$, Formel II (X = H).

Eine opt.-inakt. Verbindung (Krystalle; F: 137—138°) dieser Konstitution ist neben

3.4.5-Triphenyl-Δ^2-isoxazolin-2-oxid und 1.2.3-Triphenyl-propandion-(1.3)-monooxim beim Behandeln von α-Nitro-*cis*-stilben mit äthanol. Ammoniak erhalten worden (*Worrall*, Am. Soc. **57** [1935] 2299, 2300).

[2-Chlor-α'-nitro-bibenzylyl-(α)]-[2-chlor-benzyliden]-amin, 2-Chlor-benzaldehyd-[α'-nitro-2-chlor-biphenylyl-(α)-imin], N-(*2-chlorobenzylidene*)-α-(*2-chlorophenyl*)-*β-nitrophenethylamine* $C_{21}H_{16}Cl_2N_2O_2$, Formel II (X = Cl).

Eine opt.-inakt. Verbindung (Krystalle [aus A.]; F: 144—145°) dieser Konstitution ist beim Behandeln von α-Nitro-toluol mit 2-Chlor-benzaldehyd und äthanol. Ammoniak erhalten worden (*Worrall*, Am. Soc. **57** [1935] 2299, 2301).

(±)-2-[1-Phenyl-äthyl]-anilin, (±)-o-(*α-methylbenzyl*)*aniline* $C_{14}H_{15}N$, Formel III (R = H).

B. Neben 4-[1-Phenyl-äthyl]-anilin beim Erhitzen von Styrol mit Anilin und Cadmiumchlorid oder mit Anilin-hydrochlorid bis auf 270° (*Hickinbottom*, Soc. **1934** 319, 320).

Krystalle (aus PAe.); F: 58—59°.

2-Acetamino-1-[1-phenyl-äthyl]-benzol, (±)-Essigsäure-[2-(1-phenyl-äthyl)-anilid], (±)-*2'*-(*α-methylbenzyl*)*acetanilide* $C_{16}H_{17}NO$, Formel III (R = $CO\text{-}CH_3$).

B. Aus (±)-2-[1-Phenyl-äthyl]-anilin (*Hickinbottom*, Soc. **1934** 319, 321).

Krystalle (aus A.); F: 112—113°.

2-Benzamino-1-[1-phenyl-äthyl]-benzol, (±)-Benzoesäure-[2-(1-phenyl-äthyl)-anilid], (±)-*2'*-(*α-methylbenzyl*)*benzanilide* $C_{21}H_{19}NO$, Formel III (R = $CO\text{-}C_6H_5$).

B. Aus (±)-2-[1-Phenyl-äthyl]-anilin (*Hickinbottom*, Soc. **1934** 319, 321).

Krystalle (aus Bzl. + PAe.); F: 95—96°.

(±)-4-[1-Phenyl-äthyl]-anilin, (±)-p-(*α-methylbenzyl*)*aniline* $C_{14}H_{15}N$, Formel IV (R = H) (H 1327).

B. Neben 2-[1-Phenyl-äthyl]-anilin beim Erhitzen von Styrol mit Anilin und Cadmiumchlorid oder mit Anilin-hydrochlorid bis auf 270° (*Hickinbottom*, Soc. **1934** 319, 320).

Kp_{20}: 176—178°.

Pikrat $C_{14}H_{15}N \cdot C_6H_3N_3O_7$. Gelbe Krystalle (aus A. + Bzl.); F: 197—199° [Zers.].

4-Acetamino-1-[1-phenyl-äthyl]-benzol, (±)-Essigsäure-[4-(1-phenyl-äthyl)-anilid], (±)-*4'*-(*α-methylbenzyl*)*acetanilide* $C_{16}H_{17}NO$, Formel IV (R = $CO\text{-}CH_3$).

B. Aus (±)-4-[1-Phenyl-äthyl]-anilin (*Hickinbottom*, Soc. **1934** 319, 321).

Krystalle (aus wss. A.); F: 112—113°.

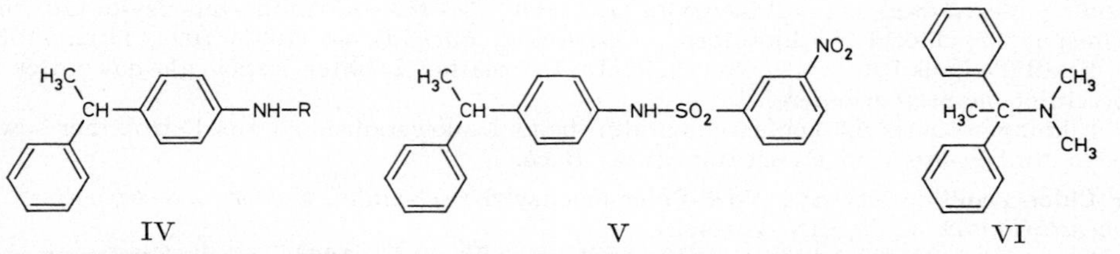

3-Nitro-benzol-sulfonsäure-(1)-[4-(1-phenyl-äthyl)-anilid], *4'*-(*α-methylbenzyl*)-*3-nitrobenzenesulfonanilide* $C_{20}H_{18}N_2O_4S$, Formel V.

B. Aus (±)-4-[1-Phenyl-äthyl]-anilin (*Hickinbottom*, Soc. **1934** 319, 321).

Krystalle (aus wss. A.); F: 122—123°.

1.1-Diphenyl-äthylamin $C_{14}H_{15}N$.

1-Dimethylamino-1.1-diphenyl-äthan, Dimethyl-[1.1-diphenyl-äthyl]-amin, α,N,N-*trimethylbenzhydrylamine* $C_{16}H_{19}N$, Formel VI (E II 773).

B. Neben anderen Verbindungen beim Erhitzen von wss. Trimethyl-benzhydryl-ammonium-hydroxid-Lösung bis auf 165° (*Hughes, Ingold*, Soc. **1933** 69, 71, 73). Neben anderen Verbindungen beim Behandeln von Trimethyl-benzhydryl-ammonium-bromid mit Phenyllithium in Äther und anschliessend mit Wasser (*Wittig, Mangold, Felletschin*, A. **560** [1948] 116, 117, 123).

F: 42—43° [aus Me.] (*Wi., Ma., Fe.*).

Pikrat $C_{16}H_{19}N \cdot C_6H_3N_3O_7$. Krystalle; F: 152—153° [aus A.] (*Wi., Ma., Fe.*), 151° [aus wss. Acn.] (*Hu., In.*).

Trimethyl-[1.1-diphenyl-äthyl]-ammonium, *trimethyl(α-methylbenzhydryl)ammonium* $[C_{17}H_{22}N]^{\oplus}$, Formel VII.

Jodid $[C_{17}H_{22}N]I$. *B.* Aus Dimethyl-[1.1-diphenyl-äthyl]-amin und Methyljodid in Acetonitril (*Hughes, Ingold*, Soc. **1933** 69, 73). — Krystalle (aus W.); F: 205° [Zers.]. — Beim Behandeln mit Silberoxid in Wasser und Erhitzen der Reaktionslösung ist 1.1.3.3-Tetraphenyl-cyclobutan erhalten worden.

2.2-Diphenyl-äthylamin, *2,2-diphenylethylamine* $C_{14}H_{15}N$, Formel VIII (R = X = H) (H 1327; E II 773).

B. Aus 2-Nitro-1.1-diphenyl-äthan mit Hilfe von Zink und Essigsäure (*Wanag, Platpiere, Mazkanowa*, Ž. obšč. Chim. **19** [1949] 1535, 1541; C. A. **1950** 1087). Aus Diphenylacetonitril bei der Hydrierung an platiniertem Nickel in wss.-äthanol. Natronlauge (*Décombe*, C. r. **222** [1946] 90) oder an Raney-Nickel in Äthanol und flüssigem Ammoniak bei 100°/160 at (*Freeman, Ringk, Spoerri*, Am. Soc. **69** [1947] 858). Aus 3.3-Diphenylpropionamid beim Erwärmen mit alkal. wss. Hypochlorit-Lösung (*Rajagopalan*, Pr. Indian Acad. [A] **14** [1941] 126, 128; *Dey, Ramanathan*, Pr. nation. Inst. Sci. India **9** [1943] 193, 200).

F: 42—43,5° (*Fr., Ri., Sp.*). Kp_2: 134° (*Fr., Ri., Sp.*). Raman-Spektrum: *Krabbe, Seher, Polzin*, B. **74** [1941] 1892, 1896, 1904.

Hydrochlorid $C_{14}H_{15}N \cdot HCl$ (H 1327; E II 773). F: 256° (*Raj.*), 255—256° (*Dey, Ram.*).

Pikrat $C_{14}H_{15}N \cdot C_6H_3N_3O_7$ (E II 773). F: 212° (*Dey, Ram.*), 210° [Zers.; aus A.] (*Raj.*).

2-Dimethylamino-1.1-diphenyl-äthan, Dimethyl-[2.2-diphenyl-äthyl]-amin, *N,N-dimethyl-2,2-diphenylethylamine* $C_{16}H_{19}N$, Formel VIII (R = X = CH_3).

B. Beim Erwärmen von 2-Chlor-1.1-diphenyl-äthan und Dimethylamin in Methanol, Äthanol oder Benzol (*Chem. Werke Albert*, D.R.P. **735419** [1941]; D.R.P. Org. Chem. **3** 162). Bei der Behandlung von Diphenylacetaldehyd mit Dimethylamin in Äthanol und Hydrierung des Reaktionsprodukts an Platin oder Palladium in Äthanol (*Chem. Werke Albert*, D.R.P. **725844** [1940]; D.R.P. Org. Chem. **3** 162). Beim Erhitzen von (±)-2-Dimethylamino-3.3-diphenyl-propionsäure (hergestellt aus Brom-benzhydryl-malonsäurediäthylester) mit Diphenylamin bis auf 250° (*Chem. Werke Albert*, D.R.P. **749470** [1941]; D.R.P. Org. Chem. **3** 163).

Hydrochlorid. Krystalle (aus Me. oder aus Me. + Ae.); F: 202° (*Chem. Werke Albert*, D.R.P. **725844**).

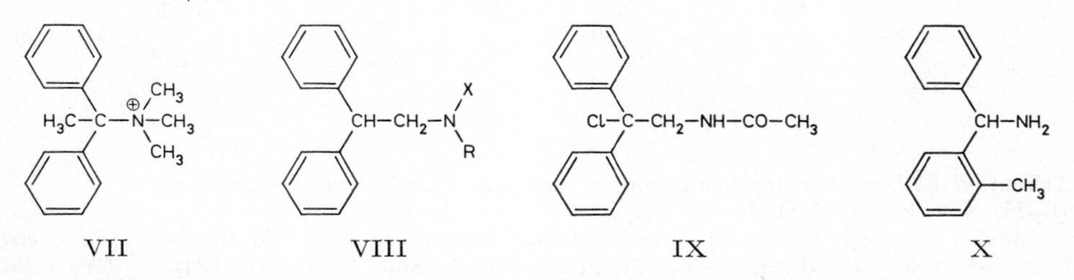

2-Diäthylamino-1.1-diphenyl-äthan, Diäthyl-[2.2-diphenyl-äthyl]-amin, *N,N-diethyl-2,2-diphenylethylamine* $C_{18}H_{23}N$, Formel VIII (R = X = C_2H_5).

B. Bei der Behandlung von Diphenylacetaldehyd mit Diäthylamin in Äthanol und Hydrierung des Reaktionsprodukts an Platin oder Palladium in Äthanol (*Chem. Werke Albert*, D.R.P. **725844** [1940]; D.R.P. Org. Chem. **3** 162).

Kp_{19}: 185°.

***N*-[2.2-Diphenyl-äthyl]-benzamid,** *N-(2,2-diphenylethyl)benzamide* $C_{21}H_{19}NO$, Formel VIII (R = CO-C_6H_5, X = H) (E II 774).

Beim Erhitzen mit Phosphor(V)-oxid in Toluol (*Krabbe*, B. **69** [1936] 1569, 1570) oder mit Phosphoroxychlorid in Toluol (*Dey, Ramanathan*, Pr. nation. Inst. Sci. India **9** [1943] 193, 202) ist 1.4-Diphenyl-3.4-dihydro-isochinolin erhalten worden.

***N*-[2.2-Diphenyl-äthyl]-*C*-phenyl-acetamid,** *N-(2,2-diphenylethyl)-2-phenylacetamide* $C_{22}H_{21}NO$, Formel VIII (R = CO-CH_2-C_6H_5, X = H).

B. Beim Behandeln von 2.2-Diphenyl-äthylamin mit wss. Natronlauge und mit

Phenylacetylchlorid (*Dey, Ramanathan*, Pr. nation. Inst. Sci. India **9** [1943] 193, 203).
Krystalle (aus A.); F: 113°.

***N*-[2-Chlor-2.2-diphenyl-äthyl]-acetamid**, N-*(2-chloro-2,2-diphenylethyl)acetamide* $C_{16}H_{16}ClNO$, Formel IX.
B. Beim Behandeln von *N*-[2-Hydroxy-2.2-diphenyl-äthyl]-acetamid mit Thionyl= chlorid und Chloroform (*Meisenheimer, Chou*, A. **539** [1939] 70, 76).
Krystalle; F: 133—135°.
Beim Behandeln mit Wasser oder mit 10%ig. äthanol. Kalilauge bildet sich *N*-[2-Hydr= oxy-2.2-diphenyl-äthyl]-acetamid; beim Erwärmen in Petroläther oder in Äthylacetat entsteht *N*-[2.2-Diphenyl-vinyl]-acetamid (E III **7** 2120).

(±)-2-Methyl-benzhydrylamin, (±)-*2-methylbenzhydrylamine* $C_{14}H_{15}N$, Formel X (H 1328).
B. Aus 2-Methyl-benzophenon-oxim beim Behandeln mit Äthanol und Natrium (*Ogata, Niinobu*, J. pharm. Soc. Japan **62** [1942] 372, 374; dtsch. Ref. S. 108; C. A. **1951** 1728).
$Kp_{21,5}$: 180—183°.
Hydrochlorid $C_{14}H_{15}N \cdot HCl$ (H 1328). Zers. bei 275—280°.

2-Benzyl-benzylamin $C_{14}H_{15}N$.

Dimethyl-[2-benzyl-benzyl]-amin, *2-benzyl*-N,N-*dimethylbenzylamine* $C_{16}H_{19}N$, Formel XI.
B. Bei der Behandlung von Trimethyl-benzhydryl-ammonium-bromid mit Silberoxid und Wasser und Bestrahlung des nach dem Eindampfen der Reaktionslösung erhaltenen Rückstands mit Sonnenlicht (*Sommelet*, C. r. **205** [1937] 56). Beim 3-tägigen Schütteln von (±)-Dimethyl-[2.2-diphenyl-1-(2-benzyl-phenyl)-äthyl]-amin (?) (S. 3413) in Äther mit Kalium-Natrium-Legierung und anschliessenden Behandeln mit Chlorwasserstoff in Methanol (*Wittig, Mangold, Felletschin*, A. **560** [1948] 116, 118, 124).
Kp_{33}: 189—190° (*So.*); Kp_{14}: 163—163,5° (*Wi., Ma., Fe.*).
Bildung von Essigsäure-[2-benzyl-benzylester] beim Erhitzen mit Acetanhydrid: *So.* Beim Behandeln mit Phenyllithium in Äther und mit Benzhydrylbromid ist Di= methyl-[2.2-diphenyl-1-(2-benzyl-phenyl)-äthyl]-amin (?) erhalten worden (*Wi., Ma., Fe.*).
Pikrat. F: 156—156,5° [aus A.] (*Wi., Ma., Fe.*).

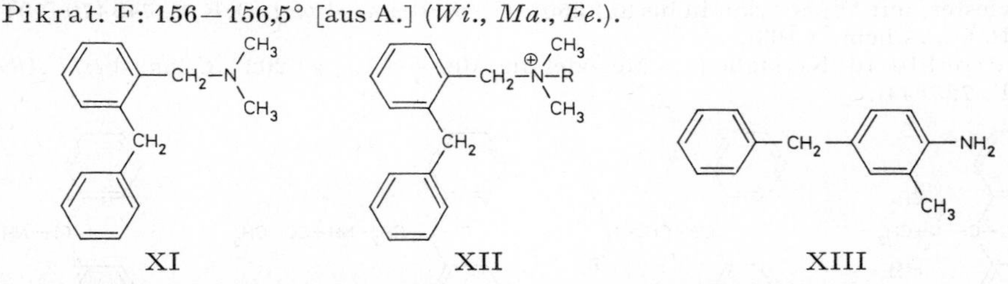

XI XII XIII

Trimethyl-[2-benzyl-benzyl]-ammonium, *(2-benzylbenzyl)trimethylammonium* $[C_{17}H_{22}N]^{\oplus}$, Formel XII (R = CH_3).
Jodid $[C_{17}H_{22}N]I$. *B.* Aus Dimethyl-[2-benzyl-benzyl]-amin und Methyljodid (*Sommelet*, C. r. **205** [1937] 56; *Wittig, Mangold, Felletschin*, A. **560** [1948] 116, 124). — Krystalle; F: 224—225° (*So.*), 214,5—215° (*Kantor, Hauser*, Am. Soc. **73** [1951] 4122, 4128), 213,5° bis 214,5° [Zers.; aus A.] (*Wi., Ma., Fe.*).

Dimethyl-äthyl-[2-benzyl-benzyl]-ammonium, *(2-benzylbenzyl)ethyldimethylammonium* $[C_{18}H_{24}N]^{\oplus}$, Formel XII (R = C_2H_5).
Jodid $[C_{18}H_{24}N]I$. *B.* Aus Dimethyl-[2-benzyl-benzyl]-amin (*Sommelet*, C. r. **205** [1937] 56). — F: 167°.

Dimethyl-allyl-[2-benzyl-benzyl]-ammonium, *allyl(2-benzylbenzyl)dimethylammonium* $[C_{19}H_{24}N]^{\oplus}$, Formel XII (R = CH_2-CH=CH_2).
Jodid $[C_{19}H_{24}N]I$. *B.* Aus Dimethyl-[2-benzyl-benzyl]-amin (*Sommelet*, C. r. **205** [1937] 56). — F: 135°.

2-Methyl-4-benzyl-anilin, α^4-*phenyl-2,4-xylidine* $C_{14}H_{15}N$, Formel XIII.
B. Aus 2-Methyl-4-benzyl-phenol beim Erhitzen mit Zinkchlorid und Ammonium= chlorid auf 330° (*Huston, Swartout, Wardwell*, Am. Soc. **52** [1930] 4484, 4487).
Krystalle; nicht rein erhalten.

4-Methyl-2-benzyl-anilin, *α^2-phenyl-2,4-xylidine* $C_{14}H_{15}N$, Formel I (R = H).

B. Beim Erhitzen von *N*-Benzyl-*p*-toluidin mit *p*-Toluidin und Aluminiumchlorid auf 200° (*Davies et al.*, Soc. **1948** 295, 297). Aus 6-Amino-3-methyl-benzophenon beim Erwärmen mit Isoamylalkohol und Natrium (*Da. et al.*).

4-Nitro-benzyliden-Derivat und Acetyl-Derivat s. u.

4-Methyl-2-benzyl-*N*-[4-nitro-benzyliden]-anilin, 4-Nitro-benzaldehyd-[4-methyl-2-benzyl-phenylimin], N-(*4-nitrobenzylidene*)-*α^2-phenyl-2,4-xylidine* $C_{21}H_{18}N_2O_2$, Formel II.

B. Aus 4-Methyl-2-benzyl-anilin (*Davies et al.*, Soc. **1948** 295, 297).

Gelbe Krystalle (aus A.); F: 119°.

Essigsäure-[4-methyl-2-benzyl-anilid], *$\alpha^{2'}$-phenylaceto-2',4'-xylidide* $C_{16}H_{17}NO$, Formel I (R = CO-CH_3).

B. Aus 4-Methyl-2-benzyl-anilin (*Davies et al.*, Soc. **1948** 295, 297).

Krystalle (aus A.); F: 165,5°.

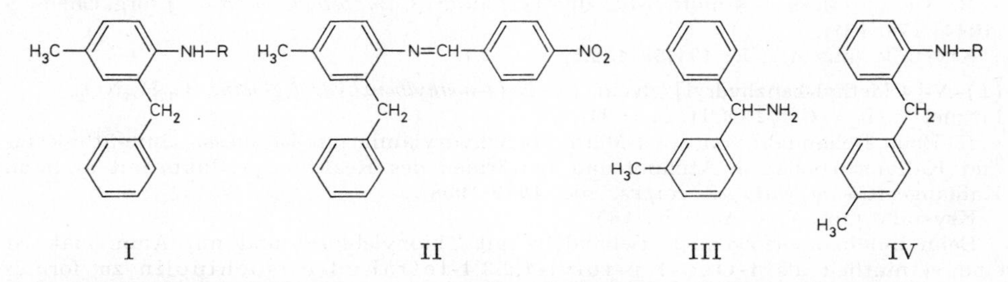

(±)-3-Methyl-benzhydrylamin, (±)-*3-methylbenzhydrylamine* $C_{14}H_{15}N$, Formel III (H 1328).

$Kp_{20,5}$: 180—182° (*Ogata, Niinobu*, J. pharm. Soc. Japan **62** [1942] 372, 374; dtsch. Ref. S. 108; C. A. **1951** 1728).

Hydrochlorid $C_{14}H_{15}N \cdot HCl$ (H 1328). Zers. bei 262°.

2-[4-Methyl-benzyl]-anilin, *α*-p-*tolyl*-o-*toluidine* $C_{14}H_{15}N$, Formel IV (R = H).

B. Aus 2'-Amino-4-methyl-benzophenon beim Erwärmen mit Isoamylalkohol und Natrium (*Hewett et al.*, Soc. **1948** 292, 295).

Krystalle (aus A. oder PAe.); F: 66°.

2-Acetamino-1-[4-methyl-benzyl]-benzol, Essigsäure-[2-(4-methyl-benzyl)-anilid], *α*-p-*tolylaceto*-o-*toluidide* $C_{16}H_{17}NO$, Formel IV (R = CO-CH_3).

B. Aus 2-[4-Methyl-benzyl]-anilin (*Hewett et al.*, Soc. **1948** 292, 295).

Krystalle (aus A.); F: 171°.

(±)-4-Methyl-benzhydrylamin, (±)-*4-methylbenzhydrylamine* $C_{14}H_{15}N$, Formel V (R = X = H) (H 1328; E I 551; E II 774).

Hydrochlorid $C_{14}H_{15}N \cdot HCl$ (H 1328; E I 551; E II 774). F: 273° (*Clemo, Gardner, Raper*, Soc. **1939** 1958), 256—260° (*Winthrop et al.*, Am. Soc. **79** [1957] 3496, 3498); Zers. bei 265° (*Ogata, Niinobu*, J. pharm. Soc. Japan **62** [1942] 372, 374; dtsch. Ref. S. 108; C. A. **1951** 1728).

(1*R*)-3*endo*-Brom-2-oxo-bornan-sulfonat-(8) $C_{14}H_{15}N \cdot C_{10}H_{15}BrO_4S$. F: 228°; $[\alpha]_D$: +56,0° [Lösungsmittel nicht angegeben] (*Cl., Ga., Ra.*).

(±)-Methyl-[4-methyl-benzhydryl]-amin, N-*methyl-4-methylbenzhydrylamine* $C_{15}H_{17}N$, Formel V (R = CH_3, X = H) (E I 551).

B. Beim Erwärmen von Methyl-benzyliden-amin mit *p*-Tolylmagnesiumbromid in Äther (*Campbell, Campbell*, J. org. Chem. **9** [1944] 178, 182). Aus Methyl-[4-methyl-benzhydryliden]-amin beim Erwärmen mit Äthanol und Natrium (*Ca., Ca.*).

Kp_{16}: 169—172°; Kp_9: 148—150°. n_D^{20}: 1,5700.

Hydrochlorid $C_{15}H_{17}N \cdot HCl$ (E I 551). Krystalle (aus A. + Ae.); F: 186—187°.

(±)-*N*-Methyl-*N'*-phenyl-*N*-[4-methyl-benzhydryl]-thioharnstoff, (±)-*1-methyl-1-(4-methylbenzhydryl)-3-phenylthiourea* $C_{22}H_{22}N_2S$, Formel V (R = CS-NH-C_6H_5, X = CH_3).

B. Aus (±)-Methyl-[4-methyl-benzhydryl]-amin (*Campbell, Campbell*, J. org. Chem.

9 [1944] 178, 181, 182).
F: 140—140,5°.

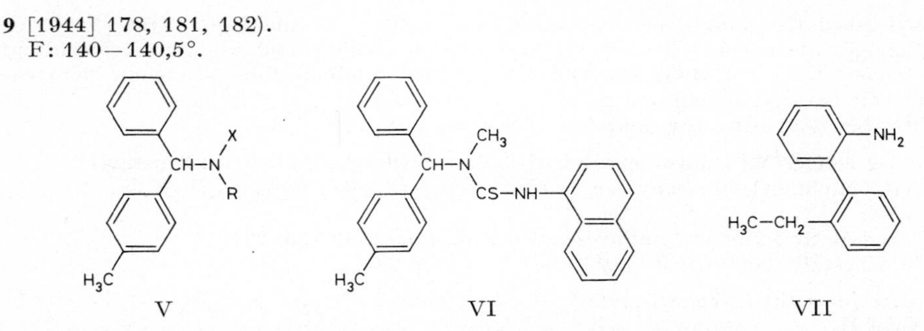

V VI VII

(±)-*N*-Methyl-*N'*-[naphthyl-(1)]-*N*-[4-methyl-benzhydryl]-thioharnstoff, (±)-*1-methyl-1-(4-methylbenzhydryl)-3-(1-naphthyl)thiourea* $C_{26}H_{24}N_2S$, Formel VI.

B. Aus (±)-Methyl-[4-methyl-benzhydryl]-amin (*Campbell, Campbell,* J. org. Chem. **9** [1944] 178, 181).

Krystalle (aus A.); F: 171,5—172,5°.

(±)-*N*-[4-Methyl-benzhydryl]-glycin, (±)-N-(*4-methylbenzhydryl)glycine* $C_{16}H_{17}NO_2$, Formel V (R = CH_2-COOH, X = H).

B. Beim Behandeln von (±)-4-Methyl-benzhydrylamin mit Bromessigsäure-äthylester und Kaliumcarbonat in Äthanol und Erwärmen des Reaktionsprodukts mit äthanol. Kalilauge (*Clemo, Gardner, Raper,* Soc. **1939** 1958).

Krystalle (aus A. + Ae.); F: 185°.

Beim aufeinanderfolgenden Behandeln mit Thionylchlorid und mit Ammoniak ist eine vermutlich als 4-Oxo-1-p-tolyl-1.2.3.4-tetrahydro-isochinolin zu formulierende Verbindung $C_{16}H_{15}NO$ (Krystalle [aus A.]; F: 207°) erhalten worden.

2'-Amino-2-äthyl-biphenyl, 2'-Äthyl-biphenylyl-(2)-amin, *2'-ethylbiphenyl-2-ylamine* $C_{14}H_{15}N$, Formel VII.

B. Aus 2'-Nitro-2-äthyl-biphenyl beim Erwärmen mit Zinn(II)-chlorid, wss. Salzsäure und Essigsäure (*Mascarelli, Longo,* G. **71** [1941] 397, 403).

Beim Behandeln mit wss. Salzsäure und Natriumnitrit und Erwärmen der Reaktionslösung sind 9-Methyl-fluoren und 2-Äthyl-biphenylol-(2') erhalten worden.

Hydrochlorid $C_{14}H_{15}N \cdot HCl$. Krystalle (aus wss. Salzsäure) mit 1 Mol H_2O; F: 112° bis 113° [nach Sintern bei 95°].

2-Phenyl-phenäthylamin, *2-phenylphenethylamine* $C_{14}H_{15}N$, Formel VIII (R = H).

B. Aus Biphenylyl-(2)-acetonitril bei der Hydrierung an Palladium in Schwefelsäure enthaltender Essigsäure (*Goldschmidt, Veer,* R. **67** [1948] 489, 491, 503).

Kp_{10}: 166—167°.

Hydrochlorid $C_{14}H_{15}N \cdot HCl$. Krystalle (aus $CHCl_3$ + A. + Ae.); F: 195°.

Diäthyl-[2-phenyl-phenäthyl]-amin, N,N-*diethyl-2-phenylphenethylamine* $C_{18}H_{23}N$, Formel VIII (R = C_2H_5).

B. Beim Erhitzen von 2-Phenyl-phenäthylamin mit Triäthylphosphat (*Goldschmidt, Veer,* R. **67** [1948] 489, 494, 510).

Kp_{16}: 182—183,2°.

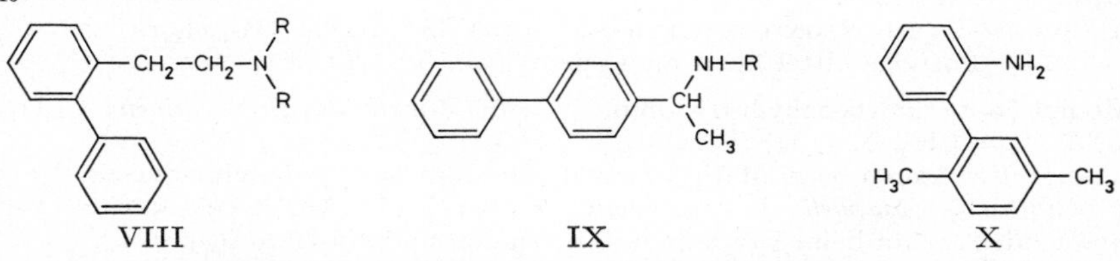

VIII IX X

Dipropyl-[2-phenyl-phenäthyl]-amin, *2-phenyl-*N,N-*dipropylphenethylamine* $C_{20}H_{27}N$, Formel VIII (R = CH_2-CH_2-CH_3).

B. Aus 2-Phenyl-phenäthylhalogenid und Dipropylamin in Methanol (*Goldschmidt, Veer,* R. **67** [1948] 489, 494, 510).

Kp_{13}: 182—184°.

1-[Biphenylyl-(4)]-äthylamin, *α-methyl-4-phenylbenzylamine* $C_{14}H_{15}N$, Formel IX (R = H).

a) **(+)-1-[Biphenylyl-(4)]-äthylamin.**

Gewinnung aus dem unter c) beschriebenen Racemat mit Hilfe von L-Äpfelsäure: *Ingersoll, White,* Am. Soc. **54** [1932] 274, 280.

$[\alpha]_D^{25}$: +24,8° [A.; c = 9].

Hydrochlorid $C_{14}H_{15}N \cdot HCl$. F: 230° [korr.]. $[\alpha]_D^{25}$: +12,8° [W.; c = 2].

L-Hydrogenmalat. Krystalle (aus A. oder W.); F: 183° [korr.]. In 100 g Wasser lösen sich bei 25° 1,95 g.

b) **(−)-1-[Biphenylyl-(4)]-äthylamin.**

Gewinnung aus dem unter c) beschriebenen Racemat mit Hilfe von D-Äpfelsäure: *Ingersoll, White,* Am. Soc. **54** [1932] 274, 281.

Hydrochlorid $C_{14}H_{15}N \cdot HCl$. F: 230° [korr.]. $[\alpha]_D^{25}$: −12,2° [W.; c = 2].

D-Hydrogenmalat. Krystalle (aus A.); F: 182—183° [korr.].

c) **(±)-1-[Biphenylyl-(4)]-äthylamin.**

B. Beim Erhitzen von 1-[Biphenylyl-(4)]-äthanon-(1) mit Formamid oder Ammoniumformiat bis auf 180° und Erwärmen des Reaktionsprodukts mit wss. Salzsäure (*Ingersoll et al.,* Am. Soc. **58** [1936] 1808, 1810; *Ingersoll,* Org. Synth. Coll. Vol. II [1943] 503, 505). Aus 1-[Biphenylyl-(4)]-äthanon-(1)-*seqtrans*-oxim beim Behandeln mit Essigsäure, Äthanol und Natrium-Amalgam (*Ingersoll, White,* Am. Soc. **54** [1932] 274, 279).

Hydrochlorid $C_{14}H_{15}N \cdot HCl$. Krystalle (aus W.); F: 221° [korr.] (*In., Wh.*).

(±)-1-Benzamino-1-[biphenylyl-(4)]-äthan, *N*-[1-(Biphenylyl-(4))-äthyl]-benzamid, N-(*α-methyl-4-phenylbenzyl*)*benzamide* $C_{21}H_{19}NO$, Formel IX (R = CO-C_6H_5).

B. Beim Behandeln von (±)-1-[Biphenylyl-(4)]-äthylamin mit Benzoylchlorid und wss. Natronlauge (*Ingersoll, White,* Am. Soc. **54** [1932] 274, 279).

Krystalle (aus A.); F: 179° [korr.].

2′-Amino-2.5-dimethyl-biphenyl, 2′.5′-Dimethyl-biphenylyl-(2)-amin, *2′,5′-dimethylbiphenyl-2-ylamine* $C_{14}H_{15}N$, Formel X.

B. Aus 2′-Nitro-2.5-dimethyl-biphenyl beim Behandeln mit Essigsäure, Zinn(II)-chlorid und wss. Salzsäure (*Mascarelli, Longo,* R.A.L. [6] **26** [1937] 292, 296; G. **68** [1938] 121, 127).

Krystalle; nicht näher beschrieben.

Beim Behandeln mit wss. Salzsäure und Natriumnitrit und Erwärmen der Reaktionslösung ist 3-Methyl-fluoren erhalten worden.

4-Amino-2.2′-dimethyl-biphenyl, 2.2′-Dimethyl-biphenylyl-(4)-amin $C_{14}H_{15}N$.

4′-Nitro-4-amino-2.2′-dimethyl-biphenyl, 4′-Nitro-2.2′-dimethyl-biphenylyl-(4)-amin, *2,2′-dimethyl-4′-nitrobiphenyl-4-ylamine* $C_{14}H_{14}N_2O_2$, Formel XI.

B. Aus 4.4′-Dinitro-2.2′-dimethyl-biphenyl beim Erwärmen mit Natriumpolysulfid in Äthanol (*Sherwood, Calvin,* Am. Soc. **64** [1942] 1350, 1351).

Gelbe Krystalle (aus W.); F: 80—81°. UV-Spektrum einer äthanol. Lösung des Hydrochlorids: *Sh., Ca.,* l. c. S. 1353.

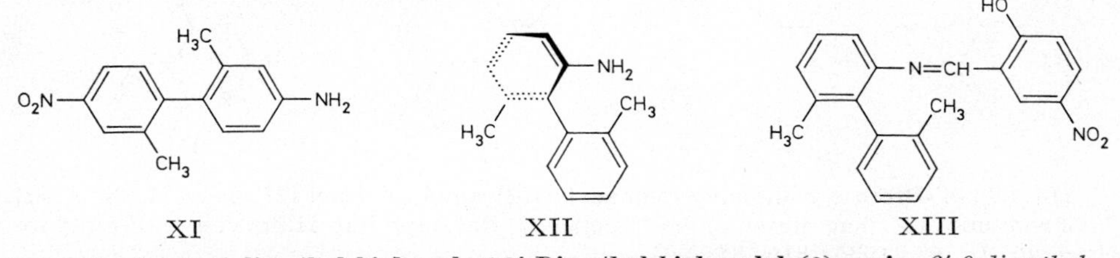

XI XII XIII

(±)-6-Amino-2.2′-dimethyl-biphenyl, 6.2′-Dimethyl-biphenylyl-(2)-amin, *2′,6-dimethylbiphenyl-2-ylamine* $C_{14}H_{15}N$, Formel XII + Spiegelbild [1]).

B. Aus 6-Nitro-2.2′-dimethyl-biphenyl beim Erwärmen mit Essigsäure, Zinn(II)-

[1]) Über (R_a)-6.2′-Dimethyl-biphenylyl-(2)-amin (Formel XII; Krystalle [aus PAe.], F: 53,2—54,2°; $[\alpha]_D^{26}$: −26,3° [A.; c = 1]) s. *Melillo, Mislow,* J. org. Chem. **30** [1965] 2149, 2150, 2152.

chlorid und wss. Salzsäure (*Mascarelli, Angeletti*, G. **68** [1938] 29, 31; *Ritchie*, J. Pr. Soc. N.S. Wales **78** [1944] 159, 162).

Gelbe Krystalle (aus A.); F: 105° (*Ma., An.*). Kp_{20}: 169–170° (*Ri.*).

(±)-5-Nitro-2-hydroxy-benzaldehyd-[6.2′-dimethyl-biphenylyl-(2)-imin], (±)-*2-[N-(2′,6-dimethylbiphenyl-2-yl)formimidoyl]-4-nitrophenol* $C_{21}H_{18}N_2O_3$, Formel XIII.

B. Aus (±)-6.2′-Dimethyl-biphenylyl-(2)-amin (*Ritchie*, J. Pr. Soc. N.S. Wales **78** [1944] 159, 162).

Gelbe Krystalle (aus A.); F: 108°.

(±)-4-Nitro-*N*-[6.2′-dimethyl-biphenylyl-(2)]-benzamid, (±)-N-(*2′,6-dimethylbiphenyl-2-yl*)-p-*nitrobenzamide* $C_{21}H_{18}N_2O_3$, Formel I.

B. Aus (±)-6.2′-Dimethyl-biphenylyl-(2)-amin und 4-Nitro-benzoylchlorid (*Ritchie*, J. Pr. Soc. N.S. Wales **78** [1944] 159, 162).

Gelbliche Krystalle (aus A.); F: 122°.

6′-Chlor-6-amino-2.2′-dimethyl-biphenyl, 6′-Chlor-6.2′-dimethyl-biphenylyl-(2)-amin, *6′-chloro-2′,6-dimethylbiphenyl-2-ylamine* $C_{14}H_{14}ClN$.

a) **(+)-6′-Chlor-6.2′-dimethyl-biphenylyl-(2)-amin,** Formel II (R = H, X = Cl) oder Spiegelbild.

Gewinnung aus dem unter c) beschriebenen Racemat über das L_g-Tartrat (F: 125° bis 132°): *Angeletti*, G. **62** [1932] 376, 378, 379.

Krystalle (aus PAe.); F: 87–88°. $[\alpha]_D^{20}$: +4,1° [Hydrochlorid in wss. Salzsäure].

b) **(−)-6′-Chlor-6.2′-dimethyl-biphenylyl-(2)-amin,** Formel II (R = H, X = Cl) oder Spiegelbild.

Gewinnung aus dem unter c) beschriebenen Racemat über das L_g-Tartrat (F: 138° bis 144°): *Angeletti*, G. **62** [1932] 376, 378.

Krystalle (aus PAe.); F: 87–88°. $[\alpha]_D^{20}$: −4,6° [Hydrochlorid in wss. Salzsäure].

c) **(±)-6′-Chlor-6.2′-dimethyl-biphenylyl-(2)-amin,** Formel II (R = H, X = Cl) + Spiegelbild.

B. Aus 6′-Chlor-6-nitro-2.2′-dimethyl-biphenyl beim Behandeln mit Essigsäure, Zinn(II)-chlorid und wss. Salzsäure (*Angeletti*, G. **62** [1932] 376, 377).

Krystalle (aus PAe.); F: 87–88°.

6′-Brom-6-amino-2.2′-dimethyl-biphenyl, 6′-Brom-6.2′-dimethyl-biphenylyl-(2)-amin, *6′-bromo-2′,6-dimethylbiphenyl-2-ylamine* $C_{14}H_{14}BrN$.

Über die Konfiguration der Enantiomeren s. *Melillo, Mislow*, J. org. Chem. **30** [1965] 2149.

a) **(R_a)-6′-Brom-6.2′-dimethyl-biphenylyl-(2)-amin,** Formel II (R = H, X = Br).

Gewinnung aus dem unter c) beschriebenen Racemat mit Hilfe von L_g-Weinsäure: *Angeletti*, G. **65** [1935] 819, 821, 822.

Krystalle; F: 84,2–85,1° (*Melillo, Mislow*, J. org. Chem. **30** [1965] 2149, 2151), 77–78° [aus wss. A.] (*An.*). $[\alpha]_D^{20}$: +5,0° [A.; c = 2,5] (*An.*); $[\alpha]_D^{25}$: +4,1° [A.; c = 2] (*Me., Mi.*).

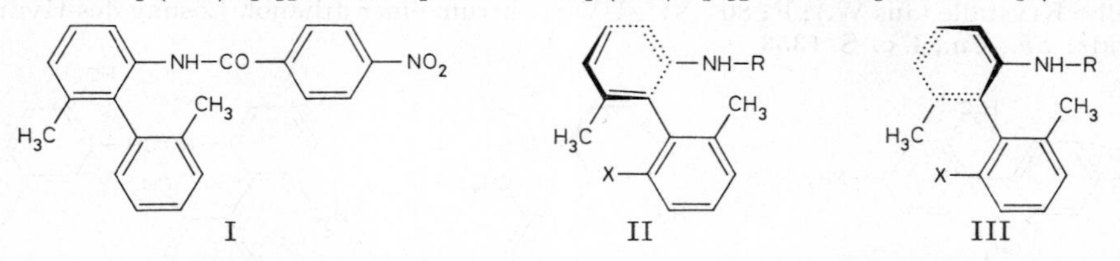

b) **(S_a)-6′-Brom-6.2′-dimethyl-biphenylyl-(2)-amin,** Formel III (R = H, X = Br).

Gewinnung aus dem unter c) beschriebenen Racemat mit Hilfe von L_g-Weinsäure: *Angeletti*, G. **65** [1935] 819, 821.

Krystalle; F: 83,8–84,8° [aus Bzn.] (*Melillo, Mislow*, J. org. Chem. **30** [1965] 2149, 2151), 77–78° [aus wss. A.] (*An.*). $[\alpha]_D^{20}$: −5,3° [A.; c = 2,5] (*An.*); $[\alpha]_D^{21}$: −3,4° [A.; c = 2] (*Me., Mi.*).

Beim Behandeln mit wss. Bromwasserstoffsäure und Natriumnitrit und Behandeln der Reaktionslösung mit Kupfer(I)-bromid ist (S_a)-6.6′-Dibrom-2.2′-dimethyl-biphenyl erhalten worden (*An.; Me., Mi.*, l. c. S. 2151, 2152).

c) **(±)-6'-Brom-6.2'-dimethyl-biphenylyl-(2)-amin,** Formel II + III (R = H, X = Br).

B. Aus 6'-Brom-6-nitro-2.2'-dimethyl-biphenyl beim Erwärmen mit Essigsäure, Zinn(II)-chlorid und wss. Salzsäure (*Angeletti*, G. **65** [1935] 819, 821).

Krystalle (aus wss. A.); F: 77—78°.

6'-Jod-6-amino-2.2'-dimethyl-biphenyl, 6'-Jod-6.2'-dimethyl-biphenylyl-(2)-amin, *6'-iodo-2',6-dimethylbiphenyl-2-ylamine* $C_{14}H_{14}IN$.

a) **(+)-6'-Jod-6.2'-dimethyl-biphenylyl-(2)-amin,** Formel II (R = H, X = I) oder Spiegelbild.

Gewinnung aus dem unter c) beschriebenen Racemat über das (1*R*)-3*endo*-Brom-2-oxo-bornan-sulfonat-(8): *Angeletti*, G. **63** [1933] 145, 147.

Hydrochlorid $C_{14}H_{14}IN \cdot HCl$. Krystalle (aus A. + HCl); F: 202—203°. $[\alpha]_D^{20}$: +2,3° [A.; c = 12].

(1*R*)-3*endo*-Brom-2-oxo-bornan-sulfonat-(8) $C_{14}H_{14}IN \cdot C_{10}H_{15}BrO_4S$. Krystalle (aus A.); F: 167—168° [Zers.; nach Sintern]. $[\alpha]_D^{20}$: +48,0° [A.; c = 6].

b) **(−)-6'-Jod-6.2'-dimethyl-biphenylyl-(2)-amin,** Formel II (R = H, X = I) oder Spiegelbild.

Gewinnung aus dem unter c) beschriebenen Racemat über das (1*R*)-3*endo*-Brom-2-oxo-bornan-sulfonat-(8): *Angeletti*, G. **63** [1933] 145, 147, 148.

Hydrochlorid $C_{14}H_{14}IN \cdot HCl$. Krystalle (aus A. + HCl); F: 202—203° [nach Sintern]. $[\alpha]_D^{20}$: −2° [A.; c = 12].

(1*R*)-3*endo*-Brom-2-oxo-bornan-sulfonat-(8) $C_{14}H_{14}IN \cdot C_{10}H_{15}BrO_4S$. Krystalle (aus A.); Zers. von 125° an. $[\alpha]_D^{20}$: +39,3° [A.; c = 6].

c) **(±)-6'-Jod-6.2'-dimethyl-biphenylyl-(2)-amin,** Formel II (R = H, X = I) + Spiegelbild.

B. Aus 6'-Jod-6-nitro-2.2'-dimethyl-biphenyl beim Erwärmen mit Essigsäure, Zinn(II)-chlorid und wss. Salzsäure (*Angeletti*, G. **63** [1933] 145, 146).

Krystalle (aus PAe.); F: 46—47°.

Hydrochlorid $C_{14}H_{14}IN \cdot HCl$. Krystalle (aus A.); F: 203—204°.

6'-Nitro-6-amino-2.2'-dimethyl-biphenyl, 6'-Nitro-6.2'-dimethyl-biphenylyl-(2)-amin, *2',6-dimethyl-6'-nitrobiphenyl-2-ylamine* $C_{14}H_{14}N_2O_2$.

Über die Konfiguration der Enantiomeren s. *Melillo*, *Mislow*, J. org. Chem. **30** [1965] 2149.

a) **(R_a)-6'-Nitro-6.2'-dimethyl-biphenylyl-(2)-amin,** Formel II (R = H, X = NO_2).

Gewinnung aus dem unter c) beschriebenen Racemat über das D_g-Tartrat: *Melillo*, *Mislow*, J. org. Chem. **30** [1965] 2149, 2151; vgl. *Angeletti*, G. **61** [1931] 651, 654, 655; *Korolew*, *Bilik*, C. r. Doklady **29** [1940] 586; C. A. **1941** 6795.

Gelbe Krystalle (aus wss. A.); F: 108,7—109,1° (*Me.*, *Mi.*). $[\alpha]_D^{21}$: +75,7° [A.; c = 1]; $[\alpha]_D^{21}$: +198° [Hydrochlorid in wss. Salzsäure] (*Me.*, *Mi.*).

D_g-Tartrat. Krystalle (aus A.); F: 157,2—158,2° (*Me.*, *Mi.*).

b) **(S_a)-6'-Nitro-6.2'-dimethyl-biphenylyl-(2)-amin,** Formel III (R = H, X = NO_2).

Gewinnung aus dem unter c) beschriebenen Racemat über das L_g-Tartrat: *Melillo*, *Mislow*, J. org. Chem. **30** [1965] 2149, 2151; s. a. *Angeletti*, G. **61** [1931] 651, 654, 655; *Korolew*, *Bilik*, C. r. Doklady **29** [1940] 586; C. A. **1941** 6795.

Gelbe Krystalle (aus wss. A.); F: 108,3—109° (*Me.*, *Mi.*). $[\alpha]_D^{22}$: −74,6° [A.; c = 1]; $[\alpha]_D^{22}$: −187° [Hydrochlorid in wss. Salzsäure] (*Me.*, *Mi.*).

L_g-Tartrat. Krystalle (aus A.); F: 157,1—159,1° (*Me.*, *Mi.*).

c) **(±)-6'-Nitro-6.2'-dimethyl-biphenylyl-(2)-amin,** Formel II + III (R = H, X = NO_2).

B. Aus 6.6'-Dinitro-2.2'-dimethyl-biphenyl beim Erwärmen mit Ammoniumsulfid in wss. Äthanol (*Angeletti*, G. **61** [1931] 651, 653) oder mit Natriumsulfid in wss. Äthanol (*Sako*, Bl. chem. Soc. Japan **9** [1934] 393, 394, 396).

Gelbe Krystalle; F: 124—125° [aus wss. A.] (*Sako*), 122—123° [aus PAe.] (*An.*).

(±)-6'-Nitro-6-acetamino-2.2'-dimethyl-biphenyl, (±)-*N*-[6'-Nitro-6.2'-dimethyl-biphenylyl-(2)]-acetamid, (±)-N-(*2',6-dimethyl-6'-nitrobiphenyl-2-yl*)*acetamide* $C_{16}H_{16}N_2O_3$, Formel II + III (R = CO-CH_3, X = NO_2).

B. Aus (±)-6'-Nitro-6.2'-dimethyl-biphenylyl-(2)-amin und Acetanhydrid in Benzol

(*Sako*, Bl. chem. Soc. Japan **9** [1934] 393, 397).

Gelbe Krystalle (aus Bzl.) mit 0,5 Mol Benzol, F: 92°; die vom Benzol befreite Verbindung schmilzt bei 103—104°.

2'-Amino-2.3'-dimethyl-biphenyl, 3.2'-Dimethyl-biphenylyl-(2)-amin, *2',3-dimethylbiphenyl-2-ylamine* $C_{14}H_{15}N$, Formel IV (X = H).

B. Neben geringen Mengen der im folgenden Artikel beschriebenen Verbindung beim Erwärmen von 2'-Nitro-2.3'-dimethyl-biphenyl mit Essigsäure, Zinn(II)-chlorid und wss. Salzsäure (*Longo, Pirona*, G. **77** [1947] 117, 124).

Krystalle (aus wss. Me.); F: 33—34°.

Beim Behandeln mit wss. Salzsäure und Natriumnitrit und Erwärmen der Reaktionslösung sind 1-Methyl-fluoren und geringe Mengen 2.3'-Dimethyl-biphenylol-(2') erhalten worden.

Hydrochlorid $C_{14}H_{15}N \cdot HCl$. Krystalle (aus wss. Salzsäure) mit 1 Mol H_2O, F: 206° bis 207° [unter Sublimation; nach Sintern].

5'-Chlor-2'-amino-2.3'-dimethyl-biphenyl, 5-Chlor-3.2'-dimethyl-biphenylyl-(2)-amin, *5-chloro-2',3-dimethylbiphenyl-2-ylamine* $C_{14}H_{14}ClN$, Formel IV (X = Cl).

Diese Konstitution kommt der E III **5** 1851 als 2'-Chlor-2.3'-dimethyl-biphenyl ($C_{14}H_{13}Cl$) beschriebenen Verbindung zu (*Magnano*, Period. Min. **22** [1953] 35, 36).

B. s. im vorangehenden Artikel.

Krystalle (aus A. oder PAe.); F: 97° (*Longo, Pirona*, G. **77** [1947] 117, 124, 125; *Ma.*).

5-Amino-2.4'-dimethyl-biphenyl, 6.4'-Dimethyl-biphenylyl-(3)-amin, *4',6-dimethylbiphenyl-3-ylamine* $C_{14}H_{15}N$, Formel V.

Diese Konstitution kommt vermutlich der nachstehend beschriebenen Verbindung zu.

B. In geringer Menge neben 5.4'-Dimethyl-biphenylyl-(2)-amin und anderen Verbindungen beim Erhitzen von 1.3-Di-*p*-tolyl-triazen mit *p*-Toluidin bis auf 150° (*Morgan, Walls*, Soc. **1930** 1502, 1504, 1507).

Als *N*-Acetyl-Derivat $C_{16}H_{17}NO$ (Krystalle [aus A.]; F: 169,5—170,5°) charakterisiert (*Mo., Wa.*, l. c. S. 1507).

Bei der Diazotierung und anschliessenden Umsetzung mit Naphthol-(2) ist eine Verbindung $C_{24}H_{20}N_2O$ (rote Krystalle [aus Bzl.]; F: 188—189,5°) erhalten worden (*Mo., Wa.*, l. c. S. 1507).

Hydrochlorid $C_{14}H_{15}N \cdot HCl$. Krystalle, F: 175—177°; Krystalle mit 1 Mol H_2O, F: 172°.

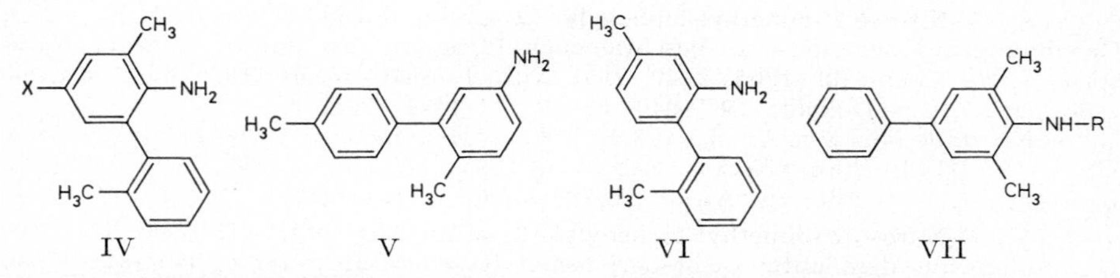

IV V VI VII

2'-Amino-2.4'-dimethyl-biphenyl, 4.2'-Dimethyl-biphenylyl-(2)-amin, *2',4-dimethylbiphenyl-2-ylamine* $C_{14}H_{15}N$, Formel VI.

B. Aus 2'-Nitro-2.4'-dimethyl-biphenyl beim Erwärmen mit Zinn(II)-chlorid und wss. Salzsäure (*Mascarelli, Longo*, G. **67** [1937] 812, 815).

Beim Behandeln mit wss. Salzsäure und Natriumnitrit und Erwärmen der Reaktionslösung ist 2-Methyl-fluoren erhalten worden.

Hydrochlorid $C_{14}H_{15}N \cdot HCl$. Krystalle (aus wss. Salzsäure) mit 1 Mol H_2O, F: 213° bis 214° [Zers.; nach Sintern]; das Krystallwasser wird beim Trocknen über Schwefelsäure abgegeben.

4-Amino-3.5-dimethyl-biphenyl, 3.5-Dimethyl-biphenylyl-(4)-amin, *3,5-dimethylbiphenyl-4-ylamine* $C_{14}H_{15}N$, Formel VII (R = H).

B. Aus der im folgenden Artikel beschriebenen Verbindung mit Hilfe von wss. Salzsäure (*I.G. Farbenind.*, D.R.P. 582844 [1931]; Frdl. **20** 449). Aus 4-Nitro-3.5-dimethyl-biphenyl beim Erwärmen mit Äthanol, Zinn(II)-chlorid und wss. Salzsäure (*Hey, Jackson*, Soc. **1934** 645, 648). Neben 3.5.4'-Trimethyl-biphenylyl-(4)-amin beim Erhitzen von

Biphenylyl-(4)-amin-hydrochlorid mit Methanol (3 Mol) bis auf 300° (*Hey*, *Ja.*, l. c. S. 647).

Kp_7: 210—212° (*I.G. Farbenind.*).

Hydrochlorid. Krystalle (aus W.); F: 246—247° (*I.G. Farbenind.*).

4-Acetamino-3.5-dimethyl-biphenyl, *N*-[3.5-Dimethyl-biphenylyl-(4)]-acetamid, N-(*3,5-dimethylbiphenyl-4-yl)acetamide* $C_{16}H_{17}NO$, Formel VII (R = $CO\text{-}CH_3$).

B. Aus 3.5-Dimethyl-biphenylyl-(4)-amin und Acetanhydrid (*Hey*, *Jackson*, Soc. **1934** 645, 647, 648). Beim Behandeln von Essigsäure-[2.6-dimethyl-anilid] mit wss. Kalium=hypochlorit-Lösung und Erwärmen des Reaktionsprodukts mit Benzol und Aluminium=chlorid in Tetrachloräthan (*I.G. Farbenind.*, D.R.P. 582844 [1931]; Frdl. **20** 449).

Krystalle [aus A.] (*Hey*, *Ja.*); F: 203—204° (*I.G. Farbenind.*), 200—201° (*Hey*, *Ja.*).

4-Amino-3.3'-dimethyl-biphenyl, 3.3'-Dimethyl-biphenylyl-(4)-amin $C_{14}H_{15}N$.

4'-Nitro-4-amino-3.3'-dimethyl-biphenyl, 4'-Nitro-3.3'-dimethyl-biphenylyl-(4)-amin, *3,3'-dimethyl-4'-nitrobiphenyl-4-ylamine* $C_{14}H_{14}N_2O_2$, Formel VIII (H 1329).

UV-Spektrum einer äthanol. Lösung des Hydrochlorids: *Sherwood*, *Calvin*, Am. Soc. **64** [1942] 1350, 1353.

6-Amino-3.3'-dimethyl-biphenyl, 5.3'-Dimethyl-biphenylyl-(2)-amin $C_{14}H_{15}N$.

4.4'-Difluor-6-amino-3.3'-dimethyl-biphenyl, 4.4'-Difluor-5.3'-dimethyl-biphenylyl-(2)-amin, *4,4'-difluoro-3',5-dimethylbiphenyl-2-ylamine* $C_{14}H_{13}F_2N$, Formel IX.

B. Aus 4.4'-Difluor-6-nitro-3.3'-dimethyl-biphenyl beim Erwärmen mit Äthanol, Zinn und wss. Salzsäure (*Schiemann*, *Roselius*, B. **65** [1932] 737, 740, 744).

Kp_{44}: 175—177°.

Hydrochlorid $C_{14}H_{13}F_2N\cdot HCl$. Krystalle (aus $CHCl_3$); F: 208—210°.

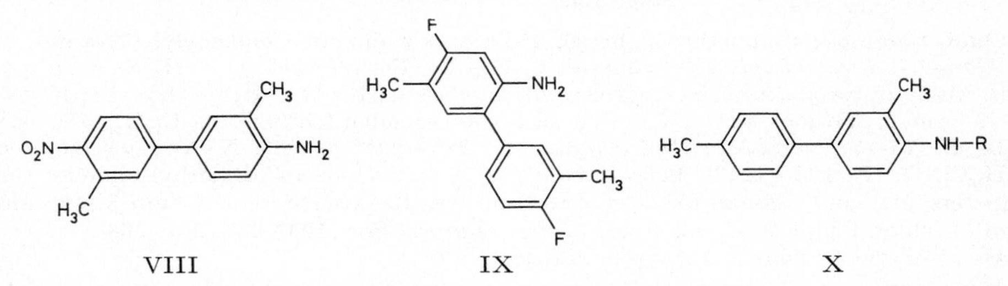

VIII IX X

4-Amino-3.4'-dimethyl-biphenyl, 3.4'-Dimethyl-biphenylyl-(4)-amin, *3,4'-dimethylbi=phenyl-4-ylamine* $C_{14}H_{15}N$, Formel X (R = H) (E II 775).

B. Aus der im folgenden Artikel beschriebenen Verbindung (*I.G. Farbenind.*, D.R.P. 582844 [1931]; Frdl. **20** 449).

Kp_4: 205—207°.

4-Acetamino-3.4'-dimethyl-biphenyl, *N*-[3.4'-Dimethyl-biphenylyl-(4)]-acetamid, N-(*3,4'-dimethylbiphenyl-4-yl)acetamide* $C_{16}H_{17}NO$, Formel X (R = $CO\text{-}CH_3$) (E II 775).

B. Beim Behandeln von 3.4'-Dimethyl-biphenyl mit wss. Salpetersäure (D: 1,42) und Essigsäure, Erwärmen des Reaktionsprodukts mit Äthanol, Zinn(II)-chlorid und wss. Salzsäure und Behandeln des erhaltenen Amins mit Acetanhydrid (*Hey*, *Jackson*, Soc. **1934** 645, 646, 648). Beim Behandeln von Essigsäure-[*N*-chlor-*o*-toluidid] mit Toluol und Aluminiumchlorid (*I.G. Farbenind.*, D.R.P. 582844 [1931]; Frdl. **20** 449).

F: 204—206° (*Hey*, *Ja.*), 199—200° (*I.G. Farbenind.*).

6-Amino-3.4'-dimethyl-biphenyl, 5.4'-Dimethyl-biphenylyl-(2)-amin, *4',5-dimethylbi=phenyl-2-ylamine* $C_{14}H_{15}N$, Formel XI (R = H).

B. Neben anderen Verbindungen beim Erhitzen von 1.3-Di-*p*-tolyl-triazen mit *p*-Tolu=idin bis auf 150° (*Morgan*, *Walls*, Soc. **1930** 1502, 1504, 1507).

Kp_4: 165—167°.

Beim Erhitzen mit Calciumoxid ist 2.6-Dimethyl-carbazol erhalten worden.

Charakterisierung durch Überführung in 1-[5.4'-Dimethyl-biphenylyl-(2)-azo]-naphth=ol-(2) (F: 179,5°): *Mo.*, *Wa.*, l. c. S. 1507.

Hydrochlorid $C_{14}H_{15}N\cdot HCl$. Krystalle; Zers. bei 216—226°.

6-Acetamino-3.4′-dimethyl-biphenyl, *N*-[5.4′-Dimethyl-biphenylyl-(2)]-acetamid, N-(*4′,5-dimethylbiphenyl-2-yl)acetamide* $C_{16}H_{17}NO$, Formel XI (R = $CO\text{-}CH_3$).

B. Aus 5.4′-Dimethyl-biphenylyl-(2)-amin und Acetanhydrid in Gegenwart von Natriumacetat (*Morgan, Walls*, Soc. **1930** 1502, 1507).

Krystalle (aus PAe.); F: 104°.

2-Amino-4.4′-dimethyl-biphenyl, 4.4′-Dimethyl-biphenylyl-(2)-amin, *4,4′-dimethylbi=phenyl-2-ylamine* $C_{14}H_{15}N$, Formel XII (R = X = H).

B. Aus 2-Nitro-4.4′-dimethyl-biphenyl beim Erwärmen mit Essigsäure, Zinn(II)-chlorid und wss. Salzsäure (*Marler, Turner*, Soc. **1932** 2391, 2393) sowie beim Erwärmen mit Eisen und verd. wss. Säure (*Marler, Turner*, Soc. **1937** 266, 268).

Krystalle (aus wss. A.); F: 62—63° (*Ma., Tu.*, Soc. **1932** 2393).

2-Acetamino-4.4′-dimethyl-biphenyl, *N*-[4.4′-Dimethyl-biphenylyl-(2)]-acetamid, N-(*4,4′-dimethylbiphenyl-2-yl)acetamide* $C_{16}H_{17}NO$, Formel XII (R = $CO\text{-}CH_3$, X = H).

B. Aus 4.4′-Dimethyl-biphenylyl-(2)-amin (*Marler, Turner*, Soc. **1932** 2391, 2393).

Krystalle; F: 118—119°.

2-Benzamino-4.4′-dimethyl-biphenyl, *N*-[4.4′-Dimethyl-biphenylyl-(2)]-benzamid, N-(*4,4′-dimethylbiphenyl-2-yl)benzamide* $C_{21}H_{19}NO$, Formel XII (R = $CO\text{-}C_6H_5$, X = H).

B. Aus 4.4′-Dimethyl-biphenylyl-(2)-amin (*Marler, Turner*, Soc. **1932** 2391, 2393).

Krystalle; F: 95—96°.

2′-Fluor-2-amino-4.4′-dimethyl-biphenyl, 2′-Fluor-4.4′-dimethyl-biphenylyl-(2)-amin, *2′-fluoro-4,4′-dimethylbiphenyl-2-ylamine* $C_{14}H_{14}FN$, Formel XII (R = H, X = F).

B. Aus 2′-Fluor-2-nitro-4.4′-dimethyl-biphenyl beim Erwärmen mit Essigsäure, Zinn(II)-chlorid und wss. Salzsäure (*Marler, Turner*, Soc. **1937** 266, 268).

Krystalle (aus wss. A.); F: 105—106°.

2′-Chlor-2-amino-4.4′-dimethyl-biphenyl, 2′-Chlor-4.4′-dimethyl-biphenylyl-(2)-amin, *2′-chloro-4,4′-dimethylbiphenyl-2-ylamine* $C_{14}H_{14}ClN$, Formel XII (R = H, X = Cl).

B. Als Hauptprodukt neben einer vermutlich als 6-Chlor-4.4′-dimethyl-biphenyl=yl-(2)-amin (Formel XIII [X = Cl]) zu formulierenden Verbindung $C_{14}H_{14}ClN$ (Krystalle, F: 75—77° [aus A.]; Hydrochlorid: F: 223—224° [Zers.]; *N*-Acetyl-Derivat $C_{16}H_{16}ClNO$: F: 123—124°) beim Erwärmen von 2-Chlor-4.4′-dimethyl-biphenyl mit Salpetersäure und Essigsäure und Erhitzen des Reaktionsprodukts mit Essigsäure, Zinn(II)-chlorid und wss. Salzsäure (*Marler, Turner*, Soc. **1937** 266, 267, 268).

Als *N*-Acetyl-Derivat (s. u.) charakterisiert.

2′-Chlor-2-acetamino-4.4′-dimethyl-biphenyl, *N*-[2′-Chlor-4.4′-dimethyl-biphenylyl-(2)]-acetamid, N-(*2′-chloro-4,4′-dimethylbiphenyl-2-yl)acetamide* $C_{16}H_{16}ClNO$, Formel XII (R = $CO\text{-}CH_3$, X = Cl).

B. Aus 2′-Chlor-4.4′-dimethyl-biphenylyl-(2)-amin beim Behandeln mit wss. Essig=säure und Acetanhydrid (*Marler, Turner*, Soc. **1937** 266, 268).

Krystalle (aus wss. Eg.); F: 115—116°.

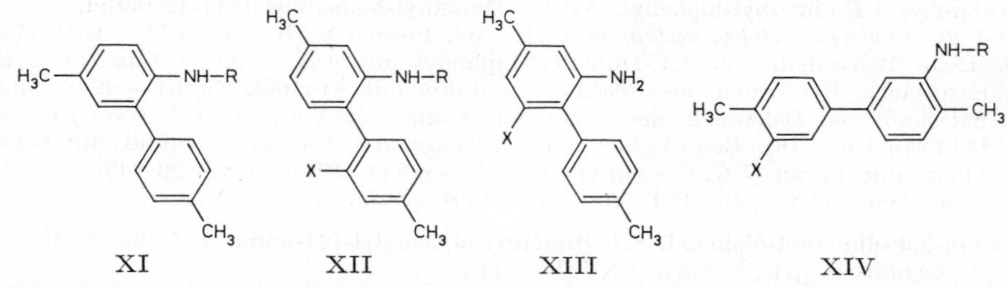

2′-Brom-2-amino-4.4′-dimethyl-biphenyl, 2′-Brom-4.4′-dimethyl-biphenylyl-(2)-amin, *2′-bromo-4,4′-dimethylbiphenyl-2-ylamine* $C_{14}H_{14}BrN$, Formel XII (R = H, X = Br).

B. Als Hauptprodukt neben einer vermutlich als 6-Brom-4.4′-dimethyl-bi=phenylyl-(2)-amin (Formel XIII [X = Br]) zu formulierenden Verbindung $C_{14}H_{14}BrN$ (Hydrochlorid: F: 227—229° [Zers.]; *N*-Acetyl-Derivat $C_{16}H_{16}BrNO$: F: 146—147°) beim Erwärmen von 2-Brom-4.4′-dimethyl-biphenyl mit Salpetersäure und Essigsäure und Erhitzen des Reaktionsprodukts mit Essigsäure, Zinn(II)-chlorid und wss. Salzsäure

(*Marler, Turner*, Soc. **1937** 266, 267, 269).
Als *N*-Acetyl-Derivat (s. u.) charakterisiert.

2'-Brom-2-acetamino-4.4'-dimethyl-biphenyl, *N*-[2'-Brom-4.4'-dimethyl-biphenylyl-(2)]-acetamid, N-(*2'-bromo-4,4'-dimethylbiphenyl-2-yl)acetamide* $C_{16}H_{16}BrNO$, Formel XII (R = CO-CH_3, X = Br).

B. Aus 2'-Brom-4.4'-dimethyl-biphenylyl-(2)-amin (*Marler, Turner*, Soc. **1937** 266, 269).

Krystalle (aus wss. Eg.); F: 134—135°.

2'-Jod-2-amino-4.4'-dimethyl-biphenyl, 2'-Jod-4.4'-dimethyl-biphenylyl-(2)-amin, *2'-iodo-4,4'-dimethylbiphenyl-2-ylamine* $C_{14}H_{14}IN$, Formel XII (R = H, X = I).

B. Als Hauptprodukt neben einer vermutlich als 6-Jod-4.4'-dimethyl-biphenyl-yl-(2)-amin (Formel XIII [X = I]) zu formulierenden Verbindung $C_{14}H_{14}IN$ (Hydrochlorid: F: 222—224° [Zers.]; *N*-Acetyl-Derivat $C_{16}H_{16}INO$: F: 165—166°) beim Erwärmen von 2-Jod-4.4'-dimethyl-biphenyl mit Salpetersäure und Essigsäure und Erhitzen des Reaktionsprodukts mit Essigsäure, Zinn(II)-chlorid und wss. Salzsäure (*Marler, Turner*, Soc. **1937** 266, 267, 270).

Als *N*-Acetyl-Derivat (s. u.) charakterisiert.

2'-Jod-2-acetamino-4.4'-dimethyl-biphenyl, *N*-[2'-Jod-4.4'-dimethyl-biphenylyl-(2)]-acetamid, N-(*2'-iodo-4,4'-dimethylbiphenyl-2-yl)acetamide* $C_{16}H_{16}INO$, Formel XII (R = CO-CH_3, X = I).

B. Aus 2'-Jod-4.4'-dimethyl-biphenylyl-(2)-amin (*Marler, Turner*, Soc. **1937** 266, 270).

Krystalle (aus wss. Eg.); F: 160—161°.

2'-Nitro-2-amino-4.4'-dimethyl-biphenyl, 2'-Nitro-4.4'-dimethyl-biphenylyl-(2)-amin, *4,4'-dimethyl-2'-nitrobiphenyl-2-ylamine* $C_{14}H_{14}N_2O_2$, Formel XII (R = H, X = NO_2) (E II 775).

Beim Erwärmen mit wss. Salzsäure und Natriumnitrit unter Zusatz von Kupfer(I)-chlorid sind 2'-Chlor-2-nitro-4.4'-dimethyl-biphenyl und geringe Mengen 3.7-Dimethyl-dibenzofuran erhalten worden (*Angeletti*, G. **60** [1930] 967, 970, 973).

3-Amino-4.4'-dimethyl-biphenyl, 4.4'-Dimethyl-biphenylyl-(3)-amin, *4,4'-dimethylbiphenyl-3-ylamine* $C_{14}H_{15}N$, Formel XIV (R = X = H).

B. Aus 3-Nitro-4.4'-dimethyl-biphenyl beim Erwärmen mit Essigsäure, Zinn(II)-chlorid und wss. Salzsäure (*Marler, Turner*, Soc. **1932** 2391, 2393).

Krystalle (aus wss. A.); F: 104—105°.

Hydrochlorid. Krystalle; F: ca. 230° [Zers.].

3-Acetamino-4.4'-dimethyl-biphenyl, *N*-[4.4'-Dimethyl-biphenylyl-(3)]-acetamid, N-(*4,4'-dimethylbiphenyl-3-yl)acetamide* $C_{16}H_{17}NO$, Formel XIV (R = CO-CH_3, X = H).

B. Aus 4.4'-Dimethyl-biphenylyl-(3)-amin (*Marler, Turner*, Soc. **1932** 2391, 2393).

Krystalle; F: 156—157°.

3-Benzamino-4.4'-dimethyl-biphenyl, *N*-[4.4'-Dimethyl-biphenylyl-(3)]-benzamid, N-(*4,4'-dimethylbiphenyl-3-yl)benzamide* $C_{21}H_{19}NO$, Formel XIV (R = CO-C_6H_5, X = H).

B. Aus 4.4'-Dimethyl-biphenylyl-(3)-amin (*Marler, Turner*, Soc. **1932** 2391, 2393).

F: 160—161°.

3'-Nitro-3-amino-4.4'-dimethyl-biphenyl, 3'-Nitro-4.4'-dimethyl-biphenylyl-(3)-amin, *4,4'-dimethyl-3'-nitrobiphenyl-3-ylamine* $C_{14}H_{14}N_2O_2$, Formel XIV (R = H, X = NO_2).

B. Beim Einleiten von Schwefelwasserstoff in eine warme Suspension von 3.3'-Dinitro-4.4'-dimethyl-biphenyl in mit wenig Natriumhydroxid versetztem Äthanol (*Patterson, Adams*, Am. Soc. **57** [1935] 762).

Gelbe Krystalle (aus A.); F: 108—109°.

3'-Nitro-3-acetamino-4.4'-dimethyl-biphenyl, *N*-[3'-Nitro-4.4'-dimethyl-biphenylyl-(3)]-acetamid, N-(*4,4'-dimethyl-3'-nitrobiphenyl-3-yl)acetamide* $C_{16}H_{16}N_2O_3$, Formel XIV (R = CO-CH_3, X = NO_2).

B. Aus 3'-Nitro-4.4'-dimethyl-biphenylyl-(3)-amin und Acetanhydrid (*Patterson, Adams*, Am. Soc. **57** [1935] 762).

Krystalle (aus A.); F: 193,5°.

2.6-Dibrom-3′-nitro-3-amino-4.4′-dimethyl-biphenyl, 2.6-Dibrom-3′-nitro-4.4′-dimethyl-biphenylyl-(3)-amin, *2,6-dibromo-4,4′-dimethyl-3′-nitrobiphenyl-3-ylamine* $C_{14}H_{12}Br_2N_2O_2$, Formel I (R = H).

B. Aus 3′-Nitro-4.4′-dimethyl-biphenylyl-(3)-amin und Brom in Essigsäure (*Patterson, Adams*, Am. Soc. **57** [1935] 762).

Braungelbe Krystalle (aus A.); F: 139°.

2.6-Dibrom-3′-nitro-3-acetamino-4.4′-dimethyl-biphenyl, *N*-[2.6-Dibrom-3′-nitro-4.4′-dimethyl-biphenylyl-(3)]-acetamid, N-(*2,6-dibromo-4,4′-dimethyl-3′-nitrobiphenyl-3-yl*)*acetamide* $C_{16}H_{14}Br_2N_2O_3$, Formel I (R = CO-CH_3).

B. Beim Erhitzen von 2.6-Dibrom-3′-nitro-4.4′-dimethyl-biphenylyl-(3)-amin mit Pyridin, Acetanhydrid und Natriumacetat (*Patterson, Adams*, Am. Soc. **57** [1935] 762).

Krystalle (aus wss. A.); F: 145,5—146°.

2-Amino-1-phenyl-1-cyclopentadienyliden-propan, 1-Methyl-2-phenyl-2-cyclopentadienyliden-äthylamin $C_{14}H_{15}N$.

(±)-2-Methylamino-1-phenyl-1-cyclopentadienyliden-propan, (±)-Methyl-[1-methyl-2-phenyl-2-cyclopentadienyliden-äthyl]-amin, (±)-*β*-(*cyclopenta-2,4-dien-1-ylidene*)-*α,*N-*dimethylphenethylamine* $C_{15}H_{17}N$, Formel II.

Über eine als Hydrochlorid $C_{15}H_{17}N \cdot HCl$ (Krystalle; F: 216° [Zers.]), als Tetrachloroaurat(III) $C_{15}H_{17}N \cdot HAuCl_4$ (gelbe Krystalle; F: 143—144° [Zers.]) und als Pikrat (gelbe Krystalle; F: 185—186°) charakterisierte Base (Kp_2: 152—156°), der vermutlich diese Konstitution zukommt, s. *A.G. vorm. B. Siegfried*, D.R.P. 657416 [1935]; Frdl. **24** 551.

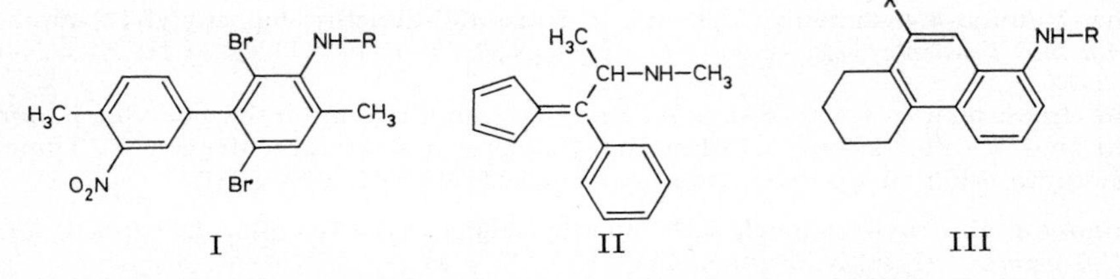

I II III

8-Amino-1.2.3.4-tetrahydro-phenanthren, 5.6.7.8-Tetrahydro-phenanthryl-(1)-amin, *5,6,7,8-tetrahydro-1-phenanthrylamine* $C_{14}H_{15}N$, Formel III (R = X = H).

B. Als Hydrochlorid beim Behandeln von 1-Hydroxyimino-1.2.3.4.5.6.7.8-octahydro-phenanthren in Essigsäure und Acetanhydrid mit Chlorwasserstoff bei 45° und Erwärmen des Reaktionsprodukts mit wss. Salzsäure (*Schroeter*, B. **63** [1930] 1308, 1319).

F: 112—113° [aus wss. A. oder PAe.].

8-Acetamino-1.2.3.4-tetrahydro-phenanthren, *N*-[5.6.7.8-Tetrahydro-phenanthryl-(1)]-acetamid, N-(*5,6,7,8-tetrahydro-1-phenanthryl*)*acetamide* $C_{16}H_{17}NO$, Formel III (R = CO-CH_3, X = H).

B. Aus 5.6.7.8-Tetrahydro-phenanthryl-(1)-amin und Acetanhydrid in Gegenwart von Natriumacetat (*Schroeter*, B. **63** [1930] 1308, 1320).

F: 183,5° [aus wss. A.].

10-Nitro-8-amino-1.2.3.4-tetrahydro-phenanthren, 9-Nitro-5.6.7.8-tetrahydro-phenanthryl-(1)-amin, *9-nitro-5,6,7,8-tetrahydro-1-phenanthrylamine* $C_{14}H_{14}N_2O_2$, Formel III (R = H, X = NO_2).

B. Als Hydrochlorid beim Behandeln von 9-Nitro-1-acetoxyimino-1.2.3.4.5.6.7.8-octahydro-phenanthren in Essigsäure und Acetanhydrid mit Chlorwasserstoff bei 50° (*Schroeter*, B. **63** [1930] 1308, 1320).

Rote Krystalle (aus A.); F: 176°.

Hydrochlorid $C_{14}H_{14}N_2O_2 \cdot HCl$. Zers. bei 224—227°.

7-Amino-1.2.3.4-tetrahydro-phenanthren, 5.6.7.8-Tetrahydro-phenanthryl-(2)-amin, *5,6,7,8-tetrahydro-2-phenanthrylamine* $C_{14}H_{15}N$, Formel IV.

a) Präparat von *Kupchan* und *Elderfield*. *B.* Aus 5.6.7.8-Tetrahydro-phenanthrol-(2) bei 30-stdg. Erhitzen mit wss. Ammoniumsulfit-Lösung auf 150° (*Kupchan*,

Elderfield, J. org. Chem. **11** [1946] 136, 141). — Krystalle (aus PAe.); F: 76,5—77,5°. — Hydrochlorid $C_{14}H_{15}N \cdot HCl$. Krystalle (aus A.); F: 290—292° [korr.].

b) Präparat von *Bachmann* und *Cronyn*. *B.* Beim Erwärmen des aus 1-[5.6.7.8-Tetrahydro-phenanthryl-(2)]-äthanon-(1) hergestellten Oxims mit Phosphor(V)-chlorid in Benzol und Erwärmen des erhaltenen *N*-[5.6.7.8-Tetrahydro-phenanthryl-(2)]-acetamids ($C_{16}H_{17}NO$; Krystalle [aus Me.], F: 136—137°) mit wss.-äthanol. Salzsäure (*Bachmann*, *Cronyn*, J. org. Chem. **8** [1943] 456, 463). — Öl. — Hydrochlorid $C_{14}H_{15}N \cdot HCl$. Krystalle (aus A.); F: 238—239°.

(±)-4-Amino-1.2.3.4-tetrahydro-phenanthren, (±)-1.2.3.4-Tetrahydro-phenanthryl-(4)-amin, (±)-*1,2,3,4-tetrahydro-4-phenanthrylamine* $C_{14}H_{15}N$, Formel V (R = H).

B. Aus 4-Hydroxyimino-1.2.3.4-tetrahydro-phenanthren beim Behandeln mit Aluminium-Amalgam und wasserhaltigem Äther (*Burger*, *Mosettig*, Am. Soc. **58** [1936] 1570, 1572).

Hydrochlorid $C_{14}H_{15}N \cdot HCl$. F: 267—268° [aus A. + Ae.].

(±)-4-Dimethylamino-1.2.3.4-tetrahydro-phenanthren, (±)-Dimethyl-[1.2.3.4-tetrahydro-phenanthryl-(4)]-amin, (±)-N,N-*dimethyl-1,2,3,4-tetrahydro-4-phenanthrylamine* $C_{16}H_{19}N$, Formel V (R = CH_3).

B. Beim Erwärmen von (±)-1.2.3.4-Tetrahydro-phenanthryl-(4)-amin mit Methyljodid und Natriumacetat (*Burger*, *Mosettig*, Am. Soc. **58** [1936] 1570, 1572).

Hydrochlorid $C_{16}H_{19}N \cdot HCl$. F: 202° [aus A. + Ae.].

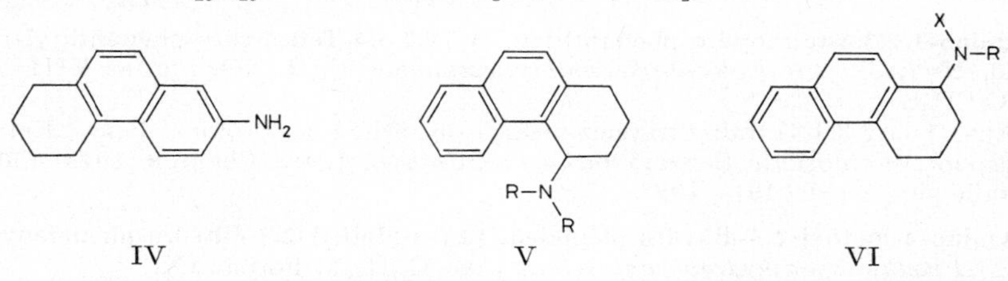

IV V VI

(±)-1-Amino-1.2.3.4-tetrahydro-phenanthren, (±)-1.2.3.4-Tetrahydro-phenanthryl-(1)-amin, (±)-*1,2,3,4-tetrahydro-1-phenanthrylamine* $C_{14}H_{15}N$, Formel VI (R = X = H).

B. Aus 1-Hydroxyimino-1.2.3.4-tetrahydro-phenanthren beim Behandeln mit Essigsäure enthaltendem Äthanol und Natrium-Amalgam (*Burger*, *Mosettig*, Am. Soc. **58** [1936] 1570, 1572; *Bachmann*, Am. Soc. **59** [1937] 420) oder mit Aluminium-Amalgam und wasserhaltigem Äther (*Bu.*, *Mo.*).

F: 61—63° (*Bu.*, *Mo.*).

Hydrochlorid $C_{14}H_{15}N \cdot HCl$. F: 256—257° [aus A. + Ae.] (*Bu.*, *Mo.*).

(±)-1-Methylamino-1.2.3.4-tetrahydro-phenanthren, (±)-Methyl-[1.2.3.4-tetrahydro-phenanthryl-(1)]-amin, (±)-N-*methyl-1,2,3,4-tetrahydro-1-phenanthrylamine* $C_{15}H_{17}N$, Formel VI (R = CH_3, X = H).

B. Als Hydrojodid beim Erwärmen von (±)-[1.2.3.4-Tetrahydro-phenanthryl-(1)]-benzyliden-amin mit Methyljodid und Erwärmen des Reaktionsprodukts in Äthanol (*Burger*, *Mosettig*, Am. Soc. **58** [1936] 1570, 1572).

Hydrochlorid $C_{15}H_{17}N \cdot HCl$. F: 258° [aus A. + Ae.].

Hydrojodid $C_{15}H_{17}N \cdot HI$. Krystalle (aus A.); F: 243°.

(±)-1-Dimethylamino-1.2.3.4-tetrahydro-phenanthren, (±)-Dimethyl-[1.2.3.4-tetrahydro-phenanthryl-(1)]-amin, (±)-N,N-*dimethyl-1,2,3,4-tetrahydro-1-phenanthrylamine* $C_{16}H_{19}N$, Formel VI (R = X = CH_3).

B. Beim Erwärmen von (±)-1.2.3.4-Tetrahydro-phenanthryl-(1)-amin mit Methyljodid und Natriumacetat (*Burger*, *Mosettig*, Am. Soc. **58** [1936] 1570, 1572).

Hydrochlorid $C_{16}H_{19}N \cdot HCl$. F: 216° [aus A. + Ae.].

Pikrat $C_{16}H_{19}N \cdot C_6H_3N_3O_7$. F: 177—178° [aus A.].

(±)-[1.2.3.4-Tetrahydro-phenanthryl-(1)]-benzyliden-amin, Benzaldehyd-[1.2.3.4-tetrahydro-phenanthryl-(1)-imin], (±)-N-*benzylidene-1,2,3,4-tetrahydro-1-phenanthrylamine* $C_{21}H_{19}N$, Formel VII.

B. Aus 1.2.3.4-Tetrahydro-phenanthryl-(1)-amin und Benzaldehyd (*Burger*, *Mosettig*,

Am. Soc. **58** [1936] 1570, 1572).
F: 103—105° [aus A.].

(±)-1-Acetamino-1.2.3.4-tetrahydro-phenanthren, (±)-*N*-[1.2.3.4-Tetrahydro-phenanthryl-(1)]-acetamid, (±)-N-(*1,2,3,4-tetrahydro-1-phenanthryl*)*acetamide* $C_{16}H_{17}NO$, Formel VI (R = CO-CH_3, X = H).

B. Beim Erhitzen von (±)-1.2.3.4-Tetrahydro-phenanthryl-(1)-amin mit Acetanhydrid (*Bachmann*, Am. Soc. **59** [1937] 420).

Krystalle (aus Acn.); F: 176°.

9-Amino-1.2.3.4-tetrahydro-phenanthren, 1.2.3.4-Tetrahydro-phenanthryl-(9)-amin, *1,2,3,4-tetrahydro-9-phenanthrylamine* $C_{14}H_{15}N$, Formel VIII (R = H).

B. Aus der im folgenden Artikel beschriebenen Verbindung beim Erhitzen mit wss.-äthanol. Salzsäure (*Bachmann, Cronyn*, J. org. Chem. **8** [1943] 456, 463).

Krystalle (aus A. + Me.); F: 76,5—77°.

Hydrochlorid $C_{14}H_{15}N \cdot HCl$. Krystalle (aus A.); F: 263—264°.

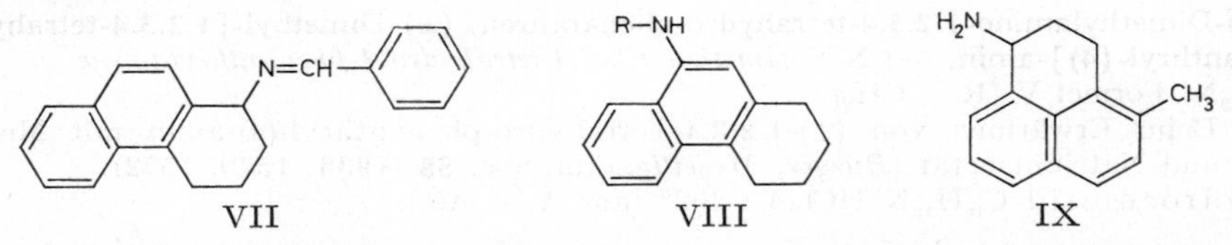

VII VIII IX

9-Acetamino-1.2.3.4-tetrahydro-phenanthren, *N*-[1.2.3.4-Tetrahydro-phenanthryl-(9)]-acetamid, N-(*1,2,3,4-tetrahydro-9-phenanthryl*)*acetamide* $C_{16}H_{17}NO$, Formel VIII (R = CO-CH_3).

B. Aus 1-[1.2.3.4-Tetrahydro-phenanthryl-(9)]-äthanon-(1)-oxim beim Erwärmen mit Phosphor(V)-chlorid in Benzol (*Bachmann, Cronyn*, J. org. Chem. **8** [1943] 456, 463).

Krystalle (aus A.); F: 191—192°.

(±)-1-Amino-4-methyl-2.3-dihydro-phenalen, (±)-4-Methyl-2.3-dihydro-phenalenyl-(1)-amin, (±)-*4-methyl-2,3-dihydrophenalen-1-ylamine* $C_{14}H_{15}N$, Formel IX.

B. Aus 4-Methyl-2.3-dihydro-phenalenon-(1)-oxim beim Behandeln mit Natrium-Amalgam, Äthanol und Essigsäure (*Klyne, Robinson*, Soc. **1938** 1991, 1994).

Hydrochlorid $C_{14}H_{15}N \cdot HCl$. Krystalle (aus A.); F: 264—268° [Zers.; nach Sintern]. [*Blazek*]

Amine $C_{15}H_{17}N$

(±)-1.3-Diphenyl-propylamin, (±)-*1,3-diphenylpropylamine* $C_{15}H_{17}N$, Formel X (R = H) (H 1329; E II 776).

B. Beim Erhitzen von 1.3-Diphenyl-propanon-(1) mit Ammoniumformiat auf 200° und Erwärmen des Reaktionsprodukts mit äthanol. Kalilauge (*Ogata, Niinobu*, J. pharm. Soc. Japan **62** [1942] 152, 157; C. A. **1951** 1728) oder mit wss. Salzsäure (*Cook et al.*, Soc. **1949** 1074, 1077, 1078). Aus *trans*-Chalkon-*seqtrans*-oxim bei der Hydrierung an Palladium in Äthanol (*Merz*, B. **63** [1930] 2951).

Hydrochlorid $C_{15}H_{17}N \cdot HCl$ (H 1329). Krystalle (aus W.); F: 195° (*Og., Nii.*).

Pikrat $C_{15}H_{17}N \cdot C_6H_3N_3O_7$ (vgl. H 1329). Gelbe Krystalle; F: 185° [aus wss. A.] (*Og., Nii.*), 183—185° (*Cook et al.*).

(±)-1-Acetamino-1.3-diphenyl-propan, (±)-*N*-[1.3-Diphenyl-propyl]-acetamid, (±)-N-(*1,3-diphenylpropyl*)*acetamide* $C_{17}H_{19}NO$, Formel X (R = CO-CH_3).

B. Aus (±)-1.3-Diphenyl-propylamin (*Lettré, Fernholz*, Z. physiol. Chem. **278** [1943] 175, 196; *Cook et al.*, Soc. **1949** 1074, 1078).

Krystalle (aus Bzl. + PAe.); F: 88—89° (*Le., Fe.*), 76—77° (*Cook et al.*).

2-Amino-1.3-diphenyl-propan, 2-Phenyl-1-benzyl-äthylamin, *α-benzylphenethylamine* $C_{15}H_{17}N$, Formel XI (R = X = H) (H 1329; E II 776).

B. Aus *N*-[2-Phenyl-1-benzyl-äthyl]-formamid beim Erhitzen mit wss. Salzsäure (*Dey, Ramanathan*, Pr. nation. Inst. Sci. India **9** [1943] 193, 215) oder mit wss.-äthanol. Schwefelsäure (*Koelsch*, Am. Soc. **67** [1945] 1718). Beim Erhitzen von 1.3-Diphenyl-aceton mit Ammoniumformiat auf 220° und Erwärmen des Reaktionsprodukts mit äthanol. Kalilauge (*Ogata, Niinobu*, J. pharm. Soc. Japan **62** [1942] 152, 157; C. A. **1951**

1728). Aus 1.3-Diphenyl-aceton-oxim beim Behandeln mit Natrium-Amalgam und Essigsäure (*Jacobsen et al.*, Skand. Arch. Physiol. **79** [1938] 258, 279; vgl. H 1329). Aus 3-Phenyl-2-benzyl-propionsäure beim Behandeln einer mit Chloroform überschichteten Lösung in Schwefelsäure mit Natriumazid (*Oesterlin*, Ang. Ch. **45** [1932] 536).

F: 50° (*Koe.*), 47° (*Oe.*; *Og.*, *Nii.*). Kp_{12}: 177° (*Koe.*).

Hydrochlorid $C_{15}H_{17}N \cdot HCl$ (H 1329). Krystalle; F: 204° [aus A. + Ae.] (*Og.*, *Nii.*), 203–204° (*Ja. et al.*), 202° [aus A. + Ae.] (*Dey, Ra.*), 200–202° (*Koe.*).

Pikrat $C_{15}H_{17}N \cdot C_6H_3N_3O_7$. Gelbe Krystalle (aus A.); F: 193° (*Dey, Ra.*).

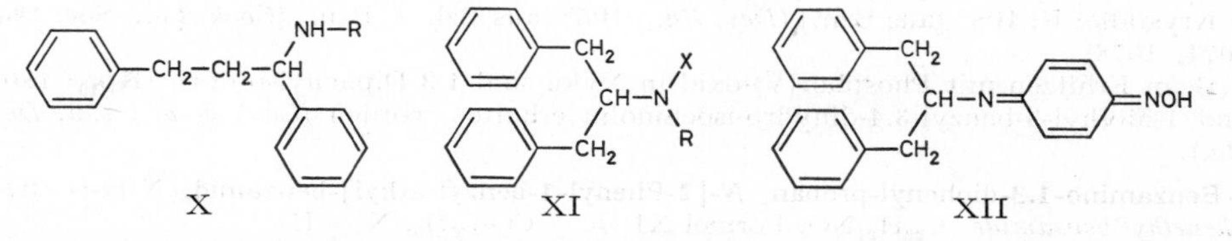

2-Anilino-1.3-diphenyl-propan, *N*-[2-Phenyl-1-benzyl-äthyl]-anilin, *α-benzyl-*N*-phenyl-phenethylamine* $C_{21}H_{21}N$, Formel XI (R = C_6H_5, X = H).

B. Bei der Hydrierung eines Gemisches von 1.3-Diphenyl-aceton und Anilin in Natriumacetat enthaltendem Äthanol an Raney-Nickel bei 170°/100 at (*Koelsch*, Am. Soc. **67** [1945] 1718). Aus *N*-[2-Phenyl-1-benzyl-äthyl-]-anthranilsäure beim Erhitzen auf 250° sowie aus *N*-[2-Phenyl-1-benzyl-äthyl]-anthranilsäure-anilid beim Erhitzen mit wss. Bromwasserstoffsäure und Essigsäure (*Koe.*).

Hydrochlorid $C_{21}H_{21}N \cdot HCl$. Krystalle (aus wss. A.); F: 148–150°.

(±)-[1-Methyl-2-phenyl-äthyl]-[2-phenyl-1-benzyl-äthyl]-amin, (±)-*α-benzyl-α'-methyl-diphenethylamine* $C_{24}H_{27}N$, Formel XI (R = $CH(CH_3)$-CH_2-C_6H_5, X = H).

B. Beim Erhitzen von (±)-1-Methyl-2-phenyl-äthylamin mit 1.3-Diphenyl-aceton und Behandeln des Reaktionsprodukts mit Äthanol und Natrium (*Buth, Külz, Rosenmund*, B. **72** [1939] 19, 28).

Hydrochlorid $C_{24}H_{27}N \cdot HCl$. F: 194°.

2-[2-Hydroxy-äthylamino]-1.3-diphenyl-propan, 2-[2-Phenyl-1-benzyl-äthylamino]-äthanol-(1), *2-(α-benzylphenethylamino)ethanol* $C_{17}H_{21}NO$, Formel XI (R = CH_2-CH_2OH, X = H).

B. Beim Erhitzen von 1.3-Diphenyl-aceton mit 2-Amino-äthanol-(1), Ameisensäure und Natriumacetat bis auf 200° und Erhitzen des Reaktionsprodukts mit wss. Salzsäure (*Goodson, Moffett*, Am. Soc. **71** [1949] 3219).

Kp_3: 175°.

Hydrochlorid $C_{17}H_{21}NO \cdot HCl$. F: 95–97° [aus Ae. + HCl].

Benzochinon-(1.4)-[2-phenyl-1-benzyl-äthylimin]-oxim, *4-(α-benzylphenethylimino)-cyclohexa-2,5-dien-1-one oxime* $C_{21}H_{20}N_2O$, Formel XII, und **2-[4-Nitroso-anilino]-1.3-diphenyl-propan, 4-Nitroso-*N*-[2-phenyl-1-benzyl-äthyl]-anilin,** *α-benzyl-*N-(p-*nitrosophenyl)phenethylamine* $C_{21}H_{20}N_2O$, Formel XIII.

B. Aus *N*-Nitroso-*N*-[2-phenyl-1-benzyl-äthyl]-anilin beim Behandeln mit Chlorwasserstoff in Äthanol (*Koelsch*, Am. Soc. **67** [1945] 1718).

Hellgrüne Krystalle (aus wss. A.); F: 113–114°.

Beim Erhitzen mit wss.-äthanol. Kalilauge sind 4-Nitroso-phenol und 2-Phenyl-1-benzyl-äthylamin erhalten worden.

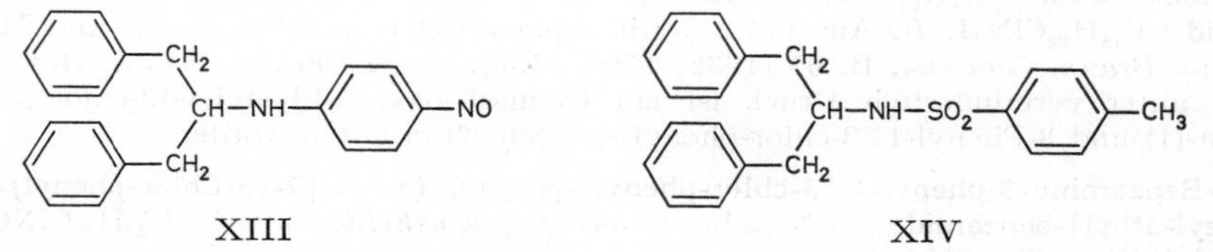

2-Formamino-1.3-diphenyl-propan, *N*-[2-Phenyl-1-benzyl-äthyl]-formamid, N-(*α-benzyl-phenethyl)formamide* $C_{16}H_{17}NO$, Formel XI (R = CHO, X = H).

B. Beim Erhitzen von 1.3-Diphenyl-aceton mit Formamid auf 175° (*Rajagopalan*, Fr.

Indian Acad. [A] **14** [1941] 126, 129; *Dey, Ramanathan*, Pr. nation. Inst. Sci. India **9** [1943] 193, 215; *Koelsch*, Am. Soc. **67** [1945] 1718).

Krystalle; F: 92—93° [aus Bzl. + Bzn.] (*Koe.*), 90° [aus Bzn.] (*Dey, Ra.*), 88—89° [aus A.] (*Ra.*).

2-Acetamino-1.3-diphenyl-propan, *N*-[2-Phenyl-1-benzyl-äthyl]-acetamid, N-(α-*benzylphenethyl*)*acetamide* $C_{17}H_{19}NO$, Formel XI (R = CO-CH_3, X = H).

B. Aus 2-Phenyl-1-benzyl-äthylamin und Acetanhydrid (*Dey, Ramanathan*, Pr. nation. Inst. Sci. India **9** [1943] 193, 216).

Krystalle; F: 108° [aus Bzn.] (*Dey, Ra.*), 105° [aus Bzl. + Bzn.] (*Cook et al.*, Soc. **1949** 1074, 1078).

Beim Erhitzen mit Phosphor(V)-oxid in Xylol sind 1.3-Diphenyl-propen (Kp_{10}: 180°) und 1-Methyl-3-benzyl-3.4-dihydro-isochinolin erhalten worden (*Cook et al.*; s. a. *Dey, Ra.*).

2-Benzamino-1.3-diphenyl-propan, *N*-[2-Phenyl-1-benzyl-äthyl]-benzamid, N-(α-*benzylphenethyl*)*benzamide* $C_{22}H_{21}NO$, Formel XI (R = CO-C_6H_5, X = H).

B. Aus 2-Phenyl-1-benzyl-äthylamin (*Koelsch*, Am. Soc. **67** [1945] 17, 18).

Krystalle (aus A.); F: 169—170°.

2-[*N*-Benzoyl-anilino]-1.3-diphenyl-propan, Benzoesäure-[*N*-(2-phenyl-1-benzyl-äthyl)-anilid], N-(α-*benzylphenethyl*)*benzanilide* $C_{28}H_{25}NO$, Formel XI (R = CO-C_6H_5, X = C_6H_5).

B. Aus *N*-[2-Phenyl-1-benzyl-äthyl]-anilin (*Koelsch*, Am. Soc. **67** [1945] 1718).

Krystalle (aus A.); F: 141—142°.

2-[Toluol-sulfonyl-(4)-amino]-1.3-diphenyl-propan, *N*-[2-Phenyl-1-benzyl-äthyl]-toluolsulfonamid-(4), N-(α-*benzylphenethyl*)-p-*toluenesulfonamide* $C_{22}H_{23}NO_2S$, Formel XIV.

B. Aus 2-Phenyl-1-benzyl-äthylamin (*Cook et al.*, Soc. **1949** 1074, 1078).

F: 99° [aus A.].

2-[*N*-Nitroso-anilino]-1.3-diphenyl-propan, *N*-Nitroso-*N*-[2-phenyl-1-benzyl-äthyl]-anilin, α-*benzyl*-N-*nitroso*-N-*phenylphenethylamine* $C_{21}H_{20}N_2O$, Formel XI (R = C_6H_5, X = NO).

B. Beim Behandeln von *N*-[2-Phenyl-1-benzyl-äthyl]-anilin-hydrochlorid mit Natriumnitrit in Äthanol unter Zusatz von wss. Salzsäure (*Koelsch*, Am. Soc. **67** [1945] 1718).

Gelbliche Krystalle (aus A.); F: 90—91°.

Beim Behandeln mit Chlorwasserstoff in Äthanol ist 4-Nitroso-*N*-[2-phenyl-1-benzyl-äthyl]-anilin erhalten worden.

(±)-2-Amino-3-phenyl-1-[3-chlor-phenyl]-propan, (±)-2-[3-Chlor-phenyl]-1-benzyl-äthylamin, (±)-α-*benzyl-3-chlorophenethylamine* $C_{15}H_{16}ClN$, Formel I (R = H).

B. Aus (±)-[2-(3-Chlor-phenyl)-1-benzyl-äthyl]-carbamidsäure-methylester beim Erhitzen mit Calciumhydroxid (?) im Stickstoff-Strom (*v. Braun, Hamann*, B. **65** [1932] 1580, 1585).

Kp_{12}: 210—213°.

Hydrochlorid. F: 204°.

Pikrat. F: 178°.

(±)-2-Trimethylammonio-3-phenyl-1-[3-chlor-phenyl]-propan, (±)-Trimethyl-[2-(3-chlor-phenyl)-1-benzyl-äthyl]-ammonium, (±)-(*3-chloro-α-benzylphenethyl*)*trimethylammonium* $[C_{18}H_{23}ClN]^{\oplus}$, Formel II.

Jodid $[C_{18}H_{23}ClN]I$. *B.* Aus (±)-2-[3-Chlor-phenyl]-1-benzyl-äthylamin und Methyljodid (*v. Braun, Hamann*, B. **65** [1932] 1580, 1585). — F: 196°. — Beim Erhitzen mit Alkali unter vermindertem Druck ist ein Gemisch von 3-Phenyl-1-[3-chlor-phenyl]-propen-(1) und 3-Phenyl-1-[3-chlor-phenyl]-propen-(2) erhalten worden.

(±)-2-Benzamino-3-phenyl-1-[3-chlor-phenyl]-propan, (±)-*N*-[2-(3-Chlor-phenyl)-1-benzyl-äthyl]-benzamid, (±)-N-(α-*benzyl-3-chlorophenethyl*)*benzamide* $C_{22}H_{20}ClNO$, Formel I (R = CO-C_6H_5).

B. Aus (±)-2-[3-Chlor-phenyl]-1-benzyl-äthylamin (*v. Braun, Hamann*, B. **65** [1932] 1580, 1585).

F: 162°.

(±)-[2-(3-Chlor-phenyl)-1-benzyl-äthyl]-carbamidsäure-methylester, (±)-(*α-benzyl-3-chlorophenethyl)carbamic acid methyl ester* $C_{17}H_{18}ClNO_2$, Formel I (R = CO-OCH$_3$).

B. Beim Behandeln von (±)-3-[3-Chlor-phenyl]-2-benzyl-propionamid mit Natrium=methylat in Methanol und mit Brom (*v. Braun, Hamann,* B. **65** [1932] 1580, 1585).

F: 99°.

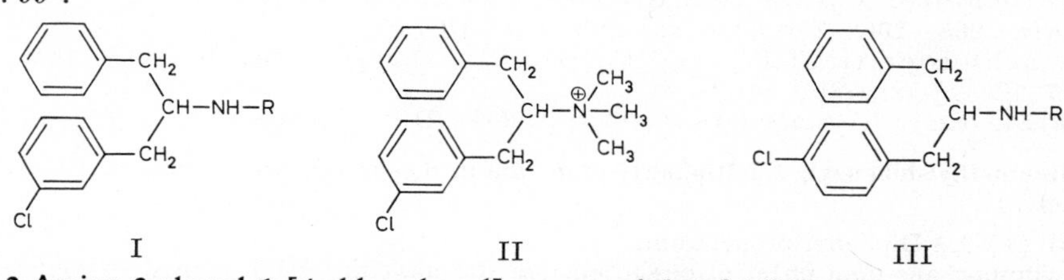

(±)-2-Amino-3-phenyl-1-[4-chlor-phenyl]-propan, (±)-2-[4-Chlor-phenyl]-1-benzyl-äthylamin, (±)-*α-benzyl-4-chlorophenethylamine* $C_{15}H_{16}ClN$, Formel III (R = H).

B. Aus (±)-[2-(4-Chlor-phenyl)-1-benzyl-äthyl]-carbamidsäure-methylester beim Erhitzen mit Calciumhydroxid (?) im Stickstoff-Strom (*v. Braun, Hamann,* B. **65** [1932] 1580, 1585).

Kp_{12}: 212—214°.

Hydrochlorid. F: 212°.

(±)-2-Trimethylammonio-3-phenyl-1-[4-chlor-phenyl]-propan, (±)-Trimethyl-[2-(4-chlor-phenyl)-1-benzyl-äthyl]-ammonium, (±)-(*α-benzyl-4-chlorophenethyl)tri=methylammonium* $[C_{18}H_{23}ClN]^{\oplus}$, Formel IV.

Jodid $[C_{18}H_{23}ClN]I$. *B.* Aus (±)-2-[4-Chlor-phenyl]-1-benzyl-äthylamin und Methyl=jodid (*v. Braun, Hamann,* B. **65** [1932] 1580, 1585). — F: 216°. — Beim Erhitzen mit Alkali unter vermindertem Druck ist ein Gemisch von 3-Phenyl-1-[4-chlor-phenyl]-propen-(1) und 3-Phenyl-1-[4-chlor-phenyl]-propen-(2) erhalten worden.

(±)-2-Benzamino-3-phenyl-1-[4-chlor-phenyl]-propan, (±)-*N*-[2-(4-Chlor-phenyl)-1-benzyl-äthyl]-benzamid, (±)-N-(*α-benzyl-4-chlorophenethyl)benzamide* $C_{22}H_{20}ClNO$, Formel III (R = CO-C$_6$H$_5$).

B. Aus (±)-2-[4-Chlor-phenyl]-1-benzyl-äthylamin (*v. Braun, Hamann,* B. **65** [1932] 1580, 1585).

F: 155°.

(±)-[2-(4-Chlor-phenyl)-1-benzyl-äthyl]-carbamidsäure-methylester, (±)-(*α-benzyl-4-chlorophenethyl)carbamic acid methyl ester* $C_{17}H_{18}ClNO_2$, Formel III (R = CO-OCH$_3$).

B. Beim Behandeln von (±)-3-[4-Chlor-phenyl]-2-benzyl-propionamid mit Natrium=methylat in Methanol und mit Brom (*v. Braun, Hamann,* B. **65** [1932] 1580, 1585).

F: 100°.

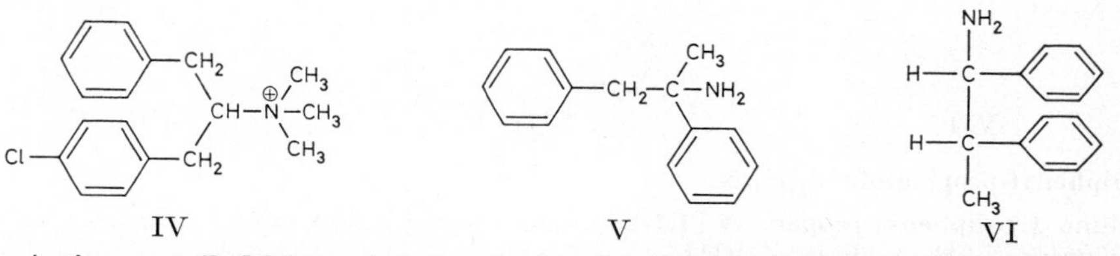

(±)-α-Amino-α-methyl-bibenzyl, (±)-2-Amino-1.2-diphenyl-propan, (±)-1-Methyl-1.2-di=phenyl-äthylamin, (±)-*α-methyl-α-phenylphenethylamine* $C_{15}H_{17}N$, Formel V.

B. Beim Behandeln von (±)-2-Methyl-2.3-diphenyl-propionamid mit alkal. wss. Kali=umhypobromit-Lösung und Erhitzen des Reaktionsprodukts mit wss. Salzsäure (*Mentzer, Chopin,* Bl. **1948** 586, 589).

Hydrochlorid $C_{15}H_{17}N \cdot HCl$. Krystalle; F: 186—188° [Zers.].

α'-Amino-α-methyl-bibenzyl, 1.2-Diphenyl-propylamin, *β-methyl-α-phenylphenethylamine* $C_{15}H_{17}N$.

(1*RS*:2*RS*)-1.2-Diphenyl-propylamin, (±)-*erythro*-1.2-Diphenyl-propylamin, Formel VI + Spiegelbild.

Konfiguration: *Drefahl, Hartmann, Rietschel,* J. pr. [4] **6** [1958] 1.

B. Beim Erhitzen von (±)-1.2-Diphenyl-propanon-(1) mit Ammoniumformiat bis auf 220° und Erwärmen des Reaktionsprodukts mit äthanol. Kalilauge (*Ogata, Niinobu*, J. pharm. Soc. Japan **62** [1942] 152, 157; dtsch. Ref. S. 47; C. A. **1951** 1728).

Krystalle; F: 126—127° [aus PAe.] (*Dr., Ha., Rie.*), 125,5° [aus wss. A.] (*Og., Nii.*).

Hydrochlorid $C_{15}H_{17}N \cdot HCl$. Krystalle; F: 265—267° [Zers.; aus A. + Ae.] (*Dr., Ha., Rie.*), 265—266° [Zers.; aus wss. Salzsäure] (*Og., Nii.*).

Hexachloroplatinat(IV) $2C_{15}H_{17}N \cdot H_2PtCl_6$. Orangefarbene Krystalle (aus A.); F: 217° [Zers.] (*Og., Nii.*).

Pikrat. Gelbe Krystalle (aus wss. A.); F: 209—210° (*Og., Nii.*).

α-Aminomethyl-bibenzyl, 2.3-Diphenyl-propylamin, *β-benzylphenethylamine* $C_{15}H_{17}N$, Formel VII.

a) **(+)-2.3-Diphenyl-propylamin.**

Gewinnung aus dem unter c) beschriebenen Racemat mit Hilfe von L_g(?)-Weinsäure: *Levene, Mikeska, Passoth*, J. biol. Chem. **88** [1930] 27, 56.

$[\alpha]_D^{25}$: +40,1° [Ae.; c = 24].

Beim Behandeln von konfigurativ nicht einheitlichen Präparaten mit Nitrosylchlorid in Äther bei —55° bzw. mit Distickstofftrioxid in Schwefelsäure bei 0° ist (+)-3-Chlor-1.2-diphenyl-propan bzw. partiell racemisches (*S*)-1.2-Diphenyl-propanol-(3) (E III **6** 3416) erhalten worden (*Le., Mi., Pa.*, l. c. S. 57).

b) **(−)-2.3-Diphenyl-propylamin.**

Gewinnung aus dem unter c) beschriebenen Racemat mit Hilfe von L_g(?)-Weinsäure: *Levene, Mikeska, Passoth*, J. biol. Chem. **88** [1930] 27, 56.

Hydrochlorid $C_{15}H_{17}N \cdot HCl$. $[\alpha]_D^{25}$: −16,0° [wss. A.; c = 4]; $[\alpha]_D^{25}$: −18,4° [W.; c = 3].

c) **(±)-2.3-Diphenyl-propylamin** (H 1329; E II 777).

B. Neben Bibenzyl beim Behandeln einer Lösung von 2.3-Diphenyl-propionitril in Äthanol mit Natrium (*Levene, Mikeska, Passoth*, J. biol. Chem. **88** [1930] 27, 55). Aus 2.3*c*-Diphenyl-acrylonitril bei der Hydrierung an Raney-Nickel in Äthanol in Gegenwart von flüssigem Ammoniak bei 100°/160 at (*Freeman, Ringk, Spoerri*, Am. Soc. **69** [1947] 858; vgl. E II 777) oder an Platin in Essigsäure (*Mattocks, Hutchison*, Am. Soc. **70** [1948] 3516).

Kp_6: 171° (*Fr., Ri., Sp.*); $Kp_{0,6}$: 128—129° (*Le., Mi., Pa.*).

Hydrochlorid $C_{15}H_{17}N \cdot HCl$ (H 1329). F: 189—190° (*Ma., Hu.*).

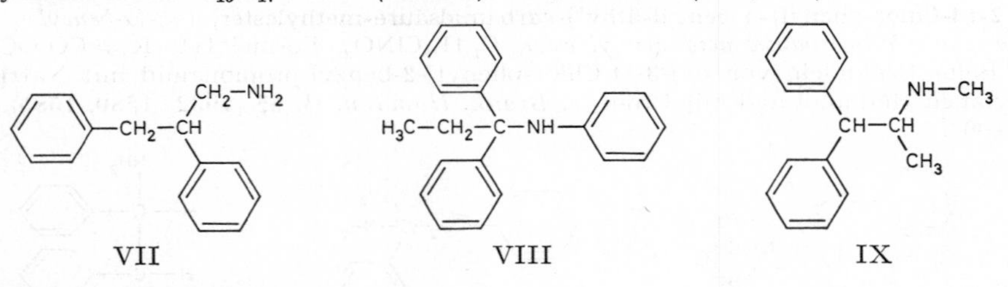

1.1-Diphenyl-propylamin $C_{15}H_{17}N$.

1-Anilino-1.1-diphenyl-propan, ***N*-[1.1-Diphenyl-propyl]-anilin,** *α-ethyl-N-phenylbenzhydrylamine* $C_{21}H_{21}N$, Formel VIII.

B. Aus Benzophenon-phenylimin und Äthyllithium in Äther (*Gilman et al.*, Am. Soc. **67** [1945] 922, 924).

Krystalle (aus der Schmelze); F: 72—73°. Kp_1: 153,6—154°.

2-Amino-1.1-diphenyl-propan, 1-Methyl-2.2-diphenyl-äthylamin $C_{15}H_{17}N$.

(±)-2-Methylamino-1.1-diphenyl-propan, (±)-Methyl-[1-methyl-2.2-diphenyl-äthyl]-amin, (±)-*1,N-dimethyl-2,2-diphenylethylamine* $C_{16}H_{19}N$, Formel IX.

B. Aus (±)-Methyl-[2-chlor-1-methyl-2.2-diphenyl-äthyl]-amin-hydrochlorid (nicht näher beschrieben) bei der Hydrierung an Platin in Wasser oder Äthanol (*Th. H. Temmler*, D.R.P. 749809 [1938], 767186 [1937]; D.R.P. Org. Chem. **3** 170, 172).

$Kp_{0,9}$: 123—130° (*Heinzelman*, Am. Soc. **75** [1953] 921, 922).

3.3-Diphenyl-propylamin, *3,3-diphenylpropylamine* $C_{15}H_{17}N$, Formel X (R = X = H).

B. Aus 3.3-Diphenyl-allylamin-hydrochlorid bei der Hydrierung an Palladium in Äthanol (*Adamson*, Soc. **1949** Spl. 144, 153, 155). Neben geringen Mengen Bis-[3.3-diphenyl-propyl]-amin bei der Hydrierung von 3.3-Diphenyl-propionitril an Raney-Nickel in Äthanol in Gegenwart von flüssigem Ammoniak bei 100°/160 at (*Freeman, Ringk, Spoerri*, Am. Soc. **69** [1947] 858).

Kp_2: 150° (*Fr., Ri., Sp.*).

Hydrochlorid $C_{15}H_{17}N\cdot HCl$. Krystalle; F: 217,5—218,5° [aus A.] (*Fr., Ri., Sp.*), 216—218° [unkorr.; aus E. + A.] (*Ad.*).

3-Dimethylamino-1.1-diphenyl-propan, Dimethyl-[3.3-diphenyl-propyl]-amin, N,N-*dimethyl-3,3-diphenylpropylamine* $C_{17}H_{21}N$, Formel X (R = X = CH_3).

B. Beim Erhitzen von Diphenylmethan mit Dimethyl-[2-chlor-äthyl]-amin und Natriumamid in Toluol (*I.G. Farbenind.*, D.R.P. 766207 [1940]; D.R.P. Org. Chem. **3** 146). Aus Dimethyl-[3.3-diphenyl-allyl]-amin bei der Hydrierung an Palladium in Äthanol (*Adamson*, Soc. **1949** Spl. 144, 153, 155).

Krystalle (aus PAe.); F: 44—45°; Kp_{16}: 183—185° (*Ad.*).

Hydrochlorid. $C_{17}H_{21}N\cdot HCl$. Krystalle; F: 169—170° [unkorr.; aus E. + Me.] (*Ad.*), 168° (*I.G. Farbenind.*).

Trimethyl-[3.3-diphenyl-propyl]-ammonium, *(3,3-diphenylpropyl)trimethylammonium* $[C_{18}H_{24}N]^{\oplus}$, Formel XI (R = CH_3).

Jodid $[C_{18}H_{24}N]I$. *B.* Aus Dimethyl-[3.3-diphenyl-propyl]-amin und Methyljodid in Aceton (*Adamson*, Soc. **1949** Spl. 144, 154). — Krystalle (aus E. + Me.); F: 179—180° [unkorr.].

3-Äthylamino-1.1-diphenyl-propan, Äthyl-[3.3-diphenyl-propyl]-amin, N-*ethyl-3,3-diphenylpropylamine* $C_{17}H_{21}N$, Formel X (R = C_2H_5, X = H).

B. Aus Äthyl-[3.3-diphenyl-allyl]-amin-hydrochlorid bei der Hydrierung an Palladium in Äthanol (*Adamson*, Soc. **1949** Spl. 144, 153, 155).

Hydrochlorid $C_{17}H_{21}N\cdot HCl$. Krystalle (aus A.); F: 163—164° [unkorr.].

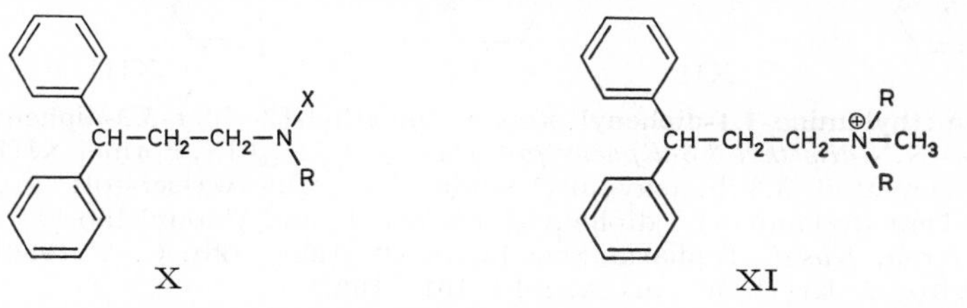

3-Diäthylamino-1.1-diphenyl-propan, Diäthyl-[3.3-diphenyl-propyl]-amin, N,N-*diethyl-3,3-diphenylpropylamine* $C_{19}H_{25}N$, Formel X (R = X = C_2H_5).

B. Beim Erhitzen von Diphenylmethan mit Diäthyl-[2-chlor-äthyl]-amin und Natriumamid in Toluol (*Eisleb*, B. **74** [1941] 1433, 1438). Aus Diphenylacetonitril und Diäthyl-[2-chlor-äthyl]-amin mit Hilfe von Natriumamid (*I.G. Farbenind.*, CIOS Rep. XXIII-23 [1945] 9). Aus Diäthyl-[3.3-diphenyl-allyl]-amin-hydrochlorid bei der Hydrierung an Palladium in Äthanol (*Adamson*, Soc. **1949** Spl. 144, 153, 155). Aus 4-Diäthylamino-2.2-diphenyl-buttersäure beim Erhitzen auf 230° (*Clarke, Mooradian*, Am. Soc. **71** [1949] 2825).

$Kp_{0,09}$: 111—113°; n_D^{25}: 1,5438 (*Cl., Moo.*).

Hydrochlorid $C_{19}H_{25}N\cdot HCl$. Krystalle; F: 145,5° [unkorr.; aus Acn.] (*Ad.*), 143° bis 144° (*Ei.*).

Methyl-diäthyl-[3.3-diphenyl-propyl]-ammonium, *(3,3-diphenylpropyl)diethylmethylammonium* $[C_{20}H_{28}N]^{\oplus}$, Formel XI (R = C_2H_5).

Jodid $[C_{20}H_{28}N]I$. *B.* Aus Diäthyl-[3.3-diphenyl-propyl]-amin und Methyljodid in Aceton (*Adamson*, Soc. **1949** Spl. 144, 154). — Krystalle (aus wss. A.); F: 162—163°.

3-Dipropylamino-1.1-diphenyl-propan, Dipropyl-[3.3-diphenyl-propyl]-amin, *3,3-diphenyltripropylamine* $C_{21}H_{29}N$, Formel X (R = X = CH_2-CH_2-CH_3).

B. Aus Dipropyl-[3.3-diphenyl-allyl]-amin-hydrochlorid bei der Hydrierung an Pal-

ladium in Äthanol (*Adamson*, Soc. **1949** Spl. 144, 153, 155).
Hydrochlorid $C_{21}H_{29}N \cdot HCl$. Krystalle (aus E.); F: 114—115° [unkorr.].

Methyl-dipropyl-[3.3-diphenyl-propyl]-ammonium, *(3,3-diphenylpropyl)methyldipropylammonium* $[C_{22}H_{32}N]^{\oplus}$, Formel XI (R = CH_2-CH_2-CH_3).
Jodid $[C_{22}H_{32}N]I$. *B.* Aus Dipropyl-[3.3-diphenyl-propyl]-amin und Methyljodid in Aceton (*Adamson*, Soc. **1949** Spl. 144, 154). — Krystalle (aus E. + Me. + Ae.); F: 144° bis 145° [unkorr.].

3-Dibutylamino-1.1-diphenyl-propan, [3.3-Diphenyl-propyl]-dibutyl-amin, N,N-*dibutyl-3,3-diphenylpropylamine* $C_{23}H_{33}N$, Formel X (R = X = $[CH_2]_3$-CH_3).
B. Aus Dibutyl-[3.3-diphenyl-allyl]-amin-hydrochlorid bei der Hydrierung an Palladium in Äthanol (*Adamson*, Soc. **1949** Spl. 144, 153, 155).
Hydrochlorid $C_{23}H_{33}N \cdot HCl$. Krystalle (aus E.); F: 113—114° [unkorr.].

Methyl-[3.3-diphenyl-propyl]-dibutyl-ammonium, *dibutyl(3,3-diphenylpropyl)methylammonium* $[C_{24}H_{36}N]^{\oplus}$, Formel XI (R = $[CH_2]_3$-CH_3).
Jodid $[C_{24}H_{36}N]I$. *B.* Aus [3.3-Diphenyl-propyl]-dibutyl-amin und Methyljodid in Aceton (*Adamson*, Soc. **1949** Spl. 144, 154). — Krystalle (aus Me. + Ae.); F: 142—143°.

Bis-[3.3-diphenyl-propyl]-amin, *3,3,3',3'-tetraphenyldipropylamine* $C_{30}H_{31}N$, Formel XII.
B. Neben grösseren Mengen 3.3-Diphenyl-propylamin bei der Hydrierung von 3.3-Diphenyl-propionitril an Raney-Nickel in Äthanol bei 100°/160 at (*Freeman, Ringk, Spoerri*, Am. Soc. **69** [1947] 858).
Kp_2: 270°.
Hydrochlorid $C_{30}H_{31}N \cdot HCl$. Krystalle (aus A.); F: 193—194°.

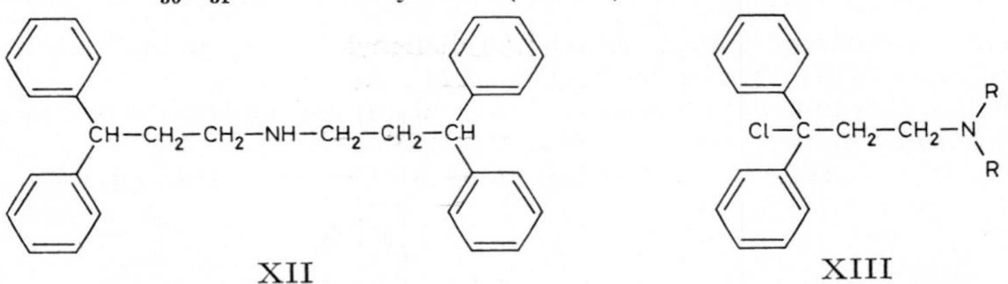

XII XIII

1-Chlor-3-dimethylamino-1.1-diphenyl-propan, Dimethyl-[3-chlor-3.3-diphenyl-propyl]-amin, *3-chloro-*N,N*-dimethyl-3,3-diphenylpropylamine* $C_{17}H_{20}ClN$, Formel XIII (R = CH_3).
B. Aus Dimethyl-[3.3-diphenyl-allyl]-amin und Chlorwasserstoff in Chloroform sowie aus 3-Dimethylamino-1.1-diphenyl-propanol-(1) und Thionylchlorid in Chloroform (*Kawabata, Nitta, Kasai*, J. pharm. Soc. Japan **69** [1949] 190; C. A. **1950** 1451).
Hydrochlorid. Krystalle (aus A.); F: 161—162°.

1-Chlor-3-diäthylamino-1.1-diphenyl-propan, Diäthyl-[3-chlor-3.3-diphenyl-propyl]-amin, *3-chloro-*N,N*-diethyl-3,3-diphenylpropylamine* $C_{19}H_{24}ClN$, Formel XIII (R = C_2H_5).
B. Aus 3-Diäthylamino-1.1-diphenyl-propanol-(1) beim Behandeln mit Thionylchlorid in Chloroform (*Kawabata, Nitta, Kasai*, J. pharm. Soc. Japan **69** [1949] 190; C. A. **1950** 1451).
Kp_6: 204—208°.
Hydrochlorid $C_{19}H_{24}ClN \cdot HCl$. F: 143—144°.

(±)-4-Methyl-2-[1-phenyl-äthyl]-anilin, (±)*-2-(α-methylbenzyl)-*p*-toluidine* $C_{15}H_{17}N$, Formel I (R = H).
B. Neben *N*-[1-Phenyl-äthyl]-*p*-toluidin beim Erhitzen eines Gemisches von Styrol, *p*-Toluidin und *p*-Toluidin-hydrochlorid auf 260° (*Hickinbottom*, Soc. **1934** 319, 322).
Kp_{18}: 173—174°.
Sulfat $2C_{15}H_{17}N \cdot H_2SO_4$. In kaltem Wasser schwer löslich.
Pikrat $C_{15}H_{17}N \cdot C_6H_3N_3O_7$. Gelbe Krystalle (aus Bzl.); F: 162—163°.

(±)-4-Acetamino-1-methyl-3-[1-phenyl-äthyl]-benzol, (±)-Essigsäure-[4-methyl-2-(1-phenyl-äthyl)-anilid], (±)*-2'-(α-methylbenzyl)aceto-*p*-toluidide* $C_{17}H_{19}NO$, Formel I (R = CO-CH_3).
B. Aus (±)-4-Methyl-2-[1-phenyl-äthyl]-anilin (*Hickinbottom*, Soc. **1934** 319, 322).
Krystalle (aus A.); F: 141—142°.

(±)-4-[Toluol-sulfonyl-(4)-amino]-1-methyl-3-[1-phenyl-äthyl]-benzol, (±)-Toluol-sulfonsäure-(4)-[4-methyl-2-(1-phenyl-äthyl)-anilid], (±)-*2'-(α-methylbenzyl)*-p-*toluenesulfono*-p-*toluidide* $C_{22}H_{23}NO_2S$, Formel II.

B. Aus (±)-4-Methyl-2-[1-phenyl-äthyl]-anilin (*Hickinbottom*, Soc. **1934** 319, 322).

Krystalle (aus A.); F: 122—123°.

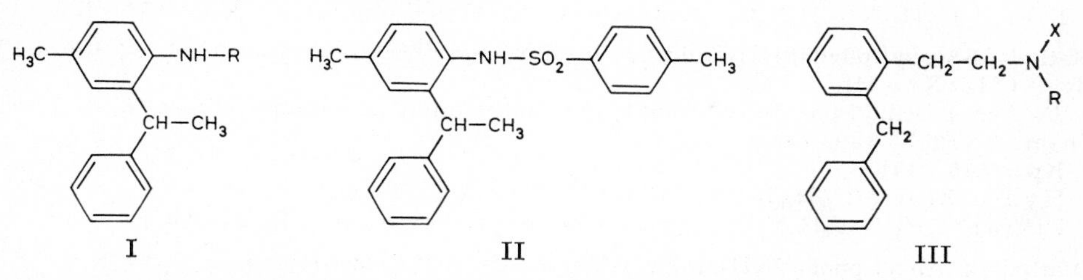

2-Benzyl-phenäthylamin, *2-benzylphenethylamine* $C_{15}H_{17}N$, Formel III (R = X = H).

B. Beim Erhitzen von 2-Benzyl-phenäthylbromid (E III **5** 1869) mit der Kalium-Verbindung des Phthalimids auf 180°, Erwärmen des Reaktionsprodukts mit Hydrazinhydrat in Äthanol und Erwärmen des danach isolierten Reaktionsprodukts mit wss. Salzsäure (*Speer, Hill*, J. org. Chem. **2** [1937] 139, 144).

Kp_4: 155°.

Hydrochlorid $C_{15}H_{17}N \cdot HCl$. Krystalle (aus A. + Ae.); F: 169—170°;

Pikrat $C_{15}H_{17}N \cdot C_6H_3N_3O_7$. Orangegelbe Krystalle (aus wss. A.); F: 178—179°.

Methyl-[2-benzyl-phenäthyl]-amin, *2-benzyl*-N-*methylphenethylamine* $C_{16}H_{19}N$, Formel III (R = CH_3, X = H).

B. Aus 2-Benzyl-phenäthylbromid und Methylamin in Äthanol (*Speer, Hill*, J. org. Chem. **2** [1937] 139, 144).

Kp_5: 146—148°.

Hydrochlorid $C_{16}H_{19}N \cdot HCl$. Krystalle (aus A.); F: 180°.

Pikrat $C_{16}H_{19}N \cdot C_6H_3N_3O_7$. Krystalle (aus W.); F: 169—171°.

Diäthyl-[2-benzyl-phenäthyl]-amin, *2-benzyl*-N,N-*diethylphenethylamine* $C_{19}H_{25}N$, Formel III (R = X = C_2H_5).

B. Aus 2-Benzyl-phenäthylbromid und Diäthylamin (*Speer, Hill*, J. org. Chem. **2** [1937] 139, 144).

Kp_3: 157°.

Hydrochlorid $C_{19}H_{25}N \cdot HCl$. Krystalle (aus Acn. + Ae.); F: 122°.

Pikrat $C_{19}H_{25}N \cdot C_6H_3N_3O_7$. Orangegelbe Krystalle (aus wss. A.); F: 143—144°.

(±)-4-Äthyl-benzhydrylamin, (±)-*4-ethylbenzhydrylamine* $C_{15}H_{17}N$, Formel IV.

B. Aus 4-Äthyl-benzophenon-oxim beim Behandeln mit Äthanol und Natrium (*Ogata, Niinobu*, J. pharm. Soc. Japan **62** [1942] 372, 373, 374; dtsch. Ref. S. 108; C. A. **1951** 1728).

Kp_3: 151°.

Hydrochlorid. Krystalle (aus A. + Ae.); F: 243° [Zers.].

Hexachloroplatinat(VI) $2C_{15}H_{17}N \cdot H_2PtCl_6$. Orangefarbene Krystalle (aus wss. A.); Zers. bei 184°.

Pikrat. Gelbe Krystalle (aus wss. A.); F: 186,5° [Zers.].

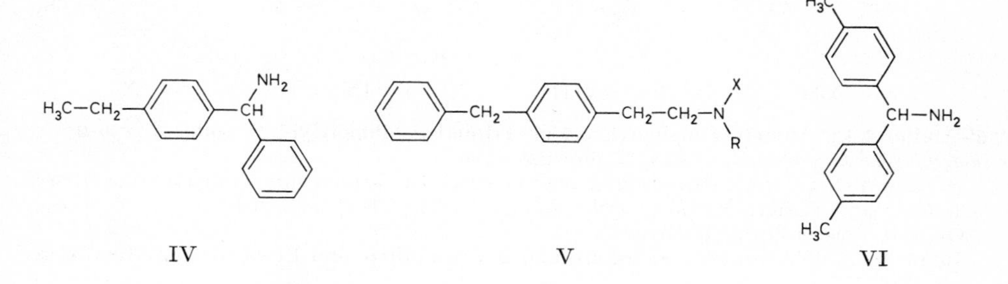

4-Benzyl-phenäthylamin, *4-benzylphenethylamine* $C_{15}H_{17}N$, Formel V (R = X = H).

B. Aus 4-Benzyl-phenäthylbromid (E III **5** 1870) und Ammoniak in Äthanol (*Speer, Hill*, J. org. Chem. **2** [1937] 139, 144).

Kp_8: 178—181°.

Hydrochlorid $C_{15}H_{17}N \cdot HCl$. Krystalle (aus A.); F: 222—224°.

Pikrat $C_{15}H_{17}N \cdot C_6H_3N_3O_7$. Orangegelbe Krystalle (aus wss. A.); F: 154—155°.

Methyl-[4-benzyl-phenäthyl]-amin, *4-benzyl-N-methylphenethylamine* $C_{16}H_{19}N$, Formel V (R = CH_3, X = H).

B. Aus 4-Benzyl-phenäthylbromid und Methylamin in Äthanol (*Speer, Hill*, J. org. Chem. **2** [1937] 139, 144).

Kp_3: 145—146°.

Hydrochlorid $C_{16}H_{19}N \cdot HCl$. Krystalle (aus A.); F: 192°.

Pikrat $C_{16}H_{19}N \cdot C_6H_3N_3O_7$. Orangegelbe Krystalle (aus A.); F: 93—94°.

Diäthyl-[4-benzyl-phenäthyl]-amin, *4-benzyl-N,N-diethylphenethylamine* $C_{19}H_{25}N$, Formel V (R = X = C_2H_5).

B. Aus 4-Benzyl-phenäthylbromid und Diäthylamin (*Speer, Hill*, J. org. Chem. **2** [1937] 139, 144).

Kp_3: 159—160°.

Hydrochlorid $C_{19}H_{25}N \cdot HCl$. Krystalle (aus Acn.); F: 136,5°.

4.4'-Dimethyl-benzhydrylamin, *4,4'-dimethylbenzhydrylamine* $C_{15}H_{17}N$, Formel VI (H 1330).

B. Beim Erwärmen von Toluol mit der Verbindung aus *N*-Dichlormethyl-formamidin, Chlorwasserstoff und Aluminiumchlorid (s. E III **2** 125) unter Zusatz von Aluminium=chlorid und Erhitzen des mit wss. Salzsäure versetzten Reaktionsgemisches (*Hinkel, Ayling, Benyon*, Soc. **1935** 674, 678; vgl. H 1330). Bei der Behandlung von 4,4'-Di=methyl-benzhydrylchlorid mit Natriumazid in wss. Aceton und Hydrierung der mit Pentan extrahierten Anteile des Reaktionsprodukts an Platin in Methanol (*Bateman, Hughes, Ingold*, Soc. **1940** 974, 978).

F: 93—95° (*Ogata, Niinobu*, J. pharm. Soc. Japan **62** [1942] 372, 374; dtsch. Ref. S. 108; C. A. **1951** 1728).

Hydrochlorid $C_{15}H_{17}N \cdot HCl$ (H 1330). Zers. bei 260° (*Og., Nii.*).

Pikrat $C_{15}H_{17}N \cdot C_6H_3N_3O_7$. Krystalle (aus A.); F: 228° (*Ba., Hu., In.*).

3-Amino-2.4.6-trimethyl-biphenyl, 2.4.6-Trimethyl-biphenylyl-(3)-amin $C_{15}H_{17}N$.

4'-Nitro-3-dimethylamino-2.4.6-trimethyl-biphenyl, Dimethyl-[4'-nitro-2.4.6-trimethyl-biphenylyl-(3)]-amin, *2,4,6,N,N-pentamethyl-4'-nitrobiphenyl-3-ylamine* $C_{17}H_{20}N_2O_2$, Formel VII.

B. Beim Behandeln einer aus 4-Nitro-anilin bereiteten Diazoniumchlorid-Lösung mit einer aus 2.4.6.*N.N*-Pentamethyl-anilin und wss. Salzsäure hergestellten Lösung unter Zusatz von Natriumacetat (*Nenitzescu, Vântu*, B. **77/79** [1944/46] 705, 709).

Gelbe Krystalle (aus Bzn.); F: 95°.

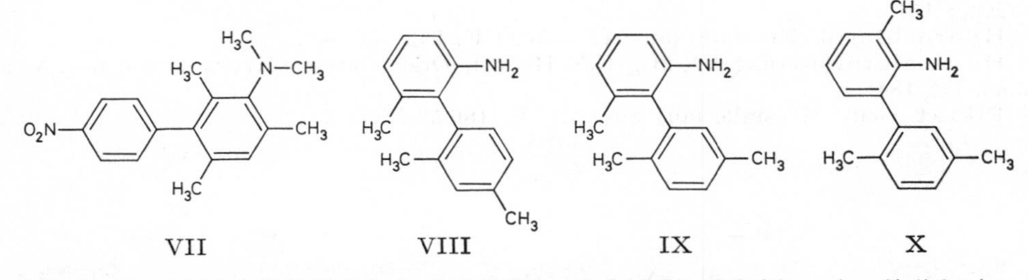

6'-Amino-2.4.2'-trimethyl-biphenyl, 6.2'.4'-Trimethyl-biphenylyl-(2)-amin, *2',4',6-tri=methylbiphenyl-2-ylamine* $C_{15}H_{17}N$, Formel VIII.

B. Aus 6'-Nitro-2.4.2'-trimethyl-biphenyl beim Erwärmen mit Zinn(II)-chlorid, wss. Salzsäure und Essigsäure (*Mascarelli, Longo*, G. **71** [1941] 389, 394).

Öl; mit Wasserdampf flüchtig.

Beim Behandeln mit wss. Salzsäure und Natriumnitrit und Erwärmen der Reaktionslösung sind 2.5-Dimethyl-fluoren und geringe Mengen einer Verbindung von F: 92—93° (gelbe Krystalle) erhalten worden (*Ma.*, *Lo.*, l. c. S. 396).

Hydrogenoxalat $C_{15}H_{17}N \cdot C_2H_2O_4$. Krystalle (aus A.) mit 1 Mol H_2O; F: 148°.

6'-Amino-2.5.2'-trimethyl-biphenyl, 6.2'.5'-Trimethyl-biphenylyl-(2)-amin, *2',5',6-trimethylbiphenyl-2-ylamine* $C_{15}H_{17}N$, Formel IX.

B. Aus 6'-Nitro-2.5.2'-trimethyl-biphenyl beim Erwärmen mit Zinn(II)-chlorid, wss. Salzsäure und Essigsäure (*Mascarelli, Longo*, G. **71** [1941] 297, 300).

Beim Behandeln mit wss. Salzsäure und Natriumnitrit und Erwärmen der Reaktionslösung ist 3.5-Dimethyl-fluoren erhalten worden.

Hydrochlorid $C_{15}H_{17}N \cdot HCl$. Krystalle; F: 184—185° [nach Sintern bei 175°].

2'-Amino-2.5.3'-trimethyl-biphenyl, 3.2'.5'-Trimethyl-biphenylyl-(2)-amin, *2',3,5'-trimethylbiphenyl-2-ylamine* $C_{15}H_{17}N$, Formel X.

B. Aus 2'-Nitro-2.5.3'-trimethyl-biphenyl beim Erwärmen mit Zinn(II)-chlorid, wss. Salzsäure und Essigsäure (*Longo, Pirona*, G. **77** [1947] 127, 133).

Hydrochlorid $C_{15}H_{17}N \cdot HCl$. Krystalle (aus wss. Salzsäure) mit 1 Mol H_2O; F: 208° bis 209°.

3'-Amino-2.5.4'-trimethyl-biphenyl, 4.2'.5'-Trimethyl-biphenylyl-(3)-amin, *2',4,5'-trimethylbiphenyl-3-ylamine* $C_{15}H_{17}N$, Formel XI.

Eine als Hydrochlorid $C_{15}H_{17}N \cdot HCl$ (Krystalle mit 0,5 Mol H_2O; F: 233—234°) isolierte Base, der vermutlich diese Konstitution zukommt, ist beim Erwärmen einer als 3'-Nitro-2.5.4'-trimethyl-biphenyl angesehenen Verbindung (F: 57—58°) mit Zinn(II)-chlorid, wss. Salzsäure und Essigsäure erhalten worden (*Longo, Pirona*, G. **77** [1947] 127, 132).

4-Amino-3.5.4'-trimethyl-biphenyl, 3.5.4'-Trimethyl-biphenylyl-(4)-amin $C_{15}H_{17}N$.

4-Acetamino-3.5.4'-trimethyl-biphenyl, *N*-[3.5.4'-Trimethyl-biphenylyl-(4)]-acetamid, N-*(3,4',5-trimethylbiphenyl-4-yl)acetamide* $C_{17}H_{19}NO$, Formel XII.

B. Neben anderen Verbindungen beim Erhitzen von Biphenylyl-(4)-amin-hydrochlorid mit Methanol bis auf 300° und Behandeln des Reaktionsprodukts mit Acetanhydrid (*Hey, Jackson*, Soc. **1934** 645, 647). Beim Erhitzen von 4-Nitro-3.5.4'-trimethyl-biphenyl mit Zinn(II)-chlorid und wss. Salzsäure und Behandeln des Reaktionsprodukts mit Acetanhydrid (*Hey, Ja.*, l. c. S. 649).

Krystalle (aus A.); F: 241—242°.

Beim Erhitzen mit Kaliumpermanganat und Magnesiumsulfat in Wasser ist 4-Acetamino-biphenyl-tricarbonsäure-(3.5.4'), beim Erhitzen mit Chrom(VI)-oxid und wasserhaltiger Essigsäure ist Terephthalsäure erhalten worden.

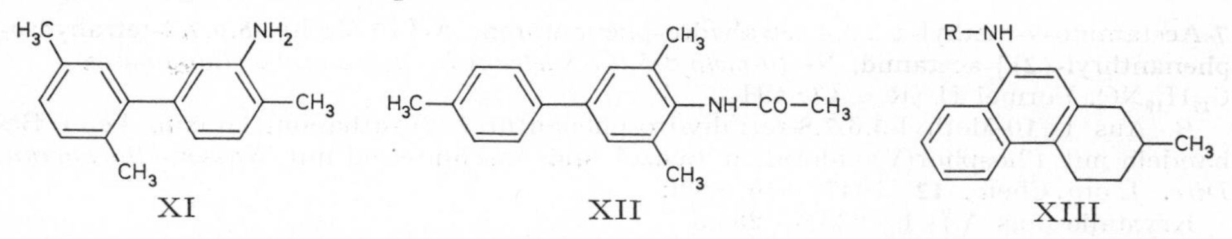

(±)-9-Amino-2-methyl-1.2.3.4-tetrahydro-phenanthren, (±)-2-Methyl-1.2.3.4-tetrahydro-phenanthryl-(9)-amin, *(±)-2-methyl-1,2,3,4-tetrahydro-9-phenanthrylamine* $C_{15}H_{17}N$, Formel XIII (R = H).

B. Aus (±)-*N*-[2-Methyl-1.2.3.4-tetrahydro-phenanthryl-(9)]-acetamid beim Erwärmen mit wss. Salzsäure und Äthanol (*Bachmann, Anderson*, J. org. Chem. **13** [1948] 297, 301). Beim Erwärmen von (±)-1-[2-Methyl-1.2.3.4-tetrahydro-phenanthryl-(9)]-äthanon-(1) mit Natriumazid in Trichloressigsäure und Erwärmen des Reaktionsprodukts mit Chlorwasserstoff in Äthanol (*Dice, Smith*, J. org. Chem. **14** [1949] 179, 181).

Krystalle; F: 90—91° [nach Destillation bei 0,05 Torr] (*Ba.*, *An.*), 89—91° [aus A.] (*Dice, Sm.*).

Hydrochlorid $C_{15}H_{17}N \cdot HCl$. Krystalle (nach Sublimation im Vakuum); F: 255° bis 256° (*Ba.*, *An.*).

Pikrat $C_{15}H_{17}N \cdot C_6H_3N_3O_7$. Gelbe Krystalle (aus A.); F: 188—189° [Zers.; nach Sintern bei 185°] (*Ba.*, *An.*).

(±)-9-Acetamino-2-methyl-1.2.3.4-tetrahydro-phenanthren, (±)-*N*-[2-Methyl-1.2.3.4-tetrahydro-phenanthryl-(9)]-acetamid, (±)-N-(*2-methyl-1,2,3,4-tetrahydro-9-phenanthryl)acetamide* $C_{17}H_{19}NO$, Formel XIII (R = CO-CH_3).

B. Aus (±)-1-[2-Methyl-1.2.3.4-tetrahydro-phenanthryl-(9)]-äthanon-(1)-oxim beim Behandeln mit Phosphor(V)-chlorid in Benzol und anschliessend mit Wasser (*Bachmann, Anderson,* J. org. Chem. **13** [1948] 297, 301).

Krystalle (aus Me. + A.); F: 180—181°.

(±)-9-Amino-4-methyl-1.2.3.4-tetrahydro-phenanthren, (±)-4-Methyl-1.2.3.4-tetrahydro-phenanthryl-(9)-amin, (±)-*4-methyl-1,2,3,4-tetrahydro-9-phenanthrylamine* $C_{15}H_{17}N$, Formel I (R = H).

B. Aus (±)-*N*-[4-Methyl-1.2.3.4-tetrahydro-phenanthryl-(9)]-acetamid beim Erwärmen mit wss. Salzsäure und Äthanol (*Bachmann, Dice,* J. org. Chem. **12** [1947] 876, 880). Beim Erwärmen von (±)-1-[4-Methyl-1.2.3.4-tetrahydro-phenanthryl-(9)]-äthanon-(1) mit Natriumazid in Trichloressigsäure und Erwärmen des Reaktionsprodukts mit Chlorwasserstoff in Äthanol (*Dice, Smith,* J. org. Chem. **14** [1949] 179, 181).

Hydrochlorid $C_{15}H_{17}N \cdot HCl$. Krystalle (aus Me. + Ae.); F: 259—261° (*Ba., Dice*).

Pikrat $C_{15}H_{17}N \cdot C_6H_3N_3O_7$. Gelbe Krystalle (aus A.); F: 203—205° [Zers.] (*Ba., Dice*).

(±)-9-Acetamino-4-methyl-1.2.3.4-tetrahydro-phenanthren, (±)-*N*-[4-Methyl-1.2.3.4-tetrahydro-phenanthryl-(9)]-acetamid, (±)-N-(*4-methyl-1,2,3,4-tetrahydro-9-phenanthryl)acetamide* $C_{17}H_{19}NO$, Formel I (R = CO-CH_3).

B. Aus (±)-1-[4-Methyl-1.2.3.4-tetrahydro-phenanthryl-(9)]-äthanon-(1)-oxim beim Behandeln mit Phosphor(V)-chlorid in Benzol und anschliessend mit Wasser (*Bachmann, Dice,* J. org. Chem. **12** [1947] 876, 880).

Krystalle (aus Me.); F: 190—191°.

7-Amino-9-methyl-1.2.3.4-tetrahydro-phenanthren, 10-Methyl-5.6.7.8-tetrahydro-phenanthryl-(2)-amin, *10-methyl-5,6,7,8-tetrahydro-2-phenanthrylamine* $C_{15}H_{17}N$, Formel II (R = H).

B. Aus *N*-[10-Methyl-5.6.7.8-tetrahydro-phenanthryl-(2)]-acetamid beim Erwärmen mit wss.-äthanol. Salzsäure (*Bachmann, Dice,* J. org. Chem. **12** [1947] 876, 883). Beim Erwärmen von 1-[10-Methyl-5.6.7.8-tetrahydro-phenanthryl-(2)]-äthanon-(1) mit Natriumazid in Trichloressigsäure und Erwärmen des Reaktionsprodukts mit Chlorwasserstoff in Äthanol (*Dice, Smith,* J. org. Chem. **14** [1949] 179, 181).

Krystalle (aus A.); F: 98,5—99,5° (*Ba., Dice*).

Hydrochlorid $C_{15}H_{17}N \cdot HCl$. F: 258—260° [Zers.; nach Sublimation] (*Ba., Dice*).

Pikrat $C_{15}H_{17}N \cdot C_6H_3N_3O_7$. Gelbe Krystalle (aus A. + E.); F: 200—202° [Zers.] (*Ba., Dice*).

7-Acetamino-9-methyl-1.2.3.4-tetrahydro-phenanthren, *N*-[10-Methyl-5.6.7.8-tetrahydro-phenanthryl-(2)]-acetamid, N-(*10-methyl-5,6,7,8-tetrahydro-2-phenanthryl)acetamide* $C_{17}H_{19}NO$, Formel II (R = CO-CH_3).

B. Aus 1-[10-Methyl-5.6.7.8-tetrahydro-phenanthryl-(2)]-äthanon-(1)-oxim beim Behandeln mit Phosphor(V)-chlorid in Benzol und anschliessend mit Wasser (*Bachmann, Dice,* J. org. Chem. **12** [1947] 876, 883).

Krystalle (aus A.); F: 233,5—234,5°.

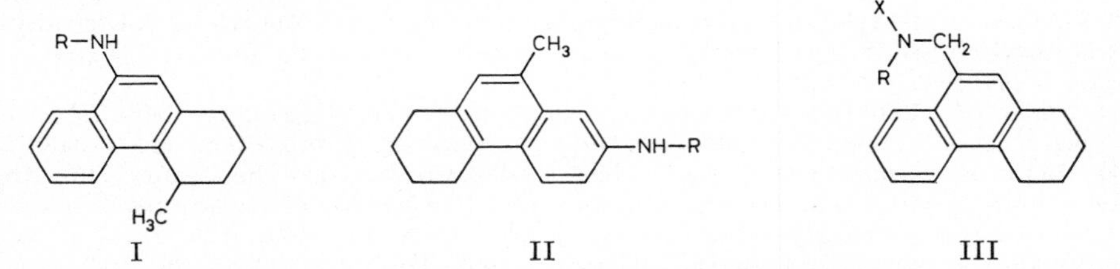

7-[2-Dibutylamino-äthylamino]-9-methyl-1.2.3.4-tetrahydro-phenanthren, *N.N*-Dibutyl-*N'*-[10-methyl-5.6.7.8-tetrahydro-phenanthryl-(2)]-äthylendiamin, N,N-*dibutyl*-N'-(*10-methyl-5,6,7,8-tetrahydro-2-phenanthryl)ethylenediamine* $C_{25}H_{38}N_2$, Formel II (R = CH_2-CH_2-N(CH_2-CH_2-C_2H_5)$_2$).

B. Beim Erwärmen von 10-Methyl-5.6.7.8-tetrahydro-phenanthryl-(2)-amin mit

[2-Brom-äthyl]-dibutyl-amin-hydrobromid und Natriumacetat in Äthanol (*Bachmann, Dice*, J. org. Chem. **12** [1947] 876, 883).

Öl; bei 210—220°/0,02 Torr destillierbar.

Oxalat $C_{25}H_{38}N_2 \cdot C_2H_2O_4$. Krystalle (aus A.); F: 125—127°.

9-Aminomethyl-1.2.3.4-tetrahydro-phenanthren, *C*-[1.2.3.4-Tetrahydro-phenanthryl-(9)]-methylamin $C_{15}H_{17}N$.

(±)-1-[(1.2.3.4-Tetrahydro-phenanthryl-(9)-methyl)-amino]-propanol-(2), (±)-*1-[(1,2,3,4-tetrahydro-9-phenanthrylmethyl)amino]propan-2-ol* $C_{18}H_{23}NO$, Formel III (R = CH_2-CH(OH)-CH_3, X = H).

B. Beim Erwärmen von 1.2.3.4-Tetrahydro-phenanthren-carbaldehyd-(9) mit (±)-1-Amino-propanol-(2) in Äthanol und anschliessenden Hydrieren an Platin (*May*, J. org. Chem. **11** [1946] 353, 354, 357).

Hydrochlorid $C_{18}H_{23}NO \cdot HCl$. Krystalle (aus A.); F: 198,5—200° [unkorr.].

(±)-1-[Methyl-(1.2.3.4-tetrahydro-phenanthryl-(9)-methyl)-amino]-propanol-(2), (±)-*1-[methyl(1,2,3,4-tetrahydro-9-phenanthrylmethyl)amino]propan-2-ol* $C_{19}H_{25}NO$, Formel III (R = CH_2-CH(OH)-CH_3, X = CH_3).

B. Beim Erwärmen von (±)-1-[(1.2.3.4-Tetrahydro-phenanthryl-(9)-methyl)-amino]-propanol-(2) mit wss. Formaldehyd und Ameisensäure (*May*, J. org. Chem. **11** [1946] 353, 354, 357). Beim Behandeln von (±)-Propylenoxid mit Methylamin in Äthanol und Erwärmen der Reaktionslösung mit 9-Chlormethyl-1.2.3.4-tetrahydro-phenanthren (*May*, l. c. S. 357).

Hydrochlorid $C_{19}H_{25}NO \cdot HCl$. Krystalle (aus A. + Acn.); F: 161—165° [unkorr.].

Pikrat $C_{19}H_{25}NO \cdot C_6H_3N_3O_7$. Gelbe Krystalle (aus A.); F: 87—89°.

(±)-1-[(1.2.3.4-Tetrahydro-phenanthryl-(9)-methyl)-amino]-butanol-(2), (±)-*1-[(1,2,3,4-tetrahydro-9-phenanthrylmethyl)amino]butan-2-ol* $C_{19}H_{25}NO$, Formel III (R = CH_2-CH(OH)-CH_2-CH_3, X = H).

B. Beim Erwärmen von 1.2.3.4-Tetrahydro-phenanthren-carbaldehyd-(9) mit (±)-1-Amino-butanol-(2) in Äthanol und anschliessenden Hydrieren an Platin (*May*, J. org. Chem. **11** [1946] 353, 354, 357).

Hydrochlorid $C_{19}H_{25}NO \cdot HCl$. Krystalle (aus A. + Ae.) mit 1 Mol Äthanol; F: 157° bis 159° [unkorr.].

(±)-1-[Methyl-(1.2.3.4-tetrahydro-phenanthryl-(9)-methyl)-amino]-butanol-(2), (±)-*1-[methyl(1,2,3,4-tetrahydro-9-phenanthrylmethyl)amino]butan-2-ol* $C_{20}H_{27}NO$, Formel III (R = CH_2-CH(OH)-CH_2-CH_3, X = CH_3).

B. Beim Erwärmen von (±)-1-[(1.2.3.4-Tetrahydro-phenanthryl-(9)-methyl)-amino]-butanol-(2) mit wss. Formaldehyd und Ameisensäure (*May*, J. org. Chem. **11** [1946] 353, 354, 357).

Hydrochlorid $C_{20}H_{27}NO \cdot HCl$. Krystalle (aus A. + Ae.); F: 188—190° [unkorr.].

(±)-1-[(1.2.3.4-Tetrahydro-phenanthryl-(9)-methyl)-amino]-pentanol-(2), (±)-*1-[(1,2,3,4-tetrahydro-9-phenanthrylmethyl)amino]pentan-2-ol* $C_{20}H_{27}NO$, Formel III (R = CH_2-CH(OH)-CH_2-CH_2-CH_3, X = H).

B. Beim Erwärmen von 1.2.3.4-Tetrahydro-phenanthren-carbaldehyd-(9) mit (±)-1-Amino-pentanol-(2) in Äthanol und anschliessenden Hydrieren an Platin (*May*, J. org. Chem. **11** [1946] 353, 354, 357).

Hydrochlorid $C_{20}H_{27}NO \cdot HCl$. Krystalle (aus A.); F: 188,5—190,5° [unkorr.].

(±)-1-[Methyl-(1.2.3.4-tetrahydro-phenanthryl-(9)-methyl)-amino]-pentanol-(2), (±)-*1-[methyl(1,2,3,4-tetrahydro-9-phenanthrylmethyl)amino]pentan-2-ol* $C_{21}H_{29}NO$, Formel III (R = CH_2-CH(OH)-CH_2-CH_2-CH_3, X = CH_3).

B. Beim Erwärmen von (±)-1-[(1.2.3.4-Tetrahydro-phenanthryl-(9)-methyl)-amino]-pentanol-(2) mit wss. Formaldehyd und Ameisensäure (*May*, J. org. Chem. **11** [1946] 353, 354, 357).

Hydrochlorid $C_{21}H_{29}NO \cdot HCl$. Krystalle (aus A. + Acn.); F: 162,5—164,5° [unkorr.].

Amine $C_{16}H_{19}N$

4-[4-Phenyl-butyl]-anilin, p-*(4-phenylbutyl)aniline* $C_{16}H_{19}N$, Formel IV (R = H).

B. Aus 4*t*-Phenyl-1*t*-[4-amino-phenyl]-butadien-(1.3) bei der katalytischen Hydrierung

(*Bergmann, Schapiro,* J. org. Chem. **12** [1947] 57, 62).
F: 32°. $Kp_{0,1}$: 178°.

4-Phenyl-1-[4-acetamino-phenyl]-butan, Essigsäure-[4-(4-phenyl-butyl)-anilid], *4'-(4-phenylbutyl)acetanilide* $C_{18}H_{21}NO$, Formel IV (R = CO-CH_3).
B. Aus 4-[4-Phenyl-butyl]-anilin (*Bergmann, Schapiro,* J. org. Chem. **12** [1947] 57, 62).
Krystalle (aus A.); F: 135°.

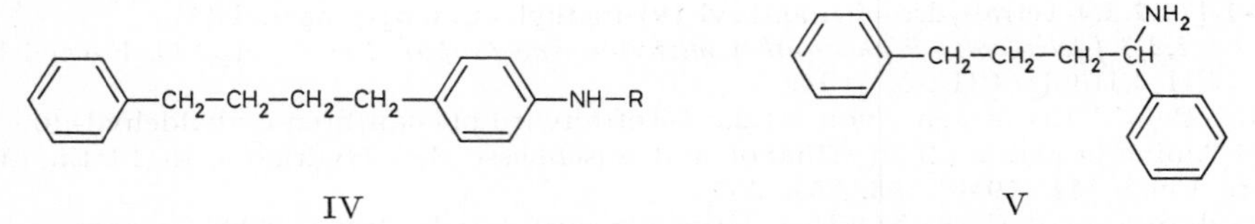

(±)-1.4-Diphenyl-butylamin, (±)-*1,4-diphenylbutylamine* $C_{16}H_{19}N$, Formel V.
B. Aus 1.4-Diphenyl-butanon-(1)-oxim beim Behandeln mit Äthanol und Natrium (*Ogata, Niinobu,* J. pharm. Soc. Japan **62** [1942] 152, 157; dtsch. Ref. S. 47; C. A. **1951** 1728).
$Kp_{4,5}$: 171–172°.
Hydrochlorid $C_{16}H_{19}N \cdot HCl$. Krystalle (aus A. + wss. Salzsäure); F: 177°.
Hexachloroplatinat(IV) $2C_{16}H_{19}N \cdot H_2PtCl_6$. Orangefarbene Krystalle (aus wss. A.); F: 160–161°.
Pikrat. Gelbe Krystalle (aus wss. A.); F: 200°.

(±)-2-Amino-1.4-diphenyl-butan, (±)-3-Phenyl-1-benzyl-propylamin, (±)-*1-benzyl-3-phenylpropylamine* $C_{16}H_{19}N$, Formel VI.
B. Aus 1.4-Diphenyl-butanon-(2)-oxim (F: 82°) beim Behandeln mit Äthanol und Natrium (*Ogata, Niinobu,* J. pharm. Soc. Japan **62** [1942] 152, 153, 158; dtsch. Ref. S. 47; C. A. **1951** 1728).
$Kp_{3,5}$: 165°.
Hydrochlorid $C_{16}H_{19}N \cdot HCl$. Krystalle; F: 180°. In kaltem Wasser schwer löslich.
Hexachloroplatinat(IV) $2C_{16}H_{19}N \cdot H_2PtCl_6$. Orangefarbene Krystalle (aus wss. A.); F: 185–186°.
Pikrat. Gelbe Krystalle (aus wss. A.); F: 141–142°.

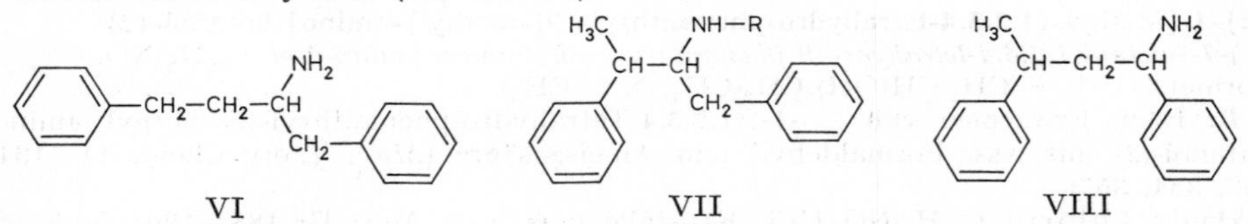

2-Amino-1.3-diphenyl-butan, 2-Phenyl-1-benzyl-propylamin, *α-benzyl-β-methylphenethylamine* $C_{16}H_{19}N$, Formel VII (R = H).
Über opt.-inakt. Präparate (z. B. Kp_{51-54}: 142,5°; D_4^{25}: 1,0193; n_D^{25}: 1,5660), die bei der Hydrierung eines Gemisches von (±)-1.3-Diphenyl-butanon-(2) und Ammoniak in Dioxan an Raney-Nickel bei 150°/100 at sowie (neben 2.4-Diamino-1.3-diphenyl-butan [$Kp_{1,5}$: 166–168°]) bei der Hydrierung von (±)-3-Imino-2.4-diphenyl-butyronitril an Raney-Nickel in Äther oder Dioxan bei 120–150°/200–300 at erhalten und in ein Hydrochlorid $C_{16}H_{19}N \cdot HCl$ (F: 174–175,5°), in ein Pikrat $C_{16}H_{19}N \cdot C_6H_3N_3O_7$ (F: 190,5–191,5°) sowie in ein *N*-Phenyl-thiocarbamoyl-Derivat $C_{23}H_{24}N_2S$ (*N'*-[2-Phenyl-1-benzyl-propyl]-*N*-phenyl-thioharnstoff; Formel VII [R = CS-NH-C_6H_5]; F: 146,5–147°) übergeführt worden sind, s. *Adkins, Whitman,* Am. Soc. **64** [1942] 150, 153, 154.

1.3-Diphenyl-butylamin, *1,3-diphenylbutylamine* $C_{16}H_{19}N$, Formel VIII (vgl. H 1330).
Eine als Hydrochlorid (F: 226–228°) isolierte opt.-inakt. Base dieser Konstitution ist aus 1.3-Diphenyl-buten-(2*c*)-on-(1)-*seqtrans*-oxim (E III **7** 2423) bei der Hydrierung an Palladium in Äthanol erhalten worden (*Merz,* B. **63** [1930] 2951).

(±)-2.4-Diphenyl-butylamin, (±)-*2,4-diphenylbutylamine* $C_{16}H_{19}N$, Formel IX (R = H).
B. In geringer Menge neben 2.4-Diphenyl-pyrrolidin bei der Hydrierung von

(±)-4-Nitro-1.3-diphenyl-butanon-(1) an Raney-Nickel in Dioxan bei 70—125°/150 at (*Bordwell, Knell*, Am. Soc. **73** [1951] 2354; s. a. *Adkins, Whitman*, Am. Soc. **64** [1942] 150, 153).

Charakterisierung als Hydrochlorid $C_{16}H_{19}N \cdot HCl$ (Krystalle [aus Me. + Ae.], F: 151,5—153°) sowie durch Überführung in (±)-*N'*-[2.4-Diphenyl-butyl]-*N*-phenyl-thioharnstoff $C_{23}H_{24}N_2S$ (Formel IX [R = CS-NH-C_6H_5]; Krystalle [aus wss. A.], F: 117—117,5°): *Bo., Kn.*

3-Phenyl-2-benzyl-propylamin, *2-benzyl-3-phenylpropylamine* $C_{16}H_{19}N$, Formel X (R = H) (H 1330; dort als β-Aminomethyl-α.γ-diphenyl-propan bezeichnet).

B. Neben 1-Phenyl-2-benzyl-propanol-(3) beim Behandeln von 3-Phenyl-2-benzyl-propionamid mit Äthanol und Natrium (*Dolique*, A. ch. [10] **15** [1931] 425, 487).

Hydrochlorid $C_{16}H_{19}N \cdot HCl$ (H 1330). Krystalle; F: 189—190° (*Do.*, l. c. S. 488).

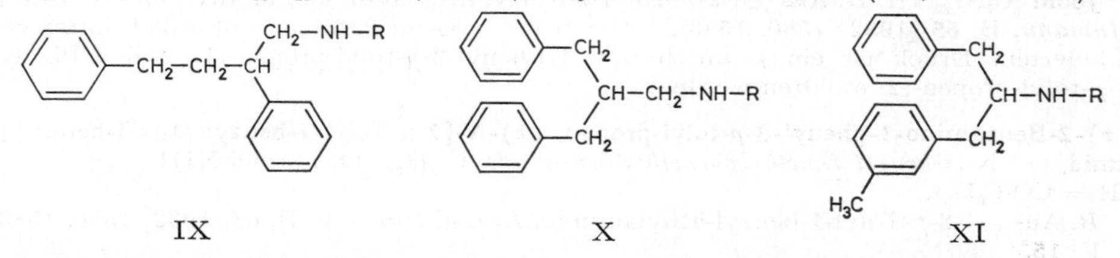

IX X XI

***N*-[3-Phenyl-2-benzyl-propyl]-benzamid,** N-(*2-benzyl-3-phenylpropyl*)*benzamide* $C_{23}H_{23}NO$, Formel X (R = CO-C_6H_5).

B. Beim Behandeln von 3-Phenyl-2-benzyl-propylamin mit Benzoylchlorid und wss. Natronlauge (*Dolique*, A. ch. [10] **15** [1931] 425, 488).

Krystalle (aus A.); F: 104° (*Do.*). IR-Spektrum (6—20 μ): *Lecomte, Freymann*, Bl. [5] **8** [1941] 612, 619, 621).

(±)-2-Amino-1-phenyl-3-*m*-tolyl-propan, (±)-2-*m*-Tolyl-1-benzyl-äthylamin, (±)-*α-benzyl-3-methylphenethylamine* $C_{16}H_{19}N$, Formel XI (R = H).

B. Aus (±)-[2-*m*-Tolyl-1-benzyl-äthyl]-carbamidsäure-methylester beim Erhitzen mit Calciumhydroxid (?) im Stickstoff-Strom (*v. Braun, Hamann*, B. **65** [1932] 1580, 1584).

Kp_{12}: 194—195°.

Hydrochlorid. F: 161°.

Pikrat. F: 175°.

(±)-Trimethyl-[2-*m*-tolyl-1-benzyl-äthyl]-ammonium, (±)-(*α-benzyl-3-methylphenethyl*)-*trimethylammonium* $[C_{19}H_{26}N]^{\oplus}$, Formel XII.

Jodid $[C_{19}H_{26}N]I$. *B.* Aus (±)-2-*m*-Tolyl-1-benzyl-äthylamin und Methyljodid (*v. Braun, Hamann*, B. **65** [1932] 1580, 1585). — F: 134°. — Beim Erhitzen mit Alkali unter vermindertem Druck ist ein Gemisch von 1-Phenyl-3-*m*-tolyl-propen-(1) und 1-Phenyl-3-*m*-tolyl-propen-(2) erhalten worden.

(±)-2-Benzamino-1-phenyl-3-*m*-tolyl-propan, (±)-*N*-[2-*m*-Tolyl-1-benzyl-äthyl]-benzamid, (±)-N-(*α-benzyl-3-methylphenethyl*)*benzamide* $C_{23}H_{23}NO$, Formel XI (R = CO-C_6H_5).

B. Aus (±)-2-*m*-Tolyl-1-benzyl-äthylamin (*v. Braun, Hamann*, B. **65** [1932] 1580, 1584).

F: 130°.

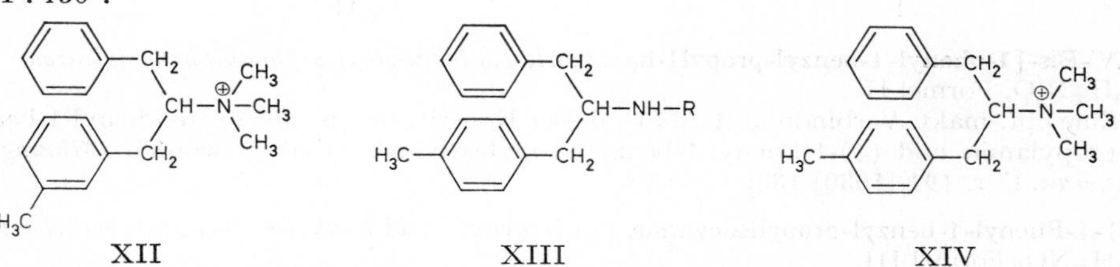

XII XIII XIV

(±)-[2-*m*-Tolyl-1-benzyl-äthyl]-carbamidsäure-methylester, (±)-(*α-benzyl-3-methylphenethyl*)*carbamic acid methyl ester* $C_{18}H_{21}NO_2$, Formel XI (R = CO-OCH_3).

B. Beim Behandeln von (±)-3-*m*-Tolyl-2-benzyl-propionamid mit Natriummethylat in

Methanol und mit Brom (*v. Braun, Hamann*, B. **65** [1932] 1580, 1584).
F: 56°.

(±)-2-Amino-1-phenyl-3-*p*-tolyl-propan, (±)-2-*p*-Tolyl-1-benzyl-äthylamin, (±)-*α-benzyl-4-methylphenethylamine* $C_{16}H_{19}N$, Formel XIII (R = H).

B. Aus (±)-[2-*p*-Tolyl-1-benzyl-äthyl]-carbamidsäure-methylester beim Erhitzen mit Calciumhydroxid (?) im Stickstoff-Strom (*v. Braun, Hamann*, B. **65** [1932] 1580, 1583).
Kp_{12}: 191–192°.
Hydrochlorid. F: 214°.
Pikrat. F: 158°.

(±)-Trimethyl-[2-*p*-tolyl-1-benzyl-äthyl]-ammonium, (±)-(*α-benzyl-4-methylphenethyl*)*trimethylammonium* $[C_{19}H_{26}N]^{\oplus}$, Formel XIV.

Jodid $[C_{19}H_{26}N]I$. *B.* Aus (±)-2-*p*-Tolyl-1-benzyl-äthylamin und Methyljodid (*v. Braun, Hamann*, B. **65** [1932] 1580, 1583). — F: 164°. — Beim Erhitzen mit Alkali unter vermindertem Druck ist ein Gemisch von 1-Phenyl-3-*p*-tolyl-propen-(1) und 1-Phenyl-3-*p*-tolyl-propen-(2) erhalten worden.

(±)-2-Benzamino-1-phenyl-3-*p*-tolyl-propan, (±)-*N*-[2-*p*-Tolyl-1-benzyl-äthyl]-benzamid, (±)-N-(*α-benzyl-4-methylphenethyl*)*benzamide* $C_{23}H_{23}NO$, Formel XIII (R = $CO-C_6H_5$).

B. Aus (±)-2-*p*-Tolyl-1-benzyl-äthylamin (*v. Braun, Hamann*, B. **65** [1932] 1580, 1583).
F: 155°.

(±)-[2-*p*-Tolyl-1-benzyl-äthyl]-carbamidsäure-methylester, (±)-(*α-benzyl-4-methylphenethyl*)*carbamic acid methyl ester* $C_{18}H_{21}NO_2$, Formel XIII (R = $CO-OCH_3$).

B. Beim Behandeln von (±)-3-*p*-Tolyl-2-benzyl-propionamid (E II **9** 479) mit Natriummethylat in Methanol und mit Brom (*v. Braun, Hamann*, B. **65** [1932] 1580, 1583).
Krystalle; F: 67°.

(±)-α-Amino-α-äthyl-bibenzyl, (±)-2-Amino-1.2-diphenyl-butan, (±)-1-Phenyl-1-benzyl-propylamin, (±)-*α-ethyl-α-phenylphenethylamine* $C_{16}H_{19}N$, Formel I (R = H).

B. Aus (±)-1-Phenyl-1-benzyl-propylisocyanat beim Behandeln mit wss. Salzsäure (*Montagne, Casteran*, C. r. **191** [1930] 139).
Kp_{18}: 187°.
Pikrat. F: 162–163°.

(±)-*N'*-[1-Phenyl-1-benzyl-propyl]-*N*-phenyl-harnstoff, (±)-*1-*(*α-ethyl-α-phenylphenethyl*)*-3-phenylurea* $C_{23}H_{24}N_2O$, Formel I (R = $CO-NH-C_6H_5$).

B. Aus (±)-1-Phenyl-1-benzyl-propylisocyanat und Anilin (*Montagne, Casteran*, C. r. **191** [1930] 139).
F: 179°.

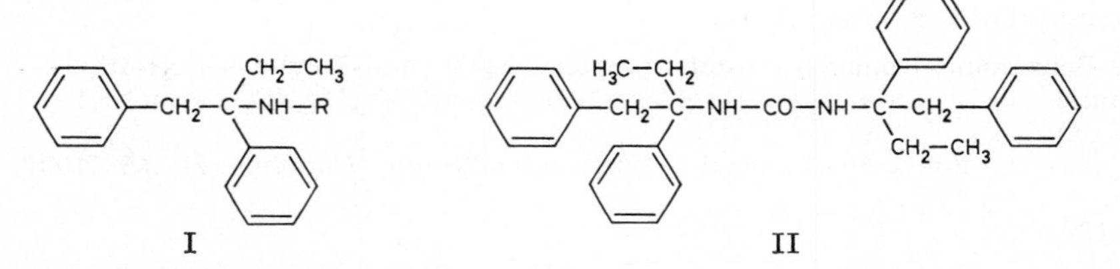

***N.N'*-Bis-[1-phenyl-1-benzyl-propyl]-harnstoff,** *1,3-bis*(*α-ethyl-α-phenylphenethyl*)*urea* $C_{33}H_{36}N_2O$, Formel II.

Eine opt.-inakt. Verbindung (F: 179°) dieser Konstitution ist aus (±)-1-Phenyl-1-benzyl-propylamin und (±)-1-Phenyl-1-benzyl-propylisocyanat erhalten worden (*Montagne, Casteran*, C. r. **191** [1930] 139).

(±)-1-Phenyl-1-benzyl-propylisocyanat, (±)-*isocyanic acid α-ethyl-α-phenylphenethyl ester* $C_{17}H_{17}NO$, Formel III.

B. Aus (±)-2-Phenyl-2-benzyl-butyramid beim Behandeln mit alkal. wss. Kaliumhypobromit-Lösung (*Montagne, Casteran*, C. r. **191** [1930] 139).
Kp_{17}: 187,5°.

(±)-4'-Methyl-α-aminomethyl-bibenzyl, (±)-2-Phenyl-3-*p*-tolyl-propylamin, (±)-*β-(4-methylbenzyl)phenethylamine* $C_{16}H_{19}N$, Formel IV.

B. Aus 2-Phenyl-3-*p*-tolyl-acrylonitril bei der Hydrierung an Palladium in Essigsäure unter Eintragen von Schwefelsäure bei 50° (*Kindler*, D.R.P. 711824 [1938]; D.R.P. Org. Chem. **3** 176).

Kp_{11}: 192°.

Hydrochlorid. F: 193°.

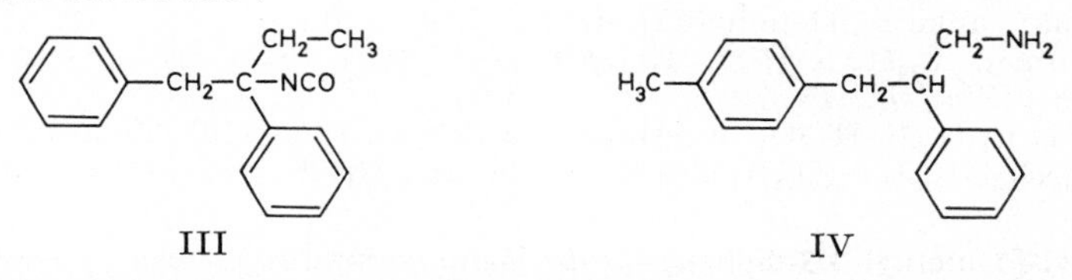

2-[Bibenzylyl-(4)]-äthylamin, 4-Phenäthyl-phenäthylamin, *4-phenethylphenethylamine* $C_{16}H_{19}N$, Formel V (R = H).

B. Beim Erhitzen von 4-Phenäthyl-phenäthylbromid (aus 4-Phenäthyl-phenäthyl≈alkohol mit Hilfe von Phosphor(III)-bromid hergestellt) mit der Kalium-Verbindung des Phthalimids auf 180°, Erwärmen des Reaktionsprodukts mit Hydrazin-hydrat in Äthanol und Erwärmen des danach isolierten Reaktionsprodukts mit wss. Salzsäure (*Speer, Hill*, J. org. Chem. **2** [1937] 139, 144).

F: 49°. Kp_2: 160°.

Hydrochlorid $C_{16}H_{19}N \cdot HCl$. Krystalle (aus A.); F: 213–215°.

Pikrat $C_{16}H_{19}N \cdot C_6H_3N_3O_7$. Orangegelbe Krystalle (aus wss. A.); F: 135°.

Methyl-[4-phenäthyl-phenäthyl]-amin, N-*methyl-4-phenethylphenethylamine* $C_{17}H_{21}N$, Formel V (R = CH_3).

B. Beim Erwärmen von 4-Phenäthyl-phenäthylbromid (aus 4-Phenäthyl-phenäthyl≈alkohol mit Hilfe von Phosphor(III)-bromid hergestellt) mit Methylamin in Äthanol (*Speer, Hill*, J. org. Chem. **2** [1937] 139, 144).

$Kp_{2,5}$: 152–155°.

Hydrochlorid $C_{17}H_{21}N \cdot HCl$. Krystalle (aus A.); F: 197°.

Pikrat $C_{17}H_{21}N \cdot C_6H_3N_3O_7$. Orangegelbe Krystalle (aus wss. A.); F: 115–116°.

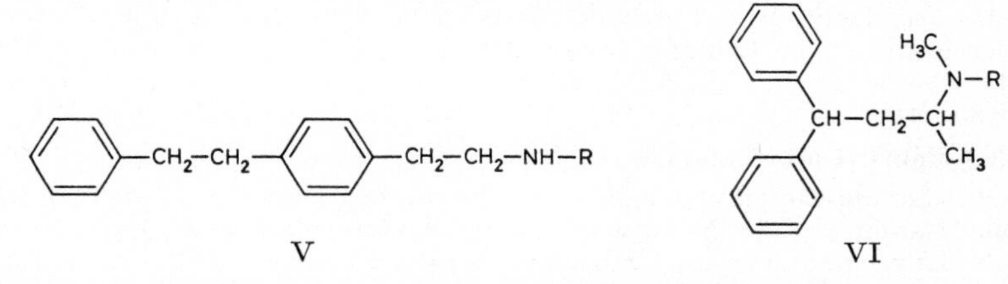

3-Amino-1.1-diphenyl-butan, 1-Methyl-3.3-diphenyl-propylamin $C_{16}H_{19}N$.

(±)-3-Methylamino-1.1-diphenyl-butan, (±)-Methyl-[1-methyl-3.3-diphenyl-propyl]-amin, (±)-*1*,N-*dimethyl-3,3-diphenylpropylamine* $C_{17}H_{21}N$, Formel VI (R = H).

B. Bei der Hydrierung eines Gemisches von 1.1-Diphenyl-butanon-(3) und Methylamin an Nickel in Äthanol bei 120°/50 at (*I. G. Farbenind.*, D.R.P. 766207 [1940]; D.R.P. Org. Chem. **3** 146; *Winthrop-Stearns Inc.*, U.S.P. 2446522 [1941]).

Hydrochlorid. Krystalle (aus A. + E.); F: 170–172°.

(±)-3-Dimethylamino-1.1-diphenyl-butan, (±)-Dimethyl-[1-methyl-3.3-diphenyl-propyl]-amin, (±)-*1*,N,N-*trimethyl-3,3-diphenylpropylamine* $C_{18}H_{23}N$, Formel VI (R = CH_3).

B. Aus (±)-Dimethyl-[1-methyl-3.3-diphenyl-allyl]-amin bei der Hydrierung an Nickel in Äthanol (*Shapiro*, J. org. Chem. **14** [1949] 839, 847). Bei der Hydrierung eines Gemisches von 1.1-Diphenyl-butanon-(3) und Dimethylamin in Äthanol an Nickel bei 125°/50 at (*Bockmühl, Ehrhart*, A. **561** [1949] 52, 72). Aus (±)-4-Dimethylamino-2.2-diphenyl-valeriansäure beim Erhitzen auf 200° (*Walton, Ofner, Thorp*, Soc. **1949** 648, 653). Aus (±)-4-Dimethylamino-2.2-diphenyl-valeronitril beim Erwärmen mit Natriumamid in

Benzol (*Bo., Eh.*, l. c. S. 71) oder in Toluol (*Klenk, Suter, Archer*, Am. Soc. **70** [1948] 3846, 3849; *Wa., Of., Th.*) sowie beim Erhitzen mit Kaliumhydroxid in Triäthylenglykol auf 220° (*May, Mosettig*, J. org. Chem. **13** [1948] 459, 463). Aus (±)-6-Dimethylamino-4.4-diphenyl-heptanon-(3) beim Erhitzen mit Kaliumhydroxid in Triäthylenglykol auf 220° (*May, Mo.*).

Kp_{12}: 180—182° (*Bo., Eh.*).

Hydrochlorid $C_{18}H_{23}N \cdot HCl$. Krystalle; F: 156—158° [korr.; aus Acn.] (*Kl., Su., Ar.*), 151—155° [unkorr.; Hemihydrat aus E.] (*May, Mo.*).

Hydrobromid $C_{18}H_{23}N \cdot HBr$. Krystalle; F: 162—162,5° (*Bo., Eh.*), 159—160° [aus A. + Ae.] (*Wa., Of., Th.*).

Perchlorat $C_{18}H_{23}N \cdot HClO_4$. Krystalle (aus A.); F: 158—159° [unkorr.] (*May, Mo.*).

Pikrat $C_{18}H_{23}N \cdot C_6H_3N_3O_7$. Gelbe Krystalle (aus A.); F: 138—139° [unkorr.] (*May, Mo.*).

(±)-Trimethyl-[1-methyl-3.3-diphenyl-propyl]-ammonium, (±)-*trimethyl(1-methyl-3,3-diphenylpropyl)ammonium* $[C_{19}H_{26}N]^{\oplus}$, Formel VII.

Jodid $[C_{19}H_{26}N]I$. *B*. Aus (±)-Dimethyl-[1-methyl-3.3-diphenyl-propyl]-amin und Methyljodid in Methanol (*May, Mosettig*, J. org. Chem. **13** [1948] 459, 463). Aus (±)-Tri=methyl-[4-oxo-1-methyl-3.3-diphenyl-hexyl]-ammonium-jodid beim Erhitzen mit wss. Natronlauge (*May, Mo.*). — Krystalle; F: 200—202° [unkorr.; aus Me. + Ae.] (*May, Mo.*), 195—196° [aus A.] (*Walton, Ofner, Thorp*, Soc. **1949** 648, 653).

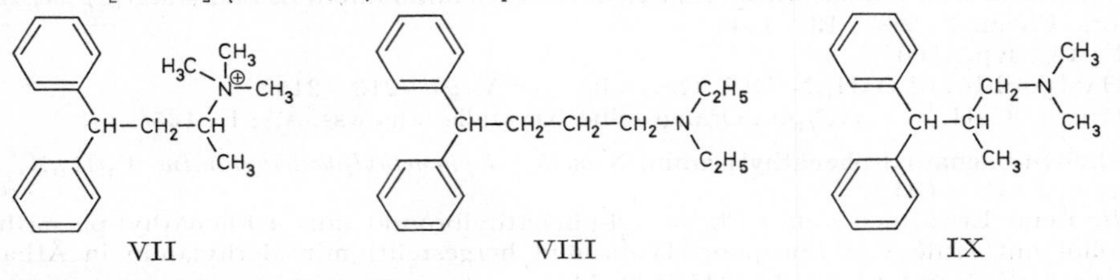

4.4-Diphenyl-butylamin $C_{16}H_{19}N$.

4-Diäthylamino-1.1-diphenyl-butan, Diäthyl-[4.4-diphenyl-butyl]-amin, N,N-*diethyl-4,4-diphenylbutylamine* $C_{20}H_{27}N$, Formel VIII.

B. Aus Diäthyl-[4.4-diphenyl-buten-(3)-yl]-amin bei der Hydrierung an Nickel in Äthanol (*Marxer*, Helv. Engi-Festband [1941] 209, 217). Aus 5-Diäthylamino-2.2-di=phenyl-valeriansäure beim Erhitzen bis auf 250° (*Clarke, Mooradian*, Am. Soc. **71** [1949] 2825).

$Kp_{0,08}$: 130—132° (*Ma.*); $Kp_{0,05}$: 118—120° (*Cl., Moo.*). n_D^{25}: 1,5398 (*Cl., Moo.*).

2-Methyl-3.3-diphenyl-propylamin $C_{16}H_{19}N$.

(±)-3-Dimethylamino-2-methyl-1.1-diphenyl-propan, (±)-Dimethyl-[2-methyl-3.3-di=phenyl-propyl]-amin, (±)-*2,N,N-trimethyl-3,3-diphenylpropylamine* $C_{18}H_{23}N$, Formel IX.

B. Beim Erwärmen von (±)-3-Dimethylamino-2-methyl-1.1-diphenyl-propanol-(1) (aus 3-Dimethylamino-2-methyl-1-phenyl-propanon-(1) und Phenylmagnesiumbromid hergestellt) mit Thionylchlorid und Hydrieren des Reaktionsprodukts an Palladium in Äthanol (*Bockmühl, Ehrhart*, A. **561** [1949] 52, 72). Aus (±)-4-Dimethylamino-3-methyl-2.2-diphenyl-butyronitril beim Erwärmen mit Isopropylalkohol und Natrium (*Gardner, Easton, Stevens*, Am. Soc. **70** [1948] 2906) sowie beim Behandeln mit Natriumamid in Benzol (*Bo., Eh.*, l. c. S. 71). Aus (±)-Dimethyl-[4-oxo-2-methyl-3.3-diphenyl-hexyl]-amin beim Erhitzen mit Kaliumhydroxid in Triäthylenglykol auf 220° (*May, Mosettig*, J. org. Chem. **13** [1948] 663).

Kp_2: 144—150° (*Ga., Ea., St.*).

Hydrochlorid $C_{18}H_{23}N \cdot HCl$. Krystalle; F: 182—184° [unkorr.; aus Acn. + Ae. oder aus E.] (*May, Mo.*), 181,5—183° [aus Isopropylalkohol; nach Trocknen bei 100°] (*Ga., Ea., St.*).

Hydrobromid $C_{18}H_{23}N \cdot HBr$. F: 161—162° (*Bo., Eh.*).

Hydrogenoxalat $C_{18}H_{23}N \cdot C_2H_2O_4$. Krystalle (aus Acn. + A.); F: 138—140° (*Ga., Ea., St.*).

Pikrat $C_{18}H_{23}N \cdot C_6H_3N_3O_7$. Krystalle (aus A.); F: 157,5—159° [unkorr.] (*May, Mo.*), 128—130° [nach Trocknen bei 100°] (*Ga., Ea., St.*).

2.4-Dimethyl-6-[1-phenyl-äthyl]-anilin $C_{16}H_{19}N$.

(±)-4-Acetamino-1.3-dimethyl-5-[1-phenyl-äthyl]-benzol, (±)-Essigsäure-[2.4-dimethyl-6-(1-phenyl-äthyl)-anilid], (±)-*2',4'-dimethyl-6'-(α-methylbenzyl)acetanilide* $C_{18}H_{21}NO$, Formel X.

B. Neben anderen Substanzen beim Erhitzen eines Gemisches von 2.4-Dimethyl-anilin, 2,4-Dimethyl-anilin-hydrochlorid und Styrol bis auf 290° und Acetylieren des Reaktionsprodukts (*Hickinbottom*, Soc. **1934** 319, 322).

Krystalle (aus A.); F: 148—149°.

(±)-4-Isopropyl-benzhydrylamin, (±)-*4-isopropylbenzhydrylamine* $C_{16}H_{19}N$, Formel XI.

B. Aus 4-Isopropyl-benzophenon-oxim beim Erwärmen mit Äthanol und Natrium (*Ogata, Niinobu*, J. pharm. Soc. Japan **62** [1942] 372, 373, 375; dtsch. Ref. S. 108; C. A. **1951** 1728).

Kp_6: 169°.

Hydrochlorid $C_{16}H_{19}N \cdot HCl$. Krystalle; Zers. bei 242°.

Hexachloroplatinat(IV) $2C_{16}H_{19}N \cdot H_2PtCl_6$. Orangerote Krystalle (aus wss. A.); Zers. bei 182°.

Pikrat. Gelbe Krystalle (aus wss. A.); Zers. bei 207°.

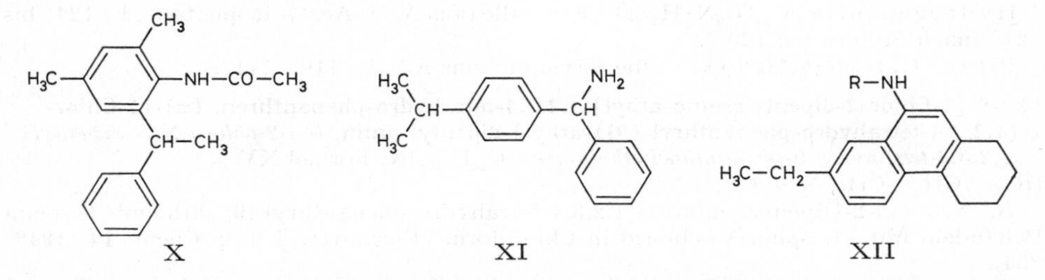

10-Amino-2-äthyl-5.6.7.8-tetrahydro-phenanthren, 7-Äthyl-1.2.3.4-tetrahydro-phenanthryl-(9)-amin, *7-ethyl-1,2,3,4-tetrahydro-9-phenanthrylamine* $C_{16}H_{19}N$, Formel XII (R = H).

B. Aus *N*-[7-Äthyl-1.2.3.4-tetrahydro-phenanthryl-(9)]-acetamid beim Erwärmen mit wss. Salzsäure und Äthanol (*Bachmann, Dice*, J. org. Chem. **12** [1947] 876, 884).

Hydrochlorid $C_{16}H_{19}N \cdot HCl$. Krystalle (aus A.); F: 230—232° [Zers.]. Bei 110° bis 120°/0,01 Torr sublimierbar.

Pikrat $C_{16}H_{19}N \cdot C_6H_3N_3O_7$. Grüngelbe Krystalle (aus A.); F: 184—185° [Zers.].

10-Acetamino-2-äthyl-5.6.7.8-tetrahydro-phenanthren, *N*-[7-Äthyl-1.2.3.4-tetrahydro-phenanthryl-(9)]-acetamid, N-(*7-ethyl-1,2,3,4-tetrahydro-9-phenanthryl*)*acetamide* $C_{18}H_{21}NO$, Formel XII (R = CO-CH_3).

B. Aus 1-[7-Äthyl-1.2.3.4-tetrahydro-phenanthryl-(9)]-äthanon-(1)-*seqtrans*-oxim beim Erwärmen mit Phosphor(V)-chlorid in Benzol (*Bachmann, Dice*, J. org. Chem. **12** [1947] 876, 884).

Krystalle (aus A.); F: 219—220°.

(±)-1-Amino-9-äthyl-1.2.3.4-tetrahydro-phenanthren, (±)-9-Äthyl-1.2.3.4-tetrahydro-phenanthryl-(1)-amin, (±)-*9-ethyl-1,2,3,4-tetrahydro-1-phenanthrylamine* $C_{16}H_{19}N$, Formel XIII.

B. Aus 1-Hydroxyimino-9-äthyl-1.2.3.4-tetrahydro-phenanthren beim Erwärmen mit Äthanol und Natrium-Amalgam unter Zusatz von Essigsäure (*Bachmann, Anderson*, J. org. Chem. **13** [1948] 297, 302).

$Kp_{0,05}$: 168—173°.

Pikrat $C_{16}H_{19}N \cdot C_6H_3N_3O_7$. Gelbe Krystalle (aus A.); F: 212—213° [Zers.].

7-Amino-9-äthyl-1.2.3.4-tetrahydro-phenanthren, 10-Äthyl-5.6.7.8-tetrahydro-phenanthryl-(2)-amin $C_{16}H_{19}N$.

7-Acetamino-9-äthyl-1.2.3.4-tetrahydro-phenanthren, *N*-[10-Äthyl-5.6.7.8-tetrahydro-phenanthryl-(2)]-acetamid, N-(*10-ethyl-5,6,7,8-tetrahydro-2-phenanthryl*)*acetamide* $C_{18}H_{21}NO$, Formel XIV.

B. Aus 1-[10-Äthyl-5.6.7.8-tetrahydro-phenanthryl-(2)]-äthanon-(1) beim Erwärmen

mit Natriumazid in Trichloressigsäure (*Dice, Smith*, J. org. Chem. **14** [1949] 179, 181).
Krystalle (aus A.); F: 193—194°.

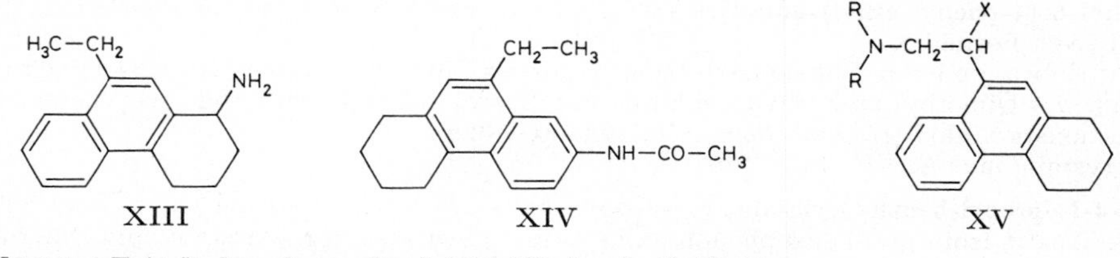

XIII XIV XV

2-[1.2.3.4-Tetrahydro-phenanthryl-(9)]-äthylamin $C_{16}H_{19}N$.

9-[2-Dipentylamino-äthyl]-1.2.3.4-tetrahydro-phenanthren, [2-(1.2.3.4-Tetrahydro-phenanthryl-(9))-äthyl]-dipentyl-amin, N,N-*dipentyl-2-(1,2,3,4-tetrahydro-9-phenanthryl)ethylamine* $C_{26}H_{39}N$, Formel XV (R = $[CH_2]_4$-CH_3, X = H).

B. Aus (±)-9-[1-Chlor-2-dipentylamino-äthyl]-1.2.3.4-tetrahydro-phenanthren bei der Hydrierung an Zinkhydroxid und Kupferhydroxid enthaltendem Palladium/Calciumcarbonat in Methanol (*Richtmyer*, J. org. Chem. **14** [1949] 334).

Hydrogensulfat $C_{26}H_{39}N \cdot H_2SO_4$. Krystalle (aus A. + Ae. + Isopentan); F: 124° bis 127° [nach Sintern bei 120°].

Pikrat $C_{26}H_{39}N \cdot C_6H_3N_3O_7$. Gelbe Krystalle (aus A.); F: 110—111°.

(±)-9-[1-Chlor-2-dipentylamino-äthyl]-1.2.3.4-tetrahydro-phenanthren, (±)-[2-Chlor-2-(1.2.3.4-tetrahydro-phenanthryl-(9))-äthyl]-dipentyl-amin, (±)-*2-chloro*-N,N-*dipentyl-2-(1,2,3,4-tetrahydro-9-phenanthryl)ethylamine* $C_{26}H_{38}ClN$, Formel XV (R = $[CH_2]_4$-CH_3, X = Cl).

B. Aus (±)-2-Dipentylamino-1-[1.2.3.4-tetrahydro-phenanthryl-(9)]-äthanol-(1) beim Behandeln mit Phosphor(V)-chlorid in Chloroform (*Richtmyer*, J. org. Chem. **14** [1949] 334).

Hydrochlorid $C_{26}H_{38}ClN \cdot HCl$. Krystalle (aus Me. + Ae. + Isopentan); F: 89—91° [nach Sintern bei 82°].

Amine $C_{17}H_{21}N$

(±)-1.5-Diphenyl-pentylamin, (±)-*1,5-diphenylpentylamine* $C_{17}H_{21}N$, Formel I (R = H).

B. Aus 1.5-Diphenyl-pentanon-(1)-oxim beim Behandeln mit Äthanol und Natrium (*Ogata, Niinobu*, J. pharm. Soc. Japan **62** [1942] 152, 159; dtsch. Ref. S. 49; C. A. **1951** 1728).

Kp_2: 163°.

Hydrochlorid $C_{17}H_{21}N \cdot HCl$. Krystalle (aus wss.-äthanol. Salzsäure); F: 135° bis 136°.

Pikrat. Gelbe Krystalle; F: 158°.

(±)-*N*-[1.5-Diphenyl-pentyl]-benzamid, (±)-N-(*1,5-diphenylpentyl)benzamide* $C_{24}H_{25}NO$, Formel I (R = CO-C_6H_5).

B. Aus (±)-1.5-Diphenyl-pentylamin (*Ogata, Niinobu*, J. pharm. Soc. Japan **62** [1942] 152, 159; dtsch. Ref. S. 49; C. A. **1951** 1728).

Krystalle; F: 135°.

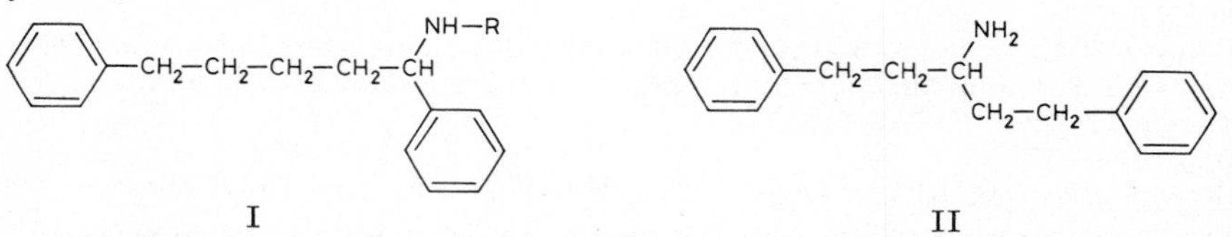

I II

3-Amino-1.5-diphenyl-pentan, 3-Phenyl-1-phenäthyl-propylamin, *1-phenethyl-3-phenylpropylamine* $C_{17}H_{21}N$, Formel II.

B. Aus dem beim Erhitzen von 1.5-Diphenyl-pentanon-(3) mit Ammoniumformiat (oder Formamid) erhaltenen Reaktionsprodukt durch Hydrolyse (*Imp. Chem. Ind.*, U.S.P. 2204749 [1938]). Aus 1.5-Diphenyl-pentanon-(3)-oxim beim Erwärmen mit

Äthanol und Natrium (*Ogata, Niinobu,* J. pharm. Soc. Japan **62** [1942] 152, 159; dtsch. Ref. S. 49; C. A. **1951** 1728).

$Kp_{3,5}$: 171—172° (*Og., Nii.*).

Hydrochlorid $C_{17}H_{21}N \cdot HCl$. Krystalle (aus E.); F: 158°; in kaltem Wasser schwer löslich (*Og., Nii.*).

Hexachloroplatinat(IV) $2C_{17}H_{21}N \cdot H_2PtCl_6$. Orangefarbene Krystalle (aus wss. A.); F: 188° (*Og., Nii.*).

Pikrat. Gelbe Krystalle (aus E.); F: 182,5° (*Og., Nii.*).

(±)-2.5-Diphenyl-pentylamin, (±)-*2,5-diphenylpentylamine* $C_{17}H_{21}N$, Formel III (R = X = H).

B. Aus 1*t*.4-Diphenyl-pentadien-(1.3ξ)-säure-(5)-nitril (F: 126°) bei der Hydrierung an Palladium in Schwefelsäure enthaltender Essigsäure (*Kindler,* D.R.P. 711824 [1938]; D.R.P. Org. Chem. **3** 176) oder in einem Gemisch von Essigsäure und wss. Salzsäure (*Kindler,* D.R.P. 711625 [1939]; D.R.P. Org. Chem. **3** 139). Aus (±)-2.5-Diphenyl-valeronitril bei der Hydrierung an Palladium in einem Gemisch von Essigsäure und wss. Salzsäure (*Ki.,* D.R.P. 711625).

Kp_{14}: 205—207° (*Ki.,* D.R.P. 711625); Kp_{11}: 202° (*Ki.,* D.R.P. 711824).

Hydrochlorid. F: 145° (*Ki.,* D.R.P. 711824).

(±)-5-Methylamino-1.4-diphenyl-pentan, (±)-Methyl-[2.5-diphenyl-pentyl]-amin, (±)-N-*methyl-2,5-diphenylpentylamine* $C_{18}H_{23}N$, Formel III (R = CH_3, X = H).

B. Bei der Hydrierung eines Gemisches von (±)-2.5-Diphenyl-valeronitril und Methyl-amin in Methanol an Palladium (*Kindler,* D.R.P. 711625 [1939]; D.R.P. Org. Chem. **3** 139).

Kp_{12}: 199—200°.

Hydrochlorid. F: 132°.

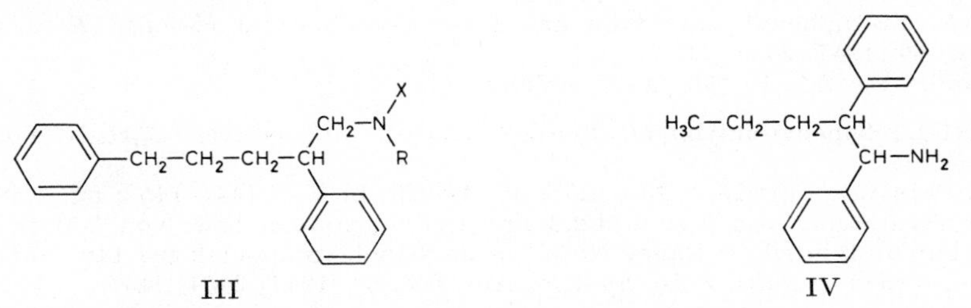

(±)-5-Dimethylamino-1.4-diphenyl-pentan, (±)-Dimethyl-[2.5-diphenyl-pentyl]-amin, (±)-N,N-*dimethyl-2,5-diphenylpentylamine* $C_{19}H_{25}N$, Formel III (R = X = CH_3).

B. Bei der Hydrierung eines Gemisches von (±)-2.5-Diphenyl-valeronitril und Dimethylamin in Methanol an Palladium (*Kindler,* D.R.P. 711824 [1938], 711625 [1939]; D.R.P. Org. Chem. **3** 139, 176).

Kp_{10}: 195°.

α'-Amino-α-propyl-bibenzyl, 1.2-Diphenyl-pentylamin, *α-phenyl-β-propylphenethylamine* $C_{17}H_{21}N$, Formel IV.

Eine als Hydrochlorid $C_{17}H_{21}N \cdot HCl$ (Krystalle; F: 225°), als Hexachloroplatinat(IV) $2C_{17}H_{21}N \cdot H_2PtCl_6$ (orangefarbene Krystalle [aus wss. A.]; F: 218—219°) und als Pikrat (gelbe Krystalle; F: 244—245°) charakterisierte opt.-inakt. Base ($Kp_{3,5}$: 149—151°) dieser Konstitution ist beim Erhitzen von (±)-1.2-Diphenyl-pentanon-(1) mit Ammoniumformiat bis auf 230° und Erwärmen des Reaktionsprodukts mit wss.-äthanol. Kalilauge erhalten worden (*Ogata, Niinobu,* J. pharm. Soc. Japan **62** [1942] 152, 159; dtsch. Ref. S. 49; C. A. **1951** 1728).

4-Amino-1.2-diphenyl-pentan, 1-Methyl-3.4-diphenyl-butylamin $C_{17}H_{21}N$.

4-Dimethylamino-1.2-diphenyl-pentan, Dimethyl-[1-methyl-3.4-diphenyl-butyl]-amin, *1*,N,N-*trimethyl-3,4-diphenylbutylamine* $C_{19}H_{25}N$, Formel V.

Eine als Pikrat $C_{19}H_{25}N \cdot C_6H_3N_3O_7$ (Krystalle [aus A. + Acn.]; F: 168—170°) charakterisierte opt.-inakt. Base dieser Konstitution ist beim Erhitzen von opt.-inakt. 4-Dimethylamino-1.2-diphenyl-pentanol-(2) (F: 94—95°) mit Kaliumhydrogensulfat auf 150°

und Hydrieren des Reaktionsprodukts an Raney-Nickel in Äthanol erhalten worden (*Shapiro*, J. org. Chem. **14** [1949] 839, 847).

2.2-Diphenyl-pentylamin, *2,2-diphenylpentylamine* $C_{17}H_{21}N$, Formel VI (R = H).

Zwei Präparate (a) Kp_1: 123—125°; n_D^{20}: 1,5750; b) Kp_2: 137—144°; n_D^{20}: 1,5753; $n_D^{22,5}$: 1,5749) sind bei der Hydrierung von 2.2-Diphenyl-valeronitril bzw. von 2.2-Diphenyl-penten-(4?)-nitril ($Kp_{0,5-1}$: 127—131° [E III **9** 3469]) an Raney-Nickel in methanol. Ammoniak bei 140°/90 at erhalten worden (*Schultz, Robb, Sprague*, Am. Soc. **69** [1947] 2454, 2457).

***N*-[2.2-Diphenyl-pentyl]-benzamid,** N-(*2,2-diphenylpentyl*)*benzamide* $C_{24}H_{25}NO$, Formel VI (R = CO-C_6H_5).

B. Beim Behandeln von 2.2-Diphenyl-pentylamin mit Benzoylchlorid und wss. Alkalilauge (*Schultz, Robb, Sprague*, Am. Soc. **69** [1947] 2454, 2457).

Krystalle (aus A.); F: 146—147° [unkorr.].

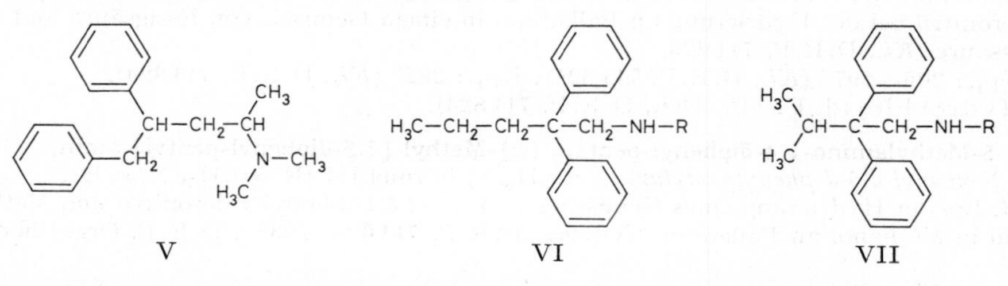

***N'*-[2.2-Diphenyl-pentyl]-*N*-phenyl-thioharnstoff,** *1-(2,2-diphenylpentyl)-3-phenylthiourea* $C_{24}H_{26}N_2S$, Formel VI (R = CS-NH-C_6H_5).

B. Aus 2.2-Diphenyl-pentylamin und Phenylisothiocyanat (*Schultz, Robb, Sprague*, Am. Soc. **69** [1947] 2454, 2457).

Krystalle (aus A.); F: 179—180° [unkorr.].

3-Methyl-2.2-diphenyl-butylamin, *3-methyl-2,2-diphenylbutylamine* $C_{17}H_{21}N$, Formel VII (R = H).

Zwei Präparate (a) Kp_1: 123—125°; n_D^{20}: 1,5825; b) Kp_2: 144—145°; n_D^{20}: 1,5830) sind bei der Hydrierung von 3-Methyl-2.2-diphenyl-butyronitril bzw. von 3-Methyl-2.2-diphenyl-buten-(3)-nitril an Raney-Nickel in methanol. Ammoniak bei 140° unter Druck erhalten worden (*Schultz, Robb, Sprague*, Am. Soc. **69** [1947] 2454, 2457).

***N*-Äthyl-*N'*-[3-methyl-2.2-diphenyl-butyl]-harnstoff,** *1-ethyl-3-(3-methyl-2,2-diphenylbutyl)urea* $C_{20}H_{26}N_2O$, Formel VII (R = CO-NH-C_2H_5).

B. Aus 3-Methyl-2.2-diphenyl-butylamin und Äthylisocyanat (*Schultz, Robb, Sprague*, Am. Soc. **69** [1947] 2454, 2457).

Krystalle (aus Bzl.); F: 183—184° [unkorr.].

***N'*-[3-Methyl-2.2-diphenyl-butyl]-*N*-phenyl-thioharnstoff,** *1-(3-methyl-2,2-diphenylbutyl)-3-phenylthiourea* $C_{24}H_{26}N_2S$, Formel VII (R = CS-NH-C_6H_5).

B. Aus 3-Methyl-2.2-diphenyl-butylamin und Phenylisothiocyanat (*Schultz, Robb, Sprague*, Am. Soc. **69** [1947] 2454, 2457).

Krystalle (aus A.); F: 157—158° [unkorr.].

Amine $C_{18}H_{23}N$

5-Phenyl-2-benzyl-pentylamin $C_{18}H_{23}N$.

(±)-5-Cyclohexylamino-1-phenyl-4-benzyl-pentan, (±)-[5-Phenyl-2-benzyl-pentyl]-cyclohexyl-amin, (±)-*2-benzyl-*N*-cyclohexyl-5-phenylpentylamine* $C_{24}H_{33}N$, Formel VIII.

B. Neben anderen Verbindungen bei der Hydrierung von Cyclohexyl-[5-phenyl-2-benzyl-penten-(2)-yliden]-amin $C_{24}H_{29}N$ (Kp_{16}: 265—270° [Zers.]; aus Cyclohexylamin und 3-Phenyl-propionaldehyd hergestellt) an Platin in Äthanol und Essigsäure (*Skita, Pfeil*, A. **485** [1931] 152, 166).

Hydrochlorid $C_{24}H_{33}N \cdot HCl$. F: 169—170° [aus A.].

Hydrogenoxalat $C_{24}H_{33}N \cdot C_2H_2O_4$. F: 172° [aus A.].

3-Amino-2.4.6.2'.4'.6'-hexamethyl-biphenyl, 2.4.6.2'.4'.6'-Hexamethyl-biphenylyl-(3)-amin $C_{18}H_{23}N$.

3'-Nitro-3-amino-2.4.6.2'.4'.6'-hexamethyl-biphenyl, 3'-Nitro-2.4.6.2'.4'.6'-hexamethyl-biphenylyl-(3)-amin, *2,2',4,4',6,6'-hexamethyl-3'-nitrobiphenyl-3-ylamine* $C_{18}H_{22}N_2O_2$, Formel IX.

B. Beim Erwärmen von 3.3'-Dinitro-2.4.6.2'.4'.6'-hexamethyl-biphenyl mit Zinn(II)-chlorid in Chlorwasserstoff enthaltender Essigsäure und Erwärmen des Reaktionsprodukts mit wss.-äthanol. Natronlauge (*Adams, Joyce*, Am. Soc. **60** [1938] 1489).

Gelbe Krystalle (aus wss. A.); F: 145–146°.

Hydrochlorid $C_{18}H_{22}N_2O_2 \cdot HCl$. F: 244 — 247° [Zers.; nach Erweichen bei 236°].

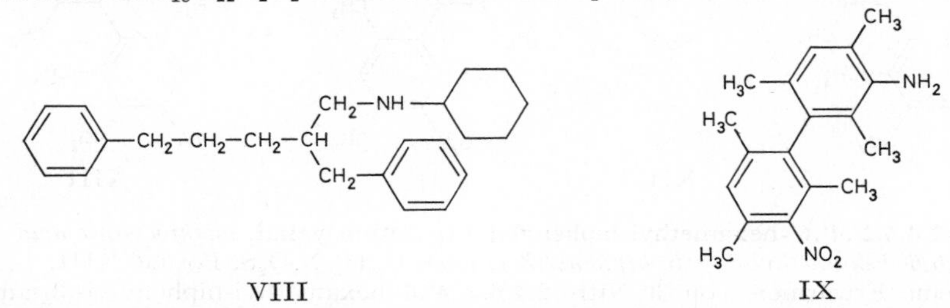

VIII IX

***N.N'*-Bis-[3'-nitro-2.4.6.2'.4'.6'-hexamethyl-biphenylyl-(3)]-oxamid,** N,N'-*bis*(*2,2',4,4',6,6'-hexamethyl-3'-nitrobiphenyl-3-yl*)*oxamide* $C_{38}H_{42}N_4O_6$, Formel X.

Präparate vom F: 304–307° [korr.] und vom F: 273–283° [korr.] sind beim Behandeln von 3'-Nitro-2.4.6.2'.4'.6'-hexamethyl-biphenylyl-(3)-amin in Benzol mit Oxalylchlorid und Pyridin erhalten worden (*Adams, Joyce*, Am. Soc. **60** [1938] 1489).

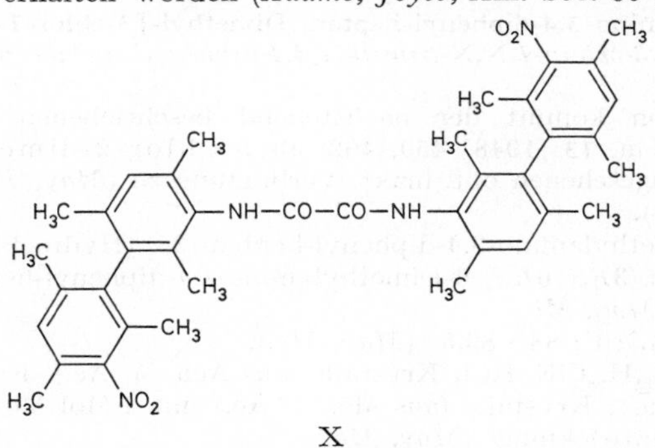

X

***N.N'*-Bis-[3'-nitro-2.4.6.2'.4'.6'-hexamethyl-biphenylyl-(3)]-adipinamid,** N,N'-*bis*(*2,2',4,4',6,6'-hexamethyl-3'-nitrobiphenyl-3-yl*)*adipamide* $C_{42}H_{50}N_4O_6$, Formel XI.

B. Beim Behandeln von 3'-Nitro-2.4.6.2'.4'.6'-hexamethyl-biphenylyl-(3)-amin in Benzol mit Adipoylchlorid und Pyridin (*Adams, Joyce*, Am. Soc. **60** [1938] 1489).

Krystalle (aus Acn.); F: 230–231° [korr.].

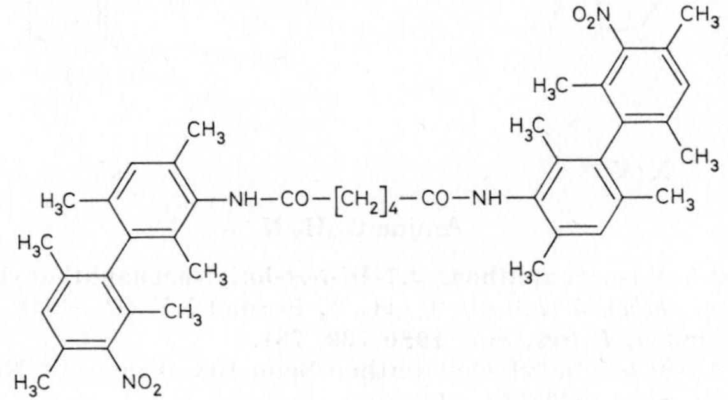

XI

***N.N'*-Bis-[3'-nitro-2.4.6.2'.4'.6'-hexamethyl-biphenylyl-(3)]-isophthalamid,** N,N'-*bis*=*(2,2',4,4',6,6'-hexamethyl-3'-nitrobiphenyl-3-yl)isophthalamide* $C_{44}H_{46}N_4O_6$, Formel XII.

Zwei als Stereoisomere angesehene Präparate vom F: 302° (Krystalle [aus Toluol + Bzn.]) und vom F: 247° [korr.] (Krystalle [aus Toluol]) sind beim Behandeln von 3'-Nitro-2.4.6.2'.4'.6'-hexamethyl-biphenylyl-(3)-amin mit Isophthaloylchlorid in Benzol unter Zusatz von Pyridin erhalten worden (*Adams, Joyce*, Am. Soc. **60** [1938] 1489).

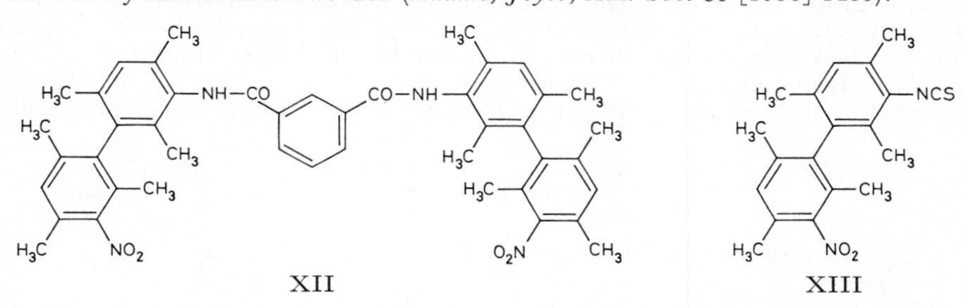

XII XIII

3'-Nitro-2.4.6.2'.4'.6'-hexamethyl-biphenylyl-(3)-isothiocyanat, *isothiocyanic acid 2,2',4,4',6,6'-hexamethyl-3'-nitrobiphenyl-3-yl ester* $C_{19}H_{20}N_2O_2S$, Formel XIII.

B. Beim Erwärmen von 3'-Nitro-2.4.6.2'.4'.6'-hexamethyl-biphenylyl-(3)-amin mit Schwefelkohlenstoff und äthanol. Kalilauge (*Adams, Joyce*, Am. Soc. **60** [1938] 1489).

Krystalle (aus A.); F: 119—120°.

Amine $C_{19}H_{25}N$

6-Amino-3.4-diphenyl-heptan, 1-Methyl-3.4-diphenyl-hexylamin $C_{19}H_{25}N$.

4-Chlor-6-dimethylamino-3.4-diphenyl-heptan, Dimethyl-[3-chlor-1-methyl-3.4-di=phenyl-hexyl]-amin, *3-chloro-1,*N,N*-trimethyl-3,4-diphenylhexylamine* $C_{21}H_{28}ClN$, Formel XIV.

Diese Konstitution kommt der nachstehend beschriebenen, ursprünglich (*May, Mosettig*, J. org. Chem. **13** [1948] 459, 462) als 5-Chlor-2-dimethylamino-4.4-di=phenyl-heptan angesehenen opt.-inakt. Verbindung zu (*May, Perrine*, J. org. Chem. **18** [1953] 1572, 1574).

B. Neben 6-Dimethylamino-3.4-diphenyl-hepten-(3) (Hydrochlorid: F: 133—135°) beim Behandeln von (3*RS*:6*RS*)-6-Dimethylamino-4.4-diphenyl-heptanol-(3) mit Thion=ylchlorid in Benzol (*May, Mo.*).

Krystalle (aus Bzn.); F: 88—89,5° (*May, Mo.*).

Hydrochlorid $C_{21}H_{28}ClN \cdot HCl$. Krystalle (aus Acn. + Ae.), F: 120—121° [unkorr.; unter Gasentwicklung]; Krystalle (aus Me. + Ae.) mit 1 Mol Methanol, F: 123—124° [unkorr.; unter Gasentwicklung] (*May, Mo.*).

Pikrat $C_{21}H_{28}ClN \cdot C_6H_3N_3O_7$. Gelbe Krystalle (aus wss. A.); F: 137—138,5° [korr.] (*May, Pe.*, l. c. S. 1577), 134,5—135° [unkorr.] (*May, Mo.*).

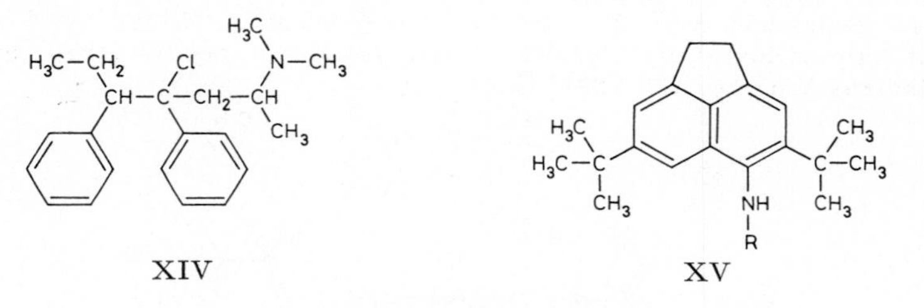

XIV XV

Amine $C_{20}H_{27}N$

5-Amino-4.7-di-*tert*-butyl-acenaphthen, 4.7-Di-*tert*-butyl-acenaphthenyl-(5)-amin, *4,7-di-*tert*-butylacenaphthen-5-ylamine* $C_{20}H_{27}N$, Formel XV (R = H).

Konstitution: *Nürsten, Peters*, Soc. **1950** 729, 731.

B. Aus 5-Nitro-4.7-di-*tert*-butyl-acenaphthen beim Erwärmen mit Natriumdithionit in wss. Äthanol (*Peters*, Soc. **1947** 742, 744).

Krystalle (aus wss. A.); F: 153° [korr.] (*Pe.*).
Hydrochlorid. Krystalle; F: 220° [korr.] (*Pe.*).

5-Acetamino-4.7-di-*tert*-butyl-acenaphthen, *N*-[4.7-Di-*tert*-butyl-acenaphthenyl-(5)]-acetamid, N-(*4,7-di-*tert*-butylacenaphthen-5-yl)acetamide* $C_{22}H_{29}NO$, Formel XV (R = $CO\text{-}CH_3$).
B. Aus 4.7-Di-*tert*-butyl-acenaphthenyl-(5)-amin (*Peters*, Soc. **1947** 742, 744).
Krystalle (aus A.); F: 257—258° [korr.].

[*Möhle*]

Monoamine $C_nH_{2n-15}N$

Amine $C_{13}H_{11}N$

1-Amino-fluoren, Fluorenyl-(1)-amin, *fluoren-1-ylamine* $C_{13}H_{11}N$, Formel I (R = H).
B. Aus Fluorenyl-(1)-carbamidsäure-äthylester beim Erhitzen mit wss. Salzsäure und Essigsäure auf 140° (*Bergmann, Orchin*, Am. Soc. **71** [1949] 1111).
Krystalle (aus Bzl. + PAe.); F: 124—124,6° [korr.].
Verbindung mit 2.4.7-Trinitro-fluorenon-(9) $C_{13}H_{11}N \cdot C_{13}H_5N_3O_7$. Schwarze Krystalle (aus Bzl.); F: 211—211,8° [korr.].

Fluorenyl-(1)-carbamidsäure-äthylester, *(fluoren-1-yl)carbamic acid ethyl ester* $C_{16}H_{15}NO_2$, Formel I (R = $CO\text{-}OC_2H_5$).
B. Beim Erwärmen von Fluoren-carbonylazid-(1) mit Äthanol (*Bergmann, Orchin*, Am. Soc. **71** [1949] 1111).
Krystalle (aus A.); F: 132—132,6° [korr.].

2-Amino-fluoren, Fluorenyl-(2)-amin, *fluoren-2-ylamine* $C_{13}H_{11}N$, Formel II (R = X = H) (H 1331; E I 552; E II 779).
B. Aus 2-Nitro-fluoren beim Erwärmen mit Hydrazin-hydrat und Äthanol in Gegenwart von Palladium/Kohle (*Bavin*, Org. Synth. **40** [1960] 5) oder mit Zink, wss. Essigsäure und Äthanol unter Zusatz von Calciumchlorid (*Sampey, Reid*, Am. Soc. **69** [1947] 712). Aus 2-Nitro-fluoren mit Hilfe von Natriumdithionit (*Hirs*, Am. Soc. **71** [1949] 1893 Anm. 2). Aus *N*-[Fluorenyl-(2)]-acetamid beim Erhitzen mit wss. Salzsäure (*Dziewoński, Schnayder*, Roczniki Chem. **11** [1931] 407, 411; Bl. Acad. polon. [A] **1930** 529, 533).
Krystalle (aus wss. A.); F: 127—129° (*Dz., Sch.*), 127,8—128,8° (*Ba.*), 127° [unkorr.] (*Sa., Reid*). Phosphorescenz einer festen Lösung in einem Äther-Isopentan-Äthanol-Gemisch bei —183°: *Lewis, Kasha*, Am. Soc. **66** [1944] 2100, 2108.
Beim Behandeln mit 2 Mol Brom in Essigsäure sind 1.3-Dibrom-fluorenyl-(2)-amin und geringe Mengen 3-Brom-fluorenyl-(2)-amin, bei Anwendung von 6 Mol Brom ist 1.3.7-Tribrom-fluorenyl-(2)-amin erhalten worden (*Bell, Mulholland*, Soc. **1949** 2020). Reaktion mit Schwefelsäure unter Bildung von 7-Amino-fluoren-sulfonsäure-(2): *Courtot*, A. ch. [10] **14** [1930] 5, 122. Bildung von *N*-[Fluorenyl-(2)]-phthalimid beim Erhitzen mit Phthalsäure-anhydrid in *N.N*-Dimethyl-anilin: *Poraĭ-Koschiz, Efroš*, Izv. Akad. S.S.S.R. Otd. tech. **1938** 43, 55; C. A. **1941** 2879. Bildung von 2-Amino-13*H*-indeno[1.2-*b*]anthracen-chinon-(6.11) beim Erhitzen mit Phthalsäure-anhydrid unter Zusatz von Natriumchlorid und Aluminiumchlorid bis auf 150°: *Kränzlein*, B. **71** [1938] 2328, 2331, 2334. Beim Erwärmen mit Acetessigsäure-äthylester unter Zusatz von wss. Salzsäure auf 100° ist 3-[Fluorenyl-(2)-amino]-crotonsäure-äthylester [S. 3291], bei allmählichem Eintragen von Fluorenyl-(2)-amin in Acetessigsäure-äthylester bei 160° ist hingegen *N*-[Fluorenyl-(2)]-acetoacetamid erhalten worden (*Hughes, Lions, Wright*, J. Pr. Soc. N.S. Wales **71** [1937] 449, 452, 453). Bildung von 2-Methyl-10*H*-indeno[1.2-*g*]chinolin beim Erwärmen mit Paraldehyd, wss. Salzsäure und Zinkchlorid: *Hu., Li., Wr.*; *Campbell, Temple*, Soc. **1957** 207, 211. Reaktion mit Brenztraubensäure in Äthanol unter Bildung von 2-Methyl-10*H*-indeno[1.2-*g*]chinolin-carbonsäure-(4) (über diese Verbindung s. *Ca., Te.*, l. c. S. 208, 211): *Neish*, R. **67** [1948] 349, 351.
Charakterisierung durch Überführung in 2-Hydroxy-naphthochinon-(1.4)-4-[fluorenyl-(2)-imin] (F: 180°): *Vonesch, Velasco*, Arch. Farm. Bioquim. Tucumán **1** [1944] 241, 242, 244.
2-Nitro-indandion-(1.3)-Salz $C_{13}H_{11}N \cdot C_9H_5NO_4$. Orangefarbene Krystalle (aus A.); F: 195° (*Wanag, Lode*, B. **70** [1937] 547, 555).

2-Dimethylamino-fluoren, Dimethyl-[fluorenyl-(2)]-amin, N,N-*dimethylfluoren-2-ylamine* $C_{15}H_{15}N$, Formel II (R = X = CH_3).

B. Aus Fluorenyl-(2)-amin beim Behandeln mit Dimethylsulfat unter Zusatz von Natriumhydroxid (*Bell, Mulholland,* Soc. **1949** 2020), beim Erhitzen mit Dimethylsulfat in Benzol auf 150° (*Weisburger, Quinlin,* Am. Soc. **70** [1948] 3964) sowie beim Behandeln mit Methyljodid und Alkali (*Ziegler et al.,* A. **511** [1934] 64, 84).

Krystalle; F: 179° [aus A. bzw. aus Bzl. + A.] (*Bell, Mu.; Zie. et al.*), 176—178° [aus Bzl.] (*Wei., Qu.*). In 100 ml Äther lösen sich bei 20° 0,1 g (*Zie. et al.*).

Beim Behandeln mit Essigsäure und Natriumnitrit sind Dimethyl-[1-nitro-fluorenyl-(2)]-amin und Dimethyl-[3-nitro-fluorenyl-(2)]-amin erhalten worden (*Bell, Mu.; Namkung, Fletcher,* J. org. Chem. **25** [1960] 740, 741, 743).

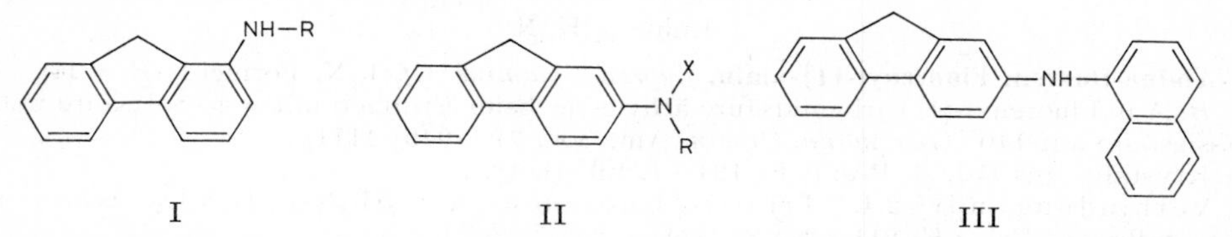

2-[2-Chlor-äthylamino]-fluoren, [2-Chlor-äthyl]-[fluorenyl-(2)]-amin, N-(*2-chloroethyl*)*fluoren-2-ylamine* $C_{15}H_{14}ClN$, Formel II (R = CH_2-CH_2Cl, X = H).

B. Aus 2-[Fluorenyl-(2)-amino]-äthanol-(1) beim Erwärmen mit Phosphor(V)-chlorid in Chloroform oder mit Phosphoroxychlorid (*Ross,* Soc. **1949** 183, 185, 190).

Krystalle (aus PAe.); F: 127—129°.

Bis-[2-chlor-äthyl]-[fluorenyl-(2)]-amin, N,N-*bis(2-chloroethyl)fluoren-2-ylamine* $C_{17}H_{17}Cl_2N$, Formel II (R = X = CH_2-CH_2Cl).

B. Beim Erwärmen von Bis-[2-hydroxy-äthyl]-[fluorenyl-(2)]-amin mit Phosphor(V)-chlorid in Chloroform (*Everett, Ross,* Soc. **1949** 1972, 1974).

Krystalle (aus Bzl.); F: 138°.

2-[4-Nitro-benzylamino]-fluoren, [4-Nitro-benzyl]-[fluorenyl-(2)]-amin, N-(*4-nitrobenzyl*)*fluoren-2-ylamine* $C_{20}H_{16}N_2O_2$, Formel II (R = CH_2-C_6H_4-NO_2, X = H).

B. Bei kurzem Erhitzen von Fluorenyl-(2)-amin mit 4-Nitro-benzylchlorid und Pyridin (*Ufimzew,* Ž. obšč. Chim. **11** [1941] 844; C. A. **1942** 4110).

Braunrote Krystalle (aus A.); F: 141,8—143,2°.

[Naphthyl-(1)]-[fluorenyl-(2)]-amin, N-(*1-naphthyl*)*fluoren-2-ylamine* $C_{23}H_{17}N$, Formel III.

B. Beim Erhitzen von Fluorenyl-(2)-amin mit Naphthol-(1) unter Zusatz von Jod bis auf 220° (*Buu-Hoi, Royer,* Bl. **1946** 379, 381).

Krystalle (aus Bzl.); F: 140°. Im Vakuum destillierbar.

Beim Erhitzen mit Arsen(III)-chlorid in 1-Chlor-naphthalin ist 7-Chlor-13.15-dihydro-7*H*-benz[*h*]indeno[1.2-*b*]phenarsazin erhalten worden.

[Naphthyl-(2)]-[fluorenyl-(2)]-amin, N-(*2-naphthyl*)*fluoren-2-ylamine* $C_{23}H_{17}N$, Formel IV.

B. Beim Erhitzen von Fluorenyl-(2)-amin mit Naphthol-(2) unter Zusatz von Jod bis auf 200° (*Buu-Hoi, Royer,* Bl. **1946** 379, 381).

Krystalle (aus Bzl.); F: 174°. Bei 30 Torr oberhalb 350° destillierbar.

Beim Erhitzen mit Arsen(III)-chlorid in 1-Chlor-naphthalin ist 15-Chlor-9.15-dihydro-7*H*-benz[*a*]indeno[2.1-*i*]phenarsazin erhalten worden.

2-[Fluorenyl-(2)-amino]-äthanol-(1), *2-(fluoren-2-ylamino)ethanol* $C_{15}H_{15}NO$, Formel II (R = CH_2-CH_2OH, X = H).

B. Aus Fluorenyl-(2)-amin und Äthylenoxid bei 90° (*Ross,* Soc. **1949** 183, 185, 190).

Krystalle (aus Bzl.); F: 144—146°.

Bis-[2-hydroxy-äthyl]-[fluorenyl-(2)]-amin, *2,2'-(fluoren-2-ylimino)diethanol* $C_{17}H_{19}NO_2$, Formel II (R = X = CH_2-CH_2OH).

B. Aus Fluorenyl-(2)-amin und Äthylenoxid bei 150° (*Everett, Ross,* Soc. **1949** 1972, 1974, 1980).

Krystalle (aus Bzl.); F: 137°.

[Fluorenyl-(2)]-benzyliden-amin, Benzaldehyd-[fluorenyl-(2)-imin], N-*benzylidene-fluoren-2-ylamine* $C_{20}H_{15}N$, Formel V.

B. Aus Fluorenyl-(2)-amin und Benzaldehyd (*Poraĭ-Koschiz, Efroš*, Izv. Akad. S.S.S.R. Otd. tech. **1938** 43, 58; C. A. **1941** 2879).

Gelbe Krystalle; F: 152°.

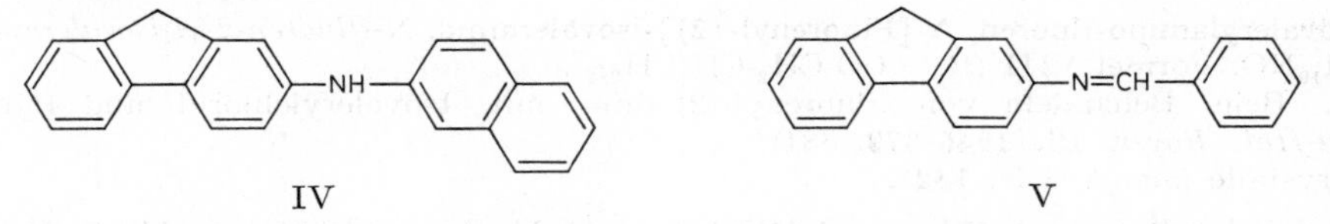

2-Hydroxy-naphthochinon-(1.4)-4-[fluorenyl-(2)-imin], *2-hydroxy-4-(fluoren-2-ylimino)-naphthalen-1*(4H)*-one* $C_{23}H_{15}NO_2$, Formel VI, und **4-[Fluorenyl-(2)-amino]-naphthochinon-(1.2),** *4-(fluoren-2-ylamino)-1,2-naphthoquinone* $C_{23}H_{15}NO_2$, Formel VII.

B. Beim Erhitzen von Fluorenyl-(2)-amin mit dem Natrium-Salz der 1.2-Dioxo-1.2-dihydro-naphthalin-sulfonsäure-(4) in Wasser (*Vonesch, Velasco*, Arch. Farm. Bioquim. Tucumán **1** [1944] 241, 242, 244).

Rote Krystalle (aus A.); F: 180° [Fisher-App.; unter Sublimation].

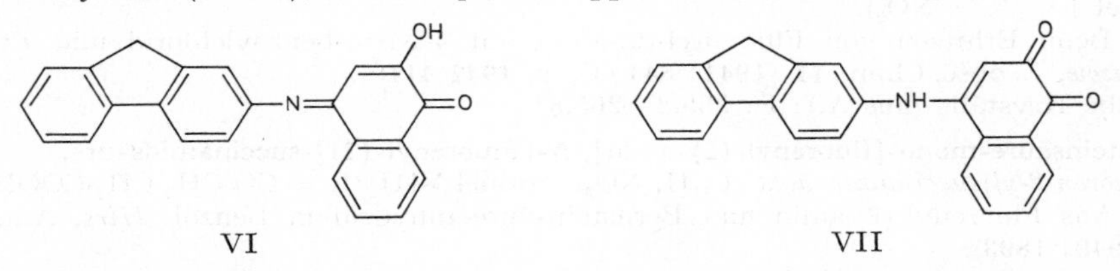

2-Formamino-fluoren, *N*-[Fluorenyl-(2)]-formamid, N-*(fluoren-2-yl)formamide* $C_{14}H_{11}NO$, Formel VIII (R = CHO).

B. Beim Behandeln von Fluorenyl-(2)-amin mit wasserhaltiger Ameisensäure (*Goodyear Tire & Rubber Co.*, U.S.P. 1906314 [1931]).

Krystalle; F: 161—163°.

2-Acetamino-fluoren, *N*-[Fluorenyl-(2)]-acetamid, N-*(fluoren-2-yl)acetamide* $C_{15}H_{13}NO$, Formel VIII (R = CO-CH_3) (H 1331).

B. Aus 1-[Fluorenyl-(2)]-äthanon-(1)-oxim beim Erwärmen mit Chlorwasserstoff in Essigsäure und Acetanhydrid (*Dziewoński, Schnayder*, Bl. Acad. polon. [A] **1930** 529, 532; Roczniki Chem. **11** [1931] 407, 411).

Krystalle (aus Toluol); F: 192—193° (*Dz., Sch.*). In 100 ml Wasser lösen sich bei 25° 1,3 mg (*Westfall*, J. nation. Cancer Inst. **6** [1945] 23, 24, 26).

***C*-Chlor-*N*-[fluoren-(2)-yl]-acetamid,** *2-chloro-*N-*(fluoren-2-yl)acetamide* $C_{15}H_{12}ClNO$, Formel VIII (R = CO-CH_2Cl).

B. Aus Fluorenyl-(2)-amin und Chloracetylchlorid in Äther (*Fel'dman*, Ž. obšč. Chim. **6** [1936] 1234, 1240; C. **1937** I 3960) oder in Pyridin (*Buu-Hoi, Royer*, Bl. **1946** 379, 380).

Krystalle; F: 189° [aus A.] (*Buu-Hoi, Ro.*), 183—185° [aus Toluol] (*Fe.*).

Beim Erhitzen mit Phosphor(V)-chlorid und wenig Phosphoroxychlorid ist 3-Chlor-4-[fluorenyl-(2)-amino]-2-chlormethyl-10*H*-indeno[1.2-*g*]chinolin erhalten worden (*Fe.*).

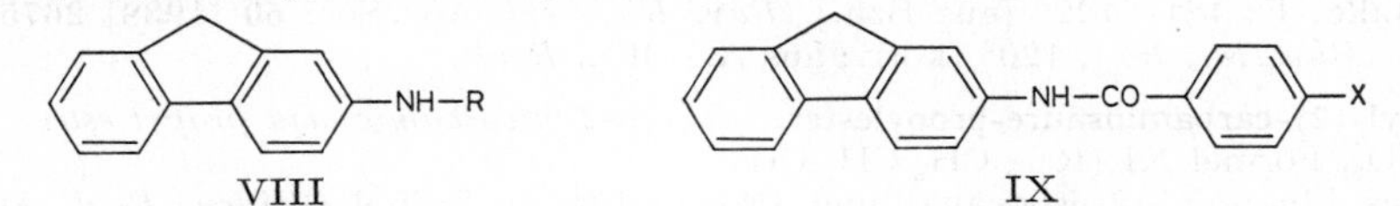

2-Propionylamino-fluoren, *N*-[Fluorenyl-(2)]-propionamid, N-*(fluoren-2-yl)propionamide* $C_{16}H_{15}NO$, Formel VIII (R = CO-CH_2-CH_3).

B. Beim Einleiten von Chlorwasserstoff in eine Lösung von 1-[Fluorenyl-(2)]-propanon-(1)-oxim in Essigsäure und Acetanhydrid (*Dziewoński, Schweiger*, Bl. Acad. polon. [A] **1932** 293, 296).

Krystalle (aus A.); F: 202—203°.

2-Valerylamino-fluoren, *N*-[Fluorenyl-(2)]-valeramid, N-*(fluoren-2-yl)valeramide* $C_{18}H_{19}NO$, Formel VIII (R = CO-$[CH_2]_3$-CH_3).

B. Beim Behandeln von Fluorenyl-(2)-amin mit Valerylchlorid und Pyridin (*Buu-Hoi, Royer*, Bl. **1946** 379, 381).

Krystalle (aus A.); F: 166°.

2-Isovalerylamino-fluoren, *N*-[Fluorenyl-(2)]-isovaleramid, N-*(fluoren-2-yl)isovaleramide* $C_{18}H_{19}NO$, Formel VIII (R = CO-CH_2-$CH(CH_3)_2$).

B. Beim Behandeln von Fluorenyl-(2)-amin mit Isovalerylchlorid und Pyridin (*Buu-Hoi, Royer*, Bl. **1946** 379, 381).

Krystalle (aus A.); F: 142°.

2-Benzamino-fluoren, *N*-[Fluorenyl-(2)]-benzamid, N-*(fluoren-2-yl)benzamide* $C_{20}H_{15}NO$, Formel IX (X = H).

B. Aus Fluorenyl-(2)-amin und Benzoylchlorid in Benzol (*Bachmann, Barton*, J. org. Chem. **3** [1938] 300, 306, 307, 310). Aus Phenyl-[fluorenyl-(2)]-keton-*seqtrans*-oxim (E III **7** 2812) beim Behandeln mit Phosphor(V)-chlorid in Benzol (*Ba., Ba.*).

Krystalle (aus Bzl.); F: 215°.

4-Nitro-*N*-[fluorenyl-(2)]-benzamid, N-*(fluoren-2-yl)-4-nitrobenzamide* $C_{20}H_{14}N_2O_3$, Formel IX (X = NO_2).

B. Beim Erhitzen von Fluorenyl-(2)-amin mit 4-Nitro-benzoylchlorid und Pyridin (*Ufimzew*, Ž. obšč. Chim. **11** [1941] 844; C. A. **1942** 4110).

Gelbe Krystalle (aus A.); F: 265,2—265,8°.

Bernsteinsäure-mono-[fluorenyl-(2)-amid], *N*-[Fluorenyl-(2)]-succinamidsäure, N-*(fluoren-2-yl)succinamic acid* $C_{17}H_{15}NO_3$, Formel VIII (R = CO-CH_2-CH_2-COOH).

B. Aus Fluorenyl-(2)-amin und Bernsteinsäure-anhydrid in Benzol (*Hirs*, Am. Soc. **71** [1949] 1893).

Krystalle (aus Acn.); F: 225° [unkorr.; Zers.].

***N.N'*-Di-[fluorenyl-(2)]-pimelinamid,** N,N'-*di(fluoren-2-yl)pimelamide* $C_{33}H_{30}N_2O_2$, Formel X.

B. Aus Fluorenyl-(2)-amin und Pimeloylchlorid in Äther (*Fel'dman*, Ž. obšč. Chim. **6** [1936] 1234, 1242; C. **1937** I 3960).

Unterhalb 300° nicht schmelzend.

Beim Erwärmen mit Phosphor(V)-chlorid ist 13-[Fluorenyl-(2)-amino]-1.2.3.4-tetra=hydro-7*H*-indeno[1.2-*b*]acridin erhalten worden.

Fluorenyl-(2)-carbamidsäure-methylester, *(fluoren-2-yl)carbamic acid methyl ester* $C_{15}H_{13}NO_2$, Formel XI (R = CH_3).

B. Aus Fluorenyl-(2)-isocyanat und Methanol in Toluol (*Witten, Reid*, Am. Soc. **69** [1947] 2470).

Krystalle; F: 120° [korr.; aus A.] (*Wi., Reid*), 118° (*Ray, Rieveschl*, Am. Soc. **60** [1938] 2675).

Fluorenyl-(2)-carbamidsäure-äthylester, *(fluoren-2-yl)carbamic acid ethyl ester* $C_{16}H_{15}NO_2$, Formel XI (R = C_2H_5).

B. Aus Fluorenyl-(2)-isocyanat und Äthanol in Toluol (*Witten, Reid*, Am. Soc. **69** [1947] 2470). Beim Behandeln von Fluorenyl-(2)-amin mit Chlorameisensäure-äthylester und Kaliumcarbonat in Äther (*Buu-Hoi, Royer*, Bl. **1946** 379, 381).

Krystalle; F: 121—122° [aus Bzn.] (*Ray, Rieveschl*, Am. Soc. **60** [1938] 2675), 121° bis 122° (*Buu-Hoi, Ro.*), 120° [korr.; aus A.] (*Wi., Reid*).

Fluorenyl-(2)-carbamidsäure-propylester, *(fluoren-2-yl)carbamic acid propyl ester* $C_{17}H_{17}NO_2$, Formel XI (R = CH_2-CH_2-CH_3).

B. Aus Fluorenyl-(2)-isocyanat und Propanol-(1) in Toluol (*Witten, Reid*, Am. Soc. **69** [1947] 2470).

Krystalle; F: 114° [korr.; aus A.] (*Wi., Reid*), 113° (*Ray, Rieveschl*, Am. Soc. **60** [1938] 2675).

Fluorenyl-(2)-carbamidsäure-butylester, *(fluoren-2-yl)carbamic acid butyl ester* $C_{18}H_{19}NO_2$, Formel XI (R = $[CH_2]_3$-CH_3).

B. Aus Fluorenyl-(2)-isocyanat und Butanol-(1) in Toluol (*Witten, Reid*, Am. Soc. **69**

[1947] 2470).
Krystalle (aus A.); F: 112° [korr.].

Fluorenyl-(2)-carbamidsäure-pentylester, *(fluoren-2-yl)carbamic acid pentyl ester* $C_{19}H_{21}NO_2$, Formel XI (R = $[CH_2]_4$-CH_3).
B. Aus Fluorenyl-(2)-isocyanat und Pentanol-(1) in Toluol (*Witten, Reid,* Am. Soc. **69** [1947] 2470).
Krystalle (aus A.); F: 93°.

Fluorenyl-(2)-carbamidsäure-hexylester, *(fluoren-2-yl)carbamic acid hexyl ester* $C_{20}H_{23}NO_2$, Formel XI (R = $[CH_2]_5$-CH_3).
B. Aus Fluorenyl-(2)-isocyanat und Hexanol-(1) in Toluol (*Witten, Reid,* Am. Soc. **69** [1947] 2470).
Krystalle (aus A.); F: 98°.

Fluorenyl-(2)-carbamidsäure-heptylester, *(fluoren-2-yl)carbamic acid heptyl ester* $C_{21}H_{25}NO_2$, Formel XI (R = $[CH_2]_6$-CH_3).
B. Aus Fluorenyl-(2)-isocyanat und Heptanol-(1) in Toluol (*Witten, Reid,* Am. Soc. **69** [1947] 2470).
Krystalle (aus A.); F: 97°.

Fluorenyl-(2)-carbamidsäure-octylester, *(fluoren-2-yl)carbamic acid octyl ester* $C_{22}H_{27}NO_2$, Formel XI (R = $[CH_2]_7$-CH_3).
B. Aus Fluorenyl-(2)-isocyanat und Octanol-(1) in Toluol (*Witten, Reid,* Am. Soc. **69** [1947] 2470).
Krystalle (aus A.); F: 119° [korr.].

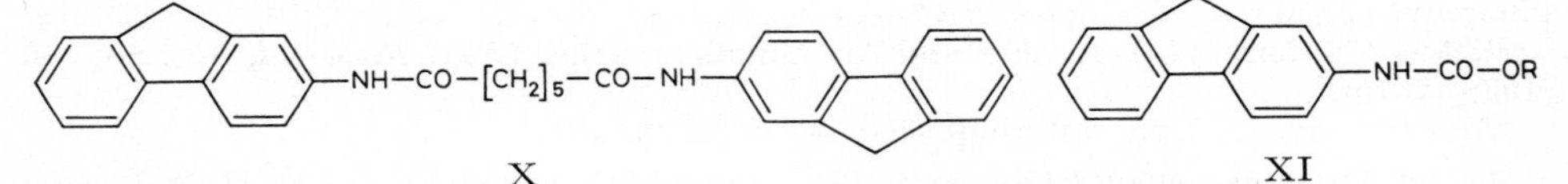

X XI

Fluorenyl-(2)-carbamidsäure-nonylester, *(fluoren-2-yl)carbamic acid nonyl ester* $C_{23}H_{29}NO_2$, Formel XI (R = $[CH_2]_8$-CH_3).
B. Aus Fluorenyl-(2)-isocyanat und Nonanol-(1) in Toluol (*Witten, Reid,* Am. Soc. **69** [1947] 2470).
Krystalle (aus A.); F: 110° [korr.].

Fluorenyl-(2)-carbamidsäure-decylester, *(fluoren-2-yl)carbamic acid decyl ester* $C_{24}H_{31}NO_2$, Formel XI (R = $[CH_2]_9$-CH_3).
B. Aus Fluorenyl-(2)-isocyanat und Decanol-(1) in Toluol (*Witten, Reid,* Am. Soc. **69** [1947] 2470).
Krystalle (aus A.); F: 100° [korr.].

Fluorenyl-(2)-carbamidsäure-undecylester, *(fluoren-2-yl)carbamic acid undecyl ester* $C_{25}H_{33}NO_2$, Formel XI (R = $[CH_2]_{10}$-CH_3).
B. Aus Fluorenyl-(2)-isocyanat und Undecanol-(1) in Toluol (*Witten, Reid,* Am. Soc. **69** [1947] 2470).
Krystalle (aus A.); F: 109° [korr.].

Fluorenyl-(2)-carbamidsäure-dodecylester, *(fluoren-2-yl)carbamic acid dodecyl ester* $C_{26}H_{35}NO_2$, Formel XI (R = $[CH_2]_{11}$-CH_3).
B. Aus Fluorenyl-(2)-isocyanat und Dodecanol-(1) in Toluol (*Witten, Reid,* Am. Soc. **69** [1947] 2470).
Krystalle (aus A.); F: 112° [korr.].

Fluorenyl-(2)-carbamidsäure-tridecylester, *(fluoren-2-yl)carbamic acid tridecyl ester* $C_{27}H_{37}NO_2$, Formel XI (R = $[CH_2]_{12}$-CH_3).
B. Aus Fluorenyl-(2)-isocyanat und Tridecanol-(1) in Toluol (*Witten, Reid,* Am. Soc. **69** [1947] 2470).
Krystalle (aus A.); F: 107° [korr.].

Fluorenyl-(2)-carbamidsäure-tetradecylester, *(fluoren-2-yl)carbamic acid tetradecyl ester* $C_{28}H_{39}NO_2$, Formel XI (R = $[CH_2]_{13}$-CH_3).
B. Aus Fluorenyl-(2)-isocyanat und Tetradecanol-(1) in Toluol (*Witten, Reid,* Am.

Soc. **69** [1947] 2470).
Krystalle (aus A.); F: 106° [korr.].

Fluorenyl-(2)-carbamidsäure-pentadecylester, *(fluoren-2-yl)carbamic acid pentadecyl ester* $C_{29}H_{41}NO_2$, Formel XI (R = $[CH_2]_{14}$-CH_3).
B. Aus Fluorenyl-(2)-isocyanat und Pentadecanol-(1) in Toluol (*Witten, Reid,* Am. Soc. **69** [1947] 2470).
Krystalle (aus A.); F: 108° [korr.].

Fluorenyl-(2)-carbamidsäure-hexadecylester, *(fluoren-2-yl)carbamic acid hexadecyl ester* $C_{30}H_{43}NO_2$, Formel XI (R = $[CH_2]_{15}$-CH_3).
B. Aus Fluorenyl-(2)-isocyanat und Hexadecanol-(1) in Toluol (*Witten, Reid,* Am. Soc. **69** [1947] 2470).
Krystalle (aus A.); F: 108° [korr.].

Fluorenyl-(2)-carbamidsäure-heptadecylester, *(fluoren-2-yl)carbamic acid heptadecyl ester* $C_{31}H_{45}NO_2$, Formel XI (R = $[CH_2]_{16}$-CH_3).
B. Aus Fluorenyl-(2)-isocyanat und Heptadecanol-(1) in Toluol (*Witten, Reid,* Am. Soc. **69** [1947] 2470).
Krystalle (aus A.); F: 108° [korr.].

Fluorenyl-(2)-carbamidsäure-octadecylester, *(fluoren-2-yl)carbamic acid octadecyl ester* $C_{32}H_{47}NO_2$, Formel XI (R = $[CH_2]_{17}$-CH_3).
B. Aus Fluorenyl-(2)-isocyanat und Octadecanol-(1) in Toluol (*Witten, Reid,* Am. Soc. **69** [1947] 2470).
Krystalle (aus A.); F: 107° [korr.].

Fluorenyl-(2)-harnstoff, *(fluoren-2-yl)urea* $C_{14}H_{12}N_2O$, Formel XII.
B. Aus Fluorenyl-(2)-isocyanat und Ammoniak in Äther (*Ray, Rieveschl,* Am. Soc. **60** [1938] 2675).
Krystalle (aus A.), die unterhalb 360° nicht schmelzen.

***N*-Phenyl-*N'*-[fluorenyl-(2)]-harnstoff,** *1-(fluoren-2-yl)-3-phenylurea* $C_{20}H_{16}N_2O$, Formel XIII (R = X = H).
B. Aus Fluorenyl-(2)-isocyanat und Anilin sowie aus Fluorenyl-(2)-amin und Phenyl≈isocyanat (*Ray, Rieveschl,* Am. Soc. **60** [1938] 2675).
Krystalle (aus Dioxan); F: 305° [Block].

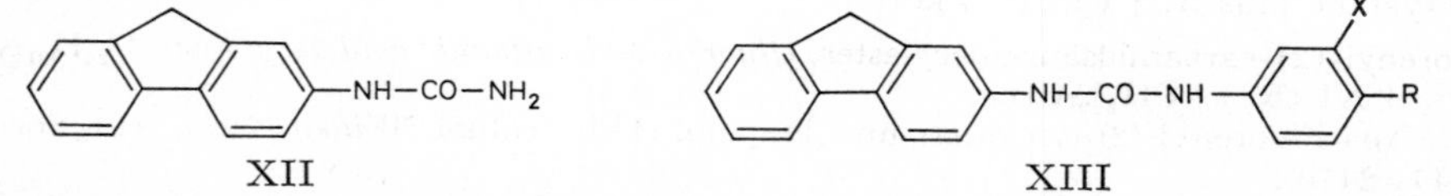

***N*-[3-Chlor-phenyl]-*N'*-[fluorenyl-(2)]-harnstoff,** *1-*(m-*chlorophenyl)-3-(fluoren-2-yl)urea* $C_{20}H_{15}ClN_2O$, Formel XIII (R = H, X = Cl).
B. Beim Erhitzen von Fluorenyl-(2)-amin mit 3-Chlor-benzoylazid in Benzol oder Toluol (*Sah et al.,* J. Chin. chem. Soc. **13** [1946] 22, 26, 37).
Krystalle (aus E.); F: 271° [korr.; Zers.].

***N*-[4-Chlor-phenyl]-*N'*-[fluorenyl-(2)]-harnstoff,** *1-*(p-*chlorophenyl)-3-(fluoren-2-yl)urea* $C_{20}H_{15}ClN_2O$, Formel XIII (R = Cl, X = H).
B. Beim Erhitzen von Fluorenyl-(2)-amin mit 4-Chlor-benzoylazid in Benzol oder Toluol (*Sah et al.,* J. Chin. chem. Soc. **13** [1946] 22, 26, 40).
Krystalle (aus Acn.); F: 286° [korr.].

***N*-[2-Nitro-phenyl]-*N'*-[fluorenyl-(2)]-harnstoff,** *1-(fluoren-2-yl)-3-*(o-*nitrophenyl)urea* $C_{20}H_{15}N_3O_3$, Formel I.
B. Beim Erhitzen von Fluorenyl-(2)-amin mit 2-Nitro-benzoylazid in Benzol oder Toluol (*Sah et al.,* J. Chin. chem. Soc. **13** [1946] 22, 26, 29).
Gelbe Krystalle (aus A.); F: 225° [korr.].

***N.N'*-Di-[fluorenyl-(2)]-harnstoff,** *1,3-di(fluoren-2-yl)urea* $C_{27}H_{20}N_2O$, Formel II.
B. Beim Behandeln von Fluorenyl-(2)-isocyanat mit Fluorenyl-(2)-amin oder mit Wasser (*Ray, Rieveschl,* Am. Soc. **60** [1938] 2675).
Krystalle (aus Py.), die unterhalb 360° nicht schmelzen.

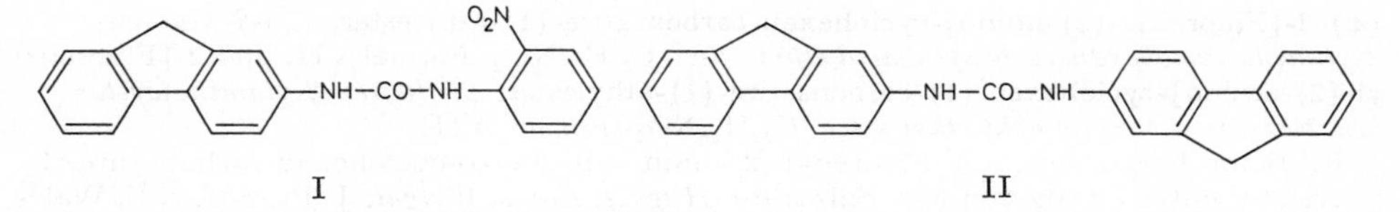

I II

Fluorenyl-(2)-isocyanat, *isocyanic acid fluoren-2-yl ester* $C_{14}H_9NO$, Formel III.

B. Beim Einleiten von Phosgen in eine heisse Suspension von Fluorenyl-(2)-amin-hydrochlorid in Toluol (*Ray, Rieveschl,* Am. Soc. **60** [1938] 2675; *Witten, Reid,* Am. Soc. **69** [1947] 2470).

Krystalle (aus Bzn.); F: 69—70° (*Ray, Rie.*; *Wi., Reid*).

***N*-[Fluorenyl-(2)]-glycin,** N-*(fluoren-2-yl)glycine* $C_{15}H_{13}NO_2$, Formel IV (R = CH_2-COOH).

B. Beim Erhitzen von Fluorenyl-(2)-amin mit Bromessigsäure und Natriumcarbonat in wss. Äthanol (*Hirs,* Am. Soc. **71** [1949] 1893).

Krystalle (aus A.); F: 157° [unkorr.; Zers.].

III IV

3-Hydroxy-*N*-[fluorenyl-(2)]-naphthamid-(2), N-*(fluoren-2-yl)-3-hydroxy-2-naphthamide* $C_{24}H_{17}NO_2$, Formel V.

B. Beim Eintragen von Phosphor(III)-chlorid in ein warmes Gemisch von Fluorenyl-(2)-amin und 3-Hydroxy-naphthoesäure-(2) in Chlorbenzol und anschliessenden Erhitzen (*Gen. Aniline Works,* U.S.P. 1936926 [1932]; *I.G. Farbenind.,* Schweiz.P. 160333 [1932]).

Krystalle (aus Benzylalkohol oder Trichlorbenzol); F: 279—280° [Zers.]. In äthanol. Alkalilaugen mit gelber Farbe und grüner Fluorescenz löslich.

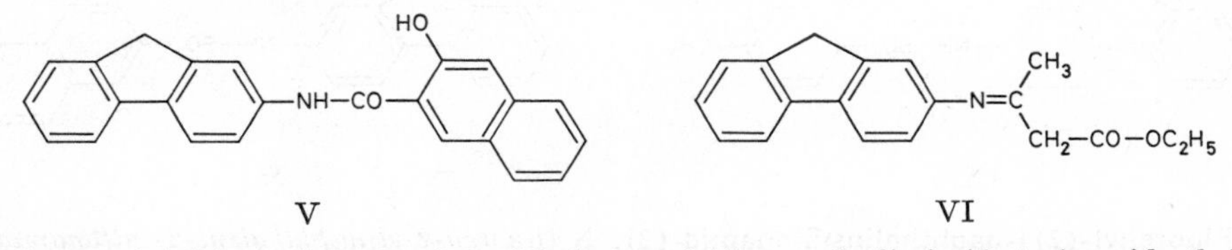

V VI

3-[Fluorenyl-(2)-imino]-buttersäure-äthylester, *3-(fluoren-2-ylimino)butyric acid ethyl ester* $C_{19}H_{19}NO_2$, Formel VI, und **3-[Fluorenyl-(2)-amino]-crotonsäure-äthylester,** *3-(fluoren-2-ylamino)crotonic acid ethyl ester* $C_{19}H_{19}NO_2$, Formel IV (R = $C(CH_3)$=CH-CO-OC_2H_5).

B. Beim Erwärmen von Fluorenyl-(2)-amin mit Acetessigsäure-äthylester unter Zusatz von wss. Salzsäure (*Hughes, Lions, Wright,* J. Pr. Soc. N.S. Wales **71** [1937/38] 449, 452).

Krystalle (aus Me.); F: 96° (*Hu., Li., Wr.*).

Beim Eintragen in Paraffinöl bei 280° ist eine als 3-Methyl-11*H*-indeno[2.1-*f*]chinolin-ol-(1) angesehene, nach *Campbell, Temple* (Soc. **1957** 207; s. a. *Bell, Mulholland,* Soc. **1949** 2020) aber vermutlich als 2-Methyl-10*H*-indeno[1.2-*g*]chinolinol-(4) zu formulierende Verbindung vom F: 290° erhalten worden (*Hu., Li., Wr.*).

***N*-[Fluorenyl-(2)]-acetoacetamid,** N-*(fluoren-2-yl)acetoacetamide* $C_{17}H_{15}NO_2$, Formel IV (R = CO-CH_2-CO-CH_3) und Tautomeres.

B. Beim Eintragen von Fluorenyl-(2)-amin in Acetessigsäure-äthylester bei 160° (*Hughes, Lions, Wright,* J. Pr. Soc. N.S. Wales **71** [1937/38] 449, 453).

F: 145—146° [aus A.] (*Hu., Li., Wr.*).

Beim Behandeln mit Schwefelsäure ist eine als 1-Methyl-11*H*-indeno[2.1-*f*]chinolin-ol-(3) angesehene, nach *Campbell, Temple* (Soc. **1957** 207; s. a. *Bell, Mulholland,* Soc. **1949** 2020) aber vermutlich als 4-Methyl-10*H*-indeno[1.2-*g*]chinolinol-(2) zu formulierende Verbindung vom F: 265° erhalten worden (*Hu., Li., Wr.*).

(±)-2-[Fluorenyl-(2)-imino]-cyclohexan-carbonsäure-(1)-äthylester, (±)-*2-(fluoren-2-ylimino)cyclohexanecarboxylic acid ethyl ester* $C_{22}H_{23}NO_2$, Formel VII, und **2-[Fluorenyl-(2)-amino]-cyclohexen-(1)-carbonsäure-(1)-äthylester,** *2-(fluoren-2-ylamino)cyclohex-1-ene-1-carboxylic acid ethyl ester* $C_{22}H_{23}NO_2$, Formel VIII.

B. Beim Erwärmen von Fluorenyl-(2)-amin mit 2-Oxo-cyclohexan-carbonsäure-(1)-äthylester unter Zusatz von wss. Salzsäure (*Hughes, Lions, Wright,* J. Pr. Soc. N.S. Wales **71** [1937/38] 449, 453).

Krystalle (aus Me.); F: 110° (*Hu., Li., Wr.*).

Beim Eintragen in Paraffinöl bei 290° ist eine als 2.3.4.12-Tetrahydro-1*H*-indeno[2.1-*a*]acridinol-(13) angesehene, nach *Campbell, Temple* (Soc. **1957** 207; s. a. *Bell, Mulholland,* Soc. **1949** 2020) aber vermutlich als 2.3.4.7-Tetrahydro-1*H*-indeno[1.2-*b*]acridinol-(13) zu formulierende Verbindung vom F: 300° erhalten worden (*Hu., Li., Wr.*).

VII VIII

***N*-[Fluorenyl-(2)]-toluolsulfonamid-(4),** N-*(fluoren-2-yl)*-p-*toluenesulfonamide* $C_{20}H_{17}NO_2S$, Formel IX (R = X = H).

B. Beim Erwärmen von Fluorenyl-(2)-amin mit Toluol-sulfonylchlorid-(4) und Pyridin (*Campbell, Anderson, Gilmore,* Soc. **1940** 446, 450; *Buu-Hoi et al.,* Bl. **1947** 128, 134).

Krystalle; F: 161° [aus Eg.] (*Bell, Mulholland,* Soc. **1949** 2020), 157—158° [aus Eg.] (*Ca., An., Gi.*), 155—156° [aus Toluol] (*Buu-Hoi et al.*).

Reaktionen mit Brom in Pyridin und in Chloroform: *Bell, Mu.*; s. a. *Ca., An., Gi.* Bildung von *N*-[3.7-Dinitro-fluorenyl-(2)]-toluolsulfonamid-(4) beim Behandeln mit Salpetersäure und Essigsäure: *Namkung, Fletcher,* J. org. Chem. **25** [1960] 740, 741, 742; s. dagegen *Bell, Mu.*

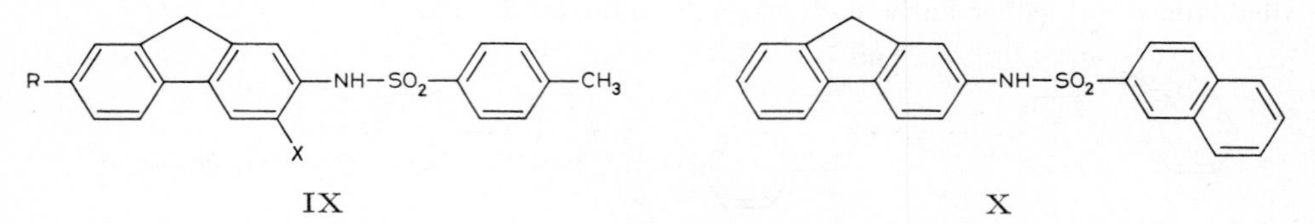

IX X

***N*-[Fluorenyl-(2)]-naphthalinsulfonamid-(2),** N-*(fluoren-2-yl)naphthalene-2-sulfonamide* $C_{23}H_{17}NO_2S$, Formel X.

B. Beim Behandeln von Fluorenyl-(2)-amin mit Naphthalin-sulfonylchlorid-(2) und Pyridin (*Buu-Hoi et al.,* Bl. **1947** 128, 135).

Krystalle (aus A. + Bzl.); F: 162°.

7-Chlor-2-amino-fluoren, 7-Chlor-fluorenyl-(2)-amin, *7-chlorofluoren-2-ylamine* $C_{13}H_{10}ClN$, Formel XI (R = H, X = Cl) (E II 779).

B. Aus 7-Chlor-2-nitro-fluoren beim Erhitzen mit Zink und wss. Äthanol (*Schulman,* J. org. Chem. **14** [1949] 382, 387).

Krystalle (aus wss. A.); F: 139° [unkorr.].

7-Chlor-2-acetamino-fluoren, *N*-[7-Chlor-fluorenyl-(2)]-acetamid, N-*(7-chlorofluoren-2-yl)acetamide* $C_{15}H_{12}ClNO$, Formel XI (R = CO-CH_3, X = Cl).

B. Aus 7-Chlor-fluorenyl-(2)-amin beim Erwärmen mit Acetanhydrid und Essigsäure (*Schulman,* J. org. Chem. **14** [1949] 382, 387).

Krystalle (aus Eg.); F: 230—231° [unkorr.].

3-Brom-2-amino-fluoren, 3-Brom-fluorenyl-(2)-amin, *3-bromofluoren-2-ylamine* $C_{13}H_{10}BrN$, Formel XII (R = X = H).

Konstitution: *Fletcher, Pan,* Am. Soc. **78** [1956] 4812.

B. In geringer Menge beim Behandeln von Fluorenyl-(2)-amin mit Brom in Essigsäure (*Bell, Mulholland,* Soc. **1949** 2020).

Krystalle (aus A.); F: 143° (*Bell, Mu.*).

3-Brom-2-acetamino-fluoren, *N*-[3-Brom-fluorenyl-(2)]-acetamid, N-(*3-bromofluoren-2-yl)acetamide* $C_{15}H_{12}BrNO$, Formel XII (R = CO-CH_3, X = H).

Konstitution: *Fletcher, Pan,* Am. Soc. **78** [1956] 4812.

B. Aus 3-Brom-fluorenyl-(2)-amin (*Bell, Mulholland,* Soc. **1949** 2020).

Krystalle; F: 208—209° [korr.; Fisher-Johns-App.] (*Fl., Pan*), 206—207° [aus Eg.] (*Bell, Mu.*).

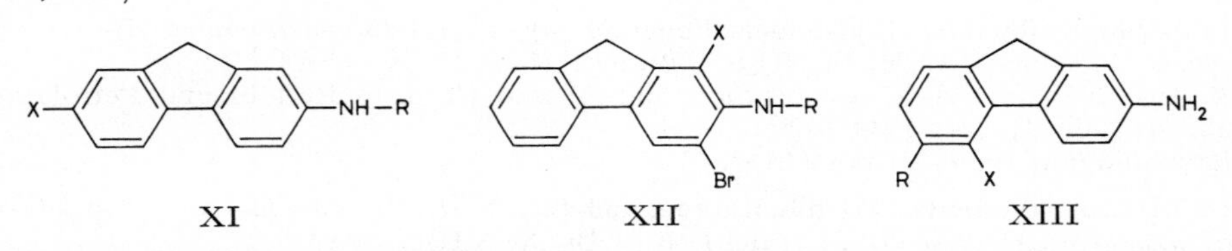

***N*-[3-Brom-fluorenyl-(2)]-toluolsulfonamid-(4),** N-(*3-bromofluoren-2-yl*)-p-*toluenesulfonamide* $C_{20}H_{16}BrNO_2S$, Formel IX (R = H, X = Br).

B. Aus *N*-[Fluorenyl-(2)]-toluolsulfonamid-(4) und Brom in Pyridin und Benzin (*Bell, Mulholland,* Soc. **1949** 2020).

Krystalle (aus Bzl. oder Eg.); F: 155—156°.

Beim Behandeln mit Brom in Chloroform ist *N*-[3.7-Dibrom-fluorenyl-(2)]-toluolsulfonamid-(4) erhalten worden.

5-Brom-2-amino-fluoren, 5-Brom-fluorenyl-(2)-amin, *5-bromofluoren-2-ylamine* $C_{13}H_{10}BrN$, Formel XIII (R = H, X = Br), und **6-Brom-2-amino-fluoren, 6-Brom-fluorenyl-(2)-amin,** *6-bromofluoren-2-ylamine* $C_{13}H_{10}BrN$, Formel XIII (R = Br, X = H).

Eine Verbindung (Krystalle [aus wss. A.], F: 105°; *N*-Acetyl-Derivat: F: 175° [aus A.]), für die diese beiden Formeln in Betracht kommen, ist beim Erhitzen von 5(oder 6)-Brom-2-amino-fluorenon-(9) (F: 199°) mit Zinn(II)-chlorid und wss.-äthanol. Salzsäure erhalten worden (*Guglialmelli, Franco,* An. Asoc. quim. arg. **25** [1937] 1, 25).

7-Brom-2-amino-fluoren, 7-Brom-fluorenyl-(2)-amin, *7-bromofluoren-2-ylamine* $C_{13}H_{10}BrN$, Formel XI (R = H, X = Br) (E II 780).

B. Aus (±)-7.9-Dibrom-2-nitro-fluoren beim Behandeln mit Zink und wss. Ammoniak (*Courtot, Kronstein,* C. r. **208** [1939] 1230).

7-Brom-2-acetamino-fluoren, *N*-[7-Brom-fluorenyl-(2)]-acetamid, N-(*7-bromofluoren-2-yl)acetamide* $C_{15}H_{12}BrNO$, Formel XI (R = CO-CH_3, X = Br).

B. Beim Behandeln von 7-Brom-fluorenyl-(2)-amin in heissem Tetralin mit Acetanhydrid (*Campbell, Anderson, Gilmore,* Soc. **1940** 446, 450). Als Hauptprodukt beim Behandeln von *N*-[Fluorenyl-(2)]-acetamid mit Brom (2 Mol) in warmem Chloroform (*Bell, Mulholland,* Soc. **1949** 2020).

Krystalle; F: 229—231° [aus *O*-Äthyl-diäthylenglykol sowie durch Sublimation] (*Ca., An., Gi.*), 228° [aus A.] (*Bell, Mu.*).

Beim Behandeln mit Brom in Chloroform ist *N*-[3.7-Dibrom-fluorenyl-(2)]-acetamid erhalten worden (*Ca., An., Gi.*; *Bell, Mu.*).

7-Brom-2-benzamino-fluoren, *N*-[7-Brom-fluorenyl-(2)]-benzamid, N-(*7-bromofluoren-2-yl)benzamide* $C_{20}H_{14}BrNO$, Formel XI (R = CO-C_6H_5, X = Br).

B. Aus 7-Brom-fluorenyl-(2)-amin (*Courtot, Kronstein,* C. r. **208** [1939] 1230, 1232).

Krystalle (aus Nitrobenzol); F: 265—266°.

***N*-[7-Brom-fluorenyl-(2)]-toluolsulfonamid-(4),** N-(*7-bromofluoren-2-yl*)-p-*toluenesulfonamide* $C_{20}H_{16}BrNO_2S$, Formel IX (R = Br, X = H).

B. Beim Behandeln von 7-Brom-fluorenyl-(2)-amin mit Toluol-sulfonylchlorid-(4) und Pyridin (*Campbell, Anderson, Gilmore,* Soc. **1940** 446, 449). Neben *N*-[3-Brom-fluorenyl-(2)]-toluolsulfonamid-(4) beim Erwärmen von *N*-[Fluorenyl-(2)]-toluolsulfonamid-(4) mit Brom in Chloroform (*Bell, Mulholland,* Soc. **1949** 2020).

Krystalle; F: 211° [aus Isopropylalkohol] (*Ca., An., Gi.*), 210° [aus Eg.] (*Bell, Mu.*).

Beim Behandeln mit Brom (1 Mol) in Pyridin ist *N*-[3.7-Dibrom-fluorenyl-(2)]-toluolsulfonamid-(4) erhalten worden (*Ca., An., Gi.*; *Bell, Mu.*).

1.3-Dibrom-2-amino-fluoren, 1.3-Dibrom-fluorenyl-(2)-amin, *1,3-dibromofluoren-2-ylamine* $C_{13}H_9Br_2N$, Formel XII (R = H, X = Br).

B. Aus Fluorenyl-(2)-amin und Brom in Essigsäure sowie aus *N*-[1.3-Dibrom-fluorenyl-(2)]-toluolsulfonamid-(4) mit Hilfe von Schwefelsäure (*Bell, Mulholland*, Soc. **1949** 2020).

Krystalle (aus Bzl.); F: 176—179°.

***N*-[1.3-Dibrom-fluorenyl-(2)]-toluolsulfonamid-(4),** N-(*1,3-dibromofluoren-2-yl*)-p-*toluenesulfonamide* $C_{20}H_{15}Br_2NO_2S$, Formel I (R = H, X = Br).

B. Aus *N*-[Fluorenyl-(2)]-toluolsulfonamid-(4) und Brom in Pyridin und Petroläther (*Bell, Mulholland*, Soc. **1949** 2020).

Krystalle (aus Bzl.); F: 214—215°.

***N*-[1.7-Dibrom-fluorenyl-(2)]-toluolsulfonamid-(4),** N-(*1,7-dibromofluoren-2-yl*)-p-*toluenesulfonamide* $C_{20}H_{15}Br_2NO_2S$, Formel I (R = Br, X = H).

B. Beim Erwärmen von *N*-[1-Brom-fluorenyl-(2)]-toluolsulfonamid-(4) ($C_{20}H_{16}BrNO_2S$; aus *N*-[Fluorenyl-(2)]-toluolsulfonamid-(4) und Brom in Pyridin und Petroläther hergestellt) mit Brom in Chloroform (*Bell, Mulholland*, Soc. **1949** 2020).

Krystalle; F: 202—203°.

3.7-Dibrom-2-amino-fluoren, 3.7-Dibrom-fluorenyl-(2)-amin, *3,7-dibromofluoren-2-ylamine* $C_{13}H_9Br_2N$, Formel II (R = X = H).

B. Aus *N*-[3.7-Dibrom-fluorenyl-(2)]-toluolsulfonamid-(4) beim Behandeln mit Schwefelsäure (*Campbell, Anderson, Gilmore*, Soc. **1940** 446, 450; *Bell, Mulholland*, Soc. **1949** 2020).

Krystalle (aus A.); F: 148° (*Bell, Mu.*), 135° (*Ca., An., Gi.*).

3.7-Dibrom-2-acetamino-fluoren, *N*-[3.7-Dibrom-fluorenyl-(2)]-acetamid, N-(*3,7-dibromofluoren-2-yl*)*acetamide* $C_{15}H_{11}Br_2NO$, Formel II (R = CO-CH_3, X = H).

B. Aus 3.7-Dibrom-fluorenyl-(2)-amin und Acetanhydrid in Tetralin (*Campbell, Anderson, Gilmore*, Soc. **1940** 446, 450). Aus *N*-[7-Brom-fluorenyl-(2)]-acetamid und Brom in Chloroform und Pyridin (*Ca., An., Gi.*). Aus *N*-[3-Brom-fluorenyl-(2)]-acetamid und Brom in Chloroform (*Bell, Mulholland*, Soc. **1949** 2020).

Krystalle; F: 272° [nach Sublimation] (*Ca., An., Gi.*), 265° [Zers.; aus Brombenzol] (*Bell, Mu.*).

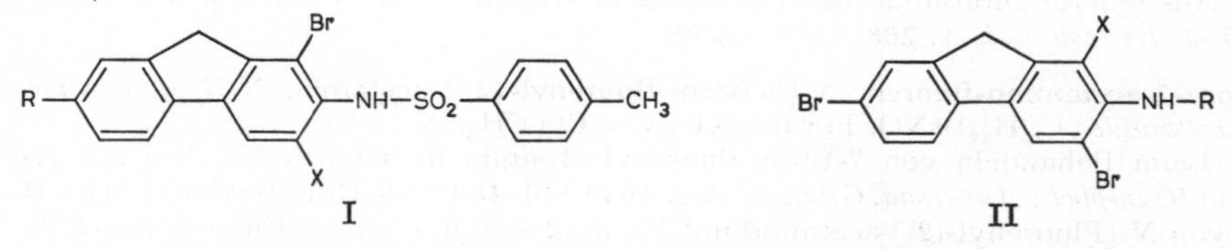

***N*-[3.7-Dibrom-fluorenyl-(2)]-toluolsulfonamid-(4),** N-(*3,7-dibromofluoren-2-yl*)-p-*toluenesulfonamide* $C_{20}H_{15}Br_2NO_2S$, Formel III (X = H).

B. Aus *N*-[Fluorenyl-(2)]-toluolsulfonamid-(4) und Brom in Chloroform (*Campbell, Anderson, Gilmore*, Soc. **1940** 446, 450; *Bell, Mulholland*, Soc. **1949** 2020). Aus *N*-[7-Brom-fluorenyl-(2)]-toluolsulfonamid-(4) und Brom in Pyridin (*Bell, Mu.*) oder in Chloroform (*Ca., An., Gi.*).

Krystalle; F: 203° [aus E. oder aus *O*-Äthyl-diäthylenglykol] (*Bell, Mu.*; *Ca., An., Gi.*).

1.3.7-Tribrom-2-amino-fluoren, 1.3.7-Tribrom-fluorenyl-(2)-amin, *1,3,7-tribromofluoren-2-ylamine* $C_{13}H_8Br_3N$, Formel II (R = H, X = Br) (E II 780; dort als x-Tribrom-2-amino-fluoren bezeichnet).

Konstitution: *Bell, Mulholland*, Soc. **1949** 2020.

Krystalle (aus Xylol); F: 205°.

1.3.7-Tribrom-2-acetamino-fluoren, *N*-[1.3.7-Tribrom-fluorenyl-(2)]-acetamid, N-(*1,3,7-tribromofluoren-2-yl*)*acetamide* $C_{15}H_{10}Br_3NO$, Formel II (R = CO-CH_3, X = Br).

B. Aus 1.3.7-Tribrom-fluorenyl-(2)-amin und Acetanhydrid (*Bell, Mullholland*, Soc. **1949** 2020).

Krystalle (aus Eg.); F: 241°.

N-[1.3.7-Tribrom-fluorenyl-(2)]-toluolsulfonamid-(4), N-*(1,3,7-tribromofluoren-2-yl)*-p-*toluenesulfonamide* $C_{20}H_{14}Br_3NO_2S$, Formel III (X = Br).

B. Aus *N*-[3.7-Dibrom-fluorenyl-(2)]-toluolsulfonamid-(4) und Brom in Pyridin (*Bell, Mulholland,* Soc. **1949** 2020).

Krystalle (aus Eg.); F: 215°.

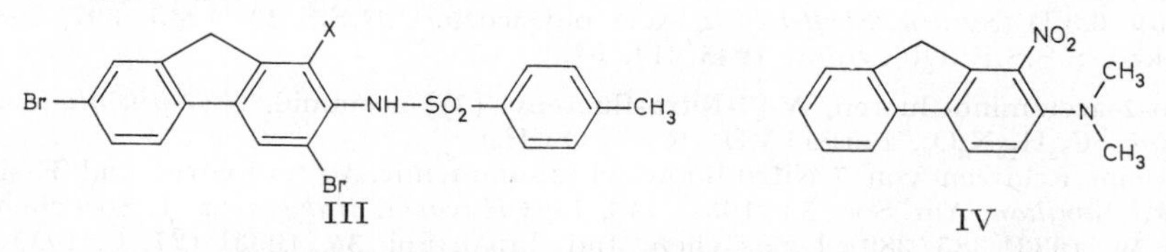

1-Nitro-2-dimethylamino-fluoren, Dimethyl-[1-nitro-fluorenyl-(2)]-amin, N,N-*dimethyl-1-nitrofluoren-2-ylamine* $C_{15}H_{14}N_2O_2$, Formel IV.

B. Neben Dimethyl-[3-nitro-fluorenyl-(2)]-amin beim Behandeln von Dimethyl-[fluorenyl-(2)]-amin mit Natriumnitrit und Essigsäure (*Bell, Mulholland,* Soc. **1949** 2020; *Namkung, Fletcher,* J. org. Chem. **25** [1960] 740, 743).

Krystalle (aus Me.); F: 125,5–126,5° (*Na., Fl.*).

Beim Behandeln mit Salpetersäure und Essigsäure ist Nitroso-methyl-[1.3-dinitro-fluorenyl-(2)]-amin erhalten worden (*Bell, Mu.*; *Na., Fl.*).

3-Nitro-2-amino-fluoren, 3-Nitro-fluorenyl-(2)-amin, *3-nitrofluoren-2-ylamine* $C_{13}H_{10}N_2O_2$, Formel V (R = X = H) (H 1331; E II 780).

B. Aus *N*-[3-Nitro-fluorenyl-(2)]-toluolsulfonamid-(4) beim Behandeln mit Schwefelsäure (*Bell, Mulholland,* Soc. **1949** 2020).

F: 202° (*Bell, Mu.*). UV-Spektrum (A.): *Hayashi, Nakayama,* J. Soc. chem. Ind. Japan Spl. **36** [1933] 127, 129.

3-Nitro-2-dimethylamino-fluoren, Dimethyl-[3-nitro-fluorenyl-(2)]-amin, N,N-*dimethyl-3-nitrofluoren-2-ylamine* $C_{15}H_{14}N_2O_2$, Formel V (R = X = CH_3).

B. s. o. im Artikel Dimethyl-[1-nitro-fluorenyl-(2)]-amin.

Krystalle (aus Bzn.); F: 107–108° (*Namkung, Fletcher,* J. org. Chem. **25** [1960] 740, 743).

Beim Behandeln mit Salpetersäure und Essigsäure ist Nitroso-methyl-[1.3-dinitro-fluorenyl-(2)]-amin erhalten worden (*Bell, Mulholland,* Soc. **1949** 2020; *Na., Fl.*).

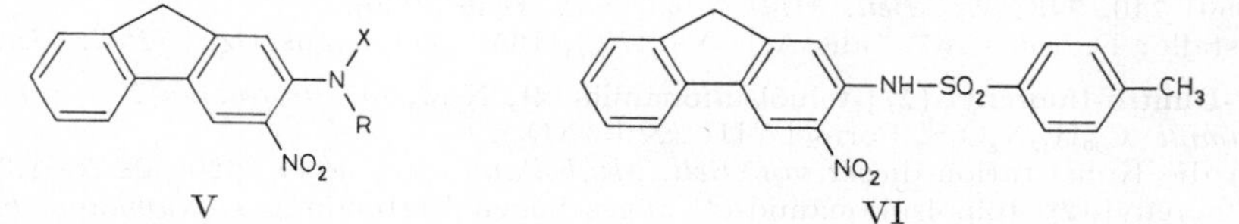

3-Nitro-2-acetamino-fluoren, N-[3-Nitro-fluorenyl-(2)]-acetamid, N-*(3-nitrofluoren-2-yl)acetamide* $C_{15}H_{12}N_2O_3$, Formel V (R = CO-CH_3, X = H).

B. Beim Erwärmen von 3-Nitro-fluorenyl-(2)-amin mit Acetanhydrid und Essigsäure (*Hayashi, Nakayama,* J. Soc. chem. Ind. Japan **36** [1933] 385, 389; J. Soc. chem. Ind. Japan Spl. **36** [1933] 127; C. **1933** II 59) oder mit Acetanhydrid und wenig Schwefelsäure (*Bell, Mulholland,* Soc. **1949** 2020).

Gelbe Krystalle; F: 200–201° [aus Eg.] (*Ha., Na.*), 200° (*Bell, Mu.*). UV-Spektrum (A.): *Ha., Na.*

N-[3-Nitro-fluorenyl-(2)]-toluolsulfonamid-(4), N-*(3-nitrofluoren-2-yl)*-p-*toluenesulfonamide* $C_{20}H_{16}N_2O_4S$, Formel VI.

B. Beim Behandeln von 3-Nitro-fluorenyl-(2)-amin mit Toluol-sulfonylchlorid-(4) und Pyridin (*Bell, Mulholland,* Soc. **1949** 2020). Aus *N*-[Fluorenyl-(2)]-toluolsulfonamid-(4) beim Behandeln mit Salpetersäure und Essigsäure (*Bell, Mu.*).

Krystalle; F: 198–201°.

Beim Behandeln mit Salpetersäure und Essigsäure ist *N*-[3.7-Dinitro-fluorenyl-(2)]-toluolsulfonamid-(4) erhalten worden (*Namkung, Fletcher,* J. org. Chem. **25** [1960] 740, 742; vgl. *Bell, Mu.*).

7-Nitro-2-amino-fluoren, 7-Nitro-fluorenyl-(2)-amin, *7-nitrofluoren-2-ylamine* $C_{13}H_{10}N_2O_2$, Formel VII (R = H) (H 1331; E II 780).

B. Beim Einleiten von Schwefelwasserstoff in eine heisse Lösung von 2.7-Dinitrofluoren in wss.-äthanol. Ammoniak (*Cislak, Hamilton,* Am. Soc. **53** [1931] 746, 748).

Orangerote Krystalle (aus A.); F: 228—229° [korr.] (*Ci., Ha.*). Dipolmoment (ε; Dioxan): 6,8 D (*Syrkin, Shott-Lvova,* Acta physicoch. U.R.S.S **20** [1945] 397, 398, 404; Izv. Akad. S.S.S.R. Otd. chim. **1945** 314, 315).

7-Nitro-2-acetamino-fluoren, *N*-[7-Nitro-fluorenyl-(2)]-acetamid, N-(*7-nitrofluoren-2-yl*)-*acetamide* $C_{15}H_{12}N_2O_3$, Formel VII (R = CO-CH_3).

B. Beim Erhitzen von 7-Nitro-fluorenyl-(2)-amin mit Acetanhydrid und Essigsäure (*Cislak, Hamilton,* Am. Soc. **53** [1931] 746, 748; *Hayashi, Nakayama,* J. Soc. chem. Ind. Japan **36** [1933] 385, 389; J. Soc. chem. Ind. Japan Spl. **36** [1933] 127; C. **1933** II 59).

Krystalle; F: 256—257° [aus Py. oder Butanol-(1)] (*Hay., Na.*), 250—253° [korr.; aus A.] (*Ci., Ham.*), 250° (*Bell, Mulholland,* Soc. **1949** 2020). Gelbe Krystalle (aus A. oder Eg.) mit 1 Mol H_2O (*Hay., Na.*). UV-Spektrum (A.): *Hay., Na.*

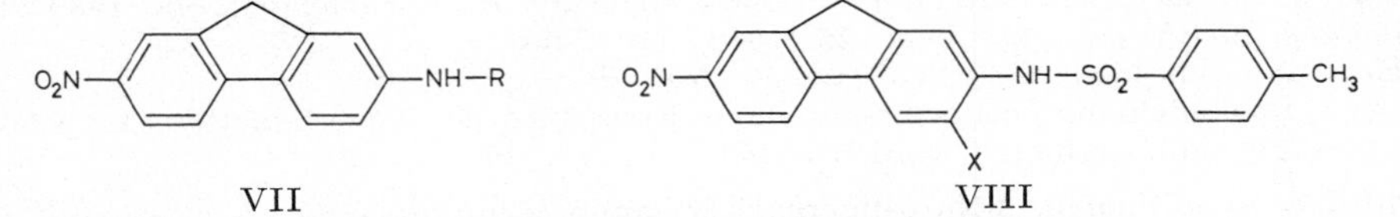

VII VIII

***N*-[7-Nitro-fluorenyl-(2)]-toluolsulfonamid-(4),** N-(*7-nitrofluoren-2-yl*)-p-*toluenesulfonamide* $C_{20}H_{16}N_2O_4S$, Formel VIII (X = H).

B. Beim Behandeln von 7-Nitro-fluorenyl-(2)-amin mit Toluol-sulfonylchlorid-(4) und Pyridin (*Bell, Mulholland,* Soc. **1949** 2020).

Hellgelbe Krystalle (aus Eg.); F: 202° (*Bell, Mu.*).

Beim Behandeln mit Salpetersäure und Essigsäure ist *N*-[3.7-Dinitro-fluorenyl-(2)]-toluolsulfonamid-(4) erhalten worden (*Namkung, Fletcher,* J. org. Chem. **25** [1960] 740, 742; *Bell, Mu.*).

Nitroso-methyl-[1.3-dinitro-fluorenyl-(2)]-amin, N-*methyl-1,3-dinitro*-N-*nitrosofluoren-2-ylamine* $C_{14}H_{10}N_4O_5$, Formel IX.

B. Aus Dimethyl-[1-nitro-fluorenyl-(2)]-amin oder aus Dimethyl-[3-nitro-fluorenyl-(2)]-amin beim Erwärmen mit Salpetersäure und Essigsäure (*Namkung, Fletcher,* J. org. Chem. **25** [1960] 740, 743; s. a. *Bell, Mulholland,* Soc. **1949** 2020).

Krystalle; F: 166—167° [aus A.] (*Na., Fl.*), 165° [Zers.; aus Bzl.] (*Bell, Mu.*).

***N*-[3.7-Dinitro-fluorenyl-(2)]-toluolsulfonamid-(4),** N-(*3,7-dinitrofluoren-2-yl*)-p-*toluenesulfonamide* $C_{20}H_{15}N_3O_6S$, Formel VIII (X = NO_2).

Über die Konstitution dieser von *Bell, Mulholland* (Soc. **1949** 2020) als *N*-[1.3.7-Trinitro-fluorenyl-(2)]-toluolsulfonamid-(4) angesehenen Verbindung s. *Namkung, Fletcher,* J. org. Chem. **25** [1960] 740, 742.

B. Aus *N*-[Fluorenyl-(2)]-toluolsulfonamid-(4), aus *N*-[3-Nitro-fluorenyl-(2)]-toluolsulfonamid-(4) oder aus *N*-[7-Nitro-fluorenyl-(2)]-toluolsulfonamid-(4) beim Behandeln mit Salpetersäure und Essigsäure (*Na., Fl.; Bell, Mu.*).

Krystalle; F: 232,5—233,5° [korr.; Fisher-Johns-App.; aus Acn.] (*Na., Fl.*), 233° [Zers.; aus Brombenzol] (*Bell, Mu.*). Lösungen in Pyridin sind schwarz (*Bell, Mu.*).

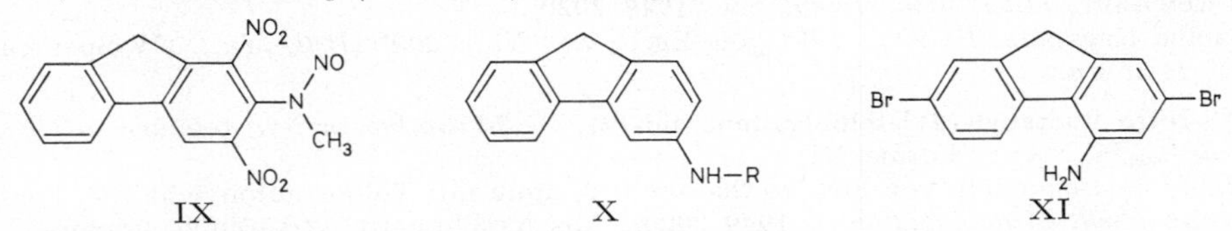

IX X XI

3-Amino-fluoren, Fluorenyl-(3)-amin, *fluoren-3-ylamine* $C_{13}H_{11}N$, Formel X (R = H).

B. Aus 3-Nitro-fluoren beim Erwärmen mit Zinn(II)-chlorid und wss.-äthanol. Salzsäure (*Hayashi, Nakayama,* J. Soc. chem. Ind. Japan **36** [1933] 385, 391; J. Soc. chem. Ind. Japan Spl. **36** [1933] 127; C. **1933** II 59).

Krystalle (aus A.); F: 151,5—152°. UV-Spektrum (A.): *Ha., Na.*

3-Acetamino-fluoren, *N*-[Fluorenyl-(3)]-acetamid, N-*(fluoren-3-yl)acetamide* $C_{15}H_{13}NO$, Formel X (R = CO-CH_3).

B. Aus Fluorenyl-(3)-amin beim Erhitzen mit Acetanhydrid, Natriumacetat und Essigsäure (*Hayashi, Nakayama,* J. Soc. chem. Ind. Japan **36** [1933] 385, 391; J. Soc. chem. Ind. Japan Spl. **36** [1933] 127; C. **1933** II 59).

Krystalle (aus A.); F: 189—190°. UV-Spektrum (A.): *Ha., Na.*

4-Amino-fluoren, Fluorenyl-(4)-amin $C_{13}H_{11}N$.

2.7-Dibrom-4-amino-fluoren, 2.7-Dibrom-fluorenyl-(4)-amin, *2,7-dibromofluoren-4-ylamine* $C_{13}H_9Br_2N$, Formel XI.

Konstitution: *Schidlo, Sieglitz,* B. **96** [1963] 2595, 2596.

B. Aus 2.7-Dibrom-4-nitro-fluoren (E III **5** 1951) beim Erwärmen mit Zink, wss. Ammoniak und Äthanol (*Courtot,* A. ch. [10] **14** [1930] 5, 129).

Gelbliche Krystalle (aus wss. A.); F: 190° [korr.] (*Cou.*).

9-Amino-fluoren, Fluorenyl-(9)-amin, *fluoren-9-ylamine* $C_{13}H_{11}N$, Formel I (R = X = H) (H 1331; E I 553; E II 780).

B. Neben geringen Mengen Fluoren beim Erhitzen von 9-Brom-fluoren mit der Kalium-Verbindung des Phthalimids unter Zusatz von Natriumacetat in Nitrobenzol (*Loevenich, Becker, Schröder,* J. pr. [2] **127** [1930] 248, 254). Aus *N*-[Fluorenyl-(9)]-formamid beim Erwärmen mit methanol. Kalilauge (*Schiedt,* J. pr. [2] **157** [1941] 203, 212). Aus Fluorenon-(9)-oxim beim Behandeln mit Zink und wasserhaltiger Essigsäure (*Ingold, Wilson,* Soc. **1933** 1493, 1499; *Anantakrishnan, Pasupati,* Pr. Indian Acad. [A] **13** [1941] 211, 217). Bildung aus Di-[fluorenyliden-(9)]-hydrazin: *Pinck, Hilbert,* Am. Soc. **54** [1932] 710, 713.

Krystalle (aus Hexan); F: 64—65° (*An., Pa.; Pi., Hi.,* Am. Soc. **54** 713).

Bildung von [9.9′]Bifluorenyl beim Erhitzen auf 180°: *In., Wi.,* l. c. S. 1500. Bildung von [Fluorenyl-(9)]-[1-phenyl-äthyliden]-amin und geringen Mengen [Fluorenyl-(9)]-[fluorenyliden-(9)]-amin beim Erwärmen mit Acetophenon und wenig Äthanol: *In., Wi.,* l. c. S. 1500. Beim Behandeln mit 9-Diazo-fluoren in flüssigem Ammoniak sind Di-[fluorenyliden-(9)]-hydrazin sowie geringe Mengen Fluoren und Fluorenon-(9)-imin erhalten worden (*Pinck, Hilbert,* Am. Soc. **68** [1946] 867).

Hydrochlorid $C_{13}H_{11}N \cdot HCl$. Krystalle (aus wss. Salzsäure); F: 255° [Zers.] (*An., Pa.; Pi., Hi.,* Am. Soc. **54** 713), 250° [Zers.] (*Pinck, Hilbert,* Am. Soc. **68** [1946] 2013).

9-Methylamino-fluoren, Methyl-[fluorenyl-(9)]-amin, N-*methylfluoren-9-ylamine* $C_{14}H_{13}N$ Formel I (R = CH_3, X = H).

Eine Verbindung (Krystalle [aus Ae.], F: 99—100° [korr.]; Hydrochlorid $C_{14}H_{13}N \cdot HCl$: Krystalle [aus wss. Salzsäure], F: 294° [korr.; Zers.]), der wahrscheinlich diese Konstitution zukommt, ist beim Erwärmen von 9-Brom-9-methyl-fluoren mit flüssigem Ammoniak und Toluol erhalten worden (*Pinck, Hilbert,* Am. Soc. **59** [1957] 8, 11, 12).

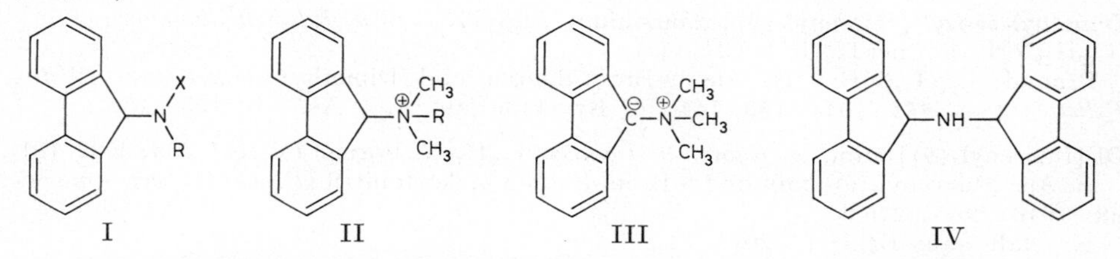

9-Dimethylamino-fluoren, Dimethyl-[fluorenyl-(9)]-amin, N,N-*dimethylfluoren-9-ylamine* $C_{15}H_{15}N$, Formel I (R = X = CH_3) (E II 780).

B. Aus Fluorenyl-(9)-amin und Dimethylsulfat mit Hilfe von Natriumhydroxid (*Anantakrishnan, Pasupati,* Pr. Indian Acad. [A] **13** [1941] 211, 217) sowie beim Erhitzen des Hydrochlorids mit wss. Formaldehyd auf 130° oder mit Methanol auf 115° (*Stevens,* Soc. **1930** 2107, 2111, 2115; *Brown, Kharasch, Sprowls,* J. org. Chem. **4** [1939] 442, 455).

Krystalle; F: 54° [aus Bzn.] (*Br., Kh., Sp.*), 49—50° [nach Destillation] (*An., Pa.*).

Reaktion mit Phenacylbromid in Benzol unter Bildung von 2-Dimethylamino-1-phenyl-

2-[fluorenyl-(9)]-äthanon-(1): *St.*

Hydrobromid $C_{15}H_{15}N \cdot HBr$. Krystalle (aus A. + Ae.); F: 204—206° (*St.*).

Pikrat. Krystalle; F: 203—204° (*An.*, *Pa.*).

Trimethyl-[fluorenyl-(9)]-ammonium, *(fluoren-9-yl)trimethylammonium* $[C_{16}H_{18}N]^{\oplus}$, Formel II (R = CH_3).

Bromid $[C_{16}H_{18}N]Br$ (E II 780). *B.* Aus 9-Brom-fluoren und Trimethylamin in Wasser oder in Acetonitril (*Wittig, Felletschin*, A. **555** [1944] 133, 139; *Anantakrishnan, Pasupati*, Pr. Indian Acad. [A] **13** [1941] 211, 217). — Krystalle; F: 193—194° [aus A. + Ae.] (*Wi.*, *Fe.*), 189—190° (*An.*, *Pa.*).

Jodid $[C_{16}H_{18}N]I$. Krystalle (aus W.); F: 180—182° [Zers.] (*Wi.*, *Fe.*). An der Luft nicht beständig (*Wi.*, *Fe.*).

Nitrat. Hygroskopische Krystalle; F: 194° (*An.*, *Pa.*, l. c. S. 218).

Pikrat (E II 780). F: 170—175° (*An.*, *Pa.*, l. c. S. 217). — Beim Behandeln mit Sal= petersäure bei —10° ist Trimethyl-[2-nitro-fluorenyl-(9)]-ammonium-pikrat, beim Erwärmen mit Salpetersäure ist Trimethyl-[2.7-dinitro-fluorenyl-(9)]-ammonium-pikrat erhalten worden (*An.*, *Pa.*).

Betain, 9-Trimethylammonio-fluorenid-(9), *(trimethylammonio)fluoren-9-ide* $C_{16}H_{17}N$, Formel III. *B.* Beim Schütteln von Trimethyl-[fluorenyl-(9)]-ammonium-bromid mit Phenyllithium in Äther (*Wittig, Felletschin*, A. **555** [1944] 133, 140). — Ockergelbe Krystalle. — Beim Behandeln mit Wasser wird eine wss. Lösung von Trimethyl-[fluorenyl-(9)]-ammonium-hydroxid erhalten. Reaktion mit Methyljodid in Äther unter Bildung von Trimethyl-[9-methyl-fluorenyl-(9)]-ammonium-jodid sowie Reaktion mit Benzylbromid in Äther unter Bildung von Trimethyl-[9-benzyl-fluorenyl-(9)]-ammonium-bromid: *Wi.*, *Fe.*

9-Äthylamino-fluoren, Äthyl-[fluorenyl-(9)]-amin, N-*ethylfluoren-9-ylamine* $C_{15}H_{15}N$, Formel I (R = C_2H_5, X = H).

B. Aus Di-[fluorenyl-(9)]-amin beim Erwärmen mit äthanol. Natronlauge (*Pinck, Hilbert*, Am. Soc. **68** [1946] 2011).

Hydrochlorid $C_{15}H_{15}N \cdot HCl$. Krystalle; F: 276°.

9-Anilino-fluoren, Phenyl-[fluorenyl-(9)]-amin, N-*phenylfluoren-9-ylamine* $C_{19}H_{15}N$, Formel I (R = C_6H_5, X = H) (E I 553; E II 781).

B. Beim Erhitzen von 9-Chlor-fluoren mit Anilin und Natriumacetat in Isopentyl= alkohol sowie beim Erhitzen von Fluorenyliden-(9)-anilin-*N*-oxid mit Natriumdithionit in wss. Äthanol (*Hailwood, Robinson*, Soc. **1932** 1292, 1293). Beim mehrtägigen Behandeln von Fluorenyliden-(9)-anilin mit Magnesium und Magnesiumjodid in Äther und Benzol und Behandeln des Reaktionsgemisches mit wss. Essigsäure (*Bachmann*, Am. Soc. **53** [1931] 2672, 2675).

Krystalle; F: 122—123° (*Hai.*, *Ro.*), 121—123° [aus Acn. + Me.] (*Ba.*).

Beim Behandeln mit 9-Diazo-fluoren in flüssigem Ammoniak ist Di-[fluorenyliden-(9)]-hydrazin erhalten worden (*Pinck, Hilbert*, Am. Soc. **68** [1946] 867).

Dimethyl-benzyl-[fluorenyl-(9)]-ammonium, *benzyl(fluoren-9-yl)dimethylammonium* $[C_{22}H_{22}N]^{\oplus}$, Formel II (R = CH_2-C_6H_5).

Bromid $[C_{22}H_{22}N]Br$. *B.* Aus 9-Brom-fluoren und Dimethyl-benzyl-amin (*Wittig, Felletschin*, A. **555** [1944] 133, 144). — Krystalle (aus A. + Ae.); F: 153—156°.

Di-[fluorenyl-(9)]-amin, *di(fluoren-9-yl)amine* $C_{26}H_{19}N$, Formel IV (E I 553; E II 781).

B. Aus Fluorenyl-(9)-amin und 9-Brom-fluoren in Acetonitril (*Pinck, Hilbert*, Am. Soc. **68** [1946] 2011, 2753).

Krystalle (aus Bzl.); F: 201°.

Lösungen in flüssigem Ammoniak färben sich allmählich blau; nach mehreren Monaten sind aus solchen Lösungen Fluorenon-(9)-imin und Fluoren isoliert worden. Bildung von Fluorenyl-(9)-amin, Fluoren und Äthyl-[fluorenyl-(9)]-amin beim Erwärmen des Hydrobromids mit äthanol. Natronlauge: *Pi.*, *Hi.*, l. c. S. 2013.

Hydrobromid. Krystalle; F: 203° [Zers.].

[Fluorenyl-(9)]-[1-phenyl-äthyliden]-amin, Acetophenon-[fluorenyl-(9)-imin], N-*(α-methylbenzylidene)fluoren-9-ylamine* $C_{21}H_{17}N$, Formel V.

B. Neben [Fluorenyl-(9)]-[fluorenyliden-(9)]-amin beim Erwärmen von Fluorenyl-(9)-

amin mit Acetophenon und wenig Äthanol (*Ingold, Wilson,* Soc. **1933** 1493, 1500).
Krystalle (aus PAe.); F: 156,5—157,5°.

[Fluorenyl-(9)]-[fluorenyliden-(9)]-amin, Fluorenon-(9)-[fluorenyl-(9)-imin], N-(*fluoren-9-ylidene*)*fluoren-9-ylamine* $C_{26}H_{17}N$, Formel VI.
B. Aus Fluorenyl-(9)-amin und Fluorenon-(9) (*Ingold, Wilson,* Soc. **1933** 1493, 1500).
Gelbe Krystalle (aus PAe.); F: 175° [Zers.].
Beim Behandeln mit äthanol. Alkalilauge werden blaugrüne Lösungen erhalten.

9-Formamino-fluoren, *N*-[Fluorenyl-(9)]-formamid, N-(*fluoren-9-yl*)*formamide* $C_{14}H_{11}NO$, Formel VII (R = CHO, X = H).
B. Beim Erhitzen von Fluorenon-(9) mit Formamid (*Schiedt,* J. pr. [2] **157** [1941] 203, 211).
Krystalle (aus A.); F: 210°.

9-Acetamino-fluoren, *N*-[Fluorenyl-(9)]-acetamid, N-(*fluoren-9-yl*)*acetamide* $C_{15}H_{13}NO$, Formel VII (R = CO-CH_3) (H 1331; E I 553; E II 781).
B. Beim Erhitzen von Fluorenon-(9)-oxim mit Zink, Natriumacetat, Acetanhydrid und Essigsäure (*Langecker,* J. pr. [2] **132** [1931] 145, 146).
Krystalle; F: 264—265° [korr.] (*Harris, Harriman, Wheeler,* Am. Soc. **68** [1946] 846), 246° [unkorr.; aus Eg.] (*Schulman,* J. org. Chem. **14** [1949] 382, 387), 246° [aus Eg. oder Chlorbenzol] (*La.*). Magnetische Susceptibilität: *Rondoni, Mayr, Gallica,* Experientia **5** [1949] 357.
Beim Erwärmen mit wss. Salpetersäure (D: 1,42) sind 2.5-Dinitro-fluorenon-(9) und 2.7-Dinitro-fluorenon-(9) (*Huntress, Cliff,* Am. Soc. **54** [1932] 826; *Bennett, Jewsbury, Dupuis,* Am. Soc. **68** [1946] 2489; s. a. *La.*), beim Behandeln mit einem Gemisch von Schwefelsäure und Salpetersäure sind *N*-[2.5-Dinitro-fluorenyl-(9)]-acetamid und *N*-[2.7-Dinitro-fluorenyl-(9)]-acetamid (*Be., Je., Du.*) erhalten worden.

***N*-Phenyl-*N*-[fluorenyl-(9)]-acetamid,** N-(*fluoren-9-yl*)*acetanilide* $C_{21}H_{17}NO$, Formel VII (R = CO-CH_3, X = C_6H_5).
B. Aus Phenyl-[fluorenyl-(9)]-amin (*Hailwood, Robinson,* Soc. **1932** 1292).
Krystalle (aus A.); F: 177°.

Fluorenyl-(9)-harnstoff, (*fluoren-9-yl*)*urea* $C_{14}H_{12}N_2O$, Formel VII (R = CO-NH_2, X = H) (H 1332).
Diese Konstitution kommt auch einer von *McCown, Henze* (Am. Soc. **64** [1942] 689) als 9-Amino-fluoren-carbamid-(9) beschriebenen Verbindung zu (*Harris, Harriman, Wheeler,* Am. Soc. **68** [1946] 846).
B. Aus 2'.5'-Dioxo-spiro[fluoren-9.4'-imidazolidin] beim Erhitzen mit Bariumhydroxid in Wasser auf 110° (*McC., He.; Ha., Ha., Wh.*).
Krystalle (aus A.); F: 256—257° [korr.] (*Ha., Ha., Wh.*), 254—256° [korr.; Zers.; geschlossene Kapillare] (*McC., He.*).
Beim Erhitzen mit Chlorwasserstoff in Äthanol auf 120° ist 9-Chlor-fluoren erhalten worden (*McC., He.*).

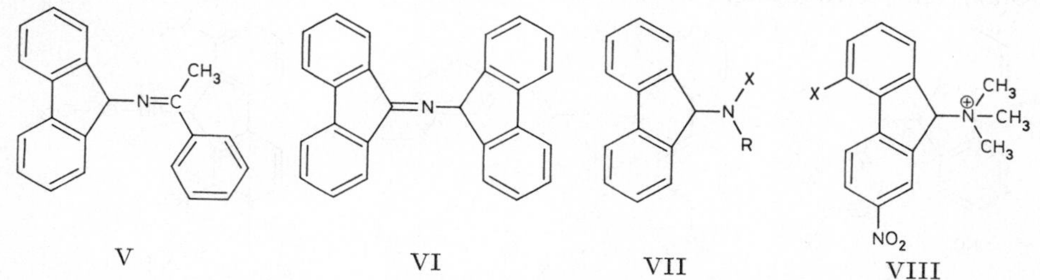

V VI VII VIII

***N*-Phenyl-*N'*-[fluorenyl-(9)]-harnstoff,** *1-*(*fluoren-9-yl*)*-3-phenylurea* $C_{20}H_{16}N_2O$, Formel VII (R = CO-NH-C_6H_5, X = H) (H 1332).
B. Beim Erhitzen von Fluorenyl-(9)-harnstoff mit Anilin (*Harris, Harriman, Wheeler,* Am. Soc. **68** [1946] 846; *McCown, Henze,* Am. Soc. **64** [1942] 689).
Krystalle; F: 297—298° [korr.; geschlossene Kapillare; aus Eg. oder A.] (*Ha., Ha., Wh.*), 292—297° [korr.; Zers.; geschlossene Kapillare; aus A.] (*McC., He.*).

N'-[Fluorenyl-(9)]-N-acetyl-harnstoff, *1-acetyl-3-(fluoren-9-yl)urea* $C_{16}H_{14}N_2O_2$, Formel VII (R = CO-NH-CO-CH_3, X = H).

B. Aus Fluorenyl-(9)-harnstoff und Acetylchlorid in Essigsäure (*Harris, Harriman, Wheeler*, Am. Soc. **68** [1946] 846).

Krystalle; F: ca. 303° [korr.; nach Schmelzen bei ca. 255° und Wiedererstarren].

9-Chloramino-fluoren, Chlor-[fluorenyl-(9)]-amin, N-*chlorofluoren-9-ylamine* $C_{13}H_{10}ClN$, Formel VII (R = H, X = Cl).

B. Beim Behandeln von Fluorenyl-(9)-amin-hydrochlorid mit Kaliumhypochlorit (1 Mol) in wss. Äthanol (*Pinck, Hilbert*, Am. Soc. **69** [1947] 470).

Krystalle (aus PAe.); F: 70°.

Wenig beständig. Beim Erhitzen entsteht Fluorenon-(9)-imin-hydrochlorid.

9-Dichloramino-fluoren, Dichlor-[fluorenyl-(9)]-amin, N,N-*dichlorofluoren-9-ylamine* $C_{13}H_9Cl_2N$, Formel VII (R = X = Cl).

B. Beim Behandeln von Fluorenyl-(9)-amin-hydrochlorid mit Kaliumhypochlorit (2 Mol) in wss. Äthanol (*Pinck, Hilbert*, Am. Soc. **69** [1947] 470).

Krystalle (aus Hexan); F: 110°.

Bei mehrtägiger Einwirkung von Sonnenlicht auf eine Lösung in Benzol sind Fluorenyl-(9)-amin-hydrochlorid sowie geringe Mengen Fluorenon-(9)-imin-hydrochlorid und Di-[fluorenyliden-(9)]-hydrazin erhalten worden. Bildung von Chlor-[fluorenyl-(9)]-amin beim Behandeln mit Pyridin und Benzol: *Pi., Hi.*

Nitroso-phenyl-[fluorenyl-(9)]-amin, N-*nitroso*-N-*phenylfluoren-9-ylamine* $C_{19}H_{14}N_2O$, Formel VII (R = C_6H_5, X = NO).

B. Aus Phenyl-[fluorenyl-(9)]-amin (*Hailwood, Robinson*, Soc. **1932** 1292).

Krystalle; F: 104°.

(±)-2-Nitro-9-trimethylammonio-fluoren, (±)-Trimethyl-[2-nitro-fluorenyl-(9)]-ammonium, (±)-*trimethyl(2-nitrofluoren-9-yl)ammonium* $[C_{16}H_{17}N_2O_2]^{\oplus}$, Formel VIII (X = H).

Bromid $[C_{16}H_{17}N_2O_2]Br$. *B.* Aus (±)-9-Brom-2-nitro-fluoren und Trimethylamin in Acetonitril (*Anantakrishnan, Pasupati*, Pr. Indian Acad. [A] **13** [1941] 211, 218). — Krystalle; F: 198—200°.

Pikrat $[C_{16}H_{17}N_2O_2]C_6H_2N_3O_7$. *B.* Aus Trimethyl-[fluorenyl-(9)]-ammonium-pikrat beim Behandeln mit Salpetersäure unterhalb 0° (*An., Pa.*). — Krystalle (aus wss. Acn.); F: 225—226°.

(±)-2-Nitro-9-anilino-fluoren, (±)-Phenyl-[2-nitro-fluorenyl-(9)]-amin, (±)-*2-nitro*-N-*phenylfluoren-9-ylamine* $C_{19}H_{14}N_2O_2$, Formel IX (R = X = H).

B. Aus (±)-9-Brom-2-nitro-fluoren und Anilin beim Erhitzen auf 190° (*Calderón*, An. Asoc. quim. arg. **36** [1948] 19, 23) sowie beim Erwärmen in Äthanol (*Novelli*, Rev. Fac. Cienc. quim. **14** [1939] 137, 139; *Cardini*, An. Farm. Bioquim. Buenos Aires **14** [1943] 20, 23, 24).

Orangefarbene Krystalle; F: 164° [aus A.] (*Cal.*), 164° (*No.*; *Car.*).

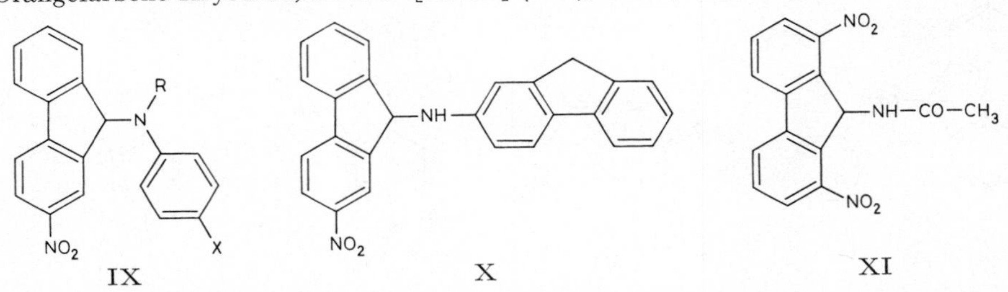

(±)-2-Nitro-9-[4-nitro-anilino]-fluoren, (±)-[4-Nitro-phenyl]-[2-nitro-fluorenyl-(9)]-amin, (±)-*2-nitro*-N-(p-*nitrophenyl)fluoren-9-ylamine* $C_{19}H_{13}N_3O_4$, Formel IX (R = H, X = NO_2).

B. Aus (±)-9-Brom-2-nitro-fluoren und 4-Nitro-anilin in Äthanol (*Novelli*, Rev. Fac. Cienc. quim. **14** [1939] 137, 140).

Gelbe Krystalle (aus Eg.); F: 222—224° [Zers.].

(±)-Methyl-phenyl-[2-nitro-fluorenyl-(9)]-amin, (±)-N-*methyl-2-nitro-*N-*phenylfluoren-9-ylamine* $C_{20}H_{16}N_2O_2$, Formel IX (R = CH_3, X = H).

B. Beim Erhitzen von (±)-9-Brom-2-nitro-fluoren mit *N*-Methyl-anilin (*Guglialmelli, Franco*, An. Farm. Bioquim. Buenos Aires **3** [1932] 1, 20).

Gelbe Krystalle (aus A. + Bzl.); F: 147°.

(±)-2-Nitro-9-*p*-toluidino-fluoren, (±)-*p*-Tolyl-[2-nitro-fluorenyl-(9)]-amin, (±)-*2-nitro-*N-p-*tolylfluoren-9-ylamine* $C_{20}H_{16}N_2O_2$, Formel IX (R = H, X = CH_3).

B. Aus (±)-9-Brom-2-nitro-fluoren und *p*-Toluidin in Äthanol (*Novelli*, Rev. Fac. Cienc. quim. **14** [1939] 137, 139).

Gelbe Krystalle; F: 146—147°.

(±)-[Fluorenyl-(2)]-[2-nitro-fluorenyl-(9)]-amin, (±)-N-(*fluoren-2-yl*)-*2-nitrofluoren-9-ylamine* $C_{26}H_{18}N_2O_2$, Formel X.

B. Aus Fluorenyl-(2)-amin und (±)-9-Brom-2-nitro-fluoren in Äthanol (*Novelli*, Rev. Fac. Cienc. quim. **14** [1939] 137, 140).

Gelbbraune Krystalle; F: 186—187°.

1.8-Dinitro-9-acetamino-fluoren, *N*-[1.8-Dinitro-fluorenyl-(9)]-acetamid, N-(*1,8-dinitro-fluoren-9-yl*)*acetamide* $C_{15}H_{11}N_3O_5$, Formel XI.

In einem von *Bennett, Noyes* (Am. Soc. **52** [1930] 3437, 3439) unter dieser Konstitution beschriebenen Präparat hat ein Gemisch von *N*-[2.5-Dinitro-fluorenyl-(9)]-acetamid und *N*-[2.7-Dinitro-fluorenyl-(9)]-acetamid vorgelegen (*Bennett, Jewsbury, Dupuis*, Am. Soc. **68** [1946] 2489).

(±)-2.5-Dinitro-9-trimethylammonio-fluoren, (±)-Trimethyl-[2.5-dinitro-fluorenyl-(9)]-ammonium, (±)-(*2,5-dinitrofluoren-9-yl*)*trimethylammonium* $[C_{16}H_{16}N_3O_4]^{\oplus}$, Formel VIII (X = NO_2) auf S. 3299.

Bromid. *B.* In geringer Menge beim Behandeln von (±)-9-Brom-2.5-dinitro-fluoren mit Trimethylamin in Benzol (*Anantakrishnan, Pasupati*, Pr. Indian Acad. [A] **13** [1941] 211, 219).

Pikrat. Krystalle (aus Acn.); F: 209—210° (*An., Pa.*).

(±)-2.5-Dinitro-9-acetamino-fluoren, (±)-*N*-[2.5-Dinitro-fluorenyl-(9)]-acetamid, (±)-N-(*2,5-dinitrofluoren-9-yl*)*acetamide* $C_{15}H_{11}N_3O_5$, Formel XII.

B. Neben *N*-[2.7-Dinitro-fluorenyl-(9)]-acetamid beim Behandeln von *N*-[Fluorenyl-(9)]-acetamid mit einem Gemisch von Salpetersäure und Schwefelsäure (*Bennett, Jewsbury, Dupuis*, Am. Soc. **68** [1946] 2489).

Gelbliche Krystalle (aus Eg.); F: 243° [unkorr.].

Gegen heisse Natronlauge und heisse verd. wss. Säuren beständig.

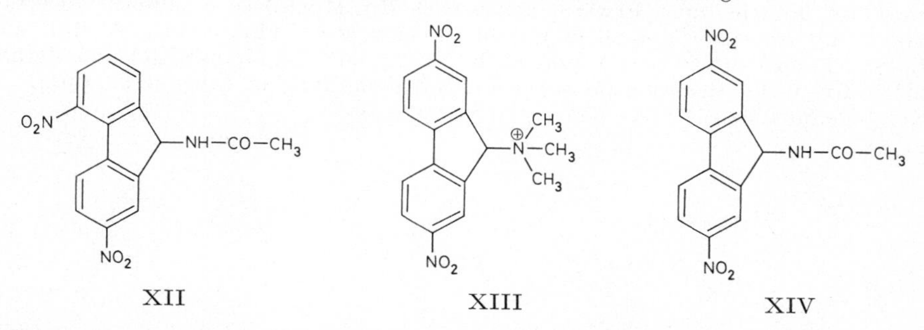

XII XIII XIV

2.7-Dinitro-9-trimethylammonio-fluoren, Trimethyl-[2.7-dinitro-fluorenyl-(9)]-ammonium, (*2,7-dinitrofluoren-9-yl*)*trimethylammonium* $[C_{16}H_{16}N_3O_4]^{\oplus}$, Formel XIII.

Bromid $[C_{16}H_{16}N_3O_4]Br$. *B.* In geringer Menge beim Behandeln von 9-Brom-2.7-dinitro-fluoren mit Trimethylamin in Benzol (*Anantakrishnan, Pasupati*, Pr. Indian Acad. [A] **13** [1941] 211, 219). — Krystalle (aus W. + Ae.); F: 225°.

Pikrat $[C_{16}H_{16}N_3O_4]C_6H_2N_3O_7$. *B.* Aus Trimethyl-[fluorenyl-(9)]-ammonium-pikrat beim Behandeln mit Salpetersäure (*An., Pa.*). — Gelbe Krystalle (aus Acn.); F: 235° bis 236°.

2.7-Dinitro-9-acetamino-fluoren, *N*-[2.7-Dinitro-fluorenyl-(9)]-acetamid, N-*(2,7-dinitrofluoren-9-yl)acetamide* $C_{15}H_{11}N_3O_5$, Formel XIV.

B. s. S. 3301 im Artikel *N*-[2.5-Dinitro-fluorenyl-(9)]-acetamid.

Gelbliche Krystalle (aus Eg.); F: 256° [unkorr.] (*Bennett, Jewsbury, Dupuis*, Am. Soc. **68** [1946] 2489).

Gegen heisse Natronlauge und heisse verd. wss. Säuren beständig. [*Kowol*]

Amine $C_{14}H_{13}N$

2-Amino-stilben, Stilbenyl-(2)-amin, *stilben-2-ylamine* $C_{14}H_{13}N$.

a) ***cis*-Stilbenyl-(2)-amin,** Formel I (R = H) (E II 781).

B. Aus 2-Nitro-*cis*-stilben beim Erwärmen mit Eisen(II)-sulfat und wss.-äthanol. Ammoniak (*Ruggli, Staub*, Helv. **20** [1937] 37, 45; vgl. *Taylor, Hobson*, Soc. **1936** 181, 183) sowie beim Behandeln mit Zink, wss. Salzsäure und Essigsäure (*Tay., Ho.*). Neben anderen Verbindungen bei partieller Hydrierung von Phenyl-[2-nitro-phenyl]-acetylen an Nickel in wss. Äthanol (*Ruggli, Staub*, Helv. **19** [1936] 1288, 1291).

Beim Erwärmen mit wss. Salzsäure (*Tay., Ho.*) sowie beim Erhitzen mit Chinolin auf 250° (*Ru., St.*, Helv. **20** 47) erfolgt Umwandlung in das unter b) beschriebene Stereoisomere. Überführung in Phenanthren durch Diazotierung und Behandlung der Diazoniumsalz-Lösung mit Natriumcarbonat: *Tay., Ho.*; mit Kupfer oder mit Natriumhypophosphit und Kupfer: *Ru., St.*, Helv. **19** 1291, **20** 48.

Hydrochlorid $C_{14}H_{13}N \cdot HCl$. Krystalle (aus A.); F: 203° (*Ru., St.*, Helv. **20** 47).

Sulfat. Krystalle (aus A.); F: 159—160° (*Ru., St.*, Helv. **20** 47).

Pikrat $C_{14}H_{13}N \cdot C_6H_3N_3O_7$. Gelbe Krystalle (aus A.); F: 145° (*Ru., St.*, Helv. **20** 48).

b) ***trans*-Stilbenyl-(2)-amin,** Formel II (R = X = H) (H 1332; E I 553; E II 781).

B. s. bei dem unter a) beschriebenen Stereoisomeren.

Krystalle (aus A.); F: 101,5—102,5° (*Taylor, Hobson*, Soc. **1936** 181, 183).

Beim Behandeln mit wss. Schwefelsäure und Natriumnitrit und anschliessend mit Kupfer sind *trans*-Stilbenol-(2) sowie geringe Mengen Benzaldehyd und *trans*(?)-Stilben erhalten worden (*Ruggli, Staub*, Helv. **20** [1937] 37, 49).

Hydrochlorid. F: 195—196° (*Ru., St.*, l. c. S. 48).

Sulfat. F: 204° (*Ru., St.*).

Pikrat. Krystalle (aus A.); F: 156° (*Ru., St.*).

2-Dimethylamino-stilben, Dimethyl-[stilbenyl-(2)]-amin, N,N-*dimethylstilben-2-ylamine* $C_{16}H_{17}N$.

Dimethyl-[*trans*-stilbenyl-(2)]-amin, Formel II (R = X = CH_3).

B. Beim Behandeln von 2-Dimethylamino-benzaldehyd in Benzol mit Benzylmagnesiumchlorid in Äther und Erwärmen des nach der Hydrolyse erhaltenen Reaktionsprodukts mit Phosphor(V)-oxid in Benzol (*Haddow et al.*, Phil. Trans. [A] **241** [1948] 147, 185). Beim Erwärmen von *trans*-Stilbenyl-(2)-amin mit Methyljodid und Methanol und Erwärmen des Reaktionsprodukts mit Natriumäthylat in Äther (*Ha. et al.*).

Krystalle (aus Me.); F: 54—55°.

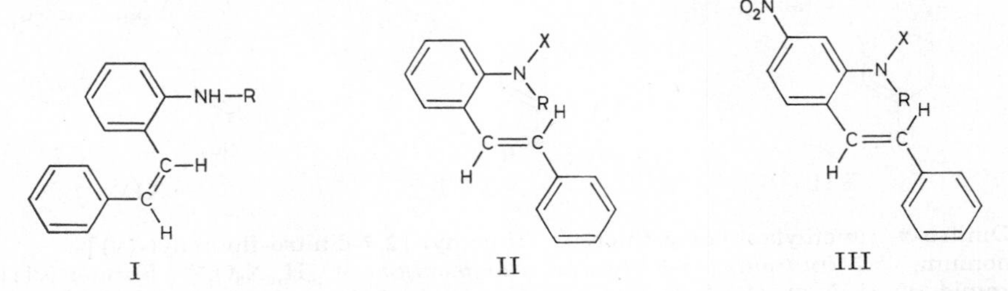

2-Acetamino-stilben, *N*-[Stilbenyl-(2)]-acetamid, N-*(stilben-2-yl)acetamide* $C_{16}H_{15}NO$.

***N*-[*cis*-Stilbenyl-(2)]-acetamid,** Formel I (R = CO-CH_3).

B. Beim Erwärmen von *cis*-Stilbenyl-(2)-amin mit Acetanhydrid und Essigsäure (*Ruggli, Staub*, Helv. **20** [1937] 37, 47; vgl. *Taylor, Hobson*, Soc. **1936** 181, 183).

Krystalle (aus A.); F: 114° (*Ru., St.*), 112—113° (*Tay., Ho.*).

2-Benzamino-stilben, *N*-[Stilbenyl-(2)]-benzamid, N-(*stilben-2-yl*)*benzamide* $C_{21}H_{17}NO$.

a) ***N*-[*cis*-Stilbenyl-(2)]-benzamid,** Formel I (R = CO-C_6H_5).

B. Beim Erwärmen von *cis*-Stilbenyl-(2)-amin mit Benzoylchlorid und Pyridin (*Ruggli, Staub*, Helv. **20** [1937] 37, 47).

Krystalle (aus A.); F: 98°.

b) ***N*-[*trans*-Stilbenyl-(2)]-benzamid,** Formel II (R = CO-C_6H_5, X = H).

B. Beim Erwärmen von *trans*-Stilbenyl-(2)-amin mit Benzoylchlorid und Pyridin (*Ruggli, Staub*, Helv. **20** [1937] 37, 48).

Krystalle (aus A. + Toluol); F: 168°.

4-Nitro-2-amino-stilben, 4-Nitro-stilbenyl-(2)-amin, *4-nitrostilben-2-ylamine* $C_{14}H_{12}N_2O_2$.

4-Nitro-*trans*-stilbenyl-(2)-amin, Formel III (R = X = H) (H 1332; E II 781).

B. Aus 2.4-Dinitro-*trans*-stilben beim Behandeln mit Essigsäure, Zinn(II)-chlorid und wss. Salzsäure (*McGookin*, J. Soc. chem. Ind. **68** [1949] 195).

Rote Krystalle (aus wss. Me.); F: 142°.

4-Nitro-2-methylamino-stilben, Methyl-[4-nitro-stilbenyl-(2)]-amin, N-*methyl-4-nitro*=*stilben-2-ylamine* $C_{15}H_{14}N_2O_2$.

Methyl-[4-nitro-*trans*-stilbenyl-(2)]-amin, Formel III (R = CH_3, X = H) (E II 781).

F: 175° (*Neber, Rauscher*, A. **550** [1942] 182, 193).

4-Nitro-2-acetamino-stilben, *N*-[4-Nitro-stilbenyl-(2)]-acetamid, N-(*4-nitrostilben-2-yl*)=*acetamide* $C_{16}H_{14}N_2O_3$.

***N*-[4-Nitro-*trans*-stilbenyl-(2)]-acetamid,** Formel III (R = CO-CH_3, X = H) (H 1332).

B. Beim Behandeln von 4-Nitro-*trans*-stilbenyl-(2)-amin mit Acetanhydrid oder Acetyl=chlorid (*Haddow et al.*, Phil. Trans. [A] **241** [1948] 147, 190).

F: 220°.

4-Nitro-2-diacetylamino-stilben, *N*-[4-Nitro-stilbenyl-(2)]-diacetamid, N-(*4-nitrostilben-2-yl*)*diacetamide* $C_{18}H_{16}N_2O_4$.

4-Nitro-2-diacetylamino-*trans*-stilben, Formel III (R = X = CO-CH_3).

B. Beim Erhitzen von 4-Nitro-*trans*-stilbenyl-(2)-amin mit Acetanhydrid (*Haddow et al.*, Phil. Trans. [A] **241** [1948] 147, 190).

Krystalle (aus Eg.); F: 194—195°.

Beim Erwärmen mit wss.-äthanol. Natronlauge ist die im vorangehenden Artikel beschriebene Verbindung erhalten worden.

Nitroso-methyl-[4-nitro-stilbenyl-(2)]-amin, N-*methyl-4-nitro*-N-*nitrosostilben-2-ylamine* $C_{15}H_{13}N_3O_3$.

Nitroso-methyl-[4-nitro-*trans*-stilbenyl-(2)]-amin, Formel III (R = CH_3, X = NO) (E II 782).

Beim Behandeln einer Lösung in Äthanol und Dioxan mit *N.N*-Dimethyl-anilin und Chlorwasserstoff in Äthanol sind 4-Nitroso-*N.N*-dimethyl-anilin und Methyl-[4-nitro-*trans*-stilbenyl-(2)]-amin erhalten worden (*Neber, Rauscher*, A. **550** [1942] 182, 193).

3-Amino-stilben, Stilbenyl-(3)-amin, *stilben-3-ylamine* $C_{14}H_{13}N$.

***trans*-Stilbenyl-(3)-amin,** Formel IV (R = X = H).

B. Aus 3-Nitro-*trans*-stilben beim Behandeln mit Zinn(II)-chlorid in Essigsäure unter Einleiten von Chlorwasserstoff (*Bergmann, Schapiro*, J. org. Chem. **12** [1947] 57, 61; *Haddow et al.*, Phil. Trans. [A] **241** [1948] 147, 185).

Krystalle; F: 119—120° [aus Butylacetat] (*Be., Sch.*), 115—116° [unkorr.; aus Bzl. + PAe.] (*Ha. et al.*).

3-Dimethylamino-stilben, Dimethyl-[stilbenyl-(3)]-amin, N,N-*dimethylstilben-3-ylamine* $C_{16}H_{17}N$.

Dimethyl-[*trans*-stilbenyl-(3)]-amin, Formel IV (R = X = CH_3).

B. Beim Behandeln von 3-Dimethylamino-benzaldehyd in Benzol mit Benzylmagne=siumchlorid in Äther und Erwärmen des nach der Hydrolyse erhaltenen Reaktionsprodukts mit Phosphor(V)-oxid in Benzol (*Haddow et al.*, Phil. Trans. [A] **241** [1948] 147,

185). Beim Erwärmen von *trans*-Stilbenyl-(3)-amin mit Methyljodid und Methanol und Erwärmen des Reaktionsprodukts mit Natriumäthylat in Äthanol (*Ha. et al.*).

Krystalle (aus PAe.); F: 75,5—76,5° (*Ha. et al.*). Polarographie: *Goulden, Warren*, Biochem. J. **42** [1948] 420, 422.

Bis-[2-chlor-äthyl]-[stilbenyl-(3)]-amin, N,N-*bis(2-chloroethyl)stilben-3-ylamine* $C_{18}H_{19}Cl_2N$.

Bis-[2-chlor-äthyl]-[*trans*-stilbenyl-(3)]-amin, Formel IV (R = X = CH_2-CH_2Cl).

B. Aus Bis-[2-hydroxy-äthyl]-[*trans*-stilbenyl-(3)]-amin beim Erwärmen mit Phosphoroxychlorid (*Spickett*, zit. bei *Everett, Ross*, Soc. **1949** 1972, 1974, 1980).

Krystalle (aus PAe.); F: 64—65°.

Bis-[2-brom-äthyl]-[stilbenyl-(3)]-amin, N,N-*bis(2-bromoethyl)stilben-3-ylamine* $C_{18}H_{19}Br_2N$.

Bis-[2-brom-äthyl]-[*trans*-stilbenyl-(3)]-amin, Formel IV (R = X = CH_2-CH_2Br).

B. Aus Bis-[2-hydroxy-äthyl]-[*trans*-stilbenyl-(3)]-amin beim Erwärmen mit Phosphor(III)-bromid (*Everett, Ross*, Soc. **1949** 1972, 1974, 1980).

Krystalle (aus PAe.); F: 67°.

Bis-[2-jod-äthyl]-[stilbenyl-(3)]-amin, N,N-*bis(2-iodoethyl)stilben-3-ylamine* $C_{18}H_{19}I_2N$.

Bis-[2-jod-äthyl]-[*trans*-stilbenyl-(3)]-amin, Formel IV (R = X = CH_2-CH_2I).

B. Aus Bis-[2-brom-äthyl]-[*trans*-stilbenyl-(3)]-amin beim Erwärmen mit Natriumjodid in Aceton (*Everett, Ross*, Soc. **1949** 1972, 1974).

Krystalle (aus PAe.); F: 95°.

Bis-[2-hydroxy-äthyl]-[stilbenyl-(3)]-amin, *2,2'-(stilben-3-ylimino)diethanol* $C_{18}H_{21}NO_2$.

Bis-[2-hydroxy-äthyl]-[*trans*-stilbenyl-(3)]-amin, Formel IV (R = X = CH_2-CH_2OH).

B. Beim Erhitzen von *trans*-Stilbenyl-(3)-amin mit Äthylenoxid auf 150° (*Spickett*, zit. bei *Everett, Ross*, Soc. **1949** 1972, 1974).

Gelbliche Krystalle (aus Bzl.); F: 100—101°.

3-Acetamino-stilben, *N*-[Stilbenyl-(3)]-acetamid, N-*(stilben-3-yl)acetamide* $C_{16}H_{15}NO$.

***N*-[*trans*-Stilbenyl-(3)]-acetamid,** Formel IV (R = CO-CH_3, X = H).

B. Aus *trans*-Stilbenyl-(3)-amin (*Bergmann, Schapiro*, J. org. Chem. **12** [1947] 57, 61).

Krystalle (aus Eg.); F: 191—192°.

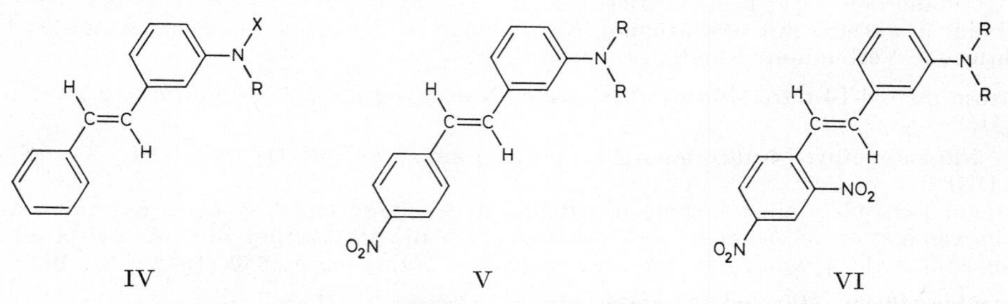

4'-Nitro-3-dimethylamino-stilben, Dimethyl-[4'-nitro-stilbenyl-(3)]-amin, N,N-*dimethyl-4'-nitrostilben-3-ylamine* $C_{16}H_{16}N_2O_2$.

Dimethyl-[4'-nitro-*trans*-stilbenyl-(3)]-amin, Formel V (R = CH_3).

B. Beim Erhitzen von [4-Nitro-phenyl]-essigsäure mit 3-Dimethylamino-benzaldehyd und Piperidin auf 150° (*Haddow et al.*, Phil. Trans. [A] **241** [1948] 147, 187; vgl. *Cocker, Turner*, Soc. **1940** 57).

Rote Krystalle; F: 145—145,5° [aus A.] (*Co., Tu.*), 143—144° [unkorr.; aus Bzl. + Me.] (*Ha. et al.*).

4'-Nitro-3-diäthylamino-stilben, Diäthyl-[4'-nitro-stilbenyl-(3)]-amin, N,N-*diethyl-4'-nitrostilben-3-ylamine* $C_{18}H_{20}N_2O_2$.

Diäthyl-[4'-nitro-*trans*-stilbenyl-(3)]-amin, Formel V (R = C_2H_5).

Bezüglich der Konfiguration vgl. *Jambotkar, Ketcham*, J. org. Chem. **28** [1963] 2182.

B. Aus 2-[4-Nitro-phenyl]-3*t*-[3-diäthylamino-phenyl]-acrylsäure beim Erhitzen mit Piperidin auf 140° (*Cocker, Turner,* Soc. **1940** 57).
Orangerote Krystalle (aus A.); F: 97° (*Co., Tu.*).

4'-Nitro-3-dipropylamino-stilben, Dipropyl-[4'-nitro-stilbenyl-(3)]-amin, *4'-nitro-*N,N-*dipropylstilben-3-ylamine* $C_{20}H_{24}N_2O_2$.

Dipropyl-[4'-nitro-*trans*-stilbenyl-(3)]-amin, Formel V ($R = CH_2$-CH_2-CH_3).
Bezüglich der Konfiguration vgl. *Jambotkar, Ketcham,* J. org. Chem. **28** [1963] 2182.
B. Aus 2-[4-Nitro-phenyl]-3*t*-[3-dipropylamino-phenyl]-acrylsäure beim Erhitzen mit Piperidin auf 140° (*Cocker, Turner,* Soc. **1940** 57).
Orangegelbe Krystalle (aus A.); F: 79°.

2'.4'-Dinitro-3-dimethylamino-stilben, Dimethyl-[2'.4'-dinitro-stilbenyl-(3)]-amin, N,N-*dimethyl-2',4'-dinitrostilben-3-ylamine* $C_{16}H_{15}N_3O_4$.

Dimethyl-[2'.4'-dinitro-*trans*-stilbenyl-(3)]-amin, Formel VI ($R = CH_3$).
Die Konfigurationszuordnung ist auf Grund der Bildungsweise in Analogie zu 4-Nitro-*trans*-stilben (E III **5** 1967) erfolgt.
B. Beim Erwärmen von 2.4-Dinitro-toluol mit 3-Dimethylamino-benzaldehyd und Piperidin (*Cocker, Turner,* Soc. **1940** 57).
Rote Krystalle (aus Bzl.); F: 205°.

2'.4'-Dinitro-3-diäthylamino-stilben, Diäthyl-[2'.4'-dinitro-stilbenyl-(3)]-amin, N,N-*diethyl-2',4'-dinitrostilben-3-ylamine* $C_{18}H_{19}N_3O_4$.

Diäthyl-[2'.4'-dinitro-*trans*-stilbenyl-(3)]-amin, Formel VI ($R = C_2H_5$).
Die Konfigurationszuordnung ist auf Grund der Bildungsweise in Analogie zu 4-Nitro-*trans*-stilben (E III **5** 1967) erfolgt.
B. Beim Erwärmen von 2.4-Dinitro-toluol mit 3-Diäthylamino-benzaldehyd und Piperidin (*Cocker, Turner,* Soc. **1940** 57).
Rote Krystalle; F: 153°.

2'.4'-Dinitro-3-dipropylamino-stilben, Dipropyl-[2'.4'-dinitro-stilbenyl-(3)]-amin, *2',4'-dinitro-*N,N-*dipropylstilben-3-ylamine* $C_{20}H_{23}N_3O_4$.

Dipropyl-[2'.4'-dinitro-*trans*-stilbenyl-(3)]-amin, Formel VI ($R = CH_2$-CH_2-CH_3).
Die Konfigurationszuordnung ist auf Grund der Bildungsweise in Analogie zu 4-Nitro-*trans*-stilben (E III **5** 1967) erfolgt.
B. Beim Erwärmen von 2.4-Dinitro-toluol mit 3-Dipropylamino-benzaldehyd und Piperidin (*Cocker, Turner,* Soc. **1940** 57).
Rote Krystalle; F: 132°.

2'.4'-Dinitro-3-dibenzylamino-stilben, Dibenzyl-[2'.4'-dinitro-stilbenyl-(3)]-amin, N,N-*dibenzyl-2',4'-dinitrostilben-3-ylamine* $C_{28}H_{23}N_3O_4$.

Dibenzyl-[2'.4'-dinitro-*trans*-stilbenyl-(3)]-amin, Formel VI ($R = CH_2$-C_6H_5).
Die Konfigurationszuordnung ist auf Grund der Bildungsweise in Analogie zu 4-Nitro-*trans*-stilben (E III **5** 1967) erfolgt.
B. Beim Erwärmen von [2.4-Dinitro-phenyl]-essigsäure mit 3-Dibenzylamino-benzaldehyd und Piperidin (*Cocker, Turner,* Soc. **1940** 57).
Orangerote Krystalle (aus PAe.); F: 163°.

4-Amino-stilben, Stilbenyl-(4)-amin, *stilben-4-ylamine* $C_{14}H_{13}N$.

***trans*-Stilbenyl-(4)-amin,** Formel VII ($R = X = H$) (E I 553; E II 782).
Dipolmoment (ε; Bzl.): 2,5 D (*Hertel,* Z. El. Ch. **47** [1941] 813, 814). Magnetische Susceptibilität: *Pacault,* A. ch. [12] **1** [1946] 567, 583. Polarographie: *Goulden, Warren,* Biochem. J. **42** [1948] 420, 422.
Geschwindigkeit der Reaktion mit Methyljodid in Aceton bei 50°: *Hertel, Siegel,* Z. physik. Chem. [B] **52** [1942] 167, 170.

4-Methylamino-stilben, Methyl-[stilbenyl-(4)]-amin, N-*methylstilben-4-ylamine* $C_{15}H_{15}N$.

Methyl-[*trans*-stilbenyl-(4)]-amin, Formel VII ($R = CH_3$, $X = H$).
B. Beim Behandeln von 4-Methylamino-benzaldehyd in Benzol mit Benzylmagnesiumchlorid in Äther und Erhitzen des nach der Hydrolyse erhaltenen Reaktionsprodukts mit Essigsäure und wss. Salzsäure (*Haddow et al.,* Phil. Trans. [A] **241** [1948] 147, 185).
Krystalle (aus A.); F: 107° [unkorr.].

4-Dimethylamino-stilben, Dimethyl-[stilbenyl-(4)]-amin, N,N-*dimethylstilben-4-ylamine* $C_{16}H_{17}N$.

Dimethyl-[*trans*-stilbenyl-(4)]-amin, Formel VII (R = X = CH_3) (H 1332; E II 782). Über die konfigurative Einheitlichkeit von früher beschriebenen Präparaten s. *Haddow et al.*, Phil. Trans. [A] **241** [1948] 147, 167; *Syz, Zollinger*, Helv. **48** [1965] 517.

B. Beim Erwärmen von 4-Dimethylamino-benzaldehyd in Benzol mit Benzylmagnesiumchlorid in Äther und Erhitzen des nach der Hydrolyse erhaltenen Reaktionsprodukts mit Essigsäure und wss. Salzsäure (*Ha. et al.*, l. c. S. 185, 188). Beim Erhitzen von 4-Dimethylamino-benzaldehyd mit Phenylessigsäure und Piperidin auf 130° (*Merckx*, Bl. Soc. chim. Belg. **58** [1949] 460, 468, 470).

Krystalle (aus Bzl. + PAe. oder aus A.); F: 149° [unkorr.] (*Ha. et al.*). UV-Spektrum (A.): *Ha. et al.*, l. c. S. 168; *Hertel, Lührmann*, Z. physik. Chem. [B] **44** [1939] 261, 269. Absorptionsmaxima von Lösungen der Base und des Hydrochlorids in Äthanol: *Me.*; vgl. *Syz, Zo.*, l. c. S. 520. Dipolmoment (ε; Bzl.): 2,45 D (*He., Lü.*, l. c. S. 284). Polarographie: *Goulden, Warren*, Biochem. J. **42** [1948] 420, 422.

Geschwindigkeit der Reaktion mit Methyljodid in Aceton bei 35°: *Hertel, Hoffmann*, Z. physik. Chem. [B] **50** [1941] 382, 398, 400; der Reaktion mit 2.4.6-Trinitro-anisol in Aceton bei 25°, 35° und 45°: *He., Lü.*, l. c. S. 280—282.

Trimethyl-[stilbenyl-(4)]-ammonium, *trimethyl(stilben-4-yl)ammonium* $[C_{17}H_{20}N]^{\oplus}$.

Trimethyl-[*trans*-stilbenyl-(4)]-ammonium, Formel VIII.

Jodid $[C_{17}H_{20}N]I$ (H 1332). Krystalle (aus W.); F: 220—225° [unkorr.] (*Haddow et al.*, Phil. Trans. [A] **241** [1948] 147, 188).

Methylsulfat $[C_{17}H_{20}N]CH_3O_4S$. *B.* Aus Dimethyl-[*trans*-stilbenyl-(4)]-amin und Dimethylsulfat (*Ha. et al.*). — Krystalle (aus Isopropylalkohol); F: 203—210° [unkorr.].

4-Äthylamino-stilben, Äthyl-[stilbenyl-(4)]-amin, N-*ethylstilben-4-ylamine* $C_{16}H_{17}N$.

Äthyl-[*trans*-stilbenyl-(4)]-amin, Formel VII (R = C_2H_5, X = H).

B. Beim Behandeln von 4-Äthylamino-benzaldehyd in Benzol mit Benzylmagnesiumchlorid in Äther und Erhitzen des nach der Hydrolyse erhaltenen Reaktionsprodukts mit Essigsäure und wss. Salzsäure (*Haddow et al.*, Phil. Trans. [A] **241** [1948] 147, 185).

Krystalle (aus Me.); F: 127° [unkorr.].

4-[2-Chlor-äthylamino]-stilben, [2-Chlor-äthyl]-[stilbenyl-(4)]-amin, N-*(2-chloroethyl)stilben-4-ylamine* $C_{16}H_{16}ClN$.

[2-Chlor-äthyl]-[*trans*-stilbenyl-(4)]-amin, Formel VII (R = CH_2-CH_2Cl, X = H).

B. Beim Erwärmen von 2-[*trans*-Stilbenyl-(4)-amino]-äthanol-(1) mit Phosphoroxychlorid (*Ross*, Soc. **1949** 183, 185, 190).

Krystalle (aus Bzl.); F: 135°.

4-Diäthylamino-stilben, Diäthyl-[stilbenyl-(4)]-amin, N,N-*diethylstilben-4-ylamine* $C_{18}H_{21}N$.

Diäthyl-[*trans*-stilbenyl-(4)]-amin, Formel VII (R = X = C_2H_5).

B. Beim Behandeln von 4-Diäthylamino-benzaldehyd in Benzol mit Benzylmagnesiumchlorid in Äther und Erhitzen des nach der Hydrolyse erhaltenen Reaktionsprodukts mit Essigsäure und wss. Salzsäure (*Haddow et al.*, Phil. Trans. [A] **241** [1948] 147, 185).

Gelbliche Krystalle (aus A.); F: 95—96°.

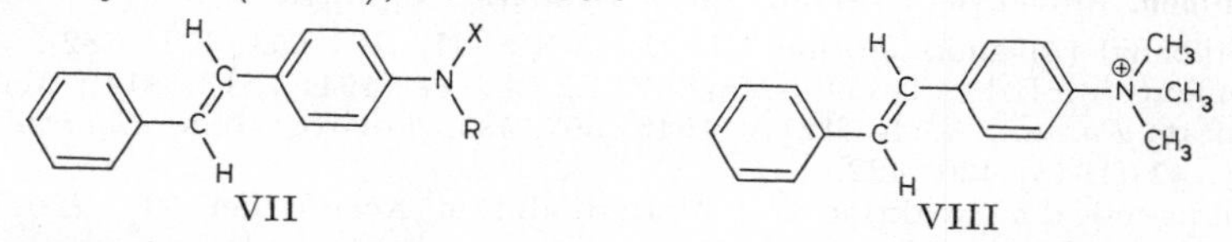

VII VIII

Bis-[2-chlor-äthyl]-[stilbenyl-(4)]-amin, N,N-*bis(2-chloroethyl)stilben-4-ylamine* $C_{18}H_{19}Cl_2N$.

Bis-[2-chlor-äthyl]-[*trans*-stilbenyl-(4)]-amin, Formel VII (R = X = CH_2-CH_2Cl).

B. Beim Erwärmen von 4-[Bis-(2-chlor-äthyl)-amino]-benzaldehyd in Benzol mit Benzylmagnesiumchlorid in Äther und Erwärmen des nach der Hydrolyse erhaltenen Reaktionsprodukts (*Kon, Everett*, zit. bei *Ross*, Soc. **1949** 183, 185, 191). Aus Bis-[2-hydroxy-äthyl]-[*trans*-stilbenyl-(4)]-amin beim Erwärmen mit Phosphoroxychlorid (*Ross*,

l. c. S. 190).
Krystalle (aus A. oder Me.); F: 126°.
Geschwindigkeit der Hydrolyse in wss. Aceton bei 66°: *Ross*, l. c. S. 188.

Bis-[2-chlor-propyl]-[stilbenyl-(4)]-amin, N,N-*bis(2-chloropropyl)stilben-4-ylamine* $C_{20}H_{23}Cl_2N$.

Opt.-inakt. Bis-[2-chlor-propyl]-[*trans*-stilbenyl-(4)]-amin, Formel VII ($R = X = CH_2$-$CHCl$-CH_3), **vom F: 93°.**
B. Aus opt.-inakt. Bis-[2-hydroxy-propyl]-[*trans*-stilbenyl-(4)]-amin (s. u.) beim Erwärmen mit Phosphoroxychlorid (*Everett, Ross*, Soc. **1949** 1972, 1975, 1980).
Krystalle (aus PAe.); F: 93°.

4-Isopropylamino-stilben, Isopropyl-[stilbenyl-(4)]-amin, N-*isopropylstilben-4-ylamine* $C_{17}H_{19}N$.

Isopropyl-[*trans*-stilbenyl-(4)]-amin, Formel VII ($R = CH(CH_3)_2$, $X = H$).
B. Beim Behandeln von 4-Isopropylamino-benzaldehyd in Benzol mit Benzylmagnesiumchlorid in Äther und Erhitzen des nach der Hydrolyse erhaltenen Reaktionsprodukts mit Essigsäure und wss. Salzsäure (*Haddow et al.*, Phil. Trans. [A] **241** [1948] 147, 185).
Krystalle (aus Me.); F: 109—110° [unkorr.].

4-Diallylamino-stilben, Diallyl-[stilbenyl-(4)]-amin, N,N-*diallylstilben-4-ylamine* $C_{20}H_{21}N$.

Diallyl-[*trans*-stilbenyl-(4)]-amin, Formel VII ($R = X = CH_2$-CH=CH_2).
B. Beim Behandeln von 4-Diallylamino-benzaldehyd in Benzol mit Benzylmagnesiumchlorid in Äther und Erhitzen des nach der Hydrolyse erhaltenen Reaktionsprodukts mit Essigsäure und wss. Salzsäure (*Haddow et al.*, Phil. Trans. [A] **241** [1948] 147, 185).
Gelbliche Krystalle (aus Me.); F: 68—70°. Kp_6: 240°.

2-[Stilbenyl-(4)-amino]-äthanol-(1), *2-(stilben-4-ylamino)ethanol* $C_{16}H_{17}NO$.

2-[*trans*-Stilbenyl-(4)-amino]-äthanol-(1), Formel VII ($R = CH_2$-CH_2OH, $X = H$).
B. Beim Erwärmen von *trans*-Stilbenyl-(4)-amin mit Äthylenoxid auf 90° (*Ross*, Soc. **1949** 183, 185, 190).
Krystalle (aus Bzl.); F: 158—159°.

2-[Äthyl-(stilbenyl-(4))-amino]-äthanol-(1), *2-[ethyl(stilben-4-yl)amino]ethanol* $C_{18}H_{21}NO$.

2-[Äthyl-(*trans*-stilbenyl-(4))-amino]-äthanol-(1), Formel VII ($R = CH_2$-CH_2OH, $X = C_2H_5$).
B. Aus der im folgenden Artikel beschriebenen Verbindung mit Hilfe von Natronlauge (*Haddow et al.*, Phil. Trans. [A] **241** [1948] 147, 185).
Krystalle (aus wss. Eg.); F: 89,5—90,5°.

2-[Äthyl-(stilbenyl-(4))-amino]-1-acetoxy-äthan, *1-acetoxy-2-[ethyl(stilben-4-yl)amino]ethane* $C_{20}H_{23}NO_2$.

2-[Äthyl-(*trans*-stilbenyl-(4))-amino]-1-acetoxy-äthan, Formel VII ($R = CH_2$-CH_2-O-CO-CH_3, $X = C_2H_5$).
B. Beim Behandeln von 4-[Äthyl-(2-acetoxy-äthyl)-amino]-benzaldehyd in Benzol mit Benzylmagnesiumchlorid in Äther und Erhitzen des nach der Hydrolyse erhaltenen Reaktionsprodukts mit Essigsäure und wss. Salzsäure (*Haddow et al.*, Phil. Trans. [A] **241** [1948] 147, 185).
Krystalle (aus Me.); F: 56,5—57,5°.

Bis-[2-hydroxy-äthyl]-[stilbenyl-(4)]-amin, *2,2'-(stilben-4-ylimino)diethanol* $C_{18}H_{21}NO_2$.

Bis-[2-hydroxy-äthyl]-[*trans*-stilbenyl-(4)]-amin, Formel VII ($R = X = CH_2$-CH_2OH).
B. Beim Erhitzen von *trans*-Stilbenyl-(4)-amin mit Äthylenoxid auf 150° (*Ross*, Soc. **1949** 183, 185, 190).
Krystalle (aus Acn.); F: 150—152°.

Bis-[2-hydroxy-propyl]-[stilbenyl-(4)]-amin, *1,1'-(stilben-4-ylimino)dipropan-2-ol* $C_{20}H_{25}NO_2$.

Opt.-inakt. Bis-[2-hydroxy-propyl]-[*trans*-stilbenyl-(4)]-amin, Formel VII ($R = X = CH_2$-$CH(OH)$-CH_3), **vom F: 132°.**
B. Beim Erhitzen von *trans*-Stilbenyl-(4)-amin mit (±)-Propylenoxid auf 150° (*Everett*,

Ross, Soc. **1949** 1972, 1975).
Krystalle (aus Bzl.); F: 132°.

[Stilbenyl-(4)]-benzyliden-amin, Benzaldehyd-[stilbenyl-(4)-imin], *N-benzylidenestilben-4-ylamine* $C_{21}H_{17}N$.

Benzaldehyd-[*trans*-stilbenyl-(4)-imin], Formel IX.

B. Aus *trans*-Stilbenyl-(4)-amin und Benzaldehyd in Benzol (*Drefahl*, *Ulbricht*, A. **598** [1956] 174, 184).

Gelbe Krystalle; F: 194° [unkorr.; A. oder PAe.] (*Haddow et al.*, Phil. Trans. [A] **241** [1948] 147, 185), 193—194° [aus Bzl.] (*Dr.*, *Ul.*).

Stilbenyl-(4)-carbamidsäure-äthylester, *(stilben-4-yl)carbamic acid ethyl ester* $C_{17}H_{17}NO_2$.

***trans*-Stilbenyl-(4)-carbamidsäure-äthylester,** Formel VII ($R = CO\text{-}OC_2H_5$, $X = H$) auf S. 3306.

Krystalle (aus Cyclohexan); F: 144—145° [unkorr.] (*Haddow et al.*, Phil. Trans. [A] **241** [1948] 147, 185).

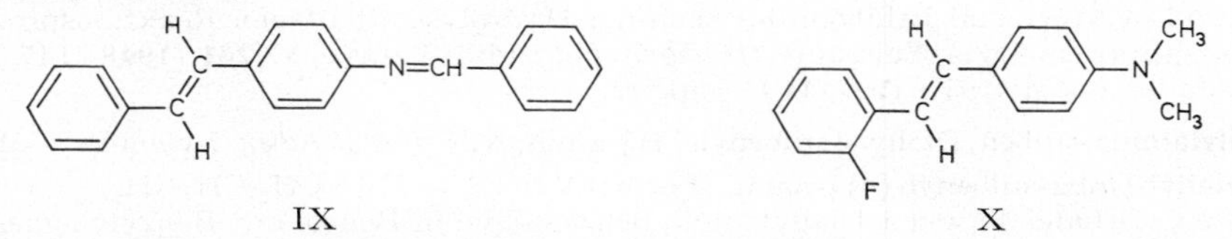

2'-Fluor-4-dimethylamino-stilben, Dimethyl-[2'-fluor-stilbenyl-(4)]-amin, *2'-fluoro-N,N-dimethylstilben-4-ylamine* $C_{16}H_{16}FN$.

Dimethyl-[2'-fluor-*trans*-stilbenyl-(4)]-amin, Formel X.

B. Beim Behandeln von 4-Dimethylamino-benzaldehyd in Benzol mit 2-Fluor-benzyl-magnesium-bromid in Äther und Erhitzen des nach der Hydrolyse erhaltenen Reaktionsprodukts mit Essigsäure und wss. Salzsäure (*Haddow et al.*, Phil. Trans. [A] **241** [1948] 147, 186).

Krystalle (aus A.); F: 124—125° [unkorr.].

2-Chlor-4-amino-stilben, 2-Chlor-stilbenyl-(4)-amin, *2-chlorostilben-4-ylamine* $C_{14}H_{12}ClN$.

2-Chlor-*trans*-stilbenyl-(4)-amin, Formel XI ($R = H$).

B. Aus 2-Chlor-4-nitro-*trans*-stilben mit Hilfe von Zinn(II)-chlorid in Essigsäure (*Haddow et al.*, Phil. Trans. [A] **241** [1948] 147, 186).

Krystalle (aus PAe.); F: 57—58°.

2-Chlor-4-dimethylamino-stilben, Dimethyl-[2-chlor-stilbenyl-(4)]-amin, *2-chloro-N,N-dimethylstilben-4-ylamine* $C_{16}H_{16}ClN$.

Dimethyl-[2-chlor-*trans*-stilbenyl-(4)]-amin, Formel XI ($R = CH_3$).

B. Beim Erwärmen von 2-Chlor-*trans*-stilbenyl-(4)-amin mit Methyljodid in Methanol und Erwärmen des Reaktionsprodukts mit Natriumäthylat in Äthanol (*Haddow et al.*, Phil. Trans. [A] **241** [1948] 147, 186).

Krystalle (aus Me.); F: 106° [unkorr.].

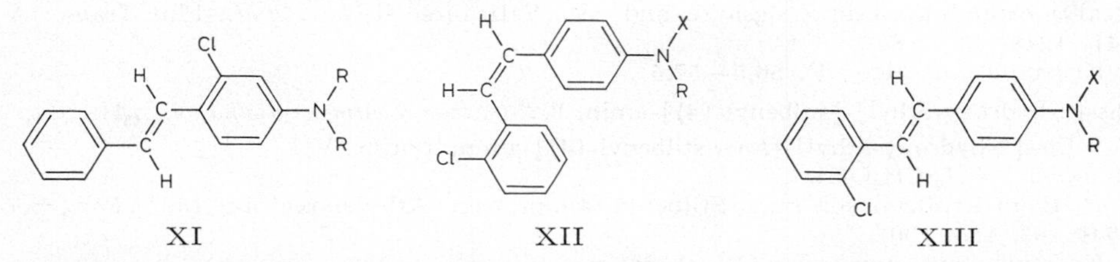

2'-Chlor-4-amino-stilben, 2'-Chlor-stilbenyl-(4)-amin, *2'-chlorostilben-4-ylamine* $C_{14}H_{12}ClN$.

a) **2'-Chlor-*cis*-stilbenyl-(4)-amin,** Formel XII ($R = X = H$).

B. Beim Erwärmen von 2'-Chlor-4-nitro-*cis*-stilben ($C_{14}H_{10}ClNO_2$; gelbliche Krystalle [aus Me.], F: 82—83°; aus 3*t*-[2-Chlor-phenyl]-2-[4-nitro-phenyl]-acrylsäure durch Erhitzen mit Chinolin und Kupferoxid-Chromoxid auf 220° hergestellt) mit Eisen(II)-sulfat und wss.-äthanol. Ammoniak (*Haddow et al.*, Phil. Trans. [A] **241** [1948]

147, 186, 189).

Krystalle (aus Pentan); F: 41—42°. $Kp_{0,01-0,1}$: 100—105°.

b) **2′-Chlor-*trans*-stilbenyl-(4)-amin,** Formel XIII (R = X = H).

B. Aus 2′-Chlor-4-nitro-*trans*-stilben mit Hilfe von Zinn(II)-chlorid in Essigsäure (*Haddow et al.*, Phil. Trans. [A] **241** [1948] 147, 186).

Krystalle (aus Me. oder aus Bzl. + PAe.); F: 86°.

2′-Chlor-4-dimethylamino-stilben, Dimethyl-[2′-chlor-stilbenyl-(4)]-amin, *2′-chloro=stilben-4-ylamine* $C_{16}H_{16}ClN$.

a) **Dimethyl-[2′-chlor-*cis*-stilbenyl-(4)]-amin,** Formel XII (R = X = CH_3).

B. Beim Erwärmen von 2′-Chlor-*cis*-stilbenyl-(4)-amin mit Methyljodid und Methanol und Erwärmen des Reaktionsprodukts mit Natriumäthylat in Äthanol (*Haddow et al.*, Phil. Trans. [A] **241** [1948] 147, 186).

Gelbliche Krystalle (aus Me.); F: 85°.

b) **Dimethyl-[2′-chlor-*trans*-stilbenyl-(4)]-amin,** Formel XIII (R = X = CH_3).

B. Beim Behandeln von 4-Dimethylamino-benzaldehyd mit 2-Chlor-benzylmagnesiumchlorid in Äther und Erhitzen des nach der Hydrolyse erhaltenen Reaktionsprodukts mit Essigsäure und wss. Salzsäure (*Haddow et al.*, Phil. Trans. [A] **241** [1948] 147, 186). Beim Erwärmen von 2′-Chlor-*trans*-stilbenyl-(4)-amin mit Methyljodid und Methanol und Erwärmen des Reaktionsprodukts mit Natriumäthylat in Äthanol (*Ha. et al.*).

Krystalle (aus Me. oder PAe.); F: 105° [unkorr.]. UV-Spektrum (A.): *Ha. et al.*, l. c. S. 171.

2′-Chlor-4-acetamino-stilben, *N*-[2′-Chlor-stilbenyl-(4)]-acetamid, N-(*2′-chlorostilben-4-yl*)*acetamide* $C_{16}H_{14}ClNO$.

a) ***N*-[2′-Chlor-*cis*-stilbenyl-(4)]-acetamid,** Formel XII (R = CO-CH_3, X = H).

B. Aus 2′-Chlor-*cis*-stilbenyl-(4)-amin (*Haddow et al.*, Phil. Trans. [A] **241** [1948] 147, 186).

Krystalle (aus Eg.); F: 134—135° [unkorr.].

b) ***N*-[2′-Chlor-*trans*-stilbenyl-(4)]-acetamid,** Formel XIII (R = CO-CH_3, X = H).

B. Aus 2′-Chlor-*trans*-stilbenyl-(4)-amin (*Haddow et al.*, Phil. Trans. [A] **241** [1948] 147, 186).

Krystalle (aus Bzl. + PAe.); F: 165° [unkorr.].

3′-Chlor-4-amino-stilben, 3′-Chlor-stilbenyl-(4)-amin, *3′-chlorostilben-4-ylamine* $C_{14}H_{12}ClN$.

3′-Chlor-*trans*-stilbenyl-(4)-amin, Formel I (R = H, X = Cl).

B. Aus 3′-Chlor-4-nitro-*trans*-stilben mit Hilfe von Zinn(II)-chlorid in Essigsäure (*Haddow et al.*, Phil. Trans. [A] **241** [1948] 147, 186).

Krystalle (aus Bzl. oder aus Bzl. + PAe.); F: 142—143° [unkorr.].

3′-Chlor-4-dimethylamino-stilben, Dimethyl-[3′-chlor-stilbenyl-(4)]-amin, *3′-chloro-*N,N-*dimethylstilben-4-ylamine* $C_{16}H_{16}ClN$.

Dimethyl-[3′-chlor-*trans*-stilbenyl-(4)]-amin, Formel I (R = CH_3, X = Cl).

B. Beim Behandeln von 4-Dimethylamino-benzaldehyd in Benzol mit 3-Chlor-benzyl=magnesium-chlorid in Äther und Erhitzen des nach der Hydrolyse erhaltenen Reaktionsprodukts mit Essigsäure und wss. Salzsäure (*Haddow et al.*, Phil. Trans. [A] **241** [1948] 147, 186).

Krystalle (aus A.); F: 137—138° [unkorr.].

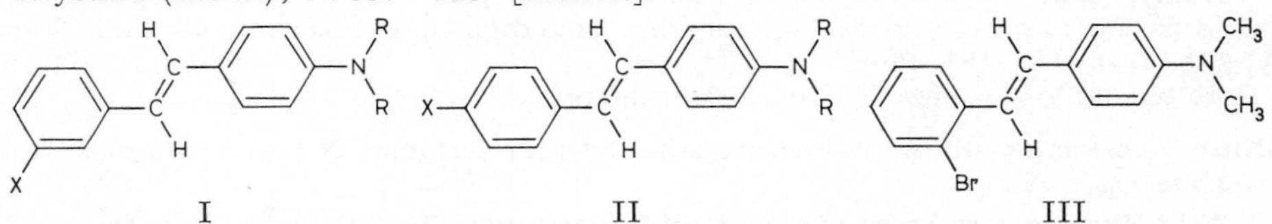

4′-Chlor-4-dimethylamino-stilben, Dimethyl-[4′-chlor-stilbenyl-(4)]-amin, *4′-chloro-*N,N-*dimethylstilben-4-ylamine* $C_{16}H_{16}ClN$.

Dimethyl-[4′-chlor-*trans*-stilbenyl-(4)]-amin, Formel II (R = CH_3, X = Cl).

B. Beim Behandeln von 4-Dimethylamino-benzaldehyd in Benzol mit 4-Chlor-benzyl=

magnesium-chlorid und Erhitzen des nach der Hydrolyse erhaltenen Reaktionsprodukts mit Essigsäure und wss. Salzsäure (*Haddow et al.*, Phil. Trans. [A] **241** [1948] 147, 186; vgl. *Jenkins*, Am. Soc. **53** [1931] 3115, 3121).

Krystalle; F: 229° [korr.; aus Bzl.] (*Je.*), 216° [unkorr.; aus Bzl. + A.] (*Ha. et al.*). UV-Spektrum (A.): *Ha. et al.*, l. c. S. 171.

2'-Brom-4-dimethylamino-stilben, Dimethyl-[2'-brom-stilbenyl-(4)]-amin, *2'-bromo-N,N-dimethylstilben-4-ylamine* $C_{16}H_{16}BrN$.

Dimethyl-[2'-brom-*trans*-stilbenyl-(4)]-amin, Formel III.

B. Beim Behandeln von 4-Dimethylamino-benzaldehyd in Benzol mit 2-Brom-benzyl-magnesium-bromid in Äther und Erhitzen des nach der Hydrolyse erhaltenen Reaktionsprodukts mit Essigsäure und wss. Salzsäure (*Haddow et al.*, Phil. Trans. [A] **241** [1948] 147, 186).

Gelbe Krystalle (aus A.); F: 107—108° [unkorr.].

3'-Brom-4-dimethylamino-stilben, Dimethyl-[3'-brom-stilbenyl-(4)]-amin, *3'-bromo-N,N-dimethylstilben-4-ylamine* $C_{16}H_{16}BrN$.

Dimethyl-[3'-brom-*trans*-stilbenyl-(4)]-amin, Formel I (R = CH_3, X = Br).

B. Beim Behandeln von 4-Dimethylamino-benzaldehyd in Benzol mit 3-Brom-benzyl-magnesium-bromid in Äther und Erhitzen des nach der Hydrolyse erhaltenen Reaktionsprodukts mit Essigsäure und wss. Salzsäure (*Haddow et al.*, Phil. Trans. [A] **241** [1948] 147, 186).

Gelbliche Krystalle (aus Bzl. + A.); F: 145—146° [unkorr.].

4'-Brom-4-amino-stilben, 4'-Brom-stilbenyl-(4)-amin, *4'-bromostilben-4-ylamine* $C_{14}H_{12}BrN$.

4'-Brom-*trans*-stilbenyl-(4)-amin, Formel II (R = H, X = Br).

B. Aus 4'-Brom-4-nitro-*trans*-stilben mit Hilfe von Zinn(II)-chlorid in Essigsäure (*Haddow et al.*, Phil. Trans. [A] **241** [1948] 147, 186).

Krystalle (aus Bzl.); F: 210° [unkorr.].

4'-Brom-4-dimethylamino-stilben, Dimethyl-[4'-brom-stilbenyl-(4)]-amin, *4'-bromo-N,N-dimethylstilben-4-ylamine* $C_{16}H_{16}BrN$.

Dimethyl-[4'-brom-*trans*-stilbenyl-(4)]-amin, Formel II (R = CH_3, X = Br).

B. Beim Erwärmen von 4'-Brom-*trans*-stilbenyl-(4)-amin mit Methyljodid und Methanol und Erwärmen des Reaktionsprodukts mit Natriumäthylat in Äthanol (*Haddow et al.*, Phil. Trans. [A] **241** [1948] 147, 186).

Krystalle (aus Bzl.); F: 232—233° [unkorr.].

2-Nitro-4-amino-stilben, 2-Nitro-stilbenyl-(4)-amin, *2-nitrostilben-4-ylamine* $C_{14}H_{12}N_2O_2$.

2-Nitro-*trans*-stilbenyl-(4)-amin Formel IV (R = X = H) (H 1332; E II 782).

B. Beim Erwärmen von 2.4-Dinitro-*trans*-stilben in Methanol mit einer wss. Lösung von Natriumsulfid und Natriumhydrogencarbonat (*McGookin*, J. Soc. chem. Ind. **68** [1949] 195).

Rote Krystalle (aus Me.); F: 110°.

2-Nitro-4-methylamino-stilben, Methyl-[2-nitro-stilbenyl-(4)]-amin, *N-methyl-2-nitro-stilben-4-ylamine* $C_{15}H_{14}N_2O_2$.

Methyl-[2-nitro-*trans*-stilbenyl-(4)]-amin, Formel IV (R = CH_3, X = H).

B. Aus 2-Nitro-*trans*-stilbenyl-(4)-amin und Dimethylsulfat (*Haddow et al.*, Phil. Trans. [A] **241** [1948] 147, 187, 190).

Rote Krystalle (aus Me.); F: 107—108° [unkorr.].

2-Nitro-4-acetamino-stilben, *N*-[2-Nitro-stilbenyl-(4)]-acetamid, *N-(2-nitrostilben-4-yl)-acetamide* $C_{16}H_{14}N_2O_3$.

***N*-[2-Nitro-*trans*-stilbenyl-(4)]-acetamid,** Formel IV (R = CO-CH_3, X = H) (H 1332).

B. Beim Behandeln von 2-Nitro-*trans*-stilbenyl-(4)-amin mit Acetanhydrid oder Acetylchlorid (*Haddow et al.*, Phil. Trans. [A] **241** [1948] 147, 190).

F: 192—193° [unkorr.].

2-Nitro-4-diacetylamino-stilben, *N*-[2-Nitro-stilbenyl-(4)]-diacetamid, N-(*2-nitrostilben-4-yl*)*diacetamide* $C_{18}H_{16}N_2O_4$.

2-Nitro-4-diacetylamino-*trans*-stilben, Formel IV (R = X = CO-CH_3).

B. Als Hauptprodukt beim Erhitzen von 2-Nitro-*trans*-stilbenyl-(4)-amin mit Acetanhydrid (*Haddow et al.*, Phil. Trans. [A] **241** [1948] 147, 190).

Gelbe Krystalle (aus Me.); F: 147° [unkorr.].

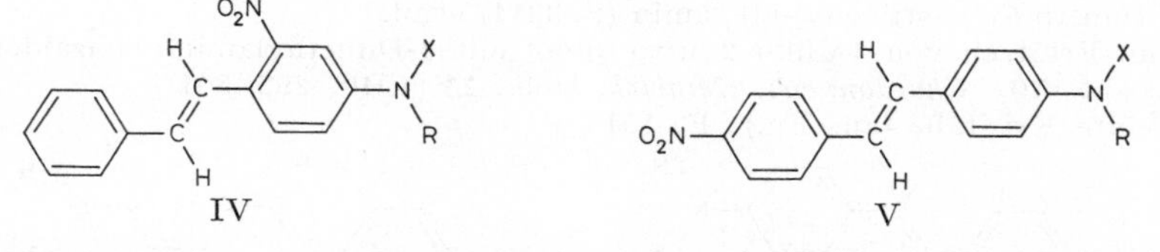

4′-Nitro-4-amino-stilben, 4′-Nitro-stilbenyl-(4)-amin, *4′-nitrostilben-4-ylamine* $C_{14}H_{12}N_2O_2$.

4′-Nitro-*trans*-stilbenyl-(4)-amin, Formel V (R = X = H) (vgl. H 1332).

B. Als Hauptprodukt beim Erwärmen von 4.4′-Dinitro-*trans*-stilben in Äthanol mit wss. Natriumhydrogensulfid-Lösung (*Calvin, Buckles*, Am. Soc. **62** [1940] 3324, 3326). Aus *N*-[4′-Nitro-*trans*-stilbenyl-(4)]-acetamid beim Erwärmen mit wss.-äthanol. Salzsäure (*Ashley et al.*, Soc. **1942** 103, 112).

Rote Krystalle; F: 250—250,5° (*Calvin, Alter*, J. chem. Physics **19** [1951] 765), 245° bis 245,5° [aus Nitrobenzol] (*Ca., Bu.*), 245° [aus Py.] (*Ash. et al.*). UV-Spektrum von Lösungen der Base in Benzol und in Äthanol sowie einer Lösung des Hydrochlorids in Äthanol: *Ca., Al.*; vgl. *Ca., Bu.*

Hydrochlorid $C_{14}H_{12}N_2O_2 \cdot HCl$. Rote oder gelbe Krystalle (aus wss. Salzsäure; 0,6n bzw. 2n); F: 245° [Zers.] (*Ca., Bu.*).

4′-Nitro-4-dimethylamino-stilben, Dimethyl-[4′-nitro-stilbenyl-(4)]-amin, N,N-*dimethyl-4′-nitrostilben-4-ylamine* $C_{16}H_{16}N_2O_2$.

Dimethyl-[4′-nitro-*trans*-stilbenyl-(4)]-amin, Formel V (R = X = CH_3) (E I 553; E II 782).

Konfiguration: *Syz, Zollinger*, Helv. **48** [1965] 517, 519; *Weizmann*, Trans. Faraday Soc. **36** [1940] 978, 979.

B. Beim Erhitzen von 4-Dimethylamino-benzaldehyd mit 4-Nitro-toluol und Piperidin auf 180° (*Chardonnens, Heinrich*, Helv. **22** [1939] 1471, 1477; vgl. *Dippy et al.*, J. Soc. chem. Ind. **56** [1937] 396T). Beim Erhitzen von 4-Dimethylamino-benzaldehyd mit [4-Nitro-phenyl]-essigsäure und Piperidin auf 115° (*Di. et al.*; vgl. *Merckx*, Bl. Soc. chim. Belg. **58** [1949] 460, 465, 468, 470).

Rote Krystalle; F: 251—253° [aus Bzl.] (*Me.*), 250° [aus $CHCl_3$, aus Eg. oder Bzl. bzw. aus Butylacetat] (*Di. et al.*; *Ch., Hei.*; *Wei.*). Absorptionsspektrum (A.; 250—600 mμ): *Hertel, Lührmann*, Z. physik. Chem. [B] **44** [1939] 261, 270. Absorptionsmaxima: 296 mμ und 430 mμ [Base in A.]; 249 mμ und 335 mμ [Hydrochlorid in A.] (*Me.*, l. c. S. 465). Dipolmoment: 7,05 D [ε; Bzl.], 7,2 D [ε; Dioxan] (*He., Lü.*, l. c. S. 284, 285), 8,3 D [ε; 2-Methyl-naphthalin] (*Wei.*, l. c. S. 981).

Geschwindigkeit der Reaktion mit 2.4.6-Trinitro-anisol in Aceton bei 45°: *He., Lü.*, l. c. S. 282.

4′-Nitro-4-äthylamino-stilben, Äthyl-[4′-nitro-stilbenyl-(4)]-amin, N-*ethyl-4′-nitrostilben-4-ylamine* $C_{16}H_{16}N_2O_2$.

Äthyl-[4′-nitro-*trans*-stilbenyl-(4)]-amin, Formel V (R = C_2H_5, X = H).

Eine Verbindung (rote Krystalle [aus Nitrobenzol]; F: 222—223°), der vermutlich diese Konstitution zukommt, ist neben 4′-Nitro-*trans*-stilbenyl-(4)-amin beim Erwärmen von 4.4′-Dinitro-*trans*-stilben in Äthanol mit wss. Natriumhydrogensulfid-Lösung erhalten worden (*Calvin, Buckles*, Am. Soc. **62** [1940] 3324, 3326).

4′-Nitro-4-acetamino-stilben, *N*-[4′-Nitro-stilbenyl-(4)]-acetamid, N-(*4′-nitrostilben-4-yl*)*acetamide* $C_{16}H_{14}N_2O_3$.

***N*-[4′-Nitro-*trans*-stilbenyl-(4)]-acetamid,** Formel V (R = CO-CH_3, X = H).

B. Beim Erhitzen von [4-Nitro-phenyl]-essigsäure mit 4-Acetamino-benzaldehyd und

Piperidin auf 160° (*Ashley et al.*, Soc. **1942** 103, 112).
Gelbe Krystalle (aus Py.); F: 255°.

4'-Chlor-2'-nitro-4-dimethylamino-stilben, Dimethyl-[4'-chlor-2'-nitro-stilbenyl-(4)]-amin, *4'-chloro-*N,N*-dimethyl-2'-nitrostilben-4-ylamine* $C_{16}H_{15}ClN_2O_2$.

Dimethyl-[4'-chlor-2'-nitro-*trans*-stilbenyl-(4)]-amin, Formel VI.

Die Konfigurationszuordnung ist auf Grund der Bildungsweise in Analogie zu Dimethyl-[4'-nitro-*trans*-stilbenyl-(4)]-amin (S. 3311) erfolgt.

B. Beim Erhitzen von 4-Chlor-2-nitro-toluol mit 4-Dimethylamino-benzaldehyd und Piperidin auf 170° (*Chardonnens, Heinrich*, Helv. **23** [1940] 292, 301).

Rotviolette Krystalle (aus Eg.); F: 151°.

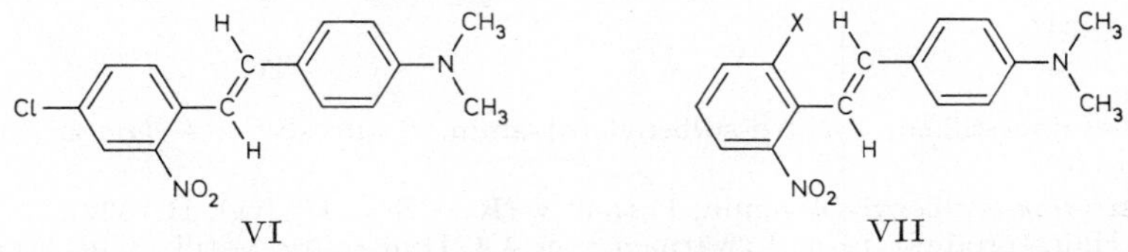

VI VII

6'-Chlor-2'-nitro-4-dimethylamino-stilben, Dimethyl-[6'-chlor-2'-nitro-stilbenyl-(4)]-amin, *2'-chloro-*N,N*-dimethyl-6'-nitrostilben-4-ylamine* $C_{16}H_{15}ClN_2O_2$.

Dimethyl-[6'-chlor-2'-nitro-*trans*-stilbenyl-(4)]-amin, Formel VII (X = Cl).

Die Konfigurationszuordnung ist auf Grund der Bildungsweise in Analogie zu Dimethyl-[4'-nitro-*trans*-stilbenyl-(4)]-amin (S. 3311) erfolgt.

B. Beim Erhitzen von 6-Chlor-2-nitro-toluol mit 4-Dimethylamino-benzaldehyd und Piperidin auf 180° (*Chardonnens, Heinrich*, Helv. **23** [1940] 292, 302).

Braunviolette Krystalle (aus Me.); F: 108,5°.

2'-Chlor-4'-nitro-4-dimethylamino-stilben, Dimethyl-[2'-chlor-4'-nitro-stilbenyl-(4)]-amin, *2'-chloro-*N,N*-dimethyl-4'-nitrostilben-4-ylamine* $C_{16}H_{15}ClN_2O_2$.

Dimethyl-[2'-chlor-4'-nitro-*trans*-stilbenyl-(4)]-amin, Formel VIII (X = Cl).

Die Konfigurationszuordnung ist auf Grund der Bildungsweise in Analogie zu Dimethyl-[4'-nitro-*trans*-stilbenyl-(4)]-amin (S. 3311) erfolgt.

B. Beim Erhitzen von 2-Chlor-4-nitro-toluol mit 4-Dimethylamino-benzaldehyd und Piperidin auf 170° (*Chardonnens, Heinrich*, Helv. **23** [1940] 292, 299).

Violette Krystalle (aus Bzl. oder Eg.); F: 193°.

2'-Brom-4'-nitro-4-dimethylamino-stilben, Dimethyl-[2'-brom-4'-nitro-stilbenyl-(4)]-amin, *2'-bromo-*N,N*-dimethyl-4'-nitrostilben-4-ylamine* $C_{16}H_{15}BrN_2O_2$.

Dimethyl-[2'-brom-4'-nitro-*trans*-stilbenyl-(4)]-amin, Formel VIII (X = Br).

Die Konfigurationszuordnung ist auf Grund der Bildungsweise in Analogie zu Dimethyl-[4'-nitro-*trans*-stilbenyl-(4)]-amin (S. 3311) erfolgt.

B. Beim Erhitzen von 2-Brom-4-nitro-toluol mit 4-Dimethylamino-benzaldehyd und Piperidin auf 170° (*Chardonnens, Heinrich*, Helv. **23** [1940] 292, 300).

Violette Krystalle (aus Bzl.); F: 196°.

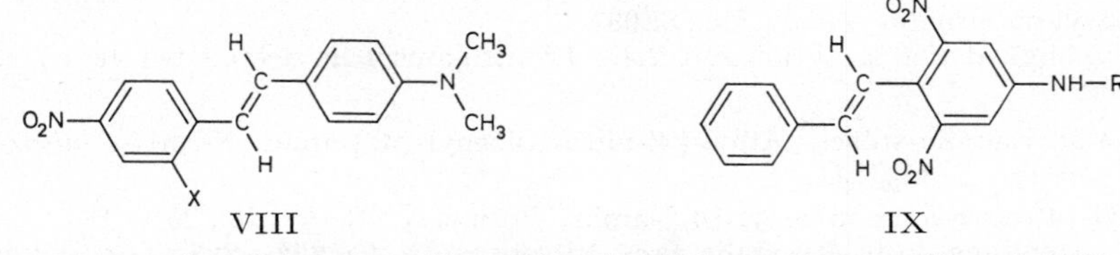

VIII IX

2'-Jod-4'-nitro-4-dimethylamino-stilben, Dimethyl-[2'-jod-4'-nitro-stilbenyl-(4)]-amin, *2'-iodo-*N,N*-dimethyl-4'-nitrostilben-4-ylamine* $C_{16}H_{15}IN_2O_2$.

Dimethyl-[2'-jod-4'-nitro-*trans*-stilbenyl-(4)]-amin, Formel VIII (X = I).

Die Konfigurationszuordnung ist auf Grund der Bildungsweise in Analogie zu Dimethyl-[4'-nitro-*trans*-stilbenyl-(4)]-amin (S. 3311) erfolgt.

B. Beim Erhitzen von 2-Jod-4-nitro-toluol mit 4-Dimethylamino-benzaldehyd und Piperidin auf 170° (*Chardonnens, Heinrich*, Helv. **23** [1940] 292, 301).

Violette Krystalle (aus Bzl.); F: 201°.

2.6-Dinitro-4-amino-stilben, 2.6-Dinitro-stilbenyl-(4)-amin, *2,6-dinitrostilben-4-ylamine* $C_{14}H_{11}N_3O_4$.

2.6-Dinitro-*trans*-stilbenyl-(4)-amin, Formel IX (R = H).

B. Beim Behandeln von 2.4.6-Trinitro-*trans*-stilben in mit geringen Mengen wss. Ammoniak versetztem Dioxan mit Schwefelwasserstoff (*Parkes, Farthing*, Soc. **1948** 1275).

Orangefarbene Krystalle (aus wss. A); F: 157°.

Hydrochlorid. Gelb; F: 173° [Zers.].

2.6-Dinitro-4-acetamino-stilben, *N*-[2.6-Dinitro-stilbenyl-(4)]-acetamid, N-(*2,6-dinitro=stilben-4-yl)acetamide* $C_{16}H_{13}N_3O_5$.

***N*-[2.6-Dinitro-*trans*-stilbenyl-(4)]-acetamid,** Formel IX (R = CO-CH_3).

B. Aus 2.6-Dinitro-*trans*-stilbenyl-(4)-amin (*Parkes, Farthing*, Soc. **1948** 1275).

Gelbliche Krystalle (aus wss. A.); F: 208,5°.

2.4′-Dinitro-4-amino-stilben, 2.4′-Dinitro-stilbenyl-(4)-amin, *2,4′-dinitrostilben-4-yl=amine* $C_{14}H_{11}N_3O_4$.

2.4′-Dinitro-*trans*-stilbenyl-(4)-amin, Formel X (R = H).

B. Beim Erwärmen einer Suspension von 2.4.4′-Trinitro-*trans*-stilben in Äthanol mit wss. Ammoniak unter Einleiten von Schwefelwasserstoff (*Ruggli, Dinger*, Helv. **24** [1941] 173, 181).

Schwarzrote Krystalle (aus A.), F: 202°.

2.4′-Dinitro-4-acetamino-stilben, *N*-[2.4′-Dinitro-stilbenyl-(4)]-acetamid, N-(*2,4′-dinitro=stilben-4-yl)acetamide* $C_{16}H_{13}N_3O_5$.

***N*-[2.4′-Dinitro-*trans*-stilbenyl-(4)]-acetamid,** Formel X (R = CO-CH_3).

B. Beim Erwärmen von 2.4′-Dinitro-*trans*-stilbenyl-(4)-amin mit Acetanhydrid (*Ruggli, Dinger*, Helv. **24** [1941] 173, 182).

Gelbe Krystalle (aus E.), F: 237°.

2′.4′-Dinitro-4-dimethylamino-stilben, Dimethyl-[2′.4′-dinitro-stilbenyl-(4)]-amin, N,N-*dimethyl-2′,4′-dinitrostilben-4-ylamine* $C_{16}H_{15}N_3O_4$.

Dimethyl-[2′.4′-dinitro-*trans*-stilbenyl-(4)]-amin, Formel XI (R = X = CH_3) (H 1333; E II 782).

Die Konfigurationszuordnung ist auf Grund der Bildungsweise in Analogie zu Di=methyl-[4′-nitro-*trans*-stilbenyl-(4)]-amin (S. 3311) erfolgt.

B. Beim Erwärmen von 4-Dimethylamino-benzaldehyd mit 2.4-Dinitro-toluol und Piperidin (*Dippy et al.*, J. Soc. chem. Ind. **56** [1937] 396T; *Phillips*, J. org. Chem. **13** [1948] 622, 633).

F: 181° [Zers.] (*Di. et al.*), 180—181° (*Ph.*).

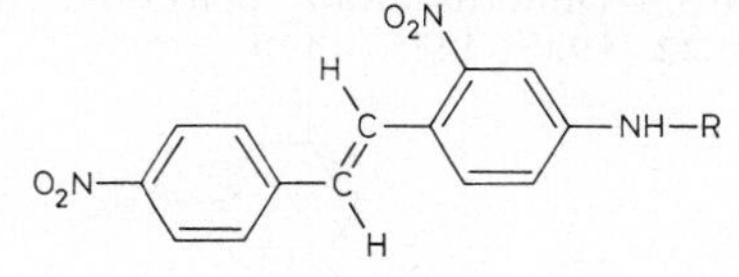

X

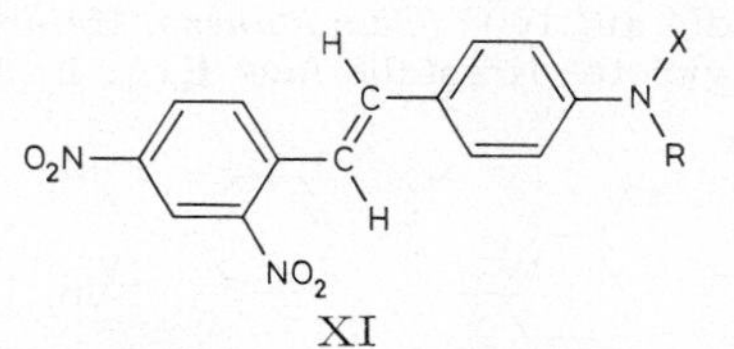

XI

2′.4′-Dinitro-4-diäthylamino-stilben, Diäthyl-[2′.4′-dinitro-stilbenyl-(4)]-amin, N,N-*di=ethyl-2′,4′-dinitrostilben-4-ylamine* $C_{18}H_{19}N_3O_4$.

Diäthyl-[2′.4′-dinitro-*trans*-stilbenyl-(4)]-amin, Formel XI (R = X = C_2H_5).

Die Konfigurationszuordnung ist auf Grund der Bildungsweise in Analogie zu Dimethyl-[4′-nitro-*trans*-stilbenyl-(4)]-amin (S. 3311) erfolgt.

B. In geringer Ausbeute beim Erwärmen von 2.4-Dinitro-toluol mit 4-Diäthylamino-benzaldehyd und Piperidin (*Dippy et al.*, J. Soc. chem. Ind. **56** [1937] 369 T).

Grünschwarz; F: 149°.

2-[Äthyl-(2′.4′-dinitro-stilbenyl-(4))-amino]-äthanol-(1), *2-[(2′,4′-dinitrostilben-4-yl)=ethylamino]ethanol* $C_{18}H_{19}N_3O_5$.

2-[Äthyl-(2′.4′-dinitro-*trans*-stilbenyl-(4))-amino]-äthanol-(1), Formel XI (R = CH_2-CH_2OH, X = C_2H_5).

Die Konfigurationszuordnung ist auf Grund der Bildungsweise in Analogie zu Di=

methyl-[4'-nitro-*trans*-stilbenyl-(4)]-amin (S. 3311) erfolgt.

B. Beim Erwärmen von 2.4-Dinitro-toluol mit 4-[Äthyl-(2-hydroxy-äthyl)-amino]-benzaldehyd und Piperidin (*Dippy et al.*, J. Soc. chem. Ind. **56** [1937] 396 T).

Grünschwarz; F: 174—176°.

2-[Butyl-(2'.4'-dinitro-stilbenyl-(4))-amino]-äthanol-(1), *2-[butyl(2',4'-dinitrostilben-4-yl)amino]ethanol* $C_{20}H_{23}N_3O_5$.

2-[Butyl-(2'.4'-dinitro-*trans*-stilbenyl-(4))-amino]-äthanol-(1), Formel XI (R = CH_2-CH_2OH, X = $[CH_2]_3$-CH_3).

Die Konfigurationszuordnung ist auf Grund der Bildungsweise in Analogie zu Dimethyl-[4'-nitro-*trans*-stilbenyl-(4)]-amin (S. 3311) erfolgt.

B. Beim Erhitzen von 2.4-Dinitro-toluol mit 4-[(2-Hydroxy-äthyl)-butyl-amino]-benzaldehyd und Piperidin auf 120° (*Dippy et al.*, J. Soc. chem. Ind. **56** [1937] 396 T).

Schwarze Krystalle (aus wss. Acn.); F: 220°.

2'.4'-Dinitro-4-acetamino-stilben, *N*-[2'.4'-Dinitro-stilbenyl-(4)]-acetamid, N-*(2',4'-dinitrostilben-4-yl)acetamide* $C_{16}H_{13}N_3O_5$.

***N*-[2'.4'-Dinitro-*trans*-stilbenyl-(4)]-acetamid,** Formel XI (R = CO-CH_3, X = H).

Die Konfigurationszuordnung ist auf Grund der Bildungsweise in Analogie zu Dimethyl-[4'-nitro-*trans*-stilbenyl-(4)]-amin (S. 3311) erfolgt.

B. Beim Erhitzen von 2.4-Dinitro-toluol mit 4-Acetamino-benzaldehyd und Piperidin auf 140° (*Ashley, Harris*, Soc. **1946** 567, 570).

Orangerote Krystalle (aus Eg.); F: 262°.

2'.5'-Dinitro-4-dimethylamino-stilben, Dimethyl-[2'.5'-dinitro-stilbenyl-(4)]-amin, N,N-*dimethyl-2',5'-dinitrostilben-4-ylamine* $C_{16}H_{15}N_3O_4$.

Dimethyl-[2'.5'-dinitro-*trans*-stilbenyl-(4)]-amin, Formel XII.

Die Konfigurationszuordnung ist auf Grund der Bildungsweise in Analogie zu Dimethyl-[4'-nitro-*trans*-stilbenyl-(4)]-amin (S. 3311) erfolgt.

B. Beim Erhitzen von 2.5-Dinitro-toluol mit 4-Dimethylamino-benzaldehyd und Piperidin auf 170° (*Chardonnens, Heinrich*, Helv. **22** [1939] 1471, 1481).

Violette Krystalle (aus Acn. oder Bzl.); F: 168°.

2'.6'-Dinitro-4-dimethylamino-stilben, Dimethyl-[2'.6'-dinitro-stilbenyl-(4)]-amin, N,N-*dimethyl-2',6'-dinitrostilben-4-ylamine* $C_{16}H_{15}N_3O_4$.

Dimethyl-[2'.6'-dinitro-*trans*-stilbenyl-(4)]-amin, Formel VII (X = NO_2) auf S. 3312.

Die Konfigurationszuordnung ist auf Grund der Bildungsweise in Analogie zu Dimethyl-[4'-nitro-*trans*-stilbenyl-(4)]-amin (S. 3311) erfolgt.

B. Beim Erhitzen von 2.6-Dinitro-toluol mit 4-Dimethylamino-benzaldehyd und Piperidin auf 160° (*Chardonnens, Heinrich*, Helv. **22** [1939] 1471, 1479).

Rotviolette Krystalle (aus Eg.); F: 139°.

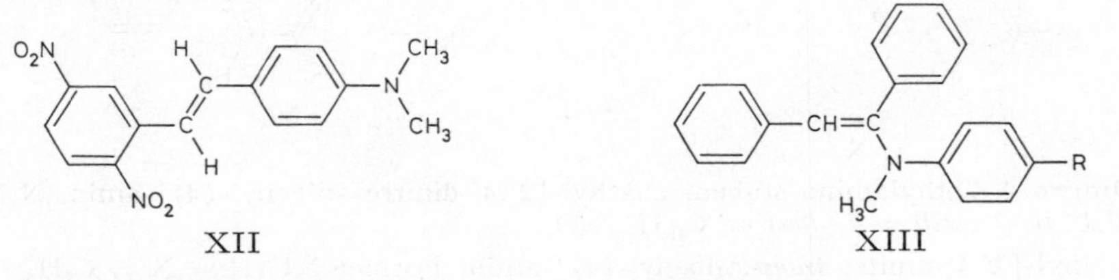

α-Amino-stilben, Stilbenyl-(α)-amin $C_{14}H_{13}N$ s. E III **7** 2101.

Methyl-phenyl-[stilbenyl-(α)]-amin, N-*methyl*-N,*α-diphenylstyrylamine* $C_{21}H_{19}N$, Formel XIII (R = H).

Eine Verbindung (gelbe Krystalle, F: 82°; Kp_{10}: 230°; an der Luft und am Licht nicht beständig) dieser Konstitution ist beim Erhitzen von Desoxybenzoin-diäthylacetal mit *N*-Methyl-anilin auf 240° erhalten worden (*Hoch*, C. r. **200** [1935] 938). UV-Spektrum (Hexan): *Ramart-Lucas, Hoch*, Bl. [5] **3** [1936] 918, 923.

Methyl-*p*-tolyl-[stilbenyl-(α)]-amin, N-*methyl-α-phenyl*-N-p-*tolylstyrylamine* $C_{22}H_{21}N$, Formel XIII (R = CH_3).

Eine Verbindung (gelbe Krystalle, F: 76°; Kp_{10}: 232°) dieser Konstitution ist beim Erhitzen von Desoxybenzoin-diäthylacetal mit *N*-Methyl-*p*-toluidin auf 240° erhalten worden (*Hoch*, C. r. **200** [1935] 938).

α'-Nitro-α-amino-stilben, α'-Nitro-stilbenyl-(α)-amin $C_{14}H_{12}N_2O_2$ s. E III **7** 2115.

2-[1-Phenyl-vinyl]-anilin $C_{14}H_{13}N$.

4-Brom-2-[1-phenyl-vinyl]-anilin, *4-bromo-2-(α-methylenebenzyl)aniline* $C_{14}H_{12}BrN$, Formel I (R = H).

B. Aus 1-Phenyl-1-[5-brom-2-amino-phenyl]-äthanol-(1) beim Erwärmen mit wss. Schwefelsäure (*Simpson, Stephenson*, Soc. **1942** 353, 355).

Hydrogensulfat $C_{14}H_{12}BrN \cdot H_2SO_4$. Hygroskopische Krystalle (aus wss. Schwefelsäure [4n]) mit 2 Mol H_2O; F: 107° [unkorr.]. — Über ein Sulfat vom F: 154° s. *Si., St.*

5-Brom-2-benzamino-1-[1-phenyl-vinyl]-benzol, Benzoesäure-[4-brom-2-(1-phenyl-vinyl)-anilid], *4'-bromo-2'-(α-methylenebenzyl)benzanilide* $C_{21}H_{16}BrNO$, Formel I (R = CO-C_6H_5).

B. Beim Behandeln von 4-Brom-2-[1-phenyl-vinyl]-anilin mit Benzoylchlorid und Pyridin (*Simpson, Stephenson*, Soc. **1942** 353, 355).

Krystalle (aus wss. Me.); F: 113,5—114° [unkorr.].

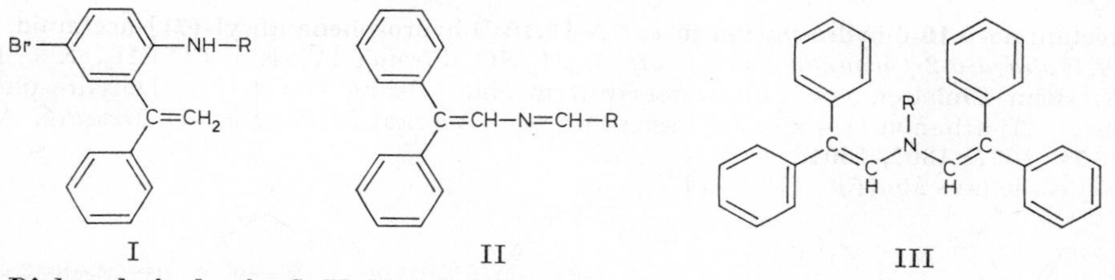

2.2-Diphenyl-vinylamin $C_{14}H_{13}N$ s. E III **7** 2119.

[2.2-Diphenyl-vinyl]-benzyliden-amin, Benzaldehyd-[2.2-diphenyl-vinylimin], *N-benzylidene-2,2-diphenylvinylamine* $C_{21}H_{17}N$, Formel II (R = C_6H_5).

B. Als Hauptprodukt beim Behandeln einer Lösung von Diphenylacetaldehyd und Benzaldehyd in Benzol mit wss. Ammoniak (*Špašow, Iwanow*, Godišnik Univ. Sofia **38** Chimija [1942] 85, 123; C. A. **1948** 2586).

Gelbe Krystalle (aus A.); F: 131—132°.

Beim Behandeln mit wss.-äthanol. Salzsäure ist Bis-[2.2-diphenyl-vinyl]-amin erhalten worden. Bildung von *N*-[2.2-Diphenyl-vinyl]-acetamid beim Behandeln mit Acetanhydrid in Äther: *Šp., Iw.*

[2.2-Diphenyl-vinyl]-[2.2-diphenyl-äthyliden]-amin, Diphenylacetaldehyd-[2.2-diphenyl-vinylimin], *N-(2,2-diphenylethylidene)-2,2-diphenylvinylamine* $C_{28}H_{23}N$, Formel II (R = CH(C_6H_5)$_2$), und **Bis-[2.2-diphenyl-vinyl]-amin,** *2,2,2',2'-tetraphenyldivinylamine* $C_{28}H_{23}N$, Formel III (R = H) (E II 783).

Diese Verbindung hat vermutlich auch in dem E II **7** 371 beschriebenen „Hydrodiphenyl-acetamid" vorgelegen (*Witkop*, Am. Soc. **78** [1956] 2873, 2876).

B. Aus Diphenylacetaldehyd beim Behandeln mit wss. Ammoniak (*Špašow, Iwanow*, Godišnik Univ. Sofia **38** Chimija [1942] 85, 125; C. A. **1948** 2586). Aus 2-Amino-1.1-diphenyl-äthanol-(1) beim Erwärmen mit Phosphor(V)-oxid in Benzol (*Krabbe, Böhlk, Schmidt*, B. **71** [1938] 64, 76).

Krystalle (aus A.); F: 144—146° [unkorr.] (*Kr., Bö., Sch.*), 144—145° (*Šp., Iw.*). Absorptionsspektrum (434—750 mμ) einer beim Behandeln mit Schwefelsäure erhaltenen Lösung: *Krabbe, Schmidt*, B. **72** [1939] 381, 385.

***N.N*-Bis-[2.2-diphenyl-vinyl]-acetamid,** *N,N-bis(2,2-diphenylvinyl)acetamide* $C_{30}H_{25}NO$, Formel III (R = CO-CH_3).

B. Aus Bis-[2.2-diphenyl-vinyl]-amin und Acetylchlorid in Chloroform (*Špašow, Iwanow*, Godišnik Univ. Sofia **38** Chimija [1942] 85, 126; C. A. **1948** 2586).

Krystalle (aus A.); F: 187°.

2-Amino-9.10-dihydro-phenanthren, 9.10-Dihydro-phenanthryl-(2)-amin, *9,10-dihydro-2-phenanthrylamine* $C_{14}H_{13}N$, Formel IV (R = X = H).

B. Aus 2-Nitro-9.10-dihydro-phenanthren bei der Hydrierung an Platin in Äthanol

(*Krueger, Mosettig*, J. org. Chem. **3** [1938] 340, 343). Aus *N*-[9.10-Dihydro-phenanthryl-(2)]-acetamid oder aus *N*-[9.10-Dihydro-phenanthryl-(2)]-propionamid beim Erhitzen mit einem Gemisch von wss. Salzsäure und Essigsäure (*Burger, Mosettig*, Am. Soc. **59** [1937] 1302, 1304).

Krystalle (aus Ae.); F: 49—52° (*Kr., Mo.*).

Hydrochlorid $C_{14}H_{13}N \cdot HCl$. Krystalle (aus A.); F: 247—257° [Zers.] bzw. 323° bis 325° [Zers.; evakuierte Kapillare] (*Bu., Mo.*).

Pikrat $C_{14}H_{13}N \cdot C_6H_3N_3O_7$. Gelbe Krystalle (aus Me.); F: 203° [Zers.] (*Bu., Mo.*).

2-Dimethylamino-9.10-dihydro-phenanthren, Dimethyl-[9.10-dihydro-phenanthryl-(2)]-amin, N,N-*dimethyl-9,10-dihydro-2-phenanthrylamine* $C_{16}H_{17}N$, Formel IV (R = X = CH_3).

B. Beim Behandeln von 9.10-Dihydro-phenanthryl-(2)-amin mit Dimethylsulfat und wss. Kalilauge und anschliessend mit Kaliumjodid und Erhitzen des erhaltenen Trimethyl-[9.10-dihydro-phenanthryl-(2)]-ammonium-jodids ([$C_{17}H_{20}N$]I) unter vermindertem Druck (*Burger, Mosettig*, Am. Soc. **59** [1937] 1302, 1304).

Krystalle (aus wss. A.); F: 65—66°.

Hydrochlorid $C_{16}H_{17}N \cdot HCl$. Krystalle (aus A. + Ae.); F: 186—188°.

2-Acetamino-9.10-dihydro-phenanthren, *N*-[9.10-Dihydro-phenanthryl-(2)]-acetamid, N-(*9,10-dihydro-2-phenanthryl)acetamide* $C_{16}H_{15}NO$, Formel IV (R = CO-CH_3, X = H).

B. Beim Einleiten von Chlorwasserstoff in eine Lösung von 1-[9.10-Dihydro-phenanthryl-(2)]-äthanon-(1)-oxim in Essigsäure und Acetanhydrid (*Burger, Mosettig*, Am. Soc. **59** [1937] 1302, 1304).

Krystalle (aus Me.); F: 173—174°.

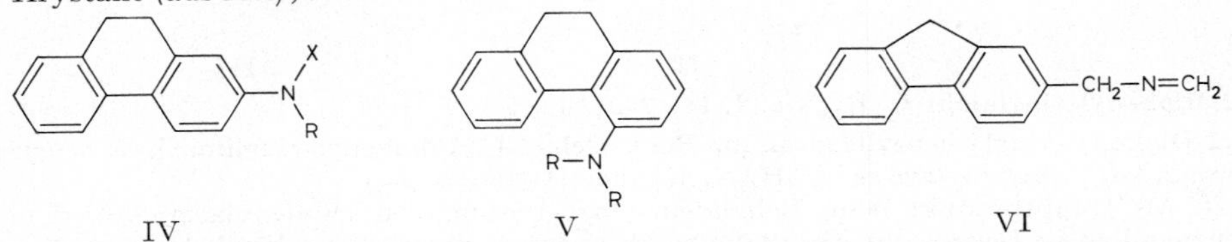

IV V VI

2-Propionylamino-9.10-dihydro-phenanthren, *N*-[9.10-Dihydro-phenanthryl-(2)]-propionamid, N-(*9,10-dihydro-2-phenanthryl)propionamide* $C_{17}H_{17}NO$, Formel IV (R = CO-CH_2-CH_3, X = H).

B. Beim Einleiten von Chlorwasserstoff in eine Lösung von 1-[9.10-Dihydro-phenanthryl-(2)]-propanon-(1)-oxim in Essigsäure und Acetanhydrid (*Burger, Mosettig*, Am. Soc. **59** [1937] 1302, 1304).

Krystalle (aus A.); F: 109—110°.

4-Amino-9.10-dihydro-phenanthren, 9.10-Dihydro-phenanthryl-(4)-amin, *9,10-dihydro-4-phenanthrylamine* $C_{14}H_{13}N$, Formel V (R = H).

B. Aus 4-Nitro-9.10-dihydro-phenanthren bei der Hydrierung an Platin in Äthanol (*Krueger, Mosettig*, J. org. Chem. **3** [1938] 340, 343).

Krystalle (aus E.); F: 53—54°.

Hydrochlorid $C_{14}H_{13}N \cdot HCl$. Krystalle (aus A.); F: 270—273° [korr.; Zers.; evakuierte Kapillare].

4-Diacetylamino-9.10-dihydro-phenanthren, *N*-[9.10-Dihydro-phenanthryl-(4)]-diacetamid, N-(*9,10-dihydro-4-phenanthryl)diacetamide* $C_{18}H_{17}NO_2$, Formel V (R = CO-CH_3).

B. Beim Erhitzen von 9.10-Dihydro-phenanthryl-(4)-amin mit Acetanhydrid (*Krueger, Mosettig*, J. org. Chem. **3** [1938] 340, 344).

Krystalle (aus Acn. + W.); F: 100—103°.

Beim Erhitzen mit Palladium unter Stickstoff bis auf 280° sind *N*-[Phenanthryl-(4)]-acetamid und Phenanthren erhalten worden.

2-Aminomethyl-fluoren, *C*-[Fluorenyl-(2)]-methylamin $C_{14}H_{13}N$.

[Fluorenyl-(2)-methyl]-methylen-amin, Formaldehyd-[fluorenyl-(2)-methylimin], N-*methylene-1-(fluoren-2-yl)methylamine* $C_{15}H_{13}N$, Formel VI.

Diese Konstitution kommt der E II **7** 422 als Fluoren-carbaldehyd-(2) beschriebenen Verbindung zu (*Angyal, Barlin, Wailes*, Soc. **1951** 3512).

9-Amino-9-methyl-fluoren, 9-Methyl-fluorenyl-(9)-amin, *9-methylfluoren-9-ylamine* $C_{14}H_{13}N$, Formel VII.

B. Neben anderen Verbindungen beim Erwärmen von 9-Brom-9-methyl-fluoren in Toluol mit flüssigem Ammoniak (*Pinck, Hilbert,* Am. Soc. **59** [1937] 8, 11).

Krystalle (aus Bzn.); F: 96°.

Beim Behandeln einer äthanol. Lösung des Hydrochlorids mit wss. Kaliumhypochlorit-Lösung und Behandeln des Reaktionsprodukts in Pyridin mit Natriummethylat ist 6-Methyl-phenanthridin erhalten worden.

Hydrochlorid $C_{14}H_{13}N \cdot HCl$. Krystalle (aus $CHCl_3$ + Bzl.); F: 266° [korr.; Zers.] (*Pi., Hi.,* l. c. S. 11).

Trimethyl-[9-methyl-fluorenyl-(9)]-ammonium, *trimethyl(9-methylfluoren-9-yl)ammonium* $[C_{17}H_{20}N]^{\oplus}$, Formel VIII.

Jodid $[C_{17}H_{20}N]I$. *B.* Aus 9-Trimethylammonio-fluorenid und Methyljodid in Äther (*Wittig, Felletschin,* A. **555** [1944] 133, 142). — Krystalle (aus W.); F: 154° [Zers.].

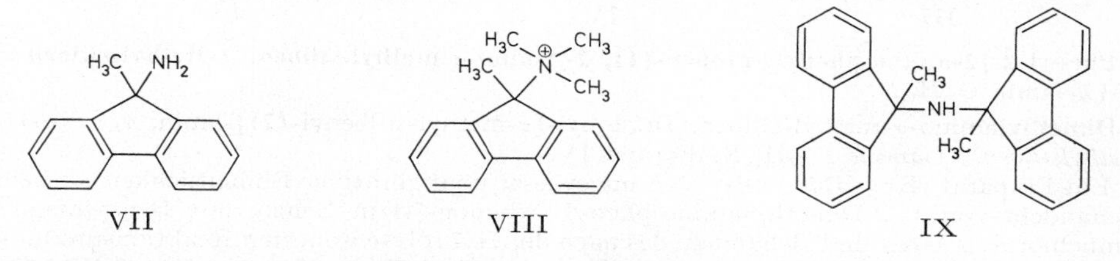

VII VIII IX

Bis-[9-methyl-fluorenyl-(9)]-amin, *9,9'-dimethyldifluoren-9-ylamine* $C_{28}H_{23}N$, Formel IX.

Diese Konstitution kommt wahrscheinlich der nachstehend beschriebenen Verbindung zu.

B. Neben anderen Verbindungen beim Erwärmen von 9-Brom-9-methyl-fluoren in Toluol mit flüssigem Ammoniak (*Pinck, Hilbert,* Am. Soc. **59** [1937] 8, 12).

Krystalle (aus Bzl. + A.); F: 166° [korr.].

Hydrochlorid. Krystalle; F: 263—265° [korr.; Zers.].

Amine $C_{15}H_{15}N$

3-Phenyl-1-[4-amino-phenyl]-propen-(1), 4-[3-Phenyl-propenyl]-anilin $C_{15}H_{15}N$.

3-Phenyl-1-[4-dimethylamino-phenyl]-propen-(1), *N.N*-Dimethyl-4-[3-phenyl-propenyl]-anilin, N,N-*dimethyl*-p-*(3-phenylprop-1-enyl)aniline* $C_{17}H_{19}N$.

***N.N*-Dimethyl-4-[3-phenyl-*trans*-propenyl]-anilin,** Formel I.

B. Beim Behandeln von 4-Dimethylamino-benzaldehyd in Benzol mit Phenäthylmagnesiumchlorid in Äther und Erwärmen des nach der Hydrolyse erhaltenen Reaktionsprodukts mit Phosphor(V)-oxid in Benzol (*Haddow et al.,* Phil. Trans. [A] **241** [1948] 147, 187).

Krystalle (aus Pentan); F: 51—52°.

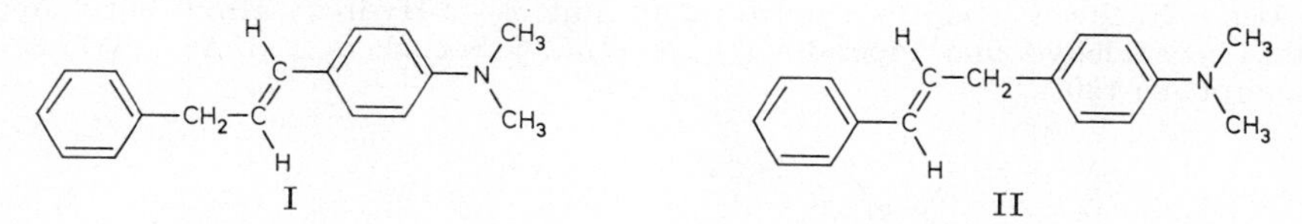

I II

3-Phenyl-1-[4-amino-phenyl]-propen-(2), 4-Cinnamyl-anilin $C_{15}H_{15}N$.

3-Phenyl-1-[4-dimethylamino-phenyl]-propen-(2), *N.N*-Dimethyl-4-cinnamyl-anilin, N,N-*dimethyl*-p-*cinnamylaniline* $C_{17}H_{19}N$.

***N.N*-Dimethyl-4-*trans*-cinnamyl-anilin,** Formel II.

B. Aus 4'-Dimethylamino-*trans*-chalkon beim Erhitzen mit Hydrazin-hydrat und äthanol. Natriumäthylat auf 200° (*Haddow et al.,* Phil. Trans. [A] **241** [1948] 147, 187, 191).

$Kp_{2,2}$: 168°.

1.3-Diphenyl-allylamin $C_{15}H_{15}N$.

(±)-3-Phenyl-1-[4-brom-phenyl]-allylamin, (±)-*1-*(p-*bromophenyl*)*-3-phenylallylamine* $C_{15}H_{14}BrN$, Formel III.

Ein Amin (Krystalle [aus Me.], F: 135—136°; Hydrogenoxalat $C_{15}H_{14}BrN \cdot C_2H_2O_4$: F: 234°) dieser Konstitution ist beim Behandeln von (±)-5-Phenyl-3-[4-brom-phenyl]-Δ^2-isoxazolin (über die Konstitution dieser Verbindung s. *Blatt*, Am. Soc. **53** [1931] 1133, 1136, 1140) mit Zink, Essigsäure und Äthanol unter Zusatz von Kupfer(II)-chlorid erhalten worden (*Willstaedt*, Svensk kem. Tidskr. **53** [1941] 416, 419).

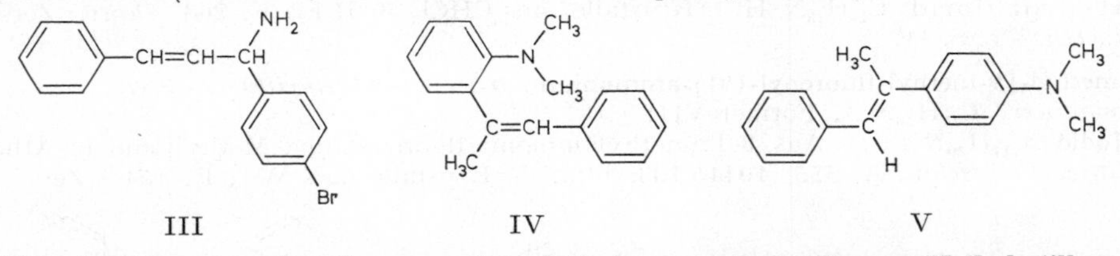

III IV V

1-Phenyl-2-[2-amino-phenyl]-propen-(1), 2-Amino-α-methyl-stilben, α-Methyl-stilbenyl-(2)-amin $C_{15}H_{15}N$.

2-Dimethylamino-α-methyl-stilben, Dimethyl-[α-methyl-stilbenyl-(2)]-amin, α,N,N-*trimethylstilben-2-ylamine* $C_{17}H_{19}N$, Formel IV.

Ein Präparat (Kp_3: 135—140°) von ungewisser konfigurativer Einheitlichkeit ist beim Behandeln von 1-[2-Dimethylamino-phenyl]-äthanon-(1) in Benzol mit Benzylmagnesiumchlorid in Äther und Behandeln des nach der Hydrolyse isolierten Reaktionsprodukts mit Acetanhydrid erhalten worden (*Haddow et al.*, Phil. Trans. [A] **241** [1948] 147, 184, 187).

1-Phenyl-2-[4-amino-phenyl]-propen-(1), 4-Amino-α-methyl-stilben, α-Methyl-stilbenyl-(4)-amin $C_{15}H_{15}N$.

4-Dimethylamino-α-methyl-stilben, Dimethyl-[α-methyl-stilbenyl-(4)]-amin, α,N,N-*trimethylstilben-4-ylamine* $C_{17}H_{19}N$.

Dimethyl-[α-methyl-*trans*-stilbenyl-(4)]-amin, Formel V.

B. Beim Behandeln von 1-[4-Dimethylamino-phenyl]-äthanon-(1) in Benzol mit Benzylmagnesiumchlorid in Äther und Erhitzen des nach der Hydrolyse erhaltenen Reaktionsprodukts mit Essigsäure und wss. Salzsäure (*Haddow et al.*, Phil. Trans. [A] **241** [1948] 147, 184, 187).

Krystalle (aus PAe.); F: 92—93°.

4-Amino-2-methyl-stilben, 2-Methyl-stilbenyl-(4)-amin $C_{15}H_{15}N$.

2-[Butyl-(2'.4'-didinitro-2-methyl-stilbenyl-(4))-amino]-äthanol-(1), *2-[butyl(2-methyl-2',4'-dinitrostilben-4-yl)amino]ethanol* $C_{21}H_{25}N_3O_5$.

2-[Butyl-(2'.4'-dinitro-2-methyl-*trans*-stilbenyl-(4))-amino]-äthanol-(1), Formel VI. Die Konfigurationszuordnung ist auf Grund der Bildungsweise in Analogie zu Dimethyl-[4'-nitro-*trans*-stilbenyl-(4)]-amin (S. 3311) erfolgt.

B. Beim Erhitzen von 2.4-Dinitro-toluol mit 4-[(2-Hydroxy-äthyl)-butyl-amino]-2-methyl-benzaldehyd und Piperidin (*Dippy et al.*, J. Soc. chem. Ind. **56** [1937] 396 T).

Braunrot; F: 120°.

VI

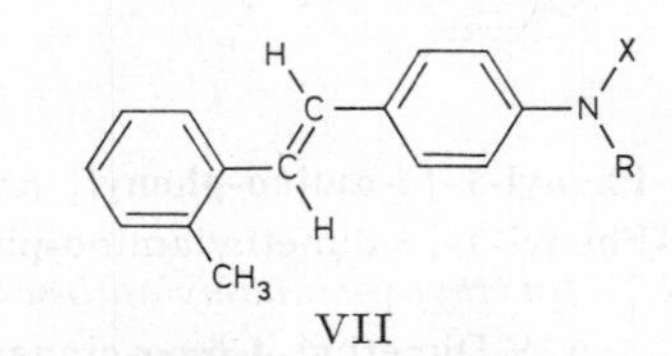

VII

4'-Amino-2-methyl-stilben, 2'-Methyl-stilbenyl-(4)-amin, *2'-methylstilben-4-ylamine* $C_{15}H_{15}N$.

2'-Methyl-*trans*-stilbenyl-(4)-amin, Formel VII (R = X = H).

B. Aus 4'-Nitro-2-methyl-*trans*-stilben ($C_{15}H_{13}NO_2$; Krystalle [aus PAe.], F:

113° [unkorr.]; hergestellt aus 2-Methyl-benzaldehyd und [4-Nitro-phenyl]-essigsäure) mit Hilfe von Zinn(II)-chlorid in Essigsäure (*Haddow et al.*, Phil. Trans. [A] **241** [1948] 147, 185).

Krystalle (aus Cyclohexan); F: 63°.

4'-Dimethylamino-2-methyl-stilben, Dimethyl-[2'-methyl-stilbenyl-(4)]-amin, 2',N,N-*tri=methylstilben-4-ylamine* $C_{17}H_{19}N$.

Dimethyl-[2'-methyl-*trans*-stilbenyl-(4)]-amin, Formel VII (R = X = CH_3).

B. Beim Behandeln von 4-Dimethylamino-benzaldehyd in Benzol mit 2-Methyl-benzylmagnesium-chlorid in Äther und Erhitzen des nach der Hydrolyse erhaltenen Reaktionsprodukts mit Essigsäure und wss. Salzsäure (*Haddow et al.*, Phil. Trans. [A] **241** [1948] 147, 185).

Krystalle (aus Me. oder PAe.); F: 84—85° (*Ha. et al.*). UV-Spektrum (A.): *Ha. et al.*, l. c. S. 168. Magnetische Susceptibilität: *Pacault*, A. ch. [12] **1** [1946] 527, 583. Polarographie: *Goulden, Warren*, Biochem. J. **42** [1948] 420, 422.

4'-Diäthylamino-2-methyl-stilben, Diäthyl-[2'-methyl-stilbenyl-(4)]-amin, N,N-*diethyl-2'-methylstilben-4-ylamine* $C_{19}H_{23}N$.

Diäthyl-[2'-methyl-*trans*-stilbenyl-(4)]-amin, Formel VII (R = X = C_2H_5).

B. Beim Behandeln von 4-Diäthylamino-benzaldehyd in Benzol mit 2-Methyl-benzyl=magnesium-chlorid in Äther und Erhitzen des nach der Hydrolyse erhaltenen Reaktionsprodukts mit Essigsäure und wss. Salzsäure (*Haddow et al.*, Phil. Trans. [A] **241** [1948] 147, 185).

Gelbliche Krystalle (aus Me.); F: 67—68°.

4'-Acetamino-2-methyl-stilben, *N*-[2'-Methyl-stilbenyl-(4)]-acetamid, N-(*2'-methyl=stilben-4-yl)acetamide* $C_{17}H_{17}NO$.

***N*-[2'-Methyl-*trans*-stilbenyl-(4)]-acetamid,** Formel VII (R = CO-CH_3, X = H).

B. Aus 2'-Methyl-*trans*-stilbenyl-(4)-amin (*Haddow et al.*, Phil. Trans. [A] **241** [1948] 147, 185).

Krystalle (aus A.); F: 170—171° [unkorr.].

2'-Amino-3-methyl-stilben, 3'-Methyl-stilbenyl-(2)-amin $C_{15}H_{15}N$.

4.6-Dinitro-2'-amino-3-methyl-stilben, 4'.6'-Dinitro-3'-methyl-stilbenyl-(2)-amin, *3'-methyl-4',6'-dinitrostilben-2-ylamine* $C_{15}H_{13}N_3O_4$.

4'.6'-Dinitro-3'-methyl-*trans*-stilbenyl-(2)-amin, Formel VIII (R = H).

B. Aus *N*-[4'.6'-Dinitro-3'-methyl-*trans*-stilbenyl-(2)]-acetamid beim Erhitzen mit Essigsäure und wss. Salzsäure (*Ruggli, Schmid*, Helv. **18** [1935] 1229, 1236).

Rote Krystalle (aus E.); F: 183°.

4.6-Dinitro-2'-acetamino-3-methyl-stilben, *N*-[4'.6'-Dinitro-3'-methyl-stilbenyl-(2)]-acetamid, N-(*3'-methyl-4',6'-dinitrostilben-2-yl)acetamide* $C_{17}H_{15}N_3O_5$.

***N*-[4'.6'-Dinitro-3'-methyl-*trans*-stilbenyl-(2)]-acetamid,** Formel VIII (R = CO-CH_3).

Die Konfigurationszuordnung ist auf Grund der Bildungsweise in Analogie zu Di=methyl-[4'-nitro-*trans*-stilbenyl-(4)]-amin (S. 3311) erfolgt.

B. Beim Erhitzen von 2-Acetamino-benzaldehyd mit 4.6-Dinitro-1.3-dimethyl-benzol unter Zusatz von geringen Mengen Piperidin auf 120° (*Ruggli, Schmid*, Helv. **18** [1935] 1229, 1235).

Gelbe Krystalle (aus Eg.); F: 256°.

4'-Amino-3-methyl-stilben, 3'-Methyl-stilbenyl-(4)-amin $C_{15}H_{15}N$.

4'-Dimethylamino-3-methyl-stilben, Dimethyl-[3'-methyl-stilbenyl-(4)]-amin, *3'*,N,N-*tri=methylstilben-4-ylamine* $C_{17}H_{19}N$.

Dimethyl-[3'-methyl-*trans*-stilbenyl-(4)]-amin, Formel IX.

B. Beim Behandeln von 4-Dimethylamino-benzaldehyd in Benzol mit 3-Methyl-benzylmagnesium-bromid in Äther und Erhitzen des nach der Hydrolyse erhaltenen Reaktionsprodukts mit Essigsäure und wss. Salzsäure (*Haddow et al.*, Phil. Trans. [A] **241** [1948] 147, 185).

Krystalle (aus Bzl. + A.); F: 119,5—120° [unkorr.] (*Ha. et al.*). Polarographie: *Goulden, Warren*, Biochem. J. **42** [1948] 420, 422.

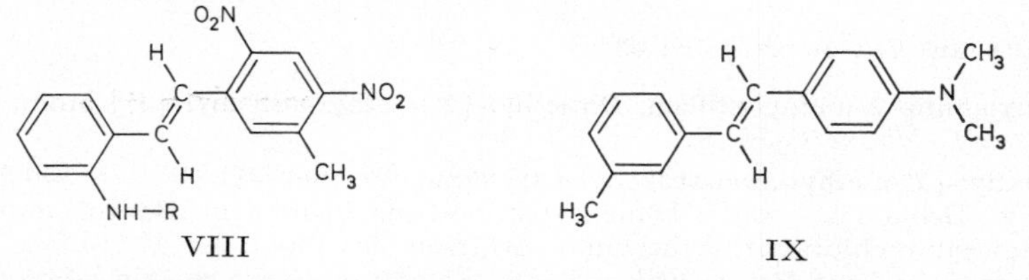

4'-Amino-4-methyl-stilben, 4'-Methyl-stilbenyl-(4)-amin, *4'-methylstilben-4-ylamine* $C_{15}H_{15}N$.

4'-Methyl-*trans*-stilbenyl-(4)-amin, Formel X (R = H).

B. Aus 4'-Nitro-4-methyl-*trans*-stilben mit Hilfe von Zinn(II)-chlorid in Essigsäure (*Haddow et al.*, Phil. Trans. [A] **241** [1948] 147, 185).

Gelbliche Krystalle (aus Me.); F: 157—158° [unkorr.].

4'-Dimethylamino-4-methyl-stilben, Dimethyl-[4'-methyl-stilbenyl-(4)]-amin, *4',N,N-tri=methylstilben-4-ylamine* $C_{17}H_{19}N$.

Dimethyl-[4'-methyl-*trans*-stilbenyl-(4)]-amin, Formel X (R = CH_3).

B. Beim Behandeln von 4-Dimethylamino-benzaldehyd in Benzol mit 4-Methyl-benzylmagnesium-bromid in Äther und Erhitzen des nach der Hydrolyse erhaltenen Reaktionsprodukts mit Essigsäure und wss. Salzsäure (*Haddow et al.*, Phil. Trans. [A] **241** [1948] 147, 185).

Krystalle. F: 170° [unkorr.; aus Acn. + Isopropylalkohol] (*Syz, Zollinger*, Helv. **48** [1965] 517, 521), 162—164° [unkorr.; aus Cyclohexan oder Me.] (*Ha. et al.*) UV-Spektrum (A.): *Ha. et al.*, l. c. S. 171. Polarographie: *Goulden, Warren*, Biochem. J. **42** [1948] 420, 422.

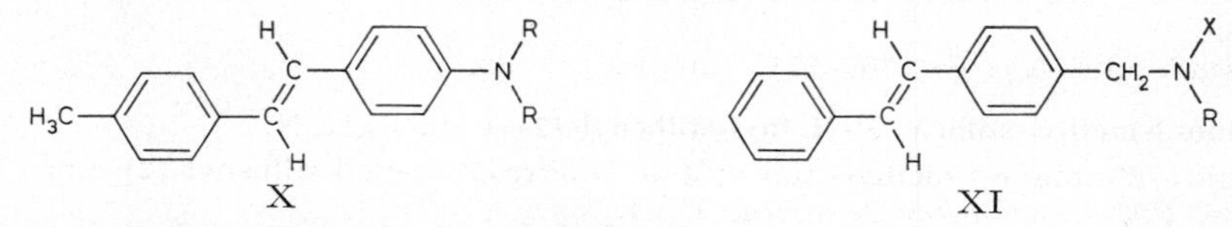

4-Aminomethyl-stilben, 4-Styryl-benzylamin, *4-styrylbenzylamine* $C_{15}H_{15}N$.

4-*trans*-Styryl-benzylamin, Formel XI (R = X = H).

B. Aus 4-Brommethyl-*trans*-stilben und Ammoniak in Äthanol (*Kon*, Soc. **1948** 224, 225). Aus [4-*trans*-Styryl-benzyl]-carbamidsäure-äthylester beim Erwärmen mit wss.-äthanol. Kalilauge (*Kon*, l. c. S. 226).

Krystalle (aus Bzl. + PAe. oder aus Cyclohexan); F: 130°.

Hydrochlorid. Krystalle (aus Eg.); F: 300—305° [Zers.].

Dimethyl-[4-styryl-benzyl]-amin, *N,N-dimethyl-4-styrylbenzylamine* $C_{17}H_{19}N$.

Dimethyl-[4-*trans*-styryl-benzyl]-amin, Formel XI (R = X = CH_3).

B. Aus 4-Brommethyl-*trans*-stilben und Dimethylamin in Äthanol (*Kon*, Soc. **1948** 224, 227).

Krystalle (aus PAe. oder Me.); F: 86—87°.

Pikrat $C_{17}H_{19}N \cdot C_6H_3N_3O_7$. Krystalle (aus A.); F: 146° [Zers.].

***N*-[4-Styryl-benzyl]-benzamid,** *N-(4-styrylbenzyl)benzamide* $C_{22}H_{19}NO$.

***N*-[4-*trans*-Styryl-benzyl]-benzamid,** Formel XI (R = CO-C_6H_5, X = H).

B. Aus 4-*trans*-Styryl-benzylamin (*Kon*, Soc. **1948** 224, 226).

Krystalle (aus A.); F: 205—206°.

[4-Styryl-benzyl]-carbamidsäure-methylester, *(4-styrylbenzyl)carbamic acid methyl ester* $C_{17}H_{17}NO_2$.

[4-*trans*-Styryl-benzyl]-carbamidsäure-methylester, Formel XI (R = CO-OCH_3, X = H).

B. Aus *C*-[*trans*-Stilbenyl-(4)]-acetamid beim Erwärmen mit methanol. Natrium=

methylat und Brom (*Kon*, Soc. **1948** 224, 226).
Krystalle (aus Me.); F: 165°.

[4-Styryl-benzyl]-carbamidsäure-äthylester, *(4-styrylbenzyl)carbamic acid ethyl ester* $C_{18}H_{19}NO_2$.

[4-*trans*-Styryl-benzyl]-carbamidsäure-äthylester, Formel XI (R = CO-OC$_2$H$_5$, X = H).

B. Beim Erwärmen von *trans*-Stilbenyl-(4)-acetylazid mit Äthanol (*Kon*, Soc. **1948** 224, 226).

Krystalle (aus wss. Me. oder wss. A.); F: 146—147°.

1-Phenyl-1-[2-amino-phenyl]-propen-(1), 2-[1-Phenyl-propenyl]-anilin, o-*(1-phenylprop-1-enyl)aniline* $C_{15}H_{15}N$, Formel I (vgl. H 1334).

Ein als Hydrochlorid $C_{15}H_{15}N \cdot HCl$ (Krystalle [aus wss. Salzsäure], F: 204—205° [unkorr.]) isoliertes Amin dieser Konstitution ist neben dem (nicht isolierten) Stereoisomeren beim Erwärmen von (±)-1-Phenyl-1-[2-amino-phenyl]-propanol-(1) mit wss. Schwefelsäure erhalten worden (*Simpson*, Soc. **1946** 673).

3.3-Diphenyl-allylamin, *3,3-diphenylallylamine* $C_{15}H_{15}N$, Formel II (R = X = H).

B. Aus 3-Amino-1.1-diphenyl-propanol-(1) beim Erhitzen mit wss. Salzsäure und Essigsäure (*Adamson*, Soc. **1949** Spl. 144, 147, 151).

Öl; auch bei 0,1 Torr nicht destillierbar.

Hydrochlorid $C_{15}H_{15}N \cdot HCl$. Krystalle (aus E. + A.); F: 213—215° [Zers.].

Dimethyl-[3.3-diphenyl-allyl]-amin, N,N-*dimethyl-3,3-diphenylallylamine* $C_{17}H_{19}N$, Formel II (R = X = CH$_3$).

B. Aus 3-Dimethylamino-1.1-diphenyl-propanol-(1) beim Erhitzen mit wss. Salzsäure und Essigsäure (*Adamson*, Soc. **1949** Spl. 144, 147, 151).

Kp_{18}: 192—193°.

Hydrochlorid $C_{17}H_{19}N \cdot HCl$. Krystalle (aus A. + Acn.); F: 168—170°.

Trimethyl-[3.3-diphenyl-allyl]-ammonium, *(3,3-diphenylallyl)trimethylammonium* $[C_{18}H_{22}N]^{\oplus}$, Formel III (R = CH$_3$).

Jodid $[C_{18}H_{22}N]I$. *B.* Aus Dimethyl-[3.3-diphenyl-allyl]-amin und Methyljodid in Aceton (*Adamson*, Soc. **1949** Spl. 144, 147, 152). — Krystalle (aus A.); F: 203—205° [Zers.].

Äthyl-[3.3-diphenyl-allyl]-amin, N-*ethyl-3,3-diphenylallylamine* $C_{17}H_{19}N$, Formel II (R = C$_2$H$_5$, X = H).

B. Aus 3-Äthylamino-1.1-diphenyl-propanol-(1) beim Erhitzen mit wss. Salzsäure und Essigsäure (*Adamson*, Soc. **1949** Spl. 144, 147, 151).

$Kp_{0,15}$: 116—117°.

Hydrochlorid $C_{17}H_{19}N \cdot HCl$. Krystalle (aus A.); F: 178—179° [Zers.].

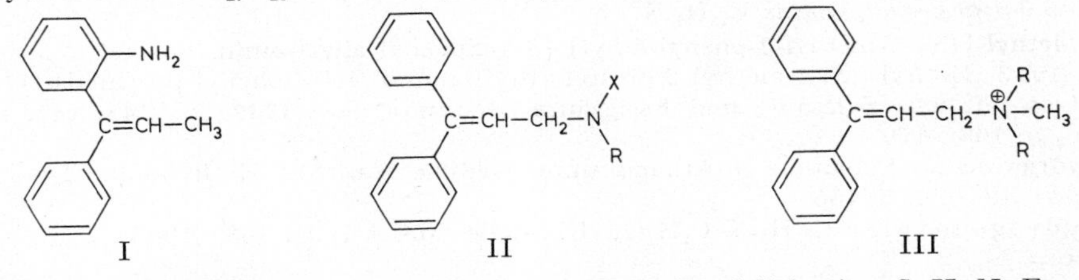

Diäthyl-[3.3-diphenyl-allyl]-amin, N,N-*diethyl-3,3-diphenylallylamine* $C_{19}H_{23}N$, Formel II (R = X = C$_2$H$_5$).

B. Aus 3-Diäthylamino-1.1-diphenyl-propanol-(1) beim Erhitzen mit wss. Salzsäure und Essigsäure (*Adamson*, Soc. **1949** Spl. 144, 147, 151).

$Kp_{0,05}$: 111°.

Hydrochlorid $C_{19}H_{23}N \cdot HCl$. Krystalle (aus Acn.); F: 146—147°.

Methyl-diäthyl-[3.3-diphenyl-allyl]-ammonium, *(3,3-diphenylallyl)diethylmethylammonium* $[C_{20}H_{26}N]^{\oplus}$, Formel III (R = C$_2$H$_5$).

Jodid $[C_{20}H_{26}N]I$. *B.* Aus Diäthyl-[3.3-diphenyl-allyl]-amin und Methyljodid in Aceton (*Adamson*, Soc. **1949** Spl. 144, 147, 152). — Krystalle (aus Me.); F: 185—186°

Dipropyl-[3.3-diphenyl-allyl]-amin, *3,3-diphenyl*-N,N-*dipropylallylamine* $C_{21}H_{27}N$, Formel II (R = X = CH_2-CH_2-CH_3).

B. Aus 3-Dipropylamino-1.1-diphenyl-propanol-(1) beim Erhitzen mit wss. Salzsäure und Essigsäure (*Adamson*, Soc. **1949** Spl. 144, 147, 151).

$Kp_{0,4}$: 146—148°.

Hydrochlorid $C_{21}H_{27}N \cdot HCl$. Krystalle (aus E.); F: 128—129°.

Methyl-dipropyl-[3.3-diphenyl-allyl]-ammonium, (*3,3-diphenylallyl*)*methyldipropyl-ammonium* $[C_{22}H_{30}N]^{\oplus}$, Formel III (R = CH_2-CH_2-CH_3).

Jodid $[C_{22}H_{30}N]I$. *B.* Aus Dipropyl-[3.3-diphenyl-allyl]-amin und Methyljodid in Aceton (*Adamson*, Soc. **1949** Spl. 144, 147, 152). — Krystalle (aus Acn.); F: 157—158° [Zers.].

Dibutyl-[3.3-diphenyl-allyl]-amin, N,N-*dibutyl-3,3-diphenylallylamine* $C_{23}H_{31}N$, Formel II (R = X = $[CH_2]_3$-CH_3).

B. Aus 3-Dibutylamino-1.1-diphenyl-propanol-(1) beim Erhitzen mit wss. Salzsäure und Essigsäure (*Adamson*, Soc. **1949** Spl. 144, 147, 151).

$Kp_{0,05}$: 139—142°.

Hydrochlorid $C_{23}H_{31}N \cdot HCl$. Krystalle (aus E.); F: 149—150°.

Methyl-dibutyl-[3.3-diphenyl-allyl]-ammonium, *dibutyl*(*3,3-diphenylallyl*)*methyl-ammonium* $[C_{24}H_{34}N]^{\oplus}$, Formel III (R = $[CH_2]_3$-CH_3).

Jodid $[C_{24}H_{34}N]I$. *B.* Aus Dibutyl-[3.3-diphenyl-allyl]-amin und Methyljodid in Aceton (*Adamson*, Soc. **1949** Spl. 144, 147, 152). — Krystalle (aus Acn.); F: 124—125°.

Diallyl-[3.3-diphenyl-allyl]-amin, *3,3-diphenyltriallylamine* $C_{21}H_{23}N$, Formel II (R = X = CH_2-CH=CH_2).

B. Aus 3-Diallylamino-1.1-diphenyl-propanol-(1) beim Erhitzen mit wss. Salzsäure und Essigsäure (*Adamson*, Soc. **1949** Spl. 144, 147, 151).

$Kp_{0,2}$: 134°.

Methyl-diallyl-[3.3-diphenyl-allyl]-ammonium, *diallyl*(*3,3-diphenylallyl*)*methylammonium* $[C_{22}H_{26}N]^{\oplus}$, Formel III (R = CH_2-CH=CH_2).

Jodid $[C_{22}H_{26}N]I$. *B.* Aus Diallyl-[3.3-diphenyl-allyl]-amin und Methyljodid in Aceton (*Adamson*, Soc. **1949** Spl. 144, 147, 152). — Krystalle (aus wss. A.); F: 149—151° [Zers.].

***N*-Methyl-*N*-[3.3-diphenyl-allyl]-anilin,** N-*methyl-3,3,*N-*triphenylallylamine* $C_{22}H_{21}N$, Formel II (R = C_6H_5, X = CH_3).

B. Aus 3-[*N*-Methyl-anilino]-1.1-diphenyl-propanol-(1) beim Erhitzen mit wss. Salzsäure und Essigsäure (*Adamson*, Soc. **1949** Spl. 144, 147, 151).

$Kp_{0,5}$: 200—204°.

Methyl-[1-methyl-2-phenyl-äthyl]-[3.3-diphenyl-allyl]-amin, N-*methyl*-N-(α-*methylphenethyl*)-*3,3-diphenylallylamine* $C_{25}H_{27}N$.

Methyl-[(*S*)-1-methyl-2-phenyl-äthyl]-[3.3-diphenyl-allyl]-amin, Formel IV.

B. Aus 3-[Methyl-((*S*)-1-methyl-2-phenyl-äthyl)-amino]-1.1-diphenyl-propanol-(1) beim Erhitzen mit wss. Salzsäure und Essigsäure (*Adamson*, Soc. **1949** Spl. 144, 147, 151).

$Kp_{0,07}$: 168—170°.

Hydrierung an Palladium in Äthanol unter Bildung von (*S*)-2-Methylamino-1-phenylpropan: *Ad.*, l. c. S. 155.

Hydrogenoxalat $C_{25}H_{27}N \cdot C_2H_2O_4$. Krystalle (aus A.); F: 163—164°. $[\alpha]_{546}^{20}$: +34° [A.; c = 1].

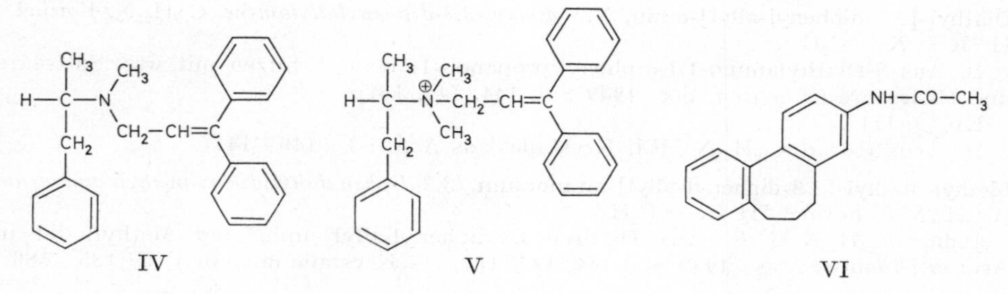

IV V VI

Dimethyl-[1-methyl-2-phenyl-äthyl]-[3.3-diphenyl-allyl]-ammonium, *(3,3-diphenyl-allyl)dimethyl(α-methylphenethyl)ammonium* $[C_{26}H_{30}N]^{\oplus}$.

Dimethyl-[(*S*)-1-methyl-2-phenyl-äthyl]-[3.3-diphenyl-allyl]-ammonium, Formel V.

Jodid $[C_{26}H_{30}N]I$. *B.* Aus Methyl-[(*S*)-1-methyl-2-phenyl-äthyl]-[3.3-diphenyl-allyl]-amin und Methyljodid in Aceton (*Adamson*, Soc. **1949** Spl. 144, 147, 152). — Krystalle (aus E. + Me.); F: 150—151° [Zers.].

3-Amino-6.7-dihydro-5*H*-dibenzo[*a.c*]cyclohepten $C_{15}H_{15}N$.

3-Acetamino-6.7-dihydro-5*H*-dibenzo[*a.c*]cyclohepten, *N*-[6.7-Dihydro-5*H*-dibenzo[*a.c*]cycloheptenyl-(3)]-acetamid, N-*(6,7-dihydro-*5H*-dibenzo*[a,c]*cyclohepten-3-yl)acetamide* $C_{17}H_{17}NO$, Formel VI.

B. Beim Behandeln von 6.7-Dihydro-5*H*-dibenzo[*a.c*]cyclohepten mit Essigsäure und Salpetersäure, Behandeln des Reaktionsprodukts mit Zinn und wss.-äthanol. Salzsäure und Behandeln des erhaltenen Amins mit Acetanhydrid (*Rapoport, Williams*, Am. Soc. **71** [1949] 1774, 1778).

Krystalle (aus A. + W.); F: 175—177° [korr.].

(±)-5-Amino-6.7-dihydro-5*H*-dibenzo[*a.c*]cyclohepten, (±)-6.7-Dihydro-5*H*-dibenzo[*a.c*]cycloheptenyl-(5)-amin, (±)-*6,7-dihydro-*5H*-dibenzo*[a,c]*cyclohepten-5-ylamine* $C_{15}H_{15}N$, Formel VII (R = H).

B. Beim Erhitzen von 5-Oxo-6.7-dihydro-5*H*-dibenzo[*a.c*]cyclohepten mit Ammoniumformiat auf 160° (*Rapoport, Williams*, Am. Soc. **71** [1949] 1774, 1778).

Hydrochlorid $C_{15}H_{15}N \cdot HCl$. F: 312—313° [korr.; Zers.; geschlossene Kapillare].

(±)-5-Acetamino-6.7-dihydro-5*H*-dibenzo[*a.c*]cyclohepten, (±)-*N*-[6.7-Dihydro-5*H*-dibenzo[*a.c*]cycloheptenyl-(5)]-acetamid, (±)-N-*(6,7-dihydro-*5H*-dibenzo*[a,c]*cyclohepten-5-yl)acetamide* $C_{17}H_{17}NO$, Formel VII (R = CO-CH_3).

B. Beim Behandeln einer wss. Lösung von (±)-5-Amino-6.7-dihydro-5*H*-dibenzo[*a.c*]cyclohepten-hydrochlorid mit Acetanhydrid und Natriumacetat (*Rapoport, Williams*, Am. Soc. **71** [1949] 1774, 1778).

Krystalle (aus A.); F: 234—235° [korr.].

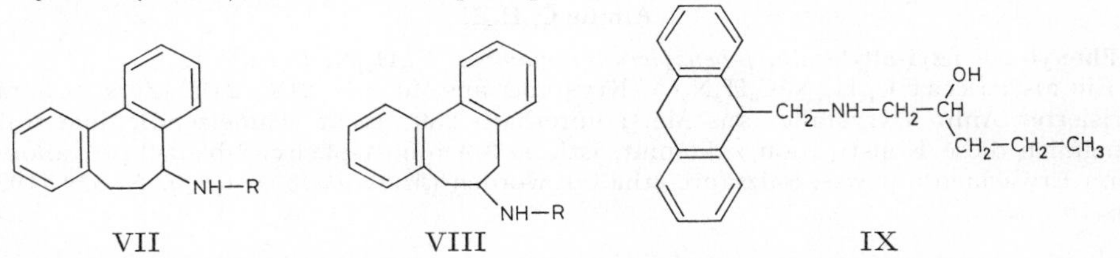

VII VIII IX

6-Amino-6.7-dihydro-5*H*-dibenzo[*a.c*]cyclohepten, 6.7-Dihydro-5*H*-dibenzo[*a.c*]cycloheptenyl-(6)-amin, *6,7-dihydro-*5H*-dibenzo*[a,c]*cyclohepten-6-ylamine* $C_{15}H_{15}N$, Formel VIII (R = H) (E I 554; dort als 6-Amino-1.2:3.4-dibenzo-cycloheptadien-(1.3) bezeichnet).

B. Aus 6-Hydroxyimino-6.7-dihydro-5*H*-dibenzo[*a.c*]cyclohepten bei der Hydrierung an Raney-Nickel in Äthanol bei 85°/60 at (*Cook, Dickson, Loudon*, Soc. **1947** 746, 748).

Beim Erhitzen des Hydrochlorids auf 320° sind 9-Methyl-phenanthren und 5*H*-Dibenzo[*a.c*]cyclohepten erhalten worden.

Hydrochlorid $C_{15}H_{15}N \cdot HCl$. Krystalle (aus wss. Salzsäure); F: 256—258°.

6-Acetamino-6.7-dihydro-5*H*-dibenzo[*a.c*]-cyclohepten, *N*-[6.7-Dihydro-5*H*-dibenzo[*a.c*]cycloheptenyl-(6)]-acetamid, N-*(6,7-dihydro-*5H*-dibenzo*[a,c]*cyclohepten-6-yl)acetamide* $C_{17}H_{17}NO$, Formel VIII (R = CO-CH_3) (E I 554).

B. Beim Behandeln von 6-Amino-6.7-dihydro-5*H*-dibenzo[*a.c*]cyclohepten mit Acetanhydrid und wss. Natronlauge (*Cook, Dickson, Loudon*, Soc. **1947** 746, 748).

Krystalle (aus wss. A.); F: 157—158°.

9-Aminomethyl-9.10-dihydro-anthracen, *C*-[9.10-Dihydro-anthryl-(9)]-methylamin $C_{15}H_{15}N$.

1-[*C*-(9.10-Dihydro-anthryl-(9))-methylamino]-pentanol-(2), *1-[(9,10-dihydro-9-anthrylmethyl)amino]pentan-2-ol* $C_{20}H_{25}NO$, Formel IX.

Über ein als Hydrochlorid $C_{20}H_{25}NO \cdot HCl$ (Krystalle [aus A.]; F: 201—202,5°

[unkorr.]) isoliertes opt.-inakt. Amin, dem vermutlich diese Konstitution zukommt, s. *May*, J. org. Chem. **11** [1946] 353, 355, 357.

2-Aminomethyl-3.4-dihydro-phenanthren, *C*-[3.4-Dihydro-phenanthryl-(2)]-methylamin $C_{15}H_{15}N$.

2-[Diäthylamino-methyl]-3.4-dihydro-phenanthren, [3.4-Dihydro-phenanthryl-(2)-methyl]-diäthyl-amin, *1-(3,4-dihydro-2-phenanthryl)*-N,N-*diethylmethylamine* $C_{19}H_{23}N$, Formel X.

B. Bei der Hydrierung von (±)-1-Oxo-2-[diäthylamino-methyl]-1.2.3.4-tetrahydro-phenanthren-hydrochlorid an Platin in wasserhaltigem Äthanol und Behandlung des Reaktionsprodukts mit Acetanhydrid und Pyridin (*Burger, Mosettig*, Am. Soc. **58** [1936] 1570).

Hydrochlorid $C_{19}H_{23}N \cdot HCl$. Krystalle (aus A. + Ae.); F: 231—232°.

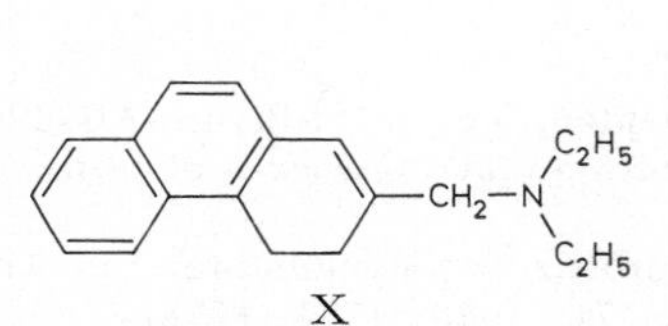

X

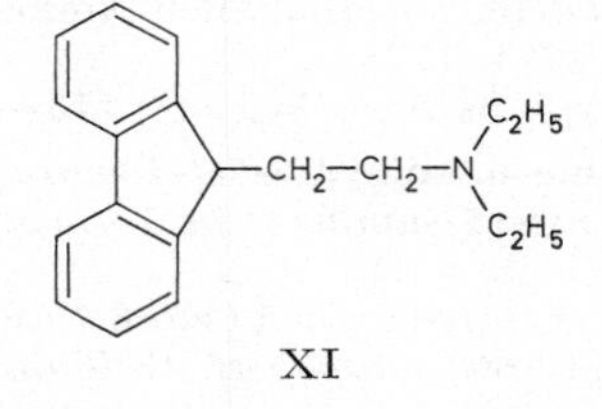

XI

2-[Fluorenyl-(9)]-äthylamin $C_{15}H_{15}N$.

2-Diäthylamino-1-[fluorenyl-(9)]-äthan, Diäthyl-[2-(fluorenyl-(9))-äthyl]-amin, *2-(fluoren-9-yl)triethylamine* $C_{19}H_{23}N$, Formel XI.

B. Beim Erwärmen von Fluoren mit Diäthyl-[2-chlor-äthyl]-amin und Natriumamid in Toluol (*Eisleb*, B. **74** [1941] 1433, 1439).

Kp_4: 192—210°.

Hydrogensulfat. Krystalle (aus A.); F: 217—218°.

Amine $C_{16}H_{17}N$

3-Phenyl-2-benzyl-allylamin, *β-benzylcinnamylamine* $C_{16}H_{17}N$, Formel I.

Ein als Pikrat $C_{16}H_{17}N \cdot C_6H_3N_3O_7$ (Krystalle [aus Me.]; F: 218—219° [Zers.]) charakterisiertes Amin (Krystalle [aus Me.]; unterhalb 250° nicht schmelzend), dem wahrscheinlich diese Konstitution zukommt, ist aus 3-Amino-1-phenyl-2-benzyl-propanol-(2) beim Erwärmen mit wss. Salzsäure erhalten worden (*Meisenheimer, Chou*, A. **539** [1939] 70, 75).

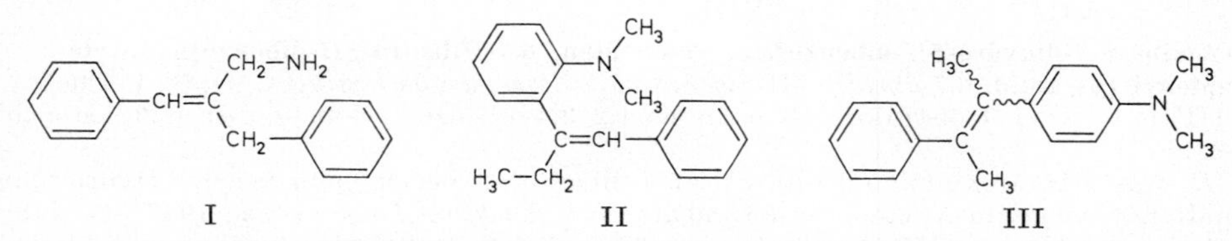

I II III

1-Phenyl-2-[2-amino-phenyl]-buten-(1), 2-Amino-α-äthyl-stilben, α-Äthyl-stilbenyl-(2)-amin $C_{16}H_{17}N$.

2-Dimethylamino-α-äthyl-stilben, Dimethyl-[α-äthyl-stilbenyl-(2)]-amin, *α-ethyl*-N,N-*dimethylstilben-2-ylamine* $C_{18}H_{21}N$, Formel II.

Ein Amin (Kp_4: 130—135°) dieser Konstitution ist beim Behandeln von 1-[2-Dimethylamino-phenyl]-propanon-(1) in Benzol mit Benzylmagnesiumchlorid in Äther und Erhitzen des nach der Hydrolyse isolierten Reaktionsprodukts mit Essigsäure und wss. Salzsäure erhalten worden (*Haddow et al.*, Phil. Trans. [A] **241** [1948] 147, 184, 187).

3-Phenyl-2-[4-amino-phenyl]-buten-(2), 4-Amino-α.α'-dimethyl-stilben, α.α'-Dimethyl-stilbenyl-(4)-amin $C_{16}H_{17}N$.

4-Dimethylamino-α.α'-dimethyl-stilben, Dimethyl-[α.α'-dimethyl-stilbenyl-(4)]-amin, *α,α'*,N,N-*tetramethylstilben-4-ylamine* $C_{18}H_{21}N$, Formel III.

Ein Amin ($Kp_{3,5}$: 164—165°) dieser Konstitution ist aus (±)-2-Phenyl-1-[4-dimethylamino-phenyl]-propanon-(1) und Methylmagnesiumhalogenid analog Dimethyl-[α-äthyl-stilbenyl-(2)]-amin (S. 3324) erhalten worden (*Haddow et al.*, Phil. Trans. [A] **241** [1948] 147, 187).

4'-Amino-2-äthyl-stilben, 2'-Äthyl-stilbenyl-(4)-amin $C_{16}H_{17}N$.

4'-Dimethylamino-2-äthyl-stilben, Dimethyl-[2'-äthyl-stilbenyl-(4)]-amin, *2'-ethyl-N,N-dimethylstilben-4-ylamine* $C_{18}H_{21}N$.

Dimethyl-[2'-äthyl-*trans*-stilbenyl-(4)]-amin, Formel IV (R = C_2H_5, X = H).

B. Beim Behandeln von 4-Dimethylamino-benzaldehyd mit 2-Äthyl-benzylmagnesium-chlorid (aus 2-Äthyl-benzylalkohol über 2-Äthyl-benzylchlorid [$C_9H_{11}Cl$; Kp_{15}: 98° bis 100°] hergestellt) in Äther und Erhitzen des nach der Hydrolyse erhaltenen Reaktionsprodukts mit Essigsäure und wss. Salzsäure (*Haddow et al.*, Phil. Trans. [A] **241** [1948] 147, 185, 188).

Krystalle (aus PAe.); F: 78—79°. UV-Spektrum (A.): *Ha. et al.*, l. c. S. 170.

4'-Amino-2.3-dimethyl-stilben, 2'.3'-Dimethyl-stilbenyl-(4)-amin $C_{16}H_{17}N$.

4'-Dimethylamino-2.3-dimethyl-stilben, Dimethyl-[2'.3'-dimethyl-stilbenyl-(4)]-amin, *2',3',N,N-tetramethylstilben-4-ylamine* $C_{18}H_{21}N$.

Dimethyl-[2'.3'-dimethyl-*trans*-stilbenyl-(4)]-amin, Formel IV (R = X = CH_3).

B. Beim Behandeln von 4-Dimethylamino-benzaldehyd in Benzol mit 2.3-Dimethyl-benzylmagnesium-chlorid in Äther und Erhitzen des nach der Hydrolyse erhaltenen Reaktionsprodukts mit Essigsäure und wss. Salzsäure (*Haddow et al.*, Phil. Trans. [A] **241** [1948] 147, 185).

Krystalle (aus A.); F: 119—120° [unkorr.].

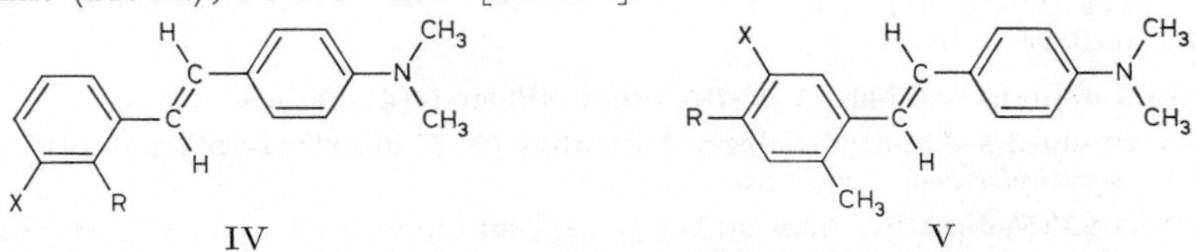

4'-Amino-2.4-dimethyl-stilben, 2'.4'-Dimethyl-stilbenyl-(4)-amin $C_{16}H_{17}N$.

4'-Dimethylamino-2.4-dimethyl-stilben, Dimethyl-[2'.4'-dimethyl-stilbenyl-(4)]-amin, *2',4',N,N-tetramethylstilben-4-ylamine* $C_{18}H_{21}N$.

Dimethyl-[2'.4'-dimethyl-*trans*-stilbenyl-(4)]-amin, Formel V (R = CH_3, X = H).

B. Aus 4-Dimethylamino-benzaldehyd und 2.4-Dimethyl-benzylmagnesium-chlorid analog der im vorangehenden Artikel beschriebenen Verbindung (*Haddow et al.*, Phil. Trans. [A] **241** [1948] 147, 185).

Gelbliche Krystalle (aus Bzl. + Me.); F: 126—127° [unkorr.].

4'-Amino-2.5-dimethyl-stilben, 2'.5'-Dimethyl-stilbenyl-(4)-amin $C_{16}H_{17}N$.

4'-Dimethylamino-2.5-dimethyl-stilben, Dimethyl-[2'.5'-dimethyl-stilbenyl-(4)]-amin, *2',5',N,N-tetramethylstilben-4-ylamine* $C_{18}H_{21}N$.

Dimethyl-[2'.5'-dimethyl-*trans*-stilbenyl-(4)]-amin, Formel V (R = H, X = CH_3).

B. Aus 4-Dimethylamino-benzaldehyd und 2.5-Dimethyl-benzylmagnesium-chlorid analog Dimethyl-[2'.3'-dimethyl-*trans*-stilbenyl-(4)]-amin [s. o.] (*Haddow et al.*, Phil. Trans. [A] **241** [1948] 147, 185).

F: 131—132° [unkorr.; aus A.]. UV-Spektrum (A.): *Ha. et al.*, l. c. S. 167, 169.

4'-Amino-2.6-dimethyl-stilben, 2'.6'-Dimethyl-stilbenyl-(4)-amin $C_{16}H_{17}N$.

4'-Dimethylamino-2.6-dimethyl-stilben, Dimethyl-[2'.6'-dimethyl-stilbenyl-(4)]-amin, *2',6',N,N-tetramethylstilben-4-ylamine* $C_{18}H_{21}N$.

Dimethyl-[2'.6'-dimethyl-*trans*-stilbenyl-(4)]-amin, Formel VI (R = CH_3, X = H).

B. Aus 4-Dimethylamino-benzaldehyd und 2.6-Dimethyl-benzylmagnesium-chlorid (hergestellt aus 2-Brom-*m*-xylol über 2.6-Dimethyl-benzylalkohol [$C_9H_{12}O$; Krystalle (aus PAe.), F: 82—82,5°] und 2.6-Dimethyl-benzylchlorid [$C_9H_{11}Cl$; F: 27° bis 30°]) analog Dimethyl-[2'.3'-dimethyl-*trans*-stilbenyl-(4)]-amin [s. o.] (*Haddow et al.*, Phil. Trans. [A] **241** [1948] 147, 185, 188).

Krystalle (aus Me.); F: 71°. UV-Spektrum (A.): *Ha. et al.*, l. c. S. 169.

4-Amino-2.2'-dimethyl-stilben, 2.2'-Dimethyl-stilbenyl-(4)-amin $C_{16}H_{17}N$.

4-Dimethylamino-2.2'-dimethyl-stilben, Dimethyl-[2.2'-dimethyl-stilbenyl-(4)]-amin, *2,2',N,N-tetramethylstilben-4-ylamine* $C_{18}H_{21}N$.

Dimethyl-[2.2'-dimethyl-*trans*-stilbenyl-(4)]-amin, Formel VI (R = H, X = CH_3).

B. Aus 4-Dimethylamino-2-methyl-benzaldehyd und 2-Methyl-benzylmagnesium-chlorid analog Dimethyl-[2'.3'-dimethyl-*trans*-stilbenyl-(4)]-amin [S. 3325] (*Haddow et al.*, Phil. Trans. [A] **241** [1948] 147, 185).

Krystalle (aus Me.); F: 79—79,5°. UV-Spektrum (A.): *Ha. et al.*, l. c. S. 170.

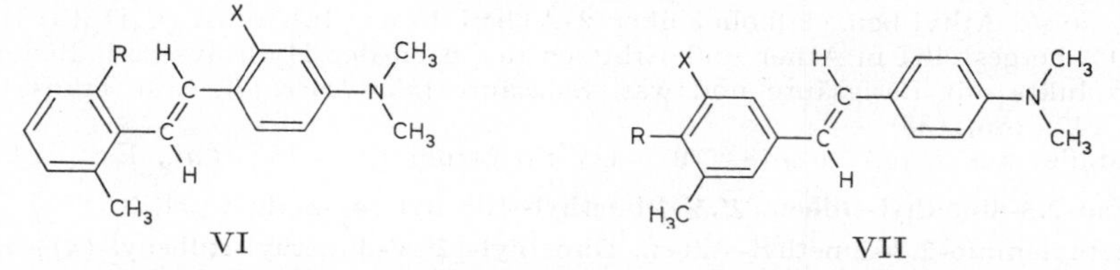

VI VII

4'-Amino-3.4-dimethyl-stilben, 3'.4'-Dimethyl-stilbenyl-(4)-amin $C_{16}H_{17}N$.

4'-Dimethylamino-3.4-dimethyl-stilben, Dimethyl-[3'.4'-dimethyl-stilbenyl-(4)]-amin, *3',4',N,N-tetramethylstilben-4-ylamine* $C_{18}H_{21}N$.

Dimethyl-[3'.4'-dimethyl-*trans*-stilbenyl-(4)]-amin, Formel VII (R = CH_3, X = H).

B. Aus 4-Dimethylamino-benzaldehyd und 3.4-Dimethyl-benzylmagnesium-chlorid analog Dimethyl-[2'.3'-dimethyl-*trans*-stilbenyl-(4)]-amin [S. 3325] (*Haddow et al.*, Phil. Trans. [A] **241** [1948] 147, 185).

F: 167° [unkorr.; aus Bzl. + A.].

4'-Amino-3.5-dimethyl-stilben, 3'.5'-Dimethyl-stilbenyl-(4)-amin $C_{16}H_{17}N$.

4'-Dimethylamino-3.5-dimethyl-stilben, Dimethyl-[3'.5'-dimethyl-stilbenyl-(4)]-amin, *3',5',N,N-tetramethylstilben-4-ylamine* $C_{18}H_{21}N$.

Dimethyl-[3'.5'-dimethyl-*trans*-stilbenyl-(4)]-amin, Formel VII (R = H, X = CH_3).

B. Aus 4-Dimethylamino-benzaldehyd und 3.5-Dimethyl-benzylmagnesium-chlorid analog Dimethyl-[2'.3'-dimethyl-*trans*-stilbenyl-(4)]-amin [S. 3325] (*Haddow et al.*, Phil. Trans. [A] **241** [1948] 147, 185).

Krystalle (aus Me. + A.); F: 63—64°.

3-Amino-1.1-diphenyl-buten-(1), 1-Methyl-3.3-diphenyl-allylamin $C_{16}H_{17}N$.

(±)-3-Dimethylamino-1.1-diphenyl-buten-(1), (±)-Dimethyl-[1-methyl-3.3-diphenyl-allyl]-amin, *(±)-1,N,N-trimethyl-3,3-diphenylallylamine* $C_{18}H_{21}N$, Formel VIII.

B. Aus (±)-3-Dimethylamino-1.1-diphenyl-butanol-(1) beim Erhitzen mit Kalium-hydrogensulfat auf 150° (*Shapiro*, J. org. Chem. **14** [1949] 839, 847).

Pikrat $C_{18}H_{21}N \cdot C_6H_3N_3O_7$. F: 195—196°.

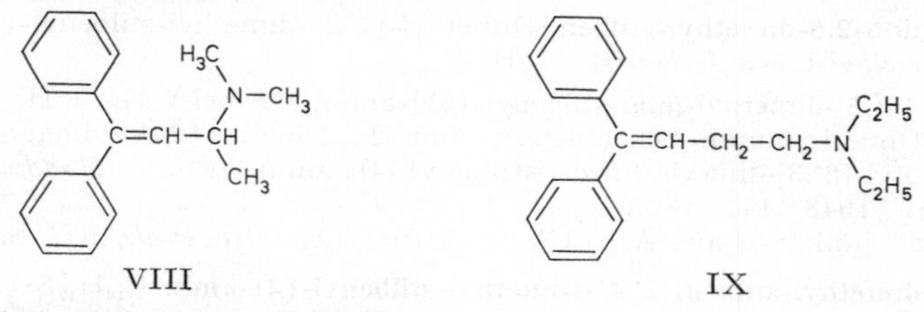

VIII IX

4.4-Diphenyl-buten-(3)-ylamin $C_{16}H_{17}N$.

4-Diäthylamino-1.1-diphenyl-buten-(1), Diäthyl-[4.4-diphenyl-buten-(3)-yl]-amin, *N,N-diethyl-4,4-diphenylbut-3-en-1-ylamine* $C_{20}H_{25}N$, Formel IX.

B. Beim Erhitzen von 4-Diäthylamino-1.1-diphenyl-butanol-(1) mit Acetanhydrid (*Marxer*, Helv. Engi-Festband [1941] 209, 216).

Hydrochlorid $C_{20}H_{25}N \cdot HCl$. Krystalle (aus E.); F: 126—128°.

4-Amino-1-phenyl-5.6.7.8-tetrahydro-naphthalin, 4-Phenyl-5.6.7.8-tetrahydro-naphthyl-(1)-amin, *4-phenyl-5,6,7,8-tetrahydro-1-naphthylamine* $C_{16}H_{17}N$, Formel X (R = H).

B. Aus 4-Phenyl-naphthyl-(1)-amin mit Hilfe von Natrium und Isoamylalkohol

(*v. Braun, Anton*, B. **67** [1934] 1051, 1053).
$Kp_{0,5}$: 180—185°.
Hydrochlorid. Zers. bei ca. 235°.

4-Acetamino-1-phenyl-5.6.7.8-tetrahydro-naphthalin, *N*-[4-Phenyl-5.6.7.8-tetrahydro-naphthyl-(1)]-acetamid, N-(*4-phenyl-5,6,7,8-tetrahydro-1-naphthyl*)*acetamide* $C_{18}H_{19}NO$, Formel X (R = $CO\text{-}CH_3$).

B. Aus 4-Phenyl-5.6.7.8-tetrahydro-naphthyl-(1)-amin (*v. Braun, Anton*, B. **67** [1934] 1051, 1053).
F: 198°.

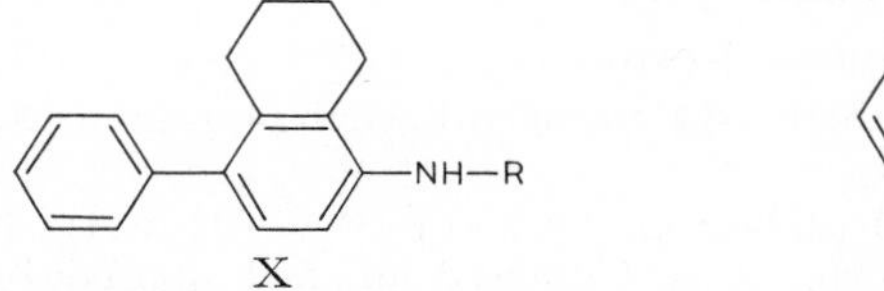

X

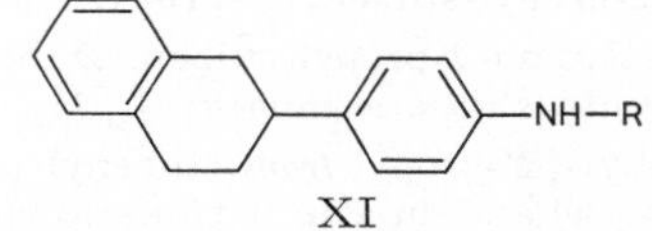

XI

(±)-4-[1.2.3.4-Tetrahydro-naphthyl-(2)]-anilin, (±)-p-(*1,2,3,4-tetrahydro-2-naphthyl*)*aniline* $C_{16}H_{17}N$, Formel XI (R = H).

B. Beim Erhitzen von 1.4-Dihydro-naphthalin mit Anilin unter Zusatz von Cadmiumbromid bis auf 320° (*Hickinbottom*, Soc. **1932** 2646, 2652).
Krystalle (aus A.); F: 89—90°.
Pikrat $C_{16}H_{17}N \cdot C_6H_3N_3O_7$. Gelbe Krystalle (aus Bzl. + A.); F: 186—188° [Zers.].

(±)-4-Acetamino-1-[1.2.3.4-tetrahydro-naphthyl-(2)]-benzol, (±)-Essigsäure-[4-(1.2.3.4-tetrahydro-naphthyl-(2))-anilid], (±)-*4'-(1,2,3,4-tetrahydro-2-naphthyl)acetanilide* $C_{18}H_{19}NO$, Formel XI (R = $CO\text{-}CH_3$).

B. Aus (±)-4-[1.2.3.4-Tetrahydro-naphthyl-(2)]-anilin (*Hickinbottom*, Soc. **1932** 2646, 2653).
Krystalle (aus A.); F: 184—185°.

(±)-4-[*N'*-Phenyl-thioureido]-1-[1.2.3.4-tetrahydro-naphthyl-(2)]-benzol, (±)-*N*-Phenyl-*N'*-[4-(1.2.3.4-tetrahydro-naphthyl-(2))-phenyl]-thioharnstoff, (±)-*1-phenyl-3-*[p-(*1,2,3,4-tetrahydro-2-naphthyl*)*phenyl*]*thiourea* $C_{23}H_{22}N_2S$, Formel XI (R = $CS\text{-}NH\text{-}C_6H_5$).

B. Aus (±)-4-[1.2.3.4-Tetrahydro-naphthyl-(2)]-anilin und Phenylisothiocyanat in Benzol und Petroläther (*Hickinbottom*, Soc. **1932** 2646, 2653).
Krystalle (aus Acn.); F: 154—155°.

(±)-4-[3-Nitro-benzol-sulfonyl-(1)-amino]-1-[1.2.3.4-tetrahydro-naphthyl-(2)]-benzol, (±)-3-Nitro-benzol-sulfonsäure-(1)-[4-(1.2.3.4-tetrahydro-naphthyl-(2))-anilid], (±)-*3-nitro-4'-(1,2,3,4-tetrahydro-2-naphthyl)benzenesulfonanilide* $C_{22}H_{20}N_2O_4S$, Formel XII.

B. Aus (±)-4-[1.2.3.4-Tetrahydro-naphthyl-(2)]-anilin (*Hickinbottom*, Soc. **1932** 2646, 2653).
Gelbliche Krystalle (aus Eg. oder wss. Acn.); F: 168—169°.

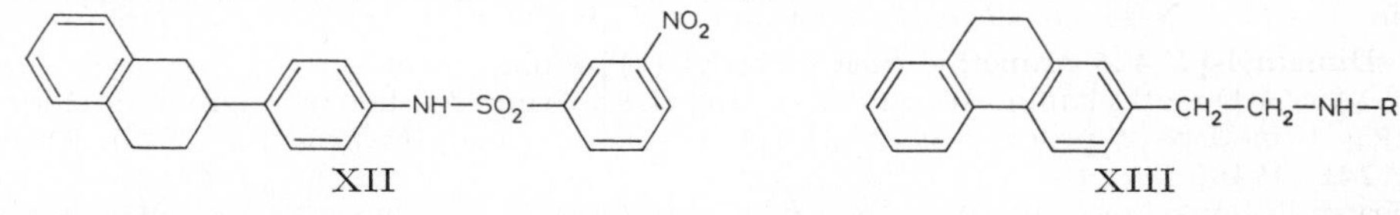

2-[9.10-Dihydro-phenanthryl-(2)]-äthylamin, *2-(9,10-dihydro-2-phenanthryl)ethylamine* $C_{16}H_{17}N$, Formel XIII (R = H).

B. Beim Behandeln von 3-[9.10-Dihydro-phenanthryl-(2)]-propionsäure-hydrazid mit wss. Salzsäure und Natriumnitrit und Erwärmen des erhaltenen Azids mit Äthanol und anschliessend mit äthanol. Kalilauge (*Stuart, Mosettig*, Am. Soc. **62** [1940] 1110, 1114).
Hydrochlorid $C_{16}H_{17}N \cdot HCl$. Krystalle; F: 229—230°.

2-Formamino-1-[9.10-dihydro-phenanthryl-(2)]-äthan, *N*-[2-(9.10-Dihydro-phenanthryl-(2))-äthyl]-formamid, N-[*2-(9,10-dihydro-2-phenanthryl)ethyl*]*formamide* $C_{17}H_{17}NO$, Formel XIII (R = CHO).

B. Beim Erhitzen des aus 2-[9.10-Dihydro-phenanthryl-(2)]-äthylamin und Ameisen-

säure hergestellten Formiats auf 150° (*Stuart, Mosettig*, Am. Soc. **62** [1940] 1110, 1114).
Krystalle (aus Bzl. + PAe.); F: 91°.

2-Acetamino-1-[9.10-dihydro-phenanthryl-(2)]-äthan, *N*-[2-(9.10-Dihydro-phenanthryl-(2))-äthyl]-acetamid, N-[*2-(9,10-dihydro-2-phenanthryl)ethyl*]*acetamide* $C_{18}H_{19}NO$, Formel XIII (R = CO-CH_3).

B. Beim Erhitzen von 2-[9.10-Dihydro-phenanthryl-(2)]-äthylamin mit Essigsäure auf 150° (*Stuart, Mosettig*, Am. Soc. **62** [1940] 1110, 1114).
Krystalle (aus Bzl. + PAe.); F: 112°.

Amine $C_{17}H_{19}N$

4′-Amino-2-propyl-stilben, 2′-Propyl-stilbenyl-(4)-amin $C_{17}H_{19}N$.

4′-Dimethylamino-2-propyl-stilben, Dimethyl-[2′-propyl-stilbenyl-(4)]-amin, N,N-*dimethyl-2′-propylstilben-4-ylamine* $C_{19}H_{23}N$.

Dimethyl-[2′-propyl-*trans*-stilbenyl-(4)]-amin, Formel I (R = CH_2-CH_2-CH_3).

B. Beim Behandeln von 4-Dimethylamino-benzaldehyd mit 2-Propyl-benzylmagnesium-chlorid (hergestellt aus 2-Propyl-anilin über 2-Brom-1-propyl-benzol $C_9H_{11}Br$ [Kp_{14}: 92—94°], 2-Propyl-benzylalkohol $C_{10}H_{14}O$ [Kp_{13}: 125—127°; 3.5-Dinitro-benzoyl-Derivat $C_{17}H_{16}N_2O_6$: F: 86—87°] und 2-Propyl-benzylchlorid $C_{10}H_{13}Cl$ [Kp_{12}: 106—108°]) in Äther und Erhitzen des nach der Hydrolyse erhaltenen Reaktionsprodukts mit Essigsäure und wss. Salzsäure (*Haddow et al.*, Phil. Trans. [A] **241** [1948] 147, 185, 188).
Krystalle (aus Me.); F: 65°. UV-Spektrum (A.): *Ha. et al.*, l. c. S. 170.

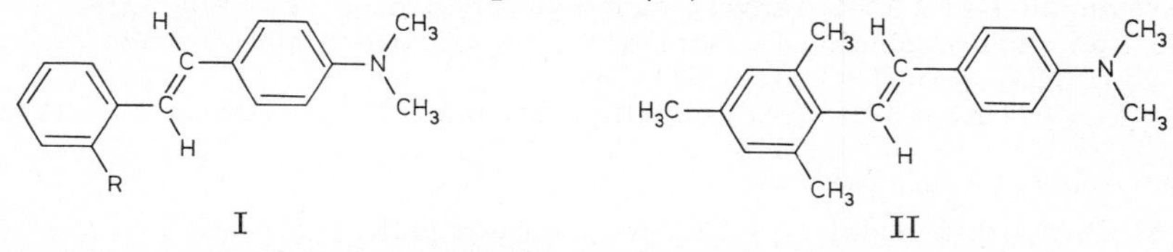

I II

4′-Amino-2-isopropyl-stilben, 2′-Isopropyl-stilbenyl-(4)-amin $C_{17}H_{19}N$.

4′-Dimethylamino-2-isopropyl-stilben, Dimethyl-[2′-isopropyl-stilbenyl-(4)]-amin, *2′-isopropyl-*N,N-*dimethylstilben-4-ylamine* $C_{19}H_{23}N$.

Dimethyl-[2′-isopropyl-*trans*-stilbenyl-(4)]-amin, Formel I (R = $CH(CH_3)_2$).

B. Aus 4-Dimethylamino-benzaldehyd und 2-Isopropyl-benzylmagnesium-chlorid (hergestellt aus 2-Brom-cumol über 2-Isopropyl-benzylalkohol $C_{10}H_{14}O$ [Kp_9: 110—111°; 3.5-Dinitro-benzoyl-Derivat $C_{17}H_{16}N_2O_6$: F: 83—84°] und 2-Isopropyl-benzylchlorid $C_{10}H_{13}Cl$ [Kp_9: 91°]) analog der im vorangehenden Artikel beschriebenen Verbindung (*Haddow et al.*, Phil. Trans. [A] **241** [1948] 147, 185, 189).
Krystalle (aus Me.); F: 54—55°. UV-Spektrum (A.): *Ha. et al.*, l. c. S. 168.

4′-Amino-2.4.6-trimethyl-stilben, 2′.4′.6′-Trimethyl-stilbenyl-(4)-amin $C_{17}H_{19}N$.

4′-Dimethylamino-2.4.6-trimethyl-stilben, Dimethyl-[2′.4′.6′-trimethyl-stilbenyl-(4)]-amin, *2′,4′,6′,*N,N-*pentamethylstilben-4-ylamine* $C_{19}H_{23}N$.

Dimethyl-[2′.4′.6′-trimethyl-*trans*-stilbenyl-(4)]-amin, Formel II.

B. Aus 4-Dimethylamino-benzaldehyd und 2.4.6-Trimethyl-benzylmagnesium-chlorid analog Dimethyl-[2′-propyl-*trans*-stilbenyl-(4)]-amin [s. o.] (*Haddow et al.*, Phil. Trans. [A] **241** [1948] 147, 186).
Krystalle (aus Me.); F: 78°.

2-Amino-1-phenyl-1-mesityl-äthylen, 2-Phenyl-2-mesityl-vinylamin $C_{17}H_{19}N$.

[2-Phenyl-2-(3-nitro-2.4.6-trimethyl-phenyl)-vinyl]-[2-phenyl-2-(3-nitro-2.4.6-trimethyl-phenyl)-äthyliden]-amin, Phenyl-[3-nitro-2.4.6-trimethyl-phenyl]-acetaldehyd-[2-phenyl-2-(3-nitro-2.4.6-trimethyl-phenyl)-vinylimin], *2-(3-nitromesityl)-*N-[*2-(3-nitromesityl)-2-phenylethylidene*]*-2-phenylvinylamine* $C_{34}H_{33}N_3O_4$, Formel III, und **Bis-[2-phenyl-2-(3-nitro-2.4.6-trimethyl-phenyl)-vinyl]-amin,** *2,2′-bis(3-nitromesityl)-2,2′-diphenyldivinylamine* $C_{34}H_{33}N_3O_4$, Formel IV.

Eine Verbindung (Krystalle [aus Eg.]; F: 235—236°), für die diese beiden Konstitutionsformeln in Betracht kommen, ist beim Behandeln von 2-Phenyl-2-[3-nitro-2.4.6-trimethyl-phenyl]-vinylamin (E III **7** 2242) in Äthanol mit wss. Salzsäure erhalten worden (*Fuson et al.*, Am. Soc. **66** [1944] 681).

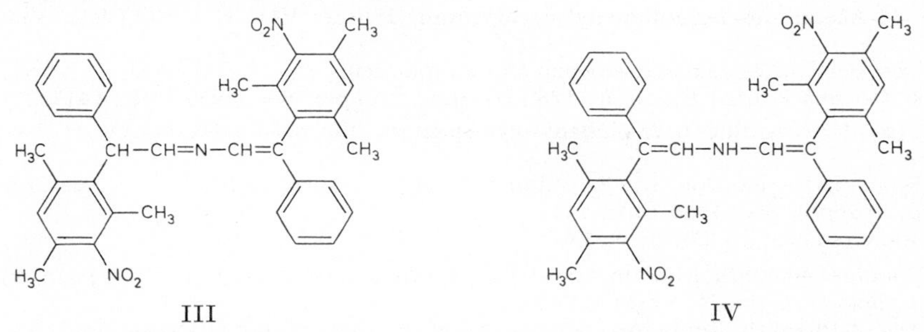

3-Amino-1.2-diphenyl-cyclopentan, 2.3-Diphenyl-cyclopentylamin $C_{17}H_{19}N$.

3-Acetamino-1.2-diphenyl-cyclopentan, *N*-[2.3-Diphenyl-cyclopentyl]-acetamid, N-(*2,3-diphenylcyclopentyl*)*acetamide* $C_{19}H_{21}NO$.

a) **(±)-3ξ-Acetamino-1*r*.2*t*-diphenyl-cyclopentan,** Forme lV (R = CO-CH_3) + Spiegelbild, **vom F: 187°.**

B. Neben dem unter b) beschriebenen Stereoisomeren beim Behandeln von (±)-*trans*-1.2-Diphenyl-cyclopentanon-(3)-oxim mit Äthanol und Natrium sowie beim Erhitzen von 1.2-Diphenyl-cyclopenten-(1)-on-(3)-oxim mit Isoamylalkohol und Natrium und Erhitzen des jeweiligen Reaktionsprodukts mit Acetanhydrid (*Burton, Shoppee*, Soc. **1939** 1408, 1415).

Krystalle (aus E.); F: 187°.

b) **(±)-3ξ-Acetamino-1*r*.2*t*-diphenyl-cyclopentan,** Formel V (R = CO-CH_3) + Spiegelbild, **vom F: 171°.**

B. s. bei dem unter a) beschriebenen Stereoisomeren.

Krystalle (aus E.); F: 170–171° (*Burton, Shoppee*, Soc. **1939** 1408, 1415).

4-Amino-1.2-diphenyl-cyclopentan, 3.4-Diphenyl-cyclopentylamin, *3,4-diphenylcyclopentylamine* $C_{17}H_{19}N$.

(±)-4-Amino-1*r*.2*t*-diphenyl-cyclopentan, Formel VI (R = H) + Spiegelbild.

B. Aus (±)-*trans*-1.2-Diphenyl-cyclopentanon-(4)-oxim oder aus (±)-1.2-Diphenyl-cyclopenten-(2)-on-(4)-oxim (E III **7** 2562) beim Behandeln mit Äthanol und Natrium (*Burton, Shoppee*, Soc. **1939** 1408, 1414). Aus (±)-3-Chlor-1.2-diphenyl-cyclopenten-(2)-on-(4)-oxim bei der Hydrierung an Platin in Essigsäure (*Bu., Sh.*).

Krystalle (aus Ae. + PAe. oder aus wss. A.); F: 119–120°.

Pikrat $C_{17}H_{19}N \cdot C_6H_3N_3O_7$. Krystalle (aus wss. Me.); F: 232° [Zers.]. — Färbt sich am Licht dunkel.

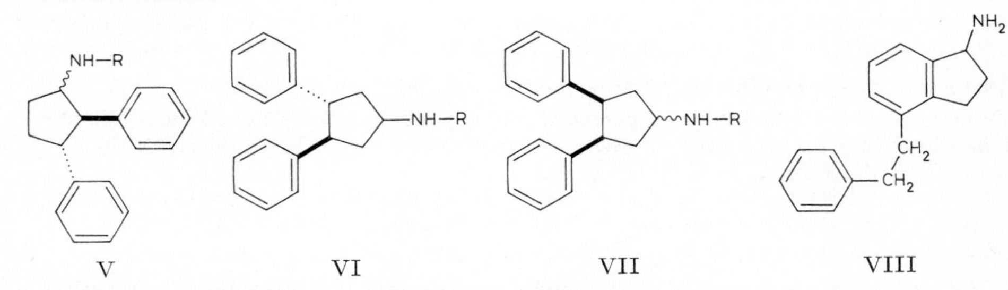

4-Acetamino-1.2-diphenyl-cyclopentan, *N*-[3.4-Diphenyl-cyclopentyl]-acetamid, N-(*3,4-diphenylcyclopentyl*)*acetamide* $C_{19}H_{21}NO$.

a) **4ξ-Acetamino-1*r*.2*c*-diphenyl-cyclopentan,** Formel VII (R = CO-CH_3), **vom F: 134°.**

B. Neben dem unter b) beschriebenen Stereoisomeren beim Behandeln von (±)-*cis*-1.2-Diphenyl-cyclopentanon-(4)-oxim mit Äthanol und Natrium und Erhitzen des Reaktionsprodukts mit Acetanhydrid (*Burton, Shoppee,* Soc. **1939** 1408, 1414).

Krystalle (aus Bzl. + Bzn.); F: 133—134°.

b) **4ξ-Acetamino-1*r*.2*c*-diphenyl-cyclopentan,** Formel VII (R = CO-CH_3), **vom F: 128°.**

B. s. bei dem unter a) beschriebenen Stereoisomeren.

Krystalle (aus Bzl. + Bzn.); F: 128° (*Burton, Shoppee,* Soc. **1939** 1408, 1414).

c) **(±)-4-Acetamino-1*r*.2*t*-diphenyl-cyclopentan,** Formel VI (R = CO-CH_3) + Spiegelbild.

B. Beim Erhitzen von (±)-4-Amino-1*r*.2*t*-diphenyl-cyclopentan mit Acetanhydrid (*Burton, Shoppee,* Soc. **1939** 1408, 1414).

Krystalle (aus Ae. + Bzn.); F: 119°.

(±)-1-Amino-4-phenäthyl-indan, (±)-4-Phenäthyl-indanyl-(1)-amin, (±)-*4-phenethyl-indan-1-ylamine* $C_{17}H_{19}N$, Formel VIII.

B. Aus 4-Phenäthyl-indanon-(1)-oxim beim Erwärmen mit Äthanol und Natrium (*Natelson, Gottfried,* Am. Soc. **58** [1936] 1432, 1437).

Hydrochlorid $C_{17}H_{19}N \cdot HCl$. Krystalle (aus Bzl. + PAe.); F: 192°.

3-[9.10-Dihydro-anthryl-(9)]-propylamin $C_{17}H_{19}N$.

3-Diäthylamino-1-[9.10-dihydro-anthryl-(9)]-propan, Diäthyl-[3-(9.10-dihydro-anthryl-(9))-propyl]-amin, N,N-*diethyl-3-(9,10-dihydro-9-anthryl)propylamine* $C_{21}H_{27}N$, Formel IX.

B. Beim Behandeln von 9.10-Dihydro-anthracen mit Butyllithium in Äther und anschliessend mit Diäthyl-[3-chlor-propyl]-amin (*Searle & Co.,* U.S.P. 2404483 [1943]).

Kp_6: 173—175°.

Hydrochlorid. Krystalle; F: 181—183°.

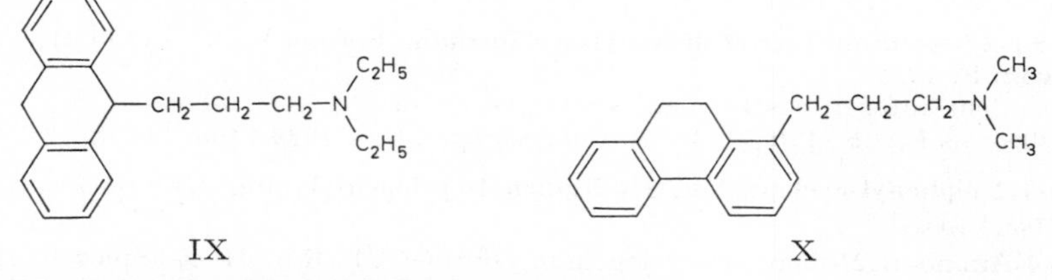

IX X

3-[9.10-Dihydro-phenanthryl-(1)]-propylamin $C_{17}H_{19}N$.

3-Dimethylamino-1-[9.10-dihydro-phenanthryl-(1)]-propan, Dimethyl-[3-(9.10-dihydro-phenanthryl-(1))-propyl]-amin, *3-(9,10-dihydro-1-phenanthryl)*-N,N-*dimethylpropylamine* $C_{19}H_{23}N$, Formel X.

B. Aus 1.1-Dimethyl-1.2.3.4.5.6-hexahydro-naphtho[2.1-*f*]chinolinium-jodid beim Erwärmen mit Wasser und Natrium-Amalgam (*Mosettig, Krueger,* J. org. Chem. **3** [1938] 317, 334).

Hydrochlorid $C_{19}H_{23}N \cdot HCl$. Krystalle (aus A. + Ae.); F: 207—209° [unkorr.].

Pikrat $C_{19}H_{23}N \cdot C_6H_3N_3O_7$. Hellgelbe Krystalle (aus A.); F: 145,5—146,5° [korr.].

3-[9.10-Dihydro-phenanthryl-(2)]-propylamin $C_{17}H_{19}N$.

3-Dimethylamino-1-[9.10-dihydro-phenanthryl-(2)]-propan, Dimethyl-[3-(9.10-dihydro-phenanthryl-(2))-propyl]-amin, *3-(9,10-dihydro-2-phenanthryl)*-N,N-*dimethylpropylamine* $C_{19}H_{23}N$, Formel I (X = H).

B. Aus (±)-Dimethyl-[3-chlor-3-(9.10-dihydro-phenanthryl-(2))-propyl]-amin bei der Hydrierung an Palladium (*Mosettig, Krueger,* J. org. Chem. **3** [1938] 317, 339).

Hydrochlorid $C_{19}H_{23}N \cdot HCl$. F: 204—206° [korr.].

(±)-1-Chlor-3-dimethylamino-1-[9.10-dihydro-phenanthryl-(2)]-propan, (±)-Dimethyl-[3-chlor-3-(9.10-dihydro-phenanthryl-(2))-propyl]-amin, (±)-*3-chloro-3-(9,10-dihydro-2-phenanthryl)*-N,N-*dimethylpropylamine* $C_{19}H_{22}ClN$, Formel I (X = Cl).

Hydrochlorid $C_{19}H_{22}ClN \cdot HCl$. *B.* Aus (±)-3-Dimethylamino-1-[9.10-dihydro-phenanthryl-(2)]-propanol-(1)-hydrochlorid beim Behandeln mit Phosphor(V)-chlorid in Chloroform (*Mosettig, Krueger,* J. org. Chem. **3** [1938] 317, 338). — Krystalle (aus A.); F: ca. 160° und (nach Wiedererstarren bei weiterem Erhitzen) F: 214—216° [Zers.].

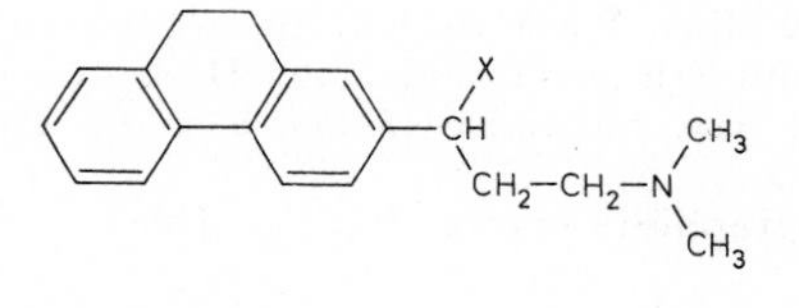

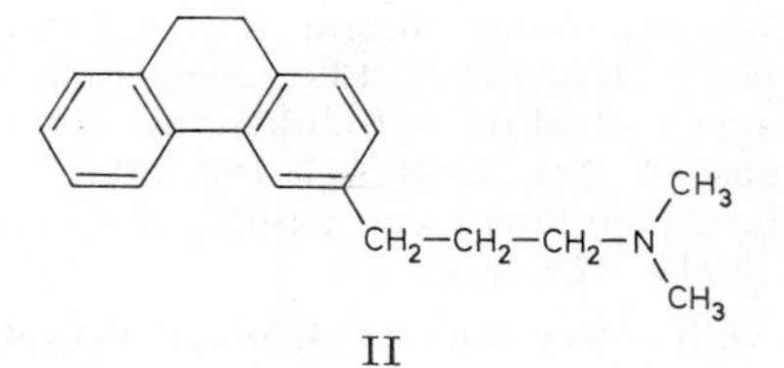

3-[9.10-Dihydro-phenanthryl-(3)]-propylamin $C_{17}H_{19}N$.

3-Dimethylamino-1-[9.10-dihydro-phenanthryl-(3)]-propan, Dimethyl-[3-(9.10-dihydro-phenanthryl-(3))-propyl]-amin, *3-(9,10-dihydro-3-phenanthryl)-*N,N*-dimethylpropylamine* $C_{19}H_{23}N$, Formel II.

B. Aus 8.8-Dimethyl-5.6.8.9.10.11-hexahydro-naphtho[1.2-*g*]chinolinium-jodid beim Erwärmen mit Wasser und Natrium-Amalgam (*Mosettig, Krueger*, J. org. Chem. **3** [1938] 317, 335).

Hydrochlorid $C_{19}H_{23}N \cdot HCl$. Krystalle (aus A.); F: 150—151° [korr.].

Pikrat $C_{19}H_{23}N \cdot C_6H_3N_3O_7$. Hellgelbe Krystalle (aus A.); F: 101,5—103° [korr.].

Amine $C_{18}H_{21}N$

4-Phenyl-3-[4-amino-phenyl]-hexen-(3), 4-Amino-α.α'-diäthyl-stilben, α.α'-Diäthyl-stilbenyl-(4)-amin, *α,α'-diethylstilben-4-ylamine* $C_{18}H_{21}N$, Formel III (R = H).

Ein Amin (Krystalle [aus Bzn.], F: 96—97°; Hydrochlorid $C_{18}H_{21}N \cdot HCl$: Krystalle, F: 254—255°) dieser Konstitution ist beim Behandeln von opt.-inakt. 4-Phenyl-3-[4-amino-phenyl]-hexanol-(4) (F: 91—92°) in Essigsäure mit Chlorwasserstoff und anschliessend mit wss. Salzsäure erhalten worden (*Brownlee et al.*, Biochem. J. **37** [1943] 572, 576).

4-Dimethylamino-α.α'-diäthyl-stilben, Dimethyl-[α.α'-diäthyl-stilbenyl-(4)]-amin, *α,α'-diethyl-*N,N*-dimethylstilben-4-ylamine* $C_{20}H_{25}N$, Formel III (R = CH_3).

Ein Amin (Kp_2: 167—168°) dieser Konstitution ist beim Behandeln von 1-[4-Dimethylamino-phenyl]-propanon-(1) mit (±)-1-Phenyl-propylmagnesium-chlorid und Erwärmen des nach der Hydrolyse isolierten Reaktionsprodukts mit Phosphor(V)-oxid in Benzol erhalten worden (*Haddow et al.*, Phil. Trans. [A] **241** [1948] 147, 171, 187). UV-Spektrum (A.): *Ha. et al.*

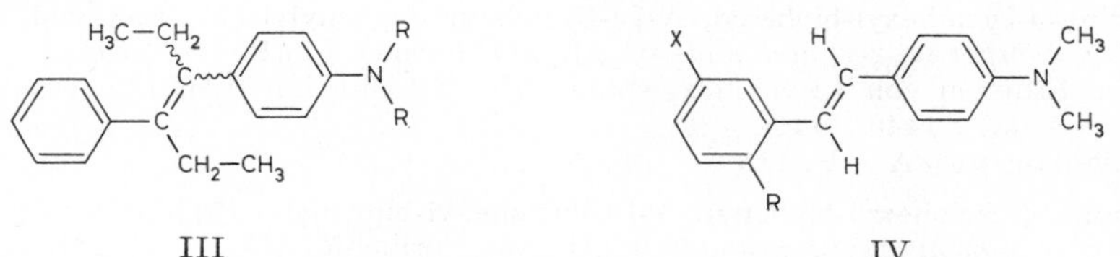

4'-Amino-2-methyl-5-isopropyl-stilben, 2'-Methyl-5'-isopropyl-stilbenyl-(4)-amin $C_{18}H_{21}N$.

4'-Dimethylamino-2-methyl-5-isopropyl-stilben, Dimethyl-[2'-methyl-5'-isopropyl-stilbenyl-(4)]-amin, *5'-isopropyl-2',*N,N*-trimethylstilben-4-ylamine* $C_{20}H_{25}N$.

Dimethyl-[2'-methyl-5'-isopropyl-*trans*-stilbenyl-(4)]-amin, Formel IV (R = CH_3, X = $CH(CH_3)_2$).

B. Beim Behandeln von 4-Dimethylamino-benzaldehyd in Benzol mit 2-Methyl-5-isopropyl-benzylmagnesium-chlorid in Äther und Erhitzen des nach der Hydrolyse erhaltenen Reaktionsprodukts mit Essigsäure und wss. Salzsäure (*Haddow et al.*, Phil. Trans. [A] **241** [1948] 147, 185).

Krystalle (aus Me.); F: 75—76°.

4'-Amino-2.5-diäthyl-stilben, 2'.5'-Diäthyl-stilbenyl-(4)-amin $C_{18}H_{21}N$.

4'-Dimethylamino-2.5-diäthyl-stilben, Dimethyl-[2'.5'-diäthyl-stilbenyl-(4)]-amin, *2',5'-diethyl-*N,N*-dimethylstilben-4-ylamine* $C_{20}H_{25}N$.

Dimethyl-[2'.5'-diäthyl-*trans*-stilbenyl-(4)]-amin, Formel IV (R = X = C_2H_5).

B. Beim Behandeln von 4-Dimethylamino-benzaldehyd in Benzol mit 2.5-Diäthylbenzylmagnesium-chlorid (aus 1.4-Diäthyl-benzol über 2.5-Diäthyl-benzylchlorid $C_{11}H_{15}Cl$ [Kp_{23}: 132—133°] hergestellt) in Äther und Erhitzen des nach der Hydrolyse erhaltenen Reaktionsprodukts mit Essigsäure und wss. Salzsäure (*Haddow et al.*, Phil. Trans. [A] **241** [1948] 147, 186, 189).

Krystalle (aus Me.); F: 61° (*Ha. et al.*). Polarographie: *Goulden, Warren*, Biochem. J. **42** [1948] 420, 422.

4′-Amino-4-cyclohexyl-biphenyl, 4′-Cyclohexyl-biphenylyl-(4)-amin, *4′-cyclohexylbiphenyl-4-ylamine* $C_{18}H_{21}N$, Formel V (R = H).

B. Aus 4′-Nitro-4-cyclohexyl-biphenyl beim Erwärmen mit Zinn(II)-chlorid (oder Eisen) und wss.-äthanol. Salzsäure (*Basford*, Soc. **1937** 1440, 1442).

Hydrochlorid $C_{18}H_{21}N \cdot HCl$. F: 90° [trübe Schmelze, die bei 110° klar wird].

4′-Acetamino-4-cyclohexyl-biphenyl, *N*-[4′-Cyclohexyl-biphenylyl-(4)]-acetamid, N-(*4′-cyclohexylbiphenyl-4-yl)acetamide* $C_{20}H_{23}NO$, Formel V (R = CO-CH_3).

B. Beim Erhitzen von 4′-Cyclohexyl-biphenylyl-(4)-amin mit einem Gemisch von Wasser, Essigsäure und Acetanhydrid (*Basford*, Soc. **1937** 1440, 1442).

Krystalle (aus Me.); F: 225°.

4′-Benzamino-4-cyclohexyl-biphenyl, *N*-[4′-Cyclohexyl-biphenylyl-(4)]-benzamid, N-(*4′-cyclohexylbiphenyl-4-yl)benzamide* $C_{25}H_{25}NO$, Formel V (R = CO-C_6H_5).

B. Beim Behandeln von 4′-Cyclohexyl-biphenylyl-(4)-amin mit Benzoylchlorid und wss. Alkalilauge (*Basford*, Soc. **1937** 1440, 1442).

Krystalle (aus A.); F: 240°.

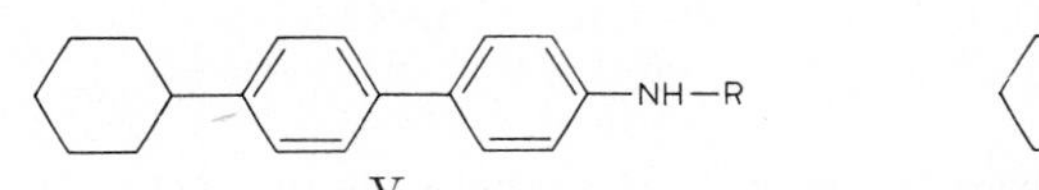

V

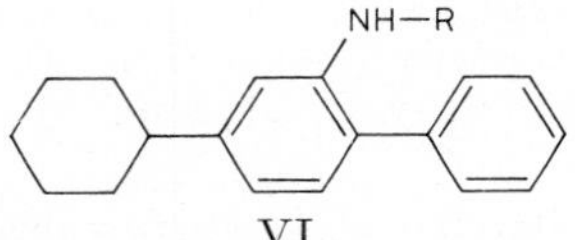

VI

2-Amino-4-cyclohexyl-biphenyl, 4-Cyclohexyl-biphenylyl-(2)-amin, *4-cyclohexylbiphenyl-4-ylamine* $C_{18}H_{21}N$, Formel VI (R = H).

B. Aus 2-Nitro-4-cyclohexyl-biphenyl beim Erwärmen mit Zinn(II)-chlorid (oder Eisen) und wss.-äthanol. Salzsäure (*Basford*, Soc. **1937** 1440, 1441).

Krystalle (aus wss. A.); F: 102°.

2-Acetamino-4-cyclohexyl-biphenyl, *N*-[4-Cyclohexyl-biphenylyl-(2)]-acetamid, *N-(4-cyclohexylbiphenyl-2-yl)acetamide* $C_{20}H_{23}NO$, Formel VI (R = CO-CH_3).

B. Beim Erhitzen von 4-Cyclohexyl-biphenylyl-(2)-amin mit Acetanhydrid in Toluol (*Basford*, Soc. **1937** 1440, 1441).

Krystalle (aus wss. A.); F: 116°.

2-Benzamino-4-cyclohexyl-biphenyl, *N*-[4-Cyclohexyl-biphenylyl-(2)]-benzamid, N-(*4-cyclohexylbiphenyl-2-yl)benzamide* $C_{25}H_{25}NO$, Formel VI (R = CO-C_6H_5).

B. Beim Behandeln von 4-Cyclohexyl-biphenylyl-(2)-amin mit Benzoylchlorid und wss. Alkalilauge (*Basford*, Soc. **1937** 1440,1441).

Krystalle (aus A.); F: 158°.

2-Amino-1-methyl-7-isopropyl-9.10-dihydro-phenanthren, 1-Methyl-7-isopropyl-9.10-dihydro-phenanthryl-(2)-amin, *7-isopropyl-1-methyl-9,10-dihydro-2-phenanthrylamine* $C_{18}H_{21}N$, Formel VII (R = H).

B. Aus 2-Nitro-1-methyl-7-isopropyl-9.10-dihydro-phenanthren beim Behandeln mit Zinn(II)-chlorid in wasserhaltiger Essigsäure unter Einleiten von Chlorwasserstoff (*Karrman, Bergkvist*, Svensk kem. Tidskr. **60** [1948] 237, 239). Aus *N*-[1-Methyl-7-isopropyl-9.10-dihydro-phenanthryl-(2)]-acetamid beim Erwärmen mit äthanol. Kalilauge (*Nyman*, Ann. Acad. Sci. fenn. [A] **55** Nr. 10 [1940] 3, 6).

Krystalle; F: 126—127° [aus A. + W.] (*Ny.*), 125—126° [aus Hexan] (*Ka., Be.*).

2-Acetamino-1-methyl-7-isopropyl-9.10-dihydro-phenanthren, *N*-[1-Methyl-7-isopropyl-9.10-dihydro-phenanthryl-(2)]-acetamid, N-(*7-isopropyl-1-methyl-9,10-dihydro-2-phenanthryl)acetamide* $C_{20}H_{23}NO$, Formel VII (R = CO-CH_3).

B. Aus 1-[1-Methyl-7-isopropyl-9.10-dihydro-phenanthryl-(2)]-äthanon-(1)-oxim beim Behandeln mit Phosphor(V)-chlorid in Äther und anschliessend mit Eis (*Nyman*, Ann.

Acad. Sci. fenn. [A] **55** Nr. 10 [1940] 3, 5). Aus 1-Methyl-7-isopropyl-9.10-dihydro-phenanthryl-(2)-amin und Acetanhydrid (*Karrman, Bergkvist,* Svensk kem. Tidskr. **60** [1948] 237, 239).

Krystalle (aus wss. Dioxan); F: 234—235° (*Ny.*; *Ka.*, *Be.*).

2-Benzamino-1-methyl-7-isopropyl-9.10-dihydro-phenanthren, *N*-[1-Methyl-7-isopropyl-9.10-dihydro-phenanthryl-(2)]-benzamid, N-(*7-isopropyl-1-methyl-9,10-dihydro-2-phenanthryl)benzamide* $C_{25}H_{25}NO$, Formel VII (R = CO-C_6H_5).

B. Beim Erwärmen von 1-Methyl-7-isopropyl-9.10-dihydro-phenanthryl-(2)-amin mit Benzoylchlorid, Pyridin und Benzin (*Nyman,* Ann. Acad. Sci. fenn. [A] **58** Nr. 3 [1941] 3, 9). Aus Phenyl-[1-methyl-7-isopropyl-9.10-dihydro-phenanthryl-(2)]-keton beim Erhitzen mit Hydroxylamin-hydrochlorid in Äthanol auf 140° (*Ny.*, l. c. S. 10).

F: 203,5—204° (aus wss. Propanol-(1)).

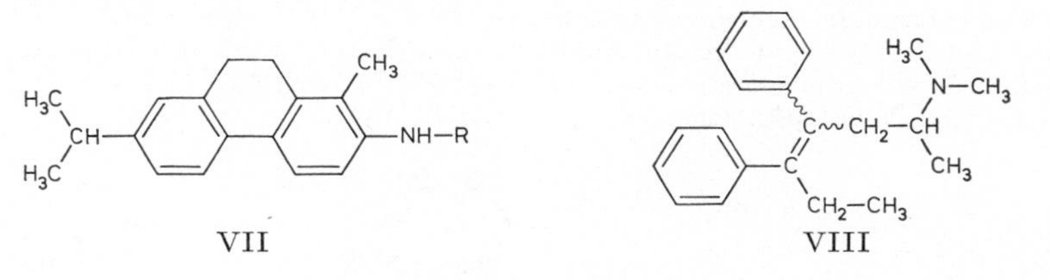

VII VIII

Amine $C_{19}H_{23}N$

6-Amino-3.4-diphenyl-hepten-(3), 1-Methyl-3.4-diphenyl-hexen-(3)-ylamin $C_{19}H_{23}N$.

6-Dimethylamino-3.4-diphenyl-hepten-(3), Dimethyl-[1-methyl-3.4-diphenyl-hexen-(3)-yl]-amin, *1*,N,N-*trimethyl-3,4-diphenylhex-3-enylamine* $C_{21}H_{27}N$, Formel VIII.

Diese Konstitution kommt der nachstehend beschriebenen, urspünglich (*May, Mosettig,* J. org. Chem. **13** [1948] 459, 462) als Dimethyl-[1-methyl-3.3-diphenyl-hexen-(4)-amin angesehenen Verbindung zu (*May, Perrine,* J. org. Chem. **18** [1953] 1572, 1574).

B. Aus (3*RS*:6*RS*)-6-Dimethylamino-4.4-diphenyl-heptanol-(3) beim Erhitzen mit Phosphor(V)-oxid in Toluol (*May, Mo.*, l. c. S. 463).

Flüssigkeit; bei 120—125°/0,05 Torr destillierbar (*May, Mo.*, l. c. S. 462).

Hydrochlorid $C_{21}H_{27}N \cdot HCl$. Hygroskopische Krystalle (aus E.); F: 133—135° [unkorr.; getrocknetes Präparat] (*May, Mo.*). — Dihydrochlorid $C_{21}H_{27}N \cdot 2HCl$. Krystalle (aus E. + Ae.), F: 87—89°; wenig beständig (*May, Mo.*).

Pikrat $C_{21}H_{27}N \cdot C_6H_3N_3O_7$. Krystalle; F: 112—114° [unkorr.] (*May, Mo.*; *May, Pe.*).

Amine $C_{20}H_{25}N$

4'-Amino-2.5-dipropyl-stilben, 2'.5'-Dipropyl-stilbenyl-(4)-amin $C_{20}H_{25}N$.

4'-Dimethylamino-2.5-dipropyl-stilben, Dimethyl-[2'.5'-dipropyl-stilbenyl-(4)]-amin, N,N-*dimethyl-2',5'-dipropylstilben-4-ylamine* $C_{22}H_{29}N$.

Dimethyl-[2'.5'-dipropyl-*trans*-stilbenyl-(4)]-amin, Formel IX (R = CH_2-CH_2-CH_3).

B. Beim Behandeln von 4-Dimethylamino-benzaldehyd mit 2.5-Dipropyl-benzylmagnesium-chlorid (aus 1.4-Dipropyl-benzol über 2.5-Dipropyl-benzylchlorid $C_{13}H_{19}Cl$ [Kp_{25}: 150—151°] hergestellt) in Äther und Erhitzen des nach der Hydrolyse erhaltenen Reaktionsprodukts mit Essigsäure und wss. Salzsäure (*Haddow et al.*, Phil. Trans. [A] **241** [1948] 147, 186, 189).

Krystalle (aus Me.); F: 66—67°.

4'-Amino-2.5-diisopropyl-stilben, 2'.5'-Diisopropyl-stilbenyl-(4)-amin $C_{20}H_{25}N$.

4'-Dimethylamino-2.5-diisopropyl-stilben, Dimethyl-[2'.5'-diisopropyl-stilbenyl-(4)]-amin, *2',5'-diisopropyl-*N,N-*dimethylstilben-4-ylamine* $C_{22}H_{29}N$.

Dimethyl-[2'.5'-diisopropyl-*trans*-stilbenyl-(4)]-amin, Formel IX (R = $CH(CH_3)_2$).

B. Aus 4-Dimethylamino-benzaldehyd und 2.5-Diisopropyl-benzylmagnesium-chlorid (hergestellt aus 1.4-Diisopropyl-benzol über 2.5-Diisopropyl-benzylchlorid $C_{13}H_{19}Cl$ [Kp_{20}: 146—152°]) analog der im vorangehenden Artikel beschriebenen Verbindung (*Haddow et al.*, Phil. Trans. [A] **241** [1948] 147, 186, 189).

Krystalle (aus A. oder PAe.); F: 127—129° [unkorr.]. UV-Spektrum (A): *Ha. et al.*

2-Amino-1.3-dibenzyl-cyclohexan, 2.6-Dibenzyl-cyclohexylamin, *2,6-dibenzylcyclohexyl= amine* $C_{20}H_{25}N$.

a) **2ξ-Amino-1r.3c-dibenzyl-cyclohexan,** Formel X, dessen Acetat bei **163°** schmilzt.

B. Aus (±)-1*r*.3*c*-Dibenzyl-cyclohexanon-(2)-oxim (E III **7** 2501) mit Hilfe von Natrium und Isoamylalkohol (*Cornubert, André, de Demo,* Bl. [5] **6** [1939] 113, 130).

Acetat $C_{20}H_{25}N \cdot C_2H_4O_2$. F: 163°.

b) **2ξ-Amino-1r.3c-dibenzyl-cyclohexan,** Formel X, dessen Acetat bei 170° schmilzt.

B. Aus (±)-1*r*.3*c*-Dibenzyl-cyclohexanon-(2)-oxim (E III **7** 2501) bei der Hydrierung an Platin in Essigsäure (*Cornubert, André, de Demo,* Bl. [5] **6** [1939] 113, 130).

Acetat $C_{20}H_{25}N \cdot C_2H_4O_2$. F: 170°.

c) **(±)-2-Amino-1r.3t-dibenzyl-cyclohexan,** Formel XI + Spiegelbild.

B. Aus (±)-1*r*.3*t*-Dibenzyl-cyclohexanon-(2)-oxim (E III **7** 2502) mit Hilfe von Natrium und Isoamylalkohol (*Cornubert, André, de Demo,* Bl. [5] **6** [1939] 113, 130).

Acetat $C_{20}H_{25}N \cdot C_2H_4O_2$. Krystalle (aus A.); F: 144°.

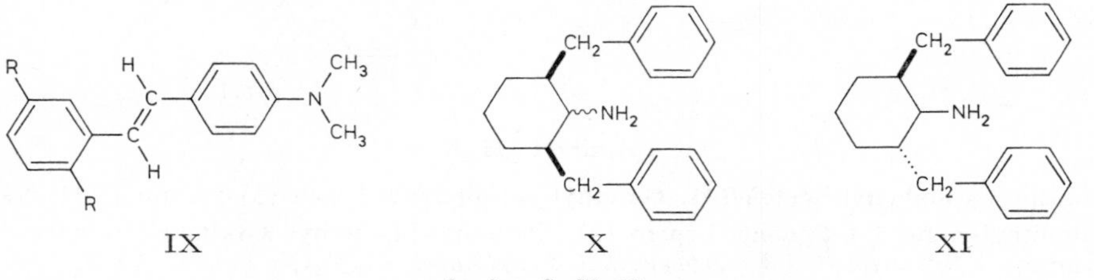

IX X XI

Amine $C_{22}H_{29}N$

4'-Amino-2.5-di-*tert*-butyl-stilben, 2'.5'-Di-*tert*-butyl-stilbenyl-(4)-amin $C_{22}H_{29}N$.

4'-Dimethylamino-2.5-di-*tert*-butyl-stilben, Dimethyl-[2'.5'-di-*tert*-butyl-stilbenyl-(4)]-amin, *2',5'-di-*tert*-butyl-N,N-dimethylstilben-4-ylamine* $C_{24}H_{33}N$.

Dimethyl-[2'.5'-di-*tert*-butyl-*trans*-stilbenyl-(4)]-amin, Formel IX (R = $C(CH_3)_3$).

B. Beim Behandeln von 4-Dimethylamino-benzaldehyd mit 2.5-Di-*tert*-butyl-benzyl= magnesium-chlorid (aus 1.4-Di-*tert*-butyl-benzol über 2.5-Di-*tert*-butyl-benzyl= chlorid $C_{15}H_{23}Cl$ [Kp_{23}: 150—155°] hergestellt) in Äther und Erhitzen des nach der Hydrolyse erhaltenen Reaktionsprodukts mit Essigsäure und wss. Salzsäure (*Haddow et al.,* Phil. Trans. [A] **241** [1948] 147, 186, 189).

Krystalle (aus Me.); F: 117—119° [unkorr.]. [*E. Deuring*]

Monoamine $C_nH_{2n-17}N$

Amine $C_{14}H_{11}N$

Phenyl-[2-amino-phenyl]-acetylen, 2-Phenyläthinyl-anilin, o-*(phenylethynyl)aniline* $C_{14}H_{11}N$, Formel I (E I 554; dort auch als 2-Amino-tolan bezeichnet).

B. Aus Phenyl-[2-nitro-phenyl]-acetylen beim Behandeln mit Zinn(II)-chlorid in Chlorwasserstoff enthaltender Essigsäure (*Ruggli, Schmid,* Helv. **18** [1935] 1215, 1220; *Schofield, Swain,* Soc. **1949** 2393, 2397).

Hellgelbe Krystalle; F: 89° [aus A.] (*Ru., Schm.*), 88—89° (*Scho., Sw.*).

Das Pikrat schmilzt zwischen 85° und 90° (*Ru., Schm.*).

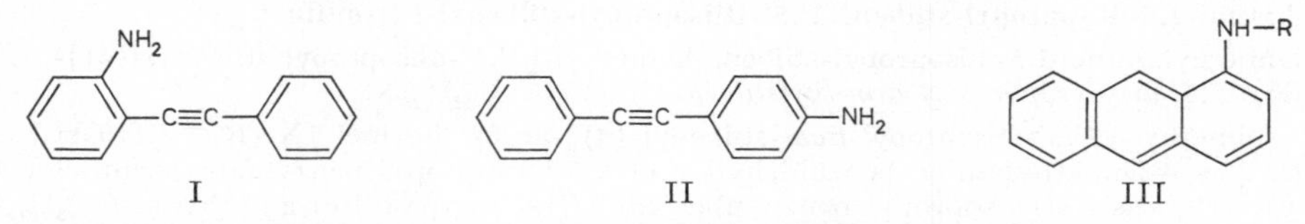

I II III

Phenyl-[4-amino-phenyl]-acetylen, 4-Phenyläthinyl-anilin, p-*(phenylethynyl)aniline* $C_{14}H_{11}N$, Formel II.

B. Aus Phenyl-[4-nitro-phenyl]-acetylen mit Hilfe von Zinn(II)-chlorid (*Haddow et al.,*

Phil. Trans. [A] **241** [1948] 147, 187).
Krystalle (aus PAe.); F: 131—132° [unkorr.].

1-Amino-anthracen, Anthryl-(1)-amin, *1-anthrylamine* $C_{14}H_{11}N$, Formel III (R = H) (H 1335; E I 554; E II 785).

B. Aus 1-Nitro-anthracen mit Hilfe von Zinn und wss. Salzsäure (*Battegay, Boehler,* C. r. **203** [1936] 333). Aus 1-Amino-anthrachinon beim Erwärmen mit Zink und wss. Natronlauge (*Fierz-David, Blangey, Streiff,* Helv. **29** [1946] 1718, 1755).

Krystalle (aus Bzn.); F: 121,5—122,5° [unkorr.] (*Fierz-D., Bl., St.*).

Beim Erhitzen mit Formamid und Schwefel auf 200° sind Anthra[1.2]thiazol und Anthra[1.2]thiazolthiol-(2) erhalten worden (*Battegay, Boehler,* C. r. **204** [1937] 1477).

1-Formamino-anthracen, ***N*-[Anthryl-(1)]-formamid,** N-(*1-anthryl)formamide* $C_{15}H_{11}NO$, Formel III (R = CHO).

Krystalle (aus A.); F: 193° [unkorr.] (*Fierz-David, Blangey, Streiff,* Helv. **29** [1946] 1718, 1756). Lösungen in organischen Lösungsmitteln fluorescieren blau.

1-Acetamino-anthracen, ***N*-[Anthryl-(1)]-acetamid,** N-(*1-anthryl)acetamide* $C_{16}H_{13}NO$, Formel III (R = CO-CH_3) (H 1335; E II 786).

Krystalle (aus A.); F: 213,5—214,5° [unkorr.] (*Fierz-David, Blangey, Streiff,* Helv. **29** [1946] 1718, 1756).

1-Thioacetamino-anthracen, ***N*-[Anthryl-(1)]-thioacetamid,** N-(*1-anthryl)thioacetamide* $C_{16}H_{13}NS$, Formel III (R = CS-CH_3).

B. Aus *N*-[Anthryl-(1)]-acetamid beim Erhitzen mit Phosphor(V)-sulfid in Xylol (*Lewkoew, Durmaschkina,* Ž. obšč. Chim. **15** [1945] 215, 219; C. A. **1946** 2989).

Krystalle (aus A.); F: 177—178°.

***N.N'*-Di-[anthryl-(1)]-thioharnstoff,** *1,3-di(1-anthryl)thiourea* $C_{29}H_{20}N_2S$, Formel IV.

B. Beim Behandeln von Anthryl-(1)-amin mit Schwefelkohlenstoff und Pyridin (*Battegay, Boehler,* C. r. **204** [1937] 1477).

Gelbe Krystalle; F: 234°.

Anthryl-(1)-isothiocyanat, *isothiocyanic acid 1-anthryl ester* $C_{15}H_9NS$, Formel V.

B. Aus *N.N'*-Di-[anthryl-(1)]-thioharnstoff beim Erwärmen mit Acetanhydrid (*Battegay, Boehler,* C. r. **204** [1937] 1477).

Gelbe Krystalle; F: 99°.

2-Amino-anthracen, Anthryl-(2)-amin, *2-anthrylamine* $C_{14}H_{11}N$, Formel VI (R = H) (H 1335; E I 555; E II 786) [1].

B. Aus 2-Amino-anthrachinon beim Erhitzen mit Zink und wss. Natronlauge (*Ruggli, Henzi,* Helv. **13** [1930] 409, 429; vgl. E II 786).

Grüngelbe Krystalle; F: 243,5—244,5° [korr.; aus Bzl. + Bzn.], 245—245,5° [korr.; evakuierte Kapillare] (*Fieser, Creech,* Am. Soc. **61** [1939] 3502, 3504), 238° [aus Toluol] (*Ru., He.*). UV-Spektrum der Base (A.) und des Hydrochlorids (wss. A.): *Jones,* Chem. Reviews **41** [1947] 353, 360; s. a. *Friedel, Orchin,* Ultraviolett Spectra of Aromatic Compounds [New York 1951] Nr. 398. Absorptionsspektrum und Fluorescenzspektrum: *Ley, Specker,* Z. wiss. Phot. **38** [1939] 96, 101.

Beim Erhitzen mit Formamid und Schwefel auf 200° sind Anthra[2.1]thiazol und Anthra[2.1]thiazolthiol-(2) erhalten worden (*Battegay, Boehler,* C. r. **204** [1937] 1477).

2-Anilino-anthracen, Phenyl-[anthryl-(2)]-amin, N-*phenyl-2-anthrylamine* $C_{20}H_{15}N$, Formel VI (R = C_6H_5).

B. Beim Erhitzen von Anthrol-(2) mit Phenylharnstoff auf 250° (*Gerschson,* Ž. obšč. Chim. **13** [1943] 136, 142; C. A. **1944** 1479). Aus 2-Anilino-anthrachinon beim Erhitzen mit Zink-Pulver (*Scholl, Semp, Stix,* B. **64** [1931] 71, 74).

Gelbe Krystalle; F: 197—198° [aus Bzl. + Eg. oder aus A.] (*Sch., Semp, Stix*), 195—196° [aus Xylol] (*Ge.*). Die Krystalle fluorescieren grün (*Sch., Semp, Stix*).

2-Acetamino-anthracen, ***N*-[Anthryl-(2)]-acetamid,** N-(*2-anthryl)acetamide* $C_{16}H_{13}NO$, Formel VI (R = CO-CH_3) (H 1336).

B. Aus Anthryl-(2)-amin und Acetanhydrid in Pentylacetat (*Lewkoew, Durmaschkina,*

---

[1]) Berichtigung zu H **12**, Seite 1335, Zeile 12 v. u., sowie Seite 1336, Zeile 1 v. o.: An Stelle von „$C_{28}H_{21}O_2N_3$" ist zu setzen „$C_{28}H_{21}ON_3$".

Ž. obšč. Chim. **15** [1945] 215, 218; C. A. **1946** 2989).
F: 237—238°.

2-Thioacetamino-anthracen, *N*-[Anthryl-(2)]-thioacetamid, N-(*2-anthryl*)*thioacetamide* $C_{16}H_{13}NS$, Formel VI (R = CS-CH_3).
B. Aus *N*-[Anthryl-(2)]-acetamid beim Erhitzen mit Phosphor(V)-sulfid auf 200° (*Lewkoew, Durmaschkina,* Ž. obšč. Chim. **15** [1945] 215, 219; C. A. **1946** 2989).
Gelbliche Krystalle (aus A.); F: 211—212°.

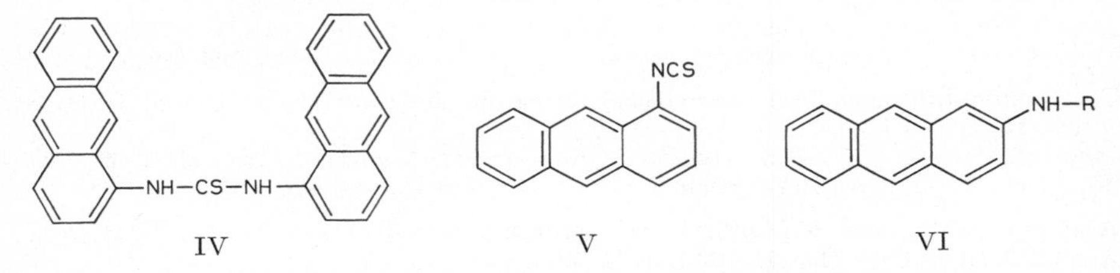

IV V VI

Anthryl-(2)-carbamidsäure-methylester, (*2-anthryl*)*carbamic acid methyl ester* $C_{16}H_{13}NO_2$, Formel VI (R = CO-OCH_3).
B. Aus Anthryl-(2)-isocyanat und Methanol (*Fieser, Creech,* Am. Soc. **61** [1939] 3502, 3504).
Gelbliche Krystalle (aus Me. + Bzn.); F: 231—231,5° [korr.].

Anthryl-(2)-carbamidsäure-äthylester, (*2-anthryl*)*carbamic acid ethyl ester* $C_{17}H_{15}NO_2$, Formel VI (R = CO-OC_2H_5).
B. Beim Erwärmen von Anthryl-(2)-isocyanat in Chloroform mit Äthanol (*Fieser, Creech,* Am. Soc. **61** [1939] 3502, 3504).
Hellgelbe Krystalle (aus A. + Bzn.); F: 216—216,5° [korr.].

Anthryl-(2)-harnstoff, (*2-anthryl*)*urea* $C_{15}H_{12}N_2O$, Formel VI (R = CO-NH_2).
B. Beim Behandeln von Anthryl-(2)-isocyanat in Dioxan mit wss. Ammoniak (*Fieser, Creech,* Am. Soc. **61** [1939] 3502, 3504).
Gelbe Krystalle (aus Dioxan), die unterhalb 360° nicht schmelzen.

***N.N'*-Di-[anthryl-(2)]-harnstoff,** *1,3-di*(*2-anthryl*)*urea* $C_{29}H_{20}N_2O$, Formel VII (X = O).
B. Aus Anthryl-(2)-isocyanat und Anthryl-(2)-amin in Benzol (*Fieser, Creech,* Am. Soc. **61** [1939] 3502, 3504).
Amorph; unterhalb 340° nicht schmelzend.

***N*-[2-Hydroxy-äthyl]-*N'*-[anthryl-(2)]-harnstoff,** *1*-(*2-anthryl*)*-3-*(*2-hydroxyethyl*)*urea* $C_{17}H_{16}N_2O_2$, Formel VI (R = CO-NH-CH_2-CH_2OH).
B. Aus Anthryl-(2)-isocyanat und 2-Amino-äthanol-(1) in Chloroform (*Fieser, Creech,* Am. Soc. **61** [1939] 3502, 3504).
Gelbe Krystalle (aus A. + Dioxan); F: ca. 350° [nach Dunkelfärbung; evakuierte Kapillare].

***N*-[Anthryl-(2)-carbamoyl]-glycin, 5-[Anthryl-(2)]-hydantoinsäure,** *5-*(*2-anthryl*)*hydantoic acid* $C_{17}H_{14}N_2O_3$, Formel VI (R = CO-NH-CH_2-COOH).
B. Beim Behandeln von Anthryl-(2)-isocyanat in Dioxan mit einer aus Glycin und wss. Natronlauge hergestellten Lösung [pH 8,5] (*Fieser, Creech,* Am. Soc. **61** [1939] 3502, 3504).
Gelbe Krystalle (aus W. + Dioxan + A.); F: ca. 310° [Zers.; nach Dunkelfärbung bei 250°; evakuierte Kapillare] (*Fie., Cr.*). UV-Spektrum (A. + W. + Dioxan): *Creech, Jones,* Am. Soc. **63** [1941] 1661, 1664.

6-[*N'*-Anthryl-(2)-ureido]-hexansäure-(1), *6-*[*3-*(*2-anthryl*)*ureido*]*hexanoic acid* $C_{21}H_{22}N_2O_3$, Formel VI (R = CO-NH-$[CH_2]_5$-COOH).
B. Aus Anthryl-(2)-isocyanat und 6-Amino-hexansäure-(1) analog der im vorangehenden Artikel beschriebenen Verbindung (*Fieser, Creech,* Am. Soc. **61** [1939] 3502, 3504).
Gelbe Krystalle (aus W. + Dioxan + A.); F: 285—286° [nach Dunkelfärbung bei 260°; evakuierte Kapillare].

Anthryl-(2)-guanidin, *(2-anthryl)guanidine* $C_{15}H_{13}N_3$, Formel VI (R = C(NH_2)=NH) und Tautomeres.

B. Beim Erhitzen von Anthryl-(2)-amin mit *S*-Methyl-isothiuronium-sulfat und wenig Kupfer(II)-sulfat in *p*-Kresol auf 200° (*Royer*, Soc. **1949** 1665).

Gelbe Krystalle (aus A.); F: 215° [Zers.]. Elektrolytische Dissoziation in wss. Äthanol: *Phillips*, zit. bei *Royer*.

1-[Anthryl-(2)]-biguanid, *1-(2-anthryl)biguanide* $C_{16}H_{15}N_5$, Formel VI (R = C(=NH)-NH-C(=NH)-NH_2), und Tautomere.

B. Beim Erhitzen von Anthryl-(2)-amin-hydrochlorid mit Cyanguanidin in Äthanol auf 130° (*Royer*, Soc. **1949** 1665).

Hellgelbe Krystalle (aus A.); F: 214° [Zers.]. Elektrolytische Dissoziation in wss. Äthanol: *Phillips*, zit. bei *Royer*.

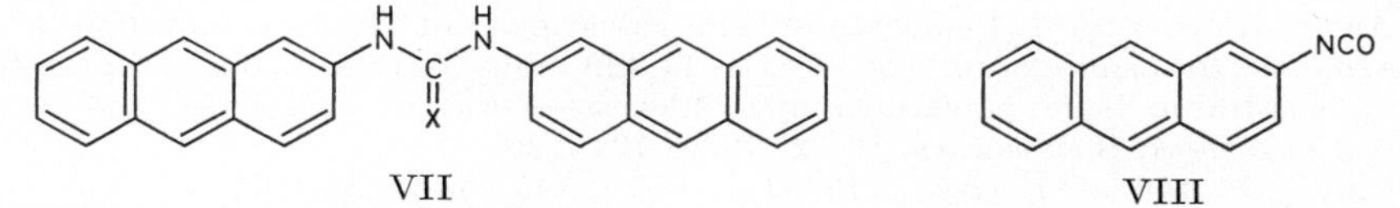

VII VIII

***N.N'*-Di-[anthryl-(2)]-thioharnstoff,** *1,3-di(2-anthryl)thiourea* $C_{29}H_{20}N_2S$, Formel VII (X = S).

B. Beim Behandeln von Anthryl-(2)-amin mit Schwefelkohlenstoff und Pyridin (*Battegay*, *Boehler*, C. r. **204** [1937] 1477).

Gelbe Krystalle; F: 262°.

Anthryl-(2)-isocyanat, *isocyanic acid 2-anthryl ester* $C_{15}H_9NO$, Formel VIII.

B. Beim Erwärmen von Anthryl-(2)-amin mit Phosgen in Benzol und Toluol (*Fieser*, *Creech*, Am. Soc. **61** [1939] 3502, 3503).

Gelbliche Krystalle (aus CCl_4); F: 207,5—208°.

Anthryl-(2)-isothiocyanat, *isothiocyanic acid 2-anthryl ester* $C_{15}H_9NS$, Formel IX.

B. Aus *N.N'*-Di-[anthryl-(2)]-thioharnstoff beim Erwärmen mit Acetanhydrid (*Battegay*, *Boehler*, C. r. **204** [1937] 1477).

Gelbe Krystalle; F: 196°.

[Anthryl-(2)-amino]-malonsäure-diäthylester, *(2-anthrylamino)malonic acid diethyl ester* $C_{21}H_{21}NO_4$, Formel VI (R = CH(CO-OC_2H_5)$_2$).

B. Aus Anthryl-(2)-amin und Brommalonsäure-diäthylester in Äthanol (*Ruggli*, *Henzi*, Helv. **13** [1930] 409, 430).

Grüngelbe Krystalle (aus A.); F: 131°. Lösungen in Äthanol fluorescieren blau.

Beim Erhitzen auf 220° sind 1-Oxo-2.3-dihydro-1*H*-naphth[2.3-*e*]indol-carbonsäure-(2)-äthylester und geringe Mengen einer gelben Verbindung $C_{34}H_{18}N_2O_4$ (vermutlich 9.10.20.21-Tetraoxo-9a.10.20a.21-tetrahydro-9*H*.20*H*-dinaphtho[2.3-*e*:2'.3'-*e'*]pyrazino[1.2-*a*:4.5-*a'*]diindol) erhalten worden.

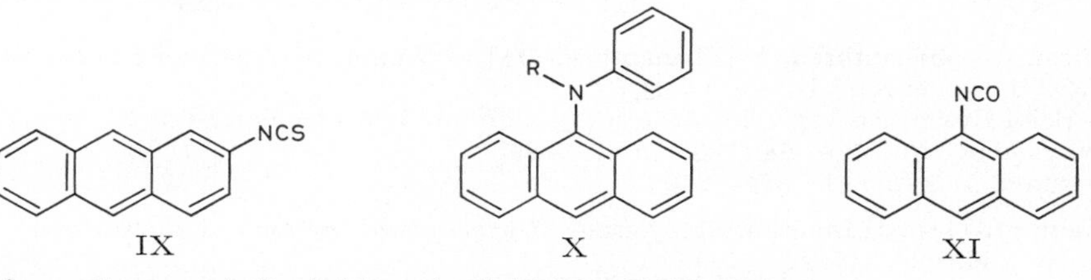

IX X XI

9-Amino-anthracen, Anthryl-(9)-amin $C_{14}H_{11}N$ s. E III **7** 2361.

Methyl-phenyl-[anthryl-(9)]-amin, N*-methyl-*N*-phenyl-9-anthrylamine* $C_{21}H_{17}N$, Formel X (R = CH_3).

Diese Konstitution kommt der E II **12** 784 als Methyl-phenyl-[9.10-dihydro-anthryl-(9)]-amin (9-Methylanilino-9.10-dihydro-anthracen; $C_{21}H_{19}N$) formulierten Verbindung zu (*Barnett*, *Cook*, *Matthews*, R. **44** [1925] 217, 219).

B. Aus 9.10-Dibrom-anthracen und *N*-Methyl-anilin in Toluol (*Ba.*, *Cook*, *Ma.*, l. c. S. 222).

9-Diphenylamino-anthracen, Diphenyl-[anthryl-(9)]-amin, N,N-*diphenyl-9-anthrylamine* $C_{26}H_{19}N$, Formel X (R = C_6H_5).

Diese Konstitution kommt der E II **12** 784 als Diphenyl-[9.10-dihydro-anthryl-(9)]-amin (9-Diphenylamino-9.10-dihydro-anthracen; $C_{26}H_{21}N$) formulierten Verbindung zu (*Barnett, Cook, Matthews,* R. **44** [1925] 217, 219).

B. Aus 9.10-Dibrom-anthracen und Diphenylamin in Toluol (*Ba., Cook, Ma.,* l. c. S. 222).

Anthryl-(9)-isocyanat, *isocyanic acid 9-anthryl ester* $C_{15}H_9NO$, Formel XI.

B. Beim Behandeln von Anthryl-(9)-amin mit Phosgen in Toluol (*Creech, Franks,* Am. Soc. **60** [1938] 127).

Grüne Krystalle (aus CCl_4); F: 75,5—75,6°.

1-Amino-phenanthren, Phenanthryl-(1)-amin, *1-phenanthrylamine* $C_{14}H_{11}N$, Formel XII (R = H).

B. Aus *N*-[Phenanthryl-(1)]-acetamid beim Erwärmen mit Chlorwasserstoff enthaltendem Äthanol (*Bachmann,* Am. Soc. **59** [1937] 420). Aus 1-Hydroxyimino-1.2.3.4-tetrahydro-phenanthren beim Erwärmen mit Chlorwasserstoff in Essigsäure und Acetanhydrid (*Langenbeck, Weissenborn,* B. **72** [1939] 724, 726).

Krystalle; F: 146—147° (*Ba.*), 146° (*La., Wei.*), 145—146° [aus Bzl. + PAe.] (*Bachmann, Boatner,* Am. Soc. **58** [1936] 2097, 2099).

Beim Erhitzen mit Glycerin, Eisen(II)-sulfat, Nitrobenzol und Schwefelsäure ist Naphtho[1.2-*h*]chinolin erhalten worden (*Cook, Thomson,* Soc. **1945** 395, 398). Bildung von 1-Hydroxy-2-oxo-2.3-dihydro-1*H*-naphth[1.2-*g*]indol-carbonsäure-(1)-äthylester beim Erwärmen mit Dihydroxymalonsäure-diäthylester in Essigsäure: *La., Wei.*

Hydrochlorid. Krystalle (aus A.); F: 253—255° [Zers.] (*Ba., Boa.*).

Pikrat $C_{14}H_{11}N \cdot C_6H_3N_3O_7$. Gelbliche Krystalle (aus Propanol-(1)); F: 203—204° [Zers.] (*Ba., Boa.*). Bei wiederholtem Umkrystallisieren sind Krystalle vom F: 215—216° erhalten worden (*Dice, Smith,* J. org. Chem. **14** [1949] 179, 182).

1-Acetamino-phenanthren, *N*-[Phenanthryl-(1)]-acetamid, N-(*1-phenanthryl*)*acetamide* $C_{16}H_{13}NO$, Formel XII (R = CO-CH_3).

B. Aus Phenanthryl-(1)-amin und Acetanhydrid (*Bachmann, Boatner,* Am. Soc. **58** [1936] 2097, 2099). Aus (±)-*N*-[1.2.3.4-Tetrahydro-phenanthryl-(1)]-acetamid beim Erhitzen mit Schwefel auf 250° oder mit Platin auf 320° (*Bachmann,* Am. Soc. **59** [1937] 420). Aus 1-[Phenanthryl-(1)]-äthanon-(1)-*seqtrans*-oxim bei der Behandlung mit Phosphor(V)-chlorid in Benzol und anschliessenden Hydrolyse (*Ba., Boa.*).

Krystalle; F: 223,5—224,5° (*Dice, Smith,* J. org. Chem. **14** [1949] 179, 182), 219° bis 220,5° [aus Eg.] (*Ba.; Ba., Boa.*).

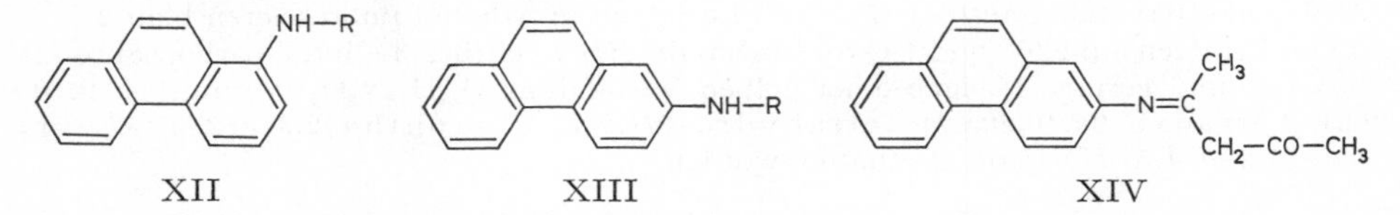

XII XIII XIV

1-Benzamino-phenanthren, *N*-[Phenanthryl-(1)]-benzamid, N-(*1-phenanthryl*)*benzamide* $C_{21}H_{15}NO$, Formel XII (R = CO-C_6H_5).

B. Beim Erwärmen von Phenanthryl-(1)-amin mit Benzoylchlorid und Pyridin (*Bachmann, Boatner,* Am. Soc. **58** [1936] 2097, 2099).

Krystalle (aus Eg.); F: 224—226°.

Phenanthryl-(1)-carbamidsäure-äthylester, (*1-phenanthryl*)*carbamic acid ethyl ester* $C_{17}H_{15}NO_2$, Formel XII (R = CO-OC_2H_5).

B. Beim Behandeln von Phenanthryl-(1)-amin mit Chlorameisensäure-äthylester, Pyridin und Benzol (*Bachmann, Boatner,* Am. Soc. **58** [1936] 2097, 2100).

Krystalle (aus A.); F: 153,5—154°.

***N*-Phenyl-*N'*-[phenanthryl-(1)]-harnstoff,** *1-(1-phenanthryl)-3-phenylurea* $C_{21}H_{16}N_2O$, Formel XII (R = CO-NH-C_6H_5).

B. Aus Phenanthryl-(1)-amin und Phenylisocyanat in Benzol (*Bachmann, Boatner,* Am. Soc. **58** [1936] 2097, 2100).

Krystalle (aus $CHCl_3$ + A.); F: 323—325° [Zers.].

2-Amino-phenanthren, Phenanthryl-(2)-amin, *2-phenanthrylamine* $C_{14}H_{11}N$, Formel XIII (R = H) (H 1336).

B. Aus 9.10-Dihydro-phenanthryl-(2)-amin beim Erhitzen mit Schwefel (*Riegel, Gold, Kubico,* Am. Soc. **64** [1942] 2221). Beim Erwärmen von 1-[Phenanthryl-(2)]-äthanon-(1) mit Natriumazid in Trichloressigsäure und Erwärmen des Reaktionsprodukts mit Chlorwasserstoff enthaltendem Äthanol (*Dice, Smith,* J. org. Chem. **14** [1949] 179, 181).

F: 85—86° (*Rie., Gold, Ku.*; *Mosettig, Krueger,* J. org. Chem. **3** [1938] 317, 328).

Beim Erhitzen mit Glycerin, Eisen(II)-sulfat, Nitrobenzol und Schwefelsäure ist Naphtho[2.1-*f*]chinolin erhalten worden (*Mo., Kr.*).

2-[Phenanthryl-(2)-imino]-pentanon-(4), *4-(2-phenanthrylimino)pentan-2-one* $C_{19}H_{17}NO$, Formel XIV, und **2-[Phenanthryl-(2)-amino]-penten-(2)-on-(4),** *4-(2-phenanthrylamino)pent-3-en-2-one* $C_{19}H_{17}NO$, Formel XIII (R = C(CH_3)=CH-CO-CH_3); **Acetylaceton-mono-[phenanthryl-(2)-imin].**

B. Aus Phenanthryl-(2)-amin und Acetylaceton in Gegenwart von Calciumsulfat (*Johnson, Woroch, Mathews,* Am. Soc. **69** [1947] 566, 570).

Gelbe Krystalle (aus Bzl. + PAe.); F: 120,5—121° [korr.].

Beim Behandeln mit Fluorwasserstoff ist 9.11-Dimethyl-naphtho[1.2-*g*]chinolin erhalten worden.

2-Acetamino-phenanthren, *N*-[Phenanthryl-(2)]-acetamid, N-*(2-phenanthryl)acetamide* $C_{16}H_{13}NO$, Formel XIII (R = CO-CH_3) (H 1337).

B. Aus 1-[Phenanthryl-(2)]-äthanon-(1)-*seqtrans*-oxim beim Einleiten von Chlorwasserstoff in eine Suspension in Essigsäure und Acetanhydrid und anschliessenden Erwärmen (*Mosettig, Krueger,* J. org. Chem. **3** [1938] 317, 328) sowie beim Erwärmen mit Phosphor(V)-chlorid in Benzol und anschliessenden Behandeln mit Wasser (*Bachmann, Boatner,* Am. Soc. **58** [1936] 2097, 2099).

3-Amino-phenanthren, Phenanthryl-(3)-amin, *3-phenanthrylamine* $C_{14}H_{11}N$, Formel I (R = X = H) (H 1337; E I 555).

B. Aus *N*-[Phenanthryl-(3)]-acetamid beim Erhitzen mit Essigsäure und wss. Salzsäure (*Mosettig, Krueger,* J. org. Chem. **3** [1938] 317, 328). Aus Phenanthrol-(3) beim Erhitzen mit wss. Ammoniak und Ammoniumsulfit auf 210° (*Salkind, Cheifez,* Ž. obšč. Chim. **15** [1945] 368, 372; C. A. **1946** 3748; vgl. H 1337). Beim Erwärmen von 1-[Phenanthryl-(3)]-äthanon-(1) mit Natriumazid in Trichloressigsäure und Erwärmen des Reaktionsprodukts mit Chlorwasserstoff enthaltendem Äthanol (*Dice, Smith,* J. org. Chem. **14** [1949] 179, 181).

F: 86—87° (*Mo., Kr.,* J. org. Chem. **3** 328).

Beim Erhitzen mit Glycerin, Eisen(II)-sulfat, Nitrobenzol und Schwefelsäure ist Naphtho[1.2-*f*]chinolin erhalten worden (*Mo., Kr.,* J. org. Chem. **3** 328; vgl. *Mosettig, Krueger,* Am. Soc. **58** [1936] 1311).

3-Methylamino-phenanthren, Methyl-[phenanthryl-(3)]-amin, *N-methyl-3-phenanthrylamine* $C_{15}H_{13}N$, Formel I (R = CH_3, X = H).

B. Neben Dimethyl-[phenanthryl-(3)]-amin beim Behandeln von Phenanthryl-(3)-amin mit Dimethylsulfat und wss. Kalilauge (*Mosettig, Krueger,* Am. Soc. **58** [1936] 1311).

Krystalle (aus PAe.); F: 69—70°.

Hydrochlorid $C_{15}H_{13}N \cdot HCl$. Krystalle (aus A. + Ae.), die bei 190—200° [Zers.] schmelzen.

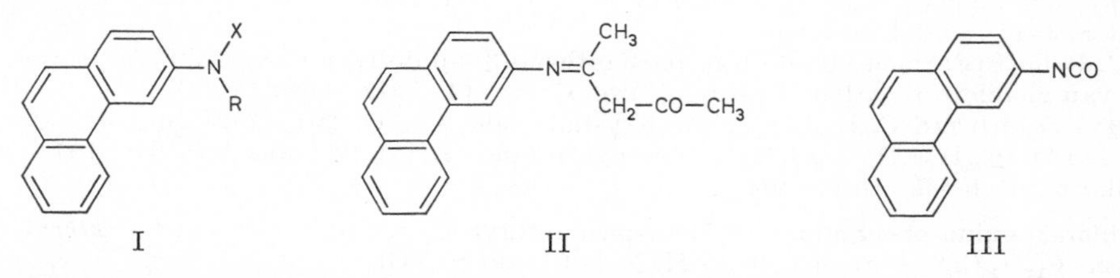

3-Dimethylamino-phenanthren, Dimethyl-[phenanthryl-(3)]-amin, N,N-*dimethyl-3-phenanthrylamine* $C_{16}H_{15}N$, Formel I (R = X = CH_3).

B. s. im vorangehenden Artikel.

Krystalle (aus PAe.); F: 75—76° (*Mosettig, Krueger*, Am. Soc. **58** [1936] 1311).
Hydrochlorid $C_{16}H_{15}N \cdot HCl$. Krystalle (aus A.); F: 210—213° [korr.; Zers.].

2-[Phenanthryl-(3)-imino]-pentanon-(4), *4-(3-phenanthrylimino)pentan-2-one* $C_{19}H_{17}NO$, Formel II, und **2-[Phenanthryl-(3)-amino]-penten-(2)-on-(4)**, *4-(3-phenanthrylamino)pent-3-en-2-one* $C_{19}H_{17}NO$, Formel I (R = $C(CH_3)$=CH-CO-CH_3, X = H); **Acetylaceton-mono-[phenanthryl-(3)-imin]**.

B. Aus Phenanthryl-(3)-amin und Acetylaceton in Gegenwart von Calciumsulfat (*Johnson, Woroch, Mathews*, Am. Soc. **69** [1947] 566, 571).

Gelbliche Krystalle; F: 124—125° [korr.].

Beim Behandeln mit Fluorwasserstoff ist 8.10-Dimethyl-naphtho[2.1-*g*]chinolin erhalten worden.

3-Acetamino-phenanthren, *N*-[Phenanthryl-(3)]-acetamid, N-*(3-phenanthryl)acetamide* $C_{16}H_{13}NO$, Formel I (R = CO-CH_3, X = H) (H 1337).

B. Aus 1-[Phenanthryl-(3)]-äthanon-(1)-*seqtrans*-oxim beim Einleiten von Chlorwasserstoff in eine Lösung in Essigsäure und Acetanhydrid (*Mosettig, Krueger*, J. org. Chem. **3** [1938] 317, 328) sowie beim Behandeln mit Phosphor(V)-chlorid in Benzol und anschliessend mit Wasser (*Bachmann, Boatner*, Am. Soc. **58** [1936] 2097, 2099).

Phenanthryl-(3)-carbamidsäure-methylester, *(3-phenanthryl)carbamic acid methyl ester* $C_{16}H_{13}NO_2$, Formel I (R = CO-OCH_3, X = H).

F: 140—142° [unkorr.] (*Siefken*, A. **562** [1949] 75, 119).

1-Isopropyl-5-[phenanthryl-(3)]-biguanid, *1-isopropyl-5-(3-phenanthryl)biguanide* $C_{19}H_{21}N_5$, Formel I (R = C(=NH)-NH-C(=NH)-NH-$CH(CH_3)_2$, X = H), und Tautomere.

B. Beim Erwärmen von Phenanthryl-(3)-amin mit *N'*-Isopropyl-*N*-cyan-guanidin und Äthanol (*May*, J. org. Chem. **12** [1947] 443).

Hydrochlorid $C_{19}H_{21}N_5 \cdot HCl$. Krystalle (aus A.); F: 257—258° [unkorr.].

Pikrat $C_{19}H_{21}N_5 \cdot C_6H_3N_3O_7$. Orangefarbene Krystalle (aus A.); F: 214,5—216° [unkorr.].

Phenanthryl-(3)-isocyanat, *isocyanic acid 3-phenanthryl ester* $C_{15}H_9NO$, Formel III.

B. Aus Phenanthryl-(3)-amin und Phosgen (*Siefken*, A. **562** [1949] 75, 80, 119).

F: 48°.

6-Chlor-3-amino-phenanthren, 6-Chlor-phenanthryl-(3)-amin, *6-chloro-3-phenanthrylamine* $C_{14}H_{10}ClN$, Formel IV (R = H) auf S. 3342.

B. Aus *N*-[6-Chlor-phenanthryl-(3)]-acetamid beim Erhitzen mit wss. Salzsäure und Essigsäure (*May*, J. org. Chem. **12** [1947] 443).

Krystalle (nach Sublimation); F: 156—157° [unkorr.].

Hydrochlorid. F: 260—264° [unkorr.; Zers.].

6-Chlor-3-acetamino-phenanthren, *N*-[6-Chlor-phenanthryl-(3)]-acetamid, N-*(6-chloro-3-phenanthryl)acetamide* $C_{16}H_{12}ClNO$, Formel IV (R = CO-CH_3) auf S. 3342.

B. Aus 1-[6-Chlor-phenanthryl-(3)]-äthanon-(1)-oxim ($C_{16}H_{12}ClNO$; F: 211° bis 213,5°) beim Behandeln einer Lösung in Acetanhydrid und Essigsäure mit Chlorwasserstoff (*May*, J. org. Chem. **12** [1947] 443).

F: 234—237° [unkorr.].

1-Isopropyl-5-[6-chlor-phenanthryl-(3)]-biguanid, *1-(6-chloro-3-phenanthryl)-5-isopropylbiguanide* $C_{19}H_{20}ClN_5$, Formel IV (R = C(=NH)-NH-C(=NH)-NH-$CH(CH_3)_2$) [auf S. 3342], und Tautomere.

B. Beim Erwärmen von 6-Chlor-phenanthryl-(3)-amin-hydrochlorid mit *N'*-Isopropyl-*N*-cyan-guanidin in Äthanol (*May*, J. org. Chem. **12** [1947] 443).

Hydrochlorid $C_{19}H_{20}ClN_5 \cdot HCl$. Krystalle (aus A.); F: 251—252° [unkorr.; Zers.].

Pikrat $C_{19}H_{20}ClN_5 \cdot C_6H_3N_3O_7$. Orangefarbene Krystalle (aus A.); F: 197—198° [unkorr.; nach Sintern bei 194°].

9-Chlor-3-amino-phenanthren, 9-Chlor-phenanthryl-(3)-amin, *9-chloro-3-phenanthrylamine* $C_{14}H_{10}ClN$, Formel V (R = H, X = Cl) auf S. 3342.

B. Beim Erwärmen von 1-[9-Chlor-phenanthryl-(3)]-äthanon-(1)-*seqtrans*-oxim mit Phosphor(V)-chlorid in Benzol, anschliessenden Behandeln mit Wasser und Erhitzen des Reaktionsprodukts mit Chlorwasserstoff enthaltendem Äthanol (*Schultz et al.*, J.

org. Chem. **11** [1946] 320, 323).
Braungelbe Krystalle; F: 112,5—113°.

9-Chlor-3-acetamino-phenanthren, *N*-[9-Chlor-phenanthryl-(3)]-acetamid, N-(*9-chloro-3-phenanthryl)acetamide* $C_{16}H_{12}ClNO$, Formel V (R = CO-CH$_3$, X = Cl).
B. Beim Behandeln von 9-Chlor-phenanthryl-(3)-amin mit Acetylchlorid, Pyridin und Benzol (*Schultz et al.*, J. org. Chem. **11** [1946] 320, 323).
Krystalle (aus A.); F: 220,5—221,5°.

9-Brom-3-amino-phenanthren, 9-Brom-phenanthryl-(3)-amin, *9-bromo-3-phenanthrylamine* $C_{14}H_{10}BrN$, Formel V (R = H, X = Br).
B. Beim Erwärmen von 1-[9-Brom-phenanthryl-(3)]-äthanon-(1)-*seqtrans*-oxim mit Phosphor(V)-chlorid in Benzol, anschliessenden Behandeln mit Wasser und Erhitzen des Reaktionsprodukts mit Chlorwasserstoff enthaltendem Äthanol (*Schultz et al.*, J. org. Chem. **11** [1946] 307, 310).
Gelbbraune Krystalle (aus Bzl. + Hexan); F: 112,5—113°.

9-Brom-3-acetamino-phenanthren, *N*-[9-Brom-phenanthryl-(3)]-acetamid, N-(*9-bromo-3-phenanthryl)acetamide* $C_{16}H_{12}BrNO$, Formel V (R = CO-CH$_3$, X = Br).
B. Beim Behandeln von 9-Brom-phenanthryl-(3)-amin mit Acetylchlorid, Pyridin und Benzol (*Schultz et al.*, J. org. Chem. **11** [1946] 307, 310).
Krystalle (aus A.); F: 220,5—221,5°.

4-Amino-phenanthren, Phenanthryl-(4)-amin, *4-phenanthrylamine* $C_{14}H_{11}N$, Formel VI (R = X = H) (H 1338; E I 555; E II 786).
B. Aus *N*-[Phenanthryl-(4)]-acetamid beim Erwärmen mit Chlorwasserstoff enthaltendem Äthanol (*Krueger, Mosettig*, J. org. Chem. **3** [1938] 340, 345). Beim Einleiten von Chlorwasserstoff in eine warme Lösung von 4-Hydroxyimino-1.2.3.4-tetrahydrophenanthren in Essigsäure und Acetanhydrid (*Langenbeck, Weissenborn*, B. **72** [1939] 724, 726; *Cook, Thomson*, Soc. **1945** 395, 398).
Krystalle; F: 63—64° (*Cook, Th.*), 62,5—63,5° [aus PAe.] (*Kr., Mo.*).
Beim Erhitzen mit dem Natrium-Salz der 3-Nitro-benzolsulfonsäure, Glycerin und wss. Schwefelsäure ist Naphtho[2.1-*h*]chinolin erhalten worden (*Cook, Th.*). Bildung von 3-Hydroxy-2-oxo-2.3-dihydro-1*H*-naphth[2.1-*g*]indol-carbonsäure-(3)-äthylester beim Erwärmen mit Dihydroxymalonsäure-diäthylester in Essigsäure: *La., Wei.*

4-Formamino-phenanthren, *N*-[Phenanthryl-(4)]-formamid, N-(*4-phenanthryl)formamide* $C_{15}H_{11}NO$, Formel VI (R = CHO, X = H).
B. Aus Phenanthryl-(4)-amin und Ameisensäure (*Cook, Thomson*, Soc. **1945** 395, 398).
Krystalle (aus A.); F: 208—210°.
Beim Erhitzen mit Phosphor(V)-oxid in Xylol auf 160° ist Benzo[*lmn*]phenanthridin erhalten worden.

4-Acetamino-phenanthren, *N*-[Phenanthryl-(4)]-acetamid, N-(*4-phenanthryl)acetamide* $C_{16}H_{13}NO$, Formel VI (R = CO-CH$_3$, X = H) (E I 555).
Krystalle; F: 198—200° [aus Bzl. + PAe.] (*Cook, Thomson*, Soc. **1945** 395, 398), 196—197° [aus A.] (*Krueger, Mosettig*, J. org. Chem. **3** [1938] 340, 344).

4-Benzamino-phenanthren, *N*-[Phenanthryl-(4)]-benzamid, N-(*4-phenanthryl)benzamide* $C_{21}H_{15}NO$, Formel VI (R = CO-C$_6$H$_5$, X = H) (E I 555).
B. Aus Phenanthryl-(4)-amin und Benzoylchlorid mit Hilfe von wss. Natronlauge (*Krueger, Mosettig*, J. org. Chem. **3** [1938] 340, 345) oder mit Hilfe von Pyridin, in diesem Fall neben 4-Dibenzoylamino-phenanthren (*Cook, Thomson*, Soc. **1945** 395, 398).
Krystalle (aus A. oder aus Bzl. + PAe.); F: 216—218° [korr.] (*Kr., Mo.*; *Cook, Th.*).

4-Dibenzoylamino-phenanthren, *N*-[Phenanthryl-(4)]-dibenzamid, N-(*4-phenanthryl)dibenzamide* $C_{28}H_{19}NO_2$, Formel VI (R = X = CO-C$_6$H$_5$).
B. s. im vorangehenden Artikel.
Krystalle; F: 190—192° (*Cook, Thomson*, Soc. **1945** 395, 398).

9-Amino-phenanthren, Phenanthryl-(9)-amin, *9-phenanthrylamine* $C_{14}H_{11}N$, Formel VII (R = X = H) (H 1338; E I 555; E II 786).
B. Aus *N*-[Phenanthryl-(9)]-acetamid beim Erhitzen mit wss.-äthanol. Salzsäure

(*Bachmann, Boatner*, Am. Soc. **58** [1936] 2097, 2099). Aus 9-Brom-phenanthren beim Behandeln einer Lösung in Äther oder Benzin mit Kaliumamid in flüssigem Ammoniak (*Bergstrom, Horning*, J. org. Chem. **11** [1946] 334, 336, 338). Aus Phenanthrol-(9) beim Erhitzen mit Ammoniumsulfit und wss. Ammoniak auf 140° (*Fieser, Jacobsen, Price*, Am. Soc. **58** [1936] 2163, 2165). Beim Erwärmen von Phenanthren-carbonylazid-(9) in Dioxan und Erhitzen des Reaktionsgemisches mit wss. Salzsäure (*Goldberg, Ordas, Carsch*, Am. Soc. **69** [1947] 260). Beim Erwärmen von 1-[Phenanthryl-(9)]-äthanon-(1) mit Natrium=azid in Trichloressigsäure und Erwärmen des Reaktionsprodukts mit Chlorwasserstoff enthaltendem Äthanol (*Dice, Smith*, J. org. Chem. **14** [1949] 179, 181). Beim Behandeln einer Lösung von 1-[Phenanthryl-(9)]-äthanon-(1)-oxim (Isomeren-Gemisch) in Essig=säure und Acetanhydrid mit Chlorwasserstoff und Erhitzen des Reaktionsprodukts in Essigsäure und wss. Salzsäure (*Krueger, Mosettig*, J. org. Chem. **5** [1940] 313).

Krystalle; F: 137,5—138,5° [aus Ae. + PAe. oder aus Bzl. + Hexan] (*Fie., Ja., Pr.*), 136—137,5° [aus A.] (*Be., Ho.*).

Beim Erhitzen mit Nitrobenzol, Glycerin und Schwefelsäure auf 145° ist Dibenzo[*f.h*]=chinolin erhalten worden (*Kr., Mo.*).

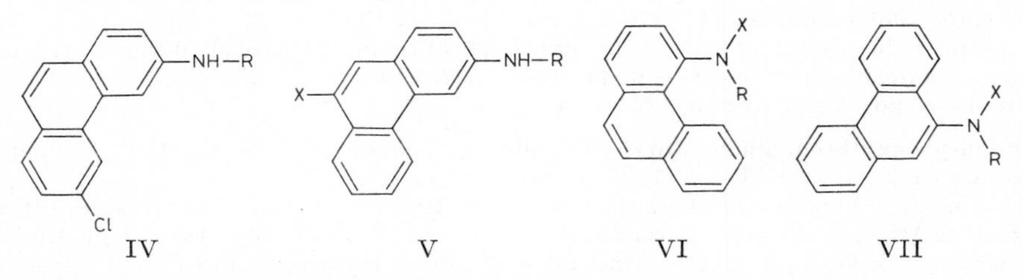

IV V VI VII

9-Methylamino-phenanthren, Methyl-[phenanthryl-(9)]-amin, N-*methyl-9-phenanthryl=amine* $C_{15}H_{13}N$, Formel VII (R = CH_3, X = H).

B. Beim Erhitzen von Phenanthrol-(9) mit Methylamin und Natriumhydrogensulfit in Wasser auf 140° (*Fieser, Jacobsen, Price*, Am. Soc. **58** [1936] 2163, 2166).

Gelbliche Krystalle (aus Bzl. + Bzn. oder aus Ae. + PAe.); F: 88,5—89,5°.

9-Äthylamino-phenanthren, Äthyl-[phenanthryl-(9)]-amin, N-*ethyl-9-phenanthrylamine* $C_{16}H_{15}N$, Formel VII (R = C_2H_5, X = H).

B. Beim Erhitzen von Phenanthrol-(9) mit Äthylamin und Natriumhydrogensulfit in Wasser auf 140° (*Fieser, Jacobsen, Price*, Am. Soc. **58** [1936] 2163, 2166).

Gelbliche Krystalle (aus Bzl. + Bzn. oder aus Ae. + PAe.); F: 97—98°.

9-Propylamino-phenanthren, Propyl-[phenanthryl-(9)]-amin, N-*propyl-9-phenanthryl=amine* $C_{17}H_{17}N$, Formel VII (R = CH_2-CH_2-CH_3, X = H).

B. Beim Erhitzen von Phenanthrol-(9) mit Propylamin und Natriumhydrogensulfit in Wasser auf 140° (*Fieser, Jacobsen, Price*, Am. Soc. **58** [1936] 2163, 2166).

Gelbliche Krystalle (aus Bzl. + Bzn. oder aus Ae. + PAe.); F: 109,5—110,5° [korr.].

9-Butylamino-phenanthren, Butyl-[phenanthryl-(9)]-amin, N-*butyl-9-phenanthrylamine* $C_{18}H_{19}N$, Formel VII (R = $[CH_2]_3$-CH_3, X = H).

B. Beim Erhitzen von Phenanthrol-(9) mit Butylamin und Natriumhydrogensulfit in Wasser auf 140° (*Fieser, Jacobsen, Price*, Am. Soc. **58** [1936] 2163, 2166).

Gelbliche Krystalle (aus wss. Me.); F: 102—103° [korr.].

9-Anilino-phenanthren, Phenyl-[phenanthryl-(9)]-amin, N-*phenyl-9-phenanthrylamine* $C_{20}H_{15}N$, Formel VII (R = C_6H_5, X = H).

B. Beim Erhitzen von 9-Chlor-phenanthren mit Natriumanilid und Anilin (*I. G. Farben-ind.*, D.R.P. 650432 [1934]; Frdl. **24** 785).

Krystalle (aus Cyclohexan); F: 138°.

2-[Phenanthryl-(9)-amino]-äthanol-(1), *2-(9-phenanthrylamino)ethanol* $C_{16}H_{15}NO$, Formel VII (R = CH_2-CH_2OH, X = H).

B. Aus Phenanthryl-(9)-amin und Äthylenoxid in Benzol (*Fieser, Jacobsen, Price*, Am. Soc. **58** [1936] 2163, 2166).

Krystalle (aus Ae. + PAe.); F: 101—102° [korr.].

9-Acetamino-phenanthren, *N*-[Phenanthryl-(9)]-acetamid, N-(*9-phenanthryl*)*acetamide* $C_{16}H_{13}NO$, Formel VII (R = $CO\text{-}CH_3$, X = H) (H 1339; E I 556).

B. Beim Erwärmen von Phenanthryl-(9)-amin mit Essigsäure und Acetanhydrid (*Keyes, Brooker*, Am. Soc. **59** [1937] 74, 77). Aus 1-[Phenanthryl-(9)]-äthanon-(1)-*seqtrans*-oxim beim Erwärmen mit Phosphor(V)-chlorid in Benzol und anschliessenden Behandeln mit Wasser (*Bachmann, Boatner*, Am. Soc. **58** [1936] 2097, 2099).

Krystalle (aus Me.); F: 213—215° (*Keyes, Br.*).

9-Thioacetamino-phenanthren, *N*-[Phenanthryl-(9)]-thioacetamid, N-(*9-phenanthryl*)*thioacetamide* $C_{16}H_{13}NS$, Formel VII (R = $CS\text{-}CH_3$, X = H).

B. Beim Erwärmen von *N*-[Phenanthryl-(9)]-acetamid mit Phosphor(V)-sulfid in Toluol unter Zusatz von Pyridin (*Keyes, Brooker*, Am. Soc. **59** [1937] 74, 77).

Bräunliche Krystalle (aus Me.); F: 181—182° [Zers.].

Beim Behandeln mit wss. Natronlauge und Kaliumhexacyanoferrat(III) ist 2-Methyl-phenanthro[9.10]thiazol erhalten worden.

Phenanthryl-(9)-carbamonitril, Phenanthryl-(9)-cyanamid, (*9-phenanthryl*)*carbamonitrile* $C_{15}H_{10}N_2$, Formel VII (R = CN, X = H).

B. Beim Erwärmen von Phenanthryl-(9)-amin mit Bromcyan in Äthylacetat (*May*, J. org. Chem. **12** [1947] 437, 438).

Krystalle (aus E.); F: 152—154° [unkorr.; bei schnellem Erhitzen].

Phenanthryl-(9)-guanidin, (*9-phenanthryl*)*guanidine* $C_{15}H_{13}N_3$, Formel VII (R = $C(NH_2){=}NH$, X = H) und Tautomeres.

B. Beim Erwärmen von Phenanthryl-(9)-amin-hydrochlorid mit Cyanamid in Äthanol (*May*, J. org. Chem. **12** [1947] 437, 438).

Hydrochlorid $C_{15}H_{13}N_3 \cdot HCl$. Krystalle (aus A. + Ae.); F: 259—260° [unkorr.].

***N*-Äthyl-*N'*-[phenanthryl-(9)]-guanidin,** N-*ethyl*-N'-(*9-phenanthryl*)*guanidine* $C_{17}H_{17}N_3$, Formel VII (R = $C({=}NH)\text{-}NH\text{-}C_2H_5$, X = H) und Tautomere.

B. Beim Erwärmen von Phenanthryl-(9)-carbamonitril mit Äthylamin-hydrochlorid in Äthylacetat (*May*, J. org. Chem. **12** [1947] 437, 439).

Hydrochlorid $C_{17}H_{17}N_3 \cdot HCl$. Krystalle (aus E. + A.) mit 0,5 Mol Äthylacetat; F: 90—93° [Zers.].

Pikrat $C_{17}H_{17}N_3 \cdot C_6H_3N_3O_7$. Gelbe Krystalle (aus A.); F: 211—212° [unkorr.].

***N.N*-Diäthyl-*N'*-[phenanthryl-(9)]-guanidin,** N,N-*diethyl*-N'-(*9-phenanthryl*)*guanidine* $C_{19}H_{21}N_3$, Formel VII (R = $C({=}NH)\text{-}N(C_2H_5)_2$, X = H) und Tautomeres.

B. Beim Erwärmen von Phenanthryl-(9)-carbamonitril mit Diäthylamin-hydrochlorid in Äthylacetat (*May*, J. org. Chem. **12** [1947] 437, 439).

Hydrochlorid $C_{19}H_{21}N_3 \cdot HCl$. Krystalle (aus A. + E.) mit 1 Mol Äthylacetat; F: 97—101° [Zers.].

Pikrat $C_{19}H_{21}N_3 \cdot C_6H_3N_3O_7$. Gelbe Krystalle (aus A.); F: 208—209,5° [unkorr.].

***N*-Isopropyl-*N'*-[phenanthryl-(9)]-guanidin,** N-*isopropyl*-N'-(*9-phenanthryl*)*guanidine* $C_{18}H_{19}N_3$, Formel VII (R = $C({=}NH)\text{-}NH\text{-}CH(CH_3)_2$, X = H) und Tautomere.

B. Beim Erwärmen von Phenanthryl-(9)-carbamonitril mit Isopropylamin-hydrochlorid in Äthylacetat (*May*, J. org. Chem. **12** [1947] 437, 439).

Hydrochlorid $C_{18}H_{19}N_3 \cdot HCl$. Krystalle mit 1 Mol Äthylacetat; F: 232—234° [unkorr.].

Pikrat $C_{18}H_{19}N_3 \cdot C_6H_3N_3O_7$. Gelbe Krystalle (aus wss. A.); F: 188—189° [unkorr.].

***N.N'*-Di-[phenanthryl-(9)]-guanidin,** N,N'-*di*(*9-phenanthryl*)*guanidine* $C_{29}H_{21}N_3$, Formel VIII und Tautomeres.

B. Beim Erwärmen von Phenanthryl-(9)-amin mit Bromcyan in Äthanol sowie beim Erwärmen von Phenanthryl-(9)-amin-hydrochlorid mit Phenanthryl-(9)-carbamonitril in Äthylacetat (*May*, J. org. Chem. **12** [1947] 437, 438).

Krystalle (aus Dioxan + A.); F: 236—237° [unkorr.].

***N'*-[Phenanthryl-(9)]-*N*-cyan-guanidin,** N-*cyano*-N'-(*9-phenanthryl*)*guanidine* $C_{16}H_{12}N_4$, Formel VII (R = $C({=}NH)\text{-}NH\text{-}CN$, X = H) und Tautomere.

B. Beim Erwärmen von *S*-Methyl-*N'*-[phenanthryl-(9)]-*N*-cyan-isothioharnstoff mit Ammoniak in Äthanol (*May*, J. org. Chem. **12** [1947] 437, 441).

Krystalle (aus A.); F: 189—190,5° [unkorr.]. Über eine Modifikation vom F: 115—120° s. *May*.

1-[Phenanthryl-(9)]-biguanid, *1-(9-phenanthryl)biguanide* $C_{16}H_{15}N_5$, Formel VII (R = C(=NH)-NH-C(=NH)-NH_2, X = H) [auf S. 3342], und Tautomere.

B. Beim Erwärmen von Phenanthryl-(9)-amin-hydrochlorid mit Cyanguanidin in Äthanol (*May*, J. org. Chem. **12** [1947] 437, 439).

Krystalle (aus wss. A.); F: 179—180,5° [unkorr.].

Hydrochlorid $C_{16}H_{15}N_5 \cdot HCl$. Krystalle (aus wss. A.); F: 241—242° [Zers.; unkorr.].

1-Methyl-5-[phenanthryl-(9)]-biguanid, *1-methyl-5-(9-phenanthryl)biguanide* $C_{17}H_{17}N_5$, Formel VII (R = C(=NH)-NH-C(=NH)-NH-CH_3, X = H) [auf S. 3342], und Tautomere.

B. Beim Erwärmen von Phenanthryl-(9)-amin-hydrochlorid mit *N'*-Methyl-*N*-cyanguanidin in Äthanol (*May*, J. org. Chem. **12** [1947] 437, 440).

Hydrochlorid $C_{17}H_{17}N_5 \cdot HCl$. Krystalle (aus A. + Ae.); F: 216—217° [unkorr.].

Pikrat $C_{17}H_{17}N_5 \cdot C_6H_3N_3O_7$. Orangefarbene Krystalle (aus wss. A.); F: 201—202° [unkorr.].

1.1-Dimethyl-5-[phenanthryl-(9)]-biguanid, *1,1-dimethyl-5-(9-phenanthryl)biguanide* $C_{18}H_{19}N_5$, Formel VII (R = C(=NH)-NH-C(=NH)-N(CH_3)$_2$, X = H) [auf S. 3342], und Tautomere.

B. Beim Erhitzen von *N'*-[Phenanthryl-(9)]-*N*-cyan-guanidin mit Dimethylamin-hydrochlorid auf 130° (*May*, J. org. Chem. **12** [1947] 443, 444).

Krystalle (aus wss. Me.); F: 133—135° [unkorr.].

1-Isopropyl-5-[phenanthryl-(9)]-biguanid, *1-isopropyl-5-(9-phenanthryl)biguanide* $C_{19}H_{21}N_5$, Formel VII (R = C(=NH)-NH-C(=NH)-NH-CH(CH_3)$_2$, X = H) [auf S. 3342], und Tautomere.

B. Beim Erwärmen von Phenanthryl-(9)-amin-hydrochlorid mit *N'*-Isopropyl-*N*-cyanguanidin in Äthanol (*May*, J. org. Chem. **12** [1947] 437, 440). Beim Erhitzen von *N'*-[Phenanthryl-(9)]-*N*-cyan-guanidin mit Isopropylamin-hydrochlorid auf 130° (*May*, J. org. Chem. **12** [1947] 443, 445).

Hydrochlorid $C_{19}H_{21}N_5 \cdot HCl$. Krystalle (aus A.); F: 232—233° [unkorr.] (*May*, l. c. S. 440).

Pikrat $C_{19}H_{21}N_5 \cdot C_6H_3N_3O_7$. Orangefarbene Krystalle (aus A.); F: 183,5—185° [unkorr.] (*May*, l. c. S. 440).

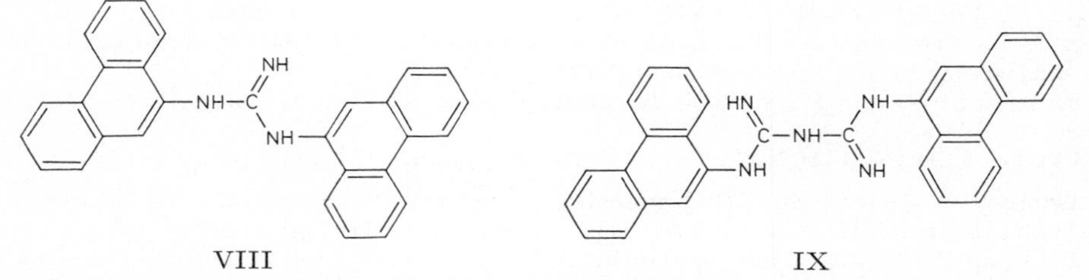

VIII IX

1.5-Di-[phenanthryl-(9)]-biguanid, *1,5-di(9-phenanthryl)biguanide* $C_{30}H_{23}N_5$, Formel IX, und Tautomere.

B. Beim Erhitzen von *N'*-[Phenanthryl-(9)]-*N*-cyan-guanidin mit Phenanthryl-(9)-amin-hydrochlorid in Äthanol (*May*, J. org. Chem. **12** [1947] 437, 441).

Hydrochlorid $C_{30}H_{23}N_5 \cdot HCl$. Krystalle (aus wss. A. + Ae.); F: 245—247° [Zers.; unkorr.].

Phenanthryl-(9)-thioharnstoff, *(9-phenanthryl)thiourea* $C_{15}H_{12}N_2S$, Formel VII (R = CS-NH_2, X = H) auf S. 3342.

B. Aus Phenanthryl-(9)-isothiocyanat und Ammoniak in Äthanol (*May*, J. org. Chem. **12** [1947] 443).

Krystalle (aus A.); F: 203—204° [Zers.; unkorr.].

***S*-Methyl-*N*-[phenanthryl-(9)]-isothioharnstoff,** *2-methyl-1-(9-phenanthryl)isothiourea* $C_{16}H_{14}N_2S$, Formel VII (R = C(=NH)-S-CH_3, X = H) [auf S. 3342] und Tautomeres.

B. Aus Phenanthryl-(9)-thioharnstoff und Methyljodid in Äthanol (*May*, J. org. Chem.

12 [1947] 443, 444).

Krystalle (aus wss. A.); F: 159—160° [unkorr.].

S-Methyl-N'-[phenanthryl-(9)]-N-cyan-isothioharnstoff, *1-cyano-2-methyl-3-(9-phenanthryl)isothiourea* $C_{17}H_{13}N_3S$, Formel VII (R = C(S-CH_3)=N-CN, X = H) [auf S. 3342] und Tautomeres.

B. Beim Behandeln von Phenanthryl-(9)-isothiocyanat mit Cyanamid und Natriumäthylat in Äthanol und anschliessend mit Methyljodid (*May*, J. org. Chem. **12** [1947] 437, 441).

Krystalle (aus Eg. oder A.); F: 188° [Zers.; unkorr.; bei schnellem Erhitzen]; die Schmelze erstarrt bei weiterem Erhitzen zu Krystallen vom F: 228—230,5° [unkorr.].

Phenanthryl-(9)-isothiocyanat, *isothiocyanic acid 9-phenanthryl ester* $C_{15}H_9NS$, Formel X.

B. Aus Phenanthryl-(9)-thioharnstoff beim Erhitzen mit Chlorbenzol (*Cymerman-Craig, Moyle, White,* Org. Synth. Coll. Vol. IV [1963] 700, Anm. 4) sowie beim Erhitzen mit Acetanhydrid, in diesem Fall neben *N*-[Phenanthryl-(9)]-acetamid (*May*, J. org. Chem. **12** [1947] 437, 440).

Krystalle (aus Eg. oder A.); F: 103—103,5° [unkorr.] (*May*).

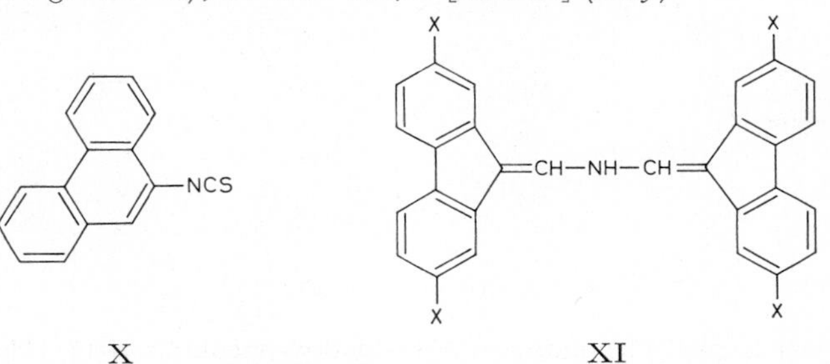

X XI

9-Aminomethylen-fluoren, C-[Fluorenyliden-(9)]-methylamin $C_{14}H_{11}N$ s. E III **7** 2378.

Bis-[fluorenyliden-(9)-methyl]-amin, *1,1'-di(fluoren-9-ylidene)dimethylamine* $C_{28}H_{19}N$, Formel XI (X = H) und Tautomeres (E I 556).

B. Aus 9-Aminomethylen-fluoren beim Behandeln mit Chlorwasserstoff in Äther oder mit Fluoren-carbaldehyd-(9) in Benzol (*Von, Wagner,* J. org. Chem. **9** [1944] 155, 164, 165).

Bis-[2.7-dibrom-fluorenyliden-(9)-methyl]-amin, *1,1'-bis(2,7-dibromofluoren-9-ylidene)dimethylamine* $C_{28}H_{15}Br_4N$, Formel XI (X = Br) und Tautomeres.

B. Aus 2.7-Dibrom-9-aminomethylen-fluoren (E III **7** 2379) beim Erwärmen mit Essigsäure oder wss. Schwefelsäure (*Von, Wagner,* J. org. Chem. **9** [1944] 155, 167).

Orangegelbe Krystalle (aus Nitrobenzol), die unterhalb 300° nicht schmelzen.

Amine $C_{15}H_{13}N$

9-Aminomethyl-anthracen, C-[Anthryl-(9)]-methylamin $C_{15}H_{13}N$.

(±)-1-[C-(Anthryl-(9))-methylamino]-propanol-(2), (±)-*1-[(9-anthrylmethyl)amino]propan-2-ol* $C_{18}H_{19}NO$, Formel I (R = CH_2-CH(OH)-CH_3).

B. Beim Erwärmen von Anthracen-carbaldehyd-(9) mit (±)-1-Amino-propanol-(2) in Äthanol und anschliessenden Hydrieren an Platin (*May*, J. org. Chem. **11** [1946] 353, 354, 357).

Krystalle (aus A.); F: 93—94°.

Hydrochlorid $C_{18}H_{19}NO\cdot HCl$. Gelbe Krystalle (aus A.); F: 198—199° [unkorr.].

(±)-1-[C-(Anthryl-(9))-methylamino]-butanol-(2), (±)-*1-[(9-anthrylmethyl)amino]butan-2-ol* $C_{19}H_{21}NO$, Formel I (R = CH_2-CH(OH)-CH_2-CH_3).

B. Beim Erwärmen von Anthracen-carbaldehyd-(9) mit (±)-1-Amino-butanol-(2) in Äthanol und anschliessenden Hydrieren an Platin (*May*, J. org. Chem. **11** [1946] 353, 354, 357).

Hydrochlorid $C_{19}H_{21}NO\cdot HCl$. Krystalle (aus A. + Ae.); F: 211—212,5° [unkorr.].

(±)-1-[*C*-(Anthryl-(9))-methylamino]-pentanol-(2), *(±)-1-[(9-anthrylmethyl)amino]pentan-2-ol* $C_{20}H_{23}NO$, Formel I (R = CH_2-CH(OH)-CH_2-CH_2-CH_3).

B. Beim Erwärmen von Anthracen-carbaldehyd-(9) mit (±)-1-Amino-pentanol-(2) in Äthanol und anschliessenden Hydrieren an Platin (*May*, J. org. Chem. **11** [1946] 353, 355, 357).

Hydrochlorid $C_{20}H_{23}NO \cdot HCl$. Krystalle (aus A. + Ae.); F: 214—215° [unkorr.].

3-Amino-1-methyl-phenanthren, 1-Methyl-phenanthryl-(3)-amin, *1-methyl-3-phenanthrylamine* $C_{15}H_{13}N$, Formel II (R = X = H).

B. Beim Einleiten von Chlorwasserstoff in eine Lösung von 1-[1-Methyl-phenanthryl-(3)]-äthanon-(1)-*seqtrans*-oxim in Essigsäure und Acetanhydrid und Erhitzen der Reaktionslösung mit wss. Salzsäure (*Hasselstrom, Todd*, Am. Soc. **64** [1942] 1225).

Krystalle (aus A.); F: 126—127° [unkorr.].

3-Acetamino-1-methyl-phenanthren, *N*-[1-Methyl-phenanthryl-(3)]-acetamid, N-*(1-methyl-3-phenanthryl)acetamide* $C_{17}H_{15}NO$, Formel II (R = CO-CH_3, X = H).

B. Aus 1-[1-Methyl-phenanthryl-(3)]-äthanon-(1)-*seqtrans*-oxim mit Hilfe von Phosphor(V)-chlorid (*Hasselstrom, Todd*, Am. Soc. **64** [1942] 1225).

Krystalle (aus A.); F: 188,5—189,5° [korr.].

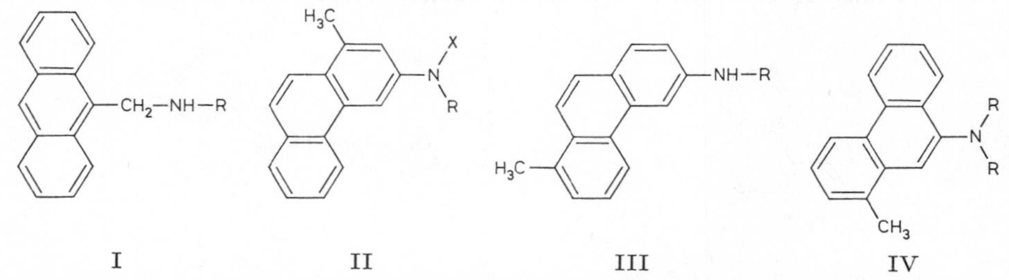

3-Diacetylamino-1-methyl-phenanthren, *N*-[1-Methyl-phenanthryl-(3)]-diacetamid, N-*(1-methyl-3-phenanthryl)diacetamide* $C_{19}H_{17}NO_2$, Formel II (R = X = CO-CH_3).

B. Beim Erhitzen von *N*-[1-Methyl-phenanthryl-(3)]-acetamid mit Acetanhydrid und Natriumacetat (*Hasselstrom, Todd*, Am. Soc. **64** [1942] 1225).

Krystalle (aus Me.); F: 162—162,5° [korr.].

6-Amino-1-methyl-phenanthren, 8-Methyl-phenanthryl-(3)-amin, *8-methyl-3-phenanthrylamine* $C_{15}H_{13}N$, Formel III (R = H).

B. Aus *N*-[8-Methyl-phenanthryl-(3)]-acetamid beim Erwärmen mit wss. Salzsäure und Essigsäure (*Sherwood, Short*, Soc. **1938** 1006, 1012).

Krystalle (aus Bzn.); F: 151°.

Hydrochlorid. Krystalle (aus W.); F: 270—272° [Zers.; bei langsamem Erhitzen].

6-Acetamino-1-methyl-phenanthren, *N*-[8-Methyl-phenanthryl-(3)]-acetamid, N-*(8-methyl-3-phenanthryl)acetamide* $C_{17}H_{15}NO$, Formel III (R = CO-CH_3).

B. Beim Erhitzen von 8-Methyl-phenanthrol-(3) mit Ammoniumchlorid, Natriumacetat und Essigsäure auf 290° (*Sherwood, Short*, Soc. **1938** 1006, 1012).

Krystalle (aus Me.); F: 197,5—198°.

9-Amino-1-methyl-phenanthren, 1-Methyl-phenanthryl-(9)-amin, *1-methyl-9-phenanthrylamine* $C_{15}H_{13}N$, Formel IV (R = H).

B. Aus 9-Nitro-1-methyl-phenanthren beim Erhitzen mit Natriumdithionit in wss. Methanol (*Hasselstrom*, Am. Soc. **63** [1941] 2527).

Gelbliche Krystalle (aus Me.); F: 138—138,5° [korr.].

9-Diacetylamino-1-methyl-phenanthren, *N*-[1-Methyl-phenanthryl-(9)]-diacetamid, N-*(1-methyl-9-phenanthryl)diacetamide* $C_{19}H_{17}NO_2$, Formel IV (R = CO-CH_3).

B. Beim Erhitzen von 1-Methyl-phenanthryl-(9)-amin mit Acetanhydrid und Natriumacetat (*Hasselstrom*, Am. Soc. **63** [1941] 2527).

Krystalle (aus Me.); F: 193,7—194,3° [korr.].

9-Aminomethyl-phenanthren, *C*-[Phenanthryl-(9)]-methylamin, *1-(9-phenanthryl)methylamine* $C_{15}H_{13}N$, Formel V (R = H).

B. Aus Phenanthren-carbaldehyd-(9)-oxim beim Behandeln mit Natrium-Amalgam und Essigsäure (*Shoppee*, Soc. **1933** 37, 40). Aus Phenanthren-carbonitril-(9) bei der Hydrierung an Platin in Essigsäure (*van de Kamp*, *Burger*, *Mosettig*, Am. Soc. **60** [1938] 1321, 1322). Neben geringen Mengen Bis-[phenanthryl-(9)-methyl]-amin beim Behandeln von 9-Chlormethyl-phenanthren mit flüssigem Ammoniak (*v. Braun*, B. **70** [1937] 979, 984).

Krystalle; F: 108—108,5° [aus PAe.] (*v. de Kamp*, *Bu.*, *Mo.*), 107° [aus Ae. + PAe.] (*Sh.*; *v. Br.*).

Hydrochlorid $C_{15}H_{13}N \cdot HCl$. Krystalle (aus A. + Ae.); F: 292—294° [Zers.] (*v. de Kamp*, *Bu.*, *Mo.*).

Pikrat $C_{15}H_{13}N \cdot C_6H_3N_3O_7$. Krystalle (aus A. + Acn.); F: 241° [Zers.] (*Sh.*).

Benzoat $C_{15}H_{13}N \cdot C_7H_6O_2$. Krystalle (aus $CHCl_3$ + PAe.); F: 167° (*Sh.*).

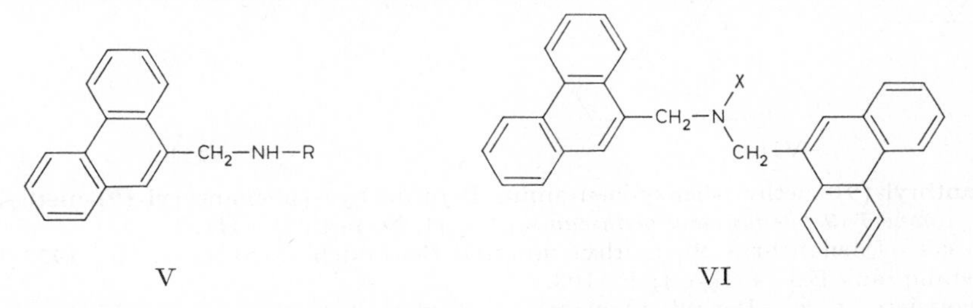

Bis-[phenanthryl-(9)-methyl]-amin, *1,1'-di(9-phenanthryl)dimethylamine* $C_{30}H_{23}N$, Formel VI (X = H).

B. s. im vorangehenden und im folgenden Artikel.

Krystalle (aus Bzl.); F: 193° (*v. Braun*, B. **70** [1937] 979, 984).

Hydrochlorid. F: 239°.

Tris-[phenanthryl-(9)-methyl]-amin, *1,1',1''-tri(9-phenanthryl)trimethylamine* $C_{45}H_{33}N$, Formel VII.

B. Neben geringen Mengen 9-Aminomethyl-phenanthren und Bis-[phenanthryl-(9)-methyl]-amin beim Erwärmen von 9-Chlormethyl-phenanthren mit Ammoniak in Äthanol (*v. Braun*, B. **70** [1937] 979, 984).

Krystalle (aus Bzl.); F: 163°.

Hydrochlorid. F: 229°.

Pikrat. Orangerot; F: 190° [nach Sintern von 170° an].

(±)-1-[*C*-(Phenanthryl-(9))-methylamino]-propanol-(2), *(±)-1-[(9-phenanthrylmethyl)amino]propan-2-ol* $C_{18}H_{19}NO$, Formel V (R = CH_2-CH(OH)-CH_3).

B. Beim Erwärmen von Phenanthren-carbaldehyd-(9) mit (±)-1-Amino-propanol-(2) in Äthanol und anschliessenden Hydrieren an Platin (*May*, J. org. Chem. **11** [1946] 353, 354, 357).

Hydrochlorid $C_{18}H_{19}NO \cdot HCl$. Krystalle (aus A. + Ae.); F: 216—217° [unkorr.].

(±)-1-[*C*-(Phenanthryl-(9))-methylamino]-butanol-(2), *(±)-1-[(9-phenanthrylmethyl)amino]butan-2-ol* $C_{19}H_{21}NO$, Formel V (R = CH_2-CH(OH)-CH_2-CH_3).

B. Beim Erwärmen von Phenanthren-carbaldehyd-(9) mit (±)-1-Amino-butanol-(2) in Äthanol und anschliessenden Hydrieren an Platin (*May*, J. org. Chem. **11** [1946] 353, 354, 357).

Hydrochlorid $C_{19}H_{21}NO \cdot HCl$. Krystalle (aus A. + Ae.); F: 195—198° [unkorr.].

(±)-1-[*C*-(Phenanthryl-(9))-methylamino]-pentanol-(2), *(±)-1-[(9-phenanthrylmethyl)amino]pentan-2-ol* $C_{20}H_{23}NO$, Formel V (R = CH_2-CH(OH)-CH_2-CH_2-CH_3).

B. Beim Erwärmen von Phenanthren-carbaldehyd-(9) mit (±)-1-Amino-pentanol-(2) in Äthanol und anschliessenden Hydrieren an Platin (*May*, J. org. Chem. **11** [1946] 353, 354, 357).

Hydrochlorid $C_{20}H_{23}NO \cdot HCl$. Krystalle (aus A. + Ae.); F: 217—218,5° [unkorr.].

(±)-1-[*C*-(Phenanthryl-(9))-methylamino]-octanol-(2), *(±)-1-[(9-phenanthrylmethyl)amino]octan-2-ol* $C_{23}H_{29}NO$, Formel V (R = CH_2-CH(OH)-$[CH_2]_5$-CH_3).

B. Beim Erwärmen von Phenanthren-carbaldehyd-(9) mit (±)-1-Amino-octanol-(2) in Äthanol und anschliessenden Hydrieren an Platin (*May*, J. org. Chem. **11** [1946] 353,

354, 357).

Hydrochlorid $C_{23}H_{29}NO \cdot HCl$. F: 182—184° [unkorr.]; Krystalle (aus A.) mit 0,5 Mol H_2O, F: 180—182,5° [unkorr.].

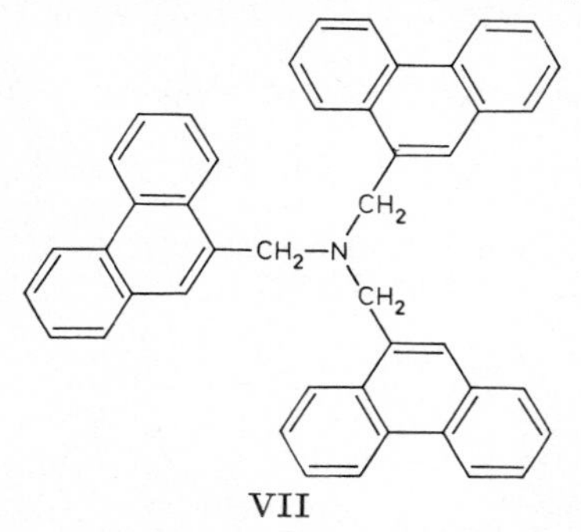

VII

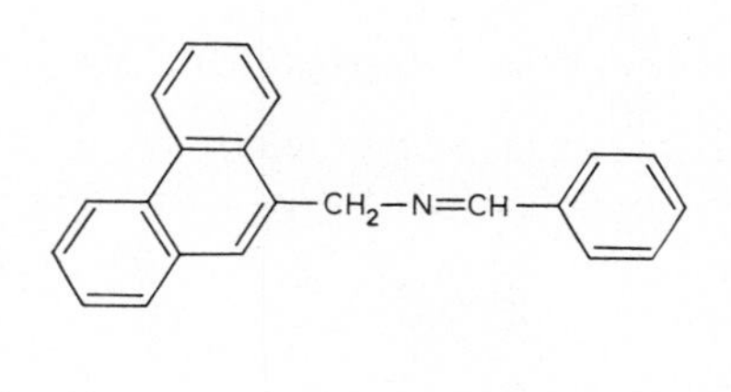

VIII

[Phenanthryl-(9)-methyl]-benzyliden-amin, Benzaldehyd-[phenanthryl-(9)-methylimin], N-*benzylidene-1-(9-phenanthryl)methylamine* $C_{22}H_{17}N$, Formel VIII.

B. Aus *C*-[Phenanthryl-(9)]-methylamin und Benzaldehyd (*Shoppee*, Soc. **1933** 37, 40).

Krystalle (aus Bzl. + PAe.); F: 103,5°.

Isomerisierung zu Benzyl-[phenanthryl-(9)-methylen]-amin beim Behandeln mit äthanol. Natriumäthylat bei 82—84° sowie Lage des Gleichgewichts: *Sh.*

9-Acetaminomethyl-phenanthren, *N*-[Phenanthryl-(9)-methyl]-acetamid, N-(*9-phenanthrylmethyl)acetamide* $C_{17}H_{15}NO$, Formel V (R = CO-CH_3).

Krystalle (aus A.); F: 182,5° (*Shoppee*, Soc. **1933** 37, 40).

Nitroso-bis-[phenanthryl-(9)-methyl]-amin, N-*nitroso-1,1'-di(9-phenanthryl)dimethylamine* $C_{30}H_{22}N_2O$, Formel VI (X = NO).

F: 268° (*v. Braun*, B. **70** [1937] 979, 984). [*H. Richter*]

Amine $C_{16}H_{15}N$

4-Phenyl-1-[2-amino-phenyl]-butadien-(1.3), 2-[4-Phenyl-butadien-(1.3)-yl]-anilin, o-(*4-phenylbuta-1,3-dienyl)aniline* $C_{16}H_{15}N$.

a) **4-Phenyl-1-[2-amino-phenyl]-butadien-(1.3),** dessen Hydrochlorid bei 210° bis 215° schmilzt, vermutlich **4*c*-Phenyl-1*t*-[2-amino-phenyl]-butadien-(1.3),** Formel IX.

B. Aus 4*c*(?)-Phenyl-1*t*(?)-[2-nitro-phenyl]-butadien-(1.3) (F: 79—80°) beim Erwärmen mit Eisen(II)-sulfat und wss.-äthanol. Salzsäure (*Bachman, Hoalgin*, J. org. Chem. **8** [1943] 300, 312).

Beim Erhitzen mit wss. Schwefelsäure erfolgt Umwandlung in das unter b) beschriebene Stereoisomere.

Hydrochlorid $C_{16}H_{15}N \cdot HCl$. Krystalle; F: 210—215° [Zers.; nach Sintern bei 195°].

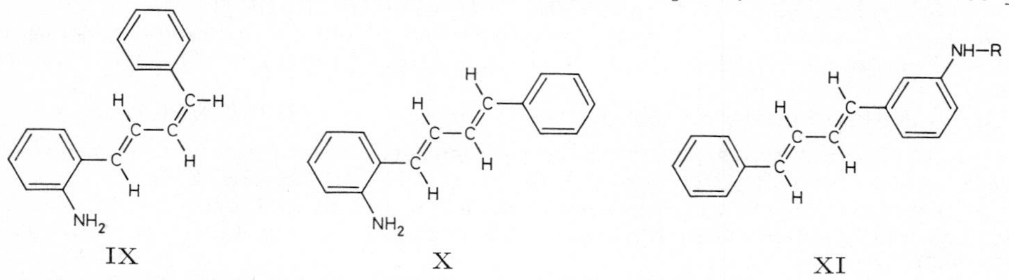

IX X XI

b) **4*t*-Phenyl-1*t*-[2-amino-phenyl]-butadien-(1.3),** Formel X.

B. Aus 4*t*-Phenyl-1*t*-[2-nitro-phenyl]-butadien-(1.3) beim Erwärmen mit Eisen(II)-sulfat und wss.-äthanol. Ammoniak (*Bachman, Hoalgin*, J. org. Chem. **8** [1943] 300, 313). Aus dem unter a) beschriebenen Stereoisomeren beim Erhitzen mit wss. Schwefelsäure (*Ba., Ho.*).

Orangegelbe Krystalle (aus wss. A.); F: 132—133°.
Hydrochlorid. Zers. bei 224—226°.

4-Phenyl-1-[3-amino-phenyl]-butadien-(1.3), 3-[4-Phenyl-butadien-(1.3)-yl]-anilin $C_{16}H_{15}N$.

4-Phenyl-1-[3-acetamino-phenyl]-butadien-(1.3), Essigsäure-[3-(4-phenyl-buta=dien-(1.3)-yl)-anilid], *3'-(4-phenylbuta-1,3-dienyl)acetanilide* $C_{18}H_{17}NO$.

4*t*-Phenyl-1*t*-[3-acetamino-phenyl]-butadien-(1.3), Formel XI (R = CO-CH_3).

B. Bei der Behandlung von 4*t*-Phenyl-1*t*-[3-nitro-phenyl]-butadien-(1.3) mit Zinn(II)-chlorid in Essigsäure unter Einleiten von Chlorwasserstoff und Acetylierung des Reaktionsprodukts (*Bergmann, Schapiro,* J. org. Chem. **12** [1947] 57, 62).

Krystalle (aus Xylol); F: 203°.

4-Phenyl-1-[4-amino-phenyl]-butadien-(1.3), 4-[4-Phenyl-butadien-(1.3)-yl]-anilin, p-*(4-phenylbuta-1,3-dienyl)aniline* $C_{16}H_{15}N$.

4*t*-Phenyl-1*t*-[4-amino-phenyl]-butadien-(1.3), Formel XII (R = X = H).

B. Aus 4*t*-Phenyl-1*t*-[4-nitro-phenyl]-butadien-(1.3) beim Erwärmen mit Eisen(II)-sulfat und wss.-äthanol. Ammoniak (*Bergmann, Weinberg,* J. org. Chem. **6** [1941] 134, 138).

Krystalle (aus Toluol); F: 167°.

4-Phenyl-1-[4-dimethylamino-phenyl]-butadien-(1.3), *N.N*-Dimethyl-4-[4-phenyl-buta=dien-(1.3)-yl]-anilin, N,N-*dimethyl*-p-*(4-phenylbuta-1,3-dienyl)aniline* $C_{18}H_{19}N$.

4*t*-Phenyl-1*t*-[4-dimethylamino-phenyl]-butadien-(1.3), Formel XII (R = X = CH_3) (H 1339).

Konfiguration: *Beale,* zit. bei *Everard, Kumar, Sutton,* Soc. **1951** 2807, 2809.

B. Beim Behandeln von 4-Dimethylamino-*trans*-zimtaldehyd in Benzol mit Benzyl=magnesiumchlorid in Äther und Erhitzen des nach der Hydrolyse erhaltenen Reaktionsprodukts mit Essigsäure und wss. Salzsäure (*Haddow et al.,* Phil. Trans. [A] **241** [1948] 147, 184, 187).

Orangefarbene Krystalle (aus Cyclohexan); F: 181° [unkorr.] (*Ha. et al.*). UV-Spektrum (A.): *Hertel, Lührmann,* Z. physik. Chem. [B] **44** [1939] 261, 272; *Ha. et al.,* l. c. S. 167, 168.

Geschwindigkeit der Reaktion mit 2.4.6-Trinitro-anisol in Aceton bei 45°: *He., Lü.,* l. c. S. 283.

4-Phenyl-1-[4-acetamino-phenyl]-butadien-(1.3), Essigsäure-[4-(4-phenyl-buta=dien-(1.3)-yl)-anilid], *4'-(4-phenylbuta-1,3-dienyl)acetanilide* $C_{18}H_{17}NO$.

4*t*-Phenyl-1*t*-[4-acetamino-phenyl]-butadien-(1.3), Formel XII (R = CO-CH_3, X = H).

B. Aus 4*t*-Phenyl-1*t*-[4-amino-phenyl]-butadien-(1.3) (*Bergmann, Schapiro,* J. org. Chem. **12** [1947] 57, 62).

Krystalle (aus Butylacetat); F: 260°.

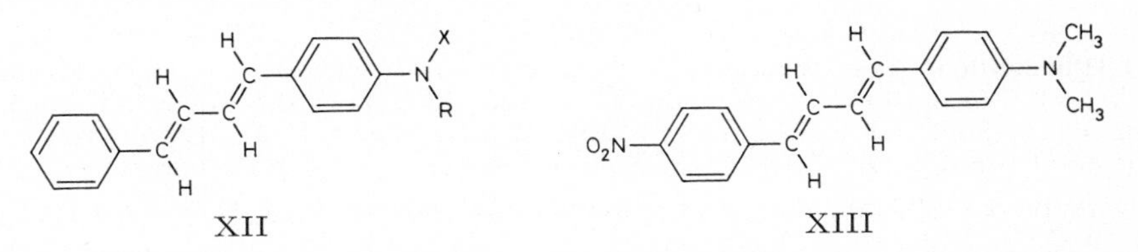

XII XIII

4-Phenyl-1-[4-(*C.C.C*-trichlor-acetamino)-phenyl]-butadien-(1.3), Trichloressigsäure-[4-(4-phenyl-butadien-(1.3)-yl)-anilid], *2,2,2-trichloro-4'-(4-phenylbuta-1,3-dienyl)acet=anilide* $C_{18}H_{14}Cl_3NO$.

4*t*-Phenyl-1*t*-[4-(*C.C.C*-trichlor-acetamino)-phenyl]-butadien-(1.3), Formel XII (R = CO-CCl_3, X = H).

B. Aus 4*t*-Phenyl-1*t*-[4-amino-phenyl]-butadien-(1.3) und Trichloracetylchlorid in Toluol und Pyridin (*Bergmann, Weinberg,* J. org. Chem. **6** [1941] 134, 138).

Gelbe Krystalle (aus Butanol-(1)); F: 177—178°.

4-Phenyl-1-[4-(*C.C*-diphenyl-acetamino)-phenyl]-butadien-(1.3), Diphenylessigsäure-[4-(4-phenyl-butadien-(1.3)-yl)-anilid], *2,2-diphenyl-4'-(4-phenylbuta-1,3-dienyl)acetanilide* $C_{30}H_{25}NO$.

4*t*-Phenyl-1*t*-[4-(*C.C*-diphenyl-acetamino)-phenyl]-butadien-(1.3), Formel XII (R = $CO\text{-}CH(C_6H_5)_2$, X = H).

B. Aus 4*t*-Phenyl-1*t*-[4-amino-phenyl]-butadien-(1.3) und Diphenylketen in Benzol (*Bergmann, Schapiro,* J. org. Chem. **12** [1947] 57, 62).

Krystalle (aus E.); F: 240—241°.

4-[4-Nitro-phenyl]-1-[4-dimethylamino-phenyl]-butadien-(1.3), *N.N*-Dimethyl-4-[4-(4-nitro-phenyl)-butadien-(1.3)-yl]-anilin, N,N-*dimethyl*-p-[*4*-(p-*nitrophenyl*)*buta-1,3-dienyl*]*aniline* $C_{18}H_{18}N_2O_2$.

4-[4-Nitro-phenyl]-1-[4-dimethylamino-phenyl]-butadien-(1.3) vom F: 255°, vermutmutlich **4*t*-[4-Nitro-phenyl]-1*t*-[4-dimethylamino-phenyl]-butadien-(1.3),** Formel XIII.

B. Beim Erhitzen von 4-Dimethylamino-*trans*(?)-zimtaldehyd mit [4-Nitro-phenyl]-essigsäure unter Zusatz von Piperidin (*Hertel, Lührmann,* Z. physik. Chem. [B] **44** [1939] 261, 280).

Krystalle (aus Bzl.); F: 254,5—255,5° (*He., Lü.*). UV-Spektrum (A.): *He., Lü.,* l. c. S. 272.

Geschwindigkeit der Reaktion mit 2.4.6-Trinitro-anisol in Aceton bei 45°: *He., Lü.,* l. c. S. 283.

2-[Phenanthryl-(2)]-äthylamin, *2-(2-phenanthryl)ethylamine* $C_{16}H_{15}N$, Formel I (R = H).

B. Aus 2-[2-Nitro-vinyl]-phenanthren (F: 134,5—137°) bei der Reduktion an Blei-Kathoden in einem Gemisch von Äthanol, Essigsäure und wss. Salzsäure (*Mosettig, May,* Am. Soc. **60** [1938] 2962, 2965).

Beim Erwärmen mit wss. Formaldehyd und Erwärmen des Reaktionsprodukts mit wss. Salzsäure ist eine wahrscheinlich als 1.2.3.4-Tetrahydro-naphth[1.2-*h*]isochinolin zu formulierende Verbindung (Hydrochlorid: F: 313—315° [Zers.]) erhalten worden (*Mo., May,* l. c. S. 2966).

Hydrochlorid $C_{16}H_{15}N\cdot HCl$. Krystalle (aus A. + Ae.); F: 317—318°.

Pikrat $C_{16}H_{15}N\cdot C_6H_3N_3O_7$. Krystalle (aus A.); F: 225—226°.

2-Dimethylamino-1-[phenanthryl-(2)]-äthan, Dimethyl-[2-(phenanthryl-(2))-äthyl]-amin, N,N-*dimethyl-2-(2-phenanthryl)ethylamine* $C_{18}H_{19}N$, Formel I (R = CH_3).

B. Aus 2-[Phenanthryl-(2)]-äthylamin über Trimethyl-[2-(phenanthryl-(2))-äthyl]-ammonium-jodid (*Mosettig, May,* Am. Soc. **60** [1938] 2962, 2966).

Hydrochlorid $C_{18}H_{19}N\cdot HCl$. F: 247—249°.

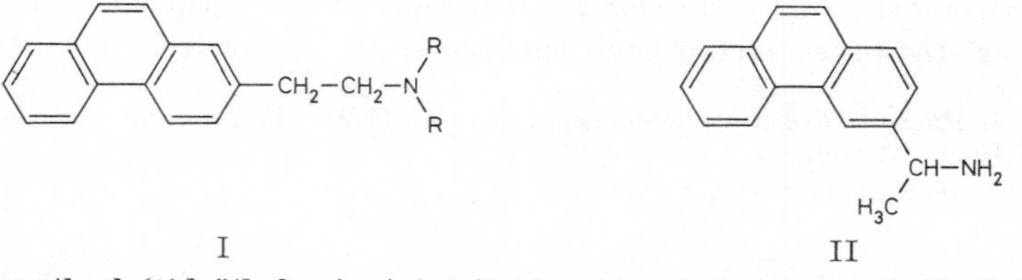

(±)-1-[Phenanthryl-(3)]-äthylamin, (±)-*1-(3-phenanthryl)ethylamine* $C_{16}H_{15}N$, Formel II.

B. Aus 1-[Phenanthryl-(3)]-äthanon-(1)-*seqtrans*-oxim beim Behandeln mit Natrium-Amalgam, Äthanol und Essigsäure (*Mosettig, Krueger,* Am. Soc. **58** [1936] 1311).

Hydrochlorid $C_{16}H_{15}N\cdot HCl$. Krystalle (aus A.); F: 265—266° [korr.].

2-[Phenanthryl-(3)]-äthylamin, *2-(3-phenanthryl)ethylamine* $C_{16}H_{15}N$, Formel III (R = X = H).

B. Aus 3-[2-Nitro-vinyl]-phenanthren (F: 180—180,5°) bei der Reduktion an Blei-Kathoden in einem Gemisch von Äthanol, Essigsäure und wss. Salzsäure (*Mosettig, May,* Am. Soc. **60** [1938] 2962, 2964). Aus (±)-2-Chlor-2-[phenanthryl-(3)]-äthylamin-hydrochlorid bei der Hydrierung an Platin in wss. Äthanol (*Mo., May*).

Hydrochlorid $C_{16}H_{15}N\cdot HCl$. Krystalle (aus A. + Ae.); F: 254—256°.

2-Formamino-1-[phenanthryl-(3)]-äthan, *N*-[2-(Phenanthryl-(3))-äthyl]-formamid, N-[*2-(3-phenanthryl)ethyl*]*formamide* $C_{17}H_{15}NO$, Formel III (R = CHO, X = H).

B. Aus 2-[Phenanthryl-(3)]-äthylamin-formiat beim Erhitzen auf 150° (*Mosettig, May,*

Am. Soc. **60** [1938] 2962, 2965).

Krystalle (aus Bzl. + PAe.); F: 122–124° [korr.].

(±)-2-Chlor-2-[phenanthryl-(3)]-äthylamin, (±)-*2-chloro-2-(3-phenanthryl)ethylamine* $C_{16}H_{14}ClN$, Formel III (R = H, X = Cl).

Hydrochlorid $C_{16}H_{14}ClN \cdot HCl$. *B.* Aus (±)-2-Amino-1-[phenanthryl-(3)]-äthanol-(1) beim Behandeln mit Phosphor(V)-chlorid in Chloroform (*Mosettig, May,* Am. Soc. **60** [1938] 2962, 2965). — Krystalle (aus A. + Ae.); F: 219–220° [Zers.].

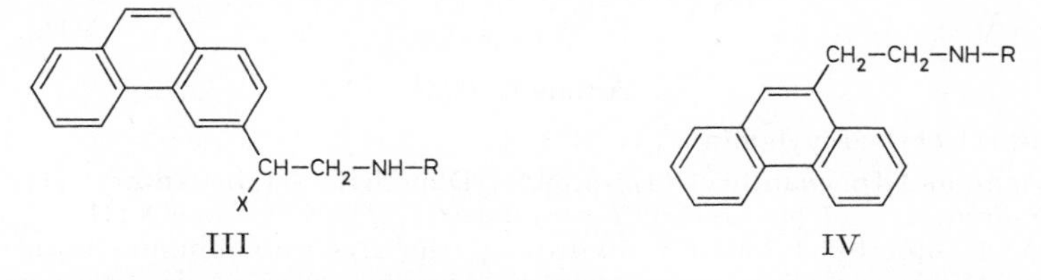

III IV

2-[Phenanthryl-(9)]-äthylamin, *2-(9-phenanthryl)ethylamine* $C_{16}H_{15}N$, Formel IV (R = H).

B. Aus 9-[2-Nitro-vinyl]-phenanthren (F: 173°) bei der Reduktion an Blei-Kathoden in einem Gemisch von Äthanol, Essigsäure und wss. Salzsäure (*Mosettig, May,* Am. Soc. **60** [1938] 2962, 2965).

Beim Erwärmen mit wss. Formaldehyd und Erwärmen des Reaktionsprodukts mit wss. Salzsäure ist 1.2.3.4-Tetrahydro-dibenz[*f.h*]isochinolin erhalten worden.

Hydrochlorid $C_{16}H_{15}N \cdot HCl$. Krystalle (aus A. + Ae.); F: 307–309° [Zers.].

2-Formamino-1-[phenanthryl-(9)]-äthan, *N*-[2-(Phenanthryl-(9))-äthyl]-formamid, N-*[2-(9-phenanthryl)ethyl]formamide* $C_{17}H_{15}NO$, Formel IV (R = CHO).

B. Aus 2-[Phenanthryl-(9)]-äthylamin-formiat beim Erhitzen auf 150° (*Mosettig, May,* Am. Soc. **60** [1938] 2962, 2965).

Krystalle; F: 111–112°.

(±)-4-Amino-1.2.3.10b-tetrahydro-fluoranthen, (±)-4.5.6.6a-Tetrahydro-fluoranthen⸗yl-(3)-amin, (±)-*4,5,6,6a-tetrahydrofluoranthen-3-ylamine* $C_{16}H_{15}N$, Formel V (R = H).

B. Aus Fluoranthenyl-(3)-amin beim Behandeln einer Lösung in wss. Äthanol mit Natrium-Amalgam unter Zusatz von Essigsäure (*v. Braun, Manz,* A. **488** [1931] 111, 124).

Krystalle (aus Bzl. + PAe.); F: 114–116°.

(±)-4-Acetamino-1.2.3.10b-tetrahydro-fluoranthen, (±)-*N*-[4.5.6.6a-Tetrahydro-fluor⸗anthenyl-(3)]-acetamid, (±)-N-*(4,5,6,6a-tetrahydrofluoranthen-3-yl)acetamide* $C_{18}H_{17}NO$, Formel V (R = CO-CH_3).

B. Aus (±)-4.5.6.6a-Tetrahydro-fluoranthenyl-(3)-amin und Acetanhydrid (*v. Braun, Manz,* A. **488** [1931] 111, 125).

Krystalle (aus A.); F: 224–225°.

Beim Erwärmen mit Natriumdichromat und wss. Essigsäure und Erwärmen des Reaktionsprodukts mit äthanol. Alkalilauge ist 3-[2-Amino-9-oxo-fluorenyl-(1)]-propion⸗säure-lactam erhalten worden.

8-Amino-1.2.3.10b-tetrahydro-fluoranthen, 1.2.3.10b-Tetrahydro-fluoranthenyl-(8)-amin $C_{16}H_{15}N$ und **9-Amino-1.2.3.10b-tetrahydro-fluoranthen, 4.5.6.6a-Tetrahydro-fluor⸗anthenyl-(8)-amin** $C_{16}H_{15}N$.

(±)-8-Acetamino-1.2.3.10b-tetrahydro-fluoranthen, (±)-*N*-[1.2.3.10b-Tetrahydro-fluor⸗anthenyl-(8)]-acetamid, (±)-N-*(1,2,3,10b-tetrahydrofluoranthen-8-yl)acetamide* $C_{18}H_{17}NO$, Formel VI, und **(±)-9-Acetamino-1.2.3.10b-tetrahydro-fluoranthen, (±)-*N*-[4.5.6.6a-Tetrahydro-fluoranthenyl-(8)]-acetamid,** (±)-N-*(4,5,6,6a-tetrahydrofluoranthen-8-yl)acet⸗amide* $C_{18}H_{17}NO$, Formel VII.

Eine Verbindung (Krystalle [aus Bzl.]; F: 179–180°), der eine dieser beiden Kon⸗stitutionsformeln zukommt, ist bei der Behandlung von Fluoranthenyl-(8)-amin in wss. Äthanol mit Natrium-Amalgam unter Zusatz von Essigsäure und Acetylierung des Reaktionsprodukts erhalten und durch Erwärmen mit Natriumdichromat und wss. Essigsäure und Erwärmen des Reaktionsprodukts mit wss.-äthanol. Alkalilauge in

3-[6-(oder 7)-Amino-9-oxo-fluorenyl-(1)]-propionsäure übergeführt worden (*v. Braun, Manz*, A. **496** [1932] 170, 182).

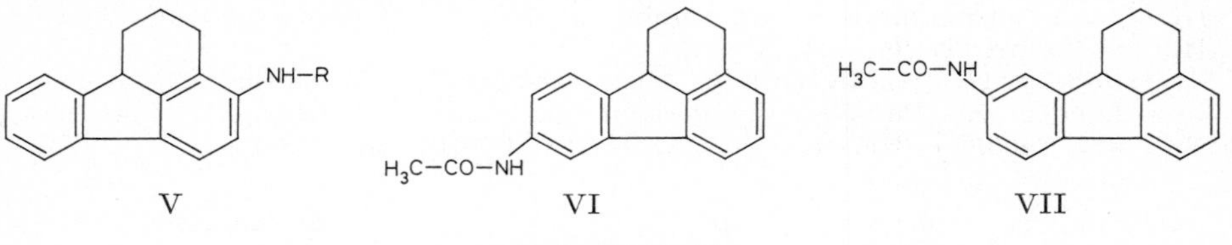

Amine $C_{17}H_{17}N$

3-[Phenanthryl-(1)]-propylamin $C_{17}H_{17}N$.

3-Dimethylamino-1-[phenanthryl-(1)]-propan, Dimethyl-[3-(phenanthryl-(1))-propyl]-amin, N,N-*dimethyl-3-(1-phenanthryl)propylamine* $C_{19}H_{21}N$, Formel VIII.

B. Aus 1.1-Dimethyl-1.2.3.4-tetrahydro-naphtho[2.1-*f*]chinolinium-chlorid beim Erwärmen mit Wasser und Natrium-Amalgam (*Mosettig, Krueger*, J. org. Chem. **3** [1938] 317, 333).

Hydrochlorid. Krystalle (aus A. + Acn. + Ae.); F: 206—207°.

Pikrat $C_{19}H_{21}N \cdot C_6H_3N_3O_7$. Krystalle (aus A.); F: 164,5—166,5° [korr.].

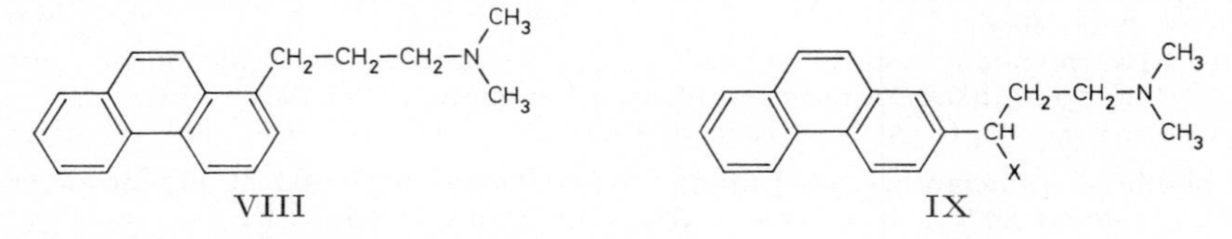

3-[Phenanthryl-(2)]-propylamin $C_{17}H_{17}N$.

3-Dimethylamino-1-[phenanthryl-(2)]-propan, Dimethyl-[3-(phenanthryl-(2))-propyl]-amin, N,N-*dimethyl-3-(2-phenanthryl)propylamine* $C_{19}H_{21}N$, Formel IX (X = H).

B. Aus (±)-Dimethyl-[3-chlor-3-(phenanthryl-(2))-propyl]-amin-hydrochlorid bei der Hydrierung an Palladium in Äthanol (*Mosettig, Krueger*, Am. Soc. **58** [1936] 1311).

Hydrochlorid $C_{19}H_{21}N \cdot HCl$. Krystalle (aus A.); F: 222—227° [korr.].

(±)-1-Chlor-3-dimethylamino-1-[phenanthryl-(2)]-propan, (±)-Dimethyl-[3-chlor-3-(phenanthryl-(2))-propyl]-amin, (±)-*3-chloro-*N,N-*dimethyl-3-(2-phenanthryl)propylamine* $C_{19}H_{20}ClN$, Formel IX (X = Cl).

Hydrochlorid $C_{19}H_{20}ClN \cdot HCl$. *B.* Aus (±)-3-Dimethylamino-1-[phenanthryl-(2)]-propanol-(1)-hydrochlorid beim Behandeln mit Phosphor(V)-chlorid in Chloroform (*Mosettig, Krueger*, Am. Soc. **58** [1936] 1311). — Krystalle (aus A.); F: 248—252° [korr.; Zers.].

3-[Phenanthryl-(3)]-propylamin $C_{17}H_{17}N$.

3-Dimethylamino-1-[phenanthryl-(3)]-propan, Dimethyl-[3-(phenanthryl-(3))-propyl]-amin, N,N-*dimethyl-3-(3-phenanthryl)propylamine* $C_{19}H_{21}N$, Formel X (X = H).

B. Aus (±)-Dimethyl-[3-chlor-3-(phenanthryl-(3))-propyl]-amin-hydrochlorid bei der Hydrierung an Palladium in Äthanol (*Mosettig, Krueger*, J. org. Chem. **3** [1938] 317, 338).

Hydrochlorid $C_{19}H_{21}N \cdot HCl$. Krystalle (aus A. + E.); F: 160,5—162° [korr.].

Perchlorat. Krystalle (aus Ae.); F: 86—89°.

Pikrat $C_{19}H_{21}N \cdot C_6H_3N_3O_7$. Krystalle (aus A.); F: 150,5—151,5° [korr.].

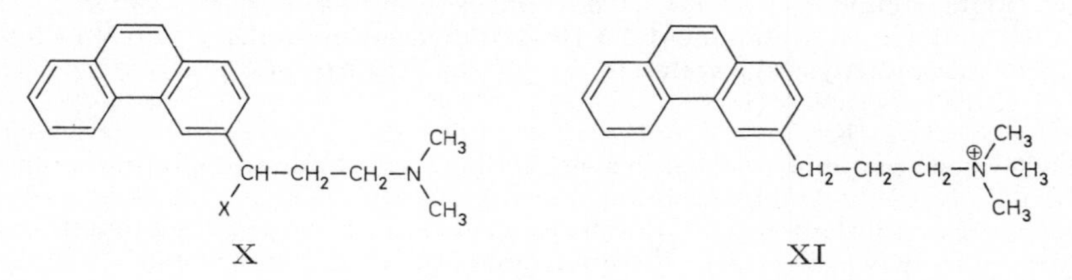

Trimethyl-[3-(phenanthryl-(3))-propyl]-ammonium, *trimethyl[3-(3-phenanthryl)propyl]ammonium* $[C_{20}H_{24}N]^{\oplus}$, Formel XI.

Jodid $[C_{20}H_{24}N]I$. *B.* Aus Dimethyl-[3-(phenanthryl-(3))-propyl]-amin und Methyljodid in Aceton und Äther (*Mosettig, Krueger*, J. org. Chem. **3** [1938] 317, 337, 338). — Krystalle (aus A.); F: 163—164° [korr.] und 173—174°(?) [korr.] (zwei Präparate).

(±)-1-Chlor-3-dimethylamino-1-[phenanthryl-(3)]-propan, (±)-Dimethyl-[3-chlor-3-(phenanthryl-(3))-propyl]-amin, (±)-*3-chloro*-N,N-*dimethyl-3-(3-phenanthryl)propylamine* $C_{19}H_{20}ClN$, Formel X (X = Cl).

Hydrochlorid $C_{19}H_{20}ClN \cdot HCl$. *B.* Aus (±)-3-Dimethylamino-1-[phenanthryl-(3)]-propanol-(1)-hydrochlorid beim Behandeln mit Phosphor(V)-chlorid in Chloroform (*Mosettig, Krueger*, J. org. Chem. **3** [1938] 317, 337). — F: 150—155° und [nach Wiedererstarren bei weiterem Erhitzen] F: 238—240°.

3-[Phenanthryl-(4)]-propylamin $C_{17}H_{17}N$.

3-Dimethylamino-1-[phenanthryl-(4)]-propan, Dimethyl-[3-(phenanthryl-(4))-propyl]-amin, N,N-*dimethyl-3-(4-phenanthryl)propylamine* $C_{19}H_{21}N$, Formel XII.

B. Aus 1.1-Dimethyl-1.2.3.4-tetrahydro-naphtho[1.2-*f*]chinolinium-chlorid beim Erwärmen mit Wasser und Natrium-Amalgam (*Mosettig, Krueger*, J. org. Chem. **3** [1938] 317, 330).

Hydrochlorid $C_{19}H_{21}N \cdot HCl$. Krystalle (aus A.) mit 1 Mol Äthanol, F: 125—127° [nach dem Trocknen über Phosphor(V)-oxid bei 20 Torr]; das durch Trocknen über Calciumchlorid bei 103° oder durch Trocknen im Hochvakuum bei 160° vom Äthanol befreite Salz schmilzt bei 157—159°.

Trimethyl-[3-(phenanthryl-(4))-propyl]-ammonium, *trimethyl[3-(4-phenanthryl)propyl]ammonium* $[C_{20}H_{24}N]^{\oplus}$, Formel XIII.

Jodid $[C_{20}H_{24}N]I$. *B.* Aus Dimethyl-[3-(phenanthryl-(4))-propyl]-amin und Methyljodid in Aceton und Äther (*Mosettig, Krueger*, J. org. Chem. **3** [1938] 317, 331). — Krystalle (aus A.); F: 208—208,5° [korr.].

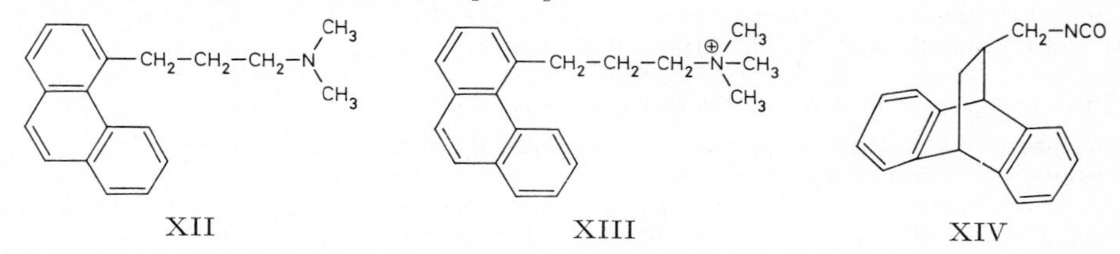

XII XIII XIV

11-Aminomethyl-9.10-dihydro-9.10-äthano-anthracen, *C*-[9.10-Dihydro-9.10-äthano-anthracenyl-(11)]-methylamin $C_{17}H_{17}N$.

(±)-11-Isocyanatomethyl-9.10-dihydro-9.10-äthano-anthracen, (±)-[9.10-Dihydro-9.10-äthano-anthracenyl-(11)]-methylisocyanat, (±)-*isocyanic acid (9,10-dihydro-9,10-ethanoanthracen-11-yl)methyl ester* $C_{18}H_{15}NO$, Formel XIV.

B. Aus (±)-11-Aminomethyl-9.10-dihydro-9.10-äthano-anthracen (nicht näher beschrieben) und Phosgen (*Siefken*, A. **562** [1949] 75, 100, 120).

F: 92—94°.

Amine $C_{18}H_{19}N$

2-Amino-1-methyl-7-isopropyl-phenanthren, 1-Methyl-7-isopropyl-phenanthryl-(2)-amin, $C_{18}H_{19}N$.

2-Acetamino-1-methyl-7-isopropyl-phenanthren, *N*-[1-Methyl-7-isopropyl-phenanthryl-(2)]-acetamid, N-*(7-isopropyl-1-methyl-2-phenanthryl)acetamide* $C_{20}H_{21}NO$, Formel I.

B. Aus 1-[1-Methyl-7-isopropyl-phenanthryl-(2)]-äthanon-(1)-*seqtrans*-oxim mit Hilfe von Phosphor(V)-chlorid (*Buu-Hoi et al.*, Bl. **1948** 329, 332).

Krystalle (aus A. + Toluol); F: 252—253°.

3-Amino-1-methyl-7-isopropyl-phenanthren, 1-Methyl-7-isopropyl-phenanthryl-(3)-amin, *7-isopropyl-1-methyl-3-phenanthrylamine* $C_{18}H_{19}N$, Formel II (R = X = H).

Über die Konstitution dieser ursprünglich (*Adelson, Bogert*, Am. Soc. **58** [1936] 653) als 8-Methyl-2-isopropyl-phenanthryl-(3)-amin („6-Amino-reten") formulierten Verbindung s. *Cassaday, Bogert*, Am. Soc. **63** [1941] 703.

B. Aus *N*-[1-Methyl-7-isopropyl-phenanthryl-(3)]-acetamid beim Erwärmen mit äthanol. Kalilauge (*Ad., Bo.*), mit Kaliumhydroxid in Propanol-(1) (*Ca., Bo.*, l. c. S. 706) oder mit Chlorwasserstoff in Äthanol (*Elderfield, Dodd, Gensler*, J. org. Chem. **12** [1947] 393, 398). Aus *N*-[1-Methyl-7-isopropyl-phenanthryl-(3)]-succinamidsäure-äthylester beim Erhitzen mit Kaliumhydroxid in Propanol-(1) oder mit einem Gemisch von Essigsäure und wss. Salzsäure (*Ca., Bo.*).

Krystalle (aus A.); F: 139,5—140° [korr.] (*Ad., Bo.*), 139—140° [korr.] (*Ca., Bo.*).

Beim Erwärmen mit Benzaldehyd in Äthanol und anschliessend mit Brenztraubensäure ist 4-[1-Methyl-7-isopropyl-phenanthryl-(3)-imino]-2-phenyl-1-[1-methyl-7-isopropyl-phenanthryl-(3)]-pyrrolidinon-(5) (F: 218—219°) erhalten worden (*Ca., Bo.*, l. c. S. 707). Bildung von [1-Methyl-7-isopropyl-phenanthryl-(3)]-oxamidsäure beim Erhitzen mit Oxalsäure auf 160°: *Karrman, Sihlbom*, Svensk kem. Tidskr. **57** [1945] 284, 288.

Hydrochlorid $C_{18}H_{19}N \cdot HCl$. Krystalle; F: 269—275° [korr.; Zers.; aus Ae.] (*El., Dodd, Ge.*), 267—273° [korr.; Zers.; nach Sintern bei 255°; evakuierte Kapillare; aus wss. Salzsäure] (*Ca., Bo.*).

Hydrojodid $C_{18}H_{19}N \cdot HI$. Krystalle (aus A.), die unterhalb 300° nicht schmelzen (*Karrman*, Svensk kem. Tidskr. **57** [1945] 201, 205).

Sulfat $2C_{18}H_{19}N \cdot H_2SO_4$. Krystalle, die unterhalb 300° nicht schmelzen (*Ka.*).

Nitrat $C_{18}H_{19}N \cdot HNO_3$. Krystalle; F: ca. 215° [Zers.] (*Ka.*).

Hydrogenoxalat $C_{18}H_{19}N \cdot C_2H_2O_4$. Krystalle (aus A.); F: 212—212,5° (*Ka., Si.*).

3-Anilino-1-methyl-7-isopropyl-phenanthren, Phenyl-[1-methyl-7-isopropyl-phenanthryl-(3)]-amin, *7-isopropyl-1-methyl-*N*-phenyl-3-phenanthrylamine* $C_{24}H_{23}N$, Formel II (R = C_6H_5, X = H).

B. Beim Erhitzen von 1-Methyl-7-isopropyl-phenanthrol-(3) mit Anilin und wenig Jod auf 250° (*Karrman*, Svensk kem. Tidskr. **58** [1946] 92, 93).

Gelbliche Krystalle (aus Bzn.); F: 127—128°.

Beim Erhitzen mit Schwefel und wenig Jod bis auf 190° ist eine Verbindung $C_{24}H_{21}NS$ (Krystalle [aus Toluol]; F: ca. 210°) erhalten worden.

Hydrochlorid $C_{24}H_{23}N \cdot HCl$. F: 149—151°.

Pikrat $C_{24}H_{23}N \cdot C_6H_3N_3O_7$. Braun; F: 164,5—166°.

Äthyl-phenyl-[1-methyl-7-isopropyl-phenanthryl-(3)]-amin, N*-ethyl-7-isopropyl-1-methyl-*N*-phenyl-3-phenanthrylamine* $C_{26}H_{27}N$, Formel II (R = C_6H_5, X = C_2H_5).

B. Beim Erhitzen von 1-Methyl-7-isopropyl-phenanthrol-(3) mit *N*-Äthyl-anilin und wenig Jod auf 300° (*Karrman*, Svensk kem. Tidskr. **58** [1946] 92, 96).

Gelbliche Krystalle (aus Bzn.); F: 126—127,5°.

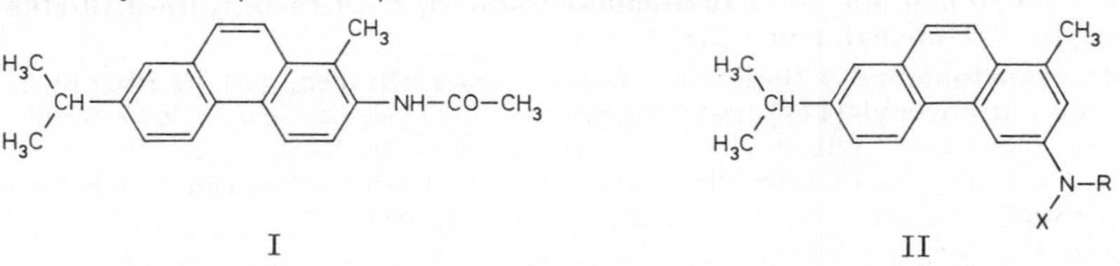

I II

3-*o*-Toluidino-1-methyl-7-isopropyl-phenanthren, *o*-Tolyl-[1-methyl-7-isopropyl-phenanthryl-(3)]-amin, *7-isopropyl-1-methyl-*N-o*-tolyl-3-phenanthrylamine* $C_{25}H_{25}N$, Formel III (R = H, X = CH_3).

B. Beim Erhitzen von 1-Methyl-7-isopropyl-phenanthrol-(3) mit *o*-Toluidin und wenig Jod auf 250° (*Karrman*, Svensk kem. Tidskr. **58** [1946] 92, 95).

Krystalle (aus Bzn.); F: 119—120°.

3-*p*-Toluidino-1-methyl-7-isopropyl-phenanthren, *p*-Tolyl-[1-methyl-7-isopropyl-phenanthryl-(3)]-amin, *7-isopropyl-1-methyl-*N-p*-tolyl-3-phenanthrylamine* $C_{25}H_{25}N$, Formel III (R = CH_3, X = H).

B. Beim Erhitzen von 1-Methyl-7-isopropyl-phenanthrol-(3) mit *p*-Toluidin und wenig Jod auf 250° (*Karrman*, Svensk kem. Tidskr. **58** [1946] 92, 95).

Krystalle (aus Bzn. + Bzl.); F: 154—154,5°.

Pikrat $C_{25}H_{25}N \cdot C_6H_3N_3O_7$. Braune Krystalle (aus Propanol-(1)); F: 176—177,5°.

3-[Naphthyl-(2)-amino]-1-methyl-7-isopropyl-phenanthren, [Naphthyl-(2)]-[1-methyl-7-isopropyl-phenanthryl-(3)]-amin, *7-isopropyl-1-methyl-*N-*(2-naphthyl)-3-phenanthryl=amine* $C_{28}H_{25}N$, Formel IV.

B. Beim Erhitzen von 1-Methyl-7-isopropyl-phenanthryl-(3)-amin mit Naphthol-(2) und wenig Jod auf 175° (*Karrman*, Svensk kem. Tidskr. **58** [1946] 92, 97).

Krystalle (aus Bzn.); F: 161–161,5°.

Pikrat $C_{28}H_{25}N \cdot 2C_6H_3N_3O_7$. Krystalle (aus Propanol-(1)); F: 172–173°.

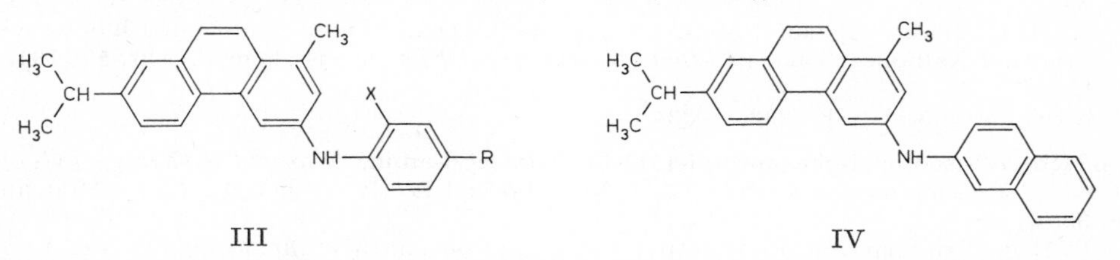

[1-Methyl-7-isopropyl-phenanthryl-(3)]-benzyliden-amin, Benzaldehyd-[1-methyl-7-iso=propyl-phenanthryl-(3)-imin], N-*benzylidene-7-isopropyl-1-methyl-3-phenanthrylamine* $C_{25}H_{23}N$, Formel V.

B. Aus 1-Methyl-7-isopropyl-phenanthryl-(3)-amin und Benzaldehyd in Äthanol (*Cassaday*, *Bogert*, Am. Soc. **63** [1941] 703, 708).

Gelbe Krystalle (aus Me.); F: 88–89°. An feuchter Luft nicht beständig.

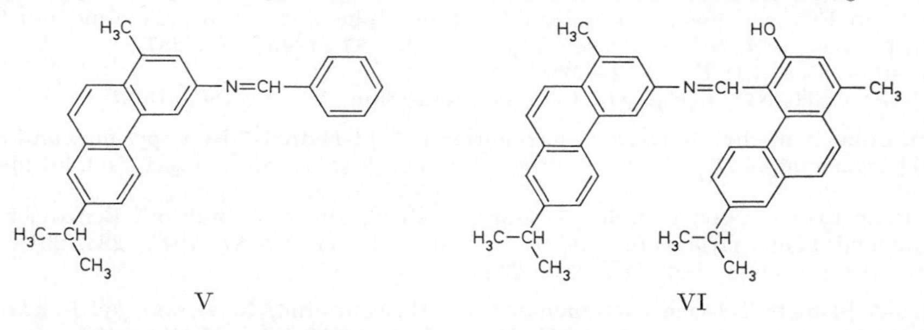

3-Hydroxy-1-methyl-7-isopropyl-phenanthren-carbaldehyd-(4)-[1-methyl-7-isopropyl-phenanthryl-(3)-imin], *7-isopropyl-4-*[N-*(7-isopropyl-1-methyl-3-phenanthryl)formimid=oyl]-1-methyl-3-phenanthrol* $C_{37}H_{35}NO$, Formel VI.

B. Aus 1-Methyl-7-isopropyl-phenanthryl-(3)-amin und 3-Hydroxy-1-methyl-7-iso=propyl-phenanthren-carbaldehyd-(4) (E III **8** 1592) in Äthanol (*Karrman*, Svensk kem. Tidskr. **58** [1946] 293, 299).

F: 244,5–245,5°.

3-Formamino-1-methyl-7-isopropyl-phenanthren, *N*-[1-Methyl-7-isopropyl-phenanthr=yl-(3)]-formamid, N-*(7-isopropyl-1-methyl-3-phenanthryl)formamide* $C_{19}H_{19}NO$, Formel II (R = CHO, X = H).

B. Beim Erhitzen von 1-Methyl-7-isopropyl-phenanthryl-(3)-amin mit Ameisensäure (*Karrman*, *Sihlbom*, Svensk kem. Tidskr. **57** [1945] 284, 285).

Krystalle (aus Toluol); F: 183–184,5°.

3-Acetamino-1-methyl-7-isopropyl-phenanthren, *N*-[1-Methyl-7-isopropyl-phenanthr=yl-(3)]-acetamid, N-*(7-isopropyl-1-methyl-3-phenanthryl)acetamide* $C_{20}H_{21}NO$, Formel II (R = CO-CH_3, X = H).

B. Aus 1-[1-Methyl-7-isopropyl-phenanthryl-(3)]-äthanon-(1)-*seqtrans*-oxim mit Hilfe von Phosphor(V)-chlorid (*Elderfield*, *Dodd*, *Gensler*, J. org. Chem. **12** [1947] 393, 397; vgl. *Adelson*, *Bogert*, Am. Soc. **58** [1936] 653; *Cassaday*, *Bogert*, Am. Soc. **63** [1941] 703, 706). Aus 1-Methyl-7-isopropyl-phenanthrol-(3) beim Erhitzen mit Ammoniumchlorid, Natriumacetat und Essigsäure unter 25 at auf 250° (*Karrman*, Svensk kem. Tidskr. **57** [1945] 201, 202).

Krystalle; F: 241–241,5° [korr.; aus A.] (*El.*, *Dodd*, *Ge.*), 240–241° [korr.; aus Toluol]

(*Ca.*, *Bo.*), 239—240° [aus Xylol] (*Ka.*).

Beim Erwärmen einer Suspension in Schwefelkohlenstoff mit Acetanhydrid und Aluminiumchlorid ist 1-[3-Acetamino-1-methyl-7-isopropyl-phenanthryl-(9)]-äthanon-(1) erhalten worden (*El.*, *Dodd*, *Ge.*, l. c. S. 401).

C-Chlor-N-[1-methyl-7-isopropyl-phenanthryl-(3)]-acetamid, *2-chloro-*N-*(7-isopropyl-1-methyl-3-phenanthryl)acetamide* $C_{20}H_{20}ClNO$, Formel II (R = CO-CH_2Cl, X = H) auf S. 3354.

B. Beim Erwärmen von 1-Methyl-7-isopropyl-phenanthryl-(3)-amin mit Chloracetylchlorid und Kaliumcarbonat in Äther (*Karrman*, *Sihlbom*, Svensk kem. Tidskr. **57** [1945] 284, 293).

Krystalle (aus A.); F: 232,5—234°.

[1-Methyl-7-isopropyl-phenanthryl-(3)]-formyl-acetyl-amin, N-*formyl-*N-*(7-isopropyl-1-methyl-3-phenanthryl)acetamide* $C_{21}H_{21}NO_2$, Formel II (R = CO-CH_3, X = CHO) auf S. 3354.

B. Beim Erhitzen von *N*-[1-Methyl-7-isopropyl-phenanthryl-(3)]-formamid mit Acetanhydrid (*Karrman*, *Sihlbom*, Svensk kem. Tidskr. **57** [1945] 284, 287).

Krystalle (aus Eg.); F: 215,5—217°.

Pikrat $C_{21}H_{21}NO_2 \cdot C_6H_3N_3O_7$. Gelbrote Krystalle (aus A.); F: 185—187°.

3-Diacetylamino-1-methyl-7-isopropyl-phenanthren, N-[1-Methyl-7-isopropyl-phenanthryl-(3)]-diacetamid, N-*(7-isopropyl-1-methyl-3-phenanthryl)diacetamide* $C_{22}H_{23}NO_2$, Formel II (R = X = CO-CH_3) auf S. 3354.

B. Beim Erhitzen von *N*-[1-Methyl-7-isopropyl-phenanthryl-(3)]-acetamid mit Acetanhydrid (*Karrman*, *Sihlbom*, Svensk kem. Tidskr. **57** [1945] 284, 287).

Krystalle (aus A.); F: 221,5—222°.

Pikrat $C_{22}H_{23}NO_2 \cdot C_6H_3N_3O_7$. Rote Krystalle (aus A.); F: 180—180,5°.

3-Benzamino-1-methyl-7-isopropyl-phenanthren, N-[1-Methyl-7-isopropyl-phenanthryl-(3)]-benzamid, N-*(7-isopropyl-1-methyl-3-phenanthryl)benzamide* $C_{25}H_{23}NO$, Formel VII (R = X = H).

B. Beim Erhitzen von 1-Methyl-7-isopropyl-phenanthryl-(3)-amin mit Benzoylchlorid, Pyridin und Toluol (*Karrman*, *Sihlbom*, Svensk kem. Tidskr. **57** [1945] 284, 291).

Krystalle (aus wss. Eg.); F: 234—234,5°.

4-Nitro-N-[1-methyl-7-isopropyl-phenanthryl-(3)]-benzamid, N-*(7-isopropyl-1-methyl-3-phenanthryl)-*p-*nitrobenzamide* $C_{25}H_{22}N_2O_3$, Formel VII (R = H, X = NO_2).

B. Beim Erhitzen von 1-Methyl-7-isopropyl-phenanthryl-(3)-amin mit 4-Nitro-benzoylchlorid, Pyridin und Toluol (*Karrman*, *Sihlbom*, Svensk kem. Tidskr. **57** [1945] 284, 292).

Krystalle (aus wss. Eg.); F: 245—247°.

Pikrat $C_{25}H_{22}N_2O_3 \cdot C_6H_3N_3O_7$. Orangerote Krystalle (aus A.); F: 159—160°.

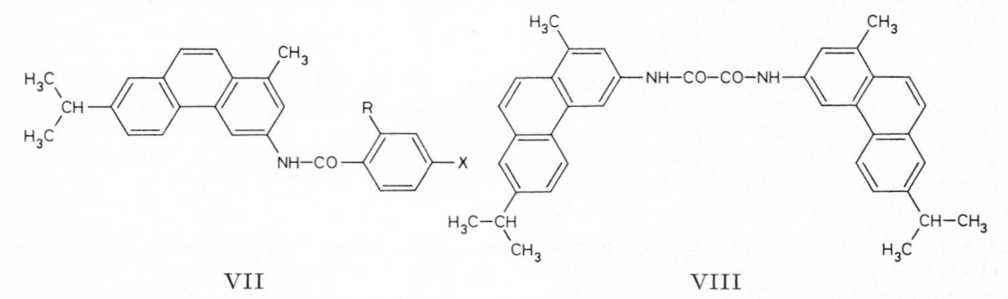

[1-Methyl-7-isopropyl-phenanthryl-(3)]-oxamidsäure, *(7-isopropyl-1-methyl-3-phenanthryl)oxamic acid* $C_{20}H_{19}NO_3$, Formel II (R = CO-COOH, X = H) auf S. 3354.

B. Beim Erhitzen von 1-Methyl-7-isopropyl-phenanthryl-(3)-amin mit Oxalsäure auf 160° (*Karrman*, *Sihlbom*, Svensk kem. Tidskr. **57** [1945] 284, 289).

Krystalle (aus A. + wss. H_2SO_4) mit 1 Mol H_2O; F: 189—190° [Zers.].

Pikrat $C_{20}H_{19}NO_3 \cdot C_6H_3N_3O_7$. Gelbrote Krystalle (aus A.) mit 1 Mol H_2O; F: 160—161° [Zers.].

***N.N'*-Bis-[1-methyl-7-isopropyl-phenanthryl-(3)]-oxamid,** N,N'-*bis(7-isopropyl-1-methyl-3-phenanthryl)oxamide* $C_{38}H_{36}N_2O_2$, Formel VIII.

B. Aus 1-Methyl-7-isopropyl-phenanthryl-(3)-amin und Oxalylchlorid in Äther (*Karrman, Sihlbom,* Svensk kem. Tidskr. **57** [1945] 284, 290).

Krystalle (aus Xylol); die unterhalb 305° nicht schmelzen.

***N*-[1-Methyl-7-isopropyl-phenanthryl-(3)]-succinamidsäure-äthylester,** N-(*7-isopropyl-1-methyl-3-phenanthryl)succinamic acid ethyl ester* $C_{24}H_{27}NO_3$, Formel II (R = $CO\text{-}CH_2\text{-}CH_2\text{-}CO\text{-}OC_2H_5$, X = H) auf S. 3354.

B. Aus 4-Hydroxyimino-4-[1-methyl-7-isopropyl-phenanthryl-(3)]-buttersäure-äthylester beim Behandeln mit Phosphor(V)-chlorid in Äther (*Cassaday, Bogert,* Am. Soc. **63** [1941] 703, 705).

Krystalle (aus Bzn.); F: 168—169° [korr.].

***N*-[1-Methyl-7-isopropyl-phenanthryl-(3)]-phthalamidsäure,** N-(*7-isopropyl-1-methyl-3-phenanthryl)phthalamic acid* $C_{26}H_{23}NO_3$, Formel VII (R = COOH, X = H).

B. Beim Erhitzen von 1-Methyl-7-isopropyl-phenanthryl-(3)-amin mit Phthalsäureanhydrid in Xylol (*Karrman, Sihlbom,* Svensk kem. Tidskr. **57** [1945] 284, 290).

Krystalle (aus wss. A.); F: ca. 190° [Zers.].

[1-Methyl-7-isopropyl-phenanthryl-(3)]-carbamidsäure-äthylester, (*7-isopropyl-1-methyl-3-phenanthryl)carbamic acid ethyl ester* $C_{21}H_{23}NO_2$, Formel II (R = $CO\text{-}OC_2H_5$, X = H) auf S. 3354.

B. Beim Erwärmen von 1-Methyl-7-isopropyl-phenanthryl-(3)-amin mit Chlorameisensäure-äthylester und Kaliumcarbonat in Äther (*Karrman, Sihlbom,* Svensk kem. Tidskr. **57** [1945] 284, 296).

Krystalle (aus A.); F: 183,2—183,5°.

Pikrat $C_{21}H_{23}NO_2 \cdot C_6H_3N_3O_7$. Rote Krystalle (aus A.); F: 142—142,5°.

***N*-Phenyl-*N'*-[1-methyl-7-isopropyl-phenanthryl-(3)]-harnstoff,** *1-(7-isopropyl-1-methyl-3-phenanthryl)-3-phenylurea* $C_{25}H_{24}N_2O$, Formel IX (X = H).

B. Aus 1-Methyl-7-isopropyl-phenanthryl-(3)-amin und Phenylisocyanat in Äther (*Karrman, Sihlbom,* Svensk kem. Tidskr. **57** [1945] 284, 295).

Krystalle (aus A.); F: 286—290° [Zers.].

***N*-[3-Nitro-phenyl]-*N'*-[1-methyl-7-isopropyl-phenanthryl-(3)]-harnstoff,** *1-(7-isopropyl-1-methyl-3-phenanthryl)-3-(*m*-nitrophenyl)urea* $C_{25}H_{23}N_3O_3$, Formel IX (X = NO_2).

B. Beim Erhitzen von 1-Methyl-7-isopropyl-phenanthryl-(3)-amin mit 3-Nitro-benzoylazid in Xylol (*Karrman,* Svensk kem. Tidskr. **60** [1948] 61).

Krystalle (aus Butanol-(1)); F: 260—261°.

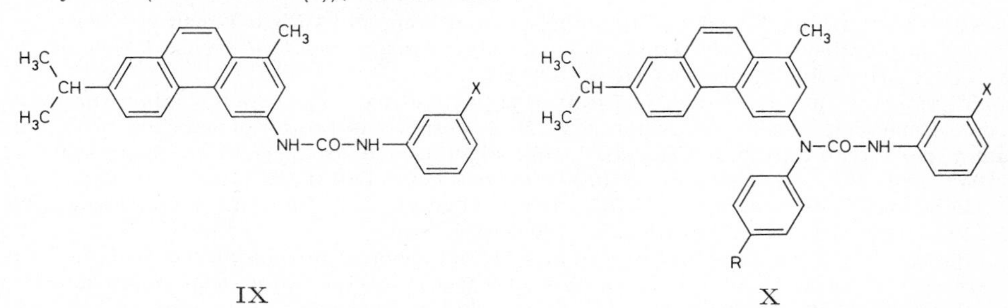

IX X

***N.N'*-Diphenyl-*N*-[1-methyl-7-isopropyl-phenanthryl-(3)]-harnstoff,** *1-(7-isopropyl-1-methyl-3-phenanthryl)-1,3-diphenylurea* $C_{31}H_{28}N_2O$, Formel X (R = X = H).

B. Aus Phenyl-[1-methyl-7-isopropyl-phenanthryl-(3)]-amin und Phenylisocyanat in Benzin (*Karrman,* Svensk kem. Tidskr. **58** [1946] 92, 93).

Krystalle (aus Bzn.); F: 164—165°.

***N*-[3-Nitro-phenyl]-*N'*-*p*-tolyl-*N'*-[1-methyl-7-isopropyl-phenanthryl-(3)]-harnstoff,** *1-(7-isopropyl-1-methyl-3-phenanthryl)-3-(*m*-nitrophenyl)-1-*p*-tolylurea* $C_{32}H_{29}N_3O_3$, Formel X (R = CH_3, X = NO_2).

B. Beim Erhitzen von *p*-Tolyl-[1-methyl-7-isopropyl-phenanthryl-(3)]-amin mit

3-Nitro-benzoylazid in Xylol (*Karrman*, Svensk kem. Tidskr. **60** [1948] 61).
Krystalle (aus Butanol-(1)); F: 223—225°.

***N*-[1-Methyl-7-isopropyl-phenanthryl-(3)]-toluolsulfonamid-(4)**, N-(*7-isopropyl-1-methyl-3-phenanthryl*)-p-*toluenesulfonamide* $C_{25}H_{25}NO_2S$, Formel I.

B. Aus 1-Methyl-7-isopropyl-phenanthryl-(3)-amin und Toluol-sulfonylchlorid-(4) in Benzol und Pyridin (*Karrman, Sihlbom*, Svensk kem. Tidskr. **57** [1945] 284, 294).

Krystalle (aus wss. A.); F: 209—210°.

Pikrat $C_{25}H_{25}NO_2S \cdot C_6H_3N_3O_7$. Orangerote Krystalle ohne scharfen Schmelzpunkt.

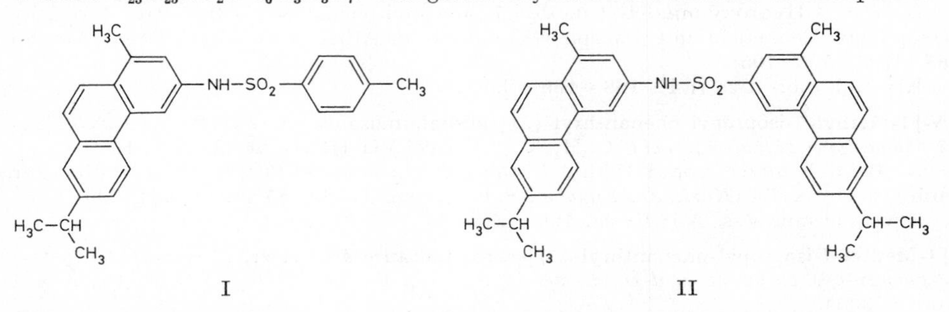

1-Methyl-7-isopropyl-*N*-[1-methyl-7-isopropyl-phenanthryl-(3)]-phenanthrensulfonamid-(3), *7-isopropyl*-N-(*7-isopropyl-1-methyl-3-phenanthryl*)-*1-methylphenanthrene-3-sulfonamide* $C_{36}H_{35}NO_2S$, Formel II.

B. Aus 1-Methyl-7-isopropyl-phenanthryl-(3)-amin und 1-Methyl-7-isopropyl-phenanthren-sulfonylchlorid-(3) in Benzol und Pyridin (*Karrman, Sihlbom*, Svensk kem. Tidskr. **57** [1945] 284, 295).

Krystalle (aus Xylol); F: 259—260°.

4-Nitro-3-amino-1-methyl-7-isopropyl-phenanthren, 4-Nitro-1-methyl-7-isopropyl-phenanthryl-(3)-amin, *7-isopropyl-1-methyl-4-nitro-3-phenanthrylamine* $C_{18}H_{18}N_2O_2$, Formel III (R = H).

B. Aus *N*-[4-Nitro-1-methyl-7-isopropyl-phenanthryl-(3)]-acetamid beim Erwärmen mit wss.-äthanol. Kalilauge (*Sihlbom*, Acta chem. scand. **2** [1948] 486, 495).

Krystalle (aus A.); F: 124—125°.

Hydrochlorid $C_{18}H_{18}N_2O_2 \cdot HCl$. Gelbliche Krystalle; Zers. bei ca. 155°.

Pikrat $C_{18}H_{18}N_2O_2 \cdot C_6H_3N_3O_7$. Rotbraune Krystalle (aus A.); F: 145° [Zers.].

4-Nitro-3-acetamino-1-methyl-7-isopropyl-phenanthren, *N*-[4-Nitro-1-methyl-7-isopropyl-phenanthryl-(3)]-acetamid, N-(*7-isopropyl-1-methyl-4-nitro-3-phenanthryl*)*acetamide* $C_{20}H_{20}N_2O_3$, Formel III (R = CO-CH_3).

B. Neben *N*-[9-Nitro-1-methyl-7-isopropyl-phenanthryl-(3)]-acetamid (Hauptprodukt) beim Behandeln einer Suspension von *N*-[1-Methyl-7-isopropyl-phenanthryl-(3)]-acetamid in Propionsäure und Essigsäure mit Salpetersäure (*Sihlbom*, Acta chem. scand. **2** [1948] 486, 493; vgl. *Karrman, Sihlbom*, Svensk kem. Tidskr. **58** [1946] 189, 192).

Gelbe Krystalle (aus Me.), F: 197—198°; Krystalle (aus Eg.) mit 1 Mol Essigsäure, F: 197—198° [nach dem Trocknen bei 120°] (*Ka., Si.*).

Bildung von 2.5-Dimethyl-9-isopropyl-1*H*(3*H*)-phenanthro[3.4]imidazol beim Erwärmen mit Zinn(II)-chlorid, Essigsäure und wss. Salzsäure unter Einleiten von Chlorwasserstoff: *Si.*, l. c. S. 494.

9-Nitro-3-amino-1-methyl-7-isopropyl-phenanthren, 9-Nitro-1-methyl-7-isopropyl-phenanthryl-(3)-amin, *7-isopropyl-1-methyl-9-nitro-3-phenanthrylamine* $C_{18}H_{18}N_2O_2$, Formel IV (R = X = H).

B. Aus *N*-[9-Nitro-1-methyl-7-isopropyl-phenanthryl-(3)]-acetamid beim Erwärmen mit wss.-äthanol. Salzsäure (*Karrman, Sihlbom*, Svensk kem. Tidskr. **58** [1946] 189, 194).

Rötlichgelbe Krystalle [aus A.] (*Sihlbom*, Acta chem. scand. **2** [1948] 486, 499); F: 156° bis 157° [korr.] (*Sihlbom*, Acta chem. scand. **7** [1953] 790, 794).

Pikrat $C_{18}H_{18}N_2O_2 \cdot C_6H_3N_3O_7$. Gelbe Krystalle (aus A.); F: 182—183° [Zers.] (*Si.*, Acta chem. scand. **2** 499).

9-Nitro-3-acetamino-1-methyl-7-isopropyl-phenanthren, *N*-[9-Nitro-1-methyl-7-iso=propyl-phenanthryl-(3)]-acetamid, N-(*7-isopropyl-1-methyl-9-nitro-3-phenanthryl)acet=amide* $C_{20}H_{20}N_2O_3$, Formel IV (R = CO-CH_3, X = H).

B. s. S. 3358 im Artikel *N*-[4-Nitro-1-methyl-7-isopropyl-phenanthryl-(3)]-acetamid.

Gelbe Krystalle (aus Eg.); F: 289—290° (*Karrman, Sihlbom,* Svensk kem. Tidskr. **58** [1946] 189, 192).

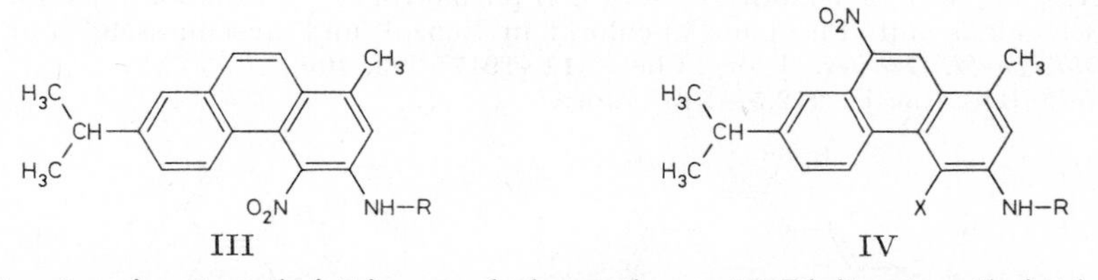

III IV

4.9-Dinitro-3-amino-1-methyl-7-isopropyl-phenanthren, 4.9-Dinitro-1-methyl-7-iso=propyl-phenanthryl-(3)-amin, *7-isopropyl-1-methyl-4,9-dinitro-3-phenanthrylamine* $C_{18}H_{17}N_3O_4$, Formel IV (R = H, X = NO_2).

Konstitution: *Sihlbom,* Acta chem. scand. **2** [1948] 486, 490.

B. Aus *N*-[4.9-Dinitro-1-methyl-7-isopropyl-phenanthryl-(3)]-acetamid beim Erwärmen mit wss.-äthanol. Salzsäure (*Karrman, Sihlbom,* Svensk kem. Tidskr. **58** [1946] 189, 194).

Gelbbraune Krystalle (aus A.); F: 210,5—211°.

4.9-Dinitro-3-acetamino-1-methyl-7-isopropyl-phenanthren, *N*-[4.9-Dinitro-1-methyl-7-isopropyl-phenanthryl-(3)]-acetamid, N-(*7-isopropyl-1-methyl-4,9-dinitro-3-phenanth=ryl)acetamide* $C_{20}H_{19}N_3O_5$, Formel IV (R = CO-CH_3, X = NO_2).

B. Beim Behandeln einer Suspension von *N*-[1-Methyl-7-isopropyl-phenanthryl-(3)]-acetamid in Essigsäure und Propionsäure mit Salpetersäure bei 50° (*Karrman, Sihlbom,* Svensk kem. Tidskr. **58** [1946] 189, 192).

Gelbe Krystalle (aus Eg.); F: 235—236°.

Beim Erwärmen mit Salpetersäure und Essigsäure ist *N*-[4.9.x-Trinitro-1-methyl-7-isopropyl-phenanthryl-(3)]-acetamid $C_{20}H_{18}N_4O_7$ (gelbe Krystalle [aus Prop=anol-(1)]; F: ca. 250° [Zers.]) erhalten worden.

9-Amino-1-methyl-7-isopropyl-phenanthren, 1-Methyl-7-isopropyl-phenanthryl-(9)-amin, *7-isopropyl-1-methyl-9-phenanthrylamine* $C_{18}H_{19}N$, Formel V (R = X = H).

B. Aus 9-Nitro-1-methyl-7-isopropyl-phenanthren beim Behandeln mit Zinn(II)-chlorid in Essigsäure unter Einleiten von Chlorwasserstoff (*Karrman, Sihlbom,* Svensk kem. Tidskr. **58** [1946] 189, 195). Aus 1-Methyl-7-isopropyl-phenanthrol-(9) beim Erhitzen mit Ammoniumsulfit und wss. Ammoniak auf 140° (*Elderfield, Dodd, Gensler,* J. org. Chem. **12** [1947] 393, 400). Aus 3-Chlor-1-methyl-7-isopropyl-phenanthryl-(9)-amin bei der Hydrierung an Palladium in Äthanol (*El., Dodd, Ge.*).

Gelbliche Krystalle; F: 131,5—132,5° [korr.; aus Ae. + PAe.] (*El., Dodd, Ge.*), 124,5° bis 125,5° [aus A.] (*Ka., Si.*).

Hydrochlorid. F: 245—248° [korr.] (*El., Dodd, Ge.*).

Pikrat. Gelbe Krystalle (aus A.); F: 190—192° [Zers.] (*Ka., Si.*).

9-Acetamino-1-methyl-7-isopropyl-phenanthren, *N*-[1-Methyl-7-isopropyl-phenanthr=yl-(9)]-acetamid, N-(*7-isopropyl-1-methyl-9-phenanthryl)acetamide* $C_{20}H_{21}NO$, Formel V (R = CO-CH_3, X = H).

B. Aus 1-Methyl-7-isopropyl-phenanthryl-(9)-amin und Acetanhydrid (*Karrman, Sihlbom,* Svensk kem. Tidskr. **58** [1946] 189, 195; *Elderfield, Dodd, Gensler,* J. org. Chem. **12** [1947] 393, 400).

Krystalle; F: 213—214° [aus A.] (*Ka., Si.*), 210,5—211° [korr.; aus E.] (*El., Dodd, Ge.*).

3-Chlor-9-amino-1-methyl-7-isopropyl-phenanthren, 3-Chlor-1-methyl-7-isopropyl-phen=anthryl-(9)-amin, *3-chloro-7-isopropyl-1-methyl-9-phenanthrylamine* $C_{18}H_{18}ClN$, Formel V (R = H, X = Cl).

B. Aus *N*-[3-Chlor-1-methyl-7-isopropyl-phenanthryl-(9)]-acetamid beim Erwärmen mit Chlorwasserstoff in Äthanol (*Elderfield, Dodd, Gensler,* J. org. Chem. **12** [1947] 393, 400).

Krystalle (aus Ae.); F: 158,5—159,5° [korr.].
Hydrochlorid. Krystalle (aus A.); F: 239—242,5° [korr.].

3-Chlor-9-acetamino-1-methyl-7-isopropyl-phenanthren, *N*-[3-Chlor-1-methyl-7-isopropyl-phenanthryl-(9)]-acetamid, N-(*3-chloro-7-isopropyl-1-methyl-9-phenanthryl)acetamide* $C_{20}H_{20}ClNO$, Formel V (R = CO-CH_3, X = Cl).

B. Aus 1-[3-Chlor-1-methyl-7-isopropyl-phenanthryl-(9)]-äthanon-(1)-*seqtrans*-oxim beim Behandeln mit Phosphor(V)-chlorid in Benzol und anschliessend mit Wasser (*Elderfield, Dodd, Gensler*, J. org. Chem. **12** [1947] 393, 400).

Krystalle (aus E.); F: 242,5—243° [korr.].

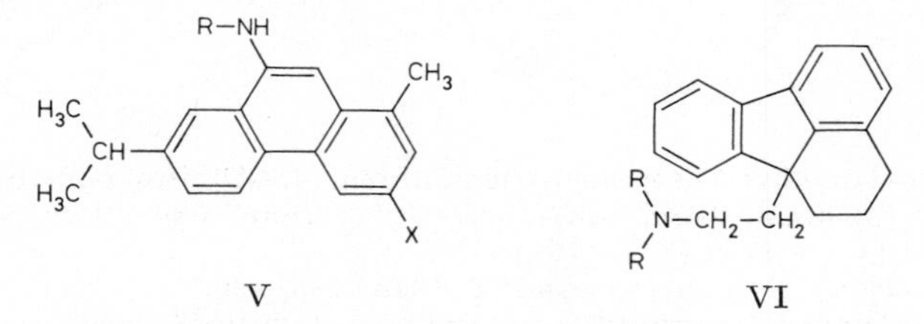

V VI

6a-[2-Amino-äthyl]-4.5.6.6a-tetrahydro-fluoranthen, 2-[4.5-Dihydro-6*H*-fluoranthenyl-(6a)]-äthylamin $C_{18}H_{19}N$.

(±)-6a-[2-Dimethylamino-äthyl]-4.5.6.6a-tetrahydro-fluoranthen, (±)-Dimethyl-[2-(4.5-dihydro-6*H*-fluoranthenyl-(6a))-äthyl]-amin, (±)-*2-(4,5-dihydrofluoranthen-6a*(6H)*-yl)*-N,N-*dimethylethylamine* $C_{20}H_{23}N$, Formel VI (R = CH_3).

B. Beim Erwärmen von (±)-1.2.3.10b-Tetrahydro-fluoranthen mit Natriumamid in Xylol und anschliessenden Erhitzen mit Dimethyl-[2-chlor-äthyl]-amin (*Hoffmann, Tagmann*, Helv. **30** [1947] 288, 290).

F: 78—80°. $Kp_{0,09}$: 150—154°.
Hydrochlorid $C_{20}H_{23}N \cdot HCl$. F: 263° [unkorr.].

(±)-6a-[2-Diäthylamino-äthyl]-4.5.6.6a-tetrahydro-fluoranthen, (±)-Diäthyl-[2-(4.5-dihydro-6*H*-fluoranthenyl-(6a))-äthyl]-amin, (±)-*2-(4,5-dihydrofluoranthen-6a*(6H)*-yl)triethylamine* $C_{22}H_{27}N$, Formel VI (R = C_2H_5).

B. Beim Erwärmen von (±)-1.2.3.10b-Tetrahydro-fluoranthen mit Diäthyl-[2-chlor-äthyl]-amin und Natriumamid in Toluol unter Stickstoff (*Hoffmann, Tagmann*, Helv. **30** [1947] 288, 290).

$Kp_{0,1}$: 170—172°.
Hydrochlorid. F: 240—241° [unkorr.].
Hydrogensulfat. F: 168—170° [unkorr.].
Nitrat. F: 158—160° [unkorr.].
Phosphat. Krystalle mit 1 Mol H_2O; F: 160—163° [unkorr.].
Pikrat $C_{22}H_{27}N \cdot C_6H_3N_3O_7$. F: 201—204° [unkorr.].

(±)-6a-[2-Dibutylamino-äthyl]-4.5.6.6a-tetrahydro-fluoranthen, (±)-[2-(4.5-Dihydro-6*H*-fluoranthenyl-(6a))-äthyl]-dibutyl-amin, (±)-N,N-*dibutyl-2-(4,5-dihydrofluoranthen-6a*(6H)*-yl)ethylamine* $C_{26}H_{35}N$, Formel VI (R = $[CH_2]_3$-CH_3).

B. Beim Erwärmen von (±)-1.2.3.10b-Tetrahydro-fluoranthen mit Natriumamid in Xylol und anschliessenden Erhitzen mit [2-Chlor-äthyl]-dibutyl-amin (*Hoffmann, Tagmann*, Helv. **30** [1947] 288, 290).

$Kp_{0,005}$: 165°.
Hydrochlorid $C_{26}H_{35}N \cdot HCl$. F: 179—180° [unkorr.; nach dem Trocknen bei 100°].

Amine $C_{19}H_{21}N$

6a-[3-Amino-propyl]-4.5.6.6a-tetrahydro-fluoranthen, 3-[4.5-Dihydro-6*H*-fluoranthenyl-(6a)]-propylamin $C_{19}H_{21}N$.

(±)-6a-[3-Diäthylamino-propyl]-4.5.6.6a-tetrahydro-fluoranthen, (±)-Diäthyl-[3-(4.5-dihydro-6*H*-fluoranthenyl-(6a))-propyl]-amin, (±)-*3-(4,5-dihydrofluoranthen-6a*(6H)*-yl)*-N,N-*diethylpropylamine* $C_{23}H_{29}N$, Formel VII (R = C_2H_5).

B. Beim Erwärmen von (±)-1.2.3.10b-Tetrahydro-fluoranthen mit Natriumamid in

Xylol und anschliessenden Erhitzen mit Diäthyl-[3-chlor-propyl]-amin (*Hoffmann, Tagmann*, Helv. **30** [1947] 288, 290).

$Kp_{0,04}$: 165—166°.

Hydrochlorid $C_{23}H_{29}N \cdot HCl$. F: 194—195° [unkorr.].

Pikrat $C_{23}H_{29}N \cdot C_6H_3N_3O_7$. F: 154—156° [unkorr.; nach Trocknen bei 100°].

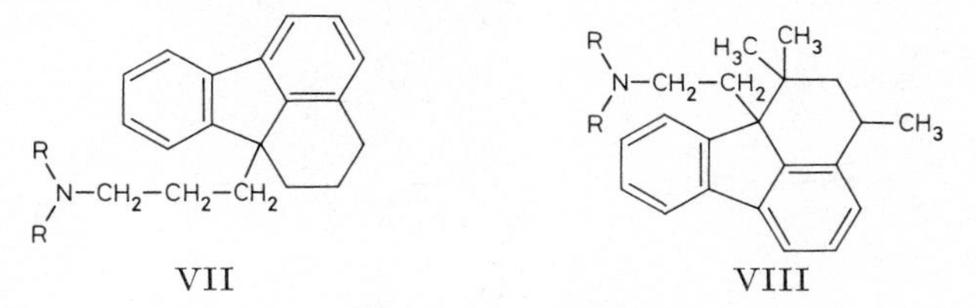

VII VIII

Amine $C_{21}H_{25}N$

1.1.3-Trimethyl-10b-[2-amino-äthyl]-1.2.3.10b-tetrahydro-fluoranthen, 2-[4.6.6-Trimethyl-4.5-dihydro-6*H*-fluoranthenyl-(6a)]-äthylamin $C_{21}H_{25}N$.

1.1.3-Trimethyl-10b-[2-dimethylamino-äthyl]-1.2.3.10b-tetrahydro-fluoranthen, Dimethyl-[2-(4.6.6-trimethyl-4.5-dihydro-6*H*-fluoranthenyl-(6a))-äthyl]-amin, N,N-*dimethyl-2-(4,6,6-trimethyl-4,5-dihydrofluoranthen-6a*(6H)*-yl)ethylamine* $C_{23}H_{29}N$, Formel VIII (R = CH_3).

Eine opt.-inakt. Verbindung ($Kp_{0,02}$: 141—143°; Hydrochlorid $C_{23}H_{29}N \cdot HCl$: F: 220—222° [unkorr.]) dieser Konstitution ist beim Erwärmen von opt.-inakt. 1.1.3-Trimethyl-1.2.3.10b-tetrahydro-fluoranthen (F: 104°) mit Natriumamid in Xylol und anschliessenden Erhitzen mit Dimethyl-[2-chlor-äthyl]-amin erhalten worden (*Hoffmann, Tagmann*, Helv. **30** [1947] 288, 290).

1.1.3-Trimethyl-10b-[2-diäthylamino-äthyl]-1.2.3.10b-tetrahydro-fluoranthen, Diäthyl-[2-(4.6.6-trimethyl-4.5-dihydro-6*H*-fluoranthenyl-(6a))-äthyl]-amin, *2-(4,6,6-trimethyl-4,5-dihydrofluoranthen-6a*(6H)*-yl)triethylamine* $C_{25}H_{33}N$, Formel VIII (R = C_2H_5).

Eine opt.-inakt. Verbindung ($Kp_{0,02}$: 140—145°; Hydrochlorid $C_{25}H_{33}N \cdot HCl$: F: 205—207° [unkorr.]) dieser Konstitution ist beim Erwärmen von opt.-inakt. 1.1.3-Trimethyl-1.2.3.10b-tetrahydro-fluoranthen (F: 104°) mit Natriumamid in Xylol und anschliessenden Erhitzen mit Diäthyl-[2-chlor-äthyl]-amin erhalten worden (*Hoffmann, Tagmann*, Helv. **30** [1947] 288, 290).

Monoamine $C_nH_{2n-19}N$

Amine $C_{16}H_{13}N$

4-Amino-1-phenyl-naphthalin, 4-Phenyl-naphthyl-(1)-amin $C_{16}H_{13}N$.

4-Acetamino-1-[4-chlor-phenyl]-naphthalin, *N*-[4-(4-Chlor-phenyl)-naphthyl-(1)]-acetamid, N-[*4-*(p-*chlorophenyl*)*-1-naphthyl*]*acetamide* $C_{18}H_{14}ClNO$, Formel I.

Eine Verbindung (Krystalle [aus wss. Eg.]; F: 215—216° [unkorr.]), der wahrscheinlich diese Konstitution zukommt, ist beim Behandeln von 4(?)-Nitro-1-[4-chlor-phenyl]-naphthalin (F: 120—121°) mit Zinn und Chlorwasserstoff in Äthanol und Behandeln des Reaktionsprodukts mit Acetanhydrid erhalten worden (*Bergmann, Szmuszkowicz*, Am. Soc. **70** [1948] 2748, 2751).

3-Nitro-4-amino-1-phenyl-naphthalin, 2-Nitro-4-phenyl-naphthyl-(1)-amin, *2-nitro-4-phenyl-1-naphthylamine* $C_{16}H_{12}N_2O_2$, Formel II (R = H).

B. Aus *N*-[2-Nitro-4-phenyl-naphthyl-(1)]-acetamid beim Erwärmen mit wss.-äthanol. Salzsäure (*Veselý, Štursa*, Collect. **5** [1933] 343, 345).

Orangefarbene Krystalle (aus Bzl.); F: 151—152°.

3-Nitro-4-acetamino-1-phenyl-naphthalin, *N*-[2-Nitro-4-phenyl-naphthyl-(1)]-acetamid, N-(*2-nitro-4-phenyl-1-naphthyl*)*acetamide* $C_{18}H_{14}N_2O_3$, Formel II (R = CO-CH_3).

B. Aus *N*-[4-Phenyl-naphthyl-(1)]-acetamid (E II 788) beim Behandeln mit Essigsäure und Salpetersäure (*Veselý, Štursa*, Collect. **5** [1933] 343, 345).

Krystalle (aus A.); F: 207—208°.

2-[Naphthyl-(1)]-anilin, o-*(1-naphthyl)aniline* $C_{16}H_{13}N$, Formel III (X = H).

B. Aus 1-[2-Nitro-phenyl]-naphthalin bei der Hydrierung an Palladium in Aceton (*Forrest, Tucker*, Soc. **1948** 1137, 1139).

Krystalle (aus PAe.); F: 65°.

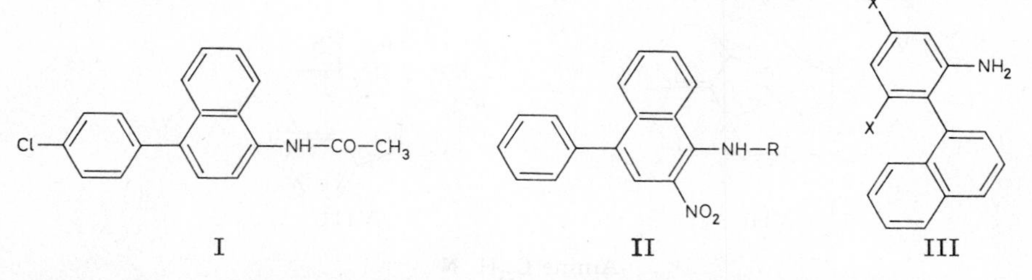

3.5-Dinitro-2-[naphthyl-(1)]-anilin, *2-(1-naphthyl)-3,5-dinitroaniline* $C_{16}H_{11}N_3O_4$, Formel III (X = NO_2).

a) **(+)-3.5-Dinitro-2-[naphthyl-(1)]-anilin.**

B. Aus (+)-3.5-Dinitro-2-[naphthyl-(1)]-benzamid beim Erwärmen mit alkal. wss. Natriumhypobromit-Lösung (*Wallis, Moyer*, Am. Soc. **55** [1933] 2598, 2602).

Gelbe Krystalle (aus wss. A.); F: 157—158°. $[\alpha]_D^{20}$: +292,4°; $[\alpha]_{656}^{20}$: +205,0°; $[\alpha]_{546}^{20}$: +398° [jeweils in A.; c = 0,3].

b) **(−)-3.5-Dinitro-2-[naphthyl-(1)]-anilin.**

Ein partiell racemisches Präparat (Krystalle; F: 201—206°; $[\alpha]_D^{20}$: −87,7° [A.]) ist aus partiell racemischem (−)-3.5-Dinitro-2-[naphthyl-(1)]-benzamid beim Erwärmen mit alkal. wss. Natriumhypobromit-Lösung erhalten worden (*Wallis, Moyer*, Am. Soc. **55** [1933] 2598, 2603).

c) **(±)-3.5-Dinitro-2-[naphthyl-(1)]-anilin.**

B. Aus (±)-3.5-Dinitro-2-[naphthyl-(1)]-benzamid beim Erwärmen mit alkal. wss. Natriumhypobromit-Lösung (*Wallis, Moyer*, Am. Soc. **55** [1933] 2598, 2602).

Orangegelbe Krystalle (aus A.); F: 205,5—206°.

1-Amino-2-phenyl-naphthalin, 2-Phenyl-naphthyl-(1)-amin, *2-phenyl-1-naphthylamine* $C_{16}H_{13}N$, Formel IV (R = X = H).

B. Aus 1-Nitro-2-phenyl-naphthalin beim Erhitzen mit wss. Essigsäure und Eisen (*Hey, Lawton*, Soc. **1940** 374, 379).

Krystalle (aus PAe.); F: 104°.

1-Acetamino-2-phenyl-naphthalin, ***N*-[2-Phenyl-naphthyl-(1)]-acetamid,** N-*(2-phenyl-1-naphthyl)acetamide* $C_{18}H_{15}NO$, Formel IV (R = CO-CH_3, X = H).

B. Aus 2-Phenyl-naphthyl-(1)-amin und Acetanhydrid (*Hey, Lawton*, Soc. **1940** 374, 379).

Krystalle (aus wss. A.); F: 234°.

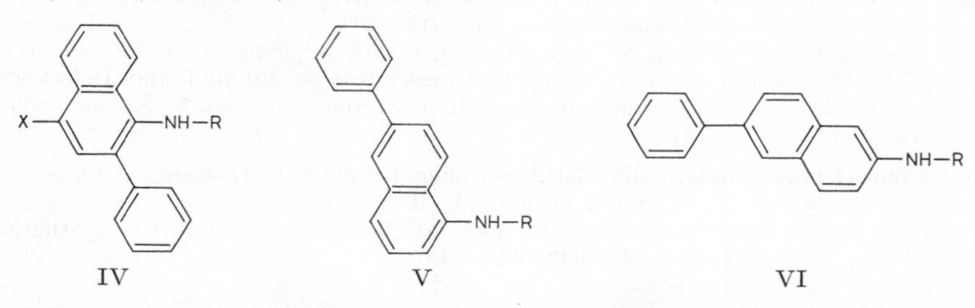

4-Chlor-1-amino-2-phenyl-naphthalin, 4-Chlor-2-phenyl-naphthyl-(1)-amin, *4-chloro-2-phenyl-1-naphthylamine* $C_{16}H_{12}ClN$, Formel IV (R = H, X = Cl).

B. Aus 1-Nitro-2-phenyl-naphthalin beim Erwärmen mit Äthanol, Zinn(II)-chlorid und wss. Salzsäure (*Hey, Lawton*, Soc. **1940** 374, 378).

Krystalle (aus PAe.); F: 79°.

4-Chlor-1-acetamino-2-phenyl-naphthalin, *N*-[4-Chlor-2-phenyl-naphthyl-(1)]-acetamid, N-(*4-chloro-2-phenyl-1-naphthyl)acetamide* $C_{18}H_{14}ClNO$, Formel IV (R = CO-CH_3, X = Cl).

B. Aus 4-Chlor-2-phenyl-naphthyl-(1)-amin und Acetanhydrid (*Hey, Lawton,* Soc. **1940** 374, 379).

Krystalle (aus wss. A.); F: 213°.

4-Nitro-1-amino-2-phenyl-naphthalin, 4-Nitro-2-phenyl-naphthyl-(1)-amin, *4-nitro-2-phenyl-1-naphthylamine* $C_{16}H_{12}N_2O_2$, Formel IV (R = H, X = NO_2).

B. Aus *N*-[4-Nitro-2-phenyl-naphthyl-(1)]-acetamid beim Erwärmen mit wss.-äthanol. Salzsäure (*Hey, Lawton,* Soc. **1940** 374, 379).

Krystalle (aus A.); F: 155°.

4-Nitro-1-acetamino-2-phenyl-naphthalin, *N*-[4-Nitro-2-phenyl-naphthyl-(1)]-acetamid, N-(*4-nitro-2-phenyl-1-naphthyl)acetamide* $C_{18}H_{14}N_2O_3$, Formel IV (R = CO-CH_3, X = NO_2).

B. Aus *N*-[2-Phenyl-naphthyl-(1)]-acetamid beim Behandeln mit Essigsäure und wss. Salpetersäure (*Hey, Lawton,* Soc. **1940** 374, 379).

Krystalle (aus A.); F: 230°.

5-Amino-2-phenyl-naphthalin, 6-Phenyl-naphthyl-(1)-amin, *6-phenyl-1-naphthylamine* $C_{16}H_{13}N$, Formel V (R = H).

B. Aus 5-Nitro-2-phenyl-naphthalin beim Erwärmen mit wss.-äthanol. Salzsäure und Eisen (*Hey, Lawton,* Soc. **1940** 374, 381).

Krystalle (aus PAe.); F: 142—143°.

5-Acetamino-2-phenyl-naphthalin, *N*-[6-Phenyl-naphthyl-(1)]-acetamid, N-(*6-phenyl-1-naphthyl)acetamide* $C_{18}H_{15}NO$, Formel V (R = CO-CH_3).

B. Aus 6-Phenyl-naphthyl-(1)-amin und Acetanhydrid (*Hey, Lawton,* Soc. **1940** 374, 381).

Krystalle (aus A.); F: 131°.

6-Amino-2-phenyl-naphthalin, 6-Phenyl-naphthyl-(2)-amin, *6-phenyl-2-naphthylamine* $C_{16}H_{13}N$, Formel VI (R = H).

B. Aus 6-Nitro-2-phenyl-naphthalin beim Erwärmen mit Äthanol, Zinn(II)-chlorid und wss. Salzsäure (*Hey, Lawton,* Soc. **1940** 374, 381).

Krystalle (aus Bzn.); F: 132°.

6-Acetamino-2-phenyl-naphthalin, *N*-[6-Phenyl-naphthyl-(2)]-acetamid, N-(*6-phenyl-2-naphthyl)acetamide* $C_{18}H_{15}NO$, Formel VI (R = CO-CH_3).

B. Aus 6-Phenyl-naphthyl-(2)-amin und Acetanhydrid (*Hey, Lawton,* Soc. **1940** 374, 382).

Krystalle (aus wss. A.); F: 199°.

8-Amino-2-phenyl-naphthalin, 7-Phenyl-naphthyl-(1)-amin, *7-phenyl-1-naphthylamine* $C_{16}H_{13}N$, Formel VII (R = H).

B. Aus 8-Nitro-2-phenyl-naphthalin beim Erwärmen mit wss.-äthanol. Salzsäure und Eisen (*Hey, Lawton,* Soc. **1940** 374, 382).

Gelbliche Krystalle (aus wss. A.); F: 94°.

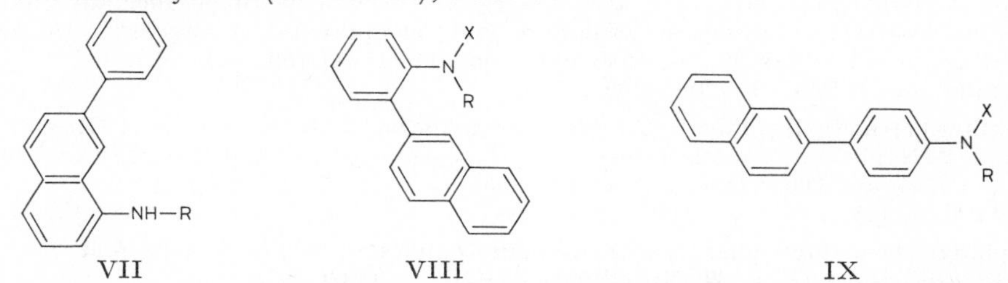

VII VIII IX

8-Acetamino-2-phenyl-naphthalin, *N*-[7-Phenyl-naphthyl-(1)]-acetamid, N-(*7-phenyl-1-naphthyl)acetamide* $C_{18}H_{15}NO$, Formel VII (R = CO-CH_3).

B. Aus 7-Phenyl-naphthyl-(1)-amin und Acetanhydrid (*Hey, Lawton,* Soc. **1940** 374, 382).

Krystalle (aus A.); F: 203°.

2-[Naphthyl-(2)]-anilin, o-(*2-naphthyl*)*aniline* $C_{16}H_{13}N$, Formel VIII (R = X = H) (H 1340).

B. Aus 2-[2-Nitro-phenyl]-naphthalin bei der Hydrierung an Raney-Nickel in Äthanol (*Haddow et al.*, Phil. Trans. [A] **241** [1948] 147, 191) sowie beim Erwärmen mit Zinn(II)-chlorid und wss.-äthanol. Salzsäure (*Hey, Lawton*, Soc. **1940** 374, 380).

F: 95° (*Hey, La.*).

N.N-Dimethyl-2-[naphthyl-(2)]-anilin, N,N-*dimethyl*-o-(*2-naphthyl*)*aniline* $C_{18}H_{17}N$, Formel VIII (R = X = CH_3).

B. Beim Erwärmen von 2-[Naphthyl-(2)]-anilin mit Methyljodid und Methanol und Erwärmen des Reaktionsprodukts mit Natriumäthylat in Äthanol (*Haddow et al.*, Phil. Trans. [A] **241** [1948] 147, 191).

Krystalle; F: 53–54°.

Pikrat. Krystalle (aus Toluol); F: 203–204° [unkorr.].

2-Acetamino-1-[naphthyl-(2)]-benzol, Essigsäure-[2-(naphthyl-(2))-anilid], *2'-(2-naphthyl)acetanilide* $C_{18}H_{15}NO$, Formel VIII (R = CO-CH_3, X = H).

B. Aus 2-[Naphthyl-(2)]-anilin und Acetanhydrid (*Hey, Lawton*, Soc. **1940** 374, 380).

Krystalle (aus A.); F: 204–205°.

4-[Naphthyl-(2)]-anilin, p-(*2-naphthyl*)*aniline* $C_{16}H_{13}N$, Formel IX (R = X = H).

B. Aus 2-[4-Nitro-phenyl]-naphthalin bei der Hydrierung an Raney-Nickel in Äthanol (*Haddow et al.*, Phil. Trans. [A] **241** [1948] 147, 191) sowie beim Erwärmen mit Zinn(II)-chlorid und wss.-äthanol. Salzsäure (*Hey, Lawton*, Soc. **1940** 374, 380).

Hellbraune Krystalle (aus PAe.); F: 99° (*Hey, La.*).

N.N-Dimethyl-4-[naphthyl-(2)]-anilin, N,N-*dimethyl*-p-(*2-naphthyl*)*aniline* $C_{18}H_{17}N$, Formel IX (R = X = CH_3).

B. Beim Erwärmen von 4-[Naphthyl-(2)]-anilin mit Methyljodid in Methanol und Erwärmen des Reaktionsprodukts mit Natriumäthylat in Äthanol (*Haddow et al.*, Phil. Trans. [A] **241** [1948] 147, 191).

Krystalle (aus Me. oder Cyclohexan); F: 129° [unkorr.].

4-Acetamino-1-[naphthyl-(2)]-benzol, Essigsäure-[4-(naphthyl-(2))-anilid], *4'-(2-naphthyl)acetanilide* $C_{18}H_{15}NO$, Formel IX (R = CO-CH_3, X = H).

B. Aus 4-[Naphthyl-(2)]-anilin und Acetanhydrid (*Hey, Lawton*, Soc. **1940** 374, 380).

Krystalle (aus A.); F: 206°.

Amine $C_{17}H_{15}N$

4-Amino-1-benzyl-naphthalin, 4-Benzyl-naphthyl-(1)-amin, *4-benzyl-1-naphthylamine* $C_{17}H_{15}N$, Formel I (R = H) (E II 788).

B. Aus N-[4-Benzyl-naphthyl-(1)]-acetamid beim Erhitzen mit wss. Salzsäure (*Dziewoński, Moszew*, Bl. Acad. polon. [A] **1930** 66, 70; Roczniki Chem. **11** [1931] 169, 186).

Krystalle (aus Bzn.); F: 114°.

4-Acetamino-1-benzyl-naphthalin, N-[4-Benzyl-naphthyl-(1)]-acetamid, N-(*4-benzyl-1-naphthyl*)*acetamide* $C_{19}H_{17}NO$, Formel I (R = CO-CH_3) (E II 788).

B. Aus 1-[4-Benzyl-naphthyl-(1)]-äthanon-(1)-oxim beim Erwärmen einer mit Chlorwasserstoff gesättigten Lösung in Essigsäure und Acetanhydrid (*Dziewoński, Moszew*, Bl. Acad. polon. [A.] **1930** 66, 70; Roczniki Chem. **11** [1931] 169, 186).

Krystalle (aus Toluol); F: 208–209°.

2-[Naphthyl-(1)-methyl]-anilin, α-(*1-naphthyl*)-o-*toluidine* $C_{17}H_{15}N$, Formel II (R = H).

B. Aus [2-(Naphthyl-(1)-methyl)-phenyl]-carbamidsäure-äthylester beim Erhitzen mit wss. Ammoniak auf 180° (*Badger*, Soc. **1941** 351).

Krystalle (aus A.); F: 101–102°.

[2-(Naphthyl-(1)-methyl)-phenyl]-carbamidsäure-äthylester, *2-(1-naphthylmethyl)carbanilic acid ethyl ester* $C_{20}H_{19}NO_2$, Formel II (R = CO-OC_2H_5).

B. Beim Behandeln von 2-[Naphthyl-(1)-methyl]-benzoesäure-hydrazid mit Essigsäure, wss. Salzsäure und Natriumnitrit und Erwärmen des Reaktionsprodukts mit Äthanol (*Badger*, Soc. **1941** 351).

Krystalle (aus A.); F: 113–114°.

1-[α-Amino-benzyl]-naphthalin, *C*-Phenyl-*C*-[naphthyl-(1)]-methylamin, *1-(1-naphthyl)-1-phenylmethylamine* $C_{17}H_{15}N$, Formel III (R = X = H).

a) **(−)-*C*-Phenyl-*C*-[naphthyl-(1)]-methylamin** (E II 789).

$[\alpha]_D^{22}$: −56,8° [Ae.; c = 1] (*Harrold, Hemphill, Ray*, Am. Soc. **58** [1936] 747).

b) **(±)-*C*-Phenyl-*C*-[naphthyl-(1)]-methylamin,** (H 1340; E I 557; E II 788).

F: 59° (*Harrold, Hemphill, Ray*, Am. Soc. **58** [1936] 747).

Hydrochlorid (H 1340; E I 557). F: 275−278°.

Acetat (E II 789). F: 120°.

(±)-1-[α-Acetamino-benzyl]-naphthalin, (±)-*N*-[Phenyl-(naphthyl-(1))-methyl]-acetamid, (±)-N-[*(1-naphthyl)phenylmethyl]acetamide* $C_{19}H_{17}NO$, Formel III (R = CO-CH_3, X = H) (H 1340).

F: 212−213° (*Harrold, Hemphill, Ray*, Am. Soc. **58** [1936] 747).

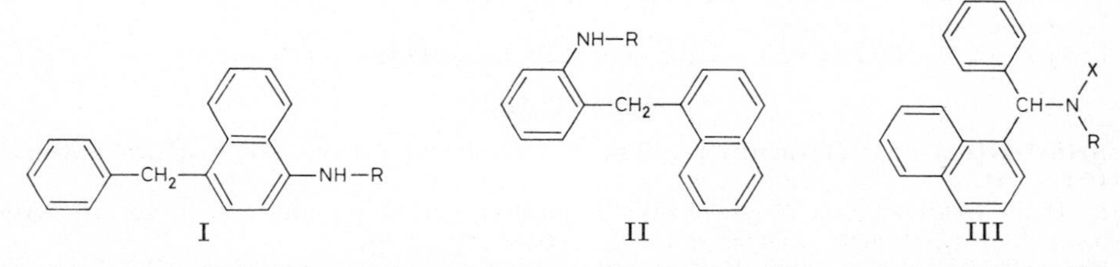

I II III

[Phenyl-(naphthyl-(1))-methyl]-carbamidsäure-äthylester, *[(1-naphthyl)phenylmethyl]carbamic acid ethyl ester* $C_{20}H_{19}NO_2$, Formel III (R = CO-OC_2H_5, X = H).

(−)-[Phenyl-(naphthyl-(1))-methyl]-carbamidsäure-äthylester.

B. Beim Behandeln von (−)-*C*-Phenyl-*C*-[naphthyl-(1)]-methylamin in Äther mit Chlorameisensäure-äthylester und wss. Natronlauge (*Harrold, Hemphill, Ray*, Am. Soc. **58** [1936] 747).

Krystalle (aus A.); F: 125°. $[\alpha]_D^{20}$: −28° [A.].

Nitroso-[phenyl-(naphthyl-(1))-methyl]-carbamidsäure-äthylester, *[(1-naphthyl)phenylmethyl]nitrosocarbamic acid ethyl ester* $C_{20}H_{18}N_2O_3$, Formel III (R = CO-OC_2H_5, X = NO).

(+)-Nitroso-[phenyl-(naphthyl-(1))-methyl]-carbamidsäure-äthylester.

B. Beim Einleiten von Distickstofftrioxid in eine Suspension von (−)-[Phenyl-(naphthyl-(1))-methyl]-carbamidsäure-äthylester in Äther bei −20° (*Harrold, Hemphill, Ray*, Am. Soc. **58** [1936] 747).

Krystalle (aus A.); F: 87−89° [Zers.]. $[\alpha]_D^{25}$: +9,2° [A.; c = 0,7].

6-Amino-2-benzyl-naphthalin, 6-Benzyl-naphthyl-(2)-amin, *6-benzyl-2-naphthylamine* $C_{17}H_{15}N$, Formel IV (R = H).

Ein Amin (Krystalle [aus Bzn.]; F: 95°), dem wahrscheinlich diese Konstitution zukommt, ist beim Erhitzen des im folgenden Artikel beschriebenen Amids mit wss. Salzsäure erhalten worden (*Dziewoński, Wodelski*, Roczniki Chem. **12** [1932] 366, 376; C. **1933** I 774).

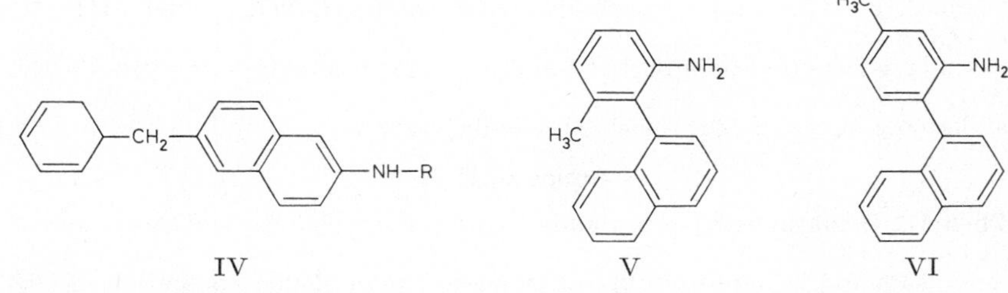

IV V VI

6-Acetamino-2-benzyl-naphthalin, *N*-[6-Benzyl-naphthyl-(2)]-acetamid, N-*(6-benzyl-2-naphthyl)acetamide* $C_{19}H_{17}NO$, Formel IV (R = CO-CH_3).

Ein Amid (Krystalle [aus Eg.]; F: 189°), dem wahrscheinlich diese Konstitution zukommt, ist beim Behandeln einer Lösung von 1-[6-Benzyl-naphthyl-(2?)]-äthanon-(1)-oxim (E III **7** 2653) in Essigsäure und Acetanhydrid mit Chlorwasserstoff erhalten worden (*Dziewoński, Wodelski*, Roczniki Chem. **12** [1932] 366, 375; C. **1933** I 774).

3-Methyl-2-[naphthyl-(1)]-anilin, *2-(1-naphthyl)-*m*-toluidine* $C_{17}H_{15}N$, Formel V.
B. Aus 1-[6-Nitro-2-methyl-phenyl]-naphthalin bei der Hydrierung an Raney-Nickel in Äthanol (*Tucker, Whalley*, Soc. **1949** 3213).
Krystalle (aus Me.); F: 114–116°.
Beim Behandeln mit wss. Schwefelsäure und Natriumnitrit und Erwärmen der Reaktionslösung mit Kupfer-Pulver sind 7-Methyl-fluoranthen und geringe Mengen 3-Methyl-2-[naphthyl-(1)]-phenol erhalten worden (*Tucker, Whalley*, Soc. **1949** 3215, **1952** 3187).

3-Methyl-6-[naphthyl-(1)]-anilin, *6-(1-naphthyl)-*m*-toluidine* $C_{17}H_{15}N$, Formel VI.
B. Aus 1-[2-Nitro-4-methyl-phenyl]-naphthalin bei der Hydrierung an Raney-Nickel in Äthanol (*Tucker, Whalley*, Soc. **1949** 3213).
Krystalle (aus A.); F: 85–87°.
Pikrat $C_{17}H_{15}N \cdot C_6H_3N_3O_7$. Gelbe Krystalle (aus Me.); F: 110–112°.

Amine $C_{18}H_{17}N$

4-Methyl-2-[naphthyl-(1)-methyl]-anilin, *α²-(1-naphthyl)-2,4-xylidine* $C_{18}H_{17}N$, Formel VII (R = H).
B. Beim Erhitzen von *N*-[Naphthyl-(1)-methyl]-*p*-toluidin mit *p*-Toluidin und Aluminiumchlorid auf 200° (*Davies et al.*, Soc. **1948** 295, 298).
Krystalle (aus A.); F: 88°. $Kp_{0,03}$: 190°.

4-Acetamino-1-methyl-3-[naphthyl-(1)-methyl]-benzol, Essigsäure-[4-methyl-2-(naphthyl-(1)-methyl)-anilid], *α²'-(1-naphthyl)aceto-2',4'-xylidide* $C_{20}H_{19}NO$, Formel VII (R = CO-CH_3).
B. Aus 4-Methyl-2-[naphthyl-(1)-methyl]-anilin (*Davies et al.*, Soc. **1948** 295, 298).
Krystalle (aus wss. A.); F: 147,5°.

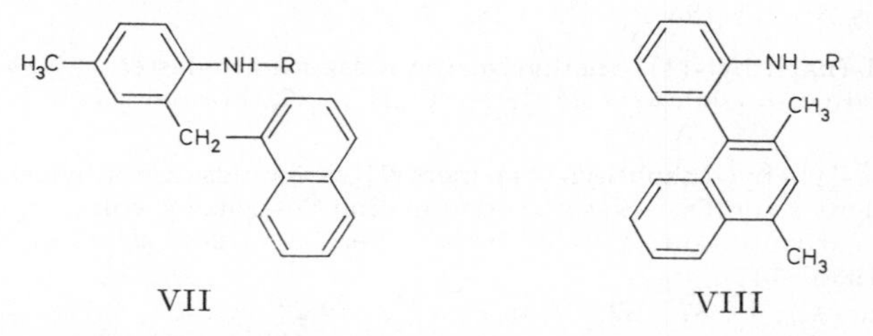

VII VIII

2-[2.4-Dimethyl-naphthyl-(1)]-anilin, *o-(2,4-dimethyl-1-naphthyl)aniline* $C_{18}H_{17}N$, Formel VIII (R = H).
B. Aus 1.3-Dimethyl-4-[2-nitro-phenyl]-naphthalin bei der Hydrierung an Palladium oder Platin in Essigsäure (*Forrest, Tucker*, Soc. **1948** 1137, 1139).
Methanol enthaltende Krystalle (aus wss. Me.); F: 110° [nach Sintern bei 107°].

1.3-Dimethyl-4-[2-acetamino-phenyl]-naphthalin, Essigsäure-[2-(2.4-dimethyl-naphthyl-(1))-anilid], *2'-(2,4-dimethyl-1-naphthyl)acetanilide* $C_{20}H_{19}NO$, Formel VIII (R = CO-CH_3).
B. Aus 2-[2.4-Dimethyl-naphthyl-(1)]-anilin und Acetanhydrid (*Forrest, Tucker*, Soc. **1948** 1137, 1139).
Krystalle (aus Me.); F: 142° [nach Sintern bei 138°].

Amine $C_{19}H_{19}N$

(±)-3-Phenyl-2-[naphthyl-(2)]-propylamin, *(±)-2-(2-naphthyl)-3-phenylpropylamine* $C_{19}H_{19}N$, Formel IX.
B. Aus 3-Phenyl-2-[naphthyl-(2)]-acrylonitril (nicht näher beschrieben) bei der Hydrierung an Palladium in Schwefelsäure enthaltender Essigsäure unter Druck (*Kindler*, D.R.P. 711824 [1938]; D.R.P. Org. Chem. **3** 176).
Hydrochlorid. F: 235°.

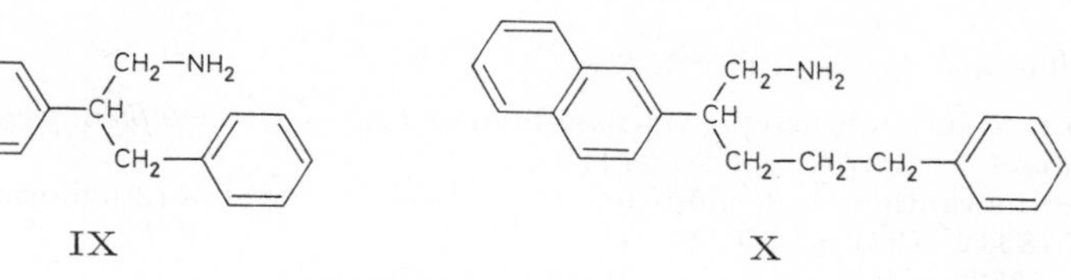

Amine $C_{21}H_{23}N$

(±)-5-Phenyl-2-[naphthyl-(2)]-pentylamin, *(±)-2-(2-naphthyl)-5-phenylpentylamine* $C_{21}H_{23}N$, Formel X.

B. Aus (±)-5-Phenyl-2-[naphthyl-(2)]-valeronitril (nicht näher beschrieben) bei der Hydrierung an Palladium in Schwefelsäure enthaltender Essigsäure unter Druck (*Kindler*, D.R.P. 711824 [1938]; D.R.P. Org. Chem. **3** 176).

Hydrochlorid. F: 165°.

Monoamine $C_nH_{2n-21}N$

Amine $C_{16}H_{11}N$

1-Amino-fluoranthen, Fluoranthenyl-(1)-amin, *fluoranthen-1-ylamine* $C_{16}H_{11}N$, Formel I (R = H).

B. Aus Fluoranthenyl-(1)-carbamidsäure-äthylester beim Erhitzen mit wss. Salzsäure und Essigsäure auf 140° (*Bergmann, Orchin*, Am. Soc. **71** [1949] 1917).

Gelbe Krystalle; F: 133—134° [korr.] (*Be., Or.*). UV-Spektrum: *Friedel, Orchin*, Ultraviolet Spectra of Aromatic Compounds [New York 1951] Nr. **441**. Lösungen in Äther und Benzol fluorescieren (*Be., Or.*).

Verbindung mit 2.4.7-Trinitro-fluorenon-(9) $C_{16}H_{11}N \cdot C_{13}H_5N_3O_7$. Braune Krystalle (aus Bzl.); F: 254—255° [unkorr.] (*Be., Or.*).

Fluoranthenyl-(1)-carbamidsäure-äthylester, *(fluoranthen-1-yl)carbamic acid ethyl ester* $C_{19}H_{15}NO_2$, Formel I (R = CO-OC_2H_5).

B. Beim Behandeln von Fluoranthen-carbonsäure-(1)-hydrazid mit Essigsäure, wss. Salzsäure und Natriumnitrit und Erwärmen des Reaktionsprodukts mit Äthanol (*Bergmann, Orchin*, Am. Soc. **71** [1949] 1917).

Krystalle (aus A.); F: 171—171,8° [korr.] (*Be., Or.*). UV-Spektrum: *Friedel, Orchin*, Ultraviolet Spectra of Aromatic Compounds [New York 1951] Nr. **443**.

3-Amino-fluoranthen, Fluoranthenyl-(3)-amin, *fluoranthen-3-ylamine* $C_{16}H_{11}N$, Formel II (R = X = H).

B. Aus 3-Nitro-fluoranthen beim Behandeln mit Zinn(II)-chlorid, Essigsäure und wss. Salzsäure (*v. Braun, Manz*, A. **488** [1931] 111, 123).

Gelbe Krystalle (aus Bzl. + PAe.); F: 111—112°. Lösungen in Benzol, Äthanol und Äther fluorescieren grüngelb (*v. Br., Manz*, l. c. S. 121).

Beim Behandeln mit wss. Äthanol und Natrium-Amalgam unter Zusatz von Essigsäure sind 4.5.6.6a-Tetrahydro-fluoranthenyl-(3)-amin und geringe Mengen 1.2.3.10b-Tetrahydro-fluoranthen erhalten worden.

Hydrochlorid. Grüngelbe Krystalle; F: 285—288° (*v. Br., Manz*, l. c. S. 121, 124).

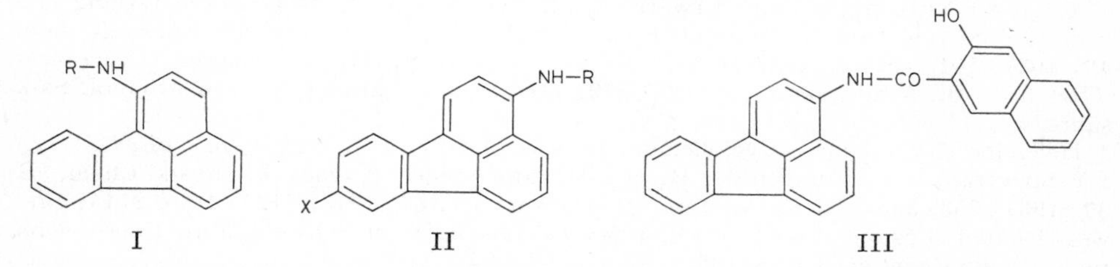

3-Acetamino-fluoranthen, *N*-[Fluoranthenyl-(3)]-acetamid, N-*(fluoranthen-3-yl)acetamide* $C_{18}H_{13}NO$, Formel II (R = CO-CH_3, X = H).

B. Aus Fluoranthenyl-(3)-amin und mit Acetanhydrid (*v. Braun, Manz*, A. **488** [1931]

111, 121).
Krystalle (aus A.); F: 241—242°.

3-Hydroxy-*N*-[fluoranthenyl-(3)]-naphthamid-(2), N-(*fluoranthen-3-yl*)-*3-hydroxy-2-naphthamide* $C_{27}H_{17}NO_2$, Formel III.
B. Aus Fluoranthenyl-(3)-amin und 3-Hydroxy-naphthoyl-(2)-chlorid (*I.G. Farbenind.*, D.R.P. 578412 [1931]; Frdl. **20** 1110).
F: 272—273°.

8-Brom-3-amino-fluoranthen, 8-Brom-fluoranthenyl-(3)-amin, *8-bromofluoranthen-3-ylamine* $C_{16}H_{10}BrN$, Formel II (R = H, X = Br).
Diese Konstitution ist für die nachstehend beschriebene Verbindung in Betracht zu ziehen (vgl. *Campbell, Keir*, Soc. **1955** 1233, 1234).
B. Aus Fluoranthenyl-(3)-amin und Brom in Essigsäure (*CIBA*, D.R.P. 711159 [1938]; D.R.P. Org. Chem. **1**, Tl. 2, S. 560).
Gelbe Krystalle (aus Ae.); F: 166—167°.

8-Amino-fluoranthen, Fluoranthenyl-(8)-amin, *fluoranthen-8-ylamine* $C_{16}H_{11}N$, Formel IV (R = H).
B. Aus 8-Nitro-fluoranthen bei der Hydrierung an Platin in Äthanol (*Kloetzel, King, Menkes*, Am. Soc. **78** [1956] 1165, 1166; s. a. *v. Braun, Manz*, A. **496** [1932] 170, 191).
Gelbe Krystalle; F: 169—170° [aus Bzl.] (*v. Br., Manz*, l. c. S. 187), 167—169° [unkorr.; aus Bzl. + PAe.] (*Kl., King, Me.*).
Bei der Behandlung mit wss. Äthanol und Natrium-Amalgam unter Zusatz von Essigsäure und Acetylierung des Reaktionsprodukts ist *N*-[1.2.3.10b(oder 4.5.6.6a)-Tetrahydro-fluoranthenyl-(8)]-acetamid (F: 179—180°) erhalten worden (*v. Br., Manz*, l. c. S. 182).
Hydrochlorid. Krystalle; Zers. bei 270—280° (*v. Br., Manz*, l. c. S. 181).

8-Acetamino-fluoranthen, *N*-[Fluoranthenyl-(8)]-acetamid, N-(*fluoranthen-8-yl*)*acetamide* $C_{18}H_{13}NO$, Formel IV (R = CO-CH_3).
B. Aus Fluoranthenyl-(8)-amin (*v. Braun, Manz*, A. **496** [1932] 170, 181, 186, 187).
Krystalle (aus Bzl.); F: 191°.

Fluoranthenyl-(8)-carbamidsäure-äthylester, (*fluoranthen-8-yl*)*carbamic acid ethyl ester* $C_{19}H_{15}NO_2$, Formel IV (R = CO-OC_2H_5).
B. Beim Behandeln von Fluoranthen-carbonsäure-(8)-hydrazid mit wss. Salzsäure und Natriumnitrit und Erwärmen des Reaktionsprodukts mit Äthanol (*v. Braun, Manz*, A. **496** [1932] 170, 181).
Krystalle (aus wss. A. oder Ae.); F: 140—142°.

3-Hydroxy-*N*-[fluoranthenyl-(8)]-naphthamid-(2), N-(*fluoranthen-8-yl*)-*3-hydroxy-2-naphthamide* $C_{27}H_{17}NO_2$, Formel V.
B. Aus Fluoranthenyl-(8)-amin und 3-Hydroxy-naphthoyl-(2)-chlorid (*I.G. Farbenind.*, D.R.P. 578412 [1931]; Frdl. **20** 1110).
F: 224—225°.

1-Amino-pyren, Pyrenyl-(1)-amin, *pyren-1-ylamine* $C_{16}H_{11}N$, Formel VI (R = X = H).
Diese Konstitution kommt dem H 1341 beschriebenen Aminopyren zu (*Vollmann et al.*, A. **531** [1937] 1, 33).
B. Aus 1-Nitro-pyren beim Erwärmen mit wss. Natriumhydrogensulfid-Lösung (*Vo. et al.*, l. c. S. 109). Aus *N*-[Pyrenyl-(1)]-acetamid (*Dziewoński, Sternbach*, Roczniki Chem. **17** [1937] 101, 102; C. **1937** II 65) oder aus *N*-[Pyrenyl-(1)]-propionamid (*Dziewoński, Trzesiński*, Bl. Acad. polon. [A] **1937** 579, 581) beim Erwärmen mit wss.-äthanol. Salzsäure.
Hellgelbe Krystalle (aus Cyclohexan oder wss. Me.); F: 117—118° (*Vo. et al.*; *Dz., Tr.*). UV-Spektrum von Lösungen der Base in Hexan: *Förster, Wagner*, Z. physik. Chem. [B] **37** [1937] 353, 355, 363; in Äthanol: *Jones*, Am. Soc. **67** [1945] 2127, 2130, 2145; einer wss.-äthanol. Lösung des Hydrochlorids: *Jo.* Lösungen in Schwefelsäure fluorescieren violettblau (*Vo. et al.*, l. c. S. 109).
Bildung von 1-Amino-pyren-sulfonsäure-(2) beim Erhitzen des Sulfats in 1.2-Dichlorbenzol: *Vo. et al.*, l. c. S. 140. Beim Erhitzen mit Phthalsäure-anhydrid, Natriumchlorid und Aluminiumchlorid bis auf 150° ist eine wahrscheinlich als 1(oder 3)-Amino-naphtho-

[2.1.8-*qra*]naphthacen-chinon-(7.12) zu formulierende Verbindung (unterhalb 350° nicht schmelzend) erhalten worden (*Kränzlein*, B. **71** [1938] 2328, 2335).

1-Methylamino-pyren, Methyl-[pyrenyl-(1)]-amin, N-*methylpyren-1-ylamine* $C_{17}H_{13}N$, Formel VI (R = CH_3, X = H).

B. Aus Pyrenyl-(1)-amin und Methyljodid in Methanol (*Lund, Berg*, Danske Vid. Selsk. Math. fys. Medd. **22** Nr. 15 [1946] 3, 6).

Gelbliche Krystalle (aus Bzn.); F: 82—83°.

1-Dimethylamino-pyren, Dimethyl-[pyrenyl-(1)]-amin, N,N-*dimethylpyren-1-ylamine* $C_{18}H_{15}N$, Formel VI (R = X = CH_3).

B. Aus Methyl-[pyrenyl-(1)]-amin und Methyljodid in Äthanol (*Lund, Berg*, Danske Vid. Selsk. Math. fys. Medd. **22** Nr. 15 [1946] 3, 6).

Krystalle; F: 31°. $Kp_{0,5}$: 205°.

Hydrochlorid. F: 231—232° [Zers.].

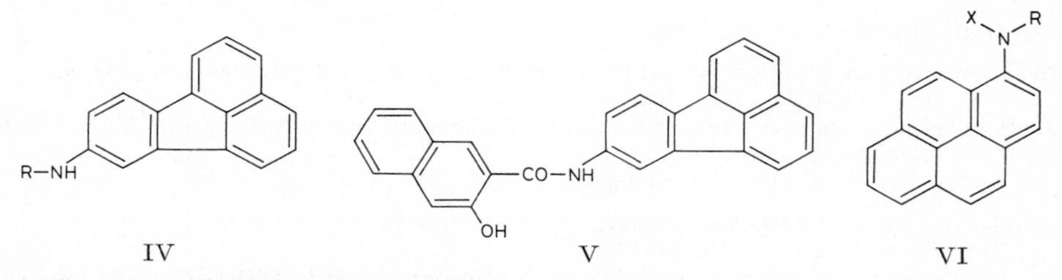

IV V VI

1-Anilino-pyren, Phenyl-[pyrenyl-(1)]-amin, N-*phenylpyren-1-ylamine* $C_{22}H_{15}N$, Formel VI (R = C_6H_5, X = H).

B. Beim Erhitzen von 1-Chlor-pyren (E III **5** 2284) mit Natriumanilid in Anilin und geringen Mengen Kupfer bis auf 170° (*I.G. Farbenind.*, D.R.P. 650432 [1934]; Frdl. **24** 785).

$Kp_{0,2}$: 270°. Das Destillat erstarrt krystallin.

[Pyrenyl-(1)]-benzyliden-amin, Benzaldehyd-[pyrenyl-(1)-imin], N-*benzylidenepyren-1-ylamine* $C_{23}H_{15}N$, Formel VII.

B. Aus Pyrenyl-(1)-amin und Benzaldehyd in Äthanol (*Lund, Berg*, Danske Vid. Selsk. Math. fys. Medd. **22** Nr. 15 [1946] 3, 9).

Gelbe Krystalle (aus Bzn.); F: 122—123°.

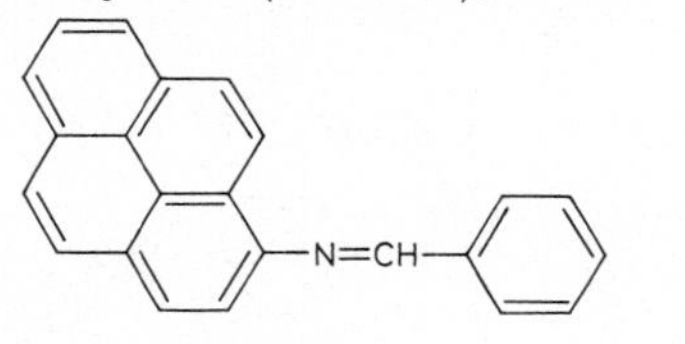

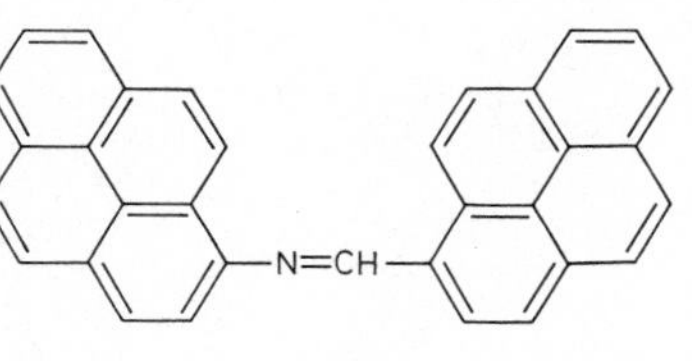

VII

VIII

[Pyrenyl-(1)]-[pyrenyl-(1)-methylen]-amin, Pyren-carbaldehyd-(1)-[pyrenyl-(1)-imin], N-(*pyren-1-ylmethylene*)*pyren-1-ylamine* $C_{33}H_{19}N$, Formel VIII.

B. Aus Pyrenyl-(1)-amin und Pyren-carbaldehyd-(1) in Äthanol (*Lund, Berg*, Danske Vid. Selsk. Math. fys. Medd. **22** Nr. 15 [1946] 3, 9).

Rote Krystalle; F: 273—275° [nach Sintern bei 250°].

1-Formamino-pyren, *N*-[Pyrenyl-(1)]-formamid, N-(*pyren-1-yl*)*formamide* $C_{17}H_{11}NO$, Formel VI (R = CHO, X = H).

B. Beim Erwärmen von Pyrenyl-(1)-amin mit Ameisensäure (*Lund, Berg*, Danske Vid. Selsk. Math. fys. Medd. **22** Nr. 15 [1946] 3, 8).

Krystalle (aus Eg.); F: 228°.

Beim Erwärmen mit Salpetersäure und Essigsäure und Erhitzen des Reaktionsprodukts mit wss. Salzsäure ist 6-Nitro-pyrenyl-(1)-amin erhalten worden.

1-Acetamino-pyren, *N*-[Pyrenyl-(1)]-acetamid, N-(*pyren-1-yl*)*acetamide* $C_{18}H_{13}NO$, Formel VI (R = CO-CH_3, X = H).

B. Beim Erwärmen von Pyrenyl-(1)-amin mit Acetanhydrid und Essigsäure (*Vollmann et al.*, A. **531** [1937] 1, 109) oder mit Acetanhydrid und Benzol (*Imp. Chem. Ind.*, U.S.P. 2253555 [1938]). Aus 1-[Pyrenyl-(1)]-äthanon-(1)-oxim beim Behandeln einer Lösung in Acetanhydrid mit Chlorwasserstoff (*Dziewoński, Sternbach*, Roczniki Chem. **17** [1937] 101, 102; C. **1937** II 65).

Krystalle; F: 260° [aus Eg.] (*Vo. et al.*; *Dz., St.*), 259—260° [aus Nitrobenzol] (*Imp. Chem. Ind.*).

Beim Erwärmen mit Essigsäure und Salpetersäure und Hydrieren des Reaktionsprodukts an Nickel in Äthanol bei 60—70° unter Druck sind 8-Amino-1-acetamino-pyren und 6-Amino-1-acetamino-pyren erhalten worden (*Vo. et al.*, l. c. S. 122).

1-Propionylamino-pyren, *N*-[Pyrenyl-(1)]-propionamid, N-*(pyren-1-yl)propionamide* $C_{19}H_{15}NO$, Formel VI (R = $CO\text{-}CH_2\text{-}CH_3$, X = H).

B. Aus 1-[Pyrenyl-(1)]-propanon-(1)-oxim beim Behandeln einer Lösung in Acetanhydrid mit Chlorwasserstoff (*Dziewoński, Trzesiński*, Bl. Acad. polon. [A] **1937** 579, 581).

Krystalle (aus Eg.); F: 231—232°.

1-Benzamino-pyren, *N*-[Pyrenyl-(1)]-benzamid, N-*(pyren-1-yl)benzamide* $C_{23}H_{15}NO$, Formel VI (R = $CO\text{-}C_6H_5$, X = H).

B. Beim Behandeln von Pyrenyl-(1)-amin mit Benzoylchlorid und Pyridin (*Imp. Chem. Ind.*, U.S.P. 2253555 [1938]).

Grüngelbe Krystalle (aus Nitrobenzol); F: 236—237°.

Pyrenyl-(1)-carbamidsäure-methylester, *(pyren-1-yl)carbamic acid methyl ester* $C_{18}H_{13}NO_2$, Formel VI (R = $CO\text{-}OCH_3$, X = H).

B. Aus Pyrenyl-(1)-isocyanat und Methanol (*Siefken*, A. **562** [1949] 75, 120).

F: 203° [unkorr.].

***N.N'*-Di-[pyrenyl-(1)]-harnstoff,** *1,3-di(pyren-1-yl)urea* $C_{33}H_{20}N_2O$, Formel IX (X = O).

B. Beim Erhitzen von Pyrenyl-(1)-amin mit Harnstoff in Essigsäure (*Lund, Berg*, Danske Vid. Selsk. Math. fys. Medd. **22** Nr. 15 [1946] 3, 10).

Gelbgrüne Krystalle; F: 355° [unkorr.]. Lichtempfindlich.

***N.N'*-Di-[pyrenyl-(1)]-thioharnstoff,** *1,3-di(pyren-1-yl)thiourea* $C_{33}H_{20}N_2S$, Formel IX (X = S).

B. Beim Behandeln von Pyrenyl-(1)-amin mit Schwefelkohlenstoff und äthanol. Kalilauge (*Lund, Berg*, Danske Vid. Selsk. Math. fys. Medd. **22** Nr. 15 [1946] 3, 10).

Gelbes Pulver; F: 219—220°. Lichtempfindlich.

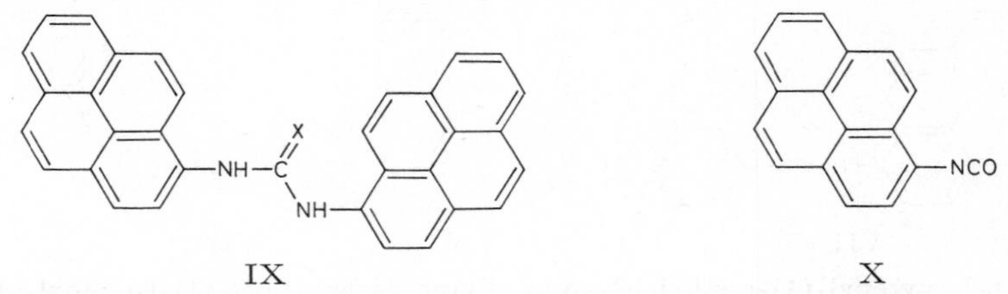

IX X

Pyrenyl-(1)-isocyanat, *isocyanic acid pyren-1-yl ester* $C_{17}H_9NO$, Formel X.

B. Aus Pyrenyl-(1)-amin und Phosgen (*Siefken*, A. **562** [1949] 75, 79, 120).

F: 92°.

3-Hydroxy-*N*-[pyrenyl-(1)]-5.6.7.8-tetrahydro-naphthamid-(2), *3-hydroxy-*N*-(pyren-1-yl)-5,6,7,8-tetrahydro-2-naphthamide* $C_{27}H_{21}NO_2$, Formel XI.

B. Beim Erhitzen von Pyrenyl-(1)-amin mit 3-Hydroxy-5.6.7.8-tetrahydro-naphthoesäure-(2) und Phosphor(III)-chlorid in Toluol (*Gen. Aniline Works*, U.S.P. 2040397 [1934]).

F: 249—250°.

3-Hydroxy-*N*-[pyrenyl-(1)]-naphthamid-(2), *3-hydroxy-*N*-(pyren-1-yl)-2-naphthamide* $C_{27}H_{17}NO_2$, Formel XII.

B. Beim Erhitzen von Pyrenyl-(1)-amin mit 3-Hydroxy-naphthoyl-(2)-chlorid und Pyridin (*CIBA*, Schweiz. P. 204236 [1937]).

Krystalle (aus 1.2-Dichlor-benzol); F: 262—265°.

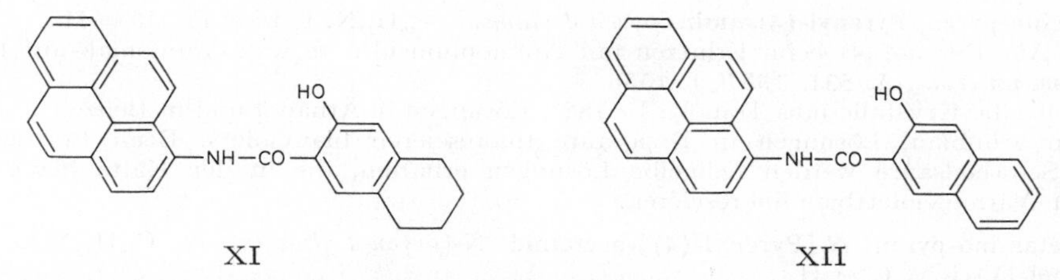

3-[Pyrenyl-(1)-imino]-buttersäure-äthylester, *3-(pyren-1-ylimino)butyric acid ethyl ester* $C_{22}H_{19}NO_2$ und **3-[Pyrenyl-(1)-amino]-crotonsäure-äthylester,** *3-(pyren-1-ylamino)crotonic acid ethyl ester* $C_{22}H_{19}NO_2$.

3-[Pyrenyl-(1)-amino]-*trans*-crotonsäure-äthylester, Formel I.

Bezüglich der Konfiguration s. *Werner*, Tetrahedron **27** [1971] 1755.

B. Aus Pyrenyl-(1)-amin und Acetessigsäure-äthylester in Äthanol (*Weizmann, Bograchov*, Soc. **1942** 377)

Krystalle (aus Isopropylalkohol); F: 129°.

Beim Erhitzen in Paraffinöl auf 220° ist 9-Methyl-phenaleno[1.9-*gh*]chinolinol-(7) erhalten worden.

6-Nitro-1-amino-pyren, 6-Nitro-pyrenyl-(1)-amin, *6-nitropyren-1-ylamine* $C_{16}H_{10}N_2O_2$, Formel II (R = H).

B. Beim Erwärmen von *N*-[Pyrenyl-(1)]-formamid mit Essigsäure und Salpetersäure und Erhitzen des Reaktionsprodukts mit wss. Salzsäure (*Lund, Berg*, Danske Vid. Selsk. Math. fys. Medd. **22** Nr. 15 [1946] 3, 8).

F: 183–185° [aus Bzl. + Bzn.].

6-Nitro-1-dimethylamino-pyren, Dimethyl-[6-nitro-pyrenyl-(1)]-amin, N,N-*dimethyl-6-nitropyren-1-ylamine* $C_{18}H_{14}N_2O_2$, Formel II (R = CH_3).

Eine Verbindung (Krystalle [aus A.], F: 126–127°; in Benzol mit gelber Farbe und orangefarbener Fluorescenz löslich), der vermutlich diese Konstitution zukommt, ist beim Behandeln von Dimethyl-[pyrenyl-(1)]-amin mit Essigsäure und Natriumnitrit erhalten worden (*Lund, Berg*, Danske Vid. Selsk. Math. fys. Medd. **22** Nr. 15 [1946] 3, 7).

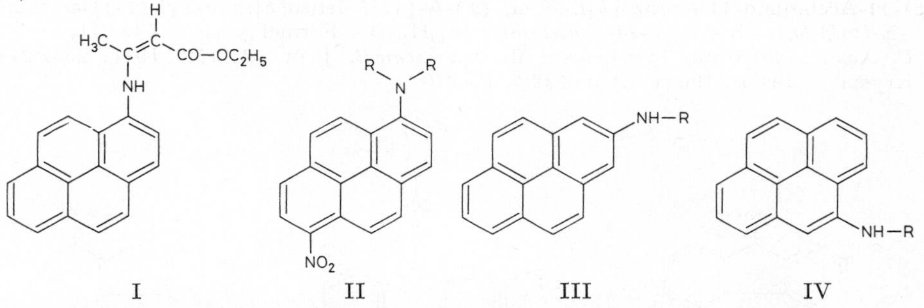

2-Amino-pyren, Pyrenyl-(2)-amin, *pyren-2-ylamine* $C_{16}H_{11}N$, Formel III (R = H).

B. Aus *N*-[Pyrenyl-(2)]-acetamid beim Erhitzen mit Chlorwasserstoff in Äthanol auf 140° (*Vollmann et al.*, A. **531** [1937] 1, 139).

Gelbliche Krystalle (aus Xylol); F: 207° (*Vo. et al.*). UV-Spektrum von Lösungen der Base in Hexan und Chloroform: *Förster, Wagner*, Z. physik. Chem. [B] **37** [1937] 353, 355, 363, 364; in Äthanol: *Jones*, Am. Soc. **67** [1945] 2127, 2130, 2145; einer wss.-äthanol. Lösung des Hydrochlorids: *Jo.*

2-Acetamino-pyren, *N*-[Pyrenyl-(2)]-acetamid, N-*(pyren-2-yl)acetamide* $C_{18}H_{13}NO$, Formel III (R = CO-CH_3).

B. Beim Behandeln einer Suspension von Pyren-carbonsäure-(2)-hydrazid in Essigsäure mit wss. Natriumnitrit-Lösung und Erwärmen des erhaltenen Azids mit Acetanhydrid (*Vollmann et al.*, A. **531** [1937] 1, 138).

Gelbliche Krystalle (aus Eg.); F: 229°.

4-Amino-pyren, Pyrenyl-(4)-amin, *pyren-4-ylamine* $C_{16}H_{11}N$, Formel IV (R = H).

B. Aus Pyrenol-(4) beim Erhitzen mit Ammoniumsulfit in wss. Ammoniak auf 150° (*Vollmann et al.*, A. **531** [1937] 1, 155).

Hellgelbe Krystalle (aus Toluol); F: 182°. Lösungen in Äthanol und in Benzol fluorescieren grünblau, Lösungen in Essigsäure fluorescieren blauviolett. Beim Behandeln mit Schwefelsäure werden hellgelbe Lösungen erhalten, die in der Kälte blaugrün, in der Wärme violettblau fluorescieren.

4-Acetamino-pyren, *N*-[Pyrenyl-(4)]-acetamid, N-(*pyren-4-yl*)*acetamide* $C_{18}H_{13}NO$, Formel IV (R = CO-CH_3).

B. Aus Pyrenyl-(4)-amin und Acetanhydrid in Chlorbenzol (*Vollmann et al.*, A. **531** [1937] 1, 155).

Krystalle; F: 276°.

Amine $C_{17}H_{13}N$

(±)-11-Amino-11*H*-benzo[*b*]fluoren, (±)-11*H*-Benzo[*b*]fluorenyl-(11)-amin, (±)-11H-*benzo*[b]*fluoren-11-ylamine* $C_{17}H_{13}N$, Formel V (R = H).

B. Aus (±)-11-Formamino-11*H*-benzo[*b*]fluoren beim Erwärmen mit methanol. Kalilauge (*Schiedt*, J. pr. [2] **157** [1941] 203, 213).

Krystalle (aus Bzn.); F: 140°.

Hydrochlorid. Krystalle (aus W.); F: 261° [nach Sintern].

Pikrat. Krystalle (aus A.); F: 226° [Zers.].

(±)-11-Benzylidenamino-11*H*-benzo[*b*]fluoren, (±)-[11*H*-Benzo[*b*]fluorenyl-(11)]-benzyliden-amin, (±)-N-*benzylidene*-11H-*benzo*[b]*fluoren-11-ylamine* $C_{24}H_{17}N$, Formel VI.

B. Aus (±)-11-Amino-11*H*-benzo[*b*]fluoren und Benzaldehyd in Äthanol (*Schiedt*, J. pr. [2] **157** [1941] 203, 214).

Krystalle (aus Toluol); F: 268°.

(±)-11-Formamino-11*H*-benzo[*b*]fluoren, (±)-*N*-[11*H*-Benzo[*b*]fluorenyl-(11)]-formamid, (±)-N-(11H-*benzo*[b]*fluoren-11-yl*)*formamide* $C_{18}H_{13}NO$, Formel V (R = CHO).

B. Beim Erhitzen von 11-Oxo-11*H*-benzo[*b*]fluoren mit Formamid (*Schiedt*, J. pr. [2] **157** [1941] 203, 213).

Krystalle (aus A.); F: 238°.

(±)-11-Acetamino-11*H*-benzo[*b*]fluoren, (±)-*N*-[11*H*-Benzo[*b*]fluorenyl-(11)]-acetamid, (±)-N-(11H-*benzo*[b]*fluoren-11-yl*)*acetamide* $C_{19}H_{15}NO$, Formel V (R = CO-CH_3).

B. Aus (±)-11-Amino-11*H*-benzo[*b*]fluoren (*Schiedt*, J. pr. [2] **157** [1941] 203, 214).

Krystalle (aus 1-Äthoxy-äthanol-(2)); F: 270°.

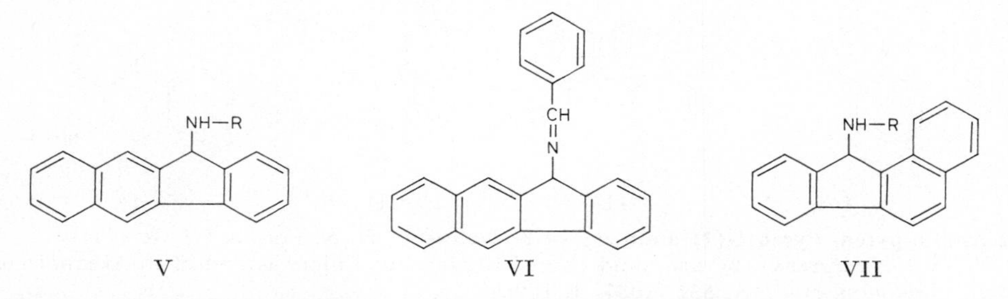

V VI VII

(±)-11-Amino-11*H*-benzo[*a*]fluoren, (±)-11*H*-Benzo[*a*]fluorenyl-(11)-amin, (±)-11H-*benzo*[a]*fluoren-11-ylamine* $C_{17}H_{13}N$, Formel VII (R = H).

B. Aus (±)-11-Formamino-11*H*-benzo[*a*]fluoren beim Erwärmen mit methanol. Kalilauge (*Schiedt*, J. pr. [2] **157** [1941] 203, 212).

Krystalle (aus Bzn.); F: 151°.

Hydrochlorid. Krystalle (aus wss. Eg.); F: 268° [Zers.; nach Sintern].

Pikrat. Krystalle (aus A.); F: 245° [Zers.].

(±)-11-Formamino-11*H*-benzo[*a*]fluoren, (±)-*N*-[11*H*-Benzo[*a*]fluorenyl-(11)]-formamid, (±)-N-(11H-*benzo*[a]*fluoren-11-yl*)*formamide* $C_{18}H_{13}NO$, Formel VII (R = CHO).

B. Beim Erhitzen von 11-Oxo-11*H*-benzo[*a*]fluoren mit Formamid (*Schiedt*, J. pr. [2]

157 [1941] 203, 212).

Krystalle (aus 1-Äthoxy-äthanol-(2)); F: 268°.

(±)-11-Acetamino-11*H*-benzo[*a*]fluoren, (±)-*N*-[11*H*-Benzo[*a*]fluorenyl-(11)]-acetamid, (±)-N-(11H-*benzo*[a]*fluoren-11-yl)acetamide* $C_{19}H_{15}NO$, Formel VII (R = CO-CH_3).

B. Beim Behandeln von (±)-11-Amino-11*H*-benzo[*a*]fluoren mit Acetanhydrid und Pyridin (*Schiedt*, J. pr. [2] **157** [1941] 203, 213).

Krystalle (aus 1-Äthoxy-äthanol-(2)); F: 282°.

Amine $C_{18}H_{15}N$

4-Amino-*o*-terphenyl, *o*-Terphenylyl-(4)-amin, o-*terphenyl-4-ylamine* $C_{18}H_{15}N$, Formel VIII (R = H).

B. Aus 4-Nitro-*o*-terphenyl bei der Hydrierung an Raney-Nickel in Natriumcarbonat enthaltendem Äthanol bei 100° (*Allen, Burness*, J. org. Chem. **14** [1949] 175, 177; s. a. *Allen, Pingert*, Am. Soc. **64** [1942] 2639, 2643).

Krystalle [aus A.] (*Allen, Pi.*); F: 117—118° (*Allen, Bu.*).

4-Pentylamino-*o*-terphenyl, Pentyl-[*o*-terphenylyl-(4)]-amin, N-*pentyl-*o-*terphenyl-4-yl= amine* $C_{23}H_{25}N$, Formel VIII (R = [CH_2]$_4$-CH_3).

B. Beim Erhitzen von *o*-Terphenylyl-(4)-amin mit Pentylchlorid unter Stickstoff auf 180° (*Allen, Burness*, J. org. Chem. **14** [1949] 175, 177).

Blau fluorescierendes Öl; Kp_4: 223—227°.

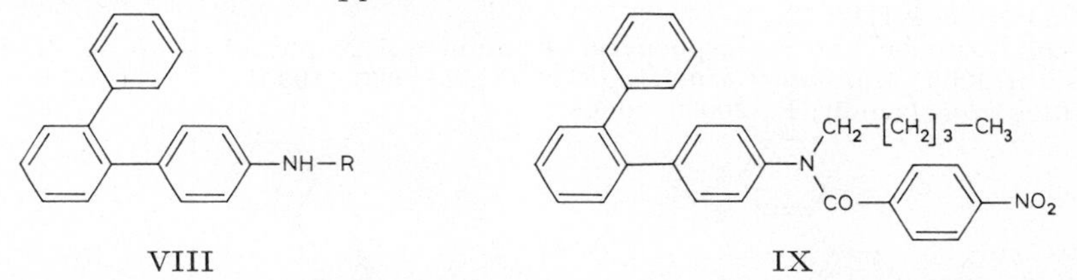

VIII IX

4-Benzamino-*o*-terphenyl, *N*-[*o*-Terphenylyl-(4)]-benzamid, N-(o-*terphenyl-4-yl)benz= amide* $C_{25}H_{19}NO$, Formel VIII (R = CO-C_6H_5).

B. Beim Behandeln von *o*-Terphenylyl-(4)-amin mit Benzoylchlorid und wss. Alkali= lauge (*Allen, Pingert*, Am. Soc. **64** [1942] 2639, 2643).

Krystalle (aus A.); F: 175°.

4-Nitro-*N*-pentyl-*N*-[*o*-terphenylyl-(4)]-benzamid, p-*nitro*-N-*pentyl*-N-(o-*terphenyl-4-yl*)= *benzamide* $C_{30}H_{28}N_2O_3$, Formel IX.

B. Beim Behandeln von Pentyl-[*o*-terphenylyl-(4)]-amin in Dioxan mit 4-Nitro-benzoylchlorid und wss. Natronlauge (*Allen, Burness*, J. org. Chem. **14** [1949] 175, 177).

Gelbe Krystalle (aus A.); F: 95,5—97°.

1-Hydroxy-*N*-[*o*-terphenylyl-(4)]-naphthamid-(2), *1-hydroxy*-N-(o-*terphenyl-4-yl*)-*2-naphthamide* $C_{29}H_{21}NO_2$, Formel X.

B. Beim Erhitzen von *o*-Terphenylyl-(4)-amin mit 1-Hydroxy-naphthoesäure-(2)-phenylester unter vermindertem Druck auf 150° (*Allen et al.*, J. org. Chem. **14** [1949] 169).

Krystalle (aus A.); F: 181°.

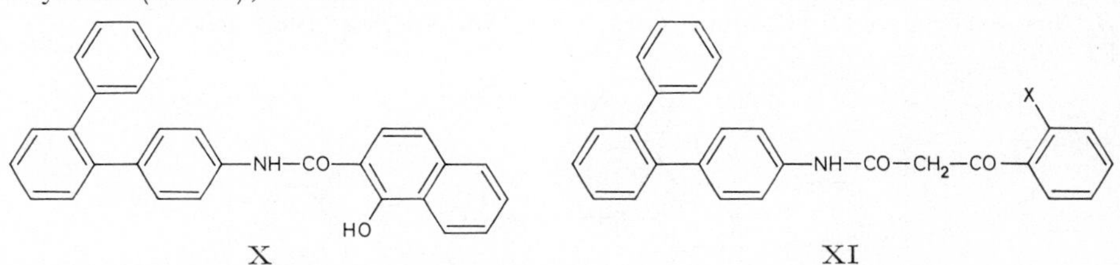

X XI

3-Oxo-3-phenyl-*N*-[*o*-terphenylyl-(4)]-propionamid, *3-oxo-3-phenyl*-N-(o-*terphenyl-4-yl*)= *propionamide* $C_{27}H_{21}NO_2$, Formel XI (X = H), und Tautomeres (*β*-Hydroxy-*N*-[*o*-terphenylyl-(4)]-cinnamamid); **Benzoylessigsäure-[*o*-terphenylyl-(4)-amid].**

B. Beim Erwärmen von *o*-Terphenylyl-(4)-amin mit Benzoylessigsäure-äthylester in

Xylol (*Allen et al.*, J. org. Chem. **14** [1949] 169).
Krystalle (aus Xylol + Hexan); F: 163—164°.

3-Oxo-3-[2-methoxy-phenyl]-*N*-[*o*-terphenylyl-(4)]-propionamid, *3-*(o-*methoxyphenyl*)-*3-oxo-*N-(o-*terphenyl-4-yl*)*propionamide* $C_{28}H_{23}NO_3$, Formel XI (X = OCH_3), und Tautomeres (β-Hydroxy-2-methoxy-*N*-[*o*-terphenylyl-(4)]-cinnamamid).

B. Beim Erwärmen von *o*-Terphenylyl-(4)-amin mit 3-Oxo-3-[2-methoxy-phenyl]-propionsäure-äthylester in Xylol (*Allen et al.*, J. org. Chem. **14** [1949] 169).
Krystalle (aus Xylol + Hexan); F: 149—150°.

4′-Amino-*m*-terphenyl, *m*-Terphenylyl-(4′)-amin, m-*terphenyl-4′-ylamine* $C_{18}H_{15}N$, Formel XII (R = H).

B. Aus 4′-Nitro-*m*-terphenyl bei der Hydrierung an Platin in Äthylacetat (*Wardner, Lowy*, Am. Soc. **54** [1932] 2510, 2514) oder an Raney-Nickel in Natriumcarbonat enthaltendem Äthanol bei 100° (*Allen, Burness*, J. org. Chem. **14** [1949] 175, 178) sowie beim Erwärmen mit Äthanol, Äther, Zinn(II)-chlorid und wss. Salzsäure (*Lüttringhaus, Wagner-v. Sääf*, A. **557** [1947] 25, 44; vgl. *France, Heilbron, Hey*, Soc. **1939** 1288, 1291). Aus 4′-Chlor-*m*-terphenyl beim Erhitzen mit wss. Ammoniak unter Zusatz von Kupfer(I)-chlorid, Kupfer und Calciumoxid auf 190° (*Cook, Cook*, Am. Soc. **64** [1942] 2485).
Krystalle; F: 74° [aus A.] (*Cook, Cook*), 67—68° (*Allen, Bu.*).

[Naphthyl-(2)]-[*m*-terphenylyl-(4′)]-amin, N-(*2-naphthyl*)-m-*terphenyl-4′-ylamine* $C_{28}H_{21}N$, Formel XIII.

B. Beim Erhitzen von *m*-Terphenylyl-(4′)-amin mit Naphthol-(2) unter Zusatz von Jod bis auf 220° (*Monsanto Chem. Co.*, U.S.P. 2111863 [1935]).
Krystalle (aus Toluol); F: 200,4—200,8°.

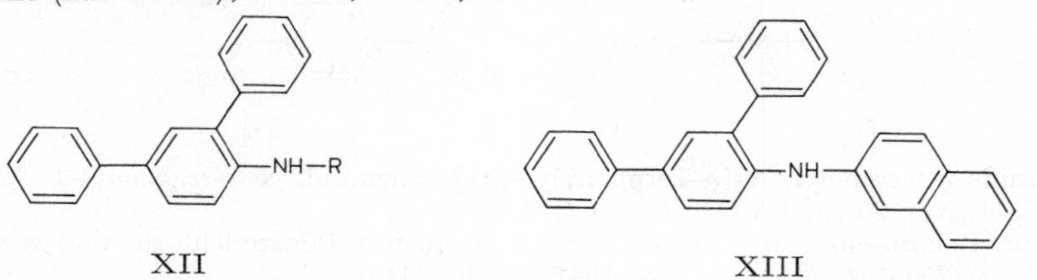

XII XIII

4′-Acetamino-*m*-terphenyl, *N*-[*m*-Terphenylyl-(4′)]-acetamid, N-(m-*terphenyl-4′-yl*)*acetamide* $C_{20}H_{17}NO$, Formel XII (R = CO-CH_3).

B. Aus *m*-Terphenylyl-(4′)-amin und Acetanhydrid (*Wardner, Lowy*, Am. Soc. **54** [1932] 2510, 2514; *France, Heilbron, Hey*, Soc. **1939** 1288, 1291).
Krystalle (aus wss. A.); F: 117° (*Wa., Lowy*), 116—117° (*Fr., Hei., Hey*).

4′-Benzamino-*m*-terphenyl, *N*-[*m*-Terphenylyl-(4′)]-benzamid, N-(m-*terphenyl-4′-yl*)*benzamide* $C_{25}H_{19}NO$, Formel XII (R = CO-C_6H_5).

B. Beim Behandeln von *m*-Terphenylyl-(4′)-amin mit Benzoylchlorid und Pyridin (*Wardner, Lowy*, Am. Soc. **54** [1932] 2510, 2514).
Krystalle (aus A.); F: 152°.

***N*-Phenyl-*N′*-[*m*-terphenylyl-(4′)]-thioharnstoff,** *1-phenyl-3-*(m-*terphenyl-4′-yl*)*thiourea* $C_{25}H_{20}N_2S$, Formel XII (R = CS-NH-C_6H_5).

B. Aus *m*-Terphenylyl-(4′)-amin (*Cook, Cook*, Am. Soc. **64** [1942] 2485).

F: 135°.

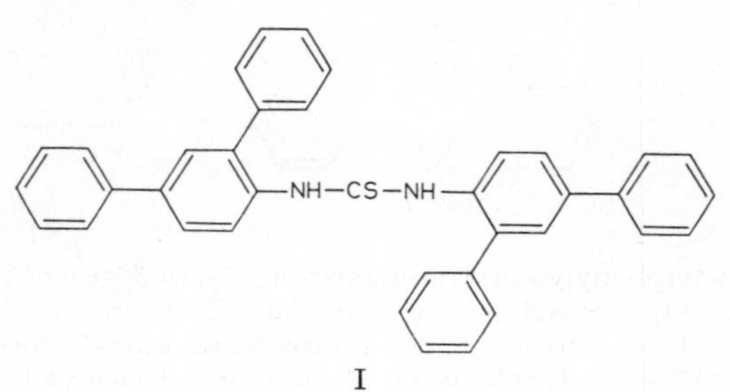

I

***N.N'*-Bis-[*m*-terphenylyl-(4')]-thioharnstoff,** *1,3-bis(*m*-terphenyl-4'-yl)thiourea* $C_{37}H_{28}N_2S$, Formel I.

B. Beim Erwärmen von *m*-Terphenylyl-(4')-amin mit Schwefelkohlenstoff und äthanol. Kalilauge (*Monsanto Chem. Co.*, U.S.P. 2106552 [1936]).

Krystalle (aus Toluol); F: 194,2—194,4°.

2-Amino-*p*-terphenyl, *p*-Terphenylyl-(2)-amin, p-*terphenyl-2-ylamine* $C_{18}H_{15}N$, Formel II (R = H).

B. Aus 2-Nitro-*p*-terphenyl beim Erwärmen mit Äthanol, Zinn(II)-chlorid und wss. Salzsäure (*France, Heilbron, Hey,* Soc. **1938** 1364, 1372).

Krystalle (aus A.); F: 159—160°. Lösungen in Äther fluorescieren violett.

2-Acetamino-*p*-terphenyl, *N*-[*p*-Terphenylyl-(2)]-acetamid, N-(p-*terphenyl-2-yl)acetamide* $C_{20}H_{17}NO$, Formel II (R = CO-CH_3).

B. Aus *p*-Terphenylyl-(2)-amin (*France, Heilbron, Hey,* Soc. **1938** 1364, 1372).

Krystalle (aus Bzl. + PAe.); F: 125—126°.

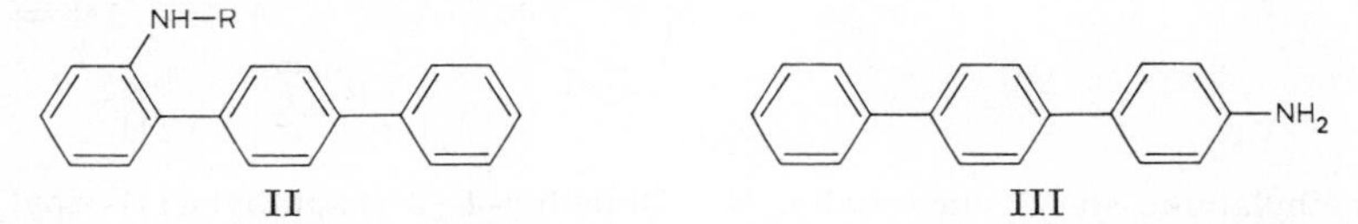

II III

4-Amino-*p*-terphenyl, *p*-Terphenylyl-(4)-amin, p-*terphenyl-4-ylamine* $C_{18}H_{15}N$, Formel III (E II 790).

B. Aus 4-Nitro-*p*-terphenyl bei der Hydrierung an Raney-Nickel in Natriumcarbonat enthaltendem Äthanol bei 100° (*Allen, Burness,* J. org. Chem. **14** [1949] 175, 177), beim Erhitzen mit wss. Salzsäure und Eisen (*Grieve, Hey,* Soc. **1938** 108, 112) sowie beim Erwärmen mit Zinn(II)-chlorid, wss. Salzsäure und Äthanol (*France, Heilbron, Hey,* Soc. **1938** 1364, 1373).

F: 200—201° (*Al., Bu.*), 197—198° (*Fr., Hei., Hey*).

[*p*-Terphenylyl-(4)]-cinnamyliden-amin, Zimtaldehyd-[*p*-terphenylyl-(4)-imin], N-*cinnamylidene*-p-*terphenyl-4-ylamine* $C_{27}H_{21}N$.

***trans*-Zimtaldehyd-[*p*-terphenylyl-(4)-imin],** Formel IV.

B. Aus *p*-Terphenylyl-(4)-amin und *trans*-Zimtaldehyd (*Vorländer,* B. **70** [1937] 1202, 1210).

Über das Auftreten von krystallin-flüssigen Phasen s. *Vo.*

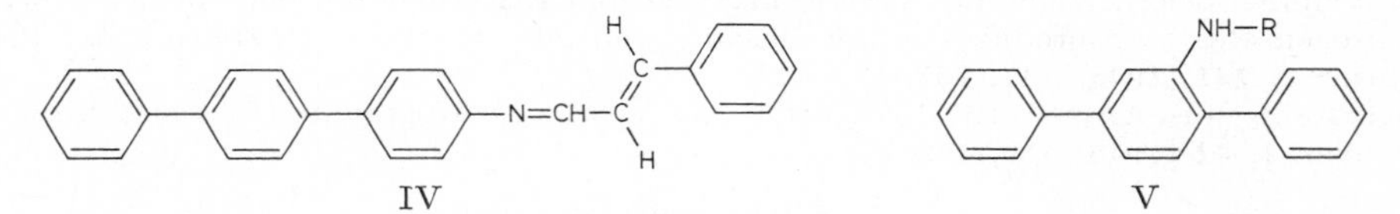

IV V

2'-Amino-*p*-terphenyl, *p*-Terphenylyl-(2')-amin, p-*terphenyl-2'-ylamine* $C_{18}H_{15}N$, Formel V (R = H).

B. Aus 2'-Nitro-*p*-terphenyl beim Erwärmen mit Äthanol, Zinn(II)-chlorid und Salzsäure (*Basford,* Soc. **1937** 1440).

Krystalle (aus A.); F: 169°.

2'-Benzamino-*p*-terphenyl, *N*-[*p*-Terphenylyl-(2')]-benzamid, N-(p-*terphenyl-2'-yl)benzamide* $C_{25}H_{19}NO$, Formel V (R = CO-C_6H_5).

B. Aus *p*-Terphenylyl-(2')-amin (*Basford,* Soc. **1937** 1440).

Krystalle (aus A.); F: 144°.

4-Amino-1-styryl-naphthalin, 4-Styryl-naphthyl-(1)-amin, $C_{18}H_{15}N$.

4-Dimethylamino-1-styryl-naphthalin, Dimethyl-[4-styryl-naphthyl-(1)]-amin, N,N-*dimethyl-4-styryl-1-naphthylamine* $C_{20}H_{19}N$.

4-Dimethylamino-1-*trans*-styryl-naphthalin, Formel VI.

B. In geringer Menge beim Behandeln von 4-Dimethylamino-naphthaldehyd-(1) (nicht näher beschrieben) in Benzol mit Benzylmagnesiumchlorid in Äther und Erwärmen des nach der Hydrolyse erhaltenen Reaktionsprodukts mit Essigsäure und wss. Salzsäure (*Haddow et al.*, Phil. Trans. [A] **241** [1948] 147, 187).

Krystalle (aus A.); F: 68—69°; Kp_3: 227° (*Ha. et al.*). Polarographie: *Goulden, Warren*, Biochem. J. **42** [1948] 420, 422.

1-[4-Amino-styryl]-naphthalin, 4-[2-(Naphthyl-(1))-vinyl]-anilin, p-*[2-(1-naphthyl)vinyl]aniline* $C_{18}H_{15}N$.

4-[*trans*-2-(Naphthyl-(1))-vinyl]-anilin, Formel VII (R = H).

B. Aus *trans*-1-[4-Nitro-phenyl]-2-[naphthyl-(1)]-äthylen beim Erwärmen mit Eisen(II)-sulfat und wss.-äthanol. Ammoniak (*Bergmann, Weinberg*, J. org. Chem. **6** [1941] 134, 137).

Gelbe Krystalle (aus A.); F: 114°.

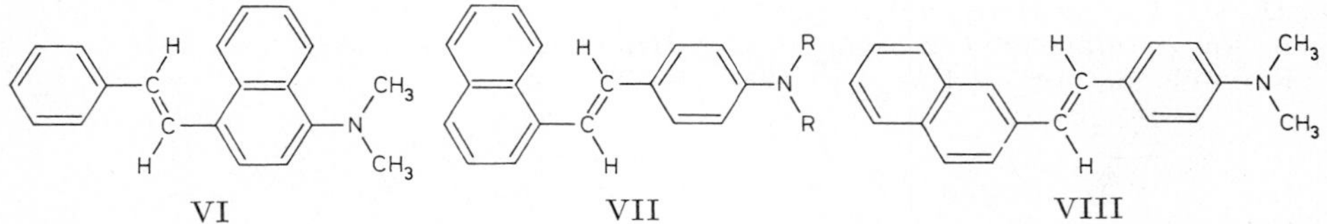

1-[4-Dimethylamino-styryl]-naphthalin, *N.N*-Dimethyl-4-[2-(naphthyl-(1))-vinyl]-anilin, N,N-*dimethyl*-p-*[2-(1-naphthyl)vinyl]aniline* $C_{20}H_{19}N$.

***N.N*-Dimethyl-4-[*trans*-2-(naphthyl-(1))-vinyl]-anilin,** Formel VII (R = CH_3).

B. Beim Behandeln von Naphthaldehyd-(1) in Benzol mit 4-Dimethylamino-benzylmagnesium-chlorid in Äther und Erwärmen des nach der Hydrolyse erhaltenen Reaktionsprodukts mit Essigsäure und wss. Salzsäure (*Haddow et al.*, Phil. Trans. [A] **241** [1948] 147, 187).

Gelbe, grün fluorescierende Krystalle (aus A.); F: 117° [unkorr.] (*Ha. et al.*). Magnetische Susceptibilität: *Pacault*, A. ch. [12] **1** [1946] 527, 576. Polarographie: *Goulden, Warren*, Biochem. J. **42** [1948] 420, 422.

2-[4-Amino-styryl]-naphthalin, 4-[2-(Naphthyl-(2))-vinyl]-anilin $C_{18}H_{15}N$.

2-[4-Dimethylamino-styryl]-naphthalin, *N.N*-Dimethyl-4-[2-(naphthyl-(2))-vinyl]-anilin, N,N-*dimethyl*-p-*[2-(2-naphthyl)vinyl]aniline* $C_{20}H_{19}N$.

***N.N*-Dimethyl-4-[*trans*-2-(naphthyl-(2))-vinyl]-anilin,** Formel VIII.

B. In geringer Menge beim Behandeln von Naphthaldehyd-(2) in Benzol mit 4-Dimethylamino-benzylmagnesium-chlorid in Äther und Erwärmen des nach der Hydrolyse erhaltenen Reaktionsprodukts mit Essigsäure und wss. Salzsäure (*Haddow et al.*, Phil. Trans. [A] **241** [1948] 147, 187).

Krystalle (aus A.); F: 195° [unkorr.] (*Ha. et al.*). Polarographie: *Goulden, Warren*, Biochem. J. **42** [1948] 420, 422.

Amine $C_{19}H_{17}N$

2-Benzhydryl-anilin $C_{19}H_{17}N$.

***N*-Benzyl-2-benzhydryl-anilin,** N-*benzyl-α,α-diphenyl*-o-*toluidine* $C_{26}H_{23}N$, Formel IX (X = H).

Über die Konstitution dieser ursprünglich (*Taylor, Owen, Whittaker*, Soc. **1938** 206) als *N*-[1.1.2-Triphenyl-äthyl]-anilin angesehenen Verbindung s. *Hassall, Lippman*, Soc. **1953** 1059, 1060.

B. Aus 2-Benzhydryl-*N*-benzyliden-anilin (s. u.) bei der Hydrierung an Platin in Äthanol (*Ha., Li.*, l. c. S. 1062) sowie bei der Behandlung mit Aluminium-Amalgam und wasserhaltigem Äther (*Ha., Li.*; vgl. *Tay., Owen, Wh.*, l. c. S. 208).

Krystalle (aus A. oder aus E. + PAe.); F: 160—161° (*Ha., Li.*).

2-Benzhydryl-*N*-benzyliden-anilin, Benzaldehyd-[2-benzhydryl-phenylimin], N-*benzylidene-α,α-diphenyl*-o-*toluidine* $C_{26}H_{21}N$, Formel X (R = H).

Diese Konstitution kommt der E I **12** 172 beschriebenen, dort als „Triphenyl-*N*-phenyl-nitren" bezeichneten Verbindung zu, die von *Taylor, Owen, Whittaker* (Soc. **1938** 206) als 1.2.2.3-Tetraphenyl-aziridin angesehen worden ist (*Hassall, Lippman*, Soc. **1953** 1059, 1060).

B. Aus Diphenyl-[2-benzylidenamino-phenyl]-essigsäure beim Erhitzen auf 215° (*Ha.*, *Li.*, l. c. S. 1061; vgl. *Tay.*, *Owen*, *Wh.*, l. c. S. 208).

Krystalle (aus PAe. + Bzl.); F: 107,5° (*Tay.*, *Owen*, *Wh.*), 104—105° (*Ha.*, *Li.*).

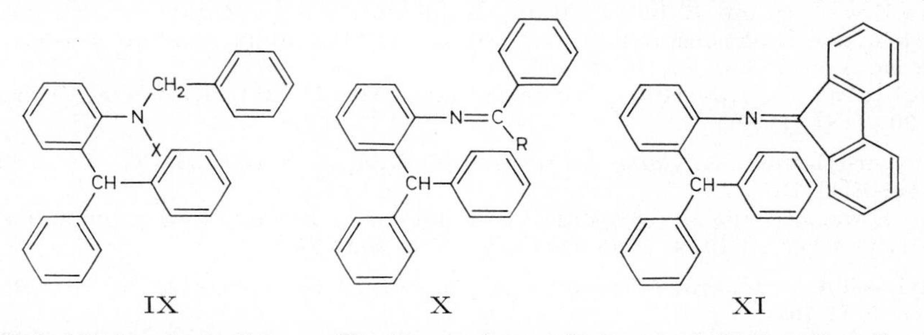

2-Benzhydryl-*N*-benzhydryliden-anilin, Benzophenon-[2-benzhydryl-phenylimin], N-*benzhydrylidene-α,α-diphenyl*-o-*toluidine* $C_{32}H_{25}N$, Formel X (R = C_6H_5).

Diese Konstitution kommt der E I **12** 175 beschriebenen, dort als „Tetraphenyl-*N*-phenyl-nitren" bezeichneten Verbindung (F: 137°) zu (*Hassall, Lippman*, Soc. **1953** 1059, 1062).

2-Benzhydryl-*N*-[fluorenyliden-(9)]-anilin, Fluorenon-(9)-[2-benzhydryl-phenylimin], N-(*fluoren-9-ylidene*)-*α,α-diphenyl*-o-*toluidine* $C_{32}H_{23}N$, Formel XI.

Diese Konstitution ist der E I **12** 176 beschriebenen, dort als „Diphenyl-diphenylen-*N*-phenyl-nitren" bezeichneten Verbindung auf Grund ihrer Bildungsweise in Analogie zu 2-Benzhydryl-*N*-benzhydryliden-anilin (S. 3376) zuzuordnen.

***N*-Nitroso-*N*-benzyl-2-benzhydryl-anilin,** N-*benzyl*-N-*nitroso-α,α-diphenyl*-o-*toluidine* $C_{26}H_{22}N_2O$, Formel IX (X = NO).

B. Aus *N*-Benzyl-2-benzhydryl-anilin (S. 3376) beim Behandeln mit wss.-äthanol. Salzsäure und Kaliumnitrit (*Taylor, Owen, Whittaker*, Soc. **1938** 206).

Krystalle (aus Bzn. + Bzl.); F: 114—115°.

4-Benzhydryl-anilin $C_{19}H_{17}N$.

***N.N*-Dimethyl-4-benzhydryl-anilin,** N,N-*dimethyl-α,α-diphenyl*-p-*toluidine* $C_{21}H_{21}N$, Formel I (R = CH_3) (H 1342; dort als 4-Dimethylamino-triphenylmethan bezeichnet).

B. Beim Erwärmen von Benzophenon mit *N.N*-Dimethyl-anilin und Aluminium=chlorid (*Courtot, Oupéroff*, C. r. **191** [1930] 214; vgl. H 1342).

Krystalle (aus Bzl.); F: 135° (*Heertjes, van Kerkhof, de Vries*, R. **62** [1943] 745). UV-Spektrum von Lösungen in Hexan: *Hee.*, *v. Ke.*, *de V.*, l. c. S. **747**; in Äthanol: *Hertel, Leszczynski*, Z. physik. Chem. [B] **53** [1943] 20, 22, 26; einer Lösung des Hydrochlorids in wss. Salzsäure: *Hee.*, *v. Ke.*, *de V.*

Geschwindigkeit der Reaktion mit Methyljodid in Aceton bei 0°, 20° und 35°: *He.*, *Le.*, l. c. S. 34.

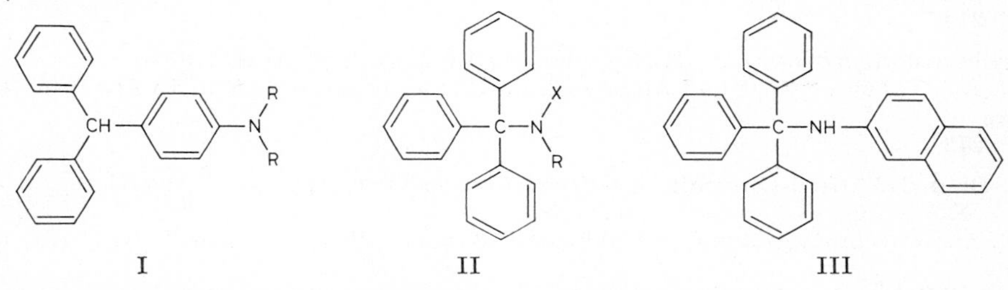

4.*N.N*-Tribenzhydryl-anilin, N,N-*dibenzhydryl-α,α-diphenyl*-p-*toluidine* $C_{45}H_{37}N$, Formel I (R = $CH(C_6H_5)_2$).

B. Beim Erhitzen von 4-Benzhydryl-anilin mit Benzhydrol und Zinkchlorid auf 150° (*Cantarel*, C. r. **225** [1947] 638).

Krystalle (aus A.); F: 177,5° [korr.].

Hydrochlorid $C_{45}H_{37}N \cdot HCl$. F: 161° [Zers.].

Amino-triphenyl-methan, Tritylamin, *tritylamine* $C_{19}H_{17}N$, Formel II (R = X = H) (H 1343; E I 557; E II 791).

IR-Absorption bei 1,47—1,56 μ: *Liddel, Wulf*, Am. Soc. **55** [1933] 3574, 3580.

Beim Erwärmen mit Kaliumamid und Kaliumnitrat unter Zusatz von Eisenoxid und Behandeln des Reaktionsprodukts mit Wasser ist Benzamid erhalten worden (*White, Bergstrom*, J. org. Chem. **7** [1942] 497, 505).

Perchlorat $C_{19}H_{17}N \cdot HClO_4$. Krystalle (aus W.); F: 217° (*Hantzsch, Burawoy*, B. **63** [1930] 1181, 1190).

Dimethyl-trityl-amin, N,N-*dimethyltritylamine* $C_{21}H_{21}N$, Formel II (R = X = CH_3) (H 1344; E II 791).

Beim Erwärmen mit Methyljodid und Äthanol sind Tetramethylammoniumjodid und Äthyl-trityl-äther erhalten worden (*Hughes*, Soc. **1933** 75).

***N*-Trityl-anilin,** N-*phenyltritylamine* $C_{25}H_{21}N$, Formel II (R = C_6H_5, X = H) (H 1344; E I 557; E II 791).

Diese Konstitution kommt einer von *Bergmann, Rosenthal* (J. pr. [2] **135** [1932] 267, 279) als (±)-*N*-[2-Phenyl-benzhydryl]-anilin angesehenen Verbindung zu (*Gilman, Kirby*, Am. Soc. **55** [1933] 1265, 1267).

B. Beim Erwärmen von Benzhydryliden-anilin mit Phenyllithium in Äther (*Be., Ro.*; *Gi., Ki.*, Am. Soc. **55** 1270), mit Phenylkalium in Äther (*Gilman, Kirby*, Am. Soc. **63** [1941] 2046) oder mit Phenylcalciumjodid in Äther (*Gilman et al.*, R. **55** [1936] 79).

Krystalle (aus Propanol-(1)); F: 148° (*Gi. et al.*).

Hydrochlorid. Krystalle; F: 186° (*Be., Ro.*).

[Naphthyl-(2)]-trityl-amin, N-(*2-naphthyl*)*tritylamine* $C_{29}H_{23}N$, Formel III.

B. Beim Erwärmen von Benzophenon-[naphthyl-(2)-imin] mit Phenyllithium in Äther (*Gilman, Morton*, Am. Soc. **70** [1948] 2514).

Krystalle (aus A. + Toluol oder aus wss. Acn.); F: 185—186°.

[Biphenylyl-(4)]-trityl-amin, N-(*biphenyl-4-yl*)*tritylamine* $C_{31}H_{25}N$, Formel IV.

B. Aus Tritylchlorid und Biphenylyl-(4)-amin in Benzol (*Schoepple, Trepp*, Am. Soc. **54** [1932] 4059, 4065).

Krystalle (aus Bzl. + A.); F: 179,5—180,5°.

Trityl-benzyliden-aminoxid, *C*-Phenyl-*N*-trityl-nitron, Benzaldehyd-[*N*-trityl-oxim], N-*benzylidenetritylamine* N-*oxide* $C_{26}H_{21}NO$, Formel V.

Die E I 558 unter dieser Konstitution beschriebene, dort als *N*-Triphenylmethyl-isobenzaldoxim und Benzaldoxim-triphenylmethyläther bezeichnete Verbindung (F: 114°) ist als Benzaldehyd-[*O*-trityl-oxim] zu formulieren (*Cope, Haven*, Am. Soc. **72** [1950] 4896, 4900, 4902).

***N*-Trityl-acetamid,** N-*tritylacetamide* $C_{21}H_{19}NO$, Formel II (R = CO-CH_3, X = H) (H 1344; E II 792; dort als α-Acetamino-triphenylmethan bezeichnet).

B. Beim Erhitzen von Tritylchlorid mit Acetamid bis auf 200° (*Bredereck, Reif*, B. **81** [1948] 426, 438).

F: 214°.

Tritylharnstoff, *tritylurea* $C_{20}H_{18}N_2O$, Formel VI (R = X = H) (E I 558).

B. Aus Tritylisocyanat und Ammoniak in Äthanol (*Bredereck, Reif*, B. **81** [1948] 426, 435).

F: 242°.

***N.N*-Diäthyl-*N'*-trityl-harnstoff,** *1,1-diethyl-3-tritylurea* $C_{24}H_{26}N_2O$, Formel VI (R = X = C_2H_5).

B. Aus Tritylisocyanat und Diäthylamin in Äthanol (*Bredereck, Reif*, B. **81** [1948] 426, 436).

Krystalle (aus A.); F: 138°.

***N*-Allyl-*N'*-trityl-harnstoff,** *1-allyl-3-tritylurea* $C_{23}H_{22}N_2O$, Formel VI (R = CH_2-CH=CH_2, X = H).

B. Aus Tritylisocyanat und Allylamin in Äthanol (*Bredereck, Reif*, B. **81** [1948] 426, 436). Beim Erwärmen von Tritylchlorid mit Allylharnstoff und Pyridin (*Br., Reif*).

Krystalle (aus A.); F: 226°.

N-Phenyl-N′-trityl-harnstoff, *1-phenyl-3-tritylurea* $C_{26}H_{22}N_2O$, Formel VI (R = C_6H_5, X = H) (E I 558; E II 792).

B. Aus Tritylamin und Phenylisocyanat in Benzol (*Bredereck, Reif*, B. **81** [1948] 426, 436).

Krystalle (aus A.); F: 242°.

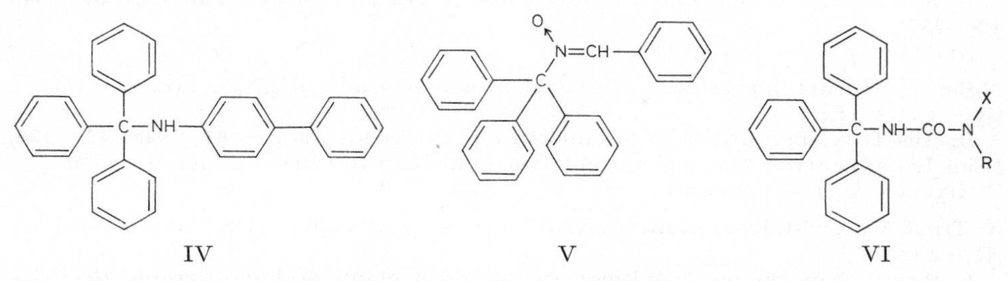

N-Benzyl-N′-trityl-harnstoff, *1-benzyl-3-tritylurea* $C_{27}H_{24}N_2O$, Formel VI (R = CH_2-C_6H_5, X = H).

B. Aus Tritylisocyanat und Benzylamin in Äthanol (*Bredereck, Reif*, B. **81** [1948] 426, 436). Beim Erwärmen von Tritylchlorid mit Benzylharnstoff und Pyridin (*Br., Reif*; vgl. *Billman, Rendall*, Am. Soc. **66** [1944] 745).

Krystalle (aus A.); F: 234° (*Br., Reif*), 228° [unkorr.] (*Bi., Re.*).

N.N′-Ditrityl-harnstoff, *1,3-ditritylurea* $C_{39}H_{32}N_2O$, Formel VII (E I 559; E II 792).

B. Aus Tritylamin und Tritylisocyanat in Äthanol (*Bredereck, Reif*, B. **81** [1948] 426, 435).

Krystalle (aus A.); F: 254°.

Beim Erhitzen mit Acetanhydrid sind Ditritylcarbodiimid und *N*-Trityl-acetamid erhalten worden (*Br., Reif*, l. c. S. 429).

N′-Trityl-N-acetyl-harnstoff, *1-acetyl-3-tritylurea* $C_{22}H_{20}N_2O_2$, Formel VI (R = CO-CH_3, X = H).

B. Beim Behandeln von Tritylcarbodiimid (S. 3380) mit Acetanhydrid und Pyridin und anschliessend mit Wasser (*Bredereck, Reif*, B. **81** [1948] 426, 433).

Krystalle (aus A.); F: 219° [nach Sintern].

N′-Trityl-N-benzoyl-harnstoff, *1-benzoyl-3-tritylurea* $C_{27}H_{22}N_2O_2$, Formel VI (R = CO-C_6H_5, X = H).

B. Beim Erwärmen von Tritylchlorid mit *N*-Cyan-benzamid und Pyridin und Behandeln des Reaktionsgemisches mit Wasser (*Bredereck, Reif*, B. **81** [1948] 426, 436).

Krystalle (aus Bzl. + A.); F: 217—219°.

Tritylthioharnstoff, *tritylthiourea* $C_{20}H_{18}N_2S$, Formel VIII (R = H) (E I 559; E II 792).

B. Beim Erwärmen von Thioharnstoff mit Tritylchlorid und Pyridin (*Bredereck, Reif*, B. **81** [1948] 426, 432).

Krystalle (aus Bzl.); F: 212°.

Beim Erwärmen mit Blei(II)-oxid in Äthanol ist Tritylcarbodiimid (S. 3380) erhalten worden.

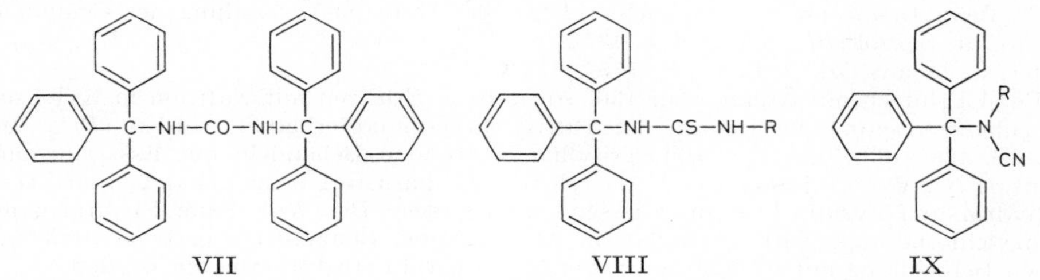

N-Allyl-N′-trityl-thioharnstoff, *1-allyl-3-tritylthiourea* $C_{23}H_{22}N_2S$, Formel VIII (R = CH_2-CH=CH_2).

B. Aus Tritylamin und Allylisothiocyanat in Benzol (*Bredereck, Reif*, B. **81** [1948] 426,

437). Beim Erwärmen von Tritylchlorid mit Allylthioharnstoff und Pyridin (*Br.*, *Reif*).
Krystalle (aus A.); F: 177°.

N-Phenyl-N'-trityl-thioharnstoff, *1-phenyl-3-tritylthiourea* $C_{26}H_{22}N_2S$, Formel VIII ($R = C_6H_5$).
B. Aus Tritylamin und Phenylisothiocyanat in Benzol (*Bredereck*, *Reif*, B. **81** [1948] 426, 437).
Krystalle (aus Bzl.); F: 183°.

N-Benzyl-N'-trityl-thioharnstoff, *1-benzoyl-3-tritylthiourea* $C_{27}H_{24}N_2S$, Formel VIII ($R = CH_2\text{-}C_6H_5$).
B. Aus Tritylamin und Benzylisothiocyanat (*Bredereck*, *Reif*, B. **81** [1948] 426, 436). Beim Erwärmen von Tritylchlorid mit Benzylthioharnstoff und Pyridin (*Br.*, *Reif*).
Krystalle (aus A.); F: 156°.

N'-Trityl-N-acetyl-thioharnstoff, *1-acetyl-3-tritylthiourea* $C_{22}H_{20}N_2OS$, Formel VIII ($R = CO\text{-}CH_3$).
B. Beim Behandeln von Tritylthioharnstoff mit Acetanhydrid und Pyridin (*Bredereck*, *Reif*, B. **81** [1948] 426, 437). Beim Erwärmen von Acetylchlorid mit Ammoniumthiocyanat in Aceton und anschliessend mit Tritylamin (*Br.*, *Reif*).
Krystalle (aus Bzl. + Bzn.); F: 200°.

N'-Trityl-N-benzoyl-thioharnstoff, *1-benzoyl-3-tritylthiourea* $C_{27}H_{22}N_2OS$, Formel VIII ($R = CO\text{-}C_6H_5$).
B. Beim Erwärmen von Benzoylchlorid mit Ammoniumthiocyanat in Aceton und anschliessend mit Tritylamin (*Bredereck*, *Reif*, B. **81** [1948] 426, 437).
Krystalle (aus Bzl. + A.); F: 192°.

Phenyl-trityl-carbamonitril, Phenyl-trityl-cyanamid, *N-tritylcarbanilonitrile* $C_{26}H_{20}N_2$, Formel IX ($R = C_6H_5$).
B. Aus Tritylchlorid und dem Kalium-Salz des Phenylcarbamonitrils (*Biechler*, A. **202** [1936] 666).
F: 124°.

Benzyl-trityl-carbamonitril, Benzyl-trityl-cyanamid, *benzyltritylcarbamonitrile* $C_{27}H_{22}N_2$, Formel IX ($R = CH_2\text{-}C_6H_5$).
B. Aus Tritylcarbodiimid (s. u.) beim Erwärmen mit Natriumäthylat in Äthanol und mit Benzylchlorid sowie beim Behandeln mit Natrium in Xylol und anschliessenden Erhitzen mit Benzylchlorid (*Bredereck*, *Reif*, B. **81** [1948] 426, 432).
Krystalle (aus A.); F: 182°.

Tritylisocyanat, *isocyanic acid trityl ester* $C_{20}H_{15}NO$, Formel X ($X = O$) (E II 792).
B. Aus Tritylchlorid und Kaliumcyanat in Aceton (*Bredereck*, *Reif*, B. **81** [1948] 426, 435).
Krystalle (aus A.); F: 98° (*Br.*, *Reif*), 94,5° (*Wieland*, *Höchtlen*, A. **505** [1933] 237, 244).

Tritylcarbamonitril, Tritylcyanamid, *tritylcarbamonitrile* $C_{20}H_{16}N_2$, Formel IX ($R = H$), und **Tritylcarbodiimid,** *tritylcarbodiimide* $C_{20}H_{16}N_2$, Formel X ($X = NH$).
Die nachstehend beschriebene Verbindung liegt in Lösung überwiegend als Tritylcarbodiimid vor (*Bredereck*, *Reif*, B. **81** [1948] 426, 428, 430).
B. Beim Erwärmen von Tritylchlorid mit der Natrium-Verbindung des Cyanamids (3 Mol) in Benzol (*Br.*, *Reif*, l. c. S. 432).
Krystalle (aus Bzl. + Bzn.); F: 175°.
Beim Erhitzen mit Äthanol auf 130° sowie beim Erhitzen mit Natrium in Xylol und anschliessend mit Acetylbromid ist Ditritylcarbodiimid erhalten worden (*Br.*, *Reif*, l. c. S. 429, 433). Bildung von Tritylharnstoff beim Behandeln mit Essigsäure und Benzol: *Br.*, *Reif*. Bildung von *N'*-Trityl-*N*-acetyl-harnstoff beim Behandeln mit Acetanhydrid und Pyridin und anschliessend mit Wasser: *Br.*, *Reif*. Beim Erwärmen mit Benzylchlorid und Natriumäthylat in Äthanol sind Benzyl-trityl-carbamonitril und (nach Behandlung mit Essigsäure) *N*-Benzyl-*N'*-trityl-harnstoff erhalten worden.

Allyl-trityl-carbodiimid, *allyltritylcarbodiimide* $C_{23}H_{20}N_2$, Formel X ($X = N\text{-}CH_2\text{-}CH{=}CH_2$).
B. Aus der im vorangehenden Artikel beschriebenen Verbindung beim Erwärmen mit

äthanol. Natriumäthylat und Allylbromid sowie beim Erhitzen mit Kalium in Xylol und anschliessend mit Allylbromid (*Bredereck, Reif*, B. **81** [1948] 426, 434). Aus *N*-Allyl-N'-trityl-thioharnstoff beim Erwärmen mit Blei(II)-oxid in Natriumhydroxid enthaltendem Äthanol (*Br., Reif*).

Öl; bei 200—210°/2 Torr destillierbar.

Überführung in *N*-Allyl-*N'*-trityl-harnstoff durch Behandlung mit Essigsäure und Benzol: *Br., Reif*.

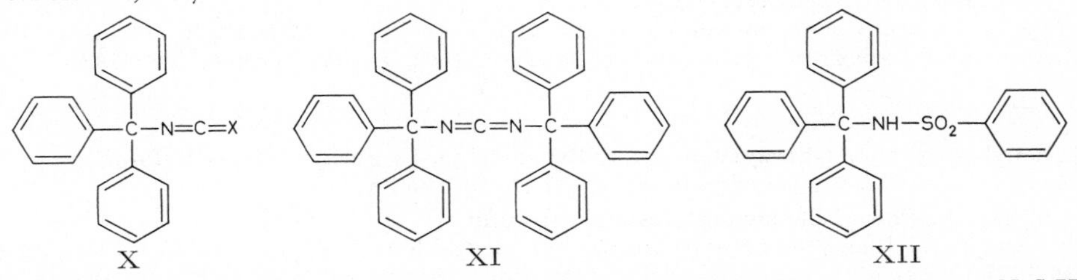

X XI XII

Phenyl-trityl-carbodiimid, *phenyltritylcarbodiimide* $C_{26}H_{20}N_2$, Formel X (X = N-C_6H_5).

B. Aus *N*-Phenyl-*N'*-trityl-thioharnstoff beim Erwärmen mit Blei(II)-oxid in Natriumhydroxid enthaltendem Äthanol (*Bredereck, Reif*, B. **81** [1948] 426, 434).

Krystalle (aus A.); F: 73—74°.

Benzyl-trityl-carbodiimid, *benzyltritylcarbodiimide* $C_{27}H_{22}N_2$, Formel X (X = N-CH_2-C_6H_5).

B. Aus *N*-Benzyl-*N'*-trityl-thioharnstoff beim Erwärmen mit Blei(II)-oxid in Natriumhydroxid enthaltendem Äthanol (*Bredereck, Reif*, B. **81** [1948] 426, 435).

Krystalle (aus A.); F: 47°.

Ditritylcarbodiimid, *ditritylcarbodiimide* $C_{39}H_{30}N_2$, Formel XI.

B. Beim Erwärmen von Tritylchlorid mit der Natrium-Verbindung des Cyanamids in Benzol (*Bredereck, Reif*, B. **81** [1948] 426, 433).

Krystalle (aus Bzl. + A.); F: 210°.

Beim Erhitzen mit Essigsäure und wenig Acetanhydrid auf 165° ist Triphenylmethanol erhalten worden.

Tritylisothiocyanat, *isothiocyanic acid trityl ester* $C_{20}H_{15}NS$, Formel X (X = S).

Diese Konstitution kommt der H **6** 721, E II **6** 695 und E III **6** 3645 als Tritylthiocyanat beschriebenen Verbindung zu (*Iliceto, Fava, Mazzuccato*, J. org. Chem. **25** [1960] 1445; *Lieber, Oftedahl, Rao*, J. org. Chem. **28** [1963] 194, 196).

***N*-Trityl-benzolsulfonamid,** N-*tritylbenzenesulfonamide* $C_{25}H_{21}NO_2S$, Formel XII.

B. Beim Behandeln von Tritylchlorid mit dem Natrium-Salz des Benzolsulfonamids in Benzol (*Dahlbom, Ekstrand*, Svensk kem. Tidskr. **56** [1944] 304, 310).

Krystalle (aus A.); F: 242—243°.

2-Phenyl-benzhydrylamin $C_{19}H_{17}N$.

(±)-[Naphthyl-(2)]-[2-phenyl-benzhydryl]-amin, (±)-N-(*2-naphthyl*)-*2-phenylbenzhydrylamine* $C_{29}H_{23}N$, Formel XIII.

B. Beim Erwärmen von Benzophenon-[naphthyl-(2)-imin] in Toluol mit Phenylmagnesiumbromid in Äther und Behandeln des Reaktionsgemisches mit wss. Ammoniumchlorid-Lösung (*Gilman, Morton*, Am. Soc. **70** [1948] 2514). In geringer Ausbeute beim Erwärmen von [Naphthyl-(2)]-benzyliden-amin in Toluol mit Biphenylyl-(2)-magnesiumjodid in Äther (*Gi., Mo.*).

Krystalle (aus A. + Toluol); F: 185—186°.

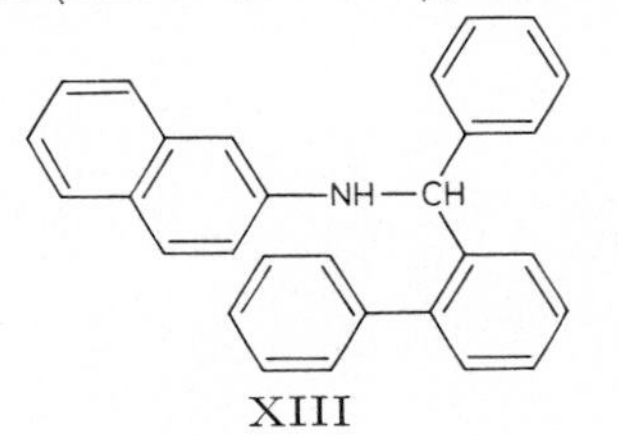

XIII

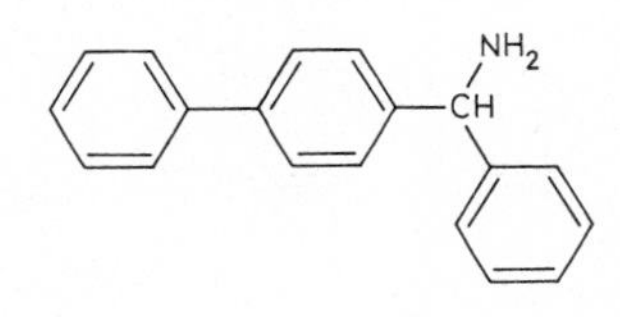

XIV

4-Phenyl-benzhydrylamin, *4-phenylbenzhydrylamine* $C_{19}H_{17}N$, Formel XIV.

a) **(+)-4-Phenyl-benzhydrylamin.**

Gewinnung aus dem unter b) beschriebenen Racemat mit Hilfe von L_g-Weinsäure: *Hsü, Ingold, Wilson,* Soc. **1935** 1778, 1784.

Krystalle (aus Ae.); F: 78°. $[\alpha]_D^{22}$: +16,5° [wss. Dioxan; c = 2]; $[\alpha]_D^{20}$: +22° [Ae.; c = 2,5].

b) **(±)-4-Phenyl-benzhydrylamin** (H 1345).

B. Aus 4-Phenyl-benzophenon-oxim (F: 186—187°) beim Behandeln mit Natrium-Amalgam und Essigsäure enthaltendem Äthanol (*Hsü, Ingold, Wilson,* Soc. **1935** 1778, 1784).

F: 77°.

[4-Phenyl-benzhydryl]-benzyliden-amin, Benzaldehyd-[4-phenyl-benzhydrylimin], N-*benzylidene-4-phenylbenzhydrylamine* $C_{26}H_{21}N$, Formel I.

a) **(+)-[4-Phenyl-benzhydryl]-benzyliden-amin.**

B. Aus (+)-4-Phenyl-benzhydrylamin und Benzaldehyd (*Hsü, Ingold, Wilson,* Soc. **1935** 1778, 1784).

Krystalle (aus PAe.); F: 133°. $[\alpha]_D^{20}$: +3° [Dioxan; c = 1,5].

Geschwindigkeitskonstante der Isomerisierung zu Benzyl-[4-phenyl-benzhydryliden]-amin beim Behandeln mit Natriumäthylat in Äthanol und Dioxan bei 25°: *Hsü, In., Wi.,* l. c. S. 1781, 1785.

b) **(±)-[4-Phenyl-benzhydryl]-benzyliden-amin.**

B. Aus (±)-4-Phenyl-benzhydrylamin und Benzaldehyd (*Hsü, Ingold, Wilson,* Soc. **1935** 1778, 1784).

Krystalle (aus PAe.); F: 133—134°.

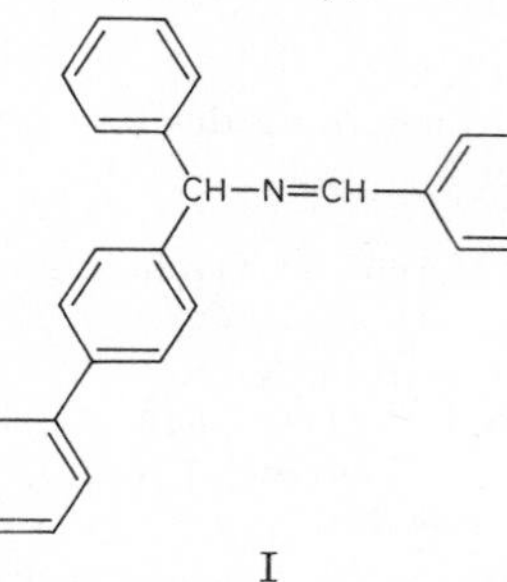

I

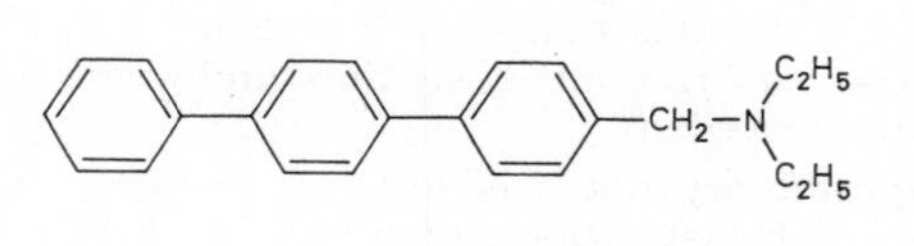

II

4-Aminomethyl-*p*-terphenyl, 4-[Biphenylyl-(4)]-benzylamin $C_{19}H_{17}N$.

4-[Diäthylamino-methyl]-*p*-terphenyl, Diäthyl-[4-(biphenylyl-(4))-benzyl]-amin, *4-(biphenyl-4-yl)-*N,N-*diethylbenzylamine* $C_{23}H_{25}N$, Formel II.

B. Aus 4-Brommethyl-*p*-terphenyl und Diäthylamin (*v. Braun, Irmisch, Nelles,* B. **66** [1933] 1471, 1483).

F: 133° [nach Sintern].

Methyl-[4-phenyl-benzyl]-[4-(biphenylyl-(4))-benzyl]-amin, *4-(biphenyl-4-yl)-*N-*methyl-4'-phenyldibenzylamine* $C_{33}H_{29}N$, Formel III.

B. Beim Erhitzen von 4-Brommethyl-*p*-terphenyl mit Methyl-[4-phenyl-benzyl]-amin in Trichlorbenzol bis auf 130° (*v. Braun, Michaelis,* A. **507** [1933] 1, 7).

F: 186°.

Hydrochlorid. F: 245°.

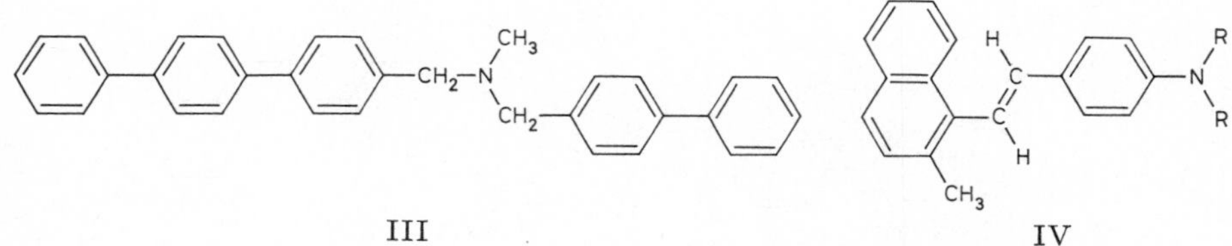

III IV

2-Methyl-1-[4-amino-styryl]-naphthalin, 4-[2-(2-Methyl-naphthyl-(1))-vinyl]-anilin $C_{19}H_{17}N$.

2-Methyl-1-[4-dimethylamino-styryl]-naphthalin, *N.N*-Dimethyl-4-[2-(2-methyl-naphthyl-(1))-vinyl]-anilin, N,N-*dimethyl-4-[2-(2-methyl-1-naphthyl)vinyl]aniline* $C_{21}H_{21}N$.

***N.N*-Dimethyl-4-[*trans*-2-(2-methyl-naphthyl-(1))-vinyl]-anilin,** Formel IV (R = CH_3).

B. In geringer Menge beim Behandeln von 4-Dimethylamino-benzaldehyd in Benzol mit [2-Methyl-naphthyl-(1)]-methylmagnesium-chlorid in Äther und Erwärmen des nach der Hydrolyse erhaltenen Reaktionsprodukts mit Essigsäure und wss. Salzsäure (*Haddow et al.*, Phil. Trans. [A] **241** [1948] 147, 187).

Krystalle (aus A.); F: 97° (*Ha. et al.*). Polarographie: *Goulden, Warren,* Biochem. J. **42** [1948] 420, 422.

Amine $C_{20}H_{19}N$

4-[2.2-Diphenyl-äthyl]-anilin $C_{20}H_{19}N$.

2.2-Diphenyl-1-[4-acetamino-phenyl]-äthan, Essigsäure-[4-(2.2-diphenyl-äthyl)-anilid], *4'-(2,2-diphenylethyl)acetanilide* $C_{22}H_{21}NO$, Formel V.

B. Bei der Hydrierung von 2.2-Diphenyl-1-[4-nitro-phenyl]-äthylen an Raney-Nickel in Äthylacetat und Acetylierung des erhaltenen 4-[2.2-Diphenyl-äthyl]-anilins (*Bergmann, Dimant, Japhe,* Am. Soc. **70** [1948] 1618).

Krystalle (aus Bzl. + PAe.); F: 128—129° [unkorr.].

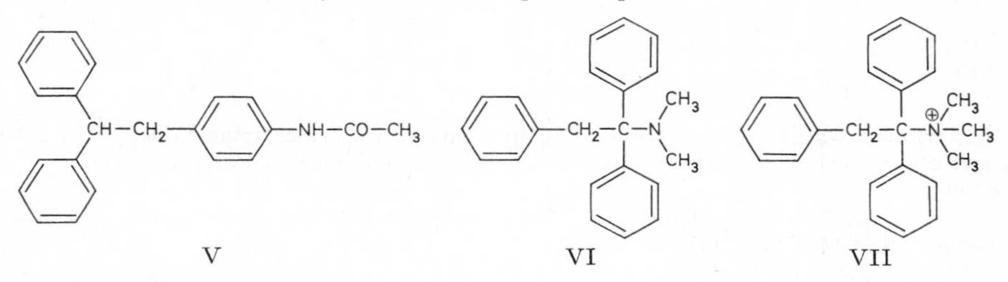

1.1.2-Triphenyl-äthylamin $C_{20}H_{19}N$.

1-Dimethylamino-1.1.2-triphenyl-äthan, Dimethyl-[1.1.2-triphenyl-äthyl]-amin, N,N-*dimethyl-1,1,2-triphenylethylamine* $C_{22}H_{23}N$, Formel VI.

B. Neben anderen Verbindungen beim Behandeln von Dimethyl-benzyl-benzhydryl-ammonium-bromid mit Silberoxid in Wasser und Erhitzen der Reaktionslösung (*Hughes, Ingold,* Soc. **1933** 69, 74).

Krystalle (aus wss. A.); F: 128°.

Hydrochlorid $C_{22}H_{23}N \cdot HCl$. Krystalle (aus E.); F: 280° [bei schnellem Erhitzen].

Pikrat $C_{22}H_{23}N \cdot C_6H_3N_3O_7$. Krystalle (aus wss. A.); F: 218° [Zers.].

Trimethyl-[1.1.2-triphenyl-äthyl]-ammonium, *trimethyl(1,1,2-triphenylethyl)ammonium* $[C_{23}H_{26}N]^{\oplus}$, Formel VII.

Jodid $[C_{23}H_{26}N]I$. *B.* Aus Dimethyl-[1.1.2-triphenyl-äthyl]-amin und Methyljodid in Acetonitril (*Hughes, Ingold,* Soc. **1933** 71, 74). — Krystalle (aus W.); F: 238°. — Beim Behandeln mit Silberoxid in Wasser und Erhitzen der Reaktionslösung auf 180° unter Eindampfen ist 1.1.2-Triphenyl-äthylen erhalten worden.

Pikrat $[C_{23}H_{26}N]C_6H_2N_3O_7$. Krystalle (aus wss. Acn.); F: 214°.

1.2.2-Triphenyl-äthylamin $C_{20}H_{19}N$.

(±)-*N*-[1.2.2-Triphenyl-äthyl]-anilin, (±)-*1,2,2,*N-*tetraphenylethylamine* $C_{26}H_{23}N$, Formel VIII (X = H).

B. Aus Benzylidenanilin und Benzhydrylnatrium (*Bergmann, Rosenthal,* J. pr. [2] **135** [1932] 267, 280).

Krystalle (aus Amylalkohol); F: 164—166°.

(±)-*N*-[2-Chlor-1.2.2-triphenyl-äthyl]-anilin, (±)-*2-chloro-1,2,2,*N-*tetraphenylethylamine* $C_{26}H_{22}ClN$, Formel VIII (X = Cl).

B. Beim Behandeln von (±)-2-Anilino-1.1.2-triphenyl-äthanol-(1) mit Phosphor(V)-

chlorid in wenig 1.2-Dibrom-äthan und Behandeln des erhaltenen Hydrochlorids mit Pyridin (*Taylor, Owen, Whittaker,* Soc. **1938** 206, 208).

Krystalle (aus $CHCl_3$ + PAe.); F: 196°.

2.2.2-Triphenyl-äthylamin, *2,2,2-triphenylethylamine* $C_{20}H_{19}N$, Formel IX (R = X = H) (H 1345; E I 560; E II 794).

B. Aus Triphenylacetonitril bei der Hydrierung an platiniertem Raney-Nickel in schwach alkalischer Lösung (*Décombe,* C. r. **222** [1946] 90).

F: 130—131° (*Dé.*). IR-Absorption bei 1,47—1,56 μ: *Liddel, Wulf,* Am. Soc. **55** [1933] 3574, 3580.

Bildung von 2-Nitro-1.1.2-triphenyl-äthylen beim Behandeln mit Stickstoffoxiden in Äther in Gegenwart von Natriumsulfat bei —15°: *Hellerman, Garner,* Am. Soc. **57** [1935] 139, 142. Bildung von Triphenylmethanol beim Erhitzen mit Chrom(VI)-oxid in Essigsäure: *Hellerman,* Am. Soc. **68** [1946] 825, 826. Beim Erhitzen mit Quecksilber(II)-oxid auf 140° ist die im folgenden Artikel beschriebene Verbindung erhalten worden (*He.*).

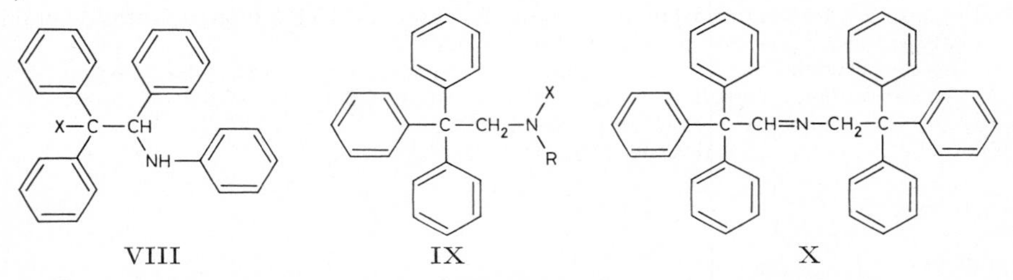

VIII IX X

[2.2.2-Triphenyl-äthyl]-[2.2.2-triphenyl-äthyliden]-amin, Triphenylacetaldehyd-[2.2.2-triphenyl-äthylimin], *2,2,2-triphenyl-*N*-(2,2,2-triphenylethylidene)ethylamine* $C_{40}H_{33}N$, Formel X.

B. Aus 2.2.2-Triphenyl-äthylamin und Triphenylacetaldehyd bei 150° (*Hellerman,* Am. Soc. **68** [1946] 825, 827).

Krystalle (aus A.); F: 171°.

[2.2.2-Triphenyl-äthyl]-carbamidsäure-äthylester, *(2,2,2-triphenylethyl)carbamic acid ethyl ester* $C_{23}H_{23}NO_2$, Formel IX (R = CO-OC$_2$H$_5$, X = H) (E II 794).

B. Beim Behandeln von 2.2.2-Triphenyl-äthylamin mit Chlorameisensäure-äthylester und wss. Natriumcarbonat-Lösung (*Hellerman, Garner,* Am. Soc. **57** [1935] 139, 140).

F: 94°.

Chlor-[2.2.2-triphenyl-äthyl]-amin, N*-chloro-2,2,2-triphenylethylamine* $C_{20}H_{18}ClN$, Formel IX (R = H, X = Cl).

B. Aus 2.2.2-Triphenyl-äthylamin-hydrochlorid beim Behandeln mit wss. Kaliumhypochlorit-Lösung (*Hellerman,* Am. Soc. **68** [1946] 825, 826).

F: 118—119° [Zers.; über Phosphor(V)-oxid getrocknetes Präparat].

Beim Erhitzen auf 120° sind 2.2.2-Triphenyl-äthylamin und geringe Mengen [2.2.2-Triphenyl-äthyl]-[2.2.2-triphenyl-äthyliden]-amin erhalten worden. Bildung von Triphenylmethan beim Erwärmen mit äthanol. Kalilauge: *He.*

Nitroso-[2.2.2-triphenyl-äthyl]-carbamidsäure-äthylester, *nitroso(2,2,2-triphenylethyl)carbamic acid ethyl ester* $C_{23}H_{22}N_2O_3$, Formel IX (R = CO-OC$_2$H$_5$, X = NO).

B. Beim Behandeln einer Suspension von [2.2.2-Triphenyl-äthyl]-carbamidsäure-äthylester und Natriumsulfat in Äther mit Stickstoffoxiden (*Hellerman, Garner,* Am. Soc. **57** [1935] 139, 140).

Gelbliche Krystalle (aus Ae.); Zers. bei 114° [korr.; im vorgeheizten Bad].

2-Methyl-4-benzhydryl-anilin $C_{20}H_{19}N$.

Essigsäure-[2-methyl-4-benzhydryl-anilid], *α⁴′,α⁴′-diphenylaceto-2′,4′-xylidide* $C_{22}H_{21}NO$, Formel XI.

B. Aus Diphenyl-[4-acetamino-3-methyl-phenyl]-methanol beim Erhitzen mit Zink und Essigsäure (*Iddles, Hussey,* Am. Soc. **63** [1941] 2768).

Krystalle (aus wss. Acn.); F: 150°.

2.4-Dibenzyl-anilin, *α,α'-diphenyl-2,4-xylidine* $C_{20}H_{19}N$, Formel XII (R = H).

B. Neben anderen Verbindungen beim Erhitzen von *N*-Benzyl-anilin mit Kobalt(II)-chlorid auf 247° (*Hickinbottom*, Soc. **1937** 1119, 1124) sowie beim Erhitzen von *N.N*-Dibenzyl-anilin-hydrochlorid bis auf 220° (*Drumm, O'Connor, Reilly*, Am. Soc. **62** [1940] 1241).

Krystalle (aus PAe.); F: 50° (*Dr., O'Co., Rei.*), 49—50° (*Hi.*).

Hydrochlorid $C_{20}H_{19}N \cdot HCl$. Krystalle (aus $CHCl_3$ + PAe.); F: 171° (*Dr., O'Co., Rei.*).

Essigsäure-[2.4-dibenzyl-anilid], *α,α'-diphenylaceto-2',4'-xylidide* $C_{22}H_{21}NO$, Formel XII (R = CO-CH_3).

B. Aus 2.4-Dibenzyl-anilin (*Hickinbottom*, Soc. **1937** 1119, 1125).

Krystalle (aus A.); F: 145—146°.

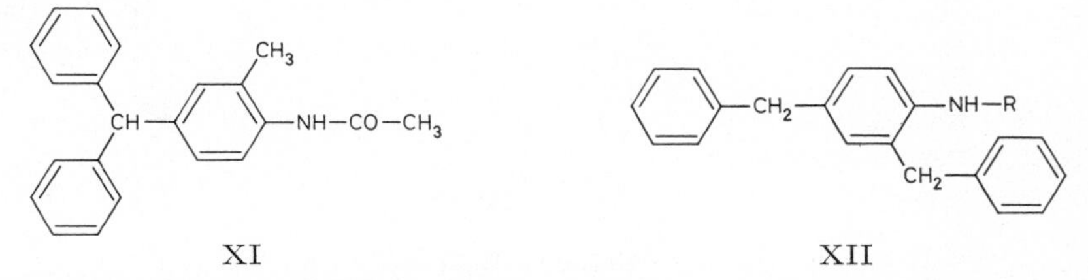

XI XII

Benzoesäure-[2.4-dibenzyl-anilid], *α,α'-diphenylbenzo-2',4'-xylidide* $C_{27}H_{23}NO$, Formel XII (R = CO-C_6H_5).

B. Aus 2.4-Dibenzyl-anilin (*Drumm, O'Connor, Reilly*, Am. Soc. **62** [1940] 1241).

Krystalle (aus A.); F: 158°.

Amine $C_{21}H_{21}N$

2.3.3-Triphenyl-propylamin $C_{21}H_{21}N$.

(±)-*N*-[2.3.3-Triphenyl-propyl]-acetamid, (±)-N-(*2,3,3-triphenylpropyl)acetamide* $C_{23}H_{23}NO$, Formel XIII.

B. Bei der Hydrierung von (±)-2.3.3-Triphenyl-propionitril an Raney-Nickel in Dioxan bei 120°/175 at und Behandlung des Reaktionsprodukts mit heissem Acetanhydrid (*Shriner, Brown*, J. org. Chem. **2** [1937] 560, 567).

Krystalle (aus wss. A.); F: 143—144°.

3.3.3-Triphenyl-propylamin, *3,3,3-triphenylpropylamine* $C_{21}H_{21}N$, Formel XIV (R = X = H).

B. Aus 3.3.3-Triphenyl-propionitril oder aus 3.3.3-Triphenyl-propionaldehyd-oxim beim Erwärmen mit Äthanol und Natrium (*Hellerman, Garner*, Am. Soc. **68** [1946] 819, 821).

Krystalle (aus Bzn.), F: 96°; nach dem Aufbewahren über Phosphor(V)-oxid liegt der Schmelzpunkt bei 65° (*He., Ga.*). IR-Absorption bei 1,47—1,56 μ: *Liddel, Wulf*, Am. Soc. **55** [1933] 3574, 3580).

Hydrochlorid $C_{21}H_{21}N \cdot HCl$. Krystalle (aus A. + Ae.); Zers. bei 248—249° [im vorgeheizten Bad] (*He., Ga.*).

Nitrit $C_{21}H_{21}N \cdot HNO_2$. Krystalle; Zers. bei 118—119° [über Phosphor(V)-oxid getrocknetes Präparat] (*He., Ga.*).

Nitrat $C_{21}H_{21}N \cdot HNO_3$. Krystalle; Zers. bei 193—196° [im vorgeheizten Bad; über Phosphor(V)-oxid getrocknetes Präparat] (*He., Ga.*).

[3.3.3-Triphenyl-propyl]-carbamidsäure-äthylester, *(3,3,3-triphenylpropyl)carbamic acid ethyl ester* $C_{24}H_{25}NO_2$, Formel XIV (R = CO-OC_2H_5, X = H).

B. Beim Behandeln von 3.3.3-Triphenyl-propylamin-hydrochlorid mit Chlorameisensäure-äthylester und wss. Natriumcarbonat-Lösung (*Hellerman, Garner*, Am. Soc. **68** [1946] 819, 821).

Krystalle (aus Bzn. + $CHCl_3$); F: 126°.

Chlor-[3.3.3-triphenyl-propyl]-amin, *N-chloro-3,3,3-triphenylpropylamine* $C_{21}H_{20}ClN$, Formel XIV (R = H, X = Cl).

B. Aus 3.3.3-Triphenyl-propylamin-hydrochlorid beim Behandeln mit Kaliumhypochlorit in Wasser und wenig Äthanol (*Hellerman*, Am. Soc. **68** [1946] 825, 827).

Zers. bei 95° [über Phosphor(V)-oxid getrocknetes Präparat].

Nitroso-[3.3.3-triphenyl-propyl]-carbamidsäure-äthylester, *nitroso(3,3,3-triphenylpropyl)carbamic acid ethyl ester* $C_{24}H_{24}N_2O_3$, Formel XIV (R = $CO\text{-}OC_2H_5$, X = NO).

B. Beim Einleiten von Stickstoffoxiden in eine Suspension von [3.3.3-Triphenyl-propyl]-carbamidsäure-äthylester und Natriumsulfat in Äther (*Hellerman*, *Garner*, Am. Soc. **68** [1946] 819, 821).

Gelbliche Krystalle; Zers. bei 120—120,5° [korr.; im vorgeheizten Bad; getrocknetes Präparat].

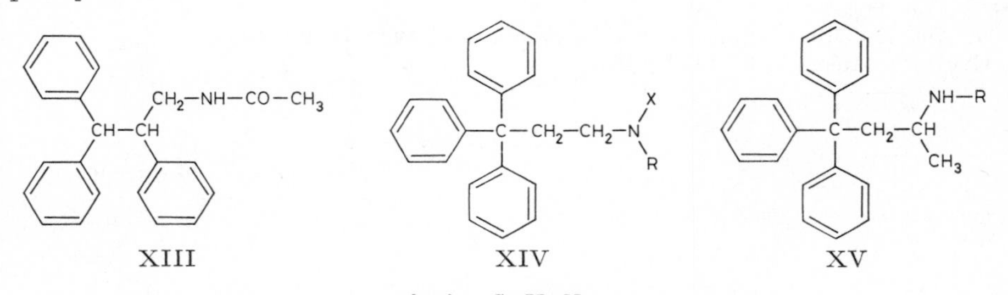

Amine $C_{22}H_{23}N$

(±)-3-Amino-1.1.1-triphenyl-butan, (±)-1-Methyl-3.3.3-triphenyl-propylamin, (±)-*1-methyl-3,3,3-triphenylpropylamine* $C_{22}H_{23}N$, Formel XV (R = H).

Hydrochlorid $C_{22}H_{23}N \cdot HCl$. *B.* Aus 1.1.1-Triphenyl-butanon-(3)-oxim beim Erwärmen mit Äthanol und Natrium und anschliessend mit wss. Salzsäure (*Garner*, *Hellerman*, Am. Soc. **68** [1946] 823). — Krystalle (aus A. + Ae.); Zers. bei 256° [im vorgeheizten Bad].

(±)-[1-Methyl-3.3.3-triphenyl-propyl]-carbamidsäure-äthylester, (±)-*(1-methyl-3,3,3-triphenylpropyl)carbamic acid ethyl ester* $C_{25}H_{27}NO_2$, Formel XV (R = $CO\text{-}OC_2H_5$).

B. Beim Behandeln von (±)-1-Methyl-3.3.3-triphenyl-propylamin-hydrochlorid mit Chlorameisensäure-äthylester und wss. Natronlauge (*Garner*, *Hellerman*, Am. Soc. **68** [1946] 823).

Krystalle (aus Bzn.); F: 84,5—86°.

x-Amino-4-butyl-*o*-terphenyl, *x-amino-4-butyl-*o*-terphenyl* $C_{22}H_{23}N$ vom F: 60°.

B. Aus x-Nitro-4-butyl-*o*-terphenyl (Kp_1: 196—206°) bei der Hydrierung an Raney-Nickel in Natriumcarbonat enthaltendem Äthanol bei 100° (*Allen et al.*, J. org. Chem. **14** [1949] 169).

Krystalle (aus wss. A.); F: 59,5—60°.

N-[4-Nitro-benzoyl]-Derivat $C_{29}H_{26}N_2O_3$ (x-[4-Nitro-benzamino]-4-butyl-*o*-terphenyl). Krystalle (aus A.); F: 155,5°.

[*Lange*]

Monoamine $C_nH_{2n-23}N$

Amine $C_{18}H_{13}N$

2-Amino-benz[*a*]anthracen, Benz[*a*]anthracenyl-(2)-amin, *benz[a]anthracen-2-ylamine* $C_{18}H_{13}N$, Formel I (R = H).

B. Aus 2-Amino-benz[*a*]anthracen-chinon-(7.12) beim Erhitzen mit Zink und wss. Ammoniak (*Badger*, Soc. **1948** 1756, 1758).

Gelbe Krystalle (aus Bzl.); F: 162,5—164,5°.

2-Acetamino-benz[*a*]anthracen, *N*-[Benz[*a*]anthracenyl-(2)]-acetamid, N-*(benz[a]anthracen-2-yl)acetamide* $C_{20}H_{15}NO$, Formel I (R = $CO\text{-}CH_3$).

Krystalle (aus Me.); F: 235—236° (*Badger*, *Gibb*, Soc. **1949** 799, 802).

4-Amino-benz[*a*]anthracen, Benz[*a*]anthracenyl-(4)-amin, *benz[a]anthracen-4-ylamine* $C_{18}H_{13}N$, Formel II (R = H).

B. Aus 4-Amino-benz[*a*]anthracen-chinon-(7.12) beim Erhitzen mit Zink und wss. Ammoniak (*Badger*, *Gibb*, Soc. **1949** 799, 802).

Gelbe Krystalle (aus Bzl.); F: 199–201° (*Ba.*, *Gibb*). Fluorescenz-Spektrum (PAe.): *Schoental*, *Scott*, Soc. **1949** 1683, 1695.

4-Benzamino-benz[*a*]anthracen, *N*-[Benz[*a*]anthracenyl-(4)]-benzamid, N-(*benz*[a]*anthracen-4-yl*)*benzamide* $C_{25}H_{17}NO$, Formel II (R = CO-C_6H_5).

B. Aus Benz[*a*]anthracenyl-(4)-amin (*Badger*, *Gibb*, Soc. **1949** 799, 802).

Krystalle (aus Acn.); F: 276–277°.

5-Amino-benz[*a*]anthracen, Benz[*a*]anthracenyl-(5)-amin, *benz*[a]*anthracen-5-ylamine* $C_{18}H_{13}N$, Formel III (R = H).

B. Aus Benz[*a*]anthracenol-(5) beim Erhitzen mit wss. Ammoniak, Natriumhydrogensulfit und Dioxan auf 180° (*Fieser et al.*, Am. Soc. **59** [1937] 475, 478).

Gelbe Krystalle (aus A.); F: 211,5–212,5° [korr.] (*Fie. et al.*). UV-Spektrum einer Lösung der Base in Äthanol sowie einer Lösung des Hydrochlorids in wss. Äthanol: *Jones*, Am. Soc. **63** [1941] 151, 152, 154, **67** [1945] 2127, 2135, 2145. Die Krystalle sowie Lösungen in Äthanol fluorescieren grüngelb (*Jo.*, Am. Soc. **63** 155).

5-Methylamino-benz[*a*]anthracen, Methyl-[benz[*a*]anthracenyl-(5)]-amin, N-*methylbenz*[a]*anthracen-5-ylamine* $C_{19}H_{15}N$, Formel III (R = CH_3).

B. Beim Erhitzen von Benz[*a*]anthracenol-(5) mit Methylamin und Natriumhydrogensulfit in Wasser und Dioxan auf 180° (*Fieser et al.*, Am. Soc. **59** [1937] 475, 478).

Gelbe Krystalle (aus A.); F: 115,5–116,5° [korr.].

Benz[*a*]anthracenyl-(5)-carbamidsäure-methylester, (*benz*[a]*anthracen-5-yl*)*carbamic acid methyl ester* $C_{20}H_{15}NO_2$, Formel III (R = CO-OCH_3).

B. Aus Benz[*a*]anthracenyl-(5)-isocyanat und Methanol (*Fieser*, *Creech*, Am. Soc. **61** [1939] 3502, 3506).

Krystalle (aus Me.); F: 203,5–204° [korr.].

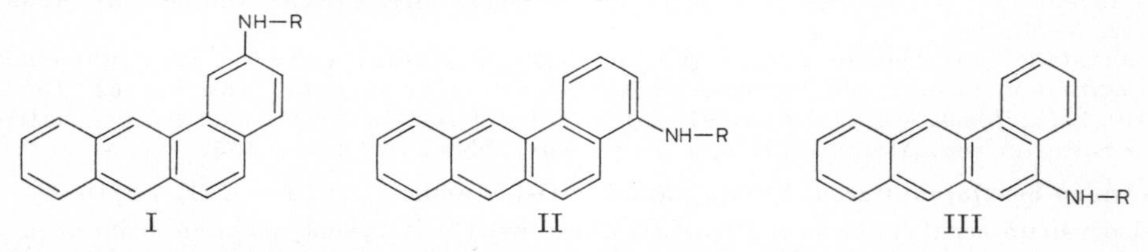

Benz[*a*]anthracenyl-(5)-carbamidsäure-äthylester, (*benz*[a]*anthracen-5-yl*)*carbamic acid ethyl ester* $C_{21}H_{17}NO_2$, Formel III (R = CO-OC_2H_5).

B. Aus Benz[*a*]anthracenyl-(5)-isocyanat und Äthanol (*Fieser*, *Creech*, Am. Soc. **61** [1939] 3502, 3506).

Krystalle (aus A.); F: 211,5–212° [korr.].

Benz[*a*]anthracenyl-(5)-harnstoff, (*benz*[a]*anthracen-5-yl*)*urea* $C_{19}H_{14}N_2O$, Formel III (R = CO-NH_2).

B. Aus Benz[*a*]anthracenyl-(5)-isocyanat und Ammoniak in Wasser und Dioxan (*Fieser*, *Creech*, Am. Soc. **61** [1939] 3502, 3506).

Krystalle (aus Dioxan), die unterhalb 350° nicht schmelzen.

***N.N'*-Bis-[benz[*a*]anthracenyl-(5)]-harnstoff,** *1,3-bis*(*benz*[a]*anthracen-5-yl*)*urea* $C_{37}H_{24}N_2O$, Formel IV.

B. Aus Benz[*a*]anthracenyl-(5)-amin und Benz[*a*]anthracenyl-(5)-isocyanat in Benzol (*Fieser*, *Creech*, Am. Soc. **61** [1939] 3502, 3506).

Unterhalb 350° nicht schmelzend.

***N*-[2-Hydroxy-äthyl]-*N'*-[benz[*a*]anthracenyl-(5)]-harnstoff,** *1-*(*benz*[a]*anthracen-5-yl*)*-3-*(*2-hydroxyethyl*)*urea* $C_{21}H_{18}N_2O_2$, Formel III (R = CO-NH-CH_2-CH_2OH).

B. Aus Benz[*a*]anthracenyl-(5)-isocyanat und 2-Amino-äthanol-(1) in Chloroform (*Fieser*, *Creech*, Am. Soc. **61** [1939] 3502, 3506).

Krystalle (aus Dioxan + A.); F: 343–345° [evakuierte Kapillare].

5-Isocyanato-benz[*a*]anthracen, Benz[*a*]anthracenyl-(5)-isocyanat, *isocyanic acid benz*[a]*anthracen-5-yl ester* $C_{19}H_{11}NO$, Formel V.

B. Aus Benz[*a*]anthracenyl-(5)-amin und Phosgen in Benzol und Toluol (*Fieser*,

Creech, Am. Soc. **61** [1939] 3502, 3506).

Hellgelbe Krystalle (aus Bzl. + Bzn.); F: 163—163,5° [korr.] (*Fie.*, *Cr.*). UV-Spektrum (Hexan): *Jones*, Am. Soc. **63** [1941] 151, 152, 153. Die Krystalle fluorescieren grüngelb, Lösungen in Hexan fluorescieren violett (*Jo.*, l. c. S. 155).

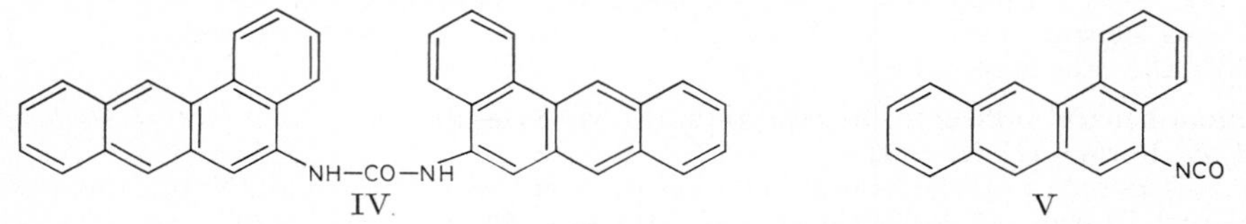

IV V

***N*-[Benz[*a*]anthracenyl-(5)-carbamoyl]-glycin, 5-[Benz[*a*]anthracenyl-(5)]-hydantoinsäure**, *5-(benz*[a]*anthracen-5-yl)hydantoic acid* $C_{21}H_{16}N_2O_3$, Formel III (R = CO-NH-CH_2-COOH).

B. Beim Behandeln von Benz[*a*]anthracenyl-(5)-isocyanat in Dioxan mit einer aus Glycin und wss. Natronlauge bereiteten Lösung vom pH 8,5 (*Fieser*, *Creech*, Am. Soc. **61** [1939] 3502, 3506).

Gelbliche Krystalle (aus Dioxan + A. + W.); F: 310° [Zers.; evakuierte Kapillare] (*Fie.*, *Cr.*). UV-Spektrum einer wss.-äthanol. Lösung des Natrium-Salzes (pH 8,3): *Creech*, *Jones*, Am. Soc. **62** [1940] 1970, 1971; *Jones*, Am. Soc. **63** [1941] 151, 152. Lösungen des Natrium-Salzes in wss. Äthanol (pH 8,3) fluorescieren blau (*Jo.*, l. c. S. 155).

6-[*N'*-(Benz[*a*]anthracenyl-(5))-ureido]-hexansäure-(1), *6-[3-(benz*[a]*anthracen-5-yl)ureido]hexanoic acid* $C_{25}H_{24}N_2O_3$, Formel III (R = CO-NH-[CH_2]$_5$-COOH).

B. Aus Benz[*a*]anthracenyl-(5)-isocyanat und 6-Amino-hexansäure-(1) analog der im vorangehenden Artikel beschriebenen Verbindung (*Fieser*, *Creech*, Am. Soc. **61** [1939] 3502, 3506).

Krystalle (aus Dioxan + A. + W.); F: 295—297° (*Fie.*, *Cr.*). UV-Spektrum einer wss.-äthanol. Lösung des Natrium-Salzes (pH 8,3): *Creech*, *Jones*, Am. Soc. **62** [1940] 1970, 1971; *Jones*, Am. Soc. **63** [1941] 151, 152. Die Krystalle sowie Lösungen des Natrium-Salzes in wss. Äthanol (pH 8,3) fluorescieren blau (*Jo.*, l. c. S. 155).

7-Amino-benz[*a*]anthracen, Benz[*a*]anthracenyl-(7)-amin $C_{18}H_{13}N$ s. E III **7** 2716.

7-Isocyanato-benz[*a*]anthracen, Benz[*a*]anthracenyl-(7)-isocyanat, *isocyanic acid benz*[a]*anthracen-7-yl ester* $C_{19}H_{11}NO$, Formel VI.

B. Aus Benz[*a*]anthracenyl-(7)-amin (E III **7** 2716) und Phosgen in Benzol und Toluol (*Fieser*, *Creech*, Am. Soc. **61** [1939] 3502, 3505).

Krystalle (aus Bzl. + Bzn.); F: 144—144,5° (*Fie.*, *Cr.*). UV-Absorption (Hexan): *Jones*, Am. Soc. **63** [1941] 151, 152.

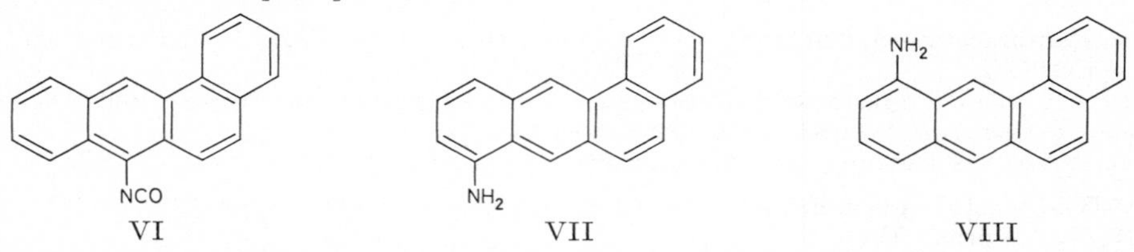

VI VII VIII

8-Amino-benz[*a*]anthracen, Benz[*a*]anthracenyl-(8)-amin, *benz*[a]*anthracen-8-ylamine* $C_{18}H_{13}N$, Formel VII.

B. Beim Erwärmen von 8-Hydroxyimino-8.9.10.11-tetrahydro-benz[*a*]anthracen mit Acetanhydrid unter Einleiten von Chlorwasserstoff (*Badger et al.*, Pr. roy. Soc. [B] **131** [1943] 170, 172 Anm.).

Grüngelbe Krystalle; F: 173—174°.

11-Amino-benz[*a*]anthracen, Benz[*a*]anthracenyl-(11)-amin, *benz*[a]*anthracen-11-ylamine* $C_{18}H_{13}N$, Formel VIII.

B. Aus Benz[*a*]anthracenol-(11) beim Erhitzen mit Dioxan, wss. Ammoniak und Natriumsulfit auf 200° (*Fieser*, *Johnson*, Am. Soc. **61** [1939] 1647, 1651).

Gelbe Krystalle (aus Bzl. + Bzn.); F: 201,7—202,3° [korr.] (*Fie.*, *Jo.*). UV-Spektrum einer Lösung der Base in Äthanol sowie einer Lösung des Hydrochlorids in wss. Äthanol: *Jones*, Am. Soc. **67** [1945] 2127, 2130, 2145.

5-Amino-benzo[*c*]phenanthren, Benzo[*c*]phenanthrenyl-(5)-amin, *benzo*[c]*phenanthren-5-ylamine* $C_{18}H_{13}N$, Formel IX.

B. Aus 5-Nitro-benzo[*c*]phenanthren beim Behandeln einer warmen äthanol. Lösung mit Titan(III)-chlorid in Wasser unter Zusatz von wss. Salzsäure (*Newman, Kosak*, J. org. Chem. **14** [1949] 375, 379). Beim Erhitzen von Benzo[*c*]phenanthren-carbonylazid-(5) ($C_{19}H_{11}N_3O$; F: 69–72° [Zers.]; hergestellt aus Benzo[*c*]phenanthren-carbonylchlorid-(5)) in Toluol und anschliessend in Xylol und Erwärmen des Reaktionsgemisches mit wss. Kalilauge (*Ne., Ko.*).

Das Hydrochlorid schmilzt zwischen 192° und 209°.

Verbindung mit 2.4.7-Trinitro-fluorenon-(9) $C_{18}H_{13}N \cdot C_{13}H_5N_3O_7$. Braune Krystalle; F: 195,8–196,2° [korr.].

5-Amino-chrysen, Chrysenyl-(5)-amin $C_{18}H_{13}N$.

5-Acetamino-chrysen, *N*-[Chrysenyl-(5)]-acetamid, N-(*chrysen-5-yl*)*acetamide* $C_{20}H_{15}NO$, Formel X.

B. Aus *C*-[2-(Naphthyl-(2))-phenyl]-acetamid beim Erhitzen mit wss. Schwefelsäure und Acetanhydrid (*Cook, Schoental*, Soc. **1945** 288, 290).

Fluorescierende Krystalle (aus Bzl. + PAe.); F: 249–250°.

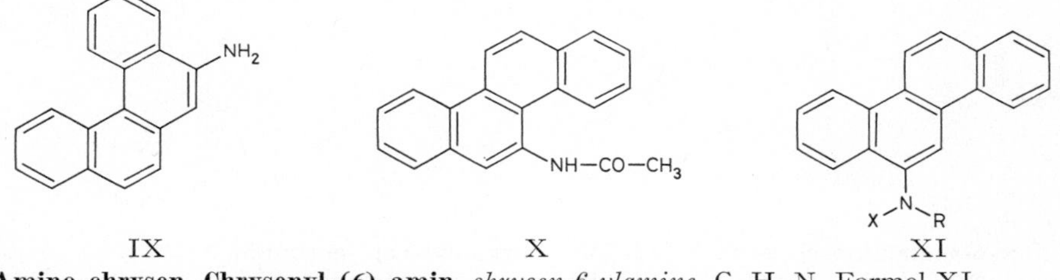

IX X XI

6-Amino-chrysen, Chrysenyl-(6)-amin, *chrysen-6-ylamine* $C_{18}H_{13}N$, Formel XI (R = X = H) (H 1346; dort als Aminochrysen bezeichnet).

B. Aus 6-Nitro-chrysen beim Erhitzen mit Essigsäure, Phosphor und wss. Jodwasserstoffsäure (*Newman, Cathcart*, J. org. Chem. **5** [1940] 618, 620; vgl. H 1346) sowie beim Erwärmen mit wss. Salzsäure und Zinn (*CIBA*, D.R.P. 621582 [1933]; Frdl. **21** 1171; U.S.P. 1996475 [1934]; vgl. H 1346).

Krystalle; F: 210–211° [korr.] (*Ne., Ca.*), 206° (*I.G. Farbenind.*, D.R.P. 619755 [1933]; Frdl. **22** 1170), 199–201° [aus A.] (*CIBA*).

Überführung in Chrysenol-(6) durch Erhitzen mit wss. Schwefelsäure auf 220°: *CIBA*; *Ne., Ca.*; *Bradscher, Amore*, Am. Soc. **65** [1943] 2466; durch Erhitzen mit wss. Essigsäure auf 220° oder mit wss. Salzsäure auf 230°: *CIBA*. Beim Erhitzen mit Phthalsäureanhydrid, Natriumchlorid und Aluminiumchlorid bis auf 145° ist eine als 5-Amino-naphtho[2.3-*g*]chrysen-chinon-(11.16) angesehene Verbindung erhalten worden (*Gen. Aniline & Film Corp.*, U.S.P. 2309196 [1938]; s. a. *Kränzlein*, B. **71** [1938] 2328, 2334).

6-Acetamino-chrysen, *N*-[Chrysenyl-(6)]-acetamid, N-(*chrysen-6-yl*)*acetamide* $C_{20}H_{15}NO$, Formel XI (R = CO-CH_3, X = H) (H 1346; dort als „Monoacetyl-Derivat des Aminochrysens“ bezeichnet).

B. Beim Erwärmen einer Lösung von Chrysenyl-(6)-amin in Äthylacetat und Essigsäure mit Natriumacetat und Acetanhydrid (*Newman, Cathcart*, J. org. Chem. **5** [1940] 618, 621).

Krystalle (aus Eg.); F: 299,5–301° [korr.].

6-Diacetylamino-chrysen, *N*-[Chrysenyl-(6)]-diacetamid, N-(*chrysen-6-yl*)*diacetamide* $C_{22}H_{17}NO_2$, Formel XI (R = X = CO-CH_3) (H 1346; dort als „Diacetyl-Derivat des Aminochrysens“ bezeichnet).

B. Beim Erhitzen von Chrysenyl-(6)-amin mit Acetanhydrid (*Newman, Cathcart*, J. org. Chem. **5** [1940] 618, 621).

Krystalle (aus Bzl. + PAe.); F: 221,8–223,8° [korr.].

Chrysenyl-(6)-carbamidsäure-methylester, (*chrysen-6-yl*)*carbamic acid methyl ester* $C_{20}H_{15}NO_2$, Formel XI (R = CO-OCH_3, X = H).

B. Aus Chrysenyl-(6)-isocyanat und Methanol (*Siefken*, A. **562** [1949] 75, 120).

F: 204° [unkorr.].

Chrysenyl-(6)-isocyanat, *isocyanic acid chrysen-6-yl ester* $C_{19}H_{11}NO$, Formel XII.
B. Aus Chrysenyl-(6)-amin und Phosgen (*Siefken*, A. **562** [1949] 75, 80, 120).
F: 155—156° [unkorr.].

3-Hydroxy-*N*-[chrysenyl-(6)]-5.6.7.8-tetrahydro-naphthamid-(2), N-(*chrysen-6-yl*)-*3-hydroxy-5,6,7,8-tetrahydro-2-naphthamide* $C_{29}H_{23}NO_2$, Formel XIII.
Eine Verbindung (F: 236°), der vermutlich diese Konstitution zukommt, ist beim Erwärmen von Chrysenyl-(6?)-amin mit 3-Hydroxy-5.6.7.8-tetrahydro-naphthoesäure-(2) und mit Phosphor(III)-chlorid in Toluol erhalten worden (*Gen. Aniline Works*, U. S.P. 2040397 [1934]).

12-Chlor-6-amino-chrysen, 12-Chlor-chrysenyl-(6)-amin, *12-chlorochrysen-6-ylamine* $C_{18}H_{12}ClN$, Formel XIV (R = H, X = Cl).
B. Aus 12-Chlor-6-nitro-chrysen (*I.G. Farbenind.*, Ital.P. 336203 [1935]). Aus *N*-[12-Chlor-chrysenyl-(6)]-acetamid mit Hilfe von äthanol. Kalilauge (*Buu-Hoi*, J. org. Chem. **19** [1954] 721, 724).
Gelbliche Krystalle; F: 214—215° [aus A.] (*Buu-Hoi*), 214° (*I.G. Farbenind.*).

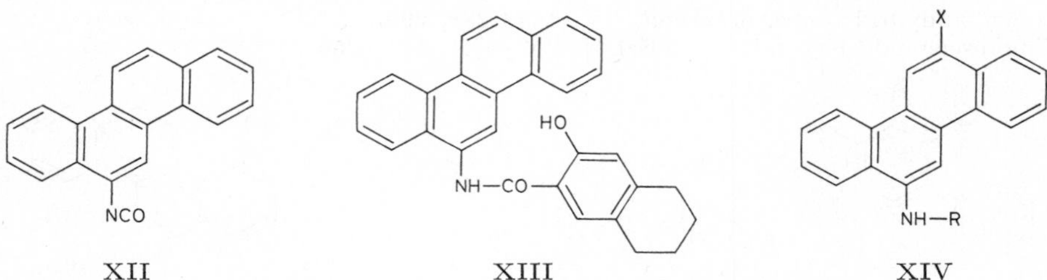

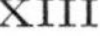

XII XIII XIV

12-Chlor-6-acetamino-chrysen, *N*-[12-Chlor-chrysenyl-(6)]-acetamid, N-(*12-chlorochrysen-6-yl*)*acetamide* $C_{20}H_{14}ClNO$, Formel XIV (R = CO-CH_3, X = Cl).
B. Aus *N*-[Chrysenyl-(6)]-acetamid beim Behandeln mit Chlor in Essigsäure (*Buu-Hoi*, J. org. Chem. **19** [1954] 721, 724) sowie beim Erwärmen mit Sulfurylchlorid in Nitrobenzol (*I.G. Farbenind.*, D.R.P. 666644 [1935]; Frdl. **25** 728, 810).
Krystalle (aus Eg.); F: 288—289° (*Buu-Hoi*).

12-Brom-6-amino-chrysen, 12-Brom-chrysenyl-(6)-amin, *12-bromochrysen-6-ylamine* $C_{18}H_{12}BrN$, Formel XIV (R = H, X = Br).
Konstitution: *Buu-Hoi*, J. org. Chem. **19** [1954] 721.
B. Aus 12-Brom-6-nitro-chrysen bei der Hydrierung an Nickel in Tetralin unter Druck (*I.G. Farbenind.*, Ital.P. 336203 [1935]). Aus Chrysenyl-(6)-amin und Brom in Nitrobenzol (*I.G. Farbenind.*, D.R.P. 666644 [1935]; Frdl. **25** 728, 810).
Krystalle; F: 222° [aus A.; Zers.] (*Buu-Hoi*, l. c. S. 724), 220° [aus Chlorbenzol] (*I.G. Farbenind.*, D.R.P. 666644).

12-Brom-6-acetamino-chrysen, *N*-[12-Brom-chrysenyl-(6)]-acetamid, N-(*12-bromochrysen-6-yl*)*acetamide* $C_{20}H_{14}BrNO$, Formel XIV (R = CO-CH_3, X = Br) (H 1347; dort als *N*-Acetyl-x-brom-chrysylamin bezeichnet).
B. Aus *N*-[Chrysenyl-(6)]-acetamid und Brom in Trichlorbenzol (*I.G. Farbenind.*, D.R.P. 666644 [1935]; Frdl. **25** 728, 810).
Krystalle; F: 309—310° [aus Eg.] (*Buu-Hoi*, J. org. Chem. **19** [1954] 721, 724), 305° [Zers.; aus Nitrobenzol] (*I.G. Farbenind.*).

12-Nitro-6-amino-chrysen, 12-Nitro-chrysenyl-(6)-amin, *12-nitrochrysen-6-ylamine* $C_{18}H_{12}N_2O_2$, Formel XIV (R = H, X = NO_2).
B. Aus 6.12-Dinitro-chrysen beim Erhitzen einer Suspension in Äthanol mit Natriumsulfid und Schwefel in Wasser (*I.G. Farbenind.*, D.R.P. 617106 [1933]; Frdl. **22** 1169; *Gen. Aniline Works*, U.S.P. 2069159 [1934]). Aus *N*-[12-Nitro-chrysenyl-(6)]-acetamid beim Erhitzen mit wss.-äthanol. Natronlauge (*I.G. Farbenind.*; *Gen. Aniline Works*).
Orangerote Krystalle (aus Chlorbenzol); F: 228—229° (*I.G. Farbenind.*; *Gen. Aniline Works*).

12-Nitro-6-acetamino-chrysen, *N*-[12-Nitro-chrysenyl-(6)]-acetamid, N-(*12-nitrochrysen-6-yl)acetamide* $C_{20}H_{14}N_2O_3$, Formel XIV (R = CO-CH_3, X = NO_2).

B. Aus *N*-[Chrysenyl-(6)]-acetamid beim Erwärmen mit Essigsäure und Salpetersäure (*I.G. Farbenind.*, D.R.P. 617106 [1933]; Frdl. **22** 1169; *Gen. Aniline Works*, U.S.P. 2069159 [1934]).

Gelbe Krystalle (aus Nitrobenzol); F: 322–325°.

Amine $C_{19}H_{15}N$

9-Amino-9-phenyl-fluoren, 9-Phenyl-fluorenyl-(9)-amin, *9-phenylfluoren-9-ylamine* $C_{19}H_{15}N$, Formel I (X = H).

B. Aus 9-Chlor-9-phenyl-fluoren beim Erwärmen mit flüssigem Ammoniak (*Pinck, Hilbert*, Am. Soc. **59** [1937] 8, 10).

Krystalle (aus wss. A.); F: 82° (*Pi.*, *Hi.*).

Beim Behandeln mit Kaliumamid in flüssigem Ammoniak unter Zusatz von Kaliumnitrat ist 6-Amino-phenanthridin erhalten worden (*White, Bergstrom*, J. org. Chem. **7** [1942] 497, 499, 505).

Hydrochlorid $C_{19}H_{15}N \cdot HCl$. Krystalle (aus wss. Salzsäure); F: 310° [korr.; Zers.] (*Pi.*, *Hi.*).

Bis-[9-phenyl-fluorenyl-(9)]-amin, *9,9'-diphenyldifluoren-9-ylamine* $C_{38}H_{27}N$, Formel II.

B. Neben 9-Phenyl-fluorenyl-(9)-amin beim Erhitzen von 9-Chlor-9-phenyl-fluoren mit flüssigem Ammoniak auf 180° (*Pinck, Hilbert*, Am. Soc. **59** [1937] 8, 10).

Krystalle (aus A. + Toluol); F: 230° [korr.].

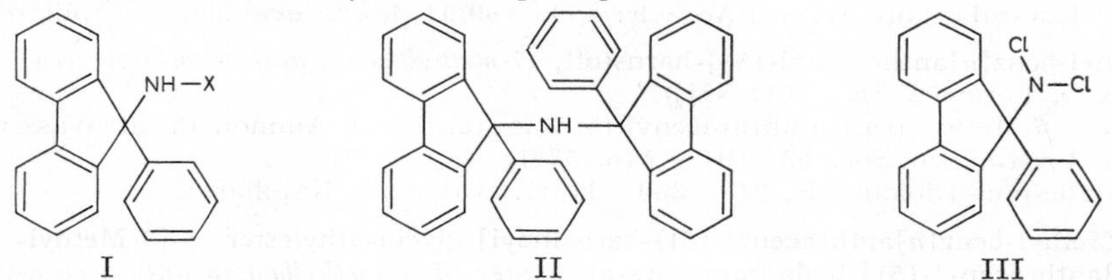

9-Acetamino-9-phenyl-fluoren, *N*-[9-Phenyl-fluorenyl-(9)]-acetamid, N-(*9-phenylfluoren-9-yl)acetamide* $C_{21}H_{17}NO$, Formel I (X = CO-CH_3).

B. Aus 9-Phenyl-fluorenyl-(9)-amin (*Pinck, Hilbert*, Am. Soc. **59** [1937] 8, 10).

Krystalle (aus A.); F: 232° [korr.].

9-Chloramino-9-phenyl-fluoren, Chlor-[9-phenyl-fluorenyl-(9)]-amin, N-*chloro-9-phenylfluoren-9-ylamine* $C_{19}H_{14}ClN$, Formel I (X = Cl).

B. Aus 9-Phenyl-fluorenyl-(9)-amin-hydrochlorid beim Behandeln mit Äthanol und wss. Kaliumhypochlorit-Lösung (*Pinck, Hilbert*, Am. Soc. **59** [1937] 8, 10).

Krystalle (aus Hexan); F: 102° [korr.].

Beim Behandeln mit Natriummethylat in Pyridin ist 6-Phenyl-phenanthridin erhalten worden.

9-Dichloramino-9-phenyl-fluoren, Dichlor-[9-phenyl-fluorenyl-(9)]-amin, N,N-*dichloro-9-phenylfluoren-9-ylamine* $C_{19}H_{13}Cl_2N$, Formel III.

B. Beim Behandeln einer Lösung von 9-Phenyl-fluorenyl-(9)-amin in Äthanol mit Chlor (*Pinck, Hilbert*, Am. Soc. **59** [1937] 8, 10).

Krystalle (aus Bzn.); F: 150° [korr.; Zers.].

9-Bromamino-9-phenyl-fluoren, Brom-[9-phenyl-fluorenyl-(9)]-amin, N-*bromo-9-phenylfluoren-9-ylamine* $C_{19}H_{14}BrN$, Formel I (X = Br).

B. Beim Behandeln von 9-Phenyl-fluorenyl-(9)-amin mit Brom, wss. Natronlauge und Chloroform (*Pinck, Hilbert*, Am. Soc. **59** [1937] 8, 10).

Krystalle (aus Bzn.); F: 105° [korr.; Zers.].

4-Aminomethyl-benz[*a*]anthracen, *C*-[Benz[*a*]anthracenyl-(4)]-methylamin $C_{19}H_{15}N$.

4-Acetaminomethyl-benz[*a*]anthracen, *N*-[Benz[*a*]anthracenyl-(4)-methyl]-acetamid, N-(*benz*[a]*anthracen-4-ylmethyl)acetamide* $C_{21}H_{17}NO$, Formel IV (R = CO-CH_3).

B. Aus 4-[(*C*-Chlor-acetamino)-methyl]-benz[*a*]anthracen-chinon-(7.12) oder aus

4-[(*C.C.C*-Trichlor-acetamino)-methyl]-benz[*a*]anthracen-chinon-(7.12) beim Erwärmen mit Zink und wss. Ammoniak oder mit wss. Jodwasserstoffsäure und Phosphor (*Sempronj*, G. **70** [1940] 615, 616, 618).

Krystalle (aus Toluol); F: 256°.

***N.N*-Diäthyl-glycin-[(benz[*a*]anthracenyl-(4)-methyl)-amid]**, N-(*benz*[a]*anthracen-4-ylmethyl)-2-(diethylamino)acetamide* $C_{25}H_{26}N_2O$, Formel IV (R = CO-CH_2-N(C_2H_5)$_2$).

B. Aus 4-[(*C*-Diäthylamino-acetamino)-methyl]-benz[*a*]anthracen-chinon-(7.12) beim Erwärmen mit Zink und wss. Ammoniak (*Sempronj*, G. **70** [1940] 615, 617, 619).

Krystalle (aus Me.); F: 118—119°.

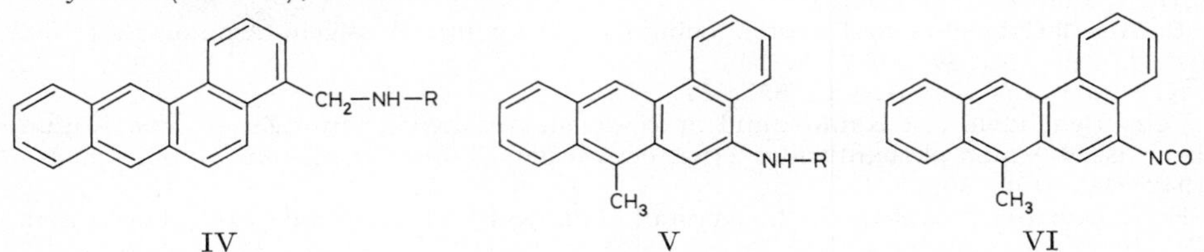

5-Amino-7-methyl-benz[*a*]anthracen, 7-Methyl-benz[*a*]anthracenyl-(5)-amin, *7-methylbenz*[a]*anthracen-5-ylamine* $C_{19}H_{15}N$, Formel V (R = H).

B. Aus 7-Methyl-benz[*a*]anthracenol-(5) beim Erhitzen mit wss. Ammoniak, Natrium-hydrogensulfit und Dioxan auf 180° (*Creech*, Am. Soc. **63** [1941] 576, 578).

Gelbe Krystalle (aus Ae. + PAe.); F: 189—189,5° [korr.; evakuierte Kapillare].

[7-Methyl-benz[*a*]anthracenyl-(5)]-harnstoff, (*7-methylbenz*[a]*anthracen-5-yl)urea* $C_{20}H_{16}N_2O$, Formel V (R = CO-NH_2).

B. Aus 7-Methyl-benz[*a*]anthracenyl-(5)-isocyanat und Ammoniak in Wasser und Dioxan (*Creech*, Am. Soc. **63** [1941] 576, 578).

Krystalle (aus Dioxan); F: 348—350° [korr.; evakuierte Kapillare].

***N*-[(7-Methyl-benz[*a*]anthracenyl-(5))-carbamoyl]-glycin-äthylester, 5-[7-Methyl-benz[*a*]anthracenyl-(5)]-hydantoinsäure-äthylester**, *5-(7-methylbenz*[a]*anthracen-5-yl)hydantoic acid ethyl ester* $C_{24}H_{22}N_2O_3$, Formel V (R = CO-NH-CH_2-CO-OC_2H_5).

B. Aus 7-Methyl-benz[*a*]anthracenyl-(5)-isocyanat und Glycin-äthylester in Benzol (*Creech*, Am. Soc. **63** [1941] 576, 578).

Krystalle (aus Dioxan + Bzn.); F: 213—214° [korr.; evakuierte Kapillare] (*Cr.*). UV-Spektrum (wss. A.): *Creech, Jones*, Am. Soc. **63** [1941] 1661, 1664.

5-Isocyanato-7-methyl-benz[*a*]anthracen, 7-Methyl-benz[*a*]anthracenyl-(5)-isocyanat, *isocyanic acid 7-methylbenz*[a]*anthracen-5-yl ester* $C_{20}H_{13}NO$, Formel VI.

B. Aus 7-Methyl-benz[*a*]anthracenyl-(5)-amin und Phosgen in Benzol und Toluol (*Creech*, Am. Soc. **63** [1941] 576, 578).

Gelbe Krystalle (aus Ae. + PAe.); F: 149,5—150° [korr.].

7-Aminomethyl-benz[*a*]anthracen, *C*-[Benz[*a*]anthracenyl-(7)]-methylamin $C_{19}H_{15}N$.

[Benz[*a*]anthracenyl-(7)-methyl]-bis-[2-chlor-äthyl]-amin, *1-(benz*[a]*anthracen-7-yl)-*N,N-*bis(2-chloroethyl)methylamine* $C_{23}H_{21}Cl_2N$, Formel VII (R = X = CH_2-CH_2Cl).

B. Aus [Benz[*a*]anthracenyl-(7)-methyl]-bis-[2-hydroxy-äthyl]-amin und Thionyl-chlorid in Chloroform (*Friedman, Seligman*, Am. Soc. **70** [1948] 3082, 3084).

Krystalle (aus Ae. + PAe.); F: 106—107° [korr.].

Hydrochlorid. F: 163—164° [korr.; aus $CHCl_3$].

[Benz[*a*]anthracenyl-(7)-methyl]-bis-[2-hydroxy-äthyl]-amin, *2,2'-[(benz*[a]*anthracen-7-ylmethyl)imino]diethanol* $C_{23}H_{23}NO_2$, Formel VII (R = X = CH_2-CH_2OH).

B. Aus 7-Chlormethyl-benz[*a*]anthracen und Bis-[2-hydroxy-äthyl]-amin (*Friedman, Seligman*, Am. Soc. **70** [1948] 3082, 3084).

Krystalle; F: 141—142° [korr.].

Hydrochorid. F: 217—218° [korr.].

***N*-[Benz[*a*]anthracenyl-(7)-methyl]-*C*-phenyl-thioacetamid**, N-(*benz*[a]*anthracen-7-ylmethyl)-2-phenylthioacetamide* $C_{27}H_{21}NS$, Formel VII (R = CS-CH_2-C_6H_5, X = H).

B. Aus Benz[*a*]anthracenyl-(7)-methylisothiocyanat und Benzylmagnesiumchlorid in

Benzol (*Wood, Fieser*, Am. Soc. **63** [1941] 2323, 2324, 2329).
Krystalle (aus Bzl. + Hexan); F: 186—187°.

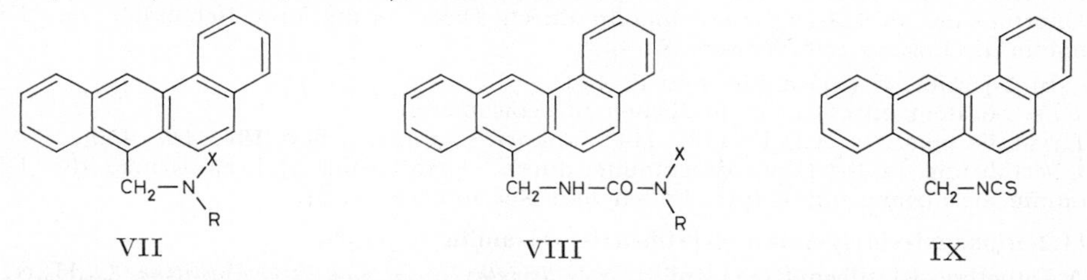

[Benz[*a*]anthracenyl-(7)-methyl]-carbamidsäure-[2-(2-chlor-äthylmercapto)-äthylester], *(benz*[a]*anthracen-7-ylmethyl)carbamic acid 2-(2-chloroethylthio)ethyl ester* $C_{24}H_{22}ClNO_2S$, Formel VII (R = CO-O-CH_2-CH_2-S-CH_2-CH_2Cl, X = H).

B. Beim Erwärmen von Benz[*a*]anthracenyl-(7)-acetylazid in Benzol, Behandeln der Reaktionslösung mit Bis-[2-hydroxy-äthyl]-sulfid in Chloroform und Erwärmen des Reaktionsprodukts mit Thionylchlorid, Pyridin und Benzol (*Friedman, Seligman*, Am. Soc. **70** [1948] 3082, 3085).

Krystalle (aus $CHCl_3$ + Bzn.); F: 143—144° [korr.].

***N'*-[Benz[*a*]anthracenyl-(7)-methyl]-*N.N*-bis-[2-chlor-äthyl]-harnstoff**, *3-(benz*[a]*anthracen-7-ylmethyl)-1,1-bis(2-chloroethyl)urea* $C_{24}H_{22}Cl_2N_2O$, Formel VIII (R = X = CH_2-CH_2Cl).

B. Beim Erwärmen von Benz[*a*]anthracenyl-(7)-acetylazid in Benzol und Erwärmen der Reaktionslösung mit Bis-[2-chlor-äthyl]-amin in Benzol und Chloroform (*Friedman, Seligman*, Am. Soc. **70** [1948] 3082, 3085).

Krystalle (aus Acn. + Bzn.); F: 162—163° [korr.].

***N'*-[Benz[*a*]anthracenyl-(7)-methyl]-*N.N*-bis-[2-hydroxy-äthyl]-harnstoff**, *3-(benz*[a]*anthracen-7-ylmethyl)-1,1-bis(2-hydroxyethyl)urea* $C_{24}H_{24}N_2O_3$, Formel VIII (R = X = CH_2-CH_2OH).

B. Beim Erwärmen von Benz[*a*]anthracenyl-(7)-acetylazid in Benzol und anschliessend mit Bis-[2-hydroxy-äthyl]-amin (*Friedman, Seligman*, Am. Soc. **70** [1948] 3082, 3085).

Hellgelbe Krystalle (aus wss. Me.); F: 198—199° [korr.].

[Benz[*a*]anthracenyl-(7)-methyl]-thiocarbamidsäure-*O*-äthylester, *(benz[a]anthracen-7-ylmethyl)thiocarbamic acid* O*-ethyl ester* $C_{22}H_{19}NOS$, Formel VII (R = CS-OC_2H_5, X = H).

B. Beim Erwärmen von Benz[*a*]anthracenyl-(7)-methylisothiocyanat mit Natriumäthylat in Äthanol (*Wood, Fieser*, Am. Soc. **63** [1941] 2323, 2329).

Krystalle (aus Bzl. + Hexan); F: 167,5—168,9° [korr.].

***N'*-[Benz[*a*]anthracenyl-(7)-methyl]-*N*-phenyl-thioharnstoff**, *1-(benz*[a]*anthracen-7-ylmethyl)-3-phenylthiourea* $C_{26}H_{20}N_2S$, Formel VII (R = CS-NH-C_6H_5, X = H).

B. Aus Benz[*a*]anthracenyl-(7)-methylisothiocyanat und Anilin (*Wood, Fieser*, Am. Soc. **63** [1941] 2323, 2330).

Gelbliche Krystalle (aus $CHCl_3$ + Hexan); F: 225—227° [korr.; Zers.].

7-Isothiocyanatomethyl-benz[*a*]anthracen, Benz[*a*]anthracenyl-(7)-methylisothiocyanat, *isothiocyanic acid benz*[a]*anthracen-7-ylmethyl ester* $C_{20}H_{13}NS$, Formel IX.

B. Beim Erwärmen von 7-Chlormethyl-benz[*a*]anthracen mit Natriumthiocyanat in Aceton (*Wood, Fieser*, Am. Soc. **63** [1941] 2323, 2329). Aus Benz[*a*]anthracenyl-(7)-methylthiocyanat beim Erwärmen in Aceton (*Wood, Fie.*).

Hellgelbe Krystalle; F: 170,5—171,1° [korr.].

Amine $C_{20}H_{17}N$

2-[1.2-Diphenyl-vinyl]-anilin, 2-[Stilbenyl-(α)]-anilin, o*-(α-phenylstyryl)aniline* $C_{20}H_{17}N$, Formel X.

a) **2-[Stilbenyl-(α)]-anilin vom F: 104°.**

B. Neben dem unter b) beschriebenen Stereoisomeren beim Erwärmen von (±)-1.2-Diphenyl-1-[2-amino-phenyl]-äthanol-(1) mit wss. Schwefelsäure (*Simpson*, Soc. **1943** **447**,

450).

Krystalle (aus Me.); F: 102—104° [unkorr.].

Überführung in 3.4-Diphenyl-cinnolin durch Diazotierung und Behandeln der Diazoniumsalz-Lösung mit Wasser: *Si.*

b) **2-[Stilbenyl-(α)]-anilin vom F: 114°.**

B. s. bei dem unter a) beschriebenen Stereoisomeren.

Krystalle (aus wss. A.); F: 113—114° [unkorr.] (*Simpson*, Soc. **1943** 447, 450).

Überführung in 3.4-Diphenyl-cinnolin durch Diazotierung und Erwärmen der Diazoniumsalz-Lösung mit Kupfer-Pulver und Natriumacetat: *Si.*

4-[1.2-Diphenyl-vinyl]-anilin, 4-[Stibenyl-(α)]-anilin $C_{20}H_{17}N$.

***N.N*-Dimethyl-4-[stilbenyl-(α)]-anilin,** N,N-*dimethyl*-p-(*α-phenylstyryl*)*aniline* $C_{22}H_{21}N$, Formel XI.

Ein als Hydrochlorid (Krystalle [aus Chlorwasserstoff enthaltendem Methanol] mit 1 Mol H_2O; F: 174—175° [unkorr.]) charakterisiertes Amin dieser Konstitution ist aus (±)-1.2-Diphenyl-1-[4-dimethylamino-phenyl]-äthanol-(1) (H **13** 762) mit Hilfe von Essigsäure und wss. Salzsäure oder mit Hilfe von Phosphor(V)-oxid in Benzol erhalten worden (*Haddow et al.*, Phil. Trans. [A] **241** [1948] 147, 184, 187, 191).

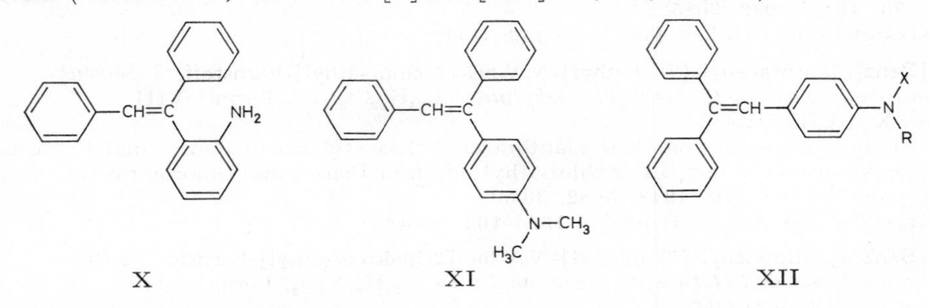

4-[2.2-Diphenyl-vinyl]-anilin $C_{20}H_{17}N$.

***N.N*-Dimethyl-4-[2.2-diphenyl-vinyl]-anilin,** p-(*2,2-diphenylvinyl*)-N,N-*dimethylaniline* $C_{22}H_{21}N$, Formel XII (R = X = CH_3) (E I 560).

B. Aus 2.2-Diphenyl-1-[4-dimethylamino-phenyl]-äthanol-(2) beim Erhitzen mit wss. Salzsäure (*Haddow et al.*, Phil. Trans. [A] **241** [1948] 147, 184, 187).

Gelbliche Krystalle (aus A.); F: 124° [unkorr.].

2.2-Diphenyl-1-[4-acetamino-phenyl]-äthylen, Essigsäure-[4-(2.2-diphenyl-vinyl)-anilid], *4'-(2,2-diphenylvinyl)acetanilide* $C_{22}H_{19}NO$, Formel XII (R = CO-CH_3, X = H).

B. Bei der partiellen Hydrierung von 2.2-Diphenyl-1-[4-nitro-phenyl]-äthylen an Raney-Nickel in Äthylacetat und Acetylierung des erhaltenen 4-[2.2-Diphenyl-vinyl]-anilins (*Bergmann, Dimant, Japhe*, Am. Soc. **70** [1948] 1618, 1619).

Krystalle (aus Butanol-(1) oder aus Toluol + PAe.); F: 169—170° [unkorr.] (*Be., Di., Ja.*).

Eine unter der gleichen Konstitution beschriebene Verbindung (Krystalle [aus A.]; F: 202—203° [unter Zers.]) ist aus einer als 1-[4-(2.2-Diphenyl-vinyl)-phenyl]-äthanon-(1)-oxim angesehenen Verbindung (E III **7** 2839) beim Erwärmen in Essigsäure und Schwefelsäure erhalten worden (*Buu-Hoi, Royer*, Soc. **1948** 1078, 1080).

2.2-Diphenyl-1-[4-propionylamino-phenyl]-äthylen, Propionsäure-[4-(2.2-diphenyl-vinyl)-anilid], *4'-(2,2-diphenylvinyl)propionanilide* $C_{23}H_{21}NO$, Formel XII (R = CO-CH_2-CH_3, X = H).

Eine unter dieser Konstitution beschriebene Verbindung (Krystalle [aus wss. A.]; F: 147° [nach Sintern bei 140°]) ist aus einer als 1-[4-(2.2-Diphenyl-vinyl)-phenyl]-propanon-(1)-oxim angesehenen Verbindung (E III **7** 2845) beim Erwärmen in Essigsäure und Schwefelsäure erhalten worden (*Buu-Hoi, Royer*, Soc. **1948** 1078, 1080).

7-Amino-2-benzyl-fluoren, 7-Benzyl-fluorenyl-(2)-amin, *7-benzylfluoren-2-ylamine* $C_{20}H_{17}N$, Formel I (R = H).

B. Aus 7-Nitro-2-benzyl-fluoren beim Erwärmen mit Äthanol, Zinn(II)-chlorid und

wss. Salzsäure (*Dziewoński, Reicher*, Bl. Acad. polon. [A] **1931** 643, 649).
Krystalle (aus A. + Bzn.); F: 115°.

7-Acetamino-2-benzyl-fluoren, *N*-[7-Benzyl-fluorenyl-(2)]-acetamid, N-(*7-benzylfluoren-2-yl*)*acetamide* $C_{22}H_{19}NO$, Formel I (R = $CO\text{-}CH_3$).

B. Beim Erhitzen von 7-Benzyl-fluorenyl-(2)-amin mit Acetanhydrid und Essigsäure (*Dziewoński, Reicher*, Bl. Acad. polon. [A] **1931** 643, 650). Aus 1-[7-Benzyl-fluorenyl-(2)]-äthanon-(1)-oxim beim Behandeln einer Lösung in Essigsäure und Acetanhydrid mit Chlorwasserstoff (*Dziewoński et al.*, Roczniki Chem. **13** [1933] 283, 288).
Krystalle; F: 187—188° [aus A.] (*Dz. et al.*), 187,5° [aus Eg.] (*Dz., Rei.*).

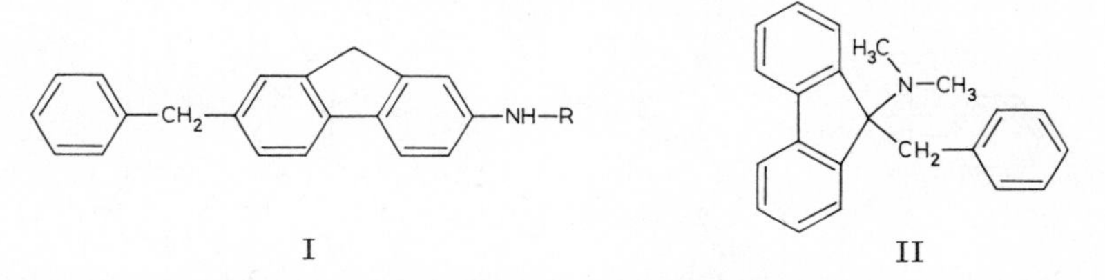

I II

7-Benzamino-2-benzyl-fluoren, *N*-[7-Benzyl-fluorenyl-(2)]-benzamid, N-(*7-benzylfluoren-2-yl*)*benzamide* $C_{27}H_{21}NO$, Formel I (R = $CO\text{-}C_6H_5$).

B. Beim Erwärmen von 7-Benzyl-fluorenyl-(2)-amin mit Benzoylchlorid und Kaliumcarbonat in Äther (*Dziewoński et al.*, Roczniki Chem. **13** [1933] 283, 290). Aus Phenyl-[7-benzyl-fluorenyl-(2)]-keton-oxim (F: 182°) beim Behandeln einer Lösung in Essigsäure und Acetanhydrid mit Chlorwasserstoff (*Dz. et al.*, l. c. S. 289).
Krystalle (aus A.); F: 215—216°.

9-Amino-9-benzyl-fluoren, 9-Benzyl-fluorenyl-(9)-amin $C_{20}H_{17}N$.

9-Dimethylamino-9-benzyl-fluoren, Dimethyl-[9-benzyl-fluorenyl-(9)]-amin, N,N-*dimethyl-9-benzylfluoren-9-ylamine* $C_{22}H_{21}N$, Formel II.

B. Aus Dimethyl-benzyl-[fluorenyl-(9)]-ammonium-bromid beim Behandeln mit Natriummethylat in Methanol oder mit Phenyllithium in Äther (*Wittig, Felletschin*, A. **555** [1944] 133, 137, 144).
Krystalle (aus Bzn.); F: 98,5—99,5°.

Trimethyl-[9-benzyl-fluorenyl-(9)]-ammonium, (*9-benzylfluoren-9-yl*)*trimethylammonium* $[C_{23}H_{24}N]^{\oplus}$, Formel III.

Bromid $[C_{23}H_{24}N]Br$. *B.* Aus Dimethyl-[9-benzyl-fluorenyl-(9)]-amin und Methylbromid in Äther (*Wittig, Felletschin*, A. **555** [1944] 133, 144). Aus 9-Trimethylammonio-fluorenid-(9) (S. 3298) und Benzylbromid in Äther (*Wi., Fe.*, l. c. S. 135, 142). — Krystalle (aus W.); F: 175° [Zers.].

x-Amino-9-*o*-tolyl-fluoren, *x-amino-9-*o*-tolylfluorene* $C_{20}H_{17}N$ vom F: 134°.

B. Beim Behandeln von 9-*o*-Tolyl-fluorenol-(9) (E III **6** 3746) mit Essigsäure und Salpetersäure und Erwärmen des erhaltenen Mononitro-Derivats (s. E III **6** 3746) mit Zinn(II)-chlorid, wss. Salzsäure und Essigsäure (*Weiss, Knapp*, M. **61** [1932] 61, 67).
Bräunliche Krystalle (aus A.); F: 131—134°.
Hydrochlorid $C_{20}H_{17}N\cdot HCl$. Krystalle; Zers. bei 200°.

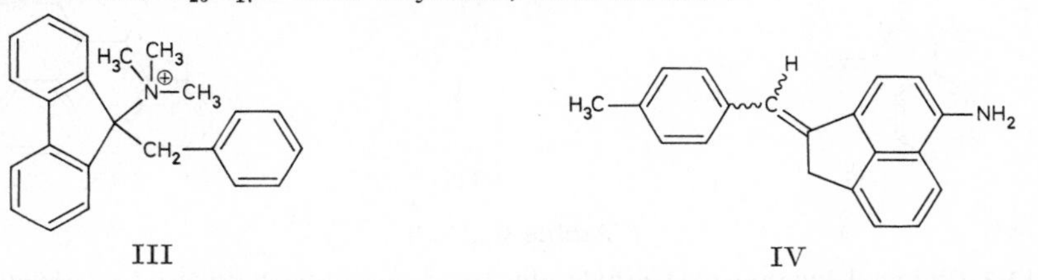

III IV

6-Amino-1-[4-methyl-benzyliden]-acenaphthen, 2-[4-Methyl-benzyliden]-acenaphthenyl-(5)-amin, *2-(4-methylbenzylidene)acenaphthen-5-ylamine* $C_{20}H_{17}N$, Formel IV.

Eine Verbindung (Krystalle [aus A. + Me.]; F: 155°), der wahrscheinlich diese Konstitution zukommt, ist beim Behandeln von 6-Nitro-1-[4-methyl-benzyliden]-acenaphthen mit Zinn(II)-chlorid und Chlorwasserstoff in Methanol erhalten worden (*Löhe*, B. **82** [1949] 213, 214, 216).

Amine $C_{21}H_{19}N$

2-[1.3-Diphenyl-propenyl]-anilin, o-(*1,3-diphenylprop-1-enyl)aniline* $C_{21}H_{19}N$, Formel V.

Eine Verbindung (Krystalle [aus wss. A.], F: 108—109°; durch Diazotierung in 4-Phenyl-3-benzyl-cinnolin überführbar) dieser Konstitution ist beim Erwärmen von (±)-1.3-Diphenyl-1-[2-amino-phenyl]-propanol-(1) mit wss. Schwefelsäure erhalten worden (*Simpson*, Soc. **1943** 447, 450).

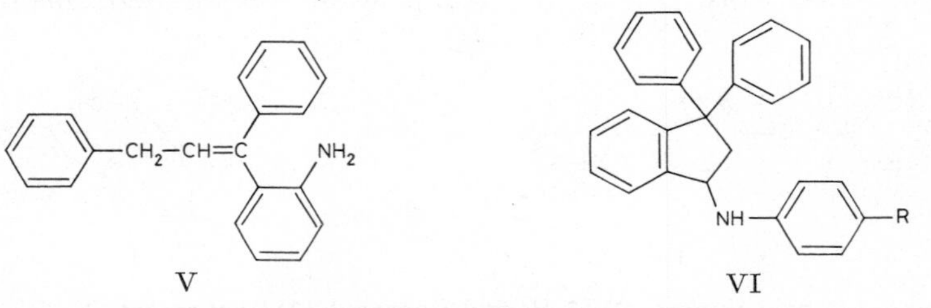

V VI

3-Amino-1.1-diphenyl-indan, 3.3-Diphenyl-indanyl-(1)-amin $C_{21}H_{19}N$.

(±)-3-Anilino-1.1-diphenyl-indan, (±)-Phenyl-[3.3-diphenyl-indanyl-(1)]-amin, (±)-*3,3,*N-*triphenylindan-1-ylamine* $C_{27}H_{23}N$, Formel VI (R = H).

B. Aus (±)-3-Brom-1.1-diphenyl-indan und Anilin (*Gagnon, Gravel, Amiot*, Canad. J. Res. [B] **22** [1944] 32, 38).

Krystalle (aus Eg.); F: 125—126° [unkorr.].

Hydrochlorid $C_{27}H_{23}N \cdot HCl$. Krystalle; F: 213—214° [unkorr.].

(±)-3-*p*-Toluidino-1.1-diphenyl-indan, (±)-*p*-Tolyl-[3.3-diphenyl-indanyl-(1)]-amin, (±)-*3,3-diphenyl-*N-p-*tolylindan-1-ylamine* $C_{28}H_{25}N$, Formel VI (R = CH_3).

B. Aus (±)-3-Brom-1.1-diphenyl-indan und *p*-Toluidin (*Gagnon, Gravel, Amiot*, Canad. J. Res. [B] **22** [1944] 32, 38).

Krystalle (aus PAe.); F: 124—125° [unkorr.].

Hydrochlorid $C_{28}H_{25}N \cdot HCl$. F: 218—219° [unkorr.].

Amine $C_{22}H_{21}N$

4-[Cyclopropyl-diphenyl-methyl]-anilin $C_{22}H_{21}N$.

***N.N*-Dimethyl-4-[cyclopropyl-diphenyl-methyl]-anilin,** α-*cyclopropyl-*N,N-*dimethyl-α,α-diphenyl-*p-*toluidine* $C_{24}H_{25}N$, Formel VII.

Ein Amin ($Kp_{0,3}$: 192°), dem wahrscheinlich diese Konstitution zukommt, ist beim Erhitzen von Brom-cyclopropyl-diphenyl-methan mit *N.N*-Dimethyl-anilin erhalten worden (*Lipp, Buchkremer, Seeles*, A. **499** [1932] 1, 6, 18).

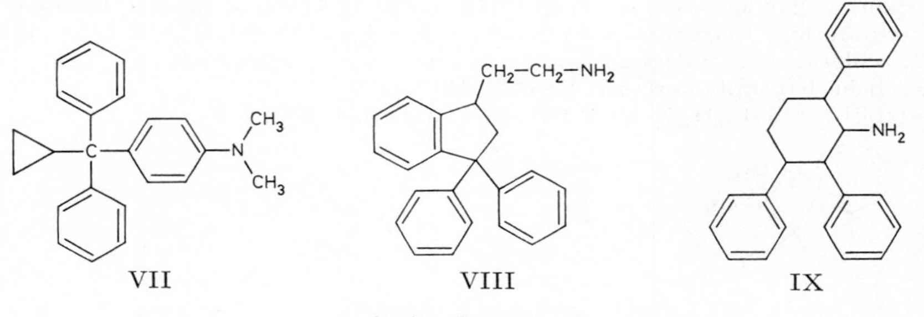

VII VIII IX

Amine $C_{23}H_{23}N$

(±)-2-[3.3-Diphenyl-indanyl-(1)]-äthylamin, (±)-*2-(3,3-diphenylindan-1-yl)ethylamine* $C_{23}H_{23}N$, Formel VIII.

B. Aus (±)-[3.3-Diphenyl-indanyl-(1)]-acetonitril beim Ewärmen mit Äthanol und Natrium (*Gagnon, Gravel, Amiot*, Canad. J. Res. [B] **22** [1944] 32, 42).

Hydrochlorid $C_{23}H_{23}N \cdot HCl$. F: 180—185° [unkorr.].

Amine $C_{24}H_{25}N$

2.3.6-Triphenyl-cyclohexylamin, *2,3,6-triphenylcyclohexylamine* $C_{24}H_{25}N$, Formel IX.

Ein opt.-inakt. Amin (F: 157—158° [nach Sublimation]; Hydrochlorid $C_{24}H_{25}N \cdot HCl$: F: 270° [Zers.]; *N*-Benzoyl-Derivat $C_{31}H_{29}NO$: F: 220°) dieser Konstitution ist aus opt.-inakt. 3-Nitro-1.2.4-triphenyl-cyclohexen-(5) (E III **5** 2506) bei der Hydrierung an Raney-Nickel in Methanol bei 85°/200 at erhalten worden (*Nightingale, Tweedie*, Am. Soc. **66** [1944] 1968).

Monoamine $C_nH_{2n-25}N$

Amine $C_{20}H_{15}N$

10-Phenyl-anthryl-(9)-amin $C_{20}H_{15}N$.

Nitroso-phenyl-[10-phenyl-anthryl-(9)]-amin, *N-nitroso-10,N-diphenyl-9-anthrylamine* $C_{26}H_{18}N_2O$, Formel I.

B. Aus Phenyl-[10-phenyl-anthryl-(9)]-amin (S. 332) beim Behandeln mit Butylnitrit in Äther (*Julian, Cole, Schroeder*, Am. Soc. **71** [1949] 2368, 2370). Aus 10-Chlor-10-phenyl-anthron-phenylimin beim Schütteln einer Lösung in Äther mit Kupfer in Gegenwart von Stickstoffmonoxid (*Ju., Cole, Sch.*).

F: 174—175°.

9-[2-Amino-benzyliden]-fluoren, 2-[Fluorenyliden-(9)-methyl]-anilin $C_{20}H_{15}N$.

2.7-Dibrom-9-[2-amino-benzyliden]-fluoren, 2-[(2.7-Dibrom-fluorenyliden-(9))-methyl]-anilin, *α-(2,7-dibromofluoren-9-ylidene)-o-toluidine* $C_{20}H_{13}Br_2N$, Formel II (R = H).

B. Aus der im folgenden Artikel beschriebenen Verbindung beim Erhitzen mit wss. Salzsäure auf 180° (*Tobler et al.*, Helv. Engi-Festband [1941] 100, 106).

Gelbe Krystalle (aus wss. A.); F: 136°.

Beim Behandeln mit Isoamylnitrit in Benzol in Gegenwart von Schwefelsäure ist 1.6-Dibrom-benz[*e*]acephenanthrylen erhalten worden.

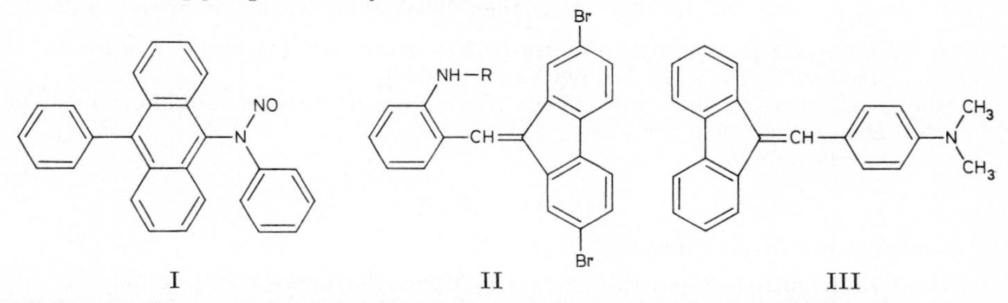

I II III

2.7-Dibrom-9-[2-acetamino-benzyliden]-fluoren, Essigsäure-[2-(2.7-dibrom-fluorenyliden-(9)-methyl)-anilid], *α-(2,7-dibromofluoren-9-ylidene)aceto-o-toluidide* $C_{22}H_{15}Br_2NO$, Formel II (R = CO-CH_3).

B. Beim Erwärmen von 2.7-Dibrom-fluoren mit 2-Acetamino-benzaldehyd und Natriumäthylat in Äthanol (*Tobler et al.*, Helv. Engi-Festband [1941] 100, 106).

Hellgelbe Krystalle (aus *m*-Xylol); F: 247°.

9-[4-Amino-benzyliden]-fluoren, 4-[Fluorenyliden-(9)-methyl]-anilin $C_{20}H_{15}N$.

9-[4-Dimethylamino-benzyliden]-fluoren, *N.N*-Dimethyl-4-[fluorenyliden-(9)-methyl]-anilin, *α-(fluoren-9-ylidene)-N,N-dimethyl-p-toluidine* $C_{22}H_{19}N$, Formel III (E II 795).

B. Neben *N.N*-Dimethyl-4-[3-(fluorenyliden-(9))-*trans*-propenyl]-anilin bei mehrtägigem Behandeln von Fluoren mit 4-Dimethylamino-benzaldehyd und Natriumäthylat in Äthanol (*Bergmann*, B. **63** [1930] 2598; vgl. E II 795).

Krystalle (aus Bzn.); F: 136—137°.

2-Amino-[1.1']binaphthyl, [1.1']Binaphthylyl-(2)-amin $C_{20}H_{15}N$.

2'-Nitro-2-amino-[1.1']binaphthyl, 2'-Nitro-[1.1']binaphthylyl-(2)-amin, *2'-nitro-1,1'-binaphthyl-2-ylamine* $C_{20}H_{14}N_2O_2$, Formel IV.

B. Aus 2.2'-Dinitro-[1.1']binaphthyl beim Erwärmen mit Natriumsulfid in wss.

Äthanol (*Cumming, Howie*, Soc. **1932** 528, 529).
Gelbe Krystalle; F: 251°.

4-Amino-[1.1']binaphthyl, [1.1']Binaphthylyl-(4)-amin $C_{20}H_{15}N$.

4'-Nitro-4-amino-[1.1']binaphthyl, 4'-Nitro-[1.1']binaphthylyl-(4)-amin, *4'-nitro-1,1'-binaphthyl-4-ylamine* $C_{20}H_{14}N_2O_2$, Formel V (R = H).

B. Aus 4.4'-Dinitro-[1.1']binaphthyl beim Erwärmen mit Ammoniumhydrogensulfid in wss. Äthanol und anschliessend mit Natriumsulfid (*Cumming, Howie*, Soc. **1932** 528, 529).
Gelbbraune Krystalle (aus wss. A.); F: 195—196°.

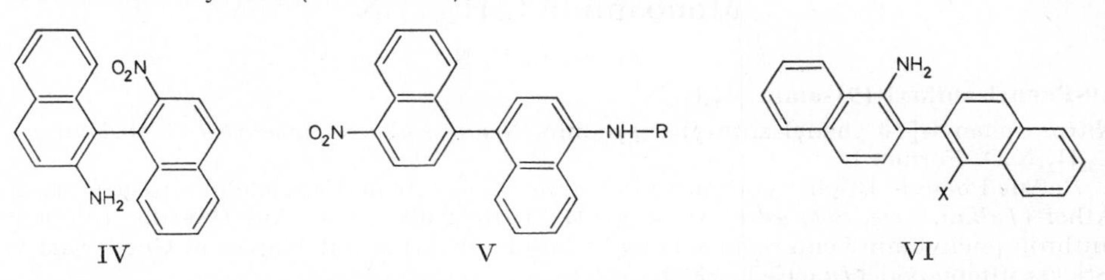

4'-Nitro-4-acetamino-[1.1']binaphthyl, *N*-[4'-Nitro-[1.1']binaphthylyl-(4)]-acetamid, N-*(4'-nitro-1,1'-binaphthyl-4-yl)acetamide* $C_{22}H_{16}N_2O_3$, Formel V (R = CO-CH_3).

B. Aus 4'-Nitro-[1.1']binaphthylyl-(4)-amin (*Cumming, Howie*, Soc. **1932** 528, 529).
Hellgelbe Krystalle; F: 243—244°.

1-Amino-[2.2']binaphthyl, [2.2']Binaphthylyl-(1)-amin, *2,2'-binaphthyl-1-ylamine* $C_{20}H_{15}N$, Formel VI (X = H).

Ein von *Cumming, Howie* (Soc. **1932** 528, 532) unter dieser Konstitution beschriebenes, aus 1-Nitro-[2.2']binaphthyl beim Erwärmen mit Essigsäure, wss. Salzsäure und Zink erhaltenes Amin (Krystalle [aus A.], F: 220°; Acetyl-Derivat $C_{22}H_{17}NO$: Krystalle, F: 225—226°) ist von *Bell, Hunter* (Soc. **1950** 2904) nicht wieder erhalten worden.

1'-Nitro-1-amino-[2.2']binaphthyl, 1'-Nitro-[2.2']binaphthylyl-(1)-amin, *1'-nitro-2,2'-binaphthyl-1-ylamine* $C_{20}H_{14}N_2O_2$, Formel VI (X = NO_2).

B. Aus 1.1'-Dinitro-[2.2']binaphthyl beim Erwärmen mit Natriumsulfid in wss. Äthanol (*Cumming, Howie*, Soc. **1932** 528, 530).
Gelbe Krystalle; F: 264°.

Amine $C_{21}H_{17}N$

1.1.3-Triphenyl-propin-(2)-ylamin $C_{21}H_{17}N$.

1-Anilino-1.1.3-triphenyl-propin-(2), *N*-[1.1.3-Triphenyl-propin-(2)-yl]-anilin, *1,1,3,*N*-tetraphenylprop-2-ynylamine* $C_{27}H_{21}N$, Formel VII (R = X = H).

B. Neben 1.1.3-Triphenyl-propen-(1)-on-(3)-phenylimin (E II **12** 119) beim Behandeln von 1-Chlor-1.1.3-triphenyl-propin-(2) mit Anilin (*Robin*, A. ch. [10] **16** [1931] 421, 485).
Krystalle (aus Bzn.); F: 87—88°.

Beim Erhitzen mit Anilin-hydrochlorid erfolgt Umwandlung in 1.1.3-Triphenyl-propen-(1)-on-(3)-phenylimin (*Ro.*, l. c. S. **474**). Beim Erhitzen des Hydrochlorids ist Rubren erhalten worden (*Ro.*, l. c. S. 491). Bildung von 1-Methoxy-1.1.3-triphenyl-propin-(2) (E II **6 713**) beim Behandeln mit Methanol und Schwefelsäure: *Ro.*, l. c. S. 490.

Hydrochlorid $C_{27}H_{21}N \cdot HCl$. Krystalle; F: 158—160° [Zers.; Block] (*Ro.*, l. c. S. 491).

1-*o*-Toluidino-1.1.3-triphenyl-propin-(2), *N*-[1.1.3-Triphenyl-propin-(2)-yl]-*o*-toluidin, *1,1,3-triphenyl-*N*-o-tolylprop-2-ynylamine* $C_{28}H_{23}N$, Formel VII (R = H, X = CH_3).

B. Neben 1.1.3-Triphenyl-propen-(1)-on-(3)-*o*-tolylimin beim Erwärmen von 1-Chlor-1.1.3-triphenyl-propin-(2) mit *o*-Toluidin (*Robin*, A. ch. [10] **16** [1931] 421, 491).
Krystalle (aus Ae. + A.); F: 139—140°.

Beim Erhitzen mit Anilin-hydrochlorid erfolgt Umwandlung in 1.1.3-Triphenyl-propen-(1)-on-(3)-*o*-tolylimin (*Ro.*, l. c. S. 474).

1-*m*-Toluidino-1.1.3-triphenyl-propin-(2), *N*-[1.1.3-Triphenyl-propin-(2)-yl]-*m*-toluidin, *1,1,3-triphenyl-*N-m-*tolylprop-2-ynylamine* $C_{28}H_{23}N$, Formel VII (R = CH_3, X = H).

B. Neben 1.1.3-Triphenyl-propen-(1)-on-(3)-*m*-tolylimin beim Erwärmen von 1-Chlor-1.1.3-triphenyl-propin-(2) mit *m*-Toluidin (*Robin*, A. ch. [10] **16** [1931] 421, 493).

Krystalle (aus Bzn.); F: 117–118°.

Beim Erhitzen mit Anilin-hydrochlorid erfolgt Umwandlung in 1.1.3-Triphenyl-propen-(1)-on-(3)-*m*-tolylimin (*Ro.*, l. c. S. 474).

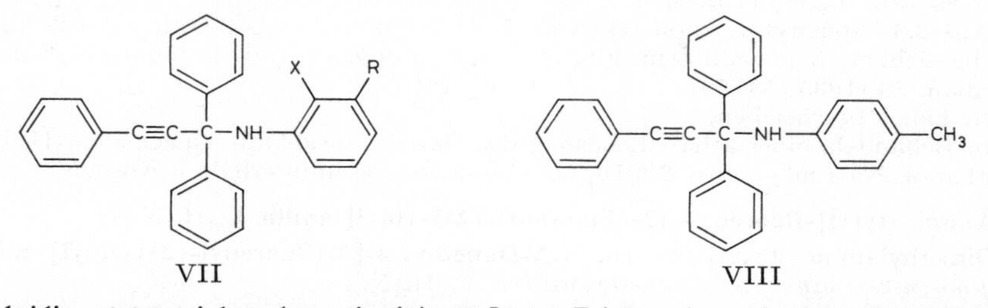

VII VIII

1-*p*-Toluidino-1.1.3-triphenyl-propin-(2), *N*-[1.1.3-Triphenyl-propin-(2)-yl]-*p*-toluidin, *1,1,3-triphenyl-*N-p-*tolylprop-2-ynylamine* $C_{28}H_{23}N$, Formel VIII.

B. Neben 1.1.3-Triphenyl-propen-(1)-on-(3)-*p*-tolylimin beim Erwärmen von 1-Chlor-1.1.3-triphenyl-propin-(2) mit *p*-Toluidin (*Robin*, A. ch. [10] **16** [1931] 421, 495).

Krystalle (aus A. + Ae.); F: 115–116°.

Beim Erhitzen mit Anilin-hydrochlorid erfolgt Umwandlung in 1.1.3-Triphenyl-propen-(1)-on-(3)-*p*-tolylimin (*Ro.*, l. c. S. 474). Beim Erhitzen des Hydrochlorids ist Rubren erhalten worden (*Ro.*, l. c. S. 497).

Hydrochlorid $C_{28}H_{23}N \cdot HCl$. Krystalle; F: 159–161° (*Ro.*, l. c. S. 496).

1.1-Diphenyl-3-[4-brom-phenyl]-propin-(2)-ylamin, *3-(*p-*bromophenyl)-1,1-diphenyl=prop-2-ynylamine* $C_{21}H_{16}BrN$, Formel IX (R = X = H).

B. Neben 3-Äthoxy-3.3-diphenyl-1-[4-brom-phenyl]-propin-(1) beim Einleiten von Ammoniak in eine warme äthanol. Lösung von 3-Chlor-3.3-diphenyl-1-[4-brom-phenyl]-propin-(1) (*Robin*, A. ch. [10] **16** [1931] 421, 521).

Krystalle (aus A.); F: 111–112°.

Beim Behandeln mit Chlorwasserstoff oder Schwefelsäure enthaltendem Äthanol ist 3.3-Diphenyl-1-[4-brom-phenyl]-propen-(2)-on-(1) erhalten worden.

Hydrochlorid. F: 155–160° [Zers.].

3-Diäthylamino-3.3-diphenyl-1-[4-brom-phenyl]-propin-(1), Diäthyl-[1.1-diphenyl-3-(4-brom-phenyl)-propin-(2)-yl]-amin, *3-(*p-*bromophenyl)-*N,N-*diethyl-1,1-diphenyl=prop-2-ynylamine* $C_{25}H_{24}BrN$, Formel IX (R = X = C_2H_5).

B. Aus 3-Chlor-3.3-diphenyl-1-[4-brom-phenyl]-propin-(1) und Diäthylamin in Äthanol (*Robin*, A. ch. [10] **16** [1931] 421, 524).

Krystalle (aus A.); F: 133–134°.

Hydrochlorid. F: 147–150°.

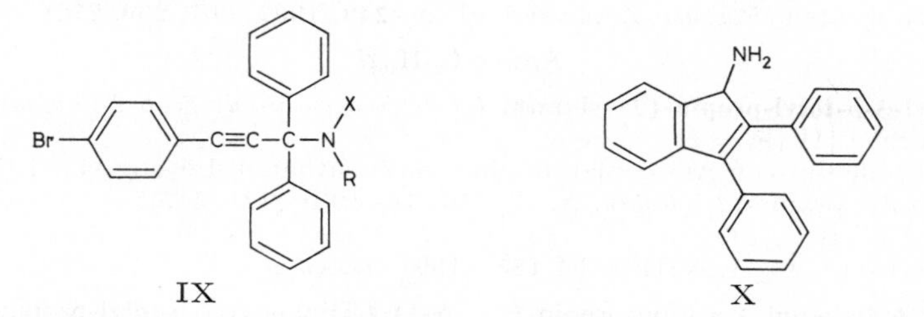

IX X

3-Anilino-3.3-diphenyl-1-[4-brom-phenyl]-propin-(1), *N*-[1.1-Diphenyl-3-(4-brom-phenyl)-propin-(2)-yl]-anilin, *3-(*p-*bromophenyl)-1,1,*N-*triphenylprop-2-ynylamine* $C_{27}H_{20}BrN$, Formel IX (R = C_6H_5, X = H).

B. Neben 3.3-Diphenyl-1-[4-brom-phenyl]-propen-(2)-on-(1)-phenylimin beim Erwärmen von 3-Chlor-3.3-diphenyl-1-[4-brom-phenyl]-propin-(1) mit Anilin (*Robin*, A.

ch. [10] **16** [1931] 421, 503).

Krystalle (aus Ae. + A.); F: 151—152°. 1 g löst sich in 20 ml kaltem Äther.

Beim Behandeln mit Methanol und Schwefelsäure ist 3-Methoxy-3.3-diphenyl-1-[4-brom-phenyl]-propin-(1) erhalten worden.

Hydrochlorid. F: 125—127° [Block] (*Ro.*, l. c. S. 505).

(±)-1-Amino-2.3-diphenyl-inden, (±)-2.3-Diphenyl-indenyl-(1)-amin, (±)-*2,3-diphenyl-inden-1-ylamine* $C_{21}H_{17}N$, Formel X.

B. Aus 2.3-Diphenyl-indenon-(1)-oxim (E II **7** 502; dort als 3-Oximino-1.2-diphenyl-inden bezeichnet) beim Erhitzen mit Essigsäure und Zink (*Garcia Banús, de Salas,* An. Soc. españ. **33** [1935] 53, 69).

Nicht näher beschrieben.

Beim Behandeln einer äthanol. Lösung des Hydrochlorids mit Quecksilber(II)-chlorid und äthanol. Natronlauge ist 2.3-Diphenyl-indenon-(1)-imin erhalten worden.

2-[4-Amino-styryl]-fluoren, 4-[2-(Fluorenyl-(2))-vinyl]-anilin $C_{21}H_{17}N$.

2-[4-Dimethylamino-styryl]-fluoren, *N.N*-Dimethyl-4-[2-(fluorenyl-(2))-vinyl]-anilin, p-*[2-(fluoren-2-yl)vinyl]-*N,N*-dimethylaniline* $C_{23}H_{21}N$.

2-[4-Dimethylamino-*trans*-styryl]-fluoren, Formel I (R = X = CH_3).

B. Beim Erhitzen von Fluorenyl-(2)-essigsäure mit 4-Dimethylamino-benzaldehyd und Piperidin auf 130° (*Stephenson,* Soc. **1949** 655, 656, 658).

Hellgelbe Krystalle (aus Bzl. + A.); F: 259—261° [unkorr.; Zers.].

2-[4-Acetamino-styryl]-fluoren, Essigsäure-{4-[2-(fluorenyl-(2))-vinyl]-anilid}, *4'-[2-(fluoren-2-yl)vinyl]acetanilide* $C_{23}H_{19}NO$.

2-[4-Acetamino-*trans*-styryl]-fluoren, Formel I (R = CO-CH_3, X = H).

B. Beim Erwärmen von 2-[4-Nitro-*trans*-styryl]-fluoren mit Essigsäure, wss. Salzsäure und Zinn(II)-chlorid und Erwärmen des Reaktionsprodukts mit Acetanhydrid (*Stephenson,* Soc. **1949** 655, 656, 658).

Hellgelbe Krystalle (aus Eg.); F: 278—280° [unkorr.; Zers.].

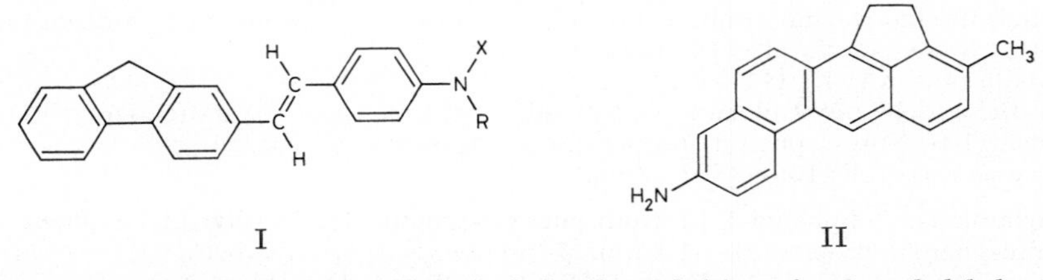

I II

9-Amino-3-methyl-cholanthren, 3-Methyl-cholanthrenyl-(9)-amin, *3-methylcholanthren-9-ylamine* $C_{21}H_{17}N$, Formel II.

Eine Verbindung (hellgelbe Krystalle [aus Bzl.]; F: 225° [Zers.]), der vermutlich diese Konstitution zukommt, ist beim Erhitzen von 1'*H*-5α-Cholest-2-eno[3.2-*b*]indol (über die Konstitution dieser Verbindung s. *Antaki, Petrow,* Soc. **1951** 901, 902) mit Selen bis auf 340° erhalten worden (*Rossner,* Z. physiol. Chem. **249** [1937] 267, 269, 272).

Amine $C_{22}H_{19}N$

1.1-Diphenyl-3-*p*-tolyl-propin-(2)-ylamin, *1,1-diphenyl-3-*p*-tolylprop-2-ynylamine* $C_{22}H_{19}N$, Formel III (R = H).

B. Beim Einleiten von Ammoniak in eine warme äthanol. Lösung von 1-Chlor-1.1-diphenyl-3-*p*-tolyl-propin-(2) (*Robin,* A. ch. [10] **16** [1931] 421, 515).

Krystalle; F: 108—109°.

Hydrochlorid $C_{22}H_{19}N \cdot HCl$. F: 185—189° [Block].

1-Anilino-1.1-diphenyl-3-*p*-tolyl-propin-(2), *N*-[1.1-Diphenyl-3-*p*-tolyl-propin-(2)-yl]-anilin, *1,1,*N*-triphenyl-3-*p*-tolylprop-2-ynylamine* $C_{28}H_{23}N$, Formel III (R = C_6H_5).

B. Neben 1.1-Diphenyl-3-*p*-tolyl-propen-(1)-on-(3)-phenylimin beim Behandeln von 1-Chlor-1.1-diphenyl-3-*p*-tolyl-propin-(2) mit Anilin (*Robin,* A. ch. [10] **16** [1931] 421, 499).

Krystalle; F: 118—119°.

Beim Erhitzen mit Anilin-hydrochlorid erfolgt Umwandlung in 1.1-Diphenyl-3-*p*-tolyl-propen-(1)-on-(3)-phenylimin (*Ro.*, l. c. S. 474, 501).

Hydrochlorid. Krystalle; F: 127—130° [Block].

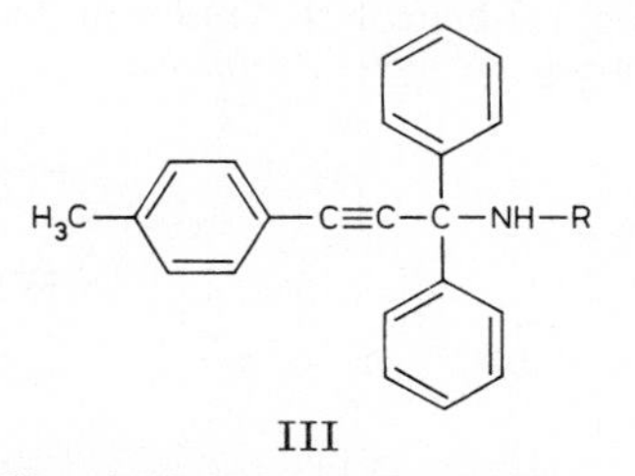

III

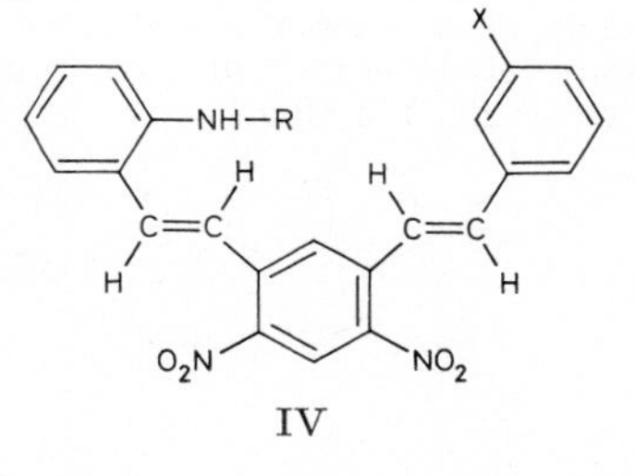

IV

2-[3-Styryl-styryl]-anilin $C_{22}H_{19}N$.

2-[4.6-Dinitro-3-styryl-styryl]-anilin, o-(*2,4-dinitro-5-styrylstyryl)aniline* $C_{22}H_{17}N_3O_4$.

2-[4.6-Dinitro-3-*trans*-styryl-*trans*-styryl]-anilin, Formel IV (R = X = H).

B. Beim Erhitzen des im folgenden Artikel beschriebenen Amids mit wss. Salzsäure und Essigsäure (*Ruggli, Schmid*, Helv. **18** [1935] 1229, 1237).

Rote Krystalle (aus A.); F: 193°.

Hydrochlorid. Olivgelbe Krystalle.

4.6-Dinitro-3-styryl-1-[2-acetamino-styryl]-benzol, Essigsäure-[2-(4.6-dinitro-3-styryl-styryl)-anilid], *2'-(2,4-dinitro-5-styrylstyryl)acetanilide* $C_{24}H_{19}N_3O_5$.

Essigsäure-[2-(4.6-dinitro-3-*trans*-styryl-*trans*-styryl)-anilid], Formel IV (R = CO-CH_3, X = H).

B. Beim Erhitzen von *N*-[4'.6'-Dinitro-3'-methyl-*trans*-stilbenyl-(2)]-acetamid (S. 3319) mit Benzaldehyd und Piperidin auf 160° (*Ruggli, Schmid*, Helv. **18** [1935] 1229, 1237).

Orangegelbe Krystalle (aus Eg.); F: 267°.

4.6-Dinitro-3-[3-nitro-styryl]-1-[2-amino-styryl]-benzol, 2-[4.6-Dinitro-3-(3-nitro-styryl)-styryl]-anilin, o-*[2,4-dinitro-5-(3-nitrostyryl)styryl]aniline* $C_{22}H_{16}N_4O_6$.

2-[4.6-Dinitro-3-(3-nitro-*trans*-styryl)-*trans*-styryl]-anilin, Formel IV (R = H, X = NO_2).

B. Beim Erhitzen des im folgenden Artikel beschriebenen Amids mit wss. Salzsäure und Essigsäure (*Ruggli, Schmid*, Helv. **18** [1935] 1229, 1239).

Krystalle (aus Nitrobenzol); F: 249—250° [Zers.].

4.6-Dinitro-3-[3-nitro-styryl]-1-[2-acetamino-styryl]-benzol, Essigsäure-{2-[4.6-dinitro-3-(3-nitro-styryl)-styryl]-anilid}, *2'-[2,4-dinitro-5-(3-nitrostyryl)styryl]acetanilide* $C_{24}H_{18}N_4O_7$.

4.6-Dinitro-3-[3-nitro-*trans*-styryl]-1-[2-acetamino-*trans*-styryl]-benzol, Formel IV (R = CO-CH_3, X = NO_2).

B. Beim Erhitzen von *N*-[4'.6'-Dinitro-3'-methyl-*trans*-stilbenyl-(2)]-acetamid (S. 3319) mit 3-Nitro-benzaldehyd und Piperidin bis auf 160° (*Ruggli, Schmid*, Helv. **18** [1935] 1229, 1238).

Orangegelbe Krystalle (aus Eg.); F: 270° [Zers.].

2.4-Distyryl-anilin $C_{22}H_{19}N$.

5-Nitro-2.4-distyryl-anilin, *5-nitro-2,4-distyrylaniline* $C_{22}H_{18}N_2O_2$, Formel V (R = H).

Ein Amin (Krystalle [aus A.], F: 111°; in Schwefelsäure mit anfangs dunkelblauer, später grüner Farbe löslich; Pikrat: F: 133°) dieser Konstitution ist beim Behandeln einer Suspension von 4.6-Dinitro-1.3-distyryl-benzol (F: 186°) in Äthanol mit Schwefelwasserstoff und Ammoniak erhalten worden (*Ruggli, Zimmermann, Heitz*, Helv. **16** [1933] 454, 458; *Ruggli, Schmid*, Helv. **18** [1935] 1215, 1220).

Essigsäure-[5-nitro-2.4-distyryl-anilid], *5'-nitro-2',4'-distyrylacetanilide* $C_{24}H_{20}N_2O_3$, Formel V (R = CO-CH_3).

Ein Amid (Krystalle [aus Eg.]; F: 235°) dieser Konstitution ist aus dem im vorangehenden Artikel beschriebenen Amin und Acetanhydrid erhalten worden (*Ruggli, Zimmermann, Heitz*, Helv. **16** [1933] 454, 458).

3.5-Dinitro-2.4-distyryl-anilin, *3,5-dinitro-2,4-distyrylaniline* $C_{22}H_{17}N_3O_4$, Formel VI (R = X = H).

Ein Amin (gelbbraune Krystalle [aus A.]; F: 171–172°) dieser Konstitution ist beim Behandeln einer Suspension von 2.4.6-Trinitro-1.3-distyryl-benzol (F: 148°) in Äthanol mit Schwefelwasserstoff und Ammoniak erhalten worden (*Ruggli, Zimmermann, Heitz*, Helv. **16** [1933] 454, 462).

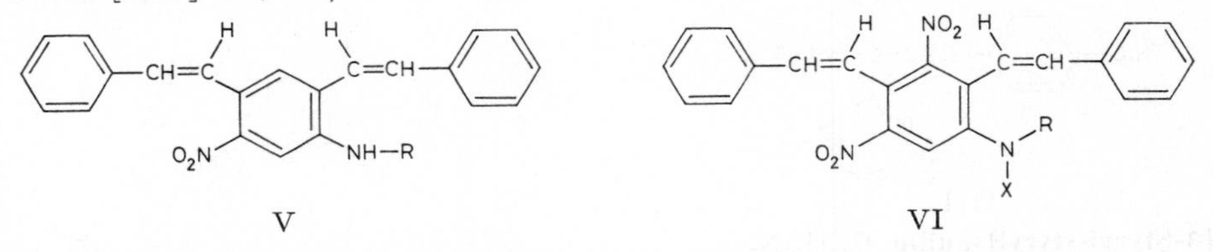

V VI

Essigsäure-[3.5-dinitro-2.4-distyryl-anilid], *3′,5′-dinitro-2′,4′-distyrylacetanilide* $C_{24}H_{19}N_3O_5$, Formel VI (R = CO-CH_3, X = H).

Ein Amid (gelbe Krystalle [aus A. + E.]; F: 208°) dieser Konstitution ist neben einer als 3.5-Dinitro-2.4-distyryl-*N*.*N*-diacetyl-anilin (Formel VI [R = X = CO-CH_3]) zu formulierenden Verbindung $C_{26}H_{21}N_3O_6$ (olivbraune Krystalle [aus Eg.]; F: 175°) beim Behandeln des im vorangehenden Artikel beschriebenen Amins mit Acetanhydrid erhalten worden (*Ruggli, Zimmermann, Heitz*, Helv. **16** [1933] 454, 462).

Amine $C_{24}H_{23}N$

2.3.6-Triphenyl-cyclohexen-(4)-ylamin, *2,5,6-triphenylcyclohex-3-enylamine* $C_{24}H_{23}N$, Formel VII.

Ein opt.-inakt. Amin (F: 137–138°; Hydrochlorid $C_{24}H_{23}N \cdot HCl$: F: 284°; *N*-Benzoyl-Derivat $C_{31}H_{27}NO$: F: 158°) dieser Konstitution ist aus opt.-inakt. 3-Nitro-1.2.4-triphenyl-cyclohexen-(5) (E III **5** 2506) bei der Hydrierung an Raney-Nickel in Methanol bei 60°/200 at erhalten worden (*Nightingale, Tweedie*, Am. Soc. **66** [1944] 1968).

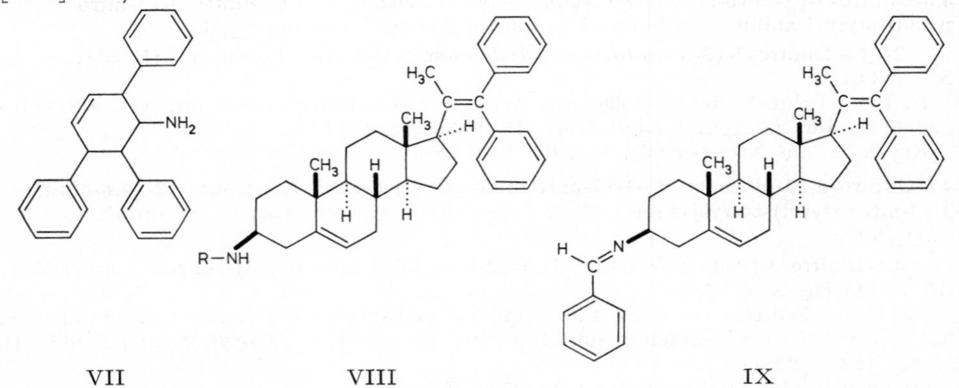

VII VIII IX

Amine $C_{34}H_{43}N$

3-Amino-10.13-dimethyl-17-[1-methyl-2.2-diphenyl-vinyl]-2.3.4.7.8.9.10.11.12.13.14.15.16.17-tetradecahydro-1*H*-cyclopenta[*a*]phenanthren $C_{34}H_{43}N$.

3β-Amino-20-methyl-21.21-diphenyl-pregnadien-(5.20), 3β-Amino-21.21-diphenyl-23.24-dinor-choladien-(5.20), 21.21-Diphenyl-23.24-dinor-choladien-(5.20)-yl-(3β)-amin, *20-methyl-21,21-diphenylpregna-5,20-dien-3β-ylamine* $C_{34}H_{43}N$, Formel VIII (R = H).

Die Zuordnung der Konfiguration am C-Atom 3 ist auf Grund der Bildungsweise in Analogie zu Cholesterylamin (S. 2830) erfolgt (s. a. *Haworth, McKenna, Powell*, Soc. **1953** 1110, 1111; *Shoppee et al.*, Soc. **1956** 1649).

B. Beim Erwärmen von 3β-[Toluol-sulfonyl-(4)-oxy]-21.21-diphenyl-23.24-dinor-choladien-(5.20) mit flüssigem Ammoniak und Behandeln des Reaktionsprodukts mit wss. Natronlauge (*Glidden Co.*, U.S.P. 2430467 [1944]). Aus 21.21-Diphenyl-23.24-dinor-choladien-(4.20)-on-(3)-oxim (E III **7** 2892) beim Erwärmen mit Äthanol und Natrium (*Glidden Co.*).

F: 122—125° (*Glidden Co.*).

3-Anilino-10.13-dimethyl-17-[1-methyl-2.2-diphenyl-vinyl]-Δ^5-tetradecahydro-1*H*-cyclopenta[*a*]phenanthren $C_{40}H_{47}N$.

3β-Anilino-20-methyl-21.21-diphenyl-pregnadien-(5.20), 3β-Anilino-21.21-diphenyl-23.24-dinor-choladien-(5.20), Phenyl-[21.21-diphenyl-23.24-dinor-choladien-(5.20)-yl-(3β)]-amin, *20-methyl-21,21,*N*-triphenylpregna-5,20-dien-3β-ylamine* $C_{40}H_{47}N$, Formel VIII (R = C_6H_5).

Bezüglich der Zuordnung der Konfiguration am C-Atom 3 vgl. die Bemerkung im vorangehenden Artikel.

B. Beim Erhitzen von 3β-[Toluol-sulfonyl-(4)-oxy]-21.21-diphenyl-23.24-dinor-choladien-(5.20) mit Anilin (*Glidden Co.*, U.S.P. 2430467 [1944]).

Krystalle (aus Ae. + Me.); F: 195—197°.

3-Benzylidenamino-10.13-dimethyl-17-[1-methyl-2.2-diphenyl-vinyl]-Δ^5-tetradecahydro-1*H*-cyclopenta[*a*]phenanthren $C_{41}H_{47}N$.

3β-Benzylidenamino-20-methyl-21.21-diphenyl-pregnadien-(5.20), 3β-Benzylidenamino-21.21-diphenyl-23.24-dinor-choladien-(5.20), [21.21-Diphenyl-23.24-dinor-choladien-(5.20)-yl-(3β)]-benzyliden-amin, *N-benzylidene-20-methyl-21,21-diphenylpregna-5,20-dien-3β-ylamine* $C_{41}H_{47}N$, Formel IX, **vom F: 245°.**

Bezüglich der Zuordnung der Konfiguration am C-Atom 3 vgl. die Bemerkung im Artikel 21.21-Diphenyl-23.24-dinor-choladien-(5.20)-yl-(3β)-amin (S. 3402).

B. Aus 21.21-Diphenyl-23.24-dinor-choladien-(5.20)-yl-(3β)-amin und Benzaldehyd in Äthanol oder Methanol (*Glidden Co.*, U.S.P. 2430467 [1944]).

Krystalle (aus Bzl. + Me.); F: 240—245°.

3-Acetamino-10.13-dimethyl-17-[1-methyl-2.2-diphenyl-vinyl]-Δ^5-tetradecahydro-1*H*-cyclopenta[*a*]phenanthren $C_{36}H_{45}NO$.

3β-Acetamino-20-methyl-21.21-diphenyl-pregnadien-(5.20), 3β-Acetamino-21.21-diphenyl-23.24-dinor-choladien-(5.20), *N*-[21.21-Diphenyl-23.24-dinor-choladien-(5.20)-yl-(3β)]-acetamid, N-(*20-methyl-21,21-diphenylpregna-5,20-dien-3β-yl*)*acetamide* $C_{36}H_{45}NO$, Formel VIII (R = CO-CH_3).

Bezüglich der Zuordnung der Konfiguration am C-Atom 3 vgl. die Bemerkung im Artikel 21.21-Diphenyl-23.24-dinor-choladien-(5.20)-yl-(3β)-amin (S. 3402).

B. Aus 21.21-Diphenyl-23.24-dinor-choladien-(5.20)-yl-(3β)-amin und Acetanhydrid (*Glidden Co.*, U.S.P. 2430467 [1944]).

Krystalle (aus Ae.); F: 145—147°.

Monoamine $C_nH_{2n-27}N$

Amine $C_{20}H_{13}N$

1-Amino-benzo[*def*]chrysen, Benzo[*def*]chrysenyl-(1)-amin, *benzo*[def]*chrysen-1-ylamine* $C_{20}H_{13}N$, Formel I (R = X = H).

B. Aus 1-Acetamino-benzo[*def*]chrysen beim Erhitzen mit Chlorwasserstoff in Äthanol auf 140° (*Windaus, Raichle*, A. **537** [1939] 157, 159, 165).

Gelbe Krystalle (aus Bzl.); F: 211°.

Pikrat $C_{20}H_{13}N \cdot C_6H_3N_3O_7$. Braune Krystalle (aus Me.); F: 161° [Zers.].

1-Acetamino-benzo[*def*]chrysen, *N*-[Benzo[*def*]chrysenyl-(1)]-acetamid, N-(*benzo*[def]*chrysen-1-yl*)*acetamide* $C_{22}H_{15}NO$, Formel I (R = CO-CH_3, X = H).

B. Aus 1-[Benzo[*def*]chrysenyl-(1)]-äthanon-(1)-oxim beim Erwärmen mit Chlorwasserstoff in Essigsäure und Acetanhydrid (*Windaus, Raichle*, A. **537** [1939] 157, 165; *Fieser, Hershberg*, Am. Soc. **61** [1939] 1565, 1573). Neben geringen Mengen 1-Diacetylamino-benzo[*def*]chrysen beim Behandeln von Benzo[*def*]chrysen-carbonsäure-(1)-hydrazid mit Essigsäure und wss. Natriumnitrit-Lösung und Erwärmen des Reaktionsprodukts mit Acetanhydrid und Essigsäure (*Wi., Rai.*, l. c. S. 164).

Grüngelbe Krystalle (*Wi., Rai.*); F: 334—337° [unkorr.; Zers.] (*Fie., He.*), 309° [aus Eg.] (*Wi., Rai.*). Verdünnte Lösungen in Essigsäure fluorescieren blauviolett,

Lösungen in Schwefelsäure sind anfangs rot, später violett und fluorescieren blau (*Wi.*, *Rai.*, l. c. S. 164).

Überführung in 1-Acetamino-benzo[*def*]chrysen-chinon-(3.6) durch Erhitzen mit Natriumdichromat und wss. Schwefelsäure: *Wi.*, *Rai.*, l. c. S. 159, 166. Beim Behandeln mit Blei(IV)-acetat in Essigsäure ist 1-Acetamino-6-acetoxy-benzo[*def*]chrysen erhalten worden (*Fie.*, *He.*, l. c. S. 1569, 1573).

1-Diacetylamino-benzo[*def*]chrysen, *N*-[Benzo[*def*]chrysenyl-(1)]-diacetamid, N-(*benzo*[def]*chrysen-1-yl*)*diacetamide* $C_{24}H_{17}NO_2$, Formel I (R = X = CO-CH_3).

B. Beim Erhitzen von 1-Acetamino-benzo[*def*]chrysen mit Acetanhydrid (*Windaus*, *Raichle*, A. **537** [1939] 157, 165). Bildung aus Benzo[*def*]chrysen-carbonsäure-(1)-hydrazid s. im vorangehenden Artikel.

Gelbe Krystalle (aus Acn.); F: 190°.

3-Amino-benzo[*def*]chrysen, Benzo[*def*]chrysenyl-(3)-amin $C_{20}H_{13}N$.

3-Acetamino-benzo[*def*]chrysen, *N*-[Benzo[*def*]chrysenyl-(3)]-acetamid, N-(*benzo*[def]*chrysen-3-yl*)*acetamide* $C_{22}H_{15}NO$, Formel II.

Eine Verbindung (Krystalle; F: 269—270° [unkorr.]), der möglicherweise diese Konstitution zukommt, ist aus dem im Artikel 1-Acetyl-benzo[*def*]chrysen (E III **7** 2906) beschriebenen Oxim $C_{22}H_{15}NO$ (F: 220—223°) beim Erhitzen mit Chlorwasserstoff in Acetanhydrid und Essigsäure erhalten worden (*Fieser*, *Hershberg*, Am. Soc. **61** [1939] 1565, 1569, 1573).

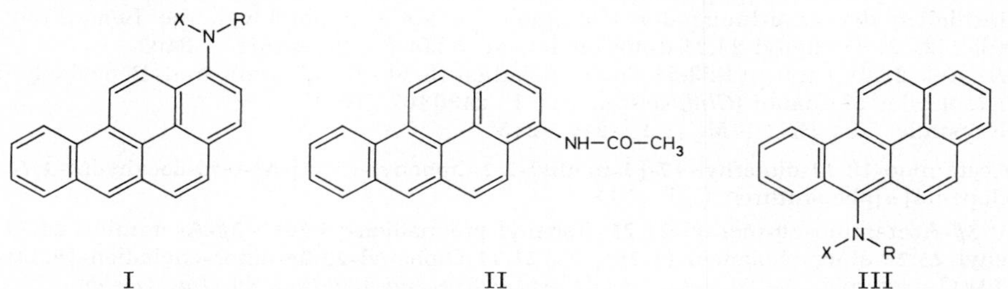

6-Amino-benzo[*def*]chrysen, Benzo[*def*]chrysenyl-(6)-amin, *benzo*[def]*chrysen-6-ylamine* $C_{20}H_{13}N$, Formel III (R = X = H).

B. Aus 6-Nitro-benzo[*def*]chrysen bei der Hydrierung an Platin in Äthylacetat (*Fieser*, *Hershberg*, Am. Soc. **61** [1939] 1565, 1572), beim Erhitzen mit Essigsäure, Zinn(II)-chlorid und wss. Salzsäure (*Creech*, Am. Soc. **63** [1941] 576) sowie beim Erhitzen mit Phenylhydrazin (*Windaus*, *Rennhak*, Z. physiol. Chem. **249** [1937] 256, 261).

Krystalle; F: 246,5—247,5° [korr.; evakuierte Kapillare; aus Bzl. + Bzn.], 239—241° [korr.; Zers.; aus Bzl. + Bzn.] (*Cr.*), 237—239° [korr.; Zers.; aus A.] (*Fie.*, *He.*), 231° bis 235° [Zers.; aus Bzl. + PAe.] (*Wi.*, *Re.*). UV-Spektrum einer wss.-äthanol. Lösung des Hydrochlorids: *Jones*, Am. Soc. **67** [1945] 2127, 2130, 2145. Lösungen in Benzol fluorescieren gelbgrün (*Wi.*, *Re.*).

Pikrat $C_{20}H_{13}N \cdot C_6H_3N_3O_7$. Krystalle (aus Bzl.); F: 179,5° [Zers.] (*Wi.*, *Re.*, l. c. S. 262).

6-Acetamino-benzo[*def*]chrysen, *N*-[Benzo[*def*]chrysenyl-(6)]-acetamid, N-(*benzo*[def]*chrysen-6-yl*)*acetamide* $C_{22}H_{15}NO$, Formel III (R = CO-CH_3, X = H).

B. Beim Erhitzen einer Lösung von Benzo[*def*]chrysenyl-(6)-amin in Äthylacetat mit Essigsäure, Acetanhydrid und Natriumacetat (*Fieser*, *Hershberg*, Am. Soc. **61** [1939] 1565, 1572).

Hellgelbe Krystalle (aus Eg.); F: 345—350° [unkorr.; Zers.].

6-Diacetylamino-benzo[*def*]chrysen, *N*-[Benzo[*def*]chrysenyl-(6)]-diacetamid, N-(*benzo*[def]*chrysen-6-yl*)*diacetamide* $C_{24}H_{17}NO_2$, Formel III (R = X = CO-CH_3).

B. Beim Erhitzen von Benzo[*def*]chrysenyl-(6)-amin mit Acetanhydrid (*Windaus*, *Rennhak*, Z. physiol. Chem. **249** [1937] 256, 262; *Fieser*, *Hershberg*, Am. Soc. **61** [1939] 1565, 1572).

Grüngelbe Krystalle; F: 224,5—225,5° [korr.; aus Bzl. + Bzn.] (*Fie.*, *He.*), 217,5° [aus wss. Acn.] (*Wi.*, *Re.*).

Benzo[*def*]chrysenyl-(6)-carbamidsäure-äthylester, *(benzo*[def]*chrysen-6-yl)carbamic acid ethyl ester* $C_{23}H_{17}NO_2$, Formel III (R = CO-OC$_2$H$_5$, X = H).

B. Aus Benzo[*def*]chrysenyl-(6)-isocyanat und Äthanol (*Creech*, Am. Soc. **63** [1941] 576).

Hellgelbe Krystalle (aus Bzl. + Bzn.); F: 249—249,5° [korr.].

Benzo[*def*]chrysenyl-(6)-harnstoff, *(benzo*[def]*chrysen-6-yl)urea* $C_{21}H_{14}N_2O$, Formel IV (R = H).

B. Aus Benzo[*def*]chrysenyl-(6)-isocyanat und Ammoniak in Wasser und Dioxan (*Creech*, Am. Soc. **63** [1941] 576).

Gelbe Krystalle (aus Dioxan + Bzn.); F: 370° [Zers.; evakuierte Kapillare].

***N*-[2-Hydroxy-äthyl]-*N'*-[benzo[*def*]chrysenyl-(6)]-harnstoff,** *1-(benzo*[def]*chrysen-6-yl)-3-(2-hydroxyethyl)urea* $C_{23}H_{18}N_2O_2$, Formel IV (R = CH$_2$-CH$_2$OH).

B. Aus Benzo[*def*]chrysenyl-(6)-isocyanat und 2-Amino-äthanol-(1) in Chloroform (*Creech*, Am. Soc. **63** [1941] 576).

Gelbe Krystalle (aus Dioxan + Bzn.); F: 310° [Zers.; evakuierte Kapillare].

***N*-[Benzo[*def*]chrysenyl-(6)-carbamoyl]-glycin, 5-[Benzo[*def*]chrysenyl-(6)]-hydantoinsäure,** *5-(benzo*[def]*chrysen-6-yl)hydantoic acid* $C_{23}H_{16}N_2O_3$, Formel IV (R = CH$_2$-COOH).

B. Beim Behandeln von Benzo[*def*]chrysenyl-(6)-isocyanat in Dioxan mit einer aus Glycin, Natriumcarbonat und Natriumhydrogencarbonat in Wasser bereiteten Lösung (*Creech*, Am. Soc. **63** [1941] 576).

Braungelb; F: 320° [Zers.].

5-[Benzo[*def*]chrysenyl-(6)]-hydantoinsäure-äthylester, *5-(benzo*[def]*chrysen-6-yl)hydantoic acid ethyl ester* $C_{25}H_{20}N_2O_3$, Formel IV (R = CH$_2$-CO-OC$_2$H$_5$).

B. Aus Benzo[*def*]chrysenyl-(6)-isocyanat und Glycin-äthylester in Benzol (*Creech*, Am. Soc. **63** [1941] 576).

Gelbe Krystalle (aus Dioxan + Bzn.), die bei 265—330° [Zers.] schmelzen (*Cr.*). UV-Spektrum (A. + Dioxan): *Creech, Jones*, Am. Soc. **63** [1941] 1661, 1664.

6-Isocyanato-benzo[*def*]chrysen, Benzo[*def*]chrysenyl-(6)-isocyanat, *isocyanic acid benzo*[def]*chrysen-6-yl ester* $C_{21}H_{11}NO$, Formel V.

B. Beim Erwärmen von Benzo[*def*]chrysenyl-(6)-amin mit Phosgen in Benzol und Toluol (*Creech*, Am. Soc. **63** [1941] 576).

Gelbe Krystalle (aus Bzl. + Bzn.); F: 183,5—184° [korr.] (*Cr.*). UV-Spektrum (Hexan): *Jones*, Am. Soc. **67** [1945] 2127, 2134, 2148.

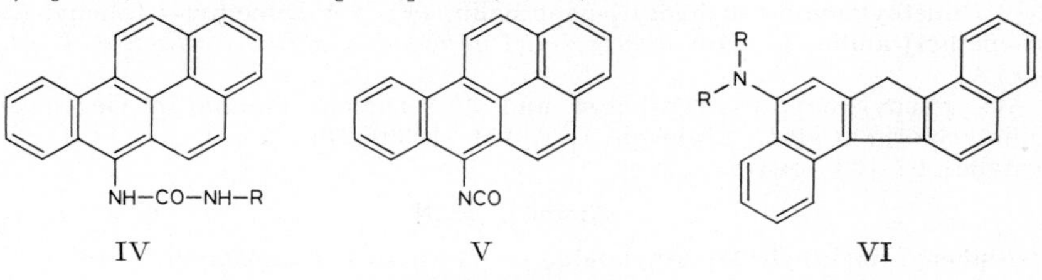

IV V VI

Amine $C_{21}H_{15}N$

11-Amino-13*H*-dibenzo[*a.g*]fluoren, 13*H*-Dibenzo[*a.g*]fluorenyl-(11)-amin, *13H-dibenzo[a,g]fluoren-11-ylamine* $C_{21}H_{15}N$, Formel VI (R = H).

Eine Verbindung (gelbliche Krystalle [aus Bzl.]; F: 245—249°), der wahrscheinlich diese Konstitution zukommt, ist beim Erhitzen von 11(?)-Nitro-13*H*-dibenzo[*a.g*]fluoren (E III **5** 2528) mit Essigsäure, Zinn(II)-chlorid und wss. Salzsäure erhalten und durch Erhitzen mit Acetanhydrid in 11(?)-Diacetylamino-13*H*-dibenzo[*a.g*]fluoren (*N*-[13*H*-Dibenzo[*a.g*]fluorenyl-(11?)]-diacetamid $C_{25}H_{19}NO_2$, Formel VI [R = CO-CH$_3$]; bräunliche Krystalle [aus E.], F: 245—250° [Zers.]) übergeführt worden (*Cook, Preston*, Soc. **1944** 553, 556).

Amine $C_{22}H_{17}N$

2-Amino-1.4-diphenyl-naphthalin, 1.4-Diphenyl-naphthyl-(2)-amin, *1,4-diphenyl-2-naphthylamine* $C_{22}H_{17}N$, Formel VII (R = H).

B. Aus [1.4-Diphenyl-naphthyl-(2)]-carbamidsäure-äthylester beim Erwärmen mit äthanol. Kalilauge (*Étienne*, A. ch. [12] **1** [1946] 5, 64).

Krystalle (aus A.); F: 148°. Lösungen in Äthanol fluorescieren blau.

Hydrochlorid $C_{22}H_{17}N \cdot HCl$. Krystalle; F: 157—158°.

[1.4-Diphenyl-naphthyl-(2)]-carbamidsäure-äthylester, *(1,4-diphenyl-2-naphthyl)carbamic acid ethyl ester* $C_{25}H_{21}NO_2$, Formel VII (R = CO-OC$_2$H$_5$).

B. Beim Erwärmen von 1.4-Diphenyl-naphthoyl-(2)-azid mit Äthanol (*Étienne*, A. ch. [12] **1** [1946] 5, 63).

Bei langsamem Abkühlen von äthanol. Lösungen werden Krystalle vom F: 207—208° (stabile Modifikation), bei schnellem Abkühlen von äthanol. Lösungen werden Krystalle vom F: 178° erhalten, deren Schmelze bei weiterem Erhitzen zu Krystallen vom F: 207° bis 208° erstarrt.

9-[4-Amino-cinnamyliden]-fluoren, 4-[3-(Fluorenyliden-(9))-propenyl]-anilin $C_{22}H_{17}N$.

9-[4-Dimethylamino-cinnamyliden]-fluoren, *N.N*-Dimethyl-4-[3-(fluorenyliden-(9))-propenyl]-anilin, p-*[3-(fluoren-9-ylidene)prop-1-enyl]*-N,N-*dimethylaniline* $C_{24}H_{21}N$.

***N.N*-Dimethyl-4-[3-(fluorenyliden-(9))-*trans*-propenyl]-anilin,** Formel VIII.

B. Beim Erwärmen von Fluoren mit 4-Dimethylamino-*trans*-zimtaldehyd und Natriumäthylat in Äthanol (*Bergmann*, B. **63** [1930] 2598).

Im auffallenden Licht violettrote, im durchfallenden Licht rotgelbe Krystalle (aus Bzn.); F: 169—170°.

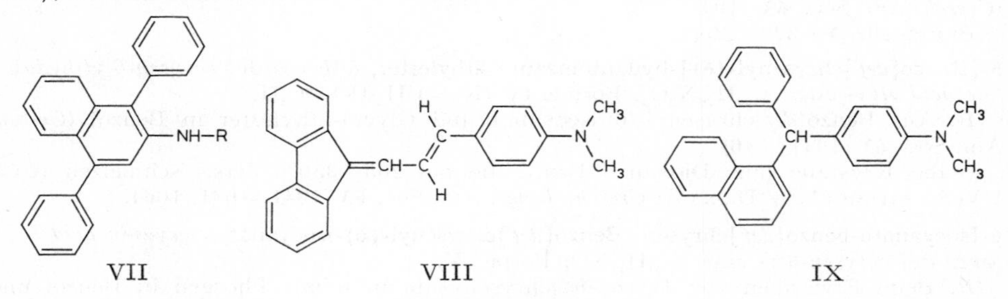

VII VIII IX

Amine $C_{23}H_{19}N$

1-[4-Amino-benzhydryl]-naphthalin, 4-[Phenyl-(naphthyl-(1))-methyl]-anilin $C_{23}H_{19}N$.

(±)-1-[4-Dimethylamino-benzhydryl]-naphthalin, (±)-*N.N*-Dimethyl-4-[phenyl-(naphthyl-(1))-methyl]-anilin, (±)-N,N-*dimethyl-α-(1-naphthyl)-α-phenyl*-p-*toluidine* $C_{25}H_{23}N$, Formel IX.

B. Aus Phenyl-[naphthyl-(1)]-keton und *N.N*-Dimethyl-anilin in Gegenwart von Aluminiumchlorid (*Courtot, Oupéroff*, C. r. **191** [1930] 214).

Krystalle; F: 163—164°.

Amine $C_{24}H_{21}N$

2-[1.4-Diphenyl-naphthyl-(2)]-äthylamin, *2-(1,4-diphenyl-2-naphthyl)ethylamine* $C_{24}H_{21}N$, Formel X (R = H).

B. Aus [1.4-Diphenyl-naphthyl-(2)]-acetonitril bei der Hydrierung an Raney-Nickel in schwach alkal. Lösung (*Robert*, C. r. **223** [1946] 906). Aus *N.N'*-Bis-[2-(1.4-diphenyl-naphthyl-(2))-äthyl]-harnstoff beim Erhitzen mit wss. Salzsäure und Dioxan auf 150° (*Étienne, Robert*, C. r. **223** [1946] 422).

Krystalle (aus E.); F: 128° (*Ét., Ro.*).

Hydrochlorid $C_{24}H_{21}N \cdot HCl$. Krystalle, F: 268—270° [Zers.]; Krystalle (aus W.) mit 1 Mol H_2O, F: 165—167° (*Ét., Ro.*).

2-[2-Formamino-äthyl]-1.4-diphenyl-naphthalin, *N*-[2-(1.4-Diphenyl-naphthyl-(2))-äthyl]-formamid, N-*[2-(1,4-diphenyl-2-naphthyl)ethyl]formamide* $C_{25}H_{21}NO$, Formel X (R = CHO).

B. Aus 2-[1.4-Diphenyl-naphthyl-(2)]-äthylamin (*Étienne, Robert*, C. r. **223** [1946] 331).

Krystalle; F: 177°.

Beim Behandeln mit Phosphoroxybromid ist 5.10-Diphenyl-benz[*g*]isochinolin erhalten worden.

[2-(1.4-Diphenyl-naphthyl-(2))-äthyl]-carbamidsäure-äthylester, *[2-(1,4-diphenyl-2-naphthyl)ethyl]carbamic acid ethyl ester* $C_{27}H_{25}NO_2$, Formel X (R = CO-OC$_2$H$_5$).

B. In geringer Menge beim Behandeln von 3-[1.4-Diphenyl-naphthyl-(2)]-propionylazid mit Äthanol (*Étienne, Robert*, C. r. **223** [1946] 422).

F: 158°.

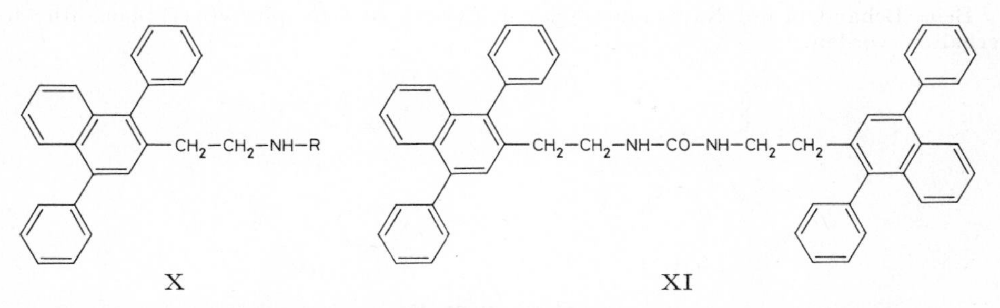

***N.N'*-Bis-[2-(1.4-diphenyl-naphthyl-(2))-äthyl]-harnstoff**, *1,3-bis[2-(1,4-diphenyl-2-naphthyl)ethyl]urea* $C_{49}H_{40}N_2O$, Formel XI.

B. Aus 3-[1.4-Diphenyl-naphthyl-(2)]-propionylazid (*Étienne, Robert*, C. r. **223** [1946] 422).

Krystalle (aus Bzl.); F: 224°.

Monoamine $C_nH_{2n-29}N$

Amine $C_{22}H_{15}N$

7-Amino-dibenz[*a.h*]anthracen, Dibenz[*a.h*]anthracenyl-(7)-amin $C_{22}H_{15}N$ s. E III 7 2902.

7-Diacetylamino-dibenz[*a.h*]anthracen, *N*-[Dibenz[*a.h*]anthracenyl-(7)]-diacetamid, N-*(dibenz*[a,h]*anthracen-7-yl)diacetamide* $C_{26}H_{19}NO_2$, Formel I (R = CO-CH$_3$).

B. Beim Erhitzen von Dibenz[*a.h*]anthracenyl-(7)-amin mit Acetanhydrid (*Cook*, Soc. **1931** 3273, 3277).

Gelbliche Krystalle (aus Eg.); F: 215–216,5°.

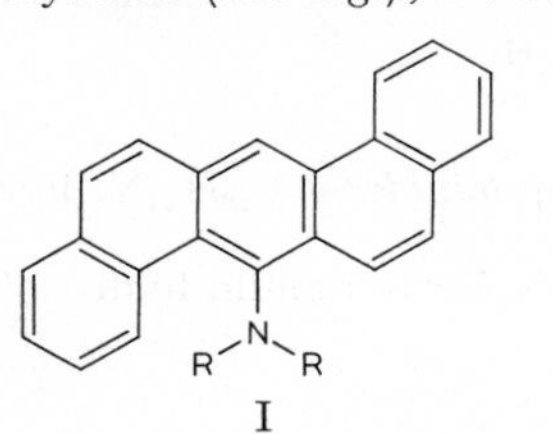

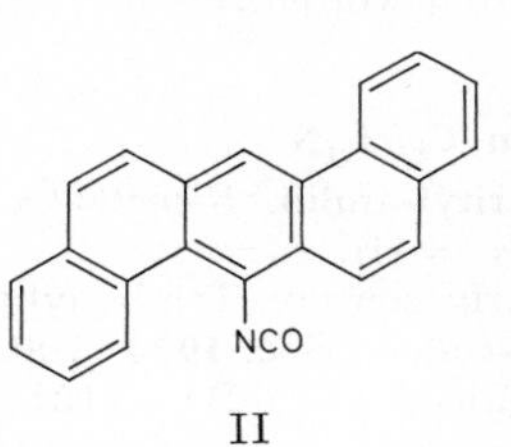

7-Isocyanato-dibenz[*a.h*]anthracen, Dibenz[*a.h*]anthracenyl-(7)-isocyanat, *isocyanic acid dibenz*[a,h]*anthracen-7-yl ester* $C_{23}H_{13}NO$, Formel II.

B. Beim Behandeln von Dibenz[*a.h*]anthracenyl-(7)-amin mit Phosgen in Toluol und Benzol (*Creech, Franks*, Am. Soc. **60** [1938] 127).

Hellgrüne Krystalle (aus CCl$_4$); F: 181–181,5° [korr.] (*Cr., Fr.*). UV-Spektrum (Hexan): *Jones*, Am. Soc. **67** [1945] 2127, 2134, 2148.

Amine $C_{23}H_{17}N$

9-Amino-9-[naphthyl-(1)]-fluoren, 9-[Naphthyl-(1)]-fluorenyl-(9)-amin, *9-(1-naphthyl)=fluoren-9-ylamine* $C_{23}H_{17}N$, Formel III (X = H).

B. Aus 9-Chlor-9-[naphthyl-(1)]-fluoren beim Erwärmen mit flüssigem Ammoniak (*Pinck, Hilbert*, Am. Soc. **59** [1937] 8, 11).

Krystalle (aus Bzl. + A.); F: 186° [korr.] (*Pi., Hi.*). IR-Absorption bei 1,5 μ: *Wulf, Liddel*, Am. Soc. **57** [1935] 1464, 1467.

Hydrochlorid $C_{23}H_{17}N\cdot HCl$. F: 271° [korr.; Zers.] (*Pi., Hi.*).

9-Chloramino-9-[naphthyl-(1)]-fluoren, Chlor-[9-(naphthyl-(1))-fluorenyl-(9)]-amin, N-*chloro-9-(1-naphthyl)fluoren-9-ylamine* $C_{23}H_{16}ClN$, Formel III (X = Cl).

B. Aus 9-[Naphthyl-(1)]-fluorenyl-(9)-amin beim Behandeln mit Äthanol und wss. Kaliumhypochlorit-Lösung (*Pinck, Hilbert*, Am. Soc. **59** [1937] 8, 11).

Krystalle (aus Bzl. + Hexan); F: 133—135° [korr.; Zers.].

Beim Behandeln mit Natriummethylat in Pyridin ist 6-[Naphthyl-(1)]-phenanthridin erhalten worden.

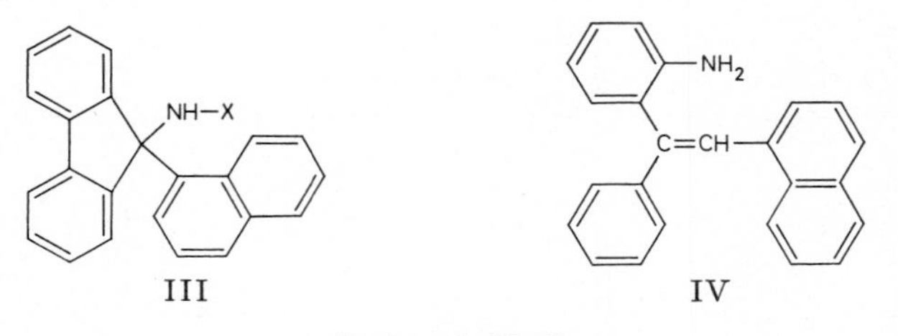

Amine $C_{24}H_{19}N$

1-Phenyl-1-[2-amino-phenyl]-2-[naphthyl-(1)]-äthylen, 2-[1-Phenyl-2-(naphthyl-(1))-vinyl]-anilin, o-[*2-(1-naphthyl)-1-phenylvinyl*]*aniline* $C_{24}H_{19}N$, Formel IV.

a) **2-[1-Phenyl-2-(naphthyl-(1))-vinyl]-anilin vom F: 183°.**

B. Neben 1.2-Di-[naphthyl-(1)]-äthan und (±)-1-Phenyl-1-[2-amino-phenyl]-2-[naphth= yl-(1)]-äthanol-(1) beim Erwärmen von 2-Amino-benzophenon mit Naphthyl-(1)-methyl= magnesium-chlorid in Äther (*Simpson*, Soc. **1943** 447, 449).

Krystalle (aus Acn.); F: 182—183°.

Beim Erhitzen mit wss.-äthanol. Salzsäure erfolgt Umwandlung in das unter b) beschriebene Isomere.

b) **2-[1-Phenyl-2-(naphthyl-(1))-vinyl]-anilin vom F: 145°.**

B. Aus dem unter a) beschriebenen Isomeren beim Erhitzen mit wss.-äthanol. Salzsäure (*Simpson*, Soc. **1943** 447, 449, 450).

Krystalle (aus wss. A.); F: 144—145°.

Beim Behandeln mit Essigsäure, wss. Salzsäure und Natriumnitrit und Versetzen der Reaktionslösung mit Wasser sind 4-Phenyl-3-[naphthyl-(1)]-cinnolin und 6-Phenyl-chrysen erhalten worden.

Amine $C_{25}H_{21}N$

4-Trityl-anilin $C_{25}H_{21}N$.

***N*-Methyl-4-trityl-anilin,** N-*methyl-α,α,α-triphenyl-*p-*toluidine* $C_{26}H_{23}N$, Formel V (R = CH_3, X = H).

B. Beim Erhitzen von Triphenylmethanol mit *N*-Methyl-anilin-hydrochlorid in Essig= säure (*Hickinbottom*, Soc. **1934** 1700, 1704).

Krystalle (aus A.); F: 211—212°.

***N.N*-Dimethyl-4-trityl-anilin,** N,N-*dimethyl-α,α,α-triphenyl-*p-*toluidine* $C_{27}H_{25}N$, Formel V (R = X = CH_3) (E II 797; dort als 4-Dimethylamino-tetraphenylmethan bezeichnet).

B. Beim Erhitzen von *N.N*-Dimethyl-anilin mit Tritylchlorid (*Hickinbottom*, Soc. **1934** 1700, 1703). Beim Behandeln von Triphenylmethanol mit *N.N*-Dimethyl-anilin-hydro= chlorid in Essigsäure (*Ismail'škiĭ, Šurkow*, Ž. obšč. Chim. **13** [1943] 848, 850, 855; C. A. **1945** 1406; vgl. E II 797).

Krystalle; F: 210° [aus Bzl. + A.] (*Is., Šu.*), 204—205° (*Hi.*).

Tri-*N*-methyl-4-trityl-anilinium, N,N,N-*trimethyl-α,α,α-triphenyl-*p-*toluidinium* $[C_{28}H_{28}N]^{\oplus}$, Formel VI.

Jodid $[C_{28}H_{28}N]I$. *B.* Aus *N.N*-Dimethyl-4-trityl-anilin und Methyljodid (*Hickinbottom*, Soc. **1934** 1700, 1703). — Krystalle (aus $CHCl_3$); F: 206—207°.

***N*-Äthyl-4-trityl-anilin,** N-*ethyl-α,α,α-triphenyl-*p-*toluidine* $C_{27}H_{25}N$, Formel V (R = C_2H_5, X = H).

B. Beim Erhitzen von Triphenylmethanol mit *N*-Äthyl-anilin, Essigsäure, Acetan=

hydrid und wss. Salzsäure (*Clapp*, Am. Soc. **61** [1939] 523).

Krystalle (aus Bzn.); F: 172—173°. Die Krystalle phosphorescieren nach der Bestrahlung mit UV-Licht.

***N.N*-Diäthyl-4-trityl-anilin,** N,N-*diethyl-α,α,α-triphenyl*-p-*toluidine* $C_{29}H_{29}N$, Formel V ($R = X = C_2H_5$).

B. Aus Triphenylmethanol und *N.N*-Diäthyl-anilin analog *N*-Äthyl-4-trityl-anilin [S. 3408] (*Clapp*, Am. Soc. **61** [1939] 523).

Krystalle (aus Bzn.); F: 177,5—178,5°. Die Krystalle phosphorescieren nach der Bestrahlung mit UV-Licht.

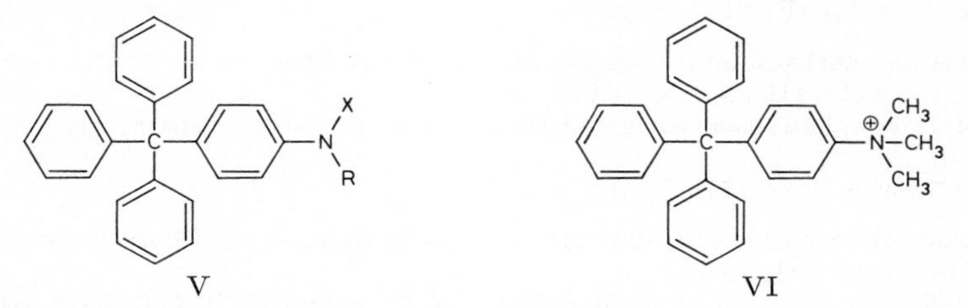

V VI

***N*-Butyl-4-trityl-anilin,** N-*butyl-α,α,α-triphenyl*-p-*toluidine* $C_{29}H_{29}N$, Formel V ($R = [CH_2]_3\text{-}CH_3$, $X = H$).

B. Aus Triphenylmethanol und *N*-Butyl-anilin analog *N*-Äthyl-4-trityl-anilin [S. 3408] (*Clapp*, Am. Soc. **61** [1939] 523).

Krystalle (aus A.); F: 135—136°. Die Krystalle phosphorescieren nach der Bestrahlung im UV-Licht.

***N.N*-Dibutyl-4-trityl-anilin,** N,N-*dibutyl-α,α,α-triphenyl*-p-*toluidine* $C_{33}H_{37}N$, Formel V ($R = X = [CH_2]_3\text{-}CH_3$).

B. Aus Triphenylmethanol und *N.N*-Dibutyl-anilin analog *N*-Äthyl-4-trityl-anilin [S. 3408] (*Clapp*, Am. Soc. **61** [1939] 523).

Krystalle (aus Bzn.); F: 177—178°. Die Krystalle phosphorescieren nach der Bestrahlung im UV-Licht.

Phenyl-[4-trityl-phenyl]-amin, p-*trityldiphenylamine* $C_{31}H_{25}N$, Formel V ($R = C_6H_5$, $X = H$) (E I 560; E II 798; dort als 4-Anilino-tetraphenylmethan bezeichnet).

B. Aus Tritylchlorid und Diphenylamin in Chlorbenzol (*Craig*, Am. Soc. **71** [1949] 2250; vgl. E I 560; E II 798).

F: 245—248°.

Bis-[4-trityl-phenyl]-amin, p,p'-*ditrityldiphenylamine* $C_{50}H_{39}N$, Formel VII.

Über die Konstitution dieser von *Goodrich Co.* (U.S.P. 1902115 [1932], 1950079 [1932]) als Phenyl-[4'-benzhydryl-biphenylyl-(4)]-amin ($C_{31}H_{25}N$) formulierten Verbindung s. *Craig*, Am. Soc. **71** [1949] 2250.

B. Aus Tritylchlorid und Diphenylamin beim Erhitzen in Chlorbenzol (*Cr.*) sowie beim Erwärmen in Benzol unter Zusatz von Aluminiumchlorid (*Goodrich Co.*). Aus Tritylchlorid und Phenyl-[4-trityl-phenyl]-amin (*Cr.*).

Krystalle (aus 1.2-Dichlor-benzol); F: 350—351° (*Cr.*).

Essigsäure-[4-trityl-anilid], *α,α,α-triphenylaceto*-p-*toluidide* $C_{27}H_{23}NO$, Formel V ($R = CO\text{-}CH_3$, $X = H$).

B. Aus 4-Trityl-anilin und Acetylchlorid in Benzol (*Witten, Reid*, Am. Soc. **69** [1947] 973). Beim Erhitzen von Tritylchlorid mit Anilin und Essigsäure (*Wi., Reid*).

Krystalle (aus Bzl. oder Toluol); F: 229°.

Essigsäure-[*N*-methyl-4-trityl-anilid], N-*methyl-α,α,α-triphenylaceto*-p-*toluidide* $C_{28}H_{25}NO$, Formel V ($R = CO\text{-}CH_3$, $X = CH_3$).

B. Aus *N*-Methyl-4-trityl-anilin und Acetanhydrid mit Hilfe von Pyridin (*Hickinbottom*, Soc. **1934** 1700, 1704). Beim Erhitzen von Tritylchlorid mit *N*-Methyl-acetanilid auf 140° (*Hi.*, l. c. S. 1703).

Krystalle (aus A.); F: 191—192°.

[4-Trityl-phenyl]-carbamidsäure-methylester, p-*tritylcarbanilic acid methyl ester* $C_{27}H_{23}NO_2$, Formel VIII (R = CH_3).

B. Aus 4-Trityl-phenylisocyanat und Methanol in Toluol (*Witten, Reid,* Am. Soc. **69** [1947] 2470).

Krystalle (aus A.); F: 214° [korr.].

[4-Trityl-phenyl]-carbamidsäure-äthylester, p-*tritylcarbanilic acid ethyl ester* $C_{28}H_{25}NO_2$, Formel VIII (R = C_2H_5).

B. Aus 4-Trityl-phenylisocyanat und Äthanol in Toluol (*Witten, Reid,* Am. Soc. **69** [1947] 2470).

Krystalle (aus A.); F: 216° [korr.].

[4-Trityl-phenyl]-carbamidsäure-propylester, p-*tritylcarbanilic acid propyl ester* $C_{29}H_{27}NO_2$, Formel VIII (R = CH_2-CH_2-CH_3).

B. Aus 4-Trityl-phenylisocyanat und Propanol-(1) in Toluol (*Witten, Reid,* Am. Soc. **69** [1947] 2470).

Krystalle (aus A.); F: 177° [korr.].

[4-Trityl-phenyl]-carbamidsäure-butylester, p-*tritylcarbanilic acid butyl ester* $C_{30}H_{29}NO_2$, Formel VIII (R = $[CH_2]_3$-CH_3).

B. Aus 4-Trityl-phenylisocyanat und Butanol-(1) in Toluol (*Witten, Reid,* Am. Soc. **69** [1947] 2470).

Krystalle (aus A.); F: 140° [korr.].

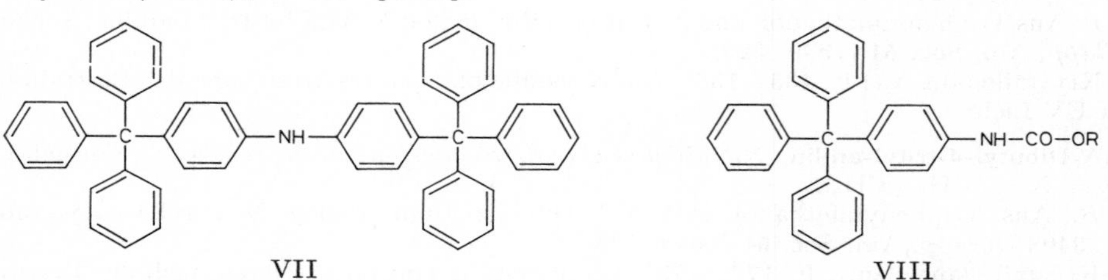

VII VIII

[4-Trityl-phenyl]-carbamidsäure-pentylester, p-*tritylcarbanilic acid pentyl ester* $C_{31}H_{31}NO_2$, Formel VIII (R = $[CH_2]_4$-CH_3).

B. Aus 4-Trityl-phenylisocyanat und Pentanol-(1) in Toluol (*Witten, Reid,* Am. Soc. **69** [1947] 2470).

Krystalle (aus A.); F: 85°.

[4-Trityl-phenyl]-carbamidsäure-hexylester, p-*tritylcarbanilic acid hexyl ester* $C_{32}H_{33}NO_2$, Formel VIII (R = $[CH_2]_5$-CH_3).

B. Aus 4-Trityl-phenylisocyanat und Hexanol-(1) in Toluol (*Witten, Reid,* Am. Soc. **69** [1947] 2470).

Krystalle (aus A.); F: 81°.

[4-Trityl-phenyl]-carbamidsäure-heptylester, p-*tritylcarbanilic acid heptyl ester* $C_{33}H_{35}NO_2$, Formel VIII (R = $[CH_2]_6$-CH_3).

B. Aus 4-Trityl-phenylisocyanat und Heptanol-(1) in Toluol (*Witten, Reid,* Am. Soc. **69** [1947] 2470).

Krystalle (aus A.); F: 55°.

[4-Trityl-phenyl]-carbamidsäure-octylester, p-*tritylcarbanilic acid octyl ester* $C_{34}H_{37}NO_2$, Formel VIII (R = $[CH_2]_7$-CH_3).

B. Aus 4-Trityl-phenylisocyanat und Octanol-(1) in Toluol (*Witten, Reid,* Am. Soc. **69** [1947] 2470).

Krystalle (aus A.); F: 61°.

[4-Trityl-phenyl]-carbamidsäure-nonylester, p-*tritylcarbanilic acid nonyl ester* $C_{35}H_{39}NO_2$, Formel VIII (R = $[CH_2]_8$-CH_3).

B. Aus 4-Trityl-phenylisocyanat und Nonanol-(1) in Toluol (*Witten, Reid,* Am. Soc. **69** [1947] 2470).

Krystalle (aus A.); F: 62°.

[4-Trityl-phenyl]-carbamidsäure-decylester, p-*tritylcarbanilic acid decyl ester* $C_{36}H_{41}NO_2$, Formel VIII (R = $[CH_2]_9$-CH_3).

B. Aus 4-Trityl-phenylisocyanat und Decanol-(1) in Toluol (*Witten, Reid,* Am. Soc. **69** [1947] 2470).

Krystalle (aus A.); F: 64°.

[4-Trityl-phenyl]-carbamidsäure-undecylester, p-*tritylcarbanilic acid undecyl ester* $C_{37}H_{43}NO_2$, Formel VIII (R = $[CH_2]_{10}$-CH_3).

B. Aus 4-Trityl-phenylisocyanat und Undecanol-(1) in Toluol (*Witten, Reid,* Am. Soc. **69** [1947] 2470).

Krystalle (aus A.); F: 68°.

[4-Trityl-phenyl]-carbamidsäure-dodecylester, p-*tritylcarbanilic acid dodecyl ester* $C_{38}H_{45}NO_2$, Formel VIII (R = $[CH_2]_{11}$-CH_3).

B. Aus 4-Trityl-phenylisocyanat und Dodecanol-(1) in Toluol (*Witten, Reid,* Am. Soc. **69** [1947] 2470).

Krystalle (aus A.); F: 70°.

[4-Trityl-phenyl]-carbamidsäure-tridecylester, p-*tritylcarbanilic acid tridecyl ester* $C_{39}H_{47}NO_2$, Formel VIII (R = $[CH_2]_{12}$-CH_3).

B. Aus 4-Trityl-phenylisocyanat und Tridecanol-(1) in Toluol (*Witten, Reid,* Am. Soc. **69** [1947] 2470).

Krystalle (aus A.); F: 74°.

[4-Trityl-phenyl]-carbamidsäure-tetradecylester, p-*tritylcarbanilic acid tetradecyl ester* $C_{40}H_{49}NO_2$, Formel VIII (R = $[CH_2]_{13}$-CH_3).

B. Aus 4-Trityl-phenylisocyanat und Tetradecanol-(1) in Toluol (*Witten, Reid,* Am. Soc. **69** [1947] 2470).

Krystalle (aus A.); F: 76°.

[4-Trityl-phenyl]-carbamidsäure-pentadecylester, p-*tritylcarbanilic acid pentadecyl ester* $C_{41}H_{51}NO_2$, Formel VIII (R = $[CH_2]_{14}$-CH_3).

B. Aus 4-Trityl-phenylisocyanat und Pentadecanol-(1) in Toluol (*Witten, Reid,* Am. Soc. **69** [1947] 2470).

Krystalle (aus A.); F: 77°.

[4-Trityl-phenyl]-carbamidsäure-hexadecylester, p-*tritylcarbanilic acid hexadecyl ester* $C_{42}H_{53}NO_2$, Formel VIII (R = $[CH_2]_{15}$-CH_3).

B. Aus 4-Trityl-phenylisocyanat und Hexadecanol-(1) in Toluol (*Witten, Reid,* Am. Soc. **69** [1947] 2470).

Krystalle (aus A.); F: 79°.

[4-Trityl-phenyl]-carbamidsäure-heptadecylester, p-*tritylcarbanilic acid heptadecyl ester* $C_{43}H_{55}NO_2$, Formel VIII (R = $[CH_2]_{16}$-CH_3).

B. Aus 4-Trityl-phenylisocyanat und Heptadecanol-(1) in Toluol (*Witten, Reid,* Am. Soc. **69** [1947] 2470).

Krystalle (aus A.); F: 79°.

[4-Trityl-phenyl]-carbamidsäure-octadecylester, p-*tritylcarbanilic acid octadecyl ester* $C_{44}H_{57}NO_2$, Formel VIII (R = $[CH_2]_{17}$-CH_3).

B. Aus 4-Trityl-phenylisocyanat und Octadecanol-(1) in Toluol (*Witten, Reid,* Am. Soc. **69** [1947] 2470).

Krystalle (aus A.); F: 79°.

4-Trityl-phenylisocyanat, *isocyanic acid* p-*tritylphenyl ester* $C_{26}H_{19}NO$, Formel IX.

B. Beim Erhitzen von 4-Trityl-anilin-hydrochlorid in Toluol unter Einleiten von Phosgen (*Witten, Reid,* Am. Soc. **69** [1947] 2470).

F: 168–169° [korr.].

4-[3-Nitro-trityl]-anilin, α-(m-*nitrophenyl*)-α,α-*diphenyl*-p-*toluidine* $C_{25}H_{20}N_2O_2$, Formel X (R = H).

B. Beim Behandeln von Diphenyl-[3-nitro-phenyl]-methan mit Brom in Schwefelkohlenstoff unter Bestrahlung mit UV-Licht und Erhitzen des Reaktionsprodukts mit Anilin-hydrochlorid in Essigsäure (*Ismail'skiĭ, Šurkow,* Ž. obšč. Chim. **13** [1943] 848, 850, 860; C. A. **1945** 1406).

Gelbgrün; F: 117—121° [Zers.; aus wss. A.].

Hydrogenoxalat $C_{25}H_{20}N_2O_2 \cdot C_2H_2O_4$. Krystalle (aus A.); F: 128—130° [Zers.].

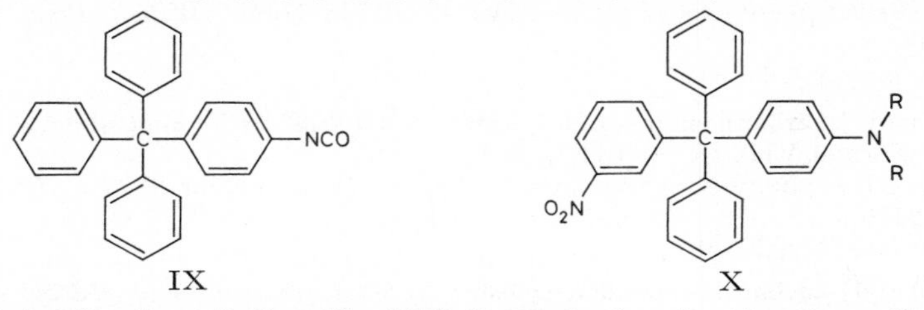

IX X

***N.N*-Dimethyl-4-[3-nitro-trityl]-anilin,** N,N-*dimethyl-α-*(m-*nitrophenyl*)-*α,α-diphenyl-*p-*toluidine* $C_{27}H_{24}N_2O_2$, Formel X (R = CH_3).

B. Beim Behandeln von Diphenyl-[3-nitro-phenyl]-methan mit Brom in Schwefelkohlenstoff unter Bestrahlung mit UV-Licht und Erhitzen des Reaktionsprodukts mit *N.N*-Dimethyl-anilin in Essigsäure (*Ismail'skiĭ, Šurkow,* Ž. obšč. Chim. **13** [1943] 848, 850, 858; C. A. **1945** 1406).

Gelbe Krystalle (aus Acn.); F: 164—164,5°.

***N.N*-Dimethyl-4-[4-nitro-trityl]-anilin,** N,N-*dimethyl-α-*(p-*nitrophenyl*)-*α,α-diphenyl-*p-*toluidine* $C_{27}H_{24}N_2O_2$, Formel XI.

B. Beim Erhitzen von Brom-diphenyl-[4-nitro-phenyl]-methan mit *N.N*-Dimethyl-anilin in Essigsäure (*Ismail'skiĭ, Šurkow,* Ž. obšč. Chim. **13** [1943] 848, 850, 859; C. A. **1945** 1406).

Gelbe Krystalle (aus Acn.); F: 205—207°.

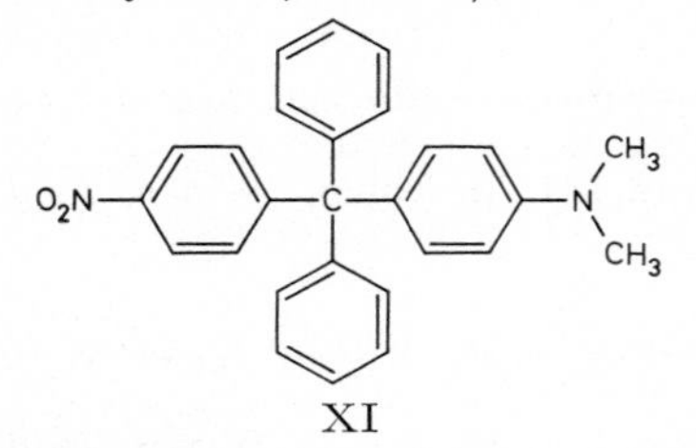

XI

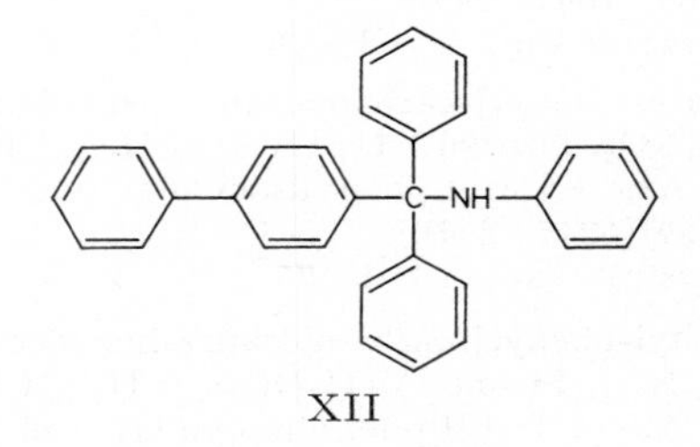

XII

4-Phenyl-tritylamin $C_{25}H_{21}N$.

***N*-[4-Phenyl-trityl]-anilin,** *4,*N-*diphenyltritylamine* $C_{31}H_{25}N$, Formel XII.

B. Aus Chlor-diphenyl-[biphenylyl-(4)]-methan und Anilin in Benzol (*Schoepfle, Trepp,* Am. Soc. **54** [1932] 4059, 4065).

Krystalle; F: 154—155°.

Amine $C_{26}H_{23}N$

2-Methyl-4-trityl-anilin, *$\alpha^4,\alpha^4,\alpha^4$-triphenyl-2,4-xylidine* $C_{26}H_{23}N$, Formel XIII (R = H) (E II 798; dort als 4-Amino-3-methyl-tetraphenylmethan bezeichnet).

B. Aus Essigsäure-[2-methyl-4-trityl-anilid] beim Erwärmen mit Chlorwasserstoff in Äthanol (*Iddles, Hussey,* Am. Soc. **63** [1941] 2768, 2770).

Krystalle (aus A.); F: 215°.

Essigsäure-[2-methyl-4-trityl-anilid], *$\alpha^{4'},\alpha^{4'},\alpha^{4'}$-triphenylaceto-2',4'-xylidide* $C_{28}H_{25}NO$, Formel XIII (R = CO-CH_3).

B. Beim Behandeln von Essigsäure-[2-methyl-4-(4-amino-trityl)-anilid] mit Essigsäure, Schwefelsäure und Pentylnitrit und Erwärmen des Reaktionsprodukts mit Zink in Äthanol (*Iddles, Hussey,* Am. Soc. **63** [1941] 2768).

Krystalle (aus A.); F: 256°.

4-[3-Methyl-trityl]-anilin, *α,α-diphenyl-α-*m-*tolyl-*p-*toluidine* $C_{26}H_{23}N$, Formel XIV (R = H).

B. Beim Erhitzen von Diphenyl-*m*-tolyl-methanol mit Anilin-hydrochlorid in Essigsäure (*Iddles, Hussey,* Am. Soc. **63** [1941] 2768, 2770).

Krystalle (aus A.); F: 152°.

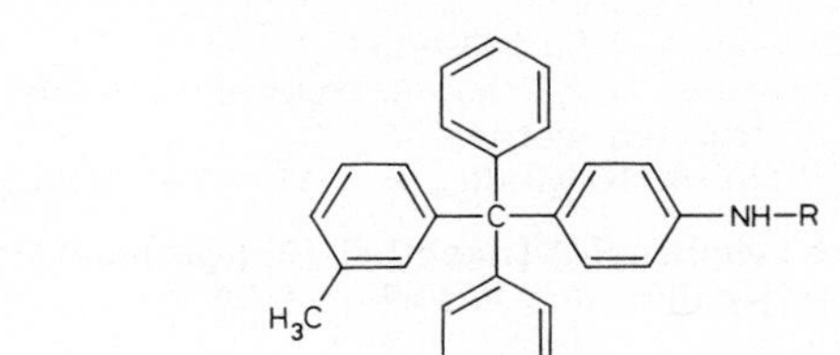

Diphenyl-[4-acetamino-phenyl]-*m*-tolyl-methan, Essigsäure-[4-(3-methyl-trityl)-anilid], *α,α-diphenyl-α-*m*-tolylaceto-*p*-toluidide* $C_{28}H_{25}NO$, Formel XIV (R = CO-CH_3).

B. Aus 4-[3-Methyl-trityl]-anilin (*Iddles, Hussey*, Am. Soc. **63** [1941] 2768).

F: 189°.

Amine $C_{27}H_{25}N$

2.2-Diphenyl-1-[2-benzyl-phenyl]-äthylamin $C_{27}H_{25}N$.

(±)-1-Dimethylamino-2.2-diphenyl-1-[2-benzyl-phenyl]-äthan, (±)-Dimethyl-[2.2-diphenyl-1-(2-benzyl-phenyl)-äthyl]-amin, (±)-N,N-*dimethyl-2,2-diphenyl-1-(α-phenyl-*o*-tolyl)ethylamine* $C_{29}H_{29}N$, Formel XV.

Diese Konstitution kommt vermutlich der nachstehend beschriebenen Verbindung zu.

B. Beim Behandeln von Dimethyl-[2-benzyl-benzyl]-amin mit Phenyllithium in Äther und anschliessend mit Benzhydrylbromid (*Wittig, Mangold, Felletschin*, A. **560** [1948] 116, 124). Neben anderen Verbindungen beim Schütteln von Trimethyl-benzhydryl-ammonium-bromid mit Phenyllithium in Äther und anschliessenden Behandeln mit Wasser (*Wi., Ma., Fe.*, l. c. S. 123).

Krystalle (aus A.); F: 177,5—179,5°.

Beim Behandeln mit Kalium-Natrium-Legierung in Äther und anschliessend mit Chlorwasserstoff enthaltendem Methanol sind Dimethyl-[2-benzyl-benzyl]-amin und Diphenylmethan erhalten worden.

Hydrochlorid. F: 253—255°.

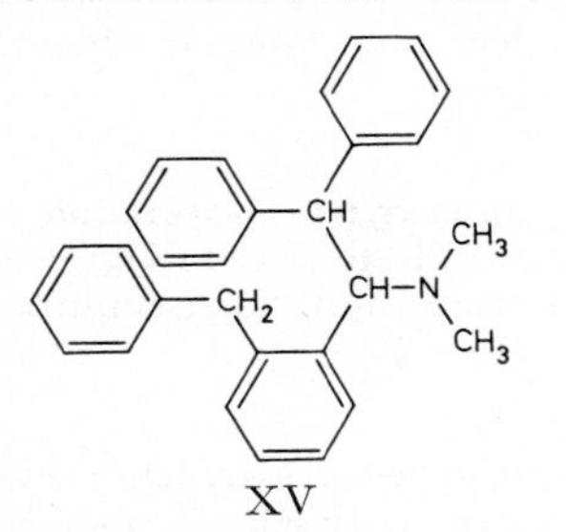

XV

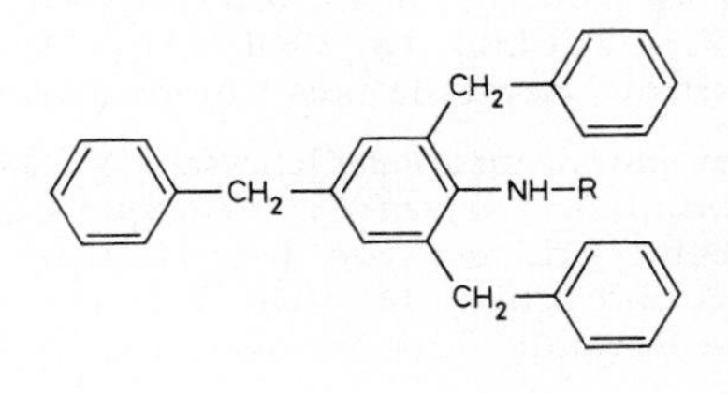

XVI

2.4.6-Tribenzyl-anilin, *2,4,6-tribenzylaniline* $C_{27}H_{25}N$, Formel XVI (R = H).

Diese Konstitution kommt vermutlich der nachstehend beschriebenen Verbindung zu.

B. Neben anderen Verbindungen beim Erhitzen von *N.N*-Dibenzyl-anilin-hydrochlorid bis auf 220° (*Drumm, O'Connor, Reilly*, Am. Soc. **62** [1940] 1241).

Krystalle (aus Bzn.); F: 61—62°.

Hydrochlorid $C_{27}H_{25}N \cdot HCl$. Krystalle (aus E.); F: 186°.

N-Benzoyl-Derivat $C_{34}H_{29}NO$, vermutlich Benzoesäure-[2.4.6-tribenzyl-anilid] (Formel XVI [R = CO-C_6H_5]). Krystalle (aus A.); F: 149°.

Monoamine $C_nH_{2n-31}N$

Amine $C_{25}H_{19}N$

1.1-Diphenyl-3-[naphthyl-(2)]-propin-(2)-ylamin, *3-(2-naphthyl)-1,1-diphenylprop-2-ynylamine* $C_{25}H_{19}N$, Formel I (R = H).

B. Aus 1-Chlor-1.1-diphenyl-3-[naphthyl-(2)]-propin-(2) und Ammoniak in Äthanol (*Robin*, A. ch. [10] **16** [1931] 421, 519).

Krystalle (aus A.); F: 133—134°.

Beim Erwärmen mit äthanol. Schwefelsäure ist 1.1-Diphenyl-3-[naphthyl-(2)]-propen-(1)-on-(3) erhalten worden.

Hydrochlorid. Krystalle; F: 157—159° [Block].

1-Anilino-1.1-diphenyl-3-[naphthyl-(2)]-propin-(2), ***N*-[1.1-Diphenyl-3-(naphthyl-(2))-propin-(2)-yl]-anilin,** *3-(2-naphthyl)-1,1,*N*-triphenylprop-2-ynylamine* $C_{31}H_{23}N$, Formel I ($R = C_6H_5$).

B. Neben 1.1-Diphenyl-3-[naphthyl-(2)]-propen-(1)-on-(3)-phenylimin beim Erwärmen von 1-Chlor-1.1-diphenyl-3-[naphthyl-(2)]-propin-(2) mit Anilin (*Robin*, A. ch. [10] **16** [1931] 421, 501).

Krystalle (aus A.); F: 146—147°.

Beim Behandeln mit methanol. Schwefelsäure ist 1-Methoxy-1.1-diphenyl-3-[naphthyl-(2)]-propin-(2) erhalten worden.

Hydrochlorid. F: 157—159° (*Ro.*, l. c. S. 503).

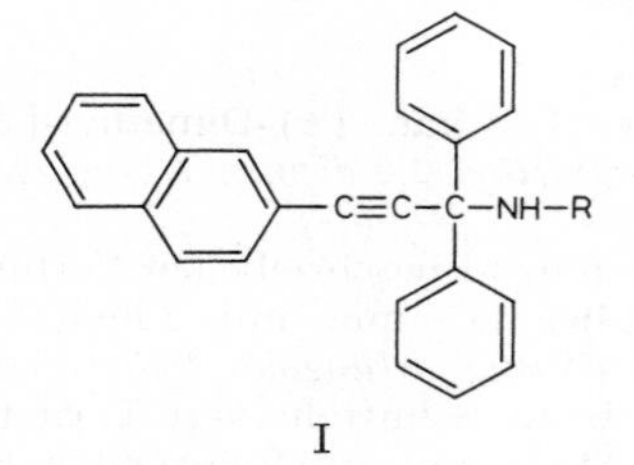

I

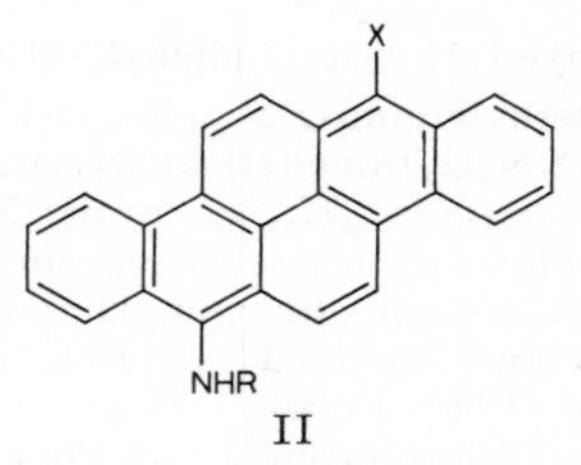

II

Monoamine $C_nH_{2n-33}N$

Amine $C_{24}H_{15}N$

7-Amino-dibenzo[*b.def*]chrysen, Dibenzo[*b.def*]chrysenyl-(7)-amin, *dibenzo*[b,def]*chrysen-7-ylamine* $C_{24}H_{15}N$, Formel II (R = X = H).

B. Aus 7-Nitro-dibenzo[*b.def*]chrysen beim Erhitzen mit Phenylhydrazin (*Ioffe, Efroš*, Ž. obšč. Chim. **16** [1946] 111, 114; C. A. **1947** 116).

Violettrote Krystalle (aus Chlorbenzol); F: 310°.

7-Acetamino-dibenzo[*b.def*]chrysen, *N*-[Dibenzo[*b.def*]chrysenyl-(7)]-acetamid, N-(*dibenzo*[b,def]*chrysen-7-yl)acetamide* $C_{26}H_{17}NO$, Formel II ($R = CO\text{-}CH_3$, X = H).

B. Beim Erhitzen von Dibenzo[*b.def*]chrysenyl-(7)-amin mit Acetanhydrid (*Ioffe, Efroš*, Ž. obšč. Chim. **16** [1946] 111, 114; C. A. **1947** 116).

Gelbe Krystalle (aus Nitrobenzol); F: 350° [Zers.].

14-Nitro-7-acetamino-dibenzo-[*b.def*]chrysen, *N*-[14-Nitro-dibenzo[*b.def*]chrysenyl-(7)]-acetamid, N-(*14-nitrodibenzo*[b,def]*chrysen-7-yl)acetamide* $C_{26}H_{16}N_2O_3$, Formel II ($R = CO\text{-}CH_3$, $X = NO_2$).

B. Aus 7-Acetamino-dibenzo[*b.def*]chrysen beim Erwärmen einer Suspension in Nitrobenzol mit Salpetersäure (*Ioffe, Efroš*, Ž. obšč. Chim. **16** [1946] 111, 115; C. A. **1947** 116).

Rote Krystalle (aus Nitrobenzol); Zers. bei 315—320°.

Amine $C_{26}H_{19}N$

1-Amino-9.10-diphenyl-anthracen, 9.10-Diphenyl-anthryl-(1)-amin $C_{26}H_{19}N$.

1-Dimethylamino-9.10-diphenyl-anthracen, Dimethyl-[9.10-diphenyl-anthryl-(1)]-amin, N,N-*dimethyl-9,10-diphenyl-1-anthrylamine* $C_{28}H_{23}N$, Formel III.

B. Aus opt.-inakt. 1-Dimethylamino-9.10-diphenyl-9.10-dihydro-anthracendiol-(9.10) (F: 193°) beim Erhitzen mit Kaliumjodid und Natriumhypophosphit in Essigsäure (*Allais*, A. ch. [12] **2** [1947] 739, 765).

Krystalle (aus E.); F: 197—198°. UV-Absorption von Lösungen der Base in Äthanol und in Chloroform sowie einer Lösung des Hydrochlorids in Äthanol: *All.*, l. c. S. **787**.

Verhalten der Base in Lösung gegen Sauerstoff und Licht: *All.*, l. c. S. **760**, **766**.

2-Amino-9.10-diphenyl-anthracen, 9.10-Diphenyl-anthryl-(2)-amin $C_{26}H_{19}N$.

2-Dimethylamino-9.10-diphenyl-anthracen, Dimethyl-[9.10-diphenyl-anthryl-(2)]-amin, N,N-*dimethyl-9,10-diphenyl-2-anthrylamine* $C_{28}H_{23}N$, Formel IV.

Die Identität des von *Pérard* (E I 561) unter dieser Konstitution beschriebenen Präparats ist ungewiss (*Allais*, A. ch. [12] **2** [1947] 739, 769).

B. Aus opt.-inakt. 2-Dimethylamino-9.10-diphenyl-9.10-dihydro-anthracendiol-(9.10) (F: 154°) beim Erhitzen mit Kaliumjodid und Natriumhypophosphit in Essigsäure (*All.*, l. c. S. 780).

Gelbe Krystalle (aus Bzl. + A.); F: 153—154° [Block]. UV-Absorption von Lösungen der Base und des Hydrochlorids in Äthanol: *All.*, l. c. S. 788. Lösungen des Hydrochlorids in Chlorwasserstoff enthaltendem Äthanol fluorescieren blau.

Verhalten der Base in Lösung gegen Sauerstoff und Licht: *All.*, l. c. S. 771, 781.

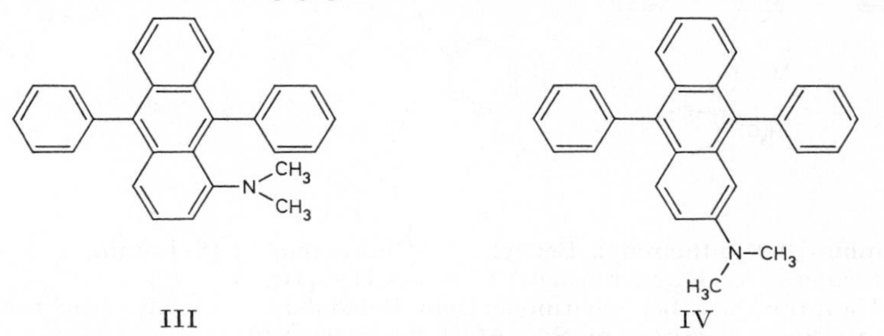

Trimethyl-[9.10-diphenyl-anthryl-(2)]-ammonium, *trimethyl(9,10-diphenyl-2-anthryl)ammonium* $[C_{29}H_{26}N]^{\oplus}$, Formel V.

Jodid $[C_{29}H_{26}N]I$. *B.* Aus Dimethyl-[9.10-diphenyl-anthryl-(2)]-amin und Methyljodid (*Allais*, A. ch. [12] **2** [1947] 739, 783). — Krystalle (aus A.); Zers. von 200° an unter Abgabe von Methyljodid.

9-Amino-[9.9']bifluorenyl, [9.9']Bifluorenylyl-(9)-amin, *9,9'-bifluorenyl-9-ylamine* $C_{26}H_{19}N$, Formel VI (R = X = H).

B. Neben anderen Verbindungen beim Behandeln von 9-Chlor-fluoren in Toluol mit flüssigem Ammoniak unter Zusatz von Fluorenyl-(9)-amin-hydrochlorid (*Pinck, Hilbert*, Am. Soc. **68** [1946] 377, 379).

Krystalle (aus A. + Bzl.); F: 181° [Zers.].

Hydrochlorid $C_{26}H_{19}N \cdot HCl$. F: 221°.

9-Methylamino-[9.9']bifluorenyl, Methyl-[[9.9']bifluorenylyl-(9)]-amin, N-*methyl-9,9'-bifluorenyl-9-ylamine* $C_{27}H_{21}N$, Formel VI (R = CH_3, X = H).

B. Aus [9.9']Bifluorenyliden und Methylamin (*Pinck, Hilbert*, Am. Soc. **57** [1935] 2398, 2401). Aus Trimethyl-[[9.9']bifluorenylyl-(9)]-ammonium-jodid beim Behandeln mit äthanol. Alkalilauge (*Pinck, Hilbert*, Am. Soc. **68** [1946] 377, 379).

Krystalle (aus Hexan); F: 151°.

9-Dimethylamino-[9.9']bifluorenyl, Dimethyl-[[9.9']bifluorenylyl-(9)]-amin, N,N-*dimethyl-9,9'-bifluorenyl-9-ylamine* $C_{28}H_{23}N$, Formel VI (R = X = CH_3).

B. Aus [9.9']Bifluorenyliden und Dimethylamin (*Pinck, Hilbert*, Am. Soc. **57** [1935] 2398, 2401). Neben anderen Verbindungen beim Behandeln von 9-Chlor-fluoren mit Dimethyl-[fluorenyl-(9)]-amin in Toluol unter Zusatz von flüssigem Ammoniak (*Pinck, Hilbert*, Am. Soc. **68** [1946] 377, 379).

Krystalle; F: 216° [aus Bzl. + A.] (*Pi.*, *Hi.*, Am. Soc. **68** 379), 215° [Zers.; aus Bzl. + A.] (*Pi.*, *Hi.*, Am. Soc. **57** 2401).

Trimethyl-[[9.9']bifluorenylyl-(9)]-ammonium, *(9,9'-bifluorenyl-9-yl)trimethylammonium* $[C_{29}H_{26}N]^{\oplus}$, Formel VII (R = CH_3).

Jodid $[C_{29}H_{26}N]I$. *B.* Aus [9.9']Bifluorenylyl-(9)-amin und Methyljodid in Acetonitril (*Pinck, Hilbert*, Am. Soc. **68** [1946] 377, 379). — Hellgelbe Krystalle; F: 196° [Zers.].

9-Äthylamino-[9.9']bifluorenyl, Äthyl-[[9.9']bifluorenylyl-(9)]-amin, N-*ethyl-9,9'-bifluorenyl-9-ylamine* $C_{28}H_{23}N$, Formel VI (R = C_2H_5, X = H).

B. Aus [9.9']Bifluorenyliden und Äthylamin (*Pinck, Hilbert*, Am. Soc. **57** [1935] 2398,

2400).

Krystalle (aus Bzl. + A.); F: 165°.

Bei mehrtägigem Erwärmen in Äthanol sind Fluoren und Fluorenon-(9)-äthylimin, bei mehrtägigem Erwärmen mit Äthylamin ist daneben [9.9']Bifluorenyl erhalten worden.

Hydrochlorid. F: 210—215° [Zers.].

Pikrat $C_{28}H_{23}N \cdot C_6H_3N_3O_7$. Gelbe Krystalle (aus A. + Acn.); F: 228° [Zers.].

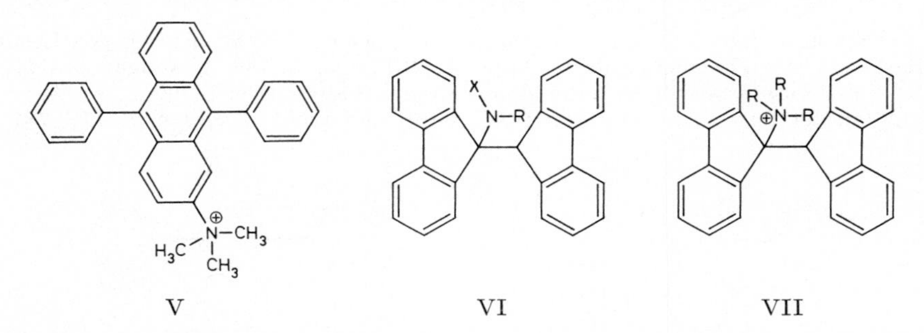

9-Benzylamino-[9.9']bifluorenyl, Benzyl-[[9.9']bifluorenylyl-(9)]-amin, N-*benzyl-9,9'-bifluorenyl-9-ylamine* $C_{33}H_{25}N$, Formel VI (R = CH_2-C_6H_5, X = H).

B. Als Hauptprodukt bei mehrmonatigem Behandeln von [9.9']Bifluorenyliden mit Benzylamin (*Pinck, Hilbert,* Am. Soc. **57** [1935] 2398, 2401).

Krystalle (aus Propanol-(1)); F: 168°.

Hydrochlorid $C_{33}H_{25}N \cdot HCl$. Krystalle (aus Bzl.); F: 215—218°.

***N*-Methyl-*N*-[[9.9']bifluorenylyl-(9)]-acetamid,** N-*(9,9'-bifluorenyl-9-yl)*-N-*methylacetamide* $C_{29}H_{23}NO$, Formel VI (R = CO-CH_3, X = CH_3).

B. Aus Methyl-[[9.9']bifluorenylyl-(9)]-amin (*Pinck, Hilbert,* Am. Soc. **57** [1935] 2398, 2401).

Krystalle (aus A.); F: 232°.

9-[Nitroso-methyl-amino]-[9.9']bifluorenyl, Nitroso-methyl-[[9.9']bifluorenylyl-(9)]-amin, N-*methyl*-N-*nitroso-9,9'-bifluorenyl-9-ylamine* $C_{27}H_{20}N_2O$, Formel VI (R = CH_3, X = NO).

B. Aus Methyl-[[9.9']bifluorenylyl-(9)]-amin beim Behandeln mit Essigsäure und wss. Natriumnitrit-Lösung (*Pinck, Hilbert,* Am. Soc. **57** [1935] 2398, 2401).

Krystalle (aus A.); F: 203°.

9-[Nitroso-äthyl-amino]-[9.9']bifluorenyl, Nitroso-äthyl-[[9.9']bifluorenylyl-(9)]-amin, N-*ethyl*-N-*nitroso-9,9'-bifluorenyl-9-ylamine* $C_{28}H_{22}N_2O$, Formel VI (R = C_2H_5, X = NO).

B. Aus Äthyl-[[9.9']bifluorenylyl-(9)]-amin beim Behandeln mit Essigsäure und wss. Natriumnitrit-Lösung (*Pinck, Hilbert,* Am. Soc. **57** [1935] 2398, 2400).

Hellgelbe Krystalle (aus Acn. + A.); F: 217°.

9-[Nitroso-benzyl-amino]-[9.9']bifluorenyl, Nitroso-benzyl-[[9.9']bifluorenylyl-(9)]-amin, N-*benzyl*-N-*nitroso-9,9'-bifluorenyl-9-ylamine* $C_{33}H_{24}N_2O$, Formel VI (R = CH_2-C_6H_5, X = NO).

B. Aus Benzyl-[[9.9']bifluorenylyl-(9)]-amin beim Behandeln mit Essigsäure und wss. Natriumnitrit-Lösung (*Pinck, Hilbert,* Am. Soc. **57** [1935] 2398, 2401).

Krystalle (aus Acn. + A.); F: 217—218°.

Monoamine $C_nH_{2n-35}N$

Amine $C_{24}H_{13}N$

Aminocoronen, Coronenylamin, *coronenylamine* $C_{24}H_{13}N$, Formel VIII (R = H).

B. Aus Nitrocoronen beim Erhitzen mit Phenylhydrazin in Xylol (*Zinke, Hanus,*

Ferrares, M. **78** [1948] 343, 345).
Krystalle (aus Xylol).
Beim Behandeln mit warmer Schwefelsäure werden grüne Lösungen erhalten.

Acetaminocoronen, *N*-Coronenyl-acetamid, N-*coronenylacetamide* $C_{26}H_{15}NO$, Formel VIII ($R = CO\text{-}CH_3$).
B. Beim Erhitzen von Coronenylamin mit Acetanhydrid in Xylol (*Zinke, Hanus, Ferrares*, M. **78** [1948] 343, 346).
Orangefarbene Krystalle (aus Xylol), die bei 320° sintern und bei 353° [unkorr.] schmelzen.
Beim Behandeln mit warmer Schwefelsäure werden vorübergehend violettrote Lösungen erhalten.

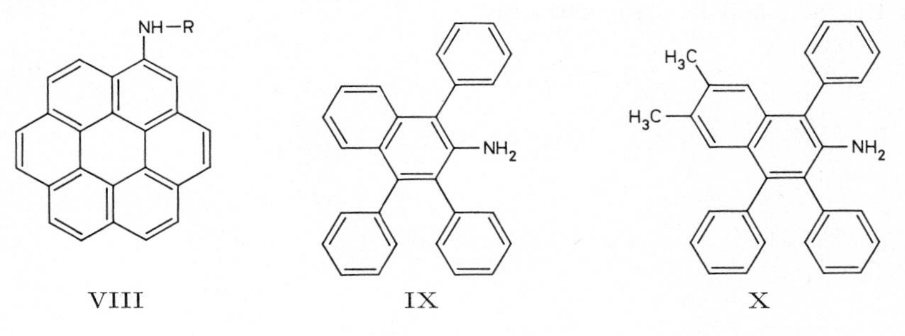

VIII IX X

Amine $C_{28}H_{21}N$

3-Amino-1.2.4-triphenyl-naphthalin, 1.3.4-Triphenyl-naphthyl-(2)-amin, *1,3,4-triphenyl-2-naphthylamine* $C_{28}H_{21}N$, Formel IX.
B. Aus 3-Nitro-1.2.4-triphenyl-naphthalin beim Behandeln mit Essigsäure und Zink (*Allen, Bell, Gates*, J. org. Chem. **8** [1943] 373, 378).
F: 256—257°.

Amine $C_{30}H_{25}N$

7-Amino-2.3-dimethyl-5.6.8-triphenyl-naphthalin, 6.7-Dimethyl-1.3.4-triphenyl-naphthyl-(2)-amin, *6,7-dimethyl-1,3,4-triphenyl-2-naphthylamine* $C_{30}H_{25}N$, Formel X.
B. Aus 7-Nitro-2.3-dimethyl-5.6.8-triphenyl-naphthalin beim Behandeln mit Essigsäure und Zink (*Allen, Bell, Gates*, J. org. Chem. **8** [1943] 373, 378).
F: 226—227°.

Monoamine $C_nH_{2n-37}N$

Amine $C_{31}H_{25}N$

4-[4-Phenyl-trityl]-anilin, α-(*biphenyl-4-yl*)-α,α-*diphenyl*-p-*toluidine* $C_{31}H_{25}N$, Formel XI.
B. Beim Erhitzen von Chlor-diphenyl-[biphenylyl-(4)]-methan mit Anilin-hydrochlorid in Essigsäure (*Schoepfle, Trepp*, Am. Soc. **54** [1932] 4059, 4065).
Krystalle (aus Toluol); F: 192°.

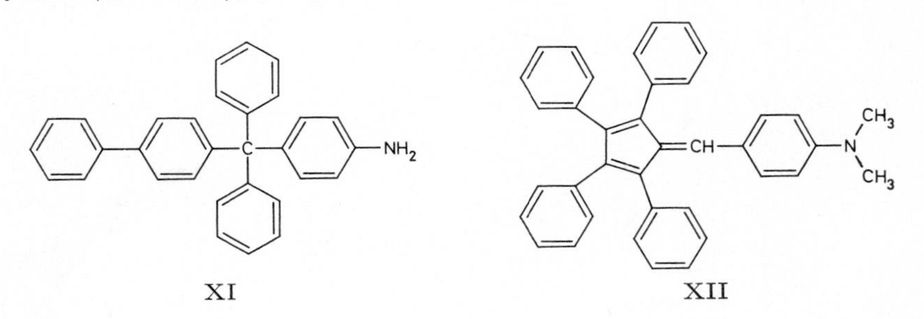

XI XII

Monoamine $C_nH_{2n-45}N$

Amine $C_{36}H_{27}N$

1.2.3.4-Tetraphenyl-6-[4-amino-phenyl]-fulven, 4-[(Tetraphenyl-cyclopentadienyliden)-methyl]-anilin $C_{36}H_{27}N$.

1.2.3.4-Tetraphenyl-6-[4-dimethylamino-phenyl]-fulven, *N.N*-Dimethyl-4-[(tetraphenyl-cyclopentadienyliden)-methyl]-anilin, N,N-*dimethyl-α-(tetraphenylcyclopenta-2,4-dien-1-ylidene)*-p-*toluidine* $C_{38}H_{31}N$, Formel XII.

B. Beim Erwärmen von 1.2.3.4-Tetraphenyl-cyclopentadien-(1.3) mit 4-Dimethyl=amino-benzaldehyd und Kaliummethylat in Äthanol (*Dilthey, Huchtemann,* J. pr. [2] **154** [1940] 238, 258).

Rote Krystalle (aus Bzn.); F: 207–210°. [*Blazek*]

Sachregister

Das Register enthält die Namen der in diesen Bänden abgehandelten Verbindungen mit Ausnahme von Salzen, deren Kationen aus Metallionen oder protonierten Basen bestehen, und von Additionsverbindungen.

Die im Register aufgeführten Namen („Registernamen") unterscheiden sich von den im Text verwendeten Namen im allgemeinen dadurch, dass Substitutionspräfixe und Hydrierungsgradpräfixe hinter den Stammnamen gesetzt („invertiert") sind, und dass alle Stellungsbezeichnungen (Zahlen oder Buchstaben), die zu Substitutionspräfixen, Hydrierungsgradpräfixen, systematischen Endungen und zum Funktionssuffix gehören, sowie alle zur Konfigurationskennzeichnung dienenden genormten Präfixe und Symbole (s. „Stereochemische Bezeichnungsweisen"; Band 10, S. IX) weggelassen sind.

Der Registername enthält demnach die folgenden Bestandteile in der angegebenen Reihenfolge:

1. den Register-Stammnamen (in Fettdruck); dieser setzt sich zusammen aus
   a) dem (mit Stellungsbezeichnung versehenen) Stammvervielfachungsaffix (z. B. Bi in [1.2′]Binaphthyl),
   b) stammabwandelnden Präfixen[1]),
   c) dem Namensstamm (z. B. Hex in Hexan; Pyrr in Pyrrol),
   d) Endungen (z. B. -an, -en, -in zur Kennzeichnung des Sättigungszustandes von Kohlenstoff-Gerüsten; -ol, -in, -olin, -olidin usw. zur Kennzeichnung von Ringgrösse und Sättigungszustand bei Heterocyclen),
   e) dem Funktionssuffix zur Kennzeichnung der Hauptfunktion (z. B. -ol, -dion, -säure, -tricarbonsäure),
   f) Additionssuffixen (z. B. oxid in Äthylenoxid).
2. Substitutionspräfixe, d. h. Präfixe, die den Ersatz von Wasserstoff-Atomen durch andere Substituenten kennzeichnen (z. B. Chlor-äthyl in 2-Chlor-1-äthyl-naphthalin).
3. Hydrierungsgradpräfixe (z. B. Tetrahydro in 1.2.3.4-Tetrahydro-naphthalin; Didehydro in 4.4′-Didehydro-β-carotindion-(3.3′).
4. Funktionsabwandlungssuffixe (z. B. oxim in Aceton-oxim; dimethylester in Bernsteinsäure-dimethylester).

---

[1]) Zu den stammabwandelnden Präfixen (die mit Stellungsbezeichnungen versehen sein können) gehören:

Austauschpräfixe (z. B. Dioxa in 3.9-Dioxa-undecan; Thio in Thioessigsäure,

Gerüstabwandlungspräfixe (z. B. Bicyclo in Bicyclo[2.2.2]octan; Spiro in Spiro[4.5]octan; Seco in 5.6-Seco-cholestanon-(5)),

Brückenpräfixe (z. B. Methano in 1.4-Methano-naphthalin; Cyclo in 2.5-Cyclo-benzocyclohepten; Epoxy in 4.7-Epoxy-inden),

Anellierungspräfixe (z. B. Benzo in Benzocyclohepten; Cyclopenta in Cyclopenta[*a*]phenanthren),

Erweiterungspräfixe (z. B. Homo in *D*-Homo-androsten-(5)),

Subtraktionspräfixe (z. B. Nor in *A*-Nor-cholestan; Desoxy in 2-Desoxyglucose).

Beispiele:

meso-1.6-Diphenyl-hexin-(3)-diol-(2.5) wird registriert als **Hexindiol,** Diphenyl-;
4a.8a-Dimethyl-octahydro-1*H*-naphthalinon-(2)-semicarbazon wird registriert als **Naphthalinon,** Dimethyl-octahydro-, semicarbazon;
8-Hydroxy-4.5.6.7-tetramethyl-3a.4.7.7a-tetrahydro-4.7-äthano-indenon-(9) wird registriert als **4.7-Äthano-indenon,** Hydroxy-tetramethyl-tetrahydro-.

Besondere Regelungen gelten für Radikofunktionalnamen, d. h. Namen, die aus einer oder mehreren Radikalbezeichnungen und der Bezeichnung einer Funktionsklasse oder eines Ions zusammengesetzt sind:
Bei Radikofunktionalnamen von Verbindungen, deren Funktionsgruppe (oder ional bezeichnete Gruppe) mit nur einem Radikal unmittelbar verknüpft ist, umfasst der (in Fettdruck gesetzte) Register-Stammname die Bezeichnung dieses Radikals und die Funktionsklassenbezeichnung (oder Ionenbezeichnung) in unveränderter Reihenfolge; Präfixe, die eine Veränderung des Radikals ausdrücken, werden hinter den Stammnamen gesetzt.

Beispiele:

Äthylbromid, Phenylbenzoat, Phenyllithium und Butylamin werden unverändert registriert;
3-Chlor-4-brom-benzhydrylchlorid wird registriert als **Benzhydrylchlorid,** Chlor-brom-;
1-Methyl-butylamin wird registriert als **Butylamin,** Methyl-.

Bei Radikofunktionalnamen von Verbindungen mit einem mehrwertigen Radikal, das unmittelbar mit den Funktionsgruppen (oder ional bezeichneten Gruppen) verknüpft ist, umfasst der Register-Stammname die Bezeichnung dieses Radikals und die (gegebenenfalls mit einem Vervielfachungsaffix versehene) Funktionsklassenbezeichnung (oder Ionenbezeichnung), nicht aber weitere im Namen enthaltene Radikalbezeichnungen, auch wenn sie sich auf unmittelbar mit einer der Funktionsgruppen verknüpfte Radikale beziehen.

Beispiele:

Benzylidendiacetat, Äthylendiamin und Äthylenchloridbromid werden unverändert registriert;
1.2.3.4-Tetrahydro-naphthalindiyl-(1.4)-diamin wird registriert als **Naphthalindiyldiamin,** Tetrahydro-;
N.N-Diäthyl-äthylendiamin wird registriert als **Äthylendiamin,** Diäthyl-.

Bei Radikofunktionalnamen, deren (einzige) Funktionsgruppe mit mehreren Radikalen unmittelbar verknüpft ist, besteht hingegen der Register-Stammname nur aus der Funktionsklassenbezeichnung (oder Ionenbezeichnung); die Radikalbezeichnungen werden sämtlich hinter dieser angeordnet.

Beispiele:

Methyl-benzyl-amin wird registriert als **Amin,** Methyl-benzyl-;
Trimethyl-äthyl-ammonium wird registriert als **Ammonium,** Trimethyl-äthyl-;
Diphenyläther wird registriert als **Äther,** Diphenyl-;
Phenyl-[2-äthyl-naphthyl-(1)]-keton-oxim wird registriert als **Keton,** Phenyl-[äthyl-naphthyl]-, oxim.

Massgebend für die alphabetische Anordnung von Verbindungsnamen sind in erster Linie der Register-Stammname (wobei die durch Kursivbuchstaben oder

Ziffern repräsentierten Differenzierungsmarken in erster Näherung unberücksichtigt bleiben), in zweiter Linie die nachgestellten Präfixe, in dritter Linie die Funktionsabwandlungssuffixe.

Beispiele:

sec-Butylalkohol erscheint unter dem Buchstaben B;
Cyclopenta[*a*]naphthalin, Methyl- erscheint nach Cyclopentan;
Cyclopenta[*b*]naphthalin, Brom- erscheint nach Cyclopenta[*a*]naphthalin, Methyl-.

Von griechischen Zahlwörtern abgeleitete Namen oder Namensteile sind einheitlich mit c (nicht mit k) geschrieben.

Die Buchstaben i und j werden unterschieden.

Die Umlaute ä, ö und ü gelten hinsichtlich ihrer alphabetischen Einordnung als ae, oe bzw. ue.

A

Acenaphthen, Acetamino- 3211, 3213
—, Acetamino-di-*tert*-butyl- 3285
—, Amino- 3210, 3212
—, Amino-di-*tert*-butyl- 3284
—, Amino-[methyl-benzyliden]- 3395
—, Benzamino- 3211
—, Brom-amino- 3214
—, Formamino- 3211, 3213
—, Nitro-amino- 3211, 3212, 3214
—, Nitro-benzamino- 3212
—, [Nitro-benzylamino]- 3212
—, Nitro-formamino- 3212, 3214
—, Propionylamino- 3213
Acenaphthenylamin 3210, 3212
—, Brom- 3214
—, Di-*tert*-butyl- 3284
—, [Methyl-benzyliden]- 3395
—, Nitro- 3211, 3212, 3214
Acenaphthenylisothiocyanat 3213
Acetaldehyd, Bis-naphthylamino-, naphthylimin 3007
—, Diphenyl-, [diphenyl-vinylimin] 3315
—, Phenyl-[nitro-trimethyl-phenyl]-, [phenyl-(nitro-trimethyl-phenyl)-vinylimin] 3328
—, Triphenyl-, [triphenyl-äthylimin] 3384
Acetaldehyd-[biphenylyl-semicarbazon] 3175
— naphthylimin 3005
— naphthyloxamoylhydrazon 2871, 3017
— [naphthyl-semicarbazon] 2937, 3040
— [trimethyl-phenyloxamoylhydrazon] 2702
Acetamid, Acenaphthenyl- 3211, 3213
—, Acetoxy-[brom-naphthyl]- 3071
—, Acetoxy-naphthyl- 3052
—, Äthoxy-[chlor-phenyl]-biphenylyl- 3182
—, [Äthyl-naphthyl]- 3110, 3112
—, [Äthyl-phenyl-propyl]- 2749
—, [Äthyl-tetrahydro-phenanthryl]- 3279
—, Anthryl- 3335
—, Benz[*a*]anthracenyl- 3386
—, Benz[*a*]anthracenylmethyl- 3391
—, Benzhydryl- 3227
—, Benzo[*def*]chrysenyl- 3403, 3404
—, Benzo[*a*]fluorenyl- 3373
—, Benzo[*b*]fluorenyl- 3372
—, Benzyl-benzhydryl- 3227
—, Benzyl-cholesteryl- 2832
—, [Benzyl-cyclohexyl]- 2823
—, [Benzyl-fluorenyl]- 3395
—, [Benzyl-naphthyl]- 3364, 3365
—, Bibenzylyl- 3242, 3243, 3245
—, [2.2′]Binaphthylyl- 3398
—, Biphenylyl- 3125, 3156
—, Biphenylyl-cyan- 3129
—, Bis-[*tert*-butyl-phenyl]- 2729
—, Bis-[diphenyl-vinyl]- 3315
—, [Brom-benzhydryl]- 3233
Acetamid, [Brom-biphenylyl]- 3137, 3138, 3147, 3148, 3188, 3189, 3190
—, [Brom-chrysenyl]- 3390
—, [Brom-dimethyl-biphenylyl]- 3258, 3259
—, [Brom-dinitro-biphenylyl]- 3206, 3207
—, [Brom-dinitro-naphthyl]- 3089, 3090
—, [Brom-fluorenyl]- 3293
—, [Brom-methyl-naphthyl]- 3093, 3094, 3105
—, Brom-naphthyl- 3015
—, [Brom-naphthyl]- 2963, 2964, 2966, 3073, 3074
—, [Brom-nitro-biphenylyl]- 3143, 3150, 3201, 3202
—, [Brom-nitro-naphthyl]- 2979, 2980, 3086
—, [Brom-phenanthryl]- 3341
—, [Brom-phenyl]-naphthyl- 3017
—, [Brom-tetrahydro-naphthyl]- 2810
—, Carbamoylmercapto-biphenylyl- 3132
—, Carbamoylmercapto-naphthyl- 2949, 3052
—, Chlor-benzhydryl- 3227
—, [Chlor-benzhydryl]- 3231
—, Chlor-biphenylyl- 3126
—, [Chlor-biphenylyl]- 3135, 3186, 3187
—, [Chlor-brom-naphthyl]- 3075
—, [Chlor-chrysenyl]- 3390
—, [Chlor-dibrom-naphthyl]- 2967
—, [Chlor-dimethyl-biphenylyl]- 3258
—, Chlor-dinaphthyl- 3015
—, [Chlor-dinitro-naphthyl]- 2960
—, [Chlor-diphenyl-äthyl]- 3250
—, Chlor-fluorenyl- 3287
—, [Chlor-fluorenyl]- 3292
—, [Chlor-methyl-biphenylyl]- 3238
—, Chlor-[methyl-isopropyl-phenanthryl]- 3356
—, [Chlor-methyl-isopropyl-phenanthryl]- 3360
—, [Chlor-methyl-naphthyl]- 3105, 3108
—, Chlor-naphthyl- 2867, 2957, 3060
—, [Chlor-naphthyl]- 2960, 2961, 2962, 3066, 3067, 3068
—, [Chlor-nitro-biphenylyl]- 3143
—, Chlor-[nitro-naphthyl]- 3080
—, [Chlor-nitro-naphthyl]- 2977, 2978, 3085
—, [Chlor-phenanthryl]- 3340, 3341
—, [Chlor-phenyl]-biphenylyl- 3159
—, Chlor-phenyl-naphthyl- 3015
—, [Chlor-phenyl-naphthyl]- 3363
—, [(Chlor-phenyl)-naphthyl]- 3361
—, [Chlor-stilbenyl]- 3309
—, Cholestanyl- 2785
—, Cholestenyl- 2830
—, Cholesteryl- 2832
—, Chrysenyl- 3389
—, Coronenyl- 3417
—, 3.5-Cyclo-cholestanyl- 2834
—, [Cyclohexenyl-phenyl-pentyl]- 2845

Acetamid, [Cyclohexyl-biphenylyl]- 3332
—, Cyclohexyl-[dinitro-naphthyl]- 2985
—, [Cyclohexyl-phenyl-pentyl]- 2829
—, Cyclopentyl-naphthyl- 3015
—, [Diäthylamino-äthyl]-[phenyl-benzyl]- 3237
—, [Diäthylamino-isopropyl]-[phenyl-benzyl]- 3237
—, Dibenzo[*b.def*]chrysenyl- 3414
—, [Dibrom-biphenylyl]- 3138, 3139, 3148, 3149, 3190, 3191, 3192
—, [Dibrom-fluorenyl]- 3294
—, [Dibrom-naphthyl]- 3076, 3077
—, [Dibrom-nitro-biphenylyl]- 3144, 3203
—, [Dibrom-nitro-dimethyl-biphenylyl]- 3260
—, [Dibrom-nitro-naphthyl]- 2981
—, [Di-*tert*-butyl-acenaphthenyl]- 3285
—, Dichlor-biphenylyl- 3126
—, [Dichlor-biphenylyl]- 3147, 3188
—, [Dichlor-methyl-biphenylyl]- 3240
—, [Dichlor-naphthyl]- 3068, 3069
—, [Dichlor-nitro-naphthyl]- 2978
—, [Dihydro-dibenzo[*a.c*]cycloheptenyl]- 3323
—, [Dihydro-phenanthryl]- 3316
—, [(Dihydro-phenanthryl)-äthyl]- 3328
—, [Dijod-biphenylyl]- 3198
—, [Dimethylamino-äthyl]-[phenyl-benzyl]- 3237
—, [Dimethyl-benzyl]- 2708
—, [Dimethyl-biphenylyl]- 3256, 3257, 3258, 3259
—, [Dimethyl-*tert*-butyl-benzyl]- 2770
—, [Dimethyl-isopropyl-naphthyl]- 3121
—, [Dimethyl-naphthyl]- 3115, 3116, 3117
—, [Dimethyl-*tert*-pentyl-benzyl]- 2774
—, [Dimethyl-phenyl-hexyl]- 2771
—, [Dimethyl-phenyl]-naphthyl- 2871, 3017
—, [Dimethyl-phenyl-propyl]- 2751
—, [Dimethyl-tetrahydro-naphthyl]- 2821
—, Dinaphthyl- 2867, 2871, 3015
—, [Dinaphthyl-sulfamoyl]-dinaphthyl- 3064
—, [Dinitro-biphenylyl]- 3144, 3150, 3151, 3204, 3205, 3206
—, [Dinitro-fluorenyl]- 3301, 3302
—, [Dinitro-methyl-isopropyl-phenanthryl]- 3359
—, [Dinitro-methyl-stilbenyl]- 3319
—, [Dinitro-naphthyl]- 2970, 2983, 2987, 3088, 3089
—, [(Dinitro-naphthylamino)-äthyl]- 2986
—, [Dinitro-stilbenyl]- 3313, 3314
—, [Diphenyl-äthyl]-phenyl- 3249
—, [Diphenyl-cyclopentyl]- 3329
—, [Diphenyl-23.24-dinor-choladienyl]- 3403
—, [Diphenyl-propyl]- 3262
—, [Dipropylamino-äthyl]-[phenyl-benzyl]- 3237

Acetamid, Fluoranthenyl- 3367, 3368
—, Fluorenyl- 3287, 3297, 3299
—, [Hexahydro-fluorenyl]- 2841
—, [Hexahydro-4.7-methano-indenyl]- 2746
—, Indanyl- 2798, 2799, 2801
—, [Indanyl-äthyl]- 2818
—, [Indanyl-äthyl]-indanyl- 2818
—, Indanylmethyl- 2815
—, [Jod-benzhydryl]- 3234
—, [Jod-biphenylyl]- 3140, 3193, 3194
—, [Jod-dimethyl-biphenylyl]- 3259
—, [Jod-dinitro-biphenylyl]- 3207
—, [Jod-naphthyl]- 2968, 3078, 3079
—, [Jod-nitro-biphenylyl]- 3204
—, [Jod-nitro-naphthyl]- 2982, 2983, 3087
—, [Jod-trinitro-biphenylyl]- 3210
—, Mercapto-biphenylyl- 3132
—, Mercapto-naphthyl- 2949, 3052
—, Methyl-[9.9′]bifluorenylyl- 3416
—, Methyl-biphenylyl- 3126
—, [Methyl-biphenylyl]- 3234, 3238, 3239, 3240
—, [Methyl-isopropyl-dihydro-phenanthryl]- 3332
—, [Methyl-isopropyl-phenanthryl]- 3353, 3355, 3359
—, Methyl-naphthyl- 2867
—, [Methyl-naphthyl]- 3092, 3093, 3094, 3095, 3096, 3103, 3105, 3106, 3107, 3108
—, [Methyl-naphthyl-äthyl]- 3118
—, [Methyl-naphthylmethyl]- 3115
—, [Methyl-phenäthyl]- 2694
—, [Methyl-phenanthryl]- 3346
—, [Methyl-phenyl-äthyl]- 2671, 2687
—, [Methyl-phenyl-äthyl]-phenyl- 2672
—, [Methyl-phenyl-pentyl]- 2760
—, [Methyl-stilbenyl]- 3319
—, [Methyl-tetrahydro-naphthyl]- 2817
—, [Methyl-tetrahydro-phenanthryl]- 3272
—, [Methyl-*p*-tolyl-äthyl]- 2742
—, Methyl-[trinitro-biphenylyl]- 3209
—, Naphthyl- 2866, 3014
—, [Naphthyl-äthyl]- 3114
—, Naphthyl-cyan- 2875, 3021
—, Naphthylmethyl- 3101
—, [Nitro-[1.1′]binaphthylyl]- 3398
—, [Nitro-biphenylyl]- 3140, 3141, 3142, 3150, 3199, 3200
—, [Nitro-chrysenyl]- 3391
—, [Nitro-dibenzo[*b.def*]chrysenyl]- 3414
—, [Nitro-dimethyl-biphenylyl]- 3255, 3259
—, [Nitro-dimethyl-naphthyl]- 3116, 3117
—, [Nitro-fluorenyl]- 3295, 3296
—, [Nitro-indanyl]- 2798, 2800, 2802
—, [Nitro-methyl-biphenylyl]- 3234
—, [Nitro-methyl-isopropyl-phenanthryl]- 3358, 3359

Äthanol, [Äthyl-(dinitro-stilbenyl)-amino]- 3313
—, [Äthyl-naphthyl-amino]- 2860
—, [Äthyl-stilbenyl-amino]- 3307
—, Benzhydrylamino- 3224
—, [Benzyl-benzhydryl-amino]- 3225
—, Bibenzylylamino- 3245
—, Biphenylylamino- 3125
—, [Bis-naphthylmethylamino]- 3100
—, [Brom-nitro-methyl-isopropyl-anilino]- 2740
—, [Butyl-(dinitro-methyl-stilbenyl)-amino]- 3318
—, [Butyl-(dinitro-stilbenyl)-amino]- 3314
—, Fluorenylamino- 3286
—, [Methyl-benzhydryl-amino]- 3225
—, [Methyl-naphthyl-amino]- 3004
—, [Methyl-naphthylmethyl-amino]- 3099
—, [Methyl-(phenyl-propyl)-amino]- 2680
—, [Naphthyl-äthylamino]- 3113
—, [Naphthylmethyl-äthyl-amino]- 3099
—, [Naphthylmethyl-allyl-amino]- 3100
—, [Naphthylmethyl-butyl-amino]- 3100
—, [Naphthylmethyl-*sec*-butyl-amino]- 3100
—, [Naphthylmethyl-hexyl-amino]- 3100
—, [Naphthylmethyl-isobutyl-amino]- 3100
—, [Naphthylmethyl-isopropyl-amino]- 3099
—, [Naphthylmethyl-pentyl-amino]- 3100
—, Phenanthrylamino- 3342
—, [Phenyl-benzyl-äthylamino]- 3263
—, [Phenyl-propylamino]- 2680
—, Stilbenylamino- 3307
—, [Tetrahydro-naphthylamino]- 2812
Äthanon, [Brom-phenyl]-, [naphthyl-semicarbazon] 3042
—, [Chlor-phenanthryl]-, oxim 3340
—, [Methoxy-naphthyl]-, naphthylimin 2865
—, [Nitro-phenyl]-, [naphthyl-semicarbazon] 2939
—, *p*-Tolyl-, [biphenylyl-semicarbazon] 3177
—, *p*-Tolyl-, [naphthyl-semicarbazon] 2939, 3042
Äthansulfonamid, Chlor-naphthyl- 2958, 3062
Äthanthiol, Naphthylamino- 3004
Äther, Bis-[naphthylcarbamoyloxy-äthyl]- 2913
—, Bis-[(naphthylcarbamoyloxy-äthylmercapto)-äthyl]- 2914
—, Bis-[naphthylcarbamoyloxy-butyl]- 2916
Äthylamin, Äthyl-[dimethyl-phenyl]- 2765
—, Äthyl-*p*-tolyl- 2756
—, Bibenzylyl- s. *Phenäthylamin, Phenäthyl-*
—, Biphenylyl- 3253
—, Chlor-dimethyl-phenyl- 2724
—, Chlor-methyl-phenyl- 2674
—, Chlor-phenanthryl- 3351
—, [Chlor-phenyl]-benzyl- 3264, 3265
Äthylamin, Cyclohexyl-phenyl- 2827
—, [Dihydro-phenanthryl]- 3327
—, Dimethyl-[*tert*-butyl-phenyl]- 2773
—, Dimethyl-[cyclohexyl-phenyl]- 2829
—, Dimethyl-[dimethyl-*tert*-butyl-phenyl]- 2776
—, Dimethyl-indanyl- 2826
—, Dimethyl-[methyl-naphthyl]- 3120
—, Dimethyl-phenyl- 2724
—, Diphenyl- 3243, 3249; s. a. *Bibenzylylamin*
—, [Diphenyl-indanyl]- 3396
—, [Diphenyl-naphthyl]- 3406
—, Indanyl- 2818
—, Methyl-äthyl-[*tert*-butyl-naphthyl]- 3123
—, Methyl-äthyl-[methyl-naphthyl]- 3122
—, Methyl-äthyl-naphthyl- 3120
—, Methyl-[brom-phenyl]- 2675
—, Methyl-[chlor-nitro-phenyl]- 2677
—, Methyl-[chlor-phenyl]- 2673, 2674
—, Methyl-[dimethyl-phenyl]- 2758
—, Methyl-diphenyl- 3265
—, Methyl-[fluor-phenyl]- 2672
—, Methyl-naphthyl- 3118
—, Methyl-[nitro-phenyl]- 2677
—, Methyl-phenyl- 2664, 2686
—, Methyl-*m*-tolyl- 2731
—, Methyl-*o*-tolyl- 2731
—, Methyl-*p*-tolyl- 2732
—, Naphthyl- 3110, 3111, 3113, 3114
—, Phenanthryl- 3350, 3351
—, Phenyl-benzyl- 3262
—, [Phenyl-cyclohexyl]- 2828
—, [Tetrahydro-naphthyl]- 2821
—, *m*-Tolyl- 2695
—, *p*-Tolyl- 2697
—, *m*-Tolyl-benzyl- 3275
—, *p*-Tolyl-benzyl- 3276
—, Trifluormethyl-phenyl- 2673
—, Trifluor-*o*-tolyl- 2693
—, Triphenyl- 3384
Äthylen, Diphenyl-[acetamino-phenyl]- 3394
—, Diphenyl-[propionylamino-phenyl]- 3394
—, Phenyl-[amino-phenyl]-naphthyl- 3408
—, Tris-naphthylamino- 3007
Äthylendiamin, Benzhydryl- 3229
—, Benzhydryl-bis-phenylcarbamoyl- 3230
—, Biphenylyl- 3133, 3184
—, Bis-biphenylylthiocarbamoyl- 3182
—, Bis-[dinitro-naphthyl]- 2985
—, Bis-naphthylthiocarbamoyl- 3049
—, Bis-[phenyl-propyl]- 2664
—, Bis-[phenyl-propyl]-bis-phenylcarbamoyl- 2664
—, Diäthyl-benzhydryl- 3229
—, Diäthyl-bibenzylyl- 3246
—, Diäthyl-biphenylyl- 3133, 3184
—, Diäthyl-butyl-[methyl-isopropyl-phenyl]- 2736

Amin, [Äthyl-hexyl]-naphthyl- 2998
—, Äthyl-[methyl-naphthyl]- 3103
—, Äthyl-[methyl-phenäthyl]- 2695, 2699
—, Äthyl-[methyl-phenyl-äthyl]- 2668
—, Äthyl-[methyl-phenyl-propyl]- 2731
—, Äthyl-naphthyl- 2854, 2996
—, Äthyl-[nitro-naphthyl]- 2969
—, Äthyl-[nitroso-naphthyl]- 2968
—, Äthyl-[nitro-stilbenyl]- 3311
—, Äthyl-phenanthryl- 3342
—, Äthyl-[phenyl-butyl]- 2716, 2718
—, Äthyl-[phenyl-butyl]-benzyl- 2718
—, Äthyl-[phenyl-butyl]-phenäthyl- 2719
—, Äthyl-phenyl-[methyl-isopropyl-phenanthryl]- 3354
—, Äthyl-[phenyl-pentyl]- 2748
—, Äthyl-[phenyl-propyl]- 2661, 2678, 2689
—, Äthyl-[phenyl-propyl]-benzyl- 2679
—, Äthyl-[phenyl-propyl]-[phenyl-butyl]- 2719
—, Äthyl-stilbenyl- 3306
—, Äthyl-[tetrahydro-naphthyl]- 2812
—, Äthyl-[*p*-tolyl-äthyl]- 2698
—, Allyl-bibenzylyl- 3244
—, Allyl-[dinitro-naphthyl]- 2984
—, Allyl-naphthyl- 2856
—, Benz[*a*]anthracenylmethyl-bis-[chlor-äthyl]- 3392
—, Benz[*a*]anthracenylmethyl-bis-[hydroxy-äthyl]- 3392
—, Benzhydryl-benzhydryliden- 3226
—, Benzhydryl-benzyliden- 3225
—, Benzhydryl-[methoxy-benzyliden]- 3226
—, [Benzhydryloxy-äthyl]-benzyl-benzhydryl- 3225
—, Benzo[*b*]fluorenyl-benzyliden- 3372
—, Benzyl-benzhydryl- 3223
—, Benzyl-bibenzylyl- 3245
—, Benzyl-[9.9′]bifluorenylyl- 3416
—, [Benzyl-butyl]-phenäthyl- 2748
—, Benzyl-cholesteryl- 2831
—, Benzyl-3.5-cyclo-cholestanyl- 2834
—, Benzyl-indanyl- 2799
—, Benzyl-[methyl-phenäthyl]- 2700
—, Benzyl-naphthyl- 2858, 3001
—, Benzyl-[phenyl-benzyl]- 3236
—, [Benzyl-propyl]-phenäthyl- 2717
—, Biphenylyl-benzhydryliden- 3125
—, Biphenylyl-biphenylylmethylen- 3155
—, Biphenylyl-[methoxy-benzyliden]- 3156
—, [Biphenylyloxy-äthyl]-naphthyl- 2860
—, Biphenylyl-trityl- 3378
—, Bis-[äthyl-benzyl]- 2693
—, Bis-[äthyl-phenyl-propyl]- 2749
—, Bis-[benzoyloxy-äthyl]-naphthyl- 3004
—, Bis-[brom-äthyl]-biphenylyl- 3125, 3154
—, Bis-[brom-äthyl]-naphthyl- 2855, 2997
—, Bis-[brom-äthyl]-stilbenyl- 3304
—, Bis-[brom-propyl]-biphenylyl- 3154

Amin, Bis-[butenyl-phenyl]- 2803
—, Bis-[*tert*-butyl-phenyl]- 2728
—, Bis-[chlor-äthyl]-biphenylyl- 3125, 3154
—, Bis-[chlor-äthyl]-fluorenyl- 3286
—, Bis-[chlor-äthyl]-naphthyl- 2996
—, Bis-[chlor-äthyl]-stilbenyl- 3304, 3306
—, Bis-[chlor-propyl]-biphenylyl- 3154
—, Bis-[chlor-propyl]-naphthyl- 2997
—, Bis-[chlor-propyl]-stilbenyl- 3307
—, Bis-[dibrom-fluorenylidenmethyl]- 3345
—, Bis-[dimethyl-phenyl-propyl]- 2751
—, Bis-[dinitro-naphthyl]- 2987
—, Bis-[diphenyl-propyl]- 3268
—, Bis-[diphenyl-vinyl]- 3315
—, Bis-fluorenylidenmethyl- 3345
—, Bis-[hydroxy-äthyl]-biphenylyl- 3125, 3155
—, Bis-[hydroxy-äthyl]-fluorenyl- 3286
—, Bis-[hydroxy-äthyl]-naphthyl- 2860, 3004
—, Bis-[hydroxy-äthyl]-[phenyl-benzyl]- 3236
—, Bis-[hydroxy-äthyl]-stilbenyl- 3304, 3307
—, Bis-[hydroxy-äthyl]-[tetrahydro-naphthyl]- 2813
—, Bis-[hydroxy-propyl]-biphenylyl- 3155
—, Bis-[hydroxy-propyl]-naphthyl- 2860, 3004
—, Bis-[hydroxy-propyl]-stilbenyl- 3307
—, Bis-[hydroxy-propyl]-[tetrahydro-naphthyl]- 2814
—, Bis-[jod-äthyl]-biphenylyl- 3125, 3154
—, Bis-[jod-äthyl]-naphthyl- 2855, 2997
—, Bis-[jod-äthyl]-stilbenyl- 3304
—, Bis-[methyl-fluorenyl]- 3317
—, Bis-[methyl-naphthyl]- 3092
—, Bis-[methyl-phenäthyl]- 2700
—, Bis-[methyl-phenyl-äthyl]- 2671
—, Bis-[methyl-phenyl-pentyl]- 2759
—, Bis-[naphthylamino-äthyl]- 2956
—, Bis-naphthylmethyl-[chlor-äthyl]- 3099
—, Bis-[nitro-benzolsulfonyl]-[dinitro-biphenylyl]- 3145
—, Bis-[nitro-benzolsulfonyl]-naphthyl- 2959
—, Bis-[nitro-benzolsulfonyl]-[nitro-biphenylyl]- 3141, 3199
—, Bis-[nitro-benzolsulfonyl]-[nitro-naphthyl]- 2976
—, Bis-[nitro-(nitro-methyl-phenyl)-äthyl]- 2699
—, Bis-phenanthrylmethyl- 3347
—, Bis-[phenoxy-äthyl]-naphthyl- 3004
—, Bis-[phenyl-benzyl]- 3236
—, Bis-[phenyl-butyl]- 2719, 2723
—, Bis-[phenyl-fluorenyl]- 3391
—, Bis-[phenyl-(nitro-trimethyl-phenyl)-vinyl]- 3328

Amin, [(Dihydro-fluoranthenyl)-äthyl]-dibutyl- 3360
—, [Dihydro-phenanthrylmethyl]-diäthyl- 3324
—, Diindanyl- 2799, 2801
—, Diisopropyl-[phenyl-benzyl]- 3236
—, Dimethyl-[äthyl-benzyl]- 2692
—, Dimethyl-[äthyl-stilbenyl]- 3324, 3325
—, Dimethyl-benzhydryl- 3222
—, Dimethyl-[benzyl-allyl]- 2803
—, Dimethyl-[benzyl-benzyl]- 3250
—, Dimethyl-[benzyl-fluorenyl]- 3395
—, Dimethyl-[benzyl-propyl]- 2717
—, Dimethyl-bibenzylyl- 3243
—, Dimethyl-[9.9']bifluorenylyl- 3415
—, Dimethyl-biphenylyl- 3125, 3146, 3153
—, Dimethyl-[brom-biphenylyl]- 3137
—, Dimethyl-[brom-naphthyl]- 2964
—, Dimethyl-[brom-nitro-stilbenyl]- 3312
—, Dimethyl-[brom-stilbenyl]- 3310
—, Dimethyl-[chlor-(dihydro-phenanthryl)-propyl]- 3330
—, Dimethyl-[chlor-dimethyl-phenyl-pentyl]- 2767
—, Dimethyl-[chlor-diphenyl-propyl]- 3268
—, Dimethyl-[chlor-methyl-diphenyl-hexyl]- 3284
—, Dimethyl-[chlor-naphthyl]- 2961, 2962
—, Dimethyl-[chlor-nitro-naphthyl]- 2977
—, Dimethyl-[chlor-nitro-stilbenyl]- 3312
—, Dimethyl-[chlor-phenanthryl-propyl]- 3352, 3353
—, Dimethyl-[chlor-phenyl-propyl]- 2691
—, Dimethyl-[chlor-stilbenyl]- 3308, 3309
—, Dimethyl-cinnamyl- 2790
—, Dimethyl-[cyclopentenyl-phenyl-propyl]- 2843
—, Dimethyl-[diäthyl-stilbenyl]- 3331
—, Dimethyl-[dibrom-cinnamyl]- 2793
—, Dimethyl-[dibrom-phenyl-propyl]- 2683
—, Dimethyl-[di-*tert*-butyl-stilbenyl]- 3334
—, Dimethyl-[(dihydro-fluoranthenyl)-äthyl]- 3360
—, Dimethyl-[dihydro-naphthyl]- 2836
—, Dimethyl-[dihydro-naphthylmethyl]-2837
—, Dimethyl-[dihydro-phenanthryl]- 3316
—, Dimethyl-[(dihydro-phenanthryl)-propyl]- 3330, 3331
—, Dimethyl-[diisopropyl-stilbenyl]- 3333
—, Dimethyl-[dimethyl-stilbenyl]- 3324, 3325, 3326
—, Dimethyl-[dinitro-biphenylyl]- 3204
—, Dimethyl-[dinitro-stilbenyl]- 3305, 3313, 3314
—, Dimethyl-[diphenyl-äthyl]- 3248, 3249
—, Dimethyl-[diphenyl-allyl]- 3321
—, Dimethyl-[diphenyl-anthryl]- 3414, 3415
Amin, Dimethyl-[diphenyl-(benzyl-phenyl)-äthyl]- 3413
—, Dimethyl-[diphenyl-pentyl]- 3281
—, Dimethyl-[diphenyl-propyl]- 3267
—, Dimethyl-[dipropyl-stilbenyl]- 3333
—, Dimethyl-fluorenyl- 3286, 3297
—, Dimethyl-[fluor-stilbenyl]- 3308
—, Dimethyl-[(hexahydro-phenanthryl)-äthyl]- 2844
—, Dimethyl-indanyl- 2799
—, Dimethyl-indenylmethyl- 2837
—, Dimethyl-[isopropyl-stilbenyl]- 3328
—, Dimethyl-[jod-nitro-stilbenyl]- 3312
—, Dimethyl-[methallyliden-cyclohexenylmethyl]- 2756
—, Dimethyl-[methyl-diphenyl-allyl]- 3326
—, Dimethyl-[methyl-diphenyl-butyl]- 3281
—, Dimethyl-[methyl-diphenyl-hexenyl]-3333
—, Dimethyl-[methyl-diphenyl-propyl]-3277, 3278
—, Dimethyl-[methyl-isopropyl-stilbenyl]- 3331
—, Dimethyl-[methyl-phenäthyl]- 2693
—, Dimethyl-[methyl-phenyl-äthyl]-2668, 2686
—, Dimethyl-[methyl-phenyl-propyl]- 2730
—, Dimethyl-[methyl-stilbenyl]- 3318, 3319, 3320
—, Dimethyl-naphthyl- 2854, 2995
—, Dimethyl-[nitro-biphenylyl]- 3198
—, Dimethyl-[nitro-fluorenyl]- 3295
—, Dimethyl-[nitro-indanyl]- 2800
—, Dimethyl-[nitro-naphthyl]- 2972, 2976, 3079
—, Dimethyl-[nitro-pyrenyl]- 3371
—, Dimethyl-[nitroso-biphenylyl]- 3149
—, Dimethyl-[nitro-stilbenyl]- 3304, 3311
—, Dimethyl-[nitro-tetrahydro-naphthyl]-2807
—, Dimethyl-[nitro-trimethyl-biphenylyl]- 3270
—, Dimethyl-[(octahydro-phenanthryl)-äthyl]- 2844
—, Dimethyl-phenanthryl- 3339
—, Dimethyl-[phenanthryl-äthyl]- 3350
—, Dimethyl-[phenanthryl-propyl]-3352, 3353
—, [Dimethyl-phenyl-äthyl]-benzyliden- 2725
—, Dimethyl-[phenyl-benzyl]- 3235
—, Dimethyl-[phenyl-butyl]- 2716
—, [Dimethyl-phenyl]-cholesteryl- 2832
—, Dimethyl-[phenyl-cyclopentyliden-propyl]- 2843
—, Dimethyl-[phenyl-cyclopropyl]- 2797
—, [Dimethyl-phenyl]-naphthyl- 2858, 2859, 3002
—, Dimethyl-[phenyl-octadecyl]- 2783
—, Dimethyl-[phenyl-propenyl]- 2795

Amin, Methyl-dicinnamyl- 2792
—, Methyl-[dihydro-naphthyl]- 7 1425
—, Methyl-[dimethyl-phenyl-äthyl]- 2725
—, Methyl-[dimethyl-phenyl-propyl]- 2755
—, Methyl-[dinitro-naphthyl]- 2983, 2987
—, Methyl-[diphenyl-pentyl]- 3281
—, Methyl-fluorenyl- 3297
—, Methyl-indanyl- 2798, 2799
—, Methyl-indenylmethyl- 2837
—, [Methyl-isopropyl-phenanthryl]-benzyliden- 3355
—, [Methyl-isopropyl-phenanthryl]-formyl-acetyl- 3356
—, Methyl-[methyl-benzhydryl]- 3251
—, Methyl-[methyl-benzyl-propyl]- 2752
—, Methyl-[methyl-(chlor-phenyl)-äthyl]-2673, 2674
—, Methyl-[methyl-(dimethyl-phenyl)-äthyl]- 2758
—, Methyl-[methyl-diphenyl-äthyl]- 3266
—, Methyl-[methyl-diphenyl-propyl]- 3277
—, Methyl-[methyl-(fluor-phenyl)-äthyl]-2673
—, Methyl-[methyl-naphthyl]- 3102
—, Methyl-[methyl-(nitro-phenyl)-äthyl]-2677
—, Methyl-[methyl-phenäthyl]- 2693, 2695, 2699
—, Methyl-[methyl-phenyl-äthyl]- 2667
—, Methyl-[methyl-phenyl-äthyl]-[diphenyl-allyl]- 3322
—, Methyl-[methyl-phenyl-äthyl]-phenäthyl- 2671
—, Methyl-[methyl-phenyl-allyl]- 2804
—, Methyl-[methyl-phenyl-butenyl]- 2816
—, Methyl-[methyl-phenyl-cyclopentadienyliden-äthyl]- 3260
—, Methyl-[methyl-phenyl-propyl]-2722, 2724, 2730
—, Methyl-[methyl-*m*-tolyl-äthyl]- 2731
—, Methyl-[methyl-*o*-tolyl-äthyl]- 2731
—, Methyl-[methyl-*p*-tolyl-äthyl]- 2732
—, Methyl-naphthyl- 2854, 2995
—, Methyl-[naphthyl-äthyl]- 3112
—, Methyl-naphthylmethyl- 3097, 3109
—, Methyl-naphthylmethyl-benzyl- 3099, 3110
—, Methyl-naphthylmethyl-[chlor-äthyl]-3097
—, Methyl-naphthylmethyl-[chlor-benzyl]-3099
—, Methyl-naphthylmethyl-naphthylmethyl- 3110
—, Methyl-naphthylmethyl-[phenyl-benzyl]- 3241
—, Methyl-[nitro-naphthyl]- 2969
—, Methyl-[(nitro-phenyl)-propyl]- 2691
—, Methyl-[nitro-stilbenyl]- 3303, 3310
—, Methyl-[nitro-tetrahydro-naphthyl]- 2810

Amin, [Methyl-phenäthyl]-benzhydryl-3224
—, Methyl-[phenäthyl-phenäthyl]- 3277
—, Methyl-phenanthryl- 3339, 3342
—, Methyl-[phenoxy-propyl]-cinnamyl- 2792
—, [Methyl-phenyl-äthyl]-benzyl- 2670
—, [Methyl-phenyl-äthyl]-butyl- 2669
—, [Methyl-phenyl-äthyl]-cyclohexyl- 2670
—, [Methyl-phenyl-äthyl]-isobutyl- 2670
—, [Methyl-phenyl-äthyl]-isopropyl- 2669
—, [Methyl-phenyl-äthyl]-pentyl- 2670
—, [Methyl-phenyl-äthyl]-phenäthyl- 2670
—, [Methyl-phenyl-äthyl]-[phenyl-benzyl-äthyl]- 3263
—, [Methyl-phenyl-äthyl]-propyl- 2669
—, Methyl-[phenyl-allyl]- 2795
—, Methyl-phenyl-anthryl- 3337
—, Methyl-[phenyl-benzyl]- 3235, 3240
—, Methyl-[phenyl-benzyl]-[biphenylyl-benzyl]- 3382
—, Methyl-phenyl-bibenzylyl- 3244
—, Methyl-[phenyl-butyl]- 2716, 2718, 2723
—, Methyl-[phenyl-butyl]-benzyl- 2718
—, Methyl-phenyl-cholesteryl- 2831
—, Methyl-[phenyl-cyclopropyl]- 2797
—, Methyl-phenyl-naphthyl- 3000
—, Methyl-phenyl-[nitro-fluorenyl]- 3301
—, Methyl-[phenyl-pentyl]- 2748
—, Methyl-[phenyl-propyl]- 2661, 2678, 2688
—, Methyl-[phenyl-propyl]-benzyl- 2679
—, [Methyl-phenyl-propyl]-cyclohexyl- 2726
—, Methyl-phenyl-stilbenyl- 3314
—, Methyl-pyrenyl- 3369
—, Methyl-stilbenyl- 3305
—, Methyl-[tetrahydro-naphthyl]- 2812
—, Methyl-[tetrahydro-phenanthryl]- 3261
—, Methyl-[*p*-tolyl-äthyl]- 2698
—, Methyl-*p*-tolyl-stilbenyl- 3314
—, Methyl-[tribrom-phenyl]-[dibrom-cholestanyl]- 2784
—, Methyl-[trinitro-biphenylyl]- 3209
—, [Naphthyl-äthyl]-dibutyl- 3112
—, [Naphthyl-äthyl]-dipentyl- 3112
—, Naphthyl-äthyliden- 3005
—, Naphthyl-allyliden- 3005
—, Naphthyl-anthryl- 3007
—, Naphthyl-anthryliden- 3007
—, Naphthyl-benzhydryl- 3224
—, Naphthyl-benzhydryliden- 2861, 3007
—, Naphthyl-benzyliden- 2861, 3006
—, Naphthyl-biphenylyl- 3155
—, Naphthyl-bis-äthoxycarbonyl- 2948
—, Naphthyl-bornyliden- 2861, 3006
—, Naphthyl-[chlor-benzhydryliden]- 2861
—, Naphthyl-dicyan- 2949
—, Naphthyl-[dihydro-anthryl]- 3007
—, Naphthyl-[dimethoxy-benzhydryliden]-2866

Amin, Phenyl-phenanthryl- 3342
—, [Phenyl-propyl]-benzyl- 2662, 2679
—, [Phenyl-propyl]-benzyliden- 2690
—, [Phenyl-propyl]-butyl- 2661, 2689
—, [Phenyl-propyl]-cyclohexyl- 2679
—, [Phenyl-propyl]-dibutyl- 2689
—, [Phenyl-propyl]-isobutyl- 2662
—, [Phenyl-propyl]-[phenyl-butyl]- 2719
—, [Phenyl-propyl]-[phenyl-propyliden]- 2662
—, [Phenyl-propyl]-[propyl-butyliden]- 2681
—, Phenyl-pyrenyl- 3369
—, Phenyl-stigmastenyl- 2834
—, Phenyl-[tetrahydro-naphthyl]- 2808, 2812
—, Phenyl-[trinitro-biphenylyl]- 3208
—, Phenyl-[trinitro-naphthyl]- 3090
—, Phenyl-[trityl-phenyl]- 3409
—, Pikryl-[brom-biphenylyl]- 3189
—, Pikryl-[chlor-biphenylyl]- 3187
—, Pikryl-[jod-biphenylyl]- 3194
—, Pikryl-naphthyl- 2857, 3000
—, Propyl-benzhydryl- 3223
—, Propyl-bibenzylyl- 3244
—, Propyl-[dinitro-naphthyl]- 2983
—, Propyl-isopropyl-[phenyl-benzyl]- 3235
—, Propyl-naphthyl- 2997
—, Propyl-phenäthyl-bibenzylyl- 3245
—, Propyl-phenanthryl- 3342
—, Propyl-[phenyl-propyl]- 2661
—, Pyrenyl-benzyliden- 3369
—, Pyrenyl-pyrenylmethylen- 3369
—, Stilbenyl-benzyliden- 3308
—, *p*-Terphenylyl-cinnamyliden- 3375
—, [(Tetrahydro-phenanthryl)-äthyl]-dipentyl- 3280
—, [Tetrahydro-phenanthryl]-benzyliden- 3261
—, [*p*-Tolyl-äthyl]-butyl- 2699
—, *p*-Tolyl-cholestanyl- 2783
—, *m*-Tolyl-cholesteryl- 2831
—, *o*-Tolyl-cholesteryl- 2831
—, *p*-Tolyl-cholesteryl- 2831
—, *m*-Tolyl-[dinitro-biphenylyl]- 3205
—, *o*-Tolyl-[dinitro-biphenylyl]- 3205
—, *m*-Tolyl-[dinitro-naphthyl]- 2984
—, *o*-Tolyl-[dinitro-naphthyl]- 2984
—, *p*-Tolyl-[diphenyl-indanyl]- 3396
—, *o*-Tolyl-[methyl-isopropyl-phenanthryl]- 3354
—, *p*-Tolyl-[methyl-isopropyl-phenanthryl]- 3354
—, *m*-Tolyl-[methyl-naphthyl]- 3091, 3107
—, *o*-Tolyl-[methyl-naphthyl]- 3094, 3107
—, *p*-Tolyl-[methyl-naphthyl]- 3091, 3107
—, *m*-Tolyl-naphthyl- 2857, 3001
—, *o*-Tolyl-naphthyl- 2857, 3001
—, *p*-Tolyl-naphthyl- 2857, 3001
—, *p*-Tolyl-[nitro-fluorenyl]- 3301
—, [*p*-Tolyl-propyl]-benzyl- 2732
Amin, *o*-Tolyl-stigmastenyl- 2835
—, [*p*-Tolylsulfon-äthyl]-naphthyl- 3004
—, *p*-Tolyl-[tetrahydro-naphthyl]- 2808
—, *m*-Tolyl-[trinitro-biphenylyl]- 3208
—, *o*-Tolyl-[trinitro-biphenylyl]- 3208
—, Triäthylsilyl-[1-methyl-2-phenyl-äthyl]- 2672
—, [Trimethyl-phenyl]-naphthyl- 2859, 3002
—, [Triphenyl-äthyl]-[triphenyl-äthyliden]- 3384
—, Tris-naphthylmethyl- 3099
—, Tris-phenanthrylmethyl- 3347
—, Vinyl-phenyl-naphthyl- 2857, 3000
—, Vinyl-*p*-tolyl-naphthyl- 2858
Aminoxid, Benzhydryl-benzyliden- 3225
—, Dimethyl-[methyl-phenyl-äthyl]- 2687
—, Dimethyl-[methyl-phenyl-propyl]- 2730
—, Methyl-äthyl-naphthyl- 2996
—, [Phenyl-propyl]-benzyliden- 2662
—, [*p*-Tolyl-propyl]-benzyliden- 2732
—, Trityl-benzyliden- 3378
Ammonium, Dimethyl-äthyl-benzhydryl- 3222
—, Dimethyl-äthyl-[benzyl-benzyl]- 3250
—, Dimethyl-[äthyl-benzyl]-[vinyl-benzyl]- 2796
—, Dimethyl-allyl-[benzyl-benzyl]- 3250
—, Dimethyl-benzyl-[äthyl-benzyl]- 2693
—, Dimethyl-benzyl-benzhydryl- 3224
—, Dimethyl-benzyl-cinnamyl- 2792
—, Dimethyl-benzyl-fluorenyl- 3298
—, Dimethyl-benzyl-[phenyl-benzyl]- 3236
—, Dimethyl-bis-[cyclohexyl-benzyl]- 2825
—, Dimethyl-bis-[phenyl-benzyl]- 3241
—, Dimethyl-[cyclohexyl-benzyl]-[phenyl-benzyl]- 3241
—, Dimethyl-hexadecyl-naphthyl- 2999
—, Dimethyl-[methyl-phenyl-äthyl]-[diphenyl-allyl]- 3323
—, Methyl-diäthyl-[chlor-cinnamyl]- 2793
—, Methyl-diäthyl-[cyclohexyl-benzyl]- 2825
—, Methyl-diäthyl-[diphenyl-allyl]- 3321
—, Methyl-diäthyl-[diphenyl-propyl]- 3267
—, Methyl-diäthyl-[phenyl-propyl]- 2679
—, Methyl-diallyl-[diphenyl-allyl]- 3322
—, Methyl-dibutyl-[diphenyl-allyl]- 3322
—, Methyl-dibutyl-naphthyl- 2998
—, Methyl-[diphenyl-propyl]-dibutyl- 3268
—, Methyl-dipropyl-[diphenyl-allyl]- 3322
—, Methyl-dipropyl-[diphenyl-propyl]- 3268
—, Naphthylmethyl-triäthyl- 3098
—, Triäthyl-[isopropyl-phenäthyl]- 2757
—, Triäthyl-[phenyl-propyl]- 2679
—, Trimethyl-[äthyl-benzyl]- 2692
—, Trimethyl-benzhydryl- 3222
—, Trimethyl-[benzyl-benzyl]- 3250
—, Trimethyl-[benzyl-fluorenyl]- 3395
—, Trimethyl-bibenzylyl- 3243
—, Trimethyl-[9.9']bifluorenylyl- 3415

Ammonium, Trimethyl-biphenylyl- 3125, 3146
—, Trimethyl-[(chlor-phenyl)-benzyl-äthyl]- 3264, 3265
—, Trimethyl-cinnamyl- 2791
—, Trimethyl-[cyclopentenyl-phenyl-propyl]- 2843
—, Trimethyl-[deuterio-phenyl-propyl]- 2678
—, Trimethyl-[dihydro-phenanthryl]- 3316
—, Trimethyl-[dimethyl-phenyl-propyl]- 2752
—, Trimethyl-[dinitro-fluorenyl]- 3301
—, Trimethyl-[diphenyl-äthyl]- 3249
—, Trimethyl-[diphenyl-allyl]- 3321
—, Trimethyl-[diphenyl-anthryl]- 3415
—, Trimethyl-[diphenyl-propyl]- 3267
—, Trimethyl-fluorenyl- 3298; Betain 3298
—, Trimethyl-indanyl- 2798, 2800
—, Trimethyl-[methyl-diphenyl-propyl]- 3278
—, Trimethyl-[methyl-fluorenyl]- 3317
—, Trimethyl-[methyl-phenyl-äthyl]- 2668
—, Trimethyl-[methyl-phenyl-propyl]- 2724
—, Trimethyl-naphthyl- 2996
—, Trimethyl-naphthylcarbamoylmethyl- 2956, 3060
—, Trimethyl-naphthylmethyl- 3109
—, Trimethyl-[nitro-fluorenyl]- 3300
—, Trimethyl-[phenanthryl-propyl]- 3353
—, Trimethyl-[phenyl-allyl]- 2795
—, Trimethyl-[phenyl-benzyl]- 3235, 3239, 3240
—, Trimethyl-[phenyl-butyl]- 2718
—, Trimethyl-[phenyl-propinyl]- 2835
—, Trimethyl-[phenyl-propyl]- 2678
—, Trimethyl-pregnanyl- 2781
—, Trimethyl-pregnatrienyl- 3124
—, Trimethyl-stilbenyl- 3306
—, Trimethyl-[*m*-tolyl-benzyl-äthyl]- 3275
—, Trimethyl-[*p*-tolyl-benzyl-äthyl]- 3276
—, Trimethyl-[triphenyl-äthyl]- 3383
Amphetamin 2664
α-Amyramin 2845
Androstan, Amino- 2780
Androstanylamin 2780
Androsten, Amino- 2829
Androstenylamin 2829
Anilin, Äthinyl- 2835
—, [Äthyl-butyl]- 2761
—, Äthyl-cinnamyl- 2792
—, Äthyl-[dichlor-äthyl]- 2787
—, Äthyl-[dichlor-vinyl]- 2787
—, [Äthyl-pentyl]- 2767
—, Äthyl-[phenyl-propyl]- 2679
—, Äthyl-[phenyl-vinyl]- 2788
—, [Äthyl-propyl]- 2753
—, Äthyl-[*p*-tolyl-vinyl]- 2797
—, Äthyl-[trimethyl-benzyl]- 2745
—, Äthyl-trityl- 3408
—, Benzhydryl- 3223
Anilin, Benzhydryl-benzhydryliden- 3377
—, Benzhydryl-benzyliden- 3376
—, Benzhydryl-fluorenyliden- 3377
—, Benzyl- 3214, 3215
—, Benzyl-benzhydryl- 3376
—, Benzyl-[nitro-benzyliden]- 3216
—, Benzyl-[trimethyl-benzyl]- 2745
—, Bis-[chlor-butyl]- 2772
—, Bis-[hydroxy-äthyl]-*tert*-butyl- 2728
—, Brom-benzyl- 3217
—, [Brom-benzyl]- 3218
—, Brom-benzyl-diacetyl- 3218
—, Brom-cyclohexyl- 2820
—, Brom-diäthyl- 2743
—, Brom-isopropyl- 2686
—, Brom-jod-benzyl- 3219
—, Brom-methyl-isopropyl- 2738, 2741
—, [Brommethyl-phenyl-allyl]- 2802
—, Brom-nitro-benzyl- 3220
—, Brom-nitro-dimethyl-isopropyl- 2740
—, Brom-nitro-methyl-isopropyl- 2740
—, Brom-nitro-methyl-isopropyl-benzyl- 2740
—, Brom-nitro-[nitro-benzyl]- 3221
—, Brom-[phenyl-vinyl]- 3315
—, Brom-tetramethyl- 2713, 2744, 2746
—, Brom-trimethyl- 2705, 2707, 2713
—, Brom-trimethyl-äthyl- 2713
—, Butenyl- 2803
—, Butyl- 2714, 2715
—, *sec*-Butyl- 2721
—, *tert*-Butyl- 2726, 2728
—, *tert*-Butyl-benzyliden- 2727
—, *tert*-Butyl-[methyl-cyclohexyliden]- 2727
—, Butyl-trityl- 3409
—, Chlor-äthinyl- 2835
—, Chlor-benzyl- 3214
—, [Chlor-benzyl]- 3216
—, [Chlor-bibenzylyl]- 3247
—, Chlor-cyclohexenyl- 2839
—, Chlor-cyclohexyl- 2820
—, Chlor-dodecyl- 2777
—, Chlor-isopropenyl- 2794
—, Chlor-[methyl-cyclohexenyl]- 2840
—, Chlor-[methyl-cyclohexyl]- 2826
—, Chlor-methyl-isopropyl- 2736
—, Chlor-nitro-dimethyl-isopropyl- 2740
—, Chlor-nitro-methyl-isopropyl- 2740
—, [Chlor-phenyl-butenyl]- 2803
—, Chlor-trimethyl- 2705, 2707, 2713
—, [Chlor-triphenyl-äthyl]- 3383
—, Cycloheptyl- 2823
—, Cyclohexenyl- 2838
—, Cyclohexyl- 2818, 2819
—, Decyl- 2775
—, Diäthyl- 2742, 2743
—, [Diäthyl-butyl]- 2772
—, Diäthyl-[dichlor-äthyl]- 2787
—, Diäthyl-[dichlor-vinyl]- 2787

B

Benzaldehyd-[naphthyl-semicarbazon] 2939, 3042
— [nitro-bibenzylylimin] 3247
— [nitro-naphthylimin] 2970
— phenanthrylmethylimin 3348
— [phenyl-benzhydrylimin] 3382
— [phenyl-benzylimin] 3239, 3241
— [phenyl-cyclopropylimin] 2797
— [phenyl-propylimin] 2690
— [(phenyl-propyl)-oxim] 2662
— pyrenylimin 3369
— stilbenylimin 3308
— [tetrahydro-phenanthrylimin] 3261
— [(*p*-tolyl-propyl)-oxim] 2732
— [trimethyl-phenyloxamoylhydrazon] 2703
— [trityl-oxim] 3378
Benzamid, Acenaphthenyl- 3211
—, [Äthyl-phenyl-propyl]- 2749
—, Benz[*a*]anthracenyl- 3387
—, Benzhydryl- 3227
—, [Benzyl-butyl]- 2748
—, [Benzyl-cyclohexyl]- 2823
—, [Benzyl-cyclopentyl]- 2821
—, [Benzyl-fluorenyl]- 3395
—, Benzyl-naphthyl- 2870
—, [Benzyl-propyl]- 2717
—, Bibenzylyl- 3242, 3245
—, Biphenylyl- 3127, 3159
—, [Biphenylyl-äthyl]- 3253
—, Bis-[*tert*-butyl-phenyl]- 2729
—, Bis-[methyl-phenyl-pentyl]- 2760
—, Brom-biphenylyl- 3127
—, Brom-[brom-biphenylyl]- 3137
—, [Brom-fluorenyl]- 3293
—, [Brom-naphthyl]- 2963, 2966, 3073, 3074
—, [Brom-nitro-naphthyl]- 2981
—, Brom-pentyl-naphthyl- 2870
—, Chlor-biphenylyl- 3159
—, [Chlor-biphenylyl]- 3136
—, Chlor-butyl-naphthyl- 2870
—, [Chlor-dibrom-naphthyl]- 2967
—, [Chlor-methyl-phenyl-äthyl]- 2674
—, [Chlor-naphthyl]- 2960, 2961, 3066, 3067
—, [(Chlor-phenyl)-benzyl-äthyl]- 3264, 3265
—, Cholesteryl- 2833
—, [Cyclohexyl-biphenylyl]- 3332
—, [Cyclohexyl-phenyl-äthyl]- 2827
—, [Cyclohexyl-phenyl-methyl]- 2824
—, Diäthoxy-[naphthyl-äthyl]- 3114
—, [Dibrom-biphenylyl]- 3138
—, [Dibrom-naphthyl]- 3077
—, [Dibrom-nitro-naphthyl]- 2982
—, [Dichlor-naphthyl]- 2963, 3069
—, [Dimethyl-benzyl]- 2708
—, [Dimethyl-biphenylyl]- 3258, 3259
—, [Dimethyl-(cyclohexyl-phenyl)-äthyl]- 2829
—, [Dimethyl-(methyl-naphthyl)-äthyl]- 3121
Benzamid, [Dimethyl-phenyl-äthyl]- 2725
—, [Dimethyl-phenyl-cyclohexenyl]- 2842
—, [Dimethyl-phenyl-cyclohexyl]- 2828
—, [Dimethyl-phenyl-propyl]- 2751
—, Dinitro-biphenylyl- 3128
—, [Dinitro-biphenylyl]- 3145
—, [Dinitro-naphthyl]- 2987
—, [Diphenyl-äthyl]- 3249
—, [Diphenyl-pentyl]- 3280, 3282
—, Fluorenyl- 3288
—, [Fluor-naphthyl]- 2960
—, [Hexahydro-fluorenyl]- 2841
—, Hydroxy-dimethyl-naphthyl- 2951, 3054
—, Indanyl- 2798
—, Indanylmethyl- 2816
—, Isopropyl-naphthyl- 3016
—, [Jod-naphthyl]- 2968, 3079
—, Mercapto-naphthyl- 2950, 3053
—, [Methyl-benzyl-cyclohexyl]- 2827
—, [Methyl-benzyl-propyl]- 2750
—, [Methyl-biphenylyl]- 3238, 3239
—, [Methyl-(chlor-phenyl)-äthyl]- 2674
—, Methyl-cinnamyl- 2790
—, Methyl-indanyl- 2798
—, [Methyl-isopropyl-dihydro-phenanthryl]- 3333
—, [Methyl-isopropyl-phenanthryl]- 3356
—, [Methyl-naphthyl]- 3092, 3093, 3095, 3096, 3105, 3108
—, [Methyl-phenyl-äthyl]- 2672
—, [Methyl-phenyl-pentyl]- 2760
—, Naphthyl- 2870, 3016
—, [Naphthyl-äthyl]- 3111, 3112, 3113, 3114
—, Nitro-acenaphthenyl- 3213
—, [Nitro-acenaphthenyl]- 3212
—, Nitro-biphenylyl- 3127
—, [Nitro-biphenylyl]- 3142
—, Nitro-[brom-nitro-biphenylyl]- 3143
—, Nitro-cholesteryl- 2833
—, Nitro-[dimethyl-biphenylyl]- 3254
—, Nitro-[dimethyl-phenyl-butyl]- 2761
—, Nitro-fluorenyl- 3288
—, Nitro-[methyl-isopropyl-phenanthryl]- 3356
—, Nitro-[methyl-phenyl-propyl]- 2722
—, Nitro-naphthyl- 2870
—, [Nitro-naphthyl]- 2969, 2971, 2972, 2973, 2976, 3080, 3081, 3083
—, Nitro-[nitro-biphenylyl]- 3140, 3141, 3142
—, Nitro-pentyl-*o*-terphenylyl- 3373
—, Phenanthryl- 3338, 3341
—, [Phenyl-benzyl-äthyl]- 3264
—, [Phenyl-benzyl-propyl]- 3275
—, [Phenyl-cyclohexenyl]- 2839
—, [Phenyl-cyclohexyl]- 2820
—, [Phenyl-cyclopropyl]- 2798

Benzoesäure-[(jod-propyl)-anilid] 2657
— [methyl-äthyl-anilid] 2696, 2697
— [(methyl-butyl)-anilid] 2750
— [(methyl-cyclohexenyl)-anilid] 2840
— [(methyl-cyclohexyl)-anilid] 2826
— [methyl-(dichlor-vinyl)-anilid] 2787
— [methyl-isopropyl-anilid] 2734
— [neopentyl-anilid] 2756
— [nitro-methyl-isopropyl-anilid] 2739
— [octadecyl-anilid] 2783
— [octyl-anilid] 2770
— [pentyl-anilid] 2747
— [*tert*-pentyl-anilid] 2754
— [(phenyl-äthyl)-anilid] 3248
— [(phenyl-benzyl-äthyl)-anilid] 3264
— [propyl-anilid] 2659
— [triäthyl-anilid] 2766
— [tribenzyl-anilid] 3413
— [triisopropyl-anilid] 2775
— [trimethyl-anilid] 2701, 2711
— [trimethyl-butyl-anilid] 2711
— [trimethyl-isopentyl-anilid] 2711
Benzo[*a*]fluoren, Acetamino- 3373
—, Amino- 3372
—, Formamino- 3372
Benzo[*b*]fluoren, Acetamino- 3372
—, Amino- 3372
—, Benzylidenamino- 3372
—, Formamino- 3372
Benzo[*a*]fluorenylamin 3372
Benzo[*b*]fluorenylamin 3372
Benzoin-[(phenyl-propyl)-semicarbazon] 2664
Benzol, Acetamino-[äthyl-butyl]- 2761
—, Acetamino-[äthyl-propyl]- 2753
—, Acetamino-[brom-benzyl]- 3218
—, Acetamino-[chlor-benzyl]- 3217
—, Acetamino-[chlor-*tert*-butyl]- 2729
—, Acetamino-cyclohexenyl- 2839
—, Acetamino-[diäthyl-propyl]- 2769
—, Acetamino-[dibrom-butyl]- 2715
—, Acetamino-dimethyl-[phenyl-äthyl]- 3279
—, Acetamino-[dimethyl-propyl]- 2755
—, Acetamino-[methyl-äthyl-propyl]- 2762
—, Acetamino-[methyl-benzyl]- 3251
—, Acetamino-[methyl-butyl]- 2750
—, Acetamino-[methyl-cyclobutyl]- 2816
—, Acetamino-methyl-cyclohexenyl- 2839
—, Acetamino-[methyl-heptyl]- 2770
—, Acetamino-methyl-[methyl-cyclohexenyl]- 2842
—, Acetamino-methyl-naphthylmethyl- 3376
—, Acetamino-[methyl-pentyl]- 2760
—, Acetamino-methyl-[phenyl-äthyl]- 3268
—, Acetamino-naphthyl- 3364
—, Acetamino-[phenyl-äthyl]- 3248
—, Acetamino-[tetrahydro-naphthyl]- 3327
—, Acetamino-trimethyl-[methyl-propenyl]- 2822
—, Acetamino-[trimethyl-propyl]- 2763
Benzol, Acetoacetylamino-[brom-benzyl]- 3219
—, Acetoacetylamino-[chlor-benzyl]- 3217
—, Amino-methyl-isopropyl-*tert*-butyl- 2828
—, Anilino-butenyl- 2803
—, Anilino-isopropenyl- 2795
—, Benzamino-[äthyl-propyl]- 2753
—, Benzamino-[brom-benzyl]- 3218
—, Benzamino-[dimethyl-propyl]- 2755
—, Benzamino-[jod-propyl]- 2657
—, Benzamino-[methyl-butyl]- 2750
—, Benzamino-[phenyl-äthyl]- 3248
—, Biphenylylcarbamoyloxy-methyl-äthyl- 3167
—, Biphenylylcarbamoyloxy-[methyl-phenyl-äthyl]- 3170
—, Bis-[biphenylylcarbamoyl-acetyl]- 3184
—, Bis-[biphenylylcarbamoyloxy-propyl]- 3170
—, Bis-[hydroxy-biphenylylcarbamoyl-vinyl]- 3184
—, Bis-[hydroxy-naphthylcarbamoyl-vinyl]- 2955, 3059
—, Bis-[naphthylcarbamoyl-acetyl]- 2955, 3059
—, Brom-benzamino-[brom-benzyl]- 3219
—, Brom-benzamino-[phenyl-vinyl]- 3315
—, Brom-propyl- 3328
—, Chlor-acetamino-cyclohexenyl- 2839
—, Chlor-acetamino-[methyl-cyclohexenyl]- 2840
—, Chlor-acetamino-[methyl-cyclohexyl]- 2826
—, Chlor-naphthylcarbamoyloxy-allyl- 2909
—, Diäthylamino-methyl-bicyclohexylyl- 2845
—, [Diäthylamino-methyl]-[chlor-äthyl]- 2697
—, Dibrom-acetamino-[brom-benzyl]- 3219
—, Dichlor-naphthylcarbamoyloxy-butyl- 2903
—, Dichlor-naphthylcarbamoyloxy-*sec*-butyl- 2903
—, Dimethyl-acetaminomethyl-pentyl- 2773
—, Dinitro-[nitro-styryl]-[acetamino-styryl]- 3401
—, Dinitro-[nitro-styryl]-[amino-styryl]- 3401
—, Dinitro-styryl-[acetamino-styryl]- 3401
—, [Hydroxyimino-acetamino]-[methyl-cyclohexyl]- 2826
—, Methoxy-naphthylcarbamoyloxy-methyl-allyl- 2919
—, [Naphthalin-sulfonylamino]-[äthyl-decyl]- 2778
—, [Naphthalin-sulfonylamino]-[butyl-octyl]- 2778
—, [Naphthalin-sulfonylamino]-[pentyl-heptyl]- 2778

Biphenyl, Benzamino-methyl- 3238, 3239
—, Benzolsulfinylamino- 3184
—, Benzolsulfonylamino- 3184
—, Brom-acetamino- 3137, 3138, 3147, 3148, 3188, 3189, 3190
—, Brom-acetamino-dimethyl- 3259
—, Brom-amino- 3137, 3147, 3148, 3188, 3189
—, Brom-amino-dimethyl- 3254, 3258
—, Brom-dimethylamino- 3137
—, Brom-dinitro-acetamino- 3206, 3207
—, Brom-dinitro-amino- 3206, 3207
—, Brom-nitro-acetamino- 3143, 3150, 3201, 3202
—, Brom-nitro-amino- 3143, 3150, 3201, 3202
—, Brom-[trinitro-anilino]- 3189
—, Brom-trinitro-methylamino- 3209
—, Chlor-acetamino- 3135, 3186, 3187
—, Chlor-acetamino-dimethyl- 3258
—, Chlor-acetamino-methyl- 3238
—, Chlor-amino- 3135, 3186
—, Chlor-amino-dimethyl- 3254, 3256, 3258
—, Chlor-amino-methyl- 3238
—, Chlor-benzamino- 3136
—, Chlor-benzolsulfinylamino- 3136, 3188
—, Chlor-benzolsulfonylamino- 3136, 3188
—, Chlor-diacetylamino- 3136
—, Chlor-dimethyl- 3256
—, Chlor-[dinitro-anilino]- 3187
—, Chlor-nitro-acetamino- 3143
—, Chlor-nitro-amino- 3143
—, Chlor-[trinitro-anilino]- 3187
—, Cinnamoylamino- 3128
—, Crotonoylamino- 3127
—, Diamylamino- 3154
—, Dibrom-acetamino- 3138, 3139, 3148, 3149, 3190, 3191, 3192
—, Dibrom-amino- 3138, 3148, 3149, 3190, 3191
—, Dibrom-benzamino- 3138
—, Dibrom-nitro-acetamino- 3144, 3203
—, Dibrom-nitro-acetamino-dimethyl- 3260
—, Dibrom-nitro-amino- 3143, 3203
—, Dibrom-nitro-amino-dimethyl- 3260
—, Dichlor-acetamino- 3147, 3188
—, Dichlor-amino- 3136, 3147, 3188
—, Dichlor-amino-methyl- 3240
—, Difluor-amino-dimethyl- 3257
—, Dijod-acetamino- 3198
—, Dijod-amino- 3197
—, Dijod-nitro-amino- 3144
—, Dimethylamino- 3125, 3146, 3153
—, Dinitro-acetamino- 3144, 3150, 3151, 3204, 3205, 3206
—, Dinitro-amino- 3144, 3150, 3151, 3204, 3205, 3206
—, Dinitro-anilino- 3205
—, Dinitro-benzamino- 3145

Biphenyl, Dinitro-diacetylamino- 3145
—, Dinitro-dimethylamino- 3204
—, Dinitro-*m*-toluidino- 3205
—, Dinitro-*o*-toluidino- 3205
—, Elaidoylamino- 3158
—, Fluor-amino- 3186
—, Fluor-amino-dimethyl- 3258
—, Jod-acetamino- 3140, 3193, 3194
—, Jod-acetamino-dimethyl- 3259
—, Jod-amino- 3139, 3140, 3193
—, Jod-amino-dimethyl- 3255, 3259
—, Jod-diacetylamino- 3139
—, Jod-dinitro-acetamino- 3207
—, Jod-dinitro-amino- 3207
—, Jod-[dinitro-anilino]- 3193
—, Jod-nitro-acetamino- 3204
—, Jod-nitro-amino- 3204
—, Jod-trinitro-acetamino- 3210
—, Jod-trinitro-amino- 3209
—, Jod-[trinitro-anilino]- 3194
—, Lauroylamino- 3157
—, Myristoylamino- 3157
—, Nitro-acetamino- 3140, 3141, 3142, 3150, 3199, 3200
—, Nitro-acetamino-dimethyl- 3255, 3259
—, Nitro-acetamino-methyl- 3234
—, Nitro-amino- 3140, 3141, 3149, 3150, 3198, 3199, 3200
—, Nitro-amino-dimethyl- 3253, 3255, 3257, 3259
—, Nitro-amino-hexamethyl- 3283
—, Nitro-amino-methyl- 3234
—, Nitro-anilino- 3198
—, Nitro-benzamino- 3142
—, Nitro-dimethylamino- 3198
—, Nitro-dimethylamino-trimethyl- 3270
—, Nitro-isothiocyanato-hexamethyl- 3284
—, Nitroso-dimethylamino- 3149
—, Oleoylamino- 3158
—, Palmitoylamino- 3157
—, Propionylamino- 3126, 3157
—, Stearoylamino- 3127, 3158
—, Tetrabrom-acetamino- 3149
—, Tetrabrom-amino- 3149
—, Tetranitro-amino- 3210
—, Thioacetamino- 3157
—, *m*-Toluoylamino- 3159
—, *o*-Toluoylamino- 3159
—, *p*-Toluoylamino- 3159
—, Tribrom- 3139
—, Tribrom-acetamino- 3139, 3192
—, Tribrom-amino- 3139, 3192
—, Trinitro-acetamino- 3152, 3208, 3209
—, Trinitro-amino- 3145, 3151, 3152, 3208
—, Trinitro-anilino- 3208
—, Trinitro-dimethylamino- 3208
—, Trinitro-methylamino- 3209
—, Trinitro-*m*-toluidino- 3208
—, Trinitro-*o*-toluidino- 3208

Butyramid, Dimethyl-äthyl-naphthyl- 2869
—, Dimethyl-naphthyl- 2868
—, Dioxo-phenyl-naphthyl- 3057
—, [Methoxy-cyclohexyl]-naphthyl- 2950
—, Methyl-naphthyl- 2867
—, [Naphthyl-äthyl]- 3114
—, Naphthylimino-naphthyl- 3056

C

Campher s. a. *Bornanon*
—, Biphenylylimino- 3156
—, Naphthylaminomethylen- 2862, 3009
—, Naphthylimino- 2862, 3009
Campher-[biphenylyl-semicarbazon] 3177
— naphthylimin 2861, 3006
— [(phenyl-propyl)-semicarbazon] 2663
Camphersäure-biphenylylamid 3130, 3147, 3160
— naphthylamid 2876, 3023
Carbamidsäure, [Äthyl-indenyl]-, äthylester 2838
—, [Äthyl-indenyl]-, benzylester 2838
—, [Äthyl-indenyl]-, isopropylester 2838
—, Anthryl-, äthylester 3336
—, Anthryl-, methylester 3336
—, Benz[*a*]anthracenyl-, äthylester 3387
—, Benz[*a*]anthracenyl-, methylester 3387
—, Benz[*a*]anthracenylmethyl-, [(chlor-äthylmercapto)-äthylester] 3393
—, Benzhydryl-, äthylester 3227
—, Benzhydryl-, [diäthylamino-äthylester] 3227
—, Benzhydryl-, [diäthylamino-propylester] 3228
—, Benzhydryl-, [dibutylamino-äthylester] 3228
—, Benzo[*def*]chrysenyl-, äthylester 3405
—, [Benzyl-phenyl]-, methylester 3216
—, Bibenzylyl- 3245
—, Bibenzylyl-, äthylester 3245
—, Biphenylyl-, [äthyl-butenylester] 3164
—, Biphenylyl-, [äthyl-butylester] 3161
—, Biphenylyl-, äthylester 3130, 3160
—, Biphenylyl-, [äthyl-hexylester] 3162
—, Biphenylyl-, [äthyl-pentylester] 3162
—, Biphenylyl-, [allyl-butenylester] 3165
—, Biphenylyl-, benzhydrylester 3170
—, Biphenylyl-, benzylester 3166
—, Biphenylyl-, butylester 3161
—, Biphenylyl-, *sec*-butylester 3161
—, Biphenylyl-, cyclohexylester 3164
—, Biphenylyl-, decylester 3163
—, Biphenylyl-, [dideuterio-phenyl-propylester] 3167
—, Biphenylyl-, [dimethyl-butenylester] 3164
—, Biphenylyl-, [dimethyl-butylester] 3162
—, Biphenylyl-, [dimethyl-pentylester] 3162
Carbamidsäure, Biphenylyl-, [dimethyl-phenylester] 3166, 3167
—, Biphenylyl-, [dimethyl-*p*-tolyl-hexylester] 3168
—, Biphenylyl-, [dimethyl-vinyl-hexenylester] 3165
—, Biphenylyl-, dodecylester 3163
—, Biphenylyl-, heptadecylester 3163
—, Biphenylyl-, heptylester 3162
—, Biphenylyl-, hexadecylester 3163
—, Biphenylyl-, hexylester 3161
—, Biphenylyl-, [hydroxy-methyl-phenylester] 3170
—, Biphenylyl-, isopropylester 3161
—, Biphenylyl-, [isopropyl-phenäthylester] 3168
—, Biphenylyl-, linalylester 3165
—, Biphenylyl-, menthylester 3165
—, Biphenylyl-, [methyl-äthyl-phenylester] 3167
—, Biphenylyl-, [methyl-butylester] 3161
—, Biphenylyl-, [methyl-cyclohexylester] 3164
—, Biphenylyl-, methylester 3130, 3160
—, Biphenylyl-, [methyl-hexenylester] 3164
—, Biphenylyl-, [methyl-hexylester] 3162
—, Biphenylyl-, [methyl-isobutyl-butylester] 3163
—, Biphenylyl-, [methyl-isopropyl-cyclohexylester] 3165
—, Biphenylyl-, [methyl-isopropyl-phenylester] 3168
—, Biphenylyl-, [methyl-pentylester] 3161, 3162
—, Biphenylyl-, [methyl-phenyl-allylester] 3168
—, Biphenylyl-, naphthylester 3169
—, Biphenylyl-, nonylester 3162
—, Biphenylyl-, octadecylester 3163
—, Biphenylyl-, octylester 3162
—, Biphenylyl-, pentadecylester 3163
—, Biphenylyl-, pentylester 3161
—, Biphenylyl-, phenäthylester 3166
—, Biphenylyl-, [phenyl-allylester] 3168
—, Biphenylyl-, [phenyl-butenylester] 3169
—, Biphenylyl-, phenylester 3165
—, Biphenylyl-, [phenyl-propylester] 3167
—, Biphenylyl-, [propyl-butenylester] 3164
—, Biphenylyl-, propylester 3161
—, Biphenylyl-, tetradecylester 3163
—, Biphenylyl-, *m*-tolylester 3166
—, Biphenylyl-, *o*-tolylester 3165
—, Biphenylyl-, *p*-tolylester 3166
—, Biphenylyl-, tridecylester 3163
—, Biphenylyl-, [trimethyl-cyclohexylester] 3164
—, Biphenylyl-, [trimethyl-phenylester] 3168
—, Biphenylyl-, undecylester 3163

Carbamidsäure, [Brom-naphthyl]-, äthylester 3073, 3074
—, [Chlor-biphenylyl]-, [äthyl-hexadecylester] 3187
—, [Chlor-biphenylyl]-, [butyl-tetradecylester] 3187
—, [Chlor-biphenylyl]-, [hexyl-dodecylester] 3187
—, [Chlor-biphenylyl]-, [octyl-decylester] 3187
—, [Chlor-naphthyl]-, äthylester 2961, 3066
—, [Chlor-naphthyl]-, methylester 2962, 3066
—, [(Chlor-phenyl)-benzyl-äthyl]-, methylester 3265
—, Chrysenyl-, methylester 3389
—, [Dibrom-naphthyl]-, äthylester 3077
—, [Dibrom-naphthyl]-, methylester 3077
—, [Dichlor-naphthyl]-, äthylester 3070
—, [Dichlor-naphthyl]-, methylester 3069
—, [Dihydro-naphthyl]-, methylester 2836
—, [(Dimethyl-hexadecahydro-cyclopenta[*a*]phenanthrenyl)-butyl]-, äthylester 2782
—, Dinaphthyl-, farnesylester 3051
—, Dinaphthyl-, [trimethyl-dodecatrienylester] 3051
—, [Dinitro-naphthyl]-, äthylester 2985, 3088
—, [Dinitro-naphthyl]-, methylester 2985, 3087, 3088
—, [Dinitro-trimethyl-phenyl]-, äthylester 2707
—, [Dinitro-trimethyl-phenyl]-, methylester 2707
—, [Diphenyl-naphthyl]-, äthylester 3406
—, [(Diphenyl-naphthyl)-äthyl]-, äthylester 3407
—, Fluoranthenyl-, äthylester 3367, 3368
—, Fluorenyl-, äthylester 3285, 3288
—, Fluorenyl-, butylester 3288
—, Fluorenyl-, decylester 3289
—, Fluorenyl-, dodecylester 3289
—, Fluorenyl-, heptadecylester 3290
—, Fluorenyl-, heptylester 3289
—, Fluorenyl-, hexadecylester 3290
—, Fluorenyl-, hexylester 3289
—, Fluorenyl-, methylester 3288
—, Fluorenyl-, nonylester 3289
—, Fluorenyl-, octadecylester 3290
—, Fluorenyl-, octylester 3289
—, Fluorenyl-, pentadecylester 3290
—, Fluorenyl-, pentylester 3289
—, Fluorenyl-, propylester 3288
—, Fluorenyl-, tetradecylester 3289
—, Fluorenyl-, tridecylester 3289
—, Fluorenyl-, undecylester 3289
—, [Isopropyl-phenäthyl]- 2757
—, [Jod-biphenylyl]-, äthylester 3194

Carbamidsäure, [Jod-biphenylyl]-, [äthyl-heptenylester] 3196
—, [Jod-biphenylyl]-, [äthyl-heptylester] 3195
—, [Jod-biphenylyl]-, [äthyl-hexylester] 3195
—, [Jod-biphenylyl]-, [butyl-allylester] 3196
—, [Jod-biphenylyl]-, butylester 3194
—, [Jod-biphenylyl]-, decylester 3195
—, [Jod-biphenylyl]-, [dibrom-hexylester] 3194
—, [Jod-biphenylyl]-, [dimethyl-hexenylester] 3196
—, [Jod-biphenylyl]-, [dimethyl-hexylester] 3195
—, [Jod-biphenylyl]-, dodecylester 3195
—, [Jod-biphenylyl]-, heptadecylester 3196
—, [Jod-biphenylyl]-, heptylester 3194
—, [Jod-biphenylyl]-, hexadecylester 3195
—, [Jod-biphenylyl]-, hexenylester 3196
—, [Jod-biphenylyl]-, hexylester 3194
—, [Jod-biphenylyl]-, isopentylester 3194
—, [Jod-biphenylyl]-, [methoxy-cinnamylester] 3197
—, [Jod-biphenylyl]-, methylester 3194
—, [Jod-biphenylyl]-, nonadienylester 3197
—, [Jod-biphenylyl]-, nonylester 3195
—, [Jod-biphenylyl]-, octadecylester 3196
—, [Jod-biphenylyl]-, octylester 3195
—, [Jod-biphenylyl]-, pentadecylester 3195
—, [Jod-biphenylyl]-, [pentyl-allylester] 3196
—, [Jod-biphenylyl]-, pentylester 3194
—, [Jod-biphenylyl]-, propylester 3194
—, [Jod-biphenylyl]-, tetradecylester 3195
—, [Jod-biphenylyl]-, tridecylester 3195
—, [Jod-biphenylyl]-, undecylester 3195
—, [Jod-biphenylyl]-, [vinyl-heptenylester] 3196
—, [Jod-naphthyl]-, äthylester 3079
—, [Methyl-isopropyl-phenanthryl]-, äthylester 3357
—, [Methyl-triphenyl-propyl]-, äthylester 3386
—, Naphthyl-, [äthinyl-allylester] 2899
—, Naphthyl-, [äthinyl-butenylester] 2899, 3024
—, Naphthyl-, [äthoxy-äthylester] 2913
—, Naphthyl-, [äthoxy-methyl-phenäthylester] 2918
—, Naphthyl-, [äthoxy-phenylester] 2918
—, Naphthyl-, [äthyl-äthinyl-hexenylester] 2900
—, Naphthyl-, [äthylamino-isobutylester] 2921
—, Naphthyl-, [äthyl-*tert*-butyl-butylester] 2885
—, Naphthyl-, [äthyl-butylester] 2881

Carbamidsäure, Naphthyl-, [dipropyl-cyclohexylester] 2895
—, Naphthyl-, [fluor-äthylester] 2877
—, Naphthyl-, [fluor-isopropylester] 2877
—, Naphthyl-, heptadecylester 2887
—, Naphthyl-, [heptylamino-isobutylester] 2922, 3029
—, Naphthyl-, hexadecylester 2887
—, Naphthyl-, hexenylester 2889
—, Naphthyl-, [hexylamino-isobutylester] 2922, 3029
—, Naphthyl-, hexylester 2879
—, Naphthyl-, [hexyl-heptylester] 2886
—, Naphthyl-, [hexyl-phenylester] 2904
—, Naphthyl-, indanylester 2909
—, Naphthyl-, isohexylester 2880
—, Naphthyl-, [isopropyl-benzylester] 2904
—, Naphthyl-, [isopropyl-cyclohexenylester] 2897
—, Naphthyl-, [isopropyl-cyclohexylester] 2893
—, Naphthyl-, isopropylester 2877
—, Naphthyl-, [isopropyl-pentylester] 2883
—, Naphthyl-, [isopropyl-phenäthylester] 2904
—, Naphthyl-, [jod-phenylester] 3025, 3026
—, Naphthyl-, *p*-menthenylester 2898
—, Naphthyl-, [methoxy-äthylester] 2913
—, Naphthyl-, [methoxy-methyl-allyl-phenylester] 2919
—, Naphthyl-, [methoxymethyl-cyclohexylester] 2917
—, Naphthyl-, [methoxy-methyl-hexeninylester] 2917
—, Naphthyl-, [methoxy-methyl-propylester] 2916
—, Naphthyl-, [methoxy-phenylester] 3028
—, Naphthyl-, [methoxy-propenyl-butinylester] 2918
—, Naphthyl-, [methoxy-propyl-butinylester] 2917
—, Naphthyl-, [methoxy-tetrahydro-naphthylester] 2919
—, Naphthyl-, [methyl-äthinyl-allylester] 2899
—, Naphthyl-, [methyl-äthinyl-butenylester] 2899, 3024
—, Naphthyl-, [methyl-äthyl-butylester] 2881
—, Naphthyl-, [methyl-äthyl-pentylester] 2883
—, Naphthyl-, [methyl-äthyl-phenylester] 2902
—, Naphthyl-, [methyl-äthyl-propylester] 2881
—, Naphthyl-, [methyl-benzylester] 2901
—, Naphthyl-, [methyl-butenylester] 2888
—, Naphthyl-, [methyl-*tert*-butyl-allylester] 2890

Carbamidsäure, Naphthyl-, [methyl-*tert*-butyl-butylester] 2884
—, Naphthyl-, [methyl-*tert*-butyl-cyclohexylester] 2894
—, Naphthyl-, [methyl-butylester] 2878
—, Naphthyl-, [methyl-cyclohexylester] 2889, 2890
—, Naphthyl-, [methyl-cyclohexyl-pentylester] 2895
—, Naphthyl-, [methyl-cyclohexyl-propylester] 2894
—, Naphthyl-, [methyl-diäthyl-cyclohexylester] 2895
—, Naphthyl-, methylester 2876, 3023
—, Naphthyl-, [methyl-heptinylester] 2897
—, Naphthyl-, [methyl-heptylester] 2883
—, Naphthyl-, [methyl-hexylester] 2881
—, Naphthyl-, [methyl-isobutyl-butylester] 2884
—, Naphthyl-, [methyl-isopropyl-cyclohexylester] 2894
—, Naphthyl-, [methyl-isopropyl-phenylester] 3027
—, Naphthyl-, [methyl-mesityl-äthylester] 2905
—, Naphthyl-, [methyl-nitromethyl-propylester] 2878
—, Naphthyl-, [methyl-noneninylester] 2900
—, Naphthyl-, [methyl-nonylester] 2885
—, Naphthyl-, [methyl-octylester] 2884
—, Naphthyl-, [methyl-pentadienylester] 2896
—, Naphthyl-, [methyl-penteninylester] 2899, 3024
—, Naphthyl-, [methyl-pentylester] 2879, 2880
—, Naphthyl-, [methyl-phenyl-äthylester] 2902
—, Naphthyl-, [methyl-phenyl-allylester] 2910
—, Naphthyl-, [methyl-phenyl-propylester] 2903
—, Naphthyl-, [methyl-propenyl-hexeninylester] 2903
—, Naphthyl-, [methyl-propyl-butylester] 2883
—, Naphthyl-, [methyl-propyl-hexeninylester] 3024
—, Naphthyl-, [methyl-tetradecylester] 2886
—, Naphthyl-, [methyl-*m*-tolyl-allylester] 2910
—, Naphthyl-, [methyl-*o*-tolyl-allylester] 2910
—, Naphthyl-, [methyl-*p*-tolyl-allylester] 2911
—, Naphthyl-, [methyl-vinyl-allylester] 2896
—, Naphthyl-, naphthylester 3027, 3028
—, Naphthyl-, naphthylmethylester 2912

Carbamidsäure, Phenyl-naphthyl-, [bis-dimethylaminomethyl-propylester] 2947
—, Phenyl-naphthyl-, [diäthylamino-äthylester] 2947
—, [Phenyl-naphthyl-methyl]-, äthylester 3365
—, Pyrenyl-, methylester 3370
—, Stilbenyl-, äthylester 3308
—, [Styryl-benzyl]-, äthylester 3321
—, [Styryl-benzyl]-, methylester 3320
—, [Tetrahydro-naphthyl]-, methylester 2806
—, [Tetramethyl-phenyl]-, äthylester 2746
—, [Tetranitro-biphenylyl]-, äthylester 3210
—, [Tetranitro-biphenylyl]-, methylester 3210
—, [*m*-Tolyl-benzyl-äthyl]-, methylester 3275
—, [*p*-Tolyl-benzyl-äthyl]-, methylester 3276
—, [Trimethyl-phenyl]-, äthylester 2704
—, [Trimethyl-phenyl]-, methylester 2704
—, [Trinitro-biphenylyl]-, äthylester 3146, 3209
—, [Trinitro-biphenylyl]-, methylester 3145, 3209
—, [Trinitro-naphthyl]-, äthylester 2988, 3090
—, [Trinitro-naphthyl]-, methylester 2988, 3090
—, [Triphenyl-äthyl]-, äthylester 3384
—, [Triphenyl-propyl]-, äthylester 3385
—, [Trityl-phenyl]-, äthylester 3410
—, [Trityl-phenyl]-, butylester 3410
—, [Trityl-phenyl]-, decylester 3411
—, [Trityl-phenyl]-, dodecylester 3411
—, [Trityl-phenyl]-, heptadecylester 3411
—, [Trityl-phenyl]-, heptylester 3410
—, [Trityl-phenyl]-, hexadecylester 3411
—, [Trityl-phenyl]-, hexylester 3410
—, [Trityl-phenyl]-, methylester 3410
—, [Trityl-phenyl]-, nonylester 3410
—, [Trityl-phenyl]-, octadecylester 3411
—, [Trityl-phenyl]-, octylester 3410
—, [Trityl-phenyl]-, pentadecylester 3411
—, [Trityl-phenyl]-, pentylester 3410
—, [Trityl-phenyl]-, propylester 3410
—, [Trityl-phenyl]-, tetradecylester 3411
—, [Trityl-phenyl]-, tridecylester 3411
—, [Trityl-phenyl]-, undecylester 3411
Carbamonitril, Äthyl-naphthyl- 2947
—, Benzyl-trityl- 3380
—, Methyl-naphthylmethyl- 3101
—, Methyl-[phenyl-benzyl]- 3242
—, Naphthyl- 2936, 3039
—, Phenanthryl- 3343
—, Phenyl-trityl- 3380
Carbamonitril, Trityl- 3380
Carbamoylchlorid, Phenyl-naphthyl- 2948
Carbazinsäure-amidin s. *Guanidin, Amino-*
Carbodiimid, Allyl-trityl- 3380
—, Benzyl-trityl- 3381
—, Dinaphthyl- 2948, 3052
—, Ditrityl- 3381
—, Phenyl-trityl- 3381
—, Trityl- 3380
Carvacrol, Biphenylylcarbamoyl- 3168
—, [Naphthyl-allophanoyl]- 2930, 3036
—, Naphthylcarbamoyl- 3027
Carvacrylamin s. *Anilin, Methyl-isopropyl-*
Chalkon, [Brom-naphthylamino]- 3070, 3073
—, [Methyl-naphthylamino]- 3092
—, Naphthylamino- 3011
—, [Tetrahydro-naphthylamino]- 2808
Chalkon-[naphthyl-semicarbazon] 2940
Chaulmoograsäure s. *Tridecansäure, Cyclopentenyl-*
Chloroschwefligsäure-[naphthylimidokohlensäure-äthylester]-anhydrid 3051
Cholansäure, Dihydroxy-naphthylcarbamoyloxy-, äthylester 2921
Cholanthren, Amino-methyl- 3400
Cholanthrenylamin, Methyl- 3400
Cholestan, Acetamino- 2785
—, Amino- 2784
—, Amino-isopentyl- 2785
—, Anilino- 2783
—, Dibrom-[brom-dimethyl-anilino]- 2784
—, Dibrom-[dibrom-anilino]- 2783
—, Dibrom-[dibrom-methyl-anilino]- 2784
—, Dibrom-[tribrom-methyl-anilino]- 2784
—, *p*-Toluidino- 2783
Cholestanylamin 2784
—, Isopentyl- 2785
Cholesten, Acetamino- 2830, 2832
—, [Acetyl-anilino]- 2832
—, Amino- 2830
—, Anilino- 2831
—, Benzamino- 2833
—, [Benzolsulfonyl-benzyl-amino]- 2832
—, [Benzyl-acetyl-amino]- 2832
—, Benzylamino- 2831
—, Chlor-benzylamino- 2832
—, [Dimethyl-anilino]- 2832
—, [Dinitro-anilino]- 2833
—, [Methyl-anilino]- 2831
—, Naphthylamino- 2859, 3002
—, Naphthylcarbamoyloxy- 2911, 3027
—, [Nitro-benzamino]- 2833
—, [Nitro-naphthylcarbamoyloxy]- 2974
—, [(Nitro-phenyl)-hydrazino]- 2833
—, [Nitroso-anilino]- 2833
—, *m*-Toluidino- 2831
—, *o*-Toluidino- 2831
—, *p*-Toluidino- 2831

Cholesten, [Toluol-sulfonylamino]- 2833
Cholestenylamin 2830
Cholesterin, Naphthylcarbamoyl- 2911, 3027
—, [Nitro-naphthylcarbamoyl]- 2974
Cholesterylamin 2830
i-**Cholesterylamin** 2833
Chrysen, Acetamino- 3389
—, Amino- 3389
—, Brom-acetamino- 3390
—, Brom-amino- 3390
—, Chlor-acetamino- 3390
—, Chlor-amino- 3390
—, Diacetylamino- 3389
—, Nitro-acetamino- 3391
—, Nitro-amino- 3390
Chrysen-chinon-bis-naphthylimin 2864, 3012
Chrysenylamin 3389
—, Brom- 3390
—, Chlor- 3390
—, Nitro- 3390
Chrysenylisocyanat 3390
Cinnamamid, Benzhydryl- 3227
—, Biphenylyl- 3128
—, Hydroxy-methoxy-*o*-terphenylyl- 3374
—, Hydroxy-*o*-terphenylyl- 3373
Cinnamylamin, Methyl- 2804
Cinnamylisothiocyanat 2793
Citral-naphthyloxamoylhydrazon 2872, 3018
Coronen, Acetamino- 3417
—, Amino- 3416
Coronenylamin 3416
Crotonamid, Biphenylyl- 3127
—, Naphthylamino-naphthyl- 3056
Crotonsäure, [(Brom-benzyl)-anilino]-, methylester 3218
—, [Brom-naphthylamino]-, äthylester 2965
—, [(Chlor-benzyl)-anilino]-, methylester 3217
—, Fluorenylamino-, äthylester 3291
—, Methyl-, [trimethyl-anilid] 2701
—, [Methyl-naphthylamino]-, äthylester 3092
—, Naphthylamino-, anilid 2952
—, Pyrenylamino-, äthylester 3371
Cryptol, Naphthylcarbamoyl- 2897
Cumidin s. *Anilin, Isopropyl-*
Cumol, Brom-dinitro-anilino- 2684
Cyanamid s. *Carbamonitril*
Cycloarten, Amino- 2846
Cycloartenylamin 2846
3.5-Cyclo-cholestan, Acetamino- 2834
—, Amino- 2833
—, Benzylamino- 2834
3.5-Cyclo-cholestanylamin 2833
3.5-Cyclo-cyclopenta[*a*]phenanthren, Acetamino-dimethyl-[dimethyl-hexyl]-hexadecahydro- 2834
3.5-Cyclo-cyclopenta[*a*]phenanthren, Amino-dimethyl-[dimethyl-hexyl]-hexadecahydro- 2833
—, Benzylamino-dimethyl-[dimethyl-hexyl]-hexadecahydro- 2834
Cyclohexadien-dicarbonsäure, Bis-biphenylylamino-, diäthylester 3183
—, Bis-biphenylylimino-, diäthylester 3184
—, Bis-naphthylamino-, diäthylester 2955, 3058
Cyclohexadienon, Imino- s. *Benzochinon-imin*
Cyclohexan, Acetamino-benzyl- 2823
—, Amino-benzyl- 2823
—, Amino-dibenzyl- 3334
—, Amino-dimethyl-phenyl- 2828
—, Aminomethyl-[dimethyl-phenyl]- 2828
—, Aminomethyl-phenyl- 2826
—, Amino-phenyl- 2820
—, Benzamino-benzyl- 2823
—, Benzamino-methyl-benzyl- 2827
—, Benzamino-phenyl- 2820
—, Bis-naphthylcarbamoyloxy- 2916
—, Bis-naphthylcarbamoyloxy-propyl- 2917
—, Naphthylcarbamoyloxy-methyl-*tert*-butyl- 2894
—, Naphthylcarbamoyloxy-methyl-diäthyl- 2895
Cyclohexancarbamid, Dimethyl-naphthyl- 2869
—, [Naphthyl-äthyl]- 3114
Cyclohexan-carbonsäure, Acenaphthenylimino-, äthylester 3214
—, Biphenylylimino-, äthylester 3183
—, Fluorenylimino-, äthylester 3292
—, Methyl-naphthylcarbamoylmethyl- 2875, 3022
Cyclohexan-dicarbonsäure, Bis-biphenylylimino-, diäthylester 3183
—, Bis-naphthylimino-, diäthylester 2955, 3058
Cyclohexanon, Acenaphthenylamino-methylen- 3213
—, [Acenaphthenyl-formimidoyl]- 3213
—, Biphenylylaminomethylen- 3155
—, [Biphenylyl-formimidoyl]- 3155
—, Methyl-, [*tert*-butyl-phenylimin] 2727
—, Methyl-, mesitylimin 2710
—, Methyl-isopropyl-naphthylaminomethylen- 3009
—, Methyl-isopropyl-[naphthyl-formimidoyl]- 3009
—, Naphthylaminomethylen- 2862, 3009
—, [Naphthyl-formimidoyl]- 2862, 3009
Cyclohexen, Amino-phenyl- 2839
—, Benzamino-phenyl- 2839

Cyclohexen, [Dimethylamino-methyl]-methallyliden- 2756
—, Naphthylcarbamoyloxy-dimethyl- 2897
—, Naphthylcarbamoyloxy-isopropyl- 2897
Cyclohexencarbamidin, Biphenylyl- 3127
Cyclohexen-carbonsäure, Acenaphthenylamino-, äthylester 3214
—, Biphenylylamino-, äthylester 3183
—, Fluorenylamino-, äthylester 3292
Cyclohexenylamin, Dimethyl-phenyl- 2842
—, Phenyl- 2839
—, Triphenyl- 3402
Cyclohexylamin, Benzyl- 2823
—, Dibenzyl- 3334
—, Dimethyl-phenyl- 2828
—, Phenyl- 2820
—, Triphenyl- 3397
9.19-Cyclo-lanosten, Amino- 2846
Cyclopenta[*a*]cyclopropa[*e*]phenanthren, Amino-tetramethyl-[dimethyl-hexenyl]-tetradecahydro- 2846
Cyclopentan, Acetamino-diphenyl- 3329
—, Amino-benzyl- 2820
—, Amino-diphenyl- 3329
Cyclopentancarbamid, Naphthylimino-naphthyl- 2953 Anm., 3057
—, Oxo-naphthyl- 2953, 3056
Cyclopentan-carbonsäure, Trimethyl-biphenylylcarbamoyl- 3130, 3147, 3160
—, Trimethyl-naphthylcarbamoyl- 2876, 3023
Cyclopentanon-[biphenylyl-semicarbazon] 3177
— [naphthyl-semicarbazon] 2938, 3042
Cyclopenta[*a*]phenanthren, Acetamino-dimethyl-[dimethyl-hexyl]-hexadecahydro- 2785
—, Acetamino-dimethyl-[dimethyl-hexyl]-tetradecahydro- 2830, 2832
—, Acetamino-dimethyl-[methyl-diphenyl-vinyl]-tetradecahydro- 3403
—, [Acetyl-anilino]-dimethyl-[dimethyl-hexyl]-tetradecahydro- 2832
—, Amino-dimethyl-[dimethyl-hexyl]-hexadecahydro- 2784
—, Amino-dimethyl-[dimethyl-hexyl]-tetradecahydro- 2830
—, Amino-dimethyl-hexadecahydro- 2780
—, Amino-dimethyl-isopentyl-[dimethyl-hexyl]-hexadecahydro- 2785
—, Amino-dimethyl-[methyl-diphenyl-vinyl]-tetradecahydro- 3402
—, Amino-dimethyl-tetradecahydro- 2829
—, Anilino-dimethyl-[dimethyl-äthyl-hexyl]-tetradecahydro- 2834
—, Anilino-dimethyl-[dimethyl-hexyl]-hexadecahydro- 2783

Cyclopenta[*a*]phenanthren,
—, Anilino-dimethyl-[dimethyl-hexyl]-tetradecahydro- 2830, 2831
—, Anilino-dimethyl-[methyl-diphenyl-vinyl]-tetradecahydro- 3403
—, Benzamino-dimethyl-[dimethyl-hexyl]-tetradecahydro- 2833
—, [Benzyl-acetyl-amino]-dimethyl-[dimethyl-hexyl]-tetradecahydro- 2832
—, Benzylamino-dimethyl-[dimethyl-hexyl]-tetradecahydro- 2831
—, Benzylidenamino-dimethyl-[methyl-diphenyl-vinyl]-tetradecahydro- 3403
—, Dibrom-[brom-dimethyl-anilino]-dimethyl-[dimethyl-hexyl]-hexadecahydro- 2784
—, Dibrom-[dibrom-anilino]-dimethyl-[dimethyl-hexyl]-hexadecahydro- 2783
—, Dibrom-[dibrom-methyl-anilino]-dimethyl-[dimethyl-hexyl]-hexadecahydro- 2784
—, Dibrom-[tribrom-methyl-anilino]-dimethyl-[dimethyl-hexyl]-hexadecahydro- 2784
—, Dimethyl-[acetamino-methyl-propyl]-hexadecahydro- 2782
—, Dimethyl-[amino-methyl-propyl]-hexadecahydro- 2782
—, [Dimethyl-anilino]-dimethyl-[dimethyl-hexyl]-tetradecahydro- 2832
—, [Dinitro-anilino]-dimethyl-[dimethyl-hexyl]-tetradecahydro- 2833
—, [Methyl-anilino]-dimethyl-[dimethyl-hexyl]-tetradecahydro- 2831
—, Methyl-dimethylaminomethyl-äthyl-hexadecahydro- 2780
—, Methyl-dimethylaminomethyl-vinyl-dodecahydro- 3123
—, Methyl-trimethylammoniomethyl-äthyl-hexadecahydro- 2781
—, Methyl-trimethylammoniomethyl-vinyl-dodecahydro- 3124
—, Naphthylamino-dimethyl-[dimethyl-hexyl]-tetradecahydro- 2859, 3002
—, Naphthylcarbamoyloxy-dimethyl-[dimethyl-hexyl]-tetradecahydro- 2911, 3027
—, [Nitro-benzamino]-dimethyl-[dimethyl-hexyl]-tetradecahydro- 2833
—, [Nitro-naphthylcarbamoyloxy]-dimethyl-[dimethyl-hexyl]-tetradecahydro- 2974
—, [Nitroso-anilino]-dimethyl-[dimethyl-hexyl]-tetradecahydro- 2833
—, *o*-Toluidino-dimethyl-[dimethyl-äthyl-hexyl]-tetradecahydro- 2835
—, *p*-Toluidino-dimethyl-[dimethyl-hexyl]-hexadecahydro- 2783

D

E

Essigsäure-[methyl-*tert*-butyl-anilid] 2727
— [(methyl-cyclobutyl)-anilid] 2816
— [methyl-cyclohexenyl-anilid] 2839
— [(methyl-cyclohexenyl)-anilid] 2840
— [methyl-cyclohexyl-anilid] 2824, 2825
— [(methyl-cyclohexyl)-anilid] 2826
— [methyl-diisopropyl-anilid] 2769
— [methyl-dodecyl-anilid] 2779
— [(methyl-heptyl)-anilid] 2770
— [methyl-isobutyl-anilid] 2756
— [methyl-isopropenyl-anilid] 2804
— [methyl-isopropyl-anilid] 2733, 2734, 2741
— [methyl-(methyl-cyclohexenyl)-anilid] 2842
— [methyl-naphthylmethyl-anilid] 3366
— [methyl-octyl-anilid] 2774
— [(methyl-pentyl)-anilid] 2760
— [methyl-*tert*-pentyl-anilid] 2754
— [methyl-(phenyl-äthyl)-anilid] 3268
— [methyl-propyl-anilid] 2731
— [methyl-trityl-anilid] 3409, 3412
— [(methyl-trityl)-anilid] 3413
— [naphthyl-anilid] 3364
— [neopentyl-anilid] 2755
— [nitro-benzyl-anilid] 3215, 3220
— [nitro-decyl-anilid] 2776
— [nitro-diisopropyl-anilid] 2764
— [nitro-distyryl-anilid] 3401
— [nitro-dodecyl-anilid] 2777
— [nitro-isopropenyl-anilid] 2794
— [nitro-isopropyl-anilid] 2686
— [nitro-methyl-äthyl-anilid] 2692, 2695, 2696
— [nitro-methyl-*tert*-butyl-anilid] 2757
— [nitro-methyl-dodecyl-anilid] 2779
— [nitro-methyl-isopropyl-anilid] 2739, 2740
— [nitro-(nitro-benzyl)-anilid] 3221
— [nitro-octyl-anilid] 2770
— [nitro-propyl-anilid] 2657, 2658, 2659
— [nitro-tetradecyl-anilid] 2780
— [nitro-triisopropyl-anilid] 2775
— [nitro-trimethyl-anilid] 2705
— [octyl-anilid] 2770
— [pentyl-anilid] 2747
— [*tert*-pentyl-anilid] 2754
— [(phenyl-äthyl)-anilid] 3248
— [(phenyl-butadienyl)-anilid] 3349
— [(phenyl-butyl)-anilid] 3274
— [propyl-anilid] 2657, 2658, 2659
— [propyl-*tert*-butyl-anilid] 2727
— [tetradecyl-anilid] 2780
— [(tetrahydro-naphthyl)-anilid] 3327
— [tetramethyl-anilid] 2743, 2744, 2745
— [triäthyl-anilid] 2765
— [triisopropyl-anilid] 2775
— [trimethyl-anilid] 2700, 2701, 2711
— [trimethyl-butyl-anilid] 2711
Essigsäure-[trimethyl-(chloromercurio-äthyl)-anilid] 2712
— [trimethyl-isobutyl-anilid] 2711
— [trimethyl-isopropyl-anilid] 2711
— [trimethyl-(methyl-propenyl)-anilid] 2822
— [(trimethyl-propyl)-anilid] 2763
— [trityl-anilid] 3409
— [vinyl-anilid] 2785, 2786

F

Fluoranthen, Acetamino- 3367, 3368
—, Acetamino-tetrahydro- 3351
—, Amino- 3367, 3368
—, Amino-tetrahydro- 3351
—, Brom-amino- 3368
—, [Diäthylamino-äthyl]-tetrahydro- 3360
—, [Diäthylamino-propyl]-tetrahydro- 3360
—, [Dibutylamino-äthyl]-tetrahydro- 3360
—, [Dimethylamino-äthyl]-tetrahydro- 3360
—, Trimethyl-[diäthylamino-äthyl]-tetrahydro- 3361
—, Trimethyl-[dimethylamino-äthyl]-tetrahydro- 3361
Fluoranthenylamin 3367, 3368
—, Brom- 3368
—, Tetrahydro- 3351
Fluoren, Acetamino- 3287, 3297, 3299
—, Acetamino-benzyl- 3395
—, Acetamino-phenyl- 3391
—, [Acetamino-styryl]- 3400
—, Äthylamino- 3298
—, Amino- 3285, 3296, 3297
—, Amino-benzyl- 3394
—, Amino-dimethyl-hexahydro- 2843
—, Amino-hexahydro- 2840
—, Amino-methyl- 3317
—, Aminomethylen- 7 2378
—, Amino-naphthyl- 3407
—, Amino-phenyl- 3391
—, Amino-tetrahydro- 3118
—, Amino-*o*-tolyl- 3395
—, Anilino- 3298
—, Benzamino- 3288
—, Benzamino-benzyl- 3395
—, Brom-acetamino- 3293
—, Brom-amino- 3292, 3293
—, Bromamino-phenyl- 3391
—, Brom-benzamino- 3293
—, Chlor-acetamino- 3292
—, [Chlor-äthylamino]- 3286
—, Chlor-amino- 3292
—, Chloramino- 3300
—, Chloramino-naphthyl- 3408
—, Chloramino-phenyl- 3391
—, Dibrom-acetamino- 3294
—, Dibrom-[acetamino-benzyliden]- 3397
—, Dibrom-amino- 3294, 3297
—, Dibrom-[amino-benzyliden]- 3397

Fluoren, Dichloramino- 3300
—, Dichloramino-phenyl- 3391
—, Dimethylamino- 3286, 3297
—, Dimethylamino-benzyl- 3395
—, [Dimethylamino-benzyliden]- 3397
—, [Dimethylamino-cinnamyliden]- 3406
—, [Dimethylamino-styryl]- 3400
—, Dinitro-acetamino- 3301, 3302
—, Dinitro-trimethylammonio- 3301
—, Formamino- 3287, 3299
—, Isovalerylamino- 3288
—, Methylamino- 3297
—, Nitro-acetamino- 3295, 3296
—, Nitro-amino- 3295, 3296
—, Nitro-anilino- 3300
—, [Nitro-benzylamino]- 3286
—, Nitro-dimethylamino- 3295
—, Nitro-[nitro-anilino]- 3300
—, Nitro-*p*-toluidino- 3301
—, Nitro-trimethylammonio- 3300
—, Propionylamino- 3287
—, Tribrom-acetamino- 3294
—, Tribrom-amino- 3294
—, Valerylamino- 3288
Fluorencarbamid, Hydroxy-naphthyl- 2952, 3054
Fluorenon-[benzhydryl-phenylimin] 3377
— fluorenylimin 3299
Fluorenylamin 3285, 3296, 3297
—, Benzyl- 3394
—, Brom- 3292, 3293
—, Chlor- 3292
—, Dibrom- 3294, 3297
—, Dimethyl-hexahydro- 2843
—, Hexahydro- 2840
—, Methyl- 3317
—, Naphthyl- 3407
—, Nitro- 3295, 3296
—, Phenyl- 3391
—, Tetrahydro- 3118
—, Tribrom- 3294
Fluorenylisocyanat 3291
Formaldehyd-fluorenylmethylimin 3316
— naphthylimin 3005
— [trimethyl-phenyloxamoylhydrazon] 2702
Formamid, Acenaphthenyl- 3211, 3213
—, Äthyl-naphthyl-cyan- 2873, 3019
—, [Äthyl-naphthyl]-cyan- 3110
—, [Äthyl-phenyl-propyl]- 2749
—, Anthryl- 3335
—, Benzhydryl- 3226
—, Benzo[*a*]fluorenyl- 3372
—, Benzo[*b*]fluorenyl- 3372
—, Bis-[isopropyl-benzyl]- 2741
—, [Brom-benzhydryl]- 3233
—, [Chlor-benzhydryl]- 3232
—, [Chlor-nitro-naphthyl]- 2978
—, [Dibrom-benzhydryl]- 3233
Formamid, [Dibrom-naphthyl]- 3077
—, [(Dihydro-phenanthryl)-äthyl]- 3327
—, [Dimethyl-phenyl-äthyl]- 2725
—, [Dimethyl-phenyl-propyl]- 2751
—, [(Diphenyl-naphthyl)-äthyl]- 3406
—, Fluorenyl- 3287, 3299
—, Indanylmethyl- 2815
—, [Isopropyl-benzyl]- 2741
—, [Jod-benzhydryl]- 3234
—, [Methyl-isopropyl-phenanthryl]- 3355
—, [Methyl-phenäthyl]- 2694
—, [Methyl-phenyl-pentyl]- 2759
—, Naphthyl- 2866, 3013
—, Naphthyl-cyan- 3017
—, [Nitro-acenaphthenyl]- 3211, 3212, 3214
—, [Nitro-naphthyl]- 2970, 2972, 2974, 3081, 3084
—, Phenanthryl- 3341
—, [Phenanthryl-äthyl]- 3350, 3351
—, [Phenyl-benzyl-äthyl]- 3263
—, [Phenyl-butyl]- 2720
—, [Phenyl-propyl]- 2690
—, Pyrenyl- 3369
—, [Tetradeuterio-dibrom-benzhydryl]- 3233
—, [Tetrahydro-naphthylmethyl]- 2817
Formamidin, Bis-biphenylyl- 3156
—, Bis-[trimethyl-phenyl]- 2701
—, [Chlor-phenyl]-benzhydryl- 3226
—, Dinaphthyl- 2866, 3014
—, Dinaphthyl-cyan- 3020
—, [Hydroxy-phenanthrylazo]-dinaphthyl- 3044
—, Naphthyl-benzhydryl- 3227
—, Phenyl-benzhydryl- 3226
—, Phenyl-naphthyl-thiocarbamoyl- 2873
—, *p*-Tolyl-benzhydryl- 3226
Formimidsäure, Chlorsulfinyloxy-naphthyl-, äthylester 3051
Fulven, Tetraphenyl-[dimethylamino-phenyl]- 3418

G

Galactamin, [Dinitro-naphthyl]- 2985
Glucamin, [Dinitro-naphthyl]- 2985
Glucit, Pentamethyl-naphthylcarbamoyl- 2920
Gluconsäure, [Methyl-naphthyl]-, amid 3104
Glutaramid, Bis-biphenylyl- 3130
—, Bis-naphthylcarbamoylmethyl-dinaphthyl- 2876
—, Oxo-dinaphthyl- 2954, 3058
Glutaramidsäure, Biphenylyl- 3129
—, Biphenylyl-, methylester 3130
—, Methyl-naphthyl- 2875, 3022
—, Methyl-naphthyl-, äthylester 3022
—, Trimethyl-naphthyl- 3022
Glutarsäure-biphenylylamid 3129

Glycin, Anthrylcarbamoyl- 3336
—, Benz[*a*]anthracenylcarbamoyl- 3388
—, Benzo[*def*]chrsyenylcarbamoyl- 3405
—, Benzolsulfonyl-[nitro-naphthyl]- 2976
—, Diäthyl-, benz[*a*]anthracenylmethylamid 3392
—, Diäthyl-, naphthylamid 2957, 3060
—, Diäthyl-, [trimethyl-anilid] 2705, 2712
—, Fluorenyl- 3291
—, [Methyl-benz[*a*]anthracenylcarbamoyl]-, äthylester 3392
—, [Methyl-benzhydryl]- 3252
—, [Methyl-phenyl-äthyl]-, benzhydrylamid 3231
—, Naphthyl- 2949
—, Naphthyl-, naphthylamid 2957, 3060
—, Naphthyl-, nitril 2949
—, Naphthyl-acetyl- 2949
—, Phenyl-, [nitro-naphthylamid] 3080
Glycin-naphthylamid 2956
Glyoxylsäure-[naphthyl-semicarbazon] 2939
Gossypol-bis-naphthylimin 3013
Guanidin, Äthyl-phenanthryl- 3343
—, Anthryl- 3337
—, Benzyl-naphthyl- 2948
—, Diäthyl-phenanthryl- 3343
—, [Dinitro-oxo-phenanthrylidenamino]-dinaphthyl- 3044
—, Diphenanthryl- 3343
—, Diphenyl-naphthylcarbamoyl- 2933
—, [Hydroxyimino-phenanthrylidenamino]-dinaphthyl- 3044
—, [Isopropyl-benzyl]- 2742
—, Isopropyl-phenanthryl- 3343
—, [Methoxy-propyl]-naphthyl-cyan- 2937
—, Methyl-naphthyl- 2936
—, Naphthyl- 3039
—, Naphthyl-cyan- 2936, 3040
—, [Nitro-benzolsulfonyl]-naphthyl- 2937, 3040
—, Nitro-[methyl-isopropyl-phenyl]- 2734
—, [Nitro-oxo-phenanthrylidenamino]-dinaphthyl- 3044
—, Nitro-[*tert*-pentyl-phenyl]- 2754
—, [Oxo-phenanthrylidenamino]-dinaphthyl- 3044
—, Phenanthryl- 3343
—, Phenanthryl-cyan- 3343
—, [Phenyl-butyl]- 2720
—, [Phenyl-propyl]- 2681

H

Harnstoff, Äthyl-biphenylyl- 3131, 3171
—, Äthyl-[methyl-diphenyl-butyl]- 3282
—, Äthyl-[methyl-penteninyl]-naphthyl- 2924
—, Äthyl-naphthyl- 2922, 3030
—, Äthyl-[nitro-biphenylyl]- 3200
Harnstoff, Äthyl-[nitro-trimethyl-phenyl]- 2706
—, [Äthyl-phenyl-propyl]- 2753
—, [Äthyl-phenyl-propyl]-phenyl- 2753
—, Äthyl-*m*-tolyl-naphthyl- 2926
—, Äthyl-*o*-tolyl-naphthyl- 2926
—, Äthyl-*p*-tolyl-naphthyl- 2926
—, Äthyl-[trimethyl-phenyl]- 2704
—, Allyloxy-naphthyl- 2937
—, Allyl-trityl- 3378
—, Anthryl- 3336
—, Benz[*a*]anthracenyl- 3387
—, Benz[*a*]anthracenylmethyl-bis-[chlor-äthyl]- 3393
—, Benz[*a*]anthracenylmethyl-bis-[hydroxy-äthyl]- 3393
—, Benzhydryl- 3228
—, Benzo[*def*]chrysenyl- 3405
—, [Benzyl-phenyl]- 3216
—, Benzyl-trityl- 3379
—, Biphenylyl- 3130, 3170
—, Bis-[äthyl-phenyl-propyl]- 2753
—, Bis-benz[*a*]anthracenyl- 3387
—, Bis-biphenylyl- 3131, 3174
—, Bis-[dibrom-naphthyl]- 3077
—, Bis-[dichlor-naphthyl]- 3070
—, Bis-[dimethyl-phenyl-äthyl]- 2725
—, Bis-[(diphenyl-naphthyl)-äthyl]- 3407
—, Bis-[hydroxy-äthyl]-naphthyl- 2927
—, Bis-[methyl-phenyl-äthyl]- 2687
—, Bis-[nitro-naphthyl]- 2973
—, Bis-[phenyl-benzyl-propyl]- 3276
—, [Brom-methyl-phenyl]-naphthyl- 3032
—, [Brom-naphthyl]-acetyl- 2965, 3071
—, [Brom-phenyl]-biphenylyl- 3172
—, [Brom-phenyl]-naphthyl- 2924, 2925, 3031
—, [Brom-phenyl]-naphthyl-acetyl- 2948
—, Butadienyl-naphthyl- 2924
—, [*tert*-Butyl-benzyl]- 2757
—, Butyl-biphenylyl- 3131, 3171
—, Butyl-[methyl-propinyl]-naphthyl- 2923
—, Butyl-naphthyl- 2922, 3030
—, Butyl-phenyl-mesityl- 2712
—, Butyl-phenyl-naphthyl- 2926
—, [Chlor-methyl-isopropyl-phenyl]- 2738
—, [Chlor-methyl-phenyl-äthyl] -2675
—, [Chlor-phenyl]-biphenylyl- 3172
—, [Chlor-phenyl]-fluorenyl- 3290
—, [Chlor-phenyl]-naphthyl- 2924, 3030
—, Decyl-naphthyl- 2923
—, [Diäthylamino-äthyl]-naphthyl- 2935
—, Diäthyl-biphenylyl- 3171
—, Diäthyl-trityl- 3378
—, Dianthryl- 3336
—, Dibenzhydryl- 3228
—, [Dibutylamino-äthyl]-naphthyl- 2935
—, Dibutyl-naphthyl- 2923
—, [(Dichlor-phenyl)-propyl]-phenyl- 2682

Harnstoff, Difluorenyl- 3290
—, [Dimethylamino-äthyl]-naphthyl- 2934
—, Dimethyl-biphenylyl- 3171
—, [Dimethyl-norbornylmethyl]-äthyl-naphthyl- 2924
—, [Dimethyl-phenyl-äthyl]-phenyl- 2725
—, [Dimethyl-phenyl-hexyl]-phenyl- 2771
—, [Dimethyl-phenyl]-naphthyl- 3033
—, Dinaphthyl- 2926, 3033
—, Dinaphthyl-benzoyl- 3051
—, Dinaphthyl-stearoyl- 3051
—, [(Dinitro-anilino)-äthyl]-phenyl-benzhydryl- 3230
—, [Dinitro-methyl-phenyl]-biphenylyl- 3174
—, [Dinitro-methyl-phenyl]-naphthyl- 2926, 3033
—, [Dinitro-phenyl]-biphenylyl- 3173
—, [Dinitro-phenyl]-naphthyl- 2925, 3032
—, Dioctadecyl-naphthyl- 2923
—, Diphenyl-benzhydryl- 3228
—, Diphenyl-biphenylyl- 3173
—, Diphenyl-[methyl-isopropyl-phenanthryl]- 3357
—, Diphenyl-naphthyl- 3032
—, [Dipropylamino-äthyl]-naphthyl- 2935
—, Dipropyl-biphenylyl- 3171
—, Dipyrenyl- 3370
—, Ditrityl- 3379
—, Dodecyl-naphthyl- 2923
—, Fluorenyl- 3290, 3299
—, Fluorenyl-acetyl- 3300
—, Heptyl-biphenylyl- 3172
—, [Hydroxy-äthyl]-anthryl- 3336
—, [Hydroxy-äthyl]-benz[*a*]anthracenyl- 3387
—, [Hydroxy-äthyl]-benzo[*def*]chrysenyl- 3405
—, [Hydroxy-äthyl]-naphthyl- 2926
—, [Hydroxy-propyl]-naphthyl- 2927
—, Isobutyl-biphenylyl- 3131, 3172
—, Isobutyl-naphthyl- 2923, 3030
—, Isopropenyl-naphthyl- 2927
—, Isopropyl-biphenylyl- 3131, 3171
—, Isopropyl-[methyl-propinyl]-naphthyl- 2923
—, Isopropyl-naphthyl- 2922, 3030
—, [Jod-methyl-phenyl-äthyl]- 2676
—, [Jod-phenyl]-biphenylyl- 3173
—, [Jod-phenyl]-naphthyl- 2925, 3031
—, [Jod-phenyl-propyl]- 2676
—, [Methyl-benz[*a*]anthracenyl]- 3392
—, Methyl-biphenylyl- 3130, 3171
—, Methyl-bis-[methyl-phenyl-äthyl]- 2687
—, Methyl-[cyan-äthyl]-naphthyl- 2933
—, Methyl-naphthyl- 2922, 3029
—, Methyl-[nitro-trimethyl-phenyl]- 2706
—, [Methyl-penteninyl]-naphthyl- 2924
—, [Methyl-phenyl-äthyl]- 2687
Harnstoff, [Methyl-phenyl-äthyl]-phenyl- 2687
—, Methyl-phenyl-biphenylyl- 3173
—, Methyl-phenyl-naphthyl- 2926, 3032
—, [Methyl-phenyl-propyl]- 2731
—, [Methyl-phenyl-propyl]-cyclohexyl-phenyl- 2726
—, [Methyl-propinyl]-cyclohexyl-naphthyl- 2924
—, Methyl-[trimethyl-phenyl]- 2704
—, Naphthyl- 3029
—, Naphthyl-acetyl- 2927, 3033
—, [Naphthyl-äthyl]- 3111, 3114
—, Naphthyl-benzoyl- 3033
—, Naphthyl-biphenylyl- 3174
—, Naphthyl-[diphenyl-carbamimidoyl]- 2933
—, Naphthyl-[methyl-naphthyl]- 3103
—, Naphthyl-naphthyl- 3033
—, Naphthyl-[nitro-benzoyl]- 2928
—, Naphthyl-[phenyl-benzimidoyl]- 2927, 3033
—, Nitro-äthyl-[dinitro-trimethyl-phenyl]- 2704
—, Nitro-äthyl-[trinitro-biphenylyl]- 3146, 3209
—, Nitro-äthyl-[trinitro-naphthyl]- 3091
—, [(Nitro-benzoyloxy)-äthyl]-naphthyl- 2927
—, [(Nitro-benzoyloxy)-propyl]-naphthyl- 2927
—, Nitro-methyl-[dinitro-trimethyl-phenyl]- 2704
—, [Nitro-methyl-phenyl]-biphenylyl- 3174
—, [Nitro-methyl-phenyl]-naphthyl- 2926, 3032, 3033
—, [Nitro-phenyl]-biphenylyl- 3173
—, [Nitro-phenyl]-dinaphthyl- 3051
—, [Nitro-phenyl]-fluorenyl- 3290
—, [Nitro-phenyl]-[methyl-isopropyl-phenanthryl]- 3357
—, [Nitro-phenyl]-naphthyl- 2925, 3031
—, [Nitro-phenyl]-*p*-tolyl-[methyl-isopropyl-phenanthryl]- 3357
—, Octadecyl-naphthyl- 2923
—, Octyl-naphthyl- 3030
—, Pentyl-biphenylyl- 3172
—, Phenyl-benzhydryl- 3228
—, Phenyl-benzyl-benzhydryl- 3228
—, [Phenyl-benzyl-propyl]-phenyl- 3276
—, Phenyl-biphenylyl- 3172
—, Phenyl-[dibrom-naphthyl]- 3077
—, Phenyl-[dihydro-naphthyl]- 2836
—, Phenyl-fluorenyl- 3290, 3299
—, Phenyl-[hexahydro-fluorenyl]- 2841
—, Phenyl-[isopropenyl-phenyl]- 2794
—, Phenyl-mesityl- 2712
—, Phenyl-[methyl-dodecyl-phenyl]- 2779

Harnstoff, Phenyl-[methyl-isopropyl-phenanthryl]- 3357
—, Phenyl-[methyl-vinyl-phenyl]- 2796
—, Phenyl-naphthyl- 3030
—, Phenyl-naphthyl-acetyl- 3033
—, Phenyl-[nitro-dodecyl-phenyl]- 2777
—, Phenyl-phenanthryl- 3338
—, [Phenyl-propyl]-phenyl- 2663
—, [Phenyl-propyl]-phenyl-benzyl- 2664
—, Phenyl-[tetrahydro-naphthyl]- 2806, 2815
—, Phenyl-trityl- 3379
—, Propyl-biphenylyl- 3131, 3171
—, Propyl-naphthyl- 2922, 3030
—, *m*-Tolyl-biphenylyl- 3174
—, *o*-Tolyl-biphenylyl- 3174
—, *p*-Tolyl-biphenylyl- 3174
—, *m*-Tolyl-naphthyl- 3032
—, *o*-Tolyl-naphthyl- 3032
—, *p*-Tolyl-naphthyl- 3032
—, [*p*-Tolyl-propyl]-phenyl-benzyl- 2732
—, Trityl- 3378
—, Trityl-acetyl- 3379
—, Trityl-benzoyl- 3379
—, Vinyl-naphthyl- 2927
Heptadien, Amino-benzyl- 2842
—, Biphenylylcarbamoyloxy- 3165
Heptan, Amino-phenyl- 2767
—, Biphenylylcarbamoyloxy-dimethyl- 3163
—, Biphenylylcarbamoyloxy-methyl-*p*-tolyl- 3168
—, Chlor-dimethylamino-diphenyl- 3284
—, Naphthylcarbamoyloxy- 2881
—, Naphthylcarbamoyloxy-dimethyl- 2884
—, Naphthylcarbamoyloxy-dimethyl-äthyl- 2886
—, Naphthylcarbamoyloxy-methyl- 2883
—, Naphthylcarbamoyloxy-tetramethyl- 2886
—, Naphthylcarbamoyloxy-trimethyl- 2885
Heptanal-[biphenylyl-semicarbazon] 3176
— naphthyloxamoylhydrazon 2872, 3018
— [naphthyl-semicarbazon] 2938, 3041
Heptanamid, Naphthyl- 2868
Heptanon, Naphthylcarbamoyloxy-methyl- 2920
Heptanon-[phenyl-propylimin] 2681
Hepten, Biphenylylcarbamoyloxy- 3164
—, Dimethylamino-diphenyl- 3333
—, [Jod-biphenylylcarbamoyloxy]- 3196
—, [Jod-biphenylylcarbamoyloxy]-methyl- 3196
Heptenin, Methoxy-naphthylcarbamoyloxy- 2917, 2918
Heptenon, Naphthylcarbamoyloxy-methyl- 2920
Heptin, Methoxy-naphthylcarbamoyloxy- 2917
Heptylamin, Phenyl- 2766
Hexadecanamid s. a. *Palmitinamid*
Hexadien, Naphthylcarbamoyloxy- 2896
Hexan, Acetamino-phenyl- 2760
—, Amino-phenyl- 2759, 2761
—, Benzamino-phenyl- 2760
—, Biphenylylcarbamoyloxy- 3161
—, Formamino-phenyl- 2759
—, Naphthylcarbamoyloxy- 2879
—, Naphthylcarbamoyloxy-cyclohexyl- 2895
—, Naphthylcarbamoyloxy-dimethyl- 2883
—, Naphthylcarbamoyloxy-dimethyl-äthyl- 2885
—, Naphthylcarbamoyloxy-methyl- 2881
—, Naphthylcarbamoyloxy-trimethyl- 2884, 2885
—, Nitro-naphthylcarbamoyloxy- 2879
Hexanal-[biphenylyl-semicarbazon] 3176
— [naphthyl-semicarbazon] 2938, 3041
Hexanamid, Äthyl-naphthyl- 2869
—, Cyclohexenyl-biphenylyl- 3159
—, Pentahydroxy-[methyl-naphthyl]- 3104
—, Naphthyl- 2868, 3015
Hexandion-bis-naphthylimin 3008
Hexandiyldiamin, Bis-bibenzylylcarbamoyl- 3246
—, Bis-[phenyl-naphthyl-carbamoyl]- 3050
Hexannitril, Naphthylcarbamoyloxy-phenyl- 2921
Hexanon, Naphthylcarbamoyloxy-diäthyl- 2920
Hexanpentol, [Dinitro-naphthylamino]- 2985
Hexansäure, [Anthryl-ureido]- 3336
—, [Benz[*a*]anthracenyl-ureido]- 3388
—, Naphthylcarbamoyloxy-oxo-mesityl- 2921
Hexansäure-[vinyl-anilid] 2786
Hexen, Biphenylylcarbamoyloxy- 3164
—, Phenyl-[amino-phenyl]- s. *Stilben, Amino-diäthyl-*
Hexenin, Naphthylcarbamoyloxy- 2899, 3024
—, Naphthylcarbamoyloxy-dimethyl- 2900
—, Naphthylcarbamoyloxy-methyl- 2899, 2900, 3024
Hexenon, Naphthylcarbamoylmercapto-methyl- 2941
Hexin, Naphthylcarbamoyloxy- 2896
—, Naphthylcarbamoyloxy-methyl-cyclohexenyl- 2906
Hexylamin, Dimethyl-phenyl- 2771
—, Methyl-phenyl- 2767
Hydantoinsäure, Anthryl- 3336
—, Benz[*a*]anthracenyl- 3388
—, Benzo[*def*]chrysenyl- 3405
—, Benzo[*def*]chrysenyl-, äthylester 3405
—, [Methyl-benz[*a*]anthracenyl]-, äthylester 3392
Hydrazin, Acetyl-biphenylylcarbamoyl- 3178

I

Imidodicarbonsäure, Naphthyl-, diäthylester 2948
Indan, Acetamino- 2799, 2801
—, Acetaminomethyl- 2815
—, Amino- 2798, 2800
—, Amino-pentamethyl- 2828
—, Amino-phenäthyl- 3330
—, Anilino- 2801
—, Anilino-diphenyl- 3396
—, Benzaminomethyl- 2816
—, Benzylamino- 2799
—, Brom-amino- 2801
—, Dibrom-amino- 2802
—, Formaminomethyl- 2815
—, Methylamino- 2799
—, Nitro-acetamino- 2800, 2802
—, Nitro-amino- 2798, 2800, 2802
—, Nitro-benzamino- 2802
—, Nitro-dimethylamino- 2800
—, Nitro-naphthylcarbamoyloxy- 3027
—, *p*-Toluidino-diphenyl- 3396
Indancarbamid, Hydroxy-naphthyl- 2951, 3054
Indanon, Naphthylimino-phenyl- 3011
Indanylamin 2798, 2800
—, Brom- 2801
—, Dibrom- 2802
—, Methyl- 2798
—, Nitro- 2798, 2800, 2802
—, Pentamethyl- 2828
—, Phenäthyl- 3330
Inden, Amino-diphenyl- 3400
—, Diäthylaminomethyl- 2837
—, Dimethylaminomethyl- 2837
—, Dipropylaminomethyl- 2837
—, Methylaminomethyl- 2837
Indenon, Naphthylamino-phenyl- 3011
Indenylamin, Diphenyl- 3400
Indol, Dimethyl-phenyl- 2803
Isobenzedrin 2687
Isobutyraldehyd-[biphenylyl-semicarbazon] 3176
— [naphthyl-semicarbazon] 2938, 3041
Isochinolin, Oxo-*p*-tolyl-tetrahydro- 3252
Isoleucin, Naphthylcarbamoyl- 2934
Isophthalamid, Bis-[nitro-hexamethyl-biphenylyl]- 3284
Isothioharnstoff, [Brom-propyl]-biphenylyl- 3132
—, Methyl-phenanthryl- 3344
—, Methyl-phenanthryl-cyan- 3345
Isovaleramid, Brom-naphthyl- 2868
—, Fluorenyl- 3288
—, Naphthyl- 2868
Isovaleriansäure, Brom-, [trimethyl-anilid] 2701

K

Keton, Phenyl-[hydroxy-naphthyl]-, mesitylimin 2710
—, Phenyl-[hydroxy-naphthyl]-, naphthylimin 2865, 3013

L

Lävulinsäure s. *Valeriansäure, Oxo-*
Laurinamid, Biphenylyl- 3157
Leucin, Naphthylcarbamoyl- 2934

M

Maleinamidsäure, Biphenylyl- 3130
—, Naphthyl- 2875
—, [Nitro-naphthyl]- 2971, 2975, 2976, 3082
—, [Trimethyl-phenyl]- 2704
Maleinsäure-biphenylylamid 3130
— naphthylamid 2875
Malonaldehyd, Phenyl-, bis-naphthylimin 2863
—, Phenyl-, imin s. *Propionaldehyd, Imino-phenyl-*
Malonamid, Chlor-bis-[chlor-naphthyl]- 2874
—, Dichlor-bis-[chlor-naphthyl]- 2874, 3021
—, Dinaphthyl- 2874, 3021
—, Naphthyl- 2874, 3021
Malonamidsäure, Naphthyl-, äthylester 2874, 3021
—, Phenyl-benzhydrylaminomethylen-, äthylester 3229
—, Phenyl-[benzhydryl-formimidoyl]-, äthylester 3229
Malonsäure, Anthrylamino-, diäthylester 3337
—, [Naphthylamino-benzyliden]-, diäthylester 2954, 3058
—, Naphthylaminomethylen-, diäthylester 2954, 3058
—, [Naphthyl-benzimidoyl]-, diäthylester 2954, 3058
—, [Naphthyl-formimidoyl]-, diäthylester 2954, 3058
Malonsäure-amid-nitril s. *Acetamid, Cyan-*
p-**Menthan,** Biphenylylcarbamoyloxy- 3165
—, Naphthylcarbamoyloxy- 2894
p-**Menthen,** Naphthylcarbamoyloxy- 2898
Menthol, Biphenylylcarbamoyl- 3165
Mesidin s. *Anilin, Trimethyl-*
Mesitylisocyanat 2712
Methamphetamin 2667
Methan, Amino-cyclohexyl-phenyl- 2823
—, Amino-triphenyl- s. *Tritylamin*
—, Benzolsulfonylamino-[trimethyl-cyclohexyl]-phenyl- 2828

N

Naphthalin, Brom-amino- 2963, 2964, 2966, 3070, 3072, 3073, 3074, 3075
—, Brom-amino-methyl- 3093, 3094, 3105
—, Brom-amino-tetrahydro- 2810
—, Brom-benzamino- 2963, 2966, 3073, 3074
—, Brom-dimethylamino- 2964
—, Brom-dinitro-acetamino- 3089, 3090
—, Brom-dinitro-amino- 3089, 3090
—, Brom-nitro-acetamino- 2979, 2980, 3086
—, Brom-nitro-amino- 2978, 2979, 2980, 3085, 3086, 3087
—, Brom-nitro-anilino- 3086
—, Brom-nitro-benzamino- 2981
—, Brom-thioacetamino- 2964, 3071
—, Butylamino- 2855, 2998
—, Chlor-acetamino- 2960, 2961, 2962, 3066, 3067, 3068
—, Chlor-acetamino-methyl- 3105, 3108
—, Chlor-acetamino-phenyl- 3363
—, Chlor-amino- 2960, 2961, 2962, 3065, 3067, 3068
—, Chlor-amino-methyl- 3104, 3105, 3108
—, Chlor-amino-phenyl- 3362
—, Chlor-benzamino- 2960, 2961, 3066, 3067
—, Chlor-brom-acetamino- 3075
—, Chlor-brom-amino- 3075
—, Chlor-diacetylamino- 2961
—, Chlor-dibrom-acetamino- 2967
—, Chlor-dibrom-amino- 2967, 3077
—, Chlor-dibrom-benzamino- 2967
—, Chlor-dimethylamino- 2961, 2962
—, Chlor-methylamino-methyl- 3104
—, Chlor-nitro-acetamino- 2977, 2978, 3085
—, Chlor-nitro-amino- 2976, 2977, 2978, 3085
—, [Chlor-nitro-anilino]-tetrahydro- 2808
—, Chlor-nitro-dimethylamino- 2977
—, Chlor-nitro-formamino- 2978
—, Chlor-nitro-methylamino- 2977
—, Cycloheptylamino- 2999
—, Cyclohexylamino- 2856, 2999
—, Diacetylamino- 2867
—, Diäthylamino- 2855
—, Dibenzoylamino- 2871
—, Dibrom-acetamino- 3076, 3077
—, Dibrom-amino- 2966, 3075, 3076, 3077
—, Dibrom-benzamino- 3077
—, Dibrom-formamino- 3077
—, Dibrom-nitro-acetamino- 2981
—, Dibrom-nitro-amino- 2981
—, Dibrom-nitro-benzamino- 2982
—, Dibrom-nitro-diacetylamino- 2981
—, Dibutylamino- 2855, 2998
—, Dichlor-acetamino- 3068, 3069
—, Dichlor-amino- 2963, 3068, 3069
—, Dichlor-benzamino- 2963, 3069
—, Dichlor-nitro-acetamino- 2978

Naphthalin, Dichlor-nitro-amino- 2978
—, Didodecylamino- 2998
—, Dimethyl-[acetamino-phenyl]- 3366
—, Dimethylamino- 2854, 2995
—, [Dimethylamino-benzhydryl]- 3406
—, Dimethylamino-dihydro- 2836
—, Dimethylaminomethyl-dihydro- 2837
—, Dimethylaminomethyl-tetrahydro- 2818
—, Dimethylamino-styryl- 3375
—, [Dimethylamino-styryl]- 3376
—, Dimethylamino-tetrahydro- 2805
—, Dinitro-acetamino- 2983, 2987, 3088, 3089
—, Dinitro-allylamino- 2984
—, Dinitro-amino- 2983, 2986, 2987, 3087, 3088, 3089
—, Dinitro-anilino- 2984, 3087
—, Dinitro-benzamino- 2987
—, Dinitro-[brom-anilino]- 2984
—, Dinitro-butylamino- 2984
—, Dinitro-[chlor-anilino]- 2984
—, Dinitro-cyclohexylamino- 2984
—, Dinitro-methylamino- 2983, 2987
—, Dinitro-phenäthylamino- 2984
—, Dinitro-propylamino- 2983
—, Dinitro-*m*-toluidino- 2984
—, Dinitro-*o*-toluidino- 2984
—, Dipropylamino- 2997
—, Dodecylamino- 2998
—, Fluor-amino- 2960
—, Fluor-benzamino- 2960
—, Formamino- 2866, 3013
—, [Formamino-äthyl]-diphenyl- 3406
—, Formaminomethyl-tetrahydro- 2817
—, Heptanoylamino- 2868
—, Hexadecylamino- 2998
—, Hexanoylamino- 2868, 3015
—, Isopropylamino- 2855, 2997
—, Isovalerylamino- 2868
—, Jod-acetamino- 2968, 3078, 3079
—, Jod-amino- 2967, 2968, 3078, 3079
—, Jod-benzamino- 2968, 3079
—, Jod-nitro-acetamino- 2982, 2983, 3087
—, Jod-nitro-amino- 2982, 2983, 3087
—, Methoxy-naphthylcarbamoyloxy-tetrahydro- 2919
—, Methyl-acetaminomethyl- 3115
—, Methylamino- 2854, 2995
—, Methylamino-dihydro- 7 1425
—, Methyl-aminomethyl- 3115
—, Methylamino-methyl- 3102
—, Methylamino-tetrahydro- 2812
—, Methyl-[dimethylamino-styryl]- 3383
—, Nitro-acetamino- 2969, 2970, 2972, 2973, 2975, 2976, 3081, 3084
—, Nitro-acetamino-dimethyl- 3116, 3117
—, Nitro-acetamino-methyl- 3093, 3094, 3095, 3096, 3097, 3105, 3106, 3109

O

Oxamidsäure, [Brom-tetrahydro-naphthyl]- 2807
—, [Brom-tetrahydro-naphthyl]-, äthylester 2807
—, Dinaphthyl- 3020
—, Dinaphthyl-, äthylester 3020
—, Dinaphthyl-, methylester 3020
—, [Dinitro-trimethyl-phenyl]-, äthylester 2707
—, [Dinitro-trimethyl-phenyl]-, methylester 2706
—, [Jod-naphthyl]- 2968
—, [Methyl-isopropyl-phenanthryl]- 3356
—, Naphthyl-, äthylidenhydrazid 2871, 3017
—, Naphthyl-, benzylidenhydrazid 2872, 3018
—, Naphthyl-, butylidenhydrazid 2872, 3018
—, Naphthyl-, *sec*-butylidenhydrazid 3018
—, Naphthyl-, [dimethyl-octadienylidenhydrazid] 2872, 3018
—, Naphthyl-, heptylidenhydrazid 2872, 3018
—, Naphthyl-, hydrazid 2871, 3017
—, Naphthyl-, [hydroxy-benzylidenhydrazid] 3019
—, Naphthyl-, isopropylidenhydrazid 2872, 3017
—, Naphthyl-, [methyl-heptylidenhydrazid] 2872, 3018
—, Naphthyl-, [methyl-phenyl-allylidenhydrazid] 2872, 3018
—, Naphthyl-, salicylidenhydrazid 2873, 3018
—, [Nitro-naphthyl]-, äthylester 2972, 3080
—, [Nitro-tetrahydro-naphthyl]-, äthylester 2808
—, [Nitro-trimethyl-phenyl]-, äthylester 2706
—, [Nitro-trimethyl-phenyl]-, methylester 2705
—, Phenyl-naphthyl- 3019
—, Phenyl-naphthyl-, äthylester 2873, 3020
—, [Tetrahydro-naphthyl]- 2806, 2809
—, [Tetrahydro-naphthyl]-, äthylester 2806, 2809
—, [Trimethyl-phenyl]-, äthylester 2702
—, [Trimethyl-phenyl]-, äthylidenhydrazid 2702
—, [Trimethyl-phenyl]-, benzylidenhydrazid 2703
—, [Trimethyl-phenyl]-, butylidenhydrazid 2702
—, [Trimethyl-phenyl]-, hydrazid 2702
—, [Trimethyl-phenyl]-, [hydroxy-benzylidenhydrazid] 2704
—, [Trimethyl-phenyl]-, [isopropyl-benzylidenhydrazid] 2703
Oxamidsäure, [Trimethyl-phenyl]-, [methoxy-benzylidenhydrazid] 2704
—, [Trimethyl-phenyl]-, [methyl-benzylidenhydrazid] 2703
—, [Trimethyl-phenyl]-, methylenhydrazid 2702
—, [Trimethyl-phenyl]-, methylester 2702
—, [Trimethyl-phenyl]-, [nitro-benzylidenhydrazid] 2703
—, [Trimethyl-phenyl]-, pentylidenhydrazid 2703
—, [Trimethyl-phenyl]-, propylidenhydrazid 2702
—, [Trimethyl-phenyl]-, salicylidenhydrazid 2703
—, [Trimethyl-phenyl]-, vanillylidenhydrazid 2704
Oxamonitril s. *Formamid, Cyan-*
Oxamoylazid, Naphthyl- 2873, 3019
Oxamoylchlorid, [Chlor-naphthyl]- 3066
—, Dinaphthyl- 3020
—, Phenyl-naphthyl- 2874, 3020

P

Palmitinamid, Biphenylyl- 3157
—, Naphthyl- 3015
—, [Nitro-naphthyl]- 3080
Pantamid, [Naphthylsulfamoyl-äthyl]- 3062
Pentadecan, Naphthylcarbamoyloxy- 2886
Pentadien, Naphthylcarbamoyloxy- 2895
—, Naphthylcarbamoyloxy-methyl- 2896
Pentadienamid, Hydroxy-phenyl-naphthyl- 3057
Pentan, Acetamino-cyclohexenyl-phenyl- 2845
—, Acetamino-phenyl- 2749
—, Äthylamino-phenyl- 2748
—, Amino-diphenyl- 3280
—, Amino-methyl-naphthyl- 3121
—, Amino-methyl-phenyl- 2760
—, Amino-phenyl- 2748, 2749, 2753; s. a. *Propylamin, Äthyl-phenyl-*
—, Benzamino-phenyl- 2748, 2749
—, Biphenylylcarbamoyloxy- 3161
—, Biphenylylcarbamoyloxy-methyl- 3162
—, Bis-naphthylcarbamoyloxy- 2916
—, Chlor-dimethylamino-dimethyl-phenyl- 2767
—, Cyclohexylamino-phenyl-benzyl- 3282
—, Diäthylamino-naphthylamino- 3060
—, Diäthylamino-phenyl- 2754
—, Dimethylamino-diphenyl- 3281
—, Formamino-phenyl- 2749
—, Isocyanato-methyl-naphthyl- 3121
—, Isocyanato-methyl-phenyl- 2761
—, Isocyanato-phenyl- 2753
—, Methylamino-diphenyl- 3281
—, Methylamino-phenyl- 2748

Propan, Methylamino-phenyl-cyclopentadienyliden- 3260
—, Methylamino-*m*-tolyl- 2731
—, Methylamino-*o*-tolyl- 2731
—, Methylamino-*p*-tolyl- 2732
—, [Methyl-(phenyl-butyl)-amino]-benzoyloxy- 2720
—, [Methyl-(phenyl-butyl)-amino]-[nitro-benzoyloxy]- 2720
—, [Methyl-(phenyl-propyl)-amino]-benzoyloxy- 2681
—, [Methyl-(phenyl-propyl)-amino]-[nitro-benzoyloxy]- 2681
—, Naphthylcarbamoyloxy-mesityl- 2905
—, Naphthylcarbamoyloxy-phenyl- 2902
—, Nitro-biphenylylamino-methyl- 3154
—, Nitro-naphthylamino-methyl- 2855, 2998
—, [Nitroso-anilino]-diphenyl- 3263, 3264
—, Nitro-*p*-toluidino-[nitro-methyl-phenyl]- 2732
—, Nitro-[trimethyl-anilino]-methyl- 2710
—, Pentylamino-phenyl- 2670
—, Phenäthylamino-phenyl- 2670
—, Propylamino-phenyl- 2661, 2669
—, [Tetrahydro-naphthylamino]-benzoyloxy- 2814
—, [Tetrahydro-naphthylamino]-[chlor-benzoyloxy]- 2814
—, [Tetrahydro-naphthylamino]-cinnamoyloxy- 2815
—, [Tetrahydro-naphthylamino]-[nitro-benzoyloxy]- 2814
—, [Tetrahydro-naphthylamino]-[phenyl-propionyloxy]- 2815
—, *p*-Toluidino-phenyl- 2670
—, [Toluol-sulfonylamino]-diphenyl- 3264
—, Trichlor-nitro-*p*-toluidino-phenyl- 2677
—, Trifluor-amino-phenyl- 2673
—, Trimethylammonio-phenyl-[chlor-phenyl]- 3264, 3265
Propandiol, [Dinitro-naphthylamino]- 2985
—, Naphthylamino- 2860
Propandiyldiamin, Diäthyl-naphthyl- 2956, 3059
Propanol, [Amino-phenyl]- 2793
—, Anthrylmethylamino- 3345
—, Bis-[naphthyl-ureido]- 2936
—, [Chlor-amino-phenyl]- 2794
—, Chlor-naphthylamino- 2860
—, Dimethylamino-naphthylamino- 2956, 3060
—, [Dimethylamino-phenyl]- 2794
—, [Methyl-amino-phenyl]- 2794
—, [Methyl-(phenyl-propyl)-amino]- 2681
—, [Methyl-(tetrahydro-phenanthrylmethyl)-amino]- 3273
—, [Naphthylmethyl-äthyl-amino]- 3101
—, Phenanthrylmethylamino- 3347
Propanol, [Tetrahydro-naphthylamino]- 2814
—, [Tetrahydro-phenanthrylmethyl-amino]- 3273
Propanon, [Brom-naphthylimino]-diphenyl- 3070, 3073
—, [Methyl-naphthylimino]-diphenyl- 3092
—, Naphthylimino-diphenyl- 3011
—, [Tetrahydro-naphthylimino]-diphenyl- 2808
4a.10a-Propano-phenanthren, Amino-hexahydro- 3122
4a.10a-Propano-phenanthrylamin, Hexahydro- 3122
Propan-sulfonsäure, Naphthylamino-hydroxy- 2955
Propen, Chlor-diäthylamino-phenyl- 2793
—, Diäthylamino-phenyl- 2795
—, Dibrom-dimethylamino-phenyl- 2793
—, Dimethylamino-phenyl- 2795
—, Methylamino-phenyl- 2795
—, Phenyl-[amino-phenyl]- 3321
—, Phenyl-[dimethylamino-phenyl]- 3317
Propenon, [Brom-naphthylamino]-diphenyl- 3070, 3073
—, Diphenyl-, [naphthyl-semicarbazon] 2940
—, [Methyl-naphthylamino]-diphenyl- 3092
—, Naphthylamino-diphenyl- 3011
—, [Tetrahydro-naphthylamino]-diphenyl- 2808
Propenylisocyanat, Phenyl- 2790
Propin, Anilino-diphenyl-[brom-phenyl]- 3399
—, Anilino-diphenyl-naphthyl- 3414
—, Anilino-diphenyl-*p*-tolyl- 3400
—, Anilino-triphenyl- 3398
—, Diäthylamino-cyclohexenyl- 2657
—, Diäthylamino-diphenyl-[brom-phenyl]- 3399
—, Diäthylamino-[nitro-phenyl]- 2835, 2836
—, Diäthylamino-phenyl- 2835
—, Dimethylamino-phenyl- 2835, 2836
—, *m*-Toluidino-triphenyl- 3399
—, *o*-Toluidino-triphenyl- 3398
—, *p*-Toluidino-triphenyl- 3399
Propinylamin, Diphenyl-[brom-phenyl]- 3399
—, Diphenyl-naphthyl- 3413
—, Diphenyl-*p*-tolyl- 3400
Propionaldehyd, Chlor-[chlor-naphthylimino]- 3065
—, Naphthylimino-phenyl- 2863, 3011
—, Nitro-naphthylimino- 3007
Propionaldehyd-[biphenylyl-semicarbazon] 3176
— [naphthyl-semicarbazon] 2937, 3040
— [trimethyl-phenyloxamoylhydrazon] 2702

Q

R

S

T

Taurin, [Dihydroxy-dimethyl-butyryl]-, naphthylamid 3062
Taurin-naphthylamid 3062
Terephthalaldehyd-naphthylimin 3010
Terephthalamoylchlorid, Naphthyl- 3023
—, [Tetrahydro-naphthyl]- 2809
Terephthalsäure-chlorid-[tetrahydro-naphthylamid] 2809
m-**Terphenyl,** Acetamino- 3374
—, Amino- 3374
—, Benzamino- 3374
o-**Terphenyl,** Amino- 3373
—, Amino-butyl- 3386
—, Benzamino- 3373
—, [Nitro-benzamino]-butyl- 3386
—, Pentylamino- 3373
p-**Terphenyl,** Acetamino- 3375
—, Amino- 3375
—, Benzamino- 3375
—, Diäthylaminomethyl- 3382
m-**Terphenylylamin** 3374
o-**Terphenylylamin** 3373
p-**Terphenylylamin** 3375
Tetradecanamid s. a. *Myristinamid*
—, Trimethyl-biphenylyl- 3158
6.12.18.24-Tetraoxa-3.9.15.21.27-pentathia-nonacosan, Bis-naphthylcarbamoyloxy- 2914
Thioacetamid, Anthryl- 3335, 3336
—, Benz[*a*]anthracenylmethyl-phenyl- 3392
—, Biphenylyl- 3157
—, [Brom-naphthyl]- 2964, 3071
—, Naphthyl- 2867
—, Phenanthryl- 3343
—, [Tetrahydro-naphthyl]- 2806
Thiobenzamid, Naphthyl- 3016
Thiocarbamidsäure, Acenaphthenyl-, äthylester 3213
—, Benz[*a*]anthracenylmethyl-, äthylester 3393
—, Biphenylyl-, äthylester 3179
—, Cinnamyl-, cinnamylester 2792
—, Methyl-naphthyl-, anhydrid 3049
—, Naphthyl-, äthylester 2941, 3045
—, Naphthyl-, methylester 2941
—, Naphthyl-, [methylmercapto-äthylester] 2941
—, Naphthyl-, [oxo-dimethyl-pentenylester] 2941
Thioformamid, [Phenyl-naphthyl-carbamimidoyl]- 2873
Thioharnstoff, Äthyl-biphenylyl- 3179
—, Äthyl-[brom-naphthyl]- 2965
—, Äthyl-butyl-naphthyl- 2942
—, Äthyl-[methyl-isopropyl-phenyl]- 2734
—, Äthyl-naphthyl- 2941, 2947, 3045, 3050
—, Äthyl-naphthyl-benzhydryl- 3228
Thioharnstoff, Äthyl-pentyl-naphthyl- 2943
—, Äthyl-phenyl-benzhydryl- 3228
—, Äthyl-propyl-naphthyl- 2942
—, Äthyl-[trimethyl-phenyl]- 2705
—, Allyl-biphenylyl- 3180
—, Allyl-trityl- 3379
—, Benz[*a*]anthracenylmethyl-phenyl- 3393
—, Benzyl-biphenylyl- 3181
—, Benzyl-naphthyl- 2945, 3048
—, Benzyl-trityl- 3380
—, Biphenylyl- 3131, 3179
—, Bis-biphenylyl- 3132, 3181
—, Bis-[brom-biphenylyl]- 3189, 3190
—, Bis-[chlor-biphenylyl]- 3136, 3187
—, Bis-[chlor-naphthyl]- 2961
—, Bis-[dichlor-biphenylyl]- 3137
—, Bis-[methyl-isopropyl-phenyl]- 2735
—, Bis-*m*-terphenylyl- 3375
—, Bis-[triäthyl-phenyl]- 2766
—, Bornyl-biphenylyl- 3181
—, [Brom-naphthyl]- 2965, 3071
—, [Brom-phenyl]-biphenylyl- 3181
—, [Brom-phenyl]-naphthyl- 2945, 3046
—, Butyl-biphenylyl- 3180
—, Butyl-cyclohexyl-naphthyl- 2944
—, Butyl-isopentyl-naphthyl- 2944
—, Butyl-naphthyl- 2942, 3046
—, *sec*-Butyl-naphthyl- 2943
—, *tert*-Butyl-naphthyl- 2943
—, Butyl-pentyl-naphthyl- 2943
—, [Chlor-dimethyl-phenyl]-naphthyl- 3048
—, [Chlor-methyl-phenyl]-naphthyl- 3047, 3048
—, [Chlor-phenyl]-biphenylyl- 3181
—, [Chlor-trimethyl-phenyl]-naphthyl- 3048
—, Cyclohexyl-biphenylyl- 3180
—, Cyclohexyl-naphthyl- 2944, 3046
—, Diäthyl-biphenylyl- 3179
—, Diäthyl-naphthyl- 2941, 3045
—, Dianthryl- 3335, 3337
—, Dibenzyl-naphthyl- 2945
—, Dibutyl-naphthyl- 2943
—, Diindanyl- 2798
—, Diisobutyl-biphenylyl- 3180
—, Diisobutyl-naphthyl- 3046
—, Diisopentyl-naphthyl- 2944
—, Dimethyl-biphenylyl- 3179
—, Dimethyl-naphthyl- 2941, 3045
—, [Dimethyl-propyl]-naphthyl- 2943
—, Dinaphthyl- 3048
—, Dipentyl-biphenylyl- 3180
—, Dipentyl-naphthyl- 3046
—, [Diphenyl-butyl]-phenyl- 3275
—, [Diphenyl-pentyl]-phenyl- 3282
—, Dipropyl-biphenylyl- 3179
—, Dipropyl-naphthyl- 2942, 3045
—, Dipyrenyl- 3370
—, Heptyl-biphenylyl- 3180

U

V

Valeriansäure, [Naphthyl-semicarbazono]-, äthylester 2940
—, [Naphthyl-semicarbazono]-, benzylester 2940, 3043
—, [Naphthyl-ureido]- 2934
—, [Naphthyl-ureido]-methyl- 2934
Valeronitril, Naphthylcarbamoyloxy- 2920
Vanillin-benzhydrylimin 3226
— naphthylimin 2865, 3013
— [trimethyl-phenyloxamoylhydrazon] 2704
Vinylamin, Diphenyl- 7 2119
—, Phenyl- 7 953
Vinylisocyanat, Phenyl- 2788

Z

Zimtaldehyd-[naphthyl-semicarbazon] 2939, 3042
— *p*-terphenylylimin 3375

Formelregister

Im Formelregister sind die Verbindungen entsprechend dem System von *Hill* (Am. Soc. **22** [1900] 478—494)

1. nach der Zahl der C-Atome,
2. nach der Zahl der H-Atome,
3. nach der alphabetischen Reihenfolge der übrigen Elemente (einschliesslich D)

angeordnet. Isomere sind nach steigender Seitenzahl aufgeführt. Verbindungen unbekannter Konstitution finden sich am Schluss der jeweiligen Isomeren-Reihe.

C_8-Gruppe

C_8H_6ClN 4-Chlor-2-äthinyl-anilin 2835
$C_8H_6Cl_3N$ 3-Trichlorvinyl-anilin 2786
C_8H_7N 2-Äthinyl-anilin 2835
C_8H_9N 2-Vinyl-anilin 2785
3-Vinyl-anilin 2786
4-Vinyl-anilin 2786

C_9-Gruppe

C_9H_7NO 1-Phenyl-vinylisocyanat 2788
Styrylisocyanat 2789
$C_9H_8Cl_2N_2O$ *N*-Nitroso-*N*-methyl-4-[2.2-dichlor-vinyl]-anilin 2787
$C_9H_9Br_2N$ 4.6-Dibrom-indanyl-(5)-amin 2802
$C_9H_9Br_4N$ 3.4.5.6-Tetrabrom-2-isopropyl-anilin 2684
$C_9H_9Cl_2N$ *N*-Methyl-4-[2.2-dichlor-vinyl]-anilin 2786
$C_9H_{10}BrN$ 4-Brom-indanyl-(5)-amin 2801
6-Brom-indanyl-(5)-amin 2801
$C_9H_{10}ClN$ 6-Chlor-2-isopropenyl-anilin 2794
5-Chlor-2-isopropenyl-anilin 2794
4-Chlor-2-isopropenyl-anilin 2794
$C_9H_{10}F_3N$ 1-Trifluormethyl-2-phenyl-äthylamin 2673
2.2.2-Trifluor-1-*o*-tolyl-äthylamin 2693
$C_9H_{10}N_2O_2$ 6-Nitro-indanyl-(1)-amin 2798
5-Nitro-indanyl-(2)-amin 2798
5-Nitro-indanyl-(4)-amin 2800
6-Nitro-indanyl-(4)-amin 2800
7-Nitro-indanyl-(4)-amin 2800
6-Nitro-indanyl-(5)-amin 2802
4-Nitro-indanyl-(5)-amin 2802
$C_9H_{11}Br$ 2-Brom-1-propyl-benzol 3328
$C_9H_{11}Cl$ 2-Äthyl-benzylchlorid 3325
2.6-Dimethyl-benzylchlorid 3325
$C_9H_{11}ClN_2O_2$ 1-Methyl-2-[4-chlor-3-nitro-phenyl]-äthylamin 2677
3-[4-Chlor-3-nitro-phenyl]-propylamin 2683
$C_9H_{11}Cl_2N$ *N*-Methyl-4-[2.2-dichlor-äthyl]-anilin 2786
$C_9H_{11}N$ 2-Phenyl-propenylamin 7 1051
2-Isopropenyl-anilin 2793
2-Phenyl-allylamin 2795
2-Phenyl-cyclopropylamin 2797
Indanyl-(1)-amin 2798
Indanyl-(2)-amin 2798
Indanyl-(5)-amin 2800
$C_9H_{11}N_3O_4$ 2.3-Dinitro-4-propyl-anilin 2660
3.5-Dinitro-4-propyl-anilin 2660
4.6-Dinitro-2-methyl-5-äthyl-anilin 2696
2.4-Dinitro-3-methyl-6-äthyl-anilin 2697
3.6-Dinitro-2.4.5-trimethyl-anilin 2706
3.5-Dinitro-2.4.6-trimethyl-anilin 2714
$C_9H_{12}BrN$ 1-Methyl-2-[2-brom-phenyl]-äthylamin 2675
1-Methyl-2-[4-brom-phenyl]-äthylamin 2675
2-Brom-4-isopropyl-anilin 2686
6-Brom-2.4.5-trimethyl-anilin 2705
4-Brom-2.3.5-trimethyl-anilin 2707
3-Brom-2.4.6-trimethyl-anilin 2713
$C_9H_{12}ClN$ 1-Methyl-2-[2-chlor-phenyl]-äthylamin 2673
1-Methyl-2-[4-chlor-phenyl]-äthylamin 2674
2-Chlor-1-methyl-2-phenyl-äthylamin 2674
2-[4-Chlor-phenyl]-propylamin 2690
6-Chlor-2.4.5-trimethyl-anilin 2705
4-Chlor-2.3.5-trimethyl-anilin 2707
6-Chlor-2.3.5-trimethyl-anilin 2707
3-Chlor-2.4.6-trimethyl-anilin 2713
$C_9H_{12}ClNO$ 2-[3-Chlor-2-amino-phenyl]-propanol-(2) 2794
2-[4-Chlor-2-amino-phenyl]-propanol-(2) 2794
$C_9H_{12}FN$ 1-Methyl-2-[4-fluor-phenyl]-äthylamin 2672

2-[4-Fluor-phenyl]-propylamin 2690
$C_9H_{12}IN$ 4-Jod-2.3.5-trimethyl-anilin 2708
$C_9H_{12}N_2O_2$ 6-Nitro-2-propyl-anilin 2657
5-Nitro-2-propyl-anilin 2658
4-Nitro-2-propyl-anilin 2658
3-Nitro-4-propyl-anilin 2659
2-Nitro-4-propyl-anilin 2659
1-Methyl-2-[4-nitro-phenyl]-äthylamin 2677
3-Nitro-4-isopropyl-anilin 2686
2-[4-Nitro-phenyl]-propylamin 2691
6-Nitro-3-methyl-4-äthyl-anilin 2692
5-Nitro-2-methyl-4-äthyl-anilin 2694
6-Nitro-2-methyl-4-äthyl-anilin 2695
3-Nitro-2-methyl-5-äthyl-anilin 2696
6-Nitro-2.4.5-trimethyl-anilin 2705
$C_9H_{12}O$ 2.6-Dimethyl-benzylalkohol 3325
$C_9H_{13}N$ 2-Propyl-anilin 2657
3-Propyl-anilin 2658
4-Propyl-anilin 2658
1-Phenyl-propylamin 2660
1-Methyl-2-phenyl-äthylamin, Amphetamin 2664
3-Phenyl-propylamin 2677
2-Isopropyl-anilin 2683
3-Isopropyl-anilin 2684
4-Isopropyl-anilin 2684
1-Methyl-1-phenyl-äthylamin 2686
2-Phenyl-propylamin 2687
4-Methyl-3-äthyl-anilin 2691
3-Methyl-4-äthyl-anilin 2691
2-Äthyl-benzylamin 2692
4-Methyl-2-äthyl-anilin 2694
3-Methyl-5-äthyl-anilin 2694
1-*m*-Tolyl-äthylamin 2695
2-Methyl-5-äthyl-anilin 2696
3-Methyl-6-äthyl-anilin 2697
1-*p*-Tolyl-äthylamin 2697
4-Methyl-phenäthylamin 2699
2.3.4-Trimethyl-anilin 2700
2.4.5-Trimethyl-anilin 2700
2.3.5-Trimethyl-anilin 2707
2.4-Dimethyl-benzylamin 2708
2.4.6-Trimethyl-anilin, Mesidin 2708
$C_9H_{13}NO$ 2-[2-Amino-phenyl]-propanol-(2) 2793
$C_9H_{13}NO_3S$ [3-Phenyl-propyl]-sulfamidsäure 2682

C_{10}-Gruppe

$C_{10}H_6BrN_3O_4$ 3-Brom-1.6-dinitro-naphthyl-(2)-amin 3089
1-Brom-4.5-dinitro-naphthyl-(2)-amin 3090
$C_{10}H_6Br_2ClN$ 8-Chlor-5.7-dibrom-naphthyl-(1)-amin 2967
4-Chlor-1.3-dibrom-naphthyl-(2)-amin 3077
$C_{10}H_6Br_2N_2O_2$ 2.4-Dibrom-3-nitro-naphthyl-(1)-amin 2981
2.4-Dibrom-5-nitro-naphthyl-(1)-amin 2981
2.4-Dibrom-6-nitro-naphthyl-(1)-amin 2981
2.4-Dibrom-8-nitro-naphthyl-(1)-amin 2981
$C_{10}H_6Br_3N$ 5.7.8-Tribrom-naphthyl-(1)-amin 2967
1.3.4-Tribrom-naphthyl-(2)-amin 3078
1.3.6-Tribrom-naphthyl-(2)-amin 3078
$C_{10}H_6Cl_2N_2O_2$ 2.4-Dichlor-5-nitro-naphthyl-(1)-amin 2978
2.4-Dichlor-6-nitro-naphthyl-(1)-amin 2978
$C_{10}H_6N_4O_6$ 2.3.4-Trinitro-naphthyl-(1)-amin 2988
2.4.5-Trinitro-naphthyl-(1)-amin 2988
2.4.6-Trinitro-naphthyl-(1)-amin 2989
1.6.8-Trinitro-naphthyl-(2)-amin 3090
$C_{10}H_7BrClN$ 1-Chlor-5-brom-naphthyl-(2)-amin 3075
1-Chlor-8-brom-naphthyl-(2)-amin 3075
$C_{10}H_7BrN_2O_2$ 3-Brom-2-nitro-naphthyl-(1)-amin 2978
4-Brom-2-nitro-naphthyl-(1)-amin 2979
5-Brom-2-nitro-naphthyl-(1)-amin 2979
2-Brom-3-nitro-naphthyl-(1)-amin 2979
2-Brom-4-nitro-naphthyl-(1)-amin 2979
2-Brom-5-nitro-naphthyl-(1)-amin 2980
4-Brom-6-nitro-naphthyl-(1)-amin 2980
4-Brom-8-nitro-naphthyl-(1)-amin 2980
3-Brom-1-nitro-naphthyl-(2)-amin 3085
6-Brom-1-nitro-naphthyl-(2)-amin 3086
1-Brom-4-nitro-naphthyl-(2)-amin 3086
1-Brom-6-nitro-naphthyl-(2)-amin 3086
1-Brom-7-nitro-naphthyl-(2)-amin 3087
$C_{10}H_7Br_2N$ 2.4-Dibrom-naphthyl-(1)-amin 2966
1.3-Dibrom-naphthyl-(2)-amin 3075
5.8-Dibrom-naphthyl-(2)-amin 3076
7.8-Dibrom-naphthyl-(2)-amin 3077
$C_{10}H_7ClN_2O_2$ 3-Chlor-2-nitro-naphthyl-(1)-amin 2976
4-Chlor-2-nitro-naphthyl-(1)-amin 2977
4-Chlor-3-nitro-naphthyl-(1)-amin 2977
2-Chlor-4-nitro-naphthyl-(1)-amin 2978
1-Chlor-5-nitro-naphthyl-(2)-amin 3085
1-Chlor-6-nitro-naphthyl-(2)-amin 3085
1-Chlor-8-nitro-naphthyl-(2)-amin 3085
$C_{10}H_7Cl_2N$ 2.4-Dichlor-naphthyl-(1)-amin 2963
1.4-Dichlor-naphthyl-(2)-amin 3068
1.5-Dichlor-naphthyl-(2)-amin 3068
1.6-Dichlor-naphthyl-(2)-amin 3069
1.8-Dichlor-naphthyl-(2)-amin 3069
5.8-Dichlor-naphthyl-(2)-amin 3069
$C_{10}H_7IN_2O_2$ 4-Jod-2-nitro-naphthyl-(1)-amin 2982
2-Jod-3-nitro-naphthyl-(1)-amin 2982

$C_{10}H_{12}N_2O$ 4-Nitroso-5.6.7.8-tetrahydro-naphthyl-(1)-amin 7 3507
$C_{10}H_{12}N_2O_2$ *N.N*-Dimethyl-4-[2-nitro-vinyl]-anilin 2787
4-Nitro-5.6.7.8-tetrahydro-naphthyl-(1)-amin 2807
3-Nitro-5.6.7.8-tetrahydro-naphthyl-(2)-amin 2810
$C_{10}H_{13}BrN_2O_2$ 3-Brom-6-nitro-2-methyl-5-isopropyl-anilin 2740
$C_{10}H_{13}Br_2N$ 2.6-Dibrom-4-*tert*-butyl-anilin 2730
$C_{10}H_{13}Cl$ 2-Propyl-benzylchlorid 3328
2-Isopropyl-benzylchlorid 3328
$C_{10}H_{13}ClN_2O$ [2-Chlor-1-methyl-2-phenyl-äthyl]-harnstoff 2675
$C_{10}H_{13}ClN_2O_2$ 3-Chlor-6-nitro-2-methyl-5-isopropyl-anilin 2740
$C_{10}H_{13}Cl_2N$ *N.N*-Dimethyl-4-[2.2-dichlor-äthyl]-anilin 2787
N-Äthyl-4-[2.2-dichlor-äthyl]-anilin 2787
$C_{10}H_{13}IN_2O$ [2-Jod-1-methyl-2-phenyl-äthyl]-harnstoff und [2-Jod-1-phenyl-propyl]-harnstoff 2676
$C_{10}H_{13}N$ *N.N*-Dimethyl-4-vinyl-anilin 2786
Methyl-cinnamyl-amin 2790
N-Methyl-2-isopropenyl-anilin 2794
Methyl-[2-phenyl-allyl]-amin 2795
Methyl-[2-phenyl-cyclopropyl]-amin 2797
2-Methyl-indanyl-(2)-amin 2798
Methyl-[indanyl-(2)]-amin 2798, 2799
2-Phenyl-buten-(2)-ylamin 2803
4-[Buten-(2)-yl]-anilin 2803
2-Methyl-4-isopropenyl-anilin 2804
2-Benzyl-allylamin 2804
4-Methyl-cinnamylamin 2804
2-Methyl-3-phenyl-allylamin 2804
C-Cyclopropyl-*C*-phenyl-methylamin 2804
5.6.7.8-Tetrahydro-naphthyl-(1)-amin 2805
5.6.7.8-Tetrahydro-naphthyl-(2)-amin 2808
1.2.3.4-Tetrahydro-naphthyl-(1)-amin 2811
1.2.3.4-Tetrahydro-naphthyl-(2)-amin 2811
$C_{10}H_{13}NO$ *N*-[2-Phenyl-propyl]-formamid 2690
N-[2-Methyl-phenäthyl]-formamid 2694
Ameisensäure-[2.4.5-trimethyl-anilid] 2701
Ameisensäure-[2.3.5-trimethyl-anilid] 2707
Ameisensäure-[2.4.6-trimethyl-anilid] 2710
$C_{10}H_{13}NO_3S$ [1.2.3.4-Tetrahydro-naphthyl-(2)]-sulfamidsäure 2815
$C_{10}H_{13}N_3O_4$ 2.4-Dinitro-3.*N*-dimethyl-6-äthyl-anilin 2697
$C_{10}H_{14}BrN$ Methyl-[2-brom-1-methyl-2-phenyl-äthyl]-amin 2675
3-Brom-2.4.6.*N*-tetramethyl-anilin 2713
3-Brom-2-methyl-5-isopropyl-anilin 2738
4-Brom-3-methyl-6-isopropyl-anilin 2741
6-Brom-2.4-diäthyl-anilin 2743
5-Brom-2.3.4.6-tetramethyl-anilin 2744
4-Brom-2.3.5.6-tetramethyl-anilin 2746
$C_{10}H_{14}ClN$ Methyl-[1-methyl-2-(2-chlor-phenyl)-äthyl]-amin 2673
Methyl-[1-methyl-2-(4-chlor-phenyl)-äthyl]-amin 2674
Methyl-[2-chlor-1-methyl-2-phenyl-äthyl]-amin 2674
1-[4-Chlor-phenyl]-butylamin 2716
2-Chlor-1.1-dimethyl-2-phenyl-äthylamin 2724
4-Chlor-2-methyl-5-isopropyl-anilin 2736
3-Chlor-2-methyl-5-isopropyl-anilin 2736
$C_{10}H_{14}FN$ Methyl-[1-methyl-2-(4-fluor-phenyl)-äthyl]-amin 2673
$C_{10}H_{14}IN$ 3-Jod-2-methyl-5-isopropyl-anilin 2738
$C_{10}H_{14}N_2O$ [1-Methyl-1-phenyl-äthyl]-harnstoff 2687
N-Nitroso-2.4.6.*N*-tetramethyl-anilin 2713
$C_{10}H_{14}N_2O_2$ Methyl-[1-methyl-2-(4-nitro-phenyl)-äthyl]-amin 2677
Methyl-[2-(4-nitro-phenyl)-propyl]-amin 2691
6-Nitro-2-methyl-5-isopropyl-anilin 2738
4-Nitro-2-methyl-5-isopropyl-anilin 2739
3-Nitro-2-methyl-5-isopropyl-anilin 2739
6-Nitro-3.4-diäthyl-anilin 2742
5-Nitro-2.3.4.6-tetramethyl-anilin 2744
4-Nitro-2.3.5.6-tetramethyl-anilin 2746
$C_{10}H_{14}N_2S$ [4-Isopropyl-phenyl]-thioharnstoff 2685
$C_{10}H_{14}O$ 2-Propyl-benzylalkohol 3328
2-Isopropyl-benzylalkohol 3328
$C_{10}H_{15}N$ Methyl-[1-phenyl-propyl]-amin 2661
Methyl-[1-methyl-2-phenyl-äthyl]-amin 2667
Methyl-[3-phenyl-propyl]-amin 2678
Methyl-[2-phenyl-propyl]-amin 2688
Methyl-[2-äthyl-benzyl]-amin 2692
Methyl-[2-methyl-phenäthyl]-amin 2693
Methyl-[3-methyl-phenäthyl]-amin 2695
Methyl-[1-*p*-tolyl-äthyl]-amin 2698
Methyl-[4-methyl-phenäthyl]-amin 2699
2.4.6.*N*-Tetramethyl-anilin 2709
2-Butyl-anilin 2714
4-Butyl-anilin 2715
1-Phenyl-butylamin 2715
1-Benzyl-propylamin 2716
1-Methyl-3-phenyl-propylamin 2717
4-Phenyl-butylamin 2817
2-*sec*-Butyl-anilin 2721
3-*sec*-Butyl-anilin 2721
1-Methyl-2-phenyl-propylamin 2721
2-Phenyl-butylamin 2723
4-Isobutyl-anilin 2723
2-Methyl-1-phenyl-propylamin 2724

C_{11}-Gruppe

3-Methyl-naphthyl-(1)-amin 3106
6-Methyl-naphthyl-(1)-amin 3106
7-Methyl-naphthyl-(2)-amin 3107
7-Methyl-naphthyl-(1)-amin 3108
C-[Naphthyl-(2)]-methylamin 3109

$C_{11}H_{11}NO$ 5.6.7.8-Tetrahydro-naphthyl-(1)-isocyanat 2807
1.2.3.4-Tetrahydro-naphthyl-(2)-isocyanat 2815

$C_{11}H_{11}NS$ 5.6.7.8-Tetrahydro-naphthyl-(1)-isothiocyanat 2807

$C_{11}H_{11}N_3$ Naphthyl-(2)-guanidin 3039

$C_{11}H_{11}N_3O$ 4-[Naphthyl-(1)]-semicarbazid 2937
4-[Naphthyl-(2)]-semicarbazid 3040

$C_{11}H_{12}ClNO$ Essigsäure-[5-chlor-2-isopropenyl-anilid] 2794
Essigsäure-[6-chlor-2-isopropenyl-anilid] 2794

$C_{11}H_{12}N_2O_3$ Essigsäure-[4-nitro-2-isopropenyl-anilid] 2794
N-[5-Nitro-indanyl-(2)]-acetamid 2798
N-[5-Nitro-indanyl-(4)]-acetamid 2800
N-[6-Nitro-indanyl-(4)]-acetamid 2800
N-[7-Nitro-indanyl-(4)]-acetamid 2800
N-[6-Nitro-indanyl-(5)]-acetamid 2802
4-Nitro-5-acetamino-indan 2802

$C_{11}H_{13}Br_2N$ Dimethyl-[β.γ-dibrom-cinnamyl]-amin 2793

$C_{11}H_{13}N$ Methyl-[3.4-dihydro-naphthyl-(2)]-amin 7 1425
Dimethyl-[3-phenyl-propin-(2)-yl]-amin 2835
Dimethyl-[1-phenyl-propin-(2)-yl]-amin 2836
Methyl-[indenyl-(2)-methyl]-amin 2837

$C_{11}H_{13}NO$ 1-Methyl-3-phenyl-propylisocyanat 2717
1.1-Dimethyl-2-phenyl-äthylisocyanat 2726
N-[Indanyl-(2)]-acetamid 2798
N-[Indanyl-(4)]-acetamid 2799
N-[Indanyl-(5)]-acetamid 2801
N-[Indanyl-(1)-methyl]-formamid 2815

$C_{11}H_{13}NS$ 2-Methyl-5-isopropyl-phenylisothiocyanat 2735
3a.4.5.6.7.7a-Hexahydro-4.7-methano-indenyl-(5)-isothiocyanat 2747

$C_{11}H_{13}N_3O_5$ Essigsäure-[2.3-dinitro-4-propyl-anilid] 2660
Essigsäure-[4.6-dinitro-2-methyl-5-äthyl-anilid] 2696
Essigsäure-[2.4-dinitro-3-methyl-6-äthyl-anilid] 2697
Essigsäure-[3.6-dinitro-2.4.5-trimethyl-anilid] 2706

$C_{11}H_{13}N_3O_6$ [3.6-Dinitro-2.4.5-trimethyl-phenyl]-carbamidsäure-methylester 2707

$C_{11}H_{13}N_5O_7$ *N*-Nitro-*N*-methyl-*N'*-[3.6-dinitro-2.4.5-trimethyl-phenyl]-harnstoff 2704

$C_{11}H_{14}BrNO$ Essigsäure-[2-brom-4-isopropyl-anilid] 2686

$C_{11}H_{14}ClNO$ Chloressigsäure-[2.4.6-trimethyl-anilid] 2711

$C_{11}H_{14}N_2O_2$ *N.N*-Dimethyl-4-[2-nitro-propenyl]-anilin 2789
Dimethyl-[7-nitro-indanyl-(4)]-amin 2800
Methyl-[3-nitro-5.6.7.8-tetrahydro-naphthyl-(2)]-amin 2810

$C_{11}H_{14}N_2O_3$ Essigsäure-[6-nitro-2-propyl-anilid] 2657
Essigsäure-[5-nitro-2-propyl-anilid] 2658
Essigsäure-[4-nitro-2-propyl-anilid] 2658
Essigsäure-[3-nitro-4-propyl-anilid] 2659
Essigsäure-[2-nitro-4-propyl-anilid] 2659
Essigsäure-[3-nitro-4-isopropyl-anilid] 2686
Essigsäure-[6-nitro-3-methyl-4-äthyl-anilid] 2692
Essigsäure-[5-nitro-2-methyl-4-äthyl-anilid] 2695
Essigsäure-[6-nitro-2-methyl-4-äthyl-anilid] 2695
Essigsäure-[3-nitro-2-methyl-5-äthyl-anilid] 2696
Essigsäure-[6-nitro-2.4.5-trimethyl-anilid] 2705
Ameisensäure-[6-nitro-2-methyl-5-isopropyl-anilid] 2739
Ameisensäure-[4-nitro-2-methyl-5-isopropyl-anilid] 2739
Verbindung $C_{11}H_{14}N_2O_3$ aus Essigsäure-[3-methyl-4-äthyl-anilid] 2692

$C_{11}H_{14}N_2O_4$ [6-Nitro-2.4.5-trimethyl-phenyl]-carbamidsäure-methylester 2706

$C_{11}H_{14}N_2S$ [5.6.7.8-Tetrahydro-naphthyl-(1)]-thioharnstoff 2806
[5.6.7.8-Tetrahydro-naphthyl-(2)]-thioharnstoff 2810

$C_{11}H_{14}N_4O_7$ 2-[3-(x.x-Dinitro-phenyl)-propylamino]-1-nitryloxy-äthan 2680

$C_{11}H_{15}BrN_2O_2$ 3-Brom-6-nitro-2.*N*-dimethyl-5-isopropyl-anilin 2740

$C_{11}H_{15}Br_2N$ Dimethyl-[2.3-dibrom-3-phenyl-propyl]-amin 2683
2.6-Dibrom-4-*tert*-pentyl-anilin 2755

$C_{11}H_{15}Cl$ 2.5-Diäthyl-benzylchlorid 3332

$C_{11}H_{15}ClN_2O$ [3-Chlor-2-methyl-5-isopropyl-phenyl]-harnstoff 2738

$C_{11}H_{15}ClN_2O_2$ 3-Chlor-6-nitro-2.*N*-dimethyl-5-isopropyl-anilin 2740

$C_{11}H_{15}N$ *N.N*-Dimethyl-2-propenyl-anilin 2789
N.N-Dimethyl-4-propenyl-anilin 2789
Dimethyl-cinnamyl-amin 2790
N.N-Dimethyl-2-isopropenyl-anilin 2794
Dimethyl-[2-phenyl-propenyl]-amin 2795

5-Phenyl-pentylamin 2749
4-[1-Methyl-butyl]-anilin 2749
2-Phenyl-pentylamin 2750
1-Methyl-1-benzyl-propylamin 2750
1.2-Dimethyl-3-phenyl-propylamin 2751
4-Isopentyl-anilin 2751
1.1-Dimethyl-3-phenyl-propylamin 2752
4-[1-Äthyl-propyl]-anilin 2753
1-Äthyl-1-phenyl-propylamin 2753
1-Methyl-2-phenyl-butylamin 2753
3-*tert*-Pentyl-anilin 2754
4-*tert*-Pentyl-anilin 2754
1.2-Dimethyl-2-phenyl-propylamin 2755
4-[1.2-Dimethyl-propyl]-anilin 2755
4-Neopentyl-anilin 2755
1-Äthyl-2-*p*-tolyl-äthylamin 2756
2-Methyl-5-*tert*-butyl-anilin 2756
4-*tert*-Butyl-benzylamin 2757
2-Methyl-2-*p*-tolyl-propylamin 2757
4-Isopropyl-phenäthylamin 2757
2-[4-Äthyl-phenyl]-propylamin 2758
1-Methyl-2-[3.4-dimethyl-phenyl]-äthylamin 2758
2-[2.5-Dimethyl-phenyl]-propylamin 2758
2-[2.4-Dimethyl-phenyl]-propylamin 2758
2.3.4.5.6-Pentamethyl-anilin 2758

$C_{11}H_{17}NO$ 2-[3-Phenyl-propylamino]-äthanol-(1) 2680
Dimethyl-[1-methyl-1-phenyl-äthyl]-aminoxid 2687
2-[2-Dimethylamino-phenyl]-propanol-(2) 2794

$C_{11}H_{17}N_3$ [4-Phenyl-butyl]-guanidin 2720
[4-Isopropyl-benzyl]-guanidin 2742

$C_{11}H_{18}N_2$ *N*-[1-Phenyl-propyl]-äthylendiamin 2664
N-[1-Methyl-2-phenyl-äthyl]-äthylendiamin 2672

C_{12}-Gruppe

$C_{12}H_7Br_3$ 3.4.5-Tribrom-biphenyl 3139

$C_{12}H_7Br_4N$ 2.4.6.4'-Tetrabrom-biphenylyl-(3)-amin 3149

$C_{12}H_7Br_4NO$ [1.x.x.x-Tetrabrom-naphthyl-(2)]-acetamid 3078

$C_{12}H_7Cl_2NO_2$ [1-Chlor-naphthyl-(2)]-oxamoylchlorid 3066

$C_{12}H_7IN_4O_6$ 2'-Jod-3.5.3'-trinitro-biphenylyl-(4)-amin 3209

$C_{12}H_7N_3$ [Naphthyl-(1)]-dicyan-amin 2949

$C_{12}H_7N_5O_8$ 3.5.2'.4'-Tetranitro-biphenylyl-(4)-amin 3210

$C_{12}H_8BrNO_3$ [4-Brom-naphthyl-(1)]-oxamidsäure 2964
[1-Brom-naphthyl-(2)]-oxamidsäure 3071

$C_{12}H_8BrN_3O_4$ 3-Brom-2.3'-dinitro-biphenylyl-(4)-amin 3206
5-Brom-2.3'-dinitro-biphenylyl-(4)-amin 3206
6'-Brom-2.3'-dinitro-biphenylyl-(4)-amin 3206
5-Brom-2.4'-dinitro-biphenylyl-(4)-amin 3207
4'-Brom-3.2'-dinitro-biphenylyl-(4)-amin 3207

$C_{12}H_8BrN_3O_5$ *N*-[3-Brom-1.6-dinitro-naphthyl-(2)]-acetamid 3089
N-[1-Brom-4.5-dinitro-naphthyl-(2)]-acetamid 3090

$C_{12}H_8Br_2ClNO$ *N*-[8-Chlor-5.7-dibrom-naphthyl-(1)]-acetamid 2967

$C_{12}H_8Br_2N_2O_2$ 3.5-Dibrom-4'-nitro-biphenylyl-(2)-amin 3143
5.4'-Dibrom-3-nitro-biphenylyl-(4)-amin 3203
3.5-Dibrom-2'-nitro-biphenylyl-(4)-amin 3203
3.5-Dibrom-3'-nitro-biphenylyl-(4)-amin 3203

$C_{12}H_8Br_2N_2O_3$ *N*-[2.4-Dibrom-3-nitro-naphthyl-(1)]-acetamid 2981
N-[2.4-Dibrom-5-nitro-naphthyl-(1)]-acetamid 2981
N-[2.4-Dibrom-8-nitro-naphthyl-(1)]-acetamid 2981

$C_{12}H_8Br_3N$ 3.5.3'-Tribrom-biphenylyl-(2)-amin 3139
3'.4'.5'-Tribrom-biphenylyl-(2)-amin 3139
3.5.2'-Tribrom-biphenylyl-(4)-amin 3192
3.5.4'-Tribrom-biphenylyl-(4)-amin 3192
2'.3'.5'-Tribrom-biphenylyl-(4)-amin 3192
2'.3'.4'-Tribrom-biphenylyl-(4)-amin 3192

$C_{12}H_8Br_3NO$ *N*-[5.7.8-Tribrom-naphthyl-(1)]-acetamid 2967
N-[x.x.x-Tribrom-naphthyl-(2)]-acetamid 3076

$C_{12}H_8ClN_3O_5$ *N*-[3-Chlor-x.x-dinitro-naphthyl-(1)]-acetamid 2960

$C_{12}H_8Cl_2N_2O_3$ *N*-[2.4-Dichlor-5-nitro-naphthyl-(1)]-acetamid 2978
N-[2.4-Dichlor-6-nitro-naphthyl-(1)]-acetamid 2978

$C_{12}H_8INO_3$ [4-Jod-naphthyl-(1)]-oxamidsäure 2968

$C_{12}H_8IN_3O_4$ 2'-Jod-3.3'-dinitro-biphenylyl-(4)-amin 3207

$C_{12}H_8I_2N_2O_2$ 4.4'-Dijod-2'-nitro-biphenylyl-(2)-amin 3144

$C_{12}H_8N_2O$ *N*-[Naphthyl-(2)]-*C*-cyan-formamid 3017

$C_{12}H_8N_4O_2$ Oxalsäure-[naphthyl-(1)-amid]-azid 2873
Oxalsäure-[naphthyl-(2)-amid]-azid 3019

$C_{12}H_8N_4O_6$ 3.5.4'-Trinitro-biphenylyl-(2)-amin 3145
4.6.2'-Trinitro-biphenylyl-(3)-amin 3151

N-[8-Nitro-naphthyl-(1)]-acetamid 2976
N-[3-Nitro-naphthyl-(2)]-acetamid 3081
N-[4-Nitro-naphthyl-(2)]-acetamid 3081
N-[7-Nitro-naphthyl-(2)]-acetamid 3084

$C_{12}H_{10}N_2O_4$ [5-Nitro-naphthyl-(1)]-carbamidsäure-methylester 2974

$C_{12}H_{10}N_4$ *N'*-[Naphthyl-(1)]-*N*-cyan-guanidin 2936
N'-[Naphthyl-(2)]-*N*-cyan-guanidin 3040

$C_{12}H_{11}BrN_2S$ *N*-Methyl-*N'*-[4-brom-naphthyl-(1)]-thioharnstoff 2965

$C_{12}H_{11}ClN_2O_2$ Dimethyl-[4-chlor-2-nitro-naphthyl-(1)]-amin 2977

$C_{12}H_{11}N$ Acetaldehyd-[naphthyl-(2)-imin] 3005
Biphenylyl-(2)-amin 3124
Biphenylyl-(3)-amin 3146
Biphenylyl-(4)-amin 3152
Acenaphthenyl-(3)-amin 3210
Acenaphthenyl-(4)-amin 3212
Acenaphthenyl-(5)-amin 3212

$C_{12}H_{11}NO$ *N*-[Naphthyl-(1)]-acetamid 2866
N-[Naphthyl-(2)]-acetamid 3014

$C_{12}H_{11}NOS$ Naphthyl-(1)-thiocarbamidsäure-*O*-methylester 2941
C-Mercapto-*N*-[naphthyl-(1)]-acetamid 2949
C-Mercapto-*N*-[naphthyl-(2)]-acetamid 3052

$C_{12}H_{11}NO_2$ Naphthyl-(1)-carbamidsäure-methylester 2876
N-[Naphthyl-(1)]-glycin 2949
Naphthyl-(2)-carbamidsäure-methylester 3023

$C_{12}H_{11}NS$ *N*-[Naphthyl-(1)]-thioacetamid 2867

$C_{12}H_{11}NS_2$ Naphthyl-(1)-dithiocarbamidsäure-methylester 2946

$C_{12}H_{11}N_3O_2$ Naphthyl-(1)-oxamidsäure-hydrazid 2871
1-[Naphthyl-(1)]-biuret 2931
Naphthyl-(2)-oxamidsäure-hydrazid 3017
1-[Naphthyl-(2)]-biuret 3037

$C_{12}H_{11}N_3S_2$ 1-[Naphthyl-(1)]-dithiobiuret 2946

$C_{12}H_{12}BrN$ Dimethyl-[4-brom-naphthyl-(1)]-amin 2964

$C_{12}H_{12}BrNO_3$ [4-Brom-5.6.7.8-tetrahydro-naphthyl-(1)]-oxamidsäure 2807

$C_{12}H_{12}ClN$ Dimethyl-[4-chlor-naphthyl-(1)]-amin 2961
Dimethyl-[8-chlor-naphthyl-(1)]-amin 2962
Methyl-[4-chlor-2-methyl-naphthyl-(1)]-amin 3104

$C_{12}H_{12}ClNO_2S$ 1-Chlor-*N*-[naphthyl-(1)]-äthansulfonamid-(1) 2958
1-Chlor-*N*-[naphthyl-(2)]-äthansulfonamid-(1) 3062

$C_{12}H_{12}N_2O$ Äthyl-[4-nitroso-naphthyl-(1)]-amin 7 3701
N-Methyl-*N'*-[naphthyl-(1)]-harnstoff 2922
Glycin-[naphthyl-(1)-amid] 2956
N-Methyl-*N'*-[naphthyl-(2)]-harnstoff 3029

$C_{12}H_{12}N_2O_2$ Äthyl-[2-nitro-naphthyl-(1)]-amin 2969
Dimethyl-[4-nitro-naphthyl-(1)]-amin 2972
Dimethyl-[8-nitro-naphthyl-(1)]-amin 2976
Dimethyl-[1-nitro-naphthyl-(2)]-amin 3079
3-Nitro-4.6-dimethyl-naphthyl-(1)-amin 3116
4-Nitro-2.6-dimethyl-naphthyl-(1)-amin 3117

$C_{12}H_{12}N_2S$ *N*-Methyl-*N*-[naphthyl-(1)]-thioharnstoff 2946
N-Methyl-*N'*-[naphthyl-(2)]-thioharnstoff 3045
N-Methyl-*N*-[naphthyl-(2)]-thioharnstoff 3049

$C_{12}H_{12}N_2Se$ *N*-Methyl-*N*-[naphthyl-(1)]-selenoharnstoff 2946

$C_{12}H_{13}Cl_2NO$ Essigsäure-[2.*N*-dimethyl-4-(2.2-dichlor-vinyl)-anilid] 2796

$C_{12}H_{13}N$ Dimethyl-[naphthyl-(1)]-amin 2854
Äthyl-[naphthyl-(1)]-amin 2854
Dimethyl-[naphthyl-(2)]-amin 2995
Äthyl-[naphthyl-(2)]-amin 2996
Methyl-[naphthyl-(1)-methyl]-amin 3097
Methyl-[2-methyl-naphthyl-(1)]-amin 3102
Methyl-[naphthyl-(2)-methyl]-amin 3109
4-Äthyl-naphthyl-(1)-amin 3110
1-[Naphthyl-(1)]-äthylamin 3110
2-[Naphthyl-(1)]-äthylamin 3111
2-Äthyl-naphthyl-(1)-amin 3112
1-[Naphthyl-(2)]-äthylamin 3113
2-[Naphthyl-(2)]-äthylamin 3114
3.4-Dimethyl-naphthyl-(1)-amin 3114
C-[2-Methyl-naphthyl-(1)]-methylamin 3115
C-[4-Methyl-naphthyl-(1)]-methylamin 3115
1.7-Dimethyl-naphthyl-(2)-amin 3115
2.3-Dimethyl-naphthyl-(1)-amin 3116
2.6-Dimethyl-naphthyl-(1)-amin 3116
3.7-Dimethyl-naphthyl-(2)-amin 3117
3.7-Dimethyl-naphthyl-(1)-amin 3117
3.6-Dimethyl-naphthyl-(2)-amin 3117

$C_{12}H_{13}NO_2$ [7.8-Dihydro-naphthyl-(1)]-carbamidsäure-methylester 2836

$C_{12}H_{13}NO_3$ [5.6.7.8-Tetrahydro-naphthyl-(1)]-oxamidsäure 2806
[5.6.7.8-Tetrahydro-naphthyl-(2)]-oxamidsäure 2809

$C_{12}H_{13}NS$ 2-[Naphthyl-(2)-amino]-äthanthiol-(1) 3004

$C_{12}H_{13}N_3$ *N*-Methyl-*N'*-[naphthyl-(1)]-guanidin 2936

$C_{12}H_{13}N_3O_4$ *N*-Nitroso-*N*-[4-nitro-5.6.7.8-tetrahydro-naphthyl-(1)]-acetamid 2808

$C_{12}H_{13}N_3O_7$ [3.6-Dinitro-2.4.5-trimethyl-phenyl]-oxamidsäure-methylester 2706

$C_{12}H_{13}N_5$ 1-[Naphthyl-(1)]-biguanid und Tautomere 2936

$C_{12}H_{14}BrNO$ *N*-[1-Brom-5.6.7.8-tetrahydro-naphthyl-(2)]-acetamid 2810
 N-[3-Brom-5.6.7.8-tetrahydro-naphthyl-(2)]-acetamid 2810
 8-Brom-6-acetamino-1.2.3.4-tetrahydro-naphthalin 2810

$C_{12}H_{14}ClN$ 2-Chlor-4-[cyclohexen-(1)-yl]-anilin 2839

$C_{12}H_{14}N_2$ *N*-[Naphthyl-(1)]-äthylendiamin 2955
 N-[Naphthyl-(2)]-äthylendiamin 3059

$C_{12}H_{14}N_2O_2$ [5.6.7.8-Tetrahydro-naphthyl-(1)]-oxamid 2806
 N-Nitroso-*N*-[5.6.7.8-tetrahydro-naphthyl-(1)]-acetamid 2807
 [5.6.7.8-Tetrahydro-naphthyl-(2)]-oxamid 2809

$C_{12}H_{14}N_2O_2S$ *N.N*-Dimethyl-*N'*-[naphthyl-(1)]-sulfamid 2959
 Taurin-[naphthyl-(2)-amid] 3062
 N.N-Dimethyl-*N'*-[naphthyl-(2)]-sulfamid 3064

$C_{12}H_{14}N_2O_3$ *N*-[3-Nitro-5.6.7.8-tetrahydro-naphthyl-(2)]-acetamid 2811

$C_{12}H_{14}N_2O_5$ [6-Nitro-2.4.5-trimethyl-phenyl]-oxamidsäure-methylester 2705

$C_{12}H_{15}Br_2NO$ Essigsäure-[4-(2.3-dibrom-butyl)-anilid] 2715

$C_{12}H_{15}Cl_2N$ *N.N*-Diäthyl-4-[2.2-dichlor-vinyl]-anilin 2787

$C_{12}H_{15}N$ Dimethyl-[3.4-dihydro-naphthyl-(2)]-amin 2836
 Dimethyl-[indenyl-(2)-methyl]-amin 2837
 4-[Cyclohexen-(1)-yl]-anilin 2838
 2-Phenyl-cyclohexen-(4)-ylamin 2839

$C_{12}H_{15}NO$ 1-Methyl-1-benzyl-propylisocyanat 2751
 1-Äthyl-1-phenyl-propylisocyanat 2753
 Essigsäure-[4-(buten-(2)-yl)-anilid] 2803
 Essigsäure-[2-methyl-4-isopropenyl-anilid] 2804
 N-[5.6.7.8-Tetrahydro-naphthyl-(1)]-acetamid 2805
 N-[5.6.7.8-Tetrahydro-naphthyl-(2)]-acetamid 2809
 N-[Indanyl-(1)-methyl]-acetamid 2815
 N-[1.2.3.4-Tetrahydro-naphthyl-(1)-methyl]-formamid 2817

$C_{12}H_{15}NO_2$ [5.6.7.8-Tetrahydro-naphthyl-(1)]-carbamidsäure-methylester 2806

$C_{12}H_{15}NO_3$ [2.4.5-Trimethyl-phenyl]-oxamidsäure-methylester 2702

$C_{12}H_{15}NS$ *N*-[5.6.7.8-Tetrahydro-naphthyl-(1)]-thioacetamid 2806

$C_{12}H_{15}N_3O_2$ [2.4.5-Trimethyl-phenyl]-oxamidsäure-methylenhydrazid 2702

$C_{12}H_{15}N_3O_5$ Essigsäure-[3.4-dinitro-2-methyl-5-isopropyl-anilid] 2741

$C_{12}H_{15}N_3O_6$ [3.6-Dinitro-2.4.5-trimethyl-phenyl]-carbamidsäure-äthylester 2707

$C_{12}H_{15}N_5O_7$ *N*-Nitro-*N*-äthyl-*N'*-[3.6-dinitro-2.4.5-trimethyl-phenyl]-harnstoff 2704

$C_{12}H_{16}BrN$ 2-Brom-4-cyclohexyl-anilin 2820

$C_{12}H_{16}BrNO$ Essigsäure-[3-brom-2.4.6.*N*-tetramethyl-anilid] 2713
 Essigsäure-[4-brom-2-methyl-5-isopropyl-anilid] 2738

$C_{12}H_{16}ClN$ 2-Chlor-4-cyclohexyl-anilin 2820

$C_{12}H_{16}ClNO$ Essigsäure-[4-(chlor-*tert*-butyl)-anilid] 2729
 Chloressigsäure-[2-methyl-5-isopropyl-anilid] 2734
 Essigsäure-[4-chlor-2-methyl-5-isopropyl-anilid] 2736
 Essigsäure-[3-chlor-2-methyl-5-isopropyl-anilid] 2737

$[C_{12}H_{16}N]^{\oplus}$ Trimethyl-[3-phenyl-propin-(2)-yl]-ammonium 2835

$C_{12}H_{16}N_2O_2$ Dimethyl-[4-nitro-5.6.7.8-tetrahydro-naphthyl-(1)]-amin 2807

$C_{12}H_{16}N_2O_3$ Essigsäure-[6-nitro-2-methyl-5-isopropyl-anilid] 2739
 Essigsäure-[4-nitro-2-methyl-5-isopropyl-anilid] 2739
 Essigsäure-[3-nitro-2-methyl-5-isopropyl-anilid] 2740

$C_{12}H_{16}N_2O_4$ [6-Nitro-2.4.5-trimethyl-phenyl]-carbamidsäure-äthylester 2706

$C_{12}H_{16}N_2S$ *N*-Methyl-*N'*-[5.6.7.8-tetrahydro-naphthyl-(1)]-thioharnstoff 2806

$C_{12}H_{17}BrN_2O_3$ 2-[3-Brom-6-nitro-2-methyl-5-isopropyl-anilino]-äthanol-(1) 2740

$C_{12}H_{17}Cl_2N$ *N.N*-Diäthyl-4-[2.2-dichlor-äthyl]-anilin 2787

$C_{12}H_{17}N$ Diäthyl-styryl-amin 2788
 N.N-Dimethyl-4-[buten-(1)-yl]-anilin 2802
 Dimethyl-[1-benzyl-allyl]-amin 2803
 Dimethyl-[2-vinyl-phenäthyl]-amin 2804
 Dimethyl-[5.6.7.8-tetrahydro-naphthyl-(1)]-amin 2805
 Äthyl-[1.2.3.4-tetrahydro-naphthyl-(2)]-amin 2812

C_{13}-Gruppe

6′-Nitro-2′-methyl-biphenylyl-(2)-amin 3234

$C_{13}H_{12}N_2O_2S$ [Naphthyl-(1)-carbamimidoyl-mercapto]-essigsäure 2946
C-Carbamoylmercapto-*N*-[naphthyl-(1)]-acetamid 2949
[Naphthyl-(2)-carbamimidoylmercapto]-essigsäure 3049
C-Carbamoylmercapto-*N*-[naphthyl-(2)]-acetamid 3052

$C_{13}H_{12}N_2O_3$ *N*-[4-Nitro-1-methyl-naphthyl-(2)]-acetamid 3093
N-[3-Nitro-4-methyl-naphthyl-(1)]-acetamid 3094
N-[2-Nitro-4-methyl-naphthyl-(1)]-acetamid 3094
N-[2-Nitro-5-methyl-naphthyl-(1)]-acetamid 3095
N-[4-Nitro-5-methyl-naphthyl-(1)]-acetamid 3095
N-[4-Nitro-8-methyl-naphthyl-(1)]-acetamid 3096
N-[2-Nitro-8-methyl-naphthyl-(1)]-acetamid 3097
N-[4-Nitro-2-methyl-naphthyl-(1)]-acetamid 3105
N-[2-Nitro-6-methyl-naphthyl-(1)]-acetamid 3106
N-[4-Nitro-6-methyl-naphthyl-(1)]-acetamid 3106
N-[4-Nitro-7-methyl-naphthyl-(1)]-acetamid 3109
N-[2-Nitro-7-methyl-naphthyl-(1)]-acetamid 3109

$C_{13}H_{12}N_2S$ Biphenylyl-(2)-thioharnstoff 3131
Biphenylyl-(4)-thioharnstoff 3179

$C_{13}H_{12}N_4O_3$ 4-[4′-Nitro-biphenylyl-(4)]-semicarbazid 3200

$C_{13}H_{13}BrN_2S$ *N*-Äthyl-*N*′-[4-brom-naphthyl-(1)]-thioharnstoff 2965

$C_{13}H_{13}N$ Allyl-[naphthyl-(1)]-amin 2856
2-Benzyl-anilin 3214
3-Benzyl-anilin 3215
4-Benzyl-anilin 3215
Benzhydrylamin 3221
6-Methyl-biphenylyl-(2)-amin 3234
2′-Methyl-biphenylyl-(2)-amin 3234
2-Phenyl-benzylamin 3235
3-Methyl-biphenylyl-(4)-amin 3238
3-Phenyl-benzylamin 3238
4-Methyl-biphenylyl-(2)-amin 3239
4-Phenyl-benzylamin 3240

$C_{13}H_{13}NO$ *N*-Methyl-*N*-[naphthyl-(1)]-acetamid 2867
N-[Naphthyl-(1)]-propionamid 2867
N-[1-Methyl-naphthyl-(2)]-acetamid 3092
N-[4-Methyl-naphthyl-(2)]-acetamid 3093
N-[4-Methyl-naphthyl-(1)]-acetamid 3094
N-[5-Methyl-naphthyl-(1)]-acetamid 3095
N-[5-Methyl-naphthyl-(2)]-acetamid 3096
N-[8-Methyl-naphthyl-(2)]-acetamid 3096
N-[8-Methyl-naphthyl-(1)]-acetamid 3096
N-[Naphthyl-(1)-methyl]-acetamid 3101
N-[2-Methyl-naphthyl-(1)]-acetamid 3103
N-[3-Methyl-naphthyl-(2)]-acetamid 3105
N-[6-Methyl-naphthyl-(1)]-acetamid 3106
N-[6-Methyl-naphthyl-(2)]-acetamid 3107
N-[7-Methyl-naphthyl-(2)]-acetamid 3108
N-[7-Methyl-naphthyl-(1)]-acetamid 3108

$C_{13}H_{13}NOS$ Naphthyl-(1)-thiocarbamidsäure-O-äthylester 2941
Naphthyl-(2)-thiocarbamidsäure-O-äthylester 3045

$C_{13}H_{13}NO_2$ Naphthyl-(1)-carbamidsäure-äthylester 2876
N-[Naphthyl-(1)]-alanin 2950
N-[Naphthyl-(1)]-*β*-alanin 2950
Naphthyl-(2)-carbamidsäure-äthylester 3024

$C_{13}H_{13}N_3O$ Acetaldehyd-[4-(naphthyl-(1))-semicarbazon] 2937
Acetaldehyd-[4-(naphthyl-(2))-semicarbazon] 3040
4-[Biphenylyl-(4)]-semicarbazid 3175

$C_{13}H_{13}N_3O_4$ Propyl-[2.4-dinitro-naphthyl-(1)]-amin 2983

$C_{13}H_{13}N_3O_6$ 3-[2.4-Dinitro-naphthyl-(1)-amino]-propandiol-(1.2) 2985
2-[2.4-Dinitro-naphthyl-(1)-amino]-propandiol-(1.3) 2985

$C_{13}H_{14}ClN$ Methyl-[2-chlor-äthyl]-[naphthyl-(2)]-amin 2996

$C_{13}H_{14}ClNO$ 3-Chlor-1-[naphthyl-(1)-amino]-propanol-(2) 2860

$C_{13}H_{14}N_2O$ *N*-Äthyl-*N*′-[naphthyl-(1)]-harnstoff 2922
N-Äthyl-*N*′-[naphthyl-(2)]-harnstoff 3030
[1-(Naphthyl-(1))-äthyl]-harnstoff 3111
[1-(Naphthyl-(2))-äthyl]-harnstoff 3114

$C_{13}H_{14}N_2O_2$ *N*-[2-Hydroxy-äthyl]-*N*′-[naphthyl-(1)]-harnstoff 2926

$C_{13}H_{14}N_2S$ *N.N*-Dimethyl-*N*′-[naphthyl-(1)]-thioharnstoff 2941
N-Äthyl-*N*′-[naphthyl-(1)]-thioharnstoff 2941
N-Äthyl-*N*-[naphthyl-(1)]-thioharnstoff 2947
N.N-Dimethyl-*N*′-[naphthyl-(2)]-thioharnstoff 3045
N-Äthyl-*N*′-[naphthyl-(2)]-thioharnstoff 3045
N-Äthyl-*N*-[naphthyl-(2)]-thioharnstoff 3050

$C_{13}H_{14}N_2Se$ *N*-Äthyl-*N*-[naphthyl-(1)]-selenoharnstoff 2947

$C_{13}H_{15}N$ Isopropyl-[naphthyl-(1)]-amin 2855
Methyl-äthyl-[naphthyl-(2)]-amin 2996

Propyl-[naphthyl-(2)]-amin 2997
Isopropyl-[naphthyl-(2)]-amin 2997
Äthyl-[2-methyl-naphthyl-(1)]-amin 3103
Methyl-[2-(naphthyl-(1))-äthyl]-amin 3112
1-[Naphthyl-(1)]-propylamin 3117
1-Methyl-2-[naphthyl-(1)]-äthylamin 3118
1-Methyl-2-[naphthyl-(2)]-äthylamin 3118
x-Tetrahydro-fluorenyl-(2)-amin 3118

$C_{13}H_{15}NO$ 4-Cyclohexyl-phenylisocyanat 2819
Methyl-äthyl-[naphthyl-(2)]-aminoxid 2996
2-[Methyl-(naphthyl-(2))-amino]-äthanol-(1) 3004

$C_{13}H_{15}NO_2$ 3-[Naphthyl-(1)-amino]-propandiol-(1.2) 2860

$C_{13}H_{15}NO_3$ *N*-[2.4.5-Trimethyl-phenyl]-maleinamidsäure 2704

$C_{13}H_{15}NO_3S$ Verbindung $C_{13}H_{15}NO_3S$ aus Naphthyl-(1)-amin 2848

$C_{13}H_{15}NO_4S$ 3-[Naphthyl-(1)-amino]-2-hydroxy-propan-sulfonsäure-(1) 2955

$C_{13}H_{15}N_3O_7$ [3.6-Dinitro-2.4.5-trimethyl-phenyl]-oxamidsäure-äthylester 2707

$C_{13}H_{16}ClN$ 2-Chlor-4-[3-methyl-cyclohexen-(1)-yl]-anilin 2840

$[C_{13}H_{16}N]^{\oplus}$ Trimethyl-[naphthyl-(2)]-ammonium 2996
$[C_{13}H_{16}N]Cl$ 2996
$[C_{13}H_{16}N]I$ 2996
$[C_{13}H_{16}N]CH_3O_4S$ 2996
$[C_{13}H_{16}N]C_7H_7O_3S$ 2996

$C_{13}H_{16}N_2O_2$ Diäthyl-[3-(2-nitro-phenyl)-propin-(2)-yl]-amin 2835
Diäthyl-[3-(4-nitro-phenyl)-propin-(2)-yl]-amin 2836

$C_{13}H_{16}N_2O_5$ [6-Nitro-2.4.5-trimethyl-phenyl]-oxamidsäure-äthylester 2706

$C_{13}H_{17}N$ Diäthyl-[3-phenyl-propin-(2)-yl]-amin 2835
Dimethyl-[3.4-dihydro-naphthyl-(2)-methyl]-amin 2837
2-Methyl-4-[cyclohexen-(1)-yl]-anilin 2839
4-[3-Methyl-cyclohexen-(1)-yl]-anilin 2840
1.2.3.4.4a.9a-Hexahydro-fluorenyl-(9)-amin 2840

$C_{13}H_{17}NO$ 1.1-Dimethyl-4-phenyl-butylisocyanat 2761
1-Äthyl-1-benzyl-propylisocyanat 2762
Essigsäure-[4-(1-methyl-cyclobutyl)-anilid] 2816
Essigsäure-[4-cyclopentyl-anilid] 2816
N-[1.2.3.4-Tetrahydro-naphthyl-(1)-methyl]-acetamid 2817
N-[2-Methyl-5.6.7.8-tetrahydro-naphthyl-(1)]-acetamid 2817
N-[2-(Indanyl-(5))-äthyl]-acetamid 2818

$C_{13}H_{17}NO_3$ [2.4.5-Trimethyl-phenyl]-oxamidsäure-äthylester 2702

$C_{13}H_{17}N_3O_2$ [2.4.5-Trimethyl-phenyl]-oxamidsäure-äthylidenhydrazid 2702

$C_{13}H_{18}ClHgNO$ Essigsäure-[2.4.6-trimethyl-*N*-(2-chloromercurio-äthyl)-anilid] 2712

$C_{13}H_{18}ClN$ Diäthyl-[γ-chlor-cinnamyl]-amin 2793
2-Chlor-4-[3-methyl-cyclohexyl]-anilin 2826

$C_{13}H_{18}N_2O_3$ Essigsäure-[3-nitro-2-methyl-5-*tert*-butyl-anilid] 2757

$C_{13}H_{18}N_2O_4$ [6-Nitro-3.4-diäthyl-phenyl]-carbamidsäure-äthylester 2743

$C_{13}H_{19}Cl$ 2.5-Dipropyl-benzylchlorid 3333
2.5-Diisopropyl-benzylchlorid 3333

$C_{13}H_{19}N$ Diäthyl-cinnamyl-amin 2791
Diäthyl-[2-phenyl-allyl]-amin 2795
N.N-Dimethyl-2-[1-äthyl-propenyl]-anilin 2816
Dimethyl-[1.2.3.4-tetrahydro-naphthyl-(2)-methyl]-amin 2818
2.4.6-Trimethyl-3-[2-methyl-propenyl]-anilin 2822
4-Cycloheptyl-anilin 2823
1-Benzyl-cyclohexylamin 2823
2-Benzyl-cyclohexylamin 2823
C-Cyclohexyl-*C*-phenyl-methylamin 2823
2-Cyclohexyl-benzylamin 2824
2-Methyl-4-cyclohexyl-anilin 2824
4-Methyl-2-cyclohexyl-anilin 2825
C-[2-Phenyl-cyclohexyl]-methylamin 2826
4-[3-Methyl-cyclohexyl]-anilin 2826
1.1-Dimethyl-2-[indanyl-(5)]-äthylamin 2826

$C_{13}H_{19}NO$ Essigsäure-[*N*-methyl-2-*tert*-butyl-anilid] 2727
Essigsäure-[2-pentyl-anilid] 2747
Essigsäure-[4-pentyl-anilid] 2747
N-[1-Äthyl-3-phenyl-propyl]-acetamid 2749
Essigsäure-[4-(1-methyl-butyl)-anilid] 2750
Essigsäure-[4-(2-methyl-butyl)-anilid] 2750
N-[1.2-Dimethyl-3-phenyl-propyl]-acetamid 2751
Essigsäure-[4-isopentyl-anilid] 2751
Essigsäure-[4-(1-äthyl-propyl)-anilid] 2753
Essigsäure-[4-*tert*-pentyl-anilid] 2754
Essigsäure-[4-(1.2-dimethyl-propyl)-anilid] 2755
Essigsäure-[4-neopentyl-anilid] 2755
Essigsäure-[3-methyl-5-isobutyl-anilid] 2756
N-[1-Methyl-5-phenyl-pentyl]-formamid 2759

1-[1.2.3.4-Tetrahydro-naphthyl-(2)-amino]-propanol-(2) 2814
3-[1.2.3.4-Tetrahydro-naphthyl-(2)-amino]-propanol-(1) 2814
$C_{13}H_{19}NO_2$ [2.3.5.6-Tetramethyl-phenyl]-carbamidsäure-äthylester 2746
$C_{13}H_{19}N_3O$ Aceton-[4-(1-phenyl-propyl)-semicarbazon] 2663
$C_{13}H_{20}ClN$ Diäthyl-[4-(2-chlor-äthyl)-benzyl]-amin 2697
$C_{13}H_{20}N_2O_2$ 2.4.6-Trimethyl-*N*-[*β*-nitro-isobutyl]-anilin 2710
$C_{13}H_{20}N_2S$ *N*-Äthyl-*N'*-[2-methyl-5-isopropyl-phenyl]-thioharnstoff 2734
$C_{13}H_{21}N$ Diäthyl-[3-(cyclohexen-(1)-yl)-propin-(2)-yl]-amin 2657
Diäthyl-[1-phenyl-propyl]-amin 2661
[1-Phenyl-propyl]-butyl-amin 2661
[1-Phenyl-propyl]-isobutyl-amin 2662
Diäthyl-[1-methyl-2-phenyl-äthyl]-amin 2669
[1-Methyl-2-phenyl-äthyl]-butyl-amin 2669
[1-Methyl-2-phenyl-äthyl]-isobutyl-amin 2670
Diäthyl-[3-phenyl-propyl]-amin 2679
[2-Phenyl-propyl]-butyl-amin 2689
Diäthyl-[2-methyl-phenäthyl]-amin 2693
Diäthyl-[3-methyl-phenäthyl]-amin 2696
[1-*p*-Tolyl-äthyl]-butyl-amin 2699
Diäthyl-[4-methyl-phenäthyl]-amin 2699
2.4.6-Trimethyl-*N.N*-diäthyl-anilin 2709
2.4.6-Trimethyl-*N*-butyl-anilin 2709
2.4.6-Trimethyl-*N*-isobutyl-anilin 2709
N-Propyl-2-*tert*-butyl-anilin 2726
Äthyl-[1-phenyl-pentyl]-amin 2748
Dimethyl-[(2-methallyliden-cyclohexen-(3)-yl)-methyl]-amin, *des*-Methyldioscoridin 2756
4-Heptyl-anilin 2766
1-Phenyl-heptylamin 2766
4-[1-Methyl-hexyl]-anilin 2767
4-[1-Äthyl-pentyl]-anilin 2767
1-Methyl-2-phenyl-hexylamin 2767
4-[1.1-Dimethyl-pentyl]-anilin 2767
4-[1.2-Dimethyl-pentyl]-anilin 2767
4-[1.4-Dimethyl-pentyl]-anilin 2767
4-[1.1.2-Trimethyl-butyl]-anilin 2768
4-[1.1.3-Trimethyl-butyl]-anilin 2768
4-[2.2-Dimethyl-1-äthyl-propyl]-anilin 2768
4-[1.2-Dimethyl-1-äthyl-propyl]-anilin 2768
4-[1-Methyl-1-äthyl-butyl]-anilin 2768
4-[3-Methyl-1-äthyl-butyl]-anilin 2768
4-[1-Propyl-butyl]-anilin 2768
4-[1.1-Diäthyl-propyl]-anilin 2768
4-[1.1.2.2-Tetramethyl-propyl]-anilin 2769
3-Isopropyl-4-*tert*-butyl-anilin 2769
4-Methyl-3.5-diisopropyl-anilin 2769
2-Methyl-3.5-diisopropyl-anilin 2769
$C_{13}H_{21}NO$ 3-[Methyl-(3-phenyl-propyl)-amino]-propanol-(1) 2681
$[C_{13}H_{22}N]^{\oplus}$ Tri-*N*-methyl-4-butyl-anilinium 2715
$[C_{13}H_{22}N]I$ 2715
Trimethyl-[4-phenyl-butyl]-ammonium 2718
$[C_{13}H_{22}N]AuCl_4$ 2718
Tri-*N*-methyl-4-*sec*-butyl-anilinium 2721
$[C_{13}H_{22}N]I$ 2721
Tri-*N*-methyl-4-isobutyl-anilinium 2723
$[C_{13}H_{22}N]I$ 2723
Trimethyl-[2-methyl-1-phenyl-propyl]-ammonium 2724
$[C_{13}H_{22}N]I$ 2724
Tri-*N*-methyl-4-*tert*-butyl-anilinium 2728
$[C_{13}H_{22}N]I$ 2728
$C_{13}H_{22}N_2$ *N.N*-Dimethyl-*N'*-[4-isopropyl-phenyl]-äthylendiamin 2685

C_{14}-Gruppe

$C_{14}H_7Br_2D_4NO$ *N*-[2.3.5.6-Tetradeuterio-4.4'-dibrom-benzhydryl]-formamid 3233
$C_{14}H_9Br_4NO$ *N*-[2.4.6.4'-Tetrabrom-biphenylyl-(3)]-acetamid 3149
$C_{14}H_9IN_4O_7$ *N*-[2'-Jod-3.5.3'-trinitro-biphenylyl-(4)]-acetamid 3210
$C_{14}H_9NO$ Fluorenyl-(2)-isocyanat 3291
$C_{14}H_9N_5O_{10}$ [3.5.2'.4'-Tetranitro-biphenylyl-(4)]-carbamidsäure-methylester 3210
$C_{14}H_{10}BrN$ 9-Brom-phenanthryl-(3)-amin 3341
$C_{14}H_{10}BrN_3O_5$ *N*-[3-Brom-2.3'-dinitro-biphenylyl-(4)]-acetamid 3206
N-[5-Brom-2.3-dinitro-biphenylyl-(4)]-acetamid 3206
N-[6'-Brom-2.3'-dinitro-biphenylyl-(4)]-acetamid 3207
$C_{14}H_{10}Br_2N_2O_3$ *N*-[3.5-Dibrom-4'-nitro-biphenylyl-(2)]-acetamid 3144
N-[3.5-Dibrom-2'-nitro-biphenylyl-(4)]-acetamid 3203
N-[3.5-Dibrom-3'-nitro-biphenylyl-(4)]-acetamid 3203
$C_{14}H_{10}Br_2N_2O_4$ *N*-[2.4-Dibrom-8-nitro-naphthyl-(1)]-diacetamid 2981
$C_{14}H_{10}Br_3NO$ *N*-[3.5.3'-Tribrom-biphenylyl-(2)]-acetamid 3139
N-[3'.4'.5'-Tribrom-biphenylyl-(2)]-acetamid 3139
N-[3.5.2'-Tribrom-biphenylyl-(4)]-acetamid 3192
N-[2'.3'.5'-Tribrom-biphenylyl-(4)]-acetamid 3192

$C_{14}H_{10}ClN$ 6-Chlor-phenanthryl-(3)-amin 3340
9-Chlor-phenanthryl-(3)-amin 3340
$C_{14}H_{10}ClNO_2$ 2′-Chlor-4-nitro-stilben 3308
$C_{14}H_{10}Cl_3NO$ *C.C.C*-Trichlor-*N*-[biphenylyl-(2)]-acetamid 3126
$C_{14}H_{10}IN_3O_5$ *N*-[2′-Jod-3.3′-dinitro-biphenylyl-(4)]-acetamid 3207
N-[2′-Jod-3.4′-dinitro-biphenylyl-(4)]-acetamid 3207
$C_{14}H_{10}N_2O_5$ *N*-[3-Nitro-naphthyl-(1)]-maleinamidsäure 2971
N-[6-Nitro-naphthyl-(1)]-maleinamidsäure 2975
N-[8-Nitro-naphthyl-(1)]-maleinamidsäure 2976
N-[4-Nitro-naphthyl-(2)]-maleinamidsäure 3082
$C_{14}H_{10}N_4O_5$ Nitroso-methyl-[1.3-dinitro-fluorenyl-(2)]-amin 3296
$C_{14}H_{10}N_4O_7$ *N*-[4.6.2′-Trinitro-biphenylyl-(3)]-acetamid 3152
N-[4.6.4′-Trinitro-biphenylyl-(3)]-acetamid 3152
N-[3.5.3′-Trinitro-biphenylyl-(4)]-acetamid 3208
N-[3.5.4′-Trinitro-biphenylyl-(4)]-acetamid 3208
N-[3.2′.4′-Trinitro-biphenylyl-(4)]-acetamid 3209
$C_{14}H_{10}N_4O_8$ [3.5.4′-Trinitro-biphenylyl-(2)]-carbamidsäure-methylester 3145
[3.5.4′-Trinitro-biphenylyl-(4)]-carbamidsäure-methylester 3209
$C_{14}H_{11}BrN_2O_2$ *N*-Nitroso-*N*-[4′-brom-biphenylyl-(4)]-acetamid 3190
$C_{14}H_{11}BrN_2O_3$ *N*-[5-Brom-4′-nitro-biphenylyl-(2)]-acetamid 3143
N-[6-Brom-3′-nitro-biphenylyl-(3)]-acetamid 3150
N-[2′-Brom-3-nitro-biphenylyl-(4)]-acetamid 3201
N-[3-Brom-2′-nitro-biphenylyl-(4)]-acetamid 3202
N-[3-Brom-3′-nitro-biphenylyl-(4)]-acetamid 3202
N-[6′-Brom-3′-nitro-biphenylyl-(4)]-acetamid 3202
N-[3-Brom-4′-nitro-biphenylyl-(4)]-acetamid 3202
$C_{14}H_{11}Br_2NO$ *N*-[4.4′-Dibrom-biphenylyl-(2)]-acetamid 3138
N-[5.3′-Dibrom-biphenylyl-(2)]-acetamid 3138
N-[3′.5′-Dibrom-biphenylyl-(2)]-acetamid 3139
N-[4.2′-Dibrom-biphenylyl-(3)]-acetamid 3148
N-[6.2′-Dibrom-biphenylyl-(3)]-acetamid 3148
N-[6.4′-Dibrom-biphenylyl-(3)]-acetamid 3149
N-[3′.5′-Dibrom-biphenylyl-(3)]-acetamid 3149
N-[2.4′-Dibrom-biphenylyl-(4)]-acetamid 3190
N-[3.2′-Dibrom-biphenylyl-(4)]-acetamid 3191
N-[2′.5′-Dibrom-biphenylyl-(4)]-acetamid 3191
N-[3′.5′-Dibrom-biphenylyl-(4)]-acetamid 3192
N-[4.4′-Dibrom-benzhydryl]-formamid 3233
$C_{14}H_{11}ClN_2O_3$ *N*-[5-Chlor-4′-nitro-biphenylyl-(2)]-acetamid 3143
$C_{14}H_{11}Cl_2NO$ *C.C*-Dichlor-*N*-[biphenylyl-(2)]-acetamid 3126
N-[3′.5′-Dichlor-biphenylyl-(3)]-acetamid 3147
N-[2.4′-Dichlor-biphenylyl-(4)]-acetamid 3188
$C_{14}H_{11}IN_2O_2$ *N*-Nitroso-*N*-[4′-jod-biphenylyl-(4)]-acetamid 3197
$C_{14}H_{11}IN_2O_3$ *N*-[2′-Jod-3′-nitro-biphenylyl-(4)]-acetamid 3204
$C_{14}H_{11}I_2NO$ *N*-[2.4′-Dijod-biphenylyl-(4)]-acetamid 3198
$C_{14}H_{11}N$ Anthryl-(9)-amin 7 2361
C-[Fluorenyliden-(9)]-methylamin 7 2378
2-Phenyläthinyl-anilin 3334
4-Phenyläthinyl-anilin 3334
Anthryl-(1)-amin 3335
Anthryl-(2)-amin 3335
Phenanthryl-(1)-amin 3338
Phenanthryl-(2)-amin 3339
Phenanthryl-(3)-amin 3339
Phenanthryl-(4)-amin 3341
Phenanthryl-(9)-amin 3341
$C_{14}H_{11}NO$ 4-Benzyl-phenylisocyanat 3216
Benzhydrylisocyanat 3229
N-[Fluorenyl-(2)]-formamid 3287
N-[Fluorenyl-(9)]-formamid 3299
$C_{14}H_{11}NO_2S$ Verbindung $C_{14}H_{11}NO_2S$ aus *N*-[Naphthyl-(1)]-acetoacetamid 2952
Verbindung $C_{14}H_{11}NO_2S$ aus *N*-[Naphthyl-(2)]-acetoacetamid 3056
$C_{14}H_{11}NO_3$ *N*-[Naphthyl-(1)]-maleinamidsäure 2875
Biphenylyl-(2)-oxamidsäure 3129
Biphenylyl-(4)-oxamidsäure 3160
$C_{14}H_{11}NO_3S$ Verbindung $C_{14}H_{11}NO_3S$ aus *N*-[Naphthyl-(1)]-acetoacetamid 2952
Verbindung $C_{14}H_{11}NO_3S$ aus *N*-[Naphthyl-(2)]-acetoacetamid 3056

[2-Nitro-5.6.7.8-tetrahydro-naphthyl-(1)]-oxamidsäure-äthylester 2808
$C_{14}H_{16}N_2S$ *N*-Methyl-*N*-äthyl-*N'*-[naphthyl-(1)]-thioharnstoff 2941
N-Propyl-*N'*-[naphthyl-(1)]-thioharnstoff 2942
N-Isopropyl-*N'*-[naphthyl-(1)]-thioharnstoff 4942
N-Propyl-*N'*-[naphthyl-(2)]-thioharnstoff 3045
$C_{14}H_{17}BrN_2O_5$ *N*-Methyl-*N*-[5-brom-3-nitro-2.4.6-trimethyl-phenyl]-succinamidsäure 2714
$C_{14}H_{17}Br_2NO_3$ *N*-Methyl-*N*-[3.5-dibrom-2.4.6-trimethyl-phenyl]-succinamidsäure 2714
$C_{14}H_{17}N$ Diäthyl-[naphthyl-(1)]-amin 2855
Butyl-[naphthyl-(1)]-amin 2855
Butyl-[naphthyl-(2)]-amin 2998
1-[Naphthyl-(1)]-butylamin 3118
1.1-Dimethyl-2-[naphthyl-(1)]-äthylamin 3118
1.1-Dimethyl-2-[naphthyl-(2)]-äthylamin 3119
2-*tert*-Butyl-naphthyl-(1)-amin 3119
$C_{14}H_{17}NO$ 2-Methyl-4-cyclohexyl-phenylisocyanat 2824
1.1-Dimethyl-2-[indanyl-(5)]-äthylisocyanat 2826
Essigsäure-[4-(cyclohexen-(1)-yl)-anilid] 2839
2-[Äthyl-(naphthyl-(1))-amino]-äthanol-(1) 2860
2-[Methyl-(naphthyl-(1)-methyl)-amino]-äthanol-(1) 3099
2-[1-(Naphthyl-(2))-äthylamino]-äthanol-(1) 3113
$C_{14}H_{17}NO_2$ [2-Äthyl-indenyl-(1)]-carbamidsäure-äthylester 2838
Bis-[2-hydroxy-äthyl]-[naphthyl-(1)]-amin 2860
Bis-[2-hydroxy-äthyl]-[naphthyl-(2)]-amin 3004
$C_{14}H_{17}NO_3$ [5.6.7.8-Tetrahydro-naphthyl-(1)]-oxamidsäure-äthylester 2806
[5.6.7.8-Tetrahydro-naphthyl-(2)]-oxamidsäure-äthylester 2809
$C_{14}H_{18}BrNO$ Essigsäure-[2-brom-4-cyclohexyl-anilid] 2820
$C_{14}H_{18}BrNO_3$ *N*-Methyl-*N*-[3-brom-2.4.6-trimethyl-phenyl]-succinamidsäure 2713
$[C_{14}H_{18}N]^\oplus$ Trimethyl-[naphthyl-(2)-methyl]-ammonium 3109
$[C_{14}H_{18}N]AuCl_4$ 3109
$C_{14}H_{18}NO_2P$ Naphthyl-(2)-amidophosphorigsäure-diäthylester 3064
$C_{14}H_{18}NO_3P$ Naphthyl-(2)-amidophosphorsäure-diäthylester 3064
$C_{14}H_{19}N$ [Indenyl-(2)-methyl]-diäthyl-amin 2837
N.N-Dimethyl-4-[cyclohexen-(1)-yl]-anilin 2838
1-Allyl-1-benzyl-buten-(3)-ylamin 2842
3.4-Dimethyl-6-phenyl-cyclohexen-(3)-ylamin 2842
2-Methyl-4-[4-methyl-cyclohexen-(1)-yl]-anilin 2842
$C_{14}H_{19}NO$ 3-Methyl-crotonsäure-[2.4.5-trimethyl-anilid] 2701
Hexansäure-[2-vinyl-anilid] 2786
N-[1.2.3.4-Tetrahydro-naphthyl-(1)-methyl]-propionamid 2817
Essigsäure-[2-cyclohexyl-anilid] 2818
Essigsäure-[4-cyclohexyl-anilid] 2819
N-[2.3-Dimethyl-5.6.7.8-tetrahydro-naphthyl-(1)]-benzamid 2821
$C_{14}H_{19}NO_2$ 2.3.5.6-Tetramethyl-*N.N*-diacetyl-anilin 2746
$C_{14}H_{19}NO_3$ *N*-Methyl-*N*-mesityl-succinamidsäure 2712
$C_{14}H_{19}NO_4S$ s. bei $[C_{13}H_{16}N]^\oplus$
$C_{14}H_{19}N_3O_2$ [2.4.5-Trimethyl-phenyl]-oxamidsäure-propylidenhydrazid 2702
$C_{14}H_{20}BrNO$ α-Brom-isovaleriansäure-[2.4.5-trimethyl-anilid] 2701
$C_{14}H_{20}N_2O_2$ 3-Nitro-*N.N*-dimethyl-4-cyclohexyl-anilin 2820
$C_{14}H_{20}N_2O_3$ Essigsäure-[5-nitro-2.4-diisopropyl-anilid] 2764
$[C_{14}H_{21}ClN]^\oplus$ Methyl-diäthyl-[γ-chlor-cinnamyl]-ammonium 2793
$[C_{14}H_{21}ClN]I$ 2793
$C_{14}H_{21}Cl_2N$ 2.5-Bis-[3-chlor-butyl]-anilin 2772
$C_{14}H_{21}N$ Diäthyl-[1-methyl-2-phenyl-allyl]-amin 2804
N.N-Dimethyl-4-cyclohexyl-anilin 2819
Methyl-[cyclohexyl-phenyl-methyl]-amin 2824
Methyl-[4-cyclohexyl-benzyl]-amin 2825
2-Cyclohexyl-1-phenyl-äthylamin 2827
1-Cyclohexyl-2-phenyl-äthylamin 2827
1-[2-Phenyl-cyclohexyl]-äthylamin 2828
3.4-Dimethyl-6-phenyl-cyclohexylamin 2828
1.1.3.3.6-Pentamethyl-indanyl-(5)-amin 2828
$C_{14}H_{21}NO$ Ameisensäure-[2.4.6-trimethyl-*N*-butyl-anilid] 2711
Essigsäure-[2.4.6-trimethyl-*N*-isopropyl-anilid] 2711
Essigsäure-[*N*-methyl-4-*tert*-pentyl-anilid] 2754
Essigsäure-[4-hexyl-anilid] 2759

C_{15}-Gruppe

$C_{15}H_{12}N_6O_9$ *N*-Nitro-*N*-äthyl-*N'*-[3.5.4'-trinitro-biphenylyl-(2)]-harnstoff 3146
N-Nitro-*N*-äthyl-*N'*-[3.5.4'-trinitro-biphenylyl-(4)]-harnstoff 3209
$C_{15}H_{13}BrClNO$ Acetylaceton-[1-chlor-6-brom-naphthyl-(2)-imin] 3075
$C_{15}H_{13}Br_2NO$ Essigsäure-[4.6-dibrom-2-benzyl-anilid] 3215
$C_{15}H_{13}Cl_2NO$ 3-Chlor-2-[1-chlor-naphthyl-(2)-imino]-pentanon-(4) und 3-Chlor-2-[1-chlor-naphthyl-(2)-amino]-penten-(2)-on-(4) 3066
N-[3'.5'-Dichlor-4'-methyl-biphenylyl-(4?)]-acetamid 3240
$C_{15}H_{13}N$ x.x-Dimethyl-phenanthridin 3124
Formaldehyd-[fluorenyl-(2)-methylimin] 3316
Methyl-[phenanthryl-(3)]-amin 3339
Methyl-[phenanthryl-(9)]-amin 3342
1-Methyl-phenanthryl-(3)-amin 3346
8-Methyl-phenanthryl-(3)-amin 3346
1-Methyl-phenanthryl-(9)-amin 3346
C-[Phenanthryl-(9)]-methylamin 3346
$C_{15}H_{13}NO$ *N*-[Fluorenyl-(2)]-acetamid 3287
N-[Fluorenyl-(3)]-acetamid 3297
N-[Fluorenyl-(9)]-acetamid 3299
$C_{15}H_{13}NO_2$ Naphthyl-(1)-carbamidsäure-[butadien-(2.3)-ylester] 2895
Fluorenyl-(2)-carbamidsäure-methylester 3288
N-[Fluorenyl-(2)]-glycin 3291
4'-Nitro-2-methyl-stilben 3318
$C_{15}H_{13}NO_3S$ Verbindung $C_{15}H_{13}NO_3S$ aus *N*-[Naphthyl-(2)]-malonamidsäure-äthylester 3021
$C_{15}H_{13}N_3$ Anthryl-(2)-guanidin 3337
Phenanthryl-(9)-guanidin 3343
$C_{15}H_{13}N_3O_3$ Nitroso-methyl-[4-nitro-stilbenyl-(2)]-amin 3303
$C_{15}H_{13}N_3O_4$ 4'.6'-Dinitro-3'-methyl-stilbenyl-(2)-amin 3319
$C_{15}H_{13}N_3O_5$ Essigsäure-[2.6-dinitro-4-benzyl-anilid] 3220
Essigsäure-[2-nitro-4-(4-nitro-benzyl)-anilid] 3221
$C_{15}H_{14}BrN$ 3-Phenyl-1-[4-brom-phenyl]-allylamin 3318
$C_{15}H_{14}BrNO$ Acetylaceton-[3-brom-naphthyl-(2)-imin] 3072
3-Brom-*N*-[biphenylyl-(2)]-propionamid 3126
Essigsäure-[3-brom-4-benzyl-anilid] 3217
Essigsäure-[2-brom-4-benzyl-anilid] 3218
Essigsäure-[4-(4-brom-benzyl)-anilid] 3218
N-[4-Brom-benzhydryl]-acetamid 3233
$C_{15}H_{14}BrN_3O_4$ Phenyl-[6-brom-2.4-dinitro-3-isopropyl-phenyl]-amin 2684
$C_{15}H_{14}ClN$ [2-Chlor-äthyl]-[fluorenyl-(2)]-amin 3286
$C_{15}H_{14}ClNO$ 3-Chlor-2-[naphthyl-(2)-imino]-pentanon-(4) und 3-Chlor-2-[naphthyl-(2)-amino]-penten-(2)-on-(4) 3008
Acetylaceton-[1-chlor-naphthyl-(2)-imin] 3065
Acetylaceton-[5-chlor-naphthyl-(2)-imin] 3067
Acetylaceton-[6-chlor-naphthyl-(2)-imin] 3067
Acetylaceton-[8-chlor-naphthyl-(2)-imin] 3068
Essigsäure-[4-(4-chlor-benzyl)-anilid] 3217
C-Chlor-*N*-benzhydryl-acetamid 3227
N-[4-Chlor-benzhydryl]-acetamid 3231
N-[4'-Chlor-3-methyl-biphenylyl-(4)]-acetamid 3238
$C_{15}H_{14}ClNO_2$ Naphthyl-(1)-carbamidsäure-[2-chlor-1-methyl-allylester] 2887
Naphthyl-(1)-carbamidsäure-[1-chlormethyl-allylester] 2887
Naphthyl-(1)-carbamidsäure-[2-chlor-buten-(3)-ylester] 2887
Naphthyl-(1)-carbamidsäure-[2-chlor-buten-(2)-ylester] 2888
Naphthyl-(1)-carbamidsäure-[3-chlor-buten-(2)-ylester] 2888
Naphthyl-(1)-carbamidsäure-[4-chlor-buten-(2)-ylester] 2888
$C_{15}H_{14}Hg_2N_2O_5$ Verbindung $C_{15}H_{14}Hg_2N_2O_5$ aus *N*-[Naphthyl-(1)]-malonamid 2874
Verbindung $C_{15}H_{14}Hg_2N_2O_5$ aus *N*-[Naphthyl-(2)]-malonamid 3021
$C_{15}H_{14}INO$ Essigsäure-[3-jod-4-benzyl-anilid] 3216
Essigsäure-[2-jod-4-benzyl-anilid] 3216
N-[4-Jod-benzhydryl]-acetamid 3234
$C_{15}H_{14}INO_2$ [4'-Jod-biphenylyl-(4)]-carbamidsäure-äthylester 3194
$C_{15}H_{14}N_2$ Methyl-[4-phenyl-benzyl]-carbamonitril 3242
$C_{15}H_{14}N_2O$ *N*-[Butadien-(2.3)-yl]-*N'*-[naphthyl-(1)]-harnstoff 2924
$C_{15}H_{14}N_2OS$ *N'*-[Naphthyl-(1)]-*N*-methacryloyl-thioharnstoff 2946
$C_{15}H_{14}N_2O_2$ *N*-Nitroso-*N*-[2'-methyl-biphenylyl-(4)]-acetamid 3234
N-Nitroso-*N*-[4'-methyl-biphenylyl-(4)]-acetamid 3240
Dimethyl-[3-nitro-fluorenyl-(2)]-amin 3295
Dimethyl-[1-nitro-fluorenyl-(2)]-amin 3295
Methyl-[4-nitro-stilbenyl-(2)]-amin 3303

Methyl-[2-nitro-stilbenyl-(4)]-amin 3310
$C_{15}H_{14}N_2O_2S$ *C*-Carbamoylmercapto-*N*-[biphenylyl-(2)]-acetamid 3132
$C_{15}H_{14}N_2O_3$ Essigsäure-[4-nitro-2-benzyl-anilid] 3215
Essigsäure-[2-nitro-4-benzyl-anilid] 3220
N-[6'-Nitro-2'-methyl-biphenylyl-(2)]-acetamid 3234
$C_{15}H_{14}N_2O_4$ [2'-Nitro-biphenylyl-(4)]-carbamidsäure-äthylester 3198
[2'-Nitro-biphenylyl-(4)]-carbamidsäure-äthylester 3200
$C_{15}H_{15}N$ *N*-Methyl-*N*-[1-phenyl-vinyl]-anilin 2788
N-Methyl-*N*-styryl-anilin 2788
Phenyl-[4-isopropenyl-phenyl]-amin 2795
Phenyl-[indanyl-(5)]-amin 2801
N-Methyl-*N*-[biphenylyl-(2)]-acetamid 3126
Dimethyl-[fluorenyl-(2)]-amin 3286
Dimethyl-[fluorenyl-(9)]-amin 3297
Äthyl-[fluorenyl-(9)]-amin 3298
Methyl-[stilbenyl-(4)]-amin 3305
2'-Methyl-stilbenyl-(4)-amin 3318
4'-Methyl-stilbenyl-(4)-amin 3320
4-Styryl-benzylamin 3320
2-[1-Phenyl-propenyl]-anilin 3321
3.3-Diphenyl-allylamin 3321
5-Amino-6.7-dihydro-5*H*-dibenzo[*a.c*]cyclohepten 3323
6-Amino-6.7-dihydro-5*H*-dibenzo[*a.c*]cyclohepten 3323
$C_{15}H_{15}NO$ 1-[Naphthyl-(1)-imino]-2-methyl-butanon-(3) und 1-[Naphthyl-(1)-amino]-2-methyl-buten-(1)-on-(3) 2861
Acetylaceton-[naphthyl-(2)-imin] 3008
1-[Naphthyl-(2)-imino]-2-methyl-butanon-(3) und 1-[Naphthyl-(2)-amino]-2-methyl-buten-(1)-on-(3) 3008
1.1-Dimethyl-2-[naphthyl-(1)]-äthylisocyanat 3119
1.1-Dimethyl-2-[naphthyl-(2)]-äthylisocyanat 3119
N-[Biphenylyl-(2)]-propionamid 3126
N-[Biphenylyl-(4)]-propionamid 3157
N-[Acenaphthenyl-(5)]-propionamid 3213
Essigsäure-[2-benzyl-anilid] 3214
Essigsäure-[4-benzyl-anilid] 3216
N-Benzhydryl-acetamid 3227
N-[2'-Methyl-biphenylyl-(4)]-acetamid 3234
N-[3-Methyl-biphenylyl-(4)]-acetamid 3238
N-[3-Phenyl-benzyl]-acetamid 3239
N-[4-Methyl-biphenylyl-(2)]-acetamid 3239
N-[4-Methyl-biphenylyl-(3)]-acetamid 3240
N-[4-Phenyl-benzyl]-acetamid 3242
2-[Fluorenyl-(2)-amino]-äthanol-(1) 3286
$C_{15}H_{15}NOS$ Biphenylyl-(4)-thiocarbamidsäure-*O*-äthylester 3179
Acenaphthenyl-(5)-thiocarbamidsäure-*O*-äthylester 3213
$C_{15}H_{15}NO_2$ Naphthyl-(1)-carbamidsäure-[buten-(2)-ylester] 2888
3-[Naphthyl-(2)-imino]-propionsäure-äthylester und 3-[Naphthyl-(2)-amino]-acrylsäure-äthylester 3056
N-[1-Methyl-naphthyl-(2)]-acetoacetamid 3092
Biphenylyl-(2)-carbamidsäure-äthylester 3130
Biphenylyl-(4)-carbamidsäure-äthylester 3160
[4-Benzyl-phenyl]-carbamidsäure-methylester 3216
[Bibenzylyl-(α)]-carbamidsäure 3245
$C_{15}H_{15}NO_2S$ *N*-[Indanyl-(2)]-benzolsulfonamid 2798
$C_{15}H_{15}NO_3$ *N*-[Naphthyl-(1)]-malonamidsäure-äthylester 2874
N-[Naphthyl-(2)]-malonamidsäure-äthylester 3021
$C_{15}H_{15}NS$ 2(oder 3)-Isothiocyanato-1.2.3.4.4a.9a-hexahydro-1.4-methano-fluoren (?) 3120
$C_{15}H_{15}N_3O$ *N*-Methyl-*N*-[naphthyl-(1)-carbamoyl]-β-alanin-nitril 2933
Acetaldehyd-[4-(biphenylyl-(4))-semicarbazon] 3175
$C_{15}H_{15}N_3O_2$ Naphthyl-(1)-oxamidsäure-isopropylidenhydrazid 2872
Naphthyl-(2)-oxamidsäure-isopropylidenhydrazid 3017
N'-Acetyl-*N*-[biphenylyl-(4)-carbamoyl]-hydrazin 3178
$C_{15}H_{15}N_3O_3$ *N*-Äthyl-*N'*-[4'-nitro-biphenylyl-(4)]-harnstoff 3200
$C_{15}H_{15}N_3O_4$ *N*-[2-Nitro-1-(3-nitro-4-methyl-phenyl)-äthyl]-anilin 2699
$C_{15}H_{16}BrNO$ α-Brom-*N*-[naphthyl-(1)]-isovaleramid 2868
$C_{15}H_{16}BrNO_2$ Naphthyl-(1)-carbamidsäure-[2-brom-1-methyl-propylester] 2877
$C_{15}H_{16}ClN$ 2-[3-Chlor-phenyl]-1-benzyl-äthylamin 3264
2-[4-Chlor-phenyl]-1-benzyl-äthylamin 3265
$C_{15}H_{16}ClNO_2S$ *N*-[2-Chlor-1-methyl-2-phenyl-äthyl]-benzolsulfonamid 2675
2-[Naphthyl-(1)-carbamoyloxy]-1-[2-chlor-äthylmercapto]-äthan 2913
$C_{15}H_{16}N_2O$ *N*-Äthyl-*N'*-[biphenylyl-(2)]-harnstoff 3131
N.N-Dimethyl-*N'*-[biphenylyl-(4)]-harnstoff 3171
N-Äthyl-*N'*-[biphenylyl-(4)]-harnstoff 3171

N-Butyl-*N'*-[naphthyl-(2)]-thioharnstoff 3046
N-Isobutyl-*N'*-[naphthyl-(2)]-thioharnstoff 3046
1-Thioureido-2.3.3a.8-tetrahydro-1*H*-3.8a-äthano-cyclopent[*a*]inden 3119
2-Thioureido-1.2.3.4.4a.9a-hexahydro-1.4-methano-fluoren und 3-Thioureido-1.2.3.4.4a.9a-hexahydro-1.4-methano-fluoren 3119

$C_{15}H_{19}N$ Pentyl-[naphthyl-(1)]-amin 2856
[Naphthyl-(1)-methyl]-diäthyl-amin 3097
1-Methyl-1-äthyl-2-[naphthyl-(1)]-äthylamin 3120
1-Methyl-1-äthyl-2-[naphthyl-(2)]-äthylamin 3120
1.1-Dimethyl-3-[naphthyl-(1)]-propylamin 3120
1.1-Dimethyl-2-[2-methyl-naphthyl-(1)]-äthylamin 3120
1.6-Dimethyl-4-isopropyl-naphthyl-(2)-amin 3121

$C_{15}H_{19}NO$ Essigsäure-[2-methyl-4-(cyclohexen-(1)-yl)-anilid] 2839
Essigsäure-[4-(3-methyl-cyclohexen-(1)-yl)-anilid] 2840
N-[1.2.3.4.4a.9a-Hexahydro-fluorenyl-(9)]-acetamid 2841
2-[(Naphthyl-(1)-methyl)-äthyl-amino]-äthanol-(1) 3099

$C_{15}H_{19}NO_2$ [2-Äthyl-indenyl-(1)]-carbamidsäure-isopropylester 2838

$C_{15}H_{19}NO_4$ 5-[Naphthyl-(2)-amino]-pentantetrol-(1.2.3.4) 3005

$[C_{15}H_{19}N_2O]^{\oplus}$ Trimethyl-[(naphthyl-(1)-carbamoyl)-methyl]-ammonium 2956
$[C_{15}H_{19}N_2O]Cl$ 2956
Trimethyl-[(naphthyl-(2)-carbamoyl)-methyl]-ammonium 3060
$[C_{15}H_{19}N_2O]Cl$ 3060

$C_{15}H_{19}N_3O$ *N*-[2-Dimethylamino-äthyl]-*N'*-[naphthyl-(1)]-harnstoff 2934

$C_{15}H_{19}N_5$ 1-Isopropyl-5-[naphthyl-(2)]-biguanid 3040

$C_{15}H_{20}BrNO_3$ *N*-Äthyl-*N*-[3-brom-2.4.6-trimethyl-phenyl]-succinamidsäure 2714

$C_{15}H_{20}ClNO$ Essigsäure-[2-chlor-4-(3-methyl-cyclohexyl)-anilid] 2826

$C_{15}H_{20}N_2O$ 3-Dimethylamino-1-[naphthyl-(1)-amino]-propanol-(2) 2956
3-Dimethylamino-1-[naphthyl-(2)-amino]-propanol-(2) 3060

$C_{15}H_{20}N_2O_2$ Hydroxyimino-essigsäure-[4-(3-methyl-cyclohexyl)-anilid] 2826

$C_{15}H_{21}N$ Diäthyl-[2-(indenyl-(3))-äthyl]-amin 2838
2-Methyl-*N*-äthyl-4-[cyclohexen-(1)-yl]-anilin 2839
2.*N*-Dimethyl-4-[3-methyl-cyclohexen-(1)-yl]-anilin 2842
4b-Methyl-4b.5.6.7.8.8a.9.10-octahydro-phenanthryl-(9)-amin 2843
2.3-Dimethyl-1.2.3.4.4a.9a-hexahydro-fluorenyl-(9)-amin 2843

$C_{15}H_{21}NO$ Acetylaceton-[2-methyl-5-isopropyl-phenylimin] 2734
1.1-Dimethyl-2-[4-*tert*-butyl-phenyl]-äthylisocyanat 2773
Essigsäure-[2.4.6-trimethyl-3-(2-methyl-propenyl)-anilid] 2822
Essigsäure-[4-cycloheptyl-anilid] 2823
N-[2-Benzyl-cyclohexyl]-acetamid 2823
Essigsäure-[2-methyl-4-cyclohexyl-anilid] 2824
Essigsäure-[4-methyl-2-cyclohexyl-anilid] 2825
Essigsäure-[4-(3-methyl-cyclohexyl)-anilid] 2826

$C_{15}H_{21}N_3O_2$ [2.4.5-Trimethyl-phenyl]-oxamidsäure-butylidenhydrazid 2702

$C_{15}H_{22}N_2O_6$ 5-[3-Nitro-5.6.7.8-tetrahydro-naphthyl-(2)-amino]-pentantetrol-(1.2.3.4) 2810

$C_{15}H_{23}Cl$ 2.5-Di-*tert*-butyl-benzylchlorid 3334

$C_{15}H_{23}N$ [1-Methyl-2-phenyl-äthyl]-cyclohexyl-amin 2670
[3-Phenyl-propyl]-cyclohexyl-amin 2679
N.N-Dimethyl-2-[2-methyl-1-isopropyl-propenyl]-anilin 2821
C-[2-(3.4-Dimethyl-phenyl)-cyclohexyl]-methylamin 2828

$C_{15}H_{23}NO$ Essigsäure-[2.4.6-trimethyl-*N*-butyl-anilid] 2711
Essigsäure-[2.4.6-trimethyl-*N*-isobutyl-anilid] 2711
Essigsäure-[*N*-propyl-2-*tert*-butyl-anilid] 2727
Essigsäure-[4-heptyl-anilid] 2766
N-[1-Phenyl-heptyl]-acetamid 2766
Essigsäure-[4-(1.1-diäthyl-propyl)-anilid] 2769
Essigsäure-[4-methyl-3.5-diisopropyl-anilid] 2769
Essigsäure-[3-isopropyl-4-*tert*-butyl-anilid] 2769
Essigsäure-[2-methyl-3.5-diisopropyl-anilid] 2769
N-[2.6-Dimethyl-4-*tert*-butyl-benzyl]-acetamid 2770

$C_{15}H_{23}NO_2$ *N*-Methyl-*N*-[1-methyl-2-phenyl-äthyl]-β-alanin-äthylester 2672

$[C_{15}H_{23}N_2O_2]^{\oplus}$ 3-Nitro-tri-*N*-methyl-4-cyclohexyl-anilinium 2820
$[C_{15}H_{23}N_2O_2]I$ 2820

$C_{15}H_{24}ClN$ Dimethyl-[5-chlor-2.2-dimethyl-5-phenyl-pentyl]-amin 2767

$C_{15}H_{24}N_2O$ *N.N*-Diäthyl-glycin-[2.4.5-trimethyl-anilid] 2705
N.N-Diäthyl-glycin-[2.4.6-trimethyl-anilid] 2712

$C_{15}H_{24}N_2O_2$ 3-Nitro-2.4.6-triisopropyl-anilin 2775

$C_{15}H_{25}N$ Diäthyl-[3-phenyl-pentyl]-amin 2754
2-Methyl-5-octyl-anilin 2774
2.4.5-Triisopropyl-anilin 2774
2.4.6-Triisopropyl-anilin 2775

$C_{15}H_{25}N_5$ 1-Isopropyl-5-[4-isopropyl-benzyl]-biguanid 2742

$[C_{15}H_{26}N]^{\oplus}$ Triäthyl-[3-phenyl-propyl]-ammonium 2679
$[C_{15}H_{26}N]I$ 2679

$C_{15}H_{26}N_2$ *N.N*-Diäthyl-*N'*-[4-isopropyl-phenyl]-äthylendiamin 2685
N.N-Diäthyl-*N'*-[4-methyl-phenäthyl]-äthylendiamin 2700

$C_{15}H_{27}NSi$ Triäthylsilyl-[1-methyl-2-phenyl-äthyl]-amin 2672

C_{16}-Gruppe

$C_{16}H_9ClN_4O_6$ Trinitro-Derivat $C_{16}H_9ClN_4O_6$ des [4-Chlor-phenyl]-[naphthyl-(2)]-amins 3091

$C_{16}H_9N_5O_8$ Tetranitro-Derivat $C_{16}H_9N_5O_8$ des Phenyl-[naphthyl-(2)]-amins 3091

$C_{16}H_9N_5O_{10}S$ 3-Nitro-*N*-[2.4.5-trinitro-naphthyl-(1)]-benzolsulfonamid-(1) 2988

$C_{16}H_{10}BrN$ 8-Brom-fluoranthenyl-(3)-amin 3368

$C_{16}H_{10}BrN_3O_4$ [5-Brom-2.4-dinitro-phenyl]-[naphthyl-(1)]-amin 2857
[4-Brom-phenyl]-[2.4-dinitro-naphthyl-(1)]-amin 2984
[5-Brom-2.4-dinitro-phenyl]-[naphthyl-(2)]-amin 3000

$C_{16}H_{10}Br_2N_2O_4S$ 3-Nitro-[2.4-dibrom-naphthyl-(1)]-benzolsulfonamid-(1) 2967

$C_{16}H_{10}Br_3N$ Tribrom-Derivat $C_{16}H_{10}Br_3N$ aus Phenyl-[naphthyl-(1)]-amin 2856

$C_{16}H_{10}ClN_3O_4$ [5-Chlor-2.4-dinitro-phenyl]-[naphthyl-(1)]-amin 2857
[4-Chlor-phenyl]-[2.4-dinitro-naphthyl-(1)]-amin 2984
[5-Chlor-2.4-dinitro-phenyl]-[naphthyl-(2)]-amin 3000
Dinitro-Derivat $C_{16}H_{10}ClN_3O_4$ des [4-Chlor-phenyl]-[naphthyl-(2)]-amins 3089

$C_{16}H_{10}N_2O_2$ 6-Nitro-pyrenyl-(1)-amin 3371

$C_{16}H_{10}N_4O_6$ Pikryl-[naphthyl-(1)]-amin 2857
Pikryl-[naphthyl-(2)]-amin 3000
Phenyl-[1.6.8-trinitro-naphthyl-(2)]-amin 3090

$C_{16}H_{10}N_4O_8S$ 3-Nitro-*N*-[2.4-dinitro-naphthyl-1)]-benzolsulfonamid-(1) 2986

$C_{16}H_{11}BrN_2O_2$ Phenyl-[6-brom-1-nitro-naphthyl-(2)]-amin 3086

$C_{16}H_{11}BrN_2O_4S$ 3-Nitro-*N*-[4-brom-naphthyl-(1)]-benzolsulfonamid-(1) 2966

$C_{16}H_{11}N$ Fluoranthenyl-(1)-amin 3367
Fluoranthenyl-(3)-amin 3367
Fluoranthenyl-(8)-amin 3368
Pyrenyl-(1)-amin 3368
Pyrenyl-(2)-amin 3371
Pyrenyl-(4)-amin 3372

$C_{16}H_{11}NO$ Benzochinon-(1.4)-[naphthyl-(1)-imin] 2863

$C_{16}H_{11}N_3O_4$ Phenyl-[2.4-dinitro-naphthyl-(1)]-amin 2984
Phenyl-[1.6-dinitro-naphthyl-(2)]-amin 3087
3.5-Dinitro-2-[naphthyl-(1)]-anilin 3362

$C_{16}H_{11}N_3O_6S$ 3-Nitro-*N*-[5-nitro-naphthyl-(1)]-benzolsulfonamid-(1) 2974
3-Nitro-*N*-[8-nitro-naphthyl-(1)]-benzolsulfonamid-(1) 2976

$C_{16}H_{12}BrNO$ *N*-[9-Brom-phenanthryl-(3)]-acetamid 3341

$C_{16}H_{12}ClN$ 4-Chlor-2-phenyl-naphthyl-(1)-amin 3362

$C_{16}H_{12}ClNO$ *N*-[6-Chlor-phenanthryl-(3)]-acetamid 3340
1-[6-Chlor-phenanthryl-(3)]-äthanon-(1)-oxim 3340
N-[9-Chlor-phenanthryl-(3)]-acetamid 3341

$C_{16}H_{12}ClNO_2S$ 4-Chlor-*N*-[naphthyl-(1)]-benzolsulfonamid-(1) 2957
4-Chlor-*N*-[naphthyl-(2)]-benzolsulfonamid-(1) 3061

$C_{16}H_{12}N_2O$ Benzochinon-(1.4)-[naphthyl-(1)-imin]-oxim und [4-Nitroso-phenyl]-[naphthyl-(1)]-amin 2863
Nitroso-phenyl-[naphthyl-(2)]-amin 3064

$C_{16}H_{12}N_2O_2$ [2-Nitro-phenyl]-[naphthyl-(1)]-amin 2857
[4-Nitro-phenyl]-[naphthyl-(1)]-amin 2857
Phenyl-[2-nitro-naphthyl-(1)]-amin 2969
[2-Nitro-phenyl]-[naphthyl-(2)]-amin 2999
[3-Nitro-phenyl]-[naphthyl-(2)]-amin 3000
[4-Nitro-phenyl]-[naphthyl-(2)]-amin 3000
2-Nitro-4-phenyl-naphthyl-(1)-amin 3361
4-Nitro-2-phenyl-naphthyl-(1)-amin 3363

$C_{16}H_{12}N_2O_4S$ 3-Nitro-*N*-[naphthyl-(1)]-benzolsulfonamid-(1) 2957
3-Nitro-*N*-[naphthyl-(2)]-benzolsulfonamid-(1) 3061

$C_{16}H_{12}N_4$ *N'*-[Phenanthryl-(9)]-*N*-cyan-guanidin 3343

N-[Biphenylyl-(2)]-crotonamid 3127
4-Oxo-1-*p*-tolyl-1.2.3.4-tetrahydro-isochinolin 3252
N-[Fluorenyl-(2)]-propionamid 3287
N-[Stilbenyl-(2)]-acetamid 3302
N-[Stilbenyl-(3)]-acetamid 3304
N-[9.10-Dihydro-phenanthryl-(2)]-acetamid 3316
2-[Phenanthryl-(9)-amino]-äthanol-(1) 3342

$C_{16}H_{15}NO_2$ Naphthyl-(1)-carbamidsäure-[pentadien-(2.4)-ylester] 2895
Naphthyl-(1)-carbamidsäure-[1-vinyl-allylester] 2895
2-Oxo-*N*-[naphthyl-(1)]-cyclopentancarbamid-(1) 2953 Anm.
2-Oxo-*N*-[naphthyl-(2)]-cyclopentancarbamid-(1) und 2-Hydroxy-*N*-[naphthyl-(2)]-cyclopenten-(1)-carbamid-(1) 3056
N-[Biphenylyl-(2)]-acetoacetamid 3133
Fluorenyl-(1)-carbamidsäure-äthylester 3285
Fluorenyl-(2)-carbamidsäure-äthylester 3288

$C_{16}H_{15}NO_3$ Biphenylyl-(2)-oxamidsäure-äthylester 3129
N-[Biphenylyl-(2)]-succinamidsäure 3129

$C_{16}H_{15}N_3O_4$ Dimethyl-[2'.4'-dinitro-stilbenyl-(3)]-amin 3305
Dimethyl-[2'.4'-dinitro-stilbenyl-(4)]-amin 3313
Dimethyl-[2'.5'-dinitro-stilbenyl-(4)]-amin 3314
Dimethyl-[2'.6'-dinitro-stilbenyl-(4)]-amin 3314

$C_{16}H_{15}N_5$ 1-[Anthryl-(2)]-biguanid 3337
1-[Phenanthryl-(9)]-biguanid 3344

$C_{16}H_{16}BrN$ *N*-[1-Brommethyl-3-phenyl-allyl]-anilin 2802
Dimethyl-[2'-brom-stilbenyl-(4)]-amin 3310
Dimethyl-[3'-brom-stilbenyl-(4)]-amin 3310
Dimethyl-[4'-brom-stilbenyl-(4)]-amin 3310

$C_{16}H_{16}BrNO$ *N*-[6-Brom-4.4'-dimethyl-biphenylyl-(2)]-acetamid 3258
N-[2'-Brom-4.4'-dimethyl-biphenylyl-(2)]-acetamid 3259

$C_{16}H_{16}BrNO_2$ 3-[4-Brom-naphthyl-(1)-imino]-buttersäure-äthylester und 3-[4-Brom-naphthyl-(1)-amino]-crotonsäure-äthylester 2965

$C_{16}H_{16}ClN$ *N*-[2-Chlor-4-phenyl-buten-(3)-yl]-anilin 2803
[2-Chlor-äthyl]-[stilbenyl-(4)]-amin 3306
Dimethyl-[2-chlor-stilbenyl-(4)]-amin 3308
Dimethyl-[2'-chlor-stilbenyl-(4)]-amin 3309
Dimethyl-[3'-chlor-stilbenyl-(4)]-amin 3309
Dimethyl-[4'-chlor-stilbenyl-(4)]-amin 3309

$C_{16}H_{16}ClNO$ *N*-[1-Methyl-2-(2-chlor-phenyl)-äthyl]-benzamid 2674
N-[2-Chlor-1-methyl-2-phenyl-äthyl]-benzamid 2674
N-[2-Chlor-2.2-diphenyl-äthyl]-acetamid 3250
N-[6-Chlor-4.4'-dimethyl-biphenylyl-(2)]-acetamid 3258
N-[2'-Chlor-4.4'-dimethyl-biphenylyl-(2)]-acetamid 3258

$C_{16}H_{16}ClNO_3$ *N*-Methyl-*N*-[4-chlor-2-methyl-naphthyl-(1)]-succinamidsäure 3104

$C_{16}H_{16}Cl_2N_2O$ *N'*-[3-(3.4-Dichlor-phenyl)-propyl]-*N*-phenyl-harnstoff 2682

$C_{16}H_{16}FN$ Dimethyl-[2'-fluor-stilbenyl-(4)]-amin 3308

$C_{16}H_{16}INO$ Benzoesäure-[2-(3-jod-propyl)-anilid] 2657
N-[6-Jod-4.4'-dimethyl-biphenylyl-(2)]-acetamid 3259
N-[2'-Jod-4.4'-dimethyl-biphenylyl-(2)]-acetamid 3259

$C_{16}H_{16}INO_2$ [4'-Jod-biphenylyl-(4)]-carbamidsäure-propylester 3194

$C_{16}H_{16}N_2O$ *N*-Phenyl-*N'*-[2-isopropenyl-phenyl]-harnstoff 2794
N-Phenyl-*N'*-[2-methyl-5-vinyl-phenyl]-harnstoff 2796

$C_{16}H_{16}N_2O_2$ 3-[Naphthyl-(1)-carbamoyloxy]-valeronitril 2920
Dimethyl-[4'-nitro-stilbenyl-(3)]-amin 3304
Dimethyl-[4'-nitro-stilbenyl-(4)]-amin 3311
Äthyl-[4'-nitro-stilbenyl-(4)]-amin 3311

$C_{16}H_{16}N_2O_3$ *N*-[6'-Nitro-6.2'-dimethyl-biphenylyl-(2)]-acetamid 3255
N-[3'-Nitro-4.4'-dimethyl-biphenylyl-(3)]-acetamid 3259

$C_{16}H_{16}N_2S$ *N*-Phenyl-*N'*-cinnamyl-thioharnstoff 2793
N-Phenyl-*N'*-[indanyl-(2)]-thioharnstoff 2798
N-Allyl-*N'*-[biphenylyl-(4)]-thioharnstoff 3180

$[C_{16}H_{16}N_3O_4]^{\oplus}$ Trimethyl-[2.5-dinitro-fluorenyl-(9)]-ammonium 3301
Trimethyl-[2.7-dinitro-fluorenyl-(9)]-ammonium 3301
$[C_{16}H_{16}N_3O_4]Br$ 3301

$C_{16}H_{20}N_2O$ *N.N*-Diäthyl-glycin-[naphthyl-(1)-amid] 2957
N.N-Diäthyl-glycin-[naphthyl-(2)-amid] 3060
$C_{16}H_{20}N_2S$ *N*-Äthyl-*N*-propyl-*N'*-[naphthyl-(1)]-thioharnstoff 2942
N-Methyl-*N*-butyl-*N'*-[naphthyl-(1)]-thioharnstoff 2942
N-[1.2-Dimethyl-propyl]-*N'*-[naphthyl-(1)]-thioharnstoff 2943
N-Isopentyl-*N'*-[naphthyl-(1)]-thioharnstoff 2943
N-Pentyl-*N'*-[naphthyl-(2)]-thioharnstoff 3046
N-Isopentyl-*N'*-[naphthyl-(2)]-thioharnstoff 3046
$C_{16}H_{21}N$ Dipropyl-[naphthyl-(2)]-amin 2997
Diäthyl-[2-(naphthyl-(1))-äthyl]-amin 3112
1-Methyl-1-äthyl-3-[naphthyl-(1)]-propylamin 3121
1-Methyl-1-äthyl-2-[2-methyl-naphthyl-(1)]-äthylamin 3122
1-Methyl-1-äthyl-2-[4-methyl-naphthyl-(1)]-äthylamin 3122
$C_{16}H_{21}NO$ Essigsäure-[2-methyl-4-(4-methyl-cyclohexen-(1)-yl)-anilid] 2842
2-[(Naphthyl-(1)-methyl)-isopropyl-amino]-äthanol-(1) 3099
1-[(Naphthyl-(1)-methyl)-äthyl-amino]-propanol-(2) 3101
$C_{16}H_{21}NO_2$ Bis-[2-hydroxy-propyl]-[naphthyl-(1)]-amin 2860
Bis-[2-hydroxy-propyl]-[naphthyl-(2)]-amin 3004
$C_{16}H_{22}N_2$ *N.N*-Diäthyl-*N'*-[naphthyl-(1)]-äthylendiamin 2956
N.N-Diäthyl-*N'*-[naphthyl-(2)]-äthylendiamin 3059
$C_{16}H_{22}N_2O$ *N*-Methyl-*N'*-[naphthyl-(1)-methyl]-*N*-[2-hydroxy-äthyl]-äthylendiamin 3101
$C_{16}H_{23}N$ 1-Methyl-cyclohexanon-(2)-mesitylimin 2710
[Indenyl-(2)-methyl]-dipropyl-amin 2837
Dimethyl-[3-(cyclopenten-(1)-yl)-3-phenyl-propyl]-amin 2843
Dimethyl-[3-(cyclopenten-(2)-yl)-3-phenyl-propyl]-amin 2843
Dimethyl-[3-phenyl-3-cyclopentyliden-propyl]-amin 2843
$C_{16}H_{23}NO_2$ 2.6-Dimethyl-4-*tert*-butyl-*N.N*-diacetyl-anilin 2765
$C_{16}H_{23}N_3O_2$ [2.4.5-Trimethyl-phenyl]-oxamidsäure-pentylidenhydrazid 2703
$C_{16}H_{24}N_2O_3$ Essigsäure-[2-nitro-4-octyl-anilid] 2770
$C_{16}H_{25}N$ Heptanon-(4)-[3-phenyl-propylimin] 2681
[2-Methyl-3-phenyl-propyl]-cyclohexyl-amin 2726
C-[2.2.6-Trimethyl-cyclohexyl]-*C*-phenyl-methylamin 2828
1.1-Dimethyl-2-[4-cyclohexyl-phenyl]-äthylamin 2829
$C_{16}H_{25}NO$ Essigsäure-[2-octyl-anilid] 2770
Essigsäure-[4-(1-methyl-heptyl)-anilid] 2770
N-[2.2-Dimethyl-1-phenyl-hexyl]-acetamid 2771
Essigsäure-[2.4-di-*tert*-butyl-anilid] 2773
Essigsäure-[2.5-di-*tert*-butyl-anilid] 2773
1.3-Dimethyl-x-acetaminomethyl-4-pentyl-benzol 2773
N-[2.4-Dimethyl-6-*tert*-pentyl-benzyl]-acetamid und *N*-[2.6-Dimethyl-4-*tert*-pentyl-benzyl]-acetamid 2774
$C_{16}H_{25}NO_2$ Bis-[2-hydroxy-propyl]-[1.2.3.4-tetrahydro-naphthyl-(2)]-amin 2814
$[C_{16}H_{26}N]^{\oplus}$ Tri-*N*-methyl-2-[2-methyl-1-isopropyl-propenyl]-anilinium 2821
$[C_{16}H_{26}N]I$ 2821
$C_{16}H_{26}N_2O_2$ 2-Nitro-4-decyl-anilin 2776
$C_{16}H_{27}N$ 4.*N*-Dipentyl-anilin 2747
4-Decyl-anilin 2775
2-Methyl-5-nonyl-anilin und 3-Methyl-6-nonyl-anilin 2776
1.1-Dimethyl-2-[2.6-dimethyl-4-*tert*-butyl-phenyl]-äthylamin 2776
$C_{16}H_{28}N_2$ *N.N*-Diäthyl-*N'*-[2-methyl-5-isopropyl-phenyl]-äthylendiamin 2736
2.2-Bis-diäthylamino-1-phenyl-äthan 2788

C_{17}-Gruppe

$C_{17}H_9NO$ Pyrenyl-(1)-isocyanat 3370
$C_{17}H_{10}Br_2ClNO$ *N*-[8-Chlor-5.7-dibrom-naphthyl-(1)]-benzamid 2967
$C_{17}H_{10}Br_2N_2O_3$ *N*-[2.4-Dibrom-8-nitro-naphthyl-(1)]-benzamid 2982
$C_{17}H_{10}Br_3NO$ *N*-[5.7.8-Tribrom-naphthyl-(1)]-benzamid 2967
$C_{17}H_{10}Br_3NO_2$ Naphthyl-(2)-carbamidsäure-[2.4.6-tribrom-phenylester] 3025
$C_{17}H_{10}Cl_3NO_2$ Naphthyl-(2)-carbamidsäure-[2.4.6-trichlor-phenylester] 3025
$C_{17}H_{10}N_4O_6$ 2.4.6-Trinitro-benzaldehyd-[naphthyl-(2)-imin] 3006
$C_{17}H_{11}BrN_2O_3$ *N*-[4-Brom-8-nitro-naphthyl-(1)]-benzamid 2981
$C_{17}H_{11}Br_2NO$ *N*-[5.8-Dibrom-naphthyl-(2)]-benzamid 3077
$C_{17}H_{11}Br_2NO_2$ Naphthyl-(2)-carbamidsäure-[2.4-dibrom-phenylester] 3025

$C_{17}H_{11}Cl_2NO$ *N*-[2.4-Dichlor-naphthyl-(1)]-benzamid 2963
N-[5.8-Dichlor-naphthyl-(2)]-benzamid 3069
$C_{17}H_{11}Cl_2NO_2$ Naphthyl-(2)-carbamidsäure-[2.4-dichlor-phenylester] 3025
$C_{17}H_{11}NO$ *N*-[Pyrenyl-(1)]-formamid 3369
$C_{17}H_{11}N_3O_4$ 2-Nitro-benzaldehyd-[3-nitro-naphthyl-(1)-imin] 2970
3-Nitro-benzaldehyd-[3-nitro-naphthyl-(1)-imin] 2970
4-Nitro-benzaldehyd-[3-nitro-naphthyl-(1)-imin] 2970
4-Nitro-benzaldehyd-[6-nitro-naphthyl-(2)-imin] 3083
4-Nitro-benzaldehyd-[7-nitro-naphthyl-(2)-imin] 3084
$C_{17}H_{11}N_3O_4S$ 4-Nitro-*N*-[naphthyl-(1)]-*N*-cyan-benzolsulfonamid-(1) 2959
$C_{17}H_{11}N_3O_5$ *N*-[4.8-Dinitro-naphthyl-(1)]-benzamid 2987
$C_{17}H_{12}BrNO$ 5-Brom-2-hydroxy-benzaldehyd-[naphthyl-(1)-imin] 2864
N-[2-Brom-naphthyl-(1)]-benzamid 2963
N-[3-Brom-naphthyl-(1)]-benzamid 2963
N-[7-Brom-naphthyl-(1)]-benzamid 2966
5-Brom-2-hydroxy-benzaldehyd-[naphthyl-(2)-imin] 3012
N-[3-Brom-naphthyl-(2)]-benzamid 3073
N-[4-Brom-naphthyl-(2)]-benzamid 3074
$C_{17}H_{12}BrNO_2$ Naphthyl-(2)-carbamidsäure-[2-brom-phenylester] 3025
Naphthyl-(2)-carbamidsäure-[3-brom-phenylester] 3025
Naphthyl-(2)-carbamidsäure-[4-brom-phenylester] 3025
$C_{17}H_{12}BrN_3O_6S$ *N*-[3-Brom-1.6-dinitro-naphthyl-(2)]-toluolsulfonamid-(4) 3090
$C_{17}H_{12}Br_2N_2O$ *N*-Phenyl-*N'*-[5.8-dibrom-naphthyl-(2)]-harnstoff 3077
$C_{17}H_{12}Br_3NO_2S$ *N*-[1.3.6-Tribrom-naphthyl-(2)]-toluolsulfonamid-(4) 3078
$C_{17}H_{12}ClN$ *N*-[Naphthyl-(1)]-benzimidoylchlorid 2870
N-[Naphthyl-(2)]-benzimidoylchlorid 3016
Benzaldehyd-[1-chlor-naphthyl-(2)-imin] 3065
$C_{17}H_{12}ClNO$ Phenyl-[naphthyl-(1)]-carbamoylchlorid 2948
N-[2-Chlor-naphthyl-(1)]-benzamid 2960
N-[3-Chlor-naphthyl-(1)]-benzamid 2960
N-[4-Chlor-naphthyl-(1)]-benzamid 2961
N-[1-Chlor-naphthyl-(2)]-benzamid 3066
N-[4-Chlor-naphthyl-(2)]-benzamid 3067
$C_{17}H_{12}ClNO_2$ Naphthyl-(2)-carbamidsäure-[2-chlor-phenylester] 3024
Naphthyl-(2)-carbamidsäure-[3-chlor-phenylester] 3025
Naphthyl-(2)-carbamidsäure-[4-chlor-phenylester] 3025
$C_{17}H_{12}FNO$ *N*-[4-Fluor-naphthyl-(1)]-benzamid 2960
$C_{17}H_{12}INO$ *N*-[2-Jod-naphthyl-(1)]-benzamid 2968
N-[3-Jod-naphthyl-(1)]-benzamid 2968
N-[4-Jod-naphthyl-(2)]-benzamid 3079
$C_{17}H_{12}INO_2$ Naphthyl-(2)-carbamidsäure-[2-jod-phenylester] 3025
Naphthyl-(2)-carbamidsäure-[3-jod-phenylester] 3026
Naphthyl-(2)-carbamidsäure-[4-jod-phenylester] 3026
$C_{17}H_{12}N_2O_2$ Benzaldehyd-[3-nitro-naphthyl-(1)-imin] 2970
4-Nitro-benzaldehyd-[naphthyl-(2)-imin] 3006
$C_{17}H_{12}N_2O_2S$ *N*-[Naphthyl-(1)]-*N*-cyan-benzolsulfonamid 2958
N-[Naphthyl-(2)]-1-cyan-benzolsulfonamid-(3) 3062
N-[Naphthyl-(2)]-1-cyan-benzolsulfonamid-(4) 3062
$C_{17}H_{12}N_2O_3$ 2-Nitro-*N*-[naphthyl-(1)]-benzamid 2870
3-Nitro-*N*-[naphthyl-(1)]-benzamid 2870
4-Nitro-*N*-[naphthyl-(1)]-benzamid 2870
N-[2-Nitro-naphthyl-(1)]-benzamid 2969
4-Hydroxy-benzaldehyd-[3-nitro-naphthyl-(1)-imin] 2970
N-[3-Nitro-naphthyl-(1)]-benzamid 2971
N-[4-Nitro-naphthyl-(1)]-benzamid 2972
N-[5-Nitro-naphthyl-(1)]-benzamid 2973
N-[8-Nitro-naphthyl-(1)]-benzamid 2976
N-[1-Nitro-naphthyl-(2)]-benzamid 3080
N-[4-Nitro-naphthyl-(2)]-benzamid 3081
N-[6-Nitro-naphthyl-(2)]-benzamid 3083
$C_{17}H_{12}N_2O_4$ Naphthyl-(2)-carbamidsäure-[2-nitro-phenylester] 3026
Naphthyl-(2)-carbamidsäure-[3-nitro-phenylester] 3026
Naphthyl-(2)-carbamidsäure-[4-nitro-phenylester] 3026
$C_{17}H_{12}N_4O_5$ *N*-[2.4-Dinitro-phenyl]-*N'*-[naphthyl-(1)]-harnstoff 2925
N-[3.5-Dinitro-phenyl]-*N'*-[naphthyl-(1)]-harnstoff 2925
N-[2.4-Dinitro-phenyl]-*N'*-[naphthyl-(2)]-harnstoff 3032
N-[3.5-Dinitro-phenyl]-*N'*-[naphthyl-(2)]-harnstoff 3032
$C_{17}H_{12}N_4O_8S$ *N*-[2.3.4-Trinitro-naphthyl-(1)]-toluolsulfonamid-(4) 2988
N-[2.4.5-Trinitro-naphthyl-(1)]-toluolsulfonamid-(4) 2989
N-[2.4.6-Trinitro-naphthyl-(1)]-toluolsulfonamid-(4) 2989

N-[1.4.6-Trinitro-naphthyl-(2)]-toluolsulfonamid-(4) 3090

$C_{17}H_{13}BrN_2O$ *N*-[2-Brom-phenyl]-*N'*-[naphthyl-(1)]-harnstoff 2924
N-[3-Brom-phenyl]-*N'*-[naphthyl-(1)]-harnstoff 2924
N-[4-Brom-phenyl]-*N'*-[naphthyl-(1)]-harnstoff 2925
N-[2-Brom-phenyl]-*N'*-[naphthyl-(2)]-harnstoff 3031
N-[3-Brom-phenyl]-*N'*-[naphthyl-(2)]-harnstoff 3031
N-[4-Brom-phenyl]-*N'*-[naphthyl-(2)]-harnstoff 3031

$C_{17}H_{13}BrN_2O_4S$ *N*-[2-Brom-4-nitro-naphthyl-(1)]-toluolsulfonamid-(4) 2980
N-[3-Brom-1-nitro-naphthyl-(2)]-toluolsulfonamid-(4) 3086
N-[1-Brom-6-nitro-naphthyl-(2)]-toluolsulfonamid-(4) 3086
N-[1-Brom-7-nitro-naphthyl-(2)]-toluolsulfonamid-(4) 3087

$C_{17}H_{13}BrN_2S$ *N*-[4-Brom-phenyl]-*N'*-[naphthyl-(1)]-thioharnstoff 2945
N-[4-Brom-phenyl]-*N'*-[naphthyl-(2)]-thioharnstoff 3046

$C_{17}H_{13}Br_2NO_2S$ *N*-[1.3-Dibrom-naphthyl-(2)]-toluolsulfonamid-(4) 3076
N-[1.6-Dibrom-naphthyl-(2)]-toluolsulfonamid-(4) 3076

$C_{17}H_{13}ClN_2O$ *N*-[2-Chlor-phenyl]-*N'*-[naphthyl-(1)]-harnstoff 2924
N-[3-Chlor-phenyl]-*N'*-[naphthyl-(1)]-harnstoff 2924
N-[4-Chlor-phenyl]-*N'*-[naphthyl-(1)]-harnstoff 2924
N-[2-Chlor-phenyl]-*N'*-[naphthyl-(2)]-harnstoff 3030
N-[3-Chlor-phenyl]-*N'*-[naphthyl-(2)]-harnstoff 3030
N-[4-Chlor-phenyl]-*N'*-[naphthyl-(2)]-harnstoff 3030

$C_{17}H_{13}IN_2O$ *N*-[3-Jod-phenyl]-*N'*-[naphthyl-(1)]-harnstoff 2925
N-[4-Jod-phenyl]-*N'*-[naphthyl-(1)]-harnstoff 2925
N-[3-Jod-phenyl]-*N'*-[naphthyl-(2)]-harnstoff 3031
N-[4-Jod-phenyl]-*N'*-[naphthyl-(2)]-harnstoff 3031

$C_{17}H_{13}N$ Benzaldehyd-[naphthyl-(1)-imin] 2861
Benzaldehyd-[naphthyl-(2)-imin] 3006
Methyl-[pyrenyl-(1)]-amin 3369
11-Amino-11*H*-benzo[*b*]fluoren 3372
11-Amino-11*H*-benzo[*a*]fluoren 3372

$C_{17}H_{13}NO$ Salicylaldehyd-[naphthyl-(1)-imin] 2864
N-[Naphthyl-(1)]-benzamid 2870
Salicylaldehyd-[naphthyl-(2)-imin] 3012
N-[Naphthyl-(2)]-benzamid 3016

$C_{17}H_{13}NOS$ 2-Mercapto-*N*-[naphthyl-(1)]-benzamid 2950
2-Mercapto-*N*-[naphthyl-(2)]-benzamid 3053
4-Mercapto-*N*-[naphthyl-(2)]-benzamid 3053

$C_{17}H_{13}NO_2$ *N*-[Naphthyl-(1)]-salicylamid 2950
3.4-Dihydroxy-benzaldehyd-[naphthyl-(2)-imin] 3013
Naphthyl-(2)-carbamidsäure-phenylester 3024
N-[Naphthyl-(2)]-salicylamid 3053

$C_{17}H_{13}NS$ *N*-[Naphthyl-(2)]-thiobenzamid 3016

$C_{17}H_{13}N_3O_2S$ *N*-[2-Nitro-phenyl]-*N'*-[naphthyl-(1)]-thioharnstoff 2945
N-[3-Nitro-phenyl]-*N'*-[naphthyl-(1)]-thioharnstoff 2945
N-[4-Nitro-phenyl]-*N'*-[naphthyl-(1)]-thioharnstoff 2945
N-[2-Nitro-phenyl]-*N'*-[naphthyl-(2)]-thioharnstoff 3046
N-[3-Nitro-phenyl]-*N'*-[naphthyl-(2)]-thioharnstoff 3047
N-[4-Nitro-phenyl]-*N'*-[naphthyl-(2)]-thioharnstoff 3047

$C_{17}H_{13}N_3O_3$ *N*-[2-Nitro-phenyl]-*N'*-[naphthyl-(1)]-harnstoff 2925
N-[3-Nitro-phenyl]-*N'*-[naphthyl-(1)]-harnstoff 2925
N-[4-Nitro-phenyl]-*N'*-[naphthyl-(1)]-harnstoff 2925
N-[2-Nitro-phenyl]-*N'*-[naphthyl-(2)]-harnstoff 3031
N-[3-Nitro-phenyl]-*N'*-[naphthyl-(2)]-harnstoff 3031
N-[4-Nitro-phenyl]-*N'*-[naphthyl-(2)]-harnstoff 3031

$C_{17}H_{13}N_3O_4$ *o*-Tolyl-[2.4-dinitro-naphthyl-(1)]-amin 2984
m-Tolyl-[2.4-dinitro-naphthyl-(1)]-amin 2984

$C_{17}H_{13}N_3O_6S$ *N*-[2.4-Dinitro-naphthyl-(1)]-toluolsulfonamid-(4) 2986
N-[1.4-Dinitro-naphthyl-(2)]-toluolsulfonamid-(4) 3087
N-[1.6-Dinitro-naphthyl-(2)]-toluolsulfonamid-(4) 3088
N-[1.7-Dinitro-naphthyl-(2)]-toluolsulfonamid-(4) 3088

$C_{17}H_{13}N_3S$ *S*-Methyl-*N'*-[phenanthryl-(9)]-*N*-cyan-isothioharnstoff 3345

$C_{17}H_{14}BrN$ [4-Brom-benzyl]-[naphthyl-(1)]-amin 2858

$C_{17}H_{20}N_2O$ *N'*-[1.1-Dimethyl-2-phenyl-äthyl]-*N*-phenyl-harnstoff 2725
N-Butyl-*N'*-[biphenylyl-(2)]-harnstoff 3131
N-Isobutyl-*N'*-[biphenylyl-(2)]-harnstoff 3131
N.N-Diäthyl-*N'*-[biphenylyl-(4)]-harnstoff 3171
N-Butyl-*N'*-[biphenylyl-(4)]-harnstoff 3171
N-Isobutyl-*N'*-[biphenylyl-(4)]-harnstoff 3172
$C_{17}H_{20}N_2O_2$ Dimethyl-[4'-nitro-2.4.6-trimethyl-biphenylyl-(3)]-amin 3270
$C_{17}H_{20}N_2O_3$ *N*-[Naphthyl-(1)-carbamoyl]-leucin 2934
2-[*N'*-(Naphthyl-(1))-ureido]-3-methyl-valeriansäure 2934
$C_{17}H_{20}N_2O_4$ Naphthyl-(1)-carbamidsäure-[1-nitromethyl-pentylester] 2879
2-Nitro-3-[naphthyl-(1)-carbamoyloxy]-hexan 2879
Naphthyl-(1)-carbamidsäure-[2-nitro-1-äthyl-butylester] 2879
Naphthyl-(1)-carbamidsäure-[2-nitro-2-methyl-1-äthyl-propylester] 2879
Naphthyl-(1)-carbamidsäure-[2-nitro-1-isopropyl-propylester] 2880
$C_{17}H_{20}N_2O_4S$ 3-Nitro-benzol-sulfonsäure-(1)-[4-isopentyl-anilid] 2752
$C_{17}H_{20}N_2S$ *N*-Methyl-*N*-[1-methyl-2-phenyl-äthyl]-*N'*-phenyl-thioharnstoff 2672
N-Phenyl-*N'*-[4-isobutyl-phenyl]-thioharnstoff 2724
N-Phenyl-*N'*-[4-*tert*-butyl-phenyl]-thioharnstoff 2729
N'-[2-Methyl-2-phenyl-propyl]-*N*-phenyl-thioharnstoff 2731
N-Phenyl-*N'*-[2-methyl-5-isopropyl-phenyl]-thioharnstoff 2734
N-Cyclohexyl-*N'*-[naphthyl-(1)]-thioharnstoff 2944
N-Cyclohexyl-*N'*-[naphthyl-(2)]-thioharnstoff 3046
N.N-Diäthyl-*N'*-[biphenylyl-(4)]-thioharnstoff 3179
N-Butyl-*N'*-[biphenylyl-(4)]-thioharnstoff 3180
N-Isobutyl-*N'*-[biphenylyl-(4)]-thioharnstoff 3180
$C_{17}H_{20}N_4O_6$ Heptyl-[2.4.5-trinitro-naphthyl-(1)]-amin 2988
$C_{17}H_{21}N$ [1-Methyl-2-phenyl-äthyl]-phenäthyl-amin 2670
N-Äthyl-*N*-[3-phenyl-propyl]-anilin 2679
Methyl-[3-phenyl-propyl]-benzyl-amin 2679
Methyl-benzyl-[2-äthyl-benzyl]-amin 2693
Phenäthyl-[4-methyl-phenäthyl]-amin 2700
[4-Phenyl-butyl]-benzyl-amin 2718
[1-*p*-Tolyl-propyl]-benzyl-amin 2732
Cycloheptyl-[naphthyl-(2)]-amin 2999
[3-Methyl-cyclohexyl]-[naphthyl-(2)]-amin 2999
Diäthyl-benzhydryl-amin 3222
Butyl-benzhydryl-amin 3223
Diäthyl-[2-phenyl-benzyl]-amin 3235
Propyl-[bibenzylyl-(α)]-amin 3244
Isopropyl-[bibenzylyl-(α)]-amin 3244
Dimethyl-[3.3-diphenyl-propyl]-amin 3267
Äthyl-[3.3-diphenyl-propyl]-amin 3267
Methyl-[4-phenäthyl-phenäthyl]-amin 3277
Methyl-[1-methyl-3.3-diphenyl-propyl]-amin 3277
1.5-Diphenyl-pentylamin 3280
3-Phenyl-1-phenäthyl-propylamin 3280
2.5-Diphenyl-pentylamin 3281
1.2-Diphenyl-pentylamin 3281
2.2-Diphenyl-pentylamin 3282
3-Methyl-2.2-diphenyl-butylamin 3282
$C_{17}H_{21}NO$ *N*-[Naphthyl-(1)]-heptanamid 2868
2.2-Dimethyl-*N*-[naphthyl-(1)]-valeramid 2869
N-[1.6-Dimethyl-4-isopropyl-naphthyl-(2)]-acetamid 3121
2-[2-Phenyl-1-benzyl-äthylamino]-äthanol-(1) 3263
$C_{17}H_{21}NO_2$ Naphthyl-(1)-carbamidsäure-hexylester 2879
Naphthyl-(1)-carbamidsäure-[1-methyl-pentylester] 2879
Naphthyl-(1)-carbamidsäure-[2-methyl-pentylester] 2879
Naphthyl-(1)-carbamidsäure-[1.3-dimethyl-butylester] 2880
Naphthyl-(1)-carbamidsäure-isohexylester 2880
Naphthyl-(1)-carbamidsäure-[3-methyl-pentylester] 2880
Naphthyl-(1)-carbamidsäure-[1.2-dimethyl-butylester] 2880
Naphthyl-(1)-carbamidsäure-[1-methyl-1-äthyl-propylester] 2881
Naphthyl-(1)-carbamidsäure-[2-äthyl-butylester] 2881
Naphthyl-(1)-carbamidsäure-[2.2-dimethyl-butylester] 2881
Naphthyl-(1)-carbamidsäure-[3.3-dimethyl-butylester] 2881
Bis-[2-hydroxy-äthyl]-[2-phenyl-benzyl]-amin 3236
$C_{17}H_{21}NO_2S$ *N*-Methyl-*N*-[3-phenyl-propyl]-toluolsulfonamid-(4) 2682
Toluol-sulfonsäure-(4)-[2.4.6.*N*-tetramethyl-anilid] 2712

N-[4-Phenyl-butyl]-toluolsulfonamid-(4) 2720
Toluol-sulfonsäure-(4)-[4-isobutyl-anilid] 2724
Toluol-sulfonsäure-(4)-[4-*tert*-butyl-anilid] 2729
N-[2.4.6-Trimethyl-benzyl]-toluolsulfonamid-(4) 2745
Naphthyl-(1)-carbamidsäure-[2-butylmercapto-äthylester] 2913
$C_{17}H_{21}NO_6$ 2.3.4.5.6-Pentahydroxy-*N*-[2-methyl-naphthyl-(1)]-hexanamid-(1) 3104
$C_{17}H_{21}N_3O$ Hexanal-[4-(naphthyl-(1))-semicarbazon] 2938
Hexanal-[4-(naphthyl-(2))-semicarbazon] 3041
$C_{17}H_{21}N_5$ 1-Isopropyl-5-[biphenylyl-(4)]-biguanid 3175
$C_{17}H_{22}ClN$ [Naphthyl-(1)-methyl]-[2-chlor-äthyl]-butyl-amin 3098
$[C_{17}H_{22}N]^{\oplus}$ Dimethyl-äthyl-benzhydryl-ammonium 3222
$[C_{17}H_{22}N]I$ 3222
$[C_{17}H_{22}N]C_6H_2N_3O_7$ 3222
Trimethyl-[bibenzylyl-(4)]-ammonium 3243
$[C_{17}H_{22}N]I$ 3243
Trimethyl-[1.1-diphenyl-äthyl]-ammonium 3249
$[C_{17}H_{22}N]I$ 3249
Trimethyl-[2-benzyl-benzyl]-ammonium 3250
$[C_{17}H_{22}N]I$ 3250
$C_{17}H_{22}N_2$ *N.N*-Dimethyl-*N'*-[2-phenyl-benzyl]-äthylendiamin 3236
$C_{17}H_{22}N_2O_2$ Naphthyl-(1)-carbamidsäure-[β-äthylamino-isobutylester] 2921
$C_{17}H_{22}N_2S$ *N.N*-Dipropyl-*N'*-[naphthyl-(1)]-thioharnstoff 2942
N-Äthyl-*N*-butyl-*N'*-[naphthyl-(1)]-thioharnstoff 2942
N-Methyl-*N*-pentyl-*N'*-[naphthyl-(1)]-thioharnstoff 2943
N-Hexyl-*N'*-[naphthyl-(1)]-thioharnstoff 2944
N-Isohexyl-*N'*-[naphthyl-(1)]-thioharnstoff 2944
N.N-Dipropyl-*N'*-[naphthyl-(2)]-thioharnstoff 3045
$C_{17}H_{23}N$ 1.2.3.4.9.10-Hexahydro-4a.10a-propano-phenanthryl-(10)-amin 3122
$C_{17}H_{23}NO$ 1.1-Dimethyl-2-[4-cyclohexyl-phenyl]-äthylisocyanat 2829
2-[(Naphthyl-(1)-methyl)-butyl-amino]-äthanol-(1) 3100
2-[(Naphthyl-(1)-methyl)-*sec*-butyl-amino]-äthanol-(1) 3100
2-[(Naphthyl-(1)-methyl)-isobutyl-amino]-äthanol-(1) 3100
$C_{17}H_{23}N_3O$ *N*-[2-Diäthylamino-äthyl]-*N'*-[naphthyl-(1)]-harnstoff 2935
$[C_{17}H_{24}N]^{\oplus}$ [Naphthyl-(1)-methyl]-triäthyl-ammonium 3098
$[C_{17}H_{24}N]Cl$ 3098
$C_{17}H_{24}N_2$ *N.N*-Diäthyl-*N'*-[naphthyl-(1)]-propandiyldiamin 2956
N.N-Diäthyl-*N'*-[naphthyl-(2)]-propandiyldiamin 3059
$C_{17}H_{25}N$ 1-Methyl-cyclohexanon-(2)-[2-*tert*-butyl-phenylimin] 2727
Methyl-cyclohexylmethyl-cinnamyl-amin 2791
Methyl-[2-cyclopentyl-äthyl]-cinnamyl-amin 2791
$C_{17}H_{25}NO$ 1.1-Dimethyl-2-[2.6-dimethyl-4-*tert*-butyl-phenyl]-äthylisocyanat 2776
$[C_{17}H_{26}N]^{\oplus}$ Trimethyl-[3-(cyclopenten-(2)-yl)-3-phenyl-propyl]-ammonium 2843
$[C_{17}H_{26}N]I$ 2843
$C_{17}H_{26}N_2O_3$ Essigsäure-[3-nitro-2.4.6-triisopropyl-anilid] 2775
$C_{17}H_{27}N$ Diäthyl-[2-cyclohexyl-benzyl]-amin 2824
Diäthyl-[4-cyclohexyl-benzyl]-amin 2825
1-Phenyl-undecen-(10)-ylamin 2829
$C_{17}H_{27}NO$ Essigsäure-[2-methyl-5-octyl-anilid] 2774
Essigsäure-[2.4.5-triisopropyl-anilid] 2775
Essigsäure-[2.4.6-triisopropyl-anilid] 2775
$C_{17}H_{27}NO_2$ 4-Hydroxy-*N*-[2-äthyl-2-phenyl-butyl]-valeramid 2763
$C_{17}H_{29}N$ [2-Phenyl-propyl]-dibutyl-amin 2689
Dibutyl-[4-methyl-phenäthyl]-amin 2699
$[C_{17}H_{30}N]^{\oplus}$ Triäthyl-[4-isopropyl-phenäthyl]-ammonium 2757
$[C_{17}H_{30}N]I$ 2757

C_{18}-Gruppe

$C_{18}H_{11}BrN_4O_6$ Pikryl-[4'-brom-biphenylyl-(4)]-amin 3189
$C_{18}H_{11}Br_3N_2O_3$ 4-[Naphthyl-(1)]-allophansäure-[2.4.6-tribrom-phenylester] 2929
4-[Naphthyl-(2)]-allophansäure-[2.4.6-tribrom-phenylester] 3035
$C_{18}H_{11}ClN_4O_6$ Pikryl-[4'-chlor-biphenylyl-(4)]-amin 3187
$C_{18}H_{11}Cl_3N_2O_3$ 4-[Naphthyl-(1)]-allophansäure-[2.4.6-trichlor-phenylester] 2928

4-[Naphthyl-(2)]-allophansäure-[2.4.6-trichlor-phenylester] 3034
$C_{18}H_{11}IN_4O_6$ Pikryl-[4'-jod-biphenylyl-(4)]-amin 3194
$C_{18}H_{11}N_5O_{10}S$ 3-Nitro-*N*-[3.5.4'-trinitro-biphenylyl-(2)]-benzolsulfonamid-(1) 3146
3-Nitro-*N*-[3.5.4'-trinitro-biphenylyl-(4)]-benzolsufonamid-(1) 3209
$C_{18}H_{12}BrN$ 12-Brom-chrysenyl-(6)-amin 3390
$C_{18}H_{12}Br_2N_2O_3$ 4-[Naphthyl-(1)]-allophansäure-[2.4-dibrom-phenylester] 2929
4-[Naphthyl-(2)]-allophansäure-[2.4-dibrom-phenylester] 3035
$C_{18}H_{12}ClN$ 12-Chlor-chrysenyl-(6)-amin 3390
$C_{18}H_{12}ClNO_2$ Phenyl-[naphthyl-(1)]-oxamoylchlorid 2874
Phenyl-[naphthyl-(2)]-oxamoylchlorid 3020
N-[Naphthyl-(2)]-terephthalamoyl-chlorid 3023
$C_{18}H_{12}ClN_3O_4$ [2.4-Dinitro-phenyl]-[4'-chlor-biphenylyl-(4)]-amin 3187
$C_{18}H_{12}Cl_2N_2O_3$ 4-[Naphthyl-(1)]-allophansäure-[2.4-dichlor-phenylester] 2928
4-[Naphthyl-(2)]-allophansäure-[2.4-dichlor-phenylester] 3034
$C_{18}H_{12}IN_3O_4$ [2.4-Dinitro-phenyl]-[4'-jod-biphenylyl-(4)]-amin 3193
$C_{18}H_{12}N_2O_2$ 12-Nitro-chrysenyl-(6)-amin 3390
$C_{18}H_{12}N_4O_6$ Phenyl-[3.5.4'-trinitro-biphenylyl-(4)]-amin 3208
$C_{18}H_{12}N_4O_8S$ 3-Nitro-*N*-[3.5-dinitro-biphenylyl-(2)]-benzolsulfonamid 3144
$C_{18}H_{13}BrN_2O_3$ 4-[Naphthyl-(1)]-allophansäure-[2-brom-phenylester] 2928
4-[Naphthyl-(1)]-allophansäure-[3-brom-phenylester] 2928
4-[Naphthyl-(1)]-allophansäure-[4-brom-phenylester] 2929
4-[Naphthyl-(2)]-allophansäure-[2-brom-phenylester] 3034
4-[Naphthyl-(2)]-allophansäure-[3-brom-phenylester] 3034
4-[Naphthyl-(2)]-allophansäure-[4-brom-phenylester] 3034
$C_{18}H_{13}ClN_2O_2$ [5-Chlor-2-nitro-phenyl]-[biphenylyl-(4)]-amin 3154
$C_{18}H_{13}ClN_2O_3$ 4-[Naphthyl-(1)]-allophansäure-[2-chlor-phenylester] 2928
4-[Naphthyl-(1)]-allophansäure-[3-chlor-phenylester] 2928
4-[Naphthyl-(1)]-allophansäure-[4-chlor-phenylester] 2928
4-[Naphthyl-(2)]-allophansäure-[4-chlor-phenylester] 3034
4-[Naphthyl-(2)]-allophansäure-[2-chlor-phenylester] 3034
4-[Naphthyl-(2)]-allophansäure-[3-chlor-phenylester] 3034
$C_{18}H_{13}IN_2O_3$ 4-[Naphthyl-(1)]-allophansäure-[4-jod-phenylester] 2929
4-[Naphthyl-(2)]-allophansäure-[4-jod-phenylester] 3035
$C_{18}H_{13}N$ 7-Amino-benz[*a*]anthracen 7 2716
2-Amino-benz[*a*]anthracen 3386
4-Amino-benz[*a*]anthracen 3386
5-Amino-benz[*a*]anthracen 3387
8-Amino-benz[*a*]anthracen 3388
11-Amino-benz[*a*]anthracen 3388
5-Amino-benzo[*c*]phenanthren 3389
Chrysenyl-(6)-amin 3389
$C_{18}H_{13}NO$ Terephthalaldehyd-[naphthyl-(2)-imin] 3010
N-[Fluoranthenyl-(3)]-acetamid 3367
N-[Fluoranthenyl-(8)]-acetamid 3368
N-[Pyrenyl-(1)]-acetamid 3369
N-[Pyrenyl-(2)]-acetamid 3371
N-[Pyrenyl-(4)]-acetamid 3372
11-Formamino-11*H*-benzo[*b*]fluoren 3372
11-Formamino-11*H*-benzo[*a*]fluoren 3372
$C_{18}H_{13}NO_2$ Pyrenyl-(1)-carbamidsäure-methylester 3370
$C_{18}H_{13}NO_3$ *N*-[Naphthyl-(1)]-phthalamidsäure 2876
Phenyl-[naphthyl-(2)]-oxamidsäure 3019
N-[Naphthyl-(2)]-phthalamidsäure 3023
$C_{18}H_{13}N_3O_3S$ *N'*-[Naphthyl-(1)]-*N*-[3-nitro-benzoyl]-thioharnstoff 2946
N'-[Naphthyl-(2)]-*N*-[3-nitro-benzoyl]-thioharnstoff 3049
$C_{18}H_{13}N_3O_4$ *N'*-[Naphthyl-(1)]-*N*-[4-nitro-benzoyl]-harnstoff 2928
3-Nitro-benzaldehyd-[O-(naphthyl-(1)-carbamoyl)-oxim] 2937
[2.4-Dinitro-phenyl]-[biphenylyl-(4)]-amin 3155
Phenyl-[3.5-dinitro-biphenylyl-(4)]-amin 3205
$C_{18}H_{13}N_3O_5$ 4-[Naphthyl-(1)]-allophansäure-[2-nitro-phenylester] 2929
4-[Naphthyl-(1)]-allophansäure-[3-nitro-phenylester] 2929
4-[Naphthyl-(1)]-allophansäure-[4-nitro-phenylester] 2929
4-[Naphthyl-(2)]-allophansäure-[2-nitro-phenylester] 3035
4-[Naphthyl-(2)]-allophansäure-[3-nitro-phenylester] 3035

4-[Naphthyl-(2)]-allophansäure-[4-nitro-phenylester] 3035

$C_{18}H_{13}N_3O_6$ *C*-[4-Nitro-phenoxy]-*N*-[4-nitro-naphthyl-(1)]-acetamid 2973

$C_{18}H_{13}N_3O_6S$ 3-Nitro-*N*-[5-nitro-biphenylyl-(2)]-benzolsulfonamid-(1) 3141

3-Nitro-*N*-[3-nitro-biphenylyl-(4)]-benzolsulfonamid-(1) 3199

$C_{18}H_{14}BrNO$ *C*-[2-Brom-phenyl]-*N*-[naphthyl-(2)]-acetamid 3017

C-[4-Brom-phenyl]-*N*-[naphthyl-(2)]-acetamid 3017

$C_{18}H_{14}BrN_3O_2$ 1-[2-Brom-phenyl]-5-[naphthyl-(1)]-biuret 2932

1-[3-Brom-phenyl]-5-[naphthyl-(1)]-biuret 2932

1-[4-Brom-phenyl]-5-[naphthyl-(1)]-biuret 2932

1-[2-Brom-phenyl]-5-[naphthyl-(2)]-biuret 3038

1-[3-Brom-phenyl]-5-[naphthyl-(2)]-biuret 3038

1-[4-Brom-phenyl]-5-[naphthyl-(2)]-biuret 3038

$C_{18}H_{14}ClNO$ *C*-Chlor-*N*-phenyl-*N*-[naphthyl-(2)]-acetamid 3015

N-[4-(4-Chlor-phenyl)-naphthyl-(1)]-acetamid 3361

N-[4-Chlor-2-phenyl-naphthyl-(1)]-acetamid 3363

$C_{18}H_{14}ClNOS$ *N*-[4′-Chlor-biphenylyl-(2)]-benzolsulfinamid 3136

N-[4′-Chlor-biphenylyl-(4)]-benzolsulfinamid 3188

$C_{18}H_{14}ClNO_2S$ *N*-[4′-Chlor-biphenylyl-(2)]-benzolsulfonamid 3136

N-[4′-Chlor-biphenylyl-(4)]-benzolsulfonamid 3188

$C_{18}H_{14}ClN_3O_2$ 1-[2-Chlor-phenyl]-5-[naphthyl-(1)]-biuret 2931

1-[3-Chlor-phenyl]-5-[naphthyl-(1)]-biuret 2932

1-[4-Chlor-phenyl]-5-[naphthyl-(1)]-biuret 2932

1-[2-Chlor-phenyl]-5-[naphthyl-(2)]-biuret 3037

1-[3-Chlor-phenyl]-5-[naphthyl-(2)]-biuret 3037

1-[4-Chlor-phenyl]-5-[naphthyl-(2)]-biuret 3037

$C_{18}H_{14}Cl_3NO$ Trichloressigsäure-[4-(4-phenyl-butadien-(1.3)-yl)- anilid] 3349

$C_{18}H_{14}IN_3O_2$ 1-[2-Jod-phenyl]-5-[naphthyl-(1)]-biuret 2932

1-[3-Jod-phenyl]-5-[naphthyl-(1)]-biuret 2932

1-[4-Jod-phenyl]-5-[naphthyl-(1)]-biuret 2932

1-[2-Jod-phenyl]-5-[naphthyl-(2)]-biuret 3038

1-[3-Jod-phenyl]-5-[naphthyl-(2)]-biuret 3038

1-[4-Jod-phenyl]-5-[naphthyl-(2)]-biuret 3038

$C_{18}H_{14}N_2OSe$ *N′*-[Naphthyl-(2)]-*N*-benzoyl-selenoharnstoff 3049

$C_{18}H_{14}N_2O_2$ *N′*-[Naphthyl-(2)]-*N*-benzoyl-harnstoff 3033

Phenyl-[3-nitro-biphenylyl-(4)]-amin 3198

Dimethyl-[6-nitro-pyrenyl-(1)]-amin 3371

$C_{18}H_{14}N_2O_2S$ *N*-[Naphthyl-(1)]-*N*-cyan-toluolsulfonamid-(4) 2959

$C_{18}H_{14}N_2O_3$ *C*-[4-Nitro-phenyl]-*N*-[naphthyl-(1)]-acetamid 2871

4-[Naphthyl-(1)]-allophansäure-phenylester 2928

C-[4-Nitro-phenyl]-*N*-[naphthyl-(2)]-acetamid 3017

4-[Naphthyl-(2)]-allophansäure-phenylester 3034

N-[2-Nitro-4-phenyl-naphthyl-(1)]-acetamid 3361

N-[4-Nitro-2-phenyl-naphthyl-(1)]-acetamid 3363

$C_{18}H_{14}N_2O_4S$ 3-Nitro-*N*-[biphenylyl-(2)]-benzolsulfonamid-(1) 3133

3-Nitro-*N*-[biphenylyl-(4)]-benzolsulfonamid-(1) 3185

$C_{18}H_{14}N_2O_6S$ *N*-Benzolsulfonyl-*N*-[8-nitro-naphthyl-(1)]-glycin 2976

$C_{18}H_{14}N_4O_3$ 3-Nitro-benzaldehyd-[4-(naphthyl-(1))-semicarbazon] 2939

4-Nitro-benzaldehyd-[4-(naphthyl-(1))-semicarbazon] 2939

3-Nitro-benzaldehyd-[4-(naphthyl-(2))-semicarbazon] 3042

$C_{18}H_{14}N_4O_4$ 1-[2-Nitro-phenyl]-5-[naphthyl-(1)]-biuret 2932

1-[3-Nitro-phenyl]-5-[naphthyl-(1)]-biuret 2933

1-[4-Nitro-phenyl]-5-[naphthyl-(1)]-biuret 2933

1-[2-Nitro-phenyl]-5-[naphthyl-(2)]-biuret 3038

1-[3-Nitro-phenyl]-5-[naphthyl-(2)]-biuret 3038

1-[4-Nitro-phenyl]-5-[naphthyl-(2)]-biuret 3038

$C_{18}H_{14}N_4O_5$ *N*-[3.5-Dinitro-4-methyl-phenyl]-*N′*-[naphthyl-(1)]-harnstoff 2926

N-[3.5-Dinitro-4-methyl-phenyl]-*N′*-[naphthyl-(2)]-harnstoff 3033

$C_{18}H_{15}BrN_2O$ *N*-[2-Brom-4-methyl-phenyl]-*N′*-[naphthyl-(2)]-harnstoff 3032

$C_{18}H_{15}ClN_2$ 5-Chlor-*N*¹-[biphenylyl-(4)]-*o*-phenylendiamin 3154

$C_{18}H_{15}ClN_2S$ *N*-[4-Chlor-2-methyl-phenyl]-*N'*-[naphthyl-(2)]-thioharnstoff 3047
N-[3-Chlor-2-methyl-phenyl]-*N'*-[naphthyl-(2)]-thioharnstoff 3047
N-[2-Chlor-3-methyl-phenyl]-*N'*-[naphthyl-(2)]-thioharnstoff 3047
N-[6-Chlor-3-methyl-phenyl]-*N'*-[naphthyl-(2)]-thioharnstoff 3047
N-[4-Chlor-3-methyl-phenyl]-*N'*-[naphthyl-(2)]-thioharnstoff 3047
N-[3-Chlor-4-methyl-phenyl]-*N'*-[naphthyl-(2)]-thioharnstoff 3048
$C_{18}H_{15}N$ Vinyl-phenyl-[naphthyl-(1)]-amin 2857
Vinyl-phenyl-[naphthyl-(2)]-amin 3000
Acetophenon-[naphthyl-(2)-imin] 3006
Benzaldehyd-[naphthyl-(1)-methylimin] 3101
Benzaldehyd-[naphthyl-(2)-methylimin] 3110
Dimethyl-[pyrenyl-(1)]-amin 3369
o-Terphenylyl-(4)-amin 3373
m-Terphenylyl-(4')-amin 3374
p-Terphenylyl-(2)-amin 3375
p-Terphenylyl-(4)-amin 3375
p-Terphenylyl-(2')-amin 3375
4-[2-(Naphthyl-(1))-vinyl]-anilin 3376
$C_{18}H_{15}NO$ 4-Methoxy-benzaldehyd-[naphthyl-(1)-imin] 2865
C-Phenyl-*N*-[naphthyl-(1)]-acetamid 2871
4-Methoxy-benzaldehyd-[naphthyl-(2)-imin] 3012
C-Phenyl-*N*-[naphthyl-(2)]-acetamid 3016
N-[1-Methyl-naphthyl-(2)]-benzamid 3092
N-[4-Methyl-naphthyl-(2)]-benzamid 3093
N-[5-Methyl-naphthyl-(1)]-benzamid 3095
N-[5-Methyl-naphthyl-(2)]-benzamid 3096
N-[8-Methyl-naphthyl-(1)]-benzamid 3096
N-[3-Methyl-naphthyl-(2)]-benzamid 3105
N-[7-Methyl-naphthyl-(1)]-benzamid 3108
[9.10-Dihydro-9.10-äthano-anthracenyl-(11)]-methylisocyanat 3353
N-[2-Phenyl-naphthyl-(1)]-acetamid 3362
N-[6-Phenyl-naphthyl-(1)]-acetamid 3363
N-[6-Phenyl-naphthyl-(2)]-acetamid 3363
N-[7-Phenyl-naphthyl-(1)]-acetamid 3363
Essigsäure-[2-(naphthyl-(2))-anilid] 3364
Essigsäure-[4-(naphthyl-(2))-anilid] 3364
$C_{18}H_{15}NOS$ *N*-[Biphenylyl-(4)]-benzolsulfinamid 3184
$C_{18}H_{15}NO_2$ Vanillin-[naphthyl-(1)-imin] 2865
Vanillin-[naphthyl-(2)-imin] 3013
Naphthyl-(2)-carbamidsäure-*o*-tolylester 3026
Naphthyl-(2)-carbamidsäure-*m*-tolylester 3026
Naphthyl-(2)-carbamidsäure-*p*-tolylester 3026
$C_{18}H_{15}NO_2S$ *N*-[Biphenylyl-(4)]-benzolsulfonamid 3184
$C_{18}H_{15}NO_3$ Naphthyl-(2)-carbamidsäure-[2-methoxy-phenylester] 3028
Naphthyl-(2)-carbamidsäure-[3-methoxy-phenylester] 3028
Naphthyl-(2)-carbamidsäure-[4-methoxy-phenylester] 3028
$C_{18}H_{15}N_3O$ Benzaldehyd-[4-(naphthyl-(1))-semicarbazon] 2939
Benzaldehyd-[4-(naphthyl-(2))-semicarbazon] 3042
$C_{18}H_{15}N_3O_2$ 1-Phenyl-5-[naphthyl-(1)]-biuret 2931
Salicylaldehyd-[4-(naphthyl-(1))-semicarbazon] 2940
1-Phenyl-5-[naphthyl-(2)]-biuret 3037
Salicylaldehyd-[4-(naphthyl-(2))-semicarbazon] 3043
$C_{18}H_{15}N_3O_2S$ *N*-[6-Nitro-2-methyl-phenyl]-*N'*-[naphthyl-(1)]-thioharnstoff 2945
N-[5-Nitro-2-methyl-phenyl]-*N'*-[naphthyl-(1)]-thioharnstoff 2945
N-[4-Nitro-2-methyl-phenyl]-*N'*-[naphthyl-(1)]-thioharnstoff 2945
N-[4-Nitro-3-methyl-phenyl]-*N'*-[naphthyl-(1)]-thioharnstoff 2945
N-[3-Nitro-4-methyl-phenyl]-*N'*-[naphthyl-(1)]-thioharnstoff 2945
N-[2-Nitro-4-methyl-phenyl]-*N'*-[naphthyl-(1)]-thioharnstoff 2945
N-[5-Nitro-2-methyl-phenyl]-*N'*-[naphthyl-(2)]-thioharnstoff 3047
N-[4-Nitro-2-methyl-phenyl]-*N'*-[naphthyl-(2)]-thioharnstoff 3047
N-[4-Nitro-3-methyl-phenyl]-*N'*-[naphthyl-(2)]-thioharnstoff 3048
N-[3-Nitro-4-methyl-phenyl]-*N'*-[naphthyl-(2)]-thioharnstoff 3048
N-[2-Nitro-4-methyl-phenyl]-*N'*-[naphthyl-(2)]-thioharnstoff 3048
$C_{18}H_{15}N_3O_3$ *N*-[3-Nitro-4-methyl-phenyl]-*N'*-[naphthyl-(1)]-harnstoff 2926
N-[3-Nitro-4-methyl-phenyl]-*N'*-[naphthyl-(2)]-harnstoff 3032
N-[2-Nitro-4-methyl-phenyl]-*N'*-[naphthyl-(2)]-harnstoff 3033
N-Phenyl-glycin-[1-nitro-naphthyl-(2)-amid] 3080
$C_{18}H_{15}N_3O_4$ Phenäthyl-[2.4-dinitro-naphthyl-(1)]-amin 2984
$C_{18}H_{15}N_3S$ *N*-Phenyl-*N'*-[naphthyl-(1)]-*C*-thiocarbamoyl-formamidin 2873
$C_{18}H_{16}ClNO_2$ Terephthalsäure-chlorid-[5.6.7.8-tetrahydro-naphthyl-(2)-amid] 2809
$C_{18}H_{16}ClN_5$ 1-[4-Chlor-phenyl]-5-[naphthyl-(2)]-biguanid 3040

$C_{18}H_{16}Cl_2N_2O_2S$ *N'*-[3.4-Dichlor-benzol-sulfonyl-(1)]-*N*-[naphthyl-(2)]-äthylendiamin 3059
$C_{18}H_{16}N_2$ *N*-Phenyl-*N'*-[naphthyl-(2)]-acetamidin 3014
$C_{18}H_{16}N_2O$ *N*-Methyl-*N*-phenyl-*N'*-[naphthyl-(1)]-harnstoff 2926
N-Methyl-*N*-phenyl-*N'*-[naphthyl-(2)]-harnstoff 3032
N-*o*-Tolyl-*N'*-[naphthyl-(2)]-harnstoff 3032
N-*m*-Tolyl-*N'*-[naphthyl-(2)]-harnstoff 3032
N-*p*-Tolyl-*N'*-[naphthyl-(2)]-harnstoff 3032
$C_{18}H_{16}N_2O_2$ *N*-[8-Nitro-naphthyl-(1)-methyl]-*m*-toluidin 3102
N-[8-Nitro-naphthyl-(1)-methyl]-*p*-toluidin 3102
$C_{18}H_{16}N_2O_4$ *N*-[4-Nitro-stilbenyl-(2)]-diacetamid 3303
N-[2-Nitro-stilbenyl-(4)]-diacetamid 3311
$C_{18}H_{16}N_2S$ *N*-Benzyl-*N'*-[naphthyl-(1)]-thioharnstoff 2945
N-Benzyl-*N'*-[naphthyl-(2)]-thioharnstoff 3048
N-*p*-Tolyl-*N*-[naphthyl-(2)]-thioharnstoff 3050
N'-[Naphthyl-(2)-methyl]-*N*-phenyl-thioharnstoff 3110
$C_{18}H_{17}Hg_2NO_6$ 2.2-Bis-acetoxymercurio-*N*-[naphthyl-(1)]-acetoacetamid 2952
2.2-Bis-acetoxymercurio-*N*-[naphthyl-(2)]-acetoacetamid 3056
$C_{18}H_{17}N$ [1-Phenyl-äthyl]-[naphthyl-(1)]-amin 2858
[2.3-Dimethyl-phenyl]-[naphthyl-(1)]-amin 2858
[3.4-Dimethyl-phenyl]-[naphthyl-(1)]-amin 2859
[2.6-Dimethyl-phenyl]-[naphthyl-(1)]-amin 2859
[2.5-Dimethyl-phenyl]-[naphthyl-(1)]-amin 2859
[2.3-Dimethyl-phenyl]-[naphthyl-(2)]-amin 3002
[3.4-Dimethyl-phenyl]-[naphthyl-(2)]-amin 3002
[3.5-Dimethyl-phenyl]-[naphthyl-(2)]-amin 3002
[2.5-Dimethyl-phenyl]-[naphthyl-(2)]-amin 3002
m-Tolyl-[1-methyl-naphthyl-(2)]-amin 3091
p-Tolyl-[1-methyl-naphthyl-(2)]-amin 3091
o-Tolyl-[4-methyl-naphthyl-(1)]-amin 3094
N-[Naphthyl-(1)-methyl]-*p*-toluidin 3099
o-Tolyl-[6-methyl-naphthyl-(2)]-amin 3107
m-Tolyl-[6-methyl-naphthyl-(2)]-amin 3107
p-Tolyl-[6-methyl-naphthyl-(2)]-amin 3107
N.N-Dimethyl-2-[naphthyl-(2)]-anilin 3364
N.N-Dimethyl-4-[naphthyl-(2)]-anilin 3364
4-Methyl-2-[naphthyl-(1)-methyl]-anilin 3366
2-[2.4-Dimethyl-naphthyl-(1)]-anilin 3366
$C_{18}H_{17}NO$ [2-Phenoxy-äthyl]-[naphthyl-(1)]-amin 2860
[2-Phenoxy-äthyl]-[naphthyl-(2)]-amin 3003
Essigsäure-[3-(4-phenyl-butadien-(1.3)-yl)-anilid] 3349
Essigsäure-[4-(4-phenyl-butadien-(1.3)-yl)-anilid] 3349
N-[4.5.6.6a-Tetrahydro-fluoranthenyl-(3)]-acetamid 3351
N-[1.2.3.10b-Tetrahydro-fluoranthenyl-(8)]-acetamid und *N*-[4.5.6.6a-Tetrahydro-fluoranthenyl-(8)]-acetamid 3351
$C_{18}H_{17}NO_2$ Naphthyl-(1)-carbamidsäure-[2-methyl-1-äthinyl-buten-(2)-ylester] 2899
Naphthyl-(1)-carbamidsäure-[1.2-dimethyl-penten-(2)-in-(4)-ylester] 2900
Naphthyl-(2)-carbamidsäure-[3-methyl-1-äthinyl-buten-(2)-ylester] 3024
N-[9.10-Dihydro-phenanthryl-(4)]-diacetamid 3316
$C_{18}H_{17}NO_2S$ *N*-[Naphthyl-(1)-methyl]-toluolsulfonamid-(4) 3101
$C_{18}H_{17}N_3$ *N*-Benzyl-*N*-[naphthyl-(1)]-guanidin 2948
$C_{18}H_{17}N_3O_4$ 4.9-Dinitro-1-methyl-7-isopropyl-phenanthryl-(3)-amin 3359
$C_{18}H_{18}BrNO_2$ 3-[4-(4-Brom-benzyl)-phenylimino]-buttersäure-methylester und 3-[4-(4-Brom-benzyl)-anilino]-crotonsäure-methylester 3218
$C_{18}H_{18}ClN$ 3-Chlor-1-methyl-7-isopropyl-phenanthryl-(9)-amin 3359
$C_{18}H_{18}ClNO_2$ 3-[4-(4-Chlor-benzyl)-phenylimino]-buttersäure-methylester und 3-[4-(4-Chlor-benzyl)-anilino]-crotonsäure-methylester 3217
$C_{18}H_{18}N_2O_2$ *N.N*-Dimethyl-4-[4-(4-nitro-phenyl)-butadien-(1.3)-yl]-anilin 3350
4-Nitro-1-methyl-7-isopropyl-phenanthryl-(3)-amin 3358
9-Nitro-1-methyl-7-isopropyl-phenanthryl-(3)-amin 3358
$C_{18}H_{18}N_4O_4$ [2.4.5-Trimethyl-phenyl]-oxamidsäure-[2-nitro-benzylidenhydrazid] 2703

$C_{18}H_{22}N_2O$ *N'*-[1-Äthyl-1-phenyl-propyl]-*N*-phenyl-harnstoff 2753
N-Pentyl-*N'*-[biphenylyl-(4)]-harnstoff 3172
$C_{18}H_{22}N_2O_2$ 3'-Nitro-2.4.6.2'.4'.6'-hexamethyl-biphenylyl-(3)-amin 3283
$C_{18}H_{22}N_2S$ *N'*-[2-Methyl-5-isopropyl-phenyl]-*N*-*o*-tolyl-thioharnstoff 2735
N'-[2-Methyl-5-isopropyl-phenyl]-*N*-*m*-tolyl-thioharnstoff 2735
N'-[2-Methyl-5-isopropyl-phenyl]-*N*-*p*-tolyl-thioharnstoff 2735
N-Methyl-*N'*-phenyl-*N*-[2-methyl-5-isopropyl-phenyl]-thioharnstoff 2735
N-Phenyl-*N'*-[4-isopentyl-phenyl]-thioharnstoff 2752
N-Pentyl-*N'*-[biphenylyl-(4)]-thioharnstoff 3180
N-Isopentyl-*N'*-[biphenylyl-(4)]-thioharnstoff 3180
$C_{18}H_{22}N_4O_7$ s. bei $[C_{12}H_{20}N]^{\oplus}$
$[C_{18}H_{23}ClN]^{\oplus}$ Trimethyl-[2-(3-chlor-phenyl)-1-benzyl-äthyl]-ammonium 3264
$[C_{18}H_{23}ClN]I$ 3264
Trimethyl-[2-(4-chlor-phenyl)-1-benzyl-äthyl]-ammonium 3265
$[C_{18}H_{23}ClN]I$ 3265
$C_{18}H_{23}N$ Bis-[1-phenyl-propyl]-amin 2662
Methyl-[1-methyl-2-phenyl-äthyl]-phenäthyl-amin 2671
Bis-[1-methyl-2-phenyl-äthyl]-amin 2671
Äthyl-[3-phenyl-propyl]-benzyl-amin 2679
Bis-[3-phenyl-propyl]-amin 2680
Bis-[2-phenyl-propyl]-amin 2690
Bis-[2-äthyl-benzyl]-amin 2693
Bis-[4-methyl-phenäthyl]-amin 2700
[1-Benzyl-propyl]-phenäthyl-amin 2717
Methyl-[4-phenyl-butyl]-benzyl-amin 2718
[4-Phenyl-butyl]-phenäthyl-amin 2718
N-Äthyl-*N*-[2.4.6-trimethyl-benzyl]-anilin 2745
Äthyl-cyclohexyl-[naphthyl-(1)]-amin 2856
Isobutyl-[bibenzylyl-(α)]-amin 3244
Diäthyl-[2.2-diphenyl-äthyl]-amin 3249
Diäthyl-[2-phenyl-phenäthyl]-amin 3252
Dimethyl-[1-methyl-3.3-diphenyl-propyl]-amin 3277
Dimethyl-[2-methyl-3.3-diphenyl-propyl]-amin 3278
Methyl-[2.5-diphenyl-pentyl]-amin 3281
$C_{18}H_{23}NO$ 2-Äthyl-*N*-[naphthyl-(1)]-hexanamid 2869
2.2.3-Trimethyl-*N*-[naphthyl-(1)]-valeramid 2869
2.3-Dimethyl-2-äthyl-*N*-[naphthyl-(1)]-butyramid 2869
1-[(1.2.3.4-Tetrahydro-phenanthryl-(9)-methyl)-amino]-propanol-(2) 3273
$C_{18}H_{23}NO_2$ Naphthyl-(1)-carbamidsäure-[1-methyl-hexylester] 2881
Naphthyl-(1)-carbamidsäure-[1-propyl-butylester] 2881
Naphthyl-(1)-carbamidsäure-[3-methyl-1-äthyl-butylester] 2881
Naphthyl-(1)-carbamidsäure-[1.4-dimethyl-pentylester] 2881
Naphthyl-(1)-carbamidsäure-[3-methyl-hexylester] 2881
Naphthyl-(1)-carbamidsäure-[2.2-dimethyl-1-äthyl-propylester] 2882
Naphthyl-(1)-carbamidsäure-[1.3.3-trimethyl-butylester] 2882
Naphthyl-(1)-carbamidsäure-[4.4-dimethyl-pentylester] 2882
Naphthyl-(1)-carbamidsäure-[3.4-dimethyl-pentylester] 2882
Bis-[2-hydroxy-propyl]-[biphenylyl-(4)]-amin 3155
$C_{18}H_{23}NO_2S$ *N*-Methyl-*N*-[4-phenyl-butyl]-toluolsulfonamid-(4) 2720
Toluol-sulfonsäure-(4)-[4-pentyl-anilid] 2748
$C_{18}H_{23}NO_4S$ s. bei $[C_{17}H_{20}N]^{\oplus}$
$C_{18}H_{23}N_3O$ Heptanal-[4-(naphthyl-(1))-semicarbazon] 2938
Heptanal-[4-(naphthyl-(2))-semicarbazon] 3041
$[C_{18}H_{24}N]^{\oplus}$ Methyl-äthyl-[3-phenyl-propyl]-anilinium 2679
$[C_{18}H_{24}N]C_6H_2N_3O_7$ 2679
Dimethyl-benzyl-[2-äthyl-benzyl]-ammonium 2693
Dimethyl-äthyl-[2-benzyl-benzyl]-ammonium 3250
$[C_{18}H_{24}N]I$ 3250
Trimethyl-[3.3-diphenyl-propyl]-ammonium 3267
$[C_{18}H_{24}N]I$ 3267
$C_{18}H_{24}N_2$ *N.N*-Diäthyl-*N'*-[biphenylyl-(2)]-äthylendiamin 3133
N.N-Diäthyl-*N'*-[biphenylyl-(4)]-äthylendiamin 3184
N.N.N'-Trimethyl-*N'*-benzhydryl-äthylendiamin 3230
$C_{18}H_{24}N_2O_2$ Naphthyl-(1)-carbamidsäure-[β-propylamino-isobutylester] 2921
Naphthyl-(2)-carbamidsäure-[β-propylamino-isobutylester] 3029
$C_{18}H_{24}N_2O_5S$ *N*-[2.4-Dihydroxy-3.3-dimethyl-butyryl]-taurin-[naphthyl-(2)-amid] 3062
$C_{18}H_{24}N_2S$ *N*-Propyl-*N*-butyl-*N'*-[naphthyl-(1)]-thioharnstoff 2942
N-Isopropyl-*N*-butyl-*N'*-[naphthyl-(1)]-thioharnstoff 2942
N-Propyl-*N*-isobutyl-*N'*-[naphthyl-(1)]-thioharnstoff 2943

C_{19}-Gruppe

$C_{19}H_{14}N_2O$ Nitroso-phenyl-[fluorenyl-(9)]-amin 3300
Benz[*a*]anthracenyl-(5)-harnstoff 3387
$C_{19}H_{14}N_2O_2$ 3-Nitro-benzaldehyd-[acenaphthenyl-(3)-imin] 3211
4-Nitro-benzaldehyd-[acenaphthenyl-(3)-imin] 3211
2-Nitro-benzaldehyd-[acenaphthenyl-(3)-imin] 3211
Phenyl-[2-nitro-fluorenyl-(9)]-amin 3300
$C_{19}H_{14}N_2O_2S$ *N*-[Biphenylyl-(2)]-*N*-cyan-benzolsulfonamid 3134
N-[Biphenylyl-(4)]-*N*-cyan-benzolsulfonamid 3185
$C_{19}H_{14}N_2O_3$ 2-Nitro-*N*-[biphenylyl-(2)]-benzamid 3127
3-Nitro-*N*-[biphenylyl-(2)]-benzamid 3127
4-Nitro-*N*-[biphenylyl-(2)]-benzamid 3127
N-[4′-Nitro-biphenylyl-(2)]-benzamid 3142
N-[5-Nitro-acenaphthenyl-(3)]-benzamid 3212
4-Nitro-*N*-[acenaphthenyl-(5)]-benzamid 3213
$C_{19}H_{14}N_4O_4$ 4-Nitro-*N*-[4′-nitro-biphenylyl-(2)]-benzamidin 3142
N-[4.4′-Dinitro-biphenylyl-(2)]-benzamidin 3145
$C_{19}H_{14}N_4O_5$ *N*-[2.4-Dinitro-phenyl]-*N*′-[biphenylyl-(4)]-harnstoff 3173
N-[3.5-Dinitro-phenyl]-*N*′-[biphenylyl-(4)]-harnstoff 3173
$C_{19}H_{14}N_4O_6$ *o*-Tolyl-[3.5.4′-trinitro-biphenylyl-(4)]-amin 3208
m-Tolyl-[3.5.4′-trinitro-biphenylyl-(4)]-amin 3208
$C_{19}H_{15}BrN_2O$ *N*-[2-Brom-phenyl]-*N*′-[biphenylyl-(4)]-harnstoff 3172
N-[3-Brom-phenyl]-*N*′-[biphenylyl-(4)]-harnstoff 3172
N-[4-Brom-phenyl]-*N*′-[biphenylyl-(4)]-harnstoff 3172
$C_{19}H_{15}BrN_2O_2$ *N*′-[4-Brom-phenyl]-*N*-[naphthyl-(1)]-*N*-acetyl-harnstoff 2948
$C_{19}H_{15}BrN_2O_4S$ *N*-[5-Brom-3-nitro-biphenylyl-(4)]-toluolsulfonamid-(4) 3201
N-[3-Brom-4′-nitro-biphenylyl-(4)]-toluolsulfonamid-(4) 3202
$C_{19}H_{15}BrN_2S$ *N*-[4-Brom-phenyl]-*N*′-[biphenylyl-(4)]-thioharnstoff 3181
$C_{19}H_{15}Br_2NO_2S$ *N*-[3.5-Dibrom-biphenylyl-(2)]-toluolsulfonamid-(4) 3138
N-[3.5-Dibrom-biphenylyl-(4)]-toluolsulfonamid-(4) 3190
N-[3.4′-Dibrom-biphenylyl-(4)]-toluolsulfonamid-(4) 3191
$C_{19}H_{15}ClN_2O$ *N*-[4-Chlor-phenyl]-*N*′-[biphenylyl-(4)]-harnstoff 3172
N-[2-Chlor-phenyl]-*N*′-[biphenylyl-(4)]-harnstoff 3172
N-[3-Chlor-phenyl]-*N*′-[biphenylyl-(4)]-harnstoff 3172
$C_{19}H_{15}ClN_2O_3$ 4-[Naphthyl-(1)]-allophansäure-[4-chlor-2-methyl-phenylester] 2929
4-[Naphthyl-(1)]-allophansäure-[4-chlor-3-methyl-phenylester] 2930
4-[Naphthyl-(1)]-allophansäure-[2-chlor-4-methyl-phenylester] 2930
4-[Naphthyl-(2)]-allophansäure-[4-chlor-2-methyl-phenylester] 3035
4-[Naphthyl-(2)]-allophansäure-[4-chlor-3-methyl-phenylester] 3035
4-[Naphthyl-(2)]-allophansäure-[2-chlor-4-methyl-phenylester] 3036
$C_{19}H_{15}ClN_2S$ *N*-[4-Chlor-phenyl]-*N*′-[biphenylyl-(4)]-thioharnstoff 3181
N-[2-Chlor-phenyl]-*N*′-[biphenylyl-(4)]-thioharnstoff 3181
$C_{19}H_{15}IN_2O$ *N*-[3-Jod-phenyl]-*N*′-[biphenylyl-(4)]-harnstoff 3173
N-[4-Jod-phenyl]-*N*′-[biphenylyl-(4)]-harnstoff 3173
$C_{19}H_{15}IN_2O_4S$ *N*-[2′-Jod-3′-nitro-biphenylyl-(4)]-toluolsulfonamid-(4) 3204
$C_{19}H_{15}N$ Benzaldehyd-[acenaphthenyl-(3)-imin] 3210
Benzaldehyd-[acenaphthenyl-(5)-imin] 3213
Phenyl-[fluorenyl-(9)]-amin 3298
5-Methylamino-benz[*a*]anthracen 3387
9-Phenyl-fluorenyl-(9)-amin 3391
7-Methyl-benz[*a*]anthracenyl-(5)-amin 3392
$C_{19}H_{15}NO$ 3-[Naphthyl-(1)-imino]-2-phenyl-propionaldehyd und 3-[Naphthyl-(1)-amino]-2-phenyl-acrylaldehyd 2863
3-[Naphthyl-(2)-imino]-2-phenyl-propionaldehyd und 3-[Naphthyl-(2)-amino]-2-phenyl-acrylaldehyd 3011
N-[Biphenylyl-(2)]-benzamid 3127
Salicylaldehyd-[biphenylyl-(4)-imin] 3156
N-[Biphenylyl-(4)]-benzamid 3159
N-[Acenaphthenyl-(3)]-benzamid 3211
N-[Pyrenyl-(1)]-propionamid 3370
11-Acetamino-11*H*-benzo[*b*]fluoren 3372
11-Acetamino-11*H*-benzo[*a*]fluoren 3373
$C_{19}H_{15}NO_2$ Biphenylyl-(4)-carbamidsäure-phenylester 3165
Fluoranthenyl-(1)-carbamidsäure-äthylester 3367
Fluoranthenyl-(8)-carbamidsäure-äthylester 3368
$C_{19}H_{15}NO_4$ 2-[Naphthyl-(2)-carbamoyloxy]-benzoesäure-methylester 3028
$C_{19}H_{15}N_3O_2$ Naphthyl-(1)-oxamidsäure-benzylidenhydrazid 2872

6-Hydroxy-3.4-dimethyl-*N*-[naphthyl-(2)]-benzamid 3054
N-[1-Methyl-phenanthryl-(3)]-diacetamid 3346
N-[1-Methyl-phenanthryl-(9)]-diacetamid 3346
$C_{19}H_{17}NO_2S$ *N*-[Biphenylyl-(2)]-toluolsulfonamid-(4) 3134
N-[Biphenylyl-(3)]-toluolsulfonamid-(4) 3147
N-[Biphenylyl-(4)]-toluolsulfonamid-(4) 3185
N-[Acenaphthenyl-(5)]-toluolsulfonamid-(4) 3214
$C_{19}H_{17}NO_3$ Naphthyl-(1)-carbamidsäure-[2-äthoxy-phenylester] 2918
$C_{19}H_{17}N_3O$ Acetophenon-[4-(naphthyl-(2))-semicarbazon] 3042
$C_{19}H_{17}N_3O_2$ 1-*m*-Tolyl-5-[naphthyl-(1)]-biuret 2933
1-*p*-Tolyl-5-[naphthyl-(1)]-biuret 2933
1-*o*-Tolyl-5-[naphthyl-(1)]-biuret 2933
1-*o*-Tolyl-5-[naphthyl-(2)]-biuret 3039
1-*m*-Tolyl-5-[naphthyl-(2)]-biuret 3039
1-*p*-Tolyl-5-[naphthyl-(2)]-biuret 3039
$C_{19}H_{18}ClN$ Methyl-[naphthyl-(1)-methyl]-[4-chlor-benzyl]-amin 3099
$C_{19}H_{18}N_2O$ *N*-[2.5-Dimethyl-phenyl]-*N'*-[naphthyl-(2)]-harnstoff 3033
$C_{19}H_{18}N_2O_4S$ *N*-Äthyl-*N*-[1-nitro-naphthyl-(2)]-tolulosulfonamid-(4) 3081
$C_{19}H_{19}N$ [2.4.5-Trimethyl-phenyl]-[naphthyl-(1)]-amin 2859
[2.4.5-Trimethyl-phenyl]-[naphthyl-(2)]-amin 3002
Methyl-[naphthyl-(1)-methyl]-benzyl-amin 3099
Methyl-[naphthyl-(2)-methyl]-benzyl-amin 3110
3-Phenyl-2-[naphthyl-(2)]-propylamin 3366
$C_{19}H_{19}NO$ *N*-[2-Phenyl-cyclohexen-(4)-yl]-benzamid 2839
1-[*N*-(Biphenylyl-(4))-formimidoyl]-cyclohexanon-(2) und 1-[(Biphenylyl-(4)-amino)-methylen]-cyclohexanon-(2) 3155
1-[*N*-(Acenaphthenyl-(5))-formimidoyl]-cyclohexanon-(2) und 1-[(Acenaphthenyl-(5)-amino)-methylen]-cyclohexanon-(2) 3213
N-[1-Methyl-7-isopropyl-phenanthryl-(3)]-formamid 3355
$C_{19}H_{19}NOS$ Cinnamylthiocarbamidsäure-*O*-cinnamylester und Cinnamylthiocarbamidsäure-*S*-cinnamylester 2792
$C_{19}H_{19}NO_2$ [2-Äthyl-indenyl-(1)]-carbamidsäure-benzylester 2838
Naphthyl-(1)-carbamidsäure-[1.3-dimethyl-1-äthinyl-buten-(2)-ylester] 2900
3-[Fluorenyl-(2)-imino]-buttersäure-äthylester und 3-[Fluorenyl-(2)-amino]-crotonsäure-äthylester 3291
$C_{19}H_{19}NO_2S$ [2-*p*-Tolylsulfon-äthyl]-[naphthyl-(2)]-amin 3004
N-Äthyl-*N*-[naphthyl-(2)]-toluolsulfonamid-(4) 3063
N-Methyl-*N*-[naphthyl-(1)-methyl]-toluolsulfonamid-(4) 3101
N-[(2-Methyl-naphthyl-(1))-methyl]-toluolsulfonamid-(4) 3115
$C_{19}H_{19}NO_3$ Naphthyl-(1)-carbamidsäure-[6-methoxy-1-methyl-hexen-(2)-in-(4)-ylester] 2917
Naphthyl-(1)-carbamidsäure-[4-methoxy-1-propenyl-butin-(2)-ylester] 2918
$C_{19}H_{20}Br_2INO_2$ [4'-Jod-biphenylyl-(4)]-carbamidsäure-[3.4-dibrom-hexylester] 3194
$C_{19}H_{20}ClN$ Dimethyl-[3-chlor-3-(phenanthryl-(2))-propyl]-amin 3352
Dimethyl-[3-chlor-3-(phenanthryl-(3))-propyl]-amin 3353
$C_{19}H_{20}ClNO_2$ 2-[1.2.3.4-Tetrahydro-naphthyl-(2)-amino]-1-[4-chlor-benzoyloxy]-äthan 2812
$C_{19}H_{20}ClN_5$ 1-Isopropyl-5-[6-chlor-phenanthryl-(3)]-biguanid 3340
$C_{19}H_{20}INO_2$ 2-[1.2.3.4-Tetrahydro-naphthyl-(2)-amino]-1-[4-jod-benzoyloxy]-äthan 2812
[4'-Jod-biphenylyl-(4)]-carbamidsäure-[hexen-(3)-ylester] 3196
$C_{19}H_{20}N_2$ *N*-[Biphenylyl-(2)]-cyclohexen-(1)-carbamidin-(1) 3127
$C_{19}H_{20}N_2O$ *N*-Äthyl-*N*-[1-methyl-penten-(2)-in-(4)-yl]-*N'*-[naphthyl-(1)]-harnstoff 2924
$C_{19}H_{20}N_2O_2S$ 3'-Nitro-2.4.6.2'.4'.6'-hexamethyl-biphenylyl-(3)-isothiocyanat 3284
$C_{19}H_{20}N_2O_4$ 2-[1.2.3.4-Tetrahydro-naphthyl-(2)-amino]-1-[2-nitro-benzoyloxy]-äthan 2813
2-[1.2.3.4-Tetrahydro-naphthyl-(2)-amino]-1-[3-nitro-benzoyloxy]-äthan 2813
2-[1.2.3.4-Tetrahydro-naphthyl-(2)-amino]-1-[4-nitro-benzoyloxy]-äthan 2813
$C_{19}H_{20}N_2S$ *N.N'*-Di-[indanyl-(2)]-thioharnstoff 2798
$C_{19}H_{21}N$ Methyl-dicinnamyl-amin 2792
Dimethyl-[3-(phenanthryl-(3))-propyl]-amin 3352

$C_{19}H_{25}N_3O$ Octanal-[4-(naphthyl-(1))-semicarbazon] 2938
Octanon-(2)-[4-(naphthyl-(1))-semicarbazon] 2938
Octanal-[4-(naphthyl-(2))-semicarbazon] 3041
Octanon-(2)-[4-(naphthyl-(2))-semicarbazon] 3041
$[C_{19}H_{26}N]^{\oplus}$ Trimethyl-[2-*m*-tolyl-1-benzyl-äthyl]-ammonium 3275
$[C_{19}H_{26}N]I$ 3275
Trimethyl-[2-*p*-tolyl-1-benzyl-äthyl]-ammonium 3276
$[C_{19}H_{26}N]I$ 3276
Trimethyl-[1-methyl-3.3-diphenyl-propyl]-ammonium 3278
$[C_{19}H_{26}N]I$ 3278
$C_{19}H_{26}N_2$ *N.N*-Diäthyl-*N'*-benzhydryl-äthylendiamin 3229
N.N-Diäthyl-*N'*-[2-phenyl-benzyl]-äthylendiamin 3236
$C_{19}H_{26}N_2O$ *N.N*-Dibutyl-*N'*-[naphthyl-(1)]-harnstoff 2923
N-Octyl-*N'*-[naphthyl-(2)]-harnstoff 3030
$C_{19}H_{26}N_2O_2$ Naphthyl-(1)-carbamidsäure-[*β*-butylamino-isobutylester] 2922
Naphthyl-(2)-carbamidsäure-[*β*-butylamino-isobutylester] 3029
$C_{19}H_{26}N_2S$ *N.N*-Dibutyl-*N'*-[naphthyl-(1)]-thioharnstoff 2943
N-Propyl-*N*-isopentyl-*N'*-[naphthyl-(1)]-thioharnstoff 2943
N-Octyl-*N'*-[naphthyl-(1)]-thioharnstoff 2944
N-[1-Methyl-heptyl]-*N'*-[naphthyl-(1)]-thioharnstoff 2944
N.N-Diisobutyl-*N'*-[naphthyl-(2)]-thioharnstoff 3046
$C_{19}H_{27}N$ 1-Methyl-1-äthyl-2-[2-*tert*-butyl-naphthyl-(1)]- äthylamin 3123
$C_{19}H_{27}NO$ *N*-[2-(Cyclohexen-(1)-yl)-2-phenyl-pentyl]-acetamid 2845
2-[(Naphthyl-(1)-methyl)-hexyl-amino]-äthanol-(1) 3100
$C_{19}H_{27}N_3O$ *N*-[2-Dipropylamino-äthyl]-*N'*-[naphthyl-(1)]-harnstoff 2935
$[C_{19}H_{28}N]^{\oplus}$ Methyl-dibutyl-[naphthyl-(2)]-ammonium 2998
$[C_{19}H_{28}N]I$ 2998
$C_{19}H_{28}N_2$ 1-Methyl-*N*[4].*N*[4]-diäthyl-*N*[1]-[naphthyl-(2)]-butandiyldiamin 3060
$C_{19}H_{29}NO$ 4-Dodecyl-phenylisocyanat 2777
N-[2-Cyclohexyl-2-phenyl-pentyl]-acetamid 2829
$C_{19}H_{31}N$ 3-Amino-10.13-dimethyl-2.3.4.5.6.7.8.9.10.11.12.13.14.15-tetradecahydro-1*H*-cyclopenta[*a*]phenanthren, Androsten-(6)-yl-(3)-amin 2829
$C_{19}H_{32}N_2$ *N.N*-Diäthyl-*N'*-[2-cyclohexyl-benzyl]-äthylendiamin 2824
$C_{19}H_{33}N$ 4-Methyl-2-dodecyl-anilin 2779
2-Methyl-4-dodecyl-anilin 2779
17-Amino-10.13-dimethyl-hexadecahydro-1*H*-cyclopenta[*a*]phenanthren, Androstanyl-(17)-amin 2780

C_{20}-Gruppe

$C_{20}H_{11}N_5O_8$ Bis-[4.8-dinitro-naphthyl-(1)]-amin 2987
$C_{20}H_{13}Br_2N$ 2-[(2.7-Dibrom-fluorenyliden-(9))-methyl]-anilin 3397
$C_{20}H_{13}N$ 1-Amino-benzo[*def*]chrysen 3403
6-Amino-benzo[*def*]chrysen 3404
$C_{20}H_{13}NO$ 5-Isocyanato-7-methyl-benz[*a*]anthracen 3392
$C_{20}H_{13}NO_2$ 2-Hydroxy-naphthochinon-(1.4)-4-[naphthyl-(1)-imin] und 4-[Naphthyl-(1)-amino]-naphthochinon-(1.2) 2866
2-Hydroxy-naphthochinon-(1.4)-4-[naphthyl-(2)-imin] und 4-[Naphthyl-(2)-amino]-naphthochinon-(1.2) 3013
$C_{20}H_{13}NS$ 7-Isothiocyanatomethyl-benz[*a*]anthracen 3393
$C_{20}H_{14}BrNO$ *N*-[7-Brom-fluorenyl-(2)]-benzamid 3293
N-[12-Brom-chrysenyl-(6)]-acetamid 3390
$C_{20}H_{14}Br_3NO_2S$ *N*-[1.3.7-Tribrom-fluorenyl-(2)]-toluolsulfonamid-(4) 3295
$C_{20}H_{14}ClNO$ *N*-[12-Chlor-chrysenyl-(6)]-acetamid 3390
$C_{20}H_{14}ClNO_2S$ 4-Chlor-*N*-[naphthyl-(1)]-naphthalinsulfonamid-(1) 2958
$C_{20}H_{14}N_2O_2$ 2'-Nitro-[1.1']binaphthylyl-(2)-amin 3397
4'-Nitro-[1.1']binaphthylyl-(4)-amin 3398
1'-Nitro-[2.2']binaphthylyl-(1)-amin 3398
$C_{20}H_{14}N_2O_3$ 4-Nitro-*N*-[fluorenyl-(2)]-benzamid 3288
N-[12-Nitro-chrysenyl-(6)]-acetamid 3391
$C_{20}H_{15}Br_2NO$ Benzoesäure-[2.6-dibrom-4-benzyl-anilid] 3219
Benzoesäure-[2-brom-4-(4-brom-benzyl)-anilid] 3219
$C_{20}H_{15}Br_2NO_2S$ *N*-[1.3-Dibrom-fluorenyl-(2)]-toluolsulfonamid-(4) 3294
N-[1.7-Dibrom-fluorenyl-(2)]-toluolsulfonamid-(4) 3294
N-[3.7-Dibrom-fluorenyl-(2)]-toluolsulfonamid-(4) 3294
$C_{20}H_{15}ClN_2O$ *N*-[3-Chlor-phenyl]-*N'*-[fluorenyl-(2)]-harnstoff 3290

4-Methoxy-benzaldehyd-[biphenylyl-(4)-imin] 3156
N-[Biphenylyl-(4)]-*o*-toluamid 3159
N-[Biphenylyl-(4)]-*m*-toluamid 3159
N-[Biphenylyl-(4)]-*p*-toluamid 3159
Benzoesäure-[4-benzyl-anilid] 3216
Benzaldehyd-[*N*-benzhydryl-oxim] 3225
N-Benzhydryl-benzamid 3227
Benzimidsäure-benzhydrylester 3227
N-[3-Methyl-biphenylyl-(4)]-benzamid 3238
N-[4-Methyl-biphenylyl-(2)]-benzamid 3239
N-[*m*-Terphenylyl-(4')]-acetamid 3374
N-[*p*-Terphenylyl-(2)]-acetamid 3375

$C_{20}H_{17}NO_2$ Naphthyl-(1)-carbamidsäure-[indanyl-(1)-ester] 2909
Naphthyl-(1)-carbamidsäure-[indanyl-(2)-ester] 2909
6-Hydroxy-*N*-[naphthyl-(1)]-indancarbamid-(5) 2951
6-Hydroxy-*N*-[naphthyl-(2)]-indancarbamid-(5) 3054
C-Phenoxy-*N*-[biphenylyl-(2)]-acetamid 3132
Biphenylyl-(4)-carbamidsäure-*o*-tolylester 3165
Biphenylyl-(4)-carbamidsäure-*m*-tolylester 3166
Biphenylyl-(4)-carbamidsäure-*p*-tolylester 3166
Biphenylyl-(4)-carbamidsäure-benzylester 3166

$C_{20}H_{17}NO_2S$ *N*-[Fluorenyl-(2)]-toluolsulfonamid-(4) 3292

$C_{20}H_{17}NO_3$ Phenyl-[naphthyl-(1)]-oxamidsäure-äthylester 2873
N-Äthyl-*N*-[naphthyl-(1)]-phthalamidsäure 2876
Phenyl-[naphthyl-(2)]-oxamidsäure-äthylester 3020
N-[(4-Methyl-naphthyl-(1))-methyl]-phthalamidsäure 3115
Biphenylyl-(4)-carbamidsäure-[2-hydroxy-4-methyl-phenylester] und Biphenylyl-(4)-carbamidsäure-[6-hydroxy-3-methyl-phenylester] 3170
Biphenylyl-(4)-carbamidsäure-[5-hydroxy-3-methyl-phenylester] 3170

$C_{20}H_{17}NO_4$ 2-[Naphthyl-(2)-carbamoyloxy]-benzoesäure-äthylester 3028

$C_{20}H_{17}NO_6S$ 3.4-Diacetoxy-*N*-[naphthyl-(2)]-benzolsulfonamid-(1) 3061

$C_{20}H_{17}N_3O$ Zimtaldehyd-[4-(naphthyl-(1))-semicarbazon] 2939
Zimtaldehyd-[4-(naphthyl-(2))-semicarbazon] 3042
Benzaldehyd-[4-(biphenylyl-(4))-semicarbazon] 3177

$C_{20}H_{17}N_3O_2$ 1-Phenyl-5-[biphenylyl-(4)]-biuret 3175
Salicylaldehyd-[4-(biphenylyl-(4))-semicarbazon] 3178
4-Hydroxy-benzaldehyd-[4-(biphenylyl-(4))-semicarbazon] 3178

$C_{20}H_{17}N_3O_3$ 4-Methoxy-*N*-[4'-nitro-biphenylyl-(2)]-benzamidin 3143
N-[3-Nitro-4-methyl-phenyl]-*N'*-[biphenylyl-(4)]-harnstoff 3174

$C_{20}H_{17}N_3O_4S$ 4-Methylsulfon-*N*-[4'-nitro-biphenylyl-(2)]-benzamidin 3143

$C_{20}H_{17}N_3O_5$ *N*-[2-(4-Nitro-benzoyloxy)-äthyl]-*N'*-[naphthyl-(1)]-harnstoff 2927

$C_{20}H_{18}ClN$ *N*-[α'-Chlor-bibenzylyl-(α)]-anilin 3247
Chlor-[2.2.2-triphenyl-äthyl]-amin 3384

$C_{20}H_{18}N_2$ *N*-Phenyl-*N'*-benzhydryl-formamidin 3226

$C_{20}H_{18}N_2O$ 3-[Naphthyl-(1)-imino]-buttersäure-anilid und 3-[Naphthyl-(1)-amino]-crotonsäure-anilid 2952
4-Methoxy-*N*-[biphenylyl-(2)]-benzamidin 3133
N-Methyl-*N*-phenyl-*N'*-[biphenylyl-(4)]-harnstoff 3173
N-*o*-Tolyl-*N'*-[biphenylyl-(4)]-harnstoff 3174
N-*m*-Tolyl-*N'*-[biphenylyl-(4)]-harnstoff 3174
N-*p*-Tolyl-*N'*-[biphenylyl-(4)]-harnstoff 3174
N-Phenyl-*N'*-benzhydryl-harnstoff 3228
Tritylharnstoff 3378

$C_{20}H_{18}N_2OS_2$ [Phenyl-(naphthyl-(2))-carbamidsäure]-dimethyldithiocarbamidsäure-anhydrid 3050

$C_{20}H_{18}N_2O_2S$ 4-Methylsulfon-*N*-[biphenylyl-(2)]-benzamidin 3133

$C_{20}H_{18}N_2O_3$ 4-[Naphthyl-(1)]-allophansäure-[3.4-dimethyl-phenylester] 2930
4-[Naphthyl-(1)]-allophansäure-[2.4-dimethyl-phenylester] 2930
4-[Naphthyl-(1)]-allophansäure-[2.5-dimethyl-phenylester] 2930
4-[Naphthyl-(2)]-allophansäure-[3.4-dimethyl-phenylester] 3036
4-[Naphthyl-(2)]-allophansäure-[2.4-dimethyl-phenylester] 3036
4-[Naphthyl-(2)]-allophansäure-[2.5-dimethyl-phenylester] 3036
Nitroso-[phenyl-(naphthyl-(1))-methyl]-carbamidsäure-äthylester 3365

$C_{20}H_{18}N_2O_4S$ 3-Nitro-benzol-sulfonsäure-(1)-[4-(1-phenyl-äthyl)-anilid] 3248

$C_{20}H_{18}N_2S$ *N-o*-Tolyl-*N'*-[biphenylyl-(2)]-thioharnstoff 3131
N-o-Tolyl-*N'*-[biphenylyl-(4)]-thioharnstoff 3181
N-p-Tolyl-*N'*-[biphenylyl-(4)]-thioharnstoff 3181
N-Benzyl-*N'*-[biphenylyl-(4)]-thioharnstoff 3181
N-Phenyl-*N'*-[4-benzyl-phenyl]-thioharnstoff 3216
Tritylthioharnstoff 3379
$C_{20}H_{18}N_4O_7$ *N*-[4.9.x-Trinitro-1-methyl-7-isopropyl-phenanthryl-(3)]-acetamid 3359
$C_{20}H_{19}ClN_2S$ *N*-[6-Chlor-2.4.5-trimethyl-phenyl]-*N'*-[naphthyl-(2)]-thioharnstoff 3048
N-[3-Chlor-2.4.6-trimethyl-phenyl]-*N'*-[naphthyl-(2)]-thioharnstoff 3048
$C_{20}H_{19}N$ Benzyl-benzhydryl-amin 3223
Benzyl-[2-phenyl-benzyl]-amin 3236
Dimethyl-[4-styryl-naphthyl-(1)]-amin 3375
N.N-Dimethyl-4-[2-(naphthyl-(1))-vinyl]-anilin 3376
N.N-Dimethyl-4-[2-(naphthyl-(2))-vinyl]-anilin 3376
2.2.2-Triphenyl-äthylamin 3384
2.4-Dibenzyl-anilin 3385
$C_{20}H_{19}NO$ *C*-[2.4-Dimethyl-phenyl]-*N*-[naphthyl-(1)]-acetamid 2871
N-Isopropyl-*N*-[naphthyl-(2)]-benzamid 3016
C-[2.4-Dimethyl-phenyl]-*N*-[naphthyl-(2)]-acetamid 3017
2.4.6-Trimethyl-*N*-[naphthyl-(2)]-benzamid 3017
N-[x-Tetrahydro-fluorenyl-(2)]-benzamid 3118
Essigsäure-[4-methyl-2-(naphthyl-(1)-methyl)-anilid] 3366
Essigsäure-[2-(2.4-dimethyl-naphthyl-(1))-anilid] 3366
$C_{20}H_{19}NO_2$ Naphthyl-(1)-carbamidsäure-[1.6-dimethyl-heptadien-(2.6)-in-(4)-ylester] 2902
Naphthyl-(1)-carbamidsäure-[1-methyl-2-phenyl-äthylester] 2902
Naphthyl-(1)-carbamidsäure-[2-phenyl-propylester] 2902
Naphthyl-(1)-carbamidsäure-[3-methyl-5-äthyl-phenylester] 2902
[2-(Naphthyl-(1)-methyl)-phenyl]-carbamidsäure-äthylester 3364
[Phenyl-(naphthyl-(1))-methyl]-carbamidsäure-äthylester 3365
$C_{20}H_{19}NO_2S$ Naphthyl-(1)-carbamidsäure-[2-benzylmercapto-äthylester] 2913
$C_{20}H_{19}NO_3$ Naphthyl-(1)-carbamidsäure-[2-benzyloxy-äthylester] 2913
Naphthyl-(1)-carbamidsäure-[2-phenoxy-propylester] 2915
Naphthyl-(1)-carbamidsäure-[*β*-phenoxy-isopropylester] 2915
Naphthyl-(1)-carbamidsäure-[2-propyloxy-phenylester] 2918
[1-Methyl-7-isopropyl-phenanthryl-(3)]-oxamidsäure 3356
$C_{20}H_{19}NO_4S$ 2-[Toluol-sulfonyl-(4)-oxy]-*N*-[naphthyl-(2)]-propionamid 3053
[Phenyl-(naphthyl-(2))-sulfamoyl]-essigsäure-äthylester 3063
$C_{20}H_{19}N_3O$ 1-*p*-Tolyl-äthanon-(1)-[4-(naphthyl-(1))-semicarbazon] 2939
1-*p*-Tolyl-äthanon-(1)-[4-(naphthyl-(2))-semicarbazon] 3042
$C_{20}H_{19}N_3O_2$ 1-[2.4-Dimethyl-phenyl]-5-[naphthyl-(1)]-biuret 2933
1-[2.4-Dimethyl-phenyl]-5-[naphthyl-(2)]-biuret 3039
$C_{20}H_{19}N_3O_5$ *N*-[4.9-Dinitro-1-methyl-7-isopropyl-phenanthryl-(3)]-acetamid 3359
$C_{20}H_{20}ClNO$ *C*-Chlor-*N*-[1-methyl-7-isopropyl-phenanthryl-(3)]-acetamid 3356
N-[3-Chlor-1-methyl-7-isopropyl-phenanthryl-(9)]-acetamid 3360
$C_{20}H_{20}N_2O$ *N*-Äthyl-*N-o*-tolyl-*N'*-[naphthyl-(1)]-harnstoff 2926
N-Äthyl-*N-m*-tolyl-*N'*-[naphthyl-(1)]-harnstoff 2926
N-Äthyl-*N-p*-tolyl-*N'*-[naphthyl-(1)]-harnstoff 2926
$C_{20}H_{20}N_2O_3$ *N*-[4-Nitro-1-methyl-7-isopropyl-phenanthryl-(3)]-acetamid 3358
N-[9-Nitro-1-methyl-7-isopropyl-phenanthryl-(3)]-acetamid 3359
$C_{20}H_{20}N_6O_{10}$ Oxalsäure-bis-[3.6-dinitro-2.4.5-trimethyl-anilid] 2707
$C_{20}H_{21}BrN_2O_3$ 4-Nitro-benzoesäure-[2.4.6-trimethyl-3-(1-brom-2-methyl-propenyl)-anilid] 2822
$C_{20}H_{21}N$ [4-*tert*-Butyl-phenyl]-[naphthyl-(1)]-amin 2859
[4-*tert*-Butyl-phenyl]-[naphthyl-(2)]-amin 3002
Diallyl-[stilbenyl-(4)]-amin 3307
$C_{20}H_{21}NO$ Benzoesäure-[4-(3-methyl-cyclohexen-(1)-yl)-anilid] 2840
N-[1.2.3.4.4a.9a-Hexahydro-fluorenyl-(9)]-benzamid 2841
3-[Naphthyl-(1)-imino]-bornanon-(2) 2862
3-[Naphthyl-(2)-imino]-bornanon-(2) 3009
N-[1-Methyl-7-isopropyl-phenanthryl-(2)]-acetamid 3353

N-[1-Methyl-7-isopropyl-phenanthryl-(3)]-acetamid 3355
N-[1-Methyl-7-isopropyl-phenanthryl-(9)]-acetamid 3359
$C_{20}H_{21}NO_2$ [2-(2-Phenoxy-äthoxy)-äthyl]-[naphthyl-(1)]-amin 2860
Naphthyl-(1)-carbamidsäure-[nonen-(2)-in-(4)-ylester] 2900
Biphenylyl-(4)-carbamidsäure-[1-allyl-buten-(2)-ylester] 3165
$C_{20}H_{21}NO_2S$ *N*-Isopropyl-*N*-[naphthyl-(2)]-toluolsulfonamid-(4) 3063
$C_{20}H_{22}ClNO_2$ 3-[1.2.3.4-Tetrahydro-naphthyl-(2)-amino]-1-[4-chlor-benzoyloxy]-propan 2814
$C_{20}H_{22}INO_2$ [4'-Jod-biphenylyl-(4)]-carbamidsäure-[1-butyl-allylester] 3196
$C_{20}H_{22}N_2O$ *N*-Phenyl-*N'*-[1.2.3.4.4a.9a-hexahydro-fluorenyl-(9)]-harnstoff 2841
$C_{20}H_{22}N_2O_3$ 4-Nitro-benzoesäure-[2.4.6-trimethyl-3-(2-methyl-propenyl)-anilid] 2822
$C_{20}H_{22}N_2O_4$ 3-[1.2.3.4-Tetrahydro-naphthyl-(2)-amino]-1-[3-nitro-benzoyloxy]-propan 2814
3-[1.2.3.4-Tetrahydro-naphthyl-(2)-amino]-1-[4-nitro-benzoyloxy]-propan 2814
$C_{20}H_{22}N_2S$ *N*-Phenyl-*N'*-[4-(3-methyl-cyclohexen-(1)-yl)-phenyl]-thioharnstoff 2840
$C_{20}H_{22}N_4O_6$ Oxalsäure-bis-[6-nitro-2.4.5-trimethyl-anilid] 2706
$C_{20}H_{23}Cl_2N$ Bis-[2-chlor-propyl]-[stilbenyl-(4)]-amin 3307
$C_{20}H_{23}N$ Bis-[4-(buten-(2)-yl)-phenyl]-amin 2803
Bornanon-(2)-[naphthyl-(1)-imin] 2861
Bornanon-(2)-[naphthyl-(2)-imin] 3006
Dimethyl-[2-(4.5-dihydro-6*H*-fluoranthenyl-(6a))-äthyl]-amin 3360
$C_{20}H_{23}NO$ *N*-[2-(5.6.7.8-Tetrahydro-naphthyl-(2))-äthyl]-*C*-phenyl-acetamid 2821
Benzoesäure-[4-cycloheptyl-anilid] 2823
N-[1-Benzyl-cyclohexyl]-benzamid 2823
N-[Cyclohexyl-phenyl-methyl]-benzamid 2824
Benzoesäure-[4-(3-methyl-cyclohexyl)-anilid] 2826
N-[4'-Cyclohexyl-biphenylyl-(4)]-acetamid 3332
N-[4-Cyclohexyl-biphenylyl-(2)]-acetamid 3332
N-[1-Methyl-7-isopropyl-9.10-dihydro-phenanthryl-(2)]-acetamid 3332
1-[*C*-(Anthryl-(9))-methylamino]-pentanol-(2) 3346
1-[*C*-(Phenanthryl-(9))-methylamino]-pentanol-(2) 3347
$C_{20}H_{23}NO_2$ 3-[1.2.3.4-Tetrahydro-naphthyl-(2)-amino]-1-benzoyloxy-propan 2814
Naphthyl-(1)-carbamidsäure-[nonadien-(2.6)-ylester] 2897
Naphthyl-(1)-carbamidsäure-[4-isopropyl-cyclohexen-(2)-ylester] 2897
Biphenylyl-(4)-carbamidsäure-[1-propyl-buten-(2)-ylester] 3164
Biphenylyl-(4)-carbamidsäure-[1-methyl-hexen-(4)-ylester] 3164
Biphenylyl-(4)-carbamidsäure-[3-methyl-cyclohexylester] 3164
Fluorenyl-(2)-carbamidsäure-hexylester 3289
2-[Äthyl-(stilbenyl-(4))-amino]-1-acetoxy-äthan 3307
$C_{20}H_{23}NO_3$ 3-Methyl-1-[(naphthyl-(1)-carbamoyl)-methyl]-cyclohexan-carbonsäure-(1) und [3-Methyl-1-(naphthyl-(1)-carbamoyl)-cyclohexyl]-essigsäure 2875
4-Methyl-1-[(naphthyl-(1)-carbamoyl)-methyl]-cyclohexan-carbonsäure-(1) und [4-Methyl-1-(naphthyl-(1)-carbamoyl)-cyclohexyl]-essigsäure 2875
2.2.3-Trimethyl-1-[naphthyl-(1)-carbamoyl]-cyclopentan-carbonsäure-(3) 2876
2-Methyl-1-[(naphthyl-(2)-carbamoyl)-methyl]-cyclohexan-carbonsäure-(1) und [2-Methyl-1-(naphthyl-(2)-carbamoyl)-cyclohexyl]-essigsäure 3022
3-Methyl-1-[(naphthyl-(2)-carbamoyl)-methyl]-cyclohexan-carbonsäure-(1) und [3-Methyl-1-(naphthyl-(2)-carbamoyl)-cyclohexyl]-essigsäure 3022
4-Methyl-1-[(naphthyl-(2)-carbamoyl)-methyl]-cyclohexan-carbonsäure-(1) und [4-Methyl-1-(naphthyl-(2)-carbamoyl)-cyclohexyl]-essigsäure 3022
{3-Methyl-1-[(naphthyl-(2)-carbamoyl)-methyl]-cyclopentyl}-essigsäure 3023
2.2.3-Trimethyl-1-[naphthyl-(2)-carbamoyl]-cyclopentan-carbonsäure-(3) 3023
$C_{20}H_{23}NO_3S$ s. bei $[C_{13}H_{16}N]^{\oplus}$
$C_{20}H_{23}N_3O_3$ 4-[4-(Biphenylyl-(4))-semicarbazono]-valeriansäure-äthylester 3179
$C_{20}H_{23}N_3O_4$ Dipropyl-[2'.4'-dinitro-stilbenyl-(3)]-amin 3305
$C_{20}H_{23}N_3O_5$ 2-[Butyl-(2'.4'-dinitro-stilbenyl-(4))-amino]-äthanol-(1) 3314

Naphthyl-(1)-carbamidsäure-[1-methyl-octylester] 2884
Naphthyl-(1)-carbamidsäure-[1.6-dimethyl-heptylester] 2884
Naphthyl-(1)-carbamidsäure-[3-methyl-1-isobutyl-butylester] 2884
Naphthyl-(1)-carbamidsäure-[3-methyl-1-*tert*-butyl-butylester] 2884
Naphthyl-(1)-carbamidsäure-[3.3-dimethyl-1-isopropyl-butylester] 2884
Naphthyl-(1)-carbamidsäure-[2.2-dimethyl-1-isopropyl-butylester] 2885
$C_{20}H_{27}N_3O$ Nonanal-[4-(naphthyl-(1))-semicarbazon] 2938
Nonanal-[4-(naphthyl-(2))-semicarbazon] 3041
$[C_{20}H_{28}N]^{\oplus}$ Methyl-diäthyl-[3.3-diphenyl-propyl]-ammonium 3267
$[C_{20}H_{28}N]I$ 3267
$C_{20}H_{28}N_2$ *N.N'*-Bis-[1-phenyl-propyl]-äthylendiamin 2664
*N*¹.*N*¹-Diäthyl-*N*²-[2-phenyl-benzyl]-propylendiamin 3237
N.N-Diäthyl-*N'*-[bibenzylyl-(*α*)]-äthylendiamin 3246
$C_{20}H_{28}N_2O_2$ Naphthyl-(1)-carbamidsäure-[*β*-pentylamino-isobutylester] 2922
Naphthyl-(2)-carbamidsäure-[*β*-pentylamino-isobutylester] 3029
$C_{20}H_{28}N_2S$ *N*-Butyl-*N*-pentyl-*N'*-[naphthyl-(1)]-thioharnstoff 2943
N-Butyl-*N*-isopentyl-*N'*-[naphthyl-(1)]-thioharnstoff 2944
$C_{20}H_{29}N$ [2-(Naphthyl-(1))-äthyl]-dibutyl-amin 3112
$C_{20}H_{29}N_3O$ Bornanon-(2)-[4-(1-phenyl-propyl)-semicarbazon] 2663
$C_{20}H_{31}NO$ 2-Methyl-4-dodecyl-phenylisocyanat 2779
$C_{20}H_{32}N_2O_3$ Essigsäure-[2-nitro-4-dodecyl-anilid] 2777
$C_{20}H_{33}NO$ Essigsäure-[4-dodecyl-anilid] 2777
$C_{20}H_{34}N_2O_2$ 2-Nitro-4-tetradecyl-anilin 2780
$C_{20}H_{35}N$ 4.*N*-Diheptyl-anilin 2766
4-Tetradecyl-anilin 2780
$C_{20}H_{36}N_2$ *N.N*-Diäthyl-*N'*-butyl-*N'*-[2-methyl-5-isopropyl-phenyl]-äthylendiamin 2736

C_{21}-Gruppe

$C_{21}H_{11}NO$ 6-Isocyanato-benzo[*def*]chrysen 3405
$C_{21}H_{12}Br_4N_2O$ *N.N'*-Bis-[5.8-dibrom-naphthyl-(2)]-harnstoff 3077
$C_{21}H_{12}Cl_4N_2O$ *N.N'*-Bis-[5.8-dichlor-naphthyl-(2)]-harnstoff 3070
$C_{21}H_{14}Cl_2N_2S$ *N'.N'*-Bis-[4-chlor-naphthyl-(1)]-thioharnstoff 2961
$C_{21}H_{14}N_2$ Di-[naphthyl-(1)]-carbodiimid 2948
Di-[naphthyl-(2)]-carbodiimid 3052
$C_{21}H_{14}N_2O$ Benzo[*def*]chrysenyl-(6)-harnstoff 3405
$C_{21}H_{14}N_4O_5$ *N.N'*-Bis-[4-nitro-naphthyl-(1)]-harnstoff 2973
$C_{21}H_{15}N$ 11-Amino-13*H*-dibenzo[*a.g*]-fluoren 3405
$C_{21}H_{15}NO$ 2-Hydroxy-naphthaldehyd-(1)-[naphthyl-(1)-imin] 2865
2-Hydroxy-naphthaldehyd-(1)-[naphthyl-(2)-imin] 3012
N-[Phenanthryl-(1)]-benzamid 3338
N-[Phenanthryl-(4)]-benzamid 3341
$C_{21}H_{15}NOS$ 3-Mercapto-*N*-[naphthyl-(1)]-naphthamid-(2) 2951
$C_{21}H_{15}NO_2$ 3-Hydroxy-*N*-[naphthyl-(1)]-naphthamid-(2) 2951
Naphthyl-(2)-carbamidsäure-[naphthyl-(1)-ester] 3027
Naphthyl-(2)-carbamidsäure-[naphthyl-(2)-ester] 3028
3-Hydroxy-*N*-[naphthyl-(2)]-naphthamid-(2) 3054
$C_{21}H_{15}NS$ 3-Phenyl-*N*-[biphenylyl-(4)]-thiopropiolamid 3160
$C_{21}H_{16}BrN$ 1.1-Diphenyl-3-[4-brom-phenyl]-propin-(2)-ylamin 3399
$C_{21}H_{16}BrNO$ Benzoesäure-[4-brom-2-(1-phenyl-vinyl)-anilid] 3315
$C_{21}H_{16}Cl_2N_2O_2$ 2-Chlor-benzaldehyd-[*α'*-nitro-2-chlor-biphenylyl-(*α*)-imin] 3248
$C_{21}H_{16}N_2$ *N.N'*-Di-[naphthyl-(1)]-formamidin 2866
N.N'-Di-[naphthyl-(2)]-formamidin 3014
$C_{21}H_{16}N_2O$ *N.N'*-Di-[naphthyl-(1)]-harnstoff 2926
N-[Naphthyl-(1)]-*N'*-[naphthyl-(2)]-harnstoff 3033
N.N'-Di-[naphthyl-(2)]-harnstoff 3033
N-Phenyl-*N'*-[phenanthryl-(1)]-harnstoff 3338
$C_{21}H_{16}N_2O_3$ 5-[Benz[*a*]anthracenyl-(5)]-hydantoinsäure 3388
$C_{21}H_{16}N_2S$ *N.N'*-Di-[naphthyl-(2)]-thioharnstoff 3048
$C_{21}H_{17}N$ [Naphthyl-(1)]-[6-methyl-naphthyl-(2)]-amin 3107
[Naphthyl-(2)]-[6-methyl-naphthyl-(2)]-amin 3107
Acetophenon-[fluorenyl-(9)-imin] 3298
Benzaldehyd-[stilbenyl-(4)-imin] 3308
Benzaldehyd-[2.2-diphenyl-vinylimin] 3315
Methyl-phenyl-[anthryl-(9)]-amin 3337
2.3-Diphenyl-indenyl-(1)-amin 3400

Benzyl-[bibenzylyl-(α)]-amin 3245
N-[2-Phenyl-1-benzyl-äthyl]-anilin 3263
N-[1.1-Diphenyl-propyl]-anilin 3266
N.N-Dimethyl-4-benzhydryl-anilin 3377
Dimethyl-trityl-amin 3378
N.N-Dimethyl-4-[2-(2-methyl-naphthyl-(1))-vinyl]-anilin 3383
3.3.3-Triphenyl-propylamin 3385

$C_{21}H_{21}NO$ *N*-[2.4.5-Trimethyl-phenyl]-*N*-[naphthyl-(1)]-acetamid 2867
N-[2.4.5-Trimethyl-phenyl]-*N*-[naphthyl-(2)]-acetamid 3015

$C_{21}H_{21}NO_2$ Naphthyl-(1)-carbamidsäure-[1.6-dimethyl-octadien-(2.6)-in-(4)-ylester] 2902
Naphthyl-(1)-carbamidsäure-[4-methyl-1-propenyl-hexen-(4)-in-(2)-ylester] 2903
Naphthyl-(1)-carbamidsäure-[1-phenyl-butylester] 2903
Naphthyl-(1)-carbamidsäure-[1-benzyl-propylester] 2903
Naphthyl-(1)-carbamidsäure-[4-*sec*-butyl-phenylester] 2903
Naphthyl-(1)-carbamidsäure-[1-methyl-1-phenyl-propylester] 2903
Naphthyl-(1)-carbamidsäure-[2-methyl-1-phenyl-propylester] 2903
Naphthyl-(1)-carbamidsäure-[2-methyl-2-phenyl-propylester] 2903
Naphthyl-(1)-carbamidsäure-[4-isopropyl-benzylester] 2904
Naphthyl-(2)-carbamidsäure-[2-methyl-5-isopropyl-phenylester] 3027
Naphthyl-(2)-carbamidsäure-[3-methyl-6-isopropyl-phenylester] 3027
[1-Methyl-7-isopropyl-phenanthryl-(3)]-formyl-acetyl-amin 3356

$C_{21}H_{21}NO_2S$ *N*-[Bibenzylyl-(α)]-toluolsulfonamid-(4) 3246

$C_{21}H_{21}NO_3$ Naphthyl-(1)-carbamidsäure-[2-butyloxy-phenylester] 2918

$C_{21}H_{21}NO_4$ [Anthryl-(2)-amino]-malonsäure-diäthylester 3337

$C_{21}H_{22}N_2O$ *N*-Butyl-*N*-phenyl-*N'*-[naphthyl-(1)]-harnstoff 2926

$C_{21}H_{22}N_2O_3$ 6-[*N'*-Anthryl-(2)-ureido]-hexansäure-(1) 3336

$C_{21}H_{23}N$ Diallyl-[3.3-diphenyl-allyl]-amin 3322
5-Phenyl-2-[naphthyl-(2)]-pentylamin 3367

$C_{21}H_{23}NO$ *N*-[3.4-Dimethyl-6-phenyl-cyclohexen-(3)-yl]-benzamid 2842
4.7.7-Trimethyl-2-[*N*-(naphthyl-(1))-formimidoyl]-norbornanon-(3) und 4.7.7-Trimethyl-2-[(naphthyl-(1)-amino)-methylen]-norbornanon-(3) 2862
4.7.7-Trimethyl-2-[*N*-(naphthyl-(2))-formimidoyl]-norbornanon-(3) und 4.7.7-Trimethyl-2-[(naphthyl-(2)-amino)-methylen]-norbornanon-(3) 3009
3-Hydroxy-4.7.7-trimethyl-norbornen-(2)-carbaldehyd-(2)-[naphthyl-(2)-imin] 3009
Verbindung $C_{21}H_{23}NO$ s. bei 4.7.7-Trimethyl-2-[*N*-(naphthyl-(2))-formimidoyl]-norbornanon-(3) und 4.7.7-Trimethyl-2-[(naphthyl-(2)-amino)-methylen]-norbornanon-(3) 3010

$C_{21}H_{23}NO_2$ 3-Hydroxy-*N*-[5.6.7.8-tetrahydro-naphthyl-(1)]-5.6.7.8-tetrahydro-naphthamid-(2) 2807
2-[1.2.3.4-Tetrahydro-naphthyl-(2)-amino]-1-cinnamoyloxy-äthan 2813
Naphthyl-(1)-carbamidsäure-[1-propenyl-heptin-(2)-ylester] 2900
Naphthyl-(1)-carbamidsäure-[1-methyl-nonen-(2)-in-(4)-ylester] 2900
Naphthyl-(1)-carbamidsäure-[3-methyl-nonen-(2)-in-(4)-ylester] 2900
Naphthyl-(1)-carbamidsäure-[2-äthyl-1-propyl-penten-(2)-in-(4)-ylester] 2900
Naphthyl-(1)-carbamidsäure-[2-äthyl-1-äthinyl-hexen-(2)-ylester] 2900
Naphthyl-(1)-carbamidsäure-[pinen-(2)-yl-(10)-ester] 2901
Naphthyl-(2)-carbamidsäure-[4-methyl-1-propyl-hexen-(4)-in-(2)-ylester] 3024
2-[Biphenylyl-(4)-imino]-cyclohexan-carbonsäure-(1)-äthylester und 2-[Biphenylyl-(4)-amino]-cyclohexen-(1)-carbonsäure-(1)-äthylester 3183
2-[Acenaphthenyl-(5)-imino]-cyclohexan-carbonsäure-(1)-äthylester und 2-[Acenaphthenyl-(5)-amino]-cyclohexen-(1)-carbonsäure-(1)-äthylester 3214
[1-Methyl-7-isopropyl-phenanthryl-(3)]-carbamidsäure-äthylester 3357

$C_{21}H_{24}BrNO_2$ Naphthyl-(1)-carbamidsäure-[7.7-dimethyl-1-brommethyl-norbornyl-(2)-ester] 2899

$C_{21}H_{24}INO_2$ [4'-Jod-biphenylyl-(4)]-carbamidsäure-[1-pentyl-allylester] 3196
[4'-Jod-biphenylyl-(4)]-carbamidsäure-[1.5-dimethyl-hexen-(4)-ylester] 3196

$C_{21}H_{24}N_2O$ *N*-[1-Methyl-propin-(2)-yl]-*N*-cyclohexyl-*N'*-[naphthyl-(1)]-harnstoff 2924

$C_{21}H_{24}N_2O_2$ Naphthyl-(1)-carbamidsäure-[6-diäthylamino-hexen-(2)-in-(4)-ylester] 2922

$C_{21}H_{25}NO$ *N*-[2-Cyclohexyl-1-phenyl-äthyl]-benzamid 2827
N-[2-Methyl-6-benzyl-cyclohexyl]-benzamid 2827
N-[3.4-Dimethyl-6-phenyl-cyclohexyl]-benzamid 2828
2-Methyl-5-isopropyl-1-[*N*-(naphthyl-(2))-formimidoyl]-cyclohexanon-(6) und 2-Methyl-5-isopropyl-1-[(naphthyl-(2)-amino)-methylen]-cyclohexanon-(6) 3009
$C_{21}H_{25}NO_2$ Naphthyl-(1)-carbamidsäure-[*p*-menthen-(1)-yl-(4)-ester] 2898
Naphthyl-(1)-carbamidsäure-[*p*-menthen-(1)-yl-(7)-ester] 2898
Naphthyl-(1)-carbamidsäure-[*p*-menthen-(8)-yl-(7)-ester] 2898
[Naphthyl-(1)-carbamoyloxy]-[2.4.5-trimethyl-cyclohexen-(4)-yl]-methan 2898
Fluorenyl-(2)-carbamidsäure-heptylester 3289
$C_{21}H_{25}N_3O_2$ [2.4.5-Trimethyl-phenyl]-oxamidsäure-[4-isopropyl-benzylidenhydrazid] 2703
$C_{21}H_{25}N_3O_5$ 2-[Butyl-(2'.4'-dinitro-2-methyl-stilbenyl-(4))-amino]-äthanol-(1) 3318
$C_{21}H_{26}INO_2$ [4'-Jod-biphenylyl-(4)]-carbamidsäure-octylester 3195
[4'-Jod-biphenylyl-(4)]-carbamidsäure-[1-äthyl-hexylester] 3195
[4'-Jod-biphenylyl-(4)]-carbamidsäure-[1.5-dimethyl-hexylester] 3195
$C_{21}H_{26}N_2O_4$ 3-[Methyl-(4-phenyl-butyl)-amino]-1-[4-nitro-benzoyloxy]-propan 2720
$C_{21}H_{27}N$ Dipropyl-[3.3-diphenyl-allyl]-amin 3322
Diäthyl-[3-(9.10-dihydro-anthryl-(9))-propyl]-amin 3330
Dimethyl-[1-methyl-3.4-diphenyl-hexen-(3)-yl]-amin 3333
Dimethyl-[1-methyl-3.3-diphenyl-hexen-(3)-yl]-amin 3333
$C_{21}H_{27}NO$ Benzoesäure-[2.4.6-trimethyl-*N*-isopentyl-anilid] 2711
N.N-Bis-[4-isopropyl-benzyl]-formamid 2741
Benzoesäure-[4-octyl-anilid] 2770
Benzoesäure-[2.4-di-*tert*-butyl-anilid] 2773
Benzoesäure-[2.5-di-*tert*-butyl-anilid] 2773
$C_{21}H_{27}NO_2$ 3-[Methyl-(4-phenyl-butyl)-amino]-1-benzoyloxy-propan 2720
Naphthyl-(1)-carbamidsäure-[1-methyl-3-cyclohexyl-propylester] 2894
Naphthyl-(1)-carbamidsäure-[3-methyl-6-isopropyl-cyclohexylester] 2894
7-[Naphthyl-(1)-carbamoyloxy]-*p*-menthan 2894
Naphthyl-(1)-carbamidsäure-[3-*tert*-pentyl-cyclopentylester] 2894
2-[4-Methoxy-cyclohexyl]-*N*-[naphthyl-(1)]-butyramid 2950
Biphenylyl-(4)-carbamidsäure-octylester 3162
Biphenylyl-(4)-carbamidsäure-[2-äthyl-hexylester] 3162
$C_{21}H_{27}NO_3$ Naphthyl-(1)-carbamidsäure-[3-oxo-4.4-diäthyl-hexylester] 2920
$C_{21}H_{27}N_3O$ Octanal-[4-(biphenylyl-(4))-semicarbazon] 3176
Octanon-(2)-[4-(biphenylyl-(4))-semicarbazon] 3177
$C_{21}H_{28}ClN$ Dimethyl-[3-chlor-1-methyl-3.4-diphenyl-hexyl]-amin 3284
5-Chlor-2-dimethylamino-4.4-diphenyl-heptan 3284
$C_{21}H_{28}ClNO_2$ Naphthyl-(1)-carbamidsäure-[10-chlor-decylester] 2885
$C_{21}H_{28}N_2O$ *N.N'*-Bis-[1.1-dimethyl-2-phenyl-äthyl]-harnstoff 2725
N'-[2.2-Dimethyl-1-phenyl-hexyl]-*N*-phenyl-harnstoff 2771
N'.N'-Diäthyl-*N*-[2-phenyl-benzyl]-*N*-acetyl-äthylendiamin 3237
$C_{21}H_{28}N_2O_2$ *C*-[2-Methoxy-phenoxy]-*N*-[2-äthyl-2-phenyl-butyl]-acetamidin 2763
Benzhydrylcarbamidsäure-[3-diäthylamino-propylester] 3228
$C_{21}H_{28}N_2S$ *N.N'*-Bis-[2-methyl-5-isopropyl-phenyl]-thioharnstoff 2735
N-Butyl-*N*-cyclohexyl-*N'*-[naphthyl-(1)]-thioharnstoff 2944
N.N-Diisobutyl-*N'*-[biphenylyl-(4)]-thioharnstoff 3180
$C_{21}H_{29}N$ Äthyl-[3-phenyl-propyl]-[4-phenyl-butyl]-amin 2719
Methyl-bis-[4-phenyl-butyl]-amin 2719
Dibutyl-[2-phenyl-benzyl]-amin 3236
Dipropyl-[3.3-diphenyl-propyl]-amin 3267
$C_{21}H_{29}NO$ 1-[Methyl-(1.2.3.4-tetrahydro-phenanthryl-(9)-methyl)-amino]-pentanol-(2) 3273
$C_{21}H_{29}NO_2$ Naphthyl-(1)-carbamidsäure-decylester 2885
Naphthyl-(1)-carbamidsäure-[1-methyl-nonylester] 2885
Naphthyl-(1)-carbamidsäure-[3-methyl-nonylester] 2885
Naphthyl-(1)-carbamidsäure-[1-neopentyl-pentylester] 2885
Naphthyl-(1)-carbamidsäure-[3.3-dimethyl-1-isobutyl-butylester] 2885
Naphthyl-(1)-carbamidsäure-[2-äthyl-1-*tert*-butyl-butylester] 2885

$C_{21}H_{29}NO_2S$ Toluol-sulfonsäure-(4)-[4-octyl-anilid] 2770

$C_{21}H_{29}N_3O$ Decanal-[4-(naphthyl-(1))-semicarbazon] 2938

Decanal-[4-(naphthyl-(2))-semicarbazon] 3042

$C_{21}H_{30}N_2$ *N.N*-Dipropyl-*N'*-[2-phenyl-benzyl]-äthylendiamin 3237

$C_{21}H_{30}N_2O$ *N*-Decyl-*N'*-[naphthyl-(1)]-harnstoff 2923

$C_{21}H_{30}N_2O_2$ Naphthyl-(1)-carbamidsäure-[β-hexylamino-isobutylester] 2922

Naphthyl-(2)-carbamidsäure-[β-hexylamino-isobutylester] 3029

$C_{21}H_{30}N_2S$ *N.N*-Diisopentyl-*N'*-[naphthyl-(1)]-thioharnstoff 2944

N.N-Dipentyl-*N'*-[naphthyl-(2)]-thioharnstoff 3046

$C_{21}H_{31}N$ [Naphthyl-(1)-methyl]-dipentyl-amin 3098

$C_{21}H_{31}N_3O$ *N*-[2-Dibutylamino-äthyl]-*N'*-[naphthyl-(1)]-harnstoff 2935

$C_{21}H_{34}N_2O_3$ Essigsäure-[6-nitro-2-methyl-4-dodecyl-anilid] 2779

$C_{21}H_{35}NO$ Essigsäure-[4-methyl-2-dodecyl-anilid] 2779

C_{22}-Gruppe

$C_{22}H_{14}ClNO_2$ Di-[naphthyl-(2)]-oxamoylchlorid 3020

$C_{22}H_{14}N_4O_{10}S_2$ Bis-[3-nitro-benzol-sulfonyl-(1)]-[8-nitro-naphthyl-(1)]-amin 2976

$C_{22}H_{15}Br_2NO$ Essigsäure-[2-(2.7-dibrom-fluorenyliden-(9)-methyl)-anilid] 3397

$C_{22}H_{15}N$ 7-Amino-dibenz[*a.h*]anthracen 7 2902

Phenyl-[pyrenyl-(1)]-amin 3369

$C_{22}H_{15}NO$ 1-Acetamino-benzo[*def*]chrysen 3403

3-Acetamino-benzo[*def*]chrysen 3404

6-Acetamino-benzo[*def*]chrysen 3404

$C_{22}H_{15}NO_3$ Di-[naphthyl-(2)]-oxamidsäure 3020

$C_{22}H_{15}N_3$ *N.N'*-Di-[naphthyl-(2)]-*C*-cyan-formamidin 3020

$C_{22}H_{15}N_3O_4$ [2.4-Dinitro-naphthyl-(1)]-[biphenylyl-(4)]-amin 3155

$C_{22}H_{15}N_3O_8S_2$ Bis-[3-nitro-benzol-sulfonyl-(1)]-[naphthyl-(1)]-amin 2959

$C_{22}H_{16}ClNO$ *C*-Chlor-*N.N*-di-[naphthyl-(2)]-acetamid 3015

$C_{22}H_{16}N_2O$ 3-Oxo-3-phenyl-2-[*N*-(biphenylyl-(4))-formimidoyl]-propionitril und 3-[Biphenylyl-(4)-amino]-2-benzoyl-acrylonitril 3183

$C_{22}H_{16}N_2OS_2$ [Naphthyl-(2)-carbamidsäure]-[naphthyl-(2)-dithiocarbamidsäure]-anhydrid 3045

$C_{22}H_{16}N_2O_2$ *N.N*-Di-[naphthyl-(2)]-oxamid 3020

[Naphthyl-(1)]-[3-nitro-biphenylyl-(4)]-amin 3198

$C_{22}H_{16}N_2O_3$ 4-[Naphthyl-(1)]-allophansäure-[naphthyl-(1)-ester] 2931

4-[Naphthyl-(1)]-allophansäure-[naphthyl-(2)-ester] 2931

4-[Naphthyl-(2)]-allophansäure-[naphthyl-(1)-ester] 3036

4-[Naphthyl-(2)]-allophansäure-[naphthyl-(2)-ester] 3036

N-[4'-Nitro-[1.1']binaphthylyl-(4)]-acetamid 3398

$C_{22}H_{16}N_2O_4$ *C*-[4-Nitro-naphthyl-(1)-oxy]-*N*-[naphthyl-(1)]-acetamid 2949

$C_{22}H_{16}N_4O_6$ 2-[4.6-Dinitro-3-(3-nitro-styryl)-styryl]-anilin 3401

$C_{22}H_{16}N_6O_8$ *N.N'*-Bis-[2.4-dinitro-naphthyl-(1)]-äthylendiamin 2985

$C_{22}H_{17}Cl_3N_2$ 2.2.2-Trichlor-*N.N'*-di-[naphthyl-(2)]-äthylidendiamin 3005

$C_{22}H_{17}N$ [Naphthyl-(2)]-[biphenylyl-(4)]-amin 3155

Benzaldehyd-[phenanthryl-(9)-methylimin] 3348

1.4-Diphenyl-naphthyl-(2)-amin 3405

$C_{22}H_{17}NO$ 2-Methoxy-naphthaldehyd-(1)-[naphthyl-(1)-imin] 2865

N.N-Di-[naphthyl-(1)]-acetamid 2867

C.N-Di-[naphthyl-(1)]-acetamid 2871

2-Methoxy-naphthaldehyd-(1)-[naphthyl-(2)-imin] 3012

N.N-Di-[naphthyl-(2)]-acetamid 3015

N-[[2.2']Binaphthylyl-(1)]-acetamid 3398

$C_{22}H_{17}NO_2$ Naphthyl-(1)-carbamidsäure-[5-phenyl-penten-(2)-in-(4)-ylester] 2912

Naphthyl-(1)-carbamidsäure-[naphthyl-(2)-methylester] 2912

N-[Chrysenyl-(6)]-diacetamid 3389

$C_{22}H_{17}NO_3$ 3-Hydroxy-7-methoxy-*N*-[naphthyl-(1)]-naphthamid-(2) 2952

3-Hydroxy-6-methoxy-*N*-[naphthyl-(1)]-naphthamid-(2) 2952

3-Hydroxy-6-methoxy-*N*-[naphthyl-(2)]-naphthamid-(2) 3055

3-Hydroxy-7-methoxy-*N*-[naphthyl-(2)]-naphthamid-(2) 3055

$C_{22}H_{17}N_3O_2$ 1.5-Di-[naphthyl-(1)]-biuret 2933

1-[Naphthyl-(1)]-5-[naphthyl-(2)]-biuret 3039

1.5-Di-[naphthyl-(2)]-biuret 3039

$C_{22}H_{17}N_3O_4$ 2-[4.6-Dinitro-3-styryl-styryl]-anilin 3401

$C_{22}H_{26}INO_2$ [4'-Jod-biphenylyl-(4)]-carbamidsäure-[1-äthyl-hepten-(4)-ylester] 3196
$[C_{22}H_{26}N]^{\oplus}$ Methyl-diallyl-[3.3-diphenyl-allyl]-ammonium 3322
$[C_{22}H_{26}N]I$ 3322
$C_{22}H_{27}N$ Diäthyl-[2-(4.5-dihydro-6*H*-fluoranthenyl-(6a))-äthyl]-amin 3360
$C_{22}H_{27}NO_2$ 3-[1.2.3.4-Tetrahydro-naphthyl-(2)-amino]-1-[3-phenyl-propionyloxy]-propan 2815
Biphenylyl-(4)-carbamidsäure-[3.3.5-trimethyl-cyclohexylester] 3164
Fluorenyl-(2)-carbamidsäure-octylester 3289
$C_{22}H_{28}INO_2$ [4'-Jod-biphenylyl-(4)]-carbamidsäure-nonylester 3195
[4'-Jod-biphenylyl-(4)]-carbamidsäure-[1-äthyl-heptylester] 3195
$C_{22}H_{29}N$ Dimethyl-[2'.5'-dipropyl-stilbenyl-(4)]-amin 3333
Dimethyl-[2'.5'-diisopropyl-stilbenyl-(4)]-amin 3333
$C_{22}H_{29}NO$ *N.N*-Bis-[4-*tert*-butyl-phenyl]-acetamid 2729
Benzoesäure-[4-*tert*-butyl-3-*tert*-pentyl-anilid] 2774
Benzoesäure-[2.4.5-triisopropyl-anilid] 2775
Benzoesäure-[2.4.6-triisopropyl-anilid] 2775
N-[4.7-Di-*tert*-butyl-acenaphthenyl-(5)]-acetamid 3285
$C_{22}H_{29}NO_2$ Naphthyl-(1)-carbamidsäure-[1-äthyl-3-cyclohexyl-propylester] 2894
Naphthyl-(1)-carbamidsäure-[4-*tert*-pentyl-cyclohexylester] 2894
Naphthyl-(1)-carbamidsäure-[4-methyl-2-*tert*-butyl-cyclohexylester] 2894
Naphthyl-(1)-carbamidsäure-[4-methyl-2.5-diäthyl-cyclohexylester] 2895
Naphthyl-(1)-carbamidsäure-[4-methyl-2.6-diäthyl-cyclohexylester] 2895
Biphenylyl-(4)-carbamidsäure-nonylester 3162
Biphenylyl-(4)-carbamidsäure-[3-methyl-1-isobutyl-butylester] 3163
$C_{22}H_{29}NO_2S$ *N*-[(2.2.6-Trimethyl-cyclohexyl)-phenyl-methyl]-benzolsulfonamid 2828
$C_{22}H_{29}N_3O$ Nonanal-[4-(biphenylyl-(4))-semicarbazon] 3177
$C_{22}H_{30}$ Kohlenwasserstoff $C_{22}H_{30}$ aus 2.3.4.5.6-Pentamethyl-anilin 2759
$[C_{22}H_{30}N]^{\oplus}$ Methyl-dipropyl-[3.3-diphenyl-allyl]-ammonium 3322
$[C_{22}H_{30}N]I$ 3322
$C_{22}H_{30}N_2$ *N*-[Biphenylyl-(2)]-decanamidin 3126
$C_{22}H_{30}N_2O$ *N*1.*N*1-Diäthyl-*N*2-[2-phenyl-benzyl]-*N*2-acetyl-propylendiamin 3237
$C_{22}H_{31}N$ Äthyl-bis-[4-phenyl-butyl]-amin 2719
Bis-[1-äthyl-3-phenyl-propyl]-amin 2749
Bis-[1.2-dimethyl-3-phenyl-propyl]-amin 2751
Diamyl-[biphenylyl-(4)]-amin 3154
$C_{22}H_{31}NO_2$ Naphthyl-(1)-carbamidsäure-undecylester 2885
Naphthyl-(1)-carbamidsäure-[1.3-dimethyl-nonylester] 2885
Naphthyl-(1)-carbamidsäure-[1-neopentyl-hexylester] 2886
Naphthyl-(1)-carbamidsäure-[2-äthyl-1-*tert*-pentyl-butylester] 2886
Naphthyl-(1)-carbamidsäure-[4.4-dimethyl-1-*tert*-butyl-pentylester] 2886
$C_{22}H_{31}NO_7$ Naphthyl-(1)-carbamidsäure-[2.3.4.5.6-pentamethoxy-hexylester] 2920
$[C_{22}H_{32}N]^{\oplus}$ Methyl-dipropyl-[3.3-diphenyl-propyl]-ammonium 3268
$[C_{22}H_{32}N]I$ 3268
$C_{22}H_{32}N_2O_2$ Naphthyl-(1)-carbamidsäure-[β-heptylamino-isobutylester] 2922
Naphthyl-(2)-carbamidsäure-[β-heptylamino-isobutylester] 3029
$C_{22}H_{33}N$ Dodecyl-[naphthyl-(2)]-amin 2998
[2-(Naphthyl-(1))-äthyl]-dipentyl-amin 3112
$C_{22}H_{36}N_2O_3$ Essigsäure-[2-nitro-4-tetradecyl-anilid] 2780
$C_{22}H_{37}NO$ Essigsäure-[4-tetradecyl-anilid] 2780
$C_{22}H_{38}N_2O_2$ 3-Nitro-4-hexadecyl-anilin 2782
2-Nitro-4-hexadecyl-anilin 2782
$C_{22}H_{39}N$ 4.*N*-Dioctyl-anilin 2770
4-Hexadecyl-anilin 2781
$C_{22}H_{41}N_3$ 2-Methyl-*N.N*-bis-[2-diäthylamino-äthyl]-5-isopropyl-anilin 2736

C_{23}-Gruppe

$C_{23}H_{13}NO$ 7-Isocyanato-dibenz[*a.h*]-anthracen 3407
$C_{23}H_{14}Cl_4N_2O_2$ *C.C*-Dichlor-*N.N'*-bis-[x-chlor-naphthyl-(1)]-malonamid 2874
C.C-Dichlor-*N.N'*-bis-[x-chlor-naphthyl-(2)]-malonamid 3021
$C_{23}H_{15}Cl_3N_2O_2$ *C*-Chlor-*N.N'*-bis-[x-chlor-naphthyl-(1)]-malonamid 2874
$C_{23}H_{15}N$ Benzaldehyd-[pyrenyl-(1)-imin] 3369
$C_{23}H_{15}NO$ *N*-[Pyrenyl-(1)]-benzamid 3370

C_{24}-Gruppe

Methyl-[naphthyl-(2)]-thiocarbamidsäure-O-anhydrid 3049

$C_{24}H_{20}N_2O_2S_2$ Bis-[(naphthyl-(1)-carbamoyl)-methyl]-disulfid 2950
Dithiodiessigsäure-bis-[naphthyl-(2)-amid] 3053

$C_{24}H_{20}N_2O_3$ Esssigsäure-[5-nitro-2.4-distyryl-anilid] 3401

$C_{24}H_{20}N_2O_6S_2$ Di-[toluol-sulfonyl-(4)]-[3-nitro-naphthyl-(1)]-amin 2971
Di-[toluol-sulfonyl-(4)]-[6-nitro-naphthyl-(1)]-amin 2975
Di-[toluol-sulfonyl-(4)]-[4-nitro-naphthyl-(2)]-amin 3082
Di-[toluol-sulfonyl-(4)]-[6-nitro-naphthyl-(2)]-amin 3083
Di-[toluol-sulfonyl-(4)]-[7-nitro-naphthyl-(2)]-amin 3084

$C_{24}H_{20}N_4O$ *N'*-[Naphthyl-(1)]-*N*-[*N.N'*-diphenyl-carbamimidoyl]-harnstoff 2933

$C_{24}H_{21}N$ Dibenzyl-[naphthyl-(2)]-amin 3002
N.N-Dimethyl-4-[3-(fluorenyliden-(9))-propenyl]-anilin 3406
2-[1.4-Diphenyl-naphthyl-(2)]-äthylamin 3406

$C_{24}H_{21}NO$ [2-(Biphenylyl-(2)-oxy)-äthyl]-[naphthyl-(1)]-amin 2860

$C_{24}H_{21}NO_4S$ [Di-(naphthyl-(2))-sulfamoyl]-essigsäure-äthylester 3063

$C_{24}H_{21}NO_4S_2$ Di-[toluol-sulfonyl-(4)]-[naphthyl-(1)]-amin 2959

$C_{24}H_{21}NS$ Verbindung $C_{24}H_{21}NS$ aus Phenyl-[1-methyl-7-isopropyl-phenanthryl-(3)]-amin 3354

$C_{24}H_{22}ClN$ Bis-[naphthyl-(1)-methyl]-[2-chlor-äthyl]-amin 3099

$C_{24}H_{22}ClNO_2S$ [Benz[*a*]anthracenyl-(7)-methyl]-carbamidsäure-[2-(2-chlor-äthylmercapto)-äthylester] 3393

$C_{24}H_{22}Cl_2N_2O$ *N'*-[Benz[*a*]anthracenyl-(7)-methyl]-*N.N*-bis-[2-chlor-äthyl]-harnstoff 3393

$C_{24}H_{22}NO_3P$ Naphthyl-(2)-amidophosphorsäure-dibenzylester 3065

$C_{24}H_{22}N_2O_2$ 2-[*N*-Benzhydryl-formimidoyl]-acetessigsäure-anilid und 2-[Benzhydrylamino-methylen]-acetessigsäure-anilid 3229

$C_{24}H_{22}N_2O_3$ 5-[7-Methyl-benz[*a*]anthracenyl-(5)]-hydantoinsäure-äthylester 3392

$C_{24}H_{22}N_4S_2$ *N.N'*-Bis-[(naphthyl-(2))-thiocarbamoyl]-äthylendiamin 3049

$C_{24}H_{23}N$ Phenyl-[1-methyl-7-isopropyl-phenanthryl-(3)]-amin 3354
2.3.6-Triphenyl-cyclohexen-(4)-ylamin 3402

$C_{24}H_{23}NO$ 2-[Bis-(naphthyl-(1)-methyl)-amino]-äthanol-(1) 3100

$C_{24}H_{23}NO_4$ [*N*-(Naphthyl-(1))-benzimidoyl]-malonsäure-diäthylester und [α-(Naphthyl-(1)-amino)-benzyliden]-malonsäure-diäthylester 2954
[*N*-(Naphthyl-(2))-benzimidoyl]-malonsäure-diäthylester und [α-(Naphthyl-(2)-amino)-benzyliden]-malonsäure-diäthylester 3058

$C_{24}H_{24}N_2O_3$ Nitroso-[3.3.3-triphenyl-propyl]-carbamidsäure-äthylester 3386
N'-[Benz[*a*]anthracenyl-(7)-methyl]-*N.N*-bis-[2-hydroxy-äthyl]-harnstoff 3393

$C_{24}H_{25}N$ *N.N*-Dimethyl-4-[cyclopropyl-diphenyl-methyl]-anilin 3396
2.3.6-Triphenyl-cyclohexylamin 3397

$C_{24}H_{25}NO$ 4-Methyl-4-phenyl-*N*-[biphenylyl-(4)]-valeramid 3159
4-Methyl-3-phenyl-*N*-[biphenylyl-(4)]-valeramid 3159
N-[1.5-Diphenyl-pentyl]-benzamid 3280
N-[2.2-Diphenyl-pentyl]-benzamid 3282

$C_{24}H_{25}NO_2$ Biphenylyl-(4)-carbamidsäure-[4-isopropyl-phenäthylester] 3168
[3.3.3-Triphenyl-propyl]-carbamidsäure-äthylester 3385

$C_{24}H_{25}NO_3$ 3-[Biphenylyl-(4)-carbamoyloxy]-1-[4-methoxy-phenyl]-butan 3170

$C_{24}H_{25}N_3$ Bis-[2-(naphthyl-(1)-amino)-äthyl]-amin 2956

$C_{24}H_{25}N_3O_2$ Benzoin-[4-(1-phenyl-propyl)-semicarbazon] 2664

$C_{24}H_{26}N_2O$ *N'*-[1-*p*-Tolyl-propyl]-*N*-phenyl-*N'*-benzyl-harnstoff 2732
N-[1-Methyl-2-phenyl-äthyl]-glycin-benzhydrylamid 3231
N.N-Diäthyl-*N'*-trityl-harnstoff 3378

$C_{24}H_{26}N_2S$ *N'*-[2.2-Diphenyl-pentyl]-*N*-phenyl-thioharnstoff 3282
N'-[3-Methyl-2.2-diphenyl-butyl]-*N*-phenyl-thioharnstoff 3282

$C_{24}H_{27}N$ [1-Methyl-2-phenyl-äthyl]-[2-phenyl-1-benzyl-äthyl]-amin 3263

$C_{24}H_{27}NO$ *N*-[2-Phenoxy-äthyl]-*N*-[2.4.6-trimethyl-benzyl]-anilin 2745

$C_{24}H_{27}NO_2$ 4-[Naphthyl-(1)-carbamoyloxy]-1-[1-methyl-hexyl]-benzol 2905
4-[Naphthyl-(1)-carbamoyloxy]-3-methyl-1-[cyclohexen-(1)-yl]-hexin-(1) 2906
4-[Naphthyl-(1)-carbamoyloxy]-1-[1-äthyl-pentyl]-benzol 2906
4-[Naphthyl-(1)-carbamoyloxy]-1-[1.1-dimethyl-pentyl]-benzol 2906
4-[Naphthyl-(1)-carbamoyloxy]-1-[1.2-dimethyl-pentyl]-benzol 2906
4-[Naphthyl-(1)-carbamoyloxy]-1-[1.4-dimethyl-pentyl]-benzol 2906

4-[Naphthyl-(1)-carbamoyloxy]-1-[1-propyl-butyl]-benzol 2906
4-[Naphthyl-(1)-carbamoyloxy]-1-[1-methyl-1-äthyl-butyl]-benzol 2906
4-[Naphthyl-(1)-carbamoyloxy]-1-[3-methyl-1-äthyl-butyl]-benzol 2907
4-[Naphthyl-(1)-carbamoyloxy]-1-[1.1.2-trimethyl-butyl]-benzol 2907
4-[Naphthyl-(1)-carbamoyloxy]-1-[1.1.3-trimethyl-butyl]-benzol 2907
4-[Naphthyl-(1)-carbamoyloxy]-1-[2.2-dimethyl-1-äthyl-propyl]-benzol 2907
4-[Naphthyl-(1)-carbamoyloxy]-1-[1.2-dimethyl-1-äthyl-propyl]-benzol 2907
4-[Naphthyl-(1)-carbamoyloxy]-1-[1.1-diäthyl-propyl]-benzol 2907

$C_{24}H_{27}NO_3$ Naphthyl-(1)-carbamidsäure-[6-butyloxy-3-methyl-phenäthylester] 2918
N-[1-Methyl-7-isopropyl-phenanthryl-(3)]-succinamidsäure-äthylester 3357

$C_{24}H_{28}N_2$ 2.2-Bis-[*N*-methyl-benzylamino]-1-phenyl-äthan 2789
N.N-Dimethyl-*N'*-benzyl-*N'*-benzhydryl-äthylendiamin 3230

$C_{24}H_{29}N$ Cyclohexyl-[5-phenyl-2-benzyl-penten-(2)-yliden]-amin 3282

$C_{24}H_{29}NO$ 6-[Cyclohexen-(1)-yl]-*N*-[biphenylyl-(4)]-hexanamid 3159

$C_{24}H_{31}NO_2$ Fluorenyl-(2)-carbamidsäure-decylester 3289

$C_{24}H_{32}INO_2$ [4'-Jod-biphenylyl-(4)]-carbamidsäure-undecylester 3195

$C_{24}H_{33}N$ [5-Phenyl-2-benzyl-pentyl]-cyclohexyl-amin 3282
Dimethyl-[2'.5'-di-*tert*-butyl-stilbenyl-(4)]-amin 3334

$C_{24}H_{33}NO$ 4-Propyl-*N*-[4-octyloxy-benzyliden]-anilin 2658
N-[Biphenylyl-(4)]-laurinamid 3157

$C_{24}H_{33}NO_2$ Biphenylyl-(4)-carbamidsäure-undecylester 3163

$[C_{24}H_{34}N]^{\oplus}$ Methyl-dibutyl-[3.3-diphenyl-allyl]-ammonium 3322
$[C_{24}H_{34}N]I$ 3322

$C_{24}H_{34}N_2O_2$ Benzhydrylcarbamidsäure-[2-dibutylamino-äthylester] 3228

$C_{24}H_{35}N$ Bis-[1-methyl-5-phenyl-pentyl]-amin 2759

$C_{24}H_{35}NO_2$ Naphthyl-(1)-carbamidsäure-tridecylester 2886
Naphthyl-(1)-carbamidsäure-[1-hexyl-heptylester] 2886

$[C_{24}H_{36}N]^{\oplus}$ Methyl-[3.3-diphenyl-propyl]-dibutyl-ammonium 3268
$[C_{24}H_{36}N]I$ 3268

$C_{24}H_{36}N_2S$ *N*-Methyl-*N*-dodecyl-*N'*-[naphthyl-(1)]-thioharnstoff 2944

$[C_{24}H_{38}N]^{\oplus}$ 10-Methyl-13-[trimethylammonio-methyl]-17-vinyl-$\Delta^{3.5}$-dodecahydro-1*H*-cyclopenta[*a*]phenanthren 3124
$[C_{24}H_{38}N]I$ 3124

$C_{24}H_{41}NO$ Essigsäure-[4-hexadecyl-anilid] 2781

$C_{24}H_{43}N$ 4-Octadecyl-anilin 2783
1-Phenyl-octadecylamin 2783

$[C_{24}H_{44}N]^{\oplus}$ 10-Methyl-13-[trimethylammonio-methyl]-17-äthyl-hexadecahydro-1*H*-cyclopeta[*a*]phenanthren 2781
$[C_{24}H_{44}N]Cl$ 2781
$[C_{24}H_{44}N]I$ 2781

C_{25}-Gruppe

$C_{25}H_{13}N_3O_4$ Verbindung $C_{25}H_{13}N_3O_4$ aus 2.7-Dinitro-phenanthren-chinon-(9.10)-{[*N.N'*-di-(naphthyl-(2))-carbamimidoyl]-hydrazon} 3044

$C_{25}H_{14}N_2O_2$ Verbindung $C_{25}H_{14}N_2O_2$ aus 2-Nitro-phenanthren-chinon-(9.10)-9-{[*N.N'*-di-(naphthyl-(2))-carbamimidoyl]-hydrazon} und 2-Nitro-phenanthren-chinon-(9.10)-10-{[*N.N'*-di-(naphthyl-(2))-carbamimidoyl]-hydrazon} 3044

$C_{25}H_{15}N$ Verbindung $C_{25}H_{15}N$ aus Phenanthren-chinon-(9.10)-{[*N.N'*-di-(naphthyl-(2))-carbamimidoyl]-hydrazon} 3044

$C_{25}H_{16}Cl_4N_2S$ *N.N'*-Bis-[4.4'-dichlor-biphenylyl-(2)]-thioharnstoff 3137

$C_{25}H_{17}NO$ 1-[Naphthyl-(2)-imino]-2-phenyl-indanon-(3) und 3-[Naphthyl-(2)-amino]-2-phenyl-indenon-(1) 3011
4-Benzamino-benz[*a*]anthracen 3387

$C_{25}H_{17}NO_2$ 3-Hydroxy-*N*-[naphthyl-(1)]-anthracencarbamid-(2) 2952
3-Hydroxy-*N*-[naphthyl-(2)]-anthracencarbamid-(2) 3055

$C_{25}H_{18}BrNO$ 1-[1-Brom-naphthyl-(2)-imino]-1.3-diphenyl-propanon-(3) und *β*-[1-Brom-naphthyl-(2)-amino]-chalkon 3070
1-[3-Brom-naphthyl-(2)-imino]-1.3-diphenyl-propanon-(3) und *β*-[3-Brom-naphthyl-(2)-amino]-chalkon 3073

$C_{25}H_{18}Br_2N_2S$ *N.N'*-Bis-[2'-brom-biphenylyl-(4)]-thioharnstoff 3189
N.N'-Bis-[4'-brom-biphenylyl-(4)]-thioharnstoff 3190

$C_{25}H_{25}N_3O_3$ 4-[4-(Biphenylyl-(4))-semicarbazono]-valeriansäure-benzylester 3179
$C_{25}H_{26}N_2O$ *N.N*-Diäthyl-glycin-[(benz[*a*]anthracenyl-(4)-methyl)-amid] 3392
$C_{25}H_{27}N$ Methyl-[1-methyl-2-phenyl-äthyl]-[3.3-diphenyl-allyl]-amin 3322
$C_{25}H_{27}NO_2$ [1-Methyl-3.3.3-triphenyl-propyl]-carbamidsäure-äthylester 3386
$C_{25}H_{28}N_4O_2$ *N*-[1-Phenyl-propyl]-*N.N'*-bis-phenylcarbamoyl-äthylendiamin 2664
$C_{25}H_{29}N$ Propyl-phenäthyl-[bibenzylyl-(*α*)]-amin 3245
$C_{25}H_{29}NO_2$ 4-[Naphthyl-(1)-carbamoyloxy]-1-[1.1-dimethyl-hexyl]-benzol 2907
4-[Naphthyl-(1)-carbamoyloxy]-1-[1-methyl-1-äthyl-pentyl]-benzol 2907
4-[Naphthyl-(1)-carbamoyloxy]-1-[1.1.2-trimethyl-pentyl]-benzol 2907
4-[Naphthyl-(1)-carbamoyloxy]-1-[1.1.3-trimethyl-pentyl]-benzol 2908
4-[Naphthyl-(1)-carbamoyloxy]-1-[1.1.4-trimethyl-pentyl]-benzol 2908
4-[Naphthyl-(1)-carbamoyloxy]-1-[1-methyl-1-propyl-butyl]-benzol 2908
4-[Naphthyl-(1)-carbamoyloxy]-1-[1-methyl-1-isopropyl-butyl]-benzol 2908
4-[Naphthyl-(1)-carbamoyloxy]-1-[1.1-diäthyl-butyl]-benzol 2908
4-[Naphthyl-(1)-carbamoyloxy]-1-[1.1-dimethyl-2-äthyl-butyl]-benzol 2908
4-[Naphthyl-(1)-carbamoyloxy]-1-[1.2-dimethyl-1-äthyl-butyl]-benzol 2908
4-[Naphthyl-(1)-carbamoyloxy]-1-[1.3-dimethyl-1-äthyl-butyl]-benzol 2908
4-[Naphthyl-(1)-carbamoyloxy]-1-[1.1.2.3-tetramethyl-butyl]-benzol 2908
4-[Naphthyl-(1)-carbamoyloxy]-1-[1.1.3.3-tetramethyl-butyl]-benzol 2909
4-[Naphthyl-(1)-carbamoyloxy]-1-[1.2.2-trimethyl-1-äthyl-propyl]-benzol und 4-[Naphthyl-(1)-carbamoyloxy]-1-[1.1.2.2-tetramethyl-butyl]-benzol 2909
4-[Naphthyl-(1)-carbamoyloxy]-1-[2-methyl-1.1-diäthyl-propyl]-benzol 2909
4-[Naphthyl-(1)-carbamoyloxy]-1-[1.2-dimethyl-isopropyl-propyl]-benzol 2909
$C_{25}H_{33}N$ Diäthyl-[2-(4.6.6-trimethyl-4.5-dihydro-6*H*-fluoranthenyl-(6a))-äthyl]-amin 3361
$C_{25}H_{33}NO_2$ Fluorenyl-(2)-carbamidsäure-undecylester 3289
$C_{25}H_{34}INO_2$ [4'-Jod-biphenylyl-(4)]-carbamidsäure-dodecylester 3195
$C_{25}H_{35}NO$ 4-Nonyloxy-benzaldehyd-[4-propyl-phenylimin] 2659
$C_{25}H_{35}NO_2$ Biphenylyl-(4)-carbamidsäure-dodecylester 3163
$C_{25}H_{35}N_3O_3$ *N*-Phenyl-*N'*-[3-nitro-4-dodecyl-phenyl]-harnstoff 2777
N-Phenyl-*N'*-[2-nitro-4-dodecyl-phenyl]-harnstoff 2777
$C_{25}H_{36}N_2S$ *N.N'*-Bis-[2.4.6-triäthyl-phenyl]-thioharnstoff 2766
$C_{25}H_{37}NO_2$ Naphthyl-(1)-carbamidsäure-tetradecylester 2886
$C_{25}H_{38}N_2$ *N.N*-Dibutyl-*N'*-[10-methyl-5.6.7.8-tetrahydro-phenanthryl-(2)]-äthylendiamin 3272
$C_{25}H_{43}NO$ 10.13-Dimethyl-17-[3-acetamino-1-methyl-propyl]-hexadecahydro-1*H*-cyclopenta[*a*]phenanthren 2782

C_{26}-Gruppe

$C_{26}H_{15}NO$ *N*-Coronenyl-acetamid 3417
$C_{26}H_{16}N_2O_3$ 14-Nitro-7-acetamino-dibenzo[*b.def*]chrysen 3414
$C_{26}H_{17}N$ Fluorenon-(9)-[fluorenyl-(9)-imin] 3299
$C_{26}H_{17}NO$ 7-Acetamino-dibenzo[*b.def*]chrysen 3414
$C_{26}H_{18}N_2O$ Nitroso-phenyl-[10-phenyl-anthryl-(9)]-amin 3397
$C_{26}H_{18}N_2O_2$ [Fluorenyl-(2)]-[2-nitro-fluorenyl-(9)]-amin 3301
$C_{26}H_{19}N$ Di-[fluorenyl-(9)]-amin 3298
Diphenyl-[anthryl-(9)]-amin 3338
[9.9']Bifluorenylyl-(9)-amin 3415
$C_{26}H_{19}NO$ 4-Trityl-phenylisocyanat 3411
$C_{26}H_{19}NO_2$ 7-Diacetylamino-dibenz[*a.h*]anthracen 3407
$C_{26}H_{20}Br_3NO_4S_2$ Di-[toluol-sulfonyl-(4)]-[3.5.4'-tribrom-biphenylyl-(4)]-amin 3192
$C_{26}H_{20}N_2$ Phenyl-trityl-carbamonitril 3380
Phenyl-trityl-carbodiimid 3381
$C_{26}H_{20}N_2O_2$ *N.N'*-Bis-[biphenylyl-(2)]-oxamid 3129
$C_{26}H_{20}N_2O_4S_2$ *N.N'*-Di-[naphthyl-(1)]-benzoldisulfonamid-(1.4) 2958
N.N'-Di-[naphthyl-(2)]-benzoldisulfonamid-(1.4) 3062
$C_{26}H_{20}N_2S$ *N'*-[Benz[*a*]anthracenyl-(7)-methyl]-*N*-phenyl-thioharnstoff 3393
$C_{26}H_{21}Br_2NO_4S_2$ Di-[toluol-sulfonyl-(4)]-[3.5-dibrom-biphenylyl-(4)]-amin 3190
Di-[toluol-sulfonyl-(4)]-[3.4'-dibrom-biphenylyl-(4)]-amin 3191

C_{27}-Gruppe

$C_{27}H_{26}N_4O_2$ 3-{[*N.N'*-Di-(naphthyl-(2))-carbamimidoyl]-hydrazono}-buttersäure-äthylester und Tautomere 3044

$C_{27}H_{30}N_2O$ *N*-Methyl-*N'.N'*-bis-[naphthyl-(1)-methyl]-*N*-[2-hydroxy-äthyl]-äthylendiamin 3101

$C_{27}H_{31}N$ Methyl-[4-cyclohexyl-benzyl]-[4-phenyl-benzyl]-amin 3241

$C_{27}H_{31}NO$ *N.N*-Bis-[4-*tert*-butyl-phenyl]-benzamid 2729

N-[4-*tert*-Butyl-phenyl]-benzimidsäure-[4-*tert*-butyl-phenylester] 2729

$C_{27}H_{34}N_2$ *N*¹.*N*¹-Diäthyl-*N*²-benzyl-*N*²-[2-phenyl-benzyl]-propylendiamin 3237

$C_{27}H_{37}N$ Methyl-bis-[4-cyclohexyl-benzyl]-amin 2825

$C_{27}H_{37}NO_2$ Fluorenyl-(2)-carbamidsäure-tridecylester 3289

$C_{27}H_{38}INO_2$ [4'-Jod-biphenylyl-(4)]-carbamidsäure-tetradecylester 3195

$C_{27}H_{39}NO_2$ Biphenylyl-(4)-carbamidsäure-tetradecylester 3163

$C_{27}H_{39}NO_3$ 3-Methyl-2-dodecyl-*N*-[naphthyl-(1)]-succinamidsäure und 2-Methyl-3-dodecyl-*N*-[naphthyl-(1)]-succinamidsäure 2875

$C_{27}H_{41}NO_2$ Naphthyl-(1)-carbamidsäure-hexadecylester 2887

$C_{27}H_{47}N$ 3-Amino-10.13-dimethyl-17-[1.5-dimethyl-hexyl]-2.3.4.7.8.9.10.11.12.13.14.15.16.17-tetradecahydro-1*H*-cyclopenta[*a*]phenanthren, Cholesten-(5)-yl-(3)-amin 2830

6-Amino-10.13-dimethyl-17-[1.5-dimethyl-hexyl]-hexadecahydro-3.5-cyclo-cyclopenta[*a*]phenanthren, 3.5-Cyclo-cholestanyl-(6)-amin, *i*-Cholesterylamin 2833

$C_{27}H_{49}N$ 6-Amino-10.13-dimethyl-17-[1.5-dimethyl-hexyl]-hexadecahydro-1*H*-cyclopenta[*a*]phenanthren, Cholestanyl-(6)-amin 2784

C_{28}-Gruppe

$C_{28}H_{15}Br_4N$ Bis-[2.7-dibrom-fluorenyliden-(9)-methyl]-amin 3345

$C_{28}H_{19}N$ Bis-[fluorenyliden-(9)-methyl]-amin 3345

$C_{28}H_{19}NO_2$ *N*-[Phenanthryl-(4)]-dibenzamid 3341

$C_{28}H_{20}N_2O_2$ *N.N'*-Di-[naphthyl-(2)]-*N*-benzoyl-harnstoff 3051

$C_{28}H_{21}N$ [Naphthyl-(2)]-[*m*-terphenylyl-(4')]-amin 3374

1.3.4-Triphenyl-naphthyl-(2)-amin 3417

$C_{28}H_{22}N_2O$ Nitroso-äthyl-[[9.9']bifluorenylyl-(9)]-amin 3416

$C_{28}H_{23}N$ Diphenylacetaldehyd-[2.2-diphenyl-vinylimin] und Bis-[2.2-diphenyl-vinyl]-amin 3315

Bis-[9-methyl-fluorenyl-(9)]-amin 3317

N-[1.1.3-Triphenyl-propin-(2)-yl]-*o*-toluidin 3398

N-[1.1.3-Triphenyl-propin-(2)-yl]-*m*-toluidin 3399

N-[1.1.3-Triphenyl-propin-(2)-yl]-*p*-toluidin 3399

N-[1.1-Diphenyl-3-*p*-tolyl-propin-(2)-yl]-anilin 3400

Dimethyl-[9.10-diphenyl-anthryl-(1)]-amin 3414

Dimethyl-[9.10-diphenyl-anthryl-(2)]-amin 3415

Dimethyl-[[9.9']bifluorenylyl-(9)]-amin 3415

Äthyl-[[9.9']bifluorenylyl-(9)]-amin 3415

$C_{28}H_{23}NO_3$ 3-Oxo-3-[2-methoxy-phenyl]-*N*-[*o*-terphenylyl-(4)]-propionamid und *β*-Hydroxy-2-methoxy-*N*-[*o*-terphenylyl-(4)]-cinnamamid 3374

$C_{28}H_{23}N_3O_4$ Dibenzyl-[2'.4'-dinitro-stilbenyl-(3)]-amin 3305

$C_{28}H_{24}N_2O_2S_2$ Bis-[(biphenylyl-(2)-carbamoyl)-methyl]-disulfid 3133

$C_{28}H_{24}N_2O_4S$ Verbindung $C_{28}H_{24}N_2O_4S$ aus *N*-[Naphthyl-(2)]-acetoacetamid 3056

$C_{28}H_{25}N$ [Naphthyl-(2)]-[1-methyl-7-isopropyl-phenanthryl-(3)]-amin 3355

p-Tolyl-[3.3-diphenyl-indanyl-(1)]-amin 3396

$C_{28}H_{25}NO$ Benzoesäure-[*N*-(2-phenyl-1-benzyl-äthyl)-anilid] 3264

Essigsäure-[*N*-methyl-4-trityl-anilid] 3409

Essigsäure-[2-methyl-4-trityl-anilid] 3412

Essigsäure-[4-(3-methyl-trityl)-anilid] 3413

$C_{28}H_{25}NO_2$ 4-[Biphenylyl-(4)-carbamoyloxy]-1-[1-methyl-1-phenyl-äthyl]-benzol 3170

[4-Trityl-phenyl]-carbamidsäure-äthylester 3410

$C_{28}H_{25}NO_3$ 3-Methyl-4'-isopropyl-diphensäure-2'-[naphthyl-(1)-amid] 2876

$C_{28}H_{25}NO_4$ Bis-[2-benzoyloxy-äthyl]-[naphthyl-(2)]-amin 3004

$C_{28}H_{25}N_5O_5$ *N*-[2-(2.4-Dinitro-anilino)-äthyl]-*N'*-phenyl-*N*-benzhydryl-harnstoff 3230

$C_{28}H_{26}N_2O_4$ 1.3-Bis-[naphthyl-(1)-carbamoyloxy]-cyclohexan 2916

$C_{28}H_{26}N_4O_7$ s. bei $[C_{22}H_{24}N]^{\oplus}$

$C_{28}H_{26}N_4S_2$ *N.N'*-Bis-[biphenylyl-(4)-thiocarbamoyl]-äthylendiamin 3182
$C_{28}H_{27}NO_2$ [Naphthyl-(1)-carbamoyloxy]-phenyl-[2.3.5.6-tetramethyl-phenyl]-methan 2912
$[C_{28}H_{28}N]^{\oplus}$ Dimethyl-bis-[4-phenyl-benzyl]-ammonium 3241
$[C_{28}H_{28}N]I$ 3241
Tri-*N*-methyl-4-trityl-anilinium 3408
$[C_{28}H_{28}N]I$ 3408
$C_{28}H_{28}N_2$ *N.N'*-Dibenzhydryl-äthylendiamin 3230
$C_{28}H_{33}NO_2$ Biphenylyl-(4)-carbamidsäure-[1.1-dimethyl-5-*p*-tolyl-hexylester] 3168
$[C_{28}H_{34}N]^{\oplus}$ Dimethyl-[4-cyclohexyl-benzyl]-[4-phenyl-benzyl]-ammonium 3241
$[C_{28}H_{34}N]I$ 3241
$C_{28}H_{37}NO_2S$ Naphthalin-sulfonsäure-(2)-[4-(1-äthyl-decyl)-anilid] 2778
Naphthalin-sulfonsäure-(2)-[4-(1-propyl-nonyl)-anilid] 2778
Naphthalin-sulfonsäure-(2)-[4-(1-butyl-octyl)-anilid] 2778
Naphthalin-sulfonsäure-(2)-[4-(1-pentyl-heptyl)-anilid] 2778
$C_{28}H_{37}N_3O_2$ Phenyl-[naphthyl-(1)]-carbamidsäure-[*β.β'*-bis-diäthylamino-isopropylester] 2947
$C_{28}H_{39}NO$ 13-[Cyclopenten-(2)-yl]-*N*-[naphthyl-(1)]-tridecanamid 2869
13-[Cyclopenten-(2)-yl]-*N*-[naphthyl-(2)]-tridecanamid 3016
$C_{28}H_{39}NO_2$ Fluorenyl-(2)-carbamidsäure-tetradecylester 3289
$C_{28}H_{40}INO_2$ [4'-Jod-biphenylyl-(4)]-carbamidsäure-pentadecylester 3195
$[C_{28}H_{40}N]^{\oplus}$ Dimethyl-bis-[4-cyclohexyl-benzyl]-ammonium 2825
$C_{28}H_{41}NO$ *N*-[Naphthyl-(1)]-octadecen-(9)-amid 2869
N-[Naphthyl-(2)]-octadecen-(9)-amid 3015
N-[Biphenylyl-(4)]-palmitinamid 3157
4.8.12-Trimethyl-*N*-[biphenylyl-(4)]-tridecanamid 3157
$C_{28}H_{41}NO_2$ Biphenylyl-(4)-carbamidsäure-pentadecylester 3163
$C_{28}H_{42}N_2O_3$ *N*-[1-Nitro-naphthyl-(2)]-stearinamid 3080
N-[3-Nitro-naphthyl-(2)]-stearinamid 3080
$C_{28}H_{43}NO_2$ Naphthyl-(1)-carbamidsäure-heptadecylester 2887
$C_{28}H_{44}N_2$ *N.N'*-Bis-[3-phenyl-propyl]-decandiyldiamin 2682
N.N'-Bis-[4-phenyl-butyl]-octandiyldiamin 2720
$[C_{28}H_{46}N]^{\oplus}$ Dimethyl-hexadecyl-[naphthyl-(2)]-ammonium 2999
$[C_{28}H_{46}N]I$ 2999

C_{29}-Gruppe

$C_{29}H_{19}NO_2$ 3-Hydroxy-*N*-[naphthyl-(2)]-triphenylencarbamid-(2) 3055
$C_{29}H_{20}N_2O$ *N.N'*-Di-[anthryl-(2)]-harnstoff 3336
$C_{29}H_{20}N_2S$ *N.N'*-Di-[anthryl-(1)]-thioharnstoff 3335
N.N'-Di-[anthryl-(2)]-thioharnstoff 3337
$C_{29}H_{21}NO_2$ 1-Hydroxy-*N*-[*o*-terphenylyl-(4)]-naphthamid-(2) 3373
$C_{29}H_{21}N_3$ *N.N'*-Di-[phenanthryl-(9)]-guanidin 3343
$C_{29}H_{22}N_2$ Phenylmalonaldehyd-bis-[naphthyl-(1)-imin] und 3-[Naphthyl-(1)-amino]-2-phenyl-acrylaldehyd-[naphthyl-(1)-imin] 2863
$C_{29}H_{23}N$ [Naphthyl-(2)]-trityl-amin 3378
[Naphthyl-(2)]-[2-phenyl-benzhydryl]-amin 3381
$C_{29}H_{23}NO$ *N*-Methyl-*N*-[[9.9']bifluorenylyl-(9)]-acetamid 3416
$C_{29}H_{23}NO_2$ 3-Hydroxy-*N*-[chrysenyl-(6)]-5.6.7.8-tetrahydro-naphthamid-(2) 3390
$C_{29}H_{25}NO$ 3-Hydroxy-1-methyl-7-isopropyl-phenanthren-carbaldehyd-(4)-[naphthyl-(1)-imin] 2865
$C_{29}H_{25}NO_2S$ *N.N*-Bis-[naphthyl-(1)-methyl]-toluolsulfonamid-(4) 3102
$[C_{29}H_{26}N]^{\oplus}$ Trimethyl-[9.10-diphenyl-anthryl-(2)]-ammonium 3415
$[C_{29}H_{26}N]I$ 3415
Trimethyl-[[9.9']bifluorenylyl-(9)]-ammonium 3415
$[C_{29}H_{26}N]I$ 3415
$C_{29}H_{26}N_2O_2$ *N.N'*-Bis-[biphenylyl-(2)]-glutaramid 3130
$C_{29}H_{26}N_2O_3$ x-[4-Nitro-benzamino]-4-butyl-*o*-terphenyl 3386
$C_{29}H_{27}NO_2$ [4-Trityl-phenyl]-carbamidsäure-propylester 3410
$C_{29}H_{28}N_4O_2$ *N*-Benzhydryl-*N.N'*-bis-phenylcarbamoyl-äthylendiamin 3230
$C_{29}H_{28}N_4O_7$ s. bei $[C_{23}H_{26}N]^{\oplus}$
$C_{29}H_{29}N$ *N.N*-Diäthyl-4-trityl-anilin 3409
N-Butyl-4-trityl-anilin 3409
Dimethyl-[2.2-diphenyl-1-(2-benzyl-phenyl)-äthyl]-amin 3413
$C_{29}H_{41}NO_2$ Fluorenyl-(2)-carbamidsäure-pentadecylester 3290
$C_{29}H_{42}INO_2$ [4'-Jod-biphenylyl-(4)]-carbamidsäure-hexadecylester 3195
$C_{29}H_{42}N_2O_2$ 4-Nitro-benzaldehyd-[4-hexadecyl-phenylimin] 2781
$C_{29}H_{43}NO$ 5.9.13-Trimethyl-*N*-[biphenylyl-(4)]-tetradecanamid 3158
$C_{29}H_{43}NO_2$ Naphthyl-(2)-carbamidsäure-[octadecen-(9)-ylester] 3024

Biphenylyl-(4)-carbamidsäure-hexadecylester 3163
$C_{29}H_{45}NO_2$ Naphthyl-(1)-carbamidsäure-octadecylester 2887
$C_{29}H_{46}N_2O$ *N*-Octadecyl-*N'*-[naphthyl-(1)]-harnstoff 2923
$C_{29}H_{49}NO$ 3-Acetamino-10.13-dimethyl-17-[1.5-dimethyl-hexyl]-Δ^4-tetradecahydro-1*H*-cyclopenta[*a*]phenanthren, *N*-[Cholesten-(4)-yl-(3)]-acetamid 2830
3-Acetamino-10.13-dimethyl-17-[1.5-dimethyl-hexyl]-Δ^5-tetradecahydro-1*H*-cyclopenta[*a*]phenanthren 2832
6-Acetamino-10.13-dimethyl-17-[1.5-dimethyl-hexyl]-hexadecahydro-3.5-cyclo-cyclopenta[*a*]phenanthren 2834
$C_{29}H_{51}NO$ 6-Acetamino-10.13-dimethyl-17-[1.5-dimethyl-hexyl]-hexadecahydro-1*H*-cyclopenta[*a*]phenanthren 2785

C_{30}-Gruppe

$C_{30}H_{22}N_2O$ Nitroso-bis-[phenanthryl-(9)-methyl]-amin 3348
$C_{30}H_{23}N$ Bis-[phenanthryl-(9)-methyl]-amin 3347
$C_{30}H_{23}N_5$ 1.5-Di-[phenanthryl-(9)]-biguanid 3344
$C_{30}H_{24}N_2$ Verbindung $C_{30}H_{24}N_2$ aus *N.N'*-Bis-[biphenylyl-(2)]-adipinamid 3130
$C_{30}H_{24}N_3OP$ Phosphorsäure-tris-[naphthyl-(2)-amid] 3065
$C_{30}H_{25}N$ 6.7-Dimethyl-1.3.4-triphenyl-naphthyl-(2)-amin 3417
$C_{30}H_{25}NO$ *N.N*-Bis-[2.2-diphenyl-vinyl]-acetamid 3315
Diphenylessigsäure-[4-(4-phenyl-butadien-(1.3)-yl)-anilid] 3350
$C_{30}H_{28}N_2O_2$ *N.N'*-Bis-[biphenylyl-(2)]-adipinamid 3130
$C_{30}H_{28}N_2O_3$ 4-Nitro-*N*-pentyl-*N*-[*o*-terphenylyl-(4)]-benzamid 3373
$C_{30}H_{29}NO_2$ [4-Trityl-phenyl]-carbamidsäure-butylester 3410
$C_{30}H_{30}N_2$ 2-Methyl-2.4-bis-[6-amino-biphenylyl-(3)]-penten-(3) 3124
$C_{30}H_{31}N$ Bis-[3.3-diphenyl-propyl]-amin 3268
$C_{30}H_{32}N_2O_4$ 1.2-Bis-[naphthyl-(1)-carbamoyloxy]-octan 2916
$C_{30}H_{32}N_2O_5$ Bis-[4-(naphthyl-(1)-carbamoyloxy)-butyl]-äther 2916
$C_{30}H_{32}N_2O_5S_2$ 1.11-Bis-[naphthyl-(1)-carbamoyloxy]-6-oxa-3.9-dithia-undecan 2914
$C_{30}H_{43}Br_2NO$ 9.10-Dibrom-*N*-[biphenylyl-(4)]-octadecanamid 3158
$C_{30}H_{43}NO$ *N*-[Biphenylyl-(4)]-octadecen-(9)-amid 3158
$C_{30}H_{43}NO_2$ Fluorenyl-(2)-carbamidsäure-hexadecylester 3290
$C_{30}H_{44}INO_2$ [4'-Jod-biphenylyl-(4)]-carbamidsäure-heptadecylester 3196
$C_{30}H_{45}NO$ *N*-[Biphenylyl-(2)]-stearinamid 3127
N-[Biphenylyl-(4)]-stearinamid 3158
$C_{30}H_{45}NO_2$ Biphenylyl-(4)-carbamidsäure-heptadecylester 3163
$C_{30}H_{47}NO_2$ Naphthyl-(1)-carbamidsäure-[1-nonyl-decylester] 2887
$C_{30}H_{48}N_2$ *N.N'*-Bis-[4-phenyl-butyl]-decandiyldiamin 2720
N.N'-Bis-[5-phenyl-pentyl]-octandiyldiamin 2749
$C_{30}H_{51}N$ 10-Amino-1.2.4a.6a.6b.9.9.12a-octamethyl-1.2.3.4.4a.5.6.6a.6b.7.8.8a.9.10.11.12.12a.12b.13.14b-eicosahydro-picen, Ursen-(12)-yl-(3)-amin, α-Amyramin 2845
3-Amino-4.4.13.14-tetramethyl-17-[1.5-dimethyl-hexen-(4)-yl]-tetradecahydro-1*H*-9.10-methano-cyclopenta[*a*]phenanthren, Cycloarten-(24)-yl-(3)-amin, Artostenamin 2846
$C_{30}H_{54}N_2O$ *N*-Nitroso-4.*N*-didodecyl-anilin 2777
$C_{30}H_{55}N$ 4.*N*-Didodecyl-anilin 2776

C_{31}-Gruppe

$C_{31}H_{23}N$ *N*-[1.1-Diphenyl-3-(naphthyl-(2))-propin-(2)-yl]-anilin 3414
$C_{31}H_{25}N$ [Biphenylyl-(4)]-trityl-amin 3378
Phenyl-[4'-benzhydryl-biphenylyl-(4)]-amin 3409
Phenyl-[4-trityl-phenyl]-amin 3409
N-[4-Phenyl-trityl]-anilin 3412
4-[4-Phenyl-trityl]-anilin 3417
$C_{31}H_{27}NO$ *N*-[2.3.6-Triphenyl-cyclohexen-(4)-yl]-benzamid 3402
$C_{31}H_{28}N_2O$ *N.N'*-Diphenyl-*N*-[1-methyl-7-isopropyl-phenanthryl-(3)]-harnstoff 3357
$C_{31}H_{29}NO$ *N*-[2.3.6-Triphenyl-cyclohexyl]-benzamid 3397
$C_{31}H_{31}NO_2$ [4-Trityl-phenyl]-carbamidsäure-pentylester 3410
$C_{31}H_{32}N_2O_4$ 3.4-Bis-[naphthyl-(1)-carbamoyloxy]-1-propyl-cyclohexan 2917
$C_{31}H_{39}NO$ *N.N*-Bis-[1-methyl-5-phenyl-pentyl]-benzamid 2760

$C_{31}H_{45}NO_2$ Fluorenyl-(2)-carbamidsäure-heptadecylester 3290

$C_{31}H_{46}ClNO_2$ [4'-Chlor-biphenylyl-(4)]-carbamidsäure-[2-äthyl-hexadecylester] 3187

[4'-Chlor-biphenylyl-(4)]-carbamidsäure-[2-butyl-tetradecylester] 3187

[4'-Chlor-biphenylyl-(4)]-carbamidsäure-[2-hexyl-dodecylester] 3187

[4'-Chlor-biphenylyl-(4)]-carbamidsäure-[2-octyl-decylester] 3187

$C_{31}H_{46}INO_2$ [4'-Jod-biphenylyl-(4)]-carbamidsäure-octadecylester 3196

$C_{31}H_{47}NO$ Benzoesäure-[4-octadecyl-anilid] 2783

$C_{31}H_{47}NO_2$ Biphenylyl-(4)-carbamidsäure-octadecylester 3163

C_{32}-Gruppe

$C_{32}H_{23}N$ Fluorenon-(9)-[2-benzhydryl-phenylimin] 3377

$C_{32}H_{24}N_2O_4$ 1.4-Bis-[(naphthyl-(1)-carbamoyl)-acetyl]-benzol und Tautomere 2955

1.4-Bis-[(naphthyl-(2)-carbamoyl)-acetyl]-benzol und Tautomere 3059

$C_{32}H_{25}N$ Benzophenon-[2-benzhydryl-phenylimin] 3377

$C_{32}H_{25}N_3$ 2.2-Bis-[naphthyl-(2)-amino]-1-[naphthyl-(2)-imino]-äthan und Tris-[naphthyl-(2)-amino]-äthylen 3007

$C_{32}H_{28}N_4O_2$ 3-{[*N.N'*-Di-(naphthyl-(2))-carbamimidoyl]-hydrazono}-3-phenyl-propionsäure-äthylester und Tautomere 3045

$C_{32}H_{29}N_3O_3$ *N*-[3-Nitro-phenyl]-*N'*-*p*-tolyl-*N'*-[1-methyl-7-isopropyl-phenanthryl-(3)]-harnstoff 3357

$C_{32}H_{30}N_2O_4$ 4.7-Bis-[naphthyl-(1)-carbamoyloxy]-decen-(2)-in-(5) 2918

2.5-Bis-[naphthyl-(1)-imino]-cyclohexan-dicarbonsäure-(1.4)-diäthylester und 2.5-Bis-[naphthyl-(1)-amino]-cyclohexadien-(1.4)-dicarbonsäure-(1.4)-diäthylester 2955

2.5-Bis-[naphthyl-(2)-imino]-cyclohexan-dicarbonsäure-(1.4)-diäthylester und 2.5-Bis-[naphthyl-(2)-amino]-cyclohexadien-(1.4)-dicarbonsäure-(1.4)-diäthylester 3058

$C_{32}H_{33}NO_2$ [4-Trityl-phenyl]-carbamidsäure-hexylester 3410

$C_{32}H_{36}N_2O_4$ Phthalsäure-bis-[2-(1.2.3.4-tetrahydro-naphthyl-(2)-amino)-äthylester] 2813

$C_{32}H_{38}N_4O_2$ *N.N'*-Diisobutyl-*N.N'*-bis-[naphthyl-(1)-carbamoyl]-äthylendiamin 2935

$C_{32}H_{47}NO_2$ Fluorenyl-(2)-carbamidsäure-octadecylester 3290

$C_{32}H_{59}N$ 3-Amino-10.13-dimethyl-2-isopentyl-17-[1.5-dimethyl-hexyl]-hexadecahydro-1*H*-cyclopenta[*a*]phenanthren, 2-Isopentyl-cholestanyl-(3)-amin 2785

C_{33}-Gruppe

$C_{33}H_{19}N$ Pyren-carbaldehyd-(1)-[pyrenyl-(1)-imin] 3369

$C_{33}H_{20}N_2O$ *N.N'*-Di-[pyrenyl-(1)]-harnstoff 3370

$C_{33}H_{20}N_2S$ *N.N'*-Di-[pyrenyl-(1)]-thioharnstoff 3370

$C_{33}H_{24}N_2O$ Nitroso-benzyl-[[9.9']bifluorenylyl-(9)]-amin 3416

$C_{33}H_{25}N$ Benzyl-[[9.9']bifluorenylyl-(9)]-amin 3416

$C_{33}H_{27}N$ Tris-[naphthyl-(1)-methyl]-amin 3099

$C_{33}H_{29}N$ Methyl-[4-phenyl-benzyl]-[4-(biphenylyl-(4))-benzyl]-amin 3382

$C_{33}H_{30}N_2O_2$ *N.N'*-Di-[fluorenyl-(2)]-pimelinamid 3288

$C_{33}H_{35}NO_2$ [4-Trityl-phenyl]-carbamidsäure-heptylester 3410

$C_{33}H_{36}N_2O$ *N.N'*-Bis-[1-phenyl-1-benzyl-propyl]-harnstoff 3276

$C_{33}H_{37}N$ *N.N*-Dibutyl-4-trityl-anilin 3409

$C_{33}H_{49}Br_4N$ 5.6-Dibrom-3-[2.4-dibrom-anilino]-10.13-dimethyl-17-[1.5-dimethyl-hexyl]-hexadecahydro-1*H*-cyclopenta[*a*]phenanthren 2783

$C_{33}H_{49}N_3O_4$ 3-[4.*N*-Dinitro-anilino]-10.13-dimethyl-17-[1.5-dimethyl-hexyl]-Δ^5-tetradecahydro-1*H*-cyclopenta[*a*]phenanthren 2833

$C_{33}H_{50}N_2O$ 3-[*N*-Nitroso-anilino]-10.13-dimethyl-17-[1.5-dimethyl-hexyl]-Δ^5-tetradecahydro-1*H*-cyclopenta[*a*]phenanthren 2833

$C_{33}H_{51}N$ 3-Anilino-10.13-dimethyl-17-[1.5-dimethyl-hexyl]-Δ^5-tetradecahydro-1*H*-cyclopenta[*a*]phenanthren 2831

$C_{33}H_{51}N_3O_2$ 3-[*N*-(4-Nitro-phenyl)-hydrazino]-cholesten-(5) 2833

$C_{33}H_{53}N$ 3-Anilino-10.13-dimethyl-17-[1.5-dimethyl-hexyl]-hexadecahydro-1*H*-cyclopenta[*a*]phenanthren], Phenyl-[cholestanyl-(3)]-amin 2783

C_{34}-Gruppe

$C_{34}H_{18}N_2O_4$ 9.10.20.21-Tetraoxo-9a.10.20a.21-tetrahydro-9*H*.20*H*-dinaphtho[2.3-*e*:2'.3'-*e'*]pyrazino[1.2-*a*:4.5-*a'*]diindol 3337

$C_{34}H_{22}Br_2N_2S_2$ Bis-[*N*-(1-brom-naphthyl-(2))-benzimidoyl]-disulfid 3071

$C_{34}H_{29}NO$ Benzoesäure-[2.4.6-tribenzyl-anilid] 3413

$C_{34}H_{32}N_2O_4$ 4.9-Bis-[naphthyl-(1)-carbamoyloxy]-dodecadiin-(5.7) 2919

$C_{34}H_{33}N_3O_4$ Phenyl-[3-nitro-2.4.6-trimethyl-phenyl]-acetaldehyd-[2-phenyl-2-(3-nitro-2.4.6-trimethyl-phenyl)-vinylimin] und Bis-[2-phenyl-2-(3-nitro-2.4.6-trimethyl-phenyl)-vinyl]-amin 3328

$C_{34}H_{37}NO_3$ [4-Trityl-phenyl]-carbamidsäure-octylester 3410

$C_{34}H_{38}N_4O_2$ *N.N'*-Bis-[1-phenyl-propyl]-*N.N'*-bis-phenylcarbamoyl-äthylendiamin 2664

$C_{34}H_{40}N_2O_6S_3$ 1.17-Bis-[naphthyl-(1)-carbamoyloxy]-6.12-dioxa-3.9.15-trithia-heptadecan 2914

$C_{34}H_{43}N$ 3-Amino-10.13-dimethyl-17-[1-methyl-2.2-diphenyl-vinyl]-2.3.4.7.8.9.10.11.12.13.14.15.16.17-tetradecahydro-1*H*-cyclopenta[*a*]phenanthren, 21.21-Diphenyl-23.24-dinor-choladien-(5.20)-yl-(3)-amin 3402

$C_{34}H_{50}Br_5N$ 5.6-Dibrom-3-[2.4.6-tribrom-*N*-methyl-anilino]-10.13-dimethyl-17-[1.5-dimethyl-hexyl]-hexadecahydro-1*H*-cyclopenta[*a*]phenanthren 2784

$C_{34}H_{50}N_2O_3$ 3-[4-Nitro-benzamino]-10.13-dimethyl-17-[1.5-dimethyl-hexyl]-Δ^5-tetradecahydro-1*H*-cyclopenta[*a*]phenanthren 2833

$C_{34}H_{51}Br_4N$ 5.6-Dibrom-3-[4.6-dibrom-2-methyl-anilino]-10.13-dimethyl-17-[1.5-dimethyl-hexyl]-hexadecahydro-1*H*-cyclopenta[*a*]phenanthren 2784

5.6-Dibrom-3-[2.6-dibrom-4-methyl-anilino]-10.13-dimethyl-17-[1.5-dimethyl-hexyl]-hexadecahydro-1*H*-cyclopenta[*a*]phenanthren 2784

$C_{34}H_{51}NO$ 3-Benzamino-10.13-dimethyl-17-[1.5-dimethyl-hexyl]-Δ^5-tetradecahydro-1*H*-cyclopenta[*a*]phenanthren 2833

$C_{34}H_{52}ClN$ *N*-Chlor-3-benzylamino-cholesten-(5) 2832

$C_{34}H_{53}N$ 3-[*N*-Methyl-anilino]-10.13-dimethyl-17-[1.5-dimethyl-hexyl]-Δ^5-tetradecahydro-1*H*-cyclopenta[*a*]phenanthren 2831

3-*o*-Toluidino-10.13-dimethyl-17-[1.5-dimethyl-hexyl]-Δ^5-tetradecahydro-1*H*-cyclopenta[*a*]phenanthren 2831

3-Benzylamino-10.13-dimethyl-17-[1.5-dimethyl-hexyl]-Δ^5-tetradecahydro-1*H*-cyclopenta[*a*]phenanthren 2831

3-*m*-Toluidino-10.13-dimethyl-17-[1.5-dimethyl-hexyl]-Δ^5-tetradecahydro-1*H*-cyclopenta[*a*]phenanthren 2831

3-*p*-Toluidino-10.13-dimethyl-17-[1.5-dimethyl-hexyl]-Δ^5-tetradecahydro-1*H*-cyclopenta[*a*]phenanthren 2831

6-Benzylamino-10.13-dimethyl-17-[1.5-dimethyl-hexyl]-hexadecahydro-3.5-cyclo-cyclopenta[*a*]phenanthren 2834

$C_{34}H_{53}NO_2S$ 3-[Toluol-sulfonyl-(4)-amino]-10.13-dimethyl-17-[1.5-dimethyl-hexyl]-Δ^5-tetradecahydro-1*H*-cyclopenta[*a*]phenanthren 2833

$C_{34}H_{55}N$ 3-*p*-Toluidino-10.13-dimethyl-17-[1.5-dimethyl-hexyl]-hexadecahydro-1*H*-cyclopenta[*a*]phenanthren 2783

$C_{34}H_{57}N$ Didodecyl-[naphthyl-(2)]-amin 2998

C_{35}-Gruppe

$C_{35}H_{22}N_2$ Verbindung $C_{35}H_{22}N_2$ aus Phenanthren-chinon-(9.10)-oxim-{[*N.N'*-di-(naphthyl-(2))-carbamimidoyl]-hydrazon} 3044

$C_{35}H_{22}N_6O_5$ 2.7-Dinitro-phenanthren-chinon-(9.10)-{[*N.N'*-di-(naphthyl-(2))-carbamimidoyl]-hydrazon} und Tautomere 3044

$C_{35}H_{23}N_5O_3$ 2-Nitro-phenanthren-chinon-(9.10)-9-{[*N.N'*-di-(naphthyl-(2))-carbamimidoyl]-hydrazon} und 2-Nitro-phenanthren-chinon-(9.10)-10-{[*N.N'*-di-(naphthyl-(2))-carbamimidoyl]-hydrazon} 3044

$C_{35}H_{24}N_4O$ Phenanthren-chinon-(9.10)-{[*N.N'*-di-(naphthyl-(2))-carbamimidoyl]-hydrazon} und Tautomere 3044

$C_{35}H_{25}N_5O$ Phenanthren-chinon-(9.10)-oxim-{[*N.N'*-di-(naphthyl-(2))-carbamimidoyl]-hydrazon} und Tautomere 3044

$C_{35}H_{33}NO$ [2-Benzhydryloxy-äthyl]-benzyl-benzhydryl-amin 3225
$C_{35}H_{39}NO_2$ [4-Trityl-phenyl]-carbamidsäure-nonylester 3410
$C_{35}H_{53}NO$ 3-[*N*-Acetyl-anilino]-10.13-dimethyl-17-[1.5-dimethyl-hexyl]-Δ5-tetradecahydro-1*H*-cyclopenta[*a*]phenanthren 2832
$C_{35}H_{54}Br_3N$ 5.6-Dibrom-3-[6-brom-2.4-dimethyl-anilino]-10.13-dimethyl-17-[1.5-dimethyl-hexyl]-hexadecahydro-1*H*-cyclopenta[*a*]phenanthren 2784
$C_{35}H_{55}N$ 3-[2.4-Dimethyl-anilino]-10.13-dimethyl-17-[1.5-dimethyl-hexyl]-Δ5-tetradecahydro-1*H*-cyclopenta[*a*]phenanthren 2832
3-Anilino-10.13-dimethyl-17-[1.5-dimethyl-4-äthyl-hexyl]-Δ5-tetradecahydro-1*H*-cyclopenta[*a*]phenanthren, Phenyl-[stigmasten-(5)-yl-(3)]-amin 2834

C_{36}-Gruppe

$C_{36}H_{28}N_2O_4$ 1.4-Bis-[(biphenylyl-(4)-carbamoyl)-acetyl]-benzol und Tautomere 3184
$C_{36}H_{30}N_2O_4$ 3.6-Bis-[biphenylyl-(4)-imino]-cyclohexadien-(1.4)-dicarbonsäure-(1.4)-diäthylester 3184
$C_{36}H_{34}N_2O_4$ 2.5-Bis-[biphenylyl-(4)-imino]-cyclohexan-dicarbonsäure-(1.4)-diäthylester und 2.5-Bis-[biphenylyl-(4)-amino]-cyclohexadien-(1.4)-dicarbonsäure-(1.4)-diäthylester 3183
$C_{36}H_{35}NO_2S$ 1-Methyl-7-isopropyl-*N*-[1-methyl-7-isopropyl-phenanthryl-(3)]-phenanthrensulfonamid-(3) 3358
$C_{36}H_{39}NO_2$ Di-[naphthyl-(2)]-carbamidsäure-[3.7.11-trimethyl-dodecatrien-(2.6.10)-ylester] 3051
$C_{36}H_{41}NO_2$ [4-Trityl-phenyl]-carbamidsäure-decylester 3411
$C_{36}H_{42}N_4O_2$ *N.N'*-Bis-[bibenzylyl-(α)-carbamoyl]-hexandiyldiamin 3246
$C_{36}H_{45}NO$ 3-Acetamino-10.13-dimethyl-17-[1-methyl-2.2-diphenyl-vinyl]-Δ5-tetradecahydro-1*H*-cyclopenta[*a*]phenanthren 3403
$C_{36}H_{49}NO$ 10-Phenyl-*N*-[biphenylyl-(4)]-octadecanamid 3160
$C_{36}H_{55}NO$ 3-[Benzyl-acetyl-amino]-10.13-dimethyl-17-[1.5-dimethyl-hexyl]-Δ5-tetradecahydro-1*H*-cyclopenta[*a*]phenanthren 2832
$C_{36}H_{57}N$ 3-*o*-Toluidino-10.13-dimethyl-17-[1.5-dimethyl-4-äthyl-hexyl]-Δ5-tetradecahydro-1*H*-cyclopenta[*a*]phenanthren 2835

C_{37}-Gruppe

$C_{37}H_{24}N_2O$ *N.N'*-Bis-[benz[*a*]anthracenyl-(5)]-harnstoff 3387
$C_{37}H_{28}N_2S$ *N.N'*-Bis-[*m*-terphenylyl-(4')]-thioharnstoff 3375
$C_{37}H_{35}NO$ 3-Hydroxy-1-methyl-7-isopropyl-phenanthren-carbaldehyd-(4)-[1-methyl-7-isopropyl-phenanthryl-(3)-imin] 3355
$C_{37}H_{43}NO_2$ [4-Trityl-phenyl]-carbamidsäure-undecylester 3411
$C_{37}H_{51}NO_6$ 4-[7.12-Dihydroxy-3-(naphthyl-(1)-carbamoyloxy)-10.13-dimethyl-hexadecahydro-1*H*-cyclopenta[*a*]phenanthrenyl-(17)]-valeriansäure-äthylester 2921
$C_{37}H_{53}N$ 3-[Naphthyl-(1)-amino]-10.13-dimethyl-17-[1.5-dimethyl-hexyl]-Δ5-tetradecahydro-1*H*-cyclopenta[*a*]phenanthren 2859
3-[Naphthyl-(2)-amino]-10.13-dimethyl-17-[1.5-dimethyl-hexyl]-Δ5-tetradecahydro-1*H*-cyclopenta[*a*]phenanthren 3002

C_{38}-Gruppe

$C_{38}H_{24}N_2$ Chrysen-chinon-(5.6)-bis-[naphthyl-(1)-imin] 2864
Chrysen-chinon-(5.6)-bis-[naphthyl-(2)-imin] 3012
$C_{38}H_{27}N$ Bis-[9-phenyl-fluorenyl-(9)]-amin 3391
$C_{38}H_{31}N$ *N.N*-Dimethyl-4-[(tetraphenyl-cyclopentadienyliden)-methyl]-anilin 3418
$C_{38}H_{34}N_4O_2$ *N.N'*-Dibenzyl-*N.N'*-bis-[naphthyl-(1)-carbamoyl]-äthylendiamin 2935
$C_{38}H_{36}N_2O_2$ *N.N'*-Bis-[1-methyl-7-isopropyl-phenanthryl-(3)]-oxamid 3357
$C_{38}H_{36}N_2O_4$ 1.2-Bis-[3-(biphenylyl-(4)-carbamoyloxy)-propyl]-benzol 3170
$C_{38}H_{42}N_4O_2$ 2.7-Bis-[*N*-butyl-*N'*-(naphthyl-(1))-ureido]-octadiin-(3.5) 2935
$C_{38}H_{42}N_4O_6$ *N.N'*-Bis-[3'-nitro-2.4.6.2'.4'.6'-hexamethyl-biphenylyl-(3)]-oxamid 3283
$C_{38}H_{45}NO_2$ [4-Trityl-phenyl]-carbamidsäure-dodecylester 3411

$C_{38}H_{48}N_2O_7S_4$ 1.23-Bis-[naphthyl-(1)-carbamoyloxy]-6.12.18-trioxa-3.9.15.21-tetrathia-tricosan 2914
$C_{38}H_{52}N_2O_4$ 3-[5-Nitro-naphthyl-(1)-carbamoyloxy]-10.13-dimethyl-17-[1.5-dimethyl-hexyl]-Δ^5-tetradecahydro-1*H*-cyclopenta[*a*]phenanthren 2974
$C_{38}H_{53}NO_2$ 3-[Naphthyl-(1)-carbamoyloxy]-10.13-dimethyl-17-[1.5-dimethyl-hexyl]-Δ^5-tetradecahydro-1*H*-cyclopenta[*a*]phenanthren 2911
3-[Naphthyl-(2)-carbamoyloxy]-10.13-dimethyl-17-[1.5-dimethyl-hexyl]-Δ^5-tetradecahydro-1*H*-cyclopenta[*a*]phenanthren 3027
$C_{38}H_{70}N_2O$ *N*-Nitroso-4.*N*-dihexadecyl-anilin 2781
$C_{38}H_{71}N$ 4.*N*-Dihexadecyl-anilin 2781

C_{39}-Gruppe

$C_{39}H_{30}N_2$ Ditritylcarbodiimid 3381
$C_{39}H_{32}N_2O$ *N.N'*-Ditrityl-harnstoff 3379
$C_{39}H_{47}NO_2$ [4-Trityl-phenyl]-carbamidsäure-tridecylester 3411
$C_{39}H_{50}N_2O_2$ *N.N'*-Di-[naphthyl-(2)]-*N*-stearoyl-harnstoff 3051

C_{40}-Gruppe

$C_{40}H_{33}N$ Triphenylacetaldehyd-[2.2.2-triphenyl-äthylimin] 3384
$C_{40}H_{38}N_4O_2$ *N.N'*-Diphenäthyl-*N.N'*-bis-[naphthyl-(1)-carbamoyl]-äthylendiamin 2935
N.N'-Bis-[phenyl-(naphthyl-(2))-carbamoyl]-hexandiyldiamin 3050
$C_{40}H_{47}N$ 3-Anilino-10.13-dimethyl-17-[1-methyl-2.2-diphenyl-vinyl]-Δ^5-tetradecahydro-1*H*-cyclopenta[*a*]phenanthren 3403
$C_{40}H_{49}NO_2$ [4-Trityl-phenyl]-carbamidsäure-tetradecylester 3411
$C_{40}H_{57}NO_2S$ 3-[Benzolsulfonyl-benzyl-amino]-cholesten-(5) 2832

C_{41}-Gruppe

$C_{41}H_{47}N$ 3-Benzylidenamino-10.13-dimethyl-17-[1-methyl-2.2-diphenyl-vinyl]-Δ^5-tetradecahydro-1*H*-cyclopenta[*a*]phenanthren 3403
$C_{41}H_{51}NO_2$ [4-Trityl-phenyl]-carbamidsäure-pentadecylester 3411

C_{42}-Gruppe

$C_{42}H_{30}N_2O_3S$ *C*-[Di-(naphthyl-(2))-sulfamoyl]-*N.N*-di-[naphthyl-(2)]-acetamid 3064
$C_{42}H_{38}N_4O_2$ *N.N'*-Dibenzhydryl-*N.N'*-bis-phenylcarbamoyl-äthylendiamin 3231
$C_{42}H_{50}N_4O_6$ *N.N'*-Bis-[3'-nitro-2.4.6.2'.4'.6'-hexamethyl-biphenylyl-(3)]-adipinamid 3283
$C_{42}H_{53}NO_2$ [4-Trityl-phenyl]-carbamidsäure-hexadecylester 3411
$C_{42}H_{56}N_2O_8S_5$ 1.29-Bis-[naphthyl-(1)-carbamoyloxy]-6.12.18.24-tetraoxa-3.9.15.21.27-pentathia-nonacosan 2914

C_{43}-Gruppe

$C_{43}H_{55}NO_2$ [4-Trityl-phenyl]-carbamidsäure-heptadecylester 3411

C_{44}-Gruppe

$C_{44}H_{46}N_4O_6$ *N.N'*-Bis-[3'-nitro-2.4.6.2'.4'.6'-hexamethyl-biphenylyl-(3)]-isophthalamid 3284
$C_{44}H_{57}NO_2$ [4-Trityl-phenyl]-carbamidsäure-octadecylester 3411

C_{45}-Gruppe

$C_{45}H_{33}N$ Tris-[phenanthryl-(9)-methyl]-amin 3347
$C_{45}H_{37}N$ 4.*N.N*-Tribenzhydryl-anilin 3377

C_{46}-Gruppe

$C_{46}H_{32}N_4O_4S$ Verbindung $C_{46}H_{32}N_4O_4S$ aus *N.N'*-Di-[naphthyl-(2)]-malonamid 3021
$C_{46}H_{64}N_2O_9S_6$ 1.35-Bis-[naphthyl-(1)-carbamoyloxy]-6.12.18.24.30-pentaoxa-3.9.15.21.27.33-hexathia-pentatriacontan 2913

C_{47}-Gruppe

$C_{47}H_{40}N_8$ Acetylaceton-bis-{[*N.N'*-di-(naphthyl-(2))-carbamimidoyl]-hydrazon} und Tautomere 3043
$C_{47}H_{82}N_2O$ *N.N*-Dioctadecyl-*N'*-[naphthyl-(1)]-harnstoff 2923

C_{49}-Gruppe

$C_{49}H_{40}N_2O$ *N.N'*-Bis-[2-(1.4-diphenyl-naphthyl-(2))-äthyl]-harnstoff 3407

$C_{49}H_{40}N_4O_4$ 3.3-Bis-[(naphthyl-(1)-carbamoyl)-methyl]-*N.N'*-di-[naphthyl-(1)]-glutaramid 2876

C_{50}-Gruppe

$C_{50}H_{39}N$ Bis-[4-trityl-phenyl]-amin 3409

$C_{50}H_{44}N_2O_6$ Gossypol-bis-[naphthyl-(2)-imin] 3013

C_{51}-Gruppe

$C_{51}H_{48}N_4$ *N.N'*-Bis-[2-benzylidenamino-äthyl]-*N.N'*-dibenzhydryl-benzylidendiamin 3230